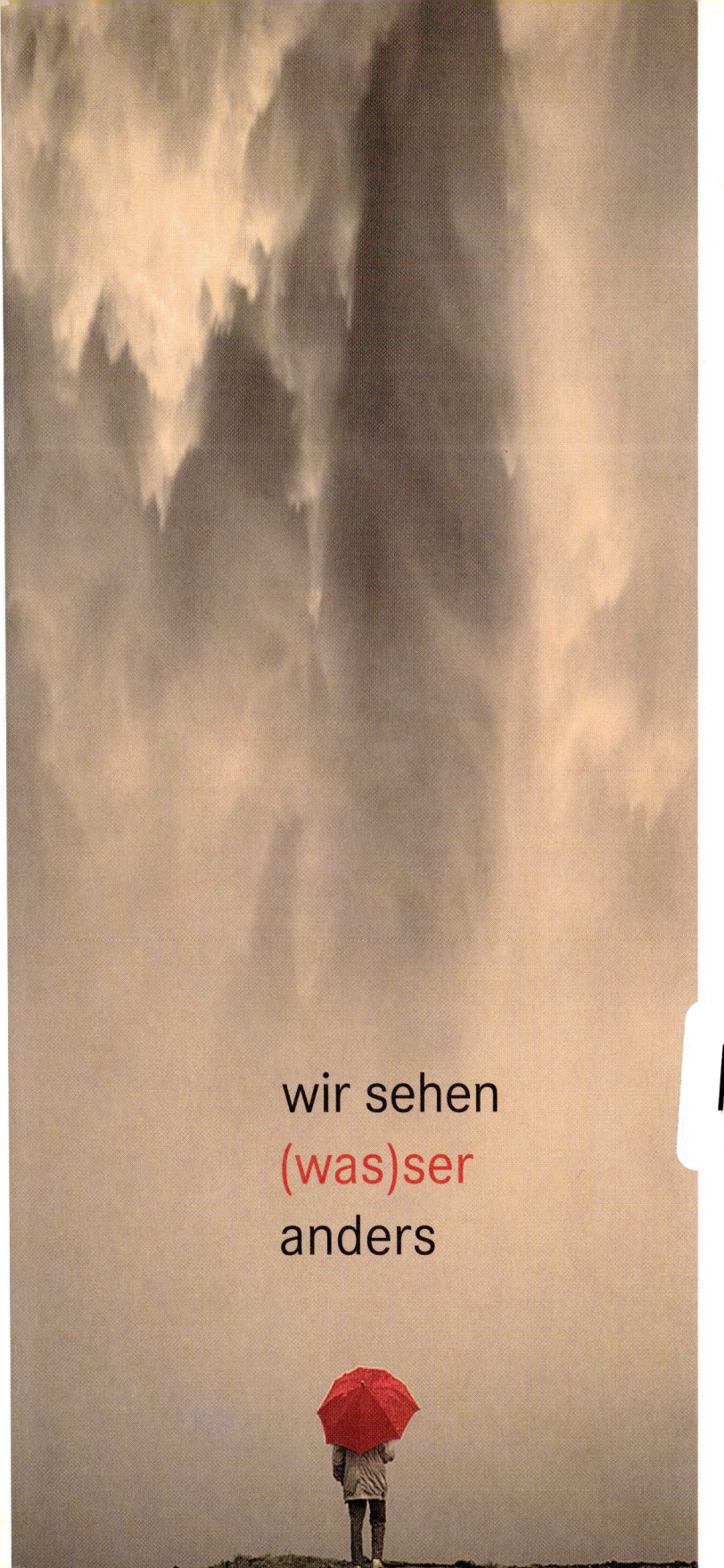

BAURCONSULT
Architekten + Ingenieure

GESAMTPLANUNG

Hydrogeologie

Ingenieurbau

Verfahrenstechnik
- Ultrafiltration
- Flockungsfiltration
- Ozonierung
- Aktivkohlefiltration
- Entsäuerung
- Enteisenung
- Entmanganung
- Arseneliminierung
- Denitrifikation
- Enthärtung
- EMSR - Technik

Tragwerksplanung

Landschaftsplanung

wir sehen
(was)ser
anders

Raiffeisenstraße 3
97437 Haßfurt
Fon (09521) 696-0

bc@baurconsult.com
www.baurconsult.com

Johann Mutschmann †
Fritz Stimmelmayr †

**Taschenbuch
der Wasserversorgung**

Aus dem Programm
Bauwesen

Bauentwurfslehre
von E. Neufert

Vieweg Handbuch Bauphysik Teil 1
von W. M. Willems, K. Schild und S. Dinter

Vieweg Handbuch Bauphysik Teil 2
von W. M. Willems, K. Schild und S. Dinter

Brand- und Explosionsschutz von A-Z
von H. Portz

Ausschreibungshilfe Haustechnik
von M. Mittag

Taschenbuch der Wasserversorgung
von J. Mutschmann und F. Stimmelmayr

Überfälle und Wehre
von G. Peter

Hochbaukosten – Flächen – Rauminhalte
von P. J. Fröhlich

Lehmbau Regeln
vom Dachverband Lehm e.V. (Hrsg.)

Bausanierung
von M. Stahr (Hrsg.)

Bauordnung für Berlin
von D. Wilke, H.-J. Dageförde, A. Knuth und Th. Meyer

Dynamik der Baukonstruktionen
von Ch. Petersen

vieweg

Dipl.-Ing. Johann Mutschmann †
Dipl.-Ing. Fritz Stimmelmayr †

Taschenbuch der Wasserversorgung

14., vollständig überarbeitete Auflage

Mit 420 Abbildungen und 283 Tabellen

Bearbeitet von
Werner Knaus
Dipl.-Ing. Karl Heinz Köhler
Dr.-Ing. Gerhard Merkl
Dipl.-Ing. Erwin Preininger
Dipl.-Ing. Joachim Rautenberg
Prof. Dr.-Ing. Reinhard Weigelt
Dipl.-Ing. Matthias Weiß

vieweg

Bibliografische Information Der Deutschen Nationalbibliothek
Die Deutsche Nationalbibliothek verzeichnet diese Publikation in der
Deutschen Nationalbibliografie; detaillierte bibliografische Daten sind im Internet über
<http://dnb.d-nb.de> abrufbar.

Bis zur 11. Auflage erschien das Buch im Franckh-Kosmos Verlag, Stuttgart.

12., überarbeitete Auflage September 1999
13., vollständig überarbeitete Auflage Oktober 2002
14., vollständig überarbeitete Auflage Januar 2007

Alle Rechte vorbehalten
© Friedr. Vieweg & Sohn Verlag | GWV Fachverlage GmbH, Wiesbaden 2007

Lektorat: Günter Schulz / Karina Danulat

Der Vieweg Verlag ist ein Unternehmen von Springer Science+Business Media.
www.vieweg.de

Das Werk einschließlich aller seiner Teile ist urheberrechtlich geschützt. Jede Verwertung außerhalb der engen Grenzen des Urheberrechtsgesetzes ist ohne Zustimmung des Verlags unzulässig und strafbar. Das gilt insbesondere für Vervielfältigungen, Übersetzungen, Mikroverfilmungen und die Einspeicherung und Verarbeitung in elektronischen Systemen.

Umschlaggestaltung: Ulrike Weigel, www.CorporateDesignGroup.de
Druck und buchbinderische Verarbeitung: MercedesDruck, Berlin
Gedruckt auf säurefreiem und chlorfrei gebleichtem Papier.
Printed in Germany

ISBN 978-3-8348-0012-1

Kapitelübersicht

Vorworte, Bearbeiter	IX
Inhaltsverzeichnis	XIII
Liste der Abkürzungen	XLIII
Technik der Wasserversorgung	1

1.		**Aufgaben der Wasserversorgung**	3
	1.1	Wasserwirtschaft und Umweltschutz	3
	1.2	Lebensmittel Trinkwasser	4
	1.3	Entwicklung der öffentlichen Wasserversorgung	6
	1.4	Anforderungen an eine Wasserversorgungsanlage	7
	1.5	Planung einer Wasserversorgungsanlage	10
	1.6	Anlageteile einer Wasserversorgungsanlage	11
2.		**Wasserabgabe – Wasserverbrauch – Wasserbedarf**	13
	2.1	Art der Wassergewinnung	13
	2.2	Anschlussgrad	14
	2.3	Wasserabgabe – Wasserverbrauch	14
	2.4	Wasserverbrauch je Verbrauchseinheit	31
	2.5	Wasserverbrauch der Industrie	35
	2.6	Wassersparen	36
	2.7	Wasserbedarf	38
3.		**Wassergewinnung**	49
	3.1	Hydrologie und Hydrogeologie	49
	3.2	Wasserfassungen	89
	3.3	Trinkwasserschutzgebiete	129
4.		**Wasseraufbereitung**	151
	4.1	Wasserbeschaffenheit	151
	4.2	Trinkwasseraufbereitung	228
5.		**Wasserförderung**	329
	5.1	Maschinelle Einrichtungen	329
	5.2	Elektrotechnik	349
	5.3	Fernwirkanlagen	370
	5.4	Förderanlagen	380
	5.5	Wasserzählung und Wassermessung	407
6.		**Wasserspeicherung**	425
	6.1	Aufgaben der Wasserspeicherung	425
	6.2	Arten der Wasserspeicherung	427
	6.3	Speicherinhalt	430
	6.4	Hochbehälter	439
	6.5	Wasserturm	487
	6.6	Tiefbehälter	499
	6.7	Löschwasserbehälter	500
	6.8	Maßnahmen zur Instandhaltung von Wasserbehältern	503

7.	**Wasserverteilung**	517
7.1	Allgemeines	517
7.2	Werkstoffe	518
7.3	Bestandteile der Rohrleitungen	524
7.4	Planung von Rohrleitungen	568
7.5	Bemessung und Berechnung von Rohrleitungen und Rohrnetzen	582
7.6	Rohrleitungsbau	651
7.7	Verbrauchsleitungen (Trinkwasser-Installation)	702
8.	**Brandschutz**	715
8.1	Allgemeines	715
8.2	Löschwasserversorgung	715
8.3	Feuerlöschanlagen	716
8.4	Löschwasserleitungen	719
8.5	Ausrüstung der Feuerwehr	720
9.	**Trinkwasserversorgung in Notstandsfällen**	725
9.1	Allgemeines	725
9.2	Ursachen von Notstandsfällen	725
9.3	Vorsorgemaßnahmen	725
9.4	Maßnahmen bei drohender Gefahr	728
9.5	Maßnahmen im Notstandsfall	729

Bauabwicklung und Betrieb von Wasserversorgungsanlagen ... 731

10.	**Eigen- und Einzeltrinkwasserversorgung**	733
10.1	Wasserbeschaffenheit	733
10.2	Technische Hinweise	734
11.	**Planung und Bau**	735
11.1	Aufgaben	735
11.2	Mitwirkung eines Ingenieurbüros	736
11.3	Verantwortlichkeit der am Bau Beteiligten	744
11.4	Vorplanung/Vorentwurf (VE)	746
11.5	Entwurfsplanung/Entwurf (E)	747
11.6	Bauoberleitung (BO)	753
11.7	Örtliche Bauüberwachung (BÜ)	754
11.8	Bauverwaltung (fachlich zuständige technische staatliche Verwaltung)	755
11.9	Üblicher Ablauf einer Wasserversorgungs-Baumaßnahme	756
12.	**Baukosten von Wasserversorgungsanlagen**	767
12.1	Allgemeines	767
12.2	Ermittlung der Angebotspreise (Kalkulation)	767
12.3	Kostenschätzung	773
12.4	Baukosten je Einheit	787
12.5	Kostenanteil der Anlageteile an den Gesamtkosten	787
12.6	Wertberechnung bestehender Anlagen	788
12.7	Lohn- und Materialanteil an den Gesamtkosten	791
13.	**Betrieb, Verwaltung und Überwachung**	793
13.1	Allgemeines	793
13.2	Organisation	794
13.3	Betrieb	802
13.4	Verwaltung	850
13.5	Überwachung	860

Anhang		865
14.	**Gesetzliche Einheiten, Zahlenwerte, DVGW-Regelwerk, DIN-Normen u. ä.**	867
14.1	Gesetzliche Einheiten	867
14.2	Umrechnung von Maßeinheiten aus dem amerikanischen („[US]") und englischen („[E]") ins metrische Maßsystem	871
14.3	Häufig benötigte Zahlenwerte und Gleichungen	872
14.4	Griechisches Alphabet	874
14.5	Verbände und Vereine	874
14.6	DVGW-Regelwerk	876
14.7	DIN-Normen	885
14.8	Gesetze, Verordnungen, Richtlinien	896
14.9	Zeitschriften des Wasserversorgungsfaches	901
14.10	Weitere Schriftenreihen und technische Mitteilungen	901
15.	**Stichwortverzeichnis**	903
Faksimile aus der 1. Auflage (Auszug)		911

Vorwort zur 14. Auflage

Folgende Autoren haben die vorliegende 14. Auflage in sämtlichen Kapiteln aktualisiert:
Werner Knaus, Nördlingen
Dipl.-Ing. Karl Heinz Köhler, München
Dr.-Ing. Gerhard Merkl, München
Dipl.-Ing. Erwin Preininger, München **(Schriftleitung)**
Dipl.-Ing. Joachim Rautenberg, Uffenheim
Professor Dr.-Ing. Reinhard Weigelt, München
Dipl.-Ing. Matthias Weiß, Stuttgart

Die Autoren führen das Taschenbuch der Wasserversorgung im Sinne der geschätzten Erstverfasser unter deren Namen weiter. Sie hoffen gemeinsam mit dem Verlag, auch diesmal ein umfassendes, handliches und übersichtliches Werk all denen vorzulegen, die sich in der Ausbildung oder im Beruf mit der Planung, dem Bau, dem Betrieb und der Verwaltung von Wasserversorgungsanlagen befassen. Für zugehende Anregungen sind die Autoren jederzeit dankbar.

Herbst 2006   Die Verfasser

Bearbeiter der 14. Auflage

1. Werner Knaus, Werkleiter
für das Kapitel
– Betrieb, Verwaltung und Überwachung (13)
Knaus ist Bankkaufmann und Betriebswirt (prakt.). Seit 1975 ist er beim Zweckverband Bayerische Rieswasserversorgung in Nördlingen zunächst als kaufmännischer Geschäftsführer und seit 1990 als alleiniger Werkleiter tätig. Er bringt seine Erfahrungen in zahlreiche technisch-wissenschaftliche und kommunale Spitzenvereine und -verbände ein.

2. Dipl.-Ing. Karl Heinz Köhler, Baudirektor
für das Kapitel
– Wassergewinnung (3)
Köhler war im Bayerischen Landesamt für Wasserwirtschaft langjähriger Referent im ehemaligen regionalen Sachgebiet Grundwasserwirtschaft und Wasserversorgung Franken mit der Sonderaufgabe Wassergewinnung und leitet im jetzigen Bayerischen Landesamt für Umwelt das Referat Wasserversorgungsanlagen in der Abteilung Grundwasserschutz, Wasserversorgung.

3. Dr.-Ing. Gerhard Merkl, Ltd. Akad. Direktor a.D. Privatdozent
für das Kapitel
– Wasserspeicherung (6)
Merkl war Privatdozent für das Fachgebiet Wasserversorgungstechnik an der Technischen Universität München. Neben einer langjährigen Lehr- und Forschungstätigkeit, zwischendurch Praxis in der Bauindustrie mit Baustellentätigkeit, ist er bekannt durch die von ihm organisierten Wassertechnischen Seminare an der TU München.

4. **Dipl.-Ing. Erwin Preininger, Ltd. Baudirektor a.D.**
   für die Kapitel
   - Aufgaben der Wasserversorgung (1)
   - Wasserabgabe – Wasserverbrauch - Wasserbedarf (2)

   Preininger war im Bayerischen Landesamt für Wasserwirtschaft langjähriger Leiter des Sachgebietes Fachplanung Grundwasserwirtschaft und Wasserversorgung, zuletzt Projektmanager für interdisziplinäre wasserwirtschaftliche Projekte.
   Bei Preininger liegt seit 1990 die Schriftleitung dieses Taschenbuches.

5. **Dipl.-Ing. Joachim Rautenberg, Betriebsleiter**
   für die Kapitel
   - Wasserverteilung (7)
   - Brandschutz (8)
   - Trinkwasserversorgung in Notstandsfällen (9)
   - Eigen- und Einzeltrinkwasserversorgung (10)
   - Planung und Baudurchführung (11)
   - Baukosten von Wasserversorgungsanlagen (12)
   - Anhang (14)

   Rautenberg war viele Jahre Mitarbeiter in einem überregional tätigen Ingenieurbüro und zwar in der Planung, Bauleitung und Begutachtung wasserwirtschaftlicher Anlagen mit Schwerpunkt Wasserversorgung. Seit langem ist er Betriebsleiter der Fernwasserversorgung Franken in Uffenheim.

6. **Professor Dr.-Ing. Reinhard Weigelt**
   für das Kapitel
   - Wasseraufbereitung (4)

   Weigelt war Chefingenieur und Leiter der Wasserversorgung Dresden, lehrt seit 1985 Wasserversorgung an der Fachhochschule München und ist als Fachgutachter tätig.

7. **Dipl.-Ing. Matthias Weiß, stellv. Technischer Geschäftsführer**
   für das Kapitel
   - Wasserförderung (5)

   Weiß ist stellv. Technischer Geschäftsführer des Zweckverbandes Bodensee-Wasserversorgung (BWV) in Stuttgart. Zu seinen Schwerpunkten gehören Planung und Betrieb des Fernleitungssystems. Weiterhin ist er als Dozent an der Berufsakademie in Mannheim Fachbereich Engineering/Versorgungswirtschaft tätig.

Die Autoren sind in einschlägigen Gremien der technisch-wissenschaftlichen und kommunalen Spitzenvereine oder -verbände oder in ähnlichen Institutionen tätig, z. B.

- Bundesverband der Deutschen Gas- und Wasserwirtschaft (BGW)
- Deutsche Vereinigung des Gas- und Wasserfaches e.V. (DVGW)
- Deutsches Institut für Normung e.V. (DIN)
- Länderarbeitsgemeinschaft Wasser (LAWA)
- Verband Kommunaler Unternehmen e.V. (VKU)

Die Autoren haben in zahlreichen Vorträgen und Veröffentlichungen aus ihrem Arbeitsbereich berichtet.

Wiesbaden 2006   Der Verlag

Vorwort zur 2. bis 13. Auflage

Zwischen 1956 und 1983 lagen 27 Jahre umfangreicher Erkenntnisse und Entwicklungen in der Wasserversorgungstechnik. Außerdem fielen in diese Zeit große und umfangreiche Neubauten, Erweiterungen, Ergänzungen und Modernisierungen in der kommunalen und industriellen Wasserversorgung im Inland, im europäischen Raum und in den Entwicklungsländern. Die große Nachfrage nach dem Taschenbuch und die technische Entwicklung bedingten sieben weitere Auflagen, jeweils in Zeitabständen von drei bis fünf Jahren.

Mit der 8. Auflage wurde 1983 auch das Erscheinungsbild neu gestaltet, ohne jedoch die Zielsetzung zu verändern. Sie ist die gleiche wie seit der 1. Auflage 1956, nämlich:

Das Taschenbuch der Wasserversorgung soll allen, die sich in Ausbildung und Beruf mit Fragen der Wasserversorgung zu beschäftigen haben, Unterlagen geben, die sich für die Lösung der vielfältigen Aufgaben bei dem Bau, dem Betrieb und der Verwaltung von Wasserversorgungsanlagen in der Praxis bewährt haben.

Die Zahl der Auflagen sind ein Beweis, daß ein Bedarf nach der Darstellung der Aufgaben der Wasserversorgung in der vorliegenden Form besteht.

Die Fortschritte auf dem Gebiet der Wasserversorgungstechnik und der Rechenhilfsmittel waren Veranlassung, das Taschenbuch völlig neu zu bearbeiten. Der in den früheren Auflagen enthaltene Allgemeine Teil, bestehend aus den Kapiteln Rechengrundlagen, Statik und Festigkeitslehre sowie Vermessung wurde nicht mehr übernommen. Vor allem Taschenrechner, wie auch andere Taschenbücher, z. B. Betonkalender, Tiefbau-Taschenbuch u. a. sind hier einsetzbar. Die im Taschenbuch in einigen Kapiteln aufgeführten Formeln sind mit den heutigen programmierbaren Taschenrechnern unschwer zu handhaben, hierzu sind auch einige Rechenprogramme enthalten.

Mit dem Verlag wurde eine neue Form des Taschenbuchs vereinbart, mit der Absicht, das Taschenbuch handlich und den Inhalt leicht lesbar zu machen. Die überraschend rege Nachfrage nach der völlig neu gestalteten 8. Auflage des Jahres 1983 hat bereits im Jahre 1986 zur 9. Auflage geführt, die insbesondere in den Kapiteln 5 (Wasserförderung), 6 (Wasserspeicherung) und 7 (Wasserverteilung) neu bearbeitet wurde.

Ein weitgehend neues Autorenteam zeichnete für die vollständig überarbeitete und aktualisierte 10. Auflage, die 1991 in erweiterter Stückzahl erschien und auch in den neuen Bundesländern Eingang fand. Der gute Absatz des Fachbuches führte bereits 1995 zur 11. Auflage ebenfalls in erweiterter Stückzahl. Für den ausgeschiedenen Autor Prof. Dipl.-Ing. A. Bazan wechselte Dipl.-Ing. M. Edenhofner als Autor ein.

Im Jahre 1997 starb 87-jährig der geschätzte Erstautor Dipl.-Ing. J. Mutschmann.

Im Jahre 1998 übernahm der renommierte Verlag Vieweg in Wiesbaden vom bisherigen Franckh-Kosmos Verlag in Stuttgart die Herausgabe dieses Fachbuches.

Im Jahre 1999 erschien die 12. überarbeitete Auflage in neuer Aufmachung und im Jahre 2002 die 13. überarbeitete Auflage.

Im Jahre 2001 verstarb der langjährige Mitautor Dipl.-Ing. G. Brendel; ihm folgte 2006 Dipl.-Ing. Matthias Weiß. Für die ausgeschiedenen Autoren Dipl.-Ing. M. Edenhofner und Dipl.-Ing. H. Gaschler wechselten Dipl.-Ing. Joachim Rautenberg und Betriebswirt Werner Knaus als Autoren ein. Privatdozent Dr.-Ing. Gerhard Merkl ergänzte das Autorenteam.

Vorwort zur 1. Auflage

Das Taschenbuch der Wasserversorgung soll allen, die sich in Ausbildung und Beruf mit Fragen der Wasserversorgung zu beschäftigen haben, Unterlagen geben, die sich für die Lösung ihrer vielfältigen Aufgaben bei dem Bau, dem Betrieb und der Verwaltung von Wasserversorgungsanlagen in der Praxis bewährt haben.

Die Verfasser waren dabei bemüht, ein kleines, handliches Taschenbuch des praktischen Wasserversorgungswesens zu schaffen, das im Büro, auf der Baustelle und bei Besprechungen stets mitgeführt werden kann.

Das Taschenbuch richtet sich an den großen Kreis der bei Planung, Bau, Betrieb, Wartung und Verwaltung von Wasserversorgungsanlagen Beteiligten:

an die Techniker, vom Schachtmeister, Rohrmeister bis zum Dipl.-Ing., deren Aufgabe es ist, Wasserversorgungsanlagen zu entwerfen, auszuführen, oder die Ausführung zu leiten und zu überwachen,

an die Gutachter, welche Wasserversorgungsanlagen hinsichtlich des baulichen Zustandes und der Wirtschaftlichkeit zu prüfen haben,

an die Gesundheitsbehörden, welche den hygienischen Zustand der Anlagen beurteilen müssen,

an das Betriebspersonal, vom Wasserwerksmeister bis zum Betriebsleiter mittlerer Werke, aber auch an die Verwaltungsfachleute, Bürgermeister, Stadträte, Gemeinderäte, welche in Werkausschüssen über Baumaßnahmen und Ausgaben der Wasserwerke, über Wasserleitungssatzungen und Gebührenordnungen zu beraten haben.

Möge das Taschenbuch der Wasserversorgung ein Ratgeber und Helfer bei der großen Aufgabe sein, für die Bevölkerung einwandfreie Wasserversorgungsverhältnisse zu schaffen und zu erhalten.

Frühjahr 1956   Die Verfasser

Ein Auszug aus dieser 1. Auflage ist in Faksimile im Anschluss an das Stichwortverzeichnis am Ende des Taschenbuches abgedruckt.

Inhaltsverzeichnis

Technik der Wasserversorgung		1
1.	**Aufgaben der Wasserversorgung**	3
1.1	*Wasserwirtschaft und Umweltschutz*	3
1.2	*Lebensmittel Trinkwasser*	4
1.3	*Entwicklung der öffentlichen Wasserversorgung*	6
1.4	*Anforderungen an eine Wasserversorgungsanlage*	7
1.4.1	Allgemeine Forderungen	7
1.4.2	Art der Wasserversorgung	7
1.4.3	Einzel- oder Doppelte Wasserversorgungsnetze	8
1.4.4	Keine Verbindung von öffentlichen Wasserversorgungsanlagen mit Eigenanlagen	9
1.4.5	Fremdwasserbezug	10
1.5	*Planung einer Wasserversorgungsanlage*	10
1.6	*Anlageteile einer Wasserversorgungsanlage*	11
Literatur		12
2.	**Wasserabgabe – Wasserverbrauch – Wasserbedarf**	13
2.1	*Art der Wassergewinnung*	13
2.2	*Anschlussgrad*	14
2.3	*Wasserabgabe – Wasserverbrauch*	14
2.3.1	Begriffe und bestimmende Faktoren	14
2.3.2	Wasserabgabe im Betrachtungszeitraum	16
2.3.3	Wasserabgabe/Jahr	16
	2.3.3.1 Größe und Bemessungsgrundlage	16
	2.3.3.2 Schwankungen Q_a	18
2.3.4	Wasserabgabe/Monat	18
	2.3.4.1 Größe	18
	2.3.4.2 Schwankung Q_{Mt} im Jahr	18
2.3.5	Wasserabgabe/Tag	19
	2.3.5.1 Größe und Bemessungsgrundlage	19
	2.3.5.2 Schwankungen Q_d im Jahr	19
	2.3.5.2.1 Größtwert $Q_{d\,max}$	19
	2.3.5.2.2 Kleinstwert $Q_{d\,min}$	21
	2.3.5.3 Schwankungen Q_d in der Woche	21
	2.3.5.4 Wasserabgabe – Ganglinie – Dauerlinie	21
2.3.6	Wasserabgabe/Stunde	23
	2.3.6.1 Größe und Bemessungsgrundlage	23
	2.3.6.2 Schwankungen Q_h während des Tages	23
	2.3.6.3 Größtwert $Q_{h\,max}$	25
	2.3.6.3.1 Größtwert $Q_{h\,max}$ nach DVGW-Umfragen	25
	2.3.6.3.2 $Q_{h\,max}$ nach Stundenspitzenfaktor	26
	2.3.6.3.3 $Q_{h\,max}$ nach max. Stundenprozentwert	26
	2.3.6.3.4 $Q_{h\,max}$ nach einwohnerbezogener max. Stundenabgabe	27
	2.3.6.4 Kleinstwert $Q_{h\,min}$	28
2.3.7	Bemessungsgrundlage für Sonderobjekte	28
2.4	*Wasserverbrauch je Verbrauchseinheit*	31
2.4.1	Berechnungsdurchflüsse von Auslauf-Armaturen	31
2.4.2	Wasserverbrauch je Einzelvorgang	31
2.4.3	Wasserverbrauch l/Ed im Haushalt für einzelne Zwecke	32

2.4.4	Erfahrungswerte des Wasserverbrauchs je Verbrauchereinheit	32
2.4.5	Eigenverbrauch der WVU	35
2.4.6	Wasserverlust	35
2.5	*Wasserverbrauch der Industrie*	35
2.6	*Wassersparen*	36
2.6.1	Fachliche Randbedingungen	36
2.6.2	Maßnahmen	37
	2.6.2.1 Wasserversorgungsunternehmen	37
	2.6.2.2 Industrie und verarbeitendes Gewerbe	37
	2.6.2.3 Landwirtschaft	37
	2.6.2.4 Haushaltsbereich	37
	2.6.2.5 Öffentliche Einrichtungen, Hotel- und Gaststättengewerbe	38
	2.6.2.6 Wasserrechtliche Gestattung	38
2.7	*Wasserbedarf*	38
2.7.1	Bemessungsgrößen des Wasserbedarfs	38
2.7.2	Bemessungszeitraum	39
2.7.3	Feststellen der Bemessungsgrundlagen	39
	2.7.3.1 Derzeitige und künftige Zahl der versorgten Einwohner	39
	2.7.3.2 Wohndichte	40
	2.7.3.3 Einwohnerbezogener Bedarf	40
	2.7.3.4 Spitzenwerte	41
	2.7.3.5 Entwicklung des industriellen und sonstigen Wasserbedarfs	42
	2.7.3.6 Klimatische Verhältnisse	42
	2.7.3.7 Anschlussgrad	42
2.7.4	Löschwasserbedarf	42
	2.7.4.1 Allgemeines	42
	2.7.4.2 Grundschutz	43
	2.7.4.3 Objektschutz	44
	2.7.4.4 Löschwasser-Bereitstellung durch das WVU	44
2.7.5	Wasserbedarf in Notstandsfällen	44
2.7.6	Beispiel einer Berechnung des Wasserbedarfs	45
Literatur		46
3.	**Wassergewinnung**	**49**
3.1	*Hydrologie und Hydrogeologie*	49
3.1.1	Allgemeines	49
3.1.2	Wasserbilanz	50
	3.1.2.1 Wasserhaushaltsgleichung	50
	3.1.2.2 Niederschlag	50
	3.1.2.3 Verdunstung	54
	3.1.2.4 Oberirdischer Abfluss	55
	3.1.2.5 Unterirdischer Abfluss	57
	3.1.2.5.1 Verteilung des unterirdischen Abflusses im Boden	57
	3.1.2.5.2 Grundwasser-Neubildung	59
3.1.3	Für die Wasserversorgung nutzbare Oberflächengewässer	61
	3.1.3.1 Regenwasser	61
	3.1.3.2 Flusswasser	61
	3.1.3.3 Seewasser, Trinkwassertalsperren	61
3.1.4	Für die Wasserversorgung nutzbares Grundwasser	61
	3.1.4.1 Allgemeines	61
	3.1.4.2 Arten der Grundwasserleiter	61
	3.1.4.3 Grundwasservorkommen in den geologischen Formationen	62

	3.1.4.4	Grundwasser-Erkundung		62
		3.1.4.4.0	Allgemeines..	62
		3.1.4.4.1	Örtliche Verhältnisse – Schützbarkeit	62
		3.1.4.4.2	Hydrogeologisches Profil – Geophysik	63
		3.1.4.4.3	Grundwasserspiegel..	65
		3.1.4.4.4	Grundwassersohle	65
		3.1.4.4.5	Grundwasserhydraulische Verhältnisse	65
		3.1.4.4.6	Grundwasser-Bilanz – Grundlage einer nachhaltigen Bewirtschaftung	65
		3.1.4.4.7	Wasserbeschaffenheit...	66
		3.1.4.4.8	Auswirkungen – Umweltverträglichkeit...................................	66
3.1.5	Grundwasser-Hydraulik in Poren-Grundwasserleitern...			67
	3.1.5.1	Allgemeines		67
	3.1.5.2	Grundwasser-Fließrichtung und Grundwasser-Gefälle		67
		3.1.5.2.1	Grundwasser-Höhenplan...	67
		3.1.5.2.2	Grundwasser-Messdreieck	67
	3.1.5.3	Grundwasser-Fließgeschwindigkeit		68
		3.1.5.3.1	Arten der Grundwasser-Fließgeschwindigkeit	68
		3.1.5.3.2	Messung der Grundwasser-Fließgeschwindigkeit mit Hilfe von Markierungsversuchen	69
		3.1.5.3.3	Berechnung der Grundwasser-Fließgeschwindigkeit	70
	3.1.5.4	Grundwasserabfluss		71
	3.1.5.5	Grundwasserentnahme aus Einzelbrunnen		71
		3.1.5.5.1	Entnahme und GW-Absenkung...	71
		3.1.5.5.2	Vorbereitung und Durchführung von Pumpversuchen	72
		3.1.5.5.3	Grundwasser-Absenkungskurve – Auswerten der Pumpversuche	74
		3.1.5.5.4	Wasserandrangkurve	77
		3.1.5.5.5	Brunnenfassungsvermögen..	78
		3.1.5.5.6	Wasserspiegel am Brunnen bei ungespanntem Aquifer	78
		3.1.5.5.7	Strömungsverhältnisse am Brunnen	78
		3.1.5.5.8	Auswirkung der GW-Entnahme – Entnahmebereich................	79
		3.1.5.5.9	Strömungsverhältnisse bei Uferfiltration	80
	3.1.5.6	Grundwasserentnahme mittels Mehrbrunnenanlage		80
		3.1.5.6.1	Gegenseitige Beeinflussung von Brunnen...............................	80
		3.1.5.6.2	Mehrbrunnengleichung	81
		3.1.5.6.3	Berechnung der Absenkung einer Mehrbrunnenanlage aus den Messungen der Einzel-Pumpversuche............................	81
	3.1.5.7	Grundwasserentnahmen aus liegender Fassung		82
		3.1.5.7.1	Grundwasser-Galerie...	82
		3.1.5.7.2	Horizontalfilterbrunnen	82
	3.1.5.8	Grundwasseranreicherung durch Versickerung.................................		84
		3.1.5.8.1	Versickerung mittels Schluckbrunnen.....................................	84
		3.1.5.8.2	Versickerung oberhalb des GW mittels Sickerbecken, Sickergräben..	85
	3.1.5.9	Grundwassermodelle..		85
3.1.6	Grundwasser-Hydraulik in Kluft-Grundwasserleitern..			87
3.1.7	Grundwasser-Hydraulik in Karst-Grundwasserleitern			87

3.1.8	Quellen			87
	3.1.8.1	Quellen-Hydraulik und Quellenarten		87
		3.1.8.1.1	Absteigende Quelle	87
		3.1.8.1.2	Aufsteigende Quellen	88
		3.1.8.1.3	Sonstige Quellarten	88
	3.1.8.2	Quellen-Erkundung zur Eignung für Trinkwasserzwecke		89
3.2	*Wasserfassungen*			89
3.2.1	Arten der Wasserfassungen			89
3.2.2	Wahl der Wasserfassung			90
3.2.3	Quellfassungen			90
	3.2.3.1	Vorbereitende Erhebungen		90
		3.2.3.1.1	Austrittsart	90
		3.2.3.1.2	Wasserdargebot	91
		3.2.3.1.3	Temperatur	91
		3.2.3.1.4	Wasserbeschaffenheit	91
		3.2.3.1.5	Einzugsgebiet mit Schützbarkeit	91
	3.2.3.2	Aufschürfen von Quellen		91
	3.2.3.3	Schichtquellenfassung (absteigende Quellen)		92
		3.2.3.3.1	Aufschürfen einer Quelle	92
		3.2.3.3.2	Sickergalerie	93
		3.2.3.3.3	Sammelschacht	93
	3.2.3.4	Stauquellenfassung (aufsteigende Quellen)		94
	3.2.3.5	Dokumentation		94
	3.2.3.6	Betrieb		95
	3.2.3.7	Rückbau		95
3.2.4	Grundwasserfassungen			95
	3.2.4.0	Allgemeines		95
	3.2.4.1	Schlagbrunnen		95
	3.2.4.2	Spülbrunnen		96
	3.2.4.3	Schachtbrunnen		96
	3.2.4.4	Bohrbrunnen		96
		3.2.4.4.1	Allgemeines	96
		3.2.4.4.2	Planung und Bemessung	96
		3.2.4.4.3	Herstellen der Bohrung	98
		3.2.4.4.4	Brunnenausbau	103
		3.2.4.4.5	Klarpumpen, Entsanden, und Entwickeln	111
		3.2.4.4.6	Pumpversuche	115
		3.2.4.4.7	Überwachung der Bohrung	116
		3.2.4.4.8	Dokumentation und Abnahme	117
	3.2.4.5	Brunnenreihen		117
		3.2.4.5.1	Allgemeines	117
		3.2.4.5.2	Standort der Brunnen	117
		3.2.4.5.3	Pumpversuche	118
	3.2.4.6	Großvertikalfilterbrunnen		118
	3.2.4.7	Horizontalfilterbrunnen		118
	3.2.4.8	Leistungsrückgang bestehender Grundwasserfassungen		120
		3.2.4.8.1	Allgemeines	120
		3.2.4.8.2	Änderung der hydrologischen Verhältnisse	120
		3.2.4.8.3	Zunahme des Durchflusswiderstandes durch Brunnenalterung	121
	3.2.4.9	Regenerierung		121
		3.2.4.9.1	Vorarbeiten	121
		3.2.4.9.2	Entsanden	121
		3.2.4.9.3	Brunnenreinigung	122

3.2.5	Grundwasseranreicherung			122
	3.2.5.1	Allgemeines		122
	3.2.5.2	Natürliche Grundwasseranreicherung		122
		3.2.5.2.1	Grundlagen	122
		3.2.5.2.2	Uferfiltrationsrate	122
		3.2.5.2.3	Wasserbeschaffenheit	123
	3.2.5.3	Künstliche Grundwasseranreicherung		123
		3.2.5.3.1	Allgemeines	123
		3.2.5.3.2	Oberirdische Versickerungsanlagen	124
		3.2.5.3.3	Unterirdische Versickerungsanlagen	124
3.2.6	Oberflächenwasserentnahmen			125
	3.2.6.1	Allgemeines		125
	3.2.6.2	Trinkwassertalsperre		125
		3.2.6.2.1	Allgemeines	125
		3.2.6.2.2	Standort	125
		3.2.6.2.3	Wassertiefe	126
		3.2.6.2.4	Speicherinhalt	126
		3.2.6.2.5	Speicherbecken	127
		3.2.6.2.6	Sperrenbauwerk – Entnahmeeinrichtungen	127
		3.2.6.2.7	Wasserbeschaffenheit	128
	3.2.6.3	Seewasserfassung		128
	3.2.6.4	Flusswasserfassung		129
3.3	*Trinkwasserschutzgebiete*			129
3.3.1	Allgemeines			129
3.3.2	Schutzgebiete für Grundwasserentnahmen			130
	3.3.2.1	Gefährdungen und Beeinträchtigungen		130
	3.3.2.2	Reinigungswirkung des Untergrundes		130
		3.3.2.2.1	Reinigungswirkung	131
		3.3.2.2.2	Verweildauer	131
	3.3.2.3	Schutzgebietszonen		131
		3.3.2.3.1	Einteilung	131
		3.3.2.3.2	Bemessung	133
	3.3.2.4	Schutzgebietsverordnung		134
3.3.3.	Schutzgebiete für Trinkwassertalsperren			143
	3.3.3.1	Allgemeines		143
	3.3.3.2	Gefährdungen und Beeinträchtigungen		144
	3.3.3.3	Schutz allgemein		144
	3.3.3.4	Abgrenzung des Schutzgebietes		144
	3.3.3.5	Schutzzonenbemessung und Schutzziele (nach DVGW-Arbeitsblatt W102)		144
	3.3.3.6	Gefährliche Einrichtungen, Handlungen und Vorgänge in den Schutzzonen (nach DVGW-Arbeitsblatt W102)		145
		3.3.3.6.1	Allgemeines	145
		3.3.3.6.2	Schutzzone I	145
		3.3.3.6.3	Schutzzone II	145
		3.3.3.6.4	Schutzzone III	146
	3.3.3.7	Überwachung		147
3.3.4	Schutzgebiete für Seen und Flüsse			148
Literatur				148

4.	**Wasseraufbereitung**		151
4.1	*Wasserbeschaffenheit*		151
4.1.1	Physikalisch-chemische Eigenschaften des reinen Wassers		151
	4.1.1.1	Bestandteile	151
	4.1.1.2	Aggregatzustand und Masse	151
	4.1.1.3	Viskosität	152
	4.1.1.4	Spezifische Wärme	153
	4.1.1.5	Zusammendrückbarkeit	153
	4.1.1.6	Chemisches Lösungsvermögen	153
	4.1.1.7	Folgeerscheinungen	154
4.1.2	Natürliche Rohwässer – Beschaffenheit und Anforderungen		155
	4.1.2.1	Allgemein	155
	4.1.2.2	Grundwasser und Quellwasser	155
	4.1.2.3	Oberflächenwasser	160
	4.1.2.4	Künstlich angereichertes Grundwasser und Uferfiltrat	164
		4.1.2.4.1 Künstlich angereichertes Grundwasser	164
		4.1.2.4.2 Uferfiltrat	165
	4.1.2.5	Regenwasser	165
4.1.3	Anforderungen an Trinkwasser – DIN 2000		165
4.1.4	Anforderungen der EU-Richtlinie und der Trinkwasserverordnung (TrinkwV)		166
4.1.5	Parameter zur Beurteilung der Wasserbeschaffenheit		167
	4.1.5.1	Allgemein	167
	4.1.5.2	Mikrobiologische Parameter	169
		4.1.5.2.1 Allgemein	169
		4.1.5.2.2 Escherichia coli, Coliforme Bakterien, Enterokokken	171
		4.1.5.2.3 Koloniezahl, Clostridium perfringens (als Indikator für Parasiten)	171
		4.1.5.2.4 Legionella pneumophila und andere Mikroorganismen	172
	4.1.5.3	Chemische Parameter mit Grenzwerten	172
		4.1.5.3.1 Antimon (Sb)	172
		4.1.5.3.2 Arsen (As)	173
		4.1.5.3.3 Blei (Pb)	173
		4.1.5.3.4 Cadmium (Cd)	174
		4.1.5.3.5 Chrom (Cr)	175
		4.1.5.3.6 Cyanid (CN^-)	175
		4.1.5.3.7 Fluorid (F^-)	175
		4.1.5.3.8 Nickel (Ni)	176
		4.1.5.3.9 Nitrat (NO_3^-)	176
		4.1.5.3.10 Nitrit (NO_2^-)	178
		4.1.5.3.11 Quecksilber (Hg)	178
		4.1.5.3.12 Polycyclische aromatische Kohlenwasserstoffe	179
		4.1.5.3.13 Organische Chlorverbindungen, THM	179
		4.1.5.3.14 Pflanzenbehandlungs- und Schädlingsbekämpfungsmittel (PBSM bzw. PSM)	180
		4.1.5.3.15 Kupfer (Cu)	181
		4.1.5.3.16 Selen (Se)	182
		4.1.5.3.17 Bor (B)	182
	4.1.5.4	Indikatorparameter und Parameter ohne Grenzwerte	183
		4.1.5.4.1 Allgemein	183
		4.1.5.4.2 Färbung	183
		4.1.5.4.3 Trübung	183
		4.1.5.4.4 Geruch	184

		4.1.5.4.5	Temperatur	185
		4.1.5.4.6	pH-Wert, Calcitlösekapazität	187
		4.1.5.4.7	Leitfähigkeit	191
		4.1.5.4.8	Oxidierbarkeit	192
		4.1.5.4.9	Aluminium (Al)	192
		4.1.5.4.10	Ammonium (NH_4^+)	194
		4.1.5.4.11	Benzinzusatz MTBE	194
		4.1.5.4.12	Barium (Ba)	195
		4.1.5.4.13	Calcium (Ca)	195
		4.1.5.4.14	Chlorid (Cl)	195
		4.1.5.4.15	Eisen (Fe)	197
		4.1.5.4.16	Kalium (K)	197
		4.1.5.4.17	Zink (Zn)	197
		4.1.5.4.18	Magnesium (Mg)	198
		4.1.5.4.19	Mangan (Mn)	198
		4.1.5.4.20	Natrium (Na)	199
		4.1.5.4.21	Phenole (C_6H_5OH)	199
		4.1.5.4.22	Phosphor (P)	199
		4.1.5.4.23	Silber (Ag)	200
		4.1.5.4.24	Sulfat (SO_4^{2-})	200
		4.1.5.4.25	Gelöste oder emulgierte Kohlenwasserstoffe; Mineralöle	201
		4.1.5.4.26	Arzneimittelrückstände	201
		4.1.5.4.27	Oberflächenaktive Stoffe	202
		4.1.5.4.28	Radioaktive Stoffe	202
		4.1.5.4.29	Pufferung, Säure- und Basekapazität	204
		4.1.5.4.30	Summe Erdalkalien (Härte)	204
		4.1.5.4.31	Kohlensäure (CO_2), anorganischer Kohlenstoff	207
		4.1.5.4.32	Summen- und Gruppenparameter für organische Stoffe	209
		4.1.5.4.33	Sauerstoff	211
		4.1.5.4.34	Redoxspannung	211
		4.1.5.4.35	Schwefelwasserstoff	212
		4.1.5.4.36	Geschmack	212
4.1.6	Zusatzstoffe zur Trinkwasseraufbereitung (Aufbereitungsstoffe)			213
4.1.7	Durchführung der Wasseruntersuchungen			214
	4.1.7.1	Allgemein		214
	4.1.7.2	Umfang und Häufigkeit der Untersuchungen		216
	4.1.7.3	Probenentnahme, Untersuchungen vor Ort		217
	4.1.7.4	Ergebnisangabe		219
	4.1.7.5	Beurteilung der Wasserbeschaffenheit einschließlich Korrosivität		219
4.1.8	Schutz des Wassers und Sanierungsmaßnahmen			222
	4.1.8.1	Gefährdung des Rohwassers		222
	4.1.8.2	Schutz des Wassers und Sanierung		224
	4.1.8.3.	Schutz des Trinkwassers		228
4.2	*Trinkwasseraufbereitung*			228
4.2.1	Anforderungen und Verfahren			228
4.2.2	Physikalische Verfahren			230
	4.2.2.1	Vorreinigung		230
		4.2.2.1.1	Rechen	230
		4.2.2.1.2	Entsandung	230
		4.2.2.1.3	Entölung	231
		4.2.2.1.4	Sieben	231

	4.2.2.2	Flockung, Sedimentation, Flotation	232
		4.2.2.2.1 Allgemeines	232
		4.2.2.2.2 Flockung	232
		4.2.2.2.3 Sedimentation	235
		4.2.2.2.4 Flotation	238
	4.2.2.3	Gasaustausch	238
		4.2.2.3.1 Allgemeines und Grundlagen	238
		4.2.2.3.2 Anlagen und Leistungsdaten	240
	4.2.2.4	Filtration	243
		4.2.2.4.1 Allgemeines	243
		4.2.2.4.2 Einteilung der Filter	243
		4.2.2.4.3 Bestandteile des Filters	244
		4.2.2.4.4 Filtermaterialien	245
		4.2.2.4.5 Bemessung und Betrieb	245
		4.2.2.4.6 Filterrückspülung	249
		4.2.2.4.7 Langsamfilter	249
		4.2.2.4.8 Feinfiltersysteme	250
	4.2.2.5	Membranverfahren	250
		4.2.2.5.1 Allgemein	250
		4.2.2.5.2 Umkehrosmose (U0)	252
		4.2.2.5.3 Elektrodialyse (ED)	254
		4.2.2.5.4 Ultrafiltration und Mikrofiltration (UF und MF)	254
		4.2.2.5.5 Nanofiltration (NF)	255
	4.2.2.6	Adsorption	255
		4.2.2.6.1 Allgemeines	255
		4.2.2.6.2 Aktivkohlefilter	256
		4.2.2.6.3 Pulverkohleeinsatz	257
	4.2.2.7	Grundwasseranreicherung	258
4.2.3	Chemische Verfahren		258
	4.2.3.1	Fällung	258
	4.2.3.2	Oxidation	259
		4.2.3.2.1 Allgemein	259
		4.2.3.2.2 Ozon (O_3)	259
		4.2.3.2.3 Wasserstoffperoxid (H_2O_2)	262
		4.2.3.2.4 Kaliumpermanganat ($KMnO_4$)	262
	4.2.3.3	Neutralisation	262
		4.2.3.3.1 Allgemeines	262
		4.2.3.3.2 Filtration über Kalkstein	263
		4.2.3.3.3 Filtration über dolomitische Materialien	266
		4.2.3.3.4 Zugabe von Alkalien	267
	4.2.3.4	Ionenaustausch	269
		4.2.3.4.1 Allgemeines	269
		4.2.3.4.2 Prinzip des Ionenaustausches	269
		4.2.3.4.3 Betrieb eines Ionenaustauschers	269
		4.2.3.4.4 Arten des Ionenaustausches	270
		4.2.3.4.5 Carix-Verfahren	271
4.2.4	Biologische Verfahren		272
4.2.5	Anwendung der Aufbereitungsverfahren		272
	4.2.5.1	Allgemeines	272
	4.2.5.2	Entsäuerung	273
		4.2.5.2.1 Allgemeines	273
		4.2.5.2.2 Verfahren zur Entsäuerung	273
		4.2.5.2.3 Auswahl des Verfahrens	273

4.2.5.3	Enteisenung		275
	4.2.5.3.1	Allgemeines	275
	4.2.5.3.2	Sauerstoffzufuhr	275
	4.2.5.3.3	Sedimentation	276
	4.2.5.3.4	Filtration	276
	4.2.5.3.5	Unterirdische Enteisenung (und Entmanganung)	278
4.2.5.4	Entmanganung		278
4.2.5.5	Aufbereitung von reduzierten Wässern		280
4.2.5.6	Entfernen von organischen Inhaltsstoffen		280
	4.2.5.6.1	Algen, Plankton, sonstige organische Partikel	280
	4.2.5.6.2	Farbe, Geruch, Geschmack	281
	4.2.5.6.3	Chlorierte Kohlenwasserstoffe	281
	4.2.5.6.4	Pflanzenbehandlungs- und Schädlingsbekämpfungsmittel	282
4.2.5.7	Entfernen der Stickstoffverbindungen		282
	4.2.5.7.1	Allgemeines	282
	4.2.5.7.2	Nitratentfernung	283
	4.2.5.7.3	Nitritentfernung	287
	4.2.5.7.4	Ammoniumentfernung	287
4.2.5.8	Enthärten		290
	4.2.5.8.1	Allgemeines	290
	4.2.5.8.2	Übersicht zu den Enthärtungsverfahren	291
	4.2.5.8.3	Langsamentcarbonisierung	292
	4.2.5.8.4	Schnellentcarbonisierung	293
	4.2.5.8.5	Kalk-Soda-Verfahren	294
4.2.5.9	Entsalzen		294
4.2.5.10	Aufhärten		295
4.2.5.11	Dosierung von Phosphat und Silikat		296
4.2.5.12	Entfernen von anorganischen Spurenstoffen		297
	4.2.5.12.1	Allgemeines	297
	4.2.5.12.2	Arsenentfernung	297
	4.2.5.12.3	Aluminiumentfernung	298
	4.2.5.12.4	Nickelentfernung	298
4.2.5.13	Dekontamination		299
4.2.5.14	Desinfektion		301
	4.2.5.14.1	Allgemeines	301
	4.2.5.14.2	Abkochen	303
	4.2.5.14.3	Filtern	303
	4.2.5.14.4	Chlorung, Chlordioxid	303
	4.2.5.14.5	UV-Bestrahlung	308
	4.2.5.14.6	Silberung	310
	4.2.5.14.7	Desinfektion von Anlageteilen der Wasserversorgung	310
4.2.5.15	Schlammbehandlung		311
4.2.6 Mischwasser			315
	4.2.6.1	Allgemeines	315
	4.2.6.2	Zonentrennung	316
	4.2.6.3	Zentrale Mischung	317
	4.2.6.4	Aufbereitung bei der zentralen Mischung	317
	4.2.6.5	Angleichung der Wasserbeschaffenheit durch Aufbereitung	317
4.2.7 Beispielschemata von Aufbereitungsanlagen			318
4.2.8 Trinkwassernachbehandlung			319
	4.2.8.1	Allgemeines	319
	4.2.8.2	Mechanisch wirkende Filter	319
	4.2.8.3	Dosiergeräte	320

	4.2.8.4	Kationenaustauscher zur Enthärtung	320
	4.2.8.5	Sonstige Anlagen zur Trinkwassernachbehandlung	321
4.2.9		Bauwerke der Wasseraufbereitung	322
	4.2.9.1	Wahl des Verfahrens und des Standorts der Anlage	322
	4.2.9.2	Planung der Anlagenteile	322
	4.2.9.3	Ausschreibung	325
	4.2.9.4	Abnahme, Einweisung und Bedienungsvorschrift	325
Literatur			326

5. Wasserförderung ... 329

5.1 Maschinelle Einrichtungen ... 329

5.1.1		Betriebswerte von Pumpen	329
	5.1.1.1	Förderstrom	329
	5.1.1.2	Förderhöhe und Förderdruck	329
	5.1.1.3	Nutzleistung einer Pumpe	330
	5.1.1.4	Leistungsbedarf an der Pumpenwelle	331
5.1.2		Kreiselpumpen (KrP)	331
	5.1.2.1	Anwendungsgebiet	331
	5.1.2.2	Bauformen von Kreiselpumpen	331
		5.1.2.2.1 Grundsätzlicher Aufbau	331
		5.1.2.2.2 Betriebsverhalten und Kennlinien von Kreiselpumpen	331
		5.1.2.2.3 Bauarten	334
	5.1.2.3	Saugverhalten von Kreiselpumpen	336
	5.1.2.4	Zusammenhang zwischen Kennlinie einer Kreiselpumpe und der Anlagenkennlinie	338
	5.1.2.5	Betrieb mehrerer Kreiselpumpen	339
		5.1.2.5.1 Parallelbetrieb von Kreiselpumpen	339
		5.1.2.5.2 Hintereinanderschalten von Kreiselpumpen	340
	5.1.2.6	Anfragen für Kreiselpumpen	340
5.1.3		Abnahmeprüfung von Kreiselpumpen	341
	5.1.3.1	Werkstoffprüfung	341
	5.1.3.2	Hydraulische Abnahmeprüfung	341
		5.1.3.2.1 Garantiewerte	341
		5.1.3.2.2 Prüfergebnisse und Toleranzfaktoren	342
		5.1.3.2.3 Nichterreichen vereinbarter Kennwerte	344
5.1.4		Sonstige Wasserhebevorrichtungen	344
	5.1.4.1	Kolbenpumpen	344
		5.1.4.1.1 Anwendungsgebiet	344
		5.1.4.1.2 Bauarten und Förderstrom	344
		5.1.4.1.3 Technische Eigenschaften	345
	5.1.4.2	Mischlufttheber	345
	5.1.4.3	Widder	345
	5.1.4.4	Dosierpumpen	346
5.1.5		Nichtelektrische Antriebsmaschinen	346
	5.1.5.1	Verbrennungsmotoren	346
		5.1.5.1.1 Dieselmotoren	346
		5.1.5.1.2 Benzinmotoren	347
		5.1.5.1.3 Gasmotoren	347
	5.1.5.2	Wasserkraftmaschinen	348
		5.1.5.2.1 Wasserräder	348
		5.1.5.2.2 Wasserturbinen	348
		5.1.5.2.3 Kreiselpumpen im Turbinenbetrieb	348

5.1.6	Luftverdichter und Gebläse		348
5.2	*Elektrotechnik*		349
5.2.1	Allgemeine Zusammenhänge		349
	5.2.1.1	Grundgrößen	351
		5.2.1.1.1 Stromarten	351
		5.2.1.1.2 Spannung	351
		5.2.1.1.3 Netzfrequenz in Drehstromnetzen	352
5.2.2	Elektromotoren		352
	5.2.2.1	Wirkungsgrad	352
	5.2.2.2	Drehzahl und Drehrichtung	352
		5.2.2.2.1 Feste Drehzahlen	352
		5.2.2.2.2 Variable Drehzahlen – Frequenzumrichter	353
		5.2.2.2.3 Drehrichtung	354
	5.2.2.3	Kraftübertragung und Antriebsart	354
	5.2.2.4	Anlassen von Elektromotoren	355
		5.2.2.4.1 Direktanlauf	356
		5.2.2.4.2 Stern-Dreieck-Anlauf	356
		5.2.2.4.3 Elektronischer Sanftanlaufstarter	358
		5.2.2.4.4 Frequenzumrichter	358
		5.2.2.4.5 Anlasstransformator	359
		5.2.2.4.6 Anlasswiderstände (Nur bei Schleifringläufermaschinen)	359
	5.2.2.5	Bauformen und Schutzarten der Elektromotoren	359
	5.2.2.6	Blindstromkompensation	359
	5.2.2.7	Motorerwärmung	360
5.2.3	Energieverteilung		360
	5.2.3.1	Schaltgeräte	360
		5.2.3.1.1 Schaltgeräte für Mittelspannungsanlagen	360
		5.2.3.1.2 Schaltgeräte für Niederspannungsanlagen	361
		5.2.3.1.3 Besondere Sensoren und Geräte für selbsttätige Steuerungen und zur Fernüberwachung	361
	5.2.3.2	Leitungen und Zubehör	362
		5.2.3.2.1 Stromleitungen	362
		5.2.3.2.2 Motoranschlüsse und Sicherungen	362
	5.2.3.3	Transformatoren (Umspanner)	363
	5.2.3.4	Ersatzstromerzeugungsanlagen	363
5.2.4	Schutzmaßnahmen in elektrischen Anlagen		366
	5.2.4.1	Schutz gegen direktes Berühren	366
	5.2.4.2	Schutz bei indirektem Berühren	366
		5.2.4.2.1 Schutzisolierung	366
		5.2.4.2.2 Schutztrennung	366
		5.2.4.2.3 Schutzeinrichtungen im TN-Netz	366
		5.2.4.2.4 Schutzeinrichtungen im TT-Netz	367
		5.2.4.2.5 Schutzeinrichtungen im IT-Netz	367
		5.2.4.2.6 Fehlerstrom-Schutzeinrichtung (RCD)	368
	5.2.4.3	Weitere Sicherheitsregeln	368
5.2.5	Messprogramm und Messwertdarstellung		368
	5.2.5.1	Messprogramm	368
	5.2.5.2	Anzeigeinstrumente	369
5.3	*Fernwirkanlagen*		370
5.3.1	Aufgaben und Ziele von Fernwirkanlagen		370

5.3.2	Technischer Aufbau		371
	5.3.2.1 Anlagenformen und -bestandteile		371
		5.3.2.1.1 Anlagenformen	371
		5.3.2.1.2 Zentrale	372
		5.3.2.1.3 Unterstationen	372
		5.3.2.1.4 Messumformer	372
	5.3.2.2 Übertragungsrichtung		372
		5.3.2.2.1 Fernüberwachungseinrichtungen zur Übertragung von Messwerten und Meldungen	372
		5.3.2.2.2 Fernsteuereinrichtungen zur Übertragung von Stellwerten und Befehlen	372
	5.3.2.3 Übertragungsverfahren		372
		5.3.2.3.1 Zeit-Multiplex-Übertragung (ZM)	372
		5.3.2.3.2 Frequenz-Multiplex-Übertragung (FM)	373
		5.3.2.3.3 Raum-Multiplex-Übertragung (RM)	373
		5.3.2.3.4 Kombination des RM-, FM- und ZM-Systems	373
		5.3.2.3.5 Vergleich der Übertragungsverfahren	373
	5.3.2.4 Übertragungswege		374
		5.3.2.4.1 Betriebseigene Übertragungswege	374
		5.3.2.4.2 Übertragungswege der kommerziellen Telekommunikationsanbieter	374
		5.3.2.4.3 Vergleich der Übertragungswege	374
5.3.3	Datenbehandlung		375
	5.3.3.1 Datenerfassung und -verarbeitung		375
	5.3.3.2 Datendarstellung und -speicherung und elektronische Verarbeitung		375
5.3.4	Betriebsweise der Anlagen		377
	5.3.4.1 Handbetrieb		377
	5.3.4.2 Halbautomatischer Betrieb		377
	5.3.4.3 Vollautomatischer Betrieb		377
	5.3.4.4 Allgemeines zum Eingreifen in Betriebsabläufe		379
5.3.5	Leittechnische Einrichtungen		379
5.4	*Förderanlagen*		380
5.4.1	Systemvarianten von Förderanlagen		380
	5.4.1.1 Förderanlagen zur Gewinnung und Aufbereitung		380
	5.4.1.2 Förderanlagen für Wassertransport und Wasserverteilung		381
		5.4.1.2.1 Hauptpumpwerk	381
		5.4.1.2.2 Zwischenpumpwerk	382
		5.4.1.2.3 Druckerhöhungsanlagen (DEA)	382
5.4.2	Dynamische Druckänderungen in Wasserversorgungsanlagen		382
	5.4.2.1 Ursachen dynamischer Druckänderungen		382
	5.4.2.2 Größe der Druckstöße		383
	5.4.2.3 Abhilfemaßnahmen		384
5.4.3	Planung und Ausführung von Pumpwerken		385
	5.4.3.1 Anforderungen an die Entwurfsplanung		385
	5.4.3.2 Pumpenbauart und Größe der Pumpensätze		386
		5.4.3.2.1 Horizontale Kreiselpumpen	386
		5.4.3.2.2 Vertikale Kreiselpumpen	386
		5.4.3.2.3 Größe der Pumpensätze	386
		5.4.3.2.4 Unterteilung der Pumpensätze	387
	5.4.3.3 Ausschreibung von Förderanlagen		387
	5.4.3.4 Standort einer Förderanlage		387

	5.4.3.5	Raumprogramm	387
		5.4.3.5.1 Lage der Räume zueinander	388
		5.4.3.5.2 Raumhöhen	388
		5.4.3.5.3 Platzbedarf für die Pumpensätze	388
		5.4.3.5.4 Anordnung der Rohrleitungen	388
		5.4.3.5.5 Unterbringung der elektrischen Anlagen	389
		5.4.3.5.6 Belichtung und Beheizung	390
	5.4.3.6	Sicherheit gegen Einbruch und Brand	390
5.4.4	Abnahme von Förderanlagen		391
5.4.5	Aspekte einzelner Förderanlagen		391
	5.4.5.1	Grundwasserpumpwerk (GPW)	391
	5.4.5.2	Druckerhöhungsanlagen als Druckbehälterpumpwerke (DBPW)	393
		5.4.5.2.1 Größe der Pumpen bei Druckbehälterpumpwerken	393
		5.4.5.2.2 Volumen der Druckbehälter	393
		5.4.5.2.3 Schaltmöglichkeiten	394
		5.4.5.2.4 Zubehör	395
	5.4.5.3	Druckerhöhungsanlagen mit drehzahlgeregelten Antriebsmotoren	395
	5.4.5.4	Drucksteigerungspumpwerke	396
	5.4.5.5	Druckerhöhungsanlagen in Grundstücken	398
5.4.6	Überwachung von Förderanlagen		399
5.4.7	Ausführungsbeispiele		401
5.5	*Wasserzählung und Wassermessung*		407
5.5.1	Allgemeines		407
	5.5.1.1	Volumenmessungen (Wasserzähler)	407
	5.5.1.2	Durchflussmessungen	408
5.5.2	Wasserzählung		408
	5.5.2.1	Bauarten der Zähler	408
		5.5.2.1.1 Flügelradzähler	408
		5.5.2.1.2 Ringkolbenzähler	409
		5.5.2.1.3 Woltmannzähler	409
		5.5.2.1.4 Woltmannverbundzähler	410
		5.5.2.1.5 Sonderzähler	410
		5.5.2.1.6 Nass- und Trockenläufer	411
		5.5.2.1.7 Zählwerke und Datenauslesung	411
	5.5.2.2	Begriffe und Anforderungen	411
		5.5.2.2.1 Maßgebende Begriffe	411
		5.5.2.2.2 Anforderungen	412
	5.5.2.3	Zählergrößen	413
		5.5.2.3.1 Zähler mit Gewindeanschluss	413
		5.5.2.3.2 Zähler mit Flanschanschluss	413
		5.5.2.3.3 Größe von Flügelradzählern in Wohngebäuden (DVGW W 406)	413
5.5.3	Wassermessung		414
	5.5.3.1	Durchflussmessung mittels Wasserzähler mit Zusatzeinrichtungen	414
	5.5.3.2	Durchflussmessung nach dem magnetisch-induktiven Messverfahren	414
	5.5.3.3	Durchflussmessung mittels Ultraschallgeräten	415
	5.5.3.4	Weitere Verfahren	415
		5.5.3.4.1 Durchflussmessung nach dem Wirkdruckverfahren	415
		5.5.3.4.2 Durchflussmessung mit Schwebekörper	416
		5.5.3.4.3 Überfallmessung	416
		5.5.3.4.4 Kübelmessung	417

5.5.4		Hinweise für Einbau, Inbetriebnahme und Wartung von Zählern und Messvorrichtungen..	417
	5.5.4.1	Hauswasserzähler	417
		5.5.4.1.1 Einbau	417
		5.5.4.1.2 Einbauort	418
		5.5.4.1.3 Inbetriebnahme	418
		5.5.4.1.4 Wartung	419
		5.5.4.1.5 Lagerung und Beförderung	419
	5.5.4.2	Woltmannzähler	419
	5.5.4.3	Venturi- und Ultraschall-Messanlagen	420
	5.5.4.4	Magnetisch-induktive Messeinrichtungen	420
5.5.5		Eichung und Prüfung der Zähler	421
	5.5.5.1	Technische Eigenschaften und Eichung der Wasserzähler	421
	5.5.5.2	Prüfung und Überwachung durch das Wasserversorgungsunternehmen	422
Literatur			422

6. Wasserspeicherung 425

6.1 Aufgaben der Wasserspeicherung 425

6.1.1	Ausgleich zwischen Wasserzufluss und Wasserentnahme, Abdeckung von Verbrauchsspitzen		426
6.1.2	Ausgleich zwischen Vor- und Hauptförderung		426
6.1.3	Einhalten der Druckbereiche in Zubringerleitungen und Versorgungsleitungen		426
6.1.4	Überbrücken von Betriebsstörungen		426
6.1.5	Bereithalten von Löschwasser		427
6.1.6	Druckzonenversorgung		427
6.1.7	Misch- und Absetzbecken		427
6.1.8	Ausgleich der Abflüsse eines oberirdischen Gewässers in einer Trinkwassertalsperre		427

6.2 Arten der Wasserspeicherung 427

6.2.1	Wasserbehälter in Hochlage		427
	6.2.1.1	Hochbehälter	427
	6.2.1.2	Wasserturm	428
6.2.2	Wasserbehälter in Tieflage		428
6.2.3	Druckbehälter		428
6.2.4	Lösungsmöglichkeiten		428
6.2.5	Trinkwassertalsperren		429
6.2.6	Grundwasserspeicher		429
6.2.7	Löschwasserspeicher		430

6.3 Speicherinhalt 430

6.3.1	Ausgleich der Verbrauchsschwankungen – Fluktuierendes Wasservolumen			431
	6.3.1.1	Allgemein		431
	6.3.1.2	Rechnerische Ermittlung		431
	6.3.1.3	Grafische Ermittlung		431
	6.3.1.4	Beurteilung		434
6.3.2	Ausgleich zwischen Vor- und Hauptförderung im Tiefbehälter			435
6.3.3	Sicherheitsvorrat			436
6.3.4	Löschwasservorrat			437
6.3.5	Festlegen des Speicherinhalts in der Praxis			437
	6.3.5.1	Allgemeines		437
	6.3.5.2	Kleine und mittelgroße Anlagen		438
		6.3.5.2.1 Nutzinhalt		438
		6.3.5.2.2 Löschwasservorrat		438
	6.3.5.3	Große Anlagen		438

	6.3.5.4	Sehr große Anlagen über 50 000 m³/d	438
	6.3.5.5	Gruppenanlagen	439
6.3.6	Speicherinhalt von Trinkwassertalsperren		439
6.4	*Hochbehälter*		439
6.4.1	Allgemeine Anforderungen		439
	6.4.1.1	Versorgungstechnische Anforderungen	439
	6.4.1.2	Bautechnische Anforderungen	439
	6.4.1.3	Betriebliche Anforderungen	440
	6.4.1.4	Sicherheitstechnische Anforderungen (Objektschutz)	441
	6.4.1.5	Gestalterische Anforderungen	441
	6.4.1.6	Wirtschaftliche Anforderungen	442
6.4.2	Lage		442
	6.4.2.1	Höhenlage	442
	6.4.2.2	Lage zum Versorgungsgebiet	443
		6.4.2.2.1 Entfernung	443
		6.4.2.2.2 Durchlaufbehälter	443
		6.4.2.2.3 Gegenbehälter	444
	6.4.2.3	Mehrere Hochbehälter in der gleichen Druckzone	445
		6.4.2.3.1 Neuer Hochbehälter in unmittelbarer Nähe des bestehenden	445
		6.4.2.3.2 Neuer Hochbehälter in größerer Entfernung zum bestehenden	445
	6.4.2.4	Anforderungen an den Bauplatz	447
6.4.3	Bauliche Anordnung		447
	6.4.3.1	Allgemein	447
	6.4.3.2	Wasserkammer	447
		6.4.3.2.1 Anzahl	447
		6.4.3.2.2 Grundrissformen	447
		6.4.3.2.3 Wassererneuerung	449
		6.4.3.2.4 Wassertiefe	451
		6.4.3.2.5 Wärmeschutz des Bauwerks	452
		6.4.3.2.6 Anbau weiterer Kammern	453
		6.4.3.2.7 Konstruktive Hinweise	454
	6.4.3.3	Bedienungshaus	457
6.4.4	Bauausführung – Ortbetonbauweise		458
	6.4.4.1	Allgemeines	458
	6.4.4.2	Baustoffe	459
		6.4.4.2.1 Zement	459
		6.4.4.2.2 Betonzuschlag	459
		6.4.4.2.3 Betonzusatzmittel	459
		6.4.4.2.4 Betonzusatzstoffe	459
		6.4.4.2.5 Zugabewasser	459
		6.4.4.2.6 Betonrezeptur	460
		6.4.4.2.7 Betonstahl	460
		6.4.4.2.8 Andere Baustoffe	460
	6.4.4.3	Statische Bearbeitung	460
	6.4.4.4	Verarbeiten des Betons	461
	6.4.4.5	Betonnachbehandlung	462
	6.4.4.6	Oberflächenbehandlung	462
		6.4.4.6.1 Allgemeines	462
		6.4.4.6.2 Bedienungshaus	462
		6.4.4.6.3 Wasserkammern – Innenflächen	462
		6.4.4.6.4 Wasserkammern – Außenflächen	465

6.4.5	Bauausführung – Fertigteilbauweise		466
	6.4.5.1	Allgemeines	466
	6.4.5.2	Fertigteil-Rundbehälter in Stahlbetonbauweise	466
	6.4.5.3	Fertigteil-Rundbehälter in Spannbetonbauweise	467
	6.4.5.4	Fertigteil-Rechteckbehälter in Stahlbetonbauweise	468
	6.4.5.5	Fertigteil-Rechteckbehälter in Spannbetonbauweise	469
	6.4.5.6	Fertigteil-Großrohrbehälter	469
6.4.6	Zugang		470
6.4.7	Belichtung		471
	6.4.7.1	Allgemeines	471
	6.4.7.2	Wasserkammern	471
	6.4.7.3	Bedienungshaus	471
6.4.8	Be- und Entlüftung		471
	6.4.8.1	Allgemeines	471
	6.4.8.2	Wasserkammern	471
	6.4.8.3	Bedienungshaus	472
6.4.9	Hydraulische Ausrüstung		472
	6.4.9.1	Allgemeines	472
	6.4.9.2	Rohrleitungen	473
		6.4.9.2.1 Zulaufleitung	473
		6.4.9.2.2 Entnahmeleitung	475
		6.4.9.2.3 Überlaufleitung	475
		6.4.9.2.4 Entleerungsleitung	476
		6.4.9.2.5 Rohrbruchsicherung	476
		6.4.9.2.6 Umführungsleitung	476
		6.4.9.2.7 Löschwasserleitung	476
	6.4.9.3	Rohrdurchführungen	476
	6.4.9.4	Rohrmaterial	476
	6.4.9.5	Korrosionsschutz	477
6.4.10	Entwässerungsanlage		477
6.4.11	Elektrische Einrichtung		478
	6.4.11.1	Stromversorgung	478
	6.4.11.2	Mess-, Steuer- und Regeltechnik	478
6.4.12	Dichtheitsprüfung		479
	6.4.12.1	Forderung	479
	6.4.12.2	Durchführen der Dichtheitsprüfung	479
6.4.13	Außenanlagen		482
6.4.14	Ausführungsbeispiele Hochbehälter		482
6.5	*Wasserturm*		487
6.5.1	Allgemein		487
6.5.2	Nutzinhalt		487
6.5.3	Lage		487
	6.5.3.1	Höhenlage	487
	6.5.3.2	Lage zum Versorgungsgebiet	488
6.5.4	Allgemeine bauliche Anordnung		488
	6.5.4.1	Allgemein	488
	6.5.4.2	Behälter (Wasserkammern)	488
	6.5.4.3	Schaft (Turmkonstruktion)	489
	6.5.4.4	Bedienungsräume	489
6.5.5	Konstruktive Hinweise		490
	6.5.5.1	Gründung	490
	6.5.5.2	Wasserkammern	490

	6.5.5.3	Besondere Beanspruchungen	490
	6.5.5.4	Fertigteilbauweise	491
6.5.6	Zugang		491
6.5.7	Hydraulische Ausrüstung		491
6.5.8	Äußere Gestaltung		491
6.5.9	Mehrzweckbauwerke		491
6.5.10	Ausführungsbeispiele Wassertürme		492
6.6	*Tiefbehälter*		499
6.6.1	Allgemein		499
6.6.2	Speicherinhalt		499
6.6.3	Lage		500
6.6.4	Bauliche Anordnung		500
6.7	*Löschwasserbehälter*		500
6.7.1	Allgemein		500
6.7.2	Löschwasserteich		500
	6.7.2.1	Fassungsvermögen	500
	6.7.2.2	Lage	501
	6.7.2.3	Bauliche und betriebliche Anforderungen	501
6.7.3	Unterirdische Löschwasserbehälter		502
	6.7.3.1	Fassungsvermögen	502
	6.7.3.2	Lage	502
	6.7.3.3	Bauliche und betriebliche Anforderungen	502
6.8	*Maßnahmen zur Instandhaltung von Wasserbehältern*		503
6.8.1	Instandhaltung, Sanierung, Mangel, Schaden		503
6.8.2	Betriebshandbuch		505
6.8.3	Kontrolle, Reinigung und Desinfektion		506
6.8.4	Mängel und Schäden bei Wasserbehältern		507
6.8.5	Instandsetzungsplan/Instandsetzung, Sanierung oder Neubau		509
Literatur			512
7.	**Wasserverteilung**		**517**
7.1	*Allgemeines*		517
7.2	*Werkstoffe*		518
7.2.1	Gusseisen (Grauguss, GG; Duktilguss, GGG)		518
7.2.2	Stahl (St)		518
7.2.3	Asbestzement (AZ)		518
7.2.4	Spannbeton (SpB) und Stahlbeton (StB)		519
7.2.5	Kunststoffe (PVC, PE, UP-GF)		519
7.2.6	Wahl der Werkstoffe		520
7.2.7	Korrosionsschutz		520
	7.2.7.1	Außen- und Innenkorrosion	520
	7.2.7.2	Arten des Korrosionsschutzes	521
		7.2.7.2.1 Allgemeines	521
		7.2.7.2.2 Passiver Schutz	521
		7.2.7.2.3 Aktiver Schutz	523
7.3	*Bestandteile der Rohrleitungen*		524
7.3.1	Rohre und Formstücke		524
	7.3.1.1	Rohre und Formstücke aus duktilem Gusseisen (GGG)	524
		7.3.1.1.1 Herstellung der Rohre	524
		7.3.1.1.2 Druckstufen (nach DIN EN 805)	524
		7.3.1.1.3 Abmessungen	525
		7.3.1.1.4 Verbindungen	526
		7.3.1.1.5 Formstücke aus duktilem Gusseisen	528

	7.3.1.2	Rohre und Formstücke aus Stahl	532
		7.3.1.2.1 Herstellung der Rohre	532
		7.3.1.2.2 Druckstufen	533
		7.3.1.2.3 Abmessungen	533
		7.3.1.2.4 Verbindungen	534
		7.3.1.2.5 Formstücke aus Stahl	535
	7.3.1.3	Rohre aus Asbestzement (Faserzement) mit Formstücken aus Grauguss	536
		7.3.1.3.1 Allgemeines	536
		7.3.1.3.2 Druckstufen	536
		7.3.1.3.3 Abmessungen (Tab. 7-10)	536
		7.3.1.3.4 Verbindungen	536
		7.3.1.3.5 Formstücke	537
	7.3.1.4	Spannbetonrohre und Stahlbetonrohre	537
		7.3.1.4.1 Allgemeines	537
		7.3.1.4.2 Druckstufen	537
		7.3.1.4.3 Verbindungen	537
	7.3.1.5	PVC-U-Rohre (Kunststoff)	537
		7.3.1.5.1 Herstellung der Rohre	537
		7.3.1.5.2 Druckstufen	538
		7.3.1.5.3 Abmessungen der Rohre für MDP 10 und MDP 16	538
		7.3.1.5.4 Verbindungen	539
		7.3.1.5.5 Formstücke	539
	7.3.1.6	Polyethylen-Rohre (Kunststoff)	540
		7.3.1.6.1 Herstellung der Rohre	540
		7.3.1.6.2 Druckstufen	540
		7.3.1.6.3 Abmessungen	540
		7.3.1.6.4 Verbindungen	540
	7.3.1.7	UP-GF-Rohre (Rohre aus glasfaserverstärkten Kunststoffen)	542
		7.3.1.7.1 Herstellung der Rohre	542
		7.3.1.7.2 Abmessungen und Verbindungen	542
7.3.2	Armaturen		543
	7.3.2.1	Allgemeines	543
	7.3.2.2	Werkstoffe	543
	7.3.2.3	Korrosionsschutz	543
		7.3.2.3.1 Korrosionsschutz der Außenseite	543
		7.3.2.3.2 Korrosionsschutz der Innenseite	543
	7.3.2.4	Absperr- und Regelarmaturen allgemein	544
		7.3.2.4.1 Grundsätzliches	544
		7.3.2.4.2 Fast immer geöffnete Absperrvorrichtungen	544
		7.3.2.4.3 Fast immer geschlossene Absperrvorrichtungen	545
		7.3.2.4.4 Regeleinrichtungen (DIN EN 1074-5)	547
		7.3.2.4.5 Einbau von Absperr- und Regelarmaturen	548
		7.3.2.4.6 Bedienung von Absperrarmaturen	549
	7.3.2.5	Sonderbauarten	549
		7.3.2.5.1 Membranventile	549
		7.3.2.5.2 Ringförmige Gummimembranen	550
	7.3.2.6	Rückflussverhindernde Armaturen (DIN EN 1074-3)	550
	7.3.2.7	Sonstige Armaturen	551
		7.3.2.7.1 Ent- und Belüftungen (DIN EN 1074-4)	551
		7.3.2.7.2 Spülauslässe und Entleerungsvorrichtungen	556
		7.3.2.7.3 Behältereinlaufarmaturen	558
		7.3.2.7.4 Siebe	560

		7.3.2.7.5	Hydranten	560
		7.3.2.7.6	Druckminderventile	563
	7.3.2.8	Armaturen für Hausanschlussleitungen		564
		7.3.2.8.1	Allgemeines	564
		7.3.2.8.2	Drehscheiben- und Steckscheibenverschlüsse	565
		7.3.2.8.3	Anbohrbrücken	565
		7.3.2.8.4	Bewegliche Steckscheiben	565
		7.3.2.8.5	Weichdichtende Absperrschieber	565
		7.3.2.8.6	Einfache Eckventile	565
7.3.3	Rohrleitungszubehör			566
	7.3.3.1	Entlüftungsrohre		566
	7.3.3.2	Schachtdeckel		566
	7.3.3.3	Hinweisschilder		567
	7.3.3.4	Leitern		568
7.4	*Planung von Rohrleitungen*			568
7.4.1	Allgemeines			568
7.4.2	Trassieren			569
	7.4.2.1	Allgemeines		569
	7.4.2.2	Geländeaufnahmen zu den Lageplänen		569
		7.4.2.2.1	für Zubringer- und Fernleitungen	569
		7.4.2.2.2	für Ortsnetze	571
	7.4.2.3	Höhenaufnahmen für die Längsschnitte		572
		7.4.2.3.1	Zweck der Längsschnitte	572
		7.4.2.3.2	In den Längsschnitten festzuhaltende Punkte	573
		7.4.2.3.3	Arten der Längsschnitte	573
7.4.3	Zeichnerische Darstellung			573
	7.4.3.1	Allgemeines		573
	7.4.3.2	Lagepläne		576
		7.4.3.2.1	Berechnungslagepläne	576
		7.4.3.2.2	Übersichtslagepläne	577
		7.4.3.2.3	Entwurfslagepläne	577
		7.4.3.2.4	Bestandslagepläne	579
		7.4.3.2.5	Ausführungs- und Verlegeskizzen	580
	7.4.3.3	Längsschnitte		580
		7.4.3.3.1	Allgemeines	580
		7.4.3.3.2	Übersichtslängsschnitte	580
		7.4.3.3.3	Entwurfslängsschnitte	581
7.5	*Bemessung und Berechnung von Rohrleitungen und Rohrnetzen*			582
7.5.1	Allgemeines			582
7.5.2	Hydrostatische Berechnungen			583
	7.5.2.1	Hydrostatischer Druck		583
	7.5.2.2	Hydrostatische Druckkraft		583
	7.5.2.3	Auftrieb		584
7.5.3	Hydrodynamische Berechnungen			585
	7.5.3.1	Grundlagen		585
		7.5.3.1.1	Bewegungsarten des Wassers	585
		7.5.3.1.2	Geschwindigkeitsverteilung	585
		7.5.3.1.3	Reynolds'sche Zahl	586
		7.5.3.1.4	Kontinuitätsgleichung	586
		7.5.3.1.5	Gleichung der Erhaltung der Energie	586
		7.5.3.1.6	Allgemein gültige Geschwindigkeitsformel	587
	7.5.3.2	Druckhöhenverlust in Freispiegelgerinnen		587

	7.5.3.3	Druckhöhenverlust in geraden Druckrohrleitungen	587
		7.5.3.3.1 Formeln von Darcy–Weisbach und Colebrook–White	587
		7.5.3.3.2 Potenzformeln	608
	7.5.3.4	Druckhöhenverlust in Rohrleitungseinbauten	610
		7.5.3.4.1 Allgemeines	610
		7.5.3.4.2 ζ-Wert für Einlauf in eine Rohrleitung	610
		7.5.3.4.3 ζ-Wert für Erweiterungen	610
		7.5.3.4.4 ζ-Wert für Verengungen	611
		7.5.3.4.5 ζ-Wert für Krümmer	611
		7.5.3.4.6 ζ-Wert für Kniestücke	612
		7.5.3.4.7 ζ-Wert für Abzweige	612
		7.5.3.4.8 ζ-Wert für Armaturen	613
		7.5.3.4.9 ζ-Wert für Kleinformstücke und -armaturen	614
		7.5.3.4.10 ζ-Wert für Wasserzähler	614
	7.5.3.5	Freier Ausfluss aus einem Behälter bzw. einer Rohrleitung	614
	7.5.3.6	Hydraulische Hilfsrechnungen	614
		7.5.3.6.1 Umrechnung von Rohrlängen mit verschiedenem DN	614
		7.5.3.6.2 Leitungsverzweigungen	615
		7.5.3.6.3 Einteilung einer Rohrleitung in verschiedene DN	616
7.5.4	Bemessung und Berechnung von Rohrleitungen		617
	7.5.4.1	Allgemeines	617
	7.5.4.2	Bemessen von Zubringer- und Fernleitungen	617
		7.5.4.2.1 Allgemeines	617
		7.5.4.2.2 Durchfluss Q	617
		7.5.4.2.3 Fließgeschwindigkeit	618
		7.5.4.2.4 Rauheit	618
		7.5.4.2.5 Druckhöhe	618
		7.5.4.2.6 Beispiel	619
	7.5.4.3	Berechnen bestehender Zubringer- und Fernleitungen	619
7.5.5	Bemessen von Rohrnetzen		619
	7.5.5.1	Allgemeines	619
	7.5.5.2	Geforderte Leistung des Rohrnetzes	619
		7.5.5.2.1 Bemessungsdurchfluss	619
		7.5.5.2.2 Löschwasserbedarf	620
		7.5.5.2.3 Druckhöhe	620
	7.5.5.3	Bemessungsunterlagen	621
		7.5.5.3.1 Rohrnetzplan	621
		7.5.5.3.2 Belastungsplan	621
		7.5.5.3.3 Bemessungsplan und Bemessungstabelle	621
		7.5.5.3.4 Nachteile des Verästelungssystems	622
7.5.6	Berechnen von vermaschten Rohrnetzen		623
	7.5.6.1	Grundlage	623
	7.5.6.2	Analog-Modelle	624
	7.5.6.3	Rechenverfahren, Digital-Modelle	624
		7.5.6.3.1 Allgemeines	624
		7.5.6.3.2 Verfahren mit Druckhöhenausgleich	624
		7.5.6.3.3 Verfahren mit Durchflussausgleich	625
		7.5.6.3.4 Berechnungsunterlagen	625
7.5.7	Bemessen und Berechnen von Anschlussleitungen		628

7.5.8		Statische Beanspruchung von Rohren		633
	7.5.8.1	Allgemeines		633
	7.5.8.2	Beanspruchung durch Innendruck		633
		7.5.8.2.1	Größe der Belastung	633
		7.5.8.2.2	Spannungen durch die Radialkräfte	634
		7.5.8.2.3	Bemessung der Wanddicken von Druckrohren	635
		7.5.8.2.4	Beanspruchung durch Axialkräfte	637
	7.5.8.3	Beanspruchung erdverlegter Rohre durch äußere Kräfte		637
		7.5.8.3.1	Allgemeines	637
		7.5.8.3.2	Grundformen der Belastung des erdverlegten Rohres	638
		7.5.8.3.3	Kennwerte der Belastungen	638
		7.5.8.3.4	Kennwerte der Rohrwerkstoffe	639
		7.5.8.3.5	Kennwerte des Beispiels einer Berechnung	640
		7.5.8.3.6	Berechnung der Beanspruchung durch die Erdlast	641
		7.5.8.3.7	Berechnung der Beanspruchung durch eine Flächenlast	644
		7.5.8.3.8	Berechnung der Beanspruchung aus Verkehrslast	646
		7.5.8.3.9	Vertikale Gesamtbelastung des Rohres	647
		7.5.8.3.10	Horizontale Gesamtbelastung des Rohres	647
		7.5.8.3.11	Sicherheiten gegen Verformung, Beulen und Beanspruchung durch äußeren Wasserdruck	648
		7.5.8.3.12	Schnittkräfte und Spannungen des radial belasteten Rohres	648
		7.5.8.3.13	Schnittkräfte und Spannungen des axial belasteten Rohres	650
	7.5.8.4	Beanspruchung des Rohres beim Vortrieb		650
		7.5.8.4.1	Vorpresskraft	650
		7.5.8.4.2	Einrichtung für das Vorpressen	651
		7.5.8.4.3	Statische Berechnung von Stahlrohren	651
7.6	Rohrleitungsbau			651
7.6.1	Allgemeines			651
7.6.2	Zubringer-, Haupt- und Versorgungsleitungen			652
	7.6.2.1	Herstellen des Rohrgrabens (RG)		652
		7.6.2.1.1	Vorarbeiten	652
		7.6.2.1.2	Arbeitsstreifenbreite	652
		7.6.2.1.3	Rohrgrabentiefe	653
		7.6.2.1.4	Rohrgrabenbreite	656
		7.6.2.1.5	Arbeitsvorgang beim RG-Aushub	658
		7.6.2.1.6	Bodenarten	658
		7.6.2.1.7	Grabenverbau	659
		7.6.2.1.8	Wasserhaltung	662
		7.6.2.1.9	Sohlenbefestigung	663
		7.6.2.1.10	Wiedereinfüllen des RG nach dem Einlegen der Rohre	664
	7.6.2.2	Einbauen der Rohrleitung		665
		7.6.2.2.1	Abnahme der Rohre und Formstücke	665
		7.6.2.2.2	Transport	665
		7.6.2.2.3	Ausbessern von Schäden	666
		7.6.2.2.4	Anbringen eines zusätzlichen Außenschutzes	666
		7.6.2.2.5	Verlegen der Rohre	666
		7.6.2.2.6	Verbinden der Rohre	667
		7.6.2.2.7	Vervollständigen des Außenschutzes nach dem Verbinden der Rohre	673
		7.6.2.2.8	Sicherung der Krümmer und Abzweige gegen Ausweichen	673
		7.6.2.2.9	Überprüfung der Verlegearbeit	676

	7.6.2.3	Druckprüfung...	676
		7.6.2.3.1 Allgemeines	676
		7.6.2.3.2 Prüfstrecken	677
		7.6.2.3.3 Sichern der Rohrleitung	677
		7.6.2.3.4 Füllen der Rohrleitung	677
		7.6.2.3.5 Schutz gegen Temperatureinflüsse..	677
		7.6.2.3.6 Ermittlung des Prüfdruckes(DVGW W 400-2, Abschn. 16.4)......	678
		7.6.2.3.7 Grundsätzliche Schritte der Druckprüfung...........................	678
		7.6.2.3.8 Gerätetechnik (DVGW W 400-2, Abschn. 16.6)	678
		7.6.2.3.9 Durchführung der Prüfung	679
		7.6.2.3.10 Abnahme...	680
	7.6.2.4	Nacharbeiten...	683
		7.6.2.4.1 Endgültiges Überfüllen der Leitungen	683
		7.6.2.4.2 Reinigung der Leitungsteile, Anstrich...................................	683
		7.6.2.4.3 Hinweise zum Auffinden der Einbauten und Leitungen	683
		7.6.2.4.4 Spülung und Desinfektion der fertigen Rohrleitung.............	683
		7.6.2.4.5 Durchflussprüfung	686
7.6.3	Anschlussleitungen (auch Hausanschlüsse genannt)..		687
	7.6.3.1	Bestandteile der Anschlussleitung	687
	7.6.3.2	Einbautiefe und Lage..	687
	7.6.3.3	Nennweite..	687
	7.6.3.4	Einbau der Anschlussleitung..	688
		7.6.3.4.1 Allgemeines	688
		7.6.3.4.2 Kunststoffrohre aus Polyethylen	688
		7.6.3.4.3 Hauseinführung..	688
		7.6.3.4.4 Druckprobe	689
		7.6.3.4.5 Anbohren	689
	7.6.3.5	Wasserzählereinbau	690
7.6.4	Besondere Bauwerke		691
	7.6.4.1	Straßenkreuzungen	691
	7.6.4.2	Kreuzungen mit Wasserläufen	694
	7.6.4.3	Rohrüberführungen über Flüsse (Brückenleitungen)	696
	7.6.4.4	Bahnkreuzungen	697
		7.6.4.4.1 Grundregeln	697
		7.6.4.4.2 Einlegen der Wasserleitung in Bahnunterführungen............	698
		7.6.4.4.3 Einlegen der Wasserleitung unter den Gleiskörper	698
		7.6.4.4.4 Überführen von Wasserleitungen über Bahngleise	700
		7.6.4.4.5 Verlegung von Wasserleitungen an Eisenbahnbrücken........	700
7.6.5	Grabenlose Rohrverlegung (Einpflügen, Einfräsen)		700
7.6.6	Grabenlose Erneuerung und Sanierung von Druckrohrleitungen...........................		701
	7.6.6.1	Allgemeines	701
	7.6.6.2	Reinigung	701
	7.6.6.3	Sanierung..	701
	7.6.6.4	Erneuerung / Neubau	701
7.7	*Verbrauchsleitungen (Trinkwasser-Installation)*		702
7.7.1	Allgemeines...		702
7.7.2	Berechnungsverfahren nach DIN 1988 Teil 3...		703
7.7.3	Anordnung der Absperrvorrichtungen und Armaturen		711
7.7.4	Werkstoffe		711
7.7.5	Einbau der Installation		712
7.7.6	Prüfung (DIN 1988 Teil 3 Abschn. 11.1)..		712
	7.7.6.1	Allgemeines	712
	7.7.6.2	Stahlrohre, nichtrostende Stahlrohre und Kupferrohre	712

				XXXV
		7.7.6.3	Kunststoffrohre	712
			7.7.6.3.1 Vorprüfung	713
			7.7.6.3.2. Hauptprüfung	713
7.7.7	Frostschutz			713
7.7.8	Tauwasserbildung			713
7.7.9	Druckerhöhungsanlagen in Grundstücken			713
Literatur				713
8.	**Brandschutz**			**715**
8.1	*Allgemeines*			*715*
8.2	*Löschwasserversorgung*			*715*
8.3	*Feuerlöschanlagen*			*716*
8.3.1	Anlagen mit offenen Düsen			716
8.3.2	Anlagen mit geschlossenen Düsen			717
8.3.3	Schaumlöschanlagen			718
8.3.4	Sonstige stationäre Löschanlagen			718
8.4	*Löschwasserleitungen*			*719*
8.4.1	Allgemeines			719
8.4.2	Löschwasserleitungen „nass" (DIN 14 461 Teil 1)			719
8.4.3	Löschwasserleitungen „nass/trocken" (DIN 14 461 Teil 1)			719
8.4.4	Löschwasserleitungen „trocken" (DIN 14 461 Teil 2)			719
8.5	*Ausrüstung der Feuerwehr*			*720*
8.5.1	Allgemeines			720
8.5.2	Feuerwehrfahrzeuge			720
8.5.3	Feuerwehrpumpen			722
8.5.4	Schläuche			722
8.5.5	Strahlrohre			722
Literatur				723
9.	**Trinkwasserversorgung in Notstandsfällen**			**725**
9.1	*Allgemeines*			*725*
9.2	*Ursachen von Notstandsfällen*			*725*
9.3	*Vorsorgemaßnahmen*			*725*
9.3.1	Allgemeines			725
9.3.2	Rechtsgrundlagen			726
9.3.3	Wasserbedarf in Notstandsfällen			726
9.3.4	Deckung des Wasserbedarfs in Notstandsfällen			726
		9.3.4.1	Notversorgung aus der öffentlichen Wasserversorgung	726
			9.3.4.1.1 Allgemeines	726
			9.3.4.1.2 Maßnahmen zur Verbesserung der Betriebsbereitschaft in Notstandsfällen	727
		9.3.4.2	Notversorgung aus Einzel-Versorgungen	727
			9.3.4.2.1 Gebiete ohne zentrale Wasserversorgung	727
			9.3.4.2.2 Gebiete mit zentraler Wasserversorgungsanlage	727
9.4	*Maßnahmen bei drohender Gefahr*			*728*
9.5	*Maßnahmen im Notstandsfall*			*729*

Bauabwicklung und Betrieb von Wasserversorgungsanlagen ... 731

10.	**Eigen- und Einzeltrinkwasserversorgung**	**733**
10.1	*Wasserbeschaffenheit*	*733*
10.2	*Technische Hinweise*	*734*

11.	**Planung und Bau**	735
11.1	*Aufgaben*	735
11.1.1	Allgemeines	735
11.1.2	Technischer Bereich	735
11.1.3	Verwaltungsbereich	736
11.1.4	Weitergabe von Teilaufgaben	736
11.2	*Mitwirkung eines Ingenieurbüros*	736
11.2.1	Allgemeines	736
11.2.2	Ingenieurauftrag	737
11.2.3	Honorare für Leistungen der Ingenieure	740
	11.2.3.1 Allgemeines	740
	11.2.3.2 Ermittlung des Honorars für die Grundleistungen	741
	11.2.3.2.1 Allgemeines	741
	11.2.3.2.2 Anrechenbare Kosten des Objekts	741
	11.2.3.2.3 Honorarzonen	741
	11.2.3.2.4 Mindest- und Höchstsätze des Honorars nach HOAI v. 21.09.1995 § 56/1	742
	11.2.3.3 Ermittlung des Honorars für Besondere Leistungen	743
	11.2.3.4 Ermittlung des Honorars nach Zeitaufwand	743
	11.2.3.5 Nebenkosten	743
	11.2.3.6 Teilleistungssätze des Honorars	743
	11.2.3.7 Honorar für örtliche Bauüberwachung	744
	11.2.3.8 Erhöhung des Honorars	744
	11.2.3.9 Bau- und landschaftsgestalterische Beratung	744
	11.2.3.10 Sonstige Leistungen	744
11.3	*Verantwortlichkeit der am Bau Beteiligten*	744
11.3.1	Allgemeines	744
11.3.2	Verantwortlichkeit des Auftraggebers	745
11.3.3	Verantwortlichkeit des Entwurfsfertigers	745
11.3.4	Verantwortlichkeit der Bauoberleitung	745
11.3.5	Verantwortlichkeit der örtlichen Bauüberwachung	745
11.3.6	Verantwortlichkeit des Auftragnehmers	745
11.4	*Vorplanung/Vorentwurf (VE)*	746
11.4.1	Zweck	746
11.4.2	Vorerhebungen	746
11.4.3	Bestandteile des Vorentwurfs	746
11.4.4	Weiterbehandlung des Vorentwurfs	747
11.5	*Entwurfsplanung/Entwurf (E)*	747
11.5.1	Zweck	747
11.5.2	Erhebungen	748
11.5.3	Bestandteile des Entwurfs	748
11.5.4	Weiterbehandlung des Entwurfs	752
11.6	*Bauoberleitung (BO)*	753
11.6.1	Allgemeines	753
11.6.2	Aufgaben	753
11.6.3	Dauer der Bauoberleitung	754
11.7	*Örtliche Bauüberwachung (BÜ)*	754
11.7.1	Personal	754
11.7.2	Aufgaben	754
11.7.3	Anwesenheit auf der Baustelle	755
11.8	*Bauverwaltung (fachlich zuständige technische staatliche Verwaltung)*	755
11.8.1	Allgemeines	755
11.8.2	Aufgaben	755

11.9	Üblicher Ablauf einer Wasserversorgungs-Baumaßnahme		756
11.9.1	Vorbereiten der Bauausführung		756
	11.9.1.1	Allgemeines	756
	11.9.1.2	Privatrechtliche Regelungen	756
		11.9.1.2.1 Inanspruchnahme privater Grundstücke	756
		11.9.1.2.2 Inanspruchnahme öffentlicher Grundstücke	757
		11.9.1.2.3 Sicherung der Energieversorgung	757
	11.9.1.3	Wasserrechtliche Verfahren	757
		11.9.1.3.1 Genehmigung der Entnahme von Wasser	757
		11.9.1.3.2 Genehmigung der Einleitung von Wasser	758
		11.9.1.3.3 Ausnahmegenehmigungen	758
		11.9.1.3.4 Wasserwirtschaftliche Rahmenplanung	758
		11.9.1.3.5 Festsetzen eines Schutzgebiets	758
	11.9.1.4	Baurechtliche Verfahren	758
	11.9.1.5	Finanzierung	758
11.9.2	Verdingung		759
	11.9.2.1	Allgemeines	759
	11.9.2.2	Ausschreibung	759
	11.9.2.3	Angebote	760
	11.9.2.4	Zuschlag	760
11.9.3	Bauausführung von Wassergewinnungsanlagen (Brunnenbohrungen)		760
	11.9.3.1	Allgemeines	760
	11.9.3.2	Ablauf der Arbeiten	760
	11.9.3.3	Schlussbericht	761
11.9.4	Ausführung anderer Bauarbeiten		761
	11.9.4.1	Baueinweisung	761
	11.9.4.2	Vorbereitende Arbeiten der Firmen	761
	11.9.4.3	Ablauf der Bauarbeiten	761
	11.9.4.4	Kontrolle der Bauausführung	761
	11.9.4.5	Abrechnung	762
	11.9.4.6	Abnahme	762
	11.9.4.7	Schlussvorlagen	762
11.9.5	Inbetriebnahme		765
11.9.6	Übergabe		765
12.	**Baukosten von Wasserversorgungsanlagen**		**767**
12.1	*Allgemeines*		767
12.2	*Ermittlung der Angebotspreise (Kalkulation)*		767
12.2.1	Vertragsarten		767
	12.2.1.1	Allgemeines	767
	12.2.1.2	Leistungsvertrag	768
	12.2.1.3	Stundenlohnvertrag	768
	12.2.1.4	Selbstkostenerstattungsvertrag	768
12.2.2	Vorbereiten der Kalkulation		768
	12.2.2.1	Bedingungen und Richtlinien für die Angebotsabgabe	768
	12.2.2.2	Erhebungen	768
	12.2.2.3	Berechnungsgrundlagen	769
12.2.3	Preisermittlung für das Angebot		769
	12.2.3.1	Gliederung der Preisermittlung	769
	12.2.3.2	Unmittelbare Selbstkosten der Bauarbeiten	769
		12.2.3.2.1 Allgemeines	769
		12.2.3.2.2 Einzelkosten	770

12.2.3.3	Zuschläge zu den unmittelbaren Selbstkosten	770
	12.2.3.3.1 Soziale Abgaben	770
	12.2.3.3.2 Gemeinkosten der Baustelle	770
12.2.3.4	Betriebskostenzuschläge	772
12.2.3.5	Umsatzsteuer	772
12.2.4	Zusammenstellung des Angebots	772
12.2.5	Aufgliederung der Angebotssumme	773
12.3	*Kostenschätzung*	773
12.3.1	Allgemeines	773
12.3.2	Rohbaukosten	774
12.3.2.1	Wasserfassung	774
	12.3.2.1.1 Quellfassungen	774
	12.3.2.1.2 Bohrbrunnen	774
	12.3.2.1.3 Horizontalfilterbrunnen	776
	12.3.2.1.4 Oberflächenwasserfassung	777
12.3.2.2	Wasseraufbereitung	777
12.3.2.3	Wasserförderung	778
12.3.2.4	Wasserspeicherung	779
	12.3.2.4.1 Hochbehälter	779
	12.3.2.4.2 Wasserturm	779
12.3.2.5	Wasserverteilung	780
	12.3.2.5.1 Rohrgraben	780
	12.3.2.5.2 Rohrleitung	781
	12.3.2.5.3 Armaturen	782
	12.3.2.5.4 Sonder-Bauwerke	783
	12.3.2.5.5 Spülen und Desinfizieren	784
	12.3.2.5.6 Druckprüfung	784
	12.3.2.5.7 Gesamtkosten je m Zubringer- bzw. Versorgungsleitung	785
	12.3.2.5.8 Anschlussleitung	785
12.3.2.6	Außenanlagen	785
12.3.2.7	Objektschutz	786
12.3.2.8	Baustelleneinrichtung, mit Auf- und Abbau, sowie Vorhalten	786
12.3.2.9	Sonstige Kosten	786
	12.3.2.9.1 Allgemeines	786
	12.3.2.9.2 Unvorhergesehenes	786
	12.3.2.9.3 Ingenieurleistungen	786
	12.3.2.9.4 Nebenkosten	786
12.3.3	Umsatzsteuer	786
12.3.4	Verbrauchsleitungen (Hausinstallation)	787
12.4	*Baukosten je Einheit*	787
12.5	*Kostenanteil der Anlageteile an den Gesamtkosten*	787
12.6	*Wertberechnung bestehender Anlagen*	788
12.6.1	Allgemeines	788
	12.6.1.1 Index-Verfahren	788
	12.6.1.2 Preisspiegel-Verfahren	788
12.6.2	Kostenindex	788
12.6.3	Beispiel einer Wertberechnung	790
	12.6.3.1 Allgemeines	790
	12.6.3.2 Berechnung des Neuwertes	790
	12.6.3.3 Berechnung des Herstellungswertes	791
12.7	*Lohn- und Materialanteil an den Gesamtkosten*	791
Literatur		791

13.	**Betrieb, Verwaltung und Überwachung**	793
13.1	*Allgemeines*	793
13.2	*Organisation*	794
13.2.1	Arten der Wasserversorgung	794
13.2.2	Pflichtaufgabe Wasserversorgung – betriebliche Kooperation	795
13.2.3	Unternehmensformen der öffentlichen Wasserversorgung	796
	13.2.3.1 Allgemeines	796
	13.2.3.2 Organisationsformen des öffentlichen Rechts	796
	13.2.3.2.1 Regiebetrieb	796
	13.2.3.2.2 Eigenbetrieb	797
	13.2.3.2.3 Zweckverband	797
	13.2.3.2.4 Wasser- und Bodenverband	797
	13.2.3.2.5 Kommunalunternehmen	798
	13.2.3.3 Organisationsformen des Privatrechts	798
	13.2.3.3.1 Kapitalgesellschaft	798
	13.2.3.3.2 Sonstige Organisationsformen des privaten Rechts	798
	13.2.3.4 Beispiel für die Anteile der verschiedenen Unternehmensformen	798
13.2.4	Unternehmensaufbau	799
	13.2.4.1 Unternehmensleitung	799
	13.2.4.2 Innerer Aufbau eines Unternehmens	800
	13.2.4.2.1 Allgemeines	800
	13.2.4.2.2 Gliederung des technischen Betriebes	801
	13.2.4.2.3 Gliederung der Verwaltung	801
13.3	*Betrieb*	802
13.3.1	Anforderungen	802
	13.3.1.1 Anforderungen an das Trinkwasser	802
	13.3.1.2 Anforderungen an den Unternehmer	802
	13.3.1.3 Anforderungen an das technische Personal	804
	13.3.1.4 Anforderungen an die Anlagenteile, Arbeitsgeräte und Materialien	805
13.3.2	Technisches Personal	805
	13.3.2.1 Qualifikation und Personalbedarf	806
	13.3.2.1.1 Kleinere WVU	806
	13.3.2.1.2 Mittlere und größere WVU	807
	13.3.2.2 Aus- und Fortbildung in der Ver- und Entsorgung	807
	13.3.2.2.1 Wasserwart	808
	13.3.2.2.2 Fachkraft für Wasserversorgungstechnik, Anlagenmechaniker	808
	13.3.2.2.3 Wassermeister, Netzmeister	808
	13.3.2.3 Berufliche Weiterbildung	808
	13.3.2.3.1 Angebote allgemein (Auszug)	809
	13.3.2.3.2 Ortsnahe Fortbildung des technischen Personals (Nachbarschaften)	809
	13.3.2.4 Dienstanweisung	810
	13.3.2.4.1 Allgemeines	810
	13.3.2.4.2 Muster einer Dienstanweisung (Auszug)	810
13.3.3	Rechtsvorschriften, Technische Regelwerke	811
	13.3.3.1 Allgemeines	811
	13.3.3.2 Wasserrecht	812
	13.3.3.2.1 Allgemeines	812
	13.3.3.2.2 Wasserrechtliches Verfahren	812
	13.3.3.2.3 Die Entnahme – der wasserrechtliche Bescheid	813
	13.3.3.2.4 Die Festsetzung von Schutzgebieten – die Schutzgebietsverordnung	815

	13.3.3.3	Gesundheitsrecht	816
		13.3.3.3.1 Allgemeines	816
		13.3.3.3.2 Die Trinkwasserverordnung (TrinkwV – 2001)	817
	13.3.3.4	Rechtsformen für die Wasserabgabe an den Kunden	817
		13.3.3.4.1 Allgemeine Versorgungsbedingungen – AVBWasserV	817
		13.3.3.4.2 Öffentlich-rechtliche Regelung durch Satzung	817
		13.3.3.4.3 Privatrechtlicher Vertrag	818
	13.3.3.5	Baurecht	818
		13.3.3.5.1 Bauplanungsrecht	818
		13.3.3.5.2 Bauordnungsrecht	819
	13.3.3.6	Grundstücks- und Straßenbenutzungsrechte	819
		13.3.3.6.1 Allgemeines	819
		13.3.3.6.2 Grundstücksrecht	819
		13.3.3.6.3 Straßenbenutzungsrecht	821
	13.3.3.7	Arbeitssicherheit	821
13.3.4	Betriebsaufgaben		822
	13.3.4.1	Allgemeines	822
	13.3.4.2	Betriebsführung, Betriebsaufzeichnungen	822
		13.3.4.2.1 Allgemeines	822
		13.3.4.2.2 Betriebsaufzeichnungen	823
		13.3.4.2.3 Auswertung der Messungen	825
		13.3.4.2.4 Labor	827
	13.3.4.3	Instandhaltung	828
		13.3.4.3.1 Allgemeines	828
		13.3.4.3.2 Kontrollen und Wartung der Anlagenteile	828
		13.3.4.3.3 Instandsetzung	835
	13.3.4.4	Anschlussleitungen	847
	13.3.4.5	Besondere Schutzmaßnahmen	848
		13.3.4.5.1 Allgemeines	848
		13.3.4.5.2 Schutzmaßnahmen bei Unfällen mit wassergefährdenden Stoffen	848
		13.3.4.5.3 Objektschutz, Notstandsfälle	848
	13.3.4.6	Baumaßnahmen	849
		13.3.4.6.1 Mitwirkung des Betriebes bei Baumaßnahmen	849
		13.3.4.6.2 Planung und Bauoberleitung durch Angehörige des WVU	849
		13.3.4.6.3 Bauausführung durch das WVU	850
13.4	*Verwaltung*		850
13.4.1	Anforderungen		850
13.4.2	Verwaltungspersonal		850
13.4.3	Verwaltungsaufgaben		850
	13.4.3.1	Allgemeine Verwaltungsaufgaben	850
		13.4.3.1.1 Allgemeines	850
		13.4.3.1.2 Rechts-, Vertrags- und Versicherungswesen	851
		13.4.3.1.3 Vergabewesen	851
	13.4.3.2	Grundstückswesen	851
	13.4.3.3	Personalwesen	851
	13.4.3.4	Finanzwesen	852
		13.4.3.4.1 Allgemeines	852
		13.4.3.4.2 Buchhaltung	856
		13.4.3.4.3 Benchmarking	857
		13.4.3.4.4 Kasse	859
		13.4.3.4.5 Überwachung des Kassen- und Rechnungswesens	859

	13.4.3.5 Wasserverkauf, Kundenbetreuung	859
	13.4.3.5.1 Wasserverkauf	859
	13.4.3.5.2 Kundenbetreuung	860
13.5	*Überwachung*	860
13.5.1	Allgemeines	860
13.5.2	Eigenüberwachung	861
13.5.3	Staatliche Überwachung	862
Literatur		863

Anhang 865

14.	**Gesetzliche Einheiten, Zahlenwerte, DVGW-Regelwerk, DIN-Normen u. ä.**	867
14.1	*Gesetzliche Einheiten*	867
14.1.1	Allgemeines	867
14.1.2	Basiseinheiten	867
14.1.3	Dezimale Vielfache und dezimale Teile von Einheiten	867
14.1.4	Gesetzlich abgeleitete Einheiten (kohärente Einheiten des SI)	868
14.1.5	Anwendungshinweise für das SI	869
14.1.6	Umrechnungstabellen	870
14.2	*Umrechnung von Maßeinheiten aus dem amerikanischen („[US]") und englischen („[E]") ins metrische Maßsystem*	871
14.3	*Häufig benötigte Zahlenwerte und Gleichungen*	872
14.4	*Griechisches Alphabet*	874
14.5	*Verbände und Vereine*	874
14.6	*DVGW-Regelwerk*	876
14.6.1	Vorbemerkungen	876
14.6.2	Wasserversorgung – allgemein	876
14.6.3	Wassergewinnung	877
14.6.4	Wasseraufbereitung	878
14.6.5	Wasserförderung, Wasserwerke	879
14.6.6	Wasserspeicherung	880
14.6.7	Wasserverteilung, Wasserverwendung	881
14.6.8	Brandschutz und Trinkwasser-Notversorgung	883
14.6.9	Bau, Betrieb und Instandhaltung	884
14.7	*DIN-Normen*	885
14.7.1	Vorbemerkungen	885
14.7.2	Wasserversorgung – allgemein	885
14.7.3	Wassergewinnung	886
14.7.4	Wasseraufbereitung	886
14.7.5	Wasserförderung	888
14.7.6	Wasserspeicherung	890
14.7.7	Wasserverteilung, Wasserverwendung	892
14.7.8	Brandschutz	895
14.7.9	Bau, Betrieb und Instandhaltung	896
14.8	*Gesetze, Verordnungen, Richtlinien*	896
14.8.1	Vorbemerkungen	896
14.8.2	Wasserversorgung – allgemein	896
14.8.3	Wassergewinnung	897
14.8.4	Wasseraufbereitung	897
14.8.5	Wasserförderung	898
14.8.6	Wasserspeicherung	898
14.8.7	Wasserverteilung	898

14.8.8 Brandschutz und Trinkwasser-Notversorgung ... 899
14.8.9 Bau, Betrieb und Instandhaltung ... 899
14.9 Zeitschriften des Wasserversorgungsfaches ... 901
14.10 Weitere Schriftenreihen und technische Mitteilungen ... 901

15. Stichwortverzeichnis ... 903

Faksimile aus der 1. Auflage (Auszug) ... 911

Liste der Abkürzungen

1. Technische Bezeichnungen

Es werden die Abkürzungen nach GAEB, DIN und sonst übliche Abkürzungen verwendet, siehe auch Internationales Einheiten-System.

Abkürzung	Bezeichnung	Abkürzung	Bezeichnung
a	Jahr	GmbH	Gesellschaft mit beschränkter Haftung
A	Fläche, Querschnitt		
Abb.	Abbildung	GO	Gemeindeordnung
AfA	Absetzung für Abnutzung (Abschreibung)	GP	Gesamtpreis
		GW	Grundwasser
AG	Auftraggeber, Aktiengesellschaft	GWSp	Grundwasserspiegel
AL	Anschlussleitung	h	Stunde, Druck-/Förderhöhe
ALB	Automatisiertes Liegenschaftsbuch	H	Höhe
		HB	Hochbehälter
ALK	Automatisierte Liegenschaftskarte	H_{geo}	Höhe NN + m
		HL	Hauptleitung
AN	Auftragnehmer	HoriBr	Horizontalfilterbrunnen
AVB	Allgemeine Versorgungsbedingungen	IB	Ingenieurbüro
		k	Rohrwandrauheit
AZ	Asbestzement	k_f	Durchlässigkeitswert
b	Beschleunigung	K	Kosten
B	Breite	KommHV	Kommunalhaushaltsverordnung
BGS	Beitrags- und Gebührensatzung	KommZG	Gesetz über die kommunale Zusammenarbeit
BOH	Betriebs- und Organisationshandbuch		
		KrP	Kreiselpumpe
BO	Bauoberleitung	l	Liter
Br	Brunnen, Bohrbrunnen	L	Länge
BÜ	örtliche Bauüberwachung	LK	Lohnkosten
γ	Wichte	m	Meter
d	Tag	max	maximal
DB	Druckbehälter	MH	Maschinenhaus
DEA	Druckerhöhungsanlage	min	minimal, Minute
dH	deutsche Härte	Mot	Motor
DN	Nenndurchmesser	Mt	Monat
E	Einwohnerzahl	n	Drehzahl
E	Entwurf	N	Newton
EBV	Eigenbetriebsverordnung	N 1:	Neigung
Einh	Einheit	NN	Normal Null
EP	Einheitspreis	Nr	Nummer
FL	Fernleitung	OZ	Ordnungszahl, Position
FZ	Faserzement	p	Belastung, Wasserdruck
g	Erdbeschleunigung	PE-HD	Polyethylen hart
GK	Gerätekosten	PE-LD	Polyethylen weich
GA	Gutachten	PN	Nenndruck
GG	Grauguss	PPP	Public-Private-Partnership
GGG	duktiler Guss	PV	Pumpversuch

Abkürzung	Bezeichnung	Abkürzung	Bezeichnung
PVC-U	Polyvinylchlorid	UVV	Unfallverhütungsvorschriften
PW	Pumpwerk	v	Geschwindigkeit
Q	Volumenstrom, Durchfluss	V	Inhalt, Volumen
Qu	Quelle	VE	Vorentwurf
r	Radius	v. H.	vom Hundert (%)
ρ(rho)	Dichte	VL	Versorgungsleitung
R_e	Reynolds'sche-Zahl	v. T.	vom Tausend (‰)
RG	Rohrgraben	W	Wasserdruckkraft
RL	Rohrleitung	WAS	Wasserabgabesatzung
RWSp	Ruhewasserspiegel	WG	Wassergesetz
s	Sekunde, Absenkung	Wo	Woche
S.	Seite	WS	Wassersäule
Sch	Schacht	WSp	Wasserspiege
SI	Internationales Einheiten-System	WSG	Wasserschutzgebiete
SpB	Spannbeton	WT	Wasserturm
St	Stahl, Stück	WV	Wasserversorgung
StK	Stoffkosten	WVG	Wasserverbandsgesetz
StLB	Standardleistungsbuch	WVU	Wasserversorgungsunternehmen
Stz	Steinzeug	WWN	Wasserwerksnachbarschaften
t	Temperatur, Zeitdauer	WWS	Wasserwerksschulung
T	Transmissivität	WZ	Wasserzähler
Tab.	Tabelle	ZL	Zubringerleitung
TB	Tiefbehälter	ZM	Zementmörtelauskleidung
U	Umfang	ZV	Zweckverband

2. Behörden, Verbände, Unternehmen

Abkürzung	Bezeichnung
BG	Berufsgenossenschaft
BGW	Bundesverband der Deutschen Gas- und Wasserwirtschaft
BfG	Bundesanstalt für Gewässerkunde
DVGW	Deutsche Vereinigung des Gas- und Wasserfaches e. V.
DWA	Deutsche Vereinigung für Wasserwirtschaft, Abwasser und Abfall e. V. (ehem. ATV-DVWK)
EVU	Elektrizitäts-Versorgungs-Unternehmen
FIGAWA	Bundesvereinigung der Firmen im Gas- und Wasserfach e.V.
GAEB	Gemeinsamer Ausschuss Elektronik im Bauwesen
GUV	Gemeindeunfallversicherung
IW(S)A	International Water (Supply) Association
LAWA	Länderarbeitsgemeinschaft Wasser
LfW	Bayer. Landesamt für Wasserwirtschaft
RBV	Rohrleitungsbauverband e. V.
TÜV	Technischer Überwachungsverein
VBI	Verband Beratender Ingenieure
VDE	Verband der Elektrotechnik Elektronik Informationstechnik e. V.
VDI	Verein Deutscher Ingenieure e. V.
VKU	Verband kommunaler Unternehmen e. V.
WVU	Wasserversorgungsunternehmen
WWA	Wasserwirtschaftsamt

Technik der Wasserversorgung

1. Aufgaben der Wasserversorgung

bearbeitet von Dipl.-Ing. **Erwin Preininger**

DVGW-Regelwerk, DIN-Normen, Gesetze, Verordnungen, Vorschriften, Richtlinien
siehe Anhang, Kap. 14, S. 865 ff
Literatur siehe S. 12

1.1 Wasserwirtschaft und Umweltschutz

Die Bedeutung des Wassers für den Menschen ist in der Europäischen *Wasser-Charta* des Europarates vom 6. Mai 1968 besonders hervorgehoben, deren Grundsätze lauten:

I. Ohne Wasser gibt es kein Leben, Wasser ist ein kostbares, für den Menschen unentbehrliches Gut.
II. Die Vorräte an gutem Wasser sind nicht unerschöpflich. Deshalb wird es immer dringender, sie zu erhalten, sparsam damit umzugehen und, wo immer möglich, zu vermehren.
III. Wasser verschmutzen heißt, den Menschen und allen Lebewesen Schaden zuzufügen.
IV. Die Qualität des Wassers muss den Anforderungen der Volksgesundheit entsprechen und die vorgesehene Nutzung gewährleisten.
V. Verwendetes Wasser ist den Gewässern in einem Zustand wieder zurückzuführen, der ihre weitere Nutzung für den öffentlichen, wie für den privaten Gebrauch nicht beeinträchtigt.
VI. Für die Erhaltung der Wasservorkommen spielt die Pflanzendecke, insbesondere der Wald, eine wesentliche Rolle.
VII. Die Wasservorkommen müssen in ihrem Bestand erfasst werden.
VIII. Die notwendige Ordnung in der Wasserwirtschaft bedarf der Lenkung durch die zuständigen Stellen.
IX. Der Schutz des Wassers erfordert verstärkte wissenschaftliche Forschung, Ausbildung von Fachleuten und Aufklärung der Öffentlichkeit.
X. Jeder Mensch hat die Pflicht, zum Wohle der Allgemeinheit Wasser sparsam und mit Sorgfalt zu verwenden.
XI. Wasserwirtschaftliche Planungen sollten sich weniger nach den verwaltungstechnischen und politischen Grenzen, als nach den natürlichen Wassereinzugsgebieten ausrichten.
XII. Das Wasser kennt keine Staatsgrenzen, es verlangt eine internationale Zusammenarbeit.

Die *Agenda 21* von Rio de Janeiro ist ein Aktionsprogramm der Vereinigten Nationen vom Juni 1992 für das 21. Jahrhundert mit dem Ziel einer umweltverträglichen nachhaltigen Entwicklung. Das umfangreiche Kapitel 18 ist dem Schutz der Güte und Menge der Süßwasserressourcen gewidmet. Daran soll der „Weltwassertag" am 22. März eines jeden Jahres erinnern.

Wasserwirtschaft und Wasserversorgung sind wichtige Teilbereiche des Umweltschutzes, der eine der großen Aufgaben des Staates und der Gemeinden in Gegenwart und Zukunft ist. Hohe Summen der umweltwirksamen Maßnahmen entfallen auf Investitionen der Wasserwirtschaft. Sauberes reines Wasser hat einen hohen Stellenwert, wie Umfragen bestätigen.

Die Wasserwirtschaft ist nach DIN 4049 die zielbewusste Ordnung aller menschlichen Einwirkungen auf das ober- und unterirdische Wasser. Diese Ordnung erfordert das Erforschen der wasserwirtschaftlichen Verhältnisse, das Erfassen der Wasservorkommen, den Schutz der Allgemeinheit vor dem Wasser sowie den Schutz des Wassers vor dem Menschen.

Nachhaltiges Wasser „wirtschaften" bedeutet dauerhaftes Sichern des Wassers als Lebensgrundlage des Menschen und als natürlicher Lebensraum. Die Prinzipien einer nachhaltigen Wasserwirtschaft sind dabei in erster Linie das Vorsorgeprinzip, das Verursacherprinzip und das Kooperationsprinzip. Für die wasserwirtschaftliche Planung lassen sich folgende Schwerpunkte „Global denken – lokal handeln" ableiten:

- Beobachten und Dokumentieren von Entwicklungen
  in der Gesellschaft und in der Politik
  in der Wasserwirtschaft
  in anderen Fachbereichen (z. B. Landwirtschaft, Wirtschaft)
  fachübergreifend (z. B. Boden, Luft, Naturschutz)
  raumübergreifend (Länder, Bund, EU, global)
- Analysieren etwaiger Auswirkungen auf den Wasserhaushalt
- Erkennen neuer Aufgabenschwerpunkte
- Fortschreiben wasserwirtschaftlicher Grundsätze
- Entwickeln von wasserwirtschaftlichen Zielen
- Erarbeiten praxisbezogener Strategien, Maßnahmen und Instrumente zur Zielerreichung
- Erfolgskontrolle der Wirksamkeit der wasserwirtschaftlichen Strategie oder Auswirkungen von Maßnahmen, ggf. mit Ergänzung oder Änderung der Ziele.

Die früher nach § 36 Wasserhaushaltsgesetz (WHG) zu erstellenden wasserwirtschaftlichen Rahmenpläne – teils mit Fachplan Wasserversorgung – werden flussgebietsbezogen durch fristgerechte Maßnahmenprogramme und Bewirtschaftungspläne – auch für bestimmte Bereiche der Gewässerbewirtschaftung – abgelöst. Grund dafür ist die am 22. Dez. 2000 in Kraft getretene „EU-Richtlinie zur Schaffung eines Ordnungsrahmens für Maßnahmen der Gemeinschaft im Bereich der Wasserpolitik" (Wasserrahmenrichtlinie WRRL), mit der erstmalig ein ganzheitlicher wasserwirtschaftlicher Ansatz verfolgt wird. Die Länderarbeitsgemeinschaft Wasser (LAWA) unterstützt die Umsetzung mit einer Arbeitshilfe. Die Novelle des deutschen WGH trägt der EU-WRRL Rechnung.
Neu in der WRRL ist u. a. die Forderung eines „guten Zustandes" für alle Gewässer (oberirdische Gewässer und Grundwasser), eines kostendeckenden Wasserpreises und von Öffentlichkeitsarbeit. Bei oberirdischen Gewässern ist ein guter ökologischer und chemischer Zustand zu erhalten oder zu erreichen, der nach biologischen, hydromorphologischen und chemischen Kriterien beurteilt wird. Beim Grundwasser muss ein guter mengenmäßiger und chemischer Zustand erhalten oder erreicht werden; außerdem wird ein Gleichgewicht zwischen Grundwasserentnahme und Grundwasserneubildung gefordert, um eine nachhaltige Grundwassernutzung zu gewährleisten. Grundwasser(körper) sind Flussgebietseinheiten zuzuordnen. Zusätzlich gelten ein Verschlechterungsverbot und die Forderung einer Trendumkehr bei steigenden Grundwasserbelastungen. Somit ist vorbeugender und flächendeckender Grundwasserschutz die gesetzliche Voraussetzung für einen wirksamen Trinkwasserschutz, zumal Trinkwasser überwiegend aus Grundwasser gewonnen wird.

1.2 Lebensmittel Trinkwasser

Eine funktionierende Trinkwasserversorgung ist unverzichtbarer Bestandteil der Infrastruktur einer modernen Industriegesellschaft; sie ist öffentliche Daseinsvorsorge. Die Bereitstellung von Trinkwasser in der erforderlichen Qualität und Menge ist Grundlage für menschliche Gesundheit, wirtschaftliche Entwicklung und Wohlstand. Deshalb unterstützen die UN den freien Zugang zu sauberem Trinkwasser. Trinkwasser ist das wichtigste Lebensmittel; es kann nicht durch andere Stoffe ersetzt werden. Etwa 2–3 Liter täglich muss der Erwachsene im mitteleuropäischen Klima zu sich nehmen, um leben zu können; dies summiert sich im Laufe eines Lebens zu etwa 65 000 Litern.

1.2 Lebensmittel Trinkwasser

Nach DIN 4046 ist Trinkwasser für menschlichen Genuss und Gebrauch geeignetes Wasser mit Güteeigenschaften nach den geltenden gesetzlichen Bestimmungen sowie nach DIN 2000 – Zentrale Trinkwasserversorgung – und DIN 2001 – Eigen- und Einzeltrinkwasserversorgung. Nach DIN 2000 sollte Trinkwasser appetitlich sein und zum Genuss anregen. Es muss farblos, klar, kühl sowie geruchlich und geschmacklich einwandfrei sein. Trinkwasser muss keimarm sein und mindestens den gesetzlichen Anforderungen genügen.

Deshalb definiert die DIN 2000 folgende Grundanforderungen an das Trinkwasser: Die Anforderungen an die Trinkwassergüte müssen sich an den Eigenschaften eines aus genügender Tiefe und nach Passage durch ausreichend filtrierende Schichten gewonnenen Grundwassers einwandfreier Beschaffenheit orientieren, das dem natürlichen Wasserkreislauf entnommen und in keiner Weise beeinträchtigt wurde.

Für Trinkwasser sind die chemisch-physikalischen und mikrobiologischen Mindestanforderungen und Grenzwerte in der Verordnung über die Qualität von Wasser für den menschlichen Gebrauch (Trinkwasserverordnung – TrinkwV) verankert (s. Abschn. 4.1.5). Dort ist folgendes Minimierungsgebot bezüglich Trinkwasserverordnung verankert: Konzentrationen von chemischen Stoffen, die das Wasser für den menschlichen Gebrauch verunreinigen oder seine Beschaffenheit nachteilig beeinflussen, sollen so niedrig gehalten werden, wie dies nach den allgemein anerkannten Regeln der Technik mit vertretbarem Aufwand unter Berücksichtigung der Umstände des Einzelfalles möglich ist. Die TrinkwV 2001 ist die Umsetzung der EG-Richtlinie über die Qualität von Wasser für den menschlichen Gebrauch (98/83/EG vom 03. 11. 1998) in deutsches Recht. Für Mineral- und Tafelwasser gilt nicht die TrinkwV, sondern die Mineral- und Tafelwasser-Verordnung.

Um die Bedeutung des Trinkwassers jedem von uns ins Bewusstsein zu bringen, starteten im September 1994 die Deutschen Wasserwerke auf Bundes- und Landesebene eine Trinkwasserkampagne, die die Unterzeichnung eines Wasser-Generationenvertrags zum Ziel hat. Der Text lautet:

„Gemeinsam für das Wasser Verantwortung tragen.
Wasser ist der Ursprung allen Lebens. Ohne Wasser gäbe es auf der Erde keine Pflanzen, Tiere und Menschen.
Wasser macht Felder fruchtbar. Sauberes Wasser erfrischt, löscht den Durst, reinigt und heilt.
Wasser ist durch nichts zu ersetzen. Wasser wird gebraucht, aber nicht verbraucht. Alles Wasser kehrt in den Kreislauf der Natur zurück: Kein Tropfen geht verloren.
Trinkwasser ist das wichtigste Lebensmittel für uns alle: frisch, klar, rein und gesund."

Die Unterzeichnenden dieses Wasser-Generationenvertrags versprechen dabei:
Wir wollen vernünftig und sorgsam mit Trinkwasser umgehen.
Wir wollen alles für Reinheit und Frische des Naturprodukts Trinkwasser tun.
Wir wollen die Gewässer und das Grundwasser schützen.
Wir wollen gemeinsam dafür sorgen, dass sich alle Generationen für den Schutz der Natur und des Wassers einsetzen.
Wir wollen für die Menschen in der Welt, denen es an Wasser mangelt, Mitverantwortung tragen durch Hilfe zur Selbsthilfe.

Die Unterzeichnenden sind im allgemeinen Vertreter aus der Politik, aus Wasserwerken, aus unterschiedlichen Interessenverbänden und schließlich aus unserer Mitte, die über die Medien publikumswirksam den hohen Stellenwert des wertvollen und kostbaren Trinkwassers erhalten oder wiederherstellen wollen.

Die Weltgesundheitsorganisation (WHO) hat in ihrer 3. Ausgabe vom September 2004 *Leitlinien zur Trinkwasserqualität* erarbeitet (siehe www.who.int), in denen u. a. beschrieben wird

- das Verfahren zur Festlegung von Trinkwasserqualitätsstandards,
- das Verfahren zur Entwicklung von sog. „Water Safety Plans" (Trinkwasser-Sicherheitskonzept),
- die Notwendigkeit unabhängiger Überwachung.

Ergänzend zu diesen WHO-Leitlinien erarbeiteten internationale Experten vieler Fachrichtungen auf Einladung des DVGW die *Bonner Charta für sicheres Trinkwasser*, die im September 2004 beim Weltwasserkongress der International Water Association (IWA) der Fachwelt vorgestellt wurde (siehe www.iwahq.org). Das Ziel der Bonner Charta lautet: Gutes und sicheres Trinkwasser, getragen vom Vertrauen des Verbrauchers. Diese Charta wendet sich an alle, die gemeinsam an der Bereitstellung von sicherem Trinkwasser von der Gewinnung bis zum Verbraucher beteiligt sind. Die Schlüsselrolle spielt dabei das Versorgungsunternehmen. Der vorrangig Begünstigte diese Charta ist die Gemeinde, die von einem Trinkwassersystem versorgt wird. Die Charta enthält auch Elemente für deren wirksame Umsetzung.

1.3 Entwicklung der öffentlichen Wasserversorgung

Die Entwicklung der öffentlichen Wasserversorgung in Deutschland zeigt die **Tab. 1-1** in den Jahren der Umweltstatistik 1991, 1995, 1998, 2001, 2004 nach Angaben des Statistischen Bundesamtes, Fachserie 19.

Tab. 1-1: Entwicklung der Wasserversorgung in Deutschland

Bezeichnung	Jahr	1991	1995	1998	2001	2004
Versorgte Einwohner	i.T.	78.576	80.666	81.132	81,7	81,8
Wasserabgabe an Verbraucher	Mio. m^3/a	5.747,9	5.094,2	4.858,6	4.773,9	4.728,7
Wasserabgabe an Haushalte einschl. Kleingewerbe	Mio. m^3/a	4.127,8	3.872,0	3.814,0	3.779,1	3.752,3
Einwohnerbezogener Wasserverbrauch						
– bezogen auf Verbraucher insgesamt	l/E/d	200	173	164	160	158
– bezogen auf Haushalte einschl. Kleingewerbe	l/E/d	144	132	129	127	126
Investitionen insgesamt	Mio. DM	4.912	5.306	4.910	–	–

Der Wasserverbrauch und somit die Wasserabgabe haben in den 90er Jahren deutlich abgenommen (Prognosen für den einwohnerbezogenen Bedarf siehe Abschn. 2.7.3.3).
Die Aufteilung der Investitionen im Jahr 2004 nach Anlagegruppen ergibt folgende Anteile:
Wassergewinnung 10 %; Wasseraufbereitung 7 %; Wasserspeicherung 5 %; Rohrnetz 58 %; Zähler und Messgeräte 2 %; Übrige Investitionen einschließlich der Investitionen, für die keine Aufteilung nach Anlagegruppen vorliegt 18 %.
Nach der Wasserstatistik des Bundesverbandes der deutschen Gas- und Wasserwirtschaft, Berichtsjahr 2003, lassen sich folgende Durchschnittswerte für die öffentliche Wasserversorgung angeben:

- Wasserabgabe an Verbraucher je Kilometer Rohrnetz   9.900   m^3/km a
- Versorgte Einwohner je Kilometer Rohrnetz   171   E/km
- Hausanschlüsse je Kilometer Rohrnetz   32,5   HA/km
- Wasserabgabe an Verbraucher je Hausanschluss   294   m^3/HA a

1.4 Anforderungen an eine Wasserversorgungsanlage

1.4.1 Allgemeine Forderungen

Eine Wasserversorgungsanlage ist nur dann einwandfrei und leistungsfähig, wenn sie Trinkwasser in ausreichender Menge, von einwandfreier Beschaffenheit, jederzeit, mit ausreichendem Druck, an jeder Stelle des Versorgungsgebiets liefern kann. Nach der Verordnung über Allgemeine Bedingungen für die Versorgung mit Wasser (AVBWasserV) ist das Wasserversorgungsunternehmen (WVU) verpflichtet, das Wasser unter dem Druck zu liefern, der für eine einwandfreie Deckung des üblichen Bedarfs in dem betreffenden Versorgungsgebiet erforderlich ist. Im allgemeinen hat das WVU auch Löschwasser im Rahmen der technischen, betrieblichen und wirtschaftlichen Möglichkeiten bereitzustellen. Unzureichende Bedarfsdeckung verleitet zur Verwendung von gesundheitlich nicht einwandfreiem Wasser, zur ungenügenden Reinigung, zur mangelhaften Ableitung des häuslichen Abwassers und kann Druckminderung bis zum Leerlaufen des Rohrnetzes mit Rücksauggefahr verursachen.

Die wasserwirtschaftlichen Verbände und Behörden haben im *Landesentwicklungsplan Bayern* für die Wasserversorgung folgende, auch allgemein gültige Zielvorstellungen festgelegt:

1. Die Wasserversorgung soll so ausgebaut werden, dass die Deckung des gegenwärtigen und künftigen Bedarfes gesichert ist. Auf einen sparsamen Umgang mit Trink- und Brauchwasser soll hingewirkt werden.
2. Für die Trinkwasserversorgung soll vorrangig Grundwasser herangezogen werden.
3. Bei der Nutzung der Grundwasservorkommen und bei Eingriffen, die Veränderungen der Grundwasserbeschaffenheit befürchten lassen, soll der öffentlichen Trinkwasserversorgung Vorrang eingeräumt werden.
4. Ergiebige Grundwasservorkommen und andere Wasservorkommen, die sich für die Trinkwasserversorgung eignen, sollen durch geeignete Schutzmaßnahmen vor anderweitiger Inanspruchnahme gesichert werden.
5. Örtliche Versorgungsanlagen sollen beibehalten bzw. angestrebt werden, soweit damit eine einwandfreie Wasserversorgung mit wirtschaftlich vertretbarem Aufwand gewährleistet werden kann.
6. Der Verbund zwischen Gruppenanlagen soll angestrebt werden, soweit wasserwirtschaftliche oder betriebstechnische Gründe dies erfordern.
7. Für großräumige Wassermangelgebiete und besondere Bedarfsschwerpunkte soll die Deckung des Wasserbedarfes, soweit erforderlich, durch Erweiterung überregionaler Versorgungsanlagen sichergestellt werden.
8. Es soll darauf hingewirkt werden, dass die gewerbliche Wirtschaft ihren Bedarf – soweit keine Trinkwasserqualität gefordert ist – insbesondere in Wassermangelgebieten möglichst aus oberirdischen Gewässern und durch die betriebliche Mehrfachverwendung des Wassers deckt.

1.4.2 Art der Wasserversorgung

Der § 28 Abs. 2 Grundgesetz garantiert den Gemeinden das Recht, die Angelegenheiten der örtlichen Gemeinschaft im Rahmen der Gesetze in eigener Verantwortung zu regeln. Die Wasserversorgung gehört unbestrittenermaßen zu den Leistungen der Daseinsvorsorge, deren Bedeutung auch mit Art. 16 EG-Vertrag gewürdigt wird.

Die Wasserversorgung (WV) der Allgemeinheit wird als öffentliche WV bezeichnet; dagegen versorgt die Eigen- und Einzelwasserversorgung nur einen kleinen Verbraucherkreis aus einer eigenen Anlage. Die einwandfreie WV der Allgemeinheit ist i. a. nur durch eine öffentliche, zentrale WV-Anlage erreichbar, d. h. die Mehrzahl der Anwesen eines Ortes, etwa mehr als 80 %, werden aus einer WV-Anlage bzw. von einem WVU versorgt, wobei die Anwesen das Anschlussrecht, i. a. auch die Anschlusspflicht haben.

Im Folgenden wird unter WV-Anlage eine öffentliche zentrale WV-Anlage verstanden, die von einem WVU betrieben wird. Die an die WV gestellten hohen Anforderungen können nur von einem WVU erfüllt werden, das über hauptberuflich beschäftigtes, befähigtes Fachpersonal verfügt und deshalb groß genug sein muss, um die erforderlichen Personalkosten mit zu erwirtschaften (vergl. DVGW-Regelwerk W 1000 „Anforderungen an Trinkwasserversorgungsunternehmen"). Ferner erfordern die Raumenge und die Gefährdung der Wasservorkommen durch Umwelteinflüsse aller Art die Verminderung der Vielzahl kleiner und kleinster Wassergewinnungsanlagen – insbesondere wenn sie nicht ausreichend schützbar sind – und die Beschränkung auf die Ausnützung der ergiebigen Wasservorkommen, welche dann auch mit allen Mitteln durch ausreichend große Schutzgebiete auf die Dauer gesichert werden müssen. Gerade bei der Sicherung und ggf. Sanierung von Wasserschutzgebieten zeigt die Erfahrung, dass größere WVU vor Ort eine erfolgreichere Durchsetzungskraft besitzen. Kleine WV-Anlagen sollten daher zu technisch, organisatorisch und wirtschaftlich leistungsfähigen Anlagen zusammengeschlossen werden, z. B. zu Gruppenwasserversorgungsanlagen, Kreiswasserwerken, oder Anschluss an städtische Wasserwerke erhalten. Für die überörtliche Wasserversorgung gibt es je nach Größe und Struktur des Versorgungsgebietes folgende Möglichkeiten:

A Das Gebiets-WVU baut und betreibt die WV-Anlage insgesamt, d. h. Hauptleitungsnetz und Ortsnetze, und liefert das Wasser bis zum Endabnehmer.
B Das Gebiets-WVU baut und betreibt das Hauptleitungsnetz und liefert das Wasser an die zu versorgenden Gemeinden bis zur Ortsgrenze; die Gemeinden betreiben ihre Ortsnetze selbst.
C wie bei B, jedoch das WVU übernimmt auf vertraglicher Basis die Betriebsleitung ohne oder mit kaufmännischer Geschäftsführung der gemeindlichen WV-Anlagen.

Die besonderen Vorteile solcher Gebietsversorgungen sind:
– Beschäftigung von erfahrenen Fachleuten,
– bessere Überwachung und Beherrschung der Wasserbeschaffenheit,
– optimale Ausnutzung der vorhandenen Wasservorkommen,
– besserer Schutz der verwendeten Wasservorkommen,
– Verbesserung der Wirtschaftlichkeit,
– einheitliche Ausrüstung der Anlagen und Standardisierung in einem größeren Gebiet,
– besseres Bewältigen von Schäden und Katastrophen.

Weitere Ausführungen enthält Kap. 13.

§ 1a des 7. Gesetzes zur Änderung des Wasserhaushaltsgesetzes (WHG) enthält folgende neue Bestimmung: „Durch Landesrecht wird bestimmt, dass der Wasserbedarf der öffentlichen Wasserversorgung vorrangig aus ortsnahen Wasservorkommen zu decken ist, soweit überwiegende Gründe des Wohls der Allgemeinheit nicht entgegen stehen." Ob dieser Grundsatz der ortsnahen Wasserversorgung wesentlich zum vorsorgenden und flächendeckenden Grundwasserschutz beitragen kann und wird, muss sich zeigen.

1.4.3 Einzel- oder Doppelte Wasserversorgungsnetze

Die öffentliche zentrale WV liefert das Wasser aus einer einzigen WV-Anlage an Haushalte, Gewerbe und Industrie und auch als Löschwasser, unabhängig von den Qualitätsanforderungen an das Wasser. Wegen der Schwierigkeit, geeignete Wasservorkommen für den zunehmend großen Bedarf zu finden, und wegen der hohen Kosten für Aufbereitung und Beileitung wird immer wieder in der Öffentlichkeit erörtert, die Bevölkerung aus zwei WV-Netzen zu versorgen, nämlich aus einem WV-Netz für das Wasser mit gehobenen Anforderungen (Trinkwasserqualität) und aus einem zweiten WV-Netz für das Wasser mit minderen Anforderungen (Nicht-Trinkwasserqualität).

Ausgehend von den Anteilen des Wasserverbrauchs mit und ohne Trinkwasserqualität hat *Möhle* im Auftrag des Bundesministers des Innern Untersuchungen über Theorie und Praxis doppelter WV-Netze (Wasserversorgungsbericht 1982, Materialienband 4) angestellt. Er kommt zu dem Ergebnis, dass die Versorgung der Haushalte aus zwei getrennten Netzen aus folgenden Gründen abzulehnen ist:

1.4 Anforderungen an eine Wasserversorgungsanlage

In der Hausinstallation müssen die beiden Netze farblich unterschiedlich gekennzeichnet und dürfen nicht unmittelbar miteinander verbunden sein (DIN 1988, DIN 1989 und DVGW-Arbeitsblatt W 555); trotzdem sind Fehlanschlüsse möglich. Der Verbrauch aus jedem der beiden Netze muss mit Hauswasserzählern gemessen werden. Trotzdem kann nicht verhindert werden, dass die Verbraucher Wasser aus dem Nicht-Trinkwassernetz auch für Trinkwasserzwecke entnehmen.

Da Wasser für Nicht-Trinkwasserzwecke auch eine Mindestqualität haben muss, besteht die Gefahr des erhöhten Chemikalieneinsatzes bei der Aufbereitung dieses Wassers und bei der Wartung und Unterhaltung dieses zweiten Netzes einschließlich Hausinstallation; eine zusätzliche Gewässerbelastung ist die Folge. Die gesundheitliche Gefährdung der Bevölkerung war auch mit ein Grund, dass bestehende doppelte Rohrnetze in der öffentlichen WV aufgegeben wurden.

Das Herstellen eines zweiten Rohrnetzes in den Straßen ist sehr teuer, in Ortskernen mit dem Vorhandensein von vielen anderen Versorgungseinrichtungen fast unmöglich. Besonders hohe Kosten und Folgekosten verursacht aber das nachträgliche Verlegen von Verbrauchsleitungen für das zweite Netz in bestehenden Häusern. Wegen dieser Kosten und der Beeinträchtigung der Verbraucher ist der Beschluss über die Erstellung eines zweiten Netzes bei den Verantwortlichen sicherlich nicht durchsetzbar. Zudem würde der kostendeckende Wasserpreis für beide Wasserarten wegen der hohen Fixkosten erheblich ansteigen.

Ein zweites Netz für Nicht-Trinkwasser ist praktisch nur möglich für Löschwasser oder für das Nassreinigen von Straßen; in dieser Weise werden heute die wenigen früheren doppelten Rohrnetze, z. B. in Paris und Amsterdam, verwendet. Doppelte Rohrnetze findet man jedoch im Gewerbe- und Industriebereich und dort sind sie meist auch zweckmäßig und wirtschaftlich. Für europäische Verhältnisse ist die öffentliche zentrale Versorgung mit Trinkwasser aus einem Netz allein richtig.

Ökologisch und ökonomisch wesentlich zweckmäßiger und sinnvoller als die Wasserbereitstellung über zwei Netze ist die rationelle Wasserverwendung, d. h. der verantwortungsbewusste und sparsame Umgang mit dem Wasser, wie er in der Wasser-Charta und letztlich auch im WHG verankert ist. Durch Änderung des persönlichen Verbraucherverhaltens lässt sich ohne Investition eine beachtliche Wassereinsparung erzielen, z. B. durch Duschen anstatt Wannenbad, durch volle Auslastung von wasserverbrauchenden Haushaltsgeräten wie Spül- und Waschmaschinen sowie durch Verzicht auf häufiges Gartengießen. Beim Kauf neuer Geräte sollte man wassersparende Modelle wählen. Eine wesentliche Wassereinsparung meist ohne Komforteinbuße bringen wassersparende Einrichtungen und Armaturen wie z. B. WC-Spülkästen mit nur 6-l-Inhalt einschl. Spartaste auf hydraulisch abgestimmte WC-Becken (DIN 19 542), Urinale mit benutzerabhängigem Spülvorgang, Durchflussbegrenzer, Einhandmischer mit Thermostat für Warmwasser u. a. m. Zwischenzeitlich ist dies Stand der Sanitärtechnik und dieser hat zu einer deutlichen Verringerung des Pro-Kopf-Verbrauches im Haushalt einschl. Kleingewerbe geführt (siehe Abschn. 2.6 u. 2.7). In Deutschland ist das Wassersparziel weitgehend erreicht. Die Verwendung von gesammeltem Regenwasser zur Gartenbewässerung kann uneingeschränkt empfohlen werden. Die Nutzung von Regenwasser zur Toilettenspülung und ggf. für die Waschmaschine darf dagegen nur erfolgen, wenn die private Regenwassernutzungsanlage strikt die Anforderungen der DIN 1989 und des DVGW-Arbeitsblattes W 555 erfüllt. Der Einsatz von Grauwasser, d. h. Abwasser aus Dusche, Badewanne, Handwaschbecken, zur Toilettenspülung, ist wegen des damit verbundenen hohen hygienischen Risikos abzulehnen.

1.4.4 Keine Verbindung von öffentlichen Wasserversorgungsanlagen mit Eigenanlagen

Unzulässig ist nach DIN 1988 und Trinkwasserverordnung jede direkte Verbindung einer öffentlichen WV-Anlage und deren Anschlussleitungen und Verbrauchsleitungen mit einer eigenen WV-Anlage des Anschlussnehmers. Die Verantwortung des WVU für Betrieb und Wasserbeschaffenheit schließt dies aus. Soweit eine eigene WV-Anlage des Anschlussnehmers im Versorgungsgebiet des WVU zulässig ist, muss nach DIN 1988, DIN 1989 und DVGW-Arbeitsblatt W 555 (s. o.) eine atmosphärische Trennung (Luftspalt) der beiden WV-Anlagen gewährleistet sein, d. h. es genügt nicht, eine etwaige Rohrverbindung durch Schieber und Rückflussverhinderer abzuschließen.

1.4.5 Fremdwasserbezug

Zunehmend müssen WVU mit eigenen WV-Anlagen zur Deckung eines Fehlbedarfes Zusatzwasser aus anderen Anlagen, meist überörtlichen WVU, beziehen. Neben den Problemen der Wasserbeschaffenheit des Mischwassers müssen bei der Gestaltung des Anschlusses die Betriebssicherheit und die Abgrenzung der Verantwortung für die maßgeblichen Anlageteile berücksichtigt werden. Folgende Möglichkeiten sind gegeben:

1. Der Fremdwasserbezug versorgt eine gesonderte Zone. Betrieblich ist dies die günstigste Lösung.
2. Das Fremdwasser wird direkt in einen Behälter des WVU eingespeist und dort mit dem Eigenwasser des WVU gemischt, gegebenenfalls unter Aufbereitung eines oder beider Wässer oder des Mischwassers. Dies sollte immer angestrebt werden, wenn die obige Lösung ausscheidet.
3. Das Fremdwasser wird in das Netz des WVU eingeleitet. Wenn die eigene Wassergewinnung eingestellt wird, ist dies günstig; betrieblich vorteilhaft ist es aber, wenn auch hier das Fremdwasser nur direkt in einen Behälter eingeleitet wird. Nur in Ausnahmefällen sollte das Fremdwasser in das Netz eines WVU geleitet werden, das auch aus eigenen Wassergewinnungen mitversorgt wird. Die Abgrenzung der Verantwortung über die Drücke im Rohrnetz und die Wasserbeschaffenheit sowie des Betriebes ist hierbei nur schwer zu erreichen.

1.5 Planung einer Wasserversorgungsanlage

Zu einer umfassenden, gut begründeten Planung des Neubaues, Umbaues oder der Erweiterung einer WV-Anlage gehören folgende Bestandteile:

1. Anlass der Planung
2. Versorgungsgebiet – Abgrenzung des Planungsraumes
3. Vorhandene Abwassersammlung und -behandlung – Beurteilung
4. Vorhandene Wasserversorgung – Beurteilung
5. Wasserbedarf – Bedarfserhebung, Bedarfsanalyse, Zukunftsprognose, Trendlinien
6. Wasserdargebot – Versorgungsbilanz
7. Wertung der Planungsmöglichkeiten (Alternativen)
8. Nutzen-Kosten-Untersuchungen
9. Vorschlag der gewählten Lösung
10. Darstellung der Möglichkeiten der technischen Gestaltung der geplanten Maßnahme
10.1 Wassergewinnung
10.2 Wasseraufbereitung
10.3 Wasserförderung
10.4 Wasserspeicherung
10.5 Wasserverteilung
11. Schätzung der Bau- und Betriebskosten
12. Wirtschaftsplan, Erfolgsplan, Finanzplan
13. Anpassung an wasserwirtschaftliche Fach- bzw. Bewirtschaftungspläne, Bauleitpläne u. a.
14. Rechts- und Verfahrensfragen – insbesondere wasserrechtliche und baurechtliche Verfahren, bundes- bzw. landesrechtliche Umweltverträglichkeitsprüfungen, Inanspruchnahme fremder Grundstücke, Beeinträchtigung anderer Wassernutzer u. a.

Einzelheiten hierzu sind in den Kapiteln des Taschenbuches ausgeführt. Das Taschenbuch ist dabei auf europäische Verhältnisse ausgerichtet. Planungen für die Länder der Dritten Welt müssen die dort bestehenden anderen Verhältnisse berücksichtigen; siehe Kongresse der International Water Association (IWA).

1.6 Anlageteile einer Wasserversorgungsanlage   11

Die Aufgaben auf allen Teilgebieten des Wasserversorgungswesens gestalten sich zunehmend schwieriger, da die leicht erschließ- und schützbaren Wasservorkommen bereits ausgenutzt sind. Je nach Art der Aufgabe ist das Einschalten von Spezialisten der verschiedensten Fachgebiete notwendig, wie: Geologie, Hydrologie, Chemie, Bakteriologie, Biologie, Gesundheitswesen, Bauwesen mit den besonderen Bereichen Wasserbau, Tiefbau, Hochbau, Statik, Rohrleitungsbau und Rohrhydraulik, Maschinen- und Elektrowesen, Steuerungs- und Fernmeldetechnik, ferner Wasserrecht, Verwaltung, Finanzierung.
Eine öffentliche zentrale WV-Anlage soll eine Leistungsreserve haben, d. h. sie soll i. a. den Bedarf der nächsten 10 bis 15 Jahre decken können. Sie soll ferner leicht erweiterungsfähig sein, um den Bedarf der nächsten 25 bis 30 Jahre liefern zu können. Wasservorkommen, welche möglicherweise zur Deckung des Bedarfs in 50 Jahren mit ausgenutzt werden müssen, sollten durch Kauf, Schutzgebiete und andere Maßnahmen rechtzeitig gesichert werden. Für den Entwurf von WV-Anlagen ist es zweckmäßig, zum besseren Vergleich mit anderen Planungen und statistischen Erhebungen als Planungsjahre jeweils Fünfer- und Zehnerjahre zu wählen, so z. B.

	Jahr			Jahr	
Bauentwurf	2005	(n–5)	Erweiterungsfähig	2040	(n+30)
geplante Inbetriebnahme	2010	n	Sicherung der Wasser-	2060	(n+50)
Bemessungsjahr der Anlageteile (außer Rohrleitungen)	2025	(n+15)	vorkommen		

1.6 Anlageteile einer Wasserversorgungsanlage

Die hauptsächlichsten Anlageteile einer WV-Anlage sind:
Wassergewinnung: Quellfassung mit Schichtquelle, Stauquelle; Grundwasserfassung mit Schachtbrunnen, Bohrbrunnen, Sickerleitung, Horizontalfilterbrunnen; Oberflächenwasserfassung mit Trinkwassertalsperre, Seewasserentnahme, Flusswasserentnahme.
Wasseraufbereitung: Oxidation, Ozonung, Filterung, Flockung, Klärung, Entsäuerung, Enteisenung, Entmanganung, Arsenentfernung, Enthärtung, Entsalzung, Desinfektion.
Wasserförderung: Pumpen, Antriebsmaschinen mit Energiezuführung, Fernwirkanlagen.
Wasserspeicherung: Hochbehälter als Erdhochbehälter, Wasserturm; Tiefbehälter, Saugbehälter, Druckbehälter, Löschwasserspeicher, Trinkwassertalsperre.
Wasserverteilung: öffentliche Anlage mit Zubringerleitung, Fernleitung, Rohrnetz mit Hauptleitung, Versorgungsleitung; nichtöffentliche Anlage mit Anschlussleitung, Verbrauchsleitung.
Diese technischen Teilbereiche einer Wasserversorgungsanlage haben, je nach welchen Gesichtspunkten sie betrachtet werden, eine unterschiedliche Wertung. Hinsichtlich der Baukosten und damit des Bauumfangs haben sie im Mittel etwa folgende prozentualen Anteile an der Gesamtanlage, wobei die erstgenannten Zahlen jeweils Anhaltswerte von kleinen Anlagen, die zweitgenannten Zahlen solche von großräumigen Gruppenanlagen sind:

Wassergewinnung	8– 3 % v. H.
Wasseraufbereitung	7– 2
Wasserförderung	10– 7
Wasserspeicherung	15– 5
Wasserverteilung	60– 83

Somit entfällt der weitaus größte Kostenanteil auf die Anlageteile der Wasserverteilung. Dagegen haben die Anlageteile der Wassergewinnung wegen der geringen Häufigkeit der für die Trinkwasserversorgung geeigneten Wasservorkommen, der Schwierigkeit der Erkundung, Gewinnung und dauernden Sicherung, sowie die Anlageteile der Wasseraufbereitung wegen der Sicherung der Wassergüte die größere Bedeutung und Gewichtung und erfordern einen verhältnismäßig großen Planungsaufwand. In den neuen Bundesländern können sich die Investitionsanteile wegen der unterschiedlichen Ausgangssituation erheblich verschieben.

Literatur

AVBWasserV – Verordnung über Allgemeine Bedingungen für die Versorgung mit Wasser vom 20.06.1980 (BGBl.I S. 750-757 und 1067)

Bericht über die Wasserversorgung in der Bundesrepublik Deutschland (Wasserversorgungsbericht mit Teil B: Materialien, Band 1–5), herausgegeben vom Bundesminister des Innern, Erich Schmidt Verlag, Berlin 1982/83

Bericht über die Beschaffenheit des Trinkwassers in der Bundesrepublik Deutschland und Maßnahmen zur Erhaltung einer sicheren Wasserversorgung (LAWA – Wasserversorgungsbericht 1986), Erich Schmidt Verlag, Berlin 1987

BGW-Statistiken

Grundsatzprogramm der öffentlichen Wasserversorgung, Verfasser: BGW, DVGW, VKU; Bonn 1985

International Wasser Association (IWA): Die Bonner Charta für sicheres Trinkwasser, Sept. 2004, www.iwahq.org

Mehlhorn, H.: Werte der deutschen Wasserversorgung, gwf-Wasser/Abwasser 143 (2002), Nr. 5, S. 405-412

Richtlinie 2000/60/EG des Europäischen Parlaments und des Rates vom 23. 10. 2000 zur Schaffung eines Ordnungsrahmens für Maßnahmen der Gemeinwirtschaft im Bereich der Wasserpolitik (EG-Amtsblatt L 327 vom 22/12/2000 S. 0001)

Siebtes Gesetz zur Änderung des Wasserhaushaltsgesetzes vom 18.06.2002 (BGBl. I S. 1914)

Weltgesundheitsorganisation (WHO): Leitlinien zur Trinkwasserqualität, 3. Ausg. 2004, www.who.int

2. Wasserabgabe – Wasserverbrauch – Wasserbedarf

bearbeitet von Dipl.-Ing. **Erwin Preininger**

DVGW-Regelwerk, DIN-Normen, Gesetze, Verordnungen, Vorschriften, Richtlinien
siehe Anhang, Kap. 14, S. 865 ff
Literatur siehe S. 46 ff

2.1 Art der Wassergewinnung

Bei der Herkunft des für die öffentliche Wasserversorgung (WV) gewonnenen Wassers sind in den europäischen Ländern auffallende Unterschiede festzustellen (**Abb. 2-1**).
Die geologischen, hydrologischen und klimatischen Voraussetzungen sind dafür ausschlaggebend, zu welchen Anteilen Grund- und Quellwasser oder nur Oberflächenwasser aus Talsperren, Seen und Flüssen sowie uferfiltriertes bzw. angereichertes Grundwasser herangezogen werden kann. Hauptsächlich von Oberflächengewässern abhängig ist die Wasserversorgung in Schweden und Norwegen, wo im Untergrund aus kristallinem Urgestein kaum nutzbares Grundwasser zur Verfügung steht. Traditionell überwiegt auch in Großbritannien die Oberflächenwassergewinnung. Spanien ist aufgrund seines mediterranen Klimas ebenfalls stark auf Oberflächenwasser angewiesen, das dort in etwa 500 Talsperren gesammelt und über weitläufige Ausgleichssysteme in die Verbraucherzentren transportiert werden muss. In Fremdenverkehrszentren an der Küste ergänzt entsalztes Meerwasser das Wasserdargebot. Länder mit großer landschaftlicher und geologischer Vielfalt – wie Frankreich, Belgien und Deutschland – bevorzugen zwar die Grundwassernutzung, müssen aber dennoch regional auf Oberflächengewässer zurückgreifen. Fast ausschließlich mit Grundwasser versorgt sich dagegen Dänemark, wo oberirdische Gewässer nur wenig ausgeprägt sind. Die gebirgigen Länder wie Österreich, die Schweiz und Italien können ihre Wasserversorgung zum größten Teil aus Grundwasservorräten und Quellwässern sicherstellen. Damit sind hier die Voraussetzungen für die Gewinnung gut geschützter und naturbelassener Trinkwässer von einwandfreier Beschaffenheit besonders günstig. Dabei muss

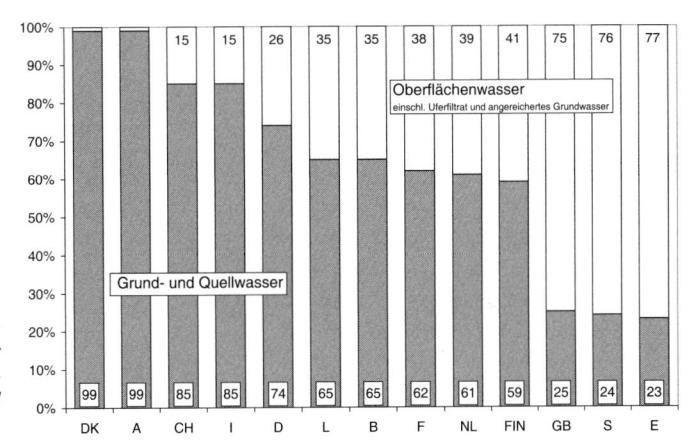

Abb. 2-1: Art der Wassergewinnung im Jahre 2002 (1997 für GB und S) in europäischen Ländern (nach IWA-International Water Association).

die Rohwasserqualität durch wirksamen flächendeckenden Grundwasserschutz und durch gewinnungsbezogenen Trinkwasserschutz erhalten oder erforderlichenfalls durch Sanierung wieder verbessert werden.

2.2 Anschlussgrad

Einen Überblick über den Anteil der zentral versorgten Einwohner an der Gesamtbevölkerung im Jahre 2002 in einigen europäischen Ländern zeigt **Abb. 2-2**. Der erreichte überwiegend hohe Anschlussgrad wird sich aus wirtschaftlichen und strukturellen Gründen nicht mehr oder nur noch geringfügig erhöhen.

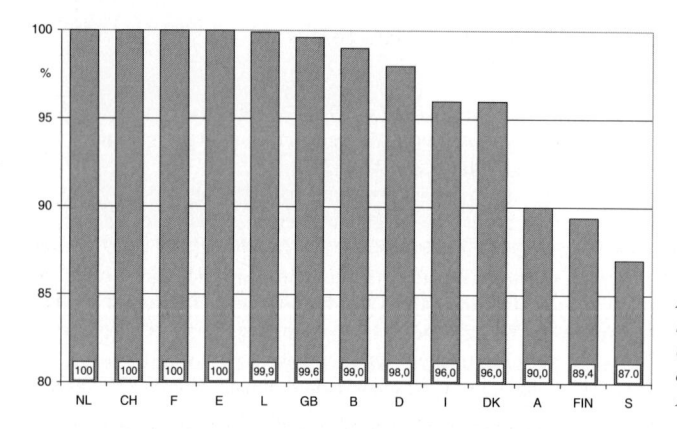

Abb. 2-2: Anschlussgrad an zentrale WV-Anlagen im Jahre 2002 (in 1997 für A und S) in einigen europäischen Ländern (nach IWA- International Water Association).

2.3 Wasserabgabe – Wasserverbrauch

2.3.1 Begriffe und bestimmende Faktoren

Wasserabgabe, Wasserverbrauch und Wasserbedarf beziehen sich hier auf Wasser mit Trinkwasserqualität, das von einem Wasserversorgungsunternehmen (WVU) geliefert wird. Angaben über den Industrie-Wasserbedarf sind nur zum Vergleich angeführt; bezüglich des nicht von WVU gelieferten Wassers, z. B. Beregnungen in der Landwirtschaft u. a., siehe Spezialliteratur.

Zur Klarstellung werden folgende übliche Begriffe nach DIN 4046 und Umweltstatistikgesetz (UStatG) verwendet:

Wasserbedarf
– ist ein Planungswert für die in einer bestimmten Zeitspanne unter Berücksichtigung der örtlichen Verhältnisse und möglichen Einflüsse voraussichtlich benötigte Wassermenge, die von einer WV-Anlage zur ausreichenden künftigen Versorgung zu liefern ist.

Wasserdargebot
– ist die für eine bestimmte Zeiteinheit nutzbare Wassermenge eines Wasservorkommens.

2.3 Wasserabgabe – Wasserverbrauch

Wasserbereitstellung
– ist die vorhandene größte Wassermenge je Zeiteinheit, die ein Wasserwerk unter Berücksichtigung der wasserrechtlichen Genehmigung tatsächlich zur Verfügung stellen kann.

Wasserabgabe
– ist die wirklich vorhandene, gemessene oder geschätzte Wasserlieferung des WVU (Netzeinspeisung); sie besteht aus Abgabe an Letztverbraucher + Wasserwerkseigenverbrauch + Wasserverluste + ggf. Wasserabgabe zur Weiterverteilung.

Wasseraufkommen
– ist die Wassergewinnung + Wasserbezug von anderen WVU; das Wasseraufkommen entspricht mengenmäßig der Wasserabgabe (bezogen auf ein WVU).

Nutzbare Wasserabgabe = Netzeinspeisung (Wasserabgabe) – Wasserwerkseigenverbrauch – Wasserverlust
– ist die gemessene Wasserlieferung an die Verbraucher = Wasserverbrauch.

Wasserabgabe an Letztverbraucher
– setzt sich zusammen aus Abgabe an Haushalte einschließlich Kleingewerbe, an gewerbliche Unternehmen (produzierendes Gewerbe, Handel, Verkehr und Dienstleistungen) und an sonstige, öffentliche Einrichtungen (Krankenhäuser, Bundeswehr, Schulen, usw.).

Wasserverlust
– ist der Anteil der in das Rohrnetz eingespeisten Wassermenge (der Wasserabgabe), dessen Verbleib im einzelnen volumenmäßig nicht erfasst werden kann. Er besteht aus tatsächlichen Verlusten (Rohrbrüche, Undichtigkeiten usw.) und aus scheinbaren Verlusten (Fehlanzeigen der Messgeräte, unkontrollierte Entnahmen usw.) und wird auch in % der Wasserabgabe angeführt.

Die Wasserabgabe- bzw. -verbrauchswerte werden durch folgende Faktoren maßgeblich beeinflusst:

Klima – In Gebieten mit geringen Niederschlagshöhen und hohen Sommertemperaturen ist der mittlere Wasserverbrauch höher, besonders hoch sind die Verbrauchsspitzen, mitverursacht durch Rasensprengen, Schwimmbadfüllungen, Nassreinigung der öffentlichen Verkehrswege, Kleinklimaanlagen u. a.
Wasserdargebot – Unzureichendes Wasserdargebot führt zum Abwandern von Gewerbe und Industrie, damit zu geringerem Gesamtverbrauch q l/E d. Die Verbrauchsspitzen werden nicht gedeckt, so dass sie in Wirklichkeit größer wären als gemessen.
Sonstige Wasserbezugsquellen – Das Vorhandensein von Privatbrunnen, insbesondere Industriebrunnen, bedingt einen geringeren Gesamtverbrauch q l/E d.
Wasserbeschaffenheit – Ungünstige Wasserbeschaffenheit hat zur Folge sparsamen Verbrauch, geringe Tendenz zum Ansiedeln von Gewerbe und Industrie, Verwendung von anderem Wasser, z. B. von Regenwasser.
Wasserpreis und Kontrolle der Abnahme – Hoher Wasserpreis wirkt verbrauchsdämpfend. Das Fehlen einer Verbrauchskontrolle durch Wasserzähler und Wasserabgabe nur nach Pauschaltarif führt zu unkontrollierbarer Wasserverschwendung mit großen Spitzenwerten in Trockenzeiten bis zu 100 % und mehr über den normalen Verbrauchswerten. Die außerordentlich hohen Einheitsverbrauchswerte z. B. in osteuropäischen Ländern sind zum großen Teil eine Folge des Fehlens einer Verbrauchskontrolle durch Wasserzähler bei den Abnehmern sowie der nicht kostendeckenden niedrigen Wasserpreise.
Kanalisation – Bei Fehlen einer Kanalisation ist der Wasserverbrauch geringer, besonders bei ungünstigen Vorflutverhältnissen.
Wirtschaftsstruktur und Größe des Versorgungsgebietes – Mit der Größe des Versorgungsgebietes und bei stärkerem Anteil an Gewerbe- und Industriebetrieben sowie bei Fremdenverkehr nehmen die Verbrauchswerte zu, die Spitzenwerte jedoch relativ ab.

Komfort, soziale Struktur, Besiedlungsart – Die Wasserverbrauchswerte nehmen zu mit Wohnkomfort, technischer Ausstattung der Wohnungen mit wasserverbrauchenden Geräten, Wohnungsgrößen, verbesserten sozialen Verhältnissen, aufgelockerter Bebauung mit hohem Grünflächen- oder Gartenanteil, Fremdenverkehr.

Wasserverluste – Hoher Wasserdruck im Rohrnetz, ungünstige Wasserbeschaffenheit, die häufige Netzspülungen erfordert, überalterte undichte Rohrnetze sowie das nicht rechtzeitige Beheben der Wasserverluste können die Wasserabgabe stark anheben.

Die gemessene Wasserabgabe in das Versorgungsgebiet ist die Grundlage für die Betriebskontrolle und die Auslastung sowie für die Einnahmen- und Ausgabenrechnungen des WVU. Die laufende Feststellung der Wasserabgabe zeigt den Trend an, wie sich die künftige Wasserabgabe entwickeln wird. Zweckmäßig ist auch der Vergleich mit anderen WVU. In der Vergangenheit sind über den Wasserverbrauch mehrere eingehende Untersuchungen durchgeführt worden. Besonders wird hingewiesen auf die BGW-Jahresberichte, auf die Veröffentlichungen von *Asemann-Wirth* über den Wasserverbrauch der Stadt Frankfurt a. M., auf den Wasserversorgungsbericht des Bundesministers des Innern und auf das Ergebnis des DVGW-Forschungsprogrammes „Ermittlung des Wasserbedarfes", durchgeführt an Wohngebäuden, Versorgungsgebieten, Schulen, Hotels, Krankenhäusern, landwirtschaftlichen Anwesen und Verwaltungsgebäuden, veröffentlicht 1993 in der DVGW-Schriftenreihe Wasser Nr. 81 und umgesetzt in das DVGW-Merkblatt W410 Wasserbedarfszahlen.

2.3.2 Wasserabgabe im Betrachtungszeitraum

Die Wasserabgabe ist keine einzelne feste Größe, sie ist abhängig von dem gewählten Betrachtungszeitraum und schwankt entsprechend den örtlichen Verhältnissen. Je nach Aufgabenstellung ist der Betrachtungszeitraum zu wählen. Es wird entweder die Wasserabgabe als Gesamtwert für den Betrachtungszeitraum angegeben, m^3/a, m^3/d, l/s, oder als Einheitswert je Verbraucher, z. B. in Liter je Einwohner und Tag, l/Ed.

2.3.3 Wasserabgabe/Jahr

2.3.3.1 Größe und Bemessungsgrundlage

Die Wasserabgabe/Jahr (Q_a) wird in m^3/a angegeben. Sie ist maßgebend für die Jahresbilanz und auch Grundlage für die Bemessung von Anlageteilen über Spitzenfaktoren. In **Tab. 2-1** sind anhand der jährlichen BGW-Statistiken die Jahreswasserabgabe und der Wasserverbrauch je Einwohner und Tag in den zurückliegenden Jahren zusammengestellt. Auffallend sind die relativ hohen Werte in den „Trockenjahren" 1976 und 1983, bei denen sich die hohen Spitzenverbrauchswerte in den heißen Sommermonaten auf den Jahresdurchschnitt auswirkten. Das verbrauchsstarke Jahr 2003 ist durch die Umweltstatistik leider nicht erfasst. Die Abgabe an Verbraucher insgesamt umfasst die Abgabe an Haushalte einschl. Kleingewerbe sowie an die Industrie und Sonstige. Anzumerken ist, dass die für den Haushalt angegebenen personenbezogenen Verbrauchswerte auch immer den Verbrauch des Kleingewerbes (Bäcker, Metzger, Arzt, Reinigung, Rechtsanwaltspraxis usw.) mit beinhalten, weil das an diese Verbraucher abgegebene Wasser nicht getrennt, sondern nur über den Hauswasserzähler erfasst werden kann. Der Anteil Kleingewerbe beträgt nach BGW-Untersuchungen durchschnittlich etwa 10 %, ist aber stark von der Versorgungsstruktur abhängig.

Am Beispiel der Stadt München soll in **Abb. 2-3** auch einmal die langfristige Entwicklung aufgezeigt werden. Markant sind die hohen Wasserverluste im kriegszerstörten Rohrnetz, die sich in der hohen einwohnerbezogenen Wasserabgabe niederschlagen, und die Erfolge der Rohrnetzsanierung. Nach einer Konsolidierung der Abgabe in den 70er und 80er Jahren nahm der „Pro-Kopf-Verbrauch" in den 90er Jahren stark ab und pendelt sich zwischenzeitlich auf einem niedrigerem Niveau ein. Das Wassersparpotential infolge wassersparender Technologien und umweltbewusstem Verbrauchsverhalten ist offensichtlich weitgehend ausgeschöpft.

2.3 Wasserabgabe – Wasserverbrauch

Tab. 2-1: Wasserabgabe an Verbraucher sowie Wasserverbrauch je Einwohner und Tag nach BGW-Wasserstatistiken

Jahr	Wasserabgabe an Verbraucher · 10⁶ m³/a	durchschnittl. tägl. Wasserverbrauch je Einwohner u. Tag (l/Ed)	
		Verbraucher insgesamt	nur Haushalt u. Kleingewerbe
1955	2114	199	86 alte Bundesländer
1960	2456	192	92
1965	2737	209	107
1970	3179	199	118
1975	3419	196	133
1976	3639	203	139
1979	3638	197	139
1983	3751	199	148
1987	3655	193	144
1991	3422	193	145 alte Bundesländer mit B-Ost
1995	3872	168	132 Bundesgebiet
1998	3814	164	129 Bundesgebiet
2001	3779	160	127 Bundesgebiet
2004	3748	156	127 Bundesgebiet

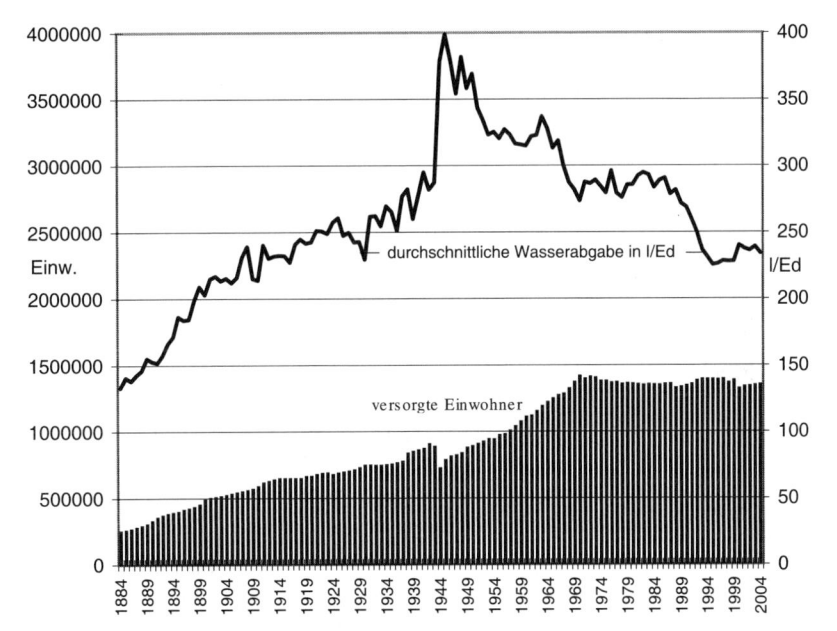

Abb. 2-3: Entwicklung der durchschnittlichen Wasserabgabe in l/Ed einschl. versorgte Einwohner am Beispiel Münchens (Quelle: Stadtwerke München)

In **Abb. 2-4** sind für einige europäische Länder die Wasserabgabe öffentlicher Wasserversorgungen insgesamt und die Wasserabgabe an Haushalte (einschl. Kleingewerbe) in l/Ed dargestellt. Deutschland liegt mit seiner rationellen Wasserverwendung im unteren Bereich (Ursachen und Entwicklung siehe Abschnitt 2.7.3.3).

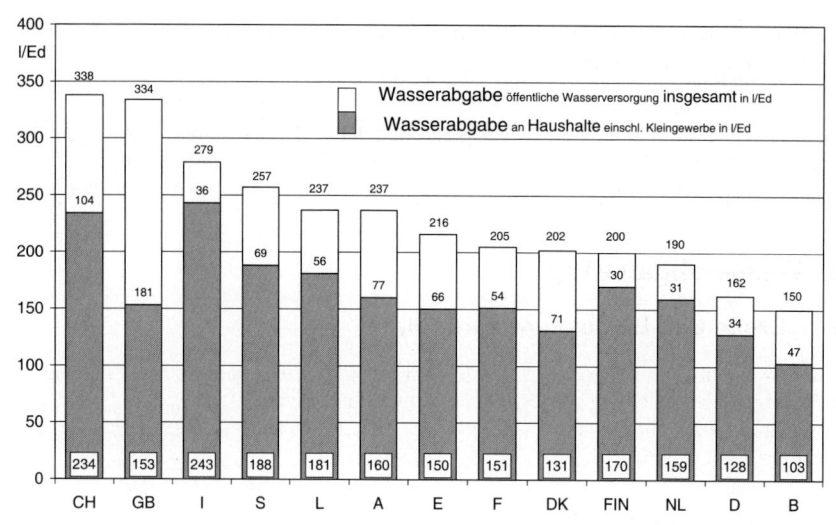

Abb. 2-4: Durchschnittliche Wasserabgabe im Jahre 2002 (in 1997 für S, A und F) in Liter je Einwohner und Tag in europäischen Ländern (nach IWA-International Water Association).

2.3.3.2 Schwankungen Q_a

Die Wasserabgabe/Jahr schwankt relativ gering in Abhängigkeit von den klimatischen Verhältnissen, von nassen oder trockenen Jahren. Diese Verbrauchsschwankungen werden wesentlich geprägt von der Zu- und Abnahme der Verbraucher, von der Verringerung der Haushaltsgröße, von der Ausstattung der Wohnungen mit wasserintensiven und wassersparenden Einrichtungen und Armaturen sowie von der Änderung des Verbraucherverhaltens; siehe auch **Tab. 2-1**.

2.3.4 Wasserabgabe/Monat

2.3.4.1 Größe

Die Wasserabgabe/Monat (Q_{Mt}) ist als Größe für den Versorgungsbetrieb nicht von Bedeutung, wesentlich jedoch deren Schwankung.

2.3.4.2 Schwankung Q_{Mt} im Jahr

Die örtlichen klimatischen Verhältnisse von Winter und Sommer, niederschlagsreiche und -arme Monate, verursachen mehr oder weniger große Schwankungen von Q_{Mt}. Diese Schwankungen sind in Großstädten mit geringem Anteil an Grünflächen und großem Anteil an Industrie und Gewerbe kleiner als in Kleinstädten und Landorten. In **Tab. 2-2** sind Mittelwerte des %-Anteils der Q_{Mt} an Q_a für einen Landort, eine Kleinstadt und für Frankfurt a. M. (nach *Wirth*) angegeben. Hieraus ist ersichtlich: Der Größtwert der Wasserabgabe tritt i. a. im Juli, der Kleinstwert im Januar oder Februar auf, die Wasserabgabe der Monate Mai bis August liegt i. a. über der mittleren Q_{Mt}, so dass in dieser Zeit die Hauptbeanspruchung der WV-Anlagen vorhanden ist. Der Spitzenfaktor $f_{Mt} = Q_{Mt\,max}/Q_{Mt}$ beträgt etwa: Landort 1,5; Kleinstadt 1,3; Großstadt (Frankfurt) 1,1–1,2.

Der Wasserverbrauch im April gibt meist einen gewissen Anhalt für die Schätzung der Wasserabgabe/Jahr, da $Q_{April} \cong Q_{Mt}$

Tab. 2-2: Mittelwerte der %-Anteile der Q_{Mt} an Q_a für einen Landort, eine Kleinstadt, eine Großstadt (Frankfurt a. M. 1968) nach Wirth

Ort	Jan.	Feb.	März	April	Mai	Juni	Juli	Aug.	Sept.	Okt.	Nov.	Dez.	Mittel
Landort %	5	5	6	8	10	12	12,5	12,5	10	8	6	5	8,3
Kleinstadt %	6	6	7	8	9	10	11	11	10	9	7	6	8,3
Großstadt %	7,8	8,1	8,1	8,3	8,5	8,9	8,9	8,6	8,5	8,5	8,2	7,9	8,3

2.3.5 Wasserabgabe/Tag

2.3.5.1 Größe und Bemessungsgrundlage

Die größte Wasserabgabe/Tag ($Q_{d\,max}$), ist die Grundlage für die Bemessung der Wassergewinnung, der Aufbereitung, der Zuleitung zum Speicher und der Speicherung. Die mittlere Wasserabgabe/Tag (Q_{dm}) ist die Grundlage für die Wasserbilanz und die Basis für die Bemessung von Anlageteilen über Spitzenfaktoren mit $Q_{dm} = Q_a/365$.

2.3.5.2 Schwankungen Q_d im Jahr

2.3.5.2.1 Größtwert $Q_{d\,max}$

Die tägliche Wasserabgabe schwankt in unterschiedlichen Grenzen, der Größtwert stärker als der Kleinstwert. Der tägliche Wasserbedarf und somit auch der Spitzenwasserbedarf hängen im Wesentlichen von der Größe und Struktur des Versorgungsgebietes ab. Weitere Einflüsse sind Tagestemperatur, Dauer von Trockenperioden, Wachstumsperiode, Schulferien, Wochentag und andere Faktoren. Aus einer umfangreichen DVGW-Umfrage in den 80er Jahren, die sich weitgehend auf die Spitzenverbrauchsjahre 1976 und 1983 bezog, ermittelten *Poss* und *Hacker* (s. Literatur) eine stark korrelierende Abhängigkeit ($r^2 = 0,99$) zwischen max. Tagesabgabe ($Q_{d\,max}$) und Jahresabgabe (Q_a) bzw. Einwohnerzahl (E) des Versorgungsgebietes. Somit lässt sich aus der bekannten Jahresabgabe (Q_a) und/oder aus der Einwohnerzahl (E) die max. Tagesabgabe ($Q_{d\,max}$) grob abschätzen.
Die mathematischen Gleichungen hierzu lauten

$$Q_{d\,max} = 7,01892 \cdot Q_a^{0,95549} \quad \text{in } m^3/d \qquad \text{mit } Q_a \text{ in } 1000\,m^3$$
$$= 0,30389 \cdot E^{1,01939} \quad \text{in } m^3/d$$

Eine weitere Abschätzungsmethode führt über die *einwohnerbezogene max. Tagesabgabe* ($q_{d\,max}$) in l/Ed. Diese steigt vom kleinen zum großen Versorgungsgebiet an, weil hier die Abgabe an Gewerbe, Industrie sowie an überörtliche zentrale Einrichtungen hinzukommt. Nach der erwähnten DVGW-Umfrage ergeben sich für die mittlere Regression **(Abb. 2-5)** 340 l/Ed bei 400 Einwohnern und 400 l/Ed bei 1,9 Millionen Einwohnern. Für die obere Kurve, die 80 % aller statistischen Werte erfasst, ergeben sich 425 bzw. 500 l/Ed. Da zwischen der damaligen DVGW-Umfrage und heute der Wasserverbrauch deutlich gesunken ist, sollte zur Abschätzung nicht die obere, sondern allenfalls die mittlere Kurve herangezogen werden.
Liegen keine verlässlichen Messungen der max. Tagesabgabe vor, so lässt sich $Q_{d\,max}$ näherungsweise aus der jahresdurchschnittlichen, also der mittleren Tagesabgabe Q_{dm} über den Tagesspitzenfaktor errechnen.
Der *Tagesspitzenfaktor* f_d ist definiert als das Verhältnis der max. Tagesabgabe zur jahresdurchschnittlichen (mittleren) Tagesabgabe

$$f_d = \frac{Q_{d\,max}}{Q_{dm}}$$

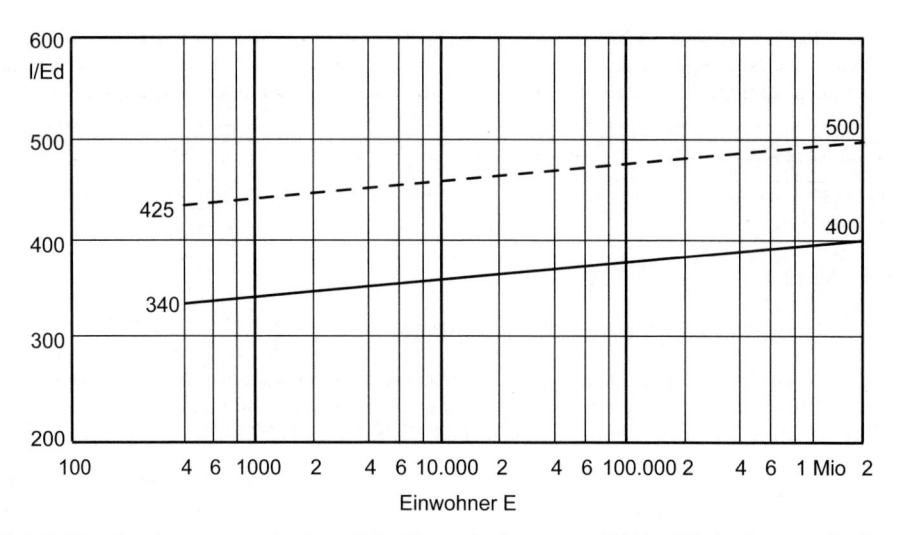

Abb. 2-5: Einwohnerbezogene maximale tägliche Wasserabgabe $q_{d\,max}$ in l/Ed in Abhängigkeit von der Einwohnerzahl (nach DVGW-Umfragen)

Der Tagesspitzenfaktor ist umso größer, je kleiner und je niederschlagsärmer (so genannte Trockeninseln) das Versorgungsgebiet ist, je geringer der gewerbliche und industrielle Anteil und je größer der Anteil der Wasserabgabe an Verbraucher – insbesondere solcher mit privaten Regenwassernutzungsanlagen - und der klimatische Verbrauch wie Gartengießen, Beregnung, Straßennassreinigung u. a. ist. Das DVGW-Arbeitsblatt W 400-1 gibt als Bemessungsgrundlage für $Q_{d\,max}$ in **Abb. 2-6** den Tagesspitzenfaktor in Abhängigkeit von der Einwohnerzahl an und zwar nach der Gleichung

$$f_d = -0{,}1591 \cdot \ln E + 3{,}5488$$

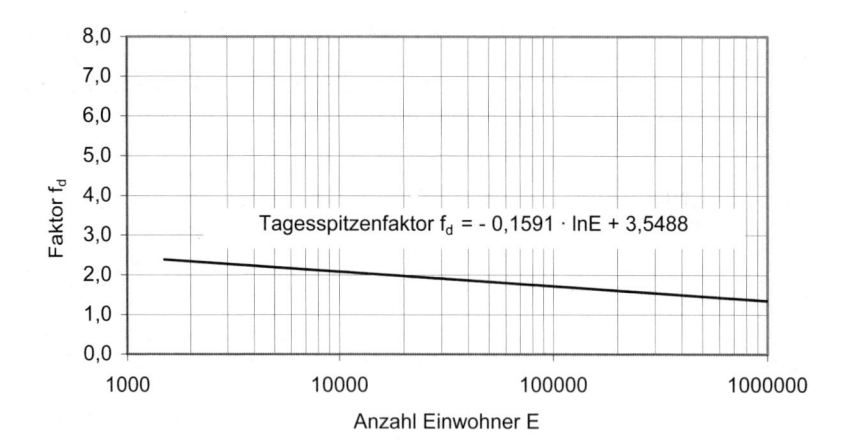

Abb. 2-6: Tagesspitzenfaktor $f_d = Q_{d\,max}/Q_{dm}$ in Abhängigkeit von der Anzahl der Einwohner (nach DVGW-Arbeitsblatt W 400-1 in Ergänzung zur EN 805)

2.3 Wasserabgabe – Wasserverbrauch

Zeitlich betrachtet ist der Spitzenfaktor f_d bislang relativ gesehen gestiegen, da aus der Abgabe an Letztverbraucher die Anteile Wasserabgabe an Haushalte gestiegen und diejenigen an Gewerbe sowie an Sonstige und damit auch die dämpfende Wirkung dieser Anteile zurückgegangen sind:

Tab. 2-3: Prozentuale Aufteilung der Wasserabgabe an Letztverbraucher 1979 bis 2004 aus Umweltstatistiken

1979:	Q-Haushalt 62 %	Q-Gewerbe 22 %	Q-Sonstige 16 %
1983:	Q-Haushalt 67 %	Q-Gewerbe 18 %	Q-Sonstige 15 %
1987:	Q-Haushalt 71 %	Q-Gewerbe 15 %	Q-Sonstige 14 %
1991:	Q-Haushalt 72 %	Q-Gewerbe 15 %	Q-Sonstige 13 %
1995:	Q-Haushalt 76 %	Q-Gewerbe 16 %	Q-Sonstige 8 %
1998:	Q-Haushalt 78 %	Q-Gewerbe + Q-Sonstige insgesamt 22 %	
2001:	Q-Haushalt 79 %	Q-Gewerbe + Q-Sonstige insgesamt 21 %	
2004:	Q-Haushalt 79 %	Q-Gewerbe + Q-Sonstige insgesamt 21 %	

Die Wasserabgabe an Haushalte ist stärker von den klimatischen Einflüssen abhängig. So liegt der Spitzenfaktor f_d – auf gleiche Versorgungseinheiten bezogen – in niederschlagsarmen Gebieten, z. B. in Nordbayern, merklich höher als z. B. im niederschlagsreicheren Südbayern. Maßgebend ist hier die Niederschlagshöhe Mai bis August, also in Zeiten hohen Verbrauchs.
Insgesamt hängt die tägliche Wasserabgabe ab von der Jahreszeit, vom Wochentag, vom Niederschlag bzw. der Länge einer Trockenperiode und von der Tages- bzw. Zweitagesmitteltemperatur mit einem starken Anstieg ab etwa 19 °C Tagesmitteltemperatur.

2.3.5.2.2 Kleinstwert $Q_{d\,min}$

Der Kleinstwert der Wasserabgabe bezogen auf die mittlere Q_{dm} wird durch den Minimumfaktor dargestellt: $f_{d\,min} = Q_{d\,min}/Q_{dm}$.
Bei Großstädten schwankt dieser i. a. wenig und beträgt etwa 0,7 bis 0,9, bei Kleinstädten 0,5 bis 0,7.

2.3.5.3 Schwankungen Q_d in der Woche

Die tägliche Wasserabgabe Q_d schwankt in der Woche bei gleich bleibenden klimatischen Verhältnissen je nach Struktur des Versorgungsgebiets, verursacht vor allem durch den Rückgang des Verbrauchs am Wochenende infolge Arbeitsruhe der Betriebe, Heimfahrt von Pendlern und Wochenendurlaubern. I. a. wird folgender Verlauf in den Städten festgestellt:

1.) *Arbeitstage* mit hohem Verbrauch, besonders hoch am Dienstag (= 1,00),
2.) *Arbeitstage* mit normalem Verbrauch (Mo = 0,98; Mi = 0,99; Do = 0,95; Fr = 0,95),
3.) *Samstage*, geringerer Verbrauch als bei 2., etwa 0,90,
4.) *Sonn- und Feiertage*, wesentlich geringerer Verbrauch als bei 2., etwa 0,80,
5.) *Besondere Festtage*, Ostern, Pfingsten, Weihnachten, erheblich geringerer Verbrauch als bei 2., etwa 0,75.

Die Unterschiede sind umso größer, je größer das Versorgungsgebiet ist, je größer der Anteil an Industrie, Gewerbe und sonstigen Abnehmern ist. Wenn der Verlauf der wöchentlichen Schwankungen hinreichend bekannt ist, kann dies beim Wasserwerksbetrieb ausgenützt werden, z. B. Auffüllen der Speicher am Wochenende, zusätzliches Einspeisen an den beiden Spitzentagen.

2.3.5.4 Wasserabgabe – Ganglinie – Dauerlinie

Die grafische Auftragung der täglichen Q_d in zeitlicher Reihenfolge über 1 Jahr ergibt die Wasserabgabe-Ganglinie. **Abb. 2-7** zeigt die Ganglinie Q_d 1968 des WVU Frankfurt a. M., nach *Wirth*.

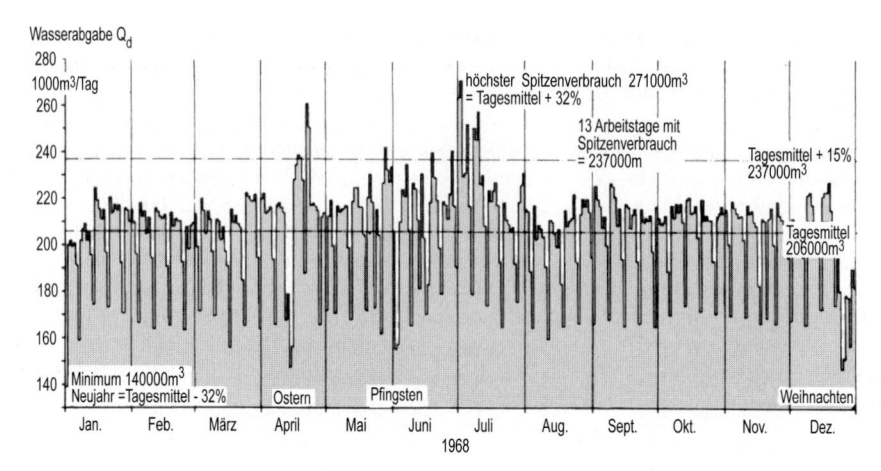

Abb. 2-7: Ganglinie der Wasserabgabe Q_d 1968 des WVU Frankfurt a. M., nach Wirth

Diese Ganglinie ist typisch für die Schwankungen von Q_d in einer Großstadt. Im Sommer tritt der Spitzenwert, im Winter der Minimalwert auf. Im Frühjahr (außer an Ostern) und im Herbst sind die Verbrauche mehr ausgeglichen.

Besonders wichtig ist die grafische Auftragung von Q_d in der Reihenfolge der Größe über 1 Jahr, d. i. die Wasserabgabe-Dauerlinie. **Abb. 2-8 a** zeigt diese für Frankfurt a. M. 1968 nach *Wirth* und **Abb. 2-8 b** für München 1993.

Zweckmäßig wird dem Vorschlag von *Wirth* gefolgt, wonach als Spitzenverbrauch bezeichnet wird: Q größer als $0{,}5 \cdot (Q_{d\,max} + Q_d)$. Für das Beispiel der **Abb. 2-8 a** Frankfurt a. M. 1968 ist dies: $Q = 0{,}5 \cdot (271\,000 + 206\,000) = 238\,000\,m^3$.

Aus Ganglinie und Dauerlinie zeigt sich, dass der Spitzenverbrauch verteilt und nur an wenigen Arbeitstagen auftritt. Da die WV-Anlage den Spitzenverbrauch liefern muss, ist es vorteilhaft, wenn durch Ausgleichsspeicherung die außergewöhnlichen Spitzen abgedeckt werden können.

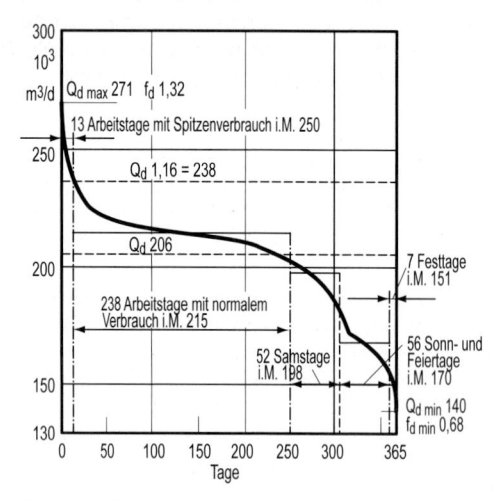

Abb. 2-8 a: Wasserabgabe Dauerlinie $Q_d \cdot 10^3\,m^3$ 1968 des WVU Frankfurt a. M., nach Wirth

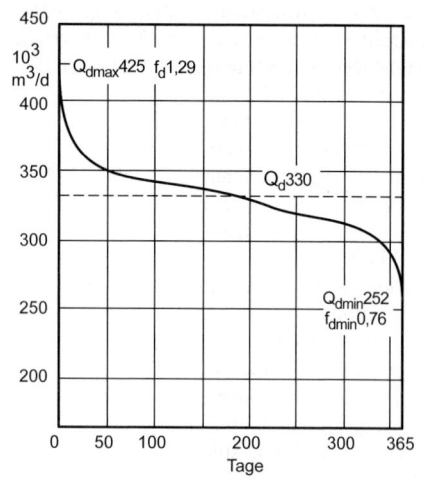

Abb. 2-8 b: Wasserabgabe Dauerlinie $Q_d \cdot 10^3\,m^3$ 1993 des WVU Stadtwerke München

2.3 Wasserabgabe – Wasserverbrauch

Statt „Bedarf an verbrauchsreichen Tagen" wird besser die Bezeichnung Spitzenwasserverbrauch für den o. a. Bereich verwendet, wobei $Q_{d\,max}$ der absolute Größtwert ist, der praktisch im Jahr nur an einem Tag auftritt.
Trägt man den jeweiligen Größtwert $Q_{d\,max}$ der einzelnen Jahre auf, so zeigt sich, dass in dieser Jahresreihe nur in größeren Zeitabständen absolute Spitzenverbrauchstage, wie z. B. im heißen Sommer 1976, auftreten. Hier bietet es sich an, einen so genannten „Normtag" anhand von Einflussgrößen, wie z. B. Temperatur, Niederschlag und Sonnenscheindauer zu definieren. Mit dieser Definition stellt sich die Frage nach der Wahrscheinlichkeit seines Auftretens, die wesentlich von diesen Einflussgrößen bestimmt wird. Die Einbeziehung von Extremwerten führt zu einem hohen maximalen Norm-Tagesbedarf mit geringer Eintrittswahrscheinlichkeit. Neben Erfahrungswerten ist die Entscheidung für die Bemessung von Anlageteilen aber auch unter wirtschaftlichen Gesichtspunkten zu treffen. So ist z. B. zu vertreten, die vielfach praktizierte Wahrscheinlichkeit für das Eintreten des Norm-Tagesbedarfes von 10^{-4}, also einmal in 27,5 Jahren, auf z. B. einmal alle 15 Jahre zu reduzieren und damit erhebliche Investitionseinsparungen zu erreichen.

2.3.6 Wasserabgabe/Stunde

2.3.6.1 Größe und Bemessungsgrundlage

Die größte Wasserabgabe/Stunde am Tag des Spitzenverbrauchs $Q_{h\,max(Qd\,max)}$ ist maßgebend für die Bemessung der Anlageteile, für die kein Ausgleich der stündlichen Verbrauchsschwankungen am Spitzentag durch Speicherung möglich ist, z. B. für Zubringer-, Haupt- und Versorgungsleitungen. Der Löschwasserbedarf Q_L (siehe Abschnitte 6.3.4 und 7.5.5.2.2) ist gesondert zu berücksichtigen. Die mittlere Wasserabgabe/Stunde am Tag des Spitzenverbrauchs $Q_{h(Qd\,max)}$ ist maßgebend für die Anlageteile, für die ein Ausgleich durch Speicher gegeben ist, z. B. Wassergewinnung, Wasseraufbereitung, Wasserförderung und Zuleitung zur Wasserspeicherung.

2.3.6.2 Schwankungen Q_h während des Tages

Die Wasserabgabe/Stunde schwankt während des Tages erheblich, umso stärker, je kleiner das Versorgungsgebiet, je größer der Anteil der Haushaltsabgabe, je höher die Tagestemperaturen über 19 °C sind. In **Tab. 2-4** sind übliche Werte Q_h an einem Arbeitstag in % von Q_d für eine Landgemeinde, Kleinstadt, Mittelstadt und Großstadt (Frankfurt a. M., nach *Wirth*) angegeben. Die entsprechenden Ganglinien sind in den **Abb. 2-9, 10, 11** und **12** dargestellt. Der Verlauf der Schwankungen Q_h an Samstagen und Sonntagen ist ähnlich, jedoch die Schwankungsbreite nicht so groß, der Anstieg am Morgen (5 bis 7 Uhr) flacher, ebenso der Abfall am Abend (20 bis 23 Uhr).
Die Wasserabgabe-Ganglinie Q_h oder deren Summenlinie ist die Grundlage für die Berechnung des fluktuierenden Wasservolumens, d. h. des erforderlichen Speichervolumens zum Ausgleich der Schwankungen Q_h (siehe Abschnitt 6.3.1). Während $Q_{h\,max}$ für die Bemessung benötigt wird, ist der Kleinstwert $Q_{h\,min}$ wichtig bei der Lecksuche und bei der Ermittlung der örtlich vorhandenen Rohrrauheiten mittels Strömungsversuche. $Q_{h\,min}$ tritt allgemein etwa zwischen 1 bis 2 Uhr bzw. 1 bis 4 Uhr auf.
Wegen der örtlichen Abhängigkeit des Verlaufs der Wasserabgabe-Ganglinie Q_h ist bei bestehenden WVU immer von den örtlich gemessenen Werten auszugehen; die folgenden Abb. dienen dann nur als Anhalt. Bemerkenswert sind die prozentualen Größen der Stundenspitzen.
In **Abb. 2-13** ist die Wasserabgabe-Ganglinie für die Stadt München am Sonntag, den 8. Juli 1990, dargestellt, dem Endspieltag der Fußballweltmeisterschaft Deutschland gegen Argentinien (1:0). Der Spielbeginn um 20.00 Uhr, die Halbzeit von 20.45 bis 21.00 Uhr sowie die an das Spielende anschließende Siegerehrung spiegeln die Spannung und die Druckentlastung in erlösenden Verbrauchsspitzen wider.

Tab. 2-4: Verlauf der stündlichen Wasserabgabe Qh an einem Arbeitstag in % Anteil an Qd für eine Landgemeinde, Kleinstadt, Mittelstadt, Großstadt.

Uhrzeit	Landgemeinde % Q_d	Kleinstadt % Q_d	Mittelstadt % Q_d	Großstadt % Q_d
0–1	1,0	2,0	1,5	2,6
1–2	0,5	1,5	1,5	2,4
2–3	0,5	1,0	1,5	2,2
3–4	0,5	0,5	1,5	2,1
4–5	0,5	0,5	2,0	2,2
5–6	6,5	1,5	3,0	4,2
6–7	12,0	2,5	4,5	5,3
7–8	8,5	3,0	5,5	5,7
8–9	3,5	3,5	6,0	5,6
9–10	3,0	4,0	5,5	5,4
10–11	3,0	5,0	6,0	5,3
11–12	4,5	7,0	6,0	5,3
12–13	10,0	9,5	5,5	5,2
13–14	9,0	10,0	5,5	5,1
14–15	1,5	8,5	5,5	4,9
15–16	1,5	5,0	6,0	4,5
16–17	2,0	3,5	5,5	4,2
17–18	2,0	3,0	6,0	4,7
18–19	3,0	5,0	5,5	5,0
19–20	5,5	8,0	5,0	5,0
20–21	9,0	6,0	4,0	4,2
21–22	8,5	4,0	3,0	3,3
22–23	3,0	3,0	2,0	2,9
23–24	1,0	2,5	2,0	2,7
0–24	100	100	100	100

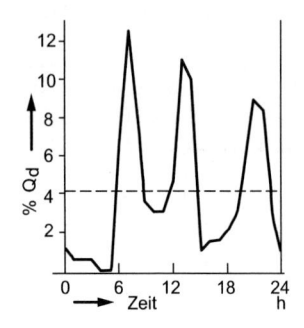

Abb. 2-9: Wasserabgabe-Ganglinie Q_h einer Landgemeinde

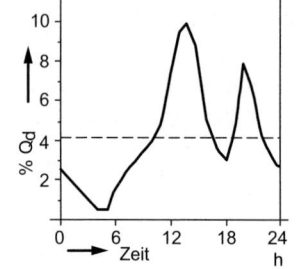

Abb. 2-10: Wasserabgabe-Ganglinie Q_h einer Kleinstadt ▶

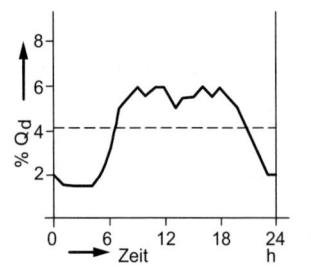

◀ Abb. 2-11: Wasserabgabe-Ganglinie Q_h einer Mittelstadt

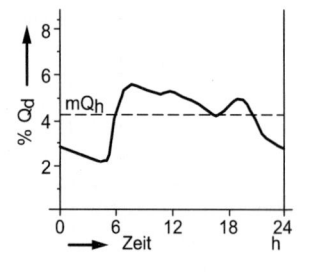

Abb. 2-12: Wasserabgabe-Ganglinie Q_h einer Großstadt ▶

Abb. 2-13: Wasserabgabe-Ganglinie für die Stadt München am 8. Juli 1990, dem Endspieltag der Fußballweltmeisterschaft (Quelle: Stadtwerke München)

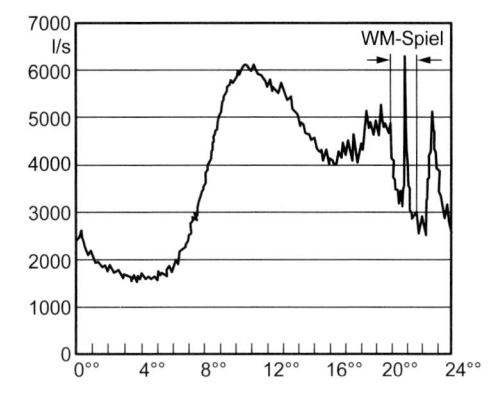

2.3.6.3 Größtwert $Q_{h\,max}$

2.3.6.3.1 Größtwert $Q_{h\,max}$ nach DVGW-Umfragen

Der Größtwert $Q_{h\,max}$ tritt meistens am Tag mit der maximalen Wasserabgabe $Q_{d\,max}$ auf (siehe auch Abschn. 2.3.5.2.1). *Poss* und *Hacker* (s. Literatur) ermittelten aus einer DVGW-Umfrage in den 80er Jahren, die sich weitgehend auf die Spitzenjahre 1976 und 1983 bezog, eine stark korrelierende Abhängigkeit ($r^2 = 0,99$) zwischen max. Stundenabgabe ($Q_{h\,max}$) und max. Tagesabgabe ($Q_{d\,max}$) bzw. Jahresabgabe (Q_a) bzw. Einwohnerzahl (E) des Versorgungsgebietes.
Die mathematischen Gleichungen hierfür lauten:

$$Q_{h\,max} = 0{,}20746 \cdot Q_{d\,max}^{0,89844} \quad \text{in m}^3/\text{h}$$

$$= 1{,}09756 \cdot Q_a^{0,86668} \quad \text{in m}^3/\text{h} \quad \text{mit } Q_a \text{ in } 1000\,\text{m}^3$$

$$= 0{,}0695 \cdot E^{0,91717} \quad \text{in m}^3/\text{h}.$$

Somit lässt sich aus der bekannten Jahresabgabe (Q_a) und/oder aus der Einwohnerzahl (E) die max. Stundenabgabe ($Q_{h\,max}$) grob abschätzen.

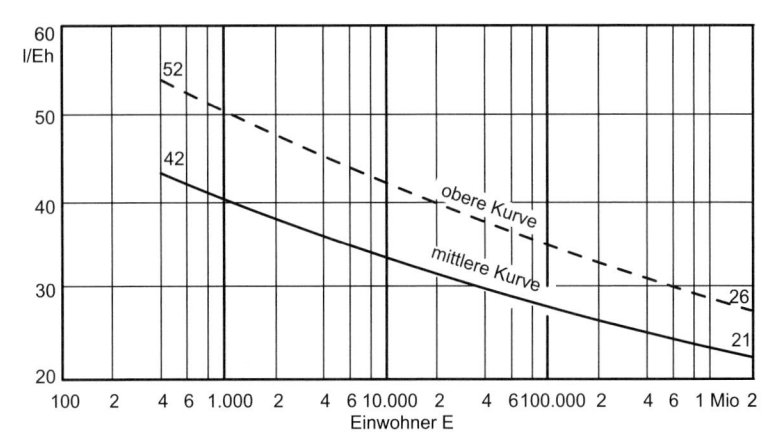

Abb. 2-14: Einwohnerbezogene maximale stündliche Wasserabgabe $q_{h\,max}$ in l/Eh in Abhängigkeit von der Einwohnerzahl (nach DVWG-Umfragen)

Eine weitere Abschätzungsmethode führt über die *einwohnerbezogene max. Stundenabgabe* ($q_{h\,max}$) in l/Eh bei max. Tagesabgabe $Q_{d\,max}$. Diese fällt vom kleinen zum großen Versorgungsgebiet wegen ausgleichender Mischstruktur mit geringerer Gleichzeitigkeit des Spitzenverbrauchs ab. Nach der erwähnten DVGW-Umfrage ergeben sich für die mittlere Regression **(Abb. 2-14)** 42 l/Eh bei 400 Einwohnern und 21 l/Eh bei 1,9 Mio. Einwohnern. Für die obere Kurve, die 80 % aller statistischen Werte erfasst, ergeben sich 52 bzw. 26 l/Eh. Da zwischen der damaligen DVGW-Umfrage und heute der Wasserverbrauch deutlich gesunken ist, sollte zur Abschätzung nicht die obere, sondern allenfalls die mittlere Kurve herangezogen werden. Auch diese Kurve ergibt noch relativ hohe Werte, da sich die Umfrage eben auf die Spitzenverbrauchsjahre 1976 und 1983 bezog.

2.3.6.3.2 $Q_{h\,max}$ nach Stundenspitzenfaktor

Liegen keine verlässlichen Messungen der max. Stundenabgabe vor, so lässt sich $Q_{h\,max}$ näherungsweise über einen Stundenspitzenfaktor f_h aus der jahresdurchschnittlichen, also der mittleren Stundenabgabe Q_{hm} und somit aus der bekannten Jahresabgabe Q_a errechnen.

Der *Stundenspitzenfaktor f_d* ist definiert als das Verhältnis der max. Stundenabgabe (bei max. Tagesabgabe) zur jahresdurchschnittlichen (mittleren) Stundenabgabe mit

$$f_h = \frac{Q_{h\,max}\,(\text{bei}\,Q_{d\,max})}{Q_{h\,m}\,(\text{bei}\,Q_d)} \qquad \text{mit}\ Q_{hm} = Q_{dm}/24 = Q_a/365 \cdot 24\ \text{in}\ m^3/h$$

Das DVGW-Arbeitsblatt W 400-1 gibt als Bemessungsgrundlage für $Q_{h\,max}$ in **Abb. 2-15** den Stundenspitzenfaktor in Abhängigkeit von der Einwohnerzahl an und zwar nach der Gleichung

$$f_h = -0{,}75 \cdot \ln E + 11{,}679$$

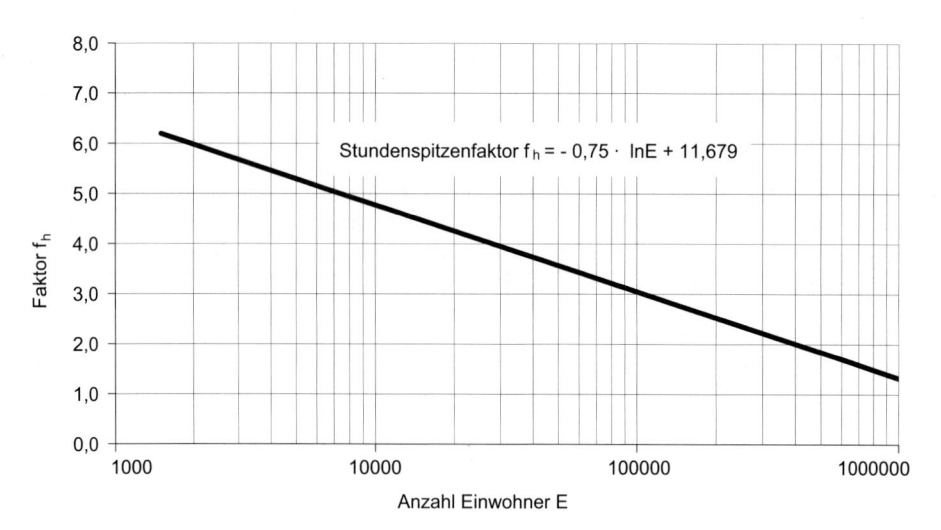

Abb. 2-15: *Stundenspitzenfaktor $f_h = Q_{h\,max}/Q_{hm}$ in Abhängigkeit von der Anzahl der Einwohner (nach DVGW-Arbeitsblatt W 400-1 in Ergänzung zur EN 805)*

2.3.6.3.3 $Q_{h\,max}$ nach max. Stundenprozentwert

Eine weitere Berechnungsmethode zur Ermittlung von $Q_{h\,max}$ führt nach W 400-1 über den *max. Stundenprozentwert st_{max}* in %.

2.3 Wasserabgabe – Wasserverbrauch

In **Abb. 2-16** ist die empirische Abhängigkeit dieses max. Stundenprozentwertes von der Einwohnerzahl des Versorgungsgebietes grafisch dargestellt und zwar nach der Gleichung

$$st_{max} = 27{,}837 \cdot E^{-0{,}1247} \text{ in \%}$$

Wenn die max. Tagesabgabe $Q_{d\,max}$ bekannt oder errechnet ist, lässt sich $Q_{h\,max}$ ermitteln und zwar nach der Gleichung

$$Q_{h\,max} = Q_{d\,max} \cdot st_{max}/100 \text{ in m}^3/\text{h} \quad \text{mit } Q_{d\,max} \text{ in m}^3/\text{h}$$

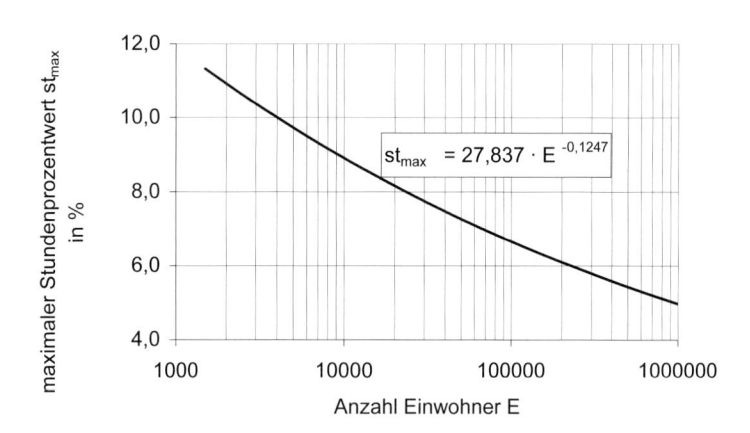

Abb. 2-16: Max. Stundenprozentwert st_{max} in % in Abhängigkeit von der Anzahl der Einwohner (nach DVGW-Arbeitsblatt W 400-1 in Ergänzung zur EN 805)

2.3.6.3.4 $Q_{h\,max}$ nach einwohnerbezogener max. Stundenabgabe

Eine zusätzliche Bemessungsmethode für $Q_{h\,max}$ bietet nach W 400-1 die *einwohnerbezogene max. Stundenabgabe $q_{h\,max}$* in l/Es. In **Abb. 2-17** ist der Zusammenhang zwischen der Anzahl der Einwohner und der zugehörigen einwohnerbezogenen max. Stundenabgabe grafisch im doppelt logarithmischen Maßstab dargestellt. Grundlage hierfür waren die Ergebnisse aus den DVGW-Umfragen der 80er Jahre und vor allem aus dem DVGW-Forschungsprogramm 02-WT 956 an Wohngebäuden und Versorgungsgebieten, die ihren Niederschlag bereits im DVGW-Arbeitsblatt W 403 vom Januar 1988 gefunden hatten. Das DVGW-Arbeitsblatt W 400-1 vom Oktober 2004 hat jetzt W 403 integriert und die Werte wurden der zwischenzeitlichen Verbrauchsentwicklung angepasst.

Aus **Abb. 2-17** ergibt sich die max. Stundenabgabe zu

$$Q_{h\,max} = 3{,}6 \cdot q_{h\,max} \cdot E \quad \text{in m}^3/\text{h} \quad \text{mit } q_{h\,max} \text{ in l/sE}$$

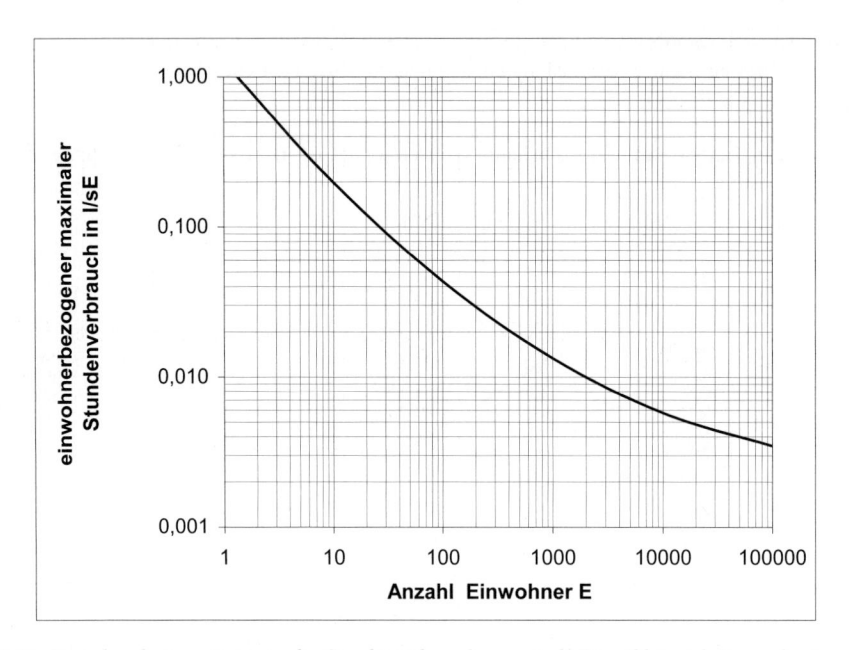

Abb. 2-17: Einwohnerbezogener maximaler Stundenverbrauch $q_{h\,max}$ in l/sE in Abhängigkeit von der Anzahl der Einwohner (nach DVGW-Arbeitsblatt W 400-1 in Ergänzung zur EN 805)

2.3.6.4 Kleinstwert $Q_{h\,min}$

Die einheitsbezogene minimale Stundenabgabe $Q_{h\,min}$ an verbrauchsschwachen Tagen $Q_{d\,min}$ ist in ländlichen Versorgungsgebieten wesentlich kleiner als in städtischen.
Der Minimumfaktor $f_{h\,min} = Q_{h\,min}$ (bei $Q_{d\,min}$)/Q_h (bei Q_d) ergibt sich bei einer

Landgemeinde	zu 0,05–0,06
Kleinstadt	zu 0,06–0,08
Mittelstadt	zu 0,25
Großstadt	zu 0,38.

Aus den Kleinst- und Größtwerten zeigt sich die große Spannweite der stündlichen Wasserabgabe, die ein WVU ohne Minderung der Wasserqualität liefern muss. Diese Spannweite kann bei Landgemeinden bis zu 1:150 und in Großstädten bis zu 1:7 betragen.

2.3.7 Bemessungsgrundlage für Sonderobjekte

Das DVGW-Forschungsprogramm 02-WT 956 umfasste auch Messungen an ausgewählten Sonderobjekten und zwar an Schulen, Hotels, Krankenhäusern, Verwaltungsgebäuden und landwirtschaftlichen Anwesen. Aus der banalen Erkenntnis heraus, dass nicht die installierte Entnahmeeinrichtung, sondern der Mensch – im landwirtschaftlichen Anwesen überwiegend das Tier – den Wasserverbrauch verursacht, wurden die gemessenen zeitabhängigen Durchflüsse auf die entsprechenden Verbraucher bezogen. Bei Hotels und Krankenhäusern sind die Verbraucher (Gäste bzw. Patienten einschließlich Personal) auf Hotelzimmer bzw. Krankenbetten umgerechnet worden. **Abb. 2-18** enthält

2.3 Wasserabgabe – Wasserverbrauch

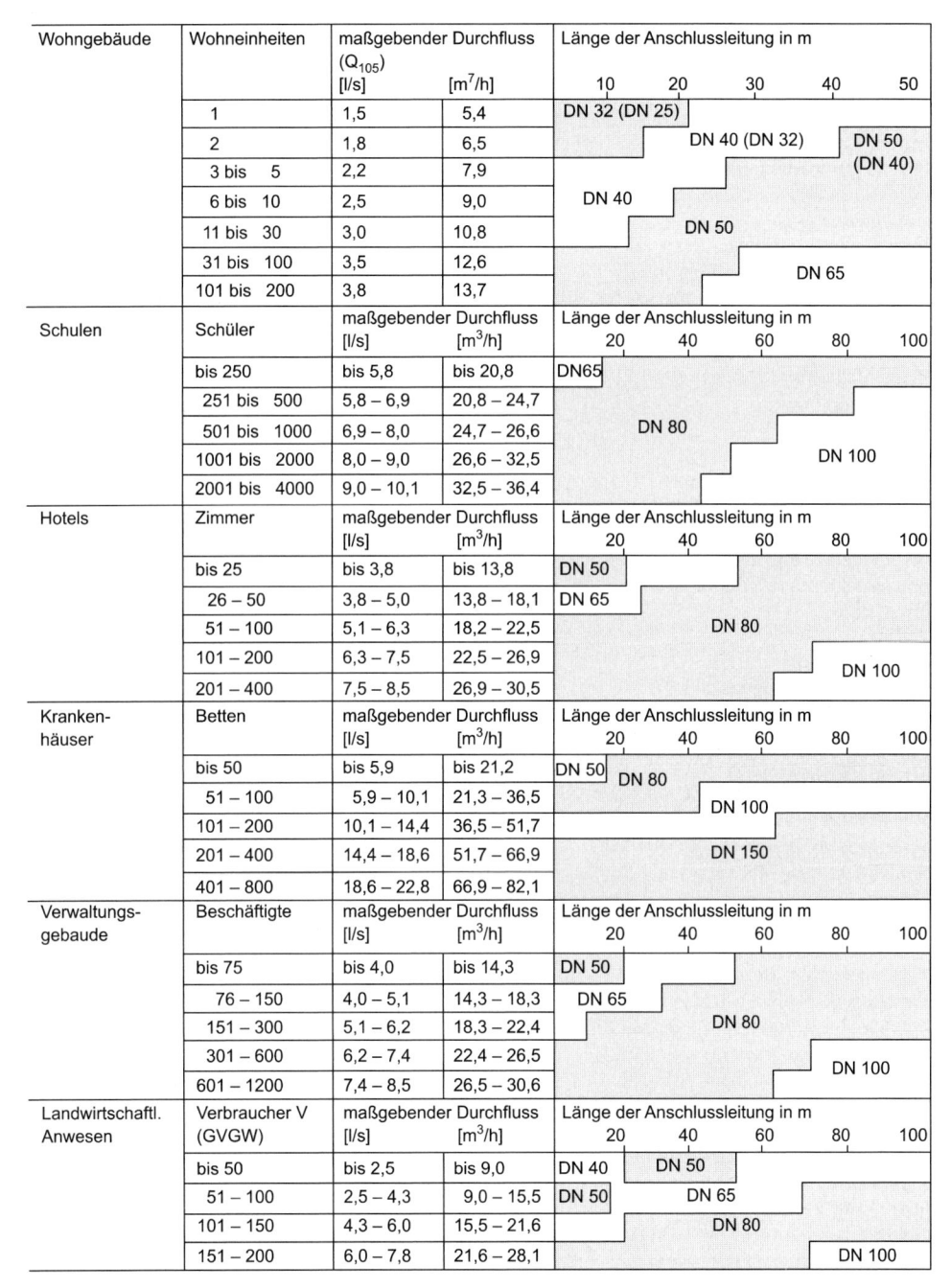

Gebäudetyp	Einheit	maßgebender Durchfluss (Q_{105}) [l/s]	[m³/h]	Länge der Anschlussleitung in m
Wohngebäude	Wohneinheiten			10 – 20 – 30 – 40 – 50
	1	1,5	5,4	DN 32 (DN 25)
	2	1,8	6,5	DN 40 (DN 32) / DN 50 (DN 40)
	3 bis 5	2,2	7,9	
	6 bis 10	2,5	9,0	DN 40
	11 bis 30	3,0	10,8	DN 50
	31 bis 100	3,5	12,6	DN 65
	101 bis 200	3,8	13,7	
Schulen	Schüler	[l/s]	[m³/h]	20 – 40 – 60 – 80 – 100
	bis 250	bis 5,8	bis 20,8	DN 65
	251 bis 500	5,8 – 6,9	20,8 – 24,7	
	501 bis 1000	6,9 – 8,0	24,7 – 26,6	DN 80
	1001 bis 2000	8,0 – 9,0	26,6 – 32,5	DN 100
	2001 bis 4000	9,0 – 10,1	32,5 – 36,4	
Hotels	Zimmer	[l/s]	[m³/h]	20 – 40 – 60 – 80 – 100
	bis 25	bis 3,8	bis 13,8	DN 50
	26 – 50	3,8 – 5,0	13,8 – 18,1	DN 65
	51 – 100	5,1 – 6,3	18,2 – 22,5	DN 80
	101 – 200	6,3 – 7,5	22,5 – 26,9	DN 100
	201 – 400	7,5 – 8,5	26,9 – 30,5	
Krankenhäuser	Betten	[l/s]	[m³/h]	20 – 40 – 60 – 80 – 100
	bis 50	bis 5,9	bis 21,2	DN 50 / DN 80
	51 – 100	5,9 – 10,1	21,3 – 36,5	DN 100
	101 – 200	10,1 – 14,4	36,5 – 51,7	
	201 – 400	14,4 – 18,6	51,7 – 66,9	DN 150
	401 – 800	18,6 – 22,8	66,9 – 82,1	
Verwaltungsgebäude	Beschäftigte	[l/s]	[m³/h]	20 – 40 – 60 – 80 – 100
	bis 75	bis 4,0	bis 14,3	DN 50
	76 – 150	4,0 – 5,1	14,3 – 18,3	DN 65
	151 – 300	5,1 – 6,2	18,3 – 22,4	DN 80
	301 – 600	6,2 – 7,4	22,4 – 26,5	DN 100
	601 – 1200	7,4 – 8,5	26,5 – 30,6	
Landwirtschaftl. Anwesen	Verbraucher V (GVGW)	[l/s]	[m³/h]	20 – 40 – 60 – 80 – 100
	bis 50	bis 2,5	bis 9,0	DN 40 / DN 50
	51 – 100	2,5 – 4,3	9,0 – 15,5	DN 50 / DN 65
	101 – 150	4,3 – 6,0	15,5 – 21,6	DN 80
	151 – 200	6,0 – 7,8	21,6 – 28,1	DN 100

Abb. 2-18: Bemessung der Anschlussleitungen (DN ...) von Wohngebäuden, Schulen, Hotels, Krankenhäusern, Verwaltungsgebäuden und landwirtschaftl. Anwesen in Abhängigkeit von Verbraucherzahl und Länge der Anschlussleitung (ohne Brandschutz) (siehe auch DVGW-Merkblatt W 404 mit Angabe der Berechnungsannahmen).

Vorschläge für die Bemessung von Anschlussleitungen in Abhängigkeit von Verbraucherzahl und Anschlusslänge; ein Löschwasserdurchfluss ist hier nicht berücksichtigt. Bemessungsgrundlage für Anschlussleitungen ist der Spitzendurchfluss mit einer Bezugszeit von 10 Min und einer Fließgeschwindigkeit von $\leq 2{,}0$ m/s. Die Wasserzählerbemessung basiert auf 5-Min-Spitzendurchflüsse, außer bei Krankenhäusern, wo aus Sicherheitsgründen die 10-Sek-Bezugszeit gewählt wurde.
Für die Bemessung gilt folgendes:

– *Schulen*
Verbraucher V = Schüler (S) + Lehrer (L)
Wasserzählergröße Q_n 10 bis 300 (S+L)
Wasserzählergröße DN 50 für 301 bis 3000 (S+L)
Wasserzählergröße DN 65 für 3001 bis 4000 (S+L)
verbraucherbezogener Q_d = 8 l/Sd = 8 l/Ld
Spitzenfaktoren (Median) f_d = 1,7; f_h = 7,5; f_k = 39,1
Streufaktor   = 1,26;   = 1,73;   = 1,37

– *Hotels*
Verbraucher V = Hotelzimmer (HZ)
Wasserzählergröße Q_n 10 bis 50 HZ
Wasserzählergröße DN 50 für 51 bis 300 HZ
verbraucherbezogener Q_d = 290 l/Vd
Spitzenfaktoren (Median) f_d = 1,4; f_h = 4,4; f_k = 11,1
Streufaktor   = 1,17;   = 1,47;   = 1,8;

– *Krankenhäuser*
Verbraucher V = Bettenzahl (BZ)
Wasserzählergröße Q_n 10 bis 50 BZ
Wasserzählergröße DN 50 von 51 bis   75 BZ
Wasserzählergröße DN 65 von 76 bis 150 BZ
Wasserzählergröße DN 80 von 151 bis 700 BZ
Wasserzählergröße DN 100 von 701 bis 1000 BZ
verbraucherbezogener Q_d = 340 l/Vd
Spitzenfaktoren (Median) f_d = 1,3; f_h = 3,2; f_k = 7,6
Streufaktor   = 1,11;   = 1,30;   = 1,67;

– *Verwaltungsgebäude*
Verbraucher V = Beschäftigte (B)
Wasserzählergröße Q_n 10 bis 300 B
Wasserzählergröße DN 50 von 301 bis 2000 B
verbraucherbezogener Q_d = 47 l/Vd
Spitzenfaktoren (Median) f_d = 1,8; f_h = 5,6; f_k = 23,8
Streufaktor   = 1,2;   = 1,6;   = 2,4;

– *landwirtschaftliche Anwesen*
Verbraucher V = Großvieheinheit (GV) + 2 • Personen (P) = Großviehgleichwert (GVGW);
Q_d = – 106,5 + 51,6 V in l/d
Geltungsbereich von 7 bis 165 GV und von 2 bis 16 P
verbraucherbezogener Q_d = 104 l/Pd = 52 l/GVd
Wasserzählergröße Q_n 2,5 bis 80 V
Wasserzählergröße Q_n 6 von 81 bis 200 V
Wasserzählergröße Q_n 10 von 201 bis 350 V
Spitzenfaktoren (Median) f_d = 1,5; f_h = 7,6; f_k = 29,0
Streufaktor   = 1,34;   = 1,64;   = 2,07

2.4 Wasserverbrauch je Verbrauchseinheit

Tab. 2-5: Umrechnungsfaktoren für verschiedene Vieharten in Großvieheinheiten GV (1 GV = 500 kg Lebendgewicht) bei landwirtschaftlichen Anwesen

Vieharten	Faktor	Vieharten	Faktor
Kühe	1,2	Mastbullen bis 350 kg	0,5
Pferde	1,0	Mastbullen 350 bis 550 kg	0,9
weibl. Rinder über 2 a	1,0	Zuchteber	0,3
weibl. Rinder 1-2 a	0,7	Zuchtsauen	0,3
weibl. Rinder unter 1 a	0,3	Zuchtsauen mit Ferkeln	0,5
Fohlen	0,3	Mastschweine 20-110 kg	0,13
Kälber bis ca. 4 Wo.	0,1	Schafe	0,1
Mastkalb bis 100 kg	0,15	Ziegen	0,1
Mastkalb bis 180 kg	0,23	Hühner, Gänse, Enten	0,004

Beispiel: Landwirtschaftliches Anwesen mit 3 Personen, 40 Kühen, 20 Mastschweinen, 10 Kälbern, 50 Hühnern, 40 Enten, 10 Gänsen (**Tab. 2-5**).
V = 40 · 1,2 + 20 · 0,13 + 10 · 0,1 + (50 + 40 + 10) · 0,004 + 2 · 3 = 58. Q_d = 2886 l/d.
Beachte: Bei den Sonderobjekten ist der Brandschutz nicht enthalten; er muss ggf. zusätzlich berücksichtigt werden.

2.4 Wasserverbrauch je Verbrauchseinheit

2.4.1 Berechnungsdurchflüsse von Auslauf-Armaturen

Der Berechnungsdurchfluss von Auslauf-Armaturen wird insbesondere zur Bemessung der Verbrauchsleitungen benötigt. In **Tab. 2-6** ist Q_R für gebräuchliche Auslauf-Armaturen zusammengestellt (vergl. auch Abschn. 7.3.7.4).

Tab. 2-6: Berechnungsdurchfluss Q_R von Auslauf-Armaturen (Richtwerte)

Auslauf-Armatur	DN	l/s	Auslauf-Armatur	DN	l/s
Auslaufventil	DN 15	0,30	Mischbatterie für		
Auslaufventil	DN 20	0,50	Wanne	DN 15	0,15
Auslaufventil	DN 25	1,00	Brause	DN 15	0,15
Brausekopf	DN 15	0,20	Sitzwaschbecken	DN 15	0,07
Druckspüler	DN 15	0,70	Magnetventil für		
Druckspüler	DN 20	1,00	Waschmaschine	DN 15	0,25
Druckspüler	DN 25	1,00	Geschirrspüler	DN 15	0,15
Spülkastenventil	DN 15	0,13	Durchlauferhitzer	DN 15	0,10
Urinalventil	DN 15	0,30			

2.4.2 Wasserverbrauch je Einzelvorgang

In **Tab. 2-7** ist der Wasserverbrauch für übliche Zwecke je Einzelvorgang bei der üblichen Benutzungsdauer angegeben.

Tab. 2-7: Wasserverbrauch für übliche Zwecke je Einzelvorgang und üblichen Bereich der Benützungsdauer

Vorgang	Liter
Geschirrspülen von Hand	25–40
Geschirrspülmaschine, je nach Programm und Alter	15–50
Küchenwolf	4–5
Handwaschbecken	2–5
Dusche	40–80
Wannenbad (Körperformwanne – Normalwanne)	115–180
Kinderbad	30–40
Bidet	10–20
WC mit Spülkaste	6–12
WC mit Tief-Spülkasten	6–9
WC mit Druckspüler	6–12
Reinigen im Haus	20–100
Wäschewaschen 5 kg, Waschmaschine je nach Programm und Alter	50–130
Autowäsche, in umweltschonender Waschanlage	50–60
Autowäsche, mit Schlauch	100–150
private Schwimmbäder, meistens Größenbereich V = 25 bis 75 m^3 einmaliges Füllen = V · 1,00 tägliches Nachfüllen = V · 0,01–0,05	
Gießen von Hausgärten je m^2	5–10

2.4.3 Wasserverbrauch l/Ed im Haushalt für einzelne Zwecke

Dieser wird i. a. für Berechnungen nicht benötigt. Die Kenntnis hiervon gibt Ansätze für Wassersparmaßnahmen und ermöglicht die Beurteilung der Einheits-Verbrauchswerte in den verschiedenen Wohngebieten. In **Tab. 2-8** sind einwohnerbezogene Verbrauchswerte für einen deutschen Durchschnittshaushalt zusammengestellt.

Tab. 2-8: Wasserverbrauch l/Ed im Haushalt für einzelne Zwecke

Tätigkeiten	l/Ed
Trinken und Kochen	3
Geschirrspülen	8
Körperpflege ohne Baden	8
Duschen und Baden	39
Wäschewaschen	16
WC	40
Gartengießen und Auto waschen	8
Raumreinigen und sonstiges	8
Summe	130

2.4.4 Erfahrungswerte des Wasserverbrauchs je Verbrauchereinheit

Die Literaturangaben über den Wasserverbrauch je Verbrauchereinheit sind sehr unterschiedlich und abhängig von den verschiedenen strukturellen und klimatischen Verhältnissen des Versorgungsgebietes. Auch einheitliche Angaben über den Spitzen-Wasserverbrauch sind nicht real, weil die Spitzenfaktoren örtlich verschieden sind. In **Tab. 2-9** werden daher nur Werte des mittleren Einheits-Wasserverbrauchs angegeben. Es ist Aufgabe des Planers, diese Werte entsprechend der Struktur des Versorgungsgebiets und aufgrund von Betriebserfahrungen den örtlichen Verhältnissen anzupassen; eine Bandbreite von 15 % und mehr ist durchaus möglich. Der Wasserverbrauch an Spitzentagen errechnet sich dann aus dem

2.4 Wasserverbrauch je Verbrauchseinheit

mittleren Verbrauch · Spitzenfaktor f_d. Die **Tab. 2-9** ist wie die BGW-Statistik in die Verbrauchergruppen eingeteilt.

Anmerkung: A = Angestellter, Beamter, Beschäftigter, Kunde, Pflegepersonal; E = Einwohner; G = Gast, Passagier; GV = Großvieh; H = Haftinsasse; L = Lehrer; Pa = Patient; S = Soldat; St = Schüler, Student

Tab. 2-9: Mittelwerte des Einheits-Wasserverbrauchs

Verbraucher		Einheit	Liter
1.	Haushalt einschl. Kleingewerbe		
1.1	Haushalt, Wohngebäude:		
1.	alte Ein- und Zweifamilienhäuser, einfachste Bauart	l/d	70
2.	einfache Mehrfamilien-WG, Baujahr vor 1940	l/Ed	90
3.	mehrgeschossige WG, mit Sozialwohnungen, Bj. vor 1960	l/Ed	120
4.	neuere Einfamilien-Reihenhäuser, mehrgeschossige WG	l/Ed	130
5.	Appartementhäuser und WG mit Komfortwohnungen	l/Ed	140
6.	Ein- und Zweifamilienhäuser in guter Wohnlage	l/Ed	180
7.	moderne Villen in bester Wohnlage	l/Ed	220
1.2	Kleingewerbe		
1.	Bäcker, 1 A/200 E	l/Ad	130
2.	Konditor, 1 A/1000 E	l/Ad	150
3.	Fleischer, 1 A/300 E	l/Ad	200
4.	Friseur, 1 A/300–600 E	l/Ad	30
5.	Kfz-Waschanlage mit Wasserwiederverwendung	l/Pkw	40
6.	gewerbliche Betriebe, stark schmutzend	l/Ad	250
7.	Restaurants, Kantinen	l/(G + A) · d	50
1.3	Landwirtschaft		
1.	Großvieh	l/GV · d	50
2.	Großvieh, Schwemmentmistung, einstreulos	l/GV · d	60
3.	Großvieh, Schwemmentmistung, mit Einstreu	l/GV · d	75
4.	Kleinvieh = 1/5 Großvieh	l/KV · d	10
5.	Milchsammelstelle, je l Milch	l/l	1,5
6.	Erwerbsgärten	l/m² · d	0,8
7.	intensive landwirtschaftliche Beregnung, Gemüseland	l/m² · d	1,0
2.	Industrie einschl. Großgewerbe		
2.1	Industrie		
1.	Steinkohle	l/kg	12
2.	Steinkohlen-Koks	l/kg	1
3.	Pkw	l/kg	10
4.	Stahl	l/kg	50
5.	Mineralöl	l/kg	0,3
6.	Zellstoff	l/kg	200
7.	Zeitungspapier	l/kg	15
8.	Kunstfasern	l/kg	200
9.	Fleisch- und Wurstwaren	l/kg	2
10.	Früchte- und Gemüsekonserven	l/kg	5
11.	Fischkonserven	l/kg	40
2.2	Großgewerbe		
1.	Molkerei, je l Milch	l/l	1–1,5
2.	Brauerei, je l Bier	l/l	5

Fortsetzung Tab. 2-9

Verbraucher		Einheit	Liter
3.	Brennerei, je l Maische	l/l	2
4.	Zuckerfabrik	l/kg	30
5.	Wäscherei, je kg Trockenwäsche	l/kg	40
6.	Kaufhaus, ohne Restaurant	l/Ad	50
	Kaufhaus, mit Restaurant, zusätzlich nach 1.2.7	$l/(G+A) \cdot d$	100
7.	Hotel, Luxus, $A:G \geq 1$	$l/(G+A) \cdot d$	600
	Hotel, mittel, $A:G \cong 0,5$	$l/(G+A) \cdot d$	375
	Hotel, einfach, $A:G \cong 0,25$	$l/(G+A) \cdot d$	150
3.	Sonstige Verbraucher, öffentliche Einrichtungen		
1.	Büro- und Verwaltungsgebäude, einfache, ohne Kantine	l/Ad	40
	wie vor, mittlere, ohne Kantine	l/Ad	50
	mit Kantine, mit allen techn. Einrichtungen, vollklimatisiert	l/Ad	140
2.	Schulen, ohne Duschen, ohne Schwimmbad	$l/(St+L) \cdot d$	10
	wie vor, mit Duschen	$l/(St+L) \cdot d$	40
	wie vor, mit Schwimmbad	$l/(St+L) \cdot d$	50
3.	Universität und Fachschulen		
	Geisteswissenschaft	$l/(St+L) \cdot d$	150
	Chemie	$l/(St+L) \cdot d$	1 000
	Physik	$l/(St+L) \cdot d$	500
	vorklinisches Studium	$l/(St+L) \cdot d$	350
	Biologie und wasserwirtschaftliche Institute	$l/(St+L) \cdot d$	400
	Studentenhaus und Verwaltung	$l/(St+L) \cdot d$	150
4.	Krankenhaus, je Patient und Personal	$l/(Pa+A) \cdot d$	350
	Spezialkrankenhaus	$l/(Pa+A) \cdot d$	500
5.	Altenwohnheime, Pflegeheime	$l/(Pa+A) \cdot d$	180
6.	Hallenbäder	l/G	200
7.	Schlachthof	l/GV	5 000
8.	Markthalle	l/m²	30
9.	Friedhof	l/m² · d	0,1
10.	Grünflächen, bewässert	l/m² · d	0,1
11.	Gemeindl. Reinigungseinrichtungen	l/Ed	3
12.	Justizvollzugsanstalten	$l/(H+A) \cdot d$	160
13.	Truppenunterkünfte		
	Bundeswehr, Soldaten	l/S · d	350
	Zivilangestellte	l/A · d	80
	Bundeswehrwohnungen	l/Ed	150
	sonst. Streitkräfte, Soldaten	l/S · d	570
	Zivilangestellte	l/A · d	100
	Wohnungen	l/Ed	150
14.	Flughafen	l/Gd	50
15.	Feuerwehr, für Übungen u. einf. Brandfälle i. a. 0,2–0,5 % von Q_a	l/Ed	0,5
16.	Öffentliche Brunnen, ständig laufende werden i. a. nicht mehr aus der öffentl. WV versorgt, sondern mit Umwälzpumpen betrieben. Bedarf vernachlässigbar klein.		
17.	Eigenverbrauch WVU	l/Ed	2

Besondere Bedeutung haben die sehr eingehenden Veröffentlichungen von *Asemann-Wirth* über den gemessenen Wasserverbrauch 1968 und 1969 der verschiedenen Verbrauchergruppen in der Stadt Frankfurt a. M., die Ergebnisse des DVGW-Forschungsprogramms 02-WT 956 und die Untersuchungen von *Möhle* an der TU Hannover.

Die angegebenen Einheits-Verbrauchswerte der Industrie sind nur grobe Anhaltswerte, sie verändern sich häufig durch Veränderungen der Produktion, zunehmende und unterschiedliche Verwendung von Wasser im Kreislauf. Im Einzelfall sind örtliche Erhebungen unerlässlich.

2.4.5 Eigenverbrauch der WVU

Das WVU verbraucht Wasser für Rückspülungen bei Wasseraufbereitungsanlagen, Rohrnetzspülungen, Frostläufe, Reinigen von Wasserkammern und Bauwerken sowie eigenes Bauwasser. Diese Arbeiten werden i. a. an Tagen geringen Wasserverbrauchs ausgeführt, so dass nur der mittlere Verbrauch, nicht aber $Q_{d\,max}$ erhöht wird. Der Wasserverbrauch eines WVU beträgt bei Anlagen mit Aufbereitungsanlagen etwa 1,3 bis 1,5 % Q_a, bei sonstigen Anlagen etwa 1 % Q_a.

2.4.6 Wasserverlust

Als Wasserverlust wird die Differenz zwischen Wasserabgabe in das Rohrnetz (Netzeinspeisung) und der gemessenen nutzbaren Wasserabgabe an die Verbraucher einschl. Wasserwerkseigenverbrauch bezeichnet. Der Wasserverlust besteht aus dem scheinbaren Wasserverlust, d. i. Wasserverbrauch, der nicht oder nicht richtig gemessen wird, und dem tatsächlichen Wasserverlust infolge Auslaufens von Wasser an undichten Stellen. In kleinen WV-Anlagen können bei unzureichender Wartung die Wasserverluste erheblich höher sein, insbesondere, wenn Leckstellen nicht rechtzeitig erkannt werden. Die Wasserverluste müssen bei bestehenden WV-Anlagen jeweils eigens erhoben werden. Der Wasserverlust in ordnungsgemäß erstellten Neuanlagen beträgt i. a. weniger als die in **Tab. 2-10** enthaltenen %-Anteile Q_a.

Tab. 2-10: Mittlere Wasserverluste in % der Jahresabgabe Q_a

Anlageteil	Alle Anlageteile ohne Wasserverteilung	Wasserverteilung	Gesamt
Neuanlagen	1	4	5
Altanlagen, gut gewartet	2	8	10

Im Arbeitsblatt W 392 – Rohrinspektion und Wasserverluste – sind bei der Ermittlung der tatsächlichen und scheinbaren Wasserverluste die Länge des Versorgungsnetzes und die überwiegende Bodenart berücksichtigt (siehe Abschn. 13.3.4.3.3).

2.5 Wasserverbrauch der Industrie

Die Angaben über den Wasserverbrauch der Industrie (statistisch: Bergbau, Gewinnung von Steinen und Erden, verarbeitendes Gewerbe) dienen nur zum Vergleich mit der Wasserabgabe der WVU. In **Tab. 2-11** sind nach den Erhebungen des Statistischen Bundesamtes Wasserangaben zu diesem industriellen Bereich aufgeführt und zwar die Wasserentnahme, das insgesamt genutzte Wasser, das jeweils eingesetzte Frischwasser sowie der daraus abgeleitete Nutzungsfaktor.

Tab. 2-11: Wasserangaben zur Industrie nach Statistischem Bundesamt

Jahr	1991	1995	1998	2001	2004
Wasseraufkommen in Mio. m^3	12 144,1	10 023,7	9 482,3	8 650,9	7 715,1
Genutztes Wasser insgesamt in Mio. m^3	41 800,1	38 493,1	35 347,5	33 650,9	37 976,1
Eingesetztes Frischwasser in Mio. m^3	9 885,1	7 965,8	7 381,9	6 807,4	6 564,3
Nutzungsfaktor	4,23	4,83	4,79	4,94	5,8

Der Nutzungsfaktor errechnet sich aus dem Verhältnis des insgesamt genutzten Wassers zur Menge des im Betrieb eingesetzten Frischwassers. Der Nutzungsfaktor ist durch vermehrten Einsatz der Kreislauf- und Mehrfachnutzung in den beiden letzten Jahrzehnten stetig gestiegen, die betrieblichen Wassereinsparmöglichkeiten sind jedoch weitgehend ausgeschöpft.

Das gesamte Wasseraufkommen ist von 1991 bis 2004 um rd. 36 % zurückgegangen – ein Beweis für den umweltbewussten Umgang der Industrie mit der Ressource Wasser.

Der Wasserbezug der Industrie aus dem öffentlichen Netz war ebenfalls rückläufig. Er erreichte in den letzten Jahrzehnten folgende Werte:

1975	840 Mio. m^3	alte Bundesländer
1979	750 Mio. m^3	" "
1983	635 Mio. m^3	" "
1987	611 Mio. m^3	" "
1991	654 Mio. m^3	gesamtes Bundesgebiet
1995	505 Mio. m^3	gesamtes Bundesgebiet
1998	414 Mio. m^3	gesamtes Bundesgebiet
2001	378 Mio. m^3	gesamtes Bundesgebiet
2004	411 Mio. m^3	gesamtes Bundesgebiet

Dieser Anteil von rd. 5 % aus dem öffentlichen Netz wird sich kaum mehr verringern.

Das Wasseraufkommen der Wärmekraftwerke für die öffentliche Energie-Versorgung mit rd. 23 Mrd. m^3 pro Jahr (in 2004) mit abnehmender Tendenz erfolgt fast ausschließlich aus dem Oberflächenwasser, meistens für Kühlzwecke.

2.6 Wassersparen

2.6.1 Fachliche Randbedingungen

Unter Wassersparen ist die rationelle Wassernutzung im verantwortungsbewussten Umgang mit dem Naturgut Wasser zu verstehen, um die Wasserressourcen – unabhängig von den natürlichen Gegebenheiten – bestmöglich zu schonen. Der Grundsatz des sparsamen Umgangs mit Wasser ist verankert in der Europäischen Wasser-Charta von 1968, in den fachlichen Zielen der meisten Landesentwicklungsprogramme und letztlich in § 1 a Wasserhaushaltsgesetz (WHG), wonach eine mit Rücksicht auf den Wasserhaushalt gebotene sparsame Verwendung des Wassers zu erzielen ist. Das WVU als verantwortliches und autorisiertes Unternehmen ist verpflichtet, durch Vorbildfunktion und Öffentlichkeitsarbeit die rationelle Wassernutzung zu unterstützen, wobei darauf hingewiesen werden muss, dass ein geringerer Wasserverbrauch aufgrund der hohen Fixkosten in der WV durchaus einen höheren Wasserpreis ergeben kann. Wassereinsparung im Warmwasserverbrauch senkt jedoch gleichzeitig die Energiekosten. Wassersparmaßnahmen verringern zwar nicht die Schmutzfracht, verbessern aber die Reinigungswirkung von Abwasseranlagen.

Wassersparen hat dort seine Grenzen, wo eine merkliche Einbuße von Komfort oder gar Hygiene damit verbunden ist, wo z. B. ein geringer Durchsatz oder eine Stagnation zu technischen Problemen (Korrosion) oder gar zu hygienischen Risiken (Aktivierung von Blei-, Kupferionen; Verkeimungen)

2.6 Wassersparen

führt oder wo es durch Problemverlagerung (Einsatz von Reinigungs- oder Desinfektionsmitteln, Inhibitoren und Stabilisatoren in Kühlkreisläufen usw.) zu einer Gefährdung oder gar Verunreinigung der Gewässer kommt. Neben diesen Gesichtspunkten sind ökonomische, also gesamtwirtschaftliche Aspekte einzubeziehen, die auch den Material- und Energieverbrauch von Wassersspareinrichtungen berücksichtigen. Dies gilt insbesondere für den Einsatz von Regenwassernutzungsanlagen für den Hausgebrauch.

Maßnahmen zum Wassersparen, die diese ökonomischen, ökologischen, versorgungstechnischen und hygienischen Randbedingungen berücksichtigen, sind sinnvoll, zweckmäßig und erforderlich. Wassersparen darf und kann den vorrangigen vorbeugenden und aktiven Gewässerschutz nicht ersetzen, kann ihn allenfalls ergänzen. Insofern steht in der Wasserversorgung nicht die quantitative sondern die qualitative Betrachtung des Lebensmittels Trinkwasser im Vordergrund.

2.6.2 Maßnahmen

Folgende Maßnahmen (Aufzählung erweiterbar) tragen zum Wassersparen und zur rationellen Wassernutzung bei:

2.6.2.1 Wasserversorgungsunternehmen

– Rohrnetz auf tatsächliche, echte Wasserverluste überprüfen und ggf. reparieren,
– Laufbrunnen durch Kreislaufbetrieb ersetzen,
– für Zwecke ohne Trinkwasserqualität Oberflächenwasser benutzen, z. B. für Straßen-, Kläranlagenreinigung, Kanalnetzspülungen,
– degressive Wassergebühren für Großabnehmer abschaffen, ggf. progressive Wassergebühren einführen.

2.6.2.2 Industrie und verarbeitendes Gewerbe

– Wasser für Nicht-Trinkwasserzwecke durch Oberflächenwasser ersetzen und – wo möglich – Regenwasser einsetzen,
– wassersparende Technologien in Produktion und Betrieb einsetzen, jedoch dabei Gewässergefährdung oder gar -verunreinigung vermeiden.

2.6.2.3 Landwirtschaft

– durch pflanzenbedarfs- und zeitgerechte Bewässerung Auswaschung von Nährstoffen und Pflanzenschutzmitteln vermeiden,
– Flüssigmistverfahren durch Festmistverfahren ersetzen.

2.6.2.4 Haushaltsbereich

– Verbraucherverhalten ändern, z. B. duschen anstatt baden, Wasch-/Geschirrspülmaschinen voll auslasten, Wasser bei der Körperreinigung nicht unnötig und ungenutzt laufen lassen, undichte Armaturen reparieren, Rasen in Trockenzeiten nicht oder nur wenig und abends gießen,
– wassersparende Armaturen/Einrichtungen einsetzen, z. B. 6-l-WC-Spülkasten mit Unterbrechertaste und abgestimmtem WC-Becken, Einhebelmischarmaturen, Thermostatarmaturen, Perlatoren, Durchflussbegrenzer, wassersparende Wasch-/Geschirrspülmaschinen, Körperformbadewannen,
– Auto weniger oft waschen und dann in Waschanlage mit Waschwasserwiederverwendung,
– Regenwasser zur Gartenbewässerung nutzen.

Der Wasserspareffekt wird auf rd. 20 l/Ed geschätzt.
NB: Bei Regenwassernutzung im Wohn- und Sanitärbereich, z. B. zur Toilettenspülung und zum Wäschewaschen auf strikte und dauerhafte Trennung von der Trinkwasseranlage nach DIN 1989 achten; Grauwassernutzung (Abwasser aus Badewanne, Dusche, Handwaschbecken ggf. Waschmaschine) zur Toilettenspülung ist wegen hohen hygienischen Risikos und möglicher zusätzlicher Gewässerbelastung durch Reinigungs- und Desinfektionsmittel abzulehnen.

2.6.2.5 Öffentliche Einrichtungen, Hotel- und Gaststättengewerbe

– Vorbild abgeben beim Einsatz wassersparender Einrichtungen/Armaturen (vgl. Haushaltsbereich),
– Urinale mit benutzerabhängiger Steuerung einrichten oder nachrüsten, ggf. bei starker Frequentierung, z. B. in Flughäfen, Trockenurinale einsetzen,
– in öffentlichen Bädern Selbstschlussarmaturen installieren,
– in Hotels den Gast um Mithilfe bitten, dass unnötiges Waschen von Hand-/Badetüchern vermieden wird.

2.6.2.6 Wasserrechtliche Gestattung

– Anträge auf Wasserentnahme im Bedarf prüfbar begründen,
– Wasserbedarf und -verwendung auf Notwendigkeit und Sparsamkeit überprüfen und ggf. wassersparende Auflagen fordern,
– für wasserrechtliche Gestattungen überschaubare Fristen setzen, um Fortschritte in der rationellen Wassernutzung berücksichtigen zu können.

2.7 Wasserbedarf

Der Wasserbedarf ist ein prognostizierter Planungswert. Für die Planung von Neubauten und Erweiterungen von WV-Anlagen und zum Vergleich mit dem gemessenen Wasserverbrauch wird der Wasserbedarf aus der Zahl der Verbraucher x angenommener Einheits-Wasserverbrauchswerte berechnet. Wesentlich ist die richtige Abschätzung der Trends der künftigen Zu- oder Abnahme der Verbraucher und der Veränderung der Einheits-Verbrauchswerte aus den Messungen der vergangenen Jahre des eigenen WVU und anderer WVU mit ähnlicher Struktur, sowie die Berücksichtigung der Bandbreiten entsprechend den örtlichen strukturellen und klimatischen Verhältnissen. Dabei werden der mittlere derzeitige und künftige Wasserbedarf sowie $Q_{d\,max}$ bzw. $Q_{h\,max}$ unter entsprechendem Ansatz der Spitzenfaktoren berechnet.
Hinweis: Das DVGW-Merkblatt W410 Wasserbedarfszahlen vom Jan. 1995 wird dereit überarbeitet.

2.7.1 Bemessungsgrößen des Wasserbedarfs

Je nach Aufgabenstellung werden Werte des Wasserbedarfs für verschiedene Betrachtungszeiträume benötigt:
Derzeitiger und *künftiger Wasserbedarf* Q_a, Q_d, $Q_{d\,max}$ – für wasserwirtschaftliche Planungen, Genehmigungsverfahren, Vergleich mit Wasserdargebot und Wasserbereitstellung.
Künftiger Wasserbedarf $Q_{d\,max}$, mittlerer Q_h ($Q_{d\,max}$) – für Bemessung von Wassergewinnung, Wasseraufbereitung, Förderung, Speicherung, Fern- und Zubringerleitungen, wenn ein Ausgleichspeicher vorhanden ist. Bei der Wassergewinnung wird meist eine Reserve von 10 bis 20 % hinzugerechnet, bei den Maschinenanlagen werden Reserveaggregate vorgesehen.
Künftiger Wasserbedarf $Q_{h\,max}$ ($Q_{d\,max}$) – für Versorgungsleitungen, ferner für alle Anlageteile des Absatzes 2, wenn kein Ausgleichspeicher vorhanden ist.

2.7 Wasserbedarf

Spitzendurchfluss Q_k – für Anschlussleitungen, Wasserzähler und Verbrauchsleitungen unter Berücksichtigung moderner sanitärer Ausstattung.
Derzeitiger und *künftiger Wasserbedarf* Q_a – in Abständen von 1 Jahr für Finanzplan, Erfolgsplan, Einnahmen- und Ausgabenrechnung, Wasserbilanzen.

2.7.2 Bemessungszeitraum

Der Bemessungszeitraum, für den der künftige Wasserbedarf als Grundlage der Bemessung der Anlageteile zu berechnen ist, kann um so kürzer sein, je problemloser die einzelnen Anlageteile ohne Betriebsstörung erweitert werden können, ferner wenn die Anlageteile eine kurze Lebensdauer haben, wenn durch das Überbemessen ein langsames Fließen in Rohrleitungen mit geringer Wassererneuerung zu befürchten ist, wenn Schwierigkeiten in der Finanzierung und Rentabilität vorhanden sind, wenn zu lange totes Kapital verzinst werden muss. Es ist zweckmäßig, als Beginn des Bemessungszeitraumes die voraussichtliche Inbetriebnahme der Baumaßnahme festzulegen. Der Zeitbedarf für Planung und Genehmigungsverfahren, der je nach Tragweite des Projektes mehrere Jahre betragen kann, sowie für Baudurchführung wird zusätzlich vorangestellt. Als Bemessungszeiträume, gemessen ab Betriebsbeginn, sind zweckmäßig:

- 15 Jahre – für alle Anlageteile, mit Ausnahme der nachstehenden Sonderanlageteile,
- 30 Jahre – Trinkwassertalsperren, Wasserturm, Fernleitungen unter Berücksichtigung von Einbau von Druckerhöhungspumpwerken, Verteilungsleitungen in geschlossen bebauten Gebieten,
- 50 Jahre – Sicherung von Wassergewinnungsgebieten, wasserwirtschaftliche Planungen.

Es ist ferner vorteilhaft, die Wasserbedarfsberechnungen auf bestimmte Prognosejahre abzustellen, damit Vergleiche mit anderen Entwicklungsplanungen der Gemeinden, Städte, der Länder möglich sind, z. B.:
Prognosejahre: 2010, 2025, 2040, 2060.

2.7.3 Feststellen der Bemessungsgrundlagen

Folgende Berechnungsgrundlagen sind aufgrund der örtlichen Verhältnisse zu ermitteln.

2.7.3.1 Derzeitige und künftige Zahl der versorgten Einwohner

Wie aus Abschnitt 2.3 ersichtlich, ist der Einheits-Wasserverbrauch l/Ed um so größer, je größer das Versorgungsgebiet ist, dagegen nimmt der Spitzenfaktor f_d ab. Es ist daher notwendig, die Zahl der zu versorgenden Einwohner möglichst genau zu ermitteln. Insgesamt ist die Bevölkerungsentwicklung stark geprägt von der Ausländerpolitik. Für die Schätzung der Bevölkerungsentwicklung sind der Trend der vergangenen 20 Jahre und die Prognosen der Planungsbehörden zu verwenden. Hierbei ist jedes Teil-Versorgungsgebiet selbst zu untersuchen, denn die Bevölkerungsentwicklung kann bereits auf engem Raum sehr unterschiedlich sein. So nehmen z. B. Wohnsiedlungsgemeinden im Bereich des Nahverkehrs der Großstädte noch immer stark zu. Zweckmäßig ist die grafische Auftragung der Einwohnerzahlen, um den Trend sichtbar zu machen. Dabei ist immer eine gewisse Bandbreite zu berücksichtigen.
Solche Bandbreiten weisen heute allgemein auch die regionalen Planungsziele aus; beispielhaft sei hier das im Jahre 1994 fortgeschriebene Landesentwicklungsprogramm Bayern zitiert, das die Entwicklung gemäß **Abb. 2-19** prognostiziert. Zusätzlich ist die tatsächliche Bevölkerungsentwicklung nachgetragen, die bislang innerhalb der prognostizierten Bandbreite liegt.

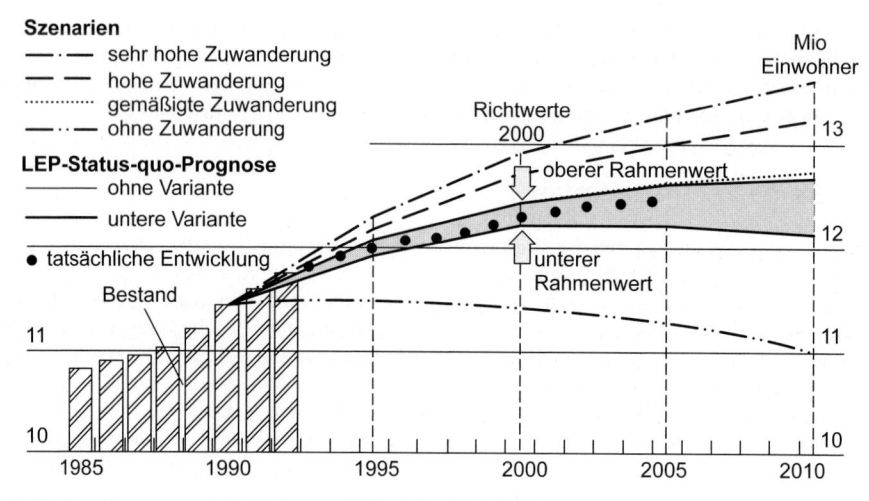

Abb. 2-19: Bevölkerungsentwicklung Bayern 1985–2010 (nach LEP Bayern 1994)

2.7.3.2 Wohndichte

Wenn die Berechnung des Wasserbedarfs ausführlich mit den Werten der Tab. 2-9 erfolgt, sind die Unterschiede der Gemeindetypen hinreichend berücksichtigt.

Für die Aufteilung des Wasserbedarfs in einem Versorgungsgebiet wird gelegentlich die Wohndichte E/ha benötigt, sie ist in Flächennutzungs- und Bebauungsplänen enthalten. In **Tab. 2-12** ist die Wohndichte für die verschiedenen Bauklassen angegeben.

Tab. 2-12: Wohndichte zur Ermittlung des Wasserbedarfs je Fläche

Klasse	Bebauungsart	Wohndichte E/ha
I	Sehr dicht (alte Stadtkerne)	500–700
II	Dicht (mit Hinterhäusern)	400–600
III	Mitteldicht, geschlossen, mit großen Hof- und Gartenflächen	300–400
IV	Weiträumig, Landorte, Dörfer	150–200
V	Gartenreiche Außenviertel	60–150
IV	Stadtrand und Kleinsiedlungen	
	1. kleine Grundstücke	30–80
	2. große Grundstücke	10–40
	gewerbliches Gebiet	10–40

2.7.3.3 Einwohnerbezogener Bedarf

Der einwohnerbezogene Trinkwasserverbrauch (Pro-Kopf-Verbrauch) in Liter je Einwohner und Tag (l/Ed) errechnet sich aus der von öffentlichen Wasserversorgungen insgesamt abgegebenen Wassermenge an Letztverbraucher-Haushalte, gewerbliche Unternehmen und sonstige Abnehmer einschließlich des Wasserwerkseigenverbrauchs, ungemessener Mengen und der Wasserverluste – jeweils bezogen auf die Zahl der angeschlossenen (zentral versorgten) Einwohner (siehe Abschn. 2.3.5). Betrachtet man nur den Wasserverbrauch im „Haushalt einschl. Kleingewerbe", der rd. 79% der

2.7 Wasserbedarf

Wasserabgabe an Verbraucher abdeckt, so zeigt sich, dass dieser bis etwa 1990 anstieg und seitdem fällt, in den neuen Bundesländern stark, in den alten Bundesländern weniger ausgeprägt. Bemerkenswert ist die Tatsache, dass der „Pro-Kopf-Verbrauch" in den neuen Bundesländern weiterhin deutlich unter dem der alten Bundesländer liegt. **(Abb. 2-20).** Ursachen für den Verbrauchsrückgang sind u. a.: bewusster und sparsamerer Umgang mit dem Wasser (z. B. öfter duschen anstatt baden, kein unnötiges Laufen lassen des Wassers); verstärkter Einsatz wassersparender Sanitäreinrichtungen (z. B. 6-Liter-Spülkasten mit Spartaste, Körperformbadewannen), verbrauchsarme Haushaltsgeräte (z. B. Spülmaschinen, Waschmaschinen), Wassersparamaturen (z. B. Einhebelmischer, Durchflussbegrenzer, Luftsprudler, Thermostatventile); Regenwassernutzung zur Toilettenspülung; gestiegene Wasser-, Abwasser- und Energiepreise.

Die spezifischen Bedarfskomponenten „Abgabe an gewerbliche Unternehmen" und „Abgabe an sonstige Abnehmer" lassen insgesamt nur noch geringe – regional jedoch unterschiedliche – Veränderungen erwarten. Bei der spezifischen Bedarfskomponente „Wasserwerkseigenverbrauch, Wasserverluste und ungemessene Mengen" wird – insbesondere als Folge der erforderlichen und teils wasserrechtlich geforderten Sanierung von Ortsnetzen – von einer leichten Abnahme auszugehen sein.

Aus der Entwicklung der vergangenen Jahrzehnte und Jahre lässt sich der Bedarf prognostizieren, wenn man durch die gemessenen Verbrauchswerte eine Trendkurve legt und diese bis in die Prognosejahre extrapoliert. Dies ist in **Abb. 2-20** auf der Grundlage der langjährigen BGW-Statistik mit der Wasserabgabe an Haushalte einschl. Kleingewerbe, das einen Anteil von durchschnittlich 10 % hat, geschehen. So lässt sich für das Bundesgebiet ein künftiger Bedarf von etwa 123 l/Ed abschätzen. In einem „Trockenjahr", wie z. B. 1959, 1976, 1983, 2003 wird dieser Wert entsprechend höher liegen (vgl. **Abb. 2-20**).

Solche Trendkurven lassen sich in die Verbrauchswerte anderer Gebiete transformieren und auch dort Prognosewerte abschätzen.

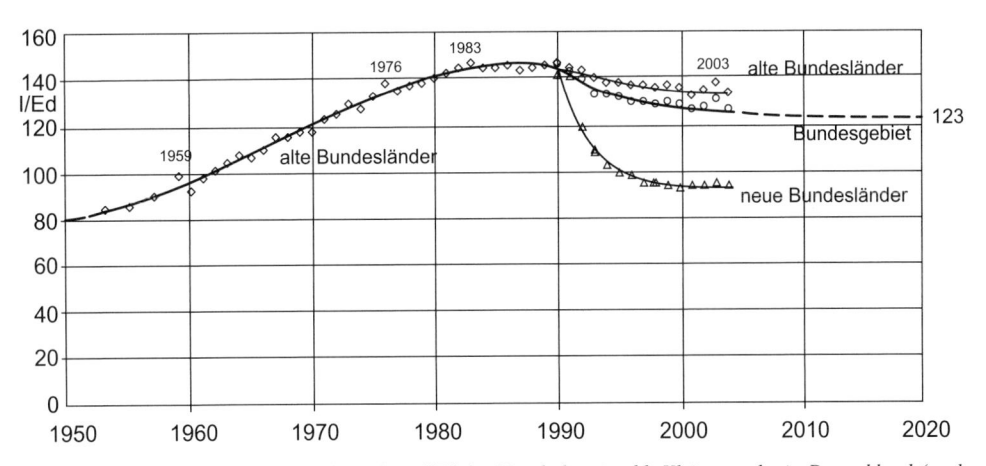

Abb. 2-20: Einwohnerbezogener Verbrauch in l/Ed für Haushalte einschl. Kleingewerbe in Deutschland (nach BGW-Statistik) und Bedarfsprognose

2.7.3.4 Spitzenwerte

In den Abschnitten 2.3.5 und 2.3.6 sind Spitzenwerte und -faktoren dargestellt. Sie können als Bemessungsgrundlage herangezogen werden, wenn keine eigenen Messungen vorliegen.

2.7.3.5 Entwicklung des industriellen und sonstigen Wasserbedarfs

Schwierig ist das richtige Abschätzen der Entwicklung des industriellen Wasserbedarfs. Die Zunahme der industriellen Produktion kann den Bedarf erhöhen, Veränderungen in der Produktion und Fertigung sowie Verwendung von Wasser im Kreislauf und steigende Wassergebühren senken den Bedarf beachtlich. So hat der Anteil des industriellen Wasserverbrauchs in den vergangenen Jahrzehnten stark abgenommen. Künftig ist nur noch mit geringen Senkungen oder Stagnation zu rechnen (s. auch Abschn. 2.5).

Der Trend der vergangenen Jahre ist zu berücksichtigen. Bei kleinen Versorgungsgebieten sind Einzelerhebungen unerlässlich.

2.7.3.6 Klimatische Verhältnisse

Fehlender Niederschlag und hohe Lufttemperaturen erhöhen den Wasserverbrauch $Q_{d\,max}$ stärker als Q_d. Nach den Untersuchungen von *Asemann u. Wirth* und anderer Autoren steigt der Wasserverbrauch unterhalb einer Temperaturschwelle sehr langsam mit der Temperatur an, ab dieser Schwelle steigt die gemittelte Verbrauchslinie linear und steiler mit der Temperatur an mit größeren Bandbreiten. In Frankfurt a. M. lag 1965 bis 1969 die Temperaturschwelle bei 19 bis 20 °C, in Wien im Jahre 1983 bereits bei etwa 15 °C. Da in den Monaten Mai bis August sehr hohe Temperaturen immer mit dem Fehlen von Niederschlägen verbunden sind und in dieser Zeit auch die hohen Werte des Wasserverbrauchs liegen, ist es zweckmäßig, den Einfluss der klimatischen Verhältnisse entsprechend den Summen der Niederschlagshöhen der Monate Mai bis einschl. August abzustufen und dabei die Zeiträume ohne Niederschlag mit auszuwerten.

Es ist deshalb notwendig, in jedem Einzelfall die bisher am Ort oder an der nächstgelegenen Messstelle gemessene kleinste Niederschlagshöhe und kleinste Summe der Niederschlagshöhen Mai bis August festzustellen und dementsprechend den Spitzenfaktor f_d und die Verbrauchswerte zu wählen.

2.7.3.7 Anschlussgrad

Nach der Umweltstatistik 2004 sind 99,2 % der deutschen Bevölkerung an zentrale Trinkwasserversorgungsanlagen angeschlossen, wobei allerdings teilweise noch erhebliche qualitative, quantitative oder technische Mängel bestehen. Insgesamt wird sich der Versorgungsgrad kaum noch erhöhen. Insbesondere der Anschluss abgelegener und nur mit unwirtschaftlichem Aufwand anzuschließender Ortsteile und Einzelanwesen, die über eine einwandfreie Eigenversorgung verfügen, ist im Interesse eines wirtschaftlichen Betriebes der öffentlichen Wasserversorgung nicht sinnvoll.

2.7.4 Löschwasserbedarf

2.7.4.1 Allgemeines

Der Löschwasserbedarf ist die Gesamtmenge, die für den Brandschutz verfügbar sein muss. Die Löschwasser-Bereitstellung des WVU umfasst entweder den gesamten Löschwasserbedarf oder auch nur eine Teilmenge. Der Brandschutz ist Aufgabe der Gemeinde; sie hat zu entscheiden, welche Wasservorkommen für Löschzwecke vorhanden sind und wie sie eingesetzt werden sollen, somit auch welchen Anteil das WVU zu übernehmen hat. Es wird unterschieden zwischen dem

- *Grundschutz*, d. h. dem Brandschutz für das Gemeindegebiet ohne erhöhtes Sach- oder Personenrisiko und dem
- *Objektschutz*, d. h. dem über den Grundschutz hinausgehenden, objektbezogenen Brandschutz für Objekte mit erhöhtem Brandrisiko, z. B. Lagerplätze für leicht entzündbare Güter, Parkhäuser u. a., oder für Objekte mit erhöhtem Personenrisiko, wie Versammlungsstätten, Geschäftshäuser, Hotels u. a., oder auch sonstige Einzelobjekte, wie Aussiedlerhöfe, Raststätten u. a.

2.7.4.2 Grundschutz

Die Richtwerte für den Löschwasserbedarf nach DVGW-Arbeitsblatt W 405 sind in **Tab. 2-13** zusammengestellt. Bei kleinen ländlichen Orten mit 2 bis 10 Anwesen ist der Löschwasserbedarf i. a. mit 48 m^3/h anzusetzen. Die angegebenen Löschwassermengen sollen für eine Löschzeit von 2 h zur Verfügung stehen, so dass sich 96 m^3 = rd. 100 m^3 Löschwasservorrat ergeben (siehe auch Abschnitte 6.3.4 und 6.7).

Tab. 2-13: Richtwerte für den Löschwasserbedarf (m^3/h) unter Berücksichtigung der baulichen Nutzung und der Gefahr der Brandausbreitung[6] (nach D VGW-W 405).

Bauliche Nutzung nach §17 der Baunutzungsverordnung	Kleinsiedlung (WS)[4] Wochenendhausgebiete (SW)[4]	reine Wohngebiete (WR) allgem. Wohngebiet (WA) besondere Wohngebiete (WB); mischgebiete (MI) Dorfgebiete (MD)[1] Gewerbegebiete (GE)		Kerngebiete (MK) Gewerbegebiete (GE)		Industriegebiete (GI)
Zahl der Vollgeschosse	≤2	≤3	>3	1	>1	–
Geschoßflächenzahl[2](GFZ)	≤0,4	≤0,3–0,6	0,7–1,2	0,7–1,0	1,0–2,4	–
Baumassenzahl[3] (BMZ)	–	–	–	–	–	≤9
Löschwasserbedarf bei unterschiedlicher Gefahr der Brandausbreitung[6]:	m^3/h	m^3/h		m^3/h		m^3/h
klein	24[4]	48		96		96
mittel	48	96		96		192
groß	96	96		192		192

Überwiegende Bauart

feuerbeständige[5] oder feuerhemmende[5] Umfassungen, harte Bedachungen[6]

Umfassungen nicht feuerbeständig oder nicht feuerhemmend, harte Bedachungen oder Umfassungen feuerbeständig oder feuerhemmend, weiche Bedachungen[5]

Umfassungen nicht feuerbeständig oder nicht feuerhemmend; weiche Bedachungen, Umfassungen aus Holzfachwerk (ausgemauert). Stark behinderte Zugänglichkeit, Häufung von Feuerbrücken usw.

Erläuterungen:
[1] soweit nicht unter Abschnitt 4.2 fallend

[2] Geschossflächenzahl = Verhältnis $\frac{\text{Geschossfläche}}{\text{Grundstücksfläche}}$

[3] Baumassenzahl = Verhältnis $\frac{\text{gesamter umbauter Raum}}{\text{Grundstücksfläche}}$

[4] Bei der Planung ist davon auszugehen, daß Kleinsiedlungsgebiete und Wochenendhausgebiete keine hohe Brandempfindlichkeit haben.

[5] Die Begriffe „feuerhemmend" und „feuerbeständig" sowie „harte Bedachung" und „weiche Bedachung" sind baurechtlicher Art, sie sind nicht eindeutig definiert. Zur Erläuterung ihres Sinngehaltes wird auf DIN 4102 verwiesen. Hiernach entspricht „feuerhemmend" der Feuerwiderstandsklasse F30 bis F60 und „feuerbeständig" der Feuerwiderstandsklasse F90 und drüber.

[6] Begriff nach DIN 14011 Teil2: „Brandausbreitung ist die räumliche Ausdehnung eines Brandes über die Brandausbruchstelle hinaus in Abhängigkeit von der Zeit". Die Gefahr der Brandausbreitung wird um so größer, je brandempfindlicher sich die überwiegende Bauart eines Löschbereiches erweist.

2.7.4.3 Objektschutz

Die Löschwassermengen werden in jedem Einzelfall von der zuständigen Behörde festgesetzt.

2.7.4.4 Löschwasser-Bereitstellung durch das WVU

Die vom WVU bereitzustellende Löschwassermenge ist bei kleinen Orten zu begrenzen, wenn sonst die Wasserspeicherung und die Versorgungsleitungen erheblich überdimensioniert werden würden. Bei Ortsgrößen unter 5000 E ist dies immer zu überprüfen.
Der Löschbereich umfasst alle Löschwasser-Entnahmestellen im Umkreis von 300 m um das Brandobjekt. Für jeden selbständigen Rohrnetzbereich ist nur 1 Brandfall anzunehmen. Für die hydraulische Berechnung des Rohrnetzes ist neben dem Löschwasserbedarf die größte stündliche Wasserabgabe/Tag bei mittlerem Verbrauch $Q_{h\,max}(Q_d)$ zugrunde zu legen (siehe Abschn. 7.3.5.2).

2.7.5 Wasserbedarf in Notstandsfällen

In der Ersten Wassersicherstellungsverordnung (1.WasSV) vom 31.03.1970 sind für Vorsorgemaßnahmen nach dem Wassersicherstellungsgesetz die Deckung des lebensnotwendigen Bedarfs an Trinkwasser, die Versorgung mit Betriebswasser im unentbehrlichen Umfang und die Deckung des Bedarfs an Löschwasser festgesetzt, **Tab. 2-14;** (siehe auch Kapitel 9: Notwasserversorgung in Notstandsfällen).

Tab. 2-14: Wasserbedarf in Notstandsfällen

		Einheit	Einheitsbedarf
1.	*Lebensnotwendiger Bedarf an Trinkwasser*		
1.1	Aus netzunabhängigen Notbrunnen oder aus dem Versorgungsnetz	l/Pd	15
1.2	Krankenanstalten und Einrichtungen, die der Unterbringung pflegebedürftiger Personen dienen	l/Pd	75
1.3	Chirurgische und Infektionskrankenanstalten oder Chirurgische und Infektionskrankenanstalten oder entsprechende Fachabteilungen in Krankenanstalten	l/Pd	150
1.4	Für Betriebe und Anstalten, deren Weiterarbeit nach der Zivilverteidigungsplanung unerlässlich ist, wird der Bedarf nach Art und Umfang der Leistungen, die der Betrieb oder die Anstalt im Verteidigungsfall zu erbringen hat, errechnet		
1.5	Haltung von Nutztieren 1 Großvieh (GV) = 1 Pferd oder 1 Rind über 2 Jahre, 2 Pferde oder 2 Rinder unter 2 Jahren, 5 Schweine oder 10 Schafe sowie die entsprechende Anzahl anderer Nutztiere mit einem Gesamtlebendgewicht von 500 kg	l/GVd	40
2.	*Bedarf an Betriebswasser im unentbehrlichen Umfang* Der unentbehrliche Bedarf wird im Einzelfall errechnet		
3.	*Bedarf an Löschwasser* Der Bedarf an Löschwasser ist in der Regel auf den Zeitraum von 5 Stunden zu bemessen; er richtet sich nach der Art und dem Maß der baulichen Nutzung im Sinne der in den Bauleitplänen angewendeten Baunutzungsverordnung (Bau NV) mit den Bezeichnungen Kleinsiedlungsgebiet (WS), reines Wohngebiet (WR), allgemeines Wohngebiet (WA), Mischgebiet (MI), Dorfgebiet (MD), Kerngebiet (MK), Sondergebiet (SO), Gewerbegebiet (GE), Industriegebiet (GI) sowie Geschossflächenzahl (GFZ) und Baumassenzahl (BMZ). Für je einen Hektar bebauten Gebietes ist als Löschwasserbedarf zugrunde zu legen:		
	bei WS, WR, MI, MD bis zu einer GFZ von 0,6	m³/ha/5 h	144
	bei WR, WA, MI, MD, MK, GE bis zu einer GFZ von 1,2		288
	bei WR, WA, MI, MK, SO, GE bis zu einer GFZ von 2,4		576
	bei MK, SO, GE bis zu einer GFZ von 4,0 und darüber		960
	bei GI bis zu einer BMZ von 9,0		960

2.7.6 Beispiel einer Berechnung des Wasserbedarfs

In **Tab. 2-15** ist die Berechnung des Wasserbedarfs für eine neue Wohnsiedlung für 10 000 E mit angenommenen Verbrauchszahlen durchgeführt.

Tab. 2-15: Beispiel der Berechnung des Wasserbedarfs einer neuen Siedlung für 10 000 E

Verbraucher			Anzahl	Einheit	Einheitsbedarf	Q_d m³/d
1.		Ermittlung des derzeitigen Wasserbedarfs Q_d				
1.1		Haushalt und Kleingewerbe Q_H				
	1.1.1	Wohngebäude				
		Reihenhäuser, neu	3000 E	l/Ed	130	390
		Ein- und Zweifamilienhäuser, neu	2000 E	l/Ed	150	300
		Appartementhäuser, Komfortwohnungen	5000 E	l/Ed	140	700
	1.1.2	Kleingewerbe				
		Bäcker	50 A	l/Ad	130	6,5
		Konditor	10 A	l/Ad	150	1,5
		Fleischer	30 A	l/Ad	200	6,0
		Friseur	20 A	l/Ad	30	0,6
		sonstige gewerbl. Betriebe	40 A	l/Ad	50	2,0
		3 Restaurants, i. M. 100 G + 15 A =	115 (G + A)	l/(G + A)d	50	6,0
		Summe Q_H				1 413
1.2		Industrie und Großgewerbe Q_G				
		Kaufhaus, ohne Restaurant	20 A	l/Ad	50	1,0
		Wäscherei, Trockenwäsche	100 kg	l/kg	40	4,0
		Hotel, mittleres, A : G ≅ 0,5, G + A =	120 (G + A)	l/(G + A)	300	36
		Summe Q_G				41
1.3		Sonstiges, einschl. öffentl. Bedarf Q_S				
		Verwaltungsgebäude, mittlere, ohne Kantinen	100 A	l/Ad	50	5
		Schulen mit Duschen, Schüler + Lehrer	1 000	l/(St + L)d	40	40
		Altenwohnheim, Patient + Personal	100	l/(Pa + A)d	200	20
		gemeindl. Reinigungseinrichtungen	E = 10 000	l/Ed	3	30
		Feuerwehr	E = 10 000	l/Ed	0,5	5
		Eigenverbrauch WVU	E = 10 000	l/Ed	2	20
		Summe Q_S				120
1.4		Derzeitiger Wasserbedarf Q_d				
		$Q_H + Q_G + Q_S = Q_d$; E = 10 000				
		1413 + 41 + 120 = 1574				1 574
		90 + 3 + 7 = 100 %-Anteil				
		Wasserverlust, unvermeidbar 0,08 · Q_d				126
		Gesamt-Wasserbedarf		m³/d		1 700
		derzeitiger einwohnerbezogener Wasserbedarf q_d		l/Ed	170	

Fortsetzung Tab. 2-15

Verbraucher		Anzahl	Einheit	Einheitsbedarf	$Q_d\,m^3/d$
2.	Ermittlung der Bemessungswerte der Prognosejahre entsprechend der Struktur der neuen Wohnsiedlung und dem hohen Anteil von 90 % des Haushaltsbedarfs werden die Spitzenfaktoren angenommen zu: $f_d = 2{,}0$; $f_h = 5{,}0$				
	Prognosejahre	2010	2015	2025	2035
	E	–	5 000	10 000	10 000
	q_d (l/Ed)	170	170	170	160
	Q_d (m³/d)	–	850	1 700	1 600
	$Q_{d\,max} = 2{,}0 \cdot Q_d$ (m³/d)	–	1 700	3 400	3 200
	$Q_h = Q_d/86{,}4$ (l/s)	–	9,8	19,7	18,5
	$Q_{h\,max}(Q_{d\,max}) = 5{,}0 \cdot Q_h$ (l/s)	–	49,4	98,4	92,6
3.	Bemessungswerte:				
3.1	Sicherstellung der künftigen Wassergewinnung $Q_{d\,max}$ (2025) = 3400 m³/d · 1,15 ≅ 3900 m³/d.				
3.2	Bemessung der Anlageteile Wassergewinnung bis Wasserspeicherung $Q_h\,(Q_{d\,max})$ (2025) = 3400/86,4 = 39,4 l/s ≅ 40 l/s				
3.3	Bemessung der Haupt- und Versorgungsleitungen $Q_{h\,max}(Q_{d\,max})$ (2025) = 98,4 l/s ≅ 100 l/s				
3.4	Unterlagen für die Jahreseinnahmen und -ausgaben				
			2015	2025	2035
	Fördermenge · 10³ m³/a		310	620	584
	nutzbare Wasserabgabe max 10³ m³/a		285	570	537

Literatur

1. Bücher

Bundesverband der Deutschen Gas- und Wasserwirtschaft (BGW), Bonn: Wasserstatistiken

Bundesminister des Innern, Wasserversorgungsbericht, Bericht und Teil B Materialienbände 1–5, Erich Schmidt Verlag, Berlin 1983 (Band 3: Winje D., Iglhaut J.; Wasserbedarfsprognose. Band 4: Möhle K.-A., Wassersparmaßnahmen. Band 5: Winje D., Witt D.; Industrielle Wassernutzung)

Deutscher Verband für Wasserwirtschaft und Kulturbau e. V (DVWK): Ermittlung des Wasserbedarfs als Grundlage für die regionale wasserwirtschaftliche Planung, Materialien 1/1991, Bonn 1991

Deutscher Verein des Gas- und Wasserfaches e. V. (DVGW): Internationales Symposium Wasserbedarf; DVGW-Schriftenreihe Wasser Nr. 44, Eschborn 1984

Deutscher Verein des Gas- und Wasserfaches e. V. (DVGW): Ermittlung des Wasserbedarfes als Planungsgrundlage zur Bemessung von Wasserversorgungsanlagen (DVGW-Forschungsprogramm 02 WT-956), DVGW-Schriftenreihe Wasser, Nr. 81, Eschborn 1993

International Water Supply Association (IWSA): Der zukünftige Wasserbedarf, IWSA-Workshop Basel 1990

International Water Association (IWA): Internationale Wasserstatistiken

Länderarbeitsgemeinschaft Wasser (LAWA): Maßnahmen zur Verbesserung der rationellen Wassernutzung, 1991

Statistisches Bundesamt, Wiesbaden: Fachserie 19, Umweltstatistiken, www.destatis.de

Wasserversorgungs- und Abwassertechnik, Handbuch, Vulkan-Verlag, Essen 1989, Köppl, H.: Der Wasserbedarf als Planungsgrundlage für eine wirtschaftliche Dimensionierung der Wasserversorgungsanlagen

2. Fachaufsätze

Heck, R.: Für die Trinkwassergewinnung nutzbares Wasserdargebot und seine Verflechtungen mit der Umwelt, Neue DELIWA-Zeitschrift (1990), Nr. 10, S. 433-437

Hoch, W.; EnBW: Persönliche Mitteilungen an den Autor zur Bemessung von Anlageteilen über Spitzenfaktoren nach DVGW-Arbeitsblatt W 400-1

Für diesen Nachdruck (2008) der 14. Auflage zusätzlich:

Hoch, W.; Bedarfsgerechte Planung – Anpassung der Planungsgrößen an den Wasserbedarf, gwf – Wasser/Abwasser 148 (2007), Nr. 13, S. 522-528

Leist, H.-J.: Anforderungen an eine nachhaltige Trinkwasserversorgung, Teil II, Nebenwirkungen von Wassersparmaßnahmen, gwf-Wasser/Abwasser 143 (2002), Nr. 1, S. 44-53

Möhle, K.-A., Masannek, R.: Trinkwasserbedarf und Trinkwasserverwendung im Haushalt, gwf – Wasser/Abwasser 130 (1989), Nr. 1, S. 1-6

Möhle, K.-A., Masannek, R.: Wasserbedarf, Wasserverwendung und Wassersparmöglichkeiten in öffentlichen Einrichtungen und im Dienstleistungsbereich, Wasser + Boden (1990), Nr. 4, S. 209-216

Möhle, K.-A., Masannek, R.: Modellversuch: Ausrüstung von Wohnungen mit wassersparenden Armaturen im Stadtgebiet von Hannover, Neue DELIWA-Zeitschrift (1990), Nr. 4, S.177-179

Poss, C, Hacker, G.: Maximale Tages- und Stundenabgabe an Versorgungsgebiete in der Trinkwasserversorgung der Bundesrepublik Deutschland, gwf – Wasser/Abwasser 132 (1991), Nr. 11, S. 624-631

Rautenberg, J.: Neue Anforderungen bei der Planung von Wasserverteilungsanlagen, gwf-Wasser/Abwasser 144 (2003), Nr. 13, S. S77-S84

Roth, U.: Bestimmungsfaktoren für Wasserbedarfsprognosen, gwf – Wasser/Abwasser 139 (1998), Nr. 2, S. 63–69

Stratenhoff, C.: Auswirkungen von Wassersparmaßnahmen und Regenwassernutzung auf die Kommunale Wasserversorgung, gwf – Wasser/Abwasser 139 (1998), Nr. 5, S. 293-298

3. Wassergewinnung

bearbeitet von Dipl.-Ing. **Karl Heinz Köhler**

DVGW-Regelwerk, DIN-Normen, Gesetze, Verordnungen, Vorschriften, Richtlinien
siehe Anhang, Kap. 14, S. 865 ff
Literatur siehe S. 148 ff

3.1 Hydrologie und Hydrogeologie

3.1.1 Allgemeines

Hydrologie ist die Wissenschaft, die sich mit dem Wasser auf der Erde, in Flüssen, Strömen, Seen, auf oder unter der Erdoberfläche oder in der Atmosphäre beschäftigt und alle seine Formen, sein Vorkommen und seine Verteilung umfasst. Für das unter der Erdoberfläche befindliche Wasser ist die Hydrogeologie, die Lehre von der Verbreitung, Mächtigkeit, Lagerung und Beschaffenheit von GW-Leitern und GW-Stauern. Die GW-Hydraulik ist die Lehre vom Fließen des GW.
Von dem auf der Erde vorhandenen Wasservorrat kann nur ein sehr kleiner Teil, etwa 0,030 % des gesamten Wassers bzw. 0,036 % des beweglichen Wassers, nutzbar gemacht werden. Die **Tab. 3-1** gibt einen Überblick über die Verteilung des gesamten Wasservorrates der Erde von $1650 \cdot 10^6$ km^3.

Tab. 3-1: Wasservorrat der Erde

	(1000 km^3)	% des Gesamtwassers	% des beweglichen Wassers
Atmosphäre	13	0,0008	0,0009
Hydrosphäre			
Meer	1 372 000	83,51	98,77
Polar- u. Hochgebirgseis	16 790	1,007	1,19
Binnenmeere u. Flüsse	250	0,015	0,018
Grundwasser	250	0,015	0,018
Summe des beweglichen Wassers	1 389 303	94,5478	100
Lithosphäre	257 550	15,45	
Zusammen rd.	1 650 000	100	

Zur Deckung des Wasserbedarfs einer WV-Anlage muss ein nach Menge, Beschaffenheit und Schützbarkeit geeignetes Wasservorkommen vorhanden sein. Für die Trinkwassergewinnung ist Grundwasser (GW) in der Regel hygienisch am Besten geeignet, weil es durch die überlagernden Gesteinsschichten und die natürlich vorhandene Bodenauflage meist gut geschützt ist.
Die Entnahmemenge darf langfristig die natürliche GW-Neubildung nicht überfordern, darüber hinaus müssen ökologische Schäden ausgeschlossen werden. Die richtige Wahl des Wasservorkommens und seine nachhaltige Bewirtschaftung setzen Kenntnisse der Hydrogeologie und der Wasserbilanz voraus.

3.1.2 Wasserbilanz

3.1.2.1 Wasserhaushaltsgleichung

Um eine GW-Entnahme beurteilen zu können, müssen das von der Entnahme beanspruchte Einzugsgebiet F_N und die natürlichen Größen der Wasserhaushaltsgleichung bekannt sein. Beim Einzugsgebiet sind oberirdische und unterirdische Anteile (F_o; F_u) zu ermitteln. Die einfachste Form der Wasserhaushaltsgleichung ergibt sich, wenn das Niederschlagsgebiet $F_n = F_o = F_u$ ist:
Niederschlag N = Verdunstung V + Evapotranspiration E + oberirdischer Abfluss A_o + unterirdischer Abfluss A_u.
Nach Keller-Grahmann-Wundt kann in Deutschland überschlägig mit der in **Tab. 3-2** enthaltenen Aufteilung der Niederschläge gerechnet werden.

Tab. 3-2: Anteil von Verdunstung V, Gesamtabfluss A, hiervon unterirdischer Abfluss A_u bei verschiedenen Niederschlagshöhen in mm und einer mittleren Jahrestemperatur von 7,7 °C

N	V	A	A_u
400	310	90	36
500	366	134	54
600	410	190	76
700	433	267	107
800	462	338	138
900	485	415	164
1000	500	500	200

Zu beachten ist, dass das Abflussjahr in Deutschland nach hydrologischen Gesichtspunkten von 1. Nov. bis 31. Okt. reicht, wobei Sommer-Halbjahr 1. Mai bis 31. Okt., Winter-Halbjahr 1. Nov. bis 30. April. In der **Tab. 3-3** sind die Wasserbilanzen von Deutschland für das Jahresmittel der Jahre 1961–1990 **(Abb. 3-1)** und von Bayern für 1961–1990 dargestellt.

Tab. 3-3: Wasserbilanz

	Deutschland 1961–1990 nach Deutscher Wetterdienst, GF Hydrometereologie	Bayern 1961–1990 nach Bayer. Landesamt für Wasserwirtschaft
Bezeichnung	1961–1990 mm/a	1961–1990 mm/a
Niederschlag N	779	940
Abfluss $A_o + A_u$	316	410
Zufluss von Oberliegern Z_o	376	351
Verdunstung V	481	530

Bei der Betrachtung kurzer Zeiträume, z. B. Trockenjahr, Nassjahr, muss eine Reserveänderung infolge Speicherung im ungesättigten Bereich S_b und im gesättigten Bereich S_g, ferner ein unterirdischer Zustrom von Grundwasser $+ A_{GW} =$ Rücklage oder ein Abstrom $= -A_{GW}$ berücksichtigt werden. Die allgemeine Wasserhaushaltsgleichung lautet dann:

$$N = V + A_o + A_u \pm A_{GW} \pm S_b \pm S_g$$

Hieraus ergibt sich die Gleichung für die GW-Neubildung I_G:

$$I_G = A_u \pm A_{GW} \pm S_G$$

3.1.2.2 Niederschlag

Voraussetzung für den Abfluss ist der Niederschlag, der als Niederschlagshöhe gemessen wird. Der in verschiedenen Erscheinungsformen auftretende Niederschlag, d. i. Kondensation der Luftfeuchtigkeit

3.1 Hydrologie und Hydrogeologie 51

(z. B. Teneriffa), Tau, Regen, Hagel, Schnee, schwankt örtlich und zeitlich in großen Grenzen, extrem niedrig z. B. in Chile, Atakama Wüste NN 400: N = 20 mm/a, Ägypten, Kairo NN 30: N = 30 mm/a, extrem hoch in den humiden Gebieten, z. B. Hawaii, Insel Kauai NN 1378: N = 12 090 mm/a. Für einige Gebiete in Deutschland gibt Schneider die in **Tab. 3-4** enthaltenen mittleren N/a an.

Tab. 3-4: Mittlere Jahresniederschläge der Jahresreihen 1881/1930, 1901/1930, 1931/1960, 1951/1980 und 1961/90 nach Schneider

Ort	NN + m	mittlere Jahresniederschläge				
		1881/1930 mm/a	1901/1930 mm/a	1931/1960 mm/a	1951/1980 mm/a	1961/1990 mm/a
Friedrichshafen	410	1003	925	960	994	1010
München	526	905	886	910	920	974
Karlsruhe	120	753	768	761	742	770
Frankfurt	103	602	618	677	660	658
Gütersloh	75	745	774	741	802	762
Berlin	55	573	583	606	589	589
Emden	4	737	742	778	759	768
Kiel	5	697	689	726	753	777

Im Bundesgebiet betragen nach Deutscher Wetterdienst die mittlere Jahres-Niederschlagshöhe 1961–1990 N = 779 mm pro a, die Jahres-Niederschlagshöhe z. B. 1981 N = 1086 mm/a und 2005 N = 735 mm/a.

Nach Untersuchungen von Knock und Schulz über die Klimaentwicklung in Deutschland in den letzten 200 Jahren haben die mittleren Niederschläge leicht zugenommen, trotz gelegentlich extremer Trockenjahre. Forschungen zu den Auswirkungen der Klimaänderung auf die Wasserwirtschaft werden in Bayern und Baden-Württemberg in einem gemeinsamen Projekt „KLIWA" untersucht (www.kliwa.de). Die großen Unterschiede der Niederschläge zwischen Nord- und Südbayern zeigen beispielhaft die Niederschlagshöhen der Stationen Mündchen-Nymphenburg und Nürnberg (**Abb. 3-2 bis Abb. 3-5**). Das Jahr 1964 war für Nürnberg, das Jahr 1972 für München ein besonders niederschlagsarmes Trockenjahr. Die mittleren Jahresniederschläge der Jahresreihen 1961/1990 liegen für

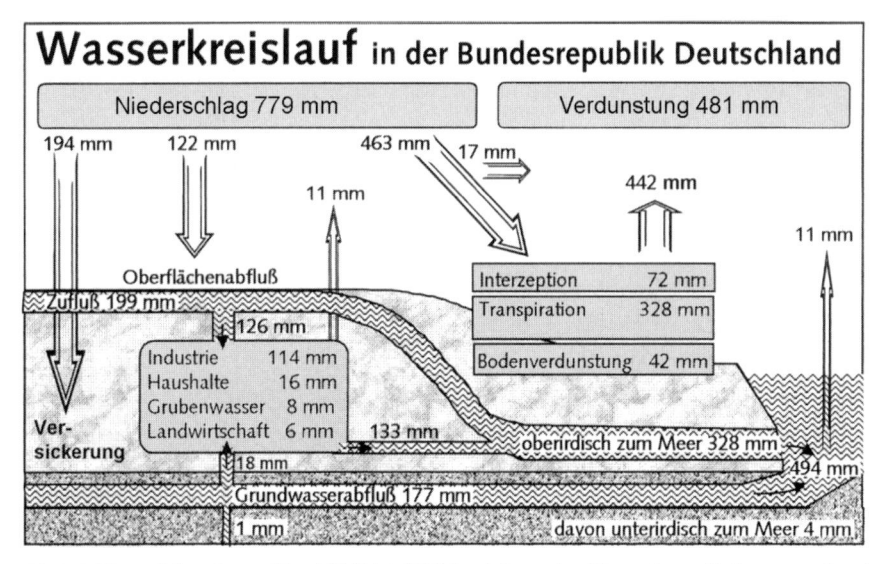

Abb. 3-1: Wasserbilanz Deutschland 1961 bis 1990 (nach Deutscher Wetterdienst, Hydrometeorologie)

die Station München-Nymphenburg bei 958 mm/a, für die Station Nürnberg-Flughafen bei 646 mm/a, somit in München über 300 mm/a höher.

Wegen der großen Unterschiede von N auf engem Raum müssen für die Wasserbilanzen immer die Messungen der nächstgelegenen Regen-Messstellen zugrunde gelegt werden; diese sind bei den zuständigen Wetterämtern zu erhalten.

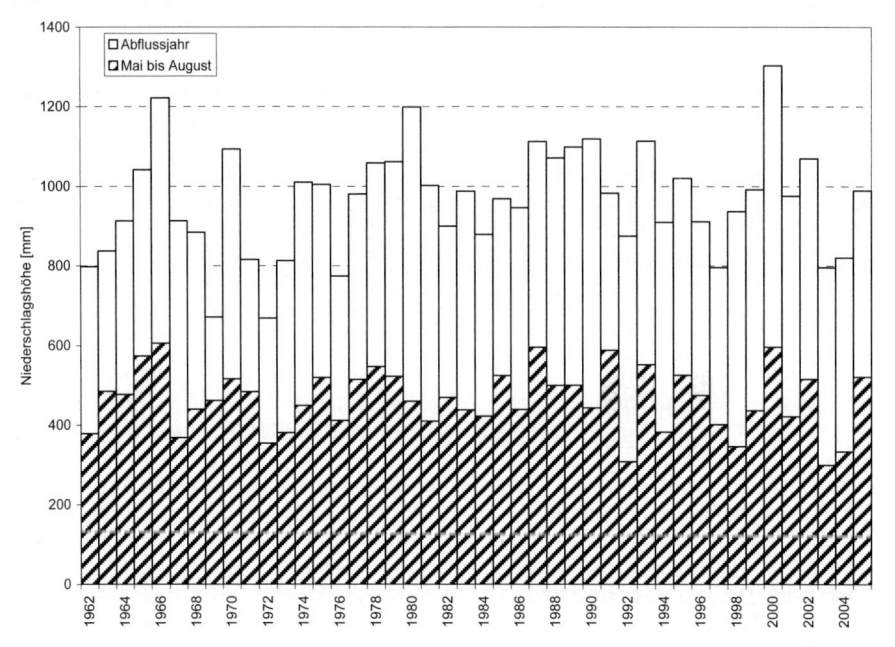

Abb. 3-2: Niederschlagshöhe des Abflussjahres und der Monate Mai bis August für die Abflussjahre 1962 bis 2005 der Station München-Nymphenburg

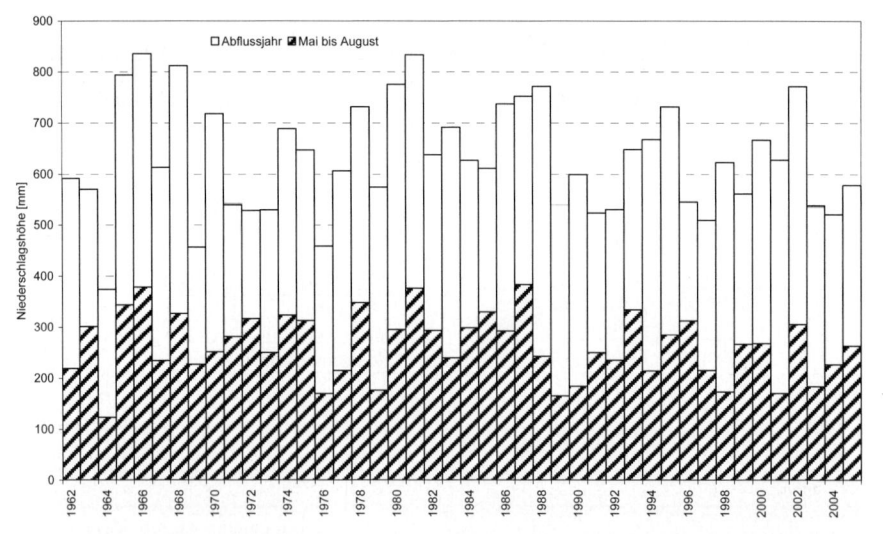

Abb. 3-3: Niederschlagshöhe des Abflussjahres und der Monate Mai bis August einschl. der Abflussjahre 1964 bis 1998 der Station Nürnberg-Flughafen

3.1 Hydrologie und Hydrogeologie

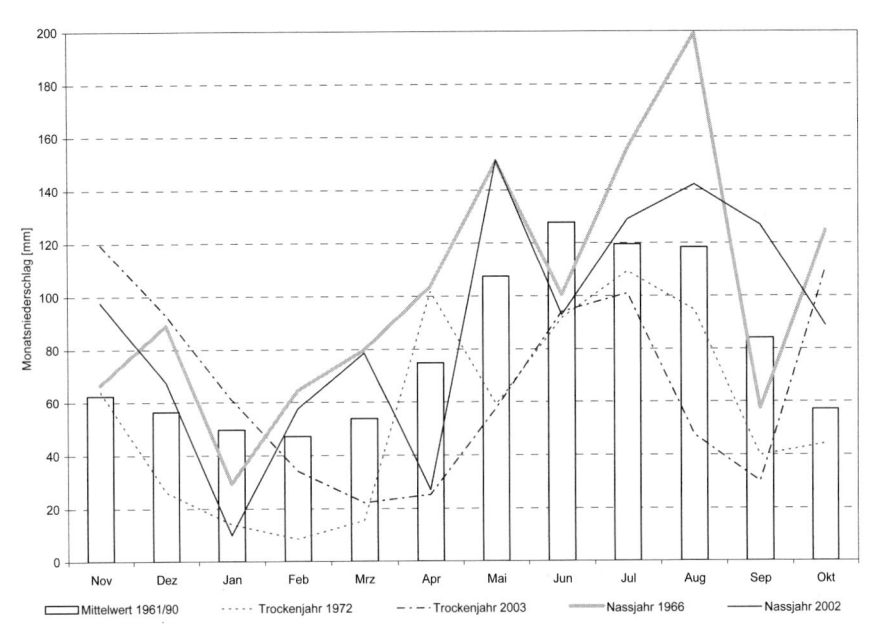

Abb. 3-4: Mittelwerte der Monatniederschlagshöhen der Abflussjahre 1961-1990 sowie Ganglinien der Monatsniederschlagshöhen verschiedener Nass- und Trockenjahre der Station München-Nymphenburg

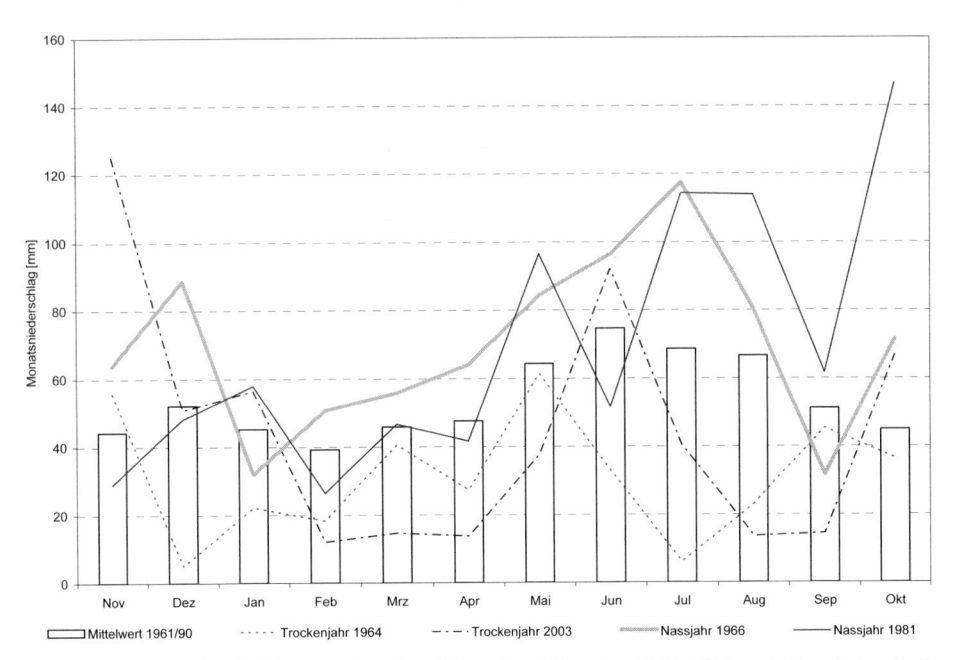

Abb. 3-5: Mittelwerte der der Monatsniederschlagshöhen der Abflussjahre 1961–1990 sowie Ganglinien der Monatsniederschlagshöhen Nass- und Trockenjahre der Station Nürnberg-Flughafen

3.1.2.3 Verdunstung

Die Verdunstung setzt sich zusammen:
Pflanzenverdunstung – d. i. Wasserabgabe der Pflanze = Transpiration, und Verdunstung der regennassen Pflanze = Evaporation, zus. Evapotranspiration.
Bodenverdunstung = Evaporation
Verdunstung der freien Wasserfläche = Evaporation.
Die Größe der Verdunstung in mm für einen betrachteten Zeitraum ist schwierig zu ermitteln, es gibt folgende Möglichkeiten:

1.) *Berechnung mittels der Wasserhaushaltsgleichung:* $V = N - A$. Wenn die Vorratsänderung = 0 ist, was über einen längeren Zeitraum zutrifft, genügen die leichter zu ermittelnden Werte N und A.
2.) *Messung mittels Lysimeter*
3.) *Berechnung mittels empirischer Formeln* – geeignet ist die graphische Darstellung von Wundt, mit Verbesserung nach Kern, **Abb. 3-6** und **3-7**.
4.) *Meteorologische Verdunstungsmessungen* – diese erfordern einen großen Aufwand.
5.) *Berechnung mittels Näherungsformeln* – z. B. nach Haude.
6.) *Verwendung von Verdunstungskarten* – z. B. nach Dannemann aus der Haude-Formel für die Jahresreihe 1881/1930.

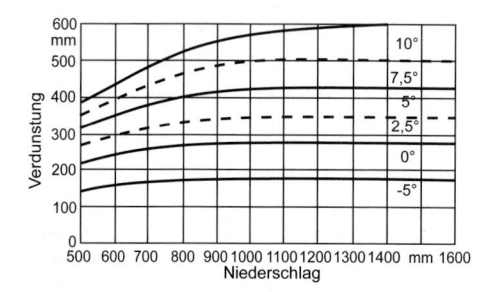

Abb. 3-6: Zusammenhang zwischen Niederschlag, Jahresmittel der Lufttemperatur und Verdunstung (nach Wundt)

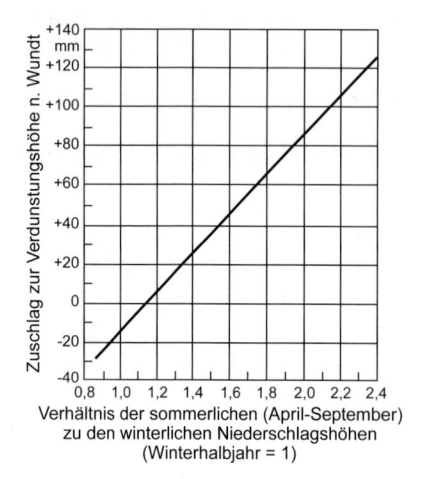

Abb. 3-7: Korrekturwerte der nach Abb. 3-6 ermittelten Verdunstungshöhe (nach Kern)

Die Verdunstung ist größer bei höherer Temperatur, geringem Luftdruck, höherem Sättigungsfehlbetrag. Sie ist abhängig von Oberflächengestaltung, Beschaffenheit und Bedeckung des Bodens, **Tab. 3-5**.

3.1 Hydrologie und Hydrogeologie

Tab. 3-5: Mittelwerte der jährlichen Verdunstung mm/a

Bez.	V mm/a
Deutschland	485
vegetationsfreier Boden	250
kultiviertes Ackerland	450
Grasland	500
Wald	600
Weideland mit hohem Grundwasserstand	>650
Staubecken in Mitteleuropa, So 74 %, Wi 26 %	<750
Totes Meer	2400

Nach Koehne entfällt von der Verdunstung etwa 83 % auf das Sommer-Halbjahr und 17 % auf das Winter-Halbjahr, somit steht von den Niederschlägen im Sommer für die GW-Neubildung nur wenig zur Verfügung, siehe auch **Tab. 3-6**.

Tab. 3-6: Mittlere monatliche Verdunstungshöhe der Jahresreihe 1918 bis 1927 München-Bogenhausen Aufzeichnungen wurden nicht fortgeführt

Zeitraum	Nov	Dez	Jan	Febr.	März	Apr	Mai	Juni	Juli	Aug	Sep	Okt	Wi	So
Verdunstung mm/Mt.	7	3	9	14	25	44	113	90	103	100	50	18	102	475
% des Jahres	1,2	0,5	1,6	2,4	4,3	7,6	19,6	15,6	17,9	17,5	8,7	3,1	17,7	82,3

3.1.2.4 Oberirdischer Abfluss

Wasserstand (W) und Abfluss (Q) sind neben der Gewässergüte die wichtigen Merkmale eines Oberflächengewässers. Der Wasserstand wird an ausgewählten Messstellen (Pegeln) vor Ort automatisch gemessen, die Daten werden gesammelt und ferngemeldet. Der Abfluss wird bei kleineren Abflussquerschnitten mit Gefäß oder mit Messwehren und Venturikanälen gemessen, bei größeren unregelmäßigen Abflussquerschnitten aus Fliessgeschwindigkeit und zugehörigem Teilabflussquerschnitt errechnet. Die Fliessgeschwindigkeit wird dazu mit Messflügeln, Tracer, Ultraschall oder Radar gemessen.
Der Zusammenhang zwischen Wasserstand und Abfluss an einem Pegel wird graphisch durch die Abflusskurve = Schlüsselkurve in **Abb. 3-8** dargestellt.
Die Werte W und Q werden von den zuständigen Landesämtern in gewässerkundlichen Jahrbüchern veröffentlicht. Wasserstand und Abfluss werden zweckmäßig zur kritischen Beurteilung graphisch dargestellt, als Ganglinien in der zeitlichen Reihenfolge **Abb. 3-9 a**, als Dauerlinie in der Größe **Abb. 3-9 b**, als Abfluss-Summenlinie mit Summierung des Abflusses in der zeitlichen Reihenfolge, z. B. für die Bemessung von Speicherung, Rückhaltebecken, Trinkwassertalsperren, **Abb. 3-9 c**.

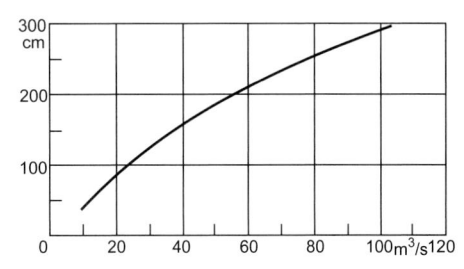

Abb. 3-8: Schema einer Abflusskurve W/Q

Abb. 3-9 a: Schema der Jahres-Abflussganglinie eines Hochgebirgsflusses

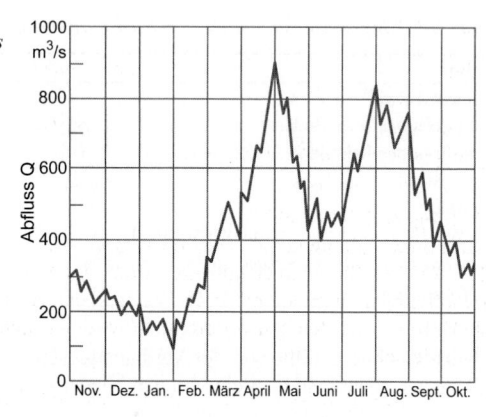

Abb. 3-9 b: Schema einer Jahres-Abflussdauerlinie

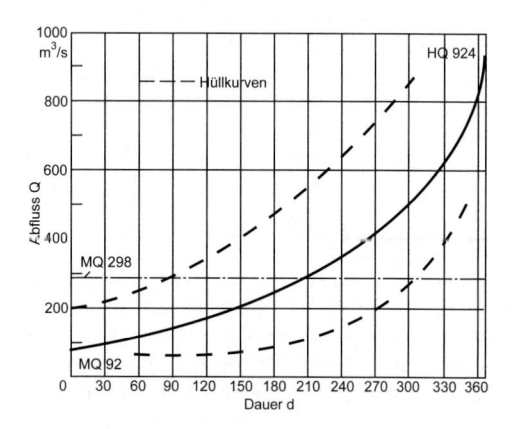

Abb. 3-9 c: Schema einer Jahres-Abflusssummenlinie

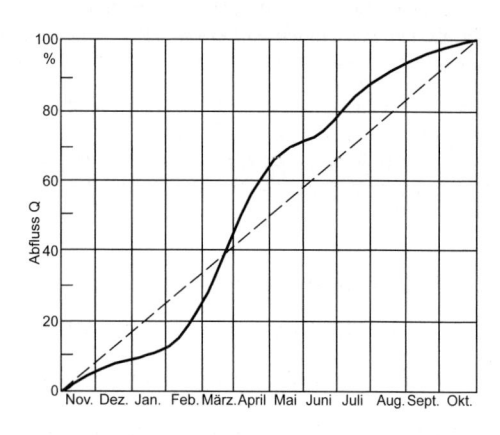

Die Hauptwerte von Wasserstand, Abfluss und Abflussspende werden nach DIN 4049 wie folgt bezeichnet, **Tab. 3-7**.

3.1 Hydrologie und Hydrogeologie

Tab. 3-7: Kurzzeichen der Hauptwerte des Wasserstandes, Abfluss und Abflussspende nach DIN 4049

Bez.	Zeich.	Einheit	Hauptwerte nach DIN 4049 Teil 1 – Anhang A					
Wasserstand	W	cm	NNW	NW	MNW	MW	MHW	HW	HHW
Abfluss	Q	m³/s	NNQ	NQ	MNQ	MQ	MHQ	HQ	HHQ
Abflussspende je km² Einzugsgebiet	q	l/s	NNq	Nq	MNq	Mq	MHq	Hq	HHq

Anhang A (DIN 4049 Teil1)
Zusammenstellung der Zeichen für Hauptwerte
Das Zeichen für einen Hauptwert wird gebildet, indem dem Zeichen für den betreffenden Begriff der quantitativen Hydrologie[2]) (z. B. Wasserstand, Abfluss) oder der Gewässerbeschaffenheit (siehe DIN 4049 Teil 2) ein Zeichen vorangestellt wird, das den statistischen Wert angibt.
Es bedeuten:

N ... niedrigster (kleinster) Wert in einer Zeitspanne (siehe Anmerkung 1)
H ... höchster (größter) Wert in einer Zeitspanne (siehe Anmerkung 1)
NN ... niedrigster (kleinster) bekannter Wert (siehe Anmerkung 2)
HH ... höchster (größter) bekannter Wert (siehe Anmerkung 2)
M ... arithmetischer Mittelwert aller gleichartigen Werte in einer Zeitspanne (siehe Anmerkung 1)
MN ... arithmetischer Mittelwert der kleinsten Werte in gleichartigen Zeitspannen (z. B. in gleichen Monaten, gleichen Halbjahren) (siehe Anmerkung 1)
MH ... arithmetischer Mittelwert der größten Werte in gleichartigen Zeitspannen (z. B. in gleichen Monaten, gleichen Halbjahren) (siehe Anmerkung 1)
Z ... Wert, der mit gleicher Häufigkeit unter- und überschritten wird (Median, auch Zentralwert) (siehe Anmerkung 1)

ANMERKUNG 1: Die Zeitspanne, auf die sich dieser Wert bezieht, ist jeweils anzugeben. Bei Zeitspannen von einem Jahr (365 oder 366 Tage) oder mehreren aufeinander folgenden gleichartigen Jahren werden nur die Jahreszahlen dem Zeichen angefügt. Falls sich diese nicht auf das Abflussjahr beziehen, ist dies kenntlich zu machen, z. B. bei Kalenderjahren durch den Buchstaben K. bei Halbjahren sind die Zeichen *Wi* für das Hydrologische Winterhalbjahr (1. November bis 30. April) oder *So* für das Hydrologische Sommerhalbjahr (1. Mai bis 31. Oktober), bei Zeitspannen von einem Monat ist die Abkürzung des betreffenden Monatsnamens dem Zeichen voranzustellen. Die Monatsnamen werden in folgender Weise geschrieben: Nov, Dez, Jan, Feb, Mrz, Apr, Mai, Jun, Jul, Aug, Sep, Okt. Die Monate November und Dezember werden zwar durch die Jahreszahl des Kalenderjahres bezeichnet, zählen aber zu dem Hydrologischen Jahr, dem die folgenden Monate Januar bis Oktober angehören.

ANMERKUNG 2: Das Datum des Auftretens ist dem Zeichen nachzustellen.
Hierbei ist es notwendig, anzugeben, in welchen Jahren die Grenzwerte NN, HH aufgetreten sind und für welche Jahresreihen die Mittelwerte gelten. Für die Bemessung von Anlagen werden auch Vorausschätzungen der extremsten Werte benötigt, die über bisher gemessene hinausgehen können, z. B. ein Hochwasser, das nur 1 x in 500 Jahren auftritt, HHW500.

3.1.2.5 Unterirdischer Abfluss

3.1.2.5.1 Verteilung des unterirdischen Abflusses im Boden

Das Niederschlagswasser durchsickert den Boden und bildet einen GW-Leiter dort aus, wo ein GW-Nichtleiter zu einem Aufstau führt (**Abb. 3-10**).
Je nach Porengröße und Mineralart wird ein Teil des versickernden Wassers verschieden fest in den Kapillaren und an der Kornoberfläche festgehalten. Man unterscheidet folgende Formen des unterirdischen Wassers:

1. Wasser im Boden über dem Grundwasser.
1.1. *Benetzungswasser* – durch Anziehungskraft an der Oberfläche der Bodenkörner festgehalten.
1.2. *Porensaugwasser* = Kapillarwasser – durch Saugspannung in den Poren hochgehoben.
1.3. *Haftwasser* – im Saugraum in Ruhe.
1.4. *Sickerwasser* – als Benetzungs- oder Haftwasser in Ruhe, sobald die maximale Bodenfeuchte im Boden überschritten wird, sickert das Wasser nach unten und speist das Grundwasser. Dabei können in Abhängigkeiten vom Bodenaufbau sehr unterschiedliche vertikale Abstandsgeschwindigkeiten erreicht werden (**Tab. 3-8**).

Tab. 3-8: Vertikale Abstandsgeschwindigkeit u_a (m/d) bei Versickerung im teilgesättigten Boden nach Rehse

Bodenart	v_a m/d	Bodenart	v_a m/d
1. bindig		*3. kiesig-sandig*	
Humus	0,86	schluffiger Kies mit Sand	0,72
Ton ohne Risse	0,026	Kies mit viel Sand	2,52
toniger Schluff	0,16	sauberer Fein-Mittelkies	
Schluff	0,54	reichlich Sand	5,76
2. sandig		*4. kiesig-steinig*	
schluffiger Sand	0,86	sauberer Mittel-Grobkies	
Sand mit wenig Ton	0,54	wenig Sand	57,6
sauberer Fein-Mittel Sand	1,08	Steine, wenig Sand u. Kies	144
sauberer Mittel-Grob-Sand	2,56		
sauberer Grobsand	3,6		

2. Grundwasser – Das GW füllt zusammenhängend die Hohlräume der Erdrinde aus, das sind die Poren der Lockergesteine, sowie die Klüfte und Spalten der Festgesteine und Karsthohlräume. Bodenarten, in welchen GW fließen kann, sind GW-Leiter, der wassergesättigte GW-Leiter wird mit Aquifer bezeichnet. Praktisch undurchlässige Bodenschichten sind GW-Nichtleiter. Wenn GW-Leiter durch GW-Nichtleiter vertikal getrennt sind, entstehen GW-Stockwerke (**Abb. 3-10**).

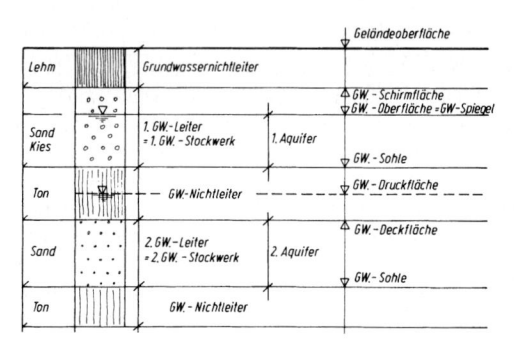

Abb. 3-10: Schema Wechsel von Grundwasserleiter und Grundwassernichtleiter mit den Bezeichnungen nach DIN 4049

Ein freier oder ungespannter Grundwasserspiegel (GWSp) liegt vor, wenn der GWSp mit Abstand unter der GW-Schirmfläche liegt, ein gespannter GWSp, wenn der GWSp = GW-Druckfläche über der GW-Deckfläche, ein artesischer Auftrieb, wenn die GW-Druckfläche über der Geländeoberfläche liegt. In den GW-Messstellen wird der GWSp gemessen. Der GWSp wird überlagert von der kapillaren Steighöhe des Wassers überlagert. Diese ist umso größer, je kleiner die Poren des Bodens sind, **Tab. 3-9**.

3.1 Hydrologie und Hydrogeologie

Tab. 3-9: Mittlere kapillare Steighöhen des Wassers in verschiedenen Bodenarten

Bodenart	Lagerungsdichte	Steighöhe in cm
Sande	mittel	35–170
lehmige tonige und schluffige Sande	mittel	70–240
Schluffe	mittel	80–270
Lehme	mittel	40–200
Tone	mittel	30–160

Die kapillaren Steighöhen sind wichtig für das Pflanzenwachstum in Trockenzeiten. Sie haben daher Bedeutung bei der Begutachtung von Schadenersatzansprüchen bei GW-Absenkungen.

Im Allgemeinen fließt das GW nach Versickern der Niederschläge entsprechend der Geländeform und geologischem Aufbau der Schwerkraft folgend einem Vorfluter zu. Gelegentlich gibt es sehr langsam fließendes, meist tiefliegendes GW. Tiefliegende, langsam fließende Grundwässer haben meistens eine sehr geringe natürliche GW-Neubildung und sind dann oft sehr alt. Sie liegen oft unter oberflächennahen GW-Stockwerken in größerer Tiefe und sind dort wegen der geringen GW-Erneuerung meistens frei von anthropogenen Belastungen. Wenn das darüberliegende GW-Stockwerk bereits anthropogen belastet ist und das Trinkwasser aufbereitet werden muss, besteht oft der Wunsch diese „tiefen Grundwässer" zu Trinkwasserzwecken zu nutzen.

Davon ist jedoch dringend abzuraten, weil durch jede GW-Förderung die natürliche, sehr langsame GW-Strömung beschleunigt wird und so jüngere GW-Anteile zuströmen, die die anthropogene Belastung zwangsläufig in die tiefen Schichten transportieren, wo eine Sanierung in absehbaren Zeiträumen nicht mehr möglich ist.

Solche „tiefen Grundwässer" sind daher für die Trinkwasserversorgung grundsätzlich nicht geeignet (s. auch Merkblatt Nr. 1.4/6 „Nutzung tiefer Grundwässer" unter www.bayern.de/lfw weiter mit – Service Download-Merkblätter SlgLfw).

Der GWSp schwankt je nach der jahreszeitlich unterschiedlichen Infiltration und der Entfernung vom Vorfluter. Bei der Angabe der Höhe eines GWSp muss daher immer das Datum der Messung angegeben werden.

3.1.2.5.2 Grundwasser-Neubildung

1. Infiltration aus Niederschlägen – Das Versickern von Niederschlägen bringt i. a. den Hauptanteil der GW-Neubildung, abhängig von der Bodenart. Reine Sand- und Kiesböden, verkarstetes, klüftiges Festgestein lassen die Niederschläge so rasch versickern, dass auch bei starken Niederschlägen kein oberirdischer Abfluss vorhanden ist. Der Teil des versickernden Wassers, der nicht vom Boden dauernd festgehalten wird, dient der GW-Neubildung. Die Sickergeschwindigkeit im wasserungesättigten Bereich ist je nach Wassergehalt um Zehnerpotenzen kleiner als im gesättigten Bereich (siehe **Abb. 3-11**).

1.1. Grundwasserneubildungsrate – Bezeichnung des Wasservolumens, das dem GW pro Zeit- und Flächeneinheit zugeführt wird, angegeben in l/s je km^2. Es entspricht 1 l/s je km^2 = 31,5 mm/a Niederschlagshöhe. Die GW-Neubildungsrate schwankt entsprechend den örtlichen Verhältnissen in Nass- und Trockenjahren.

1.2. punktförmige Ermittlung – Mittels Lysimeter erfolgt eine direkte Messung, ebenso mittels der Wassergehalts- und Wasserspannungsmessung in der ungesättigten Zone, z. B. durch Markierung des Sickervorganges mittels Isotopen.

1.3. flächenmäßige Ermittlung – Berechnung mit der Wasserhaushaltsgleichung, Ermittlung aus Messungen im jeweiligen Einzugsgebiet oder vergleichbaren Flächen. Darüber hinaus durch die Auswertung des Trockenwetterabflusses nach Wundt. Ein einfaches Verfahren für die Ermittlung der GW-Neubildung aus den Niedrigwasserabflüssen der oberirdischen Gewässer wurde von A. Rothascher entwickelt. (s. Literatur)

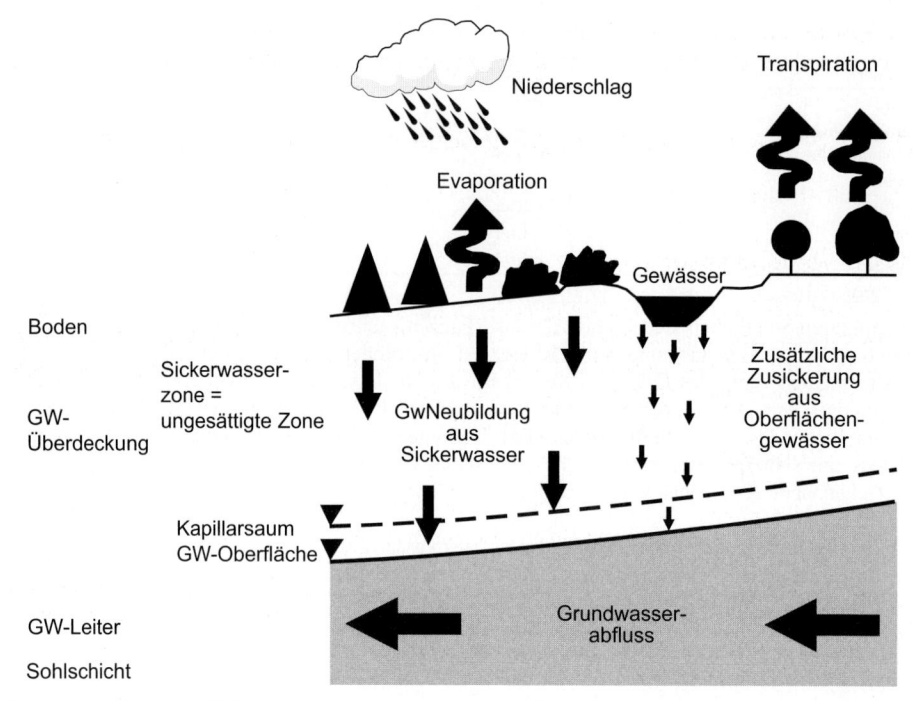

Abb. 3-11: Der Begriff GW-Neubildung bezeichnet nach DIN 4049, Teil 3 den Zugang von infiltriertem Wasser zu Grundwasser. Er beinhaltet sowohl die Zusickerung von Niederschlagswasser als auch Zugänge von infiltriertem oberirdischen Wasser.

Einen Anhalt über die Größe der GW-Neubildungsrate gibt die **Tab. 3-10**. Nach Schneider sind die Werte nach Wundt häufig zu niedrig, ebenso wenn sie aus der mittleren Verdunstung errechnet werden. Bessere Werte erhält man, wenn die Versickerungsfaktoren und die Bodenarten berücksichtigt werden und ein Vergleich mit ähnlich gelagerten Wassergewinnungen durchgeführt wird.

Tab. 3-10: Beispiel Rheinebene, mittl. Niederschlagshöhe 663 mm (1931–1960), Gebiet ohne natürlichen oberirdischen Abfluss

Landoberfläche	Verdunstung %	Grundwasserneubildung %	Grundwasserneubildung mm	Grundwasserneubildungsrate $l/s/km^2$
dichte Bebauung	20	0	–	–
nackter Boden	40	60	397	12,6
spärliche Vegetation	52	48	318	10,1
Ackerland	65	35	232	7,4
lockere Bebauung	70	30	199	6,3
Grünland	75	25	166	5,3
Strauch-Vegetation	85	15	90	2,9
Wald	90	10	66	2,1
Wasserfläche	100	0	–	–

2. *Infiltration aus Oberflächengewässern* – Als natürliche GW-Anreicherung wird bezeichnet, wenn der GW-Spiegel niedriger als der WSP des Oberflächengewässers zu liegen kommt. Hierzu gehört auch die durch GW-Absenkung, z. B. mittels Brunnen, erzwungene Infiltration. Die künstliche

3.1 Hydrologie und Hydrogeologie

GW-Anreicherung ist dagegen das Versickern von mehr oder weniger gut aufbereitetem Oberflächenwasser mittels künstlicher Anlagen wie Versickerungsbecken, Schluckbrunnen o. ä.

3.1.3 Für die Wasserversorgung nutzbare Oberflächengewässer

(siehe auch Abschnitte 4.1.2.1 bis 4.1.2.5 und Abschnitte 4.1.3 bis 4.1.5)

3.1.3.1 Regenwasser

Regenwasser kann wegen der hygienischen Problematik i. d. R. nicht für die Wasserversorgung genutzt werden. Sofern in Ausnahmefällen, z. B. im Gebirge, Zisternen zum Auffangen des Regens verwendet werden, ist eine individuell abgestimmte Desinfektion u. Aufbereitung des Regenwassers vor der Verwendung als Trinkwasser zwingend erforderlich.

3.1.3.2 Flusswasser

Wesentliche Grundlage für die Beurteilung der Wasserentnahme aus einem Fluss zu Wasserversorgungszwecken sind die Abflussganglinie und die Abflusssummenlinie, mindestens für zwei aufeinander folgende Trockenjahre. Maßgebend ist, dass durch die Wasserentnahme die Mindestwasserführung nicht unterschritten wird. Wegen der Gefährdung der Wasserbeschaffenheit und der daraus resultierenden, komplizierten, mehrstufigen und teuren Trinkwasseraufbereitung, die nur mit entsprechend hochqualifiziertem Fachpersonal sicher betrieben werden kann, sind Flusswasserentnahmen für die Trinkwasserzwecke in Deutschland selten,

3.1.3.3 Seewasser, Trinkwassertalsperren

Die Trinkwassergewinnung aus Talsperren und Seen ist wesentlich vorteilhafter als aus Flüssen, weil durch die Stauhaltung rasche und hohe Abfluss- und Qualitätsschwankungen ausgeglichen werden. Trotzdem stellt die Aufbereitung auch hier sehr hohe Anforderungen an Planung, Bau, Betrieb und Wartung der Anlage. Ein reibungsloser Betrieb setzt daher auch den Einsatz von ausreichend qualifiziertem Personal voraus.
Als Grundlage für die mengenmäßige Bewirtschaftung müssen Abflussganglinie, Abflusssummenlinie und Entnahmeganglinie ermittelt werden. Dient die Stauanlage zusätzlich anderen Zwecken, z. B. dem HW-Schutz, so ist dies von vornherein einzuplanen.

3.1.4 Für die Wasserversorgung nutzbares Grundwasser

3.1.4.1 Allgemeines

Für die Trinkwasserversorgung wird natürliches GW in der Regel mit Brunnen oder mit Quellen gewonnen. GW kann auch künstlich angereichert werden, hierbei sind insbesondere hygienische Anforderungen einzuhalten (s. a. Abschn. 3.2.5.).

3.1.4.2 Arten der Grundwasserleiter

Entsprechend der Bodenart des GW-Leiters werden bezeichnet:
1. *Poren-Grundwasserleiter* – Lockergesteine wie Sand, Kies mit hoher nutzbarer Porosität von etwa 10–20 %, geringe Fließgeschwindigkeit, mittleres GW-Gefälle, **Tab. 3-11**.
2. *Kluft-Grundwasserleiter* – geklüftetes Festgestein, Sandstein, Muschelkalk, u. a. mit geringer Porosität, etwa 1–2 %, mittlere Fließgeschwindigkeit, unregelmäßiges Gefälle.

3. *Karst-Grundwasserleiter* – Festgestein mit Hohlräumen, z. B. Weißer Jura, unterer Muschelkalk u. a., großes Hohlraumvolumen, sehr hohe Fließgeschwindigkeit als unterirdisches Gerinne, geringes Gefälle, z. T. mit Abstürzen.

Tab. 3-11: Korngrößenbenennung von Lockergesteinen nach DIN 4022

Bezeichnung	Korngrößenbereich mm		
Ton	< 0,002		
Schluff	0,002		
fein	0,002	–	0,06
mittel	0,006	–	0,02
grob	0,02	–	0,06
Sand	0,06	–	2,0
fein	0,06	–	0,2
mittel	0,2	–	0,6
grob	0,6	–	2,0
Kies	2,0	–	63,0
fein	2,0	–	6,3
mittel	6,3	–	20,0
grob	20,0	–	63,0
Steine	> 63,0		

3.1.4.3 Grundwasservorkommen in den geologischen Formationen

Die geologischen Formationen unterscheiden sich hinsichtlich der Wasserdurchlässigkeit, also Wasserhöffigkeit sehr stark. Auch die gleiche geol. Formation kann je nach den örtlichen Verhältnissen unterschiedlich durchlässig sein, bei Festgestein z. B. infolge unterschiedlicher Kluftbildung durch Verwerfung, Auflösungsvorgänge usw.

Manche geologischen Formationen sind zwar sehr wasserdurchlässig, können aber wegen der ungünstigen chemischen Wasserbeschaffenheit nicht für die WV genutzt werden, z. B. wegen hohem Salzgehalt, Gipshärte oder anderer Stoffe, die nach der Trinkwasserverordnung nur bis zu einem Grenzwert erlaubt sind.

3.1.4.4 Grundwasser-Erkundung

3.1.4.4.0 Allgemeines

Es ist zweckmäßig, dass in einer Vorerkundung ein erstes Bild über das zur Nutzung vorgesehene Wasservorkommen geschaffen wird. Topographische Karten, Luftbilder, spezielle geologische und hydrogeologische Karten, Klimakarten, vorhandene Gutachten über vergleichbare Wasservorkommen und deren Verhalten bei langjähriger Nutzung sind dafür geeignete Unterlagen.

3.1.4.4.1 Örtliche Verhältnisse – Schützbarkeit

Aufgrund von Topokarten, hydrogeologischen Unterlagen und örtlicher Einsichtnahme sind die örtlichen Verhältnisse zu prüfen, insbesondere, ob ein wirksames Wasserschutzgebiet eingerichtet und ob eine GW-Gewinnung an der gewählten Stelle technisch verwirklicht und betrieben werden kann. Hierzu gehören insbesondere Feststellen der gesicherten Zufahrt, Grenzen von Überschwemmungsgebieten, Geländeneigung, Gefahr der Überflutung durch Hangwasser, Nähe von Kiesgruben und Steinbrüchen, Nähe von öffentlichen Straßen, Bahnlinien, Siedlungen, gewerblichen und industriellen Betrieben, Kläranlagen, Altlasten, Deponien und sonstigen konkurrierenden Nutzungen (s. a. Abschn. 3.3.2).

3.1 Hydrologie und Hydrogeologie

3.1.4.4.2 Hydrogeologisches Profil – Geophysik

Für die Beurteilung des Standortes einer GW-Entnahme wird das hydrogeologische Profil benötigt. Dieses wird durch folgende Verfahren ermittelt:

1. Karten – Eine erste grobe Beurteilung ermöglichen geologische Karten, falls vorhanden spezielle hydrogeologische Karten mit Angaben über GW-Leiter und Wasserhöffigkeit. Luftbildaufnahmen können bei Festgesteinen ergänzende Hinweise auf die Klüftigkeit geben.

2. Profile benachbarter Brunnen und Bohrungen – können Anhaltspunkte geben, jedoch nur, wenn einwandfreie Unterlagen vorliegen.

3. Versuchsbohrung – Da die Eignung der Untergrundverhältnisse hinsichtlich der Anordnung und des Ausbaues von GW-Entnahmen örtlich oft sehr verschieden sind, insbesondere bei Festgestein, ist es notwendig, wenn keine Brunnen in der Nähe vorhanden sind, durch eine oder mehrere Versuchsbohrungen Angaben über das hydrogeologische Profil in der Nähe der vorgesehenen Standorte der Brunnen zu erhalten. Die Bodenproben werden einer geologischen Formation zugeordnet und ihre Eignung als GW-Leiter wird beurteilt. Dafür sind regelmäßig Aussagen über Porosität, Klüftigkeit, Dichte, Ton- und Schluffgehalt, Durchlässigkeitsbeiwert und Siebanalysen notwendig. Versuchsbohrungen, die zu Messstellen ausgebaut werden sollten, sind auch deshalb erforderlich, um weitere Kenntnisse über den GW-Leiter zu gewinnen (z. B. Fließrichtung, GW-Gefälle, GW-Einzugsgebiet). Diese Kenntnisse sind wichtig für die Ermittlung der GW-Neubildung und die Bemessung des Wasserschutzgebietes. Die Ergebnisse der Versuchsbohrung werden durch das hydrogeologische Profil, Brunnenausbauplan, geologische Schnitte des Wassergewinnungsgebiets, graphische Darstellung der Pumpversuche und allenfalls hydrologische Berechnungen dargestellt (**Abb. 3-15**).

4. Geophysikalische Methoden

4.1. Allgemein – Bei räumlich großen Wassergewinnungsgebieten für mehrere Brunnen, insbesondere mit großer Tiefe, schwer zu beurteilenden Schichtgrenzen, Wasserdurchlässigkeit und Salzgehalt der verschiedenen GW-Stockwerke kann das Beobachtungsnetz der Versuchsbohrungen wirksam durch geophysikalische Methoden, d. i. Geoelektrik, Seismik und Bohrlochvermessung, sowie Isotopen-Verfahren ergänzt werden. Diese Methoden bedürfen immer der Verbindung mit den hydrogeologischen Verfahren, erfordern also eine enge Zusammenarbeit. Die geophysikalischen Methoden sind kompliziert. Ihre Anwendung sollte daher erfahrenen Fachleuten vorbehalten bleiben. Im Folgenden werden nur die Grundlagen der Verfahren angegeben.

4.2. Geoelektrische Methoden – Mit der Widerstandsmethode wird der spezifische elektrische Widerstand des Untergrundes mittels der Vierpunktmethode gemessen. Durch mathematisch-physikalische Berechnung wird daraus die wahre Widerstandsverteilung in Abhängigkeit von der Tiefe ermittelt und daraus die Schichtfolge und die Schichtgrenzen bestimmt. Der spezifische elektrische Widerstand der Gesteine wird durch Wasserführung, k_f-Wert und Salzgehalt wesentlich geändert, so dass das Erkennen der Schichtgrenzen manchmal schwierig ist, z. B. bei Zunahme des Salzgehalts des GW mit der Tiefe – quartäre Talauffüllung im Muschelkalkgebiet. In **Tab. 3-12** (rechts) sind Mittelwerte des spez. elektr. Widerstandes nach Schneider angegeben.

4.3. Seismik – Bei den seismischen Verfahren wird aus den Laufzeitkurven einer von der Erdoberfläche ausgesandten elastischen Welle die Lage der Schichtgrenzen, GWSp, Lockerungszonen in Festgesteinen ermittelt. Die seismischen Wellen werden erzeugt z. B. durch Sprengung oder mit Fallgewichten. In **Tab. 3-12** ist die Longitudinalgeschwindigkeit einiger Gesteine angegeben, i. a. ist sie umso größer, je älter das Gestein ist.

4.4. Bohrlochmessungen – Die Auswertung der Bohrung kann oft durch Bohrlochmessungen verbessert werden, besonders bei Festgesteinen. Die Verfahren sind bei der Erdöl- und Erdgaserkundung entwickelt worden, einige Verfahren sind auch im Bereich der Hydrogeologie anwendbar und vorteilhaft. Durch die vergleichende Beurteilung der einzelnen Verfahren sind Schichtwechsel, Eigenschaft der Formation, Porosität, Eigenschaft als GW-Leiter, nutzbarer Porenraum, Mineralgehalt des GW, Tiefenlage und Menge der GW-Zuflüsse der einzelnen GW-Stockwerke feststellbar. Im verrohrten, verfilterten Bohrloch sind jedoch nur die radioaktiven Messungen und die Durchflussmessung mittels Flowmeter möglich. Die übrigen Messungen müssen am unverrohrten Bohrloch durchgeführt werden.

4.4.1. Messung des elektrischen Widerstands = R-Messung, die mit einer Sonde gemessenen Widerstandskurven zeigen die Widerstandsänderungen der durchfahrenen Bodenschichten und damit die Schichtgrenzen.

4.4.2. Messung des elektrischen Eigenpotentials = SP-Messung, dient zur Feststellung der durchlässigen und undurchlässigen Schichten.

Tab. 3-12: *Mittelwerte des spezifischen Widerstandes Ωm und seismische Geschwindigkeit m/s nach Schneider*

Bezeichnung	spez. elektr. Widerstand Ωm	seismische Geschwindigkeit m/s
1. Wasser		
totes Meer	0,005–1	
Ozean	0,2	
versalzenes Wasser	1	
brackisches Wasser > 250 mg/l Cl	5	
süßes Wasser < 250 mg/l Cl.	>10	
2. Bodenarten		
Sande und Kiese mit Salzwasser	1–40	1500–2000
Sande und Kiese mit Süßwasser	40–1000	1500–2000
Sande und Kiese trocken.	>1000	300–1000
Mergel fett	2–5	1500–2200
Ton sandig	10–30	2200
Diluvium		1000–4000
Tertiär		1800–4000
Jura		3000–6500
Keuper		2000–4200
Muschelkalk		3000–5500
Buntsandstein		2400–4500
Kalkstein, harter Sandstein	100–1000	2500–5500
Granit	>2000	4500–6000

4.4.3. Messung des spezifischen Widerstandes des dem Bohrloch zufließenden Wassers = RW-Messung, an einer Wasserprobe oder aus der SP-Messung.

4.4.4. Messung der natürlichen Gamma-Strahlungs-Intensität, zur qualitativen Bestimmung des Tongehalts der Bodenschichten.

4.4.5. Neutron-Gamma-Verfahren, mit dem Neutron-Log wird der Wassergehalt einer Formation bestimmt und damit die Gesamtporosität. Wegen des hohen Wasseranteils der Tone muss gleichzeitig der Tongehalt festgestellt werden.

4.4.6. Gamma-Gamma-Verfahren = Dichte-Log, hierdurch wird die Gesamtdichte der Schichten ermittelt und damit die Schichtenfolge.

4.4.7. Messung der Schallgeschwindigkeit im Gestein – in Verbindung mit dem Widerstandslog und dem Neutron-Log wird durch die Messung der Schallgeschwindigkeit die Nutzporosität einer Formation bzw. Klüftigkeit bestimmt.

4.4.8. Kalibermessung – wenn die Messungen im unverrohrten Bohrloch ausgeführt werden, muss der Bohrlochquerschnitt über die ganze Bohrtiefe gemessen werden.

4.4.9. Flowmeter – durch die Messung des Wasserflusses im Bohrloch können GW-Zuflüsse festgestellt werden.

4.4.10. Wassertemperaturmessung im Bohrloch, gekoppelt mit elektrischer Widerstandsmessung ermöglicht die Lokalisierung von Wasserzu- und -abflüssen, sowie die Ermittlung der Gesamtmineralisation des Wassers.

3.1 Hydrologie und Hydrogeologie

4.4.11. Fernsehsondierung – in Festgesteinsbohrungen sind damit Trennflächen, Klüfte und Störungszonen bei klarem Wasser und offenen Bohrungen gut sichtbar.

Auf das DVGW-Merkblatt W 110 wird hingewiesen.
Darin wird die Vielfalt der gängigen Messmethoden systematisch gegliedert. Die Untersuchungsziele, Aussage- und Anwendungsmöglichkeiten der verschiedenen Messverfahren werden gezeigt und die für eine Qualitätssicherung notwendigen Randbedingungen werden dargestellt. Standardmessprogramme für unterschiedliche Untersuchungsziele werden erläutert. Damit ist ein Leitfaden entstanden, der es ermöglicht, bereits in der Planungsphase praxisgerechte und sinnvolle Messverfahren bzw. Kombinationen zu finden.

3.1.4.4.3 Grundwasserspiegel

Besonders wichtig ist die Ermittlung der Höhenlage des GWSp und dessen natürlicher Schwankungsbereich. Anhaltspunkte können in der Nähe gelegene Betriebsbrunnen geben. Für eine Trinkwassergewinnungsanlage sind mindesten 3 GW-Messstellen außerhalb der Absenktrichter der GW-Entnahmen einzurichten, und bereits möglichst lange vor der eigentlichen Entnahme zu messen.

3.1.4.4.4 Grundwassersohle

Die geologischen Karten geben nur ein grobes Bild des Verlaufs der Schichtgrenzen von GW-Leitern. Für die Beurteilung der GW-Entnahmen und für die GW-hydraulischen Berechnungen ist die genaue Kenntnis der Lage der Schichtgrenze bzw. der GW-Sohle erforderlich. Sie werden an einzelnen Punkten durch GW-Messstellen, Versuchsbohrungen und Betriebsbrunnen festgestellt, gegebenenfalls ergänzt durch geophysikalische Methoden. Aus den geologischen Profilen ist der Lageplan mit den Höhenkurven der Schichtgrenzen bzw. GW-Sohle zu erarbeiten. Daraus sind z. B. Tiefenrinnen und Höhenrücken der GW-Sohle zu erkennen und damit Hinweise auf günstige Standorte der geplanten Brunnen.

3.1.4.4.5 Grundwasserhydraulische Verhältnisse

Zur Beurteilung der technisch möglichen Entnahmerate und der dabei zu erwartenden WSp-Absenkung sind Pumpversuche, z. B. in Versuchsbohrungen, durchzuführen. Daraus sind folgende Parameter abzuleiten: Durchlässigkeitsbeiwert k_f, Mächtigkeit des GW-Leiters H, Breite des GW-Leiters B, GW-Gefälle J, Ergiebigkeit Q/s. Aus dem Betrieb benachbarter Brunnen können Vergleichswerte ermittelt werden. Durch die Ein-Bohrloch-Meßmethode mittels Isotopen können an der Versuchsbohrung Strömungsrichtung und Abstandsgeschwindigkeit gemessen werden.

3.1.4.4.6 Grundwasser-Bilanz – Grundlage einer nachhaltigen Bewirtschaftung

Eine nachhaltige GW-Bewirtschaftung ist nur dann möglich, wenn dem GW-System langfristig höchstens so viel GW entnommen wird wie ihm natürlich zufließt. Hierzu ist eine GW-Bilanz aufzustellen, die die natürliche GW-Neubildung, die geplante GW-Entnahme und den durch die Entnahme verringerten GW-Strom gegenüberstellt und die Auswirkungen in ökologischer Sicht abschätzt und bewertet.
Die GW-Neubildung wird aus dem zugehörigen Einzugsgebiet und der zugehörigen GW-Neubildungsrate ermittelt.
Das Einzugsgebiet ist auch für die Ermittlung der Schutzgebietsgrenzen maßgebend.
GW-Bilanzen in großflächigen Einzugsgebieten mit vielen Entnahmebrunnen und unterschiedlichen GW-Leitern erfordern die Erstellung eines GW-Modelles als Grundlage für eine nachhaltige Bewirtschaftung des Gesamtsystems (s. a. Abschn. 3.1.5.9 und **Abb. 3-12a**).

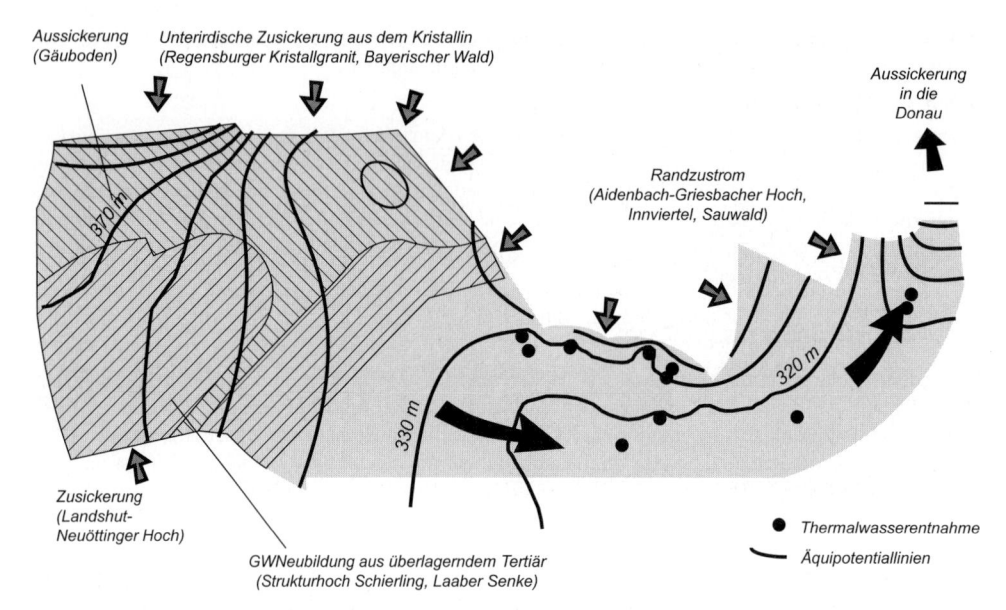

Abb. 3.12a: GW-Bilanz für das Thermalwasservorkommen im niederbayerisch-oberösterreichischen Molassebecken

3.1.4.4.7 Wasserbeschaffenheit

Für die Anforderungen an die Beschaffenheit von Trinkwasser gelten die strengen Anforderungen der TrinkWasserVerordnung und der DIN 2000 (s. Abschnitt 4.1.3 und 4.1.4).
Einen ersten Anhalt geben Untersuchungen der Wasserbeschaffenheit benachbarter Brunnen und die Zuordnung des GW-Leiters zu einer geologischen Formation. Wenn ein Versuchsbrunnen erstellt wird, ist bei den Pumpversuchen die Wasserbeschaffenheit durch chemische Untersuchung festzustellen, je nach hydrogeologischen Verhältnissen auch in mehreren Tiefen des GW-Leiters. Insbesondere ist zu prüfen, ob bei unterschiedlichen Entnahmeraten eine Veränderung der Wasserbeschaffenheit eintritt. Schon zu Beginn eines Pumpversuchs sollte das Wasser chemisch mehrmals analysiert werden. Bis sich ein Beharrungszustand eingestellt hat, kann sich die Wasserbeschaffenheit ändern. Die Ergebnisse sind Grundlage für die Entscheidung, ob eine Trinkwasseraufbereitungsanlage notwendig ist bzw. für der deren Bemessung.

3.1.4.4.8 Auswirkungen – Umweltverträglichkeit

Die möglichen Auswirkungen der GW-Entnahme und der damit verbundenen GW-Absenkung sind sorgfältig zu untersuchen. Insbesondere langfristige Auswirkungen auf die Ökologie sind festzustellen und zu bewerten. Die mögliche Beeinflussung ist abhängig von der Lage des GW-Spiegels unter Gelände, von der Bodenart und der zugehörigen kapillaren Steighöhe (s. **Tab. 3-9**), von der Pflanzenart und von der Ausdehnung der GW-Absenkung. Als grober Anhaltspunkt kann gelten, dass ab einem Flurabstand von etwa 5 m eine Beeinflussung auf die Vegetation ausgeschlossen werden kann. In besonderen Fällen ist eine pflanzensoziologische Beweissicherung notwendig. Insbesondere ist sicherzustellen, dass durch die Entnahme der verbleibende GW-Strom nicht so stark reduziert wird, dass dadurch Grundwasserstrom unterhalb liegende Einrichtungen beeinträchtigt (z. B. Quellaustritte für Fischteichanlagen, andere GW-Entnahmen) oder Niedrigwasserabflüsse von Vorflutern erheblich verringert werden.
Ebenfalls zu untersuchen ist, ob durch die Entnahme Setzungen an Bauwerken hervorgerufen werden können.

3.1 Hydrologie und Hydrogeologie

3.1.5 Grundwasser-Hydraulik in Poren-Grundwasserleitern

3.1.5.1 Allgemeines

Die GW-Hydraulik befasst sich mit der Messung und Berechnung des Fließens des GW, d. i. Fließrichtung, Gefälle, Fließgeschwindigkeit, Abflussquerschnitt, Abflussmenge, im unbeeinflussten Zustand und im durch GW-Entnahmen beeinflussten Zustand, sowie den Strömungsvorgängen und der Leistung von Brunnen. Theorien und Berechnungsverfahren bis zu Computerprogrammen sind in den letzten Jahren weiterentwickelt worden. Hier werden nur die einfachen und grundlegenden Fälle behandelt.

Bei einem Poren-GW-Leiter ist ein zusammenhängendes System von Porenkanälen vorhanden, die in Form und Querschnitt sehr unregelmäßig sind. Die Fließbewegung eines Wasserteilchens in einem Porenkanal ist daher nicht genau erfassbar. Im Gesamtquerschnitt des GW-Leiters ergeben sich jedoch ziemlich gleichartige Verhältnisse. Bei den kleinen Fließgeschwindigkeiten ist im ungestörten Bereich das Fließen laminar. Alle technischen und praktischen Fragen des Brunnenbaues werden in Abschn. 3.2 behandelt.

3.1.5.2 Grundwasser-Fließrichtung und Grundwasser-Gefälle

3.1.5.2.1 Grundwasser-Höhenplan

Die GW-Fließrichtung wird durch die Schwerkraft bestimmt. Im GW-Höhenplan ist sie deshalb senkrecht zu den GW-Höhenlinien gerichtet. Das GW-Gefälle ist aus dem Höhenunterschied und dem Abstand der GW-Höhenlinien zu errechnen. Im Beispiel **Abb. 3-12 b** beträgt das GW-Gefälle bei Mössling $I = 1{,}00 \text{ m}/400 \text{ m} = 0{,}0025 = 2{,}5 \text{ v. T.}$

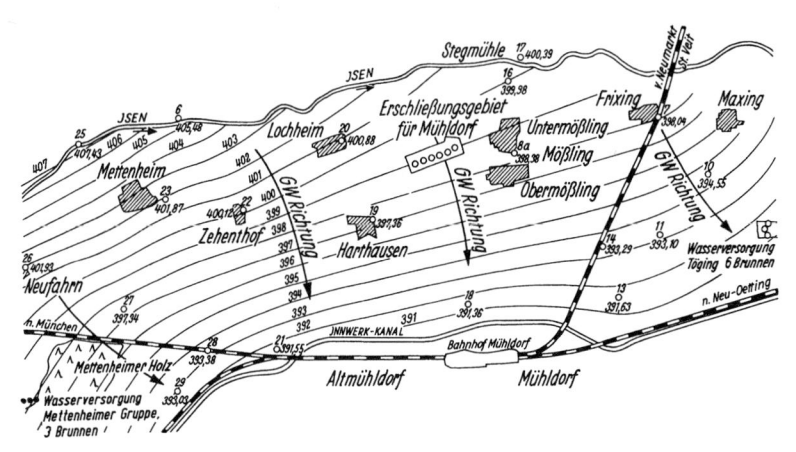

Abb. 3-12 b: Beispiel eines Grundwasser-Höhenplans, Mühldorf

3.1.5.2.2 Grundwasser-Messdreieck

Wenn kein GW-Höhenplan vorliegt, werden die GW-Fließrichtung und das Gefälle in einem engen Bereich durch 1 oder mehrere Messdreiecke ermittelt. Hierfür werden in dem Gebiet 3 GW-Messstellen an den Ecken eines Dreiecks, zweckmäßig gleichseitig und mit mind. 50 m Seitenlänge, niedergebracht, **Abb. 3-13**.

Die GW-Fließrichtung ist senkrecht zu der GW-Höhenlinie 478 gerichtet. Zur Berechnung des GW-Gefälles J wird durch B eine Senkrechte auf die GW-Höhenlinie 478 gelegt, die Länge dieser Senkrechten bis zum Brunnen „B" mit der Höhe 477,51 beträgt 36,5 m, somit $J = (478 - 477{,}51)/36{,}5 = 0{,}0138$.

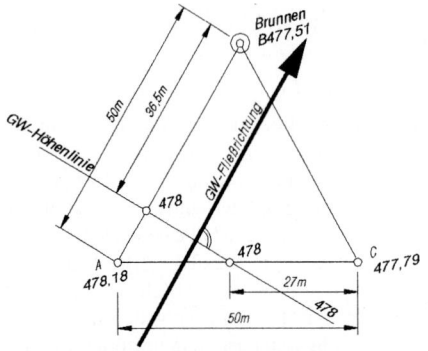

Abb. 3-13: Grundwasser-Messdreieck

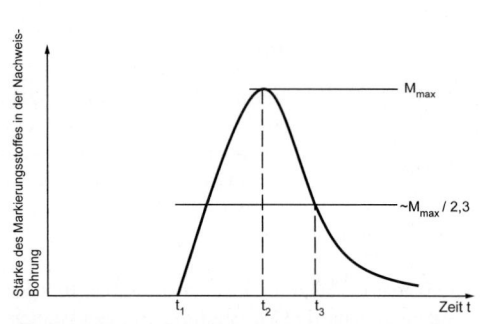

Abb. 3-14: Schema des Durchgangs eines Markierungsstoffes zur Messung der GW-Abstandsgeschwindigkeit

3.1.5.3 Grundwasser-Fließgeschwindigkeit

3.1.5.3.1 Arten der Grundwasser-Fließgeschwindigkeit

1. *Allgemein* – Das GW fließt auf sehr krümmungsreichen Bahnen in den Poren der Lockergesteine. Je nach Aufgabenstellung gibt es unterschiedliche Grundlagen der Ermittlung der GW-Fließgeschwindigkeit und damit verschiedene Bezeichnungen. Zur Vermeidung von Verwechslungen muss daher die Art der GW-Fließgeschwindigkeit immer genau bezeichnet werden.
2. *GW-Abstandsgeschwindigkeit* v_a – errechnet sich aus dem Abstand L von 2 Punkten einer GW-Stromlinie und der Fließzeit t:

$$v_a = L/t$$

Die Zeit t wird mit Versuchen ermittelt. Die GW-Fließrichtung und damit die GW-Fließgeschwindigkeit ist nicht genau horizontal, sie hat vielmehr eine horizontale und eine vertikale Komponente. Letztere ist in Poren-GW-Leitern sehr klein und wird daher immer vernachlässigt. Die GW-Abstandsgeschwindigkeit v_a wird benötigt für die Berechnung der Aufenthaltsdauer eines Wasserteilchens, z. B. für die Festlegung von Schutzgebietsgrenzen.
3. *GW-Filtergeschwindigkeit* v_f – wird errechnet aus dem GW-Abfluss und dem Querschnitt des Aquifers. Bei den GW-hydraulischen Berechnungen wird meist mit v_f gerechnet:

$$v_f = Q/A_{Aquifer}$$

4. *GW-Porengeschwindigkeit* v_p – wird errechnet aus dem GW-Abfluss und der nutzbaren Porenfläche des Aquifer. Die nutzbare Porenfläche ist schwer abschätzbar, sie ist unterschiedlich kleiner als die reale Porenfläche in Abhängigkeit von der Korngröße des Aquifers. Für die natürlich vorkommenden Lockergesteine kann das reale Porenvolumen p und das nutzbare Porenvolumen p_n nach **Tab. 3-13** angenommen werden.

$$\text{Reales Porenvolumen p (\%)} = \frac{(\text{Gesamtvolumen} - \text{Festvolumen})}{\text{Gesamtvolumen}}$$

Wenn die GW-Abstandsgeschwindigkeit nicht gemessen werden kann, wird in der Praxis meist mit $v_a = v_p$ gerechnet, mit $v_p = v_f/p_n$.
5. *GW-Bahngeschwindigkeit* v_b – ist die wahre Fließgeschwindigkeit eines Wasserteilchens auf seinem krümmungsreichen Weg. Sie ist größer als die o. a. v, aber schwierig zu ermitteln. Sie wird nur für besondere physikalische, chemische und biologische Berechnungen benötigt.

3.1 Hydrologie und Hydrogeologie

Tab. 3-13: Reales und nutzbares Porenvolumen von natürlich vorkommenden Lockergesteinen

Bodenart	reales Porenvolumen p %	nutzbares Porenvolumen p_n %
Feinsand	42	14
Mittelsand	40	20
Grobsand	36	25
Feinkies	37	30
Mittelkies	37	30
Grobkies	37	30

3.1.5.3.2 Messung der Grundwasser-Fließgeschwindigkeit mit Hilfe von Markierungsversuchen

Mit Markierungsversuchen können die GW-Fließgeschwindigkeit und die Dispersion ermittelt werden. Dies gilt insbesondere im Festgestein, wo die Strömungsverhältnisse des Grundwassers i. d. R. durch ein GW-Messstellennetz nicht hinreichend genau beschrieben werden können.
Gemessen wird die GW-Abstandsgeschwindigkeit mittels Eingabe von Markierungsstoffen in das GW. Für die meist üblichen 2-Loch-Verfahren muss die GW-Fließrichtung bekannt sein. Die Messstrecke L wird in die GW-Fließrichtung gelegt, eine GW-Messstelle bildet den Anfang der Messstrecke mit der Eingabe der Markierungsstoffe, am stromabwärts gelegenen Ende der Messstrecke wird an der 2. GW-Messstelle der zeitliche Durchgang und die Stärke der Markierungsstoffe festgestellt. In **Abb. 3-14** ist schematisch dargestellt, wie ein Markierungsstoff durch die 2. Nachweisbohrung läuft. Die Spitze des Markierungsstoffes kommt nach der Zeit t_1 an, es folgt ein steiler Anstieg der Konzentration bis zum Maximum bei t_2, dann ein steiler Abfall bis zu einem Wendepunkt, wobei die Konzentration des Markierungsstoffes M = rd. $M_{max}/2,3$ und die Zeit t_3 ist. Maßgebend für die Abstandsgeschwindigkeit ist t_3, somit $v_a = L/t_3$. Häufig wird aber auch vereinfacht mit t_2 gerechnet.
In der **Tab. 3-14** ist zusammengestellt, welche Markierungsstoffe verwendet werden und wie der Nachweis geführt wird.

Tab. 3-14: Markierungsstoffe und deren Nachweis zur Messung der GW-Abstandsgeschwindigkeit

Markierungsstoff-Art	Substanz	Nachweis
Farbstoffe	Eosin, Fluorescin, Uranin	colorimetrisch
Salze	Chloride, Natriumjodit, Dextrose	chemisch
Elektrolyte	NaCl, alle guten Elektrolyten	elektr. Leitfähigkeit
	Lithiumsalze	flammenspektrometrisch
	Deuterium ^2H	massenspektroskopisch
Sporen, Pollen, Detergentien, Geruchsstoffe		biologisch, mikroskopisch-optisch, Geruchssinn
Isotope	^3H (Tritium) ^{51}Cr, ^{60}Co, ^{82}Br, ^{131}J	Aktivitätsmessung

Die Markierungsstoffe dürfen gesundheitlich nicht gefährden. Uranin und Eosin können heute mit Fluoreszenzspektrometer mit einer Verdünnung von <1:10^6 nachgewiesen werden. Die einzugebende Farbmenge richtet sich nach der Verdünnung im GW-Strom. Die Eingabe von Markierungsstoffen unterliegt einer wasserrechtlichen Genehmigung.
Im DVGW-Arbeitsblatt W 109 wird ausführlich auf die Anforderungen von Markierungsversuchen auf gängige Markierungsmittel sowie die Beprobung und praxisnahe Auswertung eingegangen.

3.1.5.3.3 Berechnung der Grundwasser-Fließgeschwindigkeit

1.   Darcy-Filtergesetz: $v_f = k_f \cdot J$, gilt für das laminare Fließen in einem Poren-GW-Leiter, d. h. die GW-Filtergeschwindigkeit ist direkt proportional zum Gefälle. Der Proportionalitätsfaktor k_f (m/s) wird als Durchlässigkeitsbeiwert bezeichnet.

Zu beachten ist, dass der Kornaufbau in einem Poren-GW-Leiter sehr unterschiedlich sein können, so dass die horizontale Durchlässigkeit in verschiedenen Tiefen und verschiedenen Richtungen mehr oder weniger stark wechselt. Die Durchlässigkeit in vertikaler Richtung, z. B. bei der Versickerung, ist meist um Zehnerpotenzen kleiner, verursacht durch die Einlagerung von horizontalen tonigen Schichten von oft nur sehr geringer Dicke.

Darüber hinaus ist k_f abhängig von der Zähigkeit n des GW und damit auch von der Temperatur:

$$k_f(t_1) = k_f(t_2) \cdot n_2 / n_1$$

Bei einer Temperaturerhöhung von 10 °C auf 20 °C erhöht sich k_f auf rd. 1,3 k_f. Zu beachten ist ferner, dass k_f in den GW-hydraulischen Gleichungen linear enthalten ist. Bei der Dimension m/s handelt es sich um sehr kleine Größen, aber ein $k_f = 0,002$ ist eben doppelt so groß wie $k_f = 0,001$. Klarer ist daher die technische Schreibweise, z. B.

$$k_f = 2,0 \cdot 10^{-3} \text{ m/s}$$

Vielfach wird auch mit der Transmissivität T gerechnet, wobei: $T = k_f \cdot H$ m²/s mit H = Höhe (Mächtigkeit) des Aquifers.

2.   Berechnung von kf aus der Korngrößenverteilung – mittels Gleichung:

$$k_f = c \cdot d_w^2$$

Hierin ist c eine Konstante und d_w die wirksame Korngröße. Die Schwierigkeit liegt im richtigen Erfassen von c und d_w sowie darin, dass diese Werte nur für den Ort der Probenentnahme gelten. Wegen der unterschiedlichen Korngrößenverteilung in einem Poren-GW-Leiter sind auch die k_f-Werte unterschiedlich. Vereinfachend wird oft der mittlere k_f-Wert als Mittelwert der k_f-Werte der einzelnen Bodenschichten errechnet.

Nach *Hazen* ist $c = 116 \cdot 10^2$, mit wirksamer Korngröße d_w = Korndurchmesser (m) des Siebdurchganges 10 % Die Gleichung gilt für den Bereich des Ungleichförmigkeitsgrades $u = d_{60}/d_{10} = 5$.

Bayer hat für mittlere natürliche Lagerung der Lockergesteine die c-Werte in Abhängigkeit vom Ungleichförmigkeitsgrad ermittelt

u	=	1	2	3	4	5	6	10	20
c	=	$10^2 \cdot$ 120	104	96	90	84	80	75	65

So errechnet sich für $d^{10} = 0,4$ mm $= 0,004$ m und $u = 3$
k_f Hazen $= 116 \cdot 10^2 \cdot 0,0004^2 = 1,86 \cdot 10^{-3}$ m/s
k_f Bayer $= 96 \cdot 10^2 \cdot 0,0004^2 = 1,54 \cdot 10^{-3}$ m/s
Vorzuziehen ist die Berechnung nach Bayer.

3.   Berechnung von k_f aus Pumpversuchen – Wirklichkeitsnahe Werte von k_f sind nur aus Pumpversuchen zu erhalten, da hier die räumliche Verteilung der Durchlässigkeit und der GW-Mächtigkeit mit erfasst werden. Für die Berechnung aus dem stationären Bereich des PV wird die auf die Dupuitsche Brunnengleichung aufgebaute Thiemsche Brunnengleichung verwendet, welche aber Messungen des GWSp in einem GW-Messnetz, mind. aber an zwei GW-Messstellen im Absenkungsbereich des Entnahmebrunnens erfordert. Für die Berechnung von k_f aus dem instationären Bereich des PV dienen die Verfahren nach Theis, Jacob u. A. Die Berechnungsverfahren sind in Abschn. 3.1.5.5.3 Auswertung der Pumpversuche angegeben.

4.   Beispiele von GW-Gefälle und GW-Fließgeschwindigkeiten – Einen Überblick über die Größe der in der Natur vorhandenen GW-Gefälle und GW-Fließgeschwindigkeiten im unbeeinflussten Zustand gibt die **Tab. 3-16**. Zu beachten ist, dass J örtlich und zeitlich, k_f örtlich stark schwanken können, so dass v_a ebenfalls sehr unterschiedlich sein kann. I. A. liegt v_a bei 1–10 m/d, selten bei 10–20 m/d, nur im Karst sehr hoch, z. T. über 1 km/d.

3.1 Hydrologie und Hydrogeologie

Tab. 3-15: Aus Pumpversuchen errechnete k_f Werte verschiedener Grundwasserleiter

Ort	$k_f \cdot 10^{-3}$ (m/s)
Sand 4 ... 8 mm ohne andere Teile	35
Sand 2 ... 4 mm ohne andere Teile	25
Grobkies mit Sand, Illertal bei Kempten	20
Alluvium der Mangfall bei Bad Aibling	16
Illertal bei Neu-Ulm	15
Diluvialterrasse der Donau bei Straubing	15
Unteres Mindeltal bei Günzburg	6
Mainalluvium bei Sulzfeld (r. d. M.)	5
Diluvialkies bei Leipzig	5
Diluvialschotter bei Olching westlich München	4
Innhochterrassen bei Mühldorf (Obbay.)	3
Donautal westlich Ingolstadt	2,5
Fluss-Sand bei Münster	2,5
Mainalluvium bei Marksteft (l. d. M.)	1,5
Rednitzalluvium bei Nürnberg	0,8–1,5
Dünensand (Nordsee)	0,2
Tonige Sande im oberen Vilstal (Obbay.)	0,1

Tab. 3-16: Beobachtete Grundwassergefälle in ‰ und Geschwindigkeiten v_a in m/d

Ort	J ‰	v_a m/d
Keupersand bei Nürnberg	3	1,5
Neckartal bei Mannheim	1,7	1,2–1,6
Diluvium bei Leipzig	4,5	2,5
Alluvium am Oberrhein	0,6	3–7,8
Illerquartär bei Neu-Ulm	2,5	11
Münchner Schotterebene	3,3	10–20

3.1.5.4 Grundwasserabfluss

Der GW-Abfluss Q, unterirdischer Abfluss, wird aus GW-Filtergeschwindigkeit v_f und Querschnittsfläche des Aquifer berechnet:

$$Q = v_f \cdot A_a = k_f \cdot J \cdot B \cdot H$$

3.1.5.5 Grundwasserentnahme aus Einzelbrunnen

3.1.5.5.1 Entnahme und GW-Absenkung

Jede GW-Entnahme verursacht eine Störung des natürlichen GW-Abflusses in Form einer räumlichen GW- Absenkung. Mit Hilfe GW-hydraulischer Untersuchungen soll die mögliche Entnahmeleistung eines Brunnens mit der zugehörigen GW-Absenkung, ihrer räumlichen Ausdehnung sowie ihren Auswirkungen ermittelt werden.

Pumpversuche sind Feldversuche bei denen über längere Zeiträume genau definierte Wassermengen entnommen werden. Aus den daraus resultierenden GW-Absenkungen im Brunnen sowie in Messstellen (Messprogramm) können die Leistungscharakteristik des Brunnens, geohydraulische Eigenschaften sowie wasserleitende u. wasserspeichernde Eigenschaften des GW-Leiters ermittelt werden. Daneben können die hydrochemischen Eigenschaften des geförderten Grundwassers bestimmt werden.

Um beurteilen zu können welche Entnahmemengen langfristig ohne Schädigung des GW-Haushaltes möglich sind, ist die Ermittlung der natürlichen GW-Neubildung innerhalb des aktivierten Einzugsgebietes entscheidend.

Neben der oben genannten Auswertung der Pumpversuchsergebnisse sind deshalb besonders bei komplizierten hydrogeologischen Verhältnissen weitergehende Untersuchungen notwendig, mit denen eine GW-Bilanz aufgestellt wird. (s. a. **Abschnitt 3.1.1.4.6**)
In besonders schwierigen Fällen können Langzeitpumpversuche Aufschluss über die tatsächlichen Reaktionen des GW-Leiters geben und im Rahmen einer Beweissicherung zur Bewertung ökologischer Auswirkungen wesentlich beitragen (s. a. DVGW-Arbeitsblatt W 111).

3.1.5.5.2 Vorbereitung und Durchführung von Pumpversuchen

1.   Vorbereitungen – Vor Beginn des Pumpversuches (PV) sind alle vorhandenen Informationen zur Geologie und Hydrologie im Einzugsgebiet des Brunnens zu erfassen und auszuwerten (s. a. **Abschn. 3.1.4**).
Insbesondere sind dies

- geologische und hydrologische Karten und Profile
- Daten zu bestehenden Brunnen und GW Messstellen im Einzugsgebiet
- Hydrologische Angaben zu Niederschlag, Abfluss und Verdunstung
- Auswerten von Messdaten aus GW Messstellen, meteorologischen Messstationen und Abflussmessstellen
- Angaben über bestehende GW Entnahmen und bestehende Entnahmerechte sowie andere Wasserrechte.

Jeder Pumpversuch muss technisch so vorbereitet sein, dass keine Unterbrechungen des Pumpbetriebes eintreten und die Messvorrichtungen genaue Messungen ermöglichen. Wenn PV längere Zeit oder häufig unterbrochen werden, so gibt das Ergebnis kein eindeutiges Bild der Leistungsfähigkeit des Brunnens im Dauerbetrieb. Insbesondere bei Leistungs-PV sind Unterwasserpumpen mit ausreichendem Förderstrom und Förderhöhe einzusetzen um alle beim PV gewünschten Förderverhältnisse durchführen zu können. Die beim PV geförderten Wassermengen sind in geschlossenen Leitungen sicher aus dem Absenkbereich des Brunnens auszuleiten, damit es zu keiner Verfälschung der Ergiebigkeit kommen kann. Die entnommenen Wasserproben sind umgehend zu untersuchen. Nach dem WHG in Verbindung mit den einschlägigen Landeswassergesetzen ist in der Regel für die Wasserentnahme und das Wiedereinleiten eine Erlaubnis erforderlich. Bei der zuständigen Wasserrechtsbehörde ist daher rechtzeitig vor Beginn des PV ein entsprechender Wasserrechtsantrag zu stellen.

2.   Messnetz – Der Verlauf des Absenkungstrichters infolge der GW-Entnahme, GW-Gefälle, k_f, Mächtigkeit des Aquifer H, Transmissivität T, Speicherkoeffizient S, je nach Aufgabenstellung, sind durch ein Messnetz um den Entnahmebrunnen zu ermitteln. Dafür werden vorhandene Brunnen verwendet, erforderlichenfalls neue GW-Messstellen.
In einfachen Fällen, d. i. vollkommener Brunnen mit Ausbau bis zur GW-Sohle, einheitlicher Aufbau des GW-Leiters, werden zweckmäßig je 3 GW-Messstellen kreuzförmig um den Entnahmebrunnen angeordnet, mit einer Achse etwa in der GW-Fließrichtung, und mit Abständen der GW-Messstellen vom Brunnen von 15, 50, 100 m.
Weitere GW-Messstellen sind erforderlich, wenn der Einfluss durch benachbarte Brunnen, Infiltration von Oberflächenwasser, Begrenzung des GW-Leiters zu vermuten ist. Der Standort der Entnahmebrunnen und der GW-Messstellen ist lage- und höhenmäßig genau einzumessen.

3.   Dauer und Entnahmerate des PV – Die Bewegung des WSp im Entnahmebrunnen bei einem Pumpversuch mit 1 Entnahmerate erfolgt grob in 5 Phasen:

Phase 1 – rasche Absenkung des WSp unmittelbar nach Pumpbeginn
Phase 2 – langsames Absinken des WSp
Phase 3 – gleichbleibender WSp = Beharrungszustand
Phase 4 – rasches Ansteigen des WSp nach Ende des PV
Phase 5 – langsames Ansteigen des WSp bis zum Erreichen des RuheWSp.

3.1 Hydrologie und Hydrogeologie

Die Wasserspiegelbewegung kann überlagert werden durch Veränderung der GW-Neubildung, wie Änderung der natürlichen GW-Anreicherung, Niederschläge, allgemeines Absinken des unbeeinflussten GWSp.

Je näher die GW-Messstelle am Entnahmebrunnen liegt, desto ähnlicher ist dessen GWSp-Bewegung, und die zeitliche Verzögerung ist geringer als bei entfernt gelegenen GW-Meßsstellen. Der Leistungs-PV wird mit 3–5 Entnahmeraten durchgeführt. Die größte Absenkung s des GWSp bei der Entnahme Q sollte i. A. nicht größer als H/3 sein. Bei Anwendung der modernen Auswerteverfahren für den instationären Bereich der Absenkung ist es nicht erforderlich, den PV über den sonst notwendigen längeren Beharrungszustand durchzuführen, doch sollte möglichst bei jeder Entnahmerate ein quasi-stationärer Beharrungszustand über 24 h erreicht werden.

4.   *Mess- und Untersuchungsprogramme*

4.1. Allgemein – Messprogramme und Beobachter sind vor dem Pumpversuch genau festzulegen und einzuweisen. Alle Messungen sind mit Datum und genauem Zeitpunkt zu versehen. Alle Höhenangaben sind exakt zu ermitteln und auf NN zu beziehen. An allen wichtigen Messstellen werden selbstschreibende Datenlogger empfohlen. Diese liefern durchgehende Messwerte, die umgehend in Auswerteprogramme eingespeist werden können. Sie erfordern wenig Personal.

4.2. Entnahme – Für die Messung sollten wegen der notwendigen Genauigkeit induktive Durchflussmessgeräte eingesetzt werden.

4.3. GW-Spiegel – Gemessen wird mit Lichtlot mit cm-Genauigkeit, mit Drucksonden, in Sonderfällen mit Wasserstandsschreiber. Das gesamte Messnetz ist 3 Tage vor dem Pumpversuchsbeginn bis 2 Tage nach Ende der Entnahme möglichst kontinuierlich, mindestens im 6 h Takt, zu messen. Bei Messstellen, die durch die Absenkung berührt werden, ist mindestens stündlich zu messen.

4.4. Oberflächenwasserspiegel – Wenn zu erwarten ist, dass der GWSp durch Infiltration von einem Oberflächengewässer beeinflusst wird, muss der WSp an einem nahe gelegenen Flusspegel laufend gemessen werden.

4.5. Niederschlag – Während des Beobachtungszeitraumes des PV ist die tägliche Niederschlagsmenge zu messen oder von der nächst gelegenen Messstation zu übernehmen.

4.6. Untersuchungen der Wasserbeschaffenheit – Die Temperatur des Wassers und der Luft ist 6stündlich, etwa um 6, 12, 18, 24 h zu messen. Die chemische Wasserbeschaffenheit am Entnahmebrunnen ist mind. 2 x zu untersuchen, d. i. 2 h nach Beginn des PV mit kleiner Entnahme, 1 h vor Ende des PV mit größter Entnahme. Bei Grundwasser, das voraussichtlich eine technische Aufbereitung erfordert, um es als Trinkwasser verwenden zu können, sollten längere PV und häufigere chemische Analysen während des PV durchgeführt werden, da sich die chemischen Parameter während der Entnahmedauer verändern können.

Eine mikrobiologische Untersuchung des Wassers während eines PV ist nicht aussagekräftig, da Verunreinigungen aus den Brunnenbauarbeiten vorhanden sein können.

5.   *Zeichnerische Darstellung* – Der PV wird durch geologisches Profil, Brunnenausbauplan, Ganglinien des GWSp im Entnahmebrunnen und ausgewählter GW-Messstellen, Ganglinie der Entnahmen, Wassertemperatur, Lufttemperatur, Niederschlag und durch die Wasserandrangkurve dargestellt (**Abb. 3-15**).

Für die zeichnerische Darstellung gilt die DIN 4943 vom Dez. 2005 „Zeichnerische Darstellung von Brunnen und Grundwassermessstellen". Die Ergebnisse der Messungen werden im Lageplan in Form von GW-Gleichen (Isohypsen) und als Linien gleicher GW-Absenkung festgehalten.

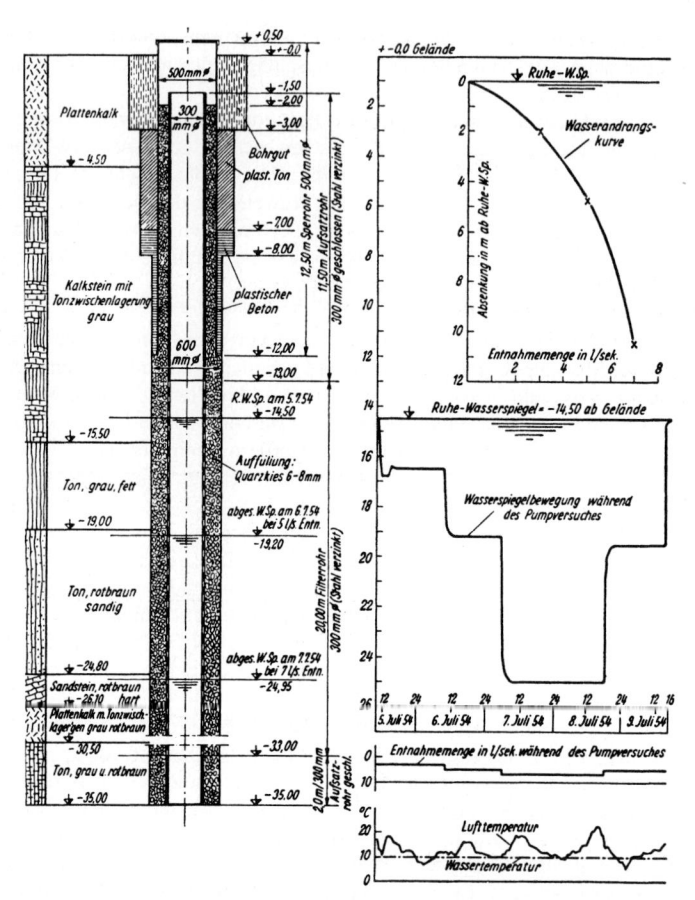

Abb. 3-15: Geologisches Profil, Brunnenausbauplan und grafische Darstellung des Pumpversuchergebnisses (aus Platzgründen sind die Wasserandrangkurve und die Kurve der Wasserspiegelbewegung gedrängt gezeichnet.)

3.1.5.5.3 Grundwasser-Absenkungskurve – Auswerten der Pumpversuche

1. Allgemein – Aus den hydrogeologischen Erhebungen und den Messungen des PV wird die GW-Absenkungskurve gezeichnet und die für den Brunnen (Br) gültige GW-Absenkungsgleichung, die Brunnenformel aufgestellt. Die GW-Absenkungsgleichung wird für die Berechnung von k_f und anderen Unbekannten, z. B. Absenkung in anderer Entfernung vom Br, verwendet. I. A. werden die Werte des Beharrungszustandes = stationärer Fließzustand eingesetzt. Grundlage ist die Dupuit-Thiemsche Brunnengleichung. Es zeigt sich, dass sich für verschiedene Entnahmen und verschiedene Entfernungen von der Brunnenachse meist geringfügig unterschiedliche k_f-Werte ergeben. Man begnügt sich damit, Mittelwerte hieraus zu bilden, besonders weil die Berechnungsannahmen nie genau zutreffen. Diese sind für die Brunnengleichung: unendlich ausgedehnter, homogener, isotroper Aquifer, gleich bleibende Mächtigkeit H, horizontaler GWSp, konstante Entnahme, vollkommener Brunnen.

Durch die neueren Auswerteverfahren nach Theis ist es möglich, die Auswertung des PV auch mit Werten des nichtstationären Fließzustandes durchzuführen. Im folgenden werden nach dem Arbeitsblatt 1976 Pumpversuche in Porengrundwasserleitern des MfELU Baden-Württemberg die rechnerischen und graphischen Auswerteverfahren für gespannte Aquifer vor denen für ungespannte Aquifer aufgeführt, da sie die einfacheren sind, ferner werden die Gleichungen für k_f, $T = k_f \cdot H$ und lg statt ln

3.1 Hydrologie und Hydrogeologie

aufgestellt, da die graphischen Verfahren die halb-lg Einteilung verwenden. Vorteilhaft ist auch die Verwendung der Absenkung s statt $h = H - s$.

2. *Stationärer Fließzustand*

2.1. Gespannter Aquifer –Die GW-Absenkungsgleichung nach Thiem lautet:

$$Q = 2 \cdot \pi \cdot k_f \cdot H_0 \cdot (h_2 - h_1)/(\ln r_2 - \ln r_1) \quad (1)$$

oder umgeformt

$$Q = 2 \cdot \pi \cdot T \cdot (s_1 - s_2)/2{,}3 \, (\lg r_2 - \lg r_1) \quad (2)$$

Die GW-Absenkungskurve ist in **Abb. 3-16** dargestellt. H_0 = Höhe des Aquifers, r = Abstand der GW-Messstelle von Br.achse, h = Wasserstand in der GW-Messstelle, s = WSp-Absenkung in der GW-Messstelle, r_B = Brunnenradius.

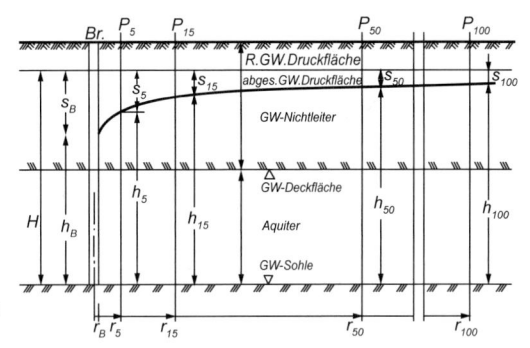

Beispiel: $Q = 0{,}030 \, m^3/s$, $H = 11 \, m$, $r_1 = 15 \, m$, $s_1 = 0{,}80 \, m$,
$r_2 = 50 \, m$, $s_2 = 0{,}25 \, m$

Abb. 3-16: GW-Absenkungskurve des gespannten Aquifers

Nach (2): $0{,}030 = 2 \cdot \pi \cdot T \cdot (0{,}80 - 0{,}25) / 2{,}3 \, (\lg 50 - \lg 15)$
$T = 0{,}01044 \, m^2/s$, $k_f = 0{,}01044 / 11 = 0{,}949 \cdot 10^{-3} \, m/s$

Bei den graphischen Methoden werden die Absenkungen s linear, die Abstände r der GW-Messstellen von Brunnenachse logarithmisch (lg) aufgetragen. Die Verbindungslinie der Schnittpunkte liegt etwa auf der „Absenkungsgeraden". Wenn für das Abstandsintervall lg r eine Zehnerpotenz gewählt wird, dann errechnet sich aus dem gemessenen Absenkungsintervall:

$$T = 2{,}3 \cdot Q/(2 \cdot \pi \cdot \Delta s)$$

Das o. a. Beispiel ist in **Abb. 3-17** dargestellt.

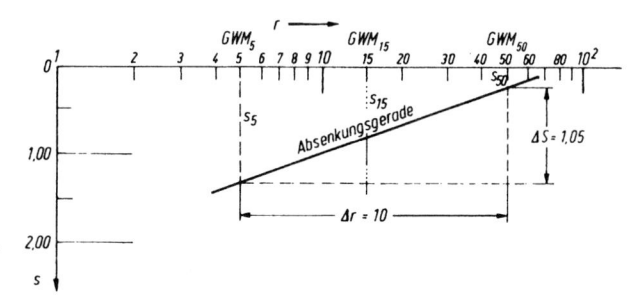

Abb. 3-17: Grafische Ermittlung von T bzw. kf aus der Absenkungsgeraden

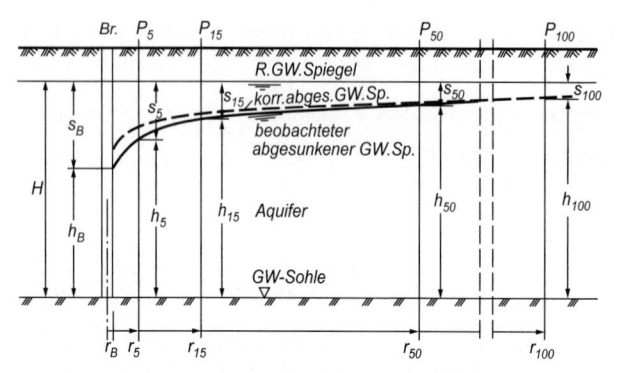

Abb. 3-18: GW-Absenkungskurve im ungespannten Aquifer

Mit o. a. Beispiel aus Abb. 3-17 ist:

$T = 2{,}3 \cdot 0{,}030/2 \cdot \pi \cdot 1{,}051 = 0{,}01044$

Der Verlauf der Absenkungsgeraden und deren Unregelmäßigkeiten gibt ein Bild über die Unterschiede von T bzw. k_f in den verschiedenen Abständen und Richtungen von Br.

2.2. *Ungespannter Aquifer* – Die GW-Absenkungsgleichung nach *Thiem* lautet:

$Q = \pi \cdot k_f \cdot (h_2^2 - h_1^2) / (\ln r_2 - \ln r_1)$ (3)

Wenn diese Gleichung nach $T = k_f \cdot H$, lg und $s_k = s - s^2/2H$ umgeformt wird, dann ergibt sich eine ähnliche Gleichung wie für den gespannten Aquifer:

$Q = 2 \cdot \pi \cdot T \cdot (s_{k1} - s_{k2}) / 2{,}3 \, (\lg r_2 - \lg r_1)$ (4)

Die GW-Absenkungskurve ist in **Abb. 3-18** dargestellt:

Beispiel: $Q = 0{,}030 \, m^3/s$, $H = 16 \, m$, $r_1 = 15 \, m$, $s_1 = 0{,}70 \, m$, $r_2 = 50 \, m$, $s_2 = 0{,}55 \, m$

Nach (3): $0{,}030 = \pi \cdot k_f \cdot (15{,}45^2 - 15{,}30^2) / (\ln 50 - \ln 15)$
$k_f = 0{,}002493$, $T = k_f \cdot H = 0{,}03989$

Nach (4): $s_{k1} = 0{,}70 - 0{,}70^2 / (2 \cdot 16) = 0{,}6846$,
$s_{k2} = 0{,}55 - 0{,}55^2 / (2 \cdot 16) \; 0{,}5406$,
$0{,}030 = 2 \cdot \pi \cdot T \cdot (0{,}6846 - 0{,}5406) / 2{,}3 \, (\lg 50 - \lg 15)$
$T = 0{,}3946$, $k_f = 0{,}00247$

Wenn demnach die im PV gemessenen Absenkungen s um den Betrag $s^2/2H$ vermindert werden, kann die Gleichung für den gespannten GWSp verwendet werden, der Verminderungsbetrag entspricht der Sickerstrecke S. Die graphische Auswertung wird wie beim gespannten Aquifer durchgeführt, wobei an Stelle der gemessenen s die s_k-Werte aufgetragen werden.

3. *Instationärer Fließzustand*

Es gelten die gleichen Berechnungsannahmen wie vorstehend beschrieben. Ferner ist der Brunneninhalt vernachlässigbar klein, die Vorratsänderung im Aquifer ist proportional der Druckänderung und erfolgt ohne Verzögerung. Für das Auswerteverfahren wird auf die Spezialliteratur verwiesen.

4. *Auswertung des PV ohne GW-Messstellennetz*

nach Dupuit – die verschiedenen Formen der Dupuit-Gleichung sind:

Gespannter Aquifer: $Q = 2 \cdot \pi \cdot k_f \cdot H \cdot (h_0 - h) / \ln R/r_b$
$Q_2 - Q_1 = 2 \cdot \pi \cdot k_f \cdot H \cdot (h_1 - h^2) / \ln R/r_b$

3.1 Hydrologie und Hydrogeologie

ungespannter Aquifer: $\quad Q = \pi \cdot k_f \cdot (H^2 - h^2) / \ln R/r_b$
$\quad\quad\quad\quad\quad\quad\quad\quad\quad Q_2 - Q_1 = \pi \cdot k_f \cdot (h_1^2 - h_2^2) / \ln R/r_b$

Die Gleichungen sind auf dem Darcy-Filtergesetz aufgebaut, das aber in Brunnennähe nicht genau ist. Man erhält aber wenigstens Näherungswerte. Die Bestimmung der Reichweite R ist schwierig. Da R in der Gleichung als ln R eingesetzt ist, genügen für R Näherungswerte. Von den verschiedenen Formeln für R ist die empirische von *Sichardt* die bekannteste:

$$R = 3.000 \cdot s \cdot \sqrt{k_f}$$

R kann auch aus der Dupuit-Gleichung errechnet werden, wenn k_f bekannt ist und die übrigen Werte beim PV gemessen werden.

5. *Auswertung nach Smreker-Holler* – Aufgrund von empirischen Ermittlungen wurden Tabellen aufgestellt, aus denen die infolge einer GW-Entnahme Q beanspruchte GW-Breite B eines Aquifers für die gemessenen Werte s und J, unter Berücksichtigung eines Korrekturfaktors a in Abhängigkeit von s/H und für verschiedene Brunnendurchmesser errechnet werden kann, und hieraus:

$$k_f = Q / B \cdot H \cdot J$$

3.1.5.5.4 Wasserandrangkurve

Die Wasserandrangkurve Q/s aus den Messungen beim PV gibt für jede GW-Entnahme Q die zugehörende Absenkung an. Sie ist bei gespanntem GWSp eine Gerade, bei ungespanntem eine nach unten gekrümmte Kurve, **Abb. 3-19**.

Die Wasserandrangkurve wird unregelmäßig verändert, wenn bei Zunahme der Entnahmemenge Stau- oder Anreicherungsgrenzen erreicht werden oder das Brunnenfassungsvermögen überschritten wird (s. **Abschn. 3.1.5.5.5**).

Das Verhältnis Q/s wird auch als spezifische Ergiebigkeit bezeichnet und zum Vergleich mit der Leistung anderer Brunnen benützt. Bei ungespanntem Aquifer ist jedoch Q/s wegen der Krümmung der Wasserandrangkurve nicht überall gleich, es muss somit das jeweilige Q mit angegeben werden, z. B. spez. Ergiebigkeit Q/s = 40/2 = 20 l/s je m Absenkung bei Q 40 l/s.

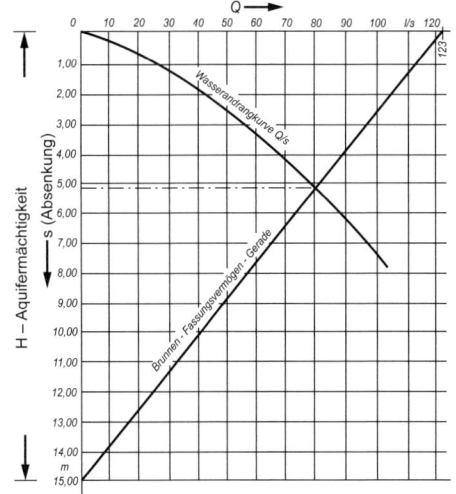

Abb. 3-19: *Wasserandrangskurve und Brunnenfassungsvermögen-Gerade für einen ungespannten Aquifer*

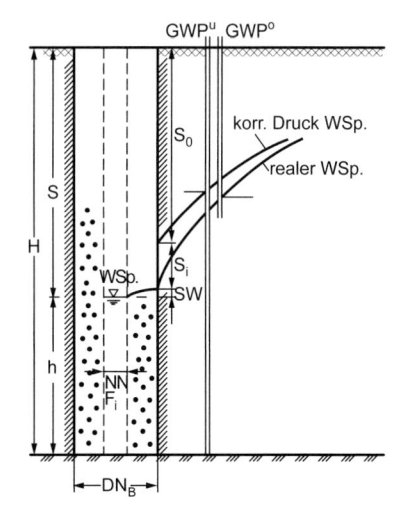

Abb. 3-20: *Lage des abgesenkten WSp am Brunnen beim ungespannten Aquifer*

3.1.5.5.5 Brunnenfassungsvermögen

Für den Eintritt des Wassers aus dem Aquifer in den Brunnen muss eine Mindest-Eintrittsfläche an der Bohrlochwand vorhanden sein, die bestimmt wird durch die Forderung nach Sandfreiheit und durch die erreichbare Eintrittsgeschwindigkeit. In der Praxis zeigt sich das Brunnenfassungsvermögen darin, dass bei Überschreiten einer bestimmten Absenkung die Zunahme der Entnahme bei weiterer Absenkung erheblich geringer wird. *Sichardt* hat für v_{max} folgenden Erfahrungswert vorgeschlagen:

$$v_{max} = \sqrt{k_f} \ / \ 15$$

Hieraus ergibt sich das Brunnenfassungsvermögen zu:

$$Q_f = 2 \cdot r_B \cdot \pi \cdot h \cdot \sqrt{k_f} \ / \ 15 \text{ mit } h = H - s \text{ und } r_B = \text{Brunnenradius}$$

Beispiel: in **Abb. 3-19** ist für $H = 15$ m, $k_f = 0{,}6 \cdot 10^{-3}$ m/s, $r_b = 0{,}80$ m die Fassungsvermögen-Gerade eingetragen, welche bei $h = H$, d. i. $s = 0$ den Wert $0{,}123$ m^3/s hat. Der Schnittpunkt dieser Geraden mit der Q/s-Kurve gibt den Wert $Q = 0{,}080$ m^3/s und $s = 5{,}30$ m, welche zweckmäßig nicht überschritten werden sollten, da bei größerer Absenkung die Entnahme nicht mehr wesentlich zunimmt, die angenommene Q/s-Kurve nicht mehr gültig ist. In der Praxis hat es sich daher bewährt, die Absenkung im Dauerbetrieb nicht größer als H/3 zu wählen. Ausnahmen s. Abschn. 3.1.5.5.2.

3.1.5.5.6 Wasserspiegel am Brunnen bei ungespanntem Aquifer

Die im Filterrohr gemessene Absenkung s_b, **Abb. 3-20**, setzt sich zusammen aus:

s_o = Absenkung des GWSp an der Bohrlochwand
s_i = Sickerstrecke
S_w = Widerstandshöhe im Filterkies und in den Filterrohröffnungen

Die Länge der Sickerstrecke beträgt nach *Ehrenberg*

$$s_i = s^2 \ / \ 2H$$

Nahrgang hat dies für den Einschicht-Aquifer bestätigt, jedoch nachgewiesen, dass bei Mehrschicht-Aquifer und je nach Lage der Schicht mit größerem k_f oben oder unten sich etwas andere Werte ergeben. Für die Mehrzahl der Fälle kann in Anbetracht der sonstigen Annahmen mit obigem Wert gerechnet werden.
Die Widerstandshöhe s_w beträgt bei nicht verockertem und inkrustiertem Filterkies und Filterrohr nur wenige cm, meist unter 3 cm, so dass sie bei neuen Brunnen vernachlässigt werden kann. Durch Brunnenalterung vergrößert sich dieser Wert, daher empfiehlt es sich, in der äußeren Filterkiesschicht ein Peilrohr zur Kontrolle einzubauen.

3.1.5.5.7 Strömungsverhältnisse am Brunnen

Es wird i. A. angenommen, dass die Anströmung zu einem vollkommenen Brunnen (Ausbau über die gesamte Höhe des Aquifers) bei jedem Q über die gesamte Höhe des Aquifers gleichmäßig verteilt erfolgt, wenn k_f über die ganze H gleich groß ist, **Abb. 3-21a**. *Nahrgang* hat jedoch darauf hingewiesen, dass beim vollkommenen Brunnen in der Praxis auch im Filterrohr eine Anströmspitze von rd. dem 3fachen Wert der sonstigen gleichmäßigen Anströmung vorhanden ist, **Abb. 3-21b**. Beim unvollkommenen Brunnen treten zusätzlich an der Brunnensohle solche Anströmspitzen auf, **Abb. 3-21c**. Wegen der Gefahr der Sandführung und der erhöhten Verockerungsmöglichkeit sollen solche Anströmspitzen möglichst vermieden werden. Brunnen sollten daher möglichst vollkommen ausgebaut werden und der Betrieb sollte darauf abzielen, die Absenkung „s" möglichst gering zu halten.

3.1 Hydrologie und Hydrogeologie

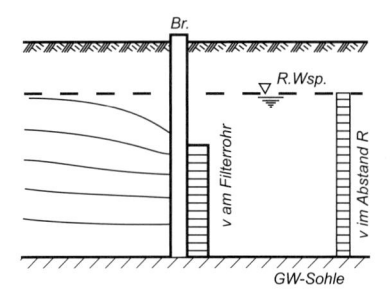

Abb. 3-21: Strömungsverhältnisse am Brunnen

Abb. 3-21a (oben links): Gleichmäßige Verteilung

Abb. 3-21b (oben rechts): Anströmspitze in Höhe des abgesenkten GW-Sp

Abb. 3-21c (unten rechts): Anströmspitzen beim unvollkommenen Brunnen

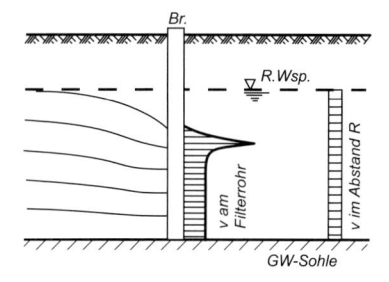

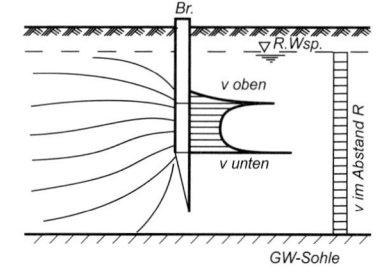

3.1.5.5.8 Auswirkung der GW-Entnahme – Entnahmebereich

Die GW-Entnahme erzeugt je nach Größe der Entnahme im Verhältnis zum natürlichen GW-Abfluss eine Absenkung des natürlichen GW-Spiegels. Mittels eines GW-Messstellennetzes können die veränderten GW-Höhenlinien gezeichnet und der Entnahmebereich für die jeweilige GW-Entnahme festgelegt werden. Im einfachsten Fall des GW-Vorkommens, d. i. seitlich unbeschränkt, gleichmäßiges Gefälle von GWSp und GW-Sohle, entsteht GW-stromabwärts des Entnahmebrunnens ein unterer Scheitelpunkt, von dem aus oberhalb das Wasser zum Brunnen, unterhalb abwärts weiterfließt. Dieser Scheitelpunkt ist ein Endpunkt des Entnahmebereichs. Der Abstand vom Brunnen entspricht dem *Smekerschen* Wirkungskreisradius. Oberhalb des unmittelbaren Absenkungstrichters beträgt die beanspruchte Breite des GW

$B = Q / (k_f \cdot J \cdot H)$

Beispiel: $Q = 0{,}030$ m³/s, $k_f = 0{,}6 \cdot 10^{-3}$ m/s, $J = 10$ v. T., $H = 15$ m
$B = 0{,}030 / (0{,}6 \cdot 10^{-3} \cdot 0{,}010 \cdot 15) = 333$ m

Der Abstand r_s des unteren Scheitelpunkts vom Br beträgt:

$r_s = B/(2 \cdot \pi)$, Beispiel: $r_s = 333/(2 \cdot \pi) = 53$ m

Wenn kein engeres Beobachtungsnetz vorhanden ist, kann die Kurve des Entnahmebereichs näherungsweise als Halb-Ellipse gezeichnet werden mit:
Halbachse a = Abstand des unteren Scheitelpunkts vom ungestörten Bereich = r_s + R, Reichweite des Absenkungstrichters
Halbachse b = B/2
Brunnen im Brennpunkt der Ellipse
Beispiel wie vor: B = 333 m, r_s = 53 m
b = 333/2 = 166,50 m,
a wird hier aus der Bedingung 3 mittels der Ellipsenformel berechnet:

$a = (r_s^2 + b^2) / 2 \cdot r_s = 287$ m

$y = (B/2\,a) \cdot \sqrt{a^2 - x^2}$

Mit den Werten des Beispiels ist in **Abb. 3-22** der Entnahmebereich mit den GW-Höhen gezeichnet. Hieraus ist folgendes ersichtlich:

Auch unterhalb des Entnahmebereichs eines Brunnens tritt eine Absenkung des GWSp und eine Ablenkung der GW-Fließrichtung infolge der Entnahme ein, nur fließt von dort kein Wasser mehr zum Brunnen.

Unterhalb des unteren Scheitelpunkts tritt eine Senkung des GWSp ein, infolge der Verminderung des GW-Abflusses. Wenn 10 % des unbeeinflussten GW-Abflusses entnommen werden, muss H nach Ausgleich der örtlichen Umlenkungen ebenfalls um 10 % kleiner werden.

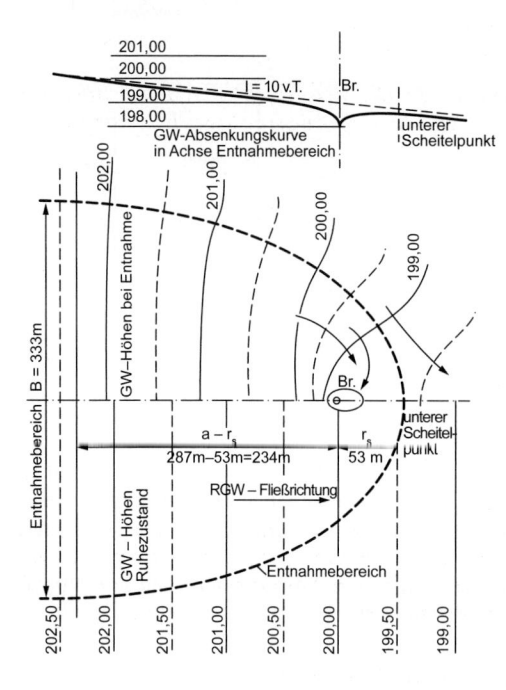

Abb. 3-22: GW-Absenkungskurve in Achse Entnahmebereich und GW-Höhen im Entnahmebereich

3.1.5.5.9 Strömungsverhältnisse bei Uferfiltration

Für den einfachsten Fall der linienförmig gleichmäßigen Infiltration entlang dem Ufer eines Oberflächengewässers und eines unbegrenzten GW-Leiters ohne Zufluss von GW in Richtung Oberflächengewässer können die GW-Höhen ermittelt werden aus der Annahme, dass ein Schluckbrunnen in gleicher Entfernung vom Ufer wie der Entnahmebrunnen, aber entgegengesetzt angeordnet ist, in welchem die gleiche Wassermenge versickert wird wie die Entnahmemenge des Brunnens. Wenn für die Wasserentnahme eine Brunnenreihe etwa parallel zum Ufer angeordnet ist und die gegenseitigen Brunnenabstände klein gegenüber dem Abstand zum Ufer sind, kann die Brunnenreihe auch als GW-Galerie aufgefasst werden. In der Praxis sind die Anströmverhältnisse meist viel komplizierter, so dass die wirklichen Anströmverhältnisse besser aus einem Beobachtungsnetz oder mittels Grundwassermodellen ermittelt werden.

3.1.5.6 Grundwasserentnahme mittels Mehrbrunnenanlage

3.1.5.6.1 Gegenseitige Beeinflussung von Brunnen

Wenn 2 Brunnen derart angeordnet werden, dass sich ihre Entnahmebereiche nicht überschneiden, tritt keine gegenseitige Beeinflussung ein, die Anströmverhältnisse und GW-hydraulischen Berechnungen

3.1 Hydrologie und Hydrogeologie

eines jeden Brunnens entsprechen denen von Einzelbrunnen. Wenn sich die Entnahmebereiche jedoch überschneiden, wird für die Wasserentnahme eine um so größere Absenkung benötigt, je näher die Brunnen zusammenrücken, nach *Holler* als zusätzliches Konzentrationsgefälle bezeichnet. Die erforderliche Absenkung setzt sich zusammen aus:

$s = s_0$ (Absenkung des Einzelbrunnens) + s_z (gegenseitige Beeinflussung)
Beispiel: 2 Brunnen: $\quad Q = 0,015 \text{ m}^3/\text{s} \quad s_0 = 0,50 \text{ m}$
und $\quad Q = 0,030 \text{ m}^3/\text{s} \quad s_0 = 1,30 \text{ m}$

bei Brunnenabstand $a = B$ ist $s_{01} = s_{02} = 0,50$ m
bei Brunnenabstand $a = 0$ ist $Q = Q_1 + Q_2 = 0,030 \text{ m}^3/\text{s}$, $s_0 = 1,30$ m
Die zusätzliche Absenkung beträgt also $s_z = s_{ges} - s_{01} = 1,30 - 0,50 = 0,80$ m

Wenn somit die beiden Brunnen auf 1 Punkt zusammengerückt werden, beträgt die Mehrabsenkung $s_z = 0,80$ m. Für Abstände zwischen B und 0 kann s_z angenähert als linear veränderlich angenommen werden. Es ist dann:

$s_I = s_0 + s_z = s_0 + (s_{ges} - s_0) \cdot (B - a_I)/B$

für o. a. Beispiel und $a = 0,5 \cdot B$ wird:

$s_I = 0,50 + (1,30 - 0,50) \cdot (B - B/2)/B = 0,90$

3.1.5.6.2 Mehrbrunnengleichung

Die Mehrbrunnengleichung nach *Forchheimer* lautet:

$$h_i = \sqrt{H^2 - \frac{1}{\pi \cdot k_f} \cdot \sum_{1}^{n} Q_i \cdot \ln R_i / r_i}$$

Hierin ist Q_i die jeweilige Entnahmerate der einzelnen Brunnen, R_i die Reichweite, r_i der Abstand des betrachteten Punktes, für welchen h_i errechnet wird. Die Unsicherheit liegt bei dieser Formel in dem schwierigen Erfassen von R der einzelnen, sich gegenseitig beeinflussenden Brunnen und den oft vorhandenen großen Unterschieden von H und k_f im Brunnenfeld.

3.1.5.6.3 Berechnung der Absenkung einer Mehrbrunnenanlage aus den Messungen der Einzel-Pumpversuche

Praxisnahe Werte der Absenkungen erhält man, wenn für die Mehrbrunnenanlage Einzelpumpversuche durchgeführt werden und dabei die jeweiligen Absenkungen in den anderen Brunnen gemessen werden. Die gemessenen Absenkungen werden jeweils um $s^2/2H$ vermindert, an jedem Brunnen die s_k addiert und um $s^2_{(gesamt)}/2H$ erhöht.
Beispiel: an 4 Brunnen wurden Einzel-PV mit je 0,040 m³/s durchgeführt und die Absenkungen jeweils in allen Brunnen gemessen. Es errechnet sich die Absenkung in Brunnen 1 bei gleichzeitigem Betrieb aller 4 Brunnen nach **Tab. 3-17** (Stadtwerke Fürth, Fassung I).
Gemessen wurde im durchgeführten Sammel-Pumpversuch die Absenkung in Br. 1 mit $s = 3,93$ m, gegenüber der Rechnung mit $s = 4,07$ m. Dies ergibt eine gute Übereinstimmung, obwohl erhebliche Unterschiede in den Anströmverhältnissen vorhanden waren.

Tab. 3-17: *Berechnung der Absenkung in einem Brunnen B_1 unter Berücksichtigung der Beeinflussung durch die Entnahme aus 3 weiteren Brunnen*

Infolge Entnahme aus	Absenkung s_E in B_1 aus Einzel-PV m	Korrektur $-s_E^2/2H$	Absenkung s_0 in B_1 m
B_1	1,96	–0,12	1,84
B_2	0,62	–0,01	0,61
B_3	0,64	–0,01	0,63
B_4	0,58	–0,01	0,57
	Summe s_0 (B_1)		3,65
	+ Korrektur + $s_0^2/2H$		+0,42
	= s_{ges} (B_1)		=4,07

3.1.5.7 Grundwasserentnahmen aus liegender Fassung

3.1.5.7.1 Grundwasser-Galerie

Die GW-Galerie erfasst als horizontale Sickerfassung den ganzen GW-Abfluss, wenn sie auf der GW-Sohle angeordnet ist und über die ganze Breite des Aquifers reicht.

1. *freier GWSp* – Abflussgleichung nach *Darcy-Dupuit* je m Breite, einseitiger Zufluss:

$$Q = 1/2 \cdot k_f \cdot (H^2 - h^2) / R \; (m^3/s) \text{ mit } R = 3000 \cdot s \cdot \sqrt{k_f} \quad (\text{nach } Sichardt)$$

2. *Gespannter GWSp* – Abflussgleichung:

$$Q = k_f \cdot M \cdot (H - h)/R \; (m^3/s)$$

3. *GW-Abfluss außerhalb des Absenkungsbereichs:*

$$Q = k_f \cdot J \cdot H \text{ je m Breite } (m^3/s)$$

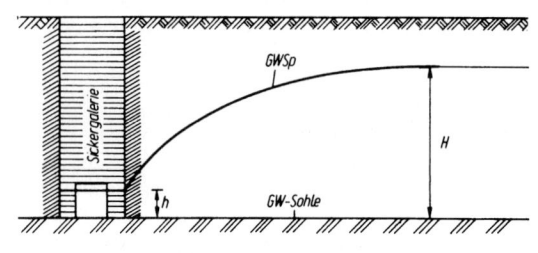

Abb. 3-23 a: *Schema der GW-Absenkungskurve bei einer liegenden Wasserfassung und freiem GWSp*

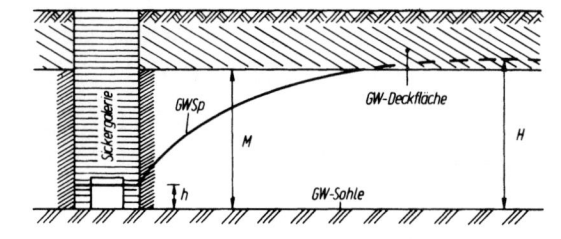

Abb. 3-23 b: *Schema der GW-Absenkungskurve bei einer liegenden Wasserfassung und gespanntem GWSp*

3.1.5.7.2 Horizontalfilterbrunnen

Der Horizontalfilterbrunnen (HoriBr) ist GW-hydraulisch eine Kombination von horizontaler und vertikaler GW-Fassung. Die Absenkung im Sammelschacht setzt sich zusammen aus der Absenkung des GWSp und den Druckverlusten in den horizontalen Filterrohrsträngen, die erfahrungsgemäß etwa

3.1 Hydrologie und Hydrogeologie

4-mal so groß sind wie in Vollrohren. Die GW-Anströmung an einem HoriBr ist abhängig von der Zahl und Anordnung der Filterrohre. Wenn vom Schacht aus nur 2 einander gegenüberliegende Filterstränge ausgehen, dann ist wegen der Anströmspitze in Nähe der Entnahme der größte Wasserzufluss in Schachtnähe am Übergang von Filterrohr zu Vollrohr. Je größer die Zahl der Filterrohre, je kleiner k_f, umso stärker ist die gegenseitige Beeinflussung der Filterstränge und umso stärker rückt der größte Wasserzufluss zu den Filterköpfen. Wenn eine große Breite des GW erfasst werden muss, kleines k_f und kleines H keine stärkere Erhöhung des GW-Gefälles zulassen, dann ist es vorteilhaft, eine größere Zahl von Filtersträngen und eine größere Länge des Vortriebes zu wählen. Technisch sind zwar große Vortriebslängen erreichbar, z. B. 100 m und mehr, in der Praxis werden aber die Stranglängen auf 30 bis 40 m begrenzt, da bei größeren Stranglängen die mögliche Entnahme nur wenig mehr zunimmt, wegen der gegenseitigen Beeinflussung der Filterstränge und der Zunahme des Druckverlustes in den Filterrohren. Es gibt auch hier eine Begrenzung des Brunnenfassungsvermögens.

Außerhalb des engeren Brunnenbereichs wird der GWSp ähnlich verändert wie durch eine Mehrbrunnenanlage mit Einzelbrunnen an den Filterstrangköpfen. Wegen der komplizierten Strömungsverhältnisse gibt es keine exakte analytische Berechnung. Brauchbar hat sich die aus Modellversuchen entwickelte Formel von *Falke* erwiesen:

$$Q = \beta \cdot \text{tg } \alpha \cdot k_f^{1/3} \cdot s$$

wobei $\beta = 0{,}31$ bis $0{,}34$ (aus Versuchen), tg α in Abhängigkeit von D'_n = Filterrohrdurchmesser + Entsandungsbereich, n = Zahl der Filterstränge, L = mittlere Filterrohrlänge, H = Mächtigkeit des Aquifers, h_R = Höhenlage des Filterrohres über GW-Sohle. tg α wird aus der Bemessungstafel nach *Falke*, **Abb. 3-24**, entnommen.

Beispiel: HoriBr, H = 16,30 m, n = 6, L = 20 m, h_R = 5,00 m,
$k_f = 1{,}3 \cdot 10^{-3}$ m/s, s = 1,40 m, $D'_n 9 = 30$ cm

1. HoriBr
nach *Falke*: $h_R/H = 5{,}00/16{,}30 = 0{,}6$, somit nach **Abb. 3-24 a**
hieraus $\beta = 0{,}31$, tg $\alpha = 1{,}26$
    $Q = 0{,}31 \cdot 1{,}26 \cdot \sqrt[3]{0{,}0013} \cdot 1{,}40 = 0{,}060 \text{ m}^3/\text{s}$
gemessen wurde $Q = 0{,}060 \text{ m}^3/\text{s}$, bei s = 1,40 m

2. VertikalfilterBr. an gleicher Stelle. DN 600, s = 3,40 m
nach *Sichardt* $R = 3000 \cdot 3{,}40 \cdot \sqrt{0{,}0013} = 367{,}8$ m
nach *Dupuit* $Q = \pi \cdot 0{,}0013 \, (16{,}30^2 - 12{,}90^2) / \ln 367{,}8/0{,}60 = 0{,}063 \text{ m}^3/\text{s}$
gemessen wurde $Q = 0{,}062 \text{ m}^3/\text{s}$.

3. Nach Nöring: grob angenähert kann die Formel für Einzelbrunnen verwendet werden, wenn
    $r_B = 0{,}75 \cdot$ mittlere Stranglänge, hier 30 m, s = 3,40 m
    $Q = \pi \cdot 0{,}0013 \, (16{,}30^2 - 12{,}90^2) / \ln (367{,}8/0{,}75 \cdot 30) = 0{,}145 \text{ m}^3/\text{s}$
gemessen wurde $Q = 0{,}150 \text{ m}^3/\text{s}$ bei s = 3,40 m

Aus dem Beispiel ist ersichtlich, dass bei gleichem Q die Absenkung s beim HoriBr nur rd. 0,4 · Absenkung des VertikalfilterBr. ist, bzw. bei gleicher Absenkung s = 3,40 m ist Q des HoriBr rd. das 2,5-fache des VertikalfilterBr. Je nach örtlichen Verhältnissen können die Unterschiede bis zum 3–4-fachen betragen, immer unter der Voraussetzung, dass die GW-Bilanz stimmt, die VertikalfilterBr. einen so großen Abstand haben, dass sie sich nicht gegenseitig beeinträchtigen und das Brunnenfassungsvermögen ausreicht.

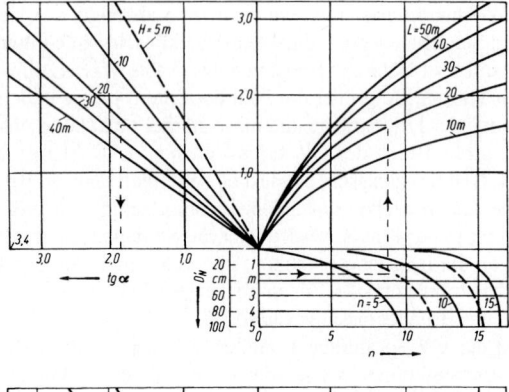

Abb. 3-24 a: Bemessungstafel für Horizontalfilterbrunnen für $h_R/H = 0{,}3$ (nach Falke)

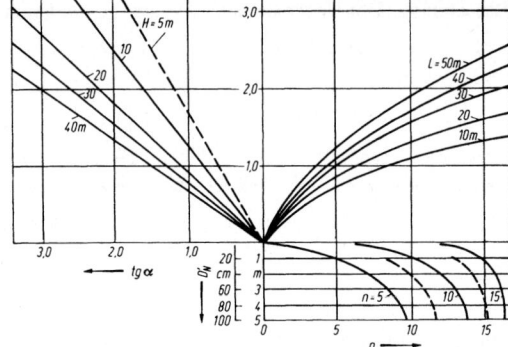

Abb. 3-24 b: Bemessungstafel für Horizontalfilterbrunnen für $h_R/H = 0{,}15$ (nach Falke)

3.1.5.8 Grundwasseranreicherung durch Versickerung

3.1.5.8.1 Versickerung mittels Schluckbrunnen

Das Sickerwasser wird mittels der Schluckbrunnen direkt in den Aquifer eingebracht. Die GW-hydraulischen Verhältnisse sind dabei umgekehrt wie bei der gleich großen Entnahme. Die Versickerungskurve ist deshalb das Spiegelbild der Absenkkurve. Mit den in **Abb. 3-25** verwendeten Bezeichnungen lautet die Gleichung für die Berechnung der Sickerwasserrate

bei ungespanntem GWSp:

$$Q_s = \pi \cdot k_f \cdot (2\,H \cdot ü + ü^2) / \ln R/r$$

bei gespanntem GWSp, wobei H_0 = Höhe des Aquifer:

$$Q_s = 2 \cdot \pi \cdot k_f \cdot H_0 \cdot ü / \ln R/r$$

Analog ist die Infiltrationskurve $Q_s/ü$ das Spiegelbild der Wasserandrangkurve Q/s. Aus dem PV für die GW-Entnahme können demnach die Werte für die Versickerung mittels Schluckbrunnen entnommen werden.

3.1 Hydrologie und Hydrogeologie

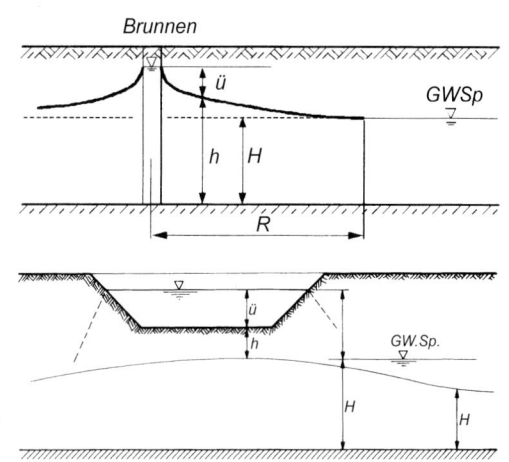

Abb. 3-25: Grundwasserversickerungskurve bei einem Schluckbrunnen

Abb. 3-26: Grundwasser-Versickerungskurve bei einem Sickerbecken

3.1.5.8.2 Versickerung oberhalb des GW mittels Sickerbecken, Sickergräben

Bei der Versickerung oberhalb des GWSp mittels Sickerbecken oder Sickergräben wird das Sickerwasser nicht unmittelbar in den Aquifer eingeleitet. Das Wasser versickert zunächst bis zum GWSp vertikal, zunächst im ungesättigten Bereich. Der GWSp wird mit der Zeit unterhalb der Versickerungsfläche aufgehöht bis zum Erreichen eines Gleichgewichtszustandes, **Abb. 3-26**. *Zunker* hat für die Sickergeschwindigkeit angegeben:

$$v_s = k_s \cdot (h + ü)/h$$

Nach *Schönwälter* beträgt aufgrund von Versuchen: $k_s = 0{,}5 \cdot k_f$.
Wegen der sehr unterschiedlichen Schichtlagerung ist es fast immer notwendig, k_s aus eigenen Schluckversuchen zu ermitteln.
Die Sickerwasserrate errechnet sich aus:

$$Q_s = k_s \cdot F_s \cdot (h + ü)/h$$

Aus der Gleichung ist ersichtlich, dass die mögliche Sickerwasserrate bei gleichem Überstau umso größer ist, je kleiner h ist. Wenn der aufgehöhte GWSp die Sohle der Sickerfläche erreicht hat, wird h = 0, die Gleichung ist dann nicht mehr gültig. Hier muss dann mit der Versickerung in das GW gerechnet werden.

3.1.5.9 Grundwassermodelle

Grundsätzlich stellt jede Interpretation einer GW-hydraulischen Situation ein Modell dar. Die in den vorherigen Abschnitten verwendeten Gleichungen sind *analytische Modelle*, die von vereinfachenden Annahmen ausgehen, wie sie in der Natur nicht ganz zutreffen. Wird die GW-hydraulische Situation jedoch durch das Vorliegen z. B. unregelmäßiger hydrogeologischer Berandungen oder mehrerer GW-Stockwerke oder einer vollständig 3-dimensionalen Strömung komplexer, erreichen diese Rechenverfahren schnell ihre Grenzen. Zur Lösung solcher Probleme können *numerische Grundwassermodelle* eingesetzt werden, die sich heute durch benutzerfreundliche Programme und leistungsfähige PC etabliert haben. Eine gute Einführung in die GW-Modellierung mit zugehörigem Computerprogramm sowie weiterführende Literatur finden sich auf S. 148 ff.
Bei folgenden, in der Trinkwassergewinnung häufig vorkommenden Aufgabenstellungen haben sich zur Lösung GW- Modelle bestens bewährt:

- GW-Dargebotsermittlung (GW-Bilanzen)
- Abgrenzen von GW- Einzugsgebieten
- Begutachtung von GW-Entnahmen oder GW-Anreicherungen
- Standortoptimierung von Entnahmebrunnen
- Bemessen von Trinkwasserschutzgebieten

Darüber hinaus sind Modelle hilfreich bei Fragen zur GW-Beschaffenheit, besonders wenn Stoffeinträge bzw. Stoffausbreitungen über längere Zeiträume zu beurteilen sind. (z. B. Prognosen zur Sanierung von Schadstoffen aus Deponien oder Industrieanlagen)
Die Klassifikation von GW-Modellen erfolgt häufig nach der Lösungsmethode in *Finite-Differenzen-* sowie *Finite-Elemente-Modelle*. Weitere Unterscheidungsmerkmale sind die Dimensionalität *(1-D, 2-D-horizontal und 2-D-vertikal und 3-D)* sowie physikalische Optionen *(z. B. gespannter/freier Aquifer, Strömung/Transport)*. Grundlage all dieser Modelle ist die Diskretisierung eines Untersuchungsgebietes in einer Vielzahl kleiner Teilgebiete (Elemente). Für jedes dieser Elemente muss die Strömungsgleichung aus der Kontinuitätsbedingung sowie dem Gesetz von *Darcy* (für Porengrundwasserleiter) bestimmt werden.
Die Vorgehensweise bei der Modellierung kann in folgende Arbeitsschritte gegliedert werden:

- Definition der Problemstellung
- Erarbeitung des hydrogeologischen Modells als Voraussetzung für die Entwicklung des numerischen Modells. Zu diesem Teilaspekt bietet der Leitfaden der Schriftenreihe Heft 24 Deutsche Geologische Gesellschaft mit zahlreichen Fallbeispielen ein gute Einführung (vgl. Literaturverzeichnis). Die Entwicklung der hydrogeologischen Modellvorstellung umfasst die Abgrenzung des Untersuchungs- und Modellraumes. Danach folgen die Strukturierung des Modellraumes und die Zuordnung der Kennwerte zu den ausgewiesenen hydrostratigrafischen Einheiten. Des Weiteren ist die Interpretation der Daten zur Grundwasserhydraulik und Grundwasserbeschaffenheit sowie die Definition der Randbedingungen für das Modell notwendig. Zum Abschluss erfolgt die Ermittlung und Interpretation der Grundwasserbilanz für den Modellraum.
- Festlegung der Vorgaben für das numerische Modell. Diese beinhalten den Aufbau der Modellgeometrie auf der Basis des hydrogeologischen Modells, die Umsetzung der hydrostatischen Einheiten in Modellstrukturen und die Zuordnung der Kennwerte zu Teilbereichen. Nach der Auswahl des Modellansatzes (stationär/nichtstationär) und des Aquifertyps (gespannt/nicht gespannt etc.) ist noch die Festlegung der Randbedingungen nach Art sowie zeitlicher und räumlicher Verteilung zu treffen.
- Kalibrierung des Modells an gemessenen Daten. Die Kalibrierung beinhaltet eine gezielte Variation der Parameter, die zugehörige Simulation der GW-Strömung sowie eine anschließende Überprüfung der Übereinstimmung und Plausibilität der berechneten Ergebnisse. Die Kalibrierung ist ein iterativer Prozess, der ggf. sogar die Überarbeitung der hydrogeologischen Modellvorstellung beinhalten kann.
- Verifizierung des Modells an einem von der Kalibrierung unabhängigen Zustand
- Prognoserechnungen mit dem Modell

Zur Bewertung der Unsicherheiten des GW-Modells gibt es verschiedene Möglichkeiten. Durch Simulation verschiedener Szenarien mit unterschiedlichen Randbedingungen (in hydrogeologisch/geohydraulisch sinnvollen Grenzen) lässt sich die Bandbreite der Ergebnisse abschätzen. Eine Extrembetrachtung (worst case) lässt sich durch eine Kombination ungünstiger Randbedingungen erreichen.
Die GW-Modelle werden im allgemeinen für Porengrundwasserleiter und feinklüftige Festgesteine eingesetzt. Für GW-hydraulische Probleme in grobklüftigen Festgesteinen sind spezielle GW-Modelle erforderlich, deren Ansatz eine Kombination von Matrix und Klüften erlaubt (Doppelkontinuum-Modelle). Zu näheren Einzelheiten sei hier auf die Literatur verwiesen (siehe S. 148 ff.).
In ähnlicher Weise muss bei der Modellierung von stark verkarsteten Grundwasserleitern die Besonderheit großer Karströhren und -höhlen beachtet werden. Eine Modellierung ist nur möglich, wenn Lage und Verlauf dieser Hohlräume bekannt sind. Insbesondere gilt hier das *Darcy*-Gesetz nicht mehr und muss durch entsprechende Strömungsgleichungen ersetzt werden.

3.1.6 Grundwasser-Hydraulik in Kluft-Grundwasserleitern

Kluft-GW-Leiter haben eine sehr geringe Porosität von etwa 1–2 %, die sowohl horizontal wie vertikal meist stark wechselt. Das GW fließt in den Spalten und Klüften der Schwerkraft folgend. GW-Fließrichtung, GW-Gefälle und GW-Fließgeschwindigkeit können daher stark wechseln. Die Strömungsvorgänge sind abhängig von der Richtung, Art und Weite der Spalten und Klüfte und dem Verlauf des Kluftsystems. Die allgemeine GW-Fließrichtung wird durch die Neigung der geologischen Formation und die Lage des Vorfluters bestimmt.
Das GW ist in Festgesteinen i. A. auf mehrere GW-Stockwerke verteilt und kann unterschiedlich gespannt und ergiebig sein.
Diese erheblichen Unterschiede gegenüber den Poren-GW-Leitern verhindern, dass die GW-Strömungen in Kluft-GW-Leitern nach den gleichen Strömungsgesetzen wie bei den Poren-GW-Leitern berechnet werden. Es gibt daher ein falsches Bild, wenn für Kluft-GW-Leiter ein k_f angegeben wird. Wichtig ist eine eingehende geologische und klufttektonische Erkundung des vermuteten Einzugsgebiets, evtl. ergänzt durch Kernbohrungen und Markierungsversuche. Die benötigten Werte GWSp, GW-Fließrichtung, GW-Fließgeschwindigkeit, Wasserandrangkurve usw. müssen daher aus Bohrungen, Bohrlochvermessungen, Pumpversuchen, GWSp-Messungen ermittelt werden. Die GW-Andrangkurve ist meist wegen des gespannten Aquifers eine Gerade. Die spezifische Ergiebigkeit ist erheblich kleiner als bei Poren-GW-Leitern, oft kleiner als 1 l/s je m. Zur Ermittlung der Dauerergiebigkeit muss die Wasserbilanz aufgestellt werden (s. auch Abschn. 3.1.4.4.6).
Im Bereich von Tälern und in der Nähe von Verwerfungen ist die Klüftigkeit der Festgesteine und damit die Wasserhöffigkeit meist größer als abseits davon.

3.1.7 Grundwasser-Hydraulik in Karst-Grundwasserleitern

Die GW-Strömung in Karst-GW-Leitern ist besonders kompliziert und unregelmäßig, weil das GW in Hohlräumen von ständig wechselndem Querschnitt und Tiefenlage fließt, wobei Kanäle, Abstürze, Becken mit freiem WSp und Druckbereichen sowie Heberstrecken vorhanden sein können. Das GW fließt hierin mit stark wechselnden, oft sehr hohen Geschwindigkeiten, z. B. in der Fränkischen Alb $v_a = 10-400$ m/d und im Mittl. Muschelkalk $v_a = 5-15$ m/d.
Auch im Karst wird die allgemeine GW-Fließrichtung durch die Neigung der geologischen Schichten und die Lage der Vorfluter wesentlich geprägt. Zur Abschätzung der Fließgeschwindigkeit und der GW-Strömungsanteile können Markierungsversuche gute Ergebnisse liefern, wenn Probenahmestellen an potentiellen Vorflutpunkten in ausreichender Zahl vorhanden sind (GW-Messstellen, Brunnen, Quellen). Markierungsversuche sind wasserrechtlich zu genehmigen. Über den Einsatz der eingesetzten Tracer sind systematische Aufzeichnungen notwendig, damit bei späteren Versuchen Fehlinterpretationen infolge Austragung von Tracerrückständen aus früheren Versuchen ausgeschlossen werden können.
Abschließend wird auf das DVGW-Arbeitsblatt W 107 „Aufbau u. Anwendung numerischer GW-Modelle in Wasserschutzgebieten" hingewiesen.

3.1.8 Quellen

Als Quelle wird die Stelle bezeichnet, wo Grundwasser natürlich zutage tritt.

3.1.8.1 Quellen-Hydraulik und Quellenarten

3.1.8.1.1 Absteigende Quelle

Grundwasser tritt aus topographisch höherer Lage des Einzugsgebietes ungespannt an die Oberfläche. Meist im Grenzbereich einer wasserundurchlässigen und einer wasserführenden Schicht. Die

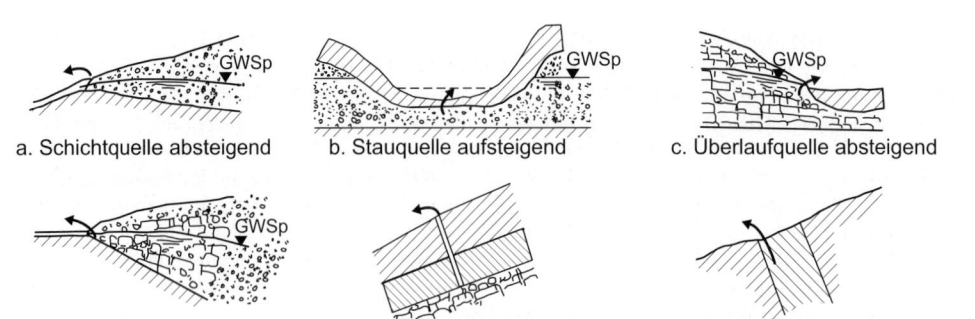

a. Schichtquelle absteigend   b. Stauquelle aufsteigend   c. Überlaufquelle absteigend

d. Überlaufquelle absteigend   e. Spaltenquelle aufsteigend   f. Verwerfungsquelle aufsteigend

Abb. 3-27: Arten der Quellen

Schüttung solcher Quellen korrespondiert mit dem hydrologischen Zyklus der GW-Neubildung im Einzugsgebiet u. kann daher stark schwanken. Wenn dichte, durchgehende Deckschichten fehlen, ist die Schützbarkeit nur schwach ausgeprägt.
Der Schüttungsquotient stellt das Verhältnis der geringsten zur höchsten Schüttung dar. Je durchlässiger die Deckschichten, desto größer sind die Schüttungsschwankungen und desto höher ist die hygienische Gefährdung.
Ein Quotient $Q_{min}:Q_{max}$ von 1:1 bis 1:10 signalisiert gute bis annehmbare Schützbarkeit.
Je kleiner der Quotient wird, desto schlechter ist der natürliche Schutz.

3.1.8.1.2 Aufsteigende Quellen

Grundwasser tritt artesisch gespannt über Schichtfugen, Klüfte sowie Lösungshohlräume auf meist eng begrenzten Fliessbahnen aus.
In der Regel wird die Spannung durch gering wasserdurchlässige Schichten erzeugt, die den GW-Leiter überlagern. Daher sind diese Quellen oft gut geschützt. Sofern das Quelleinzugsgebiet genügend groß ist, sind die Schüttungsrückgänge auch in Trockenzeiten eher gering.

3.1.8.1.3 Sonstige Quellarten

Je nach Ausprägung des gesamten Einzugsgebietes können die hydraulischen und hydrogeologischen Verhältnisse auch Mischformen hervorbringen.
In **Abb. 3-27** sind typische Quellarten dargestellt:

1.)   Schichtquelle – Die GW-Sohlschicht liegt über dem Vorfluter. Das Tal des Vorfluters hat sich also in undurchlässige Schichten eingetieft. Das GW fließt in dünner Schicht über die Sohlschicht und tritt an mehreren Stellen im Bereich der Vertiefungen der Sohlschicht beim Auskeilen aus (Abb. 27a).
2.)   Stauquelle – Die GW-Sohlschicht liegt unter der Talsohle. Das GW wird durch eine undurchlässige Deckschicht in Spannung gehalten, hat an einer oder mehreren Stellen die Deckschicht durchbrochen und steigt dort artesisch auf (Abb. 27 b).
3.)   Überlaufquelle – Die GW-Sohlschicht liegt unter der Talsohle. Das Tal ist mit undurchlässigem Auelehm angefüllt. Das GW läuft am Rande der Talauffüllung über (Abb. 27c).
Eine weitere Art von Überlaufquellen entsteht, wenn Geländeoberfläche und GW-Sohlschicht zwar entgegengesetzte Neigung haben, das GW aber infolge der Ausdehnung des Einzugsgebietes und der Geländeneigung an dem Ausstreichen der Sohlschicht zum Überlauf kommt(Abb. 27d).
4.)   Verwerfungsquelle – Das GW tritt infolge artesischer Spannung aus tiefer liegenden wasserführenden Schichten in den Spalten der Verwerfung zutage. Es ist dies hauptsächlich bei den Mineralquellen die Entstehungsursache (Abb. 27 f).

5.) Höhlen- oder Karstquellen – Das versickernde Niederschlagswasser sammelt sich in den großen Hohlräumen und fließt als unterirdischer Wasserlauf bis zu dem nächstgelegenen Vorfluter. Kennzeichen sind schnelles Reagieren auf Niederschläge, Trübwerden. Sie kommen hauptsächlich im Weißjura, Karstgebirge vor.

6.) Sekundärquellen – Sie entstehen, wenn ein Oberflächenwasser, Bach- oder Flusswasser in einen Bereich großer Durchlässigkeit kommt, so dass es ganz oder teilweise versickern kann. Bei Verengung des Durchflussquerschnittes der wasserführenden Gesteinsschichten wird das Wasser wieder zutage treten. Diese Art von Quellen ist sowohl in Tälern mit alluvialer Talauffüllung als auch in Karstgebieten möglich. Das bekannteste Beispiel ist die Donauversickerung bei Immendingen.

Karst- und Sekundärquellen scheiden im allgemeinen wegen mangelnder Schützbarkeit für die Verwendung zu zentralen Wasserversorgungsanlagen aus.

3.1.8.2 Quellen-Erkundung zur Eignung für Trinkwasserzwecke

Um beurteilen zu können, ob Quellen für Trinkwasserzwecke ausreichend geeignet sind müssen regelmäßig die folgenden Untersuchungen durchgeführt werden:

– Erfassung und Erkundung des Einzugsgebietes mit seinen hydrogeologischen Eigenschaften.
– Quellschüttungsmessungen langfristig, kontinuierlich mit Nass- und Trockenperioden.
– Niederschlagsmessungen möglichst im Einzugsgebiet.
– Wasseranalysen (chemisch und mikrobiologisch) bei Trocken-, Normal- und Starkabfluss
– Trübungsmessungen als Indikator für mikrobiologische Belastungen.
– Ermittlung der GW-Neubildung und des nutzbaren GW-Dargebotes
– Wasserbedarf des Wasserversorgungsunternehmens insbesondere des Spitzenbedarfes
– Schutzfähigkeit der Quelle, natürliche Schutzwirkung des Einzugsgebietes
– Flächennutzung im Einzugsgebiet unter Berücksichtigung der konkurrierenden Nutzungen.

Auf das DVGW-Arbeitsblatt W 127, Quellwassergewinnungsanlagen – Planung, Bau, Betrieb, Sanierung u. Rückbau wird hingewiesen.

3.2 Wasserfassungen

3.2.1 Arten der Wasserfassungen

Nach der Bedeutung geordnet gibt es folgende Arten der Wasserfassung:

1. *Grundwasserfassung* – vertikale Fassung: Schlagbrunnen, Schachtbrunnen, Bohrbrunnen. Horizontale Fassung: GW-Galerie, Stollenfassung, Horizontalfilterbrunnen
2. *Quellfassungen* – Schichtquelle, Stauquelle, Stollenfassung
3. *Oberflächenwasserfassung* – Zisterne, Trinkwassertalsperre, Seewasserfassung, Flusswasserfassung

In der **Tab. 3-18** ist die Wassergewinnung der öffentl. Wasserwerke nach den verschiedenen Vorkommen Grundwasser, Quellwasser und Oberflächenwasser dargestellt.

Der Tabelle kann entnommen werden, dass der Quellwasseranteil ständig abgenommen hat und derzeit bei ca. 9 % der Gesamtförderung stagniert. Quelleinzugsgebiete sind häufig eng begrenzt so dass bei längeren Trockenperioden starke Schüttungsrückgänge auftreten können. Darüber hinaus sind Quellwasservorkommen oft oberflächennah ausgebildet und somit bakteriologisch gefährdet. Nicht selten treten gerade nach Starkniederschlägen bakteriologische Belastungen auf. Zu dem versauern Quellwässer im alten Gebirge zunehmend und können dadurch vermehrt Aluminium und Schwermetalle lösen. Ohne Aufbereitung können Quellwässer die hygienischen und hydrochemischen Anforderungen der Trinkwasserverordnung immer weniger erfüllen. Dagegen ist aus Brunnen gefördertes GW meist durch gute Deckschichten oder zumindest durch lange vertikale Sickerwege vor bakteriologischen Belastungen und Versauerung besser geschützt.

Tab. 3-18: Wasserförderung der öffentlichen Wasserwerke aus Grundwasser, Quellwasser und Oberflächenwasser in Deutschland nach Statistischem Bundesamt

Gebiet	alte Bundesländer				Deutschland					
Jahr	1979		1987		1991		1998		2004	
Bezeichnung	$10^6\,m^3$	%	$10^6\,m^3$	%	$10^6\,m^3$	%	$10^6\,m^3$	%	$10^6\,m^3$	%
Grundwasser	2 985	60,1	3 085	62,7	4 105	63,0	3 595	64,7	3 502	64,7
Quellwasser	610	12,3	579	11,8	2 588	9,0	508	9,1	508	9,4
Uferfiltrat	344	6,9	287	5,9	393	6,1	268	4,8	280	5,2
angereichertes GW	523	10,5	483	9,8	619	9,5	478	8,6	427	7,9
Flusswasser	89	1,8	25	0,5	106	1,6	58	1,1	53	1,0
See- u. Talsperren W.	415	8,4	459	9,3	705	10,8	651	11,7	638	11,8
Gesamt	4 966	100,0	4 918	100,0	6 516	100,0	5 558	100,0	5 409	100,0

3.2.2 Wahl der Wasserfassung

Maßgebend für die Wahl der Wassergewinnungsstelle und Art der Wasserfassung sind: benötigte Wassermenge, hydrogeologische Verhältnisse, Wasserbilanz, Wasserbeschaffenheit, Möglichkeit des Einrichtens wirksamer Schutzgebiete, Grundstückserwerbsmöglichkeit, Einordnung in die wasserwirtschaftlichen und sonstigen Planungen, Wirtschaftlichkeit der Erschließung und Beileitung.

Bei der Wahl der Wassergewinnung ist diejenige vorzuziehen, welche bei ausreichendem Wasserangebot die beste Wasserbeschaffenheit und den besten Schutz bietet und ohne oder mit einfacher Aufbereitung genutzt werden kann.

1.) Grundwasser, Quellen, ohne Aufbereitung
2.) wie vor, mit Aufbereitung
3.) Grundwasser, mit Anreicherung durch Infiltration von aufbereitetem Oberflächenwasser
4.) Trinkwassertalsperren
5.) Seewasserentnahme
6.) Flusswasserentnahme

Zu beachten ist, dass die Wassergewinnungsanlage den größten Tagesbedarf liefern muss, wenn eine Speicherung zum Ausgleich der täglichen Verbrauchsschwankungen vorhanden ist, jedoch den größten Stundenbedarf, wenn kein solcher Speicher verfügbar ist. Zur Vermeidung von Spitzenbelastungen der Wassergewinnungsanlagen sollten möglichst immer entsprechend große Wasserspeicher mitgebaut werden.

3.2.3 Quellfassungen

3.2.3.1 Vorbereitende Erhebungen

3.2.3.1.1 Austrittsart

Für die Wahl und Aufschürfung von Quellen ist die Art und Ursache des Zutagetretens des GW genau festzustellen, da hiervon die Bauart der Quellfassung wesentlich abhängt. Die Hydrologie der Quellen ist in Abschnitt 3.1.8 dargestellt.

3.2 Wasserfassungen

3.2.3.1.2 Wasserdargebot

Die Auswirkungen der Quellableitung auf den Naturhaushalt sind vorher abzuschätzen und gegebenenfalls mit anderen Gewinnungsarten abzuwägen. In der Regel ist ein Mindestrestabfluss im Quellbach zu gewährleisten. Dieser orientiert sich an naturschutzrechtlichen Vorgaben bzw. an vorhandenen Wasserrechten im Vorfluter.

Zur Feststellung der nutzbaren Quellschüttung werden in der Nähe der Quelle und in einiger Entfernung (100–200 m) Messvorrichtungen eingebaut. Die zweite Messstelle ist notwendig, um auch vorerst noch unsichtbar abfließende Nebenaustritte der Quelle mit zu erfassen. Die Schüttung ist über einen möglichst langen Zeitraum, mindestens über 1 Jahr, in Abständen von 8–14 Tagen, besser kontinuierlich, zu messen und das Verhalten insbesondere nach starken Niederschlägen, nach der Schneeschmelze und nach längeren Trockenperioden zu beobachten.

Das Messergebnis der Quellschüttung ist mit den Niederschlagshöhen graphisch aufzutragen und mit den Ergebnissen benachbarter, bekannter Quellen zu vergleichen. Nur die Messung liefert eine einwandfreie Grundlage. Die Schüttungsschwankungen zwischen Geringst- und Höchstschüttung sollen zwischen 1 : 1 bis 1 : 10 liegen (s. auch Abschnitt 3.1.8.1.1).

3.2.3.1.3 Temperatur

Mit den Schüttungen sind auch laufend Temperaturmessungen des Quellwassers und der Luft durchzuführen. Die Temperaturschwankungen des Wassers innerhalb eines Jahres sollen kleiner als 2 °C sein.

3.2.3.1.4 Wasserbeschaffenheit

Für die Auswahl der für eine Wasserversorgungsanlage vorgesehenen Quellen ist eine chemische Untersuchung des Quellwassers erforderlich. Vor der Probenentnahme muss die Quellaustrittsstelle freigelegt werden. Die chemische Untersuchung sollte nach Möglichkeit nach längeren Niederschlägen wiederholt werden. Hierbei ist auch Farbe, Trübung, Schlamm- und Sandführung zu prüfen. Die mikrobiologische Untersuchung von Quellwasser vor sachgemäßer Fassung gibt kein zuverlässiges Bild wegen der möglichen sekundären Verunreinigung.

3.2.3.1.5 Einzugsgebiet mit Schützbarkeit

Unerlässlich ist die Begutachtung der Lage der Quelle und des Einzugsgebietes – insbesondere im Hinblick auf den wirksamen Schutz des GW-Leiters vor bakteriologischen Verunreinigungen (ausreichende Überdeckung!) und auf die Gefahr der zunehmenden Versauerung hin. In den vergangenen Jahren mussten häufig Quellen wegen wiederholter bakteriologischer Belastung aufgegeben werden. Die Ursachen waren in vielen Fällen in der unzureichenden Überdeckung des GW-Leiters zu suchen (siehe auch Abschnitt 3.1.8.2).

3.2.3.2 Aufschürfen von Quellen

Die bauliche Form der Fassung kann erst endgültig festgelegt werden, wenn die Quelle in ausreichendem Maße bis an die Stelle aufgeschürft und aufgeschlossen ist, an der eine Fassung in hygienisch und technisch einwandfreier Weise möglich ist.

Über die Schürfarbeiten sind laufend Lageplan- und Höhenplanskizzen mit Eintragung der jeweils vorhandenen Wasseraustrittsstellen anzufertigen. Sie sind eine wichtige Unterlage für den Bauentwurf der Quellfassung.

3.2.3.3 Schichtquellenfassung (absteigende Quellen)

3.2.3.3.1 Aufschürfen einer Quelle

Bei der Fassung von Schichtquellen muss vermieden werden, dass im unmittelbaren Bereich die undurchlässige GW-Sohlschicht verletzt oder gar durchstoßen wird, da sonst die Gefahr des Durchfallens des Wassers besteht. Ein Aufstauen des Wassers ist unter allen Umständen zu vermeiden, damit die Quelle nicht seitlich ausbricht. Die Schürfung wird aus der Sohlschicht so weit in den Hang geführt, bis eine ausreichende Überdeckung erreicht ist.

In **Abb. 3-28** ist der Ablauf der Schürfung dargestellt. Die Fassung der Schichtquelle besteht aus der Sickergalerie, dem Ableitungskästchen der Ableitung, dem Übereich und dem Sammelschacht. In **Abb. 3-29** und **Abb. 3-30** ist die Fassung einer Schichtquelle dargestellt.

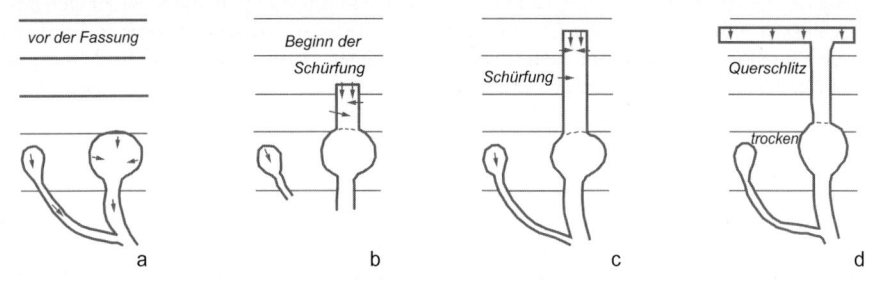

Abb. 3-28: Ablauf der Schürfung einer Schichtquelle

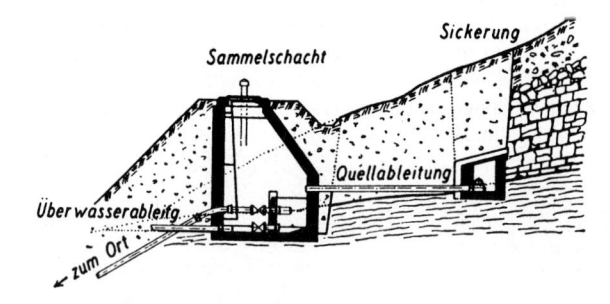

Abb. 3-29: Schichtquellenfassung. Querschnitt durch Sickergalerie und Sammelschacht

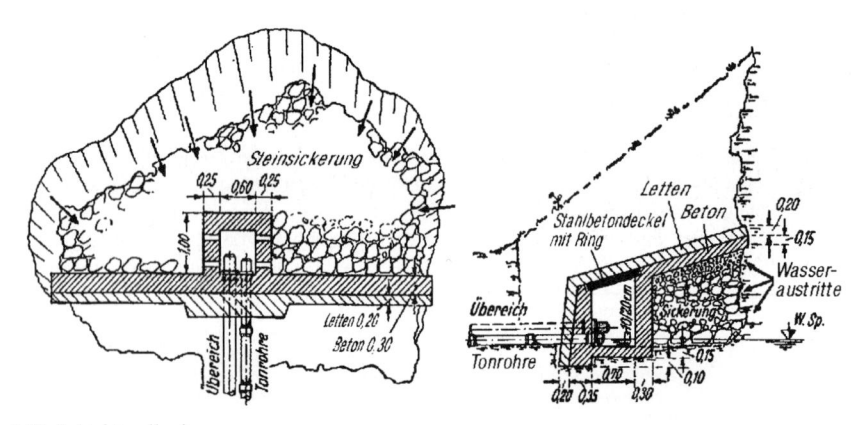

Abb. 3-30: Schichtquellenfassung

3.2.3.3.2 Sickergalerie

Das Quellwasser wird in gelochten Rohren zu dem Ableitungskästchen geleitet, von dem aus die Ableitung in dichten Rohren zum Sammelschacht und der Übereichleitung zum Vorfluter führt. Die Sickerrohre werden für die größte Quellschüttung mit einer Durchflussgeschwindigkeit von $v = 0{,}2 - 0{,}4$ m/s bemessen; ein Rückstau darf nicht eintreten. Mindest-DN der Sickerrohre ist 100 mm.

Die Übereichleitung muss die höchste bekannte Quellschüttung ohne Rückstau der Quelle abführen können. Die Ableitung zum Sammelschacht wird für die größte, zur Nutzung vorgesehene Quellschüttung bei halbvollem Rohr und $v = 0{,}5$ m/s bemessen. Die Sickerrohre werden mit einer Steinpackung umgeben. Zur Verhinderung von Wasserverlusten wird talseits eine Betonmauer auf der Sohlschicht errichtet, die eine weitere Dichtung mit Wasserletten (Ton) erhält. Besonders sorgfältig und mit größter Dicke ist die Dichtung im Bereich des Stichgrabens und des Ableitungsgrabens auszuführen. Zur Verhinderung des Eindringens von Oberflächenwasser wird die Sickergalerie mit einer Beton-, darüber einer Lettendecke abgedeckt, welche gut in den stehenden Boden einzubinden sind. Die Fassung ist mit möglichst undurchlässigem Material aufzufüllen und Rasen anzusäen. Die Lage der Sickergalerie ist durch Markierungssteine zu kennzeichnen. Etwas hangaufwärts der Fassung, meist am Rande des Fassungsbereichs ist ein kleiner Damm zum unmittelbaren Abfangen von Tagwasser anzuordnen.

3.2.3.3.3 Sammelschacht

Der Sammelschacht (**Abb. 3-31**) dient zur Aufnahme der erforderlichen Armaturen und Bedienungseinrichtungen. Auch beim Zusammenschluss von mehreren Quellen sind solche Sammelschächte erforderlich. Der Einstieg in Quellschächten muss seitlich vom Wasserspiegel liegen. Vom Trockenraum aus müssen die Armaturen leicht bedienbar und die erforderlichen Wassermessungen ausführbar sein. Die Entnahmeleitung soll 0,30–0,50 m über der Sohle liegen. Die Wasserkammern erhalten Entleerungsleitungen mit Schieber. Das Überwasser muss durch die Übereichleitung ohne Rückstau auf die Quellfassung abgeführt werden können. Entleerungs-, Übereich- und Tauwasserleitung des Sammlers werden außerhalb zusammengeführt und in einem Auslaufbauwerk in den Vorfluter geleitet. Der Ablauf ist mit Froschklappe und Gitter überdeckt auszuführen, zur Verhinderung von Beschädigungen und Eindringen von Kleintieren. Für die Schüttungsmessung ist der Einbau eines Überfallmesswehres zweckmäßig. Bei Sandführung ist ein besonderer Sandfang vorzuschalten, um zu verhindern, dass Sand in das Rohrnetz gelangt (Bemessung s. Abschnitt 4.2.2.1.2). Die Oberkante der Schachtabdeckung soll mindestens 0,25 m über Gelände liegen. Eine Lage des Schachtes im Hochwasserbereich ist zu vermeiden.

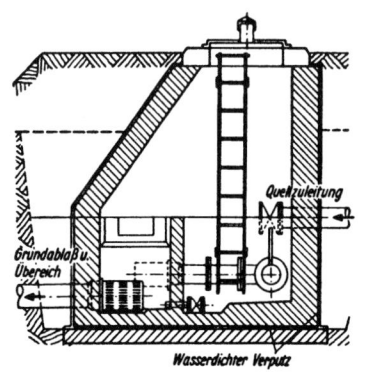

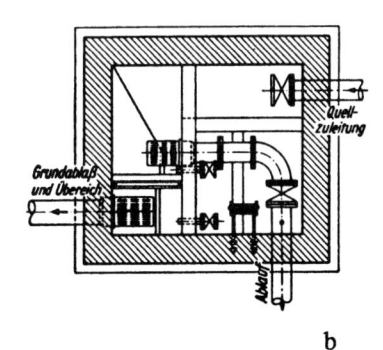

Abb. 3-31: Sammelschacht

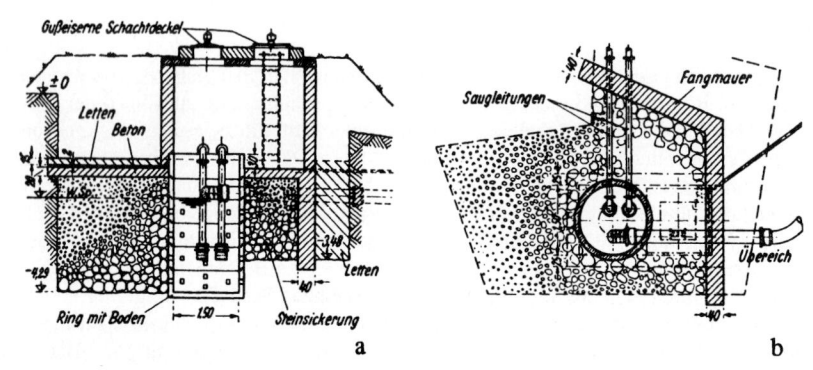

Abb. 3-32: Stauquellenfassung

3.2.3.4 Stauquellenfassung (aufsteigende Quellen)

Die Stauquelle muss an der Quellaufbruchstelle gefasst werden, die Fassung kann nicht wie bei der Schichtquelle in den Hang verschoben werden. Die Austrittsstelle der Quelle (Quelltümpel) wird ausgeräumt und in ausreichender Größe, mindestens aber 2,0 auf 2,0 m, eine Baugrube ausgehoben. Die Tiefe richtet sich nach der Möglichkeit der Wasserhaltung und der Art und Mächtigkeit der undurchlässigen Schicht, durch welche die Quelle durchgebrochen ist. Bei der Fassung muss erreicht werden, dass das Quellwasser nur in den Sammelschacht hochsteigt, wobei außerhalb der Schachtwand über dem WSp eine horizontale Beton- und Lettendecke seitlich bis zur undurchlässigen Deckschicht eingebracht wird. Ein Hochstauen des WSp ist zu vermeiden, da dabei die Ergiebigkeit abnimmt und außerdem die Gefahr des Wasseraufbruches an anderen Stellen besteht. Zweckmäßig ist dagegen ein geringes Absenken des WSp. Wenn aus der Stauquelle die Entnahme mittels Pumpen erfolgen soll, ist wie bei GW-Erschließungen ein Pumpversuch durchzuführen.

Nach Ausräumen der Baugrube wird in der Mitte ein Betonschacht auf Betonformsteine aufgestellt. Die Schachtsohle kann auch offen bleiben und erhält dann eine etwa 30 cm hohe Kiesschicht. Die unterhalb des WSp gelegenen Betonringe werden mit Löchern versehen. Außerhalb des Ringschachtes wird die Quellgrube mit Sickersteinen, erforderlichenfalls mit nach außen abnehmender Korngröße bis über WSp ausgelegt; darüber mit einer Beton- und Lettendecke bis zum undurchlässigen Boden abgedeckt. Die Anordnung einer Fangmauer insbesondere im Bereich der Entnahmeleitungen kann notwendig sein. Der Sammelschacht wird über der Fassung erstellt, wobei der Betonringschacht die Wasserkammer ist. Auch hier ist ein Trockenraum und Einstieg über dem Trockenraum vorzusehen. Die sonstigen Einrichtungen entsprechen dem Sammelschacht der Schichtquelle.

3.2.3.5 Dokumentation

Bauwerke der Quellfassung sind erdüberdeckt. Um die Quellfassung langfristig betreiben zu können und eine dauerhafte Instandhaltung und gegebenenfalls Sanierung durchführen zu können, sind eine Dokumentation über den Ausbau der Quelle und genaue Bestandspläne zwingend notwendig.
Mindestens folgende Unterlagen sollten erstellt werden:

1. Bilddokumente vom natürlichen Zustand, Bauzustände beim Aufschürfen, Bauwerke vor der Überdeckung mit Erde
2. Geländeaufnahmen des Geländes vor und nach dem Quellausbau.
3. Hydrogeologische Querprofile mit Wasserspiegelhöhen sowie Ausbildung und Höhenlage der Fassung
4. Aufzeichnungen von Schürf- und Bauarbeiten, Bauberichte und Aufmasse
5. Einmessungen aller Leitungen und Bauwerke und Darstellung in detaillierten Bestandsplänen.

3.2.3.6 Betrieb

Um Quellfassungen in einem hygienisch einwandfreien Zustand zu erhalten sind regelmäßig Bauwerkskontrollen und Untersuchungen durchzuführen. In einem Betriebsüberwachungsplan sind die einzelnen Tätigkeiten, Messungen und Untersuchungen, sowie der zugehörige Turnus festzuhalten. In einem Betriebstagebuch sind die durchgeführten Tätigkeiten zu dokumentieren und die Verantwortlichen zu benennen.
Es sind mindestens die Untersuchungen nach dem wasserrechtlichen Entnahmebescheid, nach der Trinkwasserverordnung nach der Schutzgebietsverordnung und nach der Eigenüberwachungsverordnung durchzuführen.
Siehe auch DVGW- Merkblatt W112 sowie DVGW- Arbeitsblatt W101.
Im DVGW –Arbeitsblatt W127 werden die betrieblichen Erfordernisse eingehend beschrieben darüber hinaus sind Vorschläge für Betriebsüberwachungspläne und Inspektionsprotokolle ausgearbeitet.

3.2.3.7 Rückbau

Von Quellfassungen die auf Dauer außer Betrieb genommen werden, darf nach dem Bauordnungsrecht keine Gefahr oder unzumutbare Belastung ausgehen.
Natürliche Quellaustritte sind in der Regel Lebensraum für spezielle Fauna- und Florahabitate. Der Rückbau von Quellen soll zu einer weitgehenden Wiederherstellung der ursprünglichen Situation führen.
Um die genannten Ziele optimal zu erreichen sind die wasserrechtlichen und naturschutzrechtlichen Belange mit den zuständigen Fachbehörden rechtzeitig abzuklären.
Rückbau und Endzustand sind ebenfalls ausreichend zu dokumentieren.

3.2.4 Grundwasserfassungen

3.2.4.0 Allgemeines

Bei der Wahl einer GW-Fassung sind folgende Parameter zu beachten:

1. Geforderte Leistung in l/s, m^3/d, m^3/a
2. Hydrogeologische Verhältnisse: Art des GW-Leiters, GWSp und dessen Schwankungen, Durchlässigkeitsbeiwert k_f, Mächtigkeit des GW-Leiters H, GW-Stockwerke, GW-Gefälle J, Breite des GW-Stromes B, Einzugsgebiet, Vorfluter und dessen Abflussverhältnisse, Deckschichten, Brunnenleistung Q/s, max Q je Brunnen, Wasserbeschaffenheit
3. GW-Neubildungsrate, beanspruchtes Einzugsgebiet
4. Wasserbilanz
5. Schutzgebiet, mögliche Gefährdungen
6. Ort der Wiedereinleitung des entnommenen und gebrauchten Wassers, Lage zur Entnahmestelle
7. Örtliche Verhältnisse: Höhenlage und Lage zum Versorgungsgebiet, Zufahrt, Stromzuführung
8. Wasserrechtliche und privatrechtliche Belange, Auswirkung auf andere GW-Benutzer, auf Landwirtschaft, auf Ökologie.

3.2.4.1 Schlagbrunnen

Schlagbrunnen sind früher verhältnismäßig häufig für die Versorgung von Einzelanwesen ausgeführt worden. Sie sind heute für Trinkwasserversorgungszwecke abzulehnen und statt dessen Bohrbrunnen mit kleinem Durchmesser zu erstellen.
Die Ausführungen von Schlagbrunnen sind nur in sand-kiesigem Lockergestein mit hochliegendem GWSp in 5–10 m Tiefe möglich. Das mit einer kräftigen Spitze versehene Filterrohr von 40–50 mm DN wird dabei eingerammt. Das Filter- und Aufsatzrohr ist gleichzeitig das Saugrohr für die Pumpe,

hierbei muss die oberste Lochreihe des Filterrohres noch unter dem abgesenkten Wasserspiegel liegen. Die Ausführung wird auch als Abessinier oder Nortonbrunnen bezeichnet. Bei Durchfahren von lehmigen und tonigen Schichten werden häufig die Filterrohröffnungen verstopft. Besser ist daher die Ausführung einer Bohrung mit kleinem Durchmesser und Einsetzen des Filters. Dies ist besonders bei GW-Messstellen immer zu empfehlen und nicht wesentlich teurer als das Einrammen.

3.2.4.2 Spülbrunnen

Besonders einfach und schnell ist das Einbringen von Brunnenrohren kleiner DN (mit DN 50 mm) und geringer Tiefe (meist 10 m) in Sanden und Feinsanden im Spülverfahren (auch mit Spülfilter bezeichnet). Das Verfahren wird angewendet für das Niederbringen von Messstellen in GW-Erschließungsgebieten, wenn eine größere Zahl solcher Messstellen benötigt wird, und vor allem für die Wasserhaltung bei Rohrgräben und Schächten.

3.2.4.3 Schachtbrunnen

Wegen der großen Vorteile der Bohrbrunnen werden Schachtbrunnen kaum mehr ausgeführt. Vereinzelt werden sie bei Einzelanlagen in Lockergesteinen mit hochliegendem GW noch gewählt. Der Schachtdurchmesser beträgt meist 1,0–1,5 m. Die Ausführung erfolgt zum Teil in offener Baugrube, wie bei der Stauquellenfassung, oder durch Absenken der Brunnenringe. Der Wasserzulauf erfolgt durch Sohle und Seitenschlitze, wobei auf die Sohle eine rund 0,30 m hohe Feinkiesschicht aufgebracht wird. Zu beachten ist, dass der Schacht genügend weit in das GW geführt wird, damit nicht bei niedrigen GW-Ständen der Schacht trocken fällt.

Über dem Schachtbrunnen ist ein Vorschacht, ähnlich wie bei der Stauquellenfassung, anzuordnen, wobei der Einstieg nicht über dem WSp liegen darf.

3.2.4.4 Bohrbrunnen

3.2.4.4.1 Allgemeines

Die bei Wassergewinnungen vorkommenden Bohrungen werden nach Standardleistungsbuch bezeichnet mit:

Baugrundbohrung – zur Erkundung des Baugrundes
Aufschlussbohrung – zur Erkundung des hydrogeologischen Aufbaues
Beobachtungsbohrung – zur Beobachtung des GWSp, auch mit GW-Messstelle bezeichnet
Brunnenbohrung – für Brunnen zur Wassergewinnung
Versuchsbohrung – zur Erkundung hydrogeologischer Daten, Durchführung von PV

Die häufigste GW-Fassungsart ist heute der Bohrbrunnen. Durch eine vertikale Bohrung werden die wasserführenden Schichten aufgeschlossen und bei günstigem Ergebnis das Bohrloch zum Brunnen ausgebaut. Bei standfesten Gesteinsarten bleibt gelegentlich das Bohrloch unverrohrt. Für Wasserversorgungsanlagen wird fast ausschließlich der Kiesfilterbrunnen gewählt. Er besteht im wesentlichen aus dem Filterrohr, dem Vollwandrohr mit Aufsatzrohr, Sumpfrohr und Rohrboden, der Filterkiesschicht, dem Sperrrohr, der Abdichtung gegen die Bohrlochwand, dem Brunnenkopf und dem Brunnenvorschacht mit den Entnahme- und Messeinrichtungen. In **Abb. 3-33** ist das Schema eines Bohrbrunnens in der üblichen Ausführung als Kiesfilterbrunnen dargestellt.

3.2.4.4.2 Planung und Bemessung

Als Grundlage jeder Brunnenplanung soll ein hydrogeologisches Gutachten möglichst folgendes klären: Optimale Lage der Bohrpunkte im Hinblick auf Ergiebigkeit und Geschütztheit, die Mächtigkeit des zur Gewinnung gewählten GW-Leiters, die Tiefe der Bohrung, die natürliche GW-Neubildung

„Duktile Gussrohrsysteme
von Buderus sind hochwertige
Investitionsgüter.
Unsere Kunden setzen auf den Werkstoff
und die sicheren Verbindungen."

Friedhelm Kleinblotekamp, Vertriebsleiter Deutschland

[Gießerei
Technik
Kompetenz

Buderus Giesserei Wetzlar GmbH
Gussrohrsysteme
Sophienstraße 52 - 54
D-35576 Wetzlar
Telefon: (0 64 41) 49 - 24 01
Telefax: (0 64 41) 49 -14 55
E-mail: gussrohrtechnik@guss.buderus.de
www.guss.buderus.de

Buderus
GUSS

Jetzt mit Protector-Ring: der EWE-Wasserzählerschacht

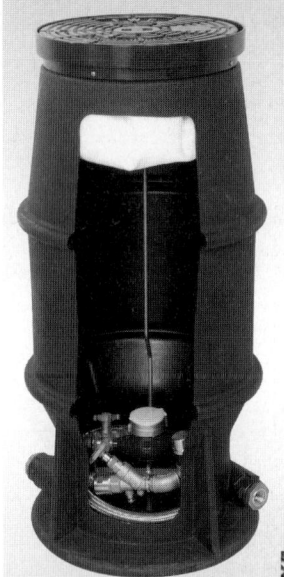

Vielseitige Verwendung, z. B.
- als Hausanschluss
- als Bauwasseranschluss
- in Parkanlagen
- in Kleingartenanlagen
- auf Campingplätzen
- auf Friedhöfen

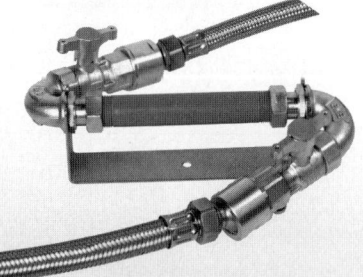

Über zehn Jahre im Einsatz bei zufriedenen Kunden, stabil durch runde Formgebung, belastbar und druckfest, mit fester Rohrdeckung oder in teleskopierbarer Ausführung.

EWE ARMATUREN GmbH & CO. KG
Tel.: 05 31 – 37 00 50 · Fax: 05 31 – 37 00 555
email: info@ewe-armaturen.de · Internet: www.ewe-armaturen.de

3.2 Wasserfassungen

und die Ausdehnung des zugehörigen Einzugsgebietes. Bei Kluftgrundwasserleitern und in Gebieten mit nur geringen Kenntnissen über den zur Nutzung vorgesehenen GW-Leiter sind Versuchsbohrungen zu empfehlen. Damit können wichtige Aussagen zur Mächtigkeit und Tiefe des GW-Leiters und seiner Ergiebigkeit gewonnen werden.

Das Filterrohr ist so anzuordnen, dass nur ein hydrogeologisch definiertes GW-Stockwerk erschlossen wird. Nur so ist eine schlüssige Entnahmebilanz des genutzten GW-Stockwerks möglich. Außerdem wird verhindert, dass qualitativ unterschiedliche Grundwässer bei der Entnahme gemischt werden.

Der Enddurchmesser der Bohrung wird bestimmt durch den notwendigen Durchmesser des Filterrohres und die Dicke der Filterkiesschicht. Bei tiefen Brunnen sind für den Filterrohrdurchmesser die

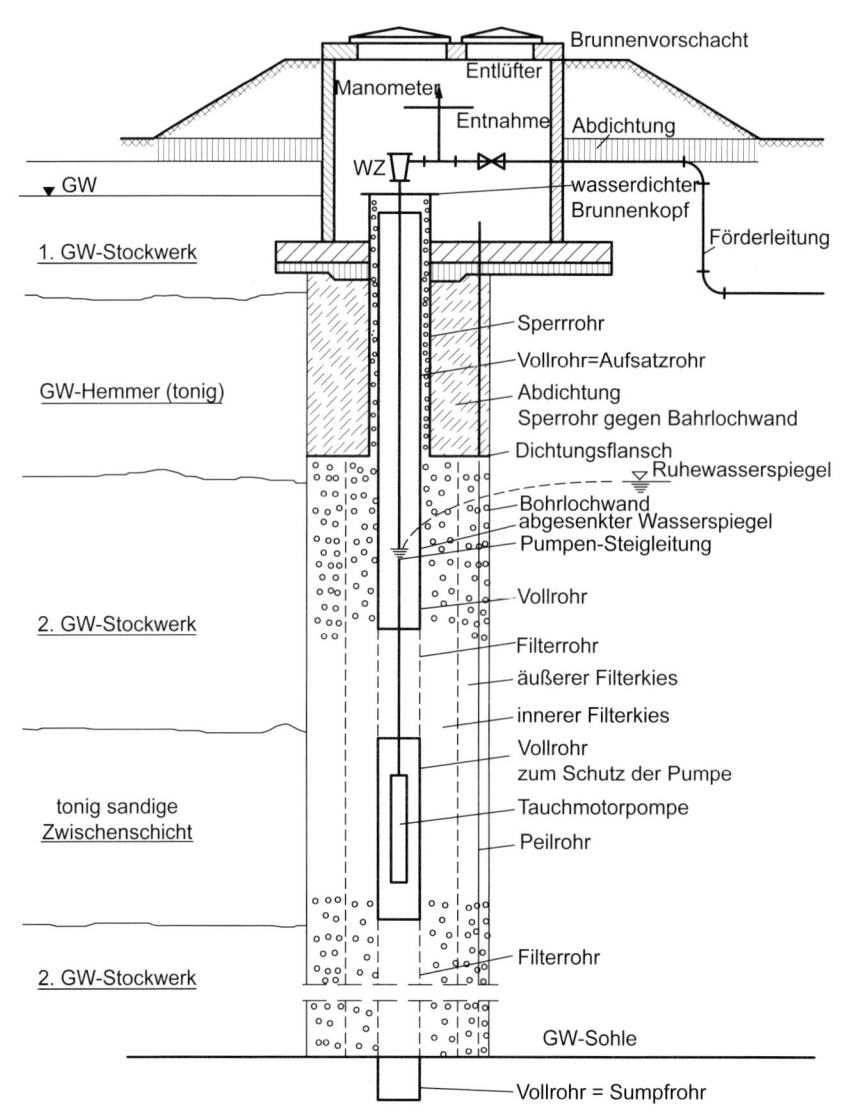

Abb. 3-33: Schema eines Bohrbrunnens in der üblichen Ausführung als Kiesfilterbrunnen GW-Entnahme aus dem 2. GW-Stockwerk.

Abmessungen der Entnahmeleitung, der Tauchmotorpumpe und des Saugventils maßgebend. Auch bei kleinen Entnahmen sollte der Durchmesser des Filterrohres mindestens 300 mm, bei Entnahmen von 10 l/s bis 30 l/s mindestens 350 mm betragen. Die Filterkiesschicht wird meist mit mind. 100 mm Dicke, nur ausnahmsweise im Festgestein mit etwas geringerer Dicke nach DIN 4924 gewählt, so dass der kleinste Enddurchmesser eines Bohrbrunnens beträgt: $300 + 2 \cdot 100 = 500$ mm.

Wegen des Außendurchmessers der Tauchmotorpumpe und der Flansche der Steigleitung ist es besser, mit $400 + 2 \cdot 100 = 600$ mm zu rechnen.

Bei flachen Bohrungen, besonders in gering mächtigem GW in Lockergesteinen ist demgegenüber für die Bemessung der Filter- und Bohrlochdurchmesser die Filter- und Bohrlocheintrittsfläche maßgebend. Die Bohrlocheintrittsfläche begrenzt das Fassungsvermögen des Brunnens. In Lockergesteinen sind die Mehrkosten für Bohrungen größeren Durchmessers gering, so dass große Abmessungen gewählt werden können, etwa mindestens Enddurchmesser der Bohrung 1000 mm, Filterdurchmesser 400 mm, bis Enddurchmesser der Bohrung 1500–2000 mm, Filterdurchmesser 400–600 mm. Bei den Brunnen im Festgestein sind die Bohrtiefen größer, die Ergiebigkeit Q/s meist erheblich kleiner als bei Brunnen im Lockergestein, die Entnahme ist kaum durch das Brunnenfassungsvermögen begrenzt, die Bohrkosten sind hoch, insbesondere bei Zunahme des Bohrdurchmessers. Es werden daher i. A. Enddurchmesser der Bohrung von bis 600 mm, selten von 800 mm gewählt.

Auf Grund des hydrogeologischen Gutachtens wird vom Auftraggeber die voraussichtliche Tiefe und der in dieser Tiefe geforderte Enddurchmesser der Bohrung angegeben. Es ist dann Aufgabe der Bohrfirma, entsprechend den zu erwartenden geologischen Verhältnissen und der eigenen Bohrausrüstung und Bohrverfahren das Bohrprogramm, Anfangsdurchmesser, Absetzen des Bohrdurchmessers, Einbau und Absetzen der Bohrrohre festzulegen.

3.2.4.4.3 Herstellen der Bohrung

1. Vorschacht – Bodenarten nach DIN 18300:
Bei der Kalkulation von Erdarbeiten für Baugruben, Brunnenvorschächte und Rohrleitungsanschlüsse sind die „Boden- und Felsklassen" nach Pkt. 2.3 der DIN 18300 anzuwenden:

Klasse 1	Oberboden
Klasse 2	fließende Bodenarten
Klasse 3	leicht lösbare Bodenarten
Klasse 4	mittelschwer lösbare Bodenarten
Klasse 5	schwer lösbare Bodenarten
Klasse 6	leicht lösbarer Fels und vergleichbare Bodenarten
Klasse 7	schwer lösbarer Fels

2. Bohrungen – Einheitliches Benennen und Darstellen der Ergebnisse:
Für die einheitliche Beschreibung der bei Bohrungen durchteuften Boden- und Felsschichten sind die Benennungen, Kurzzeichen und Beschreibungsmerkmale nach DIN 4022, Teil 1, Tabelle 5, Benennen und Beschreiben wichtiger Gesteinsarten, heranzuziehen (**s. Tab. 3-19**).
Ein Schichtenverzeichnis nach Tabelle 6 soll sicherstellen, dass die für die Auswertung notwendigen bohrtechnischen Angaben möglichst vollständig erfasst und die erbohrten Boden- u. Felsarten sowie die Wasserverhältnisse einheitlich festgehalten werden.
Für die zeichnerische Darstellung der Ergebnisse von Baugrund und Wasserbohrungen ist DIN 4023 maßgeblich.
Für das Aufstellen der Leistungsverzeichnisse bei Bohrarbeiten gilt DIN 18301 und bei Brunnenbauarbeiten DIN 18302. Da beide Leistungen meistens ineinander übergehen, sind immer beide Vorschriften miteinander zu sehen.

3. Bohrverfahren
3.1. Schlagbohrverfahren – es wird das Bohrgut durch Schlagen oder Drehschlagen gelöst. Dabei werden Trockenbohren, Seilschlagbohren u. Hammerbohren unterschieden.
Die **Tab. 3-20** gibt eine Übersicht über die Bohrverfahren und ihre Haupteinsatzgebiete.

3.2 Wasserfassungen

Tab. 3-19: DIN 4022, Teil 1, Tabelle 5. **Benennen und Beschreiben wichtiger Gesteinsarten**

1	2	3	4	5	6	7	8	9	10
Benennung	Kurzzeichen nach DIN 4023	Körnig	Raumausfüllung	Festigkeit Kornbindung	Härte	Salzsäureversuch	Veränderlichkeit in Wasser	Farbe vorhersehbar	Sonstige Merkmale
1 Konglomerat Brekzie	Gst	vollkörnig bis teilkörnig	meist porös	mäßig bis gut	keine Angabe	0 bis ++	nicht bis mäßig veränderlich	gelb, grau, braun Kieskorngröße	
2 Sandstein	Sst	vollkörnig	dicht bis porös	meist gut	3 bis 6	0	nicht veränderlich	grau, braun, rot, grün	Feinkies bis Mittelsandgröße Bei kalkigem Bindemittel HCL ++
3 Schluffstein	Ust	nichtkörnig	dicht	gut	3 bis 5	0	meist nicht veränderlich	grau, braun	Schnittfläche stumpf
4 Tonstein	Tst	nichtkörnig	dicht	gut	3 bis 5	0	nicht bis mäßig veränderlich	dunkelgrau	Korngröße nicht mehr erkennbar, Schnittfläche glänzend
5 Mergelstein	Mst	nichtkörnig	dicht	gut	3 bis 4	+	mäßig bis nicht veränderlich	grau, braun	Schnittfläche oft glänzend
6 Kalkstein	Kst	nichtkörnig oder vollkörnig	dicht	gut	4	++	nicht veränderlich	weiß, grau, gelb, rot, grün	
7 Dolomitstein	Dst	nichtkörnig oder vollkörnig	dicht bis kavernös	gut	4	0	nicht veränderlich	grau, gelblich	
8 Kreidestein	Krst	nichtkörnig	dicht bis porös	Mäßig bis gut	2 bis 3	++	nicht veränderlich	weiß, grau	
9 Kalktuff	Ktst	vollkörnig	porös bis kavernös	Überwiegend mäßig	3 bis 4	++	nicht veränderlich	grau, braun	
10 Anhydrit	Ahst	nichtkörnig	dicht	Gut	4 bis 5	0	mäßig veränderlich	weiß, grau	
11 Gipsstein	Gyst	nichtkörnig oder vollkörnig	dicht	mäßig	3	0	mäßig veränderlich	weiß, grau	
12 Salzgestein	Sast	nichtkörnig	dicht	mäßig	3	0	veränderlich	weiß, grau, rötlich, bläulich	stumpfes Aussehen
13 Steinkohle	Stk	nichtkörnig oder vollkörnig	dicht	mäßig	2 bis 3	0	nicht veränderlich	schwarz	brennbar
14 Quarzit	Q	nichtkörnig oder vollkörnig	dicht	sehr gut	über 6	0	nicht veränderlich	weiß, grau, braun	muscheliger Bruch
15 Granit	Ma	vollkörnig	dicht	sehr gut	über 5	0	nicht veränderlich	mehrfarbig	meist aus weißen, gelben und glänzenden Bestandteilen
16 Gabbro	Ma	vollkörnig	dicht	sehr gut	5	0	nicht veränderlich	dunkelgrau	aus mehreren Bestandteilen
17 Basalt	Ma	meist nichtkörnig	dicht	sehr gut	5	0	nicht veränderlich	dunkelgrau	häufig säulige Formen erkennbar
18 Tuffstein	Vst	teilkörnig oder vollkörnig	porös bis löcherig	gut bis mäßig	3 bis 5	0	nicht veränderlich	grau, dunkelbraun	meist auffallend geringe Wichte
19 Gneis	Ma	vollkörnig	dicht	meist gut	4 bis 6	0	nicht veränderlich	mehrfarbig	parallele Einregelung der Bestandteile
20 Glimmerschiefer	Bl	vollkörnig	dicht	gut bis mäßig	3 bis 4	0	nicht veränderlich	mehrfarbig	zeigt glänzend Bestandteile
21 Phyllit	bl	nichtkörnig	dicht	gut	4	0	nicht veränderlich	dunkelgrün bis grau	seidig glänzend

Tab. 3-20: *Übersicht der Bohrverfahren für die Grundwassererschließung und -gewinnung (nach DVGW-Arbeitsblatt W 115)*

Verfahrenstyp	DREHBOHRVERFAHREN		SCHLAGBOHRVERFAHREN		
	drehend		drehend o. schlagend	schlagend	Schlagend z. T. drehschlagend
- Lösen des Bohrgutes					
- Bohrgutförderung	Kontinuierlicher Bohrgutaustrag mit direkter Spülstromrichtung = Rechtsspülung	Kontinuierlicher Bohrgutaustrag mit indirekter Spülstromrichtung	Diskontinuierlicher Bohrgutaustrag		Kontinuierlicher Bohrgutaustrag mit direkter Spülstromrichtung = Rechtsspülung
Bohrverfahren	Druckspühlbohren	Saugbohren	Lufthebebohren	Trockenbohren	Seilschlagbohren	Hammerbohren
Beschreibung in W 15	3.3.2.1/ Bild 1	3.3.2.2/ Bild 3 links	3.3.2.2/ Bild 3 rechts	3.3.3 und 3.4	3.4/ Bild 4	3.4/ Bild 5
Haupteinsatzgebiete	Wassererschließung Wassergewinnung Solebohrungen Thermalsolebohrungen Mineralwasser-bohrungen	Wassergewinnung	Wassererschließung Wassergewinnung Großlochbohrungen	Baugrunderkundung Altlasterkundung Wassererschließung Wassergewinnung	Wassererschließung Wassergewinnung Mineralwasserbohrung Solebohrung Thermalwasserbohrung	Wassererschließung Wassergewinnung
Spülungsmedium Spülungsförderung	Flüssigkeitsspülung Kolben- u. Kreiselpumpe	Flüssigkeitsspülung Kreiselpumpe	Flüssigkeitsspülung Verdichteter Ein- und Mehr-stufenmeißel mit Schneidmessern für Lockergebirge Flügelmeißel für Loc<ergergebirge Rollenmeißel für Festge-stein			Luftspülung Verdichter Hartmetallbohrköpfe mit Einfach-, Kreuz und x-Schneiden sowie Hartmetallstifte
Bohrwerkzeuge	Rollenmeißel Hartmetallkronen Diamantkronen Flügelmeißel	Ein- und Mehr-stufenmeißel mit Schneidmessern für Lockergebirge Flügelmeißel für Lockergebirge Rollenmeißel für Festgestein		Schappe Ventilbüchse Kiespumpe Schnecke Krätzer Greifer Meißel Hohlbohrschnecke	Ventilbüchse Blattmeißel Backenmeißel Kreuzmeißel Erweiterungsmeißel	
Sicherung der Bohrlochwand	Standrohre Sperrrohre sofern. erf. Spülung	Standrohre Sperrrohre sofern. erf. Spülung	Standrohre Sperrrohre sofern. erf. Spülung	Bohrrohre Wasserüberdruck	Bohrrohre Wasserüberdruck	Standrohre Sperrrohre sofern. erf.
Bohrstrang	Bohrgestänge mit Schraubverbindern	Bohrgestänge mit Flanschverbindern oder Schraubverbindern	Bohrgestänge mit Flanschverbindern oder Schrauverbindern mit eingehängter oder inte-grierter Luftleitung oder Doppelwandgestänge	Bohrgestänge mit Schnellverbinder, Stahlseil mit oder ohne Schwerstange	Stahlseil mit Schwerstange	Bohrgestänge mit Schraubverbindern
Bohrstrangantrieb u. Antrieb für Hilfswerkzeuge	Drehtisch, Kraftdrehkopf	Drehtisch, Kraftdrehkopf	Drehtisch, Kraftdrehkopf		Seilwinde mit Freifalleinrichtung, Schlämmtrommel, hydraulischer Verrohrungsdrehtisch mit Kraftdrehkopf	Seilwinde mit Freifalleinrichtung, Schlämmtrommel
Brunnenausbau	Sperrrohre, Aufsatzrohre, Filterrohre	Sperrrohre, Mantelrohre, Aufsatzrohre, Filterrohre	Sperrrohre, Mantelrohre, Aufsatzrohre, Filterrohre	Sperrrohre, Mantelrohre, Aufsatzrohre, Filterrohre	Sperrrohre, Mantelrohre, Aufsatzrohre, Filterrohre	Sperrrohre, Mantelrohre, Sperrrohre, Aufsatzrohre, Filterrohre Filterrohre

3.1.1. Trockenbohren – sind schlagende Verfahren, sie benützen keine Spülflüssigkeit, so dass das Bohrloch verrohrt werden muss, wenn es nicht standfest ist, z. B. in Lockergesteinen und zum Nachfall neigenden Festgesteinen. Wegen der Schwierigkeiten beim Einbau und Wiederziehen der Verrohrung muss der Durchmesser der Bohrung entsprechend den Bodenverhältnissen teleskopartig mit Zunahme der Tiefe vermindert werden. Trotz der Bezeichnung des Verfahrens wird nicht im Trockenen gebohrt, sondern wenn im Bohrloch nicht genügend Wasser nachsickert, muss Wasser nachgegossen werden, damit die im Bohrloch gelösten Massen als breiartiger Schlamm mittels Ventilbüchsen und Schlammbüchsen entfernt werden können. In Lockergesteinen wird mit Ventilbüchse, Kiespumpe, bei großen Durchmessern der Bohrung auch mit Greifer eines Baggers gearbeitet, wobei bindige Schichten, wie Lehm, Ton, Mergel mit Schappen am Gestänge, festgelagerte Steine mit Krätzen gelockert werden. In Festgesteinen werden zum Zerkleinern der Gesteine Flach- und Kreuzmeißel o. ä. verwendet, die durch Freifall eine schlagende Wirkung ausüben müssen. Bei dem Gestänge-Freifallverfahren wird die erforderliche Drehung des Meißels nach jedem Schlag von Hand durchgeführt, für das Entfernen des Bohrschmandes mittels Schlammbüchse muss jeweils das Gestänge des Meißels abmontiert werden.

3.1.2. Seilschlagbohren – hier entfällt diese zeitraubende Unterbrechung, wobei der Seildrall das Versetzen des Meißels bewirkt. In geeigneten Bodenschichten wird statt des Meißels eine Schlagbüchse am Seil verwendet, deren Unterseite zum Zerschlagen der Gesteine hergerichtet ist, und die ohne zusätzlichen Arbeitsgang den Bohrschmand aufnehmen und beim Herausziehen mitnehmen kann. Ohne den Zeitaufwand für das Einbringen der Verrohrung beträgt der Bohrfortschritt bei den genannten Schlagbohrverfahren je nach Härte des Gesteins 1–4 m/d, i. A. 2–3 m/d.

Ein Bohrloch kann von Natur aus standfest sein, z. B. in hartem Festgestein. Häufig aber werden nichtstandfeste Gesteinsarten angetroffen, z. B. Lockergesteine, zu Nachfall und Quellen neigendes Festgestein. Beim Trockenbohren und Seilschlagbohren ist hierbei eine Verrohrung erforderlich.

Häufiges Absetzen der Bohrrohrdurchmesser, etwa alle 10 bis 15 m Tiefe, ist notwendig, um die Bohrrohre ohne Schwierigkeit wieder ziehen zu können, **Abb. 3-34**. Das Absetzen ist umso häufiger erforderlich, je größer der Durchmesser der Bohrung und der Tongehalt der Bodenschichten ist. Bei der Festlegung des Bohrprogrammes und des Anfangsdurchmessers der Bohrung ist dies zu beachten. Ein Absetzen des Bohrdurchmessers ist auch bei Wechsel der Bohrschichten zweckmäßig, wenn verhindert werden muss, dass beim Tieferbringen der Bohrrohre tonige Bestandteile mit der Rohrtour in tiefere Schichten gezogen werden und dadurch die Entnahmerate eines Brunnens wesentlich vermindert wird. Im allgemeinen werden die Bohrrohre während des Brunnenausbaus wieder gezogen. Die wirksame Abdichtung des Brunnens gegen Eindringen von Oberflächenwasser entlang der beim Bohrvorgang unregelmäßig gelockerten Bohrlochwand ist mittels Sperrrohr und Abdichtung besser gewährleistet. Sind jedoch im Bereich der vorgesehenen Abdichtung stark quellende Tone, wie z. B. Feuerletten, dann kann auch durch das Belassen der Bohrrohre eine wirksame Abdichtung erreicht werden, vor allem wenn die Gefahr besteht, dass die Bohrrohre wegen der großen Haftung im Tonbereich beim Ziehen abreißen. Falls Bohrrohre in der Bohrung verbleiben, müssen sie dicht sein, z. B. keine offenen Nietlöcher o. ä. haben.

Die Bohrrohre werden durch Schrauben, Nieten oder Schweißen miteinander verbunden. Wandstärke und Rohrverbindung müssen den hohen Belastungen entsprechen, es sind Zieh- und Pressbeanspruchungen, zentrische oder einseitige Gebirgsdrücke, Wasserüberdruck zwischen innen und außen.

3.1.3. Hammerbohrverfahren – wird für Aufschluss- und Versuchsbohrungen in sehr hartem Gestein verwendet, wenn Spülbohrungen zu teuer sind und zu geringen Bohrfortschritt haben. Beim Hammerbohren wird ein mit Hartmetall besetzter Schlagbohrmeißel mittels Druckluft bewegt, die Auspuffluft dient als Spülmedium, das Umsetzen des Meißels erfolgt durch eine Drehbohrmaschine am Gestänge. Die im Ringraum zwischen Gestänge und Bohrlochwand nach oben strömende Luft entlastet das im Bohrloch befindliche Wasser, was einem laufenden Pumpversuch entspricht. Das Gestein wird in verhältnismäßig großen Bruchstücken losgeschlagen und in kürzester Zeit nach oben gefördert, so dass schnell und genau Proben beurteilt werden können. Vorteilhaft ist auch, dass die Klüfte nicht verschmiert werden und feine Sande, wie Dolomitasche, mit nach oben gefördert werden. Die Standverrohrung muss wasser- und luftdicht sein, damit keine Luft nach außen dringen kann. Eine

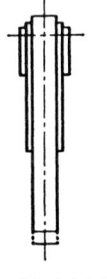

Abb. 3-34: Schema der Verrohrung

Hammerbohrung erfordert einen erheblichen Luftbedarf; wegen der notwendigen Größe der Kompressoranlage liegt der wirtschaftliche Durchmesser der Bohrung bei etwa 300–400 mm. Der Bohrfortschritt beträgt 20 m/d und mehr, entsprechend dem Bohrdurchmesser.

3.2. Drehbohrverfahren – sind drehende Verfahren. Bei den Drehbohrverfahren unterscheidet man zwischen Verfahren mit direkter Spülstromrichtung (Druckspülbohren – Rotary Verfahren – Rechtsspülen) und mit inverser Spülstromrichtung (Linksspülen, Saugbohren, Lufthebeverfahren). Mit der kontinuierlich umlaufenden Spülung wird nicht nur kontinuierlich der Bohrschmand entfernt, sondern auch die Bohrlochwand durch inneren Überdruck, z. B. höherer WSp, höheres spezifisches Gewicht der Spülung, ohne Einbringen einer Verrohrung, standfest gehalten, so dass wegen des Entfalls des beim Trockenbohrverfahren erforderlichen oftmaligen Herausnehmens des Bohrmeißels und Ein- und Ausführen der Schlammbüchsen der Bohrfortschritt beim Drehbohrverfahren bis 5 mal so groß wie beim Trockenbohrverfahren sein kann und Werte bis zu 20 m im Tag erreicht. Da keine Verrohrung eingebaut werden muss, kann die Bohrung in der ganzen Tiefe mit gleichem Durchmesser durchgeführt werden. Bei den Drehbohrverfahren werden die Bodenschichten mit Flügelmeißel, bei fester Lagerung mit Rollenmeißel gelockert, die an großkalibrigen Bohrgestängen befestigt, mit Schwerstangen zur Erhöhung des Anpressdruckes beschwert, von dem Drehtisch über Tage aus gedreht werden. Die Drehbohrverfahren eignen sich nicht nur in Lockergesteinen, sondern auch in gewissem Umfang in Festgesteinen. Bei sehr harten Festgesteinen ist die Abnützung der Schneidkronen der Meißel sehr hoch.

Der hohe Kostenaufwand für die Baustelleneinrichtung von Spülbohrungen ist wirtschaftlich tragbar bei tiefen Brunnen und vor allem, wenn mehrere Bohrungen zu erstellen sind. Auch die geringe Bohrzeit kann wirtschaftlich vorteilhaft sein. Nachteilig ist die Schwierigkeit des Gewinnens ungestörter Bodenproben. Wichtig ist, dass die Bohrlochwände nicht durch die Spülflüssigkeit verschlammt oder verunreinigt werden. Es ist daher immer ratsam, für die Spülwassergewinnung einwandfreies Grundwasser zu verwenden, z. B. aus einem provisorisch erstellten Arbeitsbrunnen.

3.2.1. Druckspülbohren – Die mit Spülzusätzen spezifisch schwerer gemachte Spülflüssigkeit wird durch das Gestänge abwärts gepumpt, diese steigt im Zwischenraum zwischen Bohrlochwand und Gestänge zusammen mit dem Bohrschmand auf. Spülzusätze sind hier erforderlich, damit die Spülflüssigkeit nicht wegen des höheren Überdrucks z. B. bei tiefliegendem GWSp, in den Untergrund abfließt. Wegen der Gefahr der Verbackung der Bohrlochwand hat sich dieses Verfahren beim Brunnenbau in Lockergesteinen in Deutschland nicht durchgesetzt, dagegen bei sehr tiefen Brunnen mit geringem Durchmesser in Festgesteinen.

3.2.2. Linksspülverfahren – sind Saugbohren und Lufthebebohren. Bei diesem meist angewendeten Verfahren wird Klarwasser in den Zwischenraum zwischen Bohrlochwand und Gestänge gefördert, das mit dem Bohrschmand im Hohlraum des Gestänges nach oben in den Spül-Absetzteich fließt. Der Inhalt dieses Spülteiches soll mind. 2–3 mal so groß wie das Volumen des Bohrloches sein. Von dem Spülteich fließt das durch Absetzen geklärte Wasser wieder in den Zwischenraum zwischen Bohrlochwand und Gestänge, wo der WSp etwa in Höhe des Spülteiches gehalten wird. Wegen des kleinen Durchflussquerschnitts im Gestänge ist die Transportfähigkeit auch für Geröll und einzelne Steinbrocken sehr gut, so dass die Gesteine nicht ganz zermahlen werden müssen.

3.2.3. Saugbohren – Die Bewegung der Spülflüssigkeit wird mittels einer Schmutzwasserkreiselpumpe bewirkt, die zur Entlüftung mit Vakuumkessel und Vakuumpumpe ausgestattet sein muss. Die Leistung des Saugbohrverfahrens ist durch die manometrische Förderhöhe auf der Saugseite von theoretisch 10 m, unter Berücksichtigung des spezifischen Gewichts der Spülflüssigkeit von 6 bis 8 m begrenzt. Undichtheiten der Leitung und Reibungsverluste des Spülstromes vermindern diese Förderhöhe, so dass die Bohrtiefe bei diesem Verfahren begrenzt ist.

3.2.4. Lufthebebohren – Es wird für die Hebung der Spülflüssigkeit eine Mammutpumpe verwendet, deren Einblasstelle sich am unteren Ende des Bohrgestänges befindet. Mit zunehmender Einbautiefe nimmt die Leistungsfähigkeit des Lufthebeverfahrens zu, die des Saugbohrverfahrens dagegen ab.

3.2.5. Kernbohrverfahren – Es wird i. A. nur für Untersuchungsbohrungen in Festgesteinen verwendet, um Kenntnis über Vorhandensein und Verlauf von Spalten und Gesteinslagerung zu erhalten. Hier wird ein Hohlzylinder, das Kernrohr, dessen unteres Ende mit Schneidwerkzeugen besetzt ist, mittels Gestänge von einem oberen Drehtisch gedreht und der Bohrschmand mittels Spülflüssigkeit ausgespült.

DAS ABT-PROGRAMM:

AUFSCHLUSSBOHRUNGEN
GRUNDWASSERMESSSTELLEN
BRUNNENBOHRUNGEN
HORIZONTALFILTERBRUNNEN
ANLAGENBAU
WASSERLEITUNGEN
GASLEITUNGEN
KANALBAU
DÜKERBAU
DURCHPRESSUNGEN
SEELEITUNGEN
BEROHRUNG
BRÜCKENBAUWERKE
SPEZIALTIEFBAU
BRUNNENREGENERIERUNG
UND BRUNNENSANIERUNG

ABT
WASSER- UND
UMWELTTECHNIK GMBH
BUSSARDSTRASSE 5
82166 GRÄFELFING
TELEFON 0 89 / 89 89 02 46
FAX 0 89 / 89 89 02 47
INFO@ABT-WUT.DE
WWW.ABT-WUT.DE

ABT
WASSER-
UND UMWELTTECHNIK GMBH

Baumängel erkennen, beheben, vermeiden

Oswald, Rainer / Abel, Ruth
Hinzunehmende Unregel-mäßigkeiten bei Gebäuden
Typische Erscheinungsbilder - Beurteilungskriterien - Grenzwerte
3., vollst. überarb. u. erw. Aufl. 2005.
163 S. Geb. € 74,90
ISBN 3-528-11689-7

Schulz, Joachim
Architektur der Bauschäden
Schadensursache - Gutachterliche Einstufung - Beseitigung - Vorbeugung
2006. XI, 262 S. mit 381 Abb. Br.
€ 29,90
ISBN 3-8348-0054-6

Schulz, Joachim
Sichtbeton-Planung
Kommentar zur DIN 18217
Betonflächen und Schalungshaut
2., neubearb. und erw. Aufl. 2004.
XII, 192 S. Br. € 25,90
ISBN 3-528-01760-0

Schulz, Joachim
Sichtbeton-Mängel
Gutachterliche Einstufung, Mängelbeseitigung, Betoninstandsetzung
2., neubearb. und erw. Aufl. 2004.
XII, 207 S. Br. € 25,90
ISBN 3-528-01761-9

Stahr, Michael / Pfestorf, Karl-Heinz / Kolbmüller, Hilmar / Hinz, Dietrich
Bausanierung
Erkennen und Beheben von Bauschäden
3., akt. Aufl. 2004. XVI, 586 S. (Vieweg Praxiswissen) Geb. € 44,90
ISBN 3-528-27715-7

Timm, Harry
Estriche
Arbeitshilfen für Planung und Qualitätssicherung
3., vollst. überarb. Aufl. 2004.
IX, 183 S. Br. € 32,90
ISBN 3-528-11700-1

vieweg

Abraham-Lincoln-Straße 46
65189 Wiesbaden
Fax 0611.7878-400
www.vieweg.de

Stand Juli 2006.
Änderungen vorbehalten.
Erhältlich im Buchhandel oder im Verlag.

Wenn das Kernrohr gefüllt ist, wird mittels besonderer Vorrichtung die Gesteinssäule abgeknickt und das Kernrohr mit der Gesteinsprobe nach oben gehoben. Der Bohrfortschritt beträgt etwa 15–20 m/d. Die üblichen Durchmesser solcher Kernbohrungen sind 40 bis 200 mm, besonders häufig wird DN 100 gewählt.

4. *Bohrstelleneinrichtung* – Die Bohrgeräte werden durch Bohrmaschinen mittels Elektro- oder Dieselantrieb betrieben. Vorteilhafter ist der elektrische Anschluss, zumal damit auch die erforderlichen Pumpversuche günstig durchgeführt werden. Zum Ein- und Ausbau der Bohrwerkzeuge und der Bohrrohre wird über dem Bohrloch ein Bohrgerüst aufgestellt. Als solche werden verwendet Dreiböcke aus Stahl, Vierböcke, Bohrtürme, Bohrkran mit Ausleger, Klapp- und Teleskopmaste, in neuerer Zeit meist fahrbare Arbeitsgeräte.

Besonders muss darauf geachtet werden, dass durch Bohrarbeiten das GW nicht verunreinigt wird. Alle nicht für die Bohrung unmittelbar benötigten Teile der Baustelleneinrichtung, insbesondere die Lagerung von GW-gefährdenden Flüssigkeiten, Dieselöl usw. müssen außerhalb des Einzugsgebietes der Brunnen untergebracht werden. Für das Auffüllen der Arbeitsgeräte mit Treib- und Schmierstoffen sind geeignete Schutzvorrichtungen gegen die Verunreinigung des GW einzurichten. Diese Schutzmaßnahmen sind bereits in der Auftragserteilung für die Brunnenbauarbeiten mit festzulegen.

5. *Bohrlochsprengung* – Durch die Bohrung selbst wird nur ein schmaler Querschnitt des Gesteinskörpers erfasst. In manchen Gesteinsarten ist dagegen die Wasserführung auf wenige schmale Spalten beschränkt, die dann nur zufällig von der Bohrung erfasst werden können. Hier kann eine Bohrlochsprengung durch Schaffung künstlicher Klüfte eine Verbindung mit den wasserführenden Spalten bringen. Die genaue Höhenlage der Sprengung ist abhängig von der geologischen Formation. Sie muss im Bereich von Festgesteinen angeordnet werden. Im tonigen, mergeligen Bereich sind Sprengungen wirkungslos.

Mit Zunahme der Sprengladung von einer bestimmten Größe an wächst der Wirkungshalbmesser nur mehr wenig. Im allgemeinen werden etwa 15–20 kg, selten bis zu 50 kg Sprengstoff für eine Sprengung verwendet, dabei wird ein Wirkungshalbmesser von 10–20 m erreicht. Sprengungen können auch notwendig sein, wenn in ein Bohrloch Gesteinskanten hineinragen, die durch Meißel nicht erfasst werden. Meist wird hier aber versucht, die Strecke nach Einfüllen von hartem Material nochmals aufzubohren.

6. *Bohrachse und Bohrquerschnitt* – Wichtige Forderungen im Brunnenbau sind, dass die Bohrachse lotrecht und nicht schräg oder gar geknickt und schraubenlinienförmig ist und dass der Querschnitt der Bohrung kreisrund ist. Wenn diese Forderungen nicht erfüllt sind, ergeben sich erhebliche Schwierigkeiten beim Ein- und Ausbau der Bohrrohre, beim Einbau der Sperrrohre, Filter- und Vollrohre, aber auch beim Ein- und Ausbau der Entnahmevorrichtungen, z. B. Tauchmotorkreiselpumpe mit Steigleitung. So wird in den AWWA Standards for Deep Wells 1966 als größte Abweichung von der Senkrechten auf 30 m Tiefe ein Abstand von 2/3 des Durchmessers in diesem Tiefenbereich zugelassen.

Je kleiner der Bohrdurchmesser und je tiefer die Bohrung ist, um so eher ist eine Abweichung möglich. Die Gestänge-Freifallbohrung, die Seil-Freifallbohrung und die Drehbohrverfahren mit inverser Spülung neigen i. A. weniger zu Abweichungen. Messungen der Achsabweichung und Kalibermessungen sind meist teuer und zeitaufwendig. Sie können mit Fernsehuntersuchungen kombiniert werden, wenn das Bohrloch standfest und mit klarem Wasser gefüllt ist. Sie werden meist nur in Sonderfällen, z. B. Streitfällen, durchgeführt.

3.2.4.4.4 Brunnenausbau

1. Filterrohre

1.1. Allgemeines – Brunnen für zentrale Wasserversorgungsanlagen sind im Lockergestein immer mit Filterrohren auszubauen, auch im Festgestein ist ein Filter wegen mangelnder Standfestigkeit des Gebirges meistens notwendig. Die Wasserführung in den Bodenschichten findet fast immer in den Lockerungszonen statt, so dass besonders diese Schichten zum Nachfall neigen. Die Filterrohre müssen zusammen mit dem dahinterliegenden Filterkies die Standfestigkeit des Gebirges gewährleisten, gleichzeitig muss das Grundwasser möglichst sandfrei und mit geringem Filterwiderstand zufließen. Das Filtermaterial muss ausreichende Festigkeit bei allen Lastfällen (Einbau, Pumpversuche) aufweisen, gegen Verockerung und Korrosion unempfindlich sein und darf das geförderte Rohwasser nicht beeinträchtigen. Beim Entsandungspumpen müssen Feinsande herausgespült werden, ohne dass sie das Filterrohr verlagern, während die gröberen Bestandteile zurückgehalten werden.

Der Filterwiderstand muss möglichst gering sein, er ist abhängig von der Größe und Form der Eintrittsöffnungen und der möglichen Verlagerung durch Filterkies. Diese Forderungen werden dadurch erfüllt, dass die Filterrohre mit Schlitzbrücken, Kiesabweisern, Rillen usw. versehen und die Kanten der Öffnungen abgerundet werden. Vorteilhaft ist, wenn das Filterrohr möglichst viele kleine Öffnungen hat, statt wenige große, und wenn die Filteröffnungen gleichmäßig über die Filterfläche verteilt sind. Das Filterrohrmaterial muss gegen Aggressivität des Wassers geschützt werden. Für die Wahl des Filterrohres muss daher der chemische Befund des Brunnenwassers bekannt sein. Das Filterrohr muss ferner eine ausreichende mechanische Festigkeit haben. Es wird durch das Eigengewicht, auch des darüberliegenden Aufsatzrohres, auf Knickung belastet. Ein unsachgemäßes Einbringen des Filterkieses und schräg einfallende Gesteinsschichten können erhebliche Seitenkräfte verursachen. Beim Einbau entstehen große Zugkräfte, wenn nicht das Filterrohr auf ein Bodenstück abgestützt und am Gestänge eingebracht wird. Um die Filterrohre genau zentrisch in das Bohrloch einzubringen, werden Zentrierungen angebracht.

Die statische Bemessung von Ausbaurohren ist im DVGW-Arbeitsblatt W118, E 6.2004, ausführlich dargestellt.

Für Filterrohre gelten die folgenden DIN Normen:
– Stahlfilterrohre DIN 4922 Teil 1-4
– PVC-U – Filterrohre DIN 4925 Teil 1-3
– Wickeldrahtfilterrohre aus nichtrostendem Stahl E DIN 4935 Teil 1-3

Nachfolgend sind die wichtigsten Angaben zu Nennweiten, Baulängen und Rohrverbindungen aus diesen Normen zusammengestellt:
– DIN 4922 Teil 1-4 Stahlfilterrohre für Brunnen

DIN 4922 Teil 1 – mit Schlitzbrückenlochung und Laschenverbindung
DN (mm) (100), 200, 300, (350), 400, 500, 600, 800, 1000.Baulängen (m) 2, (2,5), 3.
Die in Klammer stehenden Abmessungen sollen möglichst nicht verwendet werden.
In dieser Norm sind die Abmessungen der Schlitzbrückenlochung und geschweißter sowie geschraubter Laschenverbindungen festgelegt.

DIN4 922 Teil 2 – mit Gewindeverbindung
DN (mm) (100), 150, 200, 250, 300, 400, 500.Baulängen (m) 2, 2,5, 3, 4, 5.
Die speziell für den Brunnenbau entwickelte Gewindeform ist mitgenormt.

DIN 4922 Teil 3 – mit Flanschverbindung
DN (mm) 500, 600, 800, 1000.Baulängen (m) 2, (2,5) 3.
Auf Wunsch sind auch Baulängen von 4, 5, und 6m möglich mit zusätzlicher Rundschweißnaht.

DIN 4922 Teil 4 – mit zugfester Steckmuffenverbindung
DN (mm) 100, 150, 200, 250, 300, 400, 500.Baulängen (m) 2, 2,5, 3, 4, 5, 6,.
Für alle 4 Teile der DIN 4922 gilt:.Die Vollwandrohre entsprechen den Filterrohren in den Abmessungen Außendurchmesser, Wanddicke und Baulänge.
Die Schlitzbrückenlochung nach DIN 4922.Teil 1 ist Standard, andere Lochungen bedürfen einer gemeinsamen Vereinbarung.

– DIN 4925 Teil 1-3
Filter- und Vollwandrohre aus weichmacherfreiem PVC-U für Brunnen
DIN 4925 Teil 1 – mit Withworth Rohrgewinde
DN (mm) 35 ,40, 50, 60, 100.Baulängen (m) 1, 2, 3, 4
DIN 4925 Teil 2 – mit Trapezgewinde
DN (mm) 100, 115, 125, 150, 175, 200.Baulängen (m) 1, 2, 3, 4.
DIN 4925 Teil 3 – mit Trapezgewinde
DN (mm) 250, 300, 350, 400.Baulängen (m)1, 2, 3, 4.
Die Abmessung der Filterschlitze ist mitgenormt.

– E DIN 4935 Teil 1-3 ENTWURF (liegt derzeit der Öffentlichkeit zur Prüfung vor)
Wickeldrahtfilterrohre aus nichtrostendem Stahl für Brunnen

E DIN 4935 Teil 1 DN 40 – DN 100 mit kontinuierlicher Spaltweite und Gewindeverbindung
Gewinde nach DIN 2993-1 DN (mm) 40, 50, 65, 80, 100 .
E DIN 4 935 Teil 2 DN 100 – DN 500 mit kontinuierlicher Spaltweite
DN (mm) 100, 125 ,150 ,175, 200, 250.I 300 ,350 ,400 .
Gewindeverbindung nach DIN 4925 Teil 1-3I DIN 4922 Teil 2
oder Steckmuffenverbindung nach DIN 4922 Teil 4
E DIN 4935 Teil 3 DN 500 – DN 1000 mit kontinuierlicher Spaltweite und Flanschenverbindung
Flansch nach DIN 4922 Teil 3 DN (mm) 500, 600, 700, 750, 800, 850, 900, 1000.
Die Baulängen für Wickeldrahtfilterrohre sind ab 1 m lieferbar.
Als Vollwandrohre können solche aus nichtrostendem Stahl nach DIN EN ISO 1127 nebst DIN 17455/ 17456 aus kunststoffbeschichtetem Stahl (kb) oder aus PVC-U nach DIN 4925-1 eingesetzt werden. Wickeldrahtfilter besitzen gegenüber den herkömmlichen Schlitzbrückenfiltern aus Stahl, bzw. Schlitzfiltern aus PVC-U eine wesentlich höhere Filtereintrittsfläche. Damit kann ein Brunnen in der Regel besser entsandet und insgesamt leistungsfähiger entwickelt werden. Auch die Regenerationsmöglichkeit ist vergleichsweise besser.
Wickeldrahtfilter sind aber auch deutlich teuerer als die herkömmlichen Filterrohre.

1.2. Stahl-Filterrohre
Abmessungen – Stahlrohre haben eine hohe mechanische Festigkeit, sie werden überwiegend mit Schlitzbrückenlochung nach DIN 4922 ausgeführt. Rundlochung und Langlochung haben gegenüber der Schlitzbrückenlochung die Nachteile, dass die Festigkeit des Filterrohrs erheblich gemindert ist, dass keine Kiesabweisung vorhanden ist und wegen der für den Wassereintritt erforderlichen großen Lochweiten entweder 2–3 fache Kiesschüttung oder Filtergewebe benötigt werden. Sie kommen daher im Brunnenbau selten mehr zur Anwendung.
Schlitzweite, Schlitzbrückenöffnung und Schlitzlänge bestimmen den freien Durchlas der Filtermantelfläche. Dieser beträgt z. B. bei 7 mm Schlitzbreite, Wanddickenbereich 4–6 mm, Steghöhe 2 mm, 11,8–13,2 %, bei Steghöhe 3 mm 17,8–19,9 % der Vollrohrmantelfläche. Die verfügbare Filtereintrittsfläche ist bei einem 2–4 m langen Filterrohr wegen der Blindflächen an den Rohrenden und den Längsnähten nur 90,5–93,1 % der Filtereintrittsfläche. Durch die Kiesabweisung der Schlitzbrücken tritt dagegen keine wesentliche Verminderung des freien Durchflusses ein. Der freie Durchfluss ist bei offener Schlitzlochung wesentlich größer, 25–50 %, er wird aber durch die Verlagerung mit Filterkies wesentlich vermindert. Die Größe der Filterkieskörnung bestimmt die Schlitzweite der Filterrohre. Es muss mit Sicherheit verhindert werden, dass der Filterkies durch die Öffnungen in das Innere der Filterrohre fließt, siehe **Abb. 3-35**.
Filterrohr-Verbindungen – Die Verbindung muss einfach, rasch und zuverlässig herstellbar sein und ausreichende Festigkeit gegenüber den beim Transport, Brunnenausbau und Betrieb auftretenden Beanspruchungen haben. Sie soll möglichst den Querschnitt im Inneren des Filterrohrs nicht verringern und den Außendurchmesser wenig überschreiten.
Außenlaschenverbindung – für Schlitzbrücken-Filterrohre ist in DIN 4922 mitgenormt. Die Befestigung wird mit Nieten oder Schrauben durchgeführt. Die Verbindung ist einfach und sicher herstellbar, wenn vermieden wird, dass die Außenlaschen beim Transport verbeult werden. Der Korrosionsschutz der Verbindung ist nicht einfach.
Rundgewindeverbindung – für Schlitzbrückenfilterrohre, siehe **Abb. 3-36**, ist in DIN 4922 mitgenormt. Sie wird in neuerer Zeit am häufigsten gewählt, da sie wegen des starken Gewindeprofils eine hohe Festigkeit hat und schnell und sicher herstellbar ist. Bei Filterrohren mit Korrosionsüberzug muss darauf geachtet werden, dass die Rohre in alle Gewindegänge eingeschraubt werden können und die gesamte Verbindung korrosionsgeschützt bleibt.
Flanschverbindung – für Schlitzbrückenfilterrohre ist in DIN 4922 mitgenormt. Wegen des großen Nachteils, dass die Flanschen weit in den Filterkiesraum vorstehen und dadurch das ordnungsgemäße Einbringen des Filterkieses behindern, kommt diese Verbindung selten zur Anwendung. Im Anwendungsfall sollte die innere Kiesschüttung in Gewebekörben am Filterrohr befestigt werden.
Die Zugfeste Stecknutenverbindung – ebenfalls für Schlitzbrückenfilterrohre ist in DIN 4922 Teil 4 genormt.

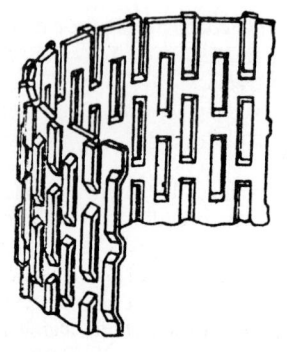

Abb. 3-35: Schlitzbrückenlochung

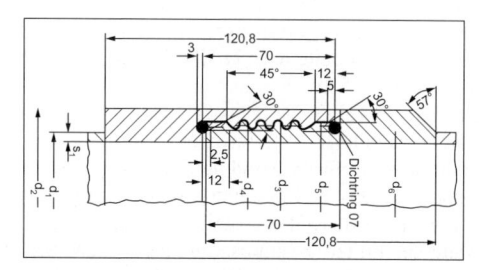

Abb. 3-36: Rundgewindeverbindung mit 2 Dichtringen zur Herstellung dichter Verbindungen (DIN 4922 Teil 2)

Filterrohr-Material – Soweit als Werkstoff ST 37-2 nach DIN 17 100 verwendet wird, kann diese Stahlsorte ohne wirksamen, dauerhaften Korrosionsschutz nicht für endgültige Zwecke eingesetzt werden. Je nach Ausführung wird der Schutz bezeichnet:

rh = roh
zn = verzinkt (im Vollbad)
bt = bitumiert
kb = kunststoffbeschichtet
g = gummibeschichtet

Korrosionsschutz
Verzinkung – bietet keinen ausreichenden Schutz, sie genügt nur für kurzzeitigen Einsatz von Filterrohren.
Bituminierung – Ein 2 bis 3-facher Anstrich wurde früher häufig gewählt. Die Bituminierung ist etwas besser als die Verzinkung, aber kann leicht beim Brunnenausbau und Ein- und Ausbau der Fördereinrichtungen beschädigt werden, meist werden an den Kanten nur ungenügende Schichtdicken erreicht. Die Bituminierung genügt nur für kurzzeitigen Einsatz von Filterrohren.
Kunststoffbeschichtung – ein ausreichender Korrosionsschutz wird erreicht durch Kunststoffüberzüge, sofern diese mit ausreichender Schichtdicke, porenfrei, glatt und hart ausgeführt werden. Wichtig ist der Schutz dieser Rohre gegen intensive Sonnenbestrahlung bei der Lagerung, es darf keine Unterrostung eintreten.
Gummibeschichtung – Sehr wirksam werden Stahlfilterrohre mit den Verfahren der *elektrophoretischen Gummierung* geschützt. Bei diesem Verfahren ist besonders gewährleistet, dass die vor allem gefährdeten Ecken und Kanten der Schlitze durch stärkere Belegung mit Gummierung (infolge der elektrischen Spitzenwirkung) geschützt werden. Die Erfahrungen mit diesen Filtern zeigen, dass an der glatten Oberfläche des Hartgummis die Ausscheidungen des Wassers (Verockerungen) sich nicht festsetzen und das Stahlrohr wegen der chemischen Beständigkeit des Hartgummis weder durch aggressives Wasser noch durch Spülsäure beim Regenerieren von verockerten Brunnen angegriffen wird.
Rostfreier, säurebeständiger Stahl – Keinen zusätzlichen Korrosionsschutz benötigen Stahlfilterrohre, die aus *rostfreiem, säurebeständigem Edelstahl* hergestellt sind. Wegen der guten Korrosionsbeständigkeit gegenüber aggressiven Rohwässern werden diese Filter trotz höherer Gestehungskosten immer häufiger eingesetzt.
Kiesbelag – Wenn Schwierigkeiten für das sachgemäße Einbringen des Filterkieses zu erwarten sind, etwa bei tiefen Bohrbrunnen mit kleinem DN, ist es zweckmäßig, Stahlfilterrohre mit Korrosionsschutz zu verwenden, auf welchen ein Kiesbelag mit einem korrosionsfesten, gummiartigen Bindemittel aufgeklebt ist. Verwendet wird Quarzkies der Körnungen 1–2, 2–3, 3–5 mm mit Filterkiesdicken 18–25 mm.

3.2 Wasserfassungen

1.3. Kunststoff-Filterrohre nach DIN 4925 Teil 1 bis 3 – Der Werkstoff besteht aus weichmacherfreiem Polyvinylchlorid (PVC-U). Von besonderem Vorteil sind die Korrosionsfestigkeit und das geringe Gewicht. Alle Ausführungen haben glatte Oberfläche und Querschlitze. Die geschlitzten Filterrohre dürfen nach Vereinbarung mit einem Kiesbelag versehen werden. Der freie Durchlas schwankt je nach Schlitzweite und Nennweite zwischen 3,5 und 11 % der Vollwandfläche. Die Rohrverbindung ist in DIN 4925 mitgenormt.

1.4. Bemessen der Filterrohre
Durchmesser – Er wird nach den Abmessungen der Entnahmevorrichtungen, insbesondere dem Außendurchmesser von Tauchmotorpumpe, Saugventilen, Flanschen der Steigleitungen bemessen. Besonders bei großen Entnahmen ist zu beachten, dass noch ein ausreichender Zwischenraum zwischen Pumpe und Filterrohr verbleibt, da sonst unter Umständen die Entnahmerate begrenzt ist. Die lichte Weite des Filterrohres muss mindestens 100 bis 150 mm größer sein als der größte Durchmesser der Entnahmevorrichtungen. Die Fließgeschwindigkeit zwischen Tauchmotorpumpe und Vollrohr sollte kleiner als 0,5 m/s sein. Der Mindestdurchmesser des Filterrohres für Bohrbrunnen ist mit 300 mm, bei Entnahmen über 10 l/s mit 350 mm und mehr zu wählen.

Bei sehr tiefen Brunnen kann aus Ersparnisgründen unterhalb der möglichen tiefsten Einbaustelle der Tauchmotorkreiselpumpe der Durchmesser des Filterrohres vermindert werden, wobei die Fließgeschwindigkeiten nicht zu hoch werden sollen.

Filterrohrlänge – Die Filterrohre sind in dem ganzen Bereich der für die Wassergewinnung vorgesehenen wasserführenden Schichten einzubauen, wobei die Oberkante der Filterrohre möglichst 1 bis 2 m unterhalb des tiefstmöglich abgesenkten WSp bleiben soll, damit nicht Luft aus dem Brunnen in den WSp-Schwankungsbereich des Absenkungstrichters gelangen kann, was zu Inkrustationen in den wasserführenden Schichten und im Filterkies führen kann. Zu beachten ist, dass im Bereich des abgesenkten WSp sowie der Entnahmevorrichtung Anströmspitzen vorhanden sind, so dass i. A. nur begrenzte Filterrohrlängen wirksam sind. Im Bereich von Feinsand und von nicht genügend Grundwasser führenden Schichten sowie im Bereich der Unterwasserpumpe werden i. A. Vollwandrohre eingebaut. Den unteren Abschluss bildet ein etwa 5 m langes, unten geschlossenes Vollwandrohr, auch als Sumpfstück bezeichnet.

2. Vollwandrohre
In dem Bereich von OK-Filterrohr bis Brunnenkopf und in den unter 1.4 erwähnten Strecken werden geschlossene Brunnenrohre, die Aufsatzrohre oder Vollrohre, eingebaut. Auch wenn die Brunnenabdichtung nicht unmittelbar an das Aufsatzrohr, sondern an ein besonderes Sperrrohr erfolgt, ist dies zweckmäßig, damit der Filterkies leicht eingebracht und die Entnahmevorrichtungen leicht ein- und ausgebaut werden können. Bei sehr tiefen Brunnen mit tiefliegenden wasserführenden Schichten wird gelegentlich das Filterrohr verloren, ohne Aufsatzrohre eingebaut, wobei der obere Teil des Bohrlochs mit einem Sperrrohr geschützt wird, **Abb. 3-37**.

Als Material für die Aufsatzrohre wird meist das gleiche wie das der Filterrohre gewählt. Abmessungen, Wanddicken und Rohrverbindungen sind die gleichen. Wegen des Fehlens der Schlitze sind die Gewichte geringfügig größer als die der Filterrohre.

3. Filterkies und Filtersand
Allgemein – Der Zwischenraum zwischen Filterrohr bzw. Aufsatzrohr und Bohrlochwand wird mit Filterkies ausgefüllt. Der Filterkies reicht somit bei Einbau eines Sperrrohres von der Brunnensohle bis Oberkante Aufsatzrohr, so dass Nachfüllung möglich ist (siehe auch Pkt. 4 und **Abb. 3-39** bzw. **Abb. 3-33**). Gelegentlich wird auch der Filterkies nur bis zur Höhe des höchsten Wasserstandes eingebracht und darüber unmittelbar an das Aufsatzrohr gedichtet. Diese Ausführung hat den Nachteil, dass Filterkies nicht nachgefüllt werden kann und das Ziehen der Filterrohre kaum möglich ist.

Material und Dicke der Filterkiesschüttung – Als Filterkies ist sauber gewaschener Quarz-Filterkies mit runder Kornform zu verwenden. Flacher und plattiger Kies verlegt die Filteröffnungen oder fällt durch. Derartiges Kiesmaterial ist daher immer abzulehnen.

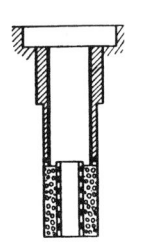

Abb. 3-37: Schema des Brunnenausbaus mit verlorenem Filterrohr

Im Allgemeinen sollte die Dicke der Filterkiesschicht auch wegen der oft nicht ganz zentrischen Lage der Filterrohre im Bohrloch mind. 100–150 mm gewählt werden.

Filterkies-Korngrößen – Sie bemessen sich nach der Korngröße der durchbohrten Gesteinsschichten und der Schlitzweite der Filterrohre. Maßgebend ist dabei, dass die Kiesschüttung nur das gröbere Material zurückhalten soll, dagegen Feinsande beim Entsanden des Brunnens herausgespült werden können, damit sie nicht im Laufe des Betriebes den Filterkies verlegen. Die Korngröße soll etwa 4-mal größer als die Schlitzweite der Filterrohre, die Korngröße einer äußeren Ringschüttung sollte jeweils 1/4 der Korngröße einer inneren Ringschüttung sein. Nach DIN 4924 sind die in **Tab. 3-21** angegebenen Korngruppen zu wählen. Die Durchlässigkeit des Filterkieses ist umso größer und damit der Filterwiderstand umso kleiner, je gleichmäßiger die Filterkorngröße und je größer das Filterkorn ist. Filterkiese, die einen größeren Bereich der Sieblinie, wie z. B. die Korngruppe 3 bis 7 mm, umfassen, ähneln den Beton-Kieskörnungen, welche ein dichtes Gefüge anstreben, und sind daher ungeeignet, sie sind auch deshalb ungeeignet, weil sich die einzelnen Korngruppen beim Einbringen leicht entmischen und ungleich lagern.

Tab. 3-21: Korngruppen und höchstzulässiger Massenanteil an Unter- und Überkorn nach DIN 4924

Korngruppe	höchstzulässiger Massenanteil	
	Unterkorn	Überkorn
mm	%	
0,4 bis 0,8	10	10
0,71 bis 1,25		
1,0 bis 2,0		
über 2,0 bis 3,15	12	15
über 3,15 bis 5,6		
über 5,6 bis 8,0		
über 8,0 bis 16,0		
über 16,0 bis 31,5		

Bei Bohrbrunnen in Festgesteinen genügt meist eine einfache Filterkiesschüttung. Da eine etwaige Feinsandführung in den wasserführenden Spalten und Klüften durch entsprechendes Entsandungspumpen beseitigt werden muss, können hier die größeren Korngruppen, meistens 5, 6–8 mm und darüber, verwendet werden.

Bei Lockergesteinen wird die Korngröße der äußeren Schüttung in Abhängigkeit von der Sieblinie der wasserführenden Kiessande gewählt, und zwar derart, dass ein bestimmter Prozentsatz des Kornanteils unter 10 mm Korngröße noch durch den Filterkies bewegt werden kann. Für diesen Korndurchgang sind nur die Körnungen unter 10 mm von Bedeutung. Die Sieblinie A wird daher in Sieblinie A', Sieblinie B in B' umgerechnet. In Anlehnung an den Vorschlag *E. Bieske* wird die Schüttkorngröße berechnet aus:

Schüttkorngröße = Kennkorngröße · Filterfaktor

Für den Filterfaktor 4 werden die in **Abb. 3-38** dargestellten Kennkornlinie und Prozentsätze des Durchgangs empfohlen. Von dem vorhandenen Korngemisch wird jeweils nur der Kornanteil unter 10 mm als Sieblinie aufgetragen. Der Schnittpunkt der Sieblinie mit der Kennkornlinie ergibt die Kennkorngröße. Das Verfahren hat sich in der Praxis bewährt.

Bei Lockergesteinen ist immer eine Siebanalyse der verschiedenen angetroffenen Bodenschichten durchzuführen. Als Prüfsiebe sind solche nach DIN 4188 zu verwenden. Die sachgemäße Entnahme der Proben, die auch das feine und feinste Material der grundwasserführenden Schichten enthalten und sorgfältig gemischt sein müssen, um wirklichkeitsnahe Mittelwerte zu erhalten, ist besonders wichtig. Für das Aussieben müssen die Proben sorgfältig getrocknet werden. Das Ergebnis der Siebanalyse wird zweckmäßig in Formulare mit halblogarithmischem Maßstab eingetragen.

Filterkies-Einbau – Bei kleinen Wasserentnahmen aus einem Brunnen im Lockergestein genügt eine einfache Schüttung. Bei großen Entnahmen ist es zur Verminderung des Filterwiderstandes zweckmäßig, 2 oder 3 Ringschüttungen einzubringen.

3.2 Wasserfassungen

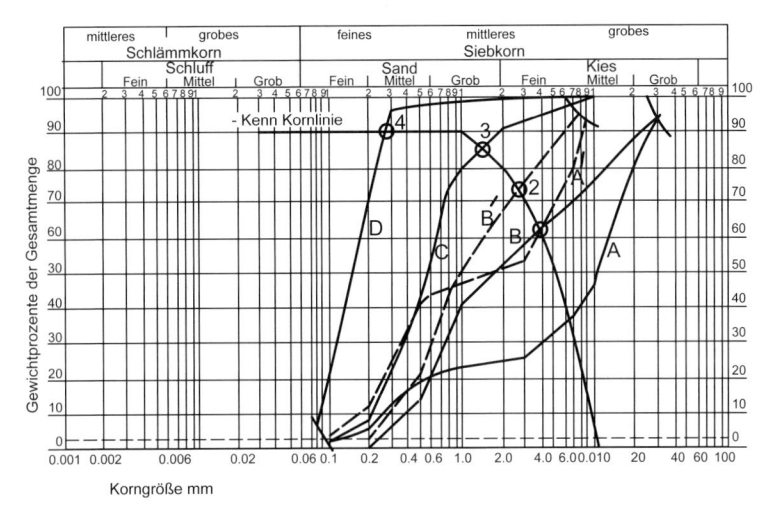

Abb. 3-38: Kennkornlinie nach Bieske und Beispiele von Sieblinien

An der Baustelle ist der Filterkies sorgfältig auf dichten Unterlagen zu lagern und mit Folien abzudecken. Vor dem Einbringen ist er mit Chlorwasser mit etwa 20 g Cl/m^3 Wasser zu desinfizieren. Der Filterkies muss mit großer Sorgfalt eingebracht werden, am besten mit einem Schüttrohr. Keinesfalls darf der Kies über mehrere Meter frei fallen, z. B. bei tiefer liegendem WSp. Dadurch könnte die Beschichtung der Rohre, insbesondere an den Flanschen, verletzt werden und korrodieren. Gleichzeitig mit dem Einbringen des Filterkieses werden die Bohrrohre gezogen. Dabei muss sehr sorgfältig gearbeitet werden, damit weder die Bohrrohre zu hoch über den Filterkies gezogen werden, wodurch Nachfall und Verschmutzung des Filterkieses eintreten könnte, noch der Filterkies zu hoch zwischen Bohrrohr und Filterrohr geschüttet wird, da hierdurch die Gefahr besteht, dass beim Ziehen Verklemmungen auftreten, wobei die Filterrohre infolge Reibung zum Teil mitgezogen werden und dadurch Beschädigungen auftreten. Die Höhe der Filterkieseinfüllung im Vergleich zur Unterkante Bohrrohr muss ständig überprüft werden. Beim Einbringen des Filterkieses muss durch kolbenartiges Bewegen des WSp im Filterrohr erreicht werden, dass sich der Filterkies dicht lagert, da sonst die Gefahr besteht, dass beim Entsandungspumpen oder beim Pumpen im Betrieb ein plötzliches Nachsacken des Filterkieses eintritt, was zu ungleicher Belastung des Filterrohres und Nachfall von Boden in den Filterkies führen kann.

Tab. 3-22: Beispiele zur Bestimmung der Filterkieskörnung mittels Kennkornlinie nach Abb. 3-38

Herkunft	Kennkorngröße mm	Faktor	Schüttkorn mm	Filterkies mm
Sieblinie A* – Donauquartär Marxheim	4,0	4	16,0	8/16
Sieblinie B* – Mainquartär Marktsteft	2,8	4	11,2	8/16
Sieblinie C* – Tertiärkiessand Nabburg	1,5	4	6,0	5,6/8
Sieblinie D* – Tertiärfeinsand Postau	0,28	4	1,12	1/2

* Der Anteil der Körnung unter 10 mm an dem Gesamtkornaufbau beträgt bei Sieblinie A 48 %, bei Sieblinie B 76 %.

Bei mehrfacher Ringschüttung wird das Einbringen der inneren Filterkiesschüttung erleichtert, wenn diese mittels Gewebekörben bereits über Tage an das Filterrohr befestigt wird. Bei Verwendung eines Sperrrohres wird der Filterkies durchgehend bis in den Brunnenkopf geschüttet. Nachträgliche Filtersetzungen können somit erkannt und nachgebessert werden. (**Abb. 3-39**)

4. *Sperrrohr und Abdichtung*

Zum Schutz gegen Eindringen von Oberflächenwasser entlang der durch die Bohrung unregelmäßig geformten Bohrlochwand muss eine Abdichtung eingebracht werden. Das Belassen von Bohrrohren bringt meist keine sichere Abdichtung. Es ist auch zu kostspielig, die teuren Bohrrohre im Brunnen zu belassen. Es wird deshalb bis in die vom Geologen festzulegende Tiefe ein Sperrrohr eingebaut und der Zwischenraum zwischen Sperrrohr und Bohrlochwand mit plastischem Beton, Ton oder Spezialabdichtungsmassen abgedichtet. Das Sperrrohr dient somit als innere Schalung für die eigentliche Dichtung durch Beton oder Ton. Um zu verhindern, dass Zement- oder Tonschlämme den Filterkies zuschlämmen, wird am unteren Ende des Sperrrohres ein äußerer Flansch angebracht, auf den die Dichtung sich abstützen kann. Das Belassen der Bohrrohre als Absperrung ist nur dann ratsam, wenn eine Abdichtung im Bereich von Quelltonen durchzuführen ist. Dabei ist erforderlich, dass die Rohre gut eingepresst und dann nicht mehr bewegt werden, da sonst keine sichere Abdichtung erreicht wird.

5. *Brunnenkopf*

Zum hygienisch einwandfreien Abschluss des Brunnens nach oben ist ein wasserdichter Brunnenkopf erforderlich. Bewährt hat sich die Ausführung nach **Abb. 3-39**.

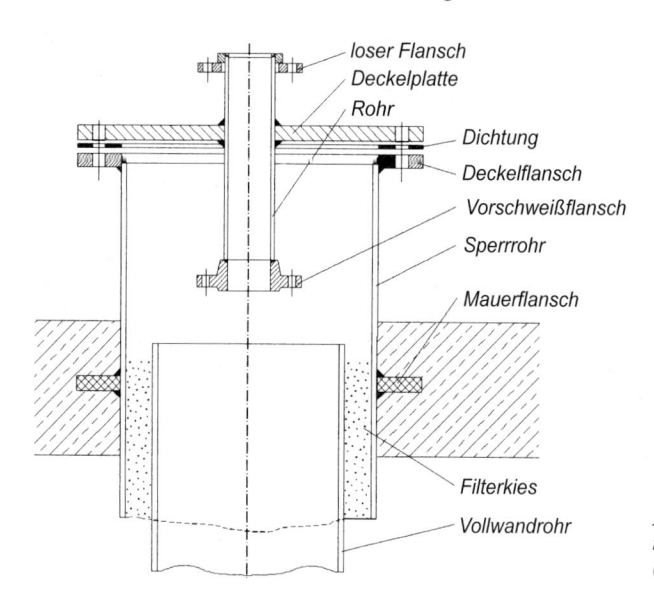

Abb. 3-39: *Wasserdichter Brunnenkopf mit Abdichtung gegen das Sperrrohr (vergl. auch Abb. 3-15 und Abb. 3-33)*

Brunnenkopfrohr mit Flansch und angeschweißtem Mauerflansch zum Einbetonieren in die Sohle des Brunnenvorschachtes.

Brunnenkopfdeckel mit Flansch – in diesem ist in der Mitte der Rohrstutzen eingeschweißt, an welchem unten die Pumpensteigleitung angehängt wird und oben die Rohrleitung des Schachtes anschließt. Der Rohrstutzen hat unten einen Vorschweißflansch und oben einen Bund mit drehbarem Flansch.

Ausrüstung – Im Deckel sind wasserdichte Durchführungen für Kabel, eine verschließbare Öffnung für Wasserstandsmessungen, eine Be- und Entlüftung und 2 Kranösen erforderlich.

Durchmesser des Brunnenkopfdeckels ist so zu bemessen, dass der Deckel noch durch die Montageöffnung des Brunnenvorschachtes ausgebaut werden kann.

Der Deckelflansch wird an das Sperrrohr wasserdicht angeschweißt. Wenn ein GWSp über Brunnenkopfdeckel möglich ist, wird am Brunnenkopfrohr seitlich ein Abgangsstutzen mit Schieber angeordnet.

Durch diese Art des Abschlusses des Brunnens wird erreicht, dass Filter- und Aufsatzrohre nicht durch die Tauchmotorpumpe und Steigleitung belastet und erschüttert werden und dass der wasserdichte Abschluss vom Sperrrohr über Schachtsohle bis zum Brunnenkopfdeckel reicht. Der Brunnenkopf aus Stahl muss einen Korrosionsschutz erhalten, besser aus rostfreiem Stahl ausgeführt sein.

6. *Brunnen-Entnahmevorrichtung*

Für die Wasserförderung aus einem Brunnen wird heute fast immer die Tauchmotorpumpe eingesetzt. Diese hängt an der Brunnensteigleitung, diese am Rohrstutzen des Brunnenkopfdeckels. Damit die Pumpe genau mittig im Filterrohr hängt, werden an Pumpe und Steigleitung Zentriervorrichtungen angebracht. Für die Steigleitung werden Stahlrohre, korrosionsgeschützt oder aus rostfreiem Stahl oder aus PVC mit Flansch- oder Gewindeverbindung, verwendet, da im Betrieb ein schneller, leichter Ein- und Ausbau durch das Wasserwerkspersonal möglich sein muss. In den Flanschen sind meist Aussparungen für die Kabel angebracht. Vorteilhaft ist, wenn bei den Flanschdichtungen Gummilappen herausstehen, um zu verhindern, dass die Flanschen am Filterrohr scheuern. Bei Filterrohren mit geringem DN müssen die Steigleitungen mit Gewindeverbindung ausgeführt werden, der Ein- und Ausbau ist dabei etwas schwieriger. Für die Wahl der DN von Filterrohr und Steigleitung ist zu beachten, dass noch ein ausreichend großer Zwischenraum zwischen Filterrohr und Flansch der Steigleitung für den Wasserdurchfluss vorhanden ist. Zweckmäßig wird der Flanschdurchmesser nicht größer als der Pumpendurchmesser, v kleiner als 0,50 m/s gewählt.

Bei Brunnen, die mehrere GW-Stockwerke erschließen, wird unabhängig von der Einhängetiefe der Pumpe immer ein Mischwasser aus allen verfilterten Aquiferen gefördert. Bei neuen Brunnen soll deshalb nur ein hydrogeologisch definiertes GW-Stockwerk verfiltert werden. Damit wird verhindert, dass GW-Belastungen von einem GW-Stockwerk ins andere verfrachtet werden können. Zudem ist nur so eine eindeutige GW-Bilanz des genützten GW-Stockwerkes möglich.

7. *Brunnenvorschacht*

Über jeden Brunnen ist ein Brunnenvorschacht anzuordnen, in welchem die Rohrleitungen, die Armaturen, die elektrische Anlage und die Messeinrichtungen untergebracht werden. Aus statischen Gründen ist ein kreisförmiger Querschnitt zweckmäßig, lichte Höhe mind. 2,00, li. Durchmesser mind. 2,50 m, Ausführung in wasserundurchlässigem Stahlbeton, Schachtoberteil mit Wärmedämmung. Sofern der Brunnenvorschacht im Bereich von HHW liegt, muss O.K. Schacht mind. 0,20 m über HHW_{500}, der Schacht auftriebssicher sein. Über dem Brunnenkopf ist die Montageöffnung, seitlich davon eine 2. Öffnung für den Zugang. Aus Gründen des Korrosionsschutzes und des Objektschutzes empfiehlt sich die Ausführung der Schachtdeckel in rostfreiem Stahl. Die Einsteigleiter, Material wie vor, jedoch auch verzinkter Stahl, muss herausnehmbar sein. Eine Schachtbelüftung ist vorzusehen. Wenn die Schachtentwässerung in freiem Ablauf zu einem Vorfluter möglich ist, wird ein einwandfreier Abschluss gegen Rückstau und Eindringen von Tieren notwendig. Meist ist jedoch die Entwässerung mittels tragbarer Pumpen vorzusehen. Die Schachtinstallation besteht i.A. aus Wasserzähler, Absperrarmatur, Rückflussverhinderer, selbsttätigem Be- und Entlüftungsventil, Manometer, Entnahmevorrichtung für Wasserproben, Messvorrichtung für den GWSp, den erforderlichen Rohrleitungen für elektrische Ausrüstung. Bei kleinen Anlagen, bei welchen kein gesondertes Maschinenhaus erforderlich ist, empfiehlt es sich, als Zugang zum Schacht ein kleines Einstieghaus mit Treppe anzuordnen, in welchem die elektrische Ausrüstung besser untergebracht und Arbeitsgeräte gelagert werden können. Die Montageöffnung über dem Brunnenkopf muss außerhalb dieses Einstieghäuschens liegen.

Auf die DVGW-Arbeitsblätter W 123 „Bau u. Ausbau von Vertikalfilterbrunnen" vom Mai 2001 sowie W 122 „Abschlussbauwerke für Brunnen der Wassergewinnung" wird hingewiesen. Darin werden Anforderungen, bauliche Ausführung und Ausrüstung von Vertikalfilterbrunnen und Abschlussbauwerken ausführlich behandelt.

3.2.4.4.5 *Klarpumpen, Entsanden, und Entwickeln*

1. Allgemein

Bei den im Brunnenbau üblichen Bohrverfahren wird während der Bohrung der GW- Spiegel nicht wesentlich beeinflusst. Damit ist ein Transport von Sandteilchen zum Brunnen nicht möglich.

Klarpumpen
Erst beim Klarpumpen des Brunnens wird der GW-Spiegel stark abgesenkt, wobei in Brunnennähe eine starke Erhöhung der Fliessgeschwindigkeit mit Übergang zur turbulenten Strömung eintritt Beim Klarpumpen sollen die beim Bohr- und Brunnenausbauarbeiten eingetragenen Stoffe möglichst vollständig ausgetragen werden. In der Hauptsache handelt es sich dabei um Spülungsrückstände. Es erfolgt unmittelbar nach dem Abschluss des Brunnenausbaues und gibt eine Entscheidungsgrundlage dafür, in welchem Umfang weitere Entsandungsmaßnahmen notwendig sind. Beim Klarpumpen wird mit ca. ¼ des künftigen Betriebsförderstromes begonnen (Anfahren gegen den geschlossenen Schieber) und in Schritten bis zum künftigen Betriebsförderstrom hochgefahren. Das Klarpumpen wird beendet, wenn Fest- und Trübstoffe nur noch in geringen Mengen enthalten sind.

Entsanden und Entwickeln
Das Entsandungspumpen hat die Aufgabe, eine Minimierung der Sandführung im laufenden Betrieb zu gewährleisten. Darüber hinaus soll im Lockergestein durch den Sandaustrag das wirksame Porenvolumen im näheren Anstrombereich des Brunnens erhöht und damit eine Leistungssteigerung des Brunnens erreicht werden. (Entwickeln des Brunnens).
Beim endgültigen .Betrieb soll der Sandgehalt nach DVGW-Merkblatt W 119 je nach Betriebsanforderung an den Brunnen folgende Richtwerte nicht überschreiten:

bei hohen	Anforderungen:	Sandgehalt unter 0,01	g/m^3
bei mittleren	Anforderungen:	Sandgehalt unter 0,1	g/m^3
bei niedrigen	Anforderungen:	Sandgehalt unter 0,3	g/m^3

– Hohe Anforderungen liegen vor, wenn Brunnen mit hoher Schalthäufigkeit gefahren werden und bzw. oder wenn der Betrieb der Versorgungsanlage bereits durch geringe Sandführung gestört wird.
– Mittlere Anforderungen liegen vor, wenn Brunnen mit geringer Schalthäufigkeit gefahren werden und größere Störungen durch die Restsandführung nicht zu erwarten sind.
– Niedrige Anforderungen liegen vor, wenn Brunnen annähernd gleichmäßig gefahren werden.

Der Restsandgehalt ist im Rahmen des Abnahmepumpversuchs am ausgebauten und entsandeten Brunnen nachzuweisen. Die Messung beginnt frühestens nachdem die Einflüsse des Pumpenanfahrens abgeklungen sind und ein gleichmäßiger Volumenstrom erreicht ist.
Gemischtkörnige Bodenschichten mit großer Ungleichförmigkeit, wie viele alluviale Bodenschichten, sind leichter zu entsanden als solche mit sehr gleichmäßigem Korn, wie manche tertiäre Sandschichten. Hier muss besonders sorgfältig die beim Entsandungspumpen entnommene Sandmenge gemessen werden, damit nicht durch zu starkes Entsandungspumpen zuviel Sand herausgepumpt wird, wodurch sonst Hohlräume und in der Folge das Einstürzen von Bodenschichten entstehen können.

Methoden zum Entsanden
Entsanden durch Kolben des Brunnens
Beim Kolben wird eine Kolbenplatte im Filterrohr rd. 0,5–1,0 m auf- und abwärts bewegt. In der Kolbenplatte sind Ventilöffnungen angebracht, die sich bei der Aufwärtsbewegung schließen und bei der Abwärtsbewegung öffnen. Bei der Aufwärtsbewegung entsteht an der Kolbenunterseite eine große Saugkraft und damit eine Entsandungswirkung, gleichzeitig an der Oberseite eine Druckkraft durch die Filterschlitze nach außen, wobei mögliche Kornbrücken zerstört werden. Die Kräfte sind umso größer, je schneller die Kolbenbewegung ausgeführt wird. Der mitgerissene Sand fällt in das Sumpfrohr des Brunnens und muss abgepumpt werden. Kolbenplatte, Schwerstange usw. müssen Gummimanschetten erhalten zum Schutz gegen das Anschlagen an das Filterrohr. Das Verfahren ist vor allem bei grobem Lockergestein mit Feinsandanteil kleiner 20 %, auch bei Festgestein gut anwendbar, weniger bei gleichkörnigen Feinsanden, sowie bei Brunnen mit großem Durchmesser und geringer Tiefe. Das Kolben ermöglicht ein Entsanden ohne Wasserentnahme, siehe **Abb. 3-40**.

Intermittierendes Abpumpen (Schocken)
Der Brunnen wird mit möglichst hohem Förderstrom ca. 3-5 min abgepumpt, dann wird die Pumpe abgestellt und nach raschem Wiederanstieg des Wasserspiegels wieder eingeschaltet. Dies geschieht im fortlaufenden Wechsel.

3.2 Wasserfassungen 113

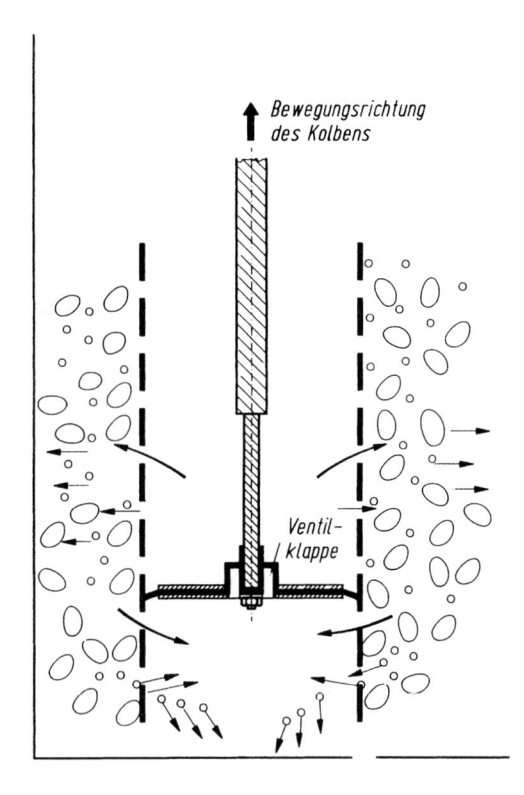

Abb. 3-40: Kolben zum Entsanden der Filterstrecke

Entsanden mit Wasserhochdruck
Über rotierende Düsen, die auf und ab bewegt werden, wird mit sehr hohem Wasserdruck ein Wasserstrahl auf die Filterinnnenwand gerichtet, gleichzeitig wird der Brunnen kontinuierlich abgepumpt.
Entsanden mit Entsandungsseiher
Vorteilhaft ist hierbei dass kein sandhaltiges Wasser mit der Unterwasserpumpe in Berührung kommt.
Abschnittsweises und Abschnittsloses Entsanden
Wenn bei denn genannten Methoden der Filter auf der ganzen Läge beaufschlagt wird, spricht man vom abschnittslosen Entsanden.
Beim abschnittsweisen Entsanden werden dagegen Filterabschnitte abgepackert. Damit wird eine bessere Entsandungswirkung erzielt.
2.   Entsandungspumpen bei Brunnen im Lockergestein
2.1. Allgemeines – Bei Brunnen im Lockergestein muss zum Entsanden wegen der geringen Standfestigkeit des Bohrloches in der Regel der Brunnen mit Filterkies und Filterrohr ausgebaut sein.
Voraussetzung ist, dass das zu entsandende Unterkorn sowohl den Filterkies als auch das Filterrohr problemlos passieren kann. Sofern diese Voraussetzungen nicht erfüllt sind, so führt das Entsanden regelmäßig zur Kolmation des Brunnenfilters, was geringe Brunnenleistung und vorzeitige Alterung des Brunnens nach sich zieht.
Feststellen der Brunnenergiebigkeit vor dem Entsanden – Zur Festlegung der Pumpenleistungen für das Entsandungspumpen und zum Vergleich der Wirkung des Entsandens auf die Brunnenergiebigkeit ist vor Beginn des Entsandungspumpens der Brunnen bei voller Filterhöhe mit langsamer Steigerung der Entnahmemenge bis zum Erreichen einer Absenkung von 1/3 des Wasserstandes im Brunnen abzupumpen, die dabei erreichte max. Entnahmerate ist q_s. Die Dauer des Pumpens beträgt etwa 2 Stunden.
2.2. Abschnittsloses Entsandungspumpen – Dabei wird die gesamte Filterlänge beaufschlagt. Die Entsandungswirkung ist geringer als beim abschnittsweisen Entsandungspumpen; eine optimale Brunnenentwicklung kann damit in der Regel nicht erreicht werden.

2.3. Abschnittsweises Entsanden – Das abschnittsweise Entsanden besteht aus dem Vorentsanden und dem stoßweisen Abpumpen des Brunnens mit voller Leistung sowie dem Schocken der einzelnen Entsandungsabschnitte.

Das abschnittsweise Entsandungspumpen ist notwendig, wenn bei dem Entsandungspumpen mit voller Filterstrecke keine Sandfreiheit erreicht und wenn besonderer Wert auf möglichst große Brunnenentnahme gelegt wird. Bei Bohrbrunnen geringer Tiefe in quartären Talauffüllungen ist das abschnittsweise Entsandungspumpen immer zweckmäßig.

Bei dem Vorentsanden wird mit einer Entnahme von $q_s/4$ begonnen, alle 10 min die Sandführung gemessen. Sobald die Sandführung kleiner als $20\,cm^3/10\,l$ ist, wird die Pumpenleistung auf $q_s/2$ gesteigert und ebenfalls so lange gepumpt, bis die Sandführung kleiner als $20\,cm^3/10\,l$ ist, dann in ähnlicher Weise mit $3/4\,q_s$ gepumpt. Mit der vollen Entnahmerate q_s bzw. mit der maximalen Entnahmerate, die bei dem obersten Entsandungsabschnitt noch ohne Lufteinsaugen möglich ist, wird so lange gepumpt, bis die Sandführung kleiner als $5\,cm^3/10\,l$ ist.

Anschließend beginnt die Schockbelastung des Brunnens. Der Brunnen wird mit der Entnahmerate q_s bzw. der maximal möglichen Entnahmerate auf die Dauer von 3–5 min abgepumpt, dann die Pumpe abgestellt, bis der rasche Anstieg im Brunnen abgeklungen ist, und dies in fortlaufendem Wechsel. Die Probeentnahme zur Prüfung der Sandführung wird unmittelbar nach dem Einschalten der Pumpe vorgenommen. Das Entsanden des Abschnittes ist beendet, wenn die Werte der Tab. 3-26 erreicht werden. Anschließend wird in gleicher Weise der nächste Abschnitt entsandet.

Nach Beendigung des abschnittweisen Entsandens ist der Brunnensumpf hinsichtlich Sandablagerung zu prüfen und etwaiger Sand durch geeignetes Pumpen oder mittels Ventilbohrer o. ä. zu entfernen.

Die Messergebnisse sind in einer Niederschrift aufzuschreiben Ein Muster für eine Aufschreibung in Tabellenform ist im Anhang zum DVGW-Merkblatt W 119 enthalten. In den Aufzeichnungen und graphischen Darstellungen der Ergiebigkeit des Bohrbrunnens sind die Messwerte vor Brunnenausbau (nur bei Brunnen im Festgestein möglich), vor und nach dem Entsanden einzutragen.

Entsandungsabschnitte – An der Entnahmeeinrichtung, meist Tauchmotorpumpe, ist der Entsandungsabschnitt durch Gummimanschetten oberhalb und unterhalb zuverlässig dicht gegen das Filterrohr abzudichten. Der Entsandungsabschnitt soll etwa 1,0 bis max. 3,0 m betragen, die Eintrittsöffnung der Pumpe soll in der Mitte des Abschnittes liegen.

2.4. Entnahme der Wasserproben – Die einwandfreie Prüfung der Sandführung des geförderten Wassers ist nur möglich bei Entnahme aus der vertikalen Brunnensteigleitung, wo in der turbulenten, vertikalen Strömung eine gleichmäßige Verteilung des mitgeführten Sandes zu erwarten ist. Als Entnahmevorrichtung hat sich bewährt ein am Krümmer der Brunnensteigleitung vertikal und mittig in die Steigleitung eingeführtes Rohr DN 40 oder 50, das außerhalb des Krümmers horizontal abgewinkelt und mit einem Abschlussventil mit widerstandsfähigem Durchflussquerschnitt abgesperrt wird.

Für die Messung des Sandgehaltes werden benötigt 2 bis 3 Eimer mit je 10 l Inhalt und 3 bis 4 Messgläser als Spitzgläser von 2 bis 3 l Inhalt mit Messeinteilung derart, dass mit einer Genauigkeit von $0,1\,cm^3$ an der Spitze abgelesen werden kann.

Zur Messung des Sandgehaltes werden am Entnahmehahn 10 l Wasser entnommen, der Sand im Eimer zum Absetzen gebracht, Dauer etwa 5 min, vorsichtig die überstehenden 8 l Wasser entfernt und die verbleibenden 2 l Wasser mit dem abgesetzten Sand in das Messglas geleert und der Sand hier zum Absetzen, Dauer etwa 5 min, gebracht. An der Messeinteilung des Spitzglases wird der Sandanteil in cm^3 je 10 l abgelesen.

3. *Entsandungspumpen bei Brunnen im Festgestein*

Brunnen im Festgestein sind im allgemeinen wenig durch Sandführung gefährdet. Bei ausreichend standfesten Bohrlöchern ist das Entsanden bzw. Entwickeln am offenen Bohrloch möglich und auch sinnvoll. Wegen des noch fehlenden Ausbaus kann Sand besser ausgetragen und Klüfte besser freigespült werden. Im allgemeinen genügt ein kurzzeitiges, stoßweises Entsandungspumpen mit voller Brunnenhöhe, nur in Ausnahmefällen entsprechend der geologischen Beurteilung wird hier ein abschnittsweises Entsanden notwendig sein. Das Entsandungspumpen wird derart begonnen, dass bei langsamer Steigerung der Entnahmerate die Brunnenergiebigkeit q_s bei etwa 1/3 Absenkung des ursprünglichen Wasserstandes im Brunnen festgestellt wird. Die Zeitdauer hierfür ist mit etwa 2 Stunden anzusetzen.

3.2 Wasserfassungen

Anschließend ist das eigentliche Entsandungspumpen durchzuführen. Der Brunnen ist hierbei mit der 2–3fachen Leistung q_s auf die Dauer von 5 bis 15 min zu belasten, anschließend folgt ein Stillstand des Brunnens möglichst bis der rasche Wiederanstieg im Brunnen abgeklungen ist. Diese Schockbelastung des Brunnens, d. h. der stetige Wechsel zwischen Abpumpen und Stillstand ist mehrere Stunden durchzuführen. Die Messergebnisse sind in einer Niederschrift einzutragen.
Das Ziel des Entsandungspumpens ist erreicht, wenn bei der Probeentnahme unmittelbar nach dem Einschalten der Pumpe die Werte der **Tab. 3-23** erreicht werden. Wird dieser Grenzwert in der vorerwähnten Zeit nicht erreicht, dann ist erforderlichenfalls ein abschnittsweises Entsandungspumpen durchzuführen.
4. *Kriterien für den Abbruch des Entsandens (nach DVGW-Merkblatt W 119)*
4.1. Die Werte der nachstehenden Tabelle werden erreicht (Richtwerte!)

Tab. 3-23: Restsandgehalte beim Entsanden

Anforderungen an den Brunnen	Feststoffgehalt beim Pumpen nach längerer Förderdauer	Feststoffgehalt kurz nach dem Einschalten der Pumpe beim Schocken*
Hoch	0,1 ml/m^3	1,0 ml/m^3
Mittel	1,0 ml/m^3	10,0 ml/m^3
Gering	2,0 ml/m^3	20,0 ml/m^3

* dabei ist die 5-fache Anströmungsgeschwindigkeit erwünscht

4.2. Der geforderte Restsandgehalt wird nicht erreicht, jedoch ist bei Fortführung der Entsandung kein weiterer Fortschritt zu erwarten.
4.3. Bei weiterem Entsanden sind Schäden am Bauwerk zu erwarten.
5. Genehmigungen-Anzeigen
Beim Entsanden entstehen durch die GW-Entnahme und das Einleiten von Grundwasser wasserrechtliche Tatbestände. Diese sind nach den einschlägigen Bundes- u. Landesgesetzen genehmigungs- bzw. anzeigepflichtig. Die Genehmigungen sind rechtzeitig einzuholen.
Auf das DVGW- Arbeitsblatt W 119 wird hingewiesen.

3.2.4.4.6 Pumpversuche

1. Allgemein
Die Anforderungen zur Durchführung von Pumpversuchen, sowie die daraus abzuleitenden Berechnungen und Auswertungen für Porengrundwasserleiter sind in den Abschnitten 3.1.5.5 bis 3.1.5.7 bereits beschrieben.
Im Übrigen gilt dafür das DVGW- Arbeitsblatt W 111.
Nachfolgend werden die Pumpversuche näher erläutert. die beim Neubau eines Brunnens wichtig sind.
2. Vor- u. Zwischenpumpversuch
Sie testen im provisorisch ausgebauten Brunnen die Aquifergiebigkeit und die hydrochemische Beschaffenheit des Wassers. Darüber hinaus geben sie Hinweise zum Aufbau des GW- Leiters (geohydraulische Randbedingungen und Stockwerkstrennungen). Bei flachen GW- Leitern können sie auch in der Versuchsbohrung ausgeführt werden.
Bei Bohrungen im Festgestein mit unterschiedlichen Zuläufen aus verschiedenen Küften sind oft mehrere Zwischenpumpversuche notwendig, um die Ergiebigkeit und die chemische Zusammensetzung des geförderten Grundwassers möglichst genau zu erkunden. Auf Grund der Ergebnisse können die Brunnenausbaudaten (Ausbautiefe, Filter u. Vollrohre)endgültig festgelegt werden.
Hauptpumpversuch am Einzelbrunnen (Leistungspumpversuch)
3. Ermitteln der Wasserandrangskurve (Ergiebigkeitskurve)
Der Hauptpumpversuch wird am fertig ausgebauten Brunnen durchgeführt und dient damit zur Feststellung der Ergiebigkeit, d.h. dem Verhältnis Entnahme zu Absenkung, und der brunnentechnisch möglichen größten Entnahme im Dauerbetrieb sowie der chemischen Wasserbeschaffenheit im

Betriebszustand. Es ist unerlässlich, dass mit mehreren Entnahmeraten jeweils bis zum Beharrungszustand des WSp gepumpt wird, um die Ergiebigkeitskurve, d. h. das Verhältnis von Absenkung zur Entnahme, festzustellen (Wasserandrangskurve, Ergiebigkeitskurve), siehe hierzu die Ausführungen im Abschnitt 3.1.5.5.2. Anhand dieser Kurve wird die mögliche Betriebsentnahme festgelegt. Bei dieser soll der Wasserspiegel im Brunnen bei niedrigstem Stand höchstens um 1/3 abgesenkt werden. Ein steiles Abfallen der Ergiebigkeitskurve deutet auf Überschreiten des Brunnenfassungsvermögens hin. Ein Betriebspunkt in diesem Bereich ist wegen der Überbeanspruchung und der unwirtschaftlichen Förderung (große Zunahme der Förderhöhe bei geringer Förderstromsteigerung) zu vermeiden (s. auch Abschn. 3.1.5.5.5).

4. Dauer des Pumpversuchs

Der Hauptpumpversuch ist im Allgemeinen mit mindestens $5 \cdot 24 = 120$ Stunden Dauer, in besonderen Fällen auch länger, durchzuführen. Für jeden Betriebspunkt des PV soll mindestens ein Beharrungszustand des abgesenkten WSp auf die Dauer von 12 Stunden erreicht werden. Ein PV kann noch ausreichend beurteilt werden, wenn nach 120 Stunden Dauer ein quasi-stationärer Zustand erreicht ist und die Absenkung innerhalb 24 Stunden nur wenige cm (< 10 cm) beträgt. Bei niedrigen Beanspruchungen des Brunnens lohnt sich i. A. der Kostenaufwand für die Verlängerung des PV nicht.

5. Messungen und Untersuchungen

Die notwendigen Anforderungen an Mess- und Untersuchungsprogramme sind im Abschnitt 3.1.5.5.7 dargestellt.

6. Schlussbericht zum Pumpversuch

Die Ergebnisse des Pumpversuches sind wesentlich für den späteren Betrieb des Brunnens und das folgende wasserrechtliche Verfahren. Sie sind in Form eines Erläuterungsberichtes und zeichnerischer Darstellungen festzuhalten.

7. Im Erläuterungsbericht sind vor allem folgende Themen zu behandeln:

– Beschreibung des Brunnengeländes und aller für die Beurteilung des Pumpversuches relevanten Anlagen und Gewässer, insbesondere Brunnen, Quellen, Oberflächengewässer, GW-Messstellen,
– Beschreibung des daraus abgeleiteten Messnetzes,
– Beschreibung des Brunnenausbaus.
– Beschreibung des gewählten Pumpversuches nach Aufgabenstellung, technischer Ausführung und zeitlichem Ablauf,
– Beschreibung der chemischen und mikrobiologischen Probenahmen und Darstellung der Ergebnisse.

Die Ergebnisse des Pumpversuches sind ausführlich zu erläutern und zu werten.

8. Zeichnerische Darstellung

Der Brunnenausbau sowie die Pumpversuchsergebnisse sind in Plänen und Grafiken festzuhalten. In der Regel sind dies:

– Lageplan mit Brunnen und allen für die Beurteilung relevanten Messstellen,
– Brunnenausbauplan mit geologischem Profil,
– Grafische Darstellung des Pumpversuchsergebnisses (s. a. **Abb. 3-15**)
– Grafische Darstellung aller Messergebnisse an GW- und Oberflächenwassermessstellen, die im Zuge des Pumpversuches gemessen wurden.

3.2.4.4.7 Überwachung der Bohrung

Der Brunnenausbau und die Pumpversuche sind durch eine örtliche Bauaufsicht für den Auftraggeber zu überwachen. Vor Beginn der Bohrung ist der Bohrfirma der Bohrpunkt genau anzugeben. Bei Verschieben des Bohrpunktes, z. B. wegen Schwierigkeit im Erwerb und Benützen der Grundstücke müssen jeweils die hydrogeologischen Verhältnisse, insbesondere auch die Möglichkeit des Einrichtens der erforderlichen Schutzgebiete neu geprüft werden. Über den Verlauf der Bohrung sind wöchentlich von der Bohrfirma Bohrberichte abzugeben, die Proben der erbohrten Gesteinsschichten sind in Kästchen $10 \cdot 10$ cm aufzubewahren. Bei jedem Gesteinswechsel, mindestens jedoch alle 5 m, sind Proben zu entnehmen. Die Bohrproben sind in den Kästchen zur Beweissicherung an Ort und Stelle aufzubewahren. Bei wasserführendem Sand und Kies sind Siebanalysen nach DIN 18 123 anzufertigen und zeichnerisch darzustellen, ebenso ein Schichtenverzeichnis nach DIN 4022. Entsprechend den Bohrberichten, Einsichtnahme der Gesteinsproben und Einordnen in die entsprechende geologische Formation wird der Fortgang der Bohrarbeiten, die Durchführung von PV und der Brunnenausbau bestimmt. Nach Durchführung des Pumpversuches und Absetzen etwaiger Trübungen ist der ordnungsgemäße Ausbau des Brunnens immer mittels Fernsehkamera zu überprüfen. Hierbei können nicht nur Fehler im Material der Filter und Aufsatzrohre sowie Einbaufehler an den Rohrverbindungen, sondern auch richtige Einbauhöhen und -längen der Filter- und Aufsatzrohre sowie der Verlauf der Brunnenachse festgestellt werden.

Wenn möglich, ist sofort im Anschluss an die Brunnenbauarbeiten der Brunnenvorschacht zu erstellen. Andernfalls sind entsprechende Vorkehrungen gegen Beschädigung und Verunreinigung des Bohrbrunnens zu treffen.

3.2.4.4.8 Dokumentation und Abnahme

Nach Fertigstellung des Brunnens und Auswertung des Pumpversuches sind die Ergebnisse zu dokumentieren. Hierzu gehören:

– Schlussbericht zum Pumpversuch mit zeichnerischen Darstellungen nach Abschnitt 3.2.4.4.6
– Fotodokumentation zum Nachweis des ordnungsgemäßen Ausbaus
– Hydrogeologisches Schlussgutachten mit Angaben zu Dauer- und Höchstentnahmeraten sowie zur Schützbarkeit
– Angaben für notwendige Beweissicherungsmaßnahmen im Zuge des anschließenden wasserrechtlichen Verfahrens

Die Dokumentation ist Voraussetzung für die Abnahme des Brunnens. Hierzu wird auf die Abschnitte 11.9.3 Bauausführung einer Wasserfassung, 11.9.3.3 Schlussbericht und 11.9.4.6 Abnahme hingewiesen.

3.2.4.5 Brunnenreihen

3.2.4.5.1 Allgemeines

Die Anordnung mehrerer Brunnen ist notwendig, wenn die Ergiebigkeit eines Brunnens nicht ausreicht und die GW-Neubildung zusätzliche Entnahmen gestatten. Es ist besser, mit zwei Brunnen möglichst gleichmäßige Entnahmeleistungen zu fahren, als aus vermeintlichen Ersparnisgründen einen einzigen Brunnen übermäßig und mit wiederkehrenden hohen Leistungsschwankungen zu beanspruchen und damit eine schnelle Brunnenalterung zu provozieren. Bei größeren Anlagen ist es zudem immer ratsam, einen Reservebrunnen mit zu erstellen.

3.2.4.5.2 Standort der Brunnen

1. Lage zum Vorfluter – Wenn eine Uferfiltration mit ausgenützt werden soll, wird die Brunnenreihe zweckmäßig etwa parallel zum Ufer des Vorfluters angeordnet. Bei Trinkwasserbrunnen ist dabei aus hygienischen Gründen sicherzustellen, dass das Uferfiltrat mindestens eine Fließzeit von 50 Tagen im Untergrund aufweist.
2. Lage zur GW-Fließrichtung – Wenn keine Uferfiltration möglich ist, wird die Brunnenreihe etwa senkrecht zur GW-Fließrichtung angeordnet.
3. Flächenmäßige Anordnung – Sie ist vorteilhaft, wenn der GW-Leiter als GW-Speicher mit ausgenützt werden soll.
4. Gegenseitiger Brunnenabstand – verschiedene Faktoren sind zu beachten:
4.1 Bei einer gegebenen GW-Breite und gegebener Entnahme vermindert eine größere Zahl von Brunnen die GW-Absenkung in den Brunnen. Bei geringerer Absenkung steht eine größere Filterströmfläche zur Verfügung, dadurch wird die Anströmgeschwindigkeit verringert und Anströmspitzen werden vermieden (**Abb. 3-21**).

4.2 Ist der gegenseitige Brunnenabstand kleiner als es der Einzugsbreite eines Brunnens entspricht, tritt durch die gegenseitige Beeinflussung eine Mehrabsenkung ein. Ein Zusammenrücken der Brunnen kann aber u. U. die Baukosten verringern.

5. *Grundstücksfragen, Bau- und Betriebskosten* – Sie sind letztlich ausschlaggebend, wie viele Brunnen und mit welchen Abständen die Brunnenreihen ausgeführt werden. Ein Mittelweg wäre z. B., die Brunnenabstände so zu wählen, dass die Entnahmebereiche bei mittleren Brunnenentnahmen sich gerade berühren, bei größerer Entnahme eine gegenseitige Beeinflussung in Kauf genommen wird. In jedem Fall dürfen aber die zulässige Absenkung und das Brunnenfassungsvermögen nicht überschritten werden.

6. *Heberleitungen* – Die früher üblichen Heberleitungen für die Entnahme von Wasser aus einer Brunnenreihe werden nicht mehr gebaut. Heute werden für die Entnahme fast ausschließlich Tauchmotorpumpen verwendet, die den Vorteil haben, dass die Brunnen unabhängig voneinander optimal betrieben und beprobt sowie erforderlichenfalls regeneriert und saniert werden können.

3.2.4.5.3 Pumpversuche

Bei Brunnenreihen sind für jeden Brunnen Einzelpumpversuche und gemeinsam für alle Brunnen ein Sammelpumpversuch durchzuführen. Die Zeitdauer beim Abnahme-PV des Einzelbrunnens ist so zu wählen, dass mindestens bei der gewählten Betriebsentnahme des Einzelbrunnens ein Beharrungszustand des abgesenkten WSp erreicht wird. Bei den Einzel-PV ist jeweils auch die Absenkung an den benachbarten Brunnen oder dort gelegenen GW-Messstellen zu messen, damit daraus die Absenkung bei gemeinsamem Betrieb aller Brunnen berechnet werden kann. Der Sammel-PV wird mit der vorgesehenen Betriebsentnahme durchgeführt. Er muss so lange dauern, bis etwa ein stationärer Zustand des abgesenkten GWSp erreicht ist, meist erst nach einigen Tagen. Bei sehr großen Entnahmen, bei welchen eine weitreichende Beeinflussung von Beteiligten zu erwarten ist, sind oft Groß-PV mit einer Dauer von 4 Wochen und mehr in den Monaten mit den niedrigsten GW-Ständen erforderlich. Aus dem Vergleich der Ergiebigkeit beim Einzel-PV und Gesamt-PV ist die gegenseitige Beeinflussung zu entnehmen.

Solche Groß-PV können aus Kostengründen oft erst dann durchgeführt werden, wenn das geförderte Wasser in das Rohrnetz abgegeben werden kann.

3.2.4.6 Großvertikalfilterbrunnen

Als Sonderform eines Vertikalfilterbrunnens ist der Großvertikalfilterbrunnen nach *Ingerle* zu bezeichnen, siehe **Abb. 3-41**. Von der Geländeoberfläche aus werden mehrere Vertikalbohrungen mit großem Durchmesser abgeteuft, die sich segmentartig überschneiden. Eine der Bohrungen wird dann wie ein Vertikalbrunnen ausgebaut.

Ein Großvertikalfilterbrunnen ist zweckmäßig und auch wirtschaftlich bei

– geringmächtigem, flächenhaft ausgedehntem Porengrundwasserleiter,
– relativ geringem Flurabstand,
– mäßiger Durchlässigkeit.

3.2.4.7 Horizontalfilterbrunnen

Eine besondere Art von liegender Fassung ist der Horizontalfilterbrunnen (HoriBr.), nach dem Erfinder auch *Ranney*brunnen genannt. Nach dem Vorschlag des amerikanischen Ingenieurs *Ranney* (1934) werden von einem senkrechten Sammelschacht aus in der gewünschten Tiefe Filterrohre horizontal, strahlenförmig mit hydraulischen Pressen in die wasserführenden Gesteinsschichten vorgetrieben und während des Vortriebes durch einen besonderen Filterkopf und über das Spülgestänge das Feinmaterial der Gesteinsschichten durch den Wasserüberdruck herausgespült. Das Verfahren ist nur in Lockergesteinen anwendbar. Wegen der hohen Kosten des Schachtes ist es auch im allgemeinen nur bei Erschließung größerer Entnahmen (. 100 l/s) und nicht zu großer Tiefe (30–40 m) wirtschaftlich, doch

3.2 Wasserfassungen

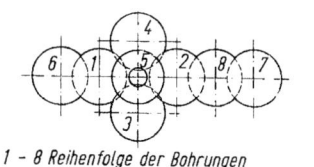

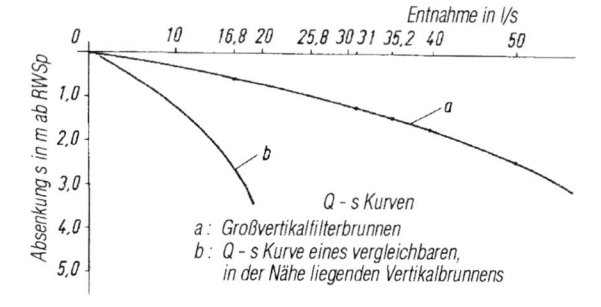

1 - 8 Reihenfolge der Bohrungen

Abb. 3-41: Großvertikalfilterbrunnen der Marktgemeinde Neubeuern

Q - s Kurven
a: Großvertikalfilterbrunnen
b: Q - s Kurve eines vergleichbaren, in der Nähe liegenden Vertikalbrunnens

sind in besonderen Fällen auch schon Brunnen mit Tiefen über 50 m ausgeführt worden. Wegen der hohen Kosten der früher meist üblichen Ausführung des Schachtes mit etwa 4,00 m Durchmesser in Ortbeton wurden seit 1970 wirtschaftlichere Verfahren entwickelt, z. B. die Ausführung des Schachtes aus Betonfertigteilen mit einem Innen-Durchmesser von 2–3 m, so dass der HoriBr auch für die Erschließung von kleineren Wasserentnahmen, etwa über 50 l/s wirtschaftlich sein kann. Der besondere Vorteil liegt darin, dass die Wasserentnahme in die Gesteinsschicht mit der größten Durchlässigkeit (k_f-Wert) gelegt werden kann, die Deckschichten nicht unmittelbar senkrecht wie bei Brunnenreihen durchstoßen werden, die Fassungsstränge somit unter ungestörtem Boden zu liegen kommen, wobei unmittelbar im Bereich des Schachtes 5–10 m lange, geschlossene Rohre eingesetzt werden, für die Wasserentnahme durch entsprechende Anzahl von Vortrieben eine große Filtereintrittsfläche und damit ein großes Fassungsvermögen zur Verfügung steht, tiefere wasserführende Schichten mit höherem Eisen-, Mangan-, Chloridgehalt und höherer Härte ähnlich wie beim unvollkommenen senkrechten Brunnen ausgespart werden können sowie die Entnahmeeinrichtungen auf ein Bauwerk vereinigt werden können und damit leicht zugänglich werden. Zu beachten ist, dass sich die Absenkung des GWSp im Schacht zusammensetzt aus der Absenkung des GWSp außerhalb des Schachtes, dem Druckverlust

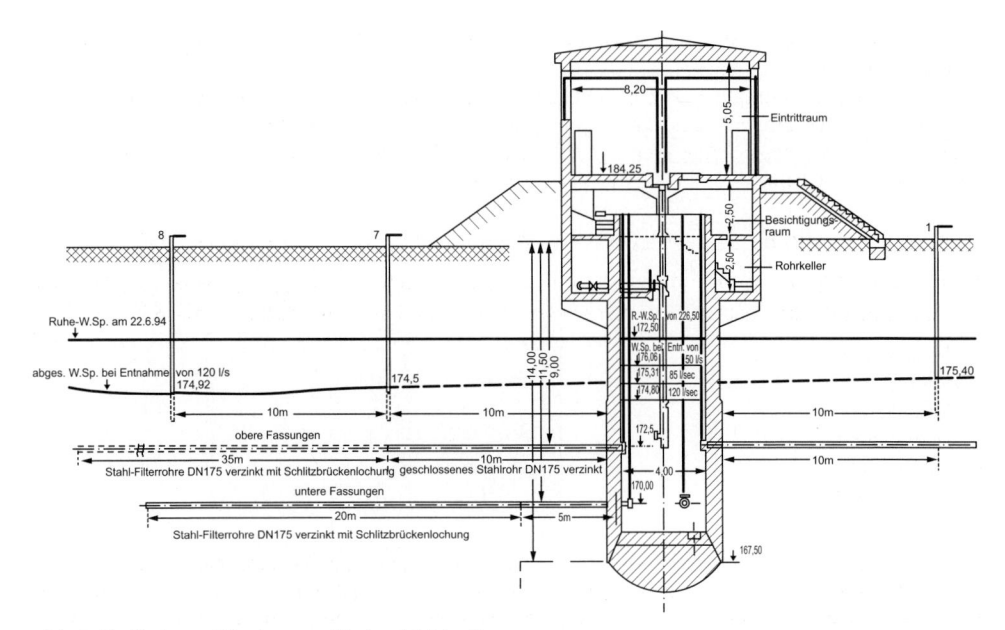

Abb. 3-42: Horizontalfilterbrunnen Marksteft/Main, Bayern

für den Wassereintritt in das Filterrohr, dem beträchtlichen Druckverlust für das Fließen im Filterrohr und dem Druckverlust des Absperrorgans des Filterrohrs. Im Mittel ist bei gleichgroßer Absenkung die Wasserentnahme aus einem HoriBr etwa 2,5 bis 4-mal größer als die aus einem vertikalen Bohrbrunnen mit 600 mm DN, sofern das Brunnenfassungsvermögen des Bohrbrunnens dabei noch nicht überschritten ist. Beispiel eines ausgeführten Horizontalfilterbrunnens siehe **Abb. 3-42**.

3.2.4.8 Leistungsrückgang bestehender Grundwasserfassungen

3.2.4.8.1 Allgemeines

Häufig tritt bei bestehenden Brunnen mit zunehmender Betriebszeit ein Leistungsrückgang ein. Dieser kann durch Änderung der hydrologischen Verhältnisse, aber auch durch das so genannte Altern der Brunnen verursacht sein. Durch häufiges Absenken des GW-Spiegels in den Bereich des Filterrohres wird Sauerstoff ins Grundwasser eingetragen und initiiert chemische Ausfällreaktionen. Auch die Verfilterung mehrerer GW-Leiter mit unterschiedlichen, unverträglichen Wasserchemismen kann zu Ausfällungen und Korrosion führen.

Infolge physikalischer, chemischer u. biologischer Vorgänge können Filterschlitze, der Porenraum des Filterkieses und der angrenzende GW-Leiter regelrecht zuwachsen. Dadurch wird in vielen Fällen ein erheblicher Leistungsrückgang ausgelöst

3.2.4.8.2 Änderung der hydrologischen Verhältnisse

1. Ursachen – Bei Leistungsrückgang eines Brunnens ist immer zunächst die Lage des RWSp im Vergleich zu den Verhältnissen beim Hauptpumpversuch zu prüfen. Eine tiefere Lage des RWSp verursacht eine Verminderung der Ergiebigkeit, d. h. eine größere Absenkung des WSp bei gleicher Entnahme entsprechend den hydrologischen Gesetzen und eine Verminderung der Wasserförderung bei Kreiselpumpen entsprechend der Pumpenkennlinie. Die tiefere Lage des GWSp kann verursacht sein durch natürliche Schwankungen des GWSp oder durch Überbeanspruchung infolge größerer Entnahme als es der natürlichen GW-Erneuerung entspricht. Durch Vergleich von Betriebsmessungen mit dem Hauptpumpversuch ist festzustellen, ob eine Änderung der Wasserandrangskurve (Zunahme des Durchflusswiderstandes) eingetreten ist.

2. *Behebung* – Sofern die Wasserandrangskurve gleich geblieben ist, wird die ursprüngliche Brunnenleistung wieder erreicht, wenn die ursprüngliche Höhenlage des GWSp wieder hergestellt wird. Dies kann durch entsprechende Verringerung der Entnahmemenge erreicht werden, wenn dadurch eine ursächliche Überbeanspruchung der GW-Neubildung beseitigt wird. .

3.2.4.8.3 Zunahme des Durchflusswiderstandes durch Brunnenalterung

1. Ursachen – Gleicher RWSp, aber größere Absenkung des WSp bei gleicher Entnahme wie beim PV ist ein Zeichen für die Zunahme des Durchflusswiderstandes. Ursachen können hierfür sein:

- Versandung
- Korrosion
- Verockerung
- Verschleimung
- Versinterung
- Aluminiumablagerungen

In der Praxis handelt es sich häufig um eine Kombination der genannten Vorgänge.
Oft ist die Ursache eine biologische Verockerung durch eisen- und manganspeichernde Bakterien, wobei Ablagerungen in den Filterschlitzen, im Einlaufseiher der Tauchmotorpumpe, aber auch in den Poren des Filterkieses entstehen. Die biologische Brunnenverockerung kann vor allem dann entstehen, wenn folgende Voraussetzungen gegeben sind:

1. Eisen- und manganspeichernde Bakterien,
2. Eisenkonzentration von $> 1,6$ mg/l im ruhenden Wasser und $> 0,2$ mg/l im bewegten Wasser,
3. ein höheres positives Redoxpotential $E_{oH} = + 10$ mV ± 20 mV bei pH-Werten von etwa 7,
4. pH-Wert zwischen 5 und 8,
5. Erhöhung der Fließgeschwindigkeit des Wassers gegenüber den natürlichen Verhältnissen zum vermehrten Heranbringen von Eisen und Mangan. Dies ist beim Brunnenbetrieb gegeben.

Diese Voraussetzungen müssen gleichzeitig vorhanden sein, was aber in quartären Talauffüllungen und bei Tiefbrunnen sehr oft der Fall ist. Je größer diese Werte sind, umso stärker ist die Verockerung, daher sind die Verockerungen im Bereich der Anströmspitzen und in der Nähe der Entnahmevorrichtungen am größten.

3.2.4.9 Regenerierung

3.2.4.9.1 Vorarbeiten

Bei Zunahme des Durchflusswiderstandes ist der bauliche Zustand der Fassung (Rohr- und Filtermaterial) am besten mit einer Kamerabefahrung zu prüfen. Darüber hinaus sind Brunnentiefe, Höhe der Filterkiesfüllung, Lichtweite des Filterrohres bis Brunnensohle usw. zu kontrollieren. Eine gute Kontrollmöglichkeit ist auch gegeben, wenn Beobachtungsrohre (Peilrohre) unmittelbar außerhalb des Filterkieses und im Filterkies eingebaut sind, so dass jederzeit der Verlauf der Absenkungskurve im Bereich des Filterkieses und damit der Druckverlust im Filterkies und im Filterrohr überprüft werden kann (s. **Abb. 3-33**).

3.2.4.9.2 Entsanden

Bei Ablagerungen von Sand- und Tonteilchen ist ein abschnittsweises Entsandungspumpen bzw. -kolben durchzuführen. Bei unsachgemäßer Filterkieskörnung kann kein voller Erfolg erreicht werden. Lockerungen können durch Pressluft eingeleitet werden.

3.2.4.9.3 Brunnenreinigung

1. Mechanische Reinigung

Hierfür werden Bürsten und Scheiben eingesetzt. Durch Auf- und Abwärtsbewegungen an einem Gestänge werden Ablagerungen an den Filterrohrwandungen weitgehend entfernt. Um die Filterkiese freizuspülen und auch den dahinterliegenden Hochdruckreinigungsverfahren bzw. Druckwellenimpulsverfahren bewährt. Eine Intensivierung dieser Methoden kann erreicht werden, wenn einzelne Abschnitte zwischen Packern bearbeitet werden. Letztere Verfahren sind allerdings nur bei einem guten Zustand des Brunnens empfehlenswert. Die mechanische Reinigung soll immer vor der chemischen Reinigung durchgeführt werden.

2. Chemische Reinigung

Oft muss die mechanische Reinigung durch eine chemische Behandlung mit Säuren unterstützt werden. Die Ablagerungen sind chemisch zu untersuchen, um geeignete Regenerierungsmittel auszuwählen. Es sollten möglichst geringe Säuremengen in den Brunnen eingebracht werden. Erreicht werden kann dies mit vorhergehender mechanischer Reinigung durch abschnittsweises Bearbeiten und durch Einpressen der Säure in den Filterkies, z. B. mit einer Umwälzanlage.

Die Verwendung organischer Säuren führt häufig zu einer Verkeimung des Brunnens und zu erhöhtem Wachstum der Mikroorganismen (Verschleimung). Da auch daran anschließendes langes Abpumpen und zusätzliche Desinfektion häufig nicht zum dauernden Abklingen der Verkeimung führt, wird empfohlen, nur anorganische Säuren (HCl) in chemisch reiner Form zu verwenden.

Hinweis: Für eine chemische Regenerierung ist eine wasserrechtliche Erlaubnis erforderlich, die vor Beginn der Arbeiten bei der zuständigen Wasserrechtsbehörde zu beantragen ist.

Auf das DVGW-Merkblatt W 130 „Brunnenregenerierungen" wird hingewiesen.

3.2.5 Grundwasseranreicherung

(Siehe auch Abschnitt 4.1.14)

3.2.5.1 Allgemeines

Mit natürlicher GW-Anreicherung, auch Uferfiltration genannt, wird die zusätzliche Einspeisung von Oberflächenwasser aus Flüssen oder Seen in das GW bezeichnet. Sie tritt ein, wenn infolge der WSp-Absenkung in der GW-Fassung ein Gefälle vom Oberflächenwasser zur Wasserfassung erzeugt wird. Künstliche GW-Anreicherung ist dagegen die Entnahme von Oberflächenwasser und Versickerung in das GW, mit oder ohne vorherige Aufbereitung.

In Deutschland beträgt der Anteil der öffentlichen Trinkwasserversorgung aus Uferfiltrat und GW-Anreicherung ca. 13 % (**Tab. 3-18**).

3.2.5.2 Natürliche Grundwasseranreicherung

3.2.5.2.1 Grundlagen

In den quartären Talauffüllungen ist im unbeeinflussten Zustand i. A. ein GWSp-Gefälle zum Vorfluter vorhanden. Bei GW-Entnahmen wird jedoch ein Zufluss vom Vorfluter zur Entnahmestelle erzeugt, wenn der untere Scheitelpunkt bzw. der Entnahmebereich über die Uferlinie des Vorfluters reicht. Zum natürlichen GW-Dargebot des Brunnens kommt so ein zusätzlicher Uferfiltratanteil hinzu.

3.2.5.2.2 Uferfiltrationsrate

Die mögliche Uferfiltrationsrate ist begrenzt durch die Infiltrationsfläche A am Fluss, den Eintrittswiderstand an Flussufer und -sohle, k_f der Bodenpassage und durch das mögliche Gefälle J. Während die Werte A, k_f und J für eine bestimmte Entnahme als gleich bleibend angenommen werden können, ist der Eintrittswiderstand am Flussufer mehr oder weniger veränderlich. Im unbeeinflussten GW mit Abfluss zum Vorfluter erfolgt durch den Wasserüberdruck ein Reinigen der Poren des Flussufers. Bei der Uferfiltration tritt dagegen ein Ablagern und Eindringen von festen und ausfallenden Stoffen des Oberflächenwassers in die Poren der Uferformation ein, bezeichnet mit Selbstdichtung der Gewässersohle. Je ungünstiger die Beschaffenheit des Oberflächengewässers ist, je stärker Uferfiltrat herangezogen wird, umso schneller und stärker erfolgt die Selbstabdichtung (Kolmation). Eine Regenerierung der Kolmation ist – wenn überhaupt – nur begrenzt möglich.

Der in der Wasserfassung gewonnene Anteil an Uferfiltrat kann aus einem GWSp-Höhenplan und der Transmissivität nur angenähert ermittelt werden. Wenn die chemische Beschaffenheit und die Temperatur des natürlichen GW verschieden von der des Oberflächenwassers ist, kann aus der Beschaffenheit des Mischwassers auf den Anteil des Uferfiltrats geschlossen werden.

3.2.5.2.3 Wasserbeschaffenheit

Durch die Uferfiltration wird die Beschaffenheit des Oberflächenwassers teilweise verändert. Schwebstoffe und einige gelöste Stoffe werden zurückgehalten oder abgebaut, einige, wie Na, Cl, bleiben in voller Konzentration erhalten. Durch Sekundäreinflüsse kann das Uferfiltrat nochmals verändert werden. Das in der Fassung gewonnene Wasser ist dann eine Mischung aus natürlichem GW und Uferfiltrat, wobei die einzelnen Anteile in Abhängigkeit von den Schwankungen des GWSp und der Entnahme ebenfalls schwanken. Längere Untersuchungsreihen sind daher erforderlich, um den Schwankungsbereich zu erfassen. Für die mikrobiologische Beschaffenheit ist die Aufenthaltszeit des Uferfiltrats maßgebend, gefordert werden i. A. 50 Tage, dementsprechend ist der Abstand der Entnahmebrunnen vom Rand des Oberflächengewässers zu wählen.

3.2.5.3 Künstliche Grundwasseranreicherung

3.2.5.3.1 Allgemeines

Die künstliche GW-Anreicherung wird angewendet:

1. zur Vergrößerung der GW-Entnahme aus einem beschränkt entnahmefähigen Gebiet,
2. zur Hebung eines infolge Überbeanspruchung stetig absinkenden GWSp,
3. zur Verhinderung des Zuflusses von Wasser aus tieferen Bodenschichten mit hoher Härte und größerem Salzgehalt,
4. als hydraulische Sperre gegen das Zufließen von Wasser mit ungeeigneter Beschaffenheit, z. B. an Meeresküsten, bei Unfällen mit der Gefahr der Verunreinigung des GW.

Bei der künstlichen GW-Anreicherung wird Oberflächenwasser entnommen, aufbereitet oder nicht aufbereitet, und mittels oberirdischer oder unterirdischer Versickerungsanlagen das GW angereichert. Gegenüber der natürlichen GW-Anreicherung ist von Vorteil:

– Die Anreicherungsmenge ist unabhängig von der möglichen Infiltrationsfläche am Flussufer und von der Selbstdichtung der Gewässersohle sowie von dem möglichen Gefälle zwischen WSp des Gewässers und dem abgesenkten GWSp der Brunnen.
– Die GW-Fassung kann an der günstigsten Stelle in hydrologischer und hygienischer Hinsicht situiert werden. Dabei ist auch hier die Aufenthaltszeit von 50 Tagen im Untergrund möglichst einzuhalten.
– Durch die Aufbereitung des Oberflächenwassers vor der Versickerung kann eine bessere Wasserbeschaffenheit des Mischwassers erreicht werden.

Hinweise zur Beprobung und Aufbereitung von angereichertem GW werden im Abschn. 4.1.2.4 sowie im Abschn. 4.2.2.7 gegeben. Als Beispiel einer GW-Anreicherungsanlage siehe **Abb. 4-39**.

3.2.5.3.2 Oberirdische Versickerungsanlagen

1. Flächenmäßige Überflutung – Den geringsten Aufwand erfordert die GW-Anreicherung mittels flächenmäßiger Überflutung (Polder). Hierbei werden Wiesen oder forstwirtschaftlich genutzte Flächen mit geeigneten Bäumen wie Erlen, Weiden, Pappeln mit mäßig verunreinigtem Wasser etwa 0,20–1,00 m hoch auf die Dauer von 7–10 Tagen überstaut, anschließend folgt eine doppelt so lange Trocknungszeit. Die Sickerleistung ist abhängig von der Überstauhöhe, sie nimmt in der Stauzeit etwa von 3 auf 1 m^3/m^2·d ab. Im Winter ist die Sickerleistung rd. 0,3 bis 0,4-mal der Sommerleistung. Die Reinigung erfolgt vorwiegend in der Humusschicht der überstauten Fläche. Ein Nachlassen der Versickerungsleistung ist bei sachgemäßem Betrieb nicht zu erwarten.
In ähnlicher Weise wirkt auch das Aufbringen des Wassers mittels Beregnung.

2. Versickerungsgräben, Versickerungsbecken – Der GW-Leiter muss eine ausreichende Durchlässigkeit auch in vertikaler Richtung haben, er soll möglichst mächtig sein und bis nahe Geländeoberfläche reichen. Die Versickerungsleistung ist bei gleicher Durchlässigkeit umso größer, je größer der Wasserstand im Becken und je kleiner der Abstand des GWSp von der Beckensohle ist.

Das verwendete Oberflächenwasser darf nur mäßig verunreinigt sein, es wird meist in Vorfilteranlagen oder Absetzbecken gereinigt. Bei offenen Becken und Gräben sind Maßnahmen gegen die Entwicklung von Algen erforderlich.

Die Versickerungsbecken sind etwa 2 m tief, die Befestigung der Ränder ist abhängig von der anstehenden Bodenformation. Die Sohle erhält eine mind. 0,50 m dicke Sand- oder Feinkiesschicht als Filter. Der Versickerungsbetrieb besteht aus 4 Phasen:

Phase 1 – Beckenfüllung – Einarbeiten des Versickerungsbeckens, hierbei ist zunächst eine hohe Versickerungsleistung bis zu 30 m^3/m^2·d in Nähe des Zulaufs vorhanden. Die Versickerung wird dann ziemlich rasch kleiner, bis das ganze Becken mit Wasser bedeckt ist.

Phase 2 – Normaler Versickerungsbetrieb – die Versickerung ist gleichmäßig über das ganze Becken verteilt, sie ist meist etwa 2–5 m^3/m^2·d. Entsprechend der Zunahme der Ablagerungen steigt der WSp im Becken an, max. Tiefe etwa 2 m. Dann muss die Versickerungsmenge verringert werden.

Phase 3 – Beckenentleerung – wenn die Versickerungsleistung kleiner als 0,5 m^3/m^2·d wird, ist der Betrieb nicht mehr wirtschaftlich, das Becken muss dann gereinigt werden. Die Entleerung des Beckens durch Versickerung dauert zu lange, das im Becken stehende Wasser wird deshalb mittels Gefälle oder Pumpen in andere Becken geleitet.

Phase 4 – Reinigung des Beckens – die obersten verschmutzten Sandschichten werden heute meist maschinell abgehoben, zur Sandwäsche gefahren und neuer Sand eingefüllt.

Die Standzeit von Versickerungsbecken beträgt bei mäßig verschmutztem Wasser etwa 50–60 d, bei vorgefiltertem Wasser etwa 200 d.

3.2.5.3.3 Unterirdische Versickerungsanlagen

Unterirdische Versickerungsanlagen erfordern, dass das verwendete Oberflächenwasser zur Trinkwassergüte aufbereitet ist. Dadurch ist es möglich, dass der Abstand der Entnahmeanlagen von den Versickerungsanlagen nicht von mikrobiologischen, sondern von GW-hydraulischen Forderungen abhängig ist. Horizontale Versickerungsanlagen, Galerien sind dann möglich, wenn die durchlässigen Bodenschichten zusammenhängend bis nahe der Geländeoberfläche reichen, so dass die Versickerungsleitungen nicht zu tief verlegt werden müssen; vorteilhaft ist ein Überstau von 2–3 m. Die hydraulischen Verhältnisse sind dann ähnlich wie bei Versickerungsgräben. Eine Versickerungsleistung von 5–10 m^3/m^2·d ist möglich. Wenn die oberen Deckschichten zu mächtig sind, werden Bohrbrunnen oder Horizontalfilterbrunnen als Versickerungsbrunnen ausgeführt, wenn es ausreicht, die Versickerung punktförmig über dem GWSp vorzunehmen, und als Schluckbrunnen, die bis zur GW-Sohle reichen, wenn eine große Mantelfläche zum Einströmen in das GW erforderlich ist. Die hydraulischen Verhältnisse sind hier umgekehrt wie bei einem Entnahmebrunnen, so dass die Versickerungsrate abhängig ist von der möglichen Überstauhöhe, die bei nicht gespanntem GWSp nicht über Gelände reichen darf. Besonders vorteilhaft ist diese Versickerung, wenn sehr große Absenktrichter von GW-Fassungen aufgefüllt werden können.

3.2.6 Oberflächenwasserentnahmen

3.2.6.1 Allgemeines

Der Anteil an Oberflächenwasser für öffentliche Wasserversorgungsanlagen liegt in Deutschland bei ca. 13 % (**Tab. 3-19**). Die Verwendung von Oberflächenwasser ist nur bei großen Wasserwerken unter Einschaltung einer mehrstufigen Aufbereitungsanlage nach dem Stand der Technik empfehlenswert, bei denen das erforderliche Fachpersonal für die Wasseraufbereitung vorhanden ist, die bei der oft rasch und stark schwankenden Wasserbeschaffenheit insbesondere des Bach- und Flusswassers, z. B. nach starken Regenfällen, Hochwasser u. dgl. schwierig und kompliziert ist. Bachwasser-Aufbereitungsanlagen kleiner Leistung können deshalb für die Praxis nicht empfohlen werden. Als Zusatzversorgung für Spitzentage scheiden sie auch deshalb aus, weil nur bei ständigem Betrieb gesicherte Wartung aufgrund der Erfahrung gewährleistet und die Konservierung der Anlage für den Stillstand kaum möglich ist.

Bei Verwendung von Oberflächenwasser sind Entnahmen aus Trinkwassertalsperren und großen Seen den Fluss und Bachwasserentnahmen vorzuziehen, weil durch die Retensionswirkung des Speicherraumes eine Vergleichmäßigung von Abflussspitzen und Schadstoffspitzen erreicht wird. Beispiele für die Rohwasserbeschaffenheit von Oberflächengewässern und Uferfiltrat sind im Abschn. 4.1.2.3 in **Tab. 4-14** aufgeführt. Die Anforderungen an Fließgewässer bei Nutzung zu Trinkwasserzwecken sind in **Tab. 4-12** aufgezeigt (DVGW-Merkblatt W 251).

3.2.6.2 Trinkwassertalsperre

3.2.6.2.1 Allgemeines

Eine Trinkwassertalsperre hat von den für die Trinkwasserversorgung genutzten Oberflächengewässern die günstigste Wasserbeschaffenheit, den besten Schutz und den günstigsten Ausgleich zwischen geringstem und größtem Abfluss mit großer Speichermöglichkeit zum Ausgleich der Verbrauchsschwankungen. Der Begriff Talsperre umfasst das Absperrbauwerk mit Zubehör, das Staubecken, das darin befindliche Wasser und das Ufer. Trinkwassertalsperren werden meist als Mehrzweckanlagen ausgeführt für folgende Zwecke:

1. Trinkwasserversorgung
2. Hochwasserschutz
3. Aufbesserung der Niederwasserführung, für Schifffahrt, Abwasserverdünnung
4. Wasserkraft
5. Bewässerung landwirtschaftlicher Flächen
6. Erholung, nur in beschränktem Umfang und nur bei sehr großen Speichern.

3.2.6.2.2 Standort

Der Standort für eine Trinkwassertalsperre ist so zu wählen, dass mit einem kleinen Sperrenbauwerk ein möglichst großer Sperreninhalt erreicht wird. Wesentlich sind neben den hydrologischen die geologischen Voraussetzungen. Die Gründung muss einfach und der Untergrund möglichst dicht sein. Wirtschaftlich günstig ist es, wenn das Material für den Damm in der Nähe gewonnen werden kann. Das Einzugsgebiet soll nicht oder nur wenig besiedelt sein, möglichst keine landwirtschaftlich genutzten Flächen enthalten und nicht von stark befahrenen Straßen und Bahnlinien durchquert werden. Gegebenenfalls müssen diese verlegt werden. Im Speicherbecken sollen keine Kurzschlussströmungen und keine stagnierenden Zonen vorhanden sein. Empfehlenswert ist die Anordnung einer Vorsperre.

3.2.6.2.3 Wassertiefe

Die Wassertiefe bestimmt den Inhalt des Speicherbeckens. Sehr große Wassertiefen sind aber meist wegen der Geländegestaltung oft nicht erreichbar. Für Trinkwassertalsperren sollte die größte Wassertiefe am Sperrenbauwerk mind. 50 m sein, damit je nach Jahreszeit die Entnahme aus der für die Wasserbeschaffenheit und Temperatur günstigen Tiefe möglich und bei dem tiefsten Absenkziel noch ein ausreichender Überstau über der untersten Betriebsentnahme vorhanden ist.

3.2.6.2.4 Speicherinhalt

Für die zur Wahl stehenden Standorte sind die gewässerkundlichen und wasserwirtschaftlichen Verhältnisse zu untersuchen. Es muss die Wasserbilanz ausgeglichen sein, meist über 2 aufeinander folgende Trockenjahre. Der erforderliche Speicherraum zum Ausgleich der Schwankungen des Zu- und Abflusses errechnet sich aus der größten Differenz der Summenlinien. Ein wichtiges Kriterium ist die Speicher-Kennlinie für die möglichen Standorte des Speichers, d. i. die Darstellung des Nutzinhalts und der Speicheroberfläche in Abhängigkeit von der Wassertiefe am Sperrenbauwerk, **Abb. 3-43**.

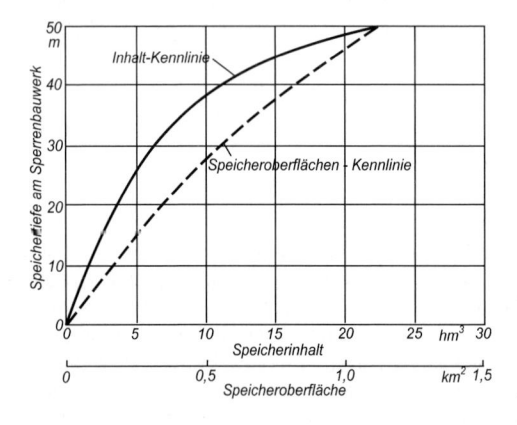

Abb. 3-43: Schema einer Speicherkennlinie

Am Beispiel der Trinkwassertalsperre Mauthaus des ZV Fernwasserversorgung Oberfranken sind die wesentlichen wasserwirtschaftlichen Werte angegeben:

mittlerer Abfluss	0,657 m³/s	Abflusssumme Normaljahr	20,67 hm³
beob. kleinster Abfluss	0,010	Abflusssumme Trockenjahr	10,50
beob. größter Abfluss	24,300	Abflusssumme Nassjahr	36,40
berechn. HHQ_{100}	58,0		
berechn. HHQ_{100}	130,0		
Speicherraum	21 hm³	Seeoberfläche	0,92 km²
Nutzraum gesamt	19,87	größte Länge	4,4 km
Trinkwasservorrat	18,2	größte Tiefe	51,85 m
..., Normalvorrat	15,2		
..., Notvorrat	3,0		
Hochwasserrückhaltung	1,67		
gesicherte Trinkwasserabgabe	15,77 hm³/a = 0,5 m³/s		

3.2 Wasserfassungen

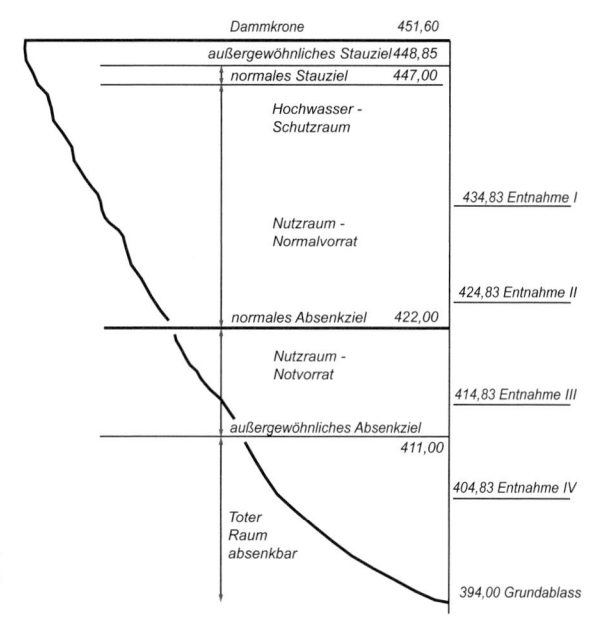

```
Dammkrone                            451,60
außergewöhnliches Stauziel 448,85
normales Stauziel                    447,00
    Hochwasser -
    Schutzraum

    Nutzraum -                              434,83 Entnahme I
    Normalvorrat
                                            424,83 Entnahme II
normales Absenkziel       422,00
    Nutzraum -
    Notvorrat                               414,83 Entnahme III
außergewöhnliches Absenkziel
                          411,00
    Toter                                   404,83 Entnahme IV
    Raum
    absenkbar
                                            394,00 Grundablass
```

Abb. 3-44: Trinkwassertalsperre Mauthaus– Höhenlage, Stauziel, Absenkziel, Entnahmen und Grundablass

3.2.6.2.5 Speicherbecken

Für die Verwendung als Trinkwassertalsperren ist das Speicherbecken entsprechend vorzubereiten, um eine ausreichende chemische und hygienische Beschaffenheit und damit eine einfache und wirtschaftlich tragbare Aufbereitung zu erreichen. Der Abbau der organischen Stoffe im überstauten Bereich dauert etwa 10 bis 15 Jahre. Während dieser Zeit ist das Talsperrenwasser verstärkt mit Geruch-, Geschmack- und Farbstoffen angereichert. Im ganzen Speicherbeckengebiet sind die Häuser zu entfernen, Bäume und Sträucher sind mit Wurzelwerk zu entfernen. Unkraut und Gras sind zu verbrennen. Morast und sumpfige Stellen sind zu entfernen und durch Sand abzudecken. Die Sohle des Speicherbeckens ist durch Abzugsgräben so zu gestalten, dass das ganze Becken gut entwässert werden kann. Das Entfernen des ganzen Mutterbodens im Staubereich verbessert die Wasserbeschaffenheit und sollte vorgenommen werden, soweit es die Wirtschaftlichkeitsberechnung zulässt.

3.2.6.2.6 Sperrenbauwerk – Entnahmeeinrichtungen

Als Sperrenbauwerke üblich sind Erddämme, meist mit Asphaltbetondichtung an der Wasserseite des Dammes oder Kerndichtung, Schwergewichtsbetonmauern, Bogen- und Strebepfeilerbauwerke aus Stahlbeton. Für die Trinkwasserentnahme werden begehbare oder nasse Entnahmetürme angeordnet mit verschiedenen Entnahmetiefen, um die jeweils günstigste Wassertemperatur und Wasserbeschaffenheit auszunützen. Bei Erddämmen ist es zweckmäßig, die Entnahmeeinrichtungen so anzuordnen, dass sie zwar nahe am Damm liegen, aber diesen aus Gründen der Wasserdichtheit des Dammes nicht selbst durchfahren. Die Wassertiefe einer Trinkwassertalsperre soll bei gefülltem Speicher mindestens 50 m betragen. Die untere Entnahme für Trinkwasser soll dann mindestens 10 m über Sohle liegen, um zu verhindern, dass Schwebstoffe und Ablagerungen in den Einlauf gelangen, und um Wasser mit möglichst konstanter niedriger Temperatur und günstiger Wasserbeschaffenheit zu gewinnen. Diese Entnahme wird meist 70 bis 80 % der Gesamtbetriebszeit benützt werden. Die obere Entnahme wird etwa 15 bis 20 m unter normalem Stauziel angeordnet, so dass ein genügend großer Nutzraum darüber noch vorhanden ist. Bei einer maximalen Tiefe von 50 m wird zweckmäßig noch eine mittlere Entnahme dazwischen vorgesehen. Diese Entnahmeöffnungen sollen, wenn sie am Rand des Beckens liegen, einen Mindestabstand von 5 m vom Speicherboden haben. Die mittlere und obere Entnahme werden erst dann in Betrieb genommen, wenn im Sommer durch Absterben von Pflanzen und Algen der Sauerstoffgehalt des Wassers stark abnimmt und Mangangehalt auftritt und ansteigt; dabei sind die tieferen Wasserschichten stärker von der Verschlechterung der Wasserbeschaffenheit betroffen. Welche Entnahmehöhe im Betrieb gewählt wird, hängt von der jeweiligen Temperatur, der chemischen, mikrobiologischen und biologischen Wasserbeschaffenheit und dem Wasserstand im Speicher ab.

Wichtig sind daher Entnahmevorrichtungen für Wasserproben, die es ermöglichen, Wasser aus verschiedenen Tiefen des Speichers, etwa in einem Höhenabstand von 5–10 m, zu entnehmen.

Der bauliche Zustand und die Dichtheit des Sperrenbauwerkes sind durch ein entsprechendes Kontrollsystem laufend zu überprüfen. Bei Erddämmen sind in der Regel Nachdichtungen durch Injektionen von der Dammkrone und vom Kontrollgang aus möglich, ohne dass das Staubecken deshalb geleert werden muss.

Die Aufbereitungsanlage mit Maschinenhaus wird meist so angeordnet, dass das Wasser mit natürlichem Gefälle von der Trinkwassertalsperre zulaufen kann. Die meist mögliche kleine Wasserkraftanlage, ausnutzbar vor allem in Nassjahren, wird häufig getrennt von der Aufbereitung unmittelbar am Sperrenbauwerk angeordnet. Gestaltung des Sperrenbauwerks siehe Spezialliteratur.

3.2.6.2.7 Wasserbeschaffenheit

Bei Talsperren besteht häufig die Gefahr der Eutrophierung, d. h. starkes Algenwachstum und Sauerstoffarmut, besonders, wenn das Einzugsgebiet besiedelt und stark landwirtschaftlich genutzt wird. Beeinträchtigt wird die Wasserbeschaffenheit einer Trinkwassertalsperre vor allem, wenn Abwasser und Abschwemmungen von Düngestoffen in das Speicherbecken gelangen. Dies muss daher weitgehend verhindert werden. In ungünstigen Fällen kann eine Aufbereitung des Wasserzuflusses zur Trinkwassertalsperre notwendig sein. Wesentliche Bedeutung hat daher die Nutzung des Talsperreneinzugsgebietes, die das Einrichten eines ausreichend großen und wirksamen Schutzgebietes ermöglichen muss (siehe DVGW-Arbeitsblatt W 102 und Abschn. 3.3.4).

3.2.6.3 Seewasserfassung

Die hydrologischen, chemischen, biologischen und mikrobiologischen Verhältnisse des Seewassers sind zu klären und bei großen Entnahmen die Wasserbilanz zu prüfen. Durch eingehende Versuche ist die günstigste Entnahmestelle und Entnahmetiefe zu ermitteln. Die Entnahme ist möglichst unter der Sprungschicht anzuordnen, also etwa in 30–40 m Tiefe. Flache Ufer, der Bereich von Flussmündungen, Abwassereinleitungen und Bereiche mit starker Seeströmung infolge Wind sind zu meiden.

Der Entnahmekopf wird mit ausreichend großem Eintrittsquerschnitt, v = 0,2 bis 0,5 m/s, bemessen und mit einem 6 bis 8 mm weiten Sieb gesichert, sowie durch eine Blechhaube gegen absinkendes Material geschützt. Gegen das Eindringen von Fischen sind Vorkehrungen zweckmäßig, z. B. elektr. Fischabweiser. Der Entnahmekopf wird etwa 3 bis 5 m über dem Seeboden, bei tieferer Lage der Entnahme auch 5 bis 8 m angeordnet und an einem gut gegründeten Bockgerüst befestigt. Die Rohwasser-Entnahmeleitung

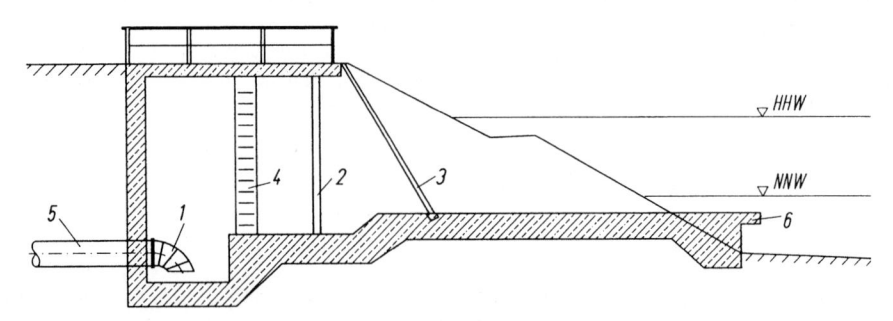

Abb. 3-45: Flusswasserentnahmebauwerk
1 Saugkammer; 2 Dammbalkenverschluss; 3 Grobrechen; 4 Einstieg; 5 Entnahmeleitung; 6 Schwelle

wird meist auf dem Seeboden verlegt und erhält dann bewegliche Rohrgelenke. In seltenen Fällen wird die Entnahmeleitung starr auf Böcken verlegt. Unmittelbar am Ufer wird das Entnahme- und Entlastungsbauwerk angeordnet, in dem die Absperrung der Seewasser- bzw. Rohwasserleitung und der Auslauf der Spülleitung untergebracht werden. Der Einbau von Sandfang und Feinrechen ist bei tiefer Entnahme nicht erforderlich. Wegen der schwierigen Zugänglichkeit sind Seewasserfassung und Rohrleitung i. A. zweisträngig auszuführen. In der Nähe der Fassung wird das Rohwasserpumpwerk angeordnet, von dem aus das Wasser, meist mit Transportchlorung zur Verhinderung von Algenwachstum versehen, zur Aufbereitungsanlage und zum Hauptpumpwerk gefördert wird.

3.2.6.4 Flusswasserfassung

Durch Erhebungen über einen längeren Zeitraum sind zunächst die hydrologischen, chemischen, mikrobiologischen und biologischen Verhältnisse des Flusses eingehend zu klären. Wichtig ist die Kenntnis der Wasserstände, Mittel-, Höchst- und Kleinstwerte, Sink- und Schwebstoffführung und das Verhalten des Flusses oberhalb der Entnahmestelle. Da keine Wasserspeicherung vorhanden ist, muss die Wasserbilanz für den kleinsten Abfluss und die größte Entnahme für die Trinkwasserversorgung unter Berücksichtigung des aus Naturschutzgründen geforderten verbleibenden Mindestabflusses aufgestellt werden. Die Entnahmestelle ist dort zu wählen, wo das Flusswasser möglichst rein ist, also an Hohlufern mit ausreichend großer Wassertiefe. Zu vermeiden sind Entnahmestellen im Bereich von Stauanlagen, Badeanstalten, Schiffsliegeplätzen und Hafenanlagen, unterhalb der Einmündung von Abwasserleitungen.

Das Entnahmebauwerk wird, wenn möglich, am Flussufer angeordnet, da es dort am besten zugänglich ist. Das Rohwasserpumpwerk ist außerhalb des HHW-Bereichs anzuordnen, so dass es selten mit dem Entnahmebauwerk vereinigt werden kann. Entnahmebauwerk und Rohwasserleitung sind immer 2-strängig auszuführen, damit Spülung, Reinigung und Ausbesserungen ohne Betriebsunterbrechungen möglich sind. Die Einlauföffnungen sind möglichst unter NNW zu legen, damit Schwimmstoffe vorbeifließen, notfalls sind Tauchwände anzubringen. Die Eintrittsgeschwindigkeit ist unter 0,10 bis 0,20 m/s zu halten. Im Einlaufbauwerk werden Grobrechen, Stabweite etwa 40 mm, mit grober mechanischer Rechenreinigung, Verschlüsse der Rohwasserleitungen, Dammbalken- oder ähnliche Notverschlüsse für das Bauwerk, Fischabweiser, z. B. mittels Starkstromstößen, untergebracht. Notwendig ist i. A. auch eine Sicherung gegen Vereisung. Auch Vorkehrungen gegen das Einströmen von Öl aus Unfällen sind erforderlich, z. B. einschwimmbare Sperren aus Luftschläuchen, Druckluftsperren u. ä. Sandfang und Feinrechen, Stabweite etwa 4 mm, mit automatischer umlaufender Rechenreinigung ab etwa 10 cm Durchflusswiderstand am Rechen, werden i. A. im Rohwasserpumpwerk angeordnet, siehe **Abb. 3-47**. In seltenen Fällen, z. B. bei großen Flüssen mit großer Wassertiefe, wird gelegentlich das Entnahmebauwerk in Flussmitte gelegt, wenn dort günstigere technische und hygienische Möglichkeiten der Entnahme vorliegen. Der Entnahmekopf wird dann ähnlich wie bei der Seewasserfassung senkrecht gestellt und an einem Bockgerüst befestigt. Er muss gegen Beschädigung, z. B. durch Schiffsverkehr, Treibgut, sicher geschützt werden. In der Nähe der Fassung wird das Rohwasserpumpwerk angeordnet. Hierbei sind die Höhenlagen HHW und NNW besonders zu beachten. Die Aufbereitungsanlage mit Hauptmaschinenhaus kann meist an günstigerer Stelle erstellt werden. Ein Beispiel einer neuzeitlichen Flusswasser-Entnahme ist die Wasserfassung an der Donau bei Leipheim des Wasserwerks Langenau des Zweckverbandes. Landeswasserversorgung Stuttgart (siehe diesbezügl. Veröffentlichungen).

3.3 Trinkwasserschutzgebiete

3.3.1 Allgemeines

Die Gefährdung und Beeinträchtigung des GW und der Oberflächengewässer nach Menge und Güte durch Umwelteinflüsse aller Art machen es aus Gründen des Gemeinwohls erforderlich, dass Wasserbenutzungen nur unter Genehmigung zulässig sind und die Wasservorkommen und Wasserfassungen, die der öffentlichen Wasserversorgung dienen, durch Schutzgebiete gesichert werden. Es ist wasserwirtschaftliches Ziel, die Ursachen der Wassergefährdungen zu vermeiden und ihnen vorzubeugen und nicht etwa die entstandenen Folgen, z. B. durch komplizierte Wasseraufbereitung, zu beheben. Grundlage für die rechtlichen Verfahren sind das Wasserhaushaltsgesetz (WHG) des Bundes und die entsprechenden Landes-Wassergesetze. Die fortschreitende Entwicklung führt im gesamten Land vermehrt zu Einrichtungen und Nutzungen, die mit dem Trinkwasserschutz konkurrieren. Es liegt daher im Interesse der WVU und der von ihnen versorgten Bürger, dass ausreichend groß bemessene, wirksame Trinkwasserschutzgebiete rechtwirksam festgesetzt werden. Für das erforderliche wasserrechtliche Verfahren ist ein hydrogeologisches Gutachten Grundlage. Darin werden insbesondere das GW-Einzugsgebiet abgegrenzt, die natürlichen Deckschichten aufgezeigt und die vorhandenen konkurrierenden Nutzungen bewertet (siehe „Leitlinien für die Ermittlung der Einzugsgebiete von Grundwassererschließungen, BLfW-Materialien Nr. 52 vom Dez. 1995").

Für ein Schutzgebiet müssen die Schutzgebietszonen und deren Grenzen eindeutig beschrieben und in Plänen dargestellt werden. In der Schutzgebietsverordnung werden die Verbote, Nutzungsbeschränkungen und etwaige Duldungspflichten festgelegt. Als naturwissenschaftliche Richtlinien für die amtlichen Sachverständigen und sonstigen Gutachter gelten die einschlägigen DVGW-Arbeitsblätter:

W 101 Richtlinien für Trinkwasserschutzgebiete,   I. Teil: Schutzgebiete für Grundwasser
W 102 Richtlinien für Trinkwasserschutzgebiete   II. Teil: Schutzgebiete für Talsperren
W 105 Behandlung des Waldes in Schutzgebieten für Trinkwassertalsperren
W 106 Militärische Übungen und Liegenschaften der Streitkräfte in Wasserschutzgebieten

Werden Straßen in Wasserschutzgebieten geplant oder um- und ausgebaut so sind die „Richtlinien für bautechnische Maßnahmen an Straßen in Wasserschutzgebieten" (RiStWag) anzuwenden (siehe Literatur). Die Neuausgabe 2002 der RiStWag lehnt sich an die aktualisierten DVGW-Arbeitsblätter W101 und W102 an und berücksichtigt insbesondere die Schutzwirkung der Grundwasserüberdeckung, die wiederum von der Durchlässigkeit und der Mächtigkeit dieser Überdeckung abhängt. Für die Gestaltung und Maßnahmen der Straßenentwässerung werden erstmalig die Verkehrsmenge, also der durchschnittliche tägliche Verkehr (DTV) dieser Straße, mit herangezogen. Aus dem Grad der Schutzwirkung der Grundwasserüberdeckung und der Verkehrsmenge ergeben sich im Einzelnen die auszuführenden Entwässerungseinrichtungen.

Bestehende Straßen sind nach den „Hinweisen für Maßnahmen an bestehenden Straßen in Wasserschutzgebieten" zu beurteilen (siehe Literatur) und entsprechend zu behandeln. Ziel ist, das von der Straße ausgehende Restrisiko auf ein vertretbares Maß zu reduzieren.

3.3.2 Schutzgebiete für Grundwasserentnahmen

3.3.2.1 Gefährdungen und Beeinträchtigungen

Das GW kann insbesondere verunreinigt werden durch:
Biologische Beeinträchtigungen wie Bakterien, Viren, Parasiten und andere Mikroorganismen, Abfall, Abwasser, Überdüngung; Pestizide und deren Umwandlungsprodukte, Mineralöle und -produkte; Schwermetalle; sonstige anorganische Stoffe; Eintrag von Luftschadstoffen; schwer abbaubare organische Verbindungen insbesondere polycyclische aromatische und halogenierte Kohlenwasserstoffe; radioaktive Stoffe; physikalische Beeinträchtigungen z. B. Temperaturänderungen.

3.3.2.2 Reinigungswirkung des Untergrundes

Schutzgebietsgröße und Schutzgebietsverordnung richten sich nach der hydrogeologischen Struktur des der Wassergewinnung zugehörigen Einzugsgebietes, nach der möglichen Reinigungswirkung der Deckschichten, der Reinigungskraft des GW-Leiters, der Einlagerung von Schichten geringer Durchlässigkeit und der Verweildauer.

3.3 Trinkwasserschutzgebiete

3.3.2.2.1 Reinigungswirkung

1. physikalisch – infolge Verdünnung im GW, Filterwirkung des Aquifers, Adsorption
2. chemisch – infolge Oxidation und Reduktion, Jonenaustausch
3. biologisch – infolge bakteriellen Abbaus, Aufsaugen durch Pflanzenwurzeln, Absterben von Bakterien und Viren durch ausreichende Verweildauer im Untergrund.

Der wesentlichste Teil der Reinigung erfolgt in den Deckschichten, insbesondere in der belebten Bodenschicht, deshalb ist besonders der flächendeckende möglichst ungestörte Erhalt dieser Schicht im Schutzgebiet besonders wichtig. Auf dem weiteren Fließweg findet eine weitere Reinigung statt, die umso besser ist, je feinkörniger der Aquifer und je geringer die Fließgeschwindigkeit und je größer der Sauerstoffgehalt des GW ist. Besonders schlecht ist die Reinigung des GW im Festgestein mit großen Klüften und Spalten und hohen GW-Fließgeschwindigkeiten, wie z. B. im Karst.

3.3.2.2.2 Verweildauer

Die biologische Reinigungswirkung des Untergrundes wird i. A. als ausreichend angesehen, wenn die Verweildauer von mind. 50 d eingehalten wird. Je nach Ort der Einwirkung kann sowohl der vertikale Sickerweg wie auch der horizontale Fließweg in die Berechnung der Verweildauer einbezogen werden. In der ungesättigten Bodenzone laufen die Reinigungsprozesse meist intensiver und rascher ab als im GW-Leiter. Auch die Kolmationsschicht des Gewässerbettes und spezifische physikalisch-chemische Bedingungen bei der Uferfiltration können dazu führen, dass die geforderte Reinigungswirkung bereits in einer kürzeren Verweildauer als 50 d erreicht wird. Aber eine kürzere Verweildauer als 50 d sollte nur dann und nur ausnahmsweise hingenommen werden, wenn im Einzelfall durch eingehende Versuche die ausreichende Reinigungswirkung auch im ungünstigsten Fall nachgewiesen ist und mit Sicherheit im betrachteten Gebiet einheitliche Verhältnisse vorhanden sind.

3.3.2.3 Schutzgebietszonen

3.3.2.3.1 Einteilung

Die Einteilung in Schutzzonen und die Bemessung deren Grenzen werden nach der Reinigungswirkung des Untergrundes festgelegt. Erster Schritt ist stets die Bewertung der Schutzwirkung der GW-Überdeckung (Hölting et al. Geol. Jb. C63, 1995). Ausgehend von dem dabei ermittelten natürlichen Schutz des GW-Vorkommens sind ein verbleibendes Schutzdefizit durch die Reinigungswirkung des GW-Leiters oder erforderliche Nutzungseinschränkungen auszugleichen. Die Schutzanordnungen für das Schutzgebiet müssen so festgelegt werden, dass ausreichend Reaktionszeit und -raum für die genannten Eliminationsprozesse sowie Handlungsspielraum für Abhilfemaßnahmen bleibt, da manche Stoffe im Untergrund wenig oder gar nicht abgebaut werden.

Entsprechend dem unterschiedlichen Gefährdungsrisiko wird das Schutzgebiet nach DVGW-Arbeitsblatt W 101 eingeteilt in:

Fassungsbereich = Zone I
Engere Schutzzone = Zone II
Weitere Schutzzone = Zone III, gegebenenfalls mit Unterteilung in A und B.

Die **Abb. 3-46 a-d** zeigt die Luftbildaufnahme eines Wasserschutzgebietes mit Grundwasserentnahmen einschließlich Uferfiltratanteil in einem Flusstal mit quartärer Talfüllung aus einem Faltblatt des Bayerischen Landesamtes für Wasserwirtschaft. Gekennzeichnet sind die Grundwasserzuströme, die Schutzgebietsgrenzen, die möglichen Gefahren und die Schutzmaßnahmen.

132 3. Wassergewinnung

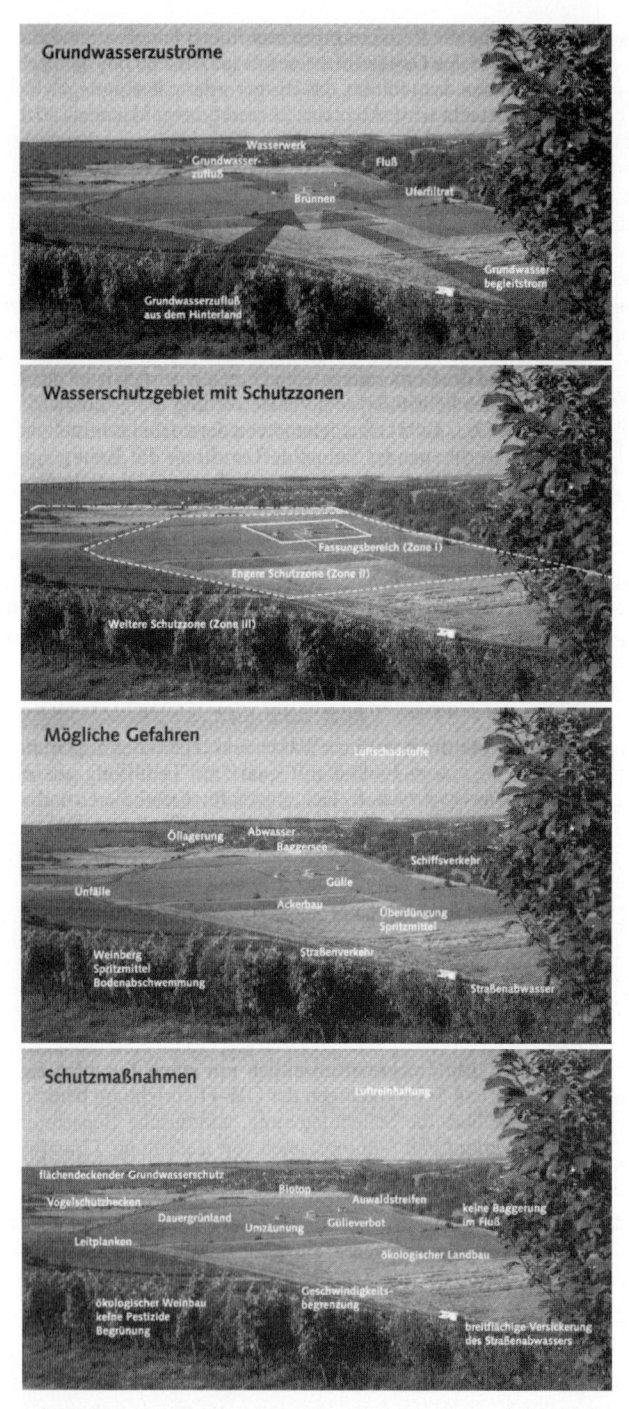

Abb.3-46 a-d: Wasserschutzgebiet mit gekennzeichneten Grundwasserzuströmen, Schutzgebietsgrenzen, möglichen Gefahren und Schutzmaßnahmen

3.3.2.3.2 Bemessung

Für die Festlegung der Schutzgebietsgrenzen ist grundsätzlich vom gesamten Einzugsgebiet der bestehenden oder geplanten Wasserfassung auszugehen unter Berücksichtigung der für den Schutz ungünstigsten Verhältnisse. Dabei sind auch die Flächen zu berücksichtigen, von denen die Niederschläge oberirdisch in den Entnahmebereich fließen können. Aufgrund der hydrogeologischen Verhältnisse, der PV-Ergebnisse und der GW-Höhenlinien wird das Einzugsgebiet ermittelt (siehe Abschn. 3.1). Zur Abgrenzung des qualitativ relevanten unterirdischen Einzugsgebietes sind die ermittelten Grenzen des Entnahmebereiches insbesondere grundwasserstromseitlich um einen Zuschlag zu erweitern, der Dispersionsvorgänge im GW-Leiter und Schwankungen der GW-Fließrichtung berücksichtigt. Im Festgestein sind zusätzliche Kenntnisse über die Schichtlagerung, tektonische Beanspruchung, Kluftweiten, Hauptkluftrichtungen und den Verlauf von Störungszonen von Bedeutung. Grundwasserstromaufwärts werden die Grenzen der Schutzgebietszonen in Abhängigkeit von der Beschaffenheit der Deckschichten und des Aquifers sowie der Verweildauer des GW festgelegt. Für die Verweildauer muss die zunehmende GW-Fließgeschwindigkeit im Absenkungstrichter des Brunnens berücksichtigt werden. Als GW-Fließgeschwindigkeit ist die Abstandsgeschwindigkeit v_a einzusetzen, wobei $v_a = v_f / p$, oder $v_a = Q/(B \cdot H \cdot p)$. Speziell in Kluftgrundwasserleitern ist es angebracht, die Verweildauer über Markierungsversuche herauszufinden.

Bei der Bemessung der engeren Schutzzone (Zone II) und des Fassungsbereichs (Zone I) ist die Hygieneanforderung einzuhalten, wonach humanpathogene Keime bei Erreichen der Wasserfassung weitestgehend eliminiert sein müssen. In durchschnittlichen Poren-GW-Leitern wird für diese Elimination ein mindestens 50-tägiger horizontaler Fließvorgang im Aquifer benötigt, was Knorr in den 50-er Jahren experimentell ermittelt hat. Dieser Reinigungsmechanismus ist nicht ohne weiteres auf Kluft- und Karst-GW-Leiter übertragbar. Hier herrschen wegen ärmerer Biozönosen und geringerer Grenzflächenwirkung oft schlechtere Bedingungen vor.

1. *Fassungsbereich, Zone I*

Im Fassungsbereich sind Bodeneingriffe und die Verletzung des Oberbodens verboten. Daher können hier sowohl die Elimination der Mikroorganismen über die vertikale Durchsickerung der GW-Überdeckung einschließlich der Bodenzone als auch über die horizontale Durchströmung des Aquifers angesetzt werden, d. h. die Verweildauer eines an der Grenze engere Schutzzone/Fassungsbereich versickernden Wasserteilchens auf dem vertikalen Sickerweg bis zum GWSp und von dort bis zur Wasserfassung muss mind. 50 d betragen.

Die Verweildauer der vertikalen und horizontalen Versickerung bei Poren-GW-Leitern kann nach Abschn. 3.1.5.3 berechnet werden. Der Fassungsbereich ist vom Träger der WV zu erwerben und einzuzäunen. Er soll groß genug sein, dass selbst Verunreinigungen geringen Ausmaßes durch pathogene Keime aller Art z. B. auch aus Wildtierausscheidungen die Trinkwasserfassung nicht mehr erreichen können. Wenn bei ungünstigen Verhältnissen ein sehr großer Fassungsbereich notwendig wird, kann eine Aufteilung in eine eingezäunte zu erwerbende Zone IA und eine Zone IB mit vertretbar reduzierten Anforderungen in Betracht kommen. (z. B. Grünland oder Streuobstwiesennutzung mit Verbot organischer Düngung und Ausschluss von Weidenutzung durch Umgrenzung mit Weidezaun.)

2. *Engere Schutzzone, Zone II*

Der Umgriff der engeren Schutzzonen bemisst sich in erster Linie an der 50-Tage-Isochrone, die im Allgemeinen durch geohydraulische Fließzeitberechnung ermittelt wird.

Dabei müssen im Allgemeinen maximale Entnahmebedingungen mit ungünstigen hydrogeologischen Randbedingungen kombiniert werden. Die GW-Überdeckung kann nur soweit angesetzt werden, als eine solche unter Berücksichtigung der in der weiteren Schutzzone zulässigen Bodeneingriffe noch verbleibt. Nach DVGW-Arbeitsblatt W 101 werden daher die obersten 6 m der GW-Überdeckung nicht berücksichtigt.

Da bei Kluft- u. Karst-GW-Leitern mit hohen Fließgeschwindigkeiten und geringen Filtrations- u. Sorptionswirkungen im Aquifer die horizontale Elimination oft nicht ausreichend ist, erhält hier die vertikale Elimination maßgebliche Bedeutung. Hier muss die GW-Überdeckung durch Eingriffsverbote auch in der weiteren Schutzzone ausreichend wirksam gehalten werden.

Bei sehr mächtigen Deckschichten, insbesondere bei gespanntem GWSp, kann eine engere Schutzzone verkleinert werden oder ganz entfallen. Bei der nach DGVW-Arbeitsblatt W 101 (Anlage 8.2) möglichen Reduzierung der engeren Schutzzone bleiben bevorzugte Sickerwege in den Deckschichten (Makroporenfluss) völlig unberücksichtigt. Entsprechend kann das Verfahren allenfalls zur Unterteilung der engeren Schutzzone (II A und II B), z. B. zur Zulassung von Beweidung oder organischer Düngung in Zone II B, Anwendung finden, wenn von mäßigen organischen Belastungen und keiner tiefreichenden Durchwurzelung der Deckenschichten ausgegangen werden kann (vgl. „Leitlinien Wasserschutzgebiete für die öffentl. Wasserversorgung" BLfW-Materialien Nr. 55 vom April 1996 und Ecke et al., Geol. Jb. 1995).

3. *Weitere Schutzzone, Zone III*

Die weitere Schutzzone soll in der Regel das gesamte unterirdische Einzugsgebiet ohne Fassungsbereich und engere Schutzzone umfassen. In Anbetracht der flächendeckend geltenden Anforderungen des allgemeinen Grundwasserschutzes ist dies jedoch nur erforderlich, wenn besonders sensible Untergrundverhältnisse besondere Vorsorgen verlangen. Die Grenze ist dort zu ziehen, wo eine allgemein erlaubte Handlung oder Einrichtung das praktisch erreichbare Schutzziel in Frage stellt. Ausgangspunkt dieser Bewertung ist der vorhandene natürliche Schutz des GW-Vorkommens durch die Deckschichten.

Bei heterogener Beschaffenheit von GW-Leitern und GW-Überdeckung kann die Grenze oft entlang der sprunghaften Verschlechterung der hydrogeologischen Verhältnisse gelegt werden.

Bei homogenen Verhältnissen verbleibt die Fließzeit (Reaktionszeit, dispersive Verdünnung) als maßgebliches Kriterium.

Eine großflächig besonders sensible Untergrundbeschaffenheit, z. B. in Karstgebieten, kann unter Umständen Ausmaße bis zur Grenze des GW-Einzugsgebietes erfordern. Bei großen Wasserschutzgebieten kann die weitere Schutzzone in III A III B zur Differenzierung der Auflagen in der Schutzgebietsverordnung unterteilt werden. (Siehe auch „Leitlinien Wasserschutzgebiete für die öffentl. Wasserversorgung" BLfW-Materialien Nr. 55 vom April 1996).

3.3.2.4 Schutzgebietsverordnung

Der Fassungsbereich ist besonders schutzbedürftig, er muss daher im Eigentum des WVU stehen und durch einen Zaun gegen unbefugtes Betreten geschützt sein. Nur Maßnahmen für Zwecke der Wasserversorgung sind zulässig. Die Flächen sind möglichst mit einer zusammenhängenden Grasdecke zu versehen, die auch gemäht werden muss.

Manchmal kann es für das WVU vorteilhaft sein, auch die engere Schutzzone zu erwerben, besonders wenn es sich um sehr schutzwürdige große Gebiete handelt und die Überwachung und Einhaltung der Schutzgebietsverordnung schwierig ist. Die folgende Musterverordnung stellt lediglich eine formale Arbeitshilfe dar. Die aufgeführten Verbote und Einschränkungen ergeben sich aus den häufigsten in der Praxis vorkommenden Verhältnissen, dabei wird eine Schutzgebietsbemessung und Gliederung nach aktuellem fachlichen Stand vorausgesetzt.

Es ist in jedem Einzelfall zu prüfen, inwieweit die angegebenen Einschränkungen den jeweiligen Untergrundverhältnissen gerecht werden oder zu modifizieren bzw. zu ergänzen sind.

Allgemein gilt:

Der Katalog **Tab. 3-24** soll grundsätzlich nur Anforderungen enthalten, die über den allgemeinen GW-Schutz hinausgehen.

Maßnahmen, die eine bereits bestehende GW-Belastung mindern sollen und nur vorübergehend erforderlich sind, sind Gegenstand spezieller Sanierungsprogramme. Bei flächenhaften Belastungen aus der Landwirtschaft können sie effektiver über freiwillige Vereinbarungen umgesetzt werden.

Anschließend wird die vom Bayerischen Landesamt für Wasserwirtschaft überarbeitete „Arbeitshilfe Schutzgebietskatalog"; (Stand: Februar 2002) vorgestellt. Für die Schutzgebietsverordnung muss in jedem Einzelfall aus dieser Arbeitshilfe ein Katalog entwickelt werden, der für das zugehörige Wasserschutzgebiet „maßgeschneidert" ist.

3.3 Trinkwasserschutzgebiete

Tab. 3-24: Arbeitshilfe Schutzgebietskatalog (Stand: Feb. 2002)

Es sind	In der weiteren Schutzzone B	In der weiteren Schutzzone A	In der engeren Schutzzone
Entspricht Zone	III B	III A	II
1.	bei Eingriffen in den Untergrund (ausgenommen in Verbindung mit den nach Nrn. 2 bis 5 zugelassenen Maßnahmen)		
1.1 Aufschlüsse oder Veränderungen der Erdoberfläche, auch wenn Grundwasser nicht aufgedeckt wird; insbesondere Fischteiche, Kies-, Sand und Tongruben, Steinbrüche, Übertagebergbaue und Torfstiche	nur zulässig, wenn die Schutzfunktion der Grundwasserüberdeckung hierdurch nicht wesentlich gemindert wird	verboten, ausgenommen Bodenbearbeitung im Rahmen der ordnungsgemäßen land- und forstwirtschaftlichen Nutzung	
1.2 Geländeauffüllungen und Verfüllungen von Erdaufschlüssen, Baugruben	nur zulässig – mit dem ursprünglichen Erdaushub im Zuge von Baumaßnahmen und – sofern die Bodenauflage wiederhergestellt wird		verboten
1.3 Leitungen verlegen oder erneuern (ohne Nrn. 2.1, 3.7 und 6.12)	–		verboten
1.4 Durchführung von Bohrungen	nur zulässig für Bodenuntersuchungen bis zu 1 m Tiefe		
1.5 Untertage-Bergbau, Tunnelbauten	verboten		
2.	bei Umgang mit wassergefährdenden Stoffen (siehe Anlage 2, Ziff. 1)		
2.1 Rohrleitungsanlagen zum Befördern von wassergefährdenden Stoffen nach § 19 a WHG zu errichten oder zu erweitern	verboten		
2.2 Anlagen nach § 19 g WHG zum Umgang mit wassergefährdenden Stoffen zu errichten oder zu erweitern	nur zulässig entsprechend Anlage 2, Ziff. 2	nur zulässig entsprechend Anlage 2, Ziff. 2 für Anlagen, wie sie im Rahmen von Haushalt und Landwirtschaft (max. 1 Jahresbedarf) üblich sind	verboten
2.3 Umgang mit wassergefährdenden Stoffen nach § 19 g Abs. 5 WHG außerhalb von Anlagen nach Nr. 2.2 (siehe Anlage 2, Ziff. 3)	nur zulässig für die kurzfristige (wenige Tage) Lagerung von Stoffen bis Wassergefährdungsklasse 2 in dafür geeigneten, dichten Transportbehältern bis zu je 50 Liter		verboten
2.4 Abfall i. S. d. Abfallgesetze und bergbauliche Rückstände abzulagern (Abfallbehandlung und -lagerung siehe Nr. 2.2 und Nr. 2.3	verboten		
2.5. Genehmigungspflichtiger Umgang mit radioaktiven Stoffen im Sinne des Atomgesetztes und der Strahlenschutzverordnung	–	verboten	

Fortsetzung Tab. 3-24

Es sind	In der weiteren Schutzzone B	In der weiteren Schutzzone A	In der engeren Schutzzone
Entspricht Zone	III B	III A	II
3 bei Abwasserbeseitigung und Abwasseranlagen			
3.1 Abwasserbehandlungsanlagen zu errichten oder zu erweitern	nur zulässig – für Klärbecken und Klärgruben in monolithischer Bauweise – für Teichanlagen und Pflanzenbeete mit künstlicher Sohleabdichtung wenn die Dichtheit und Standsicherheit durch geeignete Konzeption, Bauausführung und -abnahme sichergestellt ist	verboten	verboten
3.2 Regen- oder Mischwasserentlastungsbauwerke zu errichten oder zu erweitern	–	verboten	verboten
3.3 Trockenaborte	–	nur zulässig, wenn diese nur vorübergehend aufgestellt werden und mit dichtem Behälter ausgestattet sind	verboten
3.4 Ausbringen von Abwasser	verboten, ausgenommen gereinigtes Abwasser aus dem Ablauf von Kleinkläranlagen zusammen mit Gülle oder Jauche zur landwirtschaftlichen Verwertung		verboten
3.5 Anlagen zur – Versickerung von Abwasser – Einleitung oder Versickerung von Kühlwasser oder Wasser aus Wärmepumpen ins Grundwasser zu errichten oder zu erweitern	nur zulässig zur flächenhaften Versickerung von häuslichem oder kommunalem Abwasser aus Kläranlagen < 1000 EW nach weitergehender Reinigung entsprechend Anlage 2, Ziff. 4, wenn eine Ableitung zu aufnahmefähigen Fließgewässern nicht möglich ist	verboten	verboten
3.6 Anlagen zur Versickerung des von Dachflächen abfließenden Wassers zu errichten oder zu erweitern	– (auf die Erlaubnispflichtigkeit nach § 2 Abs. 1 WHG i. V. mit § 1 NWFreiV wird hingewiesen)	– nur zulässig bei breitflächiger Versickerung über den bewachsenen Oberboden – verboten auf gewerblich genutzten Grundstücken	verboten
3.7 Abwasserleitungen und zugehörige Anlagen zu errichten oder zu erweitern	nur zulässig, wenn die Dichtheit der Entwässerungsanlagen vor Inbetriebnahme durch Druckprobe nachgewiesen und wiederkehrend alle 5 Jahre durch Sichtprüfung und alle 10 Jahre durch Druckprobe geprüft wird		verboten

3.3 Trinkwasserschutzgebiete

Fortsetzung Tab. 3-24

Es sind	In der weiteren Schutzzone B	In der weiteren Schutzzone A	In der engeren Schutzzone
Entspricht Zone	III B	III A	II
4. bei Verkehrswegen, Plätzen mit besonderer Zweckbestimmung, Hausgärten, sonstigen Handlungen			
4.1 Straßen, Wege und sonstige Verkehrsflächen zu errichten oder zu erweitern	nur zulässig, – wenn die „Richtlinien für bautechnische Maßnahmen an Straßen in Wassergewinnungsgebieten (RiStWag)" in der jeweiligen geltenden Fassung beachtet werden und – wenn die Dichtheitsprüfung von Rohrleitungen zum Ableiten von Straßenabwasser entsprechend Nr. 3.7 erfolgt und – wenn die Schutzfunktion der Grundwasserüberdeckung nicht wesentlich gemindert wird und wie in Zone II		nur zulässig – für öffentliche Feld- und Waldwege, beschränkt-öffentliche Wege, Eigentümerwege und Privatwege und – bei breitflächigem Versickern des abfließenden Wassers und – wenn die Schutzfunktion der Grundwasserüberdeckung erhalten bleibt
4.2 Eisenbahnanlagen zu errichten oder zu erweitern	zulässig, ausgenommen Rangierbahnhöfe	verboten	
4.3 Wassergefährdende aus- wasch- oder auslaugbare Materialien (z.B. Schlacke, Teer, Imprägniermittel u. ä.) zum Straßen-, Wege-, Eisenbahn- oder Wasserbau zu verwenden	verboten		
4.4 Baustelleneinrichtungen, Baustofflager zu errichten oder zu erweitern	–		verboten
4.5 Bade- und Zeltplätze einzurichten oder zu erweitern; Camping aller Art	nur zulässig mit Abwasserentsorgung über eine dichte Sammelentwässerung unter Beachtung von Nr. 3.7		verboten
4.6 Sportanlagen zu errichten oder zu erweitern	– nur zulässig mit Abwasserentsorgung über eine dichte Sammelentwässerung unter Beachtung von Nr. 3.7 – verboten für Tontaubenschießanlagen und Motorsportanlagen		verboten
4.7 Großveranstaltungen durchzuführen	– nur zulässig auf Plätzen mit ordnungsgemäßer Abwasserentsorgung und befestigten Parkplätzen (z.B. Sportanlagen) – verboten für Motorsport		verboten
4.8 Friedhöfe zu errichten	–	verboten	
4.9 Flugplätze einschl. Sicherheitsflächen, Notabwurfplätze, militärische Anlagen und Übungsplätze zu errichten oder zu erweitern	verboten		

Fortsetzung Tab. 3-24

Es sind	In der weiteren Schutzzone B	In der weiteren Schutzzone A	In der engeren Schutzzone
Entspricht Zone	III B	III A	II
4.10 Militärische Übungen durchzuführen	nur Durchfahren auf klassifizierten Straßen zulässig		
4.11 Kleingartenanlagen zu errichten oder zu erweitern	–	verboten	
4.12 Anwendungen von Pflanzenschutzmittel auf Freilandflächen, die nicht gärtnerisch genutzt werden (z. B. Verkehrswege, Rasenflächen, Friedhöfe, Sportplätze)	–	(auf das grundsätzliche Verbot nach § 6 Abs. 2 PflSchG wird hingewiesen)	verboten
4.13 Düngen mit Stickstoffdüngern auf Flächen, die nicht unter Nr. 6 fallen	nur zulässig bei standort- und bedarfsgerechter Düngung		nur standort- und bedarfsgerechte Düngung mit Mineraldünger zulässig
4.14 Beregnung von öffentlichen Grünanlagen, Rasensport- und Golfplätzen	verboten wie Nr. 6.11		
5. bei baulichen Anlagen allgemein			
5.1 bauliche Anlagen zu errichten oder zu erweitern	nur zulässig – wenn kein häusliches oder gewerbliches Abwasser anfällt oder in eine dichte Sammelentwässerung eingeleitet wird unter Beachtung von Nr. 3.7 und – wenn die Gründungssohle über dem höchsten Grundwasserstand liegt	nur zulässig – wenn kein häusliches oder gewerbliches Abwasser anfällt oder in eine dichte Sammelentwässerung eingeleitet wird unter Beachtung von Nr. 3.7 und – wenn die Gründungssohle mindestens 2 m über dem höchsten Grundwasserstand liegt verboten mit kupfer-, zink- oder bleigedeckten Dachflächen (ausgenommen bei Ableitung des Dachflächenwassers in die Kanalisation)	verboten
5.2 Ausweisung neuer Baugebiete im Rahmen der Bauleitplanung und Erlass von Satzung nach § 35 Abs. 6 BauGB	–	verboten	

3.3 Trinkwasserschutzgebiete

Fortsetzung Tab. 3-24

Es sind	In der weiteren Schutzzone B	In der weiteren Schutzzone A	In der engeren Schutzzone
Entspricht Zone	III B	III A	II
5.3 Stallungen zu errichten oder zu erweitern	nur zulässig entsprechend Anlage 2, Ziff. 5	nur zulässig – für in dieser Zone bereits vorhandene landwirtschaftliche Anwesen und – wenn die Anforderungen gemäß Anlage 2, Ziff. 5 eingehalten werden	verboten
5.4 Anlagen zum Lagern und Abfüllen von Jauche, Gülle, Silagesickersaft zu errichten oder zu erweitern*	nur zulässig mit Leckageerkennung oder gleichwertiger Kontrollmöglichkeit der gesamten Anlage (einschließlich Zuleitungen)		verboten
5.5 ortsfeste Anlagen zur Gärfutterbereitung*	nur zulässig mit Auffangbehälter für Silagesickersaft entsprechend Nr. 5.4		verboten
6. bei landwirtschaftlichen, forstwirtschaftlichen und gärtnerischen Flächennutzungen			
6.1 Düngen mit Gülle, Jauche oder Festmist	nur zulässig wie bei Nr. 6.2		verboten
6.2 Düngen mit sonstigen organischen und mineralischen Stickstoffdüngern (ohne Nr. 6.3)	nur zulässig bei standort- und bedarfsgerechter Düngung gemäß den gesetzlichen Vorschriften der Düngeverordnung, insbesondere nicht – auf abgeernteten Flächen ohne unmittelbar folgendem Zwischen- oder Hauptfruchtabbau – auf Grünland vom …… bis ……, ausgenommen Festmist in Zone III – auf Ackerland vom …… bis ……, für Winterraps, Wintergerste, Roggen, Triticale vom …… bis ……, ausgenommen Festmist in Zone III		
6.3 Ausbringen oder Lagern von Klärschlamm, klärschlammhaltigen Düngemitteln, Fäkalschlamm oder Kompost aus zentralen Bioabfallanlagen	verboten		
6.4 Ganzjährige Bodendeckung durch Zwischen- oder Hauptfrucht	erforderlich, soweit fruchtfolge- und witterungsbedingt möglich. Eine wegen der nachfolgenden Fruchtart unvermeidbare Winterfurche darf erst ab … erfolgen. Zwischenfrucht vor Mais darf erst ab … eingearbeitet werden.		
6.5 Lagern von Festmist, Mineraldünger oder Kalkdünger auf unbefestigten Flächen	nur Kalkdünger zulässig, Schwarzkalk nur sofern gegen Niederschlag dicht abgedeckt		verboten
6.6 Gärfutteranlagen außerhalb von ortsfesten Anlagen (Nr. 5.5)	Nur zulässig in dichten Foliensilos bei Siliergut ohne Gärsaftwartung sowie Ballensilage	nur Ballensilage zulässig	verboten
6.7 Beweidung, Freiland-, Koppel- und Pferchtierhaltung	nur zulässig ohne flächige Verletzung der Grasnarbe (siehe Anlage 2, Ziff. 6) oder für bestehende Nutzung, die unmittelbar an vorhandene Stallungen gebunden sind		verboten
6.8 Wildfutterplätze und Wildgatter zu errichten	–		verboten

Fortsetzung Tab. 3-24

Es sind	In der weiteren Schutzzone B	In der weiteren Schutzzone A	In der engeren Schutzzone
Entspricht Zone	III B	III A	II
6.9 Anwendung von Pflanzenschutzmittel	nur zulässig, sofern neben der Vorschriften des Pflanzenschutzrechts auch die Gebrauchsanleitungen beachtet werden		
6.10 Anwendung von Pflanzenschutzmittel aus Luftfahrzeugen oder zu Bodenentseuchung	verboten		
6.11 Beregnung landwirtschaftlich oder gärtnerisch genutzter Flächen	nur zulässig nach Maßgabe der Beregnungsberatung bzw. bis zu einer Bodenfeuchte von 70 % der nutzbaren Feldkapazität		verboten
6.12 landwirtschaftliche Dräne und zugehörige Vorflutgräben anzulegen oder zu ändern	nur zulässig für Instandsetzungsmaßnahmen		
6.13 besondere Nutzungen im Sinne von Anlage 2, Ziff. 7 neu anzulegen oder zu erweitern	–	verboten	
6.14 Rodung, Kahlschlag oder eine in der Wirkung gleichkommende Maßnahme (siehe Anlage 2, Ziff. 8)	nur Kahlschlag bis . 000 m² zulässig (ausgenommen bei Kalamitäten)		
6.15 Nasskonservierung von Rundholz	nur Beregnung von unbehandeltem Holz bis zu ... Festmeter zulässig	verboten	

* Es wird auf den Anhang 5 „Besondere Anforderungen an Anlagen zum Lagern und Abfüllen von Jauche, Gülle, Festmist, Silagesickersäften" (JGS-Anlagen) der Anlagenverordnung (VawS) vom 3.8.1996 hingewiesen, der nähere Ausführungen zur baulichen Gestaltung (z. B. Leckageerkennung) enthält.

Im Fassungsbereich (Zone I) sind sämtliche unter den Nrn. 1 bis 6 aufgeführte Handlungen verboten. Das Betreten ist nur zulässig für Handlungen, im Rahmen der Wassergewinnung und -ableitung durch Befugte des Trägers der öffentlichen Wasserversorgung.
Anlage 1 (Lageplan)
Anlage 2
Maßgaben zu Nrn. 2, 3, 5 und 6 des Schutzgebietskatalogs (siehe **Tab. 3-24**):
1. Wassergefährdende Stoffe (zu Nr. 2)
Es ist jeweils die aktuelle Fassung der „Allgemeinen Verwaltungsvorschrift über die nähere Bestimmung wassergefährdender Stoffe und ihre Einstufung entsprechend ihrer Gefährlichkeit – VwV wassergefährdende Stoffe (VwVwS)" zu beachten (abrufbar im Internet: www.umweltbundesamt.de/wgs/wgs-index.htm).
Für Stoffe, deren Wassergefährdungsklasse (WGK) nicht sicher bestimmt ist, wird WGK 3 zugrunde gelegt.
Im Folgenden werden einige in Haushalt, Landwirtschaft und Industrie gebräuchliche Stoffe und deren Einstufung in die jeweilige Wassergefährdungsklasse gemäß VwVwS vom 17.05.1999 beispielhaft aufgeführt. Ebenso sind viele Abfälle wassergefährdende Stoffe.

3.3 Trinkwasserschutzgebiete

WGK 1	WGK 2	WGK 3
schwach wassergefährdende Stoffe	wassergefährdende Stoffe	stark wassergefährdende Stoffe
Ethanol	leichtes Heizöl	Altöle
Aceton	Dieselkraftstoff	Ottokraftstoffe
Propylenglykol	Schmieröle auf Mineralölbasis	Tetrachlorethen (Per)
Wasserstoffperoxid	(legierte, emulgierbare und	Trichlorethen (Tri)
Natriumchlorid (Kochsalz)	nicht emulgierbare) z. B. Mo-	Benzol
Magnesiumsulfat (Bittersalz)	torenöl, Getriebeöl	Säureteer
Glycerin	Toluol	Silbernitrat
Seife	Natriumnitrit	Quecksilber
Harnstoff	Formaldehyd	Chromschwefelsäure
Flüssigdünger AHL	Ammoniak	Chloroform
Kaliumnitrat	Ammoniumsulfid	Hydrazin
Kaliumsulfat	Natriumhypochlorit (Chlorlauge)	einige Pflanzenschutzmittel
Ameisensäure	Phenol	z. B. Lindan, Cypermethrin
Salzsäure (Chlorwasserstoff)	Dichlormethan	
Schwefelsäure	Xylol	
Ammoniumsulfat	einige Pflanzenschutzmittel	
Ammoniumnitrat	z. B. Terbuthylazin, Bentazon,	
Dicyandiamid (DIDIN)	Ethephon	
Fettsäuremethylester (Biodiesel)		
schweres Heizöl		
Methanol		
Schmieröle auf Mineralölbasis (unlegierte Grundöle)		

2. Anlagen zum Umgang mit wassergefährdenden Stoffen (zu Nr. 2.2)
Sie werden in Abhängigkeit von Wassergefährdungsklasse und Volumen des Lagerraumes in Gefährdungsstufen gegliedert:

Tab. 3-25: Gefährdungsstufen

	Wassergefährdungsklasse (WGK)		
Volumen in m^3 (für flüssige Stoffe) bzw. Maße in t (für feste und gasförmige Stoffe)	1	2	3
bis 0,1	Stufe A	Stufe A	Stufe A
mehr als 0,1 bis 1,0	Stufe A	Stufe A	Stufe B
mehr als 1 bis 10	Stufe A	Stufe B	Stufe C
mehr als 10 bis 100	Stufe A	Stufe C	Stufe D
mehr als 100 bis 1 000	Stufe B	Stufe D	Stufe D
mehr als 1 000	Stufe C	Stufe D	Stufe D

In der weiteren Schutzzone (III A und III B) sind nur zulässig:
- oberirdische Anlagen der Gefährdungsstufen A bis C, die in einem Auffangraum aufgestellt sind, sofern sie nicht doppelwandig ausgeführt und mit einem Leckanzeigegerät ausgerüstet sind; der Auffangraum muss das maximal in den Anlagen vorhandene Volumen wassergefährdender Stoffe aufnehmen können,
- unterirdische Anlagen der Gefährdungsstufen A und B, die doppelwandig ausgeführt und mit einem Leckanzeigegerät ausgerüstet sind.

Die Zulässigkeit wird pro Anlage ermittelt, z. B. Anlage zum Lagern von Heizöl.
Prüfpflicht:

Über die Anforderungen des § 23 VAwS (Anlagenverordnung) hinaus sind auch oberirdische Anlagen der Gefährdungsstufe B alle 5 Jahre zu überprüfen.
Auf die Prüfpflicht für unterirdische Anlagen nach § 19i Abs. 2 Nr. 2 WHG i. V. mit § 2 Abs. 1 Nr. 34.1 VAwS (in Zone III A mindestens alle zweieinhalb Jahre, in Zone III B wie außerhalb von Wasserschutzgebieten mindestens alle 5 Jahre) wird hingewiesen.

Viele Abfälle sind wassergefährdende Stoffe. Somit fallen Anlagen zum Umgang mit wassergefährdenden Abfällen (z. B. Kompostieranlagen, Wertstoffhöfe) unter Nr. 2.2. An die Bereitstellung von Hausmüll aus privaten Haushalten zur regelmäßigen Abholung (z. B. Mülltonnen) werden keine besonderen Anforderungen gestellt.

Anlagen zum Lagern und Abfüllen von Gülle, Jauche, Silagesickersäften und Festmist sind dagegen in den Nrn. 5.3 bis 5.5 und im Anhang 5 VAwS (Anlagenverordnung) geregelt.

3. Umgang mit wassergefährdenden Stoffen außerhalb von Anlagen (zu Nr. 2.3)

Von der Regelung nicht berührt sind:
– Düngung, Anwendung von Pflanzenschutzmitteln etc. nach den Maßgaben der Nrn. 4.12, 4.13, 6.1, 6.2, 6.5, 6.6 u. 6.9,
– Straßensalzung im Rahmen des Winterdienstes,
– das Mitführen und Verwenden von Betriebsstoffen für Fahrzeuge und Maschinen,
– Kleinmengen für den privaten Hausgebrauch,
– Kompostierung im eigenen Garten.

4. Anlagen zur Versickerung von häuslichem und kommunalem Abwasser (zu Nr. 3.5)

Das Abwasser ist vor der Versickerung nach strengeren als den Mindestanforderungen gemäß Abwasserverordnung (AbwV) vom 21.3.1997 zu reinigen (Anforderungsstufe 3 des Merkblattes des Bayer. Landesamtes für Wasserwirtschaft Nr. 4.4/7 „Hinweise für die Ermittlung von Anforderungen an Einleitungen aus kommunalen Abwasseranlagen") (im Internet unter: www.bayern.de/lfw – Service – Download – Merkblätter SlgLfW – zu erreichen) und zur Nachreinigung sowie zur Pufferung von Stoßbelastungen über nachgeschaltete Einrichtungen (z. B. Schönungsteiche, Pflanzenbeete) zu leiten. Kleinkläranlagen, die nicht der AbwV unterliegen, sind baulich über die allgemein anerkannten Regeln der Technik hinausgehend auszuführen (Ablaufanforderungen entsprechend Größenklasse 1 der AbwV, Anhang 1). Ordnungsgemäßer Betrieb, Wartung und Überwachung muss zuverlässig gewährleistet sein.

Vor der Versickerung ist eine Möglichkeit zur Probenahme vorzusehen.

Für die Versickerung sind flächige Verfahren unter Ausnutzung der belebten Bodenzone zu wählen (z. B. bepflanztes Versickerungsbeet, Brachwiese). Unterhalb der Sickerebene muss eine ausreichende Bodenschicht vorhanden sein.

Detaillierte Ausführungsbestimmungen sind dem Merkblatt des Bayer. Landesamtes für Wasserwirtschaft Nr. 4.4/20 „Hinweise zur Abwasser- und Niederschlagswasserentsorgung in Karstgebieten, in Gebieten mit klüftigem Untergrund sowie in Gebieten ohne aufnahmefähige Fließgewässer" zu entnehmen (Link s. o.).

5. Stallungen (zu Nr. 5.3)

Bei Gülle- bzw. Jauchekanälen ist zur jährlichen Dichtheitsprüfung eine Leckageerkennung für die Fugenbereiche entsprechend VAwS Anhang 5 Nr. 4.2 vorzusehen.

Planbefestigte (geschlossene) Flächen, auf denen Kot und Harn anfallen, sind gemäß Anlagenverordnung (VAwS) flüssigkeitsundurchlässig (Beton B 25 wu) auszuführen und jährlich durch Sichtprüfung auf Undichtigkeiten zu kontrollieren.

Bei Güllesystemen ist der Stall in hydraulisch-betrieblich abtrennbare Abschnitte zu gliedern, die einzeln auf Dichtheit prüfbar und jederzeit reparierbar sind.

Der Speicherraum für Gülle bzw. Jauche sowie die Zuleitungen sind baulich so zu gliedern, dass eine Reparatur jederzeit möglich ist. Dies kann durch einen zweiten Lagerbehälter oder eine ausreichende Speicherkapazität der Güllekanäle gewährleistet werden. Hinsichtlich der Dichtheitsprüfungen wird auf die Anlagenverordnung (VAwS) Anhang 5 hingewiesen.

Die einschlägigen Regeln der Technik, insbesondere DIN 1045, sind zu beachten.

Der Beginn der Bauarbeiten ist bei der Kreisverwaltungsbehörde und dem Wasserversorgungsunternehmen 14 Tage vorher anzuzeigen.

Betriebe, die durch Zusammenschluss oder -teilung aus einem in Zone III A vorhandenen Anwesen entstehen, gelten ebenfalls als „in dieser Zone bereits vorhandene Anwesen".

6. Beweidung, Freiland-, Koppel- und Pferchtierhaltung (zu Nr. 6.7)
Eine flächige Verletzung der Grasnarbe liegt dann vor, wenn das bei herkömmlicher Rinderweide unvermeidbare Maß (linienförmige oder punktuelle Verletzungen im Bereich von Treibwegen, Viehtränken etc.) überschritten wird.
7. Besondere Nutzungen sind folgende landwirtschaftliche, forstwirtschaftliche und gärtnerische Nutzungen (zu Nr. 6.13):
– Weinbau
– Obstbau, ausgenommen Streuobst
– Hopfenanbau
– Tabakanbau
– Gemüseanbau
– Zierpflanzenanbau
– Baumschulen und forstliche Pflanzgärten

Das Verbot bezieht sich nur auf die Neuanlage derartiger Nutzungen, nicht auf die Verlegung im Rahmen des ertragsbedingt erforderlichen Flächenwechsels bei gleichbleibender Größe der Anbaufläche.
8. Rodung, Kahlschlag und in der Wirkung gleichkommende Maßnahmen (zu Nr. 6.14)
Kahlschlag ist eine Hiebform, bei der auf einer gegebenen Fläche alle aufstockenden Bäume in einem oder wenigen einander in kurzen Intervallen folgenden Hieben entnommen werden. Dadurch geht der Waldcharakter verloren und es treten Freiflächenbedingungen hervor.
Eine dem Kahlschlag gleichkommende Maßnahme ist eine Lichthauung, bei der nur noch vereinzelt Bäume stehen bleiben und ebenfalls Freiflächenbedingungen hervortreten.
Werden die Flächen oder Streifen so klein, dass die Schutzwirkung des angrenzenden Waldbestandes das Aufkommen eines Freiflächenklimas verhindert, spricht man nicht mehr von einem Kahlschlag.
Als überschlägiges Maß für den Durchmesser oder die Breite solcher Flächen wird die Höhe des angrenzenden Altbestandes angenommen. Ein Kahlschlag liegt auch dann nicht vor, wenn in einem gelichteten Bestand eine ausreichende Vorausverjüngung vorhanden ist und dieser Jungwuchs bei der Hiebmaßnahme erhalten bleibt.
Ein Kahlschlag kann auch entstehen, wenn zwei oder mehrere benachbarte Waldbesitzer Hiebe durchführen, die erst in der Summe zu den bereits genannten Freiflächenbedingungen führen.
Dagegen handelt es sich bei mehreren Hiebsmaßnahmen eines Waldbesitzers, die in der Summe die Flächengrenzwerte der Verordnung überschreiten, jedoch nicht im räumlichen Zusammenhang stehen (bei der Besitzerzersplitterung), nicht um Kahlschlag.
Als Rodung bezeichnet man die Beseitigung von Wald zugunsten einer anderen Bodennutzungsart (Art. 9 BayWaldG). Bei der Rodung werden in der Regel auch die Wurzelstöcke entfernt, so dass tiefgreifende für die Wasserwirtschaft nachteilige Störungen der Bodenstruktur entstehen.
Unter Kalamitäten sind Schäden durch Windwurf, Schneebruch oder durch Schädlingsbefall zu verstehen, die nur durch Kahlschlag bekämpft werden können.

3.3.3. Schutzgebiete für Trinkwassertalsperren

3.3.3.1 Allgemeines

In Gebieten ohne ausreichend nutzbares GW-Dargebot sind Talsperren die günstigste Fassungsart um Oberflächenwasser für Trinkwasserzwecke nutzen zu können. (DVGW-Arbeitsblatt W 102)
Im DVGW-Arbeitsblatt W102 vom April 2002 werden neben den Erfordernissen des allgemeinen Gewässerschutzes darüber hinaus gehende Forderungen und Regelungen für die Schutzzonen von Trinkwassertalsperren vorgeschlagen. Jeder Schutzgebietsvorschlag muss die spezifischen morphologischen, geologischen und hydrologischen Randbedingungen und insbesondere alle denkbaren Belastungspfade berücksichtigen. Die daraus resultierenden Gebote und Verbote sowie Nutzungs- und Anwendungsbeschränkungen erhalten mit Festsetzung des Trinkwasserschutzgebietes Rechtscharakter.
Die Wasserbeschaffenheit in Stauseen ist ein Ergebnis eines komplexen Wechselspieles biologischer, chemischer und physikalischer Vorgänge.

Im Stausee werden vor allem hohe Zulaufschwankungen nach Menge und Qualität vergleichmäßigt. Durch Absetz- und Umbauvorgänge können Stör- und Schadstoffe in sehr begrenztem Umfang reduziert werden. Vorsperren sind Staugewässer vor den eigentlichen Trinkwassertalsperren. Sie sollen im Wesentlichen Geschiebe zurückhalten und insbesondere bei Hochwasser Belastungsspitzen in den Zuläufen vergleichmäßigen.

3.3.3.2 Gefährdungen und Beeinträchtigungen

Der entscheidende Stoffeintrag geschieht über die Zuflüsse aus dem Einzugsgebiet in Form von Krankheitserregern (Bakterien, Viren, Parasiten usw.), Nährstoffen, toxisch wirkenden Stoffen (Pflanzenschutzmittel) und wassergefährdenden Stoffen. Nährstoffe fördern die Entwicklung von Algen, deren Stoffwechsel- und Abbauprodukte die Wasserqualität nachhaltig verschlechtern können. Besonders problematisch sind persistente Stoffe, die keinem Um- oder Abbau unterliegen und nur begrenzt im Schlamm zurückgehalten werden können (z. B. giftige Metallverbindungen, radioaktive Stoffe, PSM) Bakterien Viren u. Parasiten und vor allem ihre Dauerformen haben eine hohe Resistenz gegenüber der am Ende der Trinkwasseraufbereitung notwendigen Desinfektion. Alle diese Mikroorganismen sind häufig mit Trübstoffeinträgen gekoppelt Mit dem Trübungsanstieg bei Starkniederschlägen oder Schneeschmelze (messtechnisch nur als Summenparameter erfassbar) ist daher regelmäßig ein massiver Anstieg pathogener Mikroorganismen und anderer Schadstoffe zu besorgen. Dadurch kann die Wirksamkeit der Aufbereitung erheblich reduziert werden.

3.3.3.3 Schutz allgemein

In den Einzugsgebieten der Zuflüsse sollen daher nach Möglichkeit keine konkurrierenden Nutzungen vorhanden sein. Ein Wasserschutzgebiet bildet die rechtliche Grundlage für eine Verminderung der schädlichen Einflüsse, weil dadurch schädliche konkurrierende Nutzungen über die Anforderungen hinaus, die auf Grund des WHG bereits flächendeckend für den allgemeinen Gewässerschutz gelten, verboten oder eingeschränkt werden können. Darüber hinaus können alle im WSG befindlichen Eigentümer und Nutzungsberechtigte zur Duldung bestimmter Maßnahmen verpflichtet werden.
Bestehende und mögliche Gefahrenquellen sind zu erfassen zu bewerten u. soweit erforderlich zu sanieren bzw. zu beseitigen.
Die in jedem Fall notwendige Trinkwasseraufbereitung kann den erforderlichen Trinkwasserschutz nicht ersetzen, sondern allenfalls ergänzen.
Zur sicheren Gewährleistung einer hohen Trinkwasserqualität sind das Trinkwasserschutzgebiet der Trinkwasserstauseen und die Trinkwasseraufbereitung im Sinne eines aufeinander abgestimmten Multibarrierensystems zwingend notwendig.

3.3.3.4 Abgrenzung des Schutzgebietes

Das Schutzgebiet einer Talsperre soll das gesamte ober- und unterirdische Einzugsgebiet erfassen. Bei Verbindungen von Talsperren und bei Überleitungen von anderen Einzugsgebieten sind auch deren Einzugsgebiete mit einzubeziehen. Durch hydrogeologische Untersuchungen ist zu prüfen, ob aus benachbarten Gebieten unterirdisch Wasser zufließt. (Hinweise hierzu unter Abschn. 3.3.2.2 und im DVGW- Arbeitsblatt W 101)

3.3.3.5 Schutzzonenbemessung und Schutzziele (nach DVGW-Arbeitsblatt W102)

– Schutzzone I
Sie umfasst die Speicherbecken mit Haupt- und Vorsperren sowie den Uferbereich bei Vollstau mit ca. 100 m Breite. Dieser Bereich muss vor jeder Beeinträchtigung geschützt werden.

3.3 Trinkwasserschutzgebiete

– Schutzzone II

Sie umfasst die oberirdischen Zuflüsse mit den Quellbereichen sowie die zugehörigen Uferbereiche auf ca. 100 m Breite. Dazu kommen die an die Außengrenzen der Schutzzone I angrenzenden Flächen auf ca. 100 m Breite. Die Schutzzone II muss mindestens die gewässersensiblen Bereiche erfassen; dies sind im Wesentlichen folgende Flächen

- die unmittelbar an oberirdische Gewässer angrenzen
- die vernässt oder überschwemmungsgefährdet sind
- die erosionsgefährdet sind
- die gedränt sind, die geringe Bodendeckung aufweisen
- die erhöhte Wasserwegsamkeit mit hydraulischer Verbindung zur Talsperre aufweisen.

Die Schutzzone II kann maximal bis zur Einzugsgebietsgrenze reichen.

Sie soll den Schutz des Stausees und seiner Zuflüsse vor den Auswirkungen menschlicher Tätigkeiten und Einrichtungen sicherstellen, insbesondere vor direkten Einleitungen, Abschwemmungen und Erosionen.

– Schutzzone III

Die Schutzzone III erfasst die Einzugsgebietsflächen, die durch die Schutzzonen I und II noch nicht erfasst sind. Dieser Bereich soll den Schutz des Speicherwassers vor weit reichenden Beeinträchtigungen sicherstellen.

3.3.3.6 Gefährliche Einrichtungen, Handlungen und Vorgänge in den Schutzzonen (nach DVGW-Arbeitsblatt W102)

3.3.3.6.1 Allgemeines

Das Wasser in Talsperren und ihren Zuflüssen kann durch eine Vielzahl von Einrichtungen, Handlungen und Vorgängen beeinträchtigt werden. Die Gefährdungen sind je nach Entfernung zur Talsperre oder ihren Zuläufen und nach den genannten naturräumlichen und standörtlichen Gegebenheiten in ihrer Auswirkung auf das Wasser unterschiedlich zu bewerten. Dabei ist zwischen früheren, gegenwärtigen und zukünftigen Einrichtungen, Handlungen und Vorgängen zu unterscheiden, die in Form von Verboten, Nutzungs-/Anwendungsbeschränkungen oder Geboten in einer Wasserschutzgebietsverordnung unter Berücksichtigung der örtlichen Verhältnisse zu regeln sind. Dabei ist den unterschiedlichen Auswirkungen der möglichen Gefahrenherde nach Art, Ort und den möglichen Eintragswegen Rechnung zu tragen. Die nachfolgende Auflistung von gefährlichen Einrichtungen, Handlungen und Vorgängen in den Schutzzonen, gibt hinweise für die notwendigen Regelungen in den konkreten Wasserschutzgebetsverordnungen. Bei den Festlegungen ist ein Ermessensspielraum gegeben.

3.3.3.6.2 Schutzzone I

In der Schutzzone I sind nur Einrichtungen und Handlungen zulässig, die dem Betrieb und der Unterhaltung der Talsperre und ihrer technischen Einrichtungen dienen und dabei den notwendigen Gewässerschutz berücksichtigen. Maßnahmen zur Pflege der Landflächen der Schutzzone, insbesondere des Waldes, sind nur zulässig, wenn sie dem Schutz des Stausees dienlich sind.

3.3.3.6.3 Schutzzone II

Nachstehend genannte Einrichtungen, Handlungen und Vorgänge sind Gefahren für die Gewässer, die in der Schutzzone II in der Regel nicht tragbar sind. Sie sollen deshalb in der Wasserschutzgebietsverordnung mit Verboten, Nutzungs-/Anwendungsbeschränkungen oder Geboten geregelt werden:

– Baugebiete, bauliche Anlagen, insbesondere gewerbliche und landwirtschaftliche Betriebe und Einrichtungen; Ferienwohnanlagen, Wochenendhausgebiete; Nutzungsänderung bestehender baulicher Anlagen
– Verkehrsanlagen (Flughäfen, Eisenbahnen, Straßen, Wege)

- Umgang mit wassergefährdenden Stoffen; Transformatoren oder Stromleitungen mit flüssigen, wassergefährdenden Kühl- oder Isoliermitteln
- Campingplätze; Freizeit- und Sportanlagen
- Kleingärten
- Einleiten von Abwasser in oberirdische Gewässer, ausgenommen nicht schädlich verunreinigtes Niederschlagswasser
- Waldweide; Pferche; Melkstände; Zutritt von Nutztieren zum Gewässer (Beweidung, Viehtrieb); Viehtränken
- Einleiten von Dränwasser in oberirdische Gewässer
- Fischteiche; Fischzucht; Wassergeflügelhaltung
- Gewinnung von Wasserwärme
- Bohrungen
- Wassersport; Bootfahren; Baden; Angeln
- Zelten; Lagern; Picknick
- Reiten außerhalb dafür eingerichteter Wege, insbesondere durch Gewässer
- Gewässerausbau und -herstellung
- Friedhöfe
- Märkte, Volksfeste oder vergleichbare Veranstaltungen
- Aufbringen von Wirtschaftsdünger, Mineraldünger oder Silagesickersaft, insbesondere im Bereich von Uferrandstreifen und anderen gewässersensiblen Bereichen
- Jauche- oder Güllebehälter
- Dungstätten oder Gärfuttersilos
- Erdbewegungen und Aufschüttungen
- Vergraben von Tierkadavern; Wildgehege; Futterplätze und Wildäcker

3.3.3.6.4 Schutzzone III

Nachstehend genannte Einrichtungen, Handlungen und Vorgänge sind Gefahren für die Gewässer, die in der Wasserschutzgebietsverordnung mit Verboten, Nutzungs-/Anwendungsbeschränkungen oder Geboten geregelt werden. Die Anforderungen für die Schutzzone III stellen den Grundschutz für das gesamte Wasserschutzgebiet dar. Sie gelten in unterschiedlicher Art und Strenge in allen Schutzzonen.

- Gebiete für Industrie und produzierendes Gewerbe; bau und Erweiterung von Betrieben oder Anlagen zum Herstellen, Behandeln, Verwenden, Verarbeiten und Lagern von wassergefährdenden oder radioaktiven Stoffen, wie zum Bespiel Raffinerien, Metallhütten, chemische Fabriken, Chemikalienlager, kerntechnische Anlangen (ausgenommen für medizinische Anwendungen oder für Mess-, Prüf- und Regeltechnik); Wärmekraftwerke (ausgenommen gasbetrieben)
- Umgang mit wassergefährdenden Stoffen, insbesondere Lagerung, Umschlag oder Transport (ausgenommen für den Hausgebrauch); Rohrleitungsanlagen zum Befördern wassergefährdender Stoffe
- Tankstellen
- Ausweisung von Baugebieten
- Kanalisationen [ATV-DVWK A 142], einschließlich Regenüberlauf- und Regenklärbecken sowie zentrale Kläranlagen
- Einleiten von Abwasser in den Untergrund einschließlich Versickerung und Verrieselung, ausgenommen nicht schädlich verunreinigtes Niederschlagswasser
- Abfalldeponien und -behandlungsanlagen; Abfallumschlaganlagen; Anlagen zum Lagern und Behandeln von Autowracks, Kraftfahrzeug- und Maschinenschrott und Altreifen; Ablagerung von Hochofenschlacken, Bergematerial oder Gießereialtsanden; Anlagen zur Verwertung von Reststoffen (zum Beispiel Bauschuttrecycling); Ablagerung auch unbelasteter Locker- und Festgesteine, wenn Umsetzungsprozesse und Abschwemmungen zu nachteiligen Auswirkungen für das Wasser führen können

3.3 Trinkwasserschutzgebiete

– Landwirtschaftliche einschließlich gärtnerische und forstwirtschaftliche Nutzung, dies gilt insbesondere für:
  – Erosionsbegünstigende Bodenbearbeitung
  – Beweidung, wenn hierdurch die Grasnarbe nachhaltig geschädigt oder zerstört wird
  – Intensivtierhaltung
  – Lagern und Ausbringen von Düngemitteln
  – Lagern und Ausbringen von Pflanzenschutzmitteln
  – Beseitigen von Pflanzenschutzmittelresten, von Reinigungswasser und von Pflanzenschutzmittelbehälter
  – Ausbringen von Klärschlamm oder Müllkompost oder deren Gemische
  – Umbruch von Dauergrünland
  – Bodenentwässerungsmaßnahmen
  – Gärfuttermieten, aus denen Sickersaft ablaufen kann
  – Landwirtschaftliche oder gartenbauliche Sonderkulturen
  – Baumschulen
  – Waldrodung (DVGW-Merkblatt W 105), Kahlschlag oder in der Wirkung gleichkommende Maßnahmen
  – Waldumwandlung
  – Holzlagerung mit Berieselung
– Baumaßnahmen, die geeignet sind, Abschwemmung und Erosion zu fördern
– Baustelleneinrichtungen
– Flughäfen, Start- und Landebahnen für den Motorflug; Straßen, Bahnanlagen und andere Verkehrsanlagen; Wegebau und -unterhaltung, die zu erhöhten Wasserabflüssen und -geschwindigkeiten führen; Verwendung auswasch- und auslaugbarer wassergefährdender Materialien beim Erd- oder Tiefbau; Verwendung von Auftausalzen
– Militärische Anlagen und Übungen (DVGW-Merkblatt W 106)
– Gewinnung von Steinen und Erden; Bergbau; Sprengungen
– Tontauben- und andere Schießplätze; Golfplätze
– Freizeit- und Sportveranstaltungen sowie Märkte, Volksfeste oder vergleichbare Veranstaltungen außerhalb dafür zugelassener Anlagen; Gelände- und Motorsport

3.3.3.7 Überwachung

Trinkwassertalsperren und ihre Einzugsgebiete sind regelmäßig zu überwachen. Dazu gehört es, die Beschaffenheit der Gewässer (Stausee und Zuläufe) sowie die maßgeblichen hydrologischen Größen zu erfassen und auszuwerten. Diese Forderungen ergeben sich aus betrieblichen Überlegungen und wasserrechtlichen Berichtspflichten. Nur so können frühzeitig eventuelle gefährliche Veränderungen für die Gewässer erkannt werden und ihnen rechtzeitig gegengesteuert werden.

Der Talsperrenbetreiber soll Eigentümer der Talsperre und der Flächen der Schutzzone I sein. Die Schutzzone I ist in geeigneter Weise gegen Betreten zu sichern und durch Beschilderung zu kennzeichnen.

Eine wassermengen- und wassergütewirtschaftliche Bewirtschaftung einer Talsperre und ihrer Einzugsgebiete ist notwendig, um langfristig und sicher die Anforderungen der Trinkwasserversorgung erfüllen zu können. Mit einem wassergütewirtschaftlichen Betriebsplan ist die Beschaffenheit des für die Trinkwasserversorgung gespeicherten Wassers auf möglichst hohem Gütestandard zu sichern, bzw. wo weit wie möglich zu verbessern. Die Einhaltung eines Mindestinhaltes im Stausee ist dabei für eine ausreichende Rohwasserqualität von besonderer Bedeutung. Sofern die Talsperre auch anderen Zwecken dient, ist der Bereitstellung von Rohwasser für Trinkwasserzwecke der Vorrang einzuräumen.

3.3.4 Schutzgebiete für Seen und Flüsse

Die Direktentnahme von Oberflächenwasser aus natürlichen Seen und Flüssen beschränkt sich auf Sonderfälle, die individuell zu behandeln sind. Für beide Fälle ist für die Ausweisung eines Schutzgebietes das DVGW-Arbeitsblatt W102 sinngemäß anzuwenden.

Die Wasserqualität von natürlichen Fließgewässern ist auch bei günstigen Einzugsgebieten deshalb für Trinkwasserzwecke besonders problematisch, weil hohe Belastungsschwankungen durch Niederschlag oder Schneeschmelze regelmäßig auftreten, die nicht durch Konzentrationsausgleich und Absetzvorgänge gemindert werden. An die Aufbereitung werden deshalb außergewöhnlich hohe Anforderungen gestellt, um die Erfüllung der Anforderungen der Trinkwasserverordnung in jedem Falle zu gewährleisten.

Literatur

Bieske E.: Bohrbrunnen, R. Oldenbourg Verlag, München und Wien 1992
Blau, R. V., Höhn, P., Hufschmied P. und Werner, A.: Ermittlung der Grundwasserneubildung aus Niederschlägen, GWA, Nr. 1, 1983
Böke, E. und Dietrich, G.: Ursachen und Auswirkungen der Grundwasserabsenkung im Hessischen Ried, bbr, Heft 8, 1993
Deutsche Geologische Gesellschaft, Heft 24 der Schriftenreihe. Hydrogeologische Modelle- ein Leitfaden mit Fallbeispielen, Hannover 2002, ISBN 3-932537- 25 -4
DVGW-Lehr- und Handbuch Wasserversorgung, Band 1, Wassergewinnung und Wasserwirtschaft, R. Oldenbourg Verlag, München 1996
DVGW-Information Nr. 35 – 3/93, DVGW-Eschborn, 1993
DVWK-Schriften Nr. 58: Ermittlung des nutzbaren Grundwasserdargebots, Verlag Paul Parey, Hamburg und Berlin, 1982
DVWK-Schriften Nr. 107. Grundwassermessgeräte, Wirtschafts- und Verlagsgesellschaft Gas und Wasser mbH, Bonn, 1994
Eichhorn, D.: Eine neue Variante der Brunnenregenerierung, bbr, Heft 11, 1989
Etschel, H.: Nachträgliche Abdichtungsmaßnahmen an Bohrbrunnen, bbr, Heft 8, 1986
Forschungsgesellschaft für Straßenbau- und Verkehrswesen: Hinweis für Maßnahmen an bestehenden Straßen in Wasserschutzgebieten, Bonn, 1993
Forschungsgesellschaft für Straßenbau- und Verkehrswesen: Richtlinien für bautechnische Maßnahmen an Straßen in Wasserschutzgebieten, Bonn, 2002
Forschungsgesellschaft für Straßen- und Verkehrswesen: Hinweise für Maßnahmen an bestehenden Straßen in Wasserschutzgebieten, Bonn, 1993
Forschungsgesellschaft für Straßen- und Verkehrswesen: Richtlinien für bautechnische Maßnahmen an Straßen in Wasserschutzgebieten, Bonn, 2002
Grombach, P., Haberer, K., Merkl G., Trüeb E.: Handbuch der Wasserversorgungstechnik, R. Oldenbourg Verlag, München und Wien, 1993
Heath, R. C.: Einführung in die Grundwasserhydrogeologie, R. Oldenbourg Verlag, München, 1988 (übersetzt von Rothascher A. und Veit W.)
Hölting, B.: Hydrogeologie, Stuttgart, 1989
Informationsbericht des Bayer. Landesamtes für Wasserwirtschaft: Trinkwasserschutzgebiete, München,1985
Informationsbericht des Bayer. Landesamtes für Wasserwirtschaft: Grundwasserentnahmen und andere aktuelle Themen der Wasserversorgung, München, 1987
Ingerle, K.: Zur Hydraulik des Groß-Vertikalfilterbrunnens, bbr, Heft 6, 1976
Kern, H.: Mittlere jährliche Abflusshöhen 1931–1960, Karte von Bayern mit Erläuterungen, Bayer. Landesamt für Wasserwirtschaft, München, 1973
Kinzelbach W., Rausch, R.: Grundwassermodellierung, Eine Einführung mit Übungen, Gebr. Borntraeger Verlagsbuchhandlung Berlin, Stuttgart, 1995
Kiraly, L.: FEM 301: A three dimensional model for groundwater flow simulation, NAGRA Technical Report 84–49, Baden/CH, 1984
Kittner, H., Starke, W. und Wissel, D.: Wasserversorgung, Verlag für Bauwesen, Berlin, 1988
Köpf, E., Rothascher, A.: Das natürliche Grundwasserdargebot in Bayern im Vergleich zu den Hauptkomponenten des Wasserkreislaufs, Schriftenreihe des Bayer. Landesamtes für Wasserwirtschaft, München, 1980
Koschel, G., Mangelsdorf, J.: Leitlinien Wasserschutzgebiete für die öffentliche Wasserversorgung. Bayer. Landesamt für Wasserwirtschaft, Materialien Nr. 55, München, 1996

Literatur

Koschel, G., Mangelsdorf, J., Grebmayer, Th.: Leitlinien für die Ermittlung der Einzugsgebiete von Grundwassererschließungen. Bayer. Landesamt für Wasserwirtschaft, Materialien Nr. 52, München, 1995

Lang, U.: Simulation regionales Strömungs- und Transportvorgänge in Karstaquiferen mit Hilfe des Doppelkontinuum-Ansatzes; P.h. D. Thesis, Universität Stuttgart, 1995

McDonald M. G., Harbaugh, A. W.: A modular three-dimensional finite-difference ground-water flow model – Open file report, 83–857, U. S. Geological Survey, 1984

Ministerium für Ernährung, Landwirtschaft und Umwelt, Baden-Württemberg: Pumpversuche in Porengrundwasserleitern, Stuttgart, 1979

Nahrgang, G.: Über die Anströmung von Vertikalbrunnen mit freier Oberfläche in einförmig homogenen sowie im geschichteten Grundwasserleiter, DAW, Heft 6, Bielefeld, 1965

Nahrgang, G.: Schluckbrunnen, Forschungsvorhaben über Spülvorgänge und die Ausbildung der Kiesfilterschüttung, DVGW-Schriftenreihe Wasser Nr. 66, Eschborn, 1989

Paul, K. F.: Instandhaltung von Trink- und Brauchwasserbrunnen, bbr, Heft 6, 1985

Renner, H.: Zur Frage der Berücksichtigung nichtbindiger überdeckter Schichten bei der Bemessung von Wasserschutzgebieten, gwf, Heft 10, 1973

Rothascher, A.: Die Grundwasserneubildung in Bayern, Bayer. Landesamt für Wasserwirtschaft, München, 1987

Schneider, H.: Die Wassererschließung, Vulkan-Verlag, Essen, 1987

Spitz, K.-H., Mehlhorn, H. und Kobus, H.: Ein Beitrag zur Bemessung der engeren Schutzzone in Porengrundwasserleitern, Wasserwirtschaft, Nr. 11, 1980

Tholen, M.: Arbeitshilfen für den Brunnenbauer, Brunnenausbautechniken und Brunnensanierung, R. Müller Verlag, Köln 1997

Valentin, F.: Mitteilungen Nr. 57 des Lehrstuhls für Hydraulik und Gewässerkunde der TU München; Mathematische Grundwassermodelle in Bayern, 1994

Weidler, H.: Die Brunnenalterung, DVGW-Schriftenreihe Wasser Nr. 201, Eschborn, 1989

4. Wasseraufbereitung

bearbeitet von Prof. Dr.-Ing. **Reinhard Weigelt**

DVGW-Regelwerk, DIN-Normen, Gesetze, Verordnungen, Vorschriften, Richtlinien
siehe Anhang Kap. 14, S. 865 ff.
Literatur siehe S. 326

4.1 Wasserbeschaffenheit

Vorbemerkung:
Neue Erkenntnisse in der Wasserchemie haben auch zu neuen Bezeichnungen, Maßeinheiten usw. geführt. Um aber auch Praktikern das Verständnis zu ermöglichen, die mit dieser neuen Terminologie nicht durchgängig vertraut sind, wurden alte und neue Begriffe häufig parallel verwendet. Bei der Wiedergabe älterer Analysenwerte wurde in Übereinstimmung mit der Situation in der Praxis auf eine Umstellung zumeist verzichtet.

4.1.1 Physikalisch-chemische Eigenschaften des reinen Wassers

4.1.1.1 Bestandteile

Wasser ist die flüssige Form der Verbindung H_2O. 1 Raumteil Wasser besteht aus 2 Raumteilen Wasserstoff (H) und 1 Raumteil Sauerstoff (O). 100 Massenteile des chemisch reinen Wassers setzen sich aus 11,09 Massenteilen Wasserstoff und 88,01 Massenteilen Sauerstoff zusammen.

4.1.1.2 Aggregatzustand und Masse

Reines Wasser hat etwa bei 4 °C und 1 013 mbar (~1 000 mbar) Luftdruck seine größte Dichte von $1 \cdot 10^3$ kg/m³. Bei Erwärmung über 4 °C dehnt sich Wasser aus, umso mehr, je höher seine Temperatur ist. Bei Abkühlung auf 0 °C geht Wasser vom flüssigen in den festen Zustand (Eis, Schnee) über. Beim Gefrieren dehnt sich Wasser um etwa 1/11 seines Volumens aus. Bei Erwärmung über 100 °C bei 1 013 mbar Luftdruck geht Wasser vom flüssigen in den gasförmigen Zustand über (Wasserdampf). Die Verdampfungstemperatur = Siedetemperatur steigt und fällt mit dem Luftdruck.

Tab. 4-1: Dichte des Wassers in Abhängigkeit von der Temperatur

Temp. °C	Dichte kg/l	
0	0,9167	Eis
0	0,99987	Wasser
4	1,00000	
8	0,99988	
10	0,99973	
20	0,99821	
50	0,98809	
100	0,95863	

Tab. 4-2: Verdampfungstemperatur des Wassers in Abhängigkeit vom Druck (Luftdruck)

Druck mbar	Verdampfungstemperatur °C
560	85
700	90
800	94
900	97
1 000	100
2 000	121
4 000	144
10 000	180
100 000	311

Tab. 4-3: Abhängigkeit des Luftdrucks mbar von der Höhe der Ortslage

Höhenlage NN + m	0	500	1 000	1 500	2 000	2 500	3 000	3 500	400
Abnahme des Luftdrucks mbar	0	56	118	178	234	288	336	378	410

4.1.1.3 Viskosität

Die Viskosität (Zähigkeit) des Wassers beeinflusst viele Vorgänge, so vor allem das Fließen. Die dynamische Viskosität Z wird in $Pa \cdot s = Ns/m^2 = kg/m \cdot s$, die kinematische Viskosität v in $m^2/s = Pa \cdot sm^3/kg$ ausgedrückt.

Die Viskosität ist stark temperaturabhängig, **Tab. 4-4**. Der bei natürlichen Wässern ebenfalls vorhandene Einfluss des Gehalts der gelösten Salze ist praktisch vernachlässigbar klein.

Tab. 4-4: Dynamische und kinematische Viskosität

SI-Einheit	Faktor	Temperatur °C							
		0	5	10	15	20	25	30	40	100
η Pa·s	10^{-3}	1,792	1,519	1,310	1,145	1,009	0,895	0,800	0,653	0,289
v m²/s	10^{-6}	1,792	1,519	1,310	1,146	1,010	0,898	0,804	0,658	0,296

Bei der Fließbewegung des Grundwassers $q = kf \cdot b \cdot h \cdot J$ ändert sich der Durchlässigkeitswert k_f entsprechend der Viskosität

$k_1 = k_2 \cdot v_2/v_1$.

Bei der Fließbewegung des Wassers in Rohren ist das Druckgefälle J für gleiches Q und v: bei laminarer Strömung $J_1 = J_2 \cdot v_1/v_2$; bei turbulenter Strömung $J_1 = J_2 \cdot (v_1/v_2)^2$.

Für die Fließbewegung in Rohrleitungen ist die Reynolds'sche-Zahl R_e wichtig, v = Geschwindigkeit, D = Rohrdurchmesser (siehe dazu auch Abschn. 7.3.3)

$R_e = v \cdot D/v$

Die Fließbewegung ist laminar, wenn $R_e < 2320$, sie ist turbulent, wenn $R_e > 3000$ ist. Beispiel: DN 200, v = 0,20 m/s, $T = 10 \,°C$

$R_e = 0,20 \cdot 0,20/1,31 \cdot 10\text{-}6 = 30\,500$

die Fließbewegung ist turbulent, laminar erst bei v < 2 cm/s. Im Wasserleitungsnetz ist daher fast immer turbulentes Fließen.

4.1.1.4 Spezifische Wärme

Wasser hat von allen bekannten Stoffen die größte spezifische Wärme und kann daher große Wärmemengen aufnehmen, die bei Abkühlung wieder frei werden und daher einen Temperaturausgleich erzeugen (Seeklima). Beim Übergang vom flüssigen in den festen Zustand bei 0 °C werden für 1 g reines Wasser $0{,}092 \cdot 10^{-3}$ kWh frei. Um 1 g Wasser bei 1 013 mbar Luftdruck in Dampf zu überführen, werden $0{,}620 \cdot 10^{-3}$ kWh benötigt. Wasser ist ein schlechter Wärmeleiter.

Für das Erwärmen von 1 kg Wasser um 1 °C (von 14,5 auf 15,5 °C) bei 1 013 mbar Luftdruck wird eine Wärmemenge von $1{,}16 \cdot 10^{-3}$ kWh benötigt. (Umrechnungen in andere Einheiten siehe Abschn. 14.1.6).

4.1.1.5 Zusammendrückbarkeit

Diese (Kompressibilität) ist bei Wasser äußerst gering, so dass im allgemeinen für den praktischen Betrieb das Wasser als nicht elastische und nicht zusammendrückbare Flüssigkeit angenommen werden kann. Die Zusammendrückbarkeit des Wassers ist abhängig von Druck und Temperatur. Bei niedriger Temperatur (0–10 °C) und geringen Drücken (1 bar) kann Wasser um 1/50 000 000 des Volumens zusammengedrückt werden. Der Mittelwert für den Elastizitätsmodul des Wassers ist $2{,}03 \cdot 10^6$ kN/m².

4.1.1.6 Chemisches Lösungsvermögen

Wasser hat ein großes Lösungsvermögen, dessen Größe je nach Temperatur und Druck verschieden ist. Im allgemeinen sind Gase reichlicher in kaltem Wasser, feste Stoffe leichter in warmem Wasser löslich.

Löslichkeit von Gasen im Wasser – Wasser nimmt bei einem Druck von 2 bar das doppelte, bei 3 bar das 3 fache Gasvolumen auf wie bei normalem Luftdruck von 1 bar. Bei Beseitigen des Überdrucks entweicht sofort das überschüssige Gas. Mit Absorptionskoeffizient wird das Volumen eines Gases von 0 °C Temperatur und 1 013 mbar Druck bezeichnet, das von 1 Volumen Wasser bei 1 bar Druck gelöst wird.

Löslichkeit von festen Stoffen im Wasser – Viele feste Stoffe sind im Wasser löslich, jedoch in stark unterschiedlicher Menge. Die Löslichkeit der festen Stoffe im Wasser ist praktisch unabhängig vom Druck, nimmt i. a. mit der Temperatur zu, **Tab. 4-7**.

Tab. 4-5: Löslichkeit von reinen Gasen in reinem Wasser – m³ Gas/m³ Wasser bei 1 bar Druck in Abhängigkeit von der Temperatur

Temp. °C	0	10	20	30	100
Luft	0,0288	0,0026	0,0187	0,0161	0,011
Sauerstoff	0,0493	0,0384	0,0314	0,0267	0,0185
Stickstoff	0,0230	0,0185	0,0155	0,0136	0,0105
Wasserstoff	0,0215	0,0196	0,0182	0,0170	0,018
Kohlendioxyd	1,710	1,190	0,878	0,665	0,260
Schwefelwasserstoff	4,690	3,520	2,670	2,037	0,870
Chlor	4,610	3,100	2,260	1,770	
Ozon	0,641	0,520	0,368	0,233	

Tab. 4-6: Aufnahme von Sauerstoff, Stickstoff und Kohlendioxyd aus der Luft je 1 Wasser in Abhängigkeit von der Wassertemperatur, bei 1 bar Druck und Anteile in der Luft: Sauerstoff 20,4 %, Stickstoff 78,0 %, Kohlendioxyd 0,03 %

Temperatur °C	Sauerstoff mg/l bei Chloridgehalt		Stickstoff	Kohlendioxyd
	0 mg/l	5 000 mg/l	mg/l	mg/l
0	14,6	13,8	23,7	1,01
4	13,1	12,4	21,5	0,87
8	11,8	11,2	19,6	0,75
10	11,3	10,7	18,7	0,71
12	10,8	10,2	17,9	0,65
15	10,1	9,5	16,9	0,61
20	9,2	8,6	15,4	0,51
30	7,4	7,1	13,6	0,38
60	4,7	4,4	8,1	0,17
90	1,6	1,3	2,9	–

Tab. 4-7: Löslichkeit einiger fester Stoffe im Wasser bei 10 °C

Gewerbliche Bezeichnung	Chemische Bezeichnung	Chemische Formel	Löslichkeit g/kg
	Eisen III Chlorid	$FeCl_3 \cdot 6 H_2O$	818
Kochsalz	Natriumchlorid	$NaCl$	359
	Aluminiumsulfat	$Al_2(SO_4)_3 \cdot 18 H_2O$	338
Soda	Natriumcarbonat	Na_2CO_3	216
Glaubersalz	Natriumsulfat	$Na_2SO_4 \cdot 10 H_2O$	191
Gips	Calciumsulfat	$CaSO_4 \cdot 2 H_2O$	2,04
Kalkstein	Calciumcarbonat	$CaCO_3$	0,43

4.1.1.7 Folgeerscheinungen

Die physikalisch-chemischen Eigenschaften des Wassers haben Folgeerscheinungen, die bei Wasserversorgungsanlagen von Bedeutung sind.

Infolge des Dichtemaximums bei +4 °C sinkt abgekühltes Wasser nach unten, das wärmere steigt nach oben, bis die Temperatur des ganzen Wassers +4 °C beträgt. Bei weiterer Abkühlung an der Oberfläche bleibt das unter +4 °C abgekühlte Wasser, da nun leichter, an der Oberfläche, das auf +4 °C abgekühlte Wasser, da schwerer, bleibt in der Tiefe. Es findet somit keine Umschichtströmung mehr statt. Wegen der geringen Wärmeleitfähigkeit dringt die Abkühlung nur langsam in größere Tiefen, so dass Oberflächenwasser bei ausreichender Tiefe nicht bis auf den Grund gefriert. Der Temperaturausgleich erfolgt vor allem infolge Durchmischungsvorgängen wie Wellenbewegung, turbulentes Fließen.

Das Wasser hat wegen der Ausdehnung um 9 % seines Volumens beim Gefrieren eine Sprengwirkung, die in der Natur mit zur Verwitterung der Gesteine beiträgt, in der Technik zu Sprengzwecken verwendet wird, bei Wasserversorgungsanlagen besonderen Schutz der Rohrleitungen gegen Einfrieren erfordert.

Salzhaltiges Wasser hat einen niedrigeren Gefrierpunkt als reines Wasser. Bei einem Gehalt von 8 % Kochsalz liegt der Gefrierpunkt bei –4,8 °C.

Die Masse des in der Natur vorkommenden Wassers ist wegen der Beimengungen häufig verschieden von dem des reinen Wassers. Meerwasser mit einem Salzgehalt von 3,2 % (Nordsee) ist etwa 1,03 mal schwerer als reines Wasser. Daher schwimmt in den oberen Sandschichten der Dünen Süßwasser auf dem versalzten Tiefenwasser. In alluvialen Grundwasserströmen liegt das weichere, eisenfreie Wasser auf dem härteren, so dass es sich empfiehlt, die Bohrbrunnen nur bis 2 m über der wassertragenden Sohlschicht zu führen und die Absenkung nicht zu tief zu treiben.

Wegen der geringen Zusammendrückbarkeit des Wassers kann der Druck in einer Rohrleitung, die nur mit Wasser gefüllt und völlig frei von Luft ist, durch Einpressen einer geringen Wassermenge rasch gesteigert werden. Der Druck geht auch sehr rasch zurück, wenn geringe Entnahmen (Undichtheiten) erfolgen (Druckprüfung von Rohrleitungen). Im Gegensatz hierzu sind Gase und Luft zusammendrückbar. Bei Rohrleitungen, die nicht völlig entlüftet sind, geht während der Druckprüfung bei etwaigen Undichtheiten der Druck nur ganz langsam zurück, daher ist für eine einwandfreie Prüfung die Leitung sorgfältig zu entlüften.

Bei Druckentlastung, z. B. Saugleitungen, Heber, werden die im Wasser gelösten Gase teilweise frei und müssen abgeleitet werden.

4.1.2 Natürliche Rohwässer – Beschaffenheit und Anforderungen

4.1.2.1 Allgemein

Das in der Natur vorkommende Wasser ist chemisch nicht rein. Auf seinem Weg durch die Atmosphäre, durch den Boden und die wasserführenden Gesteinsschichten nimmt das Wasser Bestandteile auf, die jedem Wasser je nach seiner Herkunft ein bestimmtes, eigenes Gepräge geben. So unterscheiden sich bereits natürliche Grundwässer in Abhängigkeit von den geologischen Verhältnissen ihres Vorkommens außerordentlich stark, was sich z. B. in den Parametern pH-Wert, Sauerstoffgehalt, Härte (Summe Erdalkalien), Pufferkapazität, Eisen- und Mangankonzentration äußert (siehe Abschn. 4.1.2.2). Hinzu kommen leider immer häufiger anthropogene Belastungen, die sich im Oberflächenwasser schon seit langem in dem Gehalt an fäkalischen Keimen, organischen Stoffen aller Art, Nährstoffen u. a. negativ auswirken. Weitestgehend überwunden sind dagegen die Phenol- und Detergentienprobleme vergangener Jahrzehnte, auch haben sich infolge umfangreichen Kläranlagenausbaus und z. T. veränderter Technologien in einzelnen Industriezweigen messbare Verbesserungen z. B. bei den Parametern CSB und AOX im Rhein ergeben, ohne aber Restrisiken (Stichwort Sandoz-Unfall) völlig auszuräumen.

In neuerer Zeit sind hinzugekommen die Belastungen des Grundwassers mit Nitraten, Pflanzenbehandlungs- und Schädlingsbekämpfungsmitteln, Chlorkohlenwasserstoffen, aber auch mit Arsen und Aluminium (siehe auch Abschn. 4.1.8), die zwar, mit Ausnahme des Nitrats und evtl. Aluminiums, im kaum noch messbaren Mikrogramm-Bereich liegen, durch die sehr strengen Vorschriften für Trinkwasser vielen Wasserversorgungsunternehmen aber große Probleme bereiten und sie zu kostenaufwendigen Verfahren zwingen.

Notwendig ist hier die noch konsequentere Beachtung der DIN 2000 vom Okt. 2000, in der es unter Ziff. 4.3 heißt: „Zur Sicherung der Trinkwassergüte ist der Schutz der Gewässer in chemischer und mikrobiologischer Hinsicht von großer Bedeutung. Insbesondere sollen anthropogene, schwer abbaubare Stoffe den Gewässern ferngehalten werden. Der Trinkwassergewinnung ist grundsätzlich Vorrang vor anderen Gewässernutzungen einzuräumen."

Zur Wahl des Wasservorkommens sagt Ziff. 4.5: „Die Auswahl der zur Versorgung zu nutzenden Wasservorkommens richtet sich nach deren Beschaffenheit, Ergiebigkeit und Schutzmöglichkeit. Die langfristige Sicherheit der Wassergewinnung sowohl in quantitativer als auch in qualitativer Hinsicht ist oberstes Ziel."

Die Sicherstellung der Trinkwasserversorgung erfordert die Kenntnis der Beschaffenheit des jeweils genutzten Rohwassers. Regelungen über Rohwasseruntersuchungen sind deshalb von den Bundesländern entweder in die Landeswassergesetze aufgenommen worden oder auf freiwilliger Basis in Kooperation zwischen den Wasserversorgungsunternehmen und den zuständigen Wasserbehörden oder im Rahmen wasserrechtlicher Genehmigungen festgelegt worden.

4.1.2.2 Grundwasser und Quellwasser

Grundwasser ist unterirdisches Wasser, das die Hohlräume der Erdrinde zusammenhängend ausfüllt und der Schwerkraft gehorcht. Es ist zwar aus versickernden Niederschlägen entstanden, hat aber durch große Sickerwege und lange Verweilzeiten im Untergrund (Grundwasser-Alter) eine Beschaffenheit erlangt, die aus den durchflossenen geologischen Formationen resultiert. In **Tab. 4-8** sind beispielhaft für unterschiedliche geologische Formationen typische Wässer angegeben.

Aus dieser Tabelle, die nur einige Parameter der Wasseranalyse wiedergibt, ist z. B. erkennbar, dass es sich bei dem Rohwasser von Gotteszell um ein sehr weiches (Summe Erdalkalien), nicht gepuffertes (Säurekapazität), deutlich im sauren Bereich (pH-Wert) liegendes Wasser aus dem kristallinen Vorgebirge handelt, das trotz des absolut gesehen geringen Gehalts an gelöstem Kohlenstoffdioxid ohne Aufbereitung korrosionschemisch sehr bedenklich wäre und außerhalb der Zulässigkeit als Trinkwasser läge. Gegenteilig stellt sich das Wasser aus dem Lettenkeuper bei Rothausen dar, das einen hohen Gehalt an Erdalkali-Ionen hat (sehr hart) und gut gepuffert ist, aber trotz des hohen Gehalts an gelöstem Kohlenstoffdioxid stark zu Kalkausscheidungen neigt und somit ohne Aufbereitung

Tab. 4-8: Chemische Beschaffenheit von Wässern aus einzelnen geologischen Formationen

	Geologische Formation	Ort	pH	O_2	Fe	Mn	Härte	$K_{s4,3}$	Kohlensäure frei	zugeh.
				mg/l	mg/l	mg/l	°d	mol/m^3	mg/l	mg/l
Urgebirge	Kristallin	Gotteszell	6,0	10,8	–	–	0,56	0,1	13,2	0
Buntsandstein	Buntsandstein	Fellen	6,2	10,4	0,01	–	2,1	0,7	38,5	0,3
	Buntsandstein	Miltenberg	7,2	9,2	0,06	–	5,6	1,5	20,9	1,5
	Plattensandstein	Hammelburg	7,1	10,2	0,01	–	24	4,8	28,6	30
	Röt	Roden			0,01	–	17	5,7		60,5
Muschelkalk	unterer Muschelk.	Neustadt/Saale	7,2	9,25	0,01	–	21,8	5,6	44,0	52,5
	mittlerer Muschelk.	Höchberg	7,0	3,7	0,08	–	68,8	6,7	76,2	89,4
	oberer Muschelk.	Uffenheim	7,3	3,0	0,04	–	25,5	7,6	52	125
Keuper	Lettenkeuper	Rothausen	7,2	2,3	0,01	–	29,7	8,5	53	170
	Gipskeuper	Aischq. Windesheim		7,6		–	101			
	Gipskeuper	Mainbernheim	7,2	9,1	–	–	53	7,0	59	101
	Schilfsandstein	Neustadt/Aisch	7,3		0,03	–	27,9	6,1	52,5	67
	Blasensandstein	Ühlfeld	7,3		0,03	–	18,4	5,9	40	60
	Burgsandstein	Theilenhofen	7,2		0,03	–	9,5	3,4	22	11
Jura	Rätsandstein	Lauf	6,5	9,4		–	4,3	0,9	26,5	0,5
	Eisensandstein	Heldmannsberg	7,3	0,5	0,3	0,04	18,9	6,3	54	54
	Weißjura	Ranna	7,6	8,5	0,01	–	11,9	4,2	18,5	–
Alpen	Wettersteinkalk	Garmisch		10	Sp.	–	5,6	2,0	2,5	2,2
Tertiär	Tertiär	Reisbach	7,3	<1	0,6	–	18,2	5,9	51,5	60,5
Quartiär	Schotteralluvium	München	7,2	10,5	0,01	–	14,3	4,4	19	21,9
im Bereich	Buntsandstein	Erlenbach/a. M.	6,7	9,6	0,01	–	7,6	1,6	25,3	1,4
	mittlerer Muschelk.	Marktsteft	7,1	4,5	Sp.	–	29,5	5,4	35	44
	Keuper	Lauf	7,3	0,04	0,26	–	14,7	4,2	19,5	4,7
	Keuper	Fürth	7,3	0,1	0,05	0,17	13,4	3,3	16,0	8,0

Anmerkung: statt der Angabe der „freien" und „zugehör." Kohlensäure enthalten neuere Analysen die Basekapazität $K_{B8,2}$ und den pH nach $CaCO_3$-Sättigung bzw. den ΔpH-Wert

4.1 Wasserbeschaffenheit

erhebliche Inkrustationen im Rohrnetz und besonders in Anlagen zur Wassererwärmung brächte. Bei dem Wasser von Heldmannsberg wäre bei einer Aufbereitung Sauerstoff in das Wasser einzutragen und der Eisengehalt zu reduzieren. Als nahezu ideal kann das Münchener Wasser angesehen werden, das bereits als Rohwasser alle Forderungen der TrinkwV erfüllt und deshalb im Regelfall auch ohne Aufbereitung und Desinfektion an den Verbraucher abgegeben wird.

Die Beschaffenheit des natürlichen Grundwassers ist auch abhängig von der Entnahmetiefe und der Absenkung des Grundwasserspiegels. Beispielsweise stiegen bei einem Versuchsbrunnen der Fernwasserversorgung Franken im Muschelkalk der Gehalt an Erdalkalien (Härte) und Chloriden mit der Entnahmetiefe stark an. Eine größere Absenkung des Grundwasserspiegels kann auch den Zufluss von Oberflächenwasser (Uferfiltrat) erhöhen, was qualitativ meist eine Verschlechterung bedeutet.

Nicht in der **Tab. 4-8** enthalten sind so genannte Verschmutzungsindikatoren, d. h. Parameter, die anthropogen bedingte Belastungen des natürlichen Wassers zum Ausdruck bringen und bei unbelastetem Wasser nicht bzw. nicht in diesem Umfang auftreten. Dazu gehören vor allen Dingen die Stickstoffverbindungen (Nitrat, Nitrit, Ammonium), die Pflanzenbehandlungs- und Schädlingsbekämpfungsmittel, die chlorierten Kohlenwasserstoffe, z. T. auch Sulfate, Chloride und Aluminium, wenn bei letzterem verstärkte Mobilisierungen im Untergrund durch den so genannten sauren Regen auftreten. Diese Belastungen stellen eine häufige Gefährdung des Grundwassers dar (siehe Abschn. 4.1.8).

Besonders anfällig gegen Verunreinigungen ist das Grundwasser im Festgestein, speziell Karstgestein, in dem Fließgeschwindigkeiten bis über 100 m/h auftreten können und Filtration, Adsorption und biologischer Abbau der Schmutzstoffe praktisch nicht mehr gegeben sind.

Im DVGW-Hinweis W 254 wird zur Überwachung der Rohwasserqualität ein dreistufiges Messprogramm vorgeschlagen (**Tab. 4-9**):

- ein Minimalprogramm (Stufe 1), das mindestens einmal jährlich abzuarbeiten ist,
- ein Programm der Stufe 2, das mindestens alle drei Jahre bzw. bei begründetem Verdacht gemessen werden soll,
- ein erweitertes Messprogramm, dessen Parameter, insbesondere Pflanzenschutzmittel, bei Verdacht auf Belastung zu analysieren sind.

Die flächendeckende Erfassung der Grundwasserbeschaffenheit soll erreicht werden mittels der Grundwasseruntersuchungen aus einem Landesmessnetz, der Roh- und Trinkwasseranalysen sowie der Grundwasseruntersuchungen in Vorfeld-Messstellen der öffentlichen Wasserversorgungsunternehmen, der Analysen weiterer Grundwassernutzer und der Schaffung und des Betriebs von Emittenten-Messstellen.

Tab. 4-9: 3stufiges Grundwasser-Messprogramm nach DVGW – W 254

Parameter im Basismengenprogramm (Stufe 1)
Physikalisch-chemische Vollanalyse (Dieses *Minimalprogramm* ist auch zu Kontrollzwecken, z. B. wegen der Erstellung der Ionenbilanz, notwendig)

		DIN-Verfahren
Farbe, qualitativ		38 404 Teil 1
Trübung, qualitativ		38 404 Teil 2
Geruch, qualitativ		DEV B 1/2
Färbung Ext. bei 436 nm	m^{-1}	38 404 Teil 1
Temperatur	°C	38 404 Teil 4
Leitfähigkeit (bei 25 °C)	mS/m	38 404 Teil 8
Sauerstoff (O_2)	mg/l	38 408 Teil 21 bzw. 38 408 Teil 22
pH-Wert		38 404 Teil 5
Säurekapazität bis pH 4,3	mmol/l	38 409 Teil 7
Gesamthärte	mmol/l	38 409 Teil 6

Fortsetzung Tab. 4-9

Parameter im Basismengenprogramm (Stufe 1) Physikalisch-chemische Vollanalyse (Dieses *Minimalprogramm* ist auch zu Kontrollzwecken, z. B. wegen der Erstellung der Ionenbilanz, notwendig)			
Calcium	(Ca)	mg/l	38 406 Teil 3
Magnesium	(Mg)	mg/l	38 406 Teil 3
Natrium	(Na)	mg/l	DEV E 14
Kalium	(K)	mg/l	DEV E 13
Ammonium	(NH_4)	mg/l	38 406 Teil 5
Eisen, gesamt	(Fe)	mg/l	38 406 Teil 1
Mangan, gesamt	(Mn)	mg/l	38 406 Teil 2
Chlorid	(Cl)	mg/l	38 405 Teil 1
Nitrat	(NO_3)	mg/l	38 405 Teil 9
Nitrit	(NO_2)	mg/l	38 405 Teil 10
Sulfat	(SO_4)	mg/l	38 405 Teil 5
DOC	(C)	mg/l	38 409 Teil 3
spektraler Absorptions-koeffizient bei 254 nm		m^{-1}	38 404 Teil 3
POX/AOX	(Cl)	mg/l	38 409 Teil 14
Koloniezahl 20 ± 2 °C		pro ml	DEV K5
Coliforme		pro 100 ml	DEV K6
E. Coli		pro 100 ml	DEV K6
Parameter (Stufe 2)			
Aluminium	(Al)	mg/l	38 406 Teil 9
Arsen	(As)	mg/l	38 405 Teil 12 bzw. 38 405 Teil 18
Bor	(B)	mg/l	38 405 Teil 17
Blei	(Pb)	mg/l	38 406 Teil 6
Cadmium	(Cd)	mg/l	38 406 Teil 19
Chrom	(Cr)	mg/l	38 406 Teil 10 bzw. 38 405 Teil 24
Cyanid	(CN)	mg/l	38 405 Teil 13
Fluorid	(F)	mg/l	38 405 Teil 4
Nickel	(Ni)	mg/l	38 406 Teil 21
Quecksilber	(Hg)	mg/l	38 406 Teil 12
Polycycl. arom. KW		mg/l	38 409 Teil 13
leichtflüchtige organische Halogenverbindungen		mg/l	
1,1,1-Trichlorethan	($C_2H_3Cl_3$)	mg/l	
Trichlorethan	(C_2HCl_3)	mg/l	
Tetrachlorethan	(C_2Cl_4)	mg/l	
Dichlormethan	(CH_2Cl_2)	mg/l	
Tetrachlorkohlenstoff	(CCl_4)	mg/l	
Parameter des erweiterten Messprogramms (Stufe 3)			
Benzol, Toluole, Xyole		µg/l	38 409 Teil 18
Phenol-Index		µg/l	38 409 Teil 16
DOS		µg/l	
organische Einzelstoffe nach GC/MS		µg/l	
Mineralöl		µg/l	38 409 Teil 17
PCB/PCT		µg/l	
Pflanzenschutzmittel		µg/l	

4.1 Wasserbeschaffenheit

In Deutschland wird für Trinkwasser zu etwa 87 % Grundwasser genutzt, das trotz der wesentlich gestiegenen Belastungen noch immer als am geeignetsten anzusehen ist. Es sind aber verstärkte Anstrengungen im Gewässerschutz, insbesondere in der Vorsorge und bei der Durchsetzung des Verursacherprinzips erforderlich, wenn das auch zukünftig so bleiben soll (siehe dazu auch Abschn. 4.1.8). In der DVGW/DVWK-Information Nr. 46 von 5/95 werden erstmalig eine Zustandsbeschreibung eines anthropogen unbelasteten Grundwassers als Maßstab für Grundwasserschutz und Sanierungsnotwendigkeit vorgenommen sowie die relevanten Leitparameter zu Unterscheidung eines natürlichen GW von einem anthropogen beeinflussten angegeben.

Von der EU wurde indessen der Entwurf einer neuen Grundwasserrichtlinie (in Deutsch: Bundesratsdrucksache 718/03) vorgelegt, da die bisherige Grundwasserrichtlinie nur bis 2013 gilt. Die nähere Beschreibung des Grundwasserzustandes, die Rangigkeit des Vorsorgeprinzips (siehe dazu auch Abschn. 4.1.8: Schutz des Wassers) und die Vorgabe von Gewässerschutzzielen für bestimmte Stoffe sind wichtige Inhalte dieser Richtlinie, wobei aber die deutsche Wasserwirtschaft die Entwurfsinhalte als noch nicht ausreichend für den Schutz des Grundwassers ansieht. Zum effizienten Management der Rohwasserqualität wird ein interaktives Verfahren vorgeschlagen (van Straaten in gwf, Nr. 13/2006).

Quellwasser ist mit freiem Gefälle zutage tretendes Grundwasser, wobei es sich aber hinsichtlich Bildungsmechanismus, Erscheinungsform und Art der Fassung deutlich vom „echten" GW unterscheidet (s. auch Kap. 3.). Die Beschaffenheit des Quellwassers hängt entscheidend ab von der Beschaffenheit der wasserführenden Schichten, ihrer Überdeckung, der vorhandenen Vegetation und der Nutzung der Flächen. Entstammt das Wasser einem anthropogen unbelasteten, gut filtrierenden Untergrund mit hinreichender Mächtigkeit des Aquifers und schützender Uberdeckung, kann seine Qualität der eines guten „echten" GW entsprechen. Quellwasser, das nur eine geringe Überdeckung aufweist, evtl.. noch aus Klüften und Spalten austritt, wird besonders bei Starkniederschlägen und Schneeschmelzen leicht durch Oberflächenwasser beeinträchtigt. Es ist deshalb hygienisch bedenklich, was häufig an den Keimzahlen deutlich wird. Ein gewisser Indikator für eine solche Beeinflussung durch Oberflächenwasser ist die Schwankungsziffer, d. h. das Verhältnis von größter und kleinster Schüttung der Quelle. Bendel hat über die Schwankungsziffer eine Bewertung der Quelle vorgenommen (**Tab. 4-10**), die aber nur eine erste Orientierung sein kann und besonders für eine positive Beurteilung allein keinesfalls ausreichend ist.

Auch der ständige Vergleich von Luft- und Wassertemperaturen kann Hinweise geben. Selbstverständlich dürfen die zum „echten" Grundwasser genannten physikalisch-chemischen und mikrobiologischen Untersuchungen auch bei Quellwasser nicht fehlen.

Aufgrund der potentiellen Probleme und Gefährdungen ist die Nutzung von Quellwasser für die Trinkwasserversorgung rückläufig (derzeit in Deutschland unter 10 %), die Erstellung neuer Quellfassungen eher selten geworden und die Anforderung an die Aufbereitung (insbesondere Partikelentfernung, z. B. durch Membranfiltration und anschließende Desinfektion) gestiegen.

Tab. 4-10: Orientierende Bewertung einer Quelle

Bewertung der Quelle (nach Bendel)	Schwankungsziffer Q_{max}/Q_{min}
Ausgezeichnet	1–3
Gut	3–5
Minder gut	5–10
Mäßig	10–20
Schlecht	20–100
Sehr schlecht	>100

4.1.2.3 Oberflächenwasser

Zum Oberflächenwasser, also Wasser aus stehenden und fließenden oberirdischen Gewässern, gehören insbesondere Talsperren-, See- und Flusswasser aber auch Meerwasser. Die Reihenfolge der Nennung stellt dabei bereits eine Wertung bzgl. der Eignung und des Umfangs der Nutzung als Rohwasser für die Trinkwasserversorgung in der Bundesrepublik dar. Die Beschaffenheit des Oberflächenwassers variiert örtlich und auch zeitlich außerordentlich stark, insbesondere in Abhängigkeit von Art und Nutzung des Einzugsgebietes, aber auch beeinflusst von der Jahreszeit. Die **Tab. 4-11** gibt einige Beispiele für die Rohwasserbeschaffenheit von unterschiedlichen Oberflächenwässern. Typisch für viele Oberflächenwässer sind Sink- und Schwebstoffe, starke Temperaturschwankungen und höhere Werte bei den organischen Inhaltsstoffen (Oxidierbarkeit) und den mikrobiologischen und biologischen Parametern.

Beim Meerwasser ist es der hohe Salzgehalt, der eine Nutzung erst nach sehr kostenaufwendiger Entsalzung möglich macht. Das Oberflächenwasser wird gegenüber dem Grundwasser als hygienisch bedenklicher angesehen, da die Ausweisung und Durchsetzung der Trinkwasserschutzgebiete oft erschwert ist, insbesondere bei Flüssen, und zahlreiche Möglichkeiten für eine direkte Verunreinigung des Rohwassers gegeben sind. Es gibt aber auch Beispiele für gut geschützte Oberflächenwässer, besonders bei Trinkwassertalsperren.

Für die Beurteilung der Gewässergüte eines Oberflächenwassers werden Güteklassen benutzt. Für die Fließgewässer wird meist die Saprobie herangezogen. Es werden vier Güteklassen mit Zwischenstufen nach folgenden Kriterien unterschieden:

I: unbelastet bis sehr gering belastet

Gewässerabschnitte mit reinem, stets annähernd sauerstoffgesättigtem und nährstoffarmem Wasser; geringer Bakteriengehalt; mäßig dicht besiedelt, vorwiegend von Algen, Moosen, Strudelwürmern und Insektenlarven; Laichgewässer für Edelfische.

I–II: gering belastet

Gewässerabschnitte mit geringer anorganischer oder organischer Nährstoffzufuhr, ohne nennenswerte Sauerstoffzehrung; dicht und meist in großer Artenvielfalt besiedelt.

II: mäßig belastet

Gewässerabschnitte mit mäßiger Verunreinigung und guter Sauerstoffversorgung; sehr große Artenvielfalt und Individuendichte von Algen, Schnecken, Kleinkrebsen, Insektenlarven und Fischen; Wasserpflanzenbestände bedecken größere Flächen.

II–III: kritisch belastet

Gewässerabschnitte, bei denen die Belastung mit organischen, sauerstoffzehrenden Stoffen einen kritischen Zustand bewirkt; Fischsterben infolge Sauerstoffmangels möglich; Rückgang der Artenzahl bei Makrophyten, Neigung zu Massenentwicklungen von einzelnen Pflanzen- und Tierarten.

III: stark verschmutzt

Gewässerabschnitte mit starker organischer Verschmutzung; der meist niedrige Sauerstoffgehalt reicht oft für höhere Wasserorganismen wie Fische nicht aus; örtlich Faulschlammablagerungen; massenhaftes Auftreten von Abwasserbakterien und Wimpertierchen, bisweilen auch Schwämme, Egel und Wasserasseln; kaum Pflanzenbestände.

III–IV: sehr stark verschmutzt

Gewässerabschnitte mit weitestgehend eingeschränkten Lebensbedingungen für höheres Leben: Die sehr starke organische Verschmutzung führt oft zu totalem Sauerstoffschwund; Trübung durch Abwasserschwebstoffe; ausgedehnte Faulschlammablagerungen, dicht besiedelt durch rote Zuckermückenlarven oder Schlammröhrenwürmer.

IV: übermäßig verschmutzt

Gewässerabschnitte mit übermäßiger Verschmutzung durch organische, sauerstoffzehrende Abwässer; Bakterien, Geißel- und Wimpertierchen leben in einer Biozönose auf ausgedehnten Faulschlammbänken; Sauerstoff fehlt oft gänzlich, entsprechend sind Möglichkeiten für höheres Leben örtlich und zeitlich stark beschränkt.

4.1 Wasserbeschaffenheit

Tab. 4-11: Beispiele für die Rohwasserbeschaffenheit von Oberflächengewässern u. Uferfiltrat

Parameter	Einheit	Flußw. (Rhein)	Talsperre (Wahnbach)	Talsperre (Klingenberg)	Uferfiltrat (Elbe)
Trübung	TE/F	–	0,93	0,3…3,4	0,2
Temperatur	°C	10	4,5	2,3…12,0	n. b.
el. Leitfähigkeit	µS/cm	1162	195	201…260	462
Abdampfrückstand	mg/l	562	154	n. b.	n. b.
Glührückstand	mg/l	440	115	n. b.	n. b.
pH-Wert		7,8	7,3	6,52…7,56	6,8
pH-Wert nach $CaCO_3$-Sättigung		7,5	8,7	8,8…9,35	7,6
Härte (Sum. Erdalk.)	mmol/l	2,7	0,75	0,6…1,0	2,4
Natrium	mg/l	140	8,1	6,0…9,0	33,5
Kalium	mg/l	8,6	2,7	2,4…4,0	28,3
Calcium	mg/l	90	20,9	21,0…30,0	80,0
Magnesium	mg/l	12	5,3	4,3…8,7	14,0
Chlorid	mg/l	235	12,1	8,0…11,0	61,0
Nitrat	mg/l	16,2	19,8	15,0…26,0	16,0
Sulfat	mg/l	79,7	32,6	47,0…57,0	130,0
Silikat (Si)	mg/l	1,6	1,4	n. b.	n. b.
Sauerstoff	mg/l	8,9	10,3	8,0…17,0	3,4
Sauerstoff	%-Sättig.	79	82	n. b.	n. b.
Oxidierbarkeit	mg/l	3,4	2,3	1,4…4,2	8,2
gel. org. geb. Kohlenstoff	mg/l	2,8	1,3	1,5…2,6	n. b.
Arsen	µg/l	1,4	–	0,1…0,5	1,0
Blei	µg/l	<10	–	0…14,0	<2,0
Cadmium	µg/l	<1	–	0,1…0,3	<1,0
Chrom	µg/l	<5	–	<0,1	<5,0
Quecksilber	µg/l	<1	–	<0,1	<0,1
Selen	µg/l	<0,5	–	n. b.	<1,0
Zink	µg/l	13	–	30…165	n. b.
Cyanid	µg/l	<5	–	n. b.	<10,0
Florid	µg/l	253	70	290…460	n. b.
o-Phosphat (P)	µg/l	–	0,9	0…29	56,0
Nitrit	µg/l	299	60	14…9,3	35,0
PAK (als C)	µg/l	0,07	–	0,02…0,13	0,02
Trichlormethan	µg/l	4,4	–	0…0,6	n. n.

Für Seen gilt die Trophie mit ebenfalls vier Güteklassen mit Zwischenstufen, die von oligotroph (Güteklasse I) bis hypertroph (Güteklasse IV) reichen.
In Gewässergütearten werden die Güteklassen farblich jetzt wie folgt gekennzeichnet:

Güteklasse: Zwischenstufen:
I   dunkelblau   I–II   hellblau
II   dunkelgrün   II–III hellgrün
III gelb   III–IV orange
IV   rot

Reine Bergseen und Gebirgsbäche können Wassergüteklasse I haben, stark abwasserbelastete Flüsse dagegen Wassergüteklasse IV. Biologische Verunreinigungen sind kompliziert, so dass zur Beurteilung ein erfahrener Biologe beizuziehen ist.

Zur Beurteilung der Eignung eines Oberflächenwassers für die Trinkwasserversorgung ist obiges System allein aber keinesfalls ausreichend, ebenso sind eine oder wenige „Maßzahlen" nicht repräsentativ. Gemäß Wasserrahmenrichtlinie der EG v. Okt. 2000 sind die Mitgliedstaaten verpflichtet, bis Ende 2006 für die Gewässer ein Güte-Überwachungsprogramm einzurichten, das über das klassische Saprobiensystem hinaus zahlreiche weitere Kriterien beinhaltet und so den gesamten ökologischen Zustand erfasst (s. auch Abschn. 4.1.8). Im DVGW-Merkblatt W 251 sind bisher für zahlreiche Parameter Werte angegeben, die eine Beurteilung der Eignung eines Fließgewässers zur Trinkwasserversorgung ermöglichen. Durch die Unterscheidung in Normal- und Mindestanforderungen wird hier bereits ein Hinweis auf den notwendigen Aufbereitungsaufwand gegeben (**Tab. 4-12**).

Tab. 4-12: Anforderungen an Fließgewässer bei Nutzung zur Trinkwasserversorgung nach DVGW-Merkblatt W 251

Nr.	Parameter	Einheit	Normal-Anforderungen (A)	Mindest-Anforderungen (B)
1	Allgemeine Gütemerkmale			
1.1	Elektr. Leitfähigkeit (20 °C)	µS/cm	500	1000
1.2	Sauerstoffsättig.-index	%	80	60
1.3	Färbung (SAK 436 nm)	m^{-1}	0,3	1
1.4	Geruchsschwellenwert		5	
1.5	Temperatur	°C	22	25
1.6	pH-Wert (Einzelwert)		6,5–8,5	5,5–9,0
2	Anorganische Inhaltsstoffe			
2.1	**Summenparameter**			
2.1.1	Gesamtgehalt an gel. Stoffen	mg/l	400	800
2.1.2	Suspensierte anorg. Stoffe	mg/l	25	150
2.2	**Einzelsubstanzen**			
2.2.1	Ammonium (NH_4)	mg/l	0,2	0,4
2.2.2	Aluminium (Al), gelöst	mg/l	0,1	0,5
2.2.3	Arsen (As)	mg/l	0,005	0,01
2.2.4	Blei (Pb)	mg/l	0,01	0,02
2.2.5	Bor (B)	mg/l	0,5	1,0
2.2.6	Cadmium (Cd)	mg/l	0,001	0,002
2.2.7	Calcium (Ca), gelöst	mg/l	100	–
2.2.8	Chlorid (Cl^-)	mg/l	100	200
2.2.9	Chrom (Cr), gelöst	mg/l	0,03	0,05
2.2.10	Cynid (CN^-)	mg/l	0,01	0,05
2.2.11	Eisen (Fe), gelöste	mg/l	0,2	1,0
2.2.12	Fluorid (F^-)	mg/l	1,0	1,0
2.2.13	Kupfer (Cu)	mg/l	0,02	0,05
2.2.14	Magnesium (Mg), gelöst	mg/l	30	–
2.2.15	Mangan (Mn), gelöst	mg/l	0,03	0,25
2.2.16	Natrium (Na)	mg/l	60	120
2.2.17	Nickel (Ni)	mg/l	0,03	0,04
2.2.18	Nitrat (NO_3)	mg/l	25	40
2.2.19	Phosphat (PO_4^{3-}), gelöst	mg/l	0,15	0,5
2.2.20	Quecksilber (Hg)	mg/l	0,0005	0,001
2.2.21	Selen (Se)	mg/l	0,001	0,01

4.1 Wasserbeschaffenheit

Fortsetzung Tab. 4-9

Nr.	Parameter	Einheit	Normal-Anforderungen (A)	Mindest-Anforderungen (B)
2.2.22	Sulfat (SO_4^{2-})	mg/l	100	150
2.2.23	Zink (Zn), gelöst	mg/l	0,1	0,3
3	**Organische Inhaltsstoffe**			
3.1	**Summenparameter**			
3.1.1	org. Kohlenstoff (gel.) (DOC)	mg/l	4	8
3.1.2	chem. Sauerstoffbedarf (CSB)	mg/l		
3.1.3	biochem. Sauerstoffbedarf (BSB_5)	mg/l	4	8
3.1.4	Suspendierte org. Stoffe	mg/l	5	25
3.2	**Gruppenparameter in der filtrierten Probe**			
3.2.1	Kohlenwasserstoffe	mg/l	0,05	0,2
3.2.2	Anionische Tenside	mg/l	0,1	0,3
3.2.3	Nichtionische Tenside	mg/l	0,1	0,3
3.2.4	Polycyclische aromatische Kohlenwasserstoffe	mg/l	0,0001	0,0002
3.2.5	Adsorbierte organ. Halogenverbindungen (AOX)	mg/l	0,03	0,06
3.3	**Einzelsubstanzen**			
3.3.1	Org.-chem. Stoffe zur Pflanzenbehandlung und Schädlingsbekämpfung (gelöst)	mg/l	0,0001	0,0001
3.3.2	Organ. Chlorverbindungen Summe aus: 1,1,1–Trichlorethan Trichlorethen Tetrachlorethen Dichlormethan insgesamt	mg/l	0,002	0,005
	Tetrachlormethan	mg/l	0,001	0,001
3.3.3	Trihalogenmethane (THM, Haloforme) Summe aus: Trichlormethan (Chloroform) Monobromdichlormethan Dibrommonochlormethan Tribrommethan (Bromoform) insgesamt	mg/l	0,002	0,005
3.3.4	Nitrilotriessigsäure (NTA)	mg/l	0,01	0,02
3.3.5	Ethylendiamintetraessigsäure (EDTA)	mg/l	0,005	0,01
3.4	**Mikrobiologische Parameter**			
3.4.1	Gesamtcoliforme/100 ml		50	–
3.4.2	Fäkalcoliforme/100 ml		20	–
3.4.3	Fäkalstreptokokken/100 ml		20	–

Oberflächenwasser, das die Qualitätsziele der Spalte A einhält, kann allein durch natürliche Gewinnungs- und Aufbereitungsverfahren (z. B. Uferfiltration, Grundwasseranreicherung, Filtration) zu Trinkwasser aufbereitet werden. Bei den höher liegenden Werten B ist zusätzlich der Einsatz der physikalisch-chemischen Verfahren, wie z. B. Oxidation, Adsorption erforderlich; die Sicherheitsreserve ist geringer. Bei den Grenzwerten ist zu berücksichtigen, dass Tagesschwankungen der Wasserbeschaffenheit im Bereich der Aufbereitung ausgeglichen werden können.

Werden in einem Oberflächenwasser die Werte A überschritten, so sind zusätzliche Maßnahmen zur Sanierung des Gewässers erforderlich.

Für das am meisten für die Trinkwasserversorgung genutzte Oberflächenwasser, das Talsperrenwasser, empfiehlt der DVGW-Hinweis W 254 in Anlehnung an die EG-Meßmethoden-Richtlinie 79/869/EWG in drei Gruppen 53 Parameter, auf die dieses Rohwasser zu untersuchen ist. Näheres, auch zur Probenentnahme und Untersuchungshäufigkeit, siehe W 254.

Entscheidend für die Qualität des entnommenen Talsperrenwassers ist es, die Zirkulationsperioden im Frühjahr und Herbst sowie die deutliche Schichtung im Sommer bei Planung und Betrieb der Wasserversorgung zu beachten, u. a. durch veränderliche Entnahmetiefen (siehe auch Abschn. 3.2.6.2).

In Abhängigkeit von Nährstoffeintrag, Sonneneinstrahlung usw. können in Talsperren Eutrophierungen oder massenhaft kritische Algenarten auftreten, die die Rohwasserbeschaffenheit entscheidend verschlechtern und die Trinkwasserversorgung u. U. empfindlich stören, wie z. B. 1981 in der Dresdener Wasserversorgung durch die Alge Synura uvella geschehen.

Insgesamt erfordert Oberflächenwasser aufgrund seiner Beschaffenheit und der nie ganz ausschließbaren Gefährdungen immer aufwendigere Aufbereitungsanlagen als ein unbelastetes Grundwasser. Die Nutzung von Oberflächenwasser wird sich somit auf die – allerdings zahlreichen – Fälle beschränken, in denen ein geeignetes Grundwasser nicht in ausreichender Menge zur Verfügung steht.

4.1.2.4 Künstlich angereichertes Grundwasser und Uferfiltrat

4.1.2.4.1 Künstlich angereichertes Grundwasser

Bei der GW-Anreicherung oder Infiltration wird das Grundwasser durch künstliche Versickerung von Oberflächenwasser über Becken, Schluckbrunnen, horizontale Versickerungsleitungen u. a. angereichert (siehe Abschn. 3.2.5.3 und Abb. 4-39). Wesentliche Gründe dafür sind die nicht ausreichende Grundwasserneubildung und die Beschaffenheit und Gefährdung des Oberflächenwassers, die eine direkte Aufbereitung zu Trinkwasser problematisch macht. Die Eigenschaften dieses angereicherten Grundwassers sind vorrangig abhängig von der Beschaffenheit des Oberflächenwassers, seiner eventuellen Vorbehandlung vor der Infiltration und der Bodenpassage (Korngrößenzusammensetzung, Porenvolumen, chemische Zusammensetzung der Bodenschichten, Fließweg und Verweilzeit im Untergrund). Die im Oberflächenwasser enthaltenen suspendierten Stoffe werden im Porenraum der Versickerungsanlage und des Bodens zurückgehalten, die organischen Stoffe teilweise biologisch abgebaut, die Keime und auch radioaktive Substanzen deutlich reduziert und die Wassertemperaturen vergleichmäßigt (siehe auch Abschn. 4.2.2.7). Ein weiterer Vorteil ist der Konzentrationsausgleich durch Pufferwirkung und die Möglichkeit, aufgrund der Speicherwirkung des Untergrundes die Oberflächenwasserentnahme und Versickerung bei Schadstoffhavarien im Oberflächenwasser, wie im Fall Sandoz im Rhein, ohne Unterbrechung der Trinkwasserversorgung zeitweise einzustellen.

Gegenüber dem Oberflächenwasser kommt es bei der Bodenpassage zu einem Absinken des Sauerstoffgehaltes und gleichzeitig Anstieg der CO_2-Konzentration, wodurch verstärkte Lösung des im Untergrund vorhandenen Eisens und Mangans eintreten kann und sogar Sulfat zu Schwefelwasserstoff und Nitrat zu Nitrit und Ammonium reduziert werden können. Solche anaeroben Verhältnisse sollten vermieden werden, da sie den Aufwand zur Aufbereitung erhöhen. Trotz der mittels Grundwasseranreicherung erreichten Vorreinigung des Oberflächenwassers sind vor der Reinwasserabgabe weitere Verfahrensstufen wie Filtration, Adsorption und Oxidation bzw. Desinfektion meist unumgänglich, insbesondere zur Entfernung noch vorhandener Mikroverunreinigungen (siehe auch Abschn. 4.2.2.7).

Der DVGW-Hinweis W 254 gibt zu untersuchende Parameter bei direkter Versickerung von nicht aufbereitetem Oberflächenwasser an. Ort, Zahl und Zeitpunkt der Probenahmen sind aus W 254 ersichtlich.

Bei eventuellem Auftreten von Algen-Massenentwicklungen in Anlagen zur Grundwasseranreicherung sind aus dem DVGW-Merkblatt W 132 Möglichkeiten zu ihrer Vermeidung entnehmbar.

4.1 Wasserbeschaffenheit

4.1.2.4.2 Uferfiltrat

Uferfiltrat entsteht durch die natürliche Versickerung des Oberflächenwassers über Böschungs- und Sohlflächen des Gewässers, z. T. verstärkt durch die Absenkung in den benachbarten Gewinnungsanlagen (siehe auch Abschn. 3.2.5.2). Das dort entnommene Rohwasser enthält wechselnde Anteile von Uferfiltrat und echtem Grundwasser. Seine Eigenschaften werden somit vorrangig von der Beschaffenheit des anstehenden Grundwassers, den geolog. Verhältnissen und vom Oberflächenwasser bestimmt. Im wesentlichen gelten auch für das Uferfiltrat vorstehende Darlegungen zum künstlich angereicherten Grundwasser. Da aber die Möglichkeit zur Vorreinigung nicht gegeben ist, der Zufluss vom Wasserspiegelgefälle abhängig und die Speicherwirkung somit gering ist, die Wassereintrittsflächen bei Kolmation (Verdichtung) nur schwer regenerierbar sind, ist eine Steuerung hier nur begrenzt möglich und die Sicherheit im Allgemeinen geringer als bei künstlich angereichertem Grundwasser.

Zur Rohwasserüberwachung sind die Parameter in Anlehnung an das Untersuchungsprogramm für Grundwasser auszuwählen, wobei die speziellen Verhältnisse der Oberflächenwasserbeschaffenheit dabei zusätzlich zu berücksichtigen sind. Für Ort, Zahl und Zeitpunkt der Probeentnahmen sind u. a. die hydrogeologischen Verhältnisse und die Verweilzeit des Uferfiltrats (mind. 50 Tage bis Jahre) im Untergrund während der Bodenpassage maßgebend und deshalb für den Einzelfall gesondert festzulegen.

4.1.2.5 Regenwasser

Als Rohwasser für die zentrale Wasserversorgung wird Regenwasser nicht verwendet, bei Einzelwasserversorgungen ist eine Nutzung in Sonderfällen gegeben. Von einigen Wasserversorgungsunternehmen und Kommunen wird die Nutzung von Regenwasser anstelle von Trinkwasser für bestimmte Verwendungszwecke, z. B. Gartenbewässerung und Toilettenspülung, empfohlen und teilweise finanziell gefördert (Hamburg, früher auch Frankfurt a. M.). Damit werden begrenzte Trinkwasservorräte geschont. Einer umfassenden Nutzung des Niederschlagswassers stehen aber dessen Beschaffenheit und die Kosten für Speicherung, Aufbereitung usw. entgegen. Das Niederschlagswasser löst aus der Luft Bestandteile, wie Stickstoff, Sauerstoff und Kohlendioxid, aber auch Schmutz- und Schadstoffe wie Staub, Ruß, Schwefeldioxid, Ammoniak, Salpetersäure, Chloride, radioaktive Stoffe und Keime werden in örtlich unterschiedlichem Maße aufgenommen.

Anforderungen an Planung, Bau und Betrieb von Regenwassernutzungsanlagen sind aus dem DVGW-Arbeitsblatt W 555 und der DIN 1989 ersichtlich.

Generell sinnvoll ist, soweit örtlich möglich, die Versickerung von nicht schädlich verunreinigtem Niederschlagswasser über die belebte Bodenzone (siehe ATV – M 153 und A 138).

4.1.3 Anforderungen an Trinkwasser – DIN 2000

In der DIN 2000 vom Okt. 2000 sind für die zentrale Trinkwasserversorgung Leitsätze für Anforderungen an Trinkwasser, Planung, Bau, Betrieb und Instandhaltung der Versorgungsanlagen aufgestellt. Im Hinblick auf das Trinkwasser sind dies insbesondere folgende:

Trinkwasser ist Wasser, das als Lebensmittel für den menschlichen Verzehr sowie Wasser, das für andere besondere hygienische Sorgfalt erfordernde Verwendungszwecke bestimmt ist.

Trinkwasser ist lebensnotwendig und kann nicht ersetzt werden. Es muss bestimmten Güte-Anforderungen entsprechen, die sich an den Eigenschaften eines einwandfreien und nicht beeinträchtigten Grundwassers orientieren:

– Es sollte appetitlich sein und zum Genuss anregen. Es muss farblos, klar, kühl sowie geruchlich und geschmacklich einwandfrei sein.
– Es muss keimarm sein und mindestens den gesetzlichen Bestimmungen genügen.
– Es muss mikrobiologisch so beschaffen sein, dass durch seinen Genus oder Gebrauch eine Erkrankung des Menschen nicht zu besorgen ist.
– Im Trinkwasser dürfen Stoffe nur in solchen Konzentrationen enthalten sein, dass selbst bei lebenslangem Genus und Gebrauch eine Schädigung der menschlichen Gesundheit nicht zu besorgen ist.

In allen Fällen, in denen das gewonnene Wasser nicht stets mit ausreichender Sicherheit die erforderliche Güte besitzt, ist es zu Trinkwasser aufzubereiten. Eine weitere Aufbereitung für andere Verwendungszwecke ist nicht Aufgabe der zentralen Trinkwasserversorgung.

Roh- und Trinkwasser sind regelmäßig nach den gesetzlichen Anforderungen und gemäß den örtlichen und technischen Erfordernissen zu untersuchen. (Siehe dazu auch Abschn. 4.1.7)

Zum vorbeugenden Schutz vor Verunreinigungen der Grundwasservorkommen, Talsperren und Seen, die zur Trinkwassergewinnung genutzt werden oder genutzt werden sollen, sind Wasserschutzgebiete festzusetzen und zu überwachen. (Siehe dazu Kap. 3)

Der Trinkwassergewinnung ist grundsätzlich Vorrang vor anderen Gewässernutzungen einzuräumen.

4.1.4 Anforderungen der EU-Richtlinie und der Trinkwasserverordnung (TrinkwV)

Am 3. November 1998 verabschiedete der Rat der EU in Brüssel die neue „Richtlinie über die Qualität von Wasser für den menschlichen Gebrauch" [18], die von den Mitgliedsstaaten in nationales Recht umzusetzen war, weshalb für die Bundesrepublik Deutschland ab 1. Januar 2003 eine neue Trinkwasserverordnung (TrinkwV) [21] gilt, die die bisherige [1] ersetzt. In Übereinstimmung mit der EU-Richtlinie enthält die neue TrinkwV mikrobiologische, chemische und Indikatorparameter sowie die für Trinkwasser geltenden Grenzwerte bzw. Anforderungen. Aus den nachfolgenden **Tabellen 4-13 bis 4-15** sind die Parameter und Grenzwerte bzw. Anforderungen der neuen und der bisherigen Trinkwasserverordnung sowie der EU-Richtlinie ersichtlich.

Tab. 4-13: Mikrobiologische Parameter und Grenzwerte

Parameter	Grenzwert (Angabe als Anzahl/100 ml)		
	Nach neuer TrinkwV [21] gültig ab 01.01.2003	Nach EU-Richtlinie [18] (vom 03.11.1989)	Nach alter TrinkwV [1] (gültig bis 31.12.2002)
Escherichia coli (E. coli)	0	0	0
Enterokokken	0	0	0[*]
Coliforme Bakterien	0	0 (nur Indikatorparam.)	0 (bei 95% der Proben)

[*]Fäkalstreptokokken

Die Werte gelten, soweit nicht anders angegeben, für den Zapfhahn. Während Wert-Überschreitungen der in gesundheitlicher Hinsicht besonders relevanten mikrobiologischen und chemischen Parameter nur sehr begrenzt zugelassen werden dürfen, dienen die Indikatorparameter vorrangig zur Überwachung der Aufbereitung und Verteilung und haben keinen Grenzwertcharakter. Bei den Indikatorparametern ist eine Nichteinhaltung der vorgegebenen Grenzwerte nicht strafbewehrt, da damit direkt kein oder nur ein geringes gesundheitliches Risiko für den Verbraucher verbunden ist. Sie zeigen aber indirekt eingetretene Veränderungen der Wasserqualität an, die auf eine Belastung des Rohwassers, auf Versäumnisse bei der Aufbereitung oder auf eine Lösung von Materialien aus dem Leitungsnetz hinweisen können.

Stellt ein Wasserversorger Abweichungen der Trinkwasserbeschaffenheit von den Vorgaben der Trinkwasserverordnung fest, so hat er dies sofort dem Gesundheitsamt zu melden. Dieses entscheidet gemäß dem nachstehenden Schema zu den erforderlichen Maßnahmen **(Abb. 4-0)**.

4.1 Wasserbeschaffenheit

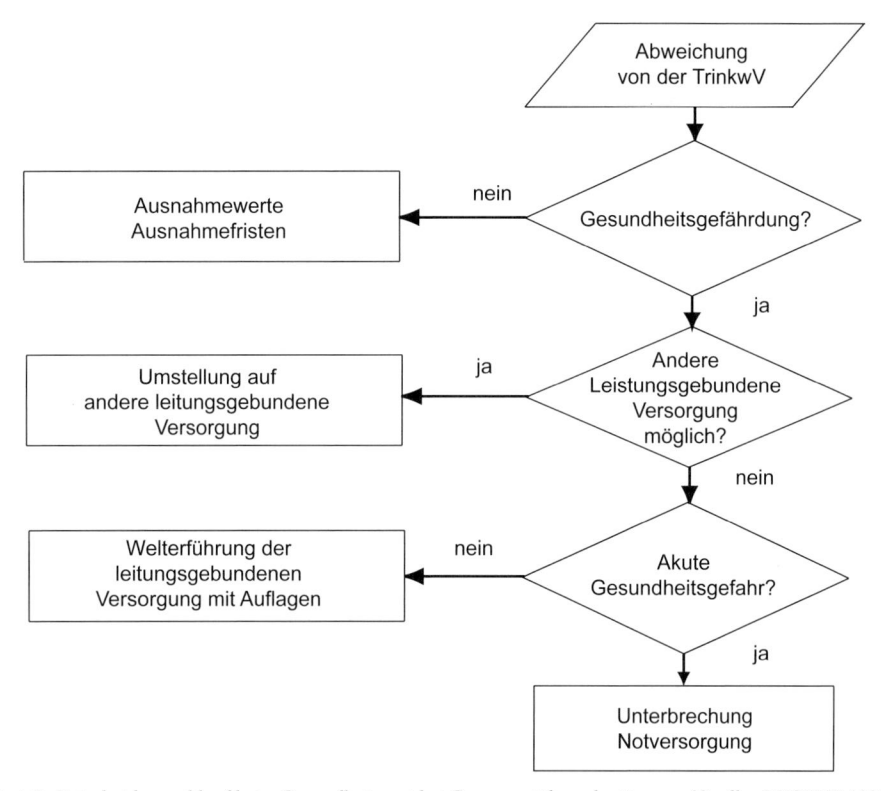

Abb. 4-0: Entscheidungsablauf beim Gesundheitsamt bei Grenzwertüberschreitungen (Quelle: DVGW W 1020))

Lässt das Gesundheitsamt bei nicht gegebener gesundheitlicher Gefährdung der betroffenen Bevölkerung eine Überschreitung der Grenzwerte zu, sind die Abnehmer – wie auch bei Einschränkungen der Verwendung des Trinkwassers – unverzüglich zu informieren (siehe DVGW-Hinweis W 1020). Vom Umweltbundesamt gibt es empfohlene Maßnahmewerte für Stoffe im Trinkwasser während befristeter Grenzwertüberschreitungen (siehe Bundesgesundheitsbl-Gesundheitsforsch-Gesundheitsschutz 8.2003).

4.1.5 Parameter zur Beurteilung der Wasserbeschaffenheit

4.1.5.1 Allgemein

Nachstehend werden die mikrobiologischen, chemischen und Indikatorparameter der Trinkwasserverordnung (**Tab. 4-13 bis 4-15**) und weitere relevante Wasserparameter erläutert. Es werden Angaben zu ihrer gesundheitlichen und ökologischen Bedeutung, zu in der Umwelt und insbesondere im Wasser auftretenden Konzentrationen sowie zu Ursachen von erhöhten Belastungen und ihrer Vermeidung gemacht sowie erste Hinweise zu der Möglichkeit ihrer Beeinflussung durch Wasseraufbereitung gegeben.

Tab. 4-14: Chemische Parameter

Parameter	Grenzwert (Angabe in mg/l soweit nicht anders angegeben)		
	nach neuer TrinkwV [21] (gültig ab 01.01.2003)	nach EU-Richtlinie [18] (vom 03.11.1998)	nach alter TrinkwV [1] (gültig bis 31.12.2002)
TEIL I: Parameter, deren Konzentration sich im Verteilungsnetz bzw. der Hausinstallation nicht erhöht			
Acrylamid	0,0001	0,001	–
Benzol	0,001	0,001	–
Bor	1	1	1
Bromat	0,01 Übergangswerte: 0,025 2003–2008 0,01 ab 01.08.2008	0,01 Übergangswerte: 0,025 2003–2008 0,01 ab 2008	–
Chrom	0,05	0,05	0,05
Cyanid	0,05	0,05	0,05
1,2dichlorethan	0,003	0,003	–
Fluorid	1,5	1,5	1,5
Nitrat	50*	50*	50
PSM u. Biozidprodukte	0,0001	0,0001	0,0001
PSM u. Biozidprod. insg.	0,0005	0,0005	0,0005
Quecksilber	0,001	0,001	0,001
Selen	0,01	0,01	0,01
Tetra- und Trichlorethan als Summe	0,01	0,01	0,01 als Summe von 4 Verbindungen
TEIL II: Parameter, deren Konzentration im Verteilungsnetz bzw. der Hausinstallation ansteigen kann			
Antimon	0,005	0,005	0,01
Arsen	0,01	0,01	0,01
Benzo(a)pyren	0,00001	0,00001	–
Blei	0,01 Übergangswerte 0,04 bis 30.11.2003 0,025 01.12.2003 bis 30.11.2013	0,01 ab 01.12.2013 0,025 ab 01.01.2003–2013 0,01 ab 01.12.2019	–
Cadmium	0,005	0,005	0,005
Epichlorhydrin	0,0001	0,0001	–
Kupfer	2 (Untersuchung nur, wenn pH unter 7,4)	2	3 (nur Richtwert)
Nickel	0,02	0,02	0,05
Nitrit	0,5*	0,5*	0,1
PAK	0,0001	0,0001	0,0002
Trihalogenmethane	0,05 (Untersuchung nur wenn Wert am WW-Ausgang über 0,01 ist)	0,10 ab 2008 0,15 bis 2008	0,01/0,025
Vinlychlorid	0,0005	0,0005	–

*Zusatzforderung: Summe aus Nitrat (mg/l) geteilt durch 50 und Nitrit (mg/l) geteilt durch 3 muß ≤1 mg/l sein. Nitrit muß am WW-Ausgang ≤0,1 mg/l sein.

4.1 Wasserbeschaffenheit

Tab. 4-15: Indikatorparameter und Grenzwerte bzw. Anforderungen

Parameter		Grenzwert (Angabe in mg/l soweit nicht anders angegeben)		
		nach neuer TrinkwV [21] (gültig ab 01.01.2003)	nach EU-Richtlinie [18] (vom 03.11.1998)	nach alter TrinkwV [1] (gültig bis 31.12.2002)
Aluminium		0,2	0,2	0,2
Ammonium		0,5*	0,5	0,5
Chlorid		250	250	250
Chlostridium perfringens	Anzahl/100 ml	0	0	–
Eisen		0,2*	0,2*	0,2
Färbung	m^{-1}	0,5	annehmbar, ohne abnormale Veränderung	0,5
Geruchsschwellenwert	–	2 bei 12 °C 3 bei 25 °C	annehmbar, ohne abnormale Veränderung	2 3
Geschmack		annehmbar, ohne abnormale Veränderung	annehmbar, ohne abnormale Veränderung	–
Koloniezahl bei 22 °C	Anzahl/ml	ohne abnormale Veränderung	ohne abnormale Veränderung	100 am Zapfhahn 20 ab Desinfektion
bei 36 °C		ohne abnormale Veränderung	–	100 am Zapfhahn
Elektrische Leitfähigkeit	µS/cm	2 500 bei 20 °C	2 500 bei 20 °C	2 000
Mangan		0,05*	0,05	0,05
Natrium		200	200	150
TOC		ohne abnormale Veränderung	ohne abnormale Veränderung	–
Oxidierbarkeit	mg/l O^2	5	5	5
Sulfat		240*	250	240
Trübung	NTU	1 (am WW-Ausgang)	annehmbar, ohne abnormale Veränderung	1,5
pH-Wert	pH-Einheit	$\geq 6,5 - \leq 9,5$ Wasser sollte nicht korrosiv wirken Calcitlösekapazität ≤ 5 mg/l (oder pH $\geq 7,7$) bzw. ≤ 10 mg/l bei Mischwasser	$\geq 6,5 - \leq 9,5$ Wasser sollte nicht korrosiv wirken	$\geq 6,5 - \leq 9,5$ mind. bis pH 8 muß pH_{CaCO_3} sein
Tritium	Bq/l	100	100	–
Gesamtrichtdosis	mSv/a	0,1	0,1	–

*Hinweis: Geogen bedingte Überschreitungen sind u. U. zulässig.

4.1.5.2 Mikrobiologische Parameter

4.1.5.2.1 Allgemein

Bakterien sind fast in jedem Wasser vorhanden, in besonders großer Zahl in Oberflächenwässern. Es sind dies kleinste einzellige pflanzliche Lebewesen, von etwa 1/500 bis 1/1000 mm Größe, welche von der Zersetzung organischer Stoffe leben. Beim Durchsickern der oberen Bodenschichten wird auch zunächst keimarmes Wasser mit Keimen angereichert. In den oberen Bodenschichten sind in 1 mg Boden mehrere Mio. Bakterien enthalten, in 1 m Tiefe noch Tausende, in 3 m Tiefe fast keine. Bei Böden mit geringer Filterwirkung, z. B. grober Schotter, Formationen mit Klüften und Spalten, gelangt das mit Keimen beladene Wasser auch in wesentlich größere Tiefen. Der Abbau der Mikroorganismen im Boden erfolgt unterschiedlich, etwa in 3 Stufen: Änderung der Mikroflora im belebten Boden, starker Abbau bei der vertikalen Sickerung durch die ungesättigte Bodenzone, weiterer langsamer Abbau in der horizontalen GW-Strömung.

Eine sichere Bakterienelimination stellen aber Bodenpassage und auch Langsamfiltration nicht dar, selbst die Bemessungsgrundlage für die Zone II (Engere Schutzzone) von 50 Tagen Fließzeit schließt, wie man aus neueren Untersuchungen weiß, unter ungünstigen Umständen mikrobielle Beeinträchtigung nicht völlig aus.

Die Wachstumsbedingungen für Bakterien sind sehr unterschiedlich. Aerobe Bakterien benötigen Sauerstoff zum Wachstum, anaerobe gedeihen nur ohne diesen. Auch die optimalen Temperaturen sind für die Bakterienarten verschieden.

Man unterscheidet harmlose Bakterien und solche, die pathogen, also krankheitserregend sind. Zu letzteren nachstehend einige Beispiele.

Tab. 4-16: Krankheitserregende Bakterien, die durch Trinkwasser übertragen werden können

Bakterien	Krankheit
Salmonella	Typhus, Parathyphus
Shigella	Ruhr
Vibrio cholerae	Cholera
Pseudomonas	Atemwegserkrankung u. a.
Legionella pn.	Lungenentzündung, Pontiacfieber

Die ungenügende Beachtung der hygienischen Erfordernisse bei der Trinkwasserversorgung hat in der Vergangenheit auch in Deutschland mehrfach zu großen Epidemien geführt, die größte Epidemie 1892 in Hamburg mit 8600 Cholera-Todesfällen, die jüngste 1978 in Ismaning mit 2400 Ruhrerkrankungen. Die TrinkwV [21] fordert deshalb, dass in Wasser für den menschlichen Gebrauch Krankheitserreger nicht in Konzentrationen enthalten sein dürfen, die eine Schädigung der menschlichen Gesundheit besorgen lassen. Obwohl die für die Routineuntersuchungen vorgegebenen Bakterien Escherichia coli und auch coliforme Keime selbst nicht pathogen sind, ist ihr Vorhandensein aber ein Indiz für Fäkalverunreinigungen, und damit steigt auch die Gefahr des Auftretens von Krankheitserregern. Die Wasserwerke sollen, u. U. mobile, Desinfektionsanlagen vorhalten, um bei auftretenden Belastungen sofort eine Desinfektion des Trinkwassers bzw. des Rohrnetzes vornehmen zu können. Werden Chlor oder Chlordioxid zur Desinfektion zugegeben, müssen aus Gründen der hygienischen Sicherheit nach der Aufbereitung noch mind. 0,1 mg freies Chlor je Liter bzw. 0,05 mg Chlordioxid je Liter nachweisbar sein (s. auch Abschn. 4.1.6 Zusatzstoffe; 4.2.5.14 Desinfektion; 4.2.3.2 Oxidation).

Für die Wasserverunreinigung ebenfalls sehr bedeutsam sind die Viren, die noch kleinere Lebewesen als die Bakterien sind und wegen der geringen Größe nicht mehr im Lichtmikroskop nachgewiesen werden können. Besonders belastet kann hier Flusswasser sein. Bei neueren Untersuchungen (Kimmig 2001) sind in allen Flusswasserproben enteropathogene Viren gefunden worden, die die Sommergrippe hervorrufen. Viren haben die Eigenschaft, dass sie sich nur in lebenden Zellen vermehren können. Zum Beispiel können durch Viren im Wasser die spinale Kinderlähmung und Leberentzündungen – Gelbsucht – hervorgerufen werden. Wegen der geringen Größe der Viren ist deren Nachweis recht schwierig. Da die relative Häufigkeit der Viren im Abwasser zu Bakt. coli rd. 1:65 000 beträgt, genügt im Allgemeinen der Nachweis für Bakt. coli und coliforme Keime.

Neben der Begutachtung der chemischen Beschaffenheit ist die mikrobiologische Beschaffenheit für die Beurteilung eines Wassers auf seine hygienische Eignung für die Trinkwasserversorgung wichtig. Es ist hierbei aber besonders zu beachten, dass jede mikrobiologische Untersuchung immer nur ein Momentanbild gibt. So kann auch bei unzureichendem Schutzgebiet und mangelhafter Fassung ein Wasser in Trockenperioden keimarm und damit mikrobiologisch einwandfrei sein, während bei starken

4.1 Wasserbeschaffenheit 171

Niederschlägen und bei Hochwasser das gleiche Wasser stark verunreinigt werden kann und damit stark erhöhte Keimzahlen erhält. Besonders bedenklich ist ein stark schwankender Keimgehalt. Für die hygienische Beurteilung eines Wassers ist daher in erster Linie die Ortsbesichtigung durch einen erfahrenen Hygieniker maßgebend. Werden bei der Ortsbesichtigung keine Anzeichen für eine ungünstige Beeinflussung des Wassers gefunden und ergeben die mikrobiologischen Untersuchungen auch zu ungünstigen Zeiten, z. B. nach starken Niederschlägen, einwandfreie Befunde, so kann das Wasser als hygienisch geeignet beurteilt werden. Quell- und Grundwasser, das technisch und hygienisch einwandfrei gefasst ist und gegen Verunreinigung tierischer und menschlicher Herkunft durch Anlegen ausreichend großer Schutzgebiete gesichert ist, hat eine Koloniezahl von unter 10/ml und kein Bakt. coli in 100 ml.

Außer der hygienischen Überwachung der Wassergewinnung, Aufbereitung und insbesondere Trinkwasserabgabe sind auch Kontrollen zur eventuellen Veränderung der Wasserbeschaffenheit im Verteilungsnetz bis zu den Zapfstellen der Abnehmer erforderlich. Wenn das Wasser noch biologisch abbaubare Stoffe enthält und keine Desinfektion des Wassers mit Depotwirkung erfolgt ist, kann es zu einer (Wieder-)Verkeimung kommen (DVGW-Information Nr. 25 von 8/97).

Eine besondere hygienische Aufmerksamkeit erfordern Anlagen, in denen eine Stagnation des Wassers eintreten kann (Wasserspeicher, Endstränge, überdimensionierte Leitungen) sowie aufgetretene Rohrschäden und die Durchführung von Arbeiten am Verteilungsnetz und in den Wasserkammern der Trinkwasserspeicher. Bei Werkstoffen, die mit dem Trinkwasser in Berührung kommen, sollte eine Prüfung auch auf hygienische Eignung erfolgen (DVGW-Arbeitsblatt W 270). Durch Heranziehung von in das Installateurverzeichnis nach AVBWasserV eingetragenen und zugelassenen Firmen ist die fachgerechte, hygienisch unbedenkliche Ausführung von Arbeiten an der Hausinstallation zu sichern und damit das Rückfließen von Wasser in das öffentliche Netz auszuschließen (DIN 1988).

Anfällig für Verkeimungen sind insbesondere auch Anlagen in den Hausinstallationen, wie sie zur Nachbehandlung des Trinkwassers (Enthärtung usw.) Anwendung finden (siehe Abschn. 4.2.8).

4.1.5.2.2 Escherichia coli, Coliforme Bakterien, Enterokokken

Das Vorhandensein o. g. Mikroorganismen im Wasser weist auf eine eingetretene Verunreinigung hin, zumeist durch menschliche und tierische Ausscheidungen. Obwohl diese Mikroorganismen selbst in der Regel die Gesundheit des Menschen nicht beeinträchtigen, steigt mit ihrer Anwesenheit auch die Gefahr des Auftretens von Krankheitserregern.

Für diese mikrobiologischen Parameter ist deshalb in der TrinkwV [21] jeweils der Grenzwert 0/100 ml festgesetzt. Die routinemäßige Untersuchung ist dabei für E.coli und coliforme Bakterien gefordert, während auf Enterokokken periodisch zu untersuchen ist. Letzterer Parameter entspricht etwa dem der Fäkalstreptokokken der alten TrinkwV [1]. Enterokokken dienen aufgrund ihrer Chlorresistenz als Indikatorbakterien für das Noch-Vorhandensein von Parasiten und Viren in durch Chlorung behandeltem Wasser, das bereits frei von E.coli ist.

Beim Parameter coliforme Bakterien kann bei Grenzwertüberschreitungen, soweit sie gesundheitlich unbedenklich sind und deren Ursachen innerhalb von 30 Tagen durch entsprechende Maßnahmen abgestellt werden, durch das Gesundheitsamt zeitweise ein höherer Grenzwert festgesetzt werden. Für die Parameter E.coli und Enterokokken ist dies aber nicht zulässig.

4.1.5.2.3 Koloniezahl, Clostridium perfringens (als Indikator für Parasiten)

Diese beiden Parameter sind in der neuen TrinkwV [21] als Indikatorparameter enthalten. Sie sind routinemäßig zu untersuchen, wobei Clostridium perfringens (einschl. Sporen) nur bestimmt werden muss, wenn das Wasser von Oberflächenwasser stammt oder von diesem beeinflusst wird. Die Anforderung ist dann 0/100 ml für Chlostridium p., während für die Koloniezahl für die Temperaturen 22 °C und 36 °C die Forderung lautet: „ohne anormale Veränderung", wobei auch das Nachweisverfahren der alten TrinkwV angewandt werden kann, dann aber auch die zugehörigen Grenzwerte gelten (100/ml bzw. 20/ml nach der Desinfektion).

Obwohl eine Korrelation zwischen Clostridium p. und Parasiten (Cryptosporidien, Gardien) bisher nicht gesichert ist, wurde dieser Parameter neu als Indikator herangezogen, da dessen Sporen ähnlich

widerstandsfähig gegen Chlor sind wie die Parasitendauerformen, Hinweise zur Parasitenanalytik gibt DVGW-Hinweis W 272 v. 8/2001 und [8].
In den USA und auch in anderen Ländern sind mehrere Parasitenepidemien aufgetreten; die größte mit etwa 400 000 Erkrankungen durch Cryptosporidien 1993 in Milwaukee, obwohl das Wasser den US-amerikanischen Anforderungen an Trinkwasser entsprach. In Deutschland wurde im Oktober 2000 erstmalig ein Fall bekannt, bei dem durch das Trinkwasser einer Gemeinde Gardien übertragen wurden. Ein gelegentliches Auftreten von Parasitendauerformen im Trinkwasser in sehr geringen Konzentrationen kann nicht grundsätzlich ausgeschlossen werden (UBA 1/2001). Dabei kann es zu Durchfallerkrankungen kommen.
Da Parasiten außerordentlich chlorresistent sind, ist eine erhöhte Dosierung von Chlor oder Chlordioxid nicht wirksam. Eine Erhöhung des Schutzniveaus ist nur durch die Verstärkung des bereits bestehenden Multi-Barriere-Systems (Gesamtheit von Ressourcenschutz, Trinkwasserversorgung nach den Regeln der Technik, fachgerechte Hausinstallation) erreichbar. Für die Trinkwasseraufbereitung bedeutet das, dass das Wasser bereits vor der Desinfektion frei von Fäkalindikatoren sein sollte. Damit gewinnen für ein mikrobiologisch belastetes Oberflächenwasser bzw. von Oberflächenwasser beeinflusstes Wasser für die Wasseraufbereitung Verfahrenskombinationen wie Langsamfiltration, künstliche Grundwasseranreicherung, Flockung/Filtration und Membranfiltration an Bedeutung. Zur Überwachung des Rohwassers und der Aufbereitung sollten zusätzlich Trübungs- bzw. Partikelmessungen erfolgen.

4.1.5.2.4 Legionella pneumophila und andere Mikroorganismen

Legionellen können, wie man seit einer Massenerkrankung 1976 in den USA weiß, besonders bei älteren Menschen mit geschwächtem Immunsystem oder chronischen Schäden der Atmungsorgane ein leichtes (Pontiac-)Fieber, aber auch schwerste Lungenentzündungen mit teilweise tödlichem Ausgang verursachen. 1999 wurden in Belgien und in den Niederlanden Erkrankungen und Todesfälle infolge Legionellen bei Messebesuchern festgestellt, verursacht durch Aerosole aus Whirlpools. In Deutschland sind im Jahr 2000 mindestens drei Hallenbäder wegen Legionellengefahr geschlossen worden. Die bisher bekannten 33 Legionellen-Arten kommen nahezu überall in feuchtem bzw. nassem Milieu in geringer Zahl vor, eine starke Vermehrung tritt vor allem in großen Speicher-Warmwassersystemen, z. B. von Krankenhäusern, Hotels usw., bei Temperaturen von 30 bis 50 °C auf. Aber auch Wohnhäuser können gefährdet sein. Die Infektion erfolgt durch das Einatmen des kontaminierten Aerosols, insbesondere beim Versprühen des Wassers durch Dusch- und Brauseköpfe sowie bei Whirlpools. Bei dezentralen Durchlauferhitzern oder Temperaturen über 60 °C sind Gefährdungen durch Legionellen praktisch ausgeschlossen. Durch Verringerung der Aerosolbildung, Verbesserung der Wasserzirkulation, Abtrennung von selten genutzten Warmwassersträngen, gleichmäßige Erwärmung, evtl. Begleitheizung, Vermeidung von Schwerkraftzirkulationsanlagen, Vermeidung von Kunststoffen oder kurzzeitige Temperaturerhöhungen kann die Gefährdung auch bei Speichersystemen deutlich reduziert werden (DVGW-Arbeitsblätter W 551 und W 551 Kommentar von 2004; auch W 553).
Die zuständige Gesundheitsbehörde kann bei speziellem Verdacht anordnen, dass durch mikrobiologische Untersuchungen festzustellen ist, ob Legionella pneumophila im Wasser enthalten ist und Maßnahmen zur Gefahrenabwehr festlegen. Das gilt auch für weitere Mikroorganismen, insbesondere Pseudomonas aeruginosa (Grenzwert für Badewasser), Salmonella spec., Coliphagen oder enteropathogene Viren. Wegen der Pathogenität der Keime dürfen obige Untersuchungen nur in Speziallaboratorien durchgeführt werden.

4.1.5.3 Chemische Parameter mit Grenzwerten

4.1.5.3.1 Antimon (Sb)

Antimon ist am Aufbau der Erdkruste prozentual nur sehr gering beteiligt, in seinen drei- und fünfwertigen Verbindungen ist es aber in über 100 Mineralien enthalten.

4.1 Wasserbeschaffenheit

In Konzentrationen von 0,6 mg/l beeinträchtigt es den Geschmack von Trinkwasser [DVGW 48], die orale Aufnahme größerer Mengen verursacht starken Brechreiz, Vergiftungen treten sehr selten auf. Untersuchungen des Bayerischen Landesamtes für Wasserwirtschaft an 234 bayerischen Grundwässern ergaben in allen Fällen Antimongehalte unter 1 mg/l. Messungen an Oberflächenwässern überschritten diese Konzentration ebenfalls nur sehr selten. Es kann durch Abwässer antimonverarbeitender Industrie in die Oberflächenwässer gelangen.

Ein Anstieg der Antimon-Konzentration im Trinkwasser kann in der Hausinstallation eintreten, da es als Legierungselement in Loten, Armaturen und als Verunreinigung in Kupferlegierungen enthalten sein kann. Im Zusammenhang mit einer toxikologischen Neubewertung ist deshalb der Grenzwert in der neuen TrinkwV [21] auf 0,005 mg/l verschärft worden.

4.1.5.3.2 Arsen (As)

Arsen kommt natürlich in den meisten Böden vor, und Spuren lassen sich praktisch überall nachweisen. Es ist in seinen Verbindungen drei- und fünfwertig. Während das metallische Arsen als weitgehend ungiftig angesehen wird, sind die Oxide toxisch, insbesondere in der dreiwertigen Form (As_2O_3). Zahlreiche Erkrankungen sind in der Literatur dokumentiert, am bekanntesten ist die über arsenhaltiges Trinkwasser verursachte „Reichensteiner Krankheit" in Schlesien (As-Gehalte bis 0,64 mg/l). Hautkrebs wird ebenfalls mit Arsen in Verbindung gebracht.

As-Gehalte im Trinkwasser liegen vorrangig zwischen 0,001 und 0,007 mg/l ([2]-Althaus), wobei aber von kleineren Anlagen in Rheinland-Pfalz auch Werte bis 0,08 mg/l bekannt sind ([4]-Nr. 48). Sehr hohe Konzentrationen liegen teilweise bei Heilquellen vor, bei Bad Dürkheimer Quellen über 1 mg/l. Hohe Werte sind vorrangig geogen bedingt.

Der mit der TrinkwV von früher 0,04 mg/l auf 0,01 mg/l verschärfte Grenzwert, der ab 1. Januar 1996 gilt, stellt zahlreiche Wasserversorgungen in den Sandsteinen des Keuper in Mittelfranken und der westlichen Oberpfalz und in Buntsandsteinformationen vor Probleme und macht eine Aufbereitung erforderlich.

Anthropogen bedingte Arsenbelastungen können durch die Emissionen von Metallhütten, Kohlekraftwerken und Glasindustrien entstehen sowie über Deponiesickerwässer, Kampfstoffaltlasten und in der Vergangenheit durch die – nicht mehr zugelassene – Verwendung von arsenhaltigen Schädlingsbekämpfungsmitteln.

Zur Arsenentfernung siehe Abschn. 4.2.5.12.2.

4.1.5.3.3 Blei (Pb)

Blei kommt in der Erdkruste natürlich vor. Blei ist ein chronisches Gift, die regelmäßige Aufnahme auch geringer Mengen kann zu Bleivergiftungen und anderen Schädigungen führen, da das Blei sich in verschiedenen Körperorganen anreichert. Die TrinkwV gibt bisher einen Grenzwert von 0,04 mg/l vor, eine sukzessive Verschärfung auf 0,01 mg/l ist vorgesehen. Die Konzentration von Bleiionen in natürlichen Rohwässern liegt fast immer unter diesem Wert.

Bei einigen Verfahren der Wasseraufbereitung (Fällung, Ionenaustausch) tritt eine weitere Reduzierung ein.

Deutlich erhöhte Gehalte in Trinkwasser sind zumeist auf Bleirohre zurückzuführen, wie sie bei alten Häusern für Anschlussleitungen und vor allem in der Hausinstallation Anwendung fanden. Bei ungünstigen Randbedingungen, wie langer Standzeit des Wassers, wenig gepuffertem und stark kohlensäurehaltigem Wasser, langen Bleileitungen, sind schon Konzentrationen gemessen worden, die den Grenzwert fast um das 10fache überschritten. Benger gab folgende Werte an:

Tab. 4-17: Blei im Trinkwasser (erste morgendliche Entnahme)

Baujahr des Hauses	Bleigehalt nach Stagnation (mg/l)		Bleigehalt nach 10 min Ablaufen (mg/l)	
	Mittel	Max	Mittel	Max
1900–1914	0,10	0,28	0,02	0,05
1920–1939	0,024	0,035	0,016	0,03
1945–1960	0,023	0,05	0,017	0,04
1961–1970	0,025	0,057	0,014	0,026

Für neue Trinkwasserleitungen dürfen deshalb Bleirohre nicht mehr verwendet werden. Bei vorhandenen alten Bleileitungen stellt das Ablaufenlassen des gestandenen Wassers einen – wenn auch bzgl. Wasserverbrauch nicht befriedigenden – Behelf dar. Wasserversorgungsunternehmen mit noch umfangreichen Bleiinstallationen im Versorgungsgebiet sollten darauf achten, dass das Wasser nicht korrosiv wirkt (siehe pH-Wert).

Die zentrale oder dezentrale Dosierung von Orthophosphaten dürfte dagegen nur in Sonderfällen in Frage kommen.

Hausanschlussleitungen aus Blei sind von Versorgungsunternehmen bereits in großem Umfang gegen Kunststoffleitungen ausgetauscht worden. Eine Auswechslung aller noch vorhandener Bleileitungen einschließlich der in der Hausinstallation ist erforderlich, aber mit erheblichen Kosten verbunden. Besonders durch Risikogruppen, wie Kleinkinder, Schwangere und Diabetiker, ist die Aufnahme von Wasser mit über dem Grenzwert liegenden Konzentrationen zu vermeiden.

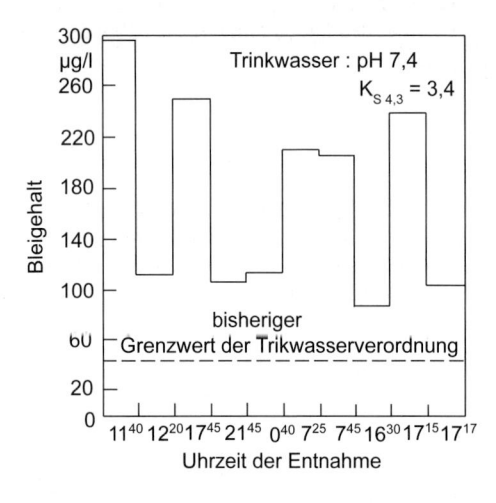

Abb. 4-1: Bleikonzentrationen im Trinkwasser aus einer Hausinstallation aus Bleirohren (Meyer, Roßkamp in [2])

4.1.5.3.4 Cadmium (Cd)

Cadmium kann im menschlichen Körper schwere Nierenschädigungen hervorrufen, da es sich dort anreichert. Auch als Prostatacancerogen wird es gesehen. Die TrinkwV enthält deshalb den Grenzwert 0,005 mg/l. Die Zufuhr über das Trinkwasser ist allerdings sehr gering, da dieses Lebensmittel nur einen Anteil von durchschnittlich 4 % an der gesamten Cadmiumzufuhr hat.

In die Gewässer kann Cadmium durch Abwässer der eisenveredelnden Industrie, aus Zinkhütten, Galvanisierbetrieben, Beizereien und Deponien gelangen, wenn die Abwässer nicht ausreichend behandelt worden sind. Aber auch über die Atmosphäre erfolgt ein Eintrag, vor allem aus Feuerungs- und Müllverbrennungsanlagen. Bis zur Begrenzung durch die Klärschlammverordnung trugen auch landwirtschaftlich verwertete Klärschlämme mit erhöhten Cadmiumgehalten zur Belastung bei; derzeit führen saure Depositionen aus der Atmosphäre zu gebietsweise drastischen Zunahmen, da die Löslichkeit des Cadmium bei pH-Werten unter 6 stark zunimmt.

Im Oberflächenwasser sind Konzentrationen zwischen < 0,0001 mg/l und 0,003 mg/l gemessen worden ([4]-Nr. 48).

Eine Erhöhung der Konzentration im Trinkwasser kann durch verzinkte Hausinstallationen verursacht werden. Die Zinkschicht durfte bis 1978 bis 0,1 % Cadmium enthalten, was bei ungünstiger Wasserbeschaffenheit zu Konzentrationen über 0,01 mg/l führen kann [14]. Drastische Erhöhungen wie bei Blei sind aber nie festgestellt worden. Jetzt sind in den Zinkbeschichtungen nur noch maximal 0,01 % Cadmium zulässig.

4.1 Wasserbeschaffenheit

4.1.5.3.5 Chrom (Cr)

Chrom wird als lebenswichtiges Spurenelement angesehen; toxische Wirkungen sind im wesentlichen an die 6wertige Form gebunden [2].
Im Oberflächenwasser sind Konzentrationen bis 0,017 mg/l gemessen worden ([4]-Nr. 48), wobei Abwässer aus der chromverarbeitenden Industrie teilweise verursachend sind.
Der Grenzwert für Trinkwasser ist 0,05 mg/l.

4.1.5.3.6 Cyanid (CN^-)

Cyanid ist das einwertige Anion der Blausäure. Die Verbindung Kaliumcyanid ist als Zyankali bekannt. Cyanide sind stark giftig, ihre Aufnahme führt zu einem sofortigen Stillstand der Zellatmung.
Bisher in Oberflächenwässern gemessene Konzentrationen liegen unter 0,01 mg/l ([4]-Nr. 48), wobei Belastungen auf Abwässer vor allem der Galvanikindustrie hinweisen.
Untersuchungen an Trinkwässern in Deutschland ergaben in allen Fällen Werte unter 0,01 mg/l. Der Grenzwert für Trinkwasser ist 0,05 mg/l.

4.1.5.3.7 Fluorid (F^-)

Fluorid ist das einwertige Anion der Flußsäure; Fluor kommt in der Erdkruste nicht elementar, sondern vorrangig als Flußspat und Kryolith vor.
Im Grundwasser liegen die Konzentrationen in der Regel unter 0,5 mg/l, bei fluoridhaltigen Mineralien im Untergrund und größerer Entnahmetiefe können aber auch wesentlich höhere Gehalte auftreten. Der Fluoridgehalt der Meere wird mit 1,0 bis 1,4 mg/l angegeben ([2] – Hässelbarth). Erhöhte Gehalte in Oberflächenwässern können Hinweise für Abwassereinleitungen aus Aluminiumhütten und Flußsäurefabriken sein.

Tab. 4-18: Fluorgehalte in Trink- und Heilwässern

Ort	Fluor mg/l	Ort	Fluor mg/l
Aschaffenburg	0–0,25	Nürnberg	0–0,05
Hannover	0,05–0,12	Würzburg	0,25–0,45
Kiel	0,3–0,5	Bad Windsheim Sole	1,35
München	0,05–0,09	Bad Wiessee Jod Schwefelqu.	17,3

Fluoridkonzentrationen im Trinkwasser von ca. 1 mg/l wirken kariesprophylaktisch, weshalb in einigen Ländern eine künstliche Fluorierung des Trinkwassers erfolgt, bis 1991 z. B. auch in Chemnitz.
In der Bundesrepublik ist die Fluoridzugabe in das Trinkwasser nicht zugelassen.
Höhere Konzentrationen, ab ca. 2 mg/l, können aber bereits eine Schädigung der Zähne und die Osteosklerose (Knochen-/Skeletterkrankungen) hervorrufen, weshalb erwünschte Mindestgehalte und maximal zulässige Werte im Trinkwasser eng beieinander liegen.
Da die Fluoridzufuhr auch von den Trinkgewohnheiten und somit den klimatischen Bedingungen abhängt, wird von der Weltgesundheitsorganisation (WHO) die Einhaltung der Werte in **Tab. 4-19** empfohlen.
In der TrinkwV ist ein oberer Grenzwert angegeben (1,5 mg/l).

Tab. 4-19: Von der WHO empfohlene Grenzwerte für Fluorid im Trink-Wasser

Jahresmittelwert der maximalen täglichen Lufttemperatur in °C		Unterer Grenzwert mg/lF^-	Oberer Grenzwert mg/lF^-
10–12	(allgem. anzunehmen für Nordeuropa)	0,9	1,7
12,1–14,6	(allgem. anzunehmen für Mitteleuropa)	0,8	1,5
14,7–17,6		0,8	1,3
17,7–21,4	(allgem. anzunehmen für Südeuropa)	0,7	1,2
21,5–26,2		0,7	1,0

Eine Reduzierung erhöhter Fluoridgehalte kann selektiv durch Filtration über Aktivtonerde oder in Verbindung mit einer Entsalzung durch Umkehrosmose erfolgen [DVGW 62 -Jekel/Jekel]. Die Fällung mit Aluminiumsulfat ist nur sehr eingeschränkt geeignet.
In Deutschland ist diese Reduzierung allerdings kaum erforderlich.

4.1.5.3.8 Nickel (Ni)

Nickel gehört zu den Spurenelementen, die mit der täglichen Nahrung aufgenommen werden und ist ubiquitär nachweisbar. Erhöhte Konzentrationen können Allergien verursachen und besonders bei inhalativer Aufnahme toxisch wirken. Vergiftungen bei oraler Aufnahme sind bisher nicht bekannt [DVGW 48] und wasserlösliche Nickelverbindungen werden als nicht cancerogen angesehen.
Der anthropogene Nickeleintrag in die Umwelt erfolgt vorrangig über Großfeuerungsanlagen, der Eintrag in die Gewässer durch Niederschläge und in Oberflächenwässer durch Abwässer der Galvanikindustrie. In Gewässern gemessene Konzentrationen liegen durchschnittlich bei 15 μg/l ([2] – Roßkamp); in der Bundesrepublik sind Maximalwerte von über 50 μg/l und international bis zu 1000 μg/l gemessen worden. Saure Depositionen aus der Atmosphäre (saurer Regen) oder übermäßige Stickstoffdüngung in der Landwirtschaft können geogen im Boden vorhandenes Nickel mobilisieren und führen gebietsweise ebenfalls zu erhöhten Nickelgehalten im Wasser. Das Überschreiten zulässiger Nickelgehalte im Trinkwasser an der Zapfstelle ist häufig durch die Vernickelung von Teilen in der Hausinstallation und die Verwendung von Nickel als Legierungselement in Loten und Armaturwerkstoffen bedingt.
Im Trinkwasser liegen die Nickelgehalte üblicherweise bei 2 bis 5 μg/l, höhere Werte im Trinkwasser können auch durch vernickelte bzw. nickelhaltige Stücke der Installation verursacht werden, weshalb die DIN 50 930-6 die in Legierungen zulässigen Anteile an Nickel begrenzt. Der Grenzwert ist in der neuen TrinkwV [21] von bisher 0,05 auf 0,02 mg/l verschärft worden.
Zur Entfernung von Nickel bei der Trinkwasseraufbereitung siehe Abschn. 4.2.5.12.4.

4.1.5.3.9 Nitrat (NO_3^-)

Nitrat gehört wie Ammonium und Nitrit zu den Stickstoffverbindungen (siehe auch Ammonium und Nitrit). Nitrat ist die höchste Oxidationsstufe im natürlichen Stickstoffkreislauf (**Tab. 4-20**).

Tab. 4-20: Stickstoff-Zyklus

Stufe	Oxidation	Stoffe	Reduktion	Stufe
Anfangsstufe		Tote organische Substanz Harnstoff, Aminosäuren, Protein u.a.		
1. Stufe	Zersetzung	Ammonium NH_4		2. Stufe
2. Stufe	Oxidation	Nitrit NO_2	Reduktion	1. Stufe
3. Stufe	Oxidation	Nitrat NO_3	Reduktion	Anfangsstufe
Endstufe	Düngung Absterben	Pflanzen-Tierwachstum Tote organische Substanz		

Dieser Prozess führt zu einer biogenen Grundlast im Grundwasser und Oberflächenwasser, d. h. Gehalte bis zu ca. 10 mg/l können als natürlich bedingt angesehen werden. Tatsächlich aber sind viele Grundwässer wesentlich stärker belastet (bis über 100 mg/l) und in zahlreichen Oberflächenwässern liegen die durchschnittlichen Konzentrationen bereits über 20 mg/l.

4.1 Wasserbeschaffenheit

Der Grenzwert der TrinkwV ist 50 mg/l. Mit höheren Konzentrationen im Trinkwasser können folgende Gefährdungen und Probleme verbunden sein:

- Erkrankung von Kleinkindern an Blausucht (Methämoglobinämie)
- Bildung von Nitrit (toxisch) und Nitrosaminen (krebserregend)
- Förderung der Korrosion, insbesondere bei Blei- und verzinkten Leitungen.

Diese Gefährdungen/Probleme müssen bei NO_3-Gehalten über 50 mg/l nicht zwangsläufig eintreten (für Erwachsene werden bis 90 mg/l oft als akzeptabel angesehen), können aber auch nicht ausgeschlossen werden. Insbesondere Kleinkinder sollten keinesfalls mit höher belastetem Trinkwasser versorgt werden. Dem Nitratgehalt des Trinkwassers kommt bzgl. der NO_3-Gesamtaufnahme des Menschen insofern große Bedeutung zu, als die Aufnahme vorrangig über die Nahrung (hier vor allem Salat, Gemüse) und das Trinkwasser erfolgt.

1982 wurde die Zahl der in der Bundesrepublik mit einem nitratbelasteten Trinkwasser (> 50 mg/l) versorgten Einwohner mit über 2,4 Millionen angegeben. 1995 lagen in Bayern 4,2 % des gewonnenen Wassers und in 1,4 % des abgegebenen Trinkwassers die Konzentration über dem Grenzwert. Trotz einer erreichten leichten Verbesserung liegen auch derzeit noch über 1 % des Trinkwassers in Bayern über dem Grenzwert (Herb 2005). Dabei gibt es starke regionale Unterschiede, in Unterfranken sind es z. B. 20 % des gewonnenen Wassers. Eigenwasserversorgungsanlagen sind, im Verhältnis zur Anzahl der Anlagen, prozentual besonders stark betroffen.

Bei steigenden Nitratbelastungen des Wassers ist fast immer eine intensive landwirtschaftliche Nutzung im Einzugsgebiet vorhanden, und es werden oberflächennahe Grundwässer genutzt. Für die bundesweit angestiegenen Nitratwerte kommen folgende anthropogene Ursachen in Betracht:

– großflächige Nitrateinträge
 - aus Stickstoffdüngung und Güllebeseitigung (meist Hauptursachen)
 - aus Niederschlägen
 - aus infiltriertem Oberflächenwasser
– punktförmige Einträge
 - durch Abwassereinleitung und -versickerung
 - durch Deponiesickerwasser.

Durch die intensive landwirtschaftliche Nutzung ist die Nitratbelastung in den zurückliegenden Jahren stark angestiegen. Die Zunahme des Wassers an Stickstoffverbindungen durch die Düngung ist abhängig von Größe, Art und Zeitpunkt der Düngung, von der Art und Intensität der landwirtschaftlichen Nutzung, von der Art und Durchlässigkeit der Bodenschichten, von der Sickerwassermenge aus Niederschlag und evtl. Beregnung. So ist der Nitrateintrag in das Grundwasser um so größer, je durchlässiger die Bodenschichten sind, je weniger der Boden mit Pflanzen bedeckt ist, je größer die Niederschlagsmenge oder Beregnungswassermenge ist, je mehr Stickstoffdünger in der vegetationslosen Zeit, also nicht unmittelbar verwertbar, aufgebracht wird, z. B. Aufbringung von Gülle im Herbst und Winter. Erfahrungsgemäß ist die Nitratkonzentration je nach Bodennutzung in folgender Reihenfolge ansteigend: Wald – Grünland – Ackerland normal genutzt – Ackerland intensiv genutzt – Gemüseanbau – Wein-, Hopfen-, Tabak- und Spargelanbau (siehe **Abb. 4-2**).

Bevor Maßnahmen zur Nitrateliminierung durch Wasseraufbereitung (siehe Abschn. 4.2.5.7) erwogen werden, sollten stets erst die Möglichkeiten zur Unterbindung des Nitrateintrages (Schutzgebietssanierung, verschärfte Düngeauflagen usw.) und der Nutzung von unbelasteten Wasserfassungen bzw. der Vermischung mit nitratarmen Wässern (Verdünnung) ausgeschöpft werden. Bewährt haben sich Kooperationsvereinbarungen mit der Landwirtschaft, die z. T. Ausgleichszahlungen für eine grundwasserschonende ökologische Bewirtschaftung der Flächen beinhalten. Trotzdem gehen in vielen Gebieten, die intensiv land- und gartenbaulich genutzt werden, die Einträge nicht im erforderlichen Maße zurück (Dödelmann u. a. ZfK 4/2005). Bei notwendiger Aufbereitung stehen mehrere Verfahren zur Verfügung (siehe Abschn. 4.2.5.7 u. Höll bbr, 1/2006).

Kleinkinder sind in jedem Fall mit nitratarmem Trinkwasser (evtl. Mineralwasser) zu versorgen.

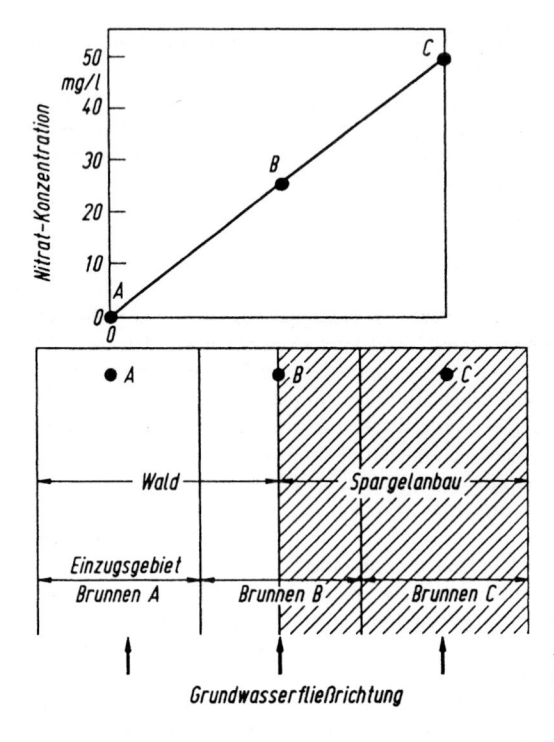

Abb. 4-2: Einfluss der Bodennutzung auf den Nitratgehalt im Brunnenwasser im Raum Bruchsal (nach Sontheimer)

4.1.5.3.10 Nitrit (NO_2^-)

Nitrit gehört zu den Stickstoffverbindungen, wie Ammonium und Nitrat (siehe auch dort) und ist somit Bestandteil des Stickstoffkreislaufs.

Nitrit ist toxisch und fördert die Bildung von Nitrosaminen; es belastet den Sauerstoffhaushalt des Wassers und ist ein Fischgift. Der Grenzwert der TrinkwV [21] ist 0,1 mg/l für den Ausgang des Wasserwerkes, für den Zapfhahn bis 0,5 mg/l.

Nitrit ist im Wasser im allg. nicht oder nur in sehr kleinen Mengen enthalten. Es ist im Wasser nicht stabil, sondern geht entsprechend dem Stickstoffzyklus entweder bei Vorhandensein von Sauerstoff durch Oxidation in Nitrat über oder es findet bei fehlendem Sauerstoff eine Reduktion zu Ammonium statt. Sind dabei mikrobielle Wirkungen entscheidend, sind die Bezeichnungen Nitrifikation bzw. Denitrifikation üblich.

Höhere Gehalte an Nitrit weisen meist auf unvollständige Reduktion oder Oxidation, also Sauerstoffmangel hin. Bei der Aufbereitung solcher Wässer ist eine ausreichende Sauerstoffzufuhr zur Oxidation wichtig (siehe Abschn. 4.2.5.7.3). Auch ungenügend entferntes Ammonium kann nachträglich zur Nitritbildung führen (siehe Ammonium). In seltenen Fällen kann es bei der UV-Bestrahlung des Wassers zur Nitritbildung kommen (siehe Abschn. 4.2.5.14.5). In [4]-Nr. 48 wird darauf hingewiesen, dass Nitrat mit dem Zinkbelag von Rohren unter Nitritbildung reagieren kann.

4.1.5.3.11 Quecksilber (Hg)

Quecksilber tritt aufgrund seiner Flüchtigkeit in geringen Konzentrationen ubiquitär auf und ist auch in sonst unbelasteten Gewässern in Spuren enthalten (Grundwasser ca. 10 bis 50 ng/l). Mindestens 30 000 Tonnen dampfen jährlich aus der Erdkruste und den Ozeanen ab, die Weltjahresproduktion wurde 1973 mit 10 000 t angegeben, und weitere 10 000 t/a werden weltweit über die Verbrennung anthropogen freigesetzt ([2] – Müller, Ohnesorge). Quecksilber ist toxisch, wobei anorganisches und

organisches Quecksilber unterschiedliche gesundheitliche Auswirkungen haben. In Fischen treten teilweise hohe Quecksilberkonzentrationen auf.
Im Oberflächenwasser liegen die Konzentrationen üblicherweise unter 0,2 µg/l, jedoch sind z. B. in der Weser bei Bremen 1979 auch schon 3,8 µg/l gemessen worden [4]-Nr. 48, für Sedimente im Rhein und Hamburger Hafen auch über 10 mg/kg. Erhöhte Werte in Oberflächenwässern können durch Abwasser aus Industrien und Deponien verursacht sein.
Der Grenzwert der TrinkwV beträgt 0,001 mg/l.

4.1.5.3.12 Polycyclische aromatische Kohlenwasserstoffe

Zu den PAK gehören mehrere hundert Verbindungen, deren Grundkörper aus zwei oder mehr Benzolringen besteht. Ein Teil von ihnen wirkt krebserregend. Der Grenzwert der neuen TrinkwV [21] von 0,0001 mg/l gilt für die Summe von:

– Benzo-(b)-Fluoranthen
– Benzo-(k)-Fluoranthen
– Benzo-(ghi)-Perylen
– Indeno-(1,2,3-cd)-Pyren

Der Parameter Benzo-(a)-pyren ist aufgrund seines hohen mutagenen Potentials in der neuen TrinkwV mit dem Einzel-Grenzwert von 0,00001 mg/l versehen worden.
PAK sind ubiquitär vorhanden, im Grundwasser sind Gehalte von 1 bis 10 ng/l üblich, die aus der Luft als Staub und aus Abgasen in das Wasser gelangen und vor allem bei der unvollständigen Verbrennung organischen Materials entstanden sind. Aus Oberflächenwasser sind Gehalte über 50 µg/l bekannt, die durch Abwassereinleitungen verursacht sind. Im Abwasser selbst sind Konzentrationen bis über 1 mg/l gemessen worden. Bei mit Steinkohlenteer ausgekleideten Rohren kann eine Abgabe von PAK an das Wasser auftreten, insbesondere wenn dem Wasser das Desinfektionsmittel Chlor zugegeben wurde. Bei Bitumenauskleidung besteht diese Gefahr nicht.
98 % der vom Menschen aufgenommenen PAK stammen aus der Nahrung, nur 1 % aus dem Trinkwasser, 1 % aus der Luft [4]-Nr. 48.
Bei der Wasseraufbereitung werden PAK vor allem durch Adsorption an Aktivkohle entfernt, die Bodenpassage eliminiert die einzelnen Verbindungen nur zum Teil.

4.1.5.3.13 Organische Chlorverbindungen, THM

Wenn Kohlenwasserstoffe, z. B. Erdöl, mit Halogenen, z. B. Chlor, umgesetzt werden, entstehen halogenierte Kohlenwasserstoffe, z. B. Chlorkohlenwasserstoffe (CKW). Liegt deren Siedepunkt unter 150 °C, spricht man von leichtflüchtigen Chlorkohlenwasserstoffen. Die neue TrinkwV gibt einen Summen-Grenzwert von 0,01 mg/l für die Substanzen:

– Trichlorethen
– Tetrachlorethen.

Weiterhin gibt es Einzel-Grenzwerte für die Substanzen 1,2-Dichlorethan und Vinylchlorid, das als monomerer Bestandteil von PVC aus diesen Kunststoffrohren in das Wasser abgegeben werden kann. Für diese Stoffe gibt es Hinweise auf ein krebserregendes Potential oder es kann entweder nicht sicher ausgeschlossen werden bzw. es sind andere toxische Wirkungen vorhanden.
Die organischen Chlorverbindungen werden umfangreich produziert, allein in der Bundesrepublik jährlich mehrere hunderttausend Tonnen, und vorrangig als Lösungsmittel, z. B. in chemischen Reinigungen und zur Metallentfettung, verwendet. Der größte Teil gelangt dabei in die Atmosphäre, weshalb diese Stoffe in Spuren indessen ubiquitär verbreitet sind.
Der Eintrag in das Grund- und Oberflächenwasser erfolgt vorrangig über Abwassereinleitungen (AOX-Gehalt), belastete Niederschläge, Deponiesickerwässer, unsachgemäßen Umgang mit diesen Stoffen und aus Altlasten. Auch undichte und sogar dichte (Diffusion) Abwasserkanäle können dazu beitragen.

Eine Eliminierung der organischen Chlorverbindungen bei der Trinkwasseraufbereitung ist durch Belüftung des Wassers (Strippen) in gewissem Umfang und durch Adsorption an Aktivkohle, eventuell auch mittels Membran- oder Oxidationsverfahren möglich (siehe „Trinkwasseraufbereitung"). Bei Schadensfällen im Boden wird auch das Bodenluft-Absaugverfahren eingesetzt. (Zu Vorkommen, Wirkung und Eliminierung der Einzelstoffe siehe auch [4]–Nr. 48.)

Zu den organischen Chlorverbindungen gehören auch die Trihalogenmethane, die vor allem bei der Chlorung des Trinkwassers entstehen können und zu den Haloformen zählen. Hauptvertreter ist das Chloroform. Diese Substanz wird als cancerogen angesehen und könnte somit bis in den molekularen Bereich ein Krebsrisiko darstellen. Die entstehenden Konzentrationen hängen vorrangig ab von Menge und Art der organ. Stoffe im Wasser (gemessen als DOC oder SAK 254), Bromid- und Ammoniumkonzentration, zugegebener Chlormenge und -art, Temperatur, pH-Wert und Chlorungszeit. Die neue TrinkwV [21] gibt für das Verteilungsnetz (Zapfstelle) einen Grenzwert von 0,05 mg/l vor, wobei eine Untersuchung nur erfolgen muss, wenn am Ausgang des Wasserwerkes 0,01 mg/l überschritten werden.

Auch der Einsatz von Ozon zur Trinkwasserbehandlung kann zur Bildung von Trihalogenmethanen führen. Bei der Ozonung bromidhaltigen Rohwassers kann es zur Bromatbildung kommen.

Hinweise zur Ermittlung des THM-Bildungspotentials gibt DVGW-Arbeitsblatt 295; Maßnahmen zur Verminderung bzw. Vermeidung der THM-Bildung werden im DVGW-Merkblatt W 296 genannt.

Aufgrund der bekannten Gefährdung haben deshalb in der Bundesrepublik viele Wasserwerke die Chlorung minimiert, große Wasserwerke haben auf Chlordioxid zur Desinfektion umgestellt, bei dessen Zugabe Trihalogenmethane nicht entstehen können.

4.1.5.3.14 Pflanzenbehandlungs- und Schädlingsbekämpfungsmittel (PBSM bzw. PSM)

Unter dem Begriff Pflanzenbehandlungs- und Schädlingsbekämpfungsmittel werden ca. 300 (von der Biologischen Bundesanstalt für die Bundesrepublik zugelassene) unterschiedliche Wirkstoffe zusammengefasst, von denen es wiederum über 1 000 verschiedene Handelsprodukte gibt. Sie kommen vorrangig zum Einsatz zur Unkrautvernichtung (Herbizide), Insektenbekämpfung (Insektizide) und Pilzvernichtung (Fungizide) aber auch gegen Milben (Akarizide), Schnecken (Molluskizide) u. a. Üblich ist für einen Teil der PBSM auch die Sammelbezeichnung Pestizide. Eine Gruppeneinteilung nach der chemischen Struktur in Stickstoffverbindungen (z. B. Atrazin, Simazin), Organophosphorverbindungen (z. B. Parathion), Organochlorverbindungen (z. B. Lindan) usw. ist möglich, lässt aber nicht in jedem Fall auf gleichartige Wirkung bzw. Verwendung schließen.

In der Bundesrepublik wurden jährlich etwa 30 000 t PBSM auf die landwirtschaftlich genutzte Fläche aufgebracht, durchschnittlich 2,5 kg/ha · a, vorrangig zur Unkrautbekämpfung, aber gebietsweise auch Wachstumsregler (z. B. Chlormequat). Entgegen früheren Ansichten weiß man heute, dass viele Wirkstoffe der PBSM und ihre Metaboliten (Abbauprodukte) aufgrund ihrer Persistenz und Mobilität und der hohen Aufbringmengen leicht in das Grundwasser gelangen (**Tab. 4-21**), besonders bei Karst- und Kluftgrundwasserleitern.

Dabei ist bisher erst etwa die Hälfte der Wirkstoffe in dem interessierenden niedrigen Konzentrationsbereich (< 1 µg/l) analytisch sicher erfassbar; bei den Metaboliten ist die Situation noch ungünstiger. Gut nachweisbar ist Atrazin; bei 1988 in Bayern untersuchten 600 Wasserversorgungsunternehmen wurden in über 50 % der Anlagen Belastungen mit Atrazin und in über 25 % Grenzwertüberschreitungen festgestellt. Im Jahre 1993 wurden in 36 % der 2 500 untersuchten Anlagen PBSM nachgewiesen und in 9 % Grenzwertüberschreitungen festgestellt, 1998 waren es nur noch 4 %.

Insbesondere Dichlorbenzanid bereitet in Bayern und Baden-Württemberg weiterhin Probleme mit gemessenen Konzentrationen im Grundwasser und teils auch in Wasserversorgungsanlagen mit Konzentrationen über dem zulässigen Grenzwert (ZfK 7 und 10/2004).

Tab. 4-21: Gemessene Pflanzenbehandlungs- und Schädlingsbekämpfungsmittel-Konzentration im Grundwasser (nach Schmitz – BGW 1987)

Wirkstoff	Konz.bereich (µg/l) min max
Atrazin	0,01–17,5
Bentazon	0,10–1,00
1,3-Dichlorpropen	0,20–8 620
Isoproturon	1,00
Lindan	0,01–0,08
Mecoprop	0,03–1 000
Methabenzhiazuron	0,05–0,33
Propazin	0,02–0,24
Simazin	0,01–1,00
Terbuthylazin	0,01–1,00

Die neue TrinkwV [21] gibt als Grenzwerte für Pflanzenschutzmittel und Biozidprodukte für die einzelne Substanz 0,0001 mg/l (= 0,1 µg/l) und für die Summe 0,0005 mg/l (= 0,5 µg/l) vor. Für die Einzelsubstanzen Aldrin, Dieldrin, Heptachlor und Heptachlorepoxid gilt der Grenzwert 0,00003 mg/l (= 0,03 mg/l).
Die verschiedenen Wirkstoffe der PBSM sind hinsichtlich ihrer Toxizität für den Menschen außerordentlich unterschiedlich einzuschätzen. Die vorgegebenen Grenzwerte sind deshalb in vielen Fällen nicht gesundheitlich begründet, sondern haben die Zielstellung, die Gewässer von solchen Stoffen freizuhalten. Einige besonders toxische Wirkstoffe, z. B. DDT, sind seit vielen Jahren in der Anwendung verboten, für weitere Stoffe, darunter Atrazin, ist die Zulassung Ende 1990 ausgelaufen. Es muss aber noch für einige Zeit mit den bereits vorhandenen Belastungen gerechnet werden, da der Abbau nur langsam vonstatten geht und z. B. Hauptmetaboliten des Atrazins wie Desethylatrazin weiterhin in hohen Konzentrationen nachgewiesen werden.
Eine Lösung des PBSM-Problems ist nur über verbesserten Gewässerschutz erreichbar (siehe Abschn. 4.1.8). Eine Entfernung dieser Stoffe mittels Wasseraufbereitung ist nur teilweise durch kostenaufwendige Verfahren wie Adsorption an Aktivkohle (Norman, Haberer, Oehmich in Vom Wasser, 69. Bd.) und evtl. Membranverfahren und Oxidationsverfahren möglich.

4.1.5.3.15 Kupfer (Cu)

Das Metall Kupfer gehört für den Menschen zu den lebensnotwendigen Spurenelementen. Gehalte ab 3 bis 5 mg/l können sich aber im Trinkwasser geschmacklich bemerkbar machen (metallischer Geschmack).
Bei Säuglingen sind Fälle von Leberzirrhose z. T. mit Todesfolge aufgetreten durch Kupferintoxikation bei saurem Wasser (pH-Wert, 6,5) aus hauseigenen Brunnen und Kupferinstallationen. Die neue TrinkwV [21] gibt erstmals einen Grenzwert von 2 mg/l vor, der für die Zapfstelle gilt.
Der Kupfergehalt in natürlichem Rohwasser und in dem von den Wasserwerken abgegebenen Trinkwasser ist fast immer sehr niedrig (unter 0,05 mg/l nach [4]-Nr. 48).
Eine wesentliche Erhöhung der Kupferkonzentration (bis 10 mg/l) kann durch Hausinstallationen aus Kupfer eintreten, wenn für die entsprechende Wasserbeschaffenheit – insbesondere pH-Wert – der Werkstoff Kupfer nicht geeignet ist.
Bei älteren Kupferleitungen sind die Kupfergehalte deutlich niedriger als bei neuen. O. g. seltene Krankheitsfälle sind nur bei hauseigenen Brunnen aufgetreten, wobei weitere Faktoren, z. B. gestörter Metallmetabolismus, gegeben waren. Hausinstallationen aus Kupfer sollten bisher gemäß DIN 50 930-5 nur erfolgen, wenn der Gehalt an gelöstem Kohlenstoffdioxid (Basekapazität $K_{B8,2}$) im Trinkwasser ≤ 44 mg/l (≤ 1 mmol/l) ist. Die neue DIN 50 930-6 fordert jetzt pH $\geq 7,4$ bzw. pH zwischen 7,0 und 7,4 und TOC (gesamter organ. Kohlenstoff) $\leq 1,5$ g/m^3 (siehe auch **Tab. 4-39**).
In Oberflächenwasser kann Kupfer durch Abwässer der kupferverarbeitenden Industrie kommen, auch die Anwendung von Kupferverbindungen zur Algenbekämpfung kann den Kupfergehalt lokal erhöhen. Kupfer ist ein Fischgift.

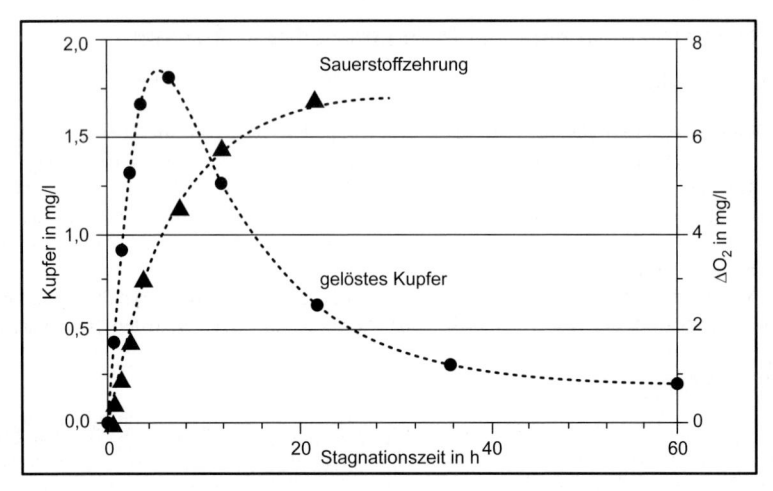

Abb. 4-3: Kupferkonzentration und Sauerstoffverbrauch in einer Hausinstallation aus Kupfer in Abhängigkeit von der Stagnationszeit (nach DVGW/T. Merkel 2001)

4.1.5.3.16 Selen (Se)

Das Halbmetall gehört zu den selteneren Elementen der Erdkruste. Es kommt häufig gemeinsam mit Schwefel vor und ist wie dieser in seinen Verbindungen zwei-, vier- und sechswertig, wobei nur vier- und sechswertige in Wässern zu finden sind ([4]–Nr. 62, Jekel). Als Spurenelement soll es eine tumorhemmende Wirkung haben. Der tägliche Selenbedarf des Menschen wird mit 0,05 bis 0,2 mg angegeben. Selenmangel wird mit mehreren Krankheiten in Verbindung gebracht [14], Deutschland z. T. als Selenmangelgebiet angesehen. Toxische Wirkungen können eintreten, wenn die Nahrung erhöhte Selengehalte hat (über 1 mg/kg). Die vermutete cancerogene Wirkung hat sich nicht bestätigt.
Bisher in deutschen Oberflächenwässern gemessene Konzentrationen [DVGW 48] liegen in allen Fällen unter dem Grenzwert der TrinkwV von 0,01 mg/l. Belastungen könnten durch staubförmige Emissionen von Kohlekraftwerken und über Abwässer der Elektroindustrie entstehen.
Aus den USA sind geogen bedingte Konzentrationen in Quellwässern bis zu 10 mg/l bekannt [Quentin]. Nach [DVGW 62 – Jekel] ist die Reduzierung bei der Wasseraufbereitung möglich durch Anionenaustausch (bei Se VI) sowie Umkehrosmose und evtl. Elektrodialyse (Se IV, Se VI) und Adsorption an Aktivtonerde (Se IV).

4.1.5.3.17 Bor (B)

Bor tritt in der Natur nicht elementar, sondern nur als Oxid auf. Bor wurde mit dem Grenzwert 1 mg/l (gemäß EG-Richtlinie) neu in die TrinkwV aufgenommen, was eigentlich nur mit Zielvorstellungen im Gewässerschutz erklärbar ist. Borkonzentrationen liegen im Trinkwasser (geogen bedingt) im unteren Mikrogrammbereich [Neue Deliwa-Zeitschrift 10/90 – Schmitz], im Oberflächenwasser unter 1 mg/l (Ausnahme Emscher) [DVGW 48], im Meerwasser i. M. 4,6 mg/l.
Beobachtete Zunahmen der Borkonzentration in Gewässern sind teilweise auf dessen steigende industrielle Verwendung und vor allem auf perborathaltige Waschmittel zurückzuführen. Zweckmäßig wäre hier eine Reduzierung/Substitution des Perborateinsatzes in den Waschmitteln bzw. eine Vermeidung seiner Ableitung in die Vorfluter über die Abläufe der Kläranlagen.
Bisher gefundene Konzentrationen wurden toxikologisch als unerheblich bewertet, höhere Aufnahmen führen aber zu Vergiftungen.
Übliche Wasseraufbereitungsverfahren eliminieren Bor nur sehr gering, Destillation, Umkehrosmose und Ionenaustausch werden als mögliche (teure) Verfahren angesehen [DVGW 48].

4.1.5.4 Indikatorparameter und Parameter ohne Grenzwerte

4.1.5.4.1 Allgemein

Die neue TrinkwV [21] enthält in Übereinstimmung mit der EU-Richtlinie [18] Indikatorpammeter, bei denen eine Nichteinhaltung der vorgegebenen Grenzwerte (siehe **Tab. 4-15**) nicht strafbewehrt ist, da damit direkt kein oder nur ein geringes gesundheitliches Risiko für den Verbraucher verbunden ist. Sie zeigen aber indirekt eingetretene Veränderungen der Wasserqualität an, die auf eine Belastung des Rohwassers, auf Versäumnisse bei der Aufbereitung oder auf eine Lösung von Materialien aus dem Leitungsnetz hinweisen können.

Darüber hinaus sind nachstehend sonstige Parameter erläutert, die zur Wasseranalyse gehören, die den Verbraucher über bestimmte Wassereigenschaften informieren bzw. derzeit in den Medien aktuell sind.

4.1.5.4.2 Färbung

Reines Wasser ist farblos. Die natürliche blaue Eigenfärbung des Wassers wird erst bei großer Sichttiefe erreicht. Gelbes oder bräunlich gefärbtes Wasser hat meist organische Bestandteile, Huminsäure. Ausscheidungen von Eisen und Mangan führen in Rohrleitungen zu starker roter bzw. schwarzbrauner Färbung besonders bei Rohrnetzspülungen.

Gefärbtes Wasser erweckt den Verdacht auf Verunreinigung durch Oberflächenwasser, z. B. nach starken Niederschlägen oder Hochwasser. Durch mikrobiologische, chemische und hydrogeologische Untersuchungen ist zu prüfen, ob die Ursache der Färbung geologisch bedingt und damit in gesundheitlicher Hinsicht harmlos ist.

Die Färbung kann qualitativ visuell bestimmt werden, indem ein mit Wasser gefülltes Klarglasgefäß gegen einen weißen Hintergrund betrachtet wird und die Angaben farblos – schwach – stark verwendet werden, z. B. schwach gelblichbraun.

Eine Messung kann mit handelsüblichen Spektral- oder Filterphotometern erfolgen. Dabei wird der spektrale Absorptionskoeffizient in m^{-1} gemessen, wobei die Wellenlänge des eingestrahlten Lichts, z. B. Hg 436 nm, anzugeben ist. Letzteres Verfahren fordert die TrinkwV, der Grenzwert ist 0,5 m^{-1}.

Früher ebenfalls übliche Verfahren, wie Platinfarbgrad und Farbnormenatlas, sind durch die Photometer verdrängt worden.

4.1.5.4.3 Trübung

Reines Wasser ist klar. Die Durchsichtigkeit beträgt im reinen subtropischen Meer bis über 50 m, in reinen Gebirgsseen bis 25 m, in trüben Flachlandseen nur wenige Dezimeter.

Trübungen entstehen durch ungelöste feindisperse Stoffe, wie feinen Sand, Ton, Schluff, Eisen, Mangan, organische Stoffe und Abfallstoffe. Auch Zinkablösungen in verzinkten Eisenrohren der Hausinstallation können zu milchig-weißen Trübungen führen. Die relativ häufig auftretende milchige, nach dem Stehen des Wassers schnell verschwindende Trübung ist dagegen durch Übersättigung mit Luft verursacht, z. B. bei Druckbehälteranlagen und mangelhafter Entlüftung und ist hygienisch unbedenklich.

Plötzlich auftretende Trübungen bei Grund- und Quellwasser sind ein Hinweis für das Eindringen von Niederschlagswasser, das ungenügend durch Bodenfiltration gereinigt ist.

Trübstoffe sollen durch Aufbereitung entfernt werden, da auch an sich unbedenkliche Trübstoffe wie Tonteilchen Keime und Viren adsorbieren bzw. umhüllen und so die Sicherheit der Desinfektion herabsetzen bzw. eine erhöhte Zugabe an Desinfektionsmittel erforderlich machen und so die Bildung unerwünschter Desinfektionsnebenprodukte (Trihalomethane, Bromat, Nitrit) verstärken. In der Liste der Aufbereitungsstoffe und Desinfektionsverfahren [23] wird ausgesagt, dass bei Oberflächenwasser oder von diesem beeinflussten Wasser auf eine weitestgehende Partikelabtrennung vor der Desinfektion zu achten und damit eine Trübung unter 0,1–0,2 FNU anzustreben ist.

```
10⁻¹⁰   10⁻⁹   10⁻⁸   10⁻⁷   10⁻⁶   10⁻⁵   10⁻⁴   10⁻³   10⁻²   10⁻¹   1
0,000µ  0,00µ  0,01µ  0,1µ    µ     10 µ   100µ   1mm    1cm           1m
```

echte Lösung | kolloidale Lösung | kolloidale Suspension | absetzbare Feststoffe

Ton | Schluff | Sand (fein|mitt|grob) | Kies

kolloidaler Bereich | Trübungsbereich

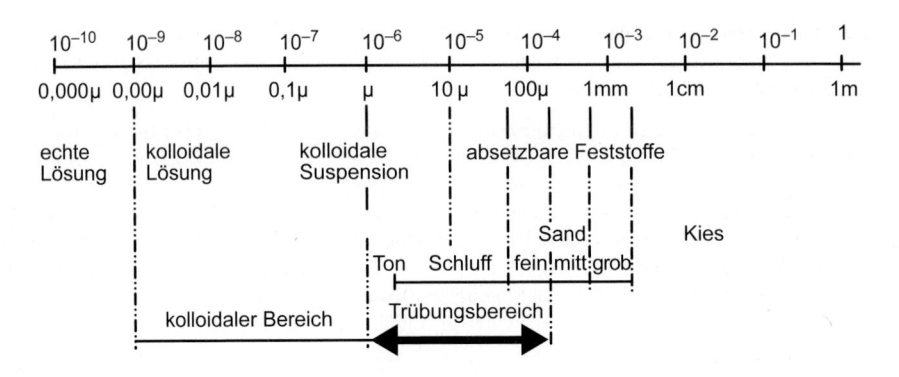

Abb. 4-4: Größenordnung verschiedener Wasserinhaltsstoffe und Trübungsbereich

Eine Messung der Trübung erfolgt mittels optischer Geräte entweder als
- Messung der Schwächung des durchgehenden Lichtes (Durchlicht- oder Absorptionsmessung, angewandt bei starken Trübungen)

oder als
- Messung des Streulichtes (Streulicht- oder nephelometrische Messung, angewandt bei geringen Trübungen).

Die TrinkwV fordert letzteres Verfahren. Die Messwerte der Streulichtmessung sind auch abhängig vom angewandten Messwinkel, der Wellenlänge des eingestrahlten Lichtes u. a., fallen also für verschiedene Gerätetypen unterschiedlich aus. Die DIN EN 27027 legt den Messwinkel auf 90° und die Wellenlänge auf 860 nm fest; die Ergebnisangabe erfolgt in FNU (Formazin Nephelometric Units) bzw. NTU (Nephelometric Turbidity Units). Der Grenzwert ist 1,0 NTU ($\triangleq$ 1,0 FNU); er gilt am Wasserwerksausgang.

Der Parameter Trübung wird, da er sich leicht kontinuierlich in Betriebsmessgeräten messen lässt, als Überwachungs- und Regelgröße bei der Wasseraufbereitung, z. B. Filtration, vorgesehen.

4.1.5.4.4 Geruch

Trinkwasser soll geruchlos sein. Ursachen unangenehmer Geruchs- und Geschmacksstoffe sind vor allem Abbaustoffe organischer Substanzen, lebende und tote Algen, Pilze, Eisen-, Mangan- und metallische Korrosionsprodukte, Industrieabwässer mit vorwiegend Phenolverbindungen, Chlor und Chlorverbindungen. Organische Bestandteile verursachen nach längerer Einwirkung fauligen, modrigen Geruch. Phenolhaltiges Wasser enthält insbesondere bei längerer Einwirkung fauligen, modrigen Geruch und verursacht bei Chlorzusatz stark widerlichen Geruch. Ein Gehalt an Schwefelwasserstoff erzeugt einen unangenehmen, aufdringlichen Geruch nach faulen Eiern.

Die qualitative Bestimmung erfolgt nach dem Schütteln einer halbgefüllten Flasche und die Ergebnisangabe nach:

a) *Intensität*	b) *Art*		c) *chemisch*	
z. B.			nach:	
ohne	erdig	fischig	Schwefelwasserstoff	Ammoniak
	torfig	fäkalartig	Kohlensäure	Phenol
schwach	muffig	chemisch	Chlor	Chlorphenol
	modrig	aromatisch	Mineralöl	Teer
stark	jauchig		Benzin	

4.1 Wasserbeschaffenheit

Die quantitative Bestimmung, wie sie die TrinkwV vorsieht, erfolgt über den Geruchsschwellenwert. Hier wird das Probewasser (a) mit geruchsfreiem Wasser (b) stufenweise soweit verdünnt, dass der Geruch gerade noch wahrnehmbar ist.

$$\text{Geruchsschwellenwert GSW} = \frac{a+b}{a}$$

Die Empfindlichkeit des menschlichen Geruchssinns macht es möglich, Stoffkonzentrationen wahrzunehmen, die sonst nur mittels Anreicherung bestimmbar wären. Da die Wahrnehmung individuell aber sehr verschieden ist, Raucher haben eine geringere Empfindung als Nichtraucher, sollte eine Untersuchung immer von mehreren Personen durchgeführt werden.

4.1.5.4.5 Temperatur

Die Temperatur des für Trinkwasserzwecke verwendeten Wassers soll möglichst gleichbleibend sein. Gemäß DIN 2000 muss Trinkwasser kühl sein. Wasser mit niedrigerer Temperatur als 5 °C ist gesundheitsschädlich (Magen, Darm, Niere), Wasser mit höherer Temperatur als 15 °C schmeckt fade und bringt keine Abkühlung, es hat geringeres Gaslösungsvermögen, daher bei Temperaturzunahme Gasausscheidungen und fördert die Wiederverkeimung.

1.) *Quellen und Grundwasser* – Die mittleren Jahrestemperaturen von Quellwässern für den 48. Breitengrad in Mitteleuropa (nach Mezger) sind in **Tab. 4-22** angegeben.

Tab. 4-22: Mittlere Jahrestemperaturen von Quellwässern

Meereshöhe	Mittlere Jahres-Bodentemperatur im		Mittlere Jahrestemperatur	
	freien Feld	dichten Wald	Quelle	Luft
m	°C	°C	°C	°C
0	12,0	11,3	12,7	11,5
100	11,3	10,3	11,4	10,6
200	10,7	9,5	10,4	9,8
300	10,1	8,9	9,6	9,1
400	9,5	8,3	8,9	8,4
500	9,0	7,8	8,4	7,8
600	8,5	7,3	7,9	7,2
700	8,1	6,9	7,5	6,7
800	7,7	6,5	7,1	6,2
900	7,3	6,1	6,8	5,7
1 000	6,8	5,6	6,6	5,1
1 500	4,7	3,5	4,5	2,6
2 000	2,6	1,4	2,6	0,0

Die Temperatur des Grundwassers, das im allgemeinen für Trinkwasser verwendet wird, entspricht bei genügend langer Aufenthaltsdauer im Boden etwa den Quelltemperaturen und bleibt ziemlich konstant. Die Temperatur des GW nimmt mit der Tiefe zu, und zwar unterschiedlich je nach geologischem Aufbau des Untergrunds, i. a. etwa 3 °C je 100 m Tiefe. Wenn keine Unterlagen aus benachbarten Brunnen vorliegen, kann die GWtemperatur t_x in der Tiefe T_x geschätzt werden zu:

$t_x = t_m + 1° + 0,003\, T_x$

t_m = mittlere Jahrestemperatur der Luft, T_x = GWSp unter Gelände

Beispiel: T in 200 m Tiefe: $t_{200} = 10° + 1° + 0,03° \cdot 200 = 17\,°C$

Wenn die Aufenthaltsdauer des Grundwassers im Boden zu kurz ist, treten größere Temperaturschwankungen auf. Es ergeben sich dann höhere Temperaturen im Sommer-Herbst und niedrigere im

Winter-Frühjahr. Je nach Länge der Aufenthaltsdauer des Wassers im Boden tritt eine mehr oder weniger große zeitliche Verschiebung und Minderung der Temperaturhöchstwerte ein. Bei Wassergewinnungsanlagen in der Nähe von Flüssen, bei welchen zeitweise oder dauernd uferfiltriertes Flusswasser gewonnen wird, sind laufende Temperaturmessungen jedes einzelnen Brunnens erforderlich. Für die Brunnenreihe des Schweinfurter Wasserwerks mit einem Abstand von 100–150 m vom Mainufer wurden Temperaturgrenzwerte nach **Tab. 4-23** gemessen:

Tab. 4-23: Grundwassertemperaturen im Wasserwerk Schweinfurt

	westliche Fassung	mittlere Fassung	östliche Fassung
Höchsttemp.	13–16,5 °C	18,5–20 °C	17–18,5 °C
Zeitraum	letztes Oktoberdrittel	Mitte August bis Mitte September	Mitte August bis Ende September
Niedrigsttemp.	6 °C	2–3 °C	3–4 °C
Zeitraum	letztes Aprildrittel	März	März

Stärkere Temperaturschwankungen eines Grund- oder Quellwassers weisen darauf hin, dass Oberflächenwasser rasch zufließt, z. B. infolge starker Niederschläge, Hochwasser, Überschwemmungen, Schneeschmelze, zu kurzer Filtrationsstrecke bei Uferfiltration.

2.) Stehende Gewässer, Seen, Trinkwassertalsperren – Der Wasserverbrauch zwingt dazu, in stärkerem Umfang auch Oberflächenwasser für Wasserversorgungsanlagen zu verwenden. Während aber das Wasser hinsichtlich seiner chemischen und bakteriologischen Beschaffenheit aufbereitet werden kann, muss die Temperatur hingenommen werden, wie sie die Natur bietet. Um auch hier brauchbare Wassertemperaturen zu erhalten, müssen verschiedene Gesichtspunkte beachtet werden.

Das Wasser hat in stehenden Gewässern in den verschiedenen Tiefen große Temperaturunterschiede. In größerer Tiefe ist die Wassertemperatur im Sommer zwischen 5–8 °C, in sehr großer Tiefe während des ganzen Jahres etwa 4 °C. Infolge seiner physikalischen Eigenschaften tritt bei Temperaturen über 4 °C eine dauernde Umschichtung des Wassers bei Abkühlung ein. Unter einer mehrere m mächtigen oberen Wasserschicht mit annähernd gleicher, aber zeitlich wechselnder Temperatur folgt eine wenige m mächtige Schicht, in der die Wassertemperatur um mehrere Grade absinkt, die Sprungschicht (**Abb. 4-5**). Allerdings kann in Seen mit nicht zu großer Tiefe bei lang anhaltenden starken Stürmen eine vorübergehende Aufhebung der Sprungschicht erfolgen. Für Seewasserentnahmen müssen die Temperaturlinien, Wassertemperatur in Abhängigkeit von Tiefe für verschiedene Jahreszeiten, ermittelt werden.

Bei höherer Temperatur sinkt die Gaslöslichkeit und damit der Sauerstoffgehalt, dagegen ist der Sauerstoffbedarf der Fische größer. Höhere Temperatur erhöht im allgemeinen die Giftigkeit im Oberflächengewässer, sie begünstigt das Algenwachstum.

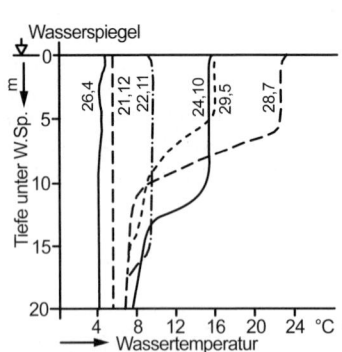

Abb. 4-5: Wassertemperaturen im Wörther See in verschiedener Tiefe (nach Schocklitsch)

3.) Fließende Gewässer – haben im Allgemeinen wegen der gründlichen Durchmischung fast im ganzen Querschnitt die gleiche Temperatur, die sich im Laufe eines Tages nur wenig mehr als um 1 °C verändert. Die mittlere Flusswassertemperatur stellt sich etwa um 11 Uhr ein. Bei Quellzuflüssen liegt die Flusswassertemperatur im Winter über, im Sommer unter der Lufttemperatur. Flachlandflüsse erwärmen sich meist so hoch, dass die Temperatur während des ganzen Jahres über jener der Luft liegt (**Abb. 4-6**).
Wenn die Temperaturen des Oberflächenwassers nicht den Anforderungen einer zentralen Wasserversorgungsanlage entsprechen, ist künstliche Grundwasseranreicherung anzustreben, um nach Möglichkeit einen Temperaturausgleich zu erhalten.
Bei der Temperaturmessung (Quecksilberthermometer, Skalenwerte in 0,1 °C) ist der Wert erst abzulesen, wenn sich die Messwertanzeige nicht mehr ändert.

Algenwachstum: günstige Temperatur	15–25 °C
grüne Algen	25–30 °C
blaue Algen	30–40 °C

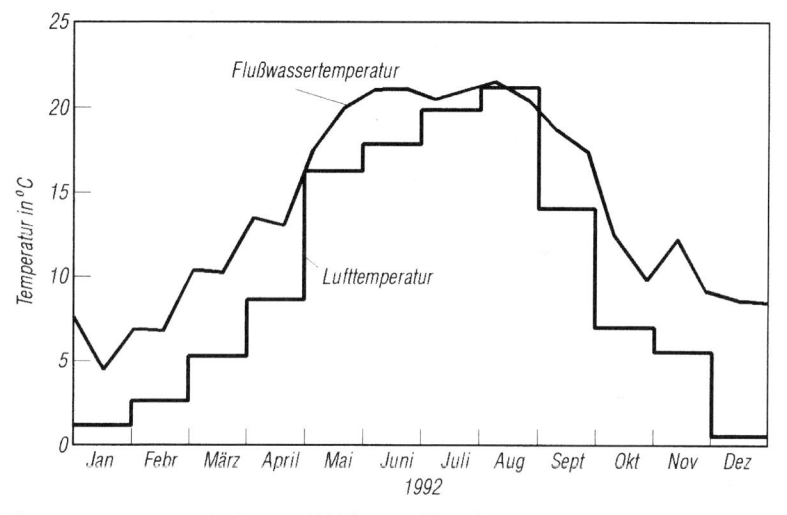

Abb. 4-6: Flusswassertemperatur der Regnitz 1992 bei Forchheim/Bayern

4.1.5.4.6 pH-Wert, Calcitlösekapazität

Der pH-Wert ist definiert als: Negativer dekadischer Logarithmus des Zahlenwertes der Aktivität des Hydroniumions in mol/l; pH = –lg [a(H$^+$)]. Die Aktivität der Wasserstoffionen ist aufgrund von Ionenwechselwirkungen etwas geringer als deren Konzentration. Im Sprachgebrauch wird häufig vereinfacht zu: „Negativer dekadischer Logarithmus der Wasserstoffionenkonzentration" oder noch kürzer: „Maß für die Wasserstoffionenkonzentration". Die Angabe des negativen Logarithmus statt der Wasserstoffionenkonzentration selbst erfolgt aus Gründen der einfacheren Handhabung, da sich die Konzentration im natürlichen Wasser um Größenordnungen ändern kann, z. B. beim Eintrag der Säurebildner des sauren Regens.
Die Konzentration der H$^+$- (bzw. OH$^-$)Ionen hat einen entscheidenden Einfluss auf alle chemischen und biologischen Vorgänge im Wasser. Seine Kontrolle und evtl. Einstellung ist besonders wichtig bei der Wasseraufbereitung, z. B. Flockung und Desinfektion mittels Chlor, und in korrosionschemischer Hinsicht.
pH-Werte unter 7 werden gemeinhin als sauer und die über 7 als alkalisch bezeichnet. Das ist aber nur bedingt richtig, denn der Neutralpunkt ist temperaturabhängig und liegt nur für reines Wasser von 24 °C bei 7, bei 10 °C dagegen bei 7,27.

Tab. 4-24: pH-Wert des Neutralpunktes für reines Wasser in Abhängigkeit von der Temperatur

Temperatur °C	0	10	20	30	40	50
pH-Wert f. Neutralpunkt	7,47	7,27	7,08	6,92	6,77	6,63

Die in den zur Trinkwasserversorgung verwendeten Wässern auftretenden Konzentrationen an Wasserstoff- bzw. Hydroxylionen sind direkt für den menschlichen Organismus unbedenklich. Indirekt können aber Gefährdungen dadurch entstehen, dass bei niedrigen pH-Werten Lösung von Schwermetall-Ionen auftreten und bei faserzementhaltigen Werkstoffen Asbest in das Wasser übergehen kann. Hinzu kommen technische Probleme bei der Wassergewinnung, -aufbereitung, -speicherung, -verteilung und -verwendung von Wasser zu niedrigen bzw. zu hohen pH-Wertes, wie Aggressivität gegenüber Kalk und Metall bzw. auftretender Kalkausfall (siehe auch „Kohlensäure").
Die TrinkwV [21] legt deshalb den für Trinkwasser zulässigen pH-Bereich von 6,5 bis 9,5 fest, wobei zusätzlich die Forderungen gelten:

– Das Wasser sollte nicht korrosiv wirken.
– Die Calcitlösekapazität am Ausgang des Wasserwerkes darf 5 mg/l nicht überschreiten; diese Forderung gilt als erfüllt, wenn der pH-Wert ≥ 7,7 ist.
– Bei der Mischung von Wasser darf die Calcitlösekapazität 10 mg/l im Verteilungsnetz nicht überschreiten.

Ein Wasser befindet sich im Zustand der Calciumcarbonatsättigung, wenn es bei Kontakt mit Calcit, der am häufigsten auftretenden Kristallform des Calciumcarbonats, weder zur Auflösung noch zur Abscheidung von $CaCO_3$ neigt.
Jedes Wasser hat seinen eigenen pH-Wert der Calcitsättigung. Wird dieser Wert unterschritten, wirkt es calcitlösend. Bei einer Überschreitung des pH-Wertes liegt eine Übersättigung an Calciumcarbonat vor, es ist also calcitabscheidend.

Tab. 4-25: Übersicht zu den Verfahren der DIN 38 404, Teil 10 zur Bestimmung der Calcitsättigung eines Wassers

Nr. Verfahren nach	Erforderliche Werte für die Ermittlung	Beurteilung der Ergbnisse des Verfahrens
1. Bestimmung nach DIN 38 404-C10-1	Calciumkonzentration Säurekapazität $K_{S4,3}$ elektrische Leitfähigkeit Wassertemperatur	Näherungsverfahren. Ergibt pH-Wert, bei dessen Unterschreitung unbedingt Kalklösung eintritt. Der tatsächliche Sättigungs-pH-Wert kann bis 0,2 höher liegen
2. Berechnung nach DIN 38 404-C10-2	wie bei 1. zzgl. pH-Wert Basekapazität $K_{B8,2}$ gelöstes Gesamtphosphat Sulfatkonzentration	Näherungsverfahren. Ergibt Sättigungs-pH-Wert mit einer maximalen Abweichung von 0,1
3. Berechnung nach DIN 38 404-C10-3	wie bei 1. zzgl. pH-Wert und Stoffmengen- oder Massenkonzentration von Ca, Mg, SO_4, NO_3, Cl, Na, K und PO_4, evtl. $K_{B8,2}$	Erweitertes Verfahren, iterativ. Beachtet Komplexierungen. Ergibt genauen Sättigungs-pH-Wert
4. Versuch nach DIN 38 404-C10-4 (Marmorlöseversuch)	Geräte und Chemikalien gemäß DIN	Störungen durch Inhibitoren bleiben unberücksichtigt. Gemäß DIN ist zusätzlich die Berechnung durchzuführen. Die Differenz weist auf Inhibitoren wie Phosphate oder Huminstoffe hin.
5. Schnelltest nach DIN 38 404-C10-5	Geräte und Chemikalien (gefälltes $CaCO_3$ zur Silicatanalyse) gemäß DIN (Untersuchungsgefäß siehe Abb. 4.7)	Zur Betriebskontrolle von Entsäuerungsanlagen. Nur qualitative Aussage, ob das Wasser kalklösend (bei im Test angestiegenem pH-Wert), kalkabscheidend (bei gefallenem pH) bzw. im Zustand der Sättigung ist (pH-Änderung unter 0,1)

4.1 Wasserbeschaffenheit

Der pH-Wert der Calcitsättigung ist keinesfalls identisch mit dem o. g. „Neutralpunkt" reinen Wassers. Er ist wie dieser wesentlich von der Temperatur beeinflusst, hängt aber zusätzlich stark ab von der Calciumkonzentration, der Säurekapazität und der Chlorid- und Sulfatkonzentration des jeweiligen Wassers. Für sehr genaue Betrachtungen müssen weitere Werte, z. B. für Magnesium, Phosphat, Nitrat und Komplexierungen eingehen.

Zur Ermittlung des pH-Wertes der Calciumcarbonatsättigung bietet die DIN 38 404 Teil 10 Berechnungsverfahren an (siehe **Tab. 4-25**). Zwei angegebene Verfahren beinhalten die experimentelle Bestimmung des pH-Wertes nach Calcitsättigung (Marmorlöseversuch) bzw. einen Schnelltest, mit dessen Hilfe qualitativ festgestellt werden kann, ob ein Wasser calcitlösend oder -abscheidend ist. Die Berechnung ergibt zuverlässigere Werte als die experimentelle Bestimmung.

Das Verfahren DIN 38 404 – C 10 – 1 als einfachste Methode zur Bestimmung desjenigen pH-Wertes, bei dessen Unterschreitung das Wasser auf jeden Fall calcitlösend ist, ist in **Tab. 4-26a** angegeben. Da bei diesem Berechnungsverfahren die Calciumkonzentration und die Säurekapazität $K_{s4,3}$ für das jeweilige Wasser konstant bleiben, ist es nur anwendbar, wenn der Sättigungs-pH-Wert nur durch Austausch von CO_2 eingestellt wird („Gasaustausch" Abschn. 4.2.2.3) und nicht durch chemische Entsäuerung, bei der sich die Werte o. g. Parameter verändern (siehe „Entsäuerung" Abschn. 4.2.5.2). Zwischenwerte sind zu interpolieren. Die Umrechnung für von 10 °C abweichende Wässer mit der Temperatur t erfolgt nach der Formel $pH_A = pH_{A10} + a$, wobei $a = 0{,}015\,(t_{10} - t)$ ist.

Tab. 4-26a: Tiefstmöglicher pH-Wert der $CaCO_3$-Sättigung (nach DIN-Verfahren 38 404-C10-1) für Wasser bei 10 °C: **pH_A**

Ca in mg/l	Ca in mmol/l	Obere Zeile: **Sättigungs-pH-Wert** (bei 10 °C) Untere Zeile: Leitfähigkeit in µS/cm (bei 10 °C)													
		Säurekapazität bis pH 4,3 (≙ m-Wert) in mmol/l													
		0,25	0,5	0,75	1	1,25	1,5	2	2,5	3	3,5	4	5	6	7	8
10	0,25	9,65	9,18	8,98	8,84											
		54	59	75	91											
20	0,5	9,28	8,88	8,69	8,54	8,44	8,36	8,24								
		112	106	104	119	135	150	181								
40	1,0	9,00	8,61	8,41	8,27	8,17	8,08	7,96	7,87	7,80						
		222	216	210	204	198	204	234	264	294						
50	1,25	8,92	8,53	8,32	8,19	8,08	8,00	7,88	7,78	7,71	7,65	7,60				
		276	270	264	258	252	246	260	290	319	349	379				
60	1,5	8,85	8,46	8,26	8,12	8,02	7,93	7,81	7,71	7,64	7,58	7,52	7,44			
		330	323	317	311	305	299	286	315	345	374	403	461			
80	2,0	8,74	8,36	8,16	8,02	7,92	7,83	7,70	7,61	7,53	7,47	7,41	7,33	7,26	7,20	
		423	428	422	416	409	403	390	378	394	423	451	509	566	624	
100	2,5	8,67	8,28	8,08	7,94	7,84	7,76	7,63	7,53	7,45	7,38	7,33	7,24	7,17	7,11	7,06
		538	531	525	518	512	505	492	480	467	470	499	556	612	669	725
120	3			8,02	7,88	7,78	7,70	7,57	7,47	7,39	7,32	7,26	7,17	7,10	7,04	7,00
				626	619	613	606	593	580	567	554	545	601	657	713	769
160	4				7,79	7,69	7,60	7,47	7,37	7,29	7,23	7,17	7,07	7,00	6,94	6,89
					818	811	805	791	778	765	751	738	711	745	801	856
200	5					7,53	7,40	7,30	7,22	7,16	7,10	7,00	6,92	6,86	6,81	
						999	986	972	958	945	931	904	877	885	940	
280	7							7,20	7,12	7,05	7,00	6,90	6,82	6,75	6,70	
								1351	1337	1323	1308	1280	1252	1224	1196	

Diese Tabelle ist nicht anwendbar für Wässer mit sehr hohem Salzgehalt. Dies ist der Fall, wenn die elektrische Leitfähigkeit des Wassers (bei 10 °C) den in der Tabelle (jeweils zweite Zeile) angegebenen Wert der elektrischen Leitfähigkeit des Modellwassers um mehr als das 1,5 fache übersteigt. Weitere, meist erfüllte Voraussetzungen sind aus o. g. DIN zu entnehmen.

Im Zusammenhang mit dem pH-Wert und der Beurteilung eines Wassers bzgl. Kalklösetendenz sind folgende Begriffe üblich:

Sättigungs-pH-Wert: pH-Wert, bei dem ein Wasser mit Calcit gesättigt ist. Er ist abhängig von der Art der pH-Einstellung und liegt z. B. bei Entsäuerung durch Belüftung höher als bei Filtration über Kalkstein. Je nach Ermittlung des Sättigungs-pH-Wertes unterscheidet man:

Sättigungs-pH-Wert nach erfolgter Sättigung mittels Calcit (pH_C)
Dieser kann über den (Marmorlöse-)Versuch direkt gemessen werden oder über das Verfahren DIN 38 404 – C 10 – 3 berechnet werden.

Sättigungs-pH-Wert nach Austausch von CO_2 (pH_A)
Dieser ist nach dem Verfahren DIN 38 404 – C 10 – 1 bestimmt worden.

Sättigungs-pH-Wert nach Strohecker und Langelier (pH_L)
Dieser wird nach dem Verfahren DIN 38 404 – C 10 – 2 bestimmt.

Für ein Wasser, das sich im Zustand der Sättigung befindet, ist $pH = pH_C = pH_A = pH_L$.

Sättigungs-Index (SI) ist die Abweichung des im Wasser gemessenen pH-Wertes vom Sättigungs-pH-Wert nach Strohecker und Langelier (pH_L)

$$SI = pH - pH_L$$

Bei negativem SI ist das Wasser calcitlösend, bei positivem SI calcitabscheidend, bei 0 in der Sättigung.

Delta-pH-Wert (ΔpH) ist die Abweichung des im Wasser gemessenen pH-Wertes vom Sättigungs-pH-Wert nach Calcitzugabe (pH_C)

$$\Delta pH = pH - pH_C$$

Bei negativem ΔpH ist das Wasser calcitlösend, bei positivem ΔpH calcitabscheidend, bei 0 in der Sättigung.

Calcitlösekapazität D_C: Menge an Calcit ($CaCO_3$), die ein Wasser zu lösen vermag.
Angaben in g/m^3 bzw. mg/l oder mol/m^3 bzw. mmol/l, wobei 0,1 mmol/l $\cong$ 10 mg/l an $CaCO^3$.
Ist der pH-Wert eines Wassers $\geq$ 7,7 bzw. $\geq$ Sättigungs-pH-Wert (näherungsweise Ermittlung mit **Tab. 4-26a**) so gilt die Anforderung der TrinkwV [21] bzgl. der Calcitsättigung ohne weiteren Nachweis als erfüllt. Andernfalls ist die Calcitlösekapazität zu ermitteln. Die rechnerische Ermittlung von D_C ist aufwendig und erfordert Rechenprogramme. Ein hinreichend genaues manuelles Rechenverfahren geben Johannsen/Nissing an (gwf 9/2001). In Abhängigkeit von dem Calciumgehalt und der Säurekapazität eines Wassers sind aus **Tab. 4-26b** die pH-Werte entnehmbar, bei deren Einhaltung bzw. Überschreitung $D_C \leq 5$ mg/l ist. Die Tabelle ist anwendbar, wenn die Leitfähigkeit des Wassers die in der rechten Spalte angegebenen Werte nicht überschreitet. Die pH-Werte beziehen sich auf die Temperatur von 10 °C; eine Umrechnung für andere Wassertemperaturen ist mit der für **Tab. 4-26a** bereits angegebenen Formel leicht möglich.

4.1 Wasserbeschaffenheit

Tab. 4-26b: pH-Werte, bei denen die Calcitlösekapazität 5 mg/l beträgt

β (Ca) mg/l	c (Ca) mmol/l	Säurekapazität $K_{S4,3}$ in mmol/l														Leitf. mS/m
		0,25	0,5	0,75	1	1,25	1,5	1,75	2	2,5	3	3,5	4	5	6	7	8	
10	0,25	7,40	7,67	7,81	7,89													15
20	0,50	7,23	7,53	7,67	7,75	7,80	7,82	7,83	7,84									25
30	0,75	7,18	7,48	7,62	7,69	7,72	7,74	7,75	7,74	7,73								30
40	1,00	7,15	7,45	7,58	7,64	7,67	7,68	7,68	7,68	7,65	7,62							40
50	1,25	7,13	7,42	7,55	7,61	7,63	7,64	7,63	7,62	7,59	7,56	7,52	7,49					50
60	1,50	7,11	7,41	7,52	7,58	7,60	7,60	7,59	7,58	7,54	7,50	7,46	7,43	7,36				60
80	2,00	7,09	7,34	7,48	7,53	7,54	7,53	7,52	7,50	7,46	7,42	7,38	7,34	7,27	7,21	7,15		80
100	2,50	7,08	7,35	7,45	7,49	7,49	7,48	7,47	7,44	7,40	7,35	7,31	7,26	7,19	7,13	7,08	7,03	95
120	3,00			7,43	7,46	7,46	7,44	7,42	7,40	7,35	7,30	7,25	7,21	7,13	7,07	7,01	6,97	100
160	4,00				7,40	7,39	7,37	7,35	7,32	7,26	7,21	7,16	7,12	7,04	6,97	6,92	6,87	110
200	5,00						7,32	7,29	7,26	7,20	7,14	7,09	7,05	6,97	6,90	6,84	6,79	120
280	7,00									7,10	7,05	6,99	6,94	6,86	6,79	6,74	6,69	160

Einstellung des pH-Wertes: Zur pH-Anhebung kommen die Verfahren der physikalischen und chemischen Entsäuerung bei der Wasseraufbereitung zum Einsatz (siehe Entsäuerung in 4.2.5.2). Dabei gilt es zu beachten:
– die Korrosionsforschung weist aus, daß das Korrosionsverhalten metallischer Werkstoffe u. a. von den Wassereigenschaften pH-Wert, Pufferungsintensität, Neutralsalzgehalt und Gehalt an Korrosionsinhibitoren bestimmt wird, die pH-Anhebung wünschenswert ist, aber die Calcitlösekapazität keinen direkten Bezug zur Korrosion metallischer Werkstoffe hat;
– bei Überschreitung des Sättigungs-pH-Wertes können in den Anlagen der Wasseraufbereitung, -speicherung und -verteilung Störungen durch Kalkausfall eintreten.

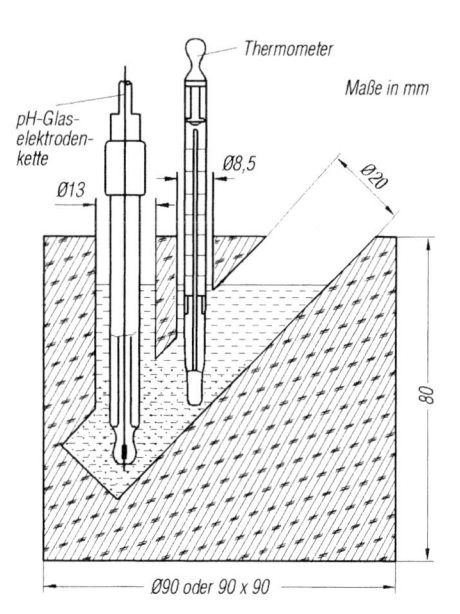

Abb. 4-7: Untersuchungsgefäß zur Bestimmung der Calcitsättigung mittels Schnelltest

4.1.5.4.7 Leitfähigkeit

Die elektrische Leitfähigkeit erfasst als Summenparameter die im Wasser gelösten Ionen, d. h. die gelösten Salze. Die Leitfähigkeit korreliert mit dem Parameter Abdampfrückstand und hat diesen weitgehend verdrängt, da die Leitfähigkeit wesentlich leichter und auch kontinuierlich gemessen werden kann.

Es besteht der Zusammenhang (Grohmann in [2])

$K_{25} = 1{,}43 \cdot TS + 5{,}48$

wobei K_{25} elektr. Leitfähigkeit bei 25 °C in μS/cm
TS Abdampfrückstand (110 °C) in mg/l.

Der Grenzwert der TrinkwV [21] ist 2 500 µS/cm bei 20 °C.
Die Messung der Leitfähigkeit wird bevorzugt zur Kontrolle der Veränderung des Salzgehaltes eines Wassers verwendet, z. B. GW in verschiedenen Tiefen mit zunehmendem Salzgehalt, GW in verschiedenen GWstockwerken, Erkennen von aufsteigendem, versalztem GW bei starker Absenkung im Brunnen, Veränderung der Wasserbeschaffenheit von Oberflächenwasser, Kontrolle der verschiedenen Aufbereitungsstufen.
Die elektrolytische Leitfähigkeit wird ausgedrückt durch den reziproken Wert des elektrischen Widerstandes in Ω (Ohm) eines Wasserwürfels von 1 cm Kantenlänge bei T = 20 °C, somit in $1/\Omega = \Omega^{-1}$ = 1 Siemens, bzw. wegen der Größenordnung in $10^{-6}\,\Omega^{-1}$/cm = μS/cm. Die Wassertemperatur bei der Messung muss beachtet werden, da die Leitfähigkeit temperaturabhängig ist. Bei einer Temperaturerhöhung um 1 °C steigt die Leitfähigkeit um rd. 2 % Gelegentlich wird als Maß mS/m verwendet, es ist: 1 mS/m = 10 μS/cm.

Beispiele der Leitfähigkeit in μS/cm

destilliertes Wasser	0,04
Regenwasser	5–30
Süßes Grundwasser	30–2000
Meerwasser	45 000–55 000

4.1.5.4.8 Oxidierbarkeit

Die Oxidierbarkeit, früher auch mit Kaliumpermanganatverbrauch bezeichnet, ist der älteste Summenparameter zur Charakterisierung der organischen Stoffe im Wasser. Er wird in mg/l O_2 angegeben, wobei ein Verbrauch von 4 mg/l des Oxidationsmittels $KMnO_4$ 1 mg/l O_2 entspricht.
Da die Huminstoffe meist den größten Oxidationsanteil liefern, manche org. Stoffe nur unvollständig oxidiert und auch anorg. Stoffe, wie Eisen und Mangan, mitoxidiert werden (theor. für 1 mg/l Eisen 0,143 mg/l O_2 und für 1 mg/l Mangan 0,228 mg/l O_2), ist dieser Parameter als Maß für organische Verunreinigung nur sehr bedingt geeignet. Der nachfolgende Bezug zur Verschmutzung ist deshalb nur durchschnittlich orientierend.

reines Grundwasser	O_2-Verbrauch mg/l 1–2
mäßig verschmutztes Oberflächenwasser	O_2-Verbrauch mg/l 2–6
verschmutztes Oberflächenwasser	O_2-Verbrauch mg/l 6–10
stark verschmutztes Oberflächenwasser	O_2-Verbrauch mg/l > 10
Moorwasser	O_2-Verbrauch mg/l > 20

Der Parameter Oxidierbarkeit wurde in die TrinkwV übernommen, weil die EG-Richtlinie ihn vorschreibt. Er ist zu unterscheiden von den – nicht in der TrinkwV enthaltenen – Parametern CSB (Chem. Sauerstoffbedarf; Oxidationsmittel ist Kaliumdichromat) und BSB (Biochem. Sauerstoffbedarf, Verbrauch an O_2 durch Mikroorganismen beim biol. Abbau org. Stoffe) (siehe dazu Abschn. 4.1.5.4.32).

4.1.5.4.9 Aluminium (Al)

Das Leichtmetall Al bildet mit Säuren Salze und mit Basen Aluminate. Die im Wasser vorliegende Form ist u. a. pH-abhängig und reicht von Aluminat (bei pH > 7,5) über Hydroxide bis zu kationischen Komplexen bei pH-Werten unter 5,5.
Eine gesundheitliche Gefährdung kann bei erhöhter Aluminiumaufnahme und gestörter Nierenfunktion eintreten. Der Zusammenhang mit der Alzheimer-Krankheit ist umstritten (Wilhelm/Dieter [8]). Für andere, mit Aluminium zusammenhängende Krankheiten wurde ein Einfluss erhöhter Al-Konzentration im Trinkwasser bisher nicht festgestellt ([4]-Nr. 48). Die Festlegung des Grenzwertes für

4.1 Wasserbeschaffenheit

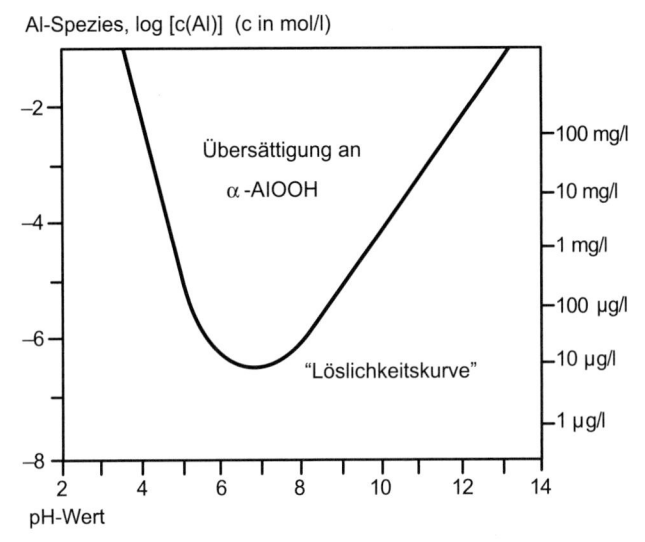

Abb. 4-8: Konzentration von gelöstem Aluminium in Abhängigkeit vom pH-Wert (Löslichkeitskurve)

Trinkwasser auf 0,2 mg/l hat vor allem ästhetisch-sensorische Gründe, da für den Verbraucher spürbare Trübungen im Trinkwasser bereits ab 0,1 mg/l auftreten können.
Bis 0,1 mg/l gelten für Fische als nichttoxisch.
Die Aluminiumkonzentration im Wasser ist aufgrund der schlechten Löslichkeit des Al normalerweise gering, im Grundwasser 0,01 bis 0,1 mg/l [DVGW 48], steigt aber bei pH-Werten < 6 und > 8 stark an (**Abb. 4-8**).
In Quellwässern des Fichtelgebirges wurden 1 bis 2 mg/l Al gemessen (nach Schretzenmayr), im Sennegebiet Nordrhein-Westfalens bis 8 mg/l (nach Lükewille), in Sachsen bis 15 mg/l (nach Uhlmann). Die hohen Konzentrationen in Wässern sind vorrangig die Folge der Auflösung der oxidischen Aluminiumverbindungen des Bodens bei niedrigen pH-Werten (**Abb. 4-9**). Die zugenommene Gewässerversauerung infolge Schwefel- und Stickoxid belasteter (saurer) Niederschläge führt im

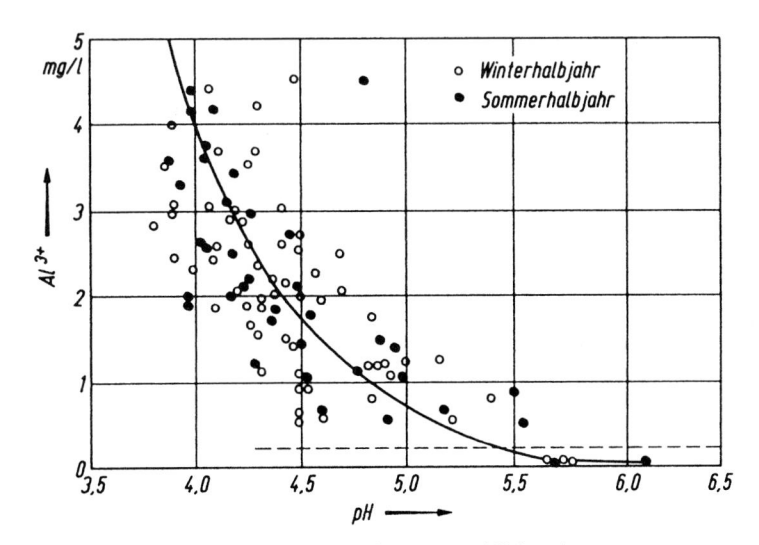

Abb. 4-9: Al-Gehalt in Bachwässern des Hunsrück (nach Krieter und Haberer)

Boden zu einer verstärkten Mobilisierung (Lösung) des Aluminiums, wobei besonders gefährdet nicht gepufferte Gewässer in kalkfreien Landschaften mit kristallinen Gesteins- und Bodenformationen sind. Pflanzen- und Fischgiftigkeit sind die ökologischen Folgen, Ablagerungen in Anlagen der Wasserversorgung und Trübungen im Trinkwasser die technischen. Bei Überschreitung des Grenzwertes sind u. U. zusätzliche Aufbereitungsschritte erforderlich, die die Einstellung des pH-Wertes zur Aluminiumhydroxid-Fällung beinhalten müssen (siehe auch DVGW-Arbeitsblatt W 220 und Abschnitt 4.2.5.12.3).

Als Zusatzstoff werden Aluminiumverbindungen z. B. $Al_2(SO_4)_3 \cdot 18\ H_2O$, zur Trinkwasseraufbereitung eingesetzt (siehe „Flockung"). Dabei sind die Auswirkungen auf pH-Wert sowie Salz- und Al-Gehalt des Trinkwassers zu beachten.

4.1.5.4.10 Ammonium (NH_4^+)

Ammonium gehört wie Nitrit und Nitrat zu den Stickstoffverbindungen (siehe auch: Nitrat). Ammonium ist in unbelastetem Grundwasser im allg. nicht oder nur in geringen Spuren enthalten. In sauerstoffhaltigen Grundwässern sind NH_4-Gehalte über 0,2 mg/l meist ein Hinweis auf anthropogene Verunreinigungen. Es wird anthropogen eingetragen durch Direkteinleitung von häuslichen, landwirtschaftlichen und industriellen Abwässern in die Oberflächenwässer und durch Kläranlagenabläufe, außerdem durch natürliche (Fäkalverunreinigungen) und künstliche Düngung. Auch über den Niederschlag kann lokal ein gewisser Eintrag erfolgen, wenn höhere Konzentrationen im Niederschlag durch Einsatz von Ammoniumdünger oder flüssige, ammoniakhaltige Düngemittel entstanden sind.

In sauerstoffarmen, eisen- und manganhaltigen Grundwässern kann Ammonium durch Reduzierung von Nitrat über Nitrit entstehen. Der Abbau von Huminstoffen aus Wald- und Moorgebieten kann im Grundwasser ebenfalls zur Sauerstoffzehrung und natürlicher Ammoniumbildung führen. Diese reduzierten Grundwässer weisen zumeist auch erhöhte Gehalte an Eisen und Mangan auf. In Tiefengrundwässern des Tertiär sind bis 4 mg/l NH_4^+ in Straubing und Passau, für andere Tiefengrundwässer aber auch schon bis 50 mg/l gemessen worden.

Ammonium ist für den Menschen im allg. nicht gesundheitsschädlich, der Grenzwert der TrinkwV ist 0,5 mg/l, wobei geogen bedingte Überschreitungen bis 30 mg/l zugelassen sind. Dabei bleibt aber für die Wasserwerke das Problem, dass aus Ammonium auch Nitrit (NO_2^-) entstehen kann, das wesentlich toxischer ist und dessen Grenzwert 0,1 mg/l am Ausgang Wasserwerk bzw. 0,5 mg/l am Zapfhahn ist.

Bei ausreichend vorhandenem Sauerstoff (pro mg Ammonium ca. 3,6 mg Sauerstoff) wird NH_4 über Nitrit zu Nitrat (NO_3^-) oxidiert. Dabei können ammoniumoxidierende Bakterien (Nitrosomonas und Nitrobacter) mitwirken.

Höhere Ammoniumkonzentrationen (> 0,4 ... 0,5 mg/l) sollten durch Wasseraufbereitung beseitigt werden, da andernfalls starke Sauerstoffzehrung, Beeinträchtigung der Chlorung (hohe Chlorzehrung, Bildung von Chloraminen), Verkeimungen im Rohrnetz und in Wasserspeichern sowie evtl. Korrosionsverstärkung eintreten können.

Die Verfahrensfestlegung für die Ammoniumeliminierung durch Trinkwasseraufbereitung sollte die Gesamtbeschaffenheit des Rohwassers beachten, da zumeist auch noch andere Stoffe zu entfernen sind (siehe Abschn. 4.2.5.7.4). Für die biologische Nitrifikation ist eine ausreichende Sauerstoffzufuhr entscheidend. Bei einer sonst entstehenden Anaerobie können, abgesehen vom Rückgang des Wirkungsgrades, auch erhebliche Geruchsbeeinträchtigungen entstehen.

Die früher übliche Knickpunktchlorung ist wegen der Gefahr der Bildung von organischen Halogenverbindungen nicht mehr anzuwenden, die Chlorung gemäß TrinkwV auch nur noch zur Desinfektion zulässig.

4.1.5.4.11 Benzinzusatz MTBE

Methyl-tertiär-Butylether (MTBE) wird seit 1979 statt Bleitetraäthyl dem Kraftstoff als Antiklopfmittel zugesetzt. MTBE steht an vierter Stelle der am meisten produzierten Chemikalien und allein in Deutschland werden pro Jahr 500 000 Tonnen verbraucht.

Der Stoff ist akut wenig giftig; eine kanzerogene Wirkung ist aber bisher nicht ausschließbar. MTBE hat ein erhebliches Wassergefährdungspotential, weil er wegen seiner leichten Mischbarkeit mit Wasser und der geringen Bindungstendenz an Bodenpartikel im Untergrund sehr mobil ist. Er ist sehr geruchsintensiv und biologisch kaum abbaubar. Wasser mit Konzentrationen über 20 bis 40 µg/l ist für den menschlichen Genuss nicht geeignet.

In den USA sind im Brunnenwasser schon 600 µg/l festgestellt worden, in Anlagen zu Gewinnung von Trinkwasser in Deutschland über 50 µg/l (Brauch-WAT 2001).

4.1.5.4.12 Barium (Ba)

Barium gehört zu den Erdalkalien (Härtebildnern), wobei sein Anteil meist vernachlässigbar gering ist. Lösliche Bariumverbindungen sind giftig, Einnahmen von 2 bis 4 g Bariumchlorid können tödlich sein ([4] Nr. 48).

Im Grund- und Oberflächenwasser gemessene Konzentrationen liegen unter 0,25 mg/l, mit Ausnahme von Wasservorkommen in Unterfranken mit Gehalten bis 6,3 mg/l [DVGW-Schriftenreihe Nr. 48]. Ableitungen von Abwässern der bariumverarbeitenden Industrie können den Gehalt im Oberflächenwasser erhöhen. Eine weitestgehende Eliminierung bei der Wasseraufbereitung tritt durch Fällung und Ionenaustausch ein.

Die neue TrinkwV [21] enthält diesen Parameter nicht mehr.

4.1.5.4.13 Calcium (Ca)

Calcium ist das Kation der Calciumsalze und gehört zu den Erdalkalien. Gemeinsam mit Magnesiumionen verursacht es die Härte des Wassers (Summe Erdalkalien). Calcium ist mit einem Anteil von 3,6 % das dritthäufigste Element der Erdkruste. Es kommt natürlich als Kalkstein und Marmor ($CaCO_3$), Gips ($CaSO_4 \cdot 2H_2O$), Anhydrit ($CaSO_4$), Apatit ($Ca_5(PO_4)_3F$), Dolomit ($CaMg(CO_3)_2$) und Flußspat (CaF_2) vor. Kalk ist in kohlendioxidfreiem Wasser praktisch unlöslich; in dem häufig kohlendioxidhaltigen Grundwasser und z.T. auch im Oberflächenwasser geht Kalk als Calciumhydrogencarbonat in Lösung. Die Löslichkeit ist temperaturabhängig und begrenzt, bei +15 bis 18 °C Wassertemperatur ist eine maximale „Karbonathärte" von ca. 25°dH zu erwarten (siehe auch Härte und Säurekapazität). Calciumsulfat ist dagegen sehr gut im Wasser löslich (2,036 g/l bei 20 °C), weshalb im Gipskeuper und Muschelkalk („Nichtcarbonat"-) Härten von über 100°dH auftreten. Bei Erhitzung und Verringerung der Kohlendioxidkonzentration durch Belüftung des Wassers fällt Calcium als Carbonat aus (Steinbildung).

Calcium ist für den menschlichen Körper erforderlich. Werte für Trinkwasser der Bundesrepublik sind mit 1–530 mg/l angegeben worden, der Mittelwert mit 72,8 mg/l (DVGW-Schr. Nr. 48). Ein Mindestgehalt von 20 mg/l wird für die Ausbildung der Schutzschicht in metallischen Rohrleitungen als erforderlich angesehen.

Nicht geogen bedingte erhöhte Konzentrationen an Calcium im Wasser können durch calciumhaltige Abwässer (z. B. aus der Kali-Industrie), Düngung mit Calciumsalzen, Gewässerverunreinigung durch Fäkalien und verstärkte Kalklösungen durch erhöhte Kohlendioxidkonzentrationen im Sickerwasser von Müllablagerungen, aber auch aus dem Abbau organischer Substanzen in planktonreichen Oberflächenwässern verursacht sein. Eine erhöhte Calciumkonzentration allein ist noch kein Hinweis auf eingetretene Verunreinigungen. Ein Indiz kann die Verschiebung des Ca-Mg-Verhältnisses sein, das normalerweise ca. 5:1 ist.

Calcium ist in unterschiedlichen Verbindungen als Zusatzstoff zur Trinkwasseraufbereitung üblich. Dabei kann eine Erhöhung der Calciumkonzentration (Aufhärtung) im Trinkwasser eintreten, die bei sehr weichem Wasser erwünscht ist. Zur Enthärtung siehe Abschn. 4.2.5.8.

4.1.5.4.14 Chlorid (Cl)

Der Grenzwert für Chlorid ist 250 mg/l.

Chlorid ist in jedem natürlichen Wasser enthalten, z.T. an die Erdalkalien Kalium und Magnesium gebunden, z.T. an Natrium als Kochsalz oder an Kalium als Kalisalz. Im Grundwasser sind Chloridgehalte von < 10 mg/l (aus kristallinem Gestein, aus dem Tertiär und aus Kalkschotter), < 20 mg/l (aus Gipskeuper) bis ca. 50 mg/l (aus Sandstein) üblich. Wegen der guten Löslichkeit können aber bei Salzlagerstöcken im Untergrund Konzentrationen von mehreren 100 mg/l auftreten, z. B. wurden in einem Einzelbrunnen bei Geseke 1972 fast 2000 mg/l gemessen. Solche Brunnen sind zur Trinkwasserversorgung ungeeignet und müssen meist aufgegeben werden. Auch der Einfluss von Meerwasser und aufsteigende Tiefenwässer (mineralreiches Grundwasser mit hohem Chloridgehalt liegt teilweise unter chloridarmem Grundwasser) können zu plötzlich erhöhten Werten führen. Bundesweite Untersuchungen durch die TU München (Bischofsberger, Weigelt, Klebe in [5] – Nr. 63) ergaben bei vielen Wasserfassungen eine Zunahme des Chloridgehaltes über die letzten zwei Jahrzehnte, wobei folgende anthropogene Ursachen wesentlich sind:

a) großflächiger Eintrag
  – landwirtschaftliche Düngung mit KCl
  – Verunreinigung des Niederschlages (bis 10 mg/l Cl)
b) punktueller Eintrag
  – Einsatz von Auftausalzen (NaCl) **Abb. 4-10)**
  – Einleitung von Grubenwässer in Oberflächenwässer
  – Ableitung von Abwässern aus dem Kalibergbau
  – Ableitung von Sickerwasser aus Abfalldeponien
  – unsachgemäße Lagerung oder Transportverluste von Chemikalien
  – Verwendung von Oberflächenwasser zur künstlichen Grundwasseranreicherung.

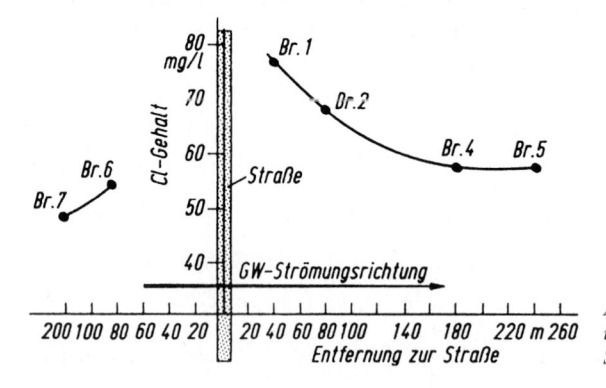

Abb. 4-10: Chloridgehalte in Brunnen mit unterschiedlichem Abstand zur besalzten Straße

Durch Uferfiltration kann sich dabei der hohe Chlorid-Gehalt belasteter Vorfluter (z. B. Weser 1982 1600 mg/l als Maximalwert) auch auf benachbarte Brunnen auswirken.
Häusliche Abwasser enthalten 7 g/E · d Chlorid [DVGW-Schr. Nr. 48].
Anthropogen bedingte höhere Chloridwerte im Grundwasser wurden bis 300 mg/l gemessen. Chlorid wird im Boden teilweise zurückgehalten, aber kaum abgebaut oder verändert. Chloridgehalte über 250 mg/l führen zu einem salzigen Geschmack des Wassers, gesundheitlich bedenklich sind höhere Konzentrationen aber nicht. Bereits ab 100 mg/l kann die Korrosion metallischer Werkstoffe verstärkt werden. Für gewerbliche und industrielle Zwecke werden z. T. wesentlich niedrigere Werte gefordert, z. B. für Milchverarbeitung und Fotoindustrie 20 bis 30 mg/l. Eine Remobilisierung von Cadmium und Quecksilber im Grundwasser bei erhöhten Chloridgehalten wird angegeben (Zahn – GSF). Die Erniedrigung der Chloridkonzentration im Wasser ist nur mit (aufwendigen) Entsalzungsverfahren möglich. Bei geogenen Ursachen ist auch die Mischung von Rohwässern aus unterschiedlichen Fassungen in Betracht zu ziehen.
Chloridhaltige Stoffe können auch bei der Trinkwasseraufbereitung zugesetzt werden, wodurch deren Gehalt zunehmen kann.

4.1 Wasserbeschaffenheit

4.1.5.4.15 Eisen (Fe)

Eisen ist in den Bodenschichten reichlich vorhanden, so dass das Grundwasser häufig einen mehr oder weniger großen Gehalt daran hat. Wenn das Wasser ausreichend Sauerstoff besitzt, ist das Eisen zu unlöslichen Verbindungen oxidiert und hat dann keinen gelösten Eisengehalt. Bei geringem Sauerstoffgehalt ist jedoch meist gelöstes Eisen im Wasser vorhanden, oder es kann eine Zunahme des Gehalts eintreten. Grundwässer in quartären Talauffüllungen und sauerstoffarme Tiefenwässer haben meist Eisengehalt, i. a. im Bereich von 0,1–1,0 mg/l, dieser kann aber auf engem Raum stark wechseln, manchmal bis zu 10 mg/l. Der Eisengehalt ist gesundheitlich im allgemeinen nicht bedenklich. Eisenhaltiges Wasser wird durch die Einwirkung der Luft trüb und setzt gelbbraune Flocken ab durch Oxidation des gelösten Eisens und Überführen in unlösliche Verbindungen. Das Wasser wird dadurch unappetitlich und schmeckt tintig. Eisenhaltiges Wasser macht Wäsche fleckig und ist für manche Gewerbebetriebe völlig ungeeignet. Durch Eisenschlammablagerungen und Ansiedeln von Eisenbakterien wird das Fördervermögen der Rohrleitungen stark vermindert.

Wasser mit einem höheren Gehalt als 0,05 mg/l sollte daher enteisent werden. Besonders ungünstig ist es, wenn das Eisen an organische Substanzen gebunden ist, z. B. Huminsäure, Moorwässer, was die Enteisenung sehr erschwert.

Der Grenzwert der TrinkwV ist 0,2 mg/l, aber bereits bei Gehalten über 0,05 mg/l sollte zur Enteisenung eine Wasseraufbereitung erfolgen (s. Abschn. 4.2.5.3).

Beim Einsatz von Eisensalzen zur Wasseraufbereitung kann es bei ungenügender Abtrennung zum Anstieg des Eisengehaltes und einer Färbung/Trübung des Wassers kommen. Eine Stagnation des Trinkwassers in der Hausinstallation kann bei Eisenwerkstoffen zu erhöhten Eisenkonzentrationen führen. Kriterien für die Korrosionswahrscheinlichkeit von Eisenwerkstoffen enthält **Tab. 4-39**.

4.1.5.4.16 Kalium (K)

Das Metall Kalium K^+ hat ähnliche Eigenschaften wie Natrium, ist aber in der Natur seltener als Natrium, meist in der Verbindung Kaliumchlorid KCl = Kalisalz. Dieses wird vor allem als Kunstdünger verwendet, siehe auch Chloride.

Kalium ist ein essentieller Mineralstoff für alle Lebewesen, eine Mindestzufuhr ist für den Menschen erforderlich.

Grundwässer enthalten im Allgemeinen 1 bis 5 mg/l ([2] – Kempf), in Oberflächenwässern wurden auch Werte weit über 30 mg/l ([4]-Nr. 48) gemessen. Hohe Konzentrationen in Gewässern sind zumeist die Folge von Abwassereinleitungen aus der Kali-Industrie.

Liegt der Kaliumgehalt im Wasser höher als der des Natriums, ist dies ein Hinweis auf Verunreinigung durch Fäkalien.

Die neue TrinkwV [21] enthält diesen Parameter nicht mehr. Eine Eliminierung ist bei der Trinkwasseraufbereitung durch (aufwendige) Entsalzungsverfahren möglich, aber kaum erforderlich.

Kalium ist in mehreren Formen als Zusatzstoff zur Trinkwasseraufbereitung üblich, z. B. als Kaliumpermanganat $KMnO_4$ zur Oxidation.

4.1.5.4.17 Zink (Zn)

Das Metall Zink ist für den Menschen ein lebensnotwendiges Spurenelement. Bei Gehalten ab ca. 3 mg/l im Trinkwasser wird es geschmacklich spürbar (bitterer Geschmack). Sehr hohe Dosen können in seltenen Fällen zu Vergiftungen führen ([4]-Nr. 48).

Während die TrinkwV von 1990 noch einen Richtwert von 3 mg/l angibt, enthält die neue TrinkwV [21] diesen Parameter nicht mehr.

Im natürlichen Rohwasser und in dem vom Wasserwerk abgegebenen Trinkwasser ist der Gehalt an Zink im allg. sehr niedrig, im Trinkwasser der Bundesrepublik 1977 im Durchschnitt 0,35 mg/l [DVGW 48].

Höhere Werte sind fast immer durch verzinkte Stahlrohre in der Hausinstallation verursacht. Insbesondere bei niedrigen pH-Werten, weichen und gering gepufferten Wässern, höheren Nitratgehalten und langer Stagnation kann es insbesondere bei neueren Installationen zu Zinkgehalten im Wasser bis über 20 mg/l und bei nicht normgerechter Verzinkung zur Herauslösung ganzer Partikel aus der Verzinkung kommen (Zinkgeriesel). Mit zunehmender Nutzungsdauer der Installation geht der Zinkgehalt im Wasser zurück (**Abb. 4-11**). Sehr ungünstig sind Warmwassertemperaturen über 60 °C, weshalb ein Einsatz verzinkter Stahlrohre im Warmwasserbereich nicht erfolgen soll. (Siehe auch **Tab. 4-39**; DIN 50 930 bzw. EN 12 502, DIN 1988-7.)

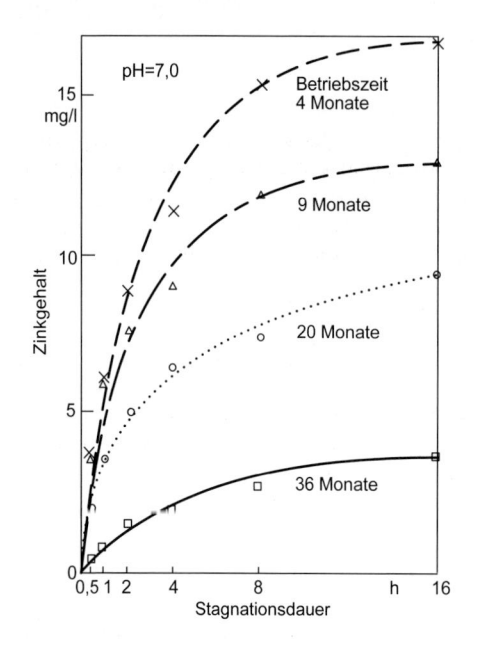

Abb. 4-11: Abhängigkeit des Zinkgehaltes im Trinkwasser von der Dauer der Stagnation in einem verzinkten Stahlrohr bei unterschiedlichen Betriebszeiten (nach Meyer, Roßkamp)

4.1.5.4.18 Magnesium (Mg)

Magnesium ist das Kation der Magnesiumsalze. Es gehört zu den Erdalkalien und bedingt gemeinsam mit den häufigeren Calciumionen die Wasserhärte (Summe Erdalkalien). Magnesium tritt meist gemeinsam mit Calcium auf. Das Magnesium-Calcium-Verhältnis beträgt natürlich ca. 1:5, im Dolomitgestein kann es bis 1:1 steigen. Geogen bedingt gelangt Magnesium in das Wasser durch die Lösung von Magnesiumverbindungen bei Anwesenheit von Kohlendioxid.

Magnesium ist für den menschlichen Körper erforderlich; Magnesiumsalze wirken laxierend.

Magnesium ist in verschiedenen Verbindungen als Zusatzstoff zur Trinkwasseraufbereitung üblich, wobei eine Aufhärtung des Trinkwassers eintreten kann. Nicht geogen bedingte erhöhte Magnesiumkonzentrationen können durch Abwassereinleitungen oder Auswaschung von mit Magnesiumsalzen gedüngten Feldern eintreten.

Im Trinkwasser der Bundesrepublik sind Werte von 0,5 bis 83 mg/l gemessen worden, der Mittelwert liegt bei 15 mg/l. Die neue TrinkwV [21] enthält diesen Parameter nicht mehr.

Eine Notwendigkeit zur Entfernung von Magnesium bei der Wasseraufbereitung besteht im allg. nicht, bei einigen Enthärtungsverfahren treten aber Reduzierungen von Magnesium mit ein.

4.1.5.4.19 Mangan (Mn)

Mangan ist seltener als Eisen und kommt gelegentlich in geringeren Mengen als Eisen im Boden als schwarzer Schlamm, Braunstein vor.

Bei wechselndem Grundwasserstand geht der Braunstein durch die Einwirkung der Luft in wasserlösliche Verbindung über. Mangan ist in der im Wasser üblichen Menge nicht gesundheitsschädlich.

Es hat aber ähnliche Folgeerscheinungen wie der Eisengehalt, trüb, unangenehmer Geschmack, Fleckenbildung, Schlammablagerung. Wasser mit einem größeren Gehalt an Mangan als 0,05 mg/l muss aufbereitet werden (Grenzwert der TrinkwV). Um Ablagerungen im Rohrnetz (verstärkt durch Mangan-Bakterien) und Trübungen im Trinkwasser zu vermeiden, sollte eine Entfernung bis auf 0,01 mg/l angestrebt werden. Zur Manganentfernung durch Wasseraufbereitung siehe Entmanganung Abschn. 4.2.5.4.

Bei der Bodenpassage von Oberflächenwasser (Uferfiltration) kann es zu einem Anstieg der Mangankonzentration kommen.

4.1.5.4.20 Natrium (Na)

Natrium ist in der Natur vor allem als Natriumchlorid NaCl = Steinsalz = Kochsalz vorhanden. Steinsalz ist stark löslich. Im Grund- und Quellwasser ist der Gehalt meist klein, im Bereich von Steinsalzablagerungen jedoch sehr groß, z. B. Kochsalzquellen Bad Reichenhall 224 g/l, Meerwasser 1030 g/l. Salz ist für die menschliche Ernährung in kleinen Mengen sehr wichtig, große Mengen erzeugen einen unerträglichen Salzgeschmack und sind bei Bluthochdruck sehr schädlich; der Grenzwert für Natrium ist in der neuen TrinkwV 200 mg/l.

Bei Untersuchungen in Bayern wurden geogen bedingte Konzentrationen bis 435 mg/l festgestellt ([4]-Nr. 48).

Das Entfernen von Kochsalz aus dem Wasser ist wegen der großen Löslichkeit kompliziert und teuer, so daß Wasser mit zu hohem Salzgehalt i. a. nur ausnahmsweise für die Trinkwasserversorgung verwendet wird, siehe auch Chloride. Weniger häufig ist in der Natur Natriumsulfat $NaSO_4$ = Glaubersalz. Wässer mit Gehalt an Glaubersalz werden nur als Heilquellen genutzt, z. B. Bad Mergentheim.

Natrium ist in unterschiedlichen Verbindungen zum Zusatz bei der Trinkwasseraufbereitung üblich, z. B. als Natriumhypochlorit zur Desinfektion und Natriumphosphat zur Stabilisierung/Korrosionsverhütung.

4.1.5.4.21 Phenole (C_6H_5OH)

Phenole können über Abwässer der chemischen Industrie, von Gaswerken, Kokereien und Schwelereien in die Oberflächenwässer gelangen. Aber auch bei der Zersetzung von Holz und Laub sowie durch Algen können im geringen Umfang Phenole entstehen und eine natürliche Grundlast bilden, die im Mikrogrammbereich liegt und nicht toxisch ist.

Phenolkonzentrationen über 0,1 mg/l führen zu beträchtlichen Geruchs- und Geschmacksbeeinträchtigungen, bei den durch Chlorung der Phenole entstehenden Chlorphenolen sind bereits Werte um 0,01 mg/l organoleptisch stark wahrnehmbar.

Toxische Wirkungen sind insbesondere beim technisch hergestellten bzw. durch Chlorung von Phenolen entstandenen Pentachlorphenol vorhanden. Vergiftungen bei Menschen, z. T. mit Symptomen einer Dioxinvergiftung, treten bei höheren Gehalten auf, es ist bakterizid und Fische können geschädigt werden, Daphnien bereits ab 1,8 μg/l.

4.1.5.4.22 Phosphor (P)

Phosphor ist für den Menschen ein lebenswichtiger Mineralstoff. Im Gewässer ist er meist als Orthophosphat (PO_4^{3-}), seltener als Polyphosphat oder in organischer Bindung vorliegend. In unbelasteten Wässern ist er nur in geringer Menge enthalten, meist unter 0,1 mg/l PO_4^{3-}, in Moorwässern auch bis 1,0 mg/l. Für die Pflanzen ist Phosphor essentieller Nährstoff und oft limitierender Wachstumsfaktor. Ist er im Überangebot vorhanden, insbesondere in Seen und Talsperren, kommt es zur Eutrophierung, zum Sauerstoffmangel, unter Umständen zum Fischsterben und zu wesentlichen Erschwernissen bei der Wasseraufbereitung. Höhere Gehalte in den Gewässern sind zumeist eine Folge von Verunreinigungen durch Abwässer (Fäkalien, Phosphat in Waschmitteln) und Phosphatdünger. Durch die Beschränkung des zulässigen Phosphatgehaltes in den Waschmitteln und erhöhte Forderungen an die Phosphateliminierung in Kläranlagen ist für die Bundesrepublik hier eine Besserung absehbar.

Im Trinkwasser sind die Phosphate kein Problemstoff, da sie in den im Wasser auftretenden Konzentrationen gesundheitlich unbedenklich sind. Ein geringer Phosphatgehalt im Wasser kann (je nach vorliegender Form) den Kalkausfall verhindern (Härtestabilisierung) oder die Schutzschichtbildung in den Leitungen fördern (Korrosionsverhinderung), weshalb die Zugabe von Phosphaten, zentral im Wasserwerk (siehe Abschn. 4.2.5.11) oder dezentral beim Verbraucher (siehe Abschn. 4.2.8.3), zugelassen ist. Da dabei der Phosphateintrag (über das Abwasser) in die Gewässer erhöht wird und eine Wirkung nur bei exakter Dosierung gesichert ist, sollte eine Anwendung auf unbedingt notwendige Fälle beschränkt werden.

Eine Eliminierung von Phosphaten ist keine Aufgabenstellung der Trinkwasseraufbereitung, wird aber angewandt bei Seen- und Talsperrenwasser zur Verhinderung der Eutrophierung (Wahnbachtalsperre, PEA Tegel) und zunehmend innerhalb der weitergehenden Abwasserreinigung.

4.1.5.4.23 Silber (Ag)

Das Metall Silber und seine Verbindungen werden vorrangig in der Fotoindustrie verwendet. Erhöhte Gehalte im Oberflächenwasser (bis 50 μg/l nach [2] – Dieter) sind deshalb meist durch entsprechende Abwässer verursacht. Die durchschnittlichen Konzentrationen im Roh- und Trinkwasser liegen aber nur um 2 μg/l. Ein nachweisbares Gesundheitsrisiko stellen die im Trinkwasser auftretenden Konzentrationen generell nicht dar, es wird für den Stoffwechsel aber auch nicht benötigt. Für den Menschen sind die meisten Silberverbindungen wenig toxisch, bekannt ist aber die blaugraue Verfärbung der Haut (Argyrie). Demgegenüber wirken schon geringe Silbermengen toxisch auf niedere Wasserorganismen und Fische, weshalb seine Minimierung in aquatischen Ökosystemen notwendig ist.

Zur Entfernung von Silber aus dem Wasser können die Fällung und evtl. der Ionenaustausch mit speziellen Chelatharzen in Frage kommen ([4]-Nr. 62, Jekel).

4.1.5.4.24 Sulfat (SO_4^{2-})

Sulfat ist das zweiwertige Anion der Schwefelsäure. Als Gips, Anhydrit, Natrium- und Magnesiumsalz ist Sulfat weit verbreitet. In reinem Grundwasser sind durchschnittlich nur 10 bis 30 mg/l Sulfat enthalten ([4]-Nr. 48), in gips- und salzhaltigen Böden kann der Gehalt aber auch über 300 mg/l liegen. In Grubenwässern sind auch über 3000 mg/l gemessen worden. ([2] – Selenka). Die TrinkwV gibt den Grenzwert 240 mg/l vor, wobei geogen bedingte Überschreitungen bis 500 mg/l zugelassen sind.

Anthropogen bedingt können höhere Gehalte im Wasser durch die Düngung, Industrieabwässer, Deponiesickerwässer (auch aus Bauschutt) und Rauchgase verursacht sein.

Durch schwefelhaltige Niederschläge kann eine Zufuhr erfolgen; bei der Gewässerversauerung korrelieren pH-Wert-Rückgang und Sulfatzunahme annähernd [DVGW 57]. Eine Erhöhung des Sulfatgehaltes kann (nach Kölle) auch durch die Oxidation von Sulfidlagern infolge Nitrateintrag eintreten, ein Rückgang des Sulfatgehaltes im Untergrund weist auf anaerobe Prozesse hin. Durch Reduktion kann Schwefelwasserstoff entstehen.

Sulfathaltiges Wasser (Gips) greift Kalk und Eisen stark an. Ein Sulfatgehalt von 200 mg/l ist schwach, ein Gehalt > 600 mg/l ist stark betonschädlich. So wird aus dem Beton der Kalk des Bindemittels gelöst, gußeiserne Rohre grafitieren (sie werden weich), bei Stahlrohren entsteht Lochfraß. Da stark sulfathaltiges Wasser für Trinkzwecke im allgemeinen nicht verwendet wird, kommt wesentlichere Bedeutung dem Rohrschutz und Bauwerksschutz gegen Angriff sulfathaltigen Wassers von außen zu, z. B. Verlegen von Rohrleitungen in Gipsböden.

Höhere Sulfatgehalte machen sich geschmacklich bemerkbar, ab 250 mg/l können Magen- und Darmstörungen (laxierende Wirkung) auftreten.

Eine Erniedrigung des Sulfatgehaltes ist durch die (aufwendigen) Entsalzungsverfahren, wie Ionenaustausch und Umkehrosmose, möglich (Umkehrosmose-Anlage in Duderstadt). Mehrere sulfathaltige Stoffe sind zum Zusatz bei der Trinkwasseraufbereitung üblich, wobei Auswirkungen auf pH-Wert und Salzgehalt gegeben sein können.

4.1 Wasserbeschaffenheit

4.1.5.4.25 Gelöste oder emulgierte Kohlenwasserstoffe; Mineralöle

Dieser Parameter erfasst nur unspezifisch apolare organische Verbindungen, detaillierte Aussagen zu Einzelstoffen sind damit nicht möglich.

Durch die Wasserlöslichkeit der Kohlenwasserstoffe führen selbst kleinste Konzentrationen zu starken Geruchs- und Geschmacksbeeinträchtigungen des Wassers. 1 Liter in das Wasser gelangtes Mineralöl, Benzin, Kerosin u. a. Petroleumprodukte machen daher über 1 Million Liter dieses Wassers unbrauchbar für die Trinkwasserversorgung. Außerdem gelangen mit dem Mineralöl auch krebserregende Stoffe in das Wasser.

Der sorgsame Umgang mit Mineralölprodukten ist deshalb außerordentlich wichtig und es gilt, Mineralölunfälle, wie Überlaufen von Behältern, Tankwagenunfälle, Leckwerden von Behältern und Leitungen, unbedingt zu vermeiden. In den Trinkwasserschutzzonen gelten deshalb Verbote bzw. Beschränkungen zum Umgang mit diesen Stoffen (siehe Abschn. 3.3). Wenn solche Unfälle nicht völlig ausschließbar sind und ein weitgehend ungefilterter Eintritt dieser Stoffe in die Wasservorkommen eintreten könnte (z. B. Pipeline im Bodensee, Autobahn im Karstgebiet), ist in den Wasserwerken die Vorhaltung von Aktivkohle zur Adsorption erforderlich. An der Unfallstelle selbst gehören die Eingrenzung des ausgelaufenen Öls z. B. durch Balken oder Kunststoffschläuche in Gewässern und die Anwendung von Ölbindern zu den ersten Maßnahmen.

4.1.5.4.26 Arzneimittelrückstände

Naturfremde Spurenstoffe belasten mit unterschiedlichen Ursachen die Gewässer. Dazu gehören z. B. Arzneimittelrückstände, von denen bis zu 3.000 zugelassene Wirkstoffe vorrangig durch die menschlichen Ausscheidungen und unsachgemäße Beseitigung in das Abwasser und aufgrund der in dieser Hinsicht nur geringen Eliminierungsleistung der Abwasserreinigungsanlagen auch in die Gewässer gelangen.

Schmidt u. a. (Kongress Wasser Berlin 4/2006) erhielten bei Untersuchungen eine effektive Entfernung von Arzneimittelrückständen bei der Trinkwasseraufbereitung durch die Verfahrensstufen Untergrundpassage, Ozonung und Aktivkohlebehandlung.

Wenn bisher auch nur vereinzelte Befunde im Trinkwasser auftraten und diese Spuren gemäß jetzigem Kenntnisstand als gesundheitlich unbedenklich eingestuft werden, so gilt doch, dass aufgrund der unzureichenden ökotoxikologischen Datenlage eine mögliche Umweltgefährdung durch Arzneimittel im Gewässer derzeit nicht abgeschätzt werden und schon aus prinzipiellen Vorsorgegründen eine Belastung der Gewässer mit diesen und anderen schlecht abbaubaren synthetischen Spurenstoffen vermieden werden sollte (**Abb. 4-12**).

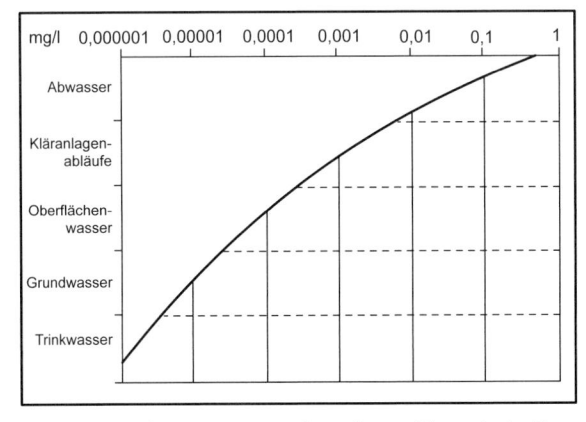

Abb. 4-12: Schematische Darstellung der Konzentrationsbereiche von Pharmaka in Abwasser und verschiedenen Wässern (DVGW-Information 54)

4.1.5.4.27 Oberflächenaktive Stoffe

Mit diesem Parameter werden die anionischen und nichtionischen Tenside erfasst. (Der Begriff Detergentien bezeichnet das fertige Handelsprodukt.)
Tenside sind zwar im Sinne der Humantoxikologie weitgehend unbedenklich ([2] – Janicke), aber als synthetische Chemikalien und damit primär natur- und gewässerfremde Substanzen vom Trinkwasser weitestgehend fernzuhalten. Da sie als grenzflächenaktive, die Oberflächenspannung des Wassers aufhebende Verbindungen vorrangig in Wasch- und Reinigungsmitteln eingesetzt werden und so mit ungenügend gereinigtem Abwasser in die Gewässer gelangen können, stellen sie auch einen Verschmutzungsindikator dar. Hinzu kommt die Möglichkeit der Entstehung von toxischeren Abbauprodukten, die mit den üblichen Messmethoden nicht erfasst werden [14]. Da sie in den zur Trinkwasserversorgung genutzten Rohwässern nur im Mikrogramm-Bereich auftreten, ist ihre Entfernung bei der Wasseraufbereitung nicht relevant und wäre auch aufwendig.

4.1.5.4.28 Radioaktive Stoffe

Die TrinkwV von 1990 [1] enthielt keine Grenzwerte für radioaktive Stoffe, sie gab aber in § 2, Absatz 2 vor, dass diese im Trinkwasser nicht in Konzentrationen enthalten sein dürfen, die geeignet sind, die menschliche Gesundheit zu schädigen.
Die EU-Richtlinie von 1998 [18] sieht als Indikatorparameter Tritium (Max.-Wert 100 Bq/l) und eine Gesamtrichtdosis von 0,10 mSv/a vor, wobei für die Ermittlung der Dosis Tritium, Kalium-40, Radon und Radonzerfallsprodukte nicht herangezogen werden.
(1 Bq = Einheit der Aktivität einer radioaktiven Substanz = 1 Zerfallsakt pro Sekunde $2{,}7 \cdot 10^{-11}$ Ci [veraltete Maßeinheit], siehe auch DVGW-Arbeitsblatt W 253).
Diese Parameter und Grenzwerte sind in die neue TrinkwV [21] übernommen worden; eine Kontrolle dürfte aber nur in Sonderfällen erforderlich sein. Eine Darstellung der Bedeutung der radioaktivitätsbezogenen Parameter der TrinkwV enthält die Wasser-Information Nr. 66 des DVGW.
Haberer [DVGW 62] hat von der Strahlenschutzverordnung ausgehend unter mehreren Annahmen die maximal zulässigen Werte im Trinkwasser für die wichtigsten Radionuklide errechnet **(Tab. 4-27)**.

Tab. 4-27: Abgeleitete Grenzwerte für Trinkwasser (Haberer)

Radionuklide	Bq/l
Strontium 89	7
Strontium 90	0,5
Ruthenium 106	3
Jod 131	0,5
Cäsium 134	3
Cäsium 137	6
Barium 140	9
Cer 144	3
Radium 226	0,06
Radium 228	0,08
Thorium 232	0,03
Uran 238	0,45

Künstliche radioaktive Stoffe entstehen durch Aktivierung aus stabilen Atomkernen oder durch Kernspaltungen in Kernreaktoren und bei Kernwaffenexplosionen. Künstliche radioaktive Stoffe sind z. B. Strontium 90 und 89, Cäsium 137 und 134 und Jod 131. Solche Stoffe gelangen vorrangig diskontinuierlich in die Umwelt, z. B. durch Kernwaffenexplosionen und den Reaktorunfall in Tschernobyl 1986 und über die Luft und die Niederschläge auch in die Gewässer. Die Gefährlichkeit für das Wasser nimmt dabei, bedingt durch Schutzwirkung des Bodens, in folgender Reihenfolge ab:
– Regenwasser in Zisternen
– Oberflächenwasser (stehendes ist gefährdeter)

4.1 Wasserbeschaffenheit

- Uferfiltrat und künstlich angereichertes Grundwasser
- Karst- und Kluftgrundwasser
- echtes Porengrundwasser.

Die durch künstliche radioaktive Stoffe hervorgerufene Belastung des Trinkwassers in der Bundesrepublik ist aber bisher von untergeordneter Bedeutung gegenüber der Strahlenbelastung anderer Umweltkomponenten ([2] – Aurand/Gans, [4]-Nr. 62 – Haberer), wie Umgebungsstrahlung, Luft und Nahrung.

Natürliche radioaktive Stoffe sind im Boden seit jeher vorhanden und teilweise vom Wasser aufgenommen worden oder stammen aus den höheren Schichten der Atmosphäre. Dazu gehören z. B. Uran 238, Thorium 232, Radium 226 und 228 und das Edelgas Radon 222.

Diese Stoffe, wie sie vor allem in Tiefengrundwässern auftreten, führen zu einer Dauerbelastung des Wassers und gehören zu den wesentlich radiotoxischeren a-Strahlern. Entgegen früheren Ansichten können bei einigen Rohwässern Belastungen gegeben sein, die für die Trinkwasserversorgung problematisch sind und evtl. eine gezielte Aufbereitung erfordern (**Tab. 4-28**).

Tab. 4-28: Natürliche Radionukleide im Trinkwasser in Deutschland (nach Gans/Haberer)

Radionuklide	Anzahl der Messwerte	Spannweite in mBq/l	Geometr. Mittel
Rn 222	810		4900
Ra 226	1476		4,1
Ra 228	3	2,6–25,3	6,0
U 234	16	3,7–150	12,4
U 238	16	<3,7–100	8,8
Pb 210	9	4,8–21,1	10,3
Po 210	17	0,4–21,8	2,6
Ra 226	26	1,1–85,5	6,6
Rn 222	12	$1\,500 - 4 \cdot 10^5$	$3,6 \cdot 10^4$

Im Trinkwasser der Sächsischen Regierungsbezirke Chemnitz und Leipzig wurden im Trinkwasser Urankonzentrationen, geogen bedingt, zwischen 0,3 und 100 µg/l gefunden (Seidel u. a. in gwf Nr. 5/2005), wobei die hohen Werte nur wenige Kleinanlagen betreffen.

Die WHO hat für Uran wegen seiner toxischen Wirkung als Schwermetall einen Richtwert von 9 µg/l festgelegt (Guidelines for Drinking Water Quality; 3. Edition 2004).

Besonders kritisch ist Radon 222, da es beim Versprühen des Wassers (Duschen) austritt und so Belastungen von mehreren Tausend Bequerel pro m³ Raumluft verursachen kann und außerdem bereits eine gesundheitliche Gefährdung der in den Anlagen zur Wassergewinnung, -aufbereitung und -speicherung Beschäftigten mit sich bringen kann. Gemäß Strahlenschutzverordnung vom 20. Juli 2001 sind die Wasserversorgungsunternehmen deshalb verpflichtet zum Schutz der in ihren Anlagen Beschäftigten eine Abschätzung der Strahlenexposition für die in Frage kommenden Arbeitsplätze/Arbeitskräfte vorzunehmen und u. U. Sanierungsmaßnahmen durchzuführen. Vorgegeben sind ein „Eingreifwert" von 2×10^6 Bq h/m³ und erforderlichenfalls ein Grenzwert von 6×10^6 Bq h/m³ (siehe auch DVGW-Information W 60 und W 67).

Für die USA wird erwartet, dass 10 bis 50 % der Grundwasserwerke zukünftig Radon durch Aufbereitung werden entfernen müssen.

Zur Eliminierung von Radon bei der Trinkwasseraufbereitung ist das Gasaustauschverfahren (Belüftung/Strippen) und die Adsorption an Aktivkohle geeignet. Weitere Hinweise zur Eliminierung, auch von Uran und Radium, siehe: Dekontaminierung Abschn. 4.2.5.13.

4.1.5.4.29 Pufferung, Säure- und Basekapazität

Mit Pufferung bezeichnet man das pH-Verhalten eines Wassers bei Säuren- oder Laugenzugabe. Je nach vorhandenen Puffersubstanzen, vorrangig die Kohlensäure mit ihren Anionen (siehe Kohlensäure), können gleiche Säuren- oder Laugenzugaben sehr unterschiedliche pH-Änderungen zur Folge haben. Bei einem hydrogencarbonatarmen Wasser z. B. führt ein Säurezusatz zu einer starken pH-Abnahme, während bei einem Wasser mit hohem Hydrogencarbonatgehalt die gleiche Säuremenge nur eine geringe pH-Änderung verursacht. Das Pufferungsvermögen eines Wassers ist aufbereitungstechnisch, korrosionschemisch und indirekt auch gesundheitlich von großer Bedeutung, da beispielsweise gering oder gar nicht gepufferte Wässer, wie u. a. Talsperrenwässer im Erzgebirge, keine schützenden Deckschichten bilden können und die Korrosion und damit auch den Eintrag von Schwermetallen sowie Asbestfasern bei Faserzementwerkstoffen in das Trinkwasser begünstigen. Hier führt dann auch das Entfernen der Kohlensäure durch Belüften des Wassers nicht zu dem gewünschten Ziel, da dabei der Hydrogencarbonatgehalt nicht erhöht wird und das evtl. eingestellte Gleichgewicht labil bleibt, sondern es ist vor allem eine Zugabe von Kalk bzw. eine Filtration über $CaCO_3$-haltige Stoffe notwendig, in Sonderfällen sogar mit CO_2-Begasung (siehe DVGW – Arbeitsblatt W 214).

Analytisch lassen sich über die pH-Wert-Pufferungskapazitäten die Konzentrationen der Kohlensäurereformen ermitteln, auch für die Berechnung des Sättigungs-pH-Wertes sind sie erforderlich.

Die *Pufferungsintensität (PI)* ist die Bezeichnung für die Steigung der Titrationskurve, die den funktionellen Zusammenhang zwischen den zugesetzten Säure- oder Basemengen und dem pH-Wert wiedergibt. Ein Wasser mit einem bestimmten Gehalt an anorg. geb. Kohlenstoff hat beim pH-Wert 8,0 bis 8,5 ein Minimum in der Pufferungsintensität und bei pH 6,2 bis 6,5 ein Maximum. Eine pH-Wert-Erhöhung des Wassers durch Belüftung oder Natronlauge-Zusatz führt in diesem Bereich zu einem Rückgang der Pufferungsintensität.

PI wird üblicherweise für den gemessenen pH-Wert angegeben.

Näherungsweise kann im pH-Bereich 4,3 bis 8,2 gerechnet werden:

$$PI = \frac{(K_{S4,3} - 0,05) \cdot K_{B8,2}}{K_{S4,3} - 0,05 + K_{B8,2}} \cdot 2,3 \,[\text{mmol}/l]$$

Die Pufferungsintensität sollte über 0,5 mmol/l liegen, mindestens aber 0,2 mmol/l betragen.

pH-Wert-Pufferungskapazität ist die auf das Wasservolumen bezogene Menge an Säure- bzw. Baseäquivalenten, die erforderlich sind, um die pH-Werte 4,3 bzw. 8,2 zu erreichen.

Die *Säurekapazität* wird bestimmt durch die Titration mit Salzsäure mit zumeist c (HCl) = 0,1 mol/l bis zum Erreichen des pH-Wertes 4,3 (= Säurekapazität bis pH 4,3 = $K_{S4,3}$) bzw. 8,2 (= Säurekapazität bis pH 8,2 = $K_{S8,2}$). Die Angabe erfolgt in mmol/l oder mol/m$_3$. Durchführung und Auswertung siehe DIN 38 409-H7-1. Das Titrationsergebnis von $K_{s4,3}$ ist mit dem Begriff „m-Wert" nahezu gleich, und gibt etwa den Hydrogencarbonatgehalt des Wassers wieder. $K_{S8,2}$ entspricht etwa dem „p-Wert". Die Begriffe Säureverbrauch, Alkalität und Acidität sollten nicht mehr verwendet werden, da sie auch falsch gedeutet werden können. Für die mögliche Ausbildung einer schützenden Deckschicht in Eisenwerkstoffen sollte $K_{s4,3}$ > 1 mmol/l sein.

Die *Basekapazität* wird bestimmt durch Titration mit Natronlauge mit zumeist c (NaOH) = 0,1 mol/l bis zum Erreichen des pH-Wertes 4,3 (= Basekapazität bis pH 4,3 = $K_{B4,3}$) bzw. 8,2 (= Basekapazität bis pH 8,2 = $K_{B8,2}$). Die Angabe erfolgt in mmol/l oder mol/m$_3$. Durchführung und Auswertung siehe DIN 38 404-H7-2. Mit guter Näherung kann der „-p-Wert" zu $K_{B8,2}$ bestimmt werden (und entspricht etwa dem Gehalt des Wassers an freier Kohlensäure).

4.1.5.4.30 Summe Erdalkalien (Härte)

Die im Wasser gelösten Erdalkalien Calcium (Ca^{2+}), Magnesium (Mg^{2+}), Barium (Ba^{2+}) und Strontium (Sr^{2+}) verursachen die Härte des Wassers. Da Barium- und Strontiumionen sehr selten auftreten, wird praktisch der Gehalt an Calcium- und Magnesiumionen als Härte angesehen und darauf untersucht. (DIN 38 409, Teil 6 bzw. DEV, H6). Nur in Sonderfällen, z. B. bei Meerwasser, sind Barium und Strontium evtl. zu beachten.

4.1 Wasserbeschaffenheit

Die DIN 32 625 sieht weitere Unterteilungen der Härte nicht mehr vor.
In der Vergangenheit wurde der Anteil an Erdalkaliionen, der den im Wasser gelösten Carbonat(CO_3^{2-}) und Hydrogencarbonationen (HCO_3^-) äquivalent ist, etwas irreführend als „Karbonathärte" bezeichnet. Auch der Begriff „temporäre Härte" war verbreitet, da diese Härte beim Kochen des Wassers ausfällt. Dementsprechend sprach man von „Nichtkarbonathärte" oder „permanenter Härte", wenn die Calcium- und Magnesiumionen an Sulfate, Nitrate, Chloride, Phosphate und andere Anionen gebunden waren und die Härte beim Kochen erhalten blieb. Die „Karbonathärte" wurde genähert ermittelt durch Titration des Wassers mit Säure bis zum pH 4,3 (entspricht m-Wert) und Multiplikation mit 2,8. Ein Mindestgehalt von ca. 2,8°dH an „Karbonathärte" wird für die Ausbildung der sogenannten „Kalk-Rost-Schutzschicht" für erforderlich gehalten. Jetzt wird zumeist anstelle der „Karbonathärte" die Säurekapazität bis pH 4,3 oder der m-Wert herangezogen (siehe Abschn. 4.1.4.29).
Die Angabe der Härte hat nach dem „Gesetz über Einheiten im Meßwesen" als Stoffmengenkonzentration Summe Erdalkalien in mmol/l bzw. mol/m^3 zu erfolgen. (Eine Angabe als Massenkonzentration in mg/l ist nicht sinnvoll, da es sich um die Summe von Calcium und Magnesium handelt, deren Moleküle unterschiedliche Massen haben.) Die Angabe in deutschen Härtegraden ist, obwohl in der Praxis noch sehr verbreitet, ebenso veraltet wie die Einheit mval/l. Umrechnungen, auch für ältere ausländische Härteangaben, sind aus der **Tab. 4-29** ersichtlich.

Tab. 4-29: Umrechnung der Härtenangaben in mmol/l in ältere in- und ausländische Härteangaben (nach DEV H6)

	Härte $c(Ca^{2+}+Mg^{2+})$ in mmol/l	Härte in mval/l	$CaCO_3$ in ppm	°d	°e	°f	°a
Härte $c(Ca^{2+}+Mg^{2+})$ in mmol/l	1	2	100	5,6	7,0	10,00	5,85
Härte in mval/l	0,5	1	50	2,8	3,51	5,00	2,925
$CaCO_3$ in ppm	0,01	0,02	1	0,056	0,070	0,10	0,05828
1 deutscher Grad °d	0,1786	0,357	17,85	1	1,250	1,786	1,041
1 englischer Grad °e	0,1425	0,285	14,29	0,7999	1	1,429	0,8324
1 französischer Grad °f	0,10	0,2	10,00	0,5599	0,700	1	0,5828
1 amerikanischer Grad °a	0,17416	0,342	17,16	0,961	1,201	1,716	1

Weitere Angaben für Umrechnungen:
1 mmol/l an Ca^{2+} = 40,08 mg/l an Ca^{2+} = 56,08 mg/l an CaO
1 mmol/l an Mg^{2+} = 24,305 mg/l an Mg^{2+}
1°dH = 7,1 mg/l an Ca^{2+} = 10 mg/l an CaO = 17,8 mg/l an $CaCO_3$
1°dH = 4,28 mg/l an Mg^{2+} = 7,14 mg/l an MgO

Die in der Natur vorkommenden Wässer sind außerordentlich unterschiedlich in ihrem Gehalt an Erdalkaliionen (Härte). Reines Niederschlagswasser ist sehr weich, löst aber beim Durchfließen der Bodenschichten je nach geologischer Situation und Kohlensäuregehalt mehr oder weniger Härtebildner. Bodenformationen mit geringen härtebildenden Bestandteilen, Urgebirge, Granit, kieseliger Buntsandstein usw. liefern Wasser mit geringen Härtegraden (0–4), Bodenformationen aus Kalk, Dolomit, Weißjura, Alpen-Kalkschotter usw. mittelhartes bis ziemlich hartes Wasser (12–18°dH), Bodenformationen, die viel Gips enthalten, z. B. mittlerer Muschelkalk, Gipskeuper usw. liefern Wasser mit Härtegraden bis über 100°dH.
Mülldeponien können neben sonstigen Verunreinigungen des Grundwassers auch zu einer starken Erhöhung der Wasserhärte führen.
Gemäß Waschmittelgesetz sind die Wasserversorgungsunternehmen verpflichtet, ihren Kunden den Härtebereich des abgegebenen Wassers zu nennen. Damit sollen Überdosierungen von Waschmitteln mit den entsprechenden negativen Auswirkungen auf die Abwasserbelastung und die Gewässer vermieden werden.
Gesundheitlich bedenklich sind natürlich bedingte hohe Wasserhärten prinzipiell nicht. Es gibt im Gegenteil Hinweise, dass weiches Wasser Herzerkrankungen und Zahnschäden begünstigen könnte.

Vom Verbraucher werden 10°dH bis 15°dH zumeist am angenehmsten empfunden, während sehr weiches Wasser fad schmeckt. Hartes Wasser hat im Haushalt den Nachteil, dass es beim Erhitzen über 60 °C Kesselstein (Kochtöpfe, Badeboiler, Kaffeemaschinen, Warmwasserheizungen) bildet, den Seifenverbrauch erhöht, Gewebe brüchig macht, Fleisch und Hülsenfrüchte beim Kochen nicht mehr weich werden lässt. Für technische Zwecke ist häufig sehr weiches Wasser erforderlich, z. B. Kesselspeisung bei Kesseldrücken bis 40 bar Gesamthärte unter 0,05°dH, Gerbereien, Färbereien, Wäschereien usw. Bei Brauereien ist dagegen härteres Wasser erwünscht.

Zur zentralen (im Wasserwerk) bzw. dezentralen (beim Verbraucher) *Enthärtung* des Wassers gibt es mehrere Verfahren, die im Abschnitt zur Trinkwasseraufbereitung (Abschn. 4.2.5.8) dargestellt sind. Vor dem Einsatz einer Enthärtung sollte bedacht werden, dass außer den Kosten je nach Enthärtungsverfahren u. U. andere Stoffe (z. B. Natrium) verstärkt in das Wasser eingetragen werden, die gesundheitlich bedenklicher sind als die Erdalkaliionen, dass die bei der Regenerierung der Enthärtungsanlagen eingesetzten Chemikalien für Abwasser und Gewässer problematisch sein können und zu weiches Wasser die Korrosion fördert bzw. Nachbehandlung erforderlich ist.

Tab. 4-30: Härtebereich nach dem Waschmittelgesetz

Härtebereich	Bezeichnung der Härtestufe	Wasserhärte in °dB	Summe Erdalkalien mmol/l
1	weich	0 bis 7	0 bis 1,25
2	mittel	7 bis 14	1,25 bis 2,5
3	hart	14 bis 21	2,5 bis 3,75
4	sehr hart	über 21	über 3,75

Das Umweltbundesamt und der Deutsche Verein des Gas- und Wasserfaches (DVGW) warnen deshalb vor der überzogenen Tendenz zur Enthärtung des Wassers.
Die Zweckmäßigkeit einer zentralen Enthärtung sollte geprüft werden, wenn die Summe Erdalkaliionen 3,8 mmol/l (entsprechend 21°dH) übersteigt, in Sonderfällen (große Wasserwerke) evtl. auch schon ab 3 mmol/l.
Mischwasserprobleme bedürfen einer gesonderten Betrachtung (DVGW-Arbeitsblatt W 216).
Eine dezentrale Enthärtung beim Verbraucher ist, abgesehen von Sonderfällen, für den Kaltwasserbereich zumeist überflüssig. Im Warmwasserbereich können die Probleme minimiert werden, wenn Temperaturen von ca. +60 °C nicht überschritten werden.
In Betracht kommt gegen die Kesselsteinbildung auch die Dosierung von Chemikalien (Polyphosphaten), womit keine Enthärtung, sondern nur eine Stabilisierung der Härtebildner erreicht wird. Die negativen Auswirkungen des Phosphateintrags in das Abwasser und in die Gewässer dürfen dabei nicht übersehen werden.
In ihrer Wirkung sehr umstritten sind die zahlreich angebotenen Geräte zur physikalischen (magnetischen) Wasserbehandlung, die ebenfalls die Kesselsteinbildung verhindern sollen (siehe dazu auch Abschn. 4.2.8.5).
Die DIN 1988, Teil 7, gibt bzgl. zweckmäßiger Maßnahmen gegen Steinbildung die Orientierung gemäß **Tab. 4-31**.
Bei sehr weichem Wasser kann eine Aufhärtung, meist im Zusammenhang mit der Entsäuerung, zweckmäßig sein, um die für die Deckschichtbildung bei Rohren aus Eisenwerkstoffen und verzinktem Stahl erforderlichen Mindestkonzentrationen an Calciumionen (> 20 mg/l) und Hydrogencarbonat ($K_{S4,3}$ > 1 mmol/l) zu erreichen.

Tab. 4-31: Wasserbehandlungsmaßnahmen zur Vermeidung von Steinbildung in Abhängigkeit von Calcium-Massenkonzentration und Temperatur (nach DIN 1988, Teil 7)

Calcium-Massenkonzentration mg/ol	Maßnahmen bei $\leq 60\,°C$	Maßnahmen bei $\geq 60\,°C$
< 80 (ca. Härtebereich 1 und 2)	keine	keine
80 bis 120 (ca. Härtebereich 3)	keine oder Stabilisierung oder Enthärtung	keine oder Stabilisierung oder Enthärtung
> 120 (ca. Härtebereich 4)	keine oder Stabilisierung oder Enthärtung	Stabilisierung oder Enthärtung

4.1.5.4.31 Kohlensäure (CO_2), anorganischer Kohlenstoff

Historisch bedingt wird die Bezeichnung „Kohlensäure" zumeist auch dann verwendet, wenn es sich eigentlich um CO_2 oder andere Formen des anorganischen Kohlenstoffs handelt.
Kohlensäure (H_2CO_3) ist die in natürlichen Wässern wichtigste Säure. Sie entsteht vorrangig beim Lösen von gasförmigem Kohlenstoffdioxid (CO_2) aus der freien Atmosphäre und der Bodenluft im Wasser. Auch beim Abbau organischer Stoffe, z. B. bei planktonreichem Oberflächenwasser, kann Kohlenstoffdioxid entstehen. Im Wasser liegt sie in freier und gebundener Form vor. Wenn sich Kohlendioxid (CO_2) im Wasser löst, wird zuerst durch Reaktion mit den Wassermolekülen (H_2O) Kohlensäure (H_2CO_3) gebildet. Diese dissoziiert, es entstehen Hydroniumionen (H_3O^+), vereinfacht zumeist als H^+-Ionen in Reaktionsgleichungen dargestellt, sowie Hydrogenkarbonationen (HCO_3^-), auch Bikarbonationen genannt und Karbonationen (CO_3^{2-}), auch als Monokarbonationen bezeichnet. Reaktionsgleichungen:

$$CO_2 + H_2O \rightleftarrows H_2CO_3$$
$$H_2CO_3 \rightleftarrows H^+ + HCO_3^-$$

→ 1. Dissoziationsstufe

$$\frac{[H^+] \cdot [HCO_3^-]}{[CO_2]} = K_1$$

$$CO_2 + H_2O \rightleftarrows H^+ + HCO_3^-$$

→ 2. Dissoziationsstufe

$$HCO_3^- \rightleftarrows H^+ + CO_3^-$$

$$\frac{[H^+] \cdot [CO_3^{2-}]}{[HCO_3^-]} = K_2$$

Die Dissoziationskonstanten K sind abhängig von Temperatur, Ionenstärke und Druck.
Die Lage der Reaktionsgleichgewichte, d. h. der Anteil der einzelnen Kohlensäureformen CO_2, $HHCO_3^-$ und CCO_3^{2-} an der Konzentrationssumme, ist für eine bestimmte Temperatur vorrangig vom pH-Wert abhängig. **Abb. 4-13** zeigt, dass bei sehr niedrigen pH-Werten (unter 5) praktisch nur gelöstes Kohlenstoffdioxid vorliegt. Mit zunehmenden pH-Werten nimmt der Anteil freier Kohlensäure (CO_2) ab und der HCO_3-Anteil zu, bei sehr hohen pH-Werten (größer 12) ist die Kohlensäure nur noch in Karbonatform vorhanden.
Die Konzentration an freier Kohlensäure bestimmt (neben der Temperatur) in starkem Maße die Löslichkeit von Calciumcarbonat: $[Ca^{2+}] \cdot [CO_3^{2-}] = L_{CaCo3}$
Ein Überschreiten dieses Löslichkeitsproduktes, dessen Wert für $CaCO_3$ bei einer Temperaturerhöhung des Wassers niedriger ausfällt, kann zu dem in Anlagen und Leitungen sehr störenden Kalkausfall führen und hat z. B. die Verkalkung von Kaffee- und Waschmaschinen zur Folge. Ein Unterschreiten macht das Wasser kalkaggressiv, d. h. es löst vorhandenes Calciumcarbonat. Zementhaltige Werkstoffe sind gefährdet, in metallischen Rohrleitungen wird die Ausbildung einer schützenden Deckschicht verhindert, wodurch die Korrosion insbesondere bei wenig gepuffertem Wasser mit höherem Kohlensäuregehalt stärker wirken kann. Dabei können auch gesundheitsgefährdende Stoffe aus den Werkstoffen in Lösung gehen, z. B. Schwermetalle, weshalb die Einstellung eines pH-Wertes

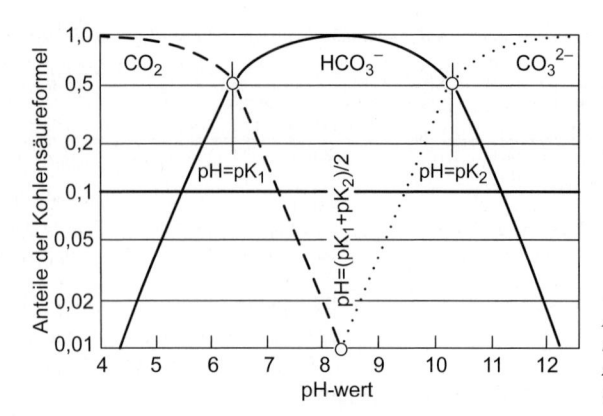

Abb. 4-13: Anteile der „Kohlensäureformen" CO_2, HCO_3^- und CO_3^{2-} an der Konzentrationssumme, berechnet für 25 °C (nach DVGW Nr. 205 – Rohmann)

der Calciumcarbonatsättigung im Trinkwasser sinnvoll ist, zumindest aber zulässige Calcitlösekapazitäten nicht über- und geforderte pH-Werte nicht unterschritten werden dürfen (siehe pH-Wert und **Tab. 4-39**). Bei unzulässigen Abweichungen ist eine physikalische oder chemische Entsäuerung des Wassers notwendig (siehe Abschn. 4.2.5.2 und DVGW-Arbeitsblatt W 214).

Für den menschlichen Organismus sind die im Wasser vorhandenen Konzentrationen an Kohlensäure keinesfalls gesundheitsschädlich, der Genuss kohlensäurehaltigen Wassers wird zumeist als angenehm empfunden.

Tillmans hat bereits 1912 wesentliche Untersuchungen zum Kohlensäure System durchgeführt, deren Ergebnisse in der Form des sog. „Kalk-Kohlensäure-Gleichgewichts" umfangreiche Verbreitung in der Praxis gefunden haben. Heute weiß man u. a., dass das KKG weder eine notwendige noch eine hinreichende Randbedingung für die Korrosionsvermeidung darstellt und die Tillmanskurven nur für Modellösungen gelten. Genähert gilt aber weiterhin, dass zum in Lösunghalten von einer bestimmten Menge an $CaCO_3$ auch eine bestimmte Menge an freier zugehöriger CO_2 erforderlich ist, und zwar zunehmend mit dem Gehalt des Wassers an Calciumhydrogencarbonaten und mit steigender Temperatur (**Abb. 4-14**).

Die zugehörige Kohlensäure wird unter Beachtung der Ionenstärke, deren exakte Ermittlung eine Vollanalyse des Wassers mit übereinstimmender Ionenbilanz erfordert, nach der von Hässelbarth korrigierten Tillmansschen Gleichung berechnet. Ist nun weitere Kohlensäure vorhanden, wurde diese als „überschüssig" bzw. „aggressiv" bezeichnet. Kalkaggressiv ist nur ein Teil davon, da sich durch die Lösung von $CaCO_3$ beim Kalkangriff die erforderliche zugehörige CO_2 erhöht. Die in den Hydrogencarbonaten und Carbonaten enthaltene Kohlensäure ist „gebundene".

Ein Wasser, dessen Gehalt an freier Kohlensäure gleich der zugehörigen Menge ist, wurde als im KKG befindlich bezeichnet. Bei zu geringem Gehalt an freier Kohlensäure kann es zu Kalkausfall kommen, bis durch die dabei freiwerdende Kohlensäure der Gleichgewichtszustand wieder hergestellt ist. Ist mehr freie Kohlensäure als zugehörig vorhanden, dann ist das Wasser kalkaggressiv und strebt durch Lösung von Kalk wieder den Gleichgewichtszustand an. Wird im Gleichgewichtszustand befindliches Wasser erwärmt, fällt Kalk aus, da mehr zugehörige CO_2 erforderlich ist (**Abb. 4-14**). Erkaltet dieses Wasser wieder, ist der Gehalt an freier CO_2 zu hoch, es ist kalkaggressiv.

Bei der Mischung von Wässern unterschiedlicher Beschaffenheit ist zu beachten, dass aus zwei Gleichgewichts-Wässern ein Wasser entstehen kann, das sich nicht im Gleichgewicht befindet (siehe Abschn. 4.2.6.4 und DVGW-Arbeitsblatt W 216). Die Konzentrationen der Kohlensäureformen können näherungsweise wie folgt berechnet werden (siehe zur Erklärung auch Abschn. 4.1.5.4.29):

4.1 Wasserbeschaffenheit

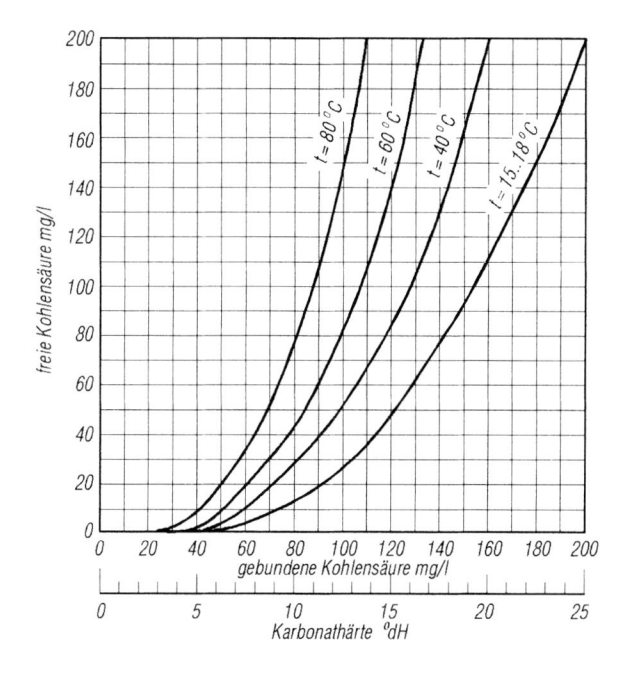

Abb. 4-14: Zugehörige freie Kohlensäure bei verschiedenen Temperaturen nach Tillmans (Modellwasser)

- wenn der pH-Wert des Wassers zwischen 4,3 und 8,2 liegt:
  - so genannte „freie" Kohlensäure
    $c(CO_2)$ in mmol/l $\cong -p \cong K_{B8,2}$
    in mg/l $\cong K_{B8,2} \cdot 44$
  - so genannte „halbgebundene" Kohlensäure
    $c(HCO_3^-)$ in mmol/l $\cong m \cong K_{S4,3} - 0{,}05$
  - so genannte „ganzgebundene" Kohlensäure
    $c(CO_3^{2-})$ in mmol/l $\cong 0$
- wenn der pH-Wert des Wassers über 8,2 liegt:
  - $c(CO_2) \cong 0$
  - $c(HCO_3^-)$ in mmol/l $\cong m - 2p \cong K_{S4,3} - 0{,}05 - 2K_{S8,2}$
  - $c(CO_3^{2-})$ in mmol/ $\cong p \cong K_{S8,2}$.

(Mit 0,05 wird die zusätzliche H$^+$-Inonenmenge berücksichtigt, die immer – selbst bei chemisch reinem Wasser – zur Senkung des pH-Wertes auf 4,3 bei der Titration erforderlich ist.)
Die Summe des anorganisch gebundenen Kohlenstoffs im Wasser ergibt sich in mmol/l als

$$c(C) = c(CO_2) + c(HCO_3^-) + c(CO_3^{2-})$$

bzw. bei pH 4,3 bis 8,2 $\quad = K_{s4,3} + K_{B8,2} - 0{,}05$

4.1.5.4.32 Summen- und Gruppenparameter für organische Stoffe

Die genäherte Erfassung der organischen Stoffe mittels Summen- und Gruppenparametern ist oft weniger aufwendig und teils leichter automatisierbar als die Bestimmung der sehr zahlreichen unterschiedlichen organischen Einzelstoffe. Deshalb werden diese Parameter auch gern zur Kontrolle und Bewertung von Verfahrensstufen der Wasseraufbereitung herangezogen.

TOC (*T*otal *O*rganic *C*arbon) in mg/l C: umfasst den gesamten organisch gebundenen Kohlenstoff, also den echt gelösten, kolloidalen und suspendierten Anteil, der im Wasser vorhandenen organischen Stoffe. Die neue TrinkwV [21] sieht den TOC als Indikatorparameter vor, ohne aber einen Maximalwert vorzugeben. Höhere Werte sind unerwünscht, da dann eine verstärkte Vermehrung von Mikroorganismen, die Bildung unerwünschter Desinfektionsnebenprodukte sowie der Ausschluss des Installationswerkstoffes Kupfer (siehe **Tab. 4-39**) eintreten kann.

DOC (*D*issolved *O*rganic *C*arbon) in mg/l C erfasst den Kohlenstoffanteil der im Wasser gelöst vorliegenden organischen Stoffe. Über den viel verwendeten Summenparameter DOC werden sowohl natürliche Wasserinhaltsstoffe als auch anthropogene Schadstoffe erfasst, weshalb eine Aussage bzgl. eventueller Verunreinigungen erst nach weiteren Untersuchungen bzw. Vergleich mit bisherigen Werten möglich ist.

In dem in der Bundesrepublik zur Trinkwasserversorgung genutzten Grund- und Oberflächenwasser liegen die DOC-Konzentrationen zumeist zwischen 0,5 und 10 mg/l, wobei höhere Werte auf Huminstoffe oder Verunreinigungen hinweisen.

CSB (*C*hemischer *S*auerstoff-*B*edarf) in mg/l O_2 ist ein Maß für die chemisch oxidierbaren organischen Stoffe. Angegeben wird der zur Oxidation verbrauchte Sauerstoffanteil des Oxidationsmittels. Auf das Ergebnis nimmt neben der tatsächlichen Konzentration der organischen Stoffe auch die erreichbare Vollständigkeit der Oxidation Einfluß, d. h. Art dieser Stoffe und des Oxidationsmittels u. a. sowie mitoxidierter anorganischer Substanzen.

Als Oxidationsmittel kommen prinzipiell Kaliumpermanganat und Kaliumdichromat in Frage, wobei nach der durch die TrinkwV erfolgten Festlegung des Parameters „Oxidierbarkeit" auf $KMnO_4$, der „CSB" nur mit Kaliumdichromat ($K_2Cr_2O_7$) verknüpft werden sollte.

BSB (*B*iochemischer *S*auerstoff-*B*edarf) in mg/l O_2 ist ein Maß für die Summe der biochemisch abbaubaren organischen Wasserinhaltsstoffe und somit in der Abwasserreinigung von großer Bedeutung, während er in der Wasserversorgung kaum Anwendung findet. Angegeben wird der unter definierten Bedingungen von den Mikroorganismen zum Abbau der organischen Stoffe benötigte Sauerstoff, wobei die Zeitdauer für die Reaktion (in Deutschland i. d. R. 5 Tage = BSB_5) mit anzugeben ist. Als Kriterien für die biologische Abbaubarkeit von Wasserinhaltsstoffen wurden von Sontheimer CSB/BSB-Quotienten angegeben (**Tab. 4-32**).

Tab. 4-32: Beurteilungskriterien für die biologische Abbaubarkeit von Wasserinhaltsstoffen ([4] – Nr. 205)

CSB/BSB	Charakterisierung
≤ 1,7	Leicht und praktisch vollständig abbaubar
1,7–10	Unvollständiger Abbau Mögliche Ursachen: – verzögerte Abbaureaktion durch langsame mikrobielle Anpassungsvorgänge – Stoffgemische mit nicht abbaubaren Substanzen – Reaktionshemmung durch toxische Stoffe
≥ 10	Kein Abbau wegen – persistenten Verbindungen – Abbauhemmung durch toxische Stoffe

SAK (*S*pektraler *A*bsorptions-*K*oeffizient) in m^{-1}; zur orientierenden Messung gelöster organischer Wasserverunreinigungen kann die Absorption im Bereich der UV-Strahlung herangezogen werden, da zahlreiche organische Stoffe Absorptionsbanden im ultravioletten Licht haben. Wegen der guten Reproduzierbarkeit wird zumeist die Wellenlänge der Quecksilberlampe von 254 nm gewählt, aber auch die Aufnahme von UV-Spektren bzw. anderen festeingestellten Wellenlängen ist möglich.

Da die Messung des SAK einfach und schnell durchführbar ist, wird dieser Charakterisierungsparameter in den Wasserlabors gern genutzt.

AOX (*A*dsorbierbare *o*rg. gebundene *H*alogene) meist in µg/l Cl angegeben; mit dieser Analysenmethode werden die an Aktivkohle adsorbierbaren organischen Halogenverbindungen erfasst. Insbesondere zur Bewertung von Abwassereinleitungen – der AOX ist abgabepflichtiger Parameter gemäß

4.1 Wasserbeschaffenheit

Abwasserabgabengesetz –, aber auch zur Beurteilung von belasteten Fließgewässern ist dieser Parameter zunehmend relevant.

POX (*P*urgeable *O*rganic *H*alogen) stellt den Anteil der flüchtigen organischen Halogenverbindungen dar, die ausblasbar sind.

EOX (*E*xtrahierbare *o*rg. *H*alogene) sind die mit organischen Lösungsmitteln extrahierbaren org. Halogenverbindungen.

Weitere Parameter wie DOS (Org. gebundener Schwefel), DON (Org. gebundener Stickstoff) u. a. siehe Spezialliteratur.

4.1.5.4.33 Sauerstoff

Ein hoher Gehalt an freiem, gelöstem Sauerstoff, d. i. geringes Sauerstoffdefizit, zeigt eine gute hygienische Wasserbeschaffenheit an, denn es beweist, dass oxidierbare Stoffe wie Eisen, Mangan, Stickstoffverbindungen aus natürlichen und künstlichen Dungstoffen, Bakterien, organische Verunreinigungen u. a. bereits oxidiert sind.

Für die Bildung einer schützenden Deckschicht ist ein Sauerstoffgehalt von ca. 6 mg/l erforderlich. Dies gilt jedoch nur für Kaltwasser. Bei Heißwasser ist ein Sauerstoffgehalt sehr schädlich, so dass bei Kesselspeisewässern der Sauerstoff entfernt werden muss. Auch wenn bei Kaltwasser die Voraussetzungen zur Schutzschichtbildung fehlen, ist ein Sauerstoffgehalt korrosionschemisch eher ungünstig.

Quellwässer und oberflächennahe Grundwässer, wenn sie eisen- und manganfrei sind, haben meist einen wesentlich größeren Gehalt an Sauerstoff bis zu 10 mg/l. Bei eisen- und manganhaltigem Grundwasser sowie bei reduzierten Wässern liegt der Sauerstoffgehalt meist unter 2 mg/l. Sauerstoffarme Wässer haben mindestens Spuren von Eisen und Mangan oder können nach längerem Betrieb eisen- und manganhaltig werden. Bei sauerstoffarmen Wässern kann trotz Fehlens von Eisen durch Eisenlösung aus dem Rohrmaterial Wiedervereisung eintreten. Bei der Trinkwasseraufbereitung erfolgt häufig in der ersten Stufe eine Sauerstoffzufuhr, zumeist durch offene Belüftung (siehe „Gasaustausch"), seltener durch Druckbelüftung, da manche Wasserinhaltsstoffe in der oxidierten Form leichter entfernbar oder unproblematischer sind bzw. beteiligte Mikroorganismen Sauerstoff benötigen.

In fließenden Gewässern soll der Sauerstoffgehalt wegen der Fische mind. 2,5 mg/l betragen. Bei der Feststellung des Sauerstoffgehalts ist die gleichzeitige Temperaturmessung wichtig, da hiervon der Sättigungswert abhängt (siehe „Temperatur").

4.1.5.4.34 Redoxspannung

Das Maß des Reduktionsvermögens bzw. Oxidationsvermögens des Wassers wird als Redoxspannung bezeichnet. Es wird in Volt oder mVolt gemessen und ist die elektrische Spannung einer Normal-Wasserstoffelektrode gegenüber dem Wasser bzw. der Lösung. Wenn die Spannung negativ ist, dann überwiegen die Reduktionsmittel, wenn positiv die Oxidationsmittel. Ein Stoff A, der ein höheres positives Redoxpotential hat als B, oxidiert diesen. Das Redoxpotential wird durch die Oxidation der oxidierbaren Inhaltsstoffe verändert. So ist z. B. ein positives Redoxpotential ein Maß für die Oxidation und keimtötende Wirkung des momentan vorhandenen, freien und gebundenen Chlors unter Berücksichtigung der momentan vorhandenen Verunreinigungen. Es ist damit eine einfache Kontrolle von Schwimmbadwasser, Wasser in Rohrnetzen möglich, z. B. Redox < 300 mV Desinfektion nicht ausreichend, Redox > 600 mV Desinfektion ausreichend. Bekannt ist ferner, dass die biologische Brunnenverockerung u. a. ein positives Redoxpotential voraussetzt, z. B. Redoxpotential des quartären Grundwassers der Rednitz bei Fürth + 240 mV.

Eine einwandfreie Messung des Redox-Potentials ist nur bei sauberen, nicht durch Eisen oder sonstige Stoffe belegten Elektroden der Messgeräte möglich. Dies ist besonders bei der automatischen kontinuierlichen Messung zu beachten.

Die Redoxspannung ist temperaturabhängig und kann sich mit dem pH-Wert ändern.

Eine Messung der Redoxspannung zur Desinfektionskontrolle ist dann sehr zu empfehlen, wenn mit einer Änderung des Chlorzehrungspotentials durch algenbürtige Stoffe (Talsperrenwasser) gerechnet werden muss. Weitere Hinweise zur Redoxspannung siehe DVGW-Schriftenreihe Nr. 49.

4.1.5.4.35 Schwefelwasserstoff

Wasser mit Schwefelwasserstoffgehalt (H_2S) hat einen unangenehmen Geruch und ist daher für Trinkwasser nicht ohne Aufbereitung geeignet. Die Entfernung gelingt leicht durch Belüften. Schwefelwasserstoffgehalt kann ein Anzeichen für eine organische Verunreinigung sein. Meist ist der Gehalt aber geologisch-chemisch bedingt, so bei tiefem Grundwasser mit Eisengehalt und Fehlen von Sauerstoff.

4.1.5.4.36 Geschmack

Eine Prüfung des Wassers auf Geschmack ist nur zulässig, wenn keine Infektions- oder Vergiftungsgefahr besteht, und ist stets nach der Geruchsprüfung vorzunehmen. Die neue TrinkwV [21] fordert, dass das Wasser für den Verbraucher annehmbar und ohne anormale Veränderungen sein soll.

Trinkwasser soll frisch, nicht fad, tintig, sauer, süß, bitter und salzig schmecken. Ein Gehalt an Mineralöl oder Benzin in einer Verdünnung von 1:250 000 macht ein Wasser ungenießbar, in einer Verdünnung von 1:1 000 000 ist er noch wahrnehmbar. Ein höherer Gehalt an freier Kohlensäure schmeckt angenehm. Ein Gehalt an Huminsäure (Moorwasser), Eisen und Mangan gibt dem Wasser tintigen Geschmack, ein höherer Gehalt an Chloriden salzigen Geschmack, seuchenhygienisch ist dies zwar nicht bedenklich, die Appetitlichkeit des Wassers wird aber dadurch beeinträchtigt, außerdem sind Verschlammungen und Verkrustungen der Rohrleitungen zu erwarten.

Der Gehalt an Cl soll kleiner als 250 mg/l entsprechend 400 mg/l Kochsalz oder 500 mg/l Chlorcalcium sein. Meerwasser hat einen Gehalt von 18 000 mg/l Cl, Brackwasser entsprechend dem Anteil an Meerwasser weniger. Das Geschmacksempfinden hängt sehr wesentlich von der Gewöhnung ab. Wenn im allgemeinen Wasser mit Cl-Gehalt < 30 mg/l genossen wird, kann ein Gehalt von 250 mg/l bereits unangenehm empfunden werden. Bei dauerndem Genuss von Wasser mit hohem Cl-Gehalt wird ein solcher mit 500–600 mg/l (Bremen) noch als tragbar empfunden. Eine Gesamthärte von 10–15°dH wird als angenehm empfunden.

Die Prüfung wird in der Regel bei einer Wassertemperatur von 8 bis 12 °C vorgenommen. Im Zweifelsfall wird die Probe auf etwa 30 °C erwärmt, weil dann der Geruch deutlicher hervortritt. Die Angabe des Ergebnisses erfolgt qualitativ entsprechend DEV [3] nach:

1. **Intensität**		2. **Art**: a.) allgemein		b.) differenziert	
Geschmack:	ohne	Geschmack:	fade	Geschmack nach	Chlor
	schwach		salzig		Seife
	stark		säuerlich		Fisch
			laugig		u. a
			bitter		
			süßlich		

Tab. 4-33: Geschmack von Wasser mit besonderen Inhaltsstoffen

Geschmack	Wasserbeschaffenheit	Geschmack	Wasserbeschaffenheit
fade	weiche Wässer	metallisch	Blei, Kupfer, Zinkgehalt
salzig	hoher Kochsalzgehalt	faulig widerlich	Verunreinigung
bitterlich	hoher Magnesiumgehalt	moosig, muffig	Moorwasser
laugig	hoher pH-Wert	erdig	Blaualgen
säuerlich	niedriger pH-Wert	fischig	fischig
tintenartig	hoher Eisen- oder Alu.-gehalt		

4.1.6 Zusatzstoffe zur Trinkwasseraufbereitung (Aufbereitungsstoffe)

Bei der Wasseraufbereitung finden zahlreiche Zusatzstoffe Anwendung, hauptsächlich um die einwandfreie Beschaffenheit des Wassers bei der Trinkwasserabgabe gemäß TrinkwV zu sichern und um einer nachteiligen Beeinflussung des Trinkwassers bei der Wasserverteilung vorzubeugen (**Tab. 4-34**).

Tab. 4-34: Bei der Trinkwasseraufbereitung verwendete Aufbereitungsstoffe

Flüssige und gasförmige Aufbereitungsstoffe	
Aluminiumchlorid	Natriumcarbonat
Aluminiumhydroxidchlorid	Natriumchlorid
Aluminiumhydroxid-chloridsulfat(monomer)	Natriumchlorit
Aluminiumsulfat	Natriumdisulfit
anionische und nichtionische Polyacrylamide	Natriumhydrogencarbonat
Calciumhydroxid (Weißkalkhydrat)	Natriumhydrogensulfit
Calciumoxid (Weißkalk)	Natriumhydroxid
Dikaliummonohydrogenphosphat	Natriumperoxodisulfat
Dinatriumdihydrogenphosphat	Natriumpolyphosphat
Dinatriummonohydrogenphosphat	Natriumsilikat
Eisen(II)sulfat	Natriumsulfit
Eisen(III)chlorid	Natriumthiosulfat
Eisen(III)chloridsulfat	Natriumtripolyphosphat
Eisen(III)sulfat	Phosphorsäure
Essigsäure	Polyaluminiumchloridhydroxid
Ethanol	Polyaluminiumhydroxidchloridsulfat; -silikat
Kaliumpermanganat	Salzsäure
Kaliumperoxomonosulfat; -monopersulfat	Sauerstoff
Kaliumtripolyphosphat	Schwefeldioxid
Kohlenstoffdioxid	Schwefelsäure
Ozon	Tetrakaliumdiphosphat
Monocalciumphosphat	Tetranatriumdiphosphat
Monokalium-dihydrogenphosphat	Trikaliumphosphat
Mononatrium-dihydrogenphosphat	Trinatriumphosphat
Natriumaluminat	Wasserstoff
	Wasserstoffperoxid
Feste Aufbereitungsstoffe/Filtermaterialien	
Aktivkohle, granuliert	Bentonit
Aktivkohle, pulverförmig	Bims
Thermisch behandelte Kohleprodukte	Granatsand
Aluminiumoxid, aktiviertes, granuliertes	Sand und Kies (Siliziumoxid)
Kieselgur	Mangangrünsand
Perlit, pulverförmig	Mangandioxid; mit M. beschichteter Kalkstein
Aluminiumsilikate, expandierte, (Blähton)	Calciumcarbonat, fest
Anthrazit	Dolomit, halbgebrannter
Eisenumlagertes akt. Al.-oxid	Magnesium, fest
Desinfektionsmittel	
Calciumhypochlorit	Natriumhypochlorit
Chlor	Ozon
Chlordioxid	

Mit dem Zusatz dieser Aufbereitungsstoffe werden nachstehende Ziele verfolgt:
Entfernung von unerwünschten Stoffen aus dem Rohwasser durch die Aufbereitung im Wasserwerk.
Veränderung der Zusammensetzung des fortgeleiteten Wassers zur Einhaltung der Anforderungen an die Beschaffenheit des Wassers für den menschlichen Gebrauch im Verteilungsnetz bis zur Entnahmestelle beim Verbraucher. (Die Anforderungen können über die Anforderungen der Trinkwasserverordnung hinausgehen, zum Beispiel hinsichtlich der korrosionschemischen Eigenschaften.) die Veränderung der Wasserzusammensetzung schließt die weitergehende Aufbereitung zu technischen Zwecken (z. B. Enthärtung) mit ein.
Abtötung bzw. Inaktivierung von Krankheitserregern,
bei der Wasseraufbereitung im Wasserwerk (Primärdesinfektion),
bei der Verteilung des Wassers auf festen Leitungswegen (Sekundärdesinfektion) sowie
bei der Lagerung in Behältern (Sekundärdesinfektion).
Gemäß neuer TrinkwV [21] dürfen zur Trinkwasseraufbereitung nur Stoffe verwendet werden, die vom Bundesministerium für Gesundheit in einer vom Umweltbundesamt erstellten und zu aktualisierenden Liste bekannt gemacht sind. [23]
Für diese Stoffe werden in der Liste Angaben gemacht zu:

- Verwendungszweck; z. B. Chlor und Chlorverbindungen nur zur Desinfektion, nicht zur Oxidation
- Zulässiger Zugabemenge
- Zulässiger Höchstkonzentration im Wasser nach der Aufbereitung
- Evtl. geforderter Mindestkonzentration im Wasser nach der Aufbereitung; z. B. bei Desinfektionsmitteln
- Reinheitsanforderungen der eingesetzten Stoffe

Außerdem werden in dieser Liste die zugelassenen Desinfektionsverfahren dargestellt. (Siehe dazu Abschn. 4.2.5.14 Desinfektion.)

4.1.7 Durchführung der Wasseruntersuchungen

4.1.7.1 Allgemein

In der TrinkwV ist festgelegt, auf welche Parameter und wie häufig ein Trinkwasser in gesundheitlicher Hinsicht zu untersuchen und mit welchen Einheiten das Ergebnis der Untersuchung anzugeben ist. Darüber hinaus können weitere Untersuchungen zur Kontrolle der Rohwasserbeschaffenheitsentwicklung (Vorfeldmessungen) und zur Beurteilung des Wassers aus aufbereitungstechnischer, korrosionschemischer und sonstiger versorgungstechnischer Sicht in Betracht kommen.

Wasseruntersuchungen und die Ergebnisbeurteilung müssen nach den anerkannten Regeln der Technik (siehe z. B. „Deutschen Einheitsverfahren zur Wasser-, Abwasser- und Schlammuntersuchung" (DEV) [3], herausgegeben von der Fachgruppe Wasserchemie in der Gesellschaft Deutscher Chemiker in Gemeinschaft mit dem Normenausschuss Wasserwesen im DIN) von qualifizierten Laboratorien mit Akkreditierung nach DIN EN ISO 17025 durchgeführt werden (siehe auch DVGW-Hinweis W 261). Bei der Durchführung von Analysen sollten die Maßnahmen der „Analytischen Qualitätssicherung (AQS)" eingehalten werden [15].

Analysenverfahren lassen sich bzgl. der Aussagekraft und des erforderlichen Aufwandes etwa wie folgt unterteilen:

Referenzverfahren, wozu die DIN-Verfahren, DEV-Verfahren und sonstige nationale und internationale Normen oder Richtlinien gehören.

Laborvergleichsverfahren, die (überprüft) den Referenzverfahren gleichwertig sind.

Feldmethoden, die außerhalb des Labors eingesetzt werden können und halbquantitative bis quantitative Ergebnisse liefern.

Orientierungstests sind qualitative größenordnungsmäßige Nachweise mit subjektiver Beurteilung.

4.1 Wasserbeschaffenheit

Mit der Vorgabe sehr niedriger Grenzwerte im Mikrogramm-Bereich durch die TrinkwV für Wasserschadstoffe wie PBSM, CKW und Schwermetalle ist der für die Analytik erforderliche Aufwand weiter gestiegen. Hier sind indessen notwendige Voraussetzung z. B. die Gaschromatografie (GC), Hochdruckflüssigkeitschromatografie (HPLC) und Atom-Absorsorptionsspektrometrie (AAS). Die entsprechenden Analysengeräte sind hinsichtlich Beschaffung wie Nutzung sehr aufwendig und kostenintensiv und im allg. nur noch in Zentrallaboratorien vorhanden. In Schwerpunktlaboratorien mit großen Probenserien sind automatisierbare Geräte hilfreich.

Schnellverfahren zur Untersuchung der physikalischen, chemischen Parameter von Wasser sind die kolorimetrischen Verfahren, bei welchen durch Farbvergleich unter Verwendung von Reagenzien-Testsätzen die Konzentration der Inhaltsstoffe ermittelt wird. Hierzu gehören die Teststreifen-Methoden mit relativ geringer Nachweisempfindlichkeit, die visuell kalorimetrischen Verfahren, mit etwas größerer Genauigkeit, und die ziemlich genauen photometrischen Verfahren. Für Voruntersuchungen sind die kolorimetrischen Verfahren gut geeignet, sie können aber die genauen Untersuchungen zumeist nicht ersetzen.

Tab. 4-35: Beispiele für die Anwendung von Betriebsmessgeäten in der Wasseraufbereitung (nach DVGW-W 643)

	1. Temperatur °C	2. pH-Wert	3. Sauerstoff mg/l	4. Trübung TE/F o. FNU	5. Färbung (436 nm) m^{-1} oder mg/l Pt	6. elektrische Leitfähigkeit (25 °C) µS/cm	7. UV-Absorption (254 nm) m^{-1}	8. Chlor, Chlordioxid mg/l	9. Ozon mg/l	10. Redox-Spannung mV	11. Eisen, Mangan, Aluminium mg/l	12. Ammonium mg/l	13. Nitrat mg/l	14. Phosphat, Silikat mg/l	15. TOC, DOC mg/l
Rohwasser-Beschaffenheit	×	×	×	×	(×)	×	×				(×)	×	×	(×)	(×)
Trinkwasser-Beschaffenheit	×	×	×	×		×	×	×		×			(×)	(×)	
Aufbereitungsverfahren															
1. Enteisenung und Entmanganung		×	×	×						(×)	(×)	×			
2. Belüftung	×	×	×												
3. pH-Korrektur mit Chemikalien-Zugabe		×													
4. Ca^{2+}-Verminderung (Enthärtung)		×				×									
5. Ca^{2+}-Zusatz (Aufhärtung)		×			(×)	×									
6. (Teil-)-Entcarbonisierung		×				×									
7. (Teil-)-Entsalzung		×				×									
8. Mikrosiebung				(×)											
9. Flockung und Filtration	×	×		×			×				(×)				(×)
10. Schnellfiltration (Sand)				×			×				(×)				
11. Langsamfiltration			×	×	(×)	×					×				×
12. Absorption			×	×		×									×
13. Ozonung			(×)				×	×	(×)						(×)
14. Dosierung von Chlor oder Chlordioxid			×					×	(×)						
15. Phosphat- oder Silikat														×	
16. Nitrifizierung oder Nitritentfernung	×	×	×	×		(×)			(×)		×	×		×

Zur Überwachung und teils auch zur Steuerung des Wasseraufbereitungsprozesses werden automatisch-kontinuierlich arbeitende, wartungsarme und störunanfällige Betriebsmessgeräte, z. B. für pH-Wert, Trübung, Sauerstoff, Leitfähigkeit. Redoxspannung und UV-Absorption eingesetzt (**Tab. 4-35**). Zur Beurteilung von Rohwässern und Abwässern insbesondere für die Planung und Optimierung von Aufbereitungsverfahren und -anlagen kommen immer häufiger Aufbereitbarkeitstests zur Anwendung, die mit einer analytischen Erfassung verbunden sind. Hierzu zählen z. B. seit langem Flock- und Filtrierbarkeitstests, in neuerer Zeit sind Stripping- und Adsorptionstests hinzugekommen. In allen Fällen ist aber, wie auch bei anderen Labor- und halbtechnischen Versuchen, die Übertragbarkeit der Ergebnisse auf die Großanlage kritisch zu prüfen.

4.1.7.2 Umfang und Häufigkeit der Untersuchungen

Art, Umfang und Häufigkeit der Wasseranalysen sind abhängig von der Aufgabenstellung, der Wasserart, den örtlichen Randbedingungen usw. und somit sehr unterschiedlich. Für die Überwachung des Trinkwassers sieht die neue TrinkwV [21] in der Anlage 4 routinemäßige und periodische Untersuchungen vor und gibt für diese Untersuchungen Anzahl und Umfang für den Regelfall in Abhängigkeit von der Wasserabgabe vor (**Tab. 4-36**).

Tab. 4-36: Umfang und Häufigkeit der Wasseruntersuchungen gemäß Trinkwasserverordnung

Menge des in einem Versorgungsgebiet abgegebenen oder produzierten Wassers in m3/Tag		Routinemäßige Untersuchungen Anzahl der Proben/ Jahr	Periodische Untersuchungen Anzahl der Proben/ Jahr
≤ 3		1 oder nach § 19 Abs. 5 und 6	1 oder nach § 19 Abs. 5 und 6
> 3	≤ 100	4	1
> 1 000	≤ 1 333	8	1 zuzüglich jeweils 1 pro 3 300 m3/Tag
> 1 333	≤ 2 667	12	
> 2 667	≤ 4 000	16	
> 4 000	≤ 6 667	24	
> 6 667	≤ 10 000	36	
> 10 000	≤ 100 000	36 zuzüglich jeweils 3 pro weitere 1 000 m3/Tag	3 zuzüglich jeweils 1 pro 10 000 m3/Tag
> 100 000			10 zuzüglich jeweils 1 pro 25 000 m3/Tag

Routinemäßige Untersuchungen		Periodische Untersuchungen	
Aluminium (Flockung)[1]		*Enterokokken (Anlage 1) [21]*	Benzo(a)pyren
Ammonium		*Benzol (Anlage 2, Teil 1)*	Blei
C. perfringens (Oberflächenwasser)[1]		Bor	Cadmium
Coliforme Bakterien		Bromat	Kupfer
Eisen (Flockung)[1]		Chrom	Nickel
Leitfähigkeit		Cyanid	PAK
E. coli		1,2-Dichlorethan	Trihalogenmethane
Färbung		Fluorid	*Chlorid (Anlage 3)*
Geruch		Nitrat	Mangan
Geschmack		Pestizide	Natrium
Koloniezahl		Quecksilber	TOC
Nitrit (Kleinanlagen, Hausinstallation)[1]		Selen	Oxidierbarkeit
Trübung		Trichlorethen, Tetrachlorethen	*Sulfat*
pH-Wert		*Antimon (Anlage 2, Teil 1)*	*Tritium*[2]
		Arsen	*Gesamtrichtdosis*[2]

Anmerkungen:
[1] nur in den angegebenen Fällen erforderlich
[2] nur in Sonderfällen erforderlich

4.1 Wasserbeschaffenheit

Zur *routinemäßigen Untersuchung* gehören die mikrobiologischen Untersuchungen auf Coliforme Bakterien, E.coli und die Koloniezahl sowie bei Oberflächenwasser auf Clostridium p. und die Untersuchungen auf die Parameter Geruch, Geschmack, Färbung, Trübung, elektr. Leitfähigkeit, pH-Wert, Ammonium; in Sonderfällen auch auf Aluminium, Eisen und evtl. Nitrit.

Bei der *periodischen Untersuchung* sind alle in den Anlagen 1 bis 3 der TrinkwV [21] festgelegten Parameter (siehe **Tab. 4-36**), die nicht unter die routinemäßige Untersuchung fallen, zu untersuchen. Ausnahmen, d. h. Verringerung oder Erweiterung der Untersuchungen, können von der zuständigen Behörde festgelegt werden.

Die Wasserversorgungsunternehmen müssen außerdem mindestens einmal pro Jahr den Gehalt des Trinkwassers an Calcium, Magnesium und Kalium sowie den Wert der Säurekapazität ermitteln. Der Verbraucher ist über die Qualität des ihm zur Verfügung gestellten Trinkwassers sowie über verwendete Aufbereitungsstoffe zu informieren. Dazu gehören auch Angaben, die für die Auswahl der für die Hausinstallation geeigneten Materialien erforderlich sind (**Tab. 4-38** und **4-39**).

Wenn aus Warmwasseranlagen der Hausinstallation Wasser für die Öffentlichkeit bereitgestellt wird, muss gemäß TrinkwV [21] periodisch auch auf Legionellen untersucht werden. Diese Aufgabe, wie auch weitere bzgl. der Überwachung der Wasserbeschaffenheit in der Hausinstallation einschließlich des regelgerechten Zustandes von Nicht-Trinkwasseranlagen obliegt vorrangig dem Gesundheitsamt.

Zur Feststellung der allgemeinen hygienischen Beschaffenheit eines Wassers werden zusätzlich zu den mikrobiologischen Parametern meist auch die Kenngrößen Temperatur, pH-Wert, Leitfähigkeit, Summe Erdalkalien (Härte), Säurekapazität bis pH 4,3 und die so genannten Verschmutzungsindikatoren Nitrat, Nitrit, Ammonium, Chlorid und Oxidierbarkeit erfasst.

Für die Wahl eines Wasservorkommens sind häufigere chem. Untersuchungen der wichtigsten Parameter erforderlich, da die Wasserbeschaffenheit je nach Quellschüttung oder bei verschiedenen Entnahmemengen bei Bohrbrunnen schwanken kann.

Zur Kenntnis des Verhaltens eines Wasservorkommens und zur eingehenden hygienischen Beurteilung sind zunächst häufigere mikrobiologische Untersuchungen notwendig, insbesondere zu Zeiten, die eine erhöhte Gefährdung der Wassergewinnungsanlage bedeuten können, wie nach starken Niederschlägen, Hochwasser, bei erhöhten Entnahmen und damit stärkerer Grundwasserbeanspruchung und zur Zeit der Düngung der Felder.

4.1.7.3 Probenentnahme, Untersuchungen vor Ort

Die Durchführung der Probenahme, die eventuelle Notwendigkeit der Untersuchung vor Ort und der Probenkonservierung sind vor allem abhängig von dem zu analysierenden Parameter.

Festlegungen zur Probenahme aus Trinkwässern im Wasserwerk und im Rohrnetz und aus Rohwässern sind in der DIN 38 402 Teil 14 bzw. DEV A 14 und in DIN EN 25 667 Teil 1 und 2 enthalten. Hinweise für Grundwasser geben auch DVGW-Merkblat W 112 und die DVWK-Regel 128. Für einige Untersuchungen, speziell biologische oder mikrobiologische, die besondere Verfahren der Probenahme erfordern, sind weitere Angaben aus den Normen DIN 38 401 und 38 411, jeweils Teil 1, entnehmbar. Probenkonservierung und -transport sind dargestellt in der DIN 38 402, Teil 21. Einige grundsätzliche Hinweise zur Probenahme sollen nachfolgend gegeben werden:

– Der Probenahmeort ist so zu wählen, dass repräsentative Proben entnehmbar sind, die Probenahmestelle ist dauerhaft zu kennzeichnen.
– Vor der Entnahme der Probe muss das abgestandene Wasser bis zur Temperaturkonstanz ablaufen. (Ausnahmen können beabsichtigte Probenahmen nach Stagnation, z. B. bei der Kupferbestimmung in der Hausinstallation sein.)
– Das Probenvolumen muss für die vorgesehenen Untersuchungen ausreichend sein, wobei bei mehreren vorgesehenen Untersuchungen auch mehrere Probengefäße verwendet werden sollten (z. B. für teilweise Konservierung). Im Allgemeinen sind mind. 2 l aufgeteilt auf mind. 2 Probeflaschen erforderlich.

- Für die Aufbewahrung von Wasserproben sind absolut saubere Flaschen aus farblosem oder braunem Glas, zweckmäßig aus Jenaer Glas, zu verwenden. Glasklare Kunststoffflaschen sind nur bedingt geeignet, da sie alle Kohlenwasserstoffe, wie Mineralöl, auch Pestizide, Kieselsäure, Phosphationen absorbieren können. Als Verschluss eignen sich am besten Glasstopfen. Korkstopfen müssen mit Stanniol umgeben oder in heißes Paraffin getaucht werden. Ungeeignet sind unbehandelte Korkstopfen und Gummiringe.
  Die Probeflaschen müssen sauber gereinigt, am besten ausgekocht sein und sollten mit dem zu beprobenden Wasser mehrfach ausgespült werden.
- Wasserproben aus gefassten Quellen sind am Quellschacht zu entnehmen. Ungefasste Quellen sind mind. 1 Tag vor der Probeentnahme sorgfältig zu reinigen und so herzurichten, dass die Probe unmittelbar am Quellaustritt ohne Verunreinigung durch Erde, Sand, Schlamm oder Pflanzen entnommen werden kann.
- Wasserproben aus Brunnen sind unmittelbar am Brunnenkopf zu entnehmen, so dass dort immer, auch bei der Vorbereitung zu Pumpversuchen, ein Entnahmehahn anzuordnen ist. Vor der Probeentnahme muss der Brunnen zum Entfernen des in der Steigleitung und im Brunnen stagnierenden Wassers abgepumpt werden, mind. aber auf die Dauer von 15 Minuten. I. a. erfolgt aber die Probeentnahme am Ende eines mehrstündigen Pumpversuchs.
- Wasserproben aus Oberflächenwässern, Flüssen, Seen, Talsperren, müssen mittels Spezialgeräten entnommen werden, da hier meist Proben aus verschiedenen Tiefen untersucht werden müssen.
- Das Füllen der Probeflaschen ist unter Luftabschluss durchzuführen. Hierzu wird über den Entnahmehahn ein klarer Plastikschlauch gezogen, der bis auf den Boden der Probeflasche reicht. Zunächst wird das Wasser etwa 15 Minuten lang frei ablaufen gelassen, dann die Probeflasche langsam ohne Luftblasenbildung so lange unter Überlaufen gefüllt, bis sich der Inhalt der Probeflasche mehrmals erneuert hat. Die Flasche wird so voll gefüllt, daß nach Aufbringen des Stopfens keine Luftblase in der Flasche ist.
  Bei großen Entnahmevorrichtungen wird zweckmäßig ein überstauter Trichter verwendet, an dessen Ende ein Plastikschlauch zum Füllen der Probeflasche angebracht ist.
- Die Probeflaschen müssen genau bezeichnet werden, zweckmäßig ist ein Probenahmeprotokoll. Anzugeben sind mindestens:

Tab. 4-37: Angaben zu durchgeführten Probenahmen

Ort und Name der Probenahmestelle, mit Koordinaten und alle anderen wichtigen ortsbezogenen Informationen;
Einzelheiten über die Probenahmestelle
Entnahmedatum
Probenahmetechnik
Entnahmezeit
Name des Probenehmers
Witterungsbedingungen
Art der Vorbehandlung
Zugesetzte Konservierungs- und Stabilisierungsmittel
Vor Ort ermittelte Daten

Bei einer eventuellen chemischen Konservierung der Proben (zumeist Ansäuerung auf $pH < 2$) darf das Konservierungsmittel keinen Einfluss auf die zu bestimmenden Parameter haben. Häufig ist aber als Konservierung die (lichtgeschützte) Kühlung der Proben ausreichend. Die Transportzeit ist möglichst kurz zu halten.

Mikrobiologische Probeentnahme:
Die Proben müssen mit großer Sorgfalt entnommen werden, damit keine Verunreinigung durch die Entnahme selbst erfolgt. Vor der Entnahme muss der Entnahmehahn durch Abbrennen keimfrei gemacht werden, für den Transport der Wasserproben werden sterilisierte Glasflaschen verwendet, die

4.1 Wasserbeschaffenheit

beim Füllen am oberen Rand und am Glasverschluss nur mit einer steril gemachten Kneifzange gefasst werden dürfen. Da bei normaler Temperatur die Keimzahlen rasch ansteigen, werden die Wasserproben gekühlt möglichst schnell zu der mikrobiologischen Untersuchungsanstalt transportiert. Die Entnahme von Wasserproben für die mikrobiologische Untersuchung sollte daher nur durch die Gesundheitsämter oder sonstige hygienische Sachverständige erfolgen.

Die mikrobiologische Untersuchung von Wasserproben aus Quellen vor deren sachgemäßer Fassung und aus Brunnen vor deren Ausbau oder unmittelbar nach dem Ausbau liefert keine verwertbaren Ergebnisse, da hier das Wasser noch unmittelbaren Verunreinigungen, z. B. durch den Bau selbst, ausgesetzt war. Vor Ausbau einer Wasserfassung muss sich die hygienische Beurteilung im wesentlichen auf die Geländebeurteilung unter Berücksichtigung der geo-hydrologischen Verhältnisse beschränken. Nach Ausbau der Fassung muss eine intensive Entkeimung aller Anlageteile zur Beseitigung der Bauverunreinigungen durchgeführt werden, nach deren Abklingen die mikrobiologische Untersuchung vorgenommen wird.

Anforderungen an medizinisch-mikrobiologische Laboratorien enthält die DIN 58956. Empfehlungen gibt auch die DVGW-Informationen Nr. 32.

Untersuchungen am Probenahmeort:
Sie sind für Parameter erforderlich, die sich durch den Probentransport verändern könnten. Dies sind z. B. Temperatur, pH-Wert, elektr. Leitfähigkeit, gelöste Gase (Sauerstoff, Kohlenstoffdioxid, Schwefelwasserstoff), evtl. auch Redoxspannung, Säure- und Basekapazität bis pH 8,2. Außerdem sind bereits bei der Probenahme qualitativ die Wahrnehmungen bzgl. Färbung, Trübung, Geruch, Geschmack (nur bei Trinkwasserqualität) und evtl. Bodensatz festzuhalten.

4.1.7.4 Ergebnisangabe

Nach DIN 38 402, Teil 1, sind Ergebnisse von Wasseranalysen wie folgt anzugeben:

a.) Qualitative Angaben: mit Ziffern
Ziffer *Bedeutung*
1 nicht wahrnehmbar
2 wahrnehmbar
3 stark wahrnehmbar

b.) Quantitative Angaben: in gesetzlichen Einheiten
– in der Regel als Massenkonzentration in mg/l oder µg/l (1 mg/l = 10^{-3} g/l; 1 µg/l = 10^{-6} g/l)
– anorganische Summenparameter wie Säure-, Basekapazität, Härte als Stoffmengenkonzentration in mmol/l
– oder nach Angabe in der Parameterliste der DEV (A2)

c.) Nicht untersuchte Parameter: n. a. (nicht analysiert)

In der Praxis der Wasseranalytik sind weitere Kurzbezeichnungen gebräuchlich wie „n. b." für nicht bestimmt, „<" für kleiner als ... (Bestimmungsgrenze des Verfahrens), „o. B." für ohne Befunde, Spuren u. a. Die Angabe „n. n." (nicht nachweisbar) sollte nur in Verbindung mit der Bestimmungsgrenze des Verfahrens erfolgen, z. B. „n. n." (< 0,01 mg/l), da diese verfahrensabhängig ist. Im Analysenformular sollte der für die Ergebnisangabe bei dem Parameter jeweils vorgesehene Raum nicht unausgefüllt bleiben.

4.1.7.5 Beurteilung der Wasserbeschaffenheit einschließlich Korrosivität

Die Beurteilung einer Wasseranalyse muss sich nach dem Zweck der Untersuchung richten. Bei der *Kontrolle der Trinkwasserbeschaffenheit* sind die Vorschriften der Trinkwasserverordnung [21] maßgebend (siehe Abschn. 4.1.4).

Die hygienische *Beurteilung eines Rohwassers* bzgl. der Eignung zur Trinkwasserversorgung sollte, besonders bei Oberflächenwasser, zusätzlich zu den mikrobiologischen und physikalisch-chemischen Parametern auch die biologische Beschaffenheit (Algen, Kleinlebewesen usw.) beinhalten. Der chemische

Untersuchungsbefund gibt in hygienischer Hinsicht ein Durchschnittsbild der Beschaffenheit des Wassers, der mikrobiologische Befund ein Momentanbild, der biologische Befund ein Langzeitbild und ergänzt somit den mikrobiologischen Befund. Die Ortseinsichtnahme und die hydrogeologischen Angaben, wie: geologische Formation des Grundwasserleiters, Lage des Grundwasserspiegels unter Gelände, Fließrichtung und Fließgeschwindigkeit des Grundwassers, Filterwirkung der Deckschichten, ermöglichen die Beurteilung der Herkunft des Wassers und der im Wasser enthaltenen Stoffe. Zur hygienischen Beurteilung gehört auch die Festlegung der Schutzgebietsgröße.

Bei Untersuchungen an Vorfeldmessstellen ist meist die längerfristige Tendenz von Schadstoffkonzentrationen im Rohwasser von Interesse, um rechtzeitig entsprechende Maßnahmen im Einzugsgebiet einleiten zu können bzw. den Erfolg laufender Sanierungsmaßnahmen zu kontrollieren. Schadstoffhavarien erfordern Untersuchungen des Wassers und Beurteilung in kürzeren Abständen.

Die Beurteilung der Wasserbeschaffenheit aus technischer Sicht bezieht sich insbesondere auf die *korrosionschemischen Eigenschaften des Wassers* (**Tab. 4-38** und **Tab. 4-39**) und sonstige verwendungsbezogene Aspekte. Die Korrosivität, die bei einigen Werkstoffen aufgrund der erhöhten Schwermetall-Lösung u. eventuellen Freisetzung von Asbestfasern auch eine hohe gesundheitliche Relevanz hat, wird abschätzbar über Analysenparameter wie Calcitlösekapazität, pH-Wert, pH-Wert nach $CaCO_3$-Sättigung, Pufferung, Säurekapazität bis pH 4,3 und Basekapazität bis pH 8,2,

Tab. 4-38: Parameter zur Beurteilung der wasserseitigen Einflussgrößen auf die korrosionsbedingte Veränderung der Trinkwasserbeschaffenheit (nach DIN 50 930-6)

Bezeichnung der Probe:		
Ort der Probennahme:		
Datum der Probennahme:		

Parameter	Einheit	Verfahren nach
Wassertemperatur	°C	DIN 38404-4[a]
pH-Wert		DIN 38404-5[a]
pH-Wert der Calcitsättigung		DIN 38404-10
spezifische elektrische Leitfähigkeit	µS/cm	DIN EN 27888[a]
Säurekapazität bis pH = 4,3 ($K_{S\,4,3}$)	mol/m³	DIN 38409-7
Basekapazität bis pH = 8,2 ($K_{B\,8,2}$)	mol/m³	DIN 38409-7[a]
Summe Erdalkalien	mol/m³	DIN 38409-6
Calcium-Ionen	mol/m³	DIN 38406-3
		DIN EN ISO 11885
Magnesium-Ionen	mol/m³	DIN 38406-3
		DIN EN ISO 11885
Natrium-Ionen	mol/m³	DIN 38406-14
Kalium-Ionen	mol/m³	DIN 38406-13
Chlorid-Ionen	mol/m³	DIN 38405-1
Nitrat-Ionen	mol/m³	DIN 38405-9
Sulfat-Ionen	mol/m³	DIN 38405-5
Phosphor verbindungen[b,c]	g/m³	DIN EN 1189
		DIN EN ISO 11885
Siliciumverbindungen[b,d]	g/m³	DIN 38405-21
		DIN EN ISO 11885
Organischer Kohlenstoff (TOC)	g/m³	DIN EN 1484
Aluminium	g/m³	DIN 38406-9
		DIN 38406-25
		DIN EN ISO 11885
Sauerstoff	g/m³	DIN EN 25813[a]
		DIN EN 25814[a]

[a] Messung muss am Probenahmeort erfolgen.
[b] Bei zentraler Dosierung von Phosphor- und Siliciumverbindungen ist eine differenzierte Angabe der Verbindungen notwendig.
[c] Angabe als P
[d] Angabe als Si

4.1 Wasserbeschaffenheit

Tab. 4-39: Voraussetzungen für eine geringe Korrosionswahrscheinlichkeit bei metallischen Werkstoffen (in Anlehnung an DIN 50 930 und DIN EN 12 502)

Werkstoff Kriterium	Unlegierte und niedriglegierte Eisenwerkstoffe	Verzinkte Eisenwerkstoffe	Nichtrostende Stähle	Kupfer und Kupferwerkstoffe
Basekapazität $K_{B\,8,2}$ (freies CO_2)	k.A.	< 0,5 mmol/l* (< 22 mg/l) bzw.	Keine Anforderungen*	≤ 1 mmol/l (≤ 44 mg/l)
pH-Wert	> 7,0	≥ 7,3 (bei $K_{S\,4,3}$ ≤ 5 mmol/l)	k.A.*	≥ 7,4 oder 7,0 bis 7,4* und TOC ≤ 1,5 mg/l
Säurekapazität $K_{S\,4,3}$ (Hydrogencarbonate)	> 2 mmol/l*	> 1 mmol/l*, besser > 2 mmol/l	k.A.	Mögl. hoch
Sauerstoff	> 3,0 mg/l* (oder < 0,1 mg/l)	k.A.	k.A.	k.A.
Calcium	> 0,5 mmol/l* (> 20 mg/l)	> 0,5 mmol/l (> 20 mg/l)	k.A.	k.A.
Sonstiges	$\dfrac{c(Cl^-) + 2\,c(SO_4^{2-})}{K_{S\,4,3}} < 1$ Ständiger Durchfluss bei $v > 0,1$ m/s	$\dfrac{c(Cl^-) + c(NO_3^-) + 2\,c(SO_4^{2-})}{K_{S\,4,3}}$ muss < 3, besser < 0,5 sein $\dfrac{c(Cl^-) + 2\,c(SO_4^{2-})}{c(NO_3^-)}$ Soll < 1 oder > 3 sein NO_3^- < 0,3 mmol/l kein Warmwasser (> 35 °C)	$\dfrac{c(Cl^-) + 2\,c(SO_4^{2-})}{K_{S\,4,3}} < 0,5$ wenig Cl^- niedriges Redoxpotential	$\dfrac{K_{S\,4,3}}{c(SO_4^{2-})} > 2$ wenig NO_3^- wenig Cl^- Fließgeschw. < 2–3 m/s

* gemäß DIN 50 930-6

Calciumgehalt, Leitfähigkeit, Neutralsalzgehalt (Chlorid-, Nitrat- und Sulfationen), Temperatur, gelöster Sauerstoff, org. Kohlenstoff (TOC), natürliche und künstliche Inhibitoren wie Huminstoffe und Phosphate aber auch kleine sich ablagernde Feststoffe (Eisen- und Manganausfällungen, Sand). Man weiß heute, dass das so genannte Kalk-Kohlensäure-Gleichgewicht weder eine notwendige noch eine hinreichende Bedingung für die Vermeidung von Korrosion ist und die Ausbildung schützender Deckschichten auch beim Vorliegen des Gleichgewichtszustandes sowie ausreichender Calcium-Konzentrationen (> 20 mg/l), Sauerstoffgehalte (ca. 6 mg/l) und Säurekapazitäten bis pH 4,3 (mind. 1,0 mmol/l) durchaus nicht eintreten muss. Es lassen sich für vorgenannte beeinflussende Wasserparameter auch kaum „Sollwerte" vorgeben, da in Abhängigkeit von den eingesetzten Werkstoffen und den Betriebsbedingungen einzelne Parameter sehr rangig sein können oder fast bedeutungslos werden und sich Auswirkungen auch umkehren können, z.B. beim Sauerstoffgehalt. Die seit 3/2005 geltende Norm DIN EN 12502 Teile 1–5 (Ersatz für DIN 50 930 Teil 1–5) gibt hinweise zur Abschätzung der Korrosionswahrscheinlichkeit in metallischen Wasserverteilungs- und Speichersystemen und stellt für die verschiedenen metallischen Werkstoffe die Korrosionsarten dar. Die Einsatzbereiche der Werkstoffe in Abhängigkeit von der Wasserbeschaffenheit sind dagegen nur aus der weiterhin geltenden DIN 50 930-6 ersichtlich (siehe **Tab. 4-39**). Bei Einhaltung dieser Einsatzbereiche ist eine Verschlechterung der Trinkwasserbeschaffenheit durch Lösung von Werkstoffbestandteilen weitgehend ausgeschlossen. Speziell für die Trinkwasser-Hausinstallation sind die DIN 1988 Teil 7 (Vermeidung von Korrosion und Steinbildung) sowie evtl. DIN EN 806-2 und DIN EN 1717 relevant. Ausschließlich auf Warmwasserheizanlagen beziehen sich dagegen die VDI-Richtlinien 2035 Blatt 1 (Korrosion) und Blatt 2 (Steinbildung).

Höhere pH-Werte verringern zumeist die Gefährdung durch Korrosion, sie sollten aber nicht über dem pH-Wert der Calcit-Sättigung liegen, da dann Kalkausfall auftreten kann. Korrosionschemisch günstig zu bewerten ist im allg. ein kohlenstoffdioxidarmes aber gut gepuffertes, calcium- und hydrogencarbonatreiches Wasser, dessen pH-Wert etwa dem nach $CaCO_3$-Sättigung entspricht, mindestens aber einen pH-Wert von 7,7 besitzt oder eine Calcitlösekapazität nicht über 5 bzw. 10 mg/l aufweist (siehe Abschn. 4.1.5.4.6 und 29 bis 31) und das nahezu sauerstoffgesättigt ist. Ungünstig ist für metallische Werkstoffe zumeist ein hoher Neutralsalzgehalt bei einer im Verhältnis dazu geringen Säurekapazität $K_{S4,3}$. Aber auch völlig entsalztes Wasser ist, da ungepuffert, hochgradig korrosiv. Das Vorhandensein von sich ablagernden Feststoffen kann zur Bildung von korrosiven Elementen führen. Besonderer Aufmerksamkeit bedarf die Mischung von Wässern unterschiedlicher Beschaffenheit (s. Abschn. 4.2.6 und DVGW-Arbeitsblatt W 216), um Aggressivität zu vermeiden.

Die Beurteilung der Wasserbeschaffenheit für sonstige Nutzungen, z. B. Kesselspeisewasser, Reinstwasser, Dialysewasser, muss sich nach dem jeweiligen Verwendungszweck richten und führt teilweise zu von der Trinkwasserqualität weit abweichenden Anforderungen (siehe Spezialliteratur).

4.1.8 Schutz des Wassers und Sanierungsmaßnahmen

4.1.8.1 Gefährdung des Rohwassers

Der Rohstoff und das Lebensmittel Wasser sind zahlreichen Gefährdungen ausgesetzt, die zum überwiegenden Teil vom Menschen selbst verursacht werden, also anthropogen sind (siehe auch Abschn. 4.1.2.2 bis 4). In der Vergangenheit vorhandene Gefährdungen (**Abb. 4-15**), z. B. durch Mineralöle, Phenole, Detergentien, schwermetallbelasteten Klärschlamm, sind durch entsprechende Gesetzgebungen, Anwendungsbeschränkungen, Vorsorgemaßnahmen usw. indessen weitgehend eingedämmt.

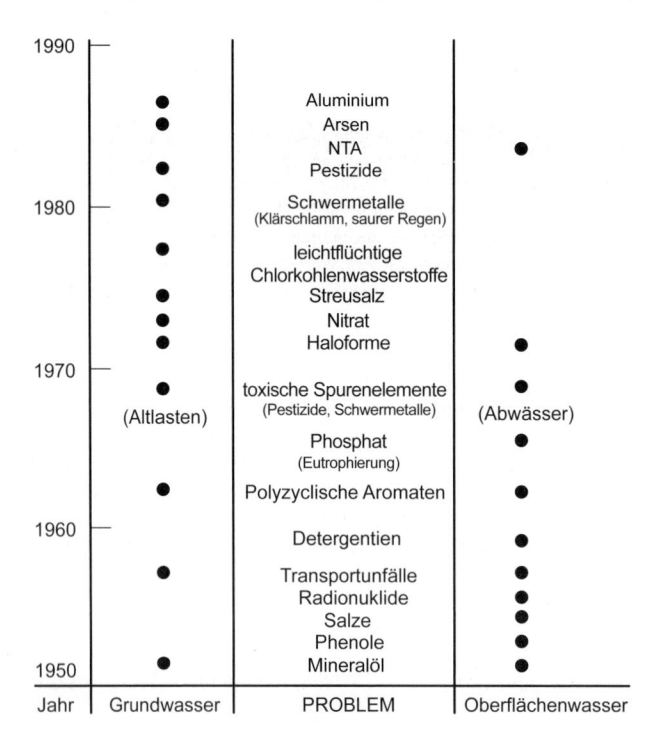

Abb. 4-15: Beispiele für aufgetretene Belastungen im Grund- und Oberflächenwasser (nach Haberer)

4.1 Wasserbeschaffenheit

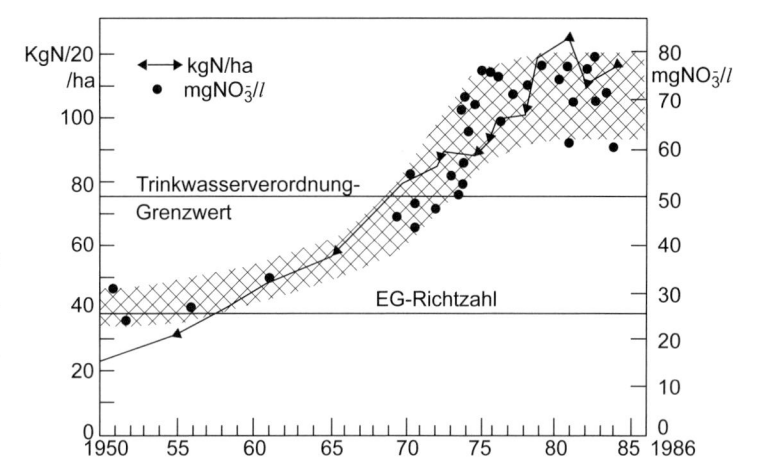

Abb. 4-16a: Nitratanstieg im Grundwasser einer Wasserversorgung im Vergleich zum Verbrauchsanstieg an Stickstoffmineraldünger in der Bundesrepublik Deutschland (nach Schmeing, Amann, Schuster)

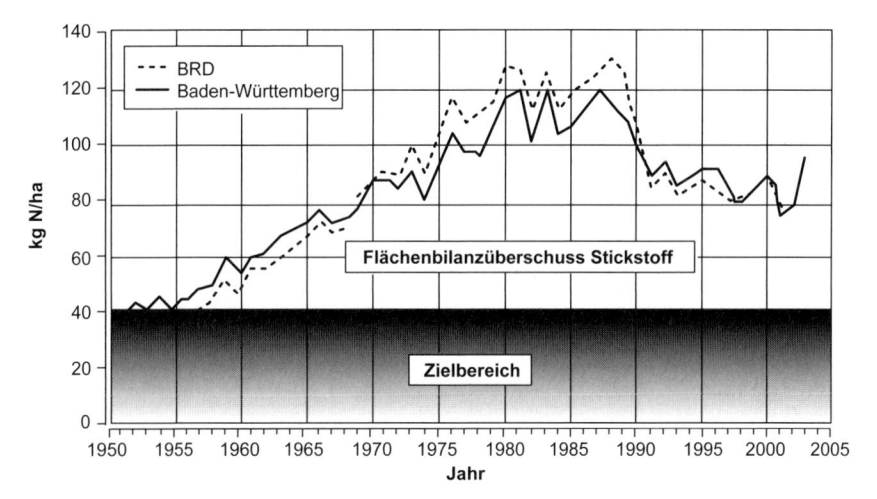

Abb. 4-16b: Entwicklung des Flächenbilanz-Überschusses für Stickstoff in Deutschland und Baden-Württemberg (Quelle: Bach/Haakh)

Weiterhin gibt es derzeit über den Ausbau der weitergehenden Abwasserreinigung Erfolg versprechende (aber auch kostenaufwendige) Bemühungen, den Eintrag der Nährstoffe Phosphor und Stickstoff über die Kläranlagenabläufe in die Gewässer wesentlich zu reduzieren. Der in den letzten Jahren deutlich verringerte Einsatz von Streusalzen hilft, den Chlorideintrag in das Wasser nicht weiter zu verstärken. Dem (hausgemachten) Problem der Haloformbildung bei der Wasserchlorung ist begegnet worden durch Verzicht auf die Knickpunktchlorung und die zunehmende Umstellung von Chlor auf Chlordioxid bzw. auf andere Desinfektionsverfahren. Neu hinzugekommen bzw. in den letzten Jahrzehnten in ihren Auswirkungen erst richtig erkannt worden sind Belastungen, die vor allem das für die Trinkwasserversorgung vorrangig genutzte und so sicher geglaubte Grundwasser betreffen. Insbesondere sind dies:
– Hohe Nitratkonzentrationen infolge unsachgemäßer Stickstoffdüngung in der Landwirtschaft (**Abb. 4-16 a** und **b**).
– Auftreten von Pflanzenbehandlungs- und Schädlingsbekämpfungsmittel im Wasser durch übermäßigen Einsatz dieser Stoffe vor allem in der Landwirtschaft.

- Zahlreiche nachgewiesene Grundwasserschadensfälle durch Chlorkohlenwasserstoffe, vorrangig durch umfangreichen und unsachgemäßen Umgang mit diesen Stoffen und deren Beseitigung einschließlich Altlasten.
- Absinken des pH-Wertes (Versauerung) der Gewässer einschließlich ansteigender Aluminiumgehalte im Wasser und evtl. Mobilisierung von Schwermetallen in Gebieten mit geringer Pufferkapazität des Untergrundes und sauren atmosphärischen Depositionen (saurer Regen).

4.1.8.2 Schutz des Wassers und Sanierung

Die Bereitstellung eines gesundheitlich unbedenklichen Trinkwassers erfordert bei Nutzung derartig belasteter Rohwässer zumeist aufwendige Aufbereitungsverfahren, die, soweit sie überhaupt mit der notwendigen Sicherheit großtechnisch anwendbar sind, erhebliche Kosten verursachen, analytisch kaum noch überwachbar sind und besonders kleinere Wasserwerke überfordern. Die „Reparatur" des Wassers durch Aufbereitung darf bei diesen anthropogen bedingten Belastungen deshalb nicht zur Regel werden, die Lösung der Probleme – und damit auch die Erhaltung einer intakten Umwelt – kann nur durch rechtzeitige Vorsorge und Beseitigung der Ursachen erfolgen. Die tragenden Prinzipien des Umweltschutzes, Vorsorgeprinzip und Verursacherprinzip, müssen strikt Anwendung finden. Dazu gehört beispielsweise die Beachtung der Grundsätze und die Durchführung der Maßnahmen einer gewässerschützenden Landbewirtschaftung (siehe dazu DVGW-Arbeitsblatt W 104 von 10/2004). Zielwerte für den Gewässerschutz sind dabei Stickstoffbilanzüberschüsse von nur 10 bis 40 kg N(ha · a) um so an der Grundwasseroberfläche Nitratkonzentrationen unter dem Grenzwert der Trinkwasserverordnung (50 mg/l) zu sichern. Die in nachstehender **Tab. 4-40** angegebenen (höheren) max. zul. Werte berücksichtigen die derzeitigen (ungünstigeren) Verhältnisse und gelten deshalb nur für eine Übergangszeit.

Tab. 4-40: Übergangswerte für maximal tolerierbare Stickstoffbilanzüberschüsse (nach DVGW W 104)

Betriebstyp	Marktfruchtbetriebe und Betriebe mit N-Anfall aus der Tierhaltung < 80 kg N(ha · a)	Veredelungs- und Futterbaubetriebe mit N-Anfall aus der Tierhaltung in kg N(ha · a)	
		80 bis 160	> 160 bis 210
Maximale tolerierbare N-Bilanzüberschüsse in kg N(ha · a)	< 40	< 70	< 90

Auch außerhalb von Schutzgebieten sollten eingehalten werden:
- pflanzenbedarfsgerechte Düngung
- standortgerechte Nutzungen mit geeigneten Fruchtfolgen und angepasster Bodenbearbeitung
- Grünlandumbruch nur im Einzelfall.

Zur Umsetzung und Kontrolle sind dabei erforderlich:
- intensive Beratung der Landwirtschaft
- das Führen von Schlagkarteien einschließlich Düngeplänen
- die Durchführung von Bodenuntersuchungen.

Zur Sanierung von Nitratbelastungen und langfristigen Sicherung der Rohwasserbeschaffenheit wird den Wasserversorgungsunternehmen u. a. empfohlen:
- Erhebung und Kartierung der (landwirtschaftlichen) Bodennutzung im Einzugsgebiet/Wasserschutzgebiet
- Vorschläge für die Ausdehnung der weiteren Schutzzone auf risikobelastete Bereiche des Einzugsgebietes mit entsprechenden Beschränkungen intensiver landwirtschaftlicher Nutzung (weitere Schutzzone III B)
- Grunderwerb oder Pacht von risikobelasteten Flächen im Wasserschutzgebiet bzw. Einzugsgebiet
- Abschluss von Vereinbarungen über Ausgleichszahlungen nach § 19 Abs. 4 WHG

4.1 Wasserbeschaffenheit

- Abschluss freiwilliger Vereinbarungen mit Prämien auch für risikobelastete Flächen außerhalb des Wasserschutzgebietes
- verstärkte Überwachung des Wasserschutzgebietes bzw. Einzugsgebietes und Kontrolle der Einhaltung von Anordnungen bzw. Verpflichtungen durch die Landwirte (z. B. Bodenuntersuchungen nach N-min-Methode im Herbst bzw. auf PSM im Frühsommer, Beprobung der Grundwasserbeschaffenheitsmessstellen).

Das Wasserwirtschaftsamt berät und unterstützt die Wasserversorgungsunternehmen bei diesen Maßnahmen und der Aufstellung eines Sanierungsplanes und koordiniert die Kontakte zu den beteiligten Behörden wie Landratsamt, Landwirtschaftsamt, Gesundheitsamt.
Vom DVGW sind Leitlinien zum ordnungsgemäßen Pflanzenschutz und dabei insbesondere zum Umgang mit Pflanzenschutzmitteln in der Landwirtschaft erarbeitet worden (siehe energie wasser praxis 9/2002). Bis Oktober 2005 durchgeführte Untersuchungen des Umweltbundesamtes belegen aber ein hohes Maß an Fehlverhalten der Landwirte beim Umgang mir PSM (Fehlanwendungsquote ca. 50 %).
Bei den *Chlorkohlenwasserstoffen*, die biologisch bis auf sehr wenige Ausnahmen nicht abbaubar sind, kann zumindest ein teilweiser Verwendungsverzicht durch technologische Änderungen bzw. Ersatz durch ungefährlichere Stoffe erreicht werden, wie der deutliche Rückgang der AOX-Belastung des Rheins nach entsprechenden Maßnahmen der Zellstoffindustrie gezeigt hat. Auf keinen Fall dürfen gesundheitlich bedenkliche Stoffe in die Gewässer gelangen, die mit den bewährten biologischen, chemischen und physikalischen Verfahren nicht sicher entfernt werden können. Diese trinkwasserrelevanten Stoffe, die weder biologisch abbaubar noch an Aktivkohle adsorbierbar sind, müssen bereits von dem Rohwasser konsequent ferngehalten werden.

Erste Barriere	Zweite Barriere	Dritte Barriere
Nachhaltiger Schutz der Trinkwasserressourcen: • Monitoring • Trinkwasserschutzgebiete	**Trinkwasserversorgung:** • Gewinnung • Aufbereitung • Speicherung • Transport • Verteilung Nach den allgemein anerkannten Regeln der Technik	**Haus-Installation:** • sorgfältige Auswahl der Materialien im Kontakt mit Trinkwasser • Sicherheits-Armaturen • fachgerechte Installation

Abb. 4-17: Sichere und nachhaltige Trinkwasserversorgung durch das Zusammenwirken von drei Barrieren = Multi-Barrieren-System (Quelle: DVGW)

Neben dem in Deutschland bereits etablierten *Multi-Barrieren-System* (Gesamtheit von Ressourcenschutz, Trinkwasserversorgung nach den Regeln der Technik und fachgerechter Hausinstallation) (**Abb. 4-17**) werden zukünftig noch neue Verfahren zur Qualitätssicherung und Gefährdungsanalyse treten wie das HACCP (Hazard Analysis Critical Control Points)-Konzept, um unter Berücksichtigung des Einzugsgebietes, der Wasseraufbereitung, des Verteilungsnetzes und der Verbraucherstruktur Risikopunkte zu erkennen und erforderliche Maßnahmen zu Prävention und Kontrolle durchzuführen (Exner/Kistemann WAT 2002).
Basierend auf dem HACCP-Prinzip hat die Weltgesundheitsorganisation (WHO) in ihrer im Sept. 2004 herausgegebenen 3. Auflage der „Guidelines for Drinking Water Quality" [24] auch einen „Water Safety Plan" (WSP) veröffentlicht und damit auf ein stärker Prozesse beachtendes Qualitätsmanagement orientiert (**Tab. 4-41**: Anwendungsbeispiel). Die EU prüft derzeit, ob eine Umsetzung in europäisches Recht erfolgen soll, wobei diese Notwendigkeit dort anzuzweifeln ist, wo bereits seit langem eine zuverlässige Trinkwasserversorgung existiert (Seliger, WAT 2006).
Beim Umgang mit wassergefährdenden Stoffen (siehe dazu auch Abschn. 3.3.2.4) ist größte Sorgfalt erforderlich und die technische Sicherheit weiter zu erhöhen. Bei eingetretenen Schadensfällen ist die sofortige Eindämmung und Information der Wasserbehörden und Wasserwerke sowie die umgehende

Sanierung entscheidend für die Sicherheit der Trinkwasserversorgung. Dabei ist zu beachten, dass diese persistenten und mobilen Schadstoffe sich längerfristig auch über große Entfernungen ausbreiten können. Bei der Sanierung eines Schadensfalles ist meist eine aufwendige Behandlung von Boden und Grundwasser notwendig. Hierzu kommen in Frage (siehe auch Spezialliteratur, DVGW-Schrift 36, LAWA-Richtlinie):
- on-site-Verfahren, z. B. Behandlung des geförderten Wassers durch Strippen (Belüftung) und/oder Adsorption an Aktivkohle mit Wiederversickerung (oder Nutzung)
- in-situ-Verfahren, z. B. Eintrag von Luft in Wasser und/oder Boden und gleichzeitige Bodenluftabsaugung
- off-site-Verfahren, z. B. Förderung des verunreinigten Wassers bzw. Aushub des belasteten Bodens und Ableitung in die Kläranlage bzw. Transport zur Deponie.

Tab. 4-41: Anwendungsbeispiele des Water Safety Plans (nach Schmoll)

Schritte gemäß Water Safety Plan	Beispiel 1: Brunnenmanagement bei Hochwasser	Beispiel 2: Chryptosporidien (Parasiten)
Identifizierte Gefahr (Schritt 6)	Eintritt von Fäkalkeimen in ufernahe Grundwasserfassungen bei Hochwasser	Vorhandensein von Cryptosporidien bei Starkregenereignissen
Steuerungspunkt (Schritt 7)	Grundwassererfassung	Filtration
Messgröße und Sollwert (Schritt 8)	Trübungswert x im Brunnen	Trübungswert x am Filterablauf
Überwachungssystem (Schritt 9)	Online Trübungsmesser	Online Trübungsmesser
Korrekturmaßnahme (Schritt 10)	Fassung vom Netz nehmen	Filter vom Netz nehmen und Filter rückspülen
Verifikation (Schritt 11)	Fäkalkeime in der Fassung messen	Oozyten im Reinwasser messen

In Frage kommen können auch der Betrieb von Sperrbrunnen oder bauliche Maßnahmen zur Ablenkung des Grundwasserstromes bzw. die Kapselung des Schadensherdes. Dabei werden zumeist auch objektkonkrete Modelle für Grundwasserströmung und Stofftransport gefordert sein.
Der weiteren *Versauerung* kann wirksam nur durch umgehende Reduzierung der Schwefeldioxid- und Stickoxid-Emissionen begegnet werden, da andernfalls das Puffervermögen der gefährdeten Gebiete (**Abb. 4-18**) weiter zurückgeht und durch den andauernden Säureeintrag über die Niederschläge der pH-Wert absinkt, während die Sulfat-, Nitrat- und Metallkonzentrationen im Gewässer ansteigen. In Sachsen sind Talsperren und Flussläufe im Erzgebirge und oberflächennahe Grundwasservorkommen in der Lausitz zum Teil so stark versauert, dass eine Regenerierung nur noch durch künstliche Sanierungsmaßnahmen möglich ist (Uhlmann, 1991).
Eine wichtige Hilfe können in Versauerungsgebieten zeitweise unterirdische und/oder oberirdische Kalkungen mit Dolomit (kein Branntkalk) sein (DVGW-Schrift 57). In versauerten Gewinnungsgebieten wurden von den Stadtwerken Bielefeld Flächenkalkungen sowie der Einbau halbgebrannten Dolomits in bis in die versauerten Grundwasserschichten reichenden Ringgräben um einen Brunnen durchgeführt und das Einbringen von Kalkmilch mittels Spüllanzen oder Schluckbrunnen vorgesehen (Fischer – gwf 2/91).
Das rechtzeitige Erkennen von Änderungen der Beschaffenheit des Rohwassers, sowohl längerfristig als auch insbesondere zum Erkennen eingetretener Schadensfälle, ist eine Voraussetzung für die umgehende Einleitung von weiteren Maßnahmen zum Schutz und zur Sanierung der Wasservorkommen. Von der Länderarbeitsgemeinschaft Wasser (LAWA) wurde deshalb bereits 1983 ein Rahmenkonzept zur *Erfassung und Überwachung der Grundwasserbeschaffenheit* festgelegt (siehe auch Abschn. 4.1.2.2). In Anlehnung an dieses LAWA-Grundwasser-Überwachungskonzept wurden seitdem von den Bundesländern auf unterschiedlichem Wege Messnetze und Datenbanken aufgebaut

4.1 Wasserbeschaffenheit

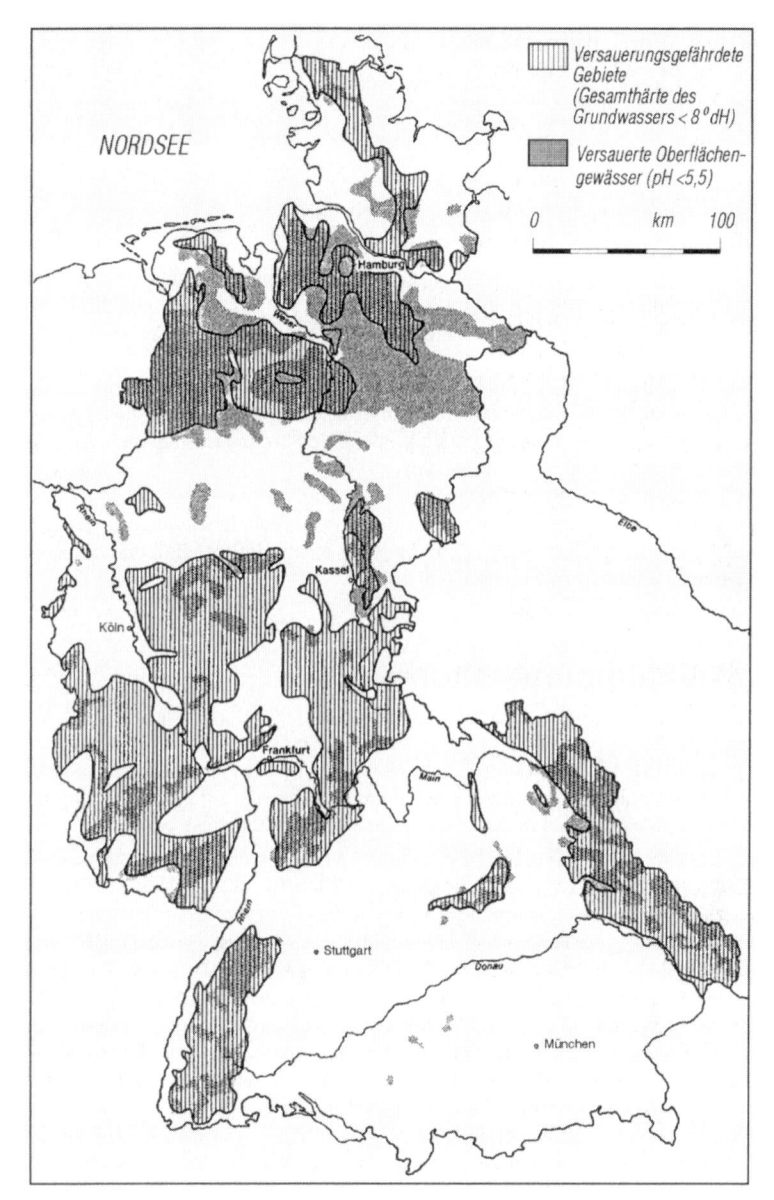

Abb. 4-18: *Gewässerversauerung auf dem Gebiet der westlichen Bundesrepublik (nach Krieter, 1988)*

und betrieben. Hinweise zu Planung und Betrieb von Messnetzen zur Überwachung der GW-Beschaffenheit in Wassergewinnungsgebieten gibt das DVGW-Arbeitsblatt W 108.
Für die Überwachung der Oberflächengewässer werden durch die EG-Wasserrahmenrichtlinie (WRRL 2000/60/EG) neue Anforderungen gestellt, z. B. zum Übergang von der klassischen biologischen Gewässeranalyse auf der Basis des Saprobiensystems (siehe Abschn. 4.1.2.3) hin zur ökologischen Zustandserhebung einschließlich neuer Untersuchungs- u. Bewertungsverfahren (Walter gwf Nr. 10/2005). Aus Sicht der Wasserversorgung bestehen aber beim Gewässerschutz trotz hoher Regelungsdichte zum Teil noch erhebliche Defizite (siehe Haakh in gwf Nr. 13/2006).

4.1.8.3. Schutz des Trinkwassers

Der Schutz des Wassers muss selbstverständlich auch einschließen den Schutz des Trinkwassers vor Verunreinigung, z. B. durch Rücksaugen von Nicht-Trinkwasser oder Verschlechterung der Beschaffenheit, z. B. durch Stagnation oder lange Transportwege. Durch Auswahl geeigneter Werkstoffe, fachgerechte Verlegung und Verteilung eines korrosionschemisch unkritischen Trinkwassers sind Korrosionserscheinungen mit gesundheitlich bedenklichen Metall- und Asbestlösungen vermeidbar (siehe auch Abschn. 4.1.7.5). Besondere Aufmerksamkeit erfordert die Mischung von Wässern sehr unterschiedlicher Beschaffenheit (Abschn. 4.2.6). Der Gefahr der Wiederverkeimung des Trinkwassers lässt sich durch ausreichende Eliminierung der biologisch abbaubaren Stoffe innerhalb der Trinkwasseraufbereitung, der regelmäßigen Reinigung der Anlagenteile, falls erforderlich der zeitweisen oder ständigen Desinfektion (möglichst mit Depotwirkung) u. a. begegnen (siehe auch Abschn. 4.1.5.2.1). Bedenken bestehen teilweise bei Anlagen in der Hausinstallation zur Trinkwasserbehandlung vor und nach dem Zapfhahn (Abschn. 4.2.8) und nicht vorschriftsmäßig errichteten bzw. betriebenen Anlagen zur Regenwassernutzung mit unzulässigen Verbindungen zum Trinkwassernetz (siehe auch 4.1.2.5). Erfahrungsgemäß größere Gefährdungen sind auch für Trinkwasser aus Einzelwasserversorgungen (Kap. 10.) vorhanden.

Unbedingt erforderlich ist in allen Fällen die Beachtung der entsprechenden Rechtsvorschriften, DIN-Normen und anderen Festschreibungen der Regeln der Technik sowie gesonderter Hinweise der zuständigen Behörden; empfehlenswert ist die laufende eigene Information durch Fachpublikationen und -veranstaltungen (siehe auch Abschn. 14.5–14.10).

4.2 Trinkwasseraufbereitung

Vorbemerkung:
In Anlehnung an frühere Auflagen dieses Buches wurde die Unterteilung in physikalische, chemische und biologische Aufbereitungsverfahren beibehalten, obwohl eine solche Zuordnung nicht in jedem Fall möglich bzw. sinnvoll ist und in der Praxis diese Vorgänge teilweise parallel ablaufen.

4.2.1 Anforderungen und Verfahren

Bei der Wahl von Wassergewinnungsstellen für zentrale Wasserversorgungsanlagen ist anzustreben, solche zu suchen und auszunützen, deren Wasserbeschaffenheit von Natur aus den Anforderungen eines Trinkwassers entspricht. Mit der Zunahme der zentralen Wasserversorgung, der Steigerung des Wasserverbrauchs und leider auch infolge anthropogener Beeinträchtigung sind meist die günstig gelegenen und hygienisch, physikalisch und chemisch geeigneten Wasservorkommen bereits ausgenützt, so dass immer mehr Wasser verwendet werden muss, das nicht von Natur aus voll entspricht, so dass es vor seiner Verwendung entsprechend aufbereitet werden muss.

Die Aufbereitung muss so erfolgen, dass die Beschaffenheit des Trinkwassers den Anforderungen der DIN 2000 (Abschn. 4.1.3) und der Trinkwasserverordnung (Abschn. 4.1.4) entspricht. Dabei können zwei Hauptzielsetzungen unterschieden werden:

1) Natürliche Parameter des Wassers so zu verändern, dass das Wasser für den menschlichen Gebrauch gesundheitlich unbedenklich und für den technischen Gebrauch geeignet ist. Dazu gehören beispielsweise die Einstellung des pH-Wertes durch Entsäuerung des Wassers, der Eintrag von Sauerstoff, die Enteisenung und Entmanganung und eine eventuelle Reduzierung der Wasserhärte oder auch eine Aufhärtung.

2) Entfernung von anthropogen eingetragenen Stoffen. Ursprünglich war dies vor allem die Abtrennung oder Abtötung von Bakterien und Viren, also die Desinfektion. Dazu gekommen ist indessen leider, vor allem bedingt durch die Intensivierung von Landwirtschaft und Industrie, die Notwendigkeit, Nitrat, Pflanzenbehandlungs- und Schädlingsbekämpfungsmittel, organische Chlorverbindungen u. a.

4.2 Trinkwasseraufbereitung

aus dem Wasser zu entfernen. Dazu sind vergleichsweise aufwendige und kostenintensive Verfahren wie Denitrifikation, Ionenaustausch, Adsorption und Membranverfahren notwendig. Zuerst aber ist hier ein verbesserter Schutz des Rohwassers (Abschn. 4.1.8) gefordert.

Für die Trinkwasseraufbereitung stehen unterschiedliche praxisreife Verfahren zur Verfügung, die auf physikalischen, chemischen oder biologischen Vorgängen beruhen (siehe **Tab.4-42**). Da diese Vorgänge

Tab. 4-42: Übersicht zu den Verfahren der Trinkwasseraufbereitung und Beispiele zu ihrer Anwendung (mit Hinweisen auf betreffende Abschnitte

AUFBEREITUNGSVERFAHREN	ANWENDUNGSBEISPIELE
Vorreinigung (4.2.2.1) Rechen, Siebe, auch Mikrosiebe	**Grobstoffentfernung bei Oberflächenwasser** Blätter, Äste, auch Algen, Plankton (4.2.5.6.1)
Flockung (4.2.2.2.2) / **Fällung** (4.2.3.1) Dosieranlagen für Al- und Fe-Salze, Kalk, Polymere Misch- und Rühreinrichtungen; evtl. Schwebebett; evtl. Flockenrückführung	**Agglomeration von (kolloidalen und feinsuspendierten) Wasserinhaltsstoffen** Überführung echt gelöster Stoffe in die ungelöste (absetzfähige) Form (z. B. bei Enthärtung 4,2,5,8; evtl. Enteisenung 4.2.5.14.7)
Sedimentation (4.2.2.2.3) Absetzbecken, Lamellenseperatoren, Pulsatoren u. a.	**Entfernung von hohen Konzentrationen an absetzfähigen Stoffen** zumeist nach vorausgegangener Flockung / Fällung
Gasaustausch (Belüftung) (4.2.2.3) z. B. durch Wellbahn-, Kaskaden- und Flachbodenbelüfter, früher auch Verdüsungen; auch Füllkörperkolonnen; auch nur (Druck-)Lufteintrag bei Oxidatoren	**Eintrag von Sauerstoff, Austrag von freiem CO_2** (physik. Entsäuerung 4.2.2.3.1 u. 4.2.5.2; auch Austrag von leichtflüchtigen CKW (4.2.5.6.3), Methan (4.2.5.5), H_2S, Radon (4.1.5.4.28 u. 4.2.5.13)
Oxidation (4.2.3.2) / **Desinfektion** (4.2.5.14) Zugabe von Ozon, $KMnO_4$, H_2O_2 zur Oxidation Zugabe von Chlor, Chlorverbindungen, Chlordioxid, Ozon zur Desinfektion UV-Bestrahlung zur Desinfektion (4.2.5.14.5)	**Veränderung (Oxidation) von anorg. und org. Wasserinhaltsstoffen** z. B. Arsen (4.2.5.12.2); Eisen, Mangan, Ammonium u. a.; auch Entfärbung Abtötung / Inaktivierung von Mikroorganismen im Trinkwasser (mit oder ohne Depotwirkung) bzw. Desinfektion von Anlagenteilen (4.2.5.14.7)
Filtration (4.2.2.4) Schnellfilter als offene oder geschlossene (Druck-)Filter; Langsamfilter; Sonderfall: Feinfiltersysteme (4.2.2.4.7)/ Mechanisch wirkende Filter (4.2.8.2)	**Partikel-/Trübstoffabtrennung** Enteisenung (4.2.5.3.4) und Entmanganung (4.2.5.4); Flockungsfiltration
Membranverfahren (4.2.2.5) Ultra- und Mikrofiltration, auch Nanofilter, Umkehrosmose und Elektrodialyse	**Partikel-/Trübstoff- und Keimentfernung** je nach Trenngrenze auch Moleküle und Ionen
Adsorption (4.2.2.5) Aktivkohlefilter; Dosierung pulverförmiger Aktivkohle; spezielle Adsorptionsfilter	**Entfernung von** (zumeist organ.) **Spurenstoffen** wie CKW (4.2.5.6.3) und Pflanzenschutzmitteln (4.2.5.6.4); Entfern. von Geruch, Geschmack, Restozon; auch Dekontaminierung (4.2.5.13)
Chem. „Neutralisation" (4.2.3.3) Filtration über Kalkstein oder halbgebrannte Dolomite; Zugabe von Kalk/NaOH	**Chem. Entsäuerung**/pH-Einstellung/Verringerung Calcitlösekapazität (4.1.5.4.6) auch teils Aufhärtung (4.2.5.10)
Biol. Denitrifikation (4.2.5.7.2) Festbettreaktoren, auch fluidisierte Reaktoren; immer Substratzugabe / PO_4^- Zugabe	**Reduzierung zu hoher Nitratkonzentrationen** (4.1.5.3.9)
Ionenaustausch (4.2.3.4) Kationen-/Anionen- / Mischbettaustauscher/Carix-Verf.	**Enthärtung, Entsalzung** (4.2.5.9); Nitrat-, Sulfat- und Chloridreduzierung; auch Entfernung v. Schwermetallen (z. B. 4.2.5.12.4) u. Radionukliden (4.2.5.13); auch im häuslichen Bereich 4.2.8.3)
Zugabe von Inhibitoren (4.3.5.11) Dosieranlagen für Phosphate/Silikate	**Korrosionsschutz, Härtestabilisierung;** Auch im häuslichen Bereich 4.2.8.3)
Grundwasseranreicherung (4.2.2.7 u. 4.1.2.4)	**Verbesserung des Oberflächenwassers** durch Bodenpassage; Erhöhung des aus dem Untergrund gewinnbaren Wassers durch Anreicherung (Versickerung von Oberflächenwasser)

teils parallel ablaufen, ist eine Einteilung der Verfahren nur näherungsweise möglich. Sehr naturnahe Verfahren, wie die Langsamfiltration und die einfache statische Sedimentation, erfordern vergleichsweise viel Raum im Gegensatz zu künstlich intensivierten Verfahren, wie die rückspülbare Schnellfiltration und die Parallelplattensedimentation. Bei letzteren Verfahren werden dem Wasser bei der Aufbereitung oft Stoffe künstlich zugesetzt, wodurch aber die Schlammentsorgung aufwendiger werden kann. Bei der Verwendung solcher Zusatzstoffe (siehe Abschn. 4.1.6) muss der Inhaber der Wasserversorgungsanlage dies den Verbrauchern bekannt geben [21]. Zu beachten ist auch, dass bei einigen Verfahren und Zusatzstoffen neben der gewünschten Änderung der Wasserbeschaffenheit auch unerwünschte Auswirkungen, z. B. Erhöhung des Salzgehaltes und Entfernung von Korrosionsinhibitoren, Entstehung von THM, eintreten können.

Da kaum ein Wasservorkommen in der Natur einem anderen ähnelt, muss die Aufbereitung individuell, d. h. für jeden Einzelfall besonders entworfen werden. Bei schwierig aufzubereitenden Wässern, wie Wässer mit einem hohen Gehalt an Eisen und organischen Substanzen und Oberflächenwässer, kann das technisch und wirtschaftlich günstigste Aufbereitungsverfahren nur durch halb-technischen Versuch gefunden werden.

Hilfreich sind auch hier Aufbereitbarkeitstests, z. B. zur Flock- oder Filtrierbarkeit und zur Adsorption oder Strippbarkeit.

Mehr als bei jedem anderen Bauteil einer Wasserversorgungsanlage ist die Beratung durch Spezialisten, Hygieniker, Chemiker, Bakteriologen, Biologen, Aufbereitungstechniker und Bauingenieure unerlässlich.

Die weitergehenden Anforderungen mancher Industriebetriebe, z. B. Zellulose- und Papierindustrie, Textilindustrie, Lebensmittelindustrie, Chemische Industrie u. a., ferner die Anforderungen an Kesselspeisewasser, besonders für Hochdruckkessel, erfordern weitergehende Aufbereitungsverfahren, die hier aber nicht behandelt werden, siehe Spezialliteratur. Diese weitergehenden Verfahren werden in den Betrieben selbst und jeweils nur im Ausmaß der für die einzelnen Zwecke benötigten Wassermengen durchgeführt.

4.2.2 Physikalische Verfahren

4.2.2.1 Vorreinigung

4.2.2.1.1 Rechen

Rechen werden nur bei Oberflächengewässern eingesetzt und zwar:
Grobrechen, Durchgangsweite   3–10 cm
Mittelrechen, Durchgangsweite   1–3 cm
Feinrechen, Durchgangsweite   0,3–1 cm

Bei Flusswasserentnahmen werden meist Grobrechen mit elektrischem Fischabweiser und Mittelrechen mit automatischer Rechenreinigung verwendet. Der gesamte freie Durchflussquerschnitt A_R des Rechens wird etwa gleich dem Querschnitt des normalen Zulaufgerinnes gewählt. Die Durchflussgeschwindigkeit durch den Rechen darf nicht zu klein sein, damit der Rechen nicht als Sandfang wirkt, also etwa $v_R = 0{,}50$ m/s. Wegen des allmählich zunehmenden Durchflusswiderstands infolge der Anlagerungen am Rechen wird für die Berechnung ein verringerter Durchflussquerschnitt von $A_f = 0{,}75 \cdot A_R$ berücksichtigt. Der Druckverlust beträgt etwa 0,05–0,15 m. Die Eintrittsfläche wird so gelegt, dass sie abwärts oder höchstens senkrecht zur Fließrichtung des Flusses liegt, damit möglichst wenig Schwimmstoffe zuströmen können. In Seen und Trinkwassertalsperren werden Saugkörbe bzw. Feinrechen mit Abweisern gegen das Eindringen von Fischen angeordnet, da hier die Entnahme in großer Tiefe erfolgt und daher Schwimmstoffe fehlen.

4.2.2.1.2 Entsandung

Bei Flusswasserentnahmen sind immer Sandfänge erforderlich, manchmal auch bei sandführenden Quellen. Mit dem Sandfang sollen feste Inhaltsstoffe etwa der Korngröße über 0,2 mm, d. i. einschl. Mittelsand, zurückgehalten werden, jedoch Suspensionen, feine organische Inhaltsstoffe weiter

4.2 Trinkwasseraufbereitung

transportiert werden. Die horizontale Fließgeschwindigkeit im Sandfang sollte deshalb nicht kleiner als $v_h = 0{,}25 - 0{,}30$ m/s gewählt werden.

Für die Bemessung des Sandfangs ist ferner die Absetzgeschwindigkeit v_s maßgebend. Da im Sandfang turbulente Strömung herrscht, ist die Absetzgeschwindigkeit beim Fließen kleiner als im stehenden

Tab. 4-43: Absetzgeschwindigkeiten von Sandkörnern, Dichte 2,65 (nach Degrèmont)

Korndurchmesser	D mm	0,05	0,1	0,2	0,3	0,4	0,5	1,0	2,0	3,0	5,0	10,0
v_s (1)	cm/s	0,2	0,7	2,3	4,0	5,6	7,2	15	27	35	47	74
v_s (2)	cm/s	0	0,5	1,7	3,0	4,0	5,0	11	21	26	33	
v_s (3)	cm/s	0	0	1,6	3,0	4,5	6,0	13	25	33	45	65
v_s (Kr)	cm/s	15	20	27	32	38	42	60	83	100	130	190

Wasser. In **Tab. 4-43** sind die v_s-Werte für verschiedene Fließzustände und für Sandkorn-Dichte 2,65 angegeben. Die übliche Ausführung des Sandfanges ist die langgestreckte, rechteckige Form mit Länge L, Breite B, Tiefe H, sie wird bemessen für das kleinste zurückzuhaltende Korn nach:

$$L \cdot B = Q/v_s (3) \qquad v_h < v_h \text{ (krit)}$$
$$\text{ferner: } L : H : B = 3 : 1 : 1 \text{ bis } 5 : 1 : 1$$

4.2.2.1.3 Entölung

Die Entölung ist bei der Verwendung von Oberflächenwasser für die Trinkwasserversorgung sehr selten, da solche Wässer nicht verwendet werden sollen. Zur Abtrennung des freien Öls und ähnlicher Stoffe wird der Sandfang mit Belüftung und Tauchwand ausgestattet, wobei durch Flotation die Stoffe an der Oberfläche gesammelt und vor der Tauchwand entfernt werden.

4.2.2.1.4 Sieben

Durch Siebe sollen bei Oberflächengewässern Schwebstoffe, welche die Feinrechen passieren können, entfernt werden, damit sie die Flockung, Sedimentation und Filtration nicht belasten. Bei der Makrosiebung, Maschenweite über 0,3 mm, sollen Feinsande, kleine pflanzliche Stoffe, Insekten u. a. zurückgehalten werden. Bei der Trinkwasseraufbereitung wird dies selten eingesetzt.

Häufiger ist die Verwendung von Mikrosieben, Maschenweite unter 100μm. Sie dienen zum Entfernen des größten Teiles von Plankton bei Aufbereitung von Wasser aus Seen mit sonst sehr guter Beschaffenheit. Hierfür werden i. a. offene Trommelfilter, **Abb. 4-19**, verwendet. Das Rohwasser durchfließt

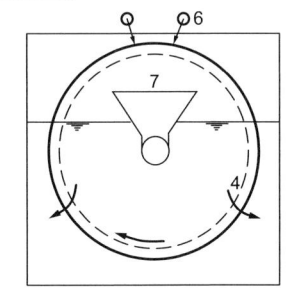

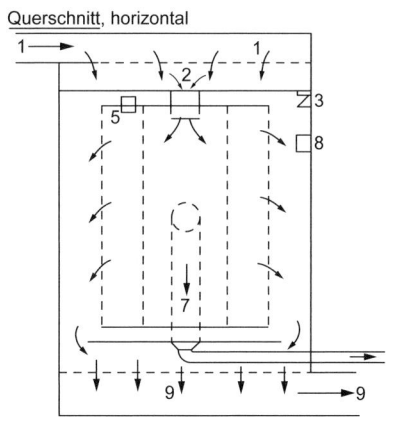

Abb. 4-19: Schema einer Mikrosiebanlage. Erläuterung: 1 Zulauf Rohwasser, 2 Zulaufschieber für Siebtrommel, 3 Sicherheitsklappe, 4 Mikrosiebtrommel, 5 Antrieb der Siebtrommel, 6 Spülleitung mit Düsen, 7 Rinne und Leitungen für das Spül-Abwasser, 9 Ablauf des gefilterten Wassers

eine rotierende Siebtrommel von innen nach außen. Das auf der Siebfläche zurückgehaltene Material wird von oben mittels Spülwasser in eine innerhalb der Siebtrommel befindliche Spülrinne gespült und von dort nach außen abgeleitet. Die Drehgeschwindigkeit und die Spülung werden in Abhängigkeit vom Druckverlust des Mikrosiebes gesteuert. Der Spülwasserverbrauch beträgt i. a. 1 bis 5 %.

Beispiel: ZV Bodenseewasserversorgung, Durchmesser der Mikrosiebtrommel 3,10 m, Länge 4,28 m, Durchfluss Q je Trommel 0,675 m$_3$/s, Mikrosieb korrosionsfester Stahl V 4A, Maschenweite mm 40, bei 50 mm WS Druckverlust beginnt die Drehung der Siebtrommel mit 0,13 U/min, bei 250 mm WS Druckverlust beträgt die Drehzahl 0,39 U/min, Spülwasserverbrauch 0,1 %.

4.2.2.2 Flockung, Sedimentation, Flotation

4.2.2.2.1 Allgemeines

Zur Abtrennung von Wasserinhaltsstoffen kommen bei der Trinkwasseraufbereitung vorrangig Filter (siehe Abschn. 4.2.2.4), Absetzanlagen (Sedimentation) und in Ausnahmefällen Aufschwimmverfahren (Flotation) zur Anwendung. Sind die zu entfernenden Stoffe nur in geringer Menge vorhanden, reichen oft Filteranlagen allein, während bei höheren Gehalten meist Sedimentationsanlagen vorgeschaltet werden müssen. Liegen die Wasserinhaltsstoffe in kolloidaler oder feinsuspendierter Form vor, ist eine wirtschaftliche und qualitativ ausreichende Abtrennung fast immer nur bei zusätzlicher Zugabe von Flockungsmitteln möglich, da andernfalls unwirtschaftlich lange Aufenthaltszeiten bei den Sedimentationsanlagen (und somit große Räume) erforderlich wären (siehe **Abb. 4-20**), bzw. die Filter aufgrund der in stabilisierter Form vorliegenden Stoffe nur unzureichend wirksam wären.

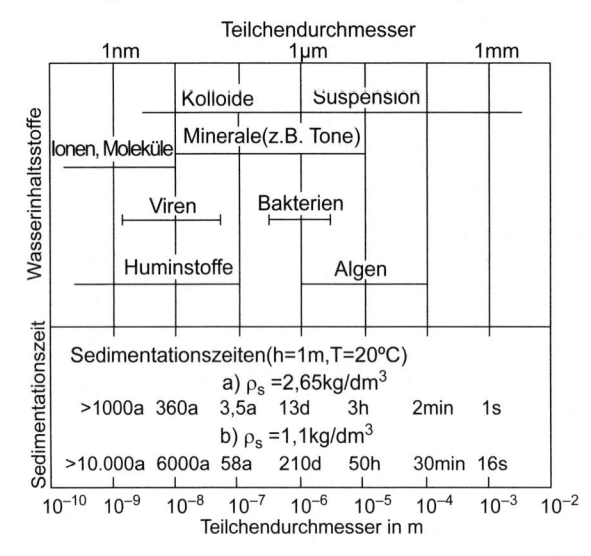

Abb. 4-20: Erforderliche Sedimentationszeiten für verschiedene Wasserinhaltsstoffe in Abhängigkeit von Größe und Dichte (nach DVGW-Merkblatt W 217)

Durch Flockung lassen sich teilweise auch echt gelöste Stoffe entfernen, zumeist werden dafür aber andere Verfahren, z. B. die chemische Fällung (Abschn. 4.2.3.1), eingesetzt. Flockung und Fällung können durch die gleichen Zusatzstoffe bewirkt werden, laufen teils parallel ab und lassen sich in der Praxis nicht immer klar abgrenzen.

4.2.2.2.2 Flockung

Zahlreiche Wasserinhaltsstoffe, insbesondere im Oberflächenwasser und in vorbehandeltem Grundwasser, liegen in kolloidaler oder feinsuspendierter Form vor. Bei diesen dispergierten Teilchen wirken stabilisierende (abstoßende) Kräfte, zumeist elektrostatischer Art bei gleichsinniger Ladung. Damit bildet sich trotz des gleichzeitigen Wirkens der anziehenden (van-der-Waals) Oberflächenkräfte eine

4.2 Trinkwasseraufbereitung

Barriere (Potentialschwelle) aus (siehe **Abb. 4-21**), eine Zusammenballung (Aggregation) der Teilchen kann nicht eintreten, die Sedimentation geschieht nur ungenügend, die Filter werden für diese Stoffe kaum wirksam. Durch Zugabe von Flockungsmitteln, wozu insbesondere die hydrolysierenden Aluminium- und Eisensalze zählen, kann eine Entstabilisierung und damit Überwindung dieser Potentialschwelle bewirkt werden. Zum Einsatz kommen dafür vorrangig Aluminiumsulfat und -chlorid, Eisen-III-sulfat und -chlorid sowie Mischungen dieser Salze (siehe DIN 19 600, 19 602, 19 634). Die Zugabemengen liegen je nach Randbedingungen in der Größenordnung von 0,03 bis 0,3 mmol/l, entsprechend 0,7 bis 7,0 mg/l an Al^{3+} bzw. 1,7 bis 17,0 mg/l an Fe^{3+}. Dabei ist aber die max. zulässige Zugabe gemäß [23] zu beachten. Bei der Flockungsfiltration von gering belasteten Wässern können bereits Dosiermengen ab 0,2 mg/l Al ausreichend sein. Bei Zugabe von Al-Verbindungen sollte der pH-Wert zwischen 6,0 und 7,2 liegen, da dann die Al-Restgehalte im Reinwasser unter 0,1 mg/l bleiben (DVGW-Arbeitsblatt W 220). Zur Unterstützung der Flockung und Verbesserung der Flockeneigenschaften werden manchmal außerdem Flockungshilfsmittel zugesetzt.

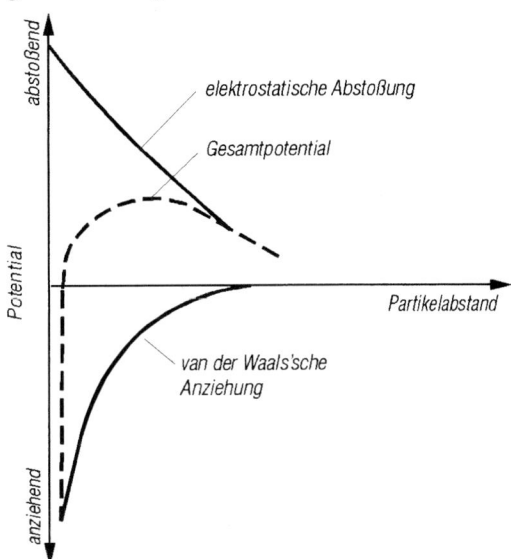

Abb. 4-21: Potentialschwelle bei kolloidalen Teilchen

Dies sind zumeist synthetische Polymere wie Polyacrylamide (DIN 19 622) mit unterschiedlicher Ladung. Der zeitliche Abstand zur Flockungsmittelzugabe muss mind. 30 s sein. Auch andere Zusatzstoffe können im Zusammenhang mit der Flockung zweckmäßig sein, wie z. B. Oxidationsmittel oder Chemikalien zur optimalen pH-Wert-Einstellung.
Der Ablauf der Flockung ist prinzipiell etwa folgender (**Tab. 4-44**)

Tab. 4-44: Verfahrensschritte der Flockung

Verfahrensschritt	Hinweise zur Realisierung
Speichern, Ansetzen und Lösen des Flockungsmittels	Je nach Handelsform des Flockungsmittels, siehe DVGW-Merkblatt W 622
1. Dosierung und Mischung	Schnelle homogene Verteilung des Flockungsmittels erforderlich, zumeist hohe Turbulenz zweckmäßig (Rührer, Rohrvermischung, statische Mischer)
2. Entstabilisierung	Meist gleichzeitig mit der Mischung und in dem gleichen Anlagenteil ablaufend
3. Aggregation zu Mikroflocken	Brown'sche Molekularbewegung Einfluß durch Rühren kaum möglich
4. Aggregation zu Makroflocken	Vergrößerung der Flocken bei verringertem Energieeintrag (Tab. 4-45). Evtl. Flockungshilfsmittelzugabe 0,1–1 g/m³ (sihe auch DVGW-Arbeitsblatt W 219). Optimierung je nach Abtrennverfahren
Abtrennen der vorhandenen Flocken	siehe 4.2.2.2.3

Die Verfahrensschritte der Flockung und Abtrennung können in derselben Anlage ablaufen oder aber, was zwar höhere Investitionskosten bringt aber evtl. einen anpassungsfähigeren Betrieb ermöglicht, in unterschiedlichen Anlagenteilen (**Abb. 4-22**). Den geringsten Aufwand, bei allerdings begrenzter Belastbarkeit, erfordert die Flockungsfiltration mit Flockenausbildung im Überstauraum des Filters und vorrangig erst im Filterbett selbst.

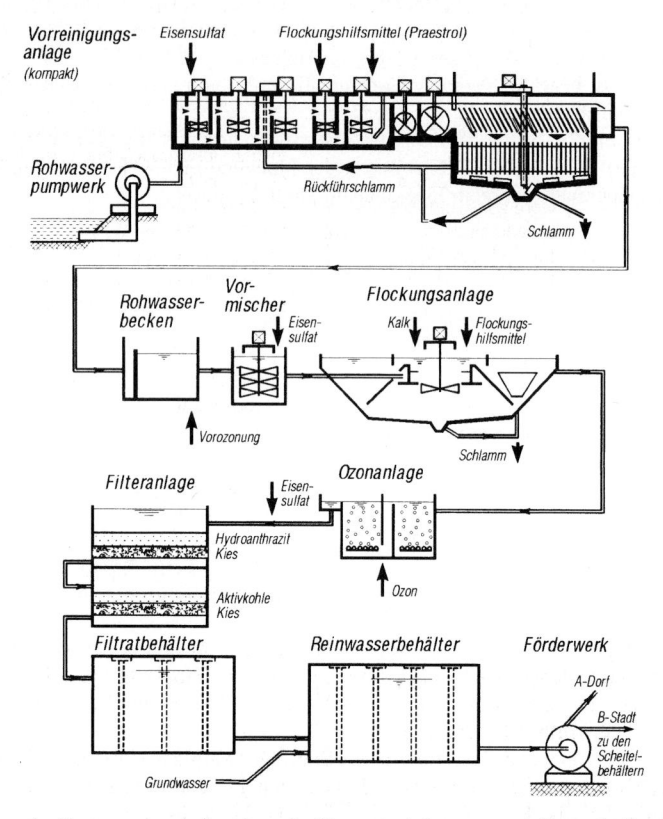

Abb. 4-22: Schema der Donauwasser-Aufbereitung im Wasserwerk Langenau mit Kompakt-Vorreinigungsanlage

Tab. 4-45: Anlagen zur Flockenbildung (nach Jekel in [4] Nr. 206)

Grundtyp	Details
Rührbecken	– Verweilzeiten von 2 bis 30 min
	– Schergefälle von 100 bis 10 s
	– zwei und mehr Becken in Reihe mit fallendem Schergefälle
	– Anpassung an Durchsatz und Rohrwasser
Statische Systeme	– durchströmte Kammern mit hydraulisch wirksamen Einbauten
	– durchflußabhängige Systeme
	– Fließgeschwindigkeiten 0,1–0,2 m/s
	– einfacher Bau
Rohre	– schnelle Flockenbildung bei Rohrlängen von mehr als 20 m
	– Begrenzung des Durchsatzes nach unten und oben
Schlammschwebeschicht	– Kombination mit Sedimentation
	– Aufwärts strömendes Wasser
	– Flockenbildung in der Schwebeschicht
	– lange Anfahrzeiten

4.2 Trinkwasseraufbereitung

Tab. 4-46: Prozessparameter für die Flockung bei Flockenabtrennung durch Sedimentation, Filtration und Flotation (Klute in [4]-Nr. 42)

Flockenabtrennung	Erwünschte Flockeneigenschaften	Prozeßparameter
Sedimentation	Kompakte Flocken	$G = 50$ bis 100 s^{-1}
	Flocken mit großer Dichte	Bei mehrstufigen Flockungsreaktoren abgestufter Energieeintrag mit $G = 10$ bis 30 s^{-1} in der letzten Stufe
	Großer mittlerer Flockendurchmesser	$t = 30$ min
		$G \cdot t = 90\,000$ bis $180\,000$
	U. U. breitere Flockengrößenverteilung	Flockungshilfsmittel zur Verbesserung der Sedimentationseigenschaften vorteilhaft
Filtration	Kompakte Flocken	$G = 40$ bis 60 s^{-1}
	Geringerer mittlerer Flockendurchmesser	$t = 2$ bis 15 min
		$G \cdot t = 15\,000$ bis $25\,000$
	Enge Flockengrößenverteilung	Flockungshilfsmittel insbesondere bei organischen Suspensa und Flockungsinhibitoren vorteilhaft
	Hohe Steifigkeit	
Flotation	Flocken geringer Dichte	$G = 50$ bis 100 s^{-1}
		Mehrstufiger Reaktor vorteilhaft; kein abgestufter Energieeintrag
	U. U. breitere Flockengrößenverteilung	
		$t = 15$ bis 30 min
		$G = 50$ bis 100 s^{-1}
		Flockungsmittel vorteilhaft; Dosierung u. U. über den isoelektrischen Punkt hinaus

Planung, Bemessung und Optimierung von Flockungsanlagen erfordern fast immer Versuchsdurchführungen, da Art und Menge des Flockungsmittels und evtl. Flockungshilfsmittels, günstiger pH-Wert, Zugabestelle, Energieeintrag, Aufenthaltsdauer u. a. auf die Rohwasserbeschaffenheit, das Abtrennverfahren und das Aufbereitungsziel abzustimmen sind.

Auch die Größe und personelle Besetzung der Anlage, die Möglichkeiten der Schlammbeseitigung u. a. sind bei der Verfahrenswahl zu beachten. Bei der Planung und Optimierung von Flockungsanlagen können großtechnische Pilotanlagen, halbtechnische Versuchsanlagen, Laboranlagen wie Reihenrührgeräte. mit Trübungsmessung und auch Zetapotentialmessungen hilfreich sein, wobei aber die Übertragbarkeit der Ergebnisse auf die Großanlage kritisch geprüft werden muss und der Aufwand wie aber auch der Aussagewert etwa in der genannten Reihenfolge abnehmen. Hinweise zu Flockungstestverfahren gibt das DVGW-Merkblatt W 218.

Einige Prozessparameter für die unterschiedlichen Anforderungen an die Flockeneigenschaften bei den verschiedenen Abtrennverfahren sind in **Tab. 4-46** genannt. Hinweise u. a. zur Berechnung des G- und G · t-Wertes und zu Störungen der Flockung gibt auch das DVGW-Merkblatt W 217.

Bei Anwendung der Flockung darf nicht übersehen werden, dass sich die korrosionschemischen Eigenschaften des Wassers damit u. U. verschlechtern, da der Neutralsalzgehalt zu und der pH-Wert abnehmen und korrosionsvermindernde Inhibitoren mit entfernt werden können. Zu kontrollieren ist auch der Gehalt an Flockungsmitteln im Reinwasser.

4.2.2.2.3 Sedimentation

Suspendierte Stoffe, deren Dichte über der des Wassers liegt, können durch Absetzen entfernt werden. Die Formel von Stokes und weitere stellen Möglichkeiten zur Berechnung dar, helfen aber praktisch kaum weiter, da im Unterschied zu den idealisierten Annahmen die zu entfernenden Partikel

nicht in Kugelform vorliegen, Größe, Form und Dichte unterschiedlich sind und sich während der Sedimentation zusätzlich verändern. Die tatsächlichen hydraulischen Verhältnisse lassen sich mathematisch nicht befriedigend erfassen, auch die Übertragung von Ergebnissen halbtechnischer Versuche auf die Großanlage ist schwierig und bleibt meist unsicher.
Wesentliche Einflussgrößen bei der Sedimentation sind:
– Art und Konzentration der zu entfernenden Stoffe
  Ist der Dichteunterschied zum Wasser gering oder liegen Kolloide mit elektrostatischer Ladung vor, so kann der Absetzvorgang sehr lange dauern, die Eliminierung unzureichend bleiben bzw. die Zugabe von Flockungsmitteln/Flockungshilfsmitteln erforderlich sein (siehe Abschn. 4.2.2.2.2).
  Die Anwendung von Sedimentationsverfahren erfolgt vorrangig beim Vorliegen hoher Konzentrationen, die den alleinigen Einsatz z. B. der Filtration nicht ermöglichen.
– Aufenthaltszeit
  Mit der Aufenthaltszeit steigt die Menge an sedimentierten Partikeln, aber auch die erforderliche Größe der Anlage. Aus wirtschaftlichen Gründen lässt man deshalb zu, dass ein Teil der Partikel, nämlich die schwerer sedimentierbaren, die Absetzanlage passiert und erst in der nachfolgenden Filterstufe entfernt wird. Die notwendigen Aufenthaltszeiten lassen sich durch konstruktive Maßnahmen, z. B. Einbau von Parallelplatten (Schrägklärer) in die Absetzbecken sowie durch häufigeren Kontakt der Partikel untereinander und somit bessere Agglomeration, z. B. durch Schlammrückführung, Schwebebett, Umwälzung u. a. deutlich verringern. Die Aufenthaltszeiten liegen, je nach diesen und anderen Randbedingungen, zwischen ca. 15 min und etwa 2 Stunden, wobei zwischen dem theoretisch berechneten Wert und den tatsächlichen Aufenthaltszeiten der verschiedenen Partikel erhebliche Unterschiede bestehen.
– Oberflächenbeschickung
  Der Quotient aus Wasserzufluss Q in m³/h und Beckenoberfläche A in m² wird heute zumeist für die Bemessung der Sedimentationsanlagen herangezogen. In etwa kann man sich darunter bei einem vertikal durchströmten Becken die maximal zulässige Aufstiegsgeschwindigkeit in m/h vorstellen, die niedriger liegen muß als die Sinkgeschwindigkeit der zu entfernenden Partikel. Eine Ermittlung dieses Wertes über Messungen der Sinkgeschwindigkeit im Becherglas ist aber aufgrund der schon genannten weiteren wesentlichen Einflüsse und Abhängigkeiten nicht möglich. Dabei werden Erfahrungswerte von bestehenden Anlagen und Versuchsergebnisse genutzt.
  Angegebene Werte der Oberflächenbeschickung liegen zwischen $2\,m^3/m^2 \cdot h$ für einfache statische Absetzbecken und $30\,m^3/m^2 \cdot h$ für Kompaktanlagen mit Parallelplatten.
– Strömungsverhältnisse
  Günstig für den Absetzvorgang sind ein laminarer Strömungszustand, d. h. eine Reynolds-Zahl ($Re = \dfrac{4 \cdot v \cdot R}{\nu}$) von < 2320 sowie eine hohe Stabilität der Strömung, d. h. eine Froude-Zahl ($Fr = \dfrac{v^2}{g \cdot R}$) von $> 10^{-5}$. Da der Einfluss der Fließgeschwindigkeit für beide Kriterien gegenläufig ist, muss man sich mit Kompromissen begnügen, wobei bei Praxisanlagen die Reynolds-Zahl häufig weit über 2320 und im turbulenten Bereich liegt.
– Sonstige konstruktive Einflüsse
  Schmale, lange und eher flache Becken (L:T-Verhältnis) wurden für horizontal durchströmte Rechteckbecken für günstig angesehen, was auch zur Entwicklung von Etagenbecken geführt hat. Die Tiefe der Becken darf aber nicht zu gering sein (zumeist ca. 2,5 m, häufig mit zum Zulauf geneigter Sohle) und die Fließgeschwindigkeit nicht zu hoch (bei Flocken, 1,0 cm/s), da andernfalls bereits abgelagerter Schlamm wieder mitgerissen werden kann. Entscheidend sind die gleichmäßige Verteilung des Zulaufes über die Beckenbreite und der gleichmäßige Klarwasserabzug. Der Ein- und Auslaufbereich der Becken ist zusätzlich zur nutzbaren Absetzlänge erforderlich und so auszubilden, dass der Absetzvorgang möglichst wenig gestört wird. Dazu kommen einlaufseitig Stengeleinläufe, Beruhigungsgitter u. a. zum Einsatz, der Ablauf in die Klarwasserabzugsrinnen sollte über gezahnte, höhenverstellbare und über die gesamte Beckenbreite bzw. -umfang angeordnete Überläufe erfolgen.

4.2 Trinkwasseraufbereitung

Tab. 4-47: Sedimentationsverfahren nach Eckhardt/Wölfel in [4] Nr. 206

	Verfahren	Beispiele
Verfahren ohne vorherige Flockung	Sedimentation in horizontal durchströmten Absatzbecken mit und ohne kontinuierliche Schlammräumung (Vorreinigung)	Wiesbaden, Witten-Bommern, etc.
Verfahren mit vorheriger Flockung	Sedimentationsflockung in horizontal durchströmten Absetzbecken	Witten-Bommern
	Sedimentationsflockung in vertikal durchströmten Absetzbecken	Wiesbaden
Flockungsverfahren mit Schlammrückführung und Sedimentation	Sedimentationsflockung mit Schlammrückführung	Dahlemer Flocker Krefelder Flocker
	Wirbelschichtflocken mit Aufwärtsströmung durch Schwebebett	Pulsator etc.
	Flockung mit interner Flockenkreislaufführung	Accelerator Koagulator Flocculator etc.
	Flockung mit Schlammrückführung und Phasentrennung im Lamellenseperator etc.	Langenau

Bauarten von Sedimentationsanlagen: Sedimentationsanlagen können rechteckig oder rund ausgebildet sein und horizontal oder vertikal durchströmt werden. Je nachdem, ob eine Flockung erfolgt, wo sie stattfindet, ob eine Schlammrückführung gegeben ist u. a., sind sehr unterschiedliche Ausführungen existent (**Tab. 4-47**). Empfindlich gegen Belastungsschwankungen sind Anlagen mit Schwebebett, da dieses bei hydraulischen Unter- oder Überlastungen zusammenfallen oder ausgetragen werden kann. Bildliche Beispiele sind aus den Abbildungen 4-23 und 4-24 ersichtlich.

Die in **Abb. 4-22** dargestellte sehr leistungsfähige und kompakte Sedimentationsanlage beinhaltet einen Parallelplattenabscheider (oben) und einen Eindicker (unten). Die Parallelplatten sind im Abstand von 50 mm angeordnet und bestehen aus 1,5 m breiten und 2,8 m langen PVC-Platten, die mögliche Aufstiegsgeschwindigkeit (Oberflächenbeschickung) liegt mit 36 m/h außerordentlich hoch, für Flockung und Flockenabtrennung sind nur 20 min Aufenthaltszeit erforderlich, wobei auf die Abtrennung nur ca. 3 Minuten entfallen. Die Nachschaltung weiterer Stufen ist natürlich erforderlich.

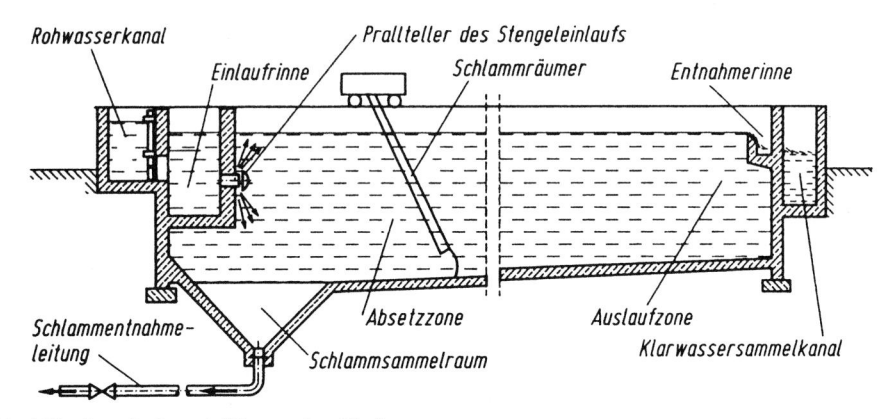

Abb. 4-23: Absetzbecken mit Räumer ohne Flockung

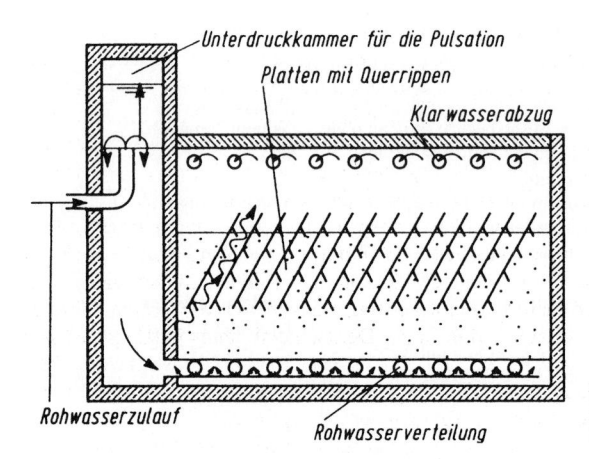

Abb. 4-24: Moderne Anlage mit eingebauten Parallelplatten und pulsierendem Schwebebett (nach [11])

Häufig kommen indessen ganze vorgefertigte Lamellenpakete aus PVC, glasfaserverstärktem Kunststoff oder auch Edelstahl mit runden, wellenförmigen oder eckigen Querschnitten zum Einbau.
Zur Schlammberäumung werden unterschiedliche Systeme angewandt. Häufig sind u. a. Räumschilder, evtl. mit Querfahrbühne, oder Bandkratzer sowie Absauganlagen.

4.2.2.2.4 Flotation

Mittels der Flotation – Aufschwimmverfahren – werden suspendierte Stoffe geringer Dichte durch Aufschwimmen zur Wasseroberfläche gebracht und von dort abgezogen. In der Abwasserbehandlung ist das Verfahren häufiger, in der Trinkwasseraufbereitung selten, hier z. B. bei Rohwasser mit geringer Trübung, stärkerer Farbe, welche bei der Aufbereitung nach Abschn. 4.2.2.2.2 sehr leichte Flocken bilden, die sich nur sehr langsam absetzen. Häufiger ist das Verfahren in England und in Skandinavien bei der Aufbereitung von schwach belastetem Seewasser.
Bei der Flotation werden Flockungsmittel dem Rohwasser zugegeben, in einem Flockulator die Bildung der Flocken angeregt, in einem Flotationsbecken werden durch Einblasen von feinen Luftblasen leichte Flocken-Luft-Teilchen gebildet, die nach oben aufschwimmen. Die Aufenthaltszeit im Flockulator beträgt 10–20 min, im Flotationsbecken etwa 10 min. Das Flotationsbecken hat eine Tiefe von etwa 1,5 m, die Aufschwimmgeschwindigkeit beträgt 8–12 m/h.

4.2.2.3 Gasaustausch

4.2.2.3.1 Allgemeines und Grundlagen

Durch den Gasaustausch, auch mit Belüftung des Wassers bezeichnet, sollen unerwünschte Gase aus dem Wasser entfernt und/oder Sauerstoff (Ozon siehe „Oxidation") eingetragen werden. Der Gasaustrag zielt vorrangig auf die Entfernung der aggressiven Kohlensäure, wie sie z. B. in den Wässern der kalkarmen Böden des Bayerischen Waldes auftritt.
Der Austrag von Schwefelwasserstoff und anderen flüchtigen geruchs- und geschmacksbildenden Stoffen können ebenfalls Zielstellungen sein. In neuerer Zeit wird das Belüftungsverfahren auch zur Entfernung von flüchtigen organischen Halogenen (CKW) eingesetzt, die Anwendung zur Konzentrationserniedrigung beim Edelgas Radon ist für Sonderfälle absehbar.
Der Gasaustausch vollzieht sich nach dem Gesetz von Henry-Dalton:
$C_w = \alpha \cdot C_G$
C_w = Sättigungskonzentration des (gelösten) Gases im Wasser
C_G = Konzentration des gleichen Gases in der Umgebungsluft
α = Absorptionskoeffizient des Gases, abhängig von Druck und Temperatur.

4.2 Trinkwasseraufbereitung 239

Aus der Formel ist unmittelbar ersichtlich, dass ein Gasaustrag aus dem Wasser nur möglich ist, wenn die Konzentration des gleichen Gases in der Umgebungsluft niedrig gehalten wird, d. h., wenn genügend Frischluft herangeführt wird, um das notwendige Konzentrationsgefälle zu sichern. Je nach Art des zu entfernenden Gases und seines Absorptionskoeffizienten kann ein natürlicher Luftzutritt ausreichen oder eine Zwangsbelüftung erforderlich sein, besonders wenn sehr niedrige Konzentrationen erreicht werden sollen oder nur wenig Raum zur Verfügung steht. Verdüsung, Verrieselung des Wassers und Zuführung feinblasiger Luft erhöhen den Wirkungsgrad, da hierbei auch die Phasengrenzflächen Wasser/Luft vergrößert und laufend erneuert werden. Höhere Temperaturen und niedrige Drücke verstärken das Ausgasen, eine praktische Umsetzung dieser Erkenntnis ist hier aber kaum möglich.

Ein Sauerstoffeintrag bis zur Konzentration von mind. 5 mg/l kann zur Bildung schützender Deckschichten sowie zur Oxidation von Wasserinhaltsstoffen wie Eisen, Mangan und Ammonium erforderlich sein. Ausnahmen stellen Kesselspeisewasser und nicht zur Deckschichtbildung befähigte Wässer dar. Dieser Sauerstoffeintrag ist mit den verschiedenen Belüftungsanlagen unschwer möglich, problematischer ist zumeist der gewünschte Gasaustrag (siehe **Tab. 4-48**). Der Sauerstoffeintrag ist unter Druck noch leichter möglich, was bei Anwendung geschlossener „Oxidatoren" mit Druckluftzufuhr genutzt wird (Bemessungshinweise von Wingrich in [11]). Zu beachten ist, dass ein Gasaustrag, z. B. an CO_2, hier kaum eintritt und große Mengen evtl. störenden Stickstoffs mit eingetragen werden.

Tab. 4-48: Beispiele für Leistungsdaten von Anlagen zum Gasaustausch

Anlage zum Gasaustausch	Flächenbelastung ca. $[m^3/m^2 \cdot h]$	Energiebedarf ca. $[Wh/m^3]$	CO_2-Austrag ca. [%]
Verdüsungsanlage von unten nach oben	10	75	70
Verdüsungsanlage von oben nach unten	30	25	65
Zerstäuberverdüsung	40	80	65
Verdüsungsanlage schräg zueinander	2–7	40	67
Turmverdüsung	45	130	80
Stahlapparat	Nur zur Mischung von Wässern mit unterschiedlichem CO_2-Gehalt (und Teilentsäuerung)		
Dispergatoren	50	30	80
Intensivbelüft. n. Erben	225	25–75	80
Flachbelüfter m. Lochboden (Inka-Belüftung)	15–30	100	80–95
Flachbelüfter m. Kerzen bzw. Keramikrohren	20	10–35	70–95
Kaskadenbelüftung	50–250	10–30	60–80
Wellbahnbelüftung im Gleichstrom	300–700	10	50–90
Wellbahnbelüftung im Gegenstrom	100 400	26 40	98 95
Mehrstufenwellbahnbelüftung im Kreuzstrom	600	je Stufe 8	90
Füllkörperkolonnen (geschlossene Anlage)	40–100 (bei CKW auch <10)	25–55	70–95

Der Gasaustausch verläuft nach der e-Funktion, d. h. die Konzentrationsänderungen sind anfangs sehr stark, nähern sich dann aber sehr langsam und asymptotisch den Endwerten. Die Einstellung des Sättigungs-pH-Wertes bzw. der nach neuer TrinkwV (siehe Tab. 4-15) max. zul. Calcitlösekapazität von 5 mg/l (siehe Abschn. 4.1.5.4.6) durch CO_2-Ausgasung ist deshalb bei manchen Rohwässern nicht möglich bzw. wirtschaftlich und erfordert u. U. eine chemische Restentsäuerung. Aus Tabelle 4-26b ist ersichtlich, ab welchen pH-Werten (nach dem Gasaustausch) in Abhängigkeit von Ca-Konzentration und Säurekapazität $K_{S4,3}$ die Calcitlösekapazität ≤ 5 mg/l ist. Bei weichem, hydrogencarbonatarmem Wasser sollte außerdem eine Aufhärtung durch Filtration über alkalische Stoffe oder Kalkzugabe (siehe „Neutralisation" und „Entsäuerung") vorgenommen werden, da bei alleiniger Anwendung der Belüftung die erforderliche korrosionschemische Beschaffenheit des Wassers nicht erreicht wird und die Pufferungsintensität durch die pH-Anhebung sogar abnimmt.

Unterbleiben sollte aber auch eine zu intensive Belüftung harter Wässer, da dann der Sättigungs-pH-Wert überschritten wird und Kalkausfall eintritt. Ist diese intensive Belüftung zum „Strippen" der CKW aufgrund der sehr niedrigen Henry-Konstanten dieser Stoffe erforderlich, kann eine teilweise Kreislaufführung der Luft mit zwischengeschaltetem Abluftfilter hilfreich sein (**Abb. 4-28**).

Die Notwendigkeit einer eventuellen Zuluftbehandlung (Entstaubung usw.) zur Vermeidung von Schadstoffeinträgen in das Wasser ist von Fall zu Fall zu entscheiden.

Zu beachten ist, dass nach erfolgtem intensivem Lufteintrag Ausgasungen aus dem Wasser, z. B. durch Stickstoff, in nachfolgenden Anlagenteilen, z. B. Druckfiltern, stören können, weshalb vorher eine Trennung des Luft-/Wassergemisches erfolgen muss.

In Sonderfällen kann, wenn es nur um Sauerstoffeintrag geht, die Zugabe reinen Sauerstoffs erwogen werden.

4.2.2.3.2 Anlagen und Leistungsdaten

In der Praxis sind sehr unterschiedliche Belüftungsanlagen eingesetzt, wobei die Entwicklung zu immer höheren Wirkungsgraden der Ausgasung und vor allem wesentlich gesteigerten Flächenbelastungen geführt hat. Lösungen mit Drucklufteintrag (Inka-Belüftung) bzw. großen Förderhöhen (Turmverdüsung) haben einen hohen Energiebedarf im Vergleich zur möglichen Flächenbelastung. Ein gewisses Optimum stellen bei den offenen Anlagen derzeit wahrscheinlich Wellbahnbelüfter dar. Zum CO_2-Austrag im drucklosen Bereich, z. B. in Trinkwasserspeichern, werden insbesondere zur Nachrüstung Belüftungssysteme mit Hochdruckventilatoren und feinporigen Keramikrohren angeboten.

Einige Belüftungsanlagen sollen nachstehend etwas näher dargestellt und beispielhaft Leistungsdaten genannt werden. Sie stellen nur eine grobe Orientierung dar und sind durch Herstellerangaben, neuere Erfahrungen und evtl. Versuche zu erhärten oder zu korrigieren. Eine Auswahl der Anlage darf nicht nur nach diesen Leistungsangaben erfolgen, sondern muss auch die Art des zu entfernenden Gases, die sonstige Wasserbeschaffenheit, den verfügbaren Raum, die eventuelle Möglichkeit einer späteren Durchsatz- oder Rohwasserbeschaffenheits-Änderung, den vorhandenen Vordruck u. a. berücksichtigen.

1. Verdüsung – Die Verdüsung war früher die am meisten verbreitete Belüftungsanlage. Das Wasser wird hier mit Vordruck (0,5 . . . 2,0 bar) über Kreiseldüsen senkrecht nach oben oder über Amsterdamer Düsen schräg gegeneinander fein versprizt (Tropfendurchmesser < 1 mm). Bei der Verdüsung von oben nach unten sind entsprechende Fallhöhen und zur Zerstäubung Pralltellerdüsen erforderlich. Da der Raumbedarf erheblich ist, höhere Wirkungsgrade eine künstliche Belüftung erfordern und Korrosionsprobleme auftreten können, werden bei Neuanlagen Verdüsungen nicht mehr vorgesehen.

2. Flachbelüfter m. Lochboden (Inka-Belüftung) (**Abb. 4-25**) – Hier fließt das Wasser über ein horizontales Lochblech, durch welches von unten mittels Ventilator Luft in das Wasser eingetragen wird. Die Luftmenge muss so groß sein, dass ein Wasserdurchtritt verhindert wird. Da dem Wasser auf seinem Fließweg ständig neue Luft von unten zugeführt wird, werden hohe Wirkungsgrade erreicht, allerdings auch bei entsprechendem Energiebedarf.

3. Flachbelüfter mit keramischen Belüftungselementen – In den horizontalen Wasserstrom wird mittels Verdichter über feinporige Keramikrohre sehr feinblasige Luft (Blasendurchmesser ca. 0,3 mm) von unten eingetragen. Bei vergleichsweise niedrigem Energieaufwand sind eine Anpassung an unterschiedliche Durchsätze und hohe Wirkungsgrade bzgl. CO_2-Austrag erreichbar.

4. Kaskaden – Bei dieser Belüftungsanlage wird das Wasser über die Kaskadenfläche verteilt und fällt dann über die Stufen hinunter, wobei Luft vorrangig im Gleichstrom mitgerissen wird, sich aber auch auf den Stufen in feinen Blasen im Wasser verteilt. Entsprechend dem angestrebten Wirkungsgrad kann die Stufenzahl gewählt werden, bei Bedarf ist auch eine künstliche Luftzufuhr im Kreuz- oder Gegenstrom anordbar. Verbreitet sind auch Anlagen mit quer gelegten Rohren (Rohrgitterkaskade), bei denen eine höhere Flächenbelastung möglich ist.

4.2 Trinkwasseraufbereitung

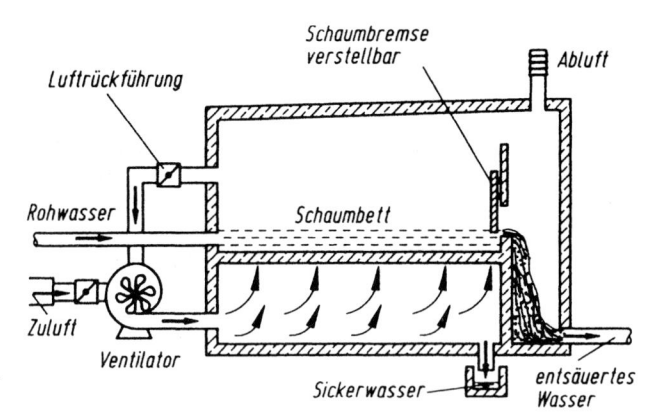

Abb. 4-25: Flachbelüfter m. Lochboden (Inka-Belüftung)

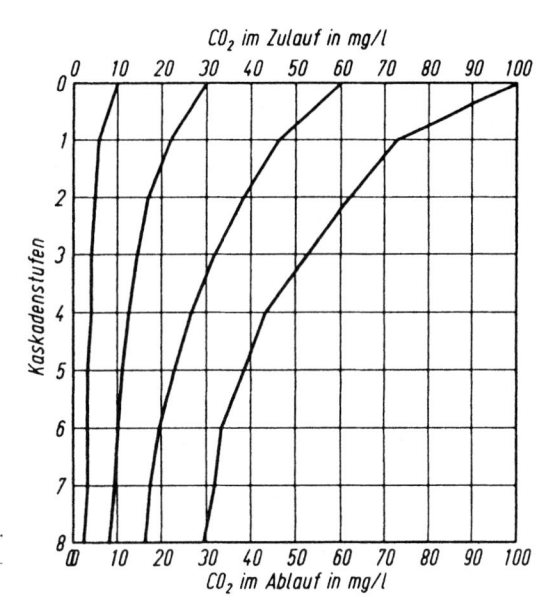

Abb. 4-26: Beispiel für die Wirksamkeit einer Kaskade bzgl. CO_2-Entfernung (nach Beyer – Münzel)

Abb. 4-26 gibt eine Orientierung für die in Abhängigkeit von CO_2-Konzentration im Zulauf und Stufenzahl der Kaskade etwa erreichbaren Ablaufkonzentrationen bei einer im Gegenstrom belüfteten Kaskade.

5. *Wellbahnbelüfter* (**Abb. 4-27**) – Hier rieselt das Wasser in einem dünnen Film an zahlreichen senkrecht eingebauten gewellten Kunststoffbahnen (Höhe bis 5 m) herab. Wichtig ist, dass das Wasser von oberhalb gleichmäßig über ein Lochblech auf die Profilbahnen verteilt wird. Durch Injektorwirkung beim Herabfließen des Wassers wird die 3- bis 5fache Luftmenge im Gleichstrom mitgerissen, so dass schon nach etwa 1 m Fließweg ein ausreichender Sauerstoffeintrag gegeben ist. Zum weitgehenden Austrag von CO_2 oder anderen Gasen sind dagegen längere Fließwege notwendig, wobei der Wirkungsgrad durch mehrere Stufen mit jeweiliger Frischluftzufuhr, evtl. mit Zwangsbelüftung im Kreuz- oder Gegenstrom, deutlich gesteigert wird. Die Wellbahnbelüfter sind aufgrund der möglichen hohen Grundflächenbelastungen (für O_2-Eintrag bis 1000 $m^3/m^2 \cdot h$, für CO_2-Austrag bis ca. 400 $m^3/m^2 \cdot h$) sehr raumsparend.

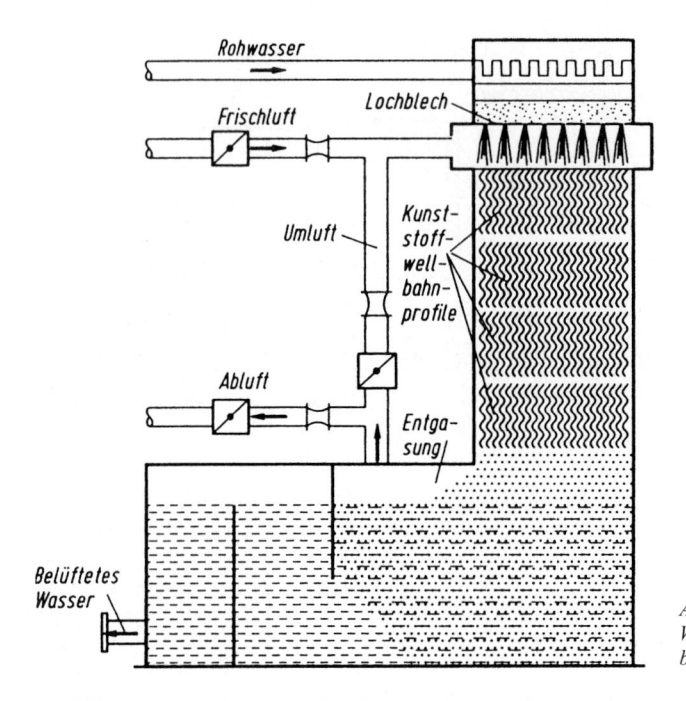

Abb. 4-27: Schemazeichnung eines Wellbahnbelüfters mit Gleichstrombelüftung

6. **Füllkörperkolonnen** – Hier sind in einem geschlossenen Reaktionsbehälter Füllkörper in regelmäßiger oder unregelmäßiger Schüttung auf einem Tragrost angeordnet. Als Füllkörper kommen verschiedenste Werkstoffe, z. B. Kunststoff oder Keramik, zum Einsatz, wobei die Körper einzeln in Größen von ca. 25 mm, z. B. Raschigringe, aber auch als zusammenhängende Füllkörperblöcke von ca. $0,5\,m^3$, z. B. Nor-Pac-Compact, vorliegen können. Das Wasser wird von oberhalb auf diese Füllkörper gleichmäßig verteilt und fließt in Form eines Rieselfilms an und in diesem nach unten. Eine Luftzufuhr erfolgt durch Zwangsbelüftung von oben (Gleichstrom) oder von unten (Gegenstrom). Dabei darf die Luftzuführung im Gegenstrom nicht übertrieben werden, da andernfalls der Rieselfilm gestört wird und der Wirkungsgrad zurückgeht. Die Abluft kann, z. B. bei CKW-Entfernung, über Aktivkohlefilter geleitet werden.

Füllkörperkolonnen werden vorrangig zur CKW-Entfernung eingesetzt, wo sie, bei allerdings niedrigen Flächenbelastungen, im Wirkungsgrad anderen Anlagen überlegen sind (**Tab. 4-49**).

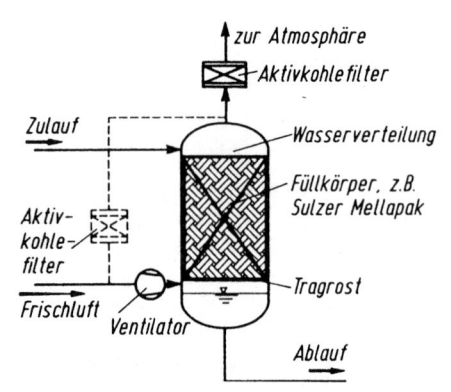

Abb. 4-28: Füllkörperkolonne mit teilweiser Kreislaufführung und Abluftfilter zum Ausgasen von CKW

4.2 Trinkwasseraufbereitung

Tab. 4-49: Wirksamkeit unterschiedlicher Gasaustauschanlagen bzgl. CKW-Entfernung (Trichlorethen nach Kühn in [4] Nr. 205)

	Wellbahnkolonne Gleichstrom		Kaskade Gegenstrom	Füllkörperkolonne Gegenstrom
	ohne	mit Zwangsbelüftung		
Luft/ Wasser Verhältnis (m^3/m^3)	11–1,4	140–10	20–50	16–177
Durchsatz ($m^3/m^2 h$)	770–150	615–155	110–45	8,2–2,5
Entfernungswirksamkeit für Trichlorethen in (%)	9–58	49–79	34–49	90–98,5

4.2.2.4 Filtration

4.2.2.4.1 Allgemeines

Filter sind in der Wasseraufbereitung häufig eingesetzte Anlagen. Insbesondere mit den gestiegenen Anforderungen an eine gute Partikelentfernung vor einer Desinfektionsstufe kommt dem optimierten Filterbetrieb eine besondere Bedeutung zu (siehe auch DVGW-Arbeitsblatt W 213-1). In der Trinkwasseraufbereitung kommen zumeist Raumfilter zum Einsatz, d. h., die „Durchlassweite" des Filterbettes ist größer als der Durchmesser der zu entfernenden Wasserinhaltsstoffe. Damit kann und soll die Rückhaltung nicht vorrangig durch Absieben erfolgen, was unwirtschaftlich kurze Filterlaufzeiten zur Folge hätte, sondern es müssen andere Filtrationsmechanismen gegeben sein. Dies sind zumeist van der Waalssche Oberflächenkräfte (Adsorption), je nach Wasserbeschaffenheit, Filtermaterial und sonstigen Betriebsbedingungen können aber auch chemische oder biologische Wirkungen wesentlich sein. Bei kolloidalen Wasserinhaltsstoffen kann es notwendig werden, die vorhandene Potentialschwelle durch Flockungsmittelzugabe abzubauen (Entstabilisierung – siehe Abschn. 4.2.2.2.2), um eine ausreichende Rückhaltung im Filter zu ermöglichen (Flockungsfiltration).
Hinweis: Membranfilter siehe Abschn. 4.2.2.5; Feinfilter 4.2.2.4.8; Mechanisch wirkende Filter in der Hausinstallation 4.2.8.2.

4.2.2.4.2 Einteilung der Filter

Die zur Trinkwasseraufbereitung eingesetzten Raumfilter lassen sich unterscheiden:
1) nach Filtergeschwindigkeit – Langsamfilter, Schnellfilter
2) nach dem Druck – offene Filter (**Abb. 4-29**) und geschlossene (Druck-)Filter (**Abb. 4-30**)
3) nach Schichtaufbau – Einschichtfilter, Mehrschichtfilter
4) nach Fließrichtung – Abstromfilter, Aufstromfilter
5) nach Wasserspiegelhöhenlage – Nassfilter mit Überstau des Filterbettes, Trockenfilter
6) nach Rückspülung – rückspülbare und nichtrückspülbare Filter
7.) nach Betriebsweise – Ein- und Mehrstufenfilter.
Weitere Unterscheidungen, z. B. in stehende und liegende Druckfilter, kontinuierlich und diskontinuierlich gespülte Filter sind möglich und üblich.
Zumeist kommen heute *Schnellfilter* (siehe auch DVGW-Arbeitsblatt W 213-3) gemäß DIN 19 605 zur Anwendung. Auf diese beziehen sich die nachfolgenden Ausführungen auch vorrangig.
Bei der Filtration von Oberflächenwasser bzw. der Flocken- und Flockungsfiltration werden zunehmend offene oder geschlossene Schnellfilter mit mehreren unterschiedlichen Filterschichten (= Mehrschichtfilter) eingesetzt, da sie eine bessere Raumausnutzung haben und so längere Laufzeiten bzw. höhere Filtergeschwindigkeiten ($v_F = Q : A_F$) ermöglichen.
Druckfilter haben gegenüber offenen Filtern den Vorteil, dass kein freier Wasserspiegel vorhanden ist, u. U. Pumpstufen gespart werden und größere Schichthöhen, höhere Filtergeschwindigkeiten und längere Laufzeiten möglich sind. Nachteilig sind aber die fehlende optische Kontrolle bei der

Rückspülung, die erforderlichen Korrosionsschutzmaßnahmen bei Stahlbehältern und die geringere Filterfläche bei stehenden Druckfiltern. Bei erforderlichen großen Filterflächen werden deshalb meist offene Filter vorgesehen. In jedem Fall ist die erforderliche Gesamtfilterfläche auf mehrere Filter aufzuteilen.

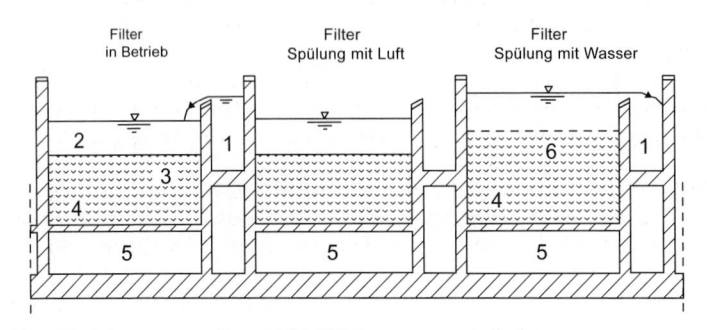

Abb. 4-29: Schema eines offenen Schnellfilters

1 Rohwasserzulauf bzw. schlammwasserablauf
2 Wasserüberstau
3 Filterbett(-material)
4 Filterboden
5 Filtratablauf bzw. Spülwasser und -luft-Zulauf
6 Expandiertes Filterbett

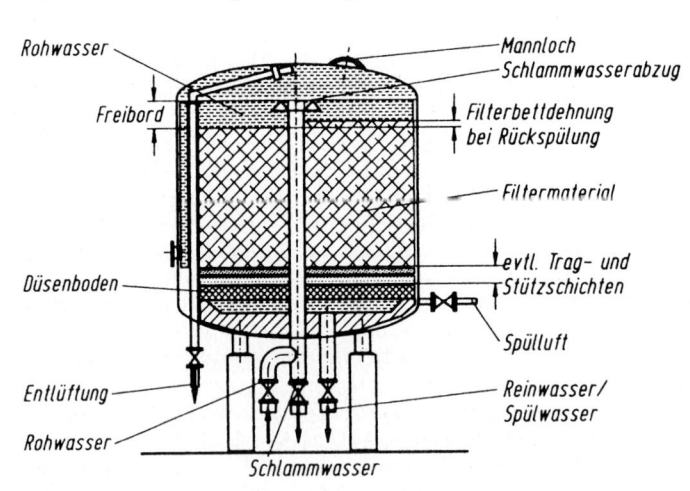

Abb. 4-30: Geschlossener Schnellfilter (Druckfilter)

4.2.2.4.3 Bestandteile des Filters

Schnellfilter bzw. Filteranlagen bestehen zumeist aus:
- Filterbehälter
  Bei offenen Filtern mit rechteckiger Grundfläche (bis 3 m Breite und 20 m Länge) aus Stahlbeton, bei geschlossenen Druckfiltern mit meist kreisförmiger Grundfläche (bis max. 5 m Ê) als Stahlblechkessel mit Zugangsmöglichkeit (Mannlöcher).
- Filterboden, häufig aus Stahlbeton oder Metallplatten mit 64 bis 90 Polsterrohr-Düsen pro m^2; seltener aus düsenlosem Filterboden, der Probleme bringen kann. Unter dem Filterboden befindet sich die Filterkammer, die bei bekriechbarer Ausführung mind. 60 cm hoch sein soll. Die Filterdüsen müssen selbstentlüftend sein oder es sind bei Düsenböden zusätzliche Entlüftungsleitungen erforderlich. Der Filterboden muss waagerecht ausgerichtet sein, die Schlitzweite der Düsen sollte so gewählt werden, dass auch der feine Anteil des Filtermaterials sicher zurückgehalten wird, bei engen Schlitzen (< 0,6 mm) besteht aber u. U. die Gefahr des Zuwachsens. Bei vergleichenden Untersuchungen (bbr 7/98) haben sich Düsen mit horizontalen Schlitzen (0,4 mm) zwischen beweglichen Lamellen bei stark trübstoffhaltigem Wasser als weniger verstopfungsanfällig gezeigt.

4.2 Trinkwasseraufbereitung 245

- Filtermaterial(-medium)
  Siehe Abschn. 4.2.2.4.4. Häufig wird zwischen dem eigentlichen Filtermaterial und dem Filterboden noch eine bis 40 cm hohe, teils abgestufte Stützschicht aus sehr grobem Kies angeordnet, um feines Filtermaterial zurückzuhalten und eine bessere Verteilung bei der Rückspülung zu bewirken. Die Lage dieser Schicht bleibt allerdings in der Praxis auf Dauer oft nicht bestehen.
  Oberhalb des Filtermaterials ist zumeist ein Wasserüberstau vorhanden und ausreichend Freibordhöhe bis zur Spülwasserabzugsrinne zu sichern.
- Leitungen, Armaturen und Anlageteile für die Rohwasserzuführung (Filterzulauf) und seine gleichmäßige Verteilung (z. B. Überlaufkanten), zur Durchflussregelung, für den Filtratabzug (evtl. mit Filtratschleife gegen Leerlaufen), zur Filterentleerung und -entlüftung und evtl. zum Vorfiltratabzug.
- Einrichtungen zur Rückspülung wie Leitungen und Armaturen für Spülluft und -wasser sowie Schlammwasser, Spülluftgebläse und Spülwasserpumpen, Schlammwasserrinnen. Evtl. ist auch eine Spülwasservorlage, besonders bei großer einzelner Filterfläche und hoher Spülgeschwindigkeit, erforderlich.
- Meßeinrichtungen insbesondere für Volumenströme, Druck und Druckdifferenz, evtl. auch für Wasserqualität, mind. aber Probenahmestellen.

4.2.2.4.4 Filtermaterialien

Die in Filtern eingesetzten *Materialien* (siehe auch DVGW-Arbeitsblatt W 213-2) richten sich vorrangig nach den zu entfernenden Wasserinhaltsstoffen. Zumeist sind Quarzsand bzw. Quarzkies (nach DIN 19 623) eingesetzt, der kostengünstig und mechanisch widerstandsfähig ist. Beim Einschichtfilter wird Quarzsand allein verwendet, beim Mehrschichtfilter als untere Feinkornschicht, auf die eine oder mehrere gröbere Schichten aus spezifisch leichterem Material (z. B. Anthrazit, Blähton, Bims u. a.) aufgebracht werden. Teilweise ist eine gute Filterwirkung erst gegeben, wenn eine Einarbeitung des Filters erfolgt ist, d. h. die katalytische Wirkung des Kiesbelages z. B. die Enteisenung und Entmanganung unterstützt (s. Abschn. 4.2.5.3 und 4.2.5.4). Basalt als Filtermaterial weist, bei allerdings höherem Preis, gewisse Vorteile aufgrund seiner Oberflächenstruktur bzgl. Filtratqualität und Laufzeit gegenüber Quarzsand auf. Zur Entfernung organischer Mikroverunreinigungen, z. B. CKW und PBSM, wird Aktivkohle als Filtermaterial eingesetzt (s. „Adsorption"). Alkalische Filtermaterialien (z. B. Jurakalk, halbgebrannter Dolomit) reagieren chemisch mit der überschüssigen Kohlensäure und entsäuern das Wasser; die eigentliche Filterwirkung ist hier sekundär und bzgl. Eisen, Mangan und Trübstoffen nur sehr begrenzt möglich (s. Abschn. 4.2.3.3). In Sonderfällen wird auch leichter Kunststoff (geschäumtes Polystyrol) als Filtermaterial, meist bei aufwärts durchflossenen Filtern, verwendet, z. B. bei automatisch rückspülenden Schwerkraftfiltern und in Verbindung mit pulverförmiger Aktivkohle bei der Pulverkohleeinlagerungsfiltration.
Alle Filtermaterialen sollten nur in Anlehnung an DIN 19 623 in engen Kornklassen und mit geringem Über- und Unterkornanteil sowie einer Ungleichförmigkeit $d_{60} : d_{10} < 1,5$ eingesetzt werden (Kontrolle über Siebanalyse), da andernfalls das Schlammaufnahmevermögen zurückgeht, durch negative Klassierung eine Oberflächenfiltration (Kuchenbildung) eintreten kann und die Laufzeit drastisch verkürzt wird.

4.2.2.4.5 Bemessung und Betrieb

Die Bemessung von Filteranlagen erfordert die Festlegung folgender Hauptparameter:
- zulässige Filtergeschwindigkeit
- erforderliche Filterfläche, Zahl der Filter
- Art des Filtermaterials, zweckmäßige Korngrößen/-klassen
- Schichthöhe des Materials/Einsatzmenge
- zulässige Filterlaufzeit (vorrangig von Filtrat- und Filterwiderstands-Entwicklung abhängig).

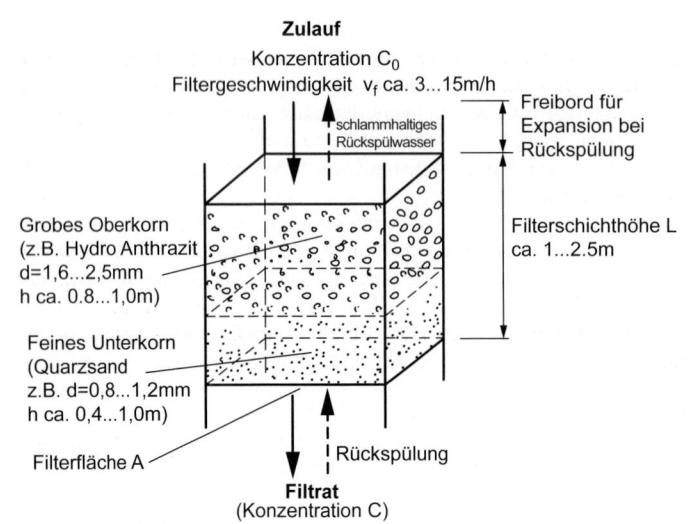

Abb. 4-31: Prinzip und Parameter der Filtration (Zweischicht-Schnellfilter)

Dazu kommen die erforderlichen Festlegungen zu Art und Zyklus der Rückspülung, des Spülwasserbedarfs (evtl. Spülwasservorlage), der Leistung von Gebläse und Spülwasserpumpe sowie konstruktive Festlegungen zur Höhe des Wasserüberstaus und Freibords u. a. Manche Parameter lassen sich im späteren Betrieb noch leicht verändern und optimieren, z. B. Zeitpunkt und Dauer der Rückspülung, andere sind weitgehend fest, z. B. die Filterfläche, oder lassen sich nur mit erheblichem Aufwand ändern, z. B. die Korngröße des Filtermaterials.

Für die Bemessung werden oft Erfahrungswerte herangezogen, sicherer und zumindest bei größeren Anlagen auch wirtschaftlicher sind aber halbtechnische Filterversuche mit dem entsprechenden Rohwasser. Gerade bei Filteranlagen ist eine gute Übertragbarkeit der Ergebnisse auf die großtechnische Anlage gegeben, wenn mit Filtersäulen von mind. 300 mm Durchmesser gearbeitet wird.

Für mathematische Filtrations-Modelle wird zumeist die Exponentialfunktion von Iwasaki $C = C_0 \cdot e^{-\lambda L}$ genutzt. Das Problem liegt aber in der Ermittlung des Filterparameters, der sowohl von der Wasserbeschaffenheit und Filterkonstruktion als auch von der Zeit abhängig und somit nicht generell bestimmbar ist, weshalb universale Bemessungsgleichungen für die praktische Filterdimensionierung ohne Bedeutung blieben. Für ausgewählte Bereiche der Filtration, wie Enteisenung, Entmanganung, Flockungsfiltration und Filtration über dolomitisches Material sind semiempirische Bemessungsverfahren entwickelt worden, deren Nutzung u. U. den Versuchsaufwand reduzieren kann.

Sowohl bei der Durchführung von Filterversuchen als auch zur Kontrolle des Filterbetriebes und für seine Optimierung ist die Messung der Filtratqualität und des Filterwiderstandes möglichst nicht nur am Filterablauf, sondern auch an mehreren unterschiedlichen Filterbettiefen wichtig. Eine graphische Darstellung z. B. der Filterwiderstandszunahme (**Abb. 4-32**) erleichtert die Analyse und Optimierung. Ersichtlich werden u. a. Unterdruckbereiche im Filter, die vermieden werden müssen.

Die Zunahme des Filterwiderstandes (Druckverlust) und das Verhalten der Filtratgüte über die Filterlaufzeit sind vorrangig abhängig von Art und Menge der abfiltrierten Wasserinhaltsstoffe und der Beschaffenheit (Korngröße, Ungleichförmigkeit) des Filtermaterials. Der Druckverlust steigt linear bis exponentiell, die Filtratgüte bleibt z. B. bei der Enteisenungs- und Entmanganungsfiltration praktisch konstant über die Laufzeit, während bei der Flocken- und Flockungsfiltration deutliche Phasen der Einarbeitung, der weitgehenden Konstanz während der Arbeitsphase und bei weiterer Fortsetzung des Filterbetriebes der Filtratverschlechterung und schließlich des Durchbruchs auftreten (**Abb. 4-34**). Für die Zeit der Einarbeitung muss bei nicht ausreichend gegebener Mischungsmöglichkeit u. U. ein Vor-(Erst-)filtratabschlag erfolgen.

4.2 Trinkwasseraufbereitung

Die möglichen Laufzeiten von Filtern sind je nach Randbedingungen sehr unterschiedlich, von unter einem Tag bei der Oberflächenwasser- und auch Flockungsfiltration bei hoher Belastung, etwa 14 Tagen bei der Entmanganungsfiltration bis zu über einem Jahr bei der A-Kohle-Filtration. Bei der Filtration nährstoffhaltigen Wassers sollte die Rückspülung mind. wöchentlich erfolgen, um Verkeimungen zu vermeiden.

Aus Sicht der Filtertheorie sollte ein Filter so beschaffen sein und betrieben werden, dass zum Zeitpunkt der eintretenden Güteverschlechterung (Filterdurchbruch – **Abb. 4-34**) auch der maximal zulässige Filterwiderstand (bei offenem Filter ca. 2 m und bei geschlossenem Filter ca. 5 bis 6 m) annähernd erreicht ist (Filteroptimum). Die in der Praxis häufig nicht gegebene Konstanz der Wasserbeschaffenheit, des Durchsatzes und anderer Betriebsbedingungen ermöglichen hier aber nur Annäherungen, wobei aus Gründen der hygienischen Sicherheit die Rückspülung vor der Filtratverschlechterung einzuleiten ist.

Zur Überwachung der Filterwirksamkeit wird seit jeher die Trübungsmessung angewandt, zunehmend jetzt auch die Partikelzählung (siehe auch DVGW-Arbeitsblatt W 213-6).

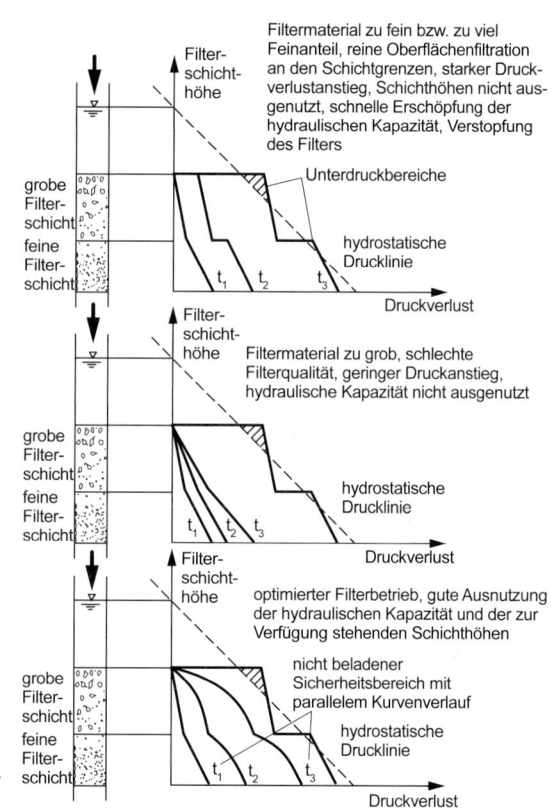

Abb. 4-32: Beispiel zur Beurteilung der Filterwiderstandsentwicklung

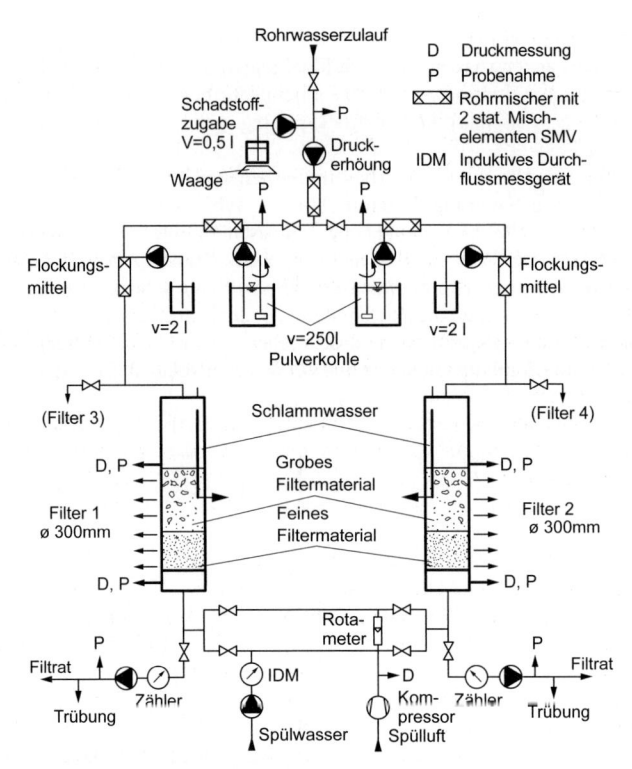

Abb. 4-33: Beispiel für eine Filterversuchsanlage mit 2 bis 4 parallelen Filtersäulen (Flockungsfiltration mit Pulverkohlenzugabe zur CKW- und Pestizid-Entfernung)

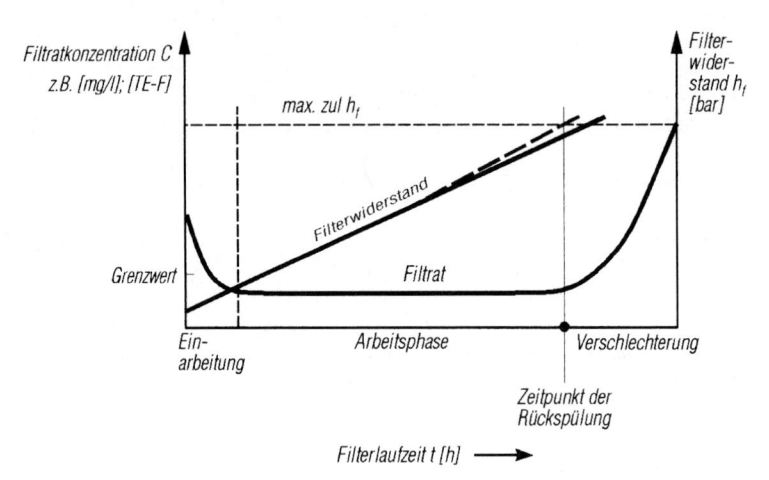

Abb. 4-34: Filtrat und Filterwiderstand bei der Flockungsfiltration

4.2 Trinkwasseraufbereitung

4.2.2.4.6 Filterrückspülung

Beim Einschichtfilter bringt erfahrungsgemäß die gemeinsame (simultane) Luft-Wasser-Spülung die besten Ergebnisse. Üblich ist etwa folgender Spülzyklus:
- Aufbruch des Filterbetts: ca. 2 min Luft mit 60 ... 90 $m^3/m^2 \cdot h$
- Ablösen der Schmutzstoffe: mind. 5 min Luft und Wasser (Luft ca. 60 ... 80 $m^3/m^2 \cdot h$, Wasser mit 10 ... 15 $m^3/m^2 \cdot h$)
- Ausspülen der Schmutzstoffe und Luftaustrag: bis 5 min Wasser mit 10 ... 20 $m^3/m^2 \cdot h$

Bei grobem und schwerem Filtermaterial können die Wasserspülgeschwindigkeiten auch höher liegen, bei sehr leichtem Material und auch Aktivkohle wird die gleichzeitige Luft-Wasser-Spülung nicht angewendet.

Der Schlammablauf sollte möglichst beobachtet werden. Nur bei neubefülltem Filter darf bei der Rückspülung ein gewisser Austrag an (sehr feinem) Filtermaterial eintreten, später ist u. U. die Spülgeschwindigkeit zu korrigieren.

Insbesondere die 3. Phase des Klarspülens kann durch Kontrolle der Trübung des Spülabwassers bzw. der absetzbaren Stoffe (Imhofftrichter) minimiert werden. Gemeinhin wird hier zu lange gespült. Es ist zumeist durchaus nicht notwendig, den Filter gänzlich sauber zu spülen, damit wird u. U. nur nach Wiederinbetriebnahme die Zeitdauer einer verschlechterten Filtratqualität (Vorfiltrat in der Einarbeitungsphase) unnötig verlängert.

Beim *Mehrschichtfilter (MF)* ist von der Rückspülung neben der Reinigung auch die Wiederherstellung der Schichtentrennung (Klassierung) gefordert, da andernfalls die Leistung des Filters wesentlich absinkt. Dabei muss insbesondere die letzte Spülphase in der Wasserzugabe ($m^3/m^2 \cdot h$) dem eingesetzten Filtermaterial (Größe, Dichte, Form) genau entsprechen, damit die Klassierung eintritt, ohne dass Materialverluste oder unnötiger Spülwasserverbrauch entstehen. Große und schwere Filtermaterialien erfordern hier deutlich höhere Spülgeschwindigkeiten, um die zur Klassierung notwendige Fluidisierung bzw. Expansion des Filterbetts (Oberkorn ca. 25 %, Unterkorn ca. 15–20 %) zu erreichen. Häufig wird nur mit getrennter Luft- und Wasser-Spülung gearbeitet, um dauerhafte Vermischungen der Schichten und Materialverluste zu vermeiden. Dabei sind aber langfristig zunehmende Verschmutzungen (Zunahme des Anfangsfilterwiderstandes) bzw. Verbackungen des Filtermaterials nicht immer ausschließbar. Anzustreben ist deshalb die gemeinsame Luft-Wasser-Spülung, etwa als Aufstauspülung bei entsprechendem Freibord, mit folgendem Zyklus:
- Absenken des Wasserspiegels bis Materialoberkante
- Aufbrechen des Filterbetts: ca. 2 min Luft mit 60–80 $m^3/m^2 \cdot h$
- Ablösen der Schmutzstoffe: ca. 3 min Luft und Wasser (Luft ca. 60 $m^3/m^2 \cdot h$, Wasser mind. 10 $m^3/m^2 \cdot h$)
- Ausspülen der Schmutzstoffe, Luftaustrag, Klassieren: ca. 5 min Wasserstarkstrom (je nach Filtermaterial mit 40 ... 90 $m^3/m^2 \cdot h$)

Je nach Aufnahmefähigkeit des Überstauraumes und Höhenlage des Schlammabzugs (Freibord) muss u. U. zwischenzeitlich eine Entleerung des Überstauraumes erfolgen.

Heute werden Filter häufig über automatisch ablaufende Spülprogramme gespült. Dabei, und auch bei der manuellen Spülung, sind die Filter einzeln nacheinander zu spülen (in Abhängigkeit von Filtratqualität, Filterwiderstand und Laufzeit), damit sich die Filtergeschwindigkeit in den verbleibenden Filtern nicht zu stark erhöht. Besonders bieten sich dafür die verbrauchsarmen und oft energiekostengünstigen Nachtstunden an.

4.2.2.4.7 Langsamfilter

Die ersten Filter, die zur Wasseraufbereitung verwendet wurden, waren Langsamfilter, mit ihnen sollte die Reinigungswirkung der Bodenpassage nachgeahmt werden.

Langsam-Sandfilter besitzen oft eine Siebwirkung an der Oberfläche, filtrierende und adsorbierende Wirkung im Filterbett und eine biologische Wirkung nach dem Einarbeiten des Filters durch Bildung eines biologischen Rasens. Die Filter werden oben mit feinem Sand, darunter abgestuft mit Kies gefüllt, mit Wasserüberstau von 0,60 m bei abgedeckten Filtern und 1,00 m bei Filtern im Freien. (Siehe auch

DVGW-Arbeitsblatt W 213-4.) Bei kleinen Anlagen werden die einzelnen Filter bis zu 1000 m², bei großen bis zu 5000 m² ausgeführt. Die Filtergeschwindigkeit wird mit 0,1–0,2 m/h gewählt, bei rückspülbaren auch bis 0,7 m/h. Der Zulauf erfolgt seitlich im Überstauraum, bei der geringen Filtergeschwindigkeit ist eine gleichmäßige Belastung des Filters gewährleistet. Zur Ableitung ist unterhalb des Filterbettes ein System aus Dränrohren innerhalb einer groben Filterkies-Stützschicht eingelegt. Der Filterwiderstand beträgt anfangs nur wenige cm und soll gegen Ende der Laufzeit 1 m nicht übersteigen. Die Laufzeit beträgt bei genügender Vorklärung 100–300 Tage. Bei Filterreinigung wird die obere Schmutzschicht 1–30 cm hoch abgeschält und gewaschen, dabei wird der Filter zumeist außer Betrieb genommen. Für 1–3 Betriebsfilter ist 1 Reservefilter erforderlich. Langsamfilter erreichen ein sehr klares Filtrat. Sie erfordern aber sehr viel Platz, außerdem ist der Arbeitsaufwand für das Reinigen des Sandes, Lockern, Waschen u. a. sehr hoch, auch wenn dies weitgehend maschinell durchgeführt wird.

Bei starker Trübung, hohem Gehalt an organischen Stoffen sind Langsamfilter zur Reinigung von Oberflächenwasser nicht ausreichend. Früher wurden daher den Filtern große Absetzbecken vorgeschaltet. Wegen des großen Platzbedarfs der Langsamfilter werden heute fast ausschließlich Schnellfilter gewählt, denn die Filterfläche beträgt nur: $v_{sF} = 10$ m/h, $v_{LF} = 0,1$ m/h; $F_{sF} : F_{LF}$ 1:100. Wenn Langsamfilter vorhanden sind und der Platz nicht anderweitig benötigt wird, dann werden diese gerne beibehalten, da sie wirksam für die Schönung des Wassers und für die Zurückhaltung von Spurenstoffen, so auch von Schwermetallen sind und den Keimgehalt des Wassers deutlich senken.

4.2.2.4.8 Feinfiltersysteme

Feinfilter (Vlies-, Falten-, Garnwickel-, Keramik-, Sinterelement-, Spalten- und Siebfilter) sind seit langem aus den Bereichen der Pharma-, Getränke- und Elektronikindustrie bekannt. Die industriell vorgefertigten Filtereinsätze (z. B. Kartuschen, Beutel), angeordnet zumeist in druckfesten Filtergehäusen, wirken je nach Ausführungsart als Oberflächen- oder Raum(Tiefen-)filter. Die Filtereinsätze müssen nach entsprechender Beladung entweder gewechselt werden oder sind rückspülbar.

Aufgrund der mit der neuen Trinkwasserverordnung [21] erhöhten Anforderungen an die Aufbereitung von mikrobiell belastetem Rohwasser ergeben sich Einsatzbereiche bei Kleinanlagen (ca. < 100 m³/d), insbesondere für Eigen- bzw. Einzelwasserversorgungen. Bei nur geringer bzw. zeitweiser Trübstoffkonzentrationen, nicht zu feindispersen Trübstoffen und mikrobiell gering belastetem Wasser ist – bei einem Trenngrad von zumeist 0,5 µm bis $< 5,0$ µm – damit eine ausreichende Trübstoffentfernung (einschl. Parasiten mit ihrer Größe von 5 µm bis 15 µm) und damit dann eine sichere nachfolgende Desinfektion erreichbar.

Müller/Baldauf empfehlen in [22] Heft 24 und 25 nach entsprechenden Untersuchungen für die nicht spülbaren Feinfilter aus wirtschaftlichen Gründen eine zweistufige Feinfilteranlage mit einem preisgünstigen Vorfilter und einem (teureren) Hauptfilter und geben einen Kostenbereich von 0,1 bis 0,5 EUR/m³ filtriertes Wasser an. Bei höheren Rohwassertrübungen (ca. > 1 NTU) können die Kosten aufgrund des dann häufig erforderlichen Wechsels des Filtereinsatzes aber sehr stark ansteigen.

Herb (gwf Nr. 2/2004) erreicht beim Einsatz einer nicht spülbaren zweistufigen Feinfilteranlage (Vorfilter 10 µm; Hauptfilter 1 µm) mit nachfolgender UV-Desinfektion bei der Quellwasseraufbereitung für Berghütten für das Reinwasser eine Trübung von $< 0,05$ NTU und die einwandfreie mikrobiologische Beschaffenheit. Aus hygienischen Gründen wird für den Filtereinsatz eine Laufzeit von max. 6 Monaten vorgeschlagen, unabhängig von der erreichten Beladung.

4.2.2.5 Membranverfahren

4.2.2.5.1 Allgemein

Membranverfahren, seit längerem bei der Betriebswasseraufbereitung (z. B. Kesselspeisewasser, Reinstwasser) im Einsatz, werden in Deutschland seit 1982 auch bei der Aufbereitung von Trinkwasser (Trübstoffentfernung, Entsalzung, Enthärtung, Sulfat- und Nitratentfernung, Eliminierung organischer Stoffe wie Pestizide und insbesondere Keimentfernung) zunehmend angewandt (**Tab. 4-50**).

4.2 Trinkwasseraufbereitung

Tab. 4-50: *Übersicht zu den Aufbereitungswirksamkeiten, Betriebsdaten sowie Spülung/Reinigung unterschiedlicher Membranfilteranlagen (nach Lipp, Baldauf, Kühn 2005)*

	MF	UF	NF	UO
Einsatzbereiche/Aufbereitungswirksamkeiten: (+++ vollständiger Rückhalt bis – geringer/kein Rückhalt)				
Trübung	+++	+++	Vorbehandlung erforderlich	
Partikel (1-100 μm)	+++	+++	Vorbehandlung erforderlich	
E.coli/Colif. Keime	+++	+++	+++	+++
MS2-Phagen	+	+++	+++	+++
Parasiten	+++	+++	+++	+++
Calcium, Magnesium	–	–	++	++
Natrium, Kalium	–	–	+	++
Sulfat	–	–	++	++
Chlorid	–	–	+	++
Nitrat	–	–	+	++
Pestizide	–	–	++	++
Huminstoffe	–	–	++	++
Betriebsdaten				
Flächenbelastung l/m^2/h	100-150	50-90	20-30	15-20
Energiebedarf (Filtration) kWh/m^3	0,05-0,2	0,05-0,2	0,4	0,8
Energiebedarf (Spülung) kWh/m^3	0,4	0,4	–	–
Übliche Spül- und Reinigungsintervalle				
Spülung mit Filtrat	Stündlich	Stündlich	Keine	Keine
Spülung mit Filtrat bei Zugabe von Chemikalien	Keine	Täglich	Keine	Keine
Chemische Reinigung	Wöchentlich	Monatlich	Halbjährlich	Halbjährlich
Konditionierung	Keine	Keine	Kont.	Kont.
Spül- und Reinigungschemikalien				
Mineralsäuren, Laugen	X	X	X	X
Chlor, Chlorbleichlauge	–	X	–	–
Wasserstoffperoxid	–	X	–	–
Zitronensäure	X	X	X	X

Für Rohwässer, die eine Entfernung mehrerer verschiedener Stoffe erfordern, können die Membranverfahren u. U. wirtschaftlich sein. Je nach Art des Membranverfahrens und der Beschaffenheit des Rohwassers kann die notwendige Vor- und Nachbehandlung des Wassers aufwendig werden und insbesondere die Konzentratentsorgung erhebliche Probleme und Kosten verursachen.

Die Verfahren unterscheiden sich insbesondere bezüglich der Porösität der Membranen und somit der Durchlässigkeit gegenüber den verschiedenen Wasserinhaltsstoffen (nicht-poröse Membranen bei der Umkehrosmose UO), Elektrodialyse (ED) und Nanofiltration (NF); poröse Membranen bei der Ultra- (UF) und Mikrofiltration (MF)) und der beim Betrieb erforderlichen Drücke, wobei bei getauchten MF- oder UF-Membranen auch schon Drücke von 0,1 bar ausreichend sein können bzw. ein Unterdruck angelegt werden kann. **Abb. 4-36** zeigt die Abgrenzung der einzelnen Membranverfahren im Vergleich zur konventionellen Raum-/Oberflächenfiltration.

Die Membranen können aus organischen Polymeren oder anorganischen Materialien, z. B. Keramik, gefertigt sein und zu unterschiedlichsten Membranelementen (Hohlfaser-, Rohr-, Wickel-, Platten-, Kissenelement) zusammengefügt sein; siehe Spezialliteratur, z. B. [19]. Das Membranmodul ist die anschlussfertige funktionsfähige Einheit aus einem oder mehreren Membranelementen. Mehrere Module können zu einem Modulblock angeordnet werden, eine Membrananlage kann aus mehreren Blöcken bestehen.

252   4. Wasseraufbereitung

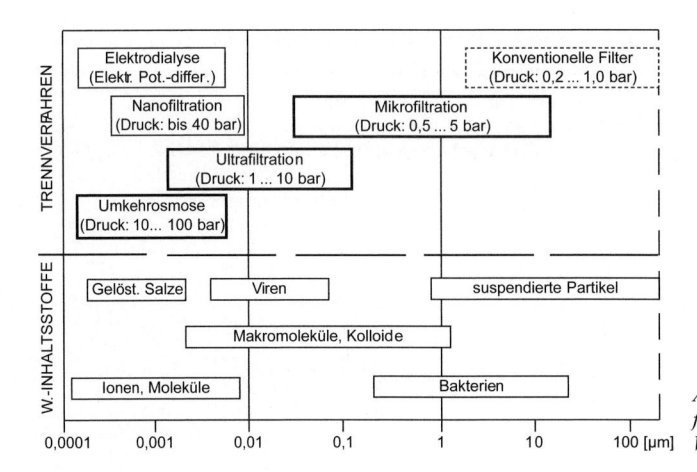

```
TRENNVERFAHREN │ Elektrodialyse                    │ Konventionelle Filter
                │ (Elektr. Pot.-differ.)           │ (Druck: 0,2 ... 1,0 bar)
                │   Nanofiltration        │ Mikrofiltration
                │   (Druck: bis 40 bar)   │ (Druck: 0,5 ... 5 bar)
                │      Ultrafiltration
                │      (Druck: 1 ... 10 bar)
                │ Umkehrosmose
                │ (Druck: 10... 100 bar)

W.-INHALTSSTOFFE │ Gelöst. Salze │ Viren │         suspendierte Partikel
                 │         Makromoleküle, Kolloide
                 │ Ionen, Moleküle │        Bakterien

   0,0001   0,001   0,01   0,1    1      10    100 [µm]
```

Abb. 4-36: Abgrenzung der Verfahren hinsichtlich der trennbaren Wasserinhaltsstoffe

Der Betrieb erfolgt entweder als „Cross-Flow" mit tangentialer Überströmung der konzentratseitigen Membranoberfläche und somit kontinuierlicher Ausspülung der zurückgehaltenen Stoffe (mit Rezirkulation eines Teilstromes) bei allerdings hohem Energieaufwand oder als „Dead-End" mit orthogonaler Durchströmung der Membran und somit einer zunehmenden Deckschicht, was regelmäßige Spülungen erforderlich macht, aber bei trübstoffarmem Wasser energetisch günstiger ist (**Abb. 4-37c**).

Die Kontrolle der Membranen auf Intaktheit (Integrität) und die Überwachung der Aufbereitungswirksamkeit ist bei den nicht-porösen Membranen der UO, ED und NF zumeist leicht durch eine kontinuierliche Messung der elektrischen Leitfähigkeit im Permeat möglich. Bei den porösen Membranen der MF und UF gestaltet sich dies schwieriger: die Partikelmessung und auch die kontinuierliche Trübungsmessung sind nur begrenzt geeignet, der (zumeist automatische) Druckhaltetest erfordert eine mindestens partielle Außerbetriebnahme und kann bei zu häufiger Durchführung die Membranen schädigen. Aufgrund der bisher nie ausschließbaren Möglichkeit von – nicht sofort erkennbaren – Membrandefekten wird deshalb bei der Trinkwasseraufbereitung von mikrobiell belastetem Wasser meist eine Desinfektion nachgeschaltet.

Als spezifische Investitionskosten werden, je nach Anlagengröße, unter 2000 € pro m^3/h bis 16000 € pro m^3/h angegeben (Lipp 2005); für die spezifischen Aufbereitungskosten bei MF/UF 0,1-0,3 € pro m^3 aufbereitetes Trinkwasser, bei NF 0,3-0,5 €/m^3 und bei UO 0,5-1,0 €/m^3 (Gimbel 2004); beides mit deutlicher Tendenz zur weiteren Abnahme. Die Kosten für den Membranersatz, der zumeist nach 3 bis 10 Jahren erforderlich wird, betragen etwa 20 bis 70 €/m^2 Membranfläche.

Für den Bereich der Trinkwasseraufbereitung wird für den Einsatz von Membrananlagen eine jährliche Wachstumsrate über 10 % gesehen (Rippberger 2006).

4.2.2.5.2 Umkehrosmose (UO)

Prinzip – Das zulaufende Rohwasser wird mit 5 bis 100 bar gegen eine nur für das annähernd reine Wasser und gelöste Gase durchlässige (semipermeable) Membran gedrückt, letzteres fällt an der Niederdruckseite als Permeat an, während die zu entfernenden Wasserinhaltsstoffe vor der Membran konzentriert werden (Konzentrat). (**Abb. 4-37a**).

Vor- und Nachbehandlung des Wassers – Eine Vorbehandlung soll Ablagerungen auf den Membranen (so genanntes „Scaling", z. B. durch auskristallisierende Calciumsalze, und „Fouling". z. B. durch Eisen- und Manganhydroxide) sowie eventuelle biologische Beschädigungen verhindern. Dafür kommen, je nach Beschaffenheit des Rohwassers, der Membranart und der Anforderungen an das Reinwasser die bekannten Aufbereitungsverfahren wie Flockungsfiltration, Ionenaustausch usw. in Frage, aber auch die Konditionierung des Wassers durch Zugabe von stabilisierenden Chemikalien wie Polyphosphaten und Säuredosierung. Zur Verhinderung des biologischen Foulings stehen die üblichen

4.2 Trinkwasseraufbereitung

Desinfektionsverfahren zur Verflügung. Hilfreich bei entstandenen Ablagerungen auf den Membranen sind auch Spülungen mit Reinigungsmitteln, z. B. verdünnter Salzsäure, die einmal wöchentlich bis jährlich durchgeführt werden.

Eine Nachbehandlung, mindestens durch Verschneiden mit Rohwasser zur Aufsalzung und pH-Wert-Einstellung, ist erforderlich, da das Permeat sonst den Anforderungen an Trinkwasser im allg. nicht genügt.

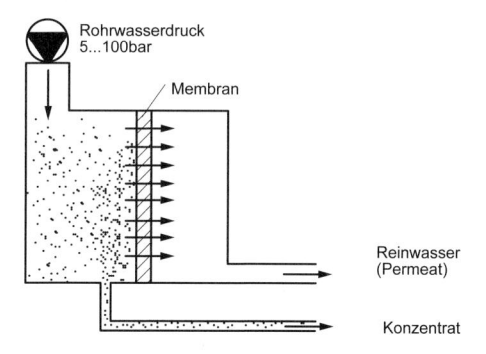

Abb. 4-37a: Prinzip der Umkehrosmose

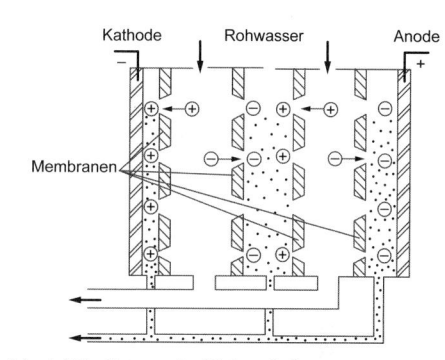

Abb. 4-37b: Prinzip der Elektrodialyse

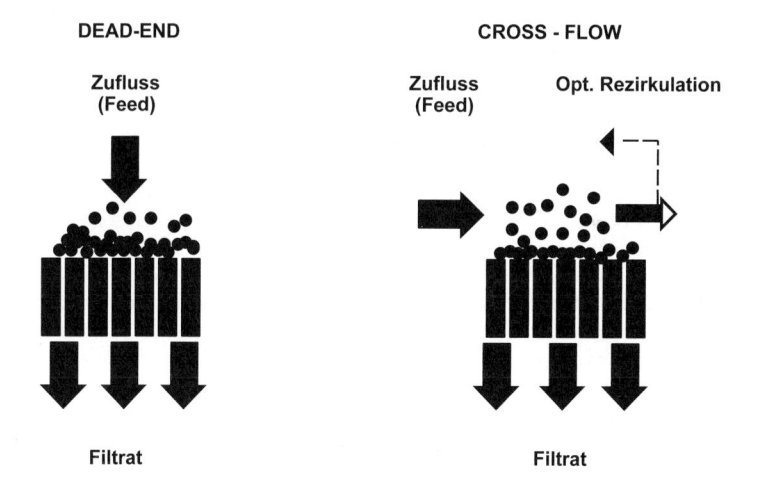

Abb. 4-37c: Betriebsweisen bei Ultra- und Mikrofiltration

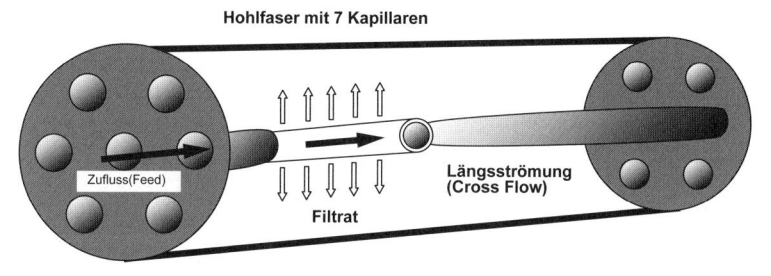

Abb. 4-37d: Hohlfasermembran zur Ultrafiltration durchflossen von innen nach außen (In-Out)

Konzentratentsorgung – An Abwasser fallen bei den Umkehrosmose-Anlagen ca. 20% des Zulaufwassers an. Die Entsorgung der sehr salzhaltigen Konzentrate kann sehr kostenintensiv sein und das Verfahren unwirtschaftlich werden lassen. Die Kosten steigen dabei etwa wie folgt mit der Art der Entsorgung: direkte oder indirekte Einleitung in Gewässer (Erlaubnis erforderlich), Verwertung (z. B. als Dünger), Deponie.

Beispielsanlagen – Sulfatentfernung in Duderstadt (100 m³/h), Wasserentsalzung auf Helgoland, Nitratentfernung und Teilenthärtung in Osnabrück (440 m³/h).

4.2.2.5.3 Elektrodialyse (ED)

Eine Elektrodialyseanlage besteht aus zahlreichen Kammern, deren Wandungen von Membranen gebildet werden, die in abwechselnder Folge jeweils nur an- oder kationendurchlässig sind. In den beiden Endkammern befinden sich Elektroden. Beim Anlegen einer elektrischen Gleichspannung wandern von den im Zulaufwasser gelösten Salzen die Anionen (z. B. Cl⁻) in Richtung Anode, die Kationen (z. B. Na⁺) zur Kathode. Aufgrund der Sperrwirkung jeder zweiten Membran kommt es somit zu einer Aufkonzentrierung (z. B. von NaCl) in jeder zweiten Zelle, während aus den übrigen Zellen das (z. B. entsalzte) Reinwasser abläuft (**Abb. 4-37b**).

Im Vergleich mit der Umkehrosmose ist der Abwasseranfall hier mit etwa 2% des Zulaufwassers nur ca. $^1/_{10}$ so hoch. Analog zur Umkehrosmose kann es durch Ausfällung von Ca-Verbindungen und durch kolloidale Wasserinhaltsstoffe zu störenden Blockierungen der Membranen kommen. Gegenmaßnahmen sind Vorbehandlung des Wassers sowie zeitweise Polumkehr und Elektrodenspülungen. In der Regel werden bei der Elektrodialyse (wie auch bei der Umkehrosmose) alle gelösten Salze gleichermaßen zurückgehalten. Mit speziellen Membranen können bestimmte Ionen, z. B. NO_3^-, im gewissen Umfang bevorzugt entfernt werden (**Abb. 4-60**). Die Anwendung der Elektrodialyse ist im Trinkwasserbereich in Deutschland aber vorrangig auf Pilotanlagen beschränkt geblieben.

4.2.2.5.4 Ultrafiltration und Mikrofiltration (UF und MF)

Bei diesen Membranverfahren, deren Anwendung stark zunimmt, werden poröse Membranen eingesetzt, die es gestatten, je nach Trenngrenze nur einen bestimmten Teil der Wasserinhaltsstoffe zu entfernen (**Abb. 4-36** und Foto – **Abb. 4-50**).

Mit der *Ultrafiltration (UF)*, die seit 1998 in Deutschland zur Trinkwasseraufbereitung eingesetzt wird, besteht aufgrund der Trenngrenze von ca. 0,01 µm die Möglichkeit, Bakterien, Viren und Parasiten sicher zu eliminieren und somit den ansonsten erforderlichen Einsatz an Desinfektionsmitteln deutlich zu reduzieren oder sogar gänzlich darauf zu verzichten. Ebenso sind Trübstoffe bis auf minimale Resttrübungen von unter 0,1 FNU entfernbar. Bei durchgeführten Versuchen des Bayer. Landesamtes für Wasserwirtschaft wurden auch bei Rohwässern mit bis zu 10 000 Coliformen Keimen pro ml die Keime sicher entfernt sowie Rohwassertrübungen von ca. 5 FNU auf Werte kleiner 0,05 FNU reduziert, wobei auch Trübungsstöße ohne Auswirkungen auf das Permeat blieben.

In Bayern sind derzeit (2006) ca. 40 Anlagen zur Ultrafiltration in Betrieb bzw. im Bau und weitere ca. 10 befinden sich in der Planung (Krause/Baur in energie|wasser-praxis H. 4/2006). Zum Einsatz kamen dabei u. a. Multibore-Membranen, bei denen sieben Kapillaren, die von innen nach außen durchflossen werden (IN-OUT-System), zwischen denen sich eine schaumartige Stützstruktur befindet, in einer Faser angeordnet sind, woraus eine erhebliche Bruchfestigkeit resultiert (Abb. 4-37d). Weitere Anlagenbeispiele:

1.) WW Neckarburg mit Karstwasser, 70 m³/h, 2 · 8 Module zu je 70 m² Membranfläche, Druck 2,3 bar, Trenngrenze 0,01 µm, Inv.-kosten 0,4 Mio EUR, Membrantyp Aquasource
2.) WW Sundern mit Talsperrenwasser, Kapazität 250 m³/h, Membrantyp X-Flow
3.) WW Gaggenau mit Quellwasser, Kapazität 40 m³/h, 2 Blöcke à 8 Modulen, Membrantyp Inge (IN-OUT-Multibore-System) (Abb. 4-37d)
4.) WW Miltenberg mit Brunnenwasser, Kapazität 80 m³/h, getauchtes Membransystem Zenon ZW 100

4.2 Trinkwasseraufbereitung   255

Weitere Hinweise zu realisierten Anlagen, Ausbeuten, Kosten und erforderlichen Reinigungen geben Lipp u. a. in gwf Nr. 13/2005 sowie in [22] Bd. 25. Zur Planung und Auslegung von Anlagen siehe DVGW-Arbeitsblatt W 213-5 von 6/2005.
Als eine Möglichkeit der *Mikrofiltration* mit ihrer Trenngrenze von ca. 0,1 µm zeichnet sich neben der Trinkwasseraufbereitung die Behandlung von wasserhaltigen Schlämmen aus der Grundwasseraufbereitung zur Rückgewinnung des Filterspülwassers ab, da aufgrund der Bakterienrückhaltung eine Aufkeimung nicht eintritt. Anlage dazu im WW Erlangen-Ost seit 4/99: Unterdruck-Membranverfahren, getauchte Plattenmodule in vorhandene Absetzbecken eingebaut.
Quellwasseraufbereitung im WW Günterstal, Kapazität 60 m^3/h, Membransystem Pall (druckbetriebenes Out-In-System), Zulaufdruck 3-5 bar, 12 Module à 50 m^2 Membranfläche, stündliche Spülung mit Filtrat, teils luftunterstützt, halbjährliche chemische Reinigung mit Säure.

4.2.2.5.5 Nanofiltration (NF)

Die Rückhaltung der Wasserinhaltsstoffe beruht bei der Nanofiltration sowohl auf der Siebwirkung als auch auf Abstoßungseffekten der geladenen Membran, weshalb auch ionogene Stoffe entfernt werden können. Die Trenngrenze liegt hier unter 800 Dalton (molekulare Masseeinheit: 1 Dalton = 1 g/mol). Somit sind neben der anteiligen Eliminierung der Härtebildner Calcium und Magnesium und der Salze vor allem auch die Entfernung organischer Spurenstoffe, z. B. des Pestizids Atrazin, und DOC-Entnahmen von ca. 90 % sowie die Keimfreiheit des Filtrats erreichbar. Damit sind Verminderungen der THM-Bildung bei der Chlorung bzw. gänzlicher Verzicht auf diese möglich. Zur Vorbehandlung vor einer NF können MF/UF zweckmäßig sein.
Anlagenbeispiele: 1) Schorndorf ca. 100 000 m^3/a Grundwasseraufbereitung, Reduzierung der Härte (ca. 33°dH) u. des Salzgehalts, DOC- und Keimentnahme 2) Méry-sur-Oise (nördlich Paris) ca. 150 000 m^3/ d Flusswasseraufbereitung

4.2.2.6 Adsorption

4.2.2.6.1 Allgemeines

Praktisch wird hierunter vorrangig die Entfernung von organischen und teils auch anorganischen Spurenstoffen aus dem Wasser durch Adsorption an körnige oder pulverförmige Aktivkohle verstanden. Die besondere Leistungsfähigkeit der Aktivkohle bzgl. der Adsorption hat ihre Ursache in der sehr großen (inneren) spezifischen Oberfläche von 500 bis 1500 m^2/g. Die Anwendung erfolgt zur Entfernung von

- Geruchs- und Geschmacksstoffen einschl. Entchlorung und Restozonentfernung
- Kohlenwasserstoffen
- organischen Chlorverbindungen, z. B. Lösungsmitteln
- Pflanzenschutzmitteln
- höhermolekularen Stoffen wie Huminstoffen

seltener zur Eliminierung von anorganischen Stoffen wie

- Radionukleiden
- toxischen Metallen.

Voraussetzung ist eine gute Vorreinigung des Wassers vor der Adsorptionsstufe, da andernfalls die Wirksamkeit der Aktivkohle bzgl. Spurenstoffentfernung durch Belegung mit Trübstoffen bzw. konkurrierender Adsorption anderer Wasserinhaltsstoffe deutlich zurückgeht. In Deutschland wird vorrangig Kornkohle in offenen und geschlossenen Filteranlagen (Abschn. 4.2.2.4) eingesetzt, weltweit dominiert aber Pulverkohle.
In der DIN 19 603 „Aktivkohlen zur Wasseraufbereitung" sind Anforderungen an die Kohlen festgelegt, im DVGW-Arbeitsblatt W 240 werden außerdem anwendungsbezogene Tests und Beurteilungskriterien angegeben.

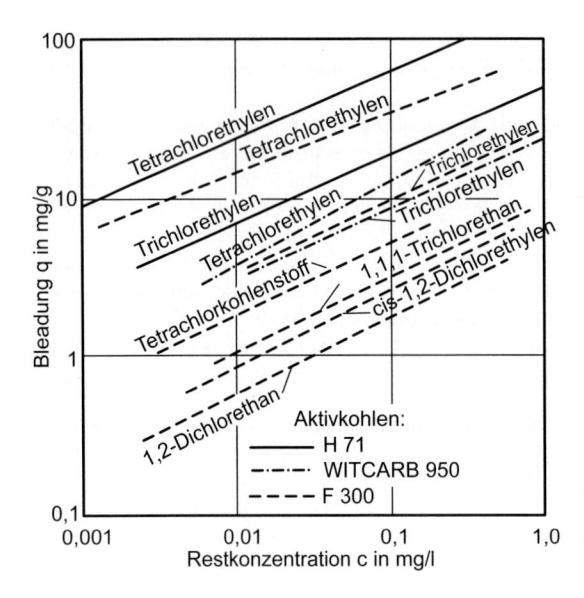

Abb. 4-38: Beispiele von Adsorptionsisothermen für verschiedene Aktivkohlen und Spurenstoffe in logarithmischer Darstellung (nach Frick)

Die verschiedenen Wasserinhaltsstoffe sind sehr unterschiedlich adsorbierbar und die handelsüblichen Aktivkohlen haben unterschiedliche Adsorptionsleistungen bzgl. der verschiedenen Stoffe, so dass die Auswahl der für die jeweiligen Randbedingungen geeignetsten Kohle sehr entscheidend sein kann. Mittels neu entwickelten Kleinfiltertests kann eine schnelle und kostengünstige Bewertung von organischen Einzelstoffen bzgl. Ihrer Entfernbarkeit durch Aktivkohle bei der Trinkwasseraufbereitung erfolgen (siehe energie|wasser-praxis 3/2006).

Zur Beschreibung der Adsorptionskapazität wird zumeist die Adsorptionsisotherme herangezogen, die den Gleichgewichtszustand zwischen Restkonzentration des Spurenstoffes im Wasser und der erreichten Beladung der Kohle mit diesem Stoff als funktionellen Zusammenhang wiedergibt (**Abb. 4-38**). Spätestens beim Erreichen dieses Gleichgewichtszustandes ist die Aktivkohle bzgl. der Entfernung des betrachteten Spurenstoffes nicht mehr wirksam, sie muss erneuert bzw. thermisch reaktiviert werden. In Kornkohlefiltern bilden sich so genannte Adsorptionsfronten aus, die durch das Filterbett vom Zu- zum Ablauf wandern. Mittels der Adsorptionsisothermen kann theoretisch berechnet werden, nach welchem durchgesetzten Wasservolumen der Spurenstoff durch den Filter „durchbricht". Praktisch ist die Sachlage aber meist weitaus komplizierter, da meist mehrere zu entfernende Stoffe im Wasser vorliegen, teils eine Vorbeladung der unteren Filterschichten durch Huminstoffe erfolgt ist, bereits adsorbierte Stoffe durch leichter adsorbierbare wieder verdrängt werden können, die Zulaufqualität schwanken kann u. a.
Literatur: Sontheimer u. a.: Adsorptionsverfahren zur Wasserreinigung und [6]-Heft 28.

4.2.2.6.2 Aktivkohlefilter

Der Einsatz von Kornkohlefiltern ist von Sontheimer u. a. umfangreich untersucht und gehört indessen zum Stand der Technik. Üblich sind dabei etwa die Parameter der **Tab. 4-51a** und **4-51b**. Zu den Filtergehäusen und Zubehör siehe Abschn. 4.2.2.4.3.

Längere Außerbetriebnahmen der gefüllten Filter sollten vermieden werden. Aktivkohle ist gut elektronenleitend, dem Korrosionsschutz kommt deshalb besondere Bedeutung zu. Dazu und auch zum Betrieb der Filter siehe auch DVGW-Merkblatt W 239.

4.2 Trinkwasseraufbereitung

Tab. 4-51a: Parameter der Aktivkohlefiltration

Kontaktzeit = $\dfrac{\text{Filterschichthöhe}}{\text{Filtergeschwindigkeit}}$	Mind. 10 min bis max. 30 min.
Schichthöhe der Aktivkohle	1 bis 3 m
Filtergeschwindigkeit	5 bis 20 m/h
Korngrößen	0,5 bis 3 mm
Filterlaufzeit bis zum Kohlewechsel	2 bis 24 Monate

Eine Rückspülung des Aktivkohlefilters sollte im allg. möglichst nur unmittelbar vor und nach dem Kohlewechsel erfolgen, da innerhalb der Filterlaufzeit die Schichtung erhalten bleiben soll. Für die Rückspülung ist ein Freibord für eine Expansion von mind. 20% bis max. 50% vorzusehen, Stützschichten im Filter sollten vermieden werden.

Tab. 4-51b: Beispiele zur Bemessung von Aktivkohlefiltern (nach Sontheimer)

Aufbereitungs-Verfahren	Filtergeschwindigkeit m/h	Filterbetthöhe	Regenerierung nach m^3 Durchfluss je m^3 Aktivkohle
Entchlorung	25–35	2	>1 000 000
Entfernung von Geruch und Geschmack	20–30	2–3	100 000
Entfernung von organischen Inhaltsstoffen	10–15	2–3	25 000
Biologische Wirkung der Aktivkohlefilter	8–12	2–4	100 000

Durch thermische Reaktivierung unter Zusatz von Wasserdampf bei 700–850 °C wird die Beladung der Kohle beseitigt und die Adsorptionsfähigkeit wieder hergestellt. Dabei muss mit 10% Verlust gerechnet werden. Bei großen zu reaktivierenden Kohlemengen (ca. > 500 t/a) kann eine wasserwerkseigene Reaktivierungsanlage wirtschaftlich sein.

4.2.2.6.3 Pulverkohleeinsatz

Pulverförmige Kohle weist durch ihre Mahlfeinheit (<50 μm) eine besonders große Oberfläche auf. Sie wird zumeist in den Zulauf zu Reaktionsbehältern oder Filtern dosiert, wobei die Zugaben je nach Randbedingung bei weniger als 5 bis zu über 50 g/m^3 liegen können und Kontaktzeiten von 10 bis 30 min notwendig sind. Zur Abtrennung aus dem Wasser kommen Sedimentationsanlagen und Filter in Frage. Oft muss zusätzlich Flockungsmittel dosiert werden, um eine ausreichende Rückhaltung der Kohle zu sichern. Bei erforderlichen höheren Kohlezugaben können die hohen Kohlekosten und u. U. bis auf einige Stunden zurückgehenden Filterlaufzeiten das Verfahren unwirtschaftlich machen.

Da die Pulverkohle im Gegensatz zur Kornkohlefiltration nach jeweils kurzer Zeit aus der Anlage entfernt und ersetzt wird, tritt kaum Verdrängung auf, und es können auch schwerer adsorbierbare Substanzen entfernt werden, was z. B. bei Pflanzenschutzmitteln vorteilhaft ist.

Die Reaktivierung der Pulverkohle ist prinzipiell auch möglich aber schwieriger und wird bisher kaum praktiziert. Sinnvoll erscheint u. U. eine weitere Nutzung der im Wasserwerk nur teilweise beladenen Kohle in der Abwasserreinigung.

Eine Sonderform der Pulverkohleanwendung stellt die Pulverkohle-Einlagerungsfiltration nach Haberer und Normann dar, bei der feine Pulverkohle in einem sog. Konditionierungsschritt in ein aufwärts durchströmtes Filterbett aus Styroporkugeln eingelagert wird und der Filter damit ca. einen Tag betrieben wird. Damit wird bei verringertem Kohleverbrauch der Vorteil der feinen Pulverkohle genutzt.

4.2.2.7 Grundwasseranreicherung

Die Grundwasseranreicherung (siehe auch Abschn. 3.2 und 4.1.2.4) wird heute ebenfalls als komplex wirkendes Aufbereitungsverfahren angesehen, mit dem folgende Wirkungen verbunden sein können:

- mechanische Zurückhaltung von partikulären Substanzen (Schwebstoffe, Algen, Bakterien, Viren) an der Wasser/Boden-Kontaktzone,
- Sorption von Stoffen an der sich an der Wasser/Boden-Kontaktzone anreichernden Biomasse und Schwebstoffen,
- biologischer Abbau von Nährstoffen durch Aufbau von Algenbiomasse sowie von organischen Verbindungen bei deren Zersetzung durch Bakterien,
- Flockung und Fällung in der Folge der sich durch Anreicherung von organischen Stoffen und biologischen Prozessen verändernden Bedingungen (O_2-Haushalt, Redoxpotential, pH-Wert),
- Ionenaustausch an den humiden und Schluffbestandteilen des Untergrundes,
- biologische Prozesse bei der Untergrundpassage,
- bei ausreichender Verweildauer Angleichung an die Grundwassertemperatur.

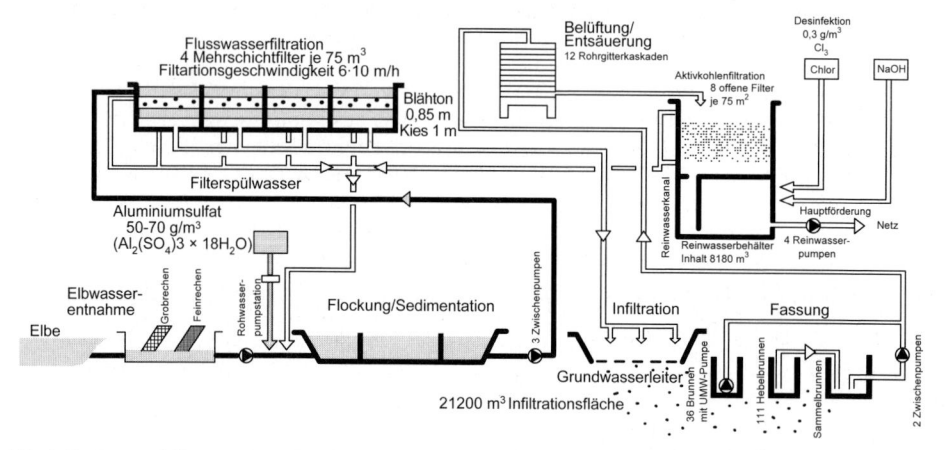

Abb. 4-39: Beispiel für eine Grundwasseranreicherungs-Anlage (GWA) mit Vorreinigung des Elbewassers und abschließender Nachaufbereitung im WW Dresden-Hosterwitz (Quelle:Drewag)

Eine Vorreinigung des Oberflächenwassers vor der Versickerung, häufig durch Flockung, Sedimentation und Filtration, ist erforderlich, um eine Beeinträchtigung des Grundwassers und andere negative Auswirkungen zu vermeiden und wirtschaftliche Sickerleistungen zu erreichen. Eine weitere Aufbereitung des wieder gewonnenen Wassers, oft durch Aktivkohlefiltration und Desinfektion ist notwendig (**Abb. 4-39**).

Siehe Literatur, z. B. Schmidt in [4] Nr. 45, Menschel/Genehr in gwf (1991 Nr. 5), Petersen in bbr (1991) Heft 4.

4.2.3 Chemische Verfahren

4.2.3.1 Fällung

Bei der chemischen Fällung werden dem aufzubereitenden Wasser Stoffe zugegeben, welche chemisch mit bestimmten gelösten Inhaltsstoffen reagieren und diese in unlösliche und damit abtrennbare Verbindungen überführen. Solche Fällmittel sind z. B.:

Kalk – bei der Enthärtung (Abschn. 4.2.5.8), Enteisenung durch Fällung (Abschn. 4.2.5.3),
Soda – Natriumkarbonat, bei der Enthärtung (Abschn. 4.2.5.8),

4.2 Trinkwasseraufbereitung

Bariumchlorid – zum Ausfällen von Sulfationen,
Natronlauge – zur Enteisenung durch Fällung (Abschn. 4.2.5.3).
Flockung (Abschn. 4.2.2.2.2) und Fällung sind in der Praxis nicht immer exakt abgrenzbar, da es je nach Randbedingungen (Zugabemenge, pH-Wert u. a.) zu Flockungs- wie Fällungserscheinungen kommen kann.

4.2.3.2 Oxidation

4.2.3.2.1 Allgemein

Oxidationsverfahren kommen zur Anwendung zur

– Desinfektion,
– Veränderung und Entfernung anorganischer Stoffe, z. B. Eisen, Mangan, Ammonium, Arsen,
– Veränderung und Entfernung organischer Stoffe.

Bei der chemischen Oxidation gibt das oxidierte Element oder die Verbindung Elektronen ab und geht in eine höhere Wertigkeitsstufe über, die zumeist leichter entfernbar ist. Oxidationsmittel sind somit Substanzen, die Elektronen aufnehmen und dabei selbst reduziert werden.
In der Praxis vorrangig angewandte Oxidationsmittel sind Chlor (Cl_2), Ozon (O_3), Chlordioxid (ClO_2), Kaliumpermanganat ($KMnO_4$) und zunehmend auch Wasserstoffperoxid (H_2O_2). Die Oxidationskraft dieser Stoffe wird häufig über die Redoxspannung ausgedrückt (Abschn. 4.1.5.4.34). Dieses liegt für Ozon sehr hoch, für Luftsauerstoff dagegen niedrig, weshalb dieser für die Desinfektion ungeeignet ist und auch bei Eisen und Mangan keine ausreichende Oxidation bewirkt, wenn diese anorganischen Stoffe an organische Stoffe gebunden sind. Sauerstoff soll deshalb hier auch nicht als Oxidationsmittel behandelt werden. Nur über das Redoxpotential sollte eine Auswahl der Oxidationsmittel allerdings nicht erfolgen, da hier auch andere Faktoren, z. B. die Reaktionsgeschwindigkeit, maßgebend sind. Weiterhin ist zu beachten, dass das Bundesministerium für Gesundheit die Anwendung dieser Substanzen bei der Trinkwasseraufbereitung einschränkt (siehe auch Abschn. 4.1.6). So sind Chlor und Chlordioxid nur noch für die Desinfektion zugelassen, nicht aber als Oxidationsmittel für andere Zwecke. Dagegen sind H_2O_2 und $KMnO_4$ nicht für die Desinfektion von Trinkwasser zugelassen.
Zunehmende Anwendung, insbesondere für die Desinfektion, hat die physikalisch-chemische Oxidation durch UV-Bestrahlung gefunden, da sie wartungsarm ist und ohne die Zugabe gefährlicher Stoffe auskommt.
Zur Entfernung bzw. Veränderung organischer Stoffe kommen einzelne Oxidationsmittel, insbesondere Ozon, zur Anwendung, aber auch Kombinationen wie Ozon + UV oder H_2O_2 + UV. Gerade in den letzten Jahren gibt es verstärkte Bemühungen, neben dem schon lange erfolgenden Einsatz in der Oberflächenwasseraufbereitung hiermit auch organische Stoffe, wie z. B. Pestizide und CKW, aus dem Grundwasser zu entfernen bzw. so zu verändern, dass eine schädigende Wirkung nicht mehr gegeben ist. Die dabei entstehenden Abbauprodukte bedürfen allerdings noch einer weiteren Untersuchung.
Nachfolgend sind einige Oxidationsmittel und -verfahren näher dargestellt, weitere, z. B. Chlor, Chlordioxid und UV, sind im Abschnitt „Desinfektion", Abschn. 4.2.5.14, behandelt. Sauerstoffzufuhr durch Belüften siehe Abschn. 4.2.2.3.

4.2.3.2.2 Ozon (O_3)

1. *Allgemeines* – Das nichtstabile blaue Gas Ozon muss mittels Ozonerzeugungsanlagen (**Abb. 4-40**) am Verwendungsort hergestellt werden (DIN 19 627, DVGW-Merkblatt W 625). In höherer Konzentration ist Ozon stark giftig, die maximale Arbeitsplatzkonzentration (MAK-Wert) beträgt 0,2 mg/m^3 in der Luft. Beim Umgang mit Ozon müssen die Unfallverhütungsvorschriften, insbesondere ZH 1/474, unbedingt beachtet werden. Die Ozonzugabestelle und eventuelle weitere Anlagenteile

müssen gasdicht abgeschlossen sein, zur Entfernung des Restozons werden zumeist Aktivkohlefilter eingesetzt, ebenso zur Abluftbehandlung.

Die mit ozonhaltigem Wasser in Berührung kommenden Werkstoffe müssen korrosionbeständig sein.

2. *Anwendung* – Vorteilhaft ist das hohe Oxidationsvermögen des Ozons mit starker Wirkung auf Bakterien und auch wirksam auf Viren und – teilweise – Parasiten sowie anorganische und organische Wasserinhaltsstoffe, außer Ammonium und Ammoniak. Auch bei komplexer Bindung des reduzierten Eisens und Mangans ist Ozon oxidativ wirksam. Die Ozonung ist auch ein geeignetes Verfahren zur Entfärbung von huminstoffhaltigen Wässern, zur Zerstörung von Geruchs- und Geschmacksstoffen, insbesondere phenolischen Verbindungen und Schwefelwasserstoff und teils zur Mikroflockung. Die durch eine Ozonung veränderten organischen Substanzen sind zumeist biologisch besser abbaubar, aber teilweise auch schlechter an Aktivkohle adsorbierbar. Die Reaktion des Ozons mit anthropogenen organischen Wasserinhaltsstoffen ist sehr unterschiedlich, je nach Ozonangebot werden einige organische Verbindungen sehr gut oxidiert, während andere kaum oxidativ angegriffen werden. Insbesondere die Untersuchungen zum kombinierten Einsatz von Ozon und H_2O_2 bzw. UV dauern hierzu noch an.

Als nachteilig können bei Ozon der erforderliche hohe Aufwand für die Ozonerzeugung einschl. Luftbehandlung (weshalb die Verwendung von Sauerstoff anstatt Luft günstiger sein kann), die Kapselung der Anlagen, die notwendige Nachbehandlung und der Energiebedarf für die Ozonerzeugung (ca. 15 kWh/kg an O_3) und Luftbehandlung (ca. 5 kWh/kg an O_3) gesehen werden. Erfahrungsgemäß steigt durch die mit der Ozonisierung erreichte bessere biologische Abbaubarkeit der Wasserinhaltsstoffe auch die Gefahr der Wiederverkeimung in nachfolgenden Anlagen und im Rohrnetz, weshalb die Ozonzugabe nicht der letzte Aufbereitungsschritt sein sollte – wie übrigens auch bei erzeugten Mikroflocken – und eine Sicherheitschlorung vor der Reinwasserabgabe empfehlenswert ist (**Tab. 4-52**), wobei der Chlorbedarf bei vorausgegangener Ozonzugabe dann sehr niedrig ist.

Tab. 4-52: Beispiele für die Einbindung der Ozonung bei der Flusswasseraufbereitung

Flusswasser	Flusswasser	Flusswasser
Flockung	Uferfiltration	Ozonung
Sedimentation	Ozonung	Flockung
Ozonung	Flockungsfiltration	Sedimentation
Flockungsfiltration	Aktivkohlefilter	Ozonung
Aktivkohlefilter	Sicherheitschlorung	Filtration
Sicherheitschlorung		Aktivkohlefilter
		Sicherheitschlorung

Bei bromidhaltigem Wasser ist auf die Gefahr einer erhöhten Bromatbildung bei der Ozonung zu achten. Die neue TrinkwV [21] beschränkt die max. zul. Bromatkonzentration im Trinkwasser zukünftig auf 0,01 mg/l. Die Gefahr einer Überschreitung dieses Grenzwertes steigt mit dem Bromidgehalt des Wassers, der Ozondosis und der Reaktionszeit.

3. *Zugabemengen* – Die Zugabe ist auf max. 10 mg/l begrenzt [23]; nach der Aufbereitung dürfen nur noch max. 0,05 mg/l vorhanden sein. Der erforderliche Ozoneintrag ist bei der Oxidation vorrangig proportional der Konzentration der oxidierbaren Wasserinhaltsstoffe. Bei anorganischen Stoffen existiert der stöchiometrische Zusammenhang, wobei eine etwas höhere Zugabe bei hohem Eisengehalt empfehlenswert ist. Zur Oxidation von organischen Stoffen sind zumeist 1 bis 2 mg O_3 pro mg DOC ausreichend, höhere Zugaben teils sogar nachteilig. Zur Desinfektion erfolgt meist eine Zugabe von ca. 0,4 mg/l, wobei eine Reaktionszeit von 10 Min. üblich ist, aber tatsächlich die Empfindlichkeit der verschiedenen Mikororganismen sehr unterschiedlich ist (Parasiten habe die geringste Empfindlichkeit), weshalb u. U. eine Anpassung von Desinfektionsmitteldosis und Reaktionszeit zweckmäßig ist (siehe auch DVGW-Arbeitsblatt W 225).

Da aber auch die technischen Randbedingungen des Ozoneintrages Einfluss auf die Ozonwirksamkeit nehmen, ist die Optimierung im Betrieb zweckmäßig.

4.2 Trinkwasseraufbereitung

4. Zumischung – Diese muss sehr intensiv erfolgen, da Ozon um 1 Zehnerpotenz schwerer im Wasser löslich ist als Chlor. Die Löslichkeit ist kleiner bei kleiner Ozonkonzentration, bei niedrigem Druck, mit welchem Ozon in das Wasser eingebracht wird, und bei höherer Wassertemperatur. Für einen hohen Ozoneinbringungsgrad sind eine feinblasige Gaseinbringung verbunden mit starker Turbulenz notwendig.
Als Verfahren für die Ozoneinbringung stehen zur Verfügung:

– Teilstrombegasung mittels Injektor und nachfolgendem statischen Mischer,
– Begasung mittels poröser Kerzen, Platten oder Membranscheiben, die im Becken – nahe des Bodens – angeordnet werden,
– Gegenstrombegasung in Füllkörperkolonnen,
– Begasung durch rotierende Mischer.

Die Abluft der Mischkammern bzw. Reaktionsräume enthält Restozon, so dass die Entlüftung mit einer Ozonentfernung verbunden sein muß. Als Verfahren sind üblich:

– thermische Ozonentfernung bei ca. 350 °C,
– katalytische Ozonentfernung,
– chemische Reaktion mit Aktivkohle (1 g A-Kohle mit 2,7 g O_3).

Nach der Ozonentfernung sollte die Abluft nicht mehr als 0,02 mg/m^3 an Ozon enthalten.

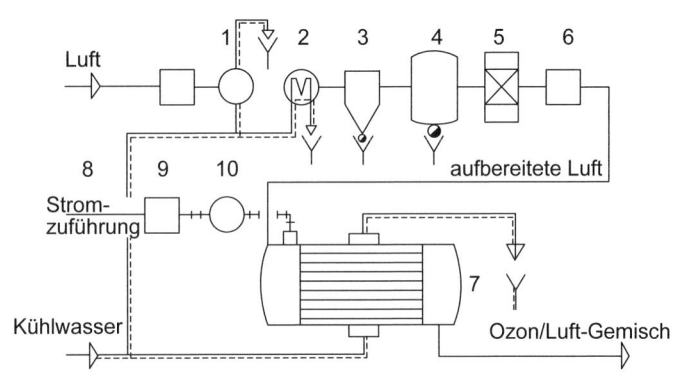

Abb. 4-40: Schema der Luftaufbereitung und Ozonerzeugung: 1 Verdichter, 2 Nachkühler, 3 Wasserabscheider, 4 Druckluftbehälter, 5 Lufttrockner, 6 Nachfilter, 7 Ozonerzeuger, 8 Gleichrichter, 9 Wechselrichter 600 Hz, 10 Transformator

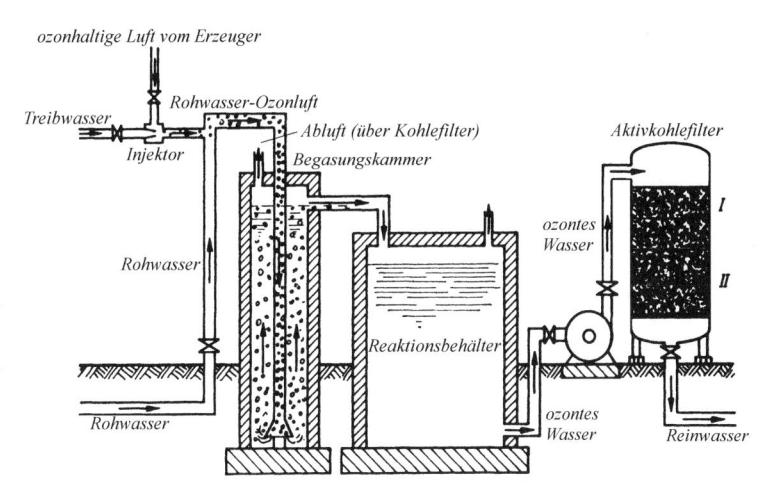

Abb. 4-41: Beispiel zur Ozoneinbringung mit Reaktionsraum und Restzonenentfernung im Aktivkohlefilter

4.2.3.2.3 Wasserstoffperoxid (H_2O_2)

Wasserstoffperoxid wird technisch aus Sauerstoff und Wasserstoff hergestellt. Es ist eine klare Flüssigkeit, die mit Wasser in jedem Verhältnis mischbar ist.
H_2O_2 unterliegt den Transportvorschriften für gefährliche Güter. Bei der Verwendung müssen die Arbeitsstoff-Verordnung und die berufsgenossenschaftlichen Sicherheitsbestimmungen beachtet werden, so das Merkblatt 009 der Berufsgenossenschaft der chemischen Industrie. Bei Lagerungs- und Dosieranlagen müssen Druckausgleichsmöglichkeiten bestehen.
Seit langem bekannt und durchaus vorteilhaft ist der Einsatz von H_2O_2 zur Desinfektion von Anlagenteilen der Wasserversorgung, insbesondere bei neuverlegten Rohrleitungen. (Siehe DVGW-Wasser-Informationen 22 von 4/90.)
Nicht zugelassen ist H_2O_2 für die Desinfektion von Trinkwasser, aber für die Oxidation von Wasserinhaltsstoffen, wobei nach Abschluss noch max. 0,1 mg/l vorhanden sein dürfen. Einsatzmöglichkeiten sind hier:

- Oxidation von Eisen(II) bei pH < 7
  (theor. Bedarf 0,3 mg H_2O_2 pro mg Fe)
- Oxidation von Mangan(II) bei ca. pH > 9
  (theor. Bedarf 0,62 mg H_2O_2 pro mg Mn)
- Oxidation von Arsen(III) bei pH > 7
  (theor. Bedarf 0,45 mg H_2O_2 pro mg As)

Weitere Möglichkeiten sind die Oxidation von Sulfiden, die Unterstützung der mikrobiologischen Oxidation und evtl. die Abtötung höherer Wasserorganismen, z. B. Wandermuschellarven in Transportleitungen (DVGW-Wasser-Informationen 15).
Mehrere Untersuchungen beschäftigen sich mit dem Abbau anthropogener organischer Stoffe durch kombinierten Einsatz von Waserstoffperoxid, z. B. mit UV-Bestrahlung.

4.2.3.2.4 Kaliumpermanganat ($KMnO_4$)

Kaliumpermanganat nach DIN EN 12 672 hat ebenfalls ein hohes Oxidationsvermögen, das auch zum Nachweis oxidierbarer Inhaltsstoffe bei der Wasseranalyse ausgenutzt wird, für die Trinkwasserdesinfektion ist es aber nicht geeignet und auch nicht zugelassen. Eingesetzt wird es teilweise zur Oxidation bei der Enteisenung und Entmanganung, vor allem auch zur schnelleren Einarbeitung des Filtersandes. Zumeist wird es als 1-2%ige Lösung in das Wasser mengenproportional dosiert, wobei eine intensive Vermischung wichtig ist. Bei der Entmanganung ist etwa das 2,1fache der Massenkonzentration des Mn^{2+} erforderlich, wobei die Reaktionen pH-Wert-abhängig sind. (Siehe auch Maier in [16].) Die max. zulässige Zugabe beträgt 10 mg/l.
Auch zur Beseitigung von Schwefelwasserstoffgeruch und zur Verhinderung von Algenmassenentwicklungen in Infiltrationsanlagen (1 bis 5 mg/l) ist es geeignet, während es sonst als Oxidationsmittel für organische Wasserinhaltsstoffe dem Ozon deutlich unterlegen ist.

4.2.3.3 Neutralisation

4.2.3.3.1 Allgemeines

Unter Neutralisation soll hier verstanden werden die Zugabe von Alkalien (Kalk, Natronlauge u. a.) in das Wasser bzw. der Kontakt des Wassers mit alkalischen Stoffen (Filtration über Kalkstein oder dolomitisches Material) mit dem Ziel, den pH-Wert auf den von der TrinkwV vorgegebenen Wert anzuheben bzw. die Calcitlösekapazität bis auf die zulässige Größe abzusenken (siehe auch „pH-Wert" und „Entsäuerung"). Dabei erfolgt eine Bindung der freien überschüssigen Kohlensäure, weshalb auch von der chemischen Einstellung des Kalk-Kohlensäure-Gleichgewichtes gesprochen wurde.
Vom Ergebnis her ähnlich ist das physikalische Verfahren des „Gasaustausches" (siehe dort), bei dem die Kohlensäure ausgast und bei hartem Wasser mit höherem Hydrogencarbonatgehalt ($K_{s\,4,3}$) auch

der Sättigungs-pH-Wert erreicht werden kann, während bei weichen Wässern dazu unter Umständen eine chemische Restentsäuerung erforderlich ist. In der Anwendung werden die beiden unterschiedlichen Verfahren unter dem Begriff „Entsäuerung" zusammengefasst (siehe Abschn. 4.2.5.2).
Je nach Verfahren bzw. eingesetzten Alkalien kann es auch zum Überschreiten des Sättigungs-pH-Wertes und damit zu störendem Kalkausfall kommen. Ist diese Calciumcarbonatübersättigung nicht vermeidbar – oder zur Entfernung anderer störender Wasserinhaltsstoffe erforderlich – muss vor der Reinwasserabgabe u. U. ein Verschneiden mit Wasser niedrigeren pH-Wertes oder Säurezugabe erfolgen.

4.2.3.3.2 Filtration über Kalkstein

1) *Grundlagen* – Die Filtration über Kalkstein ($CaCO_3$) gehört zu den ältesten Entsäuerungsverfahren und stellt einen Vorgang nach, der natürlich im Bereich der im Jura und Devon entstandenen Kalklagerstätten abläuft. Der dabei erforderliche lange Zeitraum wird bei der Wasseraufbereitung durch Einsatz von Calciumcarbonat mit spezieller Oberflächenstruktur und geringer Korngröße (unter 3 mm) auf unter eine Stunde verkürzt. Zur Verfügung stehen dichter feinkristalliner Jurakalk, dessen besonders geeignete Formation Weißjura-ε vorrangig in Süddeutschland abgebaut wird, dichter feinkristalliner devonischer Massenkalk, meist aus Nord- u. Westdeutschland sowie ein poröser Kalkstein, z. B. Muschelkalk. Es laufen folgende Reaktionen ab:

1. Lösung des Kalksteins $\quad CaCO_3 \leftrightarrows Ca^{2+} + CO_3^{2-}$
2. Bindung der Kohlensäure
 bei Bildung von
 Hydrogencarbonat $\quad CO_3^{2-} + CO_2 + H_2O \leftrightarrows 2\,H\,CO_3^-$

Diese Reaktionen laufen weiter, eine ausreichende Kontaktzeit vorausgesetzt, bis das Löslichkeitsprodukt des $CaCO_3$ erfüllt ist. Je mol CO_2 wird 1 mol $CaCO_3$ verbraucht, d. h. für die chemische Bindung von 1 g an CO_2 sind theoretisch 2,28 g an $CaCO_3$, praktisch ca. 2,5 g erforderlich. Dabei kommt es zu einer Aufhärtung von 0,023 mol, entsprechend 0,13°d.

2) *Vorteile des Verfahrens* – Eine Übersättigung des Wassers mit $CaCO_3$ kann nicht eintreten, weshalb in dieser Hinsicht nur ein sehr geringer Betriebs- und Überwachungsaufwand erforderlich ist. Bei weichem Wasser sind die Zunahme des Calciumgehalts (Aufhärtung) und der Säurekapazität günstig für die Ausbildung schützender Deckschichten bei Rohren aus Eisenwerkstoffen und verzinktem Stahl.
Der oft hervorgehobene Vorteil des einfachen, stromlosen Aufbaus der Jurakalkfilter gilt nur bedingt, da nichtrückspülbare Anlagen z. T. Betriebsprobleme bringen und häufigeren Materialausbau erfordern. Das Material ist wesentlich billiger als halbgebrannter Dolomit.

3) *Nachteile des Verfahrens* – Kalkstein erfordert relativ lange Kontaktzeiten und somit um ein mehrfaches größeren Filterraum als halbgebrannter Dolomit. Die Verbrauchsmenge liegt ebenfalls etwa doppelt so hoch. Belegungen mit Eisen, Mangan, Aluminium und anderen Trübstoffen beeinträchtigen die Entsäuerungsleistung, insbesondere bei nichtrückspülbaren Filtern. Bei ungünstiger Rohwasserbeschaffenheit wird der pH-Wert der $CaCO_3$Sättigung u. U. nicht oder erst nach sehr langer Zeit erreicht bzw. es sind die Vorschaltung einer physikalischen Entsäuerung oder die Nachschaltung einer Restentsäuerung erforderlich. Poröser Kalkstein ist aufgrund der vorhandenen großen Oberfläche reaktionsfähiger und kommt mit deutlich kürzeren Kontaktzeiten aus (Vergleiche Abb. 4-42 und 4-43), neigt aber stark zu Verkeimungen und erfordert deshalb meist eine Desinfektion des Trinkwassers.

4) *Anwendungsbereich* – Die Filtration über Kalkstein ist wirtschaftlich bei weichen Wässern mit nicht zu hohen Gehalten an freier CO_2. Bei hohen Werten der Säurekapazität $K_{s4,3}$ und Basekapazität $K_{B8,2}$ steigen die zum Abbinden der CO_2 erforderlichen Kontaktzeiten stark an, d. h. es werden große Filter und Kalksteinmengen erforderlich bzw. der Sättigungs-pH-Wert wird nicht erreicht.
Höhere Konzentrationen an Eisen, Mangan, Aluminium und Trübstoffen können eine Voraufbereitung notwendig machen.
In Anlehnung an DVGW-Arbeitsblatt W 214 Teil 2 und Liefererhinweisen gibt **Tab. 4-53** den empfohlenen Einsatzbereich wieder.

Tab. 4-53: Empfohlener Einsatzbereich für Kalkstein (CaCO3)

Materialart	dichtes $CaCO_3$		poröses $CaCO_3$	
Entsäuerungsziel	pH = 8,0	pH = pHc [2]	pH = pHc	[2]
$K_{S4,3} + 2\,K_{B8,2}$ [1]	< 1,5 mmol/l	≤ 1,0 mmol/l	≤ 1,5 mmol/l	
Calcium		30 mg/l		
Eisen		0,5 mg/l		[3]
Mangan		0,1 mg/l		
Aluminium		0,2 mg/l		

1) Erklärung in Abschn. 4.1.5.4.29
2) Erklärung in Abschn. 4.1.5.4.6
3) Bei sehr kleinen Anlagen sind höhere Eisenkonzentrationen bei erhöhter Einsatzmenge an Kalkstein evtl. noch tolerierbar

5. **Bemessung** – Die erforderliche Einsatzmenge (M_E) an Kalkstein ist die Summe von Reaktionsmenge (M_R), die von der notwendigen Kontaktzeit abhängt (siehe **Abb. 4-42** u. **-43**) und die Anlagengröße vorrangig bestimmt, und Verbrauchsmenge (M_v) zwischen zwei Nachfüllungen. Bezieht man die Kontaktzeit auf den leeren Filterbettraum, errechnet sich das erforderliche Reaktionsvolumen in m³ zu:

$$M_R = \frac{Q \cdot t_K \cdot f}{60}$$

Q = Volumenstrom in m³/h
t_k = Kontaktzeit in min
f = Temperaturfaktor

Das Verbrauchsvolumen in m³ ergibt sich aus der Differenz der Calcitlösekapazitäten bzw. Basekapazitäten $K_{B8,2}$ (= freie CO_2) in mol/m³ zwischen Filterzu- und -ablauf zu:

$$M_v = \frac{\Delta K_{B8,2} \cdot 0{,}11 \cdot Q \cdot t_B}{\rho_S}$$

t_b = Betriebsstunden zwischen zwei Nachfüllungen

ρ_s = Schüttdichte in kg/m³ (dichter Kalkstein ca. 1500, poröser Kalkstein ca. 1000)
0,11 = Verbrauch an $CaCO_3$ in kg pro mol $\Delta K_{B8,2}$ einschl. 10% Spülverluste

Die Filterflächen werden so gewählt, dass sich bei offenem Filter v_f = 5 ... 15 m/h und bei Druckfiltern v_f ... 30 m/h ergeben. Die Schichthöhen liegen bei 1 ... 2 m bzw. 1,5 ... 3 m.

6. **Konstruktion** – Zur Aufnahme des Kalksteins kommen abwärts betriebene Filter in offener oder geschlossener Ausführung, meist in Abhängigkeit vom Vordruck, zum Einsatz. Diese Filter sollten mit Düsenboden, gröberer Stützschicht, Zugang unter dem Filterboden versehen werden und rückspülbar sein. Auch sollen Messung und Begrenzungsmöglichkeit des Wasserzulaufs nicht fehlen, um Überlastungen und damit zu geringe Kontaktzeiten zu vermeiden. Durch Filterauslaufregler bzw. belüftete Filtratschleife kann das Leerlaufen des Filters verhindert werden (siehe DIN 19 605).
Fast unzugängliche, nicht kontrollier- und regelbare Anlagen führen häufig zu Betriebsproblemen bzw. unzureichenden Entsäuerungsleistungen und sollten deshalb der Vergangenheit angehören.
Das Filtermaterial wird in Schichtdicken von 1–3 m, meist 1,5–2 m, eingebaut. Die Korngrößen des Filtermaterials liegen zwischen 0,71 und 3 mm, bei nichtrückspülbaren Filtern teils auch bis 6 mm, was aber nachteilig für die Entsäuerungsleistung ist. Das Filtermaterial ist als Kornklasse vorzusehen, z. B. 1 bis 2 mm bei dichtem und 1 bis 3 mm bei porösem Kalkstein. Kontrollmöglichkeiten (z. B. Höhenmarke) zur Abnahme des Materials infolge Verbrauch sollten nicht fehlen, um rechtzeitig nachzufüllen. Zwischen Oberkante Filtermaterial (nach Neufüllung) und Oberkante Schlammabzugsrinne muss bei rückspülbaren Filtern ein Freibord von mind. 400 mm eingehalten werden, um Materialverluste bei der Rückspülung zu vermeiden. Aus dem gleichen Grund und auch zur Sicherung einer ausreichenden Rückspülung sollten Volumenstrommessung und evtl. -regelung bei Spülluft und -wasser nicht fehlen.

4.2 Trinkwasseraufbereitung

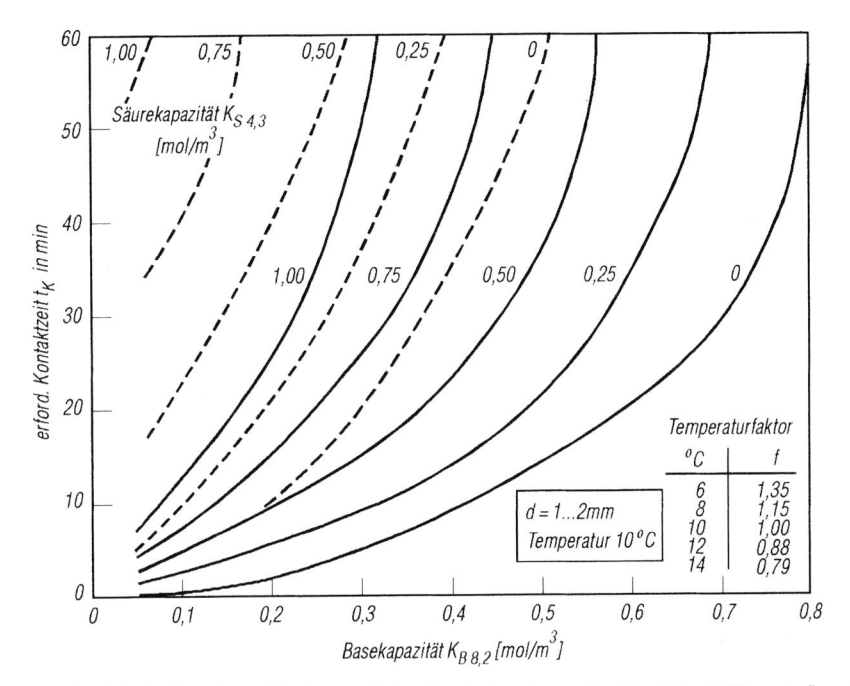

Abb. 4-42: Erforderliche Kontaktzeit für dichten Kalkstein; Aufbereitungsziel pH = 8,0 : Volllinie Aufbereitungsziel pH = pHc : gestrichelte Linie

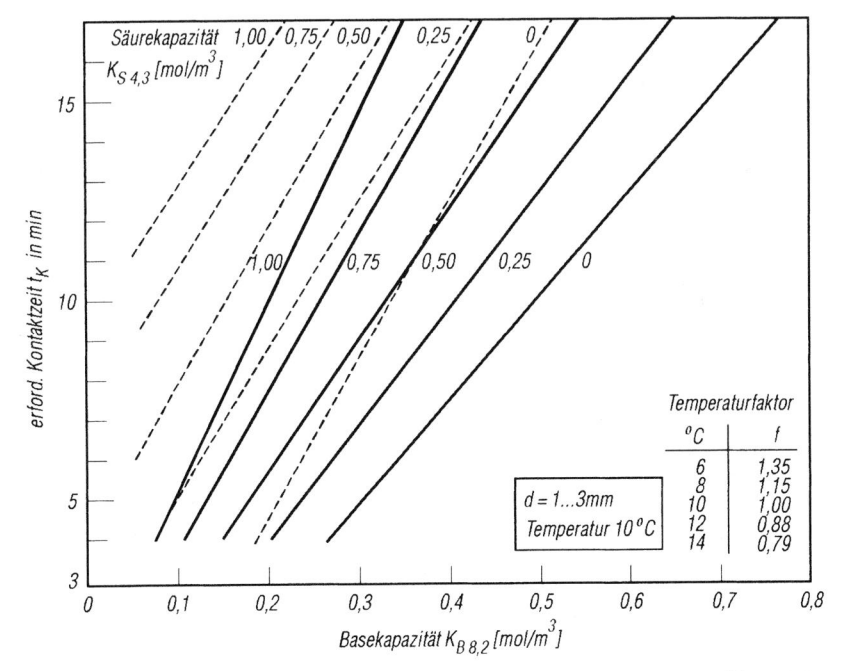

Abb. 4-43 Erforderliche Kontaktzeit für porösen Kalkstein; Aufbereitungsziel pH = 8,0 : Volllinie Aufbereitungsziel pH = pHc : gestrichelte Linie

7. *Betrieb* – Eine Nachfüllung des Filtermaterials soll erfolgen, wenn es um ca. 10 % abgenommen hat. Das ist zumeist nach 3 bis 6 Monaten der Fall.

Eine Rückspülung ist in Abhängigkeit von der Filterwiderstandszunahme und dem Rückgang der Filtratqualität (Belegung des Filtermaterials mit anderen Wasserinhaltsstoffen) vorzunehmen, meist einwöchentlich. Bei der Rückspülung findet der für Einschichtfilter übliche Zyklus Anwendung (siehe Abschn. 4.2.2.4), wobei die Hinweise der Materiallieferfirma zu beachten sind.

Bei älteren, nichtrückspülbaren Filtern sind je nach Rohwasserbeschaffenheit teilweises oder gänzliches Ausräumen und Reinigen bzw. Wechseln des Filtermaterials u. U. mehrmals jährlich nicht zu vermeiden.

Weitere Hinweise, auch zur Erstbefüllung, gibt DVGW-Arbeitsblatt W 214 Teil 2.

4.2.3.3.3 Filtration über dolomitische Materialien

1) Anwendungsbereich – Das Filtermaterial wird als halbgebranntes Dolomit ($CaCO_3 \cdot MgO$) hergestellt, bekannt unter den Firmenbezeichnungen Magno, Akdolit, Neutralit, Decarbolith. Das Verfahren ist wirtschaftlich bis $K_{S4,3} + 2\,K_{B8,2} \leq 2{,}5$ mmol/l. Darüber ist es zweckmäßig, zur Neutralisation Gasaustauschverfahren vorzuschalten. Die erforderliche Reaktionszeit ist erheblich kürzer als bei Jurakalk, wobei sie mit Zunahme der freien Kohlensäure nur wenig größer wird. Die erforderlichen Mengen an Filtermaterial sind daher kleiner, so daß an Baukosten gespart wird, dagegen ist das Filtermaterial teurer. Mit dem Verfahren kann in gewissem Umfang auch enteisent, entmangant werden. Bei gleichzeitiger Entsäuerung sollten dabei aber die Zulaufkonzentrationen an Eisen, Mangan und Aluminium nicht höher sein als die in **Tab. 4-53**, für Kalkstein angegebenen Werte. Für das Filtermaterial Decarbolith haben Böhler u. Wiegleb [11] Bemessungsgleichungen vorgeschlagen. Die Unterschreitung der spezifischen Filterbelastung um mehr als 30 % muss vermieden werden, da sonst infolge Unterschreiten des Kalk-Kohlensäure-Gleichgewichts Kalk ausfallen kann, wodurch die Verbackungsgefahr des Filters erhöht wird. Bei der Inbetriebnahme von neuem Filtermaterial und nach längerem Stehen der Filter wird zunächst stark basisches Wasser erzeugt, so dass dieses Wasser abgelassen werden muss. Eine Kontrolle des pH-Wertes ist erforderlich.

2) Filterkammer – Es sind offene oder geschlossene Filteranlagen möglich. Offene Anlagen eignen sich besonders für kleine WVU, sie sind wegen der Zugänglichkeit leicht bedienbar, erfordern aber größeren Raumbedarf, größere Spülleistungen sowie Unterteilung in Vor- und Hauptförderung. Geschlossene Anlagen haben geringeren Raumbedarf, geringere Spülleistungen, die Förderung erfolgt in einem Arbeitsgang, Bedienung und Nachfüllung von Filtermaterial sind aufwendiger.

Bezüglich Filterfläche bzw. Filtergeschwindigkeit und Schichthöhe gelten die Ausführungen unter Abschn. 4.2.3.3.2. Zur Dämpfung von pH-Wert-Schwankungen sind mehrere Filter vorzusehen und möglichst Ausgleichbehälter nachzuschalten.

3) Filtermaterial – Die erforderliche Einsatzmenge steigt mit dem Gehalt des Wassers an abzubindendem CO_2 und der Säurekapazität $K_{S4,3}$. Eine genäherte Ermittlung ermöglicht **Tab. 4-54**. Material gemäß DIN 19 621. Die Hinweise der Lieferfirmen sind zu beachten. Ein Bemessungsdiagramm enthält DVGW-W 214, Teil 2.

Zur Berechnung des notwendigen Filterraumes ist eine Schüttdichte von 1200 kg/m^3 zu berücksichtigen.

Die Verbrauchsmenge wird bei kleinen und mittleren Werken für meist 3 Monate gewählt, bei starker Zehrung kann die Nachfüllzeit noch kürzer werden. Für die chemische Bindung von 1 g CO_2 sind theoretisch 1,06 g an $CaCO_3 \cdot MgO$, praktisch ca. 1,3 g erforderlich. Dabei steigt die Härte um 0,09°d. Die Korngruppen liegen zwischen 0,5 und 7,0 mm; zumeist wird 0,5 . . . 2,5 mm eingesetzt.

4) Filterrückspülung – Filter mit dolomitischem Filtermaterial müssen rückgespült werden, bei der Einarbeitung des Filters zur Ableitung des stark basischen Wassers, im Betrieb um die Verbackung zu verhindern und Ablagerungen zu entfernen. Die Spülung erfolgt gemäß Abschn. 4.2.2.4.6. Die Häufigkeit der Rückspülung ist abhängig von der Zunahme des Filterwiderstandes und der Verbackungsgefahr, die Rückspülung muss mind. 1mal wöchentlich durchgeführt werden.

4.2 Trinkwasseraufbereitung

Abb. 4-44: Schema der geschlossenen Filtration über alkalische Filtermaterialien
Zeichenerklärung
1 = Tragschichtmaterial
2 = Filtermaterial
3 = Zone der Entsäuerung
4 = Zone der Enteisenung und mechanischen Reinigung
5 = Filterboden
6 = Rohwasserzulauf
7 = Reinwasserablauf
8 = Spülwasserzulauf
9 = Schlammwasserablauf
10 = Spülluftzuführung
11 = Entlüftung
12 = Entleerung
13 = Schlammabfluss

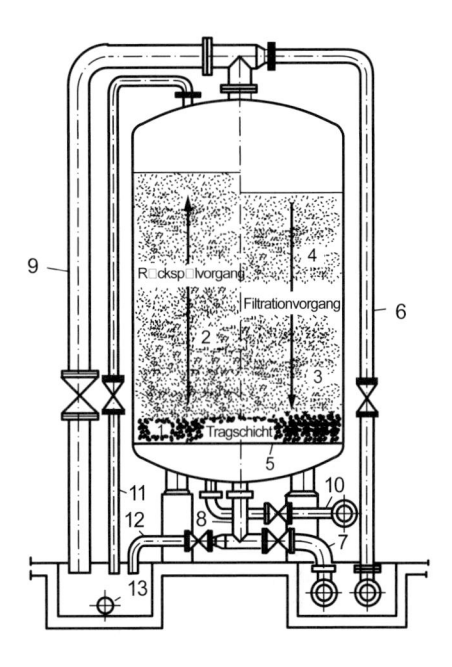

Tab. 4-54: Genäherte Einsatzmengen an dolomitischem Material (Kornklasse 0,5–2,5 mm) je m³/h Durchfluss für $T = 10\,°C$

CO_2 in mg/l (~$K_{B8,2} \cdot 44$)	> 0 bis 10	> 10 bis 20	> 20 bis 40
$K_{S4,3}$ bzw. m-Wert in mol/m³ 0 : 1	85 bis 130	115 bis 190	165 bis (270)
> 1 : 2	100 bis 165	130 bis 240	> 200 (Einsatz nicht zweckmäßig bzw. erst nach phys. Entsäuerung)
Temperaturfaktoren siehe Abb. 4-43			

4.2.3.3.4 Zugabe von Alkalien

Zur pH-Anhebung kommen vorrangig Kalkhydrat $Ca(OH)_2$ sowie Natronlauge NaOH und evtl. Soda Na_2CO_3 in Frage. Die Lieferbedingungen sind in den DIN-Normen 19611 (Weißkalkhydrat), 19616 (Natronlauge) und 19612 (Soda) festgelegt. Hinweise zu Dosieranlagen zur Entsäuerung gibt DVGW-Arbeitsblatt W 214 Teil 4.

1) Kalk – Reaktion im üblichen pH-Bereich: $Ca(OH)_2 + 2CO_2 \rightarrow Ca^{2+} + HCO_3^-$.
Zur chemischen Bindung von 1 g CO_2 sind 0,84 g $Ca(OH)_2$ erforderlich, wobei die Härte um 0,064°d zunimmt.
Die Dosierung des Kalks kann trocken (Pulver, Brocken), aufgeschwemmt (Kalkmilch) oder gelöst (Kalkwasser) erfolgen. Bei der Zugabe als Pulver oder Kalkmilch (ca. 5–10 %ig) können Probleme durch unlösliche Beimengungen (10–20 %) bzw. Kalkanlagerung in Leitungen und Dosieranlagen entstehen, häufige Reinigungen/Spülungen sind erforderlich. In der Praxis haben sich auch Kunststoffleitungen bzw. Schläuche bewährt, da sie nicht so schnell verstopfen. Die Zugabe in trockener

oder aufgeschwemmter Form sollte nur vor Sedimentationsanlagen, mind. aber vor der Filtration erfolgen. Günstiger könnte hier eine sedimentationsstabile Kalkmilch sein, die über 20%ig ohne Rühren verwendet werden kann.

Bei Herstellung eines ca. 0,1–0,2%igen Kalkwassers ist die Dosierung genauer und störungsfreier möglich. Dafür ist der apparative Aufwand sehr groß, da zusätzlich konische Kalkwassersättiger mit Bauhöhen von 3–5 m erforderlich sind (**Abb. 4-45**).

Da Kalkhydratanlagen auch eine laufende Bedienung und Wartung benötigen, sind sie für große und mittlere Wasserwerke geeignet, wobei ihr Einsatz vorrangig dann erfolgt, wenn es nicht nur um Entsäuerung geht, sondern auch eine Aufhärtung gewünscht ist. Weitere Anwendungsbereiche der Kalkzugabe sind die Enthärtung (siehe dort) und die Unterstützung der Flockung.

2) *Natronlauge* – Reaktion im üblichen pH-Bereich: $NaOH + CO_2 \rightarrow Na^+ + HCO_3^-$.

Zur chemischen Bindung von 1 g CO_2 sind 0,91 g NaOH erforderlich. Eine Aufhärtung tritt nicht ein. Die Zugabe von Natronlauge bedarf nur eines geringen apparativen Aufwandes (**Abb. 4-46**). Da der Umgang mit der ätzenden Natronlauge erhöhte Sorgfalt erfordert, die Materialkosten relativ hoch liegen, ein Natriumeintrag in das Trinkwasser nicht wünschenswert und durch die TrinkwV begrenzt ist, wird Natronlauge fast nur zur chemischen Restentsäuerung eingesetzt.

Die Natronlauge ist 25–50%ig lieferbar, sie sollte aber vor der Zugabe auf 5–10%ig verdünnt werden und an der Zugabestelle schnell und intensiv mit dem Wasser vermischt werden, da ansonsten durch das starke Ansteigen des pH-Wertes an der Dosierstelle unlösliches Carbonat entsteht und zu Störungen führen kann. Zweckmäßig sind turbulenzfördernde Einbauten und Dosierlanzen (gwf 3/2001). Die bei tieferen Temperaturen noch vorhandene flüssige Konsistenz der niedrigprozentigen Natronlauge ist auch von Vorteil bei unbeheizten Räumen.

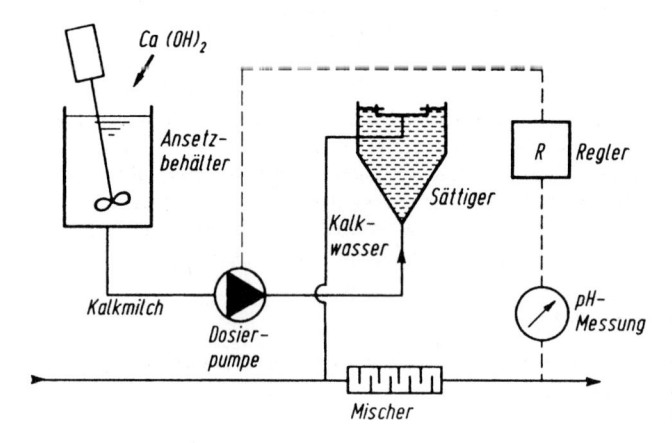

Abb. 4-45: Herstellung und Dosierung von Kalkwasser (nach [12])

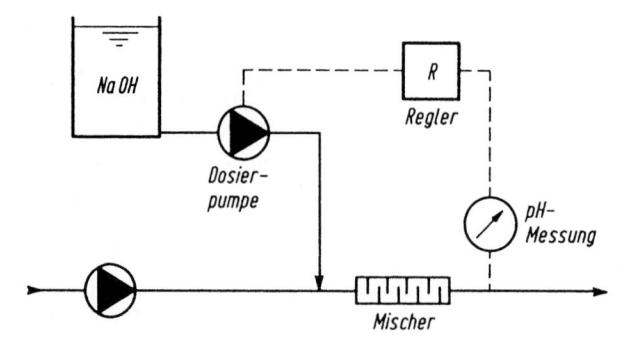

Abb. 4-46: Dosierung von Natronlauge (nach [12])

4.2.3.4 Ionenaustausch

4.2.3.4.1 Allgemeines

Das Verfahren des Ionenaustausches kann zur Anwendung kommen für die Enthärtung des Wassers und die Entsalzung (siehe nachfolgende Abschnitte), die Nitrateliminierung (siehe 4.2.5.7.2) und evtl. Sulfatreduzierung sowie die Entfernung von Schwermetallen (siehe z. B. 4.2.5.12.4) und bei bestimmten Radionukliden (siehe 4.2.5.13). Auch Huminstoffe sind entfernbar.
Für die zentrale Trinkwasserversorgung in Deutschland kommt das Ionenaustauschverfahren, u. a. aus Kostengründen, eher selten zum Einsatz, z. B. für die Nitrateliminierung, u. U. – wie beim Carix-verfahren (siehe nachfolgend) – in Verbindung mit Teilentsalzung, Enthärtung, Nitrat- und Sulfatent-fernung. Neu ist die Nutzung eines Kationenaustauschers zur selektiven Nickelentfernung (4.2.5.12.4). Im gewerblich-industriellen sowie privaten Bereich sind dagegen Ionenaustauscher zur Enthärtung/Entsalzung weit verbreitet.

4.2.3.4.2 Prinzip des Ionenaustausches

Die elektrisch neutralen Moleküle der im Wasser gelösten Salze spalten sich in elektrisch geladene Teilchen, den Ionen, auf – in Ionen mit positiver Ladung (= Kationen) und Ionen mit negativer Ladung (= Anionen). Bei dem Ionenaustausch werden die im Wasser vorhandenen Ionen im Inneren eines Austauscherharzes aufgenommen und dafür andere Ionen in äquivalenter Menge ins Wasser abgegeben. Hierbei können nur Ionen gleicher Ladung ausgetauscht werden. Es gibt somit Kationenaustauscher (K) und Anionenaustauscher (A) in schwacher und starker Form, die je nach Aufbereitungszweck einzeln oder kombiniert eingesetzt werden. Bei kleinen Anlagen und als Puffer-Austauscher bei großen Anlagen nachgeschaltet, wird auch die Form des Mischbettaustauschers (P), d. h. K + A in einem Austauscher eingesetzt.
Die heute verwendeten Ionenaustauschermassen sind gekörnte, feste Kunstharze der Körnung 0,5 bis 2 mm, z. B. Permutit, Wofatit, Levatit u. ä., die im Wasser unlöslich sind, eine hohe Beständigkeit gegenüber vielen chemischen Substanzen haben und vor allem geeignet sind, Ionen bei Berührung mit Lösungen auszutauschen. Die Aufnahmefähigkeit eines Austauschers wird als Kapazität bezeichnet, die nutzbare Kapazität in äquivalenter Menge g CaO/l angegeben. Die *Volumenbelastung* ist das Verhältnis stündlicher Durchfluß Q_h zu Volumen des Austauschermaterials, der *Regenerationsgrad* die Chemikalienmenge, welche zum Regenerieren von 1 m^3 Austauschermaterial benötigt wird.

4.2.3.4.3 Betrieb eines Ionenaustauschers

Der Ionenaustauscher, meist ein mit Kunstharz auf Styrol-Basis gefüllter druckfester Kessel, wird vor Betrieb mit dem zum Austausch dienenden Material, z. B. bei K-Austauscher mit NaCl = Kochsalz, HCl = Salzsäure, bei A-Austauscher mit NaOH = Natronlauge angereichert. Es folgt eine Reinspülung. Im Betrieb wird das aufzubereitende Wasser mit der vom Herstellerwerk vorgesehenen Durchflußgeschwindigkeit, etwa 2-10 m/h, von oben nach unten durch den Austauscher geleitet. Wenn der Austauscher erschöpft ist, d. h. zur Sicherheit etwas früher, bevor alle Ionen ausgetauscht sind, wird zunächst zur Auflockerung und eventuellen Reinigung der Austauschermasse mit Wasser rückgespült mit Durchlauf von unten nach oben. Je nach Austauschermaterial und Spülgeschwindigkeit beträgt die Ausdehnung des Filterbettes 30–100 %. Dann wird der Austauscher mit den erforderlichen Austauscherionen regeneriert und vor Wiederinbetriebnahme reingespült. Die gewünschte Zeit des Austauschvorganges und der Regenerierung, auch als Filterspiel bezeichnet, bestimmt die Größenauslegung der Austauscher.
Wichtig ist, dass vor dem Ionenaustausch alle den Austauscher verschmutzenden Stoffe, wie Schwebstoffe, organische Substanzen, Eisen, Mangan u. a. restlos entfernt sind. Hinsichtlich der Beseitigung der beim Regenerieren anfallenden Stoffe sind die Auflagen des Gewässerschutzes zu beachten.

4.2.3.4.4 Arten des Ionenaustausches

1. Allgemeines – Von den verschiedenen Arten und Verfahren werden hier nur die 4 Grundarten mit festen, von oben nach unten betriebenen und regenerierbaren Filterbetten behandelt:
– die Enthärtung durch Neutralaustausch,
– die Enthärtung und Entcarbonisierung,
– die Vollentsalzung und Entkieselung,
– Carix-Verfahren (Mischbettaustauscher).

2. Enthärtung durch Neutralaustausch:
Im Kationen-Austauscher werden die Ca- und Mg-Ionen des Rohwassers durch Na-Ionen des Austauschers ersetzt. Die Regenerierung wird mit Kochsalz NaCl durchgeführt, wobei aus dem Austauscher Calciumchlorid und Magnesiumchlorid ausgeschieden werden. Im Reinwasser verbleiben: doppelkohlensaures Natron $NaHCO_3$, Glaubersalz Na_2SO_4, Kochsalz NaCl, Kieselsäure SiO_2, **Abb. 4-47**.
Bei der zentralen Trinkwasseraufbereitung sollte auf dieses Enthärtungsverfahren verzichtet werden, um den Natriumgehalt im Trinkwasser nicht zu erhöhen.

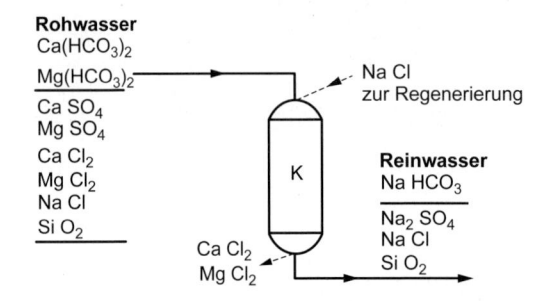

Abb. 4-47: Schema der Enthärtung mittels Kationenaustauscher

3. Enthärtung und Entcarbonisierung:
Zweckmäßig werden 2 Kationen-Austauscher hintereinander geschaltet. Im 1., dem H-Kationen-Austauscher wird entcarbonisiert, im 2., dem Na-Kationen-Austauscher, wird die bleibende Härte beseitigt, anschließend muss die entstandene aggressive Kohlensäure entfernt werden. Die Regenerierung des H-Austauschers wird mit Salzsäure HCl, die des Na-Austauschers mit Kochsalz NaCl durchgeführt (siehe dazu 2), wobei jeweils Calciumchlorid und Magnesiumchlorid ausgeschieden werden. Im Reinwasser verbleiben Glaubersalz Na_2SO_4, Kochsalz NaCl, Kieselsäure SiO_2, **Abb. 4-48**.

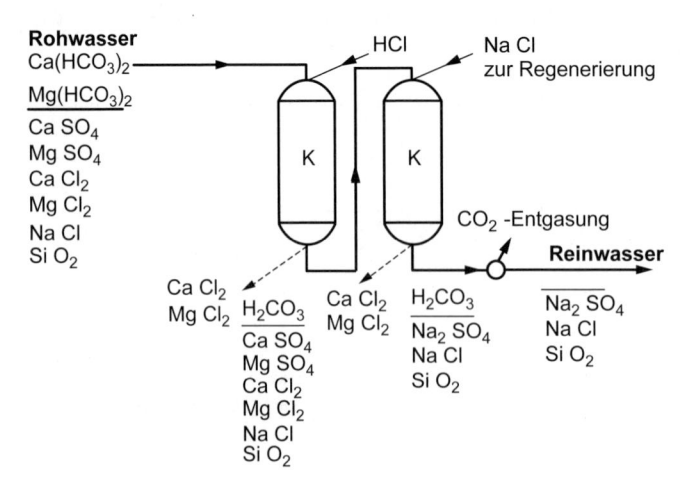

Abb. 4-48: Schema der Enthärtung mittels H- und Na-Austauscher

4.2 Trinkwasseraufbereitung

4. Vollentsalzung mit Entkieselung:
Hier wird mit mehreren Austauscher-Stufen gearbeitet. In der 1. Stufe, dem H-Kationen-Austauscher, werden alle Kationen durch H ersetzt, in der 2. Stufe, einem OH-Anionen-Austauscher, werden die entstandenen Säuren entfernt. Die dabei entstehende Kohlensäure muss mittels Entgasen beseitigt werden. In der 3. Stufe, einem stark basischen OH-Anionen-Austauscher, wird die Kieselsäure entfernt, die 4. Stufe als Mischbett-Austauscher dient als Sicherheit zum Entfernen von Restmengen. Das Reinwasser ist voll entsalzt und entkieselt, **Abb. 4-49**.

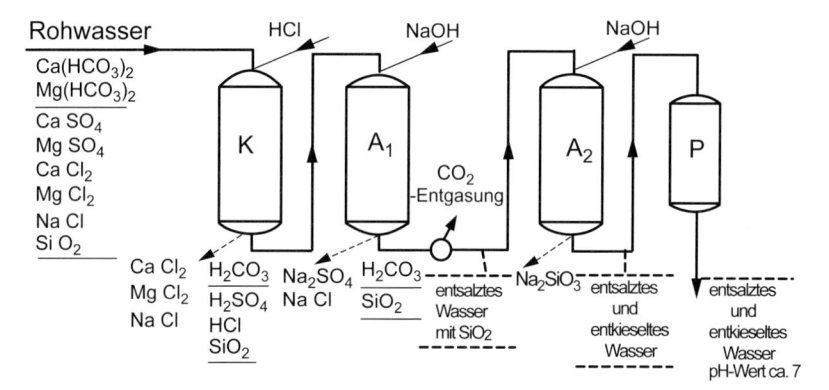

Abb. 4-49: Schema der Vollentsalzung und Entkieselung

4.2.3.4.5 Carix-Verfahren

(Siehe auch Abschn. 4.2.5.7.2) Hier kommt ein Mischbettaustauscher zum Einsatz, der umweltfreundlich mit Kohlenstoffdioxid regeneriert wird.
Am Kationenaustauscher werden Calcium- und Magnesiumionen aus dem Wasser gegen Wasserstoffionen ausgetauscht, am Anionenaustauscher Sulfat-, Nitrat- und Chloridionen entnommen und Hydrogencarbonationen eingetragen. Aufgrund des hohen Gehalts an freiem CO_2 ist eine Entsäuerung des Wassers vor der Abgabe als Trinkwasser erforderlich. Das bei der Regenerierung anfallende Abwasser (Eluat) enthält nur die aus dem Rohwasser entnommenen Salze, führt somit der Kanalisation bzw. dem Vorfluter nicht derartig erhöhte Salzfrachten zu wie andere Ionenaustauschverfahren. Zumeist ist eine Einleitung ohne Nachbehandlung möglich.

Tab. 4-55: Daten von Carix-Anlagen in Deutschland (nach Hagen u. a. bbr 5/2001)

	Einheit	Bad Rappenau		Kilchberg		Potringen		Beselich		Linnich		Weingarten	
Betrieb seit		Februar 1986		Juni 1991		September 1997		Oktober 1998		April 2000		Januar 2002	
Durchsatz	m3/h	170		260		700		50		120		100	
		Rohw.	Reinw.	Rohw.	Reinw.	Rohw.	Reinw.	Rohw.	Reinw.	Rohw.	Reinw.	Rohw.	Reinw.
Gesamthärte	°dH	31,0	13,0	21,0	13,0	34,0	13,1	28,0	13,0	25,0	13,8	26,0	13,3
Karbonathärte	°dH	17,4	8,6	12,5	7,6	20,0	10,9	26,0	11,0	16,0	8,7	17,0	9,9
Sulfat	mg/l	170	30	150	100	195	23	26	26	90	46	90	31
Nitrat	mg/l	28	20	16	13	13	13	5	5	30	21	55	25
Chlorid	mg/l	66	60	39	32	31	23	13	13	50	38	28	17

4.2.4 Biologische Verfahren

Eine Mitwirkung oder sogar Dominanz von biologischen Vorgängen ist unter bestimmten Randbedingungen bei verschiedenen Wasseraufbereitungsverfahren möglich, wie z. B. bei der Enteisenung und Entmanganung in Filtern, der Langsamfiltration, der Grundwasseranreicherung u. a. (siehe jeweils dort). Vorrangig bzw. ausschließlich biologisch erfolgen dagegen z. B. die Nitratentfernung durch Denitrifikation (siehe Abschn. 4.2.5.7.2) und die Ammoniumentfernung in Trockenfiltern (siehe Abschn. 4.2.5.7.4).

Prinzipiell sind biologische Verfahren wünschenswert, da damit eine naturnahe Schadstoffeliminierung weitgehend ohne Chemikalieneinsatz und bei geringem Energieeinsatz und teilweise verringertem Abwasser- und Schlammanfall möglich sein kann. Zum Teil gelingt es, die Aufbereitung in die Wasservorkommen selbst oder in den Boden zu verlegen, wie beispielsweise bei der unterirdischen Enteisenung/Entmanganung und Stickstoffentfernung. Es darf aber auch nicht übersehen werden, dass im Gegensatz zur indessen umfangreichen Nutzung der biologischen Vorgänge bei der Abwasserreinigung die Anwendung der Biologie bei der Trinkwasseraufbereitung auch zukünftig nur begrenzt möglich sein wird, da das zur Trinkwasserversorgung genutzte Rohwasser nur geringe Nährstoffmengen enthält, die eine zusätzliche Zugabe erforderlich machen, die Gefahr des Austritts von Biomasse und Nährstoffen mit Verkeimung nachfolgender Anlagen besteht, bzw. zusätzliche Aufbereitungsschritte notwendig macht und zahlreiche Wasserinhaltsstoffe nur ungenügend biologisch abbaubar sind, wie z. B. CKW und Schwermetalle. Hinzu kommt, dass die Übertragung biologischer Vorgänge auf die großtechnische Anlage schwierig werden kann, oft eine lange Einarbeitung notwendig ist, der Prozess labil und die Ablaufqualität schwankend bleiben können und eine Regelung meist nur begrenzt möglich ist.

In allen diesen Fällen wie auch bei der mikrobiologischen Überwachung der Trinkwasserbeschaffenheit, der Beurteilung von Wasservorkommen bzgl. ihrer Eignung zur Trinkwasserversorgung und der Vermeidung bzw. Behebung von biologisch bedingten Störungen in der Wasserversorgung ist die Mitwirkung des erfahrenen Biologen erforderlich.

(Zur biologischen Wasseraufbereitung siehe auch: Overath in [4]-Nr. 51 sowie Obst, Alexander, Mevius „Biotechnologie in der Wasseraufbereitung")

4.2.5 Anwendung der Aufbereitungsverfahren

4.2.5.1 Allgemeines

Für ein Aufbereitungsziel können oft mehrere unterschiedliche Verfahren für die Anwendung geeignet sein. Z. B. ist die häufig bei Grundwasser erforderliche Entsäuerung sowohl durch Gasaustausch als auch durch Filtration über alkalische Stoffe oder durch Zugabe von Alkalien erreichbar. Für die einzelnen Verfahren stehen dann jeweils noch unterschiedliche Anlagen für die technische Realisierung zur Verfügung, z. B. beim Gasaustausch Kaskaden oder Wellbahnbelüfter, bei der Filtration dolomitisches Material oder Jurakalk, bei der Alkalienzugabe Natronlauge oder Kalkwasser usw. Schließlich sind, was sehr zweckmäßig sein kann, auch noch Kombinationen möglich und teils notwendig, z. B. eine physikalische Belüftung mit nachgeschalteter chemischer Restentsäuerung. Die letztendliche Festlegung der Vorzugsvariante wird nur bei Beachtung weiterer Randbedingungen, wie sonstige Wasserbeschaffenheit, Anlagengröße, Kostensituation u. a., objektkonkret möglich sein und erfordert in jedem Fall eine gute Kenntnis zu den Verfahren der Wasseraufbereitung, ihren Anwendungsmöglichkeiten und der technischen Ausführung.

4.2.5.2 Entsäuerung

4.2.5.2.1 Allgemeines

Liegt der pH-Wert eines Wassers unterhalb des Sättigungs-pH-Wertes (siehe Abschn. 4.1.5.4.6), so ist freie Kohlensäure im Überschuss vorhanden (siehe Abschn. 4.1.5.4.31). Das Wasser wirkt kalklösend, kann bei faserzementhaltigen Werkstoffen Asbestfasern freisetzen, evtl. aus metallischen Werkstoffen Schwermetalle lösen und die Bildung schützender Deckschichten verhindern. Die TrinkwV [21] fordert deshalb einen pH-Wert von mindestens 7,7 bzw. lässt im pH-Bereich 6,5 bis 9,5 maximale Calcitlösekapazitäten von nur 5 mg/l (im Mischwasser 10 mg/l) zu. Hält das Wasser diese Werte nicht ein, ist eine Entsäuerung vorzunehmen.

4.2.5.2.2 Verfahren zur Entsäuerung

Zur Entsäuerung eines Wassers kommen die physikalische Entsäuerung durch Gasaustausch (siehe Abschn. 4.2.2.3) sowie die chemische Entsäuerung durch Filtration über alkalische Materialien und durch Zugabe von Alkalien (siehe Abschn. 4.2.3.3) in Frage.

4.2.5.2.3 Auswahl des Verfahrens

Bei der Wahl des zweckmäßigen Entsäuerungsverfahrens sind zu berücksichtigen: Rohwasserbeschaffenheit, Anforderungen an das Reinwasser (z. B. im Zusammenhang mit eingesetzten Rohrwerkstoffen oder gewünschtem Sauerstoffeintrag), Größe der Anlage, Gleichmäßigkeit des Betriebs der Aufbereitung, personelle Besetzung, Lage der Anlage (z. B. Transportkosten, Entsorgung von Rückspülwasser) u. a.

Eine besondere Bedeutung kommt der Beschaffenheit des Rohwassers zu. Ist viel freie Kohlensäure zu entfernen, wird man aus Kostengründen bei großen Anlagen auf die physikalische Entsäuerung nicht verzichten können. Gleiches gilt für Rohwasser mit größerem Gehalt an Erdalkalien (Härte) und höherer Säurekapazität $K_{S4,3}$ (m-Wert bzw. „KH"), bei dem eine weitere Aufhärtung nicht wünschenswert ist.

Möglich ist hier aber u. U. auch die Zugabe von (teurer) Natronlauge, die geringen apparativen und Wartungsaufwand bringt, aber den Natriumgehalt im Wasser erhöht.

Weiterhin muss man sich im klaren sein, dass ein sehr weiches Wasser mit geringem Calciumgehalt und niedriger Säurekapazität $K_{S4,3}$ allein durch Gasaustausch kaum den Sättigungs-pH-Wert erreicht bzw. die max. zulässige Calcitlösekapazität von 5 mg/l schnell überschreitet, da der Kohlendioxidgehalt der Luft und der Wirkungsgrad der Verfahren hier begrenzend wirken. Das DVGW-Arbeitsblatt W 214-1 v. 12/2005 gibt als Vorzugsbereich für die physik. Entsäuerung an: $c(Ca^{2+}) \cdot K_{S4,3}$ > 2 mmol/l. Hinzu kommt bei diesem Verfahren die ungünstige Erniedrigung der Pufferungsintensität. Bei solchem Wasser sind deshalb chemische Entsäuerungsverfahren, die zu einer Aufhärtung und besseren Pufferung führen, allein oder zusätzlich notwendig. Zusätzlich günstig ist, dass bei diesen Verfahren der Sättigungs-pH-Wert tiefer liegt als beim Ausgasen des CO_2. Die größte Aufhärtung wird bei der Filtration über Jurakalk erreicht, jedoch kann bei Wasser mit bereits höherer Säurekapazität $K_{S4,3}$ und viel freier Kohlensäure (Basekapazität $K_{B8,2}$) die notwendige Kontaktzeit unwirtschaftlich groß werden. In den Abschnitten 4.2.3.3.2 und 4.2.3.3.3 sind dazu zur genäherten Abgrenzung der Einsatzbereiche Werte angegeben. Auswirkungen der Entsäuerungsverfahren auf verschiedene Wasserparameter enthält **Tab. 4-56**. Weitere Hinweise gibt das DVGW-Arbeitsblatt W 214, Teil 1 bis 4.

Abb. 4-50: Membrananlage zur Keim- und Trübstoffentfernung (Foto: Fritz GmbH)

Abb. 4-51: Physikalische Entsäuerungsanlage – Flachbelüfter mit automatischer Umluftregelung (Foto: WLA)

4.2 Trinkwasseraufbereitung

Tab. 4-56: Auswirkung der einzelnen Entsäuerungsverfahren auf verschiedene Wasserparameter

Verfahren	Auswirkung auf				
	pH-Wert	freie CO_2 ($K_{B8,2}$)	Summe Kohlenstoff c(C)	Summe Erdalkalien („GH")	$K_{S4,3}$ (HCO_3^-)
physik. Gasaustausch	+	–	–	O	O
chem. Verfahren:					
Filtration über $CaCO_3$	+	–	+	+	+
Filtration über dolom. Material	+	–	+	+	+
Zugabe von $Ca(OH)_2$	+	–	O	+	+
NaOH	+	–	O	O	+
Na_2CO_3	+	–	+	O	+

Zunahme: + Abnahme: – keine Veränderung: O

4.2.5.3 Enteisenung

4.2.5.3.1 Allgemeines

Obwohl die TrinkwV bis 0,2 mg/l an Eisen zulässt, sollte es bei Gehalten über 0,01 mg/l entfernt werden, da ansonsten Ablagerungen in Anlagenteilen der Wasserversorgung und evtl. Beeinträchtigungen bei der Verwendung des Wassers eintreten können (siehe Abschn. 4.1.5.4.15). Wird eine Enteisenung vorgenommen, sollten Konzentrationen von ≤ 0,02 mg/l Fe angestrebt werden.

Die für die Entcisenung in Frage kommenden Verfahren richten sich nach Form und Menge des Eisens im Zulauf, der sonstigen Wasserbeschaffenheit und der damit auch in anderer Hinsicht evtl. geforderten Aufbereitung, der Größe und Besetzung der Anlage u. a. (siehe auch DVGW Arbeitsblatt W 223 Teil 1 bis 3 „Enteisenung und Entmanganung").

Bei dem häufig verwendeten reduzierten Grundwasser ist kaum gelöster Sauerstoff vorhanden, die Redoxspannung ist niedrig und das Eisen tritt somit in zweiwertiger, echt gelöster Form auf. Unter diesen Randbedingungen sollte verfahrenstechnisch vorrangig der Prozess der (aeroben) biologischen Enteisenung in Schnellfiltern durch sessile eisenoxidierende Bakterien ermöglicht werden, der hohe Filtergeschwindigkeiten bei dauerhaft guter Filtratqualität (Fe < 0,02 mg/l) ermöglicht und sich durch ein relativ geringes Schlammvolumen auszeichnet. Voraussetzungen sind eine hohe Sauerstoffzufuhr, kurze Reaktionszeiten zwischen O_2-Zufuhr und Filterbett, damit eine vorzeitige chemische Eisenoxidation vermieden wird; eingearbeitetes Filtermaterial und keine Zugabe sonstiger Oxidationsmittel und Alkalien vor der Filteranlage.

4.2.5.3.2 Sauerstoffzufuhr

Für die (aerobe) biologische und chemische Oxidation des Eisens ist ein ausreichender Sauerstoffeintrag Voraussetzung. Dabei ist zu beachten, dass u. U. weitere sauerstoffzehrende Reaktionen auftreten. So werden evtl. noch im Wasser vorhandener Schwefelwasserstoff und Methan vor dem Eisen oxidiert und Ammonium vor dem Mangan (**Abb. 4-52**). Stöchiometrisch ist je Gramm Wasserinhaltsstoff mit folgendem Sauerstoffbedarf zu rechnen:

Eisen (II)	0,14 g O_2/g Fe^{2+}
Schwefelwasserstoff	2,00 g O_2/g H_2S
Methan	4,00 g O_2/g CH_4
Ammonium	3,60 g O_2/g NH_4
Mangan (II)	0,29 g O_2/g Mn^{2+}

Prinzipiell möglich ist aber auch nur eine „Sparbelüftung" mit einer O_2-Zufuhr < 2 mg/l, wobei aber die mit dieser (mikroaeroben) biolog. Enteisenung erreichten Ergebnisse denen der vorgenannten Variante nachstehen.

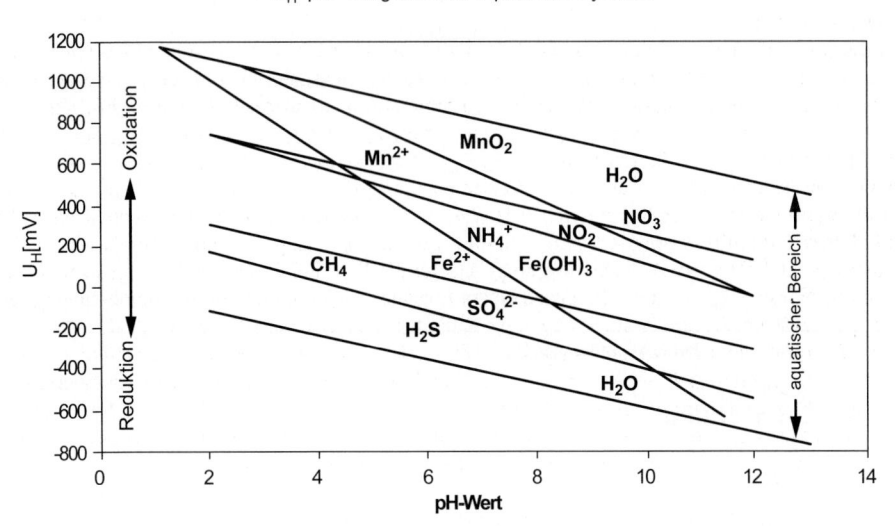

U_H-pH - Diagramm für aquatische Systeme

Abb. 4-52: Oxidationsstufen von Eisen, Mangan und weiteren Wasserinhaltsstoffen in Abhängigkeit von der Redoxspannung und dem pH-Wert (nach [20])

In den meisten Fällen ist der Fe-Gehalt klein und nicht organisch gebunden, zur Oxidation wird dann der Gasaustausch (siehe Abschn. 4.2.2.3) herangezogen, früher Riesler und Verdüsungsanlagen, jetzt verstärkt Flachbelüfter und Wellbahnbelüfter. Hiermit ist gleichzeitig die meist erforderliche physikalische Entsäuerung des Wassers und die pH-Anhebung (für den Filterzulauf möglichst ≥ 6,8; im Ablauf des Filters muss mindestens noch pH 5,5 gesichert sein) gegeben. Bei Einsatz der Druckbelüftung, die bei geschlossenen Filtern die sonst notwendige zusätzliche Förderstufe erspart, ist zwar der Sauerstoffeintrag, nicht aber die Entsäuerung gegeben. Möglich, aber selten angewandt sind auch die Begasung mit reinem Sauerstoff oder die Trockenfiltration bei hohen Ammoniumgehalten.

4.2.5.3.3 Sedimentation

Bei hohen Eisengehalten (ca. > 10 mg/l), notwendiger Entfernung anderer Stoffe in größeren Mengen, Zugabe höherer Fäll-/Flockungsmittelmengen u. a. ist die Vorschaltung einer Sedimentationsanlage evtl. als Schlammkontaktanlage vor der Filteranlage zumeist zweckmäßig, da andernfalls die Filterlaufzeiten unwirtschaftlich kurz werden bzw. mehrere Filterstufen erforderlich sind. Hinweise siehe Abschn. 4.2.2.2.3.

4.2.5.3.4 Filtration

Fe(II)-Filtration findet statt, wenn das Eisen im Filterzulauf vorrangig als Fe^{2+} vorliegt. Je nach sonstigen Randbedingungen wird die Enteisenung aufgrund der höheren Geschwindigkeit des Bioprozesses hier fast ausschließlich biologisch erfolgen oder die Biologie nur mitwirken. Durch die feste Anlagerung der gebildeten Eisenoxidhydrate am Filterkorn bleibt die Filtratqualität nach der Einarbeitungsphase über die gesamte Laufzeit konstant und der Filterbetrieb wird zeitlich nur durch die Hydraulik (Zunahme des Druckverlustes) begrenzt (**Abb. 4-53**). Zumeist reichen hier Einschichtfilter mit Quarzsandfüllung; nur bei höherer Belastung kommen Mehrschichtfilter in Frage. Das Filtermaterial muss eingearbeitet sein, d. h. es muss einen Biofilm von Eisenbakterien bzw. einen katalytisch beschleunigend wirkenden Überzug aus Fe(III)-Oxidhydrat aufweisen. Bei der Neufüllung von Filtern ist deshalb die zumindest teilweise Verwendung von eingearbeitetem Material (im frischen Zustand) empfehlenswert. Bei der Rückspülung sollte ein völliges Ablösen dieses Belages vermieden

4.2 Trinkwasseraufbereitung

werden. Zum Erhalt der biologischen Wirkung darf keinesfalls gechlortes Wasser zur Rückspülung eingesetzt werden.

Die maximal mögliche Filtergeschwindigkeit wird begrenzt durch die zu erreichende Filtratqualität (Güte) und die angestrebte Laufzeit zwischen zwei Rückspülungen (Hydraulik). Bei ausreichendem Sauerstoffgehalt sind mit steigendem pH-Wert, Temperatur und Filterbettiefe bessere Filtratqualitäten und damit höhere Enteisenungsgeschwindigkeiten erreichbar, während sich der Eisengehalt im Zulauf und die Korngröße des Filtermaterials entgegengesetzt auswirken. Dagegen verkürzen sich die hydraulischen Laufzeiten bei gesteigerter Enteisenungsleistung, d. h. mit feinerem Filterkorn, größerer Zulaufkonzentration und höherem pH-Wert. Die mit größerem Vordruck betriebenen Druckfilter ermöglichen hydraulisch höhere Filtergeschwindigkeiten bzw. längere Laufzeiten als offene Filter, letztere werden bei großen Anlagen bevorzugt. Da der pH-Wert bei dieser Enteisenung absinkt, ist die eventuelle Notwendigkeit einer nachgeschalteten Entsäuerung zu prüfen. Für die Bemessung größerer Anlagen sind Versuche unerlässlich; ansonsten nach den Hinweisen in DVGW W 223-2.

Fe(III)-Filtration liegt vor, wenn das Eisen im Filterzulauf vorrangig in Fe(III)-Verbindungen auftritt, z. B. bei vorausgegangener Alkalienzugabe, evtl. auch bei hocheffektiver physikalischer Entsäuerung mit langer Reaktionszeit und insbesondere nach Sedimentationsanlagen mit Fällung/Flockung. Hier finden im Filter weder biologische Prozesse noch eine katalytische Oxidation statt, sondern es erfolgt eine Flocken- oder Flockungsfiltration. Eingearbeitetes Filtermaterial ist deshalb nicht erforderlich, auch kann die Rückspülung mit gechlortem Wasser durchgeführt werden. Da aber bei der Fe(III)-Filtration die Filtratgüte nicht konstant bleibt sondern u. U. relativ zeitig Filtratverschlechterungen eintreten (**Abb. 4-53**), die Filtergeschwindigkeiten bzw. Filtratkonzentrationen sowie die Schlammbeschaffenheit ungünstiger sind als bei der Fe(II)-Filtration, sollte die Anwendung auf die notwendigen Fälle beschränkt werden. Dann aber sind Mehrschichtfilter meist zweckmäßig.

Die *Enteisenungsfiltration über alkalisches (basisches) Material* findet bei kleinen Anlagen und gleichzeitig notwendiger Entsäuerung bei Säurekapazitäten $K_{S4,3} < 2$ mmol/l Anwendung, teils mit 2. Stufe. Bis $K_{S4,3} \leq 1$ mmol/l ist als Filtermaterial Calciumcarbonat (Kalkstein), darüber halbgebrannter Dolomit zu bevorzugen. Eine biologische Wirkung ist hier nicht gegeben, aber eine katalytische Eisenoxidation, weshalb ein Sauerstoffeintrag erforderlich ist (siehe auch Abschn. 4.2.3.3.3).

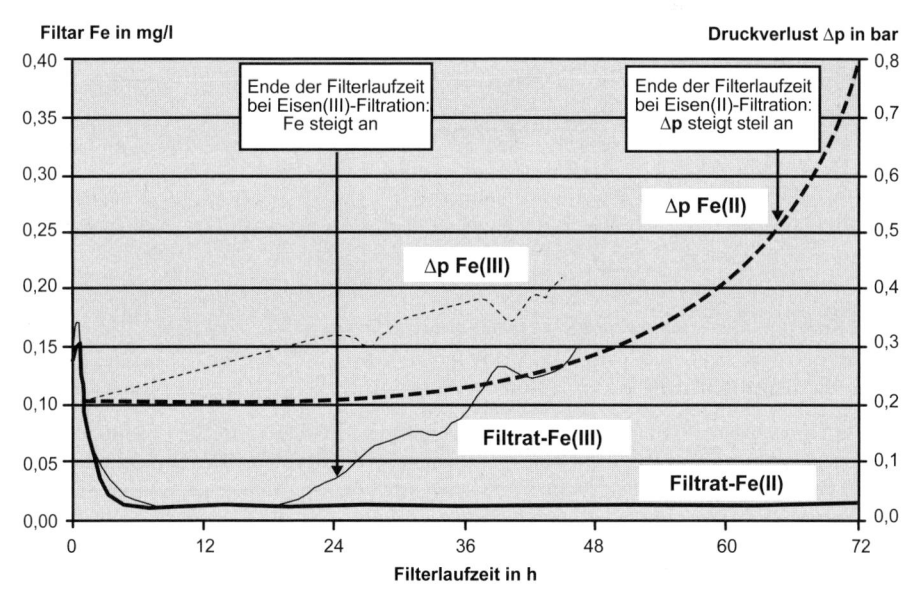

Abb. 4-53: Charakteristischer Verlauf des Druckverlustes und der Filtratbeschaffenheit bei der Eisen(II)-Filtration und der Eisen(III)-Filtration (nach DVGW W 223-1)

Hinweise zu Planung und Betrieb der Anlagen mit dolomitischem Material gibt DVGW W 223-2.
Eher als Sonderfall können Trockenfilter (ohne Wasserüberstau, oft mit Zwangsbelüftung) für die Enteisenung (evtl. mit anteiliger Entmanganung) angesehen werden, da hier zumeist weitere Aufbereitungsziele wesentlich sind (siehe evtl. DVGW W223-1).

4.2.5.3.5 Unterirdische Enteisenung (und Entmanganung)

Ein Teil des geförderten Grundwassers wird hier mit Sauerstoff angereichert und nach einer mind. 5-minütigen Verweilzeit in einem Ausgasungsbehälter über Schluckbrunnen wieder in den Untergrund eingebracht, wodurch ein Bereich mit höherem Redoxpotential entsteht (**Abb. 4-54**). In diesem Bereich werden zweiwertiges Eisen zur dreiwertigen und zweiwertiges Mangan zur vierwertigen Form oxidiert und als schwerlösliches Oxidhydrat abgeschieden, wobei neben autokatalytischen Effekten auch die durch den Sauerstoffeintrag gesteigerte mikrobiologische Aktivität von wesentlicher Bedeutung ist. Das wiedergeförderte Wasser unterschreitet in der Eisen- u. Mangankonzentration deutlich die Grenzwerte der Trinkwasserverordnung. Für einen wirtschaftlichen Betrieb sollte diese Förderung mind. das Doppelte der Infiltrationsmenge ausmachen, kann in günstigen Fällen auch das 12-fache betragen. Für die Entmanganung muss mit einer mehrmonatigen Einarbeitungszeit gerechnet werden. Möglich sind auch die Arsenentfernung und die Nitrifikation (siehe auch Rott/Friedle in gwf 13/2000). Anwendungsgrenzen bestehen u. a. bei pH-Werten < 6 und geringer Pufferungskapazität sowie stark klüftigen Aquiferen. Weitere Hinweise siehe DVGW W 223-3.

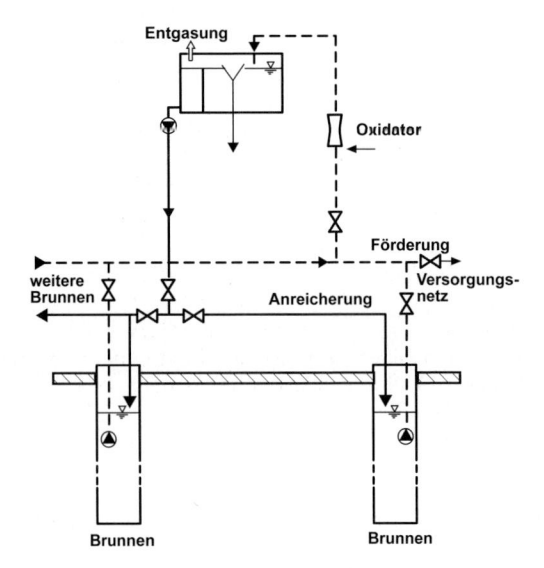

Abb. 4-54: Verfahrensschema der unterirdischen Enteisenung und Entmanganung (nach [20])

4.2.5.4 Entmanganung

Mangan tritt in zweiwertiger Form meist gemeinsam mit Eisen im Grundwasser, in Uferfiltrat aber auch im Oberflächenwasser auf, wobei die Konzentrationen meist niedriger liegen als bei Eisen, im Talsperrenwasser aber auch hohe Werte (> 5 mg/l) vorhanden sein können. (Siehe auch Abschn. 4.1.5.4.19.) Gemäß Trinkwasserverordnung sind max. 0,05 mg/l zulässig, aber auch geringere Gehalte können schon stören. Erfolgt eine Entmanganung, sollten Konzentrationen ≤ 0,01 mg/l angestrebt werden.
Bei sehr geringen Eisen- und Mangangehalten im Rohwasser ist die Entfernung in einem gemeinsamen Druckfilter möglich, wobei Eisen vorrangig im oberen und Mangan im unteren Filterbereich eliminiert wird. Bei höheren Konzentrationen ist eine zweistufige Filtration mit der Entmanganung in

4.2 Trinkwasseraufbereitung

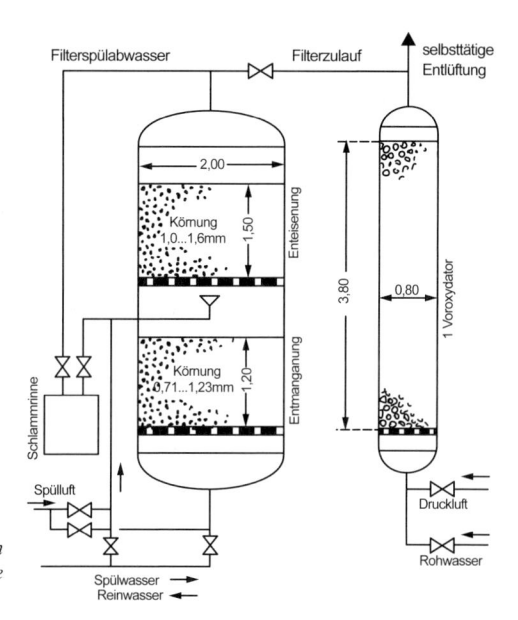

Abb. 4-55: Schema einer geschlossenen zweistufigen Enteisenung und Entmanganung mit Druckluftzugabe (Oxidator)

der 2. Stufe zweckmäßig, wobei aber keine völlige Eisenentfernung in der 1. Stufe erfolgen sollte, da andernfalls in den Filterdüsen dieser Stufe bereits störende Manganausscheidungen auftreten können. Für die Entfernung des Mangan (II) gilt, zumeist analog zur Enteisenung (siehe Abschn. 4.2.5.3), dass für eine vorrangig biologische Aufbereitung – die anzustreben ist – folgende Voraussetzungen erfüllt sein sollten:
- Mangankonzentration (i. d. R.) $\leq 2{,}0$ mg/l
- Ausreichende Sauerstoffzufuhr (siehe Abschn. 4.2.5.3.2)
- Keine Zugabe von anderen Oxidationsmitteln bei Mangan(II)-Filtration
- Im Unterschied zur biolog. Enteisenung stört eine Alkalienzugabe die biolog. Entmanganung nicht, sondern kann manchmal zur pH-Anhebung sogar zweckmäßig sein. Zu vermeiden ist allerdings die Anhebung über den pH-Wert der Calciumcarbonatsättigung (s. Abschn. 4.1.5.4.6), es sei denn, eine solche Ausfällung der Härtebildner ist mit der Entmanganung beabsichtigt, was aber Sedimentationsanlagen vor der Filtration erfordert.
- pH-Wert im Filterablauf $\geq 6{,}5$; im Zulauf möglichst $\geq 6{,}8$; Redoxspannung ≥ 250 mV
- Eingearbeitetes Filtermaterial. Die Einarbeitung des Filtermaterials erfordert einen Zeitraum von mehreren Monaten, kann aber durch Zugabe bereits eingearbeiteten Filtermaterials oder Dosierung von $KMnO_4$ beschleunigt werden. Eingearbeiteter Filterkies ist leicht aus schon länger betriebenen Filtern gewinnbar, da durch den zunehmenden Belag das Filtermaterial hier „wächst", so dass Teilentnahmen möglich und sogar notwendig sind.

Entmanganungsfilter können mit feinem Filterkorn ausgestattet werden und haben Laufzeiten über 2 Wochen, da das zurückgehaltene Manganoxid sehr wasserarm ist und wenig Raum beansprucht. Die Rückspülung mit gechlortem Wasser muss unterbleiben, stärkere Schwankungen der Filtergeschwindigkeit und der O_2-Zufuhr sollten vermieden werden, da sie die Entmanganung stören. Bei höheren Mangangehalten (ca. $>2{,}0$ mg/l) und schwer eliminierbaren Manganverbindungen werden starke Oxidationsmittel, z. b. $KMnO_4$, vor dem Filter zugegeben und so wird das Mangan (II) bereits vor der Filtration oxidiert; es findet anschließend eine Mangan(IV)-filtration statt, die bzgl. Anforderungen und Verhalten einer Flockenfiltraion entspricht (siehe dazu und zur Entmanganung über basisches Material DVGW W 223, Teil 1 und 2).

Aufbau der Filter, Betrieb und Rückspülung siehe auch Abschn. 4.2.2.4, unterirdische Entmanganung Abschn. 4.2.5.3.5.

4.2.5.5 Aufbereitung von reduzierten Wässern

So genannte reduzierte Wässer können bei allen Grundwassertypen auftreten, besonders häufig bei tertiären Tiefenwässern, selten bei Quellwasser. Hauptmerkmal reduzierter Wässer ist die Sauerstofffreiheit bzw. -armut (ca. < 1 mg/l) und das niedrige Redoxpotential aufgrund des weitgehenden Fehlens oxidierender Wasserinhaltsstoffe. Hinzu können weitere typische Merkmale kommen, wie sie in nachstehender Übersicht angegeben sind:

Merkmale reduzierter Wässer	Beispiele für reduzierte Wässer	
	Rednitztal b. Fürth [mg/l]	Tertiärwasser Ldkr. Dingolfing [mg/l]
Sauerstofffrei oder -arm	1,6	< 0,1
erhöhter Eisengehalt	2,0	0,16
erhöhter Mangangehalt	0,5	0,02
erhöhter Ammoniumgehalt	0,15	0,85
erhöhter Nitritgehalt	0,15	< 0,005
erhöhte Oxidierbarkeit	3,0	0,6
Nitratfrei oder -arm	6,9	< 0,1
Auftreten von H_2S und CH_4	n. b.	Geruch

Wie die Beispielsangaben zeigen, müssen nicht alle Merkmale gleichzeitig zutreffen, um von einem reduzierten Wasser sprechen zu können. Die Aufbereitung eines solchen Rohwassers hat sich deshalb nach der jeweiligen Beschaffenheit zu richten und setzt eine aussagefähige Wasseranalyse voraus. Bei Problemwässern sind halbtechnische Vorversuche zweckmäßig. Praktisch immer sind erforderlich:
- Erhöhung des Sauerstoffgehalts durch offene Belüftung wenn gleichzeitig eine Entsäuerung und/oder ein Austrag von H_2S bzw. Methan (CH_4) erforderlich ist bzw. durch geschlossene Druckbelüftung (Oxidator) oder Zugabe reinen Sauerstoffs, wenn bereits im Rohwasser der erforderliche pH-Wert vorliegt (siehe Abschn. 4.2.2.3). Insbesondere Methan sollte bereits in einer vorgeschalteten Belüftung maximal entfernt werden, da ansonsten durch den Sauerstoffverbrauch bei der Methanoxidation und das Wachstum von Methanbakterien Probleme in nachfolgenden Anlagen bis zur Aufkeimung im Trinkwasser entstehen können.
  Evtl. Zugabe stärkerer Oxidationsmittel, z. B. Ozon, zur Oxidation weiterer Wasserinhaltsstoffe (siehe Abschn. 4.2.3.2)
- Filtration über Schnellfilter; je nach Art und Konzentration der zu entfernenden Stoffe über Sand-Einschichtfilter, Mehrschichtfilter oder 2stufige Filtration (siehe Abschn. 4.2.2.4).
  Zur Enteisenung und Entmanganung siehe auch Abschn. 4.2.5.3, bzw. Abschn. 4.2.5.4.

Bei einer notwendigen Ammoniumreduzierung steigen die Anforderungen an die Aufbereitung u. U. erheblich (s. Abschn. 4.1.5.4.10, und Abschn. 4.2.5.7.4).
Besonders zu beachten ist, dass die Oxidation von Eisen, Mangan, Ammonium – und auch anderen Wasserinhaltsstoffen – säurebildend ist und somit häufig eine Nachentsäuerung erforderlich wird, um die im Trinkwasser max. zulässige Calcitlösekapazität nicht zu überschreiten. Zum Beispiel verursachen dabei 1 mg/l Eisen einen D_C-Anstieg (siehe Seite 190) von 3,56 mg/l und 1 mg/l Mangan sogar von 11,10 mg/l. (Siehe auch Czekalla in gwf H. 13/2004.)

4.2.5.6 Entfernen von organischen Inhaltsstoffen

4.2.5.6.1 Algen, Plankton, sonstige organische Partikel

In Oberflächenwässern sind Algen und Plankton jahreszeitlich verschieden in sehr unterschiedlicher Menge vorhanden. Bei Trinkwassertalsperren kann bei starker Zufuhr von Algen-Nahrung, z. B. Phosphat, die Eutrophierung stark zunehmen, was nach Bernhardt für die Trinkwasseraufbereitung erhebliche Schwierigkeiten verursacht, z. B.:

4.2 Trinkwasseraufbereitung   281

- Bildung von großen Mengen organischer Substanzen
- Bildung von organischen Substanzen mit intensivem Geruch, Geschmack
- Bildung von organischen Substanzen, welche die Flockung behindern
- Bildung von biologisch schwer abbaubaren Substanzen, welche mit Chlor zu Trihalogenmethanen führen
- Entwicklung von reduzierenden Bedingungen, dadurch Erhöhung des Eisen- und Mangangehalts, Reduktion von Sulfat zu Hydrogen-Sulfid mit Verstärkung der Algenbildung
- Produktion von Methan
- Erhöhung der Konzentration von Ammonium, mit der Gefahr der Bildung von Nitrit.

Bei der Wahnbach-Trinkwassertalsperre wurde daher im Zufluss eine Aufbereitungsanlage zum Entfernen des hohen Phosphatgehaltes eingebaut.
Bei stark befallenem Wasser wird meist das Rohwasser oxidiert und Algen und Plankton mit den Schwebstoffen in der Flockung und Sedimentation ausgeschieden. Bei Seewasserentnahmen mit geringem Gehalt an Schwebstoffen ist das Entfernen mittels Mikrosieben vorteilhaft (siehe Abschn. 4.2.2.1.4). Wird bei Aufbereitung von OW bzw. durch OW beeinflusstem Wasser eine Filterstufe betrieben, soll zur Sicherung einer weitestgehenden Partikelabtrennung vor der Desinfektion eine Filtrattrübung ≤0,1 bis 0,2 FNU eingehalten werden. Bei der Auswahl des Desinfektionsverfahrens ist erforderlichenfalls auf die Wirksamkeit bzgl. Parasiten zu achten (siehe Abschn. 4.1.4.23 und 4.2.5.14).
Durchgeführte kleintechnische Versuche zum Algenrückhalt und zur Cyanotoxin-Eliminierung ergaben die besten Leistungen für die Verfahrenskombinationen Pulverkohlezugabe-Flockung-Filtration sowie Vorozonung-Pulverkohle-Flockung-Filtration (energie|wasser-praxis 11/2004).

4.2.5.6.2 Farbe, Geruch, Geschmack

Wenn die Herkunft von Farbe, Geruch, Geschmack anorganisch ist, erfolgt das Entfernen durch Gasaustausch/Belüften, Enteisenung und Entmanganung.
Ein Salzgehalt kann nur durch Entsalzungsverfahren (siehe Abschn. 4.2.5.9) entfernt werden.
Wenn die Herkunft der o. a. Inhaltsstoffe organisch ist, erfolgt das Entfernen durch starke Oxidationsmittel, z. B. Kaliumpermanganat, Ozon. Die Verwendung von Chlor ist wegen der cancerogenen Wirkung der entstehenden organ. Chlorverbindungen zur Oxidation unzulässig [23]. Wegen der meist komplexen Herkunft dieser Inhaltsstoffe ist die Filtration über Aktivkohle immer empfehlenswert (s. Abschn. 4.2.2.6).

4.2.5.6.3 Chlorierte Kohlenwasserstoffe

Zur Gruppe der CKW gehören zahlreiche verschiedene Verbindungen, deren cancerogene oder toxische Wirkungen unterschiedlich sind und deren maximal zulässiger Gehalt im Trinkwasser für die Summe ausgewählter Stoffe und für Einzelstoffe durch die Trinkwasserverordnung begrenzt ist (siehe Abschn. 4.1.5.3.13).
Ist eine Entfernung bei der Trinkwasseraufbereitung erforderlich, kommen dafür je nach Art der Einzelstoffe und der vorliegenden Konzentration das Strippverfahren (Gasaustausch Abschn. 4.2.2.3) vorrangig über Füllkörperkolonnen und die Adsorption an Aktivkohle, zumeist als Filter (siehe Abschn. 4.2.2.6), in Frage. Dabei sind die in den vorgenannten Abschnitten angegebenen Anlagenparameter etwa zutreffend, objektkonkrete Versuche aber unbedingt erforderlich, insbesondere bei Schadstoffgemischen unbekannter Zusammensetzung.
Beim Vorliegen leicht flüchtiger, aber schwer adsorbierbarer CKW wie 1,1,1-Trichlorethen, Chloroform und 1,1-Dichlorethen ist, insbesondere bei höheren Konzentrationen, das Strippen zweckmäßig, da andernfalls diese Stoffe durch A-Kohle-Filter zeitig durchbrechen und u. U. eine häufige Reaktivierung der Kohle erforderlich machen.
Auch bei gut adsorbierbaren Stoffen aber hohen Schadstoffgehalten im Zulauf, z. B. bei Trichlorethen ab etwa 100 μg/l (Baldauf in [5]-Nr. 95), ist die Vorschaltung einer Strippkolonne empfehlenswert.

Eine bessere Ausnutzung der Adsorptionskapazität der A-Kohle-Filter kann durch die Reihenschaltung umschaltbarer Filter erreicht werden (**Abb. 4-56**), da hier der zulaufseitige Filter vollständig beladen werden kann, weil durchbrechende schlechter adsorbierbare Stoffe vom nachfolgenden Filter aufgefangen werden. Von Vorteil sind dabei auch die möglichen kleineren Filter und die somit geringere Vorbeladung und Huminstoffentfernung.

Für zeitweise erhöhte Schadstoffbelastungen, z. B. nach Havarien/Unfällen oder bei Niedrigwasserverhältnissen im Vorfluter ist auch der Pulverkohleeinsatz zur CKW-Entfernung möglich (siehe Huyeng/Weigelt in [5]-Nr. 95).

4.2.5.6.4 Pflanzenbehandlungs- und Schädlingsbekämpfungsmittel

Die hierzu zählenden zahlreichen Einzelstoffe sind in ihrem max. zulässigen Gehalt im Trinkwasser durch die Trinkwasserverordnung in der Summe und als Einzelstoff begrenzt (siehe Abschn. 4.1.5.3.14). Dem zunehmenden Auftreten dieser Stoffe im Wasser kann nur durch verbesserten Schutz des Wassers wirksam begegnet werden (siehe Abschn. 4.1.8). Bis zum Wirksamwerden von Sanierungsmaßnahmen können deshalb den Wasserversorgungsunternehmen u. U. zeitlich befristete Grenzwertüberschreitungen gestattet werden. Ist eine Entfernung bei der Trinkwasseraufbereitung dennoch erforderlich oder beabsichtigt, kommen derzeit die Adsorption an Aktivkohle (siehe Abschn. 4.2.2.6) und evtl. Membranverfahren (Abschn. 4.2.2.5) oder kombinierte Oxidationsverfahren (Abschn. 4.2.3.2) in Frage.

Bei der Adsorption an Aktivkohle erschweren die sehr niedrigen Konzentrationen, die eintretende Vorbeladung und Verdrängung den wirtschaftlichen Betrieb von Aktivkohlefiltern, weshalb für diese Stoffe Pulverkohle u. U. zweckmäßig ist, evtl. mit zweistufiger Anwendung. (Siehe auch Baldauf in [4] – Nr. 65 und Heymann/Nissing in gwf, H. 1, 1991.)

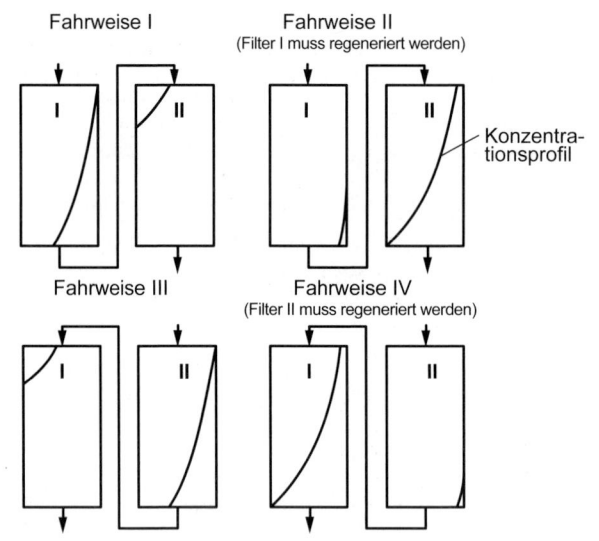

Abb. 4-56: Fahrweise von Aktivkohlefiltern in Reihenschaltung (nach Baldauf [5] – Nr. 95)

4.2.5.7 Entfernen der Stickstoffverbindungen

4.2.5.7.1 Allgemeines

Je nach vorliegenden Stickstoffverbindungen geht es um die Entfernung von Ammonium (NH_4^+), Nitrit (NO_2^-) oder Nitrat (NO_3^-) (siehe dazu auch Abschn. 4.1.5.3.9, 4.1.5.3.10, 4.1.5.4.10). In den allermeisten Fällen ist infolge vorhandener oder abzusehender Grenzwertüberschreitung (50 mg/l NO_3^-) hier die Nitratentfernung zu sehen. Bevor eine (aufwendige) Aufbereitungsanlage in Betracht

4.2 Trinkwasseraufbereitung

gezogen wird, sind unbedingt die Möglichkeiten der Ursachenbeseitigung, der Sanierung des Einzugsgebietes, der Nutzung unbelasteter Wässer, der Fremdeinspeisung, der Vermischung und befristeter Ausnahmegenehmigungen zu nutzen (siehe Abschn. 4.1.7). Bei Anwendung der nachfolgenden Aufbereitungsverfahren ist zu beachten, dass neben der erwünschten Erniedrigung des Nitratgehaltes auch andere Veränderungen des Wassers, wie Mineralstoffverarmung, Natrium- und Keimeintrag (z. B. der fakultativ-pathogenen Pseudomonas aeruginosa), eintreten können und evtl. problematische Abwässer anfallen. (Siehe auch Höll in bbr 1/2006.)

4.2.5.7.2 Nitratentfernung

Zur Nitratentfernung stehen zur Verfügung als
1. physikalisch-chemische Verfahren
    – Ionenaustausch (siehe auch 4.2.3.5)
    – Membranverfahren wie Umkehrosmose, Elektrodialyse, z. T. Nanofiltration (siehe auch 4.2.2.5)
2. biologische Verfahren
    – Denitrifikation

Andere Verfahren, z. B. elektrochemische und katalytische Nitrateliminierung sowie In-Situ-Denitrifikation sind auf Sonderfälle beschränkt oder in der Erprobung bzw. waren bisher nicht erfolgreich.

2.1. *Nitratentfernung durch Ionenaustausch* – Nitrat als Anion kann stöchiometrisch gegen andere Anionen (z. B. Chlorid- oder Hydrogencarbonationen) ausgetauscht werden. Durch die höhere Selektivität des Sulfatanions werden die (meist reichlich vorhandenen) Sulfationen aber vorrangig ausgetauscht. Der Anionenaustausch gegen Chlorid führt zu einer starken Chloridzunahme im Trinkwasser und zu einer hohen Salzbelastung im Abwasser durch den überstöchiometrischen Regeneriersalzbedarf. Der Eintrag von Hydrogencarbonaten kann bei hartem, zu Kalkausfall neigendem Wasser unerwünscht sein.

Günstiger sind insofern Kombinationen von Kationen- und Anionenaustauscher, z. B. das NITREX TE-Verfahren, bzw. Mischbettaustauscher, z. B. das CARIX-Verfahren. Beim Carix-Verfahren wird mit CO_2 regeneriert, der schwach saure Kationenaustauscher liegt danach in H^+-Form vor, der stark basische Anionenaustauscher in der Hydrogencarbonatform. Möglich ist mit diesem Austauscher aber keine selektive Nitratelimination, sondern die Teilentsalzung des Wassers in Verbindung mit einer Nitrat-, Sulfat- oder Härteverminderung (**Abb. 4-57** und **4-58**).

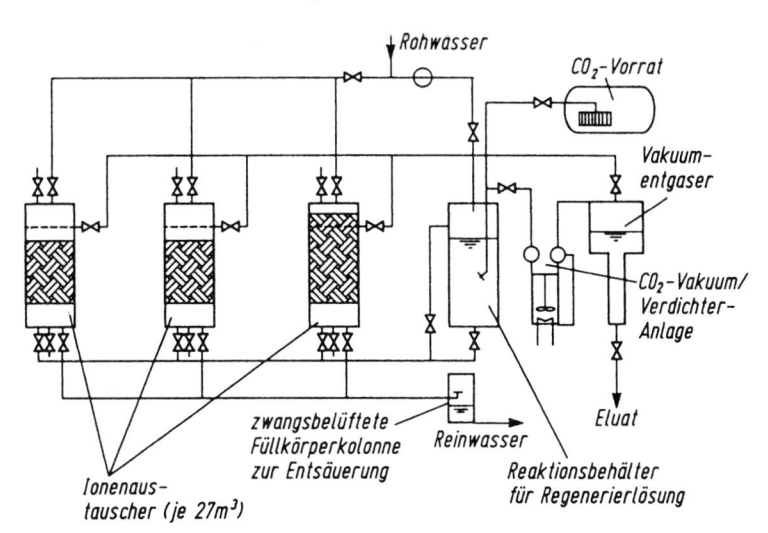

Abb. 4-57: Schema der Großanlage Bad Rappenau (170 m^3/h) zur Teilentsalzung, -enthärtung und -entcarbonisierung nach dem Carix-Verfahren (nach Steeb – DVGW-Schrift Nr. 107)

Durch entsprechende Wahl der Mengenverhältnisse der beiden Austauscherharze ist eine gewisse bevorzugte Eliminierung einstellbar, wobei hohe Sulfatgehalte auch hier die Nitratentfernung beeinträchtigen können. Nitratselektive Austauscherharze würden dieses Problem beseitigen. Auf die Einhaltung der mikrobiologischen Anforderungen an Trinkwasser muss, evtl. durch Desinfektion nach dem Ionenaustausch, besonders geachtet werden.

2.2. *Nitratentfernung durch Umkehrosmose* – Ein Teilstrom des nitrathaltigen Rohwassers wird hier mit einem Druck bis 30 bar gegen eine semipermeable Membran gedrückt, die das Lösungsmittel Wasser hindurchläßt, einen Teil der Wasserinhaltsstoffe (z. B. ca. 85 % des Nitrats, 90 % des Sulfats und Calciums) aber zurückhält, also teilentsalzt. Das Permeat wird dann mit Rohwasser verschnitten. Bei Rohwässern mit höheren Anteilen an kolloidalen und suspendierten Stoffen ist zur Vermeidung einer Membranverstopfung (Fouling) eine Vorreinigung des Wassers vor der Umkehrosmose-Anlage notwendig, z. B. durch Flockungsfiltration oder Enteisenung und Entmanganung. Um Membranverstopfungen durch Auskristallisieren (Scaling) z. B. der Calciumsalze zu verhindern, ist eine Konditionierung des Wassers vor der Umkehrosmose durch Zugabe von Säure, z. B. HCl, und stabilisierenden Phosphaten meist erforderlich (**Abb. 4-58**).

Nach dem Verschneiden des Permeats mit Rohwasser ist eine Nachbehandlung dieses Mischwassers meist unumgänglich.

Aufgrund der Nachteile (aufwändige Vorreinigung, nicht selektiv wirksam, hoher Abwasseranfall) ist die Anwendung für die Nitratentfernung beschränkt geblieben.

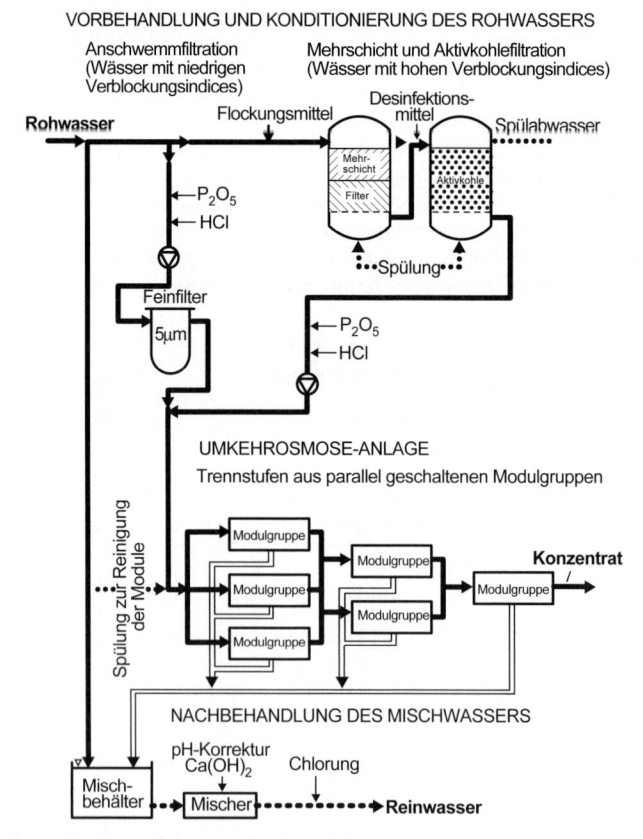

Abb. 4-58: Fließschema für Nitratentfernung durch Umkehrosmose mit Vor- und Nachbehandlung (nach Rohmann und Sontheimer)

4.2 Trinkwasseraufbereitung

2.3. Nitratentfernung durch Elektrodialyse – Bei diesem Membranverfahren werden durch Anlegen eines elektrischen Feldes die Wasserinhaltsstoffe (Ionen) durch die Membranen transportiert, während das Lösungsmittel Wasser zurückbleibt (**Abb. 4-59**). Ablagerungen von auskristallisierten Calciumsalzen lassen sich hier durch Polumschaltungen beseitigen. Die Elektrodialyse wurde innerhalb der Trinkwasseraufbereitung bisher zur Brackwasserentsalzung eingesetzt, indessen sind in Europa aber auch großtechnische Anlagen zur Nitrateliminierung aus Trinkwasser in Betrieb, z. B. in Kleylehof in Österreich mit nahezu nitratselektiven Membranen (140 m^3/h).

2.4. Biologische Nitratentfernung (Denitrifikation) – Das aus der weitergehenden Abwasserreinigung bekannte Verfahren findet zunehmend Anwendung auch innerhalb der Trinkwasseraufbereitung. Vorhandenes Nitrat wird durch denitrifizierende Bakterien (autotrophe oder heterotrophe) in Bioreaktoren zu molekularem Stickstoff reduziert. Dabei wird eine äquivalente Menge an Hydrogencarbonationen produziert.

– Autotrophe Betriebsweise: Zugabe von Wasserstoff erforderlich
  vereinfachte Reaktionsgleichung: $5H_2 + 2H^+ + 2NO_3^- \rightarrow N_2 + 6H_2O$
– Heterotrophe Betriebsweise: Zugabe von Methanol oder Ethanol oder Essigsäure erforderlich
  vereinfachte Reaktionsgleichung bei Methanolzugabe:
  $$6NO_3^- + 5CH_3OH \rightarrow 3N_2 + 5CO_2 + 7H_2O + 6OH^-$$

In beiden Fällen ist außerdem eine Phosphatdosierung notwendig. Bei der autotrophen Denitrifikation kommt es zu einer pH-Erhöhung. Bei der heterotrophen Betriebsweise kommt es aufgrund der erforderlichen überstöchiometrischen Substratzugabe im Ablauf der Denitrifikationsanlage zu einer Restkonzentration an Substrat, das mikrobiologisch leicht abbaubar ist und somit zu einer (Wieder-)Verkeimung des Wassers führen würde. Deshalb sind hier aufwändige Nachaufbereitungsstufen zumeist unumgänglich.

Für die Denitrifikationsstufe werden bei der Trinkwasseraufbereitung vorrangig Festbettreaktoren (meist Raumfilter mit unterschiedlicher Füllung) eingesetzt, da dann die überschüssige Biomasse mittels Filterspülungen kontrolliert entfernt werden kann, der laufende unkontrollierte Austrag geringer ist und somit die Nachreinigungsstufe weniger belastet wird. Aber auch fluidisierte Reaktoren oder die aus der Abwasserbehandlung bekannten Scheibentauchkörper sind möglich.

Die Nachreinigungsstufe beinhaltet im allg. eine Belüftung, die Filtration und eine Desinfektion. Die verschiedenen Verfahren/Systeme unterscheiden sich insbesondere in der Art des Trägermaterials für die Denitrifikanten.

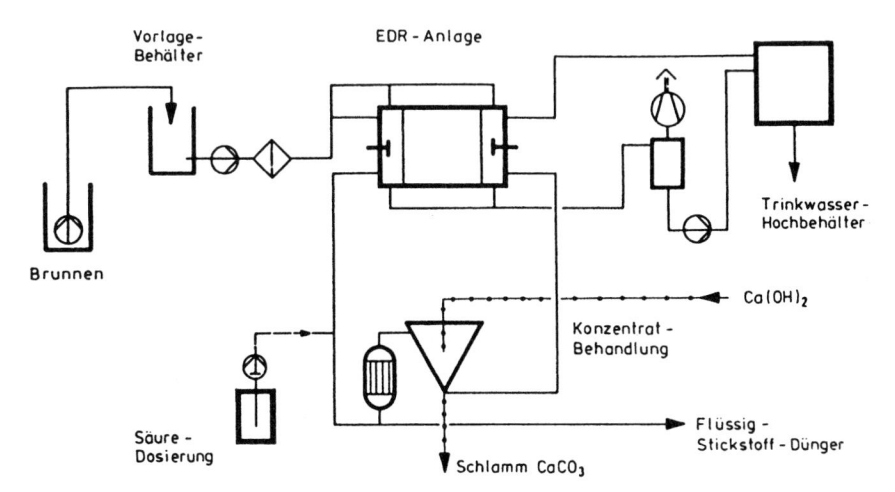

Abb. 4-59: Schema zur Nitratentfernung durch Umkehrelektrodialyse (nach Brunner, Wasserversorgungs- und Abwassertechnik, Handbuch, 2. Ausgabe)

Beispiele für Anlagen zur biologischen Nitratentfernung:
1. *Aschaffenburg* (Autotrophe Denitrifikation und Enthärtung) **Abb. 4-60**
   Volumenstrom 2.500 m^3/h
   NO_3-Konzentration im Zulauf: 62 mg/l
   NO_3-Konzentration im Ablauf: ca. 25 mg/l
2. *Neuss* (Heterotrophe Denitrifikation)
   Hier handelt es sich nicht um eine Direkt-Trinkwasseraufbereitung, sondern um eine Grundwassersanierung in dessen Vorfeld. Das geförderte (300 m^3/h) nitratbelastete (ca. 55 mg/l) Grundwasser wird nach Zugabe von Essigsäure, PO_4^{3-} und Fe^{2+}-Salzen in geschlossenen A-Kohle-Filtern als Bioreaktoren aufbereitet, nachbehandelt und wieder in den Untergrund versickert. NO3-Konzentration im Ablauf ca. 5 mg/l.

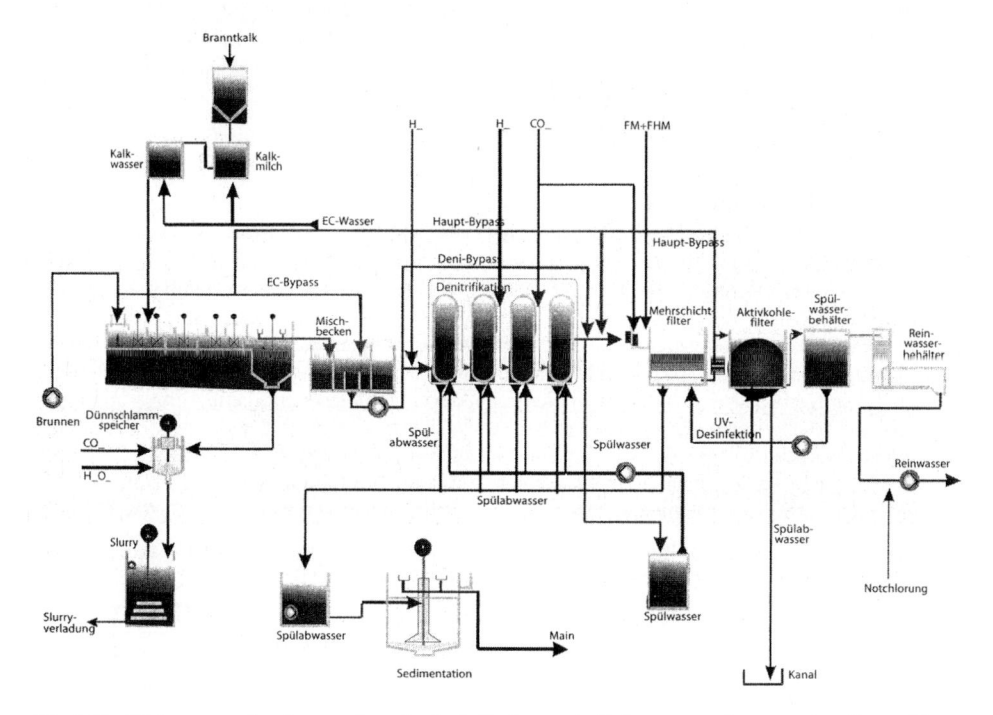

Abb. 4-60: Trinkwasseraufbereitungsanlage in Aschaffenburg mit Enthärtung und autotropher Denitrifikation (Quelle: Stadtwerke Aschaffenburg)

Abb. 4-61: Vollautomatische Ultrafiltrationsanlage mit Vorfilter und Spülwasserstation (Quelle: Krüger Wabag)

4.2 Trinkwasseraufbereitung

Abb. 4-62: Ozonerzeuger zur Aufbereitung von Seewasser (Quelle: BWV)

Abb. 4-63: Mikrosiebe zur Oberflächenwasser-Aufbereitung (Quelle: BWV)

Abb. 4-64: Vollautomatische Druckfilteranlage zur Enteisenung, Entmanganung und Restentsäuerung (Quelle: WLA)

Abb. 4-65: Carix-Anlage zur Reduzierung von Nitrat, Sulfat und Härte (Quelle: Wabag)

4.2.5.7.3 Nitritentfernung

Nitrit ist im Wasser nicht stabil und tritt zumeist nur als Übergangsform bei der Oxidation oder Reduktion von Stickstoffverbindungen auf (siehe: Nitrit, Nitrat, Ammonium). Die Verhinderung der Nitritbildung im Trinkwasser setzt eine ausreichende Ammoniumentfernung (< 0,4 mg/l) voraus (siehe: Ammoniumentfernung, Beispiel Straubing). Die Oxidation des Nitrits zu Nitrat kann – bei ausreichender Sauerstoffzufuhr – biologisch erfolgen oder in gewissem Umfang auch chemisch durch Ozon. Wasserstoffperoxid (H_2O_2) hat sich bei einer Untersuchung des Bayer. Landesamtes für Wasserwirtschaft dafür nicht bewährt (nach Röder). Nitritakkumulationen können vorübergehend in den Bioreaktoren bei der Nitrifikation eintreten, wenn die dort vorhandenen nitritbildenden Bakterien (Nitrosomonas) gegenüber den nitratbildenden (Nitrobacter) deutlich in der Überzahl sind.

4.2.5.7.4 Ammoniumentfernung

Ammonium ist in den zurückliegenden 50 Jahren vorrangig durch Oxidation mit Chlor (Knickpunktchlorung) entfernt worden. Seit man von den dabei entstehenden organischen Halogenverbindungen weiß, wird dieses Verfahren in der Bundesrepublik nicht mehr angewandt (Umstellung z. B. in den Wasserwerken Langenau und Dohne auf biologische Ammoniumentfernung). Seit 1991 ist der Einsatz von Chlor (auch Chlordioxid) nur noch für die Desinfektion zugelassen.

Die chemische Oxidation des Ammoniums ist in gewissem Umfang auch mit Ozon möglich entsprechend der Reaktionsgleichung.

$$NH_4^+ + 4\,O_3 \rightarrow NO_3^- + O_2 + H_2O + 2H^+$$

Nachteilig sind dabei der sehr hohe Sauerstoffbedarf (ca. 3 fach über dem stöchiometrisch erforderlichen Wert mit 10,7 mg/mg NH_4), der notwendige hohe pH-Wert (mind. pH 9), die geringe Reaktionsgeschwindigkeit und die entstehenden Nitratmengen (3,4 mg NO_3/mg NH_4).

Die biologische Ammoniumentfernung (Nitrifikation) stellt deshalb heute das bevorzugte Verfahren dar, obwohl Probleme durch die Biologie u. U. nicht ausbleiben (siehe Beispiel Straubing). Die Nitrifikation erfolgt durch die zu den chemolithoautotrophen Mikroorganismen gehörenden ammoniumoxidierenden Bakterien, die ihren Energiebedarf durch die Oxidation reduzierter anorganischer Stickstoffverbindungen decken. Dabei laufen zwei Teilreaktionen ab:

– Stufe Nitritation (durch die Bakterien Nitrosomonas)
$$NH_4^+ + 1,5\,O_2 \rightarrow NO_2^- + H_2O + 2H^+$$
– Stufe Nitration (durch die Bakterien Nitrobacter)
$$NO_2^- + 0,5\,O_2 \rightarrow NO_3^-$$

Die Reaktion kann über den pH-Wert kontrolliert werden, da dieser dabei abnimmt.

Die technische Realisierung des Verfahrens hängt ab von der Gesamtbeschaffenheit des aufzubereitenden Rohwassers, da neben der Ammoniumentfernung meist auch andere Aufbereitungsziele (z. B. Eliminierung von Fe, Mn und organischen Stoffen) gegeben sind. Immer notwendig wird ein Sauerstoffeintrag sein, da für 1 mg NH_4 ca. 3,6 mg O_2 benötigt werden. Dabei ist erfahrungsgemäß ab etwa 2 mg NH_4/l die einstufige Sättigung gegen Luft nicht mehr ausreichend zur Sauerstoffversorgung, und es muss eine mehrstufige Zufuhr erfolgen oder reiner Sauerstoff zugegeben werden (siehe hierzu DVGW-Merkblatt W 226 „Sauerstoff in der Wasseraufbereitung".

Um eine hohe Konzentration an Biomasse realisieren zu können, werden zumeist Trägermaterialien als Bewuchsflächen eingesetzt. Dies können, je nach bereits vorhandenen Anlagen, z. B. Kies- oder A-Kohle-Filter sein, die als so genannte Festbettreaktoren nach entsprechender Einarbeitungszeit (und evtl. Impfung mit Nitrifikanten) biologisch arbeiten. Hierbei weist evtl. der Trockenfilter (ohne Wasserüberstau) Vorteile auf, weil eine kontinuierlichere Sauerstoffzufuhr möglich ist (siehe Beispiel Hamburg-Baursberg). In Frage können in Sonderfällen aber auch Wirbelschichtreaktoren sowie die Ammoniumentfernung durch Gasaustausch (Strippen) oder selektiven Ionenaustausch kommen. Letztere Verfahren können vorteilhaft sein, wenn starke Nitratzunahmen vermieden werden sollen. Nachteilig ist, dass dabei höhere Kosten entstehen bzw. die Ammoniumentfernung nicht vollständig gegeben ist und eine biologische Stufe nachgeschaltet werden muss.

Zur Anwendung dieser Verfahren, wie auch der Nitrifikation im Untergrund, sind zur Trinkwasseraufbereitung evtl. weitere Untersuchungen erforderlich.

Beispiele für Anlagen zur Ammoniumentfernung

1. *Hamburg-Baursberg*: Rohwasser mit 8 mg/l NH_4^+, 10 mg/l Eisen, 2,4 mg/l Mangan, 1,6 mg/l Methan, H_2S
   Verfahren der biologischen Ammoniumoxidation mit den Stufen (siehe **Abb. 4-66**)
   – Belüftung: a) Düsen, b) Kaskade, Zugabe von technischem Sauerstoff ist außerdem möglich
   – Nassfiltration zur Enteisenung und Entmethanung: a) Einschichtfilter mit Sand, b) Zweischichtfilter mit Hydroanthrazit und Kies
   – Biooxidatoren (Trockenfilter) zur Nitrifikation und Entmanganung: a) Sand, b) Aktivkohle
   Ergebnisse: Nach mehrfach erforderlicher Impfung mit nitrifizierenden Bakterien und langer Einarbeitungszeit wurde vollständige Nitrifikation (NH_4^+ < 0,08 mg/l), Enteisenung und Entmanganung erreicht. Bei der Filterrückspülung wird ein Teil der Bakterien ausgespült, wodurch ein zeitweiser Rückgang des Wirkungsgrades eintritt. Aktivkohle ist das geeignete Material für den Trockenfilter.

4.2 Trinkwasseraufbereitung

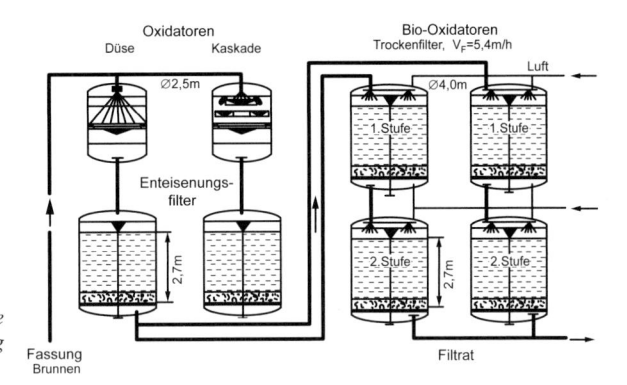

Abb. 4-66: Fließschema der Anlage Baursberg zur Ammoniumentfernung (nach Woldmann, DVGW-Schrift Nr. 104)

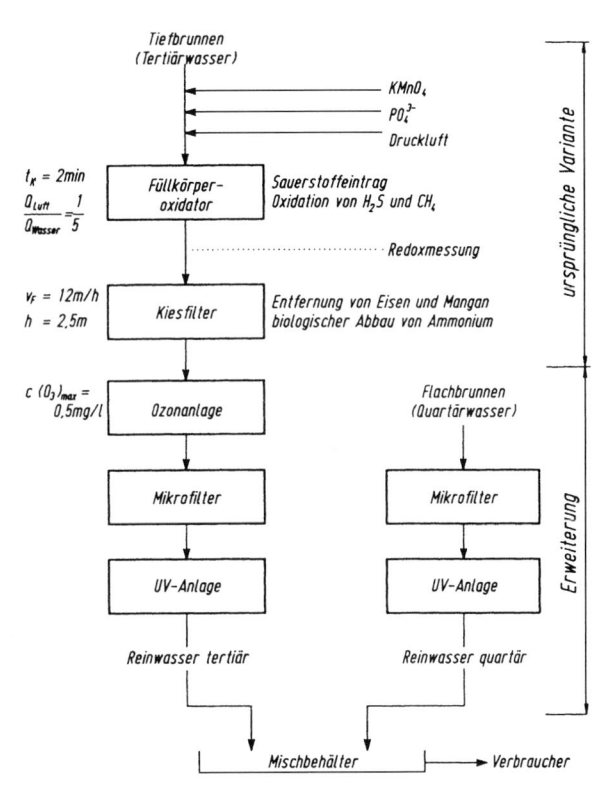

Abb. 4-67: Fließschema der Anlage Straubing (nach Röder, [5] Nr. 95]

2. *Straubing*: Rohwasser mit 0,7 mg/l NH_4^+, 0,05 mg/l Mangan, pH-Wert 7,6, < 0,1 mg/l O_2, 3 bis 5 mg/l Methan, 0,1 mg/l H_2S
Fließschema siehe **Abb. 4-67**.
Ergebnisse:
Die ursprünglich vorgesehene Variante I (geschlossene Belüftung und $KMnO_4$-Dosierung, Filtration über Quarzsand mit mikrobieller Nitrifikation bei Phosphatzugabe) brachte zwar nach ca. 4 Monaten Einarbeitung NH_4^+-Gehalte < 0,08 mg/l, aber auch kurzzeitige Spitzen des toxischen Nitrits. Deshalb wurde eine zusätzliche Oxidation durch Ozon (1 mg O_3 pro 1 mg NO_2^-) vorgesehen und zur Restozonvernichtung die photochemische Zerstörung des Ozons durch UV-Bestrahlung erprobt (statt der sonst üblichen Aktivkohlefiltration).

Evtl. ausgetragene Nitrifikationsbakterien werden durch die UV-Bestrahlung ebenfalls inaktiviert und können somit im Trinkwassernetz keine Probleme hervorrufen. Die im Schema sichtbare Mikrofiltration über feinmaschige Gewebefilter wurde nach mehrmonatigem Betrieb der Anlage erforderlich, da im Reinwasser Makroorganismen (Glieder- und Fadenwürmer, Kleinkrebse u. a.) auftauchten, die anscheinend im biologisch arbeitenden Filter wachsen. Im Jahr 2000 wurde nach der Umrüstung der Mikrofilter von 25 mm auf 10 mm und aufgrund der stabillaufenden Nitrifikation die Ozonanlage abgeschaltet, womit auch eine verringerte Biofilmbildung im Rohrnetz erwartet wird.

3. *Dohne* (Mülheimer Verfahren)
Ruhrwasser als Rohwasser mit bis 5 mg/l NH_4^+ (stark schwankend)
Verfahren: Vorozonung, Flockung und Sedimentation, Hauptozonung, Filtration über Kies, Filtration über Aktivkohle, Bodenpassage
Ergebnisse:
Biologische Ammoniumentfernung vorrangig in den Kiesfiltern, bei höheren Zulaufbelastungen (> 2 mg/l NH_4) Eliminierung auch noch in den Aktivkohlefiltern und über die Bodenpassage erforderlich. Sichere Entfernung *auch bei Rohwassertemperaturen von 4 °C*.

4. *Langenau*
Hier wirken die vorhandenen Accelatoren als nitrifizierende Bioreaktoren, wenn der Trübstoffgehalt im Zulauf unter 1 mg/l gehalten wird und somit ein ausreichend hohes (Bakterien-)Schlammalter im Accelator möglich ist (Aufenthaltszeit des Wassers ca. 4 Stunden). NH_4-Gehalte von ca. 2,2 mg/l werden auch bei Rohwassertemperaturen von 2,5 °C vollständig nitrifiziert.

4.2.5.8 Enthärten

4.2.5.8.1 Allgemeines

Höhere Gehalte des Trinkwassers an den härtebildenden Erdalkalien Calcium und Magnesium sind gesundheitlich unbedenklich (siehe Abschn. 4.1.5.4.30), weshalb in der Vergangenheit die Enthärtung von Wasser vorrangig nur von der Industrie und dem Gewerbe für spezielle Wasserverwendungen durchgeführt wurde. Neuerdings wird auch Trinkwasser für den Haushaltsbedarf zentral verstärkt enthärtet. Dabei sprechen folgende Gründe mit:

– Gestiegene Zahl von Warmwasseranlagen und wasserverbrauchenden Geräten im Haushalt mit störender Kesselsteinbildung bei hartem Wasser.
– Anstieg der Härte im Rohwasser, z. B. durch Landwirtschaft, Bebauung und Nutzung anderer Wasservorkommen.
– Einspeisung von Wasser unterschiedlicher Beschaffenheit in ein Versorgungsgebiet (siehe „Mischwasser" Abschn. 4.2.6).
– Größeres Korrosionspotenzial des harten Wassers mit höherem CO_2-Gehalt bei metallischen Hausinstallationen.
– Enthärtung in Kombination mit der notwendigen Nitrat- und Sulfatentfernung.

Dabei sind die letzten Gründe gesundheitlich wesentlich rangiger als die vom Verbraucher zumeist gemäß erstem Anstrich herangezogene Begründung. Teilweise entsteht ein indirekter Zwang zur zentralen Enthärtung für die Wasserversorgungsunternehmen aufgrund der zunehmenden Zahl privater dezentraler Enthärtungsanlagen mit ihren negativen Auswirkungen auf die Abwasserbeschaffenheit und somit Umwelt und der z. T. gegebenen hygienischen Bedenklichkeit (siehe Abschn. 4.2.8). So wurden z. B. im Ortsnetz Bad Rappenau bis zum Bau der zentralen Enthärtungsanlage bereits über 50 % des Wassers dezentral enthärtet.
Das Enthärtungsziel liegt, je nach Randbedingungen, bei 1,5 bis 2,4 mmol/l Ca^{2+} + Mg^{2+} (≙ 8,4 bis 13,4°d).
Hinweise zum eventuellen Erfordernis einer Erhärtung siehe Abschn. 4.1.5.4.30.

4.2.5.8.2 Übersicht zu den Enthärtungsverfahren

Zur Enthärtung kommen sehr unterschiedliche Verfahren in Abhängigkeit von der Gesamtbeschaffenheit des Rohwassers, der bereits erfolgten Voraufbereitung, der Möglichkeiten zur Entsorgung und weiterer Randbedingungen in Frage, weshalb für jeden Einzelfall eine gesonderte Prüfung und Entscheidung erforderlich ist. Die **Tab. 4-57a** gibt eine Übersicht über mögliche Verfahren zur Enthärtung.

Tab. 4-57a: Verfahren zur Enthärtung von Wasser

Verfahren	Bezeichnung	Hinweise
Fällungsverfahren	Langsamentcarbonisierung	siehe 4.2.5.8.3 und Schretzenmayr in [5] Heft Nr. 95
	Schnelle Langsamentcarb.	siehe Flinsbach in [4] Nr. 106
	Schnellentcarbonisierung	siehe 4.2.5.8.4 und [6] Heft Nr. 32
	Kalk-Soda-Verfahren	siehe 4.2.5.8.4
	Trinatrium-Verfahren	siehe z. B. [11]
Ionenaustausch	Na-Austauscher	siehe 4.2.3.4
	H-Austauscher	siehe 4.2.3.4
	Carix-Verfahren	siehe 4.2.3.4.5
Membranverfahren	Umkehrosmose	siehe 4.2.2.5.2
	Elektrodialyse	siehe 4.2.2.5.3
	Nanofiltration	siehe 4.2.2.5.5
Gasaustausch	Ausblasen von CO_2 bis zum Kalkausfall	siehe 4.2.2.3
Sonderverfahren	Thermische Enthärtung	gemeinsam mit Entsalzung (4.2.5.9)
	Säureimpfung	nur bei Kühlwasser (siehe [11], Härtestabilisierung, keine Enthärtung (siehe 4.2.5.11)
	Phosphatdosierung	
	Geräte zur physikalischen Wasserbehandlung	umstritten, keine Enthärtung, siehe 4.2.8.5

Dabei ist u. a. zu beachten, dass vor der Enthärtung durch Ionenaustausch oder Membranverfahren eine gute Vorreinigung des Wassers erforderlich ist, während diese bei den Fällungsverfahren der Schnell- und Langsamentcarbonisierung und dem Kalk-Soda-Verfahren im allg. entfallen kann. In der Regel wird nur ein Teilstrom enthärtet. Immer ist zu prüfen, ob eine Vorentsäuerung/Belüftung zweckmäßig und – beim Carix-Ionenaustausch und bei der Nanofiltration – eine Nachentsäuerung erforderlich ist. Bei den Fällungsverfahren werden gleichzeitig an Hydrogencarbonat gebundenes Eisen und Mangan mit entfernt.

Die Schnellentcarbonisierung arbeitet raumintensiver als die Langsamentcarbonisierung und bringt kaum Entsorgungsprobleme, erfordert aber eine sorgfältige Optimierung im Betrieb und zeigt häufig Störungen durch nachfolgend noch auftretende Trübstoffe, weshalb, wie auch bei der Langsamentcarbonisierung, danach eine Filterstufe erforderlich ist.

Für die vorrangig angewandten Verfahren zur Trinkwasserenthärtung Schnellentcarbonisierung (SEC), Langsamentcarbonisierung (LEC), Carix-Ionenaustausch (Carix) und dem Membranverfahren Nanofiltration (NF) sind aus **Tabelle 4-57b** Orientierungswerte bzgl. Der Anforderungen an das Rohwasser ersichtlich.

(Weitere wichtige Hinweise zur Verfahrenswahl einschl. Fallbeispielen geben Ruhland/Jekel im gwf H. 2+3/2004.)

Bei der Dosierung von Phosphaten (Abschn. 4.2.5.11) erfolgt keine Enthärtung, sondern der Kesselstein wird durch Härtestabilisierung vermieden. Auch bei der (notwendigen) genauen Dosierung müssen die Auswirkungen des Phosphates im Abwasser auf die Gewässer kritisch gesehen werden.

Die dezentral eingesetzten Geräte zur physikalischen Wasserbehandlung, die nicht enthärten, sondern die Bildung festen Kesselsteins verhindern sollen, sind in ihrer Wirkung zumeist umstritten.

Tab. 4-57b: *Rohwasserseitige Einsatzbedingungen für Enthärtungsverfahren (Quelle: Ruhland/Jekel)*

	Einheit	Einsatzbereich für die Verfahren			
		SEC	LEC	CARIX	NF
Säurekapazität $K_{S4,3}$	[mmol/l]	>4 (3)[1]	>4 (3)[1]	(>3)	(>3)
$K_{S4,3}/c(Ca^{2+})$	-	>1,5 (1,1)[1]	>1,5 (1,1)[1]	nicht relevant	nicht relevant
$c(Mg^{2+}) / [c(SO_4^{2-}) + 0,5c(Cl^-)]$	-	<1 [2]	nicht relevant	nicht relevant	nicht relevant
Temperatur	[°C]	5–30	5–30		
DOC-Gehalt	[mg/l]	<5–<16[3]	nicht relevant		
Schwebstoffgehalt	[mg/l]	<30	nicht relevant	trübstoffarme Wasser[4]	trübstofffreie Wasser
$c(Fe^{2+})$	[mg/l]	<4	nicht relevant	<0,1	<0,05
$c(Fe^{3+})$	[mg/l]	<8	nicht relevant	<0,1	<0,05
$c(Mn^{2+})$	[mg/l]	<2	nicht relevant	<0,1	<0,02
$c(PO_4^{3-})$	[mg/l]	<0,2 - <1	nicht relevant	nicht relevant	nicht relevant

[1] Bei Einsatz von Natronlauge gilt der Wert in Klammern; im Einzelfall auch geringere Gehalte tolerierbar
[2] Nur bei Vollcarbonisierung relevant, ggf. sind Vorversuche erforderlich
[3] In diesem Bereich sind Vorversuche erforderlich
[4] Gelegentliche Trübungsspitzen werden toleriert

4.2.5.8.3 Langsamentcarbonisierung

Durch Zugabe alkalischer Stoffe, zumeist Calciumhydroxid in Form von Kalkmilch oder -wasser, werden die Hydrogencarbonationen und die freie Kohlensäure neutralisiert und als Calciumcarbonat ausgefällt. Die ablaufende Reaktion lässt sich vereinfacht wie folgt darstellen:

$$Ca(HCO_3)_2 + Ca(OH)_2 \rightarrow 2CaCO_3 \downarrow + 2H_2O$$
$$CO_2 + Ca(OH)_2 \rightarrow CaCO_3 \downarrow + H_2O$$

Für eine Härtereduzierung um 1°d sind 20,85 mg/l an $Ca(OH)_2$ erforderlich.
Diese Teilenthärtung führt nicht zu einer Aufsalzung. Durch erhöhte $Ca(OH)_2$-Zugabe kann auch Magnesium ausgefällt werden. Während die eigentliche Fällung innerhalb weniger Minuten abgeschlossen ist, beansprucht die Entfernung des wasserreichen Kalkschlammes durch Sedimentation mehrere Stunden, weshalb großräumige Anlagen erforderlich sind. Da eine vollständige Abtrennung hier zumeist nicht möglich ist, sind anschließend Schnellfilter erforderlich. Da das Wasser meist über dem pH-Wert der Calciumcarbonatsättigung liegt, ist auch eine pH-Absenkung durch Mischung mit unbehandeltem Wasser oder Säurezugabe erforderlich (**Abb. 4-68**).
Bei Wässern mit geringem Carbonathärteanteil ist durch Zugabe von Natronlauge statt Calciumhydroxid bei gleicher Enthärtungswirkung eine Verringerung des Schlammanfalls auf etwa die Hälfte möglich. Allerdings steigt hierbei der Natriumgehalt im Wasser pro mmol/l Härtereduzierung ($\cong$ 5,6°d) um 23 mg/l an, weshalb dies nur bei natriumarmen Wässern anzuwenden ist.

4.2 Trinkwasseraufbereitung

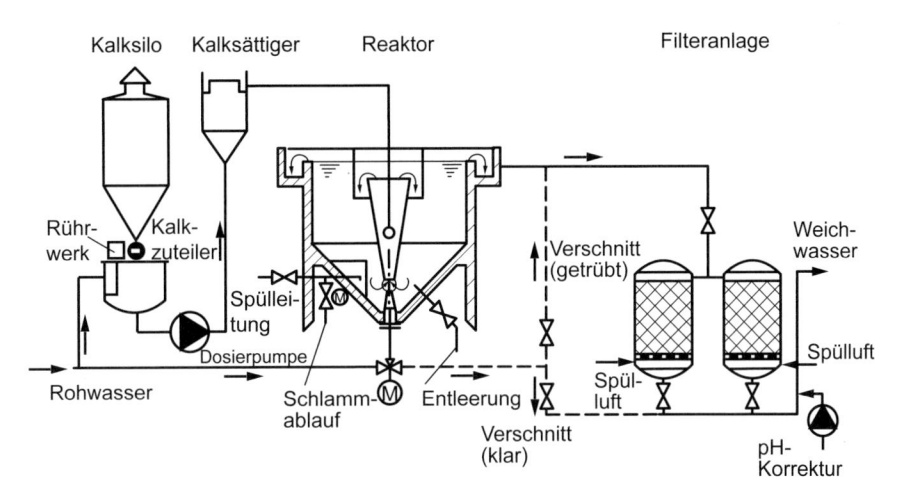

Abb. 4-68: Schema der Langsamentcarbonisierung (nach Soine)

4.2.5.8.4 Schnellentcarbonisierung

Bei dem Verfahren wird Kalkhydrat in Kalkmilchrührwerken zu 5prozentiger Kalkmilch gelöst und mittels Dosierpumpen dem Rohwasser zugesetzt. Rohwasser und Kalkmilch durchlaufen den Reaktor, einen auf die Spitze gestellten, kegelförmigen oder auch zylindrischen Behälter von unten nach oben, in dem das Wasser 10 bis 20 Minuten verbleibt. Die Durchlaufgeschwindigkeit im oberen Teil des Reaktors beträgt etwa 20 m/h. In den Reaktor wird Quarzsand der Körnung 0,5–1 mm etwa 10 l je m^3/h Durchlaufmenge als Kontaktmittel gegeben, auf den sich das ausscheidende unlösliche Calciumcarbonat in Form von Körnern aufbaut. Nach dem Reaktor durchläuft das Wasser einen Quarzsand-Schnellfilter üblicher Bauart, Höhe des Quarzkiesbettes 2-3 m, Durchlaufgeschwindigkeit 10–12 m/h. Eine ausreichende Luft-Wasser-Rückspülung ist vorzusehen. Wichtig ist die Verwendung eines für Aufbereitungszwecke geeigneten Kalkhydrats, da sich sonst leicht Verstopfungen der Dosierpumpe und Leitungen bei Stillstand der Anlage ergeben. Der in körniger Form anfallende Kalk wird aus dem Reaktor unten entnommen. Am Reaktor sind seitliche Entnahmevorrichtungen zur Kontrolle zweckmäßig. Wegen der Schwierigkeit der richtigen Dosierung der Kalkmilch empfiehlt sich zur Stabilisierung eine Phosphatzugabe zum Reinwasser. Wichtig ist die laufende chemo-technische Überwachung des Betriebes (**Abb. 4-69**). Durchsatzschwankungen sind zu vermeiden. Eine durchgängige Automatisierung ist kaum möglich, eine Anwendung für kleine Wasserwerke deshalb nicht empfehlenswert. Verbrauch zum Entfernen von 15°dH Carbonathärte: 6 l/h 5prozentige Kalkmilch je m^3/h Rohwasser, dabei Kalkanfall je m^3 Rohwasser: 680 g Kalk mit Korngröße 3–4 mm.

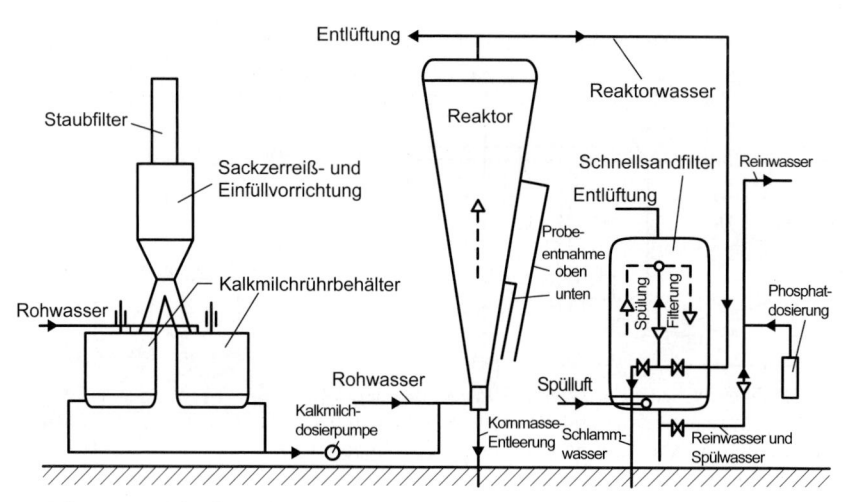

Abb. 4-69: Schema einer Schnellentcarbonisierung

4.2.5.8.5 Kalk-Soda-Verfahren

Hier werden Kalk und Soda (Natriumkarbonat) als Fällmittel zugegeben, wodurch sowohl die an Hydrogenkarbonate gebundenen Ca- und Mg-Ionen („Karbonathärte") als auch die an Sulfate, Chloride und Nitrate gebundenen Erdalkaliionen („Nichtkarbonathärte") entfernbar sind, also eine Vollenthärtung möglich ist. Technologisch sind dafür Dosier- und Mischanlagen, Absetzbecken oder Schlammkontaktanlagen mit Flockungsmittelzugabe und Schnellfilter sowie CO_2-Eintrag oder Rohwasserzugabe zur Bindung des überschüssigen Kalkhydrats erforderlich. Da außerdem Chemikalienbedarf und Schlammanfall sehr hoch sind, z. B. bei einer Härtereduzierung um 18°d Chemikalienbedarf ca. 0,5 kg/m^3 und Schlammanfall etwa 1 kg/m^3 Wasser, wird dieses Verfahren in Deutschland kaum noch angewendet.

4.2.5.9 Entsalzen

Mit Entsalzung wird das Entfernen aller im Wasser gelösten Salze zur Gänze, oder, je nach Verwendungszweck, bis auf einen tragbaren Rest bezeichnet. Häufig ist die Anwendung des Teilstrom-Verfahrens betrieblich vorteilhaft, d. h. ein Teil des Wassers wird voll entsalzt und dem nicht entsalzten Wasser im gewünschten Mischungsverhältnis zugegeben. Alle Entsalzungsverfahren sind verhältnismäßig teuer, obwohl die Kosten auf Grund des technischen Fortschritts stetig abgenommen haben. Man rechnet mit etwa 0,5 bis 1,0 EUR/m^3 Betriebskosten für die Entsalzung von Meerwasser.
Die Entsalzung ist daher auf wenige Verwendungszwecke beschränkt, so auf die Vollentsalzung von Wasser mit üblicher Trinkwasserbeschaffenheit für Kesselspeisewässer und auf die Aufbereitung von Brackwasser, in besonders ungünstigen Fällen muss auch Meerwasser aufbereitet werden. Bei den Entsalzungsverfahren ist die jeweils hohe Aggressivität und das Ableiten der ausgeschiedenen Salze bei der Planung zu berücksichtigen.
Bei *Kesselspeisewasser*, insbesondere von Hochdruckkesseln, darf bei 40 bar Kesseldruck die Gesamthärte höchstens 0,05°dH, bei 40–100 bar Kesseldruck höchstens 0,02°dH betragen. Für die Entsalzung sind Ionenaustausch- oder Membranverfahren üblich. Wegen der aggressiven Wirkung müssen ferner Sauerstoff und Kohlensäure, z. B. durch thermische Entgasung und chem. Bindung, entfernt und der pH-Wert im alkalischen Bereich gehalten werden.
Die Aufbereitung von *Brackwasser und Meerwasser* wird in den küstennahen Gebieten u. U. notwendig. Der Trockenrückstand solcher Wässer beträgt etwa:

Brackwasser:	1 000– 5 000 mg/l	gelöste Stoffe
Mäßiges Salzwasser:	2 000–10 000 mg/l	gelöste Stoffe, meist küstennäheres Grundwasser

4.2 Trinkwasseraufbereitung

Starkes Salzwasser: 10 000–30 000 mg/l gelöste Stoffe, meist küstennahes Grundwasser und in Mündungsgebieten von Flüssen.
Meerwasser: 30 000–36 000 mg/l gelöste Stoffe, Zusammensetzung **Tab. 4-58**.

Tab. 4-58: Normale Zusammensetzung von Meerwasser, nach hydrographischem Labor Kopenhagen

Kationen Bezeichnung	mg/l	Anionen Bezeichnung	mg/l
Na^+	11 035	Cl^-	19 841
Mg^{2+}	1 330	SO_4^{2-}	2 769
Ca^{2+}	418	HCO_3^-	147
K^+	397	Br^-	88
Sr^+	13,9	F^-	1,4

Nach dem derzeitigen Stand der Technik kommen für die Entsalzung folgende Verfahren in Betracht, wobei im Wesentlichen wegen der verhältnismäßig hohen Betriebskosten die Anwendung auf die unbedingt notwendigen Fälle beschränkt bleibt.

Rohwasser-Salzgehalt	Verfahren
1–3 %	Destillation, mehrstufige Verdampfung, Gefrierverfahren
0,1–1 %	Membranverfahren
< 0,1 %	Ionenaustauschverfahren

Während in Deutschland nur auf der Insel Helgoland eine Meerwassernutzung erfolgt, deckt z. B. Saudi-Arabien ca. 70 % seines Trinkwasserbedarfes mit entsalztem Meerwasser ab (27 Anlagen in 2004). Auf Spezialliteratur wird verwiesen.

4.2.5.10 Aufhärten

Weiche Wässer mit einem geringen Gehalt an Erdalkalien (< 20 mg/l an Ca), geringem Hydrogencarbonatgehalt ($K_{s4,3}$ < 1 mmol/l) und fehlender Pufferung (PI < 0,1 mmol/l) bedürfen zur Einstellung der $CaCO_3$-Sättigung eines sehr hohen pH-Wertes, wobei auch dann der Gleichgewichtszustand sehr labil bleibt. Selbst bei ausreichendem O_2-Gehalt (ca. 6 mg/l) sind bei einem solchen Wasser die Voraussetzungen zur Bildung schützender Deckschichten nicht gegeben. Wenn auch sonst die Bildung solcher Deckschichten nicht immer eintritt und auch nicht in jedem Fall erforderlich ist, muss ein Wasser mit dazu fehlenden Voraussetzungen als korrosionschemisch ungünstig beurteilt werden.

Eine Entsäuerung nur durch Gasaustausch löst das Problem nicht, da dabei o. g. Parameter in ihren Werten nicht verbessert werden. Auch Natronlauge ist hier unzweckmäßig, da sie keine Erdalkalien (Härtebildner) enthält und nur den Hydrogencarbonatgehalt erhöht. Für die Aufhärtung kommen in Frage (siehe Abschn. 4.2.3.3):

– Filtration über Jurakalk oder Marmor,
– Filtration über dolomitisches Material,
– Zugabe von Weißkalk.

Da die hierbei erreichbare Aufhärtung von dem Gehalt des Wassers an überschüssiger Kohlensäure abhängt und somit begrenzt ist, kann bei sehr weichem Wasser mit wenig Kohlensäure eine Zugabe von CO_2 vor der Aufhärtung zweckmäßig sein.

Z. B. kann bei einem sehr weichen Wasser mit 0,5°dH und 10 mg aggressiver Kohlensäure (Trinkwassertalsperre Mauthaus) durch Neutralisation mittels Filtration über Jurakalk höchstens eine Erhöhung der Härte um 10 mg · 0,13 = 1,3 Härtegrade erreicht werden. Für die gewünschte Mindesthärte von 4,5°dH bei Einhalten des Kalk-Kohlensäure-Gleichgewichts ist eine weitere Erhöhung der Härte um 2,7°dH erforderlich. Zweckmäßig wird dies dadurch erreicht, dass handelsübliches flüssiges CO_2 zugegeben und über Jurakalk gefiltert wird. Im Beispiel ist die Zugabe von 2,7/0,13 = 21 g CO_2/m^3 Wasser erforderlich, der Verbrauch an Jurakalk beträgt (10 + 21) g CO_2/m^3 · 2,3 Jurakalk/g CO_2 = 71 g Jurakalk/m^3. Die Aufhärtung kann auch analog der Neutralisation mittels CO_2-Zugabe und Kalkmilchdosierung erfolgen, hierbei wird jedoch die Dosierungsanlage komplizierter.

4.2.5.11 Dosierung von Phosphat und Silikat

Durch die Zugabe von Phosphaten, teils auch gemischt mit Silikaten u. a., können Korrosionsvorgänge an metallischen Leitungen reduziert und die Bildung schützender Deckschichten gefördert werden. Zum Einsatz kommen vorrangig Orthophosphate, z. T. auch Mischungen von Ortho- und Polyphosphaten, während die alleinige Zugabe von Polyphosphaten bzgl. Korrosion eher ungünstig ist. Die Wirkung ist bei den einzelnen Werkstoffen unterschiedlich, detailliertere Hinweise dazu geben die DVGW-Arbeitsblätter W 215 „Zentrale Dosierung von Korrosionsinhibitoren" Teil 1 „Phosphate" (von 7/2005) und Teil 2 „Silikate" (in Vorbereitung).

Bei Phosphat ist eine Zugabe bis 6,7 mg/l an PO_4^{3-} und bei Silikat bis 40 mg/l an SiO_2 zulässig. Zur Sanierung von Korrosionsschäden ist es meist zweckmäßig, anfangs die maximal zulässige Phosphatzugabe anzuwenden, dann aber auf Werte unter 1 mg/l zurückzugehen. Eine Erfolgskontrolle ist an entsprechenden Stellen, z. B. in eingebauten Kontrollrohren, an Endsträngen, Probenahme über Hydranten und Zapfhähne u. a., vorzunehmen.

Eine Phosphatdosierung zur Korrosionsverhinderung soll aufgrund der damit evtl. verbundenen Nebenwirkungen (Gewässerbelastung, Verkeimung, Beeinträchtigung von Entcarbonisierungsanlagen) zentral nur erfolgen, wenn die korrosionschemische Beschaffenheit des Wassers durch aufbereitungstechnische Maßnahmen nicht verbessert werden kann. Auch auf die vorrangige Nutzung geeigneter Werkstoffe, z. B. durch die Installateure, ist hier hinzuweisen.

Die Zugabe von Phosphaten zur Stabilisierung von Eisen und Mangan sollte nur in Ausnahmefällen zeitweise in Betracht kommen, da hier geeignete Aufbereitungsverfahren verfügbar sind.

Eine Phosphatzugabe nur zur Kesselsteinverhinderung (Härtestabilisierung) soll zentral grundsätzlich nicht erfolgen.

Zur dezentralen Phosphat- und Silikatzugabe beim Verbraucher siehe Abschn. 4.2.8.

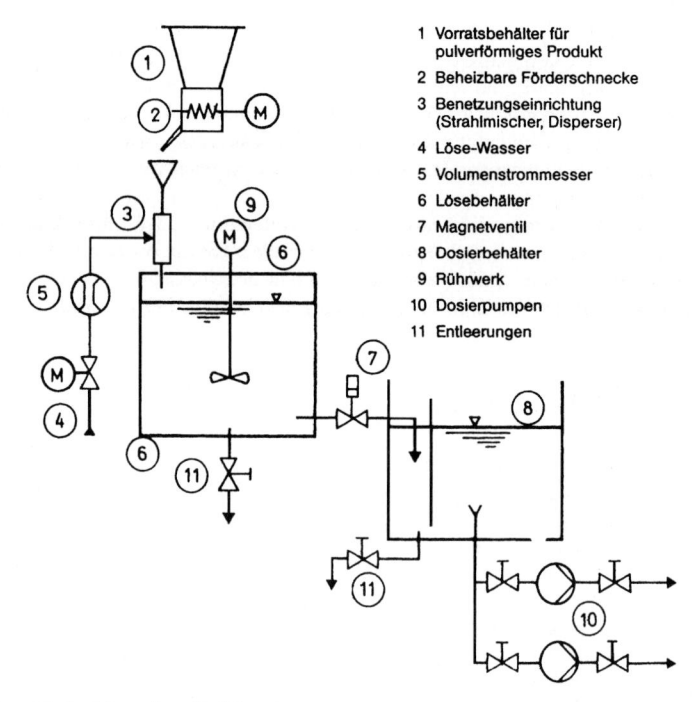

1 Vorratsbehälter für pulverförmiges Produkt
2 Beheizbare Förderschnecke
3 Benetzungseinrichtung (Strahlmischer, Disperser)
4 Löse-Wasser
5 Volumenstrommesser
6 Lösebehälter
7 Magnetventil
8 Dosierbehälter
9 Rührwerk
10 Dosierpumpen
11 Entleerungen

Abb. 4-70: Automatische Löseanlage für Phosphat

4.2.5.12 Entfernen von anorganischen Spurenstoffen

4.2.5.12.1 Allgemeines

Für die anorganischen Spurenstoffe Arsen, Blei, Cadmium, Chrom, Cyanid, Nickel, Quecksilber, Antimon und Selen sind in der TrinkwV [21] Grenzwerte im Mikrogramm-Bereich vorgegeben (siehe Abschn. 4.1.5.3), womit deren Toxizität Rechnung getragen wird. Eine sehr geringe Grundlast im Wasser ist bei diesen Stoffen häufig natürlich (geogen) bedingt und gesundheitlich unbedenklich. Eine Entfernung durch Wasseraufbereitung ist vor allem bei Arsen, aber evtl. auch bei Nickel erforderlich. Die Notwendigkeit dafür ergibt sich vorrangig aus dem in der TrinkwV [21] wesentlich herabgesetzten Grenzwert (siehe auch Abschn. 4.1.5.3.8).

Das gesundheitlich wesentlich unbedenklichere Aluminium (siehe auch Abschn. 4.1.5.4.9) ist in der TrinkwV nur als Indikatorparameter mit dem Grenzwert von 0,2 mg/l aufgeführt.

4.2.5.12.2 Arsenentfernung

Arsengehalte sind zumeist geogen bedingt (siehe Abschn. 4.1.5.3.2), in Bayern sind z. B. mindestens 50 Anlagen betroffen. Der seit 1996 verbindliche Grenzwert von 0,01 mg/l macht in vielen Fällen eine Entfernung erforderlich, die besonders kleine Wasserwerke vor erhebliche Probleme stellt (siehe auch DVGW-Schrift Nr. 82).

Die Arsenentfernung (**Tab. 4-59**) erfordert zumeist in der ersten Stufe eine Oxidation, wenn dreiwertiges Arsen im Rohwasser vorliegt, da fünfwertiges Arsen durch Flockung/Fällung oder Adsorption leichter eliminierbar ist. Dies kann z. B. durch Kaliumpermanganat, Manganoxid, Wasserstoffperoxid oder – eingeschränkt – Ozon erfolgen. Die Flockung/Fällung mit Eisen(II)- oder Eisen(III)-Salzen mit nachfolgender Abtrennung in Filteranlagen ist ein indessen bewährtes und vergleichsweise wirtschaftliches Verfahren.

Die Adsorption an Eisenoxide bzw. -hydroxide, insbesondere in granulierter Form in einem Festbettreaktor eingesetzt, bewirkt ebenfalls eine gute Eliminierung des fünfwertigen Arsens, evtl. bei im Vergleich höheren Kosten.

Möglich ist auch die Entfernung durch Membranverfahren, Ionenaustausch und, bei harten Wässern, bei der Teilenthärtung durch Kalkfällung. Dazu liegen aber erst wenige Untersuchungen vor.

Die Verwertung/Beseitigung arsenhaltiger Schlämme kann problematisch bzw. teuer sein (siehe DVGW-Arbeitsblatt W 221).

Bei der unterirdischen Aufbereitung von Grundwasser (siehe Abschn. 4.2.5.3.5) lassen sich, wie erste Untersuchungen zeigen, bei günstigen hydrogeologischen Verhältnissen auch deutliche Erniedrigungen der Arsenkonzentration erreichen, Rückstände fallen hier nicht an.

Eine detaillierte Übersicht zur Arseneliminierung geben Jekel u. a. in bbr H. 3 und 4/2003.

Tab. 4-59: Verfahrenskombinationen zur Arseneliminierung für verschiedene Rohwasserqualitäten (nach Jekel u. a.)

Rohwasserparameter	Fall 1	Fall 2	Fall 3	Fall 4
$\beta(As)$ [µg/l]	<35 hoher Anteil As(III)	>35 hoher Anteil As(III)	<100 hoher Anteil As(III)	>10 ger. Anteil As(III)
$\beta(Fe)$ [mg/l]	1–2	>0,5	<0,2	<0,2
$\beta(Mn)$ [mg/l]	0,1–0,4	>0,1	<0,05	<0,05
pH-Wert	6–8,5	6–8,5	6–8	6–8
	offene oder geschlossene Belüftung ↓ Enteisenungs-/Entmanganungsfiltration ↓ ggf. pH-Wert-Korrektur	Dosierung KMnO$_4$ oder ggf. H$_2$O$_2$ ↓ Dosierung FeSO$_4$ ↓ ggf. Belüftung ↓ Filtration ↓ ggf. pH-Wert-Korrektur	ggf. Belüftung ↓ ggf. Oxidation im Festbett ↓ Adsorption an granuliertem Eisenhydroxid ↓ ggf. pH-Wert-Korrektur	Adsorption an granuliertem Eisenhydroxid ↓ ggf. pH-Wert-Korrektur

4.2.5.12.3 Aluminiumentfernung

Insbesondere Wasserversorger in kalkarmen Gebieten haben infolge der eingetretenen Versauerung der Gewässer erhöhte, z. T. erheblich über dem Grenzwert der TrinkwV liegende Al-Gehalte im Wasser feststellen (siehe auch Abschn. 4.1.5.4.9) und gezielt Maßnahmen zur Reduzierung einleiten müssen. Voraussetzung für die Entfernung des Aluminiums aus dem Wasser mittels nachfolgender Verfahren ist eine pH-Einstellung im Bereich des Löslichkeitsminimums des Aluminiums, d. h. pH-Wert 6,0 bzw. 6,5 bis 7,2, und Fällung als Alummiumhydroxid. Wichtig sind dabei sowohl eine ausreichende Reaktionszeit als auch eine effektive Abtrennung des Al-Hydoxids in diesem pH-Bereich, da es sonst bei nachfolgender pH-Erhöhung, z. B. durch Entsäuerungsmaterial, zu einer Rücklösung des Aluminiums kommt. Vorrangig in Abhängigkeit von der Rohwasserbeschaffenheit (Aluminiumgehalt, pH-Wert, Härte, Pufferung, evtl. Mangangehalt) sowie der Kapazität der Anlage kommen in Betracht:

– Bei weichen, wenig gepufferten, sauren Wässern ein zweistufiges Verfahren, bei dem zuerst durch aufhärtende Basen oder Teilstromrückführung aus der zweiten Stufe der pH-Bereich 6,5 bis 7,2 eingestellt und das gebildete Al-Hydroxid in einem Sand-Schnellfilter abgetrennt wird. Im Bedarfsfall können die Zugabe von CO_2, Flockungsmitteln, $KMnO_4$ in den Zulauf hilfreich sein, um eine bessere Aufhärtung, die effektive Al-Entfernung beim Vorhandensein von Huminstoffen bzw. eine Entmanganung bereits in dieser Stufe zu erreichen. In einer zweiten Filterstufe mit Entsäuerungsmaterial (siehe Abschn. 4.2.3.3.) wird dann das überschüssige CO_2 abgebunden und der Reinwasser-pH-Wert eingestellt.
– Bei kleinen Wasserwerken mit niedrigen Al-Gehalten (a 1 mg/l) und wenig Mangan (a 0,3 mg/l) ist eine einstufige Filteranlage mit Entsäuerungsmaterial möglich. Die Betriebssicherheit ist hier allerdings geringer, da es bei gering gepuffertem Wasser durch den schnellen pH-Anstieg im Filter nur zu sehr kurzen Reaktionszeiten zur Al-Fällung und vor allem zu kleinen Filterstrecken zur Abtrennung kommt und die Filtratqualität sehr schwanken kann. Eine effektive Rückspülung ist zu sichern, als Entsäuerungsmaterial kommt nur gekörntes Calciumcarbonat in Frage.
– Nach Untersuchungen an der TU München (Kötzle) können vorhandene Entsäuerungsfilter wie folgt umgerüstet und erfolgversprechend betrieben werden: Einstellung eines pH-Wertes von 6,5 bis 7,2 im Filterzulauf, Aufbringen einer zusätzlichen oberen Filterschicht aus einem leichten inerten Material, z. B. Hydroanthrazit, zur Abtrennung des Al-Hydroxids und darunter das vorhandene reaktive Entsäuerungsmaterial.
– Bei sehr hohen Al-Gehalten (A 2 bis 4 mg/l nach DVGW-Arbeitsblatt W 220) ist eine Abtrennung der Fällungsprodukte durch Sedimentation oder Grobfiltration vor der Filtration zweckmäßig.

4.2.5.12.4 Nickelentfernung

Zu den Ursachen erhöhter Nickelkonzentrationen, ihrer gesundheitlichen Relevanz sowie dem verschärften Grenzwert für Trinkwasser siehe Abschn. 4.1.5.3.8.
Ist eine Nickelentfernung innerhalb der Trinkwasseraufbereitung erforderlich, so bestehen dafür folgende prinzipielle Möglichkeiten (siehe auch DVGW Wasser-Information Nr. 61):

– Entfernung aus dem Grundwasser mit der Entmanganungsfiltration (siehe 4.2.5.4) bei pH-Werten oberhalb 8,2. Hier wird Nickel an den Manganoxiden sorbiert und mit diesen entfernt.
– Bei sehr weichem und saurem Rohwasser ist eine Entfernung – zumindest in gewissem Umfang – mit der Belüftung (siehe Gasaustausch 4.2.2.3) und nachfolgenden Filtration über halbgebrannte Dolomite (siehe 4.2.3.3.3) möglich.
– Ausfällen gemeinsam mit dem Calciumcarbonat bei der Enthärtung, z. B. bei der Schnell- oder Langsamentcarbonisierung (siehe 4.2.5.8).
– Entfernung bei der Membranfiltration (Umkehrosmose und Nanofiltration – siehe 4.2.2.5) gemeinsam mit anderen Wasserinhaltsstoffen.
– Selektive Entfernung in Ionenaustauschern (4.2.3.4). Hierfür wurde ein Kationenaustauscher entwickelt, der Schwermetallionen aufnimmt, Härte und pH-Wert des Wassers aber nicht verändert. Eine Anlage läuft seit 2004 bei den Kommunalen Wasserwerken Leipzig mit einer Kapazität von 40 m^3/h, einer Zulaufkonzentration an Nickel von bis 35 μg/l und einem Ablaufwert deutlich unter dem zulässigen Grenzwert von 20 μg/l (Stetter/Ritter in bbr 5/05).

4.2 Trinkwasseraufbereitung

4.2.5.13 Dekontamination

Wie in Abschn. 4.1.5.4.28 (Radioaktive Stoffe) dargelegt, stellen künstliche radioaktive Stoffe für die Trinkwasserversorgung der Bundesrepublik relativ gesehen kein wesentliches Problem dar, da bisher in Trinkwasser aufgetretene Belastungen hinter anderen Strahlungsquellen weit zurückstehen und besonders für das Grundwasser der Boden eine gute Schutzwirkung hat. Die künstliche Dekontamination ist, abgesehen von der Aufbereitung besonderer Abwässer aus Betrieben, die radioaktive Stoffe verwenden (Kernkraftwerke, Krankenhäuser), derzeit nur in besonderen Katastrophenfällen notwendig, wobei der Reaktorunfall von Tschernobyl auf die Trinkwasserversorgung der Bundesrepublik ohne kritische Auswirkungen blieb.

Bei Tiefengrundwässern aus uranhaltigen Formationen, wie sie in Deutschland gebietsweise in Thüringen, Sachsen, aber auch Baden-Württemberg, Bayern und Rheinland-Pfalz vorhanden sind, können dagegen die natürlichen radioaktiven Stoffe, insbesondere Radon 222, zu Belastungen führen, die eine Eliminierung bei der Wasseraufbereitung teilweise erforderlich machen (siehe Abschn. 4.1.5.4.28).

Für die Vielzahl der natürlichen und künstlichen Radionukliden gibt es kein Verfahren, das für die Entfernung aller dieser Stoffe aus dem Wasser gleich gut geeignet wäre. Die anzuwendenden Verfahren sind insbesondere vom Oxidationszustand und der Bindungsform der Radionuklide abhängig. Für die relevanten Stoffe Uran, Radium und Radon wurden 2006 die nachstehenden Eliminierungsgrade für die verschiedenen Wasseraufbereitungverfahren angegeben (**Tab. 4-60a**).

Tab. 4-60a: Verfahren zur Abtrennung von radioaktiven Stoffen bei der Wasseraufbereitung (inkl. maximaler Entfernungsgrade nach Literaturangaben, Quelle: Rhine-Main Water Research GmbH)

	Belüftung	Flockung & Filtration	Aktivkohle	Nanofiltration	Umkehrosmose	Ionenaustausch	Wasserenthärtung
Uran		98 %	95 %	95 %	99 %	100 %	99 %
Radium					99 %	97 %	96 %
Radon	>99 %		99,8 %				

Erforderlich sein kann die Optimierung/Veränderung einer schon vorhandenen Wasseraufbereitungsanlage für eine ausreichende Dekontaminierung; Pilotversuche sind zweckmäßig. Bei einem neuentwickelten Verfahren zur Uranentfernung (Uranex) wird in einem Adsorptionsfilter Uran selektiv bis auf < 0,1 μg/l entfernt. Das Filtermaterial muss nach entsprechender Beladung ausgetauscht werden. Bei der Radon-Eliminierung durch Belüftung sind Wirkungsgrade bis über 95 % erreicht worden (**Abb. 4-71**). Dabei ist eine Abluftfilterung über Aktivkohle eventuell erforderlich. Deutliche Rückgänge der Radonkonzentration treten auch bereits in offenen Trinkwasserspeichern bei längeren Standzeiten ein.

Bei der Adsorption an Aktivkohle ist für Radon eine Kontaktzeit von mind. 60 Minuten erforderlich. In

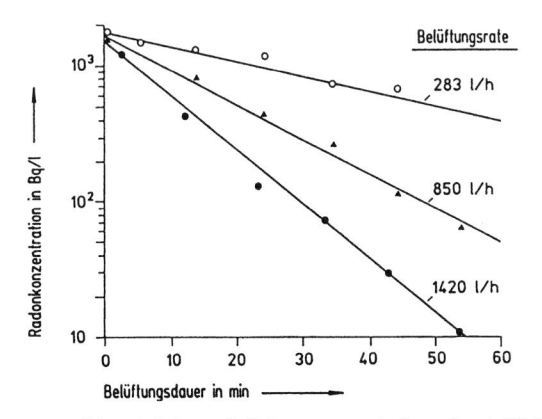

Abb. 4-71: Radon-Entfernung in Abhängigkeit von Belüftungsrate und -dauer (nach [4] Nr. 62)

Aktivkohlefiltern (Schichthöhe 1,60 m, Filtergeschwindigkeit 1,25 m/h, theor. Kontaktzeit ca. 1,3 Stunden) wurde eine Zulaufbelastung von ca. 9000 Bq/l auf ca. 100 Bq/l im Ablauf reduziert (nach Kinner).
Tab. 4-60b gibt Hinweise zu erreichbaren Dekontaminierungsgraden für künstliche radioaktive Stoffe bei verschiedenen Trinkwasseraufbereitungsverfahren. Nähere Angaben zu den Betriebsparametern macht Haberer in [4] – Nr. 62. Zu beachten ist, dass Schlamm, Spülwasser usw. radioaktiv sind und die Entsorgungsprobleme zunehmen. Eventuell sind auch Abschirmungen der Anlagen erforderlich.
Für die Notversorgung mit Trinkwasser in Katastrophenfällen entwickelte Kleingeräte zur Wasseraufbereitung sind meist Ionenaustauscher.

Tab. 4-60b: Dekontaminierungsgrade verschiedener Trinkwasseraufbereitungsverfahren gegenüber künstlichen Radionukliden (nach Lowry und Lowry, 1988).

Radionuklide	Flockung + Sediment.	Ton + Flockung + Sediment.	Sandfiltration	Kalk-Enthärtung	Ionenaustausch			Umkehr-Osmose
					Kationen	Anionen	Mischbett	
Phosohor-32	63–99+	97–99+	79–99+					
Phosohor-31, 32	67–94		99–99+					
Scandium-46, 48	62–98	66–98	94–99	90	96–87	99	99	
Chrom-51	0–60	73–98					90	
Mangan-54								99,9+
Cobalt-58								99,9+
Cobalt-60							90–99	99,9+
Strontium-89	0–58	0–51	1–13	75–99+	99+	5–7	99–99+	
Strontium-89, 90	2–5						99	
Sr-90 Yttrium–90	10–61		17–23				90	
Yttrium-90	40–99	34–99	84–99	90	86–93	94–98	98–99	
Zirkon-95								
Niob-95	2–99	95–99	91–96	90	58–75	96–99,9	99+	99,9+
Molybden-99	0–60						90	97
Ruthen-103	43–96							99,9
Ruthen-106								
Rhodium 106	82,1						90	
Cadmium-115		60–95	60–99	90	98,5	0	99+	
Iod–131	0–75	0–10	0–53	98+		99,9	96–98+	
Iod–131, 132, 133, 134, 135								96+
Cäsium-134								98+
Cäsium-137								
Barium-137 m	0–37	35–65	10–70		99,8	9	90–99+	98+
Barium-140								
Lanthan-140	1–84	28–84	40	90	98–99	35–42	99+	
Praseodym-142	83–99+							
Cer-144		85–96					90	99,9
Cer-144								
Praseodym-144	28–99		46–59					
Cer-141, 144								
Praseodym-144	96–99							
Promethium-147	4–99							
Samarium-153	44–99							
Spaltprodukte 1			61–84					
Spaltprodukte 2			12–73					
Spaltprodukte 3			46					
Spaltprodukte 4			89					
Spaltprodukte 5			51–59				38	

4.2.5.14 Desinfektion

4.2.5.14.1 Allgemeines

Die Trinkwasserverordnung [21] fordert, dass im Wasser für den menschlichen Gebrauch Krankheitserreger nicht in Konzentrationen enthalten sein dürfen, die eine Schädigung der Gesundheit besorgen lassen und gibt Grenzwerte für mikrobiologische Parameter vor (siehe Abschn. 4.1.5.2 und **Tab. 4-13**).

Wasser für Trinkzwecke sollte bereits von Natur aus diesen Forderungen entsprechen, dementsprechend sind die Wassergewinnungsstellen zu wählen und durch Schutzgebiete hinsichtlich ihrer Reinheit zu sichern. Wasser, das nicht dauernd mikrobiologisch einwandfrei ist, entweder weil es zeitweilig hohe Keimzahlen hat, oder weil es dauernd nicht einwandfrei ist, z. B. See-Talsperrenwasser, Flusswasser, Karstwasser, Grundwasser innerhalb oder in Nähe des Überschwemmungsbereichs von Flüssen, muss aufbereitet und erforderlichenfalls desinfiziert werden. Bei langen Zubringerleitungen ist zur Verhinderung einer Wiederverkeimung eine Sicherheitsdesinfektion mit Langzeitwirkung (Depotwirkung) üblich.

Gegen Rohrnetzverunreinigungen durch Bauvorgänge, Rücksaugen von verunreinigtem Wasser in die Rohrleitung kann wegen des dadurch auftretenden massierten Verunreinigungsstoßes die Desinfektion am Wassergewinnungsort keinen wirksamen Schutz bieten.

Die Wirkung der Desinfektion soll im Leitungsnetz länger anhalten. Durch die Desinfektion darf das Wasser nicht schädlich verändert werden, weshalb die TrinkwV [21] die Kontrolle des Trinkwassers auf eventuell entstehende Desinfektionsnebenprodukte (Trihalomethane, Bromat, Chlorit) fordert und maximal zulässige Konzentrationen im Mikrogramm-Bereich vorgibt (siehe Abschn. 4.1.4 und **Tab. 4-61b**).

Ein Wasser, das mit partikulären oder bestimmten gelösten Inhaltsstoffen belastet ist, muss vor der Desinfektion aufbereitet werden, da andernfalls eine stärkere Desinfektion erforderlich wird, die Wirkung der Desinfektion herabgesetzt sein kann und unerwünschte Desinfektionsnebenprodukte vermehrt auftreten können (siehe auch Abschn. 4.1.5.4.3 sowie DVGW-Arbeitsblatt W 290 v. 2/2005).

Tab. 4-61a: Verfahren zur Desinfektion bei der Trinkwasseraufbereitung

Desinfektionsverfahren	Verwendungszweck	Technische Regeln	Anforderungen an das Verfahren
UV-Bestrahlung (240–290 nm)	Desinfektion	DVGW-Arbeitsblatt W294 (DVGW-Merkblatt W293)	Es sind nur gemäß technischer Regel geprüfte Anlagen zulässig, die eine Desinfektionswirksamkeit entsprechend einer Bestrahlung von 400 J/m² (bezogen auf 254 nm) einhalten
Dosierung von Chlorgaslösungen	Desinfektion	DVGW-Arbeitsblätter W296, W623	Einsatz erweiterter Vakuumchlorgasdosieranlagen
Dosierung von Natrium- und Calciumhypopochloritlösung	Desinfektion	DVGW-Arbeitsblätter W296, W623	
Elektrolytische Herstellung und Dosierung von Chlor vor Ort	Desinfektion	DVGW-Arbeitsblätter W296, W623	
Dosierung einer vor Ort hergestellten Chlordioxidlösung	Desinfektion	DVGW-Arbeitsblätter W224, W624	
Erzeugung und Dosierung von Ozon und Ozonlösung vor Ort	Desinfektion, Oxidation	DVGW-Arbeitsblätter W225, W296, W625	

Im Wasser vorhandene Mikroorganismen (Bakterien, Viren, Parasiten) können mit sehr verschiedenen Verfahren eliminiert bzw. inaktiviert oder abgetötet werden. Diese Möglichkeiten sind: das Abkochen (Abschnitt 4.2.5.14.2), das Filtern (4.2.5.14.3) und dabei insbesondere die Membranfiltration (4.2.2.5), die Chlorung (4.2.5.14.4), die UV-Bestrahlung (4.2.5.14.5), die Ozonung (4.2.3.2.2) und die Silberung (4.2.5.14.6). Die damit erreichbaren Wirkungen sind aber sehr unterschiedlich und auch von der Art der Mikroorganismen abhängig. Für die Desinfektion innerhalb der Trinkwasser-Aufbereitung dürfen gemäß Trinkwasserverordnung [21] nur die in der „Liste der Aufbereitungsstoffe und Desinfektionsverfahren" [23] enthaltenen Verfahren und Stoffe angewandt werden. Diese sind aus den **Tabellen 4-61a** und **4-61b** gemeinsam mit den vorgegebenen Einsatzbedingungen ersichtlich. Dabei ist zu beachten, dass alle in der Tabelle aufgeführten Desinfektionsverfahren bei Bakterien und Viren ausreichend wirksam sind, bei Parasiten aber nur die Ozonung oder UV-Bestrahlung.

Tab. 4-61b: Stoffe zur Desinfektion bei der Trinkwasseraufbereitung

Stoff	Verwendungszweck	Zulässige Zugabe	Konzentrationsbereich nach Abschluss der Aufbereitung	Zu beachtende Reaktionsprodukte	Bemerkungen
Calciumhypochlorit	Desinfektion	1,2 mg/L freies Cl_2	max. 0,3 mg/L freies Cl_2 min. 0,1 mg/L freies Cl_2	Trihalogenmethane, Bromat	Zusatz bis zu 6 mg/L freies Cl_2 und Gehalte bis 0,6 mg/L freies Cl_2 nach der Aufbereitung, wenn anders die Desinfektion nicht gewährleistet werden kann
Chlor	Desinfektion, Herstellung von Chlordioxid	1,2 mg/L freies Cl_2	max. 0,3 mg/L freies Cl_2 min. 0,1 mg/L freies Cl_2	Trihalogenmethane	Zusatz bis zu 6 mg/L freies Cl_2 und Gehalte bis 0,6 mg/L freies Cl_2 nach der Aufbereitung, wenn anders die Desinfektion nicht gewährleistet werden kann
Chlordioxid	Desinfektion	0,4 mg/L freies ClO_2	max. 0,2 mg/L freies ClO_2 min. 0,05 mg/L freies ClO_2	Chlorit	Höchstwert für Chlorit von 0,2 mg/L freies ClO_2 nach der Aufbereitung. Der Wer für Chlorit gilt als eingehalten, wenn nicht mehr als 0,2 mg/L Chlordioxid zugegeben werden. Möglichkeit von Chloratbildung beachten.
Natriumhypochlorit	Desinfektion	1,2 mg/L freies Cl_2	max. 0,3 mg/L freies Cl_2 min. 0,1 mg/L freies Cl_2	Trihalogenmethane, Bromat	Zusatz bis zu 6 mg/L freies Cl_2 und Gehalte bis 0,6 mg/L freies Cl_2 nach der Aufbereitung, wenn anders die Desinfektion nicht gewährleistet werden kann
Ozon	Desinfektion, Oxidation	10 mg/L freies O_3	max. 0,05 mg/L O_3	Trihalogenmethane, Bromat	

4.2 Trinkwasseraufbereitung

Für die Desinfektion von Rohrleitungen und anderen Anlagen der Trinkwasserversorgung (siehe dazu Abschn. 4.2.5.14.7) werden auch weitere Stoffe (Tab. 4-62) verwendet wie z. B. Wasserstoffperoxid (4.2.3.2.3) und Kaliumpermanganat (4.2.3.2.4), die aber für die Desinfektion von Trinkwasser nicht zugelassen sind.

4.2.5.14.2 Abkochen

Die im Wasser enthaltenen Bakterien werden durch 10minütiges Abkochen abgetötet. Das Verfahren wird im Haushalt beim Haltbarmachen von Lebensmitteln, Obst, Milch, in der Medizin beim Sterilmachen der ärztlichen Instrumente, Verbandstoffe usw. angewendet. Bei plötzlicher Verseuchung eines Ortsnetzes einer zentralen Anlage ist bis zur Sanierung der Anlage die Anordnung des Abkochens des Wassers das am schnellsten wirksame und einfachste Mittel zur Verhütung eines Seuchenausbruches. Eine Dauerlösung ist das Anordnen des Abkochens nicht, da es außerordentlich energieaufwendig ist. Das Abkochen kommt ferner in Betracht, wenn vorübergehend Wasser aus nicht einwandfreien Brunnen verwendet werden muß, z. B. in Notstandsfällen.

4.2.5.14.3 Filtern

Durch langsame Filtration wird Wasser keimarm. In der Natur erfolgt dies in den Bodenschichten, meist in den alluvialen und diluvialen Talauffüllungen. Bei einer Aufenthaltsdauer des Wassers im Boden von 50 bis 60 Tagen wird Wasser bereits in 3 m Tiefe keimarm, sofern die Bodenschichten eine ausreichende Filterwirkung haben. Diese natürliche Entkeimung wird bei der künstlichen Grundwasseranreicherung nachgeahmt, doch ist hier in der Regel noch eine weitere Desinfektion erforderlich. Beachtliche Keimreduzierungen werden mit der Langsamfiltration erreicht, ein sicheres Desinfektionsverfahren stellt sie aber dennoch nicht dar.
Bezüglich der zur Keimentfernung sehr effektiven Membranfiltration siehe Abschnitt 4.2.2.5.

4.2.5.14.4 Chlorung, Chlordioxid

Allgemein – In der Praxis werden gemäß Tab. 4-61b im Wesentlichen verwendet: Chlorgas, Chlordioxid, Natriumhypochlorit, flüssig als Chlorbleichlauge bezeichnet, Calciumhypochlorit, fest in Tablettenform. Die Verbindung von Chlorgas mit Ammoniak und Ammoniumsalzen, das früher gelegentlich eingesetzte Chloramin-Verfahren, wird heute in Deutschland nicht mehr gewählt. Der Gehalt an wirksamem Chlor ist bei den Chlorverbindungen nur ca. 15 % bei Natriumhypochlorit und ca. 70 % bei Calciumhypochlorid, was bei der Dosierung zu beachten ist.
Bei der Zugabe von Chlor müssen nach einer erforderlichen Einwirkzeit von 20 bis 30 Minuten noch mind. 0,1 mg/l an freiem Chlor und bei Chlordioxidzugabe nach 15 bis 20 Minuten noch mind. 0,05 mg/l an Chlordioxid nachweisbar sein. Ist die Einwirkzeit geringer, so muss die Chlorzugabe erhöht werden oder besser ein Verweilbehälter angeordnet werden. Die erforderliche Desinfektionsmitteldosis ist vom Zehrungsverhalten des Wassers abhängig. Unter Umständen sind Zehrungsversuche gemäß DVGW-Arbeitsblatt W 295 durchzuführen.
Nicht mehr zugelassen ist die Chlorung zur Oxidation anorganischer und organischer Wasserinhaltsstoffe, ebenso sollte die Zugabe hoher Chlormengen bei der Desinfektion nach Möglichkeit unterbleiben, da die Gefahr der Bildung von krebserregenden Trihalogenmethanen besteht. Die zulässige Zugabe ist deshalb auf 1,2 mg/l an freiem Chlor begrenzt worden, nur in Ausnahmefällen bei sonst gegebener hygienischer Gefährdung sind bis 6 mg/l gestattet. Im abgegebenen Reinwasser dürfen nach der Aufbereitung nur noch maximal 0,3 mg/l an freiem Chlor bzw. in Ausnahmefällen bis 0,6 mg/l nachweisbar sein. Einige Wasserwerke haben deshalb auf Chlordioxid, bei dessen Zugabe solche Haloforme nicht entstehen, oder andere Desinfektionsverfahren umgestellt.
Bei Anwendung der Chlorungsverfahren sind unbedingt die maßgebenden Unfallverhütungsvorschriften, z. B. BGV D5/VBG 65, zu beachten.

Die Häufigkeit des Chlornachweises richtet sich nach der Trinkwasserverordnung, den Anordnungen des Gesundheitsamtes und nach den örtlichen Verhältnissen, z. B. täglich bei der Wasserabgabe in das Rohrnetz bis kontinuierlich (siehe Tab. 4-36 in Abschn. 4.1.7.2).
Der Chlorgehalt muss im Wasserwerk vor Abgabe an das Ortsnetz und im Ortsnetz an mehreren Stellen, Erstabnehmer, Verbraucherschwerpunkt, Endabnehmer, geprüft werden. Bestimmt wird titrimetrisch oder mittels Photometern mit DPD als Reagenz bzw. bei kleineren Wasserwerken auch mit Kolorimetern, wobei aber der Messbereich nicht zu breit sein sollte und nur die zugehörigen Reagenzien zu verwenden sind, um die geforderte Messgenauigkeit zu erreichen. Weitere Hinweise zur Messung siehe [12] und [25]. Zunehmend werden für die Chlormessung auch kontinuierliche Betriebsmessgeräte eingesetzt, häufig komplette Mess- und Regelanlagen für freies Chlor, Redox-Spannung und pH-Wert.
Wegen der Einfachheit des Chlorgas-Verfahrens und des Nachweises des Chlorüberschusses bei guter Depotwirkung wird es häufig mit geringer Dosierung als letzte Stufe vor der Wasserabgabe in das Rohrnetz oder als Sicherheitschlorung bei Fernleitungen eingesetzt, auch wenn bereits bei vorausgegangenen Aufbereitungsstufen eine Desinfektion, z. T. mit anderen Mitteln, erfolgt ist. Insbesondere ist dies der Fall, wenn Aktivkohlefilter verwendet werden, da in diesen leicht eine Wiederverkeimung eintritt.

Chlorgas (DIN 19 606 und 19 607):
Eigenschaften – Cl_2 ist ein gelb-grünliches Gas, das sehr giftig ist. In **Tab. 4-62** ist die Wirkung von Chlorgas bei verschiedenen Konzentrationen in 1 m³ Luft auf den Menschen angegeben. Chlorgas ist etwa 2,5mal schwerer als Luft, seine spezifische Masse beträgt 3,214 g/l bei 15 °C und 1013 mbar. Bei gleicher Temperatur und Druck entspricht 1 Liter flüssiges Chlor = 456 l Chlorgas, bzw. 1 kg Chlor erzeugt 314 l Chlorgas.

Tab. 4-62: Wirkungen von verschiedenem Chlorgehalt ml/m³ Luft auf den Menschen

Bezeichnung	ml Chlorgas in m³ Luft
zulässiger Chlorgehalt in Luft, während 8 Arbeitsstunden (MAK-Wert)	0,5 ≙ 1,58 mg/l
merkbarer Geruch (je nach Empfindlichkeit)	0,02–1,0
Reizungen im Hals, ab	15
Husten, ab	30
Gefährlich, bereits bei kurzem Aufenthalt	> 30
Schnell tödlich	> 800

Reaktion des Chlor – Bei der Lösung von Chlorgas im Wasser reagiert das Chlor mit dem Wasser, es bildet sich unterchlorige (hypochlorige) Säure HClO und Salzsäure HCl. Der wirksame Bestandteil ist die unterchlorige Säure, deren Anteil mit steigendem pH-Wert abnimmt, während dementsprechend der Anteil an Hypochlorit-Ionen zunimmt, **Abb. 4-72**. Bei geringer Säurekapazität (Carbonathärte) erfolgt durch hohen Chlorzusatz eine Senkung des pH-Wertes.
Um ein freies wirksames Chlor im Wasser zur Desinfektion zu erhalten, muss der Chlorzusatz größer als die Chlorzehrung sein.
Da die Chlorzehrung von der Wasserbeschaffenheit, der Temperatur und der Einwirkzeit abhängt, ist es schwierig, die Dosiermenge von vornherein festzulegen. Die erforderliche Zugabemenge ist aber für ein bestimmtes Wasser durch Laborversuche abschätzbar, wobei der geforderte Restgehalt an freiem Chlor zu beachten ist. Im Allgemeinen ist ein Chlorzusatz von 0,2 bis 0,3 mg/l erforderlich.
Anwendung (siehe auch DVGW-Merkblatt W 623) – Das Chlorgas wird in flüssigem Zustand in Stahlflaschen mit 50 kg Chlor und 6 bar Druck bei kleinen Mengen, in Stahlfässern mit 200 bis 1000 kg Chlor und 6 bar Druck bei großem Bedarf angeliefert. Bei 6 bar Druck und 20 °C ist Chlor in flüssigem Zustand. Der Übergang von flüssigem zu gasförmigem Zustand ist abhängig von Druck und Temperatur, **Abb. 4-72a**. Erhöht sich die Temperatur des Chlors auf 50 °C, dann steigt der Druck auf 13,5 bar. Hieraus ist ersichtlich, wie wichtig das Einhalten einer gleichmäßigen Temperatur von etwa 20 °C im Chlorraum ist (lt. UVV mind. 15 °C und max. 50 °C). Bei der Entnahme sinkt der Druck langsamer ab, als dem Chlorverbrauch entspricht. Der noch vorhandene Chlorinhalt kann aus der

4.2 Trinkwasseraufbereitung

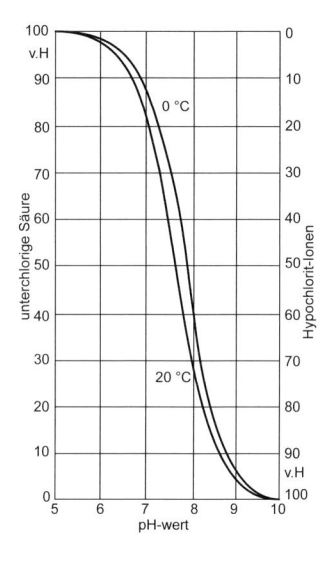

Abb. 4-72 (links): Anteile der unterchlorigen Säure bei verschiedenen pH-Werten

Abb. 4-72a (unten): Temperatur-Druck-Kurve für gesättigtes Chlorgas

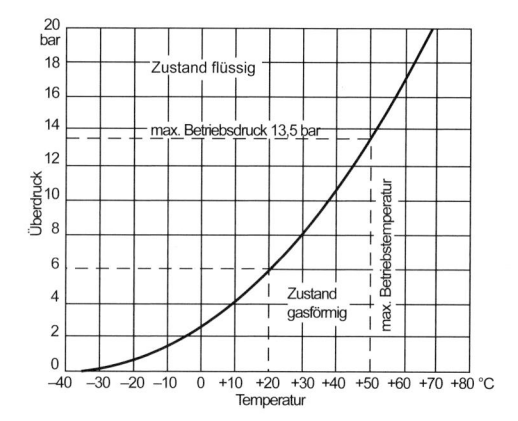

Manometeranzeige allein nicht ermittelt werden. Es muss daher der Verbrauch jeweils aus der Dosierungsmenge und der gechlorten Wassermenge errechnet oder besser das Gewicht der Chlorflasche durch eine Waage ständig gemessen werden.

Als Dosiereinrichtungen werden heute Vakuum- und erweiterte Vakuumsysteme (**Abb. 4-73**) eingesetzt, bei denen bereits an der Chlorflaschenanschlussarmatur der Druck unter Atmosphärendruck abgesenkt wird und das gasförmige Chlor unter Vakuum von einem Wasserteilstrom angesaugt und darin gelöst wird. Ein Austritt von Chlorgas bei einem Defekt ist damit ausgeschlossen.

Dosieranlagen stehen für Chlorgaszugaben von ca. 5 g/h bis 200 g/h zur Verfügung. Die Dosierung des Chlorgases wird zumeist nach dem Wasserdurchfluss und dem Chlorüberschuss geregelt.

Bei sehr großen Dosiermengen an Chlor (etwa ab 40 kg/h) kommen Chlor-Verdampfer zum Einsatz, in denen das in flüssiger Form aus den Chlorbehältern entnommene Chlor in den Gaszustand gebracht wird.

Hinsichtlich Betrieb von Chlorungsanlagen, den Aufstellungs- und Lagerräumen, den notwendigen Sicherheitseinrichtungen sowie der persönlichen Schutzausrüstung sind in jedem Fall die Aussagen der UVV „Chlorung von Wasser" strikt zu beachten.

Chlorgeruch, Chlorgeschmack – Sie treten bei dem in der Trinkwasserversorgung erforderlichen Chlorzusatz nur dann auf, wenn Chlor mit anderen Stoffen, z. B. Phenol, Kohlenwasserstoffen usw. Verbindungen eingeht, was einen intensiven, widerlichen Apothekengeruch erzeugt. Dieser wird durch Ozon mit Aktivkohlefilterung wirksam beseitigt. Zweckmäßig ist es, bei solchen Inhaltsstoffen andere Mittel zu verwenden, z. B. Chlordioxid oder Ozon.

Entfernen von Chlor – Es erfolgt durch starke Reduktionsmittel, wie Schwefeldioxid, Natriumsulfat, oder durch Aufspalten in Aktivkohlefilter. Antichlormittel dürfen erst nach 1-stündiger Einwirkungszeit des Chlors zugegeben werden, da sie die desinfizierende Wirkung des Chlors beenden.

Chlordioxid:

ClO_2 ist ein orangefarbenes Gas, dessen Oxidationskraft etwa 2,5mal größer als die von Chlor ist. Die desinfizierende Wirkung entspricht der von Chlor. Von Vorteil ist, dass bei Einsatz von Chlordioxid kein Chlorphenol und keine cancerogenen Verbindungen mit organischen Inhaltsstoffen entstehen, es reagiert nicht mit Ammonium, die Desinfektionswirkung ist im alkalischen Bereich ebenso gut wie im Neutralbereich. Nach Untersuchungen in den USA haben Zugabemengen bis 1 mg/l ClO_2 keine gesundheitsschädlichen Wirkungen, i. a. sind Zugaben unter 0,1 mg/l für die Desinfektion ausreichend, wobei es vorteilhaft ist, dass ClO_2 im Rohrnetz stabiler als Chlor ist.

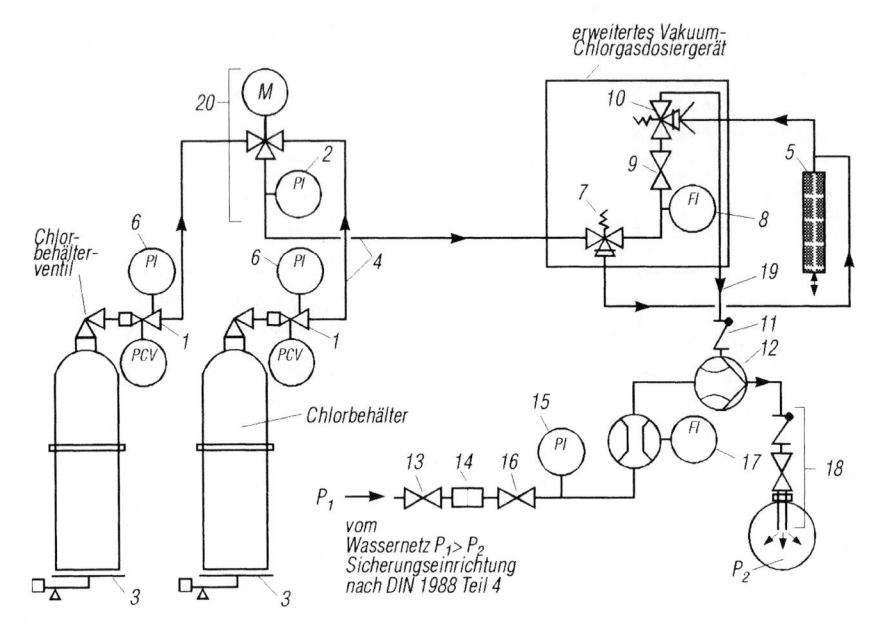

Abb. 4-73: Schema einer erweiterten Vakuum-Chlorgasdosieranlage (DVGW-W 623)
1 Chlorflaschenanschlussarmatur für Unterdruck mit Filter
2 Unterdruck-Anzeigegerät
3 Waage zur Leeranzeige des Chlorbehälters
4 Rohrleitung im Unterdruckbereich aus PVC-Rohr oder PE-Schlauch
5 Absorptionseinrichtung
6 Flaschendruck-Anzeigegerät
7 Entlüftungs- und Überdrucksicherheitsarmatur
8 Messgerät für den Chlorgas-Massenstrom
9 Armatur zum manuellen oder automatischen Einstellen des Chlorgas-Massenstroms
10 Regeleinrichtung für konstanten Chlorgas-Massenstrom
11 Rückschlagarmatur
12 Injektor
13 Absperrarmatur
14 Feststoffabscheider
15 Druckmessgerät
16 Einstellarmatur
17 Durchflussmessgerät
18 Einführung der Chlorlösung mit Rückflussverhinderer Impfstück und Absperrarmatur
19 Verbindungsleitung
20 Automatischer Umschalter

Chlordioxid ist explosiv, es wird nicht fertig angeliefert, sondern am Gebrauchsort hergestellt, entweder aus Natriumchlorit + Chlor oder besser zur Vermeidung der Handhabung von Chlor aus Natriumchlorit + Salzsäure. Das Chlordioxid wird im Wasser gelöst und als 8%-ige Lösung dem aufzubereitenden Wasser zugegeben. Es muss dabei verhindert werden, dass Natriumchlorit mit in das Wasser gelangt, da dies ähnlich gesundheitsschädlich wie Nitrit ist. Wegen der Vorteile gegenüber Chlor hinsichtlich Lagerung und Einsatz bei Gehalt an organischen Stoffen wird das Chlordioxidverfahren bei großen WVU zunehmend eingesetzt, besonders wenn ein Wasser verwendet wird, das mit organischen Stoffen belastet ist, wie oberflächennahes Grundwasser, Uferfiltration, Oberflächenwasser. Der Apparateaufwand ist allerdings wesentlich größer und teurer als beim Chlorgasverfahren, ebenfalls der Bedienungsaufwand, so dass der Einsatz nur bei größeren WVU zweckmäßig ist (**Abb. 4-74**).

4.2 Trinkwasseraufbereitung

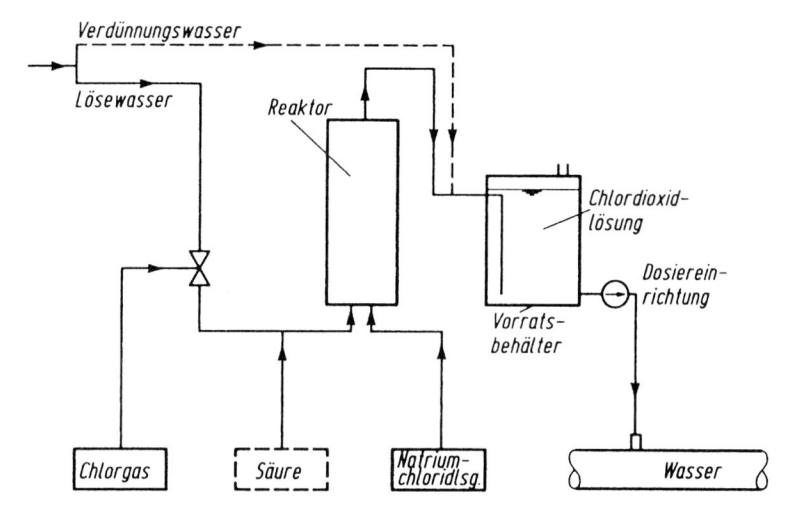

Abb.4-74: Schema einer Chlordioxidanlage (Chlorit-Säure-Anlage nach DVGW-W 224)

Der Einsatz von sogen. „stabilisiertem" Chlordioxid ist nach derzeitiger Rechtslage für die Trinkwasseraufbereitung nicht gestattet. Gemäß Trinkwasserverordnung [23] können maximal 0,4 mg/l an ClO_2 bei der Desinfektion eingesetzt werden, wobei nach der Aufbereitung nur noch höchstens 0,2 mg/l nachweisbar sein dürfen, mindestens aber 0,05 mg/l gefordert sind. Bei Vorhandensein von reduzierenden organ. Stoffen bzw. Chlordioxidzugaben über 0,2 mg/l sollte auch der Chloritgehalt im Trinkwasser überwacht werden, da bei höheren ClO_2-Dosierungen Überschreitungen des zulässigen Wertes (0,2 mg/l) auftreten können.
(Weitere Hinweise: DVGW-Arbeitsblatt W 224 und DVGW-Merkblatt W 624.)

Natriumhypochlorit (DIN 19 608):
Es ist im Handel als Lösung erhältlich, die nur etwa 150–170 g/l wirksames Chlor enthält; die alte Bezeichnung ist Chlorbleichlauge. Die Natriumhypochloritlösung ist eine gelb-grüne, stark nach Chlor riechende Flüssigkeit, stark alkalisch, ätzend und giftig. Von Vorteil ist die einfache Handhabung, da die Zugabe auch kontinuierlich mittels Tropfapparat oder Kippbecher ohne elektrischen Strom möglich ist, zumeist aber mit Membranpumpen erfolgt, die aus den Vorratsbehältern saugen. Von Nachteil sind die höheren Kosten gegenüber Chlorgas, die begrenzte Haltbarkeit, wobei die Zersetzung durch Einwirkung von Licht, Wärme und Verunreinigungen beschleunigt wird. So beträgt der Verlust an wirksamem Chlor bei 20 °C rd. 1,1 g/l Chlor und Tag. Bei geringen Spuren von Metallen, z. B. auch von Eisen, tritt ebenfalls eine rasche Zersetzung ein unter Abgabe von gasförmigem Sauerstoff. Das Hauptanwendungsgebiet ist die Verwendung bei der Desinfektion von Anlageteilen der Wasserversorgung, der Desinfektion von kleinen, entfernt gelegenen Quellen und bei Mobilanlagen.
Ein schematisches Beispiel für eine Vorrats- und Dosieranlage zeigt **Abb. 4-75**, eine volumenstromproportionale Dosierung ist zu gewährleisten.
Die i. d. R. maximal zulässigen Zugaben und Grenzwerte im Trinkwasser entsprechen mit 1,2 mg/l und 0,3 mg/l, jeweils berechnet als freies Chlor, denen des Chlorgases.
Weitere Hinweise zum Umgang mit Hypochloritlösungen siehe DVGW-Merkblatt W 623.

Calciumhypochlorit:
Es ist im Handel in fester Form als Tabletten, Granulat oder Pulver erhältlich. Der Gehalt an aktivem Chlor beträgt 65–75%. Calciumhypochlorit wird als 1%-ige Lösung verwendet, die alkalisch und lange haltbar ist. Stärkere Lösungen sind weniger haltbar. Von Vorteil ist die einfache Handhabung, die gute Lagerfähigkeit, von Nachteil die rd. 10-fach höheren Kosten gegenüber Chlorgas. Der Einsatz ist daher vor allem vorteilhaft für die Bereithaltung von Desinfektionsmitteln, z. B. für Notstandsfälle (s. Kap. 9).

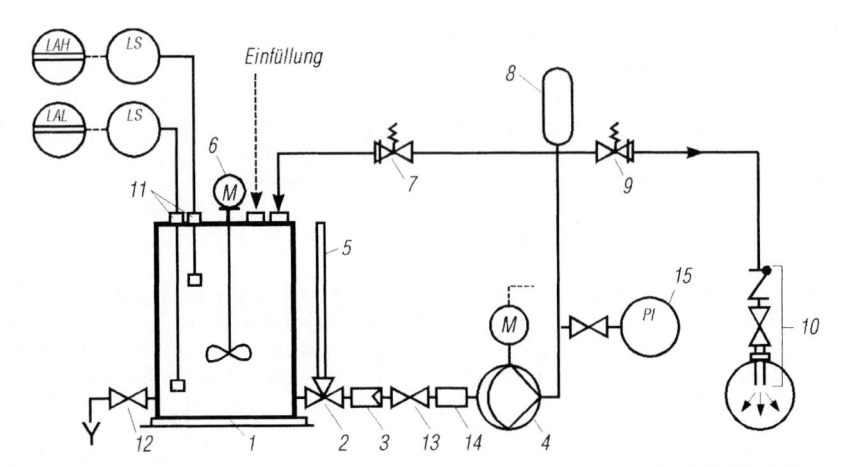

Abb.4-75: Vorrats- und Dosieranlage mit Dosierpumpe für Natriumhypochlorit (nach DVGW-W 623)

1 Behälter
2 Umschaltarmatur zum Auslitern
3 Filter
4 Dosierpumpe
5 Kontrollmessrohr
6 Mischer
7 Überdruck-Sicherheitsarmatur
8 Pulsationsdämpfer
9 Druckhaltearmatur
10 Einführung mit Rückflussverhinderer und Impfstück
11 Niveau-Steuerung
12 Behälterentleerung
13 Absperrarmatur
14 Rohrerweiterung zur Entgasung
15 Druckmessgerät

Chlor-Elektrolyseanlagen:
Mit diesen Anlagen wird am Verwendungsort aus Salz-Sole (NaCl), aus Salzsäure oder im stärker chloridhaltigen Wasser selbst durch Elektrolyse Natriumhypochlorit oder Chlorgas erzeugt. Zum Einsatz kommen Anlagen mit Membranen zwischen Anode und Katode, so genannte Membran-Elektrolyseanlagen, oder Anlagen ohne Membranen, so genannte Rohrzellen-Elektrolyseanlagen.
Bei der Erzeugung von Natriumhypochlorit aus Salz-Sole weisen beide vorgenannten Anlagenvarianten günstige Betriebskosten auf und vermeiden den Nachteil der begrenzten Lagerfähigkeit der handelsüblichen Natriumhypochlorit-Lösung sowie den bei der Lagerung sonst auftretenden Verlust an wirksamem Chlor. (Näheres einschl. Betriebskostenvergleich siehe Roeske in [25].)

4.2.5.14.5 UV-Bestrahlung

Strahlen im Wellenlängenbereich von 240 bis 290 nm (Wirkungsmaximum ca. bei 260 nm) haben eine antibakterielle Wirkung, da die Strahlung die das Genmaterial enthaltenden Nukleinsäuren verändert. Diese Veränderungen können u. a. zum Verlust der Vermehrungsfähigkeit und zum Zelltod führen.
Die Anwendung der UV-Bestrahlung zur Trinkwasser-Desinfektion ist gemäß Lebensmittel-Bestrahlungs-Verordnung vom 14.12.2000 zugelassen und hat deutlich zugenommen.
Voraussetzung für die Inaktivierung von Bakterien im Wasser ist, dass die Strahlen die Keime erreichen, d. h., das Wasser muss weitgehend frei von anderen trübenden und färbenden Stoffen sein, es muss dicht am Strahler vorbeifließen, die Quarzrohre dürfen keine Eisen- oder Manganbeläge

aufweisen und es muss eine ausreichende Bestrahlungsstärke(E) über die Dauer (t) gesichert sein. Daraus resultieren Anforderungen an das zu behandelnde Wasser wie: Trübung $\leq$ 0,3 FNU (bzw. Einzelfallprüfung), SAK-254 $\leq$ 10/m, SSK-254 $\leq$ 15/m, Calcitabscheidekapazität $\leq$ 10 mg/l, Eisen und Mangan möglichst unterhalb der Nachweisgrenze von 10 µg/l, da andernfalls durch Belagbildung häufige Reinigungen erforderlich werden. Als notwendige Bestrahlung (H = E · t) werden für die Trinkwasserdesinfektion 400 J/m^2 angegeben, wobei der Nachweis der geforderten mindestens 99,99 %-igen Keimabtötung nur biodosimetrisch mit Testkeimsuspensionen erfolgen kann.
Weitere Hinweise, auch zu Anforderungen an UV-Geräte, geben DVGW-Merkblatt W 293 sowie DVGW-Arbeitsblatt W 294 Teil 1 bis 3.
Indessen bieten mehrere Hersteller UV-Anlagen entsprechender Eignung an. Diese Anlagen müssen über Messfenster und UV-Sensor verfügen, um im Wasserwerksbetrieb die vorhandene Bestrahlungsstärke – und damit das Desinfektionspotential – ständig überwachen und rechtzeitig Wartungsarbeiten und Strahlerwechsel (meist nach ca. 1 Jahr) vornehmen zu können. Auch sollten Betriebsstundenzähler und Volumenstromüberwachung bzw. -begrenzung nicht fehlen. Ab 2007 dürfen nur noch geprüfte UV-Desinfektionsanlagen verwendet werden.
Eingesetzt werden vorrangig Quecksilber-Niederdruck-UV-Strahler mit 254 nm, die eine lange Nutzungsdauer aufweisen; seltener Mitteldruck-Strahler mit 240 bis 280 nm, deren Regelbarkeit besser ist bei allerdings geringerer Nutzungsdauer (Mitt. d. FIGAWA Nr. 20/98). Die UV-Strahler können in einer druckfesten Bestrahlungskammer angeordnet sein und es kann somit das Gerät mittels Flanschverbindung einfach in die Wasserleitung eingebunden werden, aber auch die offene Ausführung ist möglich. In der Bestrahlungskammer kann der Einbau der UV-Strahler parallel, quer oder diagonal zur Strömungsrichtung erfolgt sein. Auch können mehrere UV-Strahler konzentrisch um eine UV-durchlässiges Durchfluss-Quarzrohr angeordnet werden (**Abb. 4-76**).
UV-Anlagen sind in unterschiedlichen Größen je nach Volumenstrom erhältlich, wobei für große Durchflüsse Parallelschaltungen erfolgen.
Ein eventueller Nachteil der Desinfektion durch UV-Bestrahlung ist, daß keine Depotwirkung wie bei chemischen Mitteln möglich ist, also eine Wiederverkeimung im Verteilungsnetz eintreten kann; eine Erhöhung des Wiederverkeimungspotentials tritt im zur Desinfektion angewandten Spektralbereich aber nicht ein. Bei Quecksilber-Mitteldruckstrahlern kann es, wenn auch Strahlen unter 235 nm emittiert werden, zur Nitritbildung kommen, die sich bei hoher Bestrahlung, z. B. durch gedrosselten Volumenstrom oder Kreislaufführung des Wassers noch verstärkt und Konzentrationen erreichen kann, die die im Trinkwasser zulässigen Werte überschreiten.

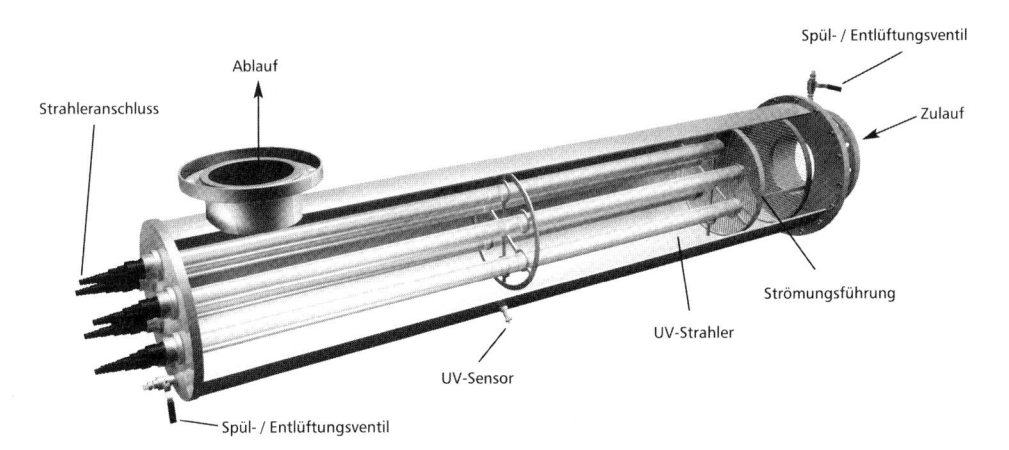

Abb. 4-76: Beispiel für ein UV-Entkeimungsgerät (Quelle: Wedeco)

Ein Entstehen von Stoffen mit mutagenen Eigenschaften kann dagegen bei der UV-Desinfektion im Trinkwasserbereich unter den üblicherweise vorliegenden Randbedingungen mit Sicherheit ausgeschlossen werden. Eine Geschmacksbeeinflussung tritt nicht ein. Die UV-Strahlen sind auch gegen Parasiten und Legionellen wirksam. Eine Eignung ist insbesondere auch für huminstoffhaltige Wässer gegeben (Wricke in [22; Bd. 25]).

4.2.5.14.6 Silberung

Silber und Silberverbindungen dürfen zur Desinfektion bei der Trinkwasseraufbereitung nicht eingesetzt werden. Bekannt ist nur die Verwendung zur Konservierung bei privatem nicht systematischem Gebrauch im Ausnahmefall. Dies ist technisch möglich durch Dosieren von Silbersalzen oder elektrolytisch durch im Wasser befindliche Silberelektroden. Die entstehenden Silberionen bewirken bei genügend langer Einwirkzeit (etwa 6 h) und trübstoffreiem Wasser durch oligodynamische Wirkungen eine Desinfektion. Eine Belegung der Elektrode mit anderen Wasserinhaltsstoffen und damit ein Rückgang der Wirkung kann eintreten, weshalb Kontrollen und evtl. Reinigungen erforderlich sind.

4.2.5.14.7 Desinfektion von Anlageteilen der Wasserversorgung

Allgemein – Das Einhalten der in der Trinkwasserverordnung (siehe Abschn. 4.1.4) festgelegten Grenzwerte ist nur möglich, wenn alle vom Wasser benetzten Bauteile der Wasserversorgungsanlage sich in einem einwandfreien, sauberen, desinfizierten Zustand befinden und wenn kein Rücksaugen von verunreinigtem Wasser in das Rohrnetz möglich ist. Die Desinfektion ist um so leichter erreichbar, wenn die Bauwerke schmutzfrei sind. Zugängliche Teile, wie Wasserkammern, sind leichter zu reinigen als Bohrbrunnen und Rohrleitungen. Bei den Rohrleitungen ist es unerlässlich, dass bei Lagerung der Rohre vor dem Verlegen und während der Verlegearbeiten keine Schmutzstoffe und Kleintiere in die Rohre eindringen können. Wenn Verunreinigungen länger in den Rohren liegen bleiben, bilden sich sehr fest haftende Ablagerungen und Bakterienherde, die mit einfacher Spülung kaum zu entfernen sind. Bei den Verlegearbeiten müssen daher die Rohrenden durch Kappen fest verschlossen werden, keinesfalls ist das Anlehnen von Brettern ausreichend. Für die Desinfektion werden die in **Tab. 4-63** angegebenen Chemikalien eingesetzt (siehe auch DVGW-Arbeitsblatt W 291).

Desinfektion von Wasserfassungen – Vor dem Ausbau sind die Wasserfassungen durch die Bauarbeiten stark verunreinigt. Um so mehr ist es notwendig, die zum Einbau vorgesehenen Teile wie Sperrohr, Filter- und Aufsatzrohre, Filterkies u. a. auf sauberer Unterlage zu lagern und abzudecken und vor dem Einbau mit einer sehr starken Chlorlösung zu desinfizieren, etwa 20 g wirksames Chlor auf 10 l Wasser. Das nach dem Brunnenausbau durchgeführte Entsandungspumpen und das Leistungspumpen bewirken eine sehr gute Spülung, die meist ausreicht, daß die Wasserfassung einwandfreies Wasser liefert. Wenn dies nicht der Fall ist, muß in die Fassung, z. B. in den Bohrbrunnen, eine Chlorlösung mit etwa 50 mg/l Chlor entweder direkt oder über Beobachtungsrohre im Filterkies eingebracht werden und nach einer Einwirkungszeit von 24 h das Spülpumpen wiederholt werden. Bei der Ableitung des chlorhaltigen Spülwassers müssen die Anordnungen der Wasseraufsichtsbehörde über das Einleiten in den Vorfluter beachtet werden, siehe auch biologische Brunnenverockerung. Bei Spülbohrungen sind in der Spülung ca. 0,5 mg/l an freiem Chlor vorzuhalten.

Desinfektion von Wasserkammern – Neue Wasserkammern werden zunächst trocken gesäubert, unter Druck abgespritzt und mit Schrubbern gereinigt. Die wasserbenetzten Flächen sind dann mit Wasser unter Chlorzusatz abzusprühen oder abzuwaschen. Beim Füllen der Wasserkammern wird eine Chlorung mit 10 mg/l vorgenommen und die Kammern 24 h gefüllt gehalten. Nach der Entleerung des chlorhaltigen Wassers, die Anordnungen über das zulässige Ableiten sind zu beachten, werden die Kammern mit Reinwasser gefüllt. Eine mikrobiologische Untersuchung wird erst nach 48 h vorgenommen, um eine evtl. Keimvermehrung mit zu erfassen.

Bei der Reinigung von bestehenden Wasserbehältern ist die Verwendung von Spezial-Reinigungsmitteln, die für Trinkwasser zugelassen sind und Desinfektionswirkung haben, üblich, wobei sorgfältig nachzuspülen ist, bis der pH-Wert nicht mehr unter dem des Reinwassers ist.

4.2 Trinkwasseraufbereitung

Tab. 4-63: Stoffe zur Anlagendesinfektion (nach DVGW-Arbeitsblatt W 291)

Stoffe	Handelsform	Lagerung	Sicherheitshinweise	Empfohlene Anwendungskonzentration	
				Rohrleitungen	Behälter und Anlagenteile
Wasserstoffperoxid H_2O_2	wässrige Lösungen 5%, 15%, 30%, 35%	lichtgeschützt, kühl, Verschmutzungen unbedingt vermeiden (Zersetzungsgefahr) WGK 1	bei Lösungen >5% Schutzausrüstung erforderlich	150 mg/l H_2O_2	max. 15 g/l H_2O_2
Kaliumpermanganat $KMnO_4$	dunkelviolette bis graue, nadelförmige Kristalle	in gut verschlossenen Metallbehältern fast unbegrenzt haltbar WGK 2	wirkt oxidierend, konzentrierte Lösungen erfordern Hautschutz	15 mg/l $KMnO_4$	
Chlorbleichlauge Natriumhypochlorit NaOCl	wässrige Lösungen mit maximal 150 g/l Chlor	Lichtgeschützt und kühl, verschlossen in Auffangwanne WGK 2	alkalisch, ätzend, giftig, Schutzausrüstung erforderlich	50 mg/l Chlor	5 g/l Chlor
Calciumhypochlorit $Ca(OCl)_2$	Granulat oder Tabletten mit ca. 70% $Ca(OCl)_2$	kühl, trocken, verschlossen WGK 2	Lösung reagiert alkalisch, ätzend, giftig, Schutzausrüstung erforderlich	50 mg/l Chlor	5 g/l Chlor
Chlordioxid ClO_2	Zwei Komponenten (Natriumchlorit, Natriumperoxodisulfat)	lichtgeschützt, kühl, verschlossen, Natriumchlorit: WGK 2 Natriumperoxodisulfat: WGK 1	wirkt oxidierend; Chlordioxidgas nicht einatmen; Schutzausrüstung erforderlich	6 mg/l ClO_2	0,5 g/l ClO_2

Desinfektion von Filtern – Filter in Aufbereitungsanlagen haben oft auch eine biologische Wirkung, die durch eine Desinfektion gestört wird. Eine Desinfektion erfolgt daher hier nur, wenn Filter grob verunreinigt sind und vor oder nach den Filtern keine Desinfektionsstufe im Aufbereitungsverfahren vorhanden ist. Bei Enteisenungs- und Entmanganungsfiltern wird die Desinfektion zweckmäßig mit Kaliumpermanganat durchgeführt, um die katalytische Wirkung der Filter zu erhalten.

Desinfektion von Rohrleitungen – siehe Abschn. 7.4.1.5.4.

Bei Rohren aus Spannbeton und solchen mit Zementmörtelauskleidung wird das durchgeleitete Wasser anfangs stark basisch mit pH-Werten bis 12, so dass während dieser Zeit das Wasser keine Trinkwasserqualität hat und die Desinfektion mit Chlor stark herabgesetzt ist. Es ist daher erforderlich, das Füllungswasser länger stehen zu lassen, damit bei der Desinfektion der pH-Wert bereits stark abgesunken ist. Eine Kontrolle des pH-Wertes am Anfang und Ende der Leitung ist dabei zweckmäßig. Wenn dabei noch nicht eine völlige Desinfektion der Leitung erreicht wird, ist es notwendig, die Leitung eine längere Zeit mit großer Durchflussmenge und Dauerchlorung im Betrieb zu lassen, bis der pH-Wert am Anfang und Ende der Leitung gleich groß und die Desinfektionswirkung erreicht ist.

4.2.5.15 Schlammbehandlung

In den Anlagen der Trinkwasseraufbereitung fallen schlammhaltige Wässer und Schlämme an. Bei der Filterrückspülung rechnet man mit 1-3%, in Sonderfällen auch bis 10% des durchgesetzten Rohwassers. Der Trockenrückstand des jährlich anfallenden Schlammes lässt sich näherungsweise aus der

Masse der aus dem Wasser entfernten Stoffe, einschließlich der vorher evtl. zugegebenen, berechnen zu:

$$S = \frac{Q}{1000}(AS + 2Fe + 3Al + 1{,}6Mn + f \cdot \Delta H + Z) + K$$

Es bedeuten:
S Schlammanfall (Trockenrückstand), in kg/a
Q Wasserdurchsatz in m^3/a
AS Gehalt an abfiltrierbaren Stoffen, in mg/l
Fe Eisengehalt (einschließlich evtl. zugegebener Eisenmengen), in mg/l Fe
Al Bei Flockung mit Aluminiumverbindungen: Zugesetzte Aluminiummenge in mg/l Al
Mn Mangangehalt (einschließlich evtl. zugegebener Manganmengen (KMnO$_4$), in mg/l Mn
ΔH Härtedifferenz in mg/l Ca
f Faktor: f = 5 bei Enthärtung mit Kalk;
      f = 2,5 bei Enthärtung mit Natronlauge
Z Flockungshilfsmittel, Pulverkohle, in mg/l
K Mittel zur Schlammkonditionierung, in kg/a

Zu beachten ist, dass das Volumen der anfallenden unbehandelten schlammhaltigen Wässer bzw. Schlämme aufgrund ihres hohen Wassergehalts (meist über 99 %) ein Vielhundertfaches des obigen Trockenrückstandes ausmachen kann.

Sowohl durch die große Menge als auch aufgrund der Art und Konzentration der Stoffe ist die schadlose Schlammentsorgung häufig ein Problem.

Prinzipiell kommen die in **Abb. 4-77** enthaltenen Möglichkeiten in Frage, wobei eine Entsorgung ohne Behandlung kostengünstiger ist, aber zunehmend seltener möglich sein wird. Das unkontrollierte Ableiten in den Vorfluter ist nicht mehr zulässig und deshalb in der Übersicht nicht enthalten. Die Ableitung in die Kanalisation kann u. U. sogar für die Reinigungsleistung der Kläranlage günstig

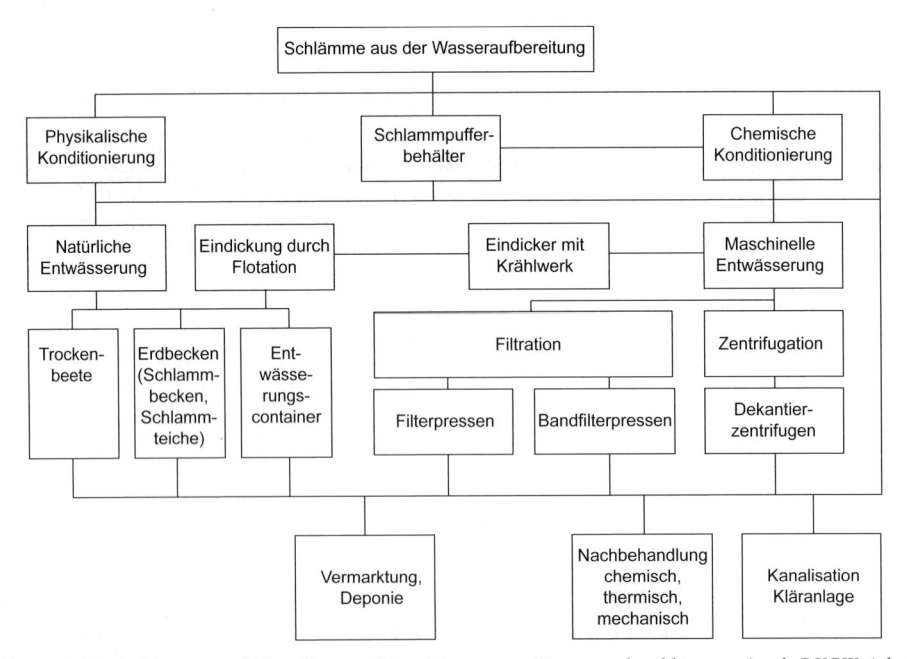

Abb. 4-77: Möglichkeiten zur Behandlung und Beseitigung von Wasserwerksschlämmen (nach DVGW-Arbeitsblatt W 221-2)

4.2 Trinkwasseraufbereitung

sein (z. B. durch Eisenhydroxidschlamm aus der Wasseraufbereitung günstige Wirkungen auf die Phosphat-Rückbelastung der KA und auf den H_2S im Faulgas (siehe auch gwf 13/2000 u. KA 2/2002)), setzt aber die Zulässigkeit in der jeweiligen Entwässerungssatzung und die Einhaltung der Forderungen des ATV-Arbeitsblattes A 115 voraus. Eine entsprechende Absprache mit dem Kanalisations- und Kläranlagenbetreiber ist hier zweckmäßig und anzustreben (siehe auch DVGW-Arbeitsblätter W 221-3 und W 222).

Oft wird eine Behandlung, evtl. auch Zwischenspeicherung, nicht zu vermeiden sein. Für kleine Wasseraufbereitungsanlagen kann zur Klärung des Filterspülwassers ein Behälter gemäß **Abb. 4-78** ausreichend sein. Das erforderliche Speichervolumen V_I für das schlammhaltige Spülwasser lässt sich näherungsweise in m³ zu

$$V_I = \frac{A_F \cdot v_{SP} \cdot t_{SP} \cdot n}{60}$$

ermitteln, wobei A_f die Fläche des Einzelfilters in m², v_{SP} die Wasser-Rückspülgeschwindigkeit in m/h, t_{SP} die Dauer der Spülung mit Wasserzugabe in min und n die Anzahl der in unmittelbarer Folge zu spülenden Filter darstellt. Zusätzlich ist das Schlamm-Speichervolumen V_{II}, vorzusehen, welches bei ca. wöchentlicher Spülung eines Filters mit $0{,}33 \cdot V_I$ ausgelegt werden kann. Ansonsten kommen zur Schlammbehandlung die aus der Abwassertechnik bekannten Verfahren und Anlagen wie Schlammabsetzbecken, Eindicker, Konditionierung, maschinelle Entwässerung mit Kammer- oder Bandfilterpressen bzw. Zentrifugen u. a. in Betracht. Dabei sind bereits für die Sedimentation leistungsfähige Verfahren wie z. B. Schrägklärer (siehe Abschn. 4.2.2.2.3) zu nutzen. In **Tab. 4-64** sind die in Absetzbecken bzw. Eindickern erreichbaren Feststoffgehalte (Trockenrückstand) in Abhängigkeit von der Schlammherkunft angegeben. In **Tab. 4-65** sind die mit einigen Anlagen erreichbaren Entwässerungsleistungen und sonstige Bewertungen enthalten. Weitere Hinweise gibt das DVGW-Arbeitsblatt W 221 Teil 2.

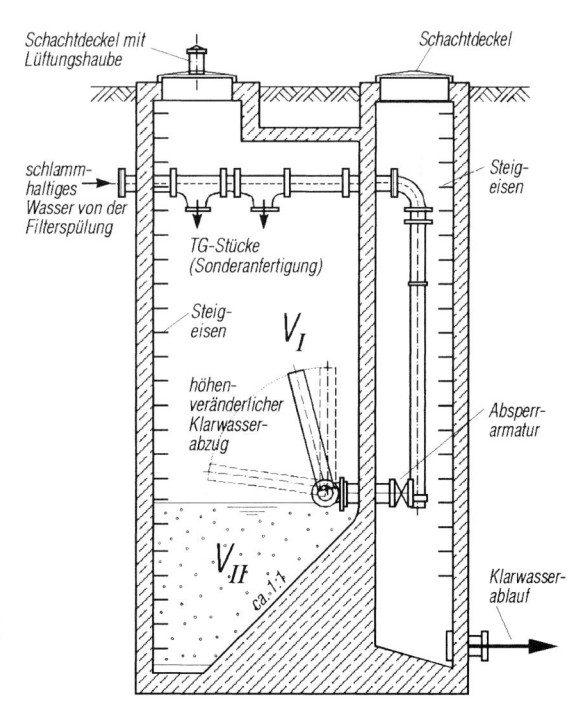

Abb. 4-78 Unterirdischer Behälter zur Klärung von Filterspülwasser bei kleinen Anlagen (nach Bayer. Landesamt für Wasserwirtschaft, Merkblatt 1.6/4)

Tab. 4-64: In Absetzbecken und Eindickern erreichbare Schlamm-Feststoffgehalte (nach DVGW-Arbeitsblatt W 221-2)

Schlammherkunft	Trockenrückstand [%]		
	Absetzbecken		stat. Eindicker
	ohne Flockungs-(hilfs)mittel	mit Flockungs-(hilfs)mittel	
Flockung	0,5 ... 2,0	0,5 ... 4,0	3 ... 15
Enteisenung/ Entmanganung	<1 ... 4	1 ... 5	2 ... 10
Entcarbonisierung	2 ... 10	5 ... 10	10 ... 30

Tab. 4-65: Bewertung von Entwässerungsmöglichkeiten (nach DVGW-Arbeitsblatt W 221)

Verfahren	Vorteile	Nachteile	Erreichbarere Entwässe-rungs-bereich* (Trockenrück-stand in %)
Trockenbeete	Niedrige Bau- und Betriebskosten; geringer Betriebsaufwand	Entwässerung witterungsabhängig; mögliche Geruchsbelästigung; großer Flächenbedarf; lange Ent-wässerungszeiten; mögliche Grundwasserbeeinflussung. Entwäs-serter Schlamm enthält Pflanzenres-te und Sand	30 bis 40
Entwässe-rungscontainer	Entwässerung und Transport in einem Aggregat; kein mechan. bewegten Teile; geringer Platzbedarf; geringer Bedienungsaufwand; einfache Mon-tage und niedrigere Investitionskosten	Nur bei geringem Schlammanfall wirtschaftlich; lange Entwässe-rungszeiten; Beschickungsmenge durch Containergröße beschränkt	15 bis 20
Kammerfilter-pressen	Hoher Entwässerungsgrad (im Falle einer Kalkkonditionierung); univer-seller Anwendungsbereich; geringer Feststoffgehalt im Filtrat, hohe Be-triebssicherheit	Hohe Investitionskosten; diskonti-nuierlicher Prozeß; Vorrats- und Zwischenspeicher erforderlich. Aufsicht während des Kuchenab-wurfs; pH >11 (Filtrat) bei der Kalkkonditionierung; saure Spül-wässer aus der Tuchreinigung	30 bis 50 (mit Kalk) 20 bis 30 (ohne Kalk)
Bandfilter-pressen	Kontinuierlicher Prozess; niedrige Energiekosten	Viele bewegte Teile, höherer War-tungsaufwand. Überwachung durch geschulte Maschinisten. Viel Spül-wasser, hoher Reinigungsaufwand im Betrieb	15 bis 30
Zentrifugen	Gute und schnelle Anpassung an sich ändernde Schlammeigenschaften; kontinuierlicher Prozess; geringer Wartungsaufwand; geringer Platzbe-darf, geringer Überwachungsauf-wand; niedrige Investitionskosten	Hoher Strombedarf beim Anlauf; empfindliche Reaktion auf schwan-kende Schlammeigenschaften; gute Reinigung erforderlich, wenn meh-rere Tage außer Betrieb	15 bis 35

* für Hydroxidschlämme

Neuere Untersuchungen beschäftigen sich mit dem Einsatz der **Membranfiltration** (siehe Ab-schn. 4.2.2.5) zur Behandlung schlammhaltiger Wässer aus Grund- und Oberflächenwasserwerken mit Rückführung des Filtrats in den Rohwasserzulauf. Eine Übersicht zu den bisher realisierten großtechnischen und Versuchsanlagen und damit erreichten Ergebnissen geben Panglisch u. a. in bbr H. 3/2006.

4.2 Trinkwasseraufbereitung

Tab. 4-66: Bisher praktizierte Verwertungen für Rückstände aus der Wasseraufbereitung (nach Damman, Such, Wichmann)

Verwertung	Rückstandsart
• Gezielte Dosierung in Abwassersammler	Eisen-Schlamm-haltiges Filterspülwasser, Eisen-Schlamm
• Eingabe in Kläranlage	Eisen-Schlamm
• Landwirtschaft (Düngemittel/Bodenverbesserer)	kalkhaltiger Eisen-Schlamm, Kalk-Schlamm, Schnellreaktor-Korn
• Zementproduktion	Eisen-Schlamm, Kalk-Schlamm
• Ziegelproduktion, Pflanzgranulatherstellung	Eisen-Schlamm
• Futtermittelherstellung	Schnellreaktor-Korn
• Rekultivierung von Deponien und Bergbauhalden	Eisen-Schlamm, Aluminium-Schlamm

Die bisher größte Ultrafiltrations-Membrananalyse zur Aufbereitung von Rückspülwässern in Deutschland ist in WW Roetgen erstellt worden (Kapazität 600 m^3/h; druckbetriebenen Kapillarmembranen Singlebore 1,5 mm mit Gesamtmembranfläche von 7000 m^2; drei Racks mit je 78 Modulen).
Gemäß Kreislaufwirtschafts- und Abfallgesetz sind Wasserwerksrückstände als Abfälle in erster Linie zu vermeiden und in zweiter Linie zu verwerten. Hinweise zur Vermeidung und Verwertung gibt DVGW-Arbeitsblatt W 221-2. Die bisher praktizierten Verwertungen sind im Wesentlichen die in **Tab. 4-66** aufgeführten.
Die Beseitigung durch Ablagerung auf Deponien darf gemäß TA Siedlungsabfall nur erfolgen, wenn eine Verwertung nicht möglich ist. Dabei müssen die Abfälle in ihren Parametern den im Anhang B der TA Siedlungsabfall angegebenen Anforderungen entsprechen. Andernfalls ist eine Behandlung vor der Ablagerung durchzuführen. Für Wasserwerksschlämme können insbesondere die Anforderungen bzgl. Festigkeit, org. Anteil und evtl. Arsen ein Problem darstellen.

4.2.6 Mischwasser

4.2.6.1 Allgemeines

Zunehmend ist es notwendig, dass ein Versorgungsgebiet aus verschiedenen Wassergewinnungen, oft auch von verschiedenen Wasserversorgungsunternehmen, versorgt werden muss, so z. B. bei zusätzlichem Wasserbezug eines Wasserversorgungsunternehmens mit eigener Wassergewinnung von einer Fernwasserversorgung. Bei der Versorgung mit unterschiedlichen Wässern können Mischwasserprobleme entstehen, denn auch bei einwandfreier Beschaffenheit der einzelnen genutzten Wässer kann bei Mischung das Wasser aggressiv werden oder zum Kalkausfall neigen. Die Auswirkungen sind dann besonders ungünstig, wenn die Mischung der unterschiedlichen Wässer im Rohrnetz und mit stark schwankendem Mischungsverhältnis erfolgt. Als Gegenmaßnahmen sind geeignet: Zonentrennung, zentrale Mischung, Aufbereitung bei der Mischung, Angleichung durch Wasseraufbereitung.
Das DVGW-Arbeitsblatt W 216 gibt Kriterien an, wann Wässer von

- gleichmäßiger bzw. gleicher,
- zeitlich wechselnder,
- unterschiedlicher

Beschaffenheit sind. Dazu werden für relevante Wasserparameter Skalen unterschiedlichen Maßstabs und eine maximal zulässige Differenz in den Werten der Parameter (Bereichsbreite) vorgegeben (**Abb. 4-79**).
Ein Wasser ist von *gleichmäßiger* Beschaffenheit, wenn in allen Parametern die gemessenen minimalen und maximalen Werte innerhalb der Bereichsbreite liegen. Zwei oder mehrere Wässer sind von *gleicher* Beschaffenheit, wenn bei Betrachtung der einzelnen Parameter alle Messwerte auf den entsprechenden Skalen innerhalb der zulässigen Bereichsbreite liegen. Eine *zeitlich wechselnde* bzw.

unterschiedliche Beschaffenheit ist gegeben, wenn bei einem Wasser bzw. mehreren Wässern die in der Abbildung angegebene Bereichsbreite bei mind. einem Parameter überschritten wird.
Weiterhin werden in dem Arbeitsblatt Hinweise zur Berechnung von Mischungsverhältnissen gegeben.

4.2.6.2 Zonentrennung

Betrieblich am einfachsten und kostenmäßig am günstigsten ist die Zonentrennung. Von Nachteil ist, dass u. U. Verbraucher nicht mit dem in ihrer Zone gelieferten Wasser einverstanden sind, ferner dass ein günstiges Wasservorkommen nicht besonders vorteilhaft ausgenützt werden kann. Allerdings kann an Spitzentagen vorübergehend ohne größeren Schaden auch eine Mischung in einem Behälter erfolgen, da wegen der höheren Fließgeschwindigkeit bei dem größeren Verbrauch die Aggressivität des Wassers sich weniger auswirkt. Oft gestatten aber die örtlichen Verhältnisse eine Zonentrennung nicht, insbesondere bei kleinen Versorgungsgebieten. Bei Zonentrennung muss durch Ringleitungen im Versorgungsgebiet, Spülauslässe u. a. eine Stagnation des Wassers mit Verkeimung verhindert werden.

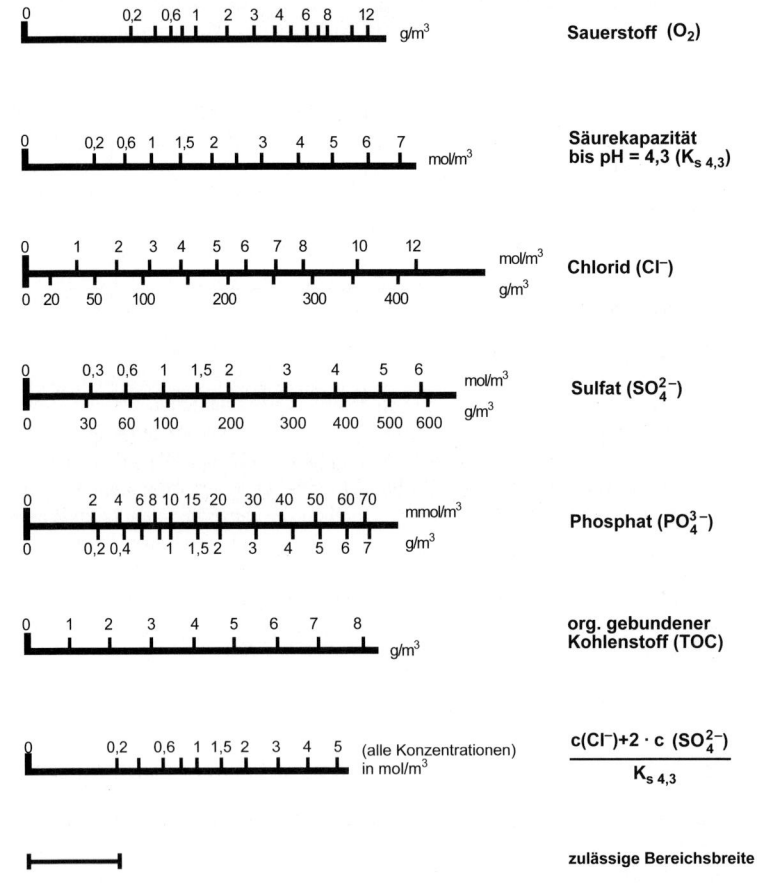

Abb. 4-79: Parameterskalen und zulässige Bereichsbreite für Wässer von gleichmäßiger bzw. gleicher Beschaffenheit (nach DVGW-Arbeitsblatt W 216). Die Bereichsbreite gibt an, wieweit die Werte der einzelnen Parameter schwanken dürfen, ohne dass Nachteile für die Wasserversorgung zu erwarten sind.

4.2.6.3 Zentrale Mischung

Wenn Wässer mit unterschiedlicher Beschaffenheit ohne weitere Aufbereitung verwendet werden müssen, dann ist die Mischung in einem Behälter vorzunehmen, um die zeitlich und örtlich verschiedene Wasserbeschaffenheit im Rohrnetz zu vermeiden. Die Mischung wird zweckmäßig in einer kleinen Mischkammer, Aufenthaltszeit 1 min, durchgeführt, die Energie des Ausflusses genügt für eine gute Durchmischung. Bei ausreichend vorhandener Vermischungsstrecke und konstantem Mischungsverhältnis kann eine Mischung im Rohr zweckmäßig sein. Die Anforderungen der Trinkwasserverordnung an den pH-Wert (siehe Abschn. 4.1.5.4.6) einschl. Calcitsättigung bzw. die max. zulässige Calcitlösekapazität sind dabei zu beachten.

4.2.6.4 Aufbereitung bei der zentralen Mischung

Hierfür kommt vor der Mischung die Belüftung des Wassers, z. B. gemäß **Abb. 4-80**, sowie nach der Mischung die physikalische und chemische Entsäuerung in Frage.

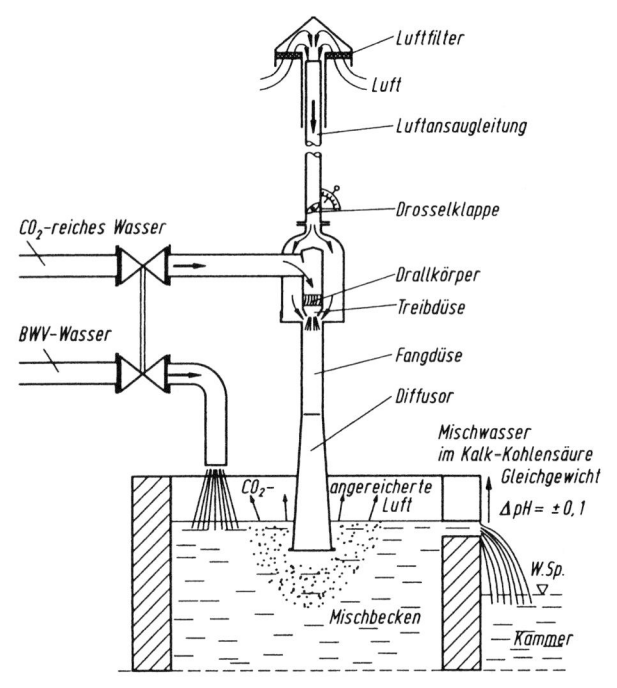

Abb. 4-80: Beispiel für Mischung unterschiedlicher Wässer mit gleichzeitigem CO_2-Austrag aus einen Wasser (nach Oehler)

4.2.6.5 Angleichung der Wasserbeschaffenheit durch Aufbereitung

Vorrangig durch Enthärtung bzw. Entcarbonisierung, in Sonderfällen auch durch Aufhärtung und Teilentsalzung können unterschiedliche Wässer zu Wässern gleicher Beschaffenheit aufbereitet werden. Der Aufwand dafür ist zumeist hoch.
Weitere Hinweise zur Versorgung mit unterschiedlichen Trinkwässern, insbesondere zu korrosionschemischen Kriterien, gibt Nissing in „energie|wasser-praxis 2/2005".

4.2.7 Beispielschemata von Aufbereitungsanlagen

Je nach Herkunft und Beschaffenheit des für die Trinkwasserversorgung genutzten Rohwassers kann dieses direkt verwendet oder es muss aufbereitet werden. Die Aufbereitung reicht von einfachen Anlagen, wie Belüftung und Filtration, bis zu sehr komplizierten Anlagen mit mehreren Stufen bei der Aufbereitung von Oberflächenwasser. Nachfolgend sind die Schemata einiger Aufbereitungsanlagen zusammengestellt, aus welchen ersichtlich ist, wie vielfältig die Verfahren sein können.

Gütersloh – Grundwasserwerk Quenhorn
Sauerstoffzufuhr über Luftmischer
1. Filterstufe zur Enteisenung
Physikalische Entsäuerung und Belüftung
2. Filterstufe zur Entmanganung
Möglichkeit zur Bedarfschlorung

WW Langenau – Donauwasseraufbereitung
Siehe **Abb. 4-22**

Fürth – WW Rednitztal (Grundwasser und Uferfiltrat)
Wellbahnbelüftung
Ozonzugabe
Möglichkeit zur Flockungsmittelzugabe
Offene Zweischicht-Schnellfilter
Sicherheitschlorung mit Chlordioxid

Essen – Grundwasseranreicherung mit Ruhrwasser
Wasserentnahme aus der Ruhr
Ozonzugabe mit Mikroflockung
Möglichkeit der Zugabe von Flockungs- und Flockungshilfsmitteln
Filtration über 3-Schicht-Schnellfilter (A-Kohle/Anthrazit/Quarzsand)
Möglichkeit der Zugabe von Kaliumpermanganat und Pulverkohle
Biologisch wirkende Langsamsandfilter und Bodenpassage
Entnahme über Brunnen
Desinfektion mit Chlordioxid.

Dresden – Grundwasseranreicherung mit Elbewasser im WW Hosterwitz
Siehe **Abb. 4-39**

Aschaffenburg – Grundwasserwerk „Niedernberger Straße"
Siehe **Abb. 4-60**

Südsachsen – saures und weiches Talsperrenwasser
Kaliumpermanganatzugabe zur Oxidation
Zugabe von Kohlenstoffdioxid und Kalkwasser zur Erhöhung der Pufferkapazität durch Aufhärtung
Dosierung von Flockungs- u. evtl. Flockungshilfsmittel
1. Filterstufe (Flockenfilter)
2. Filterstufe (Kalkstein) zur Aluminium- und Manganrestentfernung
Restentsäuerung mit Kalkwasser
Desinfektion mit Chlordioxid

Zürich – Seewasseraufbereitung im WW Moos
Voroxidation
Flockungsmittelzugabe
Alkalienzugabe zur Entsäuerung
Filtration über offene Zweischicht-Schnellfilter
Ozonzugabe
Aktivkohlefiltration

4.2 Trinkwasseraufbereitung

Langsamsandfiltration
Sicherheitschlorung mit Chlordioxid
Roetgen (Aachen) – Talsperrenwasser
Vorfiltration
Flockung
Ultrafiltration
CO_2-Dosierung
2-stufige Filtration über Kalkstein
Möglichkeit zur NaOH-Dosierung
Desinfektion mit Chlor/Chlordioxid
Jackenhausen – Karstquellwasser
Ultrafiltration
UV-Desinfektion
Miltenberg – oberflächennahes Grundwasser
Filter mit alkalischem Material
Flachbettbelüfter
Ultrafiltration
UV-Desinfektion

4.2.8 Trinkwassernachbehandlung

4.2.8.1 Allgemeines

Der Einsatz von Anlagen zur weiteren Behandlung des vom Wasserversorgungsunternehmen gelieferten Trinkwassers beim Verbraucher hat zugenommen. Diese Anlagen werden in die Hausinstallation eingebaut oder nach dem Zapfhahn angeordnet. Während der Einbau von Hauswasserfiltern zur Rückhaltung ungelöster Stoffe bei metallischen Leitungen zur Korrosionsverringerung indessen zu den Regeln der Technik gehört, sind die anderen Anlagen nur in begründeten Ausnahmefällen, z. B. bei der Erwärmung sehr harten Wassers, einzusetzen und Geräte nach dem Zapfhahn aufgrund der u. U. gegebenen hygienischen Probleme möglichst gar nicht anzuwenden. Das von den Wasserversorgungsunternehmen abgegebene Trinkwasser entspricht den Anforderungen der Trinkwasserverordnung, ist gesundheitlich unbedenklich und bedarf in der Regel keiner weiteren Behandlung. Von der teils überflüssigen zusätzlichen Behandlung gehen oft unnötigerweise Gefährdungen und Probleme aus, insbesondere durch mangelnde Kontrolle und Wartung. In jedem Fall sollte darauf geachtet werden, dass nur Geräte mit einem DIN-DVGW-Prüfzeichen verwendet werden und Einbau und fachkundige Wartung durch qualifizierte Installationsfirmen erfolgen. Die Vorschriften der DIN 1988 bzw. EN 1717 und 806 und weiterer nachstehend genannter Normen sind einzuhalten. (Siehe dazu auch die Informationen des DVGW in energie|wasser-praxis 02 und 03/2004).

4.2.8.2 Mechanisch wirkende Filter

Diese Filter sind bei metallischen Rohrleitungen direkt nach der Wasserzähleranlage einzubauen, der Einbau soll vor der Inbetriebnahme der Hausinstallation erfolgen. Für Kunststoffleitungen wird der Einbau empfohlen.
Ihre Aufgabe ist die Rückhaltung von ungelösten Stoffen, wie Rost, Sand, Zinkgeriesel, Hanfteilen u. a., die in den Leitungen die Korrosion fördern und Brauseköpfe und Luftsprudler verstopfen könnten. Die Anforderungen an Beschaffenheit und Funktionsweise der Filter sind in der DIN EN 13443 (Ersatz für DIN 19 632) festgelegt, für den Einbau und Betrieb gelten DIN 1988 Teil 2 und 8 bzw. DIN EN 1717 und 806.
Die verwendeten Filtereinsätze aus Metall, Kunststoff, Keramik u. a. halten Partikel zurück, die in ihrer Größe über der Durchlassweite liegen. Es ist also eine Siebwirkung gegeben. Mit der in der DIN EN 13443-1 vorgegebenen Durchlassweite von 80 µm bis 150 µm sollen Verkeimungen des Filters vermieden werden.

Die Regenerierung der Filter erfolgt durch automatische oder manuelle Rückspülung bzw. bei nicht rückspülbaren Filtern durch Wechsel des Filtereinsatzes. Eine Reinigung des Filtereinsatzes ist nicht mehr zulässig. Aus hygienischen Gründen ist die Rückspülung mind. alle 2 Monate, der Filtereinsatzwechsel mind. alle 6 Monate durchzuführen.

4.2.8.3 Dosiergeräte

Durch die Dosierung von Phosphaten und Silikaten sowie deren Mischungen soll die Korrosion bzw. die Steinablagerung in der Hausinstallation und angeschlossenen Anlagen verhindert werden. Insbesondere nach vorausgegangener dezentraler Enthärtung durch Ionenaustausch (siehe Abschn. 4.2.8.4) erfordert die gestiegene Korrosionsgefährdung u. U. solche Maßnahmen. Die gewünschte Wirkung tritt nur ein bei Verwendung geeigneter Geräte und Dosierlösungen (Ortho- oder Polyphosphate oder Mischungen), der Einhaltung bestimmter Dosiermengen und regelmäßiger Inspektion und Wartung der Anlage nach DIN 1988, Teil 8 (mind. jährlich bzw. halbjährlich) bzw. VDI Richtlinie 6023 und EN 806. Auch darf nicht übersehen werden, dass neben den entstehenden Kosten eine erhebliche Phosphatbelastung des Abwassers und damit auch eine Nährstoffzufuhr zu den Gewässern eintritt. Die Anwendung der Dosiergeräte sollte deshalb nur in Ausnahmefällen, z. B. bei noch vorhandener Bleiinstallation, bzw. für Teilwassermengen erfolgen, z. B. gegen die Steinbildung im Warmwasserbereich (> 60 °C) bei Wasser des Härtebereiches 4 (siehe Abschn. 4.1.5.4.30).

Die Anforderungen an die Größenbestimmung und Ausführung der Dosiergeräte enthält die DIN 19 635. Die Erneuerung des Dosiermittelvorrates darf nur durch Austausch des Dosiermittelbehälters mit fertig konfektionierter Lösung erfolgen.

4.2.8.4 Kationenaustauscher zur Enthärtung

Mit Ionenaustauschern können dem Wasser die härtebildenden Erdalkalien Calcium und Magnesium entzogen werden und die Kesselsteinbildung somit verhindert werden (siehe Abschn. 4.2.3.4). Bei den in der Hausinstallation vorrangig angewendeten NaCl-regenerierten Austauschern wird dafür eine äquivalente Menge an Natriumionen eingetragen. Erhöhte Natriumgehalte im Trinkwasser können aber gesundheitlich ungünstig sein, weshalb die Trinkwasserverordnung [21] maximal 200 mg/l an Natrium im Trinkwasser zulässt. Da dagegen die Härtebildner auch in hohen Konzentrationen gesundheitlich völlig unbedenklich sind, sollte die Anwendung dieser Ionenaustauscher im Hausbereich auf Ausnahmefälle und die Behandlung von Teilmengen beschränkt werden, z. B. im Warmwasserbereich (> 60 °C) bei Wasser des Härtebereiches 4 (siehe Abschn. 4.1.5.4.30). In notwendigen Fällen wird außerdem indessen teilweise von den Wasserversorgungsunternehmen bereits eine zentrale Enthärtung durchgeführt (siehe Abschn. 4.2.5.8).

Anforderungen an diese Austauscher enthält die DIN 19 636, für Einbau und Wartung gilt DIN 1988 Teil 2 und 8 bzw. EN 806. Die maximale Größe der Anlage ist aus **Tab. 4-67** ersichtlich, wobei hier nur eine Behandlung des Warmwassers gesehen wird.

Die Anlagen müssen Verschneidevorrichtungen aufweisen, um Mindesthärten im Trinkwasser von 8,5 mmol/l (~ 8,4°dH bzw. 60 mg/l an Ca) zu sichern (**Abb. 4-81**). Es sollen nur noch Anlagen mit Sparbesalzung betrieben werden, da das bei der Regenerierung im Überschuss anfallende Abwasser eine Umweltbelastung darstellt. Die Regenerierungen sollen automatisch in kurzen Abständen (max. 4 Tage) erfolgen, um Verkeimungen der Anlage zu vermeiden oder es müssen andere Maßnahmen gegen die u. U. vorhandene bakteriologische Gefährdung durchgeführt sein.

Durch die Enthärtung des Wassers kann die korrosive Wirkung zunehmen und eine zusätzliche nachfolgende Behandlung des Wassers durch Dosierung von Phosphaten/Silikaten (siehe Abschn. 4.2.8.3) erforderlich machen.

Beim Bayer. Landesamt für Wasserwirtschaft (jetzt: Landesamt für Umwelt) ist zur dezentralen Enthärtung eine schriftliche Verbraucherinformation erhältlich.

4.2 Trinkwasseraufbereitung

Tab. 4-67: Maximale Nennkapazität von Enthärtungsanlagen und entsprechende Harzmengen für einen Teilwasserbedarf von 80 l je Person und Tag (DIN 1988)

Einsatzbereich	maximale Nennkapazität mol	entsprechende Harzmenge*) ≈l
Ein- und Zweifamilienhaus (bis 5 Personen)	1,6	4
Drei- bis Fünffamilienhaus (bis 12 Personen)	2,4	6
Sechs- bis Achtfamilienhaus (bis 20 Personen)	3,6	8
Neunfamilienhaus u. größer (> 20 Personen)	8,0	15

*) Nach dem gegenwärtigen Stand der Technik

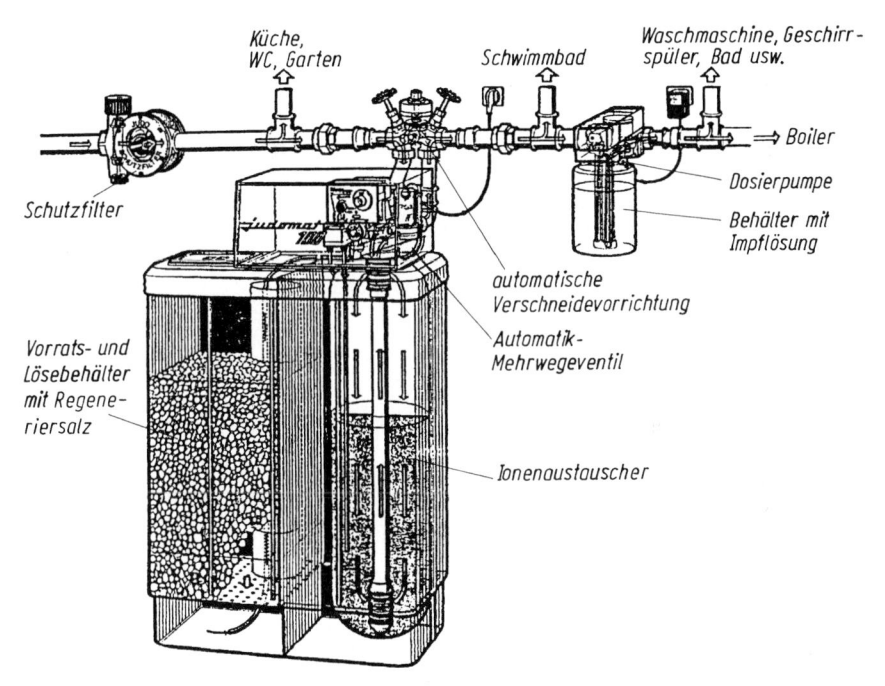

Abb. 4-81: Beispiel für Trinkwassernachbehandlung durch Filter und für Teilströme durch Enthärtung und Dosierung

4.2.8.5 Sonstige Anlagen zur Trinkwassernachbehandlung

Neben den vorgenannten Anlagen sind weitere, nicht durch entsprechende DIN-Normen erfasste und zumeist nicht mit DIN-DVGW-Prüfzeichen versehene Anlagen und Geräte im Handel. Dazu gehören insbesondere Geräte zur physikalischen Wasserbehandlung, bei denen über Permanentmagnete, elektrischen Strom u. a. ohne Chemikalienzusatz die Ablagerung festen Kalksteins vermieden werden soll. Trotz vorhandener Beispiele für eine anscheinende Wirkung ist insgesamt die Wirkung sehr umstritten. Vom DVGW wurden auf der Grundlage des Arbeitsblattes W 512 indessen zahlreiche Geräte getestet, wobei aber nur in wenigen Fällen eine ausreichende Wirkung nachweisbar war.

Anforderungen und Prüfungen der Kalkschutzgeräte, die durch Bildung von Kristallkeimen des Caliumcarbonats wirken, sind im DGVW-Arbeitsblatt W 510 festgelegt. Bei diesen Geräten lagern sich die Härtebildner vorrangig an den Impfkristallen an und somit nicht anderen wasserberührenden Flächen wie Rohrinnenwandungen, Heizwendeln usw. Eine Enthärtung des Wassers tritt dabei nicht ein.

Andere Geräte zielen auf die Entfernung von Nitrat, Pestiziden, Schwermetallen, CKW, Keimen u. a. Dabei werden von den Anbietern teilweise Leistungen zugesagt, die mit der Art des Gerätes gar nicht erreichbar sein können. Insbesondere bei Geräten nach dem Zapfhahn sind Verschlechterungen der Wasserqualität, z. B. im Keimgehalt, nicht ausgeschlossen, und es können auch Überschreitungen der Grenzwerte für Trinkwasser bei anderen Parametern auftreten. Dies belegen durchgeführte Tests, u. a. im Öko-Test-Magazin.

4.2.9 Bauwerke der Wasseraufbereitung

4.2.9.1 Wahl des Verfahrens und des Standorts der Anlage

Für die Wahl des Aufbereitungsverfahrens und des Standorts der Aufbereitungsanlage sind im wesentlichen folgende Gesichtspunkte maßgebend:

1. Wasserbeschaffenheit des Rohwassers – Veränderungen innerhalb eines Jahres, mögliche spätere Änderungen infolge sekundärer Einflüsse
2. geforderte Wasserbeschaffenheit des Reinwassers, Bedürfnisse der Abnehmer
3. Gesetzliche Bestimmungen für die Beschaffenheit des Reinwassers
4. Verfahrenstechnik, Ausrüstung des Verfahrens, Chemikalientransport und -lagerung
5. Gesetzliche Bestimmungen zum Aufbereitungsverfahren
6. Steuerung, Automatik, Überwachung
7. Schlammanfall, Schlammbeseitigung
8. Erforderliche Bauwerke, Zufahrt, Objektschutz
9. Landschaftsschutz, Einbindung in die Umgebung
10. Wirtschaftlichkeit des Verfahrens – Kapitalkosten, Betriebskosten, Möglichkeit der Finanzierung

Vom Vergleich dieser Faktoren kann u. U. auch die Wahl des Wasservorkommens abhängen. Wasseraufbereitungs-Bauwerke werden möglichst in der Nähe der Wassergewinnung angeordnet, damit nur wenige Teile der Wasserversorgungsanlage mit nichtaufbereitetem Wasser in Berührung kommen und keine langen Rohwasserleitungen ohne die Möglichkeit des Anschlusses von Verbrauchern vorhanden sind. Sie werden vorteilhaft mit Pumpwerken vereinigt, was den Betrieb und die Wartung vereinfacht, in seltenen Fällen bei Hochbehältern angeordnet, auf jeden Fall bei sonst wichtigen Betriebsstellen. Bei der Standortwahl muß die schadlose Abführung von Abwasser und Schlamm aus der Aufbereitung berücksichtigt werden. Die Bauwerke sind jedoch möglichst außerhalb der engeren Schutzzone anzuordnen.

4.2.9.2 Planung der Anlagenteile

Eine Wasseraufbereitungsanlage besteht aus den folgenden Anlageteilen, die meist getrennt ausgeschrieben, vergeben und ausgeführt werden:
1. Aufbereitungs- und maschinentechnischer Teil
2. Elektrotechnischer Teil
3. Mess- und Steuereinrichtungen
4. Bauliche Anlagen

Aufbereitungs- und maschinentechnischer Teil:
Grundlage für die Planung ist die Festlegung des Aufbereitungsverfahrens, wofür bei ungünstiger Wasserbeschaffenheit des Rohwassers, insbesondere bei Großanlagen, die technisch und wirtschaftlich beste Lösung aus halbtechnischem Versuch ermittelt wird. Nach Festlegen des Verfahrens und

4.2 Trinkwasseraufbereitung

der Ausbaugröße wird der aufbereitungstechnische Teil entworfen. Wegen des hohen Kostenaufwandes für Bau und Betrieb von Aufbereitungsanlagen empfiehlt sich oft der stufenweise Ausbau in Abhängigkeit von der zu erwartenden Steigerung der Durchflussmenge, vorteilhaft ist dabei die Einteilung in gleiche Blöcke. Das gewählte Verfahren muss folgenden Forderungen entsprechen.
1. Betriebssicherheit, leichte Steuerbarkeit, Möglichkeit der Automatisierung, leichte Überwachung
2. Ausreichende Leistung im Dauerbetrieb und bei größeren Schwankungen der Durchflussmenge
3. Ausreichende Reserve und Schaltungsmöglichkeit im Falle einer Störung in einzelnen Aufbereitungsstufen oder in der Gesamtanlage
4. keine zu teuren Anlageteile, bewährte und unkomplizierte Aufbereitungsverfahren
5. nach Möglichkeit Durchlauf des Rohwassers durch die einzelnen Aufbereitungsstufen ohne Zwischenschalten von Pumpen, d. h. von Eingangsstufe bis Reinwasserbehälter.

Elektrotechnischer Teil:
Die Starkstromanlage ist für die Aufbereitungsanlage nicht umfangreich, leicht einzuordnen und wird i. a. in die elektrische Anlage des Pumpwerks einbezogen.

Mess- und Steuereinrichtungen:
Besonders wichtig und meist sehr umfangreich ist bei Aufbereitungsanlagen die Meß- und Steueranlage. Bei der Planung ist zu entscheiden, wo, was und wie gemessen und gesteuert werden soll, d. h. vor Ort von Hand, fern von Hand, automatisch.
Nur bei sehr kleinen einfachen Anlagen genügt die Messung und Bedienung der Absperrorgane vor Ort und von Hand.
Wenn dagegen Filtration mittels Schnellfilter und Rückspülung, auch bei kleinen Anlagen, oder sonst kompliziertere Verfahren notwendig sind, müssen die Steuereinrichtungen auf einem Schaltpult in der Nähe der Aufbereitungsstufe übersichtlich zusammengefasst werden.
Bekannt sind die vor jedem Filter befindlichen Steuerpulte. Die Übertragung des Steuerbefehls an die Schaltorgane wurden früher hydraulisch mit Druckluft oder Druckwasser ausgeführt, heute wird die elektrische Übertragung bevorzugt. Die Bedienung der Steuerpulte kann von Hand einzeln für jeden Vorgang, z. B. Absperren der Rohwasserzuleitung, Absperren der Filtratleitung, Öffnen der Spülluftleitung usw., erfolgen. Heute wird meist ein ganzer Ablauf, z. B. einer Filterspülung, fest programmiert, wie z. B. beim Einstellen von Fahrstraßen, und über Einschalten von Hand oder, in Abhängigkeit von Filterwiderstand, von Zeit oder von Parameter der Wasserbeschaffenheit, automatisch gesteuert. Auch für die Wasseraufbereitungsanlagen ist man zunehmend bestrebt, Automation einzuführen, nicht nur um Personal einzusparen, sondern auch um optimalen Betrieb zu erreichen und Fehlbedienungen auszuschalten. Für automatische Wasserwerke sind nach Grombach folgende Regeln zu beachten:
1. Das automatische Werk muss einfache Aufbereitungs-Verfahren verwenden
2. Für die Aufbereitung muss mehr als 1 Aufbereitungsstufe notwendig sein
3. Zu jedem Aufbereitungsaggregat muss ein Reserveaggregat zur Verfügung stehen
4. Betrieb und Steuerung der Aufbereitungsanlage müssen einfach sein
5. Mit der Qualität der Geberapparate steht und fällt jede Automatisierung
6. Jedes Aggregat überwacht sich selbst und schaltet bei Störungen selbständig ab
7. Die übergeordnete Steuerung des Gesamtwerkes ist von der internen Steuerung der Aufbereitungsstufen zu trennen
8. Ein zuverlässiger Bereitschaftsdienst für Störungsfälle ist Voraussetzung für jeden automatischen Betrieb
9. Das automatische Werk erfordert zahlreiche Überwachungsgeräte, die in einem handbedienten Werk nicht nötig sind
10. Automatische Feuermelder und Sicherung des Werkes gegen Sabotage sind ebenfalls Voraussetzung für den automatischen Betrieb.

Außer den Messungen der Durchflüsse und Wasserstände sind die Untersuchungen verschiedener Parameter der chemischen Wasserbeschaffenheit nach den einzelnen Aufbereitungsstufen, des Roh- und des Reinwassers durchzuführen. Dies erfordert die Einrichtung von Untersuchungsmöglichkeiten, vom einfachen Labortisch bis zu großen Labors für chemische, mikrobiologische und biologische Untersuchungen. Manche Messungen müssen nicht nur angezeigt, sondern, vor allem bei automatischem

Betrieb, auch aufgezeichnet werden, um eine Auswertung des Betriebsablaufs und eine Rückkontrolle bei etwaigen Störungen zu ermöglichen. Bereits bei einer geringen Anzahl der Messungen ist die Auswertung von Schreibrollen der Messgeräte sehr zeitaufwendig, so dass heute moderne Datenspeicher mit Auswertemöglichkeit eingesetzt werden. Es muss in jedem Einzelfall entschieden werden, welche Messungen und Untersuchungen für die Überwachung der Aufbereitungsanlage notwendig sind und wie diese am besten ausgeführt werden (siehe auch Abschn. 4.1.7.1).

Während die eingehenden Untersuchungen der Wasserbeschaffenheit zeitlich entsprechend den gesetzlichen Vorschriften diskontinuierlich durchgeführt werden, ist es zweckmäßig, wenn die Kontrolle der Wirkung der Aufbereitungsanlage, oft auch der einzelnen Aufbereitungsstufen, kontinuierlich erfolgt, auf jeden Fall bei größeren Aufbereitungsanlagen. Bei der automatischen Überwachung der Wasserbeschaffenheit ist ein Kontroll-, Eich- und Wartungsprogramm der Messgeräte und Übertragungseinrichtungen wichtig.

Bauliche Anlage:
Mit dem aufbereitungs- und maschinentechnischen Teil sind gleichzeitig die erforderlichen baulichen Anlagen zu entwerfen, da beide Bereiche gegenseitige Rückwirkungen haben. Bei den Konstruktionen sind zu berücksichtigen: der hohe Feuchtigkeitsgehalt der Luft, die Aggressivität des Wassers, oft auch der Luft, die Aggressivität und toxische Wirkung der Dosiermittel, die Gefahr der Verschmutzung und des Einfrierens offener Wasserflächen. Räume mit offenem Wasserspiegel sind zur Vermeidung der Algenbildung fensterlos auszuführen. Wärmeisolierung, Luftentfeuchtung, Temperaturregelung entsprechend der in den einzelnen Räumen günstigen Temperatur sind wichtig, um Bauwerksschäden, Schwitzwasserbildung, Rosten von metallischen Teilen, Leistungsminderung elektrischer Kontakte u. a. zu verhindern. Nur in Räumen, in welchen sich ständig Personal aufhält, ist die Temperatur auf 19–21 °C zu halten, in Betriebsräumen mit Rohrleitungen und Pumpen ist die Lufttemperatur der des Wassers anzugleichen, für Chlorräume siehe Abschn. 4.2.5.14.4.

In Aufbereitungsanlagen sind viele Rohrleitungen und Armaturen der verschiedensten Größe und für sehr unterschiedliche Zwecke erforderlich. Für die Materialwahl ist die Aggressivität des Wassers der einzelnen Aufbereitungsstufen und der Dosiermittel maßgebend. Eine genaue hydraulische Berechnung ist durchzuführen. Die Rohrleitungen in Aufbereitungsanlagen haben viele Krümmer, Abzweige und Armaturen, so dass zur Vermeidung von hohen Druckverlusten zwischen den einzelnen Aufbereitungsstufen die Fließgeschwindigkeiten zu begrenzen sind, z. B. Freispiegelleitungen und Leitungen mit freiem Gefälle v $\leq$ 0,50 m/s, Druckleitungen v $\leq$ 0,80 bis 1,00 m/s. Hochpunkte sind zu vermeiden, da die Entlüftung schwierig ist, bei kleinen Drücken ist Entlüftung mittels kleinem Standrohr zweckmäßig. Die hydraulische Installation ist übersichtlich und leicht zugänglich anzuordnen. Besonders ist auf leichte Montage, mit ausreichendem Abstand von Wänden und Böden, > 0,30 m, und Anordnung von Ausbaustücken zu achten. Zum leichten Auffinden der einzelnen Leitungen auf Plan und vor Ort ist eine einheitliche Farbgebung der Rohre und Armaturen notwendig, etwa:

Rohwasser	grün	Spülwasser	hellblau
Dosiermittel	rot	Spülluft	gelb
Zwischenbehandeltes Wasser	hellgrün	Schlammwasser	braun
Reinwasser	blau		

Für die Lagerung und Dosiereinrichtungen der benötigten Chemikalien sind gesonderte Räume, meist in Nebengebäuden, vorzusehen. Hierbei sind die Hinweise der Lieferfirmen und der Unfallverhütungsvorschriften für die Lagerung und Handhabung der oft giftigen oder ätzenden Chemikalien zu berücksichtigen. Diese Gebäude müssen eine gute, gegen Verunreinigung des Untergrundes gesicherte Zufahrt für die Anlieferung der Chemikalien haben. Besondere Vorschriften gelten z. B. für die Chloranlage und Chlorlagerung.

Je nach Größe und Art der Aufbereitungsanlage kann die bauliche Ausführung in Kompaktbauweise auch in Verbindung mit dem Pumpwerk vorteilhaft sein, mit kurzen Wegen, Rohrleitungen des Gesamtbereichs in Rohrkellern zugänglich. Große Anlagen, insbesondere solche, bei welchen stufenweiser Ausbau in kurzen Zeitabständen vorgesehen ist, werden meist getrennt für die einzelnen Aufbereitungsstufen ausgeführt.

4.2.9.3 Ausschreibung

(Siehe dazu auch Abschn. 11.9.2.2.)
Der Entwurf und der Bau von Aufbereitungsanlagen erfordern umfangreiche Fachkenntnisse und Erfahrungen, so dass nur erfahrene Ingenieurbüros und Fachfirmen für die Planung und Ausführung beizuziehen sind.
Für die Bearbeitung der Angebote sind folgende Unterlagen erforderlich:
1. Beschreibung der Wassergewinnung
2. chemischer Untersuchungsbefund des Rohwassers, chemische Untersuchung muss an Ort und Stelle erfolgen, es ist Vollanalyse notwendig. Wesentlich sind die chemischen Befunde des Wassers bei der im Betrieb vorgesehenen Entnahme. Wünschenswert sind mehrere Befunde zu verschiedenen Jahreszeiten und verschiedenen Grundwasserständen.
3. mikrobiologischer Untersuchungsbefund
4. Beschreibung der Förderanlage
   max. und durchschnittliche Förderleistung m^3/h
   Druck vor und hinter den Pumpen
5. Pläne über den möglichen Aufstellungsort
6. Forderungen, die durch die Aufbereitungsanlage erfüllt werden müssen.

Die Firmenangebote haben außer den Kosten zu enthalten:
1. Beschreibung der Aufbereitungsanlage und deren Wirkung
2. Verbrauch an Chemikalien und Strom bei max. und durchschnittlicher Förderleistung
3. Angaben über Spülwasser- und Spülluftdurchsatz, Spüldauer und Laufzeit
4. Garantieerklärung über die Leistung der Anlage
5. Angaben über notfalls erforderliche Versuche
6. Angaben über den Platzbedarf und etwa erforderliche bauliche Maßnahmen
7. Angaben über Spülwasserbehandlung und Schlammableitung.

Bei der Prüfung der Angebote sind neben der Prüfung der Aufbereitungstechnik und der Garantieleistungen die Anlagekosten, der Platzbedarf und die laufenden Betriebskosten, insbesondere auch der Wartungsaufwand, zu vergleichen.
(Zu den Kosten der Wasseraufbereitung siehe Abschn. 12.3.2.2.)

4.2.9.4 Abnahme, Einweisung und Bedienungsvorschrift

(Siehe dazu auch Abschn. 11.9.4.6 und 11.9.5.)
Bei der Abnahmeprüfung muss festgestellt werden, ob die Anlage technisch einwandfrei ausgeführt ist und Behälter und Rohrleitungen dicht sind, ob die Anlage die vertraglich festgelegten Garantieleistungen erfüllt. Diese Überprüfung muss mind. vor Ablauf der Garantiezeit nochmals erfolgen. Bei Nichterfüllung der Garantieleistung muss die Anlage entsprechend geändert werden, da die Festlegung eines Wirkungsgrades wie bei den Fördermaschinen nicht möglich ist.
Das im Wasserwerk für die Bedienung verantwortliche Personal muss durch die Lieferfirma der Anlage genau eingewiesen werden. Für die allenfalls notwendige Einarbeitung von Filtern, z.B. Manganfilter, Filter mit dolomitischem Material usw., ist von der Lieferfirma ein Techniker oder Monteur abzustellen. Für den Betrieb ist von der Lieferfirma in Zusammenarbeit mit dem beratenden Chemiker und dem Wasserwerk eine Bedienungsvorschrift aufzustellen.
Muster einer Bedienungsvorschrift siehe **Abb. 4-82**.

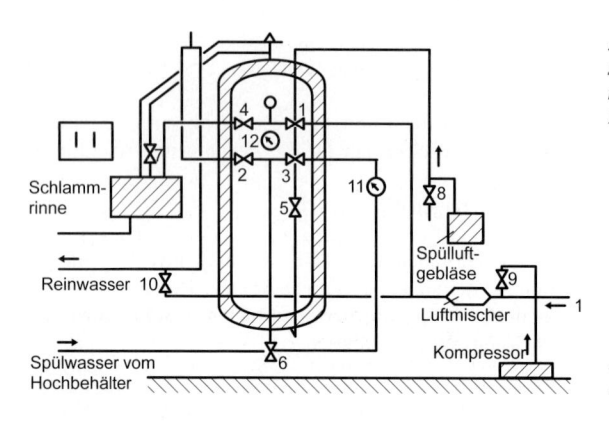

Abb. 4-82: Muster einer Bedienungsvorschrift für eine kleine Enteisenungsanlage mit Druckbelüftung für 11 m³/h Durchfluss, Betriebsdruck 3 bar
1 Rohwasser
2 Reinwasser
3 Spülwasser
4 Schlammwasser
5 Spülluft
6 Entleerung
7 Handentlüftung
8 Gebläseentwässerung
9 Kompressorluft
10 Rohwasser-Reinwasser
11 Durchflussanzeiger

Betrieb: Schieber 1, 2, 8, 9, geöffnet, alle anderen Schieber geschlossen.
Wenn der Filterwiderstand, gemessen am Widerstandsmesser 12, größer als 4 m [WS] ist, muss gespült werden.
Mindestens aber jede Woche einmal.
Filter nicht ohne Wasser stehen lassen.

Spülung: *1. Luftspülung:* Dauer 2 Minuten
Schieber 1, 2 schließen; Sch. 4, 7 öffnen; Wasser ablaufen lassen; Sch. 8 am Gebläse schließen; erst Gebläse einschalten, dann Sch. 5 öffnen.

2. Luft- und Wasserspülung: Dauer 8 Minuten
Das Filter wird mit Reinwasser vom Hochbehälter gespült. Sch. 3 langsam öffnen, bis Durchflussanzeiger 11 einen Durchfluss von 2 m³/h anzeigt.
Dieser Durchsatz darf nicht überschritten werden, da sonst Filtermaterial herausgespült werden kann.

3. Wasserspülung: Dauer mind. 2 Minuten
Sch. 5 schließen; Gebläse abschalten; Sch. 8 öffnen;
Spülung mind. 2 Minuten, jedoch erst beendet, wenn Schlammwasser klar abläuft.
Sch. 4 schließen; das Auffüllen des Filterkessels ist beendet, wenn Wasser aus der Entlüftungsleitung Sch. 7 austritt.
Sch. 3, 7 schließen; Sch. 1, 2 öffnen; Filter ist betriebsbereit.

Zu Betrieb und Instandhaltung von Wasseraufbereitungsanlagen siehe auch Abschn. 13.3.4.

Literatur

[1] Verordnung über Trinkwasser und über Wasser für Lebensmittelbetriebe (Trinkwasserverordnung – TrinkwV) vom 12.12.1990, BGBl I, 1990, Nr. 66, S. 2613–2629
[2] Aurand, K. u. a.: Die Trinkwasserverordnung – Einführung und Erläuterungen für Wasserversorgungsunternehmen und Überwachungsbehörden, 2. Aufl., Erich Schmidt Verlag, Berlin 1987
[3] Deutsche Einheitsverfahren zur Wasser-, Abwasser- und Schlammuntersuchung, Verlag Chemie, Weinheim 2005
[4] DVGW-Schriftenreihe-Wasser (jeweilige Nr. siehe im Text), Vertrieb: Wirtschafts- und Verlagsgesellschaft Gas und Wasser mbH, Bonn; DVGW-Regelwerk siehe Abschn. 14.6.4
[5] Berichte aus Wassergüte- und Abfallwirtschaft, TU München (jeweilige Nr. siehe im Text)
[6] Veröffentlichungen des Bereichs und des Lehrstuhls für Wasserchemie und der DVGW-Forschungsstelle am Engler-Bunte-Institut der Universität Karlsruhe (jeweilige Heft Nr. siehe im Text)
[7] Vom Wasser, Verlag Chemie, Weinheim (jeweiliger Bd. siehe im Text)
[8] Grohmann, A. u. a.: Die Trinkwasserverordnung – Einführung und Erläuterungen für Wasserversorgungsunternehmen und Überwachungsbehörden, 4. Aufl., Erich Schmidt Verlag, Berlin 2003
[9] Höll, K.: Wasser – Untersuchung, Beurteilung . . ., 8. Auflage, de Gruyter-Verlag, Berlin 2002
[10] Grombach, Haberer, Merkl, Trueb: Handbuch der Wasserversorgungstechnik, 3. Auflage, Oldenbourg-Verlag, München 2000

Literatur

[11] Kittner, Starke, Wissel: Wasserversorgung, 6. Auflage, Verlag für Bauwesen, Berlin 1988
[12] Soine, K. J. et al.: Handbuch für Wassermeister, 4. Auflage, Oldenbourg-Verlag, München 1998
[13] Rheinheimer (Hrsg.) et al.: Stickstoffkreislauf im Wasser, Oldenbourg-Verlag, München 1988
[14] Das Wasserbuch, Kiepenheuer & Witsch Verlag, Köln 1990
[15] AQS-Merkblätter für die Wasser-, Abwasser- und Schlammuntersuchung, LAWA (Hrsg.), Erich Schmidt Verlag, Berlin 1996
[16] Autorenkoll.: Wasserchemie für Ingenieure, Oldenbourg-Verlag, München 1993
[17] Damrath, Cord-Landwehr: Wasserversorgung, 11. Auflage (1998), B. G. Teubner, Stuttgart
[18] 2. EU-Richtlinie über die Qualität von Wasser für den menschlichen Gebrauch (98/83/EG) vom 03.11.1998, Amtsblatt d. EG L 330/32
[19] Rautenbach, R.: Membranverfahren, Springer-Verlag 1997
[20] Rolf, Friedle: Grundlagen und Anwendung von Verfahren zur subterristischen Aufbereitung von Grundwasser, Handbuch Wasserversorgungs- u. Abwassertechnik, Bd. 2, 6. Ausgabe, Vulkan-Verlag, Essen 1999
[21] Verordnung zur Novellierung der Trinkwasserverordnung (TrinkwV) vom 21.05.2001 (BGBl. I S. 959–969).
[22] Veröffentlichungen des Technologiezentrums Wasser, Karlsruhe (TZW) (jeweiliger Band siehe im Text)
[23] Liste der Aufbereitungsstoffe und Desinfektionsverfahren gemäß § 11 Trinkwasserverordnung 2001 (4. Änderung Nov. 2005); www.umweltbundesamt.de/uba-info-daten/daten/trink 11.htm
[24] WHO: WHO Guidelines for Drinking-Water Quality, 3. Aufl. 9/2004; www.who.inf/water_sanitation_health/GDWO/index.html
[25] Roeske, W.: Trinkwasserdesinfektion, Oldenbourg Industrieverlag, München 2006

(Weitere Literaturhinweise siehe im Text)

MEHR WASSERDRUCK – WENIGER KOSTENDRUCK.

Mit dem Einsatz von WILO Druckmantelpumpen erreichen Sie den Wasserdruck, den Sie benötigen – und zwar konstant in jeder Höhe. Gleichzeitig senken Sie Ihre Kosten – beim Bauwerk selbst und darüber hinaus beim Betrieb der Anlage. Durch die kompakte Bauweise unserer Druckmantelpumpen sind aufwendige Pumpwerke oder Pumpstationen überflüssig, gleichzeitig entfallen schwere Fundamente. Die Montage ist platzsparend, einfach und somit kostengünstig.

WILO EMU GmbH · Heimgartenstraße 1 · 95030 Hof
Tel. 0 92 81/974-0 · Fax: 0 92 81/9 65 28
www.wiloemu.com · info@wiloemu.de

WILO

5. Wasserförderung

bearbeitet von. Dipl.-Ing. **Matthias Weiß**

DVGW-Regelwerk, DIN-Normen, Gesetze, Verordnungen, Vorschriften, Richtlinien
siehe Anhang: Kap. 14, S. 865 ff.
Literatur siehe S. 422

5.1 Maschinelle Einrichtungen

5.1.1 Betriebswerte von Pumpen

Im Wesentlichen dienen Pumpen zur Förderung von Wasser in höher gelegene Versorgungsgebiete sowie zur Drucksteigerung und zur Erhöhung der Geschwindigkeit im Rohrleitungssystem zur Vergrößerung des Förderstromes, wenn der vorhandene Druck zum Befördern eines bestimmten Durchsatzes nicht ausreicht. Die Auswahl von Pumpen hängt von mehreren Gesichtspunkten ab.

5.1.1.1 Förderstrom

Der Förderstrom Q, auch Volumenstrom genannt, ist die in der Zeiteinheit von der Pumpe gelieferte Wassermenge in l/s, m^3/h oder auch in m^3/s.

5.1.1.2 Förderhöhe und Förderdruck

Bei Pumpen von Wasserversorgungsanlagen wird die Förderhöhe H zweckmäßiger Weise in Meter-Druckhöhe angegeben, da auch topografische Höhen von Leitungstrassen in m aufgezeichnet sind (z. B. als Längsschnitte der Leitungen usw.).
Zur Umrechnung in den Förderdruck Δp mit den Druckeinheiten „bar" und „Pascal" (Pa) gilt folgende Formel

$$\Delta p = \rho \cdot g \cdot H$$

Mit der Dichte ρ des Fördermediums Wasser (~ 1.000 kg/m^3) ergeben sich folgende Umrechnungen:
1 m Druckhöhe = 9.810 Pa = 0,0981 bar; 1 bar = 10,197 m, also rd. 10,2 m Druckhöhe (früher „Wassersäule").
Die auf die WV-Anlagen abzustimmende Gesamtförderhöhe H (auch manometrische Förderhöhe) von Pumpen setzt sich zusammen aus **(Abb. 5-1)**:

- der geodätischen Förderhöhe H_{geo}, die dem Höhenunterschied der Wasserspiegel auf der Saug- und Druckseite der Pumpe entspricht ($z_a - z_e$); bei geschlossenen Druckbehältern auf der Saug- bzw. Druckseite ist die Druckdifferenz der auf diesen Wasserspiegeln ruhenden Drücke ($p_a - p_e$)/ρ·g zusätzlich zu berücksichtigen;
- der Differenz der Geschwindigkeitshöhen ($v_a^2 - v_e^2$)/2 g beim Eintritt und Austritt in das geschlossenen System; sie ist in der Regel vernachlässigbar klein, z. B. für v = 1 m/s ist v^2/2 g = 0,05 m;
- der Summe aller Strömungswiderstände H_v in den an die Pumpen anschließenden Rohrleitungen, Armaturen, Messvorrichtungen usw. auf Saug- und Druckseite;

Hieraus folgt für die Gesamtförderhöhe H:

$$H = z_a - z_e + \frac{(v_a^2 - v_e^2)}{2 \cdot g} + \sum H_v \quad \text{in m}$$

Die geodätische Förderhöhe H_{geo} kann auch aus der geodätischen Saughöhe $H_{s,geo}$ und der geodätischen Druckhöhe $H_{d,geo}$ bestimmt werden. Die geodätische Saughöhe $H_{s,geo}$ wird gemessen zwischen Saugwasserspiegel und

- Mitte Pumpenwelle an horizontalen Kreiselpumpen,
- unterster Laufradstufe an vertikalen Kreiselpumpen,
- Mitte Saugventil an Kolbenpumpen.

Die Zusammenhänge sind in **Abb. 5-1** dargestellt.

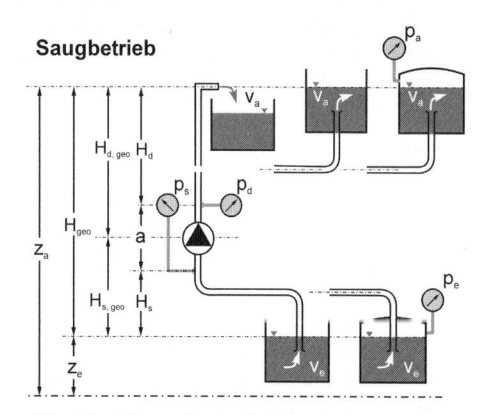

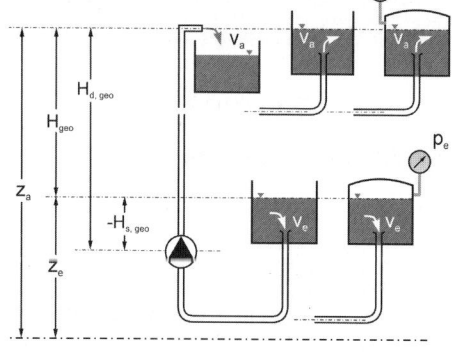

Abb. 5-1: Schema der Förderhöhen: a) Saugbetrieb   b) Zulaufbetrieb

Im Saugbetrieb **(Abb. 5-1 a)** wird gemessen:

- die Saughöhe mittels Druckaufnehmer (Vakuummeter, …), dessen Messwert sich auf die Höhe des Anschlusspunktes der Instrumentenleitung an die Saugleitung bezieht; sie beträgt einschließlich der mitgemessenen Widerstände in der Saugleitung bis zu diesem Punkt H_s,
- die Druckhöhe mittels Druckaufnehmer (Manometer, …), der die Summe aus geod. Höhe und Widerstandshöhe in der Druckleitung ab Druckaufnehmer, also die Gesamtdruckhöhe H_d über dem Messpunkt angibt; wenn in einen geschlossenen Druckbehälter gepumpt wird, ist der auf dessen Wasserfläche ruhende Luftdruck enthalten.

Ist der Abstand zwischen dem Anschlusspunkt der Saugseite und demjenigen auf der Druckseite a, so beträgt die im Betrieb gemessene Gesamtförderhöhe $H = H_s + H_d + a$ in m.
Läuft das Wasser der Pumpe zu (Zulaufbetrieb), wie z. B. bei Unterwassermotorpumpen in Brunnen, so wird die geodätische Saughöhe $H_{s,geo}$ zur „Zulaufhöhe" und daher negativ ($H_{geo} = -H_{s,geo} + H_{d,geo}$).

5.1.1.3 Nutzleistung einer Pumpe

Die Nutzleistung einer Pumpe wird gemäß folgender Formel berechnet:

$$P_n = \rho \cdot g \cdot Q \cdot H \quad \text{in W}$$

5.1 Maschinelle Einrichtungen

mit $\rho = 1.000\,\text{kg/m}^3$, $g = 9{,}81\,\text{m/s}^2$, Q in m^3/s und H in m. Dimensionsbehaftet lautet die Formel

$$P_n = \frac{Q \cdot H}{367} \text{ in kW, wenn Q in m}^3/\text{h oder } P_n = \frac{Q \cdot H}{102} \text{ in kW, wenn Q in l/s angegeben ist.}$$

5.1.1.4 Leistungsbedarf an der Pumpenwelle

Der Leistungsbedarf an der Pumpenwelle P_e muss entsprechend dem Wirkungsgrad η_p der Pumpe, der immer kleiner als 1 ist, größer werden als P_n, nämlich

$$P_e = \frac{\rho \cdot g \cdot Q \cdot H}{\eta_P} \text{ in W.}$$

Für die Auswahl der Größe des Pumpenmotors ist der Betriebspunkt mit dem höchsten Leistungsbedarf der Pumpe zugrunde zu legen. In Sonderfällen sind zwischen Antrieb und Pumpe Übertragungsorgane (Riementriebe, Zahnradgetriebe) eingeschaltet, deren Wirkungsgrad entsprechend anzusetzen ist.

5.1.2 Kreiselpumpen (KrP)

5.1.2.1 Anwendungsgebiet

Kreiselpumpen haben sich betrieblich und wirtschaftlich in der Wasserversorgung außerordentlich bewährt und sind die am meisten verwendeten Pumpen. Sie werden überall in der Wasserversorgung eingesetzt. Als Antrieb werden im Allgemeinen unmittelbar gekuppelte Elektromotoren verwendet. Sie haben wenige Nachteile: Empfindlichkeit gegen sandhaltige Wässer, ohne Sondereinrichtungen nicht selbstansaugend, d. h. Saugleitung und Laufrad (bzw. -räder) müssen für die Förderung bereits mit Wasser gefüllt sein. Kreiselpumpen sind preiswerte Serienerzeugnisse, die rückwärtslaufend auch als Turbinen eingesetzt werden können (s. Abschn. 5.1.5.2.3).

5.1.2.2 Bauformen von Kreiselpumpen

5.1.2.2.1 Grundsätzlicher Aufbau

Kreiselpumpen arbeiten nach dem Fliehkraftprinzip. In den Schaufeln der Laufräder wird das Wasser von innen nach außen beschleunigt. Die so entstehende Rotationsgeschwindigkeit des Wassers wird anschließend durch Umlenkung im Spiralgehäuse der Pumpe (durch Querschnittsvergrößerung) und bei mehrstufigen Pumpen ergänzt durch feststehende Leiträder weitgehend in Druck umgewandelt. Je größer Laufraddurchmesser und Drehzahl, desto höher der Druckanstieg. Da der Durchmesser durch Konstruktionsaufwand und Festigkeit begrenzt ist, werden mehrere Stufen hintereinander geschaltet, wenn eine Stufe für den geforderten Druck nicht ausreicht, und so der Betriebsbereich erweitert. Die verschiedenen Bauarten von Kreiselpumpen unterscheiden sich im Wesentlichen nach der Anordnung und der Anzahl der Laufräder. Üblich sind Bauarten mit liegender oder stehender Welle.

5.1.2.2.2 Betriebsverhalten und Kennlinien von Kreiselpumpen

Die Laufräder von Kreiselpumpen werden nach ihrer Form, die das Betriebsverhalten der Pumpe wesentlich mitbestimmt, eingeteilt in Radial-, Halbaxial- und Axialräder. Die Bezeichnung beruht auf der Austrittsrichtung des Fördergutes gegenüber der Wellenachse. In der Wasserversorgung kommen Axialräder sehr selten vor.

Mit der spezifischen Drehzahl (Radformkennzahl) können verschiedener Laufradtypen verglichen werden. Sie ist der Ähnlichkeitsmechanik entnommen und gestattet bei unterschiedlichen Betriebsdaten (Q, H und n bei η_{opt}) Laufräder miteinander zu vergleichen und die Bauform und die zugehörige Pumpenkennlinie zu klassifizieren. Es gilt die Definition:

$$n_q = n \cdot \frac{\sqrt{Q}}{H^{3/4}} \quad \text{mit Drehzahl n in min}^{-1}, \text{ Förderstrom Q in m}^3/\text{s, Förderhöhe H in m}$$

Charakteristische Kennlinien von Pumpen mit verschiedenen Laufrädern sind in **Abb. 5-2** zusammengestellt:

- *Die Q-H-Kennlinie*: Die Förderhöhe von Kreiselpumpen hängt bei konstanter Drehzahl charakteristisch vom Förderstrom ab. Diese Funktion wird als Q-H-Kennlinie oder auch Drosselkurve bezeichnet. Die Q-H-Kurve von Kreiselpumpen wird im Zuge der Pumpenauslegung berechnet und auf dem Prüfstand ermittelt. Ihre Kenntnis ist für die Dimensionierung einer Förderanlage unerlässlich.
  Die Laufräder einer Kreiselpumpe lassen sich so auslegen, dass sich eine steile oder eine flache Kennlinie ergibt. Bei ersterer genügt eine geringe Änderung von Q, um H stark zu ändern. Bei flachen Kennlinien dagegen ändert sich Q sehr stark, wenn H nur geringfügig vergrößert oder verkleinert wird. Soll z. B. der Netzdruck eines geschlossenen Netzes bei Änderung der Wasserabgabe möglichst gleichmäßig sein, ist eine Kreiselpumpe mit möglichst flacher Kennlinie vorteilhaft. Hingewiesen sei auf den labilen Verlauf von Kennlinien: Hierbei ergeben sich bei einer bestimmten Förderhöhe H zwei Förderströme Q (keine eindeutige Zuordnung mehr!): Dies ist bei der dargestellten Kennlinie des Axiallaufrades der Fall. Aber auch Pumpen mit Radialrädern können im hohen H- bzw. niedrigen Q-Bereich labile Betriebsbereiche aufweisen in denen der Betriebspunkt zwischen zwei Förderströmen schwankt (labil). Auf stabile Kennlinien ist zu achten; andernfalls müssen diese Betriebsbereiche zuverlässig ausgeschlossen werden.

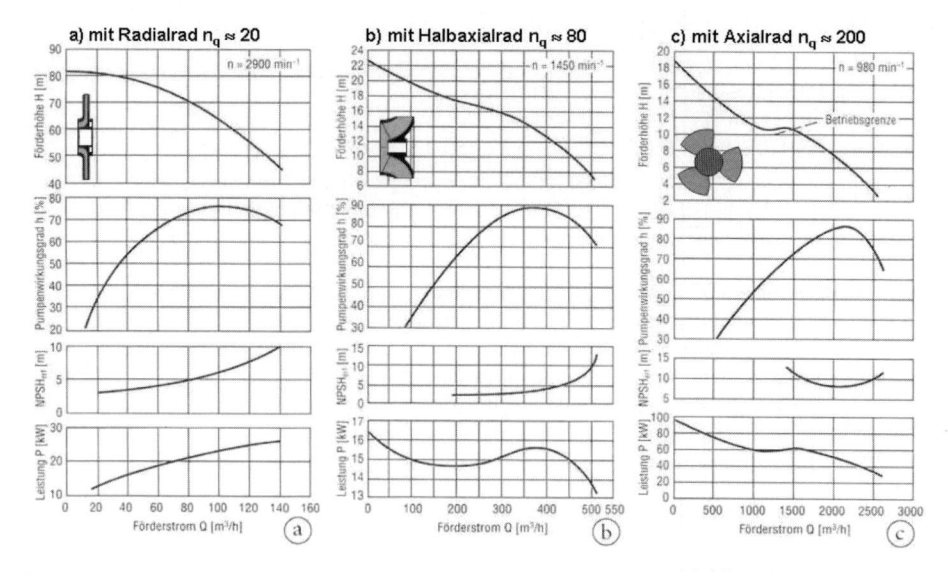

Abb. 5-2: Kennlinienarten von Kreiselpumpen mit verschiedenen Laufrädern (Diagramme KSB)

5.1 Maschinelle Einrichtungen

- Die *Kennlinie des Wirkungsgrades* η_p wird wie die Q-H-Linie über dem Förderstrom Q aufgetragen. Der Wirkungsgrad η_p hat einen Bestwert, der möglichst mit dem Betriebspunkt zusammenfallen sollte. Große Stufenzahlen mit ihren höheren mechanischen Verlusten in Lagern und Wellendichtungen mindern den Wirkungsgrad η_p. Der Gesamtwirkungsgrad η_{ges} einer Kreiselpumpe mit Elektromotor ist: $\eta_{ges} = \eta_{Motor} \cdot \eta_{Pumpe}$

- *Die Kennlinie für den Leistungsbedarf an der Pumpenwelle:* Mit dem sich über den Arbeitsbereich ändernden Wirkungsgrad ergibt sich die Kennlinie für den Leistungsbedarf der Pumpe. Die P_e-Linie steigt in der Regel beim Radialrad mit sinkender Förderhöhe und steigendem Förderstrom bis zu einem Höchstpunkt und kann dann wieder abfallen. Um den Antriebsmotor richtig auslegen zu können, muss also der ungünstigste Betriebspunkt – in der Regel bei der kleinsten im Betrieb möglichen Förderhöhe – bekannt sein. Diesem größten zu erwartenden Bedarf muss die Antriebsleistung des Motors entsprechen. Zur Sicherheit wird die Leistung des Antriebsmotors für Kreiselpumpen stets größer ausgelegt, als sich nach der Rechnung für den ungünstigsten Betriebspunkt ergibt (ca. 15 % bei Elektromotoren bis 40 kW und bei Dieselmotoren, um etwa 10 % bei größeren Elektromotoren).

- Das *Saugverhalten* einer Kreiselpumpe wird über die *NPSH-Kurve* in Abhängigkeit vom Förderstrom charakterisiert. Hierzu wird auf Abschn. 5.2.2.3 verwiesen.

Drehzahländerungen bei Kreiselpumpen: Die Q-H-Kennlinie gilt für eine ganz bestimmte Drehzahl und verschiebt sich mit steigender Drehzahl nach oben (Abb. 5-3). Durch die Änderung der Drehzahl kann

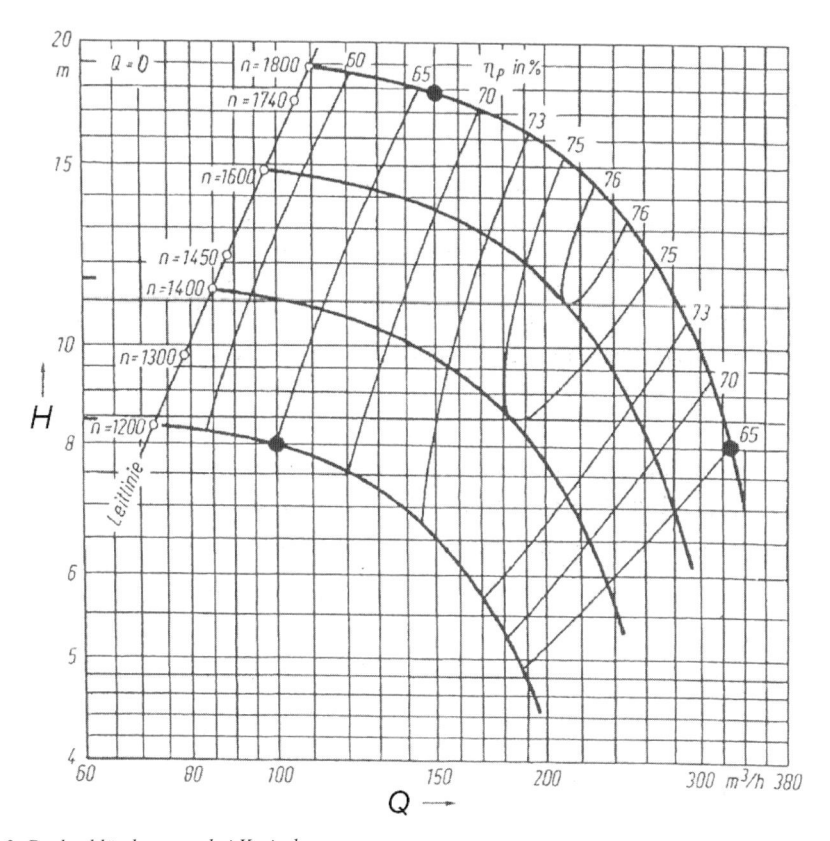

Abb. 5-3: Drehzahländerungen bei Kreiselpumpen

somit eine Änderung der Förderverhältnisse herbeigeführt werden. Es gelten folgende Ähnlichkeitsbeziehungen wenn die Drehzahl von n auf n_1 geändert wird:

$$Q_1 = Q \cdot \frac{n_1}{n} \qquad H_1 = H \cdot \left(\frac{n_1}{n}\right)^2 \qquad P_1 = P \cdot \left(\frac{n_1}{n}\right)^3$$

Wird eine Kreiselpumpe mit mehreren Drehzahlen betrieben, so entsteht ein „Kennfeld", wenn man zusätzlich zu den Q-H-Kennlinien die Linien gleicher Wirkungsgrade η_p einträgt. Die Kreiselpumpe sollte immer im „Kern" des Kennfeldes d. h. bei möglichst hohen Wirkungsgraden betrieben werden.

Bei $n = 1.200\, min^{-1}$ fördert die Pumpen nach dem Diagramm **(Abb. 5-3)** $100\, m^3/h$ auf 8 m; mit der 1,5-fachen Drehzahl $n1 = 1.800\, min^{-1}$ könnte sie (unter Anwendung der Ähnlichkeitsbeziehungen) $150\, m^3/h$ 18 m hoch fördern.

Lässt man für eine Pumpe mit den in **Abb. 5-3** dargestellten Kennlinien einen Betriebsbereich mit einem Wirkungsgrad $\eta > 65\%$ zu, so ergibt sich bei gleich bleibender Förderhöhe von 8 m ein Förderstrom, der infolge Drehzahländerung zwischen $100\, m^3/h$ ($n = 1.200\, min^{-1}$) und $320\, m^3/h$ ($n = 1.800\, min^{-1}$) variiert werden kann. Man macht hiervon z. B. Gebrauch, wenn unmittelbar in ein geschlossenes Netz (ohne Hochbehälter) gefördert werden soll und dabei der Druck im Versorgungsnetz möglichst konstant gehalten werden muss.

– *Laufradanpassung*: Eine weitere Möglichkeit zur Anpassung von Förderstrom und Förderhöhe besteht durch Ab- oder Ausdrehen des Laufrades. Dabei verschiebt sich die die Kennlinie ähnlich wie bei einer Drehzahländerung. Die neuen Betriebspunkte können näherungsweise nach folgender Beziehung ermittelt werde:

$$Q_{neu} \approx \left(\frac{d_{neu}}{d_{vorh}}\right)^2 \cdot Q_{vorh} \qquad H_{neu} \sim \left(\frac{d_{neu}}{d_{vorh}}\right)^2 \cdot H_{vorh}$$

Selbstverständlich ist immer nur eine Verkleinerung von Förderhöhe und Förderstrom zu erreichen. Diese Möglichkeit wird genutzt, um Pumpen sehr genau auf einen exakten Betriebspunkt einzustellen.

5.1.2.2.3 Bauarten

Die Bauarten von Kreiselpumpen werden nach Stufenzahl, Wellenlage und Zahl der Laufradströme (ein- oder zweiflutig) unterschieden. Je nach Ausführung werden unterschiedliche Bauarten der Elektro-Antriebsmotoren (trockener Normmotor, Tauchmotor, Nassläufermotor) verwendet.

Einstufige Spiralgehäusepumpen besitzen meist ein fliegend gelagertes Laufrad. Im Lagerblock befinden sich zwei Radiallager in Gleit- oder Wälzlagerausführung und ein Axialdrucklager. Der Ansaug- oder (besser) Eintrittsstutzen liegt axial **(Abb. 5-4a)**.

Mehrstufige Pumpen: Die mit einem einzelnen Laufrad erzielbare Förderhöhe ist begrenzt (Durchmesser, Reibungsverluste, Materialfestigkeit, Drehzahl). Größere Förderhöhen bedürfen daher mehrerer hintereinander angeordneter Laufräder. Laufrad, Leitrad und Umführungskanäle befinden sich meistens in einem Stufengehäuse. Die Stufengehäuse sowie die Einlauf- und Druckgehäuse werden mit Zugankern zusammengehalten. Hier ist durch Herausnehmen von Laufrädern (Ersatz durch Blindstufen) oder durch Einfügen von Laufrädern eine Anpassung an geänderte Betriebsbedingungen möglich. Die mehrstufige Anordnung entspricht einem Hintereinanderschalten mehrerer einstufiger Pumpen mit einem gemeinsamen Antrieb. Die **Abb. 5-4c bis f** zeigen mehrstufige Pumpen in unterschiedlichen Ausführungen.

Axialschubausgleich: In axialer Richtung treten insbesondere bei einflutigen Kreiselpumpen Kräfte auf, die zum Saugmund hin gerichtet sind (dynamischer und statischer Axialschub). Der Betrag der der resultierende Axialkraft ist insbesondere bei Pumpen mit großer Förderhöhe so groß, dass er nicht von einem Axiallager aufgenommen werden kann, sondern konstruktiv ausgeglichen werden muss.

Bei einstufigen Pumpen sorgen *Entlastungsbohrungen* durch die volle Laufradwand gegenüber dem Einlaufbereich für einen gewissen Druckausgleich; der verbleibende restliche Axialschub wird durch

5.1 Maschinelle Einrichtungen

a) einstufige Spiralgehäusepumpe
b) einstufige, zweiflutige Spiralgehäusepumpe
c) 5-stufige, einflutige Gliederpumpe
d) Mehrstufige Tauchmotorpumpe
e) 2-stufige Unterwassermotorpumpe
f) Bohrlochwellenpumpe

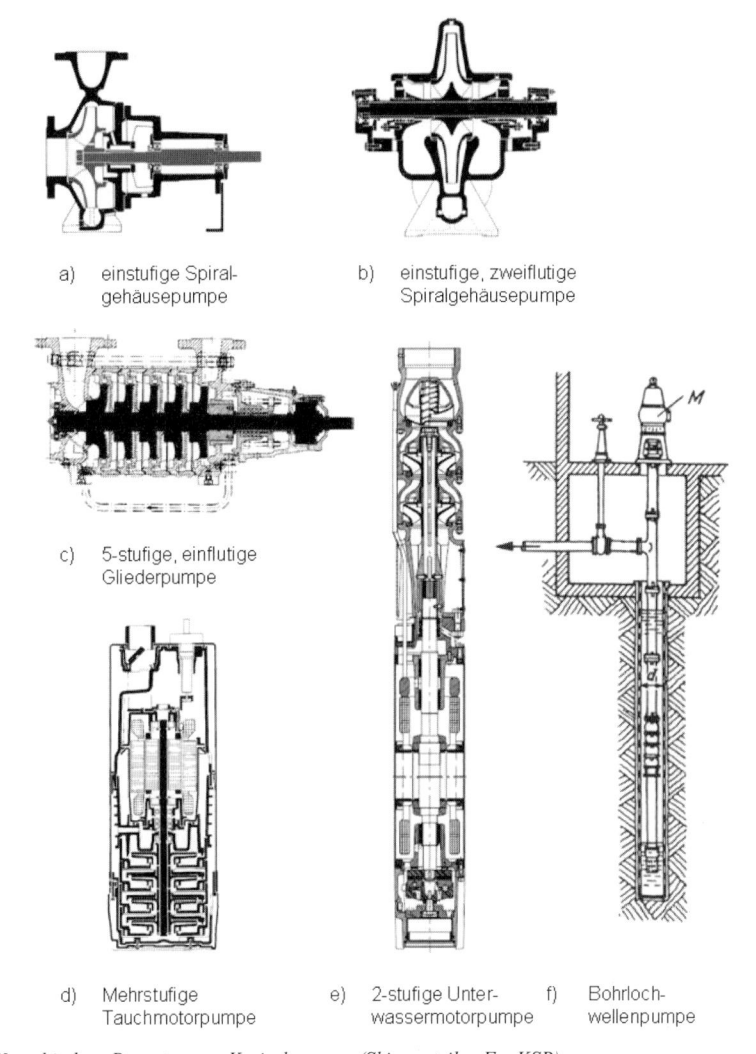

Abb. 5-4: Verschiedene Bauarten von Kreiselpumpen (Skizzen teilw. Fa. KSB)

Axial-Rillenkugellager oder zweireihige Schrägkugellager aufgenommen (Festlager). Bei mehrstufigen, einflutigen Pumpen wird ein Ausgleich nicht für einzelne Stufen, sondern für den ganzen Läufer durch einen Ausgleichskolben geschaffen, auf dessen einen Seite der Druck hinter der letzten Stufe lastet, während die andere Seite mit dem Saugstutzen und dem dort herrschenden niedrigen Druck in Verbindung steht. Auch hier werden Restkräfte durch Axiallager aufgenommen. Mit der Konstruktion einer Entlastungsscheibe kann bei mehrstufigen Pumpen bei allen Betriebsfällen sogar ein vollständiger Axialschubausgleich erreicht werden, hier sind keine Axiallager angeordnet, damit sich der Läufer axial frei einstellen kann.

Bei den für sehr große Förderströme geeigneten *zweiflutigen Kreiselpumpen* **(Abb. 5-4b)** wird der Axialschub durch gegensinnig angeordnete Laufräder ausgeglichen. Die Laufräder sind spiegelbildlich beschaufelt. Aufgrund von Asymmetrien der Strömung werden Axiallager für den Restschub benötigt.
Tauchmotorpumpen **(Abb. 5-4d)** dienen der Entwässerung.

Unterwassermotorpumpen, kurz U-Pumpen genannt, werden vorzugsweise als Pumpen in Brunnen eingesetzt. Geringe Durchmesser der Laufräder und die geforderten großen Förderhöhen bedingen eine mehrstufige Pumpenführung. U-Pumpen werden mit dem Elektromotor zu einer Einheit verbunden **(Abb. 5-4e)**. Besonders kleine und für den Einbau in Filterbrunnen geeignete Maschinen haben gekrümmte (halbaxiale) Laufräder (kleinerer Durchmesser). Unmittelbar über der Pumpe sitzt ein Rückschlagventil. Als Motor wird ein Kurzschlussläufer mit direkter Einschaltung, Sterndreieck-Anlauf oder Sanftanlauf verwendet. Der Motorraum ist abgedichtet und mit wasserbasierender Motor-Füllflüssigkeit gefüllt, die auch zur Kühlung und als Schmiermittel der (Gummi- oder Kunststoff-)Lager dient („Nassläufer"). Um auch bei besonderen Anwendungen und Betriebsfällen eine ausreichende Motorkühlung zu erzielen, kann ein Saugmantel verwendet werden. Bei U-Pumpen liegt der Gesamtwirkungsgrad η_{ges} zwischen 45 und 73 %, wobei größere Einheiten bessere Wirkungsgrade aufweisen.

Bohrloch-Wellenpumpen haben besonders kleine Durchmesser, damit sie in die Brunnenfilter eingesetzt werden können **(Abb. 5-4f)**. Die kardanische Antriebswelle führt durch die Steigleitung und ist etwa alle 2 m in wassergeschmierten Gleitlagern gehalten, welche zwischen die Flanschen der Steigleitung eingesetzt sind. Die Wellenstücke werden durch Hülsen gekuppelt. Der Motor ist auf eine Traglaterne aufgelagert, in deren seitlicher Öffnung die Kupplung sichtbar und zugänglich wird. Unterhalb der Traglaterne geht die Druckleitung seitlich ab. Für Brunnen finden sie heute jedoch kaum mehr Verwendung.

5.1.2.3 Saugverhalten von Kreiselpumpen

Die Möglichkeit des Ansaugens von Pumpen ist darauf zurückzuführen, dass auf dem Wasserspiegel des Vorratsbehälters, aus dem die Pumpen Wasser entnehmen, der atmosphärische Luftdruck lastet und das Wasser in die Pumpengehäuse drückt, in denen ein Vakuum geschaffen worden ist. Die größte theoretische Saughöhe entspricht daher dem jeweils herrschenden Luftdruck.

Diese theoretische Saughöhe kann aber nicht ausgenützt werden, weil das Wasser abhängig von der Temperatur – bei Erreichen des Verdampfungsdruckes Dampfblasen bildet, die nicht nur die gleichmäßige Förderung stören, sondern bei Druckanstieg spontan kondensieren (Kavitation!) und damit eine hohe mechanischer Beanspruchung der Laufräder, des Gehäuses, der Leiteinrichtungen usw. verursachen, die bis zum Metallabtrag und Zerstörung führen kann. Kavitation ist durch starke Geräusche erkennbar.

Dies lässt sich vermeiden, wenn die Haltedruckhöhe (Net Positive Suction Head) der Pumpe kleiner ist als diejenige der Anlage.

NPSHR < NPSHA (NPSHR: früher $NPSH_p$ bzw. $NPSH_{erf.}$; NPSHA: früher $NPSH_A$ bzw. $NPSH_{vorh.}$)
Das Saugverhalten einer Förderanlage ist bei der Auslegung zu überprüfen!
Die Haltedruckhöhe der Anlage NPSHA ergibt sich aus

$$NPSHA = z + \frac{p_e + p_b - p_D}{\rho \cdot g} + \frac{v_e^2}{2 \cdot g} - H_v \text{ in m}$$

z in m   Abstand Saugwasserspiegel-Pumpenwelle für horizontale Kreiselpumpe
Abstand Saugwasserspiegel-Oberkante 1. Laufrad für vertikale Kreiselpumpe
z ist positiv, wenn die Pumpe niedriger steht als der Saugwasserspiegel, und negativ im umgekehrten Fall. Bei +z kleinstes, bei –z größtes mögliches Maß für z berücksichtigen! **(Abb. 5-5)**

p_e in N/m²   Überdruck (über Luftdruck), der auf dem Saugwasserspiegel ruht; bei freiem WSp ist $p_e = 0$ N/m² (meistens).

p_b in N/m²   Mittlerer (absoluter) Luftdruck am Aufstellungsort

p_D in N/m²   Verdampfungsdruck, von der Temperatur des Wassers abhängig

ρ in kg/m³   Dichte des Wassers, von der Temperatur des Wassers abhängig

g in m/s₂   Fallbeschleunigung = 9,81 m/s²

v_e in m/s   Wassergeschwindigkeit im Einlaufbauwerk ≈ 0 m/s

H_v in m   Widerstandshöhe (auch Verlusthöhe) in der Saugleitung.

5.1 Maschinelle Einrichtungen

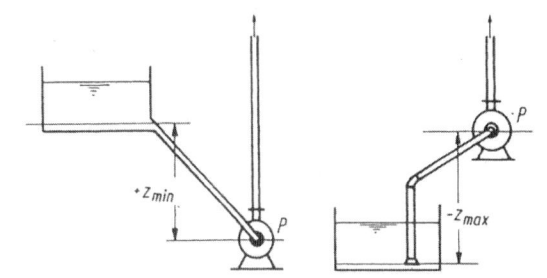

Abb. 5-5: Abstand des saugseitigen Wasserspiegel zur Pumpenachse (+z und −z)

Mit der Annahme, dass der mittlere Luftdruck, die Höhenlage und die Wassertemperatur sowie z einer Anlage konstant bleibt, ist die Gleichung nur von H_v abhängig. Mit zunehmendem Förderstrom wird auch v und damit H_V größer, so dass dann NPSHA kleiner wird. Damit vereinfacht sich die Formel zu

$$\text{NPSHA} = z + \alpha - H_v \text{ in m mit } \alpha \text{ aus } \textbf{Tab. 5-1}$$

Tab. 5-1: α-Werte für NPSHA-Berechnung

Höhe + NN	Temp. °C 5	10	15	20
0	10,24	10,19	10,16	10,11
250	9,95	9,90	9,87	9,81
500	9,65	9,60	9,57	9,51
1 000	9,08	9,04	9,00	8,94
2 000	8,02	7,97	7,94	7,88

Die *Haltedruckhöhe der Pumpe NPSHR*, die in jedem Betriebspunkt kleiner als die der Anlage sein soll, ändert sich mit den Pumpentypen, ist innerhalb dieser von Q abhängig und wird auf dem Prüfstand ermittelt und im Kennlinienblatt der Pumpe dargestellt (**Abb. 5-2**). Sie liegt bei horizontalen Kreiselpumpen mit Radialrädern im günstigen Betriebsbereich in der Regel nicht höher als 6 m, kann aber bei schlank gebauten UP mit gekrümmten Laufrädern 8 bis 9 m erreichen. Dies ist für deren Einbautiefe zu beachten! *Betriebsfeld:* Die beiden Kurven für NPSHA und NPSHR laufen also gegeneinander und schließen das zulässige Betriebsfeld (punktiert in **Abb. 5-6**) ein. Ihr Schnittpunkt zeigt das zulässige Q_{max} an.

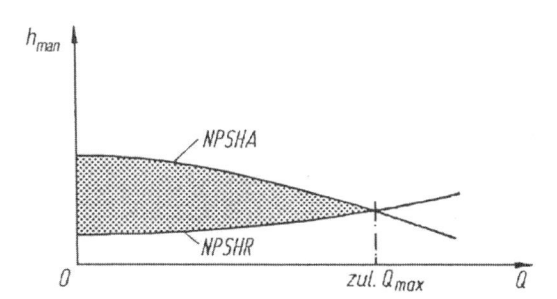

Abb. 5-6: NPSH-Betriebsfeld

In neu zu bauenden Pumpwerken sollten Kreiselpumpe so aufgestellt werden, dass das Wasser zufließt, schon weil der automatische Betrieb sicheres „Ansaugen" verlangt; damit wird man auch den Forderungen wegen der NPSH-Werte gerecht.

5.1.2.4 Zusammenhang zwischen Kennlinie einer Kreiselpumpe und der Anlagenkennlinie

Die Anlagenkennlinie setzt sich aus der Kennlinie der Rohrleitung (Reibungsverluste nach DVGW-Arbeitsblatt W 302), der örtlichen Verluste an Armaturen, Formstücke und dgl. sowie aus der geodätischen Förderhöhe H_{geo} zusammen. Die jeweilige Gesamtförderhöhe H ist abhängig vom Förderstrom Q. Der Betriebspunkt einer Kreiselpumpe, deren Kennlinie bekannt ist, stellt sich am Schnittpunkt zwischen Pumpenkennlinie und Anlagenkennlinie ein. Eine Berechnung für die Anlage aus **Abb. 5-7** ist in **Tabelle 5-2** angegeben. Die Werte sind im Diagramm dargestellt.

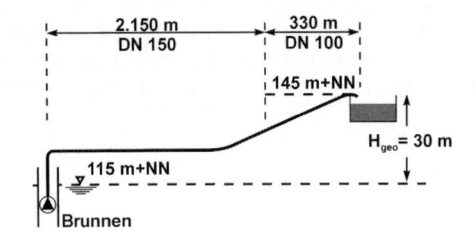

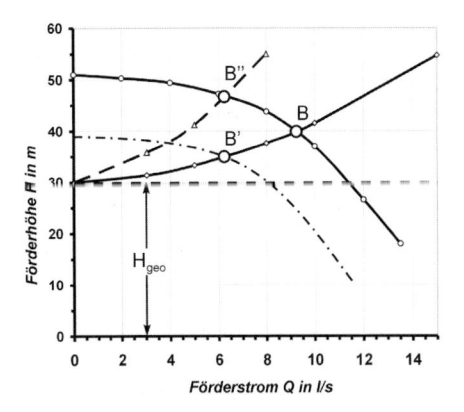

Abb. 5-7: Anlagenkennlinie und Q-H-Kennlinie

Tab. 5-2 Berechnung der Druckhöhenverluste

Förder-Strom	Druckhöhenverlust in den Leitungsabschnitten der Längen		Druckhöhenverluste in Armaturen usw.	Druckhöhenverluste, gesamt	geodätische Förderhöhe	Anlagenkennlinie
	2150 m DN 150	330 m DN 100		Summe		
l/s	m	m	m	m	m	m
3	0,56	0,64	0,16	1,36	30,00	31,36
5	1,44	1,64	0,18	3,26	30,00	33,26
8	3,41	3,97	0,21	7,59	30,00	37,59
10	5,19	6,06	0,25	11,50	30,00	41,50
15	11,05	13,16	0,50	24,71	30,00	54,71

In das Diagramm wurde zusätzlich die Pumpenkennlinie Q-H der U-Pumpe des Brunnens eingetragen. Der Schnittpunkt der beiden Kennlinien stellt den Betriebspunkt B dar, hier also bei Q = 9,3 l/s Förderstrom und H = 40 m Förderhöhe.

Will man nur 6,3 l/s zum Hochbehälter pumpen, kann entweder ein andere Pumpe gewählt werden, deren Kennlinie diejenige der Anlage bei 6,3 l/s, also im Punkt B' schneidet (strichpunktierte Linie), oder man verringert die Drehzahl der vorhandenen Pumpe, bis sie ebenfalls auf dem gewünschten

Betriebspunkt B' arbeitet (Drehzahlregelung). Voraussetzung für diese wirtschaftliche Lösung ist die Veränderbarkeit der Drehzahl des Antriebsmotors.

Alternativ müsste der Anlagenwiderstand so erhöht werden, dass die Anlagenkennlinie die Q-H-Kennlinie der Pumpe im Betriebspunkt B" schneidet (gestrichelte Anlagenkennlinie). Dies kann durch Drosseln des Druckschiebers erreicht werden (Drosselregelung). Ein derartiger Betrieb ist aber i. d. R. unwirtschaftlich.

Liegen, wie in **Abb. 5-8**, zwischen Pumpe und Wasserspeicher (Hochbehälter) Verbraucher, so sinkt bei Entnahme und gleichzeitigem Pumpbetrieb die Pumpenförderhöhe, da ein Teil des Wassers örtlich abgegeben und nicht mehr bis zum Hochbehälter gepumpt werden muss, womit sich die Rohrreibungsverluste vermindern. Dabei ändert sich also die Anlagenkennlinie z. B. von a – b nach c – d, und die Pumpe, die vorher in Punkt B mit 6 l/s auf 46 m arbeitete, fördert nun im Punkt B' mit 8,6 l/s auf 40 m. Diese Schwankungen der Förderhöhe haben bei gleichbleibender Drehzahl der Kreiselpumpe also Schwankungen des Förderstromes zur Folge. Der Leistungsbedarf an der Pumpenwelle ist ebenfalls nicht konstant.

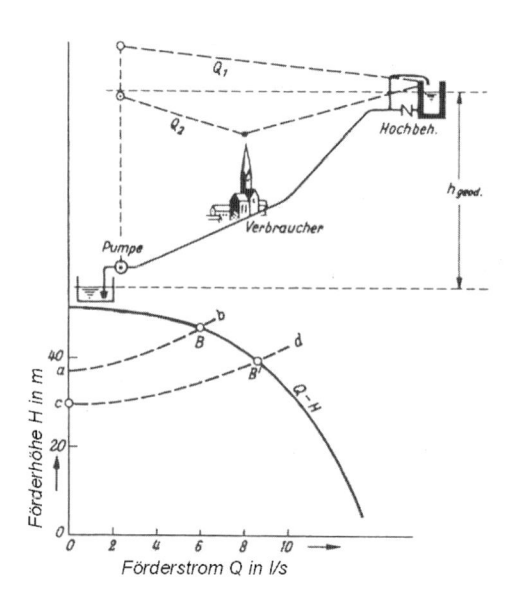

Abb. 5-8: Veränderliche Anlagenkennlinie durch zwischenliegende Wasserabgabe

5.1.2.5 Betrieb mehrerer Kreiselpumpen

5.1.2.5.1 Parallelbetrieb von Kreiselpumpen

Bei Förderanlagen mit stark schwankendem Förderstrom ist es zweckmäßig mehrere Pumpen unterschiedlicher Förderleistung zu installieren. Bei geringem Bedarf genügt jeweils der Förderstrom der Einzelpumpen. Bei Höchstbedarf werden die Pumpen im Parallelbetrieb gefahren. Jede Pumpe verfügt hierbei über eine eigene Saugleitung. Sie fördern gemeinsam auf die gleiche Druckleitung.

Grundsätzlich gilt, dass bei der Parallelschaltung von Kreiselpumpen sich die Förderströme der Einzelpumpen bei gleicher Förderhöhe zum Gesamtförderstrom addieren. Für einen stabilen Betrieb sollten die Nullförderhöhen der eingesetzten Pumpen nach Möglichkeit identisch sein und stabile Kennlinien aufweisen. Der Parallelbetrieb von Förderpumpen ist sehr sorgfältig zu untersuchen, um unwirtschaftliche Betriebszustände zu vermeiden.

Abb. 5-9 zeigt die resultierende Q-H-Kennlinie der beiden Förderpumpen und die resultierenden 3 Betriebspunkte am jeweiligen Schnittpunkt mit der Anlagenkennlinie.

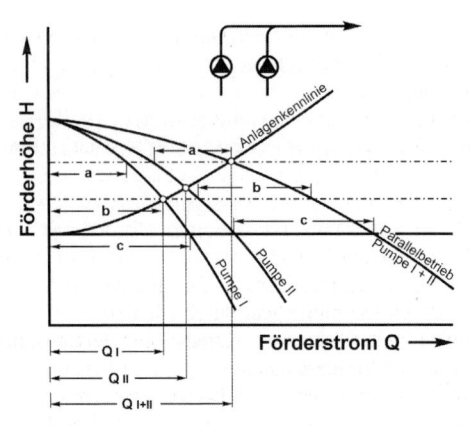

Abb. 5-9: Parallelbetrieb von Kreiselpumpen gleicher Nullförderhöhe

5.1.2.5.2 Hintereinanderschalten von Kreiselpumpen

Beim der Hintereinanderschaltung von Kreiselpumpen addieren sich die Förderhöhen der Einzelpumpen bei gleichem Förderstrom zur Gesamtförderhöhe. **Abb. 5-10** zeigt die resultierende Q-H-Kennlinie der beiden Förderpumpen und die resultierenden 3 Betriebspunkte am jeweiligen Schnittpunkt mit der Anlagenkennlinie.

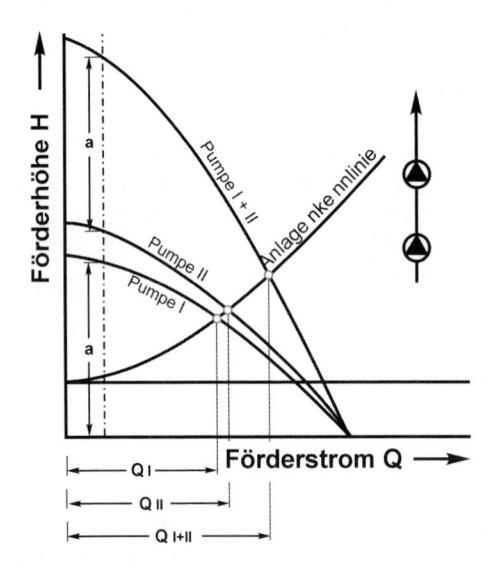

Abb. 5-10: Hintereinanderschaltung von Kreiselpumpen

5.1.2.6 Anfragen für Kreiselpumpen

Bei Anfragen nach Kreiselpumpen und ihren Antriebsmaschinen sind folgende Angaben zu machen:

- *Gewünschter Betriebspunkt:* Förderstrom Q in l/s oder m^3/h und Gesamtförderhöhe H (einschließlich aller Reibungsverluste) in m, Anlagenkennlinie(n), sonstiges z. B. niedrigste möglicherweise auftretende Gesamtförderhöhe H.
- *Vordruckverhältnisse*

5.1 Maschinelle Einrichtungen

- *Größte eintretende Saughöhe:* Abstand tiefster Saugwasserspiegel bis Pumpenwelle bei horizontalen Pumpen bzw. unterste Stufe bei vertikalen Pumpen, dazu Reibung in der Saugleitung. Beigabe einer Skizze ist zu empfehlen.
- *Förderung:* in einen Behälter, Druckkessel, unmittelbar in ein Versorgungsnetz
- *Chemische Eigenschaften des Wassers (Werkstoffauswahl):* insbes. Gehalt an aggress. Kohlensäure, Sauerstoff, Eisen, Chlor, Mangan oder Fehlen von Sauerstoff
- *Art der Anlage:* Brunnen, Schacht, Behälter, sonstige Anlage
  Bei Tiefbrunnen: Tiefe Erdoberfläche bis Brunnensohle, Lichte Weite in Einbautiefe der U-Pumpe, Filterrohr Einbautiefe und Länge
  Aufstellungsraum für die Maschinen: trocken, feucht, staubig.
- *Antriebsart:* unmittelbar, durch Kupplung oder durch Riemen
- *Stromverhältnisse:* Einphasen-Wechselstrom, Drehstrom, Netzspannung, Frequenz, falls mit Spannungsabfall zu rechnen ist: Mindestspannung
- *Schaltgerät:* Handschaltung, Fernsteuerung, Selbststeuerung durch Schwimmerschalter, Druckschalter oder Trockenlaufschutzvorrichtung, Drehzahlregelung, andere Schaltgeräte
- *Einschaltart:* direkt d. h. ohne/mit Anlasstransformator bzw. mit Sanftanlaufgerät oder Stern-Dreieck

5.1.3 Abnahmeprüfung von Kreiselpumpen

5.1.3.1 Werkstoffprüfung

Auf eine chemisch-technische Werkstoffprüfung wird meist verzichtet, da sie am Aufstellungsort kaum möglich ist. U. U. wird sie im Herstellerwerk vereinbart. Jedoch sind Gussstücke (Pumpengehäuse) zu untersuchen, ob sie Risse oder Lunkerbildungen aufweisen.

5.1.3.2 Hydraulische Abnahmeprüfung

Abnahmeprüfungen von Kreiselpumpen erfolgen nach DIN ISO 9906 „Kreiselpumpen - Hydraulische Abnahmeprüfung Klasse 1 und 2". Die Norm definiert feste Regeln und vereinfacht somit die Verständigung zwischen Hersteller/Lieferer und Besteller. Die in der Norm verwendeten Begriffe „Garantie" und „Abnahme" sind im technischen und nicht juristischen Sinne zu verstehen. Allerdings bedeutet der Bezug auf diese Norm im Kaufvertrag bereits Vertragssicherheit. Jegliche Abweichungen bedürfen der bewussten Vereinbarung im Kaufvertrag.

Die Norm

- enthält die Definition aller relevanter Größen,
- enthält die Festlegung der technischen Garantien und deren Erfüllung,
- enthält Empfehlungen für die Vorbereitung und Durchführung von Abnahmeversuchen,
- macht Vorgaben für die Auswertung der Prüfergebnisse,
- macht Empfehlungen zur Abfassung des Versuchsberichtes und
- beschreibt die gebräuchlichen Messverfahren.

Kreiselpumpen werden unter Beachtung zulässiger Guss- und Fertigungstoleranzen gefertigt. Jede Pumpe ist daher während der Fertigung zulässigen geometrischen Abweichungen von den Sollmaßen der Fertigungszeichnung unterworfen. Beim Vergleich der Prüfergebnisse mit den garantierten Werten müssen daher Toleranzen erlaubt sein.
Die Prüfungen haben den Zweck, die Leistung der Pumpe zu ermitteln und sie mit der Garantie des Herstellers/Lieferers zu vergleichen.

5.1.3.2.1 Garantiewerte

Die hydraulische Abnahmeprüfung von Pumpen wird i. d. R. beim Hersteller auf dessen Prüfstand vorgenommen. Für kleinere Maschinensätze hat es sich als zweckmäßig erwiesen, Pumpe und Motor durch ein und dieselbe Firma liefern und sich mit dem Angebot Gewährleistung für den ganzen Maschinensatz geben zu lassen. Besondere Vereinbarungen sind erforderlich für hydraulische Abnahmeprüfungen in der Anlage, wobei vorausgesetzt werden muss, dass die Festlegungen nach DIN ISO 9906 eingehalten werden können.

Ein Garantiepunkt wird definiert durch einen Garantievolumenstrom Q_G und eine Garantieförderhöhe H_G. Der Hersteller/Lieferer garantiert, dass bei der vereinbarten Drehzahl die gemessene Q-H-Linie in einem Toleranzbereich verläuft, der den Garantiepunkt umgibt.

Zusätzlich können eine oder mehrere der folgenden Größen unter festgelegten Bedingungen und bei der festgelegten Drehzahl garantiert werden:

– Wirkungsgrad der Pumpe η_G oder
– Wirkungsgrad für eine Motor/Pumpenaggregat η_{grG}
– Erforderlicher NPSH-Wert (NPSHR) beim garantierten Volumenstrom

Während der Prüfung kann festgestellt werden, ob das Verhalten der Pumpe in Bezug auf Packungs- und Lagertemperatur, Leckagen, den Geräuschpegel und Schwingungen zufriedenstellend ist.
Der Pumpenhersteller/-lieferer ist für die Festlegung des Garantiepunktes nicht verantwortlich.

5.1.3.2.2 Prüfergebnisse und Toleranzfaktoren

Alle Messwerte der Prüfung, die bei einer von der vereinbarten Drehzahl n_{sp} abweichenden Drehzahl n ermittelt wurden, müssen auf die vereinbarte Drehzahl n_{sp} umgerechnet werden.
Es gelten folgende Zusammenhänge

$$Q_T = Q \cdot \frac{n_{SP}}{n} \quad H_T = H \cdot \left(\frac{n_{SP}}{n}\right)^2 \quad P_T = P \cdot \left(\frac{n_{SP}}{n}\right)^3 \cdot \frac{\rho_{SP}}{\rho} \quad \eta_T = \eta$$

Die Norm enthält zwei Messgenauigkeitsklassen. Es gelten folgende Werte:

Tab. 5-3: Werte der Toleranzfaktoren nach DIN EN 9906

Größe	Formelzeichen	Klasse 1 %	Klasse 2 %
Volumenstrom	t_Q	± 4,5	± 8
Förderhöhe	t_H	± 3	± 5
Pumpenwirkungsgrad	t_η	-3	-5

Die Betriebsdaten von in Serie hergestellten Pumpen mit in Katalogen veröffentlichten Kennlinien und Pumpen mit einer Leistungsaufnahme von weniger als 10 kW können untereinander variieren. Für die Toleranzfaktoren dieser Pumpen gilt:

Tab. 5-4: Werte der Toleranzfaktoren für Serienpumpen und für Pumpen mit einem Leistungsbedarf des Motors zwischen 1 und 10 kW nach DIN EN 9906

Größe	Formelzeichen	bei Serienpumpen	Pumpen mit Motorleistungsbedarf 1 bis 10 kW
		Toleranzfaktoren	
Volumenstrom	t_Q	± 9	± 10
Förderhöhe	t_H	± 7	± 8
Leistungsbedarf der Pumpe	t_P	± 9	
Leistungsbedarf des Motors	$t_{P\,gr}$	± 9	
Pumpenwirkungsgrad	t_η	-7	

5.1 Maschinelle Einrichtungen

Die Messergebnisse werden in Abhängigkeit vom Volumenstrom Q aufgezeichnet. Durch die Garantiepunkte Q_G, H_G, wird ein Toleranzkreuz entsprechend den Toleranzfaktoren gelegt. Die Garantie für Förderhöhe und Volumenstrom ist erfüllt, wenn die Q-H-Linie den vertikalen und/oder den horizontalen Balken des Toleranzkreuzes schneidet oder zumindest berührt.

Der Wirkungsgrad wird abgeleitet aus dem Schnittpunkt der gemessenen Q-H-Linie mit der durch den vereinbarten Betriebspunkt Q_G, H_G und den Nullpunkt der Q/H-Achse verlaufenden Geraden sowie aus dem Schnittpunkt einer Vertikalen mit der Q-H-Linie. Die Erfüllung der Garantiebedingungen für den Wirkungsgrad liegt innerhalb der Toleranzgrenzen, wenn der Wert des Wirkungsgrades an diesem Schnittpunkt höher oder zumindest gleich $\eta_G \cdot (1 - t_\eta)$ ist.

Die Zusammenhänge sind in **Abb. 5-11** dargestellt.

Nachfolgend ist ein Beispiel für Werte aus einer Abnahmeprüfung für eine horizontale Kreiselpumpe mit den Garantiewerte $Q_G = 360$ m³/h, $H_G = 57$ m und $\eta_G = 0{,}8$; Abnahme nach Klasse 2 zusammenfassend dargestellt. Die Gewährleistung ist erfüllt.

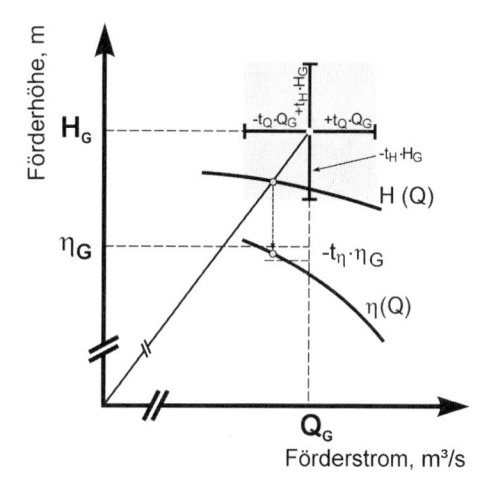

Abb. 5-11: Garantienachweis für Volumenstrom, Förderhöhe und Wirkungsgrad nach DIN EN 9906

Garantiewerte		Toleranzfaktoren		
		ist	zul.	
Drehzahl n_{sp}	1/min			1.480
Fördermenge Q_G	m³/h	-0,32%	+/- 8%	360
Förderhöhe H_G	m	1,14%	+/- 5%	57
Dichte ρ	kg/m³			998
Wellenleistung P	kW			69,8
Wirkungsgrad η_G		-1,50%	- 5%	0,8
Versuchsbedingungen				
Drehzahl n	1/min	1.483,8	1.482,9	1.481,9	1.481,2
Fördermenge Q	m³/h	181,55	287,25	359,3	433,24
Förderhöhe H	m	72,99	66,41	57,8	45,26
Dichte ρ	kg/m³	996,6	996,6	996,6	996,6
Wellenleistung P	kW	53,327	64,917	71,146	74,772
Wirkungsgrad η		0,675	0,798	0,793	0,712
Garantiebedingungen				
Fördermenge Q_T	m³/h	181,09	286,69	358,84	432,89
Förderhöhe H_T	m	72,62	66,15	57,65	45,19
Wellenleistung P_T	kW	52,99	64,63	70,97	74,70
Wirkungsgrad η_T		0,675	0,798	0,793	0,712

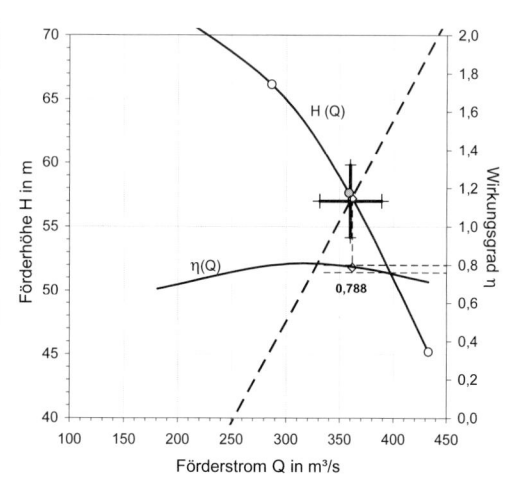

Abb. 5-12: Beispiel einer Abnahmeprüfung nach DIN EN 9906, Klasse 2

5.1.3.2.3 Nichterreichen vereinbarter Kennwerte

Ergibt die Prüfung, dass die Pumpenkennwerte über den vereinbarten Werten liegen, wird im Allgemeinen der Laufraddurchmesser verringert.

Ansonsten muss schon bei der Ausschreibung als Vertragsstrafe für nicht erreichte Gewähr ein Abzug von den Vertragspreisen oder die gänzliche Zurückweisung der Maschine als Bedingung für die Lieferung festgelegt werden.

5.1.4 Sonstige Wasserhebevorrichtungen

5.1.4.1 Kolbenpumpen

5.1.4.1.1 Anwendungsgebiet

Kolbenpumpen finden sich noch in Kleinwasserwerken für
– die Hebung kleiner Wasserströme auf große Förderhöhen, wenn das Verhältnis Q/h kleiner als etwa 1 : 50 ist (mit Q in l/s und h in m),
– langsam laufende oder nicht mit ständig gleicher Drehzahl laufende Antriebsmaschinen, z. B. Wasserräder, Wasserturbinen ohne Feinregler,
– Anlagen, bei denen der Förderstrom unabhängig von einer schwankenden Förderhöhe konstant gehalten werden muss.

5.1.4.1.2 Bauarten und Förderstrom

Kolbenpumpen sind Verdrängerpumpen und wurden als Scheiben- und Tauchkolben-(Plunger-)pumpen für den Einsatz zur Wasserförderung gebaut. Bei ersteren ist ein Kolben gegen die Zylinderwand abgedichtet, bei letzteren ragt ein Plunger frei in den Zylinderraum hinein, die Dichtung befindet sich am Plungereintritt (Stopfbüchse). **Abb. 5-13** zeigt den Schnitt einer stehenden, einzylindrigen und einfachwirkenden Plungerpumpe mit Riemenantrieb.

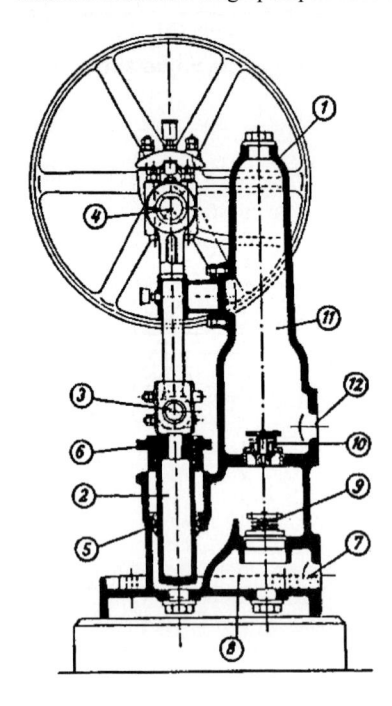

1 = Pumpengestell
2 = Plunger
3 = Kreuzkopf
4 = Kurbel
5 = Grundbuchse
6 = Stopfbuchse
7 = Sauganschluss
8 = Unterdruckbehälter
9 = Saugventil
10 = Druckventil
11 = Druckbehälter
12 = Druckanschluss

Abb. 5-13 Stehende, einzylindrige, einfachwirkende Plungerpumpe mit Riemenantrieb

5.1 Maschinelle Einrichtungen

Daneben gab es mehrzylindrige einfach- oder doppeltwirkende Kolbenpumpen (beide Seiten des Kolbens beaufschlagt) in verschiedensten Ausführungen.
Der Förderstrom ist abhängig vom Durchmesser der Zylinder d in m, dem Hub des Kolbens h in m, der Hubzahl = Wellendrehzahl n in min^{-1}, dem Liefergrad λ (ohne Dimension, Füllgrad des Zylinders beträgt etwa 0,93–0,98) und der Zahl der Zylinder z (ebenfalls ohne Dimension).

$$Q = \frac{d^2 \cdot \pi}{4} \cdot h \cdot \lambda \cdot \eta \cdot 60 \quad \text{in } m^3/h$$

5.1.4.1.3 Technische Eigenschaften

Einzylinderpumpen mit ihrer stoßweisen Förderung und ihren größeren hin- und hergehenden Massen werden kaum über die Drehzahl $n = 100\ min^{-1}$ gefahren. Bei Dreizylinder- oder Drillingspumpen bis zu etwa $4\ l/s \approx 15\ m^3/h$ kann maximal $400\ min^{-1}$ gehen. Der Wirkungsgrad η (ca. 0,6 bis 0,8) ist bei allen Drehzahlen gleich groß. Wenn ein Unterdruckbehälter vorhanden ist (meist im Pumpengestell), lässt sich für Wasser eine Saughöhe (= geodät. + Widerstandshöhe) von 6,9 (bei 20 °C Wassertemperatur) bis 7 m (bei 8 °C) verwirklichen (bis etwa 1000 m ü. NN). 6 m sollten nicht überschritten werden, um eine Förderung sicher zu gewährleisten.
Die Druckhöhe ist nur durch die Werkstofffestigkeit (Sicherheitsventil erforderlich!) und die Leistung der Antriebsmaschine begrenzt. Im Augenblick des Einschaltens beginnt die Förderung in vollem Umfang, die gesamte Masse des in der Leitung stehenden Wassers muss aber erst beschleunigt werden. Die Antriebsmotoren sind also auf diesen „Schwerlastanlauf" auszulegen (Überdimensionierung!).

5.1.4.2 Mischlufttheber

Mischlufttheber sind mehr unter der Bezeichnung Mammutpumpe bekannt **(Abb. 5-14)**. Bei ihnen wird Druckluft eines Kompressors durch ein enges Rohr R in den Brunnen geführt und strömt dort in ein erweitertes Steigrohr S ein. Das Luft-Wasser-Gemisch ist leichter als das umgebende Wasser und steigt daher hoch (kein Saugen möglich!). Die Mischdüse F muss mindestens ebenso weit unter Wasser liegen, wie das Wasser über den Betriebswasserspiegel hochsteigen soll. Aus wirtschaftlichen Gründen soll das Verhältnis von Eintauchtiefe t zu Förderhöhe h zwischen 1 : 1 und 1 : 3 liegen (h_{max} etwa 10 m).
Ihr Wirkungsgrad liegt zwischen 20 und 40 %. Mischlufttheber werden in der Wasserversorgung nicht mehr angewandt, nur bei Pumpversuchen in sandhaltigen und schlammigen Brunnen zur Schonung anderer Pumpen und zur Entschlammung von Brunnen anlässlich Instandhaltungsarbeiten (Regenerieren). In Betracht kommen die Mischlufttheber aber auch besonders für Notwasserversorgungsanlagen (bis etwa 6 l/s), weil Pressluftaggregate leichter zu beschaffen sind, während es an Stromerzeugern zum Antrieb von UP mangeln kann.

5.1.4.3 Widder

Widder wurden eingesetzt für die Versorgung kleiner Orte, Weiler, Einöden und Berghütten. Voraussetzung für die Möglichkeit des Widderbetriebes ist, dass die verfügbare Wassermenge ein Vielfaches des Wasserbedarfes darstellt und dass geeignete Gefälleverhältnisse vorhanden sind.

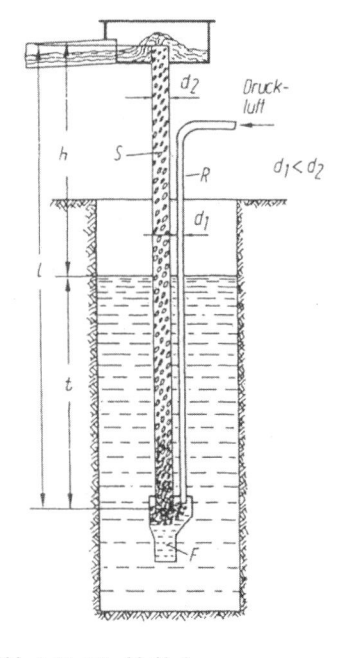

Abb. 5-14: Mischlufttheber

5.1.4.4 Dosierpumpen

Sie werden für den Zusatz von flüssigen Chemikalien eingesetzt. Für viele Fälle sind Kolben- oder Membranpumpen geeignet. Die Stopfbuchse der einfachen Kolbenpumpe **(Abb. 5-15a)** kann unter dem Einfluss von längs des Kolbens durchgesickerten Säuren leiden; das vermeidet die Ausführung mit Faltenbalg (b) oder die Membran- (c), Doppelmembran- (d) und Kolbenmembran- (e) Pumpe. Letztere beide übertragen die Kolbenbewegung über ein Ölpolster auf die Membrane. Die Regelung kann über Verstellgetriebe (Hubverstellung) oder Elektromotoren mit Drehzahlregelung vorgenommen werden (Q · Z).

Für größere Zugabemengen kommen auch Rotations-Dosierpumpen in Betracht, die als Verdränger- (z. B. Zahnrad-) Pumpen durch Änderung des Gegendruckes nicht beeinflussbar sind. Hersteller von Wasseraufbereitungsanlagen geben über die zweckmäßige Wahl der Dosierpumpen Auskunft und liefern sie auch mit der Anlage.

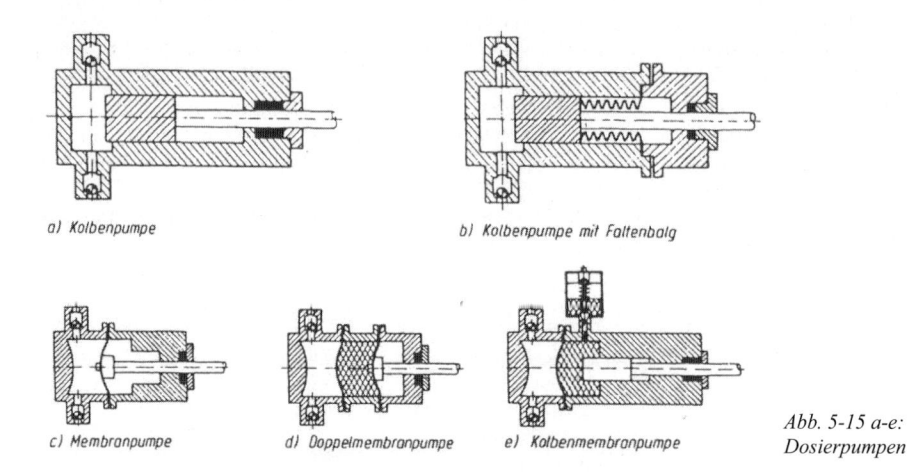

Abb. 5-15 a-e: Dosierpumpen

a) Kolbenpumpe
b) Kolbenpumpe mit Faltenbalg
c) Membranpumpe
d) Doppelmembranpumpe
e) Kolbenmembranpumpe

5.1.5 Nichtelektrische Antriebsmaschinen

Pumpwerke für WV-Anlagen werden meistens durch Elektromotoren (Behandlung im Abschn. 5.2) angetrieben; Dieselmotoren dienen vielfach als Antriebe für Stromerzeuger während des Ausfalls elektrischer Energie, nur selten als Hauptantriebe. In einigen Wasserwerken sind Gasmotoren vorhanden.

5.1.5.1 Verbrennungsmotoren

5.1.5.1.1 Dieselmotoren

Dieselmotoren sind schnell einsatzbereit und zeigen günstiges Teillastverhalten bei gutem Wirkungsgrad. Eine Aufladung (d. i. Verbrennungsluftzufuhr mit Überdruck) bringt höhere Leistung bei gleicher Motorgröße. Um die Sicherheit der WV bei Stromunterbrechung zu gewährleisten, verfügen die meisten Pumpwerke über eine Diesel-Ersatz- (früher Not-)stromerzeugungsanlage (EStEA); unmittelbarer Antrieb einer Kreiselpumpe durch einen Dieselmotor ist, trotz der dann möglichen Drehzahlregelung und des besseren Wirkungsgrades (Umsetzung mech.-elektr.-mech. entfällt) selten und nur auf kleine Leistungen beschränkt. Grund: Das Ersatzstromerzeugungsaggregat liefert auch den Strom für alle Neben- und Hilfsantriebe sowie für die Beleuchtung. In sehr großen Werken kann die Unterteilung in ein großes Aggregat für den Pumpenstrom (bes. den Anlaufstrom!) und ein kleines für den „Hausbedarf" – ähnlich dem „Haustrafo" in Umspannstationen – vorteilhaft sein.

5.1 Maschinelle Einrichtungen

Ersatzstromerzeugungsaggregate sind bei den Herstellern weitgehend standardisiert, ebenso dazugehörige Schaltanlagen für Handbedienung oder mit vollautomatischer Anlauf-, Überwachungs- und Abstellsteuerung. Dieselmotor und Stromerzeuger sind zu einer festen Einheit verbunden. Sie werden unter Zwischenschaltung von Schwingmetall-Elementen auf das Fundament oder einen gemeinsamen Grundrahmen aufgesetzt. Für Drehstrom von 50 Hz können Drehzahlen von 1.500 und 3.000 min^{-1} gewählt werden; hohe Drehzahlen bedeuten geringere Abmessungen und niedrigere Investitionskosten, entwickeln aber mehr Geräusch; das Aggregat muss immer (auch bei niedriger Drehzahl) in einem besonderen Raum mit Schalldämmung aufgestellt werden; dies gilt besonders für bebaute Gebiete.

Die Motoren besitzen Luft- oder Wasserkühlung. Angewandt wird meist indirekte Luft-Wasserkühlung, wie beim wassergekühlten Kfz-Motor. Für die Zufuhr von Frischluft und die Abfuhr erwärmter Kühlluft sind eigene Öffnungen des Maschinenraumes nach außen bzw. Abluftkanäle notwendig. Windrichtung ist zu beachten!

In Druckerhöhungsanlagen, in denen der Ausfall der Stromversorgung auch für wenige Minuten nicht hingenommen werden kann, sind selbsttätig anlaufende, u. U. mit thermostatisch geregelter elektrischer Heizung vorgewärmte Motoren erforderlich.

Zum Anlassen dienen Starterbatterien, die über ein selbsttätiges Ladegerät vom Netz her, aber auch über eine am Dieselmotor angebrachte Lichtmaschine aufladbar sind; letzteres scheidet aus, wenn nur Kurzzeitbetrieb vorhanden ist (EStEA): Keine Ladeerhaltung! Die Batterie ist reichlich auszulegen und möglichst unmittelbar neben den Motor zu setzen. Große Dieselmotoren (über 600 kW) werden mit Druckluft angelassen (Batterie würde zu groß). Wenn ein Verdichter fehlt, kann man sich mit Druckluft aus Flaschen helfen (kein Sauerstoff! Explosionsgefahr!).

Maßnahmen zur Energieeinsparung durch Abwärmenutzung (Wärmeinhalt von Kühlwasser und Abgas) sind nur bei Dauerbetrieb sinnvoll (kommt in WVU kaum vor).

Tab. 5-5: Ungefähre Größenangaben für Diesel-Ersatzstromerzeugungsaggregate mit 1 500 min^{-1}

Leistung kVA	Zylinder Zahl	Länge m	Breite m	Höhe m	Masse kg
kVA	Zahl	m	m	m	kg
20	2	1,6	0,8	1,1	500
35	3	1,7	0,8	1,1	550
45	4	1,9	0,8	1,1	700
70	6	2,3	0,9	1,4	900
10	6	2,6	0,9	1,4	1 600
150	12	3,1	0,9	1,4	2 300
200	12	3,5	0,9	1,5	2 700

5.1.5.1.2 Benzinmotoren

Neben hohem Wartungsaufwand weisen Benzinmotoren eine verhältnismäßig geringe Lebensdauer auf. Außerdem verlangt die Bevorratung des teuren Kraftstoffs besondere feuerpolizeiliche Sicherheitsmaßnahmen (Explosionsgefahr), so dass sie im ständigen Wasserwerksbetrieb nicht oder nur für sehr kleine, ggf. auch für fahrbare Ersatzantriebe benützt werden.

5.1.5.1.3 Gasmotoren

Gas kann als Energieträger trotz strenger Sicherheitsbestimmungen dann zum Einsatz kommen, wenn das WVU gleichzeitig GVU (Gasversorgungsunternehmen) ist. Gasmotoren mit Leistungen bis 600 kW können zur elektrischen Energieerzeugung und zum unmittelbaren Kreiselpumpenantrieb eingesetzt werden. Größere Einheiten, d. s. Langsamläufer (300 und 500 min^{-1}) mit großen Abmessungen und Gewichten, erfordern Übersetzungsgetriebe und kommen in der WV praktisch nicht vor. Es werden Gas-Otto-Motoren (Arbeitsweise wie Benzinmotoren) als reine Gasverbraucher und Gas-Diesel-Motoren (wie Dieselmotoren) als Zweistoffmotoren (Gas und Dieselkraftstoff!) gefertigt.

Letztere sind dann vorteilhaft, wenn eine dauernde Gasversorgung nicht gesichert ist. Gasmotoren sind nur im Volllastbetrieb einigermaßen wirtschaftlich, da (im Gegensatz zum Dieselmotor) bei Teillast der an sich hohe Wirkungsgrad stark abfällt. Für Kühlung, Schalldämpfung, Aufladung und Abwärmenutzung gelten die gleichen Gesichtspunkte wie für Dieselmotoren.

5.1.5.2 Wasserkraftmaschinen

5.1.5.2.1 Wasserräder

Vorteil: Unempfindlichkeit gegen stark schwankende Triebwasserführung und gegen Laubführung im Triebwasser (keine Rechenreinigung nötig). Die Räder wurden bis zu Gefällen von 4 m (manchmal noch mehr) gebaut und mit langsamlaufenden Kolbenpumpen unmittelbar – manchmal auch mit Pumpen mittlerer Drehzahl durch Riemen oder Zahnräder – gekuppelt. Drehzahl der Wasserräder 4 bis 12 min^{-1}; Wirkungsgrad bei guter Lagerung und richtiger Wasserführung bis 0,7; Leistungen bis etwa 4 kW, selten mehr, da bei Triebwassermengen über 100 l/s Turbinen bevorzugt werden.

5.1.5.2.2 Wasserturbinen

Sie sind zum Antrieb von Kolbenpumpen geeignet, wobei Riemen, besser aber Zahn- oder Kegelradgetriebe zwischen Turbine und Pumpe gelegt werden. Peltonräder, für kleine Wasserströme und große Fallhöhen geeignet, lassen sich mit Kreiselpumpen unmittelbar kuppeln. Die bei geringeren Höhen wesentlich größere Wassermengen verarbeitenden Francis- und Kaplanturbinen dienen fast ausschließlich der Stromerzeugung in Kraftwerken. Durchströmturbinen („Oßberger Turbinen"), sog. Kleinturbinen (höchstens 200 kW), sind unempfindlich gegen Triebwasserverschmutzung (Laub, Heu) und geeignet für Drehzahlen von 60 bis 2 000 min^{-1} sowie für stark schwankende Triebwassermengen von 20 % bis zur vollen Nennleistung.

5.1.5.2.3 Kreiselpumpen im Turbinenbetrieb

Kreiselpumpen als Turbinen zu betreiben, d. h. rückwärts durchströmen zu lassen und ihre Drehrichtung umzukehren, kann sich in Wasserversorgungen anbieten, in denen durch die gegebenen topografischen Verhältnisse größere Wasserströme dauernd oder wenigstens für längere Zeit abwärts fließen und dabei ihre Energie nutzbar abgeben sollen. Beispiele hierfür sind Wasserabgaben aus Scheitelbehältern (Bodensee-Wasserversorgung) und Talsperren (Wasserversorgung Bayer. Wald).
Der Einsatz einer Energierückgewinnung mittels Serienpumpe als Turbine lohnt bereits bei erzielbaren Leistungen von wenigen kW. Als Stromerzeuger wird ein Normmotor umgepolt und als Asynchron-Generator verwendet. Wegen des engen Betriebsbereiches der Turbine und ihres starken Wirkungsgradabfalles bei Teillast sind genaue hydraulische Auslegung und möglichst gleichmäßige Betriebsweise bei Volllast anzustreben. Zu beachten ist, dass die Pumpe im Turbinenbetrieb durch die sich ergebende höhere Leistungsdichte größeren hydraulischen und mechanischen Belastungen ausgesetzt ist als im Normalbetrieb.
Der erzeugte elektrische Strom wird selbst verbraucht oder ins Netz des zuständigen EVU eingespeist. Dies wird durch das sog. Stromeinspeisungsgesetz rechtlich und wirtschaftlich gefördert. Details können dem DVGW-Merkblatt W 613 „Energierückgewinnung durch Wasserkraftanlagen in der Trinkwasserversorgung" entnommen werden.

5.1.6 Luftverdichter und Gebläse

Luftverdichter und Gebläse werden in WV-Anlagen zum Rückspülen von Filtern für eine kombinierte Luft-Wasser-Spülung und zur Wasserbelüftung für die Oxidation störender Wasserbeimengungen (Eisen, Mangan) aufgestellt; außerdem dienen sie zur Erhaltung des Luftpolsters in Druckstoßausgleichs- und Druckbehältern. Seltener ist der Bedarf an Druckluft zum Steuern von Armaturen, für (pneumatische) Messeinrichtungen und zum Anlassen von großen Dieselmotoren. Je nach Verwendungszweck werden unterschiedliche Austrittsdrücke und Luftströme benötigt und danach die Maschinentypen bestimmt (vergl. Förderhöhe und Förderstrom bei Pumpen). Die erforderlichen Luftströme werden im Ansaugzustand angegeben, d. h. ihr Durchsatz bezieht sich auf den mittleren barometrischen Luftdruck.

Bauarten und Einsatz:
- *Flüssigkeitsringverdichter* sind für Filterrückspülung, Oxidationsverfahren und Druckhaltung in Behältern sowie zur Entlüftung von Pumpensaugleitungen geeignet. Das Flügelrad mit vorwärtsgekrümmten Schaufeln ist so außermittig (exzentrisch) im kreisrunden Gehäuse gelagert, dass sich sichelförmige Hohlräume bilden. Die Schaufeln schleudern die Sperrflüssigkeit (i. allg. Wasser) als Ring gegen das Gehäuse, wodurch sich Saug- und Druckraum ergeben, ihre Öffnungen sind im Gehäusedeckel. Sie werden ein- (bis etwa 2 bar) und mehrstufig (bis 8 bar) ausgeführt und leisten Luftströme von 1 bis 600 m^3/h und darüber.
- *Wälz- oder Drehkolbenverdichter* (nach ihrem Erfinder auch Roots-Gebläse genannt) werden fast ausschließlich zum Rückspülen von Filtern eingesetzt und sind einstufige, zweiwellige Verdichter, deren acht-förmige Kolben gegenläufig und berührungsfrei in zwei Halbzylindern aneinander vorbeigleiten. Ihr Austrittsdruck ist auf 2 (höchstens 3) bar begrenzt, übliche Luftströme sind 30 bis 800 m^3/h.
- *Vielzellen- oder Lamellenverdichter* finden auch zum Filterrückspülen und als Vakuumpumpen Verwendung. In den Führungsschlitzen einer ebenfalls außermittig gelagerten Walze werden Schieber (auch als Lamellen bezeichnet) durch die Fliehkraft an schmale Laufringe gedrückt (dadurch berührungsfrei zum Gehäuse). Ein- und Auslassöffnungen liegen auf der vollen Breite des ebenfalls sichelförmigen Arbeitsraumes. Üblich sind auch hier ein- (bis 4 bar) und zweistufige (bis 9 bar) Bauarten für Luftströme von 1 bis 500 m^3/h.
- *Kolbenkompressoren*, am ehesten geeignet zur Rohwasser- und Druckbehälter-Belüftung und zur Erzeugung von Steuerdruckluft, ähneln in Aufbau und Wirkungsweise den Kolbenpumpen. Sie sind entweder mit dem Antriebsmotor starr verblockt oder auf gemeinsamer Grundplatte, werden durch Keilriemen angetrieben und zur Geräuschdämpfung auf Gummipuffer oder Schwingmetall gelagert. Ein- (bis 10 bar) und zweistufige (bis 15 bar) Ausführungen für 1 bis zu 200 m^3/h werden angeboten. Wichtig für alle Verdichter ist das Freihalten der Druckluft oder des Luft-Wasser-Gemisches von Schmieröl und Öldunst.
- *Membrankompressoren* trennen den ölgeschmierten Antrieb vom Luftstrom (vgl. Mcmbrankolbenpumpe **Abb. 5-15 e**, s. o.); die Membrane muss innerhalb gewisser Zeitabstände gewechselt werden (Verschleiß). Ein- (bis 6 bar) und zweistufig (bis 12 bar) ausgeführt liefern sie 0,5 bis 18 m^3/h. Die Größe der Kompressoren zur DB-Belüftung wird so festgelegt, dass stündlich etwa 20 % des Luftinhaltes ergänzt werden können, z. B. DB-Inhalt I = 6 m^3; Luftraum im DB ungefähr 1/2 I = 3 m^3; hiervon 20 % = 0,6 m^3. Ausschaltdruck 7,5 bar absolute Verdichtung von 1 auf 7,5 bar, also um 6,5 bar. Ansaugvolumenstrom v = 0,6 m^3/h 6,5 = 3,9 m^3/h.

5.2 Elektrotechnik

5.2.1 Allgemeine Zusammenhänge

In Anlehnung an die hydraulischen Vorgänge bei der Wasserförderung werden die elektrischen Zusammenhänge erklärt: Dem Förderstrom Q entspricht der elektrische Strom I, der Druckhöhe h die elektrische Spannung U und den Druckverlusten H_v der elektrische Widerstand R.
Die wichtigsten Größen und ihre Zusammenhänge zeigen die Tabellen **5-6** und **5-7**.

Tab. 5-6: Elektrotechnische Einheiten und Bezeichnungen

Bezeichnung	Formelzeichen	Einheit	Einheit. Kurzzeichen
Spannung	U (E; EMK)	Volt	V
Stromstärke	I	Ampere	A
Widerstand	R	Ohm	Ω
Frequenz	f	Hertz	Hz
Wirkleistung	P	Watt	W
Scheinleistung	S	Voltampere	VA
Blindleistung	Q	Voltampere reaktiv	var
Leistungsfaktor	cos φ	–	–
Arbeit	W	Wattsekunde	Ws
		Kilowattstunde	kWh

Tab. 5-7: Beziehung zwischen Strom, Spannung und Leistung bei Drehstrom

Strom	$I = \dfrac{P}{1{,}73 \times U \times \cos\varphi}$
Spannung	$U = \dfrac{P}{1{,}73 \times I \times \cos\varphi}$
Wirkleistung Scheinleistung Blindleistung	$P = 1{,}73 \cdot U \cdot I \cdot \cos\varphi$ $S = 1{,}73 \cdot U \cdot I$ $Q = 1{,}73 \cdot U \cdot I \cdot \sin\varphi$
Leistungsfaktor	$\cos\varphi = \dfrac{P}{S}$
Spannungsabfall	$\Delta U = \dfrac{1{,}73 \times l \times I \times \cos\varphi}{\kappa \times A}$
Leistungsverlust	$P_v = \dfrac{3 \times l \times I^2}{\kappa \times A}$
Leistungsverlust in Prozent. (bez. auf P)	$P_\% = \dfrac{100 \times l \times P}{\kappa \times A \times U^2 \times \cos\varphi}$

Hierbei ist:

l in m   einfach gemessene Leitungslänge

κ in $\dfrac{m}{\Omega \times mm^2}$ spez. el. Leitfähigkeit

(Z.A.T. Cu 58 $\dfrac{m}{\Omega \times mm^2}$, Al 35 $\dfrac{m}{\Omega \times mm^2}$)

A in mm²   Querschnitt der Leitung
P in W   Leistung

Anm.: 1,73 = $\sqrt{3}$: Verkettungsfaktor (Drehstrom ist dreifach verketteter Wechselstrom. Der Wert $\sqrt{3}$ ergibt sich durch vektorielle Addition der phasenversetzten Stromzeiger);
bei Wechselstrom wird der Verkettungsfaktor zu „1", also: $P = U \cdot I \cdot \cos\varphi$, bei Gleichstrom zusätzlich der Leistungsfaktor $1 = \cos\varphi$ ebenfalls zu „1" also: $P = U \cdot I$.

5.2.1.1 Grundgrößen

5.2.1.1.1 Stromarten

Es gibt Gleichstrom, Wechselstrom (1~, 1-phasig) und Drehstrom (3~, 3-phasig). In öffentlichen Netzen gibt es hauptsächlich Wechsel- und Drehstrom. Zur Energieübertragung über Land kommt Drehstrom bis zu einer Spannung von 400.000 Volt zum Einsatz. Gleichstrom wird im Leistungsbereich nur für besondere Anwendungen eingesetzt. Im Steuerungs- und Automatisierungsbereich wird sehr häufig Gleichstrom z. B. mit 24 V DC verwendet.
Kennzeichen: auf Gleichstromzählern: =, auf Drehstromzählern: 3~.
Gleichstrom wird auch mit „DC" (Direct Current) und Wechselstrom mit „AC" (Alternating Current) gekennzeichnet.

5.2.1.1.2 Spannung

Maßgebend ist die Betriebsspannung am Aufstellungsort. Genormt sind für Niederspannungs-Drehstromnetze 230 V AC, 400 V AC, (690 V AC), nach der IEC-Norm 38 (Internationale Elektrotechnische Commission). Für Mittelspannungsnetze 6 kV AC, 10 kV AC oder 20 kV AC, darüber im Hochspannungsbereich 110 kV, 220 kV oder 380 kV.
Die Leistung der Verbraucher und die Länge der Zuleitungskabelstrecken (z. B. zu Brunnengalerien) entscheiden über die zu verwendende Spannungsebene. Oberhalb ca. 450 kW werden Mittelspannungsmotoren (6 kV) eingesetzt. Gemessen wird die Betriebsspannung im Drehstromnetz als Spannungsunterschied (U_n) zwischen 2 der 3 Außenleiter L1, L2, L3 (nach älterer Norm R, S, T). Zwischen einem Leiter und dem geerdeten Sternpunkt des Netzes, welcher als Neutralleiter (N) weitergeführt wird, ergibt sich eine um $U_n/\sqrt{3}$ kleinere Sternspannung U_{STERN}. (Der Neutralleiter wurde nach älterer Norm als Mittelpunktleiter (Mp) bezeichnet.)
Bei einer Nennspannung von $U_n = 400$ V ergibt sich eine Sternspannung zwischen L1 und N von

$$U_{STERN} = U_n/\sqrt{3} = 230 \text{ V}.$$

Motoren und andere Leistungsabgänge im Niederspannungsbereich werden nach aktueller europäischer Norm mit 400 V betrieben, Verbraucher mit geringem Energiebedarf wie z. B. Beleuchtung und Steckdosen werden zwischen L1 und N geschaltet und haben deshalb nur 230 V (**Abb. 5-16**).

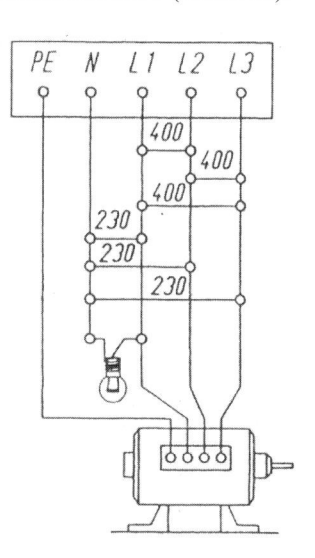

Abb. 5-16: Netzspannungs-Schema

Hinweis: Bei ältern Motoren wurde häufig die „Stern-Dreieck-Schaltung" zur Begrenzung des Anlaufstromes genutzt (siehe auch Abschn. 5.2.2.4.2). Diese Motoren haben zwei Spannungsebenen 400 V / 690 V (nach älterer Norm 380 V / 660 V). Bei einer Ersatzmotorenbestellung sind die genauen Daten des Motortypenschildes zu überprüfen.

5.2.1.1.3 Netzfrequenz in Drehstromnetzen

Üblich ist in Europa die Frequenz 50 Hz (Hertz), d. h. der Drehstrom hat 50 Schwingungen pro Sekunde, wechselt also 100-mal pro Sekunde die Richtung. Gleichstrom hat keine Richtungsänderung („0 Hz").

5.2.2 Elektromotoren

Elektromotoren besitzen überzeugende Vorteile, wie hohen Wirkungsgrad, gute Regel- und Bedienbarkeit, einfachen und robusten Aufbau, damit geringen Wartungsaufwand; ferner ist keine Kraftstoffbevorratung, zur Betriebssicherstellung bei Stromausfall jedoch ein Ersatzstromerzeugungsaggregat, erforderlich. Deswegen sind sie die am meisten verwendeten Antriebsmaschinen geworden. Man kann u. A. folgende Motorarten unterscheiden:

Gleichstrommotoren haben zwar verschiedene Vorteile, wie hohes Anlaufdrehmoment und eine auf einfache Weise stufenlos regelbare Drehzahl, dem steht aber ein schwieriger Aufbau mit Schleifringen, Stromwendern u. ä. gegenüber. Sie sind daher wartungsaufwendig und in der WV nicht mehr anzutreffen.

Beim *Drehstromkurzschlussläufer* (Asynchronmotor) sind die Wicklungen im Läufer kurzgeschlossen und werden nicht über die rotierende Welle herausgeführt. Eine besondere Bauform ist der Käfigläufermotor. Hier wird die Wicklung durch einen Aluminiumkäfig auf dem Läufer ersetzt. Diese Bauform ist äußerst robust und wartungsarm und deshalb sehr häufig anzutreffen. (z. B. als Kreiselpumpenantrieb)

Beim *Drehstromschleifringläufer* (Asynchronmotor) sind die elektrischen Wicklungen des rotierenden Motorläufers auf der Motorwelle auf drei voneinander unabhängige durchgehende Schleifringe verdrahtet. Auf ihnen liegen die, bei großen Maschinen meistens abhebbaren, Kontaktbürsten auf.

Drehstrom-Synchronmotoren werden aufgrund ihres hohen Bauaufwandes (Anlauf, Erregung, Steuerung) und der damit hohen Kosten nur im oberen Leistungsbereich für Kreiselpumpenantriebe (größer 8 bis 10 MW) eingesetzt.

5.2.2.1 Wirkungsgrad

Der Wirkungsgrad von Elektromotoren η_M ist das Verhältnis von abgegebener mechanischer Leistung zu aufgenommener elektrischer Wirkleistung. Er beträgt etwa:

Motorleistung P in kW	1	5	10	20	50	100
Wirkungsgrad η_M in Prozent.	75	85	87	88	90	92

5.2.2.2 Drehzahl und Drehrichtung

5.2.2.2.1 Feste Drehzahlen

Die *Drehzahl* richtet sich nach den anzutreibenden Maschinen. Bei sonst gleicher Leistung sind Motoren höherer Drehzahl billiger und kleiner. Bei Drehstrom von 50 Hz ergeben sich, je nach Anordnung von einem oder mehreren Polpaaren im feststehenden Teil (Ständer) des Motors, Nenn- bzw. Lastdrehzahlen (d. h. unter Belastung) nach der Beziehung

$$n = \frac{f}{p} \times 60,$$ wobei n in min^{-1} Drehzahl

f in Hz ($= \sec^{-1}$) Frequenz (60 sec = 1 min!)
p Polpaarzahl **(Abb. 5-17)**

Anm.: Der Unterschied zwischen Synchron- und Nenndrehzahl ist der sog. Schlupf. Er beträgt bei Motoren mittlerer Größe bei Nennlast etwa 3 bis 5% der Synchrondrehzahl (=Nennschlupf). Üblicherweise kommen nur die Nenndrehzahlen n = 2.900 min^{-1} und 1.450 min^{-1} in Betracht.

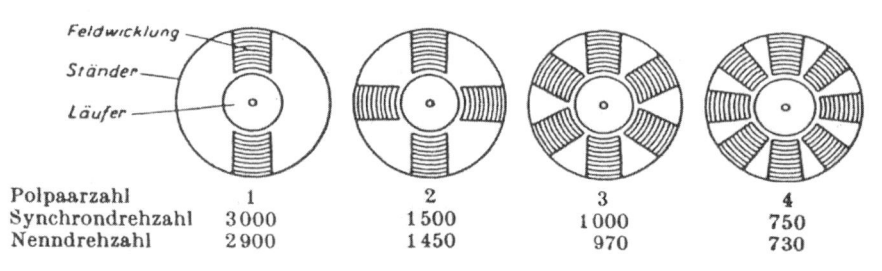

Polpaarzahl	1	2	3	4
Synchrondrehzahl	3 000	1 500	1 000	750
Nenndrehzahl	2 900	1 450	970	730

Abb. 5-17: Schema der Polpaare

5.2.2.2.2 Variable Drehzahlen – Frequenzumrichter

Neben den starren, von der Polpaarzahl abhängigen Drehzahlen lassen sich auch stufenlos veränderbare Drehzahlen erreichen. Dies geschieht meistens durch elektronische Frequenzumrichter. Frequenz und Amplitude der Spannung werden durch diese Geräte beliebig verändert. Dadurch kann, je nach Bauart der Frequenzumrichter, die Drehzahl der Maschine, bei vollem Lastmoment, fast bis zum Stillstand variiert werden.

Dabei wandelt der Frequenzumrichter die Netzwechselspannung zunächst in Gleichspannung und erzeugt danach durch schnell getaktete Impulse, unterschiedlicher Polarität, wieder eine Wechselspannung.

– Takt und Pause steuert die Amplitude (Höhe) also die Spannung (U) des Kurvenverlaufs.
– Die unterschiedliche Breite der Impulse bestimmt die Form des Kurvenverlauf (Annäherung an den Sinus).
– Polarität der Pulse ergibt die Frequenz f.

Abb. 5-18 zeigt im oberen Kurvenverlauf eine hohe Frequenz (f = 50 Hz) bei gleichzeitig hoher Spannung (U = 400 V) über der Zeit t.
Das mittlere Diagramm zeigt eine Frequenz von 30 Hz bei einer Spannung von 240 V. Der unten dargestellte Kurvenverlauf zeigt eine Frequenz von 10 Hz bei einer Spannung von 80 V.
Da der Motorlüfter im Normalfall direkt auf der Antriebswelle sitzt, wird die Eigenbelüftung unter 25 Hz sehr schwach. Falls erforderlich muss eine Fremdbelüftung eingesetzt werden. Auch die überfrequente Fahrweise oberhalb 50 Hz ist möglich. Da die Eisenverluste der Maschine, verursacht durch die ständige Ummagnetisierung, hierbei stark ansteigen, muss dies bei der Auslegung der Maschine berücksichtigt werden. Für Pumpenbetrieb ist der Bereich von 25 Hz bis 55 Hz gebräuchlich. Grundsätzlich muss ein Abgleich zwischen Umrichter, Motor und Pumpenkennlinie erfolgen.

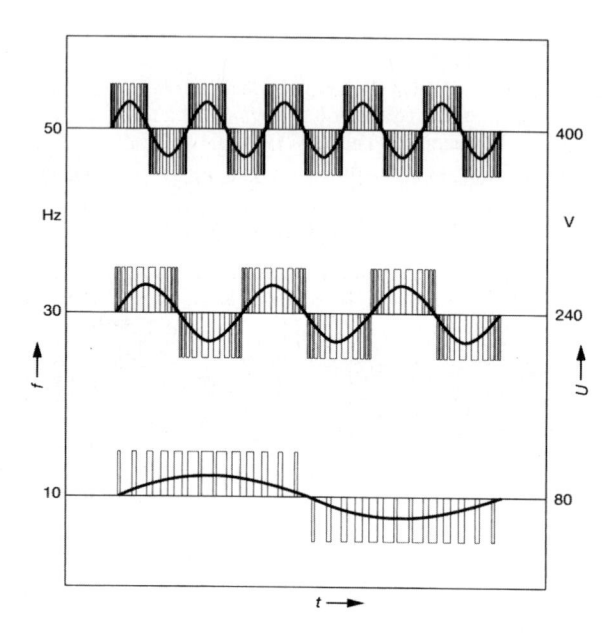

Abb. 5-18: Pulsdiagramm eines Frequenzumrichters

Eigenverluste und Verluste durch Oberwellen, die auch das übrige Netz stören können (Abhilfe: Netzdrosseln), drücken den Wirkungsgrad auf bis zu 85 % (Antrieb sollte auf etwa 118 % ausgelegt werden!). Moderne Antriebssysteme erreichen wesentlich bessere Werte. Bei der Auslegung sind die Herstellerangaben zu beachten. Neben der stufenlosen Drehzahländerung sind als Vorteile zu nennen: Verlängerung der Hochlaufzeit, dadurch Vermeidung hoher Anlaufströme (siehe Abschn. 5.2.2.2.4) und Druckstöße (s. Abschn. 5.4.2), sowie Verlängerung der Auslaufzeit zur Druckstoßvermeidung. Infolge sinkender Investitions- und steigender Energiekosten wird die Drehzahlregelung zunehmend angewendet.

Gleichstrommotoren, die mittels elektronisch gesteuerten Gleichrichtern aus dem Drehstromnetz gespeist werden, sind wegen des höheren Wartungsaufwandes nur für Sonderfälle im Einsatz. Die Drehzahländerung erfolgt durch Veränderung der Erreger- oder Ankerkreisspannung. Als noch keine zuverlässigen, preiswerten Frequenzumrichter zur Verfügung standen, wurde diese Antriebsart häufiger für drehzahlveränderbare Antriebe eingesetzt.

5.2.2.2.3 Drehrichtung

Die *Drehrichtung* lässt sich bei Drehstrom durch Vertauschen von 2 Außenleitern ändern. Zu beachten ist, dass besonders Motoren höherer Leistung wegen der dann verringerten Kühllüfterleistung nicht für Betrieb in Gegenrichtung geeignet sind. Frequenzumrichter können elektronisch umgeschaltet werden. Bei Gleichstrom wird die Drehrichtung durch Umklemmen der Ständer- oder der Läuferwicklung erreicht.

5.2.2.3 Kraftübertragung und Antriebsart

Nur für Kolbenpumpen kam eine Kraftübertragung durch Riemen oder Zahnräder in Betracht; für Hauswasser-(kolben-)pumpen meist Keilriemen. Wirkungsgrade für Riementriebe betragen etwa 90 bis 92 %, Getriebe in Ölbad 95 %. Kreiselpumpen werden mit Elektromotoren in der Regel durch Kupplungen verbunden, die dann elastisch ausgeführt sein müssen, wenn beide Maschinen oder wenigstens eine mit Wälzlagern ausgerüstet ist. Die für eine starre Verbindung beim Ausrichten erforderliche Genauigkeit kann praktisch nicht erreicht werden.

5.2.2.4 Anlassen von Elektromotoren

Drehstrommotoren sind i. A. Kurzschlussläufer, d. h. der sich drehende Läufer des Motors hat keine Verbindung mit dem Stromnetz, seine Wicklungen sind nicht aus der Maschine herausgeführt, sondern in seinem Inneren „kurzgeschlossen". Eine generelle Übersicht der Anlassschaltungen zeigt **Abb. 5-19**. Gleichstrommotoren werden durch langsames Ausrücken vorgeschalteter Widerstände oder elektronisch angelassen.
Im Einzelnen gibt es für das Anlassen von Drehstrommotoren folgende Möglichkeiten:

Motorart	Anlaßart	Schaltung	Eigenschaften	Anwendung
Kurzschlußläufermotor	Vorwiderstände	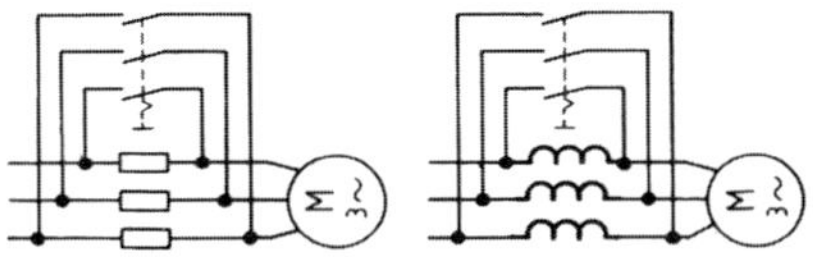	$I_A \sim U$ $M_A \sim U^2$	Selten
	Stern-Dreieck-Schaltung	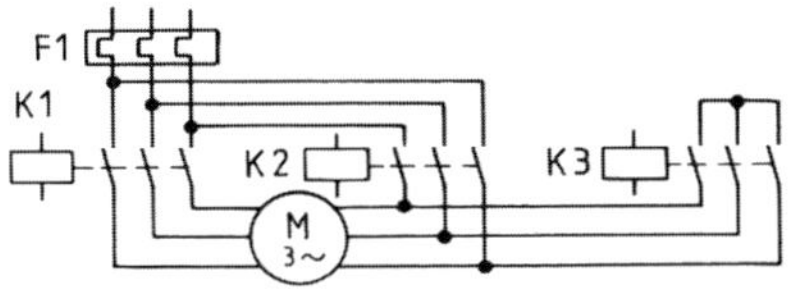	$I_{AY} = \frac{1}{3} \cdot I_{A\Delta}$ $M_{AY} = \frac{1}{3} \cdot M_{A\Delta}$ Einstellstrom = Nennstrom I_n	Schwer-Anlauf
		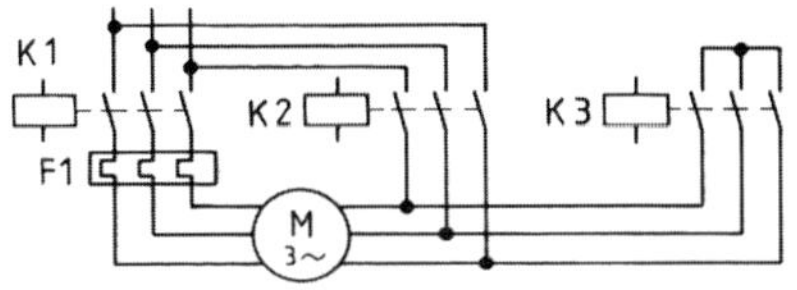	$I_{AY} = \frac{1}{3} \cdot I_{A\Delta}$ $M_{AY} = \frac{1}{3} \cdot M_{A\Delta}$ Einstellstrom = 0,58 · I_n	Normaler Anlauf
		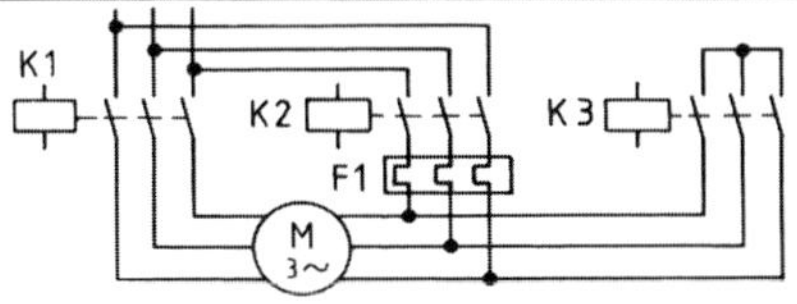		Überlanger Anlauf
	Anlaßtransformator	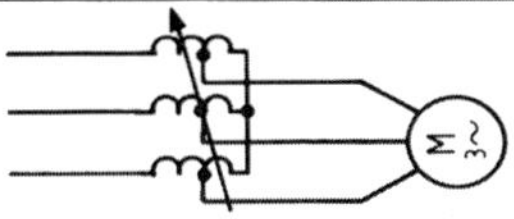	$I_A \sim U$ $M_A \sim U^2$ relativ teuer	Leistungen, Hochspannungsmotoren
	Kusa-Schaltung	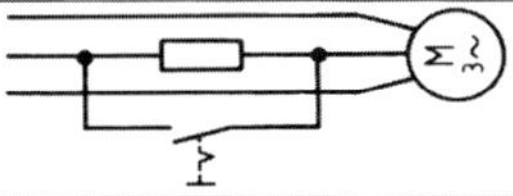	Nur das Drehmoment wird verringert	Textilmaschinen
Schleifringläufermotor	Läuferanlasser	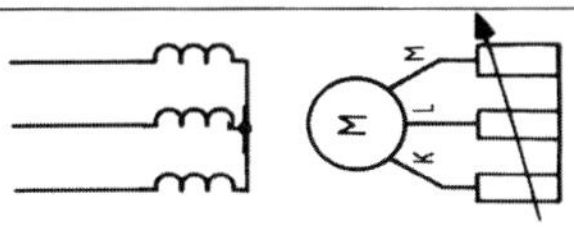	Niedriger Anlaufstrom, hohes Anlaufdrehmoment, Drehzahlsteuerung mit den Widerständen möglich	Große Werkzeugmaschinen, Pumpen, Hebezeuge

1) Technische Anschlußbedingungen für den Anschluß an das Niederspannungsnetz, herausgegeben von der Vereinigung Deutscher Elektrizitätswerke e. V. – VDEW –.

Abb. 5-19: Übersicht verschiedener Anlassschaltungen nach VDEW

5.2.2.4.1 Direktanlauf

Kleine Motoren – meist bis zu 3 kW (u. U. 5 kW) Leistungsaufnahme – sind von den EVU in der Regel für direkte Einschaltung zugelassen, da der Einschaltstromstoß, der die 4,5- bis 6-fache Nennstromstärke des Motors beträgt, noch in Kauf genommen wird. Dies ist der Fall, wenn der Motor ohne oder mit nur geringer Last hochläuft, wie das bei Kreiselpumpen gegeben ist. In Betracht kommen hier Kurzschlussläufermotoren mit Stromdämpferwicklung, auch als Stromverdrängungsläufer bezeichnet. Sie besitzen in der Regel nur 3 Klemmen L1, L2, L3 und eine Schutzleiterklemme.

5.2.2.4.2 Stern-Dreieck-Anlauf

Größere, nicht unter Volllast anlaufende Motoren werden durch Stern-Dreieck-Schaltung angelassen. Hier sind die Enden der Feldwicklungen des Ständers zu einem, in der Regel 6-poligen, Klemmbrett geführt, und zwar so, dass die Wicklungen entweder an einer Seite mit den 3 Zuleitungen L1, L2, L3 und auf der anderen Seite mit dem Mittelpunkt (auch „Sternpunkt") verbunden sind – Sternschaltung – oder dass zwischen je 2 Zuleitungen eine Motorwicklung liegt – Dreieckschaltung – **(Abb. 5-20 und 5-21)**.

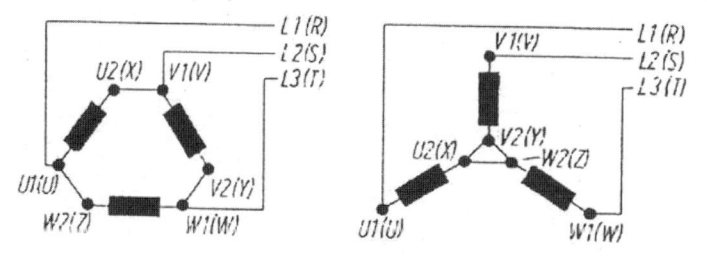

Abb. 5-20: Schema der Dreieck- (links) und der Stern-Schaltung (rechts)

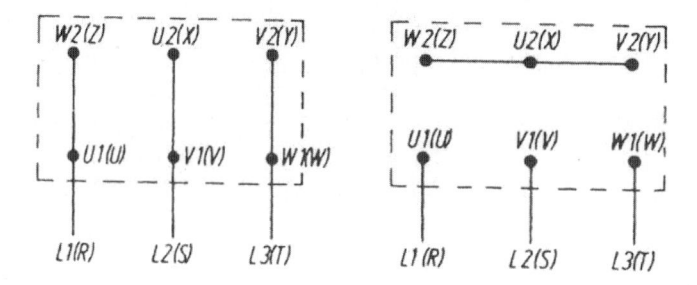

Abb. 5-21: Klemmbrett am Drehstrom-Motor-Ständer (links Dreieck-, rechts Stern-Schaltung)

Ist z. B. ein Motor für eine Spannung von 400 V gewickelt, dann herrscht zwischen je 2 Außenleitern im Netz eine Spannung von 400 V. In der Sternschaltung liegen zwischen 2 Außenleitern je 2 Motor-Wicklungen, so dass jede Wicklung nur die Spannung zwischen Klemme und Sternpunkt, also 230 V, erhält. Sie nimmt also weniger Strom auf und bringt daher auch nur weniger (Anlauf-) Moment auf. Der Anlaufstrom beträgt dabei nur etwa 1/3 desjenigen bei Direktschaltung, also etwa das 1,5- bis 2-fache des Nennstromes.

In der Dreieckschaltung dagegen liegt nur eine Wicklung zwischen je 2 Außenleitern, sie erhält damit die volle Spannung von 400 V.

Um den Motor beim Anlauf zuerst in die Stern-, dann in die Dreieckschaltung zu bringen, sind die Enden der Ständerwicklung einzeln zum Klemmkasten geführt. Diese Klemmen werden durch 6 Leitungen mit einem Sterndreieckschalter verbunden, der 3 Stellungen besitzt: Nullstellung (ausgeschaltet),

5.2 Elektrotechnik

Anlassstellung (Sternschaltung Y), Betriebsstellung (Dreieckschaltung Δ). Beim Anfahren muss der Schalter solange in Sternstellung stehen bleiben, bis der Motor nahezu auf seine Drehzahl hochgelaufen ist, erst dann darf auf Dreieck umgeschaltet werden **(Abb. 5-20)**.

Von einer Stern-Dreieck-Schützschaltung wird dieser Schaltvorgang zeitgesteuert, automatisch abgewickelt. Ein Motor, der für Y-Δ-Schaltung gebaut ist, also 6 Klemmen besitzt, kann auch direkt eingeschaltet werden, also ohne Y-D-Schaltung, wenn das EVU den Stromstoß zulässt. Man kann die Maschine auf Y oder Δ schalten, wenn man die Klemmen gemäß **Abb. 5-21** verbindet, muss aber auf folgendes achten:

Ist der Motor für 230 V gewickelt, so darf man ihn an ein übliches Netz mit 400 V Betriebsspannung nur in Y-Schaltung anschließen.

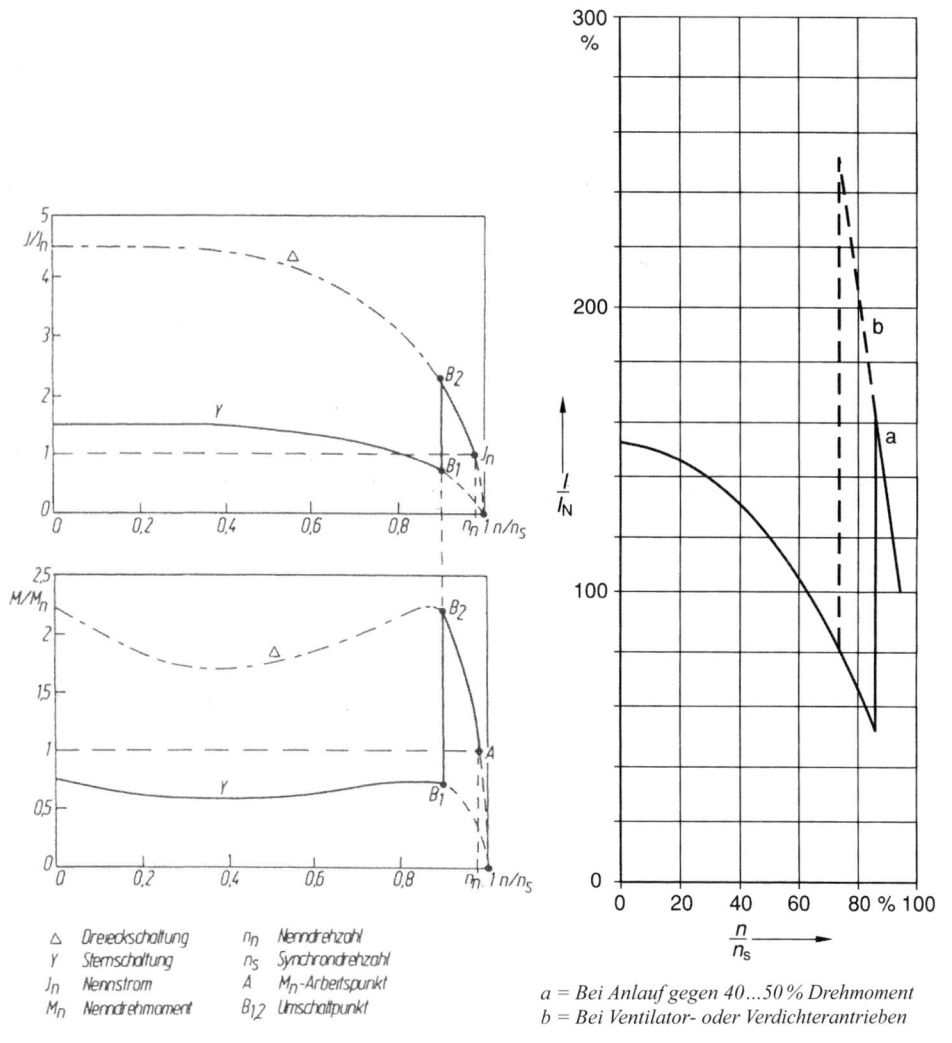

Δ	Dreieckschaltung	n_n	Nenndrehzahl
Y	Sternschaltung	n_s	Synchrondrehzahl
J_n	Nennstrom	A	M_n-Arbeitspunkt
M_n	Nenndrehmoment	$B_{1,2}$	Umschaltpunkt

Abb. 5-22: Strom- und Momentenverlauf bei Stern-Dreieck-Schaltung

a = Bei Anlauf gegen 40...50 % Drehmoment
b = Bei Ventilator- oder Verdichterantrieben

Abb. 5-23: Stromaufnahme eines Käfigläufers bei richtig ausgeführtem Stern-Dreieck-Anlauf

Voraussetzung für die Einschaltung eines Motors mit Y-Δ-Schaltung: Die Ständerwicklung muss für die Betriebsspannung in Δ geschaltet sein. Es gilt also:

		Normalfall		
Motorschildbezeichnung:	230/400	230/400	400/690	400/690
Betriebsspannung:	230 [1]	400	400	690
Y-Δ-Anlauf möglich?	ja	nein	ja	Nein
Grund:	230	400	400	690
	in Δ	in Y	in Δ	in Y

Beim Y-Δ-Anlauf gibt der Motor während des Anlaufens selbst nur etwa ein Drittel des Nennmoments **(Abb. 5-22)** ab, daher ist kein Anlauf unter Volllast möglich.
[1] Netze mit 230 V Außenleiterspannung sind äußerst selten!

5.2.2.4.3 Elektronischer Sanftanlaufstarter

Eine aktuelle Entwicklung stellt der elektronische Motor-Sanftanlauf dar. Ein steuerbarer Halbleiter (Thyristor) bewirkt durch Anschneiden eines Teils der Sinushalbwelle **(Abb. 5-24)**, dass erst ab einem bestimmten, beliebig einstellbaren Zeitpunkt ein Teilbetrag der Spannung (schraffierte Fläche) an den Motor weitergegeben wird. In dem Augenblick, in dem die Phase negativ werden will, schließt das Halbleiterventil und lässt keine Spannung mehr durch. Daher ist ein zweiter, entgegengesetzt gepolter Halbleiter nötig, welcher mit der negativen Halbwelle ebenso verfährt. Wird nun jede Halbwelle in der beschriebenen Art „angeschnitten", so ist am Motor nur noch eine geringere Effektivspannung wirksam. Verschiebt man den Öffnungszeitpunkt a allmählich nach links gegen Null, so steigt die Spannung an, bis der Thyristor durchgesteuert ist und die volle Netzspannung zum Einsatz kommt.

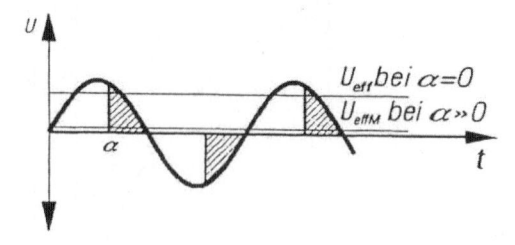

Abb. 5-24: Phasenanschnitt

Die Anlaufstrombegrenzung lässt sich bis auf etwa 2,0 bis 3,0 · I_N festlegen. Außerdem werden Sanft*aus*laufsätze angeboten. Von Vorteil ist die Reduzierung von Druckstößen.
Es sollten möglichst solche Geräte eingesetzt werden, die nach dem Hochlaufen des Motors durch einen Bypassschütz überbrückt werden. So verhindert man dauerhafte zusätzliche Verlustleistung. Da Schwierigkeiten bei niedriger Drehzahl bei der Gleitlagerung von U- und Tauchmotorpumpen bekannt sind, sollte der untere Drehzahlbereich schnell durchfahren werden.
Die Sanftanlaufgeräte werden zunehmend immer preisgünstiger und haben trotz der genannten Vorteile einen geringeren Platzbedarf als eine Stern-Dreieck-Schützkombination. Der elektronische Sanftanlasser ist deshalb aktuell die am meisten eingesetzte Lösung. Für Dauerbetrieb mit einer niedrigeren Drehzahl als der Nenndrehzahl ist dieses Verfahren nicht geeignet.

5.2.2.4.4 Frequenzumrichter

Ein Frequenzumrichter kann die Strombegrenzung beim Anlauf übernehmen. Als reine Anlasssteuerung, ohne Erfordernis der Drehzahlsteuerung, ist diese Lösung jedoch zu teuer (siehe Abschn. 5.2.2.2.2).

5.2 Elektrotechnik

5.2.2.4.5 Anlasstransformator

Der Anlasstransformators ersetzt den Y-Δ-Schalter. Es wird zwischen Anzapfungen bei etwa 70% und 100% der Netzspannung umgeschaltet, so dass der Anlaufstrom auf 49% desjenigen bei direkter Einschaltung sinkt. Er beträgt dann etwa das 2fache des Motoren-Nennstromes. Wartungsarm, jedoch sehr viel Platzbedarf.

5.2.2.4.6 Anlasswiderstände (Nur bei Schleifringläufermaschinen)

Für Volllastanlauf, der in Wasserwerken kaum vorkommt, werden Schleifringläufermotoren verwendet. Bei diesen sind 3 Wicklungsenden des Läufers zu den 3 Schleifringen auf der Motorwelle geführt, auf welchen die Stromabnehmer (Bürsten) aufliegen. Diese sind mit stufenweise ausrückbaren Anlasswiderständen oder einem Anlasstransformator verbunden. Nach dem Hochlauf werden die Schleifringe kurzgeschlossen und bei großen Maschinen die Bürsten abgehoben.

5.2.2.5 Bauformen und Schutzarten der Elektromotoren

Häufigste Bauform sind Elektromotoren mit horizontaler Welle, freiem Wellenende und mit Fußaufstellung = Bauform IM B3, seltener sind Motorgehäuse ohne Füße für Flanschanbau z. B. Bauform IM B5. Diese Bauformen und ihre Aufstellungen sind gemäß (DIN EN 60034-7) genormt. Anbau- und Hüllmaße sowie Zuordnung der Leistungen für die Motoren der genannten Bauformen sind genormt.
Die Schutzarten beziehen sich auf Berührungs-, Fremdkörper- und Wasserschutz und sind durch die Buchstabenfolge „IP" sowie zwei Kennziffern festgelegt. Die erste gibt den Schutzgrad von Berührungs- und Fremdkörperschutz, die zweite den gegen Eindringen von Wasser an. Steigende Ziffern bedeuten steigenden Schutzgrad. In Maschinenräumen ist „IP 23" üblich (Schutz gegen Sprühwasser, das in einem beliebigen Winkel bis 60° zur Senkrechten fällt), in Rohrkellern und Brunnenschächten „IP 44" (Schutz gegen Spritzwasser, aus allen Richtungen) und in Räumen mit Überflutungsgefahr „IP 56" (Schutz gegen Überfluten). Für U-Pumpenantriebe ist der höchste Schutzgrad – „IP 58" (geeignet zum dauernden Untertauchen) – erforderlich (DIN EN 60034-5).

Tab. 5-8: Kondensatorleistungen:

vorh. cos φ	gewünschter cos φ		
	0,90	0,93	0,96
0,74	0,43	0,52	0,6
0,82	0,22	0,31	0,40
0,88	0,06	0,15	0,25

5.2.2.6 Blindstromkompensation

Die meisten Elektrizitätswerke verlangen die Bezahlung der Blindleistung (ab 50% der Wirkleistung), die durch die Phasenverschiebung φ zwischen Strom und Spannung in Drehstromnetzen auftritt und die die magnetischen Felder aufbaut und erhält. Man kann den cos φ eines Motors, der in der Regel zwischen 0,8 und 0,85 liegt, dadurch verbessern, dass man einen (Leistungs-)Kondensator parallel zum Motor legt. Es wird nicht ganz bis cos φ = 1,0 kompensiert, sondern auf 0,96 bis 0,98. Die Auslegung ist mit dem EVU abzustimmen. Die Anschaffungskosten für einen Blindstromkondensator werden oft schon durch die Senkung der Stromgebühren während eines Jahres ausgeglichen. In kleineren WV-Anlagen kommt fast immer „Einzelkompensation" in Frage, d. h. jedem Pumpenmotor wird ein eigener Kondensator zugeordnet. Um auch das Motorkabel von der Blindleistung Q zu entlasten, setzt man den Kondensator möglichst nahe an den Motor.
Die Kondensator-Leistung ist aus Tab. 5-8 zu entnehmen (Zwischenwerte geradlinig interpolieren!). Hat z. B. ein Motor 60 kW Leistungsaufnahme bei einem Leistungsfaktor von 0,82, so braucht man, um ihn auf cos φ = 0,96 zu verbessern, einen Kondensator von $0,40 \cdot 60$ kvar = 24 kvar.

Durch die zunehmende Zahl leistungsstarker Oberschwingungserzeuger, z. B. Frquenzumrichter, kommt es zu kritischen Resonanzsituationen welche zu extrem hohen Oberschwingungsströmen führen können. Es ist deshalb gemeinsam mit dem Energieversorger zu prüfen, ob eine verdrosselte, d. h. mit Induktivitäten beschaltete, Ausführung der Kondensatoren erforderlich ist.

5.2.2.7 Motorerwärmung

Nach Einsetzen einer Belastung erwärmt sich der Motor durch diese nach einer e-Funktion. Damit wird sich nach längerer Zeit eine ziemlich unveränderliche Temperatur einstellen, wenn sog. Dauerbetrieb vorliegt. Wird der Motor entlastet, sinkt die Temperatur, d. h. dass bei Betrieb mit (entsprechend langen) Pausen (Aussetzbetrieb) nur eine niedrigere Motortemperatur erreicht wird oder, während der kurzen Betriebszeiten, eine höhere Leistung abgegeben werden kann. Bei der Auslegung von WV Anlagen ist aber normalerweise von „Dauerbetrieb" auszugehen.
Eine Erhöhung der Lebensdauer erzielt man, wenn man höhere Isolierstoffklassen verwendet, die die zulässige Grenzübertemperatur W_G (der eingesetzten Isolierstoffe) und damit die höchstzulässige Dauertemperatur W_D (des Motors) bestimmen (VDE 0301/1 bzw. DIN EN 60085):
$W_D = 40\,°C$ + Zuschlag (etwa 5 bis 15 K) + W_G
Die frühere Klasse C für alle Temperaturen über 180 °C ist ersetzt worden durch die entsprechende Zahlenangabe, z. B. 200 = 200 °C.

Klasse	Y	A	E	B	F	H
W_D in °C	90	105	120	130	155	180

Zur Motorkühlung wird i. A. Luft verwendet, die durch den Motor (Innenkühlung) oder, bei geschlossener Bauart, über seine Oberfläche (Oberflächenkühlung) geführt wird.
Schutz vor unzulässiger Erwärmung bieten Motorschutzschalter mit thermischer Auslösung; als Kurzschluss-Schutz werden Sicherungen oder Leistungsschalter mit Kurzschlussschnellauslösern eingesetzt.
Bei großen Motoren werden zur Temperaturüberwachung in den Lagern Kontaktthermometer und in den Wicklungen Widerstandselemente, z. B. Kaltleiter, vorgesehen.
Bei Ansprechen der Schutzeinrichtungen muss ein Alarmsignal abgehen, bzw. nach einiger Zeit ein selbsttätiges Stillsetzen der Maschine erfolgen.
Vgl. hierzu DIN VDE 0530/1

5.2.3 Energieverteilung

5.2.3.1 Schaltgeräte

Schaltgeräte verbinden oder unterbrechen Stromwege. Ihre Auswahl wird hauptsächlich bestimmt von Betriebsspannung und -strom, Schaltvermögen und -häufigkeit sowie Betätigungsart. Hochspannungsschaltgeräte mit Betriebsspannungen über 20 kV sind im Allgemeinen. in der Verfügungsgewalt der EVU, dagegen können Mittelspannungsschaltgeräte im WVU-Bereich liegen.

5.2.3.1.1 Schaltgeräte für Mittelspannungsanlagen

In Mittelspannungsanlagen werden als Schaltgeräte eingesetzt:
Leistungsschalter zum Schalten großer Betriebs- und Kurzschlussströme im Fehlerfall. Bei hoher Schalthäufigkeit (z. B. Motoren) haben sich gasgefüllte SF_6-(Schwefelhexafluorid-) und Vakuum-Schalter bewährt. Bei Schalten von Vakuumschaltern können Überspannungen entstehen. Motoren sollten deshalb eine geeignete Schutzbeschaltung erhalten.
Lasttrennschalter zum Schalten nur begrenzter Betriebsströme (keine Kurzschlussströme!); sie stellen ausgeschaltet eine Trennstrecke dar (Erhöhung der Sicherheit),

5.2 Elektrotechnik

Trennschalter zum stromlosen Schalten, d. h. ohne Last; sie stellen eine sichtbare Trennung ausgeschalteter Anlagenteile dar und werden bes. bei Wartungsarbeiten betätigt.

5.2.3.1.2 Schaltgeräte für Niederspannungsanlagen

Bei den Niederspannungsschaltgeräten handelt es sich im Allgemeinen um Einrichtungen zum Ein- und Ausschalten von Motoren, Lampen u. ä. und um solche, die ihre Zuleitungen gegen Überlast schützen.

Schütze sind magnetisch betätigte Leistungsschaltkontakte. Die Schaltkontakte liegen in freien Lichtbogenlöschkammern. Zur Kontrolle der Schaltstellung gibt es zusätzliche Hilfskontakte. Abhängig vom Schaltvermögen variiert die Bauart und Baugröße der Schütze.

Leistungsschalter sind manuell oder motorisch angetriebene Schalter zum Schalten großer Leistungen. Im Gegensatz zum Schütz bleibt die Schaltstellung ohne Hilfsenergie erhalten. Abhängig vom Schaltvermögen variiert die Bauart und Baugröße der Leistungsschalter.

Motorschutzschalter werden in die Stromzuleitung eines Motors eingebaut. Sie erkennen über Bimetalle eine schleichende Überlastung und über Spulen den Kurzschluss. Bei großen Motorströmen wird der Motorschutzschalter über Stromwandler geführt. Die Abschaltung des Motors erfolgt durch Schütze oder Leistungsschalter. Der Motorschutzschalter wird für abgestufte Bereiche gefertigt und muss bei der Inbetriebnahme auf den Nennstrom des Motors eingestellt werden.

Hochleistungssicherungen, vor die Schütze gesetzt, dienen als Schutz gegen thermische und dynamische Überbeanspruchung. Je nach Auslegung und Betriebsklasse sichern diese den Kurzschluss und/oder den Überlastbereich ab. In Deutschland verbreitet ist das NH-Sicherungssystem (Niederspannungs-Hochleistungs-Sicherungssystem nach DIN VDE 0636 bzw. DIN EN 60269) bis 1.250 A sowie das Diazed- und Neozet- Sicherungssystem bis 100 A.

Stern-Dreieck-Schütze ermöglichen das Einschalten der Motoren in Stern- und das Umschalten in Dreieckschaltung. Die zeitliche Abfolge wird über eine Hilfsschaltung realisiert.

Thermistorgeräte schützen häufig schaltende (i > 60/h) oder schwer belastete Motoren. Es sind werkseitig Temperaturfühler in die Motor-Ständerwicklungen eingebettet, die über ein Auslösegerät bei zu großer Erwärmung auf das Motorschütz wirken. Sie werden im Allgemeinen als Kaltleiter, das sind Halbleiter, deren elektrische Leitfähigkeit im kalten Zustand größer ist als im heißen Zustand, oder mit Widerstandstemperaturfühler (PT100) ausgeführt.

5.2.3.1.3 Besondere Sensoren und Geräte für selbsttätige Steuerungen und zur Fernüberwachung

Wasserstandsgeber sind Kontaktaufnehmer, welche aus einer Schwimmervorrichtung oder aus einem Druckaufnehmer bestehen und welche an die Grundablassleitung eines Trinkwasserbehälters angeschlossen werden, um den Wasserstand anzuzeigen, die Schaltung der Pumpen zu bewirken und/oder eine Meldung abzusetzen.

Druckschalter schalten bei bestimmten Drücken ein bzw. aus und werden z. B. in DB-Anlagen zur Steuerung der Luftkompressoren benötigt.

Kontaktmanometer sind Manometer mit einem vom Wasserdruck bewegten und einem von Hand einstellbaren Zeiger, deren Kontakte sich berühren, wenn sich die Zeiger decken. Beim Berühren schließen sie einen Hilfsstromkreis, der z. B. den Motorschütz steuert.

Elektronische Druckaufnehmer nehmen den Druck über eine Membrane aus z. B. V2A oder Keramik auf und wandeln diesen in ein analoges Messsignal um. Sie können den Druckistwert anzeigen, mit Schaltpunkten vergleichen und Schaltbefehle ausgeben und stellen den aktuellen Druckistwert als analoges Ausgabesignal zur weiteren Verarbeitung, z. B. für die Anzeige in der zentralen Warte, zur Verfügung. El. Druckaufnehmer gibt es für unterschiedliche Messbereiche in vielfältiger Ausführung. Sie können zur Überwachung des Leitungsdrucks aber auch zur Höhenstandsüberwachung eingesetzt werden.

Strömungsschalter werden als Trockenlaufschutz für Pumpen eingesetzt. Sie müssen während der Pumpenanlaufzeit überbrückt werden. Bei der mechanischen Bauart fällt ein durch die Wasserströmung gehaltener Hebel bei deren Stillstand und schaltet den Motor ab. Diese Bauart ist heute meist durch das kaloriemetrische Prinzip abgelöst worden: Zwei Temperaturfühler ragen geringfügig in die Strömung;

einer misst die Wassertemperatur, der andere – beheizte – wird je nach Strömungsgeschwindigkeit mehr oder weniger abgekühlt. Aus beiden Werten wird der mittels Potentiometer in weiten Grenzen einstellbare Schaltpunkt ermittelt. Vorteile: keine bewegten Teile und leicht einbaubar.

Durchflussmengenmessgeräte sind zum einen Wasserzähler mit Impulskontakten oder Magnetisch induktive Durchflussmengenmessgeräte (siehe Abschn. 5.5)

Endlagenschalter werden zur Stellungsüberwachung z. B. an Schiebern oder Ventilen eingesetzt. Sie können kontaktbehaftet über Stößel und Hebel oder berührungslos über Magnetfelder (Induktiver Näherungsschalter, Initiator) schalten.

Speicherprogrammierbare Steuerungen (SPS) sind die zentralen Geräte der Automatisierungstechnik. Sie besitzen Ein- und Ausgänge für digitale und analoge Größen, also z. B. für Schaltkontakte und Messwerte auf der Eingangsseite und für Befehle in Form von z. B. potentialfreien Kontakten auf der Ausgangsseite. Über ein Programm sind Ein- und Ausgangssignal miteinander verknüpft.

Bussysteme ermöglichen die Kopplung zwischen den Automatisierungsgeräten und ermöglichen die Datenübertragung zu einer Leitwarte. Zunehmend werden auch Sensoren oder Aktoren, z. B. Stellantriebe durch Feldbussysteme angesteuert.

Bei den mit dem Wasser in Verbindung stehenden Sensoren ist zu beachten, dass Turbulenzen im Medium zu Fehlmessungen führen können. Der Einbauort sollte deshalb immer so gewählt werden, dass nur geringe Turbulenzen vorhanden sind oder eine laminare Strömung vorliegt.

5.2.3.2 Leitungen und Zubehör

5.2.3.2.1 Stromleitungen

Die vom Netz des EVU zu den Wasserwerken verlaufenden Stromleitungen werden als Freileitungen oder Kabel erstellt; sie sind bestimmt durch Festigkeit (bei Freileitungen), Erwärmung und Spannungs- bzw. Leistungsverlust. In der Regel ist nur der letztere von Bedeutung. Wegen der größeren Betriebssicherheit sollen Stromzuführungen zu Wasserwerken nur als Kabel verlegt werden.

Üblicherweise werden vom Trafo des EVU bis zum Pumpwerk 4 % Leistungsverlust zugelassen. Mindestquerschnitt für Niederspannungs-Freileitungen: Cu 10 mm^2, Al 16 mm^2, Mastabstände: Holzmasten 35 m, bei größerem Leitungsquerschnitt Stahlbeton- oder Stahlrohrmasten: 40 bis 50 m. Mastlänge 9 bis 11 m. Zopfstärke (d. i. das obere Ende) der Holzmasten bis 4 · 70 mm^2. Leitungsquerschnitt: 16/18 cm. Eingrabtiefe 1/6 der Mastlänge, mindestens 1,6 m. Abstände der Leitungen untereinander 40 bis 50 cm, von Gebäuden 1,25 m, von OK Eisenbahnschienen 7,0 m, seitlich von Gleismitte 5,0 m, stets bei größtem Durchhang gemessen (gilt nur für Leitungen unter 1 000 V). Bahnen mit elektrischer Oberleitung dürfen nur mit Erdkabeln gekreuzt werden.

Müssen Leistungen über 25 bis 30 kW auf längere Strecken als 1000 m übertragen werden, so würden die Querschnitte von Niederspannungsleitungen zu groß werden, wenn der Leistungsverlust im erträglichen Rahmen bleiben soll. In diesem Fall ist Mittelspannungsübertragung zweckmäßig. Im oder neben dem Wasserwerk muss dann Raum für Schaltgeräte und Transformatoren bereitgestellt werden.

5.2.3.2.2 Motoranschlüsse und Sicherungen

Die in dem internationalen Standard IEC 60364-5-523 gemachten Aussagen bezüglich der Strombelastbarkeit von Leitungen finden sich inhaltlich wieder in der nationalen Norm DIN VDE 0298-4. „Verwendung von Kabeln und isolierten Leitungen für Starkstromanlagen; Empfohlene Werte für die Strombelastbarkeit von Leitungen". Sie enthält Regeln für die Wahl des Leiternennquerschnitts bei:

– Belastung der Leitungen im ungestörten Betrieb
– Belastung der Leitungen im Kurzschlussfall

Laut aktueller Norm DIN VDE 0298 müssen beide Belastungsarten getrennt betrachtet werden. Die Absicherung und Belastbarkeit von Leitungen und Kabeln ist jeweils einzeln zu berechnen unter Beachtung folgender Rahmenbedingungen:

- Bestimmungsgemäße Verwendung der Starkstromleitungen
- Nur Betriebsstrom führende Leiter werden berücksichtigt
- Es wird symmetrische Belastung angenommen (ungünstigster Fall)
- Es werden die ungünstigsten Betriebsbedingungen vorausgesetzt, bei gleichzeitig ungünstigstem Leitungsverlauf

Bemessungstabellen, welche sich in älterer Literatur finden, berücksichtigen u. A. die Verlegebedingungen und daraus resultierende Reduktionsfaktoren nicht. Diese veralteten Tabellen dürfen deshalb nicht mehr angewandt werden! **Tab. 5-9** und **Tab. 5-10** zeigen die Strombelastbarkeit von Kabeln bei unterschiedlichen Verlegebedingungen. Für stärkere Kabel (etwa ab 120 mm^2) werden, wegen der besseren Biegsamkeit, meist Einzelleiter vorgezogen.

5.2.3.3 Transformatoren (Umspanner)

Transformatoren sind genormt (DIN 42 500 bis DIN 42 523); deshalb ist die Bestimmung der erforderlichen Leistungsgrößen nicht besonders schwierig. Trotzdem ist es nötig, bei der Auswahl von Transformatoren doch einiges zu beachten: Nach dem Kühlmittel unterscheidet man Trocken- und Öltransformatoren. Die unbrennbaren (!), PCB-haltigen Kühlmittel (Askarel, Chlophen o. Ä. Bezeichnungen) haben sich als äußerst gefährlich im Brandfall erwiesen (durch Brandlast von außen). Aufgrund dieser Umweltunverträglichkeit werden sie nicht mehr hergestellt; wegen des Austausches eines u. U. vorhandenen PCB-haltigen Transformators wende man sich an die Kreisverwaltungsbehörden. Einfacher Austausch der Füllung gegen Öl ist höchst gefährlich und deshalb unzulässig. Die Entsorgung ist von Spezialfirmen durchzuführen.

Somit kommt normalerweise, d. h. wenn keine Gefährdung des Grundwassers zu befürchten ist, der mit Mineral- oder Silikonöl (etwas teurer) gefüllte Transformator in Betracht. Bei seiner Aufstellung sind verschiedene bauliche Auflagen und Vorkehrungen zu erfüllen. Diese entfallen bei dem im Fassungsbereich und in der engeren Schutzzone vorgeschriebenen Trockentransformator. Bei Neuanschaffung empfiehlt sich die Gießharzausführung; sie ist zwar etwa doppelt so teuer wie die mit Lacktränkung, aber, im Gegensatz zu dieser, nicht überspannungsempfindlich, für Freiluftaufstellung (gekapselt) geeignet und ohne Wartungsansprüche. Wegen der elektrischen Auslegung bezüglich Kurzschlussbeanspruchung, Schaltgruppen, u. U. Parallelbetrieb (Grund- und Spitzenlastaufteilung, Erweiterung u. ä.) und bes. der gegebenen Netzspannung ist eine Abstimmung mit dem EVU erforderlich. Aus betriebswirtschaftlichen Gründen sollten Transformatoren passend ausgelegt werden (quadratischer Anstieg der Kupfer- oder Kurzschlussverluste). Es gibt auch sog. „Transformatoren mit verringerten Verlusten", die aber teurer sind (Rückfrage beim Hersteller).

Eine Sonderbauart der Transformatoren stellen die Messwandler dar, die es erlauben, hohe bis höchste Betriebsspannungen oder -ströme in einem bestimmten Übersetzungsverhältnis auf Werte herabzusetzen, die für Messgeräte (s. Abschn. 5.3.2.1.4) geeignet sind.

5.2.3.4 Ersatzstromerzeugungsanlagen

Wie bereits dargelegt, werden Ersatzstromerzeugungsanlagen (EStA) im Allgemeinen durch Dieselmotoren angetrieben. Als Stromerzeuger haben sich selbstregelnde Innenpolsynchron-Maschinen in Sternschaltung mit herausgeführtem Sternpunkt bewährt. Meistens genügt Selbsterregung, nur bei sehr großen Maschinen wird Fremderregung (durch gesonderte Erregermaschine) vorzusehen sein; auch der Einsatz von Mittelspannungsgeneratoren (z. B. 6 kV) ist dann zu überlegen.

Für stationäre Ersatzstromanlagen gelten andere Anforderungen als für mobile Geräte, welche z. B. bei Rohrleitungsreparaturen zum Einsatz kommen. Die genaue Spezifikation ist deshalb im Einzelfall zu prüfen (hierzu auch DVGW-Merkblatt GW 308 „Mobile Ersatzstromerzeuger für Rohrleitungsbaustellen").

Tab. 5-9: Strombelastbarkeit Iz von Kabeln 0,6/1 kV (EVU-Last) bei Verlegung in Erde nach DIN VDE 0276-603

Isolierwerkstoff	Papier-Masse						PVC						VPE			
Metallmantel	Blei			Aluminium			—				Blei		—			
zulässige Betriebstemperatur	80 °C						70 °C						90 °C			
Bauartkurzzeichen	NK-BA	NKA		NKLEY			NYY		NYCWY		NYKY		N2XY N2X2Y		N2CWY N2XCW2Y	
Anordnung	⊙⊙	⊛	⊛⊛⊛	⊙⊙	⊛	⊛⊛⊛	⊙*	⊙⊙	⊛	⊙⊙	⊛	⊙	⊙⊙	⊙* ⊙⊙	⊛	⊙⊙	⊛
Anzahl der belasteten Adern	3	3	3	3	3	3	1	3	3	3	3	2	3	1	3	3	3
Querschnitt in mm²	Strombelastbarkeit I_z in A																
1,5	–	–	–	–	–	–	41	27	30	27	31	31	27	48	31	33	31	33
2,5	–	–	–	–	–	–	55	36	39	36	40	41	35	63	40	42	40	43
4	–	–	–	–	–	–	71	47	50	47	51	54	46	82	52	54	52	55
6	–	–	–	–	–	–	90	59	62	59	63	68	58	102	64	67	65	68
10	–	–	–	–	–	–	124	79	83	79	84	92	78	136	86	89	87	91
16	–	–	–	–	–	–	160	102	107	102	108	121	101	176	111	115	113	117
25	133	147	172	135	146	169	208	133	138	133	139	153	131	229	145	148	146	150
35	161	175	205	162	174	200	250	159	164	160	166	187	162	275	174	177	176	179
50	191	207	241	192	206	234	296	188	195	190	196	222	192	326	206	209	208	211
70	235	254	294	237	251	282	365	232	238	234	238	272	236	400	254	256	256	257
95	281	303	350	284	299	331	438	280	286	280	281	328	283	480	305	307	307	304
120	320	345	395	324	339	367	501	318	325	319	315	375	323	548	348	349	349	341
150	361	387	441	364	379	402	563	359	365	357	347	419	362	616	392	393	391	377
185	410	437	494	411	426	443	639	406	413	402	385	475	409	698	444	445	442	418
240	474	507	567	475	488	488	746	473	479	463	432	550	474	815	517	517	509	469
300	533	571	631	533	544	529	848	535	541	518	473	–	533	927	585	583	569	514
400	602	654	711	603	610	571	975	613	614	579	521	–	603	1064	671	663	637	565
500	–	731	781	–	665	603	1125	687	693	624	574	–	–	1227	758	749	691	623
630	–	–	–	–	–	–	1304	–	777	–	636	–	–	1421	–	843	–	690
800	–	–	–	–	–	–	1507	–	859	–	–	–	–	1638	–	935	–	–
1000	–	–	–	–	–	–	1715	–	936	–	–	–	–	1869	–	1023	–	–
Bauartkurzzeichen	NA-KBA	NAKA		NAKLEY			NAYY		NAYCWY		–		NA2XY NA2X2Y		NA2CWY NA2XCW2Y		
25	103	–	–	104	–	–	160	102	106	103	108	–	–	177	112	114	113	116
35	124	135	158	125	135	155	193	123	127	123	129	–	–	212	135	136	136	138
50	148	161	188	149	160	184	230	144	151	145	153	–	–	252	158	162	159	164
70	182	197	229	184	195	222	283	179	185	180	187	–	–	310	196	199	197	201
95	218	236	273	221	233	263	340	215	222	216	223	–	–	372	234	238	236	240
120	249	268	309	252	265	294	389	245	253	246	252	–	–	425	268	272	269	272
150	281	301	345	283	297	325	436	275	284	276	280	–	–	476	300	305	302	303
185	320	341	389	322	335	361	496	313	322	313	314	–	–	541	342	347	342	340
240	372	398	449	373	388	406	578	364	375	362	358	–	–	631	398	404	397	387
300	420	449	503	421	435	446	656	419	425	415	397	–	–	716	457	457	454	430
400	481	520	573	483	496	491	756	484	487	474	441	–	–	825	529	525	520	479
500	–	587	639	–	552	529	873	553	558	528	489	–	–	952	609	601	584	531
630	–	–	–	–	–	–	1011	–	635	–	539	–	–	1102	–	687	–	587
800	–	–	–	–	–	–	1166	–	716	–	–	–	–	1267	–	776	–	–
1000	–	–	–	–	–	–	1332	–	796	–	–	–	–	1448	–	865	–	–

*) Bemessungsstrom in Gleichstromanlagen mit weit entferntem Rückleiter

Die Schaltanlagen sind so auszurüsten, dass Hand-, Automatik- und Probebetrieb möglich sind. Bewährt haben sich elektronische Synchronisiereinrichtungen die im Probebetrieb unterbrechungsfrei, im Nulldurchgang einer Sinuswelle, umschalten können. Bei Netzwiederkehr wird automatisch, unterbrechungsfrei auf das Netz zurück geschaltet, nach einer Nachlaufzeit schaltet sich die EStA automatisch ab.

5.2 Elektrotechnik

Tab. 5-10: Strombelastbarkeit Iz von Kabeln 0,6/1 kV (EVU-Last) bei Verlegung in Luft nach oder DIN VDE 0276-603

Isolierwerkstoff	Papier-Masse						PVC						VPE					
Metallmantel	Blei			Aluminium			—					Blei	—					
zulässige Betriebstemperatur	80 °C						70 °C						90 °C					
Bauartkurzzeichen	NK-BA	NKA			NKLEY			NYY		NYCWY		NYKY		N2XY N2X2Y			N2CWY N2CW2Y	
Anordnung	⊙⊙	⊛	⊛⊛⊛	⊙⊙	⊛	⊛⊛⊛	⊙*)	⊙⊙	⊛	⊙⊙	⊛	⊙	⊙⊙	⊙*)	⊙⊙	⊛	⊙⊙	⊛
Anzahl der belasteten Adern	3	3	3	3	3	3	1	3	3	3	3	2	3	1	3	3	3	3
Querschnitt in mm²	Strombelastbarkeit I_z in A																	
1,5	–	–	–	–	–	–	27	19,5	21	19,5	22	20	18,5	33	24	26	25	27
2,5	–	–	–	–	–	–	35	25	28	26	29	27	25	43	32	34	33	36
4	–	–	–	–	–	–	47	34	37	34	39	37	34	57	42	44	43	47
6	–	–	–	–	–	–	59	43	47	44	49	48	43	72	53	56	54	59
10	–	–	–	–	–	–	81	59	64	60	67	66	60	99	74	77	75	81
16	–	–	–	–	–	–	107	79	84	80	89	89	80	131	98	102	100	109
25	114	138	167	114	136	163	144	106	114	108	119	118	106	177	133	138	136	146
35	140	168	203	139	166	199	176	129	139	132	146	145	131	217	162	170	165	179
50	169	203	246	168	200	239	214	157	169	160	177	176	159	265	197	207	201	218
70	212	255	310	213	251	299	270	199	213	202	221	224	202	336	250	263	255	275
95	259	312	378	262	306	361	334	246	264	249	270	271	244	415	308	325	314	336
120	299	364	439	304	354	412	389	285	307	289	310	314	282	485	359	380	364	388
150	343	415	500	350	403	463	446	326	352	329	350	361	324	557	412	437	416	438
185	397	479	575	402	462	522	516	374	406	377	399	412	371	646	475	507	480	501
240	467	570	678	474	545	594	618	445	483	443	462	484	436	774	564	604	565	580
300	533	654	772	542	619	657	717	511	557	504	519	–	492	901	649	697	643	654
400	611	783	912	628	726	734	843	597	646	577	583	–	563	1060	761	811	737	733
500	–	893	1023	–	809	786	994	669	747	626	657	–	–	1252	866	940	807	825
630	–	–	–	–	–	–	1180	–	858	–	744	–	–	1486	–	1083	–	934
800	–	–	–	–	–	–	1396	–	971	–	–	–	–	1751	–	1228	–	–
1000	–	–	–	–	–	–	1620	–	1078	–	–	–	–	2039	–	1368	–	–
Bauartkurzzeichen	NA-KBA	NAKA			NAKLEY			NAYY		NAYCWY		–		NA2XY NA2X2Y			NA2CWY NA2XC-W2Y	
25	89	–	–	88	–	–	110	82	87	83	91	–	–	136	102	106	104	112
35	108	130	157	107	128	154	135	100	107	101	112	–	–	166	126	130	128	137
50	131	157	191	130	155	186	166	119	131	121	137	–	–	205	149	161	152	169
70	165	198	240	166	195	234	210	152	166	155	173	–	–	260	191	204	194	214
95	201	243	294	203	238	284	259	186	205	189	212	–	–	321	234	252	239	263
120	233	283	343	237	277	328	302	216	239	220	247	–	–	376	273	295	278	308
150	267	323	390	272	316	370	345	246	273	249	280	–	–	431	311	339	316	349
185	310	374	450	314	363	421	401	285	317	287	321	–	–	501	360	395	365	401
240	366	447	535	372	432	489	479	338	378	339	374	–	–	600	427	472	430	469
300	420	515	613	428	494	548	555	400	437	401	426	–	–	696	507	547	506	535
400	488	623	733	503	589	627	653	472	513	468	488	–	–	821	600	643	575	615
500	–	718	833	–	669	687	772	539	600	524	556	–	–	971	695	754	682	700
630	–	–	–	–	–	–	915	–	701	–	628	–	–	1151	–	882	–	790
800	–	–	–	–	–	–	1080	–	809	–	–	–	–	1355	–	1019	–	–
1000	–	–	–	–	–	–	1258	–	916	–	–	–	–	1580	–	1157	–	–

*) Bemessungsstrom in Gleichstromanlagen mit weit entferntem Rückleiter

Die Anlagengröße sollte so bemessen sein, dass bei Druckbehälterpumpwerken 1/6 bis 1/8 von Q_{dmax} (maximaler Tagesbedarf) je Stunde gefördert werden kann; bei Zwischenpumpwerken mit nur einseitigem Netzanschluss oder zweiseitigem Anschluss aber nur geringem Speicherraum sowie bei Gewinnungsanlagen ist 1/16 von Q_d (mittlerer Tagesverbrauch) je Stunde zugrunde zu legen.

5.2.4 Schutzmaßnahmen in elektrischen Anlagen

Schutzmaßnahmen schützen Mensch und Tier gegen Berührung spannungsführender Teile und gegen zu hohe, u. U. tödliche Berührungsspannung (DIN VDE 0100/410). Sie sind mit dem EVU abzustimmen.

5.2.4.1 Schutz gegen direktes Berühren

Vollständigen Schutz gegen direktes Berühren „aktiver", d. h. unter Spannung stehender Teile erreicht man durch Isolierung und Abdeckung oder Umhüllung derselben. Hindernisse oder Abstand bieten dagegen nur teilweisen Schutz, d. h. Schutz gegen zufälliges Berühren. Räume mit aktiven Teilen müssen gekennzeichnet werden (Warnschild), dürfen nur mit Schlüssel oder Werkzeug zu öffnen sein und dürfen nur durch Elektrofachkräfte oder elektrotechnisch unterwiesene Personen betreten werden.

5.2.4.2 Schutz bei indirektem Berühren

Unter dem Schutz bei indirektem Berühren sind Maßnahmen zu verstehen, die gegen Gefahren durch Berührung im Fehlerfall gerichtet sind.

5.2.4.2.1 Schutzisolierung

Zur sog. Grund- oder Betriebsisolierung wird eine zusätzliche isolierende Umhüllung geschaffen, durch die weder leitfähige Teile hindurchgehen noch an Schutzleiter angeschlossen werden dürfen. Ihre Anschlussleitungen sind deshalb ohne Schutzleiter, die Stecker ohne Schutzkontakt (Zeichen ▢).

5.2.4.2.2 Schutztrennung

Durch schutzisolierte Trenntransformatoren, die außerhalb des gefährdeten Bereichs aufgestellt sein müssen, werden Gefahren vermieden, die beim Berühren von Geräten mit fehlerhafter Betriebsisolierung entstünden.
Setzt man ausgangsseitig die Spannung auf höchstens 24 V ~ („24 VAC") herab (z. B. für Handleuchten), spricht man von Schutzkleinspannung. Stecker für Kleinspannung dürfen nicht in Steckdosen für höhere Spannungen passen!

5.2.4.2.3 Schutzeinrichtungen im TN-Netz

Der Schutzleiter PE oder der Neutralleiter mit Schutzfunktion PEN muss mit dem Erdungspunkt des speisenden Netzes (üblicherweise der geerdete Sternpunkt) verbunden sein, wobei der Gesamterdungswiderstand R_{GE} höchstens 2 Ω betragen darf (ggf. zusätzliche Erdungsstellen vorsehen). Alle

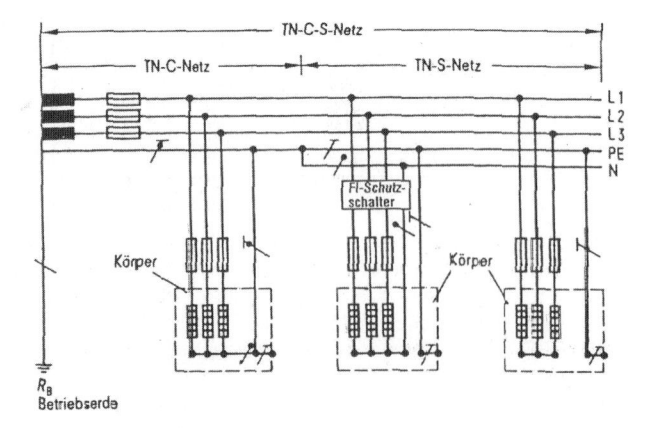

Abb. 5-25: Aufbau des TN-Netzes

5.2 Elektrotechnik 367

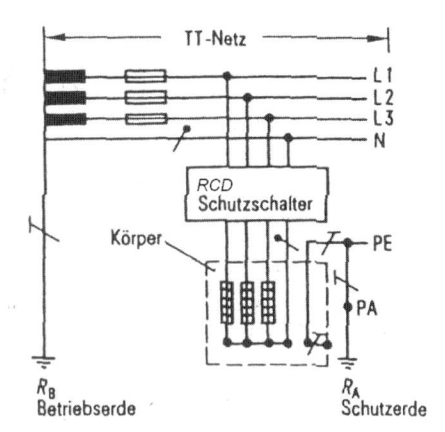

Abb. 5-26: Aufbau des TT-Netzes

Metallteile und Geräte werden an PE bzw. PEN angeschlossen, so dass im Fehlerfall das Abschalten durch Überstrom-Schutzeinrichtungen (Sicherungen, Sicherheitsautomaten,) gewährleistet ist.
Es wird unterschieden zwischen TN-C-Netz, TN-S-Netz und TN-C-S-Netz **(Abb. 5-25)**. Ein TN-C-Netz ist ein Netz mit einem kombinierten Schutz-/Neutralleiter (PEN-Leiter) und darf nur bei Leiterquerschnitten von mindestens 10 mm^2 Cu oder 16 mm^2 Al gewählt werden. Bei Querschnitten unter 10 mm^2 Cu (16 mm^2 Al) kommt am häufigsten das TN-CS-Netz mit Auftrennung des PEN-Leiters in Schutzleiter PE und Neutralleiter N innerhalb der Elektroanlage zur Anwendung. Es gibt auch das TN-S-Netz mit Auftrennung in PE und N ab Sternpunkt der Spannungsquelle.

5.2.4.2.4 Schutzeinrichtungen im TT-Netz

Beim TT-Netz sind Transformator-Sternpunkt (ersatzweise ein Außenleiter) und PE getrennt geerdet, damit müssen auch PE und N getrennt sein **(Abb. 5-26)**. Alle nicht zum Stromkreis selbst gehörenden, leitfähigen Teile sind mit dem Schutzleiter gemeinsam geerdet. Auch hier darf R_{GE} höchstens 2 Ω betragen; das Abschalten wird ebenfalls durch Überstrom-Schutzeinrichtungen erreicht. Die Maßnahme ähnelt der früheren Schutzerdung.

5.2.4.2.5 Schutzeinrichtungen im IT-Netz

Im IT-Netz **(Abb. 5-27)** fehlt der Neutralleiter N, die aktiven Leiter L1, L2, L3 sind nicht geerdet, der die einzelnen leitfähigen Teile verbindende Schutzleiter PE natürlich schon. Beim IT-Netz, das kein EVU- sondern nur ein abnehmereigenes Netz (ab Trafo-Sekundärseite oder bei EStA-Versorgung) ist,

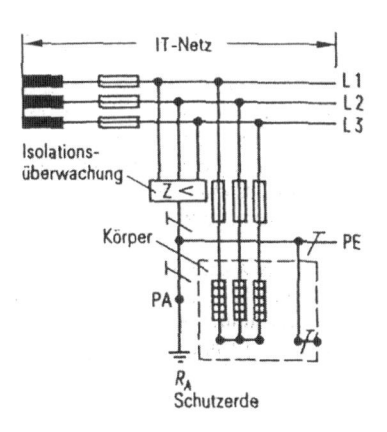

Abb. 5-27: Aufbau des IT-Netzes

wird als Schutzmaßnahme die Isolation überwacht. Es erfolgt keine selbsttätige Abschaltung, sondern nur eine Meldung; die Bedienungsfachkräfte haben dann entsprechend zu handeln! Das IT-Netz, bisher dort eingesetzt, wo kein Stromausfall hingenommen werden kann (Krankenhäuser, Bergbau), soll zukünftig für EStA-Netze vorgeschrieben werden.

5.2.4.2.6 Fehlerstrom-Schutzeinrichtung (RCD)

RCD = Residual Current protective Device (früher FI-Schutzschalter)
Die Fehlerstrom-Schutzeinrichtung wird beim Anstieg über den Nennfehlerstrom (z. B. 30 mA) innerhalb von 0,2 s, beim fünffachen Nennfehlerstrom sogar innerhalb von 0,04 s, abgeschaltet; sie kann in Netzen mit PEN-Leitern (TN-C-Netz) nicht verwendet werden (kein Abschalten bei Fehler!). Sind PE- und N-Leiter getrennt (TN-S-Netz), ist sie dagegen von Nutzen (s. **Abb. 5-24**). Hinweis: Die einwandfreie Funktion der Schutzeinrichtung muss regelmäßig überprüft und dokumentiert werden!
Bei der Fehlerstrom-Schutzeinrichtung (früher allg. als „FI-Schutzschaltung" bezeichnet) handelt es sich um eine Schutzmaßnahme gegen indirekte Berührung. Sie ist, außer der Schutzkleinspannung, die beste Schutzeinrichtung, ersetzt aber nicht die für den Kurzschlussschutz notwendigen Sicherungen.
Die Fehlerspannungs-(FU-) Schutzeinrichtung ist mit einem Schalter ausgerüstet, der dann innerhalb 0,2 s fällt, wenn die Berührungsspannung die Nennfehlerspannung (z. B. 24 V ~) übersteigt; sie ist auf Sonderfälle beschränkt.

5.2.4.3 Weitere Sicherheitsregeln

Der Betrieb elektrischer Einrichtungen umfasst Bedienen und Arbeiten.

Laien ist nur das Bedienen gestattet, d. h. Schalten, Steuern, Stellen und Beobachten. Durch eine zusätzliche Qualifikation können Laien zur „elektrotechnisch unterwiesenen Person" geschult werden und dürfen dann speziell unterwiesene Handlungen im Elektrobereich durchführen wie z. B. Wechseln von Sicherungen bis 25 A oder Austausch von Leuchtmitteln und Reinigungsarbeiten. Zum Arbeiten gehören: Reinigen, Instandhalten, Beseitigen von Störungen, Ändern und Erweitern; hierfür sind Elektrofachkräfte einzusetzen (s. BGV A3).
Beim Arbeiten sind grundsätzlich die 5 Sicherheitsregeln (s. DIN VDE 0105/1)
zu beachten:

- Freischalten
- Gegen Wiedereinschalten sichern
- Spannungsfreiheit feststellen
- Erden und Kurzschließen
- Benachbarte, unter Spannung stehende Teile abdecken oder abschranken!

Auf strikte Trennung von EVU- (meist Mittelspannungs-)Teil und WVU-Teil ist zu achten, die Zuständigkeit für Schalthandlungen muss eindeutig festgelegt werden (s. **Abb. 5-34**).

5.2.5 Messprogramm und Messwertdarstellung

5.2.5.1 Messprogramm

Eine übersichtliche Betriebsführung verlangt die Feststellung der wichtigsten Werte der Anlage, um deren Wirkungsweise prüfen zu können. Soll die Anlage fernbedient werden, so ist eine ausreichende Übersicht über die Anlagenzustände vor Ort eine wesentliche Bedingung für die Fernbedienung.
In kleinen Wasserwerken mit Quellzulauf, also ohne Pumpwerk, kann auf eine laufende Messung der Zulaufmenge bei einem ständig sehr hohen Wasserdargebot verzichtet werden, wobei mindestens

5.2 Elektrotechnik 369

eine wöchentliche Messung erforderlich ist. Aufgrund der heute preisgünstig verfügbaren Messtechnik einschließlich Datenspeicherung sollte jedoch auch bei kleinen Anlagen, die der öffentlichen Versorgung dienen, auf kontinuierliche Messwerterfassung nicht verzichtet werden.

In größeren Werken mit Quellzulauf ist die ständige Darstellung der gewonnenen Wassermenge erforderlich. Wird in Abgangsleitungen von Hochbehältern gemessen, so ist wegen der Schwankungen ein Verbundzähler zu verwenden. Inwieweit Druckmessungen – z. B. an Netzpunkten mit besonders ungünstiger Lage – sowie Fernübertragungen dieser Messergebnisse an die Zentrale nötig werden, hängt von den örtlichen Verhältnissen ab.

In *kleinen Wasserwerken* mit Pumpbetrieb sind zu messen: Hydraulische Werte: Saug- und Druckhöhen der Pumpen durch Vakuum- und Manometer, Förderstrom und -menge (wenigstens des gesamten Werkes, wenn nicht der einzelnen Pumpen) – Elektrische Werte: Einspeisewerte, Energieaufnahme durch Stromzähler, Spannung und Stromaufnahme der Motoren, Lauf- und Endlagenüberwachung..

In *mittleren Werken*, etwa ab einer Förderung von 300 m^3/d sind zusätzlich zu messen: Momentanförderung der Pumpen und Wasserstände in Behältern, wobei letztere registriert werden sollten, Ruhe- und Betriebswasserstand in Brunnen, ferner die Netzfrequenz, die Leistungsaufnahme jedes einzelnen Pumpenmotors und, wenn eine Ersatzstromanlage vorhanden, Spannung und Stromabgabe (= Belastung des Generators), Batteriespannung sowie Ladestromstärke der Batterie.

Mittlere und große Werke verfügen über eine Fernwirkanlage, die Messwerte in die zentrale Leitstelle überträgt (Abschn. 5.3.2). Hier können weitere Meldungen über den Betriebszustand („Pumpe läuft", „Schieber zu") aufgenommen und aufgezeichnet werden, die für einen rationellen Betrieb der Wasserversorgung erforderlich sind. Die Messprogramme müssen sorgfältig ausgearbeitet werden (**Tab. 5-8**).

5.2.5.2 Anzeigeinstrumente

Mess- und Anzeigeinstrumente sind übersichtlich auf der Vorderseite von Schaltschränken oder in einem eigenen Bedienungsraum unterzubringen. Zum Schutz gegen Feuchtigkeit und Staub sollten die Schaltschränke in geschlossener Bauweise (Schutzart IP54) gebaut sein.

Skalenmessinstrumente und die bausteinartig aus kleinen Quadraten aufgebaute Mosaik-Systemtechnik werden zunehmend durch elektronische Anzeigegeräte, Bedienmonitorsysteme und Videoprojektionssyteme, bei größeren Anlagen, abgelöst.

Höherwertige Bedienmonitorsysteme erlauben die Langzeitdatenspeicherung und machen den Einsatz von papiergebundenen Linienschreibern entbehrlich. Bei den elektronischen Geräten kann die Skalierung der Messwerte frei definiert werden und zusätzlich können weitere Parameter wie z. B. Grenzwerte oder Messsignalfehler überwacht werden.

Anlagenerweiterungen oder kleinere Korrekturen können beim Bedienmonitorsystem relativ einfach und kostengünstig über eine Änderung der Software realisiert werden. Die Oberfläche zeigt meistens eine schematische Darstellung der Anlage. Bei komplexen Anlagen kann auf Detailbilder weitergeschaltet werden. Die Bedienung erfolgt durch in die Bilder integrierte Taster, so genannte „Smart-Keys".

Grundsätzlich ist auf die autarke Arbeitsweise der Systeme zu achten. Die Energieversorgung sollte batteriegepuffert und über eine automatische Ersatzstromanlage erfolgen.

Abb. 5-28 zeigt einen Bedienmonitor (touch-screen) einer Behälteranlage, der den Höhenstand des Behälters, die vorgeschalteten Zulaufarmaturen (ZA), eine Überlaufsicherung (ULS) sowie eine Zulaufmessung (MGQ) anzeigt. Die Anlage ist darüber hinaus mit einer Turbine (PT) zur Stromerzeugung und einer Drucksteigerungspumpe (P01) im Auslauf des Behälters mit nachgeschalteter Pumpendruckarmatur (PDA) versehen. Im oberen Bildteil befinden sich Bedienelemente. (Anmerkung: Die Abkürzungen sind unternehmensspezifisch und entsprechen nicht den gängigen Normen.)

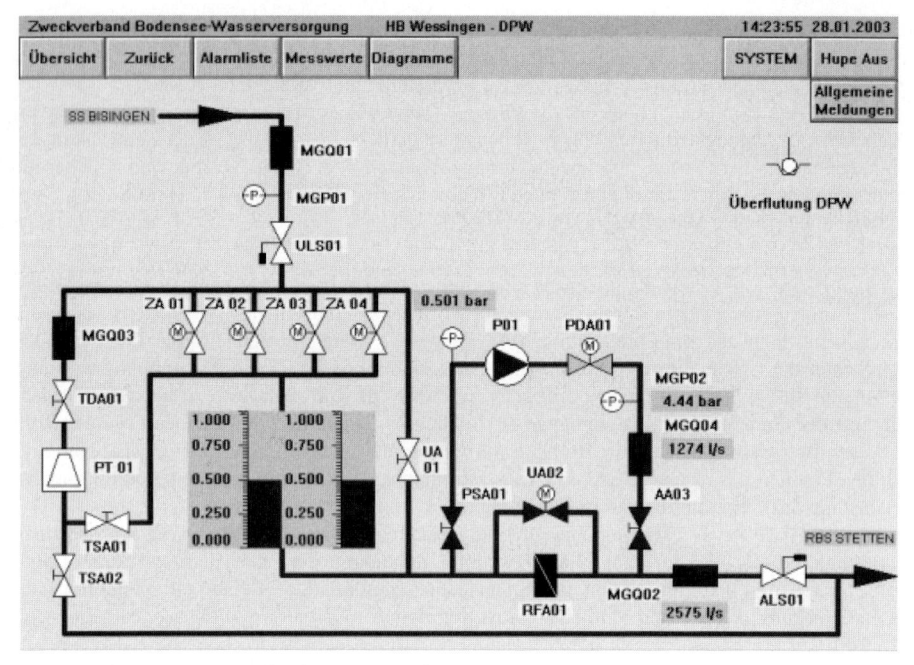

Abb. 5-28: Bedienmonitorsystem für die Vor-Ort-Bedienung

5.3 Fernwirkanlagen

5.3.1 Aufgaben und Ziele von Fernwirkanlagen

Großräumigere Wasserversorgungsanlagen mit weit auseinander liegenden Anlagenteilen können mit Hilfe von Fernwirkanlagen geordnet und wirtschaftlich betrieben werden. Aber auch bei kleineren Anlagen mit geringerem Versorgungsgebiet sind Fernwirkanlagen heute wirtschaftlich gerechtfertigt. Hauptaufgaben sind

– Istwerterfassung durch Messen und Zählen,
– Ist- und Sollwertvergleich durch Melden und Überwachen,
– Sollwertherstellung durch Steuern und Regeln.

Auf den Unterschied zwischen Messen und Zählen wird im Abschn. 5.5 eingegangen; Melden bedeutet reines Istwert-Mitteilen, während Überwachen bereits den Sollwertvergleich beinhaltet. Beim Steuern beeinflussen die Eingangsgrößen aufgrund einer eingeprägten Gesetzmäßigkeit die Ausgangsgrößen. Der Ablauf wird über offen aneinander gereihte Übertragungsglieder als Steuerkette vollzogen. Beim Regeln dagegen wird eine (Regel-) Größe fortlaufend erfasst, mit der Führungsgröße (Sollwert) verglichen und bei Abweichung wieder nachgeführt. Der Wirkungsablauf ist geschlossen: Regelkreis. (Die Ampel steuert den Verkehr, der Polizist soll ihn regeln! - siehe auch DIN 19226 „Leittechnik - Regelungstechnik und Steuerungstechnik", Teile 1 bis 6). Ziele, die mit Fernwirkanlagen erreicht werden sollen, sind z. B. bestmögliche Nutzung des Wasserdargebots bei geringsten Betriebskosten, die Verbesserung der Betriebssicherheit durch Überwachen der Gesamtanlage und rechtzeitiges Erkennen von Störungen (auch durch Laien) und Schäden (Begrenzung der Schadenshöhe!).

5.3.2 Technischer Aufbau

5.3.2.1 Anlagenformen und -bestandteile

5.3.2.1.1 Anlagenformen

Je nach Größe der WV wird auch der Umfang der Fernwirkanlage verschieden sein. So wird eine Kleinanlage nur aus Zentrale mit Leitsystem und angeschlossenen Außenstellen bestehen **(Abb. 5-29)**, während größere Anlagen zusätzliche Unterstationen aufweisen **(Abb. 5-30)**. Bei ausgesprochenen Großanlagen sind zusätzlich mehrere, u. U. miteinander verknüpfte, Bezirkszentralen mit Leitsystem einzurichten.

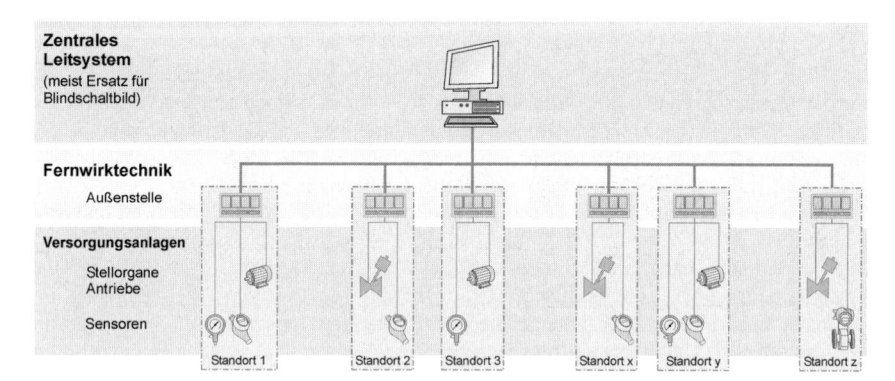

Abb. 5-29: Kleinanlage ohne Unterstationen und Bezirkszentralen

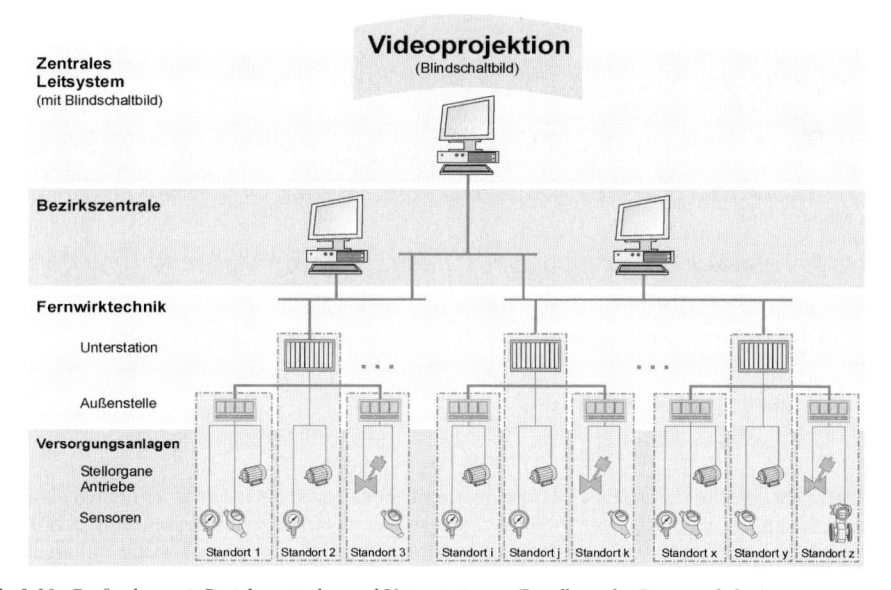

Abb. 5-30: Großanlage mit Bezirkszentralen und Unterstationen (Bündlung des Datenverkehrs)

5.3.2.1.2 Zentrale

Der Zentrale fällt die gesamte Abstimmung des Betriebsablaufes zu; von hier aus muss jederzeit Einblick in den Betriebszustand möglich sein und in die Anlage eingegriffen werden können. Das Betriebsgeschehen ist selbsttätig festzuhalten. Es ist Stand der Technik, dass die lückenlose Aufzeichnung des Betriebsgeschehens durch ein Leitsystem sichergestellt wird.

5.3.2.1.3 Unterstationen

In den Unterstationen werden Prozessdaten für die Fernübertragung zusammengefasst. Besonders in Störfällen muss in das örtliche Betriebsgeschehen eingegriffen werden können. Durch den Einsatz von Bedienmonitoren mit grafischem Bildschirm werden Schaltpult und Wartentisch mehr und mehr verdrängt.

5.3.2.1.4 Messumformer

Aufgabe der Messumformer ist die Umformung der vor Ort durch einen Sensor (Messfühler) gemessenen Größen (Durchflüsse, Mengen, Drücke, Temperaturen usw.) in elektrisch übertragbare Größen (Spannung, Stromstärke, Frequenz), i. A. in das Einheitssignal „4 bis 20 mA" Gleichspannung (keine induktiven oder kapazitiven Störmöglichkeiten); ebenfalls gängig ist das Signal „0 bis 20 mA", das einen größeren Messbereich bietet, aber den Nachteil aufweist, dass „Null" Messwert und Stromausfall sein kann.

Die Güte der Messung hängt auch von der richtigen Wahl des Messortes (Störeinflüsse?!) und der Erfassungs-, Übertragungs- und Ausgabegeräte ab. Oft sind Messwertverstärker erforderlich. Wegen ihres geringen Energieverbrauchs können die Messgeräte meistens aus 24-V wartungsfreien Pb-Batterien 2 Stunden (Bedingung!) versorgt werden. Die Eingänge sind potentialfrei auszuführen; die damit erreichte Leitungsentkopplung bringt zusätzlich eine gute Voraussetzung für eine einfache aber wirksame Blitzschutzmaßnahme.

5.3.2.2 Übertragungsrichtung

5.3.2.2.1 Fernüberwachungseinrichtungen zur Übertragung von Messwerten und Meldungen

Sie gehen vom Objekt aus, z. B. vom Betriebszustand einer Maschine, eines Schaltgerätes, einer Mess- oder Zählvorrichtung und führen – für Messwerte über Messumformer – zu einem Sammelpunkt (Zentrale, Schaltwarte) hin und lösen dort eine Signaldarstellung aus.

5.3.2.2.2 Fernsteuereinrichtungen zur Übertragung von Stellwerten und Befehlen

Sie gehen von einer Steuerstelle aus zum Objekt hin und beeinflussen dort – über einen Umformer (Relais, Motor, Magnet) – eine Apparatur, z. B. ein Schaltgerät oder ein Absperrorgan.

5.3.2.3 Übertragungsverfahren

5.3.2.3.1 Zeit-Multiplex-Übertragung (ZM)

Die auf der Senderseite vorliegenden Informationen werden zeitlich nacheinander (seriell) in immer gleicher Reihenfolge mit festgelegtem Übertragungsplatz abgefragt, vom Empfänger synchron zum Sender aufgenommen und je einem Informationsspeicher zugeleitet, von dem aus sie weiterverarbeitet werden. Übertragbar sind nur digitale Informationen; beim Sender analog anfallende Informationen, z. B. Messwerte, müssen erst in digitale umgewandelt werden (Analog-Digital-Umsetzer), was nur in Stufen möglich ist. Der Fehler ist gering, wenn die Stufenzahl groß genug ist. Eine Rückumwandlung beim Empfänger ist möglich. Im ZM-System lassen sich mehrere 1.000 Informationen auf einem Adernpaar übertragen; eine Einschränkung ist u. U. gegeben durch die „Telegrammlänge", die sich neben den eigentlichen Messwerten usw. aus Adresse-, Start- und Schluss- sowie verschiedenen Prüfzeichen zur Vermeidung von Fehlern zusammensetzt. Aufgrund des hohen technischen Standards, seiner Flexibilität sowie des anhaltenden Preisverfalls elektronischer Systeme hat sich dieses Verfahren in der Fernübertragung durchgesetzt.

5.3.2.3.2 Frequenz-Multiplex-Übertragung (FM)

Jede Information wird durch ein bestimmtes Tonfrequenzband dargestellt. Alle Frequenzen gehen gleichzeitig nebeneinander (simultan) über ein einziges Adernpaar vom Sender zum Empfänger, werden dort entmischt und wieder in die einzelnen Informationen aufgelöst. Für die Sicherheit der Übertragung sorgen besondere Schaltungen (Fehlersicherung), wobei die Sicherheit für Befehle die höchste Priorität besitzt. Übertragbar sind bis etwa 30 Informationen je Adernpaar, weitere Frequenzen sind für Zwischenräume (zur Vermeidung gegenseitiger Beeinflussung) und Fehlersicherung nötig. Die FM-Übertragung findet ihre Anwendung heute allenfalls in unterlagerten Übertragungseinrichtungen, mit dem Ziel der Kapazitätssteigerung.

5.3.2.3.3 Raum-Multiplex-Übertragung (RM)

Je Information (Messwert, Meldung, Befehl) wird ein Adernpaar benötigt. Die Übertragungsentfernung kann in der Regel 10 bis 15 km betragen. Für die Fernübertragung ist diese Technik nur noch von untergeordneter Bedeutung. Selbst in den räumlich eng begrenzten Anlagen vor Ort verliert die RM-Übertragung immer mehr an Bedeutung.

5.3.2.3.4 Kombination des RM-, FM- und ZM-Systems

Eine Kombination ist möglich. Man findet z. B. innerhalb einer Unterstation und ihrer engeren Umgebung die Nutzung des RM-Systems (geringe Kabellängen), zur Weitergabe an die entfernte Zentrale wird das ZM-System angewandt.

5.3.2.3.5 Vergleich der Übertragungsverfahren

Die RM-Übertragung ist auf kleinere Entfernungen (max. 15 km) und eine geringe Informationszahl (wenig Parallel-Adern) beschränkt. Sie wird nur noch zur Übertragung weniger Prozessdaten über kurze Distanzen, z. B. zur Verbindung von Außenstellen zu nahe liegenden Unterstationen genutzt.
Die FM-Übertragung kommt in Neuanlagen nicht mehr zum Einsatz. Der ursprüngliche Vorteil der geringeren Gerätekosten gegenüber dem früher teureren ZM-System ist heute nicht mehr gegeben
Die ZM-Übertragung hat infolge der dynamischen Entwicklung der Mikroelektronik die übrigen Ansätze fast völlig verdrängt. Neben wirtschaftlichen Vorteilen bietet die ZM-Übertragung auch technische Vorteile. Die ohnehin große Zahl der übertragbaren Einzelsignale ist abhängig von der Änderungsgeschwindigkeit und wird durch geeignete Vorverarbeitung noch optimiert. Weiterhin lassen sich in der Unterstation (Sender) Prozessdaten speichern oder zu Zählwerten summieren und in Zeitabständen von der Zentrale (Empfänger) abfragen. Auch bei zeitweise unterbrochenem Übertragungsweg gehen die Zählwerte nicht verloren.
Die ZM-Übertragung bietet eine höhere Übertragungssicherheit und ist nahezu unbeschränkt erweiterungsfähig. Die ZM-Anlage eignet sich am besten für die Zusammenschaltung mit speicherprogrammierbaren Steuerungen (SPS) und digitalen Leitsystemen.

5.3.2.4 Übertragungswege

5.3.2.4.1 Betriebseigene Übertragungswege

Wegen der Gefahr durch Überspannungen infolge Blitzeinschlags sind Freileitungen keine zweckmäßige Lösung. Nahezu ausschließlich werden Erdkabel angewendet, die mit Kleinspannung betrieben werden.
Regelausführung der Kabel: Cu-Adern, 0,8 mm 1, unbedingt längswasserdicht und ggf. zugbewehrt mit höchstens 30 Doppeladern. Überspannungsableiter an beiden Kabelenden, Geräteblitzschutz für die i. allg. teuren und empfindlichen Geräte und Kabelüberwachung sind erforderlich.
Die Kabel sollten zusammen mit der Rohrleitung verlegt werden (Neubau).
Bei der Neuverlegung sehr langer Strecken, auf denen ein großer Datenverkehr betrieben werden soll, sind Lichtwellenleiter wirtschaftlich und die beste technische Alternative. Wesentliche Vorteile der Lichtwellenleiter sind größere Bandbreite, kleinere Dämpfungswerte und Unempfindlichkeit gegenüber Störfeldern.
Wahlweise zur leitungsgebundenen Übertragungstechnik bietet sich heute der Aufbau eigener Funknetze bzw. -strecken an. Sollen verhältnismäßig wenige Daten übertragen werden, bietet sich die sogen. Zeitschlitztechnik im Bereich 447 bis 448 MHz an. Bei größeren Datenmengen kann der teurere digitale Richtfunk (21,2 bis 23,6 GHz) eingesetzt werden (s. u.).

5.3.2.4.2 Übertragungswege der kommerziellen Telekommunikationsanbieter

Von verschiedenen Ansätzen zur Datenübertragung über öffentliche Telekommunikationsnetze haben sich folgende Angebote in der Praxis bewährt:

– Wählverbindungen im öffentlichen Festnetz mit Fernsprechdienst, die nur im Bedarfsfall aufgebaut werden;
– Festverbindungen (früher Standleitungen) der Gruppen 0 bis 2 für analoge und digitale Übertragung und Datendirektverbindungen, früher HfD (Hauptanschluss für Direktruf).
– Funkverbindungen können auf der Grundlage der Bündelfunkdienste der Deutschen Telekom AG (Chekker 410 bis 418 MHz) eingerichtet werden, die aber bisher nicht flächendeckend verfügbar sind! Eine wirtschaftliche Alternative stellt die Nutzung der GSM-Mobilfunknetze dar. Sie können zur bedarfsorientierten bzw. zyklischen Datenübertragung über Wählverbindungen oder für Internet-Verbindungen, basierend auf der GPRS-Technologie genutzt werden. Die Nutzung des digitalen Richtfunks im Bereich 21,2 bis 23,6 GHz erfordert dagegen höhere Investitions- und Betriebskosten.
– Funkrufdienste z. B. „City"-Ruf oder SMS (Short Message Service) in GSM-Mobilfunknetzen zur Weiterleitung von Störungsmeldungen an den Bereitschaftsdienst, der mit Mobiltelefon auszurüsten ist.

Bei der Auswahl geeigneter Dienste ist zunächst zu klären, ob eine ständige Nachrichtenverbindung erforderlich ist oder ob eine nur zeitweise vorhandene ausreicht. Bei Festverbindungen entfallen Wählvorgang und damit verbundene Nachteile, wie eingeschränkte Netzverfügbarkeit (Silvesternacht: Privatgespräche blockieren Leitungen).
Ein weiterer wichtiger Gesichtspunkt ist natürlich die benötigte Übertragungsgeschwindigkeit; dies ist mit dem Telekommunikationsanbieter zu klären.

5.3.2.4.3 Vergleich der Übertragungswege

Bei kurzen Wegen und großen Datenmengen und/oder wenn hohe Übertragungsgeschwindigkeit und -sicherheit gefordert werden, kommen eigentlich nur betriebseigene Leitungen in Frage. Ob u. U. Übertragungswege kommerzieller Anbieter wirtschaftlicher sind, hängt vom Einzelfall ab. Entscheidend sind die Gebühren und deren Entwicklung aber auch die zu erwartende Verfügbarkeit der Übertragungskapazitäten. Für jede einzelne Baumaßnahme ist deshalb ein genauer Kostenvergleich unter Beteiligung potentieller Netzbetreiber zu erstellen. Grundsatz ist, dass es bei Fernwirkanlagen in der

Wasserwirtschaft nicht auf Schnelligkeit des Verbindungsaufbaus, sondern auf günstige Investitions- und Betriebskosten ankommt.

5.3.3 Datenbehandlung

5.3.3.1 Datenerfassung und -verarbeitung

Zunächst stellt man in Frage kommende Messorte und von dort einzuholende Werte in Signallisten zusammen. Die so erfassten Größen werden vor Ort angezeigt, in wenigen Fällen gespeichert und, bei entsprechender Bedeutung, an die Zentrale weitergeleitet. Hier werden sie angezeigt, ggf. gespeichert und u. U. zur Summenbildung oder Feststellung von Grenzwertüberschreitungen herangezogen. Andere Werte dienen für die Steuerung der Anlage. Ein Beispiel für eine Anlage zur Wasserförderung zeigt **Tab. 5-11**.

5.3.3.2 Datendarstellung und -speicherung und elektronische Verarbeitung

Die in der Zentrale ankommenden Daten (Messwerte, Zählwerte, Betriebsmeldungen und Störmeldungen) müssen zunächst angezeigt werden (Visualisierung). Dies erfolgt gewöhnlich über ein Prozessleitsystem, das je nach Ausprägung auf einem oder mehreren Bildschirmen den Anlagenzustand zur Darstellung bringt. Diese Darstellung basiert auf folgenden drei Grundprinzipien:

- *Zustandsdarstellungen* dienen der Anzeige der augenblicklichen Messwerte, Betriebszustände usw. und basieren auf frei konfigurierbaren Anlagenbildern die sich meist an RI-Schemen orientieren. Über Anwahlfelder kann zwischen den Anlagenbildern, ggf. in unterschiedlicher Detaillierung, gewechselt werden. Die Bedienung der Anlagen erfolgt ebenfalls über geeignete Anwahlfelder der Anlagenbilder.
- *Listendarstellungen* dienen der fortlaufenden Protokollierung betrieblicher Ereignisse sowie der Meldungen von aktiven Komponenten der Datenübertragung und -verarbeitung.
- *Kurvendarstellungen* dokumentieren den zeitlichen Verlauf von Messwerten und ggf. weiterer Prozesssignale in einem Koordinatensystem (Messwert über Zeit). Handelt es sich um archivierte Messwerte, so lassen sich auch Verläufe aus der Vergangenheit darstellen.

Über die genannten Grundfunktionen hinaus bieten Prozessleitsysteme viele Möglichkeiten zur Weiterverarbeitung der gemeldeten Daten. Durch die Archivierung umfangreicher Prozessdaten sind statistische Auswertungen (Laufzeiten, Mengen, Durchflüsse, Spitzenwerte, Terminüberwachungen für Betrieb und Unterhalt) und Verbrauchsvorhersagen sowie Optimierung der Fahrweise (Verbrauchsspitzen begrenzen!) möglich. Ansonsten dient das Leitsystem in erster Linie dem Beobachten oder dem übergeordneten Eingreifen in die sonst selbsttätig ablaufenden Vorgänge mittels Schaltbefehlen oder durch Vorgabe von Sollwerten.

Ergänzend können mit Hilfe eines Übersichtsschaltbildes (Blindschaltbild) ohne Bedienelemente oder in großen Systemen mittels Großbildprojektion die wichtigsten Prozessdaten übersichtlich zur Anzeige gebracht werden. Im Blindschaltbild werden die Messwerte und Zählwerte über Digitalinstrumente, Betriebs- und Störmeldungen durch Leuchten angezeigt.

Normale Steuerungsaufgaben (Hochbehälterbewirtschaftung), werden dagegen in der Regel unmittelbar vor Ort, z. B. durch eine SPS, abgearbeitet. Auch vor Ort sind grafisch gestützte Bediengeräte auf dem Vormarsch. Sie dienen der Beobachtung und Bedienung der örtlichen Steuerungen und bieten zusätzlich Möglichkeiten zur Alarmierung und Archivierung der Prozessdaten.

Für die Speicherung von Daten eignen sich optische und auch magnetisch-optische (CD- oder MO-) Speicher.

Wichtig ist die Verarbeitung der Störmeldungen. Gleichzeitig zur Anzeige ist ein Alarmsignal erforderlich. Bei nicht besetzter Zentrale muss der Alarm an den Bereitschaftsdienst weitergemeldet werden. Das kann über Telefon-Wählgeräte, über Funkdienste („City-Ruf") oder über Mobilfunktelefone verwirklicht werden.

Bei der Planung der Prozessleittechnik („Hard- und Software") ist darauf zu achten, dass genau festgelegt wird, welche Anforderungen an Darstellung und Verarbeitung der Daten zu stellen sind.

Tab. 5-11: Datenerfassung und Datenverarbeitung

	vor Ort		Zentrale		
Zeichenerklärung: S = Störungsmeldung (Warnmeldung) Ss = Sammelstörungsmeldung B = Betriebsmeldung M = Messwert Z = Zählwert Be = Befehl () = wenn notwendig	Anzeige	Einbeziehung in Steuerung und Regelung	Anzeige	Speicherung für Protokolle	Fernbedienung (Einschaltbefehle)
Wasserförderung					
Behälter					
Wasserstand	M, B	B	(M)		
Min-Max-Wasserstand	S	S	S	S	
Pumpen					
Betriebszustand (ein-aus)	B		(B)	(B)	(Be)
Ort-Fern	B	B	B		
Hand-Teilautomatik-Autom.	B	B	B		Be
Druck	M				
Vordruck (DPW) + (UPW)	M, S		S	S	
Strömungsoochalter	S		S	S	
Durchfluss	M		M	M	
Volumen	Z		Z	Z	
Betriebszeit	Z				
Energieversorgung					
(Transformator)	S		Ss	Ss	
Netz	S		S	S	
Steuerspannung 230 V AC	S, M		S	S	
Steuerspannung 24 V DC	S, M		S	S	
Stromaufn. d. Pumpen	M				
Netzspannung	M				
Leistungsfaktor	M				
Arbeit (kWh)	M				
Ersatzstromaggregat					
Betriebszustand (ein-aus)	B		B		
Kraftstofffüllstand	M Ss				
Öldruck	S Ss				
Kühlwassertemperatur	M		Ss	Ss	
Spannung	M Ss				
Strom	M Ss				
Frequenz	M Ss				
Gebäudeschutz/Objektschutz					
Störung	S		S	S	
Scharf-unscharf	B		B	B	
Einbruch	B		B	B	

5.3 Fernwirkanlagen

5.3.4 Betriebsweise der Anlagen

Je nachdem, ob die in einer Anlage erfassten Messwerte und Meldungen für Bedieneingriffe zum Betrieb der Werkanlagen rückwirkungsfrei sind, ob sie im Rahmen einer Schrittsteuerung zur Unterstützung des manuellen Betriebs wirken oder ob sie die Steuerung der Werkanlagen ganz selbsttätig bewirken, spricht man von Hand-, halbautomatischem oder vollautomatischem Betrieb.

5.3.4.1 Handbetrieb

Handbetrieb liegt vor, wenn beliebige Bedieneingriffe vollständig unabhängig von aktuellen Betriebszuständen möglich sind. Lediglich Verriegelungen des Maschinenschutzes sind wirksam. Diese Betriebsart erfordert eine zutreffende Beurteilung des Anlagezustands durch das Betriebspersonal und sollte auf die Vor-Ort-Bedienung beschränkt sein.

5.3.4.2 Halbautomatischer Betrieb

Beim halbautomatischen Betrieb reagieren Teile der Anlage ohne Handeingriff auf ankommende Messwerte oder Meldungen, z. B. wird nach Einschalten einer Pumpe die zugehörige Pumpendruckarmatur selbsttätig geöffnet, nachdem die Pumpe angelaufen ist. Neben dieser zustandsabhängigen Steuerung, bei der der nächste Programmpunkt erst nach Erreichen eines bestimmten Zustands eingeleitet wird, gibt es noch die zeitabhängige. Die Verbindung von beiden ist zwar aufwendiger, aber erheblich sicherer. Der halbautomatische Betrieb bedarf eines manuellen Stellbefehls als Anstoß einer Befehlskette und dient der Unterstützung und Absicherung von Bedieneingriffen insbesondere von Fern. Ein selbsttätiges Wiederanlaufen nach Stillsetzen der Anlage darf nicht eintreten.

5.3.4.3 Vollautomatischer Betrieb

Vollautomatischer Betrieb erfordert keine Bedieneingriffe durch das Personal, weder vor Ort noch in der Zentrale. Störungsmeldungen müssen jedoch mit Sicherheit an einen Diensthabenden weitergegeben werden. Teil- und vollautomatischer Betrieb erfordern Fernwirkanlagen. Abgelegene Außenstellen (Unterstationen) sollen, auch wenn eine Fernwirkanlage zwischen ihnen und der Zentrale vorhanden ist, mit einer „Lokalautomatik" (SPS) versehen sein, die ein Eingreifen der Zentrale nur in Störfällen erforderlich macht.
Hierzu werden die zusammengehörenden Betriebsabläufe in „Steuerkreise" zusammengefasst, die sich auch dann gegenseitig weitersteuern, wenn die Verbindung zur Zentrale abgerissen ist. Beispiel: **(Abb. 5-31)**.
Eine von der Zentralstelle abgelegene Unterstation mit 2 Brunnen und 2 U-Pumpen (UP), einer Wasseraufbereitungsanlage (WA) mit nachgeschaltetem Reinwasserbehälter und anschließendem Pumpwerk zum Hochbehälter ist mit einer einfach aufgebauten Lokalautomatik ausgerüstet. Das dargestellte Anlagenschema orientiert sich an den einschlägigen Normen zur prozessbezogenen Erstellung von Fließschemata (DIN 19227, EN ISO 10628 u. A.). Zur Erklärung sind in **Tab. 5-12** die verwendeten Kennbuchstaben für EMSR-Technik (Elektro-, Mess-, Steuer- und Regeltechnik) auszugsweise aufgeführt. In der unteren Zeile der EMSR-Stellen-Kreise sind die EMSR-Stellen-Kennzeichnungen eingetragen. Dieses alpha-numerische Kennzeichnungssystem zur Identifizierung der Messstellen ist frei wählbar und orientiert sich hier an der Werksnorm eines industriellen Großunternehmens.

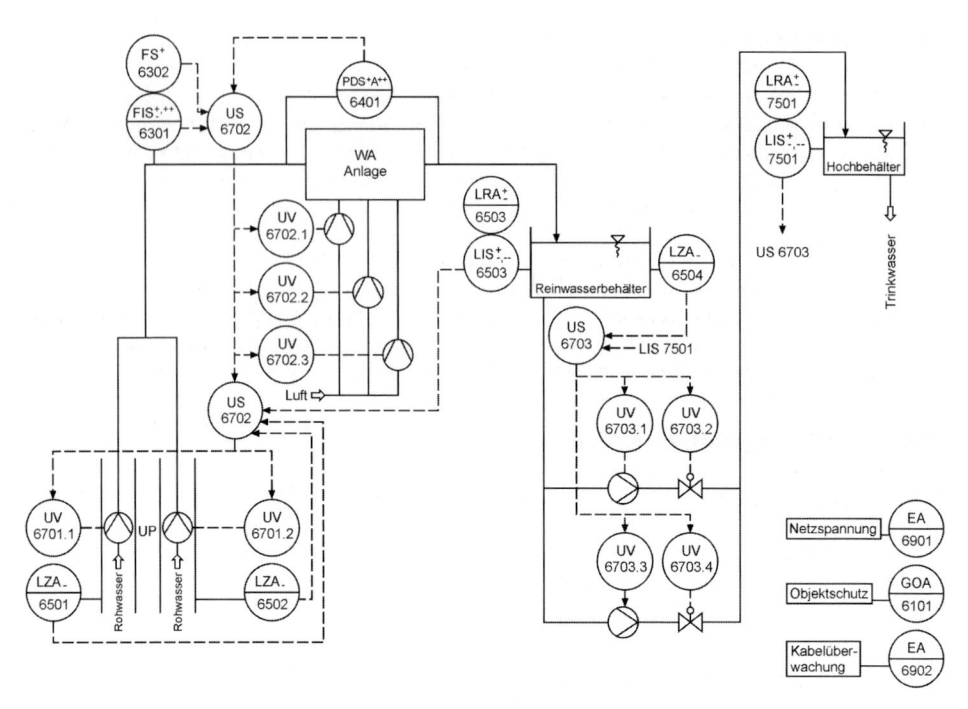

Abb. 5-31: Beispiel einer Lokalautomatik

Tab. 5-12: Kennbuchstaben für EMSR-Technik

	Gruppe 1: Messgröße oder andere Eingangsgröße, Stellglied		Gruppe 2: Verarbeitung
Kenn- buch- stabe	als Erstbuchstabe	als Ergänzungs- buchstabe	als Folgebuchstabe Reihenfolge: I,R,C
A			Störungsmeldung
D	Dichte	Differenz	
E	Elektrische Größe		
F	Durchfluss, Durchsatz	Verhältnis	
G	Abstand, Länge, Stellung, Dehnung, Amplitude		
I			Anzeige
L	Stand (auch von Trennschicht)		unterer Grenzwert (Low)
O	Frei verfügbar		Sichtzeichen, Ja/Nein-Anzeige (nicht Störungsmeldung)
P	Druck		
R	Strahlungsgrößen		Registrierung
S	Geschwindigkeit, Drehzahl, Frequenz		Schaltung, Ablaufsteuerung, Verknüp- fungssteuerung
U	Zusammengesetzte Größen		zusammengefasste Antriebsfunktionen
V	Viskosität		Stellgerätefunktion
Z			Noteingriff, Schutz durch Auslösung, Schutzeinrichtung, sicherheitsrelevante Meldung
+			oberer Grenzwert
-			unterer Grenzwert

Steuerung US 6701: Wasserstand im Reinwasserbehälter (LIS 6503) steuert die Unterwassermotorpumpe (UP), die gestaffelt anlaufen (erster Schaltpunkt S-, zweiter Schaltpunkt S--) bzw. abgeschaltet (Schaltpunkt S+) werden.

Steuerung US 6702: Wasseraufbereitungsanlage (WA) ist, sobald die UP laufen, in Betrieb, Kompressor für Voroxidator läuft parallel zu den UP mit. Abhängig vom Filterwiderstand (PDSA 6401) wird die Anlage samt UP abgeschaltet und der Reihe nach eine Spülung des Filters mit entsprechender Bedienung der Schieber und der Motoren für Spülpumpe und -gebläse durchgeführt. Nach Spülung steht die WA wieder in Betriebsstellung und die Schieber vor und hinter ihr werden geöffnet; anschließend ist der Betrieb der UP wieder freigegeben.

Steuerung US 6703: Der Wasserstand im Hochbehälter (LIS 7501) steuert die Kreiselpumpe (KrP) abhängig vom Wasserspiegel, ggf. gestaffelt. Diese KrP werden aber auch bei fast leerem Reinwasserbehälter abgeschaltet – Trockenlaufschutz (LZA 6504) – Koppelung von Regelkreis 1 und 3.

Alarm in die Zentrale wird gegeben, wenn

– Wasserstand im Reinwasserbehälter zu niedrig oder zu hoch ist (LRA 6503)
– Wasserstand im Hochbehälter zu niedrig oder zu hoch ist (LRA 7501)
– Filterwiderstand ein Maximum überschreitet [Spülung ausgefallen oder ungenügend] (PDSA 6401)
– Strom ausfällt (EA 6901)
– die Räume durch Unbefugte betreten werden – Objektschutz – (GOA 6101)
– die Kabelverbindung unterbrochen ist (EA 6902).

5.3.4.4 Allgemeines zum Eingreifen in Betriebsabläufe

Jeder Eingriff bedarf einer Rückmeldung, die das wirkliche Betriebsgeschehen wiedergibt und nicht nur einen Einschaltbefehl. So muss auf den Befehl „Schieber zu" zuerst die Meldung „Schieber schließt" und erst entsprechend später „Schieber geschlossen" kommen. Ferner sind gewisse Abhängigkeiten von der Steuereinrichtung selbsttätig zu vollziehen; z. B. hat der Befehl „Pumpe ein" den Befehl „Schieber öffnen" zu beinhalten. Falsche oder ungewollte Befehle sollen zurückgewiesen werden, besonders dann, wenn Schäden an der Anlage entstehen können; so darf z. B. eine Drehzahlerhöhung, die zur Beschädigung des Pumpenlaufrades führen würde, nicht angenommen werden.

5.3.5 Leittechnische Einrichtungen

Die Bedienung und Beobachtung der räumlich verteilten Anlagen von Wasserversorgungsbetrieben erfolgt vorzugsweise über Prozessleitsysteme die an zentraler Stelle des Betriebs dem verantwortlichen Wartenpersonal jederzeit einen Überblick über den aktuellen Betriebszustand der Anlagen gibt und die Steuerung von Maschinen und Aggregaten erlaubt.

Zentraler Bestandteil des Prozessleitsystems ist der Datenbankserver, der den Datenaustausch mit den angeschlossenen Fernwirksystemen organisiert sowie alle Prozessdaten und Bedienaktionen strukturiert verarbeitet und archiviert. Bei Überwachung kleinerer Anlagen oder begrenzter Anlagenbereiche läuft der Datenbankserver als integrierter Prozess auf einer Bedienstation. Bei hohem Datenaufkommen, z. B. in komplexen Anlagen, läuft der Datenbankserver als ausgelagerter Prozess auf einem Serversystem. Bei erhöhten Anforderungen an Verfügbarkeit und Datensicherheit wird das Serversystem in abgeschlossenen Räumen installiert und gegebenenfalls als Doppelrechnersystem mit kontinuierlichem Datenabgleich ausgeführt. Für kleinere Anlagen mit erhöhtem Anspruch an die Verfügbarkeit bietet der Parallelbetrieb von zwei integrierten Bedienstationen gleicher Konfiguration eine wirtschaftliche Alternative zum Doppelrechnersystem.

Die Visualisierung der Prozessdaten in Listendarstellung oder als Prozessgrafik erfolgt über Bedienstationen, die als sog. Client vom Datenbankserver bedient werden. Über eine Ethernet-Datenverbindung können grundsätzlich beliebig viele Bedienstationen, ggf. mit unterschiedlichen

Abb. 5-32: Arbeitsplatz in der zentralen Schaltwarte einer Fernwasserversorgung

Zugriffsberechtigungen, am Datenbankserver angeschlossen werden. Dabei ist allerdings die Leistungsfähigkeit des Datenbankservers zu beachten. Hinsichtlich des Aufstellungsorts einer Bedienstation bietet das Ethernet und die Internettechnologie eine hohe Flexibilität. Bei Öffnung des Systems für das weltweite Netz (www) lässt sich praktisch an jedem beliebigen Ort eine Bedienstation betreiben. Allerdings müssen die Risiken und mögliche Schutzmaßnahmen für den offenen Betrieb eines Leitsystems im Internet sehr sorgfältig geprüft und konsequent gehandhabt werden.
In einer zentralen Schaltwarte bietet die Darstellung der wichtigsten Prozesszustände als Übersichtsschaltbild oder Großbildprojektion eine Gesamtübersicht, der dem Betriebspersonal einen schnellen Überblick über den Betriebszustand der Gesamtanlage ermöglicht **(Abb. 5-32)**. Die Übersichtsdarstellung wird ebenfalls vom Datenbankserver bedient. Durch Anbindung der Übersichtsdarstellung und der Bedienstationen der zentralen Schaltwarte an das Serversystem über redundantes Ethernet lässt sich die Betriebssicherheit weiter verbessern.

5.4 Förderanlagen

5.4.1 Systemvarianten von Förderanlagen

5.4.1.1 Förderanlagen zur Gewinnung und Aufbereitung

Hierzu zählen alle Anlagen zur Rohwasserförderung aus Grund- und Oberflächenwässern. Die Förderanlagen werden nach den Betriebsbedingungen der Wassergewinnungsanlage (z. B. Vermeidung einer Überlastung von Brunnen, Einhaltung der wasserwirtschaftlichen Bedingungen, Entnahmerecht) und

5.4 Förderanlagen

Druckerhöhungsanlage: Förderung innerhalb des Versorgungsgebiet i.d.R. ohne Speicherung

Zwischenpumpwerk: Sicherstellung des Wassertransports zu Behältern oder Versorgungsgebiet

Hauptpumpwerk: nach der Aufbereitung bzw. Wassergewinnungsanlage zur Sicherstellung des Wassertransports

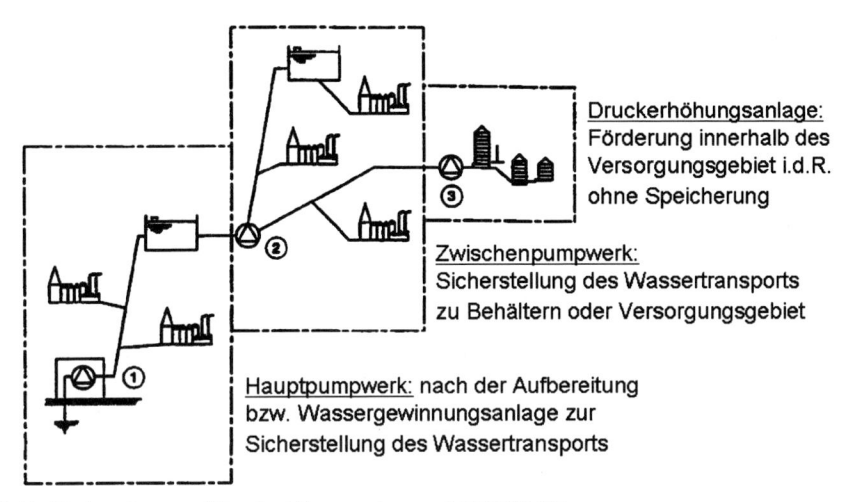

Abb. 5-33: Förderanlagen und Druckerhöhungsanlage nach DIN EN 805

der ggf. sich anschließenden Aufbereitung (z. B. Filtergeschwindigkeit) ausgelegt. Nach der Gewinnung und Aufbereitung ist i.d.R. ein Zwischenbehälter (Reinwasserbehälter) angeordnet, der die Schwankungen zwischen Vorförderung und Hauptförderung für den Wassertransport und die Wasserverteilung ausgleicht (siehe auch Abschn. 6.1).

5.4.1.2 Förderanlagen für Wassertransport und Wasserverteilung

Eine Förderanlage innerhalb des Wasserversorgungssystems dient der Sicherstellung eines ausreichenden Druckes und Durchflusses. Nach DIN EN 805 (**Abb. 5-33**) werden Hauptpumpwerke, Zwischenpumpwerke und Druckerhöhungsanlagen unterschieden. Eine Förderanlage besteht i. d. R. aus mehreren Pumpen, den dazugehörigen Antrieben und allen zum Betrieb erforderlichen Nebeneinrichtungen (hydraulische Einrichtungen, Energieversorgung, etc.). Im gewöhnlichen Sprachgebrauch wird eine Förderanlage als Pumpwerk bezeichnet.

5.4.1.2.1 Hauptpumpwerk

Ein Hauptpumpwerk ist eine Förderanlage, die der Aufbereitung bzw. einer Wassergewinnungsanlage nachgeschaltet ist. Es dient vorrangig dem Wassertransport und ist damit dem Verteilsystem vorgelagert. Ein Hauptpumpwerk fördert im Regelfall aus einem Reinwasserbehälter. Die höhenmäßige Anordnung der Pumpensätze sollte so erfolgen, dass ein Zulaufbetrieb möglich ist. Zumindest muss die Haltdruckhöhe der Anlage (NPSHA) bei jedem Betriebszustand größer sein als die Haltedruckhöhe der Pumpen (NPSHR). Ein Hauptpumpwerk transportiert das Trinkwasser i. A. in ein größeres offenes Versorgungssystem mit weiteren Trinkwasserspeichern. Daraus ergibt sich eine gleichmäßige Fahrweise, die von den ausgeprägten Bedarfsschwankungen im Tagesgang abgekoppelt ist.

Die Pumpwerke sind mit mehreren Pumpen ausgerüstet, deren Fördermengen so gestaffelt sind, dass der jeweilige Bedarf optimal gedeckt werden kann. Ausreichend große, nachgeschaltete Behälter erhöhen die Versorgungssicherheit bei kurzzeitigen betrieblichen Unterbrechungen und bieten die Möglichkeit durch eine Behälterbewirtschaftung den Energieeinsatz zu optimieren.

In der Regel überwiegt beim Betrieb von Hauptpumpwerken der geodätische Förderanteil.

5.4.1.2.2 Zwischenpumpwerk

Zwischenpumpwerke stellen den Wassertransport im übergeordneten Leitungssystem (Hauptleitungen, Zubringerleitungen) sicher. Hierzu zählen u. A. Druckerhöhungspumpwerke, Vor- oder Zubringerpumpwerke, Zonenpumpwerke (Überhebepumpwerke) etc. Bei Zwischenpumpwerken überwiegt der geodätische Förderanteil. Die Drücke im anschließenden Leitungssystem sind i. A. höher als diejenigen, die in der örtlichen Verteilung zulässig sind. Zur anschließenden Einspeisung in ein örtliches Verteilsystem sind Druckminderer, Druckbrechschächte oder Behälter vorzusehen.

5.4.1.2.3 Druckerhöhungsanlagen (DEA)

Druckerhöhungsanlagen sind Förderanlagen innerhalb eines Versorgungssystems. Sie sind den vorstehend beschriebenen Förderanlagen (Hauptpumpwerke und Zwischenpumpwerke) nachgelagert und fördern innerhalb des Versorgungsgebietes in kleinere Netzbereiche, die aus dem vorhandenen Versorgungssystem nicht mit ausreichendem Druck versorgt werden können. In Abhängigkeit vom vorgelagerten System erfolgt die saugseitige Einbindung entweder unmittelbar in eine Hauptleitung oder mittelbar in einen Trinkwasserbehälter. Die zu versorgenden Netzbereiche werden als geschlossene Systeme, die über keine Speichermöglichkeit verfügen, oder offene Systeme mit Gegenbehälter betrieben.
Der Wasserbedarf in nachgeschalteten Netzbereichen schwankt in der Regel stark. Für eine DEA sind zu ermitteln:

Q_{hmin} = minimaler Stundenbedarf am Tag des geringsten Wasserbedarfs
Q_{hm} = mittlerer Stundenbedarf am Tag des mittleren Wasserbedarfs
Q_{hmax} = maximaler Stundenbedarf am Tag des größten Wasserbedarfs
Q_L = Löschwasserbedarf nach DVGW Arbeitsblatt W 405 „Bereitstellung von Löschwasser durch die öffentliche Trinkwasserversorgung"
Q_{dmax} = maximaler Tagesbedarf
Q_{dm} = mittlerer Tagesbedarf

Im Versorgungssystem ist der Löschwasserbedarf und der erforderliche Mindestdruck im Löschwasserfall (soweit das WVU für die Löschwasserbereitstellung verantwortlich ist) zu berücksichtigen. Hinsichtlich des Druckes gelten ansonsten die Planungsvorgaben nach DVGW-Arbeitsblatt W 400 Teil 1.
Bei der Versorgung eines Netzbereiches über eine DEA muss eine vergleichbare Versorgungssicherheit erreicht werden, wie bei der Versorgung dieses Bereiches über einen Trinkwasserbehälter mit ausreichenden Speichervolumen.
Weitere Hinweise gibt das DVGW-Arbeitsblatt W 617 „Druckerhöhungsanlagen in der Trinkwasserversorgung" (Entwurf Januar 2006).

5.4.2 Dynamische Druckänderungen in Wasserversorgungsanlagen

5.4.2.1 Ursachen dynamischer Druckänderungen

In Rohrleitungen werden Änderungen der Strömungsgeschwindigkeit auf Grund der Massenträgheit der Flüssigkeit und der Elastizität der Flüssigkeit und Rohrwand dynamische Druckänderungen hervorgerufen. Solche Änderungen sind infolge von Anfahr- und Abstellvorgängen insbesondere auch von Förderanlagen grundsätzlich unvermeidbar. Die resultierenden dynamischen Druckänderungen müssen aber in zulässigen Grenzen gehalten werden, um Schäden (z. B. Rohrbrüche) und betriebliche Nachteile (z. B. Einsaugen von Luft und Schmutz an Rohrverbindungen, Mobilisieren von Ablagerungen und Inkrustierungen) zu vermeiden.
Insbesondere die rasche Änderung des Durchflusses und dadurch der Geschwindigkeit in einer Druckleitung, z. B. durch schnelles Schließen oder Öffnen von Absperrorganen oder durch plötzlichen Pumpenstillstand, erzeugt in den Leitungen Druckstöße. Der neue, höhere Druck pendelt dann um den Ausgangsdruck nach oben und unten. Am Leitungsende wird die Druckwelle reflektiert, kommt als

negative Welle zum Anfangspunkt zurück und schwingt in mehrfachem Hin- und Rücklauf allmählich aus. Hierbei kann es infolge Unterdrucks sogar zu einem Abreißen der Wassersäule kommen. Der darauf folgende Zusammenprall der beiden nun unabhängig voneinander schwingenden Strömungen führt zu besonders gefährlichen Druckstößen. Öffnungs- und Schließzeiten von Absperrorganen lassen sich zwar so lange ausdehnen, dass die Geschwindigkeitsänderung in einer unschädlichen Weise verläuft; für Betriebsfälle wie plötzlicher Pumpenstillstand durch Stromausfall oder NOT-AUS müssen jedoch zusätzliche Vorkehrungen getroffen werden. Dieser Betriebsfall ist bei fast allen Anlagen der maßgebende Belastungsfall für die Auslegung von Maßnahmen zur Druckstoßdämpfung.

Das DVGW-Arbeitsblatt W 303 fasst alle Aspekte dynamischer Druckänderungen systematisch zusammen und gibt Anforderungen für die erforderlichen Berechnungen und die Auslegung von Maßnahmen zur Begrenzung von dynamischen Druckänderungen sowie für die betriebliche Praxis vor. Die Planung und Auslegung von Anlagen zur Begrenzung dynamischer Druckänderungen soll ausgewiesenen Fachleuten übertragen werden.

5.4.2.2 Größe der Druckstöße

Der Druckstoß Δh in m beträgt nach Joukowsky

$$\Delta h = \frac{a}{g}(v_1 - v_2) \text{ mit } a = \text{Fortpflanzungsgeschwindigkeit der Druckwelle in m/s}$$

v_1 und v_2 = Strömungsgeschwindigkeiten vor und nach der Geschwindigkeitsänderung in m/s

Die Druckwellengeschwindigkeit a in m/s wird nach folgender Formel berechnet

$$a = \sqrt{\frac{1}{\rho_W \cdot \left(\frac{1}{E_W} + \frac{D_{RL}}{s_{RL} \cdot E_{RL}}\right)}}$$

darin sind:

ρ_W in kg/m³	Dichte des Wassers (1.000 kg/m³)
D_{RL} in m	Durchmesser der Rohrleitung
s_{RL} in m	Wanddicke der Rohrleitung
E_W	Elastizitätsmodul des Wassers = 2.200 N/mm²
E_{RL}	Elastizitätsmodul des Rohrwerkstoffes
E_{RL} für GG:	170.000 N/mm²
St:	210.000 N/mm²
AZ:	25.000 N/mm²
SpB:	35.000 N/mm²

Die Laufzeit der Druckwelle T (Sekunden) vom Ausgangspunkt der Geschwindigkeitsänderung (Pumpe, Absperrorgan, etc) bis zum Reflexionspunkt (Armatur, Behälter etc.) und zurück beträgt bei einer einfachen Leitungslänge L in m:

$$T = \frac{2 \cdot L}{a} \text{ in s}$$

Der volle und daher gefährlichste Druckstoß tritt dann ein, wenn die Schließzeit gegen 0 s geht. Liegt sie innerhalb der Laufzeit T, wird nur der entsprechende Teil der Rohrleitung voll beaufschlagt. Bei plötzlichem Pumpenstillstand wird $v_2 = 0$ m/s und damit der Druckstoß $\Delta h = a/g \cdot v_1$. Da sich die Fortpflanzungsgeschwindigkeit a zwischen 1000 und 1200 m/s bewegt und a/g damit rund 100 beträgt, ergibt sich als Druckstoßhöhe etwa $\Delta h = 100 \cdot v_1$. Bei der häufig vorliegenden Geschwindigkeit von 0,8 m/s kommt also eine Druckstoßhöhe von 80 m zustande. Würde die Rohrleitung mit 60 m Förderhöhe und mit Rohren für einen zulässigen Betriebsdruck von 10 bar betrieben, so würde hier der zulässige Druck von 100 m um (60 + 80 – 100) m = 40 m überschritten. Sind Schließ- und Reflexionszeit gleich, entsteht die volle Druckwirkung nur an der auslösenden Stelle. Bei Schließzeiten, die länger als die Reflexionszeit sind, liegt der tatsächlich auftretende Druckstoß unter dem Joukowsky-Stoß (siehe auch Abschn. 7.5.8).

5.4.2.3 Abhilfemaßnahmen

Stellgesetze von Absperr- und Regelarmaturen: Pumpen mit radialen Laufrädern werden gegen ein druckseitig geschlossenes Absperrorgan angefahren. Nach Erreichen der Betriebsdrehzahl, wird nach einem definierten Stellgesetz geöffnet. In gleicher Weise wird beim Abstellen zuerst das Absperrorgan geschlossen und dann erst Pumpe ausschalten. Es ist zu berücksichtigen, dass bei Schiebern und Absperrklappen erst etwa die letzten 10 % des Schließweges eine wirksame Drosselung und damit Geschwindigkeitsänderung verursachen. Günstigere Verhältnisse werden bei Verwendung von Ringkolbenventilen erzielt. Die zulässigen Stellgeschwindigkeiten für das Öffnen und Schließen des Absperrorgans sind unter Berücksichtigung der Armaturenkennlinie und der Anlagenkennlinie durch eine Druckstoßberechnung zu ermitteln. Die Einhaltung des Stellgesetzes ist durch Betriebsanweisung (handbetätigte Armaturen), durch Wahl der Öffnungs- und Schließgeschwindigkeit bei gleichförmigem, elektromotorischem Armaturenantrieb, durch Abstufung der Stellgeschwindigkeit (drehzahlverstellbare Abtriebe der Armaturen, ölhydraulische Steuerung) oder vergleichbare Verfahren zu gewährleisten.

Rückflussverhinderer bei Pumpenabschaltung: Druckseitige Rückflussverhinderer mit Schließverzögerung oder kombiniert mit einem Bypass bremsen eine Rückströmung. Alternativ werden gesteuerte Absperrarmatur eingesetzt. Kann eine Rückströmung der Entlastungswassermenge durch die Pumpe zugelassen werden, ist das Verhalten der Pumpe im Bremsbetrieb zu berücksichtigen. Ist auch die Umkehr der Drehrichtung zugelassen, muss das Verhalten der Pumpe im Turbinenbetrieb für die Druckstoßberechnung bekannt sein.

Schwungmassen: Schwungräder kommen bei horizontalachsigen Kreiselpumpen zum Einsatz. Sie gelten als besonders betriebssichere Maßnahme zur Druckstoßdämpfung. Sie werden bei großen und mittleren Förderhöhen aber bei vergleichsweise kurzen Förderleitungen eingesetzt. Sie eigenen sich weniger bei Rohrleitungen mit ungünstigem Höhenprofil. Einsatzgrenzen ergeben sich durch zusätzliche Lager, Fliehkräfte, i. d. R. keine Direkteinschaltung möglich.

Druckbehälter mit Gaspolster (DB) sind Energiespeicher, die bei einem Druckabfall in der Hauptleitung Wasser nachspeisen oder bei einem Druckanstieg Wasser aus dieser aufnehmen. Das Gaspolster dient der Dämpfung der resultierenden Druckpendelung. Sie werden i. d. R. im Nebenschluss zur Hauptleitung angeordnet. Die DB sind in Fließrichtung gesehen hinter diesem Rückschlagorgan anzuschließen. Die Dämpfung kann durch zusätzliche Drosselung des Rückflusses in den DB (Düsen, Rückflussverhinderer mit Bypass) optimiert werden. DB werden fast ausschließlich in Pumpwerken eingesetzt. Die Verbindungsleitung zum DB ist so zu bemessen, dass sich, bezogen auf den maximalen Durchfluss in der Druckleitung, eine Fließgeschwindigkeit von 1,0 bis 1,5 m/s ergibt. Der Inhalt des Druckbehälters liegt etwa bei 1 bis 2 %. des Volumens der Rohrleitung. Bei Pumpwerken mit langen Zulaufleitungen werden DB auch auf der Saugseite eingebaut. Eine Aufteilung des erforderlichen Druckbehältervolumens in mehrere Behälter ist betrieblich zweckmäßig (Teillastbetrieb bei Revisionen). Es werden Druckbehälter mit und ohne Trennmembran verwendet. Bei entsprechender Überwachung ist die Betriebssicherheit derartiger Anlagen hoch. Eine genaue Berechnung der instationären Vorgänge zur Auslegung der Anlage unter Berücksichtigung aller örtlichen Faktoren ist erforderlich.

Wasserschloss (Standrohr): In Wasserschlössern reflektiert die freie Wasseroberfläche die einlaufende Druckwelle. Die Druckwellen können sich somit nicht weiter fortpflanzen. In WV-Anlagen werden Wasserschlösser allerdings selten angewendet. Praktischer Anwendungsfall: Das PW steht unmittelbar neben einem Wasserturm.

Nachsaugebehälter (Einwegwasserschloss): Druckloser Behälter, der mit einer kurzen Leitung großer Nennweite mit Rückflussverhinderer an die Hauptleitung angeschlossen ist. Bei Abfall der Druckhöhe

in der Hauptleitung unter das Behälterniveau wird Wasser in die Hauptleitung nachgespeist, womit Unterdruck und Belüftung vermieden wird. Sehr günstige Wirkung zur Vermeidung von Druckabfällen.
Be- und Entlüftungsventile: Automatische Belüftungsventile ermöglichen das Einströmen von Luft in die Rohrleitung sobald der Druck in der Leitung unter den Atmosphärendruck abfällt. Damit können stärkere Unterdrücke an Hochpunkten und Gefälleknickpunkten vermieden werden. Eine Belüftung sollte nur im Störfall ansprechen, wenn andere Maßnahmen zur Vermeidung unerwünschter Druckabsenkungen nicht möglich sind, da ein Lufteintrag in Trinkwasserleitungen aus hygienischen Gründen unerwünscht ist. Auf eine ausreichende Entlüftungsfunktion ist daher zu achten.
Nebenauslass: Die Betriebssicherheit hängt ab von der Einstellung der Öffnungs- und Schließzeiten; relativ großer Aufwand für hydraulische und elektrische Einrichtungen.
Prozessleittechnik: Durch Fernüberwachung und spezielle Einrichtungen der Leittechnik ist es möglich instationäre Strömungszustände rechtzeitig zu erkennen und durch Gegenmaßnahmen zu dämpfen und zu begrenzen, wie z. B. durch eine druckabhängige Steuerung von Armaturen.
Alle Einrichtungen zur Begrenzung dynamischer Druckänderungen bedürfen einer regelmäßigen Überwachung und Instandhaltung.

5.4.3 Planung und Ausführung von Pumpwerken

5.4.3.1 Anforderungen an die Entwurfsplanung

Ein vollständiger Entwurf hat zu beinhalten:

Allgemeine Erläuterung: Sie soll in knapper, klarer Form erschöpfend Auskunft geben über das Vorhaben, dessen Veranlassung, Art, Zielsetzung und Umfang, mögliche Erweiterungen, ggf. weitere Lösungen (Alternativen) sowie über die Genehmigung und rechtliche Beurteilung.
Untersuchung von Betriebsvarianten: Die Betriebsvarianten werden in Abhängigkeit von Wasserbedarf, Wasserständen, Drücken, Energiekosten, Tarifgestaltung usw. festgelegt. Hieraus ergibt sich die erforderliche Anzahl der Pumpen, die Aufteilung nach verschiedenen Förderstufen, Parallelbetrieb von Pumpen, Drehzahlregelung, etc..
Rohrnetzanalyse und Rohrnetzberechnung werden zur Festlegung aller hydraulischen und betrieblichen Anforderungen benötigt.
Dynamische Druckänderungen: Berücksichtigung der dynamischen (instationären) Druckänderungen, Druckstoßuntersuchungen und Druckstoßberechnung sowie Festlegung von technischen Maßnahmen.
Energieversorgung: Berechnung des Leistungsbedarfs, Festlegung der Art Energieversorgung, Redundanz der Energieversorgung, Ersatzstromversorgung.
Anlagenbetrieb: Festlegung der Anforderungen an die Mess-, Regel- und Steuerungstechnik, Fernwirktechnik, Leittechnik, Fernbedienung.
Anforderungen an das Gebäude: Neu- oder Änderungsplanung der Gebäude zur Unterbringung der Maschinen- und Elektroanlagen.
Festlegung besonderer Anforderungen für *Werkstoffe.*
Kostenberechnung als Grundlage für die Ausschreibung: Sie ist nach Gewerken und Bauteilen zu gliedern, die ermittelten Massen sind anzugeben und Liefer- und Montage- bzw. Herstellungskosten auszuweisen.
Wirtschaftlichkeitsberechnung: Berechnung der Gesamtkosten der Anlage (Betriebskosten, Investitionen, Kapitaldienst etc.). Förderanlagen in der Trinkwasserversorgung sind langlebige Wirtschaftsgüter mit einem hohen Anteil an Energie-, Betriebs- und Instandhaltungskosten. Basis einer Entscheidung für den Neubau oder die Erneuerung von Förderanlagen dürfen daher nicht nur die reinen Investitionskosten sein, vielmehr müssen die Gesamtkosten über die Lebensdauer einer Anlage berücksichtigt werden. Bewertungskriterien sind im DVGW- Merkblatt W 618 „Lebenszykluskosten für Förderanlagen in der Trinkwasserversorgung – Auswahlkriterien für wirtschaftliche Entscheidungen" (Entwurf Februar 2006) zusammengestellt.

Planbeilagen und Entwurfszeichnungen: Übersichts- und Lagepläne, Bauwerkszeichnungen einschl. Erweiterungsmöglichkeiten, Schaltbilder sowie Schema- und Funktionspläne.
Die Entwurfsplanung ist Grundlage für die Ausführungsplanung und die anschließende Ausschreibung der verschiedenen Gewerke.

5.4.3.2 Pumpenbauart und Größe der Pumpensätze

5.4.3.2.1 Horizontale Kreiselpumpen

Bei der Verwendung von Spiralgehäusepumpen ist die horizontale Aufstellung üblich. Der Platzbedarf ist etwas höher als bei vertikaler Aufstellung, was jedoch andererseits die Zugänglichkeit vereinfacht. Mehrstufige Gliederpumpen gibt es sowohl für eine horizontale, wie auch vertikale Aufstellung. Kreiselpumpen sollten nach Möglichkeit so aufgestellt werden, dass ihnen das Wasser zufließt. Andernfalls muss der in Strömungsrichtung hinter der Kreiselpumpe eingebaute Rückflussverhinderer mit einer Umgehungsleitung versehen sein; dann steht der Druck bis zum Fußventil an und verhindert das Eindringen von Luft in die Pumpe über die Stopfbuchsen.

5.4.3.2.2 Vertikale Kreiselpumpen

Mit vertikalen Kreiselpumpen, lässt sich das Tiefstellen der Kreiselpumpe unter den Zulaufwasserspiegel auf der Saugseite erreichen, wobei der Motor vergleichsweise geschützt untergebracht werden kann. Dies ist bei Wellenpumpen oder Bohrlochwellenpumpen der Fall. Nachteilig ist z. B., dass die lange Welle sehr gut ausgewuchtet sein muss. Beide Ausführungen werden heute nur noch selten verwendet. Unterwassermotorpumpen und Tauchmotorpumpen werden im Regelfall vertikal eingebaut. Die Zweckmäßigkeit einer vertikalen Aufstellung ist im Einzelfall zu prüfen (z. B. Platzbedarf, Einlaufbauwerke bei Rohwasserentnahmen etc.).

5.4.3.2.3 Größe der Pumpensätze

Der Förderstrom, auf den eine Förderanlage auszulegen ist, hängt ab

- vom Bedarf des Versorgungsgebietes (höchste und mittlere tägliche Wasserförderung, siehe auch. Kap.2 u. 6), bei DEAs vom geforderten Spitzenvolumenstrom (siehe Abschnitte 5.4.1.2.3, 5.4.5.2 und 5.4.5.3);
Die höchste Tagesmenge muss in einer angemessenen Zeit gefördert werden. Aus Sicherheitsgründen sollten 20 Betriebsstunden je Tag nicht überschritten werden, soweit nicht der Tarif des EVU sowieso zur Beschränkung auf Nachtstunden bzw. Wochenendbetrieb zwingt. Dies gilt nicht für Druckerhöhungsanlagen, die in geschlossene Ortsnetze fördern;
- vom zulässigen Förderstrom; dieser kann abhängen von der zulässigen Belastung der Druckleitung, vom Wasserdargebot auf der Saugseite des PW und/oder von der verfügbaren Antriebsleistung (z. B. Wasserkraft);
- von der höchstzulässigen täglichen Betriebszeit; wird ein Vergleich angestellt zwischen kleineren Pumpen mit längerer Betriebszeit und größeren Pumpen mit kürzerer Betriebszeit, so müssen neben den Tarifstrukturen für den Strombezug (Leistungs- und Arbeitspreis) für die Motoren auch die Mehrkosten größerer Maschinen und Rohrleitungen in die Rechnung einbezogen werden;
- vom Fassungsraum von Speichern vor oder hinter der Förderanlage; können vorhandene Wasserspeicher nicht vergrößert werden (Wasserturm!), ist die Förderung so auszulegen, dass zwischen ihr und der Verbrauchssummenkurve nur die vom Behälter deckbaren Spitzen liegen;
- vom technisch und wirtschaftlich zulässigen Druckhöhenverlust in der Druckleitung.

Die gemeinsame Lieferung von Pumpe und Antriebsmotor durch ein und dieselbe Firma ist aus Gründen der Gewährleistung sehr zu empfehlen.

5.4 Förderanlagen

5.4.3.2.4 Unterteilung der Pumpensätze

Eine Unterteilung der Pumpensätze ist aus Gründen der Betriebssicherheit und der Wirtschaftlichkeit notwendig. Bei geringem Bedarf ergeben sich dann kleinere Förderströmen und damit kleineren Druckverlusten, womit sich geringere Energiekosten ergeben.

Während kleinere Pumpwerke mit zwei gleichartigen Pumpensätzen auskommen, kann in größeren Förderanlagen nach weiteren Förderstufen unterteilen, um sich dem schwankenden Bedarf anpassen zu können. Diese Anpassung kann durch den Einsatz drehzahlgeregelter Pumpen optimiert werden. Die Jahresverbrauchslinie ist zu berücksichtigen. Diese Pumpen sollten auch für einen Parallelbetrieb geeignet sein. Sie sollen in dem Bereich, in dem sie am häufigsten betrieben werden, den besten Wirkungsgrad aufweisen. Zu berücksichtigen ist, dass jede weitere Unterteilung auch zusätzliche Saug- und Druckanschlüsse sowie Steuereinrichtungen und u. U. zusätzlichen umbauten Raum erfordert.

5.4.3.3 Ausschreibung von Förderanlagen

Beim Neubau oder der Erneuerung einer Förderanlage ist es i. d. R. zweckmäßig die ganze Pumpenanlage einschließlich der Rohrleitungen im Maschinenhaus mit allen Armaturen durch einen Anlagenbauer liefern und montieren zu lassen. Damit hat man dann i. A. die Gewähr dafür erreicht, dass die Einzelteile einheitlich sind und funktionell zueinander passen. Es ist sinnvoll auch Lieferung und Montage der Schaltanlagen in den Auftrag zu integrieren.

Bei größeren Förderanlagen kann eine getrennte Vergabe von Lieferung und Montage von Rohrleitungen, Armaturen und Pumpen wirtschaftlich vorteilhaft sein. Hier empfiehlt es sich auch die elektrotechnische Ausrüstung getrennt zu vergeben (z. B. bei komplizierten Schaltanlagen). Außerdem wird in hydraulische und elektrische bzw. diesel-elektrische Ausrüstung getrennt.

5.4.3.4 Standort einer Förderanlage

Zunächst geben die hydraulischen Voraussetzungen den Standort vor (geodätische Höhe, Brunnenstandorte etc.).

Förderanlagen sollen gut erreichbar sein (Heranbringung der Bau- und Betriebsstoffe, der elektrischen Energie, Geräten, Bedienung). Sie sollen möglichst an befestigten Straßen oder Wegen liegen. Ungeeignet sind Hochwassergebiete oder Stellen mit hohem Grundwasserstand, die Tragfähigkeit des Baugrundes ist zu prüfen.

Ist geplant, Dieselmotoren aufzustellen, so muss das PW wegen der Kraftstofflagerung außerhalb des Fassungsbereiches und der Engeren Schutzzonen von Wassergewinnungsanlagen gelegen sein. Lassen sich in besonders gelagerten und begründeten Fällen diese Einrichtungen in der Engeren Schutzzone nicht umgehen oder ersetzen, sind verschiedene bauliche Vorkehrungen zu treffen: Die Kraftstoffbehälter müssen in dauernd dichten (d. h. ohne Ablauf) ölbeständigen Auffangwannen für die gesamte Lagermenge aufgestellt werden. Doppelwandbehälter mit Leckwarngeräten benötigen keine Wanne. Da immer Sichtkontrolle möglich sein muss, ist unterirdische Lagerung verboten. Besonderes Augenmerk ist auch auf die Füll- und Zuleitungen zu richten, Leck- und Bruchsicherungen sind vorzusehen. Tropf- und Restmengen müssen aufgefangen werden können.

Abwasser darf nicht in den Untergrund versickern, sondern muss in druckfesten, dichten Rohrleitungen abgeführt und am besten einem Entwässerungsnetz zugeleitet werden. Werden Abwasserleitungen in Schutzgebieten verlegt, sind besondere Schutzmaßnahmen gem. ATV-Merkblatt A 142 vorzusehen.

5.4.3.5 Raumprogramm

Es ist zweckmäßig ein Raumprogramm zu erstellen. Die Größe und Form der einzelnen Räume lässt sich abschätzen aufgrund der Informationen von Herstellern der einzelnen Maschinen und Apparate, sowie nach Angaben des EVU, soweit für dessen Einrichtungen Platz vorzusehen ist. Die Größe von Nebenräumen (z. B. Werkstätten) ist ihrem Zweck entsprechend festzulegen.

5.4.3.5.1 Lage der Räume zueinander

Die einzelnen Gebäude oder Räume sollen zueinander eine funktionsgerechte Lage erhalten, gut zugänglich sein und leichte Wartung und Bedienung ermöglichen. Lange Wege sind zu vermeiden. Hydraulischer und elektrischer Teil – ausgenommen die Antriebsmotoren – sollen möglichst voneinander getrennt sein. Für schwere Maschinen sind elektrisch angetriebene Hebezeuge vorzusehen und ausreichende Transportöffnungen einzuplanen, die ein Einbringen der Maschinen von außen her ermöglichen.

5.4.3.5.2 Raumhöhen

Die Raumhöhe hängt von der Größe der Maschinen ab und beträgt bei kleinen und mittleren Förderanlagen 3,5 bis 4,5 m; sobald Hebezeuge vorgesehen werden, ist die Raumhöhe zu vergrößern (Laufkranhöhe bis 6 m Spannweite etwa 1,5 m ab oberster Hakenstellung). Bei der Gestaltung des Baukörpers ist oft auf Gesichtspunkte des Landschaftsschutzes zu achten.

5.4.3.5.3 Platzbedarf für die Pumpensätze

Die Maschinen werden auf Betonfundamente gelagert, und zwar so, dass die Wellenmitte kleiner und mittelgroßer Aggregate etwa 0,8 m über dem Fußboden liegt.

Zwischen den Maschinensätzen soll mindestens 0,8 m Zwischenraum frei bleiben, gemessen an den am meisten vorstehenden Teilen (Handräder, Flansche), Hauptwege sollen wenigstens 1,5 m breit sein. Die Aggregate stehen im allg. mit ihrer Längsachse senkrecht zur Wand, zwischen Fundament und Wand soll noch etwa 0,5 m Platz bleiben und eine allseitige gute Zugänglichkeit sichergestellt werden. Die Druckleitung darf nicht in Pumpenlängsachse weitergeführt werden, damit über den Motoren keine Leitungen liegen (Tropfwasser!).

5.4.3.5.4 Anordnung der Rohrleitungen

Saugleitungen sollen möglichst kurz und müssen absolut dicht sein und zur Pumpe hin stetig steigen, damit sich keine Luftsäcke bilden. Beim Übergang auf andere Nennweiten sind deshalb exzentrische Übergangsstücke einzubauen. Wenn möglich, soll für jede Pumpe eine eigene Saugleitung gelegt werden. Müssen mehrere Pumpen aus ein und derselben Saugleitung das Wasser entnehmen, so sind die Trennschieber nahe an den Abzweig zu setzen. Keilschieber in Saugleitungen sind, zur Vermeidung von Luftansammlungen in der Schieberhaube, waagerecht zu legen; Absperrklappen sind vorzuziehen. Die Wassergeschwindigkeit in Saugleitungen soll bis DN 100 höchstens 1,0 m/s, über DN 100 höchstens 1,2 m/s betragen. Es ist zu prüfen, ob nicht wegen des Druckhöhenverlustes größere Rohrleitungsdurchmesser nötig werden.

Druckleitungen sind innerhalb der Pumpwerksanlagen für eine Fließgeschwindigkeit von 1,0 bis 2,0 m/s zu bemessen, vor allem, um an Kosten für Armaturen und Formstücke zu sparen.

Zur Anordnung von Rückflussverhinderern (RV) sei auf folgendes hingewiesen: Häufig wird ihr Einbau auf der Druckseite empfohlen (s. DVGW-Merkblatt 612), um bei Stillstand der Anlage den Hauptdruck von der Pumpe fernzuhalten. Dies setzt aber voraus, dass das Wasser der Pumpe saugseitig zuläuft; andernfalls sind Betriebsstörungen durch Luftansammlungen im Scheitel der Pumpenstufen zu erwarten. Dem kann vorgebeugt werden, indem die RV (mit möglichst geringem Widerstand) in die Saugleitung eingebaut werden; dadurch kann sich der von der Druckseite her anstehende Druck durch die Pumpe bis zum RV aufbauen und mögliche Lufteinschlüsse verdrängen.

Rohrleitungen in Bauwerken werden mit Guss- oder Stahl-Flanschverbindungen eingebaut. Sie sind in zweckmäßiger Zahl und Anordnung vorzusehen (Ein- und Ausbau!). Alle Verbindungen müssen längskraftschlüssig sein.

Für Schrauben, Muttern und Beilagscheiben empfiehlt sich als Werkstoff nichtrostender Stahl, für wasserberührte Teile (z. B. Steigleitungen von UP) z. B. Nr. 1.4571 oder 1.4301 (DIN 17007/1), für die nicht benetzten Flanschverbindungen galvanisch verzinkter und gelb chromatierter Stahl (gal Fe/Zn 12 cC DIN 50961).

5.4 Förderanlagen   389

Der Innenschutz ist über die Schweißverbindungen sorgfältig hinwegzuführen. Rohrleitungen ohne Schweißverbindungen können im Lieferwerk mit einer äußeren Spritzverzinkung versehen werden, auf welche nach der Montage ein Deckanstrich aufgebracht wird.
Im Maschinenraum oder Rohrkeller sind die Rohrleitungen durch Betonfundamente oder Halterungen aus nichtrostendem Stahl zu unterstützen. Durch Mauern geführte Rohrleitungen werden einbetoniert; ein Mauerflansch ist zweckmäßig, aber nicht zwingend notwendig.
Ist das Gebäude in zwei Ebenen getrennt, so eignet sich das Untergeschoß häufig zur Unterbringung der Rohrleitungen. Vorteil: Der eigentliche Maschinenraum im Erdgeschoß bleibt vom unvermeidbaren Schwitzwasser frei. Die Kellersohle ist mit Gefälle herzustellen, für Ableitung von Wasser ist zu sorgen.

5.4.3.5.5 Unterbringung der elektrischen Anlagen

Schaltanlagen können in kleinen Förderanlagen in Schaltkästen, in mittelgroßen Förderanlagen in Schaltschränken unmittelbar im Maschinenraum untergebracht werden. Große Förderanlagen verlangen eigene Räume für Schaltanlagen.
Die Schaltanlagen für UP in Brunnen, die abseits einer Zentrale liegen, lassen sich in einem Freiluftschrank aus Edelstahl oder glasfaserverstärktem Kunststoff mit eingebauten ISO-Kästen auf Betonsockel unterbringen. Gegen Feuchte ist eine elektrische Heizung kleiner Leistung erforderlich.
Inwieweit das EVU Räume für Mittel- und Niederspannungsanlagen benötigt, ist mit diesem zu klären; bei Niederspannungsanschluss (etwa bis 160 u. U. auch 220 kVA) genügt meist ein Raum für Einführung und Tarifzähler. Bei Mittelspannungsversorgung sind Schalt- und Umspannerzellen bereitzustellen. In Trafohäusern mit (ausreichend großer!) Luftzuleitung sind die Einführungen und Hochspannungsschalter im Obergeschoß, sonst in eigenen Zellen neben dem Trafo selbst unterzubringen. Einführungs- und Messzelle sowie Schalt- und Trafozellen größerer Stationen müssen von außen zugänglich (Abtransport) sowie mit Luftzu- und -abführöffnungen und einer Ölgrube versehen sein. Bei größeren Förderanlagen und Wasserwerken werden die Hochspannungs- und Traforäume in WVU-eigene Gebäude einbezogen. Wegen der Sicherheit des Betriebes ist eine Ringeinspeisung

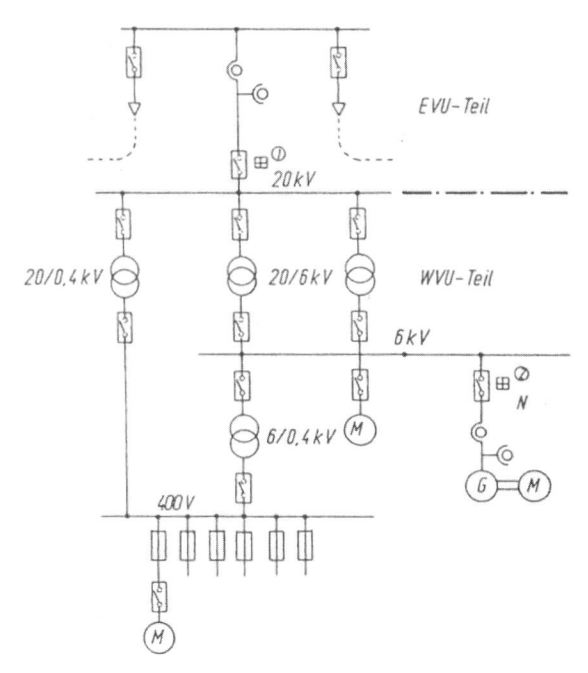

Abb. 5-34: Einspeisung aus EVU-Netz und Ersatzstromerzeugungsanlage

anzustreben; sie muss so ausgelegt werden, dass jeder Ast für sich den Energiebedarf des Wasserwerkes decken kann; die Trennung der Stromwege ist so auszuführen, dass auch bei Störung einer Schiene der Betrieb auf der anderen aufrechterhalten werden kann.
Ersatzstromerzeugungsanlagen können in diesem Falle als sog. „dritte Einspeisung" vorgesehen und aufgebaut werden. Um lange Wege (Übertragungsverluste!) zu vermeiden, sollten sie möglichst nahe der Mittel- bzw. Niederspannungsverteilung aufgestellt werden. Die Schalter der einzelnen Einspeisungen müssen gegeneinander verriegelt sein!
Pumpenmotoren sehr großer Leistung erhalten in der Regel getrennte Transformatoren, falls sie nicht unmittelbar aus einem Mittelspannungsnetz gespeist werden.

5.4.3.5.6 Belichtung und Beheizung

Für guten Tageslichteinfall in den Betriebsräumen ist zu sorgen, sofern dem nicht Gesichtspunkte des Objektschutzes entgegenstehen. Als Kunstlicht haben sich Leuchtstofflampen, ggf. hinter Rastern, bewährt. Aus Sicherheitsgründen ist eine Notbeleuchtung vorzusehen. Elektrische, thermostat-geregelte Speicheröfen werden für die Beheizung kleiner PW bevorzugt. Manchmal kann es genügen, frostgefährdete RL gut zu isolieren und in die Wärmedämmung Heizkabel einzulegen. Größere Gebäude erhalten Zentralheizungsanlagen, ggf. in Verbindung mit der Heizung weiterer nahe gelegener Gebäude.
(Fahrbare) Lufttrockengeräte zur Unterdrückung einer Schwitzwasserbildung haben sich gut bewährt.

5.4.3.6 Sicherheit gegen Einbruch und Brand

Anlagen der Wasserversorgung stehen oft in abgelegenen Gegenden. Sie sind daher gegen unbefugte Eingriffe zu sichern.
Der passive Objektschutz umfasst hierbei alle einbruchhemmenden Maßnahmen. Erdgeschoßfenster sind zu vermeiden oder wenigstens zu vergittern. Die Türen sollen keine Glasscheiben haben und aus Stahl bestehen. Schaltanlagen sollen von außen nicht sichtbar sein. Als aktiver Objektschutz dienen Alarmanlagen, die bei unbefugtem Betreten der Räume ansprechen. Alarme sind zu einer Zentrale weiterzuleiten. Vertiefende Angaben sind dem DVGW Hinweis W 1050 „Vorsorgeplanung für Notstandsfälle in der öffentlichen Trinkwasserversorgung" zu entnehmen.
Rauchmelder in Räumen mit größeren elektrotechnischen Einrichtungen und wichtigen, kostspieligen Steuer- und Schaltorganen vervollständigen die Sicherheit.
Bei der Bereitstellung von Löschgeräten ist zu beachten, dass hier kein Wasser und, wegen der Trinkwassergefährdung, keine synthetischen Löschmittel eingesetzt werden dürfen (Kohlensäurelöscher verwenden!). Die Feuerwehr ist über Gefahrenpunkte (Schaltanlagen u. ä.) aufzuklären! Dabei ist die Spannung zu beachten (über oder unter 1000 V)!
Ergänzend sei noch auf Maßnahmen zum Schutz elektrischer und bes. elektronischer Einrichtungen gegen Überspannung durch äußeren und inneren Blitzschutz hingewiesen. Der äußere Blitzschutz umfasst alle außerhalb eines Gebäudes verlegten Einrichtungen zum Auffangen, Ableiten und Erden des Blitzstromes (Blitzableiter). Innerer Blitzschutz beinhaltet Vorkehrungen gegen Blitzauswirkungen auf metallene Installationen, Mess-Steuer-Regel-Einrichtungen und elektrische Anlagen. Größte Bedeutung hat dabei ein einwandfreier Potentialausgleich (Beseitigen von Potentialunterschieden) durch einwandfreie Verbindung von Fundamenterdern (Anschlüsse an die Bauwerksbewehrung), Schutzleitern der Netzstromversorgung, Rohrleitungen und anderen leitenden Einrichtungen sowie der Blitzschutzanlage. Dabei ist bes. bei Fernwirkanlagen über die Anforderungen des sonstigen „normalen" Potentialausgleichs (nach DIN VDE 0100/540) hinauszugehen. Dies wird durch den Einsatz von Überspannungsschutzgeräten und geschirmten Leitungen sowie durch die Vermeidung von „Näherungen" (Blitzableiter – Wasser- bzw. Elektroleitung) erreicht. Werden Versorgungsleitungen mit der Blitzschutzanlage verbunden, sind gut sichtbare Trennfunkenstrecken vorzusehen. Isolierstücke, aber auch Messeinrichtungen (z. B. Zähler), müssen durch Verbindungsleitungen überbrückt werden.

5.4.4 Abnahme von Förderanlagen

Den liefernden und ausführenden Firmen ist durch rechtzeitige Mitteilung Gelegenheit zur Teilnahme an der Abnahmeprüfung zu geben. Vom Abnahmebeauftragten ist eine Niederschrift zu fertigen. Diese soll folgendes enthalten:
1) Allgemeines – Tag der Prüfung, Teilnehmer seitens der Bauherrschaft und der Lieferfirma, Prüfender, Liefer- und Leistungsvertrag vom … Fertigstellungsmeldung der Lieferfirma vom … Liefer- und Einbaufrist eingehalten?
2) Ist die Lieferung vollständig? Prüfung des Lieferumfanges und der Werkstoffe; hier sind die Einzelteile mit Angabe von Type, Größe, Drehzahlen, Leistung usw. wie sie im Angebot stehen, auf dessen Grundlage zu prüfen und festzustellen, ob sie nicht oder nur unwesentlich vom Angebot abweichen. Die angelieferten Teile sind schon vor dem Zusammenbau aufgrund der Versandanzeige (Lieferliste) auf Vollständigkeit zu prüfen. Entspricht die Lieferung nach Werkstoffen und Ausmaßen dem Angebot? Müssen Teile ausgewechselt oder nachgeliefert werden?
3) Prüfung der Aufstellung - Die Aufstellung der Maschinen und sonstigen Teile muss mit den Bauplänen übereinstimmen. Sind die Teile fachgerecht aufgebaut?
Die Wellenausrichtung von Pumpe, Kupplung und Motor kann sehr zuverlässig mit laseroptischen Methoden durchgeführt werden. Ein Ausrichtprotokoll ist zu erstellen. Eine Prüfung ist auch nach dem Untergießen der Grundplatte und Abbinden des Betons vorzunehmen.
Ist die Sicherheit von mechanischen (z. B. Riemenschutz, Kupplungsschutz) und elektrischen Einrichtungen (Erdung, Abstände in Hoch- und Mittelspannungsräumen usw.,) gewährleistet? Sind die einschlägigen UVV und VDE-Bestimmungen beachtet? Sind die elektrischen Geräte im Einklang mit dem Schaltschema beschriftet?
An Hebezeugen muss die Tragfähigkeit gut sichtbar angeschrieben sein.
Druckbehälter mit Gaspolster unterliegen bezüglich Zulassung und Betrieb der EG-Druckgeräterichtlinie und der Betriebssicherheitsverordnung.
4) Prüfung der Funktionstüchtigkeit – Leichte Beweglichkeit entsprechender Teile? Spricht die Fehlerstromschutzeinrichtung an? Arbeitet die Schaltanlage gemäß den Forderungen des Leistungsverzeichnisses bzw. des Angebotes?
5) Leistungsprüfung von Pumpensätzen – Zweckmäßig werden die Werte der Gewährtabellen und die bei der Prüfung gemessenen tabellarisch verglichen; Bezugsgröße ist die garantierte Förderhöhe.
6) Prüfungsergebnis – Das Prüfungsergebnis ist schriftlich festzuhalten und von den Beteiligten zu unterzeichnen.

5.4.5 Aspekte einzelner Förderanlagen

5.4.5.1 Grundwasserpumpwerk (GPW)

Zur Rohwasserförderung aus Brunnen werden nahezu ausschließlich Unterwassermotorpumpen (UP) verwendet, die in einer Vielzahl von Baureihen, je nach Anforderung angeboten werden.
Da in Brunnen nur eine UP eingehängt werden kann, sollte ein zweiter Brunnen angestrebt werden; wenigstens ist aber eine weitere gleichartige Maschine so betriebsbereit zu halten, dass sie in kürzester Zeit ausgewechselt werden kann.
Bei der Auslegung von Grundwasserpumpwerken muss die Ergiebigkeit der Brunnen berücksichtigt werden. Brunnen dürfen nicht überlastet werden. Ggf. ist eine Anlage mit Vorpumpewerken (UP in den Brunnen) und einem Hauptpumpwerk mit dazwischen liegendem Zwischenbehälter auszulegen. Für Vor- und Hauptpumpwerk können dann unterschiedliche Betriebszeiten gewählt werden.
Beim Einbau der U-Pumpen in einen Brunnen ist folgendes zu beachten (**Abb. 5-35**):
Die Pumpe soll so eingesetzt werden, dass sie im Bereich vollwandiger Aufsatzrohre hängt, um das unmittelbare Beiziehen von Sand zur Pumpe zu verhindern. Maßgebend für die Dimensionierung des Filterrohres sollten die hydraulischen Verhältnisse bei der Anströmung der Fördereinrichtung sein (siehe DVGW Arbeitsblatt W 118 „Bemessung von Vertikalfilterbrunnen").

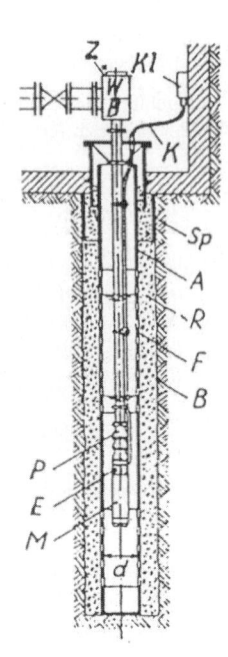

Kl = Klemmkasten für Stromanschluss
K = Unterwasserspezialkabel
P = Pumpe
E = Einlaufseiher
M = Motor
B = Bohrlochwand
R = Filterkies
F = Brunnenfilter
A = Aufsatzrohr
Sp = Sperrohr (auch Schutzrohr)
Z = Wasserzähler

Abb. 5-35: Unterwassermotorpumpe (UP) im Brunnen

Bei radialer Zuströmung, wie bei Unterwassermotorpumpen, sollte die Anströmgeschwindigkeit im Ringspalt Ausbauverrohrung/Fördereinrichtung kleiner als 2 m/s sein, da ansonsten Kavitationseffekte an den Laufrädern der Pumpe nicht ausgeschlossen werden können. Die Anströmgeschwindigkeit ergibt sich aus folgender Formel:

$$v_{Ringspalt} = \frac{4 \cdot Q}{\pi \cdot (d_i^2 - d_P^2)}$$

mit:
Q = Förderrate in m³/s
d_i = Innendurchmesser der Ausbauverrohrung
d_P = Außendurchmesser des Pumpendurchmessers

Um einen sicheren Ein- und Ausbau sowie Betrieb zu gewährleisten, sollte der Ringspalt zwischen Ausbauverrohrung und Fördereinrichtung nicht zu klein gewählt werden.
Beim Einbau der Pumpe oberhalb des Filterrohres umströmt das zu fördernde Wasser den Pumpenmotor und dient damit der Kühlung. Die Strömungsgeschwindigkeit sollte daher größer als 0,2 m/s sein. Ist dies nicht der Fall, so ist der Einsatz eines Kühlmantels zu prüfen. Dies gilt auch im Falle des Einbaus der Pumpe unterhalb der Filterverrohrung.
Da Brunnen nicht immer ganz lotrecht gebohrt sind, müssen zur Schonung von UP und Brunnenrohren dämpfende Zentriervorrichtungen an Pumpe oder/und Steigleitung angebracht werden. Weiter ist zu berücksichtigen, dass der Brunnenkopf passend zur Steigleitung gewählt wird. Für die Anfrage einer UP ist die Einbaulage der Pumpe, die Tiefen des Ruhe- und Betriebswasserspiegels sowie die Nennweite der Förderleitung ergänzend zu den Angaben gemäß Abschnitt 5.1.2.6 anzugeben.
Ersatz-Unterwassermotorpumpen sind (ebenfalls mit Rückschlagorgan und Stromkabel in voller Einbaulänge) trocken und geschützt liegend (etwa in haltbarer Holzkiste) zu lagern. Besonders vielstufige Pumpen müssen u.U. stehend aufbewahrt werden (Wellenverbiegung!); Angaben des Herstellers beachten! Konservierung ab Herstellerwerk ist zweckmäßig.

5.4.5.2 Druckerhöhungsanlagen als Druckbehälterpumpwerke (DBPW)

Druckbehälterpumpwerke (auch Hydrophor- oder früher Druckwindkesselanlagen) werden angewandt, wenn eine Versorgung über einen Hochbehälter oder Wasserturm technisch und wirtschaftlich nicht zweckmäßig ist. Bei dieser direkten Förderung in das Versorgungssystem steht kein Speicherraum zum Ausgleich der Fluktuation zwischen Pumpenförderstrom und Wasserbedarf zur Verfügung. Diese Verbrauchsschwankungen müssen in vollem Umfang von der Druckerhöhungsanlage (DEA) überbrückt werden. Bei kleineren Versorgungsanlagen haben sich für diesen Einsatzzweck Druckbehälterpumpwerke bewährt. Druckbehälter dienen in diesem Fall der Pufferung bei sehr geringer Abnahme, der Vergleichmäßigung des Druckes, infolge Reduktion der Schaltspiele der Lebensdauer der Gesamtanlage sowie der Druckstoßdämpfung. Zunehmend werden DEA jedoch mit drehzahlgeregelten Kreiselpumpen ausgerüstet.

Nachteilig ist, dass die Versorgung sofort zusammenbricht, wenn die Maschinen auch nur kurzzeitig ausfallen und dass die Maschinengröße auf den Spitzenverbrauch (meist Feuerlöschbedarf) ausgelegt sein muss, da ein Ausgleich der Verbrauchsschwankungen durch einen nennenswerten Wasservorrat nicht gegeben ist.

Eine ausreichende Versorgungssicherheit kann durch die Anzahl und Auslegung der Pumpensätze, eine sichere Energieeinspeisung (ggf. zweiseitig), eine Ersatzstromversorgung (stationär, ggf. mit selbsttätigem Anlauf oder mobil), Noteinspeisemöglichkeiten über weitere Druckzonen und vergleichbare Maßnahmen gewährleistet werden.

DBPW erfordern eine sehr sorgfältige Planung, insbesondere bezüglich der installierten Pumpenleistung, und technisch geschultes Personal für die Überwachung und die Störungsbeseitigung.

5.4.5.2.1 Größe der Pumpen bei Druckbehälterpumpwerken

Die Förderströme der Kreiselpumpe müssen auf die größte Verbrauchsspitze ausgelegt werden. Der nutzbare Inhalt des DB bedeutet nur eine sehr kleine Reserve, in der Regel nicht mehr als 30 % des DB-Inhaltes. Eine DEA muss mindestens mit 2 Maschinensätzen ausgerüstet sein, die im Parallelbetrieb in der Lage sind, die Versorgung voll zu übernehmen. Hieraus ergibt sich die Forderung nach wenigstens 2 gleich großen Pumpen. Für Feuerlöschzwecke kann in kleinen DEA daneben noch ein weiterer Pumpensatz erforderlich werden, dessen Förderstrom den Löschwasseranforderungen entspricht. Diese Maschine muss i. allg. ebenso selbsttätig anlaufen, wie die der Normalversorgung dienenden Pumpen, sobald eine bestimmte Entnahme über- bzw. ein bestimmter Druck unterschritten ist.

Die Förderhöhe ist so auszulegen, dass im Moment des Einschaltens, wenn also der Netzdruck den geringsten zugelassenen Wert erreicht hat, die Abnehmer noch ausreichend versorgt werden. An diesem Einschaltpunkt muss die Förderanlagenanlage den oben bezeichneten Förderstrom liefern können. Der Ausschaltdruck muss etwa 1,5 bar über dem Einschaltdruck liegen. Je kleiner die Differenz, desto größer muss der DB-Inhalt sein. Die Scheitelförderhöhe der Pumpen sollte noch um wenigstens 1 bar über dem Ausschaltpunkt liegen. Für die Auslegung der Förderhöhe der Pumpen muss die Gesamtanordnung der Anlage berücksichtigt werden (siehe **Abb. 5-1**).

5.4.5.2.2 Volumen der Druckbehälter

Das Volumen der Druckbehälter ist abhängig vom Förderstrom der Grundlastpumpe Q_F, dem Ein- und Ausschaltdruck und der Anzahl der in einer Stunde zugelassenen Schaltungen. Eine Begrenzung derselben schützt die elektrischen Schaltgeräte vor übermäßiger Erwärmung. Als Richtwert können etwa 10 bis 15 Schaltspiele pro Stunde angenommen werden. Das Volumen der Druckbehälter (Wasser- und Luftraum) errechnet sich aus:

$$V_K = \frac{1}{(1-k_s)} \cdot \frac{Q_F}{4 \cdot Z} \cdot \frac{p_a}{(p_a - p_e)}$$

V_k in m³   Gesamtinhalt des Druckbehälters
k_s Minimales Wasservolumen (Mindestfüllung) im Druckbehälter, i. d. R. 0,25 (25 %)
p_e in bar   absoluter Einschaltdruck (Überdruck + Luftdruck ca. 1 bar)
p_a in bar   absoluter Ausschaltdruck
Q in m³/h   mittl. Förderstrom d. Pumpe
Z in h⁻¹   stündliche Schaltzahl

Druckbehälter für Betriebsdrücke von 4,6 bzw. 10 bar und 150 bis 3000 l Inhalt sind nach DIN 4810 genormt (**Abb. 5-36**). Bei höheren Betriebsdrücken sind Sonderanfertigungen mit größerer Blechstärke s_1 und s_2 erforderlich. Größere Druckbehälter erhalten den Rohranschluss am Boden. Die Durchmesser d der Zylindermäntel sind gestuft, die Zylinderhöhe h kann beliebig gewählt werden. Druckbehälter mit Gaspolster unterliegen bezüglich Zulassung und Betrieb der Betriebssicherheitsverordnung. Wegen des schwankenden Wasserspiegels ist dem Korrosionsschutz im Feuchtebereich besondere Aufmerksamkeit zu widmen (z. B. trinkwassergeeignete Kunststoffauskleidung). Der Einsatz von Membrandruckbehältern, die einen direkten Kontakt zwischen Gaspolster und Trinkwasser unterbinden, ist zu prüfen.

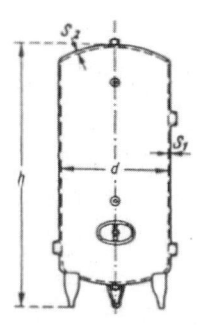

Abb. 5-36: Druckbehälter nach DIN 4810

Tab. 5-13: Maße von Druckbehältern (Auszug aus DIN 4810)

Inhalt l	d mm	h mm	s_1 mm		s_2 mm		Masse kg	
Betriebsdruck in bar			4	10	4	10	4	10
150	450	1 275	2,5	3	2,5	3,6	40	50
300	550	1 625	2,5	3,5	2,8	4,2	62	85
500	650	1 875	2,5	4	3	4,7	85	130
1 000	800	2 385	2,5	4,5	3,4	5,5	135	230
2 000	1 100	2 535	3,5	5,5	4,2	7	304	470
3 000	1 150	3 305	3,5	6	4,4	7,3	395	649

5.4.5.2.3 Schaltmöglichkeiten

Um nicht ständig ein und dieselbe Pumpe als Grundlastmaschine zu haben, kann man durch Umschalteinrichtung dafür sorgen, dass wechselweise immer eine andere Maschine zuerst anläuft.
Neben der geschilderten druckabhängigen Steuerung wird in großen DBPW eine mengenabhängige Steuerung eingesetzt. In diesem Fall braucht für die Berechnung des DB-Inhaltes nur die Grundlastpumpe, also die zuerst anspringende Pumpe berücksichtigt zu werden. Diese Steuerung ermöglicht

5.4 Förderanlagen

einen wirtschaftlicheren Betrieb, weil die Grundlastpumpe auf den niedrigeren Druck und erst die weiteren Pumpen auf einen höheren Druck gefahren werden müssen, während bei der reinen Druckschaltung die meist benutzte Grundlastpumpe immer auf den höchsten Druck eingestellt ist.
Wesentlich ist hier die Bestimmung der Größe der druckgesteuerten Pumpen (Teillastpumpen), die den Minimalbedarf z. B. nachts befriedigen müssen.
Mittels Steuerung können nach Erreichen eines bestimmten Durchflusses die Teillastpumpen ab- und gleichzeitig die Hauptlastpumpen zuschalten. Zur Anpassung an die Verbrauchsschwankungen werden in größeren Netzen mehrere Hauptlastpumpen und wenigstens 2 Teillastpumpen angeordnet.

5.4.5.2.4 Zubehör

Zur Belüftung der DB benötigt man ölfreie Kompressoren, die es ab etwa 1 m^3/h Ansaugvolumen für jede gewünschte Druckstufe gibt.
Die Belüftung soll in mittleren und größeren DEA vollautomatisch durch Steuerung des Kompressors in Abhängigkeit vom Wasserstand im DB geschehen.
Luftsperrventile verhindern das Entweichen der Luft, falls die Förderanlage ausfällt. Sie schließen den Ablauf vom Druckbehälter, sobald der Wasserspiegel im Druckbehälter das Zu- und Ablaufrohr fast erreicht hat. Sicherheitsventile sind nötig, wenn die Scheitelförderhöhe der Pumpen über dem Betriebsdruck der Druckbehälter liegt.

5.4.5.3 Druckerhöhungsanlagen mit drehzahlgeregelten Antriebsmotoren

Druckerhöhungsanlagen werden zunehmend drehzahlgeregelt ausgeführt werden. Liegt deren Einspeisestelle weit vom Verbrauchsschwerpunkt entfernt und handelt es sich um ein weit verzweigtes Netz (über 5000 Einwohner), so kann der Druckabfall in den vom Einspeisepunkt weit entfernten Versorgungssträngen zu groß werden, wenn die Schaltung des Pumpwerkes nur vom Druck in diesem selbst abhängt. Bessere Verhältnisse lassen sich durch Veränderung der Pumpendrehzahl in Abhängigkeit vom Netzdruck an einer bestimmten Stelle (Verbrauchsschwerpunkt) oder an mehreren ausgewählten Stellen schaffen.
Im folgenden Beispiel wird eine DEA einem durch Erweiterung des Versorgungsgebietes nicht mehr ausreichend hoch liegenden Hochbehälter nachgeschaltet. Der Hochbehälter wird nach Einbau des Pumpwerks in die Leitung zwischen Behälter und Versorgungsnetz zum Saugbehälter. Für Schwachlastzeiten wird eine kleine Pumpe I mit flacher Kennlinie ohne Drehzahlregelung eingesetzt, die für einen Bedarf bis etwa 0,25 Q$_{max}$ ausreicht. Sobald der Druckmessung (Druckfühler mit Dämpfungseinrichtung, um nicht auf jede kleinste Schwankung anzusprechen) im Verbrauchsschwerpunkt unter einen bestimmten Wert absinkt, wird die Pumpe I durch eine größere Pumpe II (Bemessung für 1,2 Q$_{max}$) im Umschaltpunkt U, wo sich die Kennlinien der Pumpen I und II schneiden, abgelöst. Fällt der Druck im Schwerpunkt weiter, so wird die Drehzahl von P II hochgefahren, bis der erforderliche Druck erreicht ist. Um diesen Druck im Schwerpunkt pendelt der Druck mit Toleranzen von rd. 0,3 bar **(Abb. 5-37)**.
Wird ein größeres Versorgungsgebiet ohne Hochbehälter von mehreren, auch räumlich getrennt liegenden Pumpwerken aus bedient, so kann es zweckmäßig sein, von den einen Pumpwerken aus die Grundlast zu fahren – gestaffelt nach den Pumpensätzen – und die verbleibenden Spitzen durch ein drehzahlgeregeltes Pumpwerk sozusagen als Druck-Fein-Regulierung zu decken, das vom Netzdruck an ausgewählten Stellen ferngesteuert wird.

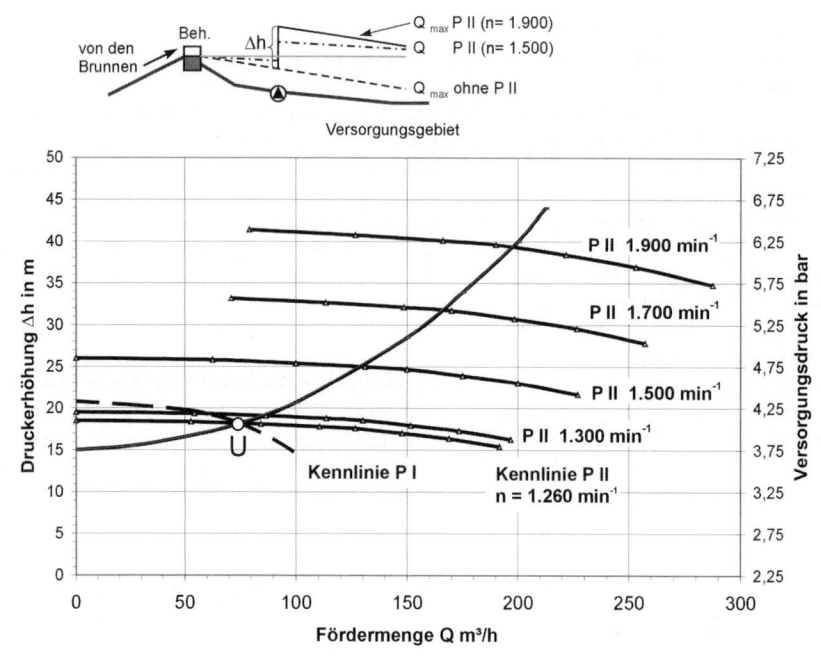

Abb. 5-37: Druckanpassung durch Drehzahlregelung

5.4.5.4 Drucksteigerungspumpwerke

Drucksteigerungspumpwerke stellen eine wirtschaftliche Möglichkeit dar, insbesondere die Leistungsfähigkeit von Fallleitungen zu erhöhen. Prinzipiell können folgende Anordnungen von Drucksteigerungspumpwerken unterschieden werden:

– am Beginn der Leitung, d. h. Anordnung an einem Behälter **(Abb. 5-38 a)**
– im Verlauf einer Leitung **(Abb. 5-38 b)**
– Drucksteigerungsketten **(Abb. 5-38 c)**

Voraussetzung für einen Drucksteigerungsbetrieb ist generell eine günstige Führung der Leitung im Höhenprofil. An kritischen Hochpunkten kann es durch instationäre Vorgänge bei Notabschaltungen oder Pumpenausfällen zu Unterdruckbildungen kommen. Eventuelle Gegenmaßnahmen, wie Be- und Entlüftungen, sind zu berücksichtigen. Neben der Haupttransportleitung müssen alle hiervon abgehenden Zubringerleitungen für die zusätzlichen Beanspruchungen durch den Drucksteigerungsbetrieb ausgelegt sein.

Wenn Drucksteigerungspumpen am Beginn von Fallleitungen mit dem dortigen Behälter kombiniert werden, ist darauf zu achten, dass die zulässige Bemessungsdruckhöhe der Leitung nicht überschritten wird. Es ist zweckmäßig, eine Leitung in diesen Bereichen von vornherein auf einen späteren Drucksteigerungsbetrieb hin auszulegen. Vorteile der behälternahen Anordnung sind günstiges hydraulisches Verhalten, begrenzter Bauaufwand für das Pumpwerk und gemeinsamer Betriebspunkt für Behälter/Drucksteigerungspumpwerk bei Bedienung und Wartung.

Werden Drucksteigerungspumpwerke im Verlauf einer Leitung angeordnet, so wird in der Regel die zulässige Bemessungsdrucklinie nicht überschritten. In diesem Fall ist das Pumpwerk vorzugsweise an einem Tiefpunkt anzuordnen, so dass stets ein ausreichender Zulaufdruck vorhanden ist.

Längere Transportstrecken, die durch Zwischenbehälter in einzelne Abschnitte unterteilt werden, können durch eine abgestimmte Kette von Drucksteigerungspumpwerken in ihrer Leistungsfähigkeit

5.4 Förderanlagen

erhöht werden. Leistungsfähige Fallbetriebsabschnitte, die im Normalbetrieb gedrosselt gefahren werden, können dann mit ihrer maximalen Transportkapazität berücksichtigt werden.

Wirtschaftlich nachteilig ist die erforderliche Vorhaltung der elektrischen Leistung für die Aggregate über das ganze Jahr, da sie nur beim Spitzenbetrieb, d. h. für wenige Wochen oder Tage im Jahr, eingesetzt werden. Insbesondere bei Drucksteigerungsketten muss abgewogen werden, ob nicht jede Pumpstation doppelt bestückt wird, da beim Ausfall einer einzelnen Pumpe die gesamte Kette unterbrochen ist.

Werden drehzahlgeregelte Pumpen eingesetzt, so ist eine optimale Anpassung an den Bedarf möglich. Hydraulische Vorteile sind dann gegeben, wenn nach dem Pumpwerk eine konstante Druckhöhe eingehalten wird, womit für den folgenden Betriebsabschnitt ähnliche Voraussetzungen wie beim Vorhandensein eines Hochbehälters vorliegen.

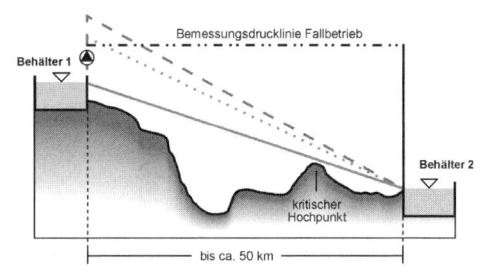

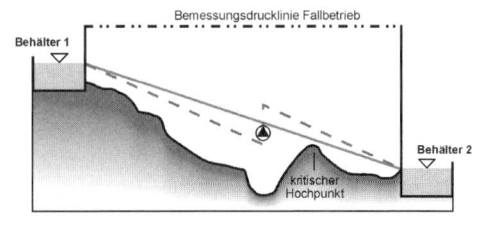

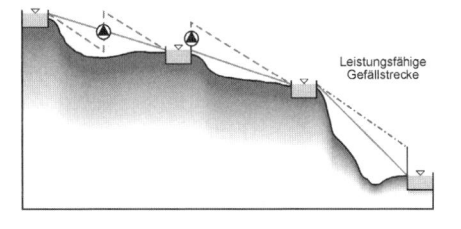

Abb. 5-38: Anordnung eines Drucksteigerungspumpwerkes

5.4.5.5 Druckerhöhungsanlagen in Grundstücken

Für die Wasserversorgung der oberen Stockwerke höherer Gebäude, aber auch bei größeren Gebäudekomplexen wie Kaufhäuser, Krankenhäuser, Hotels, Industrie, Bürogebäude und weiteren Einsatzfällen können die erforderlichen Mindestfließdrücke je nach den örtlichen Voraussetzungen (geodätische Höhen, Dimensionierung des vorhandenen Rohrnetzes, Wasserbedarf, etc.) nicht immer vom Versorgungssystem erreicht und eingehalten werden. In diesen Fällen wird eine Druckerhöhungsanlagen (DEA) in der Trinkwasserinstallation von Gebäuden und Grundstücken erforderlich.
Die DIN 1988 Teil 5 „Technische Regeln für Trinkwasserinstallationen – Druckerhöhung und Druckminderung" fasst die wichtigsten Kriterien für den Einbau, die Bemessung und den Betrieb derartiger Anlagen zusammen.
Im Regelfall ist die Anlage so auszulegen, dass der statische Druck an keiner Verbrauchsstelle 1,5 bar unter- oder 6 bar überschreitet.
Nach DIN 1988 werden folgende 6 Anschlussarten unterschieden:

Tab. 5-14: Anschlussarten für Druckerhöhungsanlagen in Gebäuden an die öffentliche Wasserversorgung

	Verbindung zur Hausanschlussleitung / zur Wasserversorgungsleitung außerhalb des Gebäudes/Grundstückes	Druckbehälter auf der Enddruckseite	Druckbehälter auf der Vordruckseite
1.	unmittelbar	–	–
2.	unmittelbar	–	×
3.	unmittelbar	×	–
4.	unmittelbar	×	×
5.	mittelbar	–	
6.	mittelbar	×	

Definitionen nach DIN 1988 Teil 5 (auszugsweise!):

Unmittelbarer Anschluss: Der unmittelbare Anschluss ist die direkte Verbindung der DEA mit der von der Versorgungsleitung abzweigenden Anschlussleitung

Mittelbarer Anschluss: Der mittelbare Anschluss ist die indirekte Verbindung der DEA mit der von der Versorgungsleitung abzweigenden Anschlussleitung über einen Vorbehälter **(Abb. 5-40)**, der mit der Atmosphäre ständig in Verbindung steht. Diese Ausführung ist zwingend erforderlich, wenn Trinkwasser der öffentlichen Wasserversorgung mit Wasser einer Eigenwasserversorgungsanlage in gemeinsamen Leitungen zusammengeführt werden sollen oder Kontakte des Trinkwassers mit anderen Stoffen auftreten können. Diese Trennung verhindert eine qualitativ nachteilige Rückwirkung auf das öffentliche Versorgungssystem.

Die Funktion der Druckbehälter als Steuerbehälter auf der Enddruckseite (Anschlussarten 3., 4. und 6. nach **Tabelle 5-14**) entspricht den Ausführungen gemäß Abschnitt 5.4.5.2. Alternativ bietet sich der Einsatz drehzahlgeregelter Drucksteigerungspumpen mit druck- oder durchflussmengenabhängiger Steuerung (Anschlussarten 1., 2., u. 5. nach Tabelle 5-14) bzw. kombinierte Lösungen an. Grundsätzlich müssen störende Druckstöße vermieden werden. Es wird eine Vielzahl von komplett funktionsfähigen Druckerhöhungsanlagen von der Industrie angeboten.
Entnimmt aber die Druckerhöhungsanlage das Wasser unmittelbar aus dem Netz, so ist die Anschlussleitung für den Spitzenvolumenstrom (=größter Förderstrom der Pumpen) zu bemessen **(Abb. 5-39)**. Zu prüfen ist, ob dieser Durchsatz an der Anschlussstelle aus der Versorgungsleitung entnehmbar ist, ohne dass deren Druck so weit abfällt, dass Störungen eintreten.
Zur Vermeidung von Wasserschlägen und Störgeräuschen durch den (negativen) Einschaltstoß empfiehlt es sich bei Ausführung nach **Abb. 5-39**, auch vor die Druckerhöhungsanlage Druckbehälter als Dämpfungsorgane einzuschalten. Der maximale Unterschied der Fließgeschwindigkeit in der

5.4 Förderanlagen

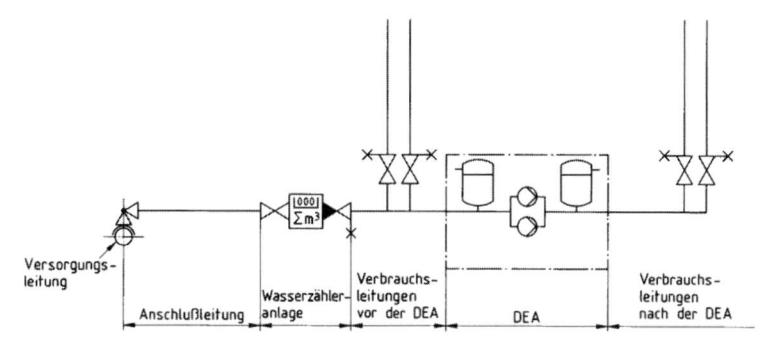

Abb. 5-39: Druckerhöhungsanlage unmittelbarer Netzentnahme nach DIN 1988/5 mit Druckbehältern auf der Vor- und Enddruckseite der Pumpen

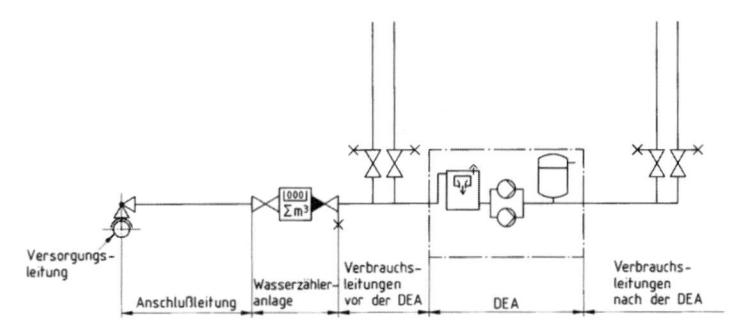

Abb. 5-40: Druckerhöhungsanlage mit drucklosem Vorspeicher nach DIN 1988/5 und Druckbehälter auf der Enddruckseite der Pumpen

Anschlussleitung zur DEA darf beim Ein- und Ausschalten der DEA 0,15 m/s bei Normalbetrieb und 0,5 m/s bei Pumpenausfall nicht unterschreiten. Gleichzeitig soll sichergestellt sein, dass beim Anlauf der Pumpen der Mindestversorgungsdruck am abnehmerseitigen Ende der Anschlussleitung um nicht mehr als 50 % unterschritten und größer 1 bar bleibt und beim Abschalten der Pumpen der Druckanstieg nicht über 1 bar über dem Ruhedruck der Anschlussleitung liegt. Für Luftersatz ist in beiden DB zu sorgen.
Der Spitzenvolumenstrom kann aus Kap. 2 entnommen werden.

5.4.6 Überwachung von Förderanlagen

Sicherheit und Zuverlässigkeit der Förderanlagen sind wesentliche Planungs- und Betriebsgrundsätze in der Wasserversorgung. Um ihre ständige Verfügbarkeit sicherzustellen, ist eine regelmäßige Überwachung und eine geregelte Instandhaltung erforderlich.
Die zustandsorientierte Instandhaltung hat sich hierbei als kostengünstige und wirtschaftliche Strategie im Vergleich zu einer schadensorientierten oder einer intervallabhängigen Instandhaltung bewährt. Vorraussetzung ist jedoch die laufende Kenntnis über den Maschinen- und Anlagenzustand. Hierzu ist eine weitergehende laufende Betriebsdatenerfassung (z. B. Schwingungsmessungen) und deren Auswertung zur Feststellung der Abnutzung und der Restlaufzeit erforderlich, womit der „Abnutzungsvorrat" optimiert wird.
Damit kann eine Schadensfrüherkennung erreicht werden. Wartungen und Reparaturen werden dadurch planbar, und das Ausfallrisiko sowie die damit verbundenen Kosten bleiben niedrig, was zu einer insgesamt sehr wirtschaftlichen Betriebsweise führt.

Diese Vorgehensweise wird im Detail im DVGW-Merkblatt W 614 „Instandhaltung von Förderanlagen" beschrieben. Kontinuierlich zu erfassende Messgrößen sind in **Tab. 5-15** zusammengestellt.

Die über Sensoren zu überwachenden Größen werden zu einer Leitwarte (siehe auch Abschnitt 5.3) übertragen, permanent gespeichert und laufend rechnergestützt ausgewertet. Sobald ein Wert einen kritischen Zustand erreicht, können Warnungen („erhöhte Schwingung") oder Alarme ausgegeben, eine automatische Bewertung vorgenommen („Schwingung an der Messstelle erhöht, jedoch nicht kritisch") und eine Wartungsempfehlung vorgegeben werden.

Die laufende Überwachung wird ergänzt durch regelmäßige, diskontinuierliche Inspektionen, wie Sichtkontrolle (Leckagen) und akustische Kontrollen auf mechanische oder hydraulische Fremdgeräusche (Kavitation).

Tab. 5-15: Überwachung von Pumpen und Motoren (kontinuierliche Überwachung) nach DVGW W 614

Bauteil	Überwachungsgröße	Tätigkeit	Anmerkung
Pumpe, insgesamt	• Vordruck • Enddruck • Förderstrom	Grenzwertüberwachung Bei Grenzwert-über- oder -unterschreitung wird ein Alarm ausgelöst, die Anlage in einen unkritischen Betriebszustand gesteuert o. geregelt o. die Anlage ganz abgeschaltet.	
Lager • Wälzlager • Gleitlager	• Temperatur • Stoßimpuls • Temperatur • Ölstand		Stoßimpuls im Einzelfall bei großen Förderanlagen Druckölschmierung: Öldruck u. Strömung
Wellendichtungen • Stopfbuchse (Packungen) • leitring-Dichtungen	• Lecküberwachung		
Motor			
Wicklung	• Strom • Temperatur		Motorschutzschalter für kleinere Motoren. Bei größeren Motoren werden Temperaturfühler in der Wicklung und ggf. ergänzende elektronische Überwachungseinheiten verwendet.
Lager • Wälzlager • Gleitlager	• Temperaturfühler • Stoßimpuls • Temperatur • Ölstand		Stoßimpuls im Einzelfall bei großen Motoren Bei Druckölschmierung Temperatur, Druck und Strömung überwachen

5.4.7 Ausführungsbeispiele

Abkürzungen in den Plänen

A	Aufbereitungsanlage
M	Motor
B	Batterieraum
N	Ersatzstromanlage
Ch	Chlorgasanlage
Ö	Kraftstoffbehälter
DB	Druckbehälter
P	Pumpe
El	Schaltanlage
SB	Saugbehälter
Gbl	Gebläse
WR	Werkstätte
L	Lagerraum
WZ	Wasserzähler (WB, WP, WPV)
LV	Luftverdichter
Z	Elektrozähler

Einfacher Schacht mit Leitereinstieg für Brunnen mit UP **(Abb. 5-41):**
WB-Wasserzähler. Schaltanlage nicht in, sondern auf dem Schacht (Edelstahlschrank mit Isolierstoff-Verteilung). Kommt in Betracht, wenn es sich um mehrere Brunnenpumpwerke in der Nähe eines Haupt-PW handelt. Schachtöffnung über dem Brunnen größer als Brunnenkopfdurchmesser; Decke und Einstiege mit Porenbetonplatten gegen Frost verkleidet.

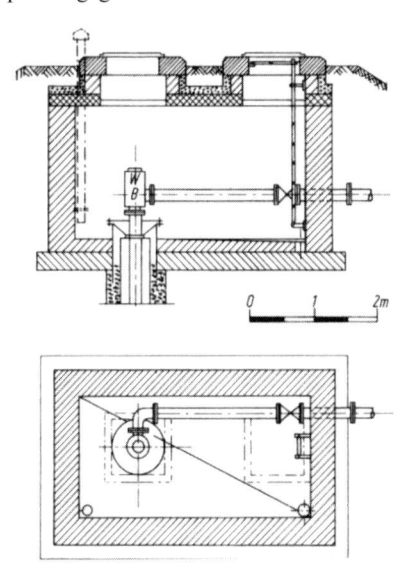

Abb. 5-41: Einfacher Brunnenschacht für UP

Schacht mit Eingang über Treppe für Brunnen mit UP **(Abb. 5-42)**:
Elektroanlage im Erdgeschoß des Gebäudes, eigener Raum für EVU von außen zugänglich. Wärmedämmung des Gebäudes.

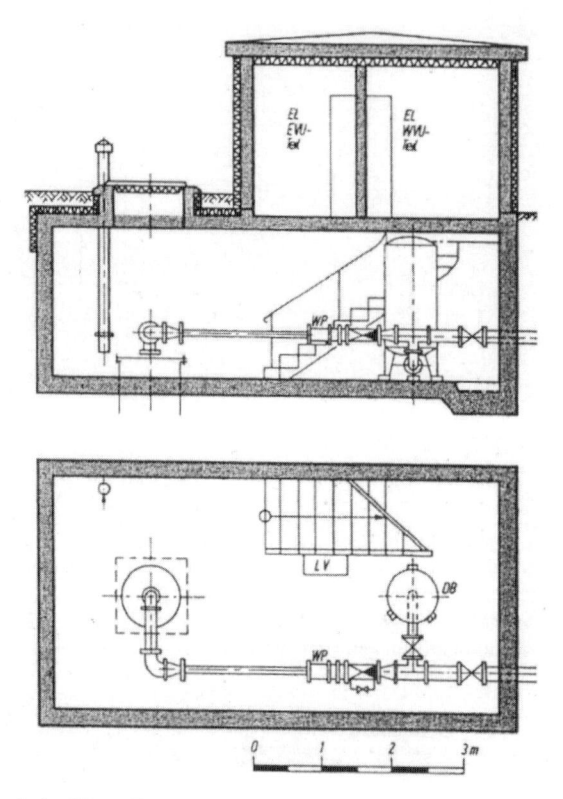

Abb. 5-42: Brunnenschacht für UP mit Treppenzugang

Anspruchsloses Zwischenpumpwerk für etwa 8 l/s, dem das Wasser über RL. 1 mit Druck aus dem Niederzonennetz zufließt **(Abb. 5-43)**:
2 gleiche Kreiselpumpen für wechselweisen, vom Wasserstand des Hochzonenbehälters (zu ihm RL 2) gesteuerten Betrieb. Der Verbundwasserzähler erfasst die Abgabe vom HB der Hochzone in das Hochzonennetz, zu dem RL 3 führt. Zwischen dem PW und dem Hochzonenbehälter keine Abnahme. Keine Nebenräume, da automatischer Betrieb mit Fernüberwachung von einem Leitpumpwerk aus. El im Erdgeschoß.

Zwischenpumpwerk für eine Versorgungszone, in das Bedienungshaus eines Niederzonen-Behälters eingebaut ist **(Abb. 5-44)**:
2 gleiche KrP (etwa 12 l/s) ähnlich **Abb. 5-43**, jedoch mit eigenem Schalt- und Stromzählerraum des EVU. RL 1 Zu- und Entnahmeleitung der Niederzone, RL 2 Druckleitung zur Hochzone, RL 3 Überlauf- und Entleerungsleitung. EÖ Einbringöffnung, darüber Haken für Flaschenzug.

5.4 Förderanlagen

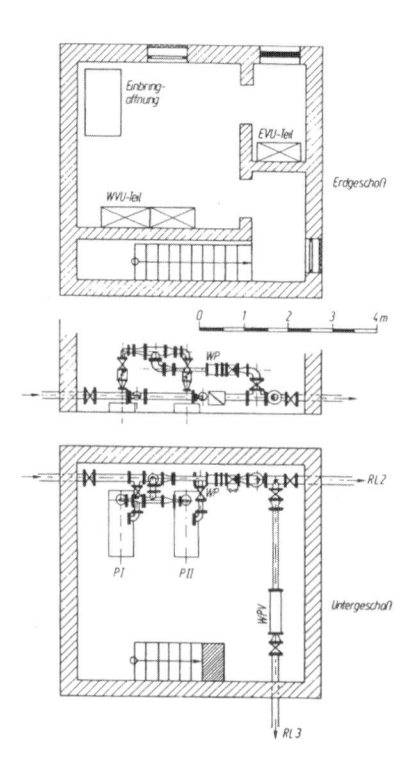

Abb. 5-43: Kleines Zwischenpumpwerk

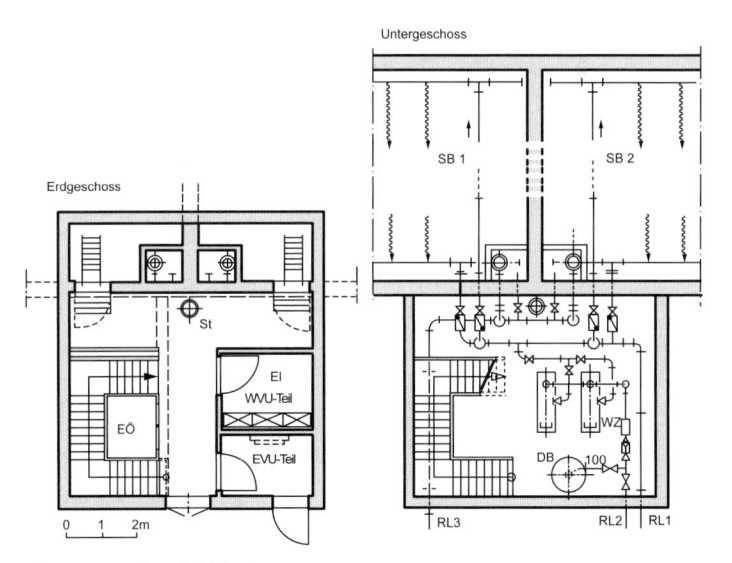

Abb. 5-44: Zwischenpumpwerk in Schieberkammer

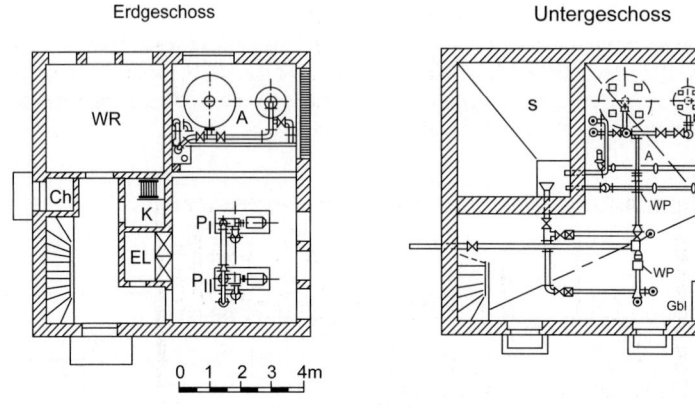

Abb. 5-45: Pumpwerk mit Aufbereitungsanlage

Pumpwerk mit Aufbereitungsanlage (**Abb. 5-45**):
Rohwasser von Br durch RL 1 zum Voroxidator und Filter (dessen Rückspülung aus dem Netz in Verbindung mit Gbl besorgt wird) und Entspannungsbehälter S. Zugang zu S durch Einsteig-Kammer K. – 2 gleiche KrP. RL 2 Schlammwasser aus A, RL 3 Überlauf und Entleerungsleitung für S, RL 4 Kellerentwässerung, RL 5 Druckleitung zum Netz und Hochbehälter. Im EG über S befindet sich WR (ggf. ArbStättV beachten; s. Abschn. 14.8.9).

Druckbehälter-PW mit Ersatzstromanlage (**Abb. 5-46**):
Wasser läuft durch RL 1 unter Druck aus einem Behälter zu. Im Untergeschoß 2 gleiche Kreiselpumpen für den Normalbedarf, eine größere für Spitzen, statt Parallelbetrieb der kleinen Kreiselpumpen. Im Erdgeschoß Ersatzstromanlage 55 kVA mit Luft-Wasser-Kühlung. 2 Kraftstoffbehälter mit je 1000 l, EVU- und betriebseigener (WVU-) Schaltraum El.

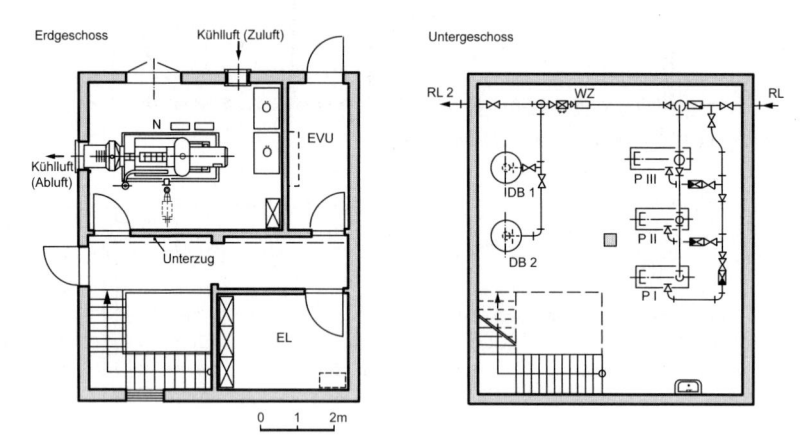

Abb. 5-46: Pumpwerk mit Ersatzstromanlage

5.4 Förderanlagen

Mittelgroßes Pumpwerk mit Aufbereitungsanlage (Abb. 5-47):
Einstiege zu den SB in abgeschlossenem Raum R und mit Deckeln verschlossen. Weil das PW wegen der Bedienung der A öfter gewartet wird, ist ein auf Zimmertemperatur heizbarer Aufenthalts- und Werkraum vorgesehen (ArbStättV), die übrigen Räume nur mäßig beheizt. RL 2 zum Netz und Hochbehälter, RL 3 Überlauf und Entleerungsleitung, RL 4 Schlammwasser aus A

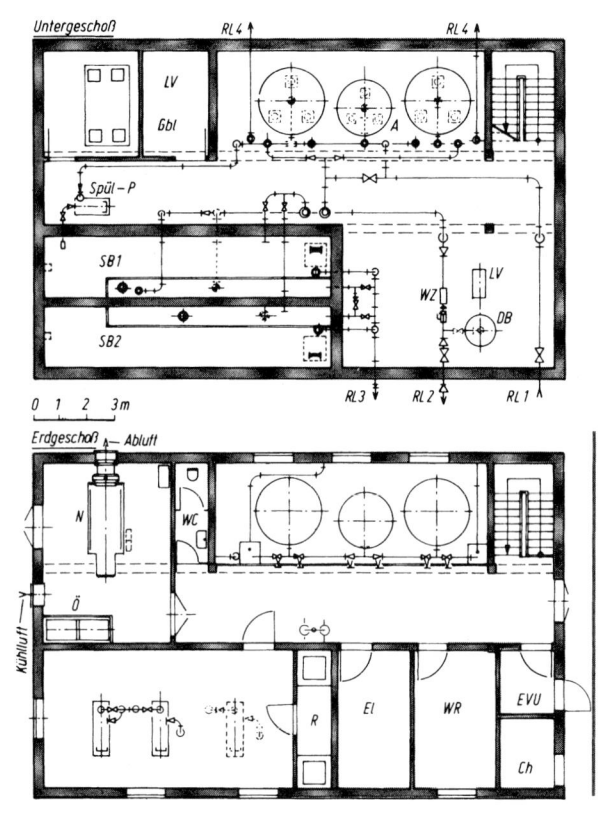

Abb. 5-47: Mittelgroßes Pumpwerk mit Aufbereitungsanlage

Großes Zwischenpumpwerk einer Fernwasserversorgung (Abb. 5-48):
RL 1 und RL 2 durch das PW verlaufende Fernleitung DN 400 mit 2 fernbedienten Absperrklappen, RL 3 Druckleitung DN 250 zum Zonenbehälter, RL 4 Spülleitung. 4 KrP je 12,5 l/s auf 45 bar, für Parallelbetrieb geeignet. 2 Trafos 20/0,4 kV, Niederspannungs-(NS-) und Fernwirk-(FW-)anlage. Ersatzstromanlage 230 kVA im Erdgeschoß, daneben Tages- und Wochenkraftstoffbehälter in Wanne. Kein Druckstoßausgleichsbehälter: Da die Druckseite auf MDP 64 ausgelegt wurde, keine Bruchgefahr. Im Normalbetrieb Anfahren und Abstellen bei geschlossenen Schiebern der Pumpen.

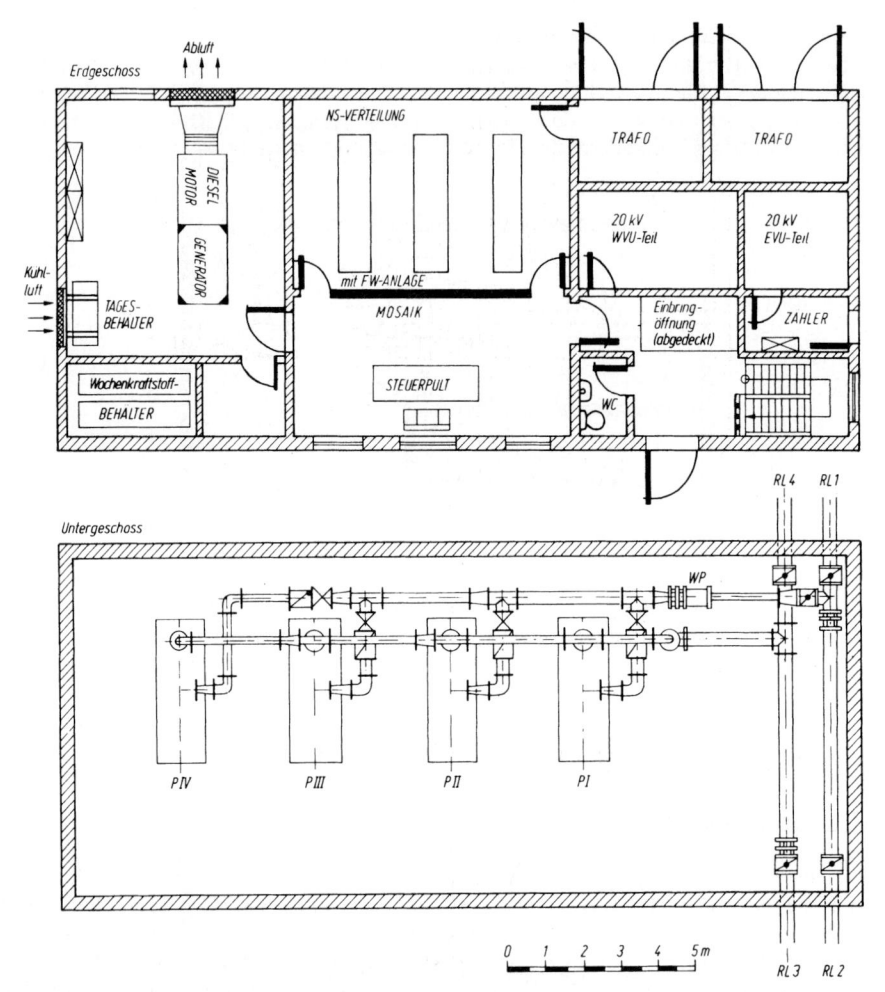

Abb. 5-48: Großes Zwischenpumpwerk einer Fernwasserversorgung

Gemeindliches DB-Pumpwerk **(Abb. 5-49)**:
2 Br liefern durch RL 1 und RL 2 Wasser in 2 Saugbehälter je 1000 m^3; Staffelung der KrP: 1 · 10 l/s und 3 · 40 l/s. Eine Pumpe wird druck-, die anderen werden durchflussabhängig geschaltet. Der Zähler vor den Druckbehälteranschlüssen dient zur Wasserzählung, der dahinter zur durchflussabhängigen Steuerung.

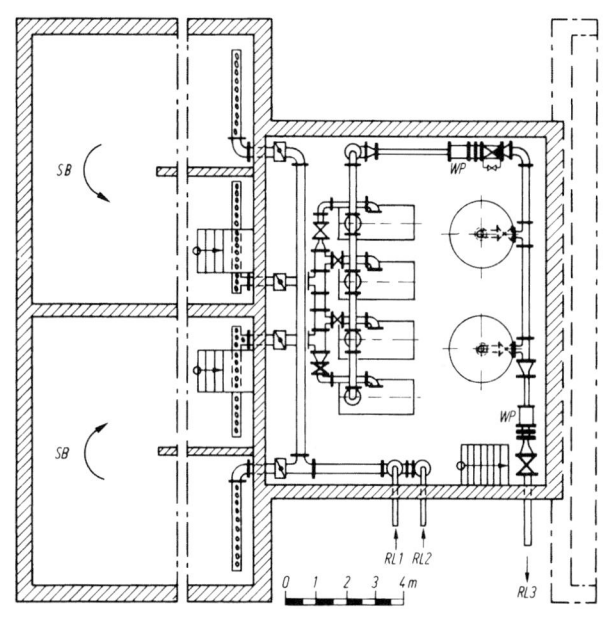

Abb. 5-49: Pumpwerk zur Versorgung einer Gemeinde für bis zu 120 l/s

5.5 Wasserzählung und Wassermessung

5.5.1 Allgemeines

Mit Inkrafttreten der Europäischen Messgeräterichtlinie (MID vom 31.03.2004) sollen die einschlägigen nationalen europäischen Vorschriften harmonisiert, ein vereinheitlichtes, neues Zulassungsverfahren für Messgeräte eingeführt und ihr Inverkehrbringen neu geregelt werden. Zur Umsetzung in das deutsche Recht wird auf Abschnitt 5.5.5 verwiesen. Das DVGW-Arbeitsblatt W 406 „Volumen- und Durchflussmessungen von kaltem Trinkwasser in Druckrohrleitungen" geht bereits auf diese Entwicklung ein. Technische Details werden in DIN EN 14154 „Wasserzähler" - Teil 1 „Allgemeine Anforderungen", - Teil 2 „Einbau und Voraussetzung für die Verwendung" und – Teil 3 „Prüfverfahren und -einrichtungen" geregelt. Einschlägige frühere Normen wurden zurückgezogen oder befinden sich in Überarbeitung.

Die Begriffe Volumenmessung und Durchflussmessung sind zu unterscheiden.

Bei der Volumenmessung wird eine Wassermenge innerhalb eines beliebigen Zeitabschnittes gemessen (gezählt). Dagegen wird bei der Durchflussmessung eine Wassermenge in einem definierten Zeitabschnitte erfasst (Volumenstrom, Volumendurchfluss).

Zähler sind daher nur auf ein Mengenmaß geeicht, z. B. l, m^3, kWh. Die Anzeige eines Zählers oder eines Rollenzählwerks (z. B. beim Elektrizitäts- oder Kilometerzähler) läuft immer in der gleichen Richtung weiter. Die Anzeige eines Durchflussmessers jedoch pendelt je nach Durchfluss. Ein Durchfluss kann in l/s, l/min oder m^3/h angezeigt werden.

5.5.1.1 Volumenmessungen (Wasserzähler)

Wasserzähler werden zur Abrechnung der Wasserlieferung an Privat- und Großkunden sowie an Weiterverteiler (Übergabemessung zwischen Vorlieferant und örtlicher Verteilung) eingesetzt. Ein weiterer Einsatzbereich ist z. B. die Messung der Rohwasserförderung zur Festsetzung von Wasserentnahmeentgelten. Messgeräte, die im geschäftlichen oder amtlichen Verkehr verwendet werden, müssen vom Gesetzgeber vorgegebene Rahmenbedingungen einhalten. In Wasserwerken sind Zähler für einen ordnungsgemäßen technisch-wirtschaftlichen Betrieb notwendig. Sie dienen der Überwachung und Fernsteuerbarkeit von Wasserversorgungsanlagen. Volumenmessungen an Werks- und Behälterausgängen und ggf. an Zonentrennstellen dienen zur Ermittlung von Wasserverlusten.

5.5.1.2 Durchflussmessungen

Durchflussmesser werden dort eingebaut, wo der Durchfluss z. B. in Aufbereitungsanlagen (Filterbelastung) kontrolliert werden muss oder die Momentanabgabe ins Rohrnetz erfasst werden soll. Schließlich sind Kombinationen von Durchflussmessern mit Zählern möglich. Das Gerät zeigt in diesem Falle sowohl den Momentandurchfluss als auch die durchgeflossene Menge an.
Eine Übersicht der verschiedenen Arten von Volumen- und Durchflussmessgeräten für Wasser in Druckrohrleitungen zeigt **Abb. 5-50**.

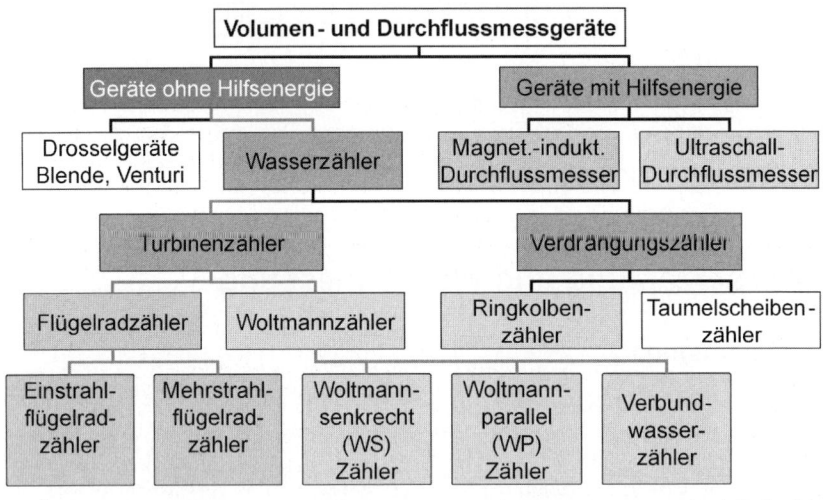

Abb. 5-50: Übersicht über Volumen- und Durchflussmessgeräte in der Wasserversorgung (nach Stefanski)

5.5.2 Wasserzählung

5.5.2.1 Bauarten der Zähler

5.5.2.1.1 Flügelradzähler

Flügelradzähler gehören zu den Turbinenzählern und sind meist Mehrstrahlapparate. Das Wasser tritt durch mehrere am Umfang des Flügelbechers tangential angebrachte Löcher ein (E), trifft auf den – dadurch voll beaufschlagten – Flügel und tritt durch eine zweite, höher liegende Öffnungsreihe (A) wieder aus **(Abb. 5-51)**. Einstrahlzähler als Wohnungszähler für 1,5 m³/h Durchfluss besitzen nur eine Ein- und eine Austrittsöffnung. Da das Flügelrad von der dynamischen Wirkung des Wassers (kinetische Energie = Geschwindigkeitsenergie) angetrieben wird, spricht man hier auch von Geschwindigkeitszählern. Die Flügelraddrehung wird über Zahnräder so untersetzt, dass auf dem Zifferblatt des in das Gehäuse eingesetzten „Messbechers" die durchgeströmte Wassermenge durch ein Rollenzählwerk, zum Teil ergänzt durch Zeiger, angezeigt wird. Flügelradzähler werden hauptsächlich als Hauswasserzähler bis zu einem Durchfluss von 15 m³/h eingesetzt.

5.5 Wasserzählung und Wassermessung

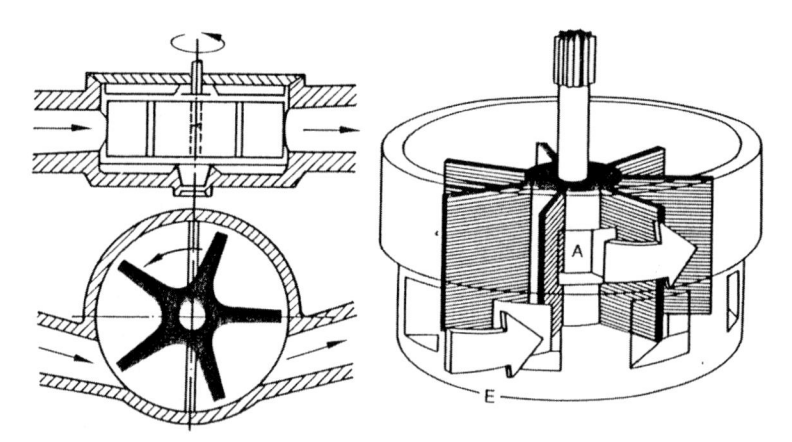

Abb. 5-51: Flügelradzähler (nach Fa. Sensus)

5.5.2.1.2 Ringkolbenzähler

Ringkolbenzähler gehören zu den Verdrängungszählern. Bei ihnen bewegt sich ein ringförmiger Kolben in einer runden Messkammer auf einer exzentrischen Umlaufbahn. Der an einer radial in der Messkammer eingebauten Trennwand geführte Ringkolben überstreicht dabei die Ein- und Austrittsöffnungen so dass die Messkammern innerhalb und außerhalb des Ringkolbens wechselweise gefüllt und entleert werden. **(Abb. 5-52)**. Es wird also der Inhalt des Ringkolbens aufsummiert. Es gibt daher auch die Bezeichnung „Volumenzähler". Für sandhaltige Wässer ist er nicht geeignet, da die Gleitflächen sich rasch abnutzen, undicht werden und die Anzeige dann fehlerhaft wird.

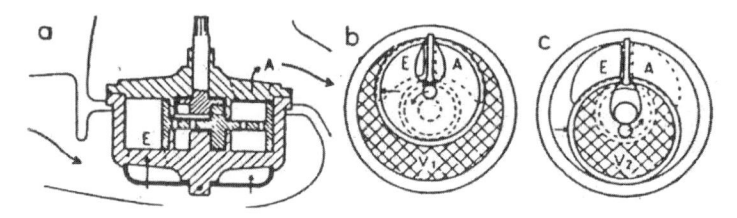

Abb. 5-52: Ringkolbenzähler

5.5.2.1.3 Woltmannzähler

Diese von Prof. Woltmann 1829 berechneten Zähler sind wie Flügelradzähler Turbinenzähler und werden für Anschlussgrößen ab DN 50 bis 500 entsprechend eines Nenndurchflusses $Q_{3(n)}$ von 15 bis 1 500 m^3/h gebaut (Großwasserzähler). Vorübergehende Mehrbelastung ist zulässig, kurzfristig (~15 min/d) – z. B. im Brandfall – bis zum Doppelten. Der Flügel aus schraubenflächenartig verwundenen Schaufeln wird parallel zu seiner Achse durchströmt **(Abb. 5-53)**. Der Rohrquerschnitt wird im Woltmannzähler ohne wesentliche Verengung beibehalten. Hierdurch tritt sehr geringer Druckverlust gegenüber dem Flügelradzähler auf (0,1 bis 0,25 bar). Es gibt:

Typ WP: Flügelachse parallel Rohrachse, kleiner Druckhöhenverlust; geeignet in Pumpwerken
Typ WS: Flügelachse senkrecht Rohrachse, größerer Druckhöhenverlust, z. B. Zähler in Abgabeschächten
Typ WB: Brunnenwasserzähler; Einbau in die Steigleitung von Brunnen statt des oberen Abgangskrümmers

Typ WP   **Typ WS**   **Typ WB**

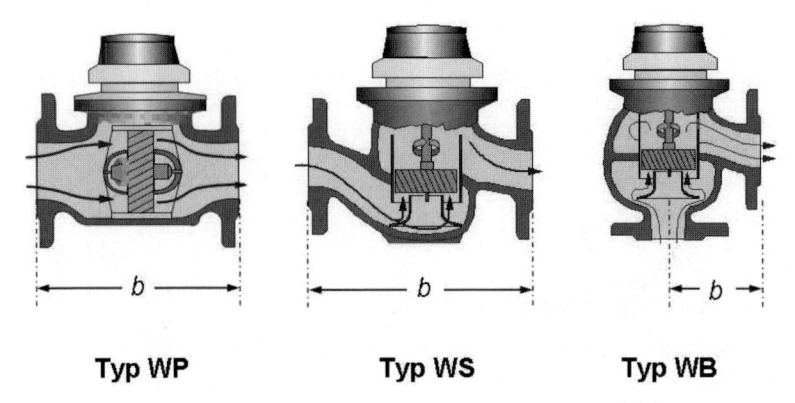

Abb. 5-53: Prinzipdarstellungen Woltmannzähler (nach Fa. Sensus)

5.5.2.1.4 Woltmannverbundzähler

Verbundzähler (Bez. WPV bzw. WSV) vereinigen einen Woltmann- und einen Flügelradzähler und sind in der Lage sehr kleine bis zu sehr große Durchflussmengen zu zählen (**Abb. 5-54**). Eine Umschalteinrichtung sorgt dafür, dass bei kleinen Durchflüssen nur der „Nebenzähler" beaufschlagt wird, während bei großen Durchflüssen die Umschalteinrichtung öffnet und zusätzlich den Woltmannzähler beaufschlagt. Die Umschaltung erfolgt bei einer bestimmten Druckdifferenz. Je nach Konstruktion der Umschalteinrichtung ist ein Mindestdruck von 0,2 bis 0,5 bar am Eingang erforderlich.

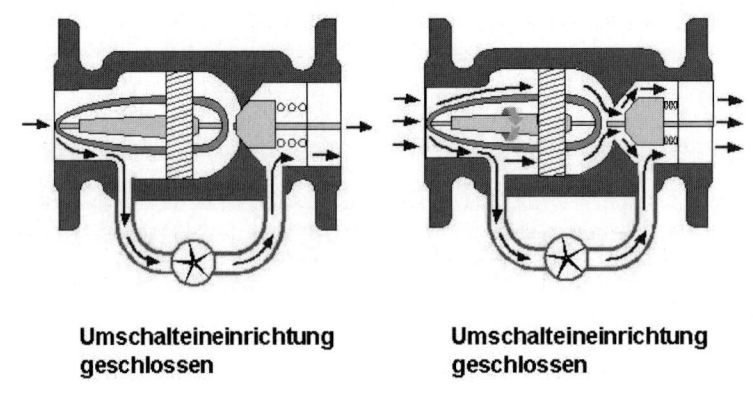

Umschalteineinrichtung geschlossen   **Umschalteineinrichtung geschlossen**

Abb. 5-54: Prinzipdarstellung Woltmannverbundzähler (nach Fa. Sensus)

5.5.2.1.5 Sonderzähler

Es gibt weiter

− Flügelradzähler und Woltmannzähler in Verbindung mit Standrohren für Wasserentnahme an Baustellen, zur Straßenreinigung, für Ersatzversorgungen und zur Spülung von Rohrleitungen sowie
− Dosierzähler zum Zusetzen bestimmter Wasser- oder Chemikalienmengen.

5.5 Wasserzählung und Wassermessung

5.5.2.1.6 Nass- und Trockenläufer

– Nassläufer (für Hauswasserzähler häufigste Ausführung) sind Zähler, bei welchen Zählwerk und Zifferblatt im Wasser liegen (Bezeichnung „N")
– Trockenläufer sind solche, bei denen nur die Messflügel und die Übersetzungsgetriebe im Wasser liegen, während das Zählwerk im dicht abgeschlossenen Trockenraum durch eine Magnetkupplung angetrieben wird. Durchgehende, mit Stopfbuchsen oder O-Ringen gedichtete Wellen sind auf Sonderfälle (z. B. bei hohem Drehwiderstand) beschränkt. Verwendung der Trockenläufer (Bezeichnung „T") generell bei Großwasserzählern.

5.5.2.1.7 Zählwerke und Datenauslesung

Im Anhang A zum DVGW-Arbeitsblatt W 406 wird zusammenfassend ausgeführt:
Alle genannten Zähler können mit einem mechanischen oder elektronischen Zählwerk oder einer Kombination aus beiden ausgestattet werden. Elektrische Komponenten erleichtern den Abgriff der Messwerte zur Fernübertragung und ermöglichen weitere Auslesewerte, wie z. B. Rückwärtsvolumen, Momentandurchfluss, Stichtagsdurchfluss. Sie sind in der Lage, die gewünschten Daten zu speichern und abrufbereit vorzuhalten.
Die Datenauslesung von Wasserzählern mit elektronischen Zählwerken kann vor Ort durch Ablesen des LC-Displays, Datenleitung oder über Funk erfolgen.
Beispiele für Zählwerksausführungen sind:

– Zählwerke als Kombination voneinander unabhängiger Bestandteile (mechanisch und elektronisch) mit eigener Energieversorgung durch eine Batterie, die Fernübertragung ist über Impulsgeber verschiedener Ausführung oder serielle Schnittstelle möglich.
– Zählwerke zur Verwendung von Handauslesegeräten, die keine Batterie benötigen, da die Energie über induktive berührungslose Kopplung zugeführt wird (z. B. Vor-Ort-Schachtauslesung)
– Zählwerke mit rein elektronischer Ausstattung (Batteriebetrieb) mit vielfältigen Anzeige- und Auslesemöglichkeiten.

Die elektronische Datenerfassung von Zählwerten, die Fernauslesung der Wasserzähler und Datenübertragung, sowie die Datenauswertung und die automatisierte Übernahme der Verbrauchsdaten in eine Abrechnungssoftware sind in der Wasserversorgung zunehmend von Bedeutung. Zuverlässigkeit, Erhöhung der Effizienz der Zählerauslesung, Gesamtkosten für das System, Installations- und Inbetriebnahmedauer sowie die Kompatibilität mit zukünftigen Anforderungen sind hierbei zu berücksichtigen. Aus Gründen der Kompatibilität werden durch die Normung u. a. Kommunikationssystemstandards (DIN EN 13757, Teil 1 bis 3 „Kommunikationssysteme für Zähler und deren Fernablesung") geschaffen (z. B. M-Bus).

5.5.2.2 Begriffe und Anforderungen

Begriffe und Anforderungen nach DIN EN 14154-1 (bisherige Bezeichnungen in (); ergänzende Erläuterungen unter Abschn. 5.5.5.1)

5.5.2.2.1 Maßgebende Begriffe

Q_1 (Q_{min}) in m³/h Der kleinste Durchfluss, bei dem der Wasserzähler Anzeigen liefert, die den Anforderungen hinsichtlich der Fehlergrenzen genügen.
Q_2 (Q_t) in m³/h Der Übergangsdurchfluss ist der Durchflusswert, der zwischen dem Dauer- und dem Mindestdurchfluss liegt und den Durchflussbereich in zwei Zonen, den oberen und den unteren Belastungsbereich, unterteilt, für die jeweils verschiedene Fehlergrenzen gelten.

Q_3 (Q_n) in m³/h Dauerdurchfluss (Nenndurchfluss): Der größte Durchfluss, bei dem der Wasserzähler unter normalen Einsatzbedingungen, d. h. unter gleichförmigen oder wechselnden Durchflussbedingungen, zufrieden stellend arbeitet

Q_4 (Q_{max}) in m³/h Der Überlastdurchfluss (größter Durchfluss) ist der größte Durchfluss, bei dem der Zähler für einen kurzen Zeitraum ohne Beeinträchtigung zufrieden stellend arbeitet.

Δp Der maximale Druckverlust darf einschließlich aller Filter und Siebe unter Bemessungsbedingungen 0,63 bar nicht übersteigen. Es werden insgesamt 5 Druckverlustklassen DP 63, DP 40, DP 25, DP 16 und DP 10 entsprechend der maximal zulässigen Druckverluste im Belastungsbereich 0,63 bis 0,10 bar definiert.

Der Messbereich (Belastungsbereich) eines Zählers wird durch den kleinsten Durchfluss Q_1 und den Überlastungsdurchfluss Q_4 definiert.

5.5.2.2.2 Anforderungen

– *Fehlergrenzen (MPE)* – Der maximal zulässige Fehler (Eichfehler) beträgt

5 % im unteren Belastungsbereich von Q_1 bis < Q_2 (Q_{min} bis < Q_t)
2 % im oberen Belastungsbereich von Q_2 bis Q_4 (Q_t bis Q_{max})
Die Verkehrsfehlergrenzen betragen das Doppelte der Eichfehlergrenzen

– *bisherige Klasseneinteilung* (künftig wegfallend!) – Die metrologischen Klassen A–B–C stehen in Beziehung zu den jeweiligen Werten Q_{min}/Q_n und Q_t/Q_n. Bei „Standardausführung" (Klasse B) gilt

für Q_n < 15 m³/h: $Q_{min} = 0{,}02\ Q_n$; $Q_t = 0{,}08\ Q_n$;
für $Q_n \geq 15$ m³/h: $Q_{min} = 0{,}04\ Q_n$; $Q_t = 0{,}20\ Q_n$;

in Klasse A liegen die Verhältniszahlen höher, in Klasse C tiefer.

– *Nennbetriebsbedingungen* nach der MID (Europäische Messgeräterichtlinie)

Die Werte für den Durchflussbereich müssen folgenden Bedingungen genügen:

Q_3/Q_1 (Q_n/Q_{min}) ≥ 10 bisher 6 verschiedene Verhältnisse über metrologische Klassen (weitergehende Definitionen in DIN EN 14541)
Q_2/Q_1 (Q_t/Q_{min}) $= 1{,}6$ bisher 5 verschiedene Verhältnisse über metrologische Klassen
Q_4/Q_3 (Q_{max}/Q_n) $= 1{,}25$ bisher 2

Messbereiche und Fehlergrenzen (MPE) sind in **Abb. 5-55** dargestellt.

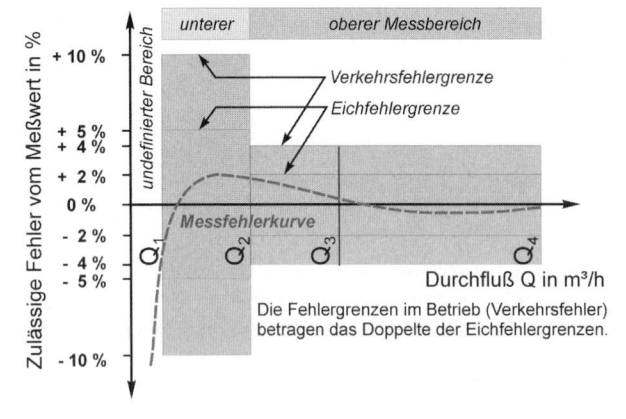

Abb. 5-55: Messbereiche und zulässige Fehlergrenzen (MPE) von Wasserzählern

5.5.2.3 Zählergrößen

Zählergrößen und Hauptmaße werden in DIN EN 14154-1 definiert.

5.5.2.3.1 Zähler mit Gewindeanschluss

Die Zähler werden mittels Verschraubungs-Stutzen an die Rohrleitungen, bzw. an die Wasserzähler-Ein- und -Ausgangsventile angeschlossen (**Abb. 5-56** und **5-57**).

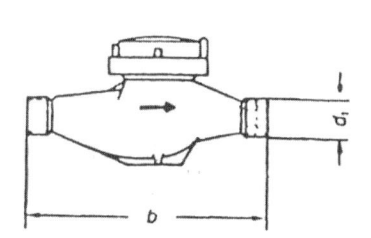

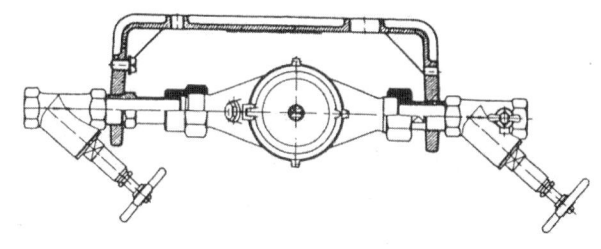

Abb. 5-56: Zähler mit Gewindeanschluss   Abb. 5-57: Anschluss des Hauswasserzählers

Tab. 5-16: Zählergrößen (Gewindeanschluss)

Nenndurchfluss Q_n in m³/h	Anschlussgewinde am Zähler d_1 in "	Anschlussgewinde der Stutzen in "	Baulänge b in mm
2,5	G 1 B	R 3/4	190
6	G 1 ¼ B	R 1	260
10	G 2 B	R 1 1/2	300

5.5.2.3.2 Zähler mit Flanschanschluss

Die **Tab. 5-17** enthält für das Maß b nur noch die Werte aus DIN ISO 4064/1. Maße für Woltmannverbundzähler sind nicht enthalten; sie werden vom Platzbedarf der Umschalteinrichtung beeinflusst (Baulängen b siehe Abb. 5-54).

Tab. 5-17: Zählergrößen (Flanschanschluss)

Nenndurchfluss Q_n in m³/h	DN des Anschlussflansches	Typ WS	Typ WP	Typ WB
		Baulänge b in mm		
15	50	300	200	150
25	65	300	200	–
40	80	350	200	165
60	100	350	250	180
100	125	–	250	–
150	150	50	300	220

5.5.2.3.3 Größe von Flügelradzählern in Wohngebäuden (DVGW W 406)

Bei der Zahl der anzuschließenden Wohneinheiten ist zu unterscheiden, ob in den Wohnungen Druckspüler oder Spülkästen eingebaut sind (**Tab. 5-18**). Sind in einem Gebäude mehr als 1/3 Druckspüler vorhanden, so ist der Zähler so auszuwählen, als wären alle Spüleinrichtungen Druckspüler.

Tab. 5-18: Zählergrößen nach Dauerdurchfluss Q_3 (Nenndurchfluss Q_n) für Wohngebäude

Anzahl der anzuschließenden Wohnungseinheiten (WE) mit		Dauerdurchfluss Q_3 bzw. Nenndurchfluss Q_n des Zählers in m³/h
Druckspüler WE	Spülkästen WE	
bis 15	bis 30	2,5
16–85	31–100	6
86–200	101–200	10

5.5.3 Wassermessung

5.5.3.1 Durchflussmessung mittels Wasserzähler mit Zusatzeinrichtungen

Diese Art wird am häufigsten verwendet. Sie ist auch für Datenerfassung und -auswertung sowie für Steuerungsaufgaben geeignet.

5.5.3.2 Durchflussmessung nach dem magnetisch-induktiven Messverfahren

Magnetisch-induktive Durchflussmessgeräte arbeiten nach dem Faradayschen Induktionsgesetz. Der magnetisch-induktive Durchflussmesser (MID) besteht aus einem nicht-ferromagnetischen Messrohr mit innen isolierter Oberfläche (Innendurchmesser D). Durch zwei auf dem Rohr montierte, fremderregte Feldspulen wird ein Magnetfeld mit der Induktion B senkrecht zur Rohrachse erzeugt. Aufgrund seiner Leitfähigkeit wird im durchströmenden Wasser eine elektrische Spannung U_i induziert. Diese Signalspannung ist der Durchflussgeschwindigkeit v proportional. Sie wird durch Elektroden abgegriffen, die mit dem Wasser in Kontakt stehen und isoliert durch die Rohrwand durchgeführt werden. Weiterer Bestandteil einer MID-Messanlage (siehe **Abb. 5-58**) ist der Messumformer,

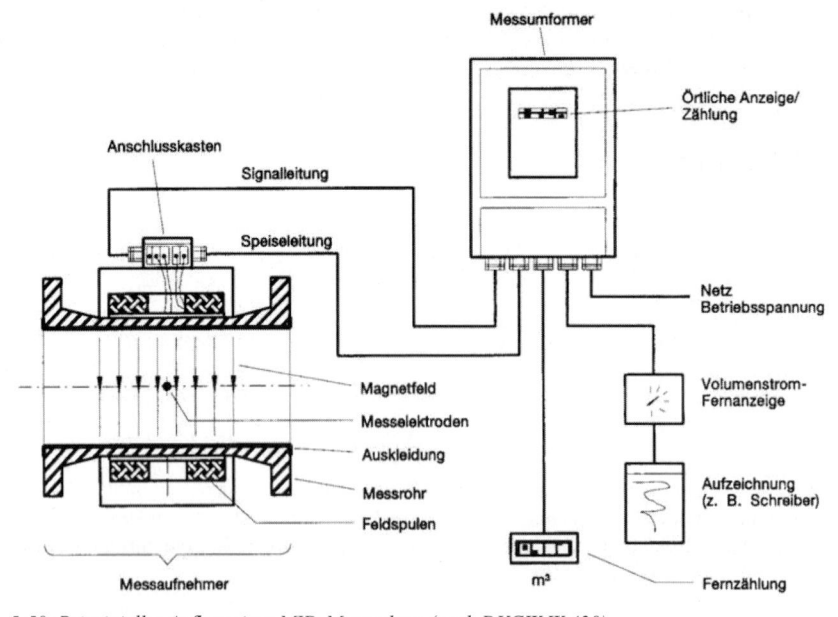

Abb. 5-58: Prinzipieller Aufbau einer MID-Messanlage (nach DVGW W 420)

5.5 Wasserzählung und Wassermessung

entweder in den Messaufnehmer integriert oder als externes Gerät ausgeführt. Die Signalspannung wird verstärkt, in einen Durchflusswert Q_i umgerechnet und für die Prozessführung in geeignete Standard-Signale umgesetzt. Es gilt vereinfacht:

$$Q_i = U_i \cdot \frac{\pi \cdot D}{4 \cdot k \cdot B} \quad k = \text{konstant}$$

Die Mindestleitfähigkeit des Wassers sollte 20 mS/cm nicht unterschreiten. Sie ist bei natürlichem Wasser gegeben (für destilliertes Wasser ist das Gerät nicht geeignet). Die Vorteile sind: freier Rohrdurchgang, kein Druckhöhenverlust, keine mechanisch bewegten Teile, also kein Verschleiß und sehr hohe Messgenauigkeit. Die Fließgeschwindigkeit soll möglichst nicht unter 1,0 m/s liegen, der Messbereichsendwert für das einzusetzende Gerät sollte nicht unter 3 m/s liegen, um zuverlässig über den gesamten Messbereich die Fehlergrenzen einhalten zu können. Es sind Größen bis DN 3000 lieferbar und Auskleidungen für aggressive Flüssigkeiten möglich. Das eichrechtlich zugelassene Messverfahren wird mehr und mehr für die Großwasserdurchflussmessung eingesetzt. Die u. U. vorhandene Drallströmung ist besonders bei Messanlagen, die auch zu Steuerzwecken herangezogen werden, zu beachten. Das DVGW-Arbeitsblatt W 420 „Magnetisch-Induktive Durchflussmessgeräte (MID-Geräte)" definiert Anforderungen und Prüfbedingungen für MID.

5.5.3.3 Durchflussmessung mittels Ultraschallgeräten

Das Prinzip beruht auf der Messung der Schallgeschwindigkeit im strömenden Wasser mit und entgegen der Strömungsrichtung. Durch die Messung in beiden Richtungen wird der Einfluss von Störquellen im Wasser (Verunreinigungen, Ausgasungen u. ä.) ausgeschaltet. Dadurch ist dieses Verfahren auch zur Abwassermessung geeignet; anstelle vom Laufzeitverfahren, das für Reinwassermessungen besser geeignet ist, wird dann aber das Doppler-Prinzip eingesetzt (Reflexion an Feststoffteilen). Vorteile sind: keine Einengung der Rohrleitung, also kein Druckhöhenverlust, keine mechanisch bewegten Teile, also auch kein Verschleiß, und sehr hohe Messgenauigkeit; nachträglicher Einbau ist möglich und, bei Anordnung mehrerer Messstellen, auch in offenen Gerinnen verwendbar. Eine elektrische Leitfähigkeit des Wassers ist hier nicht erforderlich. Die Messung ist für Rohrnennweiten von 0,2 bis 6 m und Kanalbreiten bis 10 m geeignet. Nachteilig sind die erheblichen Ein- und Auslaufstrecken (bis 15-facher Rohrdurchmesser), da die Messwerte nur bei rotationssymmetrischen Strömungsverläufen gültig sind. Sind diese Beruhigungsstrecken nicht zu verwirklichen, kann man sich mit zwei oder mehr Messebenen helfen.

5.5.3.4 Weitere Verfahren

5.5.3.4.1 Durchflussmessung nach dem Wirkdruckverfahren

In geschlossenen und völlig mit Wasser gefüllten Rohrleitungen wird der Durchfluss in bestehenden Anlagen gelegentlich noch nach dem Wirkdruckverfahren gemessen. Dieses beruht darauf, dass bei einer örtlichen Verengung des Rohrquerschnittes die Wassergeschwindigkeit steigt und dadurch der Druck an dieser Stelle sinkt. Die Größe dieser Druckabsenkung Δp ist ein Maß für den Durchfluss Q:

$$Q = \mu \frac{\pi \cdot d^2}{4} \cdot \sqrt{2 \cdot g \cdot (p_1 - p_2)/(\rho \cdot g)} \quad \mu = \text{Einflussfaktor der Form}$$

Die Herleitung erfolgt über die *Bernoullische* Gleichung (Abschn. 7.3.3.1.4). Die Differenz zwischen dem Druck vor der Einschnürung und dem Druck an der engsten Stelle ($p_1 - p_2$) wird als Wirkdruck bezeichnet und mittels eines Differenzmanometers gemessen.
Eine Durchfluss-Messeinrichtung besteht demnach aus dem Wirkdruckerzeuger, den Verbindungsleitungen und dem Wirkdruckmesser **(Abb. 5-59)**.

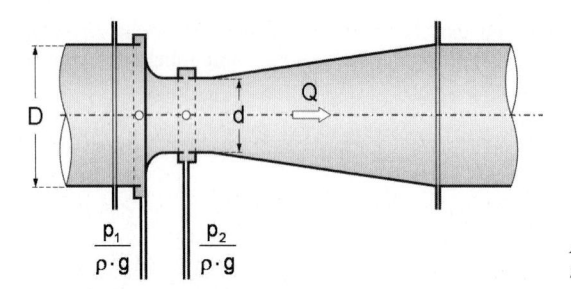

Abb. 5-59: Venturidüse zur Durchflussmessung nach dem Wirkdruckverfahren

Wirkdruckerzeuger sind Normblenden, Normdüsen und Normventuridüsen. Der Einsatz ist in DIN 19216 (8/1995) genormt. Nachteilig ist, dass der Wirkdruck keine durchflussproportionale Messgröße ist (Umrechnung erforderlich) und der Messbereich relativ klein im Vergleich zu den anderen in der Wasserversorgung eingesetzten Messverfahren ist (weiteres Einsatzgebiet ist die Verfahrenstechnik).

5.5.3.4.2 Durchflussmessung mit Schwebekörper

Bei diesem auf kleine Förderströme und Sonderzwecke beschränkten Verfahren (Aufbereitungstechnik) wird ein kegelförmiger Schwebekörper vom aufwärtsströmenden Wasser in konisch erweiterten Rohreinsätzen so weit gehoben, bis der Durchflussquerschnitt dem jeweiligen Durchsatz entspricht, d. h. bis Gleichgewicht zwischen Auftriebs- und Gewichtskraft herrscht. Die Stellung des Körpers im Rohr zeigt den Durchfluss an; dieser kann auch digital ausgewertet werden. Nachteilig ist die hohe Empfindlichkeit gegen Rohrablagerungen.

5.5.3.4.3 Überfallmessung

Die Überfallmessung wurde früher meist bei Pumpversuchen angewandt, heute werden Wasserzähler in die Ablaufleitungen eingebaut. Mit dem Messwehr (fest eingebaut) werden noch Quellbäche gemessen, deren Schüttung über längere Zeit beobachtet wird **(Abb. 5-60)**. Der Ausschnitt, durch den das mittels Tauchwand beruhigte Wasser ausfließt, muss scharfkantig sein, so dass sich der Ausflussstrahl von der Messvorrichtung ablöst. Die Messskala muss mind. 3 h vom Ausfluss entfernt (hier also nahe der Tauchwand) angebracht werden, da die Kontraktion des Wassers in Ausflussnähe falsche Messergebnisse ergäbe. Wichtig ist, dass der Nullpunkt der Skala auf gleicher Höhe mit der Überfallkante steht.

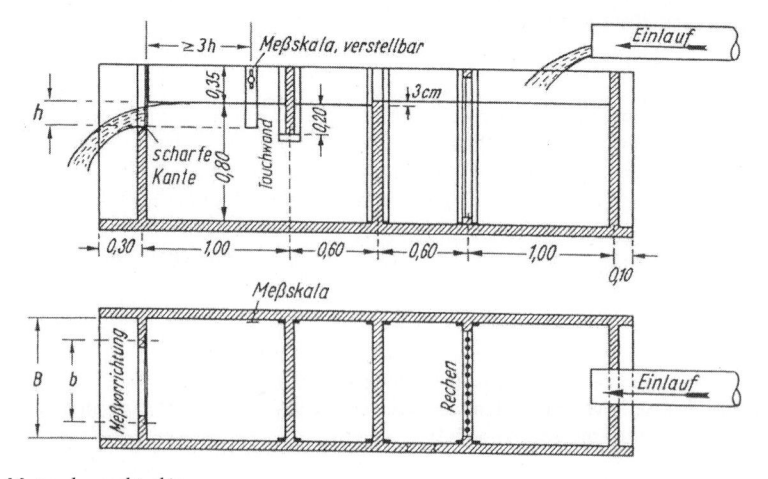

Abb. 5-60: Messwehr, rechteckig

5.5 Wasserzählung und Wassermessung

Ist b in m die Breite des Wehres und h in m die an der Skala gemessene Wasserhöhe über dem Skalennullpunkt, so fließt durch den rechteckigen Ausschnitt aus:

$$Q = 1{,}86 \cdot b \cdot h \cdot \sqrt{h} \qquad \text{wobei Q in m}^3/\text{s}$$

Anm.: Bei kleinem Wehr mit Seitenzwängungen (b , B) wird, mit steigendem Verhältnis B/b, der Faktor 1,86 entsprechend kleiner. Mit einem dreieckigen Messwehr können stark schwankende und kleine Wasserströme gemessen werden, weil der rechteckige Ausschnitt bei kleinem Durchfluss ungenaue Ergebnisse bringt. Bei einem Winkel $\alpha = 90$ an der Dreiecksspitze gilt nach *Thompson*

$$Q = 1{,}49 \cdot h^2 \cdot \sqrt{h} \qquad \text{mit Q in m}^3/\text{s und h in m; h wird ab der Dreieckspitze gemessen.}$$

5.5.3.4.4 Kübelmessung

Jede einfache Messung einer Quellschüttung mit Kübel und Stoppuhr ist eine Wassermessung, denn sie erfasst die geflossene Wassermenge in der Zeit; sie ist aber sicherlich nicht mehr zeitgemäß!

5.5.4 Hinweise für Einbau, Inbetriebnahme und Wartung von Zählern und Messvorrichtungen

In Teil 2 der DIN EN 14154 werden Kriterien für die Auswahl von Wasserzählern, Bedingungen für deren Einbau und die Bedingungen für die Inbetriebnahme von neuen und reparierten Zählern festgelegt, um eine genaue konstante Messung und zuverlässige Ablesung der Zähler zu gewährleisten. Bei gesetzlichen Anforderungen gemäß der EU-Messgeräterichtlinie MID, kann die Norm als Konformitätsnachweis verwendet werden. Ggf. abweichende nationale gesetzliche Bestimmungen haben Vorrang vor dieser Norm.

5.5.4.1 Hauswasserzähler

5.5.4.1.1 Einbau

Der Flügelradzähler wird in der Regel für waagerechten Einbau geliefert **(Abb. 5-61)**. Für Bedarfsfälle, die einen waagerechten Einbau nicht zulassen, gibt es auch Zähler zum Einbau in senkrechte Steigleitungen **(Abb. 5-62)** und solche für senkrechte Fallleitungen. Der Ringkolbenzähler kann waagerecht, senkrecht (Steig- oder Fallleitung) und schräg eingebaut werden.

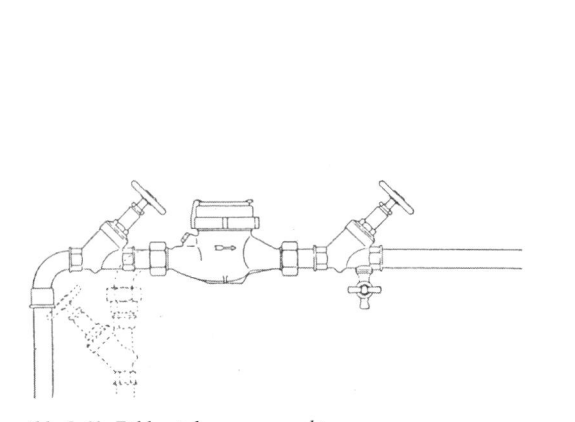

Abb. 5-61: Zählereinbau waagerecht

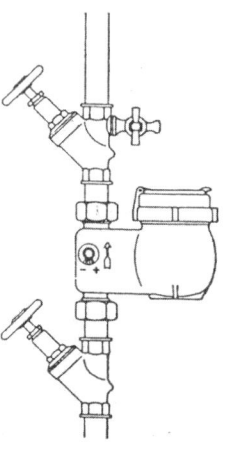

Abb. 5-62: Zählereinbau senkrecht

Die waagerechten Zähler werden mittels Anschlussbrücken an der Wand befestigt. Diese verbinden die Anschlussverschraubungen miteinander. Sie sind fest oder auch, zur Veränderung des Zählerabstandes zur Wand, verschiebbar anzubringen. Der Bügel, der durch eine Messing-Erdungsschraube auch mit der allgemeinen Erdung des Hauses verbunden wird, bildet auch beim Zählerwechsel eine elektrische Brücke zwischen Hausinnen- und Anschlussleitung – falls noch mittels metallischer Anschlussleitungen geerdet werden sollte **(Abb. 5-63)**.

Hauswasserzähler besitzen ein Mantelsieb vor dem Messwerk, damit dieses nicht durch mitgeführte Ablagerungen im Rohrnetz gestört wird. Ein zusätzliches Sieb (Schmutzfänger) ist daher nicht nötig. Der vorgeschriebene Rückflussverhinderer in der Hausleitung wird zweckmäßig unmittelbar hinter dem Zähler in die Hausleitung eingesetzt. Wasserzählerausgangsventile mit integriertem Rückflussverhinderer sind auf dem Markt.

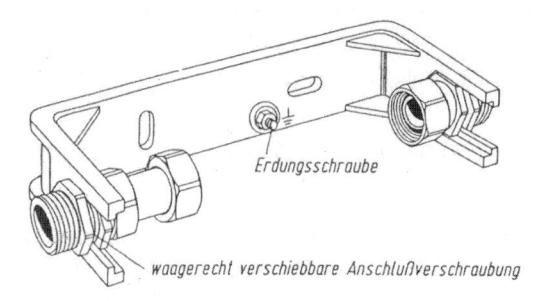

Abb. 5-63: Anschlussbrücke

5.5.4.1.2 Einbauort

Der Zähler sollte an einer frostgeschützten, gut beleuchteten und für die Ablesung möglichst leicht zugänglichen Stelle eingebaut werden (etwa 0,8 bis 1,2 m über Fußboden). Steht kein Kellerraum zur Verfügung, ist ein entwässerter Zählerschacht vorzusehen (wenigstens 1 m $\varnothing$, 1,5 m tief). Ferner ist zu beachten, dass die Rohrleitung über eine Nachgiebigkeit von etwa 3 mm verfügen muss, um den Zähler an dem überstehenden Dichtungs-Führungsbund des Gewindestutzens vorbeiführen zu können (ggf. Längenausgleichsverschraubung). Vor und hinter dem Zähler wird je ein Absperrventil eingebaut, wobei das hinter dem Zähler angeordnete mit einem Ablassventil für die Entleerung der Hauswasserleitung versehen sein soll. Eine gerade Rohrstrecke vor oder hinter dem Zähler ist nicht notwendig.

Das vor dem Zähler angeordnete Ventil ist vom Wasserwerk in geöffnetem Zustand zu plombieren, damit Unbefugte den Wasserzufluss vor dem Zähler nicht drosseln und damit seine Genauigkeit beeinflussen können.

5.5.4.1.3 Inbetriebnahme

Neuverlegte oder geänderte Leitungen müssen vor dem Einbau des Zählers gründlich durchgespült werden, um alle Installationsrückstände (Späne usw.) zu entfernen. Zu diesem Zweck wird an Stelle des Zählers vorübergehend ein Zählerpassstück in die Rohrleitung eingesetzt. Die Durchspülung soll mit möglichst großem Durchfluss erfolgen. Anschließend kann der Zähler, unter Beachtung des aufgegossenen Pfeils, in Durchflussrichtung eingebaut werden, und zwar mit nach unten stehendem Zifferblatt zur Entlüftung des Einsatz- und Zählwerksraumes. Die Absperrvorrichtung ist langsam zu öffnen, um eine Überbelastung des anfänglich trocken laufenden Zählers zu vermeiden (durch eventuell in der Rohrleitung vorhandene größere Luftmengen kann Trockenlauf hervorgerufen werden). Nach Durchlauf einer Menge von 100 bis 200 l bringt man den Zähler wieder in die normale Lage. Der Zähler muss dabei immer mit Wasser gefüllt bleiben.

5.5.4.1.4 Wartung

Praktisch werden Hauswasserzähler – seit die Nacheichung im Abstand von höchstens 6 (s. Abschn. 5.5.5.2) Jahren gesetzlich gefordert ist – erst kurz vor Ablauf dieser Frist ausgewechselt. Nur bei Wasser mit stark absetzenden Stoffen, welche die Anzeigegenauigkeit schon in kürzerer Frist beeinträchtigen, kann ein früheres Auswechseln erforderlich sein. Da die lohnintensive Instandsetzung durch Austausch einzelner Teile (Wellen, Zahnräder usw.) nicht mehr wirtschaftlich ist, werden Messwerke i. d. R. komplett getauscht.

5.5.4.1.5 Lagerung und Beförderung

Die Zähler sind in frostgeschützten und staubfreien Räumen zu lagern. Der Lagerplatz muss die Gewähr bieten, dass die Zähler nicht über eine Temperatur von 30 bis 40 °C erwärmt werden (Heizkörper), da sonst eine Verformung der Kunststoff-Einsatzteile eintreten kann.

Die Zähler sind vorsichtig zu befördern; sie dürfen nicht fallen, damit die empfindlichen Messorgane nicht beschädigt werden.

5.5.4.2 Woltmannzähler

Die Bauart WP kann senkrecht, waagerecht, schräg und um die Längsachse gedreht, eingebaut werden. Bei Bestellung ist die Einbaulage anzugeben, damit das Zifferblatt des Zählers für die Ablesung günstig angeordnet werden kann. Bauart WS kann nur waagerecht eingebaut werden. Bauart WB kann nur in Steigleitungen mit waagerechtem Abgang eingebaut werden (Brunnenköpfe). Weicht die Rohrnennweite von der Zählernennweite D ab und müssen vor und hinter dem Zähler Übergangsstücke (FFR) gesetzt werden, ist zwischen Zähler und Übergangsstück eine gerade Rohrstrecke der Nennweite D und der Länge $L = 3\,D$ zu legen. Zur Erleichterung des Ein- und Ausbaues der Zähler sind kraftschlüssige Ausbaustücke zweckmäßig.

Trotz weitgehender Unempfindlichkeit der Woltmannzähler gegen Verschmutzung empfiehlt es sich, vor Einbau die Leitung zu spülen. Bei Einbau von Woltmannzählern unmittelbar hinter Pumpen ist auf ausreichende Beruhigungsstrecken zu achten.

Wegen der unmittelbaren Wasserbeaufschlagung des Messflügels ist der Woltmannzähler auch gegen unsymmetrisches Strömungsprofil empfindlich. Wirbelbildung, Drall und Spritzstrahl können durch unmittelbar vor dem Zähler eingebaute Armaturen und Formstücke hervorgerufen werden. Es sind daher bei den verschiedenen Einbaufällen folgende Richtlinien zu beachten:

Einbau hinter Schieber oder Rückschlagklappe:
Bleibt der Schieber mit vollem Durchgang stets ganz geöffnet, so kann der Zähler unmittelbar hinter diesem eingebaut werden. Bei Drosselstellung des Schiebers muss zwischen diesem und dem Zähler eine gerade Rohrstrecke L von mindestens 12 D (D = Zählernennweite) bei den Bauarten WP und WB, und 2 D bei der Bauart WS vorgesehen werden.

Einbau hinter Krümmern und/oder T-Stücken:
Hinter einem Krümmer oder T-Stück soll die gerade Rohrstrecke vor einem WP-Zähler mindestens 10 D, vor einem WS-Zähler mindestens 3 D sein. Bei 2 Krümmern oder einem T-Stück mit Krümmer – wenn die Krümmer nicht in einer Ebene liegen – soll die gerade Rohrstrecke mindestens 25 D bei den Bauarten WP und WB und 2 D bei der Bauart WS betragen.

Freier Auslauf hinter dem Zähler **(Abb. 5-64)**:
Der Auslauf ist so hoch zu führen bzw. der Zähler so tief einzubauen, dass letzterer stets mit Wasser gefüllt ist.

Zähler an Leitungshochpunkt **(Abb. 5-65)**:
Luftansammlungen verfälschen die Zählwerte. Deshalb muss der Zähler so eingebaut werden, dass sich keine Luft in ihm ansammeln kann. Hinter dem Zähler soll eine gerade Rohrstrecke von 2 D vorhanden sein.
Die jeweils genannten geraden Rohrstrecken sind Mindestlängen!

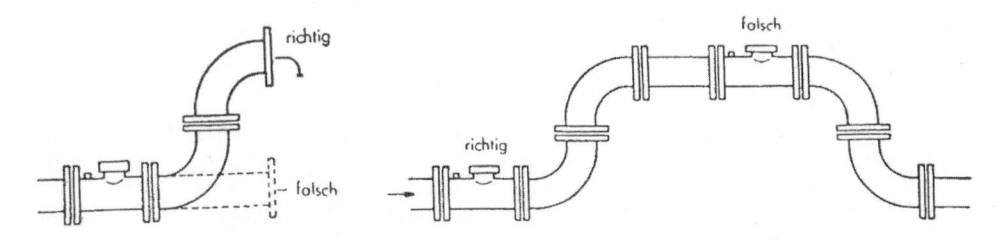

Abb. 5-64: Zähler vor freiem Auslauf   *Abb. 5-65: Zähler an Hochpunkten der Rohrleitung*

5.5.4.3 Venturi- und Ultraschall-Messanlagen

Venturi-Messvorrichtungen sind empfindlich gegen Unregelmäßigkeiten der Zulaufströmung. Vor dem Wirkdruckgeber ist daher, ähnlich wie bei Zählern, eine gerade Rohrstrecke einzubauen, die zwischen 5 d und 80 d schwankt. Hinter dem Wirkdruckgeber soll die gerade Anschlussstrecke nicht unter 4 d sein. (d = ∅ des Leitungsrohres.)
Da die Differenzdruckmessung empfindlich gegenüber Ablagerungen ist, erfordert sie neben Sorgfalt bei Planung und Einbau auch eine regelmäßige Wartung.
Für Ultraschall-Messgeräte müssen hinsichtlich Ein- und Auslaufstrecke die gleichen Bedingungen erfüllt werden wie bei Venturi-Messvorrichtungen.

5.5.4.4 Magnetisch-induktive Messeinrichtungen

Beim Einbau eines für den geschäftlichen Verkehr zugelassenen Gerätes ist vor dem Durchflussmesser wenigstens eine gerade Rohrstrecke von mindestens der fünffachen Nennweite (besser größer) vorzusehen; nach dem Messgerät ist mindestens eine gerade Auslaufstrecke mit einer Länge von mindestens der zweifachen Nennweite einzuhalten.
Da im Trinkwasserbereich nur Geschwindigkeiten von 1 bis maximal 2 m/s zur Vermeidung von übermäßigen Reibungsverlusten sinnvoll sind, bedeutet dies, dass bei Einhaltung einer Geschwindigkeit von 3 m/s als Messbereichsendwert (siehe Abschn. 5.5.3.2) eine Querschnittsreduktion erfolgen muss. Um übermäßige Druckverluste zu vermeiden wird ein Einschnürwinkel $\varphi/2$ kleiner 8° (tan 8° = 0,1405) empfohlen.
Beispiel zur Dimensionierung nach Schmitt:

Rohrleitung DN 400:	$D_1 = 400$ mm, $A_1 = 0{,}12566$ m²
Maximaler Durchfluss	max Q = 145,3 l/s = 0,1453 m³/s
Geschwindigkeit	v = 0,1453 m³/s / 0,12566 m² = 0,1453 m/s
Festlegung:	max Q bei v = 3 m/s
Erforderlicher Querschnitt:	erf A = 0,1453 m³/s / 3 m/s = 0,04843 m²
Erforderlicher Durchmesser:	erf D = 0,248 m = 248 mm
Gewählt:	MID DN 250
Erforderliches Formstück:	L = (400 − 250) / (2 x 0,1405) = 533,8 mm
Gewählt:	L = 600 mm (FFR-Stück DN 400/DN 250)
Durchmesserverhältnis:	250/400 = 0,625
Resultierender Druckverlust:	ca. 0,008 mWS = 0,0008 bar

5.5 Wasserzählung und Wassermessung

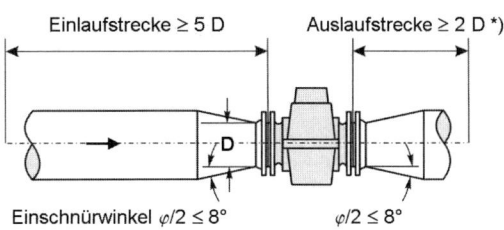

Abb. 5-66: Einschnürung und Ein- und Auslaufstrecken beim Einbau magnetisch-induktiver Durchflussmesser (nach DVGW-Arbeitsblatt W 420)

Einlaufstrecke ≥ 5 D   Auslaufstrecke ≥ 2 D *)

Einschnürwinkel $\varphi/2 \leq 8°$ $\varphi/2 \leq 8°$

*) bei Betrieb in beide Richtungen gleiche Länge wie Einlaufstrecke

Beim Einbau von magnetisch-induktiven Durchflussmessern ist zu beachten, dass keine der Elektroden im höchsten Punkt steht, weil ggf. vorhandene Gasblasen die elektrische Verbindung zwischen Elektroden und Messstoff unterbrechen. Der Einbau kann in vertikalen, horizontalen und steigenden Leitungen erfolgen. Aus Sicherheits- und Funktionsgründen ist die Erdung des Aufnehmers vorzusehen, wobei Schutzleiter- und Rohrleitungspotential gleich sein sollen (s. DIN VDE 0100/540). Für Kunststoffleitungen bzw. nicht leitend ausgekleidete Rohre sind Erdungsscheiben oder -elektroden vorzusehen (weitere Hinweise DVGW-Arbeitsblatt W 420).

5.5.5 Eichung und Prüfung der Zähler

5.5.5.1 Technische Eigenschaften und Eichung der Wasserzähler

Die technischen Eigenschaften und der Betrieb von Wasserzählern, die im geschäftlichen oder amtlichen Verkehr verwendet werden, müssen bislang dem Eichgesetz sowie den Anforderungen der Eichordnung und der EWG – Kaltwasserrichtlinie (75/33/EWG) entsprechen.

Die neue EG-Messgeräterichtlinie (Measuring Instruments Directive, MID = Richtlinie 2004/22/EG des europäischen Parlaments und des Rates vom 31.03.2004 über Messgeräte) hat eine Vereinheitlichung der einschlägigen nationalen Vorschriften zum Ziel. Bis zum 31.10.2006 soll das novellierte neue Mess- und Eichgesetz (MEG) und die neue Verordnung über das Mess- und Eichwesen (MEV) Inkrafttreten, womit die europäischen Vorgaben in nationales Recht umgesetzt werden können.

Das Mess- und Eichgesetz regelt die Beschaffenheit und Kennzeichnung der Messgeräte, die Bauartzulassung, die Gültigkeit und Erneuerung der Eichung sowie die Befundprüfung. Wasserzähler können nach dem 31.10.2006 gemäß dem in der MID festgelegten Verfahren zugelassen werden. Diese werden vor dem Inverkehrbringen keiner 100 %-igen Stückprüfung unterzogen. Bis zum 31.10.2016 gilt jedoch eine Übergangsfrist, sodass in diesem Zeitraum sowohl Zähler nach dem alten und nach dem neuen Zulassungsverfahren in Verkehr gebracht werden dürfen. Diese können unbegrenzt nachgeeicht werden. Für Wasserzähler besteht aufgrund des Eichgesetzes Eichpflicht (s. Abschn. 14.8.5). Die Eichgültigkeitsdauer ist in der Eichordnung festgelegt und beträgt 6 Jahre für (Kalt-)Wasserzähler. Wird die Messrichtigkeit der Messgeräte vor Ablauf der Gültigkeitsdauer der Eichung durch eine Stichprobenprüfung nachgewiesen, verlängert sich die Gültigkeitsdauer um 3 Jahre. Die Gültigkeitsdauer der Eichung wird zukünftig im Wesentlichen beibehalten.

Zur Eichung kommen derzeit in Betracht:

– Prüfbeamte bei den Eichämtern, die auf eigenen Prüfständen arbeiten,
– große Versorgungsunternehmen mit eigenen Prüfständen,
– Zählerhersteller mit eigenen Prüfständen und vereidigten Prüfern.

Mit der Einführung der neuen Regelungen findet ein Wechsel vom bisherigen Präventivsystem (Bauartzulassung und Ersteichung) zum Repressivsystem (Nachschau, Marktüberwachung und Überwachung des richtigen Messens) statt.

Die Verantwortlichkeit für die Einhaltung der gesetzlichen Vorschriften durch den Messgeräte- und Messwertverwender, also das Versorgungsunternehmen, wird durch die neuen Regelungen verstärkt.

5.5.5.2 Prüfung und Überwachung durch das Wasserversorgungsunternehmen

Das WVU hat dafür zu sorgen, dass Wasserzähler so aufgestellt, angeschlossen, bedient und gewartet werden, dass die Messsicherheit, die Einhaltung des Standes der Technik und die zuverlässige Ablesung der Anzeige gewährleistet wird. Insoweit wird auch die richtige Dimensionierung (siehe auch DVGW W 406 und W 407) von Wasserzählern zukünftig gesetzlich verankert.

Die richtige Anzeige der Wasserzähler ist für die WVU von großer wirtschaftlicher Bedeutung. Es ist daher notwendig, die Zähler auf genaue Messwertermittlung zu überwachen. Hauswasserzähler werden heute von den WVU meist nur in großen Zeitabständen – bis zu 1 Jahr – abgelesen. Dazwischen werden pauschalierte Wassergebühren erhoben. Es ist sicherzustellen, dass die mit der Messwerterfassung und -auswertung betrauten Personen fühlbare Abweichungen vom Verbrauch vergleichbarer vergangener Perioden so dokumentieren, dass auffällige Zähler außer der Reihe überprüft werden können. Eine grobe Überprüfung von Hauswasserzählern ist auch am Einbauort über eine einfache Gefäßmessung möglich. Jede Beglaubigung eines bereits vorher verwendeten Zählers (Nacheichung) setzt in der Regel eine Überholung voraus.

Literatur

zu Maschinenkunde:
Dubbel, H.: Taschenbuch für den Maschinenbau, 21. Aufl. Berlin u. A.; Springer 2005
Hütte: Das Ingenieurwissen, 32. Aufl. Berlin u. A., Springer 2004
KSB Aktiengesellschaft: Auslegung von Kreiselpumpen, 4. überarbeitete und erweiterte Ausgabe 1999/2001, Zentrale Kommunikation (CK), 67225 Frankenthal (Pfalz)
KSB Aktiengesellschaft: Technik-kompakt, 4/2001
Pfleiderer, C., Petermann, H.: Strömungsmaschinen, 7. Aufl., Berlin u. A.; Springer 2005
Sterling-SIHI: Grundlagen für die Planung von Kreiselpumpenanlagen, 7. Aufl., , Itzehoe 2000
Edwin Klein, u. A.: Betriebssicherheit von Unterwassermotoren für den Brunneneinsatz, bbr Fachmagazin für Brunnen- und Leitungsbau, Ausgabe 9, 2005
Menny, K.: Strömungsmaschinen, 4. Aufl., Stuttgart, Teubner, 2003
Sulzer-Pumpen: Kreiselpumpen-Handbuch, 4. Aufl., Essen; Vulkan 1997

zu Elektrotechnik:
Gremmel, H.: ABB-Taschenbuch für Schaltanlagen, 10. Aufl., Essen; Cornelsen 1999
Hösl, A., Ayx, R., Busch, W.: Die vorschriftsmäßige Elektroinstallation, 18. Aufl., Heidelberg; Hüthig 2003
Lindner, H. u. A.: Taschenbuch der Elektrotechnik und Elektronik, 8. Aufl., Fachbuchverlag Leipzig 2004
Volkmann, P.: Taschenbuch Elektrotechnik und Elektronik, Bd. 1: Grundkenntnisse, 2. Aufl., Berlin, Offenbach; VDE 1993 – Bd. 2: Fachkenntnisse – 1996
Hochbaum, A. u. Hof B.: VDE-Schriftenreihe 68 – Kabel und Leitungsanlagen, 2.Auflage 2003
Kiefer, G.: DIN VDE 0100 und die Praxis – VDE Verlag
Rentzsch, H.: ABB Elektromotoren, 4. überarb. Aufl., Düsseldorf, Cornelsen 1992
Berufsgenossenschaft der Feinmechanik und Elektrotechnik: Berufsgenossenschaftliche Vorschrift BGV A3 „Elektrische Anlagen und Betriebsmittel", Köln, Januar 2005
Berufsgenossenschaft der Feinmechanik und Elektrotechnik: Berufsgenossenschaftliche Information BGI 867 „Auswahl und Betrieb von Ersatzstromerzeugern auf Bau- und Montagestellen", Köln, Mai 2005
Brechmann, Elektrotechnik Tabellen – Industrie-/Industrieelektronik, Westermann Berufsbildung 2005
Brosch, P.F.: Moderne Stromrichterantriebe, 4. überarb. Aufl., Vogel Buchverlag 2001

zu Fernwirkanlagen:
Arnold M., Ferwirktechnische Anbindung - Schaltwarte Stuttgart übernimmt Versorgungsbereich Sinsheim. Kristallklar Nr. 92, Zweckverband Bodensee-Wasserversorgung (2002)
Arnold M., Datenfernübertragung – Überwachung des Wasserverbrauchs für flexible Betriebsführung. Kristallklar Nr. 95, Zweckverband Bodensee-Wasserversorgung (2004)
Bergmann K.: Lehrbuch der Fernmeldetechnik, 7. Aufl. Berlin; Schiele und Schön 1999
Kurrle H.-P., Arnold, M., Sellmaier G., Einwanger E., Trainingssimulatoren zur Ausbildung von Chemikanten und Anlagenfahreren. Automatisierungstechnische Praxis 36 (1994) H. 7, S.50-56
Schubert S., Buchweitz G. u. A.: Automatisierungstechnik in der Wasserversorgung, (DVGW-Lehr- und Handbuch 7, 1. Aufl., München, Wien; Oldenbourg 1992

Literatur

zu Förderanlagen:
Ebel, O.-G.: Maschinelle und elektrische Anlagen in Wasserwerken (DVGW-Lehr- und Handbuch 3), 1. Aufl., München, Wien; Oldenbourg 1995
Hasse, P., Wiesinger, J.: Bd. 1: Handbuch für Blitzschutz und Erdung, 4. Aufl., München; Pflaum, Offenbach; VDE 1993
Betriebssicherheitsverordnung (BetrSichV Nr. 70 vom 27. September 2002

zu Wasserzählung und Wassermessung:
Schmitt, P.: Vortrag „Betrieb von Zubringer- und Fernleitungen", DVGW-Forum Planung, Bau und Betrieb von Zubringerleitungen und Fernwasserversorgungssystemen, Goslar 2004 (siehe auch www.wasser-schmitt.de)
Stefanski, F.: Vortrag „Wassermessung 2", DVGW-Intensivschulung Wassertransport und Wasserverteilung, Hannover 2005
Stefanski, F.: Technische Anwendungsgrenzen der Measurement Instruments Directive (MID) für Wasserzähler aus Sicht eines Messgeräteverwenders, bbr, Ausgabe 4, 2006
Hoffmanm, F.: „Grundlagen – Magnetisch-Induktive Durchflussmessung", 3. Auflage, Krohne Messtechnik GmbH & Co. KG, Duisburg, 2003

6. Wasserspeicherung

bearbeitet von Dr.-Ing. **Gerhard Merkl**

DVGW-Regelwerk, DIN-Normen, Gesetze, Verordnungen, Vorschriften, Richtlinien
siehe Anhang Kap. 14, S. 865 ff
Literatur siehe S. 512 ff.

Einleitende Hinweise:
Für die Wasserspeicherung waren bis 1998 ausschließlich die vom Deutschen Verein des Gas- und Wasserfaches e. V. (DVGW) im damaligen Fachausschuss „Wasserbehälter" entwickelten folgenden Arbeits- und Werkblätter ausschlaggebend:

W 311:	Planung und Bau von Wasserbehältern; Grundlagen und Ausführungsbeispiele
W 312:	Wasserbehälter; Maßnahmen zur Instandhaltung
W 315:	Bau von Wassertürmen; Grundlagen und Ausführungsbeispiele
W 318:	Wasserbehälter; Kontrolle und Reinigung
W 319:	Reinigungsmittel für Trinkwasserbehälter; Einsatz, Prüfung und Beurteilung

Dieses technische Regelwerk umfasste das gesamte Gebiet der Wasserspeicherung und war wesentliches Rüstzeug für planende und bauleitende Ingenieure.
Im Jahre 1995 erreichte die Forderung des CEN (Comité de Normalisation), auch für den Bereich der Wasserspeicherung eine harmonisierte europäische Norm zu schaffen, über das hierfür zuständige Deutsche Institut für Normung (DIN) den fachlich verantwortlichen DVGW.
Bereits im Jahre 1998 trat die gemeinsam erarbeitete DIN EN 1508 „Wasserversorgung; Anforderungen an Systeme und Bestandteile der Wasserspeicherung" in Kraft. In Anpassung des nationalen Regelwerks wurde zwischenzeitlich das DVGW-Arbeitsblatt W 300 „Wasserspeicherung; Planung, Bau, Betrieb und Instandhaltung von Wasserbehältern in der Trinkwasserversorgung" entwickelt, dessen Ausgabe im Juni 2005 erschien und hier eingearbeitet ist. Die Technischen Regeln Wasserspeicherung (TRWS) bestehen im wesentlichen aus DIN EN 1508 verschmolzen mit dem DVGW-Arbeitsblatt W 300, dazu zusätzlich die DVGW-Arbeits-/Merkblätter

W 270:	Vermehrung von Mikroorganismen auf Werkstoffen für den Trinkwasserbereich; Prüfung und Bewertung
W 316-1:	Instandsetzung von Trinkwasserbehältern; Qualitätskriterien für Fachunternehmen
W 316-2:	Fachaufsicht und Fachpersonal für die Instandsetzung von Trinkwasserbehältern; Lehr- und Prüfungsplan
W 319:	Reinigungsmittel für Trinkwasserbehälter; Einsatz, Prüfung und Beurteilung
W 347:	Hygienische Anforderungen an zementgebundene Werkstoffe im Trinkwasserbereich; Prüfung und Bewertung

6.1 Aufgaben der Wasserspeicherung

Fast bei jeder WV-Anlage ist ein Bauteil erforderlich, das zur Speicherung von Wasser dient. Hierfür werden im Durchschnitt ca. 5–10 % der Gesamtkosten investiert, je nachdem, ob es eine große oder kleine WV-Anlage ist. Die Speicherung hat folgende Aufgaben einzeln oder z. T. gemeinsam zu erfüllen:

1.) Ausgleich der Verbrauchsschwankungen und Abdeckung von Verbrauchsspitzen
2.) Ausgleich zwischen Vor- und Hauptförderung
3.) Einhalten der erforderlichen festgelegten Druckbereiche
4.) Überbrücken von Betriebsstörungen
5.) Bereithalten von Löschwasser
6.) Druckzoneneinteilung
7.) Verwendung als Misch-, Filter- und Absetzbecken
8.) Ausgleich der Abflüsse eines oberirdischen Gewässers in einer Trinkwassertalsperre

6.1.1 Ausgleich zwischen Wasserzufluss und Wasserentnahme, Abdeckung von Verbrauchsspitzen

Der Wasserverbrauch in einem Versorgungsgebiet ist nicht gleichmäßig, sondern schwankt innerhalb einer Stunde, eines Tages und eines Jahres zum Teil erheblich. Da es selten technisch oder wirtschaftlich zweckmäßig ist, die Wassergewinnungsanlagen nach den nur kurzzeitig auftretenden Verbrauchsspitzen zu bemessen, müssen Speicher den Ausgleich zwischen dem Wasserzulauf und dem ungleichförmigen Wasserablauf schaffen.

Damit können nicht nur die Wasserfassung, sondern auch die Förderanlage, Aufbereitungsanlage und insbesondere die Zubringerleitung für den gleichmäßigen durchschnittlichen Verbrauch an Spitzentagen bemessen werden, so dass lediglich die Haupt- und Versorgungsleitungen im Verbrauchsgebiet für den maximalen Stundenverbrauch bemessen werden müssen.

Besonders notwendig ist die Speicherung, wenn die Wasserförderung nur zu bestimmten Zeiten, z. B. kurzfristig oder nur nachts zur Ausnützung eines billigen Nachtstromes erfolgt oder wenn – wie bei Quellen – das Dargebot über 24 Stunden konstant ist, während sich der Wasserverbrauch überwiegend auf die Tagesstunden verteilt.

Künstlich angelegte Grundwasserspeicher vermögen saisonale Verbrauchsschwankungen auszugleichen.

6.1.2 Ausgleich zwischen Vor- und Hauptförderung

Auch zum Ausgleich der oft verschiedenen Förderströme von Vorförderung und Hauptförderung sind Speicher notwendig, z. B. bei Vorförderung aus Brunnen über eine Aufbereitungsanlage in einen Reinwasser-(Zwischen-)behälter und anschließend Hauptförderung aus diesem ins Netz oder in einen Hochbehälter. Auch bei Unterteilung von zu großen Förderhöhen können Zwischenbehälter sinnvoll sein.

6.1.3 Einhalten der Druckbereiche in Zubringerleitungen und Versorgungsleitungen

Der freie Wasserspiegel (WSp) eines hochgelegenen Wasserspeichers legt die Druckhöhe an diesem Standort fest; er bestimmt unter Berücksichtigung der Wasserspiegelschwankungen im Wasserspeicher und der Druckverluste im Rohrnetz die Versorgungsdrücke. Höchster und niedrigster WSp des Wasserspeichers sind die Ausgangspunkte für die hydraulischen Drucklinien.

6.1.4 Überbrücken von Betriebsstörungen

Der Wasserbezug soll bei kurz dauernden Betriebsstörungen, wie Stromunterbrechung, Maschinenschaden, Rohrbruch, nicht unterbrochen werden; insbesondere muss vermieden werden, dass Rohrnetzteile leer laufen, da sonst die Gefahr des Rücksaugens von verunreinigtem Wasser besteht und das Füllen der Leitungen wegen der notwendigen Entlüftung langwierig und umständlich ist (Gefahr des Auftretens von Rohrbrüchen infolge von Druckstößen). Bei sparsamem Wasserverbrauch und richtiger Bemessung wird ein Wasserspeicher über kurzzeitige Störungen hinweghelfen.

6.1.5 Bereithalten von Löschwasser

Zu den Aufgaben einer zentralen WV-Anlage gehört in der Regel auch das Bereithalten einer angemessenen Löschwassermenge. Für die Brandbekämpfung werden Wassermengen innerhalb kurzer Zeit benötigt, die insbesondere bei kleinen und mittleren Anlagen im Vergleich zum Trinkwasserbedarf sehr erheblich sind. Da ein Brand am wirksamsten im Entstehen gelöscht werden kann, muss ständig ein entsprechender Wasservorrat bereitgehalten werden, damit die vorhandenen Hydranten im Ortsnetz eingesetzt werden können.

6.1.6 Druckzonenversorgung

Bei Versorgungsnetzen mit verschiedenen Druckzonen ist für jede Zone eine Speicherung des Wassers notwendig zum Einhalten eines gleichmäßigen Druckes in den einzelnen Zonen und zur Druckminderung für die tiefer gelegene Versorgungszone.

6.1.7 Misch- und Absetzbecken

Die Zwischenspeicherung von Wasser ist auch dann notwendig, wenn verschiedene Wässer gemischt werden oder Wässer nach der Aufbereitung noch ausreagieren müssen oder wenn durch längere Verweildauer erreicht werden soll, dass im Wasser enthaltene Bestandteile ausgeschieden werden.

6.1.8 Ausgleich der Abflüsse eines oberirdischen Gewässers in einer Trinkwassertalsperre

Eine unmittelbare Wasserentnahme aus einem für die Trinkwasserversorgung geeigneten Fließgewässer ist bei NNQ und wegen der Schwankungen in der Beschaffenheit in der Regel nicht möglich. Eine Trinkwassertalsperre gleicht die stark schwankenden Abflüsse für den Zeitraum eines Jahres, besser von zwei Jahren, aus und sichert die Wasserqualität.

6.2 Arten der Wasserspeicherung

6.2.1 Wasserbehälter in Hochlage

Am häufigsten und bei den meisten zentralen WV-Anlagen vorhanden ist die Wasserspeicherung in Hochbehältern. Es sind dies Wasserspeicher, deren WSp höher als das Versorgungsgebiet liegt und von dem aus das Wasser dem Versorgungsnetz mit natürlichem Gefälle zufließt. Sie dienen zum Ausgleich der Verbrauchsschwankungen, dem gleichmäßigen Einhalten des Druckes im nachgeschalteten Versorgungsnetz, der Notversorgung und der Speicherung eines Wasservorrates für Löschzwecke, bei Fernleitungen und Gruppen-WV-Anlagen als Unterbrecherbehälter und Zonenbehälter. Bei Wasserbehältern in Hochlage unterscheidet man zwischen Hochbehältern (Erdhochbehältern) und Wassertürmen.

6.2.1.1 Hochbehälter

Bei günstigen topographischen Verhältnissen empfiehlt sich der Bau eines Hochbehälters, der zum überwiegenden Teil unter Gelände eingebaut und mit Erde überdeckt wird. Bei nicht ausreichender

Geländehöhe, felsigem Untergrund oder hohem Grundwasserstand wird der Behälter angeschüttet oder gar freistehend ausgeführt; hierbei muss auf eine ausreichende Wärmeisolierung geachtet werden. Ein Hochbehälter bietet eine hohe Versorgungssicherheit und gestattet eine wirtschaftliche Auslastung der Förderanlagen bei großem Nutzinhalt. Er erfordert einen geringen Instandhaltungsaufwand und meist kann man ihn später problemlos erweitern. Lässt sich ein Hochbehälter aus topographischen Gründen nicht in der Nähe der Verbrauchsschwerpunkte errichten, so schlagen die hohen Investitionen für die lange Zuleitung zum Versorgungsnetz nachteilig zu Buche.

6.2.1.2 Wasserturm

Wenn keine günstig gelegenen Geländepunkte vorhanden sind, wird die Wasserspeicherung in der Nähe des Versorgungsgebietes in Wasserkammern durchgeführt, die im oberen Teil eines turmartigen Bauwerks untergebracht werden. Auch ein Wasserturm bietet eine hohe Versorgungssicherheit. Gelegentlich wird der Wasserturm als Standrohrturm (Wassersilo) ausgeführt, wobei die Sohle der Wasserkammer gleichzeitig Gründungssohle ist. Die Kosten eines Wasserturmes sind erheblich höher als die eines Hochbehälters (bis zum Sechsfachen, bezogen auf den m^3 Nutzinhalt). Der WSp des Speichers wird daher meist nicht so hoch über dem Versorgungsgebiet wie beim Hochbehälter gelegt, sein Inhalt kleiner gehalten. Nachteilig ist die meist fehlende Erweiterungsmöglichkeit.

6.2.2 Wasserbehälter in Tieflage

Der Wasserspiegel des Speichers liegt hier tiefer als es dem Versorgungsdruck entspricht. Für die Versorgung muss deshalb das Wasser aus dem Behälter hochgepumpt werden. Tiefbehälter sind daher Saugbehälter für Pumpwerksanlagen und dienen zum Ausgleich zwischen Quellzulauf oder Brunnenvorförderung und der Wasserhebung in das Versorgungsnetz. Oft sind sie Aufbereitungsanlagen nachgeschaltet. Bei Druckbehälterpumpwerken haben sie dazu Teilaufgaben des Hochbehälters, wie Ausgleich der Verbrauchsschwankungen, Speicherung des Löschwasservorrats, zu übernehmen.

6.2.3 Druckbehälter

Speicheranlagen mit dem kleinsten Inhalt werden in Form von druckfesten Behältern ausgeführt. Diese haben nur die Aufgabe, die Schalthäufigkeit von reinen Pumpwerksanlagen ohne dahinterliegendem Wasserspeicher zu verringern und speichern daher nur den Verbrauch von wenigen Minuten. Da bei Stromausfall oder Störung in den Fördereinrichtungen der Druck im Versorgungsnetz nach Verbrauch des geringen nutzbaren Inhalts in kurzer Zeit bis auf Höhe des Pumpenvordruckes abfällt, läuft das Ortsnetz leer, wenn nicht Ersatzmaschinen sofort eingeschaltet werden. Ein Leerlaufen des Rohrnetzes muss aber aus betrieblichen und hygienischen Gründen vermieden werden. Druckbehälterpumpwerke erfordern daher sorgfältige Wartung und müssen mit Ersatzstromanlagen ausgerüstet werden. Wenn dies nicht gewährleistet ist, wie beispielsweise vielfach bei kleinen ländlichen Anlagen, ist für die Speicherung ein Hochbehälter vorzuziehen.
Bei sehr kleinen Anlagen, wie Einzelhöfen, Anschluss kleiner hochgelegener Siedlungen usw. sollte trotz der erwähnten Nachteile ein Druckbehälterpumpwerk gewählt werden.

6.2.4 Lösungsmöglichkeiten

Um im Versorgungsnetz stets Wasser in ausreichender Menge und mit ausreichendem Druck zur Verfügung zu stellen, gibt es drei Möglichkeiten: Bau eines Hochbehälters oder eines Wasserturmes oder eines Tiefbehälters mit Druckbehälterpumpwerk. Entscheidend sind die Versorgungssicherheit und die Wirtschaftlichkeit (Bau, Betrieb, Wartung und Unterhaltung) bei Berücksichtigung des vorgegebenen Wasserversorgungssystems. Während man Versorgungssicherheit und städtebauliche bzw.

6.2 Arten der Wasserspeicherung

landschaftsgestalterische Gesichtspunkte kaum monetär bewerten kann, lassen sich beim Wirtschaftlichkeitsvergleich die festen und beweglichen Jahreskosten der einzelnen Lösungen ermitteln und gegenüberstellen. Die voraussichtliche Entwicklung der Kosten ist für einen längeren Zeitraum in den Vergleich einzubeziehen. Dabei soll die Summe der Jahreskosten aus Bau und Betrieb minimiert werden. Die „Leitlinien zur Durchführung von dynamischen Kostenvergleichsrechnungen" der Länderarbeitsgemeinschaft Wasser (LAWA) aus dem Jahre 1998 enthalten auch ein Rechenbeispiel aus der Wasserversorgung mit einem begleitenden Software-Paket.

Tab. 6-1 zeigt die verschiedenen Lösungsmöglichkeiten mit ihren charakteristischen Vor- und Nachteilen auf.

Tab. 6-1: Lösungsmöglichkeiten mit charakteristischen Vor- und Nachteilen nach Haug

Lösungsmöglichkeiten					
Charakteristische Vor- und Nachteile nur generell, <u>nicht</u> für den Einzelfall gültig	Speicherung in Hochlage mit		Druckerhöhungsanlage mit		Bemerkungen zur Bewertung
	Hochbehälter	Wasserturm	Druckbehälter	Drehzahl-regelung	
• Zuverlässigkeit, Verfügbarkeit	++	++	o[1]	o[1]	[1] mit Ersatzstromanlage
• Ausgleich Zulauf/Verbrauch	++	+[2]	-	--	[2] Wasserturm i. d. R. kleiner als Hochbehälter
• Löschwasservorrat	++	+[2]	--	--	
• Störfallvorrat	++	(+)[2]	--	--	
• Kontinuierlicher Ruhedruck	++	++	o[3]	--[3]	[3] ohne Förderbetriebe
• Verbrauchsabhängige Druckschwankungen	+[4]	++	--	++	[4] längere Zuleitung
• Energiekosten	++[5]	(+)[5]	--	o	[5] bei Niedrigtarif-Ausnutzung
• Unterhaltungsaufwand	+	+	-	-	
• Personalaufwand	+	+	o	-	
• Baukosten Rohrleitungen	o	+	-[6]	-[6]	[6] größere DN
Förderanlagen	o	+	-	--	
• Lebensdauer Förderanlagen	o	o	-	+	
• Baukosten Speicherraum	o	--	+	+	
• Erweiterungsfähigkeit	o	--	+	++	
• Gestaltungsfreiheit	o	--	++	++	
• Standortunabhängigkeit	--	-	+	+	
• Energieeinsparung	--[4]	-	+	++	
Bewertung: ++ sehr gut + gut o zufriedenstellend - weniger günstig -- ungünstig					

6.2.5 Trinkwassertalsperren

Speicheranlagen mit sehr großem Inhalt werden in Form von Talsperren angelegt. Durch ein Sperrenbauwerk wird das Tal abgesperrt und das zufließende Wasser gesammelt. Trinkwassertalsperren sind meist Mehrzweckanlagen, d. h. sie dienen nicht nur der Wasserversorgung (Ausgleich der Jahres-Verbrauchsschwankungen, Absetzbecken und Abkühlen durch entsprechende Entnahmetiefe für Oberflächenwasser), sondern aus Umwelt- und Kostengründen auch allgemeinen wasserwirtschaftlichen Interessen (wie z. B. Hochwasserschutz, Niedrigwasseraufhöhung der Vorflut für das unvermeidbare Einleiten von geklärtem Abwasser unterhalb der Talsperre, Erhöhung der Wasserführung für die Schiff-Fahrt, Stromerzeugung).

6.2.6 Grundwasserspeicher

Die Sand- und Kiesablagerungen der alluvialen und diluvialen Talauffüllungen haben in den Hohlräumen je nach Kornzusammensetzung ein beträchtliches Speichervermögen. Natürliche unterirdische Grundwasserspeicher gibt es dort, wo Felsenschwellen den Grundwasserstrom aufstauen, z. B. im

Illertal oberhalb von Immenstadt, im Lechtal oberhalb Füssen, im Loisachtal oberhalb Eschenlohe. Durch unterirdischen Einbau von künstlichen Staumauern, z. B. durch Spund- und Schlitzwände, können künstliche Grundwasserspeicher geschaffen werden, z. B. Mangfallgebiet für die Stadt München oder technisch möglich bei der Grundwasserfassung Ursprung für die Stadt Nürnberg. Natürliche Grundwasserspeicher, besonders wenn sie wannenartige Eintiefungen haben, können künstlich als Speicher ausgenützt werden, indem zu Spitzenverbrauchszeiten unter Bildung von tieferen Absenkungstrichtern mehr Wasser entnommen wird als der natürlichen Grundwassererneuerung entspricht. Dabei ist aber sicherzustellen, dass in der verbrauchsschwächeren Zeit die Entnahme so weit vermindert wird, dass der infolge der befristeten Überbeanspruchung entstandene freie Grundwasserspeicherraum wieder aufgefüllt wird. Auch Grundwasserspeicher müssen durch Wasserschutzgebiete gesichert werden.

6.2.7 Löschwasserspeicher

Sehr häufig und bei kleinen Landgemeinden fast immer notwendig ist die Speicherung von Löschwasser in besonderen Löschwasserspeichern, z. B. wenn keine zentrale Wasserversorgung vorhanden ist oder der Wasservorrat im Hochbehälter für einen Brand nicht ausreicht oder die Verweilzeiten im Hochbehälter durch die Bevorratung von Löschwasser hygienisch unvertretbar lang werden. Im Allgemeinen werden vorhandene Weiher mit den für eine Löschwasserentnahme erforderlichen Einrichtungen versehen oder künstliche Löschteiche (Feuerweiher) angelegt. In geschlossen bebauten Gebieten sind dagegen unterirdische Löschwasserbehälter zweckmäßig (Löschwasserbehälter s. Abschn. 6.7.3 ff.).

6.3 Speicherinhalt

Der Speicherinhalt eines Behälters umfasst nach **Abb. 6-1** das Volumen zwischen Überlauf-Wasserspiegel und Behältersohle. Der Nutzinhalt setzt sich zusammen aus dem Ausgleichsvolumen (fluktuierendes Wasservolumen) und einem Sicherheitsvorrat zur Überbrückung von Betriebsstörungen. Zusätzlich kann ein Löschwasservorrat in Frage kommen, der zwar auch zur Bevorratung zählt, aber nur im Brandfall genutzt wird und deshalb der normalen betrieblichen Nutzung nicht zur Verfügung steht.

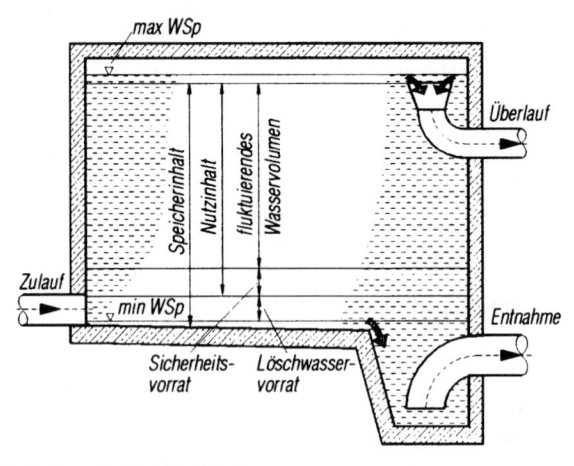

Abb. 6-1: Schema der Aufteilung des Speicherinhalts

6.3.1 Ausgleich der Verbrauchsschwankungen – Fluktuierendes Wasservolumen

6.3.1.1 Allgemein

Das erforderliche Ausgleichsvolumen hängt wesentlich davon ab, innerhalb welchen Zeitraumes der Ausgleich der Verbrauchsschwankungen durchgeführt werden soll, d. i. Tages-, Monats-, Jahresausgleich, und wie Wasserzulauf, Quellzulauf, Pumpenförderung den zeitlichen Verbrauchsentnahmen angepasst ist. Die Ermittlung des Ausgleichvolumens kann rechnerisch oder grafisch durchgeführt werden. Dabei versteht man unter Ausgleich das Wiedererreichen der Ausgangs-Wasserspiegellage im entsprechenden Zeitraum. Bemessungsgrundlage ist der maximale Tagesbedarf $Q_{d\,max}$.
Der Tagesausgleich ist bei Hochbehältern der Regelfall. Er wird insbesondere bei Hochbehältern mit zugeordnetem Versorgungsgebiet angewandt und entspricht weitgehend den Bedürfnissen der Versorgungssicherheit. Ein Über-Tagesausgleich kann z. B. vorteilhaft sein, wenn aus betrieblichen Gründen Wassergewinnung und Wasseraufbereitung über einen längeren Zeitraum mit gleichmäßiger Leistung betrieben werden sollen. Der wirtschaftliche Vorteil kann darin liegen, dass vorgeschaltete Anlageteile nicht für Spitzenlast ausgelegt werden müssen und Kapazitätserweiterungen später vorgenommen werden können.

6.3.1.2 Rechnerische Ermittlung

Es ist zweckmäßig, den Zulauf und den Verbrauch je Zeiteinheit in % des Gesamtvolumens einzusetzen:

$$Q_h = a \cdot Q_{d\,max}$$

Als Fehlbetrag wird bezeichnet, wenn der Verbrauch größer als der Zulauf, als Überschuss, wenn der Zulauf größer als der Verbrauch ist. Es muss sein:
Summe Überschuss = Summe Fehlbetrag
Diese Summe entspricht i. A. dem fluktuierenden Volumen und damit dem erforderlichen Speicherraum zum Ausgleich der Verbrauchsschwankungen. In **Tab. 6-2** ist die Berechnung des erforderlichen Fassungsraumes V für den Tagesausgleich einer Landgemeinde, in **Tab. 6-3** die für eine Kleinstadt für 3 verschiedene Fälle des Zulaufs durchgeführt. Im praktischen Betrieb sind meist andere Pumpzeiten üblich, doch geben die hier gewählten einen besseren Überblick über den Rechnungsgang. So beträgt nach **Tab. 6-2** das fluktuierende Wasservolumen = Fassungsraum V_d für Fall 2, 10-stündiger Pumpbetrieb von 20–6 Uhr,

$$V_d = 0{,}705\, Q_{d\,max}.$$

Wenn jedoch während der betrachteten Zeit ein mehrmaliger Wechsel zwischen Fehlbetrag und Überschuss auftritt, dann vermindert sich V wegen der zwischenzeitlichen Auffüllung. Es ist dann übersichtlicher, die Veränderung von V bzw. des WSp im Speicher durch die laufende Summierung oder Minderung zu berechnen, wobei die Summe des größten und kleinsten Wertes maßgebend ist z. B.:
nach **Tab. 6-2**, Fall 1: V = (+ 19,5 + | – 5,2 |)/100 $Q_d = 0{,}247\, Q_{d\,max}$
nach **Tab. 6-2**, Fall 2: V = (+ 52 + | – 18,5 |)/100 $Q_d = 0{,}705\, Q_{d\,max}$

6.3.1.3 Grafische Ermittlung

Besonders anschaulich ist die grafische Ermittlung des fluktuierenden Wasservolumens mittels der Summenlinie von Verbrauch und Zulauf je Zeiteinheit und die Darstellung der Schwankungen des WSp im Speicher. Dieses Verfahren wird vor allem im Wasserbau bei der Berechnung des erforderlichen Inhalts von Trinkwassertalsperren angewendet. In **Abb. 6-2** ist das Summenlinien-Verfahren für den Tagesausgleich in einer Landgemeinde nach **Tab. 6-2** dargestellt. Das fluktuierende Wasservolumen (V) ist die Summe der beiden größten Abstände der beiden Summenlinien, dabei ist:

y_a+, wenn Zulauflinie oberhalb Verbrauch

y_b+, wenn Zulauflinie unterhalb Verbrauch

somit ist in **Abb. 6-2**

$V \text{ (Fall 1)} = y_{1a} + y_{1b} = (19{,}5 + 5{,}2)/100 \quad Q_d = 0{,}247\, Q_d$

$V \text{ (Fall 2)} = y_{2a} + y_{2b} = (92{,}0 - 21{,}5)/100 \quad Q_d = 0{,}705\, Q_d$

Bei der grafischen Darstellung der Wasserspiegelschwankungen nach **Abb. 6-3** werden die Fehlbeträge (−) und die Überschüsse (+) laufend summiert und die Werte über einer Nulllinie aufgetragen. Die Summe der größten über und unter der Nulllinie liegenden Abstände = V.

$V \text{ (Fall 1)} = y_{1a} + y_{1b}$

Tab. 6-2: Tabellarische Berechnung des fluktuierenden Wasservolumens für den Tagesausgleich in einer Landgemeinde für: Fall 1: 24-stündiger, gleichmäßiger Zulauf; Fall 2: 10-stündiger Pumpbetrieb, 20-6 Uhr; Fall 3: 10-stündiger Pumpbetrieb, 6-16 Uhr

Zeit	Verbrauch Q_h %	$\sum Q_h$ %	Fall 1 Zulauf %	Fall 1 Fehlbetrag %	Fall 1 Überschuss %	Fall 1 Wasserspiegel %	Fall 2 Zulauf %	Fall 2 Fehlbetrag %	Fall 2 Überschuss %	Fall 2 Wasserspiegel %	Fall 3 Zulauf %	Fall 3 Fehlbetrag %	Fall 3 Überschuss %	Fall 3 Wasserspiegel %
1	0,5	0,5	4,2		3,7	+3,7	10		9,5	+9,5		0,5		−0,5
2	0,5	1,0	4,2		3,7	+7,4	10		9,5	+19,0		0,5		−1,0
3	0,5	1,5	4,2		3,7	+11,1	10		9,5	+28,5		0,5		−1,5
4	0,0	1,5	4,2		4,2	+15,3	10		10,0	+38,5		0,0		−1,5
5	0,0	1,5	4,2		4,2	+19,5	10		10,0	+48,5		0,0		−1,5
6	6,5	8,0	4,2	2,3		+17,2	10		3,5	+52,0		6,5		−8,0
7	12,5	20,5	4,2	8,3		+8,9		12,5		+39,5	10	2,5		−10,5
8	8,5	29,0	4,2	4,3		+4,6		8,5		+31,0	10		1,5	−9,0
9	3,5	32,5	4,2		0,7	+5,3		3,5		+27,5	10		6,5	−2,5
10	3,0	35,5	4,2		1,2	+6,5		3,0		+24,5	10		7,0	+4,5
11	3,0	38,5	4,2		1,2	+7,7		3,0		+21,5	10		7,0	+11,5
12	4,5	43,0	4,2	0,3		+7,4		4,5		+17,0	10		5,5	+17,0
13	11,0	54,0	4,2	6,8		+0,6		11,0		+6,0	10	1,0		+16,0
14	10,0	64,0	4,2	5,8		−5,2		10,0		−4,0	10	0,0		+16,0
15	1,0	65,0	4,2		3,2	−2,0		1,0		−5,0	10		9,0	+25,0
16	1,5	66,5	4,2		2,7	+0,7		1,5		−6,5	10		8,5	+33,5
17	1,5	68,0	4,2		2,7	+3,4		1,5		−8,0		1,5		+32,0
18	2,0	70,0	4,2		2,2	+5,6		2,0		−10,0		2,0		+30,0
19	3,0	73,0	4,2		1,2	+6,8		3,0		−13,0		3,0		+27,0
20	5,5	78,5	4,2	1,3		+5,5		5,5		−18,5		5,5		+21,5
21	9,0	87,5	4,2	4,8		+0,7	10		1,0	−17,5		9,0		+12,5
22	8,5	96,0	4,2	4,3		−3,6	10		0,5	−16,0		8,5		+4,0
23	3,0	99,0	4,2		1,2	−2,4	10		7,0	−9,0		3,0		+1,0
24	1,0	100,0	3,4		2,4	0,0	10		9,0	0,0		1,0		0,0
	100,0		100,0	38,2	38,2		100	70,5	70,5		100	45,0	45,0	

Größte Differenz der Wasserspiegel = fluktuierendes Wasservolumen in %

Fall 1	Fall 2	Fall 3
+19,5	+52,0	|−10,5|
|−5,2|	|−18,5|	+33,5
24,7	70,5	44,0

6.3 Speicherinhalt

Wegen der langen Verweildauer des Wassers in den Speichern an Tagen mit geringem Wasserverbrauch und der hohen Bau- und Betriebskosten sind Reinwasserbehälter in der Regel zum Ausgleich der täglichen Verbrauchsschwankungen an Spitzentagen zu bemessen. Damit ist es auch notwendig, dass die Wassergewinnungsanlagen für die Deckung von $Q_{d\ max}$ zu bemessen sind. Bei Großstädten und großen Fernwasserversorgungsanlagen sind die wöchentlichen Verbrauchsschwankungen nicht so groß, so dass gelegentlich ein Wochenausgleich durch die Reinwasserbehälter erreicht werden kann. Ein Jahresausgleich ist dagegen nur durch Trinkwassertalsperren möglich.

Sind betrieblich keine Summenlinien verfügbar, sollte die Bemessung des Speicherinhalts mit Wasserbedarfszahlen und Spitzenfaktoren nach DVGW-Merkblatt W 410 sowie DVGW-Arbeitsblatt W 400-1 durchgeführt werden.

Tab. 6-3: Tabellarische Berechnung des fluktuierenden Wasservolumens für den Tagesausgleich in einer Kleinstadt für: Fall 1: 24-stündiger, gleichmäßiger Zulauf; Fall 2: 10-stündiger Pumpbetrieb, 20-6 Uhr; Fall 3: 10-stündiger Pumpbetrieb, 6-16 Uhr

Zeit	Verbrauch		Fall 1				Fall 2				Fall 3			
	Q_h %	$\sum Q_h$ %	Zu-lauf %	Fehl-betrag %	Über-schuss %	Wasser-Spiegel %	Zu-lauf %	Fehl-betrag %	Über-schuss %	Wasser-spiegel %	Zu-lauf %	Fehl-Betrag %	Über-schuss %	Wasser-spiegel %
1	1,5	1,5	4,2		2,7	+2,7	10		8,5	+8,5		1,5		−1,5
2	1,5	3,0	4,2		2,7	+5,4	10		8,5	+17,0		1,5		−3,0
3	1,5	4,5	4,2		2,7	+8,1	10		8,5	+25,5		1,5		−4,5
4	1,5	6,0	4,2		2,7	+10,8	10		8,5	+34,0		1,5		−6,0
5	2,0	8,0	4,2		2,2	+13,0	10		8,0	+42,0		2,0		−8,0
6	3,0	11,0	4,2		1,2	+14,2	10		7,0	+49,0		3,0		−11,0
7	5,0	16,0	4,2	0,8		+13,4		5,0		+44,0	10		5,0	−6,0
8	5,5	21,5	4,2	1,3		+12,1		5,5		+38,5	10		4,5	−1,5
9	6,0	27,5	4,2	1,8		+10,3		6,0		+32,5	10		4,0	+2,5
10	5,5	33,0	4,2	1,3		+9,0		5,5		+27,0	10		4,5	+7,0
11	6,0	39,0	4,2	1,8		+7,2		6,0		+21,0	10		4,0	+11,0
12	6,0	45,0	4,2	1,8		+5,4		6,0		+15,0	10		4,0	+15,0
13	5,0	50,0	4,2	0,8		+4,6		5,0		+10,0	10		5,0	+20,0
14	5,5	55,5	4,2	1,3		+3,3		5,5		+4,5	10		4,5	+24,5
15	5,5	61,0	4,2	1,3		+2,0		5,5		−1,0	10		4,5	+29,0
16	6,0	67,0	4,2	1,8		+0,2		6,0		−7,0	10		4,0	+33,0
17	5,5	72,5	4,2	1,3		−1,1		5,5		−12,5		5,5		+27,5
18	6,0	78,5	4,2	1,8		−2,9		6,0		−18,5		6,0		+21,5
19	5,5	84,0	4,2	1,3		−4,2		5,5		−24,0		5,5		+16,0
20	5,0	89,0	4,2	0,8		−5,0		5,0		−29,0		5,0		+11,0
21	4,0	93,0	4,2		0,2	−4,8	10		6,0	−23,0		4,0		+7,0
22	3,0	96,0	4,2		1,2	−3,6	10		7,0	−16,0		3,0		+4,0
23	2,0	98,0	4,2		2,2	−1,4	10		8,0	−8,0		2,0		+2,0
24	2,0	100,0	3,4		1,4	0,0	10		8,0	0,0		2,0		0,0
	100,0		100,0	19,2	19,2		100	78,0	78,0		100	44,0	44,0	

Größte Differenz der Wasserspiegel = fluktuierendes Wasservolumen in %

Fall 1	Fall 2	Fall 3
+14,2	+49,0	+33,0 |
−5,0 |	−29,0	−11,0
19,2	78,0	44,0

6.3.1.4 Beurteilung

Aus den Tab. und Abb. ist ersichtlich, dass der erforderliche Fassungsraum zum Ausgleich der Verbrauchsschwankungen am kleinsten ist, wenn der Verbrauch wenig schwankt und der Zulauf weitgehend dem Verbrauch angepasst ist, z. B. hier Kleinstadt, 24-stündiger gleichmäßiger Zulauf, **Tab. 6-3**, Fall 1, $V = 19{,}3/100\,Q_{d\,max}$. Es ist deshalb anzustreben, vor allem bei knappem und teurem Speicherraum (Wasserturm!), die Ganglinie des Zulaufes zum Behälter derjenigen des Ablaufes (Verbrauches) möglichst anzupassen, um das Speichervolumen zu verringern.

Das rechnerisch oder grafisch ermittelte Ausgleichsvolumen ist das für die Wasserversorgung zur Verfügung stehende Behältervolumen, jedoch ohne Sicherheitsvorrat bei Betriebsstörungen und ohne Löschwasservorrat. Bei der Bemessung ist der in 15–20 Jahren zu erwartende Bedarf zu berücksichtigen.

Je größer das Versorgungsgebiet ist, desto geringer sind die Verbrauchsschwankungen, desto besser lassen sich die Förderströme anpassen und desto geringer wird das Ausgleichsvolumen. Die Größenordnung des Tagesausgleichsvolumens in Abhängigkeit vom Spitzentagesverbrauch $Q_{d\,max}$, also von der Größe des Versorgungsgebietes, lässt sich aus **Tab. 6-4** entnehmen.

Tab. 6-4: Tagesausgleichsvolumen in 24 Versorgungsgebieten der Bundesrepublik

Spitzentagesverbrauch $Q_{d\,max}$ m³/d	Tagesausgleichsvolumen V % von $Q_{d\,max}$
bis 10 000	28
50 000	27
100 000	25
300 000	23
1 000 000	20

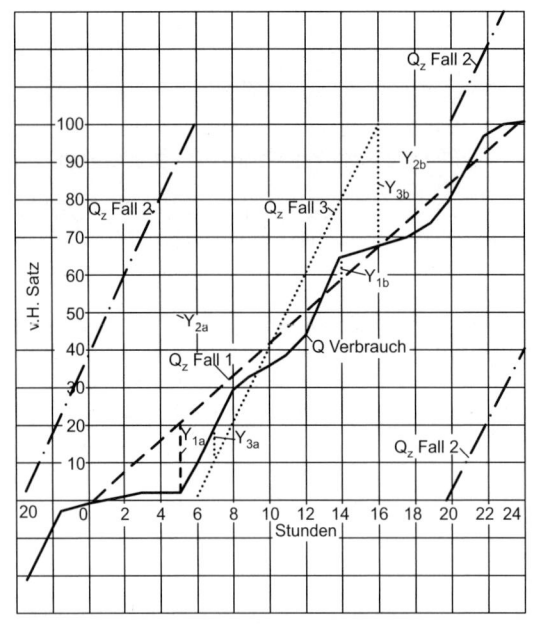

Abb. 6-2: Grafische Ermittlung des fluktuierenden Wasservolumens für den Tagesausgleich in einer Landgemeinde, Summenlinien-Verfahren, nach Tab. 6-2

6.3 Speicherinhalt

Abb. 6-3: Grafische Darstellung des stündlichen Wasserverbrauchs und der Wasserspiegelschwankungen in einem Wasserbehälter einer Landgemeinde nach Tab. 6-2

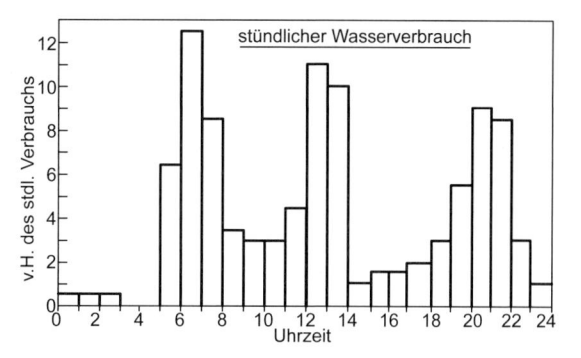

Abb. 6-3 a: Stündlicher Wasserverbrauch

Abb. 6-3 b: Dauer der Wasserförderung

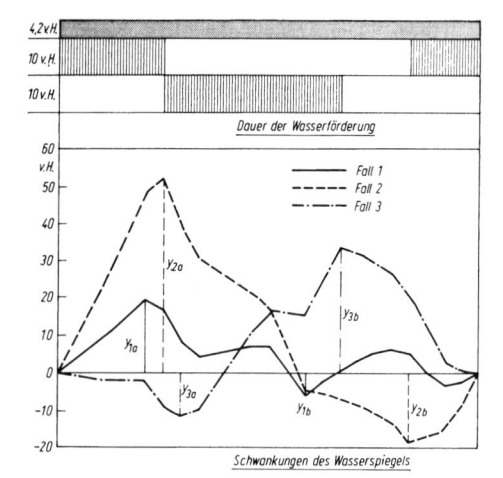

Abb. 6-3 c: Schwankungen des Wasserspiegels Fall 1, Fall 2, Fall 3 wie Tab. 6-2

6.3.2 Ausgleich zwischen Vor- und Hauptförderung im Tiefbehälter

Wenn die Förderströme der Vorpumpe und Hauptpumpe gleich groß sind, wird theoretisch kein Speicherraum benötigt. Meist wird jedoch eine Trennung der hydraulischen Abhängigkeit aus anderen Gründen notwendig, z. B. unterschiedliche Zahl der Pumpen, unterschiedliche Leistung, unterschiedliche Betriebszeit oder Aufbereitungsanlage zwischen Vor- und Hauptförderung. Zum Ausgleich der Förderleistungen wird dann ein Speicher überwiegend als Tiefbehälter benötigt. Wenn die Laufzeiten der verschiedenen Vor- und Hauptpumpen sehr unterschiedlich sind, ist die tabellarische Berechnung nach **Tab. 6-2** und **6-3** am übersichtlichsten. Die grafische Ermittlung nach dem Summenlinien-Verfahren und mittels der Schwankungen der WSp im Speicher sind in **Abb. 6-4** dargestellt.

Tabelle Haupt- und Vorförderung											
h	2	4	6	8	10	12	14	16	18	20	22	24
$Q_Z/2h$	12,5	12,5	12,5	12,5	12,5	12,5						12,5
$Q_A/2h$	8,4	8,4	8,4	8,4	8,4	8,4	8,4	8,4	8,4	8,4	8,4	7,6
WSp	4,1	8,2	12,3	16,4	20,5	24,6	28,7	20,3	11,9	3,5	-4,9	0

Abb. 6-4: Grafische Ermittlung des Ausgleichs zwischen Vor- und Hauptförderung

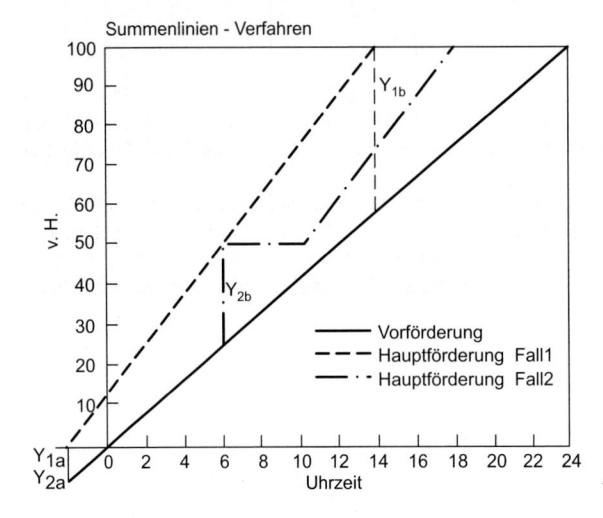

Abb. 6-4 a: Summenlinien-Verfahren

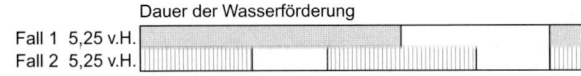

Abb. 6-4 b: Dauer der Wasserförderung

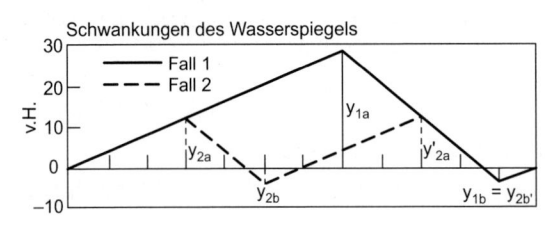

Abb. 6-4 c: Schwankungen des Wasserspiegels

6.3.3 Sicherheitsvorrat

Die Bemessung des Speicherinhalts nach dem fluktuierenden Wasservolumen, also nur nach dem Ausgleich der Verbrauchsschwankungen, umfasst keine ausreichende Reserve für Betriebsstörungen. Dieser betriebliche Sicherheitsvorrat ist abhängig vom System der Zubringerleitungen, von der Wahrscheinlichkeit und Dauer von Betriebsstörungen sowie dem Zustand und der Leistung benachbarter Wasserversorgungsanlagen im Notverbund. Der Sicherheitszuschlag kann klein sein und im günstigsten Fall sogar entfallen, wenn mehrere Zubringerleitungen vorhanden sind, die Rohrbruchhäufigkeit gering ist bzw. ein leistungsfähiges Nachbarunternehmen mit guter Einspeisemöglichkeit existiert. Liegen diese Voraussetzungen nicht vor, so muss man die voraussichtliche Dauer einer Schadensbehebung abschätzen und danach den Sicherheitszuschlag festlegen. Dabei sollte über betriebliche Maßnahmen sichergestellt sein, dass die Ausfall- bzw. die Reparaturdauer möglichst kurz angesetzt werden kann.

Als Faustformel für die Größe des notwendigen Sicherheitsvorrats kann man ansetzen

$$V_{si} \ (m^3) = \frac{Q_d \ (m^3/d)}{\text{Anzahl der Zuleitungen}} \cdot \text{Ausfalldauer (d)}$$

6.3 Speicherinhalt

Hier wurde nur der durchschnittliche Tagesbedarf herangezogen, weil es unwahrscheinlich ist, dass bei hier angenommen gleich leistungsfähigen Zubringerleitungen ein Schaden mit dem Spitzentagesbedarf zusammenfällt.

6.3.4 Löschwasservorrat

Die Wahl des Fassungsraumes für die Löschwassermenge hängt wesentlich von dem Löschwasserbedarf und der maximalen Förderleistung des Wasserwerks ab, unter Berücksichtigung der möglichen Löschwasserentnahme aus besonderen Löschwasserbrunnen und Entnahmen aus Oberflächengewässern.

Bei Wasserversorgungsanlagen mit Speicherung soll der Löschwasservorrat möglichst dem Löschwasserbedarf für 2 Std. entsprechen. Es ist dabei anzunehmen, dass bei kleinen WV-Anlagen ein nicht ständig besetztes Pumpwerk beim Zusammentreffen ungünstiger Umstände erst nach dieser Zeit einsatzbereit ist. Der Gesamtinhalt des Speichers ergibt sich aus fluktuierendem Wasservolumen + Sicherheitsvorrat + Löschwasservorrat.

Als Zuschlag für Löschwasser werden gemäß DVGW-Arbeitsblatt W 405 folgende Richtwerte empfohlen:

– Dorf- und Wohngebiete: 100 bis 200 m^3
– Kern-, Gewerbe-, Industriegebiete: 200 bis 400 m^3

In Versorgungsgebieten mit einem zukünftigen höchsten Tagesbedarf von mehr als etwa 2000 m^3 kann auf einen zusätzlichen Löschwasservorrat im Behälter verzichtet werden. Bei Kleinsiedlungen, abgelegenen Einzelanwesen, Wochenendhausgebieten und dgl. kann der Löschwasserbedarf aus hygienischen Gründen in der Regel nicht aus dem Trinkwasserbehälter gedeckt werden. Hierzu müssen Wasserläufe, Teiche, Löschwasserbrunnen oder -behälter herangezogen werden.

Für Wasserversorgungsanlagen ohne Speicheranlagen, z.B. bei Druckbehälterpumpwerken, ist die maximale Förderleistung des Pumpwerkes unter Berücksichtigung der Löschwasser-Förderströme nach Abschn. 5.5.4 festzulegen.

6.3.5 Festlegen des Speicherinhalts in der Praxis

6.3.5.1 Allgemeines

In der Praxis wird der Inhalt so gewählt, dass die Unsicherheit der Berechnungsannahmen ausgeglichen und bei kleinen Anlagen ein größerer Vorrat zur Überbrückung von Betriebsstörungen und für Löschzwecke gespeichert wird. Bei kleinen Anlagen muss ferner vermieden werden, dass nach kurzer Zeit eine Erweiterung erforderlich ist, daher wird hier der Fassungsraum nach dem Bedarf in ca. 20 Jahren bemessen. Bei großen Anlagen ist es aus wirtschaftlichen Gründen besser, den Speicherinhalt nicht zu groß zu wählen, sondern später bei Verbrauchssteigerung weitere Wasserspeicher zu bauen, hier kann also der Bedarf in 10 bis 15 Jahren der Bemessung zugrunde gelegt werden.

Aus Gründen der Rationalisierung und damit der Kostenersparnis empfiehlt es sich, für die Behälter nur wenige bestimmte Größen zu verwenden, zumal der künftige Bedarf auch nur angenähert ermittelt werden kann. Es hat sich in der Praxis eine gewisse Häufigkeit in der Größenstaffelung entwickelt: 100, 200, 500, 1000, 2000, 5000, 10 000 m^3.

Größere Behälter sind verhältnismäßig selten, so dass hierfür die Behältergröße jeweils nach den örtlichen Gegebenheiten gewählt werden kann. Auch bei kleineren soll die Staffelung keine feste Regel sein.

Die Festlegung der Behältergröße in der Praxis ist wegen der unterschiedlich notwendigen Sicherheitsreserven je nach Größe der WV-Anlage verschieden; etwa folgende Größeneinteilung kann zugrunde gelegt werden.

6.3.5.2 Kleine und mittelgroße Anlagen

Dies sind Anlagen mit einem zukünftigen höchsten Tagesbedarf bis etwa 4000 m³.

6.3.5.2.1 Nutzinhalt

Bei einem größten Tagesbedarf bis etwa 2000 m³ soll der Nutzinhalt genau so groß sein. Für Anlagen darüber, bis etwa 4000 m³/d, können davon Abminderungen bis zu 20% vorgenommen werden. Bemessungszeitraum jeweils ca. 20 Jahre; ein Sicherheitsvorrat ist damit enthalten.

6.3.5.2.2 Löschwasservorrat

Bei sehr kleinen Anlagen ist es unwirtschaftlich, den gesamten geforderten Löschwasservorrat (s. Abschn. 2.7.4) im Speicher der WV-Anlage aufzunehmen, zumal sich sonst ein Stagnieren und eine Keimvermehrung im Wasser in verbrauchsarmen Zeiten ergeben. Vom Speicherinhalt wird mindestens das fluktuierende Wasservolumen für Verbrauchszwecke benötigt, wobei anzunehmen ist, dass an verbrauchsreichen Tagen auch tagsüber Wasserzulauf und Pumpbetrieb vorhanden sind. Bei einem fluktuierenden Wasservolumen von $0{,}3\,Q_{d\,max}$ steht für Löschzwecke somit auch $0{,}7\,Q_{d\,max}$ zur Verfügung, wenn der Speicher für $V = Q_{d\,max}$ bemessen wird.

Dennoch werden bei Anlagen bis zu etwa 2000 m³/d als Zuschlag zur Erhöhung des Löschwasservorrats die Werte nach Abschn. 6.3.4 als empfehlenswert und wirtschaftlich tragbar angesehen. Liegen keine genauen Angaben nach der Bau-Nutzungsverordnung vor, so können auch folgende Zahlen als Anhalt für den Löschwasservorrat dienen:

ländliche Orte bis 10 Anwesen	75 m³
ländliche Orte bis 50 Anwesen mit kleinen Anwesen, oder in offener Bauweise	100 m³
ländliche Orte bis 50 Anwesen mit großen Anwesen, oder in geschlossener Bauweise	125 m³
ländliche Orte über 50 Anwesen in offener Bauweise	150 m³
Orte über 50 Anwesen in geschlossener Bauweise	200 m³
Kleinstädte mit eng bebauter Altstadt	300 m³

Bei Anlagen über $Q_{d\,max} = 2000$ m³ wird im Allgemeinen auf einen zusätzlichen Löschwasservorrat im Behälter verzichtet, eine großzügige Aufrundung des Inhalts vorausgesetzt.

6.3.5.3 Große Anlagen

Bei großen Anlagen mit einem künftigen Tageshöchstbedarf von mehr als 4000 m³ sollte der Nutzinhalt des Hochbehälters nach dem fluktuierenden Wasservolumen ermittelt werden, zuzüglich eines Sicherheitszuschlages für Betriebsstörungen. Diese Forderung ist im Allgemeinen erfüllt, wenn je nach Größe der Wasserversorgungsanlage der Nutzinhalt etwa 30 bis 80% des größten Tagesbedarfes beträgt. Bemessungszeitraum ca. 15 Jahre; gesonderte Zuschläge für Löschwasser entfallen.

6.3.5.4 Sehr große Anlagen über 50 000 m³/d

Hier ist eine sehr große Sicherheit und Reserve in der Wassergewinnung vorhanden. Der Inhalt wird meist bemessen nach:

$$V = 0{,}5\,Q_{d\,max}^{n+15} \text{ (in m}^3\text{)}, \text{ mindestens } Q_d^{n+15} \text{ (in m}^3\text{)}$$

Das fluktuierende Wasservolumen ist meist kleiner als $0{,}3\,Q_{d\,max}$, so dass als Sicherheitsvorrat noch $0{,}2\,Q_{d\,max}$ verfügbar sind. Ein besonderer Zuschlag für die Löschwasserversorgung ist nicht erforderlich.

6.3.5.5 Gruppenanlagen

Der Gesamtinhalt der Hochbehälter von sehr großen Gruppenanlagen ist weitgehend von den örtlichen Verhältnissen abhängig. Nach Naber ist bei der Bodenseewasserversorgung bei dem Gesamtinhalt von $V = 0{,}5\ Q_{d\ max}$ sogar ein Wochenausgleich vorhanden.

Der Speicherraum bei Gruppenanlagen soll nach Möglichkeit in zentrale Scheitelbehälter und verbrauchernahe Versorgungsbehälter unterteilt sein. Der Gesamtnutzinhalt aller Behälter soll für den zukünftigen höchsten Tagesbedarf (ggf. zuzüglich des jeweiligen Löschwasservorrates) bemessen werden; Bemessungszeitraum ca. 15 Jahre.

6.3.6 Speicherinhalt von Trinkwassertalsperren

Bei Trinkwassertalsperren ist der Mehrverbrauch im Sommer durch den Überfluss im Winter auszugleichen. Häufig ist auch ein Ausgleich über 2 Jahre, um auch zwei aufeinander folgende Trockenjahre zu erfassen. Hierbei müssen neben der Entnahme für die Wasserversorgung die Verluste durch Verdunstung und Versickerung, ferner die ökologisch notwendige Abgabe an den Bach- oder Flusslauf, die Interessen der Unterlieger und der sonstige Bedarf für wasserwirtschaftliche Interessen, Hochwasserrückhalt, Stromerzeugung usw. berücksichtigt werden. Zu dem so ermittelten Speicherraum kommt noch die Berücksichtigung der Forderung, dass die Entnahme des Trinkwassers unter einer bestimmten Tiefe ab Wasserspiegel (mindestens 5 m) und in einer bestimmten Höhe über der Sohle (mindestens 5 m) erfolgen muss. Der Speicherinhalt wird meist grafisch aus der Summenlinie des Zu- und Ablaufes ermittelt (Abschn. 3.2.6.2).

6.4 Hochbehälter

6.4.1 Allgemeine Anforderungen

Beim Bau von Hochbehältern sind nachstehende Anforderungen zu berücksichtigen. Dies gilt insbesondere für die Wasserkammern als eigentliche „Verpackung", deren Eigenschaften und Qualität die Güte des Lebensmittels Trinkwasser nachhaltig bewahren muss.

Liegen bei bestehenden Behältern, die erhaltungswürdig sind, bereits bauliche und betriebliche Mängel und Schäden vor, so sind diese entsprechend ihrer Bedeutung fachkundig zu beheben. Nur so können Betriebserschwernisse oder gar -störungen und insbesondere eine nachteilige Veränderung der Wasserbeschaffenheit vermieden und die Wasserversorgung gesichert werden. Hinweise zur Feststellung und Behebung von Mängeln und Schäden gibt das DVGW-Merkblatt W 312 „Wasserbehälter – Maßnahmen zur Instandhaltung", das derzeit überarbeitet wird.

6.4.1.1 Versorgungstechnische Anforderungen

Hochbehälter sollen günstig zum Versorgungsschwerpunkt und möglichst in der Nähe von Zubringer- und Hauptleitungen liegen, um Leitungslängen und Rohrquerschnitte zu verringern. Bei Gruppen- und Fernwasserversorgungsanlagen sind möglichst ortsnahe Behälter in dieser Hinsicht besonders günstig. Behälterstandorte müssen für Bau und Betrieb gut erreichbar sein und geodätisch einen ausreichenden Versorgungsdruck gewährleisten.

6.4.1.2 Bautechnische Anforderungen

Wasserbehälter sind auf ausreichend tragfähigem, möglichst gleichmäßigem Untergrund zu errichten. Hierzu ist ein Bodengutachten erforderlich. Das Bauwerk muss standsicher, die Wasserkammern müssen dicht sein. Bauart und Baustoffe sind so zu wählen, dass möglichst lange Lebensdauer und möglichst geringe laufende Unterhaltskosten entstehen. Der Trinkwasserbehälter muss dauerhaft gebrauchsfähig sein. Bei Bedarf sollte eine spätere Erweiterungsmöglichkeit des Bauwerks möglich sein.

6.4.1.3 Betriebliche Anforderungen

Wasserbehälter müssen so gestaltet und ausgeführt sein, dass die Bedeutung und der Wert des Lebensmittels „Trinkwasser" hervorgehoben und Verunreinigungen oder sonstige nachteilige Veränderungen der Wasserbeschaffenheit in bakteriologischer, chemischer, physikalischer und biologischer Hinsicht vermieden werden. Die Erhaltung der Wasserbeschaffenheit verlangt die Verwendung gesundheitlich unbedenklicher Baustoffe für die mit dem Trinkwasser in Berührung kommenden Flächen. Diese Baustoffe, Bauhilfsstoffe, z. B. Fugenmaterial, Anstriche, Beschichtungen, Trennmittel, müssen den Kunststoff-Trinkwasser-Empfehlungen (KTW-Empfehlungen) des Bundesgesundheitsamtes entsprechen. Außerdem muss ihre Eignung in mikrobieller und physiologischer Hinsicht nachgewiesen sein (DVGW-Arbeitsblätter W 270 und W 347). Beton, Zementputz und Zementestrich erfüllen in der Regel diese Forderung, sofern sie zugelassene Zusatzmittel enthalten. Ihre Verwendung darf keinen schädigenden Einfluss auf die Trinkwassergüte haben. Der Verunreinigung des gespeicherten Wassers muss durch entsprechende Anordnung und Gestaltung der Zugänge und Lüftungseinrichtungen wirksam begegnet werden. Die Lüftungsöffnungen sind gegen das Eindringen von Vögeln, Insekten, Blättern und gegebenenfalls Staub zu sichern. Erforderlichenfalls ist die Luft zu filtern.
Eine entsprechende Wärmedämmung ist vorzusehen, damit sich nicht das gespeicherte Wasser – in Abhängigkeit von Betriebsweise und den örtlichen klimatischen Verhältnissen – durch Erwärmung, Abkühlung oder Tauwasserbildung nachteilig verändert. Dem Austausch der Luft in den Wasserkammern kommt aus hygienischen, aber auch aus geschmacklichen Gründen besondere Bedeutung zu. In der Regel genügt eine natürliche Belüftung durch ausreichend groß bemessene, stets funktionsfähige Öffnungen. Die Tauwasserbildung wird umso mehr vermieden, je mehr die einströmende Luft der Wassertemperatur angeglichen wird. Der dauernde Einfall von Tageslicht in die Wasserkammern ist wegen der möglichen Algenbildung zu vermeiden.
Inhalt und Form der Wasserkammern sowie Anordnung von Zulauf und Entnahme müssen eine gleichmäßige Erneuerung des gesamten Wasservolumens gewährleisten. Kurze Verweilzeiten des Wassers im Behälter sind günstiger als lange. Ausreichende Umwälzung und Durchmischung werden am besten erreicht durch Energieeintrag über einen entsprechend auszubildenden Einlauf. Häufig genügt dabei schon die Energie des von oben einfallenden Wassers oder die durch einen Richtstrahl unter Wasser erzeugte Strömung. Bei Einleitung über dem Wasserspiegel kann allerdings die Wasserbeschaffenheit in chemischer Hinsicht beeinträchtigt werden (Entgasung oder Ausfällung durch Belüftung).
Das Bauwerk muss für Wartungs- und Bedienungszwecke leicht zugänglich sein. Bauart und Einrichtungen müssen den Unfallverhütungsvorschriften entsprechen. Überwachung und Betriebsmessungen müssen leicht und ohne besondere Vorbereitung und ohne Verunreinigung des Wassers möglich sein, so z. B. die Entnahme von Wasserproben an Zulauf- und Entnahmeleitungen.
Der Speicherinhalt ist möglichst in mehrere (mindestens zwei) Wasserkammern zu unterteilen, damit auch während Reinigungs- und Instandsetzungsarbeiten die Versorgung gewährleistet ist. Die Wasserkammern müssen restlos entleert werden können. Jede Wasserkammer muss mit einem Überlauf versehen sein, der in der Lage ist, bei vollem Behälter die zulaufende Menge schadlos abzuführen. Bei kleinem Zulauf und ausreichender Vorflut bereitet diese Forderung meist keine Schwierigkeiten. Andernfalls können Sondereinrichtungen erforderlich werden, z. B. Rückhaltebecken oder -räume, Reduzierung des Zulaufes vor Erreichen des Behälterhöchststandes.
Die Wasseroberfläche soll durch Anordnung eines auskragenden Podestes oder eines Mittelganges vollständig einsehbar sein. Als Zugang zu den Wasserkammern kommen in Frage Treppen oder Leitern oder dicht schließende Drucktüren in den Wänden der Wasserkammern. Bei allen Konstruktionen ist darauf zu achten, dass auch Geräte und Material zur Reinigung und Instandsetzung transportiert werden können. Montagehilfen sind vorzusehen, um auch die schwersten Einbauteile an den

vorgesehenen Ort befördern zu können. Alle Rohrleitungen und Einbauteile müssen überschaubar angeordnet und gut zugänglich sein. Rohrbrücken, Stege, Treppen, Podeste und dergleichen können dies erleichtern.

Für jeden Trinkwasserbehälter ist ein Betriebshandbuch zu führen, das alle zu beachtenden Anweisungen und Handlungsweisen enthalten muss. Die betriebliche Kontrolle und Reinigung von Behältern wird in Abschnitt 6.8 (s. auch Abschn. 13.3.4.3.2.6) behandelt.

Neben diesen allgemeinen betrieblichen Anforderungen sind in in den späteren Abschnitten weitere Betriebsanforderungen beschrieben.

6.4.1.4 Sicherheitstechnische Anforderungen (Objektschutz)

Grundsätzlich gibt es bei Wasserbehältern – wie auch bei anderen Anlageteilen der Wasserversorgung – keinen absoluten und vollen Schutz im Sinne der Sicherheit. Im nachfolgenden werden einige vorbeugende Maßnahmen benannt gegen das Erschweren von Anschlägen, zum Überwachen der Anlage oder zum Erkennen von Störungen.

Eine Umzäunung der Bauwerke erschwert den Zutritt zur Anlage. Sie ist laufend auf einwandfreien Zustand zu überprüfen und soll mindestens 1,8 m hoch sein. Möglichst unauffällige Anordnung und Gestaltung der Bauwerke mindern von vorneherein das Risiko. Die Anzahl der Öffnungen soll auch zum Zwecke des Wärmeschutzes auf ein Mindestmaß beschränkt werden. Stabile Türen und Fenster aus Metall sind gegen mutwilliges und gewaltsames Öffnen sicherer als z. B. die Werkstoffe Holz oder Kunststoff. Bei Türen empfehlen sich Doppeltüren, grundsätzlich mit Sicherheitsblockschlössern. Die Fenster sollen von außen nicht zu öffnen und gegen mutwilliges Eindringen möglichst sicher sein. Vergitterung ist zweckmäßig. Fenster sollen stets geschlossen sein, wenn sich in der Anlage keine Personen befinden. Lichtschächte sind besonders zu sichern. Be- und Entlüftungsöffnungen und Einstiege sollten über der freien Wasseroberfläche unbedingt vermieden werden.

Abgelegene oder besonders wichtige Anlagen sind häufig und vor allem in unregelmäßigen Zeitabständen zu kontrollieren. Dabei kommt der einfachen und kurzen Zufahrt und der Anbindung an das Straßennetz große Bedeutung zu. Mit einer ausreichenden Fernwirkanlage ist im allgemeinen eine gute Überwachung der personell nicht besetzten Betriebsstellen gewährleistet, da in der Zentrale auffallende Wahrnehmungen über Veränderungen z. B. des Wasserstandes, Druckes, Durchflusses oder von Qualitätsmerkmalen erscheinen.

Sondereinrichtungen können in bestimmten Fällen sein:

– Tür- und Fensterkontakte, Glasbruchmelder;
– Infrarotschranken zur Überwachung des Geländes bzw. Bauwerks sowie
– Radarschranken und -keulen (im Freien wegen häufiger Fehlalarme oft problematisch, im Inneren von Gebäuden in der Regel einwandfrei funktionierend);
– Fernsehanlagen zur Überwachung der Zugänge (Nachteile bei Nacht und Nebel).

Auch die laufende Betriebsüberwachung ist eine sicherheitstechnische Anforderung. Hier müssen insbesondere die Behälterwasserstände erfasst, angezeigt und möglichst an eine Betriebszentrale fernübertragen werden, um die Behälter optimal bewirtschaften zu können.

6.4.1.5 Gestalterische Anforderungen

Wasserbehälter werden häufig im Außenbereich errichtet und stellen z. B. an markanten Hochpunkten oder in freien Hanglagen einen gewissen Blickfang dar oder beeinflussen das Stadt- oder Landschaftsbild. Es ist erforderlich, die Bauwerke und Außenanlagen für den vorgesehenen Standort durch entsprechende Wahl von Bauform, Proportionen, Material, Fassaden und Außenanlagen entsprechend landschaftsgerecht zu gestalten. Dazu gehört auch eine landschaftsgärtnerische Gestaltung der Außenanlagen und der Erdüberdeckung. Bewährt haben sich ortsübliche Bauformen und -materialien.

6.4.1.6 Wirtschaftliche Anforderungen

Ein ingenieurmäßig optimal ausgewählter Standort, eine zweckmäßige Konstruktion und eine intensive Bauüberwachung sind entscheidend für die Wirtschaftlichkeit des Bauwerks und des späteren Betriebes.

Sorgfältige Bemessung und realistisches Ansetzen zukünftiger Verbrauchsänderungen haben vertretbare wirtschaftliche Nutzinhalte der Behälter zur Folge. Bei den Grundrissformen spielen wirtschaftliche Gründe eine besondere Rolle. Insbesondere ist dabei die Kreisform zur Rechtecksform ins Verhältnis zu setzen, bei letzterer wiederum das Seitenverhältnis zu beachten. Grundsätzlich soll die wasserbenetzte Innenfläche im Verhältnis zum Behälterinhalt klein gehalten werden. In Spannbeton erstellte große Behälter sind manchmal wirtschaftlicher als schlaff bewehrte Behälter. Besonders eignen sich dafür die Kreisform und die Rechteckform mit hohen Wänden. Auch Fertigteilbauweisen können, sofern die übrigen Forderungen wie Dichtheit, Hygiene, Fugenausbildung zuverlässig gelöst sind, durchaus zu wirtschaftlichen Lösungen führen; dies insbesondere bei kleinen Behältern. Wenn immer möglich, ist die fugenlose Bauweise anzustreben.

Generell soll bei Wasserbehältern die Summe aus Investitionskosten und laufenden Unterhaltungskosten ein Minimum sein, d. h. auch bei der Wahl der Baustoffe, der Außengestaltung und der technischen Ausrüstung spielen wirtschaftliche Fragen eine dominierende Rolle. Beton und andere zementgebundene Baustoffe sowie Edelstahl haben sich bewährt. Bei ihrer Verwendung ist die für Wasserbehälter übliche Abschreibung von 2 %/a gerechtfertigt.

6.4.2 Lage

6.4.2.1 Höhenlage

Hochbehälter sind so hoch über das Versorgungsgebiet zu legen, dass bei der Entnahme des Trink- und Brauchwassers (nicht Löschwassers!) auch bei stark abgesenktem Wasserspiegel im Behälter noch ein Druck vorhanden ist, der für eine einwandfreie Deckung des üblichen Bedarfs in dem betreffenden Versorgungsgebiet ausreicht. Diese Verpflichtung des Wasserversorgungsunternehmens ist in der Verordnung über Allgemeine Bedingungen für die Versorgung mit Wasser (AVBWasserV) festgelegt. Der niedrigste Betriebswasserstand wird durch die Forderung bestimmt, dass unter Berücksichtigung der hydraulischen Randbedingungen (Ruhedruck, Betriebsdruck, Druckverluste im Rohrnetz) sowie der örtlichen topographischen Verhältnisse der erforderliche Mindestdruck am ungünstigsten Punkt des Versorgungsgebietes sichergestellt ist.

Nach dem DVGW-Arbeitsblatt W 400-1 ist dies erreicht, wenn folgende Versorgungsdrücke (Innendruck bei Nulldurchfluss in der Anschlussleitung an der Übergabestelle zum Verbraucher) nicht unterschritten werden.

Tab. 6-5: Mindestversorgungsdrücke in Ortsnetzen (nach W 400-1)

Für Gebäude mit	Mindestversorgungsdruck (für die Bemessung neuer Ortsnetze) bar	Mindestversorgungsdruck (bei bestehenden Ortsnetzen) bar
EG	2,0	2,0
EG + 1 OG	2,5	2,35
EG + 2 OG	3,0	2,7
EG + 3 OG	3,5	3,05
EG + 4 OG	4,0	3,4
EG + 5 OG	4,5	3,75

6.4 Hochbehälter

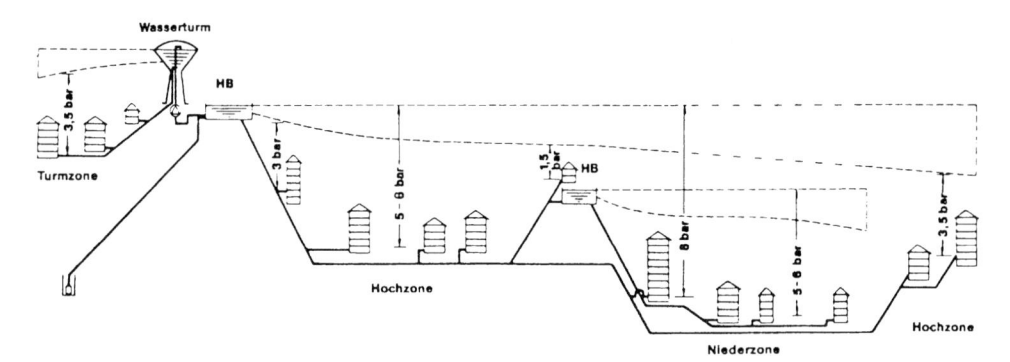

Abb. 6-5: Beispiel für die Teilung eines Versorgungsgebietes in drei Druckzonen (nach W 400-1)

Es ist anzustreben, dass der Druck an den Hydranten zum direkten Spritzen ausreicht. Am Hydrant darf im Brandfall ein Druck von 1,5 bar nicht unterschritten werden. Zu hohe Drücke sind zu vermeiden, da sonst die Wasserverluste durch Leckstellen, undichte Hähne usw. stark anwachsen, die Rohrbruchgefahr vergrößert und die Hausinstallation verteuert wird. Besonders zu beachten sind der hydrostatische Druck und der Druck bei Förderung ohne gleichzeitige Entnahme (Nachtpumpwerte). Anzustreben ist eine Wasserspiegellage bei vollem Hochbehälter auf 40–60 m über dem Versorgungsgebiet. In Ausnahmefällen kann an den am ungünstigsten gelegenen Teilen des Versorgungsgebietes, also an den entferntesten oder höchstgelegenen Teilen, auf 30 m Druckhöhe bei Hochbehältern und auf 20 m bei Wassertürmen herabgegangen werden, wenn hierbei der Versorgungsdruck noch ausreicht. Wenn im Versorgungsgebiet größere Höhenunterschiede vorhanden sind, kann ein hydrostatischer Druck für Teile des Versorgungsgebietes bis 80 m zugelassen werden. Dabei sind Druckminderventile für einzelne Versorgungsbezirke oder Haus-Druckminderventile zum Schutze der Verbrauchereinrichtungen vorzusehen. Bei größeren Höhenunterschieden als 50 m (niedrigste Geländepunkte 0 + 80 m = 80 m, höchste 50 + 30 m = 80 m) muss das Versorgungsgebiet in einzelne Druckzonen geteilt werden (**Abb. 6-5**). Bei der Einteilung ist besonders bei Anlagen mit künstlicher Förderung darauf zu achten, dass das Wasser nicht unnötig hoch gepumpt wird.

Die Höhenlage der höchsten Entnahmestellen in Hochhäusern kann nicht bei der Standortwahl der Hochbehälter berücksichtigt werden. Hier müssen die Anschlussnehmer selbst den erforderlichen Druck an den Zapfstellen durch Sondereinrichtungen, z. B. eigene Druckerhöhungsanlagen, herstellen. Bei kleinen und mittleren Anlagen sollten nach Möglichkeit mehrere Druckzonen vermieden werden, da sie den Betrieb verteuern und die Wartung erschweren. In Versorgungsgebieten mit größeren Höhenunterschieden ist daher eine genaue Höhenfestlegung des Bebauungsgebietes für die Wasserversorgung außerordentlich wichtig.

6.4.2.2 Lage zum Versorgungsgebiet

6.4.2.2.1 Entfernung

Hochbehälter sind so nah wie möglich am Verbrauchsschwerpunkt anzuordnen, um den Druckverlust und damit den Unterschied zwischen hydrostatischem und Versorgungsdruck gering zu halten, die Kosten der Hauptleitungen, die für den Spitzenverbrauch bemessen werden müssen, zu senken und die Gefahr der Unterbrechung des Wasserbezugs infolge Störungen am Rohrnetz durch kurze Zuleitung und baldige Verästelung im Versorgungsnetz zu vermindern.

6.4.2.2.2 Durchlaufbehälter

Durchlaufbehälter liegen zwischen dem Wasserwerk bzw. der Wassergewinnung und dem Versorgungsgebiet. Das gesamte Wasser wird durch den Behälter geleitet, **Abb. 6-6**. Solche Wasserbehälter können Haupthochbehälter sein, wie z. B. die bekannten Hochbehälter Kreuzpullach und Forstenrieder Park der Stadt München, aber auch Unterbrecher- und Zwischenbehälter (Zweckverband Bodenseewasserversorgung). Hochbehälter können als Durchlaufbehälter ausgeführt sein, Tiefbehälter sind immer Durchlaufbehälter.

Besondere Merkmale des Durchlaufbehälters sind: Mengen- und Druckänderungen am Wasserwerk wirken sich nur zwischen diesem und dem Behälter aus, die Druckänderungen im Ortsnetz sind nur abhängig von der Lage des WSp im Behälter. Ein besonderer Vorteil ist die ständige Wassererneuerung, vorausgesetzt, dass bei der Konstruktion des Behälters die gleichmäßige Durchströmung berücksichtigt wird, da das ganze geförderte Wasser durch den Durchlaufbehälter fließen muss. Müssen zur Versorgung „Wässer unterschiedlicher Beschaffenheit" im Sinne des DVGW-Arbeitsblattes W 216 herangezogen werden, so eignen sich als Mischpunkt vor Abgabe in das Rohrnetz Durchlaufbehälter, in denen ein bestimmtes Mischungsverhältnis eingestellt werden kann.

Als Nachteile sind zu werten: Einspeisung in das Ortsnetz nur von einer Seite aus, daher sind größere DN der Hauptleitungen erforderlich; Ausfall der Versorgung, wenn die Hauptleitung, d. i. die Fallleitung des Behälters, defekt ist; keine oder nur geringe selbsttätige Lufterneuerung in den Wasserkammern des Behälters, wenn Ablauf = Zulauf, da dann der WSp im Behälter dauernd auf gleicher Höhe bleibt, d. h. der Behälter nicht „atmet".

6.4.2.2.3 Gegenbehälter

Gegenbehälter liegen, vom Wasserwerk aus gesehen, hinter dem Versorgungsgebiet oder im Nebenschluss zur Zubringerleitung. Nur das im Versorgungsgebiet zurzeit nicht benötigte Wasser erreicht den Behälter, **Abb. 6-7**. Je mehr der Gegenbehälter von der genau der Wassergewinnungsanlage gegenüberliegenden Seite an die dem Förderwerk näher gelegene Seite rückt, umso stärker nimmt der Gegenbehälter die Eigenschaften des Durchlaufbehälters an.

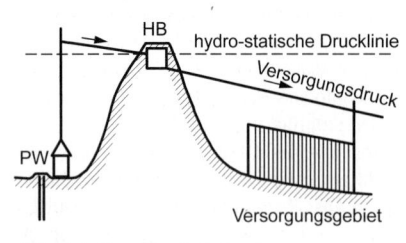

Abb. 6-6: Durchlaufbehälter 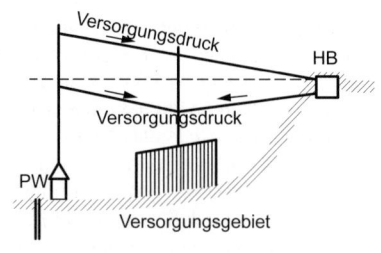   *Abb. 6-7: Gegenbehälter*

Die besonderen Vorteile des Gegenbehälters liegen darin, dass die Wasserabgabe in das Ortsnetz von zwei Seiten aus erfolgt, nämlich vom Wasserwerk und vom Gegenbehälter aus, wodurch eine größere Sicherheit in der Versorgung erreicht wird, dass einige Hauptleitungen kleiner bemessen werden können und dass die Druckverhältnisse im Ortsnetz verbessert werden. Beim Gegenbehälter wird ferner die Lufterneuerung in den Wasserkammern erzwungen, da jeder m^3 Wasserentnahme aus dem Behälter die Einströmung von 1 m^3 Luft bewirkt und umgekehrt.

Als besonderer Nachteil des Gegenbehälters ist zu werten, dass die Wassererneuerung und damit auch die selbsttätige Lufterneuerung nur möglich ist, wenn die Wasserförderung in das Ortsnetz kleiner als der Verbrauch ist, so dass dadurch ein Abfließen aus dem Behälter erzwungen wird. Bei einem Betrieb ganz oder überwiegend mit Nachtstrom ist die Erneuerung des Wassers gegeben, da der Tagesverbrauch ganz aus dem Behälter entnommen wird. Bei vorwiegender Tagesförderung und reichlicher Auslegung der Pumpen muss durch betriebliche Anordnung dagegen sichergestellt werden, dass der Gegenbehälter, besonders in verbrauchsschwachen Zeiten, nicht ständig überdrückt ist. Häufig besteht nämlich beim Betriebspersonal das Bestreben, den Wasserbehälter aus Sicherheitsgründen ständig möglichst voll gefüllt zu haben, wobei dann kaum mehr eine Wassererneuerung stattfindet. Zu beachten ist ferner, dass die Förderhöhe der Pumpen nicht wie beim Durchlaufbehälter gleich bleibt, sondern in Abhängigkeit vom Wasserverbrauch und von den Rohrreibungsverlusten schwankt. Dies kann energiemäßige Vorteile haben, hat aber gewöhnlich auch stärkere Druckschwankungen im Ortsnetz zur Folge. Gegenbehälter eignen sich zur Mischung von „Wässern unterschiedlicher Beschaffenheit" nicht, weil kein konstantes oder eng begrenztes Mischungsverhältnis erreicht werden kann.

6.4.2.3 Mehrere Hochbehälter in der gleichen Druckzone

Die Anordnung mehrerer Hochbehälter in der gleichen Druckzone kann notwendig werden wegen der Vergrößerung des Speicherraums infolge Bedarfssteigerung oder wegen der großen räumlichen Ausdehnung des Versorgungsgebiets, um gleichmäßigere Druckverhältnisse zu erreichen.

6.4.2.3.1 Neuer Hochbehälter in unmittelbarer Nähe des bestehenden

Wenn der zusätzliche Hochbehälter in unmittelbarer Nähe des bestehenden Hochbehälters angeordnet werden kann, was kostensparend und betrieblich vorteilhafter ist, dann bestimmt die Höhenlage des WSp und der Sohle des bestehenden Hochbehälters die Bauform des neuen Behälters. Dabei sind folgende Forderungen zu beachten:

1. keiner der beiden Behälter darf vorzeitig überlaufen,
2. in keinem der beiden Behälter darf das Wasser stagnieren,
3. keiner der beiden Behälter darf ständig überdrückt sein,
4. keiner der beiden Behälter darf vorzeitig leer laufen.

Im Allgemeinen werden der WSp und die Höhe des Einlaufs des neuen Behälters auf die gleiche Höhe wie im bestehenden Behälter gelegt. Zu beachten ist, dass sich die kleineren Wasserkammern schneller füllen, wenn der Zulauf nicht entsprechend reguliert wird. Wenn die Zuleitung auch Ablaufleitung ist, also beim Gegenbehälter, findet ein Wasserausgleich nur bei Entnahme oder über eine gesonderte Verbindungsleitung statt. Erwünscht ist zwar gleiche Wassertiefe, jedoch sind ältere Wasserbehälter meist mit geringer Wassertiefe ausgeführt, während heute die wirtschaftliche Wassertiefe meist größer ist. Bei gleicher WSp-Lage läuft der Hochbehälter mit geringerer Wassertiefe früher leer, wobei die Gefahr besteht, dass Bodenablagerungen in das Leitungsnetz gelangen. Es ist daher zweckmäßig, in diesem Fall die Ablaufleitung im Behälter mit geringerer Tiefe etwas höher anzuordnen. Wird dagegen die Sohle in beiden Behältern auf gleicher Höhe angeordnet, dann muss verhindert werden, dass der Behälter mit geringerer Tiefe ständig überdrückt ist. Dies ist entweder durch betriebliche Regelung derart möglich, dass täglich der WSp soweit abgesenkt wird, dass auch der Behälter mit dem tiefer gelegenen WSp in Anspruch genommen wird, oder dadurch, dass mittels einer Umwälzanlage ein Wasseraustausch zwischen altem und neuem Behälter vorgenommen wird, der dann automatisch einsetzt, wenn der WSp in dem neuen Behälter höher liegt als in dem alten.

6.4.2.3.2 Neuer Hochbehälter in größerer Entfernung zum bestehenden

Bei räumlich getrennter Anordnung eines weiteren Behälters zum bestehenden Hochbehälter ist die bauliche Form der beiden Behälter, d. h. Tiefe und Inhalt nicht von so wesentlicher Bedeutung, dagegen ist bei der Festlegung der Höhenlage der WSp zu beachten:

1. bei geringer Entnahme im Versorgungsgebiet muss jedem Hochbehälter eine seiner Größe entsprechende Wassermenge zulaufen,
2. der Unterschied der Wasserspiegellage der beiden Behälter darf nicht so groß sein, dass der höher gelegene Behälter ganz in den tiefer gelegenen ausläuft oder im Betrieb nur der höher gelegene Behälter allein beansprucht wird, während der tiefer gelegene dauernd gefüllt und überdrückt ist,
3. künftige Bebauungsgebiete und damit eine etwaige Verlagerung der Verbrauchsschwerpunkte sind zu berücksichtigen.

Es sind zwei wesentliche Grenzfälle möglich:

Durchlaufbehälter + Gegenbehälter
Gegenbehälter + Gegenbehälter

Wenn bei dem Grenzfall bestehender Durchlaufbehälter + neuer Gegenbehälter kein Pumpwerk zwischengeschaltet ist, dann muss der Gegenbehälter so tief angeordnet werden, dass die aus dem Gegenbehälter in der verbrauchsreichen Zeit abfließende Wassermenge in verbrauchsarmer Zeit vom Durchlaufbehälter her zufließt. Es ergibt sich dabei das in **Abb. 6-8** dargestellte Fließschema. Dem Schema ist zugrunde gelegt, dass während 12 h verbrauchsreicher Zeit im Verbrauchsgebiet 2 q entnommen werden, wovon αq vom Gegenbehälter und $(2-\alpha)$ q vom Durchlaufbehälter zufließen. Während 12 h verbrauchsarmer Zeit müssen diese αq vom Durchlaufbehälter zum Gegenbehälter fließen, woraus sich der erforderliche Höhenunterschied Δh der beiden Behälter errechnet.

Günstig ist es, wenn der Zulauf zum Gegenbehälter nicht über dem höchsten WSp, sondern in Höhe der Sohle angeordnet wird, damit die jeweilige Höhendifferenz der WSp mit ausgenützt werden kann.

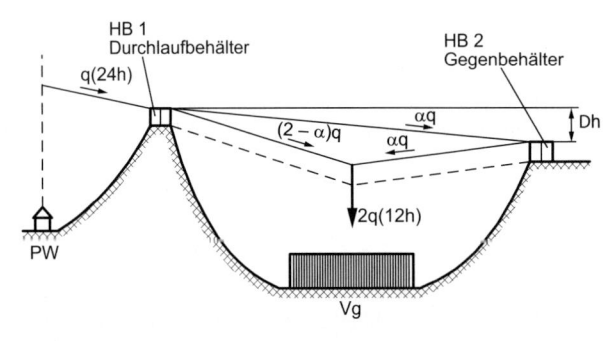

Abb. 6-8: Gegenseitige Höhenlage von Durchlaufbehälter und Gegenbehälter in der gleichen Druckzone

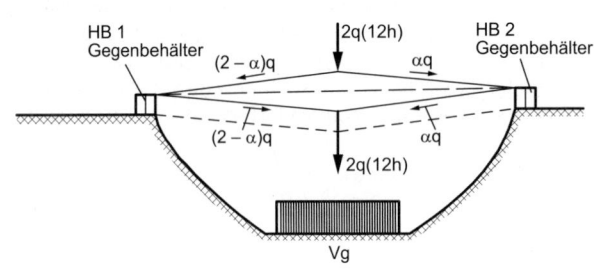

Abb. 6-9: Gegenseitige Höhenlage von zwei Gegenbehältern in der gleichen Druckzone

Selbstverständlich kann auch durch Pumpbetrieb die Füllung des Gegenbehälters vorgenommen werden; dies sollte dann vorgesehen werden, wenn nicht eindeutige hydraulische Verhältnisse für die Ausnützung des Gegenbehälters vorhanden sind, wobei dann die WSp der beiden Behälter zweckmäßig auf gleiche Höhe gelegt werden. Die Förderkosten sind in diesem Fall ja sehr gering.

Bei dem Grenzfall bestehender Gegenbehälter + neuer Gegenbehälter ergeben sich die in **Abb. 6-9** dargestellten Druckverhältnisse. Je nach Lage der Einspeisung und des Verbrauchsschwerpunktes ändern sich die Zu- und Abflussanteile. Es empfiehlt sich hier meist, die WSp der beiden Behälter auf gleiche Höhe zu legen, wobei es zweckmäßig ist, die richtigen Zulaufanteile dem Verbrauch entsprechend durch elektrische Steuerung der Behälterzuläufe zu regeln.

6.4.2.4 Anforderungen an den Bauplatz

Mitentscheidend für die Wahl des HB-Standortes sind die örtlichen Verhältnisse des Bauplatzes. Dieser muss folgenden Anforderungen entsprechen:

1. gut ausgebaute und nicht zu steile Zufahrt für Bau und Betrieb. Der HB-Platz muss stets, auch bei ungünstiger Witterung, mit Pkw und Lkw angefahren werden können,
2. ausreichende Tragfähigkeit des Baugrundes,
3. ausreichende Flächen für die Baustelleneinrichtung,
4. Eignung als HB-Standort hinsichtlich der Landschaftsgestaltung,
5. Möglichkeit des Erwerbs des Grundstücks zu wirtschaftlich tragbarem Preis,
6. Möglichkeit der späteren Erweiterung bei erwartetem Bedarfszuwachs.

6.4.3 Bauliche Anordnung

6.4.3.1 Allgemein

Ein Hochbehälter besteht aus den Wasserkammern und dem Bedienungshaus. Bei jedem Behälter ist ein Bedienungshaus (bei Kleinbehältern unter 100 m^3 Inhalt als Bedienungsschacht) vorzusehen. Dort werden die für den Betrieb erforderlichen Einrichtungen leicht zugänglich untergebracht, wie z. B. hydraulische Ausrüstung, elektrische Einrichtungen, Messgeräte, Desinfektionsanlagen, Reinigungs- und sonstige Wartungsgeräte.

6.4.3.2 Wasserkammer

6.4.3.2.1 Anzahl

Im Allgemeinen ist der Speicherraum in 2 Wasserkammern zu unterteilen, damit bei Reinigung oder Instandsetzungsarbeiten 1 Wasserkammer weiter für die Versorgung zur Verfügung steht. Aus baulichen und betrieblichen Gründen empfiehlt es sich, beide Kammern gleich groß und von gleicher Form und Bauart zu wählen.

Eine Kammer kann genügen, wenn noch ein anderer Behälter für dasselbe Versorgungsgebiet vorhanden ist oder durch betriebliche Maßnahmen die Versorgung während der Wartungs- oder Instandhaltungsarbeiten aufrechterhalten werden kann.

6.4.3.2.2 Grundrissformen

Allgemein – Wesentliche Gesichtspunkte für die Festlegung der Grundrissform von Behältern sind Wirtschaftlichkeit von Bau und Betrieb und günstige Durchströmung, um eine ausreichende Wassererneuerung zu erreichen. Ferner sollen die wasserbenetzten Wandflächen im Verhältnis zum Fassungsraum der Wasserkammer möglichst klein sein, was zu Einsparungen an Oberflächenbearbeitung, Putz u. a. und zur Erleichterung der Reinigungsarbeiten führt; auch soll vom Wasserkammereingang bzw. -bedienungsgang möglichst die ganze Wasserkammer überschaubar sein. Diesen Forderungen entsprechen rechteckige und kreisförmige Grundrisse der Wasserkammern. Sondergrundrisse sind nur bei sehr großen Behältern oder bei besonderen Platzverhältnissen zweckmäßig.

Rechteckformen – Diese werden am häufigsten gewählt, weil sie wegen der ebenen Flächen (Schalung) baulich einfach sind. Wenn bei der Konstruktion auf gute Wassererneuerung geachtet wird, ist die Rechteckform für alle Behältergrößen anwendbar. Am meisten wird sie bei Behältern bis zu einem Speichervolumen von 5000 m^3 gewählt. Feste Regeln für Seitenverhältnisse lassen sich nicht angeben; ob mehr die quadratische Form oder Seitenverhältnisse bis zu 2 : 1 oder 3 : 1 gewählt werden, hängt vornehmlich von der Form des Geländes oder des Grundstücks ab. Bei Anordnung von Stützen sollten aus statischen und wirtschaftlichen Gründen die Spannweiten $l_x \cong l_y$ sein. Die **Abb. 6-10** zeigt Rechteckformen für kleinere, die **Abb. 6-11** solche für größere Inhalte.

annähernd quadratisch   rechteckig

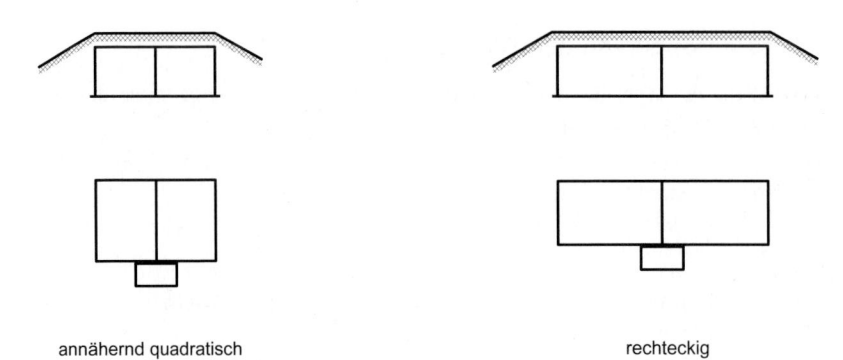

Abb. 6-10: Hochbehälter mit rechteckigem Grundriss, kleinere Inhalte

Für Behälter mit einem Gesamtinhalt über 2000 m³ ist die Form nach **Abb. 6-11** rechts mit getrennten Wasserkammern geeigneter, da im Mittelgang zwischen den beiden Kammern Betriebseinrichtungen untergebracht werden können. Der Zwischenraum zwischen den beiden Wasserkammern soll mind. 2,00 m breit sein, was den Bau und den Unterhalt erleichtert und genügend Platz für die Unterbringung der Betriebseinrichtungen bietet. Diese Form ist sowohl mit nur 1 Bedienungshaus als auch mit 2 Bedienungshäusern, z. B. auf einer Seite des Behälters für Zulauf, auf der anderen Seite für Ablauf, ausführbar, was besonders für sehr große Durchlaufbehälter vorteilhaft sein kann.

Kreisformen – Trotz der erhöhten Schalarbeit werden wegen statischer und wirtschaftlicher Vorteile größere Behälter auch in Kreisform ausgeführt. Die Form der konzentrisch angeordneten Wasserkammern nach **Abb. 6-12** erfordert den geringsten Platz und ist statisch besonders günstig, hat aber den Nachteil, dass für jede Wasserkammer eine andere Schalung erforderlich ist. Diese Form ist besonders bei älteren Wasserturmkonstruktionen üblich gewesen (s. a. Abschnitt 6.5.10).

Die Brillenform nach **Abb. 6-13** vermeidet diesen Nachteil, jedoch wird durch das meist dazwischenliegende Bedienungshaus die Symmetrie des äußeren Erddruckes auf die Wände gestört, was gegebenenfalls bei der statischen Berechnung zu berücksichtigen ist.

größere Inhalte
(2 Bedienungshäuser)

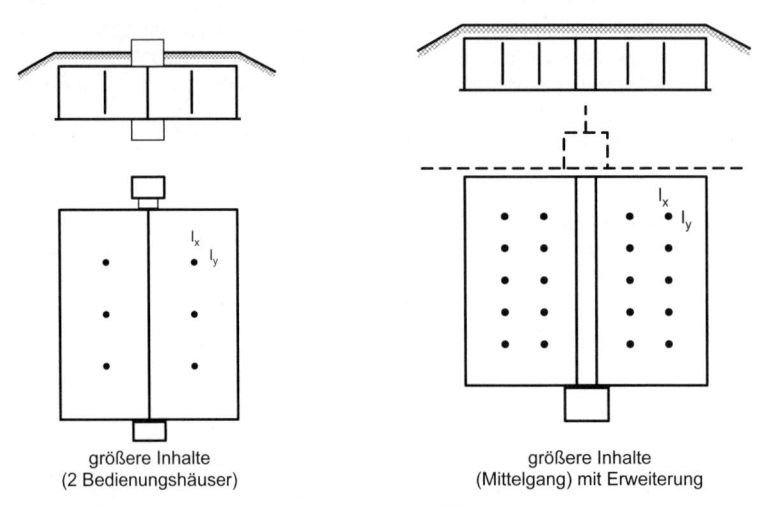

größere Inhalte
(Mittelgang) mit Erweiterung

Abb. 6-11: Hochbehälter mit rechteckigem Grundriss, größere Inhalte

6.4 Hochbehälter

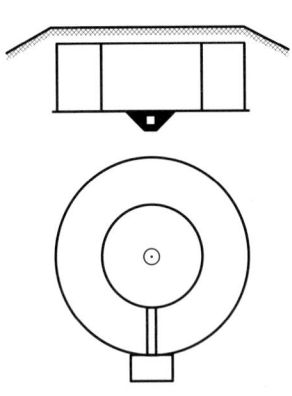

Abb. 6-12: Hochbehälter in Kreisform mit konzentrisch angeordneten Wasserkammern

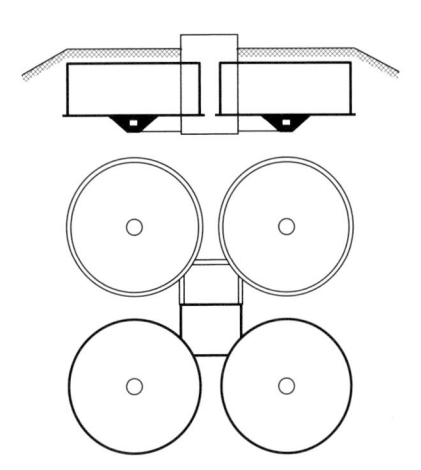

Abb. 6-13: Hochbehälter in Brillenform

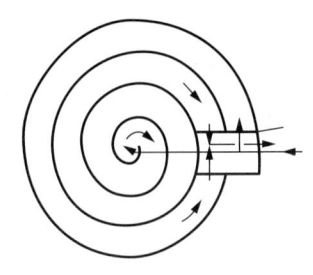

Abb. 6-14: Spiralwandbehälter nach Schmit

Nicht zu empfehlen ist dagegen, den Behälter in Kreisform zu erstellen und die Trennung in 2 Kammern mittels einer Querwand durchzuführen, da hierdurch die statischen Vorteile der Kreisform völlig beseitigt werden, sich an den Einspannungen der Querwand komplizierte Spannungsverhältnisse ergeben und die Nachteile der erschwerten Schalarbeit bestehen bleiben.

Spiralwandbehälter – Eine Abart der Kreisform ist der Spiralwandbehälter nach Schmit, **Abb. 6-14**. Vorteile sind die günstige Durchströmung, die Herstellung der Wände mittels Spritzbeton auf die einseitig erstellte Außenschalung, das Fehlen von Stützen, nachteilig dagegen sind die größere benetzte Wandfläche gegenüber dem Kreisbehälter und der damit verbundene höhere Wartungs- und Unterhaltungsaufwand sowie der beschränkte Einblick in die Wasserkammern.

Eine dem Spiralleitwandbehälter verwandte Behälterform ist der Wendedurchlaufbehälter.

Sonderformen – Nur bei sehr großen Behältern, etwa über $20\,000\,\text{m}^3$ Inhalt, sind entsprechend den örtlichen Verhältnissen gegebenenfalls Sonderformen vorteilhaft, die besonders die Forderung der günstigen Durchströmung berücksichtigen müssen (z. B. Hochzonenbehälter Forstenrieder Park für die Münchner Wasserversorgung).

6.4.3.2.3 Wassererneuerung

Zur Vermeidung einer Geschmacksbeeinträchtigung und Keimvermehrung durch stagnierendes Wasser im Behälter ist eine wichtige hygienische Forderung die rechtzeitige und gleichmäßige Erneuerung des Wassers im Behälter; d. h. jedes Wasserteilchen soll möglichst eine gleichlange, aber nicht zu lange Verweildauer im Behälter haben, es sollen keine toten Ecken mit liegenden oder stehenden Wasserwalzen vorhanden sein. Forschungsergebnisse haben gezeigt, dass Standzeiten von 5–7 Tagen in Behältern mit auf Zementbasis hergestellten Innenflächen in der Regel keine Beeinträchtigung der Wasserbeschaffenheit verursachen.

Eine tägliche Erneuerung des Wassers im Behälter wird unabhängig von Grundrissform und Einbauten erreicht, wenn der Behälter an jedem Tag einmal ganz gefüllt und ganz entleert wird. Dieser Betriebszustand ist aber fast nie vorhanden, denn es soll ja für bestimmte Zwecke eine Reserve gespeichert sein, so dass vielmehr vom Betrieb aus gewünscht wird, den Behälter immer möglichst voll zu halten. Ferner ist die Durchströmung durch den Behälter fast nie stationär, im Gegensatz zu Absetzbecken von Kläranlagen, wo Zu- und Ablauf immer gleich groß sind, sondern instationär, da der Ablauf von der Entnahme abhängt und somit fast auf Null zurückgehen kann. Durchlaufbehälter sind hierbei noch erheblich günstiger als Gegenbehälter, da in letzteren bei Zulauf stets kein Ablauf vorhanden ist und bei Förderbetrieb nur die im Ortsnetz nicht verbrauchte Wassermenge in den Hochbehälter fließt.

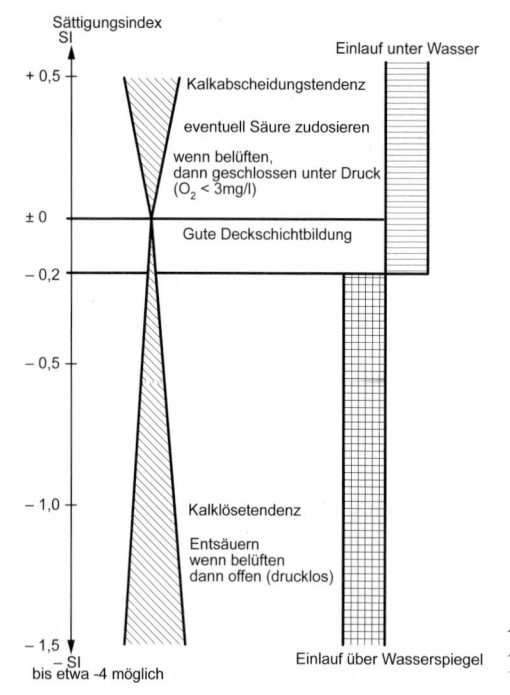

Abb. 6-15: Sättigungsindex und Sauerstoffgehalt – Kriterien für den Einlauf unter oder über Wasser (nach vedewa)

Für die gleichmäßige Durchströmung wäre am besten eine totale Verdrängerströmung geeignet, die den ganzen Behälterinhalt dergestalt erfasst, dass das einströmende Wasser gleichmäßig in horizontaler und vertikaler Richtung das abfließende Wasser verdrängt. Es wurden in den letzten Jahren zahlreiche Untersuchungen und Modellversuche durchgeführt, die zeigten, dass eine solche, den ganzen Behälterinhalt erfassende Verdrängerströmung in der Regel nicht möglich ist. Gleichzeitig war es aber auch ein wertvolles Ergebnis dieser Untersuchungen, dass auch mit einfachen Mitteln eine ausreichende Wassererneuerung im Behälter erreichbar ist, sofern ein genügender Energieeintrag gegeben ist.

Zunächst sollen Einlauf und Entnahme genügend weit voneinander entfernt sein (oben/unten, gegenüberliegend). Der Energieeintrag am Zulauf soll so groß sein, dass die für eine ausreichende Durchmischung erforderliche Turbulenz erzeugt wird. Ob der Zulauf über dem Wasserspiegel, darunter oder an der Sohle erfolgt, hängt im wesentlichen davon ab, ob das Wasser belüftet werden soll oder nicht. Die Kriterien für Einlauf über oder unter Wasserspiegel sind daher in der Regel Sättigungsindex und Sauerstoffgehalt (**Abb. 6-15**).

Nach Baur und Eisenbart soll der Einlauf unter Wasser mit Richtstrahl durch ein gerades Rohr erfolgen, dessen Durchmesser für eine Eintrittsgeschwindigkeit von etwa 0,6 bis 1,0 m/s zu bemessen ist

6.4 Hochbehälter

(**Abb. 6-16**). Auch eine konusförmige Verengung am Ende des Zulaufrohres begünstigt den Einlaufimpuls. Bei großen Behältern kann die Richtung des Eintrittsstrahles in der Horizontalen und Vertikalen variiert werden. Er soll so gerichtet sein, dass sich die Turbulenz ausbilden kann. Der Einlauf über Wasser kann als Schwanenhals, Tulpe, Krümmer oder Überlaufschwelle ausgebildet werden. In den meisten Fällen wird das herabfallende Wasser die erforderliche Turbulenz bringen (**Abb. 6-17**). Der Zulauf über Wasserspiegel hat den Vorteil der optischen Kontrolle und ist z. B. bei Wasserübergabe von einem WVU zum anderen die Regel.

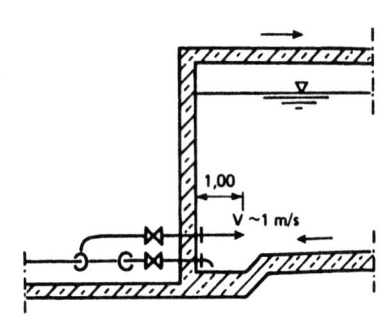

Abb. 6-16: Einlauf unter Wasser (nach Baur/Eisenbart)

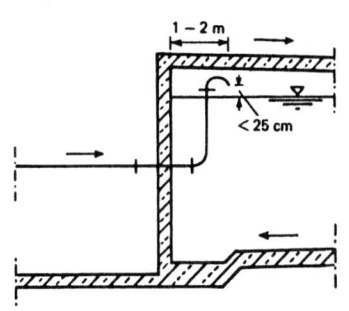

Abb. 6-17: Einlauf über Wasser (nach Baur/Eisenbart)

6.4.3.2.4 Wassertiefe

Maßgebend für die Wahl der Wassertiefe sind Speicherinhalt, Bauform, Baugrund, landschaftsgerechte Einbindung des Behälters und nicht zuletzt die zulässigen Wasserspiegelschwankungen bezüglich des Versorgungsgebietes. Aus Rationalisierungs- und Wirtschaftlichkeitsgründen sind neben einheitlichen Bauformen möglichst die in **Tab. 6-6** empfohlenen Wassertiefen, insbesondere bei Behältern bis 2000 m³ Inhalt, anzuwenden.

Tab. 6-6: Empfohlene Wassertiefen bei Hochbehältern

Nutzinhalt m³	Wassertiefe m
bis 500	von 2,5 bis 3,5
über 500 bis 2 000	von 3,0 bis 5,0
über 2 000 bis 5 000	von 4,5 bis 6,0
über 5 000	von 5,0 bis 8,0

Höhere Werte kommen in Betracht bei großen Behältern und überwiegend ebenen Versorgungsgebieten sowie bei zentralen Hochbehältern der Fernwasserversorgungen.
Große Wassertiefen verringern die Querschnittfläche und damit den Wandumfang, erschweren aber die bauliche Ausführung durch das schwierige Einbringen und Verdichten des Betons in den hohen Schalungen. Der Erdaushub erfordert große Übertiefen. Bei Felsanfall muss daher die wirtschaftlichste

Wassertiefe besonders geprüft werden. Ferner kann bei geringer Höhenlage des Behälters über dem Versorgungsgebiet (kleiner 40 m) der Versorgungsdruck bei fast leerem Behälter nicht mehr ausreichend sein.

Der Mindestabstand zwischen höchstem Wasserspiegel und Unterkante Decke bei Plattendecken und Pilzdecken bzw. Unterkante Zugring bei Kuppeldecken beträgt 0,30 m. Ein größerer Abstand ist baulich und betrieblich in der Regel (außer wegen Einblick in die Wasserkammern) nicht notwendig, zumal in der meisten Zeit der Behälter einen abgesenkten WSp hat; er verteuert daher nur das Bauwerk.

6.4.3.2.5 Wärmeschutz des Bauwerks

Maßgebend sind die klimatischen Verhältnisse. Wärmeschutz vermeidet schädliche Einflüsse auf das Bauwerk, auf das gespeicherte Wasser und auf die Ausrüstung des Behälters. Er kann erreicht werden durch Erdüberdeckung, künstliche Dämmstoffe oder kombinierte Lösungen. Ob ein Behälter erdüberdeckt, angeschüttet oder freistehend errichtet wird, entscheiden wirtschaftliche, gestalterische, bauliche und sicherheitstechnische Gesichtspunkte. Angeschüttete oder freistehende Behälter werden gewählt, wenn eine Erdüberdeckung aus wirtschaftlichen oder technischen Gründen nicht sinnvoll ist, z. B. bei felsigem Untergrund (Aushubkosten), mangelndem Massenausgleich, hohem Grundwasserstand oder infolge nicht ausreichender Höhenlage des Geländes.

In der Regel ist ein Massenausgleich zwischen Aushub einerseits und Verfüllung der Baugrubenwinkel und Überdeckung andererseits anzustreben. Je nach Wassertiefe ist dies der Fall, wenn der höchste Wasserspiegel zwischen 0,5 und 1,5 m über ursprünglichem Gelände liegt. Die Erdüberdeckung dient dem Wärmeschutz des gespeicherten Wassers und schützt das fertige Bauwerk vor Temperaturspannungen.

Bei kleinen Hochbehältern mit ebener Decke war früher eine Erdüberdeckung von 1,00 m üblich, bei Behältern mit mind. 1000 m³ Inhalt in 1 Kammer kann die Erdüberdeckung auf 0,70 m wegen des

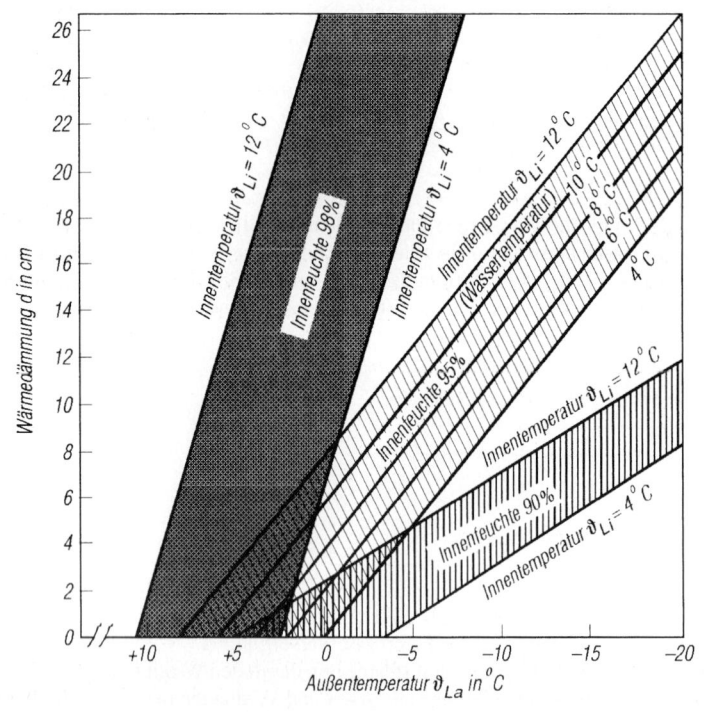

Abb. 6-18: Schichtdicken für eine künstliche Wärmedämmung (λ = 0,045) in Abhängigkeit von Außentemperatur, relativer Innenfeuchte und Innentemperatur (Wassertemperatur) (aus DVGW-W 311 bzw. W 300, nach Merkl)

6.4 Hochbehälter

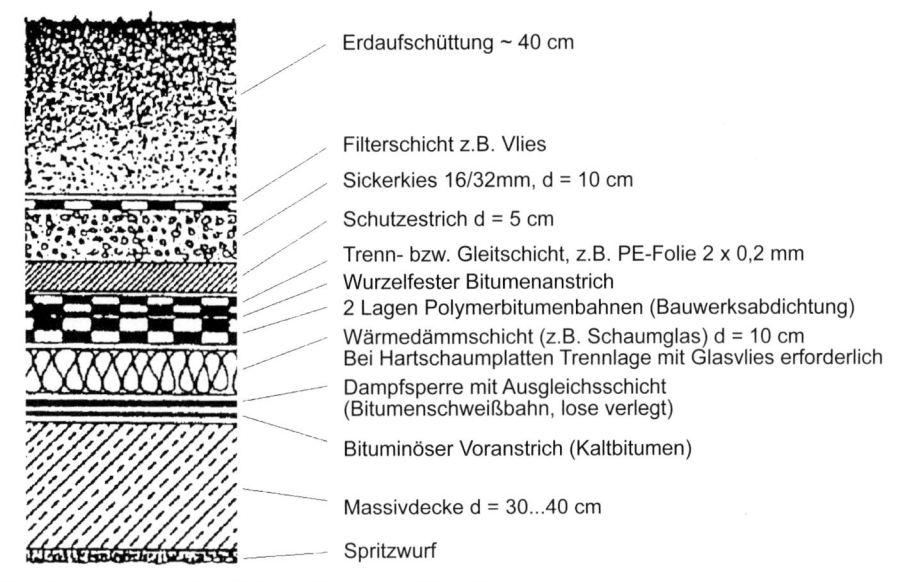

Erdaufschüttung ~ 40 cm

Filterschicht z.B. Vlies
Sickerkies 16/32mm, d = 10 cm
Schutzestrich d = 5 cm
Trenn- bzw. Gleitschicht, z.B. PE-Folie 2 x 0,2 mm
Wurzelfester Bitumenanstrich
2 Lagen Polymerbitumenbahnen (Bauwerksabdichtung)
Wärmedämmschicht (z.B. Schaumglas) d = 10 cm
Bei Hartschaumplatten Trennlage mit Glasvlies erforderlich
Dampfsperre mit Ausgleichsschicht
(Bitumenschweißbahn, lose verlegt)

Bituminöser Voranstrich (Kaltbitumen)

Massivdecke d = 30...40 cm

Spritzwurf

Abb. 6-19: Beispiel einer kombinierten Lösung zur Wärmedämmung

größeren Wasser- und Wärmedurchlaufes verringert wurde. Die Erdüberdeckung kann heutzutage auf 0,40 m vermindert werden, wenn zusätzlich eine Wärmeisolierung angeordnet wird; dies wirkt sich günstig auf die Bemessung der Decke, Stützen, Wände und Fundamente aus. Als künstliche Dämmstoffe sind Materialien zu verwenden, die eine geringe Wasseraufnahme und ausreichende Druckfestigkeit aufweisen (z. B. Schaumglasplatten). Die Dicke der künstlichen Dämmstoffe (bei kombinierter Lösung mit Erdüberdeckung) kann aus **Abb. 6-18** entnommen werden; obwohl Innenfeuchten von 98 % wirklichkeitsnah sind, wird aus Wirtschaftlichkeitsgründen als Kompromiss empfohlen, eine relative Innenfeuchte von 95 % zugrunde zu legen. Ein Beispiel einer kombinierten Lösung zeigt die **Abb. 6-19**.

Zum Abführen des Tagwassers sind an den erdbedeckten Wänden Sickersteine oder eine Sickerpackung oder eine Kies- bzw. Schotterlage mit Anschluss an die Entwässerung, Sohldränung anzuordnen. Bei Wärmeisolierung und Verringerung der Erdüberdeckung ist eine besondere Entwässerung der Erdüberdeckung der Decke nicht erforderlich, da eine feuchte Deckschicht eher Temperaturspannungen vermindert. Die Erdbelastung muss dementsprechend berechnet werden. In jedem Fall sind der Überschüttungsvorgang und die hierfür erforderlichen Baugeräte festzulegen, um unzulässige Belastungen von Decken, Stützen und Wänden zu vermeiden (DVGW-Schriftenreihe Wasser, Bd. 33, Beitrag Merkl). Über Bewuchs und Bepflanzung vgl. s. Abschn. 6.4.13 (Außenanlagen).

Maßnahmen zur Verminderung oder Vermeidung von Tauwasser, wie z. B. Klimatisierung der Wasserkammern, Zwangsbelüftung oder Beheizung der Behälterdecke, erfordern einen relativ hohen Betriebsaufwand und kommen nur in Sonderfällen in Betracht.

6.4.3.2.6 Anbau weiterer Kammern

Bestehende Wasserkammern zu erweitern ist aus betrieblichen und bautechnisch statischen Gründen nicht empfehlenswert. Im Bedarfsfall sind daher weitere Kammern zu erstellen. Es hängt von den örtlichen Verhältnissen ab, ob diese abseits vom bestehenden Behälter oder in unmittelbarer Nähe anzuordnen sind. Im letzteren Fall ist entsprechend den örtlichen Verhältnissen, wie Baugrund, Baukonstruktion des neuen und alten Behälters u. a. ein ausreichend großer Abstand des neuen Behälters vom bestehenden Bauwerk einzuhalten, um Setzungsrisse oder zusätzliche Belastungen des bestehenden Behälters zu vermeiden.

6.4.3.2.7 Konstruktive Hinweise

1. Allgemein – Die örtlichen Verhältnisse, wie Geländeform und Baugrund, ferner Abmessung, Form und Wassertiefe des Behälters, betriebliche und wirtschaftliche Gesichtspunkte sind bestimmend für die Konstruktion des Behälters. Wasserbehälter werden fast ausschließlich aus Stahlbeton in Ortbeton gebaut. Bei risseempfindlichen Behältern kann eine Vorspannung aus statischen und konstruktiven Gründen erforderlich sein.

2. Gründung – Wasserbehälter erfordern eine besonders sorgfältige und sichere Gründung. Altlastverdächtige Flächen sind zu meiden. Es ist ein gleichmäßig tragfähiger und nicht setzungsempfindlicher Baugrund anzustreben. Entsprechende Baugrunderkundungen sind für alle Behälterbauten notwendig; hierfür ist ein Gutachten eines bodenmechanischen Instituts einzuholen. Bei ungleichförmigen oder setzungsempfindlichen Böden sind neben der Herabsetzung der zulässigen Bodenbeanspruchung auch Verbesserungen des Untergrundes möglich durch Verdichtung, Bodenaustausch oder Füllbeton. Der Regelfall ist die Flachgründung als elastisch gebettete Platte.

In Erdbeben- und Bergbaugebieten sind Angaben der fachkundigen Stellen einzuholen und zu berücksichtigen.

3. Sohle – Diese muss besonders sorgfältig hergestellt werden, da Undichtheiten schwer erkennbar sind. Zur Vermeidung von Ausgleichsbeton für das Herstellen des Sohlengefälles empfiehlt es sich, das gegebenenfalls nachverdichtete Feinplanum bereits mit dem künftigen Sohlengefälle der Bodenplatte auszuführen. Damit der Baugrund nicht durch Luft und Niederschläge gelockert und aufgeweicht wird, sind die letzten 0,20 m des Aushubs erst unmittelbar vor dem Herstellen des Feinplanums und Einbringen der Sauberkeitsschicht aus Beton zu entfernen. Unerlässlich ist die sorgfältige Entwässerung der Baugrube zur Verhinderung des Aufweichens des Bodens, zweckmäßig durch das zeitliche Vorantreiben der Gräben für die Dränleitungen und für die Entleerungsleitungen des Behälters. Querende Leitungen unterhalb der Sohle sind zu vermeiden.

Bei bindigen oder wasserhaltenden Böden empfiehlt es sich, zwischen Feinplanum und Sauberkeitsschicht eine filterfeste Dränschicht einzubauen. Um bei größeren Sohlflächen die Reibungskraft aus der temperaturbedingten Längenänderung der Bodenplatte möglichst gering zu halten, ist es zweckmäßig, zwischen der Sauberkeitsschicht und der tragenden Bodenplatte eine ca. 5 mm starke Bitumenschweißbahn mit Glasvlieseinlage lose verlegt einzubauen.

Bei jedem Behälter, der nicht im Grundwasser liegt, muss in den Baugrubenwinkeln des gesamten Bauwerks eine Dränleitung eingelegt werden, damit Tagwasser und Wasser aus etwaigen undichten Stellen rasch und ohne Aufweichung des Untergrunds abfließen kann. Bei längeren Baukörpern sind etwa alle 20 m, möglichst an den Ecken des Bauwerks, Kontrollschächte für die Dränleitung vorzusehen. Die Dränleitungen mit einem Gefälle von etwa 0,5–1,0 % müssen unter der Oberkante des Feinplanums liegen, damit nicht von der Dränleitung aus Wasser unter die Sohle zurückfließen kann. Der Graben für die Dränleitung muss einen der Druckverteilung der Fundamentbelastung im Boden entsprechenden Abstand vom Fundament einhalten. Die Dränleitungen sind sorgfältig vor Verschmutzung durch den Baubetrieb zu schützen.

Unter dem Sohlenbeton ist immer auf dem Feinplanum bzw. auf der Kiesentwässerungsschicht eine 5 bis 8 cm dicke Sauberkeitsschicht aus Beton vorzusehen.

Fundamente der Wände und der Stützen werden meist zusammen mit der Sohle betoniert. In der Praxis hat es sich auch als vorteilhaft erwiesen, bei in der Sohle eingespannten Wänden einen unteren, etwa 10 cm hohen Bereich der Wände zusammen mit der Sohle herzustellen. Die Wandschalung kann dann an diesem Sockel gut ausgerichtet werden und es kann ein an dieser Stelle ggf. einzubauendes Arbeitsfugenblech oder -band ohne Störung der oberen Bewehrung der Bodenplatte besser angeordnet werden. Die Fundamentkräfte der Wände und Stützen werden trotz häufigen Fehlens einer Fuge infolge Momentenumlagerung nur wenig auf die Sohle übertragen, wenn die Dicke der Fundamente erheblich größer als die der Sohle ist. In diesem Fall ist die statische Beanspruchung der Sohle verhältnismäßig gering; übliche Dicke der kreuzweise bewehrten Sohle ist etwa 20–25 cm. Der statische Nachweis wird in der Regel als elastisch gebettete Platte geführt. Für das Entleeren und Reinigen der Wasserkammern ist die Sohle mit 2 % Gefälle zu einem Entleerungssumpf oder zu Sammelrinnen auszuführen. Letztere sind bei großen Behältern baulich von Vorteil, da alle Fundamente auf gleicher

6.4 Hochbehälter

Höhe ausgeführt werden können. Die endgültige Oberfläche der Sohle kann im Vakuumbetonverfahren mit Flügelglättern in einem Arbeitsgang hergestellt werden. Diese Art der Oberflächengestaltung vermeidet den sonst üblichen Estrich, bei dem es bei unsachgemäßer Herstellung leicht zu Schäden durch Hohlliegen kommen kann (**Abb. 6-20**).

Abb. 6-20: Fernwasserversorgung Franken, zweikammeriger, fugenloser Tiefbehälter (Mischwasserbehälter hinter Aufbereitung) bei Sulzfeld am Main, 10 000 m³ Inhalt, Baujahr 1990. (Foto Gauff Ingenieure)

4. Fugen – Fugen entstehen durch Arbeitsunterbrechungen (Betonierabschnitte) als Arbeitsfugen oder sie sind zur Festlegung des statischen Systems oder zur Unterteilung großer Bauabschnitte als Bewegungsfugen erforderlich.

Arbeitsfugen sind aus Gründen des Arbeitsablaufes notwendig. Ihre planmäßige Anordnung schafft überschaubare Betonierabschnitte. Sie sollen bereits im Entwurf an statisch wenig beanspruchten und leicht zugänglichen Stellen festgelegt werden. Die Kontaktflächen sind so vorzubereiten (reinigen, aufrauen, nässen, schlämmen), dass beim Anbetonieren eine feste und dichte Verbindung zwischen altem und neuem Beton entsteht. Bei sachgerechter und sehr sorgfältiger Ausführung sind sie auch ohne Fugenblech oder Fugenband dicht. Ein Profilieren des Fugenquerschnittes z. B. durch Dreikantleisten ist zweckmäßig. Senkrechte Fugenbleche haben sich in der Praxis besser bewährt als Fugenbänder, weil ein Umknicken des Bleches beim Betonieren kaum eintritt und somit die Fugendichtung ihre vorgeschriebene Lage beibehält. Die Bleche müssen an den Stößen verschweißt oder durch Klemmen miteinander verbunden werden. Empfohlen werden Fugenbleche aus schwarzem, unbeschichtetem Stahlblech (Bandstahl) gemäß DIN EN 10051 mit einer Mindestdicke von 1,5 mm und einer Mindestbreite von 300 mm.

Bewegungsfugen haben die Aufgabe, Formänderungen aus Setzungen, Temperaturspannungen, Vorspannung etc. im Bauwerk zu ermöglichen bzw. sind dort erforderlich, wo Bauwerke oder Bauwerksteile deshalb untereinander nicht fest verbunden werden können. Dies ist regelmäßig der Fall zwischen den einzelnen Wasserkammern und zwischen Wasserkammer und Bedienungshaus, aber auch bei sehr großen und langen Betonkörpern. Bewegungsfugen werden mit mind. 2 cm Breite ausgeführt, erhalten ein elastisches Dehnungsfugenband und werden mit einer elastischen Fugenvergussmasse verschlossen. Es sollten nur genormte Elastomer-Fugenbänder gemäß DIN 7865 oder PVC-Fugenbänder gemäß DIN 18541 verwendet werden. Die Bemessung und Verarbeitung von Fugenbändern erfolgt nach DIN V18197. Das Fugenmaterial muss den KTW-Empfehlungen des Bundesgesundheitsamtes und den Anforderungen des DVGW-Arbeitsblattes W 270 entsprechen. Bei vorgespannten runden Behältern wird die senkrechte Zylinderschale der Wand durch Bewegungsfugen von Bodenplatte und Decke getrennt.

In der Praxis haben sich aber durchaus auch Behälter mit großen Abmessungen ohne Bewegungsfugen bewährt. Dies hat große Vorteile bezüglich dauerhafter Dichtheit, erhöhter Lebensdauer und verringertem Aufwand für Instandhaltung des Bauwerks, da z. B. hygienisch kritisches Fugenmaterial entfällt. Diese Bauweise ist daher anzustreben.

5. Wände

Rechteckbehälter – Aus Gründen der einfacheren Bauabwicklung werden die Wände im Allgemeinen über die ganze Höhe in einheitlicher Wanddicke, und zwar – auch wenn statisch nicht erforderlich – in einer Mindestdicke von 30 cm als wasserundurchlässige Bauteile hergestellt. Dies ist zum einwandfreien Einbringen und Verdichten des Betons erforderlich. Übliche Wanddicken waren früher d = 0,1 h, wenn h die Wandhöhe ist. Im Allgemeinen wird statisch die Einspannung der Wand in die Bodenplatte vorgesehen, weil die an der Sohle anzuordnende Arbeitsfuge relativ einfach hergestellt werden kann. Die Wände werden als einachsig oder zweiachsig gespannte Platten berechnet. Zusätzlich zu den Plattenmomenten müssen die Wände auch Scheibenkräfte, z. B. aus Wasserdruck und aus Zwang, aufnehmen. Wenn die Wände nicht zeitgleich mit der Sohle betoniert werden, treten beim Abkühlen der Wand Verkürzungen auf, die durch die Einspannung in der Sohlplatte behindert werden. Die häufig zu beobachtenden Rissebildungen an dieser Stelle können zwar nicht gänzlich verhindert werden, aber sie lassen sich durch folgende Maßnahmen verringern, bzw. es gelingt, dass die störenden breiten Risse vermieden werden und dafür schmale, Konstruktion und Dichtheit nicht beeinflussende, Risse entstehen: abschnittsweises Betonieren der Wände (ca. 5 bis 8 m), Längsbewehrung im Bereich der Arbeitsfuge, Verringerung der Auskühlung der Wand durch längere Einschalzeit und Nachbehandlung.

Behälter mit kreisförmigem Grundriss – Bei kleineren Rundbehältern (Wandhöhe 3–5 m, Durchmesser 15–20 m) gelten die gleichen Ausführungen wie für Rechteckbehälter. Sie werden auch als schlaff bewehrte Bauwerke hergestellt, wenngleich mittlerweile die vorgespannte Bauweise als Fertigteilbehälter überwiegt.

Bei Kreisbehältern mit größerem Durchmesser werden die erforderlichen Betonquerschnitte zum Einhalten der zulässigen Betonzugspannungen sehr groß, so dass die Membrantheorie der Zylinderschale nicht mehr zutrifft, ferner die Wand wegen der geringen Wandhöhe zum Durchmesser eher als zwischen Decke und Sohle gespannte Platte wirkt. Hier können vorteilhaft Vorspannverfahren eingesetzt werden, wobei die Wand bei allen Belastungsfällen nur auf Druck beansprucht werden soll. Aus statischen Gründen könnte die Wanddicke hier sehr klein sein, aus Herstellungsgründen muss wegen der Schwierigkeit des Einbringens und Verdichtens des Betons auch hier eine Mindestdicke von 25 cm eingehalten werden. Abweichungen nach unten sind nur bei Segmentschalen aus Betonfertigteilen möglich. Der verbindende Ortbeton ist dann aber dicker und wird zweckmäßigerweise nach außen vergrößert.

Alle Vorspannverfahren sind baulich schwierig und erfordern große Sorgfalt beim Herstellen. Ein wirtschaftlicher Vergleich mit konventionellen Bauweisen, d. h. mit üblichen Grundrissformen und schlaffer Bewehrung, ist immer ratsam. Vereinzelt wurde für das Herstellen der Wände von kleinen Kreisbehältern bewehrtes Mauerwerk aus vorgefertigten Betonformsteinen vorgeschlagen, wie dies für Grünfuttersilos in der Landwirtschaft üblich ist. Für den Bau von Trinkwasserbehältern sollten jedoch immer monolithische Stahlbetonbauweisen angewendet werden, um die dauerhafte Dichtheit zu gewährleisten.

6. Decken und Stützen – Die Behälterdecken sollen eine ebene Unterschicht haben, um eine möglichst gleichmäßige Luftzirkulation in den Wasserkammern zu erreichen. Bei kleinen Behältern sind Plattendecken üblich, bei großen Behältern kommt fast immer die kopflose Pilzdecke zur Anwendung. Bei kleinen Behältern mit kreisförmigem Grundriss sind als Decken geeignet Kreisplatten ohne oder mit Mittelstütze, Kreisplatten mit ringförmiger Unterstützung durch Stützenreihen, bei großen Behältern kopflose Pilzdecken und Kuppeln. Kuppeldecken werden meist nach der Stützlinie oder als Kreisbogen mit Übergangsbogen konstruiert; der sehr große Gewölbeschub wird zur Entlastung der Behälterwände vorteilhaft durch einen vorgespannten Zugring aufgenommen, der verschieblich auf der Behälterwand aufliegt.

Für die Decke wird heute meist die punktförmig gestützte Flachdecke gewählt. Ebene Decken sind mit mind. 2 % Gefälle zum Ablaufen des Tagwassers und Steigung in Richtung zu den hochliegenden Entlüftungen auszuführen. Die Verwendung von Fertigteilen für die Deckenkonstruktion ist wirtschaftlich sinnvoll, sie schont die Behältersohle und verkürzt die Bauzeit.

Bei Pilzdecken empfiehlt es sich, zur Verringerung der Schalarbeit die Stützen ohne Stützenkopfverstärkung auszuführen, oder die Kopfverstärkung über Deckenoberkante zu legen. Wegen der lohnintensiven Schal- und Putzarbeit von quadratischen Stützen ist der kreisförmige Querschnitt unter Verwendung von Spiralblechschalung günstiger. Rohre als verlorene Schalung sind nicht empfehlenswert, da der monolithische Verbund besonders am Stützenfuß nicht mehr kontrolliert werden kann. Bei quadratischen Stützen müssen die Kanten gebrochen werden. Die Ausführung und Reinigung von Stützen ist teuer und zeitraubend, so dass der Stützenabstand unter Beachtung der statischen Erfordernisse nicht zu klein sein soll. Bei einer Erdüberdeckung von weniger als 1,00 m und Stützenhöhen von 5 bis 6 in sind übliche Stützenabstände etwa 5–6 m, ansonsten von etwa 7–8 m; üblicher Stützendurchmesser ist 30 bis 40 cm. Mittelstützen von Kreisplatten sind erheblich stärker belastet, so dass hier Stützendurchmesser bis 50 cm erforderlich sein können.

6.4.3.3 Bedienungshaus

Bei jedem Hochbehälter ist ein Bedienungshaus vorzusehen, das den Zugang zu den Wasserkammern ermöglicht und in welchem die für den Betrieb erforderlichen Einrichtungen leicht zugänglich untergebracht werden. Wichtig ist, dass alle Rohrleitungen aus den Wasserkammern durch das Bedienungshaus geführt werden, damit die Rohrdurchführungen durch die Wasserkammerwände jederzeit kontrolliert werden können.

Im Allgemeinen wird wegen der Geländeform nur ein Bedienungshaus hangabwärts vor den aneinander gebauten Wasserkammern angeordnet. Bei sehr lang gestreckten großen Behältern in ebenem Gelände kann es vorteilhaft sein, für Zulauf und Entnahme je ein eigenes Bedienungshaus vorzusehen, wodurch die Rohrinstallation vereinfacht werden kann und baulich das Ausbilden einer gleichmäßigen Durchströmung durch die Wasserkammern erleichtert wird (**Abb. 6-11**). Das Bedienungshaus besteht i. a. aus dem Erdgeschoss und dem Rohrkeller. Es ist zweckmäßig, die Außentüre des EG mit einem Windfang abzuschließen. Unmittelbar neben dem Eingang ist ein Wartungsraum, evtl. mit sanitären Einrichtungen, anzuordnen, damit von dort aus der Behälter mit sauberer Arbeitskleidung begangen werden kann. Hier ist auch Platz vorzusehen für Desinfektionsmittel, Reinigungsgeräte, Hilfsgeräte, Handscheinwerfer u. a. (mit Farbmarkierung wegen der Verwendung in Wasserkammern) und ein Arbeitsplatz für Aufzeichnungen und zum Aufbewahren des europaweit vorgeschriebenen Betriebshandbuches. Im EG werden ferner die wesentlichen elektrischen Einrichtungen, insbesondere die Fernmelde- und Fernsteueranlage untergebracht. Sofern eine Chlorung des Wassers im Behälter laufend durchzuführen ist, muss ein gesonderter Chlorraum mit Zugang von außen entsprechend den Unfallverhütungsvorschriften vorgesehen werden. Unterhalb des Chlorraumes darf keine Lüftungsöffnung, z. B. für den Rohrkeller, angeordnet sein (Vergiftungsgefahr!). Vom EG aus erfolgt der Zugang zu den Wasserkammern.

Im Rohrkeller wird die hydraulische Ausrüstung untergebracht, ferner eine allenfalls notwendige Maschinenanlage. Eine klare Trennung der Funktionsbereiche ist erforderlich.

Das Bedienungshaus ist so zu gestalten, dass eine leichte Bedienung und Reinigung möglich sind. Entsprechend dem jetzigen und ggf. künftigen Rohrleitungsplan ist das Bedienungshaus ausreichend groß mit bequemem Zugang zu entwerfen.

Das Bedienungshaus bzw. ein Bedienungsschacht wird nur bei sehr kleinen Behältern unmittelbar mit den Wasserkammern betoniert. Bei Behältern bis 500 m^3 wird häufig das Bedienungshaus bei setzungsunempfindlichem Untergrund mit Arbeitsfuge an die Wasserkammern anbetoniert, so dass Wasserkammern und Bedienungshaus eine gemeinsame Wand haben. Ansonsten und insbesondere bei größeren Behältern wird zwischen den Wasserkammern und dem Bedienungshaus eine Bewegungsfuge mit Fugenband angeordnet, um ungleichmäßige Setzungen abzufangen.

Das Bedienungshaus ist einer der wenigen Teile einer Wasserversorgungsanlage, die auch von außen sichtbar sind. Die Bedeutung der Wasserversorgung sollte daher neben der technischen Zweckmäßigkeit auch durch besondere architektonische Gestaltung des Bedienungshauses zum Ausdruck gebracht werden. Das Bedienungshaus ist so hoch über Gelände herauszuführen, dass ein ebener Zugang möglich ist. Die Vorderfront ist vor die Böschungen der Wasserkammern vorzuziehen, um unschöne Böschungskegel, Flügelmauern, die gerne abreißen, oder lange Blendmauern vor Wasserkammerwänden zu vermeiden. Für die sichtbaren Außenwände sind Bauweisen anzuwenden, die wenig Unterhalt erfordern, z. B. Bruchsteinmauerwerk, Verblendmauerwerk. Große Glasfronten, etwa mit Glasbausteinen, sind aus Sicherheits- und Wärmeschutzgründen zu vermeiden. Bewährt hat sich eine an den örtlichen Baustil angepasste Fassade.

Wichtig ist eine gute Wärmeisolierung der Außenwände, da sonst Frostschäden auftreten können. Das Einhalten einer Mindesttemperatur von + 10 °C durch elektrische Beheizung und Regelung mittels Thermostat und gegebenenfalls Luftentfeuchtung sollten, wenn irgend möglich, vorgesehen werden.

Als Dach des Bedienungshauses sind je nach den örtlichen Gegebenheiten Pultdach mit Blechabdeckung, Steildach mit Platten oder Dachziegeln üblich; eine Stahlbetonkonstruktion des Daches kann wegen des geringeren Unterhalts gegenüber einer Holzkonstruktion vorteilhaft sein. Wichtig sind eine gute Wärmedämmung und Feuchtigkeitsisolierung. Flachdächer sind wegen ihrer Reparaturanfälligkeit zu vermeiden.

Bei sehr kleinen Behältern, unter 100 m^3 Inhalt, wird oft aus Kostengründen auf einen Überbau des Bedienungshauses verzichtet und nur ein schachtartiger Einstieg zum Rohrkeller erstellt. Im Bedienungsschacht ist an den Wasserkammerwänden ein Podest anzuordnen, von dem aus die Wasserkammern besichtigt und bestiegen werden können. Für den Einstieg sind herausnehmbare Leitern aus korrosionsfestem Material üblich. Über dem Wasserspiegel dürfen keine Öffnungen liegen; ggf. sind solche Einstiege umzubauen (s. a. DVGW-Merkblatt W 312). Die Einstieg- und die Montageöffnung sind mit dichtschließenden Schachtdeckeln zu verschließen; geeignet sind kreisförmige, gusseiserne Schachtdeckel mit Gummidichtung, die wegen Form und Gewicht einen besonders dichten Abschluss gewährleisten. Anzumerken ist, dass Behälter unter 200 m^3 Inhalt aus planerischen, baulichen, hygienisch-betrieblichen und sicherheitstechnischen Gründen heutzutage für die öffentliche WV nicht mehr zweckmäßig sind.

6.4.4 Bauausführung – Ortbetonbauweise

6.4.4.1 Allgemeines

Hochbehälter werden fast ausschließlich in Stahlbeton nach DIN 1045 hergestellt, und zwar weitgehend in Ortbetonbauweise. Stahlbeton besteht im Allgemeinen aus den Ausgangsstoffen Zement, Betonzuschlag, Betonzusatzmittel, Betonzusatzstoffen, Zugabewasser und Betonstahl. Die Wasserkammern müssen wasserdicht sein, da Undichtheiten, abgesehen vom Wasserverlust, die Standfestigkeit des Bauwerks durch Rosten des Betonstahls und Aufweichen des Baugrunds gefährden sowie das gespeicherte Lebensmittel Wasser durch Eindringen von Stoffen verunreinigen können. Grundsätzlich muss gefordert werden, dass der Beton selbst wasserundurchlässig ist. Die Wasserdurchlässigkeit des Betons ist abhängig von Art und Menge des Zements, von der Kornzusammensetzung der Zuschlagstoffe, von der Menge und Qualität des Anmachwassers, vom Verdichtungsgrad, von der Betondicke und von der

6.4 Hochbehälter

Betonnachbehandlung. Wasserundurchlässiger Beton für Bauteile mit einer Dicke von 20 bis 40 cm muss nach DIN 1045 so dicht sein, dass die größte Wassereindringtiefe (DIN EN 12390-8) bei der Prüfung 3 cm nicht überschreitet. Die Wassereindringtiefe ist umso geringer, je geringer der Wasserzementwert (w/z-Wert) und je älter der Beton ist. Ein wesentliches Kriterium für wasserundurchlässigen Beton ist, dass der Wasserzementwert $\leq 0{,}50$ ist. Dann weist dieser Beton auch Mindestdruckfestigkeiten entsprechend der Festigkeitsklasse C 30/37 (bisher B 35) auf. Nach DIN 1045 gehört wasserundurchlässiger Beton zu den Betonen mit besonderen Eigenschaften. Wegen der hohen Anforderungen an die Dichtheit sollte der Beton beim Behälterbau unbedingt nach den Bedingungen für Beton B II hergestellt werden. Bei einer B II-Baustelle werden nämlich Betonzusammensetzung und Verarbeitung eigen- und fremdüberwacht. Auch ein Qualitätsmanagement gemäß DIN 9001 ist zweckmäßig.

6.4.4.2 Baustoffe

6.4.4.2.1 Zement

Als hydraulische Bindemittel für Beton sind Zemente gemäß DIN EN 197 oder DIN 1164 oder bauaufsichtlich zugelassene Zemente zu verwenden. In der Regel ist die Festigkeitsklasse 32,5 vorteilhaft. Mit Rücksicht auf das Lösungsvermögen mancher Wässer empfiehlt sich die Verwendung von kalkarmen Zementen, wie Portland- oder vor allem Hochofenzement. Für die Herstellung von wasserundurchlässigem Beton soll ein Zementanteil von 330 kg/m^3 bei einem Zuschlag mit Größtkorn von 32 mm gewählt werden. Der Wasserzementwert soll $\leq 0{,}50$ betragen.

6.4.4.2.2 Betonzuschlag

Im Hinblick auf die Wasserundurchlässigkeit des Betons wird eine Sieblinie mit günstigem hohlraumarmem Kornaufbau nach A/B (16 oder 32) gemäß DIN 1045 empfohlen. Natursand ist dabei besser als Quetschsand. Das größte Korn soll kleiner als 1/5 der kleinsten Bauteildicke und kleiner als 3/4 des kleinsten Abstandes der Bewehrung sein. DIN 4226 ist zu beachten.

Da die DIN 1045 einen relativ hohen Anteil an organischen Verunreinigungen zulässt, die später zu mikrobiellem Wachstum führen können, wird dringend eine Sonderprüfung gemäß DVGW-Arbeitsblatt W 347 empfohlen.

6.4.4.2.3 Betonzusatzmittel

Betonverflüssiger (BV) und Fließmittel (FM) erzeugen eine gut verarbeitbare Betonkonsistenz mit guter Verdichtbarkeit. Die Konsistenz des Betons sollte nicht steifer als F 3 sein (bisher sogenannte „Regelkonsistenz KR" mit einem Ausbreitmaß von a = 42 bis 48 cm). Durch die verflüssigenden Zusatzmittel wird Wasser eingespart und der empfohlene w/z-Wert $\leq 0{,}50$ erreicht. Auf Dichtungsmittel sollte ganz verzichtet werden. Die Zusatzmittel müssen DIN EN 934-2 entsprechen oder bauaufsichtlich zugelassen sein und die Anforderungen des DVGW-Arbeitsblattes W 347 erfüllen.

6.4.4.2.4 Betonzusatzstoffe

Der am häufigsten verwendete Zusatzstoff ist Steinkohlenflugasche gemäß DIN EN 450. Puzzolanische Zusatzstoffe mit Füllereigenschaften wie Flugaschen (FA) oder Silikastäube (SF) führen zusammen mit einem niedrigen w/z-Wert zu einem besonders dichten Betongefüge. Sie müssen bauaufsichtlich zugelassen sein.

6.4.4.2.5 Zugabewasser

Das Zugabewasser muss DIN 1045 entsprechen. Geeignet sind Trinkwässer oder trinkwasserähnliche Wässer sowie Restwässer gemäß DAfStb-Richtlinie „Herstellung von Beton unter Verwendung von Restwasser, Restbeton und Restmörtel" (Ausgabe 8.95), deren saurer Kaliumpermanganatverbrauch den im DVGW-Arbeitsblatt W 347 vorgegebenen Grenzwert nicht überschreitet. Bei Verwendung von Trinkwasser entfallen diese Prüfungen.

6.4.4.2.6 Betonrezeptur

Für die Herstellung eines hochwertigen wasserundurchlässigen Betons empfiehlt Vogt folgende Rezeptur in kg Trockenmasse pro m^3 Beton: 705 kg Sand 0/2a, 223 kg Kies 2/8, 931 kg Kies 8/32, 160 kg Wasser, 330 kg Zement, 20 kg Flugasche, 1,32 kg Betonverflüssiger.

6.4.4.2.7 Betonstahl

Für die Bewehrung der Stahlbetonteile von Wasserbehältern wird Betonstahl verwendet, der hinsichtlich Durchmesser, Form, Festigkeitseigenschaften und Kennzeichnung der DIN 488 bzw. DIN 1045 entsprechen muss. Zur Beschränkung der Rissbreite darf der Grenzdurchmesser der Bewehrung gemäß DIN 1045 nicht überschritten werden, der Abstand der Längsbewehrung in Sohle, Wänden und Decke nicht größer als 15 cm sein. Der Mindestdurchmesser der Längsbewehrung in den Wasserkammerwänden bei Biegung mit Längskraft ist mit d = 10 mm zu wählen, soweit diese nicht Druckglieder nach DIN 1045 sind.

Die Betondeckung der Bewehrung muss mind. 3,5 cm, besser 4 cm, bei der Sohle, den Wänden, der Decke und den Stützen der Wasserkammern betragen und ist durch sorgfältige Kontrolle der örtlichen Bauüberwachung strikt einzuhalten. Diese Maße sind sowohl auf der Innen- wie Außenseite dieser Bauteile anzuwenden. Beim Aufbringen eines wasserundurchlässigen Putzes kann die Betondeckung um die Putzdicke, jedoch höchstens um 1 cm verringert werden.

6.4.4.2.8 Andere Baustoffe

Kunststoffe haben eine wesentlich geringere Lebensdauer als zementgebundene Baustoffe; ihre Festigkeit und Elastizität nimmt mit zunehmendem Alter ab. Bei notwendigen Fugen müssen die eingesetzten Materialien die KTW-Empfehlungen erfüllen und in mikrobiologischer sowie physiologischer Hinsicht nach DVGW-Arbeitsblatt 270 einwandfrei sein. In Wasserkammern sollten sämtliche Stahlformstücke und sonstigen Einbauteile aus Edelstahl nach DIN 17 440, Werkstoff Nr. 1.4571 bzw. 1.4581 hergestellt sein.

6.4.4.3 Statische Bearbeitung

Die statische Bearbeitung berücksichtigt die Grenzzustände und dient dem rechnerischen Nachweis der Standsicherheit und Gebrauchstauglichkeit (Dauerhaftigkeit und Dichtheit). Ein entsprechender Eurocode zu Planung von Stahlbeton- und Spannbetontragwerken wird künftig in eine europäische Norm EN 1992 übergeleitet werden. Standsicherheit und Dauerhaftigkeit werden derzeit über DIN 1045 (gültig noch für die nächsten Jahre) nachgewiesen. Dabei ist die Rissbreite durch geeignete Wahl von Bewehrungsanteil, Stahlbeanspruchung und Stabdurchmesser in dem Maß zu beschränken, wie es der Verwendungszweck und die örtlichen Verhältnisse erfordern. Der Nachweis der Dichtheit ist nach den Kriterien des DVGW-Arbeitsblattes W 300 zu erbringen. Der Nachweis wird entweder durch Einhalten einer Mindestdruckzonendicke oder durch Beschränken der Rissbreite geführt. Beträgt die rechnerische Druckzonendicke weniger als 5 cm, muss die Bewehrung so bemessen werden, dass die rechnerische Rissbreite an der Bauteiloberfläche den Wert von 0,15 mm nicht überschreitet. Wenn auf wirtschaftliche Weise keine dieser Forderungen mit Stahlbeton erfüllt werden kann, besteht die Möglichkeit der Vorspannung.

Für die Schnittgrößen ist die Kombination aus Last (Lastannahmen in DIN 1055) und Zwang (z. B. Beanspruchung aus Temperaturänderung, Hydratationsvorgängen, Schwinden und Kriechen) maßgebend. Bewegungsfugen, selbst in kurzen Abständen, rechtfertigen keine Vernachlässigung der o. a. Einflüsse und sollten vermieden werden. Wenn im Einzelfall eine genaue Erfassung dieser Einflüsse nicht erfolgt, kann als Näherung unter Zugrundelegung des ungerissenen Zustandes (Zustand I) mit

Temperaturdifferenzen als operative Rechengrößen gearbeitet werden (W 311 bzw. jetzt W 300). Wird ein genauerer Nachweis für den gerissenen Zustand (Zustand II) geführt, ist eine Mindestbewehrung zur Beschränkung der Rissbreiten auf 0,1 bzw. 0,15 mm notwendig. Als Belastungen aus dem Bauzustand sind insbesondere die Dichtheitsprüfung am nackten Bauwerk ohne Erdanschüttung und unterschiedliche Füllhöhen der Wasserkammern zu berücksichtigen.

Die Schnittgrößen aus Last und Zwang müssen unter Berücksichtigung der Schalen- und Scheibenwirkung und der Interaktion des Behälters mit dem Baugrund ermittelt werden. Nachweise an einem Rahmensystem genügen in der Regel nicht, weil dabei die Schubsteifigkeit unberücksichtigt bleibt.

6.4.4.4 Verarbeiten des Betons

Um einen wasserundurchlässigen Beton zu erhalten, ist Folgendes zu beachten:
Die Schalung muss standsicher, formbeständig und dicht sein, da an undichten Schalungsstößen Feinmörtel mit Wasser austritt, was zu Kiesnestern führt.
Für das Herstellen einer weitgehend porenfreien Betonoberfläche hat sich der Einsatz einer wassersaugenden Schalung oder von saugenden wasserabführenden Kunststoffbahnen (Drän-Vlies) bewährt, die faltenfrei und unverschieblich auf die Schalung gespannt werden. Durch die Dränwirkung kann sich ein optimaler w/z-Wert unter 0,5 einstellen. Das Ergebnis ist eine dichte, porenarme, lunkerfreie Betonoberfläche. Eine gewisse Wolkenbildung und Marmorierung sind eher die Regel und können optisch akzeptiert werden. Die feuchten Kunststoffbahnen aus Polyprophylen werden nach dem Ausschalen nicht sofort abgezogen, sondern verbleiben noch einige Zeit auf der frischen Betonoberfläche zur wesentlichen Unterstützung der Betonnachbehandlung. Beim Einsatz von Schalungsbahnen sind Betontrennmittel unzulässig. Für Schalungen mit Trennmitteln muss über die DVGW-Arbeitsblätter W 270 und W 347 nachgewiesen werden, dass dies zu keinen Verkeimungen führt. Nach dem Ausschalen sind Trennmittelreste mittels Benetzungsprobe aufzuspüren und sofort abzuwaschen. So genannte biologisch abbaubare Trennmittel können in die Betonoberfläche eindringen und dort im späteren Betrieb wegen ihrer organischen Bestandteile zu langwierigen Verkeimungen führen. Sie sind deshalb hier nicht zulässig.

Besondere Aufmerksamkeit ist der Art der Beförderung des Betons zur Baustelle und dem Baustellentransport zu widmen. Es ist dafür Sorge zu tragen, dass der Beton sich nicht entmischt, nicht unzulässig austrocknet und sich nicht wesentlich abkühlt oder erwärmt und keine „Verstopfer" beim Transport durch Rohrleitungen bildet. Beim Transport vom Betonwerk zur Baustelle darf die Betonmischung nicht mehr durch Zugabe von Stoffen (z. B. Wasser) verändert werden. Der Beton sollte am besten sofort nach dem Mischen verarbeitet werden. Bei trockenem, warmem Wetter soll er innerhalb 1/2 Stunde, bei kühler und feuchter Witterung innerhalb 1 Stunde eingebaut und verdichtet sein. Keinesfalls darf die Verarbeitbarkeitszeit überschritten werden.

Bei der Bewehrung muss ein fest zusammenhängendes Geflecht hergestellt werden, das seine Lage beim Einbringen und Verdichten des Betons nicht verändert. Die oben liegende Bewehrung ist durch Rundeisenböcke in ihrer Lage zu halten. Für die untere und seitliche Bewehrung kommen zur Gewährleistung der Betondeckung nur stabile Abstandhalter auf Zementbasis in Frage. PVC-Abstandhalter sind unbedingt zu vermeiden, da sie mangels Verbund mit dem Beton zu Umläufigkeiten führen können. Die zuverlässig einzuhaltende Betondeckung verhindert sicher die Bewehrungskorrosion.

Der Beton ist mittels Schlauch oder über Schüttrohre in Lagen von max. 0,50 m Höhe gleichmäßig einzubringen und mit geeigneten Rüttlern so zu verdichten, dass er möglichst porenfrei ist und dass keine Kiesnester entstehen. Daher darf der Beton nicht „im freien Fall" mit der Gefahr der Entmischung in die Schalung eingefüllt werden. Um eine gute Verbindung der einzelnen Schüttlagen zu erreichen, muss der Rüttler etwa 20 bis 25 cm tief in die bereits verdichtete untere Schicht eingeführt werden. Innenrüttler sind schnell in den Beton einzutauchen und langsam nach oben zu ziehen. Dadurch wird der Beton von unten nach oben verdichtet und eingeschlossene Luft kann entweichen. Das Verdichten wird zweckmäßig durch Außenrüttler unterstützt. Die für das Herstellen von Rüttelbeton geltenden Vorschriften sind zu beachten (DIN 4235). Schüttfugen infolge Arbeitsunterbrechungen sind zu vermeiden. Die nachfolgenden Schüttlagen müssen vor Erstarren der unteren Schicht aufgebracht werden. Unvorhergesehene Arbeitsfugen sind durch besondere Maßnahmen sorgfältig zu schließen. Betonieren bei Frost ist zu vermeiden. Zusätze von chloridhaltigen Frostschutzmitteln sind wegen der Gefahr der Korrosion der Bewehrung und der farblichen Veränderung der Betonoberfläche unzulässig. Wenn während des Betonierens Frost auftritt, ist das Anmachwasser, erforderlichenfalls auch der Betonzuschlag, anzuwärmen. Keinesfalls darf gefrorener Betonzuschlag verwendet werden. Frisch hergestellte Betonteile sind gegen spätere Frosteinwirkung durch Abdecken, Beheizung u. ä. zu schützen. Besonders wichtig ist, durch Abdecken der erstellten Fundamente und Sohle zu verhindern, dass durch Frosteinwirkung eine Frosthebung des Baugrundes entsteht, wodurch die Tragfähigkeit des Baugrundes, die Standsicherheit und Rissefreiheit des Bauwerks gefährdet werden.

6.4.4.5 Betonnachbehandlung

Hauptaufgabe der Nachbehandlung ist es, ausreichend Wasser und Wärme im Beton zu erhalten, bis er ausreichende Eigenfestigkeit hat. Die DAfStb-Richtlinie „Nachbehandlung und Schutz von Beton" ist zu beachten. Mangelhafte oder gänzlich unterbliebene Nachbehandlung ist oft Ursache von Schäden, wie Rissbildung, Absanden der Oberfläche oder geringere Festigkeit. Solange der Beton in der Schalung steht, ist er gegen Austrocknen hinreichend geschützt. Nach dem Ausschalen ist ein rasches Austrocknen und ein Wärmeverlust des Betons bis zum Alter von 3 Wochen durch Abhängen mit feuchten Planen oder mit Folien zu verhindern. Wegen der hohen Anforderungen an Betonoberflächen der Wasserkammern sind die Nachbehandlungszeiten der DIN 1045 zu verdreifachen. Sie betragen damit je nach Betonzusammensetzung rd. 1 bis 2 Wochen und sind im Bauzeitplan zu berücksichtigen.

Unbedingt zu vermeiden ist das Berieseln und Abspritzen der Oberflächen. Hierbei wird dem Beton durch das kalte Wasser die Abbindewärme rasch entzogen, wodurch die dabei auftretenden Temperaturspannungen Risse verursachen. In Wasserkammern dürfen keine chemischen Nachbehandlungsmittel, z. B. Wachse, verwendet werden.

Nur verantwortungsbewusste und gewissenhafte Bauleitungen sowohl des Auftraggebers als auch des Auftragnehmers können ordentliche Bauausführungen gewährleisten. Die Lieferung der Baustoffe und die Herstellung (z. B. Betoneinbau, Nachbehandlung) werden am wirksamsten durch vorbereitete Checklisten kontrolliert, die gleichzeitig Teil der späteren Abnahme sind.

6.4.4.6 Oberflächenbehandlung

6.4.4.6.1 *Allgemeines*

Die Oberflächen der Betonteile sind so auszuführen, dass sie geringe Unterhaltsarbeit und leichte Reinigung gewährleisten.

6.4.4.6.2 *Bedienungshaus*

Im Erdgeschoss des Bedienungshauses sind Bodenplatten und frostbeständige Wandplatten bis mindestens 1,80 m Höhe üblich. Für die Wände sind auch hellfarbige Zement- oder Spezialputze auf Zementbasis geeignet. Kunstharzspachtelmassen sind nicht empfehlenswert, da sie Keimwachstum begünstigen. Im Rohrkeller sind Bodenplatten und Wandplatten oder hellfarbige Spezialputze auf Zementbasis üblich.

6.4.4.6.3 *Wasserkammern – Innenflächen*

1. Allgemeines – Die Wasserkammern müssen immer so beschaffen sein, dass das gespeicherte Lebensmittel Trinkwasser seine Trinkwasserqualität in chemischer, physikalischer und mikrobiologischer Hinsicht behält. Insbesondere für die Reinigung der vom Wasser berührten Flächen ist es besonders wichtig, dass diese glatt und möglichst porenarm sind. Porenarmer, wasserundurchlässiger Beton bedarf im Allgemeinen keines Putzes, keiner Beschichtung und keines Anstriches. Alle nachträglichen

Beschichtungen bergen Probleme. Nackter wasserundurchlässiger Beton ist die Idealform, weil er am ehesten die hygienischen Anforderungen gemäß DVGW-Arbeitsblätter W 347 und W 270 erfüllt und die betrieblich geforderte Gebrauchstauglichkeit gewährleistet. Diese Ausführung sollte daher immer angestrebt und durch Einsatz von wasserabführenden Kunststoffbahnen auf der Schalung bereits in der Ausschreibung festgelegt werden (siehe Abschnitt 6.4.4.4). Die Herstellung von Musterflächen durch den Bauausführenden sollte vereinbart werden.

Im Übrigen können in Frage kommen:

2. *Zementputz* – Ein wasserundurchlässiger Zementputz gemäß DIN 18 550 besteht aus mehreren Lagen von zusammen 1,5 bis 2 cm Dicke. Der Wasserzementwert muss b 0,5 sein. Die letzte Lage wird mit feinkörniger Zementschlämme geglättet. Das Herstellen eines wasserundurchlässigen, rissearmen und festhaftenden Zementputzes erfordert großes handwerkliches Können, so dass hierfür nur Spezial-Arbeitskolonnen eingesetzt werden sollten. Besonders wichtig ist, dass der Putzuntergrund ausreichend rau ist, um gute Haftung zu erzielen. Empfehlenswert ist das Sandstrahlen oder Wasserstrahlen mit Höchstdruck. Alle losen Teile müssen entfernt werden. Der Putzuntergrund ist ausgiebig zu nässen. Trockener Beton entzieht dem Putz zuviel Wasser, so dass der Putz an der Betonoberfläche keine ausreichende Festigkeit erreicht, hohl liegt und früher oder später in Platten abfällt. Durch leichtes Abklopfen ist die Haftung zu prüfen. Trennmittel können Güte, Farbe und Haftbarkeit der Putze gefährden.

Für den Putz ist reiner, scharfkantiger und gemischtkörniger Sand der Körnung 0–3 mm für den Unterputz, Körnung 0–1 für den Oberputz und ein möglichst kalkarmer Zement ohne Dichtungszusätze zu verwenden. Der Anschluss des Wandputzes an den Sohlenputz ist besonders sorgfältig übergreifend herzustellen. Die Ecken müssen gut ausgerundet werden mit mindestens 10 cm Radius. Unerlässlich für eine einwandfreie Beschaffenheit sind entsprechend langes Feuchthalten des Putzes und möglichst baldige Wasserfüllung; auch eine geringe Wasserhöhe ist ausreichend. Putzarbeiten sind daher möglichst an Tagen mit kühler, feuchter Luft auszuführen.

Putzvorschriften für den Hochzonenbehälter München/Kreuzpullach:

1. Spritzwurf   Mischungsverhältnis 1:4   Sand 0–7
2. Rauhputz   Mischungsverhältnis 1:3   Sand 0–5
3. Schweiß-Schicht   Mischungsverhältnis 1:2   Dyckerhoff-Weiß-Quarzsand 0–1,5
4. Zementschlämme   1 RT Wasser 1 RT Dyckerhoff-Weiß

Maschinell angeworfene Spritzputze, wie Torkretputz, erreichen eine besonders gute und gleichmäßige Verdichtung. Die Putzoberfläche muss i. a. ähnlich wie beim Handputz nachbehandelt werden.

3. *Zementgebundene Beschichtungen* – Für Wasserkammern eignen sich auch Beschichtungen auf Zementbasis, die auch farbig lieferbar sind. Diese werden in Form von Zementschlämmen auf die sandgestrahlte Betonoberfläche aufgespritzt oder aufgespachtelt. Die Schichtdicke muss hierbei mindestens 1 cm betragen, um abiotisch-biotische Korrosionen der Beschichtung zu vermeiden. Geringere Schichtdicken sind unbedingt zu vermeiden, da sie die geforderte Dauerhaftigkeit nicht gewährleisten und erfahrungsgemäß fleckenförmig aufweichen. Die Ursachen solcher Schäden bei Dünnschichtmörteln sind auf den Einsatz von Stabilisatoren und Hydrophobierungsmitteln zurückzuführen.

Da bereits geringe organische Bestandteile (z. B. Methylcellulose) der Beschichtung später zum Bakterienwachstum und zur biologischen Korrosion der Beschichtung führen können, ist es ratsam, vom Hersteller eine Bestätigung einzuholen, dass das Beschichtungsmaterial keine organischen Bestandteile enthält. Die Verarbeitungsvorschriften der Hersteller sind genau zu beachten. Es ist sehr empfehlenswert, für jedes Bauwerk die Verarbeitungsvorschriften durch die Herstellerfirma an Ort und Stelle festlegen zu lassen, da Haftung und Farbbeständigkeit der Beschichtung von der Art und Beschaffenheit des Betons, sowie von seiner Oberflächenstruktur abhängen. Die sich an der Oberfläche gut ausgebildete Carbonatschicht darf später während des Betriebs nicht durch Hochdruckwasserstrahl und/oder durch saure Reinigungsmittel beschädigt werden.

Innenbeschichtungen von Wasserkammern müssen die Bedingungen des DVGW-Arbeitsblattes W 347 „Hygienische Anforderungen an zementgebundene Werkstoffe im Trinkwasserbereich" erfüllen. Im Interesse einer zweifelsfreien Aussagekraft des Prüfzeugnisses sollte bei der Erstbegutachtung unbedingt darauf geachtet werden, dass die Prüfkörper vom prüfenden Institut oder zumindest unter dessen Aufsicht hergestellt werden.

4. *Spritzmörtel* – Vorteilhaft und wirtschaftlich ist die nachträgliche Vergütung der Betonoberfläche mit einem rein mineralischen, anorganischen, hydraulische abbindenden Spritzmörtel. Empfehlenswert ist ein Microsilika-Spritzmörtel gemäß DIN 18 551 mit kleiner Körnung, der auf den vorher abgestrahlten Untergrundbeton in einer Mindestschichtdicke von 1,5 cm aufgespritzt und geglättet wird, so dass eine dichte, homogene, porenfreie Betonoberfläche entsteht (KERASAL-Verfahren). Die Schichtdicke des Spritzmörtels kann als statisch wirksam berücksichtigt werden.

5. *Anstriche* – Bei aggressiven Wässern, zur Erleichterung der Reinigung oder aus optischen Gründen, wird manchmal ein Anstrich der Wasserkammern gewählt.

Hellfarbige Anstriche auf Zementbasis sind bei nichtaggressivem Wasser geeignet, zumal sie auf feuchtem Untergrund aufgebracht werden können. Die zu bestreichenden Flächen dürfen nicht zu glatt sein, z. B. darf bei Anstrich auf Zementputz dieser nur abgerieben, nicht aber mit Zementschlämme geglättet sein. Die Verarbeitungsvorschriften der Hersteller sind zu beachten. Anstriche auf Zementbasis müssen den hygienischen Anforderungen des DVGW-Arbeitsblattes W 347 entsprechen. Gut bewährt hat sich der dreimalige farblose Fluatanstrich.

Von der Verwendung sonstiger, für den Trinkwasserbereich zugelassener Anstrichmittel, wie Chlorkautschuklacke und Beschichtungen auf Epoxidharzbasis u. Ä. wird abgeraten. Die Voraussetzungen für die Haltbarkeit, nämlich dauernd trockener Untergrund, ist bei Betonbauwerken nicht erreichbar. Wie aus Beispielen bekannt ist, treten trotz sorgfältiger Austrocknung insbesondere an erdhinterfüllten Betonwänden oft bläschenartige Abhebungen des Anstrichs oder der Beschichtung infolge Porenwasserdruck auf. Hoher Keimgehalt im Wasser dieser Bläschen und stellenweiser Pilzbefall der Beschichtungen wurden bereits öfters festgestellt. Für Betonbehälter sind daher zementgebundene Anstriche und Putze, da artgleich, wesentlich geeigneter. Alte ungeeignete Kunststoffbeschichtungen lassen sich unter strenger Beachtung des erforderlichen Arbeitsschutzes nur mühsam durch Flammschälen oder/und Sandstrahlen entfernen.

6. *Fliesen* – Zur Erleichterung der Reinigung oder aus optischen Gründen können Verfliesungen der Wasserkammern in Frage kommen. Für keramische Auskleidungen von Wasserkammerwänden und -böden sind dichtgesinterte keramische Fliesen und Platten mit materialtechnologischen Güteeigenschaften nach DIN EN 176 (trockengepresste Fliesen mit niedriger Wasseraufnahme) oder DIN 18 166 (keramische Spaltplatten) einzusetzen. Zum Verlegen der Fliesen dürfen keine kunststoffmodifizierten Kleber oder Mörtel verwendet werden, um Schleimbildung auf den Fugen zu vermeiden. Kleber und Mörtel müssen den KTW-Empfehlungen und den DVGW-Arbeitsblättern W 270 und W 347 entsprechen. Um einen bleibenden hohlraumfreien, festhaftenden und rissefreien Plattenbelag einschließlich der Fugen unter allen Betriebsbedingungen (wechselnde Belastung, wechselnder Wasserstand, Temperaturspannungen) zu erhalten, sind die werkstoffbedingten Verarbeitungshinweise zu beachten. Außerdem muss bereits bei der konstruktiven Gestaltung der Wasserkammern hierauf Rücksicht genommen werden. Für die Sohle ist aus Gründen des Unfallschutzes eine rutschhemmende Fliesenoberfläche zu wählen.

Die einwandfreie Ausführung der Fliesenarbeiten ist prüfbar, z. B. durch Stichproben der hohlraumfreien Mörtelbettung während der Ausführung oder durch Haftzugfestigkeitsuntersuchungen nach 28 Tagen mit geeigneten Prüfgeräten oder durch Probefüllung und schnelles Entleeren der Wasserkammern.

7. *Kunststoff-Auskleidungen* – Als Sanierungsmaßnahme für undichte meist ältere Behälter kann das Einhängen von Kunststoff-Folien oder PE-HD Profilplatten in Frage kommen. Während in den 70er Jahren vorwiegend Dichtungsbahnen auf PVC-Basis verwendet wurden, die wegen Weichmacherverarmung relativ bald versprödeten, kommen heute polyolefine Dichtungsbahnen auf Polypropylen-Basis zum Einsatz. Die hellgrünen, 1,5 mm dicken, 2 m breiten und auf Abwicklung zugeschnittenen Folienbahnen mit aufkaschiertem weißen Filz 500 g/m² werden oberhalb des Wasserspiegels an einem PP-kaschierten Edelstahlblech und des weiteren mittels Klettsystem fixiert und mit Schweißautomat thermisch homogen verschweißt. Ähnlich geschieht dies auch bei dem System einer Behälterauskleidung im Nut-Feder-System mit PE-HD Profilplatten von 1 m Breite, bis 5 m Länge und 4 mm Wandstärke, die auf der Rückseite im Abstand von ca. 30 mm profilierte Längsstege mit Steghöhe ca. 12 mm haben (s. a. Merkl 2005). Die Dichtheit der Schweißnähte bzw. des Behälters ist mittels

6.4 Hochbehälter 465

entsprechender Leckage-Detektionssysteme zu überprüfen. Für die bislang eingesetzten Materialien liegen Prüfzeugnisse gemäß den KTW-Empfehlungen und dem DVGW-Arbeitsblatt W 270 vor.
8. Metallbleche – Besser geeignet zur nachträglichen Abdichtung von Wasserkammern sind Edelstahlbleche nach DIN 17 440, Werkstoff-Nr. 1.4571 (V4A-Stahl). Zunächst werden Wände und Sohle – soweit erforderlich – mechanisch entgratet und geglättet, damit sich die Unebenheiten später nicht „durchpausen". Dann wird waagerecht oberhalb des WSp ein 3 mm dickes Wand- und unten ein Bodenanschlussblech mit elektrisch trennenden Kunststoffdübeln und Alu-Leichtnägeln – um Kontaktkorrosion mit dem Bewehrungsstahl zu vermeiden – auf dem Betonuntergrund befestigt. Auf diese Tragkonstruktion werden die meist 1,5×6,0 m großen und 1,5 mm dicken Edelstahlbleche ca. 15 cm überlappend geheftet und mittels WIG-Schweißverfahren (Wolfram-Inert-Gas) wasserdicht verschweißt. Hierbei hat sich insbesondere in Rundbehältern die waagerechte Anordnung der Edelstahlbleche bewährt, weil sich dann die überwiegend waagerechten Überlappungsstöße leichter verschweißen lassen. Die Schweißanlauffarben werden durch feines Bürsten entfernt. Die Dichtheit der Schweißnähte lässt sich mit dem Farbeindring- und Nekal-Vakuum-Verfahren überprüfen. Eine sorgfältige Arbeit durch eine erfahrene Fachfirma vorausgesetzt ist als Sanierungsmaßnahme die Auskleidung von Wasserkammern mit Edelstahlblechen zwar sehr teuer, aber gut, insbesondere hinsichtlich Reinigungsverhalten und Hygiene. Manchmal werden bereits neue Behälter so ausgekleidet.
9. Glasauskleidung – Seit Mitte der 90er Jahre wurden einige Trinkwasserbehälter mit Glasplatten ausgekleidet. Verwendet wird Floatglas (Spiegelglas gemäß DIN 1249) mit 8 mm Dicke in üblichen Abmessungen von rd. 70×100 cm und 33 kg Gewicht, das von 1 Mann relativ gut handhabbar ist. Zum Aufkleben auf die notfalls ebenflächig vorbereitete Betonoberfläche erhalten die Glasplatten einen werkseitig aufgebrachten sog. Polytransmitter, eine Art kunststoffmodifizierter, zweikomponentiger Baukleber, der vollflächigen Kraftschluss zwischen Glasplatte und Betonuntergrund gewährleisten soll. Die Fugen werden mit einer Fugenverfüllmasse geschlossen. Die bisherigen Glasauskleidungen waren wegen Biofilmbildung auf Fugen, Sprüngen in Glasplatten nicht zufrieden stellend. Baukleber und Fugenmasse müssen den KTW-Empfehlungen und dem DVGW-Arbeitsblatt W 270 entsprechen. Die Entwicklung der Glasauskleidung ist noch nicht abgeschlossen. Zurzeit ist eine weitere Anwendung nicht mehr zu verzeichnen.
10. Stützen – Für die Oberflächenbehandlung der Stützen gilt das gleiche wie für die Innenwände aus Beton. Wegen der schmalen Form ist das Verputzen schwierig.
11. Decke – Die Unterseite der Behälterdecke wird meist schalungsrau belassen, wenn sie mit dichter, glatter Schalung hergestellt ist. Zweckmäßig ist ein Anstrich auf Zementbasis, um eine helle Fläche zu erhalten, oder ein stalgtitartiger Spritzwurf (Tropfsteinmuster), von dem Tauwasser ohne lange Aufenthaltszeit abtropfen kann. Durch einen gut haftenden Spritzwurf wird auch die Betondeckung verbessert.
12. Sohle – Für die Oberflächenbehandlung der Sohle gilt das gleiche wie für die Innenwände. Erstellt man die Sohle im Vakuum-Beton und glättet sie mit Flügelglättern, so entstehen porenfreie Oberflächen, die nicht mehr beschichtet oder nachbehandelt werden müssen. **Abb. 6-20**. Für die Kontrolle der Reinheit des Wassers und etwaiger Ablagerung auf der Sohle ist insbesondere eine helle Farbe der Sohle erwünscht. Auf der ebenen aufgerauten Sohle ist arbeitsmäßig das dichte Aufbringen von Fliesen einfach, so dass grundsätzlich keine Bedenken gegen das Fliesen der Sohle bestehen. Nachteilig ist die Rutschgefahr, wenn zu glatte Fliesen verwendet werden.

6.4.4.6.4 Wasserkammern – Außenflächen

1. Wände – Die erdbedeckten Flächen der Betonkörper sind gegen schädliche Einwirkung durch Bodensäuren, aggressives Wasser usw. zu schützen. Die Wände erhalten außen einen zweimaligen Schutzanstrich mit einem bewährten Isolieranstrichmittel. Unmittelbar am Baukörper ist kein bindiges oder humushaltiges Material, sondern eine Schicht aus Kies, Steinen oder vorgefertigten Sickersteinen in einer Dicke von ca. 20 cm einzubringen, um Sickerwasser schnell in die Sohldränung abzuleiten. Auch an die Außenwände angelegte Dränmatten aus Kunststoff sind üblich.
2. Decke – Die Außenseite der Behälterdecke muss immer eine Dichtung gegen eindringendes Fremdwasser erhalten. Bei kleinen Behältern, etwa unter 500 m^3 Inhalt, ist ein mind. 3 cm dicker, wasserundurchlässiger Zementestrich üblich, der durch Feuchthalten und Abdecken gegen Rissbildung

geschützt werden muss. Der zweimalige Schutzanstrich, wie bei den Außenwänden, ist möglichst bald aufzubringen, da hierdurch ebenfalls das zu rasche Austrocknen des Estrichs verhindert wird.
Bei großen Behältern wird i. a. die Dichtung der Behälterdecke nach DIN 18 195, mind. jedoch mit 2 Lagen 500er Bitumenpappe mit anorganischer Einlage ausgeführt. Bei ungleicher Deckenoberfläche muss ein etwa 2 cm dicker Ausgleichestrich als Unterlage für die eigentliche Dichtung aufgebracht werden. Über der Isolierung, gegebenenfalls auf einer Schutzfolie, wird ein 5 cm dicker, konstruktiv bewehrter Schutzbeton angeordnet, der wie die Außenwände einen 2maligen Schutzanstrich erhält. Falls zur Verminderung der Höhe der Erdüberschüttung eine Wärmeisolierung vorgesehen wird, ist diese unter Beachtung der Vorschriften für Warmdachisolierung unter der Dichtung gegen Tagwasser einzulegen. Ein Beispiel zeigt **Abb. 6-19**. An den Außenwänden ist die Isolierung bis auf Frosttiefe der Erdüberdeckung herabzuziehen.

6.4.5 Bauausführung – Fertigteilbauweise

6.4.5.1 Allgemeines

Der Ausschreibung von Wasserbehältern ist meistens eine Ausführung in Ortbetonbauweise zugrunde gelegt. Es ist jedoch oft zweckmäßig, Sonderangebote in Form von Fertigteilbehältern zuzulassen, die bis etwa 10 000 m^3 Speicherraum wettbewerbsfähig sind.
Fertigteilbehälter müssen jedoch die gleichen Anforderungen wie Ortbetonbehälter (nach DVGW-Arbeitsblatt W 300) erfüllen, z. B. – um die wesentlichsten zu nennen – dauerhafte Dichtheit, möglichst glatte und porenarme Oberfläche der wasserbenetzten Teile, Übersicht auf die Wasseroberfläche, möglichst wenig Fugen. Ebenso sind bei der Herstellung der Betonteile die einschlägigen Normen einzuhalten. Bei der statischen Bemessung ist der Lastfall Transport und Montage zusätzlich zu berücksichtigen.
Die Erfahrungen mit Fertigteilbehältern in der ehemaligen DDR und der Anstoß durch das damalige DVGW-Arbeitsblatt W 311 bzw. die DVGW-Wasser-Information Nr. 36 haben zwischenzeitlich zu erheblichen Verbesserungen in der Fertigteilbauweise geführt.
Die Vorteile der Fertigteilbauweise sind: witterungsunabhängige Herstellung von Bauteilen im Werk; hohe Qualität der Fertigteile bezüglich Betongüte, Betondeckung, Maßgenauigkeit und vor allem Betonoberfläche, deren Glattheit und Porenfreiheit die spätere Reinigung wesentlich erleichtern; gute Möglichkeit der gezielten Betonnachbehandlung, wobei Schwinden und Kriechen des Betons vor dem Transport bereits abgeklungen sind; wegen fehlender Anstriche oder Beschichtungen keine späteren Instandhaltungs- oder Sanierungsarbeiten an der Oberfläche der Wasserkammern; wirtschaftliche Herstellung der Fertigteile bei Typisierung; geringer Platzbedarf für die Baustelleneinrichtung vor Ort; kurze Bauzeit vor Ort bei entsprechender Organisation für Transport und Montage.
Nachteilig sind: schwieriger Transport (teils mit Sondergenehmigung) der schweren Fertigteile (bis 16 t); hohe Montagekosten mit teuren Hebefahrzeugen; für Schwerfahrzeuge entsprechend ausgebaute Zufahrt; aufwendige Verbindungen und ggf. vermehrte Arbeitsfugen der einzelnen Bauteile und damit größere Gefahr von Undichtheiten; aus Transportgründen beschränkte Wandhöhen; eingeschränkte Gestaltungsmöglichkeiten.
Nicht nur die Wasserkammern, sondern auch das Bedienungshaus können aus vorgefertigten Bauteilen bestehen, die über eine Bewegungsfuge an die Wasserkammern angebunden werden.
Nur ein Wirtschaftlichkeitsvergleich (Investitions- und Unterhaltungskosten) führt letztlich zur wirtschaftlichsten Lösung zwischen Ortbeton- und Fertigteilbauweise.

6.4.5.2 Fertigteil-Rundbehälter in Stahlbetonbauweise

Bei dieser traditionellen Bauweise wird bis auf die Bodenplatte fast alles aus Stahlbetonfertigteilen (C 30/37, C 35/45) hergestellt. Die Wände aus kreisförmig gebogenen rechteckigen Segmentplatten werden auf die vorbereitete und mit Anschlussbewehrung versehene Bodenplatte aufgestellt, wobei zwischen Bodenplatte und Wandfuß ein Zwischenraum vorgesehen ist, der später monolithisch mit

Ortbeton ausgegossen wird. An den seitlichen Stoßfugen der Wandsegmente greifen Bewehrungsschlaufen übereinander, die jeweils durch senkrechte Bewehrungsstäbe gesichert und anschließend mit Vergussbeton C 30/37 wasserdicht geschlossen werden. Die Breite der Stoßfugen richtet sich nach der statisch erforderlichen Verankerungslänge der übergreifenden Bewehrung. Nach dem sorgfältigen Ausbetonieren der Wand-Sohlen-Verbindung (**Abb. 6-21**) und dem Aufstellen der Innenstütze(n) folgt die Montage der segment- oder sektorförmigen Deckenplatten. Bei kleineren Rundbehältern ist es eine Massivfertigteildecke. Bei größeren Behälterdurchmessern ruht eine polygonförmige oder kreisrunde Mittelplatte auf den Innenstützen; von dieser Platte reichen dann weitere Fertigteilsegmente bis zur Behälterwand. Durch den Verguss mit Ortbeton auf der Deckenoberseite (Druckbeanspruchung) und biegesteifer Ausbildung der Decken-Wand-Verbindung entsteht ein insgesamt monolithisches fugenloses Bauwerk. Bei allen nachträglichen Ortbetonverbindungen ist darauf zu achten, dass die Fertigteile werksseitig in diesem Bereich eine möglichst raue Anschlussfläche besitzen, um einen wasserdichten Verbund zu erreichen.

Bis zu einem Speicherraum von etwa $2 \cdot 1000 \, m^3$ für diesen sog. Brillenbehälter ist die Stahlbetonbauweise wirtschaftlich und es werden Behälter in perfektionierter Systembauweise sogar schlüsselfertig angeboten.

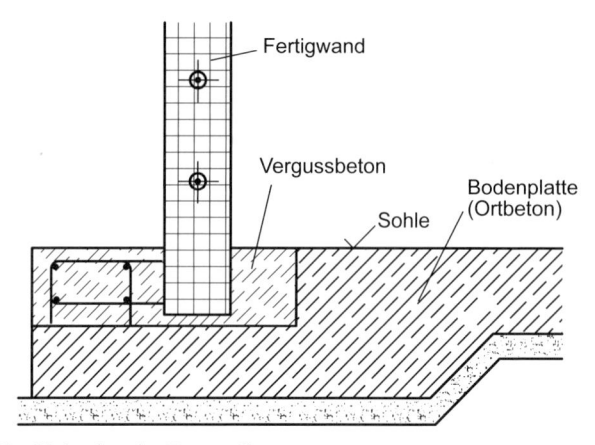

Abb. 6-21: Wand-Sohlen-Verbindung bei Fertigteilbauweise

6.4.5.3 Fertigteil-Rundbehälter in Spannbetonbauweise

Rundbehälter eignen sich aufgrund der klaren Statik besonders gut für die Spannbetonbauweise, die für Speicherräume von etwa $1\,000–10\,000 \, m^3$ pro Kammer eingesetzt wird.

Auf örtlich erstellten Ringfundamenten werden die etwa 3 m breiten, im Grundriss runden Stahlbetonelemente aufgestellt (**Abb. 6-22a**). Nach Fertigstellung des geschlossenen Wandringes wird die im Gefälle liegende Bodenplatte im Vakuumverfahren betoniert und mit Flügelglättern maschinell geglättet. Anschließend werden die senkrechten Fugen mit einem Injektionsgut nach DIN EN 447 von unten nach oben injiziert, um eine so genannte Nesterbildung auszuschließen (**Abb. 6-22b**).

Nach dem Abbindungsprozess des Injektionsmaterials sowie der Bodenplatte werden die Behälter gespannt und die Fugen überdrückt. Die Spannglieder liegen entweder in horizontal angeordneten Hüllrohren in den einzelnen Segmenten oder werden manchmal im Wickelverfahren auf die äußere Wandfläche unter ständiger Vorspannung aufgebracht. Zum Korrosionsschutz des Spannstahls werden die Hohlräume der Hüllrohre mit Zement verpresst bzw. auf die Außenfläche der Wand eine Spritzbetonschicht aufgebracht. Der Verbund zwischen Wand- und Bodenplatte wird durch eine Anschlussbewehrung und eine zusätzliche Vorspannung direkt oberhalb der Bodenplatte erreicht.

Bei dieser Bauweise können relativ große Behälterhöhen erreicht werden. Die Deckenkonstruktion ist ähnlich wie bei der vorgenannten Stahlbetonbauweise.

Abb. 6-22 a: Fertigteil-Rundbehälter in Spannbetonbauweise; Wasserversorgung Warmensteinach/OFr, 400 m³ Inhalt, vorgespannt ohne Verbund, Betongüte B 45 (Wandteile), Baujahr 1991 (Ausführung Fa. Zapf/ZWT, Bayreuth)

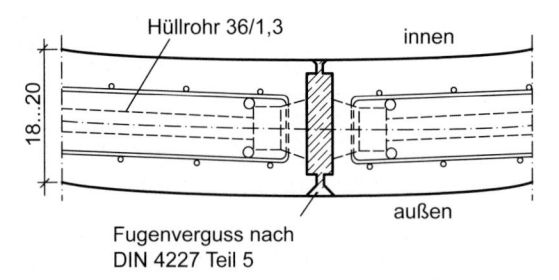

Abb. 6-22 b: Wandfuge bei einem vorgespannten Fertigteil-Rundbehälter

6.4.5.4 Fertigteil-Rechteckbehälter in Stahlbetonbauweise

Fertigteilhersteller entwickelten den Fertigteil-Rechteckbehälter meist als Sonderangebot zum in Ortbeton ausgeschriebenen Rechteckbehälter (**Abb. 6-23a**). Die Speicherräume reichen etwa von 100–4000 m³; die Mehrzahl liegt im Bereich 1000–2000 m³. Ein Fertigteil-Rechteckbehälter wird ähnlich hergestellt wie ein Fertigteil-Rundbehälter; die statische Bemessung ist komplizierter, die Wasserdichtheit schwieriger zu erreichen. Eine Wandfuge mit profilierten Wandelementen im Verbindungsbereich zeigt **Abb. 6-23 b**. Durch geschickte Wahl des Sohlen- und Deckengefälles lassen sich gleichhohe Außenwandlängselemente erreichen. Das Sohlgefälle wird hier entgegengesetzt zum Dachprofil als Quergefälle von der Seitenwand zur Mittelwand hin ausgeführt, wobei längs der Mittelwand in Richtung Bedienungshaus eine Sammelrinne im Längsgefälle zum Pumpensumpf hin entwässert. Auch die Mittelwandelemente sind gleich hoch, nur die Stirnseitenelemente sind unterschiedlich hoch.

6.4 Hochbehälter

Abb. 6-23 a: Fertigteil-Rechteckbehälter in Stahlbetonbauweise; Wasserversorgung Stadt Neumarkt/OPf, 2 · 4 000 m³ Inhalt, Betongüte B 35, Baujahr 1994 (Ausführung: Arge Bögl/Klebl)

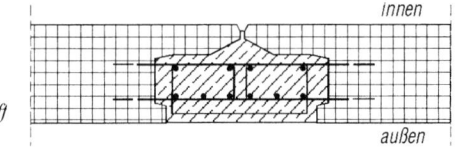

Abb. 6-23 b: Wandfuge mit Vergusstasche bei einem schlaff bewehrten Fertigteil-Rechteckbehälter

6.4.5.5 Fertigteil-Rechteckbehälter in Spannbetonbauweise

Je nach Kalkulation können auch vorgespannte Fertigteil-Rechteckbehälter insbesondere bei Speicherräumen bis etwa 1 000 m³ wirtschaftlich sein. Die Wandelemente weisen in der Höhe alle 80 cm Hüllrohre für den Spannstahl auf. Die Lücken zwischen den einzelnen Wandplatten werden nach Einführen von Zwischenhüllrohren und dem Spannstahl sorgfältig mit Ortbeton vergossen und nach einem Tag vorgespannt. Vorteilhaft ist, wenn nach dem Verguss der Wände zunächst nur die Bodenplatte armiert, die Decken in Fertigteilhalbzeug verlegt und mit Aufbeton versehen und erst dann die Bodenplatte der Wasserkammern unter der bereits vorhandenen Decke – vor Witterung geschützt – in Ortbeton im Vakuumverfahren gegossen und mit Flügelglättern im Gefälle geglättet wird. Das Ziel sind auch hier monolithische fugenlose Wasserkammern.

6.4.5.6 Fertigteil-Großrohrbehälter

Bei relativ kleinen Behältern bis max. 1000 m³ können Großrohrbehälter eine wirtschaftliche Alternative sein. Es handelt sich hier um eine Bauweise, die bereits vor 25 Jahren als „Erdbehälter aus Eternit-Asbestzement-Großrohren" mit Speicherinhalt bis 1.100 m³ und später in Stahlbeton-/Spannbetonrohr-Ausführung (z. B. DN 3000), auch bei Löschwasserbehältern für Sprinkleranlagen bekannt geworden ist, und heutzutage in den Werkstoffen GFK (HOBAS Österreich), Faserzement (Etertub AG Schweiz), Polyethylen und neuerdings aus duktilen Gussrohren als Fertigteil-Trinkwasserbehälter ausgeführt werden (Literatur: 1. Bücher [Merkl 2005]).

Die Wasserkammern bestehen aus parallel angeordneten Rohren von 2000 bis 4000 mm Durchmesser aus Faserzement, Spannbeton oder glasfaserverstärktem Polyester und haben meist als gemeinsames „Bedienungshaus" ein querliegendes Großrohr. Voraussetzung für diese Bauart ist ein möglichst ebenes Baugrundstück. Von Vorteil ist die kurze Bauzeit, nachteilig kann die erschwerte Wartung und Unterhaltung sein. Zur Anwendung von Großrohren als Wasserbehälter wird auf die Stellungnahme des DVGW-Fachausschusses „Wasserbehälter" zu „Wasserbehälter aus AZ-Großrohren" verwiesen, die in der Fachzeitschrift GWF Wasser/Abwasser 127 (1986) Nr. 2, S. 100-102 erfolgte (s. a. Literatur Bücher 25. Wassertechnisches Seminar Merkl 2001, Merkl 2005).

6.4.6 Zugang

1. Außentüre des Bedienungshauses – Für den Zugang zum Bedienungshaus ist eine ausreichend breite, wärmeisolierte Stahltüre mit Anschlag nach außen zweckmäßig. Meist erhält diese Türe eine besondere architektonische Gestaltung.

2. Zugang Bedienungshaus-Wasserkammer – Die Wasserkammern sind immer vom Vorraum des Bedienungshauses durch eine Wand abzuschließen. Wegen der Gefahr der Algenbildung in den Wasserkammern sind in dieser Wand Fenster zu vermeiden, gegebenenfalls für diese farbige Gläser zu verwenden. Die Türe zum Bedienungspodest oder -gang in den Wasserkammern muss, mit Gummi gedichtet, absolut dicht schließen, um das Bedienungshaus von den Wasserkammern lüftungstechnisch zu trennen. Bedienungspodeste bei kleinen Behältern und Bedienungsgänge entlang der Mittelwände der Wasserkammern bei großen Behältern erleichtern die Kontrolle der Wasserkammern im Betrieb, den Zugang zu den dort angeordneten Mittelentlüftungen, den Zugang und das Einbringen von Arbeitsgeräten bei Reinigungs- und Instandsetzungsarbeiten. Wegen des Unfallschutzes müssen Geländer und Brüstungen dieser Podeste und Gänge mind. 1,20 m hoch sein. Podeste und Gänge müssen ausreichend hohe Seitenborde haben, damit bei Reinigung kein verschmutztes Wasser in die Wasserkammern fließt. Werden Behälter häufig durch betriebsfremde Personen besichtigt, ist es aus hygienischen Gründen sehr empfehlenswert, die Wasserkammern durch Glaswände von den Bedienungsgängen abzutrennen.

3. Einstieg in die Wasserkammer – Ein direkter Zugang über der freien Wasserfläche ist aus hygienischen Gründen zu vermeiden und stattdessen immer ein Zugang über das Bedienungshaus zu wählen. Bei kleinen und mittelgroßen Behältern sind Einsteigleitern in die Wasserkammern üblich. Um die Dichtheit der Wasserkammerwände nicht zu gefährden, sollen die Leitern nur oberhalb des WSp herausnehmbar befestigt werden, wobei sie zur Vermeidung von Schwingungen beim Begehen mittels Gummipuffer gegen die Wand unter entsprechender Neigung abgestützt werden. Als Material wird Edelstahl empfohlen. Leitern aus Leichtmetall (Alu) scheiden wegen der Korrosionsgefahr aus. Die Leitern sind aus Gründen des Unfallschutzes ständig in den Wasserkammern zu belassen und dürfen nur zu Reinigungs- und Ausbesserungszwecken herausgenommen werden.

Bei großen Behältern und solchen mit großer Wassertiefe werden wegen des bequemeren Einstieges in die Wasserkammern häufig Stahlbetontreppen mit beidseitigem Handlauf oder Brüstung gewählt. Sie haben aber Nachteile; so ist die Putzarbeit sehr erschwert, das Herstellen ist teuer, die Reinigung zeitraubend. Aus der Sicht der Unfallverhütung und aus hygienischen Gründen sind an Stelle der Treppen Drucktüren aus rost- und säurefestem Stahl ca. 0,5 m über der Behältersohle zweckmäßig, wobei aus Sicherheitsgründen Einsteigleitern zusätzlich anzuordnen sind.

4. Zugang Bedienungshaus EG-Rohrkeller – Der Zugang ist bei entsprechender Geländeneigung ebenerdig oder vom EG aus als Stahlbetontreppe bzw. als gewendelte Fertigteiltreppe auszuführen; nur bei sehr kleinen Behältern mit Schachteinstieg sind korrosionsgeschützte Leitern ausreichend. Für den Transport der oft sehr schweren Rohre und Armaturen ist in der Decke des Rohrkellers eine ausreichend große Montageöffnung notwendig, die entweder mit Gitterrost abgedeckt oder mit unfallsicherem Geländer umgeben wird. Über der Montageöffnung ist mindestens ein Lasthaken zum Einhängen eines Flaschenzuges, bei großen Behältern eine Tragschiene mit Laufkatze oder eine Kranbahn anzuordnen.

Bei der Planung und Bemessung der Zugänge, Treppen, Podeste, Decken müssen die möglichen Transportwege für die oft schweren Lasten vom Fahrzeug bis zum Einsatzort berücksichtigt werden.

6.4.7 Belichtung

6.4.7.1 Allgemeines

Für Bedienung und Reinigung ist eine ausreichende Belichtung erforderlich. Nach Möglichkeit ist eine elektrische Beleuchtung einzurichten mit Anschluss an die öffentliche Stromversorgung, zumindest anschließbar an ein Ersatzstromaggregat. Für elektrisch betriebene Messgeräte sind Akkumulatoren (i. a. fälschlich als Batterien bezeichnet) notwendig, möglichst mit ständiger Aufladung. Bereitstehen müssen ferner Akku-Handlampen und solche, die an vorhandene Steckereinrichtungen mit Spannung unter 42 V angeschlossen werden können. Die VDE-Vorschriften sind bei diesen Feuchträumen besonders zu beachten (DIN VDE 0100/737).

6.4.7.2 Wasserkammern

Wasserkammern sollen im normalen Betriebszustand grundsätzlich kein Tageslicht erhalten. Sie werden mittels Wand vom EG des Bedienungshauses abgeschlossen und nur künstlich belichtet. Der Einblick in die Wasserkammern erfolgt von einem Mittelgang oder von einem Podest an der Zugangstür. Vorteilhaft ist, wenn die elektrische Beleuchtung der Wasserkammern so angeordnet ist, dass sie auch bei gefüllter Wasserkammer für Reparaturen zugänglich ist. Bei großen Behältern ist nicht nur für Besichtigungszwecke, sondern auch zur Kontrolle der Reinheit des Wassers und der Ablagerung auf der Sohle der Einbau von schwenkbaren Scheinwerfern über dem WSp empfehlenswert. Von Unterwasserscheinwerfern wird i. a. abgeraten.

6.4.7.3 Bedienungshaus

Für das EG des Bedienungshauses ist neben der elektrischen Beleuchtung ein Mindestmaß an Beleuchtung mit Tageslicht angenehm. Aus Sicherheitsgründen sollen die Fensterflächen klein und möglichst hoch angeordnet werden. Es werden Metallfenster mit Isolierglas oder Betonfenster verwendet. Im Allgemeinen genügen unbewegliche Fenster, da die Belüftung gesondert erfolgt. Holzfenster sind ungeeignet. Aus Sicherheits- und Wärmeschutzgründen wird jedoch auf Belichtungsöffnungen zunehmend verzichtet.

6.4.8 Be- und Entlüftung

6.4.8.1 Allgemeines

Die Luft in Wasserbehältern besitzt eine hohe Innenfeuchte, so dass sich stets Tauwasser bilden kann, im Winter an den gegenüber der Innenluft kälteren Außenmauern, Eingangstüren, Schachtdeckeln, wenn diese nicht ausreichend wärmeisoliert sind, im Sommer an den kälteren Wasserkammerwänden und -decken, sowie Rohrleitungen. Zur Vermeidung von negativen Einflüssen auf die Beschaffenheit des gespeicherten Wassers und der in den Behälteranlagen angeordneten Einrichtungen sind Maßnahmen für Be- und Entlüftung bzw. zur Verringerung oder Vermeidung von Tauwasserbildung zweckmäßig.

6.4.8.2 Wasserkammern

Eine Be- und Entlüftung ist zum Ausgleich des Luftinhalts bei den Wasserspiegelschwankungen notwendig. Bei der Belüftung muss verhindert werden, dass Staub oder Ungeziefer in die Wasserkammern gelangen, erforderlichenfalls sind kontrollierbare Luftfilter vorzusehen.
Im Allgemeinen genügen für die Be- und Entlüftung die täglichen Wasserspiegelbewegungen, die in den Wasserkammern vorhandene Luft hinausdrücken oder Frischluft von außen ansaugen.
In der Behälterdecke sind über dem WSp Be- und Entlüftungsöffnungen, wie z. B. Dunsthüte oder Dunstkamine, unbedingt zu vermeiden; im vorhandenen Fall müssen sie so umgebaut werden, dass

keine unmittelbare Verbindung mehr zwischen außen und freiem WSp besteht (Beispiele im DVGW-Merkblatt W 312).

Die Belüftungsöffnungen sind zweckmäßig so anzulegen, dass die zugeführte Luft vor Eintritt in die Kammer sich möglichst der Wasserkammertemperatur anpasst. Bewährt hat sich eine geschlossene entwässerbare Lüftungsführung durch das Bedienungshaus mit ausreichendem Querschnitt (Lüftungsgeschwindigkeit max. 10 m/s unter Berücksichtigung der querschnittsverengenden Einbauten). Im Bedienungshaus Lässt sich im Lüftungskanal problemlos ein leicht kontrollierbarer Luftfilter mit Überwachung des Verschmutzungsgrades anordnen. Die Lüftungsöffnung ist außen mit einem korrosionsbeständigen feinmaschigen Insektengitter abgeschlossen.

6.4.8.3 Bedienungshaus

Die Be- und Entlüftung des Bedienungshauses bereitet weniger Schwierigkeiten, wenn dieses von den Wasserkammern feuchtigkeits- und wärmeisoliert getrennt ist und Außenwände und Decken eine ausreichende Wärmeisolierung haben. Für EG und Rohrkeller genügen meist Be- und Entlüftungsöffnungen in der Frontwand unter Dach und/oder über Dach. Im Rohrkeller hat sich die Aufstellung eines Luftentfeuchtungsgerätes bewährt, um Korrosionen der Installation weitgehend zu vermeiden.

6.4.9 Hydraulische Ausrüstung

6.4.9.1 Allgemeines

Die hydraulische Ausrüstung muss die betriebliche Funktion des Behälters gewährleisten; sie besteht aus den notwendigen Rohrleitungen für Zulauf, Entnahme, Überlauf und Entleerung, sowie aus den Armaturen und Messgeräten. Die Funktion des Behälters bezüglich der Lage zum Netz und seine Betriebsweise bestimmen Art und Anordnung der Armaturen (**Abb. 6-24**).

Durchflussmessungen erleichtern neben den Wasserstandsmessungen die Betriebsüberwachung größerer Behälter. Als Messgeräte im eichpflichtigen Verkehr kommen Wasserzähler oder magnetisch-induktive Durchflussmesser (MID) in Frage. Für die Entnahme von Wasserproben zur Kontrolle der Wasserbeschaffenheit sind Zapfstellen an den Zulauf- und an den Entnahmeleitungen vorzusehen.

Alle Rohrleitungen sind übersichtlich und leicht erreichbar durch den Rohrkeller des Bedienungshauses zu führen. Die Kennzeichnung der Rohrleitungen durch Schilder und ggf. durch unterschiedliche Farbe erleichtert dem Betriebspersonal die Orientierung. Die Armaturen sind übersichtlich, sicher und leicht bedienbar anzuordnen. Stege, Podeste, Treppen und Rohrüberstiege helfen hierbei. Für die Erstmontage und spätere Auswechslung von Einzelteilen sind Transport- und Montagehilfen (Lasthaken, Ankerschienen, Laufträger für Flaschenzüge) einschließlich eventuell erforderlicher Deckenaussparungen vorzusehen.

Zweckmäßigerweise werden die Rohrleitungen samt Zubehör auf Sockeln aus Mauerwerk, Beton oder Betonfertigteilen aufgelagert; auftretende Kräfte müssen sicher aufgenommen und abgeleitet werden. Sind Setzungen oder dynamische Kräfte zu erwarten, so ist diesen mit Kompensatoren, Gelenken, Muffen o. ä. zu begegnen. Für den leichten Ein- und Ausbau und zur Vermeidung von Verspannungen sind ausreichend Ausbaustücke oder Krümmer vorzusehen. Wegen Montage- und Instandhaltungsarbeiten sollte der allseitige Flanschabstand je nach Nennweite 15 bis 30 cm, von Wand und Boden mindestens 30 cm betragen.

Die Leitungen, Armaturen und sonstigen Einbauteile sind im Rahmen der Regeldruckstufen für den höchsten auftretenden Betriebsdruck zu bemessen.

6.4 Hochbehälter

a) Durchlaufbehälter *b) Gegenbehälter*

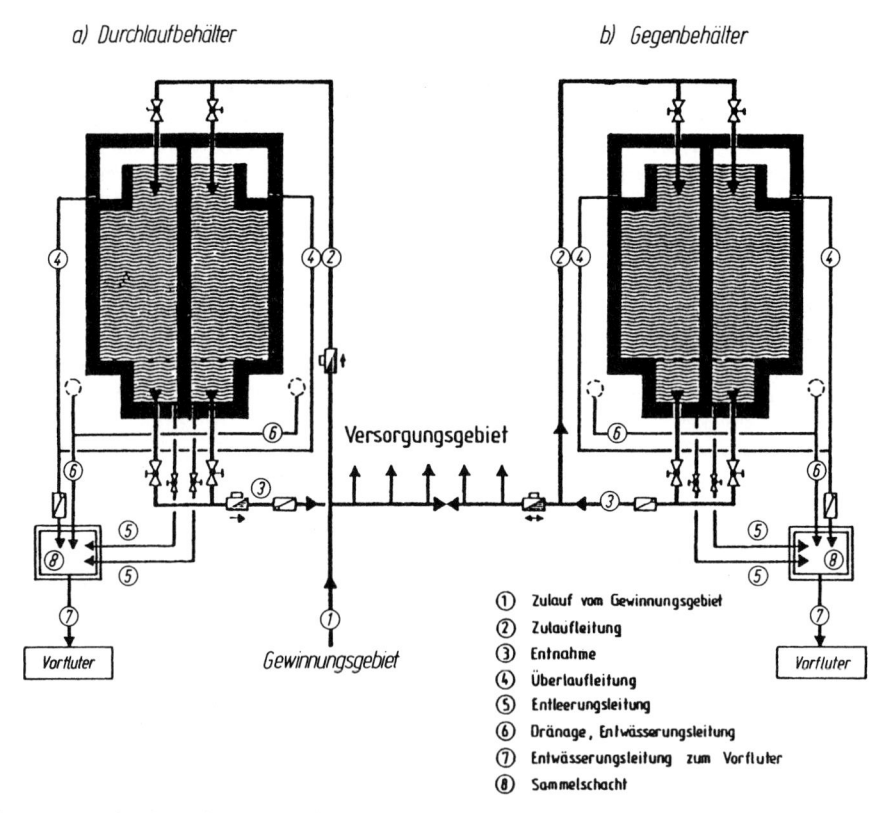

① Zulauf vom Gewinnungsgebiet
② Zulaufleitung
③ Entnahme
④ Überlaufleitung
⑤ Entleerungsleitung
⑥ Dränage, Entwässerungsleitung
⑦ Entwässerungsleitung zum Vorfluter
⑧ Sammelschacht

Abb. 6-24: Betriebsschema für Durchlaufbehälter (a) und Gegenbehälter (b) (nach W 300)

6.4.9.2 Rohrleitungen

Für jede Wasserkammer sind erforderlich: Zulaufleitung, Entnahmeleitung (Fallleitung, Ableitung), Überlaufleitung (Übereich) und Entleerungsleitung (Grundablass). In der Wasserkammer sind Zu- und Entnahmeleitung so anzuordnen und zu gestalten, dass eine gute Wassererneuerung in der ganzen Kammer gewährleistet ist. Jede Leitung – außer der Überlaufleitung – erhält eine Absperrvorrichtung, bei kleineren Nennweiten einen Schieber, bei größeren eine Klappe.

6.4.9.2.1 Zulaufleitung

Bei Zulauf zum Behälter mit natürlichem Gefälle, z. B. von einer höher gelegenen Quelle oder einem höher gelegenen Behälter aus, muss der Zulauf bei vollem Behälter mittels Schwimmerventil, oder bei großen Behältern mittels Schwimmer oder elektrisch in Abhängigkeit vom Wasserspiegel gesteuerten Abschlussorganen abgesperrt werden. Zur Sicherung gegen Überfüllen des Behälters und nutzlosen Abfließens von Wasser über die Überlaufvorrichtung wird bei Pumpenförderung meist die Fernübertragung des Wasserstands im Hochbehälter zum Pumpwerk mit automatischem Abschalten der Pumpen bei vollem Behälter gewählt (siehe Abschn. 5.2.3.1.3).
Dabei muss der Abschluss der selbsttätigen Schließorgane mit kurzer Schließzeit erfolgen, damit die Pumpen nicht über längere Zeit mit langsam steigender Drosselung des Zulaufs fördern. Bei Wahl von Schwimmerventilen oder Schwimmern für das Absperrorgan sind diese im Bedienungshaus in einem besonderen Gefäß oder einer kleinen Wasserkammer unterzubringen, deren Inhalt nach der

gewünschten Schließzeit zu bemessen ist, die zwar kurz, aber zur Vermeidung von hohen Druckstößen ausreichend lang sein soll. Die Schwimmergefäße werden erst bei Überlauf des vollen Hochbehälters mit einer Füllzeit von meist 1 bis 2 Minuten gefüllt und entleeren sich mit sinkendem WSp des Behälters, wobei dies mit einem Hilfsschwimmer gesteuert wird (siehe Abschn. 7.1.3.6.3).

Die Zulaufleitung in die Wasserkammer kann man oberhalb oder unterhalb des maximalen Wasserspiegels einführen und zwar abhängig vom Wasserchemismus (vgl. **Abb. 6-15**). Die Zuführung von oben sollte etwa 20 cm über dem maximalen WSp mit Gerinne oder Zulaufformstücken erfolgen. Bei Einführung im Sohlbereich kann dies mit einem geraden Rohr geschehen, wobei der Tauchstrahl möglichst mit einer Austrittsgeschwindigkeit von etwa 1 m/s, die auch durch eine düsenartige Rohrverjüngung zu erreichen ist, in den Wasserkörper gerichtet wird. Hierbei ist in die Zulaufleitung ein Rückflussverhinderer einzubauen. Beim Zulauf über Wasser kann sich bei mittelharten bis harten Wässern eine Kalkhaut auf der Wasseroberfläche bilden; sie kann bei Erfordernis über den Überlauf abgezogen werden.

Bei beiden Zuführungsarten wird in der Regel durch den Energieeintrag des einströmenden Wassers eine ausreichende Durchmischung erzielt. Bei besonderen Verhältnissen können Modellversuche hilfreich sein.

Ist der Behälter nur über eine Leitung für Zulauf und Entnahme angeschlossen (Gegenbehälter), wird diese innerhalb des Bedienungshauses so aufgeteilt und mit druckverlustarmen Rückflussverhinderern

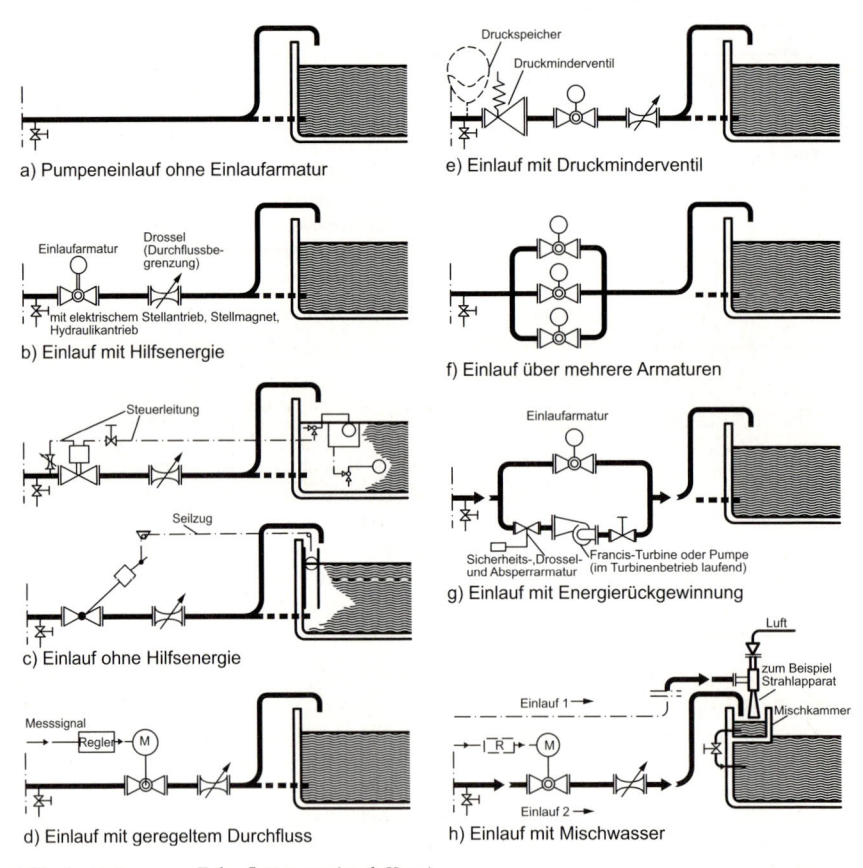

Abb. 6-25: Ausstattung von Zulaufleitungen (nach Kaus)

6.4 Hochbehälter

bestückt, dass das ankommende Wasser nur über die Zulaufleitung in die Wasserkammer gelangen kann. Ist ausreichender Vordruck vorhanden, so werden für betriebliche Zwecke, z. B. zum Reinigen der Wasserkammern oder zur Pflege der Außenanlagen, an der Zulaufleitung Anschlüsse vorgesehen. **Abb. 6-25** zeigt verschiedene Ausstattungen von Zulaufleitungen (nach Kaus). Behältereinlaufarmaturen sind in Kap. 7.1.3.6.3 beschrieben. Wegen des besseren Korrosionsschutzes und der leichteren Wartung sind diese Armaturen möglichst im Bedienungshaus und nicht in den Wasserkammern anzuordnen. Bei großen Zulaufvolumenströmen sei auf die Möglichkeit der Energierückgewinnung hingewiesen, die z. B. von den Zweckverbänden Bodenseewasserversorgung und Landeswasserversorgung erfolgreich angewendet wird.

Jede Zulaufleitung erhält eine Zapfstelle zur Kontrolle der Wasserbeschaffenheit.

6.4.9.2.2 Entnahmeleitung

Um den Behälterinhalt optimal nutzen zu können, wird die Sohle der Wasserkammer meist an der Wand zum Bedienungshaus in Form einer Rinne oder eines „Sumpfes" abgesenkt und dort die Entnahmeleitung installiert. Das Entnahmeformstück in der Wasserkammer muss durch günstige hydraulische Gestaltung eine tiefe Absenkung des Wasserspiegels ohne Ansaugen von Luft ermöglichen, z. B. durch einen nach oben gerichteten Trichter mit aufgeständerter Abdeckung, durch einen leicht nach unten gerichteten Bogen, durch eine nach oben geschlossene Halbschale. Die Entnahmeleitung stellt einen Hochpunkt im Versorgungsnetz dar und muss deshalb be- und entlüftet werden, entweder über ein automatisches Ventil oder einfach über eine Rohrleitung, die über dem WSp in die Wasserkammer eingeführt wird. Jede Entnahmeleitung erhält eine Absperrvorrichtung und eine Zapfstelle zur Kontrolle der Wasserbeschaffenheit. **Abb. 6-26**. Der Einbau eines zusätzlichen Wasserzählers mit kleinem Nenndurchfluss in die Umführungsleitung ermöglicht die Messung des Nachtverbrauches und somit die Feststellung größerer Rohrnetzverluste.

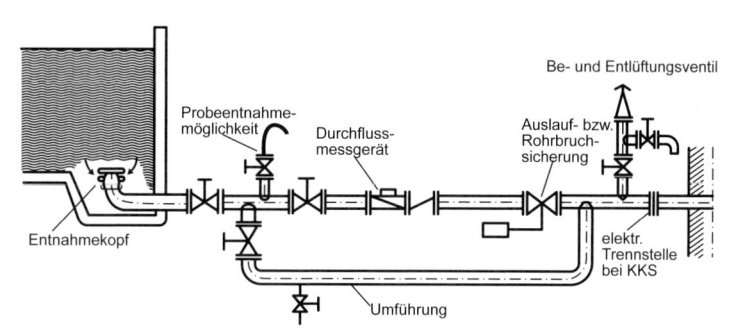

Abb. 6-26: Prinzipieller Aufbau einer Entnahmeleitung (nach Kaus)

6.4.9.2.3 Überlaufleitung

Die Überlaufleitung (Übereich) darf keine Absperrarmatur enthalten. Die Überlauf- und die Ablaufleitung sind für den höchsten Zufluss (Quellzulauf, Pumpenförderstrom) zu bemessen. Kann der höchste Zufluss z. B. wegen unzureichender Vorflut nicht abgeführt werden, so müssen Überlaufsicherungen eingebaut werden, z. B. wasserstandsabhängig gesteuerte Armaturen oder elektrisch angetriebene Regelorgane mit Ersatzstromanlage. Der Überlauf kann in Form einer Einlauftulpe oder bei größeren Wassermengen als Überlaufwehr ausgebildet werden, über das auch Schwimmschichten abgezogen werden können. Die Überlaufleitung mündet in den Sammel- und Kontrollschacht. Dort ist eine Rückschlagklappe, Froschklappe oder eine Wasservorlage vorzusehen, um das Eindringen von Kleinlebewesen zu verhindern und eine unbeabsichtigte Belüftung zu vermeiden.

6.4.9.2.4 Entleerungsleitung

Jede Wasserkammer muss mit einer absperrbaren Entleerungsleitung ausgestattet sein, die eine vollständige Entleerung des Behälters in einer angemessenen Zeit schadlos ermöglicht.

6.4.9.2.5 Rohrbruchsicherung

Rohrbruchsicherungen können eingebaut werden, wenn im Falle eines Rohrbruches ein Leerlaufen des Behälters verhindert werden muss. Es sind selbsttätige, hydraulisch in Abhängigkeit vom Durchfluss gesteuerte Abschlussorgane, meist in Form von Klappen oder Ringkolbenventilen, anzuordnen. Die Auslösung muss mit Sicherheit über dem im Betrieb auftretenden größten Durchfluss liegen; hierin liegt auch das nicht unerhebliche Risiko solcher Armaturen. Die Schließgeschwindigkeit dieser Armaturen muss auf den zulässigen Druckstoß abgestimmt sein. Hinter der Rohrbruchsicherung ist eine Belüftungsmöglichkeit vorzusehen (s. Kap. 7.1.3.3.1).

6.4.9.2.6 Umführungsleitung

Beim Durchlaufbehälter, wo Zulauf- und Entnahmeleitung getrennt sind, ist es zweckmäßig, eine im normalen Betrieb gesperrte Umführungsleitung anzuordnen. Sie ermöglicht eine Notversorgung bei Reinigungs-, Wartungs- und Instandsetzungsarbeiten am Behälter. Eine Be- und Entlüftung ist erforderlich. Bei der Umführung können aus höher gelegenen Behältern höhere Betriebsdrücke und zusätzliche Druckstoßprobleme für den nachfolgenden Rohrleitungsbereich auftreten. Hier ist Abhilfe z. B. in Form eines Druckminderventils zu schaffen.

6.4.9.2.7 Löschwasserleitung

Um im Behälter eine Löschwasserreserve zu garantieren, hat man früher ab und zu im Rohrkeller die Entnahmeleitung bogenförmig hochgezogen und den besonders gekennzeichneten „Brandschieber" im eben gelegenen Verbindungsstück nur im Brandfall geöffnet. Dies hat sich betrieblich nicht bewährt. Besser ist es, den Löschwasservorrat in der Behälterbemessung zu berücksichtigen bzw. den Vorrat durch entsprechende Behältersteuerung im Brandfall zu gewährleisten.

6.4.9.3 Rohrdurchführungen

Alle Durchführungen der Rohrleitungen durch die Wände der Wasserkammern und des Rohrkellers sind mit großer Sorgfalt herzustellen, da erfahrungsgemäß undichte Stellen besonders häufig hier zu finden sind. Bei kleinen und mittleren Behältern werden im allgemeinen die Rohre in die Wand einbetoniert. Zum Erreichen eines dichten Betonanschlusses erhalten die Rohre einen Mauerflansch, der jedoch aus Korrosionsschutzgründen nicht mit der Bewehrung in Berührung kommen darf. Häufig werden in den Wänden und Decken Aussparungen belassen, nach Beendigung der Rohbauarbeiten die Behälterinstallation ausgeführt, die Rohre einbetoniert (Entlüftung des Füllmörtels ermöglichen!) und anschließend verputzt.

6.4.9.4 Rohrmaterial

In den Wasserkammern kommen wegen der Korrosionsbeständigkeit zunehmend Rohre aus Edelstahl nach DIN 17440 zum Einsatz. Bei gechlorten Wässern über 0,3 mg/l Chlor sowie bei Ozonung und erhöhten Chloridgehalten muss anstatt Werkstoff Nr. 1.4301 oder 1.4541 der höherwertige Werkstoff Nr. 1.4571 oder 1.4435 verwendet werden. Die Werkstoffwahl ist mit dem Herstellerwerk bzw. Lieferanten aufgrund der chemischen Wasseranalyse abzustimmen. Auf den Einbau von Isolierstücken beim Übergang auf anderes Rohrmaterial ist zu achten. Bei kleinen Behältern können sowohl in den Wasserkammern als auch im Bedienungshaus Rohre aus PVC hart eingesetzt werden.

6.4 Hochbehälter

Ansonsten kommen für die hydraulische Ausrüstung im nicht wasserbenetzten Teil eines Behälters Rohre und Formstücke aus Stahl oder aus duktilem Gusseisen mit Zementmörtelauskleidung in Frage, letztere bevorzugt bei kleinen Behältern mit einfacher Installation. Bei größeren Nennweiten haben sich Rohre und Formstücke aus Stahl bewährt, die sich gut den Raumverhältnissen im Rohrkeller anpassen lassen. Auf sorgfältigen und wirksamen Außenschutz ist zu achten, insbesondere wenn auf der Baustelle geschweißt wird.

Seit geraumer Zeit kommen Flanschenrohre und Formstücke aus Aluminium mit Rilsan-Beschichtung zum Einsatz. Die porenfreie thermoplastische Kunststoffbeschichtung aus der Gruppe der Hochleistungspolyamide wird als Korrosionsschutz im Herstellungswerk auf das Alu-Rohr bzw. -Formstück aufgesintert. Die Installation setzt eine exakte Planung voraus, da die Fertigung der Alu-Formstücke nur im Werk möglich ist. Die leichten Alu-Teile sind bei der Montage vorteilhaft. Die glatten Oberflächen vermitteln einen ästhetischen Eindruck.

6.4.9.5 Korrosionsschutz

Einbauteile aus Edelstahl nach DIN 17440 benötigen keinen Außenschutz. Alle anderen Rohrleitungen und Armaturen müssen als Korrosionsschutz einen dauerhaften, porenfreien Oberflächenschutz mit ausreichender Schichtdicke erhalten. Es empfehlen sich helle freundliche Farbtöne.

Für das Aufbringen von Anstrichen müssen die Rohre und Armaturen entsprechend vorbereitet werden. Alle Teile aus Stahl und Gusseisen müssen dazu metallisch blank nach SA – 21/2 DIN 55 928 Teil 4 sein; ferner müssen die Oberflächen trocken und fettfrei sein. Das wird am besten durch Sandstrahlen erreicht. Verzinkte Teile sind ebenfalls gut zu reinigen und zu entfetten. Folgende Anstrichsysteme für die Außenseite der Rohrleitungsteile haben sich bewährt: trinkwassergeeignete Anstriche auf Bitumenbasis, Chlorkautschukfarben, ferner zyklisierte Kautschukfarben, d. h. Einkomponentenanstriche, geeignete Zweikomponenten-Reaktionslacke. Vor allem bei Verwendung in den Wasserkammern müssen die Anstriche hygienisch einwandfrei sein und dürfen das Wachstum von Bakterien und Pilzen nicht begünstigen, sie müssen daher den KTW-Empfehlungen und dem DVGW-Arbeitsblatt W 270 entsprechen.

Es empfiehlt sich, den genauen Aufbau des Anstrichs, die Schichtdicke zum Erreichen der Porenfreiheit und die Verarbeitungsvorschrift vom Herstellerwerk festlegen zu lassen. Die Schichtdicke und Porenfreiheit ist mit elektrischen Messgeräten zu überprüfen.

6.4.10 Entwässerungsanlage

In der Entwässerungsanlage muss das Wasser aus Überlauf und Entleerung der Wasserkammern, das Tropf- und Tauwasser, das Reinigungswasser der Wasserkammern, der Bedienungsgänge und des Bedienungshauses, das Wasser aus Handwaschbecken, das Wasser aus Dränleitungen um die Behälterfundamente und das Niederschlagswasser von Dach- und Verkehrsflächen abgeleitet werden. Die Menge und Beschaffenheit des anfallenden Wassers ist entsprechend der Herkunft verschieden; alle Entwässerungseinrichtungen sind aber so zu legen und zu bemessen, dass kein Rückstau, kein Eindringen von Kleinlebewesen und kein Geruch in den Behältern möglich sind.

Außerhalb des Bedienungshauses ist ein Sammel-Entwässerungsschacht anzuordnen, in den alle Entwässerungsleitungen, ausgenommen des häuslichen Abwassers, einmünden. Die Überlaufleitung kann bereits im Rohrkeller in die Entleerungsleitung eingebunden werden. Die Dränleitungen und das Niederschlagswasser werden in den Schacht getrennt eingeführt, wobei durch entsprechende Sohlentiefe vermieden werden muss, dass ein Rückstau von Wasser in die Dränleitungen erfolgt. Der Schacht muss mit den erforderlichen Einrichtungen versehen sein, die das Eindringen von Gerüchen und Tieren in den Behälter mit Sicherheit verhindern, z. B. durch Geruchsverschluss, Gitter, Rückstauklappe (Froschklappe). Vom Schacht führt die Ablaufleitung zum Vorfluter. Für das Einleiten in ein öffentliches Gewässer ist eine wasserrechtliche Erlaubnis erforderlich, für das Einleiten in eine

Kanalisation eine satzungsrechtliche Genehmigung. Dort sind die betrieblich einzuhaltenden Einleitungsbedingungen verankert.

Fällt z. B. bei großen Behältern häusliches Abwasser aus WC-Anlagen an, so ist es entsprechend den örtlichen Verhältnissen gesondert zu behandeln, also Anschluss an eine Ortskanalisation oder Hauskläranlage mit Ab- bzw. Einleitung.

6.4.11 Elektrische Einrichtung

Wasserbehälter sollten immer einen Stromanschluss erhalten. Ansonsten sollte eine Versorgung des Bauwerks mit elektrischer Energie durch eine Eigenstromerzeugungsanlage möglich sein. Hierbei empfiehlt sich eine ortsfest verlegte elektrische Installation.

6.4.11.1 Stromversorgung

Für das Einrichten und den Betrieb von Starkstromanlagen mit Nennspannungen bis 1000 Volt im Wasserbehälter und Bedienungshaus sind die Bestimmungen der VDE 0100 für „feuchte und nasse Räume" (Teil 737) maßgebend; hiervon sind gesonderte trockene und heizbare Räume für Schalt- und Steuereinrichtungen ausgenommen.

Besonders zu beachten ist, dass das verwendete Leitungsmaterial den hier gegebenen betrieblichen Verhältnissen angepasst ist, und dass Leuchten, die maximal eine Spannung bis zu 250 Volt haben dürfen, mindestens der Schutzart „Strahlwasserschutz", d. h. IPX 5 nach DIN VDE 0470/1 bzw. DIN VDE 0530/5 entsprechen. Für Handleuchten empfiehlt sich die Anwendung der Schutzkleinspannung nach DIN VDE 0100/410. Die Aufstellung und der Betrieb von Pumpen im Hochbehälter ist entsprechend den Grundsätzen für Pumpwerke zu gestalten (siehe Abschnitt 5.5)

Es ist erforderlich, eine Prüfung der elektrischen Installation durch einen unabhängigen, anerkannten Sachverständigen vor Abnahme der Gesamtanlage durchführen zu lassen. Dies gilt auch für die Blitzschutzanlage, die bei exponierten Behältern empfohlen wird.

6.4.11.2 Mess-, Steuer- und Regeltechnik

Die wesentlichsten Messungen zur Überwachung und Steuerung eines Behälters, nämlich des Zulaufes und des Wasserstandes in den Wasserkammern, müssen auch vor Ort leicht und ohne Verschmutzung des Wassers ausführbar sein. Notwendig ist die Anordnung eines Bedienungspodestes. Im Allgemeinen ist eine Einlaufkammer mit Wasserzähler vorzusehen. Die Ablaufmenge wird durch Messung der Wasserspiegelabsenkung in der Zeiteinheit, z. B. 1 Stunde, oder mittels Wasserzähler festgestellt. Wegen des unzureichenden Vordruckes werden hierfür anstatt Woltmann-Flügelrad-Wasserzähler magnetisch-induktive Durchflussmesser (MID) eingesetzt. Zur Messung des Wasserstandes sind in der Wasserkammer korrosionsbeständige Pegel mit Beschriftung, im Bedienungshaus Pegel mit Schwimmer einzubauen.

Zur Fernübertragung des Wasserstandes der Wasserkammern, die bei Behältern über 200 m^3 und Hochbehältern von Gruppenanlagen immer zu empfehlen ist, wurde bisher im Bedienungshaus ein mit der Wasserkammer durch Rohrleitung verbundenes Standrohr aus korrosionsbeständigem Faserzement- oder PVC-Rohr mit DN 400 bis 600 angeordnet, in welchem der Schwimmer für die Wasserstandsmessung und für die Fernübertragung geführt wird. Das Standrohr ist im Bedienungshaus frostsicher aufzustellen. Diese pegelabhängige Messung und Wasserstandsmessung und -steuerung ist robust und betriebssicher. Eine druckabhängige Messung und Steuerung ist kostengünstiger und wird heute überwiegend eingesetzt.

6.4.12 Dichtheitsprüfung

6.4.12.1 Forderung

Bei der Abnahme ist neben der Überprüfung der plangerechten und gütemäßigen Ausführung auch die Dichtheit der Wasserkammern zu prüfen. Die Prüfung ist für jede Kammer gesondert bei gleichzeitiger Entleerung benachbarter Wasserkammern durchzuführen. Die Dichtheitsprüfung gilt als bestanden, wenn

1. kein sichtbarer Wasseraustritt nach außen feststellbar ist,
2. keine bleibenden und sich vergrößernden Durchfeuchtungen auftreten,
3. der Wasserspiegel innerhalb der Prüfzeit von 48 Stunden nicht messbar absinkt.

Etwaiges Absinken des Wasserspiegels bei der Prüfung kann folgende Ursachen haben:

– Durchlässiger Beton, fehlerhafter Putz.
– Undichte Stellen an den Fugen.
– Undichte Stellen an den Rohrdurchführungen.
– Aufsaugen von Wasser durch den Beton (Quellvorgang).
– Nicht dicht schließende Abschlussschieber.
– Verdunstung von Wasser.

6.4.12.2 Durchführen der Dichtheitsprüfung

Die Prüfung soll am „nackten" Behälter, d. h. noch vor der Erdanschüttung und vor einer etwaigen Innenbeschichtung durchgeführt werden. Dieser Lastfall muss bei der statischen Berechnung berücksichtigt werden. Um Schwindrisse durch Austrocknen zu vermeiden, sollte das Bauwerk zumindest mit Jute o. ä. abgehängt werden. Die Wasserkammer muss langsam und möglichst mit Trinkwasser bis zum Überlauf gefüllt und die Wasserfüllung mindestens 1 Woche gehalten werden, damit der Beton Wasser für etwa noch einsetzende Quellvorgänge, die die Wasserundurchlässigkeit verbessern, ansaugen kann. Die Verdunstung ist bei abgeschlossenem Behälter vernachlässigbar gering, doch kann bei großen Behältern auch zusätzlich die Entlüftung geschlossen werden. Die Wasserkammer wird vor Beginn der Prüfung noch bis in Überlaufhöhe aufgefüllt. Zu messen sind vor und nach der Prüfung der Abstand des Wasserspiegels von einem gewählten Festpunkt bzw. auf einer Skala in mm, die Temperatur des Wassers und der Luft in der Kammer, die Temperatur der Außenluft. Die Schieber der Zu-, Entnahme- und Entleerungsleitungen und der Zugang zur Wasserkammer werden verschlossen und plombiert. Die Wasserkammer kann als dicht bezeichnet werden, wenn keine meßbare Absenkung (kleiner als 1 mm) innerhalb 48 Stunden festgestellt wird. Diese Messung wird ergänzt durch eine Sichtkontrolle der Außenwände samt Fugen sowie der Sohl- und Ringdrainagen in den Sammelschächten. Bei meßbarer Absenkung sind zunächst die Rohrleitungen durch Blindbleche abzuschließen und die Prüfung ist zu wiederholen. Wenn auch bei dieser Prüfung eine Absenkung vorhanden ist, liegt die Ursache an Bauwerksmängeln. Häufig ist bei undichten Behältern ein sichtbarer Wasserdurchgang entlang den Rohrdurchführungen, an den Arbeitsfugen zwischen Sohle und Wänden der Wasserkammern oder an beschädigten Fugenbändern. Ggf. sind Nachdichtungsarbeiten, z. B. durch Injektion von Expoxidharz, Polyurethanharz oder Zementleim, auszuführen und die Dichtheitsprüfung zu wiederholen.

Über die Dichtheitsprüfung ist eine Niederschrift (vgl. auch DIN EN 1508 Anhang A6) etwa nach folgendem Muster anzufertigen.

Muster einer Niederschrift über die Prüfung der Wasserdichtheit

Wasserversorgungsunternehmen ....

Niederschrift Nr. ....

über die Prüfung der Wasserdichtheit des .... *behälters, Kammer* ....

1. Auftraggeber: ....
   Auftragnehmer: ....

2. Bauzeit von .... bis ....

3. Anzahl der Wasserkammern ....

4. Technische Angaben für jede Wasserkammer:
   Speicherinhalt .... m^3
   Nutzinhalt .... m^3
   maximale Wassertiefe .... m
   Wasseroberfläche .... m^2
   benetzte Fläche .... m^2

   Rohrdurchmesser: Zulauf   DN   ....
                         Entnahme DN   ....
                         Entleerung DN   ....
                         Überlauf DN   ....

   Oberflächenbeschaffenheit zum Zeitpunkt der Dichtheitsprüfung:
        Wände ....
        Sohle ....
        Decken ....
        Stützen ....

5. Dichtheitsprüfung

   Sicherungen gegen unbefugtes Betätigen:

Bauteil	verschlossen	plombiert	blind geflanscht
Zugang	...	...	...
Zulaufarmaturen	...	...	...
Entnahmearmaturen	...	...	...
Überlaufarmaturen	...	...	...
Entleerungsarmaturen	...	...	...

Messungen:
Maximale und minimale Temperaturen während der Prüfung
Außenluft: .... Innenluft: .... Wasser: ....

6.4 Hochbehälter

Probefüllung

	Beginn Datum	Uhrzeit	Ende Datum	Uhrzeit	Dauer
Wasserfüllung vor der Prüfung	....Stunden				
Prüfung	....Stunden				
Ablesung auf der Skala oder/und	........................mm;	.... mm	Unterschied .... mm		
Abstichmaß vom Festpunkt	........................mm;	.... mm	Unterschied .... mm		

6. Ergebnis der Sichtkontrolle: ....
....
....

Bemerkungen: (z. B. Orte, Ursache, Behebung von Undichtheiten, Wiederholungsprüfung)
....
....
....

7. Beurteilung:
   Die Prüfung auf Wasserdichtheit gilt als – nicht – bestanden.

Für den Auftraggeber   Für den Auftragnehmer

....
Ort   Datum   Ort   Datum

....
Unterschrift   Unterschrift

Für die Bauleitung

....
Ort   Datum

....
Unterschrift

6.4.13 Außenanlagen

Wasserversorgungsanlagen stellen einen erheblichen materiellen Wert dar und liefern das lebenswichtige Trinkwasser. Der Bedeutung entsprechend sollten daher die wenigen sichtbaren Teile einer Wasserversorgungsanlage auch baulich und künstlerisch so gestaltet sein, dass sie ein Bild vom Wert und Reinheit des Wassers vermitteln. Bewährt haben sich ortsgebundene Bauformen unter Verwendung ortsüblicher Baustoffe mit eher zurückhaltender Fassadengestaltung.

Wasserbehälter sind oft Bauten im Außenbereich und deshalb landschaftsgerecht einzubinden. Der Plan über die Einbindung in die Landschaft muss Aussagen enthalten zum Standort, zur Geländemodellierung, zur Erschließung der Anlage (Wegenetz, Zufahrt, Parken, Einzäunung) und zur Gestaltung der Anlage mittels Bepflanzung.

Der Standort in der freien Landschaft ist unter Berücksichtigung der Geländeausbildung und vorhandener Gehölzbestände festzulegen, wie z. B. Anbinden der Anlagen an Talhänge, Terrassenkanten, Höhenrücken, Wald, Gehölz. Gehölzgruppen und Einzelbäume sind durch entsprechende Maßnahmen während der Bauzeit zu sichern. Böschungen sind immer unter Beachtung der landschaftlichen Gegebenheiten auszuformen. Steile Böschungen sind zu vermeiden. Ausgerundete und abgeflachte Böschungen mit einer Neigung von 1:3 und flacher erlauben landschaftsgerechtes Einbinden der Anlage, maschinelle Pflege der Böschungen und ihre Bewirtschaftung als Mähwiese zum Schutz vor Erosion.

Bei Pflanzungen ist auf betriebsnotwendige Bedürfnisse zu achten und der Pflegeaufwand möglichst gering zu halten. Zum Aufbau einer langlebigen, pflegeleichten Bepflanzung sind Bäume und Sträucher im geeigneten Mischungsverhältnis einzubringen. Aus ökologischen Überlegungen bietet sich bei der Mehrzahl der Pflanzungen die Verwendung artenreicher Mischungen an; für die Tierwelt sind Samen und früchtetragende Gehölze Futterplatz. Bäume sollen im oberen Bereich der Böschungen nicht angepflanzt werden.

Die nicht befestigten oder bepflanzten Flächen sind anzusäen, ebenso die Erdüberdeckung der Wasserkammern. Magerrasen bedarf nur geringer Pflege. Zierrasen ist wegen des hohen Pflegeaufwandes nicht empfehlenswert. Künftige Erweiterungsflächen können in ihrer bisherigen Nutzung belassen oder als Wiese bewirtschaftet werden.

Die Zufahrt sowie häufig benutzte Wege und Stellflächen im Grundstück selbst sind zu befestigen (Breite für Gehwege etwa 1,5 m, Fahrwege 3,0 m). Kaum benutzte Flächen können mit Rasengittersteinen oder Schotterrasen gesichert werden. Zäune sind von der Grundstücksgrenze abzusetzen (Nachbarrecht).

6.4.14 Ausführungsbeispiele Hochbehälter

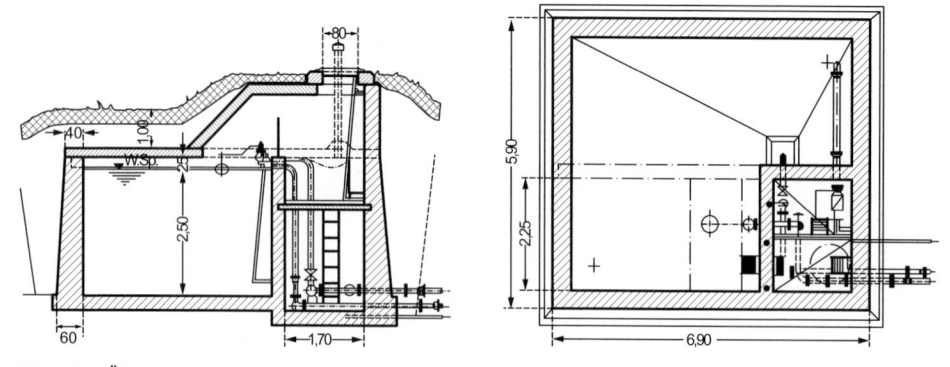

Abb. 6-27: Älterer („sanierungsbedürftiger") einkammeriger, rechteckiger Hochbehälter, $V = 60\,m^3$, unbewehrte Betonwände, Stahlbetonplattenbalkendecke, Einstieg von oben

6.4 Hochbehälter

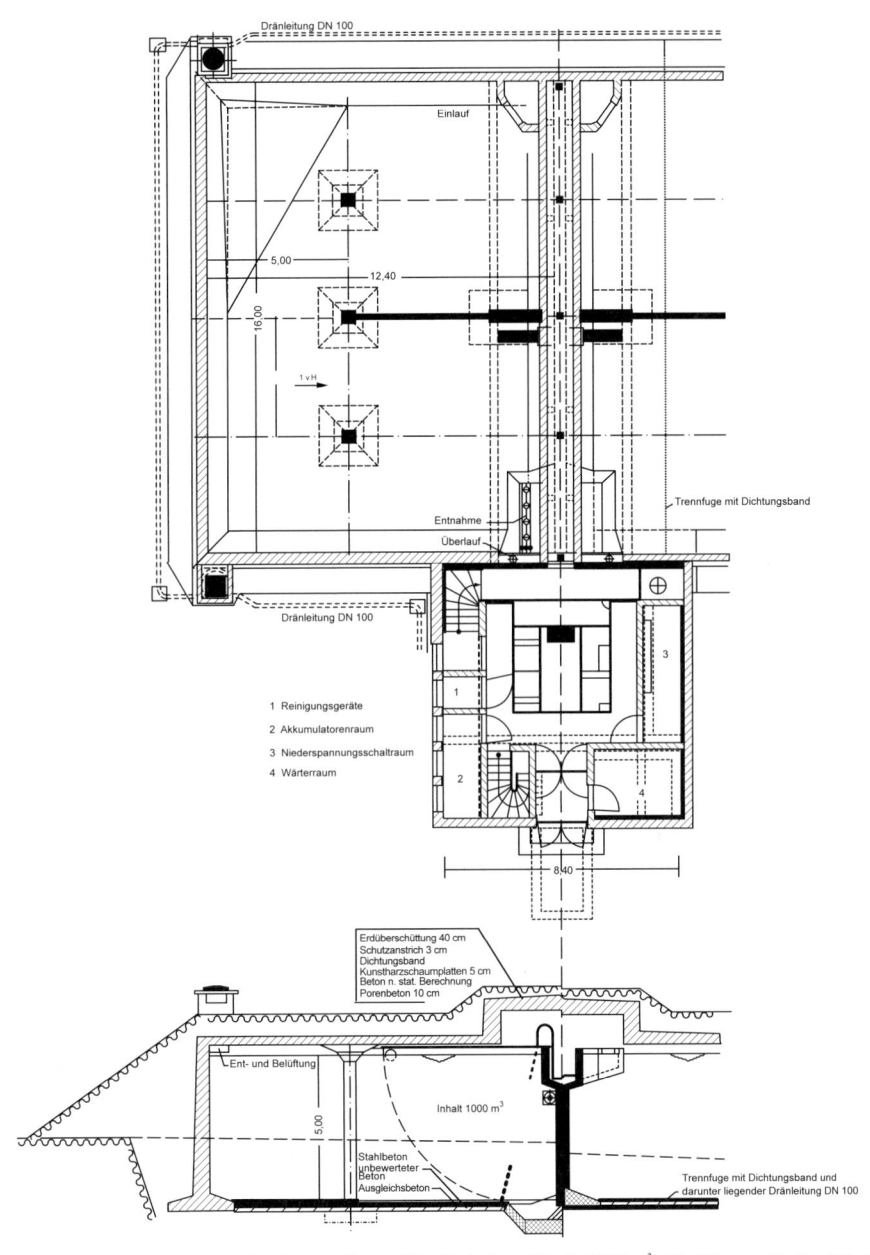

Abb. 6-28: Zweikammeriger, rechteckiger älterer Hochbehälter, $V = 2 \cdot 1000\,m^3$, Stahlbetonwände, Pilzdecke, Wasserkammern mit Leitwänden, Bedienungsgang über Mitteltrennwand, Bedienungshaus mit Pumpwerk im Rohrkeller und Schaltwarte mit Bedienungsräumen im Erdgeschoss; neuerdings: ohne Vouten, kopflose Pilzdecken, gleichmäßige Wanddicke

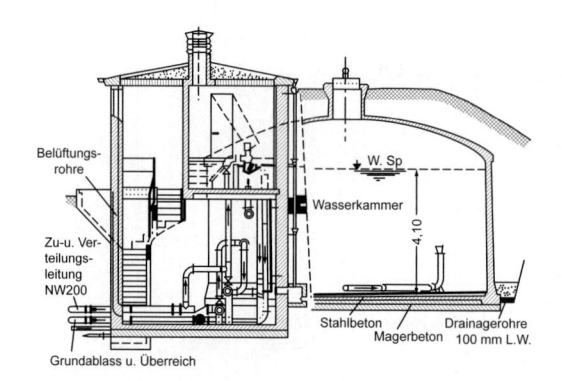

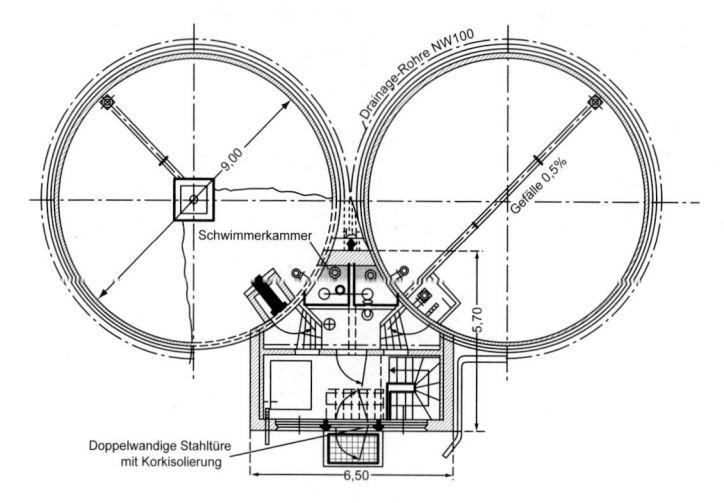

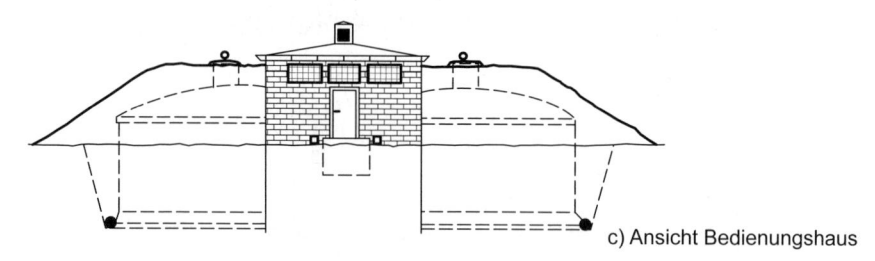

Abb. 6-29: Zweikammeriger älterer („sanierungsbedürftiger") Hochbehälter in Rundform, $V = 2 \cdot 250\,m^3$, Stahlbetonwände mit Kuppeldecke, Bedienungshaus, abgeschlossene Einlauf- und Schwimmerkammer
Beachte: Lüftungsöffnung über der Kuppel durch Überbau (Laterne) sichern oder zubetonieren und neues Lüftungsrohr zum Bedienungshaus führen (s. DVGW-Arbeitsblatt W 312).

6.4 Hochbehälter

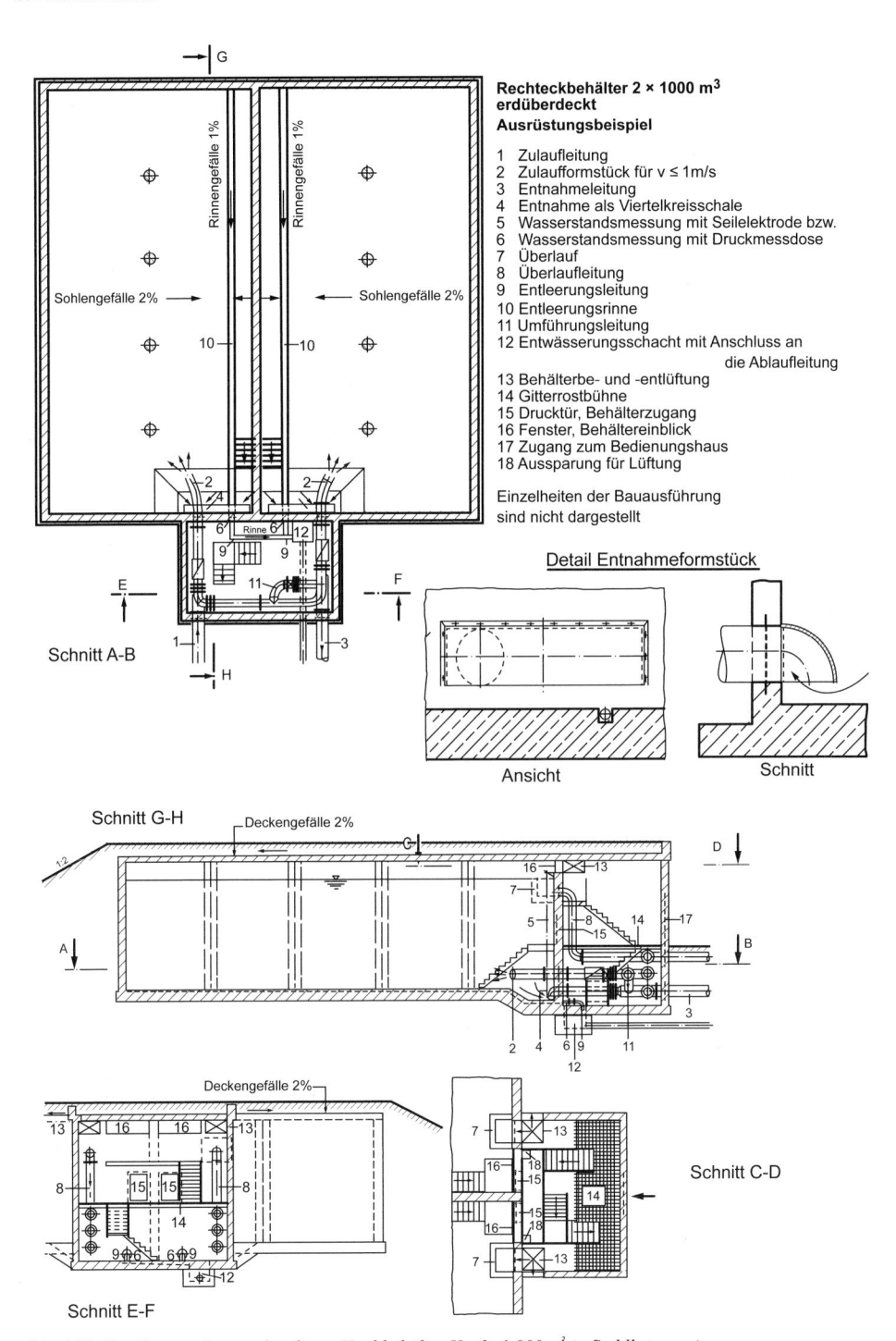

Rechteckbehälter 2 × 1000 m³ erdüberdeckt
Ausrüstungsbeispiel

1 Zulaufleitung
2 Zulaufformstück für v ≤ 1m/s
3 Entnahmeleitung
4 Entnahme als Viertelkreisschale
5 Wasserstandsmessung mit Seilelektrode bzw.
6 Wasserstandsmessung mit Druckmessdose
7 Überlauf
8 Überlaufleitung
9 Entleerungsleitung
10 Entleerungsrinne
11 Umführungsleitung
12 Entwässerungsschacht mit Anschluss an die Ablaufleitung
13 Behälterbe- und -entlüftung
14 Gitterrostbühne
15 Drucktür, Behälterzugang
16 Fenster, Behältereinblick
17 Zugang zum Bedienungshaus
18 Aussparung für Lüftung

Einzelheiten der Bauausführung sind nicht dargestellt

Abb. 6-30: Zweikammeriger rechteckiger Hochbehälter $V = 2 \cdot 1\,000\,m^3$ in Stahlbetonweise (nach ehemaligen DVGW-Arbeitsblatt W 311)

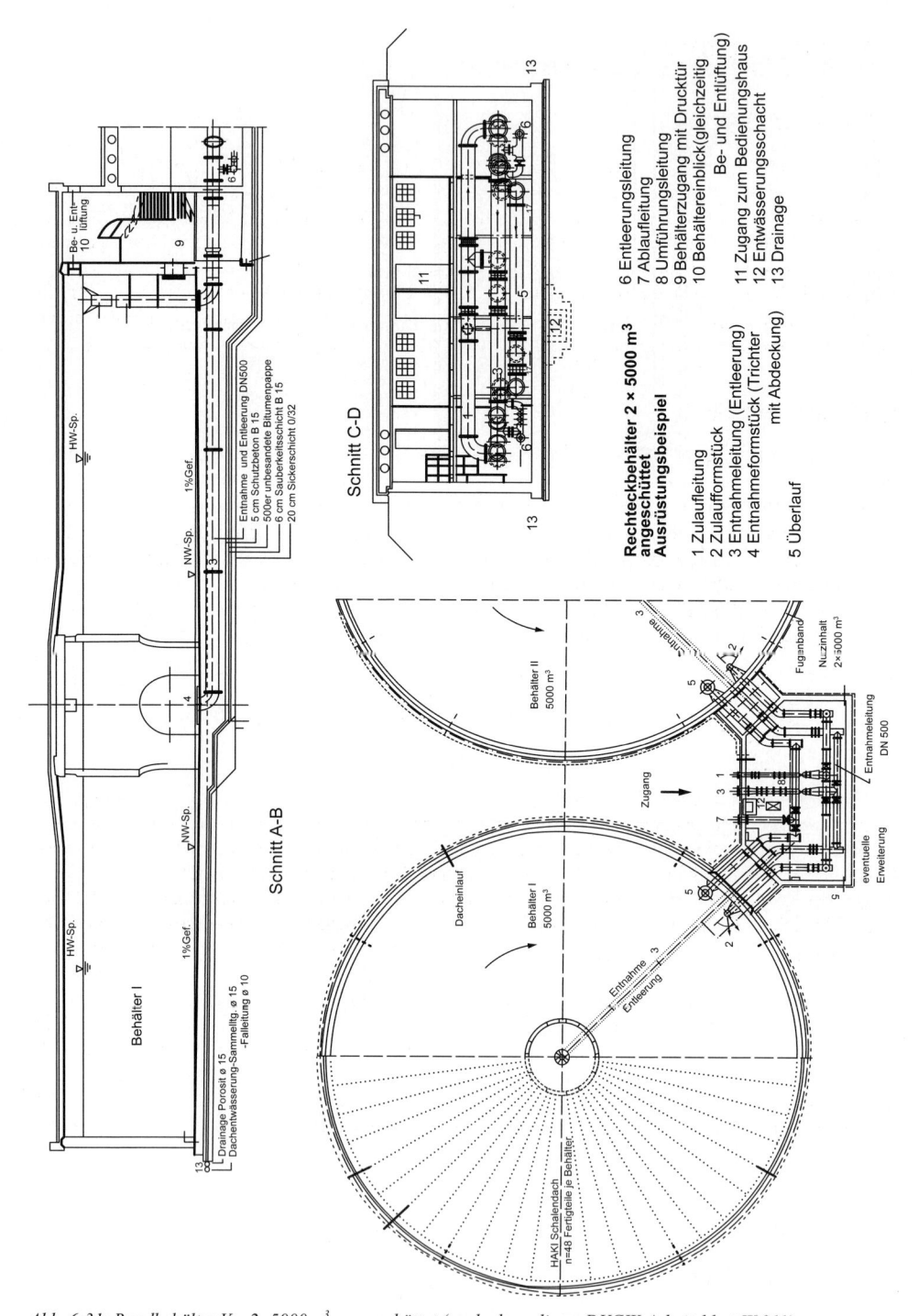

Abb. 6-31: Rundbehälter V = 2 · 5000 m³, angeschüttet (nach ehemaligem DVGW-Arbeitsblatt W 311)

6.5 Wasserturm

6.5.1 Allgemein

Wassertürme (WT) sind je nach Höhe des WSp über Gelände und architektonischem Aufwand bis zu sechsmal teurer als Hochbehälter gleichen Inhalts. Sie stehen meist an weithin sichtbaren Geländehochpunkten, so dass nicht nur technische, sondern auch weit reichende architektonische und landschaftsgestalterische Forderungen eingehalten werden müssen. WT werden daher nur dann gewählt, wenn sie technisch unbedingt notwendig sind und keine technisch und wirtschaftlich gleichwertige Möglichkeit für den Bau eines Wasserspeichers besteht (vgl. Lösungsmöglichkeiten S. 378). Es gelten i. a. die gleichen Forderungen wie bei Hochbehältern. Im Folgenden sind nur die davon abweichenden Gesichtspunkte für den Entwurf und Bau von WT angegeben.

6.5.2 Nutzinhalt

Aus Wirtschaftlichkeitsgründen wird der Nutzinhalt nur so groß wie unbedingt notwendig gewählt. Da eine Erweiterung meist nur durch ein ganz neues Bauwerk möglich ist, muss ggf. eine ausreichend große Bedarfsmehrung (30 bis 40 Jahre) berücksichtigt werden. Die Wasserförderung ist möglichst dem Verbrauch anzupassen und ein ausreichend großer Tiefbehälter (einschließlich Löschwasservorrat) anzuordnen. Bei kleinen WV-Anlagen ist die Aufstellung eines gesonderten Löschwasseraggregats und einer Ersatzstromanlage im Pumpwerk erforderlich.

Sind diese Voraussetzungen gegeben, so können für WV-Anlagen mit folgendem zukünftigem Tageshöchstbedarf $Q_{d\,max}$ folgende Nutzinhalte gewählt werden (ohne Löschwasservorrat).

$Q_{d\,max}$ (m³/d):	Nutzinhalt (m³):
bis 1000	$0{,}35 \cdot Q_{d\,max}$
1000 bis 4000	$0{,}25 \cdot Q_{d\,max}$
über 4000	$0{,}20 \cdot Q_{d\,max}$

Wenn im Brandfall Wasser aus dem WT zur Verfügung gestellt werden soll, ist bei Anlagen mit einem zukünftigen Tageshöchstbedarf bis 2000 m³/d ein zusätzlicher Löschwasservorrat zum Nutzinhalt vorzusehen. Dieser Zusatz beträgt zwischen 75 m³ (ländlicher Ort bei offener Bauweise), 100 m³ (ländlicher Ort bei geschlossener Bauweise) und 150 m³ (städtische Gebiete).

Wegen des großen Bedarfs an m³ umbauten Raumes im Verhältnis zum Nutzinhalt sind WT mit einem Nutzinhalt unter 100 m³ unwirtschaftlich; hier sind Tiefbehälter mit Druckbehälterpumpwerk vorzuziehen. Die Obergrenze liegt etwa bei Nutzinhalten in der Größenordnung von 5000 m³. Je geringer der errechnete Nutzinhalt ist, desto großzügiger sollte er aufgerundet werden, da die Mehrkosten im Verhältnis zu den Gesamtkosten eine untergeordnete Rolle spielen.

Bei sehr großen Versorgungsgebieten ergibt die Berechnung des Nutzinhaltes auch bei verminderten Ansätzen noch sehr große Werte, so dass ein WT nicht nur sehr hohe Kosten erfordert, sondern auch dessen architektonische Gestaltung schwer befriedigend lösbar ist. Hier ist es dann besser, die Versorgung auf Tiefbehälter mit Pumpwerk aufzubauen, dabei einen WT als Schaltorgan und für die Einhaltung eines möglichst gleichmäßigen Druckes zu benutzen. Hierbei ist der Inhalt des Wasserturmes mit etwa $0{,}20 \cdot Q_{d\,max}$ ausreichend.

6.5.3 Lage

6.5.3.1 Höhenlage

Der abgesenkte WSp muss noch einen ausreichenden Versorgungsdruck an der höchsten Zapfstelle bei maximaler Entnahme gewährleisten **(Abb. 6-5; Tab. 6-5)**. Zur Verringerung der Höhe des WT sind die Rohrleitungen im Versorgungsnetz ausreichend groß zu bemessen, um den Druckverlust klein zu halten. Übliche Höhenlagen des WSp über Gelände sind 25 bis 40 m und mehr.

6.5.3.2 Lage zum Versorgungsgebiet

Der WT wird an einem möglichst hoch gelegenen Geländepunkt, aber so nah wie möglich am Verbrauchsschwerpunkt meist als Gegenbehälter angeordnet.

6.5.4 Allgemeine bauliche Anordnung

6.5.4.1 Allgemein

Ein WT besteht im Wesentlichen aus den drei Bauelementen: Fundament, Schaft (Turmkonstruktion) und Behälter (Wasserkammern). Im Inneren liegen – von außen meist nicht sichtbar – die Bedienungsräume.

6.5.4.2 Behälter (Wasserkammern)

Um die auftretenden Lastfälle zu beherrschen, sind rotationssymmetrische Behälter besonders vorteilhaft. Bei mehreren Kammern ist es zweckmäßig, sie übereinander oder konzentrisch ineinander anzuordnen. Die Behälter-Grundformen sind in **Abb. 6-32** dargestellt.

Bis zu 150–200 m^3 Gesamtinhalt wird meist einkammerige Ausführung gewählt; bei größerem Inhalt empfiehlt sich die Ausführung von 2 Kammern, wenn nicht weitere Speicher in der gleichen Druckzone vorhanden sind.

Die günstigste Form ist der kreisförmige Zylinder. Bei zweikammeriger Ausführung wird die zweite Kammer zentrisch in der ersten angeordnet, damit bei jedem Lastfall (Wasserstand in den Behältern) der Turmschaft und das Fundament zentrisch belastet werden. Wenn beide Kammern gleichen Inhalt (gleiche Querschnittfläche) haben sollen, dann ist der Radius der äußeren Wand $r_a = r_i \cdot 1{,}45$. Bei zweikammerigem Wasserturm mit kleinem Inhalt muss aus Gründen der leichteren Bauausführung die äußere Ringkammer meist mit größerem Inhalt als die innere Kammer ausgeführt werden, wobei mindestens betragen soll: $r_a - (r_i + d) >= 2$ m. Bei zylindrischen Behältern wird der Behälterboden heute fast immer als ebener Boden ausgeführt.

Die Wasserkammern von WT mit sehr großem Inhalt (> 5 000 m^3) werden besonders in den nordischen Ländern aus architektonischen Gründen häufig mit nach unten abnehmendem Querschnitt ausgeführt, um einen guten Übergang auf den schmäleren Turmschaft zu haben. Auch statisch hat eine solche Form Vorteile. Die WSp-Schwankungen sind relativ gering. Wegen der schwierigen Schalarbeit sind solche Sonderformen nur bei sehr großen Behältern wirtschaftlich.

Die Wassertiefe wird möglichst groß gewählt, um den Turmdurchmesser klein zu halten; als Richtwerte gelten ca. 5 m bei einem Nutzinhalt von 100 m^3 bis 3 000 m^3 und ca. 8 m über 3 000 m^3 Nutzinhalt bei

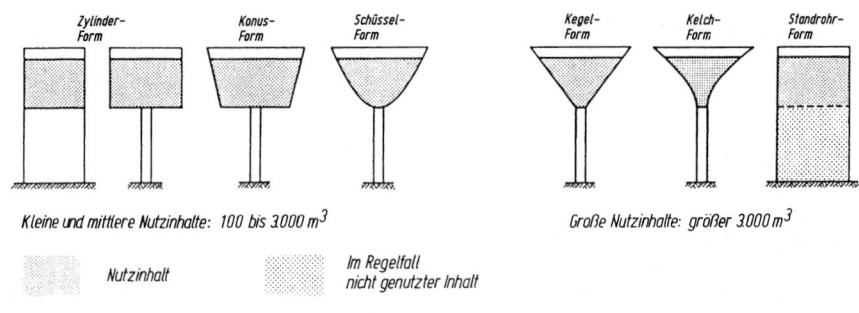

Abb. 6-32: Grundformen von Wassertürmen (nach DVGW-Merkblatt W 315)

statisch günstiger Behälterform. Größere Tiefen ergeben bei fast leerem WT einen oft zu niedrigen Versorgungsdruck.

6.5.4.3 Schaft (Turmkonstruktion)

Um die erforderliche Höhenlage des Behälters über Gelände zu erreichen, wird im Allgemeinen ein zentraler Turmschaft angeordnet. Er dient als Tragkonstruktion für den Behälter und nimmt Aufgang und Einrichtungen für Ver- und Entsorgung auf.

Als konventionell können die Turmkonstruktionen bezeichnet werden, bei denen die gesamten Lasten der Wasserkammern, Decken usw. auf den Turmschaft übertragen werden. Die Grundrissform des Turmschafts kann rund, viereckig oder mehreckig sein, je nach architektonischer Vorstellung. Statisch und baulich am einfachsten ist die Kreisform, sie wird meist in Stahlbeton-Gleitbauweise hergestellt. Die schweren Lasten der Wasserkammern werden mittels radial oder kreuzweise angeordneten Rahmenträgern auf den Turmschaft übertragen.

Bei der Stahlbeton-Skelettbauweise werden die Lasten auf eine Rahmenkonstruktion übertragen, welche im Bereich des Turmschaftes ausgemauert wird. Bei einer anderen Lösung wird die Tragkonstruktion sichtbar gelassen und der Behälterzugang und die Rohrleitungen in einem Bedienungsschaft mit kleinem Durchmesser untergebracht. Diese Ausführung wird gelegentlich bei niedrigen WT mit kleinem Inhalt gewählt.

Wenn der Inhalt der Wasserkammern sehr groß ist, ergeben sich sehr plump wirkende Bauwerke. Auch die Tragkonstruktion wird dann statisch schwierig. Der WT wird dann vorteilhaft in Kelchoder Pilzform ausgeführt, wobei der tragende Turmschaft mit kleinem Durchmesser in Stahlbeton-Gleitbauweise erstellt wird, von dem aus die Wasserkammern kegel- oder kelchförmig auskragen. Hierbei wird entweder die Schalung der Wasserkammern am Boden montiert und am fertigen Turmschaft hochgezogen, oder es werden die Wasserkammern am Boden betoniert und mit dem Betonieren des Turmschafts hochgehoben. Bei diesen Sonderformen sind Vorspannverfahren erforderlich.

Die Kugelform ist für einen Wasserbehälter in statischer Hinsicht besonders günstig, die Ausführung aber nur in Stahlbauweise wirtschaftlich. Hierbei wird dann der Turmschaft als Tragkonstruktion ebenfalls in Stahl ausgeführt. Diese Form ist in den USA häufig, vor allem bei Industriebetrieben. Auch in osteuropäischen Ländern sind mit Stahlseilen abgespannte Kugelbehälter, sog. Hydrogloben, mit meist kleinem Nutzinhalt anzutreffen. Wegen der Korrosionsgefahr und dem hohen Unterhaltsaufwand ist diese Form bei zentralen Anlagen hier nicht üblich.

In Sonderfällen werden Türme als Standrohre mit großem Durchmesser ausgeführt. Diese Ausführung ist billiger als die der üblichen WT mit hochliegenden Wasserkammern, da die Wasserkammer auf den gewachsenen Boden gegründet wird und der Turmschaft nicht durch die Wasserkammer belastet wird. Die Ausführung als Standrohrturm kommt in Betracht, wenn der Standort so hoch liegt, dass alle Anwesen und Hydranten auch bei niedrigstem Wasserstand noch Wasserzulauf, wenn auch mit geringem Druck, haben, und wenn der untere Teil der Wasserkammer für Löschzwecke gefüllt bleibt. Der WSp liegt oft nur etwa 20 m über Gelände. Von Vorteil ist es daher, wenn Standrohrtürme mit anderen Hochbehältern im Versorgungsgebiet korrespondieren.

6.5.4.4 Bedienungsräume

Unmittelbar unter den Wasserkammern ist ein Zwischengeschoss als Armaturengeschoss (sog. „Tropfboden") anzuordnen, in welchem die wesentlichen Armaturen untergebracht werden und von dem aus die Dichtheit der Wasserkammern sowie der Rohrdurchführungen kontrolliert werden kann. Besonders bei zweikammerigen WT ist es wegen der Vielzahl der Steigleitungen unzweckmäßig, diese Armaturen im Keller des Turmes unterzubringen. Wegen der starken Tauwasserbildung im Sommer und Frostgefahr im Winter empfiehlt es sich, die hydraulische Ausrüstung im Armaturengeschoss in einer besonderen, innen liegenden Kammer auf engem Raum anzuordnen und durch Wärmeisolierung und elektr. Heizung zu schützen.

Die Hauptabsperrungen und sonstigen hydraulischen Einrichtungen befinden sich im Rohrkeller. Im EG werden die übrigen Betriebsräume angeordnet, wie Raum für elektrische Einrichtungen, Lager,

Werkraum, Chlorraum, Raum für das Bedienungspersonal, analog wie im Hochbehälter. Manchmal wird der WT auch stockwerkartig ausgenützt.

6.5.5 Konstruktive Hinweise

6.5.5.1 Gründung

Die Besonderheit des Bauwerks (große Höhe, kleine Querschnittsfläche, größte Last sehr hoch über Fundament) erfordert eine sehr sorgfältige Gründung zur Vermeidung von jeglicher, vor allem ungleicher Setzung. Daher sind Einzelfundamente ungeeignet, meist werden Ringfundamente ausgeführt, manchmal sind durchgehende Fundamentplatten erforderlich. Für WT sind daher nur Standorte mit gut tragfähigem Untergrund geeignet. Unerlässlich ist die Festlegung der zulässigen Bodenbeanspruchung durch ein bodenmechanisches Institut. Eine ausreichende Sicherheitsreserve gegenüber ungleicher Setzung muss berücksichtigt werden.

6.5.5.2 Wasserkammern

Üblich ist die Ausführung in Stahlbeton, bei kleinen WT mit schlaffer Bewehrung, bei Sonderformen auch mit Vorspannverfahren. Bei kleinen und mittleren WT wird zwischen der äußeren Wasserkammerwand und dem Turmschaft i. a. ein mind. 0,75 m breiter Zwischenraum belassen, als Wärmeschutz der Wasserkammern, zur Unterbringung einer Treppe und zur Kontrolle der Dichtheit der Wasserkammern, **Abb. 6-33**: Aus Kostengründen wird bei großen WT meist auf einen solchen Zwischenraum verzichtet; die Wasserkammerwand ist dann Außenwand, die einen besonderen Schutz gegen Sonneneinstrahlung und Frost erhalten muss. Die Treppe für die Bedienung wird in einem schmalen Turmschacht in Turmmitte hochgeführt. Meist wird über der Decke der Wasserkammern ein geschlossener Raum angeordnet, von dem aus die Wasserkammern unabhängig von der Witterung bedient werden können. Die Dachkonstruktion ist dann unabhängig von den Wasserkammern und jederzeit zugänglich. Gelegentlich wird aus Kostengründen die Decke der Wasserkammern als Dach verwendet, was besondere Schutzmaßnahmen erfordert. Empfehlenswert ist diese Lösung nicht.

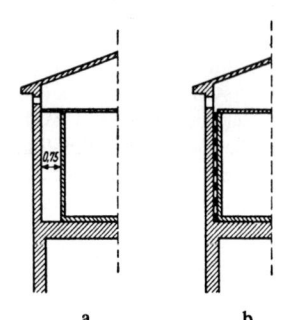

Abb. 6-33: Anordnung der Wasserkammerwände

6.5.5.3 Besondere Beanspruchungen

Da bei WT spätere Ausbesserungsarbeiten zeitaufwendig und sehr teuer sind, ist es erforderlich, dass einfache, statisch bestimmte Konstruktionen gewählt werden. Besonders zu berücksichtigen sind die Beanspruchung aus Wind, Feuchtigkeit, hoher und niedriger Temperatur, Temperaturunterschiede von Tag zu Nacht und zwischen innen und außen, Tauwasserbildung, Auffrieren von Betonoberflächen, Sicherheit des Personals bei allen Witterungsverhältnissen. Insbesondere bei nicht verkleideten WT ist strikt darauf zu achten, dass eine Betondeckung der Bewehrung von 3,5–4 cm überall eingehalten wird, sonst ist später mit einer teueren Außenhautsanierung zu rechnen.

6.5.5.4 Fertigteilbauweise

Während das Fundament eines WT immer in Ortbeton hergestellt wird, können Schaft und Wasserkammern als Fertigteile montiert und dann an Ort und Stelle dauerhaft verbunden werden. Der Vorteil liegt in der witterungsunabhängigen werksseitigen Herstellung hochwertiger Stahlbetonteile mit hoher Passgenauigkeit und in der relativ kurzen Bauzeit. Erforderlich sind eine detailliert durchgearbeitete Konstruktion, eine sorgfältige Montage, eine technisch hochwertige Ausführung der Ortbetonverbindungen und letztlich eine reiche Erfahrung in der Fertigteilbauweise. **Abb. 6-40** zeigt einen WT mit 600 m^3 Nutzinhalt in Fertigteilbauweise.

6.5.6 Zugang

Für die einwandfreie Wartung und Überprüfung der Wasserkammern ist es unerlässlich, dass die Begehung des hohen Turmes auch bei ungünstigen Witterungsverhältnissen, Schnee, Eis usw. ohne Erschwernis möglich ist. Es sind daher immer Treppen bis zur Decke der Wasserkammern, am zweckmäßigsten aus Stahlbeton, anzuordnen. Für den Behältereinstieg sind in der Decke der Wasserkammern Schachteinstiege mit gummigedichteten Schachtdeckeln gebräuchlich, **Abb. 6-34**. Besser ist jedoch eine wärmeisolierte Bedienungskammer im Dachgeschoß über den Wasserkammern.

6.5.7 Hydraulische Ausrüstung

Zur Gewichtseinsparung werden überwiegend Stahlflanschrohre verwendet. Die Steigleitungen erhalten einzeln eine Wärmeisolierung; das Zusammenfassen in einem isolierten Blech- oder Betonkanal ist wegen der schwierigen Überwachung und Montage nicht empfehlenswert. Ausbau- und Dehnungsstücke sind vorzusehen. Besonders sorgfältig sind die Rohreinführungen in die Wasserkammersohlen herzustellen; sehr zweckmäßig sind hier Mauerbüchsen.
Die Entwässerung des Armaturengeschosses ist mit großem DN auszuführen, damit bei Rohrbruch oder sonstigem Wasseraustritt keine Bauwerksschäden entstehen. Sie wird unterhalb der Sohle in die Überlaufleitung eingeführt. Ansonsten gelten die Grundsätze wie für Hochbehälter (W 300).

6.5.8 Äußere Gestaltung

Die hohen WT stehen meist an weithin sichtbaren Geländepunkten. Es ist daher immer größter Wert auf entsprechende äußere Gestaltung des Bauwerks zu legen. Im freien Gelände ist es zweckmäßig, den WT an Waldrändern anzuordnen oder mit Baumgruppen zu umgeben. Im bebauten Gebiet ist der WT unter Berücksichtigung städtebaulicher Gesichtspunkte zu entwerfen. Bezüglich Zufahrt und Objektschutz sind ähnliche Maßnahmen wie beim Hochbehälter erforderlich.
Auf jedem WT ist eine Blitzschutzanlage (Blitzableiter) zu installieren und turnusmäßig zu überprüfen.

6.5.9 Mehrzweckbauwerke

WT stellen exponierte Bauwerke dar, die zu weiteren Nutzungen anreizen. Die Verwendung als Restaurant wird häufig gewünscht, wobei jedoch nicht unerhebliche Zusatzeinrichtungen erforderlich sind, z. B. zweiter Treppenaufgang, Fahrstuhl, Versorgungsgeschoß, Ver- und Entsorgung. Außerdem ist die mit dem unkontrollierten Zugang zur Behälteranlage verbundene hygienische Gefährdung nicht zu vernachlässigen. Ähnliche Gesichtspunkte treffen bei der Nutzung als Aussichtsturm zu. Aus all diesen Gründen und nicht zuletzt wegen des erschwerten Objektschutzes sollte man im Allgemeinen auf eine betriebsfremde Nutzung verzichten.
Gegen eigene Betriebseinrichtungen des WVU bestehen ebenso wenig Einwendungen wie gegen ähnliche und vergleichbare andere, z. B. Post- und Fernmeldeanlagen.

6.5.10 Ausführungsbeispiele Wassertürme

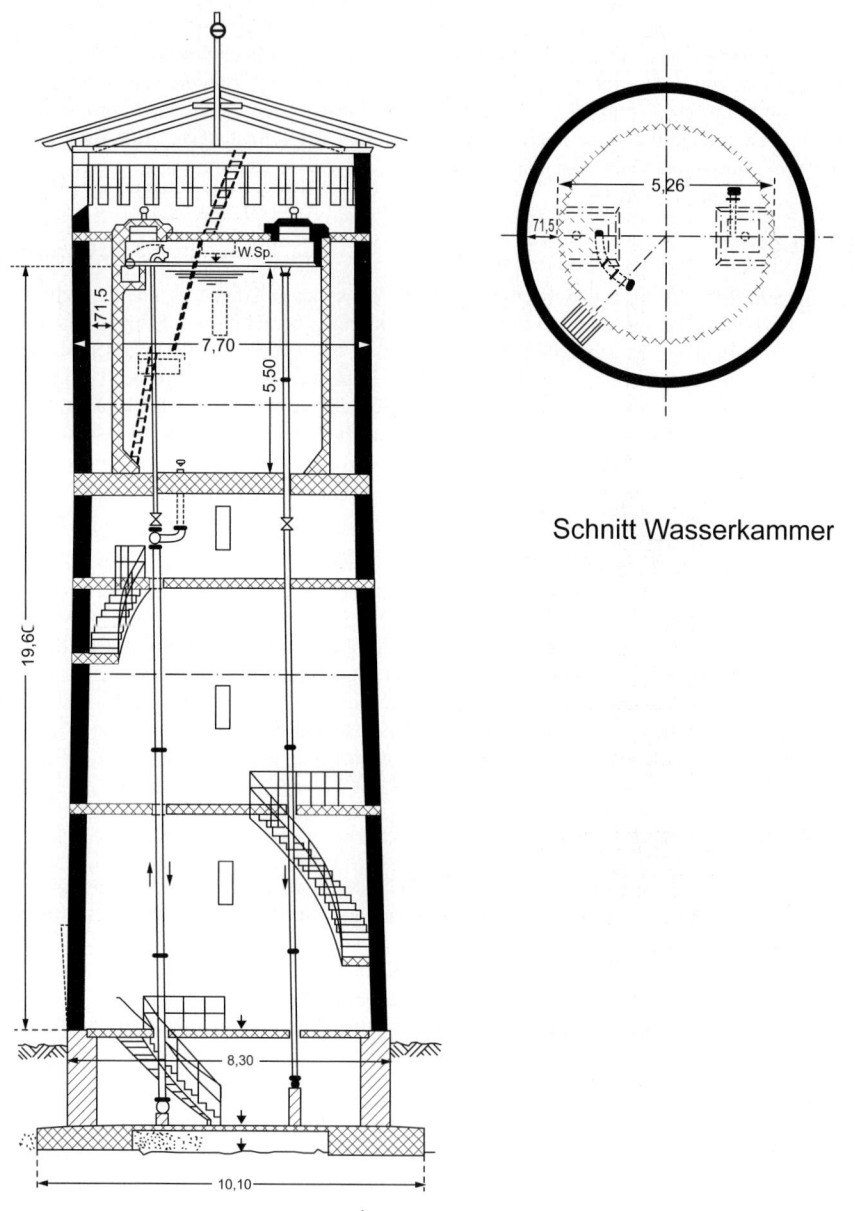

Abb. 6-34: Einkammeriger Wasserturm, $V = 100\,m^3$, Theilenhofen, Lkr. Weißenburg, Gemauerter, ringförmiger Turmschaft auf Stahlbeton-Ringfundament, Stahlbeton-Rundbehälter auf Stahlbeton-Kreisplatte gelagert, WSp 19,60 m über Gelände, Wassertiefe in der Wasserkammer 5,00 m, Baujahr 1952.

6.5 Wasserturm

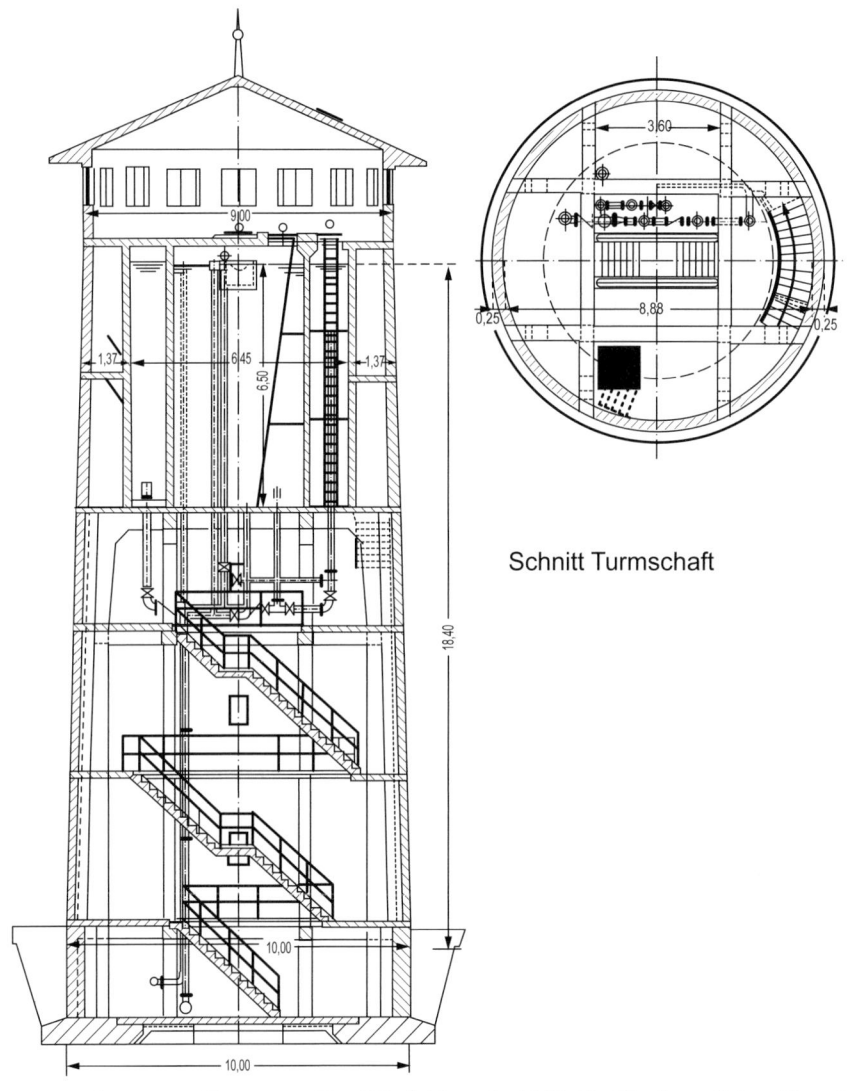

Schnitt Turmschaft

Abb. 6-35: Zweikammeriger Wasserturm, V = 200 m³, Unterpleichfeld, Lkr. Würzburg; Äußere Wasserkammer V = 125 m³, Innere Wasserkammer V = 75 m³, kreuzweises Stahlbeton-Rahmentragwerk mit ringförmiger Ausmauerung, WSp 18,40 m über Gelände, Wassertiefe in den Wasserkammern 6,50 m, Baujahr 1955.

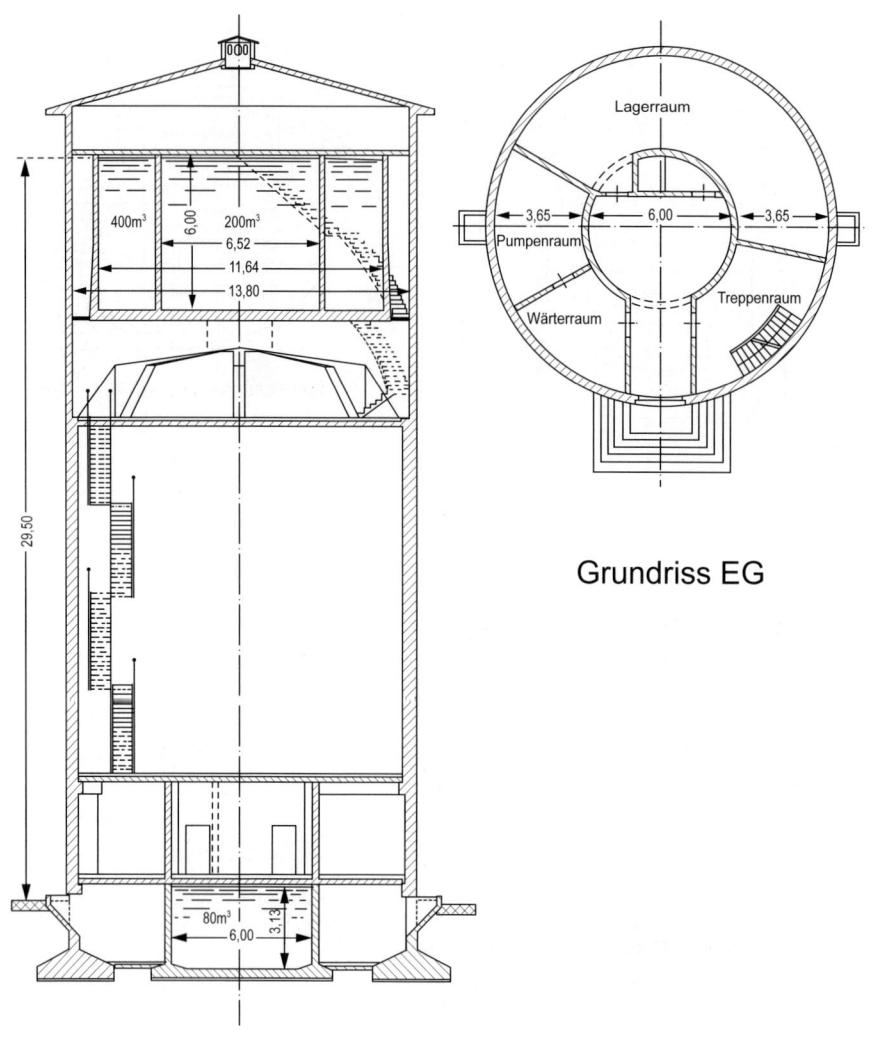

Abb. 6-36: Zweikammeriger Wasserturm, V = 600 m³, Aufstellen, Fernwasserversorgung Franken, Ringförmiger Stahlbeton-Turmschaft, Stahlbeton-Rundbehälter auf Scheibentragwerk abgestützt, WSp 29,50 m über Gelände, Wassertiefe in den Wasserkammern 6,00 m, im Turmkeller Saugbehälter V = 80 m³ für Drucksteigerungspumpwerk, Baujahr 1956.

6.5 Wasserturm

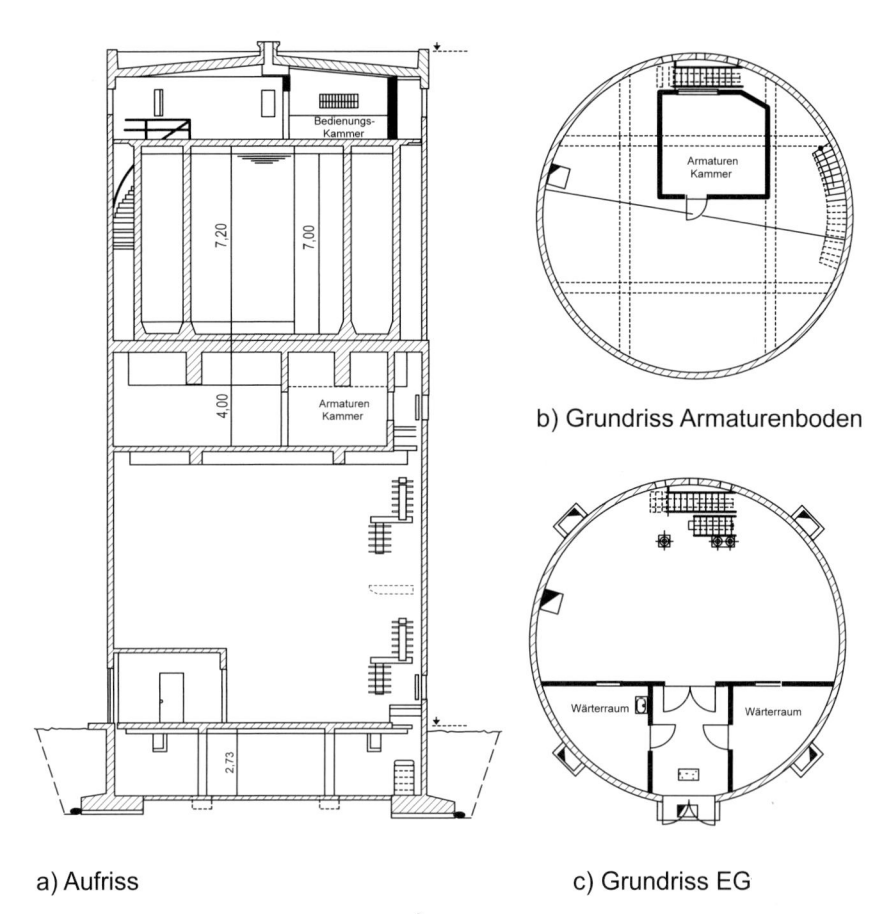

a) Aufriss

b) Grundriss Armaturenboden

c) Grundriss EG

Abb. 6-37: Zweikammeriger Wasserturm, $V = 500\,m^3$, Weinberg, Fernwasserversorgung Franken; kreisförmiger Stahlbeton-Turmschaft, WSp 22,30 m über Gelände, Wassertiefe in den Wasserkammern 7,00 m, geschlossene Armaturenkammer und Bedienungskammer im Turm EG, Baujahr 1965.

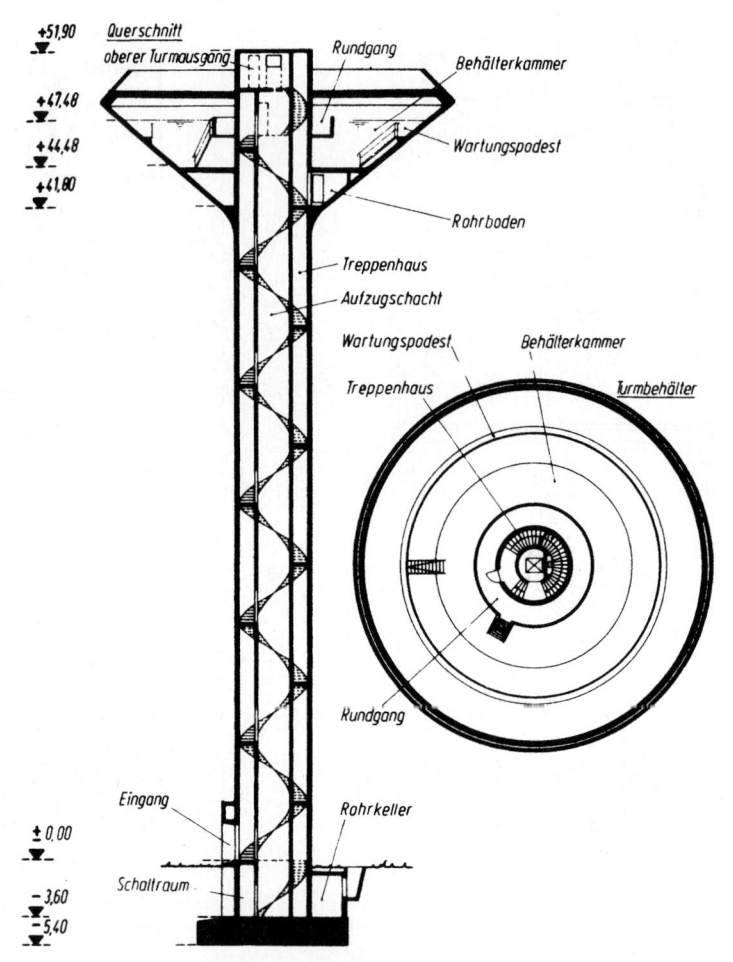

Abb. 6-38: Einkammriger Wasserturm Eichert der Stadt Göppingen, $V = 500\,m^3$, Übergabebehälter; zylindrischer Turmschaft mit Aufzug, Kegelstumpfschale für Wasserkammer, WSp 47,48 m ü. Gel., Wassertiefe 3,00 m, Baujahr 1975.

6.5 Wasserturm

Abb. 6-39a: Zweikammeriger Wasserturm, $V = 350\,m^3$, außenliegendes Stützensystem, WSp rd. 27 m über Gelände

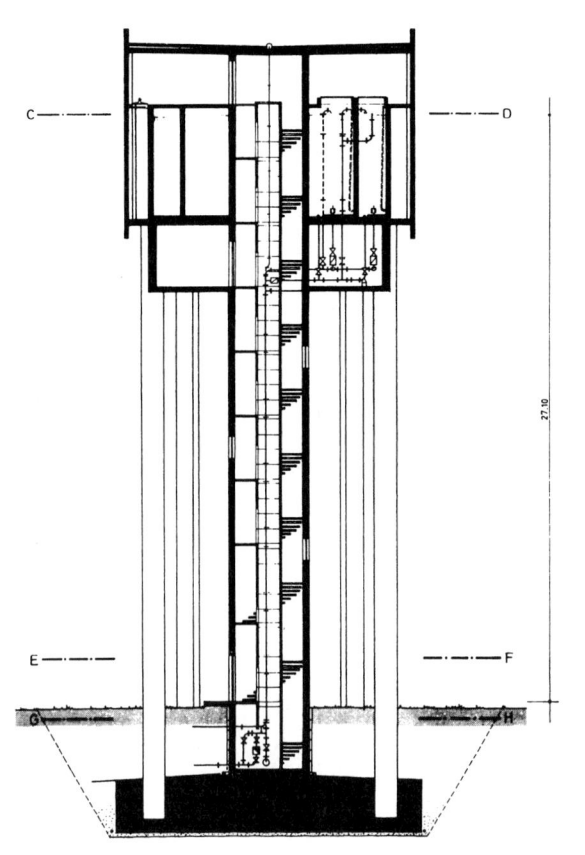

Abb. 6-39b: Wasserturm gemäß Abb. 6-39a, jedoch mit $V = 1.000\,m^3$

498   6. Wasserspeicherung

+ 45,00
+ 42,15   Dachgeschoß
+ 38,07   max. WSp.
          Wasserkammern
+ 32,37   Behältersohle
+ 29,35   Armaturenraum

+ 19,00   Obergeschoß 2

+ 9,67   Obergeschoß 1

+ 3,45   Erdgeschoß
+ 0,68   Kellergeschoß
± 0,00

5,65
10,10
2,20
25,25
1,80
80

14,76

Schnitt Turmschaft   Schnitt Wasserkammern

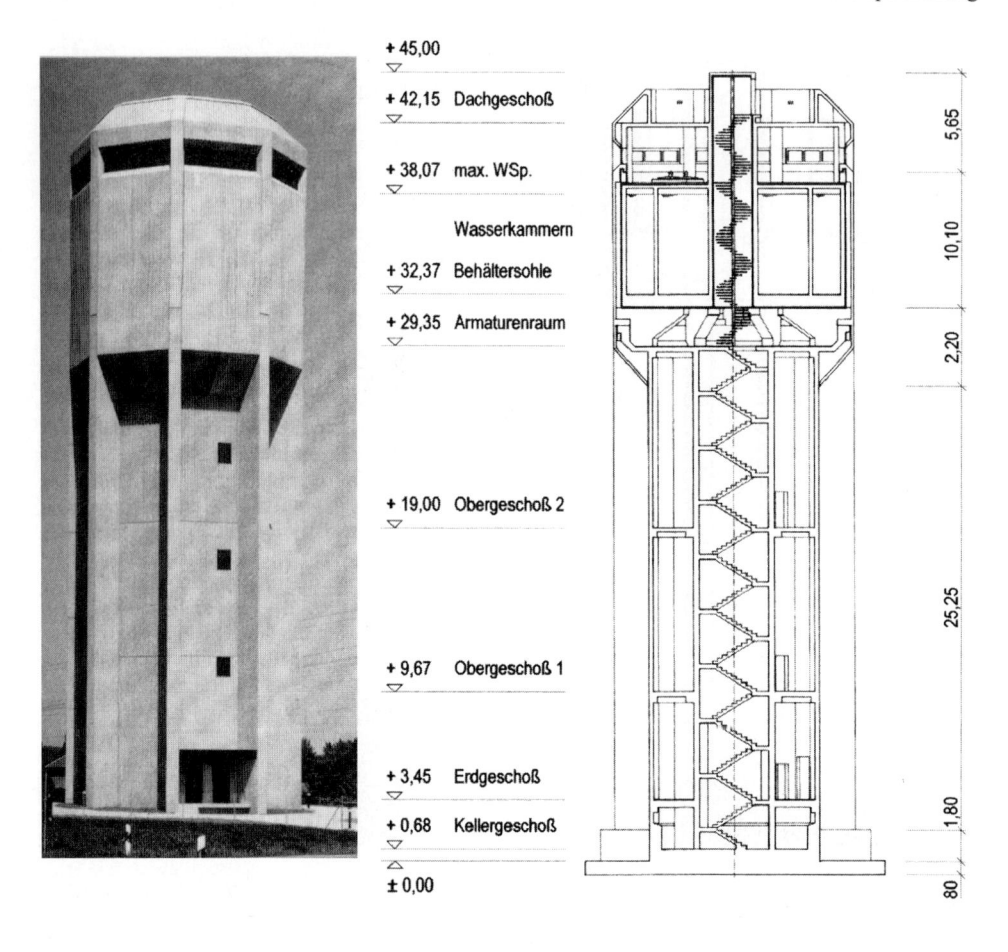

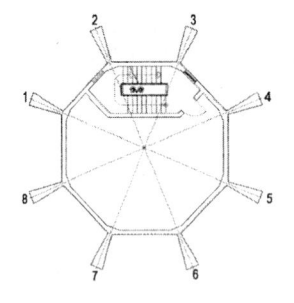

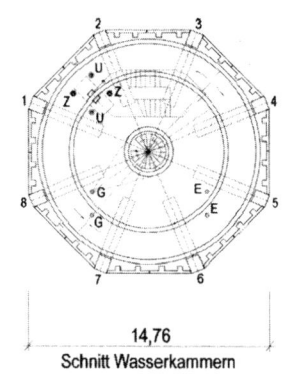

Abb. 6-40: Zweikammeriger Wasserturm bei Preith, Wasserversorgung Eichstätter Berggruppe; $V = 2 \cdot 300 = 600\,m^3$, auf Ortbeton-Kreisringfundament 8 konische Fertigteil-Stützen mit Fertigteil-Wandplatten, Fertigteil-Decken, Fertigteil-Wasserkammern, Fertigteil-Fassadenverkleidung, Höhe 45 m, WSp 38 m über Gelände, Wassertiefe in der Wasserkammer 5,70 m, Baujahr 1988. (Planung: Ing.-Büro Riedrich; Ausführung: Fa. Klebl.)

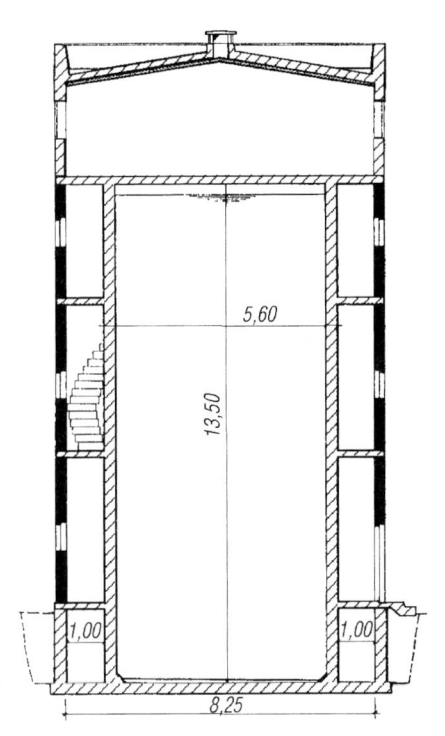

Abb. 6-41: Einkammeriger Standrohrturm, $V = 300\,m^3$, kreisförmiger Grundriss, WSp 11,00 m über Gelände, Wassertiefe in der Wasserkammer 13,00 m

6.6 Tiefbehälter

6.6.1 Allgemein

Tiefbehälter sind Saugbehälter eines Pumpwerks für ein höher gelegenes Versorgungsgebiet. Sie sind im allgemeinen Durchlaufbehälter und können gleichzeitig Hochbehälter für ein tiefer gelegenes Gebiet sein. Auch im Fundamentteil eines Wasserturmes kann ein Tiefbehälter, z. B. zur Speicherung des Löschwasservorrates, integriert sein. Im Allgemeinen gelten für den Bau von Tiefbehältern die gleichen Grundsätze wie für Hochbehälter. Im Folgenden sind daher nur die von Hochbehältern abweichenden Gesichtspunkte für Entwurf und Bau von Tiefbehältern angegeben.

6.6.2 Speicherinhalt

Wenn in den zu versorgenden Druckzonen ein ausreichend groß bemessener Hochbehälter vorhanden ist, dient der Tiefbehälter nur zum Ausgleich der Vor- und Hauptförderung. Für den Betrieb von Brunnen und Aufbereitungsanlagen ist es sehr erwünscht, wenn diese möglichst gleichmäßig belastet werden. Die Hauptpumpen können dann besser den sonstigen betrieblichen Forderungen angepasst werden, wie Ausnützung von Nachtstrom u. a. Hieraus errechnet sich dann das fluktuierende Wasservolumen. Eine Sicherheitsreserve von $0{,}10 \cdot Q_{d\,max}$ zum fluktuierenden Wasservolumen ist meist ausreichend.

Wenn kein ausreichend groß bemessener Hochbehälter vorhanden ist, muss der Tiefbehälter auch für den Ausgleich der Verbrauchsschwankungen, für einen Sicherheitsvorrat zur Überbrückung von Betriebsstörungen und für die Speicherung des Löschwasservorrates bemessen werden.

6.6.3 Lage

Wenn der Tiefbehälter zum Ausgleich der Brunnenförderung und der Hauptförderung dient, wird der Hauptteil der Förderhöhe den Hauptpumpen zugeordnet, da die Hauptpumpen einen besseren Wirkungsgrad als die Brunnenpumpen haben und leichter aufzustellen sind. Der Tiefbehälter wird nahe dem Brunnengelände angeordnet, er soll aber außerhalb der engeren Schutzzone (Zone II) liegen und möglichst so, dass den Hauptpumpen das Wasser aus dem Behälter mit Druck zuläuft.

Wesentlich für die Standortwahl sind die Tragfähigkeit des Baugrundes, Höhenlage des Grundwasserspiegels und HHW des Vorfluters. Der Tiefbehälter muss außerhalb des Überschwemmungsgebiets und soll möglichst nicht im Grundwasser liegen; der Baugrund muss tragfähig sein, damit keine Setzungsrisse auftreten. Um dies zu erreichen, ist auch eine größere Länge der Brunnendruckleitung in Kauf zu nehmen, die jedoch wirtschaftlicher als ein ungünstig gelegener Tiefbehälterstandort ist.

6.6.4 Bauliche Anordnung

Bei einem Speicherinhalt bis zu $100\,m^3$ ist eine einkammerige Ausführung üblich, darüber hinaus empfiehlt sich die Ausführung mit zwei Kammern. Wenn Tiefbehälter mit dem Maschinenhaus in baulicher Verbindung stehen, ist die rechteckige Form mit geringerer Tiefe, 2–4 m, zweckmäßig. Zur Sicherstellung der Reinhaltung des Wassers darf die Decke über den Wasserkammern nicht durchbrochen sein. Daher können über dem Tiefbehälter keine Maschinenräume, Werkstätten u. ä. angeordnet werden, dagegen z. B. Filterbecken von Aufbereitungsanlagen u. ä. Bei getrennter Anordnung sind auch die bei Hochbehältern üblichen Wassertiefen anwendbar, wenn die örtlichen Gründungsverhältnisse, insbesondere der Grundwasserstand, dies technisch und wirtschaftlich zulassen. Die Entleerung des Tiefbehälters ist meist nur mittels Pumpen möglich.

Im Übrigen gelten die für Hochbehälter genannten Gesichtspunkte, insbesondere für Grundrissformen und Wassererneuerung bzw. Durchströmung.

6.7 Löschwasserbehälter

6.7.1 Allgemein

Der Bau von besonderen Löschwasserbehältern ist bei kleinen WV-Anlagen dann erforderlich, wenn ein ausreichend großer Hochbehälter zur Speicherung des Löschwasservorrats zu teuer wird, dort und auch in den für den Brandschutz bemessenen langen Zuleitungen zu abgelegenen Anwesen die Gefahr der Stagnation des Wassers bestehen würde und wenn sonstige Entnahmestellen für Löschwasser wie Bäche, Flüsse, Seen, Weiher usw. nicht vorhanden sind. Bei Landgemeinden wurde hierfür früher im Allgemeinen die Form des offenen Löschwasserteiches (Feuerweiher) nach DIN 14210 gewählt. Zweckmäßiger und vorteilhafter ist jedoch der Bau unterirdischer Löschwasserbehälter nach DIN 14230.

Löschwasserbehälter dürfen nicht mit der öffentlichen WV-Anlage verbunden sein.
Brandschutz s. Kap. 8.

6.7.2 Löschwasserteich

6.7.2.1 Fassungsvermögen

Als Mindestgröße ist bei Vorhandensein einer zentralen WV-Anlage mit nur unzureichender Speicherung folgender Löschwasservorrat anzunehmen:

Einzelgebäude, je nach Größe	50–150 m^3
Weiler, bis zu 3 landwirtschaftlichen Anwesen	150 m^3
Ort, bis zu 10 landwirtschaftlichen Anwesen	300 m^3
größere Orte	≥ 300 m^3

Im Übrigen sollen Löschwasserteiche ein Fassungsvermögen von mindestens 1000 m^3 Löschwasser aufweisen.

6.7.2.2 Lage

Von der für den Brandschutz zuständigen Stelle ist die Lage nach einsatztaktischen und -technischen Gesichtspunkten festzulegen. Wichtige Gesichtspunkte sind hierbei: kurze Entfernung zu den zu schützenden Objekten, gute Zufahrt, nach den Anforderungen der Muster-Richtlinie über Flächen für die Feuerwehr (Fassung Juli 1998) bzw. der DIN 14 090 , „Flächen für die Feuerwehr auf Grundstücken", keine Behinderung und Gefährdung des sonstigen Verkehrs.

6.7.2.3 Bauliche und betriebliche Anforderungen

Abb. 6-42 zeigt den Schnitt durch einen künstlich angelegten, offenen, geböschten Löschwasserteich mit 150 m^3 Fassungsvermögen, der über einen Zulauf aus einem Gewässer gespeist wird.
Die wesentlichen Forderungen und Empfehlungen nach DIN 14 210 sind: im Zulauf Sandfang mit Rechen; Wassertiefe des Löschwasserteiches 2–3 m, mindestens 2 m; dichter Teichboden und dichte stabile Böschungen bzw. Umfassungswände, die den von innen und außen einwirkenden Kräften (Eisschub und Erddruck) standhalten müssen; an der Wasserentnahmestelle mindestens 0,5 m breite Stufen vom Teichrand bis zum Teichboden; im Teichboden mindestens 50 cm tiefer Sumpf unterhalb der Öffnung des mindestens 300 mm großen Zulaufrohres (wegen Sieböffnungen, Siebfläche siehe DIN 14 210) zum dichten Saugschacht mit einer lichten Weite von mindestens 1 m; Überlauf im abgedeckten frostsicheren Saugschacht; Einstiegöffnung seitlich am Schacht und an der Zufahrtseite; Ausrüstung Saugschacht siehe DIN 14 210; anstelle eines Saugschachtes kann auch ein dichtes max. 10 m langes Saugrohr mit einem Mindestdurchmesser von 125 mm gewählt werden, das einen Löschwasser-Sauganschluss gemäß DIN 14244 haben muss; mindestens 1,25 m hohe Einfriedung, wobei zwischen Einfriedung und wasserseitiger Böschungskante ein mindestens 1 m breiter begehbarer Streifen bleiben muss; im Zufahrtsbereich mindestens 2 m breites verschließbares Tor mit Schloss nach DIN 14 925 in der Einfriedung; dauerhafte und gut sichtbare Beschilderung (DIN 4066-B3) des Löschwasserteiches.
Eingezäunte Löschwasserteiche fügen sich nur schwer in das Ortsbild ein. Da sie meist auf die natürliche Wasserzuspeisung angewiesen sind, liegen sie oft ungünstig zu den Schutzobjekten. Trotz vorgeschaltetem Sand- und Schlammfang verschmutzen Löschwasserteiche sehr rasch; starkes Algenwachstum mit Fäulnisbildung ist die Folge. Wegen der beachtlichen Reinigungs-, Unterhaltungs- und Wartungskosten sind unterirdische Löschwasserbehälter zweckmäßiger.
Sollen im Rahmen der Dorferneuerung ehemalige Dorfweiher wieder aktiviert werden, so ist wegen einer möglichen Löschwassernutzung rechtzeitig die für den Brandschutz zuständige Stelle beizuziehen.

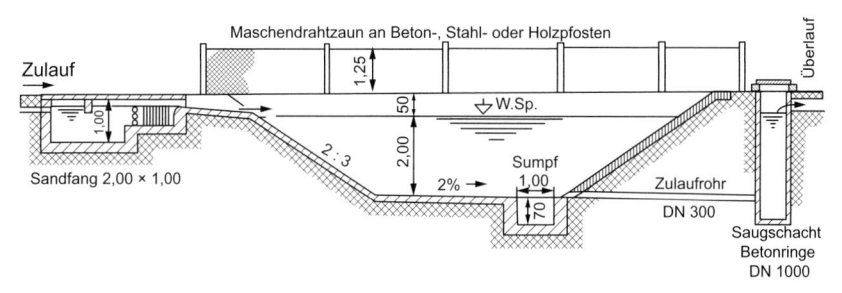

Abb. 6-42: Löschwasserteich 150 m^3, geböscht

6.7.3 Unterirdische Löschwasserbehälter

6.7.3.1 Fassungsvermögen

Je nach örtlichen Verhältnissen sind Behältergrößen von 75 bis 500 m³ üblich. Für Löschwasserbehälter mit kleinerem Fassungsvermögen als 75 m³ ist der Nachweis der erforderlichen Löschwassermenge zu erbringen. Löschwasserbehälter werden einkammerig ausgeführt, jedoch können es die örtlichen Verhältnisse erfordern, dass an mehreren Stellen des zu schützenden Gebietes Löschwasserbehälter angeordnet werden müssen, z. B. bei brandgefährdeten Objekten in Gewerbe- und Industriegebieten und bei Kaufhäusern. Auch Fertigteil-Großrohrbehälter (DN 2400) bei Löschwasserbehältern für Sprinkleranlagen in Großmärkten sind bekannt geworden (s. a. Merkl Beton- und Fertigteiljahrbuch 1989). Vorratsräume mehrerer Behälter dürfen nicht miteinander verbunden sein.

6.7.3.2 Lage

Unterirdische Löschwasserbehälter (DIN 14230) werden unter Freiflächen, Plätzen oder Höfen angelegt, so dass sie gut zugänglich und auch bei nächstgelegenem Brandherd noch benutzbar bleiben (außerhalb des Trümmerkegels). Bauliche und wasserwirtschaftliche Gesichtspunkte bestimmen weiterhin die Lage.

6.7.3.3 Bauliche und betriebliche Anforderungen

Für unterirdische Löschwasserbehälter gelten nach DIN 14230 folgende Forderungen und Empfehlungen:
Bei kleinen Behältern ist die viereckige Form üblich; bei Behältern aus Fertigteilen, die preisgünstiger sind, werden kreisförmige Grundrisse bevorzugt (**Abb. 6-43**). Der Behälter muss dauerhaft wasserdicht sein; Prüfung siehe DVGW-Arbeitsblatt W 300. Die Wassertiefe muss mindestens 2 m betragen. Die Behältersohle darf nicht tiefer als 5 m unter Gelände gelegt werden, damit das Ansaugen mit Feuerlösch-Kreiselpumpen nicht erschwert wird. In der Behältersohle muss senkrecht unter dem Saugrohr ein mindestens 15 cm tiefer Pumpensumpf vorhanden sein; als Flächenmaß werden 80 · 80 cm empfohlen.

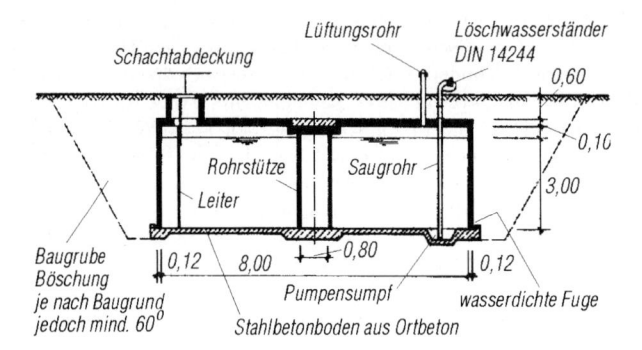

Abb. 6-43: Unterirdischer runder Löschwasserbehälter 150 m³ nach DIN 14230 aus Betonfertigteilen mit zentraler Rohrstütze

Die Behälterdecke ist zum Schutz gegen das Einfrieren des gespeicherten Wassers mindestens 50 cm zu überdecken, wenn keine Wärmeisolierung gewählt wird. Die Behälterabdeckung muss neben der Erdauflast zusätzlich das Gewicht eines Feuerwehrfahrzeuges mit einem zulässigen Gesamtgewicht von 16 t aufnehmen können (Zufahrt nach DIN 14090). Über dem höchsten WSp muss bis zur Behälterdecke ein Freiraum von mindestens 10 cm verbleiben. Das erforderliche Lüftungsrohr muss mindestens 100 mm Innendurchmesser aufweisen; es darf in der Schachtabdeckung oder in unmittelbarer Nähe des Saugrohres angebracht sein.

Zur Wasserentnahme sind in Löschwasserbehältern bis 150 m^3 Inhalt mindestens 1 Saugrohr, von 150 bis 300 m^3 Inhalt mindestens 2 Saugrohre und bei mehr als 300 m^3 Inhalt mindestens 3 Saugrohre einzubauen, die einen Innendurchmesser von 125 mm haben müssen und nicht länger als 10 m sein dürfen. Die Einlauföffnung muss im Pumpensumpf 8 cm unter der Behältersohle liegen; am oberen Ende des dichten Saugrohres muss ein Löschwasser-Sauganschluss nach DIN 14 244 – überflur oder unterflur – verwendet werden. Die Saugrohre müssen jederzeit eisfrei bleiben.

Der Saugschacht ist meist zugleich Einstiegschacht mit einer lichten Weite von mindestens 80 cm. Bei einem Schacht mit größerer lichter Weite als die Einstiegsöffnung muss die Einstiegsöffnung seitlich am Schacht and an der Zufahrt-Seite angeordnet sein. Die Oberkante des Schachtes soll entweder mindestens 0,25 m über Gelände liegen und kann dann gleichzeitig das Lüftungsrohr in der Schachtabdeckung mit aufnehmen oder soll mit dem Gelände abschließen und befahrbar sein. Der Saug-/Einstiegschacht muss bis hinunter zur Behältersohle sicher besteigbar sein.

In den Löschwasserbehälter darf kein Schmutzwasser eingeleitet werden. Beim Befüllen aus dem WV-Rohrnetz muss der Mindestabstand von 15 cm zwischen höchstem Behälterwasserstand und Füllleitung gewährleistet sein. Der Löschwasserbehälter muss gegen Überfüllen geschützt sein.

Der unterirdische Löschwasserbehälter muss als solcher dauerhaft und gut sichtbar nach DIN 4066 – B 2 beschildert sein und so gewartet werden, dass jederzeit Löschwasser entnommen werden kann.

6.8 Maßnahmen zur Instandhaltung von Wasserbehältern

6.8.1 Instandhaltung, Sanierung, Mangel, Schaden

Mit dem Oberbegriff *Instandhaltung* sind Maßnahmenbereiche wie Wartung oder Erhaltung, Inspektion, Instandsetzung oder Sanierung verbunden. Die Reihenfolge der Maßnahmen entspricht der zeitlichen und fachlichen Betreuung von Wasserbehältern. Erst bei Feststellen von Mängeln und Schäden kommen Instandsetzungsmaßnahmen (*Sanierung*) in Betracht. Zu den Bereichen »Wartung, Inspektion, Kontrolle und Reinigung« enthalten die **Tab. 6-7** und **Tab. 6-8** entsprechende Hinweise. Neue Erkenntnisse und Erfahrungen haben die zu beachtenden Anforderungen an Technik, Sicherheit und Hygiene geändert, so dass ältere Behälter vielfach diesen nicht mehr genügen. Hieraus sich ergebende Mängel und in der Folge oft Schäden sind natürlich im Rahmen von Instandsetzungsmaßnahmen zu beheben. Nach Durchführung, Prüfung und Abnahme sind die jeweiligen Maßnahmen und Ergebnisse zu dokumentieren, um ggf. Verbesserungen der Instandhaltungsmaßnahme ableiten zu können. Eine Abweichung zwischen den Anforderungen des technischen Regelwerkes und dem Ist-Zustand ist auch als *Mangel* zu bezeichnen. Die Nichtbeseitigung eines Mangels führt häufig zu einem Schaden. Ein *Schaden* an einem Bauwerk bzw. an seinen Einbauteilen liegt vor, wenn Veränderungen der Material-Eigenschaften derart eingetreten sind, dass der Wert oder die Nutzbarkeit in Vergleich zu seiner gewöhnlichen Beschaffenheit gemindert ist und damit wirtschaftlich nachteilige Folgen verbunden sind.

Im Allgemeinen ist ein Mangel die Vorstufe für einen Schaden. Dieser kann ebenfalls lokal begrenzt (z. B. einzelne Risse) oder aber genereller Art sein (z. B. großflächige Bewehrungskorrosion infolge unzureichender Betondeckung).

Mängel und Schäden an Trinkwasserbehältern können auftreten aufgrund von:

– Fehlern in der Konzeption (z. B. Anordnung des Behältereinstiegs über der Wasserfläche),
– Mängeln an den hydraulischen Einrichtungen (z. B. fehlende Trennung von Zulauf- und Entnahmeleitung),
– Mängeln an Bauteilen (z. B. Risse in Betonwänden).

Tab. 6-7: Wesentliche Aufgaben bei der Kontrolle von Wasserbehältern (Baur 1991)

		Kontrolle der Wasserbehälter		
		Vor der ersten Inbetriebnahme	Bei gefüllter Wasserkammer	Bei entleerter Wasserkammer
Wasserkammer	Überprüfung auf	- Nachweis der Dichtheit - Porenarmut und Freiheit von schädlichen Rissen - Fehlstellen bei Putz, Anstrich, Beschichtung, Auskleidung - Korrosionsbeständigkeit bzw. -schutz der Einbauteile - Sauberkeit (besenrein und frei von Schalungs- und Schalölresten)	- Veränderung des Behälterinhalts, z.B. Schwimmschicht, Trübung, Ablagerungen, Beläge (Sichtkontrolle) - Dichtheit von Drucktüren - Wasserandrang in Drainagen	- Schäden und Mängel (Löcher, Risse, Ablösungen, Ausblühungen, Materialabtrag) - Funktionsfähigkeit von Türen, insbesondere Drucktüren - Dichtheit von Rohr- und Kabeldurchführungen - Geruchs-, Belags-, Bewuchsbildung auf Behälterinnen-flächen - Organische und anorganische Ablagerungen
Betriebseinrichtung	Überprüfung auf	- Erfüllung der Unfallverhütungsvorschriften und Arbeitsschutzbestimmungen - Betriebsbereitschaft der hydraulischen, maschinellen und elektrischen Ausrüstungen - Funktionstüchtigkeit von Be- und Entlüftungseinrichtungen, der Sicherung gegen unbefugte Eingriffe, der Anzeige und Übertragung von Messwerten - Vorhandensein von Bedienungsanweisungen, Warn- und Hinweistafeln	- Betriebsbereitschaft der hydraulischen, maschinellen und elektrischen Ausrüstungen - Funktionstüchtigkeit von Be- und Entlüftungseinrichtungen, der Sicherung gegen unbefugte Eingriffe, der Anzeige und Übertragung von Messwerten, von Türen und Fenstern	- Korrosionserscheinungen - Betriebsbereitschaft der hydraulischen, maschinellen und elektrischen Ausrüstungen - Funktionstüchtigkeit von Be- und Entlüftungseinrichtungen, der Sicherung gegen unbefugte Eingriffe, der Anzeige und Übertragung von Messwerten, von Türen und Fenstern
Häufigkeit der Kontrolle		Einmal	Mindestens einmal monatlich	Mindestens einmal jährlich

Tab. 6-8: Tätigkeitsfolge bei der Reinigung und Desinfektion von Wasserkammern (Baur 1991)

	Reinigung und Desinfektion	
	Vor der ersten Inbetriebnahme (bzw. nach längeren Stillstandzeiten)	Regelmäßig
Reinigung ohne chem. Reinigungsmittel	- Abspritzen aller Behälterinnenflächen mit Trinkwasser unter ausreichendem Druck - Ableiten des anfallenden Reinigungswassers - Spülen oder Reinigen sämtlicher Rohrleitungen	- Abspritzen aller Behälterinnenflächen mit Trinkwasser unter ausreichendem Druck - Ableiten des anfallenden Reinigungswassers - Säubern besonders verunreinigter Stellen - Reinigen von Rohrleitungen und sonstigen Einbauteilen - Säubern der Be- und Entlüftungseinrichtungen
Reinigung mit chem. Reinigungsmittel	Nur erforderlich, wenn Verunreinigungen durch Abspritzen nicht zu entfernen sind	- Schließen sämtlicher Behälterabläufe - Abspritzen aller Behälterinnenflächen mit vorschriftsmäßig verdünntem Reinigungsmittel - Einwirkungszeit - Mechanische Reinigung besonders verunreinigter Stellen - Abspritzen der behandelten Flächen mit Trinkwasser - Schadloses Entfernen des reinigungsmittelhaltigen Wassers
Desinfektion	- Absprühen oder Abspritzen der Behälterinnenflächen (Sohle stets, Wände und Decken wenn erforderlich) mit Desinfektionsmittel - Schadloses Entfernen des desinfektionsmittelhaltigen Wassers	- Absprühen oder Abspritzen der Behälterinnenflächen (Sohle stets, Wände und Decken wenn erforderlich) mit Desinfektionsmittel - Schadloses Entfernen des desinfektionsmittelhaltigen Wassers - Bei Verwendung von chem. Reinigungsmitteln kann in den meisten Fällen auf eine nachfolgende Desinfektion verzichtet werden
Probenahme	Beim Füllen der Wasserkammer	Beim Füllen oder nach Füllen der Wasserkammer
Häufigkeit der Reinigung	Einmal	Abhängig vom Ergebnis der mindestens einmal jährlich durchzuführenden Kontrolle

6.8.2 Betriebshandbuch

Ein Betriebshandbuch (Behälterbuch) hat alle zu beachtenden (aktualisierenden) Anweisungen und Berichte über Inspektionen und Instandhaltungsarbeiten zu enthalten. Im Einzelfall kann es beinhalten:

– Baugeschichte mit Informationen zu Materialien, Bauverfahren, Bauweisen (auch Bauwerksabdichtung, Erdüberdeckung), vorangegangene Instandsetzungen, Umbauten, Erweiterungen
– Anlagenpläne (bauliche Durchbildung) und Belastungsbeschränkungen
– Versorgungsgebiet (auch Wasseranalyse)
– Anweisungen für die Außerbetriebnahme des Wasserbehälters
– Anweisung für Reinigung und Desinfektion vor Inbetriebnahme
– Anweisung für die Bedienung von Armaturen und deren Instandhaltung
– Anweisung für die Instandhaltung aller anderen Betriebseinrichtungen des Wasserbehälters einschließlich der elektrischen und hydraulischen Ausrüstung sowie Fernübertragungen
– Detaillierte Angaben über Fugen-, Auskleidungs-, Beschichtungsmaterial (Schichtabfolge)
– Berichte über Inspektionen, Instandhaltung und außergewöhnliche Vorkommnisse.

6.8.3 Kontrolle, Reinigung und Desinfektion

Bei der Inbetriebnahme von neu errichteten Trinkwasserbehältern und sanierten Wasserkammern sollte in den ersten Wochen eine engmaschige mikrobiologische Beprobung durchgeführt werden, um eventuelle Koloniezahlerhöhungen im Trinkwasser rasch zu erkennen. Kommt es dabei zu hygienischen Problemen durch den Einsatz ungeeigneter Materialien oder durch eine fehlerhafte Verarbeitung, müssen in aller Regel diejenigen Materialien, die als Nährstoffquelle dienen, entfernt werden. In diesen Fällen wird wegen der komplexen Fehlerfindung auf die Literatur (Merkl 2005) verwiesen.

Bezüglich der wesentlichen Aufgaben bei der Kontrolle von Wasserkammern vor der ersten Inbetriebnahme, bei gefüllter und bei entleerter Wasserkammer, und die Tätigkeitsfolge bei der Reinigung und Desinfektion von Wasserkammern enthalten **Tab. 6-7** und **Tab. 6-8** die zusammengefassten Grundsätze des ehemaligen DVGW-Merkblattes W 318 bzw. des Arbeitsblattes W 300.

Im Vergleich zum Rohrnetz ist bei Behältern die im allgemeinen höhere Verweildauer des Wassers von Bedeutung, weil es durch Stagnation, Zutritt von Luftsauerstoff und Eintrag von Verschmutzungen über den Luftpfad zu Veränderungen bzw. zu Beeinträchtigungen der Trinkwasserbeschaffenheit (Sedimentation von Wasserinhaltsstoffen, Ausfällungen, Verkeimungen) kommen kann. Außerbetriebnahme und Entleerung sollen so erfolgen, dass weder von der Wasseroberfläche (Kahmhaut) noch vom Behälterboden (Sediment) Verunreinigungen in das Rohrnetz gelangen können. Der Behälter soll vom Netz genommen werden, bevor der Wasserstand 50 cm unterschreitet. Die Kontrolle von Behältern durch fachkundige Personen, z. B. aus Bauabteilung und Labor, ist einmal jährlich durchzuführen (DVGW-Wasserinformation Nr. 51 und 57). Neben der Begutachtung des baulichen Zustandes ist in hygienischer Hinsicht auf Geruchs-, Belag- und Bewuchsbildung auf Decken-, Wand-, Boden-, Fugenflächen sowie auf Art und Verteilung von Ablagerungen zu achten. Dem Auftreten von tierischen Organismen ist besondere Beachtung zu widmen. Ihr Vorkommen kann neben den o. a. Erkenntnissen gegebenenfalls auch indirekte Hinweise auf bauliche Mängel des Behälters geben, wenn beispielsweise Fluginsekten (Belüftung) oder erdbewohnende wirbellose Tiere auf der Wasseroberfläche gefunden werden. Um sich einen Überblick über Menge und Zusammensetzung der Behälterablagerung zu verschaffen, ist es zweckmäßig diese Kontrolle durchzuführen, wenn noch einige Zentimeter Wasser auf der Bodenfläche stehen. So lassen sich z. B. Ablagerungen nach Menge und Verteilung am besten beurteilen und ggf. vorhandene Kleinlebewesen besser lokalisieren.

Behälter dürfen stets nur mit sauberer Kleidung und besonderen, farblich gekennzeichneten, desinfizierten Gummistiefeln von für den Einsatz im Trinkwasserbereich zugelassenem Personal betreten werden. Bei allen Arbeiten im Trinkwasserbereich ist stets zu bedenken, dass es sich um einen Lebensmittelbehälter handelt und eine entsprechende hygienische Sorgfaltspflicht gilt, deren Grundsätze in einer Betriebsanweisung zusammengefasst werden sollten. Vorbereitend ist vor dem Betreten der Wasserkammer zu prüfen, ob keine Gase oder Radonexposition in gesundheitsgefährdender Konzentration vorhanden sind, Absturzgefährdungen ausgeschlossenen sind und ob Zulauf und Entnahmearmaturen gegen versehentliches Öffnen durch Selbstverriegelung oder durch mechanischen Berührungsschutz und mit entsprechenden Hinweisschildern versehen sind. Die Arbeiten sind von einem kompetenten Mitarbeiter des Versorgungsunternehmens, auch beim Arbeiten mit Fremdfirmen, zu beaufsichtigen. Arbeiten in Wasserkammern gelten als gefährlich im Sinne der Unfallverhütungsvorschriften (s.a. DVGW-Wasserinformation Nr. 57), es sind deshalb die Richtlinien für das Arbeiten in Behältern und engen Räumen, für Gefahrstoffe, Oberflächenbehandlung in Räumen und Behältern, sowie Schutzmaßnahmen wie Sicherung der Lüftung oder gegen erhöhte elektrische Gefährdung zu beachten.

Die Reinigung und Desinfektion der Wasserkammer wird entscheidend vereinfacht, wenn die Verunreinigungen nicht antrocknen. Die Restentleerung sollte daher erst unmittelbar vor dem Beginn der Reinigung beendet sein.

Mechanischen Reinigungsverfahren (**Tab. 6-8**) ist im Allgemeinen vor dem Einsatz chemischer Reinigungsmitteln der Vorzug zu geben. Eine manuelle Reinigung erfolgt mit Schrubbern, Schwämmen, Bürsten, intensivem Abspritzen mit Trinkwasser unter Netzdruck, ggf. können speziell verfahrbare

Reinigungsgerüste (Stadtwerke Münster) mit rotierenden Bürsten und Wasserzufuhr über Düsen, eingesetzt werden. Beim Einsatz von Hochdruckgeräten sind die Richtlinien für Flüssigkeitsstrahler der Berufsgenossenschaft zu beachten. In jedem Fall ist die Notwendigkeit des Einsatzes chemischer Reinigungsmitteln kritisch zu hinterfragen. Die im Handel erhältlichen Reinigungsmittel sind meist Produkte auf der Basis organischer und anorganischer Säuren mit Zusätzen, die hauptsächlich zur Entfernung von Eisen-, Mangan- oder Kalkablagerungen angewandt werden und eine desinfizierende Wirkung haben. Vorteilhaft ist sicherlich ein besseres optisches Erscheinungsbild der Wasserkammer mit weniger Personalaufwand. Nachteilig ist ein Angriff bei zementgebundenen Oberflächen durch saure Reinigungsmittel, Beschleunigung von Karbonatisierungsvorgängen bei Beton und Förderung von Korrosionsbildung auf metallischen Behälterbaustoffen. Ferner ist nicht mit Sicherheit auszuschließen, dass im Behälter verbleibende Reste von chemischen Reinigungsmitteln nachteilige Wirkungen auf Trinkwasser, z. B. in Form von Keimzahlerhöhungen haben können, was dann möglicherweise zu Ausfallzeiten führt. Technische Empfehlungen gingen deshalb dahin, nicht so aggressiv zu reinigen und die Beläge u. U. mehr oder minder als Schönheitsfehler zu belassen. Mittlerweile gibt es neutrale Reinigungsmittel mit desinfizierender Wirkung für Wasserkammern, die keine Säure enthalten, sondern über ein Reduktionsmittel ihre Wirkung im neutralen pH-Wert-Bereich entfalten (Behrendt-Emden 2003). Zementgebundene Oberflächen werden daher nicht angegriffen. Zur abschließenden Desinfektion kann 1,5 %ige Wasserstoffperoxid- bzw. Natriumhypochlorit mit 5 g/l Chlor verwendet werden. Das auf der Sohle ansammelnde desinfektionshaltige Wasser muss ordnungsgemäß behandelt und abgeleitet werden. Nach ausreichender Verdünnung soll das abzuleitende Wasser einen pH-Wert 6,5-8,5, chemischen Sauerstoffbedarf <40 mg/l, Fischgiftigkeit < 2 GF, absetzbare Stoffe < 0,3 mg/l, haben. Anschließend kann der Behälter zur Entnahme bakteriologischer Kontrollproben befüllt werden.

6.8.4 Mängel und Schäden bei Wasserbehältern

Mängel und Schäden können an Trinkwasserbehältern oder deren Anlageteilen das gespeicherte Trinkwasser nachteilig verändern, den Betrieb einschränken oder erschweren, die Arbeitssicherheit beeinträchtigen, unbefugte Eingriffe Dritter ermöglichen, die Standsicherheit des Bauwerkes gefährden, die Lebensdauer des Bauwerkes herabsetzen.

Nicht immer offensichtliche Schadensformen sind: fehlende Isolierungen und Wärmedämmschichten; durch Baum und Pflanzenbewuchs beschädigte Isolierung, Wärmedämmung, Fugen; bauphysikalische Grundforderungen nicht eingehalten; durch Baugrundsetzungen hervorgerufene Konstruktionsschäden; falsch angeordnete Be- und Entlüftungseinrichtungen; Unbedenklichkeit und Undichtigkeit von Fugenmaterial bei Arbeitsfugen in Sohle, Wand/Sohle, Wände und Decke; unzureichende Betonqualität und Karbonatisierungstiefen, die keinen Schutz der Bewehrungsstähle garantieren; frei liegende bereits korrodierte Bewehrung; undichte Rohrdurchführungen; korrodierte Formstücke, Stahltreppen, -geländer; nicht den VDE-Vorschriften entsprechende elektrotechnische Ausrüstung; nicht funktionsgerechte Einzäunungen und Eingänge.

Mängel und Schäden an Trinkwasserbehältern können auftreten aufgrund von planerischen, betrieblichen und baulichen Aspekten (**Abb. 6-44**), beispielsweise bei:

Wasserkammer – Unmittelbarer Einstieg über dem Wasserspiegel; fehlende Sichtkontrolle während des Betriebes; direkter Lichteinfall; fehlende Treppen, Leitern oder Drucktüren; keine ausreichende bauliche Trennung der Wasserkammern; fehlende bauliche Trennung zwischen Wasserkammer und Bedienungshaus; Tauwasserbildung.

Bedienungshaus – Fehlendes Bedienungshaus (z. B. Einstieg über der Wasserkammer); schlecht zugängliche Betriebseinrichtungen; keine Montagehilfen; Tauwasserbildung; Mehrfachnutzung.

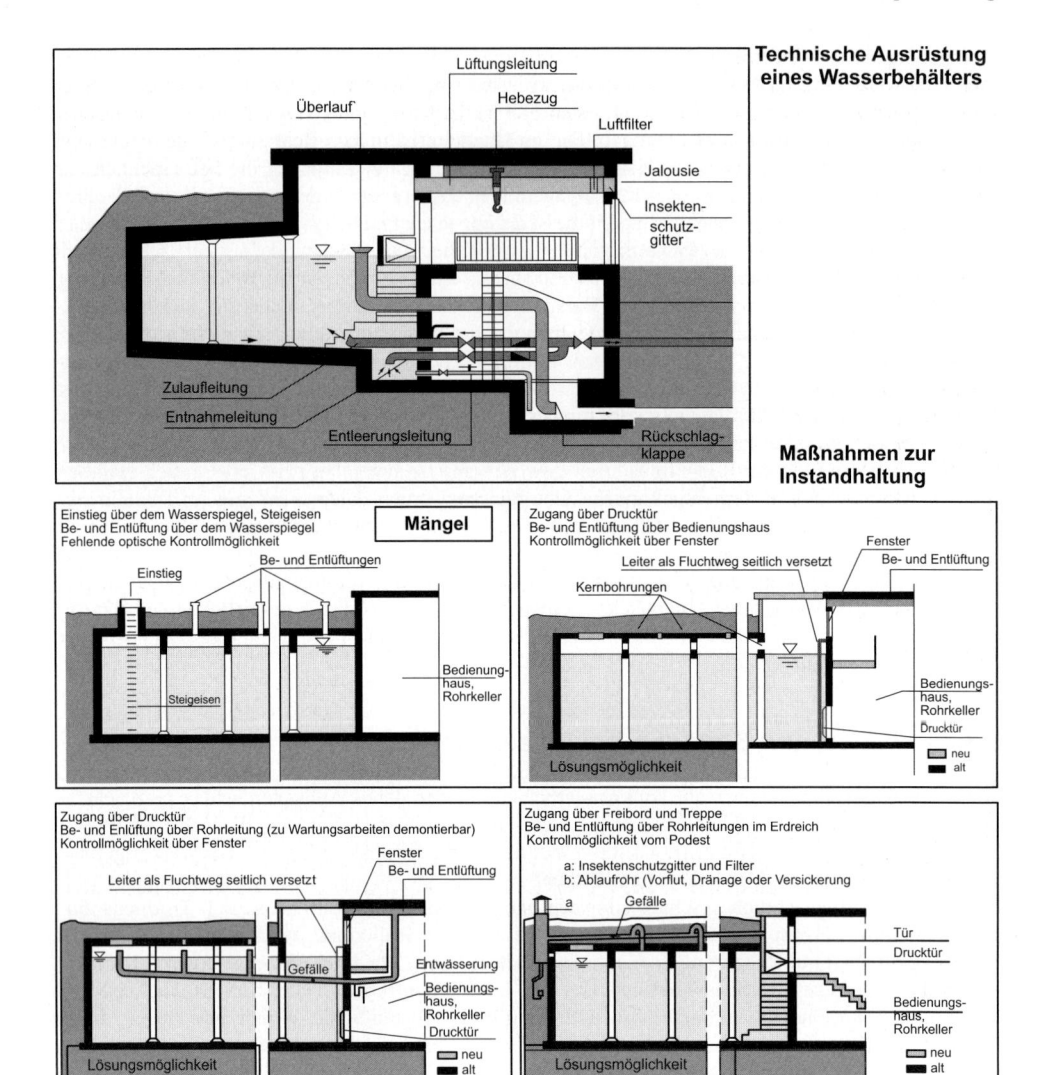

Abb. 6-44: Technische Ausrüstung eines Wasserbehälters und Lösungsmöglichkeiten zur Instandhaltung bei Mängeln

Be- und Entlüftungseinrichtungen – Be- und Entlüftungsöffnungen direkt über dem Wasserspiegel; Be- und Entlüftung der Wasserkammer direkt in das Bedienungshaus; zu kleine Be- und Entlüftungseinrichtungen; fehlende Einbauten in Be- und Entlüftungseinrichtungen; Eindringen von Geruchsstoffen von außen in die Wasserkammer; keine Entwässerungsmöglichkeit der Be- und Entlüftungseinrichtungen.

Außenanlagen – Mangelhafte Zufahrt; zu steile Böschungen; ungeeignete Einzäunung und Anpflanzung.

Mängel an betrieblichen und hydraulischen Einrichtungen – Keine Trennung von Zulauf- und Entnahmeleitung; mehrere Zulaufleitungen mit unterschiedlichen Wässern; fehlende Absperrarmaturen in den Zulauf und Entnahmeleitungen; falsche Anordnung der Zulaufleitung; Armaturen innerhalb

6.8 Maßnahmen zur Instandhaltung von Wasserbehältern

der Wasserkammer; fehlende Probeentnahme-Einrichtungen; falsche Anordnung der Entnahmeleitung; fehlender oder zu klein bemessener Überlauf; fehlende Trennung zwischen Überlauf und Entwässerungssystem; fehlender Kontrollschacht im Entwässerungssystem; Absperrarmaturen innerhalb der Überlaufleitung; fehlende oder unzureichende Entleerungsleitung; fehlende Rohrbruchsicherung; fehlende Umführungsleitung bei einkammerigen Durchlaufbehältern; ungeeignete Werkstoffe. Auch elektrische Einrichtungen, Desinfektionsanlagen, Eigenwasserversorgung, Arbeitssicherheit, Sicherung gegen unbefugte Eingriffe sind Punkte, die es zu überprüfen gilt.

Mängel und Schäden an Bauteilen – Durchfeuchtungen, Undichtheiten, Risse, Hohlräume, Kiesnester, Ablösungen, Absandungen, Materialveränderungen, Belagbildung, Probleme bei Bewegungsfugen und Einbauteilen in Verbund mit anderen Materialien, mikrobielle Beläge bzw. so genannte Biofilme, Schäden an mineralischen Beschichtungen der Innenflächen von Wasserkammern. Die Biofilm-/Mikroorganismen-/Makrokolonienbildung ist nicht nur auf den wasserberührten Teil des Trinkwasserbehälters beschränkt, sondern kann auch an/in der Decke und den Wänden oberhalb des Wasserspiegels auftreten (Pilze, Bakterien). Eine übermäßige Biofilmbildung kann entstehen, wenn für den Trinkwasserbehälterbau ungeeignete Materialien verwendet werden, die den Mikroorganismen als Nahrungsquelle dienen. Häufige Ursachen des mikrobiellen Wachstums **(Tab. 6-9)** sind die Verwendung von biologisch abbaubaren Betontrennmitteln und Verpressmitteln/Injektionsharze, ungeeignete Dichtungsmaterialien und organische Zusatzmittel in zementgebundenen Werkstoffen.

Tab. 6-9: Wichtige Ursachen und Folgen vermehrter Biofilmbildung auf mineralischen Oberflächen von zugelassenen Materialien in Trinkwasserbehältern (nach HERB 1999)

Ursache	Beobachtung	Folgen für den Betrieb
Organische Zusatzmittel	Erhöhte Biofilmbildung nach Freisetzung der organischen Zusatzmittel als Folge der Korrosion des Zementsteins	Verminderte Materialtauglichkeit, ästhetische Mängel.
	Makroskopisch nur sichtbar durch Braunverfärbung.	Sanierung aus hygienischer Sicht nicht notwendig.
Vor-Ort Zumischung ungeeigneter Zusatzmittel	Erhöhte Biofilmbildung, makroskopisch sichtbar (Pilze).	Hygienische Mängel wahrscheinlich, Sanierung notwendig
Biologisch abbaubare Trennmittel	Erhöhte Biofilmbildung, makroskopisch sichtbar (Pilze). Überschreitung hygienischer Parameter im gespeicherten Trinkwasser nachgewiesen.	Bei hygienischen Mängeln sofortige Außerbetriebnahme und Sanierung des Behälters notwendig.
Organische Verpressharze	Erhöhte Biofilmbildung, makroskopisch sichtbar (Makrokolonien, Pilze). Überschreitung hygienischer Parameter im gespeicherten Trinkwasser nachgewiesen.	Bei hygienischen Mängeln sofortige Außerbetriebnahme und Sanierung des Behälters notwendig.

In **Tab. 6-9** sind wichtige Ursachen für Schäden durch erhöhte Biofilmbildung auf mineralischen Oberflächen und deren Folgen für den Betrieb tabellarisch zusammengefasst. Untersuchungen zeigen, dass biologisch abbaubare organische Stoffe im Trinkwasserbehälterbau grundsätzlich nicht eingesetzt werden dürfen, auch wenn die Materialien nicht unmittelbar mit dem Trinkwasser in Berührung kommen. Biologisch nicht oder schwer abbaubare Zusatzmittel dürfen zementgebundenen Werkstoffen nur dann zugegeben werden, wenn sie langfristig geprüft sind.

6.8.5 Instandsetzungsplan/Instandsetzung, Sanierung oder Neubau

In dem technischen DVGW-Merkblatt W 312 werden im Hinblick auf die besonderen Randbedingungen in Trinkwasserbehältern (Temperatur, Feuchte, Tauwasser) und Hygieneanforderungen die Instandsetzungsprinzipien zur Herstellung dauerhafter Oberflächen, Anforderungen an Materialien und Bauausführung in Wasserbehältern sowie betriebstechnischer Einrichtungen geregelt. Für Stoffsysteme und Ausführungsverfahren im ständigen Kontakt mit Trinkwasser ist deren grundsätzliche

Eignung für die besonderen Bedingungen und Hygieneanforderungen nach dem DVGW-Regelwerk nachzuweisen. Für die gewählte Ausführung ist ein *Instandsetzungsplan* zu erstellen, der Angaben enthält zu Instandhaltungsmaßnahmen wie z. B. planmäßigen Inspektionen, Wartungen, begrenzte Erneuerungen oder Austausch, Reinigung (mechanische Beanspruchung der Beschichtung), zulässige Zeiträume für die Austrocknung des Untergrundes oder Beschichtungsmaterialien (Leerstand Wasserkammer), Desinfektionsmittel, bzw. den Arbeitsablauf mit den betrieblichen Anforderungen in Einklang bringt, Durchführung und Materialeinsatz regelt und die Einhaltung der Hygieneanforderungen sicherstellt. Der Instandhaltungsplan ist wesentlicher Bestandteil des Behälterbuches.

Wenn zur Erhaltung des Bauwerkes oder zur Verbesserung der Betriebsbedingungen Maßnahmen erforderlich sind, muss vor deren Realisierung eine Grundsatzprüfung durchgeführt werden, ob Standort (Lage und Höhe), Nutzinhalt, bauliche Ausstattung (Anzahl der Kammern, Bedienungshaus) und die Einbindung in das Rohrnetz der aktuellen Wasserversorgungskonzeption entsprechen (DVGW-Arbeitsblätter W 300, W 400-1). Den heutigen, erhöhten Anforderungen genügen ältere, meist kleine Behälter (Nutzinhalt unter 200 m^3 Inhalt) vielfach nicht mehr, da z. B. im Brandfall nach 2 h Löschen der Behälter leer sein kann. Folgende Untersuchungsschritte und Feststellungen schließen sich an:

- Art und Ursache von Mängeln und Schäden,
- erforderlicher Instandsetzungsumfang und Ermittlung der entsprechenden Kosten,
- Vergleich der Varianten für Instandsetzung und Neubau hinsichtlich ihrer Wirtschaftlichkeit (Nutzungsdauer), Modernisierungen nach DVGW-Regelwerk usw., weshalb ein Neubau durchaus die nachhaltige Alternative sein kann.

Maßnahmen zur Behebung der Mängel und Schäden bei Wasserbehältern gemäß den oben angeführten Hinweisen (s. a. **Abb. 6-44**) sind im DVGW-Merkblatt W 312 (Neuentwurf 2007) dargestellt, weshalb hier nur besondere Aspekte herausgegriffen werden.

Der unmittelbare Einstieg über dem Wasserspiegel von Wasserkammern und Be- und Entlüftungsöffnungen direkt über dem Wasserspiegel sind wegen ihres Gefahrenpotentials nicht tolerierbar und in der heutigen Zeit technisch unzumutbar. In vielen Fällen ist ein seitlicher Zugang mittels Drucktüre nachrüstbar, ansonsten sollte der vorhandene Einstieg überbaut werden, so dass erst nach Überwindung zweier Zugangstüren ein direkter Zugriff auf das gespeicherte Wasser möglich ist. Durch den Vorraum können im Regelfall hygienisch bedenkliche Stoffe, Laub oder Schmutz zurückgehalten werden. Be- und Entlüftungsöffnungen direkt über dem Wasserspiegel sind entweder mittels einer Rohrleitung im Erdreich über der Behälterdecke zusammenzufassen und an ein seitlich vom Behälter angeordnetes Be- und Entlüftungsbauwerk anzuschließen oder die Öffnungen sind wasserdicht zu verschließen und die neue Be- und Entlüftung über einen Lüftungskanal durch das Bedienungshaus herzustellen. In den Lüftungskanal können dann Entwässerungseinrichtungen, Jalousien, Gitter und Filter nachgerüstet werden, wobei die Filter auf eine zulässige Luftgeschwindigkeit von 1 m/s bemessen sein sollten. Bei den hydraulischen Einrichtungen sind neben fehlenden Probeentnahmen oft auch eine zu hoch angeordnete Entnahmeleitung zu bemängeln, so dass der Wasserspiegel des Behälters nicht tief genug abgesenkt werden kann. Wenn dies durch einen Umbau nicht zu erreichen ist, kann durch Änderung des Entnahmeformstücks (s.a. DVGW-Arbeitsblatt W 300, Anhang A15) Abhilfe geschaffen werden.

Bei der Beseitigung von Hohlräumen, Kiesnestern und Rissen ist das Ziel eine nutzungsgerechte Betonoberfläche mit ausreichender Oberflächenzug- und Haftzugfestigkeit und die Sicherstellung eines ausreichenden Korrosionsschutzes des Betonstahls. Dies wird erreicht durch: Entfernen loser Zementschlämme, lockerem, mürben oder verunreinigten Beton, losen Beschichtungen durch unterschiedliche Strahlverfahren (Dampf-, Wasser- und Sandstrahlen) bzw. Stemmen und Fräsen, dann Säubern, Vorbereiten und Trocknen der freigelegten Betonflächen und Entrosten der Bewehrung (metallisch blank), Korrosionsschutz der Bewehrung durch Wiederherstellung einer DIN-gerechten Betondeckung (35 mm) oder Aufbringen eines Korrosionsschutzes vorzugsweise auf Zementbasis unter Beachtung der vom Hersteller vorgeschriebenen Verarbeitungsbedingungen (Temperatur, Feuchtigkeit, Entrostungsgrad), Aufbringen der erforderlichen Ausgleichsspachtelung aus Mörtel

6.8 Maßnahmen zur Instandhaltung von Wasserbehältern

oder Beton zur Wiederherstellung der äußeren Form. Bei einer kleinen Anzahl von Poren mit geringer Tiefe reicht es aus, die Poren weiter zu öffnen und durch Spachtelung eine geschlossene, glatte Oberfläche herzustellen. Hohlräume an Aussparungen und Durchführungen sowie Kiesnester werden meist durch Injektionen auf Zementbasis geschlossen.

Bauliche Probleme bei (undichten) Wasserbehältern entstehen vielfach auch bei der Instandsetzung von Stahlbeton. Beim Verpressen von Rissen (s. Merkl 2005*)* werden oft Fehler gemacht (ausfließende Epoxidharze), so dass die Wasserkammern nicht keimfrei werden. Das Füllen eines wasserführenden Risses ist ein grundsätzliches Problem, weil ein kraftschlüssiges Verbinden verlangt, dass das Füllmaterial mit den nassen Rissflanken eine Haftung eingeht, deren Wert zumindest der Betonzugfestigkeit entspricht. Es gibt Epoxidharze, die gute Haftwerte auch auf nassem Untergrund erreichen. Ihr Fließvermögen ist jedoch dann nicht ausreichend, um in feinste Risse vorzudringen. Polyurethanharze sind wohl in der Lage einen begrenzten Verbund mit einer nassen Betonoberfläche einzugehen. Ihre Wirkung beziehen sie in erster Linie aus dem Reaktionsprozess beim Kontakt mit Wasser; dabei wird Wasser, das sich an der Kontaktfläche befindet, mit eingebunden. Durch die damit verbundene Volumenvergrößerung wird eine Hohlraumausfüllung erreicht. Eine solche Rissfüllung wirkt in der Regel nur dann abdichtend, wenn keine oder keine nennenswerten Rissbewegungen mehr stattfinden. Bei größeren Rissbewegungen treten Kräfte auf, die die Haftfestigkeit überschreiten. Hinzu kommt, dass besonders schäumende PUR-Harze bei ständiger Einwirkung von Wasser zur Hydrolyse neigen, was mit einem Zerfall der Struktur verbunden ist. Neuere Zement-Injektionssysteme mit Ultrafeinzement als Verfüllmaterial können feuchte und wasserführende Risse kraftschlüssig verfüllen. Verpresssysteme mit Kunstharz sollten nur angewandt werden, wenn Prüfzeugnisse nach den Kunststoff-Trinkwasser-Empfehlungen (KTW-Empfehlungen) und nach DVGW-Arbeitsblatt W 270 vorliegen. Darauf zu achten ist, dass diese abgestuften Zeugnisse oft nur für kleinflächige Abdichtungen gelten.

Bei der Sanierung von Wasserkammern älterer Behälter kann Beton nachträglich an seiner Oberfläche durch einen rein mineralischen, anorganischen, hydraulisch abbindenden Spritzmörtel vergütet werden. Zur Abschätzung der Möglichkeiten und Risiken bei der Instandsetzung von Trinkwasserbehältern (Breitbach 2006) sollten durch einen Sachverständigen die Zusammenhänge zwischen Anforderungen an Mörtel und Beton, Wechselwirkung Trinkwasser – Auskleidung – Untergrund, Hygieneanforderungen beurteilt werden. Sanierungsalternativen zu herkömmlichen mineralischen Beschichtungen sind Microsilica-Spritzmörtel (KERASAL-Verfahren), die Edelstahlauskleidung von Wasserkammern (Abschn. 6.4.4.6.3) oder die Kunststoff-Auskleidung, wobei bauphysikalische (diffusionsdicht, -offen) und bauchemische Randbedingungen zu beachten sind (Merkl 2005, W 312-2009). Beton ist ein Baustoff mit einem Kapillarsystem, das Transportvorgänge im Bauteil ermöglicht. Bei Wasserkammern aus Beton ist das Porensystem weitgehend wassergesättigt. Veränderungen im Beton, z. B. im Feuchtegehalt, können zu nachteiligen bauphysikalischen oder chemischen Verhältnissen mit Folgeschäden führen. Diffusionsoffene bis -hemmende Maßnahmen, z. B. zementgebundene Beschichtung, werden nicht zu einer wesentlichen Veränderung im Gesamtsystem führen, während eine wesentliche Änderung im Gesamtquerschnitt „Beton plus Instandsetzungsmaßnahme" mit diffusionshemmenden bis -dichten Maßnahmen wie (hinterlüftete) Auskleidungen mit Edelstahl, Folien, PE-Platten, Kunststoffbeschichtung, zu einem veränderten Feuchtigkeitsprofil, Austrocknung, Dampfdruck mit der Folge von Abplatzungen, Blasenbildung, Potentialverschiebung der Bewehrung, führen kann.

Um das Instandsetzungsziel sicher zu erreichen, ist bei der Ermittlung der Schadensursache und bei Festlegung des geeigneten Verfahrens zur Schadensbeseitigung und des Arbeitsplanes die Beteiligung von erfahrenen Fachleuten/Unternehmen notwendig, die den Nachweis erbracht haben, dass sie die für diese Aufgaben notwendigen Kenntnisse und Erfahrungen besitzen (DIN 2000). Mit der Ausführung der Arbeiten dürfen deshalb nur Firmen beauftragt werden, die vergleichbare Leistungen erfolgreich – für den Auftraggeber – erbracht haben (Referenzen). In der Regel sollten dies nach den DVGW-Arbeitsblättern W 316-1 und W 316-2 zertifizierte Fachunternehmen sein. Abweichungen vom Instandsetzungsplan müssen von dem sachkundige Fachmann bzw. der sachkundigen Fachfrau festgelegt oder genehmigt und schriftlich festgehalten werden. Instandsetzungen gemäß dem technischen Regelwerk erhöhen nicht nur die Sicherheit, sondern lassen sich vielfach wirtschaftlich rechtfertigen.

Literatur

1. Bücher

DVGW-Bildungswerk, Wasserspeicherung I + II, Lehrheft Nr. 6.10 + 6.11, Bonn 2001, 2002

Deutscher Verein des Gas- und Wasserfaches e. V.: Durchströmung (Wasseraustausch) in Wasserbehältern, DVGW-Schriftenreihe Wasser, Band 27, Frankfurt 1981

Deutscher Verein des Gas- und Wasserfaches e. V.: Ausgewählte Kapitel zu Planung und Bau von Wasserbehältern, DVGW-Schriftenreihe Wasser, Band 33, Frankfurt 1983:

    Bomhard, H.: Wasserbehälter aus Beton – Möglichkeiten und Wirklichkeiten, Entwurfs-, Planungs- und Bemessungskriterien

    Damm, G.: Zugänge und Öffnungen des Bauwerks

    Ebel, O.-G.: Baustoffe: Auswahl – Verarbeitung – Prüfung

    Kaus, H.: Konstruktion und Ausstattung von Zu- und Ableitungen

    Merkl, G.: Ausbildung von Wasserbehälterdecken

    Müller, W.: Gestaltung von Außenanlagen

    Preininger, E.: Oberflächen in Wasserkammern – technische Gesichtspunkte

    Schubert, J.: Wasseraustausch – Auswirkungen und Grundrissformen sowie Gestaltung und Lage von Zu- und Ablauf

    Schulze, D.: Kontrolle und Reinigung von Wasserbehältern – Vorstellung eines neuen DVGW-Merkblattes W 318

    Thofern, E.: Das mikrobiologische Verhalten und die Beurteilung von Werkstoffen

Deutscher Verein des Gas- und Wasserfaches e. V.: DVGW-Fortbildungskurs Wasserversorgungstechnik für Ingenieure und Naturwissenschaftler, Kurs 2 Wasserverteilung, DVGW-Schriftenreihe Wasser, Band 202, Frankfurt 1985

Deutscher Verein des Gas- und Wasserfaches e. V.: Wasserfachliche Aussprachetagung 1989, Wasserverteilung, DVGW-Schriftenreihe Wasser, Band 64, Frankfurt 1990

    Damm, G., Eisenbart, K.: Oberflächenbehandlung in Trinkwasserbehältern

Dosch, Fr.: Untersuchungen zur hygienischen Prüfung eines gedeckten Trinkwasserbehälters. Oldenbourg-Verlag, München, Wien 1966

Gesellschaft zur Förderung des Lehrstuhls für Wassergüte- und Abfallwirtschaft der Technischen Universität München e. V.:

– 2. Wassertechnisches Seminar „Wasserspeicherung", Berichte aus Wassergütewirtschaft und Gesundheitsingenieurwesen, Technische Universität München, Nr. 20, München 1978:

    Baur, A.: Bauweisen und technische Ausrüstung von Wassertürmen

    Müller, W.: Über die historische Entwicklung von Wasserbehältern

    Simm, F., Stegmayer, U.: Architektonische Gestaltung von Wassertürmen und ihre Einbindung in die Landschaft

    Bomhard, H.: Entwurf, Konstruktion und Bauverfahren von Wassertürmen

    Schubert, J.: Erhaltung der Wassergüte in Erdhochbehältern

    Ebel, O.-G.: Konstruktive und statische Bearbeitung von Erdhochbehältern

    Klotz, K.: Sonderbauweisen von Erdhochbehältern

    Poggenburg, W.: Innenbeschichtung von Trinkwasserbehältern in Massivbauweise

    Vogt, M.: Schäden an Trinkwasserbehältern in Massivbauweise – Ursachen und Behebung

– 11. Wassertechnisches Seminar „Trinkwasserbereitstellung – Speicherung und Förderung", Berichte aus Wassergütewirtschaft und Gesundheitsingenieurwesen, Technische Universität München, Nr. 73, München 1987:

    Bomhard, H.: Flüssigkeitsdichte Behälter aus Beton – Anforderungs-, Erfüllungs- und Prüfkriterien

    Eisenbart, K.: Einfluss der Standzeit in Wasserbehältern auf die Wasserqualität

    Haug, M.: Hochbehälter, Wasserturm oder Druckerhöhungsanlage – Entscheidungskriterien und Lösungsbeispiele

    Hirner, W.: Kriterien für die Bemessung des Speichervolumens in der Wasserversorgung – Grundwasserspeicher und Hochbehälter

    Merkl, G.: Lüftungs- und wärmetechnische Maßnahmen bei Wasserbehältern

– 17. Wassertechnisches Seminar „Wasserbehälter; Instandhaltung – Fertigteilbauweise", Berichte aus Wassergüte- und Abfallwirtschaft, Technische Universität München, Nr. 112, München 1992:

    Ebel, O.-G.: Grundsätzliche Aspekte zur Instandhaltung von Wasserbehältern

    Schatz, O.: Planungsbedingte Mängel und Schäden bei Wasserbehältern

    Damm, G.: Bauliche Maßnahmen bei der Instandhaltung von Trinkwasserbehältern

    Grübl, P.: Schließen von wasserführenden Rissen in Betonkonstruktionen

    Labitzky, W.: Mineralische Beschichtungen in Trinkwasserbehältern – Probleme und Lösungsansätze

Literatur

Haas, R.: Instandhaltung von Wassertürmen
Cörper, H. J.: Sanierung zweier Wassertürme unter Berücksichtigung bauphysikalischer Fragestellungen
Merkl, G.: Erhaltung von Wasserturm-Bauwerken durch Nutzungsänderung
Merkl, G.: Fertigteil-Trinkwasserbehälter – Systementwicklungen in Westdeutschland
Oestreich, G.: Fertigteilbauweisen von Wasserbehältern in der DDR
Ebel, O.-G.: Einschätzungen zu künftigen Behälterbauweisen

- 22. Wassertechnisches Seminar „Planung und Bau von Trinkwasserbehältern im Hinblick auf die europäische Normung", Berichte aus Wassergüte- und Abfallwirtschaft, Technische Universität München, Nr. 144, München 1998:

Beros, M.: Ausführung von Trinkwasserbehältern in Frankreich
Herb, S.: Mikrobiologische Besiedelung von mineralischen Oberflächen – Vermeidung und Kontrolle
Kop, J. H.: Entwurf und Bau von Trinkwasserbehältern in den Niederlanden
Lindner, W.: Stand der Europäischen Normung in der Wasserversorgung
Merkl, G.: Praxis der Innenausführung von Wasserkammern
Roth, K.: Erhebungen zu Schäden an Trinkwasserbehältern – Auswertung und Vergleich der Umfragen des DVGW und des LfW
Schössner, H.: Hygienische Anforderungen an Werkstoffe in Trinkwasserbehältern – KTW-Empfehlungen, Entwurf ZTW-Empfehlungen (DVGW-Arbeitsblatt W 347) und DVGW-Arbeitsblatt W 270
Schulze, D.: Anforderungen an Systeme und Bestandteile der Wasserspeicherung aus europäischer Sicht
Vogt, V.: Betontechnische Ausführungen von Trinkwasserbehältern im Hinblick auf Qualitäts- und Kostenaspekte

- 25. Wassertechnisches Seminar „Wasserversorgung in der Zukunft unter besonderer Berücksichtigung der Wasserspeicherung", Berichte aus Wassergüte- und Abfallwirtschaft, Technische Universität München, Nr. 163, München 2001:

Merkel, W.: Wasser ist mehr als eine Handelsware
Hames, H.: Bedeutung von Technik und Wissenschaft für eine Wasserversorgung zwischen Daseinsvorsorge und Wettbewerb
Ebel, O.-G.: Trinkwasserspeicherung aus europäischer und nationaler Sicht
Vogt, V.: Zertifizierung von Sachverständigen für Wasserspeicherung sowie Fachfirmen für Instandsetzung von Trinkwasserbehältern
Grube, H.: Dauerhafte Oberflächen aus Beton oder aus zementgebundenen Beschichtungen in Trinkwasserbehältern – Beurteilungskriterien, Ausführungshinweise und Qualitätssicherungsmaßnahmen
Leiber, E.: Vergleichende Beurteilung von Oberflächensystemen in Wasserkammern in technischer, hygienischer und wirtschaftlicher Hinsicht aus der Sicht des Planers
Beros, M.: Neubau und Instandsetzung von Wassertürmen in wirtschaftlicher Hinsicht
Merkl, G.: Metallische und andere Trinkwasserbehälterkonstruktionen – eine Alternative zu Stahlbeton?
Drescher, G.: Trinkwasserbehälter aus Stahlbeton

- 28. Wassertechnisches Seminar „Trinkwasserbehälter – Instandsetzung und Neubau", Berichte aus Wassergüte- und Abfallwirtschaft, Technische Universität München, Nr. 183, München 2004:

Baur, A.: Sanierung oder Neubau? Fallbeispiel Behälter Burgberg Erlangen
Breitbach, M.: Instandhaltung von Trinkwasserbehältern nach Entwurf DVGW-Arbeitsblatt W 312 (2004) unter besonderer Berücksichtigung der Anforderungen an die Materialien und Ausführungsschritte
Merkl, G.: Angewandte Oberflächensysteme in Wasserkammern – technische, hygienische und wirtschaftliche Bewertung
Rautenberg, J.: Korreferat: Edelstahlauskleidung – praktische Erfahrungen aus der Sicht eines Wasserversorgungsunternehmens
Meggeneder, M.: Korreferat: Kunststoffauskleidung (PEHD-Platten) – praktische Erfahrungen aus der Sicht eines Wasserversorgungsunternehmens
Pfahler, W.: DVGW-Zertifizierung von Fachunternehmen für Instandsetzung von Trinkwasserbehältern – aus der Sicht eines Wasserversorgungsunternehmens
Stahl, A.: DVGW-Zertifizierung von Fachunternehmen für Instandsetzung von Trinkwasserbehältern – aus der Sicht eines zertifizierten Fachunternehmens
Cohrs, H.: Ausschreibung von Trinkwasserbehältern unter besonderer Berücksichtigung der Anforderungen an Oberflächensysteme
Merkl, G.: Wasserspeicherung – zu allen Zeiten eine echte (Bauingenieur-) Herausforderung.

Grombach, P., Haberer, K., Merkl, G., Trüeb, E. U.: Handbuch der Wasserversorgungstechnik, 3. Aufl., R. Oldenbourg-Verlag, München 2000
Hampe, E.: Flüssigkeitsbehälter, Bd. I Grundlagen, Bd. II Bauwerke, Verlag W. Ernst & Sohn, Berlin-München 1980 bzw. 1982

Herb, S.: Biofilme auf mineralischen Oberflächen in Trinkwasserbehältern. Berichte aus Wassergüte- und Abfallwirtschaft, Technische Universität München, Nr. 149, München 1999
Kittner, H., Starke, W., Wissel, D.: Wasserversorgung (6. Auflage), VEB Verlag für Bauwesen, Berlin 1988
Länderarbeitsgemeinschaft Wasser (Hrsg.): Leitlinien zur Durchführung dynamischer Kostenvergleichsrechnungen (KVR-Leitlinien), 6. Auflage, Kulturbuchverlag, Berlin 1998
Leonhardt, F.: Vorlesungen über Massivbau, 4. Teil, Nachweis der Gebrauchsfähigkeit, 2. Auflage, Springer-Verlag, Berlin-Heidelberg-New York 1978
Merkl, G.: Trinkwasserbehälter – Planung, Bau, Betrieb und Instandsetzung. Oldenbourg Industrieverlag, München 2005.
Merkl, G., Baur, A., Gockel, B., Mevius, W.: Historische Wassertürme – Beiträge zur Technikgeschichte von Wasserspeicherung und Wasserversorgung, R. Oldenbourg-Verlag, München – Wien 1985
Merkl, G., Huyeng, P.: Tauwasserbildung in Trinkwasserbehältern – Lüftungs- und wärmetechnische Maßnahmen, Berichte aus Wassergütewirtschaft und Gesundheitsingenieurwesen, TU München, Nr. 68, München 1986
Schoenen, D., Schöler, H. F.: Trinkwasser und Werkstoffe; Praxisbeobachtungen und Untersuchungsverfahren, Deutscher Verein des Gas- und Wasserfaches e. V., DVGW-Schriftenreihe Wasser, Nr. 37, ZfGW-Verlag, Frankfurt 1983.
Schulze, D.: Die Wasserspeicherung, Vulkan-Verlag, Essen 1998
Soiné, K. J., Baur, A., Dietze, G., Müller, W., Weideling, D.: Handbuch für Wassermeister, 4. Auflage, R. OldenbourgVerlag, München, Wien 1998
Wasserversorgungs- und Abwassertechnik, Handbuch, Vulkan-Verlag, Essen 1989
Wittmann, F. H., Gerdes, A.: Zementgebundene Beschichtungen in Trinkwasserbehältern. AEDIFICATIO Verlag, Freiburg und Fraunhofer IRB Verlag Stuttgart 1996

2. Fachaufsätze
Alexander, I.: Das Verhalten von Trinkwasser im Behälter Forstenrieder Park in seuchenhygienischer Hinsicht, Schriftenreihe Verein Wasser-, Boden-, Lufthygiene, Berlin-Dahlem, H. 31, Stuttgart 1970, S. 187–188
Baur, A., Eisenbart, K.: Untersuchungen über den Wasseraustausch in Wasserbehältern verschiedener Grundrißform und verschiedener Anordnung der Zu- und Entnahmeleitungen, GWF Wasser/Abwasser 123 (1982), Nr. l0, S. 487–491
Baur, A.: Aufgaben und Probleme der Wasserspeicherung – Rückblick und Ausblick, 3R international 24 (1985), Nr. ½, S. 28–32
Baur, A.: Neue Erkenntnisse zum Bau von Wasserbehältern (zur Überarbeitung des DVGW-Arbeitsblattes W 311). GWF Wasser/Abwasser 127 (1986), Nr. 10, S. 487–493
Baur, A.: Wassertürme (1. und 2. Teil) – Aufgaben, Gestaltung und Ausrüstung, ndz-Neue DELIWA-Zeitschrift (1986), Nr. 11, S. 472–485 u. 12, S. 524
Baur, A., Eisenbart, K: Einfluss der Standzeit in Wasserbehältern auf die Wasserqualität – Bericht über ein F+E-Vorhaben, GWF Wasser/Abwasser 129 (1988), Nr. 2, S. 109–115
Baur, A.: Planung und Bau von Wasserbehältern – zur Einführung des neuen DVGW-Arbeitsblattes W 311, ndz-Neue DELIWA-Zeitschrift (1988), Nr. 3, S.88–89
Behrendt-Emden, H.: Säurefreie Desinfektionsreinigung von Trinkwasserbehälter. DVGW Energie Wasser Praxis 54 (2003), Nr. 10, S. 30–33
Behrendt-Emden, H.: Planvolle Instandsetzung eines Trinkwasserbehälters, DVGW Energie Wasser Praxis 56 (2005) Nr. 5, S. 14–15
Böss, P.: Luftumsatz in Erdbehältern. Wasser und Boden 11 (1959), Nr. 5, S. 1–10
Breitbach, M.: Instandsetzung von Trinkwasserbehältern – Möglichkeiten und Risiken, GWF Wasser/Abwasser 147 (2006) Nr.31, S. 50–57
Drescher, G.: Stahlbetonbehälter – Qualitätssicherung nach Norm und technischem Regelwerk, GWF Wasser/Abwasser 143 (2002), Nr. 13, S. 52–62
DVGW: Wasserbehälter aus AZ-Großrohren, Stellungnahme des DVGW-Fachausschusses Wasserbehälter, GWF Wasser/Abwasser 127 (1986), Nr. 2, S. 100–102
DVGW: Einsatz von Betonfertigteilen beim Bau von Wasserbehältern, Wasser-Information Nr. 36. November 1993
DVGW: Herstellung dauerhafter Oberflächen in Trinkwasserbehältern aus zementgebundenen Mörteln, Sonderdruck der Energie Wasser Praxis, Bonn 2002 (s. Abschn. 14.9)
Engelfried, R., Wittek, P.: Instandsetzung des Sichtbetons am Wasserturm Leverkusen. GWF Wasser/Abwasser 140 (1999), Nr. 2, S. 121–126
Ernst, W., Flinspach, D.: 75 Jahre Behälterbau bei der Landeswasserversorgung, Schriftenreihe des Zweckverbandes Landeswasserversorgung (1989), H. 9, S. 26–33

Feddern, H.: Planung und Ausführung von Reinwasserbehältern. Fachliche Berichte HHW – Hansestadt Hamburg Wasserwerke 14 (1995), Nr. 2, S. 32–49

Flinspach, D.: Der neue Großbehälter Schönbühl der Landeswasserversorgung, Wasserwirtschaft 71 (1981), Nr. 3, S. 69–73

Gammeter, S., Bosshart, U.: Invertebraten in Trinkwasserreservoiren, GWF Wasser/Abwasser 142 (2001) Nr.1. S. 34–40

Gärtner, W.: Über Bakterienwachstum in Wasserreservoiren mit Innenschutzanstrichen. Journal Gasbeleuchtung und Wasserversorgung 55 (1912), S. 907–908

Gronwald, E., Hatert, M., Küsel, K.: Sanierung eines Trinkwasserbehälters durch Edelstahlauskleidung, GWF Wasser/Abwasser 128 (1987), Nr. 9, S. 497–502

Grube, H., Boos, P.: Anforderungen an Beton und Auskleidungsmörtel für Trinkwasserbehälter, GWF Wasser/Abwasser 143 (2002), Nr. 13, S. 44–51

Hammer, D., Marotz, G.: Verhütung von thermischen Einschichtungen in Trinkwasserbehältern, Wasserwirtschaft 78 (1988), Nr. 4, S. 175–178

Hampe, E.: Behälter, Beton-Kalender 1986, Teil II, Seite 671–833, Verlag W. Ernst & Sohn, Berlin 1986

Hennig, J.-D.: Anstrich- und Beschichtungsstoffe in der Trinkwasserversorgung: Problemlöser oder Problembereiter? (Teil 1 + 2) ndz-Neue DELIWA-Zeitschrift (1988), Nr. 3 + 4, S. 74–80 + S. 128–130

Herb, S., Merkl, G., Flemming, H.-C.: Schäden an mineralischen Innenbeschichtungen von Trinkwasserbehältern, GWF Wasser/Abwasser 138 (1997), Nr. 3, S. 137–143

Herb, S., Schoenen, D., Flemming, H.-C.: Zur Verwendung biologisch abbaubarer Trennmittel im Trinkwasserbehälterbau, GWF Wasser/Abwasser 140 (1999) Nr. 2, S. 112–116

Hirner, W., Poss, Ch.: Aufgaben und Bemessung von Wasserbehältern, ndz-Neue DELIWA-Zeitschrift (1987), Nr. 12, S. 570–574

Imkamp, H.: Spannend: Vorgespannte Behälter, Betonwerk + Fertigteil-Technik BFT, Bauverlag GmbH (1998), H. 4

Jungwirth, D.: Begrenzung der Rißbreite im Stahlbeton- und Spannbetonbau aus der Sicht der Praxis, Beton- und Stahlbetonbau 80 (1985), Nr. 7, S. 173–178 u. Nr. 8, S. 204–208

Kemner, C.: Neuer Glanz für 100-jährigen Trinkwasserbehälter, Sanierung eines Stampfbetonbehälters in Bielefeld, GWF Wasser/Abwasser 146 (2005) Nr. 3, S. 199–204

Kirchhoff, K., Gajowski, H.: Qualitätssicherung beim Bau von Trinkwasserbehältern, GWF Wasser/Abwasser 141 (2000), Nr. 10, S. 682–687

Klingebiel, G.: Kunststoff-Folien als Dichtungselement in Trinkwasserbehältern des Wasserverbandes Siegerland. Wasser und Boden 1975, Nr. 10, S. 253–256

Kollmann, H., Wolf, Hans-Dieter: Trinkwasserbehälter – Fleckige Farbveränderungen an Innenbeschichtungen, GWF Wasser/Abwasser 143 (2002), Nr. 3, S. 176–183

Langer, W.: Erhaltung der Wassergüte in Wasserbehältern. DVGW-Broschüre „Wassergewinnung – Wassergüte" (1970), S. 84–92

Leonhardt, F.: Das Bewehren von Stahlbetontragwerken, Beton-Kalender 1979, Teil II, Verlag W. Ernst & Sohn, Berlin 1979

Leonhardt, F.: Zur Behandlung von Rissen im Beton in den deutschen Vorschriften, Beton- und Stahlbetonbau 80 (1985), Nr. 7, S. 179–184 u. Nr. 8, S. 209–215

Lopp, H., Kasprzyk, U.: Trinkwasserbehälter – Sanierung oder Neubau? wwt 4-5/2004, S. 18–21

Mäckle, H., Mevius, W., Pätsch, B., Sacre, C., Schoenen, D., Werner, P.: Koloniezahlerhöhung sowie Geruchs- und Geschmacksbeeinträchtigungen des Trinkwassers durch lösemittelhaltige Auskleidungsmaterialien. GWF Wasser/Abwasser 129 (1988), Nr. 1, S. 22–27

Merkl, G.: Bauphysikalische Aspekte bei Trinkwasserbehältern, Gas-Wasser-Wärme 37 (1983), Nr. 11, S. 343–351

Merkl, G.: Wassertürme in Bayern. Enth. in: 2. Seminar „Geschichtliche Entwicklung der Wasserwirtschaft und des Wasserbaus in Bayern". Informationsbericht Nr. 4/1983, Teil 2, des Bayerischen Landesamtes für Wasserwirtschaft, München 1983, S. 91–149

Merkl, G.: Fugenloser, schlaff bewehrter 8000-m^3-Trinkwasserbehälter der Stadtwerke Augsburg, GWF Wasser/Abwasser 127 (1986), Nr. 10, S. 493–502

Merkl, G.: Wärmeschutz und Lüftung bei Wasserbehältern im Hinblick auf die Verminderung der Tauwasserbildung, GWF Wasser/Abwasser 128 (1987), Nr. 2, S. 96–103

Merkl, G.: Fugenlose, schlaff bewehrte Trinkwasserbehälter in Rechteckform – Bemessungsansätze und Bauausführung, Handbuch Wasserversorgungs- und Abwassertechnik, 2. Ausgabe, Vulkan-Verlag, Essen 1987, S. 157–162

Merkl, G.: Wasserbehälter in Fertigteilbauweise. Beton- und Fertigteiljahrbuch 1989, 37. Ausgabe, Bauverlag, Wiesbaden und Berlin 1989, S. 189–215

Merkl, G.: Rechteckförmige Trinkwasserbehälter in fugenloser Ausführung unter Berücksichtigung der Fertigteilbauweise, Betonwerk + Fertigteil-Technik (1989), Nr. 1, S. 80–88
Merkl, G.: Praxis der Innenwandausführung von Wasserkammern im Hinblick auf die europäische Normung, Teil I u. II, GWF Wasser/Abwasser 140 (1999) Nr. 8, S. 553–561, Nr. 9, S. 613–621
Merkl, G.: Sicherung der Wasserqualität in Trinkwasserbehältern im Hinblick auf die europäische und nationale Regelsetzung, gwa 82 (2002), Nr. 5, S.309–317
Merkl, G.: Metallische und Kunststoff-Trinkwasserbehälterkonstruktionen – eine Alternative zu Stahlbeton, DVGW Energie Wasser Praxis 53 (2002), Nr. 4, S. 24–29
Meyer, G.: Rissbreitenbeschränkung nach DIN 1045, 2.Aufl., Beton-Verlag, Düsseldorf 1994
Noakowski, P.: Praxisgerechtes Verfahren für die Bemessung von Stahlbetonbauteilen bei Zwangbeanspruchung, Beton- und Stahlbetonbau 75 (1980), Nr. 4, S. 77–82 und Nr. 5, S. 120–125, Zuschrift und Berichtigung Nr. 5/1981
Noakowski, P.: Verbundorientierte, kontinuierliche Theorie zur Ermittlung der Rissbreite. Wirklichkeitsnaher und einfacher Nachweis unter Berücksichtigung der Verbundgesetze und der Betonzugfestigkeit sowie unter Verknüpfung des Erstriss- und Endrisszustandes. Beton- und Stahlbetonbau 80 (1985), Nr. 7, S. 187–190 und Nr. 8, S. 215–221
Petri, H.: Die Herstellung des Wasserturms Leverkusen. Beton- und Stahlbetonbau 1981, Nr. 8, S. 201–202
Peuker, E.: Sanierung von Trinkwasserbehältern. wwt 4-5/2004, S. 22–26
Poggenburg, W., Schubert, J., Uhlenberg, J.: 60 000 m^3 Trinkwasserbehälter der Stadtwerke Düsseldorf AG; Planung und Ausführung, GWF Wasser/Abwasser 122 (1981), Nr. 10, S. 451–459
Rostazy, F. S.: Zwang und Oberflächenbewehrung dicker Wände, Beton- und Stahlbetonbau 80 (1985), Nr. 4, S. 108–119 und Nr. 5, S. 134–136
Poss, Ch., e. a.: Tagesausgleichsvolumen in der Trinkwasserversorgung, GWF Wasser/Abwasser 126 (1985), Nr. 4, S. 187–191
Poss, Ch.: Spitzenbereitstellung in der Trinkwasserversorgung mit Hilfe von Grundwasserspeichern, Wasserwirtschaft 73 (1983), H. 6, S. 169–175
Schäckeler, W. D.: Neue Behälterbauten der Bodenseewasserversorgung, Kristallklar, eine BWV-Information, Nr. 32, Bodenseewasserversorgung, Stuttgart Dez. 1980
Schatz, O.: Berechnung des Tagesausgleichsvolumens für die Bemessung von Trinkwasserbehältern. ndz – Neue DELIWA-Zeitschrift (1991), Heft 11, S. 489–493
Schatz, O.: Kriterien für die Instandsetzung von Wasserbehältern in bau- und betrieblicher Sicht. 3R international 31 (1992), Heft ½, S. 46–51
Schlaich, J., Schäfer, K.: Konstruieren im Stahlbeton, Beton-Kalender 1993, Teil I, Verlag W. Ernst & Sohn, Berlin 1993
Schießl, P., Wölffel, C.: Konstruktionsregeln zur Beschränkung der Rißbreite – Grundlage zur Neufassung DIN 1045, Abschnitt 17.6 (Entwurf 1985), Beton- und Stahlbetonbau 81 (1986), Nr. 1
Schießl, P.: Grundlagen der Neuregelung zur Beschränkung der Rissbreite, Heft 400 der Schriftenreihe des Deutschen Ausschusses für Stahlbeton, S. 157–175, Beuth Verlag, Berlin 1989
Schoenen, D., Thofern, E., Dott, W.: Anstrich- und Auskleidungsmaterialien im Trinkwasserbereich. Gesundheits-Ingenieur 99 (1978), Nr. 5, S. 1–7
Schössner, H.: Hygienische Anforderungen an zementgebundene Werkstoffe im Trinkwasserbereich, bbr 56 (2005), Nr.3, S. 48–53
Schubert, J., Maier, D.: Untersuchungen über den Wasseraustausch in Trinkwasserbehältern. GWF Wasser/Abwasser 117 (1976), Nr. 7, S. 290–299
Thofern, E., Botzenhart, K.: Untersuchung zur Verkeimung von Trinkwasser. 1. Mitteilung: Die Bedeutung der Wasseroberfläche. GWF Wasser/Abwasser 115 (1974), Nr. 12, S. 459–460
Uhl, W.: Wiederverkeimung von Trinkwasser, Teil 2. bbr 52 (2001), Nr. 1, S. 38–42
Vogt, V.: Bau, Betrieb, Instandhaltung und Reparatur von Großbehältern im Bereich der Wasserversorgung, VDI-Bericht 1202, VDI-Verlag, Düsseldorf 1995
Werner, P.: Eine Methode zur Bestimmung der Verkeimungsneigung von Trinkwasser. Vom Wasser (1985), Band 65, S. 257–270

7. Wasserverteilung

bearbeitet von Dipl.-Ing. **Joachim Rautenberg**

DVGW-Regelwerk, DIN-Normen, Gesetze, Verordnungen, Vorschriften, Richtlinien
siehe Anhang, Kap. 14, S. 865 ff
Literatur siehe S. 713

7.1 Allgemeines

Hauptbestandteile des Systems zur Wasserverteilung sind die Rohrleitungen. Sie werden entsprechend ihrem Zweck wie folgt unterschieden:

- Zubringerleitungen verbinden Wassergewinnungsanlagen, Aufbereitungsanlagen, Wasserbehälter und/oder Versorgungsgebiete ohne direkte Verbindungen zum Verbraucher.
- Fernleitungen sind Zubringerleitungen über große Entfernungen, die in der Regel Gemeindegrenzen überschreiten.
- Hauptleitungen haben eine Hauptverteilungsfunktion innerhalb von großen Versorgungsgebieten (Großstädten) und in der Regel keine direkte Verbindung zum Verbraucher.
- Versorgungsleitungen verteilen das Wasser im Versorgungsgebiet, von ihnen zweigen die Anschlussleitungen zu den Verbrauchern ab.
- Anschlussleitungen beginnen an der Abzweigstelle von der Versorgungsleitung und enden mit der Hauptabsperreinrichtung des Verbrauchers (in der Regel im Anschlussraum des Gebäudes).

Rohrnetze – auch Verteilungsnetze genannt – bestehen aus vermaschten oder verästelten Haupt- und Versorgungsleitungen. Weitere Bestandteile der Wasserverteilungsanlage sind Schächte für Armaturen sowie Anlagen zur Druckminderung, Durchflussregulierung und Druckerhöhung, wobei für letztere auf die Kap. 5 verwiesen wird.

Den wesentlichen Anteil an den Rohrleitungen machen die Rohre selbst aus; hinzu gehören noch die Verbindungsstücke, die manchmal aus mehreren Teilen bestehen, die Formstücke, mit denen in der Regel Richtungsänderungen und Abzweige hergestellt werden, die aber auch zum Übergang verschiedener Rohrnennweiten oder Rohrwerkstoffe gebraucht werden, ferner zahlreiche Armaturen, von denen die Absperrvorrichtungen die wichtigsten sind, und schließlich die Vorrichtungen für den Brandschutz.

Zur Rohrnetzausrüstung sind im Folgenden auch diejenigen Einbauteile auf der Leitungsstrecke gezählt, die zwar nicht unmittelbar mit der Leitung selbst in Verbindung stehen, aber für die Sicherheit oder für die Bedienung der Leitung notwendig sind.

Es bedeuten:
DN = Diametre nominale (Nennweite)
MDP = Maximum Design Pressure (Höchster Systembetriebsdruck)
PFA = pression de fonctionement admissible (zulässiger Bauteilbetriebsdruck)
Weitere Begriffe für Druck und Durchmesser siehe DVGW-Arbeitsblatt W 400-1, Tabelle 1

7.2 Werkstoffe

7.2.1 Gusseisen (Grauguss, GG; Duktilguss, GGG)

Grauguss (GG) ist der älteste Rohrwerkstoff im Wasserleitungsbau der letzten 200 Jahre. Er wurde vom duktilen Gusseisen (GGG) verdrängt, das in Europa seit 1951 und in der Bundesrepublik Deutschland seit 1956 hergestellt wird. Letzteres hat bessere mechanische Eigenschaften und das Rohr, wegen der geringeren Wanddicke, ein um etwa 25 % niedrigeres Gewicht gegenüber Graugussrohren; es transportiert bei gleicher Nennweite vergleichbar mehr Wasser. Duktiles Gusseisen ist ein Eisen-Kohlenstoff-Gusswerkstoff mit geringen Anteilen von Phosphor, Schwefel, Mangan und Magnesium, wobei der Kohlenstoff in kugeliger Form vorhanden ist, was durch Zusätze bewirkt wird. Charakteristische Eigenschaften: Zugfestigkeit mind. 420 N/mm^2, Streckgrenze mind. 300 N/mm^2, Bruchdehnung mind. 10 % GGG verformt sich beim Überschreiten der Streckgrenze plastisch; es ist bedingt schweißbar. Alle Guss-Rohre müssen gegen Korrosion geschützt werden.

7.2.2 Stahl (St)

Stahl war bei hohen Drücken preislich zwar dem Grauguss überlegen, gegenüber duktilem Guss mit seiner hohen Festigkeiten ist das aber im Rahmen der bei Wasserversorgungsanlagen üblichen Drücke nicht mehr der Fall. Vorteilhaft ist die Herstellung endloser Stahl-Leitungsstränge durch Schweißverbindungen. Bei Fernleitungen mit DN > 800 werden überwiegend Rohre aus Stahl eingesetzt. Für WV-Anlagen werden meist Rohre nach DIN EN 10224, DIN 2460. sowie EN 10216-1, DIN 1629 verwendet.
DIN 2413-Berechnung gegen Innendruck, nach Geltungsbereich I oder II. Stahlrohr-Fernleitungen sind kathodisch zu schützen.

7.2.3 Asbestzement (AZ)

Asbest, in feinsten Fasern (1/10 000 mm) kristallisiert, Zugfestigkeit bis 2,2 kN/mm^2, chemisch Magnesiumhydrosilikat, bildet die Armierung des mit Normenzementen hergestellten Asbestzementes. AZ ist beständig, dicht, chemisch und bakteriologisch unempfindlich; er lässt sich spanabhebend bearbeiten. Die Rohre besitzen ausreichende Festigkeiten und sind zähelastisch, die Oberfläche im Inneren ist hydraulisch glatt.
In der Bundesrepublik Deutschland durften asbesthaltige Erzeugnisse für Druckrohre für den Tiefbaubereich nur noch bis zum 31.12.1993 hergestellt und bis zum 31.12.1994 verwendet werden. „Verwendung" im Sinne der Gefahrstoffverordnung bedeutet Einbau, Reparatur und Ersatz. Der Betrieb einer Asbestzementrohrleitung stellt kein Verwenden dar. Für Instandhaltungsarbeiten, auch Reparaturen, an bestehenden Anlagen gilt allerdings eine generelle, unbefristete Ausnahme.
Für sie sind die einschlägigen Arbeitsschutzvorschriften, insbesondere die TRG S 519 „Asbest", zu beachten.
Da AZ-Rohre in großem Umfang verwendet worden sind, sind sie im Taschenbuch noch in verkürzter Form behandelt. Im Zuge der Entwicklung asbestfreier Faser-Zementrohre waren auch Druckrohre für die Wasserversorgung in Erprobung. Für sie würden alle für AZ gemachten Ausführungen in ähnlicher Weise zutreffen. Im November 1994 ist die Europäische Norm EN 512 „Faserzementprodukte – Druckrohre und Verbindungen" erlassen worden. Sie umfasst eine Asbest-Technologie für Produkte, deren Zusammensetzung Crysotyl-Asbest enthält, und eine asbestfreie Technologie für Produkte mit anderen Bewehrungsfasern, die keinen Asbest enthalten (für Deutschland und weitere europäische Staaten, die keinen Asbest mehr zulassen).

7.2.4 Spannbeton (SpB) und Stahlbeton (StB)

Er wird für den Druckrohrleitungsbau nicht mehr verwendet. Früher kamen Spann- und Stahlbetonrohre meist nur für große Durchmesser (ab DN 800) in Betracht. Der Systemdruck überschreitet in der Regel MDP 16 nicht, Sonderherstellung für höhere Drücke war möglich. Die ausschließlich im Fernleitungsbau verlegten Spannbetonrohre bereiten den Betreiben heute zum Teil wegen Muffenundichtigkeiten und Schalenbrüchen Probleme.

7.2.5 Kunststoffe (PVC, PE, UP-GF)

Polyvinylchlorid (PVC-U d.h. weichmacherfreies PVC, DIN 8061) ist ein durch Polymerisation hergestellter Kunststoff unter Verwendung von Azetylengas und Salzsäuregas. Das Material ist in hohem Maße beständig gegen chemischen Angriff (pH = 2 bis 12) und bedarf keines Korrosionsschutzes. Die Dichte beträgt 1,4 kg/m^3, die Wärmedehnung $8 \cdot 10^{-5}$ (1/°C). Die Dauerstandfestigkeit sinkt im Laufe der Zeit. Das Rohr ist in größeren Längen biegsam, leidet jedoch an Kaltsprödigkeit, so dass es bei niedrigen Temperaturen (< 0°C) nicht verlegt werden sollte. Es ist hydraulisch fast glatt (k = 0,007 mm). Polyvinylchloridrohre für WV-Anlagen werden von DN 20 bis z. Zt. DN 400 hergestellt und ab DN 80 angewandt. PVC-Rohre werden jedoch zunehmend von PE = Polyethylen-Rohren verdrängt.

Für Wasserleitungsrohre wird Polyethylen hoher Dichte (früher PE hart) in den Qualitäten PE 80 (schwarz RAL 9004 mit Streifen blau RAL 5012) und PE 100 (blau RAL 5005) sowie PE-X$_a$ und unterschiedliche Qualitäten als Verbundrohre verwendet. Im Laufe der Zeit sinkt unter Belastung (Innendruck) die Dauerstandfestigkeit wie bei PVC-Rohren; Mindestfestigkeit für 50 Jahre und 20°C = 8 N/mm^2. Mit einer Sicherheit S = 1,6 ergibt sich die Berechnungsspannung σ_{zul} = 5 N/mm^2. Wanddickenberechnung wie bei PVC-hart-Rohren. Die Rohre dürfen keine gesundheitsschädigenden Stoffe enthalten und dem Wasser keinen Geruch und Geschmack verleihen (KTW-Empfehlungen).

Die PE-Rohre (für Trinkwasser nach DIN 8075, DIN 16892) sind leicht (Dichte 0,9 bis 1,0) und biegsam. Lieferlängen: gerade Längen 5, 6 und 12 m, Ringbunde bis DN 125 ca. 100 m, bei kleineren DN auf Stahltrommeln bis zu 2000 m. Die Kennzeichnung erfolgt in gleicher Weise wie bei den PVC-U-Rohren. Sie benötigen bei Biegungen keine Formstücke, sind widerstandsfähig gegen Säuren, immer glatt, weil keine Korrosion eintritt, daher auch geringe Rohrreibung, frostsicher, da sie sich beim Einfrieren dehnen und nach dem Auftauen wieder zusammenziehen, fast bruchsicher und unempfindlich gegen vagabundierende Ströme. Gegen Öle und Fette sind sie im Allgemeinen empfindlich, in Benzin bei gewissen Temperaturen lösbar (Gasdiffusion) und z. T. brennbar, so dass man sie z. B. nicht mit der Lötlampe auftauen darf. Auch für elektrisches Auftauen sind sie ungeeignet, da nicht leitend, daher als Erder für elektr. Anlagen nicht brauchbar.

PE Rohre werden bei den kleineren Durchmessern als Rollen und bei größeren Durchmessern (gebräuchlich bis DN 400) als Stangen geliefert. PE-Rohre werden durch Stumpfschweißen oder mittels Heizmuffen verbunden. PE-Rohre eignen sich besonders für grabenlose Bauverfahren und als Inliner für Rohrsanierungen.

Früher noch verwendet Rohre der Qualität PE-LD (PE-weich) werden nicht mehr hergestellt.

Der duroplastische Verbundwerkstoff für UP-GF-Rohre aus glasfaserverstärktem Polyesterharz besteht aus glasfaserverstärkten (GF) ungesättigten (U) Polyesterharzen (P) und Füllstoffen. Die Glasfasern aus alkalifreiem Aluminium-Bor-Silikat-Glas besitzen einen Faserdurchmesser von ca. 10 mm und werden mit einem speziellen Haftvermittler versehen. Als Füllmittel dient gewaschener, feuergetrockneter Quarzsand mit einer genau definierten Sieblinie. Druckrohre werden bis PFA 25 in DN 150 bis 2400 und in Längen von 6 m hergestellt. Während diese Rohrart in Österreich, Holland und Schweden für den Trinkwassertransport seit Jahren Verwendung findet, liegt für Deutschland noch keine Zulassung vor. Die Rohre sind in DIN 16 868/16 869 erfasst. Für die Zertifizierung kann die Vorläufige Prüfgrundlage (DVGW-VP) 615 „Druckrohre, Formstücke und Rohrverbindungen aus glasfaserverstärktem Polyesterharz (UP-GF) für Trinkwasserleitungen; Anforderungen und Prüfungen" herangezogen werden. Bei der laufenden Überarbeitung des DVGW Regelwerkes sollen diese Rohre als Arbeitsblatt GW 335 TA5 eingeführt werden.

Tab. 7-1: Kurzbezeichnungen der Werkstoffe

AZ, (FZ)	Asbestzement, (Faserzement)
GG	Grauguss
GGG	duktiles Gusseisen
GGG ZM	duktiles Gusseisen mit Zementmörtelauskleidung
PE-LD	Polyethylen weich
PE 80, PE 100, PE-X	Polyethylen
PVC-U	Polyvinylchlorid (hart)
SpB	Spannbeton
St	Stahl
StBiA	Stahl mit Außenschutz aus Bitumen
StBiI	Stahl mit Innenschutz aus Bitumen
Stzm	Stahl mit Innenschutz durch Zementmörtelauskleidung
UP-GF	Glasfaserverstärktes Polyesterharz

7.2.6 Wahl der Werkstoffe

Sie obliegt dem Planer der Anlage. Entscheidend sind die Festigkeit gegenüber Innendruck und äußerer Belastung, die Korrosionsbeständigkeit, die Verbindungsart und der Preis für die fertige Leitung einschl. der Erdarbeiten, deren Kosten von den Rohreigenschaften mit beeinflusst werden können. Rohre aus geprüften und zertifizierten Werkstoffen sollen bevorzugt eingebaut werden.
Allgemeine Anhaltspunkte:
Fernleitungen mit höchsten Sicherheits-Anforderungen*)
    über DN 800: StZM mit Schweißverbindungen
    bis DN 700: StZM /GGGZM
desgl. ohne besondere Anforderungen**)
    alle lieferbaren Nennweiten und Druckstufen: StZM /GGGZM/UP-GF/PE 100
Versorgungsleitungen
    MDP 10: GGGZM/PVC-U/UP-GF/PE 80, PE 100, PE-X
Anschlussleitungen
    MDP 10: PE 80, PE 100, PE-X

*) Leitung soll nicht ausfallen. Betriebsunterbrechungen nur bei geplanten Instandhaltungsarbeiten
**) Leitungsausfall kann für Instandsetzungsarbeiten hingenommen werden

7.2.7 Korrosionsschutz

7.2.7.1 Außen- und Innenkorrosion

Mit Korrosion wird die chemische Reaktion von Werkstoffen mit Stoffen aus der Umgebung bezeichnet, die zu einer Zerstörung von Leitungsteilen führen kann.
Die Umgebungsstoffe (der Boden) um die Rohre besitzen eine mehr oder weniger große „Bodenaggressivität"; sie wird durch Bewertungszahlen für 12 zu betrachtende Eigenschaften des Bodens dargestellt, deren Summe ein Maß für die Korrosionswahrscheinlichkeit bildet (vgl. GW 9 und DIN 50 829).

7.2 Werkstoffe

Stark aggressiv gegen die äußere Rohroberfläche verhalten sich z. B. Torf, Schlick und Marschböden, Böden mit deutlichen Mengen an Schwefelwasserstoff (Gips!), Asche, Schlacke. Längere Rohrleitungen liegen regelmäßig in verschiedenen Bodenarten. Man schützt daher in WV-Anlagen alle metallischen im Boden liegenden Rohrleitungen gegen Außenkorrosion.

Tab. 7-2: Bodenaggressivität und Außenkorrosion

Summe der Bewertungszahlen	Bodenaggressivität	Boden-Klasse	Korrosionswahrscheinlichkeit Lochkorrosion	Flächenkorrosion
>0	praktisch nicht aggressiv	I a	sehr gering	sehr gering
0 bis −4	schwach aggressiv	I b	gering	sehr gering
−5 bis −10	aggressiv	II	mittel	gering
<−10	stark aggressiv	III	hoch	mittel

Darüber hinaus ist bei allen Rohren aus metallischem Werkstoff, die zum Transport von Wasser vorgesehen sind, ein Innenschutz gegen mögliche Aggressivität des durchgeleiteten Wassers zu empfehlen. Entsprechend dem DVGW-Regelwerk erhalten heute alle in der Trinkwasserversorgung eingesetzten GGG- und St-Rohre eine Zementmörtelauskleidung.

7.2.7.2 Arten des Korrosionsschutzes

7.2.7.2.1 Allgemeines

Passive Schutzmaßnahmen (hauptsächlich Anstriche, Beschichtungen) trennen die Rohroberfläche von dem angreifenden „Elektrolyten" (Boden, Wasser). Aktiv kann man durch den elektrochemischen (meist kathodisch genannten) Schutz in Außenkorrosionsvorgänge eingreifen. Jede dieser beiden Schutzmaßnahmen kann allein, in bestimmten Fällen können oder müssen beide gemeinsam angewandt werden. Der kathodische Schutz und die trennende Isolierung ergänzen einander.

7.2.7.2.2 Passiver Schutz

Hiermit sind äußere und innere Anstriche oder Beschichtungen der Rohroberfläche gemeint: Sie reichen von der Tauchbituminierung bis zum äußeren Schutz aus mehreren Beschichtungen, besitzen also verschiedene Schichtdicke.
Anforderungen an den passiven Rohrschutz:

− Chemische und mechanische Beständigkeit
− Haftung am Rohr
− Geringe Sauerstoffdurchlässigkeit u. Wasserdampfdiffusion**)
− Hohes elektr. Isolationsvermögen**)
− Alterungs- und Temperaturbeständigkeit
− Druck- und Schlagfestigkeit
− Dehnbarkeit**)

**) gilt nicht für die ZM-Auskleidung.

Zum passiven Schutz gehört auch die Zementmörtelauskleidung. Zurzeit sind folgende Verfahren üblich:
1. *für Rohre aus GGG nach DIN EN 545:*
1.1. Außenschutz (dabei ist DIN 30 674 zu beachten).
− Für Bodengruppen I und II erhalten die GGG-Rohre eine Spritzverzinkung (entsprechend DIN 30 674/T 3) mit Deckbeschichtung. Die Schutzwirkung beruht auf einem elektrochemischen Prozess. An äußeren Beschädigungen wirkt das Zink als Opferanode, d. h. es geht an Stelle von Eisen in Lösung. Das in Lösung gehende Zink wird in Form schwerlöslicher Zinksalze wieder

ausgeschieden. So bilden sich Deckschichten, die auch dann noch wirksam sind, wenn kein metallisches Zink mehr vorhanden ist.
- für Bodengruppe III nach DVGW-Arbeitsblatt GW 9: Umhüllungen aus PE (nach DIN 30 674 T 1), ZM-Umhüllung (nach DIN 30 674 T 2) oder bei Schutz nach Bodengruppe II ein zusätzliches Aufziehen eines losen Polyethylenschlauches direkt bei der Verlegung auf das Rohr.
Bei Leitungstrassen, bei denen mit häufigem Wechsel der Bodengruppen zu rechnen ist, wird empfohlen, vor der Verlegung Bodenuntersuchungen durchführen zu lassen oder grundsätzlich die erste Schutzart zu wählen bzw. die zweite Schutzart mit Polyethylenschlauchfolie.
Formstücke werden dem Korrosionsschutz der Rohre angepasst, damit die Kette der Rohre keine schwachen Glieder aufweist, Formstücke mit ZM-Auskleidung sind durchwegs gebräuchlich, Emaillierung in Sonderfällen.

1.2. Innenschutz
- Duktile Gussrohre werden serienmäßig innen mit Zementmörtel (ZM) entsprechend DIN EN 545 ausgeschleudert. Die Auskleidung hat eine aktive und passive Schutzwirkung. Die aktive Wirkung beruht auf einem elektrochemischen Prozess. In die Poren des Zementmörtels dringt Wasser ein, dabei nimmt es durch die Aufnahme von freiem Kalk aus dem Mörtel einen pH-Wert von über 12 an. In diesem pH-Bereich gibt es bei Gusseisen keine Korrosion. Die passive Wirkung ergibt sich durch die mechanische Trennung der gusseisernen Rohrwand vom Wasser.
Für die Herstellung des Mörtels wird Hochofenzement (HOZ) verwendet, während bei extrem weichen, kohlensäurehaltigen Wässern, der kalkarme Tonerdezement (TZ) eingesetzt wird.
Die Dicke der ZM-Auskleidung ist nennweitenabhängig: 4 mm für DN 80 bis 300, 5 mm für DN 350 bis 600, 6 mm für DN 700 bis 1200.
Es ist nicht auszuschließen, dass beim Aushärten der ZM-Auskleidung infolge von Schwinden Haarrisse auftreten. Es hat sich gezeigt, dass bei Kontakt mit Wässern aller Art sich diese Risse wieder schließen. Von den Risswänden ausgehend wachsen Kalkkristalle und schließen den Spalt (zusintern). Dieser Vorgang wird durch Quellvorgänge innerhalb des Zementmörtels unterstützt.

2. *für Stahlrohre*
2.1. Außenschutz
- für alle Bodengruppen:
PE-Umhüllung nach DIN 30 670, DIN EN 10288
- für Installationsrohre (bis DN 50) in Gebäuden:
Verzinkung nach DIN 2444

2.2. Innenschutz
- ZM-Auskleidung nach DIN 2614 (Anlage 4) oder DVGW-Arbeitsblatt W 343
- Verzinkung
Bemerkung zu Guss- und Stahlrohren, die ohne ZM-Auskleidung verlegt worden sind und eine stärkere Innenkorrosion oder Inkrustation aufweisen:
Die Rohre lassen sich nachträglich mit einer ZM-Auskleidung nach DVGW-Arbeitsblatt W 343 versehen. Voraussetzung ist, dass die nach dem Reinigen und Entfernen von Inkrustationen verbliebene Rohrwanddicke noch ausreicht und dass ein wirtschaftlicher Vergleich zwischen Neuverlegung und nachträglicher ZM-Auskleidung zugunsten letzterer ausfällt.
Mit der Durchführung der nachträglichen ZM-Auskleidung von verlegten Rohren sollten nur Spezialfirmen beauftragt werden, die über das erforderliche Gerät und genügend Erfahrung verfügen.

3. *für Kunststoffrohre* aus PE und PVC (DIN 8074, DIN 8075 u. DIN 8061, DIN 8062) sowie UP-GF-Rohre (DIN 16 869):
Außen- und Innenschutz entfallen.

7.2.7.2.3 Aktiver Schutz

Das kathodische Schutzverfahren („KKS") wird für RL der WV aus GGG nur im besonderen Fall und für St als zusätzlicher Schutz für die äußere Rohroberfläche angewandt. Voraussetzungen für den KKS zum Schutze der Rohrleitungen sind:
- durchgehende elektrische Längsleitfähigkeit der Rohrleitung (z. B. gummigedichtete Muffenverbindungen müssen je nach Schutzstrombedarf mittels isolierter Kupferkabel 20–50 mm^2 überbrückt werden);
- elektrische Trennung der Leitung von niederohmig geerdeten Anlagen und Fremdinstallationen mittels mögl. zugänglichen Isolierstücken;
- die Rohrumhüllung (Isolierung) muss ausreichenden Umhüllungswiderstand besitzen.

Bei der Korrosion geht an den anodischen Stellen Eisen als Eisenionen in Lösung, während Elektronen im Metall zurückbleiben. Werden diese Elektronen durch Sauerstoff oder andere Elektronennehmer weggenommen, geht der Korrosionsvorgang ständig weiter. Beim kathodischen Korrosionsschutz werden durch einen Verbund mit einer galvanischen Anode oder mittels einer Fremdstromquelle über eine Fremdstromanode so viele Elektronen dem zu schützenden Metallrohr zugeleitet, dass damit der kathodische Reduktionsvorgang vollständig befriedigt wird und so keine Möglichkeit für das Eisen besteht, weiterhin als positive Eisenionen in Lösung zu gehen.

Der KKS im Erdboden ist „Stand der Technik" und wird u. a. für Öl-, Chemie- und Gashochdruckleitungen durch technische Regeln gefordert. Auch für Stahl-Wasserversorgungsleitungen sollte nach Möglichkeit neben einer guten Rohrisolierung der KKS Anwendung finden, weil unter der PE-Umhüllung, im Gegensatz zur Verzinkung bei Gussrohren, das blanke Stahlrohr vorliegt.

Für die Betriebs- und Erstellungskosten sind die Wahl der KKS-Art und der Schutzstrombedarf maßgebend. Dieser hängt besonders von der Güte der Rohraußenisolierung ab. Der Schutzstrompotentialbereich in wichtigen Systemen in Abhängigkeit von Werkstoff und Medium beträgt nach v. Baeckmann/Schwenk von + 0,14 V bis − 1,3 V.

Die KKS-Anlage ist gleichzeitig mit der Rohrleitung zu planen, um ca. alle 1–2 km an Wegen oder Straßen Messstellen, sowie mittels Bodenwiderstandsmessung längs der Rohrtrasse die günstigsten Einbaustellen für die Einspeiseanoden bzw. die Gleichrichter und schließlich die elektr. Trennstellen festzulegen. Dies erfordert umfangreiche Fachkenntnisse und sollte nur anerkannten Fachleuten übertragen werden.

1. Fremdstromschutzverfahren **(Abb. 7-1 a)**

Wechselstrom aus dem öffentlichen Netz wird auf ca. 24 V heruntergespannt und gleichgerichtet. Die Anlage ist regulierbar. Als Anoden dienen anodisch passivierbare Werkstoffe wie z. B. Eisenschrott, Aluminium, Magnetit, Graphit. Diese Anlagen müssen mindestens alle 2 Monate an den Einspeisestellen, das Schutzpotential mindestens jährlich an den Messstellen und auf die vielfach möglichen Störungen kontrolliert werden. Diese Prüfungen auf Funktionsfähigkeit der Anlage sollten erstmalig und in den aufgezeigten Abständen durch einen Sachverständigen (z. B. TÜV) ausgeführt werden.

2. Galvanische Schutzverfahren **(Abb. 7-1 b)**

Der Schutzstrom wird durch Anoden erzeugt. Diese bestehen heute meist aus Aluminiumlegierungen wobei das aktivierende Legierungselement (Zn, In u. a.) die Schutzschichtbildung beim Aluminium verhindert.

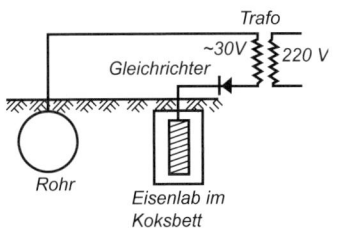

Abb. 7-1 a: Fremdstrom-Schutzverfahren, Schema 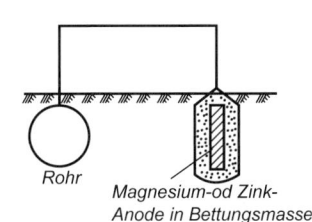   *Abb. 7-1 b: Galvanisches Schutzverfahren, Schema*

Es gibt durchgehende Galv.-Anlagen. Bei nutzbarem Gelände werden nahe der zu schützenden Rohrleitung bei niedrigem spezifischem Bodenwiderstand in Gräben ca. 1,2 m tief Anoden eingebaut. Sie liegen in Koksbettung, in 5–10 m Abstand und sind mittels Cu-Kabel verbunden.

Einzelanoden: Der Schutzstrom wird wie vor durch Anoden erzeugt, die im Abstand von einigen Metern von der Rohrleitung alle 1 bis 2 km im Koksbett gelagert, eingegraben werden. Sie sollen für eine Lebensdauer von 10 bis 20 Jahren ausgelegt werden.

Nachteil der Einzelanoden: Geringe Triebspannung, eine im Betrieb notwendige Erhöhung der Stromabgabe von Anoden ist praktisch nur mit zusätzlicher Fremdspannung möglich. Aus diesen Gründen ist eine Anwendung für Rohrleitungen im Erdreich sehr begrenzt.

7.3 Bestandteile der Rohrleitungen

7.3.1 Rohre und Formstücke

7.3.1.1 Rohre und Formstücke aus duktilem Gusseisen (GGG)

(Vgl. DIN EN 545, DVGW VP 545)

7.3.1.1.1 Herstellung der Rohre

Die Rohre werden in rotierenden Metallformen (Kokillen) nach dem „De Lavaud"-Verfahren oder in Metallformen mit einer 0,5 mm dicken Quarzmehlauskleidung nach dem „Wetspray"-Verfahren gegossen. Das Schleudergussverfahren verfeinert das Gefüge, verhindert Lunkerbildung, erhöht die Festigkeit, beschleunigt die Herstellung. Entsprechend den Lieferbedingungen wird der Werkstoff auf seine Festigkeitseigenschaften und das fertige Rohr durch Wasserdruck geprüft (DIN EN 545). Formstücke aus duktilem Gusseisen werden nach Metallmodellen in zweiteiligen Sandformen gegossen, die Schraubringe der Schraubmuffenverbindung werden auf Spezialmaschinen geformt, was maßhaltige Gewinde ohne Gussnaht ergibt.

7.3.1.1.2 Druckstufen (nach DIN EN 805)

Es bedeutet:
Höchster Systembetriebsdruck –   MDP = Höchster festgelegter Betriebsdruck, mit Druckstößen, für den genormte RL-Teile ausgelegt sein müssen.
Systembetriebsdruck –   DP   = Höchster im Betrieb zulässiger Druck ohne Druckstöße.
Zulässiger Bauteilbetriebsdruck –   PFA = höchster hydrostatischer Druck dem ein Bauteil im Dauerbetrieb standhält.
Systemprüfdruck –   STP = Druck, mit dem die fertige RL auf der Baustelle abgedrückt wird.

Wegen der möglichen Druckschwankungen bzw. -stöße muss der Betriebsdruck unter MDP liegen. Werden Druckstöße nicht berechnet soll der Betriebsdruck mindestens 2 bar unter MDP liegen.

Die Bezeichnungen für die Drücke in Wasserverteilungsanlagen und deren Bauteile sind in der DIN EN 805 und im DVGW-Arbeitsblatt W400-1 festgelegt.

7.3 Bestandteile der Rohrleitungen

Tab. 7-3: Höchster zulässiger Systembetriebsdruck, zul. Bauteilbetriebsdruck und Baustellen-Prüfdruck für GGG-Rohre in bar

DN	MDP			PFA		STP	
	K8	K9	K10	K9	C40		
80	40	40	40	85	64		
100	40	40	40	85	64	nach DIN EN 805 bzw	
125	40	40	40	79	64	DVGW W 400-2 (A):	
150	40	40	40	79	62	MDP×1,5	
200	32	40	40	62	50	oder	
250	25	32	40	54	43	MDP + 5,0 bar;	
300	25	32	40	49	40	es gilt der kleinere Wert	
350	25	25	32	45			
400	25	25	32	42			
500	20	25	32	38			
600	20	25	32	36			
700	20	25		34			
800	20	20		32			
900	20	20		31			
1 000	20	20		30			
>1 200	16	20		28			

7.3.1.1.3 Abmessungen

Längen für DN
- 40 und 50:   3 m
- 65:   6 m
- 80 und 100:   6 m
- 125 bis 600:   6 und 5,5 m
- 700 bis 1 200:   6 und 8 m
- 1 200 bis 2 000: 8 m

Kennzeichnung in Rohrmuffe:
Herstellerzeichen, DN, Herstell-Jahr
Für dukt. Gusseisen stehen:
Drei im Dreieck stehende erhöhte oder vertiefte Punkte – oder drei parallele, rd. 3 mm tiefe, kerbförmige Einschnitte an der Muffenstirnfläche, Klasse K 8, 3 rote Farbstriche, K 9 2 rote Farbstriche, K 10 ohne Farbstriche an der Muffenstirn.
Von den bei der Fertigung anfallenden Kurzlängen dürfen bis zu 10 % der Gesamtlieferung mitgeliefert werden, weitere 10 % dürfen um 0,5 m in der Normallänge abweichen. Längen- und Durchmessertoleranzen siehe DIN EN 545.
Tab. 7-4 enthält die Angaben für die früher gebräuchlichen Rohrklassen K8, K9 und K10. Heute werden duktile Gussrohre nur noch in der Klasse K9 hergestellt. Je nach Hersteller werden im Nennweitenbereich DN 80- bis DN 300 auch Rohre der Klasse C40 mit ca. 1 mm weniger Wandstärke angeboten.

Tab. 7-4: Außendurchmesser d_1, Wanddicke s und Masse G für Rohre aus GGG

DN	Klasse K 8 Außen ⌀ d_1	ZM s_2	Wanddicke GGG s_1	Massen 1 m Rohr mit Muffenanteil GGG	Massen 1 m Rohr mit Muffenanteil GGG/ZM	Klasse K 9 GGG s_1	Massen 1 m Rohr mit Muffenanteil GGG	Massen 1 m Rohr mit Muffenanteil GGG/ZM	Klasse K 10 GGG s_1	Massen 1 m Rohr mit Muffenanteil GGG	Massen 1 m Rohr mit Muffenanteil GGG/ZM
80	98	4	6	12,8	14,5	6	12,8	14,5	6	12,8	14,5
100	118	4	6	15,6	17,7	6	15,6	17,7	6	16,6	17,7
125	144	4	6	19,9	22,5	6,3	19,9	22,5	6,2	19,9	22,5
150	170	4	6	24,5	28	6	24,5	28	6,5	24,5	28
200	222	4	6	30,5	34,5	6,3	30	36	7	35	39,5
250	274	4	6	38	43	6,8	42,5	48	7,5	46,5	52
300	326	4	6,4	48,5	55	7,2	54	60,5	8	59,5	66
(350)	378	5	6,8	60	72,5	7,7	67,5	79,5	8,5	73,5	86
400	429	5	7,2	72,5	86,5	8,1	80,5	94,5	9	89	103
500	532	5	8	100	118	9	112	129	10	123	141
600	635	5	8,8	132	153	9,9	147	168	11	162	183
700	738	6	9,6	168	198	10,8	187	217	12	206	236
800	842	6	10,4	209	242	11,7	233	266	13	256	290
900	945	6	11,2	254	291	12,6	282	320	14	311	348
1 000	1 048	6	12	303	344	13,5	337	378	15	371	412
1 200	1 255	6	13,6	414	484	15,3	460	510	–	–	–

Der Nenndurchmesser DN entspricht dem tatsächlichen Innendurchmesser

7.3.1.1.4 Verbindungen

1. Steckmuffen-Verbindungen **(Abb. 7-2)**
Heute am meisten angewandte Verbindung mit den Vorteilen: In der Muffe festgehaltener Dichtring, einfache und schnelle Herstellung der Verbindung, trotzdem sichere Abdichtung. Der Dichtring besteht aus einem Hartgummiteil am Rande, der in der Haltenut der Muffe liegt, und einem weicheren Teil, der die eigentliche Abdichtung gegen das eingeschobene Spitzende bewirkt. Dieses ist zum leichten Einschieben abgerundet. Möglichkeit der Abwinkelung bis DN 300 bis zu 5°, DN 400 bis 4°, DN 500/600 bis 3°. Für DN 80 bis 1400 Steckmuffe System Tyton, von DN 1000-2000 Steckmuffe System Standard.

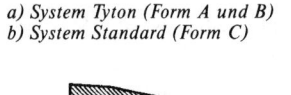

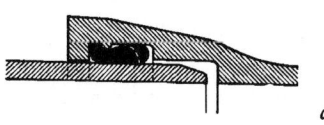

Abb. 7-2: Steckmuffenverbindungen

In Bergsenkungsgebieten: „Tyton-Muffe Form B (Langmuffe)", welche Stauchungen und Zerrungen von mehreren cm auffängt.

2. Schraubmuffenverbindung **(Abb. 7-3)**
Sie besteht aus der Muffe mit Innengewinde in Sägeform, dem Dichtring aus Gummi mit einer härteren Schutzkante vorne und hinten und dem Schraubring aus GGG mit Außengewinde. Es empfiehlt sich, noch einen Gleitring aus Stahl einzulegen, damit der Schraubring mit geringer Reibung auf dem Dichtring läuft. Der dichte Abschluss der Verbindung ohne Verquetschen und Nachfedern

7.3 Bestandteile der Rohrleitungen

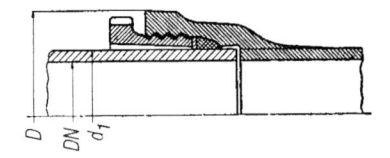

Abb. 7-3: Schraubmuffenverbindung

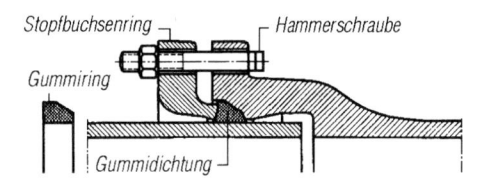

Abb. 7-4: Stopfbuchsenmuffen-Verbindung

des Gummiringes hängt wesentlich von der Arbeit des Monteurs ab. Die Verbindung wird heute nicht mehr oft angewandt.

3. *Stopfbuchsenmuffenverbindung* (**Abb. 7-4**)
Sie besteht aus der besonders geformten Muffe, dem Gummidichtring mit Hartgummispitze, dem Stopfbuchsenring und den Hammerschrauben, alle Teile (auch die Schrauben) aus GGG. Die Muffe ist als Langmuffe ausgebildet und erlaubt so Zerrungen und Stauchungen der Leitung von mehreren Zentimetern (Bergbaugebiete!), sowie Abwinkelungen, wie die TYTON-Muffe. Die Muffe wird für DN 500 bis 1200 geliefert, kommt aber praktisch nur noch bei Formstücken vor.

4. *Flanschverbindungen* (**Abb. 7-5**)
Sie kommen hauptsächlich bei Formstücken vor, an welche Armaturen mit Flanschen angeschlossen werden, z. B. innerhalb von Bauwerken (Pumpwerke, Hochbehälter usw.); hier dienen sie auch der Aufnahme von Längszugkräften. Es gelten die DIN-Blätter 28 604 für Flansche PN 10, DIN 28 605 für PN 16, DIN 28 606 für PN 25 und DIN 28 607 für PN 40. Im Allgemeinen besitzen sie glatte Dichtleisten; nur bei höheren Drücken werden Flansche mit Vor- und Rücksprungleisten gewählt, die ein Herausdrücken der Dichtung verhindern. Dichtungen aus Vollgummi mit Stahleinlage.

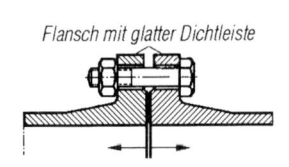

Abb. 7-5: Flanschverbindung

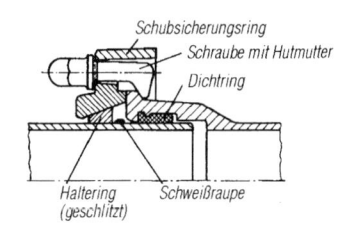

Abb. 7-6: TIS-Verbindung

Im erdverlegten Rohrleitungsbau werden in der DVGW-Wasser-Information Nr. 49 (Ausgabe 4/97) für Armaturen und Formstücke flanschenlose Verbindungstechniken empfohlen.

5. *Zugfeste TYTON-Verbindungen*
– für Steilhänge, Fluss- und Seedüker, Straßen- und Bahnkreuzungen und überall da, wo sich Betonwiderlager für Krümmer nicht unterbringen lassen oder aus Wirtschaftlichkeitsgründen darauf verzichtet werden soll und kann, oder wo die Leitung sich nicht gegen Schachtwände abstützen kann.
– Verbindung TIS für DN 80 bis 1200

Auf das Spitzende des Rohres wird werkseitig ein Schweißwulst aufgebracht, gegen den sich ein Schubsicherungsring mit einem Haltering stützt. Ersterer wird durch Hammerkopfschrauben gegen den Wulst der Muffe des Rohres gehalten (**Abb. 7-6**).
– Verbindung TYTON-SIT für DN 80 bis 300.
  Ein Spezialdichtring mit einvulkanisierten Verriegelungszargen übernimmt die Sicherung gegen Herausziehen des Spitzendes (**Abb. 7-8**).
– Verbindung NOVO-SIT
  Novo-Sit Schubsicherungsringe werden für DN 80-600 geliefert. Die Verbindung zeichnet sich dadurch aus, dass Dichtfunktion und Haltefunktion getrennt sind (**Abb. 7-9**).

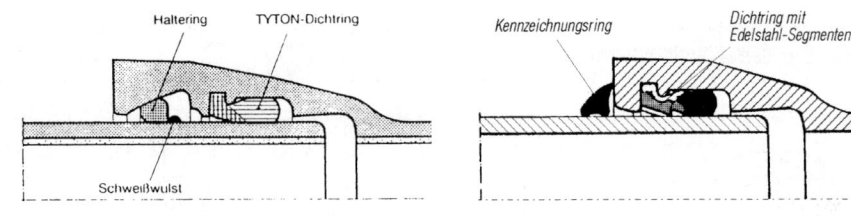

Abb. 7-7: TIS-K-Verbindung *Abb. 7-8: TYTON-SIT*

- Verbindung TIS-K für DN 100 bis 800

    Der konstruktive Aufbau der TIS-K Verbindung ist von der TIS abgeleitet. Die Schubsicherungskammer ist an die Rohrmuffe angegossen (**Abb. 7-7**).
6. *UNIVERSAL Rohrmuffe*
Dicht- und Haltekammer sind in einer Muffe integriert. Es lassen sich die vier erforderlichen Verbindungen mit einem Rohr herstellen: TYTON, TYTON-SIT, NOVO-SIT und TIS-K.
7. *Verbindung BAIO® für DN 80 – DN 300*
Zugfeste Steckmuffenverbindungen für Formstücke und Armaturen. Die Zugfestigkeit wird durch eine Bajonettverbindung formschlüssig erreicht (**Abb. 7-10**).

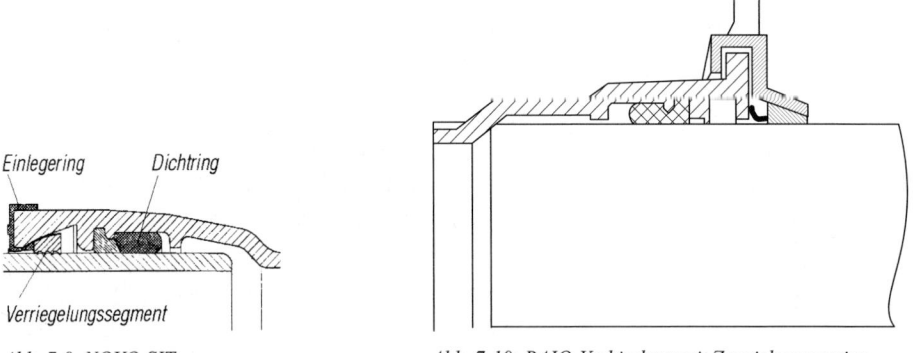

Abb. 7-9: NOVO-SIT *Abb. 7-10: BAIO-Verbindung mit Zugsicherungsring*

7.3.1.1.5 *Formstücke aus duktilem Gusseisen*

Formstücke dienen als Übergang von Rohren zu besonderen Einbauteilen, beim Nennweitenwechsel, bei Krümmungen und Abzweigen. Genormt sind die Formstücke nach DIN EN 545 und DIN 28 650 (**Tab. 7-3**). Durch Einführung von Doppelmuffenformstücken ist die Typenzahl herabgesetzt und die Verwendung muffenloser Reststücke ermöglicht worden.
Die Formstücke sind wie die Rohre innen mit Zementmörtel ausgekleidet.
Da duktiler Guss schweißbar ist, lassen sich Abzweige usw. statt mit Formstücken auch durch Schweißen (im Werk und auf der Baustelle) fertigen. Hierfür stehen „Anschweiß-Stutzen" mit Spitzend-, Muffen-, Gewinde- und Flansch-Anschluss zur Verfügung. Aus Gründen der Haltbarkeitsdauer sind jedoch gegossene Formstücke der geschweißten Ausführung vorzuziehen.

7.3 Bestandteile der Rohrleitungen

Tab. 7-5: Formstücke aus duktilem Gusseisen für Rohre mit TYTON-, Schraub- und Stopfbuchsen-Muffen (Maße) (Auszug) nach DIN EN 545 und DIN 28 650

EU-Stück	DN	l EU	U	DN	l F-Stück	
	50… 65	125	155	40	335	
	80…100	130	160	50	340	
	125…150	135	165	65	345	
	200	140	170	80	350	
	250	145	175	100	360	
U-Stück	300	150	180	125	370	
	350	155	185	150	380	Maße in mm
	400	160	190	200	400	
	500	170	200	250	420	Größere
				300	440	DN beim
				350	460	Hersteller
				400	480	erfragen

MMQ-Stück   Q-Stück   EN-Stück   FFK-Stück 45°   MMK-Stück

DN \ α°	90	b für MMQ u. MMK 45	30	22½	11¼	b für Q u. EN	b für FFK	DN
40	—	—	—	—	—	140	115	40
50	70	40	35	30	25	150	120	50
65	85	50	40	35	30	165	125	65
80	100	55	45	40	30	165	130	80
100	125	65	50	45	35	180	140	100
125	150	75	55	50	35	200	150	125
150	175	85	65	55	40	220	160	150
200	225	110	80	65	45	260	180	200
250	280	130	95	75	50	350	350	250
300	330	155	110	90	60	400	400	300
350	—	175	125	100	65	450	298	350
400	—	200	140	110	70	500	324	400

X-Stücke (Blindflansche)
Wanddicken s (dukt. Gußeisen)

DN	s PFA 10	s PFA 16	Masse in kg PFA 10	Masse in kg PFA 16
80	16		4	3,9
100	16		4,6	
125	16		6	
150	16		7,6	
200	17		11,4	11,2
250	19		17,2	16,8
300	20,5		25	24,5

(Fortsetzung nächste Seite)

Fortsetzung Tab. 7-5

350	20,5	22,5	30,5	34,5
400	20,5	24	38	46
500	22,5	27,5	56	79
600	25	31	86	123

Flanschabmessungen nach DIN 28604/05
Größtmögliche Gewinde-Bohrung: 2''

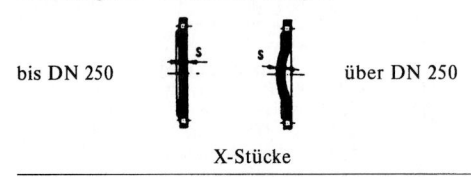

bis DN 250   über DN 250

X-Stücke

EN-Stück
DIN 28648

EN-Stück

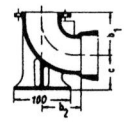

DN	b	c
80	165	110
100	180	125

MMA-Stück

MMB-Stück

T-Stück

MMR-Stück

	DN_1	DN_2	MMA MMB l	MMA T h	MMB h	T l	MMR l	FFR l
	80	80	170	160 □	85	330	—	—
	100	80	170	175	95	360	90	200
		100	190	180			—	
	125	80	170	190	105	400	140	200
		100	195	195	110		100	
		125	225	200			—	—
	150	80	170	205	120	440	190	200
		100	195	210			150	
		150	255	220	125		—	—
	200	100	200	240	145	520	250	300
		150	255	250	150		200	
		200	315 ○	260	155 ○		—	—
	250	100	200	270 ●	275 ×	700	—	—
		150	260	280 ●			250	300
		200	315	290 ●	325 ×		150	
		250	375	300 ●	350 ×		—	—
	300	100	205	300 ●	300 ×	800	—	—
		150	260	310 ●			350	300
		200	320	320 ●	350 ×		250	
		300	435	340 ●	400 ×		—	—
	350	100	205	330 ●	325 ×	850	—	—
		200	325	350 ●	325 ×		360	300
		300	495	380 ●	425 ×		—	—
	400	100	210	360 ●	350 ×	900	—	—
		150	270	370 ●	—		—	—
		200	325	380 ●	350 ×		—	—
		300	440	400 ●	—		260	300
		400	560	420 ●	450 ×		—	—

(Fortsetzung nächste Seite)

7.3 Bestandteile der Rohrleitungen

Fortsetzung Tab. 7-5

FFR-Stück

Bemerkung:
○ MMB nur bis DN 200 u. f. DN 300
● gilt nur für MMA
× gilt nur für T
□ für T: 165

DN	Wanddicken duktiler Formstücke	
	gerade und *) Bogen	Abzweigstücke **)
bis 80	7	8,1
100	7,2	8,4
125	7,5	8,8
150	7,8	9,1
200	8,4	9,8
250	9	10,5
300	9,6	11,2
350	10,2	11,9
400	10,8	12,6

*) Die Wand ist 20% dicker als beim K10-Rohr;
**) Die Wand ist 40% dicker als beim K10-Rohr

Durchmesser D der Flansche (GGG, DIN EN1092-2), Anzahl n, Gewinde d und Länge L der Schrauben (mm)

DN	PFA 10				PFA 16			
	D	n	d	L	D	n	d	L
40	150	4	M 16	60	150	4	M 16	60
50	165	4	M 16	60	165	4	M 16	60
65	185	4/8	M 16	60	185	4	M 16	60
80	200	8	M 16	60	200	8	M 16	60
100	220	8	M 16	60	220	8	M 16	60
125	250	8	M 16	60	250	8	M 16	60
150	285	8	M 20	65	285	8	M 20	65
200	340	8	M 20	65	340	12	M 20	65
250	400	12	M 20	75	400	12	M 24	75
300	455	12	M 20	80	455	12	M 24	75
350	505	16	M 20	80	520	16	M 24	75
400	565	16	M 24	80	580	16	M 27	80
500	670	20	M 24	90	715	20	M 30	100

F- und FF-Rohre, DIN EN545
Max. Längen l von FF-Rohren (m),

DN	angegossen	Flansche angeschweißt	aufgeschraubt
40– 50	1	–	3
65	1	–	5
80– 250	1	5,9	5
300– 400	1	5,9	5
500– 600	1	5,9	5
700–1200	1	6,4	–

7.3.1.2 Rohre und Formstücke aus Stahl

(Vgl. DIN EN 10 224, DIN 2460, DVGW VP 637)

7.3.1.2.1 Herstellung der Rohre

1. *Nahtlose Rohre* (für WV-Anlagen selten):
Herstellen einer Luppe (gelochter Block) aus einem vollen Block und Walzen im Schrägwalzwerk. Auswalzen zum fertigen Rohr nach dem Stopfenwalz- oder dem Pilgerschrittverfahren. Ggf. Verändern des Durchmessers und der Wanddicke im Reduzierwerk. Bei teilweise automatisierten Hochleistungsanlagen mit Durchmessern unter DN 200 spricht man vom „Rohrkonti-Walzverfahren" (konti ≙ kontinuierlich).

Tab. 7-6: Fertigungsgrößen einiger Verfahren für nahtlose Rohre

Fertigungsart	Außendurchmesser mm	Wanddicke mm
Schrägwalz-Pilgerschrittverfahren	60–660	3–100
Stopfwalzverfahren	100–324	3,5–20
Rohrkonti-Walzverfahren	21–178	2–50
Kaltpilgerverfahren	10–170	0,5–20

2. *Geschweißte Rohre* (für WV-Anlagen üblich)
werden aus gewalzten Blechen oder Bandstahl hergestellt durch:

– UP-(Unterpulver-)Schweißung – elektr. Schmelz-Schweißverfahren (Längsnaht der zum Rohr gebogenen Bänder bzw. Bleche oder Spiralnaht eines endlosen Stahlbandes an den Bandkanten)
– Pressschweißen – Band, dessen Breite dem künftigen Rohrumfang entspricht, wird der Länge nach zum Schlitzrohr geformt und die in einem Ofen angewärmten Bänder gegeneinander gepresst – Fretz-Moon-Verfahren.
– Elektr. Widerstandsschweißen – ein Pressschweißen, bei dem die Kanten eines zum Schlitzrohr gebogenen Bandes oder Bleches durch Hochfrequenzstrom angewärmt und durch Druckwalzen gegeneinander gepresst und verschweißt werden.

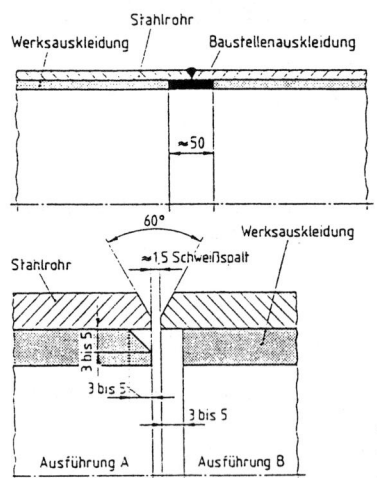

Abb. 7-11 a: Stumpfschweißverbindung an befahrbaren Rohren (Prinzipskizze)

Abb. 7-11 b: Vorbereitung für Stumpfschweißverbindung an befahrbaren und nicht befahrbaren Rohren mit Zementmörtelauskleidung bis zum Rohrende (Prinzipskizze)

7.3 Bestandteile der Rohrleitungen

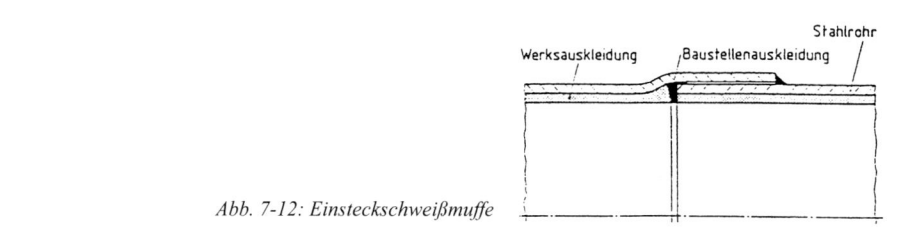

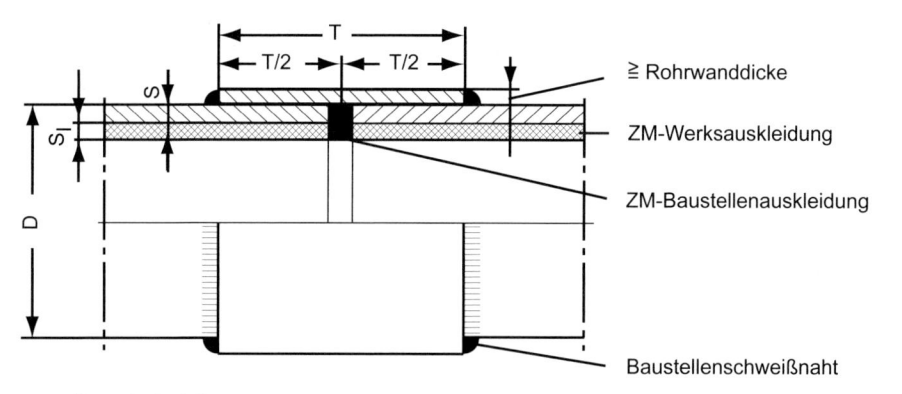

Abb. 7-12: Einsteckschweißmuffe

Abb. 7-13: Überschiebe-Schweißmuffe

Tab. 7-7: Fertigungsgrößen der Verfahren für geschweißte Rohre

Fertigungsart	Außendurchmesser mm	Wanddicke mm
Fretz-Moon-Verfahren	14–90	1,8–7
Hochfrequenzwiderstandsgeschweißt	33,7–508	1–12,7
Unterpulver-Längsnahtgeschweißt		
a) warm kalibriert	508–2020	5,6–25
b) kalt expandiert	457–1420	6,3–40
Unterpulver-Spiralnahtgeschweißt	508–2020	5,6–15

Entsprechend den Lieferbedingungen werden die Rohre vom Hersteller zerstörenden (Zerreiß- und Biegeproben) und zerstörungsfreien (Ultraschall- und Röntgen-) Prüfungen unterzogen.

7.3.1.2.2 Druckstufen

Die in DIN EN 10224, DIN 2460 genormten Rohre sind den höchsten Systembetriebsdrücken MDP gemäß **Tab. 7-8** zugeteilt. Rohre anderer Wanddicken können gefertigt werden.

7.3.1.2.3 Abmessungen

Herstellungsverfahren je nach Blechgrößen 6 bis 18 m; auch HFI- und spiralgeschweißte Rohre werden aus Transportgründen nicht länger gefertigt.
Durchmesser, Wanddicken, Massen der St-Rohre siehe Tab. 7-8. Der Nenndurchmesser DN entspricht nicht dem tatsächlichen Innendurchmesser.

Tab. 7-8: Maße und längenbezogene Massen der geschweißten Stahlrohre und Nenndrücke der Rohrleitungen

Nenn-weite	Rohr-außen-durch-messer	Nenn-Wand-dicke[1] s	Längen-bezogene Masse[2]	Höchster Systembetriebsdruck MDP der Rohrleitung [1]				
				Stahlsorte: St 37,0 [4])	Stahlsorte: St 37,0 [4])	Stahlsorte: St 52,0 [4])	Stahlsorte: St 37,0 [4])	Stahlsorte: St 52,0 [4])
				$v_N = 0{,}9$ [3])	$v_N = 0{,}9$ [3])	$v_N = 0{,}9$ [3])	$v_N = 1{,}0$ [3])	$v_N = 1{,}0$ [3])
				Werks-zeugnis	Abnahme-prüfzeugnis	Abnahme-prüfzeugnis	Abnahme-prüfzeugnis	Abnahme-prüfzeugnis
DN	d_a	mm	kg/m	2.2	3.1 B	3.1 B	3.1 B	3.1 B
80	88,9	3,2	6,76	63	80	125	100	125
100	114,3	3,2	8,77	50	63	100	63	100
125	139,7	3,6	12,1	50	63	80	63	100
150	168,3	3,6	14,6	40	50	63	50	80
200	219,1	3,6	19,1	32	40	50	40	63
250	273	4,0	26,5	25	32	50	40	50
300	323,9	4,5	35,4	25	32	50	32	50
350	355,6	4,5	39,0	25	32	40	32	50
400	406,4	5,0	49,5	25	32	40	32	50
500	508	5,6	69,4	25	25	40	25	40
600	610	6,3	93,8	20	25	32	25	40
700	711	6,3	109	16	20	32	20	32
800	813	7,1	141	16	20	32	20	32
900	914	8,0	179	16	20	32	20	32
1000	1016	8,8	219	16	20	32	20	32
1200	1219	11,0	328	16	20	32	20	32
1400	1422	12,5	435	16	20	32	20	32
1600	1626	14,2	564	16	20	32	20	32
1800	1829	16	715	16	20	32	20	32
2000	2032	17,5	869	16	20	32	20	32

[1])Berechnung nach DIN 2413, Ausgabe Juni 1972, Geltungsbereich I, (vorwiegend ruhend beansprucht, bis 120°C) mit folgenden Sicherheitsbeiwerten: $S = 1{,}70$ für St 37.0 mit Werkszeugnis 2.2, $S = 1{,}50$ für St 37.0 mit Abnahme-prüfzeugnis 3.1 B, $S = 1{,}58$ für St 52.0 mit Abnahmeprüfzeugnis 3.1 B ohne Zuschlag für Korrosion bzw. Abnutzung. Bei Rohren mit Auskleidung und Umhüllung ist in der Regel kein Korrosionszuschlag erforderlich. Der errechnete zulässige Betriebsüberdruck wurde auf die nächstniedrige Druckstufe nach DIN 2401 Teil 1 gerundet. Der angegebene Nenndruck gilt für Rohrleitungen mit Schweißverbindung und zwar: bis DN 500 für eine Verkehrsbelastung bis zu SLW 60, einer Erdüberdeckung von 0,6 bis 6 m und zusätzlich einem möglichen Abfall des Innendrucks auf den absoluten Druck $P_{abs} = 0{,}2$ bar. über DN 500 für eine Verkehrsbelastung bis zu SLW 60, einer Erdüberdeckung von 0,6 bis 4 m und zusätzlich einem möglichen Abfall des Innendrucks auf den absoluten Druck $P_{abs} = 0{,}2$ bar.
[2])Längenbezogene Massen ohne Berücksichtigung der Umhüllung der Auskleidung und der Muffenverbindung.
[3])Ausnutzung der zulässigen Berechnungsspannung in der Schweißnaht v_N nach DIN 1626
[4])Stahlsorte St 37.0 und St 52.0 nach DIN 1626.

7.3.1.2.4 Verbindungen

Alle begehbaren, aber auch kleinere Rohre werden durch Stumpfschweißung (**Abb. 7-11 a** und **7-11 b**) verbunden; für die nicht begehbaren Leitungen kann auch die Einsteckschweißmuffe oder eine gummigedichtete Steckmuffenverbindung (genormt bis DN 300) gewählt werden.

In begehbaren Rohren ist das Anbringen der ZM-Auskleidung an der Schweißstelle leicht möglich; lässt man an nicht begehbaren Rohren bereits werkseitig die ZM-Auskleidung bis zu den Rohrenden durchgehen, so verbleibt nach dem Schweißen zwar ein kleiner Spalt, in dem eine Korrosionsschädigung im Bereich der Stumpfschweißnaht jedoch nicht zu erwarten ist.

7.3 Bestandteile der Rohrleitungen   535

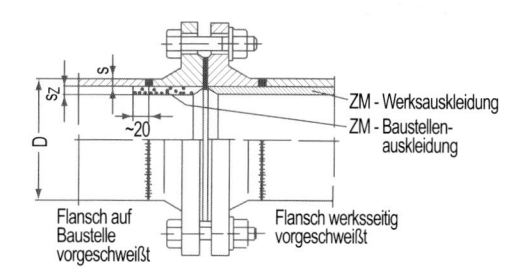

Abb. 7-14: Flansch-Verbindung St-Rohre

Die erwähnte Einsteckschweißmuffe (**Abb. 7-12**) ermöglicht ein gänzliches Verschließen der Schweißstelle; eine Abart ist die Überschiebe-Muffe, die zum Zusammenfügen zweier Spitzenden dient (**Abb. 7-13**).
Stahlrohre können auch durch werkseitig oder auf der Baustelle vorgeschweißte Flansche verbunden werden (**Abb. 7-14**).
Das Herstellen der Verbindungen auf der Baustelle ist im Kap. RL-Bau behandelt, dsgl. das Anbringen des inneren und äußeren Korrosionsschutzes nach dem Verschweißen.
Die Gewindeverbindung wird im Wasserleitungsbau vornehmlich für DN < 50, also für Verbrauchs- oder Hausinnenleitungen (verzinkt oder PE-umhüllt) verwendet. Zwei mit Whitworth-Gewinde (DIN 2999) an den Enden versehene Rohre werden mittels Gewindemuffen zusammengefügt. Der durch das Gewinde unterbrochene Außenschutz ist sorgsam wiederherzustellen.
Die Muffen und die Formstücke, sog. Fittinge (engl. Fittings) bestehen aus dem weniger korrosionsempfindlichen Temperguß, sind aber bei Verlegung im Boden ebenfalls zu schützen.
Die hauptsächlich vorkommenden Formstücke sind im Kapitel Verbrauchsleitungen aufgeführt.

Tab. 7- 9: Gewinderohre mittelschwer (DIN 2440) und schwer (DIN 2441) – Dicke der PE- Umhüllung 2 mm

DN	Außendurchmesser des Stahlrohres d_a mm	Rohre DIN 2440 Rohrwanddicke s mm	Masse mit Umhüllung G kg/m	Rohre DIN 2441 Rohrwanddicke s mm	Masse mit Umhüllung G kg/m
15	21,3	2,65	1,41	3,25	1,65
20	26,9	2,65	1,82	3,25	2,15
25	33,7	3,25	2,76	4,05	3,30
32	42,4	3,25	3,54	4,05	4,25
40	48,3	3,25	4,07	4,05	4,91
50	60,3	3,65	5,70	4,50	6,79
65	76,1	3,65	7,26	4,50	8,68
80	88,9	4,05	9,38	4,85	11,00 Längen 6 m

7.3.1.2.5 Formstücke aus Stahl

In den Werken werden beliebige Formstücke aus Stahl hergestellt und mit dem gleichen Außen- und Innenschutz wie die dazugehörigen Rohre ausgerüstet. Für große DN werden auch T-Stücke und andere Abzweige mit eingeschweißten Rohrstutzen bis zum gleichen DN für Durchgangs- und Abzweigrohr hergestellt. Ferner werden Rohre warm zu Krümmern mit großem Radius oder in speziellen Biegemaschinen auch von engem Radius und für Winkel mit 45, 90 oder 180°C als fertige Einschweißstücke gebogen. Auf der Baustelle müssen aber oft auch Abwinkelungen durch das Zusammenschweißen von Segmenten hergestellt werden, wobei dann auf die Wiederherstellung des Innen- und Außenschutzes geachtet werden muss. Segmentbögen liefern aber auch die Werke nach Angabe fertig zum Einbau einschl. Innen- u. Außenschutz.

7.3.1.3 Rohre aus Asbestzement (Faserzement) mit Formstücken aus Grauguss

7.3.1.3.1 Allgemeines

Druckrohre für den Wasserleitungsbau aus Asbestzement werden nicht mehr hergestellt und dürfen nicht mehr eingebaut werden, sie wurden jedoch in der BRD bis Ende der 80-er Jahre häufig verwendet. Deswegen wird in verkürzter Form auf sie eingegangen. Ausführliche Beschreibungen finden sich in der 13. und in früheren Auflagen dieses Taschenbuches.
Siehe auch DIN EN 512, November 1994

7.3.1.3.2 Druckstufen

Es wurden in Deutschland bzw. werden im übrigen Europa Rohre für MDP 2,5, 6, 10, 12,5 und 16 hergestellt. Für WV-Anlagen kommen aber nur die Druckstufen 10, 12,5 u. 16 in Betracht, da Leitungen unter MDP 10 grundsätzlich nicht zulässig sind. Ab DN 700 werden die Rohre nach den Belastungs- und Betriebsbedingungen gemäß den Festigkeitsanforderungen der DIN 19 800 bemessen.

7.3.1.3.3 Abmessungen *(Tab. 7-10)*.

Der Innendurchmesser DN/ID entspricht dem DN.
Die Normung in DIN 19 800 umfasst die Festigkeiten und Maßabweichungen für alle DN und die Wanddicken bis DN 600. Hergestellt wurden Rohre bis DN 2000.

Tab. 7-10: Außendurchmesser d_a (mm), Wanddicke s (mm) u. Masse G (kg/lfdm)

DN	PN 10			PN 12.5			PN 16		
DN/ID	DN/OD	s	G	DN/OD	s	G	DN/OD	s	G
100	120	10	9,5	124	12	11	130	15	13,5
125	149	12	13,5	153	14	15,5	159	17	18,5
150	178	14	18	182	16	20,5	190	20	25,5
200	234	17	28	240	20	33	252	26	42,5
250	286	18	36,5	296	23	46	308	29	58
300	342	21	52	352	26	63	368	34	80
350	400	25	70	410	30	84	428	39	109
400	456	28	89	470	35	110	488	44	138
450	510	30	109	524	37	132	546	42	171
500	564	32	128	582	41	161	606	53	207
600	678	39	182	698	49	226	726	63	291

Baulängen für DN 100-150: 4 m, für DN 200-600: 5 m; auch halbe Baulängen sind lieferbar. 5 % der bestellten Rohre dürfen Kurzlängen sein, jedoch nicht kürzer als 75 % der bestellten Längen.
Zulässige Abweichungen von den Außendurchmessern und Wanddicken nach DIN 19 800 Blatt 1.

7.3.1.3.4 Verbindungen

Die Rohre werden durch die genormte Reka-Kupplung miteinander verbunden, einem werkstoffgleichen Überschieber mit ausgefrästen Nuten zur Aufnahme eines Anschlag- oder Distanz-Gummiringes in der Mitte und zweier etwas konischer, gezahnter Dichtungsringe, deren Lippen sich beim Einschieben der maßgerecht bearbeiteten Rohrenden nach innen legen. Die Rohre können in dieser Kupplung etwas verschwenkt werden.

7.3 Bestandteile der Rohrleitungen

Sonderausführungen sind die Reka-Langkupplung mit großem axialem Spiel (Bergsenkungsgebiete), ferner Kupplungen zum Übergang auf Rohre anderen Werkstoffes und Außendurchmessers oder zur Verbindung zweier AZ-Rohre verschiedener DN (Kaliberwechsel ohne Zwischenformstück).

Als Abgang einer Hausanschlussleitung bis Nennweite DN 50 dient die Reka-Kupplung mit festeingebautem Abgangsstutzen mit Außengewinde. In diesem Falle ist kein Distanzring vorhanden. An den Stutzen lassen sich Absperrventile unmittelbar anschließen.

Ab DN 150 gibt es eine zugfeste Reka-Kupplung für Dükerleitungen, Leitungen in Schutzrohren, Hangleitungen usw. Durch 2 Nuten in der Kupplungshülse und an den Rohrenden, die sich gegenüberstehen, wird ein Stahlseil als Scherelement durch eine tangentiale Bohrung eingeschoben.

7.3.1.3.5 Formstücke

Aus AZ gibt es bis DN 400 Winkelkupplungen von 11 1/4° und 12 1/2°, nur für MDP 10. Für größere DN und MDP: Gusseisenbögen mit 2 Spitzenden, zur Reka-Kupplung passend.

Die übrigen Formstücke, ebenfalls aus Gusseisen, entsprechen – auch bezeichnungsmäßig – denen von Guss- oder Stahlleitungen. An die Stelle von Muffen treten kalibrierte Spitzenden, die in Reka-Kupplungen eingefahren werden.

7.3.1.4 Spannbetonrohre und Stahlbetonrohre

7.3.1.4.1 Allgemeines

Spannbetonrohre werden in Deutschland nicht mehr hergestellt und als Druckrohrleitungen in der Wasserverteilung nicht mehr eingebaut; siehe auch DIN EN 639-642, Dezember 1994 und DVGW-Arbeitsblatt W341. Schlaff bewehrte Stahlbetonrohre kommen nur für Leitungen geringer Drücke (Entleerungsleitungen, Zuleitungen im Gefälle der Drucklinie usw.) in Frage und werden auch hier kaum noch eingesetzt. Ausführliche Beschreibungen der Spannbetonrohre finden sich in der 13. und früheren Auflagen dieses Taschenbuches.

7.3.1.4.2 Druckstufen

Stahlbetonrohre sind keine Druckrohre; sie werden für Freispiegelleitungen mit gelegentlichen inneren Überdrücken bis 0,3 bar eingesetzt.

7.3.1.4.3 Verbindungen

Bei Stahlbetonrohren werden bewegliche, elastomergedichtete Rohrverbindungen angewandt, z. B. die Regelverbindungen Glockenmuffe mit Rollgummiring-Dichtung. Die Rohrenden besitzen große Maßgenauigkeit und verformen beim Zusammenfahren den runden Gummiring auf etwa halben Ausgangsquerschnitt. Der Gummiring nimmt nicht das Gewicht des eingeschobenen Rohres auf; er dichtet durch den Anpressdruck (elastische Verformung des Gummis) sowie durch den Innen-Wasserdruck, der einen zusätzlichen Anpressdruck hervorruft.

7.3.1.5 PVC-U-Rohre (Kunststoff)

(Vgl. DVGW-Arbeitsblatt GW 335 TA1, DIN 8061/8062)

7.3.1.5.1 Herstellung der Rohre

Durch Pressen des erwärmten PVC-Granulates oder -Pulvers durch eine Ringdüse mit anschließender Abkühlung (Maschine heißt Schneckenpresse, engl. Extruder). Die Rohre werden endlos angefertigt und bis DN 40 in Längen von 5 m, ab DN 50 in Längen von 6 und 12 m geliefert.

7.3.1.5.2 Druckstufen

Nach DIN 8062 werden 6 Reihen (4, 6, 10, 16 bar von Sonderreihen für Lüftung und chem. Industrie) unterschieden. Die Wahl hängt nicht allein vom Innendruck, sondern auch vom Durchflussmedium ab. Für Säureleitungen wird z. B. nur ein geringerer Innendruck zugelassen als für Wasserleitungen. Der Wanddickenberechnung für die unterschiedlichen Druckstufen liegt die Forderung einer Mindestzugspannung von 25 N/mm² bei einer Dauerbelastung durch den Systemdruck MDP bei 20 °C von 50 Jahren ($=4{,}4 \cdot 10^5$ h) zugrunde. Die Berechnungsspannung berücksichtigt eine Sicherheit von S = 2,5 und ergibt sich damit zu $\sigma_{zul} = 10$ N/mm².
Die Wanddicke wird berechnet nach

$$s = \frac{d_a \cdot p}{20 \cdot \sigma_{zul} + p}$$

s = Wanddicke (mm)
p = Innendruck (bar)
σ_{zul} = Berechnungsspannung = 10 N/mm²

7.3.1.5.3 Abmessungen der Rohre für MDP 10 und MDP 16

In der folgenden Tabelle sind Wasserleitungsrohre für MDP 10 und MDP 16 des Rohrtyps PVC 100 aufgeführt.
Die Rohre tragen folgende Angaben: Herstellerzeichen/DVGW-Prüfzeichen mit Registernummer/ Werkstoff/Nennweite/Außendurchmesser · Wanddicke/Nenndruck/DIN-Nr./Herstellerdatum/Maschinen-Nr.

Tab. 7-11: d_a = Außendurchmesser, d_i = Innendurchmesser, s = Wanddicke, G = Masse

DN	d_a	MDP 10			MDP 16		
		d_i	s	G	d_i	s	G
	mm	mm	mm	kg/m	mm	mm	kg/m
10	16	–	–	–	13,6	1,2	0,090
15	20	–	–	–	17,0	1,5	0,137
20	25	–	–	–	21,2	1,9	0,212
25	32	–	–	–	27,2	2,4	0,342
32	40	–	–	–	34,0	3,0	0,525
40	50	–	–	–	42,5	3,7	0,809
50	63	57	3,0	0,854	40,6	4,7	1,29
65	75	67,8	3,6	1,22	63,8	5,6	1,82
80	90	81,4	4,3	1,75	76,6	6,7	2,61
100	110	99,4	5,3	2,61	93,6	8,2	3,90
125	140	126,6	6,7	4,18	119,2	10,4	6,27
150	160	144,6	7,7	5,47	136,2	11,9	8,17
200	225	203,4	10,8	10,8	191,6	16,7	16,1
250	280	253,2	13,4	16,6	238,4	20,8	24,9
300	315	285	15,0	20,9	268,2	23,4	31,5
400	450	407	21,5	42,7	–	–	–

Rohrfarbe ist dunkelgrau (RAL 7011)
Der Nenndurchmesser DN weicht vom tatsächlichen Innendurchmesser ab.
Angeformte Muffe mit Sicke für den Dichtring. Die Wanddicke der Muffe ist wegen der höheren Randzugspannung größer als die des Rohres. Desgleichen beim Überschieber.

7.3 Bestandteile der Rohrleitungen

7.3.1.5.4 Verbindungen

Einsteckmuffen mit Gummiring: auf gleiche Weise Verbindung mit PVC-Formstücken und Übergangsstücken auf Metallrohre (**Abb. 7-15**); häufigste Verbindung

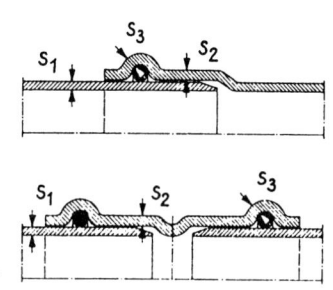

Abb. 7-15: Einsteckmuffe für PVC-Rohre

Einkleben des Spitzendes in „Klebemuffe" durch Spezialkleber. Zylindrische kalibrierlose Verbindung mit einfachem Überschieber DN 10-200. Klebeverbindungen sind in der Werkstatt einfach, im Rohrgraben, der Witterung ausgesetzt, schwieriger herzustellen. Unter 5 °C ist das Kleben von PVC nicht mehr möglich. Kleben ist daher im erdverlegten Rohrleitungsbau nicht empfehlenswert und nicht mehr gebräuchlich.

7.3.1.5.5 Formstücke

werden aus PVC-U in ausreichender Auswahl hergestellt, so dass alle Verbindungen mit Abzweigungen zusammengebaut werden können. Fast alle Formstücke besitzen Muffenenden.
Zum Übergang auf metallische Rohre oder Armaturen gibt es besondere E- und F-Stücke mit Flanschen.

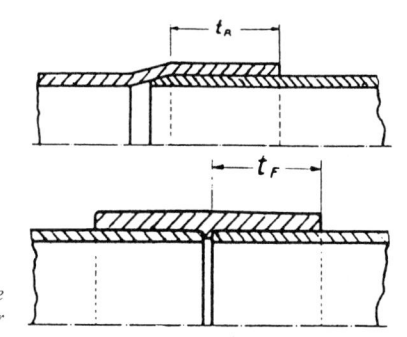

Abb. 7-16: Klebemuffe für PVC-Rohre
Angeformte Muffe und Überschieber

Tab. 7-12: PVC-Verbindungsarten in Abhängigkeit von DN

DN	10	15	20	25	32	40	50	65	80	100	125	200	250	300	400
Steckmuffen							×	×	×	×	×	×	×	×	×
Klebemuffen	×	×	×	×	×	×	×	×	×	×	×	×			
Flansche							×	×	×	×	×	×	×	×	×
Verschraubungen	×	×	×	×	×	×	×	×							
PVC-Rohrbogen u. Sonderformst.	×	×	×	×	×	×	×	×	×	×	×	×	×	×	×

7.3.1.6 Polyethylen-Rohre (Kunststoff)

(vgl. DVGW-Arbeitsblatt GW 335 TA2/TA3, DIN 8074/8075, DIN 16892/16893)

7.3.1.6.1 Herstellung der Rohre

PE-Granulat wird durch die elektrisch beheizte Ringdüse einer Schneckenpresse („Extruder") gedrückt. Endlose Fertigung, beliebiges Ablängen.

7.3.1.6.2 Druckstufen

Gefertigt werden Rohre für MDP 2,5-6-10-16; für WV-Anlagen kommen Druckstufen unter MDP 10 nicht in Frage. Für PE 80 gelten die Druckstufen MDP 20 für Rohrreihe 6 SDR 7,25 und MDP 12,5 für Rohrreihe 5 SDR 11.0. Für PE 100 gelten die Druckstufen MDP 16 für Rohrreihe 5 SDR 11,0 und MDP 10 für Rohrreihe 5 SDR 17.0. SDR ist das Durchmesser-Wanddickenverhältnis.
Für PE 100 Rohre bis einschließlich DN/OD 63 dürfen in der Gas- und Wasserversorgung Rohre mit SDR 17 aus Stabilitätsgründen nicht verwendet werden.

7.3.1.6.3 Abmessungen

Die Rohre werden mit Außendurchmesser DN/OD von 20 mm bis ca. 500 mm (in Ausnahmefällen auch größer) hergestellt. Die Wandstärke und damit der Innendurchmesser DN/ID richten sich nach der Werkstoffqualität (z. B. PE 80, PE 100, PE X_a) und der Druckstufe. Kleine Nennweiten bis DN/DA 160 werden in Ringbunden mit Rohrlängen von 100 m bis 2000 m geliefert, größere Nennweiten üblicherweise in Stangen von 12 m Länge.

7.3.1.6.4 Verbindungen

Bis DN 125 meist Klemmverbindung aus Messing (**Abb. 7-17**), Steckverbindung aus beschichtetem Gusseisen (**Abb. 7-18**) oder Schraub-Klemmverbindungen aus Polyethylen. Der Dichtring dichtet auch im drucklosen Zustand; die PVC-Klemme ist mit Korund beschichtet, so dass sich am Rohr keine Druckstellen (Riefen) bilden, die Verbindung jedoch die Zugbelastung aufnimmt.
Als Korrosionsschutz bei Verbindungselementen aus Metall werden die Verbindungen im Gewindebereich häufig nachisoliert. Alternativ dazu gibt es Fittings mit Bajonettverbindung, die einen integralen Korrosionsschutz gewährleisten (**Abb. 7-18**).
Für größeren DN: Flansch- oder Elektroschweißverbindung (siehe **Tab. 7-13**). Die Heizelement-Muffenschweißverbindung wird nur noch wenig eingesetzt.

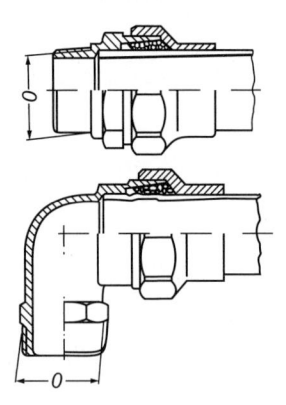

Abb. 7-17: Klemm-Verbindung für PE-Rohre

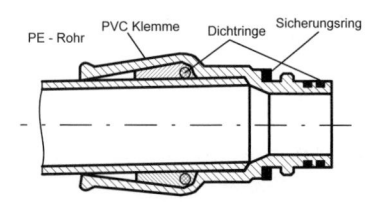

Abb. 7-18: Steck-Verbindung für PE-Rohre mit Bajonett-verbindung

7.3 Bestandteile der Rohrleitungen

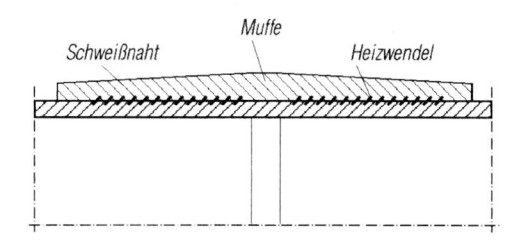

a) Elektroschweißmuffenverbindung / Heizwendelschweißverfahren

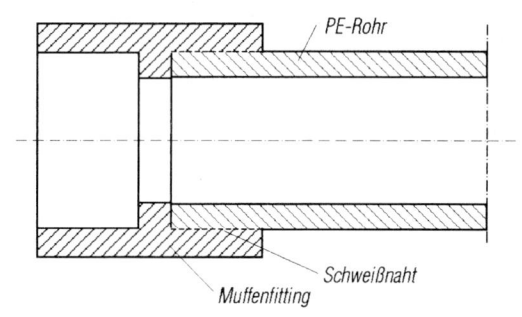

b) Heizelementmuffenschweißverbindung

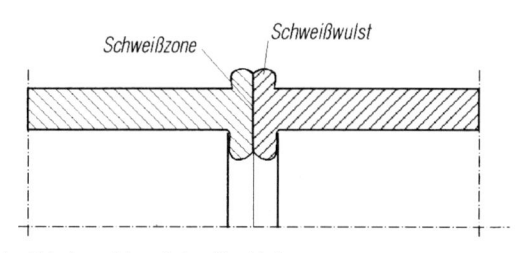

c) Heizelementstumpfschweißverbindung

Abb. 7-19 a-c: Schweißverbindungen für PE-Rohre

Tab. 7-13: Verbindungsarten bei PE-HD-Rohren in Abhängigkeit vom DN

DN	15	20	25	32	40	50	65	80	100	125	150	200	250	300
Klemmverschraubungen aus Polyethylen	×	×	×	×	×	×	×	×	×	×				
Klemmverschraubung aus Metall	×	×	×	×	×									
Flanschverbindung						×	×	×	×	×	×	×	×	×
Elektroschweißmuffenverbindung	×	×	×	×	×	×	×	×	×					
Heizelement-Muffenschweißverbindung	×	×	×	×	×	×	×	×						
Heizelement-Stumpfschweißverbindung						×	×	×	×	×	×	×	×	×

Die Rohre tragen die Angaben: Herstellerzeichen/ DVGW-Prüfzeichen mit Register-Nr./ Werkstoff/ DN/ Außendurchmesser · Wanddicke/ PN/ DIN-Nr./ Herstellerdatum/ Maschinen-Nr.
DN weicht vom tatsächlichen Innendurchmesser ab.
Für PE 80/PE 100 kommen vorrangig das Heizwendelschweißverfahren und das Heizelementstumpfschweißverfahren zur Anwendung, während für PE - X_a nur das Heizwendelschweißverfahren geeignet ist.

7.3.1.7 UP-GF-Rohre (Rohre aus glasfaserverstärkten Kunststoffen)

(Vgl. pr EN 14 364, DIN 16 869/19 565, DVGW VP 615)

7.3.1.7.1 Herstellung der Rohre

Die Rohrfertigung erfolgt im Schleuderverfahren, wobei in die relativ langsam drehende Matrize Harz, Glas, Füllmittel und Linerharz eingespritzt werden. Danach wird die Matrize auf hohe Drehzahl gefahren und so das vorgenannte Laminat verdichtet und entlüftet. Nach Abschluss dieses Vorgangs wird Heißwasser außen und heiße Luft innen durch die Matrize geblasen und damit der exotherme Polymerisationsvorgang eingeleitet. Nach Abschluss der Polymerisation erfolgt die Abkühlung der Matrize. Abschließend wird das fertige Rohr herausgepresst.

7.3.1.7.2 Abmessungen und Verbindungen

Maße, allgemeine Güteanforderungen u. die Prüfung dieser Rohre sind in DIN 16 869 (1) vom Sept. 1984 und (2) vom Nov. 1986 festgelegt. Die Fertigung unterliegt der Kunststoffverein-Güteüberwachung. Die Rohre werden wie die anderen Kunststoffrohre mit allen wichtigen Daten gekennzeichnet.
Die Rohre werden je nach Verwendungszweck mit verschiedenen Nennsteifigkeiten hergestellt. Für den Einbau in Wasserverteilungssysteme mit MDP 10 bzw. MDP 16 bedarf es der Nennsteifigkeit SN 5000 bzw. SN 10 000.
Verbindungen:
Bis DN 400 für MDP 10 bis 25 mittels DC-Kupplung, für DN> 500 MDP 10 bis 25 die FWC-Kupplung. Eine Abwinklung in den Kupplungen ist möglich.
Eigenschaften:
Die Rohre sind korrosionsbeständig, inkrustationsfrei, unempfindlich gegen Frost und höhere Temperaturen. Sie besitzen eine glatte Rohrinnenfläche (k = 0,01 mm) und eine einheitliche Rohrlänge von 6,0 m.

Tab. 7-14: Außendurchmesser, Wanddicke und Masse

Nennsteifigkeit:		SN 5000		SN 10 000	
DN	Rohr-Außen-durchmesser	Wanddicke (mm)	Gewicht (kg/m)	Wanddicke (mm)	Gewicht (kg/m)
200	220,8	4,5	5	5,2	6
250	272,5	5,2	8	6,3	9
300	324,5	6	11	7,2	13
350	376,1	6,7	14	8,2	17
400	427,1	7,5	18	9,1	21
500	530,2	9,1	27	11,1	32
600	616,4	10,4	35	12,7	43
700	718,8	12	48	14,6	58
800	820,4	13,5	61	16,5	75
900	924,1	15	77	18,5	94
1000	1026,1	16,5	94	20,4	115
1200	1229	19,7	134	24,8	168

(>DN 1200 siehe DIN 16869.)

7.3 Bestandteile der Rohrleitungen

7.3.2 Armaturen

7.3.2.1 Allgemeines

Die Armaturen müssen der gleichen Druckstufe entsprechen wie die RL selbst. Die Güte ihres Innen- und Außenschutzes darf der Güte der RL nicht nachstehen, um in die Kette der RL-Teile kein gegen Korrosion schwaches Glied einzubauen. Soweit Armaturen den Wasserstrom unterbrechen oder regeln können, werden ein dichter Abschluss und eine den Erfordernissen angepasste Regelcharakteristik gefordert.
Siehe auch DIN EN 1074 und DVGW-Merkblatt W 332.

7.3.2.2 Werkstoffe

Die Gehäuse von Armaturen sind seit einigen Jahren aus GGG-40 und GGG-50, für sehr hohe Drücke eventuell aus Stahl gefertigt. Teile der Armaturen sind aus Stahl, legiertem Stahl, Buntmetallen, Kunststoffen und Dichtungsstoffen hergestellt. Die Armaturen werden beim Hersteller auf Druck- und Funktionstüchtigkeit geprüft. In der Wasserversorgung sollen nur Armaturen eingesetzt werden deren nichtmetallische Werkstoffe nach DVGW-Arbeitsblatt W 270 und den KTW-Empfehlungen geprüft sind.

7.3.2.3 Korrosionsschutz

Armaturen mit dem früher üblichen inneren und äußeren Bitumenüberzug werden nicht mehr hergestellt. Als Korrosionsschutz kommen heute, je nach Beanspruchung, verschiedene Verfahren wie z. B. elektrolytische Kunstoffbeschichtung oder Emailierung in Betracht.

7.3.2.3.1 Korrosionsschutz der Außenseite

Geringe Beanspruchung – Für Erdeinbau in die Bodengruppe I oder für Schachteinbau muss nach DIN 30 677-1 die Umhüllung der Armatur nach dem Sandstrahlen eine Mindestschichtdicke von 120 µm an ebenen und drucktragenden Flächen bzw. 80 µm an außen konvexen Kanten aufweisen. Diese Norm findet nur noch in Ausnahmefällen (z. B. Klappen großer Nennweite) Anwendung.
Korrosionsschutz der Außenseite bei erhöhten Anforderungen – Für Erdeinbau in Böden mit erhöhten Korrosionsbelastungen gelten die Anforderungen für die Beschichtung mit Epoxydharz (EP) und Polyurethan (PUR), wobei eine Mindestschichtdicke von 150 µm bis 1500 µm je nach Umhüllungsstoff und Fläche vorgeschrieben ist (DIN 30 677-2). Außerdem werden Porenfreiheit nach dem Hochspannungs- oder Elektrolytverfahren, Schlagbeständigkeit, Eindruckswiderstand, Biegbarkeit, Reißdehnung, spezifischer Umhüllungswiderstand u. a. geprüft. Die so umhüllten Armaturen müssen die dauerhafte Kennzeichnung mit der Angabe „DIN 30 677-2- (z. B.) EP-30" aufweisen, wobei „EP" der Beschichtungsstoff und „30" die zulässige Dauerbetriebstemperatur bedeuten.
Die Schrauben an den Gehäusen sollen aus nichtrostendem Stahl bestehen. Die Flanschschrauben – ebenfalls aus CrNi-Stahl – sollten nach dem Einbau besonders geschützt werden. (Umhüllung der ganzen Flansche mit Binden und dgl.)

7.3.2.3.2 Korrosionsschutz der Innenseite

Als Korrosionsschutz für die Innenseite haben sich zwei Verfahren durchgesetzt, die als gleichwertig anzusehen sind:
Innenemaillierung – Bei der Innenemaillierung handelt es sich um einen anorganischen, glasartigen Überzug, der etwa 800 °C im Durchlaufofen in den Gehäusewerkstoff eingebrannt wird. Die Anforderungen sind in der DIN 3475 festgelegt.

EP-Beschichtung – Die EP-Beschichtung kann als Flüssigbeschichtung („F") oder als Pulverbeschichtung („P") aufgebracht werden. Es handelt sich dabei um einen organischen Überzug, dessen Anforderungen in der DIN 3476 definiert sind.

7.3.2.4 Absperr- und Regelarmaturen allgemein

7.3.2.4.1 Grundsätzliches

Absperreinrichtungen dienen in Leitungen aller Art zum Abtrennen von RL-Strecken und in PW und WA-Anlagen als Schaltstellen für verschiedene Betriebszustände. Absperrarmaturen in Zubringer- und Fernleitungen sollen in Schachtbauwerken untergebracht sein; soweit sie in untergeordneten Leitungen nicht in Schächten angeordnet sind, müssen sie für den Erdeinbau geeignet und von der Erdoberfläche aus bedienbar sein.

7.3.2.4.2 Fast immer geöffnete Absperrvorrichtungen

– *wie z. B. Strecken- und Strangabtrennungen sowie Absperrungen in Hochbehältern:*
bis DN 200 empfiehlt sich der Einbau „weichdichtender" Schieber und Klappen nach DIN 3547-1, DIN 3352-4, DIN 3352-13, DIN 3354-2-DIN EN 593. Die Dichtkörper sind ganz oder im Dichtbereich mit Elastomer oder Weichstoffen ausgestattet, damit entfällt der bei metallisch dichtenden Schiebern unvermeidliche Schiebersack, der Ablagerungen fördern würde; somit ist freier Durchgang vorhanden. Das innenliegende Spindelgewinde aus CrNi-Stahl soll wenigstens 13 % Cr aufweisen. Die Spindelmutter wird nach Wahl des Herstellers, die Spindelabdichtung mittels Elastomer oder Weichstoff wartungsfrei gestaltet (**Abb. 7-20** und **7-21**).
ab DN 200 werden überwiegend Absperrklappen (**Abb. 7-22**) eingesetzt.
Bei Bestellung sind Druckdifferenz vor und hinter der Klappe anzugeben. Vorteile: einfach, robust, verhältnismäßig geringes Gewicht, geringe Bauhöhen und -längen, mäßiger Kraftaufwand beim Bedienen. Von einfachen und leichten Ausführungen wird abgeraten, da deren Scheibe leicht flattert, wodurch die Dichtung herausgerissen werden kann. Eine gute Ausführung hat formgepresste elastische Dichtringe in der Scheibe und emaillierten Gehäusesitz bzw. nichtrostenden Gehäusedichtring. Der seitlich angebrachte Getriebekasten muss für Erdeinbau wasserdicht gekapselt sein (IP 67 – s. Abschn. 5.2.2.5). Für Schacht- oder Gebäudeeinbau sind Gehäuse mit Füßen vorzusehen.

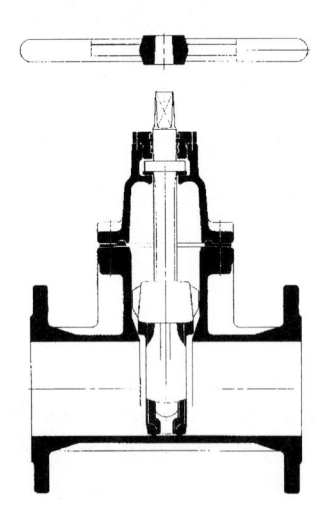

Abb. 7-20: Weichdichtender Schieber mit Flanschen 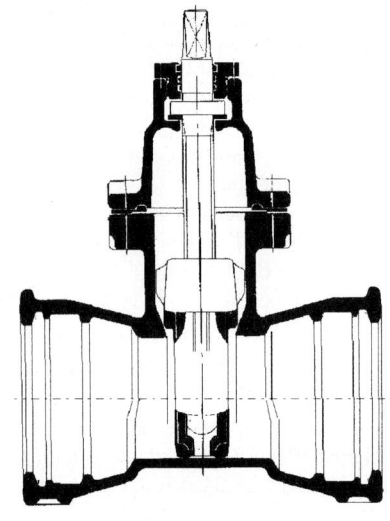   *Abb. 7-21: Weichdichtender Schieber mit Steckmuffen*

7.3 Bestandteile der Rohrleitungen

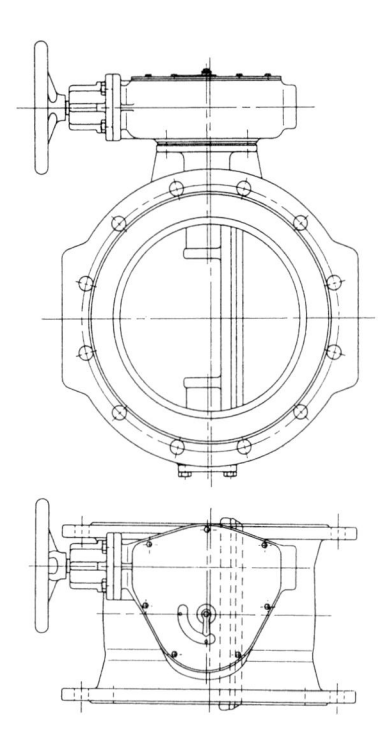

Abb. 7-22: Absperrklappe

Tab. 7-15: Grundreihenmaße nach Tabelle 1 (DIN EN 558-1)

Grundreihe	DN	40	50	65	80	100	125	150	200	250	300	350	400
14 : FTF =		140	150	170	180	190	200	210	230	250	270	290	310
15 : FTF =		240	250	270	280	300	325	350	400	450	500	550	600
FTF =		Baulänge in mm für Durchgangsarmaturen											

Für Anschlussleitungen empfehlen sich ebenfalls die oben genannten Schieber mit elastischen Dichtelementen, die man auch für kleinere DN der Anschlussleitung mit DN 40 wählen sollte (hinter dem Schieber Übergangsstück 40/25 usw.), weil man dann nur eine Größe auf Vorrat halten muss.
Innerhalb von Gebäuden zum Absperren vor und nach den Wasserzählern eignen sich Freifluß-Schrägsitzventile.
Die Baulängen der Armaturen sind in DIN EN 558-1 festgelegt, wobei für Schieber die Grundreihe 14 (entspricht der früher verwendeten Bezeichnung „F4"-DIN 3202) oder Grundreihe 15 (= „F5"-DIN 3202) und für Klappen die Grundreihe 14 verwendet wird.

7.3.2.4.3 Fast immer geschlossene Absperrvorrichtungen

– wie z. B. Spül- und Entleerungsauslässe aus RL:
Hier werden neben Schiebern und Klappen auch Kugelhähne für MDP 10, 16, 25 und 40 und DN 80 bis 1400 eingesetzt (**Abb. 7-23**). Gehäuse und Kugel werden aus GG 25, ab PN 25 aus GGG 40 oder GGG 50 gefertigt. Der Spindelantrieb wird mit Handrad, Einbaugarnitur oder Stellmotor ausgestattet. Ab DN 200 werden Armaturen mit Füßen versehen. Außen- und Innenschutz sind wie bei Absperrklappen vorzusehen.
Vorteil gegenüber Keilschiebern und Klappen: kein Verklemmen durch Fremdkörper, freier Durchgang.

Tab. 7-16: Flanschanschlussmaße (mm) DIN EN 1092-2

DN	PN 10				PN 16			
	Außen-∅	Lochkreis-∅	Schrauben-zahl	Schrauben-größe	Außen-∅	Lochkreis-∅	Schrauben-zahl	Schrauben-größe
40					150	110	4	M 16×65
50					165	125	4	M 16×65
65					185	145	4**	M 16×65
80	Maße PN 16 anwenden				200	160	8	M 16×70
100					220	180	8	M 16×70
125					250	210	8	M 16×75
150					285	240	8	M 20×80
200	340	295	8	M 20×75	340	295	12	M 20×80
250	395*	350	12	M 20×80	405*	355	12	M 24×90
300	445*	400	12	M 20×80	460*	410	12	M 24×100
350	505	460	16	M 20×90	520	470	16	M 24×100
400	565	515	16	M 24×90	580	525	16	M 27×100
450	615	565	20	M 24×90	640	585	20	M 27×100
500	670	620	20	M 24×90	715	650	20	M 30×110
600	780	725	20	M 27×100	840	770	20	M 33×125

* Für Rohre und Formstücke müssen die Außendurchmesser 400 mm (DN 250) und 455 mm (DN 300) sein
** in Sonderfällen auch 8 Schrauben

Offenstellung

Schließstellung

bevorzugter Zufluß

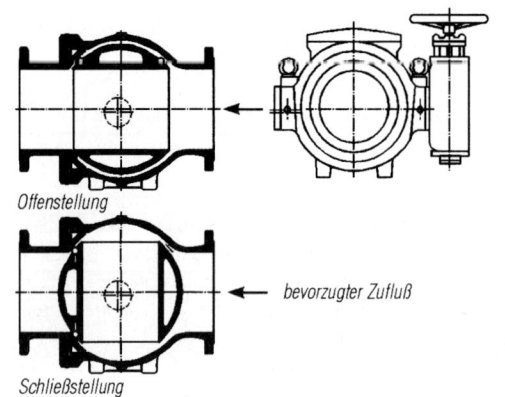

Abb. 7-23: Kugelhahn

Tab. 7-17: Längen L und Massen G für Kugelhähne Maße nach Grundreihe 26 - DIN EN 558-1

DN	L	G
	mm	kg
80	310	58
100	350	72
125	400	103
150	450	143
200	550	290
250	650	310
300	750	445
350	850	750
400	950	970
450	1 050	1 300

7.3 Bestandteile der Rohrleitungen

7.3.2.4.4 Regeleinrichtungen (DIN EN 1074-5)

Für DN 40 bis 125 verwendet man meist Regelventile in Durchgangsform mit Handrad oder angebautem Stellmotor, der z. B. in Pumpendruckleitungen mit der Schaltung des Pumpen-Motors so gekoppelt ist, dass das Ventil erst nach P-Anlauf öffnet und vor P-Stillstand schließt (Vermeidung von Druckstößen) (**Abb. 7-24**).
Der Kolben des Regelventils soll eine möglichst lange Führung haben. Werkstoffe z. B.: Kolben, Ventilsitz: nichtrostender Stahl, Kolbenführungsbüchse: Messing, Dichtringe: Perbunan. Zur Bestimmung der optimalen Ventilgröße sind dem Hersteller Druck und Durchflussmenge anzugeben.
Ab DN 150 und größer werden bevorzugt Ringkolbenventile (**Abb. 7-25** und **7-26**) für PN 10 bis 64 eingesetzt, wobei das Gehäuse aus GG 25 und (ab PN 25) GGG 40 oder GGG 50 und der Kolben bis DN 400 aus Rotguss, darüber aus nichtrostendem Stahl gefertigt werden. Zum Betätigen dient ein Schubkurbelantrieb. Außen- und Innenschutz sind wie bei den Absperrklappen vorzusehen.

Tab. 7-18: Längen L und Massen G von Ringkolbenventilen

DN	L	G
	mm	kg
125	325	90
150	350	110
200	400	148
250	500	220
300	500	330
350	700	425
400	800	570

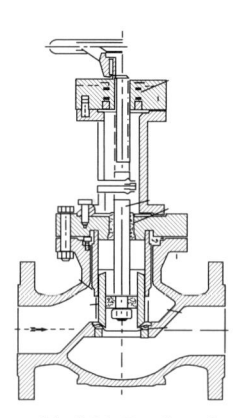

Abb. 7-24: Regelventil

Vorteile der Ringkolbenventile: beliebig einstellbare Schließzeit lieferbar, schadlose Belassung in gedrosselter Stellung, geringer Kraftaufwand für die Betätigung, dichter und stoßfreier Abschluss, strömungstechnisch günstig. Geeignet für viele Aufgaben: Steuerung und Regelung von Behältereinläufen, Druck- und Durchflussregelung, druckstoßfreier P-Anfahr- und -Abfahrbetrieb, Abschluss einer Leitung bei Rohrbruch (Rohrbruchsicherung) und, in Verbindung mit angebauter Messeinrichtung, Messung des Durchflusses („Messringkolbenschieber"). Hinter einer Pumpe eingebaut kann die Armatur Pumpendruckschieber, Durchflussmessgerät oder Rückschlagarmatur sein. Auch zum Öffnen eines Nebenauslasses zur Druckstoßsicherung ist sie geeignet. Der Antrieb erfolgt durch Hand, Stellmotor, hydraul. Kraftkolben oder Fallgewicht; letzteres, wenn das Ventil zur Rohrbruchsicherung eingebaut ist, um das Auslaufen langer Leitungen oder von Behältern und die dadurch möglichen Schäden im Gelände und an Bauwerken zu verhindern. In diesem Falle erfolgt mechanische Auslösung durch einen Grenzwertgeber, der auf einen Durchflussgrenzwert anspricht oder elektrisch durch Messen der Mengendifferenzen an 2 Punkten der Rohrleitung. Gegen Druckstöße durch zu schnelles Schließen ist am Fallgewicht eine einstellbare Verzögerung angebaut.
Vorsicht: Wenn der größte Betriebsdurchfluss nicht wesentlich kleiner ist als der zur Auslösung ermittelte Rohrbruchdurchfluss, ist für den Feuerlöschfall zusätzlich eine elektr. Auslösesperre notwendig. Sonst besteht die Gefahr, dass das Ventil bei großer Löschwasserentnahme anspricht und den Zulauf sperrt, wenn das Wasser am nötigsten gebraucht wird.

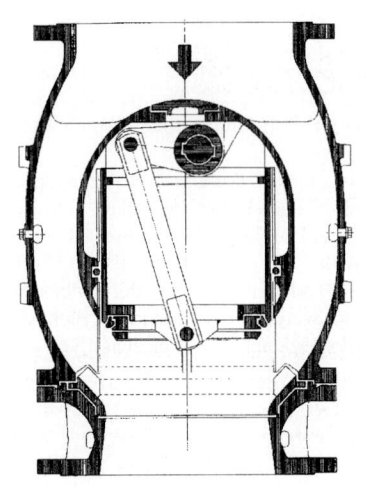

Abb. 7-25: Ringkolbenventil mit Schaufelkranz 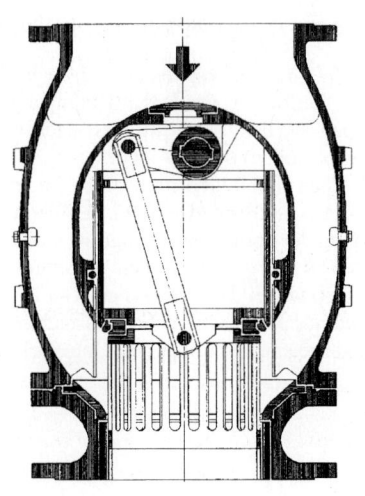   *Abb. 7-26: Ringkolbenventil mit Schlitzzylinder*

Die Fernregelung der Ringkolbenventile ist auch zur Aufrechterhaltung eines bestimmten Druckes an einer ausgewählten Stelle des Rohrnetzes möglich. Ihr Einsatz empfiehlt sich überall dort, wo eine Regelkennlinie mit möglichst geradliniger Wasserdurchflussdrosselung verlangt wird und wo hohe Betriebs- und Differenzdrücke sowie große Durchflussgeschwindigkeiten vorliegen.

7.3.2.4.5 Einbau von Absperr- und Regelarmaturen

In den Armaturen treten – besonders im geschlossenen Zustand – axiale Kräfte auf, die sich auf die anschließende RL übertragen; an Abzweigungen entstehen – bezogen auf die Hauptleitung – auch Seitenkräfte. Es ist daher durch Rechnung zu prüfen, ob diese Kräfte durch geeignete Vorkehrungen (Betonwiderlager, zugfeste Verbindungen der anschließenden Leitungen) abgefangen werden müssen (siehe hierzu auch DVGW-Merkblatt GW 368).
Auch an Schacht- und Gebäudemauern, die von RL mit Absperrorganen durchdrungen werden, sind die Axialkräfte zu berücksichtigen; sie lassen sich z. B. nach **Abb. 7-27** auf die Schachtwand übertragen. Die Festigkeit der Schachtwand ist durch Rechnung nachzuweisen.
Sind diese Axialkräfte groß und nicht auf die Mauern übertragbar, sind die RL durch Mauerdurchführungen zu verlegen, so dass eine gewisse Beweglichkeit besteht. Beiderseits des Schachtes muss dann die RL kraftschlüssig sein.
Um Armaturen aus gestreckten RL ausbauen zu können (z. B. in Schächten), sind auf einer Seite der Armatur Ausbaustücke vorzusehen (**Abb. 7-28**).

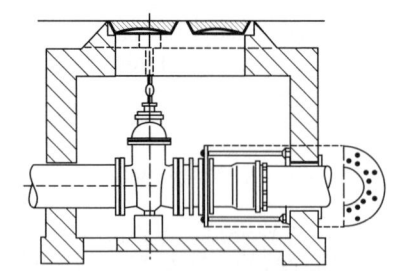

Abb. 7-27: Verankerung d. RL in der Schachtwand

7.3 Bestandteile der Rohrleitungen

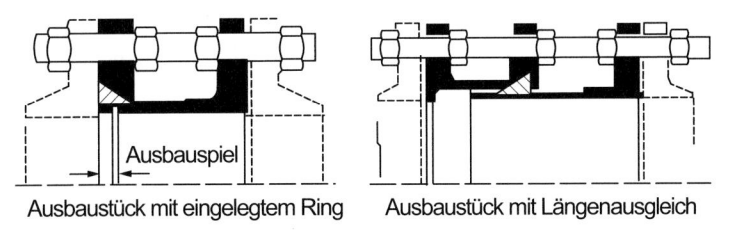

Ausbauspiel

Ausbaustück mit eingelegtem Ring   Ausbaustück mit Längenausgleich

Abb. 7-28: Ausbaustücke

7.3.2.4.6 Bedienung von Absperrarmaturen

In Gebäuden und Schächten werden die Armaturen durch Handräder (für Großarmaturen auch mit Untersetzungsgetrieben), durch Stellmotore oder durch Druckluft oder Druckflüssigkeit angetrieben. Erdverlegte Armaturen benötigen eine Einbaugarnitur (**Abb. 7-29**). Solche Armaturen sollen nicht unter freies Land (Äcker, Wiesen) gesetzt werden, weil die Straßenkappen dort schon bald nicht mehr auffindbar sind. In nicht befestigten Wegen sind armierte, Betonplatten um die Straßenkappen zu legen!

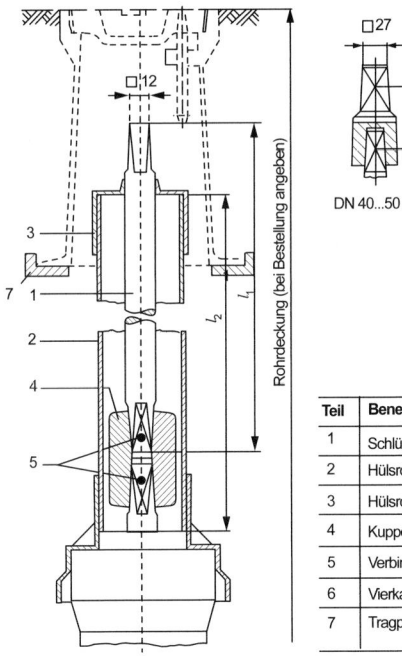

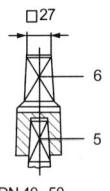

Teil	Benennung	Werkstoff
1	Schlüsselstange	St37-2
2	Hülsrohr	PE
3	Hülsrohrdeckel	PE
4	Kuppelmuffe	GGG
5	Verbindungsstift	Cr-Ni-Stahl
6	Vierkantschoner	GG
7	Tragplatte	Beton oder Kunststoff

Abb. 7-29: Einbaugarnitur

7.3.2.5 Sonderbauarten

7.3.2.5.1 Membranventile

Für DN 40 bis DN 100 und PN 10 sind stopfbuchsenlose, weichdichtende Absperrarmaturen (**Abb. 7-30**) in kleineren WV-Anlagen geeignet. Es sind reine „Auf und Zu"-Armaturen, die auch durch Magnet, Druckluft oder Druckflüssigkeit gesteuert werden können.

7.3.2.5.2 Ringförmige Gummimembranen

Diese sind um einen Strömungskörper gelegt, werden durch Druckluft oder Druckflüssigkeit gesteuert und arbeiten geräuschlos, ohne Stopfbuchsen und ohne gleitende Teile. Sie sind unempfindlich und daher ferngesteuert für größere Aufbereitungsanlagen geeignet (**Abb. 7-31**).

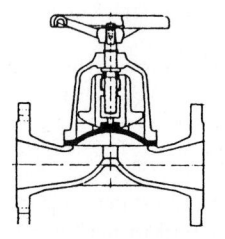

Abb. 7-30: Membran-Ventil

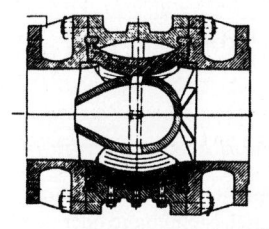

Abb. 7-31: Membran-Ventil steuerbar

7.3.2.6 Rückflussverhindernde Armaturen (DIN EN 1074-3)

Armaturen in Klappenform – Rückschlagklappen – sind dann zu verwenden, wenn die durchfließende Wassersäule nach dem Ausfall der sie öffnenden Kraft nicht schlagartig zum Stillstand kommt, z. B. wenn eine Pumpe vor der Klappe mit Schwungmassen ausgestattet ist und daher die Förderung verzögert auf Null zurückgeht. In kleinen Abmessungen – bis etwa DN 80 – können bei sonst nicht ungünstigen Verhältnissen solche Klappen auch dann eingesetzt werden, wenn die Förderung plötzlich ausfällt.
Eine übliche Rückschlagklappe für kleine Innendurchmesser zeigt **Abb. 7-32**. Ab DN 300 sollten Klappen mit exzentrisch gelagerter Scheibe gewählt werden. Sie benötigen in jeder Lage eine herausgeführte Welle mit Hebel und Gegengewicht (**Abb. 7-33**).
Bei größeren Klappen ist ihr dynamisches Verhalten zu berücksichtigen und ihre Schließzeit mit der Zeit bis zum Stillstand der Wasserbewegung in der RL zu vergleichen. Ggf. sind Bremsen (Öl, Druckluft) anzubringen, um das Schließen zu verzögern, wobei während der Schließzeit ein Rückfluss durch die Armatur eintritt.

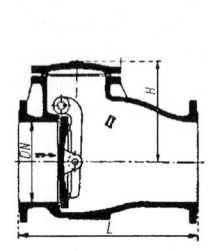

Abb. 7-32: Rückschlagklappe

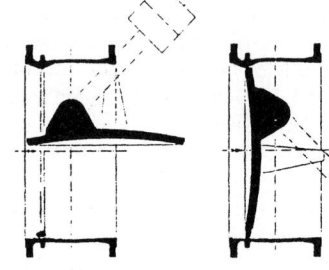

Abb. 7-33: Rückschlagklappe mit doppelexzentrisch gelagerter Klappenscheibe

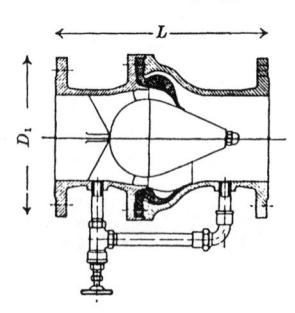

Abb. 7-34: Membran-Rückflussverhinderer (oben zu, unten offen)

7.3 Bestandteile der Rohrleitungen

Für solche Zwecke eignen sich auch mit Verzögerung eingerichtete Ringkolben-Rückschlagventile. Lieferbar sind sie ab DN 150.

Bei Rückschlagklappen in Wasserbehältern ist zu beachten: Sind die Behälter als Gegenbehälter installiert, so besitzen sie nur eine einzige Zu- und Entnahmeleitung, die im Behälter aufgespalten ist. Im Entnahmeteil der RL wird, um die Wasserzirkulation im Behälter zu erzwingen, eine Rückschlagklappe eingesetzt. Hierfür eignen sich nur druckverlustarme, also normale Klappen, keinesfalls Rückflussverhinderer mit Membranen.

Der *Membranrückflussverhinderer* nach **Abb. 7-34** ist ein Verschluss, bei dem sich ein ringförmiger Gummi um einen Strömungskörper legt. Er wird in DN 40 bis DN 400 hergestellt und schließt massefrei, also ohne harten metallischen Schlag, lässt sich aber nicht verzögern. Wegen der Vorspannung der Gummimanschette bedarf es zum Öffnen eines Druckes von 0,1 bis 0,15 bar, das bedeutet: beim Einsatz in einem Hochbehälter würden also die untersten 1,5 m nicht entleert werden können (siehe oben).

7.3.2.7 Sonstige Armaturen

7.3.2.7.1 Ent- und Belüftungen (DIN EN 1074-4)

Bei üblichen Betriebsbedingungen wird in den Leitungen ungelöste Luft mitgeführt. Temperatur- und Druckänderungen können ein laufendes Ausscheiden von meist kleinen Luftmengen bewirken. Schließlich können betriebliche Störungen größere Luftmengen der RL zuführen. Beim Entleeren von Leitungsabschnitten werden die Leitungen mit Luft befüllt. Die Ansammlung der mitgeführten Luft erfolgt an geodätischen und hydraulischen Hochpunkten der Leitung sowie an Leitungsstellen, an denen sich die Schleppkraft des Wassers und die Auftriebskraft der Luftblasen im Gleichgewicht befinden. Ferner kann sie sich hinter Drosselstellen (wie z. B. Armaturen) und hinter Leitungsquerschnittsänderungen sammeln.

Luftansammlungen in Leitungen können den Durchflussquerschnitt vermindern, unzulässige dynamische Druckänderungen verursachen und Durchflussmessungen verfälschen.

Maßnahmen gegen störende Luftansammlungen in Leitungen: In Fern-, Zubringer- und Hauptleitungen sind störende Luftansammlungen während des normalen Betriebs nicht zu erwarten, wenn die Luft stets selbständig entweichen kann und die Schleppkraft des fließenden Wassers ausreicht, die Luftblasen mitzureißen (Abb. 7-35).

Neuere Untersuchungen wurden an der Universität der Bundeswehr München (UniBwM), Institut für Wasserwesen durchgeführt. (Walther, G.; Günthert, F. W.: Neue Untersuchungen zur Selbstentlüftungsgeschwindigkeit in Trinkwasserleitungen. gwf-Wasser/Abwasser). Es wurden umfangreiche Versuche an einem Kunststoffrohr (PE-HD, 63 · 5,8) durchgeführt. Der Neigungsbereich konnte von 0° bis 34° verändert werden. In die Rohrleitungen wurden Luftblasen unterschiedlicher Größe (25 ml – 200 ml) eingebracht und mittels digitaler Messtechnik die Selbstentlüftungsgeschwindigkeit gemessen. Aus den Messergebnissen wurde die Kurvenschar abgeleitet.

An Orten, an denen eine störende Luftansammlung möglich ist, sind selbsttätige Entlüfter in Verbindung mit einem ausreichend bemessenen Entlüftungsdom zu setzen. Ausreichende Schleppkraft des Wassers ist gegeben, wenn täglich mindestens einmal die Fließgeschwindigkeit des Wassers die Mindestwerte der **Abb. 7-35** erreicht. Ist Luft in erheblichem Umfang zu erwarten, so können vorgesteuerte Entlüftungsarmaturen mit einem ausreichenden Entlüftungsdom in Betracht kommen.

Aussetzend, aber selbsttätig arbeitende Entlüftungsarmaturen mit großen Öffnungen (nicht vorgesteuert) können die Luft, die bei dynamischen Druckänderungen auftritt, abführen.

Das Zu- und Abführen von großen Luftmengen, die z. B. bei Entleerung einer Leitung erforderlich bzw. vorhanden sind, geschieht in der Regel durch handbetätigte Belüftungsarmaturen. Der Einbau einer solchen Einrichtung ist auch bei vorhandenem Be- und Entlüfter von Vorteil, weil damit der Be- und Entlüfterquerschnitt ganz wesentlich vergrößert wird (**Abb. 7-36**).

Um die Rohrleitung nicht zu gefährden, ist Unterdruckbildung unbedingt zu vermeiden.

Das betriebsmäßige Entlüften der Versorgungs- und Anschlussleitungen erfolgt in der Regel über die Anschlussleitungen.

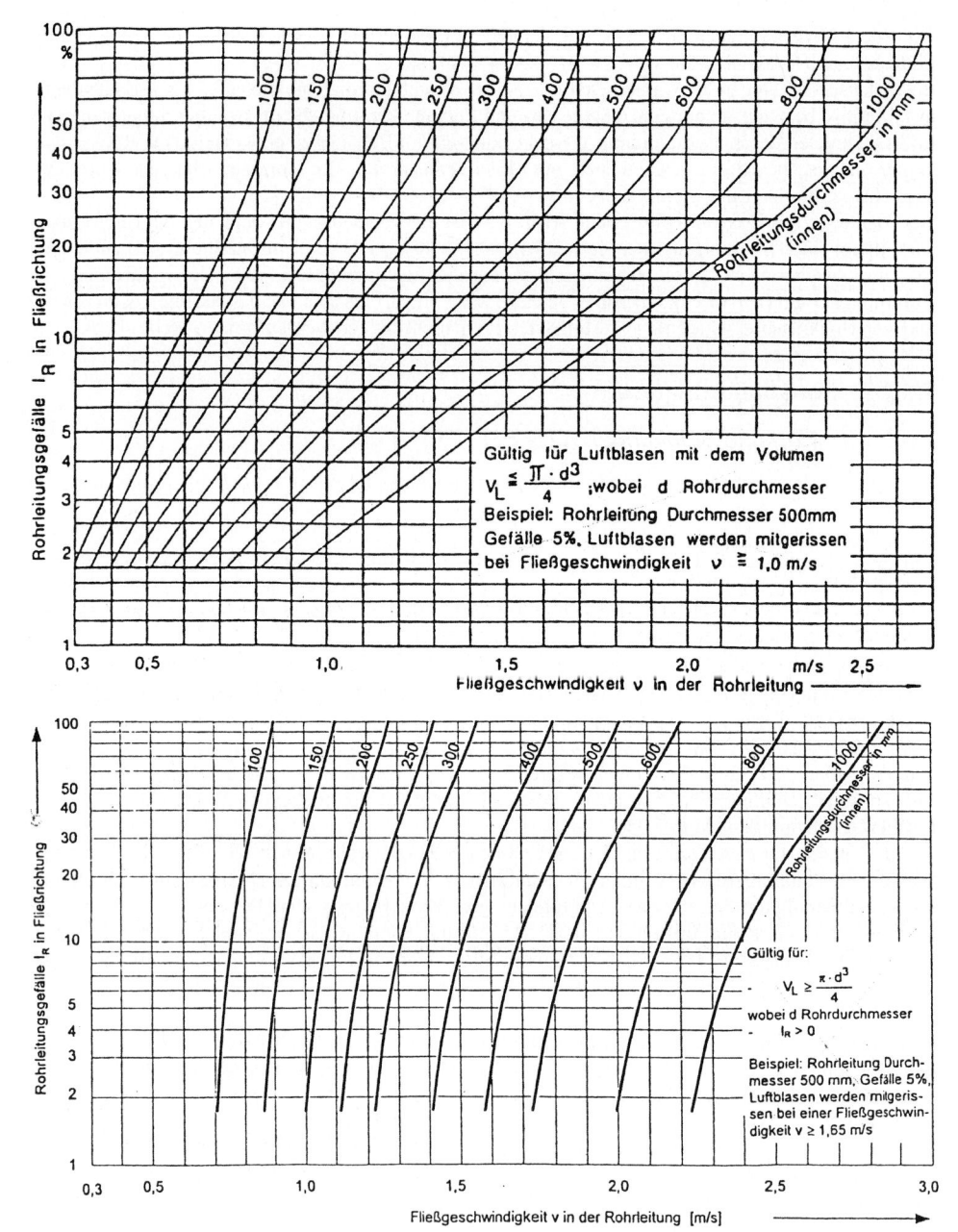

Abb. 7-35: *Kleinste Fließgeschwindigkeit und größtes Rohrleitungsgefälle zur Selbstentlüftung: nach UniBwM.*

7.3 Bestandteile der Rohrleitungen

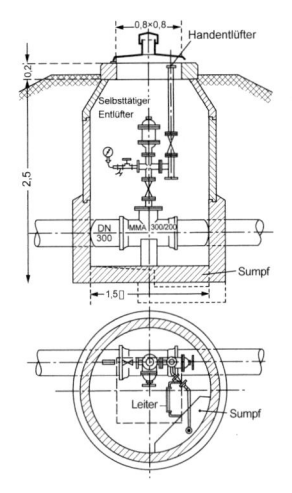

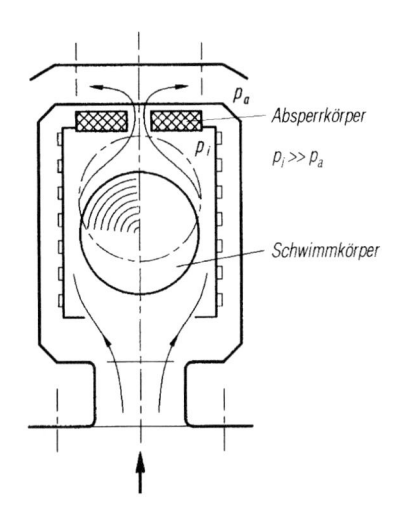

Abb. 7-36: Entlüftungs-Ventil im Schacht

Abb. 7-37: Entlüftungs-Einkammer-Ventil

Bauarten der selbsttätigen Be- und Entlüftungsarmaturen:

- Ventile mit Schwimmkörper
  Einkammerventile besitzen einen großen Lüftungsquerschnitt mit einem Absperrkörper und gleichzeitig einen kleinen Lüftungsquerschnitt im Absperrkörper (**Abb. 7-37**).
  Zwei- oder Doppelkammerventile: Die der größeren Öffnung zugeordnete Kugel übernimmt die wechselnde Be- u. Entlüftung, die andere Kugel dient der laufenden Entlüftung unter Betriebsdruck (**Abb. 7-38**).
- Federbelastete Tellerventile
  sind nur geeignet für das automatische Belüften großer Luftmengen. Sie werden vom Rohrleitungsdruck gesteuert und bei Unterdruck geöffnet (**Abb. 7-39**).
- Vorgesteuerte Kolbenventile
  können große Luftmengen unter Betriebsüberdruck entlüften. Mit einer verstellbaren Drossel kann die Schließzeit in gewissen Grenzen verändert werden.
- Rollmembranventile
  Bei Rollmembranventilen rollt die Membran über einen geschlitzten Kegel und öffnet damit mehr oder weniger große Bereich dieser Schlitze (**Abb. 7-40**).

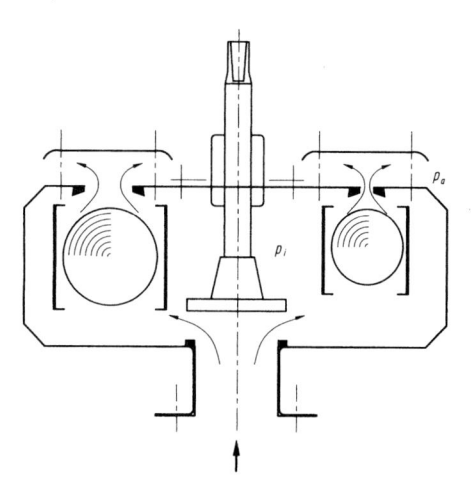

Abb. 7-38: Entlüftungs-Zweikammer-Ventil

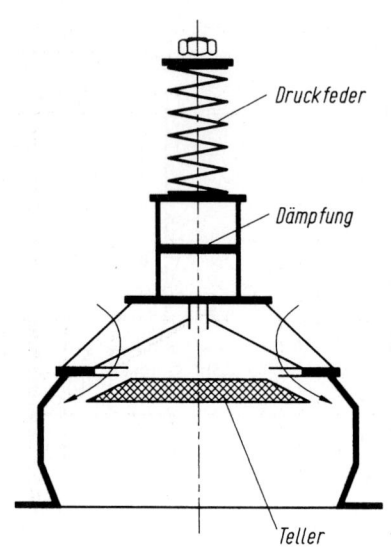

Abb. 7-39: Federbelastetes Tellerventil

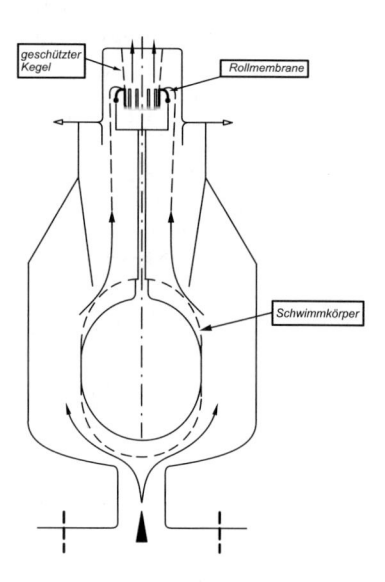

Abb. 7-40: Rollmembranventil

Aus funktionstechnischen Gründen müssen die vorgenannten Be- und Entlüfterarmaturen in ausreichend großen Schächten untergebracht werden. Diese Armaturen sind senkrecht auf der Rohrleitung anzuordnen. Die Schächte müssen Zu- und Ablufteinrichtungen aufweisen, deren lichte Querschnitte mindestens die doppelte Fläche des Entlüftungsquerschnitts der Armatur besitzen. Wärmedämmung und Frostschutz müssen ausreichend sein; außerdem muss das Eindringen von Kleinlebewesen verhindert werden (**Abb. 7-36**).
Die Überwachung der vorgenannten Armaturen-Einrichtungen erfolgt gemäß den örtlichen Betriebsverhältnissen, jedoch mindestens gemäß DVGW-Arbeitsblatt W 392.
Berechnung (dazu **Abb. 7-41** und **7-42**) und weitere Einzelheiten s. DVGW-Merkblatt W 334.

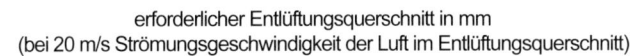

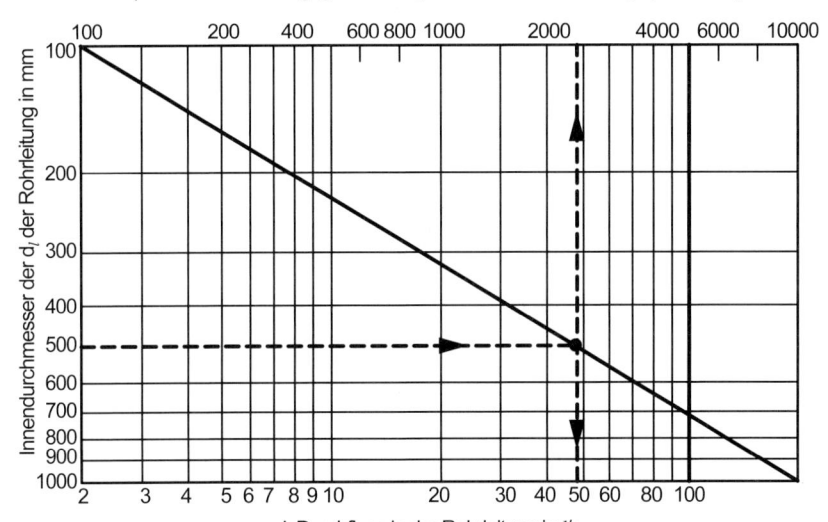

7.3 Bestandteile der Rohrleitungen

Abb. 7-41: erforderlicher Entlüftungsquerschnitt (DVGW W 334, Abb. 16)

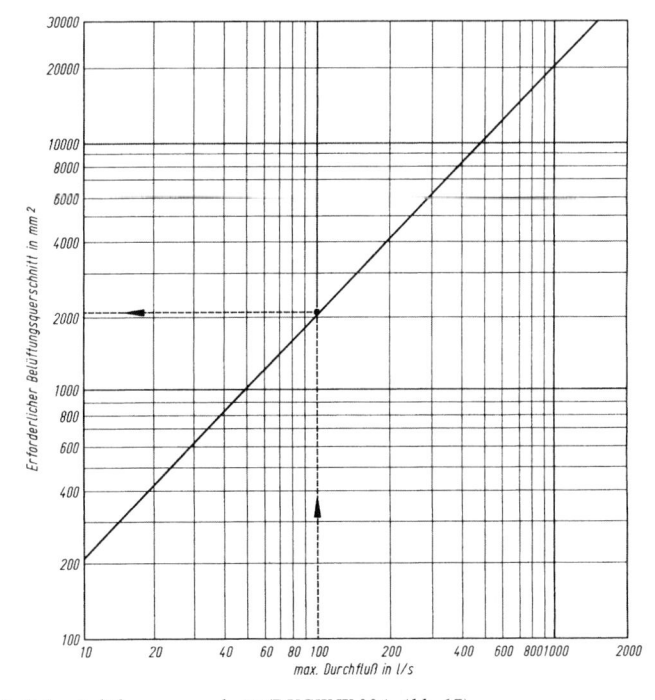

Abb. 7-42: erforderlicher Belüftungsquerschnitt (DVGW W 334, Abb. 17)

7.3.2.7.2 Spülauslässe und Entleerungsvorrichtungen

An geeigneten Tiefpunkten müssen die Leitungen spülbar oder auch nur enleerbar sein. In RL kleinerer DN werden manchmal auch Unterflurhydranten als Spülauslässe eingebaut.

Größere Spülabzweige werden in Schächten angeordnet. Zur Leitungs- und Betriebskontrolle können in diesen Schächten neben den erforderlichen Absperr- und Regelarmaturen auch Manometer, Probehähne usw. angebracht sein. Spülauslässe sind so zu bemessen, dass in der zu spülenden Leitungsstrecke eine Geschwindigkeit von wenigstens 1,0 m/s auftritt, um eventuelle Ablagerungen zu entfernen. Um das anfallende Spül- und Entleerungswasser schadlos abführen zu können, sind die Vorflutverhältnisse zu untersuchen. Das Entleeren kann ggf. mit kleinen Auslaufvolumenströmen stattfinden (längere Entleerzeit), um den Vorfluter hydraulisch nicht zu überlasten.

Beim Spülen sind aber wegen der erforderlichen großen Geschwindigkeit höhere Auslaufvolumenströme unvermeidlich. Daher ist die Ableitung nicht nur hydraulisch (Auswaschung von Gräben, Flurschäden!), sondern auch vom Standpunkt des Gewässerschutzes aus zu prüfen. Wenn anlässlich von Rohrnetzentkeimungen Desinfektionslösungen eingesetzt werden, müssen diese in der Regel vor der Einleitung in den Vorfluter neutralisiert werden (Fischsterben).

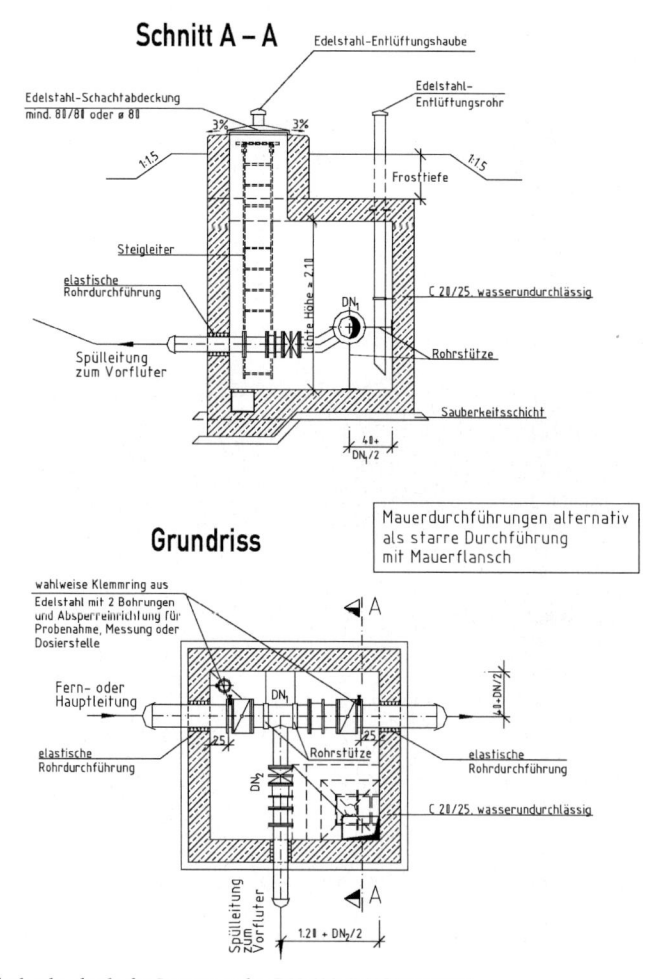

Abb. 7-43a: Spülschacht, direkt für Leitungen bis DN 600 (DVGW W 358)

7.3 Bestandteile der Rohrleitungen

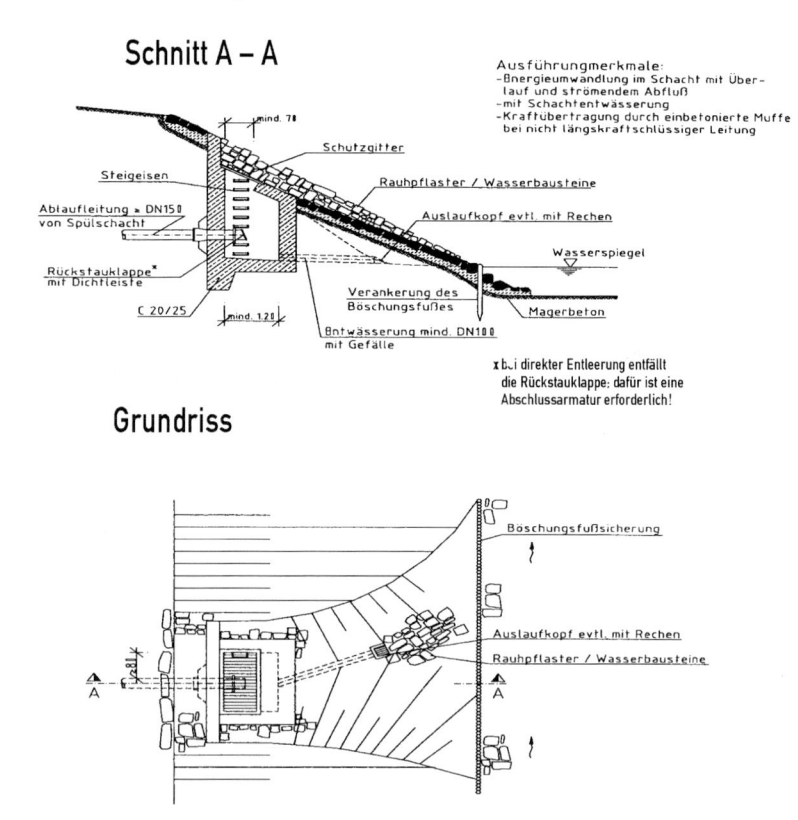

Abb. 7-43b: Auslaufbauwerk bei großer Fließgeschwindigkeit (DVGW W 358)

Abb. 7-44: Spülschacht mit Auslaufbauwerk

Zu den Entleerungsleitungen gehören auch die Grundablass- und Überlaufleitungen von Wasserbehältern aller Art.

Am Ende jeder Entleerungs- oder Spülleitung ist eine Rückschlagklappe (Froschklappe) vorzusehen, damit kein Schmutz und keine Kleinlebewesen eindringen können. Die Froschklappe ist durch ein Auslaufbauwerk vor Unbefugten zu schützen (**Abb. 7-43a**). Die Ausführung ist auch mit Gitter möglich. Die Klappenachse ist stets beweglich zu halten. Muster für Auslaufbauwerke vgl. DVGW-Arbeitsblatt W 358.

7.3.2.7.3 Behältereinlaufarmaturen

Die Wasserzufuhr zu einem Behälter erfolgt i. Allg. über eine Zubringerleitung, die als Gravitations- oder Pumpendruckleitung betrieben werden kann. Das ankommende Wasser muss sicher und zuverlässig in die Behälterkammer geleitet werden. Die vorhandene Restenergie muss schadfrei für Rohrleitung und Armatur in Wärme und/oder Schall umgewandelt werden. Damit ergeben sich die Anforderungen an Behältereinlaufarmaturen: Möglichst geringe Druckstöße beim Öffnen und Schließen der Armatur, zuverlässiges Öffnen und Schließen der Zulaufleitung und Einspeisung über und unter der Wasseroberfläche, d. h. mit und ohne Gegendruck.

Direkt mechanisch gesteuerte Einlaufarmaturen (Schwimmerventil):
Das Öffnen und Schließen der Armaturen erfolgt unmittelbar über Seilzug oder Hebel und Schwimmer in Abhängigkeit von der Wasserspiegelhöhe. Der Öffnungsgrad der Armatur steht im gleichen Verhältnis zur Änderung des Wasserhubes, d. h. der Wasserhub im Behälter ist von der Armatur abhängig. Diese Armaturen werden in Durchgangs- oder Eckform (**Abb. 7-45**) von DN 50 bis DN 150 gebaut. Die Einspeisung erfolgt hier über der Wasseroberfläche. Abgestufte Regelschlitze erlauben ein sanftes (druckstoßarmes) Öffnen und Schließen.

Als Einlaufarmatur kann auch ein hydraulisch vorgesteuertes Eckventil oder ein Ringkolbenventil mit Schwimmersteuerung für DN 150 bis DN 1200 verwendet werden. Erfolgt die Einspeisung über der Wasseroberfläche, ist Schaufelkranzausführung (**Abb. 7-25**) mit ausreichender Luftzufuhr zu wählen, bei Einspeisung unter der Wasseroberfläche dagegen die Schlitzzylinderausführung (**Abb. 7-26**); bei letzterer ist eine Führung des Schwimmers notwendig (**Abb. 7-46**). Ein innerer Schubkurbelantrieb sorgt für ein weiches (druckstoßarmes) Schließen kurz vor der Endstellung.

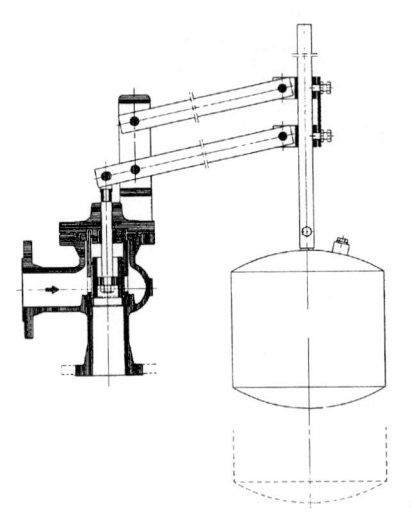

Abb. 7-45: Direktgesteuertes Ventil

7.3 Bestandteile der Rohrleitungen

Intervallgesteuerte (mechanische oder elektrische) Einlaufarmaturen:
Sie erlauben das Abfahren des Behälters bis zu einem bestimmten Wasserspiegel. Nach Unterschreitung dieses Pegels öffnet die Armatur vollständig und füllt mit höchstmöglichem Durchfluss den Behälter. Die Armatur ist entweder „Auf" oder „Zu", der Wasserhub im Behälter frei wählbar. Es kommen direkt gesteuerte Schwimmerventile mit Schwimmerbehälter und Hilfsschwimmerventil in Durchgangs- oder Eckform oder Ringkolbenventile mit Schwimmersteuerung mit Schwimmerbehälter und Hilfsschwimmerventil (**Abb. 7-46**) sowie Absperr- und Regelarmaturen mit elektrischem Antrieb in Frage.

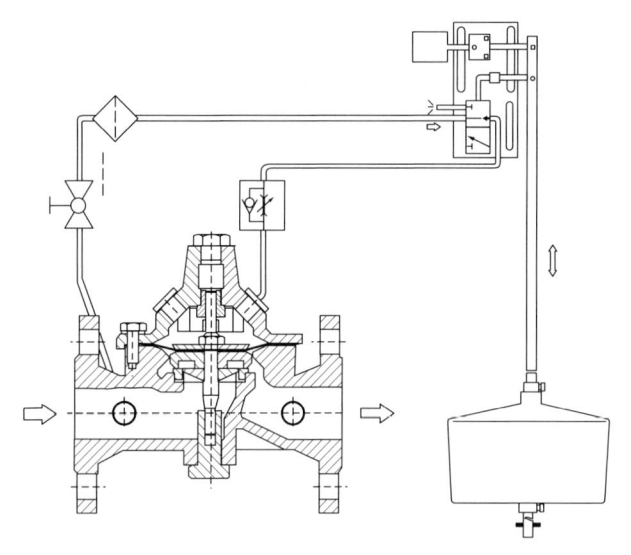

Abb. 7-46a: Schwimmerventil mit Hilfsschwimmerventil   a) Auf-Zu-Funktion

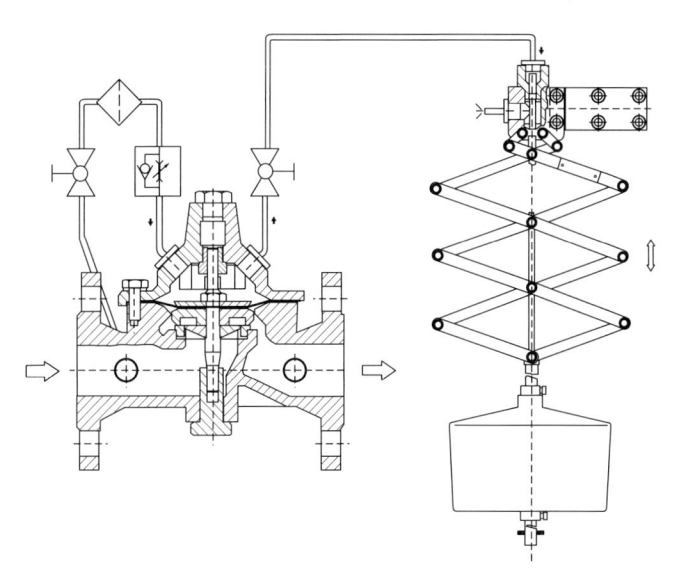

Abb. 7-46b: Schwimmerventil mit Hilfsschwimmerventil   b) Konstant-Niveau-Steuerung

Bei hydraulisch vorgesteuerten Schwimmerventilen kann die Steuereinheit weitgehend unabhängig von der Armatur im Behälter eingebaut werden. Um ein sicheres Arbeiten zu gewährleisten, ist ein Mindestdruck auf der Eingangseite der Armatur erforderlich. Eine einstellbare Schließdrossel verhindert Druckstöße in der Zuleitung.
Die Direktsteuerung ist angebracht, wenn:

- die Einlaufarmatur wenigstens einmal wöchentlich ganz geöffnet wird,
- kleine Behälter sehr schnell und stark schwankende Wasserspiegel haben. Die Direktsteuerung wirkt sich mit ihrem stetigen Öffnen und Schließen vorteilhaft auf das Druckstoßverhalten aus.

Die Lebensdauer der Armatur kann verlängert werden, wenn Dauerbetrieb in Teilöffnung vermieden wird.
Die Intervallsteuerung wird angewendet, wenn:

- über längere Zeit (Jahre) der gewöhnliche Durchfluss kleiner ist als der Feuerlöschbedarf, d. h. die Armatur nur über einen kleinen Bereich des Hubes betätigt wird. Es besteht dann die Gefahr von Ablagerungen (Kalk): Wird die Armatur im Brandfall plötzlich vollständig geöffnet, kann sie blockieren
- sehr hohe Druckdifferenzen, die in Teilöffnung zu sehr hohen Spaltgeschwindigkeiten und damit zu Verschleiß führen, zu erwarten sind.

Die Intervallsteuerung (Auf-Zu) sorgt dafür, dass Verschleißgefahr verringert und die Armatur über den ganzen Hub betätigt wird. Die mechanisch gesteuerten Einlaufarmaturen wurden in den letzten Jahren zunehmend von elektrisch angetriebenen und gesteuerten Armaturen verdrängt.

7.3.2.7.4 Siebe

Siebe werden an Saugleitungen, seltener am Beginn von Behälterentnahmeleitungen gegen das Eindringen von groben Verunreinigungen eingebaut. Man unterscheidet Flansch-, Muffen- und Einsteck-Siebe, wobei letztere mit 3 Federn festgehalten und meist an Entleerungsleitungen angesetzt werden, da sie eine gänzliche Entleerung der Behälter, Schächte usw. ermöglichen. Die Siebe werden aus verzinktem Stahlblech bzw. nichtrostendem Stahl, in Sonderfällen aus Messing oder Kupferblech hergestellt. Der Gesamtquerschnitt der nicht über 7 mm breiten Schlitze soll aus strömungstechnischen Gründen nicht geringer sein als der 2,5 fache Rohrquerschnitt.
Die Siebe für Saugleitungen sind unmittelbar an die Fußventile angebaut. Der Flanschdurchmesser gilt für PN 10.

7.3.2.7.5 Hydranten

Hydranten sind für Feuerlöschzwecke, Betriebsmaßnahmen der WVU und für sonstige Benutzungszwecke (z. B. Bauwasserentnahme) bestimmt. Anforderungen u. Anerkennungsprüfungen für Hydranten sind in DIN 3321, die Abmessungen der Unterflurhydranten sind in DIN 3221 und die der Überflurhydranten in DIN 3222 und zukünftig in pr EN 1074-6, genormt. Im DVGW-Arbeitsblatt W 331 „Auswahl, Einbau und Betrieb von Hydranten" sind u. a. die Einbaugrundsätze und die Betriebshinweise enthalten. Hydranten, die den Normvorschriften und den sonstigen einschlägigen Prüfvorschriften entsprechen, werden mit dem DIN/DVGW-Prüfzeichen gekennzeichnet und sind gegenüber anderen vorzuziehen.
1.) Unterflurhydranten (siehe **Abb. 7-57**) haben den Vorteil, dass sie neben den geringeren Anschaffungskosten keine Behinderung des Straßenverkehrs verursachen und durch ihn nicht beschädigt werden können. Sie sind einfach einzubauen, die Innenteile lassen sich leicht auswechseln.
Nachteilig ist, dass sie bei Dunkelheit, bei Schnee oder wegen parkender Fahrzeuge schlecht zu finden sind. Deshalb sind für sie Hinweisschilder (s. Abschn. 7.3.3.3) notwendig. Für die Inbetriebnahme wird mehr Zeit benötigt als bei den Überflurhydranten. Ferner werden Undichtheiten schlechter erkannt und die Hydranten durch den Straßenschmutz verunreinigt. Auch haben sie einen geringeren Durchfluss (ca. 110 m^3/h bei 1 bar Druckdifferenz) als Überflurhydranten.

7.3 Bestandteile der Rohrleitungen

Die Verbindung der Hydranten mit der Rohrleitung kann als starre (**Abb. 7-47**) oder als bewegliche Verbindung (**Abb. 7-48**) ausgeführt werden. Unterflurhydranten werden mit Kegelabsperrung (**Abb. 7-47**) oder mit Steckscheibenabsperrung (**Abb. 7-48**) angeboten.

In Wasserrohrnetzen der WVU werden aus hygienischen Gründen vorrangig Unterflurhydranten DN 80 eingesetzt. Diese Hydranten werden auch auf innerhalb der Fahrbahn liegende Rohrleitungen direkt aufgesetzt. Werden Unterflurhydranten mit Doppelabsperrung (Form AD) verwendet, kann die Hydrantenrevision und der Austausch des Mantelrohrs mit Hauptabsperrung ohne Unterbrechung der Wasserversorgung erfolgen. Unterflurhydranten DN 100 dürfen nicht in öffentlichen Wasserversorgungsnetzen und nicht für öffentliche Feuerwehren, sondern ausschließlich in Betrieben für Werksfeuerwehren eingebaut werden.

2.) *Überflurhydranten* (Ausführungsbeispiel s. **Abb. 7-48**) sind schnell einsetzbar, bei Schnee leicht auffindbar und ohne Verwendung von Zusatzteilen (z. B. Standrohre) sofort benutzbar. Sie haben höhere Durchflüsse (140 m^3/h bei DN 80, 200 bzw. 210 m^3/h bei DN 100 und 1 bar Druckdifferenz sowie 2 geöffneten oberen Abgängen) als Unterflurhydranten.

Früher wurden gelegentlich Überflurhydranten mit 2 oberen C-Abgängen verwendet. Heute haben alle (neuen) Überflurhydranten oben 2 B-Abgänge; ab DN 100 ist ein unterer A-Abgang möglich. Der untere A-Abgang ist nicht für den Anschluss von Saugschläuchen, sondern ausschließlich für Druckschläuche bestimmt.

Zum Öffnen des Fallmantelhydranten kann der Kopf verwendet werden.

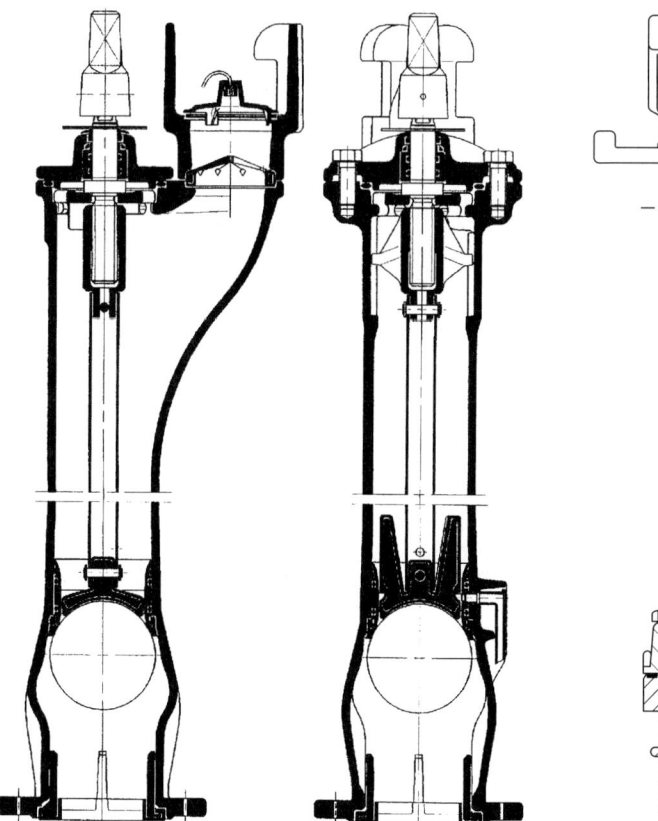

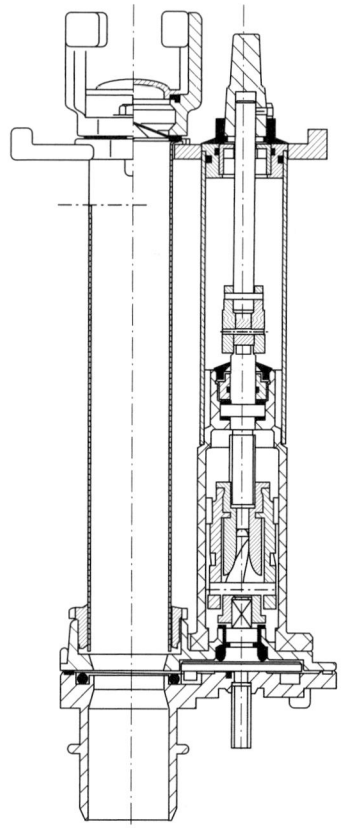

Abb. 7-47: Unterflurhydrant mit Flanschanschluss

Abb. 7-48: Freistrom-Unterflurhydrant mit Spitzende

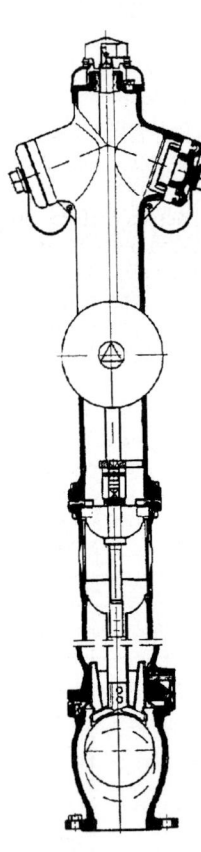

a) ohne Fallmantel b) mit Fallmantel

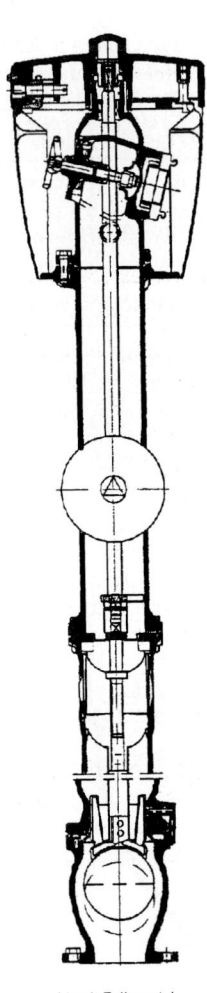

Abb. 7-49: Überflurhydrant (Fabr. Erhard)

Als Nachteile sind neben den höheren Anschaffungskosten vor allem die mögliche Behinderung und Gefährdung durch den Verkehr zu nennen. Überflurhydranten werden deshalb nur noch mit Sollbruchstelle geliefert, damit bei einem Umfahren die Hauptabsperrung oder die Rohrleitung nicht beschädigt wird. Höhere Kosten fallen auch beim Einbau an, da Verankerung oder Absteifungen notwendig sind. Für die Wartung des Überflurhydranten sind ebenfalls höhere Kosten anzusetzen.

Es gibt folgende Hydrant-Bauformen:
Unterflurhydranten DN 80 (DIN 3221): A 1, AD 1, AD 2, B 1, BD 1 und BD 2
Überflurhydranten DN 80, DN 100 und DN 150 (DIN 3222): AU, AUD, AFU, AFUD, BU, BUD, BFU und BFUD
dabei bedeuten:
A mit selbsttätiger Entleerung und Druckwasserschutz
B ohne selbsttätige Entleerung
D mit zusätzlicher Absperrung

7.3 Bestandteile der Rohrleitungen 563

1 mit unterem, 2 mit seitlichem Anschluss (nur bei Unterflurhydranten)
F mit Fallmantel (nur bei Überflurhydranten)

Die Entleerungszeiten betragen bei Unterflurhydranten 100 bis 300 s, bei Überflurhydranten 200 bis 900 s. Bei den neueren Bauarten wurde die Restwassermenge bis auf vernachlässigbare Werte ($\leq 80\,cm^3$) verringert.

7.3.2.7.6 Druckminderventile

Druckminderventile werden dort eingesetzt, wo Rohrnetze unter einem bestimmten, nicht zu überschreitenden Druck betrieben werden sollen, z. B. wenn tiefer liegende Versorgungsgebiete eine eigene Druckzone bilden.
Vor Druckminderventilen ist ein Schmutzfänger einzubauen, dessen Sieb regelmäßig gereinigt werden muss. Der Einbau eines Sicherheitsventils nach dem Druckminderer ist sinnvoll.
Die Druckminderventile sind so auszulegen, dass der Hinterdruck einen Höchstwert nicht überschreitet, dass aber durch das Ventil der gewünschte Höchstdurchfluss hindurchgeht, ohne einen unerwünschten Druckverlust hervorzurufen. Soll ein Hochbehälter nicht nur das 50 m tiefere Gebiet A, sondern auch eine 140 m tiefere Siedlung B versorgen, so würde in letzterer zu hoher Druck herrschen (14 bar). Wird der Hinterdruck vor dem Ortsnetz von B auf beispielsweise 6,0 bar eingestellt, so kann in B kein größerer Druck entstehen. Bei größeren Versorgungsgebieten ist zu prüfen, ob in diesem Falle von einer Druckunterbrechung durch Zwischenschalten eines Unterbrecherschachtes oder Niederzonenbehälters Gebrauch gemacht werden soll. Druckminderventile sind grundsätzlich in einem Schacht unterzubringen. Dort ist auch das Sicherheitsventil im einzubauen, das bei Versagen des Druckminderventils so viel Wasser abführt, dass in der Tiefzone kein zu hoher Druck auftritt. Von Bedeutung ist die Kenntnis des Druckverlustes abhängig vom Durchfluss. Die Hersteller halten Leistungskurven der Ventile bereit. **Abb. 7-50** zeigt den Schnitt eines Druckminderventils mit Vorsteuerventil. Kleine Durchflüsse fließen durch das Vorsteuerventil (A), wächst der Durchfluss und damit die Geschwindigkeit, so entlastet die Blende (B) den Kolbenraum (C), so dass das Ventil durch den Eingangsdruck geöffnet wird. **Abb. 7-51** zeigt eine Einbauempfehlung für ein Druckminderventil.
Weitere Informationen sind im DVGW-Merkblatt W 335 „Druck-, Durchfluss- und Niveauregelung in Wassertransport und -verteilung" zu finden.

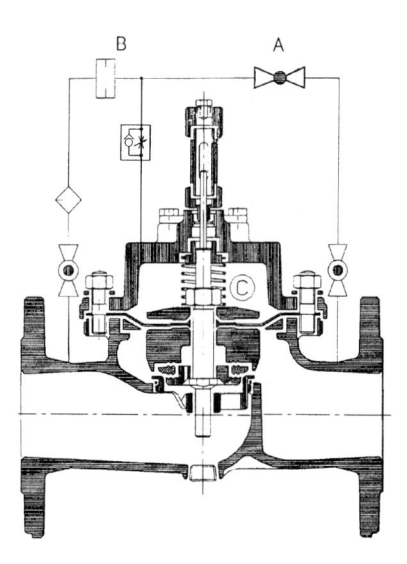

Abb. 7-50: Schema eines eigenmediumgesteuerten Druckminder-Ventils mit Vorsteuerung

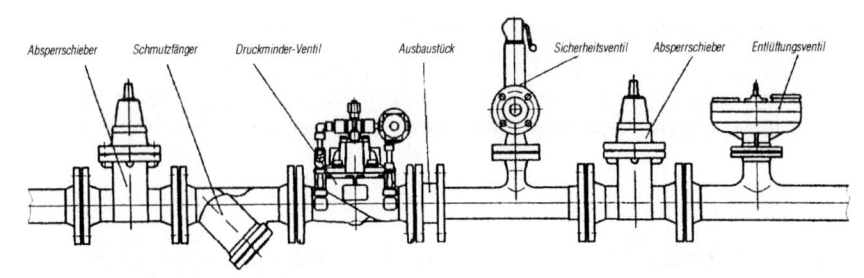

Abb. 7-51: Einbauempfehlung für ein Druckminder-Ventil mit nachgeschalteten Sicherheits- und Entlüftungsventilen

7.3.2.8 Armaturen für Hausanschlussleitungen

7.3.2.8.1 Allgemeines

Die von den Versorgungsleitungen (VL) zu den einzelnen Anwesen oder Verbrauchern führenden Hausanschlussleitungen (AL) werden in der Regel mittels Anbohrung angeschlossen. Hierzu dient die Ventilanbohrschelle, welche das Anschluss- und Absperrorgan in sich vereint (**Abb. 7-52**). Für die Bedienung ist eine Einbaugarnitur erforderlich.

Es ist vielerorts üblich oder nötig, das Absperrorgan der AL nicht unmittelbar an der VL anzubringen, sondern z. B. aus der Straßenfahrbahn in den Gehweg zu legen. In diesem Fall ist an der VL nur eine Schelle mit Übergang auf die AL nötig. Damit bei Schäden an der AL vor dem Absperrorgan auch das Zwischenstück abgesperrt werden kann, empfiehlt sich eine Anbohrschelle mit Sperre in Form einer Steckscheibe, die durch einen O-Ring abgedichtet ist; sie ist zwar erst nach dem Aufgraben bedienbar, aber freigelegt muss die defekte AL ja auf jeden Fall werden. Die Sperre kann auf eine Anbohrschelle aufschraubbar oder in sie eingebaut sein. Zwischen dem Sattel der Schelle und dem Hauptrohr werden Gummidichtungen in verschiedenen Passformen eingepresst.

Asbest-(Faser-)zement- und PVC-Rohre lassen sich ebenso anbohren wie Guss- u. Stahlrohre. Der Bügel oder das Haltestück muss hier aber breiter sein, um den Flächendruck herabzusetzen.

Neben der herkömmlichen Bauart nach **Abb. 7-52** wurde eine Reihe von Ventil- oder Schieberarmaturen entwickelt, die mit einer Einbaugarnitur von der Straßenkappe aus bedienbar sind; von diesen sind hier nur einige genannt:

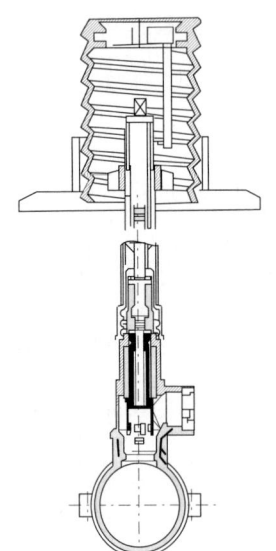

Abb. 7-52: Ventilanbohrschelle mit Schraub-Straßenkappe

7.3 Bestandteile der Rohrleitungen

7.3.2.8.2 Drehscheiben- und Steckscheibenverschlüsse

Ein vom Gestänge angetriebenes Ritzel bewegt die Öffnung einer Niro-Zahnscheibe vor dem Gehäusedurchgang; die Abdichtung der Zahnscheibe wird durch einen O-Ring (**Abb. 7-53**) oder durch einen Zapfen, der eine Steckscheibe verschiebt (**Abb. 7-54**), bezweckt.

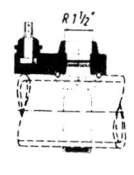

Abb. 7-53: Drehscheiben-Verschluss

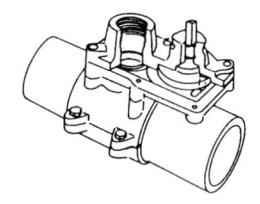

Abb. 7-54: Steckscheiben-Verschluss

7.3.2.8.3 Anbohrbrücken

Die eingebaute Betriebsabsperrung erfolgt bei Anbohrbrücken durch einen Kükenhahn, der durch die Antriebsspindel gedreht wird (**Abb. 7-55**).

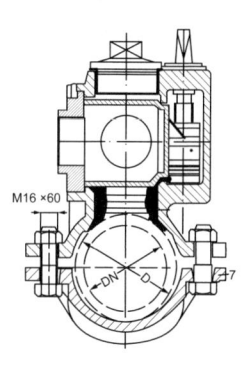

Abb. 7-55: Kükenhahn

7.3.2.8.4 Bewegliche Steckscheiben

Der Verschluss wird durch bewegliche Steckscheiben mit O-Ringdichtungen bewirkt.

7.3.2.8.5 Weichdichtende Absperrschieber

Weichdichtende Absperrschieber werden bei seitlicher Anbohrung, bei seitlich in den Gehweg verschleppter Absperrung oder bei Montage in ein Gewinde eingesetzt. Eine neue Entwicklung im Hausanschlussbereich ist der Einsatz von gewindelosen Verbindungstechniken (**Abb. 7-56**).

7.3.2.8.6 Einfache Eckventile

Eckventile werden in Anbohrschellen mit Gewinde- oder Steckfitting-Abgang (**Abb. 7-57**) eingeschraubt.

Auf den Korrosionsschutz dieser eher selten eingesetzten Armaturen wird großer Wert gelegt; vgl. die versenkten und vergossenen Schrauben an den Gehäusen der **Abb. 7-56** und **7-57** oder die Schutzkappen über den Muttern in **Abb. 7-53** und **7-54**. Die Haltebügel sollen gummiert oder beschichtet sein.

Bei Bestellung ist der DN der anzubohrenden Hauptleitung, deren Werkstoff sowie der Innendurchmesser der Anschlussleitung anzugeben, ferner bei Anbohrschellen, ob Gewindeanschluss (für Rohranschluss) oder Flansch (für Schieberanschluss) gewünscht wird.

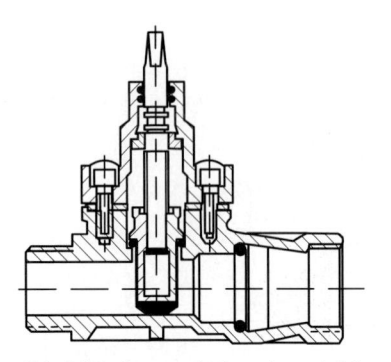

Abb. 7-56: Absperrschieber mit gewindeloser Verbindungstechnik

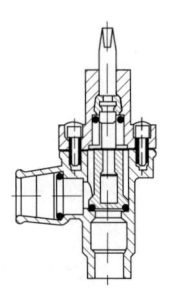

Abb. 7-57: Eckventil mit Gewinde und Steckverbindung

Um die Lagerhaltung zu vereinfachen, kann man generell DN 40-Armaturen wählen und nach ihnen entsprechend reduzieren.
Damit sich an den beweglichen Teilen keine Stoffe aus dem Wasser ansetzen und die Ventile schwergängig oder gar funktionsunfähig werden, sind sie – je nach Wasserbeschaffenheit – öfter zu bedienen, mindestens entsprechend DVGW-Arbeitsblatt W 392 zu warten.

7.3.3 Rohrleitungszubehör

7.3.3.1 Entlüftungsrohre

Entlüftungs-, auch Ventilationsrohre genannt, für Behälter, Schächte usw. müssen eine nur mit Werkzeug abnehmbare Dunsthaube und ein Kunstoff- oder Edelstahlgewebe als Sieb besitzen, durch das auch Kleintiere (Fliegen) nicht eindringen können. Der freie Siebquerschnitt muss mindestens dem Rohrquerschnitt entsprechen. Entlüftungsrohre dürfen nicht über offenen Wasserspiegeln angebracht werden, da sie ggf. beschädigt und dann Stoffe in das Wasser eingebracht werden können.
Ent- und Belüftungsvorrichtungen für Wasserkammern siehe Abschn. 6.4.8.2.

7.3.3.2 Schachtdeckel

Für Schächte mit offenem Wasserspiegel (Quellsammler, Saugbehälter usw.) sollen dichtschließende, mit Gummileisten versehene Deckel verwendet werden. Früher wurden schwere, runde Graugussdeckel, lichter Durchstieg 0,8 m eingebaut. Im Deckelrahmen ist ein rechteckiger, oben überstehender Profilgummi, auf den sich der Deckel satt auflegt, erforderlich. Der Verschluss muss sicher gegen unbefugtes Öffnen sein und darf nicht anrosten (Rotguss). Das Gewicht beträgt insgesamt ca. 150 kg, der Deckel allein 100 kg. Deckel unmittelbar über offenen Wasserspiegeln sind aus hygienischen Gründen nicht erlaubt. Heute werden als Abdeckungen Edelstahldeckel mit Gummidichtung und ggf. mit Wärmeisolierung und Einbruchsicherung verwendet, die auch für Schächte ohne offenen Wasserspiegel (Schieber-, Entlüftungs- usw. Schächte) zum Einsatz kommen. Die Deckel müssen eine Sicherung gegen unbeabsichtiges Zufallen in der Haltevorrichtung besitzen. Diese Deckel sind nicht befahrbar. Muss in Ausnahmefällen ein Schacht in Verkehrsraum angeordnet werden, sind befahrbare Abdeckungen nach nach DIN EN 124 zu verwendet.

7.3 Bestandteile der Rohrleitungen

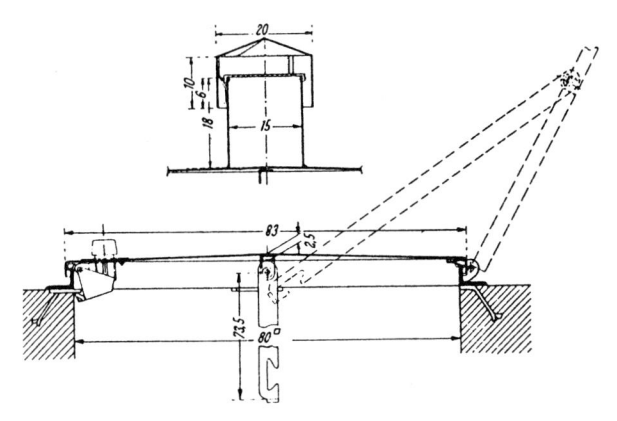

Abb. 7-58: Schachtdeckel (Stahlblech)

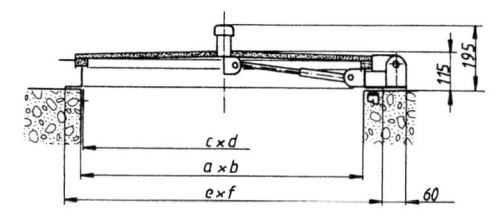

Abb. 7-59: Schachtdeckel rund, überflutungssicher u. isoliert (Fabr. Huber)

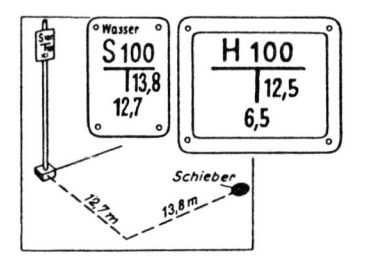

Abb. 7-60: Hinweisschilder

Es werden auch Deckel aus glasfaserverstärktem Polyester hergestellt, die sehr leicht sind und keinen Anstrich brauchen. Wegen ihres geringen Gewichtes sind sie für große Öffnungen (> 1,2 m) geeignet. Alle Deckelarten können auch mit Lüftungshaube und Sieb ausgerüstet werden.

7.3.3.3 Hinweisschilder

Hinweisschilder geben die Lage von Schiebern und Hydrantenstraßenkappen an. Sie sind in gut sichtbarer Höhe an Häusern, Pfosten, Säulen usw. so anzubringen, dass die links oder rechts des T-Balkens stehenden Ziffern die seitliche Entfernung der Straßenkappe vom Schild, die unter dem T-Balken stehenden Ziffern die Entfernung senkrecht zum Schild zeigen. Die Schilder nach DIN 4067 für Schieber (S), Entleerungsschieber (ES), Entlüfter (LS) sind hochkant 140×200 mm, die für Hausanschlussschieber (A) 100×140 mm, sämtliche Farbe blau mit weißer Schrift. Die Hydrantenhinweisschilder (H) sind in DIN 4066 genormt: roter Rand mit weißem Feld, quer, 200×250 mm. Die Zahl nach dem Buchstaben (S, ES, LS, A oder H) gibt den DN der Rohrleitung an. Werkstoff:

Metall emailliert oder Kunststoff gemalt oder bedruckt. Die Ziffern sind manchmal auswechselbar (**Abb. 7-60**).

7.3.3.4 Leitern

Die in **Abb. 7-61** dargestellte Leiter besitzt oben einen ausklappbaren Bügel. Er verhindert ein Hineinstürzen beim Öffnen des Deckels und gibt beim Einsteigen einen festen Halt. Üblich ist die Ausführung aus verzinktem Stahl. In Wasserbehältern sind keine Halteeisen unter dem Wasserspiegel nötig, die oft Undichtheiten verursachen. Aluminiumleitern sind aus Korrosionsgründen in Wasserkammern ungeeignet; statt dessen werden dort Leitern aus nichtrostendem Stahl verwendet.

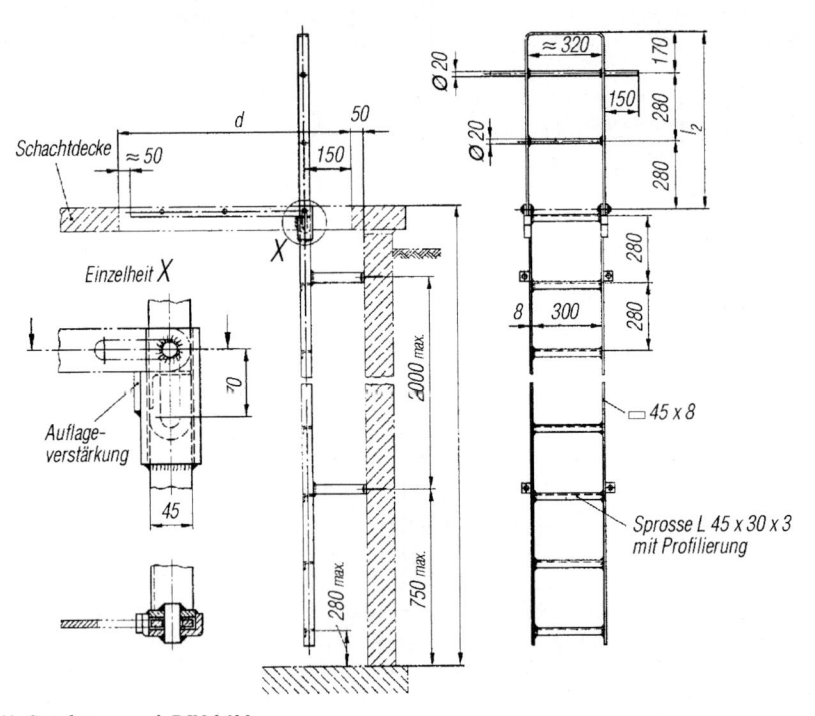

Abb. 7-61: Steigleitern nach DIN 3620

7.4 Planung von Rohrleitungen

7.4.1 Allgemeines

Mit der Veröffentlichung der europäischen Systemnorm DIN EN 805 „Anforderungen an Wasserversorgungssysteme und deren Bauteile außerhalb von Gebäuden" im März 2000 wurden vom Deutschen Institut für Normung gleichzeitig die bisherigen Normen für die Bauausführung und Druckprüfung von Rohrleitungen DIN 19 630 und DIN 4279 komplett bzw. teilweise zurückgezogen, obwohl deren Inhalte durch die DIN EN 805 nicht vollständig abgedeckt werden. Die dadurch entstandenen Lücken sowie die zur DIN EN 805 erforderlichen ergänzenden Konkretisierungen werden durch das DVGW-Arbeitsblatt W 400 „TRWV Technische Regeln Wasserverteilung" abgedeckt werden. Das Arbeitsblatt W 400 besteht aus drei Teilen:

7.4 Planung von Rohrleitungen

- W 400-1 Planung von Wasserverteilungsanlagen,
- W 400-2 Bau und Prüfung von Wasserverteilungsanlagen,
- W 400-3 Betrieb und Instandhaltung von Wasserverteilungsanlagen.

Der Baukostenanteil der Rohrleitungen beträgt bei Fernwasserversorgungsanlagen 55 bis 65 %, bei Ortsversorgungsanlagen 45 bis 60 % der Gesamtkosten der Wasserversorgungsanlagen (bei Ortsnetzen ohne Hausanschlussleitungen).

Rohrleitungen (RL) liegen im Erdboden, in bebauten Gebieten vielfach unter Straßen und Gehwegen. Ihre Auswechslung ist kostenaufwendig. Falsche Planungen der Rohrleitungen wären daher nur unter hohem Arbeits- und Finanzaufwand korrigierbar.

Daher ist es notwendig, das Trassieren und Bemessen der Rohrleitungen sowie die Werkstoffwahl für die Rohre sorgfältig vorzunehmen. Das Einhalten der allgemein anerkannten Regeln der Technik beim Entwurf und eine übersichtliche Darstellung in den Entwurfsunterlagen vermindert die möglichen Fehlerquellen.

Zur Planung von Rohrleitungen gehört grundsätzlich:

- die Erkundung der Trasse (das Trassieren),
- die bildhafte Darstellung (das Zeichnen von Plänen),
- das Bemessen der RL,
- die Wahl der Rohrart und der Art der Einbauteile,
- die Entwurfsbeschreibung mit Kostenberechnung.

7.4.2 Trassieren

7.4.2.1 Allgemeines

Unter Trassieren versteht man die technisch und wirtschaftlich günstigste Einordnung der RL im Gelände. Selten ist die kürzeste Verbindung zwischen den Hauptteilen einer WV-Anlage (Brunnen, Pumpwerk, Hochbehälter Versorgungsgebiet usw.) die günstigste Trasse.

7.4.2.2 Geländeaufnahmen zu den Lageplänen

7.4.2.2.1 für Zubringer- und Fernleitungen

Voraussetzung für das Trassieren dieser Leitungen ist ausreichende Erfahrung, weil viele Gesichtspunkte zu beachten sind. Große Schwierigkeiten können neben der Geländegestalt, konkurrierende Nutzungen wie Vorbehaltsgebiete für Bodenschätze, Natur- und Landschaftsschutzgebiete, Trassen von Bahnlinien und Fernstraßen, Bauerwartungsland und Einsprüche betroffener Grundstückseigner bereiten. Es ist daher zweckmäßig, in einer Vorplanung unter Zuhilfenahme von Karten mit Grundstücksgrenzen und Höhenschichtlinien (M 1 : 5 000) eine Trasse zu suchen (s. auch DVGW-Hinweis GW 121), wobei die Grundstücke vorläufig nicht betreten werden, und dabei Folgendes zu beachten:

1.) Fern- und Zubringerleitungen sind *außerhalb von Ortschaften* zu führen; diese sind über Abzweig- bzw. Abgabeschächte anzuschließen. Auszuweichen ist auch solchen Flächen, für die Flächennutzungspläne ausgewiesen sind.
2.) Fernleitungen sind *nicht in Verkehrswege* einzulegen. Spätere mögliche Verbreiterung oder Begradigung von Straßen verlangt ausreichende Abstände.
3.) Nasse und sumpfige Stellen, Talsohlen mit hohem Grundwasserstand sind wegen der Wasserhaltung beim RG-Bau, der Setzungsgefährdung und der höheren Aufwendungen für den Korrosionsschutz metallischer Leitungen zu meiden. Länger offen gehaltene Grabenstrecken sollten zur Einsparung von Pumpkosten der Wasserhaltung im natürlichen Gefälle entwässerbar sein.
4.) Steilhänge müssen in der Falllinie überwunden werden, weil bei schräger Querung des Hanges Rutschgefahr besteht.
5.) Felsige Strecken sind wegen der höheren Kosten (Felsausbruch, Sprengen, Fremdmaterial für die Grabenverfüllung) und dem langsameren Baufortschritt zu minimieren.

6.) Waldschneisen für eine RL zu schlagen ist vielfach aus Gründen des Natur- und Landschaftsschutzes unerwünscht. Der *Grabenaushub im Wald* ist wegen der Wurzelstöcke erschwert und kostspielig. Die Anlehnung der Trasse an vorhandene Schneisen oder Wege ist deshalb empfehlenswert.
7.) Die *hydraulische Drucklinie* soll möglichst hoch über der RL liegen, jedoch ist auf den geplanten maximalen Systembetriebsdruck und eventuelle Druckstöße zu achten. Wegen des sicheren Ansprechens von automatischen Entlüftungsvorrichtungen müssen auch Hochpunkte genügend tief unter der Drucklinie liegen. Rohrgefälle < 0,5 % sind nicht zweckmäßig, weil sie bei der Bauausführung Schwierigkeiten bereiten, nur unter günstigen Voraussetzungen einzuhalten sind und die Entlüftung der Leitung behindern; stark ausgeprägte Hoch- und Tiefpunkte sind für Entlüften und Entleeren besser als flachgeführte Leitungen.
8.) Für die *Mindestüberdeckung* gilt die **Tab. 7-19**. Die Überdeckung kann in Ausnahmefällen bis auf 1 m vermindert werden, wenn ausreichende Wasserbewegung zur Verhinderung des Einfrierens gewährleistet ist und Schäden durch äußere Belastung ausgeschlossen sind. In Gegenden mit besonders tief eindringendem Bodenfrost sind die RL entsprechend tiefer zu legen. Der Wetterdienst kann Angaben zur Bodenfrosttiefe machen.
9.) Abwinkelungen der RL sind durch Krümmerformstücke herzustellen. Ausnahmsweise ist, wenn eine Geradeführung nicht möglich ist, die Verlegung in schlanken Bögen zulässig, soweit die Rohrverbindungen oder die Rohrelastizität dies zulassen. Steckmuffen sind in diesem Falle durch längskraftschlüssige Verbindungen zu sichern, wenn nicht jede Verbindung durch Betonwiderlager abgestützt wird.
10.) Armaturen in der freien Strecke sind in Schächten unterzubringen, die möglichst mit Fahrzeugen erreichbar sind. In Grundstücken wähle man einen Standort in der Grundstücksecke oder nahe der Grenze, um die Bewirtschaftung des Grundstückes nicht zu erschweren.
11.) Für *Straßenkreuzungen* sind Stellen zu suchen, an denen das Wasser bei einem Rohrbruch ohne Gefährdung der Straße abgeleitet werden kann. Die Bedingungen der Straßenbauverwaltung sind anlässlich der Trassierung einzuholen.
12.) Gewässerkreuzungen sind, wenn eine Tieferlegung der Rohrsohle erforderlich ist, im Allgemeinen in Form von Dükern zu planen. Kreuzungsstellen unterhalb von Wehren, Brückenpfeilern usw. sind wegen der Gefahr der Kolkbildung ungeeignet. Die Trasse sollte unter Wasser keinen Fels anschneiden (hohe Kosten für Felsbeseitigung!). Probebohrungen sind meist nötig. Die Aufhängung der RL an Brücken ist – abgesehen von den statischen Erfordernissen und der Tragfähigkeit des Brückenbauwerkes – zulässig, wenn eine Unterfahrung des Gewässers nicht möglich ist oder unverhältnismäßig hohe Kosten verursachen würde. Die Bedingungen der Wasserwirtschafts- oder Wasserstraßenverwaltungen sind anlässlich der Trassierung einzuholen.
13.) Bahnkreuzungen müssen nach den Kreuzungsrichtlinien 2000 der Deutschen Bahn AG und des BGW, die auch für Privatbahnen zutreffen, ausgeführt werden (siehe auch DVGW-Arbeitsblatt W 305, Hinweis H 306 und Arbeitsblatt W 307). Günstig sind Punkte, an denen die Bahnlinie in Geländehöhe oder auf einem kleinen Damm verläuft.

Tab. 7-19: Mindestüberdeckung von RL

DN	Mindestüberdeckung m
80–200	1,5
–250	1,45
300–350	1,4
400	1,35
500	1,3
600	1,25
700	1,2
800	1,15

7.4 Planung von Rohrleitungen

Um das Gelände möglichst gut kennen zu lernen und auf die zu erwartenden Fragen und Einwände eingehen zu können, ist es nötig, die gefundene Trasse zu begehen. Anschließend wird sie mit dem Bauträger und den betroffenen Grundbesitzern zu besprechen sein, die man zweckmäßig in Gruppen einlädt (je Gemeinde oder Gemarkung) und deren Zustimmung zum Betreten ihrer Grundstücke, zum Schlagen von Pflöcken für das Nivellement und zur späteren Bestellung der unbedingt erforderlichen Grunddienstbarkeiten schriftlich eingeholt wird. Auch die Straßen-, Bahn- und Wasserwirtschafts-Dienststellen und andere Träger öffentlicher Belange sollen in einem Instruktionsverfahren Gelegenheit haben, sich zu der Trasse zu äußern. Anschließend kann entschieden werden, ob ein Planfeststellungsverfahren ggf. mit Umweltverträglichkeitsprüfung erforderlich wird. Dabei ist für Leitungen mit einer Länge von 2 km und mehr, die das Gebiet einer Gemeinde überschreiten, seitens der zuständigen Behörde durch eine allgemeine oder standortbezogene Vorprüfung des Einzelfalls die Notwendigkeit einer Umweltverträglichkeitsprüfung (UVP) zu ermitteln. Ist eine Umweltverträglichkeitsprüfung erforderlich, wird ein Planfeststellungsverfahren eingeleitet, andernfalls ist eine Plangenehmigung notwendig. Die Zuständigkeit für die Durchführung eines Planfeststellungs- bzw. Plangenehmigungsverfahrens richtet sich nach dem jeweiligen Landesrecht.

7.4.2.2.2 für Ortsnetze

Innerhalb des bebauten Gebietes werden die RL im Bereich der öffentlichen Verkehrswege verlegt. Straßen und sonstige öffentliche Verkehrsweg sind Träger der Versorgung. Einsprüche privater Grundeigentümer sind daher nicht zu befürchten, es sei denn, diese halten als Anlieger der zu berohrenden Straßen Schäden an Gebäuden usw. für möglich.
Zu beachten ist folgendes:

1. Einordnen der RL in den Straßenkörper:
Hierfür gilt DIN 1998 – Richtlinien für die Einordnung und Behandlung der Gas-, Wasser-, Kabel- und sonstigen Leitungen und Einbauten bei der Planung öffentlicher anbaufähiger Straßen. Auch künftig mögliche Versorgungsleitungen, z. B. Verkabelung des Fernsprechnetzes, Fernheizrohrsysteme sind zu berücksichtigen.
Abstand zu halten ist von Kanälen, insbesondere hochliegenden Straßen-Entwässerungskanälen, die Kaltluft führen. Von anderen Leitungen ist mindestens so weit abzurücken, dass die RL nicht in den Bereich des Setzungskeiles kommt.
Die RL ist möglichst im Gehweg seitlich der Fahrbahn oder in der Fahrbahn nahe am Straßenrand zu verlegen. Die Straßenseite soll nicht gewechselt werden; ist das unvermeidbar, so ist die Straße rechtwinklig zu kreuzen.
Von nicht unterkellerten Gebäuden und von Stützmauern ist ausreichender Abstand zu halten.

2. Zahl der RL in einer Straße:
Im Allgemeinen genügt eine RL in einer Straße, die man auf diejenige Straßenseite legt, bei der möglichst wenige Straßenkreuzungen für Versorgungs- und Anschlussleitungen notwendig werden. In breiten Straßen sind beide Seiten zu berohren, die eine mit einem Rohrquerschnitt, der auch für die Hydrantenversorgung nötig ist, die andere lediglich für die Wasserabgabe an die Abnehmer. In sehr breiten Straßen werden beiderseits RL auch für die Brandbekämpfung verlegt.

3. Ring- und Endstränge:
Zusammengeschlossene Ringstränge sind zu bevorzugen, weil das Wasser in Endsträngen bei nur geringer Entnahme stagniert, was zu mikrobiologischen Beeinträchtigungen der Wasserqualität führen kann. Daher müssen Endstränge spülbar sein, z. B. durch einen Unterflurhydranten. Kommt später ihre Verlängerung in Betracht, müssen die Enden zur Weiterführung ausgebildet sein.

4. Tiefenlage:
Die Überdeckung soll 1,5 m betragen, das Gefälle wenigstens 5 v. T. Hochpunkte sind so zu legen, dass sie durch Hausanschlussleitungen entlüftet werden, Tiefpunkte müssen durch Hydranten spülbar sein.

5. Lage der Absperrorgane:
An den Knotenpunkten müssen nicht alle abgehenden Leitungen ein Absperrorgan erhalten; die Haupt-Versorgungsleitungen sind immer so abzusichern, dass sich Störungen in den abgehenden RL nicht auf die Haupt-RL auswirken können. In Stadtstraßen mit größerem Verkehr setzt man die Absperrorgane an Knotenpunkten zweckmäßig nicht in Form des früher üblichen „Schieberkreuzes", sondern vom Abzweigpunkt so weit entfernt, dass beim Aufgraben nicht beide Fahrbahnen gestört werden (**Abb. 7-62**).

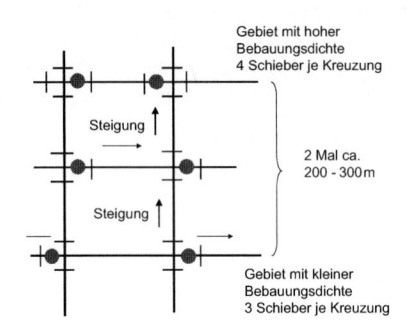

Abb. 7-62: Anordnung von Schiebern und Hydranten (DVGW W 400-1 (A))

6. Lage der Hydranten:
Der Standort für Hydranten ist im Benehmen mit der Feuerwehr zu bestimmen. Der Abstand soll im Allgemeinen bei offener Bauweise nicht über 140 m, in Wohngebieten ca. 120 m, in Geschäftsstraßen u. Industriegebieten 100 m, möglichst nicht überschreiten. Für die Überflurhydranten sind Punkte ohne Verkehrsgefährdung zu wählen.
Gewöhnlich werden $^2/_3$ Unterflur- und $^1/_3$ Überflurhydranten vorgesehen, bei hoher Schneelage mehr Überflurhydranten.

7. Begehen der Trasse:
Die Trasse wird in vorläufiger Weise in einen Plan eingetragen, sie kann auch in der Natur kenntlich gemacht werden; sie ist dann noch mit der Bauherrschaft und den Betriebs- oder Planungsstellen für andere den Straßenraum bereits oder künftig beanspruchende Unternehmen zu begehen, nach deren Zustimmung sie endgültig festgelegt wird.

7.4.2.3 Höhenaufnahmen für die Längsschnitte

7.4.2.3.1 Zweck der Längsschnitte

- Festlegen der Höhenlage der Rohrgrabensohle und der RL-Überdeckung,
- Darstellen der RL-Längen,
- Ermitteln der vertikalen RL-Brechpunkte, insbes. der Entlüftungshochpunkte und der Spül- und Entleerungstiefpunkte,
- Berechnen der Aushubmengen (für Kostenberechnung usw.),
- Darstellen der Drücke in der RL bei verschiedenen Betriebszuständen durch die eingetragenen Drucklinien und zum Prüfen, ob sich nicht RL-Strecken über die Drucklinien erheben; ist dies der Fall, ist die Trasse zu ändern.

7.4 Planung von Rohrleitungen

7.4.2.3.2 In den Längsschnitten festzuhaltende Punkte

- *Anfangs- und Endpunkte* der RL-Strecken, insbes. Anschluss der RL an Bauwerke.
- *Hoch- und Tiefpunkte* der RL, sowie Brechpunkte in vertikaler und horizontaler Richtung (Winkelpunkte).
- *Vereinfachter Geländeverlauf* entlang der RL mit Kuppen, Einschnitten, Dämmen, Gräben, Gewässern, Straßen- und Bahnkörpern.
- Weist der Geländeverlauf keine markanten Punkte auf, sind *Zwischenpunkte* gewöhnlich nicht weiter als 50 m, ausnahmsweise 80 m voneinander oder vom nächsten Messpunkt entfernt einzufügen, da die Genauigkeit des Nivellements mit der Länge der jeweiligen Messstrecke abnimmt.

7.4.2.3.3 Arten der Längsschnitte

- Skizzenhafter Längsschnitt
  Zur vorläufigen hydraulischen Berechnung werden für Fernleitungen vielfach Längsschnitte aufgrund von Schichtlinienkarten entworfen.
- Durch Vermessung in der Natur hergestellte Längsschnitte.
  Die einzumessenden Punkte – siehe voriger Absatz – werden durch Pflöcke markiert. Das Nivellement schließt an das Festpunktnetz der Landesvermessung an.

7.4.3 Zeichnerische Darstellung

7.4.3.1 Allgemeines

Da die Rohrnetzpläne, insbesondere die Lagepläne, häufig auch von Nichttechnikern benutzt werden, müssen sie übersichtlich und leicht verständlich sein. Zur Übersichtlichkeit gehört die Beschränkung auf handliche Größen. Das Ausmaß von 0,8 · 0,8 m soll nicht überschritten werden. Zur Verständlichkeit gehört die Anwendung der Sinnbilder (DIN 2425, siehe **Tab. 7-20**).
Die plangemäße Darstellung des Rohrnetzes umfasst gewöhnlich folgende Lagepläne und Längsschnitte (im Sprachgebrauch auch als Höhenpläne bezeichnet):

Tab. 7-20: Sinnbilder für Wasserversorgungsanlagen nach DIN 2425 (1 u.3) und DIN 30 600

a) Rohrnetz: Planzeichen als vereinfachte Darstellung und Bildzeichen

Gemeinsam für Gas- und Wasserleitungen   Zusätzlich für Wasserleitungen

Gemeinsam für Gas- und Wasserleitungen			Zusätzlich für Wasserleitungen		
Leitungskreuzung (die höherliegende Leitung wird durchgezeichnet)			Unterflurhydrant	auf dem Rohr	
				neben dem Rohr	
Abzweig	einseitig			seitlich des Rohres	
	beidseitig		Überflurhydrant	auf dem Rohr	
Übergang	im Rohrwerkstoff	GG , St		neben dem Rohr	
	in der Nennweite	100 , 200			
	in der Verbindungsart	Sm , Sr		seitlich des Rohres	
Fremdleitungen, die nicht zum dargestellten Rohrnetz gehören			Schachthydrant		
Einbaustelle einer Absperrarmatur Schieber		S	Rohrreinigungskasten		
	Klappe	K	Gartenhydrant	auf dem Rohr	
	Hahn	H		neben dem Rohr	
Leitungsabschluß				seitlich des Rohres	
Entlüftung (Ausblasestutzen)		7) *)	Wasserständer		
Längenausgleicher			Springbrunnen		
Zähler	für Gas	G	Entleerung mit Schieber		
	für Wasser	W	*) nach DIN 30 600		
Rückschlagklappe (z.B. Durchfluß von links nach rechts)		8) *)			
Druckregler (Druckminderer) (z.B. Eingangsdruck 100 mbar Ausgangsdruck 45 mbar)		100 , 45 9) *)			
Mantelrohr					
Isolierstück (z.B. Isolierflansch)					
Meßkontakt	auf der Rohrleitung	MK ◇			
	verzogen	MK ◇			
Kathodische Korrosionsschutzanlage		KKS			
Hinweis- (Markierungs)stein (z.B. 2 m Abstand)					

(Fortsetzung nächste Seite)

7.4 Planung von Rohrleitungen

Fortsetzung Tab. 7-20

Rohrleitungen

Leitungskreuzung (die höherliegende Leitung wird durchgezeichnet)	———————	Leitungsabzweig	⊥
	—|—	Übergang im Werkstoff in der Nennweite in der Verbindungsart	GGG / St 800 / 500 Sm / Sw
Fremdleitung	— — —		

Rohrverbindungen

Lage der Rohrverbindung	—•—	Überschiebrohr	—[ ]—
Flanschverbindung, allgemein	—||—	Muffenverbindung	—)—
Reduzierstück	—◁—	lösbare Verankerung nicht längskraftschlüssiger Rohrverbindungen (hier einer Muffenverbindung)	—[)]—

Längenausgleicher

Stopfbuchsendehner, -langmuffe	—=⊃—	U-Bogen-Ausgleicher	—⊓—
U-Stück-Ausgleicher	—⊐⊏—	Wellrohrausgleicher	—∿—

Armaturen

Absperrarmatur, allgemein	—▷◁—	Absperrarmatur, mit stetigem Stellverhalten	—▷◁—
Absperrarmatur, mit motorischem Stellantrieb	—▷◁—(M)	Absperrschieber	—▷◁—
Durchgangshahn	—▷◁—	Absperrventil, Durchgangsventil	—▷◁—
Absperrklappe	—▱—	Rückschlagklappe	—▱—
Be- und Entlüftung, Auslaß in die Atmosphäre	—↑	Entleerung	—┬—

b) Fernleitungen:

Einbauteile

Leitungsabschluß	—|	Wasserbehälter	□ WBh
Molchschleuse	—⊲|	Blindflansch	—||
Durchflußmessung	—⊘—	Isolierkupplung, einbaufertig	—[H]—
Isolierflansch	—||—	Mantelrohr	—[ ]—
elektrische Überbrückung (hier Isolierflansch)	—⫲—	Riechrohr, Revisionsstelle	—|R
Kondensatsammler	—o KS	Meßstelle für mechanische Dehnungsmessungen	—| MM

(Fortsetzung nächste Seite)

Fortsetzung Tab. 7-20

Meßstelle für kathodischen Korrosionsschutz	MK	Molchmelder	MoM
Meßstelle für elektrische Dehnungsmessungen	ME	Schilderpfahl (hier auf der Leitung)	Pf / Pf
Meldesonde	MSo	Pfahl mit Kabeltelefonstecker (hier neben der Leitung)	PKT
Pfahl mit Meßstelle für kathodischen Korrosionsschutz (hier neben der Leitung)	PMK	Schacht	
Hinweis-(Markierungs)stein (z. B. 2 m Abstand)		Kathodische Korrosionsschutzanlage	KKS
Widerlager			
Betonwiderlager am Bogen		Betonwiderlager mit Druckstütze am Bogen	
Widerlager am Bogen		Betonwiderlager am geraden Rohr	
Erdanker (nur für Längsschnitt)			

7.4.3.2 Lagepläne

7.4.3.2.1 Berechnungslagepläne

Sie stellen das Rohrnetz in vereinfachter Form dar und erleichtern so das Berechnen der einzelnen Netzabschnitte. Für vermaschte Netze sind sie unbedingt nötig, gleichgültig, ob die Nennweiten der RL mit Tabellen oder Rechnern ermittelt werden. Die Berechnungslagepläne (**Abb. 7-63**) entsprechen den Entwurfslageplänen, jedoch wird nur das Rohrnetz allein gezeichnet. Für Fernleitungen, die strangweise betrachtet werden, genügen Skizzen.

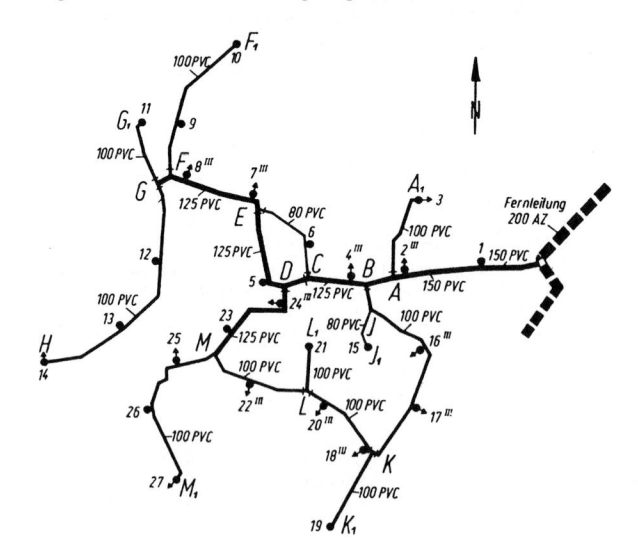

Abb. 7-63: Berechnungslageplan

7.4 Planung von Rohrleitungen

In diesen Plänen werden die Knotenpunkte der Hauptfließrichtung des Wassers folgend alphabetisch mit großen Buchstaben bezeichnet. Knotenpunkte in Seitensträngen erhalten den Buchstaben des Abzweigpunktes mit Indexzahl, z. B. A_1, A_2...

7.4.3.2.2 Übersichtslagepläne

Übersichtslagepläne – meist M 1:25 000 – zeigen die Einordnung des ganzen Bauvorhabens im Gelände und zu anderen vorhandenen oder geplanten Bauten, z. B. Straßen, Bahnen, Gewässern, Siedlungsgebieten, Natur-, Landschafts-, Wasserschutzgebieten. Für Fernleitungen sind sie unentbehrlich und können, je nach Größe des Versorgungsgebietes, auch in größeren Maßstäben angefertigt sein

7.4.3.2.3 Entwurfslagepläne

1.) Fern- und Zubringerleitungen (**Abb. 7-64**) – meist M. 1 : 2.500 mit Höhenschichtlinien. Strichstärke für die RL: 0,5 mm. Längs der RL sind einzutragen:
- die Kilometrierung in 100 m-Abständen,
- horizontale Winkelpunkte mit Bezifferung,
- Bauwerke im Zuge der RL, z. B. Armaturenschächte,
- die Flurstücknummern, soweit die Flurstücke durch die WV-Anlage berührt sind; ggf. Gemeinde- und Landkreisgrenzen,
- Geländehöhen an wichtigen Punkten,
- Wasserspiegel von Behältern,
- benutzte Fixpunkte der Landesvermessung.

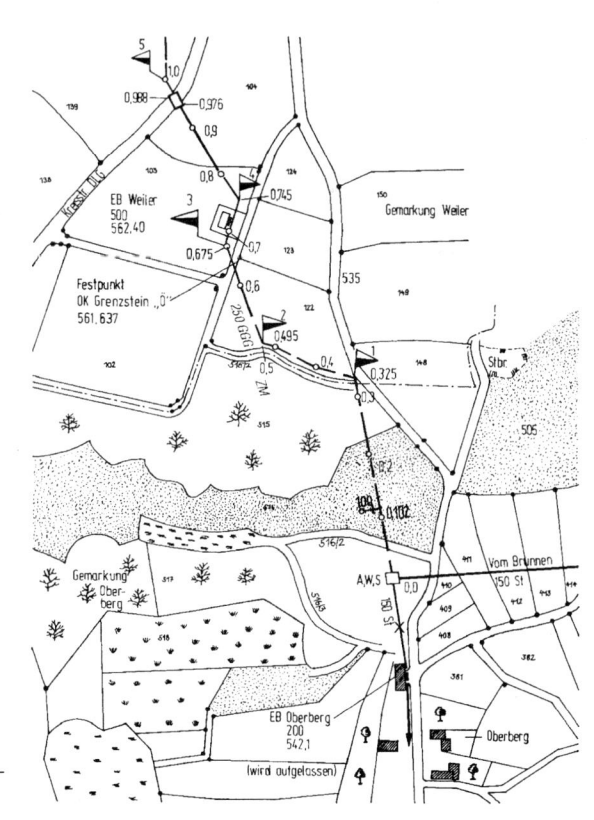

Abb. 7-64: Entwurfslageplan einer Fernleitung

2.) *Ortsnetze* (**Abb. 7-65**) – im M. 1 : 2500, auch 1 : 1000 und 1 : 500. – Strichstärke für die RL: 0,5 mm. Einzutragen sind:
- Bezeichnung der Knotenpunkte gleichlaufend mit dem Berechnungsplan,
- Standort und Art der Hydranten,
- Geländehöhe an wichtigen Punkten,
- eingemessene, z. B. auf Gebäude bezogene Winkelpunkte der RL,
- Bauwerke im Zuge der RL, z. B. Armaturenschächte,
- Wasserspiegel von Behältern,
- Flurstücknummern, soweit die Flurstücke berührt sind.

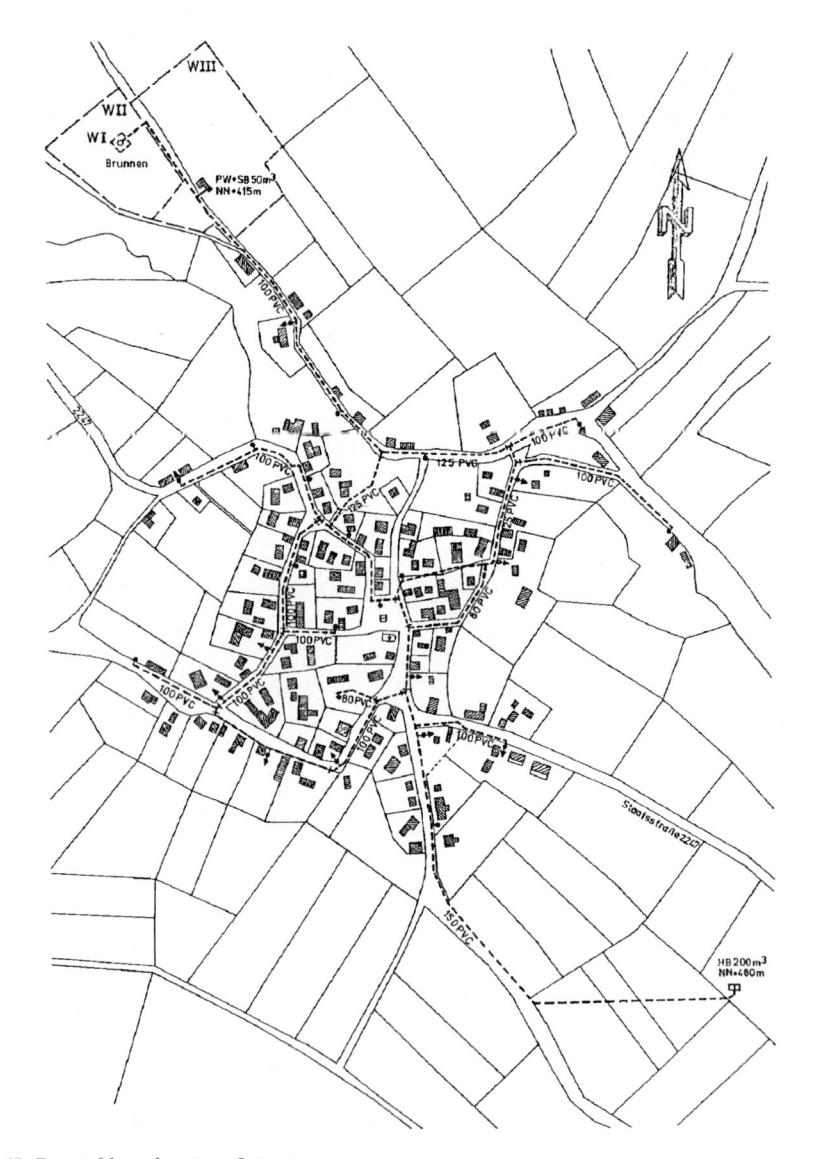

Abb. 7-65: Entwurfslageplan eines Ortsnetzes

7.4 Planung von Rohrleitungen

7.4.3.2.4 Bestandslagepläne

Bestandslagepläne im M. 1 : 500 – für wenig berohrte Gebiete 1 : 1 000, für Fernleitungen 1 : 2 500 – werden erst nach Fertigstellung der RL gezeichnet und basieren meist auf Verlegeskizzen, die während der Bauzeit angefertigt wurden (**Abb. 7-66**). Sie enthalten:

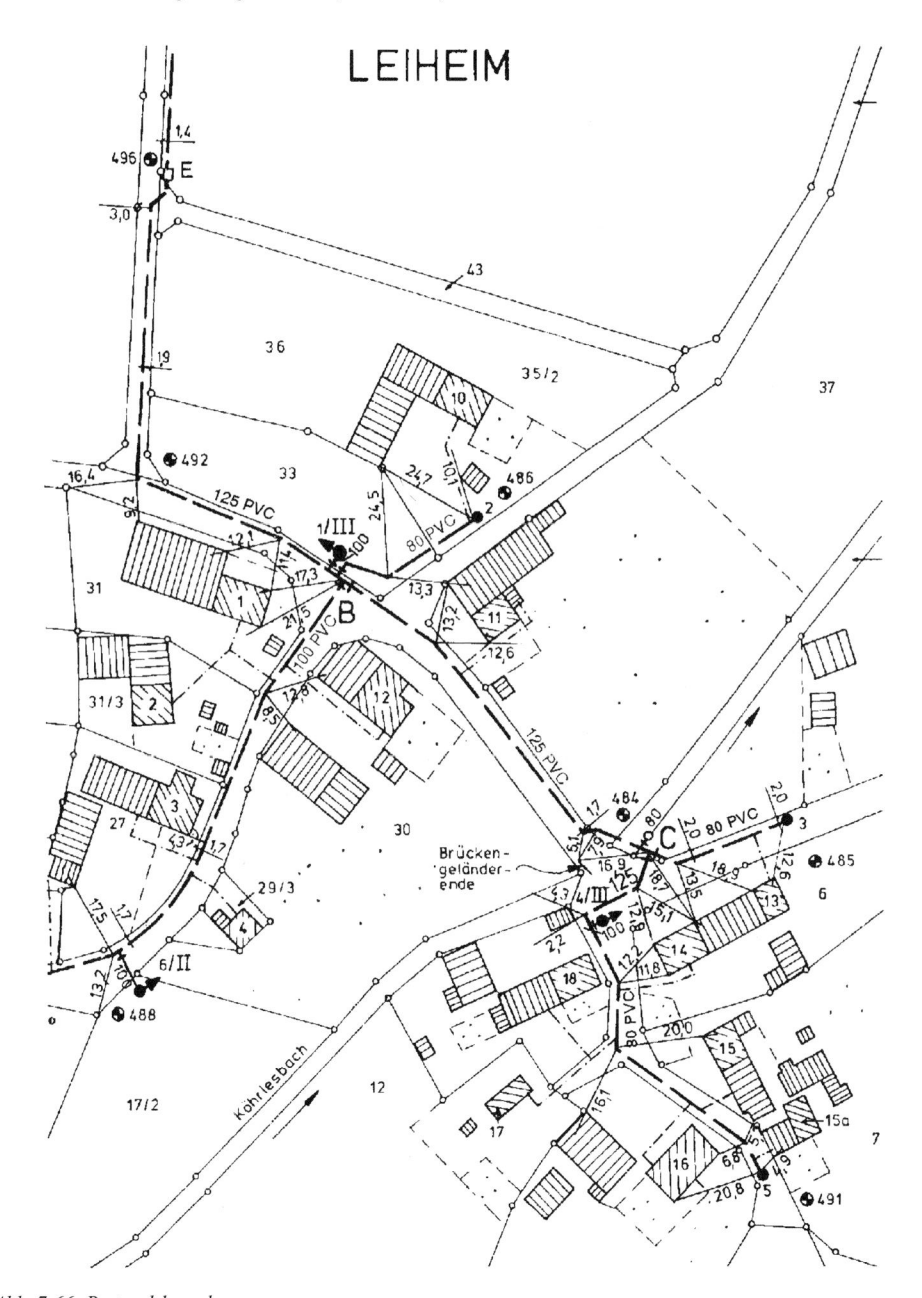

Abb. 7-66: Bestandslageplan

1.) die wesentlichen Einzelheiten der RL, auch deren Teile innerhalb von Schächten
2.) die Anschlussleitungen mit ihren Einbaumaßen, bezogen auf deutliche Punkte im Gelände, z. B. Hausecken, Grenzsteine, Geländefluchtlinien
3.) Straßennamen und Hausnummern

Ein Exemplar dieser auf handliche Größe zu beschränkenden Bestands-Lagepläne wird zweckmäßigerweise für die Mitarbeiter des Rohrnetzbetriebes in Folie eingeschweißt, damit die Pläne auch unter Schlechtwetterbedingungen anlässlich von RL-Arbeiten nicht beschädigt werden.
In neuerer Zeit wird hierfür auch die digitale Leitungsdokumentation oft in Verbindung mit Sachdaten (Netzinformationssysteme) eingesetzt.

7.4.3.2.5 Ausführungs- und Verlegeskizzen

nicht maßstäblich, während der Bauzeit anfallend, z. B. die skizzenhafte Darstellung von Anschlussleitungen, die auch zur Fertigung der Bestands-Lagepläne dienen.

7.4.3.3 Längsschnitte

7.4.3.3.1 Allgemeines

Längsschnitte werden über einer Bezugsebene aufgebaut, die einer durch 10 teilbaren Zahl der Höhe über Normal-Null (+NN) entspricht.

7.4.3.3.2 Übersichtslängsschnitte

Meist im M. 1 : 25 000/500 – Strichstärke für die RL: 0,5 mm, für die Drucklinie statisch 0,4 mm, für die Drucklinien der Betriebszustände 0,2 mm. Die Pläne dienen im Wesentlichen zur Darstellung der hydraulischen Zusammenhänge von Fern- und Zubringerleitungen (**Abb. 7-67**). Für kleine WV-Anlagen sind sie meist entbehrlich, weil die Drucklinien dort im Entwurfslängsschnitt – möglichst auf einem Blatt – eingetragen werden können. Einzuzeichnen sind:

- markante Geländepunkte in NN + m, insbes. ausgeprägte Hoch- und Tiefpunkte,
- deren Verbindungslinie in Form einer Geraden,
- die Drucklinien für Ruhedruck und verschiedene Betriebszustände,
- Anschlusspunkte der RL an Pumpwerke und Behälter und deren WSp,
- Abzweige zu Ortsnetzen und anderen Zweigleitungen.
  An jeder Drucklinie ist anzugeben:
  Berechnungswassermenge in l/s,
  Fließgeschwindigkeit in m/s,
  Druckgefälle in v. T.,
  Höhe der Drucklinie über besonderen Punkten, mindestens über allen Knoten- und Brechpunkten der Drucklinie in NN + m
Ferner unter der Bezugslinie:

- Kilometrierung in 100 m-Abständen,
- Länge der Abschnitte zwischen Schächten u. dgl.,
- Rohrnennweite (DN), Rohrwerkstoff, Druckstufe der RL (MDP),
- Höhe der RG-Sohle an den vertikalen Brechpunkten,
- bei großen Anlagen: Bauabschnitts- und Losnummer, Gemeinde- und Landkreisgrenzen.

7.4 Planung von Rohrleitungen

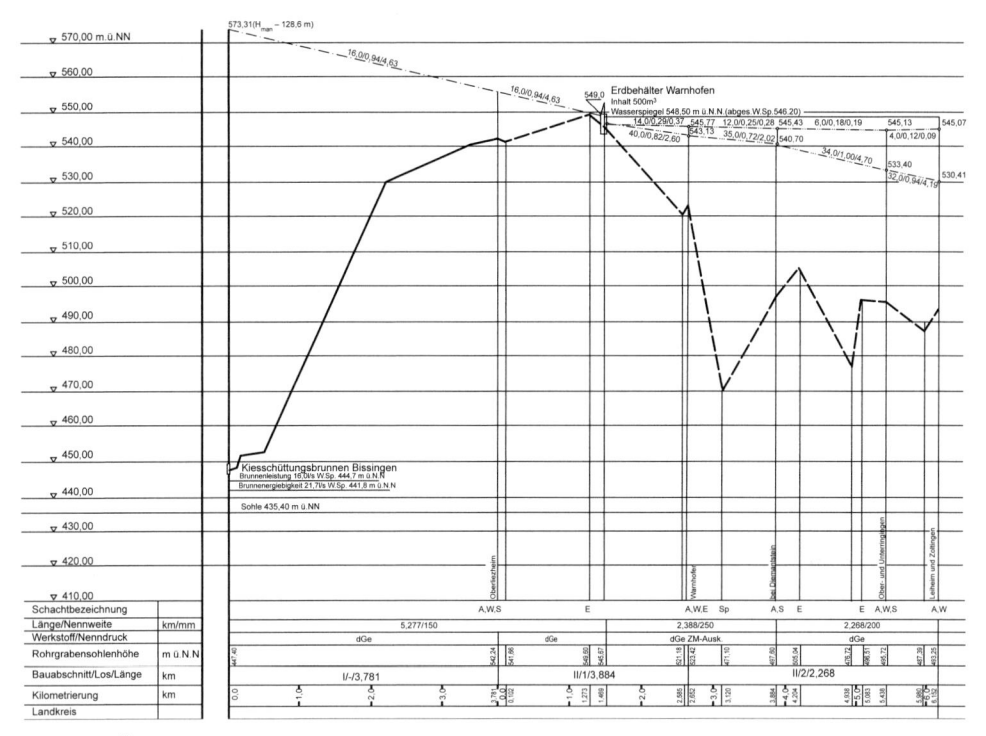

Abb. 7-67: Übersichtslängsschnitt einer Fernleitung

7.4.3.3.3 Entwurfslängsschnitte

1. Fern- und Zubringerleitungen – M. 1 : 2500/250 – Strichstärke für die RL: 0,5 mm, für die vertikalen Bezugslinien, die von der untersten horizontalen bis zur Geländelinie durchzuziehen sind 0,2 mm. Eingetragen werden alle für die Baudurchführung erforderlichen Angaben, also:

- Höhe der RG-Sohle an den Brechpunkten, an denen die „RG-Profile" aufzustellen sind, auch an Zwischenpunkten, wenn die Brechpunkte mehr als rd. 50 m weit entfernt sind.
- Höhenlage der Schächte, bezogen auf RL-Mitte,
  Unter der horizontalen Bezugsebene sind die Angaben wie bei Übersichtslängsschnitten zu machen. Ist das Gefälle der RG-Sohle kleiner als 5 v. T., so ist es anzuschreiben.
- Winkelpunktnummern der horizontalen Brechpunkte, Schachtbezeichnungen sowie die Namen von gekreuzten Gewässern, Bahnstrecken und die Nummern von gekreuzten Straßen.

2. Ortsnetz (**Abb. 7-68**) – M. 1 : 2500/250 – Strichstärke für die RL: 0,5 mm, für die statische Drucklinie 0,4 mm, für die Drucklinien von Betriebszuständen 0,2 mm. Die Darstellung entspricht denjenigen für Fern- und Zubringerleitungen, jedoch sind die Drucklinien wie im Übersichtslängsschnitt anzugeben. Die Hydranten mit ihrer Nummer sind einzutragen.

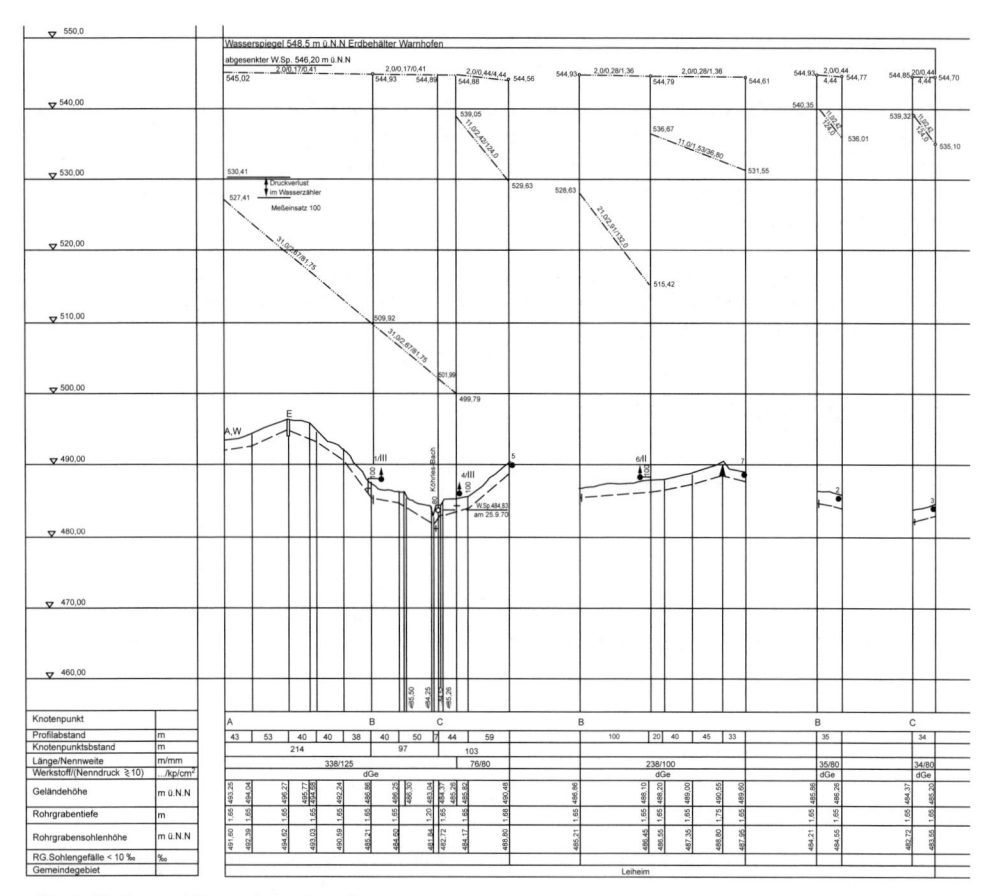

Abb. 7-68: Entwurfslängsschnitt eines Ortsnetzes

7.5 Bemessung und Berechnung von Rohrleitungen und Rohrnetzen

7.5.1 Allgemeines

Nach DIN 4044 ist Hydraulik die angewandte Hydromechanik, wobei die Hydrostatik die Lehre vom Gleichgewicht der im Wasser und auf das Wasser wirkenden Kräfte, die Hydrodynamik die Lehre von der Bewegung des Wassers und den dabei wirksamen Kräften ist. Im Folgenden werden nur die für die Wasserversorgung wesentlichen Grundlagen und Berechnungsverfahren behandelt, im Übrigen wird auf die Spezialliteratur verwiesen. Die Berechnungsaufgaben und -verfahren für die Strömung des Grundwassers – Geohydraulik – als Grundlage für die Planung und den Bau von Grundwassererschließungen sind in Abschn. 3.1 enthalten, die physikalischen, chemischen Eigenschaften des Wassers im Abschn. 4.1.

7.5 Bemessung und Berechnung von Rohrleitungen und Rohrnetzen

Für die hydraulischen Berechnungen werden allgemein Vereinfachungen verwendet, die für die meisten Fälle ausreichende Genauigkeit ergeben, dies sind:

1.) Das geringe Maß der Kompressibilität des Wassers von 0,05 v. T. bei Druckänderung um 1 bar ist außer bei der Berechnung von Druckstößen zu vernachlässigen.
2.) Die Wassertemperatur wird konstant, meist mit 10 oder 15 °C angenommen. In besonderen Fällen muss die durch die Temperatur bedingte Änderung der Viskosität für das Fließen des Wassers berücksichtigt werden.
3.) Das Wasser ist reibungsfrei.
4.) Dampfbildung und Oberflächenspannung sind außer bei Kavitation nicht vorhanden.
5.) Die Berechnungen für Standorte in Meereshöhe und 1013 mbar (1013 hPa) Luftdruck werden für alle europäischen Verhältnisse als gültig angesehen.

7.5.2 Hydrostatische Berechnungen

7.5.2.1 Hydrostatischer Druck

Der Wasserdruck p_W beträgt in Abhängigkeit von der Wassertiefe:

$$p_W = g \cdot \varsigma \cdot h \; (kN/m^2)$$

mit $g = 9,81 \cong 10 \, m/s^2$, Dichte des Wassers $\varsigma = 1\,000 \, kg/m^3$, Tiefe $h = m$
wobei Wasser als ideale, reibungsfreie Flüssigkeit angenommen wird.
Damit ergibt sich:

$$p_W = 10 \cdot 1\,000 \cdot h \; (kg/ms^2), \text{ da } 1 \text{ bar} = 10^5 \, (kg/ms^2), \; p_W = 0,1 \, h \text{ (bar)}.$$

Die Wassersäule von 1 m Höhe erzeugt in h m Tiefe den Wasserdruck $p_W = 0,1$ bar oder eine Druckhöhe von h m, der Druck nimmt mit der Tiefe linear zu, die Druckverteilungsfläche ist ein Dreieck, **Abb. 7-69**.

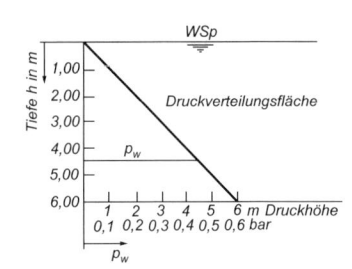

Abb. 7-69: Druckverteilung des hydrostatischen Druckes p_W

Beispiel: Wasserdruck in 5 m Tiefe
$p_W = 0,1 \cdot 5 = 0,5$ bar, oder 5 m Wassersäule (WS) = 5 m Druckhöhe.
Bei der Berechnung von Wasserversorgungsanlagen ist es üblich, den hydrostatischen Druck und die hydrostatischen Druckkraft mit 1 bar = 1 daN/cm², die Druckhöhen und Druckhöhenverluste in Rohrleitungen jedoch mit h = m Druckhöhe anzugeben.

7.5.2.2 Hydrostatische Druckkraft

Die auf ein Flächenelement dA in h m Tiefe unter dem WSp wirkende Druckkraft W ist normal, d. i. senkrecht, auf das Flächenelement gerichtet und beträgt:

$$W \, (daN) = p_W (daN/cm^2) \cdot dA \, (cm^2).$$

Beispiel 1: Wasserdruckkraft W auf eine horizontale Fläche $A = 1\,m^2 = 10\,000\,cm^2$ in 5 m Tiefe:

$p_W = 0{,}1 \cdot 5{,}0 = 0{,}5\,bar = 0{,}5\,daN/cm^2$

$W = 0{,}5\,(daN/cm^2) \cdot 10\,000\,(cm^2) = 5000\,daN = 50\,000\,N = 50\,kN$

Beispiel 2: Wasserdruckkraft W auf eine unter 45° geneigte Fläche A mit $L = 7{,}07\,m$, $B = 1{,}00\,m$, Fußpunkt 5 m unter WSp, **Abb. 7-70**

Wasserdruck in 5 m Tiefe: $p_W = 0{,}1 \cdot 5 = 0{,}5\,bar$

Gesamte Wasserdruckkraft $W = 0{,}5 \cdot p_W \cdot A = 0{,}5 \cdot 0{,}5 \cdot 7{,}07 \cdot 1{,}00 \cdot 10\,000 = 177\,kN$

Die Resultierende der Wasserdruckkraft W_R hat einen Abstand vom unteren Ende der Fläche von $^1/_3 = 2{,}36\,m$. W_R kann in eine horizontale und eine vertikale Komponente zerlegt werden:

$W_R(hor)\ 0{,}5 \cdot p_W \cdot L_{vert} = 0{,}5 \cdot 0{,}5 \cdot 5{,}00 \cdot 1{,}00 \cdot 10\,000 = 125\,kN$

$W_R(vert)\ 0{,}5 \cdot p_W \cdot L_{hor} = 0{,}5 \cdot 0{,}5 \cdot 5{,}00 \cdot 1{,}00 \cdot 10\,000 = 125\,kN$

$ges W_R = \sqrt{W_{R(hor)}^2 + W_{R(vert)}^2} = \sqrt{125^2 + 125^2} = 177\,kN$

7.5.2.3 Auftrieb

Die Berechnung der Auftriebskraft ist im Wasserbau häufig erforderlich. (z. B. Schacht im Grundwasser, leere Rohrleitungen in einem mit Wasser gefüllten Rohrgraben). Für den Auftrieb eines festen Körpers im Wasser sind nur die vertikalen Druckkräfte wirksam, denn die Summe der horizontalen Kräfte ist i. a. gleich Null. Die Auftriebskraft W_A wird errechnet aus:

W_A = Summe der nach oben gerichteten Wasserdruckkräfte abzüglich der Summe der nach unten gerichteten Wasserdruckkräfte.

Der Auftrieb ist dann: Auftriebskraft abzüglich Lastkraft. Der Auftrieb ist positiv, wenn nach oben gerichtet, negativ, wenn nach unten gerichtet (Prinzip des Archimedes).

Die Auftriebskraft ist nach oben durch den Schwerpunkt des verdrängten Wasserkörpers gerichtet, die Lastkraft des eingetauchten Körpers nach unten durch den Schwerpunkt des eingetauchten Körpers.

Beispiel 3: eintauchender Körper, Masse 10 000 kg, Breite $B = 2\,m$, Länge $L = 3\,m$, Eintauchtiefe 2 m, **Abb. 7-71**.

Wasserdruck in Sohlentiefe: $p_W = 0{,}1 \times 2{,}00 = 0{,}2\,bar$

Wasserdruckkraft auf Sohle des Körpers: $W_A = p_W \cdot A$, nach oben gerichtet

$W_A = 0{,}2 \cdot 2{,}0 \cdot 3{,}0 \cdot 10\,000 = 12\,000\,daN = 120\,kN$

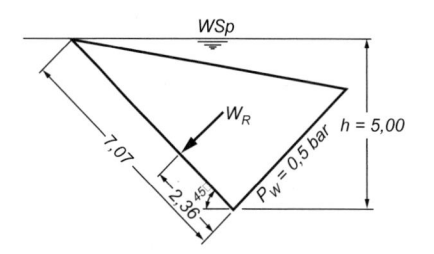

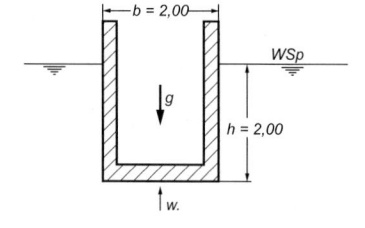

Abb. 7-70: Wasserdruckkraft W auf eine geneigte Fläche   *Abb. 7-71: Auftrieb eines eingetauchten Körpers*

Lastkraft nach unten gerichtet: $G = g \cdot 10\,000 = 100\,000\,mkg/s^2 = 100\,kN$

Auftrieb $= W_A - G = 120 - 100 = 20\,kN$, positiv daher nach oben gerichtet.

Der Körper wird bei dieser Eintauchtiefe nach oben gedrückt. Wenn er in der ursprünglichen Lage bleiben soll, muss die Lastkraft um 20 kN erhöht werden, d. h. die Masse um $20\,kN/g = 2000\,kg$.

7.5.3 Hydrodynamische Berechnungen

7.5.3.1 Grundlagen

7.5.3.1.1 Bewegungsarten des Wassers

Die Bewegung des Wassers ist i. a. räumlich dreidimensional und zeitabhängig. Die Bahn eines Flüssigkeitsteilchens wird als Stromlinie bezeichnet. Für die Berechnungen sind Vereinfachungen notwendig und üblich, welche durch Beiwerte in den Berechnungsverfahren berücksichtigt werden. Nach DIN 4044 werden folgende Bewegungsarten unterschieden:

1. Fließen – das Wasser bewegt sich laminar oder turbulent auf fester Sohle innerhalb fester Wandungen. Dabei wird unterschieden in:
   1.1. Laminares Fließen – die Stromlinien verlaufen parallel, es findet keine Durchmischung statt. Diese Bewegungsart ist nur bei sehr kleinen Fließgeschwindigkeiten vorhanden.
   1.2. Turbulentes Fließen – die Stromlinien verlaufen unregelmäßig und durchsetzen sich, es findet eine Durchmischung statt. Dies ist die übliche Bewegungsart des Wassers.
   1.3. Stationär gleichförmiges Fließen – die Geschwindigkeit ist im betrachteten Strömungsgebiet über die betrachtete Zeit gleich groß, z. B. Durchfluss durch ein Rohr mit gleich bleibendem Durchmesser bei gleich bleibender Druckhöhe am Rohranfang und Rohrende.
   1.4. Stationär ungleichförmiges Fließen – die Geschwindigkeit im betrachteten Strömungsgebiet ist an verschiedenen Stellen verschieden, dort aber immer gleich groß, z. B. Durchfluss durch ein Rohr mit veränderlichem Querschnitt, aber bei gleich bleibender Druckhöhe am Rohranfang und Rohrende.
   1.5. Instationäres Fließen – die Geschwindigkeit im betrachteten Strömungsgebict ist an verschiedenen Stellen verschieden und dort auch nicht gleich bleibend, z. B. Abfluss aus einem Behälter durch eine Rohrleitung bei Veränderung der Druckhöhe infolge Schwankungen der Entnahme.
2. Stürzen – das Wasser bewegt sich im gas-luftgefüllten Raum, z. B. Wasserfall, freier Überfall über Wehr.

7.5.3.1.2 Geschwindigkeitsverteilung

Die Fließgeschwindigkeit ist im gesamten Querschnitt nicht gleich groß, sie steigt von Null im mehr oder weniger großen Grenzbereich an den Rändern auf einen Größtwert in der Hauptströmung. In der Praxis wird i. a. mit der mittleren Fließgeschwindigkeit gerechnet, d. h. $v = v_m$. Das Verhältnis v_m/v_{max} beträgt:
1. Freispiegelgerinne: $v_m/v_{max} = 0{,}50 - 0{,}90$.
Je größer die Rauheit der Wände und je größer der hydraulische Radius ist, umso kleiner ist das Verhältnis.
2. Druckrohrleitungen: bei laminarem Fließen ist $v_m/v_{max} = 0{,}5$, bei turbulentem Fließen $v_m/v_{max} = 0{,}8$
Geschwindigkeitsverteilung siehe **Abb. 7-72**.

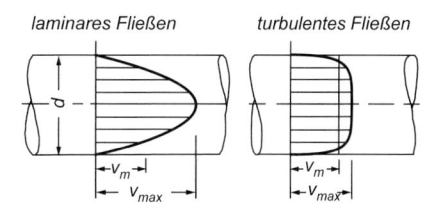

Abb. 7-72: Geschwindigkeitsverteilung in einer Druckrohrleitung

7.5.3.1.3 Reynolds'sche Zahl

Geschwindigkeit, Größe und Form des Durchflussquerschnitts bestimmen die Grenze von laminarem zu turbulentem Fließen, ferner im glatten und im Übergangsbereich vom hydraulisch glatten zum rauen Bereich auch den Druckhöhenverlust des Fließens. Die Auswirkung der 3 Faktoren ist in der dimensionslosen *Reynolds* Zahl R_e zusammengefasst:

$$R_e = v \cdot R/\upsilon, \text{ wobei } R = A/U$$

mit: v = Geschwindigkeit m/s, R = hydraulischer Radius m, A = Durchflußquerschnitt m², U = benetzter Umfang m, υ kinematische Zähigkeit m²/s
Beim Kreisquerschnitt wird für R = D gesetzt, so daß $R_e = v \cdot D/\upsilon$
In Freispiegelgerinnen ist bei den in der Natur vorkommenden Rauheien der Wände und Sohle und bei den Reynolds Zahlen immer turbulentes Fließen vorhanden. Bei Rohrleitungen liegt die untere Grenze zwischen laminarem und turbulentem Fließen bei den kritischen Reynolds Zahlen von

$$R_e \text{ (krit)} = v \cdot D/\upsilon = 2320$$

Beispiel 4: DN 300, v (krit) = 2320 · 1,14 · 10⁻⁶/0,3 = 0,01 m/s (t = 10°)
Nach dem dynamischen Ähnlichkeitsgesetz gilt ferner:

$$v_1 \cdot D_1/\upsilon_1 = v_2 \cdot D_2/\upsilon_2.$$

Hiermit lassen sich die Strömungsverhältnisse bei anderer Zähigkeit, z. B. anderer Temperatur, berechnen.

7.5.3.1.4 Kontinuitätsgleichung

Für das stationäre Fließen gilt die Kontinuität, d. h. durch jeden Querschnitt des Strömungsgebiets fließt in der Zeiteinheit die gleiche Wassermenge.

$$Q_1 = v_1 \cdot A_1 = Q_2 = v_2 \cdot A_2 \text{ m}^3/\text{s}$$

7.5.3.1.5 Gleichung der Erhaltung der Energie

Der um den Druckhöhenverlust erweiterte Energiesatz – *Bernoullische* Gleichung – lautet für die ideale, reibungslose Flüssigkeit (Wasser):

$$z + p_W/g \cdot \rho + v^2/2g + h_v = \text{konst.}$$

z = Höhe über Nullinie, $p_W/g \cdot \rho$ = Druckhöhe, $v^2/2g$ = Geschwindigkeitshöhe, h_v = Druckverlust m, **Abb. 7-73**.

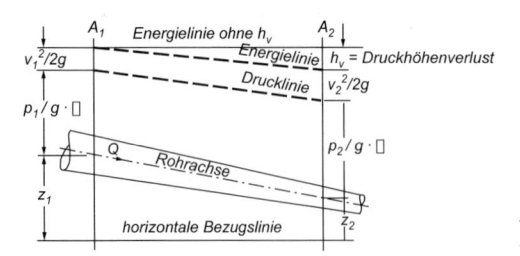

Abb. 7-73: Energielinie und Drucklinie für eine Druckrohrleitung nach dem Energiesatz

Für die Berechnung der Druckhöhen in einem Rohrnetz wird i. a. von NN als Bezugslinie ausgegangen, nur Druckhöhe und Druckhöhenverlust werden berücksichtigt, jedoch nicht die sehr kleine Geschwindigkeitshöhe $v^2/2g$. Bei der Berechnung des Druckhöhenverlustes in Leitungen mit geringen Druckhöhen, z. B. Pumpensaugleitungen, Leitungen in Aufbereitungsanlagen u. a. ist jedoch die

Geschwindigkeitshöhe wichtig, da hieraus die Druckhöhenverluste in Formstücken und Armaturen berechnet werden.

7.5.3.1.6 Allgemein gültige Geschwindigkeitsformel

Grundlage für die Berechnung der Fließgeschwindigkeit, bzw. des Druckhöhenverlustes h_v von Wasser in Freispiegelgerinnen und in Druckrohrleitungen ist die Gleichung von *Brahms – de Chezy*:

$v = C \cdot R^{0,5} \cdot J^{0,5}$
C = Beiwert, R = hydraulischer Radius, J = Druckhöhengefälle

7.5.3.2 Druckhöhenverlust in Freispiegelgerinnen

Für die Geschwindigkeitsformel von Chezy haben Ganguillet und Kutter eine Formel zur Berechnung des Beiwertes C aufgestellt. In der Praxis wird heute meist mit der sehr brauchbaren Formel von *Manning – Gauckler – Strickler* (Schweiz) gerechnet:

$v = k_{st} \cdot R^{2/3} \cdot J^{1/2}$

v = mittlere Geschwindigkeit = Q/A, k_{St} = Rauheitsbeiwert Strickler nach **Tab. 7-21**, R = hydraulischer Radius = A/U, J = Druckhöhengefälle = h_v/l, Q = Volumenstrom = Durchfluss, A = Durchflussquerschnitt, U = benetzter Umfang.

Tab. 7-21: Rauheitsbeiwert k_{St}ul für verschiedene Wandrauheiten nach Strickler

Wandbeschaffenheit	k_{St}	Wandbeschaffenheit	k_{St}
Fels sehr grob	15–20	verwilderter Fluss mit Geschiebe	25
Fels, mittel	20–28	Fluss mit grobem Schotter	28
kopfgroße Steine	25–30	Fluss mit Geschiebe u. Wasserpflanzen	36
Kies, grob, 50–150 mm	35	Rhein bei Basel	28–35
Kies, mittel, 20–60 mm	40	Rhein in Holland	35–40
Kies, fein, 10–30 mm	45		
Bruchsteinmauerwerk	60		
Beton	60		
geglätteter Beton	90		
Zement-Glattstrich	100		

7.5.3.3 Druckhöhenverlust in geraden Druckrohrleitungen

7.5.3.3.1 Formeln von Darcy–Weisbach und Colebrook–White

1. Druckhöhenverlust – wird mit der physikalisch einwandfreien Formel von *Darcy–Weisbach* berechnet:

$h_v = \sqrt{\lambda} \cdot L/D \cdot v^2/2g$

2. Widerstandszahl λ – die Schwierigkeit liegt in der Ermittlung der dimensionslosen Widerstandszahl l, für die es je nach Wandrauheit verschiedene Formeln gibt, und zwar:
hydraulisch glatt: Formel Prandtl–Kármán

$1\sqrt{\lambda} = 2 \cdot \lg (R_e \cdot \sqrt{\lambda}/2{,}51)$

hydraulisch rau: Formel Prandtl–Kármán

$1\sqrt{\lambda} = 2 \cdot \lg (3{,}71 \cdot D/k)$

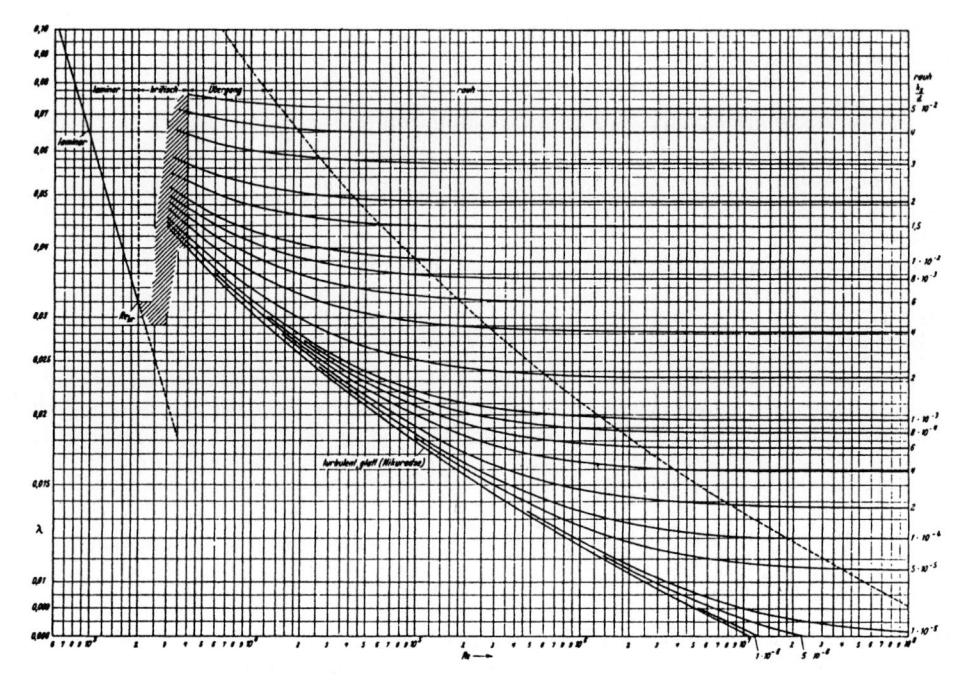

Abb. 7-74: Reibungsziffern λ von Rohren in Abhängigkeit von der natürlichen Rauheit k der Rohrwand und der Reynolds Zahl R_e nach Moody

Übergangsbereich glatt – rau: Formel Colebrook und White

$$1/\sqrt{\lambda} = -2 \cdot \lg(2{,}51/R_e \cdot \sqrt{\lambda}) + k/(3{,}71 \cdot D)).$$

R_e = Reynolds Zahl, D (m) = lichter Rohrdurchmesser, k (m) = natürliche Wandrauheit. In **Abb. 7-74** ist das Diagramm nach Moody, Widerstandszahl λ in Abhängigkeit von der Wandrauheit k und der Reynolds Zahl dargestellt.

3. Colebrook–Formel

Da die Colebrook–Formel die Grenzen des Übergangsbereichs zum glatten und rauen Bereich mit erfasst, wird allgemein für die Berechnung des Druckhöhenverlustes in Druckrohrleitungen diese Formel verwendet. Der Wert λ ist in der Gleichung

$$\lambda = (-2 \lg(2{,}51/R_e \sqrt{\lambda} + k/3{,}71\, d))^{-2}$$

implizit vorhanden, so dass die Lösung nur iterativ errechnet werden kann. Durch den Einsatz von PCs und den von verschiedenen Software-Herstellern angebotenen Programmen ist die Lösung jedoch vereinfacht.

4. Rauheitswert k – streng genommen ist der Beiwert k nur abhängig von der Beschaffenheit der Rohrwand. Für neue Rohre in geraden Leitungen hat der technische Ausschuss der IWSA 1955 die in **Tab. 7-22** enthaltenen Werte für k empfohlen.

7.5 Bemessung und Berechnung von Rohrleitungen und Rohrnetzen

Tab. 7-22: Rauheitswert k für gerade Rohre ohne Formstücke und Armaturen nach dem Techn. Ausschuss des 3. Internationalen Wasserkongresses London 1955

Rohrmaterial	k mm	Rohrmaterial	k mm
unisoliertes Gussrohr	0,25	geschleuderte Zementisol.	0,01
isoliertes Gussrohr	0,125	geschleuderte Bitumenisol.	0,01
isoliertes Schleudergussrohr	0,05	Kunststoffrohr PVC, PE	0,01
verzinktes Stahlrohr	0,125	Spannbetonrohr	0,25-0,04
schmiedeeisernes Stahlrohr	0,05	Rohre mit Zementnachisolierung	0,5
isoliertes Stahlrohr	0,05	unisoliertes Stahlrohr	0,04
unisoliertes AZ-Rohr	0,025	isoliertes AZ-Rohr	0,01

In der Praxis werden bei der Berechnung des Druckhöhenverlustes i. a. die zusätzlichen Druckhöhenverluste aus Formstücken und Armaturen und auch aus unvermeidbaren Ablagerungen in den Rohren durch einen höheren k-Wert mit berücksichtigt. Der DVGW hat im Arbeitsblatt W 302 für Wasser mit 10 °C folgende k-Werte empfohlen:

Zubringer- und Hauptleitungen aus GGG u. Stahl, ohne ZM $\quad k = 0{,}1 \cdot 10^{-3}$ m
Versorgungsleitungen aus GGG u. St $\quad k = 0{,}4 \cdot 10^{-3}$
Leitungen aus Kunststoff und AZ $\quad k = 0{,}1 \cdot 10^{-3}$

5. Tabellen der Druckverlusthöhen nach Prandtl–Colebrook – im Auftrag des Bayer. Landesamtes für Wasserwirtschaft (LfW) hat *Bazan* Tabellen über die Druckverluste in Rohrleitungen aufgestellt. Grundlage bilden die Colebrook–Gleichung, die wirklichen lichten Durchmesser von neuen Rohren unter Berücksichtigung eventueller Auskleidungen und folgender k-Werte:

	Zubringer- und Hauptleitungen	**Versorgungsleitungen**
PVC, PE	$k = 0{,}01 \cdot 10^{-3}$ m	$k = 0{,}04 \cdot 10^{-3}$
AZ	$k = 0{,}05 \cdot 10^{-3}$	
St, GG, GGG, mit Bit, oder ZM	$k = 0{,}1 \cdot 10^{-3}$	$k = 0{,}4 \cdot 10^{-3}$
SpB	$k = 0{,}1 \cdot 10^{-3}$	

In **Tab. 7-23 (1 bis 20)** sind die LfW-Tabellen z. T. etwas gekürzt angegeben.
Druckverlust-Tabellen für Anschluss- und Verbrauchsleitungen der DN 10 bis DN 50 sind in Abschn. 7.5.7 aufgeführt.
6. Colebrook–Kurzformel nach Kottmann – bei großen Strömungsgeschwindigkeiten und damit großem R_e geht in der genauen Formel das 1. Glied der Klammer: $2{,}51 / (R_e \cdot \sqrt{\lambda})$ gegen 0. Etwaige Ungenauigkeiten durch Entfall dieser Klammer werden durch einen sich ergebenden höheren k-Wert ausgeglichen. Damit ergibt sich die einfachere Colebrook–Kurzformel für λ bzw. Q:

$$\lambda = 1 / (2 \cdot \lg (D/k) + 1{,}14)^2.$$

und aus $h_v = \lambda \cdot L/D \cdot v^2/2g$ wird:

$$h_v = \lambda \cdot 0{,}0826 \cdot L/D^5 \cdot Q^2, \text{ oder } Q^2 = h_2 / \lambda \cdot 0{,}0826 \cdot L/D^5$$

Beispiel: DN 300, L = 1000 m, Q = 0,070 m³/s,
Die Kurzformel ergibt für k = 0,1 mm h_v = 2,54 m, für k = 0,2 mm h_v = 2,97 m.
Die genaue Formel ergibt nach **Tab. 7-23/14** für k = 0,1 mm h_v = 2,94 m.

Tab. 7-23/1: DN 25, A = 0,049 dm²

Q [l/s]	PE-HD 32·2,9 D=26,2 k=0,01	J_v [m/km] PVC 32·1,8 D=28,4 k=0,01	St 32·2,9 D=26,2 k=0,1	v [m/s] für D=DN
0,10	2,76	1,88	2,97	0,20
0,15	5,55	3,79	6,12	0,31
0,20	9,09	6,20	10,2	0,41
0,25	13,5	9,15	15,4	0,51
0,30	18,4	12,6	21,4	0,61
0,35	24,2	16,5	28,5	0,71
0,40	30,6	20,8	36,4	0,81
0,45	37,7	25,6	45,4	0,92
0,50	45,4	30,8	55,3	1,02
0,60	62,8	42,6	77,9	1,22
0,70	82,7	56,1	104	1,42
0,80	105	71,2	135	1,63
0,90	130	87,9	168	1,83
1,00	157	106	206	2,04
1,2	218	148	293	2,44
1,4	289	195	394	2,85

Tab. 7-23/2: DN 32, A = 0,080 dm²

Q [l/s]	PE-HD 40·3,6 D=32,8 k=0,01	J_v [m/km] PVC 40·2 D=36,6 k=0,01	St 42,4·3,25 D=35,9 k=0,1	v [m/s] für D=DN
0,20	3,13	2,02	2,20	0,25
0,25	4,61	2,96	3,26	0,31
0,30	6,33	4,06	4,52	0,37
0,35	8,28	5,31	5,97	0,44
0,40	10,5	6,71	7,61	0,50
0,45	12,9	8,25	9,43	0,56
0,50	15,5	9,92	11,5	0,62
0,60	21,4	13,7	16,0	0,75
0,70	28,1	18,0	21,3	0,87
0,80	35,6	22,8	27,3	1,00
0,90	43,9	28,0	34,0	1,12
1,00	53,0	33,8	41,5	1,24
1,2	73,5	46,9	58,5	1,49
1,4	97,0	61,8	78,4	1,74
1,6	123	78,6	101	1,99
1,8	153	97,2	127	2,23
2,0	185	118	155	2,49
2,2	220	140	187	2,73
2,4	258	164	221	2,98

7.5 Bemessung und Berechnung von Rohrleitungen und Rohrnetzen

Tab. 7-23/3: DN 40, A = 0,126 dm²

Q [l/s]	PE-HD 50 · 4,5 D=41 k=0,01	PVC 50 · 2,4 D=45,2 k=0,01	J$_v$ [m/km] AZ D=DN k=0,05	St 48,3 · 3,25 D=41,8 k=0,1	v [m/s] für D=DN
0,25	1,64	1,04	1,92	1,61	0,20
0,50	5,34	3,35	6,51	5,40	0,40
0,75	10,9	6,85	13,5	11,4	0,60
1,00	18,1	11,4	22,0	19,3	0,79
1,2	25,1	15,7	31,2	27,1	0,95
1,4	33,0	20,6	41,0	36,3	1,11
1,6	41,9	26,2	52,5	46,7	1,27
1,8	51,8	32,4	65,4	58,3	1,43
2,0	62,6	39,1	79,7	71,3	1,59
2,5	93,8	58,4	120	109	1,99
3,0	131	81,3	167	155	2,39

Tab. 7-23/4: DN 50, A = 0,196 dm²

Q [l/s]	PE-HD 63 · 5,7 D=51,6 k=0,01	PVC 63 · 3 D=57 k=0,01	J$_v$ [m/km] AZ D=DN k=0,05	St is 60,3 · 2,3 D=51,7 k=0,1	v [m/s] für D=DN
0,5	1,79	1,12	2,15	1,91	0,26
0,6	2,46	1,53	2,97	2,65	0,31
0,7	3,22	2,00	3,92	3,50	0,36
0,8	4,07	2,53	4,97	4,46	0,41
0,9	5,00	3,11	6,14	5,52	0,46
1,0	6,02	3,74	7,43	6,70	0,51
1,2	8,31	5,16	10,3	9,37	0,61
1,4	10,9	6,78	13,7	12,5	0,71
1,6	13,9	8,60	17,5	16,0	0,81
1,8	17,1	10,6	21,7	20,0	0,92
2,0	20,6	12,8	26,3	24,3	1,02
2,5	30,9	19,1	39,9	37,1	1,28
3,0	42,8	26,5	56,0	54,2	1,53
3,5	56,6	35,0	74,8	70,5	1,79
4,0	72,0	44,5	96,2	91,0	2,04
4,5	89,3	55,1	120	114	2,30
5,0	108	66,7	147	140	2,55

Tab. 7-23/5: DN 65, A = 0,332 dm^2

Q [l/s]	PE-HD 75·6,8 D=61,4 k=0,01	J$_v$ [m/km] PVC 75·3,6 D=67,8 k=0,01	AZ D=DN k=0,05	St is 76,1·2,6 D=66,9 k=0,1	v [m/s] für D=DN
0,5	0,78	0,49	0,61	0,55	0,15
0,6	1,08	0,67	0,84	0,76	0,18
0,7	1,41	0,88	1,11	1,00	0,21
0,8	1,78	1,11	1,40	1,26	0,24
0,9	2,18	1,36	1,73	1,56	0,27
1,0	2,63	1,64	2,08	1,89	0,30
1,2	3,62	2,26	2,88	2,63	0,36
1,4	4,75	2,96	3,80	3,48	0,42
1,6	6,02	3,75	4,84	4,44	0,48
1,8	7,42	4,61	5,98	5,52	0,54
2,0	8,95	5,56	7,25	6,70	0,60
2,5	13,4	8,28	10,9	10,2	0,75
3,0	18,5	11,5	15,2	14,3	0,90
3,5	24,4	15,5	20,3	19,1	1,05
4,0	31,0	19,2	25,9	24,5	1,21
4,5	38,4	23,8	32,9	30,7	1,36
5,0	46,5	28,7	39,3	37,5	1,51
5,5	55,2	34,2	47,0	45,0	1,66
6,0	64,7	40,0	55,4	53,2	1,81
8,0	110	67,5	95,5	92,5	2,41
9,0	136	83,8	120	116	2,71

7.5 Bemessung und Berechnung von Rohrleitungen und Rohrnetzen

Tab. 7-23/6: DN 80, A = 0,503 dm²

Q [l/s]	PVC 90·4,3 D=81,4 K=0,01	AZ D=DN k=0,05	J_v [m/km] GG D=DN k=0,1	GGG 98·6 D=86 k=0,1	St is 88,9·2,9 D=79,1 k=0,1	D=DN K=0,4	v [m/s] für D=DN
0,7	0,38	0,41	0,42	0,34	0,42	0,46	0,14
0,8	0,47	0,52	0,53	0,38	0,56	0,59	0,16
0,9	0,57	0,64	0,66	0,46	0,69	0,74	0,18
1,0	0,69	0,77	0,79	0,56	0,84	0,90	0,20
1,2	0,94	1,06	1,10	0,77	1,16	1,25	0,24
1,4	1,24	1,39	1,45	1,02	1,53	1,62	0,28
1,6	1,56	1,77	1,84	1,29	1,95	2,10	0,32
1,8	1,93	2,18	2,28	1,60	2,42	2,62	0,36
2,0	2,32	2,64	2,77	1,94	2,93	3,25	0,40
2,5	3,45	3,95	4,18	2,94	4,42	4,88	0,50
3,0	4,76	5,49	5,84	4,08	6,18	7,30	0,60
3,5	6,27	7,28	7,78	5,43	8,23	10,0	0,70
4,0	7,96	9,30	9,99	6,96	10,6	12,8	0,80
4,5	9,83	11,5	12,5	8,67	13,2	16,0	0,90
5,0	11,9	14,0	15,2	10,6	16,1	19,8	0,99
5,5	14,1	16,7	18,2	12,7	19,3	23,5	1,09
6,0	16,5	19,7	21,5	14,9	22,7	28,3	1,19
6,5	19,1	22,9	25,0	17,4	26,5	32,6	1,29
7,0	21,8	26,2	28,8	20,0	30,5	38,5	1,39
7,5	24,7	29,9	32,8	22,8	34,8	42,5	1,49
8,0	27,8	33,7	37,2	25,8	39,4	49,5	1,59
8,5	31,2	37,8	41,7	28,9	44,2	54,5	1,69
9,0	34,4	42,1	46,6	32,2	49,3	62,0	1,79
9,5	38,0	46,6	51,7	35,8	54,8	68,5	1,89
10	41,7	51,3	57,0	39,5	60,4	77,0	1,99
11	49,6	61,5	68,6	47,4	72,6	93,0	2,19
12	58,2	72,5	81,1	56,0	86,0	110	2,39
13	67,4	84,5	94,7	65,4	100	127	2,59
14	77,2	97,3	109	75,5	116	145	2,79

GGG mit ZM (D = 76 mm), J_v = rd:
bei k = 0,1: Werte der Spalte GGG mit 1,85 vervielfachen
bei k = 0,4: Werte der Spalte GGG mit 2,50 vervielfachen

Tab. 7-23/7: DN 100, A = 0,785 dm²

Q [l/s]	PVC 110·5,3 D=99,4 k=0,01	AZ D=DN k=0,05	GG D=DN k=0,1	GGG 118·6,1 D=105,8 k=0,1	St is 114,3·3,2 D=103,9 k=0,1	D=DN k=0,4	v [m/s] für D=DN
			J_v [m/km]				
1,0	0,27	0,26	0,27	0,21	0,22	0,30	0,13
1,2	0,37	0,36	0,37	0,28	0,31	0,43	0,15
1,4	0,48	0,48	0,49	0,37	0,41	0,57	0,18
1,6	0,60	0,60	0,62	0,47	0,52	0,72	0,20
1,8	0,74	0,74	0,77	0,59	0,64	0,91	0,23
2,0	0,89	0,90	0,93	0,71	0,77	1,08	0,26
2,5	1,36	1,33	1,43	1,09	1,19	1,68	0,32
3,0	1,83	1,85	1,94	1,47	1,61	2,32	0,38
3,5	2,41	2,45	2,57	1,95	2,13	3,23	0,45
4,0	3,05	3,12	3,29	2,49	2,73	4,00	0,51
4,5	3,76	3,86	4,09	3,10	3,39	5,10	0,57
5,0	4,54	4,68	4,98	3,76	4,12	6,20	0,64
5,5	5,39	5,57	5,95	4,49	4,92	7,52	0,70
6,0	6,30	6,54	7,00	5,28	5,78	9,01	0,76
6,5	7,27	7,58	8,13	6,13	6,72	10,5	0,83
7,0	8,31	8,69	9,35	7,05	7,72	12,0	0,89
7,5	9,41	9,87	10,7	8,02	8,78	13,8	0,96
8,0	10,6	11,1	12,0	9,05	9,92	15,5	1,02
8,5	11,8	12,5	13,5	10,2	11,1	17,4	1,08
9,0	13,1	13,9	15,0	11,3	12,4	19,6	1,15
9,5	14,4	15,3	16,7	12,5	13,7	21,6	1,21
10	15,8	16,9	18,4	13,8	15,1	24,5	1,27
11	18,8	20,1	22,0	16,6	18,1	29,7	1,40
12	22,0	23,7	26,0	19,6	21,4	35,2	1,53
13	25,5	27,6	30,3	22,8	25,0	41,1	1,66
14	29,2	31,7	35,0	26,3	28,8	47,3	1,78
16	37,2	40,8	45,2	33,9	37,2	61,0	2,04
18	46,2	51,0	56,7	42,6	46,7	77,1	2,29
20	56,1	62,3	69,6	52,2	57,2	95,0	2,55
22	66,8	74,8	83,7	62,7	68,8	115	2,80

GGG mit ZM (D=95,8 mm), J_v=rd:
bei k=0,1: Werte der Spalte GGG mit 1,65 vervielfachen
bei k=0,4: Werte der Spalte GGG mit 2,10 vervielfachen
St mit ZM (D=99,9), k=0,05, J_v=rd. Spalte AZ

Tab. 7-23/8: DN 125, A = 1,227 dm²

Q [l/s]	PVC 140·6,7 D=126,6 k=0,01	AZ D=DN k=0,05	GG D=DN k=0,1	GGG 144·6,2 D=131,6 k=0,1	St is 139,7·3,6 D=128,5 k=0,1	D=DN k=0,4	v [m/s] für D=DN
			J_v [m/km]				
2,0	0,28	0,31	0,32	0,25	0,28	0,36	0,16
2,5	0,42	0,46	0,47	0,37	0,41	0,54	0,20
3,0	0,58	0,63	0,65	0,51	0,57	0,77	0,25
3,5	0,76	0,83	0,86	0,67	0,75	1,02	0,29
4,0	0,96	1,06	1,10	0,85	0,96	1,32	0,33
4,5	1,18	1,30	1,36	1,06	1,19	1,64	0,37
5	1,42	1,58	1,65	1,28	1,44	2,02	0,41
6	1,97	2,20	2,31	1,79	2,02	2,82	0,49
7	2,60	2,91	3,07	2,38	2,68	3,80	0,57
8	3,30	3,71	3,94	3,05	3,43	4,91	0,65
9	4,07	4,61	4,91	3,80	4,28	6,18	0,73
10	4,92	5,59	5,98	4,63	5,21	7,70	0,82
12	6,84	7,84	8,43	6,51	7,34	10,8	0,98
14	9,04	10,4	11,3	8,72	9,82	14,6	1,14
16	11,5	13,4	14,6	11,2	12,7	19,0	1,30
18	14,3	16,7	18,2	14,1	15,9	23,6	1,47
20	17,3	20,4	22,3	17,2	19,4	29,6	1,63
22	20,6	24,4	26,8	20,6	23,3	34,8	1,79
24	24,1	28,7	31,7	24,4	27,5	41,2	1,96
26	27,9	33,4	37,0	28,4	32,1	47,9	2,12
28	32,0	38,5	42,6	32,8	37,0	55,2	2,28
30	36,3	43,9	48,7	37,5	42,3	65,0	2,45
32	40,9	49,6	55,2	42,5	48,0	73,4	2,61
35	48,3	59,0	65,8	50,6	57,1	87,5	2,85

GGG mit ZM (D = 121,6 mm), J_v = rd.:
bei k = 0,1: Werte der Spalte GGG mit 1,48 vervielfachen
bei k = 0,4: Werte der Spalte GGG mit 1,95 vervielfachen
St mit ZM (D = 124,5), k = 0,05, J_v = rd. Spalte AZ

Tab. 7-23/9: DN 150, A = 1,767 dm²

Q [l/s]	PVC 160·7,7 D=144,6 k=0,01	AZ D=DN k=0,05	GG D=DN k=0,1	GGG 170·6,5 D=157 k=0,1	St is 168,3·4 D=156,3 k=0,1	D=DN k=0,4	v [m/s] für D=DN
3,0	0,31	0,26	0,27	0,22	0,22	0,30	0,17
3,5	0,40	0,35	0,36	0,29	0,29	0,41	0,20
4,0	0,51	0,44	0,45	0,36	0,37	0,52	0,23
4,5	0,63	0,54	0,56	0,45	0,46	0,65	0,25
5,0	0,75	0,65	0,68	0,54	0,55	0,79	0,28
6	1,04	0,91	0,94	0,75	0,77	1,12	0,34
7	1,37	1,20	1,25	1,00	1,02	1,50	0,40
8	1,74	1,52	1,60	1,28	1,30	1,95	0,45
9	2,15	1,89	1,99	1,59	1,62	2,45	0,51
10	2,60	2,29	2,41	1,93	1,97	2,98	0,57
12	3,60	3,20	3,39	2,70	2,76	4,28	0,68
14	4,76	4,25	4,52	3,60	3,69	5,80	0,79
16	6,05	5,43	5,82	4,63	4,74	7,40	0,91
18	7,49	6,76	7,27	5,78	5,91	9,40	1,02
20	9,07	8,22	8,87	7,06	7,22	11,4	1,13
22	10,8	9,83	10,6	8,45	8,65	13,9	1,25
24	12,6	11,6	12,6	9,97	10,2	16,3	1,36
26	14,6	13,4	14,6	11,6	11,9	19,2	1,47
28	16,8	15,5	16,9	13,4	13,7	22,1	1,59
30	19,0	17,6	19,3	15,3	15,6	25,3	1,70
32	21,4	19,9	21,8	17,3	17,7	28,8	1,81
34	23,9	22,3	24,5	19,4	19,9	32,1	1,92
36	26,5	24,8	27,4	21,7	22,2	36,1	2,04
38	29,3	27,5	30,4	24,1	24,6	40,0	2,15
40	32,2	30,3	33,5	26,6	27,2	44,0	2,26
42	35,2	33,3	36,8	29,2	29,9	49,0	2,38
45	40,1	38,0	42,1	33,4	34,2	56,0	2,55

GGG mit ZM (D = 147 mm), J_v = rd.:
bei k = 0,1: Werte der Spalte GGG mit 1,4 vervielfachen
bei k = 0,4: Werte der Spalte GGG mit 1,8 vervielfachen
St mit ZM (D = 152,3), k = 0,05, J_v = rd. Spalte AZ

7.5 Bemessung und Berechnung von Rohrleitungen und Rohrnetzen

Tab. 7-23/10: DN 200, $A = 3{,}142\,dm^2$

Q [l/s]	PVC 225·10,8 D=203,4 k=0,01	AZ D=DN k=0,05	J_v [m/km] GG D=DN k=0,1	GGG 222·7 D=208 k=0,1	St is 219,1·4,5 D=DN k=0,1	D=DN k=0,4	v [m/s] für D=DN
6	0,20	0,23	0,23	0,19	0,20	0,27	0,19
8	0,34	0,38	0,39	0,32	0,34	0,46	0,25
10	0,51	0,57	0,59	0,48	0,51	0,70	0,32
12	0,70	0,79	0,82	0,68	0,71	0,98	0,38
14	0,92	1,04	1,09	0,90	0,94	1,28	0,45
16	1,17	1,33	1,39	1,15	1,20	1,66	0,51
18	1,45	1,65	1,73	1,42	1,49	2,10	0,57
20	1,75	2,00	2,10	1,73	1,82	2,60	0,64
22	2,08	2,38	2,52	2,07	2,17	3,14	0,70
24	2,43	2,79	2,96	2,44	2,55	3,72	0,77
26	2,81	3,24	3,45	2,83	2,97	4,35	0,83
28	3,21	3,71	3,96	3,26	3,41	5,02	0,89
30	3,64	4,22	4,51	3,71	3,88	5,80	0,95
35	4,81	5,63	6,05	4,97	5,20	7,85	1,11
40	6,13	7,22	7,79	6,39	6,70	10,2	1,27
45	7,61	9,01	9,78	8,01	8,39	12,8	1,43
50	9,21	11,0	11,9	9,80	10,3	15,7	1,59
55	11,0	13,1	14,3	11,8	12,3	18,9	1,75
60	12,9	15,5	17,0	13,9	14,6	22,4	1,91
65	14,9	18,0	19,8	16,2	17,0	26,0	2,07
70	17,1	20,8	22,8	18,7	19,6	30,3	2,23
75	19,4	23,7	26,1	21,4	22,4	34,4	2,39
80	21,9	26,8	29,6	24,2	25,4	39,0	2,54
90	27,2	33,5	37,2	30,4	31,9	48,6	2,86
100	33,0	41,4	45,6	37,3	39,1	59,5	3,18

GGG mit ZM (D = 198 mm), J_v = rd.:
bei k = 0,1: Werte der Spalte GGG mit 1,28 vervielfachen
bei k = 0,4: Werte der Spalte GGG mit 1,65 vervielfachen
Für Rohre aus Stahl mit Zementmörtelauskleidung (D = 200,1 mm) können bei k = 0,1 die Werte aus der Spalte GG benützt werden.
St mit ZM (D = 200,1), k = 0,05, J_v = rd. Spalte AZ

Tab. 7-23/11: DN 250, $A = 4{,}909\ dm^2$

Q [l/s]	PVC 280·13,4 D=253,2 k=0,01	AZ D=DN k=0,05	J$_v$ [m/km] GG D=DN k=0,1	GGG 274·7,5 D=259 k=0,1	D=DN k=0,4	v [m/s] für D=DN
10	0,18	0,19	0,20	0,17	0,22	0,20
12	0,25	0,27	0,28	0,23	0,32	0,24
14	0,32	0,35	0,36	0,31	0,42	0,29
16	0,41	0,45	0,46	0,39	0,55	0,33
18	0,51	0,56	0,58	0,49	0,68	0,37
20	0,61	0,67	0,70	0,59	0,83	0,41
25	0,91	1,01	1,06	0,89	1,29	0,51
30	1,26	1,41	1,48	1,25	1,82	0,61
35	1,67	1,87	1,98	1,66	2,46	0,71
40	2,13	2,40	2,54	2,13	3,20	0,81
45	2,63	2,98	3,18	2,66	3,95	0,92
50	3,19	3,63	3,88	3,25	4,95	1,02
55	3,79	4,34	4,65	3,89	5,81	1,12
60	4,45	5,10	5,48	4,59	7,00	1,22
65	5,14	5,93	6,39	5,35	8,15	1,32
70	5,89	6,81	7,36	6,16	9,40	1,43
75	6,68	7,76	8,40	7,03	10,8	1,53
80	7,52	8,76	9,51	7,95	12,2	1,63
90	9,34	11,0	11,9	9,97	15,4	1,83
100	11,3	13,4	14,6	12,2	19,0	2,04
110	13,5	16,0	17,6	14,7	22,5	2,24
120	15,8	18,9	20,8	17,4	26,7	2,44
130	18,4	22,0	24,3	20,3	31,0	2,65
140	21,1	25,4	28,1	23,4	35,9	2,85

GGG mit ZM (D=249 mm), J$_v$ = rd.:
bei k=0,1: Werte der Spalte GGG mit 1,25 vervielfachen
bei k=0,4: Werte der Spalte GGG mit 1,55 vervielfachen
Für Rohre aus Stahl mit Zementmörtelauskleidung (D=253 mm) können die Werte aus der Spalte AZ benützt werden.
St is (D=259), k=0,1, J$_v$ = Spalte GGG.
St mit ZM (D=253), k=0,05, J$_v$ = rd. Spalte AZ

Tab. 7-23/12: DN 300, A = 7,069 dm²

Q [l/s]	PVC 315·15 D=285 k=0,01	AZ D=DN k=0,05	J_v [m/km] GG D=DN k=0,1	GGG 326·8 D=310 k=0,1	St is 223,9·5,6 D=308,7 k=0,1	D=DN k=0,4	v [m/s] für D=DN
30	0,72	0,58	0,60	0,51	0,52	0,71	0,42
35	0,95	0,77	0,80	0,68	0,70	0,96	0,50
40	1,20	0,98	1,03	0,87	0,89	1,28	0,57
45	1,49	1,22	1,28	1,09	1,11	1,61	0,64
50	1,80	1,48	1,56	1,33	1,35	1,91	0,71
60	2,51	2,07	2,20	1,87	1,91	2,78	0,85
70	3,32	2,76	2,94	2,05	2,55	3,74	0,99
80	4,24	3,54	3,79	3,22	3,29	4,83	1,13
90	5,25	4,42	4,75	4,02	4,11	6,08	1,27
100	6,37	5,39	5,80	4,92	5,03	7,40	1,41
110	7,59	6,44	6,97	5,80	6,03	8,85	1,56
120	8,91	7,59	8,23	6,98	7,13	10,4	1,70
130	10,3	8,84	9,61	8,14	8,31	12,2	1,84
140	11,8	10,2	11,1	9,38	9,59	14,2	1,98
160	15,2	13,1	14,4	12,2	12,4	18,4	2,26
180	18,8	16,4	18,0	15,3	15,6	23,3	2,55
200	22,9	20,1	22,1	18,7	19,1	29,0	2,83

GGG mit ZM (D = 300 mm), J_v = rd.:
bei k = 0,1 die Werte der Spalte GG
bei k = 0,4 die Werte der letzten J_v - Spalte (D = DN, k = 0,4)
Für Rohre aus Stahl mit Zementmörtelauskleidung (D = 302,7) können ebenfalls die Werte aus der Spalte GG benützt werden.
St mit ZM (D = 302,7), k = 0,05, J_v = rd. Spalte AZ

Tab. 7-23/13: DN 350, A = 9,621 dm²

Q [l/s]	PVC 400·19,1 D=361,8 k=0,01	AZ D=DN k=0,05	GG D=DN k=0,1	J$_v$ [m/km] GGG 378·8,5 D=361 k=0,1	St is 368·5,6 D=352,8 k=0,1	St ZM 368·5,6 D=DN k=0,1	v [m/s] für D=DN
40	0,38	0,46	0,48	0,41	0,46	0,52	0,42
50	0,57	0,70	0,73	0,62	0,70	0,78	0,52
60	0,79	0,97	1,02	0,88	0,98	1,10	0,62
70	1,05	1,29	1,36	1,17	1,31	1,47	0,73
80	1,34	1,66	1,75	1,50	1,69	1,89	0,83
90	1,65	2,06	2,19	1,88	2,11	2,36	0,94
100	2,00	2,51	2,67	2,29	2,57	2,88	1,04
110	2,38	3,00	3,21	2,74	3,08	3,46	1,14
120	2,80	3,53	3,78	3,24	3,64	4,08	1,25
130	3,24	4,10	4,41	3,77	4,24	4,75	1,35
140	3,71	4,72	5,08	4,35	4,88	5,48	1,46
160	4,73	6,07	6,56	5,61	6,30	7,08	1,66
180	5,88	7,58	8,23	7,04	7,91	8,88	1,87
200	7,14	9,26	10,1	8,62	9,69	10,9	2,08
220	8,51	11,1	12,1	10,4	11,7	13,1	2,29
240	10,0	13,1	14,4	12,3	13,8	15,5	2,50
260	11,6	15,3	16,8	14,3	16,1	18,1	2,70
280	13,3	17,6	19,4	16,6	18,6	20,9	2,91
300	15,1	20,1	22,2	18,9	21,3	23,9	3,12

GGG mit ZM (D = 348 mm), J$_v$ = rd.:
bei k = 0,1: Werte der Spalte GGG mit 1,20 vervielfachen
bei k = 0,4: Werte der Spalte GGG mit 1,53 vervielfachen
Für Rohre mit D = DN und k = 0,4 können die mit 1,25 vervielfachten Werte der Spalte GG benützt werden (bis v = 1,5 m/s).

7.5 Bemessung und Berechnung von Rohrleitungen und Rohrnetzen

Tab. 7-23/14: DN 400, $A = 12{,}566\, dm^2$

Q [l/s]	AZ D=DN k=0,05	GG/SpB D=DN k=0,1	J_v [m/km] GGG 429·9 D=411 k=0,1	St is 419·6,3 D=402,4 k=0,1	StZM 419·6,3 D=394,4 k=0,1	v [m/s] für D=DN
60	0,51	0,53	0,46	0,51	0,57	0,48
70	0,67	0,70	0,62	0,68	0,75	0,56
80	0,86	0,90	0,79	0,88	0,97	0,64
90	1,07	1,33	0,98	1,09	1,21	0,72
100	1,30	1,37	1,20	1,33	1,47	0,80
120	1,83	1,94	1,69	1,88	2,08	0,96
140	2,43	2,60	2,27	2,52	2,79	1,12
160	3,13	3,35	2,92	3,25	3,59	1,27
180	3,90	4,19	3,66	4,07	4,50	1,43
200	4,76	5,13	4,47	4,98	5,51	1,59
220	5,70	6,16	5,37	5,98	6,62	1,75
240	6,72	7,29	6,35	7,07	7,83	1,91
260	7,82	8,51	7,41	8,25	9,14	2,07
280	9,01	9,82	8,55	9,52	10,6	2,23
300	10,3	11,2	9,78	10,9	12,1	2,39
320	11,6	12,7	11,1	12,3	13,7	2,55
340	13,1	14,3	12,5	13,9	15,4	2,71
360	14,6	16,0	13,9	15,5	17,2	2,87
380	16,2	17,8	15,5	17,2	19,1	3,02
400	17,8	19,6	17,1	19,0	21,1	3,18

GGG mit ZM (D = 398 mm), J_v = rd.:
bei k = 0,1: Werte der Spalte GGG mit 1,18 vervielfachen
bei k = 0,4: Werte der Spalte GGG mit 1,52 vervielfachen
Für Rohre mit D = DN und k = 0,4 können die mit 1,28 vervielfachten Werte der Spalte GG benützt werden.

Tab. 7-23/15: DN 500, A = 19,635 dm^2

Q [l/s]	AZ D=DN k=0,05	GG/SpB D=DN k=0,1	J$_v$ [m/km] GGG 532·10 D=512 k=0,1	St is 508·6,3 D=491,4 k=0,1	StZM 508·6,3 D=483,4 k=0,1	v [m/s] für D=DN
100	0,44	0,45	0,40	0,50	0,54	0,51
120	0,61	0,64	0,57	0,70	0,75	0,61
140	0,81	0,85	0,76	0,93	1,01	0,71
160	1,04	1,10	0,97	1,19	1,30	0,82
180	1,29	1,37	1,22	1,49	1,62	0,92
200	1,58	1,67	1,48	1,82	1,98	1,02
220	1,88	2,00	1,78	2,19	2,37	1,12
240	2,22	2,36	2,10	2,58	2,80	1,22
260	2,58	2,76	2,45	3,01	3,26	1,32
280	2,96	3,17	2,82	3,46	3,76	1,43
300	3,37	3,62	3,22	3,96	4,30	1,53
320	3,81	4,10	3,64	4,48	4,86	1,63
340	4,27	4,61	4,09	5,03	5,47	1,73
360	4,76	5,15	4,56	5,62	6,10	1,83
380	5,28	5,71	5,07	6,24	6,78	1,94
400	5,82	6,31	5,59	6,89	7,48	2,04
420	6,38	6,93	6,14	7,57	8,23	2,14
440	6,97	7,58	6,72	8,28	9,00	2,24
460	7,59	8,26	7,33	9,03	9,81	2,34
480	8,23	8,98	7,96	9,80	10,7	2,45
500	8,90	9,72	8,61	10,6	11,5	2,55
520	9,60	10,5	9,29	11,5	12,5	2,65
540	10,3	11,3	10,0	12,3	13,4	2,75
560	11,1	12,1	10,7	13,2	14,4	2,85
580	11,8	13,0	11,5	14,2	15,4	2,95
600	12,6	13,9	12,3	15,1	16,5	3,06

GGG mit ZM (1) (D=499 mm), k=0,05, Werte aus Spalte AZ
Für Rohre mit D=DN und k=0,4 können die mit 1,26 vervielfachten Werte der Spalte GG/SpB benützt werden.

7.5 Bemessung und Berechnung von Rohrleitungen und Rohrnetzen

Tab. 7-23/16: DN 600, $A = 28{,}274\,dm^2$

Q [l/s]	AZ D=DN k=0,05	GG/SpB D=DN k=0,1	J_v [m/km] GGG 635·11 D=613 k=0,1	St is 609,6·6,3 D=593 k=0,1	StZM 609,6·6,3 D=581 k=0,1	v [m/s] für D=DN
100	0,18	0,19	0,17	0,20	0,22	0,35
120	0,25	0,26	0,23	0,28	0,30	0,42
140	0,33	0,35	0,31	0,37	0,41	0,50
160	0,43	0,44	0,40	0,47	0,52	0,57
180	0,53	0,55	0,50	0,59	0,65	0,64
200	0,64	0,67	0,61	0,71	0,79	0,71
220	0,77	0,81	0,72	0,85	0,95	0,78
240	0,90	0,95	0,85	1,01	1,12	0,85
260	1,05	1,11	0,99	1,17	1,30	0,92
280	1,20	1,27	1,14	1,35	1,49	0,99
300	1,37	1,45	1,30	1,54	1,70	1,06
320	1,54	1,64	1,47	1,74	1,93	1,13
340	1,73	1,84	1,65	1,95	2,16	1,20
360	1,92	2,05	1,84	2,18	2,41	1,27
380	2,13	2,28	2,04	2,41	2,68	1,34
400	2,35	2,51	2,25	2,66	2,95	1,41
420	2,57	2,76	2,47	2,92	3,24	1,49
440	2,81	3,01	2,71	3,20	3,55	1,56
460	3,06	3,28	2,95	3,48	3,86	1,63
480	3,31	3,56	3,20	3,78	4,19	1,70
500	3,58	3,85	3,46	4,09	4,54	1,77
550	4,29	4,32	4,16	4,92	5,46	1,95
600	5,06	5,48	4,92	5,82	6,45	2,12
650	5,89	6,40	5,74	6,79	7,53	2,30
700	6,79	7,39	6,63	7,84	8,70	2,48
800	8,77	9,58	8,59	10,2	11,3	2,83
900	11,0	12,1	10,8	12,8	14,2	3,18

GGG mit ZM (D 600), k = 0,05, J_v = Spalte AZ.
Für Rohre mit D = DN und k = 0,4 können die mit 1,24 vervielfachten Werte der Spalte GG/SpB benützt werden.

Tab. 7-23/17: DN 700, A = 38,485 dm²

Q [l/s]	AZ D=DN k=0,05	J$_v$ [m/km] GG/SpB D=DN k=0,1	St is 711,2 · 7,1 D=693 k=0,1	StZM 711,2 · 7,1 D=681 k=0,1	v [m/s] für D=DN
100	0,09	0,09	0,09	0,10	0,26
120	0,12	0,12	0,13	0,14	0,31
140	0,16	0,16	0,17	0,19	0,36
160	0,20	0,21	0,22	0,24	0,42
180	0,25	0,26	0,27	0,30	0,47
200	0,30	0,32	0,33	0,36	0,52
250	0,47	0,49	0,50	0,55	0,65
300	0,64	0,68	0,71	0,77	0,78
350	0,87	0,91	0,95	1,04	0,91
400	1,09	1,17	1,22	1,33	1,04
450	1,38	1,47	1,53	1,67	1,17
500	1,66	1,80	1,87	2,04	1,30
550	2,01	2,16	2,24	2,44	1,43
600	2,35	2,55	2,65	2,88	1,56
650	2,75	2,97	3,08	3,37	1,69
700	3,14	3,43	3,56	3,88	1,82
750	3,59	3,92	4,07	4,44	1,95
800	4,05	4,44	4,61	5,03	2,08
900	5,07	5,58	5,79	6,32	2,34
1000	6,20	6,84	7,10	7,75	2,60
1200	8,80	9,76	10,1	11,1	3,12
1400	11,9	13,2	13,7	15,0	3,64

GGG (D=714), k=0,1, J$_v$ wie Spalte AZ
GGG mit ZM (D=698), k=0,1, J$_v$ wie Spalte GG/SpB

7.5 Bemessung und Berechnung von Rohrleitungen und Rohrnetzen

Tab. 7-23/18: DN 800, A = 50,266 dm²

Q [l/s]	AZ D=DN k=0,05 und GGG 842 · 13 k=0,1	J_v [m/km] GG/SpB D=DN k=0,1 und GGG-ZM 842 · 13 k=0,1	St is 812,8 · 8 D=792,8 k=0,1	StZM 812,8 · 8 D=776,8 k=0,1	v [m/s] für D=DN
160	0,11	0,11	0,11	0,13	0,32
180	0,13	0,13	0,14	0,16	0,36
200	0,16	0,16	0,17	0,19	0,40
250	0,24	0,25	0,26	0,29	0,50
300	0,33	0,35	0,36	0,40	0,60
350	0,44	0,46	0,48	0,54	0,70
400	0,57	0,60	0,62	0,69	0,80
450	0,71	0,74	0,78	0,86	0,90
500	0,86	0,91	0,95	1,05	1,00
550	1,03	1,09	1,14	1,26	1,10
600	1,21	1,28	1,35	1,49	1,19
650	1,41	1,50	1,57	1,74	1,29
700	1,62	1,73	1,81	2,00	1,39
800	2,08	2,23	2,33	2,59	1,59
900	2,60	2,80	2,93	3,24	1,79
1000	3,18	3,43	3,59	3,98	1,99
1200	4,50	4,88	5,11	5,66	2,39
1400	6,05	6,58	6,89	7,64	2,79
1600	7,81	8,54	8,94	9,92	3,18
1800	9,81	10,7	11,3	12,5	3,58
2000	12,0	13,2	13,8	15,4	3,98

Tab. 7-23/19: DN 1000, A = 78,54 dm²

Q [l/s]	AZ D=DN k=0,05 und GGG 1048·15 D=1018 k=0,1	J_v [m/km] GG/SpB D=DN k=0,1 und GGG-ZM 1048·15 D 1002 k=0,1	St is 1016·10 D=992 k=0,1	StZM 1016·10 D=972 k=0,1	v [m/s] für D=DN
300	0,11	0,12	0,12	0,13	0,38
400	0,19	0,20	0,21	0,23	0,51
500	0,29	0,30	0,31	0,35	0,64
600	0,40	0,42	0,44	0,49	0,76
700	0,54	0,57	0,59	0,65	0,89
800	0,69	0,73	0,76	0,84	1,02
900	0,86	0,91	0,95	1,05	1,15
1000	1,05	1,11	1,16	1,28	1,27
1100	1,25	1,34	1,39	1,54	1,40
1200	1,48	1,58	1,64	1,82	1,53
1300	1,72	1,84	1,92	2,13	1,66
1400	1,98	2,12	2,21	2,45	1,78
1600	2,55	2,75	2,86	3,17	2,04
1800	3,20	3,45	3,60	3,99	2,29
2000	3,91	4,24	4,41	4,89	2,55
2200	4,70	5,10	5,31	5,89	2,80
2400	5,55	6,04	6,29	6,98	3,06
2600	6,47	7,06	7,36	8,16	3,31
2800	7,47	8,16	8,50	9,44	3,57
3000	8,53	9,34	9,73	10,8	3,82

7.5 Bemessung und Berechnung von Rohrleitungen und Rohrnetzen

Tab. 7-23/20: DN 1200, A = 113,1 dm²

Q [l/s]	AZ D=DN k=0,05 und GGG 1256·17 D=1222 k=0,1	J$_v$ [m/km] GG/SpB D=DN k=0,1 und GGG-ZM 1256·17 D 1206 k=0,1	St is 1220·12,5 D=1191 k=0,1	StZM 1220·12,5 D=1167 k=0,1	v [m/s] für D=DN
500	0,12	0,12	0,13	0,14	0,44
600	0,16	0,17	0,18	0,20	0,53
700	0,22	0,23	0,24	0,26	0,62
800	0,28	0,29	0,31	0,34	0,71
900	0,35	0,37	0,38	0,42	0,80
1000	0,43	0,45	0,47	0,52	0,89
1200	0,60	0,63	0,66	0,73	1,06
1400	0,80	0,85	0,88	0,98	1,24
1600	1,03	1,10	1,14	1,26	1,42
1800	1,29	1,38	1,43	1,58	1,59
2000	1,57	1,68	1,75	1,94	1,77
2200	1,89	2,02	2,10	2,33	1,95
2400	2,23	2,40	2,49	2,76	2,12
2600	2,59	2,80	2,91	3,22	2,30
2800	2,99	3,23	3,35	3,72	2,48
3000	3,41	3,69	3,84	4,25	2,65
3200	3,86	4,19	4,35	4,82	2,83
3400	4,34	4,71	4,90	5,43	3,01
3600	4,84	5,27	5,47	6,07	3,18
3800	5,37	5,85	6,08	6,75	3,36
4000	5,93	6,47	6,72	7,46	3,54

7. Druckhöhenverlust in gebrauchten Rohrleitungen - ist nur selten gleich oder geringfügig größer als der in neuen Leitungen. Ablagerungen, Inkrustationen usw. vergrößern in der Regel den Druckhöhenverlust und zwar häufig sehr unterschiedlich, abhängig von Durchflußgeschwindigkeit, Wasserbeschaffenheit und Betriebsalter. Ferner wird der Druckhöhenverlust unterschiedlich erhöht durch die verschiedenen Einbauten, wie Formstücke und Armaturen. Es ist üblich, diese erhöhten Widerstände in einem höheren scheinbaren Rauheitswert k_i zusammenzufassen. Bei dem Bemessen und Berechnen von Rohrleitungen ist im Folgenden für den k-Wert immer dieser scheinbare k_i-Wert zugrunde gelegt.

Schwing gibt für Rohrleitungen bei Gelsenwasser mit gutem Durchfluss folgende Zunahme der Rauheit abhängig vom Betriebsalter an:

Alter (a)	10	20	30	40	50	60
DN 300 k (mm)	0,13	0,33	0,82	2,0	5,0	12,5
DN 600 k (mm)	0,35	0,88	2,20	5,4	13,4	33,3

Es ist daher nicht ausreichend, wenn für gebrauchte Leitungen bei Wässern, die zu Ablagerungen und Inkrustationen neigen, einheitlich über ein großes Gebiet ein fester Rauheitswert, etwa k=0,4 mm gewählt wird. Vielmehr ist es notwendig, durch Druckverlustmessungen der verschiedenen Rohrleitungen, unter Berücksichtigung von Rohrmaterial, Alter, Durchfluss, die wirklichen

Rauheitswerte zu ermitteln und bei den Berechnungen zu berücksichtigen. Manchmal ist der so ermittelte k-Wert fehlerhaft erhöht, etwa wegen nicht ganz geöffneter Absperrorgane u. a. Bei sehr hohen k-Werten ist es unerlässlich, die Leitung auf solche Fehler zu untersuchen und diese zu beheben. Der Druckhöhenverlust in gebrauchten Leitungen ist somit mit den wirklich vorhandenen k-Werten (k_i) zu berechnen. Die Colebrook–Formel und die modernen Rechenhilfsmittel ermöglichen die genauen Berechnungen, vorteilhaft ist dann der Vergleich mit den Tabellenwerten der **Tab. 7-23**.

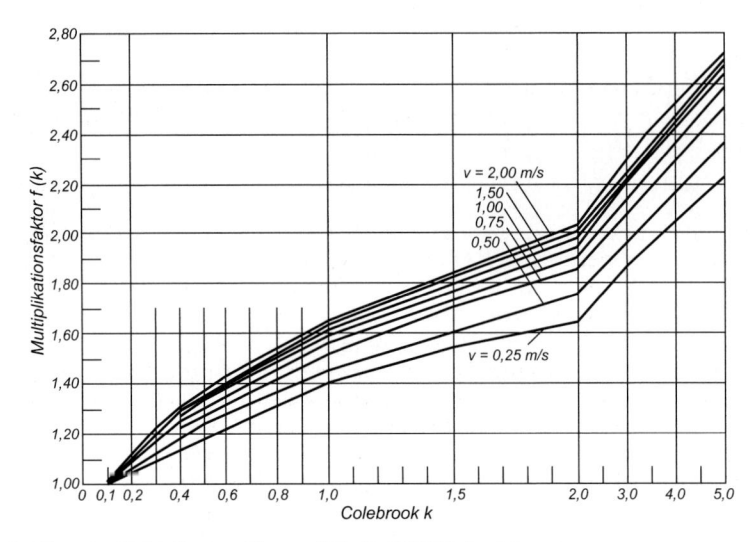

Abb. 7-75: Grafikon der Multiplikationsfaktoren f (k), für DN 300, k = 0,1

Der Vergleich zwischen den verschiedenen h_v-Werten bei verschiedenen k-Werten ist aus **Abb. 7-75** ersichtlich. Hierin ist für DN 300 bei verschiedenen v der Multiplikationsfaktor f_k aufgetragen, mit welchem der Druckhöhenverlust h_v berechnet aus k = 0,1 (f_k = 1,00), multipliziert werden muss, um h_v bei anderen k-Werten zu erhalten. Dies ist z. B. dann vorteilhaft, wenn bei einer Leitung der Druckhöhenverlust h_v gemessen wird und schnell hieraus der vorhandene k-Wert festgestellt werden soll. Die Faktoren der Abb. können angenähert auch für andere DN verwendet werden.

Beispiel: GG, DN 250, Q = 0,030 m³/s, h_v gemessen = 2,90 m (1000 m), v = 0,61 m/s für k = 0,1, L = 1000 m, **Tab. 7-23/11**, h_v = 1,48 m
f_k = h_v (gem) / h_v (Tab.) = 2,90 / 1,48 = 1,96, aus Abb. 7-90: k (vorh) 2,60 gerechnet nach Coolebrook: für k = 2,60 h_v = 2,95 m.

7.5.3.3.2 Potenzformeln

Potenzformeln zur Berechnung des Druckhöhenverlustes sind zwar ungenauer als das Berechnungsverfahren nach Prandtl–Colebrook aber einfacher aufgebaut und eignen sich daher besonders gut für die schnelle überschlägige Berechnung mittels programmierbarer Taschenrechner. Bekannt sind vor allem die Formel von Manning, Gauckler, Strickler (Schweiz), von Williams–Hazen (englischsprachiger Raum) und von Ludin.

1) Formel von Strickler – Diese für den Abfluss in Freispiegelgerinnen geeignete Formel (Abschn. 7.5.3.2) kann auch für die Berechnung des Druckhöhenverlustes in Druckrohrleitungen verwendet werden.

$$v = k_s \cdot R^{2/3} \cdot J^{1/2} = k_s \cdot R^{0,667} \cdot J^{0,5}$$

7.5 Bemessung und Berechnung von Rohrleitungen und Rohrnetzen

mit $A/U = D/4$, $J = h_v/L$, $v = Q/A = Q/D^2 \cdot \pi/4$ umgeformt ergibt:

$$h_v = L \cdot 10{,}293 \cdot Q^2 / (k_s^2 \cdot D^{5{,}33})$$

Beispiel: DN = 300, k_s = 100, L = 1000 m, Q = 0,070 m³/s
ergibt h_v = 3,10 m
Nach **Tab. 7-23/12** mit k = 0,1 ist h_v = 2,94 m. Somit wird ein k_s (Strickler) = 98 etwa den gleichen Druckverlust wie nach Colebrook k = 0,1 ergeben.

2) Formel von Williams–Hazen – lautet:

$$v = 1{,}318 \cdot 140 \cdot R^{0{,}65} \cdot J^{0{,}54} \text{(ft/s)}$$

Die Formel ist im englischsprachigen Raum üblich, sie wird hier nicht weiter behandelt.

3) Formel von Ludin – aufgrund von Versuchen an AZ-Rohren hat Ludin (1932) folgende Potenzformel aufgestellt:

$$v = C \cdot R^{0{,}65} \cdot J^{0{,}54} \text{ m/s.}$$

Ursprünglich hatte Ludin den Beiwert C unterteilt in C = 122 für v < 0,60 m/s und C = 134 für v > 0,60 m/s. Nach Versuchen an gebrauchten Leitungen hat Ludin vorgeschlagen, einheitlich C = 134 zu verwenden, wobei angenommen wurde, dass AZ-Rohre auch nach längerer Betriebsdauer keine Erhöhung der Wandrauheit erfahren. Umgeformt lautet die Formel für h_v (L = 1000 m):
$h_v = k_L \cdot Q^{1{,}85}/D^{4{,}9}$. Dabei entspricht: k_L = 0,961 einem Wert C = 134.
Die Formel ergibt mit k_L = 1,10 ausreichend genaue Werte für h_v, entsprechend einem k-Wert (Colebrook) 0,1. In **Abb. 7-76** ist für DN 300 k_L für verschiedene k (Colebrook) und v angegeben. Diese Werte können ausreichend genau auch für andere DN verwendet werden.

Beispiel: GG, DN 250, Q = 0,030 m³/s, h_v gemessen = 2,90 m, v = 0,61 m/s
für k = 0,1 aus **Tab. 7-23/11** h_v = 1,48 m
für k_L = 1,1 aus Formel Ludin h_v = 1,49 m
ferner zur Ermittlung des vorhandenen k_i bei gemessenem h_v:
h_v (gemess.) 2,90/h_v (Ludin) 1,49 = 1,95,
nach **Tab. 7-23/11** für 1,95 ist k_{vorh} = 2,60.

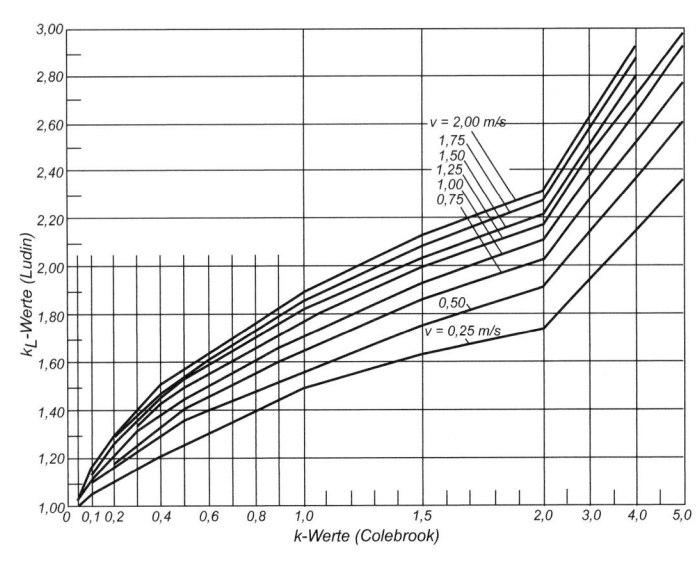

Abb. 7-76: Grafikon: Verhältnis k_L-Werte (Ludin) zu k-Werte (Colebrook) bei verschiedenen n bei DN 300

7.5.3.4 Druckhöhenverlust in Rohrleitungseinbauten

7.5.3.4.1 Allgemeines

Der Druckhöhenverlust durch Rohrleitungseinbauten setzt sich zusammen aus dem Anteil infolge Wandrauheit und dem infolge Beeinflussung der Strömung. Bei der Berechnung des Druckhöhenverlustes der geraden Leitung werden zur Ermittlung des Anteils infolge Wandrauheit Rohrleitungseinbauten übermessen. Entsprechend der Formel *Darcy–Weisbach* (Abschn. 7.5.3.3.1) wird der Druckhöhenverlust der Rohrleitungseinbauten berechnet aus:

$$h_v = \text{Konstante} \cdot \text{Geschwindigkeitshöhe} = h_v \cdot v^2/2g.$$

Da z. B. für $v = 1$ m/s die Geschwindigkeitshöhe nur rd. 0,05 m beträgt und Rohrleitungen auf der freien Strecke i. a. große Längen und einen hohen Betriebsdruck haben sowie der Anteil an Rohrleitungseinbauten relativ gering ist, wird hier allgemein der Druckhöhenverlust durch Rohrleitungseinbauten nicht besonders berechnet, sondern im k_i-Wert mit erfasst. Bei niedrigen Drücken und großem Anteil an Rohrleitungseinbauten, wie bei Heberleitungen, Saugleitungen, Zu- und Ablauf von Behältern, Verbrauchsleitungen u. a. sind jedoch diese Druckhöhenverluste gesondert zu berechnen, insbesondere bei der hydraulischen Ausrüstung von Pumpwerken, da hier oft eine höhere Fließgeschwindigkeit gewählt wird, um bei der Vielzahl an Formstücken und Armaturen zu Kosten und Platz zu sparen.

Im Folgenden sind die ζ-Werte für häufig vorkommende Einbauten in Rohrleitungen angegeben. Manchmal werden in den Druckhöhenberechnungen die Widerstände der Einbauten durch Einsetzen von Mehrlängen berücksichtigt, dies wird für die o. a. Fälle jedoch nicht empfohlen.

7.5.3.4.2 ζ-Wert für Einlauf in eine Rohrleitung

Für den Einlauf in eine Rohrleitung mit v_2, aus einer Wasserkammer mit $v_1 = 0$ m/s muss zunächst die Geschwindigkeitshöhe $v^2/2g$ erzeugt werden. Zusätzlich ist in Abhängigkeit von der Ausbildung des Einlaufs dessen Druckhöhenverlust zu überwinden:

trompeten- oder kegelförmiger Einlauf	$\zeta = 0,05 - 0,15$
gebrochene Kanten	0,25
scharfkantig	0,50

7.5.3.4.3 ζ-Wert für Erweiterungen

Plötzliche Erweiterung – Abb. 7-77: nach *Borda–Carnot* $\zeta (A_2/A_1 - 1)^2$, dies ergibt für verschiedene Werte A_2/A_1:

A_2/A_1	1,0	1,25	1,50	1,75	2,00	3,00	4,00
ζ	0	0,06	0,25	0,56	1,00	4,00	9,00

Diese Werte sind auch bei Querschnittserweiterungen nach düsenförmiger Einschnürung, z. B. Kurz-Venturirohre, vorhanden.

Allmähliche Erweiterung – Abb. 7-78: die ζ-Werte sind umso kleiner, je langgestreckter die Erweiterung, d. h. je kleiner der Winkel α ist

$$\zeta = \eta (A_2/A_1 - 1)^2, \text{ mit } \quad \eta = 0 \text{ für } \alpha < 8°$$
$$\eta = 1 \text{ für } \alpha \geq 30$$

7.5 Bemessung und Berechnung von Rohrleitungen und Rohrnetzen

7.5.3.4.4 ζ-Wert für Verengungen

Plötzliche Verengung – Abb. 7-79: nach *Franke* ist $\zeta = 0{,}4 - 0{,}5 \, (1 - A_2/A_1)$; dies ergibt für den Faktor 0,4:

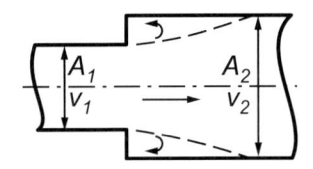

A_2/A_1	0,20	0,25	0,50	0,75	1,0
ζ	0,32	0,30	0,20	0,10	0

Abb. 7-77: Plötzliche Erweiterung

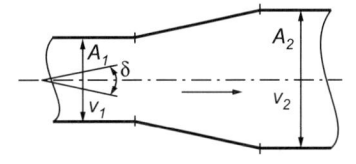

Abb. 7-78: Allmähliche Erweiterung

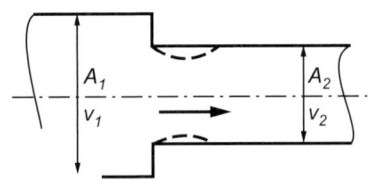

Abb. 7-79: Plötzliche Verengung

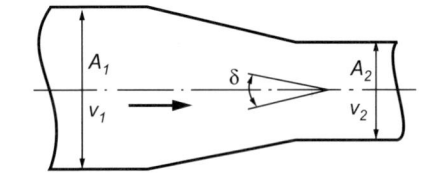

Abb. 7-80: Allmähliche Verengung

Allmähliche Verengung – Abb. 7-80: hier ist eine Senkenströmung vorhanden mit starker Führung der Strömungsfäden, so dass die Verluste sehr klein sind, etwa wie beim trompetenförmigen Einlauf.

Für $\Delta \leqq 8°$ ist $z = 0$ $\Delta \leqq 20°$ ist $\zeta = 0{,}04$

7.5.3.4.5 ζ-Wert für Krümmer

Der ζ-Wert für Krümmer **Abb. 7-81** ist abhängig vom Verhältnis Krümmerradius zu Rohrdurchmesser und vom Krümmerwinkel. In **Tab. 7-24** sind die ζ-Werte für die gebräuchlichen Krümmer für glatte Strömung angegeben. Für raue Strömung sind die 2-fachen Werte der Tab. zu nehmen.

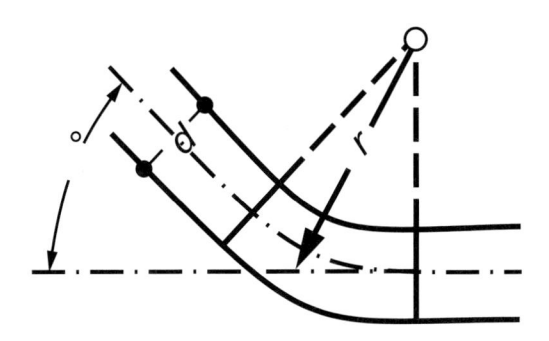

Abb. 7-81: Krümmer

Tab. 7-24: ζ-Werte für Krümmer

r/D	1	2	4	6	10
Δ = 15°	0,03	0,03	0,03	0,03	0,03
22,5	0,045	0,045	0,045	0,045	0,045
45	0,14	0,09	0,08	0,075	0,07
60	0,19	0,12	0,10	0,09	0,07
90	0,21	0,14	0,11	0,09	0,08

7.5.3.4.6 ζ-Wert für Kniestücke

Kniestücke sind vor allem dann vorhanden, wenn die hydraulische Ausrüstung in Pumpwerken und Schächten in Stahl ausgeführt wird und die Formstücke für die Abwinkelungen am Einbauort aus geraden Rohren geschweißt werden, **Abb. 7-82**. Die ζ-Werte für Einfach-Kniestücke sind umso größer gegenüber denen von Krümmern, je stärker die Abwinkelung ist.

Tab. 7-25: ζ-Werte für Einfach-Kniestück, nach Franke

Knickwinkel°	5	10	15	22,5	30	45	60	90
ζ glatt	0,014	0,029	0,044	0,075	0,120	0,245	0,470	1,15
ζ rau	0,021	0,045	0,064	0,105	0,165	0,325	0,600	1,30

Für Mehrfach-Kniestücke = Polygonkrümmer kann angenähert ζ gesamt errechnet werden aus:

$$\zeta_n = \zeta_{(Einzel)} \cdot \sqrt{n},$$

wobei ζ Einfach-Kniestück mit Knickwinkel α, n = Anzahl der Kniestücke

Beispiel: α = 10°, Anzahl der Kniestücke n = 9, gesamte α = 90°
$\zeta_n = 0,029 \sqrt{9} = 0,087$, zum Vergleich: Krümmer 90° für r/D = 10 : ε = 0,08

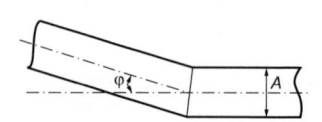

Abb. 7-82: Einfaches Kniestück

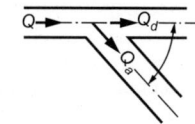

Abb. 7-83: Abzweig bei Trennung des Durchflusses

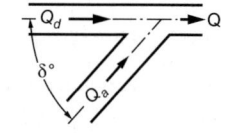

Abb. 7-84: Abzweig bei Vereinigung des Durchflusses

7.5.3.4.7 ζ-Wert für Abzweige

Der ζ-Wert ist abhängig von Strömungsrichtung und Winkel des Abzweigs. In **Tab. 7-26** sind die ζ-Werte für die Trennung des Wasserstroms bei 90° und 45° Abzweigwinkel mit ζ_d-Wert für die gerade durchlaufende Leitung und ζ_d-Wert für die abzweigende Leitung, **Abb. 7-83**, in **Tab. 7-27** die ζ-Werte für die Vereinigung des Wasserstroms, **Abb. 7-84**, angegeben.

Tab. 7-26: ζ-Werte für Abzweig bei Trennung des Durchflusses

Q_a/Q		0	0,2	0,4	0,6	0,8	1,0
Δ = 90°	ζ_a	0,95	0,88	0,89	0,95	1,10	1,28
	ζ_d	0,04	−0,08	−0,05	0,07	0,21	0,35
Δ = 45°	ζ_a	0,90	0,68	0,50	0,38	0,35	0,48
	ζ_d	0,04	−0,06	−0,04	0,07	0,20	0,33

7.5 Bemessung und Berechnung von Rohrleitungen und Rohrnetzen

Tab. 7-27: ζ-Werte für Abzweig bei Vereinigung des Durchflusses

Q_a/Q		0	0,2	0,4	0,6	0,8	1,0
$\Delta = 90°$	ζ_a	−1,2	−0,4	0,08	0,47	0,72	0,91
	ζ_d	0,04	0,17	0,30	0,41	0,51	0,60
$\Delta = 45°$	ζ_a	−0,92	−0,38	0,00	0,22	0,37	0,37
	ζ_d	0,04	0,17	0,19	0,09	−0,17	−0,54

7.5.3.4.8 ζ-Wert für Armaturen

Armaturen mit selbsttätigem Schließen bei v = 0 m/s – Rückschlagklappe, Hydrostop, Fußventil, die ζ-Werte, **Tab. 7-28**, sind abhängig von der Fließgeschwindigkeit und damit vom Öffnungswinkel der Armatur. Je kleiner v ist, umso stärker ist die Drosselung des Durchflusses.

Tab. 7-28: Druckhöhenverluste in Armaturen: Tabelle für die ζ-Werte

v m/s	Rückschlag-Klappe			Hydrostop			Fußventile	
	DN 50	DN 200	DN 500	DN 100	DN 200	DN 300	DN 50...80	DN 100...350
1	3,05	2,95	2,85				4,1	3
2	1,35	1,30	1,15	6	7	6	3	2,25
3	0,86	0,76	0,66	4	3,5	1,8	2,8	2,25

Schieber offen				Durchg. Ventile			Freifluß Ventile		
DN 100	DN 200	DN 300	DN 500	25	50	80	25	50	80
0,28	0,25	0,22	0,13	4	4,5	4,8	1,7	1,0	0,8

Armaturen zum gesteuerten Schließen – Keilschieber, Schieber mit glattem Durchgang, Klappen, Hähne – die ζ-Werte **Tab. 7-29** gelten für volle Öffnung der Armatur. Die ζ-Werte für Zwischenstellungen des Schließvorgangs sind abhängig von der Charakteristik der betreffenden Armatur und sehr unterschiedlich. Im Bedarfsfall sind die Werte bei den Herstellern zu erfragen.

Tab. 7-29: ζ-Werte für gesteuerte Armaturen

DN	50	100	200	300	500	800
Keil-Schieber	0,25	0,25	0,25	0,22	0,15	
Schieber mit glattem Durchgang	0,10	0,06	0,06	0,06	0,06	
Klappe				0,25	0,25	0,25
Durchgangshahn	0,28	0,25				
Kugelhahn			0,22	0,17	0,077	0,030

Tab. 7-30: ζ-Werte für Klein-Armaturen

DN	10-15	20-25	32-40	50
Absperrschieber	1,0	0,5	0,3	0,3
Eckventil				1,35
Schrägsitzventil	3,5	2,5	2,0	2,0
Durchgangsventil	10	8,5	6,0	5,0
Freiflußventil	2,0	1,7	1,3	1,0

7.5.3.4.9 ζ-Wert für Kleinformstücke und -armaturen

Die ζ-Werte für die Rohrleitungseinbauten in Anschlussleitungen und Verbrauchsleitungen sind wegen der sehr kleinen Krümmungsradien und der Gestaltung der Armaturen relativ groß, so dass es wichtig ist, die Geschwindigkeiten in diesen Leitungen klein zu halten, was auch die Geräusche vermindert.

7.5.3.4.10 ζ-Wert für Wasserzähler

Der ζ-Wert für Venturirohre, Kurzventurirohre und Messblenden kann aus Abschn. 7.5.3.4.2-4 überschlägig entnommen werden, zweckmäßig ist es jedoch, Angaben im Einzelfall vom Hersteller einzuholen. Mit Ausnahme vom Venturirohr sind die Druckhöhenverluste der Wasserzähler bei den üblichen Fließgeschwindigkeiten relativ groß, so dass sie bei max. Durchfluss nicht vernachlässigt werden dürfen (siehe auch Abschn. 5.5).

7.5.3.5 Freier Ausfluss aus einem Behälter bzw. einer Rohrleitung

Für den Auslauf aus einem Behälter in eine Rohrleitung gilt der ζ-Wert nach Abschn. 7.5.3.4.2. Bei freiem Auslauf aus einem Behälter, **Abb. 7-85**, ist die Auslaufmenge abhängig von der vorhandenen Druckhöhe h, dem Öffnungsquerschnitt A und dem Beiwert infolge Kontraktion des austretenden Strahles. Nach *Weisbach–Franke* hat die Form der Ausflussöffnung keinen wesentlichen Einfluss auf den Beiwert. Dieser beträgt 0,60–0,66. Die Ausflussmenge pro Sekunde errechnet sich aus:

$$Q = \mu \cdot A \sqrt{2 \cdot g \cdot h}$$

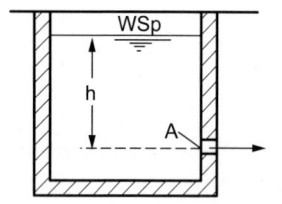

Abb. 7-85: Ausfluss aus einer Wasserkammer

Beispiel 1: h = 5 m, Durchmesser der kreisförmigen Öffnung 2,5 cm, A = 4,91 · 10^{-4} m²

$$Q = 0{,}63 \cdot 4{,}91 \cdot 10^{-4} \cdot \sqrt{2 \cdot 10 \cdot 5} = 0{,}003 \text{ m}^3/\text{s} = 3 \text{ l/s}$$

Beispiel 2: freier Ausfluss aus einer Rohrleitung h = 50 m, Durchmesser der kreisförmigen Öffnung 2,5 cm, A = 4,91 · 10^4 m²

$$Q = 0{,}63 \cdot 4{,}91 \cdot 10^{-4} \cdot \sqrt{2 \cdot 10 \cdot 50} = 0{,}0098 \text{ m}^3/\text{s} = 9{,}8 \text{ l/s}$$

Wenn die Rohrleitung erdverlegt ist, kann beim Rohrbruch die freie Austrittsöffnung durch die anliegende Erde verkleinert sein, so lange, bis sie freigespült ist.

7.5.3.6 Hydraulische Hilfsrechnungen

7.5.3.6.1 Umrechnung von Rohrlängen mit verschiedenem DN

Für Rechnungen für die kein elektronisches Rechenprogramm zur Verfügung steht ist es vorteilhaft, die Rohrleitungslängen auf solche mit gleichem Durchmesser umzurechnen. Für diese Näherungsrechnungen ist es ausreichend, wenn hierfür mittleres h_v und k = 0,1 zugrunde gelegt werden. In

7.5 Bemessung und Berechnung von Rohrleitungen und Rohrnetzen

Tab. 7-31 sind die Umrechnungswerte r_{100} und r_{300} angegeben, welche für gleiche Q dem Verhältnis der Längen entsprechen, und zwar r_{100} bezogen auf DN 100, d. h. z. B. 30,33 m DN 200 entsprechen hinsichtlich des Druckhöhenverlustes für gleiches Q einer Länge von 1 m DN 100, analog r_{300} bezogen auf DN 300. Somit ist: $L_2 = L_1 \cdot r_2/r_1$

Tab. 7-31: Faktor r zur Umrechnung auf Längen gleichen DN

DN	80	100	125	150	200	250	300	400	500	600	700
r_{100}	0,33	1,00	3,07	8,10	30,33	98,00	245,7	1153,3			
r_{300}							1,0	4,7	13,6	34,2	74,5

Beispiel: GG, $DN_1 = 300$, $L_1 = 1000$ m, gesucht L_2 für DN 200,
$L_2 = 1000 \cdot 30,33 / 245,7 = 123,4$ m
Druckverlusthöhe h_v für Q = 50 l/s
DN 300, $L_1 = 1000$ m $h_{v1} = 1,56$ m (**Tab. 7-23/12**)
DN 200, $L_2 = 123,4$ m $h_{v2} = 1,47$ m (**Tab. 7-23/10**)

7.5.3.6.2 Leitungsverzweigungen

Die Aufteilung des Durchflusses Q auf 2 Rohrstränge einer Leitungsverzweigung **Abb. 7-86** kann wie folgt berechnet werden:

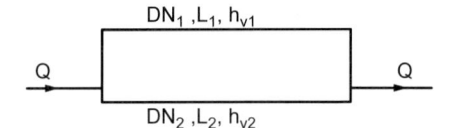

Abb. 7-86: Leitungsverzweigung

1.) mittels Umrechnung auf Rohrlängen mit gleichem DN:
Gegeben: GG, Q = 40 l/s, $DN_1 = 200$, $L_1 = 2450$ m, $r_1 = 30,33$
$\qquad\qquad\qquad DN_2 = 250$, $L_2 = 2600$ m, $r_2 = 98,00$
Umrechnung auf DN 100
$L'_1 = 2450 \cdot 1/30,33 = 80,78$ m, $L'_2 = 2600 \cdot 1/98,00 = 26,53$ m
bei gleichem λ ist: $Q_1^2/Q_2^2 / L_1'$

$\qquad$ somit: $Q_1 = Q_2 \cdot \sqrt{26,53/80,78} = Q_2 \cdot 0,573$,

da $Q_1 + Q_2 = 0,573 \, Q_2 + Q_2 = Q$, $Q_2 = Q/1,573$
$Q_2 = 40/1,573 = 25,3$ l/s, $Q_1 = 40 - 25,3 = 14,7$ l/s
Kontrolle: $h_{v2} = $ DN 250, k = 0,1, $h_{v2} = 1,09 \cdot 2,6 = 2,83$ m (**Tab. 7-23/11**)
$\qquad\qquad\quad$ DN 200, k = 0,1, $h_{v1} = 1,18 \cdot 2,45 = 2,89$ m (**Tab. 7-23/10**)

2.) grafisch mittels Rohrleitungskennlinien – in einem Koordinatensystem wird links einer senkrechten 0-Achse die Rohrleitungskennlinie für Rohrstrang 2, d. i. die Kurve h_{v2} für L_2 und verschiedene Q2, rechts der 0-Achse sinngemäß die Rohrleitungskennlinie für Rohrstrang 1 aufgetragen, Abb. 7-87. Das horizontale Maß Q = 40 l/s wird nun nach oben und unten bzw. links und rechts so lange verschoben, bis die Endpunkte der Strecke auf den Rohrleitungskennlinien liegen. Hieraus kann abgelesen werden: Q_1 und Q_2, h_{v1} und h_{v2}.

3.) mittels Verfahren nach Cross – Erläuterung des Verfahrens siehe Abschn. 7.5.6.3, die Leitungsverzweigung ist eine Masche. Die Aufteilung $Q = 40$ l/s wird geschätzt zu $Q_1 = 16$ l/s, $Q_2 = 24$ l/s. Es ist:

$$\begin{array}{ll} h_{v1} + 1{,}39 \cdot 2{,}45 = 3{,}41 & h_{v1} / Q_1 = 3{,}41 / 16 = 0{,}2131 \\ h_{h2} - 0{,}99 \cdot 2{,}60 = -2{,}57 & h_{v2} / Q_2 = 2{,}57 / 24 = 0{,}1071 \\ \hline \Sigma\, h_v \quad +0{,}84 & \Sigma\, h_v / Q \quad = 0{,}3202 \end{array}$$

Verbesserungswert $\Delta Q = -\sum h_v / 2 \cdot \sum h_v / Q$
$= -0{,}84 / 2 \cdot 0{,}3202 = -1{,}3$ l/s
$Q_1 = 16 - 1{,}3 = 14{,}7$ l/s, $Q_2 = 24 + 1{,}3 = 25{,}3$ l/s.
Die Näherungslösung nach Cross führt bei der sehr nahegelegenen Schätzung bereits beim 1. Schritt zum endgültigen Resultat.

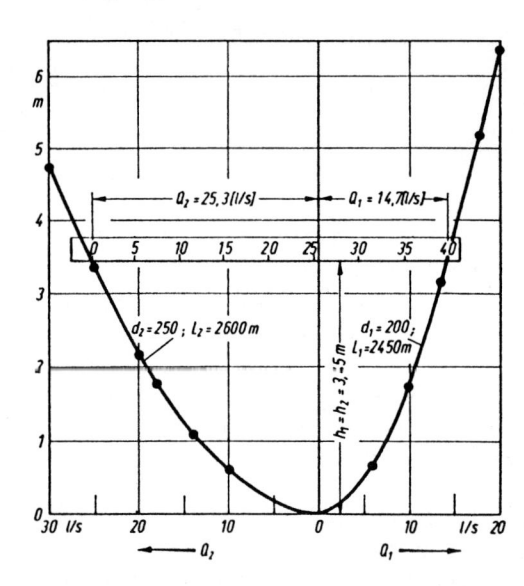

Abb. 7-87: Grafische Ermittlung der Aufteilung des Durchflusses Q bei einer Leitungsverzweigung mittels Rohrleitungskennlinien für vorstehendes Beispiel 1

7.5.3.6.3 Einteilung einer Rohrleitung in verschiedene DN

Diese Aufgabe liegt z. B. vor, wenn zu ermitteln ist, welche Leitungslänge von DN_1 durch eine Leitung DN_2 ausgewechselt werden muß, um einen größeren Durchfluss zu erreichen.
Beispiel: GG, $DN_1 = 200$, $L_1 = 4$ km, verfügbarer Druckhöhenverlust 20 m, $Q_{erf} = 40$ l/s, $DN_2 = 250$

1.) Lösung rechnerisch $h_v = 20$ m $= h_{v1} + h_{v2}$
$h_{v1} = 7{,}79 \cdot L_1$ (**Tab. 7-23/10**)
$h_{v2} = 2{,}54 \cdot (4\,\text{km} - L_1)$ (**Tab. 7-23/11**)
$7{,}79 \cdot L_1 + 2{,}54\,(4 - L_1) = 20$ m, $L_1 = (20 - 2{,}54 \cdot 4) / (7{,}79 - 2{,}54)$
$L_1 = 1{,}87$ km, $L_2 = 2{,}13$ km

2.) Lösung grafisch – in **Abb. 7-88** wird vom linken Ende der 4 km langen Leitung die Druckhöhenverlustlinie für DN 200 und $Q = 40$ l/s aufgetragen, vom rechten Ende die Druckhöhenverlustlinie für DN 250 mit Ausgangspunkt 20 m tiefer. Der Schnittpunkt der beiden Linien ergibt die Teilung in DN 200 und DN 250.

7.5 Bemessung und Berechnung von Rohrleitungen und Rohrnetzen 617

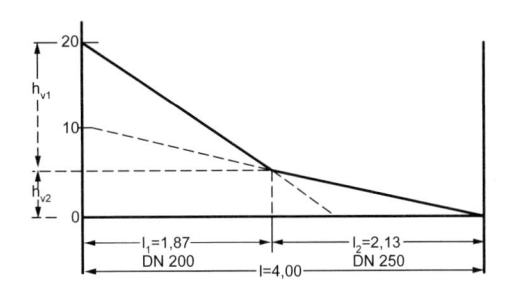

Abb. 7-88: Einteilung einer Rohrleitung in
verschiedene DN

7.5.4 Bemessung und Berechnung von Rohrleitungen

7.5.4.1 Allgemeines

Grundlagen für das Bemessen und Berechnen einer Rohrleitung sind:

- Durchfluss = Volumenstrom Q in m³/h, l/s
- Fließgeschwindigkeit v in m/s
- Rauheit k in mm
- zulässige bzw. vorhandene Druckhöhe entlang der Rohrleitung h

Es ist zu unterscheiden das Bemessen von neu zu verlegenden Leitungen und das Berechnen der hydrodynamischen Verhältnisse in verlegten neuen oder gebrauchten Leitungen. Die zu erfüllenden Bedingungen sind etwas unterschiedlich zwischen Fern- und Zubringerleitungen einerseits und Haupt- und Versorgungsleitungen in Rohrnetzen andererseits.

7.5.4.2 Bemessen von Zubringer- und Fernleitungen

7.5.4.2.1 Allgemeines

Zubringer- und Fernleitungen verbinden Pumpwerke mit Behältern, oder Behälter untereinander. Entlang dieser Leitung sind keine Endverbraucher angeschlossen. Eine mögliche Wasserabgaben erfolgt über Abgabeschächte in Ortsnetze oder Behälter. Die Aufgabe der Bemessung besteht daher darin, für einen benötigten größten Durchfluss Q eine Rohrleitung zwischen 2 lage- und höhenmäßig gegebenen Punkten wirtschaftlich zu bemessen und danach die Förderhöhen von Pumpen oder die Standorte von Hochbehältern zu bestimmen.

7.5.4.2.2 Durchfluss Q

Der Spitzen-Volumenstrom $Q_{h\,max}$ ist durch die geforderte Förderleistung des Pumpwerks oder der Verbindungsleitung zwischen den Hochbehältern festgelegt. Zur Vermeidung, dass eine Auswechslung der meist sehr langen Leitungen oder das Neuverlegen einer 2. Leitung nach kurzer Zeit erforderlich ist, muss Q nach dem künftigen Bedarf festgelegt werden. Wenn die Möglichkeit hinsichtlich der zulässigen Druckhöhe besteht, später durch Auswechslung der Pumpen eine größere Förderhöhe zu erreichen oder Druckerhöhungspumpwerke einzubauen, was bei langen Fernleitungen oft sehr wirtschaftlich ist, kann Q für den Bedarf in 15 Jahren, andernfalls sollte er für den Bedarf in 30 Jahren festgelegt werden.

Tab. 7-32: Wirtschaftliche Fließgeschwindigkeit und wirtschaftlicher Durchfluss der verschiedenen DN

DN	v m/s	Q l/s	h_v m/km
80	0,80	4,0	10,0
100	0,80	6,3	7,5
125	0,80	9,8	5,8
150	0,85	15,0	5,1
200	0,90	28,3	4,0
250	0,95	46,6	3,7
300	1,00	70,7	2,8
350	1,05	101	2,7
400	1,10	138	2,5
500	1,20	236	2,3
600	1,30	368	2,2
700	1,40	539	2,1
800	1,55	779	2,1
900	1,65	1 150	2,1
1000	1,75	1 375	2,1

7.5.4.2.3 Fließgeschwindigkeit

Große Fließgeschwindigkeit v und damit kleines DN senkt die Kosten der Rohrleitung und Armaturen, erhöht aber die Förderkosten und vergrößert das Druckstoßproblem. Je höher und je näher die Wassergewinnung gegenüber dem Versorgungsgebiet liegt, um so mehr kann man an die obere Grenze von v gehen. Bei Leitungen mit großem DN und damit hohen Kosten sind eingehende Vergleichsrechnungen entsprechend den örtlichen Verhältnissen und den Preisgrundlagen erforderlich. Einen Anhaltspunkt für die wirtschaftliche Fließgeschwindigkeit gibt **Tab. 7-32**. Sie entspricht in etwa auch der bekannten Formel:

$$DN_{wirtsch.} = \mu \cdot \sqrt{Q\,m^3/s} \cdot 1000$$

mit $\mu = 1,3$ für kleines Q und $\mu = 1,0$ für großes Q.

7.5.4.2.4 Rauheit

Die Werte k (*Colebrook*) der **Tab. 7-23** entsprechen neuen Rohrleitungen mit wenigen Einbauten. Bei Neuverlegung mit großen Leitungslängen können diese Werte noch gering unterschritten werden. Es muss aber berücksichtigt werden, dass neuverlegte Leitungen auch nach mehreren Jahrzehnten den Bedarf ohne Einschränkungen decken müssen. Nach *Schwing* verändert sich bei Gelsenwasser der k-Wert nach n Jahren:

$$k = 1,095^n \cdot 0,0001777 \cdot DN$$

z. B. DN 300 in 15 Jahren: $k = 0,21$ mm.

Nach *Kraut* wurde im Versorgungsgebiet Stuttgart in 80% der Fälle die scheinbare Rauheit mit $k = 1,0$ mm, häufig k bis 3,0 mm gemessen. Die Zunahme der Rauheit ist sehr unterschiedlich, abhängig von der Wasserqualität und dem Rohrmaterial. Bei Verwendung von modernem Rohrmaterial, d. i. GGG- oder St- Rohre mit ZM oder nichtmetallischen Rohren sollte k_i für das Bemessen von Zubringerleitungen mit mind. 0,2 mm gewählt werden.

7.5.4.2.5 Druckhöhe

Die maximale Druckhöhe in Zubringer- und Fernleitungen wird i. a. nicht von einem erforderlichen Versorgungsdruck bestimmt. Maßgebend sind die Höhen des WSp am Anfang und Ende der Leitung.

7.5 Bemessung und Berechnung von Rohrleitungen und Rohrnetzen

Dabei muss über den Hochpunkten noch eine ausreichende Druckhöhe vorhanden sein, damit die Entlüfter gut funktionieren und bei Druckstößen die Drucklinie die Rohrachse nicht unterschreitet. Bei der Ermittlung der maximalen Druckhöhen muss zusätzlich die Druckerhöhung aus Druckstößen berücksichtigt werden. Wird die Höhe des Druckstoßes nicht berechnet, wird hierfür 2 bar angesetzt und dementsprechend die Druckstoßsicherung bemessen. Die größte Druckhöhe einschl. Druckstoß darf MDP der Rohrleitung nicht übersteigen. Bei großen Druckhöhen werden die Kosten der Armaturen sehr hoch und der Betrieb schwieriger. Falls möglich sollten Zubringer- und Fernleitungen auf MDP 25 beschränkt werden.

7.5.4.2.6 Beispiel

Eine 20 km lange Zubringerleitung soll für $Q_{n=15} = 0{,}200 \text{ m}^3/\text{s}$ wirtschaftlich bemessen werden.
Nach **Tab. 7-32**: v_w gewählt 1,20 m/s, gewählt SpB DN 500, $k = 0{,}2$ mm, ergibt $h_v = 36{,}60$ m.
Bei der Abnahme der Zubringerleitung muss die Druckverlusthöhe kleiner als $h_v = 33{,}40$ m (für $k = 0{,}1$) sein.

7.5.4.3 Berechnen bestehender Zubringer- und Fernleitungen

Das Berechnen der hydrodynamischen Verhältnisse von bereits bestehenden Zubringer- und Fernleitungen ist meist einfach, weil Durchflüsse, Druckhöhen am Anfang, Ende und an Zwischenstellen leicht messbar sind. Aus den Messwerten errechnet sich die scheinbare Rauheit k_i und damit der Alterungsgrad der Leitung. Somit sind die Unterlagen für die Berechnung auch von anderen Durchflussmengen gegeben.

7.5.5 Bemessen von Rohrnetzen

7.5.5.1 Allgemeines

Der Neubau von großräumigen Rohrnetzen für große Kommunen ist in Deutschland heute nicht mehr gegeben, da diese vorhanden sind. Vielmehr handelt es sich bei dem Neubau von Rohrnetzen um solche für kleinere Versorgungsgebiete, wie Landgemeinden, Siedlungen und Neubaugebiete.
Die Einteilung des Rohrnetzes in Hauptleitungen ohne Anschlüsse und Versorgungsleitungen mit Anschlussleitungen ist meist erst bei größeren Rohrnetzen mit Leitungen über DN 250 zweckmäßig.
Das Bemessen des Rohrnetzes erfolgt am einfachsten nach dem Verästelungssystem, gegebenenfalls mit Nachkontrolle als Maschensystem. Größere Rohrnetze werden sofort nach dem Maschensystem bemessen.

7.5.5.2 Geforderte Leistung des Rohrnetzes

7.5.5.2.1 Bemessungsdurchfluss

Für die Ermittlung des Bemessungs- Volumenstromes müssen die folgenden Werte bekannt sein:
- Maximaler Stundenbedarf $Q_{h \text{ max}}$ am verbrauchsreichsten Tag des Jahres $Q_{d \text{ max}}$ ohne den Bedarf überörtlicher Pumpwerke und ohne Löschwasserbedarf.
- Maximaler Stundenbedarf $Q_{h \text{ max}}$ am Tag durchschnittlichen Verbrauchs Q_d.
- Minimaler Stundenbedarf $Q_{h \text{ min}}$ am verbrauchsreichsten Tag des Jahres $Q_{d \text{ max}}$.
- Maximale Förderung eines eventuell auf das Rohrnetz wirkenden Pumpwerkes Q_p.
- Maximaler Löschwasserbedarf Q_L.

Mit diesen Werten sind mindestens folgende 3 Betriebszustände zu untersuchen:
Betriebszustand 1 – größte Förderung des Pumpwerks Q_p, bei kleinstem Verbrauch $Q_{h\,min}$
Betriebszustand 2 – größter Stundenverbrauch $Q_{h\,max}$ am Tag mit größtem Verbrauch $Q_{d\,max}$, ohne Förderung des Pumpwerks Q_p
Betriebszustand 3 – Löschwasserförderung Q_L, bei größtem Stundenverbrauch $Q_{h\,max}$ an Tagen mit mittlerem Verbrauch Q_d ohne Förderung des Pumpwerks Q_p.
Zur Bemessung des Rohrnetzes wird der Betriebszustand mit dem maximalen Duchfluss (Bemessungsdurchfluss) gewählt.
Bei der Planung ländlicher Wasserversorgungsanlagen wird darüber hinaus zur Ermittlung des Bemessungsdurchfluss folgendes vorgeschlagen:

- Bei Einzelanwesen und Aussiedlerhöfen:
  Hierbei soll Löschwasser nur dann aus dem Trinkwassernetz zur Verfügung gestellt werden, soweit dies hygienisch vertretbar und gesamtwirtschaftlich zweckmäßig ist. Ansonsten ist die Löschwasserbereitstellung anderweitig sicherzustellen.
- Bei kleinen ländlichen Orten von 2–10 Anwesen (bis rd. 50 Einwohnern):
  Löschwasserbedarf 48 m³/h, aufgerundet 14 l/s.
  (Durch die Aufrundung ist ein Zuschlag für den Stundenverbrauch abgedeckt.)
- Bei Orten über 10–100 Anwesen (bis rd. 500 Einwohnern):
  Löschwasserbedarf 96 m³/h, aufgerundet 30 l/s.
  (Durch die Aufrundung ist ein Zuschlag für den Stundenverbrauch abgedeckt.)
- Bei Orten mit über 50 Anwesen bzw. über rd. 250 Einwohnern:
  Zusätzlich zum Löschwasserbedarf von 96 m³/h – entsprechend 27,7 l/s – ist der größte Stundenverbrauch an Tagen mit durchschnittlichem Verbrauch zu berücksichtigen.

7.5.5.2.2 Löschwasserbedarf

Der Berechnungs-Löschwasserbedarf richtet sich nach Bebauung und Brandempfindlichkeit. Er ist im DVGW- Arbeitsblatt W 405 geregelt und im Benehmen mit der örtlichen Feuerwehr festzulegen, Grundlagen hierzu (Abschn. 2.7.4).

7.5.5.2.3 Druckhöhe

Für die Ermittlung der Druckhöhe müssen die folgenden Werte bekannt sein:

- Maximaler und minimaler Ruhedruck des maßgeblichen Behälters bzw. Ein- und Ausschaltdruck des maßgeblichen Druckerhöhungspumpwerkes.
- Drucklinien für die oben beschriebenen Betriebszustände 1 bis 3

Bei der größten Druckhöhe, einschl. 2 bar für Druckstöße, darf der maximal zulässige Systembetriebsdruck (MDP) für Ortsrohrnetze von 10 bar nicht überschritten werden. Bei der kleinsten Druckhöhen muss an der höchsten Anschlussstelle noch ein ausreichender Versorgungsdruck in Abhängigkeit der Geschosszahl des angeschlossenen Bauwerkes vorhanden sein (mindestens 1,5 bar bei zwei Geschossen, bei einzelnen Gebäuden min. 1,0 bar).
Nach DVGW-Arbeitsblatt W 400-1 sollte der Ruhedruck im Schwerpunkt einer Druckzone am Hausanschluss 4 bis 6 bar betragen. Die max. Druckhöhe sollte nicht über 8 bar (ohne Druckstoß) liegen. Im Hinblick auf die Beanspruchung der Haushaltsgeräte empfiehlt es sich bei Druckhöhen über 5 bar Druckminderer in die Hausinstallation einzubauen, die Angaben der Gerätehersteller sind zu beachten. Liegt in einem größeren Gebiet der Druck über 6 bar, dann ist es zweckmäßig, für das ganze Gebiet einen Druckminderer im Rohrnetz oder einen Zonenbehälter vorzusehen.
Es ist unwirtschaftlich, die Druckhöhe im Rohrnetz nach der höchsten Entnahmestelle in einzelnen Hochhäusern (mehr als vier Geschosse) festzulegen. Wenn hier die normale Druckhöhe der Versorgungsleitungen nicht ausreicht, sind Druckerhöhungsanlagen in solchen Hochhäusern einzurichten. Die hierfür geltenden Grundsätze DIN 1988 T. 5 sind zu beachten.

Für die Löschwasserbereitstellung benötigt die Feuerwehr eine Druckhöhe von 40 m am Strahlrohr. Dies erfordert eine Druckhöhe am Hydranten von mindestens 50 m, wenn die Hydranten zum direkten Spritzen verwendet werden sollen. Die Bemessung für diese Druckhöhe bei Betriebszustand 3 ist bei kleinen und mittleren Anlagen aus wirtschaftlichen Gründen meist nicht möglich. In diesem Fall dienen die Hydranten als Wasserzubringer zu den Motorspritzen der Feuerwehr. Es ist dann ein Mindestdruck am Hydranten von 1,5 bar zu fordern, damit Unterdruck im Zulauf durch die Motorspritzen vermieden wird.

7.5.5.3 Bemessungsunterlagen

7.5.5.3.1 Rohrnetzplan

Im Rohrnetzplan, **Abb. 7-89**, wird entsprechend den geplanten oder vorhandenen Straßen, der Bebauung und den Abnehmern der Verlauf und die Länge der erforderlichen Versorgungsleitungen mit Absperrorganen, Hydranten und sonstigen Leitungseinbauten, ohne Angabe DN, eingetragen. Die Leitungsverzweigungen und Ecken werden als Knoten K_n, die entstehenden Maschen als M_n fortlaufend nummeriert.

7.5.5.3.2 Belastungsplan

Im Belastungsplan, **Abb. 7-90**, werden die einzelnen Durchfluss = Bedarfswerte wie folgt eingetragen:

$$K_n \quad \left| \quad \frac{Q_A \text{Abnahme l/s} + Q_D \text{ Durchfluss l/s}}{+ Q_L \text{ Löschwasser l/s} = \text{Strangbelastung } \Sigma\, Q_{n-(n+1)}{}^{l/s}} \quad \right| \quad K_{n+1}$$

Die Abnahme Q_A des Stranges $K_n - K_{n+1}$ ($Q_{h\,max}$) wird aus dem Wasserbedarf der Einwohner, die flächenmäßig entsprechend der dachförmig geteilten Gesamtfläche auf den Strang entfallen, berechnet. Die Einwohnerzahl wird entweder aus den vorhandenen oder geplanten Wohngebäuden ermittelt, z. B. bei sehr unterschiedlicher Bebauung, oder überschlägig aus Wohndichte und Flächenanteil:

$$E = D/10^4\,m^2 \cdot F_{(Kn - Kn+1)} \cdot 10^4\,m^2 \quad (\textbf{Tab. 2-12})$$

somit: $Q_A = Q_{h\,max}$ ($Q_{d\,max}$) = E · Einheitsverbrauch l/Ed · $f_{s(h)}/86\,400$
Beispiel: Wohndichte Klasse III 300 E/$10^4\,m^2$, $F_{(Kn - Kn+1)} = 2 \cdot 10^4\,m^2$
$f_{is(h)} = 5{,}0$, mittl. Einheitsverbrauch 120 l/Ed.
E = 300 · 2 = 600 E, Q_A = 600 · 120 · 5,0 / 86 400 = 4,16 l/s

Meist wird jedoch vereinfacht die Abnahme Q_A des Stranges $K_n - K_{n+1}$ aus der gleichmäßigen Aufteilung des gesamten Haushaltsbedarfs im Verhältnis der Stranglänge zu Gesamtlänge der Versorgungsleitungen berechnet:

$$Q_A = \text{gesamt } Q_{h\,max}\,(Q_{d\,max}) \cdot L_{(Kn-Kn+1)}/L\,\text{gesamt}.$$

Der Wasserbedarf der Großabnehmer wird entsprechend den örtlichen Verhältnissen im Einzelnen erhoben und zum Haushaltsbedarf hinzugerechnet.

Die Abnahme Q_A des Stranges $K_n - K_{n+1}$ wird mehr oder weniger gleichmäßig entlang des Stranges verbraucht, dies wird dadurch berücksichtigt, daß für die Berechnung des Druckhöhenverlustes angenähert $0{,}60 \cdot Q_A$ eingesetzt wird.

7.5.5.3.3 Bemessungsplan und Bemessungstabelle

Das Bemessen der Leitungsstränge und das Berechnen der Druckhöhenverluste und der Druckhöhen für die in Betracht kommenden Betriebszustände wird zweckmäßig in Form einer Tabelle in Verbindung mit einem Bemessungsplan durchgeführt. Für das Beispiel der **Abb. 7-89** Rohrnetzplan, bzw. **Abb. 7-90** Belastungsplan, ist die **Tab. 7-33**, Bemessung und Berechnung des Druckhöhenverlustes,

Betriebszustand 3 nach dem Verästelungssystern erstellt. Im Beispiel wurde der Strang 2-3 am Knoten 3, der Strang 5-6 am Knoten 6 geschnitten. Nachdem aus dem Belastungsplan die Strangbelastung bekannt ist, berechnet in **Tab. 7-34** Sp. 4-6, wird das Rohrmaterial gewählt, hier GGG-ZM. Der k-Wert wird entsprechend den örtlichen Verhältnissen, wie Zahl der Rohrleitungseinbauten, Wasserbeschaffenheit gewählt, hier z. B. Strang HB-K_1 und PW-K_6 mit k = 0,2 mm, für die Versorgungsleitungen k = 0,4 mm Für die Bemessung nach dem Betriebszustand 1 und 2 wird die wirtschaftliche Fließgeschwindigkeit nach **Tab. 7-32** zugrunde gelegt. Bei Versorgungsleitungen somit für DN < 250 v = 0,80–0,95 m/s, wenn der Durchfluss für größte Abnahme bzw. größte Förderung des Pumpwerks größer ist als Löschwasser + $Q_{h\,max}$ (Q_d). Bei kleinen Rohrnetzen überwiegen jedoch die Strangdurchflüsse für Betriebszustand 3, hier kann v für die Berechnung je nach den örtlichen Verhältnissen etwas erhöht werden, z. B. v = 0,80–1,20 m/s, da für die Betriebszustände ohne Löschwasser v weit darunter liegt. Mit diesen Werten ist die **Tab. 7-33** gerechnet und die Ergebnisse im Bemessungsplan **Abb. 7-91** eingetragen. An den Knoten werden die maßgeblichen Höhenangaben, wie Druckhöhe, Geländehöhe und Druckhöhe über Gelände, angegeben. Die Lage der Druckhöhenlinie ist dann aus dem Längsschnitt der Leitungsstränge ersichtlich.

Tab. 7-33: *Bemessung und Berechnung des Druckhöhenverlustes Betriebszustand 3 eines Rohrnetzes nach dem Verästelungssystem*

Nr.	Strang-Bez.	Länge L	Strangbelastung					Bemessung			Druckhöhenverlust		Druckhöhe	
			Abnahme Q_a	$0,6 \cdot Q_A$	Durchfluß Q_D	Löschwasser Q_L	Strangbelast. 5+6+7	Werkstoff	DN	k	v	1000	Strang-	Anfangsknoten NN	Endknoten NN
		m	l/s	l/s	l/s	l/s	l/s		mm	mm	m/s	m	m		
1	2	3	4	5	6	7	8	9	10	11	12	13	14	15	16
1	HB-1	500	-	-	10,5	26,6	37,1	GGG	200	0,2	1,18	7,52	3,75	500,00	496,25
2	1-2	200	1,50	0,9	4,5	26,6	32,0	GGG	200	0,4	1,02	6,48	1,30	496,25	494,95
3	2-5	200	1,50	0,9	1,5	26,6	29,0	GGG	200	0,4	0,92	5,35	1,07	494,95	493,88
4	5-6	200	1,50	0,9	-	13,3	14,2	GGG	125	0,4	1,16	15,16	3,03	493,88	490,85
5	2-3	200	1,50	0,9	-	26,6	27,5	GGG	200	0,4	0,88	4,82	0,96	494,95	493,99
6	1-4	200	1,50	0,9	3,0	26,6	30,5	GGG	200	0,4	0,97	5,91	1,18	496,25	495,07
7	4-3	200	1,50	0,9	1,5	26,6	29,0	GGG	200	0,4	0,92	5,35	1,07	495,07	493,90
8	3-6	200	1,50	0,9	-	26,6	27,5	GGG	200	0,4	0,88	4,82	0,96	493,90	492,94
9	6-PW	300	-	-	-	26,6	26,6	GGG	200	0,2	0,85	3,96	1,19	492,94	491,75

7.5.5.3.4 Nachteile des Verästelungssystems

Wenn das Rohrnetz dauernd wie im Verästelungssystem getrennt bleibt, ist es richtig bemessen und die hydraulischen Verhältnisse sind richtig dargestellt. Die Sicherheit der Versorgung erfordert aber nach Möglichkeit die 2-seitige Versorgung, d. h. soweit als möglich die Stränge zu Maschen zu verbinden. Bei der Berechnung nach dem Verästelungssystem ergeben sich an den Trennstellen Unterschiede der Druckhöhen, im Beispiel **Abb. 7-91** am K_6 H_{3-6} 492,94 und H_{3-6} 490,85. Werden die Stränge hier verbunden, muss gleiche Druckhöhe vorhanden sein, d. h. der Durchfluss verteilt sich anders, als nach dem Verästelungssystem errechnet wurde. Der Ausgleich und die Berichtigung der Strangdurchflüsse und Druckhöhen kann mit den modernen Rechenhilfsmitteln nach dem *Hardy–Cross* Verfahren übersichtlich und schnell erfolgen.

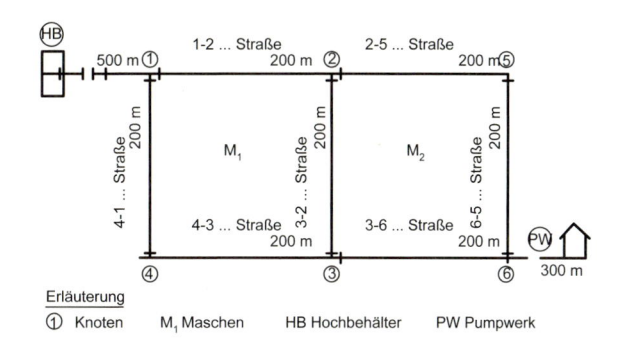

7.5 Bemessung und Berechnung von Rohrleitungen und Rohrnetzen

Abb. 7-89: Rohrnetzplan

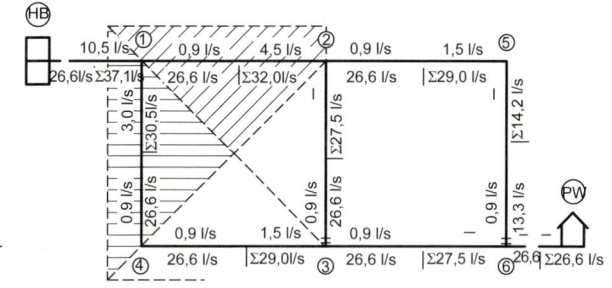

Abb. 7-90: Belastungsplan Betriebszustand 3, Rohrnetz Verästelungssystem

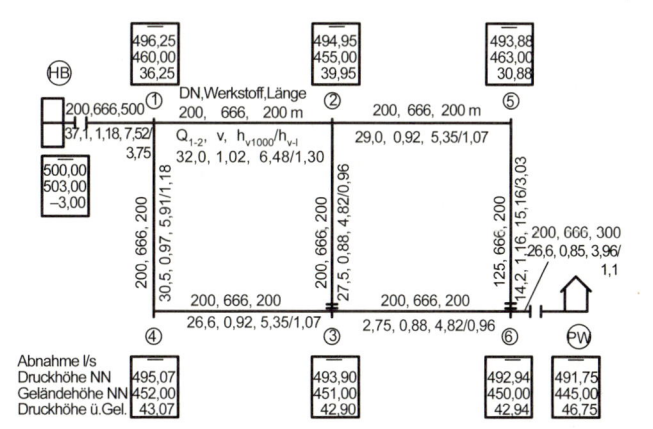

Abb. 7-91: Bemessungsplan für Betriebszustand 3, Rohrnetz Verästelungssystem

7.5.6 Berechnen von vermaschten Rohrnetzen

7.5.6.1 Grundlage

Neben in Betrieb befindlichen vermaschten Rohrnetzen werden auch neu geplante Rohrnetze die nach dem Verästelungssystem vorläufig bemessen sind als vermaschtes Rohrnetz berechnet und berichtigt. Grundlage für das Berechnen von vermaschten Rohrnetzen bilden die *Kirchhoff'schen* Gesetze der Elektrotechnik und das Widerstandsgesetz:

- *Knotenbedingung* – die Summe der Zuflüsse und Abflüsse an jedem Knoten $\Sigma\,Q=0$, hierbei Zufluss positiv, Abfluss negativ.
- *Maschenbedingung* – die Summe der Druckhöhenverluste der Rohrstränge einer Masche $\Sigma\,h_v=0$, hierbei Q und h_v positiv, wenn Fließrichtung in der Masche im Uhrzeigersinn, negativ wenn Gegen-Uhrzeigersinn.
- *Knotenzahl-Bedingung* – im vermaschten Rohrnetz gilt $K-n+m=1$. K = Anzahl der Knoten, n = Anzahl der Stränge, m = Anzahl der Maschen. In **Abb. 7-106**: $6-7+2=1$.
- *Widerstandsgesetz* – gilt für das Berechnen der Druckhöhenverluste.

Die Ermittlung der gesuchten Werte Strangdurchflüsse, Strang-Druckverlusthöhen und Druckhöhen an den Knoten ist durch Analog-Modelle oder durch Rechenverfahren möglich.

7.5.6.2 Analog-Modelle

Bei den früher verwendeten elektrischen Analog-Verfahren werden die Ähnlichkeit des Widerstandsgesetzes einer Rohrströmung mit dem *Ohm'schen* Gesetz und die *Kirchhoff'schen* Gesetze benutzt. Es wird ein elektrisches Modell erstellt, wobei die Rohrleitungen durch elektrische Elemente mit ähnlichen Veränderungen des Widerstandes in Abhängigkeit vom Durchfluss, der Wasserdurchfluss Q durch den Strom I, die Druckverlusthöhe h_v durch den Spannungsverlust, die Druckhöhe durch die Spannung dargestellt werden. Die Schwierigkeit besteht darin, elektrische Elemente zu finden, welche einem ähnlichen Veränderungsgesetz des Widerstandes folgen wie die hydraulische Strömung in einer Rohrleitung.

Der Vorteil der Analog-Modelle besteht vor allem darin, dass die Strömungsverhältnisse durch die Strom- und Spannungsmessungen optisch sichtbar sind, eine Veränderung im Leitungssystem, z. B. Einbau einer Leitung mit größerem DN, sofort optisch die Wirkung erkennen lässt, wobei nur die davon betroffenen Elemente ausgetauscht werden müssen. Von Nachteil ist, dass das Analog-Modell für jeden Einzelfall besonders erstellt werden muss und nur für diese Untersuchungen einsetzbar ist. Von Vorteil sind sie bei räumlich ausgedehnten Rohrnetzen mit vielen Maschen, bei welchen häufig Veränderungen zu untersuchen sind. Die Analog-Modelle sind daher verhältnismäßig teuer, so dass heute vorwiegend die EDV-gestützte Rechenverfahren (Rohrnetzberechnungsprogramme) benutzt werden, die mit der stetig steigenden Rechnerleistung immer vielseitiger verwendbar werden.

7.5.6.3 Rechenverfahren, Digital-Modelle

7.5.6.3.1 Allgemeines

Heute wird allgemein das iterative Rechenverfahren nach *Hardy–Cross* angewendet. Für die vorhandenen bzw. vorher bemessenen Rohrleitungen sind noch unbekannt Durchfluss Q und Druckhöhenverlust h_v. Diese Werte können mittels zweier verschiedener aber ähnlicher Verfahren ermittelt werden, dem Druckhöhenausgleich bzw. dem Durchflussausgleich.

7.5.6.3.2 Verfahren mit Druckhöhenausgleich

Die Strangdurchflüsse müssen zunächst unter der Knoten-Bedingung $\Sigma\,Q=0$ geschätzt werden. Mit diesen Werten werden die Druckhöhenverluste der Stränge berechnet. Wenn die geschätzten Werte Q der Stränge noch nicht die Maschen-Bedingung $\Sigma\,h_v=0$ erfüllen, wird eine Korrektur ΔQ für jede Masche berechnet aus:

$$\Delta Q = -\Sigma h_v / 2 \cdot \Sigma h_v / Q.$$

Zu beachten sind die Vorzeichen von Q und h_v entsprechend von Q, so dass h_v/Q immer positiv ist. Mit diesen Korrekturwerten werden die Strangdurchflüsse berichtigt. Bei Strängen, welche zu 2 Maschen gehören, muss der Korrekturwert der berechneten Masche in der Nachbarmasche mit dem umgekehrten Vorzeichen eingesetzt werden.

7.5 Bemessung und Berechnung von Rohrleitungen und Rohrnetzen

Bei Rohrnetzen mit wenig Maschen unter Benützung von programmierbaren Taschenrechnern ist es übersichtlicher, wenn zunächst im 1. Schritt alle Maschen einmal durchgerechnet werden, dann die ΔQ Korrekturen aller Stränge und aller Maschen vorgenommen werden. Bei der Prüfung der Rechenschritte ist es notwendig, immer die Knoten-Bedingung zu prüfen, d. h. $\Sigma Q = 0$ an jedem Knoten.
Es gibt verschiedene Vorschläge, wie die Ausführung der Korrekturen vorzunehmen ist, um die Konvergenz der Näherungsrechnung schneller zu erreichen. Diese betreffen jedoch mehr große Rohrnetze, die mit großen Rechenanlagen berechnet werden. Hierzu wird auf die Spezial-Literatur verwiesen.

7.5.6.3.3 Verfahren mit Durchflussausgleich

Bei diesem Verfahren werden die Druckhöhen an den Knoten geschätzt, hieraus die Druckhöhenverluste h_v berechnet, wobei die Maschen-Bedingung $\Sigma h_v = 0$ erfüllt sein muss. Es ist dann noch nicht die Knoten-Bedingung erfüllt, $\Sigma Q = 0$. Der Korrekturwert wird errechnet aus:

$\Delta h_v = 2 \cdot \Sigma Q / \Sigma Q / h_v$

Das Verfahren verläuft sonst wie beim Druckhöhenausgleich, jedoch meist langwieriger, so dass fast immer das Verfahren mit Druckhöhenausgleich gewählt wird.

7.5.6.3.4 Berechnungsunterlagen

1. Rohrnetzplan – Er ist die 1. Grundlage für die Berechnung, **Abb. 7-89**. Bei bestehenden Rohrnetzen muss geprüft werden, ob die vorhandenen Rohrnetzpläne dem letzten Stand hinsichtlich Material, DN und L entsprechen. Ferner muss geprüft werden, ob alle Abschlussorgane bewegbar und offen sind. Bei neuen Rohrnetzen ist zunächst die Leitungsführung der Rohrstränge festzulegen, dann sind die Stränge vorläufig zu bemessen. (siehe 7.3.5.3)
2. Belastungsplan – Entgegen dem Verfahren des Verästelungssystems wird beim vermaschten Rohrnetz der Verbrauch den Knoten zugeordnet. Die Zuflüsse Q_z an den Knoten werden so auf die Abflüsse = Strangabfluss + Abnahme verteilt, dass die Knotenbedingung $\Sigma Q = 0$ erfüllt ist, woraus sich die 1. Schätzung der Strangdurchflüsse Q_{a-b} ergibt. Für diese Schätzung gibt folgende Formel brauchbare Werte, wobei r aus **Tab. 7-31** entnommen wird.

$Q_{a-b} = Q_z \cdot 1 / \sqrt{L/r_{a-b}} / \Sigma \; 1 \; \sqrt{L/r}$;

Beispiel: Aufteilung $Q_z = 100 \, l/s$ am Knoten K_1 auf Strang 1-2 und Strang 1-4 ergibt für **Abb. 7-92**:

$Q_{1-2} = 100 \cdot 1 / \sqrt{500/30{,}33} / \Sigma (1 / \sqrt{500/30{,}33} + 1 / \sqrt{400/245{,}7})$

$Q_{1-2} = 23{,}9 \, l/s$, $Q_{1-4} = 74{,}1 \, l/s$

Für das gleiche Beispiel des Rohrnetzplanes **Abb. 7-89** mit den Strängen DN der **Abb. 7-91**, Betriebszustand 3 mit einer Strangabnahme $Q_A = 1{,}5 \, l/s$ und einer Löschwasserentnahme von $Q_L = 13{,}3 \, l/s$ an K_5 und $13{,}3 \, l/s$ an K_6 ist der Belastungsplan Abb. 7-108 und die Tab. 7-34 Schätzung der Strangdurchflüsse erstellt. Aus dem Vergleich der Belastungspläne **Abb. 7-89** und **Abb. 7-93** ist ersichtlich, daß die Strangbemessung nach dem Verästelungssystem das Löschwasser an jeder Stelle des Rohrnetzes berücksichtigt, bei der Berechnung des vermaschten Rohrnetzes können dagegen jeweils nur die bestimmten, festgelegten Entnahmestellen des Löschwassers berücksichtigt werden, im Beispiel an K_5 und K_6. Dafür sind aber reale Fließzustände und Druckhöhenverluste errechenbar. Wenn die Bemessung nach den Belastungen des vermaschten Rohrnetzes erfolgen soll, müssen alle Belastungsfälle mit den denkbaren Löschwasserentnahmen berechnet werden. Die Größtwerte der Strangbelastungen bilden dann die Bemessungsgrundlagen.
3. Rechennetzplan – **Abb. 7-94** bildet mit dem Belastungsplan **Abb. 7-93** die Grundlage für die Berechnung der Strangdurchflüsse und Druckhöhenverluste. Der Rechennetzplan ist ein vereinfachter Rohrnetzplan, denn je nach den Schwerpunkten des Belastungsplanes werden endgültig die zu

berücksichtigenden Knoten festgelegt, Doppelstränge zu Einfachsträngen zusammengelegt, unbedeutende Nebenstränge mit kleinem DN weggelassen.
Üblich ist etwa ein Verhältnis: Größter Rohrquerschnitt/kleinster zu berücksichtigender Rohrquerschnitt =

$A_1 / A_2 = 4 / 1$ oder $DN_1 / DN_2 = 2 / 1$.

Größter DN	250	300	350	400
Im Allgemeinen nicht mehr zu berücksichtigende DN	80	100	125	150

Im Rechennetzplan werden die Berechnungsgrundlagen eingetragen, d. i. DN, Rohrmaterial, k-Wert, Länge, später das Ergebnis der Berechnung (**Abb. 7-94**).

4. *Vergleichsrechnung* – Schwierig ist die richtige Ermittlung der scheinbaren k-Werte in einem Rohrnetz, die einen wesentlichen Einfluß auf die Berechnung von h_v hat. Bei gebrauchten Leitungen in Ortsnetzen großer Ausdehnung kann der k-Wert sehr unterschiedlich und z. T. sehr hoch sein. Nach Kraut wurden für Stuttgarter Verhältnisse bei rd. 80 % der untersuchten Rohrnetze der k-Wert mit 1,0 mm festgestellt, bei den übrigen lag der k-Wert noch höher. Bei Rohrnetzen geringer Ausdehnung und gleichem Alter der Leitungen kann die erste Annahme von einem einheitlich erhöhten k-Wert ausgehen. Bei großen Rohrnetzen ist meist ein unterschiedlich hoher Ansatz der k-Werte erforderlich. Notwendig ist die Durchführung einer Vergleichsrechnung zum Vergleich der gemessenen und berechneten Druckhöhen, um daraus die örtlich vorhandenen k-Werte zu ermitteln. In DVGW-Arbeitsblatt GW 303 ist die Meßanordnung und die Durchführung der Druckmessungen angegeben, mit denen die örtlich vorhandenen Druckhöhen festzustellen sind. Die Mindestanzahl der Druckmessungen ist je nach Aufgabenstellung und Anzahl der Knoten etwa wie folgt anzusetzen:

Anzahl der Knoten	bis 100	bis 200	bis 1 000	über 1 000
erf. Druckmeßpunkte i, % d. Knoten	25	15	10	mehr als 100 Druckmeßpunkte

Tab. 7-34: *Grunddaten der Stränge und Schätzung des Strangdurchflusses eines vermaschten Rohrnetzes (Abb. 7-108)*

Knoten	Strang	DN	Rauheit k_C	k_L	L	r/100	Knoten Abfluss Zufluss	Abnahme	Summe Strang-Durch-fluss	Einzel-Strang-Durch fluss	v
			mm		m		l/s	l/s	l/s	l/s	m/s
1	Q_Z/Q_A						37,1	-1,5	35,6		
	1-2	200	0,4	1,3	200	30,33				-17,8	0,57
	1-4	200	0,4	1,3	200	30,33				-17,8	0,57
2	Q_Z/Q_A						17,8	-2,2	-15,6		
	2-5	200	0,4	1,3	200	30,33				-7,8	0,25
	2-3	200	0,4	1,3	200	30,33				-7,8	0,25
4	Q_Z/Q_A						17,8	-1,5	-16,3		
	4-3	200	0,4	1,3	200	30,33				-16,3	0,52
3	Q_Z/Q_A						16,3	-2,3	-21,8		
	3-6	200	0,4	1,3	200	30,33	+7,8			-21,8	0,69
5	Q_Z/Q_A						7,8	-14,8	+7,0		
	5-6	125	0,4	1,3	200	3,17				+0,7	0,22
6	Q_Z/Q_A						21,8	-14,8	-7,0		
	5-6	125	0,4	1,3	200	3,17				-7,0	0,22

Erläuterung: k_C (Colebrook), k_L (Ludin)

Die Druckmessungen sind mit überprüften schreibenden Geräten von einem sachkundigen Meßtrupp auszuführen. Als Druckmeßpunkte werden vor allem Hydranten, dann Anschlußleitungen in Gebäuden, falls dort keine Entnahme, gewählt. Die geodätische Höhe der Druckmesspunkte muss

7.5 Bemessung und Berechnung von Rohrleitungen und Rohrnetzen   627

mit mind. 0,10 m Genauigkeit gemessen werden. Ferner werden alle Zuflüsse in das Rohrnetz, Durchflüsse im Rohrnetz wenn möglich, Abnahme der Großverbraucher möglichst mit Schreibgeräten gemessen. Die Auswertung der Messung gibt dann gute Resultate, wenn große Druckunterschiede vorhanden sind und Zuflüsse und Abnahme genau gemessen werden. DVGW-Arbeitsblatt GW 303 fordert einen möglichst über das ganze Rohrnetz verteilten Druckabfall von 20% des Ruhedrucks, mind. jedoch von 1,5 bar.

Vorteilhaft ist das *Stuttgarter Verfahren*. Hierbei werden festgelegte, mit WZ gemessene Abnahmen aus über das Rohrnetz verteilten Hydranten in Zeiten des geringsten Verbrauchs, etwa ab 23.30 Uhr, auf die Dauer von $^1/_2$ Stunde für jeden Belastungsfall derart entnommen, dass Druckabsenkungen von 3 bar und mehr erreicht werden. Gemessen werden dabei alle Zuflüsse, die für die Untersuchung festgelegten Abnahmen und solche von Großabnehmern, ferner WSp der Zufluss-Behälter. Durch Wechsel der Abnahmemengen und der Entnahmestellen sind verschiedene Belastungsfälle darstellbar. Nach DVGW-Arbeitsblatt GW 303 ist die zulässige Einzelabweichung a = 2% des Ruhedrucks, bzw. 2 m WS, ferner muss die Bedingung erfüllt sein:

$$-a/\sqrt{n} \leq U \leq a/\sqrt{n} + a/\sqrt{n}, \text{ mit } U = \Sigma_i^r(p_m - p_e)/n$$

U = Erwartungswert der Druckabweichung, n = Anzahl der Druckmessstellen, p_m = gemessener Druck, p_e = errechneter Druck, a = zulässige Abweichung der Einzelmessung.

Mit den bei der Druckmessung erhaltenen Werten werden die Vergleichsrechnungen durchgeführt, um daraus die k_i Werte des Rohrnetzes bzw. der Stränge zu erhalten. Sind große Abweichungen vorhanden, muss geprüft werden, ob die eingegebenen Grunddaten des Rohrnetzes richtig sind, z. B. Fehler in DN, L, Höhenlage, ferner ob der k_i Wert durch nicht erkannte Betriebsunterschiede, wie geschlossene oder teilgeschlossene Schieber, unterschiedliche Ablagerungen in den Strängen, schadhafte Armaturen, unbekannte Abnahmen und Leckstellen beeinflusst ist. Diese Fehler müssen zunächst behoben werden, dann ist der k_i Wert zu verändern, bis eine ausreichende Übereinstimmung zwischen Rechnung und Messung vorhanden ist.

5. *Planungsrechnung* – Mit den aus der Vergleichsrechnung erhaltenen Werten ist der hydraulische Zustand eines Rohrnetzes bestimmt. Hieraus kann entnommen werden, ob für die vorhandene Belastung des Rohrnetzes oder für geplante zusätzliche Belastungen Mängel vorhanden sind, wie unzureichender Druck an einzelnen Stellen, zu große Geschwindigkeit, Stagnieren des Wassers, ferner wie zweckmäßig Erweiterungen durchzuführen sind, z. B. zur Verbesserung der Druckverhältnisse, zur Versorgung zusätzlicher Großabnehmer, Erhöhung der Druckverhältnisse bei erhöhter Löschwasserbereitstellung, Versorgung neuer Wohngebiete u. a. Die der Planungsrechnung eingegebenen Daten und die errechneten Werte werden in Listen zusammengestellt, die für jeden Betriebszustand erhaltenen Werte werden in den Rechennetzplan, **Abb. 7-94**, bzw. Belastungsplan, **Abb. 7-93**, eingetragen, und zwar:

– am Strang: Durchfluss Ql/s, Fließrichtung, v m/s, Druckverlust h_v m
– am Knoten: Druckhöhe NN, Geländehöhe NN, Druckhöhe über Gelände m.

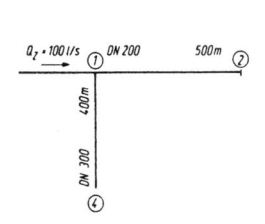

Abb. 7-92: Aufteilung der Zu- und Abflüsse an einem Knoten

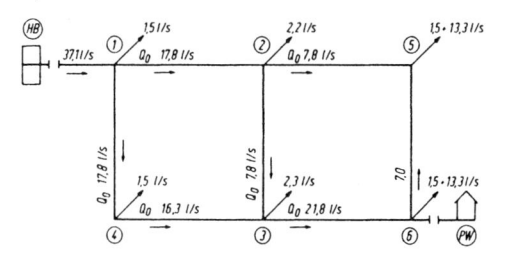

Abb. 7-93: Belastungsplan, Betriebszustand 3, vermasctes Rohrnetz

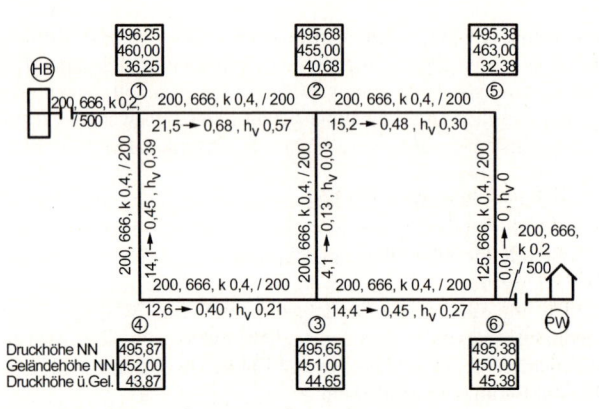

Abb. 7-94: Rechennetzplan, Betriebszustand 3, vermaschtes Rohrnetz

Hydrotechnische Berechnungen erfolgen mittels EDV auf der Grundlage der Formeln von *Prandtl–Colebrook* iterativ nach dem *Hardy–Cross*-Verfahren. Es kommen durchwegs PCs zum Einsatz. Die Programme werden von verschiedenen Software-Herstellern angeboten.

Mit ihnen kann auch die Eingabe aller Daten von bestehenden Anlagen bis hin zur Eingabe von Pumpen mit ihren Kennlinien erfolgen.

7.5.7 Bemessen und Berechnen von Anschlussleitungen

(s. auch DVGW-Merkblätter W 404, W 410 und DVGW-Arbeitsblatt W 302)
Die Berechnung der Anschlussleitung erfolgt i. d. R. durch das WVU.
Bemessungsgrundlagen sind der Spitzenvolumenstrom V_S und die technisch wirtschaftlich günstigste Fließgeschwindigkeit. Als Mindest-DN ist DN 25 einzuhalten. Im Hinblick auf die meist hohen Kosten für Rohrgraben, Straßenaufbruch und Wiederherstellen, Mauerdurchführung usw. sind die Materialkosten der Rohrleitung gering, so dass sich Einsparungen durch Wahl von kleinem DN kostenmäßig nicht lohnen. Die Druckhöhenverluste der Formstücke werden berechnet aus:

$$h_v = \zeta \cdot v^2 / 2g$$

Für eine Ventilanbohrschelle + Wasserzählereingangsventil (Schrägsitz) + Wasserzählerausgangsventil mit Rückflussverhinderer ergibt sich die Summe der Verlustbeiwerte nach **(Tab. 7-75)** zu:

$$\zeta = 5 + 2 + 5 = 12$$

Für Formstücke meist mind. $2 \cdot 90°$ Bogen:

$$\zeta = 2 \cdot 0{,}3 = 0{,}6;$$

somit:

$$h_v = \zeta \cdot v^2/2g = (12 + 0{,}6) \cdot 1{,}44^2/(2 \cdot 9{,}81) = 1{,}332 = 133 \text{ mbar};$$

Zur Vereinfachung wird für ein *Eigenheim mit Einliegerwohnung und zentraler Trinkwassererwärmung* (gem. DIN 1988 (3) Bbl. 1/Seite 2 bzw. der im nachfolgenden Abschnitt 7.3.7.4 aufgeführten Berechnung) ein Spitzendurchfluss von 1,22 l/s (= 4,39 m³/h) die Anschlussleitungs-Länge von 12,5 m sowie der Mindestversorgungsdruck am Anschluss an die Versorgungsleitung von 4000 mbar zugrunde gelegt. Gewählt wird ein Wasserzähler mit Nenndurchfluss 2,5 m³/h (max. Durchfl. = 5 m³/h) damit V_S nach **Tab. 7-70**. Der Druckverlust im WZ beträgt:

$$\Delta p_{wz} = p_g \frac{V_S^2}{V_g^2} = 700 \frac{4{,}39^2}{5^2} = 540 \text{ mbar};$$

7.5 Bemessung und Berechnung von Rohrleitungen und Rohrnetzen

Druckverlust für den Filter, gewählt Nenndurchfluss V = 1,4 l/s = V_g und dem zugehörigen Druckverlust Δ_p = 200 mbar;

$$\Sigma p_{FIL} = p_g \frac{V_s^2}{V_g^2} = 200 \cdot \frac{1,22^2}{1,4^2} = 152 \, \text{mbar} \, ;$$

Zusammenstellung Beispiel Anschlussleitung:
1. Spitzenvolumenstrom V_S = 1,22 l/s
2. Für v < 2 m/s gewählt PE-HD DN 32
   (Tab. 7-23/2) 7,54 mbar/m
   somit Druckhöhenverlust Δp = 12,5 · 7,54 =   95 mbar;
3. Wasserzähler (siehe oben) Δpw_z =   540 mbar;
4. Filter (siehe oben) h_v =   152 mbar;
5. Formstücke und Armaturen (siehe oben)   133 mbar;
       Σp_{anschl} = 920 mbar;

Sofern für die nachfolgende Trinkwasserinstallation keine Angaben vorliegen, schlägt DIN 1988 einen pauschalen Ansatz von 200 mbar für die Anschlussleitung vor. Davon ist für die Einzelwiderstände 40 % in Abzug zu bringen, so dass ein Restwiderstand von insgesamt 120 mbar zur Verfügung steht und schließlich für die Leitungslänge von 1 m ein:

$$R_{verf} = \frac{\text{Restwid.}}{\text{AL-Länge}} = \frac{120}{12,5} = 9,6 \, \text{mbar/m}$$

Das ergibt nach **Tab. 7-23/2**, für PE-HD DN 32 einen Spitzendurchfluss von rd. 1,4 l/s bei R = 9,7 mbar/m.

Rohrreibungsgefälle „R" und Fließgeschwindigkeit „v" für Anschluss- und Verbrauchsleitungen (Auszug aus DIN 1988 (3) für DN 10 bis DN 50 in **Tab. 7-35/1 bis 7**)

Tab. 7-35/1: DN 10 (V/l = 0,12 l/m)

Q	St - DIN 2440		R = J_v (mbar/m) Nichtrostender Stahl ABl. W 541		Kupferrohre nach DIN 1786	
	d_i 12,5 mm k = 0,15		d_i = 13 mm k = 0,1		d_i = 13 mm k = 0,0015	
l/s	R mbar/m	v m/s	R mbar/m	v m/s	R mbar/m	v m/s
0,01	0,2	0,1			0,2	0,08
0,05	3,4	0,4	2,2	0,4	2,2	0,38
0,10	12,3	0,8	7,3	0,8☐7,3	0,8	0,15
26,6	1,2	14,8	1,1	14,8	1,1	0,20
46,2	1,6	24,5	1,5	24,5	1,5	0,25
71,2	2,0	36,2	1,9	36,2	1,9	0,30
101,6	2,4	49,9	2,3	49,9	2,3	0,35
137,3	2,9	65,6	2,6	65,6	2,6	0,40
178,3	3,3	83,1	3,0	83,1	3,0	0,45
224,8	3,7	102,4	3,4	102,4	3,4	0,50
276,5	4,1	123,6	3,8	123,6	3,8	0,55
333,7	4,5	146,5	4,1	146,5	4,1	0,60
396,1	4,9	171,1	4,5	171,1	4,5	0,65
464,0	5,3	197,5	4,9	197,5	4,9	

Tab. 7-35/2: DN 15 (V/l = 0,20 l/m)

Q	St - DIN 2440 d_i 16 mm $k=0,15$		$R = J_v$ (mbar/m) Nichtrostender Stahl Abl. W 541 $d_i = 16$ mm $k = 0,1$		Kupferrohre nach DIN 1786 $d_i = 16$ mm $k = 0,0015$	
l/s	R mbar/m	v m/s	R mbar/m	v m/s	R mbar/m	v m/s
0,05	1,0	0,25	0,8	0,25	0,8	0,25
0,10	3,5	0,5	2,7	0,5	2,7	0,5
0,15	7,5	0,7	5,5	0,7	5,5	0,7
0,20	12,9	1,0	9,1	1,0	9,1	1,0
0,30	28,0	1,5	18,5	1,5	18,5	1,5
0,40	43,8	2,0	30,8	2,0	30,8	2,0
0,50	75,4	2,5	45,7	2,5	45,7	2,5
0,60	107,7	3,0	63,2	3,0	63,2	3,0
0,70	145,7	3,5	83,2	3,5	83,2	3,5
0,80	189,5	4,0	105,6	4,0	105,6	4,0
0,90	239,0	4,5	130,3	4,5	130,3	4,5
1,00	294,2	5,0	157,4	5,0	157,4	5,0

Tab. 7-35/3: DN 20 (V/l = 0,31 l/m)

Q	St - DIN 2440 $d_i = 21,6$ mm $k=0,15$		$R = J_v$ (mbar/m) Nichtrostender Stahl Abl. W 541 $d_i = 25,6$ mm $k = 0,1$		Kupferrohre nach DIN 1786 $d_i = 20$ mm $k = 0,0015$	
l/s	R mbar/m	v m/s	R mbar/m	v m/s	R mbar/m	v m/s
0,05	0,2	0,14	0,3	0,2	0,3	0,16
0,10	0,8	0,3	1,0	0,3	1,0	0,3
0,20	2,8	0,5	3,3	0,6	3,2	0,6
0,30	6,0	0,8	6,5	1,0	6,4	1,0
0,40	10,3	1,1	10,8	1,3	10,6	1,3
0,50	15,8	1,4	16,0	1,6	15,7	1,6
0,60	22,5	1,6	22,2	1,9	21,7	1,9
0,70	30,3	1,9	29,1	2,2	28,5	2,2
0,80	39,3	2,2	37,0	2,5	36,2	2,5
0,90	49,4	2,5	45,6	2,9	44,6	2,9
1,00	60,7	2,7	55,1	3,2	53,9	3,2
1,10	73,2	3,0	65,3	3,5	63,9	3,5
1,20	86,8	3,3	76,3	3,8	74,7	3,8
1,30	101,6	3,5	88,1	4,1	86,2	4,1
1,40	117,5	3,8	100,6	4,5	98,4	4,5
1,50	134,6	4,1	113,9	4,8	111,4	4,8
1,60	152,8	4,4	127,9	5,1	125,1	5,1
1,85	203,5	5,0				

7.5 Bemessung und Berechnung von Rohrleitungen und Rohrnetzen

Tab. 7-35/4: DN 25 (V/l = 0,49 l/m)

Q	St - DIN 2440 $d_i = 27,2$ mm $k = 0,15$		$R = J_v$ (mbar/m) Nichtrostender Stahl ABI. W 541 $d_i = 25,6$ mm $k = 0,1$		Kupferrohre nach DIN 1786 $d_i = 25$ mm $k = 0,0015$	
l/s	R mbar/m	v m/s	R mbar/m	v m/s	R mbar/m	v m/s
0,10	0,3	0,2	0,3	0,2	0,3	0,2
0,20	0,9	0,3	1,1	0,4	1,1	0,4
0,30	1,9	0,5	2,1	0,6	2,2	0,6
0,40	3,2	0,7	3,6	0,8	3,7	0,8
0,50	4,8	0,9	5,3	1,0	5,4	1,0
0,70	9,2	1,2	9,5	1,4	9,8	1,4
1,0	18,3	1,7	17,9	2,0	18,5	2,0
1,25	28,2	2,15	26,7	2,5	27,5	2,5
1,5	40,2	2,6	37,0	3,1	38,1	3,1
1,75	54,5	3,0	46,3	3,5	50,2	3,6
2,0	70,7	3,4	62,0	4,1	63,9	4,1
2,25	83,2	3,9	76,5	4,6	82,1	4,7
2,5	109,7	4,3	92,5	5,1	95,4	5,1
2,75	132,5	4,7				
3,0	157,2	5,2				

Tab. 7-35/5: DN 32 (V/l = 0,80 l/m)

Q	St - DIN 2440 $d_i = 35,9$ mm $k = 0,15$		$R = J_v$ (mbar/m) Nichtrostender Stahl ABI. W 541 $d_i = 32$ mm $k = 0,1$		Kupferrohre nach DIN 1786 $d_i = 32$ mm $k = 0,0015$	
l/s	R mbar/m	v m/s	R mbar/m	v m/s	R mbar/m	v m/s
0,2	0,2	0,2	0,3	0,2	0,3	0,2
0,5	1,2	0,5	1,7	0,6	1,7	0,6
1,0	4,4	1,0	5,7	1,2	5,7	1,2
1,5	9,5	1,5	11,7	1,9	11,7	1,9
2,0	16,7	2,0	19,5	2,5	19,5	2,5
2,5	25,7	2,5	29,1	3,1	29,1	3,1
3,0	36,7	3,0	40,4	3,7	40,4	3,7
3,5	49,7	3,5	53,4	4,4	53,4	4,4
4,0	64,7	4,0	67,8	5,0	67,8	5,0
4,5	81,4	4,4				
5,0	100,4	4,9				

Tab. 7-35/6: DN 40 (V/l = 1,19 l/m)*

Q	St - DIN 2440 $d_i=41,8$ mm $k=0,15$		$R=J_v$ (mbar/m) Nichtrostender Stahl ABl. W 541 $d_i=39$ mm*) $k=0,1$		Kupferrohre nach DIN 1786 $d_i=39$ mm*) $k=0,0015$	
l/s	R mbar/m	v m/s	R mbar/m	v m/s	R mbar/m	v m/s
0,2	0,1	0,1	0,1	0,2	0,1	0,2
0,5	0,6	0,4	0,7	0,4	0,7	0,4
1,0	2,0	0,7	2,2	0,8	2,2	0,8
1,5	4,4	1,1	4,6	1,3	4,6	1,3
2,0	7,6	1,5	7,6	1,7	7,6	1,7
2,5	11,7	1,8	11,3	2,1	11,3	2,1
3,0	16,7	2,2	15,6	2,5	15,6	2,5
3,5	22,5	2,6	20,6	2,9	20,6	2,9
4,0	29,2	2,9	26,2	3,3	26,2	3,3
4,5	36,8	3,3	32,3	3,8	32,3	3,8
5,0	45,3	3,6	39,1	4,2	39,1	4,2
5,5	54,6	4,0	46,5	4,6	46,5	4,6
6,0	64,8	4,4	54,4	5,0	54,4	5,0
6,8	83,0	5,0				

Tab. 7-35/7: DN 50 (V/l = 1,96 l/m)*

Q	St - DIN 2440 $d_i=53$ mm $k=0,15$		$R=J_v$ (mbar/m) Nichtrostender Stahl ABl. W 541 $d_i=51$ mm $k=0,1$		Kupferrohre nach DIN 1786 $d_i=50$ mm $k=0,0015$	
l/s	R mbar/m	v m/s	R mbar/m	v m/s	R mbar/m	v m/s
0,5	0,2	0,2	0,3	0,3	0,2	0,3
1,0	0,6	0,5	0,7	0,5	0,7	0,5
1,5	1,3	0,7	1,4	0,8	1,4	0,8
2,0	2,3	0,9	2,3	1,0	2,3	1,0
2,5	3,4	1,1	3,4	1,3	3,5	1,3
3,0	4,9	1,4	4,6	1,5	4,7	1,5
3,5	6,6	1,6	6,2	1,8	6,3	1,8
4,0	8,5	1,8	7,7	2,0	7,9	2,0
4,5	10,7	2,0	9,6	2,3	9,0	2,2
5,0	13,2	2,3	11,6	2,5	11,8	2,5
6,0	18,8	2,7	16,1	3,1	16,4	3,1
7,0	25,4	3,2	22,3	3,7	21,7	3,6
8,0	33,1	3,6	27,0	4,1	27,6	4,1
9,0	41,7	4,1	33,5	4,6	34,2	4,6
10,0	51,3	4,5	40,6	5,1	41,4	5,1
11,0	61,9	5,0				

7.5.8 Statische Beanspruchung von Rohren

7.5.8.1 Allgemeines

Rohre im Wasserleitungsbau werden beim Transport, bei der Verlegung und in der endgültigen Lage statisch beansprucht. Die statischen Beanspruchungen der Rohre durch den Transport und die Verlegearbeiten sind i. a. kleiner als die im Betrieb, wenn Transport und Verlegung sachgemäß ausgeführt werden. In Sonderfällen, z. B. für den Transport dünnwandiger Großrohre, kann ein statischer Nachweis für die Transportlagerung und Sicherung gegen Deformierung erforderlich werden. Das frei verlegte Rohr, z. B. in Rohrkellern, bei der Anhängung an Brücken u. a., wird durch den Innendruck, durch die Rohrlast und Wasserlast beansprucht, beim erdverlegten Rohr kommen die Belastung aus der Erdüberfüllung, der Verkehrslast und gegebenenfalls durch das Grundwasser hinzu.

Weitere statische Beanspruchungen können durch Temperatur hervorgerufen werden, z. B. Spannungen infolge Verhinderung der Längenausdehnung, Erhöhung der Belastung durch Bodenfrost, Hebung von frostgefährdeten Böden. Diese Temperaturbeanspruchungen sollen aber durch ausreichende Erdüberdeckung, Wärmeisolierung und Einbau von Dehnungsstücken klein gehalten werden. Sie werden im Folgenden nicht weiter berücksichtigt.

Bei den metallischen Rohren ist heute die Auskleidung mit Zementmörtel als innerer Korrosionsschutz üblich. Es wird aber empfohlen, diese ZM-Schicht bei der statischen Beanspruchung der Rohre nicht als statisch mitwirkend zu berücksichtigen.

7.5.8.2 Beanspruchung durch Innendruck

7.5.8.2.1 Größe der Belastung

Maßgebend für die Beanspruchung durch den Innendruck ist der größte auftretende Innendruck, dies ist der Prüfdruck, z. B. bei Rohren für MDP 10 beträgt der Prüfdruck 15 bar. Es ist zu beachten, dass der größte Betriebsdruck + Druckstoß kleiner als MDP sein muss.

Bei Änderung des Durchflusses (z. B. durch beabsichtigte Schalt- oder Regelvorgänge oder durch unbeabsichtigte Störungsfälle), werden durch die Massenträgheit des Wassers Druckstöße erzeugt. Druckstöße sind Wellenerscheinungen, deren Ausbreitungsgeschwindigkeit als Druckwellengeschwindigkeit a bezeichnet wird **(Tab. 7-36)**. Die Druckwellengeschwindigkeit für Rohre mit verhinderter Längsdehnung (= erdverlegte Rohre) errechnet sich zu:

a) für dünnwandige Rohre mit s/d ≤ 0,04:

$$a = \sqrt{\frac{1}{\gamma F} \cdot \frac{g}{\frac{1}{E_W} + \frac{d_i}{s \cdot E_R} \cdot (1-\mu^2)}}$$

b) für dickwandige Rohre mit s/d > 0,04:

$$a = \sqrt{\frac{1}{\gamma F} \cdot \frac{g}{\frac{1}{E_W} + \frac{2}{E_R} \cdot \frac{(1-\mu)d_a^2 + (1-2\mu)d_i^2}{d_a^2 - d_i^2}}}$$

In kürzeren Leitungen wird die Ausbildung des maximalen Druckstoßes am Wellenkopf („Joukowsky-Stoß") durch bereits vor dem Totalabschluss eintreffende Reflexionen verhindert.

Bei verzweigten Leitungen verringert sich der Druckstoß um den Druckstoßfaktor s (= Verhältnis des durchfließenden Druckstoßanteils zum einlaufenden Druckstoß) nach der Formel:

$$s = \frac{2 \cdot \dfrac{f_k}{p_k \cdot d_k}}{\sum_{i=1}^{n} \dfrac{f_i}{p_i \cdot d_i}}$$

wobei f = lichter Durchmesser, die Indizes k betreffen das Rohr, in dem der Druckstoß einläuft, und i alle einlaufenden Rohre, also auch das von k beinhaltet.

Aus diesen Gründen kann für die vorgen. Rohranlagen im Regelfall auf eine besondere hydraulische Untersuchung verzichtet werden. Es empfiehlt sich aber, wegen der unvermeidbaren Druckschwankungen, den Berechnungsdruck 2 bar über den höchsten Druck im stationären Betrieb anzusetzen.

Bei langen Fernleitungen kann dagegen wegen der langen Laufzeit der Reflexionen der Joukowsky-Stoß erreicht und danach in einen steten allmählichen Druckanstieg übergehen. Wie auch **Abb. 7-95** zeigt, überlagern sich die Druckstöße dem stationären Betriebsüberdruck so, dass es durch hohe Spannungsspitzen zu kritischen Rohrbelastungen kommt oder dass sie das Druckniveau so absenken, dass es zum Abreißen der Flüssigkeitssäule kommen kann. Bei längeren Rohrfernleitungen bedarf es deshalb, schon im Rahmen der Planung, einer Druckstoßberechnung zur Beurteilung der möglichen Druckänderungen und nach Fertigstellung der Rohrleitungsanlage einer Messung der Druckänderungen. Über Art und Umfang der Berechnung und der Messung der Druckänderungen gibt das DVGW-Merkblatt W 303 („Dynamische Druckänderungen in Wasserversorgungsanlagen") Auskunft.

Die möglichen Druckänderungen beanspruchen das Rohr ggf. auf seine Schwellfestigkeit. Für Stahlrohre kann diese nach DIN 2413 – Geltungsbereich III – rechnerisch nachgewiesen werden (siehe Beispiel im nächsten Abschn.). Für andere Rohrwerkstoffe sollte vom Rohrhersteller ein entsprechender Nachweis gefordert werden.

Tab. 7-36: Vergleich der Fortpflanzungsgeschwindigkeit a für Rohre DN 500 aus verschiedenen Werkstoffen und mit behinderter Längsdehnung

Rohrart:	da · s	s/d	a
Stahl	508 · 6,3	0,01	1 096 m/s
GGG (K10)	532 · 10	0,02	1 306 m/s
SpB	610 · 55	0,09	1 209 m/s
AZ PN 10	564 · 32	0,06	1 060 m/s
PVC	560 · 26,7	0,05	511 m/s

7.5.8.2.2 Spannungen durch die Radialkräfte

Der jeweils senkrecht und damit radial auf die Rohrinnenwand wirkende Innendruck erzeugt Zugspannungen in der Rohrwand, etwas größere an der Rohr-Außenwandfaser gegenüber der Innenwandfaser. Da bei den Rohren für die Wasserversorgung die Wanddicke s verhältnismäßig klein gegenüber dem Rohrdurchmesser ist, wird i. a. vereinfacht für die Berechnung der Zugkraft in der Wand $D = D_a$ gewählt. Die Ringzugspannung s_R errechnet sich:

$$\sigma_R = W/A = p \cdot D_a \cdot L / (2 \cdot s \cdot L)$$

wobei: p = Innendruck in N/mm² (mit 1 N/mm² = 10 bar), D_a = tatsächlicher Außendurchmesser mm, s = Wanddicke mm, L = betrachtete Rohrlänge mm.

Beispiel: GGG - K 9, DN 400, D_a = 429 mm, s = 8,1 mm, ausgelegt für PN 10 mit Prüfdruck 15 bar, p = 1,5 N/mm²

$s_R = 1,5 \cdot 429 / (2 \cdot 8,1) = 39,72$ N/mm²

Die Berstfestigkeit beträgt bei GGG 300 N/mm²

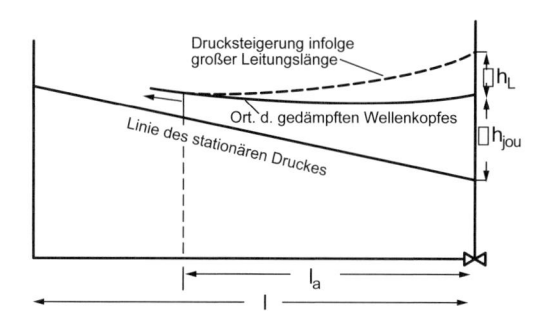

7.5 Bemessung und Berechnung von Rohrleitungen und Rohrnetzen

Abb. 7-95: Druckverlauf nach plötzlichem Abschluss am Leitungsende

7.5.8.2.3 Bemessung der Wanddicken von Druckrohren

Für die Bemessung der Wanddicken von Druckrohren wird von dem maximalen Systembetriebsdruck MDP, der Berstfestigkeit, oder Ringzugfestigkeit, oder Streckgrenze ausgegangen und ein Sicherheitsbeiwert berücksichtigt. In der Regel werden zu dieser so errechneten Wanddicke noch Zuschläge gemacht, wie bei GGG-Rohren für Maß-Toleranzen und Gusshaut, bei geschweißten Stahlrohren für Wertigkeit der Schweißnaht, Maß-Toleranzen, Korrosion und Abnutzung usw. Die Wanddicke wird berechnet:

1. GGG-Rohre – die Wanddicke wird wie folgt berechnet:

$$s = p \cdot D_a / (2 \cdot \sigma_B \cdot 1/S + p) + (1{,}3 + 0{,}001 \text{ DN}) + 1{,}5 \text{ [mm]}$$

mit: s = Wanddicke mm, p = Innendruck N/mm², σ_B = Berstfestigkeit 300 N/mm², S = Sicherheitsbeiwert = 2,3, (1,3 + 0,001 DN) = Zuschlag für Wanddickentoleranz, 1,5 mm = Zuschlag für Gusshaut.
Beispiel: GGG - K 9, DN 400, D_a = 429, p = PN 25 bar = 2,5 N/mm², σ_B = 300 N/mm² s = 2,5 · 429/ (2 · 300 · 1/2,3 + 2,5) + (1,3 + 0,001 x 400) = 7,27 mm
Das GGG-Rohr K 9 hat s = 8,1 mm, ist also weit ausreichend, das GGG-Rohr K 8 hat s = 7,2 mm und ist deshalb für PN 25 ausreichend.
Nach DIN 28 610 wird die Wanddicke vereinfacht berechnet aus:

GGG - K 10: $s = 5 + 0{,}01$ DN mind. 6 mm
GGG - K 9: $s = 4{,}5 + 0{,}009$ DN mind. 6 mm
GGG - K 8: $s = 4 + 0{,}008$ DN mind. 6 mm
GGG - drucklos: s nach DIN 19 691

Die GGG-Rohre sind bei diesen Wanddicken für die in **Tab. 7-37** angegebenen Druckbereiche MDP sowie die Erdüberdeckungsbereiche + Verkehrslast SLW 60 anwendbar, ohne weitere statische Nachweise. Dieser Nachweis für die Belastung durch äußere Kräfte wurde von den Rohrherstellern bzw. in der Norm nach der ATV-Richtlinie-A 127 bereits geführt.
2. Stahlrohre – die Wanddicke wird nach DIN 2413 berechnet.

2.1. für vorwiegend ruhende Beanspruchung und bis 120 °C (Geltungsbereich I):

$$s = D_a \cdot p / (2\, \sigma_{zul} \cdot v_n) + c_1 + c_2$$

wobei σ_{zul} = K/S; K = Festigkeitskennwert (= Streckgrenze des Werkstoffes;) S = Sicherheitsbeiwert (abhängig von der Werkstoffart, Rohrabnahme u. Betriebssicherheit); v_n = Wertigkeit der Schweißnaht (Rohre für die Wasserversorgung sollten mind. 0,9, im besonderen Falle 1,0 aufweisen); c_1 = zul. Wanddickentoleranz und c_2 = Zuschlag für Korrosion und Abnützung, (für Wasserrohrleitungen wird i. d. Regel $c_1 + c_2 = 10$ mm gewählt.)

2.2. für schwellende Belastung (Geltungsbereich III):

Tab. 7-37: Anwendungsbereich der GGG-ZM Rohre-DN für die Beanspruchung durch Innendruck PN, Erdüberdeckung und Verkehrslast (nach St. Gobain)

GGG- Klasse	anwendbar für DN Bereich bei					äußere Belastung	
	MDP 40 DN	MDP 32 DN	MDP 25 DN	MDP 20 DN	MDP 16 DN	Erdüberdeckungshöhe m	Verkehrslast SLW
K 10	80–300	(350)–600	700–1 000	–	–	0,6–10	60
K 9	80–200	250–(350)	400–800	800–2 000	–	0,6–8	60
K 8	80–150	200	250–400	500–1 200	1 400–2 000	0,6–6	60
drucklos	–	–	–	–	–	0,8–6	60

Anmerkung: Die DN der Rohrklassen für MDP 40 usw. sind selbstverständlich auch für die jeweils niedrigeren PN verwendbar, dann aber reichlich bemessen.

Stahlrohre für längere Wasserfernleitungen sollten mindestens für eine Zeitschwingfestigkeit von 50 Betriebsjahren berechnet werden. $\sigma_{zul} = \sigma_{sch}/S$; σ_{sch} kann für Zeitschwing- bzw. Dauerschwellfestigkeit, entsprechend der Stahlsorte und Schweißart der DIN 2413 entnommen werden, ebenso der Wert s. $\hat{p} - \check{p}$ ist die Schwellbreite, der im Betrieb vorkommenden Druckschwankungen.
Beispiel: Stahlrohr $D_a = 508$ mm; St 37.4 ($K = 235$ N/mm^2); UP-geschweißt; Berechnungsdruck 25 bar (2,5 N/mm^2); bei 3 Schaltvorgängen/Tag Druckschwankungen max. 25–15 bar u. abklingender Schwingbreite.

2.2.1. Geltungsbereich I:

$\sigma_{zul} = 235/1,5 = 157$ N/mm^2 (S = lt. DIN 2413)
$s = 508 \cdot 2,5/(2 \cdot 157 \cdot 1,0) + 1,0 = 5,04$ mm;
nächste Normwanddicke (DIN 2458) = 5,6 mm;

2.2.2. Geltungsbereich III:

mögliche Bruchlastspielzahl $n_B = S_L \cdot n = 10 \cdot 3 \cdot 365 \cdot 50 = 5,5 \cdot 10^5$ wobei $S_L = 10$ für Lastspiele unterschiedl. Schwingbreite (DIN 2413). Für n_B u. St 37.4 nach DIN 2413 (Wöhlerkurve, UP-geschw. Rohre) ergibt sich für Zeitschwingbruch $\sigma_{Sch} = \sigma_{zul} = 105$ N/mm^2; damit

$$s = \frac{508}{\frac{2 \cdot 105}{1,5} - 1} + 1,0 = 4,65 \text{ mm}$$

Das nach Geltungsbereich I berechnete St-Rohr 508 · 5,6 ist auch für die geforderte Zeitschwingbeanspruchung ausreichend bemessen.
3. *PVC-Rohre* – die Wanddicke s wird berechnet nach DIN 8061:
$s = p \cdot D_i/(2 \cdot \sigma_{zul} + p) + c$
σ_{zul} bei PVC 100 = 10 N/mm^2
c = Zuschlag für zul. Abweichung der Wanddicke = 0,1 · s + 0,2 mm
Beispiel: PVC DN 200, PN 10
$s = 1 \cdot 200/(2 \cdot 10 + 1) + c$
$s = 9,52 + 0,95 + 0,20 = 10,67$ mm
Die Wanddicke beträgt nach DIN s = 10,8 mm.
Analog werden Rohre aus anderem Rohrwerkstoff mit den hierfür geltenden Festigkeiten, Sicherheitsbeiwerten und Zuschlägen bemessen, die in den zuständigen DIN-Normen enthalten sind.

7.5 Bemessung und Berechnung von Rohrleitungen und Rohrnetzen

7.5.8.2.4 Beanspruchung durch Axialkräfte

Der allseitig wirkende Wasserdruck erzeugt außer den Radialkräften auch beidseits gerichtete Axialkräfte, die sich auf Rohrabschlüsse, wie Blindflansche, geschlossene Absperrorgane, Drosselstellen, aber auch auf jede Abweichung von der Geraden, wie horizontale und vertikale Krümmer sowie auf Reduktionen auswirken. Die Berechnung dieser Kräfte und die erforderlichen Maßnahmen zur Aufnahme dieser Kräfte, wie Krümmersicherungen, längskraftschlüssige Rohrverbindungen u. a. sind in Abschn. 7.6.2.2.8 beschrieben.

7.5.8.3 Beanspruchung erdverlegter Rohre durch äußere Kräfte

7.5.8.3.1 Allgemeines

Das erdverlegte Rohr wird durch Eigenlast, Wasserfüllung, Erdlast, Wasserauftrieb bzw. Wasserdruck von außen bei hohem Grundwasser und durch Lasten auf der Erdoberfläche, allgemein als Verkehrslasten bezeichnet, belastet. Diese Lasten wirken quer zur Rohrachse auf den Rohrquerschnitt und erzeugen Momente und Normalkräfte, woraus die Spannungen an den jeweils ungünstigsten Punkten, meist Scheitel, Kämpfer oder Sohle, berechnet werden. Die Lasten erzeugen in Längsrichtung des Rohres Biegebeanspruchungen, wenn das Rohr nicht völlig gleichmäßig eben auf der Rohrgrabensohle aufliegt. Dies kann bei Untergrabungen von erdverlegten Rohrleitungen, bei der Lagerung der Rohre auf Pfahljochen, bei der unsachgemäßem Verlegen der Rohre oder wenn der Rohrgraben unsachgemäß verfüllt wurde der Fall sein. Hieraus ist ersichtlich, wie wichtig das gleichmäßige Aufliegen der Rohre ist und eine einwandfreie Bettung ist.

Die statische Berechnung des erdverlegten Rohres ist kompliziert, weil die Belastungen und Beanspruchungen von vielen, sehr unterschiedlichen Faktoren abhängen. Die statische Berechnung ist in erster Linie für Freispiegelleitungen d. h. für drucklose Rohre notwendig, da sie geringere Wanddicken als die Druckrohre besitzen. Die für die Wasserversorgung benutzten genormten Rohre benötigen i. d. R. für die Verkehrsbelastung SLW 60 (höchster Belastungswert für Verkehr) und für normale Verlegungstiefen von mindestens 1,20 m bis höchstens 4,0 m Erdüberdeckung keine Überprüfung der Außendruckfestigkeit. Die Mindest- und die Höchstüberdeckung bei Verkehrslast SLW 60 ist für GGG-Rohre in DIN EN 545 (z. B. für Klasse 9 Überdeckung von 0,60 m bis 10,0 m) für Stahlrohre im VdTÜV-Merkbl. 1063 festgelegt.

Die früheren Berechnungsverfahren beruhen auf den Untersuchungen von *Marston*, die neueren Berechnungsverfahren sind im Wesentlichen von den Untersuchungen von *Wetzorke* abgeleitet. Vom Unterausschuss Fernleitungen des deutschen Ausschusses für brennbare Flüssigkeiten wurde die „Technische Richtlinie zur statischen Berechnung eingeerdeter Stahlrohre" erstellt, welche für Fernleitungen zur Beförderung gefährdender Flüssigkeiten gilt (1975). Zur Zeit liegt ferner das Berechnungsverfahren der statischen Berechnung erdverlegter Kanalisationsrohre nach der Schweizer SIA-Norm 190 vor (siehe 3R 1/2/82 *Heierli* und *Yang*: Die statische Berechnung erdverlegter Kanalisationsrohre), ferner die Richtlinie für die statische Berechnung von Entwässerungskanälen und -leitungen, ATV-Regelwerk, Arbeitsblatt A 127 v. Dez. 88. Der DVGW hat für diesen Bereich noch kein eigenes Arbeitsblatt herausgegeben, es ist daher zweckmäßig, vorerst das ATV-Arbeitsblatt A 127 zu verwenden. *Heierli* hat darauf hingewiesen, dass die Berechnung nach SIA Norm 190 ähnliche Werte liefert. Allgemein besteht die Tendenz, von dem früher üblichen Nachweis der Tragfähigkeit abzugehen und, wie im Ingenieurbau allgemein üblich, Spannungen und Sicherheiten im Rohrmaterial nachzuweisen. Im Folgenden wird daher im Wesentlichen vom Arbeitsblatt A 127 ausgegangen und die Berechnung gleichzeitig an einem Beispiel dargestellt. Im Bedarfsfall ist es unerlässlich, das ATV-Arbeitsblatt A 127 beizuziehen.

7.5.8.3.2 Grundformen der Belastung des erdverlegten Rohres

Die Belastung des erdverlegten Rohres ist abhängig von der Bodenart, der Art der Herstellung und Verfüllung des Rohrgrabens und der Art der Rohrlagerung. Nach A 127 werden die verschiedenen Möglichkeiten jeweils in 4 Grundformen zusammengefasst.

1. Bodenarten (Kurzzeichen nach DIN 18196)
Gruppe 1: Nichtbindige Böden (GE, GW, Gl, SW, SI)
Gruppe 2: Schwachbindige Böden (GU, GT, SU, ST)
Gruppe 3: Bindige Mischböden, Schluff, bindiger Sand und Kies, bindiger steiniger Verwitterungsboden (GU2, GT2, SU2, ST2, UL, UM)
Gruppe 4: Bindige Böden (z. B. Ton) (TL, TM, TA, OU, OT, OH, OK)

2. Einbettungsbedingungen für die Rohrleitung
B 1: Lagenweise gegen den gewachsenen Boden bzw. lagenweise in der Dammschüttung verdichtete Einbettung (ohne Nachweis des Verdichtungsgrades – im Wasserleitungsbau häufig der Fall –); gilt auch für Trägerbohlwände (Berliner Verbau).
B 2: Senkrechter Verbau innerhalb der Leitungszone mit Kanaldielen oder Leichtspundprofilen (bis zu einer Profilhöhe von 80 mm), die erst nach dem Verfüllen gezogen werden. Verbauplatten und -geräte unter der Voraussetzung, dass die Verdichtung des Bodens nach dem Ziehen des Verbaues sichergestellt ist.
B 3: Senkrechter Verbau innerhalb der Leitungszone mit Spundwänden und Verdichtung gegen den Verbau.
B 4: Lagenweise gegen den gewachsenen Boden bzw. lagenweise in der Dammschüttung verdichtete Einbettung mit Nachweis des nach ZTVE-StB erforderlichen Verdichtungsgrades. Die Einbettungsbedingung B 4 ist nicht anwendbar bei Böden der Gruppe G 4.

3. Rohr-Lagerungsfälle
Lagerungsfall I: Auflager im Boden ergibt vertikal und rechteckförmig verteilte Reaktionen. Dies gilt für biegesteife u. biegeweiche Rohre.

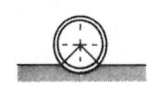

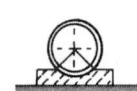

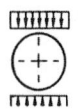

Abb. 7-96: Lagerungsfall I, Schema und Druckverteilung

Abb. 7-97: Lagerungsfall II, Schema und Druckverteilung

Abb. 7-98: Lagerungsfall III, Schema und Druckverteilung

Lagerungsfall II: Festes Auflager (z. B. Beton) nur für biegesteife Rohre. Radial gerichtete und rechteckförmig verteilte Reaktionen.
Lagerungsfall III: Auflager und Einbettung im Boden für biegeweiche Rohre. Vertikal gerichtete und rechteckförmig verteilte Reaktionen.

7.5.8.3.3 Kennwerte der Belastungen

1. Bodenarten – wenn keine genauen örtlichen Ermittlungen durchgeführt werden, sind die Werte aus Tab. 7-38 zu verwenden.

Tab. 7-38: Kennwerte der Bodengruppen

Gruppe	γ_B [kN/m³]	innerer Reibungswinkel φ [°]	Verformungsmodul E_B [N/mm²] bei Verdichtungsgrad D_{pr} [%]					
			Dpr = 85	90	92	95	97	100
1	20	35,0	2,4	6	9	16	23	40
2	20	30,0	1,2	3	4	8	11	20
3	20	25,0	0,8	2	3	5	8	13

7.5 Bemessung und Berechnung von Rohrleitungen und Rohrnetzen

Fortsetzung Tab. 7-38

Gruppe	γ_B [kN/m³]	innerer Reibungswinkel φ [°]	VerformungsmodulE$_B$ [N/mm²] bei Verdichtungsgrad D$_{pr}$ [%]					
			Dpr = 85	90	92	95	97	100
4	20	20,0	0,6	1,5	2	4	6	10

2. Verkehrslasten: Straßen und Wege – Die Lasten der Regelfahrzeuge nach DIN 1072 sind aus **Tab. 7-39** zu entnehmen. In Autobahn- und Schnellverkehrsflächen ist i. d. Regel der **SLW 60** (damit sind auch Fahrzeuge gem. 85/3/EWG erfasst), auf sonstigen Verkehrs- und anderen Flächen der **SLW 30**, außerhalb der Verkehrsflächen zumindest Last des **LKW 12** anzusetzen.

Tab. 7-39: Kenn- und Stoßbeiwerte der Regelfahrzeuge

Regelfahrzeug	Gesamtlast [kN]		Radlast [kN]	Aufstandsfläche eines Rades		Stoßbeiwert [-]
				Breite [m]	Länge [m]	
SLW 60	600		100	0,60	0,20	1,2
SLW 30	300		50	0,40	0,20	1,4
LKW 12	120	hinten	40	0,30	0,20	1,5
		vorn	20	0,20	0,20	

3. Verkehrslasten: Schiene – Maßgebend ist das Belastungsbild UIC 71 der DV 804 der Deutschen Bundesbahn. Bei Ermittlung der vertikalen Spannungen im Boden infolge Schienenlasten wird die lastverteilende Wirkung von Schienen und Schwellen berücksichtigt. Gerechnet wird mit einer vertikalen Bodenspannung p aus Verkehrslast in Rohrscheitelebene in Abhängigkeit von der Überdeckung h (bis Oberkante Schwelle): Zwischen den angegebenen Werten darf geradlinig interpoliert werden. Die Werte gelten unabhängig von der Anzahl der Gleise.

h [m]	p [kN/m²]
1,5	48
$\leq 5,5$	30

Die Mindestüberdeckung beträgt: h = 1,50 m bzw. h = D$_i$

Für Rohre unter Gleisen beträgt der Stoßfaktor $\psi = 1,40 - 0,1\,(h - 0,50) \geq 1,10$

4. Flugzeugverkehrslasten – Maßgeblich hierfür sind die von der ARGE Deutscher Verkehrsflughäfen (ADV) festgelegten Belastungsbilder BFZ 90 bis BFZ 750 oder die Angaben der betreffenden Flughafenverwaltung.

5. Sonstige Verkehrslasten – Verkehrslasten unter Baustellenbedingungen sind zu beachten. Bei Belastungen z. B. durch speziellen Verkehr in Industriebetrieben sind Einzelerhebungen der Belastungen erforderlich.

6. Flächenlasten – Schüttgüter, Bauwerksgründungen u. a. sind als Flächenlasten ggf. auch als Punktlasten zu berücksichtigen.
Verdichtete Dammschüttungen und unverdichtete Auffüllungen gelten nicht als Flächenlasten, sie sind wie Erdüberdeckungen anzusetzen.

7.5.8.3.4 Kennwerte der Rohrwerkstoffe

Die Kennwerte der Rohrwerkstoffe sind aus **Tab. 7-40** zu entnehmen. Die zul. Biegezugspannungen sind aus den jeweiligen DIN bzw. der „Studie über erdverlegte Trinkwasserleitungen aus verschiedenen Werkstoffen" des DVGW zu entnehmen.

Tab. 7-40: Kennwerte der Rohrwerkstoffe

Werkstoff	Elastizitätsmodul[1] E_R [N/mm^2]	γ_R [kN/m^3]	Biegezugspannung Rechenwert ^sR
Asbestzement	25 000	20	siehe DIN 19 850
Beton	30 000	24	siehe DIN 4032
Gusseisen (duktil)	170 000	70,5	siehe DIN EN 545
Polyethylen PE-HD	1 000/150[2]	9,5	siehe DIN 8074/8075
Polyvinylchlorid PVC-U	3 600/1 750[2]	13,8	siehe DIN 8061/8062
Stahl mit ZM-Auskleidung	210 000	77	siehe DIN EN 10224 siehe DIN 2460
Stahlbeton	30 000	25	siehe DIN 4035
Spannbeton	39 000	25	siehe DIN 4227
Steinzeug	50 000	22	siehe DIN 1230
UP-GF	7 000/1 400[2]	17,5	siehe DIN 16869

Anmerkung:

[1] Die Zahlenangaben sind Richtwerte und werden – soweit erforderlich – für die verschiedenen Rohrarten anhand eines zweckmäßigen Prüfverfahrens ermittelt.

[2] Erste Zahl Kurzzeitwert, zweite Zahl Langzeitwert (Kriechmodul).

7.5.8.3.5 Kennwerte des Beispiels einer Berechnung

Zur Erläuterung des Rechnungsganges für die Ermittlung der vertikalen und horizontalen Gesamtbelastung, der Schnittkräfte, der vorhandenen Ringzugspannung und der Sicherheit wird in den folgenden Abschnitten der Rechnungsgang gleichzeitig an einem Beispiel mit folgenden Kennwerten dargestellt:

1. Rohrmaterial – AZ-Rohr DN 600, DIN 19 800, PN 10
$D_a = 678$ mm, $s = 39,0$ mm, $r_m = 319,5$ mm, $A = 39,0$ mm^2/mm, $W = 253,5$ mm^3/mm
$E_R = 25 000$ N/mm^2, $\gamma_R = 20$ kN/m^3

2. Einbaubedingungen – nach **Abb. 7-99**, Überdeckung $h = 2,00$ m, Breite des Rohrgrabens in Scheitelhöhe des Rohres $b = 1,75$ m, Winkel der Grabenwand zur Horizontalen ß $= 60°$, Einbettungsbedingung, Sandauflager, Verteilwinkel $2\alpha = 60°$, Ausladung a = Höhe des Rohrscheitels über dem festen Auflager / $D_a = 1,0$, relative Ausladung $a' = a \cdot E_1/E_2$, hier $E_1 = E_2$ und $a' = 1,0$

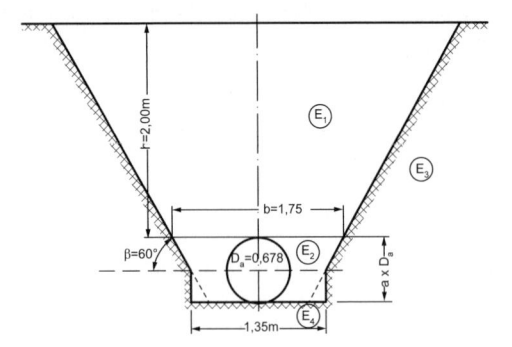

Abb. 7-99: Systemskizze des Berechnungsbeispiels

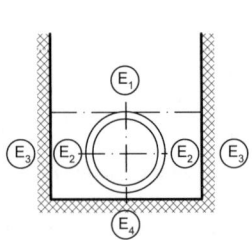

Abb. 7-100: Bezeichnung der Verformungsmoduln für die verschiedenen Bodenzonen

3. Boden – Bodengruppe 3, $g \cdot \varsigma = 20$ kN/m3, $\varphi' = 25°$, $E_1 = 3$ N/mm^2 (nach **Tab. 7-41**), $E3 = 11$ N/mm^2 und $E_{20} = E_2 = E_1 = 3$ N/mm^2 (Annahme gleichwertige Verdichtung um u. über dem Rohr.)
Die Verformungsmoduln E des Bodens werden nach **Abb. 7-100** wie folgt bezeichnet:

7.5 Bemessung und Berechnung von Rohrleitungen und Rohrnetzen

E_1 = Verfüllung über Rohrscheitel
E_2 = Verfüllung seitlich vom Rohr
E_3 = gewachsener Boden neben dem Rohrgraben
E_4 = gewachsener Boden unter dem Rohrgraben.
4. Verkehrslast – SLW 60, $\varphi = 1,2$

Tab. 7-41: Verformungsmoduln E_1 und E_{20}

Überschüttungs-bedingungen		A_1		A_2 und A_3		A_4	
Einbettungs-bedingungen		B_1		B_2 und B_3		B_4	
Verdichtungsgrad D_{Pr} in % Verformungsmodul E_1, E_{20} in N/mm²		D_{Pr}	E_1, E_{20}	D_{Pr}	E_1, E_{20}	D_{Pr}	E_1, E_{20}
	G 1	95	16	90	6	97	23
	G 2	95	8	90	3	97	11
	G 3	92	3	90	2	95	5
	G 4	92	2	90	1,5	–	–

Bei gleichwertiger Verdichtung des Bodens neben und über dem Rohr ist $E_1 = E_{20}$; E_{20} darf nicht > E_1 angenommen werden, ausgenommen bei Bodenaustausch in der Leitungszone oder Einbettungsbedingung B 4. D_{Pr} ist entspr. dem Tabellenwert für die jeweilige Einbettungsbedingung einzusetzen.

7.5.8.3.6 Berechnung der Beanspruchung durch die Erdlast

1. mittlere vertikale Spannung infolge Erdlast p_E – beträgt in einem horizontalen Schnitt im Abstand h von der Oberfläche:

$$p_E = \kappa \cdot \gamma_B \cdot h$$

κ ist ein Abminderungsfaktor der Erddruckspannung, der berücksichtigt werden kann, wenn innerhalb von vorhandenen Grabenwänden die Abminderung des Druckes infolge Silowirkung möglich ist. Maßgebend für den Abminderungsfaktor sind: h / b, der Seitendruck auf die Grabenwände, ausgedrückt durch das Verhältnis K_1 von horizontalem zu vertikalem Erddruck, und der wirksame Wandreibungswinkel Δ. K_1 und Δ sind aus **Tab. 7-42** entsprechend dem vorhandenen Einbaufall, der Abminderungsfaktor k aus Tab. 7-42 zu entnehmen.

Tab. 7-42: Werte K_1 und D beim Einfüllen nach Abschn. 7.3.8.3.2

Fall	K_1	Δ
1	0,5	0,67 φ'
2	0,5	0,33 φ'
3	0,5	0
4	0,5	1,0 φ'

Wird zum Verfüllen oberhalb der Leitungszone anderer als der ausgehobene Boden verwendet, so ist der jeweils kleinere Reibungswinkel maßgebend.
Beispiel: h/b = 2,00 / 1,75 = 1,14, K_1 = 0,5, $\Delta = 1/3 \varphi'$ für Bodengruppe 2, $\varphi' = 30°$, aus **Tab. 7-43** k = 0,91.

Tab. 7-43: Abminderungsfaktor κ für Grabenlast nach der Silotheorie (Auszug aus Tab. T_1 des A 127)

	$\Delta = \varphi'$		$K_1 = 0{,}5$			$\Delta = {}^2\!/_3\,\varphi'$		$K_1 = 50$			$\Delta = {}^2\!/_3\,\varphi'$		$K_1 = 50$	
Δ	20,0°	25,0°	30,0°	35,0°	Δ	13,3°	16,7°	20,0°	23,3°	Δ	6,7°	8,3°	10,0°	11,7°
h/b					h/b					h/b				
0,0	1,00	1,00	1,0	1,00	0,0	1,00	1,00	1,00	1,00	0,0	1,0	1,0	1,0	1,0
0,1	0,98	0,98	0,97	0,97	0,1	0,99	0,99	0,98	0,98	0,1	0,99	0,99	0,99	0,99
0,2	0,96	0,95	0,94	0,93	0,2	0,98	0,97	0,96	0,96	0,2	0,99	0,99	0,98	0,98
0,3	0,95	0,93	0,92	0,90	0,3	0,97	0,96	0,95	0,94	0,3	0,98	0,98	0,97	0,97
0,4	0,93	0,91	0,89	0,87	0,4	0,95	0,94	0,93	0,92	0,4	0,98	0,97	0,97	0,96
0,5	0,91	0,89	0,87	0,84	0,5	0,94	0,93	0,91	0,90	0,5	0,97	0,96	0,96	0,95
0,6	0,90	0,87	0,85	0,82	0,6	0,93	0,92	0,90	0,88	0,6	0,97	0,96	0,95	0,94
0,7	0,88	0,85	0,82	0,79	0,7	0,92	0,90	0,88	0,86	0,7	0,96	0,95	0,94	0,93
0,8	0,87	0,83	0,80	0,77	0,8	0,91	0,89	0,87	0,85	0,8	0,95	0,94	0,93	0,92
0,9	0,85	0,82	0,78	0,74	0,9	0,90	0,88	0,85	0,83	0,9	0,95	0,94	0,92	0,91
1,0	0,84	0,80	0,76	0,72	1,0	0,89	0,86	0,84	0,81	1,0	0,94	0,93	0,92	0,90
1,2	0,81	0,77	0,72	0,68	1,2	0,87	0,84	0,81	0,78	1,2	0,93	0,92	0,90	0,89
1,4	0,78	0,73	0,69	0,64	1,4	0,85	0,82	0,78	0,75	1,4	0,92	0,90	0,89	0,87
1,6	0,76	0,70	0,65	0,60	1,6	0,83	0,79	0,76	0,72	1,6	0,91	0,89	0,87	0,85
1,8	0,73	0,68	0,62	0,57	1,8	0,81	0,77	0,73	0,70	1,8	0,90	0,88	0,86	0,84
2,0	0,71	0,65	0,59	0,54	2,0	0,80	0,75	0,71	0,67	2,0	0,89	0,87	0,84	0,82
2,2	0,69	0,63	0,57	0,51	2,2	0,78	0,73	0,69	0,65	2,2	0,88	0,85	0,83	0,80
2,4	0,67	0,60	0,54	0,48	2,4	0,76	0,71	0,67	0,62	2,4	0,87	0,84	0,82	0,79
2,6	0,65	0,58	0,52	0,46	2,6	0,75	0,69	0,65	0,60	2,6	0,86	0,83	0,80	0,77
2,8	0,63	0,56	0,50	0,44	2,8	0,73	0,68	0,63	0,58	2,8	0,85	0,82	0,79	0,76
3,0	0,61	0,54	0,48	0,42	3,0	0,72	0,66	0,61	0,56	3,0	0,84	0,81	0,78	0,75
4,0	0,53	0,45	0,39	0,34	4,0	0,65	0,58	0,53	0,48	4,0	0,80	0,76	0,72	0,68
5,0	0,46	0,39	0,33	0,28	5,0	0,59	0,52	0,46	0,41	5,0	0,76	0,71	0,66	0,62
6,0	0,41	0,34	0,28	0,23	6,0	0,53	0,46	0,41	0,36	6,0	0,72	0,67	0,62	0,57
7,0	0,36	0,29	0,24	0,20	7,0	0,49	0,42	0,36	0,32	7,0	0,68	0,63	0,57	0,53
8,0	0,32	0,26	0,21	0,18	8,0	0,45	0,38	0,32	0,28	8,0	0,65	0,59	0,54	0,49
9,0	0,29	0,23	0,19	0,16	9,0	0,41	0,35	0,29	0,25	9,0	0,62	0,56	0,50	0,45
10,0	0,27	0,21	0,17	0,14	10,0	0,38	0,32	0,27	0,23	10,0	0,59	0,52	0,47	0,42

Aus der Tab. ist ersichtlich: Je größer b im Verhältnis zu h wird, desto mehr nähert sich k gegen 1,0, d. h. bei Dammbedingung ist κ = 1,0. Ein besonderer Unterschied in der Berechnung für Graben- bzw. Dammbedingungen, wie dies früher notwendig war, ist bei dem neuen Berechnungsverfahren nicht mehr notwendig.

Die Werte der **Tab. 7-43** gelten für vertikale Grabenwände, sie müssen für geböschte Grabenwände entsprechend dem Böschungswinkel b zur Horizontalen linear erhöht werden, derart, dass bei β = 0 ° κ = 1 wird. Somit:

κb = 1 − β/ 90 + κ 90 · β/ 90,

jedoch ist κ = 1,0, wenn β ≦ ς'

Beispiel: β = 60 °, κ_{60} = 1 − 60/90 + 0,91 · 60/90 = 0,94 (statt 0,91).
Die mittlere vertikale Spannung in Scheitelhöhe des Rohres beträgt somit:
$p_E = \kappa_{60} \cdot \gamma_R \cdot h = 0{,}94 \cdot 20 \cdot 2{,}0 = 37{,}6\,kN/mm^2 = 0{,}037\,N/mm^2$

2. Umlagerung der mittleren Spannung pE – infolge der unterschiedlichen Verformung des Rohres und des umgebenden Bodens lagern sich die mittleren Spannungen P_E um, und zwar entsteht in idealisierter Form über dem Rohr auf Breite D_a eine Konzentration der Spannung mit dem Faktor γ_R, also $p_e = \lambda_R \cdot P_E$, seitlich des Rohres auf Breite $D_a \cdot {}^3\!/_2$ eine verminderte Spannung, wiederum seitlich hiervon beträgt die Spannung $p_e = p_E$.

7.5 Bemessung und Berechnung von Rohrleitungen und Rohrnetzen

3. Konzentrationsfaktor λR – ist abhängig vom Steifigkeitsverhältnis V_s von Rohr zu Boden, von der wirksamen relativen Auslandung a9 und vom Erddruckverhältnis. $K_2 \cdot V_S$ ist abhängig von der Rohrsteifigkeit S_R, von der vertikalen Bettungssteifigkeit des Bodens seitlich vom Rohr S_{Bv} sowie vom Beiwert der vertikalen Durchmesserveränderung c_v', bzw. c_{vl}, gegebenenfalls von der Steifigkeit einer Deformationsschicht. $S_D \cdot V_S$ wird nach folgenden Gleichungen berechnet:

$V_S = S_R / (c_v' \cdot S_{Bv})$, bei Berücksichtigung des horizontalen Reaktionsdruckes
$V_S = S_R / (c_{ve} \cdot S_{Bv})$, ohne Berücksichtigung des horizontalen Reaktionsdruckes
$V_S = S_D / (S_{Bv})$, bei Berücksichtigung einer Deformationsschicht.
Hierin ist: $S_R = E_R \cdot s^3 / (r_m^3 \cdot 12) = E_R \cdot I^3/r_m^3$
$S_{Bv} = E_2 / a$
Die horizontale Systemsteifigkeit $V_{RB} = S_R/S_{Bh}$
Die horizontale Bettungssteifigkeit $S_{Bh} = 0,6 \cdot \zeta \cdot E_2$
Der Faktor ζ ist eine Funktion von E_2/E_3 und b/D_a, er ist aus **Abb. 7-101** zu entnehmen. Die Verformungsbeiwerte c_v und c_h, für die vertikale und horizontale Verformung Δd_v, Δd_h infolge q_v mit c_1, infolge q_h mit c_2 bezeichnet, sind für die Lagerungsfälle I und III (näherungsweise auch für II) in **Tab. 7-44** angegeben.

ζ rechnerisch:

$$\zeta = \sqrt{\frac{1,44}{\Delta f (1,44 - \Delta f) \cdot \frac{E_2}{E_3}}}$$

mit $\Delta f = \dfrac{\dfrac{b}{D_a} - 1}{1,154 + 0,444 \left(\dfrac{b}{D_a} - 1\right)} \geq 1,44$

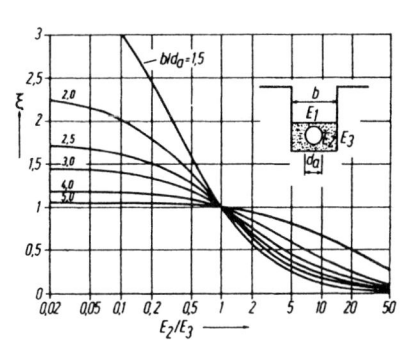

Abb. 7-101: Diagramm zur Ermittlung von ζ aus b/D_a und E_2/E_3

Tab. 7-44: Verformungsbeiwerte

Auflagerwinkel	c_{v1}	c_{v2}	c_{h1}	c_{h2}
60°	-0,1053	+0,0640	+0,1026	-0,0658
90°	-0,0966	+0,0640	+0,0956	-0,0658
120°	-0,0893	+0,0640	+0,0891	-0,0658
180°	-0,0833	+0,0640	+0,0833	-0,0658

Beispiel:
$S_R = 25\,000 \cdot 1 \cdot 39,0^3 / (319,5^3 \cdot 12) = 3,79 \text{ N/mm}^2$
$S_{Bv} = E_2/a = 3 / 1 = 3 \text{ N/mm}^2$

$S_{Bh} = 0,6 \cdot \zeta \cdot e_1$
für $b / D_a = 1,75/0,678 = 2,58$
aus **Abb. 7-118** ζ 1,42
S_{Bh} $0,6 \cdot 1,42 \cdot 3 = 2,56$ N /mm²
$V_{RB} = S_R / S_{Bh} = 3,79 / 2,56 = 1,48$
Das Erddruckverhältnis K_2 wird nach **Tab. 7-45** entspr. den Bodenarten und V_{RB} gewählt, hier G 2 und $V_{RB} > 0,1$; $K_2 = 0,5$;
V_S: hier ohne Berücksichtigung des horizontalen Reaktionsdruckes, mit c_{vl} für Lagerungsfall $2\alpha = 60°$ nach **Tab. 7-53**.
$V_S = S_R/(c_{vl} \cdot S_{Bv}) = 3,79 / (0,1053 \cdot 3) = 12,0$
Konzentrationsfaktor λ_R errechnet sich nach der Gleichung

$$\lambda_R = \frac{\max\lambda \cdot V_s + a' \cdot \dfrac{4 \cdot K_2}{3} \cdot \dfrac{\max\lambda - 1}{a' - 0,25}}{V_s + a' \cdot \dfrac{3 + K_2}{3} \cdot \dfrac{\max\lambda - 1}{a' - 0,25}} \leq 4$$

Die in dieser Gleichung enthaltenen Werte werden wie folgt ermittelt: max. λ · aus **Abb. 7-102** in Abhängigkeit von h/D_a und a;
Beispiel: $h / D_a = 2,00 / 0,678 = 2,95$; $a = 1$: $\max \lambda = 1,376$;
$V_{S1} = (1 - K_2) / (1 - {}^1/_4 \cdot 1) = 0,667$;

$$\lambda_R = \frac{1,376 \cdot 11,99 + 1 \cdot \dfrac{4 \cdot 0,5}{3} \cdot \dfrac{1,376 - 1}{1 - 0,25}}{11,99 + 1 \cdot \dfrac{3 + 0,5}{3} \cdot \dfrac{1,376 - 1}{1 - 0,25}} = 1,403 < 4$$

Die Erddruckspannung über dem Rohr beträgt somit nach Abschn. 7.5.8.3.6/1 und 7.5.8.3.6/2:
$p_e = \lambda_R \cdot k \cdot \gamma_B \cdot h$
Beispiel: $1,405 \cdot 0,0376 = 0,053$ N/mm²

7.5.8.3.7 Berechnung der Beanspruchung durch eine Flächenlast

1. Mittlere vertikale Spannung infolge Flächenlast p_e – beträgt in einem horizontalen Schnitt im Abstand h von der Oberfläche:

$p_{Eo} = p_0 \cdot \kappa_o$

Der Abminderungsfaktor k_0 infolge der Wirkung der Silotheorie ist aus **Tab. 7-46** zu entnehmen. Analog zu Abschn. 7.5.8.3.6, Abs. 1 gilt dieser Wert für vertikale Grabenwände, er ist hier wie dort in gleicher Weise für geböschte Grabenwände zu erhöhen.

Tab. 7-45: Erddruckverhältnis K_2

Boden Gruppe		K_2	
		$V_{RB} < 0,1$	$V_{RB} \leqq 0,1$
G 1		0,5	0,4
G 2		0,5	0,3
G 3		0,5	0,2
G 4		0,5	0,1
Bettungsreaktionsdruck		$q_h' = 0$	$q_h' > 0$

7.5 Bemessung und Berechnung von Rohrleitungen und Rohrnetzen

2. Einfluss der relativen Grabenbreite: Die Spannungsumlagerung erstreckt sich auf die Breite $4 \cdot D_a \leq 4$; für den Konzentrationsfaktor λ_{RG} im Graben mit geringer Breite gilt folgende Annahme:

$$1 \leq b/D_a \geq 4 \text{ wird } \lambda_{RG} = \frac{\lambda_R - 1}{3} \cdot \frac{b}{D_a} \cdot \frac{4 - \lambda_R}{3}$$

und für größere Grabenbreite:

$$4 \leq b/D_a \leq \infty; \quad \lambda_{RG} = \lambda_R = \text{Const.}$$

Der Konzentrationsfaktor R_B ist unabhängig von der Grabenbreite.
Beispiel (Fortsetzung):

$$\frac{b}{D_a} = \frac{1{,}75}{0{,}678} = 2{,}581 \leq 4 \text{ bzw.} > 1$$

$$\text{somit } \lambda_{RG} = \frac{1{,}405 - 1}{3} \cdot 2{,}581 + \frac{4 - 1{,}405}{3} = 1{,}213;$$

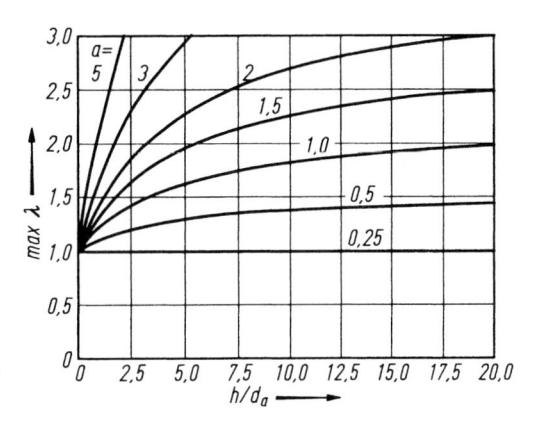

Abb. 7-102: Konzentrationsfaktor max λ *für* $b/d_3 = \infty$ *und* $E_4 = 10 \cdot E_1$

Tab. 7-46: Abminderungsfaktor k_0 für Oberflächenlast nach der Silotheorie (Auszug aus A 127)

	$\Delta = \varphi$		$K_1 = 0{,}5$			$\Delta = {}^2/_3\varphi'$		$K_1 = 50$			$\Delta = {}^1/_3\varphi'$		$K_1 = 50$	
Δ	20,0°	25,0°	30,0°	35,0°	Δ	13,3°	16,7°	21,7°	23,3°	Δ	6,7°	8,3°	10,0°	11,7°
h/b					h/b					h/b				
0,0	1,00	1,00	1,00	1,00	0,0	1,00	1,00	1,00	1,00	0,0	1,00	1,00	1,00	1,00
0,1	0,96	0,95	0,94	0,93	0,1	0,98	0,97	0,96	0,96	0,1	0,99	0,99	0,98	0,98
0,2	0,93	0,91	0,89	0,87	0,2	0,95	0,94	0,93	0,92	0,2	0,98	0,97	0,97	0,96
0,3	0,90	0,87	0,84	0,81	0,3	0,93	0,91	0,90	0,88	0,3	0,97	0,96	0,95	0,94
0,4	0,86	0,83	0,79	0,76	0,4	0,91	0,89	0,86	0,84	0,4	0,95	0,94	0,93	0,92
0,5	0,83	0,79	0,75	0,70	0,5	0,89	0,86	0,83	0,81	0,5	0,94	0,93	0,92	0,90
0,6	0,80	0,76	0,71	0,66	0,6	0,87	0,84	0,80	0,77	0,6	0,93	0,92	0,90	0,88
0,7	0,78	0,72	0,67	0,61	0,7	0,85	0,81	0,78	0,74	0,7	0,92	0,90	0,88	0,87
0,8	0,75	0,69	0,63	0,57	0,8	0,83	0,79	0,75	0,71	0,8	0,91	0,89	0,87	0,85
0,9	0,72	0,66	0,59	0,53	0,9	0,81	0,76	0,72	0,68	0,9	0,90	0,88	0,85	0,83
1,0	0,69	0,63	0,56	0,50	1,0	0,79	0,74	0,69	0,65	1,0	0,89	0,86	0,84	0,81
1,2	0,65	0,57	0,50	0,43	1,2	0,75	0,70	0,65	0,60	1,2	0,87	0,84	0,81	0,78
1,4	0,60	0,52	0,45	0,38	1,4	0,72	0,66	0,60	0,55	1,4	0,85	0,81	0,78	0,75

Fortsetzung Tab. 7-46

Δ	Δ=φ 20,0°	25,0°	$K_1=0,5$ 30,0°	35,0°	Δ	Δ=²/₃φ' 13,3°	16,7°	$K_1=50$ 21,7°	23,3°	Δ	Δ=¹/₃φ' 6,7°	8,3°	$K_1=50$ 10,0°	11,7°
1,6	0,56	0,47	0,40	0,33	1,6	0,68	0,62	0,56	0,50	1,6	0,83	0,79	0,75	0,72
1,8	0,52	0,43	0,35	0,28	1,8	0,65	0,58	0,52	0,46	1,8	0,81	0,77	0,73	0,69
2,0	0,48	0,39	0,32	0,25	2,0	0,62	0,55	0,48	0,42	2,0	0,79	0,75	0,70	0,66
2,2	0,45	0,36	0,28	0,21	2,2	0,59	0,52	0,45	0,39	2,2	0,77	0,72	0,68	0,63
2,4	0,42	0,33	0,25	0,19	2,4	0,57	0,49	0,42	0,36	2,4	0,76	0,70	0,65	0,61
2,6	0,39	0,30	0,22	0,16	2,6	0,54	0,46	0,39	0,33	2,6	0,74	0,68	0,63	0,58
2,8	0,36	0,27	0,20	0,14	2,8	0,51	0,43	0,36	0,30	2,8	0,72	0,66	0,61	0,56
3,0	0,34	0,25	0,18	0,12	3,0	0,49	0,41	0,34	0,27	3,0	0,70	0,64	0,59	0,54
4,0	0,23	0,15	0,10	0,06	4,0	0,39	0,30	0,23	0,18	4,0	0,63	0,56	0,49	0,44
5,0	0,16	0,10	0,06	0,03	5,0	0,31	0,22	0,16	0,12	5,0	0,56	0,48	0,41	0,36
6,0	0,11	0,06	0,03	0,01	6,0	0,24	0,17	0,11	0,08	6,0	0,50	0,42	0,35	0,29
7,0	0,08	0,04	0,02	0,01	7,0	0,19	0,12	0,08	0,05	7,0	0,44	0,36	0,29	0,24
8,0	0,05	0,02	0,01	0,01	8,0	0,15	0,09	0,05	0,03	8,0	0,39	0,31	0,24	0,19
9,0	0,04	0,02	0,01	0,00	9,0	0,12	0,07	0,04	0,02	9,0	0,35	0,27	0,20	0,16
10,0	0,03	0,01	0,00	0,00	10,0	0,09	0,05	0,03	0,01	10,0	0,31	0,23	0,17	0,13

7.5.8.3.8 Berechnung der Beanspruchung aus Verkehrslast

Die Druckspannung im Boden p_v unter den Regelfahrzeugen berechnet sich zu $p_v = \varphi \cdot p$ wobei $p = a_F \cdot p_F$ ist.

$$p_F = \frac{F_A}{r_A^2 \cdot \pi} \cdot \left\{ 1 - \left(\frac{1}{1 + \left(\frac{r_A}{h}\right)^2} \right)^{3/2} \right\} + \frac{3 \cdot F_E}{2 \cdot \pi h^2} \left(\frac{1}{1 + \left(\frac{r_E}{h}\right)^2} \right)^{5/2}$$

$$a_f = 1 - \frac{0,9}{0,9 + \frac{4h^2 + h^6}{1,1 D_m^{2/3}}} \quad ; \quad D_m = \frac{D_a + D_i}{2}$$

p_F ist eine Näherung für die maximale Spannung unter Radlasten (**Tab. 7-39**) nach Boussinesq; a_F ist ein Korrekturfaktor zur Berücksichtigung der Druckausbreitung über dem Rohrquerschnitt und der mittragenden Rohrlänge bei kleinen Überdeckungshöhen. Dieser Formel liegt eine Druckausbreitung 2 : 1 zugrunde. Die Hilfslasten F_A und F_E sowie die Hilfsradien r_A und r_E sind der **Tab. 7-47**, zu entnehmen:

Tab. 7-47: *Hilfswerte für die Berechnung der Verkehrslast*

Regelfahrzeug	F_A (kN)	F_E (kN)	r_A (m)	r_E (m)
SLW 60	100	500	0,25	1,82
SLW 30	50	250	0,18	1,82
LKW 12	40	80	0,15	2,26

7.5 Bemessung und Berechnung von Rohrleitungen und Rohrnetzen

Die Gleichung für a_F gilt für $h \geq 0.5$ m und $D_m \leq 5.0$ m; die horizontalen Spannungen im Boden infolge Verkehrslasten werden nicht berücksichtigt. Beispiel (Fortsetzung):

$$p_F = \frac{100}{(0.25)^2 \cdot \pi} \cdot \left\{ 1 - \left(\frac{1}{1 + \left(\frac{0.25}{2.00}\right)^2} \right)^{3/2} \right\} + \frac{3 \cdot 500}{2 \cdot \pi \cdot (2.0)^2} \cdot \left(\frac{1}{1 + \left(\frac{1.82}{2.0}\right)^2} \right)^{5/2} = 24.90 \, \text{kN/m}^2$$

$$a_F = 1 - \frac{0.9}{0.9 + \frac{4 \cdot 2.0^2 + 2.0^6}{1.1 \cdot 0.639^{2/3}}} = 0.991 \; ;$$

$p = 0.991 \cdot 24.90 = 24.68 \, \text{kN/m}^2$;
$p_v = \psi \cdot p = 1.2 \cdot 24.68 = 29.62 \, \text{kN/m}^2$; wobei ψ = Stoßbeiwert für SLW 60

7.5.8.3.9 Vertikale Gesamtbelastung des Rohres

Die vertikale Gesamtbelastung des Rohres durch äußere Belastungen setzt sich zusammen aus der Erdlast und Verkehrslast,

$$q_v = \lambda_{RG} (k \cdot \gamma_B \cdot h + k_0 \cdot p_0) + 66 \cdot p$$

Beispiel: Fortsetzung

$$q_v = 1.213 \, (0.94 \cdot 20 \cdot 2.0 + 0) + 1.2 \cdot 24.68 = 0.0752 \, \text{N/mm}^2$$

Die Belastungen durch äußeren Wasserdruck, d. h. bei Lage des Rohres im Grundwasser, sind gesondert zu berechnen.

7.5.8.3.10 Horizontale Gesamtbelastung des Rohres

Der horizontale Seitendruck auf das Rohr setzt sich zusammen aus dem Anteil q_h infolge der vertikalen Erdlast und gegebenenfalls aus dem Reaktionsdruck q_h9 infolge einer Rohrverformung. Bei Rohren mit $V_R B > 0.1$ kann q_h' unberücksichtigt bleiben.

$$q_h = K_2 \cdot \left(\lambda_B \cdot p_E + \gamma_B \cdot \frac{D_a}{2} \right)$$

K_2 nach **Tab. 7-45**
λ_B errechnet sich entsprechend der Spannungsumlagerung zu

$$\lambda_B = (4 - \lambda_R) / 3$$

Beispiel: $K_2 = 0.5$, $\lambda_B = (4 - 1.405) / 3 = 0.865$

$$q_n = 0.5 \cdot \left(0.865 \cdot 0.053 + 0.00002 \cdot \frac{678}{2} \right) = 0.026 \, \text{N/mm}^2$$

7.5.8.3.11 Sicherheiten gegen Verformung, Beulen und Beanspruchung durch äußeren Wasserdruck

Die Berechnung für diese Sonder-Beanspruchungen sind im ATV-Arbeitsblatt A 127 angegeben, siehe auch Spezialliteratur.

7.5.8.3.12 Schnittkräfte und Spannungen des radial belasteten Rohres

1. Schnittkräfte – Von den 4 möglichen Lagerungsfällen des Abschn. 7.5.8.3.2 wird hier nur der bei Wasserleitungen übliche Lagerungsfall I behandelt, d. h. loses Auflager mit $V_{RB} > 0{,}1$. Die Beiwerte zur Berechnung der Momente und Normalkräfte aus der vertikalen Belastung, der horizontalen Belastung, der Rohr-Eigenlast und der Last aus der Wasserfüllung sind in **Tab. 7-48** angegeben, sie gelten nur für Rohre mit kreisförmigem Querschnitt und über den Umfang gleicher Wanddicke.

Tab. 7-48: Beiwerte zur Berechnung der Momente und Normalkräfte eines Rohres mit Kreisform und konstanter Wanddicke, bei losem Auflager, $V_{RB} \cdot I$, infolge radialer Belastung (nach Tab. T 3 I A 127)

Lagerungsfall I 2α	Schnittstelle	Momentenbeiwerte				Normalkraftbeiwerte			
		m_{qv}	m_{qh}	m_g, $m_{\bar{g}}$	m_w, $m_{\bar{w}}$	n_{qv}	n_{qh}	n_g, $n_{\bar{g}}$	n_w, $n_{\bar{w}}$
60°	Scheitel	+0,286	–0,250	+0,459 +0,073	+0,229 +0,073	0,080	–1,000	+0,417 +0,066	+0,708 +0,225
	Kämpfer	–0,293	+0,250	–0,529 –0,084	–0,264 –0,084	–1,000	0	–1,571 –0,250	+0,215 +0,068
	Sohle	+0,377	–0,250	+0,840 +0,134	+0,420 +0,134	0,080	–1,000	–0,417 –0,066	+1,292 +0,411
90°	Scheitel	+0,274	–0,250	+0,419 +0,067	+0,210 +0,067	0,053	–1,000	+0,333 +0,053	+0,667 +0,212
	Kämpfer	–0,279	+0,250	–0,485 –0,077	–0,243 –0,077	–1,000	0	–1,571 –0,250	+0,215 +0,068
	Sohle	+0,314	–0,250	+0,642 +0,102	+0,321 +0,102	–0,053	–1,000	–0,333 –0,053	+1,333 +0,424
120°	Scheitel	+0,261	–0,250	+0,381 +0,061	+0,190 +0,061	0,027	–1,000	+0,250 +0,040	+0,625 +0,199
	Kämpfer	–0,265	+0,250	–0,440 –0,070	–0,220 –0,070	–1,000	0	–1,571 –0,250	+0,215 +0,068
	Sohle	+0,275	–0,250	+0,520 +0,083	+0,260 +0,083	–0,027	–1,000	–0,250 –0,040	+1,375 +0,438

Erläuterung:
q_v = vertikale Belastung, q_h = horizontale Belastung, g = Rohr-Eigenlast, w = Last aus der Wasserfüllung

Die Berechnung der Momente und Normalkräfte wird zweckmäßig in Tabellenform durchgeführt, **Tab. 7-49**. Hierin sind die Formeln zur Berechnung und die Werte des Berechnungsbeispiels eingetragen. Für das Beispiel wurde die Lagerung I mit Auflagerwinkel 2 a = 60° gewählt, mit der max. Beanspruchung am Sohle-Querschnitt, somit:
$M_{Sohle} = +2\,434{,}36$ Nmm/mm, $N_{Sohle} = 294{,}83$ N/mm einschließlich N aus Innendruck.

2. Spannungen – errechnen sich aus der Formel:

$$\sigma = \frac{N}{A} \pm \frac{M}{W} \cdot \alpha_k$$

7.5 Bemessung und Berechnung von Rohrleitungen und Rohrnetzen

Tab. 7-49: Berechnung der Schnittkräfte mit Beispiel

Bez.	Formel	Faktor	q_v/h_h N/mm²	r_m mm · 10^{-6}	γ KN/m³	s	M Nmm/mm
$m_{qv} \cdot q_v \cdot r_m^2$		+0,377	0,0752	319,5			+2894,02 M_{qv}
$m_{qh} \cdot q_h \cdot r_m^2$		−0,250	0,026	319,5			−663,52 M_{qh}
$m_g \cdot r_m^2 \cdot l_R \cdot S$		+0,840	−	319,5	20	39	+66,88 M_g
$m_w \cdot r_m^3 \cdot l_W$		+0,420	−	319,5	10		+136,98 M_W
M_i (=Moment aus Innendruck) bleibt grundsätzlich unberücksichtigt!						Σ M	+2434,36
N_{qv}	$n_{qv} \cdot q_v \cdot r_m$	+0,080	0,0572	319,5			+1,922
N_{qh}	$n_{qh} \cdot q_h \cdot r_m$	−1,000	0,026	319,5			−8,307

Bez.	Formel	Faktor	q_v/h_h N/mm²	r_m mm · 10^{-6}	γ KN/m³	s	M Nmm/mm M_{qv}
N_g	$n_g \cdot r_m \cdot l_R \cdot S$	−0,417	−	319,5	20	39	−0,104
N_w	$n_w \cdot r_m^2 \cdot l_W$	+1,292	−	319,5	10		+1,319
N_i (=N aus Innendruck)= $p_i \cdot \frac{D_i}{2} = 10 \cdot 0,1 \cdot \frac{600}{2} =$							+300,000
						Σ N	+294,830

α_k ist ein Korrekturfaktor zur Berücksichtigung der Krümmung der inneren und äußeren Randfaser der Rohrwand, er beträgt:

$$\alpha_{ki} = 1 + \frac{1}{3} \cdot \frac{S}{r_m} = \frac{3 D_i + 5 \cdot S}{3 D_i + 3 \cdot s}$$

Die Ringbiegezugspannung σ_R beträgt mit den Werten A und W nach Abschn. 7.3.8.3.5

$$\Delta_R = \frac{294,8}{39,0} \pm \frac{2434,4}{253,5} \cdot 1,041 = \begin{array}{c} +17,56 \text{ N/mm}^2 \\ -2,44 \text{ N/mm}^2 \end{array}$$

Die Ringbiegezugfestigkeit beträgt nach DIN 19 800 σ = 51,0 N/mm², im Beispiel beträgt die Sicherheit S somit:
S = 51,0 / 17,56 ≅ 3

Tab. 7-50: Sicherheitsbeiwerte S nach A 127

Rohrart	S	
	A	B
Rohre mit plastischer Versagensart		
Stahlbeton, Spannbeton, duktile Gußrohre, Stahl, Kunststoff	1,5	1,75
Rohre mit spröder Versagensart unbewehrter Beton, Steinzeug, Asbestzement	1,5	2,3
Versagen durch Instabilität		
Kunststoff, Stahl, duktiles Gußeisen	1,5	2,0

3. Sicherheitsbeiwerte – in **Tab. 7-50** sind die in A 127 vorgeschlagenen Werte für S aufgeführt. Im Beispiel würde die Sicherheit für die Klasse B (und damit auch für A) ausreichen.

7.5.8.3.13 Schnittkräfte und Spannungen des axial belasteten Rohres

Wenn ein Rohr in Längsrichtung nicht gleichmäßig gelagert ist, wird es in Längsrichtung auf Biegung beansprucht, Abschn. 7.5.8.3.1. Das Rohr wirkt dann als durchlaufender Träger, wenn die Rohrverbindungen kraftschlüssig sind, als freiaufliegender Träger, wenn die Rohrverbindungen beweglich sind, z. B. bei Steckverbindungen. Für eine festgelegte Stützweite der Auflager wird die Spannung und die vorhandene Sicherheit oder für die gegebene zulässige Spannung die zulässige größte Stützweite berechnet.

1. Belastung – besteht aus den vertikalen Lasten: Erdlast, Verkehrslast, Rohrlast und Wasserlast, sie wird berechnet:

Erdlast: nach Abschn. 7.5.8.3.6 unter Berücksichtigung der Spannungskonzentration aus Spannung N/mm^2 · Rohrbreite:

$$p_e = (\lambda_R \cdot k \cdot \gamma \cdot h) \cdot D_a \, \text{N/mm}$$

Beispiel: $p_e = 0{,}053 \cdot 678 = 35{,}93$ N/mm
Verkehrslast: nach 7.5.8.3.8 $p_v = 66 \cdot p \cdot D_A$
Beispiel: $p_v = 1{,}2 \cdot 0{,}0247 \cdot 678 = 20{,}10$ N/mm^2
Rohrlast: aus Firmentabellen:
Beispiel: AZ 500 PN 10 DIN 19 800 = 182 kg · 10 m/sec^2 = 1 820 kg/m/sec^2 – je m = 1,82 N/mm^2
Wasserlast: $G_w = D_i^2 \cdot \pi/4 \cdot 10$
Beispiel: $G_w = 0{,}60 \cdot \pi/4 \cdot 10 = 2{,}83$ kN/m = 2,83 N/mm
Gesamtlast: $q = p_e + p_v + G_R + G_w$
Beispiel: $q = 35{,}93 + 20{,}10 + 1{,}82 + 2{,}83 = 60{,}68$ N/mm^2

2. Schnittkräfte: Durch die Belastung q wird in Längsrichtung ein Moment M erzeugt. Je nach Auflagerungsart ist M:
Durchlaufträger: $M = q \cdot L^2 / 12$
frei aufliegend: $M = q \cdot L^2 / 8$
Beispiel: freiaufliegend, Stützweite 3,00 m
$M = 60{,}68 \cdot 3\,000^2 / 8 = 68{,}3 \cdot 10^6$ Nmm/mm

3. Spannung in Längsrichtung:
$\sigma = M/W$, mit $W = \pi \cdot (D_a^4 - D_i^4) / (32 \cdot D_a)$
Beispiel: $\sigma = 68{,}3 \cdot 10^6 / 11{,}8 \text{ v } 10^6 = 5{,}79$ N/mm^2)

4. Durchbiegung – unter der Belastung muß kleiner als die zulässige Durchbiegung sein.
Beispiel: freiaufliegend auf L = 4,0 m;
$f = 5 \cdot q \cdot L^4 / (384 \cdot E \cdot I)$
$f = 5 \cdot 60{,}68 \cdot 4\,000^4 / (384 \cdot 25\,000 \cdot 4{,}94 \cdot 10^9) = 1{,}64$ mm

7.5.8.4 Beanspruchung des Rohres beim Vortrieb

7.5.8.4.1 Vorpresskraft

Bei manchen grabenlosen Bauverfahren für Wasserleitungsrohre, und beim grabenlosen Einbau von Schutzrohren für die Kreuzung von Wasserleitungen z. B. mit Bahnen und Straßen, erfolgt der Einbau durch Vorpressen, siehe auch DVGW-Merkblatt GW 304. Die Vorpresskraft P_{Pr} ist abhängig von der Mantelreibung und vom Widerstand der Anpreßfläche des Rohranfangs. Die Mantelreibung wird verursacht durch die Druckspannungen auf das Rohr infolge Erddruck und gegebenenfalls Verkehrslast sowie durch die Eigenlast des Rohres. Die Anpressfläche am Rohranfang kann sehr verschieden sein, je nachdem, ob das Rohr mit stumpfer Rohrwand oder mit Schneidschuh vorgepreßt wird. Allgemein kann P_{Pr} überschlägig berechnet werden:

$$P_{Pr} = ((g \cdot p \cdot h + p_v) \cdot (D_a \cdot \pi \cdot L) + G_R) \cdot \mu + (s \cdot D_a \cdot \pi) \cdot k_0$$

7.5 Bemessung und Berechnung von Rohrleitungen und Rohrnetzen

hierin ist: μ = Reibungsbeiwert, hier mit 0,5 angenommen, k_0 = Beiwert für den Preßwiderstand am Rohranfang, hier mit 0,5 N/mm² angenommen. Bei der Erdbelastung ist wegen des Fehlens eines Rohrgrabens keine Verminderung infolge Silotheorie und keine Erhöhung der Konzentration über dem Rohr vorhanden.

Beispiel: AZ-Rohr DN 600, PN 10, s = 39 mm, D_a = 678 mm, D_m = 639 mm, Masse 182 kg/m, Vorpressen unter Straße, h = 3,00 m, L = 10 m, p = 17,92 kN/m² für SLW 60 bei h = 3,00 m, alle Werte in kN und m
P_{Pr} = ((20 · 3,00 + 17,92) · (0,678 · π · 10) + 1,82 · 10) · 0,5 + (0,039 · 0,639 · p) · 500 = 878,10 kN
Bei der Beanspruchung des Rohres durch die Vorpreßkraft ist ein Zuschlag W für die Knickbeanspruchung zu berücksichtigen. Dieser wird aus **Tab. 7-51** entnommen, wobei vereinfacht $W_{AZ} = W_{Gußrohr}$ angenommen wird. Es ist: Schlankheitsgrad λ S_k/i, Knicklänge S_k = angen. 0,67 L
Trägheitsradius i = $\sqrt{I/A, I}$ = π ($D_a^4 - D_i^4$) / 64, A = s · D_m · π, I = ($0,676^4 - 0,600^4$) / 64 = 0,003889 m⁴,
S = 0,07829 m², i = $\sqrt{0,003889 / 0,07829}$ d = 0,2229
λ = 0,67 · 10 / 0,2229 = 30, aus Tab. 7-60 w = 1,11
Spannung σ = w · P_{PR}/A = 1,11 · 878,10 / 0,07829 = 12 450 kN/m²
σ = 12,5 N/mm²

7.5.8.4.2 Einrichtung für das Vorpressen

bestehend aus der Preßvorrichtung für den Vortrieb, Widerlager für die Pressen usw., sind für den ermittelten Vorpreßdruck zu bemessen.

7.5.8.4.3 Statische Berechnung von Stahlrohren

Für Stahlrohre kann zur statischen Berechnung das, gegenüber der ATV 127, einfachere Verfahren der „Technischen Richtlinie zur statischen Berechnung eingeerdeter Stahlrohre" (VdTÜV-Merkblatt 1063 vom Mai 1978 „Rohrfernleitungen"), angewandt werden.

Tab. 7-51: Knickzahlen w

Schlankheitsgrad λ	Knickzahlen w							
	0	10	20	30	40	60	80	100
Holz	1,00	1,04	1,08	1,15	1,26	1,62	2,20	3,00
Stahl St 37	1,00	1,00	1,04	1,08	1,14	1,30	1,55	1,90
Gußeisen	1,00	1,01	1,05	1,11	1,22	1,67	3,50	5,45
Rundrohr St 37	1,00	1,00	1,00	1,03	1,07	1,19	1,39	1,70

7.6 Rohrleitungsbau

7.6.1 Allgemeines

Mit der Veröffentlichung der europäischen Systemnorm DIN EN 805 „Anforderungen an Wasserversorgungssysteme und deren Bauteile außerhalb von Gebäuden" im März 2000 wurden vom DIN gleichzeitig die bisherigen Normen für die Bauausführung und Druckprüfung von Rohrleitungen DIN 19 630 und DIN 4279 komplett bzw. teilweise zurückgezogen, obwohl deren Inhalte durch die DIN EN 805 nicht vollständig abgedeckt werden. Die dadurch entstandenen Lücken sowie die zur DIN EN 805 erforderlichen ergänzenden Konkretisierungen wurden durch das DVGW-Arbeitsblatt W 400 „TRWV Technische Regeln Wasserverteilungsanlagen" abgedeckt werden. Für den Bau und die Prüfung von Rohrleitungen gilt Teil 2: W 400-2 Bau und Prüfung von Wasserverteilungsanlagen.

7.6.2 Zubringer-, Haupt- und Versorgungsleitungen

7.6.2.1 Herstellen des Rohrgrabens (RG)

Gräben für Wasserleitungen erfordern eine sorgfältige Vorbereitung und Ausführung. Deshalb dürfen nur solche Personen und Unternehmen diese Arbeiten durchführen, die über die notwendigen Kenntnisse und Erfahrungen verfügen und eine einwandfreie Ausführung sicherzustellen. Die DIN 4124 ist zu beachten.

7.6.2.1.1 Vorarbeiten

Unbekannter Baugrund ist nach seiner Beschaffenheit durch Erschließungsbohrungen oder Schürfungen zu erkunden, die eine möglichst genaue Auskunft über die Bodenschichten, ihre Standfestigkeit und über die Grundwasserverhältnisse erbringen sollen, daneben auch über etwaige Bodenaggressivitäten gegenüber dem Rohrwerkstoff.
Die Tiefenlage trassennaher Gebäudefundamente ist festzustellen; ggf. sind Verfahren für eine Beweissicherung einzuleiten.
Aufgrund dieser Erkenntnisse ist zu entscheiden, wie der RG gestaltet und gesichert werden muß und welche Geräte für seine Herstellung eingesetzt werden können.
Im Benehmen mit den Betreibern anderer Leitungen (Telekommunikation, Energie Entsorgung usw.) ist deren Lage im Bereich der geplanten RL möglichst genau festzustellen und zu markieren, damit dort besonders vorsichtig gearbeitet und ihre Beschädigung vermieden wird.
Die Erlaubnis zum Betreten und zur Nutzung (z. B. Ablagern des Aushubes) von Privatgrundstücken ist vor Baubeginn einzuholen. Darüber hinaus sind Wasserleitungen in privaten Grundstücken durch Eintrag ins Grundbuch dinglich zu sichern. Für die Mitbenutzung öffentlicher Grundstücke (Kommunen, Straßenbaulastträger, Deutsch Bahn, Gewässer, usw.) sind Gestattungsverträge abzuschließen.
Je nach Art und Umfang des Rohrleitungsbaues können Genehmigungsverfahren erforderlich werden. (z.B Instruktionsverfahren, Planfesstellungsverfahren).
Bei Leitungen mit einer Länge von mehr als 2 km, die das Gebiet einer Gemeinde überschreiten, ist seitens der zuständigen Behörde durch eine allgemeine oder standortbezogene Vorprüfung des Einzelfalles die Notwendigkeit einer Umweltverträglichkeitsprüfung zu ermitteln.

7.6.2.1.2 Arbeitsstreifenbreite

Sie setzt sich zusammen aus der oberen Breite des eigentlichen RG, den beiderseits anschließenden, vorgeschriebenen, lastfreien Schutzstreifen von wenigstens 0,6 m Breite, dem Lagerplatz für den Aushub und ggf. einer oder mehrerer Baustraßen, wenn Transport- und Verlegefahrzeuge für großkalibrige RL längs des RG fahren müssen bzw. wenn die Aufstellung von Schweißgeräten notwendig ist (**Abb. 7-103** und **7-104**).
Nach DVGW-Arbeitsblatt W 400-1 ergeben sich im offenen Gelände und bei geböschten Grabenwänden Arbeitsstreifenbreiten nach **Tab. 7-52**, zu deren Einhaltung der Auftragnehmer vertraglich angehalten werden sollte.
In Ortsstraßen oder bei sonstwie beengten Verhältnissen muß der Planende aber mit wesentlich geringeren Bauplatzbreiten auskommen; der RG ist dann senkrecht auszuheben und vorschriftsmäßig zu verbauen, um ihn so schmal, wie *erlaubt* anzulegen. An Breite kann auch gespart werden, wenn der Aushub hinter gut verankerten Bohlen gestapelt wird, die gegen Erddruck gesichert sind.
Reicht das nicht aus, so ist der Aushub teilweise bis ganz ab- und zum Verfüllen des RG wieder anzufahren.

7.6 Rohrleitungsbau

Abb. 7-103: Oberbodenabtrag zur Herstellung des Arbeitsstreifens

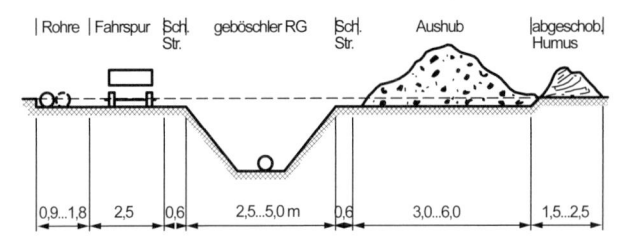

Abb. 7-104: Baustellen-Regelquerschnitt

Tab. 7-52: Arbeitsstreifenbreite

DN der Rohre	RG-Tiefe	(m)
	≦ 3,0	> 3,0
≦ 200	14	16
> 200 ≦ 400	16	18
> 400 ≦ 600	18	20
> 600 ≦ 1200	20	22

7.6.2.1.3 Rohrgrabentiefe

Die Erdüberdeckung der Rohre t richtet sich nach Frosttiefe und DN. In Deutschland gelten gewöhnlich folgende Mindestüberdeckungen t in m:

Tab. 7-53: Mindestüberdeckung t

DN	t	DN	t	DN	t	DN	t
bis 200	1,50	350	1,40	600	1,25	900	1,15
250	1,45	400	1,35	700	1,20	1 000	1,10
300	1,40	500	1,30	800	1,15	>1 000	≧1,00

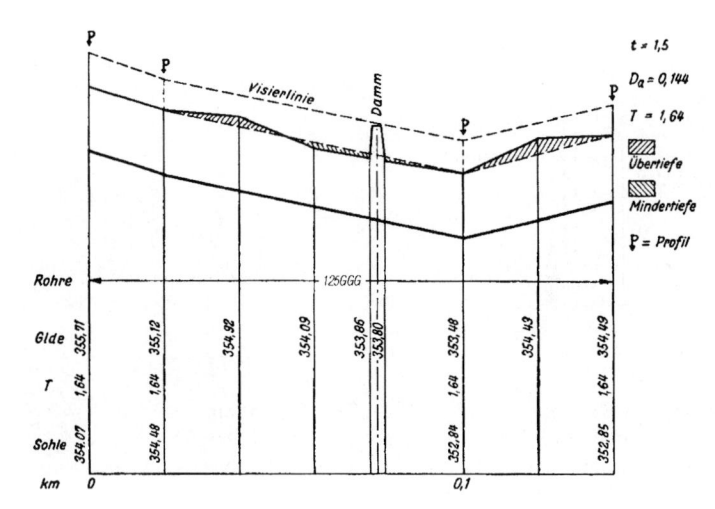

Abb. 7-105: Baustellen-Längenschnitt

Über Bodenfrosttiefen geben die Wetterdienststellen Auskunft. Für RL mit gesichertem ständigem Durchfluß (Quellzuleitungen) genügt von der Temperaturseite her betrachtet 1,0 m Deckung über Rohrscheitel. Die Regel-Grabentiefe T ist somit, wenn D_a = äußerer Rohrdurchmesser, $T = D_a + t$ zuzüglich einer eventuell notwendigen unteren Bettungsschichtdicke aus Fremdmaterial, wobei zur Sicherung der Rohrleitung gegen Beschädigungen von oben, t mind. 1,00 m sein sollte.

RL können aber nicht allen Unebenheiten der Erdoberfläche folgen; sie müssen flüssig nach Profilen verlegt werden. Daher läßt sich die Regelgrabentiefe T nicht längs der ganzen Strecke genau einhalten, sie soll im Allgemeinen nicht unterschritten, muß aber – je nach Gelände – streckenweise überschritten werden. Kurze und unerhebliche Mindertiefen schaden nicht. Die Grabensohle muß nivellitisch festgelegt werden. Dabei sind mindestens alle Hoch- und Tiefpunkte der Strecken anzuvisieren, auch flache Mulden und geringe Erhebungen. Zweckmäßig wird alle 20 m ein Geländepunkt eingemessen, dazwischen markante Abweichungen, z. B. Bahndamm, Bach.

Die Höhenlage der geplanten RL ist in Längenschnitten einzutragen. Für die Längenschnitte des Baustellenplanes wählt man in Längen 1 : 1 000, ggf. noch 1 : 2 500 und in Höhen 1 : 100, ggf. 1 : 250. In kleineren Maßstäben lassen sich die Höhen und insbesondere die Grabentiefen nicht mehr genau genug ermitteln. Die Maßstäbe 1 : 1 000/100 sind auch für die Abrechnung zweckmäßig. Der Baustellenplan ist damit zugleich Abrechnungsgrundlage und für den späteren Betrieb auch Bestandsplan.

Nach dem Auftragen der Geländeoberfläche wird die Grabensohle so eingezeichnet, daß an den Geländebrechpunkten T eingehalten ist. Eine zur Grabensohle im Abstand T gelegte Parallele zeigt Minder- und Übertiefen an und kann zur Korrektur der ersten Eintragung führen.

In **Abb. 7-105** wurden zunächst das Gelände aufgetragen und darunter die Geländehöhen alle 20 m – beim Damm rechts schon bei 19 m Abstand am Dammfuß – angeschrieben. Da Gußrohre DN 125 verlegt werden sollen und sich der gewachsene Boden als Rohrbettung eignet, wird die Grabentiefe $T = 1,5 + 0,144 =$ rund 1,64 m. Dieser Wert wird an den Hauptbrechpunkten ab Gelände nach unten aufgetragen und gibt dort die Kote der Grabensohle. Parallel dazu zeigt die gestrichelte Linie im Abstand von 1,64 m die Übertiefen und Mindertiefen. Letztere beträgt nur 0, 15 m im Mittel und wird zugelassen. Wollte man sie vermeiden, so müßte man entweder die Grabensohle nochmals brechen oder bei km 0,1 mit ihr so tief gehen, daß bei km 0,06 eine Grabentiefe von 1,64 m eintritt.

Für die Grabensohle und damit für das Rohr ist nicht das Gelände maßgebend, das gewissen Veränderungen unterworfen sein kann, sondern allein die festgelegten Koten im Höhenplan. Nach ihnen werden die Visiere geschlagen!

7.6 Rohrleitungsbau

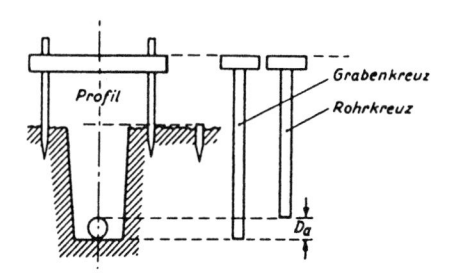

Abb. 7-106: Visieren

Bei normaler Deckung (1,5 m) und Rohren bis ca. DN 500 nimmt man eine Visierlinie parallel zur Grabensohle im Abstand von 2,5 m an. Diese Linie liegt also um etwa 1 m über Gelände. An allen Brechpunkten, das sind im obigen Höhenplan alle Punkte, an denen T angeschrieben ist, wird in der Natur ein „Profil" erstellt, das aus 2 Pflöcken neben dem Graben und einer darübergenagelten Latte besteht. Die waagerechte Oberkante der Latte ist genau auf die Höhe „Grabensohle+2,5 m" einzumessen. In außergewöhnlich tiefen Grabenstrecken (T $\geq$ 2 m) legt man die Oberkante der Profile um 3 oder 3,5 m über Grabensohle, jedenfalls so hoch, daß die Visierlinie noch über dem Gelände liegt.
Die Vermessungspflöcke, die allgemein alle 20 m geschlagen waren, können nun entfernt werden mit Ausnahme derjenigen neben den Profilen, die man seitlich des geplanten Grabens stehen läßt und möglichst sichert. Ihre Oberkante entspricht der am Profil gemessenen Geländekote, von ihnen aus wird die Oberkante des Profils gemessen (Veränderungen durch Bodenfrost möglich. Daher ggf. Nachprüfung vor Arbeitsbeginn). Beim Ausheben des Grabens wird mit dem „Grabenkreuz" geprüft, ob der Graben auf der Strecke zwischen 2 Profilen die richtige Tiefe hat. Zu diesem Zweck setzt ein im Graben stehender Arbeiter das „Grabenkreuz" von der Länge 2,5 m + D_a (wenn die Visierlinie 1,0 m über dem Gelände liegt, sonst länger) auf die Grabensohle auf, während ein anderer von Profil zu Profil visiert (**Abb. 7-106**). Schneidet die Visierlinie mit Oberkante Grabenkreuz ab, so stimmt die Tiefe, wenn nicht muss die Grabensohle korrigiert werden Das Grabenkreuz muss in Abständen von höchstens 3 m auf der zu untersuchenden Strecke aufgesetzt werden. Bei Aushub mit Bagger müssen die Profillatten seitlich des Grabens sitzen, weil der Bagger den Durchblick über dem Graben unmöglich macht.
Die oben beschriebene Vorgehensweise war früher allgemein üblich. Heute werden zur genauen Festlegung der Grabensohle und der Kontrolle der Rohrlage Bau-Laser-Gerät eingesetzt.

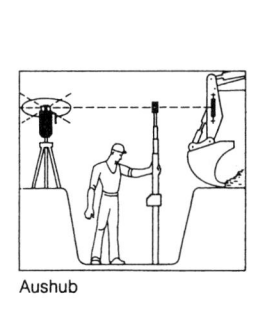

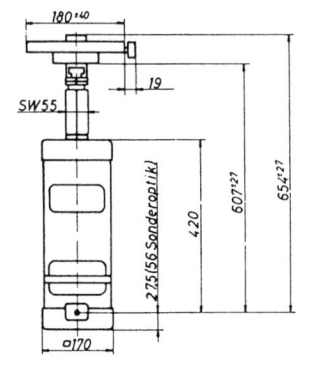

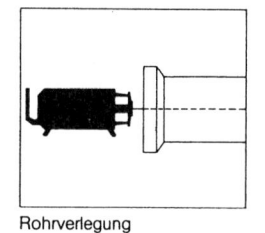

Abb. 7-107: Bau-Laser

Diese Geräte, meist vom Typ He-Ne-Dauerstrich/2 mW mit einer Wellenlänge von 632,8 mm, sichtbar rot, besitzen einen Strahldurchmesser von 10 mm am Gerät und von 15 mm in 100 m Entfernung. Ihr automatischer Nivellierbereich beträgt insges. 10 % und sie besitzen einen einstellbaren Steigungsbereich von bis zu 21 % und einen ebenso großen Neigungseinstellbereich. Die digitale Ablesegenauigkeit beträgt 0,01 %. Diese Geräte bedürfen einer Stromversorgung von 12 V/0,8 A mittels eines Akkus. Ihr Einsatz erfolgt, wie in **Abb. 7-107** aufgezeigt, für die Rohrverlegung mit Hilfe von Zieltafeln auf dem Rohrscheitel oder auf der inneren Rohrsohle. Diese „Bau-Laser" finden im Baubereich noch für verschiedene andere meßtechnische Zwecke Verwendung.

Zu tiefes Ausheben des Grabens ist zu vermeiden, da die Rohre satt aufliegen müssen. Ist versehentlich zu tief ausgehoben worden, so ist mit lehmfreiem Sand, Feingut usw. aufzufüllen, der gut gestampft werden muß, bevor die Rohre eingebracht werden. Unterstampfen der eingelegten Rohre allein genügt zur Schaffung einer festen Unterlage in diesem Falle nicht.

7.6.2.1.4 Rohrgrabenbreite

Die Mindestabmessungen sowie die Ausführungsart des Rohrgrabens dienen in erster Linie dem Arbeits- und Gesundheitsschutz der Beschäftigten Die Berufsgenossenschaftliche Vorschrift „Bauarbeiten" (BGV C22) fordert: Leitungsgräben bis höchstens 1,25 m Tiefe dürfen ohne besondere Sicherungen mit senkrechter Wand hergestellt werden, wenn die anschließende Geländeoberfläche bei nichtbindigen Böden nicht stärker als 1:10, bei bindigen Böden nicht stärker als 1:2 geneigt ist.

In mindestens steifen bindigen Böden sowie bei Fels, darf bis zur Tiefe von 1,75 m ausgehoben werden, wenn der über 1,25 m liegende Bereich der Wand unter einem Winkel % 45° abgeböscht (**Abb. 7-108** und **7-109**) wird und die Geländeoberfläche nicht stärker als 1:10 ansteigt.

Abb. 7-108: Rohrgraben bis 1,75 m Tiefe, ab 1,25 m geböscht

7.6 Rohrleitungsbau

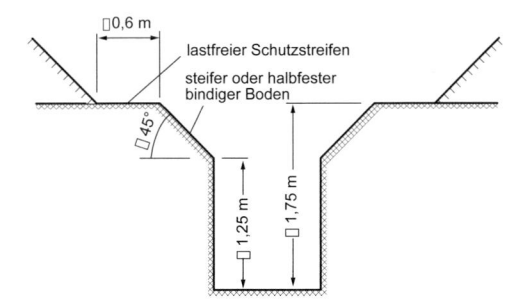

Abb. 7-109: Graben mit abgeböschten Kanten

Bei Leitungsgräben von mehr als 1,25 m bzw. 1,75 m Tiefe müssen die Grabenwände mit dem Aushub fortschreitend – den Bodenverhältnissen, den Grundwasserverhältnissen und den Auflasten entsprechend – entweder ausreichend abgeböscht oder fachgerecht verbaut werden.
Der Böschungswinkel kann im Allgemeinen, ohne rechnerischen Nachweis (DIN 4084) betragen:

- in nicht bindigen oder weichen bindigen Böden höchstens 45°
- in steifen oder halbfesten bindigen Böden höchstens 60°
- in Fels höchstens 80°

Geringere Wandhöhen oder Böschungsneigungen sind vorzusehen, wenn besondere Einflüsse (wie z. B. Grundwasserabsenkung, Zufluß von Wasser, Störungen des Bodengefüges oder einfallende Schichten bei nichtentwässerten Fließböden, bei Frost und bei starken Erschütterungen aus Verkehr, Ramm- oder Verdichtungsarbeiten) die Standsicherheit der Rohrgrabenwände gefährden.

Bei Leitungsgräben, die verbaut werden, sind die Wände unabhängig von der Tiefe senkrecht herzustellen. Werden solche Wände von mehr als 1,25 m Tiefe maschinell ausgehoben, so darf die Grabensohle erst betreten werden, nachdem ein Grabenverbau eingebracht ist, der zur Sicherung der Grabenwände ausreicht oder der eine gefahrlose Herstellung oder Fertigstellung eines fachgerechten endgültigen Verbaues zulässt.

Bei Gräben bis zu einer Tiefe von 1,25 m, die zwar betreten werden, aber keinen betretbaren Arbeitsraum zum Verlegen oder Prüfen von Leitungen haben müssen, sind mindestens die in **Tab. 7-54** angegebenen lichten Grabenbreiten einzuhalten:

Tab. 7-54: Lichte Mindestbreiten für Gräben ohne betretbaren Arbeitsraum:

Regelverlegetiefe	bis 0,70 m	über 0,70 m bis 0,90 m	über 0,90 m bis 1,00 m	über 1,00 m bis 1,25 m
Lichte Grabenbreite	0,30 m	0,40 m	0,50 m	0,60 m

Bei Gräben, die einen betretbaren Arbeitsraum zum Verlegen oder Prüfen von Leitungen haben müssen, sind **die in Tab. 7-55 angegebenen** lichten Grabenbreiten einzuhalten.

Tab. 7-55: Lichte Mindestbreiten für Gräben mit betretbarem Arbeitsraum

Äußerer Leitungs- bzw. Rohrschaftdurchmesser d_a in m	Lichte Mindestbreite b in m verbauter Graben		Nicht verbauter Graben	
	Regelfall	Umsteifung	$\leq 60°$	$\geq 60°$
bis 0,40	b = d + 0,40	b = d + 0,70	b = d + 0,40	
über 0,40 bis 0,80		b = d + 0,70		
über 0,80 bis 1,40		b = d + 0,85	b = d + 0,40	b = d + 0,70
über 1,40		b = d + 1,00		

Die vorgenannten Grabenbreiten gelten nicht für Gräben, die bei dem vorgesehenen Arbeitsablauf (endlos verlegte Rohrstränge z. B. Stahlschweißrohr- oder geschweißte Kunststoff-Rohrleitungen) nicht betreten werden müssen.
Als lichte Breite gelten in geböschten RG die Sohlenbreiten, in verbauten RG der lichte Abstand der Bohlen.
An der oberen Kante eines Leitungsgrabens muß auf jeder Seite ein mindestens 60 cm breiter unbelasteter Schutzstreifen freigehalten werden. Ist das nicht möglich, muß der Graben gegen Einsturz besonders gesichert werden, nötigenfalls durch Verbau auch schon nach geringen Tiefen; auch ist ein Schutz gegen das Abrutschen des ausgehobenen Bodens usw., z. B. durch verankerte Bohlen, zu schaffen. Die aufgehäuften Bodenmassen müssen dann so eingeebnet werden, daß die vorgeschriebenen Schutzstreifen entstehen.
Aushubmassen, die nicht genügend gesichert werden können, sind abzufahren, auch wenn sie zur Verfüllung später wieder angefahren werden müssen.
Es ist darauf zu achten, daß die Gräben nicht breiter als nötig werden, da die Beanspruchung der Rohre durch Erddruck mit der Breite des Grabens wächst.
Zweckmäßig vereinbaren Auftraggeber und Auftragnehmer eine Abrechnungsbreite, um das Aufmessen des doch immer in der Breite schwankenden Grabens zu vereinfachen. Die Abrechnungsbreite kann abhängig gemacht werden von der Rohrgrabentiefe. Für geböschte, durch Maschinen ausgehobene Gräben kann als Ersatz für den Grabenverbau durch Böschung eine größere Abrechnungsbreite oder eine Zulage für die Böschungen vereinbart werden.
Durch die vertraglich festgelegte Abrechnungsbreite gehen unnötige Mehrbreiten, Grabeneinstürze durch mangelhaften Verbau oder zu steile Böschungswinkel zu Lasten des Auftragnehmers.
Zur Vereinfachung wird oft nur nach laufendem Meter abgerechnet unter stufenweiser Berücksichtigung der Grabentiefe, z. B. bis 1,5 m, 1,51 bis 2,00 m usw.

7.6.2.1.5 Arbeitsvorgang beim RG-Aushub

Maschineller Aushub von Rohrgräben in offener Bauweise erfolgt mit Hilfe von Löffelbaggern mit Rad- oder Kettenfahrwerk bzw. mit Grabenfräsen. Die Maschinenauswahl richtet sich sowohl nach dem Trassenverlauf als auch nach der Bodenbeschaffenheit. Im offenen Gelände wird zunächst der Oberboden (Humus) mit leichten bis mittelschweren Planierraupen oder mit Radbaggern (geringere Verdichtung des Untergrundes) bis zum Rande der Baustreifenbreite abgeschoben (**Abb. 7-103**). Er darf nicht mit anderem Aushub überschüttet werden. Aus Naturschutzgründen, z. B. zur Schonung schützenswerter Pflanzendecken, ist es manchmal nötig, den Aushub vom Bodenbewuchs vollständig zu trennen. Hierzu eignet sich ein Kunststoff-Vlies, das auch zwischen dem Oberboden und dem Grabenaushub eingelegt werden kann (**Abb. 7-112** Vliesmatte). Bei Verkehrsflächen mit bituminösen Decken werden diese zunächst in der notwendigen Breite mit wassergekühlten fahrbaren Motorsägen geschnitten und dann mit dem Baggerlöffel ausgebrochen Das aufgebrochene, zum Verfüllen untaugliche Material wird abgefahren. Erfolgt der Grabenaushub mit dem Löffelbagger fährt dieser auf der Grabenachse rückwärts Die Grableistung eines Tieflöffelbaggers mit einem Gefäßinhalt von 0,8 m^3 loser Masse beträgt in leichtem Boden bis 50 m^3/h, in mittlerem Boden bis 30 m^3/h, in schwerem Boden bis 20 m^3/h – bei günstiger Witterung und im freien Gelände. In Straßen mit Behinderungen durch Verkehr, bei Inanspruchnahme des Baggers auch für Verbauarbeiten, für Rohrtransport und Rohrverlegen wesentlich weniger.
Handaushub kommt nur noch an Zwangspunkten vor, wo ein Gerät nicht einsetzbar ist. Hier ist besonderes Augenmerk auf die Arbeitssicherheit zu legen. Es muss ein verantwortlicher Aufsichtsfürender benannt sein, der entsprechend qualifiziert und unterwiesen ist.

7.6.2.1.6 Bodenarten

Nach DIN 18300 werden die Bodenarten unterschieden in die in **Tab. 7-56** aufgeführten Bodenklassen. Im RG tritt häufig ein Wechsel der Bodenklassen ein, Um Meinungsverschiedenheiten beim Aufmaß zu vermeiden werden im Leistungsverzeichnis die Bodenklassen BA 3 bis 6 zusammengezogen und

7.6 Rohrleitungsbau

dafür ein „Mittelpreis" vereinbart. Für die leicht erkennbaren Bodenarten 2 (fließend) und 7 (schwer lösbarer Fels) werden Zulagen vergütet.

7.6.2.1.7 Grabenverbau

1. Verbauarten

Ein Verbau (Absteifung, Schalung) ist nötig, sobald der Boden nicht standfest ist und wenn der RG nicht geböscht werden kann.

Nicht geböschte Gräben über 1,25 m Tiefe müssen:

— in Böden mit ungenügender Standfestigkeit, mit Einsturzgefahr und fließenden Bestandteilen einen Verbau erhalten der aus waagerechten Verbaubohlen hergestellt sein kann.
— bei Fließsand oder starkem Wasserauftritt in nicht gebundenen Böden einen senkrechten Verbau, Grabenverbaugeräte oder ggf. Spundwände erhalten.

Tab. 7-56:

Ziff.	Bezeichnung	Beschreibung der Bodenarten (BA)
1	Oberboden (Mutterboden)	oberste Schicht, neben anorganischen Stoffen Humus und Bodenlebewesen, BA von flüssiger bis breiiger Beschaffenheit,
2	fließende BA	die das Wasser schwer abgeben, z. B. Schlamm und Schluff
3	leicht lösbare BA	nicht bindige bis schwach bindige BA, Korngröße ,< 60 mm, höchstens 30 Gew. % Steine > 63 mm Korngr.: organische BA mit geringem Wassergehalt
4	mittelschwer lösbare BA	Gemische von Sand, Kies, Schluff, Ton mit einem Anteil von mehr als 15 Gew. % der Korngr. < 60 mm; bindige BA von leichter bis mittlerer Plastizität, höchstens 30 Gew. % Steine > 63 mm Korngr. (Schotter und Gerölle)
5	schwer lösbare BA	wie Klasse 3 und 4 jedoch mehr als 30 Gew. % Steine > 63 mm Korngr. bis zu 0,01 m^3 Rauminhalt, ausgeprägt plastische Tone
6	leicht lösbarer Fels	BA, die stark klüftig, bröckelig, brüchig, schieferig oder verwittert sind; nicht bindige und bindige BA mit mehr als 30 Gew. % Steinen von 0,01 bis 0,1 m^3 Rauminhalt
7	schwer lösbarer Fels	BA mit hoher Gefügefestigkeit, die nur wenig geklüftet und verwittert sind; Nagelfluhe; Steine von mehr als 0,1 m^3 Rauminhalt

Voraussetzung für einen waagerechten Verbau sind so standfeste Böden, daß sie auf Bohlenbreite frei stehen bleiben und der bereits angeschnittene Boden nicht in den RG ausbricht. Ein senkrechter Verbau ist dann nötig, wenn die Bohlen eines waagerechten Verbaus nicht ohne Ausbrechen oder Einsturz der Grabenwand während des Vertiefens des RG eingebracht werden können. Das ist bei fließenden Bodenarten und wenn im Grundwasser ausgehoben wird, regelmäßig der Fall. Bei senkrechtem Verbau müssen die Bohlen dem Aushub um mindestens 0,3 m vorauseilend in die Grabensohle eingetrieben werden, was häufig mit dem Baggerlöffel geschieht; in Gräben über 2,5 m Tiefe durch eine Ramme.

Geböschte Gräben sind in der Regel. wirtschaftlicher als ein Verbau, weil im verbauten RG viel Umsetzen von Spreizen zum Einbauen der Rohre erforderlich ist.

Beim Zuschütten der Rohrgräben dürfen die Absteifungen erst dann entfernt werden, wenn sie durch das Auffüllen entbehrlich geworden sind.

Verbau von Rohrgräben verlangt besondere Kenntnisse und darf daher nur von fachlich geschultem Personal vorgenommen werden. Auf die Verantwortung und Sorgfaltspflicht der Bauleiter, Betriebsleiter usw. wird hingewiesen.

Nach längerem Offenstehen des RG infolge von Arbeitsunterbrechung, nach anhaltendem Regen oder nach Sprengungen muß der Verbau auf seine Standfestigkeit überprüft werden.

2. Der Normverbau

Um nicht in allen Fällen einen statischen Nachweis für die Sicherheit des Verbaus führen zu müssen, lässt DIN 4124 einen genormten Verbau bis 5 m Höhe der Grabenwand zu; Voraussetzung dafür ist

- die Geländeoberfläche verläuft annähernd waagerecht
- der Boden weist eine steife oder halbfeste Konsistenz auf
- Gebäudelasten beeinflussen Größe und Verteilung des Erddruckes nicht
- die nach § 34 der Straßenverkehrszulassungsverordnung allgem. zugelassenen Fahrzeuge halten einen Abstand von mind. 0,60 m, schwerere Fahrzeuge mit höheren Achslasten einen Abstand von mind. 1,0 m zur Hinterkante der Bohlen ein.

2.1. Der waagerechte Normverbau

In **Abb. 7-110** ist er speziell für einen RG dargestellt; ein zusätzliches Brustholz schafft unter den untersten Spreizen Raum für das Verlegen der Rohre. Ob die Brusthölzer 8 · 16 oder 12 · 16 cm und ob die Rundholzsteifen (Spreizen) 10 oder 12 cm im Durchmesser gewählt werden müssen, hängt von der Grabenbreite und damit von der Knicklänge der Steifen ab. Die einzelnen Maße für den waagerechten Normverbau sind der **Tab. 7-57** zu entnehmen.

Tab. 7-57: Waagerechter Normverbau (Maße)

Brusth. cm	Steifen cm ⌀	Bemessung		Bohlendicke s cm 5		6		7
		h_{max}	m	3,00	3,00	4,00	5,00	5,00
		l_1 max	m	1,90	2,10	2,00	1,90	2,10
		l_2 max	m	0,50	0,50	0,50	0,50	0,50
8 · 16	10	l_3 max	m	0,70	0,70	0,65	0,60	0,60
		l_4 max	m	0,30	0,30	0,30	0,30	0,30
		l_u max	m	0,60	0,60	0,55	0,50	0,50
		s_k max	m	1,65	1,55	1,50	1,45	1,35
		Max. Steifenkraft (kN)		31	34	37	40	43
12 · 16	12	l_3 max	m	1,10	1,10	1,00	0,90	0,90
		l_4 max	m	0,40	0,40	0,40	0,40	0,40
		l_u max	m	0,80	0,80	0,75	0,70	0,70
		s_k max	m	1,95	1,85	1,80	1,75	1,65
		Max. Steifenkraft (kN)		49	54	57	59	64

S_k = max. Knicklänge der Holzsteifen

2.2. Der senkrechte Normverbau

Gemäß **Abb. 7-111** wird im Wasserleitungsbau der senkrechte Verbau bei RG-Tiefen bis etwa 4 m wie der waagerechte Verbau mit Holzbohlen, bei größeren Tiefen mit Kanaldielen durchgeführt. Werden statt hölzerner Steifen sog. Spindelsteifen mit verstellbarer Länge verwendet, so sind diese entsprechend der in der Tabelle angegebenen Steifenkräfte statisch nachzuweisen.

Die Überstandsmaße l_0 und l_u dürfen nicht größer sein als die Gurtabstände l_1

Der „gepfändete Verbau" mit Kanaldielen kommt beim Bau von WV-Anlagen nur bei sehr großen Tiefen und RG-Breiten vor (vgl. DIN 4124, 7.2.4).

Kann ausnahmsweise kein Normverbau verwendet werden, so ist der Verbau nach DIN 2124, 10 zu berechnen.

7.6 Rohrleitungsbau

Tab. 7-58: Senkrechter Normverbau (Maße)

Brusth. cm	Steifen cm ⌀	Bemessung		Bohlendicke s cm				
				5		6		7
16·16	12	h_{max}	m	3,00	3,00	4,00	5,00	5,00
		l_0 max	m	0,50	0,60	0,60	0,60	0,70
		l_1 max	m	1,80	2,00	1,90	1,80	2,00
		l_u max	m	1,20	1,40	1,30	1,20	1,40
		l_2 max	m	1,60	1,50	1,40	1,30	1,20
		l_3 max	m	0,80	0,75	0,70	0,65	0,60
		s_k	m	1,70	1,65	1,50	1,30	1,25
		Max. Steifenkraft (kN)		61	62	70	79	80
20·20	14	l_2 max	m	2,30	2,20	2,00	1,80	1,70
		l_3 max	m	1,50	1,10	1,00	0,90	0,85
		s_k	m	1,90	1,85	1,65	1,45	1,40
		Max. Steifenkraft (kN)		88	91	100	111	114

s_k = max. Knicklänge der Holzsteifen

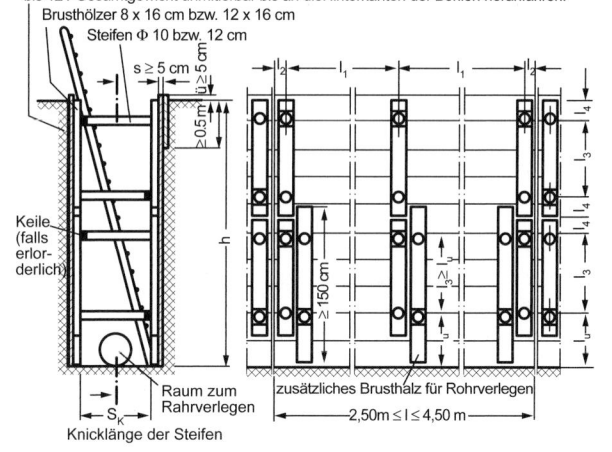

Abb. 7-110: Waagerechter Normverbau

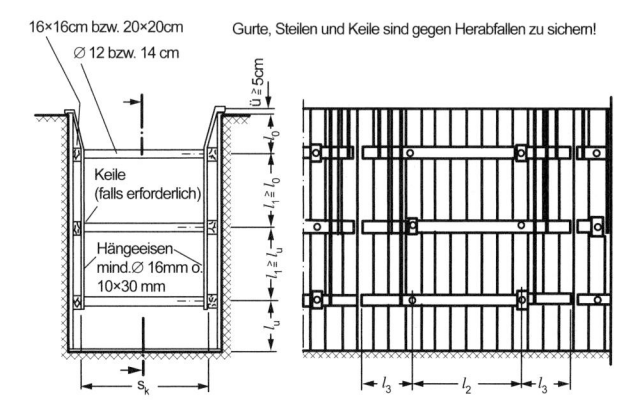

Abb. 7-111: Senkrechter Normverbau

2.3. Aussteifungsmittel
Anstelle der Holzsteifen werden heute meist *stählerne Aussteifungsmittel (Kanalstreben sowie Spindelköpfe für Rundhölzer und für Stahlträger)* verwendet. Diese Teile müssen u. a. aus St 37-2 gefertigt sein, sowie einen Festigkeitsnachweis, die Rohre einen Außendurchmesser von mind. 40 mm und eine Wanddicke von mind. 3 mm besitzen. Sie müssen geprüft und gekennzeichnet sein und dürfen nur bestimmungsgemäß verwendet werden. Insbesondere darf die angegebene Gebrauchslast nicht überschritten werden.

2.4. Verbaugeräte
Für die vorgen. Verbauarten führen sich immer mehr die sogen. „*Graben-Verbaugeräte*" ein. Sie bestehen aus vorgefertigten Einbauteilen aus Holz oder Stahl, die, in den Graben gebracht, den endgültigen Grabenverbau bilden. Sie stellen einen bemerkenswerten Rationalisierungsfaktor dar.
Berufsgenossenschaftlich anerkannte Verbaugeräte werden, wie die vorerwähnten stählernen Aussteifungsmittel, in einer von der Tiefbauberufsgenossenschaft herausgegebenen Liste aufgeführt. Die Prüfung neuartiger Verbaugeräte erfolgt durch die Prüfstelle des FA „Tiefbau" entsprechend den „Grundsätzen für die Prüfung der Arbeitssicherheit von Grabenverbaugeräten".Grabenverbaugeräte dürfen zur Sicherung von maschinell ausgehobenen Leitungsgräben nur in solchen Bodenarten eingesetzt werden, die vorübergehend standfest sind.
Der maschinell ausgehobene Graben muß maßhaltig sein und senkrecht stehende Grabenwände haben. Die Ausschachtung des RG darf dem vorher eingebrachten Verbau höchstens um eine Verbaufeldlänge voraus sein.
Grabenverbaugeräte zur Herstellung von waagerechtem oder senkrechtem Verbau müssen gleichzeitig an beiden Seiten mit Verbaumaterial besetzt werden.

7.6.2.1.8 Wasserhaltung

Wasserhaltung ist im RG bei Auftreten von Wasser stets nötig, da zur Kontrolle der Grabensohle, zum Verlegen und insbesondere zum Verbinden der Rohre ein trockener Graben geschaffen werden muß. Die einzige Ausnahme bilden Fluß- oder Bachunterführungen, die in „Nasser Baugrube" hergestellt werden. Folgende Arten der Wasserhaltung sind möglich:
1. Ausschlitzgräben, d. s. an Tiefpunkten des RG seitlich herausgeführte Abflußgräben. Sie sind nur da möglich, wo vom RG-Tiefpunkt aus noch ein Gefälle ins Gelände, zu einem Vorfluter besteht.
2. Pumpen mit Motorantrieb
Für den Pumpeneinsatz wird ein Pumpensumpf hergestellt, der jeweils um 0,6 bis 0,8 m tiefer vorzutreiben ist als die anschließende Grabensohle, die dadurch schon während des Aushebens ziemlich trocken gehalten werden kann. Die Länge des zu entwässernden Grabenstückes soll bei Pumpenwasserhaltung 300 m nicht überschreiten, bei Gräben mit größerem Gefälle sind wegen der spülenden Wirkung des Wassers möglichst kurze Strecken zu wählen.
Motorpumpen haben meist Dieselmotoren, da am Rohrgraben oft kein Strom verfügbar ist. Kleine Maschinensätze bis etwa 20 m^3/h haben auch unmittelbar gekuppelte Benzinmotoren.
Sehr praktisch sind elektrische Schmutzwasserpumpen bis zu etwa 30 l/s, die einfach in den Graben gestellt werden und auch bei Trockenlauf keinen Schaden erleiden.
Bei großem Wasserandrang, wenn etwaige Unterbrechung der Wasserhaltung unerwünscht ist, muß für genügende Maschinenreserve gesorgt werden.
3. Dränung des Rohrgrabens
Die Entwässerung des Rohrgrabens kann in beiden o.g. Fällen durch eine längs im Rohrgraben verlegte Dränage unterstützt werden. Die Dränrohre sind allseits mit etwa 10 cm feinmaterialfreiem Kies oder Split zu umhüllen. Nach Abschluss der Rohrverlegung muss die Dränage in regelmäßigen Abständen unterbrochen werden um eine andauernde Längsströmung des Grundwassers im Rohrgraben zu verhindern.
4. Grundwasserabsenkung
Wenn der Wasserandrang sehr groß ist, wenn z. B. der Grundwasserspiegel knapp unter Gelände steht und das Gebirge sehr durchlässig ist, kann eine Grundwasserabsenkung erforderlich werden,

7.6 Rohrleitungsbau 663

wobei längs des RG mehrere Brunnen hergestellt und mit Einzelpumpen oder mit gemeinsamer Saugleitung und einer Pumpe abgepumpt werden. In Feinsanden oder Schluffen, die ihr Wasser nur sehr schwer abgeben und daher zum Fließen und Grabeneinsturz neigen, wird zweckmäßig das Vacuumverfahren angewandt. Man entzieht dem Boden das Wasser durch Reihen von eingespülten „Lanzen" beiderseits des Grabens. Dies sind kleine Brunnen, unterhalb des Wasserspiegels mit Filtern versehene Rohre von 40–50 mm Lichte (ähnlich den Schlagbrunnen) in 1 bis 1,5 m Abstand, die luftdicht meist mit Schläuchen an Sammelleitungen angeschlossen sind, in denen durch Vacuumpumpen ein Unterdruck erzeugt wird. Spezielle Pumpensätze für diesen Zweck, gegliedert in Vacuum- und Schmutzwasserpumpe; Schaltung durch Automatik, so daß entweder die Luft- oder die Wasserpumpe oder auch beide Pumpen in Betrieb sind.

7.6.2.1.9 Sohlenbefestigung

Die Grabensohle muss als Auflager der Rohrleitung eine gleichmäßige Druckverteilung sicherstellen. Sie ist so herzustellen, dass die Rohrleitung auf der ganzen Länge gleichmäßig aufliegt. Ist die Tragfähigkeit des Bodens längs einer Strecke nicht immer gleich, so ist beiderseits der Übergangsstelle von der einen zur anderen Bodenart der RG um 15 cm tiefer auszuheben und eine Schüttung aus geeignetem, steinfreien verdichtungsfähigem Material über mehrere Rohrlängen einzubringen. Hierdurch erhält die Grabensohle eine gewisse Elastizität, und Spannungen im Rohr werden vermieden.

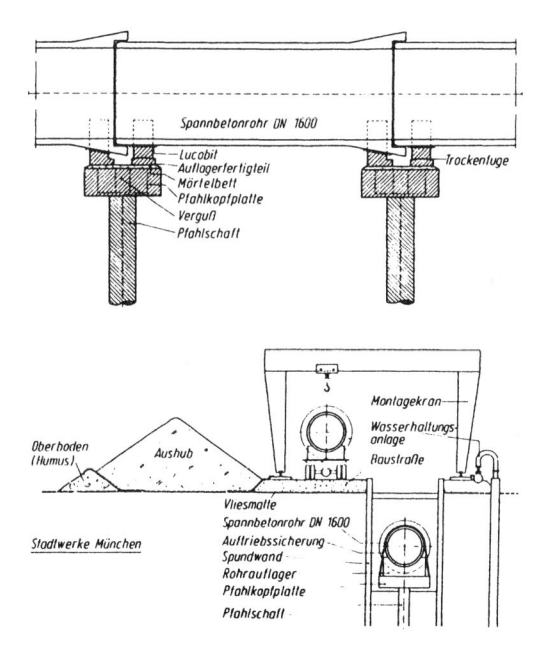

Abb. 7-112: Sohlenbefestigung durch Pfahlgründung

Bei wenig tragfähiger Sohle des Grabens wird die RL dadurch gestützt, daß in den um 30 bis 40 cm tiefer ausgehobenen Graben zunächst eine Schotterpackung von etwa 20 cm Höhe eingebracht wird, auf welche, wie oben, 15 cm geeignetes, steinfreies verdichtungsfähiges Material geschüttet werden. Kann dem Boden eine Belastung durch die RL überhaupt nicht zugemutet werden, so ist die aus bruchsicheren Rohren hergestellte Leitung auf Pfahlroste (**Abb. 7-112**) zu legen. Dies ist in der Regel in Moor, Schlick und Fließsand nötig. Jedes Pfahljoch besteht aus 2 Pfählen, dem darüber befestigten Riegel als Rohrlager mit 2 Keilen zum Festlegen des Rohres. Die Pfähle werden eingerammt. Die Rammtiefe richtet sich in der Regel nach der Tiefenlage festerer Bodenschichten und Proberammung.

Man ordnet bei Muffenrohren für jede Muffe ein Pfahljoch an. Die Sicherheit der Rohrauflage muß in diesen Fällen jeweils nachgewiesen werden. In felsigem und steingem Untergrund – wenn eine Punktlagerung der Rohrleitung zu befürchten ist – muss der Rohrgraben tiefer ausgehoben und eine untere Bettungsschicht aus geeignetem, steinfreien verdichtungsfähigem Material hergestellt werden. Die untere Bettungsschicht muss für Rohre bis DN 250 mindestens 10 cm, für Rohre größer DN 250 mindestens 15 cm unter dem Rohrschaft, unter Muffen, Flanschen An- und Einbauteilen aufweisen. Das Material muss dem DVGW Arbeitsblatt W 400-2, Anhang G entsprechen (**Tab. 7-59**).

7.6.2.1.10 Wiedereinfüllen des RG nach dem Einlegen der Rohre

Der verfüllte RG soll sich nicht setzen, um die landwirtschaftliche Nutzung der Trasse nicht zu behindern und im Straßenbereich den Verkehr nicht zu gefährden.

Das Wiedereinfüllen in der sog. „Leitungszone", das ist der Rohrgrabenbereich von der Grabensohle bis in der Regel. 30 cm über dem Rohrscheitel, muss sehr sorgfältig geschehen. Es darf dazu nur verdichtungsfähiges und steinfreies Material (**Tab. 7-59**)verwendet werden. Die Leitungszone ist lagenweise zu verfüllen und zu verdichten. Die Verdichtung erfolgt mit, an die Grabengeometrie und das Rohrleitungsmaterial angepassten, leichten dynamischen Verdichtungsgeräten.

Tab. 7-59: Richtwerte für Materialien in der Leitungszone (DWGW W 400-2, Anhang G)

Rohrmaterial		Umhüllung	Korngröße rundes Material	Korngröße gebrochenes Material
duktile Gussrohre		Zink/Bitumen c)	0 – 32 mm Einzelkörner bis max. 63 mm	0 – 16 mm Einzelkörner bis max. 32 mm
Stahlrohre und duktile Gussrohre		PE – N a)	0 – 4 mm Einzelkörner bis max. 8 mm	0 – 5 mm Einzelkörner bis max. 8 mm
Stahlrohre und duktile Gussrohre		PE – V a)	0 – 4 mm Einzelkörner bis max. 8 mm	0 – 5 mm Einzelkörner bis max. 10 mm
Stahlrohre und duktile Gussrohre		ZM	0 – 63 mm Einzelkörner bis max. 100 mm	0 – 63 mm Einzelkörner bis max. 100 mm
PVC-U-Rohre, PE 80- und PE 100-Rohre	≤ DN 200		0 – 22	Brechsand-Splitt-Gemisch 0 – 11
	> DN 200 ≤ DN 600		0 – 40	
PE-Xa			0 – 63	0 – 63
GFK-Rohre			b) • DN ≤ 400: 0 – 16 mm Einzelkörner bis max. 16 mm • DN > 400: 0 – 32 mm Einzelkörner bis max. 32 mm	

a) siehe DIN 30670 und DIN 30674-1

b) Bei hohen Grundwasserständen oder drückendes Schichtenwasser sind besondere Maßnahmen zur Verhinderung des Ausspülens von Feinanteilen zu treffen (z. B. feinteilfreies Material bis DN 400, Korngröße 10 – 15 mm, größer DN 400, Korngröße 15-20 mm, oder Einbau eines Vlieses Umhüllung der Leitungszone etc.)

c) Die Umhüllung wird in Abhängigkeit der Boden-Aggressivität nach DIN 30675 Teil 1 und Teil 2 gewählt.

Diese Tabelle wird entsprechend der Weiterentwicklung der Produktzertifizierung des DVGW fortgeschrieben.

Eine maschinelle Verdichtung mit Geräten bis 100 kg ist in der Regel erst über 75 cm über dem Rohrscheitel zulässig. Auch in diesem Bereich sollte die Verfüllung in Schichten nicht über 50 cm erfolgen. Wichtig ist das Verdichten der unteren und oberen Bettungsschicht (Auflagerzwickels), um ein nachträgliches Setzen der RL zu vermeiden.

In Straßen, deren Untergrund aus bindigen Böden besteht, muß anstelle des Aushubmaterials geeignetes Fremdmaterial ggf. nach Anforderung des Straßenbaulastträgers eingefüllt werden, da bindige Böden sich nicht in angemessener Zeit verdichten lassen und es bei ihnen zu späteren Setzungen kommen kann. Die Straßenbauverwaltung verlangt für die in ihrem Bereich verlegten Leitungen, daß bei nichtbindigen Böden dabei eine Lagerungsdichte von 97 % der einfachen Proctordichte erreicht werden muß. Entscheidungshilfe für das einzusetzende Gerät und die Arbeitsweise kann das „Merkblatt für das Zufüllen von Leitungsgräben" der Forschungsgesellschaft für Straßen- und Verkehrswesen, Postfach 50 13 62, 50973 Köln, sein. Es enthält u. a. eine Gerätetabelle über alle Verdichtungsgeräte mit Angabe der lockeren Schütthöhen.

7.6.2.2 Einbauen der Rohrleitung

7.6.2.2.1 Abnahme der Rohre und Formstücke

Die Prüfung der Rohrleitungsteile erstreckt sich auf: Vollständigkeit der Lieferung, Vorhandensein der Verschlusskappen, äußere Beschaffenheit (insbesondere des Rohrinnen- und Außenschutzes), Maßabweichungen, die saubere Bearbeitung der Dichtungsflächen von Flanschen sowie auf die Kennzeichen (Druckstufe, DIN, Hersteller usw.). Darüber hinaus ist zu prüfen, ob nicht die Muffenkammern einseitig voll Bitumen gelaufen sind und ob die Dichtring unbeschädigt und sauber sind. Zunächst sollen mindestens 10 % der angelieferten Rohre, Formstücke und Armaturen stichprobenweise geprüft werden (bei kleinen Lieferungen mehr). Werden Mängel festgestellt, ist die ganze Lieferung zu prüfen.

Die Prüfung an der Übergabestelle oder Baustelle kann wie folgt durchgeführt werden: Messen der Wandstärke an verschiedenen Stellen des Umfanges mit der Schieblehre; Prüfen der Schichtdicke des Innen- und Außenschutzes mit einem Dickemeßgerät; Zusätlich kann der Außenschutzes mit einem Porenprüfgerät mittels einer der Rohrisolierungsart bzw. Isolierungsdicke entspr. Prüfspannung (z. B. 25 kV) geprüft werden; Funkenüberschlag bedeutet ungenügenden Außenschutz (schadhaft oder zu dünn).

Beanstandete Rohrleitungsteile sind unverzüglich und mit Sicherheit von jeder Verwendung auszuschließen. Über die Abnahme wird eine Niederschrift angefertigt.

7.6.2.2.2 Transport

Beim Transport muß vorsichtig mit den Rohrnetzteilen umgegangen werden. Die RL stellen den Hauptwert der Wasserverteilungsanlagen dar, ihre Lebensdauer darf nicht durch Transportschäden gemindert werden. Die Rohre dürfen nicht vom Eisenbahn- oder Lastwagen herabgeworfen, auch nicht auf schiefen Ebenen frei abgerollt werden, so daß sie gegen den Boden oder gar gegeneinander prallen. Schutzanstriche oder Umhüllungen dürfen nicht beschädigt werden. Jedes Schleifen oder Rollen der Rohre am Boden ist nicht zulässig. Zum Abladen und Transportieren sind geeignete Geräte (z. B. Bagger, Gabelstapler, Ladekran) mit ausreichender Tragkraft einzusetzen, die ein stoßfreies Heben und Senken gewährleisten. Die Anschlagmittel dürfen die Rohre nicht beschädigen, deshalb sollen nur Gurte, oder gepolsterte Seile oder Ketten eingesetzt werden.

Müssen Rohre zwischengelagert werden, so sind zunächst auf dem Boden Kanthölzer mit gebrochenen Kanten auszulegen und nach jeder Rohrlage ebensolche dazwischenzugeben, wobei die äußeren Rohre gegen Herausrollen durch festgenagelte Keile zu sichern sind. Die werkseitigen Rohrverschlüsse müssen während des gesamten Transportes bis zur Verlegung an den Rohrenden verbleiben.

7.6.2.2.3 Ausbessern von Schäden

Beschädigungen des Außenschutzes an einzelnen Rohren sind grundsätzlich vor dem Einbau der Rohre in den RG zu beheben. Rost muß entfernt und darauf das Rohr mit geeignetem Schutzmittel nachbehandelt werden. Eine nochmalige Prüfung auf der Baustelle nachgebesserter Außenhüllen mit dem Porenprüfgerät vor dem Einbauen ist empfehlenswert. Wegen der im Einzelfall zu wählenden Schutzmittel ist Rücksprache mit dem Rohrhersteller, der sie in der Regel auch liefert zu nehmen. Zum Korrosionsschutz von Baustellen-Schweißnähten ist eine auf die Zahl der Verbindungen abgestellte Menge von Isoliermaterial anliefern zu lassen.

7.6.2.2.4 Anbringen eines zusätzlichen Außenschutzes

Der für metallisch Rohrleitungen erforderliche Außenschutz (z. B. Bitumen-Beschichtung, Elektrolytische Kunststoffbeschichtung, PE-Beschichtung, Verzinkung, Zementmörtelumhüllung) wird in der Regel werkseitig aufgebracht. Eine Ausnahme bilden die PE-Folienschläuche für GGG-Rohre nach DIN 30674-5 für verzinkte und bituminierte Rohre. Die Folienschläuche lassen sich auf der Baustelle leicht anbringen, wenn das Rohr in einem Hebeband hängt.

Bei der *Verwendung von Schlauchfolien* ist folgendes zu beachten:

– Die Rohre müssen sauber und trocken sein
– Die Folien dürfen nicht in der Sonne lagern
– Die Folien dürfen nicht beschädigt sein: geringe Fehlerstellen mit Kunststoffband ausbessern (wird mitgeliefert)
– Die Folie muss eng am Rohr anliegen, die dreischichtige Falte nach oben legen
– An den Verbindungsstellen müssen die Folien gegenseitig wirksam abgedichtet werden

Arbeitsgang zum Anbringen der Folien:

1. Für Folien mit Schlauchdurchmesser-Muffen = Außendurchmesser
– Schlauch 0,6 bis 0,7 m länger als Rohr abschneiden
– Schlauch vom Spitzende des Rohres her überschieben
– Rohrmuffe und Spitzende auflagern, Hebeband abnehmen
– Schlauch ausstrecken, Längsfalte umlegen und mit Klebeband festhalten; Rohrenden bleiben noch frei
– Hebeband über dem Schlauch anlegen
– Schlauch bis Muffenende ausziehen, mit Klebeband anheften
– Schlauch am Spitzende ausziehen, sobald Rohrverbindung hergestellt ist; Schlauch über die Muffe des vorher verlegten Rohres und deren Schlauch ziehen und beide Schläuche verkleben
2. Für Folien mit Schlauchdurchmesser-Rohr = Außendurchmesser
– Wie oben 2. Schlauch bleibt gerafft,
– Rohr verlegen und verbinden,
– Rohr an Muffe anheben, soweit es abwinkelbar ist, Schlauch ausziehen und am Muffenhals und Spitzende verkleben,
– Freigebliebene Muffe mit einer Flachfolie überdeckend umhüllen, die vor der Muffenstirn durch einen kunststoffummantelten Bindedraht gehalten wird.

7.6.2.2.5 Verlegen der Rohre

Das Ablassen in den Graben hat sorgfältig, unter Beachtung der auch für den Transport (Abschn. 7.6.2.2.2) geltenden Vorgaben zu erfolgen. Bei Schraub- und Einsteckmuffen wird in der Regel an Tiefpunkten begonnen, wobei die Muffen üblicherweise hangaufwärts verlegt werden, so daß das Spitzende in die Muffe abwärts eingeführt wird.

Unmittelbar vor dem Ablassen und Verlegen der Rohre ist die Höhenlage der RG-Sohle zu prüfen und ggf. durch Einfüllen von steinfreiem Material zu korrigieren.

7.6 Rohrleitungsbau

In lehmigen, tonigen Böden wird die RG-Sohle bei längerem Offenhalten des Grabens durch Niederschlag- und Sickerwasser weich und verliert an Tragfähigkeit. Daher wird gewöhnlich der RG nur auf die Strecke einer Tagesleistung offen gehalten.

Etwa nötiger Ablauf für Tag- oder Sickerwasser (Dränage) ist an der RG-Sohle *seitlich* der Rohre anzulegen, um ein Aufweichen des Auflagers zu verhindern.

Jedes Rohr ist satt *auf seine ganze Länge* aufzulegen, für Muffen sind „Muffenlöcher" entsprechend tiefer auszuheben.

Die verlegte RL ist schließlich nach Seite und Höhe einzufluchten. Seitlich wird nach dem Auge ausgerichtet, der Höhe nach durch das Aufsetzen des Rohrkreuzes und Visieren über die RG-Profile. Das Rohrkreuz ist um den Außendurchmesser der Rohre kürzer als das Grabenkreuz. Mit dem Rohrkreuz wird die Höhenlage bei Muffenrohren schon nach dem Verlegen jedes einzelnen Rohres geprüft, bei geschweißten St-Rohren etwa alle 10 m. Üblich und einfacher ist die Verlegung mit Hilfe eines Baulasers.

7.6.2.2.6 Verbinden der Rohre

Für das Verbinden der Rohre gelten die Vorschriften der Hersteller. Im folgenden sind nur die am meisten verwendeten Verbindungsarten beschrieben. Zur Herstellung der Verbindungen dürfen nur geschulte und erfahrene Fachkräfte eingesetzt werden.

Zum Schutze der Leitung gegen innere Verunreinigung ist eine Rohrbürste mit einem um 1 m längeren Stiel, als einer Rohrlänge entspricht, dem Arbeitsfortschritt entsprechend nachzuziehen. Die Bürste muß satt in das Rohr passen und länger sein als DN. Ab DN 400 werden zweckmäßig dreigliedrige Bürsten verwendet. Die Bürstenkörper dürfen nicht zu schwer sein, da sonst die unteren Borsten abgeknickt werden und dadurch die oberen nicht mehr satt an der Rohrwand anliegen.

Wird die Verlegearbeit unterbrochen, so sind alle Rohröffnungen durch Verschlüsse zu sichern, um das Eindringen von Fremdkörpern, Kleintieren usw. sicher zu verhindern.

Können Schmutz, Oberflächenwasser oder Fremdkörper (z. B. Werkzeug, Reingungslappen) im Rohr verbleiben, so wird der Erfolg der späteren Spülung und Entkeimung in Frage gestellt.

1. Verbindungen von Rohren aus duktilem Gusseisen

1.1. bei *TYTON-Muffen:*
– Muffe mit Stahlbürste gut reinigen, etwa in den Nuten zusammengelaufenes Bitumen entfernen. Desgleichen Spitzende mit Stahlbürste oder Schaber reinigen.
– Dichtringsitz in der Muffe mit dem vom Rohrwerk mitgelieferten Gleitmittel einstreichen (Pinsel).
– Dichtring reinigen, herzförmig zusammendrücken, in die Haltenut richtig einsetzen und glatt andrücken.
– Dichtring dünn mit Gleitmittel streichen.
– Spitzende mit Gleitmittel streichen und bis zum Dichtring in die Muffe einführen. Dann Rohr einfluchten und mit einem Hebel (bis DN 125) und Druck gegen die Muffe des einzuschiebenden Rohres oder mit einem Gabelwerkzeug (DN 150 bis 300) oder einer Zugratsche, einem Hub- oder Kettenzug (DN 350 bis 600) in die Muffe so weit einführen, daß der erste weiße Markierungsstrich gerade verschwindet, der zweite aber noch vollständig sichtbar bleibt.. Sitz des Dichtringes mit Taster prüfen.

Erst nach Herstellung der Verbindung dürfen die Rohre – wenn nötig – abgewinkelt werden (bis DN 300 um 5°, DN 400 um 4°, DN 500/600 um 3°).

Sind Rohre auf der Baustelle auseinandergeschnitten worden, und sollten die Stücke wieder verwendet werden, so sind die Schnittflächen der neu entstandenen Spitzenden mit einer Handschleifmaschine gut zu runden, mit Bitumen nachzustreichen und die Strichmarkierungen wie an einem normalen Rohrende anzubringen.

Abschneiden von Rohren erfolgt am besten mittels Trennscheibe – bei Rohren mit ZM-Auskleidung mittels Gestein-Trennscheibe.

Tab. 7-60: Abstandsmaß L mm

DN	L
500	208
600	213
700	219
800	224
900	230
1 000	235
1 200	246

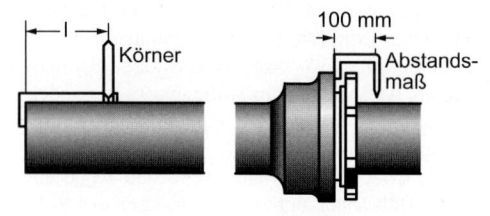

Abb. 7-113: Abstand f. Stopfbuchsenmuffen

1.2. bei Stopfbuchsenmuffen:
- Muffe und Spitzende reinigen wie oben. Abstandsmaß gemäß **Tab. 7-60** mittels Anschlaglehre und Körner auf dem Spitzende einschlagen und mit Ölkreide markieren (**Abb. 7-113**). Durch das Einhalten des Abstandes wird erreicht, daß das Spitzende nicht am Muffengrund anliegt, um Zwängen der Verbindung zu vermeiden, besonders beim Abwinkeln.
- Stopfbuchsen- und Dichtring reinigen und ohne Gleitmittel hinter die Körnermarke auf das Spitzende schieben.
- Spitzende mit Hebevorrichtung in die Muffe einschieben und einfluchten, Dichtring gleichmäßig tief in die Muffe schieben.
- Mit Abstandsmaß 100 mm prüfen, ob Spitzende richtig sitzt.
- Stopfbuchsenring vor den Dichtring schieben und mit zwei am oberen Umfang eingelegten Hartholzkeilen zentrieren.
- Hammerschrauben und Muttern – die vorher mit Bitumenlack überstrichen wurden, einsetzen und der Reihe nach stets zwei gegenüberliegende Muttern mit Ringschlüssel anziehen.
- Dichtring sitzt dann richtig, wenn sich der Stopfbuchsenring gleichmäßig am Umfang wenigstens 6 mm tief in den Dichtring eingequetscht hat. Am Umfang mindestens 3 Messungen.
- Erst dann – wenn erforderlich – Rohr abwinkeln, maximal 3°.

1.3. bei Schraubmuffen:
- Rohrspitzende und Muffe gründlich reinigen.
- Abstandsmarke gemäß **Tab. 7-61** mit Lehre und Körner am Spitzende einschlagen und markieren (wie **Abb. 7-113**).
- Schraubringgewinde und Druckfläche reinigen, den Schraubring ggf. mit Druckring über das Spitzende bis über die Körnermarke und den Gummidichtring bis vor die Marke schieben, Gewinde samt Druckfläche dünn mit Gleitmittel bestreichen, desgl. die Muffe im Inneren.
- Spitzende in die Muffe einführen und zentrieren. Bei kleinem DN mit Hand, bei großen – ab 150 – bleibt das Rohr im Hebezeug. Gummiring, ggf. mit Gleitring, mittels Holzstäbchen in die Muffe bis Anschlag einschieben. Sitztiefe des Spitzendes mit Abstandsmaß 100 mm prüfen.
- Schraubring von Hand eindrehen, dann mit Hakenschlüssel und von Hand, schließlich durch Hammerschläge auf den Hakenschlüssel oder durch Holzramme (Abb. 7-136) anziehen.
- Abstandsmaß nochmals nachprüfen.
- Erst dann, wenn erforderlich, Abwinkeln des Rohres, maximal 3°.
- Rohr sofort satt unterfüllen und durch Erdauflast beschweren, damit für die Herstellung der nächsten Muffe ein fester Halt vorhanden ist.

Tab. 7-61: Abstandsmaß mm für SMU und SLM (Langmuffe)

DN	40	50	65	80	100	125	150	200	250	300	350	400	500
SMU	169	172	175	179	183	186	189	195	201	206	208	211	
SLM					222		227	231	233	235		240	

7.6 Rohrleitungsbau

Tab. 7-62: Gewicht für Hammer und Ramme

DN bis	100	150	300	400
Hammer (kg)	2	3	–	–
Ramme (kg)	–	–	25	40
Querschnitt der Ramme cm • cm	–	–	12 · 12	15 · 15

1.4. Flanschverbindungen:
– sollen im Erdreich grundsätzlich vermieden werden. Längskraftschlüssigen Steckmuffenverbindungen bieten überzeugende technische und wirtschaftliche Vorteile
– Falls unvermeidlich, wird der Übergang von Rohren auf Flansche, z. B. bei Armaturen, durch E- oder F-Stücke hergestellt.
– Zur Dichtung der Flansche sind Vollgummidichtungen zu verwenden.
– Eingeerdete Schrauben und Muttern sollen aus rostfreiem Stahl bestehen, aber trotzdem sehr sorgfältig mit Schutzbinden umhüllt werden. Am besten ist es, die beiden Flansche einer Verbindung samt Schrauben in ein und dieselbe Hülle einzubetten. Es sind heute Binden und Schrumpfmannschetten auf dem Markt, die bei sachgemäßer Anwendung Schutz gegen Korrosion bieten.
– Die Schrauben von Flanschverbindungen sind jeweils „über Kreuz" anzuziehen, um eine gleichmäßige Anpressung zu erreichen; am Schluß sind sie alle nochmals nachzuziehen.

2. Verbindungen von Stahlrohren
2.1. bei Schraubmuffen:
Die Verbindung wird hergestellt wie an Schraubmuffenrohren aus GGG. Sie kommt nur noch in Reparaturfällen in Betracht.

2.2. bei Schweißverbindungen allgemein:
– Leitungen mit Schweißverbindungen können sowohl im Graben zusammengebaut werden, als auch oberhalb desselben, und zwar entweder zur kontinuierlichen Verlegung – Leitung hängt an 4 bis 5 Seitenbaumraupen und wird am Grabenrand geschweißt, bezüglich des Korrosionsschutzes nachbehandelt und dann laufend abgelassen (**Abb. 7-114**) – oder in Strängen von größerer Länge zum Ablassen des Stranges und Anschweißen an den vorher abgesenkten Strang mit einer im Graben herzustellenden Naht.
– Beim Ablassen ist zu achten, daß die zulässigen Materialspannungen nicht überschritten werden.
– Die Längsnähte geschweißter Rohre sind so gegeneinander zu versetzen, daß sich die Längsnähte und die Rundnaht nicht kreuzen (**Abb. 7-115**).
– Bei Regenwetter sollte nur unter Zelten geschweißt werden. Der fertig verschweißte Strang kann zur Vorprüfung vor dem Versenken mit Druckluft – etwa 2 bar abgedrückt werden, wobei man die Schweißnähte mit Seifenwasser bestreicht, so daß Undichtheiten an der Blasenbildung erkannt werden.
– Es ist elektrisch zu schweißen. Die Schweißer müssen ihre Eignung gem. DIN 8560 oder 2471 nachweisen, und zwar Gruppe R Ia bis Wanddicke 6, R Ib für Wanddicke 6 ... 16 mm. Auch die Arbeit geprüfter Schweißer muß laufend überwacht werden; für jeden Schweißer ist eine Aufzeichnung über die von ihm hergestellten Nähte und ihre Güte zu führen. Nach DVGW-Arbeitsblatt GW 1 können Schweißnähte geprüft werden: durch Besichtigen und Messen (alle Nähte), mittels

Abb. 7-114: Ablassen mit Seitenbaumraupen

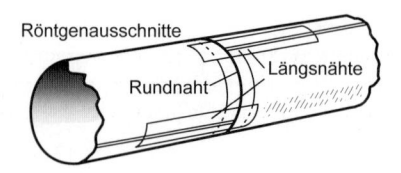

Abb. 7-115: Nahteinteilung zum Durchstrahlen

Durchstrahlung (5 bis 10 % aller Nähte, was vertraglich festzuhalten ist) oder mittels Ultraschallprüfung.
– Einbrandkerben an der Rohraußenfläche und neben der Wurzel an der Innenseite dürfen höchstens 1,0 mm tief und 50 mm lang und nicht an Ober- und Unterseite des gleichen Nahtquerschnittes vorhanden sein.
– Risse in der Naht sind unzulässig.
– Die Nahtüberhöhung an Stumpfnähten darf höchstens 3,0 mm sein; die Nahtfuge muß vollständig mit Schweißgut ausgefüllt sein; die Raupenbreite soll möglichst gering sein, jedoch 1 bis 2 mm über die Schweißfugenkanten hinausreichen.
– Die Nahtwurzel bei Stumpfschweißung darf bis 3 mm ins Innere hineinreichen; die Oberfläche der Schweißraupe muß fein- bis mittelschuppig sein.
– Hat keine Werksabnahme stattgefunden, so empfiehlt es sich, auch die Längsnähte von längsgeschweißten Rohren etwa 1 m ab Rohrende zu prüfen (**Abb. 7-115**).
– Die Schweißgüte wird klassifiziert nach „Collection of Reference Radiograph of Welds" mit Gütegraden Schwarz, Blau, Grün, Braun und Rot (Nähte Braun und Rot sind zu verwerfen), nur durch Schweißfachingenieure, Personen mit ausreichender Erfahrung und Prüfanstalten.
– Vor der Auftragserteilung an die Schweißfirma ist zu regeln, wieviel % der Nähte geprüft werden, wie viele anstelle einer verworfenen Naht zusätzlich geprüft werden, bei welcher Fehlerhaftigkeit Schweißer abzulösen sind und wer die Kosten der Prüfung zu tragen hat. Meistens übernimmt der Bauherr diese Kosten und ist dann wegen der Zahl der Prüfstücke frei. Nur für verworfene Nähte und für Wiederholungsprüfungen sollten die Kosten dem Auftragnehmer aufgebürdet werden.
– Ultraschallprüfungen auf Baustellen der WV dienen im Allgemeinen zur Prüfung der Nähte auf Längsfehler.

2.3. bei *Stumpfschweißung*:
– Die mit abgeschrägten Enden gelieferten Rohre werden stumpf gestoßen und zuerst geheftet, wobei man durch besondere Zentrierschellen die beiden Rohrenden in der richtigen Lage festhält.
– Sodann folgt die von außen herzustellende V-Naht, wobei durch die ganze Blechstärke durchgeschweißt wird. Die ZM-Auskleidung im Rohr reicht nur etwa auf 20 mm an die Nahtstelle heran und wird nicht beeinträchtigt.
– Sodann wird von innen her der etwa 40 mm breite Raum zwischen den Enden der beiderseitigen ZM-Werksauskleidung mit einer Nachspachtelmasse gefüllt. Zement, Kunststoffdispersion und Sand werden vom Rohrhersteller in entsprechender Mischung mitgeliefert. Die zu verspachtelnde Rohrwand ist vorher zu säubern, auch von Schlacke, Schweißzunder und Schweißperlen, sodann mit Wasser anzufeuchten.
– Die Leitung darf frühestens 24 Stunden nach dem Spachteln gefüllt werden Bei Frost oder Frostgefahr darf nicht nachgespachtelt werden.Die Schweißnaht ist in **Abb. 7-11** und **Abb. 7-12** dargestellt.
– Müssen Rohre geschnitten werden, auch zur Herstellung von Segmentkrümmern, so kann dies mit dem „Autogen-Fugenhobler" geschehen. Durch die Temperatur reißt die ZM-Schicht an der Trennstelle richtig ab. Verwendet man einen umlaufenden Schneidstahl, so kerbt dieser die ZM-Auskleidung nach dem Durchschneiden der Stahlrohrwand ein: sie bricht an der Trennfuge ab. Mit einer Perlonscheibe können Stahl und ZM glatt durchgeschnitten werden.

7.6 Rohrleitungsbau

- Wird eine durchgehende Zementmörtelauskleidung gewünscht, so können auch Rohre kleineren DN stumpf verschweißt werden, deren ZM-Auskleidung dann bis zum Rohrende reicht. Nur unmittelbar am Rohrende bleibt eine kleine Nut im ZM zur Abfuhr der Schweißgase (**Abb. 7-11 b**). Der Spalt zwischen den stumpf gestoßenen ZM-Auskleidungen beider Rohre wächst in hinreichender Weise zu (zusintern).

2.4. bei *Einsteckschweißmuffen*:
- Diese Verbindung eignet sich für kleine, nicht begehbare DN, weil das Ausbessern der ZM-Auskleidung von außen her möglich ist (Abb. 7-12). Sie bietet einen lückenlosen Innenschutz, der auch für aggressives Wasser geeignet ist. Die erforderliche Schweißnaht ist eine Sonderform der Kehlnaht. Sie stellt hohe Anforderungen an die Ausführung.
- Zum Einbringen des Mörtels wird in den Muffenkopf vor dem Zusammenbau der Rohre Mörtelmasse eingebracht. Wulstbildungen, die nach dem Zusammenschieben der Rohre durch zuviel eingebrachten Mörtel entstehen, werden durch einen Molch (Abb. 7-116) entfernt. Hierdurch entsteht eine gleichmäßige durchgehende ZM-Auskleidung im ganzen Rohrstrang.
- Gut geeignet sind auch Molche aus Kunststoffschaum, die man allgemein für die Entwässerung oder Reinigung einer Leitung benutzt. Es wird empfohlen, diese Molche jedoch um eine DN geringer zu wählen, damit sie ohne Schwierigkeiten durch die ZM-Stahlrohre zu ziehen sind.
- Es hat sich auch ein in den Kunststoffmolch eingelegter aufblasbarer Schlauch gut bewährt, der erst vor dem Zusammenfahren der Rohre aufgeblasen wird. Nach dem Anrichten der Muffen kann die Luft wieder abgelassen werden, so daß der Molch ohne großen Kraftaufwand und schonend an die nächste Verbindung vorgezogen werden kann, was die Lebensdauer der Molche erhöht.
- Arbeitsgang des Verschweißens:
- Befestigen je einer Rohrschelle an Muffenkopf und Einsteckende. Stoßfläche der ZM-Auskleidung im Muffenkopf mit Wasser benetzen und unter etwa 60° gleichmäßig mit Nachspachtelmasse füllen. Den vorher eingeführten Molch vorziehen.

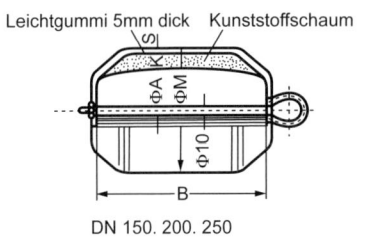

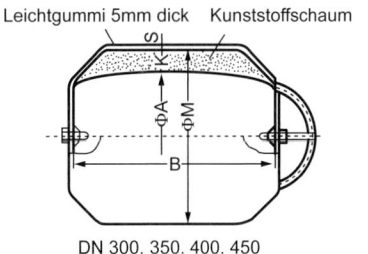

Abb. 7-116: Molche (groß und klein)

Tab. 7-63: Maße für Molche in mm

Rohrabmessungen DN	Außendurchm.	Holzkern A	B	Dicke des Kunststoffs	Durchmesser d. Molches
150	159	60	250	40	143
	168,3	70	250	40	152
200	219,1	125	300	40	203
250	273	160	300	50	254
300	323,9	219,1	300	40	302
350	355,6	273	300	30	334
400	406,4	323,9	300	30	383
450	457,2	355,6	350	40	434

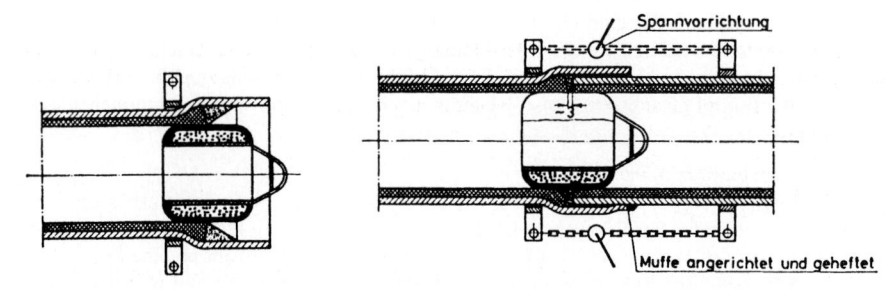

Abb. 7-117: Das Nachziehen der Molche

- Einfahren des ebenfalls benetzten Einsteckendes und Zusammenziehen der beiden Rohrenden durch eine Spannvorrichtung. Zwischen Muffe und Einsteckende Zentrierkeile stecken (**Abb. 7-117**).
- Muffenende an 3 bis 4 Stellen falls erforderlich warm anrichten und durch Elektroschweißung heften. Entfernen der Abstandshalter (Zentrierkeile). Spannvorrichtung lösen. Muffenende falls erforderlich vollständig warm anrichten. Molch aus dem Bereich der Verbindungsstelle herausziehen bis zur nächsten Verbindungsstelle. Verbindung mittels Elektroschweißung fertig verschweißen.

2.5. bei *Überschiebemuffen*:
- Diese Verbindung ist wie eine Einsteckschweißmuffe zu behandeln (**Abb. 7-12**). Sie kommt für Anschlüsse oder Reparaturen in Betracht.

2.6. bei *Flanschverbindungen*
- gelten grundsätzlich die Ausführungen zu Flanschverbindungen im Erdreich bei GGG-Rohren. Flanschen können an die Rohre im Werk und auf der Baustelle angeschweißt werden.
- Die ZM-Auskleidung läßt sich vor dem Zusammenflanschen von Hand ausbessern oder vervollständigen.

3. Verbinden von Kunststoffrohren aus PVC
Heute sind bei erdverlegten Leitungen nur noch Steckverbindungen üblich, die sich ähnlich den TYTON-Muffen bei Gußrohren verbinden lassen. Soll eine kraftschlüssige PVC-Leitung hergestellt werden, z. B. in Kanälen und Schächten sowie bei Düker u. Brückenleitungen, sind Klemmschellen aus Metall erhältlich, früher verwendete Klebeverbindung haben sich nicht bewährt.
Infolge ihrer Elastizität können PVC-Rohre auch in schlanken Bögen verlegt werden.
Da sie druckempfindlich sind, ist für Steinfreiheit des Auflagers im RG zu sorgen. Dauernd wirkende Druckstellen mindern die Zeitstandsfestigkeit des Werkstoffes.

4. Verbinden von Kunststoffrohren aus PE
4.1. Lösbare Verbindungen:
Die Verbindungselemente für Rohre kleiner DN 125 bestehen zum einen aus 2teiligen Messing- oder Kunstoff-Klemm-Vorrichtungen, die miteinander verschraubt werden.
Zum Anderen werden Fittinge aus GG mit zylindrischen Anschlüssen verwendet, die durch mehrere konische Rillen in der Muffe das Herausziehen des einmal eingeschobenen Rohres verhindern; z. T. wird in die Innenzylinderfläche der Muffe auch ein Haltering aus Korund und ein dichtender O-Ring eingelegt. Trotz des zugfesten und völlig dichten Sitzes läßt sich die Verbindung mit Hilfe von Abziehschalen zerstörungsfrei lösen. Die GG-Stücke sind durch Epoxydharzbeschichtung korrosionsfest geschützt. Daneben gibt es auch eine Steckverbindung mit Bajonettverbindung, die überdies einen integralen Korrosionsschutz gewährleistet (**Abb. 7-18**).

7.6 Rohrleitungsbau

4.2. Nicht lösbare Verbindungen:
Dies sind Schweißverbindungen, wie sie vor allem bei Rohren größerer DN, ausgeführt werden. Durch elektrische Heizelemente werden die Rohrenden in einen schweißbaren Zustand versetzt und dann aneinandergepreßt. Die Enden müssen vorher eingespannt und ausgerichtet werden; für das ausreichende Aneinanderpressen sind Geräte für Werkstatt und Baustelle entwickelt worden.
Verwendet werden auch Elektroschweißfittinge, d. s. Formstücke aus PE, in deren Muffen Heizdrähte eingelegt sind. Ein Transformator mit Thermogerät schaltet den Strom ab, sobald die Schweißhitze erreicht und die Schweißung fertig ist.

7.6.2.2.7 Vervollständigen des Außenschutzes nach dem Verbinden der Rohre

Schäden am Rohraußenschutz sind schon vor dem Verlegen auszubessern. Werden auch nach dem Verlegen noch Schäden festgestellt, müssen diese vor dem Verfüllen des Rohrgrabens ausgebessert werden.
Bei erdverlegten Armaturen ist besonders auf den unversehrten Außenschutz zu achten, das gilt insbesondere für die Flanschisolierung und auch für Anbohrbrücken oder -schellen samt Zubehör.

7.6.2.2.8 Sicherung der Krümmer und Abzweige gegen Ausweichen

Die in den Leitungen auftretenden Axialkräfte erzeugen an Krümmern und Abzweigungen resultierende Schubkräfte, die eine Leitung auseinanderziehen, es sei denn, die Rohre sind kraftschlüssig miteinander verbunden. Ist dies nicht der Fall müssen die Leitungen an solchen Stellen abgestützt werden.
Dies geschieht in der Regel mit Beton, der zwischen Rohr und Grabenwand eingebracht wird und das Rohr so weit umfassen muß, daß es nicht ausweichen kann.
Die sich gegen die Grabenwand abstützende Betonfläche soll symmetrisch zur Rohrachse liegen; das Widerlager ist also ggf. tiefer als die Grabensohle und das Rohrauflager zu gründen. Liegt die Krümmung in der Vertikalen, so ist bei erdwärts gerichteter Resultierender der Beton unter das Rohr zu geben, bei aufwärts gerichteter Resultierender so viel Beton um und über das Rohr zu bringen, daß das Betongewicht um mindestens 20 % größer ist als die resultierende Kraft.
Ist der Boden nicht genügend tragfähig, um die Drücke aufzunehmen, so sind kraftschlüssige Verbindungen zu wählen (DVGW-Merkblatt GW 368 sowie DVGW Wasser-Information Nr. 49, Ausgabe 4/97). Bei Rohren aus GGG haben sich die Sicherungssysteme Tyton-Sit (Dichtring mit Stahlkrallen), Novo-Sit (mit Halterung) und TIS-K (mit Schweißwulst, zweiter Muffenkammer und Haltring) bewährt.
Die Sicherungen sind nicht für den Betriebs-, sondern für den Prüfdruck zu bemessen.
Ist d_a der Außendurchmesser des Rohres (der Wasserdruck wirkt auch auf die Stirnfläche des Rohres) in cm und p der Prüfdruck in bar, so beträgt der Axialschub

$$P = p \cdot d_a^2 \cdot \frac{\pi}{4}$$

Tab. 7-64: Axialschub P in daN (Deka-Newton). Gerundete Zahlenwerte. d_a für GGG-Rohre

DN		80	100	125	150	200	250	300	350	400	500
d_a (mm)		98	118	144	170	222	274	326	378	429	532
Prüfdruck (bar)	10	750	1100	1630	2270	3870	5900	8300	11200	14500	22200
	15	1130	1640	2450	3400	5800	8840	12500	16800	21700	33300
	21	1580	2300	3420	4760	8100	2440	17500	23600	30300	46700

Maßgebend für die senkrecht zur Rohrachse wirkende Schubkraft S ist der Winkel, in dem das Rohr verlegt ist. Aus diesem ergibt sich

$$S = 2\sin\frac{\alpha}{2} \cdot P(daN),$$

wenn α der Krümmungswinkel ist (**Abb. 7-118**)
Für gebräuchliche Winkel sind die Werte in **Tab. 7-65** enthalten.
Das DVGW-Arbeitsblatt GW 310 enthält Tabellen für die resultierenden Schubkräfte der hier angegebenen Winkel. Dort sind auch die erforderlichen Betonmaße für verschiedene zulässige Bodenpressungen σ_b zu entnehmen.
Das Widerlager wird so gestaltet, daß die Schubkraft sich unter 90° verteilt und zwar senkrecht und waagerecht zum Krümmungsmittelpunkt des Rohres (**Abb. 7-119**).

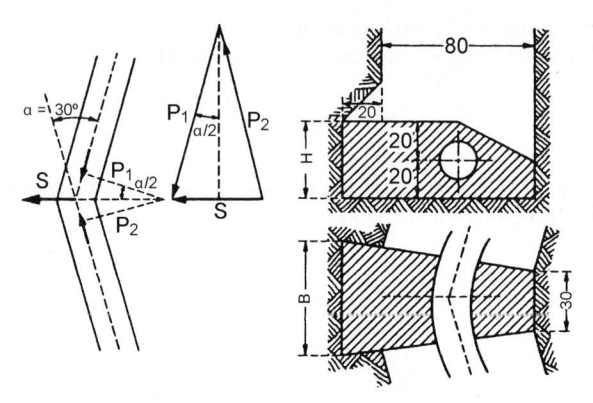

Abb. 7-118: Systemskizze zu Krümmersicherungen

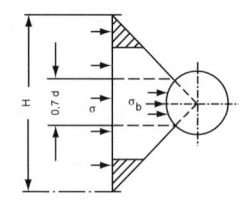

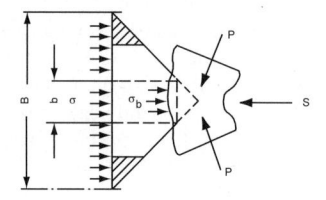

Abb. 7-119: Verteilung der Schubkraft

Tab. 7-65: Gebräuchliche -Winkel

Winkel	$2 \cdot \sin\frac{\alpha}{2}$	oder ungefähr
11 1/4°	0,196	0,2
22 1/2°	0,390	0,4
30°	0,518	0,5
45°	0,77	0,8
60°	1,0	1,0
90°	1,414	1,5

Hieraus ergibt sich die theoretische Breite B und Höhe H der Anlagefläche an die Grabenwand, die praktisch kleiner ist, weil die schraffierten Dreiecke bei der Ausführung wegfallen. Zu prüfen ist noch, ob die zulässige Druckbeanspruchung des Betons σ_b nicht überschritten wird (für B 160 ist

7.6 Rohrleitungsbau

$\sigma_b = 48$ daN/cm² und für B 225 ist $\sigma_b = 65$ daN/cm²), doch soll nur $\sigma_b = 20$ daN/cm² angenommen werden, da der Beton in der Regel zur Zeit der Druckprüfung noch nicht endgültig abgebunden hat. Die Fläche, auf welcher der Beton am Rohr anliegt, beträgt rd. $0{,}7\,d \cdot b$ (cm²) (**Abb. 7-118**, das Maß b kann aus Formstückzeichnungen herausgemessen werden).

Beispiel:
GGG-Rohre DN 200, Bogen 30°, Prüfdruck 15 bar, zuläss. $\sigma = 1$ daN/cm²
Axialkraft aus **Tab. 7-65**: $P = 5800$ daN
Schubkraft: $S = 0{,}5\,P = 2\,900$ daN
Erforderl. Anschlussfläche an der Grabenwand:

$$A = \frac{S}{\sigma} = \frac{2900}{1} = 2900\,\text{cm}^3$$

Bei $H = 40$ cm der Anschlussfläche wird $B = 72$ cm.
Anlagefläche des Betons am Rohr: $f = 0{,}7\,d \cdot b = 14 \cdot 22{,}5 = 315\,\text{cm}^2$

$$\sigma_b = \frac{S}{f} = \frac{2900}{315} = 9{,}2\,\text{daN/cm}^2$$

Abb. 7-120 zeigt einige Beispiele für Widerlager, auch für luftseitig gerichtete Schubkraft (Betongewicht mit 2,2 t/m³ annehmen!).

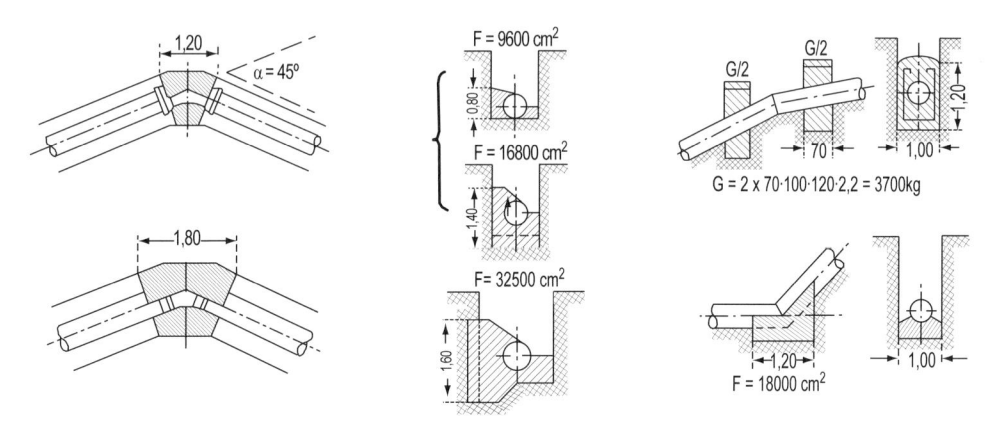

Abb. 7-120: Beispiele f. Krümmersicherungen

Da die Bögen für GGG-Rohre kurz sind, müssen die Widerlager größeren Ausmaßes etwa nach **Abb. 7-121** ausgebildet werden. Reicht der Raum am Bogen selbst nicht aus, so können beiderseits desselben an den Rohren noch zusätzliche Widerlager angebracht werden (**Abb. 7-122**). Fehlt eine tragfähige Grabenwand, z. B. in aufgeschüttetem Boden, so müßte die Schubkraft in die Grabensohle abgeleitet werden, woraus sich eine Betonmasse von

$$G = \frac{1}{\mu} \cdot S$$

ergibt (μ = Reibungszahl = 0,65 bei hartem, festem Boden, 0,45 bei mittlerem Boden, 0,3 bei nassem, lettigen Boden). Im Grundwasser liegende Betonsicherungen müßten noch dazu um den Auftrieb vergrößert werden. Da sich dabei verhältnismäßig große Betonmassen ergeben, sind in diesen

Fällen die Schubkräfte besser immer mittels längskraftschlüssiger Rohrverbindungen aufzunehmen. In GW 310 ist z. B. für eine RL von DN 500 und einem Bogen von 45° bei 15 bar Prüfdruck ein G = 40 t errechnet!

Hinweise für Herstellung und Einbau von zugfesten Verbindungen zur Sicherung nicht längskraftschlüssiger Rohrverbindungen gibt DVGW Arbeitsblatt GW 368. Zugfeste, längskraftschlüssige Rohrverbindungen sichern auch RL in Steilhängen; werden – um die Dränwirkung des RG in Steilhängen und damit die Unterspülung der RL zu verhindern – Betonriegel in den RG eingelassen, so sind die RL in oder auf diesen beweglich zu lagern, damit sie nicht durch die Betonriegel belastet werden.

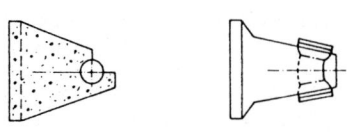

Abb. 7-121: Widerlager stark verbreitet

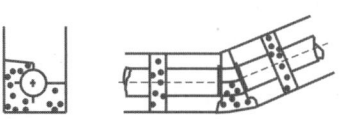

Abb. 7-122: Widerlager aufgelöst in 3 Teile

7.6.2.2.9 Überprüfung der Verlegearbeit

Vor dem Verfüllen des RG ist die fertig verlegte RL wie folgt zu überprüfen:

– Sind die Rohre nach Seite (mit den Augen erkennbar) und Höhe (durch Aufsetzen des Rohrkreuzes feststellbar) ausgerichtet?
– Liegen die Rohre satt auf der RG-Sohle (mit dem erforderl. Auflagerwinkel) auf?
– Lassen sich Schäden an den Rohren oder dem Außenschutz erkennen?

Das früher übliche Offenlassen der Verbindungen beim Verfüllen des RG bis nach der Druckprobe läßt sich heute wegen des Maschinenbetriebes mit seiner kontinuierlichen Arbeitsweise kaum mehr durchführen. Daher muß die RL sorgfältig gebaut und kontrolliert werden, um späteres Aufgraben von Fehlerstellen zu vermeiden.

7.6.2.3 Druckprüfung

7.6.2.3.1 Allgemeines

Rohrleitungen müssen vor der Inbetrieb- und Schlussabnahme einer Innendruckprüfung mit Wasser unterworfen werden, um die Dichtheit und die ordnungsgemäße Ausführung des Einbaus der Rohre, Armaturen, Formstücke, Verbindungen, sonstigen Rohrleitungsteilen und der Widerlager sicherzustellen. Druckprüfungen dürfen nur von sachkundigem Personal, das einschlägige Kenntnisse bezüglich der Rohrleitungstechnik, den Prüfverfahren und der Sicherheitsvorschriften besitzt durchgeführt werden.

Die Druckprüfung ist nach DVGW-Arbeitsblatt W 400-2 „TRWV Technische Regeln Wasserverteilungsanlagen" – Teil 2: Bau und Prüfung durchzuführen.

Das Arbeitsblatt unterscheidet drei grundlegende Prüfmethoden:

– die Druckverlustmethode
– die Wasserverlustmethode und
– die Sichtprüfung mit Betriebsdruck

7.6 Rohrleitungsbau

Als gängige Verfahren für die Praxis bei neu verlegten Wasserleitungen werden nur noch

– das beschleunigte Normalverfahren für Duktilguss- bzw. Stahlleitungen mit Zementmörtelauskleidung,
– das Normalverfahren für alle Rohrleitungen und
– das Kontraktionsverfahren für Kunststoffleitungen aus PE und PVC

angewandt.

7.6.2.3.2 Prüfstrecken

Die Rohrleitung kann im Ganzen oder, falls notwendig in Einzelprüfstrecken, mit denen sich etwaige Fehler leicht eingrenzen lassen geprüft werden. Die Prüfabschnitte werden so festgelegt, dass:

– der Prüfdruck an der tiefsten Stelle jeder Prüfstrecke erreicht wird und
– am höchsten Punkt jedes Prüfabschnittes mindestens das 1,1-fache des maximalen Systembetriebsdruckes (MDP) ansteht.

Üblich sind Prüfstrecken in Abhängigkeit von Gelände und DN bis 3000 m. Falls möglich sind als Endpunkte der Prüfstrecken Bauwerke (Schächte, Hochbehälter) zu wählen, da dort das notwendige Widerlager bereits besteht und die Leitung leicht getrennt und an der Trennungsstelle gut überwacht werden kann.

7.6.2.3.3 Sichern der Rohrleitung

An den Prüfstreckenenden muss die RL so gesichert werden, daß keine axiale Bewegung möglich ist. Ist der Axialschub nicht sehr groß oder gestattet der Boden, gegen den die RL abgestützt wird, hohe Pressungen, so kann es genügen, die RL gegen Bohlen in der Stirnseite des RG abzustützen. Die Enden der RL werden durch E- oder F-Stücke oder durch eine aufgeschweißte Blechscheibe verschlossen.
Für große Axialkräfte sind die Widerlager aus bewehrtem Beton herzustellen und samt der Absteifung statisch nachzuweisen.

7.6.2.3.4 Füllen der Rohrleitung

Das Füllen soll mit Wasser in Trinkwasserqualität ggf. mit Chlorzusatz zur gleichzeitigen Desinfektion sorgfältig so durchgeführt werden, dass die Leitung völlig luftfrei ist. Man füllt daher von unten nach oben und überzeugt sich davon, dass die autom. Entlüfter nach dem Entweichen der Luft dicht schließen. Um der Luft das Austreten zu ermöglichen, darf nicht zu rasch gefüllt werden, weil sonst Luftstöße entstehen. Als Füllvolumenströme kommen daher höchstens in Betracht:

Tab. 7-66: Füllvolumenströme

DN	Füllvol. str. l/s	DN	Füllvol. str. l/s	DN	Füllvol. str. l/s
40	0,1	100	0,3	300	3
50	0,1	150	0,7	400	6
65	0,15	200	1,5	500	9
80	0,2	250	2	600	14

7.6.2.3.5 Schutz gegen Temperatureinflüsse

Gegen starke Sonnenbestrahlung sind die Leitungen, soweit sie noch nicht mit Erdreich überfüllt sind, mit Isoliermatten zu schützen, da sonst durch die Erwärmung das Prüfergebnis insbesonder bei Kunstoffleitungen verfälscht wird. Die Temperatur der Rohrwand soll zu Beginn und am Ende der Druckprüfung in etwa gleich sein.

7.6.2.3.6 Ermittlung des Prüfdruckes (DVGW W 400-2, Abschn. 16.4)

Für alle Rohrleitungen ist, ausgehend vom höchsten Systembetriebsdruck (MDP, für Versorgungsnetze mindestens 10 bar), der Systemprüfdruck (STP) wie folgt zu berechnen:

- bei Berechnung des Druckstoßes:
  - STP = MDPc + 1,0 bar (berechnete Druckstoßhöhe in MDPc enthalten).
- wenn der Druckstoß nicht berechnet wird:
  - STP = MDPa × 1,5 oder:
  - STP = MDPa + 5,0 bar (geschätzte Druckstoßhöhe in MDPa enthalten).

Es gilt der jeweils niedrigere Wert.
Rohrleitungen aus PE 100 SDR 17 dürfen nur mit einem Prüfdruck von STP ≤ 12 bar geprüft werden. Der in MDPa enthaltene Wert für Druckstöße darf nicht kleiner als 2,0 bar sein.
Die Druckstoßberechnung muss nach geeigneten Verfahren [z. B. nach DVGW-Merkblatt W 303] durchgeführt werden. Hierbei sind die ungünstigsten Betriebsbedingungen zugrunde zu legen.
Üblicherweise sind die Messgeräte am niedrigsten Punkt der Prüfstrecke anzuschließen.
Können die Messgeräte nicht am niedrigsten Punkt des Prüfabschnittes angeschlossen werden, ist die Höhendifferenz entsprechend zu berücksichtigen.

7.6.2.3.7 Grundsätzliche Schritte der Druckprüfung

Unabhängig von Prüfmethode und Prüfverfahren wird die Druckprüfung in bis zu drei Schritten durchgeführt:

- Die Vorprüfung zur Stabilisierung des Leitungsabschnittes nach anfänglichen Setzungen, zur ausreichenden Wassersättigung bei wasseraufnehmenden Rohr- oder Auskleidungswerkstoffen und zur Vorwegnahme der Volumenzunahme bei flexiblen Rohren vor der Hauptprüfung.
- Die Druckabfallprüfung zur Bestimmung des restlichen Luftanteiles in der Rohrleitung, da Luft im Prüfabschnitt bei der Druckverlustmethode zu falschen Ergebnissen führt.
- Die Hauptprüfung anschließend an eine Vorprüfung und ggf. Druckabfallprüfung ohne Fehler bestätigt die Dichtheit und ordnungsgemäße Herstellung des Gesamtsystems aus Rohren Armaturen, Formstücken usw.

Bei mehreren Prüfabschnitten kann eine Gesamtdruckprüfung zur Kontrolle der Verbindungsstellen der Einzelprüfstrecken als Sichtprüfung mit dem künftigen Betriebsdruck ausgeführt werden.

7.6.2.3.8 Gerätetechnik (DVGW W 400-2, Abschn. 16.6)

1. Gerätetechnik für die Druckverlustmethode

Als Druckmessgeräte sind protokollierende Druckmessgeräte und Kontrollmanometer mit einer Auflösung von ≤ 0,1 bar zu verwenden. Der Messbereichsendwert ist an den maximalen Prüfdruck anzupassen (Bei einem max. Prüfdruck von 15 bar darf der Messbereich von Druckschreiber und Manometer nicht größer als 0 – 20 bar betragen). Stand der Technik sind elektronische Druckschreiber mit 0 – 20 bar Messbereich, 0,01 bar Auflösung. Diese sind bei Messungen, die eine Auflösung < 0,2 bar erfordern, einzusetzen.
Für die Überwachung des Temperatureinflusses sind elektronische Erdtemperatursonden oder Außenwandfühler mit einer Auflösung von ≤ 0,1 K zu verwenden. Elektronische Mehrkanalschreiber können dabei gleichzeitig Druck, mehrere Temperaturen und auch den Durchfluss aufzeichnen und auswerten.
Für das Messen der abgelassenen Wassermenge bei Druckabfallprüfungen sind Messbehälter mit einer geeigneten Skalenteilung von ≤ 0,01 Liter bis 0,1 Liter vorzuhalten.

7.6 Rohrleitungsbau

Als Pumpen sind elektrisch angetriebene oder Handpumpen vorzusehen. Insbesondere bei Kunststoffleitungen ab einem Volumen von $>0,1\,m^3$ sind elektrische Pumpen einzusetzen. Beim Einsatz elektrischer Pumpen ist eine variabel einstellbare Pumpenkennlinie aus Sicherheitsgründen zu empfehlen.

2. Gerätetechnik für die Wasserverlustmethode

Abweichend von der Gerätetechnik für die Druckverlustmethode werden für die kontinuierliche Messung des nachgepumpten Wasservolumens zusätzlich eine Dosierpumpe für Kleinstwassermengen mit einer Mindestdosiergenauigkeit von 0,01 Liter und zur Konstanthaltung des Druckes 2 Manometer mit Schaltausgängen bei $\leq \pm 10$ mbar oder ein Niveauschalter mit einer Mindestmessgenauigkeit von $\leq \pm 10$ mbar benötigt. Die Aufzeichnung erfolgt zweckmäßig mit einem tragbaren PC. Dafür kann der Druckschreiber entfallen.

7.6.2.3.9 Durchführung der Prüfung

1. Druckverlustmethode

Diese Prüfmethode kann für alle Rohrwerkstoffe mit und ohne Zementmörtelauskleidung sowie für alle Nennweiten nach dem sog. Normalverfahren durchgeführt werden.

Für Leitungen aus GGG und Stahl bis DN 600 mit Zementmörtelauskleidung hat sich bis zu einen Prüfdruck STP 16 bar ein Verfahren bewährt, das den Besomderheiten der Zementmörtelauskleidung Rechnung trägt und Beschleunigtes Normalverfahren genannt wird.

Für Druckrohre aus PE 80, PE 100, PE-Xa und PVC-U wird die Druckverlustmethode als Kontraktionsverfahren angewandt.

Hauptmerkmal der Methode ist die Druckmessung über die gesamte Dauer der Prüfzeit und der Vergleich des Druckabfalls mit dem Mindetdruckabfall bei der Druckabfallprüfung und dem zulässigen Druckabfall bei der Hauptprüfung. **Abb. 7-123** zeigt das Beispiel für den Verlauf der Druckänderung bei einer dichten und einer undichten Leitung mit Zementmörtelauskleidung beim Beschleunigten Normalverfahren.

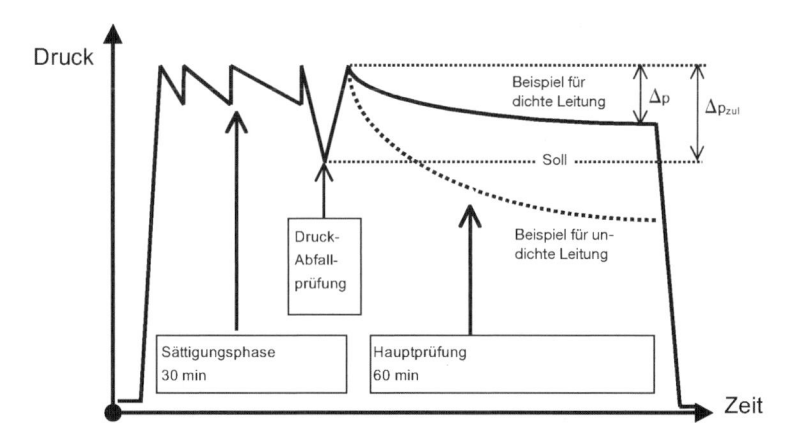

Abb. 7-123: Druck – Zeit Diagramm der Druckverlustmethode beim Beschleunigten Normalverfahren

2. Wasserverlustmethode

Alternativ zur Druckverlustmethode kann die Wasserverlustmethode angewandt werden. Die Wasserverlustmethode stellt höhere Ansprüche an die Genauigkeit der Messgeräte. Der Vorteil der Wasserverlustmethode ist Dank der höheren Genauigkeit der Messung von Wasservolumen und Differenzdrücken eine deutlich geringere Empfindlichkeit gegen Lufteinschlüsse in der Leitung und gegen die

Auswirkungen des druck- und temperaturabhängig veränderlichen Elastizitätsmodul von Kunststoffleitungen. Wenn die entsprechenden Messgeräte verfügbar sind, empfiehlt es sich die Wasserverlustmethode anzuwenden.

Es kommen, wie bei der Druckverlustmethode, drei Prüfverfahren zur Feststellung des Wasserverlustes zur Anwendung. Dabei ist das Hauptmekmal der Methode die kontinuierliche Messung der nachgepumpten Wassermenge (alle drei Verfahren) oder die einmalige Messung der nachgepumpten Wassermenge am Ende der Hauptprüfung (Normalverfahren und Beschleunigtes Normalverfahren).

Die Leitung gilt als dicht, wenn der gesamte Wasserverlust über die Dauer der Hauptprüfung den zu errechnenden zulässigen Wert nicht übersteigt. **Abb. 7-124** zeigt das Beispiel für den Verlauf der Druckänderung bei einmaliger Messung der nachgepumpten Wassermenge bei einer Leitung mit Zementmörtelauskleidung.

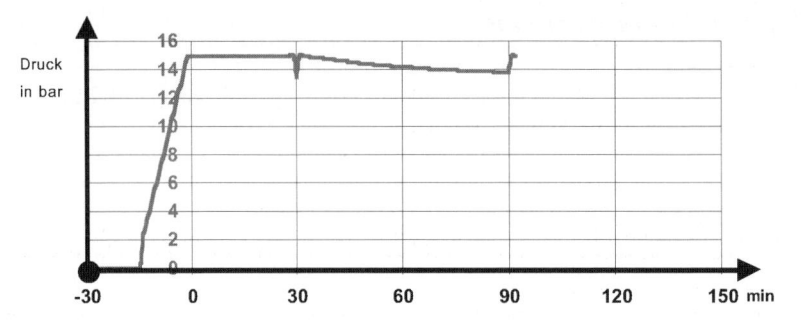

Abb. 7-124 Druck – Zeit Diagramm der Wasserverlustmethode bei einmaligen Nachpumpen

3. Sichtprüfung mit Betriebsdruck
Diese Methode wird angewendet bei

– Einbindungen
– Reparaturarbeiten
– neuen Leitungsabschnitten bis 30 m Länge
– PE-Ringbunden ohne Verbindungen DN/OD ≤ 63 mm

Die Sichtdruckprüfung wird mit dem höchsten im Betrieb möglichen Druck durchgeführt. Die Dichtheit insbesondere an den Verbindungen ist durch zweimalige Besichtigung im Abstand von mindestens 1 h festzustellen.

Bei der Sichtprüfung müssen die Rohrleitungsteile frei liegen mit Ausnahme der Ringbundware. Hier ist es ausreichend, wenn nur die Verbindungsstellen sichtbar sind.

Alle Prüfmethoden- und Verfahren für die gängigen Rohrwerkstoffe sind im DVGW-Arbeitsblatt W 400-2 Abschn. 16 sowie den Anhängen A, D, E und F ausführlich erläutert.

7.6.2.3.10 Abnahme

Der Verlauf und die Ergebnisse der Druckprobe sind zu dokumentieren. Die Niederschrift, sollte sinnvollerweise als Formular angefertigt werden, das vom Auftraggeber und Auftragnehmer anerkannt wird. Das DVGW- Arbeitsblatt W400-2 enthält als Anhang B und Anhang C folgende Musterformulare:

7.6 Rohrleitungsbau

Druckprüfung für Wasserleitungen aus PE80, PE100, PE-X und PVC (Kontraktionsverfahren)

Leitungsdaten:

Datum	: _____	L.art/DN/MDP : ___/___/___
Bauherr	: _____	Länge : _____
Adresse	: _____	Ort : _____
		Bauabschnitt : _____
Projektnr:	_____	Gerät/Messnr.: _____ / _____

Entspannungs- und Druckhaltephase:

Leitung gespült? ☐   Ltg.gemolcht? ☐
Massn.gegen dir.Sonneneinstrahl.erg.? ☐   nicht erforderl. ☐
Enstpann.phase über 1 h durchgeführt? ☐   Beginn: __.__ Ende: __.__
Leitung zügig (< 10 min) auf Prüfdr.? ☐
Prüfdruck halten: Beginn: __.__ Ende: __.__
Prüfdruck über 30 min gehalten
und Pumpenanschl. entfernt? ☐

Ruhephase und Druckabsenkung:

Ruhephase-Beginn: __.__ Uhr Ende: __.__ Uhr Druck-
  : ___ bar : ___ bar abfall = ____ bar
max. zulässiger Druckabfall: 0,2 x STP = 0,2 x ___ = ____ bar
spontan abgesenkter Druck (laut Tab.6) = ____ bar
gemessene Ablassmenge V_{ab} = ____ ml
max. zulässige Ablassmenge V_{zul} = V_k x l= _____ = _.__ ml
Zeitpunkt der Druckabsenkung : __.__   (V_k siehe Tab.7)

Dichtheitsprüfung nach Kontraktion:

Dichtheitsprüfung Zeitpunkt: Beginn: __.__   Ende: __.__
Dichtheitsprüfung Druck : Beginn: _____ bar Ende: _____ bar ☐
Druckabfall weist über 0,5 h keine fallende Tendenz auf?
oder Druckabfall sinkt nach 1,5 h um max. 0,25 bar, gemessen ☐
   vom Höchstpunkt der Kontraktion aus? Höchstp.: _____ bar

Bestätigung:

_____   _____   _____
Durchführender   Firma   Ort, Datum

_____   _____   _____
Sachkundiger/-verständiger Abteilung   Ort, Datum

Abb. 7-125: Musterformular Druckprüfung, Kontraktionsverfahren (DVGW A W 400-2)

Druckprüfung für Wasserleitungen aus duktilem Gusseisen oder Stahl mit ZM-Auskleidung (Beschleunigtes Normalverfahren)

Leitungsdaten:

Datum   : _____   L.art/DN/MDP : ____/____/____
Bauherr   : _____   Länge   : _____
Adresse   : _____   Ort   : _____
                  _____   Bauabschnitt : _____
Projektnr: _____   Gerät/Messnr.: _____/_____

Sättigungsphase:

Leitung gespült?   Ltg.gemolcht?   ☐
Massn. gegen dir. Sonneneinstrahl. ergrif.? ☐   nicht erforderl. ☐
Prüfdruck aufbringen: Beginn __:__   Ende __:__
Leitung zügig (< 10 min) auf Prüfdruck gebracht?   ☐
Prüfdruck halten: Beginn __:__   Ende __:__
Prüfdruck über 30 min gehalten
Zeitabstand zw. Nachpumpen gleicher Druckabfälle wird größer?   ☐

Druckabfallprüfung:

(DN in mm; L in m; Mengen in ml; Drücke in bar)

DN	Δp_{min}
80	1,4 bar
100	1,2 bar
150	0,8 bar
200	0,6 bar
300	0,4 bar
400	0,3 bar
500	0,2 bar
600	0,1 bar

Ablassmenge DN x L/100   = _____ ml
gemessener Druckabfall (Δp) = _____ bar
Mindestdruckabfall (Δp_{min}) = _____ bar
gem. Druckabfall > Mindestdruckabfall   ☐
Zeitpunkt der Druckabfallprf.: __.__

Hauptprüfung:

Prüfdruck sofort wieder aufgebracht und Pumpenanschl. entfernt   ☐
Beginn der Dichtheitsprüfung   : __.__
gemessener Druckabfall nach 1 h   : __.__   = _____ bar
Max. zulässiger Druckabfall[a)] nach 1 h: = _____ bar
Gemessener Druckabfall ≤ max. zulässiger Druckabfall?   ☐
Druckabfall wird über gleiche Zeitabstände geringer?   ☐

Bestätigung:

_____   _____   _____
Durchführender   Firma   Ort, Datum

_____   _____   _____
Sachkundiger   Abt.   Ort, Datum

Kurvenverlauf:

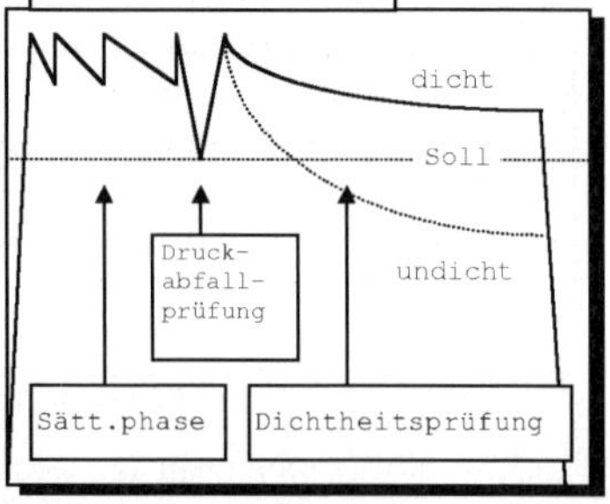

dicht
Soll
undicht

Druckabfallprüfung
Sätt.phase   Dichtheitsprüfung

Abb. 7-126: Musterformular Druckprüfung, Beschleunigtes Normalverfahren (DVGW A W 400-2)

Formblätter für weitere Prüfverfahren und Werkstoffe können durch entprechende Veränderung der Musterformulare erstellt werden.

7.6.2.4 Nacharbeiten

7.6.2.4.1 Endgültiges Überfüllen der Leitungen

Nach abgenommener Druckprobe sind die noch offen gebliebenen Verbindungsstellen der Leitungen einzufüllen.

Um die in die Leitung ohne Schächte eingesetzten Einbauteile und um die Entleerungen der Hydranten sind Sickerungen aus grobem Kies oder Schotter einzusetzen, welche das austretende Wasser zunächst aufnehmen und langsam an das umgebende Erdreich abgeben. Für Hydranten sind auch fertige Formsteine aus porösem Gestein zulässig. An den Auslässen von Spülleitungen usw. sind Auslaufbauwerke zu setzen, die in Ihrer Form und Dimension sowohl an Menge und Druck des austretenden Wassers, als auch an die Leistungsfähigkeit und den Querschnitt des Vorfluters anzupassen sind (siehe DVGW Arbeitsblatt W 358 Leitungsschächte und Auslaufbauwerke). Die Froschklappen am Ende der Spül- und Entleerungsleitungen sind auf guten Gang zu prüfen; der Dorn, um den die Klappe schwenkt ist bei Bedarf zu fetten.

Auch die Schieber- und Hydrantenkappen sind sogleich wenigstens in behelfsmäßiger Weise zu setzen, um ein Auffahren von Fahrzeugen auf die Gestänge zu verhindern. In nicht mit festen Decken versehenen Straßen und Wegen ist die Umpflasterung, aus einzelnen Natursteinen oder aus einer Betonplatte bestehend, einzusetzen.

In befestigten Straßen, hauptsächlich in Verkehrsstraßen, sind die RG so gut zu verdichten, daß sie sich nicht mehr setzen. In solchen Straßen wird die Oberfläche möglichst bald, oft noch vor Freigabe für den Verkehr, durch eine provisorische Asphaltauflage angeglichen. Dabei werden die Kappen der Armaturen so gesetzt, daß sie mit der zukünftigen endgültigen Asphaltoberfläche bündig liegen.

7.6.2.4.2 Reinigung der Leitungsteile, Anstrich

Die in Schächten und sonstigen Bauwerken sichtbar bleibenden Leitungsteile sind gründlich zu reinigen. Eventuell beschädigte werkseitige Beschichtungen sind auszubessern, die übrigen Leitungsteile sind, soweit sie nicht aus Edelstahl bestehen mit einem mehrlagigen Korrosionsschutzanstrich zu versehen. Bei der Auswahl der Farbe ist den Forderungen des Arbeits- und Gesundheitsschutzes Rechnung zu tragen. Die Verarbeitung muss entprechend den Herstellervorschriften erfolgen. Die geforderte Schichtdicke ist bei der Abnahme zu überprüfen (Schichtdickenmessgerät).

7.6.2.4.3 Hinweise zum Auffinden der Einbauten und Leitungen

Hydranten, Spül-, Entlüftungs- und Absperrschieber der Haupt- und der weiter unten noch behandelten Anschlußleitungen werden ihrer Lage nach durch Hinweisschilder gekennzeichnet. Wo Gebäude, massive Mauern und Zäune vorhanden sind, lassen sich diese Schilder dort anbringen. Ist keine Möglichkeit vorhanden, so müssen besondere Pfosten aus verzinkten Rohren oder rostfreiem Material aufgestellt werden. Es empfiehlt sich, die Schilder, insbesondere für Hydranten, nicht höher als 2 m über Boden zu setzen, damit sie im Scheinwerferlicht der Feuerwehrautos gesehen werden.

Wo die Leitung über freies Feld führt und Knickpunkte aufweist, können zum späteren Auffinden Hinweissteine oder Schilderpfähle mit Angaben zum Leitungsverlauf gesetzt werden, Der Standort ist so zu wählen, daß der Verkehr und landwirtschaftliche Arbeiten nicht behindert werden.

7.6.2.4.4 Spülung und Desinfektion der fertigen Rohrleitung

(s. auch DVGW-Arbeitsblatt W 291)

Nach § 37 des Infektionsschutzgesetzes (IfSG) des Bundes und nach TrinkwV vom 21.05.2001 wird gefordert, dass das „Trinkwasser so beschaffen sein muss, dass durch seinen Genus oder Gebrauch eine

Schädigung der menschlichen Gesundheit, insbesondere durch Krankheitserreger, nicht zu besorgen ist". Das WVU muss deshalb das Trinkwasser in hygienisch einwandfreier Beschaffenheit liefern.

Um die beim Verlegen unvermeidbar in die Leitung gelangten feineren Bestandteile des Bodens und des Bettungsmaterials – größere konnten bei sorgfältiger Anwendung der Rohrbürste sowie Verwendung der von den Rohrherstellern mitgelieferten Rohrkappen nicht in die Rohre eindringen – und um jede mikrobiologische Verunreinigung zu entfernen, ist die Leitung zu spülen und ggf. gleichzeitig, meist aber anschließend, zu desinfizieren.

1. Spülung mit Wasser

Zum Spülen darf nur Wasser in Trinkwasserqualität Verwendung finden. Die Ablagerungen in den Rohren werden nur dann ausgespült, wenn im Rohr eine Fließgeschwindigkeit von wenigstens 1,0 m/s erreicht wird. Die Leitung kann beim Spülen in Abschnitte unterteilt werden, wenn der einzelne Abschnitt einen eigenen Spülauslass besitzt. Bei Gefällsleitungen ist grundsätzlich von oben nach unten zu spülen. Es ist so lange zu spülen, bis das Wasser die Spülausläufe völlig klar verlässt. Als Mindestspülwassermenge muss der 3- bis 5- fache Inhalt der zu spülenden Strecke bei DN ≤ 150 und der 2- bis 3-fache Inhalt bei DN ≥ 200 gefordert werden.

2. Luft-Wasser-Spülung

Lässt sich in einer Rohrleitung durch Wasser keine ausreichende Spülgeschwindigkeit erzielen, dann kann das Spülen durch gleichzeitiges Einpressen von Luft unterstützt werden. Dabei hat sich eine Mindestfließgeschwindigkeit von 0,5 m/s bewährt, wie sie auch von der DIN 1988, Teil 2, für Hausinstallationsleitungen empfohlen wird. Die Druckluft muss vollkommen ölfrei und hygienisch einwandfrei sein. Die Spülung sollte von unten nach oben erfolgen, um eine vollständige Entlüftung der Rohrleitung sicherzustellen. Die Spüldauer sollte in Anlehnung an DIN 1988, Teil 2, je laufenden Meter Rohrleitung 15 s nicht unterschreiten. Die Spülwirkung wird durch gleichzeitiges, periodisches Öffnen und Schließen der Luft- und Wasserzufuhr verstärkt. Nach der Luft-Wasser-Spülung muss die Rohrleitung einwandfrei entlüftet werden.

3. Desinfektion allgemein

Zur Rohrleitungsdesinfektion stehen folgende Chemikalien zur Verfügung:
Chlorbleichlauge, Chlorkalk, Chlordioxid, Kaliumpermanganat und Wasserstoffperoxyd, wobei die drei erstgenannten der Wassergefährdungsklasse 2 (WGK 2) und die letztgenannte der WGK 1 angehören.

Meist kommt Chlorbleichlauge oder Wasserstoffperoxid zur Anwendung.

Zur Leitungsentkeimung nach einem Neubauwerden 50 g freies Chlor je 1 m^3 Wasser, also rd. 330 cm^3 Chlorbleichlauge oder 150 g Wasserstoffperoxid je m^3 Wasser zudosiert. Mit dieser Dosis werden normal verschmutzte Rohrleitungen wirksam desinfiziert. Ist die Leitung sehr stark verschmutzt, so ist in der Regel eine Wiederholung der Desinfektion wirksamer als eine Heraufsetzung der Lösungskonzentration.

Die Dauer der Einwirkung des Desinfektionsmittels muss mindestens 12 Stunden betragen, besser einen ganzen Tag. Die Frist ist zu rechnen von dem Zeitpunkt ab, wo sämtliche zu desinfizierenden Teile des Rohrnetzes gefüllt sind.

4. Desinfektion einer Leitung über eine Pumpe

Chlorlösung bei laufender Pumpe am Fußventil oder an den Ansaugöffnungen (Unterwasserpumpe) zusetzen. Förderstrom Q(m^3/h). Erforderl. Chlormenge/Zeit für einen Chlorgehalt der Lösung von 50 g/m^3; Cl = 50 · Q(g/h), Bedarf an Chlorbleichlauge 50 Q/150 (l/h) z. B. Q = 10 l/s = 36 m^3/h. Bedarf an Chlorbleichlauge 50 · 36/150 = 12 (l/h). Da es fast unmöglich ist, eine so kleine Menge innerhalb einer Stunde gleichmäßig verteilt aus einem Gefäß zur Saugleitung zu bringen, verdünnt man die Chlorbleichlauge z. B mit der 4fachen Wassermenge auf 60 l und gibt die 5fache Menge – hier 60 l/h – zu.

5. Desinfektion einer Leitung aus einem Behälter

Reicht der Behälterinhalt zum Füllen der Leitungen aus, so setzt man die Chlorbleichlauge keinesfalls dem mit Wasser gefüllten Behälter zu, sondern laufend während des Füllens des Behälters, damit eine innige Mischung eintritt. Erst wenn der zum Füllen der Leitungen nötige Vorrat bereitsteht, fördert man dieses Desinfektionswasser in die Leitung - ab Saugbehälter durch eine Pumpe, ab

Hochbehälter durch Schieberöffnung. Da in der Regel in der Leitung noch Spülwasser ansteht, muss dieses durch das Desinfektionswasser erst verdrängt werden. Man öffnet also zunächst der Reihe nach ab Behälter die Hydranten, Entlüftungen oder Spülauslässe so lange, bis dort der Chlorgeruch deutlich wahrnehmbar ist. In gleicher Weise werden auch Anschlussleitungen mit entkeimt, an denen der Reihe nach alle Zapfstellen geöffnet werden, bis Chlorgeruch auftritt.

6. *Desinfektion einer Quellzuleitung o. Ä.*
Hier muss die Chlormenge der in die Leitung ablaufenden Wassermenge angepasst werden. Beispiel: Quellzulauf Q = 2 l/s = 7,2 m^3/h, Leitung DN 80, Länge 700 m. Leitungsinhalt l = 3,5 m^3. Zeit zum Füllen der Leitung t = 1 : Q = 0,5 h. Erforderl. Chlormenge: 50 (g/m^3) · 3,5 m^3 = 175 g, entsprechend 175/150 = 1,2 l Chlorbleichlauge. Zur besseren Handhabung wird diese Menge auf 12 l verdünnt. Diese Lösung wird aus einem neben dem Quellensammler stehenden Gefäß mittels Dosierpumpe während 0,5 h (Q = 0,4 l/min) in den Quellsammler nahe am Auslauf gegeben.

7. *Desinfektion einzelner Rohrstrecken eines in Betrieb befindlichen Netzes*
muss innerhalb eines Rohrnetzes nur ein Teil der Leitungen desinfiziert werden (z. B. bei Erweiterungen, Rohrauswechslungen) und kann man nicht vom Behälter oder den Pumpen her durch die anderen Netzteile die Desinfektionslösung heranführen, weil diese Teile nicht außer Betrieb genommen werden können, so kann man den zu entkeimenden Leitungsteil am besten über einen Hydranten mit einer Tragkraftspritze füllen, während gleichzeitig am anderen Ende ebenfalls an einem Hydranten Wasser abgelassen wird (**Abb. 7-127**). Zugabe der Desinfektionslösung durch Ansetzen in einem Gefäß unter Verdünnung mit Wasser oder mit dem für das Schaumlöschverfahren in die neueren Spritzen eingebauten „Zumischer".

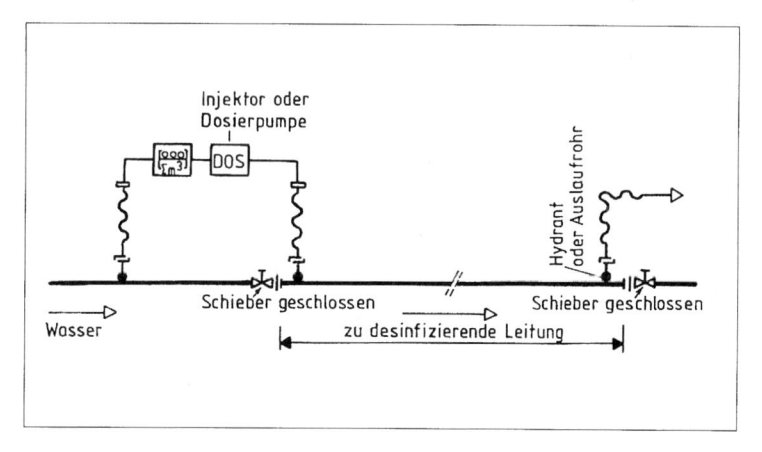

Abb. 7-127: Chlorung einer Rohrleitung bei Leitungstrennung

8. *Arbeits- und Umweltschutz*
Beim Umgang mit Chlor und Chlorlösungen ist Vorsicht geboten; sie haben eine ätzende Wirkung, besonders auf die Luftwege und die Augenschleimhaut. Die Arbeitskräfte sind zu unterweisen, die etwaigen Wasserabnehmer davor zu warnen, die Desinfektionslösung zu verwenden.
Nach der Desinfektion sind die Leitungen gründlich mit Frischwasser zu spülen.

9. *Beseitigung von Wässern, die Desinfektionsmittel enthalten:*
Die wässrige Desinfektionslösung muss so beseitigt werden, dass keine Schäden in der Natur entstehen können. Das kann entweder dadurch geschehen, dass die Konzentration des Desinfektionsmittels durch entsprechende Verdünnung so herabgesetzt wird, dass keine Schädigung mehr zu besorgen ist oder dass dieses Oxidationsmittel durch Einwirkung von Reduktionsmitteln unschädlich gemacht wird.

Für die Beseitigung dieser Wässer kommen drei Möglichkeiten in Betracht:

– Einleitung in ein öffentliches Kanalnetz (Schmutzwasserkanalisation), wobei die Auflagen des Betreibers des Kanalnetzes einzuhalten sind. Im besonderen Fall, z. B. bei größeren Mengen, ist dessen Zustimmung einzuholen.
– Einleitung in einen Vorfluter: Grundsätzlich sind die Bedingungen der für die Einleitung erforderlichen wasserrechtlichen Erlaubnis einzuhalten. Um schädigende Wirkungen im Gewässer zu vermeiden, sind insbesondere die Wasserführung und die abzuleitende Wassermenge zu beachten. Zur Vermeidung einer Schädigung des Fischbestandes sollte durch Verdünnung eine Konzentration von 0,02 mg/l freiem Chlor im Vorfluter nicht überschritten werden. Das kann erreicht werden mittels einer Einleitung über eine möglichst lange Fließstrecke oder durch eine chemische Beseitigung des gefährdenden Desinfektionsmittels mittels einer 10%igen Natriumthiosulfatlösung. Dabei ist je g Chlor ein Zusatz von ca. 2 g (+10% als Sicherheitszuschlag), Natriumthiosulfat ($Na_2S_2O_3 \cdot 5 H_2O$) notwendig.
– Versickerung im Erdreich oder auch Verrieselung im geeigneten Gelände (Brachflächen, Ödland, u. U., unter Beachtung der Schädlichkeit gegenüber von Pflanzen, auch auf Wiesen, Acker- oder Waldgelände). Aus chlorhaltigen Lösungen entstehen dabei Chloridionen, so dass nach Bodenpassage keine Grundwasserschädigung mehr zu besorgen ist.

Nach Reinigung und Desinfektion der Leitung ist eine Kontrolle der Wasserqualität durch Entnahme von Wasserproben, mikrobiologischen Untersuchungen, ph-Wert-Kontrollen und Trübungsmessungen notwendig.
Ein Reinigungs- und Desinfektionsprotokoll ist zu erstellen.

7.6.2.4.5 Durchflussprüfung

Quellzulauf-, Pumpendruck- und soweit möglich auch die Verteilungsleitungen sind nach ihrer Fertigstellung auf ihren maximal möglichen Durchfluss, auf ihr „Fördervermögen" zu prüfen.

Tab. 7-67: Vergleich des Druckabfalls

1	2	3	4	5
Auslauf	Druck	Druckabfall in m		Druckabfall in m
l/s	m	auf 3,2 km	auf 1 km	nach Tabelle auf 1 km
0	54	0	0	0
10	52,3	1,7	0,53	0,48
16	50	4,0	1,25	1,15
24	46	8,0	2,5	2,44
40	32,5	21,5	6,7	6,39

Bei Gravitationsbetrieb werden am oder in der Nähe des unteren Endes verschiedene Wassermengen entnommen und mittels Druckmesser der zu den einzelnen Auslaufvolumenströmen gehörige Druck festgestellt und gegebenenfalls graphisch aufgetragen. Ist die Leitung neu und frei von Fremdkörpern, so ergibt sich eine stetige Kurve, die ungefähr den Werten von J_v mit $k = 0,1$ in den Druckverlusttabellen entsprechen muss (auf 1000 m Länge umgerechnet); z. B. DN 200, L = 3,2 km, GGG-Rohre.
Die etwas höheren Werte der Spalte 4 gegenüber Spalte 5 sind auf Krümmer- und Armaturenverluste zurückzuführen.
Die Leitung ist also in Ordnung. Der Durchfluss darf nur so weit gesteigert werden, dass die gesamte Leitung noch voll läuft, d. h. dass der Wasserspiegel am Anfang auf der Höhe des Ruhedruckes gehalten wird.
Für Pumpendruckleitungen wird der Durchfluss durch Drosseln der Pumpe auf verschiedene an einem Zähler abzulesende Werte eingestellt und der Druck am unteren Leitungsende – also an der Pumpe – gemessen.

7.6.3 Anschlussleitungen (auch Hausanschlüsse genannt)

(s. auch DVGW-Merkblatt W 404 „Wasseranschlussleitungen")

7.6.3.1 Bestandteile der Anschlussleitung

Die Anschlussleitung (AW) beginnt an der Abzweigstelle von der Versorgungsleitung (VW) und endet mit der Messstrecke in der Regel im Gebäude des Abnehmers. Sie hat folgende Hauptbestandteile:
1. Die Anbohrschelle oder – bei Abzweig von der Versorgungsleitung mittels Formstück dieses – sowie die Absperrvorrichtung. Für Anbohrarmaturen gilt DIN 3543. Die Anbohrarmaturen müssen der DVGW-VP 610 „Vorläufige Prüfgrundlage für Wasser-Anbohrarmaturen; Anforderungen und Prüfungen" sowie dem Merkblatt W 333 „Anbohrarmaturen und Anbohrvorgang in der Wasserversorgung" entsprechen. Getrennt eingebaute Absperrarmaturen in der Anschlussleitung müssen in Bauart und Ausführungsform DIN 3547 Teil 1 entsprechen.
2. Die Rohrleitung von der Anbohrung oder einem Abzweigstück bis zum Wasserzählereingangsventil. Sie wird heute nahezu ausschließlich aus PE-HD (PE 80, PE 100) oder PE-Xa , selten aus PVC hergestellt.
3. Die Wasserzählerein- und -ausgangsventile,
4. der zwischen den Ventilen sitzende Wasserzähler.
Nach dem Wasserzählerausgangsventil beginnt die Verbrauchsleitung der Hausinstallation.

7.6.3.2 Einbautiefe und Lage

Sie richten sich nach der VW, von der die AW abzweigt. Bei der in der Regel gewählten oberen Anbohrung beträgt sie, wenn die Rohrdeckung der VW 1,5 m ist, 1,35 m und bei seitlicher Anbohrung $1,5 + {}^1/_2$ DN der VW. Gewöhnlich kann die AW von der VW zum Verbraucher steigend verlegt werden, so dass sie sich bei oberer Anbohrung dorthin entlüftet. muss sie ausnahmsweise – weil das zu versorgende Gebäude tiefer als die VW liegt – fallend zum Verbraucher eingebaut werden, so ist sie zur Vermeidung eines Luftsackes mit seitlicher Anbohrung abzuzweigen.
Die Verlegetiefe von Anschlussleitungen hat wesentlichen Einfluss auf die Baukosten. Die Anschlussleitungen müsse genügend Erdüberdeckung aufweisen um ein Einfrieren im Winter und eine übermäßige Erwärmung des Wassers im Sommer zu verhindern. Die Ergebnisse eines Forschungsprojektes zur Ermittlung der Mindestüberdeckungshöhe von Anschlussleitung sind im in DVGW-Hinweis W 397 zusammengefasst.
Die Lage des Abzweigpunktes richtet sich im Allgemeinen nach der Einführungsstelle der Leitung in ein Gebäude, nach der Möglichkeit, die Straßenkappe für die Schieberbetätigung leicht auffindbar unterzubringen. Die Anbohrstelle soll mindestens 0,4 m vom Spitzende gemuffter Rohre entfernt sein, um die Anbohrschelle noch gut unterbringen zu können. Krümmer und Formstücke in der VW sind nicht anzubohren.

7.6.3.3 Nennweite

Anschlussleitungen (AW) unter DN 25 (1 ") sollen nicht eingebaut werden (s. Abschn. 7.5.7.3). Soll der Abgang der AW von der Versorgungsleitung mittels Anbohren hergestellt werden, was die Regel ist, so ist deren DN wegen der gängigen Anbohrschellen auf DN 50 (2 ") begrenzt. Größere Abgänge erfordern ein eigenes Abzweigstück.
Um möglichst wenige Größen von Anbohrschellen auf Lager halten zu müssen, beschränken sich manche Werke auf die Größe DN 40 und reduzieren bei kleinerer AW nach der Anbohrschelle.

7.6.3.4 Einbau der Anschlussleitung

7.6.3.4.1 Allgemeines

Heute werden fast ausschließlich PE-Rohre, selten PVC-Rohre für den Bau von Anschlussleitungen verwendet. Muffenrohre aus Gusseisen oder Gewinderohre aus korrosionsgeschütztem Stahl sind nicht mehr üblich. Die in der ersten Hälfte des 20. Jahrhunderts häufig eingebauten Bleileitungen müssen wegen des Blei-Grenzwertes in der TrinkwV 2001 Zug um Zug durch Kunstoffrohre ersetzt werden.

Die vorsorgliche Verlegung von Anschlussleitungen zu unbebauten Grundstücken sollte aus hygienischen, bautechnischen und rechtlichen Gründen vermieden werden.

Art, Zahl und Lage von Anschlussleitungen sowie deren Änderung werden nach Anhörung des Anschlussnehmers und unter Wahrung seiner berechtigten Interessen vom WVU bestimmt (§ 10 (2) AVBWasserV).

Jedes Gebäude auf einem grundbuchamtlich eingetragenen Grundstück sollte gesondert und ohne Zusammenhang mit Gebäuden auf Nachbargrundstücken über eine eigene Anschlussleitung an die Versorgungsleitung des WVU angeschlossen werden; dies erhöht die versorgungs- betriebstechnische Sicherheit.

Die Anschlussleitung ist möglichst geradlinig, rechtwinklig zur Grundstücksgrenze und auf dem kürzesten Weg von der Versorgungsleitung zum Gebäude zu führen. Die Trasse ist so festzulegen, dass der Leitungsbau ungehindert möglich ist und die Leitung auf Dauer zugänglich bleibt sowie leicht zu überwachen ist. Die Anschlussleitung muss im unmittelbaren Bereich der Versorgungsleitung absperrbar sein.

7.6.3.4.2 Kunststoffrohre aus Polyethylen

PE-Rohre sind je nach Werkstoffqualität entsprechend den Vorschriften der Hersteller und unter Beachtung von DVGW-Arbeitsblatt W 400-2 Anhang G (Materialien in der Leitungszone) zu verlegen. Zur Herstellung von Richtungsänderungen lassen sich PE- Rohre nur nach vorsichtiger Erwärmung stärker biegen (beim Hersteller anfragen!). Zwischen Anbohrschelle und Hauseinführung sollen möglichst keine Verbindungsstücke (Klemmverbinder) eingebaut werden.

Kunststoffrohre sind wärme- und fettempfindlich, schmelz- und brennbar. Keine fetthaltigen Wickel zum Nachisolieren von metallischen Klemmverbindern verwenden! Im Innern von Gebäuden werden Polyethylenrohre kaum angewandt. Ist dies doch einmal der Fall, so sind sie in der Waagerechten alle 30 cm, in der Senkrechten alle 70 cm mit Schellen an der Wand zu befestigen. Die Schellen sind mit plastischen Unterlagen (Kunststoff) zu unterlegen, um Kerbwirkung auszuschließen.

7.6.3.4.3 Hauseinführung

Die Mauerdurchführung kann mit oder ohne Mantelrohr oder durch eine Rohrkapsel erfolgen. Der Ringraum zwischen Hausanschlussleitung und Mantelrohr sowie die Montageöffnung zwischen Mantelrohr und Wand oder Bodenplatte bzw. zwischen Hausanschlussleitung und Wand oder Bodenplatte müssen zum Anschlussraum dicht sein.

Die Anschlussleitung oder Mauerdurchführung ist rechtwinklig und mit einem Abstand von Außen- und Innenwänden sowie Böden so einzuführen, dass die Wasserzähleranlage einwandfrei entsprechend den jeweiligen erforderlichen Abstandsmaßen installiert werden kann.

Für PE-Leitungen sind verschiedene Hauseinführungen entwickelt worden, welche gleichzeitig einen geschützten Übergang auf die Installation im Hausinneren ermöglichen. Mehrspartenhauseinführungen in Verbindung mit anderen Medienleitungen finden aus Gründen der Kosteneinsparung immer häufiger Verwendung.

7.6 Rohrleitungsbau

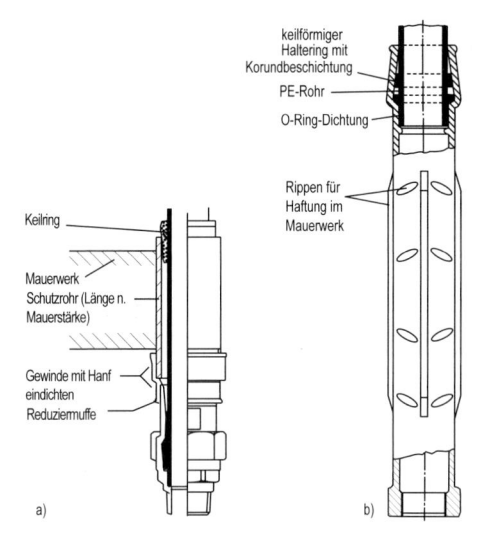

Abb. 7-128: Hauseinführungen PE-Rohr

7.6.3.4.4 Druckprobe

Vor Inbetriebnahme der Anschlussleitung muss eine Dichtheitsprüfung mit Wasser durchgeführt werden.
Bei der Vorbereitung der Prüfung sind die Vorgaben von Abschnitt 7.6.2.3 zu beachten. Bei Anschlussleitungen <30 m Länge darf unabhängig vom Werkstoff mit Betriebsdruck geprüft werden. Bei Anschlussleitungen aus einem PE-Rohrbund und Nennweiten <DN/OD 63 darf mit Betriebsdruck geprüft werden. Die Dichtheit der Verbindungen ist durch zweimalige Besichtigung im Abstand von mindestens 1 Stunde festzustellen. Bei Anschlussleitungen, die diesen Bedingungen nicht entsprechen, sind Druckprüfungen gemäß DVGW-Arbeitsblatt W400-2 Abschn.16 durchzuführen. Über das positive Ergebnis der Druckprüfung ist von einer Fachkraft ein Prüfvermerk anzufertigen.

7.6.3.4.5 Anbohren

Das Anbohren von Guss-, Stahl-, PVC- und AZ(FZ)-Leitungen geschieht mit einem Anbohrapparat (**Abb. 7-129**) gewöhnlich unter Druck der VW. Durch einen Hahn kann der Wasseraustritt während des Wechsels des Bohrers mit dem in die Schelle einzusetzenden Verschlussstopfen oder dem Ventil verhindert werden. Bohrspäne durch Spülen entfernen! Ist die Anlage noch nicht in Betrieb und kann auch behelfsmäßig die Versorgungsleitung nicht unter Druck gesetzt werden, so kann auch „trocken" angebohrt werden. Metallspäne dann mit Magnet entfernen, ob eine Ventilanbohrschelle (= Schelle + Absperrventil) oder nur eine Anbohrschelle mit von ihr getrenntem Absperrorgan gewählt wird, hängt von der gewünschten Lage derselben ab. Diese wird im Gehweg bevorzugt, wegen der sonstigen Gefahr der Beschädigung durch Auffahren von Fahrzeugen auf die Straßenkappe und wegen der den Verkehr nicht beeinträchtigenden Möglichkeit des Aufgrabens.
Als Absperrapparate sind entsprechend den Schellen verschiedene Ausführungen entwickelt worden. Einzelheiten zu Anbohrgeräten, verschiedenen Arten von Anbohrschellen und Durchführung des Anbohrvorganges siehe DVGW-Merkblatt W 333.

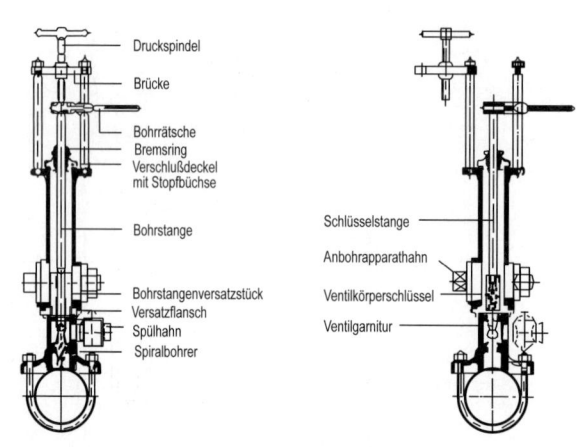

Abb. 7-129: Anbohrapparat

7.6.3.5 Wasserzählereinbau

Die Verordnung über Allgemeine Bedingungen für die Versorgung mit Wasser (AVBWasserV) vom 20. 06. 1980 fordert grundsätzlich die Messung von Wasser. Diese Forderung gilt auch, wenn Wasser nur für vorübergehende Zwecke (Baumaßnahmen, Messen etc.) entnommen wird. Das Wasserversorgungsunternehmen (WVU) bestimmt Art, Zahl und Größe des Wasserzählers sowie den Anbringungsort der Messeinrichtung. Es ist ferner verantwortlich für die Überwachung, Unterhaltung und Entfernung bzw. Auswechselung (auch unter Beachtung der Eichordnung) der Wasserzählereinrichtung.

Wasserzähler dürfen erst nach gründlichem Spülen des Hauptrohrstranges eingebaut werden, damit etwa noch nachträglich ausgespülte Sandkörnchen u. dgl. sich nicht in den Flügeln und im Getriebe festsetzen. Die Zwischenzeit bis zum Zählereinbau wird durch eingebaute Zwischen- oder Passstücke überbrückt, welche nach Länge und Gewindeanschluss mit dem Zähler übereinstimmen. Die Zähler sind in der Längs- und Querachse waagerecht einzubauen, in der Regel mittels Anschlussbrücken. Das unbefugte Öffnen der Zähler verhindern die Zählerplomben, die bei neuen Zählern vom Lieferwerk aus angebracht sind; bei überholten Zählern sind neue Plomben anzubringen.

Kommen ausnahmsweise keine Zähler zum Einbau, so wird nur das Wasserzählerausgangsventil gesetzt; in diesem Falle ist vor diesem ein etwa 60 cm langes Rohrstück mit Verschraubung einzubauen, das so weit von der Wand absteht, dass später ein Zähler Platz findet.

Als Platz für die Zähler wählt man mit Sicherheit frostfreie Räume, da aufgefrorene Zähler hohe Instandhaltungskosten erfordern. Ist ein Anwesen nicht unterkellert oder ist ein frostfreier Raum nicht vorhanden, so muss vor dem Gebäude oder im Haus ein besteigbarer Zählerschacht eingebaut werden, wenn es nicht gelingt, den Zähler z. B. in die Küche oder einen anderen, mit Sicherheit immer genügend warmen Raum zu setzen. Auch in reinen Gartengrundstücken sind Wasserzählerschächte erforderlich (**Abb. 7-130**), die auch als Fertigteile aus FZ erhältlich sind (**Abb. 7-131**). Weiter Einzelheiten siehe auch DVGW-Arbeitsblatt W 400-3.

7.6 Rohrleitungsbau

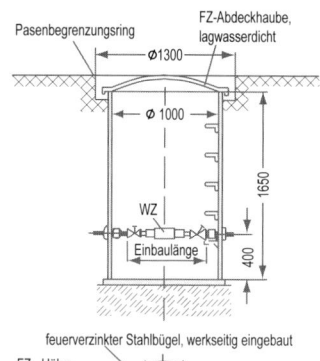

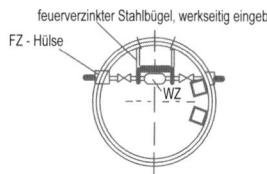

Abb. 7-130: Wasserzählerschächte aus Fertigteilen

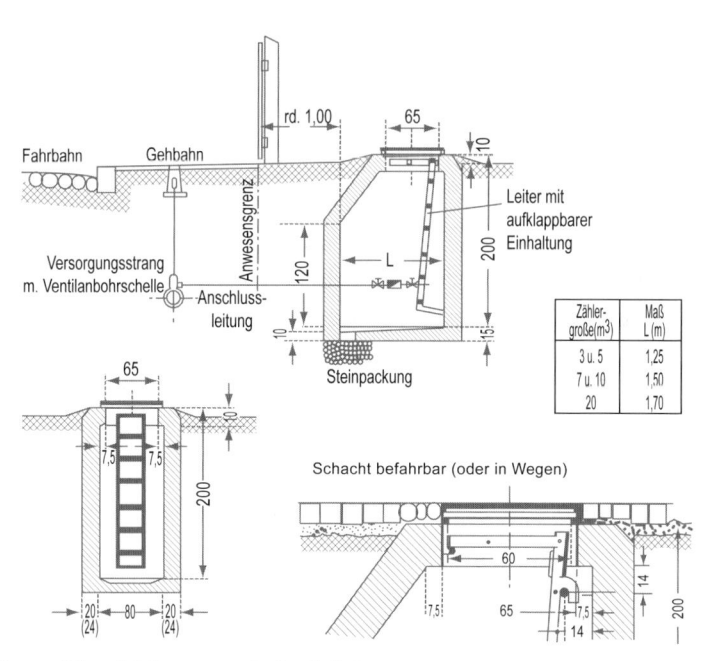

Abb. 7-131: Wasserzählerschächte gemauert oder Ortbeton

7.6.4 Besondere Bauwerke

7.6.4.1 Straßenkreuzungen

Innerhalb des bebauten Gebietes erhalten RL, welche die Straßen kreuzen, ebenso wenig einen besonderen Schutz gegen Druckbelastung und Erschütterungen wie die längs der Straßen verlaufenden RL. Wichtig ist, dass das Schließen des Rohrgrabens querender RL sorgfältig und unter besonders gutem Verdichten des Bodens geschieht, damit sich keine den Verkehr gefährdenden Querrillen in den Straßen bilden.

Sind in Großstädten die Ortsstraßen sehr breit, so ist schon bei der Planung zu überlegen, ob es nicht zweckmäßig ist, beiderseits der Straße eine RL zu verlegen, um Straßenkreuzungen zu sparen, was auch dann wirtschaftlicher sein kann, wenn die Gesamtlänge der Doppelleitung größer ist, als die Summe der Kreuzungsleitungen.

Außerhalb des bebauten Gebietes werden nur in untergeordneten, nicht befestigten Straßen, z. B. Feldwegen, keine schützenden Vorkehrungen getroffen. In allen anderen Fällen wird von den Straßenbauverwaltungen zur Sicherheit des Verkehrs meist ein Schutzrohr um das Wasserleitungsrohr gefordert. Bei einem etwaigen Bruch der RL soll damit das Unterspülen der Straße durch austretendes Wasser verhindert werden.

Handelt es sich um noch nicht befestigte Straßen, so kann das Aufgraben der Straße und das Einlegen von Schutzrohren für querende RL das wirtschaftlichste Verfahren sein; in diesem Falle können z. B. Betonrohre als Schutzrohre eingelegt werden, die aber gut ausgerichtet auf eine Betonsohle aufgelegt und auch bis 20 cm über dem Scheitel mit Beton überdeckt sein müssen, um Setzungen zu vermeiden. Über ihnen ist der Rohrgraben bestens zu verdichten, um auf der Straßenoberfläche keine Rillenbildung entstehen zu lassen.

Die RL kann dann, wie in **Abb. 7-132**, auf Gleitschuhen oder Montagerollen mit Abstandhalter (**Abb. 7-133**) in die Betonschutzrohre eingezogen werden. Das Schutzrohr muss wenigstens auf einer Seite offen sein, damit Rohrbruchwasser austreten kann; es ist zu Entwässerungsgräben oder Kanälen zu führen (vgl. auch Bahnkreuzungen).

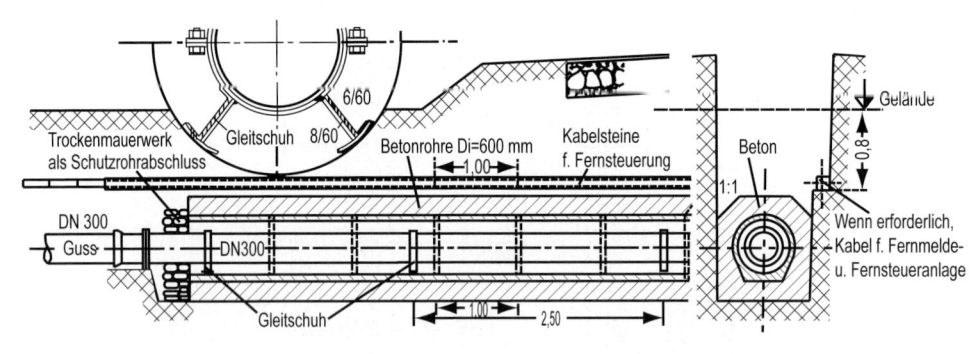

Abb. 7-132: Straßenkreuzung in Betonrohr

In viel befahrenen befestigten Straßen wird, um die Straßendecke nicht zu zerstören, und wegen der Aufrechterhaltung des Verkehrs von der Straßenbauverwaltung häufig das Durchpressen des Schutzrohres gefordert. Ein Schutzrohr wird hier immer für nötig gehalten. Als Schutzrohre können Stahl-, duktile Guss- oder Spannbetonrohre in Betracht kommen. Für die Wasserleitungsrohre sind alle Rohrwerkstoffe möglich, soweit sie längskraftschlüssig verbunden werden können, weil der Rohrstrang eingezogen werden muss.

Am Beginn der Schutzrohrstrecke wird eine Grube für die hydraulischen Pressen ausgehoben, die aus zwei Druckkolben bestehen, die sich gegen die gut verbaute Grabenwand abstützen (**Abb. 7-134**). Dem Schutzrohranfang wird ein Schneidschuh vorgesetzt, dessen Außendurchmesser nur um weniges größer sein soll, als derjenige des Schutzrohres, damit möglichst wenig Hohlräume entstehen. Stahlschutzrohre werden mit Rundnähten verbunden, sobald eine Rohrlänge überschritten wird. Der Korrosionsschutz der Schweißnähte ist sorgfältig innen und außen wieder herzustellen. GGG-Rohre kommen, weil ihre Muffen den Rohraußendurchmesser überragen, nur in Frage, wenn eine Rohrlänge ausreicht.

7.6 Rohrleitungsbau

Abb. 7-133: Einbau eines Rohres GGG in ein StB-Schutzrohr

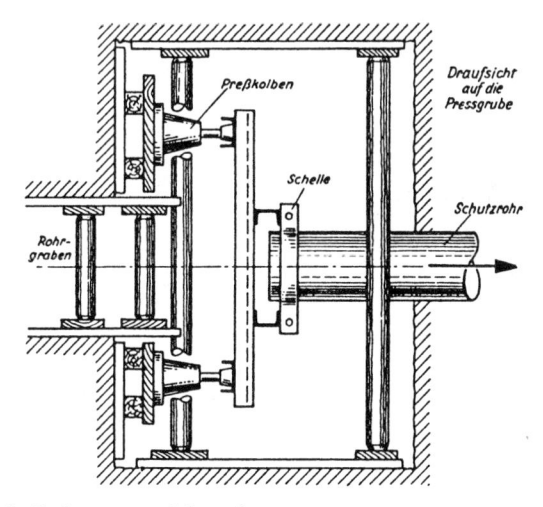

Abb. 7-134: Pressgrube für Einbringen von Schutzrohren

Während des Durchpressens wird an der Stirnseite der Durchpressung das Gebirge mit Haken und Kratzern herausgeholt, in langen Schutzrohren auch durch motorisch angetriebene Tellerschnecken.
Die längskraftschlüssigen Wasserleitungsrohre werden in die Schutzrohre eingezogen. Damit der Rohrschutz beider Rohre nicht beschädigt wird, erhalten die Wasserleitungsrohre Schellen mit angesetzten Kunststoffrollen (**Abb. 7-133**).
Steuerkabel liegen am besten in eigenen Schutzrohren aus PE-Schläuchen, die in das große Schutzrohr erst dann eingezogen werden, wenn das Wasserrohr bereits fertig eingebracht ist.

Die Mitbenutzungsverhältnisse bei Straßenkreuzungen sind seit 1974 durch einen Rahmenvertrag zwischen dem Bundesministerium für Verkehr und den Verbänden der Versorgungswirtschaft geregelt, dessen Anwendung auch auf Straßen der Länder u. a. empfohlen ist. (Verkehrsblatt 1975, H. 1, S. 69).

7.6.4.2 Kreuzungen mit Wasserläufen

Kleine Bäche mit geringer Tiefe – Sohle noch mindestens 0,8 m über Rohrscheitel – können ohne besondere Vorrichtungen und ohne Ablenkung des Rohres nach unten gekreuzt werden. Muffen sollten nicht im Kreuzungsbereich liegen. Über dem RG wird während der Arbeiten gewöhnlich ein Gerinne aus Bohlen oder in Form einiger Rohre hergestellt.

In tieferen Gewässern ist die RL so weit nach unten abzuwinkeln, dass die Deckung über Rohrscheitel bis Fußsohle mindestens 0,8 m beträgt. Wasserwirtschafts- oder Wasserstraßenverwaltung fordern insbesondere bei Bundeswasserstraßen meist größere Tiefen. Dies ist auch zum Schutze des Dükers notwendig. Kreuzungsstellen sollen nicht unterhalb von Wehren und dgl. liegen, um ein Auskolken der Sohle und ein Unterspülen des Dükers zu vermeiden.

Die eigentliche Dükerform hängt vom Flussprofil ab, das zu vermessen ist.

DN der Dükerrohre soll nicht größer sein, als dass die Spülgeschwindigkeit von 1,0 m/s erzielt werden kann, nachdem ein Spülauslass nicht am Tiefpunkt unter dem Flussbett, sondern erst am Ufer möglich ist, Ablagerungen also durch einen der Schenkel des Dükers hochgespült werden müssen. Hilfreich kann dazu die Wahl eines Doppel- oder Mehrfachdükers mit kleineren Rohren sein, was auch aus Sicherheitsgründen zu empfehlen ist.

Die Ausnutzung einer Dükeranlage für verschiedene Zwecke (Abwasser, Gas, Elektrizitäts- und Fernmeldekabel) wirkt sich kostengünstig aus; anlässlich der Planung sollten daher die einschlägigen Verwaltungen wegen ihres Bedarfes und ihrer Kostenbeteiligung an einem Mehrzweckdüker befragt werden (**Abb. 7-135**).

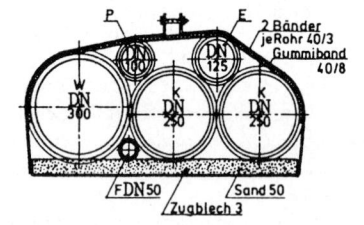

Abb. 7-135: Mehrzweckdüker

Grundsätzlich endet ein Düker an beiden Ufern in einem mindestens über Mittelwasser des Flusses anzulegenden Schacht mit Absperrorganen; hier werden auch Mehrfachdüker zusammengefügt, Rohrbe- und -entlüfter oder Spülauslässe angebracht und ggf. die Leitungen von Mehrzweckdükern in verschiedenen Richtungen auseinandergeführt (**Abb. 7-136**).

Als Zeitpunkt für die Verlegung eines Dükers wählt man eine Periode der Niedrigwasserführung des Flusses (geringe Strömungsgeschwindigkeit, große Länge der beobachtbaren Strecke). Er ist mit der Wasserwirtschaftsverwaltung und ggf. Wasserstraßenverwaltung abzuklären.

Für das Einbringen eines Dükers kommen folgende Verfahren in Betracht.
– Einbau in Baugrube zwischen Spundwänden in mehreren Abschnitten, meist unter großer Wasserhaltung. Kostspielig, daher selten.
– Düker bis etwa 30 m Länge können einschließlich der Schenkelstücke von einem oder zwei Kränen in die vorbereitete Flusssohlrinne eingehoben werden.
– Düker lassen sich von im Fluss gebauten Montagestegen über seitliche Rutschen in die Sohlrinne ablassen. Wegen der meist unvermeidbaren ungleichmäßigen Durchbiegung kommen hier hauptsächlich St-Rohre in Betracht. Mehrfachdüker scheiden aus.

7.6 Rohrleitungsbau

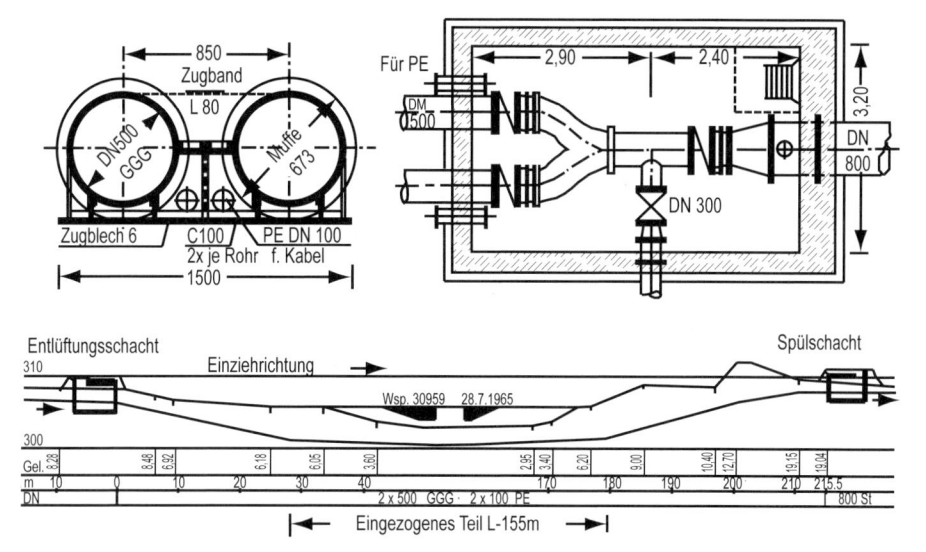

Abb. 7-136: Doppeldüker

- Ist die Strömungsgeschwindigkeit des Gewässers klein, lassen sich Düker auch Einschwimmen, z. B. sind durch Seen mit flach verlaufenden Sohlen Düker aus AZ-Rohren mit zugfester Verbindung dadurch verlegt worden, dass man die Leitung schwimmend an Ort brachte und dann erst durch Fluten absenkte (ohne ausgebaggerte Dükerrinne).
- Einziehen des am Ufer vorbereiteten Dükers mittels Winde und Drahtseil. Die Leitung wird auf ein Ziehblech montiert, das an einem „Kopfschlitten" hängt; dieser kann auch ein Gerüst für den aufsteigenden Dükerschenkel tragen, desgl. auch das Ziehblechende (**Abb. 7-137**).
Bestehen die Leitungen aus GGG-Rohren, ist die Sohlrinne entsprechend der zulässigen Durchbiegung (Abwinkelung der Muffen) zu gestalten (f in der Abb.). Kann die ganze Dükerlänge am Ufer nicht montiert werden, so werden Teilstücke nebeneinander gelegt und nach Einziehen des vorhergehenden Teiles an dieses angehängt. Als Belastung gegen Auftrieb dient Trockenbeton in Jute- oder Nylonsäcken.
- Einspülen von Mehrfachdükern aus PE-Rohren mittels Spezialspülschiff. Voraussetzung: Der Boden bis zur Rinnensohle besteht aus lockerem, durch das Spülrohr mit seinem aufgesetzten Vibrator lösbarem Boden. Unbedingt erforderlich ist vor dem Einspülen ein Probendurchgang. Hindernisse oder teilweise zu harter Boden können durch kleine Sprengungen in Bohrlöchern von etwa 1 m Abstand beseitigt werden. In der Regel werden mehrere PE-Rohre gleichzeitig und übereinander liegend eingespült (**Abb. 7-138**). Da diese Rohre meist DN 200 bis 300 haben und daher nicht auftrommelbar sind, ist der Antransport bei den für ein solches Verfahren in Betracht kommenden Längen von über 200 m schwierig, z. B. nur mittels eines Sonderzuges der DB aus Rungenwagen bis zu einer geeigneten Entladestelle am Fluss möglich, wo sie ins Wasser abgezogen und dann zur Einbaustelle geschwommen werden. Das Verfahren kommt da in Frage, wo bei großer Flussbreite eine Ufermontage für einen Einziehdüker nicht möglich ist. Die Schifffahrt wird hier kaum gestört.

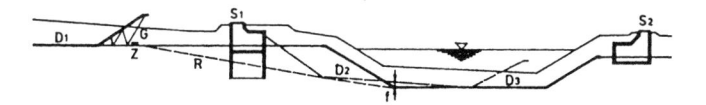

Abb. 7-137: Einziehvorgang

Düker in
D_1 = Uferlage, Montage auf Gerüst G
D_2 = halbeingezogen, größte Duchbiegung f
D_3 = Endlage

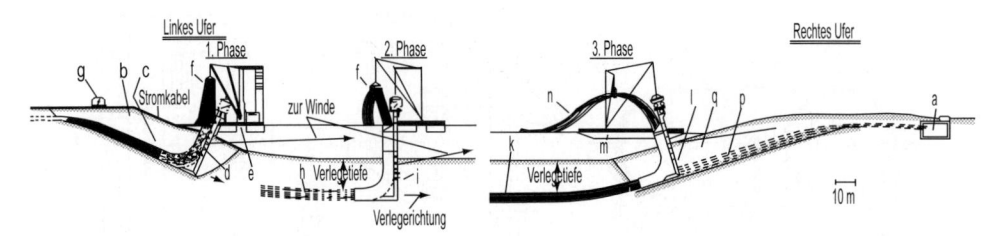

Abb. 7-138: Einspülen eines Dükers 4 · DN 300 PE

a = Entleerungs- bzw. Übergangsschacht zwischen K-Rohrdüker und Wasserleitungstrasse
b = Grube zum Einsetzen d. Spülrohres; darin die K-Rohre v. d. Senkrechten in die Waagerechte verschwenkt
c = 1. Phase; K-Rohre bereits in der endgültigen Lage
d = Spülrohr im Ansatz, K-Rohre bereits eingebaut; nach Verfüllung eines Teiles von „b" Beginn der Einspülung
e = Einspülschiff mit Wasserdruckpumpen (←) und Winden ausgerüstet.
f = Noch nicht eingesp. K-Rohre auf dem Wasser schwimmend, gehalten durch Rollenbogen
g = Dieseldrehstromagg. zum Antrieb des Rüttlers
h = Fertig eingespülte K-Rohre der 2. Phase
i = Spülrohr in der waagerechten Verlegung, fest auf Tiefe eingestellt
k = Fertig eingesp. K-Rohre der 3. Phase
l = Spülrohr in der Endphase; wird hier vom K-Rohr gelöst und abgebaut
m = Einspülschiff um 90° gedreht, um Spülrohr möglichst weit landwärts zuführen
n = Restlänge der K-Rohre
p = Rest der K-Rohre in Uferböschung verlegt und verschwenkt
q = Grube zum Ausbauen des Spülrohres

– Unterfahren eines Flusses durch Vorpressrohre von Vertikalschächten vom Ufer aus. Möglich, wenn das Gebirge in Höhe der RL aus dichten Bodenarten besteht, aus denen kein Grundwasser austritt und die für die Durchpressung standfest genug sind.

7.6.4.3 Rohrüberführungen über Flüsse (Brückenleitungen)

Gegenüber der Unterdükerung kann die Aufhängung an Brücken die billigere Lösung sein, wenn eine geeignete Brücke in der Nähe der Trasse liegt. Der Eigentümer der Brücke muss seine Zustimmung geben. Maßgebend ist die Belastung der einzelnen Auflagerpunkte, welche der Brückenverwaltung anzugeben ist (Rohrgewicht + Wassergewicht). Eiserne Brücken bieten häufig Gelegenheit, an ihren Konstruktionen Unterstützungen in Form von Kragträgern, Bügeln anzubringen (**Abb. 7-139**). In Stahlbetonbrücken ist manchmal bereits beim Bau ein Rohrkanal mit vorgesehen, oder die Leitung Lässt sich unter der Fahrbahntafel an Zugeisen anhängen, die mit Muttern und Platte festgehalten sind (**Abb. 7-140**). In Kastenträgern müssen Öffnungen für Wasserablauf bei Leckwerden oder Rohrbruch vorhanden sein. Muffenleitungen sind gegen Ausknicken zu fixieren.

Brückenleitungen müssen mit Wärmedämmung versehen werden. Trotzdem wird in Leitungen mit geringem Wasserwechsel an dem der gewöhnlichen Fließrichtung des Wassers abgewandten Brückenende ein „Frostlauf" eingebaut, durch den bei strenger Kälte so viel Wasser austritt, dass die Bewegung im Rohr ein Einfrieren verhindert. An den Auflagerpunkten liegt das Rohr nicht etwa mit der Dämmerschicht oder dem Blechmantel auf, sondern mit einem zwischen Rohr und Auflager eingeschobenen Eichenholzbock.

Bei Brücken mit Bogenbauweise entsteht am Brückenscheitel ein Hochpunkt, an dem eine Entlüftungsmöglichkeit nicht vergessen werden darf. Oft reicht die Bauhöhe für eine normale Entlüftungsvorrichtung nicht aus; man setze eine Anbohrsschelle oder, falls auch für diese kein Platz, schweiße einen Rohrwinkel auf und führe das Röhrchen nach abwärts zum Ventil, das wegen ungenügenden Luftsammelraumes oft geöffnet werden muss (**Abb. 7-141**). Wegen der Schwingungen und Temperaturschwankungen muss ein Dehnungsstück eingesetzt werden, auch muss die Leitung auf längeren Brücken beweglich gelagert werden (Pendelaufhängung, Rollenauflager und dgl.).

7.6 Rohrleitungsbau

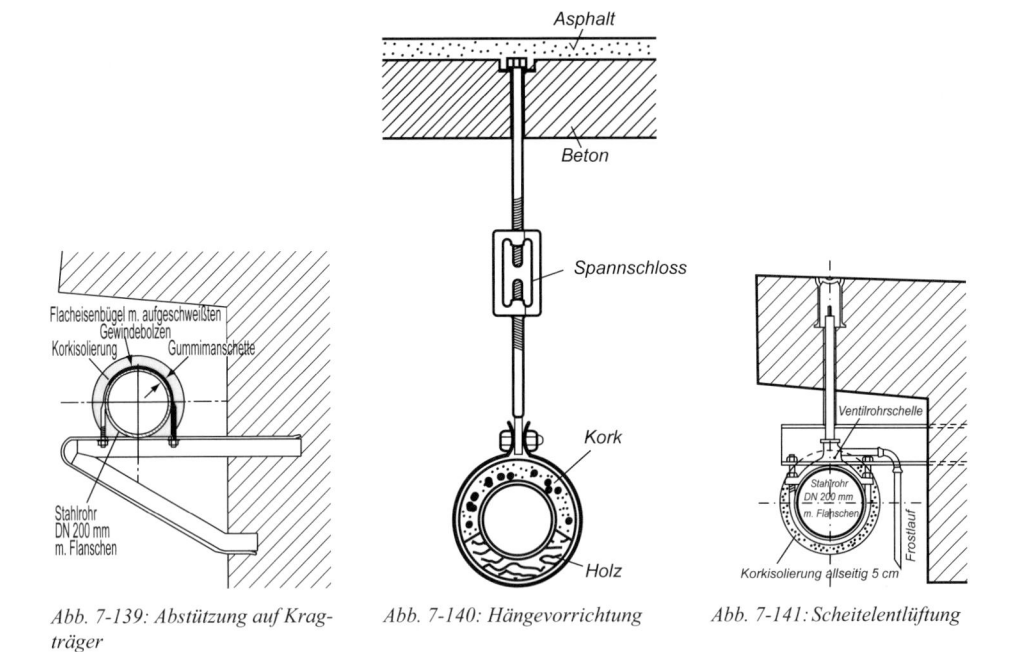

Abb. 7-139: Abstützung auf Kragträger

Abb. 7-140: Hängevorrichtung

Abb. 7-141: Scheitelentlüftung

7.6.4.4 Bahnkreuzungen

7.6.4.4.1 Grundregeln

Siehe „Prinzipskizzen u. Musterentwürfe für die Kreuzung von DB-Gelände mit Wasserleitungen" im DVGW-Arbeitsblatt W 305 sowie Gas- und Wasserleitungskreuzungsrichtlinie DBAG/BGW 2000.
Bahn-Kreuzungen und Längsführungen erfordern wegen der Sicherheit des Bahnbetriebes besondere Vorkehrungen, insbes. den vorherigen Abschluss eines Vertrages zwischen der Deutsche Bahn AG und dem WVU. Kreuzungen und Längsführungen müssen den oben genannten Richtlinien entsprechen. Die DB unterscheidet dabei:

– Bahngelände, das sind die Grundflächen, auf denen sich Betriebs- oder Verkehrsanlagen befinden und
– sonstiges DB-Gelände, das sind Grundflächen außerhalb des Bahngeländes und unter Eisenbahnbrücken.

Zu beachten sind folgende Grundregeln:

– Kreuzende Leitungen sind möglichst in vorhandene Unterführungen zu legen.
– Die Kreuzungen sollen rechtwinklig zu den Gleisen verlegt werden.
– In der Längsrichtung sind Leitungen unter Gleisen sowie in Damm- und Einschnittsböschungen nicht erlaubt.
– Eine Längsführung ist möglichst zu vermeiden, auch wenn durch die Längsführung Vorteile für das WVU bestehen. Sie bedeutet für die DB eine über die Kreuzung hinausgehende Beanspruchung. Eine „Längsführung" liegt vor, wenn eine Leitung in einem Abstand von weniger als 20 m vom Außenrand der Bahnanlage verläuft und entweder:
    a) im Zusammenhang mit einer einfachen Kreuzung notwendig wird und länger als 100 m,
    b) in anderen nicht vermeidbaren Fällen, länger als 30 m ist.

Die Längsführung muss außerhalb des Druckbereiches des Bahnoberbaues erfolgen und eine Abführung von etwaigem Rohrbruchwasser muss ohne Gefährdung der Bahnanlage möglich sein. Der Mindestabstand ab Gleisachse beträgt 7,5 m bei Haupt- und 3,5 m bei Nebengleisen.
- Bei Kreuzungen außerhalb von Kunstbauten (Normalfall) soll die Rohrdeckung gemessen ab Schwellenoberkante bis Oberkante Schutzrohr mind. 1,5 m betragen.
- Rohrverbindungen (Muffen, Flansche) dürfen nur dann unter Gleisen liegen, wenn Schutzrohre vorgesehen sind.
- Als Werkstoff für die in Schutzrohren liegenden Wasserleitungsrohre ist St, GGG, PVC und PE zugelassen. Schweißen ist nur dann zulässig, wenn der Rohrschutz nach dem Schweißen zuverlässig erneuert werden kann.

7.6.4.4.2 Einlegen der Wasserleitung in Bahnunterführungen

Die Brückenfundamente sind gegen die unterspülende Wirkung austretenden Rohrbruchwassers zu sichern durch:

- Spundwände oder gemauerten oder betonierten Kanal, unter den Rohren Betonsohle; der Raum zwischen den Spund- oder Kanalwänden ist nach dem Einbringen der Wasserleitungsrohre mit Sand aufzufüllen und zu verdichten (**Abb. 7-142**).
- Betonummantelung der Wasserleitungsrohre mit einer Wanddicke von mind. 0,2 m bis DN 300, 0,25 m für DN 300 bis 400, 0,3 m für DN 400 (seltene Ausführung).
- Schutzrohre, wie in folgendem Abschn. 7.6.4.4.3 (häufig).

Der in der Unterführung geöffnete RG muss oberhalb der Drucklinie der Brückenfundamente liegen und von diesem mind. 2 m Abstand halten. Die Schutzbauten sind mind. 3 m, Schutzrohre mind. 1,5 m über die Brückenfundamente hinaus vorzusehen.

7.6.4.4.3 Einlegen der Wasserleitung unter den Gleiskörper

Zum Schutze gegen Unterspülung der Bahnanlagen werden die Wasserleitungsrohre in Schutzrohre eingebaut, die eventuell austretendes Wasser außerhalb des Bahnkörpers nach einer oder nach beiden Seiten abfließen lassen.

Die Schutzrohre können in offener Baugrube oder im Durchpressverfahren eingebracht werden. Die Wasserleitungsrohre werden auf anmontierten Kufen in die Schutzrohre eingezogen (ähnlich Straßenkreuzungen, **Abb. 7-132**).

Abb. 7-142: Spundwand in Bahnunterführung

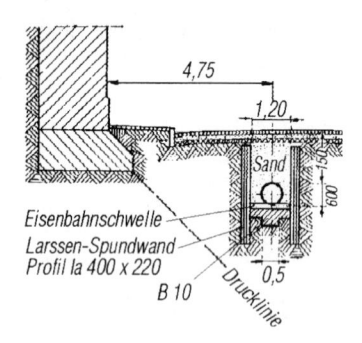

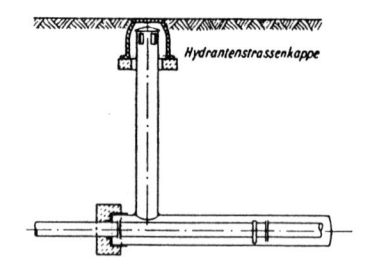

Abb. 7-143: Ableitungsstutzen für kleine DNa

1. Baustoff der Schutzrohre
in offener Baugrube eingebracht: St, GGG
im Durchpressverfahren eingebracht: St ohne Muffe, stumpf geschweißt, Stahlbeton mit besonderen Verbindungen, die den Außendurchmesser nicht überragen

7.6 Rohrleitungsbau

2. Mindestlichtweite der Schutzrohre
Der verbleibende Ringraum muss mindestens haben:
bei Entwässerung nach beiden Seiten das 0,5 fache des Wasserleitungsquerschnittes
bei einseitiger Entwässerung das 1fache dieses Querschnittes.
Für den Querschnitt gilt der größte Rohraußendurchmesser, bei Flanschrohren also der Flanschdurchmesser. Bei längskraftschlüssigen St-Rohren mit Schweißverbindung und besonderen Gütebedingungen kann der Ringraum ausnahmsweise kleiner sein.

3. Ableitung des Rohrbruchwassers aus den Schutzrohren
Lässt es sich auf beiden Seiten des Bahnkörpers schadlos abführen, wählt man eine zweiseitige Ableitung, sonst eine einseitige. Für Wasserleitungen kleiner DN (etwa bis DN 150) und geringstmöglichem Wasseraustritt im Bruchfall können Ableitungsstutzen nach **Abb. 7-141** genügen, die auf das Schutzrohr aufgeschweißt sind und an der Geländeoberfläche mit Straßenkappen abschließen.
Die Regel sind jedoch Betonschächte nach **Abb. 7-142**, in denen auch Absperrorgane Platz finden. Das Abfließen des Rohrbruchwassers aus den Schächten muss gesichert sein.

4. Absperrmöglichkeit
Beiderseits der Bahnkreuzung sind Absperrschieber einzubauen, die nicht überflutet werden und leicht bedienbar sind. In überflutbaren Schächten ist das Schiebergestänge über den möglichen WSp hochzuführen.

5. Technische Ausführung von Bahnkreuzungen in Schutzrohren
Das Einlegen der Schutzrohre in offener Baugrube erfordert eine „Gleisaufhängung" durch Fachkräfte, einen soliden Verbau des RG und ein sorgfältiges Verdichten des Bodens über den Schutzrohren. Die Nebenkosten durch diese Maßnahmen, durch die Stellung von Bahnaufsichten und ggf. die Langsamfahrt von Zügen können erheblich sein. Diese Bauart kommt daher meist nur für wenig befahrene Gleise in Betracht.

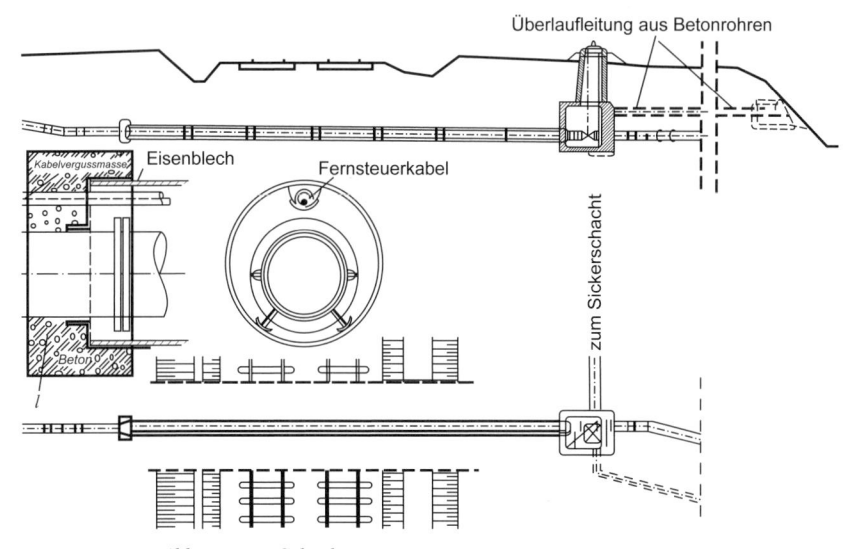

Abb. 7-144: Zweiseitige Ableitung mit Schächten

Regelausführung der Kreuzung ist das Durchpressen der Schutzrohre. Hier gilt das zur Kreuzung von Straßen Ausgeführte. In besonderen Fällen kann auch ein Bohr-, Schild- oder Stollenvortrieb vorteilhaft sein. Der Ringspalt zwischen Boden und Schutzrohr ist durch Injektionen zu füllen (Verpressen). Für Durchpressungen bis zu 25 m (= 2 Streckengleise) kann nach Zustimmung des DB AG, bei Einhaltung der besonderen Bedingungen für Werkstoff und Rohr (lt. Anhang VI der DB-Richtlinie) für

Stahlrohre mit ZM-Auskleidung und abriebfester PE-Außenumhüllung auf das Schutzrohr verzichtet werden. Schutzrohre bedeuten für kathod. geschützte Stahlrohrleitungen vielfach eine Sicherheitsminderung und Betriebserschwernis für das WVU.

7.6.4.4.4 Überführen von Wasserleitungen über Bahngleise

Wegen der durch Temperaturänderungen und durch die Belastung auftretenden Brückenbewegungen sind bewegliche Aufhängungen oder Auflagerungen erforderlich. Die Entwässerungsmöglichkeit der anzubringenden Schutzrohre ist zu berücksichtigen. Wichtig: Fahrleitungen elektrischer Bahnen sind besonders gegen Rohrbruchwasser zu schützen!

7.6.4.4.5 Verlegung von Wasserleitungen an Eisenbahnbrücken

Wasserleitungen sind außerhalb des Gleisbereichs unter den Seitenwegen oder an besonderen Vorkragungen anzubringen. Sie sind gegen Winddruck zu sichern und so anzubringen, dass sämtliche Brückenbauteile für die Überwachung und Unterhaltung zugänglich bleiben (**Abb. 7-145**).

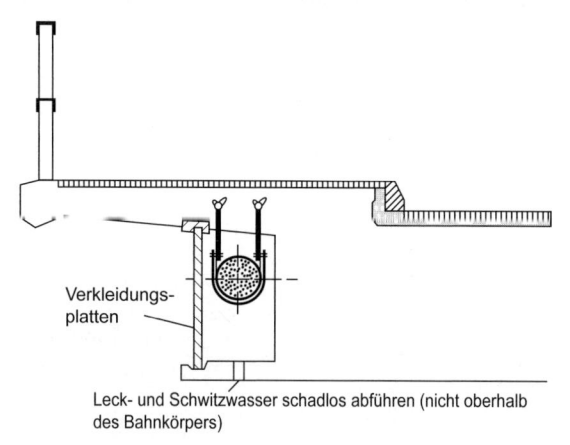

Abb. 7-145: Längsverlegung an Eisenbahnbrücken

7.6.5 Grabenlose Rohrverlegung (Einpflügen, Einfräsen)

Im Rahmen von Kostendämpfungsmaßnahmen beim Bau von Wasserversorgungsleitungen wurden vom Freistaat Bayern Pilotprojekte durchgeführt, um die von der Kabelverlegung und dem Bau von Abwasserdruckleitungen her bekannten Verfahren des Einpflügens und Einfräsens hinsichtlich der Anwendbarkeit für Trinkwasserdruckleitungen zu prüfen.
Zusätzlich wurde von der Universität der Bundeswehr, München, ein 2-jähriges Forschungsvorhaben zu diesen automatisierten Verlegeverfahren abgewickelt.
Das Forschungsvorhaben ist erfolgreich abgeschlossen worden. Für Planung, Bau und Betrieb konnten Hinweise erarbeitet werden. Die Verfahren sind jedoch noch nicht in das Regelwerk des DVGW aufgenommen.

7.6.6 Grabenlose Erneuerung und Sanierung von Druckrohrleitungen

7.6.6.1 Allgemeines

An diese alternativen Verfahren müssen die gleichen strengen Qualitäts- und Sicherheitsanforderungen gestellt werden, wie sie bei konventioneller Bauweise angewendet werden. Es ist daher folgerichtig, dass für die Arbeiten nur fachlich qualifizierte Firmen tätig werden dürfen. Als Mindestanforderung ist eine Zulassung gemäß DVGW-Arbeitsblatt GW 301 zu stellen.

7.6.6.2 Reinigung

Mit Hilfe von entsprechendem mechanischen, hydraulischen, thermischen oder chemischen Reinigungsgerät werden die Ablagerungen und Inkrustierungen der alten Leitungen beseitigt.
Die Zustandsverbesserung der Leitung beschränkt sich auf die Zurückgewinnung des alten Rohrquerschnittes.
Als Verfahrensarten stehen derzeit zur Verfügung:

– Mechanisches Reinigungsgerät
– Hochdruck-Spülgerät
– Pulsator
– Hydromolch
– Spülverfahren
– Thermogerät
– Lösungsmittel.

7.6.6.3 Sanierung

Diese Arbeiten haben das Ziel, die bestehenden Rohrleitungen so zu erhalten, dass sie in ihren hydraulischen Eigenschaften und ihrer technischen Bewertung neuen Rohrleitungen in gleicher Dimension nahe kommen.
Als Verfahrensarten stehen derzeit zur Verfügung:

Tab. 7-68: Sanierungsverfahren

Muffenverschweißung	Muffenaußendichtung
Innenverschweißung	Muffeninnendichtung
ZM-Verfahren	Innenbeschichtung
Rohrrelining	Innenauskleidung
Gewebeschlauchrelining	Innenauskleidung

7.6.6.4 Erneuerung / Neubau

Diese Arbeiten haben zum Ziel, eine neue Rohrleitung aus selbsttragendem Werkstoff herzustellen; je nach Erfordernis in neuer oder alter Trasse, mit oder ohne Dimensionsänderung.
Als Verfahrensarten stehen derzeit die in **Tab. 7-69** genannten Erneuerungsverfahren zur Verfügung:
Für die grabenlosen Erneuerungs- / Neubauverfahren gelten die DVGW-Arbeitsblätter
-GW 320
Rehabilitation von Gas- und Wasserrohrleitungen durch PE-Relining Teil 1 mit Ringraum; Teil 2 ohne Ringraum – Anforderungen, Gütesicherung und Prüfung,
-GW 321
Steuerbare horizontale Spülbohrverfahren für Gas- und Wasserrohrleitungen – Anforderungen, Gütesicherung und Prüfung,

-GW 322
Grabenlose Auswechslung von Gas- und Wasserrohrleitungen und
-GW 323
Grabenlose Erneuerung von Gas- und Wasserversorgungsleitungen durch Berstlining – Anforderungen, Gütesicherung und Prüfung.

Tab. 7-69: Erneuerungsverfahren

Rammung mit offenem Rohr	Vortrieb
Vortrieb mit Bodenverdrängungshammer	(ungesteuert)
Pressbohrverfahren	
Pilotbohrverfahren ohne Spülhilfe	Vortrieb
Pilotbohrverfahren mit Spülhilfe	(gesteuert)
Horizontales Richtbohren mit Spülhilfe	
Rohrvortrieb mit Schneckenförderung	
Rohrvortrieb mit Spülförderung	
Rohrrelining mit und ohne Ringraumverfüllung	Neues Innenrohr
Press-Zieh-Verfahren	Rohrauswechselverfahren
Berstlining	Neues Rohr
	(Rohraufspaltverfahren)

7.7 Verbrauchsleitungen (Trinkwasser-Installation)

7.7.1 Allgemeines

DIN 1988 Teil 2 und Beiblatt 1 zu Teil 2 beinhalten die Planungsgrundlagen und die für den Bau von Trinkwasseranlagen in Grundstücken und Gebäuden geeigneten Bauteile, Apparate und Werkstoffe.
Solche Anlagen sind so auszuführen, dass eine sparsame Wasserverwendung möglich ist. Ferner sind die Rohrleitungen so zu bemessen, dass einerseits der Mindestversorgungsdruck an allen Entnahmestellen und andererseits, zur Erhaltung der Trinkwasserqualität, der dazu nötige Wasseraustausch gewährleistet sind.
Einbau und Betrieb von Produkten können, wie nachfolgende Beispiele zeigen, an bestimmte Voraussetzungen gebunden sein:

– Trinkwassererwärmer für 6 bar;
– PVC- und PE-Rohre dürfen nur als Kaltwasserleitungen verwendet werden, Gewinde nach DIN ISO 228 (1) können als Rohrgewinde nur mit besonderer Dichtung verwendet werden,
– der Einbau von Entnahmearmaturen darf nur unter Beachtung der Angaben zur Vermeidung unzulässiger Druckstöße erfolgen usw.

Die Planungs- und Ausführungsunterlagen sollen bestehen aus:

– einem verbindlichen Grundstücks-Lageplan
– den Keller u. Geschoßgrundrissen mit eingezeichneten Leitungen u. Schnitten,
– einer Ermittlung der Rohrdurchmesser nach DIN 1988 Teil 3 und der schematischen Darstellung der Leitungsführungen mit den entspr. Details.

Auch für die DIN 1988 „Trinkwasser-Hausinstallation" wird eine Europäische Norm erarbeitet. In Zukunft wird an Stelle der DIN 1988 die DIN EN 1717, die DIN EN 806 mit den Teilen 1 bis 5 und eine Restnorm oder ähnliche Regelung gelten, in der sich all jene Abschnitte wieder finden, die keinen Eingang in die DIN EN 806 gefunden haben oder zur näheren Erklärung der DIN EN dienen. Die DIN EN 1717 ergänzt seit Mai 2001 Teile der DIN 1988. Die DIN EN 806 Teil 1 Allgemeines ist seit Dezember 2001, Teil 2 Planung seit Juni 2005 und Teil 3 Ermittlung der Rohrinnendurchmesser ist seit Juli 2003 in Kraft.

7.7.2 Berechnungsverfahren nach DIN 1988 Teil 3

Die Ermittlung der Rohrdurchmesser erfolgt nach DIN 1988 Teil 3. Er beruht auf den in den Leitungen entstehenden Druckverlusten, die insbesondere von der Rohrlänge u. dem Berechnungsdurchfluss abhängig sind. An der hydraulisch ungünstigsten Entnahmestelle einer Trinkwasseranlage soll beim rechnerischen Spitzenverbrauch der „Mindest-Entnahme-Armaturendurchfluss" vorhanden sein. Die DIN 1988 unterscheidet hierfür den vereinfachten (z. B. im Wohnbau ohne Größenbegrenzung, kleine Hotelgebäude u. a.), nur wenn diese Berechnungsart nicht ausreichend ist, den differenzierten Berechnungsgang (z. B. zum Nachweis der Notwendigkeit einer Druckerhöhungsanlage).

Tab. 7-70: Anschluss, Nenndurchfluss und maximaler Durchfluss nach DIN ISO 4064(1) sowie Normwerte für Druckverluste (DIN 19 88) von Wasserzählern:

Zählerart	Anschluss		Nenndurchfluss	Maxim. Durchfluss	Druckverlust
	Gewinde nach DIN ISO 226(1)	DN des Anschlussflansches:	m^3/h	m^3/h	mbar
Volumetrische Zähler und Flügelradzähler	G 1/2 B	–	0,6	1,2	1000
	G 1/2 B	–	1	2	1000
	G 3/4 B	–	1,5	3	1000
	G 1 B	–	2,5	5	1000
	G 1 1/4 B	–	3,5	7	1000
	G 1 1/2 B	–	6	12	1000
	G 2 B	–	10	20	–
Woltmann-Zähler	–	50	15	30	300/600*
	–	65	25	50	300/600*
	–	80	40	80	300/600*
	–	100	60	120	300/600*
	–	150	150	300	300/600*
	–	200	250	500	300/600*

*) Verluste von Woltmann-Zähler senkrecht (WS)

Tab. 7-71: Vorzugsreihe für die. Auswahl der Wasserzähler in Wohnanlagen

Nenndurchfluss V_n m^3/h	Maximaler Durchfluss V_{max} m^3/h	Spülklosett mit	Zahl der Wohneinheiten
2,5	5	Druckspüler	bis 15
		Spülkästen	bis 30
6	12	Druckspüler	16 bis 85
		Spülkästen	31 bis 100
10	20	Druckspüler	86 bis 200
		Spülkästen	101 bis 200

Für die Bemessung der Anschluss- und Verbrauchsleitungen ist folgender Berechnungsgang einzuhalten:

Feststellen des Mindestversorgungsüberdruckes in der Versorgungsleitung am Abzweig der Anschlussleitung (Angabe des WVU). Wurde die Anschlussleitung durch das WVU erstellt, Angabe des WVU für den Mindestdruck am Ende der Anschlussleitung.

Feststellung der Druckdifferenz (Δp_{geod}) aus dem geodätischen Höhenunterschied zwischen der Versorgungsleitung und der höchsten Entnahmestelle.

Ermittlung der Druckverluste im Wasserzähler (ggf. für Filter, Dosieranlagen etc.) und des Mindestfließdruckes (P_{minFl}) an der Entnahmestelle und damit der verfügbaren Differenz für Rohrreibung und Einzelwiderstände.

Die Auswahl des Wasserzählers bestimmt das WVU.
Für Wasserzähler und auch für andere Apparate wie z. B. Filter, Dosieranlagen etc. berechnet sich der Druck nach der Formel:

$$p_S = p_g \cdot \frac{V_s^2}{V_g^2} \text{ (mbar)};$$

wobei der Index g für gegebene Werte und s für den errechneten Spitzendurchfluss gilt. Für Pauschalansätze werden folgende Einzelabzüge empfohlen:
Wasserzähler (Nenndurchfl. < 15 m³/h ohne Rückflussverhinderer 400 mbar
Wasserzähler (Nenndurchfl. < 15 m³/h mit Rückflussverhinderer 700 mbar
Filter im Gebrauchszustand 300 mbar.
Weitere Werte siehe DIN 1988 (3).
Ermittlung der Entnahmearmaturendurchflüsse (V_R), der Summendurchflüsse (ΣV_R) der Teilstrecken und daraus der Spitzendurchflüsse (V_S). Der Spitzenvolumenstrom V_s errechnet sich für Wohngebäude
1.) mit Einzelarmaturen V_R < 0,5 l/s und für ΣV_R von 0,7 bis 20 l/s nach der Formel (= Linie B in **Abb. 7-146**):

$$V_S = 0{,}682 \cdot (\Sigma V_R)^{0{,}45} - 0{,}14 \text{ (l/s)}$$

2.) mit Einzelarmaturen V_R > 0,5 l/s für ΣV_R = 0,5 bis 1,0 l/s

$$V_S = V_R$$

und für den Bereich ΣV_R. 1 l/s nach der Formel (= Linie A in **Abb. 7-146**):

$$V_S = 1{,}7 \cdot (\Sigma V_R)^{0{,}21} - 0{,}7 \text{ l/s}$$

Für Büro- und Verwaltungsgebäude mit V_R < 20 l/s gelten die Linien A und B; für ΣV_R > 20 l/s gilt die Linie C der **Abb. 7-146** bzw. die Gleichung:

$$V_S = 0{,}4 \cdot (\Sigma V_R)^{0{,}54} + 0{,}48 \text{ (l/s)}.$$

Entsprechende Gleichungen für Hotelbetriebe, Kaufhäuser, Krankenhäuser usw. können der DIN 1988 (3) entnommen werden. Für obige Formeln sind die Werte in **Abb. 7-146** graphisch dargestellt. Durch *Abzug* des (geschätzten) Anteils (Erfahrungswert nach DIN 1988 (3) 40–60 %), *der Druckdifferenz* für Einzelwiderstände von der verfügbaren Druckdifferenz – berechnet nach 3) –, wird das für die Rohrreibung zur Verfügung stehende Druckgefälle ermittelt.
Dimensionierung der Leitungen und Berechnung der Druckverluste aller Teilstrecken. Vergleich mit dem vorher ermittelten Druckgefälle und ggf. mit geändertem Rohrdurchmesser nachrechnen.

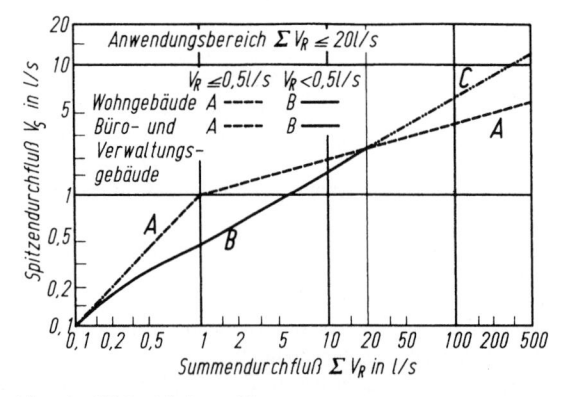

Abb. 7-146: Spitzendurchfluss in Abhängigkeit von V_R

7.7 Verbrauchsleitungen (Trinkwasser-Installation)

Berechnungsbeispiel:
Folgend werden die Verbrauchsleitungen für ein Eigenheim mit Einliegerwohnung und zentraler Trinkwassererwärmung (siehe **Abb. 7-147**), nach dem vereinfachten Rechnungsgang ermittelt. Die Berechnung erfolgt i. d. R., wie nachfolgend aufgezeigt, tabellarisch. Zur Berechnung der Druckverluste aus Formstücken u. Armaturen Z dient die Formel:

$$Z = \zeta \cdot v^2 / 2\,g$$

Richtwerte für die Verlustbeiwerte ζ: **Tab. 7-75**
Gegeben sind die Anschlussleitung mit Armaturen u. Wasserzähler wie vom WVU geplant und ausgeführt, (Bestimmung, siehe 7.5.7). Der Mindestversorgungsdruck beträgt nach Angabe des WVU am Anschluss an die Versorgungsleitung = 4000 mbar.
Geodätische Höhenunterschiede siehe **Abb. 7-147**.
Entnahmestellen und Leitungslängen siehe **Abb. 7-145** und **Tab. 7-76**
Verbrauchsleitungen: Kupferrohre nach DIN 1786.

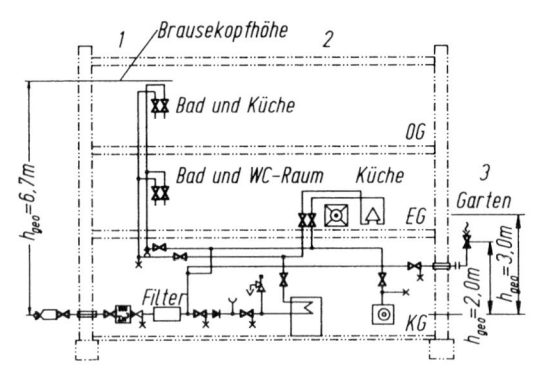

Abb. 7-147: Berechnungsplan zum Beispiel

Zusammenstellung der Entnahmestellen und Zuordnung des entspr. Berechnungsdurchflusses (V_R) nach **Tab. 7-72** und daraus Ermittlung des Spitzendurchflusses (V_S). Hier: Wohngebäude u. $V_R > 1{,}0\,l/s$:

$$V_S = 0{,}682 \cdot (\Sigma V_R)^{0,45} - 0{,}14 \;(l/s);$$

Dabei ist zu beachten, dass Dauerentnahmen (> 15 Min.), wie im Beispiel der Auslaufarmatur mit Schlauchverschraubung für den Gartenschlauch, dem Spitzendurchfluss voll hinzuzurechnen ist. (**Tab. 7-76**).

Tab. 7-72: Mindestfließdrücke u. Berechnungsdurchflüsse (Richtwerte)

Mindest-fließdruck p_{min} Fl bar	Art der Trinkwasserentnahme		Berechnungsdurchfluss bei der Entnahme von Mischwasser*) V_R kalt l/s	V_R warm l/s	nur Kalt oder Warmwasser V_R l/s
	Auslaufventile				
0,5	ohne Luftsprudler **)	DN 15	–	–	0,30
0,5		DN 20	–	–	0,50
0,5		DN 25	–	–	1,00
1,0	mit Luftsprudler	DN 10	–	–	0,15
1,0		DN 15	–	–	0,15
1,0	Brauseköpfe für Reinigungsbrausen	DN 15	1,0	0,10	0,20

Tab. 7-72 Fortsetzung

Mindest-fließdruck p_{min} Fl	Art der Trinkwasserentnahme		Berechnungsdurchfluss bei der Entnahme von Mischwasser*)		nur Kalt oder Warmwasser
			V_R kalt	V_R warm	V_R
bar			l/s	l/s	l/s
1,2	Druckspüler nach DIN 3265 Teil 1	DN 15	–	–	0,70
1,2	Druckspüler nach DIN 3265 Teil 1	DN 20	–	–	1,00
0,4	Druckspüler nach DIN 3265 Teil 1	DN 25	–	–	1,00
1,0	Druckspüler für Urinalbecken	DN 15	–	–	0,30
0,5	Eckventil für Urinalbecken	DN 15	–	–	0,30
1,0	Haushaltsgeschirrspülmaschine	DN 15	–	–	0,15
1,0	Haushaltswaschmaschine	DN 15	–	–	0,25
1,0	Mischbatterie für Brausewannen	DN 15	0,15	0,15	–
1,0	Badewannen	DN 15	0,15	0,15	–
1,0	Küchenspülen	DN 15	0,07	0,07	–
1,0	Waschtische	DN 15	0,07	0,07	–
1,0	Sitzwaschbecken	DN 15	0,07	0,07	–
1,0	Mischbatterie	DN 20	0,30	0,30	–
0,5	Spülkasten nach DIN 19 542	DN 15	–	–	0,13
1,0	Elektro-Kochendwassergerät	DN 15	–	–	0,10***)

*) Mischwasser für kaltes Trinkwasser mit 15 °C u. für erwärmtes mit 60 °C.
**) Bei diesen Auslaufventilen mit Schlauchverschraubung wird der Druckverlust im angeschl. 10 m langen Schlauch u. im Apparat (z. B. Rasensprenger), pauschal über höheren Mindestfließdruck (1,5 bar) berücksichtigt.
***) Bei voll geöffneter Drosselschraube.

Berechnung des verfügbaren Rohrreibungsdruckgefälle R_{verf} ebenfalls (siehe **Tab. 7-77**) tabellarisch. Das Rohrreibungsgefälle R und die Fließgeschwindigkeit v können den **Tab. 7-35/1–7** entnommen werden.
Für das hier behandelte Beispiel wurden die in **Tab. 7-77** unter Nr. 3 genannten Druckverluste für WZ, Filter, Formstücke, Armaturen und für die Rohre der Anschlussleitung in Abschnitt 7.5.7 gesondert behandelt und die dort errechneten Werte in der vorgen. **Tab. 7-77** unter Nr. 3 berücksichtigt.
Nicht erfasste Entnahmen u. Apparate sind nach Angabe d. Herstellers zu berücksichtigen.
Der Mindestfließdruck ($p_{min\,Fl}$) kann der **Tab. 7-72** Zeile Nr.4 entnommen werden. Unter Nr. 5 ist der Druckverlust (DP_{st}) der Stockwerk- und Einzelzuleitungen einzutragen. Dazu kann aus **Tab. 7-73** der Normwert wie folgt entnommen werden:
Da sich im Stockwerk eine Entnahmestelle $V_R > 0,5$ l/s befindet, kommen nur die Zeilen 7–10 der **Tab. 7-73** in Frage u. weil Geradsitzventile vorgesehen sind, nur die Spalte 10 (bzw. bei TWW die Sp. 13). Aus vorgen. Gründen muss ferner die Stockwerksleitung in DN 25 ausgeführt werden. Der Druckverlust für die gegenüber der Normlänge von 10 m tatsächlich geringere Leitungslänge ergibt sich damit zu:

$$\Delta p_{st} = 600 - 20\,(10 - 6,5 - 2,5) = 580 \text{ mm};$$

und bei Wahl von DN 10 zu:

$$\Delta p_{st} = 950 - 20\,(10 - 6,5 - 2,5) = 930 \text{ mbar}.$$

Der geschätzte Anteil für Einzelwiderstände (Zeile 8 der **Tab. 7-77**) beträgt nach DIN 1988 = 40–60. Hier wurden 40 gewählt.
Das Ergebnis Zeile 9 der **Tab. 7-77** zeigt das verfügbare Rohrreibungs-Druckgefälle in den einzelnen Strängen auf. Mit diesen Werten kann der DN-Ansatz für die Tabelle 7-78, unter Beachtung der zulässigen Fließgeschwindigkeit erfolgen.

7.7 Verbrauchsleitungen (Trinkwasser-Installation)

Der Vergleich des rechnerischen Druckverlustes im Strang (siehe **Tab. 7-78**) zeigt, ob eine Änderung des Rohrdurchmessers notwendig ist. Im Beispiel sind die Rohrdurchmesser im Strang 1 /TWW für die Teilstrecken 8 und 9 und im Strang 2 /TW für die Teilstrecke 11 reduziert worden.

Tab. 7-73: Richtwerte für Druckverluste Δp_{St} in Stockwerksleitungen und Einzelzuleitungen (aus Stahl, nichtrostendem Stahl, Kupfer, PVC)

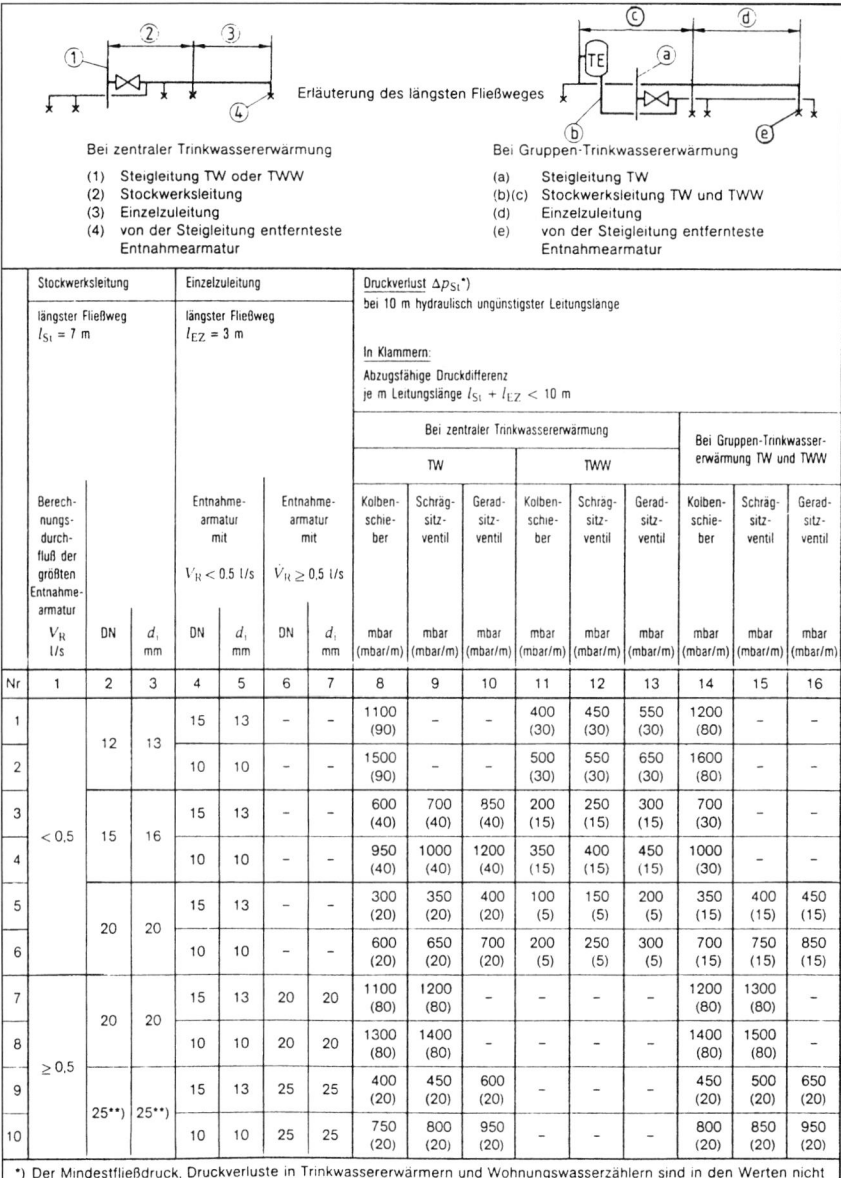

Bei zentraler Trinkwassererwärmung
(1) Steigleitung TW oder TWW
(2) Stockwerksleitung
(3) Einzelzuleitung
(4) von der Steigleitung entfernteste Entnahmearmatur

Bei Gruppen-Trinkwassererwärmung
(a) Steigleitung TW
(b)(c) Stockwerksleitung TW und TWW
(d) Einzelzuleitung
(e) von der Steigleitung entfernteste Entnahmearmatur

	Stockwerksleitung längster Fließweg $l_{St}=7$ m		Einzelzuleitung längster Fließweg $l_{EZ}=3$ m			Druckverlust Δp_{St}*) bei 10 m hydraulisch ungünstigster Leitungslänge In Klammern: Abzugsfähige Druckdifferenz je m Leitungslänge $l_{St}+l_{EZ}<10$ m								
						Bei zentraler Trinkwassererwärmung						Bei Gruppen-Trinkwassererwärmung TW und TWW		
						TW			TWW					
	Berechnungsdurchfluß der größten Entnahmearmatur V_R l/s		Entnahmearmatur mit $V_R<0{,}5$ l/s		Entnahmearmatur mit $V_R\geq 0{,}5$ l/s		Kolbenschieber	Schrägsitzventil	Geradsitzventil	Kolbenschieber	Schrägsitzventil	Geradsitzventil	Kolbenschieber	Schrägsitzventil	Geradsitzventil
			DN	d_i mm	DN	d_i mm	DN	d_i mm	mbar (mbar/m)	mbar (mbar/m)	mbar (mbar/m)	mbar (mbar/m)	mbar (mbar/m)	mbar (mbar/m)	mbar (mbar/m)	mbar (mbar/m)	mbar (mbar/m)
Nr	1		2	3	4	5	6	7	8	9	10	11	12	13	14	15	16
1	<0,5	12	13	15	13	–	–	1100 (90)	–	–	400 (30)	450 (30)	550 (30)	1200 (80)	–	–
2				10	10	–	–	1500 (90)	–	–	500 (30)	550 (30)	650 (30)	1600 (80)	–	–
3		15	16	15	13	–	–	600 (40)	700 (40)	850 (40)	200 (15)	250 (15)	300 (15)	700 (30)	–	–
4				10	10	–	–	950 (40)	1000 (40)	1200 (40)	350 (15)	400 (15)	450 (15)	1000 (30)	–	–
5		20	20	15	13	–	–	300 (20)	350 (20)	400 (20)	100 (5)	150 (5)	200 (5)	350 (15)	400 (15)	450 (15)
6				10	10	–	–	600 (20)	650 (20)	700 (20)	200 (5)	250 (5)	300 (5)	700 (15)	750 (15)	850 (15)
7	≥0,5	20	20	15	13	20	20	1100 (80)	1200 (80)	–	–	–	–	1200 (80)	1300 (80)	–
8				10	10	20	20	1300 (80)	1400 (80)	–	–	–	–	1400 (80)	1500 (80)	–
9		25**)	25**)	15	13	25	25	400 (20)	450 (20)	600 (20)	–	–	–	450 (20)	500 (20)	650 (20)
10				10	10	25	25	750 (20)	800 (20)	950 (20)	–	–	–	800 (20)	850 (20)	950 (20)

*) Der Mindestfließdruck, Druckverluste in Trinkwassererwärmern und Wohnungswasserzählern sind in den Werten nicht enthalten.
**) Teilstrecken bis zum Anschluß von Entnahmearmaturen mit $V_R\geq 0{,}5$ l/s. Daran anschließende Teilstrecke DN 20 oder $d_i=20$ mm.

Tab. 7-74: Maximale rechn. Fließgeschwindigkeit bei dem zugeordneten V_s

Leitungsabschnitt	max. rechn. Fließgeschwindigkeit bei Fließdauer	
	≤ 15 min in m/s	> 15 min in m/s
Anschlussleitungen	2	2
Verbrauchsleitungen		
a) bei Verwendung von druckverlustarmen Armaturen (<2,5)	5	2
b) bei Verwendung von Armaturen mit erhöhtem Verlustbeiwert	2,5	2

Tab. 7-75: Verlustbeiwerte ζ

Armatur	DN	Verlustbeiwert ζ
Absperrventile		
Geradsitzventile	15	10,0
	20	8,5
	25	7,0
	32	6,0
	40–100	5,0
Schrägsitzventile	15	3,5
	20	2,5
	25–50	2,0
	65	0,7
Durchgangsventil mit Rückflussverhinderer	20	6,0
	25–50	5,0
Ventilanbohrschelle	25–80	5,0
Druckminderer		0,0
Absperrschieber	10–15	1,0
	20–25	0,5
	32–150	0,3
Bogen 90°		0,3
Winkel 90°		1,3
Winkel 45°		0,4
Reduzierstück		0,4
Abzweig		
Stromtrennung		0,9
Durchgang bei Stromtrennung		0,3
Gegenlauf bei Stromvereinigung		3,0
Gegenlauf bei Stromtrennung		1,5
Abzweig bogenförmig		
Stromtrennung		0,9
Stromvereinigung		0,4
Weitere Werte siehe DIN 1988 Teil 3		

7.7 Verbrauchsleitungen (Trinkwasser-Installation)

Tab. 7-76: Zusammenstellung der Entnahmestellen und Ermittlung des Spitzendurchflusses VS für das Berechnungsbeispiel

Steig-ltg.	Ge-schoß	An-zahl	Entnahme-armatur	Mindest-fließ-druck mbar	Berechnungs-durchfluss TW l/s	Berechnungs-durchfluss TWW l/s	Summendurchfluss Stockwltg. TW l/s	Summendurchfluss Stockwltg. TWW l/s	Summendurchfluss Steigltg. TW l/s	Summendurchfluss Steigltg. TWW l/s
1	EG/Bad	1	MB Badewanne	1 000	0,15	0,15				
		1	MB Waschtisch	1 000	0,07	0,07				
		1	Spülkasten	500	0,13					
	EG/WC	1	Spülkasten	500	0,13					
		1	MB Waschtisch	1000	0,07	0,07				
							0,55	0,29		
	OG/Ein-lieger-wohng.	1	MB Badewanne	1 000	0,15	0,15				
		1	MB Waschtisch	1 000	0,07	0,07				
		1	Spülkasten	500	0,13					
		1	Waschmaschine	1 000	0,25					
		1	Geschirrsplm.	1 000	0,15					
		1	MB Spültisch	1 000	0,07	0,07				
							0,82	0,29	1,37	0,58
2	EG	1	Geschirrsplm.	1 000	0,15					
		1	MB Spültisch	1 000	0,07	0,07				
							0,22	0,07		
	KG	1	Waschmaschine	1 000	0,25					
		1	Auslf.-Armat. DN 15 m. L.	1 000	0,15					
							0,40	–	0,62	0,07
	KG/Garten	1	Auslf.-Armat. m. Schlchvrschrbg. + Schlauch u. Rasensprenger	1 500	0,30*)				0,30*)	

Summendurchfluss V_R = Trinkw. kalt (TW)   1,99
               Trinkw. warm (TWW)

$$\Sigma V_R = \frac{0{,}65}{2{,}64}$$

Spitzendurchfl. $V_S = 0{,}682 \cdot (2{,}64)^{0{,}45} - 0{,}14 =$ 0,92 l/s
                                                               0,30 l/s

Somit Gesamt-Spitzendurchfluss   1,22 l/s

*) Dauerdurchfluss

Tab. 7-77: Berechnung des verfügbaren Rohrreibungsdruckgefälles R_{verf} für das Berechnungsbeispiel

Nr.:	Benennung:	Strang TW 1 mbar	2 mbar	3 mbar	TWW 1 mbar	(warm) 2 mbar
1)	Mindestversorgungsdruck am Abzweig der Versorgungsleitung ($p_{min\,V}$)	4 000	4 000	4 000	4 000	4 000
2)	Geodätischer Höhenunterschied (D p_{geo})	670	300	200	670	300
3)	Druckverlust im Wasserzähler (siehe 7.3.7.3)	540	540	540	540	540
	Filter (siehe 7.3.7.3)	152	152	152	152	152
	Formstücke usw. (siehe 7.3.7.3)	133	133	133	133	133
	Anschlltg. PE-HD DN 32 (siehe 7.3.7.3)	95	95	95	95	95
4)	Mindestfließdruck ($P_{min\,Fl}$)	1 000	1 000	1 500	1 000	1 000
5)	Druckverl. der Stockwerks- und Einzelzuleitung. (D p_{st})	560			260	
6)	Summe d. Druckverl. aus Nr. 2 bis 5 (Σp)	3 150	2 220	2 620	2 850	2 220
7)	Verfügb. Druckverlust aus Rohrreibung u.Einzelwiderstände: Nr. 1–6 (D p_{verf})	850	1 780	1 380	1 150	1 780
8)	Geschätzt. Anteil (40 %) f. Einzelwiderst.	340	712	552	460	712
9)	Verfügb. Rohrreib.-Druckgef. (Nr. 7 u. 8)	510	1 068	828	690	1 068
10)	Leitungslänge (l_{ges}) in m	26	32	33	32	28
11)	Verfügbares Rohrltgs.-Druckgefälle (R_{verf}), in mbar/m	20	33	25	22	38

Tab. 7-78: Ermittlung der Rohrdurchmesser, vereinfachter Berechnungsgang, für das Berechnungsbeispiel

Teilstrecke	Rohrltgs. länge l (m)	Summendurchfl. ΣV_R (l/s)	Spitzendurchfl. V_S (l/s)	Nennweite DN	Rechn. Fließgeschw. v (m/s)	Rohrreibgs.-gefälle R (mbar/m)	Druckverlust a. Rohrrbg. $l \cdot R$ (mbar)
\multicolumn{8}{l}{Strang 1/TW (Verfügb. RRgef.: Aus Tab.: 7-43 für TStr. 1–6 = 510 mbar)}
1		Anschlussltg. gesondert berechnet in 7.3.7.3 u. berücksichtigt in **Tab. 7-43**					
2	4	2,64	1,2*)	25	2,4	25,6	102
3	3	1,99	1,1*)	25	2,2	21,9	66
4	1	1,99	0,8	20	2,5	36,2	36
5	5	1,37	0,6	20	1,9	21,7	109
6	3	0,82	0,5	15	2,5	45,7	137
Sa: 16 m							Sa: 450 < 510

*) Einschließlich 0,3 l/s Dauerdurchfluss

(Fortsetzung nächste Seite)

7.7 Verbrauchsleitungen (Trinkwasser-Installation)

Tab. 7-78 Fortsetzung

Strang l/TWW (Verfügb. RRgef.: Aus **Tab. 7-43** für TWW 2 = 690–(TS 1–2 =) 102 = 588 mbar;							
7	4	0,65	0,45	20	1,4	13,1	52
8	3	0,65	0,45	20	1,4	13,1	39
			geändert!	15	2,2	37,9	114
9	8	0,58	0,40	20	1,3	10,6	85
			geändert!	15	2,0	30,8	246
10	3	0,29	0,25	12	1,9	36,2	109
Sa: 18 m							Sa: 285 < 588
mit geändertem Rohrdurchmesser in 8 u. 9:							Sa: 521 < 588
Strang 2/TW (Verfügb. RRgef.: Aus **Tab. 7-43** für TW 2 = 1068–(TS 1–4 =) 204 = 864 mbar;							
11	7	0,62	0,40	15	2,0	30,8	216
			geändert!	12	3,0	83,1	582
12	5	0,22	0,20	12	1,5	24,5	123
13	2	0,07	0,07	10	0,9	15	30
Sa: 14 m							Sa: (1 · R) = 369 < 864
mit geändertem Rohrdurchmesser in 11:							Sa: 735 < 864

7.7.3 Anordnung der Absperrvorrichtungen und Armaturen

Nach dem Eintritt der Leitung in das Gebäude (Keller) folgt, in der Regel noch vom Wasserwerk angebracht, das Hauptabsperrventil, auch Wasserzählereingangsventil genannt, dann der Wasserzähler; an ihn schließt sich ein weiteres Ventil (WZ-Ausgangsventil) an, das mit einem Entleerungshahn ausgerüstet ist.

Teilt sich die Verbrauchsleitung in mehrere Steigstränge auf, so wird jeder für sich absperrbar und entleerbar angeordnet, damit bei Reparaturen nur jeweils ein Teil der Leitungen vom Netz getrennt werden muss.

Nach dem Wasserzähler ist eine Armatur zu setzen, die das Rückfließen von Wasser aus der Hausinnenleitung in die Anschluss- oder in die Versorgungsleitung verhindert, um ein Rücksaugen von Wasser sicher zu verhindern, falls das Versorgungsnetz drucklos wird. Der Rückflussverhinderer kann in das WZ-Ausgangsventil integriert sein. Am oberen Ende jeden Steigstranges ist ein Rohrbe- und -entlüfter aufzusetzen, um bei Druckabfall das Einsaugen von unreinem Wasser aus Gefäßen (Badewannen) zu unterbinden, in die von der Zapfstelle her Schläuche eingehängt sind. Da die Rohrbelüfter gelegentlich tropfen, sind dort Auffangtrichter mit Ableitungen vorzusehen.

7.7.4 Werkstoffe

Es dürfen nur Werkstoffe und Geräte verwendet werden, die den anerkannten Regeln der Technik entsprechen; zugelassene Geräte und Armaturen sind am DIN/DVGW oder DVGW-Zeichen zu erkennen. Wegen der Eignung des Rohrleitungswerkstoffes für unterschiedliche Wasserqualitäten hat das Inatallationsunternehmen Rücksprache mit dem Wasserversorger zu nehmen.

In Gebäuden wurden früher meist verzinkte Gewindestahlrohre verwendet, die nicht gebogen und nicht verschweißt werden dürfen. Zu ihrer Verbindung dienen Gewindeformstücke (Fittings) aus verzinktem Temperguß mit Verstärkungswulsten.

Heute üblich sind Kupferrohre, DIN 1786, ; sie können – auch mit dem weißen Kunststoffaußenschutz – gebogen und entweder fest durch Hartlöten oder Weichlöten mit Lötfittings oder lösbar durch verschiedene Verschraubungen verbunden werden. (Beachte DVGW-Arbeitsblatt GW 392.) Edelstahlrohre mit Pressfittingverbindungen aus nichtrostendem austenitischem Stahlwerkstoff Nr. 1.4401/1.4571 nach DIN 17455 stellen eine bewährte, weitgehend korrosionsbeständige und hygienische, jedoch etwas teurere Alternative dar.

Kunststoffrohre auch als Doppelrohrsysteme gewinnen immer mehr an Bedeutung.
Zur Anwendung kommen:

- PVC-C-chloriertes Polyvinylchlorid (DIN 8079/8080)
- PE-Xa-vernetztes Polyethylen (DIN 16892)
- PB-Polybuten (DIN 19968/19969)
- MP-Mehrschichtrohr Metall-Plastik (-)
- PP-R-Polypropylen (DIN 8077/8078)

7.7.5 Einbau der Installation

Die Rohre sind geradlinig und rechtwinkelig zu verlegen, immer etwas steigend zu den letzten Zapfstellen eines Stranges, damit sie sich dort entlüften und damit ein vollständiges Entleeren möglich ist. „Auf Putz" (in Kellern und Nebenräumen) sind die Rohre mit Schellen zu befestigen und mit 10 mm Abstand von der Wand zu führen. „Unter Putz" in Mauerschlitzen müssen sie durch Umhüllen mit Glas- oder Mineralwolle, Styropormörtel oder Kunstschaum gedämmt und gegen Korrosion geschützt werden. In Decken- oder Wanddurchführungen sind sie nicht fest einzumauern, sondern mit Wellpappe oder besonderen Rohrhülsen beweglich und geschützt durchzuführen. Die Dämmstoffe dienen auch dem Lärmschutz, weil sie die Geräuschübertragung auf das Bauwerk und damit auf benachbarte Räume mindern.

7.7.6 Prüfung (DIN 1988 Teil 3 Abschn. 11.1)

7.7.6.1 Allgemeines

Es sind Druckmessgeräte zu verwenden, die einwandfreies Ablesen einer Druckänderung von 0,1 bar gestatten. Das Druckmessgerät ist möglichst an der tiefsten Stelle der Leitungsanlage anzuordnen.

7.7.6.2 Stahlrohre, nichtrostende Stahlrohre und Kupferrohre

Die fertiggestellten, aber noch nicht verdeckten Leitungen sind zur Dichtheitsprüfung mit filtriertem Wasser zu füllen, vollständig zu entlüften und einem Prüfdruck entsprechend dem 1,5 fachen des zulässigen Betriebsüberdruckes auszusetzen. (in der Regel 15 bar)
Bei größeren Differenzen (bis 10 K) zwischen Umgebungstemperatur und Füllwassertemperatur ist nach Herstellen des Prüfdruckes eine Wartezeit von 30 Minuten für den Temperaturausgleich einzuhalten.
Die Prüfzeit nach Temperaturausgleich beträgt 10 Minuten. Während der Prüfzeit darf kein Druckabfall eintreten und keine Undichtheit erkennbar sein.

7.7.6.3 Kunststoffrohre

Die Werkstoffeigenschaften von Kunststoffrohren führen bei der Druckprüfung zu einer Dehnung des Rohres, wodurch das Prüfergebnis beeinflusst wird.
Eine weitere Beeinflussung des Prüfergebnisses kann durch Temperaturunterschiede zwischen Rohr und Prüfmedium, bedingt durch den hohen Wärmeausdehnungskoeffizienten von Kunststoffrohren, hervorgerufen werden, wobei eine Temperaturänderung von 10 K etwa einer Druckänderung von 0,5 bis 1 bar entspricht. Daher sollte bei der Druckprüfung von Anlagenteilen aus Kunststoffrohren eine möglichst gleich bleibende Temperatur des Prüfmediums angestrebt werden.
Die fertig gestellten aber noch nicht verdeckten Leitungen sind mit filtriertem Wasser so zu füllen, dass sie luftfrei sind.

7.7 Verbrauchsleitungen (Trinkwasser-Installation)

Die Druckprüfung ist als Vor- und Hauptprüfung durchzuführen, wobei für kleinere Anlagenteile wie z. B. Anschluss- und Verteilungsleitungen innerhalb von Nassräumen die Vorprüfung als ausreichend gelten kann.

7.7.6.3.1 Vorprüfung

Für die Vorprüfung wird ein Prüfdruck entsprechend dem zulässigen Betriebsüberdruck zuzüglich 5 bar aufgebracht, der innerhalb von 30 Minuten im Abstand von jeweils 10 Minuten 2-mal wiederhergestellt werden muss. Danach dürfen nach einer Prüfzeit von weiteren 30 Minuten der Prüfdruck um nicht mehr als 0,6 bar (0,1 bar je 5 Minuten) gefallen und Undichtheiten nicht aufgetreten sein.

7.7.6.3.2. Hauptprüfung

Unmittelbar nach der Vorprüfung ist die Hauptprüfung durchzuführen, Die Prüfdauer beträgt 2 Stunden. Dabei darf der nach der Vorprüfung abgelesene Prüfdruck nach 2 Stunden um nicht mehr als 0,2 bar gefallen sein. Undichtheiten dürfen an keiner Stelle der geprüften Anlage feststellbar sein.

7.7.7 Frostschutz

An und in Außenwänden sollen Rohre wegen der Frostgefahr überhaupt nicht verlegt werden, ausgenommen in dauerbeheizten Gebäuden. Nebenleitungen, die während der Frostperiode nicht immer gebraucht werden (Waschküchen, Gartenleitungen) sind gesondert absperr- und entleerbar einzurichten. Isolierung von Leitungen in Räumen mit unter 0 °C kann das Einfrieren verzögern, nicht verhindern. Das Laufenlassen eines Endhahnes einer Leitung im Winter führt zur Wasserverschwendung und verursacht hohe Kosten.

7.7.8 Tauwasserbildung

Sie lässt sich, wenn die Leitungen von kaltem Wasser durchströmt sind, in Räumen mit sehr hoher Luftfeuchtigkeit (Küchen, Waschküchen, Bäder) oder auch im Sommer bei feuchter warmer Luft nicht vermeiden, es sei denn, die Rohre besitzen eine ausreichende Wärmedämmung.

7.7.9 Druckerhöhungsanlagen in Grundstücken

Besonders für Hochhäuser, deren obere Stockwerke mit dem Netzdruck nicht mehr erreicht werden, müssen einzelne Druckerhöhungsanlagen eingerichtet werden: Meist sind hierfür von den Wasserwerken besondere Vorschriften aufgestellt. Es gilt DIN 1988.

Literatur

1) Fachbücher:
Altmeyer: Kunststoffrohr-Handbuch, Vulkan-Verlag Essen, 1984;
Baeckmann/Schwenk/Prinz: Handbuch des kathodischen Korrosionsschutzes. Theorie und Praxis der elektrochemischen Schutzverfahren, VCH-Verlag, Weinheim 1989;
Boger/Heinzmann/Otto/Radscheit: Kommentar zu DIN 1988 T. 1–9; Beuth-Verlag GmbH, Berlin u. Gentner-Verlag, Stuttgart, 1989;
DVGW Lehr- und Handbuch Wasserversorgung, Bd. 2: Wassertransport und -verteilung, Vulkan-Verlag, Essen 1999;
SAINT-GOBAIN GUSSROHR, Wassersystemtechnik Gesamtkatalog, Saarbrücken
Handbuch Wasserversorgungs- und Abwassertechnik, Bd. 1: Rohrnetztechnik, 5. Ausgabe, S. 331–370, Vulkan-Verlag, Essen 1995;
Rahmel/Schwenk: Korrosion und Korrosionsschutz von Stählen, Verlag Chemie, Weinheim 1977;
Stradtmann: Stahlrohr-Handbuch, Vulkan-Verlag, Essen 1990;

2) Schriften:
Heim/Gras: Beeinflussung von Rohrleitungen aus GGG durch Gleich- und Wechselströme, fgr. 18–2.83;
Neue Technologien der grabenlosen Erneuerung und Sanierung von Druckrohrleitungen, Rohrleitungsbauverband e. V., Köln 1/94.
Polte/Schreiter/Herrmann: Extrudieren von Rohren, Profilen, Schläuchen und Ummantelungen; Hüls-Publikationen, Hüls AG Marl, 1991;
Schiffmann, L.: Desinfektion von Trinkwasserrohrleitungen nach dem neuen W 291, bbr 51 (2000), Nr. 3, S. 32–37.
Berufsgenossenschaft der Bauwirtschaft Informationsschriften „Rohrleitungsbau" H901.20 / 901.20 und „Rohrleitungsbauarbeiten" H313 / 313, Eigenverlag Hildegardstraße 29/30 D-10715 Berlin

8. Brandschutz

bearbeitet von Dipl.-Ing. **Joachim Rautenberg**

DVGW-Regelwerk, DIN-Normen, Gesetze, Verordnungen, Vorschriften, Richtlinien
siehe Anhang, Kap. 14, S. 865 ff
Literatur: siehe S. 723

8.1 Allgemeines

Zentrale Wasserversorgungsanlagen sollen nicht nur der Versorgung der Bevölkerung mit ausreichendem und gesundem Trink- sowie Brauchwasser dienen, sondern auch der Brandbekämpfung und damit dem Erhalt von Volksvermögen.

Bei Orten von etwa 20 000 Einwohnern an aufwärts spielt der Brandschutz bei der Dimensionierung von Hauptrohrleitungen, Hochbehältern und Maschinenanlagen keine ausschlaggebende Rolle, da in diesen Orten der Löschwasserbedarf bereits von den Stundenspitzen überschritten wird, so dass die Anlagenteile nicht eigens für den Brandschutz ausgelegt werden müssen. Hier kommen also nur zusätzlich noch die Hydranten hinzu und die Vergrößerung der Rohre in untergeordneten Seitensträngen, in denen für die WV ohne Brandschutz nur kleine DN nötig wären.

In kleineren Orten jedoch müssen Behälterraum und Rohrnetz besonders auf Bereithalten und Durchfluss des anteiligen Löschwasserbedarfs ausgerichtet werden. In Orten von etwa 3000 Einwohnern liegt der ausschließlich dem Brandschutz dienende Teil der Anlage bei etwa 30 % der Gesamtbaukosten, wenn man eine Wasserleitung ohne Berücksichtigung des Brandschutzes zum Vergleich heranzieht. Die Bereitstellung und Speicherung der anteiligen Löschwassermengen sowie die Zuführung des Löschwassers zu den Hydranten ist in den Abschnitten Wasserbedarf, Wasserspeicherung und Rohrnetzberechnung behandelt.

8.2 Löschwasserversorgung

Nur mit einer ausreichenden Löschwasserversorgung kann – neben der Beachtung der Vorschriften für den vorbeugenden Brandschutz – ein Löscherfolg durch die Feuerwehren erzielt werden.

Die kleinste „taktisch selbstständige" Einheit der Feuerwehr ist die Löschgruppe, bestehend aus einem Gruppenführer und 8 Mann (einschließlich Melder und Maschinist). Im Regelfall werden von den 3 Trupps (Angriffs-, Wasser- und Schlauchtrupp) der Löschgruppe beim Brandeinsatz 3 C-Strahlrohre (siehe Abschn. 8.5) eingesetzt, das bedeutet – Mundstück abgeschraubt – einen Löschwasserbedarf von $3 \cdot 200 = 600$ l/min (für 2 h = 72 m^3). In besonderen Fällen (Brände mit hohem Brandpotential, wie z. B. Holzlagerplätzen, zur Kühlung von Behältern mit brennbaren Gasen und Flüssigkeiten usw.) kann der Löschwasserbedarf der Löschgruppe (Annahme 1 B- und 2 C-Strahlrohre) bis auf 1200 l/min ansteigen. Zum Einsatz von Wasserwerfern für den Objektschutz bei besonderen Objekten kann darüber hinaus noch ein wesentlich höherer Löschwasserbedarf notwendig werden.

Für den Löschwasserbedarf kann davon ausgegangen werden, dass – abgesehen von besonderen Großbränden – die Brandbekämpfung in der Regel innerhalb 2 h abgeschlossen werden kann (die Nachlöscharbeiten mit wesentlich geringerem Löschwasserbedarf können sich noch über einen wesentlich längeren Zeitraum, u. U. sogar mehrere Tage, hinziehen). Beim normalen Brandeinsatz geht

man von einer durchschnittlichen „Deckungsbreite" einer Löschgruppe von 30 m aus, d. h. mit den 3 Strahlrohren der Löschgruppe ist eine „Brandfront" (Gebäudefront, Waldfront usw.) von ca. 30 m Breite zu beherrschen. Insofern richtet sich der Löschwasserbedarf auch nach Art und Dichte der Bebauung des zu schützenden Gebiets (siehe auch Abschnitt 2.7.4).
Bei der Feuerwehr werden unterschieden

- die abhängige Löschwasserversorgung (Wasserversorgung des WVU),
- die unabhängige Löschwasserversorgung (offene Gewässer, Brunnen, Behälter usw.).

Bei der unabhängigen Löschwasserversorgung ist noch die Unterteilung in „erschöpfliche" (z. B. Behälter, Teiche) und „unerschöpfliche" (z. B. Fluss, See) gebräuchlich.

Für eine ausreichende Versorgung mit Löschwasser aus der Wasserversorgungsanlage ist für die Feuerwehr ein Ringleitungssystem wesentlich besser geeignet als das Verästelungssystem. Die Nennweite der Rohrleitungen muss mindestens 100 mm betragen. Insgesamt ist bei der Auslegung des Rohrnetzes zu beachten, dass bei Entnahme des jeweils anteiligen Löschwasserbedarfs der Druck am einzelnen Hydranten mindestens 1,5 bar (Fließdruck!) betragen muss (sonst Gefahr einer Unterbrechung der Löschwasserversorgung).

In normalen WV-Anlagen (in geschlossenen Ortschaften) sollte das Verhältnis der Überflur- zu Unterflurhydranten etwa 1/3 zu 2/3 betragen. In schneereichen Gebieten sollten möglichst ausschließlich Überflurhydranten eingebaut werden. Die Abstände der Hydranten (ca. 140 m offene Bebauung, ca. 120 m geschlossene Wohnbebauung, ca. 100 m Geschäftsstraßen, ca. 80 m Industrie) sollten den örtlichen Verhältnissen angepasst sein; so decken Hydranten im Kreuzungsbereich 4 Straßenstücke ab.

Die Hydranten, insbesondere Vor- und Nachteile, sind in Abschnitt 7.3.2.7.5, die Löschwasserteiche und unterirdische Behälter in Abschnitt 6.7 behandelt.

In Gebieten mit hohem Grundwasserstand und ausreichender Ergiebigkeit kann es notwendig oder zweckmäßig sein, Brunnen ausschließlich für die Löschwassergewinnung bereitzustellen. In manchen Fällen kann auf Brunnen für die Feldberegnung zurückgegriffen werden. Diese Löschwasserbrunnen müssen den Forderungen der DIN 14220 entsprechen und sind ähnlich wie die Entnahmebrunnen für die Wasserversorgung ausgebaut. Das Löschwasser kann durch Saugbetrieb (bis ca. 7,5 m Saughöhe bei Entnahme des notwendigen Löschwasserbedarfs – Pumpenleistungen siehe Abschnitt 8.5.2) oder mittels einer Tiefpumpe entnommen werden. Auf dem Hinweisschild nach DIN 4066 ist auf die Art des Brunnens hinzuweisen (Löschwasserbrunnen für Saugbetrieb – Schild DIN 4066-BI -Löschwasserbrunnen mit Tiefpumpe – Schild DIN 4066-C).

Die Löschwasserbrunnen werden nach ihrer Ergiebigkeit (mindestens für 3 h Betriebszeit) unterteilt in

klein	mit 400 bis 800 l/min
mittel	mit 800 bis 1 600 l/min
groß	mit über 1 600 l/min

Für die Zufahrt gelten die in Abschnitt 6.7 aufgeführten Forderungen sinngemäß (Befestigung, Anordnung usw.).

8.3 Feuerlöschanlagen

8.3.1 Anlagen mit offenen Düsen

Anlagen mit offenen Düsen (Sprühwasser-Löschanlagen) werden zum Schutz von Räumen oder Objekten (z. B. Theatern, Spänesilos, Müllbunkern, Schaumstofflagern, Flugzeughallen) eingesetzt, bei denen mit schneller Brandausweitung zu rechnen und Wasser als Löschmittel anwendbar ist. Sie können auch zum Kühlen von Behältern und Anlagen verwendet werden.

Sprühwasser-Löschanlagen (DIN 14494) bestehen im Wesentlichen aus festverlegten Rohrleitungen mit offenen Löschdüsen, Ventilstationen, Auslöseeinrichtungen und der Wasserversorgung.
Im Brandfall wird die gesamte Anlage – oder einzelne Gruppen – selbsttätig und/oder von Hand ausgelöst. Dabei strömt sofort der Spitzendurchfluss von der Wasserversorgung in die Anlage.
Für Planung, Errichtung und Betrieb sind die Anforderungen des Normblatts DIN 14494 und – bei Anschluss an die Trinkwasserleitungsanlage – außerdem die DIN 1988 Teil 6 zu beachten.
Für die Berieselung von ortsfesten Behältern gemäß VbF/TRbF 100 zur Lagerung brennbarer Flüssigkeiten sind die Anforderungen nach DIN 14495 einzuhalten.

8.3.2 Anlagen mit geschlossenen Düsen

Anlagen mit geschlossenen Düsen (Sprinkleranlagen) werden zur selbsttätigen Brandbekämpfung in baulichen Anlagen eingesetzt
in denen sich viele Personen befinden (z. B. Versammlungsstätten, Warenhäuser),

– wo hohe Sachwerte zu schützen sind (z. B. Lagerhallen, Hochregallager) oder
– wo Vorschriften des vorbeugenden baulichen Brandschutzes nicht erfüllt werden konnten (z. B. übergroße Brandabschnitte).

Sprinkleranlagen (DIN 14489) bestehen im Wesentlichen aus festverlegten Rohrleitungen mit geschlossenen Löschdüsen (Sprinklern), Ventilstationen (Alarmventil) und der Wasserversorgung.
Die einzelnen Sprinkler öffnen bei Erreichen einer bestimmten Temperatur (meistens ca. 30°C über Umgebungstemperatur). Dadurch entsteht im Rohrnetz ein Druckabfall, der eine Alarmierung der Feuerwehr auslöst, das Alarmventil öffnet und die Wasserversorgung steuert (z. B. Einschalten der Sprinklerpumpen).
Sprinkleranlagen werden untergliedert in

– Nassanlagen, bei denen das Rohrnetz bis zu den einzelnen Sprinklern ständig mit Wasser gefüllt ist,
– Trockenanlagen, bei denen zwischen Alarmventil und Sprinklern das Rohrnetz mit Luft gefüllt ist. Erst beim Öffnen eines Sprinklers (Druckabfall) wird das Alarmventil geöffnet und Wasser in das Rohrnetz gegeben. Diese Anlagen werden vorwiegend in frostgefährdeten Bereichen installiert.
– Trockenschnellanlagen, die als Trockenanlagen installiert wurden. Hier wird das Alarmventil durch Sprinkler **und** Rauch- oder Flammenmelder gesteuert. Diese Anlagen werden vorwiegend in Hochregallagern eingesetzt.
– Tandemanlagen, bei denen eine Trockenanlage an eine Nassanlage angeschlossen ist (z. B. Verladerampe).
– Vorgesteuerte Anlagen, die als Trockenanlagen installiert wurden. Hier wird das Alarmventil **ausschließlich** durch automatische Brandmelder gesteuert. Das Öffnen eines Sprinklers bewirkt noch kein Öffnen des Alarmventils. Diese Anlagen werden vorwiegend in EDV-Bereichen eingesetzt.

Zur Versorgung von Sprinkleranlagen können Wasserleitungsnetze, Hochbehälter, Druckluftbehälter sowie Pumpenanlagen in Verbindung mit Wasserleitungsnetzen, Vorratsbehältern oder natürlichen Wasservorräten verwendet werden. Auch hier ist nach unerschöpflichen und erschöpflichen Wassermengen zu unterscheiden. Nur wenn mit dem Wasserleitungsnetz jederzeit das Doppelte des Wasserbedarfs sichergestellt werden kann, wird die Wasserleitung als unerschöpfliche Wasserversorgung bezeichnet.
Für Planung, Errichtung und Betrieb sind die Anforderungen der DIN 14489, der DIN 1988 Teil 6 und der „Richtlinie für Sprinkleranlagen" des Verbandes der Sachversicherer zu beachten.

8.3.3 Schaumlöschanlagen

Ortsfeste Schaumlöschanlagen (DIN 14493) werden zur Bekämpfung vor allem in Bereichen der Verarbeitung und Lagerung brennbarer Flüssigkeiten oder in Bereichen eingesetzt, wo mit möglichst wenig Wasser gelöscht werden muss.

Die Anlagen bestehen im wesentlichen aus festverlegten Rohrleitungen mit Schaumaufgabestellen, Pumpen, der Wasserversorgung, dem Vorratsbehälter für Schaummittel, der Zumischeinrichtung, Schaumerzeugern und Auslösevorrichtungen. Unter dem Begriff „Zumischung" versteht man den prozentualen Anteil Schaummittel an der Gemischmenge (aus Wasser und Schaummittel). Die Beimischung erfolgt mit Zumischern. Die „Verschäumungszahl" ist der Quotient aus Schaumvolumen und verschäumter Gemischmenge. Die Verschäumung erfolgt im Schaumerzeuger (Schaumstrahlrohre, Schaumgeneratoren) und ist abhängig von der Bauart. Man unterscheidet Schwerschaum-Löschanlagen mit einer Zumischung zwischen 3–5 % und einer Verschäumung zwischen 4 und 20 (also hoher Wasseranteil im Schaum), Mittelschaum-Löschanlagen mit einer Zumischung von 2–3 % und einer Verschäumung zwischen 20 und 200 sowie Leichtschaum-Löschanlagen mit einer Zumischung von 2–3 % und einer Verschäumung zwischen 200 und 1 000.

Für die Herstellung von Schwerschaum können Proteinschaummittel und Mehrbereich-Schaummittel, für Mittel- und Leichtschaum nur Mehrbereich-Schaummittel verwendet werden (Anforderungen an Schaummittel siehe DIN 14272).

Die Wasserversorgung muss – wie bei anderen Löschanlagen – für mindestens 2 h ausreichen. Für den Schaummittelvorrat muss das Doppelte der Schaummittelmenge bereitgestellt werden, die notwendig ist, um das größte Einzelobjekt 30 Minuten lang zu beschäumen.

Für Planung, Errichtung und Betrieb sind die Anforderungen der DIN 14493 Teil 1–4 und der DIN 988 Teil 6 zu beachten.

Schaum ist für bestimmte Bedarfsfälle ein unverzichtbares Löschmittel. Da Schaummittel wassergefährdende Stoffe enthalten, sind Übungen und Erprobungen nach Schaummittelmenge und Übungs-/Erprobungshäufigkeit auf das unbedingt notwendige Maß zu beschränken.

Dabei ist Folgendes zu beachten:
- In Wasserschutzgebieten und im Grundwassereinzugsgebiet von öffentlichen und privaten Trinkwassergewinnungsanlagen müssen Löschübungen und Erprobungen mit Schaum unterbleiben.
- Im Zuflussbereich von und auf Oberflächengewässern sowie in sonstigen, wasserwirtschaftlich empfindlichen Bereichen, wie Vorbehaltsgebieten für die öffentliche Wasserversorgung, Karstgebieten, Gebieten mit flurnahem Grundwasser, Überschwemmungsgebieten und Feuchtbiotopen, sollen Übungen und Erprobungen mit Schaum unterbleiben.
- Der Einsatz von Schaummitteln für Löschvorführungen ohne Übungs- und Erprobungscharakter muss aus Gründen des Gewässerschutzes unterbleiben.
- Schaummittel sollen auf befestigten Flächen mit Ablauf zu biologischen Kläranlagen zum Einsatz kommen. Eine Beeinträchtigung biologischer Kläranlagen ist bei Vorliegen eines Verdünnungsverhältnisses Schaumabwasser (Schaummittel-Wasser-Gemisch) zu Kläranlagengesamtzulauf, von mindestens 1:250 nicht zu erwarten. Die Zustimmung des Kläranlagenbetreibers ist einzuholen.
- Die Verwendung von Schaummitteln, bei der die Nummern 1–4 nicht einzuhalten sind, bedarf der Zustimmung der zuständigen Wasserrechtsbehörde.

8.3.4 Sonstige stationäre Löschanlagen

Neben den bisher aufgeführten Löschanlagen, die alle mit Wasser arbeiten, werden zum Schutz besonderer Objekte auch stationäre Löschanlagen mit Pulver, Halon oder CO_2 verwendet.

8.4 Löschwasserleitungen

8.4.1 Allgemeines

Löschwasserleitungen (Steigleitungen) sind besonders in baulichen Anlagen festverlegte Rohrleitungen mit Feuerlösch-Schlauchanschlusseinrichtungen. Begriffe und schematische Darstellungen sind DIN 14462 Teil 1 zu entnehmen.

8.4.2 Löschwasserleitungen „nass" (DIN 14461 Teil 1)

Löschwasserleitungen (Steigleitungen), „nass" sind Verbrauchsleitungen, die ständig unter Druck stehen und von Trinkwasser durchflossen werden. An die Schlauchanschlussventile (DIN 14461 T.3) im Wandhydranten sind betriebsbereit angekuppelte Schlauchleitungen mit Strahlrohren angeschlossen. Die Ausführung 1v umfasst einen C-Schlauch mit CM-Strahlrohr, während bei der Ausführung 2 ein 1-Zoll-formbeständiger Schlauch (mit C-Anschluss) und ein D-Strahlrohr vorgesehen sind. Bei der Ausführung 2 braucht im Einsatz nicht der gesamte Schlauch von der Haspel abgewickelt zu werden.
Die „Löschwasserleitung, nass" dient in erster Linie der Selbsthilfe (z. B. der Bewohner) bei der Brandbekämpfung. Die Feuerwehr kann bei der Ausführung 2 nach ihrem Eintreffen den 1-Zoll-Schlauch abkuppeln und ihre C-Schläuche anschließen (geringere Druckverluste).
Aus einer Löschwasserleitung werden normalerweise höchstens 3 Anschlüsse gleichzeitig benutzt, so dass mit einem Wasserverbrauch von ca. 300 l/min gerechnet werden kann. Für die Löschwasserleitungen sind (z. B. bei Hochhäusern) ggf. Druckerhöhungsanlagen (DIN 1988 T.5) erforderlich. Für den Einbau ist DIN 1988 T.6 zu beachten.

8.4.3 Löschwasserleitungen „nass/trocken" (DIN 14 461 Teil 1)

Löschwasserleitungen (Steigleitungen), „nass/trocken" sind Verbrauchsleitungen, die erst im Bedarfsfall selbsttätig mit Trinkwasser gespeist werden. Mit dieser Anlage soll erreicht werden, dass Löschwasser aus der normalen Wasserversorgung ohne oder mit nur geringer Verzögerung zur Verfügung steht, ohne dass abgestandenes, als Trinkwasser nicht mehr geeignetes Wasser in den Leitungen verbleibt oder Wasserleitungen einfrieren.
Im Bedarfsfall wird durch Öffnen eines Schlauchanschlussventils (DIN 14 461 T.3) mit Grenztaster die Entleerung geschlossen, die Fernbetätigte Füll- und Entleerungsstation (DIN 14463) automatisch geöffnet und das Leitungssystem mit Wasser gefüllt. Erst beim Schließen des letzten Schlauchanschlussventils schließt automatisch die Ventilstation und die Entleerung öffnet zwangsweise.
Die Ausstattung der Wandhydranten ist wie bei der Löschwasserleitung „nass" (siehe Abschnitt 8.4.1), nur dass hier die Schlauchanschlussventile mit Grenztaster ausgestattet sein müssen.
Für den Einbau sind auch die Anforderungen der DIN 1988 T.6 zu beachten.

8.4.4 Löschwasserleitungen „trocken" (DIN 14 461 Teil 2)

„Löschwasserleitungen, trocken" dienen nicht der Selbsthilfe, sondern sind ausschließlich für die Feuerwehr zur Einspeisung und Entnahme von Löschwasser ohne zeitraubendes Verlegen von Schläuchen bestimmt. Sie können auch zusätzlich zu Löschwasserleitungen „nass" oder „nass/trocken" gefordert werden (siehe z. B. „Richtlinie über die bauaufsichtliche Behandlung von Hochhäusern", Bayer. MABL 18/1983 S. 495).
Die Löschwasserleitung „trocken" darf keine unmittelbare Verbindung mit anderen Wasserversorgungssystemen besitzen. Werden in einem Gebäude mehrere Steigleitungen eingebaut, so ist jede

Steigleitung getrennt zu führen und mit einer eigenen Einspeisung zu versehen. Die Leitungen müssen DN 80 sein.

Damit die Anschlüsse nicht von Unbefugten geöffnet werden können, werden für diese Ausführung Schlauchanschlussarmaturen nach DIN 14461 T.5 (ohne Handräder) verwendet. Die Einspeisung erfolgt über eine Einspeisearmatur nach DIN 14461 T.4.

Weitere Anforderungen an Löschwasserleitungen „trocken" sind in DIN 14461 T.2 und DIN 14462 T.2 enthalten.

8.5 Ausrüstung der Feuerwehr

8.5.1 Allgemeines

In diesem Abschnitt werden nur die wichtigsten Ausrüstungsgruppen, die in Verbindung mit der Löschwasserentnahme, -fortleitung und -abgabe durch die Feuerwehr wichtig sind, behandelt.

8.5.2 Feuerwehrfahrzeuge

Das sind für den Einsatz der Feuerwehr besonders gestaltete Kraftfahrzeuge und Anhänger, die – entsprechend dem Verwendungszweck – zur Aufnahme der Besatzung (Mannschaft), der feuerwehrtechnischen Beladung (Geräte) sowie der Lösch- und sonstigen Einsatzmittel eingerichtet sind. Sie werden untergliedert in Löschfahrzeuge, Hubrettungsfahrzeuge (Drehleitern), Rüst- und Gerätewagen, Schlauchwagen, Sanitätsfahrzeuge und sonstige Feuerwehrfahrzeuge.

Die allgemeinen Anforderungen an Feuerwehrfahrzeuge sind in DIN 14502 T.2 enthalten. Für Löschfahrzeuge sind weitergehende Anforderungen in DIN 14530 zusammengestellt. Die auf einzelnen Löschfahrzeugen mit Löschwasserbehältern mitgeführte Löschwassermenge ermöglicht nur die Einleitung eines Löschangriffs (z. B. zur Menschenrettung), bis die Löschwasserversorgung hergestellt ist. Mit der Ausrüstung der Feuerwehren kann zwar Löschwasser in begrenzter Menge (in der Regel 600 bis maximal 1 200 l/min je Förderleitung) auch über längere Strecken (bis zu einigen hundert Metern) herangeführt werden. Eine solche „Löschwasserförderung über lange Schlauchstrecke" erfordert jedoch einen sehr hohen Personal-, Material- und Zeitaufwand und ist deshalb nur als äußerste Notlösung anzusehen.

Auch eine Löschwasserförderung mit Tanklöschfahrzeugen „im Pendelverkehr" ist sehr aufwendig (u. a. auch Verkehrsproblem mit Großfahrzeugen) und kann deshalb einsatzmäßig auch nur als Notlösung angesehen werden.

Weder die (Lösch-)Wasserbehälter der Feuerwehrfahrzeuge noch die Schläuche und Armaturen der Feuerwehr sind hygienisch unbedenklich und können deshalb nicht ohne weiteres für eine provisorische Trinkwasserversorgung verwendet werden (abgesehen von der Schwächung der Einsatzbereitschaft).

Die wichtigsten feuerwehrtechnischen Daten der Löschfahrzeuge sind der **Tab. 8-1** zu entnehmen.

8.5 Ausrüstung der Feuerwehr

Tab. 8-1: Löschfahrzeuge – Übersicht der wichtigsten feuerwehrtechnischen Daten (Auszug aus DIN 14530)

Typ	DIN 14530 Teil	Besatzung	Pumpe eingebaut	Pumpe eingeschoben	Löschwasser	Löschpulver	Schaumrohr (S=Schwerschaum, M=Mittelschaum)	Schaummittel	B	C	S	Preßluftatmer	Steckleiterteile	3teilige Schiebeleiter	Sprungtuch	Antrieb	Länge m	Breite m	Höhe m	Wendekreis- durchmesser m	Höchstgewicht nach Norm kg	Führerschein- klasse
LF 8 leicht	7	1/8	FP 8/8 (Front-)	TS 8/8	–	–	S 4 / M 4	60	14	12	–	–	4	–	–	Str./Allr.	7,5	2,5	3,0	16	6 000	3
LF 8 mittel	7	1/8	FP 8/8 (Front-)	TS 8/8	–	–	S 4 / M 4	60	14	12	–	–	4	–	–	Str.	7,5	2,5	3,0	16	7 500	3
LF 8 schwer	7	1/8	FP 8/8 (Front-)	TS 8/8	–	–	S 4 / M 4	40	14	12	–	–	4	–	–	Str./Allr.	7,5	2,5	3,0	16	9 000	2
LF 16-TS Beladepl. 1	8	1/8	FP 8/8 (Front-)	TS 8/8	–	–	S 4 / M 4	120	30	12	–	4	4	1	1	Str./Allr.	8,6	2,5	3,1	18,5	9 000	2
LF 16-TS Beladepl. 2	8	1/8	FP 16/8 (Front-)	TS 8/8	–	–	S 4 / M 4	120	30	16	–	4	4	1	1	Str./Allr.	8,6	2,5	3,1	18,5	12 000	2
LF 16	9	1/8	FP 16/8 (Heck-)	–	1 200	–	S 4 / M 4	120	14	16	–	4	4	1	1	Str./Allr.	8,6	2,5	3,1	18,5	12 000	2
TSF	16	1/5	–	TS 8/8	–	–	–	–	–	8	12	–	2	–	–	Str.	5,3	2,2	2,6	12	3 500	3
TLF 8/18	18	1/2	FP 8/8 (Heck-)	–	2 400	–	S 4 / M 4	60	4	6	1	2	2	–	–	Str./Allr.	7,5	2,5	3,0	16	9 000	2
TLF 16/25	20	1/2	FP 16/8 (Heck-)	–	2 400	–	S 4 / M 4	120	6	7	1	4	4	–	–	Str./Allr.	7,5	2,5	3,1	16	12 000	2
TLF 24/50	21	1/2	FP 24/8 (Heck-)	–	4 800	–	S/M 4 / S 8	500	6	3	1	–	–	–	–	Str./Allr.	8,0	2,5	3,3	20	17 000	2
TroTLF 16	28	1/5	FP 16/8 (Heck-)	–	1 800	750	S 4 / M 4	80	6	7	1	4	4	–	–	Allr.	8,0	2,5	3,1	18,5	12 000	2
Tragkraftspritzen-Anhänger (Auszug aus DIN 14520)																						
TSA	–	–	–	TS 8/8	–	–	–	–	5	8	–	–	–	–	–	–	3,5	1,8	2,0	–	1 000	–

8.5.3 Feuerwehrpumpen

Die Feuerwehrpumpen werden unterteilt in:

FP 2/5	eingebaut in	TS 2/5
FP 4/5	eingebaut in	TS 4/5
FP 8/8	eingebaut in	TS 8/8 und in Löschfahrzeuge
FP 16/8	eingebaut in	Löschfahrzeuge
FP 24/8	eingebaut in	Löschfahrzeuge
FP 32/8	eingebaut in	Löschfahrzeuge
LP 24/3	eingebaut in	TS 24/3

FP bedeutet Feuerlösch-Kreiselpumpe; TS = Tragkraftspritze; LP bedeutet Lenz-Kreiselpumpe.
Die Zahlen bedeuten: Zahl vor dem Schrägstrich 100 = Förderstrom in l/min, Zahl hinter dem Schrägtrich Nennförderdruck bei 1,5 m geodätischer Saughöhe bei den FP 2/5 und 4/5 bzw. 3,0 m geodätischer Saughöhe bei den übrigen genannten Pumpen.
Die Feuerlösch-Kreiselpumpen sind mit einer Entlüftungseinrichtung ausgestattet, die das Ansaugen bis ca. 7,5 m geod. Saughöhe ermöglicht. Bei dieser Saughöhe halbiert sich etwa der Förderstrom bei Nennförderdruck.
Als Entlüftungseinrichtungen werden u. a. Gasstrahler, Flüssigkeitsringpumpen, Trockenringpumpen oder Doppelkolbenpumpen verwendet.

8.5.4 Schläuche

Sie werden im Wesentlichen unterteilt in (formbeständige) Saugschläuche (DIN 14 810) und Druckschläuche (DIN 14 811). Folgende Schlauchgrößen finden Verwendung:
Die A-Größe wird fast ausschließlich als Saugleitung für die größeren Pumpen (ab FP 8/8), die B-Schläuche für die Wasserförderung vom Hydranten zur Pumpe und von der Pumpe bis zum Verteiler und die C-Schläuche als Verbindung zwischen Verteiler und Strahlrohren verwendet.

Tab. 8-2: Schlauchgrößen

Innendurchmesser	Größenbezeichnung
25 mm	D
42 oder 52 mm	C
75 mm	B
110 mm	A

Die Reibungsverluste betragen für 100 m B-Leitung bei

  600 l/min Förderstrom ca. 0,7 bar,
  800 l/min Förderstrom ca. 1,2 bar,
1 000 l/min Förderstrom ca. 1,7 bar,
1 200 l/min Förderstrom ca. 2,4 bar.

Da die C-Schläuche nur für relativ kurze Strecken eingesetzt werden, wird auf die Angabe von Reibungsverlusten verzichtet.

8.5.5 Strahlrohre

Die Feuerwehr verwendet Mehrzweckstrahlrohre nach DIN 14365, bei denen durch Abschrauben des Mundstücks der Durchfluss etwa verdoppelt werden kann.

8.5 Ausrüstung der Feuerwehr

Tab. 8-3: Strahlrohr-Durchfluss (l/min) in Abhängigkeit vom vorhandenen Druck

Druck unmittelbar vor dem Strahlrohr		5	6	7	8 bar
DM-Strahlrohr	Mundstück	24	26	28	30 l/min
	Düse	53	58	63	67 l/min
CM-Strahlrohr	Mundstück	120	130	140	150 l/min
	Düse	215	235	250	270 l/min
BM-Strahlrohr	Mundstück	380	415	450	480 l/min
	Düse	715	785	845	905 l/min

Literatur

„Die roten Hefte", Verlag W. Kohlhammer, Stuttgart
Kaufhold/Rempe, „Feuerlöschmittel", Verlag W. Kohlhammer, Stuttgart

9. Trinkwasserversorgung in Notstandsfällen

bearbeitet von Dipl.-Ing. **Joachim Rautenberg**

DVGW-Regelwerk, DIN-Normen, Gesetze, Verordnungen, Vorschriften, Richtlinien
siehe Anhang, Kap. 14, S. 865 ff

9.1 Allgemeines

Unter öffentlichen Notständen werden Verhältnisse wie Großschadensereignisse verstanden, die eine normale Versorgung (Normalbetrieb) mit einwandfreiem Trinkwasser gefährden, einschränken oder unmöglich machen. Diese Verhältnisse können durch Naturkatastrophen, Unglücksfälle und Sabotageakte eintreten.

9.2 Ursachen von Notstandsfällen

Die Trinkwasserversorgung aus einer öffentlichen WV-Anlage kann in Notstandsfällen, das sind Großschadensereignisse, gefährdet, beeinträchtigt oder sogar unterbrochen werden. Ursachen können sein:

- *Naturkatastrophen* – Hierbei handelt es sich um räumlich und zeitlich begrenzte Störungen, z.B. Unwetterkatastrophen, Überschwemmungen, Sturmfluten, längere Trockenperioden, bei denen Teile der Versorgungsanlagen durchaus intakt bleiben können.
- *Unglücksfälle* – Diese können auftreten durch Verunreinigungen des Wasservorkommens, des Wassergewinnungsgebietes und der Wasserversorgungsanlagen, z.B. durch Mineralöle, Kraftstoffe, Giftstoffe, radioaktive Stoffe (z.B. infolge Fallout oder durch radioaktiv belastete Abwässer), Fäkalien. Diese Verunreinigungen können durch Explosionen, Transportunfälle, Undichtheiten an Rohrleitungen und Behältern, Rohrbrüche, Ausfall der Energieversorgung usw. verursacht werden. Sie können zu Betriebsstörungen und Betriebsausfällen mit erheblichen Auswirkungen auf die WV führen.
- *Sabotageakte* – Als solche sind vorsätzliche Aktivitäten zur Störung der öffentlichen Sicherheit und Ordnung anzusehen, die zur Verunreinigung des Wassers oder von Wasserversorgungseinrichtungen sowie zur Beeinträchtigung von Betriebsabläufen bis zur teilweisen oder vollständigen Zerstörung von Anlagen und Werken führen können.

9.3 Vorsorgemaßnahmen

9.3.1 Allgemeines

Die einwandfreie WV des Versorgungsgebiets durch ein WVU darf bei kurzzeitigen Betriebsstörungen nicht unterbrochen werden, dies muss durch ausreichende Bemessung der Anlageteile, z.B. Wasserspeicherung und durch Reserven an Bohrbrunnen, Pumpen, Ersatzstromaggregaten sichergestellt sein. Aber auch längere Betriebsstörungen dürfen das WVU nicht unvorbereitet treffen. Es sind daher Vorsorgemaßnahmen zu planen und auszuführen, um im Notstandsfall eine WV so gut wie möglich zu gewährleisten. Näheres hierzu enthält der DVGW-Hinweis W 1050;

9.3.2 Rechtsgrundlagen

Die WVU haben i. a. bisher schon Vorsorgemaßnahmen für Notstandsfälle getroffen. Durch neuere Gesetzgebung sind einheitliche Grundlagen für die Vorsorgemaßnahmen geschaffen worden; diese sind zwar grundsätzlich für den Verteidigungsfall vorgesehen, aber auch für andere Notstandsfälle anwendbar.
Grundlage ist das Wassersicherstellungsgesetz – WasSG v. 24.08.65 = Gesetz über die Sicherstellung von Leistungen auf dem Gebiet der Wasserwirtschaft für Zwecke der Verteidigung, in welchem angegeben sind: Maßnahmen zur Sicherung der Wasserversorgung, Wasserbeschaffung und Wasserbeseitigung im Verteidigungsfall, Verpflichtung von Anlageninhabern zum Bau, zur Änderung und zur Erhaltung von Anlagen für genannte Zwecke, Aufwendungsersatz, Ermächtigung für Rechtsverordnungen zur Regelung von Einzelfragen.
Die 1. Wassersicherstellungsverordnung – 1. WasSV v. 31.03.70 enthält Bestimmungen über die Bemessung des lebensnotwendigen Bedarfs an Trinkwasser und des Bedarfs an Betriebs- und Löschwasser sowie über die Beschaffenheit von Trink- und Betriebswasser im Verteidigungsfall.
Die 2. WasSV v. 11.09.73 mit Änderung v. 25.04.78 enthält technische Bestimmungen über den Bau von Notbrunnen und Quellfassungen, die der Notstandsversorgung im Verteidigungsfall dienen.
Zur Durchführung des Wassersicherstellungsgesetzes sind verschiedene Rundschreiben erlassen worden. Sie wurden im April 1990 durch die Bestimmungen des Bundes zur Ausführung des Wassersicherstellungsgesetzes – WasSGAB – ersetzt.
Ferner: Gesetz über die Erweiterung des Katastrophenschutzes v. 09.07.68, geändert durch Gesetz zur Änderung und Ergänzung des Gesetzes zur Errichtung des Bundesamtes für zivilen Bevölkerungsschutz; (jetzt Bundesverwaltungsamt – Zentralstelle für Zivilschutz, Bonn) und des Gesetzes über die Erweiterung des Katastrophenschutzes v. 10.07.74, sowie die einschlägigen Landesgesetze über den Katastrophenschutz.

9.3.3 Wasserbedarf in Notstandsfällen

Für jedes Versorgungsgebiet sind die erforderlichen Bedarfsmengen in einem Wasserbedarfsplan zusammenzustellen. Nach dem Votum des Bundesgesundheitsrates v. 05.03.70 sind Mindestwerte zu berücksichtigen (**Tab. 2-14**).

9.3.4 Deckung des Wasserbedarfs in Notstandsfällen

9.3.4.1 Notversorgung aus der öffentlichen Wasserversorgung

9.3.4.1.1 Allgemeines

Es ist anzustreben, in Notstandsfällen die öffentliche WV so lange wie möglich aufrecht zu erhalten, auch wenn infolge Verseuchung das Wasser nur mehr zum Ableiten der Fäkalien oder für Löschzwecke verwendet werden kann. Ferner sind Neubauten so zu planen, dass sie weitgehend geschützt sind, um auch in Notstandsfällen betriebsbereit zu sein; bestehende Anlagen sollen entsprechend geändert werden, soweit dies wirtschaftlich vertretbar ist.

9.3 Vorsorgemaßnahmen

9.3.4.1.2 Maßnahmen zur Verbesserung der Betriebsbereitschaft in Notstandsfällen

- *Dezentralisierung der Wassergewinnung* – Die Versorgung aus mind. 2 voneinander unabhängigen Wassergewinnungsgebieten ist anzustreben. Bei großen WVU ist dies meist aus hydrogeologischen Gründen bereits gegeben. Vorteilhaft ist der stationäre Verbund benachbarter WVU. Dieser Verbund kann zwingend notwendig sein, wenn aus hydrogeologischen Gründen die Trinkwasser-Notstandsversorgung aus Notbrunnen nach Abschn. 9.2.4.2.2 nicht möglich ist.
- *Desinfektion* – Da in Notstandsfällen fast immer eine Beeinträchtigung der mikrobiologischen Wasserbeschaffenheit eintritt, sind insbesondere die Anlagen zur Desinfektion gegen Ausfall zu sichern. Zusätzlich sind bewegliche Chlorungsanlagen bereitzuhalten, die örtlich an etwaigen Schadensstellen und gegen hohen Betriebsdruck einsetzbar sind. Ein angemessener Vorrat an Desinfektionschemikalien ist notwendig.
- *Stromversorgung* – Anzustreben ist die Versorgung aus verschiedenen, unabhängigen Netzen. Ortsfeste Ersatzstromaggregate sind einsatzbereit zu halten, bewegliche Ersatzstromaggregate sind zum Einsatz für Zwischenförderung und Notbrunnen mit Stromanschluss vorteilhaft.
- *Speicherraum* – Dieser soll entsprechend groß und möglichst auf mehrere Behälter verteilt sein. Siehe DVGW-Arbeitsblatt W 300 „Technische Regel Wasserspeicherung" (TRWS): Planung, Bau, Betrieb und Instandhaltung von Wasserbehältern in der Trinkwasserversorgung.
- *Transportraum* – In manchen Notstandsfällen kann es notwendig sein, das betroffene Versorgungsgebiet aus transportablen Behältern zu versorgen. Beim WVU sind deshalb Behälter und Transportfahrzeuge bereitzuhalten, für größeren Einsatz sind diese über die zuständige Behörde zu beschaffen. Befüllung, Entleerung, Reinigung und Desinfektion sind sicherzustellen.
- *Rohrnetz* – Dieses soll möglichst ein vermaschtes Ringnetz, DVGW-Arbeitsblatt W 400-1, sein, eingeteilt in abtrennbare Versorgungsbezirke.
- *Warn- und Fernmeldeeinrichtungen* – Die WVU sollen an bestehende Warndienste angeschlossen sein. Für den Ausfall von Fernmeldeanlagen sind Sprechfunkanlagen bereitzuhalten.
- *Lagerhaltung* – Betriebsstoffe, Chemikalien, Ersatzteile für maschinelle und elektrische Anlagen, Rohre und Armaturen, insbesondere leicht zu transportierende und verlegbare für fliegende Leitungen, sind in ausreichender Menge an geschützten und gut erreichbaren Stellen zu lagern.
- *Personal* – Die Mitarbeiter des WVU sind über die Maßnahmen bei Notstandsfällen in regelmäßigen Abständen zu unterweisen. Wenn in Notstandsfällen zusätzliches Personal benötigt wird, ist dieses bei der zuständigen Behörde anzufordern. Zur Durchführung von Instandsetzungsarbeiten in Notstandsfällen stehen auch in Städten und Landkreisen bei den Ortsverbänden der Bundesanstalt Technisches Hilfswerk entsprechende mit Fachpersonal besetzte Instandsetzungszüge zur Verfügung.
- *Alarm- und Einsatzplan* – Die erforderlichen Maßnahmen bei Auftreten der als möglich erscheinenden Notstandsfälle sind in einem Alarm- und Einsatzplan festzulegen. Hierzu gehört auch das Bereithalten aller erforderlichen Pläne, Listen über den Bestand und Lagerplätze der bereitgehaltenen Materialien und Geräte, Merkblätter und Richtlinien der zuständigen Behörde.

9.3.4.2 Notversorgung aus Einzel-Versorgungen

9.3.4.2.1 Gebiete ohne zentrale Wasserversorgung

Die normale Wasserversorgung erfolgt hier bereits aus Einzel-Wasserversorgungsanlagen. In Notstandsfällen werden sicherlich nicht alle Einzelanlagen gleichzeitig ausfallen, so dass die Mindestversorgung i. a. sichergestellt werden kann.

9.3.4.2.2 Gebiete mit zentraler Wasserversorgungsanlage

Da damit gerechnet werden muss, dass in Notstandsfällen besonders im Verteidigungsfall, die ganze zentrale WV für längere Zeit ausfällt, ist für gefährdete Gebiete die Mindestversorgung aus Einzel-WV-Anlagen sicherzustellen. Hierzu sind folgende Maßnahmen notwendig:

– *Erfassen vorhandener Einzel-WV-Anlagen* – hinsichtlich Entnahmemenge, Wasserbeschaffenheit, Zustand der Anlage, uneingeschränkte Verwendbarkeit oder Verwendbarkeit bei Einsatz einfacher Desinfektion, wie Abkochen, Chloren des Wassers. Die Erhebungen sind in eine Kartei aufzunehmen, siehe 1. WasSGVwV (1. Allgemeine Verwaltungsvorschrift zur Durchführung des Wassersicherstellungsgesetzes).
– *Instandsetzung vorhandener Einzel-WV-Anlagen* – wenn die Maßnahmen nach 1 nicht ausreichen. Dabei ist die Ausführung im Rahmen des WasSG zu prüfen.
– *Neubau von Trinkwasser-Notbrunnen* – wenn die Mindest-Notversorgung aus vorhandenen Einzel-WV-Anlagen nicht gesichert ist, müssen neue erstellt werden, in erster Linie Trinkwasser-Notbrunnen, z. B. im Schwerpunktprogramm des Bundes. Für den Bau und die Ausstattung dieser Brunnen sind vom BMdI insgesamt 11 Arbeitsblätter herausgegeben worden. Acht Arbeitsblätter (1–6, 9 und 10) wurden hinsichtlich einheitlicher Terminologie und gegenwärtigem Stand der Normen und Regelwerke (DIN und DVGW) überarbeitet und im September 1987 zu einem Regelwerk Wassersicherstellungsgesetz – RWWasSG -zusammengefasst. Die Arbeitsblätter

  7 – Planung und Anwendung von Wasserstrahlpumpen
  8 – Hinweise für Planung, Bau und Betrieb von Verbundleitungen und -systemen im Rahmen der Trinkwasser-Notversorgung
  11 – Vorläufiges Merkblatt für die Planung wasserwirtschaftlicher Vorsorgemaßnahmen in ländlichen Räumen wurden nicht in das Regelwerk aufgenommen und bleiben nebenher bestehen.

Für die Planung der Zahl und Standorte der Notbrunnen wird i. a. von folgenden Grundlagen ausgegangen:
Betriebsdauer der Notbrunnen 15 h/d, Entnahme 6 m^3/h, Wasserbedarf 15 l/Ed, versorgbare Personenzahl aus 1 Notbrunnen 6000 E, je Brunnen 1 Entnahmevorrichtung für 8 bzw. 10 Zapfstellen, zumutbare Entfernung für das Wassertragen mit Eimer i. M. 750 m, d. i. 500–2 000 m, kein Schutzgebiet, jedoch Sicherung der unmittelbaren Umgebung der Notbrunnen gegen Verunreinigung und Beschädigung, Desinfektion des Wassers mittels Chlortabletten.
Aufgrund der durch die Wiedervereinigung eingetretenen politischen Situation und mangelnder Haushaltmittel wird z. Z. kein Neubau von Trinkwasser-Notbrunnen mehr verfolgt, sondern nur der Umbau und die Instandsetzung vorhandener Einzel-WV-Anlagen bzw. aufzulassender Brunnen und Quellen.
– *Wartung und Instandhaltung* der Einzel-WV-Anlagen – sind notwendig, um sie stets einsatzbereit zu halten. Die zuständige Behörde legt fest, von wem dies auszuführen ist.

9.4 Maßnahmen bei drohender Gefahr

Die Maßnahmen richten sich nach Art und Umfang der möglichen Gefährdung. Sie bestehen i. a. aus:

1. Erweiterung des Bereitschafts- und Entstörungsdienstes entsprechend dem verstärkten Einsatz. Einweisung des Personals des Wasserwerks und der Hilfskräfte gemäß Alarm- und Einsatzplan.
2. Überprüfung der Einsatzfähigkeit der vorhandenen Einrichtungen.
3. Durchführung von Arbeiten, je nach Art der Gefährdung, wie
   – Auffüllen der festen und beweglichen Speicherbehälter.
   – Auffüllen der Vorräte an Betriebsstoffen und Chemikalien.
   – Verstärkung der Kontrollfahrten; u. U. ist dann eine ständige Überwachung angezeigt. Die Polizei sollte veranlasst werden, das Wassergewinnungsgelände in ihre Streifenfahrten einzubeziehen. Das für die Kontrollen eingesetzte Personal muss mit geeigneten Kommunikationsmitteln ausgerüstet sein. Anfordern von Wachpersonal bei den zuständigen Behörden zum Schutz vor Sabotage der einzelnen Anlagen.

4. Kontaktaufnahme mit den zuständigen Behörden (s. auch DVGW W 1020 (H)) und Medien zur Vorbereitung weiterer Maßnahmen wie z. B.:
   – sparsamen Wasserverbrauch.
   – hausinterne Wasserbevorratung.
   – Angabe der zugeteilten, benutzbaren Wasserentnahmestellen, Notbrunnen, Tankwagen
   – Verhalten bei Verdacht auf Vergiftung oder radioaktiver Verunreinigung des Wassers
   – Verhalten bei mikrobiologischer Verunreinigung, z. B. Abkochen, Verwendung von Chlortabletten.

9.5 Maßnahmen im Notstandsfall

Der Krisenstab ruft den Notstandsfall nach sorgfältiger Prüfung der Sachlage aus und veranlasst die Umsetzung der entsprechenden Einsatzpläne. Seine Entscheidungen hängen von Art und Umfang des Notstandes und davon ab, ob wichtige Wasserversorgungsanlagen gefährdet, beschädigt oder zerstört sind. Die Situation ist sorgfältig, schnell und eindeutig zu erkunden. Auf eine exakte interne und externe Weitergabe der Meldungen ist zu achten. Es ist ständige Verbindung mit dem Hauptverwaltungsbeamten der zuständigen Behörde zu halten.

– Ziel der Maßnahmen ist, die zentrale Trinkwasserversorgung so lange wie möglich aufrechtzuerhalten. Kann die Trinkwasserqualität in der Wassergewinnung, Wasseraufbereitung oder im Verteilungsnetz nicht mehr sichergestellt werden, sind in Abstimmung mit den Gesundheitsbehörden weitere Maßnahmen gemäß DVGW W 1020 (H) zu ergreifen. Dies können sein:
– Nutzungseinschränkungen wie Druckabsenkungen oder Abtrennung von Versorgungszonen mit starken Wasserverlusten sowie die Beschränkung auf die Verwendung als Nicht-Trinkwasser.
– Abkochgebot
   Es ist sicherzustellen, dass beschädigte Anlagen im unentbehrlichen Umfang möglichst schnell, ggf. provisorisch, instand gesetzt werden. Im Bedarfsfall sind dabei zusätzliche Kräfte bei den Feuerwehren und Hilfsorganisationen, wie THW, anzufordern.
– Die Verbraucher der vom Notstand betroffenen Gebiete sind laufend mittels Lautsprecherwagen über den Stand des Notstandes und der Behebungsmaßnahmen sowie über notwendige zusätzliche hausinterne Maßnahmen zur Sicherstellung der lebensnotwendigen Versorgung zu unterrichten. Wenn mit Sicherheit der Notstand behoben ist, d. h. die einwandfreie Versorgung nach der TrinkwV und DIN 2000 wieder gewährleistet ist, sind die Verbraucher und die zuständige Behörde unverzüglich zu verständigen. Der Notstand ist formell aufzuheben.

Bauabwicklung und Betrieb von Wasserversorgungsanlagen

10. Eigen- und Einzeltrinkwasserversorgung

bearbeitet von Dipl.-Ing. **Joachim Rautenberg**

DVGW-Regelwerk, DIN-Normen, Gesetze, Verordnungen, Vorschriften, Richtlinien
siehe Anhang, Kap. 14, S. 865 ff

10.1 Wasserbeschaffenheit

Brunnen und Quellen für Einzelanwesen müssen ebenso wie die öffentlichen WV-Anlagen einwandfreies Wasser, das der Trinkwasserverordnung entspricht, liefern. Der Verbraucherkreis, der von einer solchen Anlage bedient wird, ist zwar beschränkt, aber durch ansteckende Krankheiten können auch weitere Bevölkerungskreise in Mitleidenschaft gezogen werden, insbes. wenn Möglichkeiten der Übertragung von Krankheitserregern bestehen, wie über die Milch oder andere Lebensmittel aus landwirtschaftlichen Anwesen.

Der Boden, dem durch einen Einzelbrunnen oder durch eine Quellfassung Trinkwasser entnommen wird, muss frei sein von Verunreinigungen durch menschliche oder tierische Abfallstoffe, Aborte und Abortgruben, Versitzgruben, Dungstätten, Jauchegruben, Küchen- und Stallabwässer, Abwasserkanäle, Schuttablagerungen und sonstige zur Aufnahme oder Wegleitung von Abfallstoffen und Schmutzwässern dienende Einrichtungen; auch dürfen in unmittelbarer Nähe keine offenen Gewässer vorhanden sein.

Während für zentrale WV-Anlagen ein Schutzgebiet festsetzt werden muss, dessen Größe Sicherheit gegen ein Eindringen von Schadstoffen bietet, müssen die Forderungen für die Einzeltrinkwasserversorgung schon mit Rücksicht auf die technisch-finanziellen Möglichkeiten verringert werden (vgl. DIN 2001).

Maßgebend für die Schützbarkeit der Wasserfassung bleibt auch bei Einzelversorgungsanlagen zunächst der Aufbau der Bodenschichten. Sind Deckschichten von mindestens einem Meter Mächtigkeit in flächenhafter Ausdehnung von mindestens 25 m um einen Brunnen oder in 25 m Breite beiderseits einer Quelle quer zur Grundwasserströmungsrichtung und in 50 m Entfernung grundwasserstromaufwärts nachzuweisen und ergeben mehrmalige Wasseruntersuchungen einen günstigen Befund, so kann grundsätzlich von einem ausreichenden Schutz ausgegangen werden. Dass innerhalb der angegebenen Zone eine landwirtschaftliche Düngung mit Stalldünger oder Jauche zu unterbleiben hat, versteht sich von selbst. Sind die Bodenschichten aber schon von oben her durchlässig (Kies, lehmfreier Sand, klüftiger Fels), so muss ein weit größerer Schutzbereich gefordert werden. Er ist von Fall zu Fall unter Hinzuziehung der Abteilung Gesundheitswesen der Kreisverwaltungsbehörde und eines hydrogeologischen Fachmannes festzulegen. Auf alle Fälle müssen in solchen Bodenschichten die Brunnenmauer von Schachtbrunnen oder die geschlossenen Schutz- oder Sperrohre von Bohrbrunnen bis mindestens 8 m unter Gelände reichen, damit wenigstens diese vertikale Filtrationsstrecke erzwungen wird.

10.2 Technische Hinweise

- *Innerhalb von Gebäuden* dürfen Schlag- oder Bohrbrunnen nur in Ausnahmefällen und nur dann angelegt werden, wenn der den Brunnen umgebende Boden im Kellerraum wasserdicht hergestellt ist und wenn das Gefälle des Bodens vom Brunnen wegweist und eventuell austretendes Wasser sicher über eine Entwässerung weggeleitet wird. Voraussetzung ist selbstverständlich, dass nicht innerhalb oder neben dem Gebäude, in dem der Brunnen steht, Schadstoffe in das Grundwasser gelangen können.
- *Quellstuben, Quellfassungen, Sammler* sind so anzulegen, dass kein Oberflächenwasser und keine Kleintiere usw. zum gesammelten Wasser gelangen können. Sie sind sauber mit Zementputz zu glätten und mit dichtschließenden Deckeln oder Türen zu versehen. Belüftungsöffnungen sind mit Fliegengittern zu verschließen.
- *Bei Bohrbrunnen* muss die Oberkante der geschlitzten Filterrohre mindestens 3 m unter Gelände liegen, wenn günstige Bodenverhältnisse vorliegen. Im weniger günstigen Fall gilt das in Abschn. 10.1, Abs. 4 genannte Maß von 8 m.
- *In Schachtbrunnen* ist der untere Teil mit Löchern zu versehen, um den seitlichen Wassereintritt zu ermöglichen. Hinsichtlich der Entfernung der obersten Lochreihe vom Gelände gilt das bei Bohrbrunnen geforderte. Der obere Teil des Schachtbrunnens ist wasserdicht herzustellen, was bei Verwendung von Zementringen häufig versäumt wird. Etwaiger Zwischenraum zwischen dem Brunnenmauerwerk oder den Zementringen und dem natürlichen Boden ist von der Brunnensohle bis zum Wasserspiegel mit sauberem Kies aufzufüllen, durch den das Wasser zum Brunnen strömen kann. Über dem Wasserspiegel ist fetter und gut knetbarer Ton fest einzustampfen, damit kein Oberflächenwasser eindringen kann. Darüber hinaus sind in Schachtbrunnen sind aus Sicherheitsgründen Einsteigleitern aus korrosionsgeschütztem Stahl (Profilstahl oder Rohren), mindestens aber Steigeisen einzubauen, die bis zur Brunnensohle reichen müssen; in Brunnen mit mehr als 6 m Tiefe sind Zwischenpodeste aus Stahlträgern mit Riffelblech- oder Gitterrostabdeckungen einzubauen, um das Hineinstürzen in den Brunnen zu verhindern. Die Einsteigleitern sind an den Zwischenpodesten zu unterbrechen und stockwerksweise gegeneinander zu versetzen.
- *Brunnenschächte oder Aufsatzrohre* bzw. Schutz-(Sperr-)rohre von Bohrbrunnen sind mindestens 0,3 m über Geländeoberfläche oder Vorschachtsohle zu führen und dort mit einem sicher schließenden, durch Unbefugte nicht zu öffnenden Deckel zu verschließen. Holz darf weder für den Deckel noch irgendwelche Einrichtungen im Brunnen verwendet werden, da es fault und dann Träger von Schimmelbakterien wird.
- *Der Brunnenkopf* aller Brunnen, auch der Schlagbrunnen, ist mit einem verschließbaren Abschlussbauwerk (Brunnenschacht) zu sichern.
- *Pumpenteile oder Rohrleitungen* sind wasserdicht durch den Brunnendeckel oder Brunnenkopf zu führen. Üblicherweise werden Bohrbrunnen mit elektrischen Unterwassermotorpumpen ausgerüstet. Wird ein Pumpwerk ausnahmsweise mit trocken aufgestellten Kreiselpumpen ausgerüstet sind diese möglichst nicht im feuchten Brunnenschacht unterzubringen, da die Maschinen, insbes. der Motor, stark leiden. Wenn möglich, sollte zur Aufstellung einen trockener Kellerraum in Brunnennähe oder ein eigener, gut belüfteter Schacht dienen. Für die Installation der Schaltgeräte der Brunnenpumpe (z.B. Motorschütze und Sicherungen) sind in jedem Fall die VDE-Vorschriften für feuchte Räume zu beachten (s. DIN VDE 0100 Teil 737).
- *Druckbehälter* können immer abseits des Brunnens im Gebäude aufgestellt werden. Damit sind auch die besonders empfindlichen Druckschalter, in trockenem Raume untergebracht.
  Bei Schachtbrunnen mit Saugleitung muss das Saugleitungsende (Fußventil) einen Mindestabstand von 0,3 m von der Brunnensohle haben, damit kein Schlamm mit angesaugt werden kann. Die Brunnensohle ist mit Kies in der Körnung zwischen 3 und 10 mm 15 cm hoch zu bedecken.

Hinweis: Anlagen zur eventuellen Behandlung von Wässern aus Eigen- und Einzeltrinkwasserversorgungsanlagen s. DIN 1988, Teil 2.

Es gibt viele Lösungen für den Wasserbau. Und es gibt besonders wirtschaftliche.

Willkommen als Abonnent.

✔ Sie erhalten regelmäßig die **entscheidenden Informationen** rund um die Themen Wasserbau, Wasserkraft, Hydrologie und Ökologie.

✔ WasserWirtschaft bietet Problemdefinitionen, echte Lösungsansätze und ist **ein unverzichtbares Forum** für Industrie und Kommunen.

✔ Mit dem Festabo (10 Ausgaben) für nur 156,- EUR/Jahr erhalten Sie zusätzlich den **kostenfreien Zugang** zum **online-Archiv.**

✔ www.all4engineers.de/wasserwirtschaft

Sichern Sie sich Ihr Probe-Abo: zwei Ausgaben jetzt kostenlos

Tel. (0 52 41) 80-16 92 · Fax -96 20
vieweg@abo-service.info

DimensionenneuenDenkens*

* „Gute Ideen verändern die Welt. Neues Denken führt zu kreativen Lösungen."

Wir bauen die Zukunft.

www.max-boegl.de

Zertifizierung nach
DIN EN ISO 9001:2000

Zertifizierung nach
SCC-Regelwerk

Zertifizierung nach
DVGW-Regelwerk GW 301
W1: st-ge-pe-ku-az
G2: st-ge-pe

Güteschutz Kanalbau AK1

MAX BÖGL

Fortschritt baut man aus Ideen.

Postfach 11 20 · 92301 Neumarkt · Telefon 09181 909-0 · Telefax 09181 905061 · info@max-boegl.de

11. Planung und Bau

bearbeitet von Dipl.-Ing. **Joachim Rautenberg**

DVGW-Regelwerk, DIN-Normen, Gesetze, Verordnungen, Vorschriften, Richtlinien
siehe Anhang, Kap. 14, S. 865 ff

11.1 Aufgaben

11.1.1 Allgemeines

Die Planung und der Bau von WV-Anlagen erfordern eine Vielzahl von Leistungen und das Einschalten einer Reihe von Spezialisten auf den verschiedensten Gebieten. Eine sorgfältige Vorbereitung und eine enge Zusammenarbeit aller Beteiligten ist unerlässliche Voraussetzung für das Vermeiden von Fehlplanungen und eine reibungslose Bauabwicklung. Hierbei ist es notwendig, dass alle Beteiligten Kenntnis von der Art aller anfallenden Aufgaben und der zweckmäßigen Reihenfolge der Abwicklung dieser Aufgaben haben.
Empfehlenswert ist die Besichtigung anderer vergleichbarer WV-Anlagen und die Beteiligung des Betriebspersonals des WVU bei der Planung und Bauüberwachung.
Die Aufgaben bei der Durchführung einer WV-Baumaßnahme werden in einen Technischen- und einem Verwaltungs-Bereich getrennt.

11.1.2 Technischer Bereich

Der Technische Bereich hat alle technischen Unterlagen und Leistungen für den Bau und für den späteren Betrieb zu liefern bzw. zu erbringen, wie:

– Technische Vorgaben des Betriebs, welche bei Planung und Bau zu berücksichtigen sind.
– Erstellung von Grundlagenermittlung (GE), Vorplanung/Vorentwurf (VE), Entwurfsplanung/Entwurf (E) und Genehmigungsplanung (G), Übernahme der Bauoberleitung (BO) und örtlichen Bauüberwachung (BÜ).
– Erstellen der technischen Unterlagen für die wasserrechtlichen, baurechtlichen und sonstigen Genehmigungsverfahren, z. B. für die Beanspruchung bzw. Kreuzung von Verkehrswegen, Gewässern usw., für die privatrechtlichen Regelungen, wie Grundstückskäufe, Grunddienstbarkeiten u. a.
– Klären und Sichern vorhandener Rohrleitungen, Kabelleitungen, Kanäle, Dränrohre, Grundwassernutzungen.
– Technische Abnahme der Baumaßnahme und Übergabe an den Betrieb.

Der Technische Bereich hat auch die technischen Unterlagen, die zur Erfüllung der Verwaltungsaufgaben erforderlich sind (z. B. Pläne für Straßen- Gewässer- oder Bahnkreuzungen), dem Verwaltungsbereich zur Verfügung zu stellen.

11.1.3 Verwaltungsbereich

Zum Verwaltungsbereich gehören folgende Aufgaben:

- Finanzierung des Bauvorhabens mit Anträgen, Abwicklung und Verwendungsnachweisen soweit erforderlich
- Wasserrechtliche, baurechtliche und sonstige Genehmigungsverfahren
- Verträge über Kreuzungen mit Verkehrswegen, Gewässern usw.
- Verträge über Lieferung von Strom, Gas, Chemikalien u. a.
- Privatrechtliche Regelungen, wie Grundstückskauf, Grunddienstbarkeiten
- Verdingungen, Vergabe, Bauverträge
- Abwicklung der Bauabrechnung.

11.1.4 Weitergabe von Teilaufgaben

Ein Wasserversorgungsunternehmen (WVU), welches über entsprechendes Personal verfügt, wird die Aufgaben des Technischen Bereichs bei kleinen Baumaßnahmen ganz übernehmen können. Große WVU lassen auch große Baumaßnahmen durch eigene Planungs- und Bauabteilungen ausführen und schalten nur von Fall zu Fall Sondergutachter ein. Im allgemeinen werden aber die Ingenieurleistungen für GE, VE, E, BO, BÜ an Ingenieurbüros (IB) vergeben, wobei gelegentlich die Grundlagenermittlung (Vorgutachten, Sondergutachten) vom eigenen WVU erstellt werden. Bei Baumaßnahmen, welche staatliche Finanzierungsmittel in Anspruch nehmen, ist zusätzlich eine fachlich zuständige, technische staatliche Verwaltung (baufachlich mitwirkendes Amt) eingeschaltet. Die baufachliche Mitwirkung ist beschränkt auf die stichprobenweise Überwachung der wirtschaftlichen und sparsamen Verwendung der Zuwendungen. Sie entlastet den Ingenieur nicht von seiner Verantwortung für die ordnungsgemäße Ausführung des Vorhabens. Die Bauarbeiten werden i. a. vom WVU als Auftraggeber (AG) an Firmen, Auftragnehmer (AN), vergeben. Nur in seltenen Fällen werden sie vom WVU selbst, meist nur für kleine Teilbereiche, übernommen, besonders wenn sie sehr stark mit dem laufenden Betrieb zusammenhängen.

11.2 Mitwirkung eines Ingenieurbüros

11.2.1 Allgemeines

Kleine und mittlere WVU haben in der Regel kein technisches Personal, das über eine entsprechende Ausbildung und Erfahrung in der Planung und im Bau von WV-Anlagen verfügt. Bei bestehenden WVU ist ferner das vorhandene Betriebspersonal i. a. durch den Betrieb voll ausgelastet, so dass die umfangreichen Aufgaben von Planung und Bau nicht neben den Betriebsaufgaben geleistet werden können. Es ist daher hier mehr als bei einer sonstigen Bauaufgabe notwendig, dass der Entwurf und die Bauberatung einem von den Ausführungsfirmen unabhängigen, beratenden Ingenieur übertragen werden. Da das Gebiet des Wasserversorgungswesens umfangreiche Spezialkenntnisse erfordert, sind nur anerkannte Fachingenieure mit der technischen Beratung zu beauftragen.

Von dem IB sind alle technischen Fragen, die mit dem Bau der WV zusammenhängen, zu klären, und die erforderlichen Unterlagen für die bauliche und verwaltungsmäßige Durchführung und für den späteren Betrieb zu liefern. Insbesondere besteht die Aufgabe aus Erstellung des VE, E, Übernahme BO, BÜ. In den folgenden Abschnitten sind die hierfür zu erledigenden Arbeiten im Einzelnen beschrieben.

Die Aufgaben GE + VE + E + G einerseits und BO + BÜ andererseits hängen stark zusammen, so dass es i. a. sehr vorteilhaft ist, wenn damit nur ein Ingenieurbüro beauftragt wird, wodurch schnelle Entscheidungen möglich sind und Streitigkeiten über die Schuld bei Mängeln in der Planung bzw. beim Bau nicht zu Lasten des WVU gehen.

11.2 Mitwirkung eines Ingenieurbüros

Meinungsverschiedenheiten und Streitfälle zwischen WVU und IB werden dann um so eher vermieden, wenn folgende Voraussetzungen gegeben sind:

- Beauftragung eines anerkannten, fachlich auf dem Spezialgebiet Wasserversorgung erfahrenen IB.
- Ingenieurvertrag nach der jeweils aktuell gültigen Ausgabe der HOAI (Mustervertrag siehe HIV-KOM von 9/88, zuletzt ergänzt 2005).
- Voll durchgearbeitete Entwürfe und Leistungsverzeichnisse, so dass Änderungen, Ergänzungen und Preisvereinbarungen möglichst vermieden werden.

11.2.2 Ingenieurauftrag

Ingenieurleistungen sind technisch-geistige Leistungen und sollen daher nicht in förmlichen Verfahren der öffentlichen Ausschreibung, etwa entsprechend der VOB, vergeben werden. Da aber für öffentliche Auftraggeber die Haushaltsgrundsätze der Wirtschaftlichkeit und Sparsamkeit gelten, sind in der Regel bei der Vergabe der Ingenieurleistungen vergleichbare Angebote einzuholen, aufgrund derer die Entgelte für die Ingenieurleistungen zu vereinbaren sind. Die geforderten Ingenieurleistungen müssen nach Art, Umfang und Zeitdauer eindeutig beschrieben und die vom Auftraggeber zur Verfügung zu stellenden Unterlagen angegeben werden.

Der Auftrag ist in Form eines schriftlichen Vertrags zu erteilen, in welchem insbesondere die gesamten vom Ingenieurbüro zu erbringenden Leistungen, die hierfür geltenden Termine und Fristen und die Vergütung festzulegen sind.

Durch die Verordnung der Bundesregierung über die Honorare für Leistungen der Architekten und Ingenieure, HOAI v. 17. 09. 1976, in der zuletzt ab 21. 09. 1995 gültigen Fassung; (Ausgabe 1996, 2. überarbeitete Auflage 2002 mit EURO-Honorarsätzen) ergeben sich Änderungen hinsichtlich der vertraglichen Regelungen zwischen dem Auftraggeber und dem Ingenieurbüro sowie in der Berechnung der Honorare. Das kommunale Handbuch für Ingenieurverträge (HIV-KOM vom Sept. 1988; zuletzt ergänzt 2005) enthält entsprechende Richtlinien für den Abschluss von Ingenieurverträgen. Das folgende **Muster 11-1**, hat sich bewährt und wird zur Verwendung empfohlen.

Sofern der Auftragswert 200 000 Euro oder mehr beträgt, wird zusätzlich auf die Verdingungsordnung für freiberufliche Leistungen (VOF, Neufassung vom 09.08.2002) verwiesen, die nur nicht vorab und erschöpfend beschreibbare freiberufliche Leistungen umfasst.

Muster 11-1:

Ingenieurvertrag
zwischen ....

vertreten durch .... in ....
nachstehend Auftraggeber AG genannt,

und ....
nachstehend Auftragnehmer AN genannt,
wird folgender Ingenieurvertrag für die Baumaßnahme .... geschlossen:

Inhalt
§ 1   Gegenstand des Vertrages
1.1   Gegenstand dieses Vertrages sind Leistungen für ....
      (genaue Bezeichnung der Baumaßnahme)
1.2   Die Baumaßnahme unterliegt ....
      (öffentlich-rechtliche Verfahren)

§ 2 Grundlagen des Vertrages

Grundlagen des Vertrages sind:
2.1 Die Allgemeinen Vertragsbestimmungen für Ingenieurleistungen, Ausgabe 1986 AVB-ING (Fassung 2000, die auf die neueste Rechtsprechung eingeht)
2.2 Die zusätzlichen Vertragsbestimmungen für Ingenieurleistungen in der Wasserwirtschaft – ZVB-Ing/Was 1985 (Fassung 1998)
2.3 Die HOAI in der bei Vertragsabschluß geltenden Fassung
2.4 Die Bestimmungen für den Werkvertrag (§§ 631 ff. BGB)
2.5 Folgende Technische Bedingungen:
2.5.1 Zusätzliche Technische Vorschriften für wasserwirtschaftliche Vorhaben gemäß HIV-KOM, Anhang 2, Abschnitt 2.1 – ZTV –
darüber hinaus gelten in den einzelnen Bundesländern spezielle Regelungen; in Bayern z. B.:
2.5.2 Richtlinien für den Entwurf von wasserwirtschaftlichen Vorhaben – REWas 1983, i. d. F. v. Januar 2005 –
2.5.3 Verordnung über Pläne und Beilagen im wasserrechtlichen Verfahren vom 13. 03. 2000 (GVBL Nr. 8/2000 S. 156) – WPBV –
2.5.4 Vergabehandbuch für die Durchführung von Bauaufgaben im Bereich der Bayer. Staatsbauverwaltung – VHB Bayern –

§ 3 Leistung des Auftragnehmers

3.1 Der Auftraggeber überträgt dem Auftragnehmer folgende Leistungen:
3.1.1 Grundlagenermittlung (Phase 1)
3.1.2 Vorplanung/Vorentwurf (Phase 2)
3.1.3 Entwurfsplanung/Entwurf (Phase 3) mit Mitwirkung im Zuwendungsverfahren
3.1.4 Genehmigungsplanung (Phase 4)
Die vom Ingenieur zu erbringenden Leistungen sind eindeutig und erschöpfend zu beschreiben, die in den Leistungsbildern der HOAI vorgegebenen Gliederungen sind zu berücksichtigen.
3.2 Der Auftraggeber beabsichtigt die folgenden weiteren Leistungen zu übertragen:
3.2.1 Ausführungsplanung (Phase 5)
3.2.2 Vorbereitung der Vergabe (Phase 6)
3.2.3 Mitwirkung bei der Vergabe (Phase 7)
3.2.4 Bauoberleitung (Phase 8)
3.2.5 Objektbetreuung und Dokumentation (Phase 9)
3.2.6 Örtliche Bauüberwachung
3.3 Die vorzulegenden Zeichnungen, Beschreibungen und Berechnungen sind dem Auftraggeber in pausfähiger Ausführung zu übergeben.
3.4 Der AG beabsichtigt, die in 3.2 genannten Leistungen dann in Auftrag zu geben, wenn die Entwurfsplanung genehmigt und die Finanzierung gesichert ist, ohne dass hierauf ein Rechtsanspruch besteht. Die Übertragung erfolgt schriftlich.
Der AG behält sich eine abschnittsweise Beauftragung vor.
Der AN ist verpflichtet, die weiteren Leistungen zu erbringen. Aus der abschnittsweisen Beauftragung kann er keine Erhöhung des Honorars ableiten, außer § 21 der HOAI bestimmt dies.
3.5 Der AN hat die von ihm angefertigten Unterlagen als „Verfasser" zu unterzeichnen.

§ 4 Leistungen fachlich Beteiligter

Folgende Leistungen werden von den nachstehend genannten fachlich Beteiligten erbracht und sind vom Auftragnehmer mit seinen Leistungen abzustimmen und in diese einzuarbeiten.

....

11.2 Mitwirkung eines Ingenieurbüros

Für die Leistungen nach § 3 gelten folgende Termine und Fristen

§ 5   *Termine und Fristen*
5.1   Der VE ist spätestens ……………………………… (5) Monate nach Auftragserteilung beim AG einzureichen
5.2   Der E ist spätestens ……………………………… (6) Monate nach Genehmigung des VE, bzw. Auftragserteilung zum E beim AG einzureichen.
5.3   BO und BÜ beginnen mit der Auftragserteilung zur Vorbereitung der Vergabe. Die Verdingungsunterlagen sind innerhalb von ……………… (20) Arbeitstagen nach Übertragung der BO dem AG zu übermitteln.
5.4   Der Verwendungsnachweis ist innerhalb eines halben Jahres nach Abschluss der Arbeiten zu erstellen.

§ 6   *Vergütung*
6.1   *Allgemein* – Die Vergütung erfolgt gem. Ermittlung der anrechenbaren Kosten. Dabei sind sämtliche Kosten, die sich nach REWas sowie § 3 Leistungen des Auftragnehmers ergeben, einzurechnen (ohne Kosten nach § 52/6 HOAI).
6.2   *Honorarermittlung*
6.2.1   *Grundlage* – ist die HOAI v. 21. 09. 1995
6.2.2   *Honorarzone* – das Objekt gem. § 1 wird der Honorarzone ……………………………… zugeordnet
6.2.3   *Anrechenbare Kosten* – zugrunde gelegt werden die durch Abrechnung ermittelten anrechenbaren Kosten ohne Umsatzsteuer. Soweit diese noch nicht vorliegen, wird von folgenden Kosten ausgegangen:
   1. Teilleistung 2 nach der Kostenberechnung, solange diese nicht vorliegt, nach der Kostenschätzung
   2. Teilleistungen 3–4 nach der Kostenberechnung, solange diese nicht vorliegt, nach der Kostenschätzung.
   3. Teilleistungen 5–7 nach dem Kostenfeststellung, solange diese nicht vorliegt, nach der Kostenberechnung.
   4. Teilleistung 8 und 9 nach der Kostenfeststellung, solange diese nicht vorliegt, nach der Kostenberechnung.
6.2.4   *Honorar für die Grundleistungen* – es ist nach HOAI v. 21. 09. 1995 zu ermitteln. Es gilt der Mindestsatz der Honorartafel nach § 56/1 HOAI.
6.2.5   *Leistungsumfang und Bewertung*
   Die Grundleistungen nach § 3 werden bewertet für:

1. Grundlagenermittlung (Teilleistung 1)	2 %
2. Vorentwurf (Teilleistung 2)	15 %
3. Entwurf mit Genehmigungsplanung (Teilleistung 3 und 4)	35 %
4. Ausführungsplanung (Teilleistung 5)	5 %
5. Bauoberleitung (Teilleistung 6–9)	33 %

6.2.6   Nebenkosten werden pauschal erstattet mit ……………………………………………………… €
   Daneben erhält der Ingenieur zusätzlich die Entschädigung für die Verdingungsunterlagen nach § 20 VOB/A.
   Die Kosten für das Baustellenbüro trägt der AG unmittelbar.
   Dies ist bei der Vergütung der Nebenkosten berücksichtigt.
6.2.7   Sonderleistungen, z. B. Mitwirkung im Zuwendungsverfahren   3 %
6.2.8   Örtliche Bauüberwachung   2,1 bis 3,2 %
                                                                                  der anrechenbaren Kosten

§ 7 Haftpflichtversicherung des Auftragnehmers
Die Deckungssummen der Haftpflichtversicherung nach § 10 AVB-ING müssen mindestens betragen:
a.) für Personenschäden   500 000 €
b.) für sonstige Schäden   75 000 €
                                                                                                bei Herstellkosten
                                                                                                      < 750 000 €
                                                                                                         150 000 €
                                                                                                bei Herstellkosten
                                                                                                      > 750 000 €

§ 8 Ergänzende Vereinbarungen
8.1 Ergänzende Bestimmungen hinsichtlich der Zahlungen
8.2 Festlegung einer Vertragsstrafe, wenn die Überschreitung von Terminen dem Auftraggeber erhebliche Nachteile verursachen kann

Rechtsverbindliche Unterschriften

Auftraggeber   Auftragnehmer
Ort, Datum   Ort, Datum
(Unterschrift, Dienstsiegel)   (Unterschrift)

Bisher im Musteringenieurvertrag enthaltene weitere Vereinbarungen sind nunmehr in den „Allgemeinen Vertragsbestimmungen für Ingenieurleistungen – (AVB-ING)" neben zusätzlichen Bestimmungen generell geregelt. Es handelt sich um:
§ 1   Allgemeine Pflichten des Auftragnehmers
§ 2   Zusammenarbeit zwischen Auftraggeber, Auftragnehmer und anderen fachlich Beteiligten
§ 3   Vertretung des Auftraggebers durch den Auftragnehmer
§ 4   Auskunftspflicht des Auftragnehmers
§ 5   Herausgabeanspruch des Auftraggebers
§ 6   Urheberrecht
§ 7   Zahlungen
§ 8   Kündigung
§ 9   Haftung und Verjährung
§ 10 Haftpflichtversicherung
§ 11 Erfüllungsort, Streitigkeiten, Gerichtsstand
§ 12 Arbeitsgemeinschaft
§ 13 Werkvertragsrecht
§ 14 Schriftform
§ 15 Kostenbegriffe

Zusätzlich wird auf das „Handbuch für Ingenieurverträge in der Wasserwirtschaft HIV-Was" von 4/95 verwiesen, das von der Länderarbeitsgemeinschaft Wasser (LAWA) mit weiteren Institutionen herausgegeben wurde und vergleichbare Regelungen enthält.

11.2.3 Honorare für Leistungen der Ingenieure

11.2.3.1 Allgemeines

Die Bauwerke und Anlagen des Wasserbaus und der Wasserwirtschaft sind Ingenieurbauwerke, für welche die Berechnung des Honorars für Ingenieurleistungen in HOAI v. 21. 09. 1995 (Ausgabe 1996, 2. überarbeitete Auflage 2002 mit Euro-Honorarsätzen), Teil VII § 51 ff. geregelt ist. Die Ingenieurleistungen sind in Leistungsbildern erfasst und gliedern sich in:

11.2 Mitwirkung eines Ingenieurbüros

Grundleistungen – die i. a. zur ordnungsgemäßen Erfüllung eines Auftrages erforderlich sind und in *Besondere Leistungen* – z. B. bei besonderen Anforderungen an die Ausführung des Auftrags, die über die Grundleistungen hinausgehen oder diese ändern.
In der HOAI v. 21. 09. 1995 sind in § 56 die Mindest- und Höchstsätze der Honorare für die Grundleistungen entsprechend der Höhe der anrechenbaren Kosten und dem Grad der Planungsanforderungen durch Einteilung in 5 Honorarzonen festgelegt.

11.2.3.2 Ermittlung des Honorars für die Grundleistungen

11.2.3.2.1 Allgemeines

Nach der HOAI v. 21. 09. 1995 sind für die Ermittlung des Honorars die anrechenbare Kosten des Objekts, die Honorarzone und der vereinbarte Honorarsatz maßgebend.

11.2.3.2.2 Anrechenbare Kosten des Objekts

Diese sind die Herstellungskosten des Objekts ohne Umsatzsteuer. Nicht anrechenbar sind z. B. die Kosten für Erwerb der Grundstücke, Vermessung und Vermarkung, Baunebenkosten, ferner die Kosten für solche Arbeiten, die das IB weder plant noch überwacht, z. B. öffentliche Erschließung, Außenanlagen, verkehrsregelnde Maßnahmen, Winterschutzvorkehrungen, Entschädigungen u. ä. (§ 52 HOAI, Anlage Ing 5 zum Mustervertrag nach HIV-KOM).

11.2.3.2.3 Honorarzonen

Die Honorarzone ist entsprechend den Planungsanforderungen (bzw. Bewertungsmerkmalen) der Objekte nach Bewertungspunkten auszuwählen.
Bewertungspunkte – BW:

Honorarzone I	sehr geringe Planungsanforderungen	10
Honorarzone II	geringe Planungsanforderungen	11–17
Honorarzone III	durchschnittliche Planungsanforderungen	18–25
Honorarzone IV	überdurchschnittliche Planungsanforderungen	26–33
Honorarzone V	sehr hohe Planungsanforderungen	34–40

Die Bewertungsmerkmale für den Schwierigkeitsgrad der Planungsanforderungen sind:

- Geologische und baugrundtechnische Gegebenheiten, Bewertungs-Punkte (BW) bis 5
- Technische Ausrüstung, BW bis 5
- Anforderungen an die Einbindung in die Umgebung, BW bis 5
- Konstruktive und technische Anforderungen, BW bis 10
- Fachspezifische Bedingungen, BW bis 15.

Die Anlageteile der Wasserversorgungsanlagen können demnach i. a. folgenden Honorarzonen zugeordnet werden:
Honorarzone I – Zisternen, Leitungen für Wasser ohne Zwangspunkte.
Honorarzone II – einfache Anlagen zur Gewinnung und Förderung von Wasser, zum Beispiel Quellfassungen, Schachtbrunnen; einfache Anlagen zur Speicherung von Wasser, zum Beispiel Behälter in Fertigbauweise, Feuerlöschbecken; Leitungen für Wasser mit geringen Verknüpfungen und wenigen Zwangspunkten, einfache Leitungsnetze für Wasser.
Honorarzone III – Tiefbrunnen, Speicherbehälter; einfache Wasseraufbereitungsanlagen und Anlagen mit mechanischen Verfahren; Leitungen für Wasser mit zahlreichen Verknüpfungen und zahlreichen Zwangspunkten, Leitungsnetze mit mehreren Verknüpfungen und mehreren Zwangspunkten und mit einer Druckzone.

Honorarzone IV – Brunnengalerien und Horizontalbrunnen, Speicherbehälter in Turmbauweise, Wasseraufbereitungsanlagen mit physikalischen und chemischen Verfahren, einfache Grundwasserdekontaminierungsanlagen, Leitungsnetze für Wasser mit zahlreichen Verknüpfungen und zahlreichen Zwangspunkten.

Honorarzone V – Bauwerke und Anlagen mehrstufiger oder kombinierter Verfahren der Wasseraufbereitung; komplexe Grundwasserdekontaminierungsanlagen.

11.2.3.2.4 Mindest- und Höchstsätze des Honorars nach HOAI v. 21.09.1995 § 56/1

Sie sind für die Grundleistungen der Ingenieure in den einzelnen Honorarzonen in **Tab. 11-1** angegeben, entsprechend der Honorartafel der HOAI. Die Mindestsätze des Honorars können in Ausnahmefällen nach schriftlicher Vereinbarung unterschritten, die Höchstsätze bei außergewöhnlichen und ungewöhnlich lange dauernden Leistungen überschritten werden. Wenn nichts besonderes schriftlich vereinbart ist, gelten die Mindestsätze.

Tab. 11-1: Honorartafel zu § 56 Abs. 1 (Anwendungsbereich des § 51 Abs. 1) HOAI, (Ausgabe 1996, 2. überarbeitete Auflage 2002 mit Euro-Honorarsätzen)

Anrechenbare Kosten	Zone I		Zone II		Zone III		Zone IV		Zone V	
	von	bis	von	bis	von	bis	von	bis	von	bis
Euro	Euro		Euro		Euro		Euro		Euro	
25 565	2 378	2 991	2 991	3 599	3 599	4 213	4 213	4 821	4 821	5 435
30 000	2 710	3 395	3 395	4 079	4 079	4 767	4 767	5 451	5 451	6 136
35 000	3 068	3 832	3 832	4 601	4 601	5 367	5 367	6 135	6 135	6 900
40 000	3 410	4 255	4 255	5 100	5 100	5 940	5 940	6 786	6 786	7 630
45 000	3 750	4 667	4 667	5 587	5 587	6 502	6 502	7 423	7 423	8 339
50 000	4 086	5 077	5 077	6 068	6 068	7 054	7 054	8 046	8 046	9 036
75 000	5 666	6 988	6 988	8 310	8 310	9 628	9 628	10 950	10 950	12 272
100 000	7 148	8 772	8 772	10 396	10 396	12 016	12 016	13 640	13 640	15 264
150 000	9 911	12 078	12 078	14 246	14 246	16 412	16 412	18 579	18 579	20 746
200 000	12 503	15 164	15 164	17 824	17 824	20 480	20 480	23 140	23 140	25 801
250 000	14 970	18 084	18 084	21 202	21 202	24 316	24 316	27 434	27 434	30 548
300 000	17 336	20 882	20 882	24 434	24 434	27 980	27 980	31 531	31 531	35 078
350 000	19 630	23 589	23 589	27 549	27 549	31 504	31 504	35 464	35 464	39 423
400 000	21 869	26 217	26 217	30 569	30 569	34 916	34 916	39 269	39 269	43 617
450 000	24 046	28 775	28 775	33 505	33 505	38 229	38 229	42 959	42 959	47 688
500 000	26 175	31 272	31 272	36 365	36 365	41 461	41 461	46 554	46 554	51 651
750 000	36 278	43 057	43 057	49 835	49 835	56 614	56 614	63 393	63 393	70 171
1 000 000	45 762	54 062	54 062	62 366	62 366	70 666	70 666	78 971	78 971	87 271
1 500 000	63 453	74 482	74 482	85 511	85 511	96 544	96 544	107 573	107 573	118 602
2 000 000	80 039	93 531	93 531	107 023	107 023	120 520	120 520	134 012	134 012	147 504
2 500 000	95 821	111 595	111 595	127 363	127 363	143 137	143 137	158 906	158 906	174 679
3 000 000	111 004	128 913	128 913	146 822	146 822	164 736	164 736	182 645	182 645	200 555
3 500 000	125 699	145 638	145 638	165 577	165 577	185 512	185 512	205 451	205 451	225 390
4 000 000	140 001	161 879	161 879	183 753	183 753	205 630	205 630	227 504	227 504	249 382
4 500 000	153 954	177 696	177 696	201 436	201 436	225 174	225 174	248 915	248 915	272 656
5 000 000	167 609	193 149	193 149	218 689	218 689	244 232	244 232	269 771	269 771	295 311
7 500 000	232 309	266 086	266 086	299 864	299 864	333 642	333 642	367 419	367 419	401 196
10 000 000	293 023	334 208	334 208	375 393	375 393	416 578	416 578	457 764	457 764	498 949
15 000 000	406 268	460 635	460 635	514 998	514 998	569 365	569 365	623 727	623 727	678 094
20 000 000	512 446	578 613	578 613	644 780	644 780	710 952	710 952	777 119	777 119	843 286
25 000 000	613 537	690 564	690 564	767 585	767 585	844 612	844 612	921 634	921 634	998 660
25 564 594	624 901	703 144	703 144	781 382	781 382	859 625	859 625	937 863	937 863	1 016 106

11.2.3.3 Ermittlung des Honorars für Besondere Leistungen

Nach HOAI v. 21. 09. 1995 darf für Besondere Leistungen, welche zu den Grundleistungen hinzukommen, ein Honorar nur berechnet werden, wenn die Besonderen Leistungen im Verhältnis zu den Grundleistungen einen nicht unwesentlichen Arbeits- und Zeitaufwand gegenüber den entsprechenden Grundleistungen verursachen. Das Honorar muss vorher schriftlich vereinbart werden. Für vergleichbare Leistungen mit einer Grundleistung gelten die Sätze nach Abschn. 11.2.3.2; wenn kein Vergleich möglich ist, wird das Honorar nach Zeitaufwand berechnet.

Die Besondere Leistung „Mitwirken im Zuwendungsverfahren" bei Maßnahmen, für die staatliche Zuwendungen in Anspruch genommen werden, kann mit bis zu 3 % des Honorarsatzes angemessen vergütet sein.

11.2.3.4 Ermittlung des Honorars nach Zeitaufwand

Zeithonorare sind nach Möglichkeit durch Vorausschätzung des Zeitbedarfs und Festlegung eines Stundensatzes als Fest- oder Höchstbetrag zu berechnen, sonst entsprechend dem nachgewiesenen Stundenaufwand.

Als Stundensatz kann für Leistungen von Architekten oder Ingenieuren ein Stundensatz von 38 bis 82 €/h, für Mitarbeiter, welche technische oder wirtschaftliche Aufgaben erfüllen, ein Stundensatz von 36 bis 59 €/h und für technische Zeichner und sonstige Mitarbeiter 31 bis 43 €/h vereinbart werden.

11.2.3.5 Nebenkosten

Zu den Nebenkosten gehören insbesondere: Post- und Fernsprechgebühren, Kosten für Vervielfältigung von Zeichnungen und schriftlichen Unterlagen, für Baustellenbüro, für Reisekosten, für Trennungsentschädigungen u. ä.

Je nach schriftlicher Vereinbarung können die Nebenkosten pauschal oder nach Einzelnachweis abgerechnet werden. Für Pauschalvergütung der Nebenkosten sind 0,5 bis 1,5 % der anrechenbaren Kosten üblich.

11.2.3.6 Teilleistungssätze des Honorars

Die Grundleistungen des Ingenieurs werden nach HOAI v. 21. 09. 1995 in folgende Teilleistungen (Leistungsphasen) aufgeteilt und in % des Honorars bewertet:

		%
1.	*Grundlagenermittlung* – Ermittlung der Voraussetzungen zur Lösung der Aufgabe	2
2.	*Vorplanung* – Erarbeiten der wesentlichen Teile der Planung und des statisch-konstruktiven Konzepts	15
3.	*Entwurfsplanung* – Erarbeiten der endgültigen Lösung	30
4.	*Genehmigungsplanung* – Vorlagen für die öffentlich-rechtlichen Verfahren	5
5.	*Ausführungsplanung* – Erarbeiten der ausführungsreifen Planungslösung	15
6.	*Vorbereitung der Vergabe* – Ermitteln der Mengen und Erstellen der Ausschreibungsunterlagen	10
7.	*Mitwirkung bei der Vergabe* – Einholen und Werten von Angeboten	5
8.	*Bauoberleitung* – Aufsicht über die BÜ, Abnahme und Übergabe des Objekts	15
9.	*Objektbetreuung* – Überwachen der Mängelbehebung, Dokumentation des Gesamtergebnisses	3
	zus.	100

Wird die Anfertigung der Vorplanung oder der Entwurfsplanung als Einzelleistung in Auftrag gegeben, so können hierfür bis zu 17 % bzw. bis zu 45 % vereinbart werden.

11.2.3.7 Honorar für örtliche Bauüberwachung

Das Honorar kann mit 2,1 bis 3,2 % der anrechenbaren Kosten, oder als Festbetrag aufgrund der anrechenbaren Kosten und der geschätzten Bauzeit vereinbart werden.

11.2.3.8 Erhöhung des Honorars

Bei Umbauten oder Modernisierung kann eine Erhöhung des Honorars für Ingenieurleistungen und örtl. Bauüberwachung um 20 bis 33 % vereinbart werden.
Bei Instandhaltung und Instandsetzung kann eine Erhöhung der Sätze für Bauoberleitung und örtl. Bauüberwachung um bis zu 50 % vereinbart werden.

11.2.3.9 Bau- und landschaftsgestalterische Beratung

Die Leistung für bau- und landschaftsgestalterische Beratung ist, wenn sie dem Ingenieur übertragen wird, im Rahmen der für die entsprechenden Grundleistungen festgesetzten Mindest- und Höchstsätze der Honorarzone zu berücksichtigen.

11.2.3.10 Sonstige Leistungen

Neben den Leistungen bei Ingenieurbauwerken und Verkehrsanlagen (Teil VII der HOAI) ist in der HOAI vom 21. 09. 1995 ferner die Berechnung des Honorars für andere Leistungen von Architekten und Ingenieuren enthalten, diese sind:

Teil II	Leistungen bei Gebäuden, Freianlagen und raumbildenden Ausbauten
Teil III	Zusätzliche Leistungen (zu Teil II)
Teil IV	Gutachten und Wertermittlungen
Teil V	Städtebauliche Leistungen
Teil VI	Landschaftsplanerische Leistungen
Teil VIII	Leistungen bei der Tragwerksplanung
Teil IX	Leistungen bei der Technischen Ausrüstung
Teil X	Leistungen für Thermische Bauphysik
Teil XI	Leistungen für Schallschutz und Raumakustik
Teil XII	Leistungen für Bodenmechanik, Erd- und Grundbau
Teil XIII	Vermessungstechnische Leistungen

11.3 Verantwortlichkeit der am Bau Beteiligten

11.3.1 Allgemeines

Bei mangelhaften Leistungen und Nichterfüllen der Vereinbarungen, Bestimmungen und Verträge können haftbar gemacht werden:

Der Auftraggeber (Unternehmensträger)	– AG
Der Entwurfsfertiger	– JB
Die Bauoberleitung	– BO
Die örtliche Bauüberwachung	– BÜ
Der Auftragnehmer (Firma)	– AN

Rechtliche Grundlagen der Vertragshaftung hierzu sind die Bauverträge, Vertrag mit dem IB, die VOB, die Bestimmungen des BGB, Bauordnung.

11.3 Verantwortlichkeit der am Bau Beteiligten

Die außervertragliche Haftung ist im BGB, Strafgesetzbuch, Gewerbeordnung und in einer Anzahl von Verordnungen der Aufsichtsbehörde festgelegt.

11.3.2 Verantwortlichkeit des Auftraggebers

Die Verantwortung des Auftraggeber bei Planung und Bau erstreckt sich auf:

- das Einholen der Baugenehmigungen,
- die rechtzeitige Übergabe der für den Entwurf und die Ausführung erforderlichen Unterlagen,
- die Angabe aller preisbeeinflussenden Umstände,
- die privatrechtliche Sicherung der Baugrundstücke und deren rechtzeitige zur Verfügungstellung,
- das Eingreifen bei Verzögern des Baufortschrittes und
- die rechtzeitige Abnahme sowie ggf. Mängelrüge.

11.3.3 Verantwortlichkeit des Entwurfsfertigers

Diese umfasst:
- Vollständigkeit und Richtigkeit der Pläne und technischen Berechnungen unter Beachtung der anerkannten Regeln der Technik,
- einwandfreie und erschöpfende Aufstellung des Leistungsverzeichnisses und der Kostenberechnung.

11.3.4 Verantwortlichkeit der Bauoberleitung

Diese umfasst:
- Plan- und sachgemäße Herstellung des Bauwerkes, soweit dies nicht der BÜ und dem AN obliegt,
- Kostenkontrolle.

11.3.5 Verantwortlichkeit der örtlichen Bauüberwachung

Die Verantwortung der BÜ erstreckt sich auf:
- die Materialabnahmen,
- das Aufmaß,
- die Überwachung der plan- und bedingungsgemäßen Bauausführung,
- die Sicherheit der Bauausführung,
- das Einhalten der baurechtlichen Vorschriften und Anordnungen,
- das Einhalten der Berufsgenossenschaftlichen Regeln und Vorschriften sowie
- die Rechnungsprüfung.

11.3.6 Verantwortlichkeit des Auftragnehmers

Der Auftragnehmer ist dafür verantwortlich, dass die von ihm übernommenen Arbeiten nach den genehmigten Bauvorlagen und den entsprechenden Einzelzeichnungen, Einzelberechnungen und Anweisungen gemäß den öffentlich-rechtlichen Vorschriften und den anerkannten Regeln der Technik ordnungsgemäß ausgeführt werden. Er ist ferner verantwortlich für die ordnungsgemäße Einrichtung und den sicheren Betrieb der Baustelle und die Einhaltung der Arbeitsschutzbestimmungen.

11.4 Vorplanung/Vorentwurf (VE)

11.4.1 Zweck

Der VE fasst, aufbauend auf der Grundlagenermittlung, die Ergebnisse der Vorplanung zusammen. Der VE ist die erste Grundlage für die Beratung und die Entscheidung des Vorhabensträgers, ob und wie das Vorhaben durchgeführt werden soll. Er soll aufzeigen und darstellen:

- wie das Vorhaben am zweckmäßigsten verwirklicht werden kann, welche Wahllösungen möglich sind,
- welche wasserwirtschaftlichen, bautechnischen und wirtschaftlichen Ziele erreicht werden können,
- wie sich das Vorhaben in die Ziele der Raumordnung und Landesplanung, der wasserwirtschaftlichen Rahmen- und Fachplanung und sonstiger Programme und Pläne einfügt,
- wie sich das Vorhaben auf Natur und Landschaft auswirkt,
- welche einmaligen und laufenden Kosten durch den Bau und Betrieb voraussichtlich entstehen (Kostenschätzung),
- in welchen Baustufen das Vorhaben nach dem Bedarf ausgeführt werden soll.

Der VE dient auch dazu, falls jeweils erforderlich, die untere Naturschutzbehörde über das Vorhaben zu unterrichten und anzuhören, das Vorhaben der zuständigen Landesplanungsbehörde mitzuteilen und gegebenenfalls die Umweltverträglichkeitsprüfung zu beantragen sowie Zweckverbände zu gründen.
Die Erstellung eines VE ist fast für jede Baumaßnahme notwendig, ausgenommen einfache Vorhaben, für die gleich ein Entwurf erstellt werden kann und soweit nicht über mehrere Wahllösungen zu entscheiden ist.

11.4.2 Vorerhebungen

Hierzu gehört vor allem:

- Geländebegehung,
- Feststellen der vorhandenen Wasserversorgung und Feuerlöscheinrichtungen,
- Wasserbedarfsermittlung,
- Prüfen der Wasserbeschaffungsmöglichkeit,
- Hinzuziehen von Hydrogeologen,
- Phys.-chem. und mikrobiologische Beurteilung, wenn Wasservorkommen bereits erschlossen,
- Generelles Festlegen und Bemessen der Anlageteile,
- Prüfen mehrerer Varianten, Berücksichtigung des gesamten Umfeldes,
- Berücksichtigung der wasserwirtschaftlichen Rahmen- und Fachplanung.

Für die Durchführung der Erhebungen und das Aufstellen der Entwürfe ist das „DVGW-Arbeitsblatt W 400-1, Planung von Wasserverteilungsanlagen" und das DVGW Regelwerk bezüglich der Planung von Anlagen zur Gewinnung, Aufbereitung und Speicherung von Wasser zu beachten.

11.4.3 Bestandteile des Vorentwurfs

Der VE soll i. a. folgende Bestandteile enthalten:

- Verzeichnis der Unterlagen
- Erläuterung
- Übersichtslageplan
- Lageplan
- Kostenschätzung

11.5 Entwurfsplanung/Entwurf (E)

Zusätzliche Bestandteile können sein:
- Übersichtslängsschnitt
- Fragebogen zur Wasserversorgung
- Hydrogeologische Gutachten und sonstige Stellungnahmen Dritter.

Für die Erläuterung wird zweckmäßigerweise die gleiche Gliederung wie beim Erläuterungsbericht zum E nach **Muster 11-2** (s. Abschn. 11.5.3) angewendet. Ausführlich sind darzustellen die bestehenden Wasserversorgungsverhältnisse, der Wasserbedarf, die vorgeschlagene Deckung des Wasserbedarfs, die Einordnung der geplanten Baumaßnahme in die Wasserversorgung der angrenzenden Gebiete, die Grundzüge der technischen Gestaltung der Baumaßnahme, Jahreseinnahmen- und -ausgabenrechnung. Für die einzelnen Bauteile genügt eine kurze Beschreibung.

Der Übersichtslageplan, meist im M = 1:25 000, soll vor allem zeigen, wie das Bauvorhaben sich in die weitere Umgebung, zu anderen Wasserversorgungsanlagen und zu benachbarten vorhandenen und geplanten Schutzgebieten aller Art einordnet.

Der Lageplan soll das Bauvorhaben umfassend darstellen, als Maßstab sind 1:5 000 und 1:2 500 üblich.

Für die Kostenschätzung wird zweckmäßigerweise die gleiche Gliederung wie bei der Kostenberechnung des E, verwendet. Für den VE genügt es, die Einheitskosten aufgrund von Erfahrungswerten bei vergleichbaren Ausschreibungen zu ermitteln.

Der Übersichtslängsschnitt meist im M = 1:25 000/500 soll im Wesentlichen die Druckverhältnisse der Fern- und Zubringerleitungen aufzeigen und damit die Kontrolle der Bemessung dieser Leitungen ermöglichen.

Ein Fragebogen kann dem Entwurfsfertiger als wichtige Hilfe für Angaben des AG zur Ermittlung des Wasserbedarfs und des möglichen Wasserverkaufs dienen.

11.4.4 Weiterbehandlung des Vorentwurfs

Bei bestehenden WV-Anlagen ist der VE durch den technischen Bereich des AG hinsichtlich der Belange des bestehenden und künftigen Betriebes zu prüfen.

Vom AG ist über den VE unter Hinzuziehung des Entwurfsfertigers zu beraten und zu entscheiden, ob auf der Grundlage des VE das Bauvorhaben vorbereitet werden soll. Ferner sind die weiteren Vorarbeiten festzulegen.

Hierzu gehört bei Maßnahmen zur Wassergewinnung insbesondere der Nachweis der Deckung des Wasserbedarfs. Vor Erstellung des E sollten die Wasserfassungen fertiggestellt sein, mindestens aber die Vorarbeiten (z. B. durch Probebohrungen) soweit durchgeführt sein, dass Standort, Bauart und Entnahmemenge festliegen. Die wesentlichen Grundlagen für die Gestaltung der Wasserfassungen müssen deshalb bereits vor Erstellung des VE in einem hydrogeologischen Gutachten vorliegen.

11.5 Entwurfsplanung/Entwurf (E)

11.5.1 Zweck

Der E fasst, aufbauend auf der Grundlagenermittlung und Vorplanung, die Ergebnisse der Entwurfs- und regelmäßig auch der Genehmigungsplanung zusammen und stellt sie dar. Der E ist die Grundlage für die Entscheidung des Vorhabensträgers über das Vorhaben. Er muss die Art der Ausführung und die Kosten des Vorhabens aufzeigen. Er dient auch dazu, die öffentlich-rechtlichen Verfahren zu beantragen, Grundstücke oder Dienstbarkeiten zu erwerben, die Leistungen „Ausführungsplanung" und „Vorbereitung der Vergabe" zu veranlassen sowie gegebenenfalls staatliche Zuwendungen zu beantragen. Je sorgfältiger der E erstellt wird, um so einfacher und wirtschaftlicher verläuft die Bauausführung. Dem Entwurfsfertiger muss daher eine ausreichend lange Zeit für die Erstellung des E zur Verfügung gestellt werden. Der E muss das geplante Unternehmen vollständig und leicht prüfbar darstellen. Die gewählten technischen Lösungen sind in der Erläuterung ausreichend zu begründen, Hinweise auf vorgängige, nicht beiliegende Gutachten und VE sind nicht ausreichend, vielmehr muss der E alle erforderlichen Angaben selbst enthalten.

11.5.2 Erhebungen

Die im Rahmen der VE-Planung getätigten Erhebungen sind durch eingehende Einzelerhebungen zu ergänzen. Es sind dies insbesondere:

– Trassierung und Nivellement der Rohrleitungen
– Auswahl und Flächennivellement der Grundstücke für die einzelnen Bauwerke
– Bodenuntersuchungen hinsichtlich Aggressivität (Rohrschutz und Bauwerksschutz) sowie Tragfähigkeit des Baugrundes
– Grundwasserstand
– Anfallende Bodenarten, insbesondere Fels
– Energieversorgung
– Ableiten von Abwasser und Betriebswasser (Überlauf)
– Anfahrtswege
– Verzeichnis der beteiligten Grundstücke

11.5.3 Bestandteile des Entwurfs

Der E muss das geplante Unternehmen vollständig darstellen; die gewählten technischen Lösungen sind ausreichend zu begründen.
Er soll das Bauvorhaben schriftlich und zeichnerisch in solcher Durcharbeitung darstellen, dass danach die Genehmigungs- und Finanzierungsverfahren betrieben werden und die Massenberechnung, die Bauvorlagen und die Ausschreibungsunterlagen angefertigt werden können. Der E umfasst auch die erforderlichen fachtechnischen Berechnungen und die etwa erforderlichen statischen Vorberechnungen, soweit sie die Festlegung der Hauptabmessungen betreffen.
Der E hat im Allgemeinen folgende Bestandteile:

– Verzeichnis der Unterlagen
– Erläuterung
– Übersichtslageplan
– Lagepläne der Fern- und Zubringerleitungen und der Ortsnetze
– Übersichtslängsschnitt
– Längsschnitte der Fern- und Zubringerleitungen und der Ortsnetze
– Bauzeichnungen der baulichen Anlage
– Hydraulischer Nachweis
– Kostenberechnung
– Grundstücksverzeichnis

Zusätzliche Bestandteile können insbesondere sein:

– Fragebogen zur Wasserversorgung
– Stellungnahmen Dritter
– Einzeluntersuchungen zur Wasserbedarfsermittlung
– Nachweis der Brunnenergiebigkeit oder Quellschüttung
– Hydrogeologische Gutachten
– Rohrnetzplan
– Standsicherheitsnachweis
– Bauwerksverzeichnis

11.5 Entwurfsplanung/Entwurf (E)

- Bohrprofile
- Landschaftspflegerischer Begleitplan
- Lichtbilder

Für die Erläuterung wird die Gliederung nach **Muster 11-2** vorgeschlagen, damit vermieden wird, dass wichtige Punkte übersehen werden.

Muster 11-2:
Gliederung der Erläuterung für Wasserversorgungsanlagen
1. Vorhabensträger
    Name und Sitz – bei Genehmigungsverfahren: Antrag mit Datum
2. Zweck des Vorhabens
    Versorgungsgebiet – neu oder besser zu versorgende Gemeinden und Gemeindeteile
3. Bestehende Verhältnisse
3.1 Gemeinde/Versorgungsgebiet
    Geographische, topographische, geologische Verhältnisse – Niederschlagsverhältnisse (kleinst und langjährige Mittelwerte von h_N) – Siedlungsstruktur und Nutzungsarten (Bauleitpläne) – Bevölkerung, Bevölkerungsverteilung, voraussichtliche Entwicklung – Fremdenverkehr – gewerbliche und industrielle Struktur, voraussichtliche Entwicklung
3.2 Bestehende Wasserversorgung
3.2.1 Art
    Trinkwasser – Betriebswasser – Löschwasser
3.2.2 Beurteilung
    Menge – physikalisch/chemische Beschaffenheit – mikrobiologische Beschaffenheit – technischer Stand, baulicher Zustand
3.3 Abwasserverhältnis
    Kanalnetz – Kläranlage – Kleinkläranlagen
4. Art und Umfang des Vorhabens
4.1 Wasserbedarfsberechnung
    Das Ergebnis der Einzelerfassung mit Fragebögen ist, ggf. unterteilt nach Versorgungszonen, für jede Gemeinde und jeden Gemeindeteil zweckmäßig in Tabellen zusammenzustellen. Die zukünftigen Bedarfswerte sind für eine absehbare Entwicklung auf der Grundlage der Bauleitplanung und gemeindlichen Entwicklungsplanung zu schätzen.
4.1.1 Derzeitiger gemessener Wasserverbrauch, mittlerer Tagesverbrauch – größter Tagesverbrauch
4.1.2 Mit Erfahrungswerten errechneter, derzeitiger und künftiger Wasserbedarf, mittlerer Wasserbedarf – größter Wasserbedarf – Jahreswassermengen

Tab. 11-2: Ermittlung des Wasserbedarfs

Gemeinde (Ort)	derzeit (2007)			in … Jahren d. i. 20 …		
	Einwohner E	Wasserbedarf l/Ed	m^3/d	Einwohner E	Wasserbedarf l/Ed	m^3/d

4.1.3 Wasserbedarfswerte für die Bemessung
- Wassergewinnung (l/s, m^3/d, m^3/a)
- Wasseraufbereitung (l/s, m^3/h)
- Wasserförderung (l/s)
- Wasserspeicherung (m^3/d)
- Wasserverteilung (Stundenspitze, l/s)
- Wirtschaftlichkeitsberechnung (m^3/a)
- Wasserrechtliche Erlaubnis/Bewilligung (l/s, m^3/d, m^3/a)

4.2 Deckung des Wasserbedarfs
4.2.1 Möglichkeiten der Wasserbedarfsdeckung und deren Beurteilung, Begründung der gewählten Lösung

4.2.2 hydrogeologische Verhältnisse
4.2.3 wasserwirtschaftliche Bilanz
4.2.4 Begründung der Arbeiten zur Wassererschließung, Menge, physikalisch/chemische Beschaffenheit, mikrobiologische Beschaffenheit
4.2.5 Wasserschutzgebiet
4.2.6 Anlagen und Nutzungen im Wasserschutzgebiet und Wassereinzugsgebiet, die eine Gefährdung des Wasservorkommens besorgen lassen, Sanierung
4.3 Beschreibung und Begründung der erforderlichen Bauten
4.3.1 Darstellung der Wahllösungen und Begründung der gewählten Lösung für die Gesamtanlage
4.3.2 Wassergewinnung
4.3.3 Wasseraufbereitung ggf. mit Desinfektion
4.3.4 Wasserförderung
    Betriebsgebäude, Saugbehälter
    Pumpen und Antriebsmotore, insbesondere Förderstrom, Förderhöhe, Strombedarf
    Rohrinstallation, Absperrorgane, Druckstoßsicherung
    Stromzuführung, Transformatoren, Notstromversorgung
    Mess- und Regeltechnik, Fernwirkanlage,
    Beleuchtung, Beheizung
4.3.5 Wasserspeicher
    Inhalt
    Lage, Höhenlage, Standort, bauliche Anordnung
    Rohrinstallation, Absperrorgane, Rohrbruchsicherung
    Betriebsweisen
    Mess- und Regeltechnik, Fernwirkanlage
4.3.6 Wasserverteilung
    Rohrwerkstoffe, Nennweiten, Druckstufen
    Entlüftungs- und Spüleinrichtungen
    Absperrorgane für Fernleitungen, Zubringerleitungen, Hauptleitungen, Versorgungsleitungen
    Messvorrichtungen
    Einrichtungen für die Löschwasserentnahme, Löschwasservorrat, Löschwassermengen
    Druckverhältnisse, Anlagen zur Druckminderung oder Druckerhöhung
4.3.7 Anschlussleitungen
    Anzahl, durchschnittliche Länge
    Werkstoff, Nennweite, Anschlussorgan
    Messvorrichtung, ggf. Hausdruckminderer
4.3.8 Höhenlage und Festpunkte
5. Auswirkung des Vorhabens auf das Grundwasser, die Abwasserverhältnisse, Natur- und Landschaft, bestehende Rechte
6. Rechtsverhältnisse
    Baurechtliche Verfahren, Erlaubnis/Bewilligung der Wasserableitung, Festsetzung des Wasserschutzgebietes, Privatrechtliche Verfahren, Grunderwerb, Grunddienstbarkeiten usw., Beweissicherung
7. Kostenzusammenstellung
8. Durchführung des Vorhabens
    Einteilung in Bauabschnitte, beabsichtigte Ausschreibungsart, Aufteilung in Baulose, geschätzte Bauzeit, besondere Vorkehrungen, Abstimmung mit anderen Vorhaben
9. Wartung und Verwaltung der Anlage

Entwurfsfertiger

Name   Datum des Entwurfs

11.5 Entwurfsplanung/Entwurf (E)

Die Lagepläne der Fern- und Zubringerleitungen werden zur besseren Übersichtlichkeit im M = 1:5 000 oder 1:2 500 möglichst mit Höhenlinien gefertigt. Für die Ortsnetze empfiehlt es sich, die Lagepläne in 2 Maßstäben zu erstellen, und zwar im M = 1:2 500 für die übersichtliche Darstellung, und im M = 1:1 000 für die Darstellung der Einordnung der Rohrleitungen und Armaturen in den Straßen des bebauten Gebiets.

Der hydraulische Nachweis der für die Bemessung maßgebenden Betriebszustände wird in einfachen Fällen zweckmäßig tabellarisch durchgeführt. Bei größeren Rohrnetzen empfiehlt sich die Verwendung von EDV-Programmen.

Bei Planung und Bau sind für verschiedene Zwecke (z. B. staatliche Zuwendungen) Zusammenstellungen der Baukosten erforderlich, wie Kostenschätzung, Kostenberechnung, Angebote, Rechnungen, Kostenermittlung. Der Vergleich der Kostenermittlungen, der Angebotspreise und der Abrechnungen wird erleichtert, wenn die Kostenzusammenstellungen immer nach der gleichen Gliederung entsprechend **Muster 11-3** aufgestellt werden:

Muster 11-3:
Kostengliederung Wasserversorgungsanlagen

A	Wasserverteilungsanlagen	B	Bauwerke der Wasserversorgung
1.	Kosten der Baugrundstücke; Grundstückswert, Erwerbskosten, Kosten für das Freimachen des Grundstücks (Ablösung), Entschädigungen	1.	dto
2.	Kosten der Erschließung Öffentliche Erschließung, Nichtöffentliche Erschließung, Andere einmalige Abgaben	2.	dto
3.	Kosten der Anlagen der Wasserverteilung	3.	Kosten der Bauwerke der Wasserversorgung
3.1	Rohrnetz Schürfe und Bohrungen Herrichten der Baufläche, Rohrgraben, Rohrleitung (erdverlegt) Material/-Verlegen, Grundstücksanschlüsse (überlang), Sonstige Kosten	3.1	Wassergewinnung Versuchsbohrungen/Herrichten der Baufläche, Brunnen/Quellen, Brunnen-/Quellschächte, Baulicher Teil/Installation, Maschinen- und elektrotechnische Einrichtung, Sonstige Kosten
3.2	Schächte Schürfe und Bohrungen/Herrichten der Baufläche, Baulicher Teil, Installation, Sonstige Kosten	3.2	Wasserförderung und Aufbereitung Schürfe und Bohrungen/Herrichten der Baufläche, Maschinen und Aufbereitungsgebäude, Baulicher Teil/Installation, Maschinen, Elektrische Anlage, Stromzuführung, Aufbereitungsanlage, Sonstige Kosten
3.3	Sonderbauwerke im Rohrnetz Schürfe und Bohrungen/Herrichten der Baufläche, Baulicher Teil, Installation, Sonstige Kosten	3.3	Fernmelde- und Steueranlage Kabel erdverlegt, Fernmelde- und Fernwirkeinrichtung, Sonstige Kosten
		3.4	Wasserspeicherung Schürfe und Bohrungen/Herrichten der Baufläche, Baulicher Teil, Installation, Sonstige Kosten
4.	Nebenanlagen und Leistungen für Dritte Grundstücksanschlüsse, Sonstige Kosten	4.	Kosten für Nebenanlagen und Leistungen für Dritte Betriebsgebäude, Wärterwohnung, Verwaltungsgebäude
5.	Landschaftspflegerische Maßnahmen und Außenanlagen Einfriedungen, Geländebearbeitung und Gestaltung, Verkehrsanlagen, Landschaftspflegerische Gestaltung, Sonstige Außenanlagen	5.	Landschaftspflegerische Maßnahmen und Außenanlagen Einfriedungen, Landschaftspflegerische Gestaltung, Straßen/Wege, Sonstige Außenanlagen
6.	Zusätzliche Maßnahmen	6.	dto

7. Baunebenkosten Architekten- und Ingenieurleistungen, Abgaben/Prüf- und Genehmigungsgebühren von Behörden/Sonstige Bearbeitungsgebühren, Sonstige Nebenkosten (Baugrundgutachten, Vermessungen, Wasseruntersuchungen, Finanzierungskosten, besondere Materialprüfungen, Grundsteinlegungen, Richtfest, Bewachung der Baustelle usw.) Gesamtkosten Wasserverteilung Summe 1–7 Objekt A	7. dto Gesamtkosten Bauwerke der Wasserversorgung Summe 1–7 Objekt B
	Gesamtkosten Wasserversorgungsanlage Summe 1–7 Objekt A + Objekt B

Zu den Kosten der Bauwerke zur Gewinnung, Aufbereitung, Speicherung und Förderung zählen auch die Kosten der verfahrenstechnischen Einrichtung und der elektrotechnischen Ausrüstung.

Der Fragebogen soll die Angaben des Unternehmensträgers für die Ermittlung des Wasserbedarfs liefern, er soll durch Angaben über die derzeitige Wasserförderung ergänzt werden. Der Fragebogen kann nach **Muster 11-4** erstellt werden.

Muster 11-4:
Fragebogen zur Wasserversorgung der Gemeinde .... Landkreis ....
1. Nach dem Stand vom ....
besteht die Gemeinde aus folgenden Orten

Ort (Name)	Anwesen (Zahl)	Personen (Anzahl)	Großvieh (Stück)	Kleinvieh (Stück)

2. Von den unter 1.1 angegebenen Orten sollen an die Wasserversorgung ganz oder teilweise angeschlossen werden (nur die zu versorgenden Zahlen angeben).

Ort (Name)	Anwesen (Zahl)	Personen (Anzahl)	Großvieh (Stück)	Kleinvieh (Stück)

3. Angaben über die voraussichtliche Entwicklung der Einwohner- und Viehzahlen in den nächsten Jahren.
4. Bei der Ermittlung des Wasserbedarfs ist zu berücksichtigen:

Gewerblicher Gartenbau	– m^2 Gartenfläche
Hausgärten	– m^2 Gartenfläche
Güllewirtschaft	– Stück Großvieh
Weinbau	– ha Weinbaufläche
Hopfenbau	– Stck Hopfenstöcke
Fremdenverkehr	– Übernachtungen/Jahr
Krankenhäuser, Heilanstalten	– Betten
Großverbraucher (Fabriken, Brauereien)	– m^3 Jahresbedarf

Ist in den nächsten Jahren mit weiterer Ansiedlung von Großverbrauchern zu rechnen?
5. Gemessener Jahreswasserverbrauch der Gemeinde.

11.5.4 Weiterbehandlung des Entwurfs

Durch den AG ist über den E, zweckmäßig unter Hinzuziehen des Entwurfsfertigers, zu beraten und über die Baudurchführung zu beschließen. Wenn der AG bereits eine zentrale Wasserversorgungsanlage besitzt, ist der E vom WVU hinsichtlich der Übereinstimmung mit den bestehenden und angestrebten Betriebsverhältnissen zu überprüfen. Änderungswünsche des AG sind rechtzeitig zu bringen, so dass sie noch vor Einleiten der Bauarbeiten geprüft und berücksichtigt werden können. Wird die Baudurchführung aufgrund des E beschlossen, so ist gleichzeitig die BO zu bestimmen und zu beauftragen. Für den Fall der Gewährung von öffentlichen Mitteln (Bundes-, Landeszuwendungen usw.) wird im Allgemeinen gefordert, dass ein staatliches Bauamt baufachlich mitwirkt.

Von wesentlicher Bedeutung ist die Festlegung des zeitlichen Ablaufs des Bauvorhabens in Abhängigkeit von der technischen Durchführbarkeit und Finanzierungsmöglichkeit. Hieraus ergibt sich die Einteilung in Jahresbauabschnitte und Finanzierungsabschnitte als Grundlage für die Ausschreibung.

11.6 Bauoberleitung (BO)

11.6.1 Allgemeines

Für die Bauausführung ist der geprüfte E maßgebend. Entwurfsänderungen bedürfen der vorherigen Zustimmung des AG, bei Finanzierung mit öffentlichen Mitteln auch des Zuwendungsgebers. Für die Bauausführung ist sowohl eine BO wie auch eine BÜ erforderlich. Beide haben besondere Aufgabenbereiche, die BO mehr weisungsgebend, prüfend und feststellend, die BÜ mehr mit örtlichen Kontrollen und Abnahmen beauftragt. Zur besseren Kontrolle der Baumaßnahme soll in der Regel der Sachbearbeiter der BO nicht gleichzeitig die Aufgaben der BÜ übernehmen.

11.6.2 Aufgaben

Die BO umfasst im Allgemeinen folgende Aufgaben:
1. Vorbereitung der Vergabe
1.1. Mengenermittlung und Aufgliederung nach Einzelpositionen
1.2. Aufstellen der Verdingungsunterlagen, insbesondere der Leistungsverzeichnisse sowie der besonderen Vertragsbedingungen und Koordinieren der fachlich Beteiligten
1.3. Festlegen der wesentlichen Ausführungsphasen
2. Mitwirkung bei der Vergabe
2.1. Einholen von Angeboten, Prüfen und Werten der Angebote, Preisspiegel, Preisvereinbarungen
2.2. Mitwirken bei Verhandlungen mit Bietern und bei der Auftragserteilung
2.3. Fortschreiben der Kostenberechnung
3. Bauoberleitung
3.1. Anweisung und Aufsicht über die BÜ, Koordinieren der fachlich Beteiligten, Baueinweisung,
3.2. Prüfung, dass alle öffentlich-rechtlichen Genehmigungen vorliegen, rechtzeitige Plananforderungen von fachlich Beteiligten.
3.3. Aufstellen und Überwachen eines Bauzeitplanes, Inverzugsetzen der AN
3.4. Abnahme von Leistungen und Lieferungen unter Mitwirkung der BÜ mit Abnahmeniederschrift, in die etwaige Mängel und Vertragsstrafen aufzunehmen sind sowie Antrag auf behördliche Abnahme und Teilnahme; der AG ist einzuladen
3.5. Zusammenstellen von Wartungsvorschriften und Überwachen der Prüfungen der Funktionsfähigkeit und der Inbetriebnahme der Gesamtanlage
3.6. Übergabe des Objekts mit allen Unterlagen in Form einer Schlussvorlage, Auflisten der Ablauffristen der Gewährleistung
3.7. Kostenkontrolle mit Baustandsberichten und Führen eines Bauausgabebuches
4. Objektbetreuung und Dokumentation
4.1. Objektbegehung zur Mängelfeststellung, der AG ist einzuladen, eine Niederschrift ist zu fertigen; Überwachen der Beseitigung von Mängeln innerhalb der der Gewährleistungszeit
4.2. Mitwirken bei der Freigabe von Sicherheitsleistungen

11.6.3 Dauer der Bauoberleitung

Die BO beginnt mit der Auftragserteilung zur Übernahme der BO bzw. zur Ausschreibung der Baumaßnahme. Sie erstreckt sich über die Baudauer und auf den Zeitraum, der mit der Feststellung und Behebung von Mängeln innerhalb der Gewährleistungspflicht der AN zusammenhängenden Arbeiten und endet, unbeschadet einer Auskunftspflicht bis zum Abschluss einer Rechnungsprüfung und etwaigen mit dem Bau zusammenhängenden Rechtsstreitigkeiten, mit dem Ablauf der letzten Gewährleistungsfrist der am Bau beteiligten AN. Der AG kann bei Ende der Gewährleistungsfrist eine Schlussbegehung verlangen.

11.7 Örtliche Bauüberwachung (BÜ)

11.7.1 Personal

Für jedes Bauvorhaben ist es unerlässlich, zur Leitung des Baues an Ort und Stelle neben der BO geeignetes, auf dem Spezialgebiet Wasserversorgung erfahrenes technisches Personal zur örtlichen Bauüberwachung zu bestellen. Die mit Überwachungs- und Prüfaufgaben betrauten Bearbeiter müssen eine einschlägige Fachausbildung besitzen. Hilfskräfte dürfen nur mit Arbeiten beschäftigt werden, für die sie die erforderliche Sachkunde besitzen. Sie müssen laufend vom verantwortlichen Fachmann überwacht werden. Die BÜ ist auf der Baustelle Vertreter des AG und hat die örtliche und spezielle Aufsicht über die Ausführung des Bauvorhabens. Ihr obliegt nach den Weisungen der BO die Wahrung der Interessen des AG gegenüber dem AN.
Die BÜ ist in technischer Hinsicht der BO unterstellt und verpflichtet, deren Weisungen gewissenhaft zu erfüllen. Beginn und Ende der BÜ wird durch den AG im Benehmen mit der BO festgelegt.

11.7.2 Aufgaben

Die BÜ umfasst im Allgemeinen folgende Aufgaben:

- Überwachen der Ausführung des Objekts auf Übereinstimmung mit den zur Ausführung genehmigten Unterlagen, dem Bauvertrag sowie den anerkannten Regeln der Technik und den einschlägigen Vorschriften. Hierzu vertritt sie den AG auf der Baustelle gegenüber dem AN, nimmt teil an der Baueinweisung und Baukontrolle durch BO oder AG, übergibt dem AN die von der BO bereitgestellten Pläne. Sie vergewissert sich vor Baubeginn jeder Bauleistung, dass die erforderlichen privatrechtlichen Gestattungen vorliegen. Sie fordert den Unternehmer zur Abstellung festgestellter Verstöße gegen die Berufsgenossenschaftlichen Vorschriften auf. Sie unterrichtet die BO über den Baustand, insbesondere zeigt sie rechtzeitig an, den Beginn von Teilleistungen, Baubehinderungen und -unterbrechungen, Fristüberschreitungen, Mängel bei der Ausführung. Bei schwerwiegenden Vorkommnissen und bei Gefahr im Verzug sind BO und AG unverzüglich zu verständigen. Die BÜ wirkt mit bei der Kontrolle der Bautermine, erfasst etwaige Abweichungen von den Ausführungsplänen im Detail und teilt sie der BO mit.
- Hauptachsen für das Objekt von objektnahen Festpunkten abstecken sowie Höhenfestpunkte im Objektbereich herstellen, soweit nicht besondere vermessungstechnische Anforderungen gestellt werden; Baugelände örtlich kennzeichnen.
- Führen eines Bautagebuchs.
- Gemeinsames Aufmaß mit den ausführenden Unternehmen, Überwachung der Ausführung – soweit erforderlich – durch Kontrollmessungen.
- Mitwirken bei der Abnahme von Leistungen und Lieferungen. Sie sorgt für vorgeschriebene Material- und sonstige Prüfungen und für notwendige Zwischenabnahmen, überprüft und veranlasst die Überprüfung der angelieferten Baustoffe nach Menge, Güte und Übereinstimmung mit

11.7 Örtliche Bauüberwachung (BÜ)

dem Liefervertrag. Sie nimmt teil an der Schlussbegehung und erstellt die Schlussvorlagen nach Weisung der BO.
- Rechnungsprüfung
  Die BÜ fordert die Abrechnungsunterlagen, Rechnungen und die zur Prüfung notwendigen Unterlagen, wie Aufmaßblätter, Mengenberechnungen, Regiezettel für den AG an. Sie bestätigt den Eingang durch einen Eingangsvermerk, prüft fachtechnisch und rechnerisch, bestätigt die Prüfung auf den Rechnungen mit „Richtig und festgestellt" sowie auf den sonstigen Abrechnungsunterlagen mit „Fachlich und rechnerisch geprüft und mit den in den Unterlagen ersichtlichen Änderungen für richtig befunden". Nach der Festlegung notwendiger Sicherheitsleistungen übergibt sie die Rechnungen mit den Abrechnungsunterlagen der BO. Sie nimmt Stellung zu Preisvereinbarungen und legt sie der BO zur Genehmigung vor.
- Mitwirken bei behördlichen Abnahmen.
- Mitwirken beim Überwachen der Prüfung der Funktionsfähigkeit der Anlageteile und der Gesamtanlage (Druckprüfungen, Dichtigkeitsprüfungen, tatsächliches Durchflussvermögen).
- Überwachen der Beseitigung der bei der Abnahme der Leistungen festgestellten Mängel.

11.7.3 Anwesenheit auf der Baustelle

Die örtliche Bauüberwachung ist so zu organisieren und auszustatten, dass die eingesetzten Mitarbeiter und deren Arbeitszeit auf der Baustelle ausreichen, die Aufgaben sorgfältig und zügig zu erledigen. Für eine geregelte Vertretung im Urlaubs- und Krankheitsfall ist zu sorgen.

11.8 Bauverwaltung (fachlich zuständige technische staatliche Verwaltung)

11.8.1 Allgemeines

Unter Bauverwaltung oder baufachlicher Mitwirkung wird die Tätigkeit einer Fachbehörde im Zusammenhang mit der Gewährung von Zuwendungen des Bundes oder der Länder für den Bau einer öffentlichen Wasserversorgungsanlage bezeichnet. Diese Mitwirkung ist beschränkt auf die stichprobenweise Überwachung der wirtschaftlichen und sparsamen Verwendung der Zuwendungen nach den dem Bescheid zugrundeliegenden Unterlagen. Sie entlastet den Ingenieur nicht von seiner Verantwortung für die ordnungsgemäße Ausführung des Vorhabens.

11.8.2 Aufgaben

Das baufachlich mitwirkende Amt hat die Aufgabe, zu überwachen, dass die Zuwendungen wirtschaftlich und sparsam verwendet und die Zuwendungsbedingungen beachtet werden. Hierzu gehören im Wesentlichen folgende Tätigkeiten:

- *Prüfung des Entwurfs* – insbesondere hinsichtlich der Einordnung in die wasserwirtschaftlichen-Rahmen- und Fachpläne sowie auf Wirtschaftlichkeit und Sparsamkeit in Planung und Konstruktion.
- *Prüfung des Zuwendungsantrags* – Das Vorhaben ist nach Abwägung der Gegebenheiten in technischer und wirtschaftlicher Hinsicht die günstigste Lösung; es fügt sich in das Planungskonzept für die dortige Region ein. Die Kosten entsprechen dem derzeitigen Preisstand.
- *Prüfung der Baudurchführung* – Prüfung der Ausführung des Vorhabens auf Einhaltung des Zuwendungsbescheids, insbesondere entsprechend dem geprüften Entwurf und den in der baufachlichen

Stellungnahme festgelegten technischen Auflagen. Die erstmalige Ausschreibung und Vergabe, der Baubeginn und die Beendigung des Vorhabens sind durch den AG mitzuteilen.
- *Anforderung von Zuwendungen* – aufgrund von Baustandsberichten von BO/AG.
- *Prüfung des Verwendungsnachweises* – Vom Unternehmensträger ist der Nachweis über die Verwendung der Mittel zu führen, hierbei ist zu prüfen und zu bestätigen, dass das Vorhaben nach den Bauunterlagen wirtschaftlich und sparsam ausgeführt wurde und die Angaben im Verwendungsnachweis mit der Baurechnung und der Örtlichkeit übereinstimmen.
- *Prüfung der Schlussvorlagen der BO* – im Rahmen der Prüfung des Verwendungsnachweises.

Die Aufgaben der Bauverwaltung werden bei Gewährung von Zuwendungen von der hierfür zuständigen Behörde dem baufachlich mitwirkenden Amt (z. B. Wasserwirtschaftsamt) übertragen. Für alle Maßnahmen ist das baufachlich mitwirkende Amt zweckmäßigerweise auch Zuwendungsbehörde.

11.9 Üblicher Ablauf einer Wasserversorgungs-Baumaßnahme

11.9.1 Vorbereiten der Bauausführung

11.9.1.1 Allgemeines

Vor Beginn des Baues sind vom AG eine Reihe von rechtlichen und verwaltungsmäßigen Fragen zu klären, insbesondere die Genehmigungen einzuholen. Die dazu erforderlichen technischen Unterlagen sind vom Entwurfsplaner im Rahmen der Genehmigungsplanung zu erstellen und werden nach HOAI vergütet.

11.9.1.2 Privatrechtliche Regelungen

11.9.1.2.1 Inanspruchnahme privater Grundstücke

Kauf der Grundstücke für die Wasserfassungen und der erforderlichen Fassungsbereiche (Schutzgebiet), für Bauwerke der Anlage, wie Maschinenhäuser, Hochbehälter, Quellsammelschächte, Schächte in Sonderfällen, bleibende neue Zufahrtswege usw.
Schriftliche Vereinbarung zur vorübergehenden Benutzung von Grundstücken für die Ablagerung von Aushub, Lagerung von Baumaterial, Benutzung von Zufahrtswegen.
Bestellung von Grunddienstbarkeiten (beschränkt persönliche Dienstbarkeiten) für das Einlegen der Haupt-Rohrleitungen auf privaten Grundstücken. Auf diese rechtliche Sicherung darf nicht verzichtet werden. Durch die Eintragung der Grunddienstbarkeit ist die Genehmigung zu erwirken für:

- Die Grundstücke mit Leitungen (Bezeichnung) samt Zubehör zu durchqueren, Dulden der damit verbundenen Rohrgrabenarbeiten, Inanspruchnahme bis zu den für die zu verlegenden Rohrnennweiten erforderlichen Arbeitsbreiten von . . . m Breite.
- Die Anlagen und Leitungen samt Zubehör dauernd zu belassen, auch wenn diese mit zutage liegenden, sichtbaren Deckeln oder sonstigen Einbauten versehen sind.
- Die zum Betrieb der Anlage nötigen Begehungen zu Kontrollzwecken durch die Aufsichtsorgane vorzunehmen.
- Die erforderlichen Instandsetzungs- und Auswechslungsarbeiten durchzuführen.
- Der Eigentümer des Grundstücks verpflichtet sich, alle Maßnahmen zu unterlassen, welche den Bestand und Betrieb der bezeichneten Leitung gefährden können, insbesondere dafür zu sorgen, dass z. B. Bäume und Bauwerke irgendwelcher Art nicht auf der Leitung oder innerhalb des in Abhängigkeit vom Rohrleitungsdurchmesser festzulegenden Schutzstreifens angepflanzt bzw. errichtet werden.

11.7 Örtliche Bauüberwachung (BÜ)

11.9.1.2.2 Inanspruchnahme öffentlicher Grundstücke

Vom AG sind rechtzeitig die Anträge auf Genehmigung der Inanspruchnahme unter Beigabe der Pläne bei den zuständigen Behörden einzureichen, z. B.:

Staatsforst	– Forstverwaltung
Bahnkreuzung	– Deutsche Bahn AG
Bundesstraßen und Staatsstraßen	– Straßenbauamt
Kreisstraßen und gemeindliche Verbindungsstraßen	– Kreisverwaltungsbehörde soweit nicht Straßenbauamt zuständig
Flusskreuzung	– Wasser- und Schifffahrtsamt – Wasserwirtschaftsamt

Keine Genehmigung, aber rechtzeitige Verständigung ist erforderlich: bei Kreuzung mit Kabeln – Telekom, Dränleitungen – Wasserwirtschaftsamt, Bauwerken unter Denkmalschutz – Landesamt für Denkmalspflege.

11.9.1.2.3 Sicherung der Energieversorgung

Die Energieversorgung muss rechtzeitig gesichert werden. Die Kosten für den Anschluss sind in die Kostenberechnung des E mit aufzunehmen.

11.9.1.3 Wasserrechtliche Verfahren

11.9.1.3.1 Genehmigung der Entnahme von Wasser

Die Entnahme/Ableitung von Wasser für zentrale WV-Anlagen ist genehmigungspflichtig. Es wird eine Erlaubnis oder Bewilligung ausgesprochen.

Dem Antrag auf Entnahme bzw. Zutageförderung von Wasser für WV sind ausführliche Unterlagen beizugeben, die in Länder-Verordnungen über Pläne und Beilagen in wasserrechtlichen Verfahren benannt sind.

Die Antragsunterlagen sollen i. A. bestehen aus:
1. Verzeichnis der Unterlagen
2. Erläuterung des Vorhabens
2.1. Wasserbedarfsberechnung – an verbrauchsreichen Tagen/im Jahresdurchschnitt
2.2. Wassergewinnung aus Brunnen
2.2.1. Wasserentnahme
 größte momentane Entnahme in l/s und m^3/h
 größte tägliche Entnahme in m^3/d
 jährliche Entnahme in m^3/a
2.2.2. Art des Brunnenausbaus und der Fördereinrichtungen
2.3. Wassergewinnung aus Quellen
2.3.1. Quellschüttung, niedrigste und höchste mit Beobachtungsdatum
2.3.2. Art der Wasserfassung
2.4. Überwasser
2.5. Abwasser/Rückspülwasser
2.6. Sonstige Wasserbezugsmöglichkeiten
3. Übersichtslageplan mit Wassergewinnungsgebiet, Einzugsgebiet, Versorgungsgebiet, Zuleitung zum Versorgungsgebiet, benachbarte Wassergewinnungsanlagen und Abwasseranlagen, Grundwassermodelle und Grundwasserbilanz mit hydrogeologischen Gutachten sowie Schutzgebiete
4. Lageplan der Wassergewinnungsanlage
5. Bauplan der Wassergewinnungsanlage mit Ausbau, Bodenprofil und Pumpversuchsauftragung oder Quellschüttungstabelle
6. Grundstücksverzeichnis
7. Amtlicher Untersuchungsbefund der physikalischen, chemischen und mikrobiologischen Wasserbeschaffenheit.

Im Verfahren werden von der Aufsichtsbehörde die zuständigen amtl. Sachverständigen zur Beurteilung in wasserrechtlicher und hygienischer Hinsicht und Prüfung der wasserwirtschaftlichen Belange beigezogen.

11.9.1.3.2 Genehmigung der Einleitung von Wasser

Das Einleiten von Wasser in einen Vorfluter oder in eine bestehende Kanalisation ist ebenfalls genehmigungspflichtig. Dies gilt insbesondere für das Abwasser aus sanitären Anlagen der Bauwerke, für das Rückspülwasser von Aufbereitungsanlagen und für Spülauslässe der Rohrleitungen.

11.9.1.3.3 Ausnahmegenehmigungen

Manche Bauteile einer WV-Anlage müssen gelegentlich in bereits festgesetzten Schutzgebieten der Wasserfassungen angeordnet werden. Im Einzelfall ist zu prüfen, ob hierfür eine Ausnahmegenehmigung von der Schutzgebietsverordnung erforderlich ist.

11.9.1.3.4 Wasserwirtschaftliche Rahmenplanung

In den Genehmigungsverfahren wird i. a. auch zu prüfen sein, ob und wie die geplante Baumaßnahme in bestehende wasserwirtschaftliche Rahmen- und Fachpläne eingeordnet werden kann.

11.9.1.3.5 Festsetzen eines Schutzgebiets

Bei Neubau oder Erweiterung einer Wassergewinnungsanlage ist nach § 19 WHG ein Schutzgebiet festzusetzen oder zu ändern.

11.9.1.4 Baurechtliche Verfahren

Soweit die einzelnen Anlageteile nach der Bauordnung baurechtlich genehmigungspflichtig sind, müssen die Anträge rechtzeitig gestellt werden. Form und Art der Anträge und der Eingabepläne sind in der Bauordnung festgelegt. Auch während des Baues sind die baurechtlichen Vorschriften genau zu beachten, insbesondere Anzeige des Baubeginns, Benennung des Bauleiters, Bauende.

Bei größeren Bauwerken wie Pumpwerk, Aufbereitungsanlage u. a., ist es zweckmäßig, auf der Grundlage eines VE eine Bauvoranfrage an die Baugenehmigungsbehörde zu richten, damit grundsätzlich geklärt wird, ob das Bauwerk an der vorgesehenen Stelle überhaupt und unter welchen voraussichtlichen Auflagen errichtet werden kann. Der E muss das Ergebnis dieser Bauvoranfrage berücksichtigen.

Bei diesem Verfahren wird auch zu prüfen sein, welche sonstigen zusätzlichen Verfahren erforderlich sind, etwa wegen der Lage im Außenbereich, in Landschaftsschutzgebieten u. a.

11.9.1.5 Finanzierung

Eine wesentliche Aufgabe des AG ist die Beratung und Beschlussfassung über die Finanzierung des Bauvorhabens.

Bereits nach Vorliegen des VE sollte soweit möglich geklärt werden, wie die Finanzierung des Bauvorhabens möglich ist. Die endgültigen Finanzierungsverhandlungen sind jedoch erst nach Vorliegen des E mit Kostenberechnung möglich. Finanzierungsschwierigkeiten werden am ehesten vermieden, wenn:

– die Kostenberechnung ausreichend kalkuliert und an tatsächlichen Angebotspreisen orientiert ist.
– größere Baumaßnahmen nach technischen und wirtschaftlichen Gesichtspunkten in Jahresbauabschnitte aufgeteilt und deren Kosten unter Berücksichtigung der Preisgrundlage des E sowie der voraussichtlichen Preissteigerungen ermittelt werden. Aus der Summe dieser berichtigten Kosten ergibt sich die zu erwartende Herstellungssumme.
– der Finanzierungsplan auf die Jahresbauabschnitte und deren berichtigte Kosten abgestellt wird, woraus sich auch die mitzufinanzierenden Bauzinsen ergeben.

11.7 Örtliche Bauüberwachung (BÜ)

Zur Finanzierung werden i. a. bereitgestellt:

- *Eigenmittel* – Aus Rücklagen, Abschreibungen des Wasserwerkes. Aus gemeindlichem Haushalt, unter Umständen durch Rücklagebildung im außerordentlichen Haushalt unter Verteilung auf mehrere Jahre. Aus der Inanspruchnahme der Anwesensbesitzer durch Einheben von einmaligen Herstellungsbeiträgen sowie Kostenerstattung des Baues der Anschlussleitung.
- *Darlehen* – Entsprechend den gegebenen Möglichkeiten auf dem freien Kapitalmarkt, zweckgebundene öffentliche Darlehen; der Kapitaldienst ist in die Ausgaberechnung des Wasserwerkes aufzunehmen.
- *Zuwendungen* – im Wesentlichen des Bundes und der Länder. Zweck der Zuwendungen ist nach Inanspruchnahme der zumutbaren Eigenleistungen des AG, den Wasserpreis und die Jahresbelastung je Wasseranteil tragbar zu halten. Hierfür gelten meist besondere Richtlinien der für die Gewährung der Zuwendungen zuständigen Behörde.

11.9.2 Verdingung

11.9.2.1 Allgemeines

Die Kalkulation und die Abrechnung werden einfacher und übersichtlicher, auch Meinungsverschiedenheiten zwischen AG, BO, AN werden eher vermieden, wenn die Verdingung nach einheitlichen Verfahren durchgeführt wird. Wesentliche Grundlage ist die weitgehende Verwendung von Standardtexten für die Leistungsverzeichnisse, hier das Standardleistungsbuch für das Bauwesen (StLB) des Gemeinsamen Ausschusses Elektronik im Bauwesen (GAEB) sowie beispielsweise das Standardleistungsheft Kanalisation und Wasserversorgung StLH-KaWa 98 des Verbandes unabhängiger Bayerischer Ingenieurbüros für Wasserwirtschaft e. V (VIWA). Dadurch werden gleiche Leistungen immer gleichartig beschrieben. Die Standardtexte sind auch datenverarbeitungsgerecht sowohl für Planung wie für Abrechnung.

Wichtig ist ferner eine einheitliche Gestaltung der Vertragsunterlagen für die Bauleistungen (entsprechend VOB) und für die Ausführung von Leistungen (entsprechend VOL). Solche Unterlagen sind z. B. in Bayern in einem Vergabehandbuch zusammengefasst, deren Anwendung den Ämtern der Bayer. Staatsbauverwaltung vorgeschrieben ist, den Gemeinden und Körperschaften des öffentlichen Rechts empfohlen wird. Dadurch wird vermieden, dass jede BO, abgesehen von der Berücksichtigung der örtlichen Verhältnisse, völlig verschiedene und z. T. der VOB und VOL widersprechende Vertragsunterlagen erstellt, was die Kalkulation der Firmen sehr erschwert und damit auch höhere Preise bedingt; erschwert wird auch die Prüfung. Die wesentlichen Unterlagen, wie Zusätzliche und Besondere Vertragsbedingungen, Technische Vorschriften und Verdingungsformblätter sind im Abschnitt 11.2.2 und im Kap. 14 benannt.

11.9.2.2 Ausschreibung

Die Arbeiten werden i. a. vom AG ausgeschrieben, die Verdingungsunterlagen liefert die BO in der erforderlichen Anzahl. Öffentliche Ausschreibung ist die Regel. Für Spezialarbeiten kann beschränkte Ausschreibung erfolgen, gegebenenfalls nach öffentlichem Teilnehmerwettbewerb. Grenzwerte für EU-weite Ausschreibung sind zu beachten. Freihändige Vergabe erfolgt nur in begründeten Ausnahmefällen. Umfangreiche Bauleistungen sollen möglichst in Lose geteilt und nach Losen vergeben werden (Teillose), z. B. Grundwassererschließung an Bohrfirmen, Rohrgraben und Rohrleitung an Rohrleitungsfirmen, Hochbehälter – Wassertürme an Stahlbetonfirmen, Maschinenhäuser und Wohngebäude an Baufirmen, Maschinenanlagen an Maschinenfirmen, elektrische Einrichtung, Schaltgeräte und Fernmess- und Steuereinrichtungen an Firmen der Stark- und Schwachstromtechnik. Bauleistungen verschiedener Handwerks- oder Gewerbezweige sind in der Regel nach Fachgebieten oder Gewerbezweigen getrennt zu vergeben (Fachlose), z. B. für die Zimmerer-, Metallbau-, Glaser- und Installationsarbeiten usw.

11.9.2.3 Angebote

Die Öffnung der Angebote erfolgt beim AG zum Angebotstermin, die Endsummen werden bekannt gegeben. Die BO prüft, rechnet nach und wertet die Angebote und gibt einen Vorschlag über die Zuschlagserteilung mit Begründung an den AG. Nach Öffnen der Angebote sind Verhandlungen über Preisnachlässe zwischen Bieter und AG unzulässig.

11.9.2.4 Zuschlag

Der AG beschließt über den Zuschlag. Die Termine, bis zu denen die Bieter an ihr Angebot gebunden sind, sind zu beachten. Durch die BO werden die Entwürfe für die Lieferungs- und Leistungsverträge erstellt, daraufhin die Verträge zwischen AG und AN abgeschlossen.

Auf das zum 01. 01. 1999 in Kraft getretene Gesetz zur Änderung der Rechtsgrundlagen für die Vergabe öffentlicher Aufträge (Vergaberechtsänderungsgesetz – VgRÄG) vom 26. 08. 1998 wird hingewiesen. Mit dem VgRÄG wurden europäische Vergaberichtlinien in nationales Recht umgesetzt. Das VgRÄG macht das Vergabeverfahren transparenter, gibt dem Bieter neuerdings Rechtsschutz und bringt wesentliche Änderungen für das Nachprüfungsverfahren bei Vergaben.

11.9.3 Bauausführung von Wassergewinnungsanlagen (Brunnenbohrungen)

11.9.3.1 Allgemeines

Die Bauausführung von Wassergewinnungsanlagen, insbesondere von Grundwassererschließungen, unterscheidet sich im Ablauf von den sonstigen Bauarbeiten, weil sie i. a. vor der Fertigung des E erfolgen muss. Meist wird die Arbeit von einem IB als BO und einem vom AG beauftragten Hydrogeologen als Sondergutachter überwacht.

Zur Vorbereitung der Arbeiten gehören:

– Klären der privatrechtlichen Fragen, wie schriftliche Vereinbarung über die Benutzung des Grundstücks für die Bohrungen mit der Möglichkeit des Erwerbs bei Fündigwerden, vorübergehende Benutzung von Grundstücken für Bauzwecke, Anfahrtswege.
– Bohranzeige bei der zuständigen Wasserrechtsbehörde.
– Entscheidung ob zunächst eine Probebohrung mit Ausbau oder gleich die Hauptbohrung durchgeführt wird.

11.9.3.2 Ablauf der Arbeiten

– Örtliche Einweisung der Bohrfirma,
– Festlegen des Bohrprogramms,
– laufende Überwachung der Bohrung, Wochenberichte der Bohrfirmen,
– ggf. Anordnen der Zwischenpumpversuche,
– Festlegen und Genehmigung des Ausbauplanes,
– Überwachen des Ausbaues und des Leistungspumpversuches,
– Prüfen der Auswirkungen auf andere Gewässerbenutzer,
– Anordnen der chemischen und mikrobiologischen Untersuchung,
– Abnahme der Arbeiten,
– Prüfen der Firmenrechnung, sachliche und rechnerische Feststellung und Weitergabe an den AG zur Auszahlung,
– Übergabe an den Bauträger zur Wartung und Sicherung des Bohrbrunnens bis zur Erstellung der Anlage.

Das Ergebnis der Arbeiten ist in einem hydrogeologischen Schlussgutachten zusammenzufassen.

11.9.3.3 Schlussbericht

Der Schlussbericht soll enthalten:

- Lage der Bohrstelle, Lageplanskizze,
- Bodenprofil,
- Körnungslinie von Lockergesteinen,
- Geophysikalische Bohrlochmessungen (z. B. Flowmeter),
- Brunnenausbau mit Plan,
- Hydrologische Ergebnisse, Auswertung und graphische Darstellung der Pumpversuche, Angabe der möglichen Höchstentnahme,
- Chemischer und mikrobiologischer Befund des Wassers,
- Angabe weiterer Erhebungen für das wasserrechtliche Verfahren, wie laufende Einmessungen von Grundwasserspiegel, pflanzensoziologische Kartierung, Schätzung der Ernteerträge usw.,
- Schutzgebietsvorschlag,
- Baukostenfeststellung.

11.9.4 Ausführung anderer Bauarbeiten

11.9.4.1 Baueinweisung

Durch die BO werden

- die beteiligten Firmen, vertreten durch die Bauleiter,
- die Aufsichtsorgane des AG auf der Baustelle und
- die BÜ

anhand des E bzw. der Ausführungsplanung an Ort und Stelle eingewiesen.

11.9.4.2 Vorbereitende Arbeiten der Firmen

Für die Rohrleitung ist durch den AN der Abrechnungshöhenplan aufzunehmen und im Maßstab 1:1000/100 aufzutragen. In diesen wird durch die BO die endgültige Grabensohle eingetragen. Dieser Bauhöhenplan dient sowohl als Grundlage für die Bauausführung, das Schlagen der Profile, wie auch als Abrechnungsplan. Unter Hinzuziehung der BÜ sind der Bauzeitenplan und die Formstückliste für die Rohrleitung aufzustellen und der BO zur Genehmigung vorzulegen.
Die statische Berechnung der Bauwerke ist eine gesonderte Leistung nach HOAI.

11.9.4.3 Ablauf der Bauarbeiten

Grundlage für den Bauablauf bilden Ausführungspläne, Leistungsverzeichnisse und die übrigen Vertragsbestandteile. Die anerkannten Regeln der Bautechnik sind zu beachten. Einzuhalten sind die geltenden Gesetze, Verordnungen, Bestimmungen, Berufsgenossenschaftliche Vorschriften, Richtlinien der Hersteller (z. B. von Rohrleitungsteilen), die VOB und besondere Richtlinien der BO. Bei Änderungen sind rechtzeitig Planunterlagen bereitzustellen und Preisvereinbarungen abzuschließen.

11.9.4.4 Kontrolle der Bauausführung

Für den AG übernimmt die Überwachung der Arbeiten die BO und BÜ, für den AN deren Bauleiter. Eine zumindest stichprobenartige Überwachung der beteiligten Ingenieurbüros und Firmen durch einen Fachkundigen Mitarbeiter des WVU ist empfehlenswert.

11.9.4.5 Abrechnung

Die Leistungen des AN werden entsprechend dem Fortgang der Arbeiten von der BÜ und vom Bauleiter des AN gemeinsam aufgemessen, erforderlichenfalls Abrechnungsskizzen und -pläne gefertigt. Die Rechnungen sind vom AN übersichtlich aufzustellen und dabei die Reihenfolge der Pos. gemäß Leistungsverzeichnis einzuhalten; die Massenberechnungen sind beizugeben. Jede Abschlagsrechnung hat die gesamten bisher geleisteten Arbeiten zu umfassen, von dem Rechnungsbetrag sind Sicherheitsleistungen und die bereits erhaltenen Abschlagszahlungen abzuziehen. In einem Beiblatt sind die Massen der einzelnen Pos. für die bisher getätigten Aufmaße zusammenzustellen. Dabei kann gemäß **Muster 11-5** vorgegangen werden.

Muster 11-5:

	Pos. 1	Pos. 2	Pos. 3	Pos. 4	Pos. 5
	m^3	m^3	m^3	m^3	Std.
1. Aufmaß	165	50	20	50	10
2. Aufmaß	130	–	5	–	30
Summe	295	50	25	50	40

Rechnung und Aufmaß sind 3-fach der BÜ zur fachtechnischen und rechnerischen Prüfung der geleisteten Arbeiten zu geben. Die BÜ prüft die Rechnungen mit dem Vermerk – Richtig und festgestellt – und die sonstigen Abrechnungsunterlagen mit – Fachlich und rechnerisch geprüft – und übergibt sie an die BO. Hierzu gehört die Überprüfung hinsichtlich der vertraglichen Leistungen und Preise. Nach Feststellung geht die Erstschrift an den AG, der bei seiner Kasse die Überweisung anordnet. Die Zweitschrift geht an die BO zur Führung des Bauausgabebuches und die Drittschrift geht als Rücklauf an den AN.

11.9.4.6 Abnahme

Die Leistungen des AN müssen abgenommen werden. Grundlagen hierfür bilden die laufende Überwachung der Arbeiten durch die BÜ und die Baukontrollen der BO hinsichtlich der sachgemäßen und einwandfreien Ausführung und die einzelnen Prüfungen, wie Einzeldruckproben und Gesamtdruckproben längerer Rohrleitungen, Feststellen des Fördervermögens der Leitungen, Dichtheitsprüfungen der Wasserbehälter, Prüfen der Maschinenleistungen und der Wirkung von Aufbereitungsanlagen. Die Prüfungen werden unter Überwachung der BO und Mitwirkung der BÜ in Anwesenheit von Vertretern des AG durchgeführt und Niederschriften gefertigt.
Nach Abschluss der Arbeiten wird von BO und BÜ mit AG und AN eine vorläufige Schlussbegehung durchgeführt, etwaige Mängel festgestellt und Termin für die Behebung der Mängel gestellt. Nach Mitteilung des AN, dass die Mängel behoben sind, wird die Abnahme der Leistungen durch die BO in Anwesenheit von AG, BÜ und AN in einer Schlussbegehung durchgeführt. Wenn nur kleine Mängel festgestellt werden, sind die Arbeiten abzunehmen, mit Terminstellung für die Fertigstellung der Restarbeiten. Bei größeren Mängeln kann die Abnahme verweigert werden. Mit der Abnahme sind die vertraglich vereinbarten Gewährleistungsfristen festzusetzen.
Zu beachten ist VOB, Teil B, wonach eine Leistung als abgenommen gilt nach Ablauf von 12 Werktagen nach schriftlicher Mitteilung über die Fertigstellung und nach Ablauf von 6 Werktagen nach Benutzung durch den AG, wenn nicht eine besondere Vereinbarung getroffen wird. Die förmliche Abnahme ist bei Wasserversorgungsanlagen jedoch immer erforderlich.

11.9.4.7 Schlussvorlagen

Mit dem Abschluss der Bauarbeiten sind von der BÜ die Schlussvorlagen zusammenzustellen und an die BO zur Prüfung zu geben. Sie werden dann mit einem Schlussbericht dem AG zugeleitet. Es ist unerlässlich, dass die erforderlichen Unterlagen bereits während der Bauzeit vorbereitet werden. Aus

11.7 Örtliche Bauüberwachung (BÜ)

Gründen der Übersichtlichkeit und leichten Prüfbarkeit empfiehlt es sich, das **Muster 11-6** für die Zusammenstellung der Schlussvorlagen zu verwenden:

Muster 11-6:
Zusammenstellung der Schlussvorlagen über die Baumaßnahme . . .
Auftraggeber ...
Bauoberleitung ...
Örtliche Bauüberwachung ...
1) *Allgemeine Angaben*
    1.1   Entwurf der Baumaßnahme   Datum:
           Baufachliche Stellungnahme des ...   Datum: (bei staatlichen Zuwendungen)
    1.2   Bauoberleitung   Datum des Auftrags:
           Name
    1.3   Örtliche Bauüberwachung   Datum des Auftrags:
           Name   Anschrift
           Beginn der Bauüberwachung   Ende der Bauüberwachung
    1.4   Verzeichnis der am Bauvorhaben durch Verträge und Aufträge beteiligten Firmen, mit Angaben der Arbeiten bzw. Lieferungen
    1.5   Angabe der am Bauvorhaben beteiligten Bauleiter
           Name   Dienstbezeichnung   Anschrift
           Firma
           Übernahme   Ende
    1.6   Bauzeit: Beginn   Ende
           Dauer der Unterbrechungen
           Dauer der Überschreitung
    1.7   Inbetriebnahme der Anlage
           Beginn der Wasserförderung   Wasserbezug
           Wasserabgabe
2) *Beschreibung der Baumaßnahme*
    2.1   Beschreibung entsprechend der Ausführung
    2.2   Besondere Vorkommnisse
    2.3   Eignung der beteiligten Firmen
3) *Vertragsunterlagen*
    3.1   Lieferungs- und Leistungsverträge, Bestellungen, Auftragsbestätigungen
    3.2   Abruf, Lieferanzeigen
    3.3   Preisvereinbarungen
    3.4   Aufträge für Stundenlohnarbeiten
    3.5   Gestattungsverträge mit Deutsche Bahn AG, Straßenbauämtern u. a.
    3.6   Grunddienstbarkeiten
    3.7   Baurechtliche Genehmigungsverfahren
    3.8   Wasserrechtliche Genehmigungsverfahren
4) *Unterlagen über durchgeführte Prüfungen*
    4.1   Materialprüfungen, Betonkontrollen u. a.
    4.2   Pumpversuche
    4.3   Dichtheitsprüfungen von Behältern
    4.4   Prüfung des Wirkungsgrades der Maschinen
    4.5   Prüfung der Wirkungsweise der Aufbereitungsanlage
    4.6   Druckprüfungen der Rohrleitungen und Anschlussleitungen, Prüfung des Fördervermögens der Rohrleitungen
5) *Baurechnung*
    5.1   Schlussrechnungen mit Schlussanerkennung durch die AN
    5.2   Kostenfeststellung mit Abschlussvermerk der BO

5.3   Zweitschriften der Abrechnungsnachweise mit Rechnungen, Belegen und Aufmaßen u. a.
5.4   Materialnachweis über die vom AG beigestellten Materialien Lieferung – Einbau – Rückgabe – Materiallager – Fehlmengen
5.5   Aufstellung der übermessenen Rohrlängen
5.6   Aufmaßskizzen der Hausanschlussleitungen
5.7   Namensliste der angeschlossenen Anwesen mit Nr. der eingebauten Hauswasserzähler.

6)   Finanzierung
6.1   Finanzierungsplan, Verwendungsnachweis
6.2   Zusammenstellung der Baukosten und der Finanzierung, Vergleich mit Kostenberechnung des E.

7)   Niederschriften und Erklärungen
7.1   Vorläufige Schlussbegehung
7.2   Schlussbegehung und Abnahme
      Wassergewinnung, Aufbereitungsanlage, Maschinenanlage, Bauwerke, Rohrleitung, ggf. mit Anhang über Nachberichtigungen
7.3   Festsetzung der Gewährleistungsfristen
7.4   Erklärung der Baufirmen über die Beseitigung aller bei der Abnahme festgestellten Mängel, mit Bestätigung durch BO und AG
7.5   Niederschrift über Einweisung des AG, des Bedienungspersonals und der örtlichen Feuerwehr
7.6   Bestätigung des AG über den Empfang von Planunterlagen, Betriebsvorschriften, Reservematerial u. a.
7.7   Schriftwechsel mit AG und AN
7.8   Übergabeniederschrift.

8)   Untersuchungen
8.1   Organoleptischer Befund
8.2   Chemischer Befund
8.3   Mikrobiologischer Befund
8.4   Spülung und Desinfektion der Bauwerke und Rohrleitungen

9)   Berichte und Schriftwechsel zwischen Bauoberleitung und örtl. Bauüberwachung
9.1   Bautagebuch
9.2   Wochenberichte
9.3   Monatliche Baustands- und Kostenberichte (nach Muster Kostenzusammenstellung)
9.4   Sonstiger Schriftwechsel der BO
9.5   Sonstiger Schriftwechsel der BÜ

10) Pläne
10.1 Baufachlich geprüfte Entwurfspläne des E
10.2 Zusätzlich notwendig gewordene Entwurfspläne, Skizzen und Ausführungszeichnungen
10.3 Höhenaufnahmen, Vermessungsunterlagen
10.4 Bauzeitenplan nach tatsächlichem Ablauf berichtigt
10.5 Bestandspläne der Bauwerke
10.6 Bestandspläne der Rohrleitung
      1. Zubringer- und Fernleitungen mit Kabel M 1:5000 oder 1:2500
      2. Ortsnetz- und Übersichtsplan M 1:2500
      3. Ortsnetzplan M 1:1000
10.7 Bestandshöhenpläne, mit berichtigten Längenangaben
10.8 Berichtigte Verlegeskizzen
10.9 Quellschüttungstabellen, Ganglinien des Grundwasserspiegels der Brunnen

                        Unterschrift   Datum

11.9.5 Inbetriebnahme

Häufig beabsichtigt der AG, die Anlage so bald wie möglich in Betrieb zu nehmen, auch wenn die Arbeiten noch nicht ganz abgeschlossen und abgenommen sind. Der Termin der Inbetriebnahme ist zwischen AG, BO und AN zu vereinbaren und schriftlich festzulegen. Durch die BO ist der AG schriftlich darauf hinzuweisen, dass dieser mit der Inbetriebnahme der in Betracht kommenden Anlageteile die Verantwortung für die sorgfältige Wartung dieser Anlageteile übernimmt. Das Bedienungspersonal muss anhand der Bedienungsvorschriften durch BO und BÜ unterwiesen sein.

Der AG ist ferner darauf hinzuweisen, dass die Freigabe des Wassers zur allgemeinen Benutzung erst erfolgen darf, wenn die in Betrieb genommenen Anlageteile gründlich gespült sind und ggf. nach Durchführung einer Desinfektion die mikrobiologische Untersuchung von Wasserproben aus den Zapfstellen einwandfreie Befunde ergibt. Die erstmalige Inbetriebnahme hat der AG gemäß Trinkwasserverordnung der zuständigen Gesundheitsbehörde anzuzeigen.

Gleichzeitig sind auch die beteiligten AN schriftlich von der Inbetriebnahme zu verständigen und anzuweisen, dass etwaige Restarbeiten an den in Betrieb befindlichen Anlageteilen nur nach vorheriger Verständigung des AG ausgeführt werden dürfen. Besonders sind die AN darauf hinzuweisen, dass mit der Inbetriebnahme noch nicht die Abnahme erfolgt ist, die in einer besonderen Schlussbegehung durchgeführt wird.

Mit der Inbetriebnahme sind durch den AG die Wasserabgabesatzung, Gebührenordnung für die Abgabe von Wasser, aufzustellen und in Kraft zu setzen, wenn nicht bereits vorhanden. Die Mitwirkung der Rechtsaufsichtsbehörde ist hierbei zweckmäßig. Gleichzeitig sind die, Betriebsanweisungen und Arbeitsanweisungen unter Beachtung der Bedienungsvorschriften der Hersteller aufzustellen.

11.9.6 Übergabe

Mit der Inbetriebnahme der Anlage, der Mängelbeseitigung, der Abnahme und der Übersendung der Schlussvorlagen ist die Tätigkeit der BO im Wesentlichen beendet. Die Übergabe der Anlage durch die BO und die Übernahme durch den AG ist aus Gründen der Verantwortlichkeit und Haftung schriftlich in Form einer Übergabeniederschrift zu bestätigen.

Die Sachbehandlung von Fragen untergeordneter Bedeutung durch die BO wird durch die Übergabe nicht berührt.

12. Baukosten von Wasserversorgungsanlagen

bearbeitet von Dipl.-Ing. **Joachim Rautenberg**

DVGW-Regelwerk, DIN-Normen, Gesetze, Verordnungen, Vorschriften, Richtlinien
siehe Anhang, Kap. 14, S. 865 ff
Literatur siehe S. 791

12.1 Allgemeines

Sowohl der Techniker als auch der Verwaltungsfachmann muss sich während der Planung, der Bauausführung und des Betriebes ständig mit den Kosten von WV-Anlagen beschäftigen. Je nach Erfordernis des Projektstandes bei Planung und Bau genügt dabei die Kenntnis der ungefähren Baukosten oder es ist die Ermittlung der genauen Kosten erforderlich. Dabei gilt folgende Zuordnung:
– *Vorentwurf/Vorplanung* – hierfür ist eine Kostenschätzung ausreichend, um dem Unternehmensträger ein ungefähres Bild vom Umfang und den Kosten des Unternehmens zu geben.
– *Entwurf/Entwurfsplanung* – benötigt als Grundlage der Bauausführung und Finanzierung eine möglichst genaue Berechnung der Baukosten = Kostenberechnung, wobei der Entwurfsfertiger anhand des Leistungsverzeichnisses die aufgrund seiner Erfahrung angenommenen Einheitspreise einsetzt.
– *Angebot des Unternehmers* – wird errechnet aus der genauen Ermittlung der Angebotspreise für die zu erwartenden Arbeiten unter Berücksichtigung der örtlichen Verhältnisse und der jeder Firma eigenen Leistungsfähigkeit = Kostenangebot.
– *Schlussrechnung* – enthält dann die tatsächlichen Baukosten = Kostenfeststellung.
– *Wert der Anlage* – im Laufe des Betriebes verändert sich der Wert der Anlage durch Werterhöhung infolge Baupreissteigerungen (Wiederbeschaffungswert), durch Wertminderung infolge Abnützung (Abschreibung) und durch Wertzuwachs infolge Erweiterungen. Auch bei der Wertermittlung von bestehenden älteren Anlagen genügen wieder Kostenschätzungen, da infolge der groben Annahme der Abschreibungssätze eine bis ins einzelne gehende Erfassung der Baukosten keinen Sinn hat.

Kostenschätzung und Kostenberechnung durch AG und IB, Erstellen des Angebots durch AN, wie auch das Prüfen von Angeboten durch AG, BO, BÜ setzen eine große Erfahrung und Baupraxis voraus. Sie erfordern eine genaue Kenntnis der Arbeitsvorgänge, der Unternehmerleistungen und deren Unkosten sowie der Regeln für die Ermittlung der Angebotspreise.

12.2 Ermittlung der Angebotspreise (Kalkulation)

12.2.1 Vertragsarten

12.2.1.1 Allgemeines

Maßgebend für alle Bauverträge von öffentlichen Unternehmensträgern ist die Verdingungsordnung für Bauleistungen VOB, siehe auch Kap. 11.

12.2.1.2 Leistungsvertrag

Die Regel ist die Vergabe nach Einheitspreisen (Einheitspreisvertrag). Für Leistungen, die bei Aufstellung des Leistungsverzeichnisses nicht eindeutig erfasst werden konnten, ist zwischen Auftragnehmer und Auftraggeber noch vor Ausführung eine Preisvereinbarung nach Einheitspreisen abzuschließen. In seltenen Fällen kann für eine Leistung von genau bestimmter Ausführungsart und Umfang aufgrund eines Angebots mit Einheitspreisen (zur Preisprüfung erforderlich) ein Pauschalvertrag abgeschlossen werden. Für öffentliche und mit öffentlichen Mitteln finanzierte Bauaufträge sind Baupreisverordnungen und die jeweils gültigen Tarifvereinbarungen einzuhalten.

12.2.1.3 Stundenlohnvertrag

Bauleistungen von geringem Umfang, die überwiegend Lohnkosten erfordern, können im Stundenlohn vergeben werden. Ihr Anteil ist umso geringer, je genauer das Leistungsverzeichnis aufgestellt ist. Vergütet werden die vereinbarten Stundenlohnsätze, wenn nichts vereinbart, die tatsächlich gezahlten Löhne, mit einem Zuschlag für: Gemeinkosten, Gewinn, Wagnis, Umsatzsteuer, besondere Aufwendungen für Urlaub, Feiertage, Krankheit, Kosten für Kleingerät und kleine Gerüste. Der Zuschlag für Stundenlohnarbeiten zu den tatsächlichen Löhnen unterliegt wie die Angebotspreise dem Wettbewerb. Bei außergewöhnlich hohen Zuschlägen können diese vor der Zuschlagserteilung von der zuständigen Preisprüfungsbehörde geprüft werden. Stoffe oder Bauteile, Bauhilfs- und Betriebsstoffe werden nach Vereinbarung oder nach den zur Zeit der Lieferung gültigen Tagespreisen berechnet.

12.2.1.4 Selbstkostenerstattungsvertrag

Bauleistungen größeren Umfanges können ausnahmsweise nach Selbstkosten vergeben werden, wenn sie vor der Vergabe nicht eindeutig und so erschöpfend bestimmt werden können, dass eine einwandfreie Preisermittlung möglich ist. Diese Vertragsart ist bei Baumaßnahmen öffentlicher WVU nicht üblich.

12.2.2 Vorbereiten der Kalkulation

12.2.2.1 Bedingungen und Richtlinien für die Angebotsabgabe

Vor der Kalkulation sind im Titelblatt der Kalkulation die wesentlichen Bedingungen und Richtlinien des Auftraggebers für die Angebotsabgabe aus der Aufforderung zur Angebotsabgabe, den zusätzlichen Vertragsbedingungen, den Besonderen Vertragsbedingungen und den Zusätzlichen Technischen Vorschriften festzuhalten, vor allem: Auftraggeber, Angebotsfrist, Zuschlagsfrist, Art der Vergabe: öffentlich, beschränkt, freihändig, Einheitspreisvertrag, Fertigstellungstermin, Vertragsstrafen für Bauzeitüberschreitung, Sicherheitsleistung, Zahlungsbedingungen, besondere Bedingungen für die Baudurchführung, z. B. Winterarbeit usw. Diese Angaben beeinflussen weitgehend die Kalkulation.

12.2.2.2 Erhebungen

Vom AN kann folgende Vorgehensweise bei der Erhebung der Kalkulationsgrundlagen erwartet werden:
- *Durcharbeiten der Ausschreibungsunterlagen* und Einsichtnahme in die Ausführungsplanung.
- *Besichtigung der Baustelle* hinsichtlich Bodenarten, Grundwasserverhältnissen, Anfahrtswegen, Lagerplätzen, Stromanschluss, Wasseranschluss, Fernsprechanschluss.
- *Feststellen des Arbeits- und Materialaufwandes* hinsichtlich Materialbedarf, Stundenaufwand, Geräteeinsatz, Baustellenorganisation. Die in Kalkulationsbüchern enthaltenen Angaben sind nur Anhaltswerte. Von ausschlaggebender Bedeutung sind die eigene Leistungsfähigkeit des Unternehmers, die Erfahrungswerte aus den Tagebüchern der Baustellen und die Auswertung von Zwischen- und Nachkalkulation zur Schaffung von eigenen Erfahrungswerten für die Selbstkostenermittlung.

12.2 Ermittlung der Angebotspreise (Kalkulation)

– *Feststellen der Kostengrundlagen* wie Erheben der Tariflöhne, der Materialpreise frei Baustelle, der Arbeitsbedingungen, Zuweisung von ortsansässigen oder auswärtigen Arbeitern, Unterbringung, Transport.
– *Überlegungen zum Ablauf der Bauarbeiten*, zur Baustelleneinrichtung und zur Erstellung des Organisations- und Baubetriebsplans.

12.2.2.3 Berechnungsgrundlagen

Die Angebotspreise setzen sich zusammen aus Lohnkosten, Stoffkosten und Gerätekosten. Als Grundlage für die Ermittlung der Angebotspreise werden errechnet:
– *Mittellohn* – für die hauptsächlich vorkommenden Arbeiten wie Rohrgraben, Rohrverlegung, Beton- und Stahlbetonarbeiten, Maurerarbeiten, Bohrarbeiten u. a.
– *Ermittlung der einzelnen Baustoffkosten*
– *Kosten der Beton- und Mörtelmischungen* – und des sonstigen zusammengesetzten Materials nach Materiallohn und Materialkosten
– *Geräteeinsatz* – des eigenen Geräteparks oder der Leihgeräte nach der Geräteliste.

12.2.3 Preisermittlung für das Angebot

12.2.3.1 Gliederung der Preisermittlung

Um eine übersichtliche, genaue und einwandfreie Ermittlung der Angebotspreise und der Einheitspreise zu erhalten, wird zweckmäßig die Kalkulation in nachstehender Gliederung durchgeführt.

1. Unmittelbare Selbstkosten der Bauarbeiten
   – Lohnkosten LK
   – Stoffkosten StK – Baustoffe, Betriebsstoffe, Bauhilfsstoffe hiervon Lohnkosten unter LK
   – Gerätekosten GK – für Großgerät und Kleingerät: Abschreibung, Verzinsung, Transport, Auf- und Abbau, Instandhaltung, Instandsetzung – hiervon Lohnkosten unter LK
2. Zuschläge zu den unmittelbaren Selbstkosten
   – Soziale Abgaben
   – Gemeinkosten der Baustelle
3. Betriebskostenzuschläge
   – Allgemeine Geschäftsunkosten
   – Wagnis und Gewinn
4. Angebotssumme ohne Umsatzsteuer
5. Einheitspreise – Ermittlung aus den unmittelbaren Selbstkosten mit den Zuschlägen nach besonderen Regeln der Verteilung, siehe folgende Abschnitte.
6. Umsatzsteuer – Berechnung aus Angebotssumme Ziff. 4 mit dem jeweils geltenden Umsatzsteuersatz
7. Angebotssumme einschl. Umsatzsteuer

In den Abschnitten 12.2.3.2–4 sind Hinweise zur Höhe und Aufteilung der Zuschläge gegeben.

12.2.3.2 Unmittelbare Selbstkosten der Bauarbeiten

12.2.3.2.1 Allgemeines

Wegen der sachlichen Übersicht werden bei der praktischen Preisberechnung für jede Position des Leistungsverzeichnisses die preisbildenden Hauptkostenarten: Lohnkosten, Stoffkosten für Baustoffe und Bauhilfsstoffe, sowie Gerätekosten grundsätzlich getrennt ermittelt und in der Summe der unmittelbaren Selbstkosten der Bauarbeiten zusammengefasst.

12.2.3.2.2 Einzelkosten

- *Lohnkosten (LK)* – sie enthalten reine Löhne der Arbeiter, Vorarbeiter, Schachtmeister, Poliere und Lohnnebenkosten, d. i. tarifliche Zuschläge wie: Auslösungen, Wegezulagen, Fahrtkosten, Zuschläge für Überstunden, Nacht- und Sonntagsarbeit, Wasser-, Tiefen-, Druckluftzulagen usw. Die Lohnnebenkosten werden jedoch nicht in die Einzelpreise aufgenommen, wenn für sie eine gesonderte Position im Leistungsverzeichnis vorgesehen ist.
- *Stoffkosten (StK)* – es werden die Baustoffe mit ihrem Preis frei Baustelle eingesetzt. Diese setzen sich zusammen aus: Reiner Einkaufspreis, Fracht, Um- und Ausladen, Anfuhr, Abladen, Stapeln, Verlust, Streuverlust, Verschnitt, Schwinden, Bruch, Diebstahl usw. Die im Preis frei Baustelle enthaltenen Materiallöhne sind für die Berechnung der sozialen Abgaben in LK zu berücksichtigen. Zu StK gehören auch die Betriebsstoffe wie Strom, Benzin, Öl, Putzwolle, Bauwasser und die Bauhilfsstoffe. Diese werden bei der Baudurchführung nicht verbraucht, erleiden aber bei der Verwendung eine Wertminderung wie Schalholz, Gerüste usw.
- *Gerätekosten (GK)* für Großgeräte und Spezialgeräte werden aus Abschreibung und Verzinsung nach Geräteliste für Bestand oder Neuanschaffung, ermittelt, für Leihgeräte wird die Miete angesetzt. Kleingerät und Werkzeug werden je nach Länge der Baudauer häufig fast voll aufgebraucht, ihr Anteil ist schwer erfassbar, meist angenommen 2–5 % der Lohnsumme oder 50–100 % Abschreibung, eingesetzt in StK. Der Transport der Geräte oder Frachten für An- und Abfuhr werden unter StK verbucht, das Auf- und Abbauen, Auf- und Abladen unter LK. Die Instandsetzungen, der Werkstättenbetrieb, Ersatzteile, und zugehörige Löhne werden unter Lk verbucht. Betriebsstoffe und Ersatzteile unter StK. Angemessene Reparaturkosten 66 % des Abschreibungssatzes, hiervon etwa:

Instandhaltung	Schlussinstandsetzung	Grundüberholung	Summe	
LK	10 %	10 %	10 %	30 %
StK	10–13 %	10–13 %	10–13 %	30–39 %

12.2.3.3 Zuschläge zu den unmittelbaren Selbstkosten

12.2.3.3.1 Soziale Abgaben

In den sozialen Abgaben für das Aufsichtspersonal und die Arbeiter, unter LK einzusetzen, werden die verschiedenen Zuschläge für gesetzliche und tarifliche Lohnfortzahlungen, Sozialbeiträge und Abgaben zusammengefasst. Z. T. sind sie betriebsindividuell verschieden, Mittelwerte sind in **Tab. 12-1** angegeben.

12.2.3.3.2 Gemeinkosten der Baustelle

- *Baustelleneinrichtung und Räumung* – Bauhütten, Wohn- und Bürocontainer nebst Einrichtungen, Material, Maschinenschuppen, Bauzäune, allgemeine Betriebseinrichtungen ohne laufende Betriebskosten (wie Stromversorgung, Wasserversorgung, Fernsprechanschluss), Baugerüste, Behelfsbrücken, Transportanlagen, Nebenkosten wie Geländepacht für Lager- und Arbeitsplätze, Herrichten und Wiederinstandsetzen der Plätze und Zufahrtsstraßen, Gebühren. Bei größeren Bauvorhaben ist hierfür gewöhnlich eine eigene Position im Leistungsverzeichnis vorgesehen. Löhne sind unter LK einzugliedern, verbrauchtes Material und dessen Vorhalten unter StK.
- *Laufende Ausgaben der Baustelle* – Personalkosten der Bauleiter, Kaufleute, Schreibkräfte einschließlich Reisespesen und sozialer Abgaben, freiwillige Unfall- und Haftpflichtversicherung, besondere Personalkosten für Planbearbeitung, statische Berechnungen, für die Baustelle anfallende Reisen, für die gesamte Baustelle gemeinsam anfallende Lohnkosten, wie Materialverwaltung, Bürohilfskräfte, Messgehilfen und Wachpersonal. Bürobedarf, Miete für Baubüro, Schreibbedarf, Porto, Fernsprechgebühren, Büroreinigung, Heizung, Beleuchtung, Betrieb besonderer Anlagen wie z. B. Wasserversorgung. Fahrzeugkosten, sonstige Material- und Betriebsstoffkosten, die in den Positionen des Leistungsverzeichnisses nicht enthalten sind wie z. B. Beleuchtung der

12.2 Ermittlung der Angebotspreise (Kalkulation)

Baustelle, Baustoff- und Bodenuntersuchungen, Probebelastungen, Dichtheitsprüfungen usw. Alle laufenden Ausgaben der Baustelle sind einzugliedern unter LK bzw. StK.
- *Besondere Bauzinsen unter StK* – vorgelegtes Betriebskapital für Einrichten, Lohn- und Materialkosten bis zum Eingang der entsprechenden Zahlungen des Auftraggebers, Sicherheitsleistung.
- *Wagnisse besonderer Art unter StK* – wenn sie in der Ausschreibung besonders auferlegt und genau umschrieben sind.
- *Überschlägige Ermittlung der Gemeinkosten* – bei größeren Baustellen werden die Gemeinkosten der Baustelle einzeln kalkuliert, bei kleineren häufig nur ein bestimmter Anteil zu den Einzelkosten genommen, etwa 15 % zu den Lohnkosten, 5 % zu den Stoffkosten.

Tab. 12-1: Beispiel für Mittelwerte der gesetzlichen und tariflichen Sozialbeiträge und Abgaben (Zuschlagssatz für Lohnzusatzkosten)

	Bezeichnung			%
1	Grundlöhne (Fertigungslöhne) = Tariflohn und Bauzuschlag, Leistungs- und Prämienlöhne, übertarifliche Bezahlung, vermögenswirksame Leistungen, Überstunden, Erschwerniszuschläge			100
2	Soziallöhne			
2.1	Feiertage	4,57		
2.2	Ausfalltage	0,00		
2.3	Krankheitstage mit Lohnfortzahlung	4,06		
2.4	13. Monatseinkommen	5,66	14,29	14,29
2.5	Betriebliche Soziallöhne, Lohnausgleich		3,24	
		17,53	17,53	
2.6	Urlaub, zusätzliches Urlaubsgeld	19,46		
		36,99		
	Bruttolohn als Basis für Sozialkosten und lohnbezogene Kosten 100 + 36,99 = 136,99			
3.	Sozialkosten			
3.1	Gesetzliche Sozialkosten			
	Rentenversicherung allgemein	9,55		
	Arbeitslosenversicherung	3,25		
	Krankenversicherung allgemein	7,10		
	Pflegeversicherung allgemein	0,85		
	RV, KV, PfV für Empfänger von beitragsfinanziertem WAG	0,09		
	Unfallversicherung	6,46		
	Konkursausfallgeld, Rentenlastausgleich, Arbeitsmedizinischer Dienst	0,41		
	Schwerbehindertenausgleich		0,50	
	Arbeitsschutz und -sicherheit		1,06	
	Betriebliche Sozialkosten	27,71	1,56	
	27,71 %·136,99		37,96	
3.2	Winterbauumlage	1,00		
3.3	Tarifliche Sozialkosten Beitrag zu den Sozialkassen	20,60		
	Summe 3,2 + 3,3	21,60		
	Umrechung auf Basis Bruttolohn (136,99 – 5,66)·21,60 %		28,37	
	Sozialkosten		67,89	67,89
	Lohngebundene Kosten			82,18

12.2.3.4 Betriebskostenzuschläge

1. *Allgemeine Geschäftskosten* – Sie bestehen aus: Gehältern und Gewinnbeteiligungen der Angestellten, Reisekosten der Geschäftsleitung, Kosten des Zentralbüros, Miete, Licht, Heizung, Zeichen- und Schreibbedarf, Porto, Fernsprechgebühren, Fachbücher und Zeitschriften, Inserate, Ausschreibungsunterlagen, Verzinsung des Eigen- und Fremdkapitals, Betriebskosten der Bauhöfe und Werkstätten, Beiträge zu Verbänden und Vereinen, Steuern und Versicherungen. Die allgemeinen Geschäftskosten sind verhältnismäßig stetig, das Verhältnis zum Gesamtauftrag ändert sich, je besser die Beschäftigung und die Organisation ist. Der %-Zuschlag ist aus den Erfahrungen der vergangenen Betriebsjahre zu wählen, er beträgt je nach Auftragslage und Größe des Unternehmens 6–12 % Es ist üblich, den Materialanteil nicht so hoch wie den Lohnanteil zu belasten, z. B. auf Material 4 %, auf Rest 8 % der Selbstkosten aufzuteilen.
2. *Wagnis und Gewinn* – Um die Lebens- und Leistungsfähigkeit des Unternehmens sicherzustellen und Investitionen zu ermöglichen, muss der Zuschlag dem Gesamtumsatz der Firma entsprechen, im allgemeinen 5–10 % der Selbstkosten, gleichmäßig auf LK, StK und GK verteilt.

12.2.3.5 Umsatzsteuer

Sie richtet sich nach den geltenden Steuersätzen: 16 % bis 2006, 19 % ab 2007

12.2.4 Zusammenstellung des Angebots

In **Tab. 12-2** ist an einem Beispiel mit angenommenen Einzelkosten und Gerätekosten dargestellt, wie die Angebotssumme, ohne Umsatzsteuer, und die erforderlichen Zuschläge zu den Einzelkosten der einzelnen Ordnungszahlen (OZ) des Leistungsverzeichnisses ermittelt werden. Es ist dabei zweckmäßig, den Zuschlag zu den Stoffkosten und den Gerätekosten gleich hoch aus deren Summe zu berechnen.

Tab. 12-2: Ermittlung der Angebotssumme und der Zuschläge zu den Einzelkosten, Beispiel

Zeile	Bezeichnung	LK	StK	GK	Gesamt
		€	€	€	€
1	Einzelkosten (angenommen)	100 000	400 000	5 000	505 000
2	Gerätekosten (angenommen)	10 000	10 000	30 000	50 000
3	Summe 1 + 2	110 000	410 000	35 000	555 000
4	Gemeinkosten der Baustelle rd. Zuschlag zu Zeile 3, 15 % auf LK, 5 % auf je StK u. GK	16 500	20 500	1 750	38 750
5	Selbstkosten ohne soziale Abgaben	126 500	430 500	36 750	593 750
6	Soziale Abgaben, 82.15 % zu Z.5	103 920	–	–	103 920
7	Selbstkosten einschl. soziale Abgaben	230 420	430 500	36 750	697 670
8	Allgemeine Geschäftsunkosten Zuschlag 8 % der S 7 auf LK4 % der S 7 auf StK + GK	18 434	17 220	1 470	37 124
9	Zwischensumme	248 854	447 720	38 220	734 794
10	Wagnis und Gewinn, je 5 % der Zeile 9	12 443	22 386	1 911	36 740
11	Angebotssumme ohne USt	261 297	470 106	40 131	771 534
12	erforderliche Zuschläge auf Zeile 1, LK und S StK + GK	2,61	1,26	1,26	
Anmerkung zu Zeile 12: Zuschlag zu StK. u. GK (470106 + 40131)/405000 = 1,26					
13	Umsatzsteuer 16 % aus Z. 11				123 445
14	Angebotssumme einschl. USt				894 979

In **Tab. 12-3** ist als Beispiel der Einheitspreis einer OZ mit den Zuschlägen der **Tab. 12-2** berechnet. Wenn im Angebot die Einheitspreise getrennt für LK und StK anzugeben sind, wird der Kostenanteil GK zu dem Kostenanteil StK hinzugerechnet.

Tab. 12-3: Berechnung der Einheitspreise, nach Beispiel Tab. 12-2

OZ	Bezeichnung	Einzelkosten			Einzelkosten Zuschläge			Einheits-preis
					2,61	1,26	1,26	
		LK	St K	GK	LK	St K	GK	$\sum$
–	–	80,–	300,–	30,–	209,–	378,–	37,80	624,80

01	Bezeichnung des Bauvorhabens		
02	Name und Anschrift des Bieters		
1	Summe der Einzellohnkosten der Teilleistungen (einschl. vermögenswirksamer Leistungen) ohne Sozialabgaben		110000,–
2	Summe der Einzelstoffkosten der Teilleistungen		410000,–
3	Gerätevorhaltekosten einschl. Reparaturkosten, ohne Betriebsstoffe und Bedienung		35000,–
4	Gesetzliche und tarifliche Sozialabgaben, Kosten der Lohnfortzahlung, Sozialkassenbeiträge, Winterbauumlage (82.15) % der Einzellohnkosten		103920,–
5	Lohnnebenkosten (–) % der Einzellohnkosten		–
6	Summe der übrigen Baustellen-Gemeinkosten		38750,–
7	Entwurfskosten, Statik, Prüfungsgebühren, Lizenzgebühren u. a., soweit sie in besonderen OZ anzubieten sind (sonst in 2.6 enthalten)		–
8	Zwischensumme Z. 02.1–02.7		697670,–
9	Allgemeine Geschäftsunkosten (8) % auf LK, (4) % auf StK und GK der Zwischensumme 02.8		37124,–
10	Zwischensumme Z. 02.7 + 02.8		734794,–
11	Wagnis und Gewinn (5) % der Zwischensumme Z. 02.9		36740,–
12	Netto-Angebotssumme		771534,–
	Die Zuschläge zu den Einzelkosten der OZ betragen: Lohnkosten (2.61) %, Stoffkosten (1.26) % Gerätekosten (1.26) %, Fremdleistungen (–) %		
13	Umsatzsteuer (16) %		123445,–
14	Angebotssumme einschl. USt		894979,–

12.2.5 Aufgliederung der Angebotssumme

Für die Angebotsabgabe wird von den öffentlichen Auftraggebern meist die Aufgliederung der Angebotssumme gefordert. Nach dem Muster des BStI ist im Folgenden diese Aufgliederung mit den Werten der **Tab. 12-2** durchgeführt.

12.3 Kostenschätzung

12.3.1 Allgemeines

Die im Folgenden angegebenen Preise für Kostenschätzungen in Vorentwürfen/Vorplanungen und Gutachten sind Mittelwerte auf der Preisgrundlage März 2002. Da sich der bundesweite Kostenindex für öffentliche Tiefbaumaßnahmen von 2000 bis 2005 praktisch nicht verändert hat (vergl. Abschn. 12.6.2) wurden die Angaben aus der 13. Auflage fast ausnahmslos übernommen.

Im Einzelfall können jedoch ungleiche Preissteigerungen der verschiedenen Anlageteile von Wasserversorgungsanlagen und die örtlich stark schwankende Konjunktur auf dem Bausektor erhebliche Unterschiede in den Baukosten ergeben. Es ist daher auch bei Kostenschätzungen empfehlenswert, besonders bei größeren Baumaßnahmen, aktuelle Ausschreibungsergebnisse vergleichbarer Maßnahmen im gleichen Raum zugrunde zu legen. In den Werten der folgenden Tabellen sind nicht enthalten: Kosten der Baugrundstücke, Baunebenkosten und Umsatzsteuer. Diese werden mit %-Sätzen als Zuschlag gesondert berechnet und i. a. auch gesondert ausgewiesen.

Der Entwurf/die Entwurfsplanung als Grundlage der Finanzierung und Ausschreibung erfordert demgegenüber eine Kostenberechnung mit den OZ des Leistungsverzeichnisses. Die in der Kostenberechnung eingesetzten Preise müssen entweder nach Abschn. 12.2 kalkuliert oder aus Angeboten und Abrechnungen ähnlicher Baumaßnahmen unter Berücksichtigung der örtlichen Verhältnisse entnommen werden.

Für Kostenschätzung und Kostenberechnung ist immer der Zeitpunkt der Preisgrundlage festzulegen und anzugeben. Wenn mit Preissteigerungen zu rechnen ist, dann ist es vorteilhaft, die geplante Baumaßnahme in ausführungstechnisch mögliche und finanzierbare Jahresbauabschnitte aufzuteilen und entsprechend den zu erwartenden Preissteigerungen die zu erwartenden Kosten der Jahresbauabschnitte und der Gesamtkosten zu ermitteln.

12.3.2 Rohbaukosten

12.3.2.1 Wasserfassung

12.3.2.1.1 Quellfassungen

1. *Schürfarbeiten* – werden meist im Stundenlohn ausgeführt, da der Umfang vorher schwer abschätzbar ist. Insgesamt je nach örtlichen Verhältnissen: €/Quelle 1000 bis 5000€
2. *Schichtquelle* – Sickergalerie, PVC-Rohr DN 150 halbseitig gelocht, 2,5 m Überdeckung, Steinpackung, Beton- und Lettendichtung:
€/m: 300,–
3. *Stauquelle* – Aushub, Betonringe DN 1000, Steinpackung, Beton- und Lettendichtung, ohne Überbau für Bedienungsschacht:
€/m Tiefe: 1650,–
4. *Sammelschacht* – auch Unterbrecherschacht, mit Wasser- und Bedienungskammer, mit Messüberfall und hydraulischer Ausrüstung, Einstieg von oben, u. R. je nach Ableitungsmenge 10–20 m3:
€/m3 u. R.: 1000,–

12.3.2.1.2 Bohrbrunnen

Für das Niederbringen der Bohrung werden meist für jede Tiefe gleiche oder nur wenig mit der Tiefe abnehmende Preise angeboten, da die festen Ausgaben der Bohrung wegen der Möglichkeit, dass die Bohrung in geringerer Tiefe endet, mehr auf die oberen Bohrmeter verteilt werden, während die Preise für die tieferen Bohrmeter dann nur die dort notwendigen Mehraufwendungen mit enthalten. Bei Saugbohrverfahren sind die Bohrkosten je m Tiefe bei Lockergestein etwa um 100,– € niedriger als in der Tab., bei Festgesteinen nur wenig niedriger. Der Zeitaufwand für das Niederbringen der Bohrung im Lockergestein beträgt nur etwa 1/5 von dem einer Trockenbohrung, die Kosten der Bohrstelleneinrichtung sind etwa 20 % höher. In den Preisen der Tab. sind Zubehörteile wie Zentriervorrichtungen, Rohrboden, Probenentnahmen usw. enthalten.

12.3 Kostenschätzung

1. Herstellen der Bohrung – nach **Tab. 12-4**

Tab. 12-4: Bohrstelleneinrichtung und Bohrung

Bezeichnung Gesteinsarten	Grundwassermessstelle		Brunnen zur Wassergewinnung					Zuschlag bes. fest
	Locker- gestein	Festgestein	Lockergestein			Festgestein		
Endlichtweite der Bohrung mm	300	300	600	1000	1500	600	800	
Bohrstelleneinrichtung in								
T. € bei Bohrtiefen <50 m	3	3	6	8	11	10	13	3
T. € bei Bohrtiefen 50–100 m	4	7	9	13	15	15	18	3
T. € bei Bohrtiefen >100 m	5	10	13	15	16	20	23	3
Umstellen der Bohrstelleneinrichtung i. T. €	3	5	10	10	10	13	13	
Bohrung €/m	150	225	300	400	500	400	500	100

2. Lieferung und Einbau von Filter- und Aufsatzrohren – nach **Tab. 12-5**

Tab. 12-5: Filter- und Vollwandrohre (Aufsatzrohre) L +E in € /m

Rohrart	Filterrohre					Vollwandrohre				
DN	50	150	300	400	500	50	150	300	400	500
Stahl mit Schlitzbrücken, mit Kunststoffüberzug	50	110	225	280	335	35	95	210	265	335
Stahl mit Schlitzbrücken aus rostfreiem Stahl	175	325	525	625	725	150	275	500	585	700
Wickeldrahtfilter aus rostfreiem Stahl	250	375	600	700	800	–	–	–	–	–
PVC	30	65	175	220	315	30	75	185	235	290

3. Sperrohre – nach **Tab. 12-6**

Tab. 12-6: Sperrohre, s = 0,01·DN mm, L + €, /m

DN	150	300	500	600	700	800	900
Stahl	50	125	200	250	270	325	395

4. wasserdichter Brunnenkopf – nach **Tab. 12-7**

Tab. 12-7: Wasserdichter Brunnenkopf, bestehend aus Brunnenkopfrohr €/m und Brunnenkopfdeckel €/St. L + E

	Brunnenkopfrohr, 1 m					Brunnenkopfdeckel				
	50	300	500	600	700	50	300	500	600	700
Stahl, verzinkt	25	550	950	1 150	1 350	50	650	1 000	1 200	1 500
Stahl, rostfrei	80	800	1 250	1 500	1 800	100	1 100	1 700	2 100	2 500

5. Filterkies
einfache Schüttung: zweifache Schüttung:
€/m^3: 175,–   €/m^3: 250,–

6. Abdichten zwischen Bohrlochwand und Sperrohr –
plastischer Beton: Ton: Kugelton:
€/m^3: 290,–   €/m^3: 300,–   € /m^3: 600,–
Mischung aus 1000 l Wasser, 700 kg Dämmer, 250 kg Zement, 1 kg Bentonit: €/m^3 350,–

7. *Pumpversuch* – Vorhalten der Geräte und Durchführung der Pumpversuche einschl. Messungen am Brunnen und an bis zu 6 Grundwassermessstellen nach **Tab. 12-8**

Tab. 12-8: Pumpversuch

max. Förderleistung der Pumpe	l/s	25	50	100	150
Transport, Vorhalten der Pumpe, Steigleitung und Antriebskraft	€/St	1 800	3 000	4 000	5 000
Ein- und Ausbau der Pumpe, Tiefe	<20 m	900	1 000	1 400	1 500
€/St	>20 m	1 800	1 900	2 000	2 100
Abschnittsweises Entsandungspumpen, einschl. Vorhalten, Ein- und Ausbau der Geräte	€/h	100	110	130	150
Leistungspumpen einschl. Messungen	€/h	75	80	90	100
Messung mittels induktivem Messgerät	€/St	850	900	1000	1100
Messung mittels Messwehr, einschl. Vorhaltung	€/St	750	750	900	900
Einrichtungen zur Ableitung des Wassers	€/m	8	14	20	30

8. *Brunnenschacht*
baulicher Teil, mind. 15 m³ u. R. – €/m³ u. R. 1 200,–
hydraulische Ausrüstung, ohne Pumpe und Steigleitung – €/l/s 700,–
9. *Maschinentechnische Ausrüstung* – nach **Tab. 12-9**.

12.3.2.1.3 Horizontalfilterbrunnen

Die Angaben beziehen sich auf die Ausführung nach dem Preussag-Verfahren, für andere Ausführungsarten (z. B. Spülbohrverfahren) sind die Kostenanfragen bei den Anbietern empfehlenswert.
1. *Brunnenschacht* – nach **Tab. 12-10**.
2. *Filterstränge* – nach **Tab. 12-11**, je nach Ausführung mit oder ohne Einspülung von Filterkies ist der dem Filterdurchmesser entsprechende Bohrdurchmesser zu wählen.

Tab. 12-9: Maschinentechnische Ausrüstung von Brunnen

max. Förderleistung der Pumpe	l/s	10	25	50	100
Unterwassermotorpumpe, H 20 m,	i. T. €/St	4	5	8	9
Unterwassermotorpumpe, H 100 m	i. T. €/St	6	9	12	15
Einbau Pumpe + Steigleitung	€/St	1 000	1 500	2 800	3 500
Steigleitung, L + E, DN		80	100	150	200
Stahl, kunststoffbeschichtet	€/m	50	60	80	110
PVC	€/m	40	50	65	75
Niederspannungsanschluss	i. T. €/St	3	3	3	3

Tab. 12-10: Horizontalfilterbrunnen, Brunnenschacht

		Fertigschacht	Ortbeton	
Schachtdurchmesser D_i	m	2,50	3,00	4,00
Baustelleneinrichtung	i. T. €	35	40	90
Brunnenschacht stg. m.	i. T. €	3	4	8
Senkschneide, Unterbeton, Schachtsohle	i. T. €	7	10	30

12.3 Kostenschätzung

Tab. 12-11: Horizontalfilterbrunnen, Herstellen der Filterstränge

Bohrung DN	mm	250–300	350–400	450–500
	€/m	200	250	400
Ausbau DN	mm	150–200	200–250	300–350
FilterrohrStahl mit Kunststoffüberzug	€/m	110	135	185
Stahl rostfrei		150	175	250
PVC		85	115	160
VollwandrohrStahl mit Kunststoffüberzug		100	130	180
Stahl rostfrei		140	165	250
PVC		80	110	150
Filterkieseinspülung		30	40	
Spezialdurchführung Strangzubehör		1 000	1 350	2 500
Spezialschieber mit Spindel		2 000	2 100	2 500
Strangentsandung/Strang		700	800	1 000

3. *Pumpversuch* – nach **Tab. 12-12**

Tab. 12-12: Horizontalfilterbrunnen, Pumpversuch

max. Entnahme	l/s	250	400	1 000
Auf– und Abbau, je PV	i. T. €	3	5	10
Leistungspumpen einschl. Messungen am Brunnen, ohne Messung am Beobachtungsnetz	€/h	70	80	95

4. *Bedienungshaus* – der Überbau des Horizontalbrunnens wird meist als Maschinenhaus ausgeführt, selten als einfacher Brunnenschacht.
Baulicher Teil, Maschinenhaus bei Schachtdurchmesser 4,00 m, etwa 800 m^3 u. R. /m^3 u. R. 400,–
hydraulische Ausrüstung, ohne Pumpen und Steigleitung – /l/s 150,– bis 250,–

12.3.2.1.4 Oberflächenwasserfassung

Für Talsperren, Fluss-Wasserentnahmen sind immer auf den jeweiligen Einzelfall gerichtete Erhebungen erforderlich.

12.3.2.2 Wasseraufbereitung

1. *Raumbedarf* – nach **Tab. 12-13**

Tab. 12-13: Wasseraufbereitung, Raumbedarf

Anlageteil	m^3 u. R.
1. Belüftung, Entgasung, je m^2 Riesler, Wellbahn	20–30
2. Offene Schnellfilter, je m^2 Filterfläche	30–40
3. Geschlossene Schnellfilter, je m^2 Filterfläche	40–50
4. Ozonung, Erzeugung je kg/h Ozon, mind. 40 m^3 u. R.	20
5. Reaktionsraum je kg/h Ozon	40
6. Chlorung, Erzeugung je Gerät Lager, Größe nach Bedarf	15
7. Chlordioxidanlage, Erzeugung + Lager je 50 g/h Erzeugung	50
8. Flockung, je l/s	20

2. *Baulicher Teil* – /m^3 u. R. 400,–
3. *Aufbereitungstechnische Ausrüstung* – nach **Tab. 12-14**

Tab. 12-14: Aufbereitungstechnische Ausrüstung

max. Durchfluss	l/s	10	50	100	500
Belüftung, Entgasung	i. T. €	15	50	60	160
Offene Schnellfilter	i. T. €	100	330	500	1 100
Geschlossene Schnellfilter	i. T. €	100	340	500	1 100
Ozonung	i. T. €	35	80	100	450
Chloranlage	i. T.€	8	15	20	20
Chlordioxidanlage	i. T. €	10	30	40	80
Spülschlammbehandlung	i. T. €	15	50	80	250

4. *Filtermaterial* – nach **Tab. 12-15**

Tab. 12-15: Filtermaterial

Filtermaterial	Quarzsand	Hydroanthrazit	Aktivkohle	Jurakalk	dolomitisches Material
€/m^3	250	300	1 000	200	300

12.3.2.3 Wasserförderung

1. *Bauliche Anlage* – nach **Tab. 12-16**

Tab. 12-16: Pumpwerk, Raumbedarf, Kosten der baulichen Anlage

max. Förderstrom	l/s	50	100	500
umbauter Raum	m^3 u. R./l/s	30	20	15
umbauter Raum	m^3 u. R.	1 500	2 000	7 500
Kosten	€/m^3 u. R.	450	400	350

2. *Nebenräume* – der Raumbedarf kann sehr unterschiedlich groß sein, bei kleinen, nicht besetzten Maschinenhäusern können manchmal solche ganz fehlen, wenn z. B. Werkstatt, Lager u. a. zentral zusammengefasst sind. Bei größeren Pumpwerken beträgt der Raumbedarf etwa:

Meisterbüro	15 m^2	WC	10 m^2
Werkstatt + Lager	100 m^2	Trockenraum	10 m^2
Waschraum	25 m^2	Aufenthaltsraum	30 m^2

€/m^3 u. R. 300,–

3. *Maschinentechnische Ausrüstung* – nach **Tab. 12-17**
4. *Hydraulische Ausrüstung* – nach **Tab. 12-17**
5. *Elektrotechnische Ausrüstung* – nach **Tab. 12-17** und **12-18**

Tab. 12-17: Pumpwerk, maschinentechnische Ausrüstung

Förderstrom	l/s	10	25	50	100	200
horiz. Hochdruck-Kreiselpumpe (1450 l/min)						
h 50 m	i. T. €/St	5	8	10	15	20
h 100 m	i. T. €/St	7	10	13	20	25
Montage je Maschinensatz	i. T. €/St	2	3	4	7	15
hydraulische Ausrüstung je Masch. Satz	i. T. €/St	6	13	25	50	100
elektrische Ausrüstung für Gesamtausbauleistung in l/s des Pumpwerks Schaltwarte, Fernmess-, Fernsteuerung	i. T. €/St	22	35	42	75	150
Hoch-, Niederspannung, Trafo	i. T. €/St	16	22	24	38	63

12.3 Kostenschätzung

Tab. 12-18: Pumpwerk, elektrische Ausrüstung

Leistung	KW	22	45	90	160	350
E mot.	i. T. €	2	3	5	7	19
Ersatzstromanlage	i. T. €	20	28	40	60	120
Niederspannung Stromzuführung	mm²	35	50	70	120	
Freileitung	€/m	25	30	35	45	
Kabel mit Graben	€/m	35	38	40	54	
Hochspannung	KV	6	20			
Freileitung	€/m	28	43			
Kabel mit Graben	€/m	40	45			

Übertragung Wasserstand	i. T. €	5	Fernsteuerung 1 Maschinensatz	i. T. €	3
Übertragung Durchfluss	i. T. €	6	Schaltschrank 1 Feld	i. T. €	5
Übertragung Druck	i. T. €	3	Steuerkabel (ohne Kabelgraben)	€/m	10
Übertragung Störung	i. T. €	1			

6. *Installationen* – in % der Rohbaukosten der Gebäude

Wasserversorgung	2 %	Klimaanlage	2 %
Abwasser	1 %	Beleuchtung	1 %
Heizung	1 %	Schutzmaßnahmen	1 %

7. *Außenanlagen*

Bodenplanierung	10 €/m²	Verkehrsflächen	75 €/m²
Zaun	75 €/m	Grünflächen	10 €/m²

12.3.2.4 Wasserspeicherung

12.3.2.4.1 Hochbehälter

Die Kosten sind wesentlich von der baulichen Gestaltung und von den Bauplatzverhältnissen abhängig und können in Abhängigkeit von der Konjunktur in großen Grenzen schwanken. Der umbaute Raum der Wasserkammer beträgt etwa 115–125 % des Nutzinhalts, der umbaute Raum des Bedienungshauses, evtl. Bedienungsganges eines allein stehenden Behälters etwa 50 % des Nutzinhalts. Raumbedarf und Kosten sind in **Tab. 12-19** angegeben.

Tiefbehälter sind meist mit Pumpwerken oder Aufbereitungsanlagen verbunden, so dass der u. R. für das Bedienungshaus meist erheblich kleiner ist. Er muss im Einzelfall gesondert ermittelt werden, dies trifft auch für die hydraulische Ausrüstung zu.

Tab. 12-19: Hochbehälter in Stahlbetonausführung

Nutzinhalt der Wasserkammern	m³	100	200	500	1 000	5 000	10 000
Wasserkammern	m³ u. R.	125	240	580	1 150	5 700	11 500
	€/m³ u. R.	325	300	290	280	240	220
Bedienungshaus	m³ u. R.	55	120	300	700	3 000	4 000
	€/m³ u. R.	390	370	360	340	280	250
hydraulische Ausrüstung	i. T. €	35	40	50	60	150	240

hydraulische Ausrüstung oder: 1 000 € /l/s des max. Zu- bzw. Ablaufes

12.3.2.4.2 Wasserturm

Die Kosten sind weitgehend abhängig von dem gewählten Tragwerk, der Höhe des Turmschaftes und der architektonischen Gestaltung. Für mittlere Ausführung bei 20 m Höhe des WSp. üb. Gelände, Wasserbehälter in Stahlbeton, Turmschaft in Ringform und Stahlbetonausführung mit Gleitschalung, sind die Kosten in **Tab. 12-20** angegeben. Durch Sonderkonstruktionen bei größeren Turmbehältern können geringere Kosten je m³ u. R. erreicht werden.

Eine besonders preisgünstige Form, die jedoch in der Anwendbarkeit beschränkt ist, ist die Ausführung als Standrohrturm, da hier die Wasserkammern unmittelbar auf den gewachsenen Boden gegründet werden, der u. R. somit verhältnismäßig klein gegenüber dem Wasserturm ist.

Tab. 12-20: Wasserturm, WSp. 20 m über Gelände

	Standrohrturm	Wasserturm 1-kammerig	Wasserturm 2-kammerig	
Nutzinhalt der Wasserkammern m³	300	100	200	500
m³ u. R.	800	1 050	1 450	3 000
€/m³ u.R.	300	330	360	330
hydraulische Ausrüstung i. T. €	45	45	50	75

hydraulische Ausrüstung alternativ: 3000 €/l/s des max. Zu- bzw. Ablaufes

12.3.2.5 Wasserverteilung

12.3.2.5.1 Rohrgraben

1. Aushub, Verfüllen und Verdichten – einschl. Nebenarbeiten, wie Krümmersicherungen u. a. nach **Tab. 12-21**. Als Abrechnungsbreite gilt unabhängig von der tatsächlichen Ausführungsbreite die Berechnungsbreite Bg nach **Tab. 12-22**, als Abrechnungstiefe die tatsächliche Ausführungstiefe = Überdeckung + D_a Rohr (nach VOB/C – DIN 18 300).
Die Bodenklassen werden nach DIN 18 300 bezeichnet.

Tab. 12-21: Rohrgraben, Aushub, Verfüllen, Verdichten

Bodenklasse Bodenart		1 Oberboden	2 wasserhaltender Boden	3–5 leichter, fester Boden	6 leichter Fels	7 schwerer Fels
Oberboden	€/m²	2				
Maschineneinsatz	€/m³		30	15	30	60
Handschacht, Zulage	€/m³		30	35	50	70

Schalung 15 €/m², Kanaldielen 30 €/m², Kanaldielen bleibend 70 €/m²

Beispiel: Rohrgraben, Bodenklasse 4, GGG K 10, DN 300, Überdeckung 2,00 m, Maschineneinsatz
Nach **Tab. 12-22**: Bg = d_a + 0,8 = 1,13 m, t_g = 2,33 m
Kosten je m Rohrgraben: = (1,13·2,33)·15,– = 39,49 €/m

2. Sandbettung, Sandumhüllung – zum Schutze der Rohrleitung bei steinigem Boden, aggressivem Boden, zur Vermeidung von Setzungen in Straßen, Kreuzungen mit schwer verdichtbaren Bodenklassen, Abrechnungsbreite nach **Tab. 12-22**, Abrechnungstiefe nach Ausführungstiefe, Kosten stark abhängig von der Entfernung der Sandbeifuhr.

Tab. 12-22: Abrechnungsbreite Bg für Rohrgräben (VOB/C – DIN 18 300)

DN bis einschließlich	50	250	400	800	1400	>1400
Bg für alle Rohrgrabentiefen m	0,70	1,00	d_a + 0,8	d_a + 0,9	d_a + 1,1	d_a + 1,3

Materialbedarf
Sandbettung: nach DIN 15 cm oder 10 cm + 0,1 DN
Sandumhüllung: Bg·(d_a + 0,30 Überdeckung) – [D_a^2· π/4] m³
Kosten: Sandbettung 12,– €/m³, Sandumhüllung 8,– €/m³
Sandlieferung, je nach Transportweg 15–20,– €/m³

12.3 Kostenschätzung

3. *Straßen-Aufbruch und -Wiederherstellung* – es wird i. a. nur die Abrechnungsbreite Bg (nach **Tab. 12-22**) + mind. 2·0,15 m, bei Rohrgrabentiefen >2,00 m + mind. 2·0,20 m, vergütet (ZTVA-StB 89).

Straßen-Aufbruch:		*Straßen-Wiederherstellung:*	
Bitumendecke	65 € /m^3	Bitumendecke 10 cm	18 €/m^2
Betondecke	85 € /m^3	Betondecke	28 €/m^2
Großpflaster	14 € /m^3	Großpflaster	48 €/m^2
		Gehwegplatten	23 € /m^2
		Kiestragschicht	23€ /m^3

4. *Wasserhaltung* – i. a. nach tatsächlichem Anfall mit Betriebsstundenzähler und Messung der Fördermenge,
10–30 m^3/h 10,– €/h, 30–60 m^3/h 12,– €/h, 60–100 m^3/h 15,– €/h
oder bei geringem Wasserandrang Zuschlag je m Rohrgraben
€/m 2,–

12.3.2.5.2 Rohrleitung

1. *Duktile Gussrohre GGG* – ZM, spritzverzinkt, bituminiert, mit Tytonverbindung, Mengen üb. 10 t, Kosten nach Tab. 12-23, kleinere Mengen etwas höhere Kosten.
2. *Stahlrohre* – ZM, außen Kunststoffüberzug, Schweißverbindung, Mengen über 10 t, Kosten nach Tab. 12-24, kleinere Mengen etwas höhere Kosten.
Stahlrohre, ZM, außen verzinkt und Farbanstrich, Flanschverbindung für die hydraulische Ausrüstung von Schächten, Pumpwerken u. a. nach **Tab. 12-25**.
3. *PVC-Rohre* – PN 10, mit Steckverbindung, Kosten nach **Tab. 12-26**.
4. *PE-Rohre* – PN 10, mit Schweißverbindung bei 12 m Stangenware, Kosten nach **Tab. 12-27**.

Tab. 12-23: Duktile Gussrohre GGG, K 9, ZM, mit Tytonverbindung, Abnahmemengen über 10 t, Liefern und Verlegen

DN	80	100	150	200	250	300	400	500	600
Gewicht mit ZM kg/m*	15,1	18,5	27,3	37,4	49,5	62,7	94,2	128,9	165,3
L + V €/m	33	38	55	75	95	115	175	230	300

* Gewicht pro lfm mit Muffenanteil

Tab. 12-24: Stahlrohre, ZM, PE-Überzug, Schweißverbindung, Liefern und Verlegen

DN	100	150	200	250	300	400	500	600
Gewicht mit ZM kg	13,7	23,5	34,5	46,5	59,9	87,9	107	137
L + V €/m	40	55	75	100	120	165	220	250

Tab. 12-25: Stahlrohre, ZM, verzinkt, Flanschverbindung, Liefern und Verlegen

DN	80	100	150	200	250	300	400	500	600
L + V € € /m	40	50	65	100	150	190	230	275	330

Tab. 12-26: PVC-Rohre, Liefern und Verlegen

DN	80	100	150	200	250	300
Gewicht kg/m	1,7	2,6	5,5	10,8	16,0	20,9
L + V € /m	14	17	24	37	65	110

Tab. 12-27: PE-Rohre, Liefern und Verlegen (einschl. Schweißverbindungen bei 12 m Stangenware)

DA (DN)	90 (80)	125 (100)	160 (150)	225 (200)	280 (250)	315 (300)
Gewicht kg/m	1,9	3,5	5,8	11,1	16,5	20,5
L + V €/m	15	20	28	45	65	100

5. *Formstücke* – Die Kosten für Formstücke sind stark abhängig von den örtlichen Verhältnissen. Für die Abrechnung können die Formstücke übermessen und je Muffe oder Flansch ein Formstückszuschlag von 2 m bei GGG und von 4 m bei PVC vergütet werden. Entsprechend der Abschätzung der Zahl der Formstücke beträgt der Kostenanteil der Formstücke etwa:

Zubringer- und Fernleitungen   10–12 %
Haupt- und Versorgungsleitungen   10–30 % (Versorgungsleitungen innerorts bis 50 %)

12.3.2.5.3 Armaturen

1. *Absperrarmaturen* – es werden vorwiegend Schieber mit glattem Durchgang ohne Schiebersack, z. B. Betaschieber (VAG), Multamedschieber (Erhard), verwendet, Kosten nach **Tab. 12-28**.
Automatisch wirkende Rückschlagklappe, mit Gewicht und Umführung, Kosten nach **Tab. 12-29**.
Bei größeren DN (ab DN 250) ist der Einsatz von Klappen üblich, Kosten nach **Tab. 12-30**.
Für Spezialarmaturen wie Kugelhähne, Ringkolbenschieber u. ä., sind jeweils Preisvoranfragen bei den Herstellern zu empfehlen.

Tab. 12-28: Schieber mit glattem Durchgang (Beta, Multamed), Liefern und Verlegen

DN	80	100	150	200	250	300
Gewicht	25	31	51	80	118	177
L + V € /St	290	330	550	800	1 300	1 700
Einbaugarnitur + Straßenkappe + Umpflasterung €/St	80	80	90	100	110	110

Tab. 12-29: Rückschlagklappe mit Hebel und Gewicht, Liefern und Verlegen

DN	80	100	150	200	250	300	400
Gewicht kg	29	44	76	130	185	270	480
L + V €/St	550	750	900	1 600	1 900	2 200	2 800

Tab. 12-30: Klappen, Ausbaustück, Liefern und Verlegen

DN		200	250	300	400	500	600
Klappe	Gewicht kg	90	110	125	255	360	535
	€/St	1 500	1 700	2 200	2 900	3 700	4 600
Ausbaustück	€/St	550	650	900	1 600	2 300	3 400

Tab. 12-31: Hydranten, einschl. Fußkrümmer u. Straßenkappe, Liefern und Verlegen

Hydrant	Unterflurhydrant		Überflurhydrant		Überflurhydrant mit Fallmantel	
DN	80	100	100	150	100	150
L + V €/St	560	1 150	2 100	3 150	2 900	4 200

Tab. 12-32: Be- und Entlüfter, Druckminderer- und Sicherheitsventil, Liefern und Verlegen

DN		25	50	80	100	150	200
Be- und Entlüftungsventil	€	260	650	1 250	1 600	2 800	3 600
Druckminderventil	€		520	850	1 400	2 800	4 100
Sicherheitsventil	€		480	700	1 050	1 850	

12.3 Kostenschätzung

2. Armaturenschächte
Baulicher Teil:
Entlüfterschacht 8–12 m³ u. R., Spülschacht 8–12 m³ u. R., Abzweigschacht 20–25 m³ᵛ u. R. €/m³ u. R. 700,–
Hydraulische Ausrüstung: Kosten entsprechend den eingebauten Armaturen und Rohrlängen mit Formstückzuschlägen.

12.3.2.5.4 Sonder-Bauwerke

1. *Straßen- und Bahnkreuzung in offener Bauweise:*
   – *Baustelleneinrichtung* – abhängig von der Länge der Kreuzung, pauschal 1000–2500 €, mind. 10 % der Rohbaukosten.
   – *Kosten je m Kreuzungslänge* – einschl. Rohrgraben, Aussteifung, Betonrohr als Schutzrohr, Betonummantelung, Einziehvorrichtung, ohne Produktenleitung und Kontrollschacht, nach **Tab. 12-33**.

Tab. 12-33: Straßen- und Bahnkreuzung, in offener Bauweise ohne Produktenleitung und Kontrollschächte, Liefern und Verlegen

DN	Schutzrohr		400	500	600	700	800
mögl.	DN GGG-Rohr		150	200	300	400	500
	D_a Flansch		285	340	455	465	670
		€/m	230	280	360	430	530

2. *Straßen- und Bahnkreuzung, Durchpressen:*
Baustelleneinrichtung – einschl. Pressschacht, abhängig von DN des Pressrohres und Länge der Kreuzung, pauschal:
2 500–6 000,– €, mind. 8 % der Rohbaukosten.
Vorpressen – einschl. Pressrohr, Einziehvorrichtung, Vorpressen, ohne Produktenleitung und Kontrollschacht, nach **Tab. 12-34**.

3. *Kreuzung mit offenen Wasserläufen in offener Bauweise:*
Baustelleneinrichtung – abhängig von der Größe und Art des Wasserlaufes und Länge der Kreuzung 1000–5000,– €, mind. 10 % der Rohbaukosten
Kosten je m Kreuzung – einschl. Rohrgraben, Aussteifung, Betonummantelung, Wasserhaltung, ohne Produktenleitung und Kontrollschächte, nach **Tab. 12-35**.

Tab. 12-34: Straßen- und Bahnkreuzung, Durchpressen, ohne Produktenleitung und Kontrollschächte, Liefern und Verlegen

DN	Schutzrohr		400	500	600	700	800
mögl.	DN GGG-Rohr		150	200	300	400	500
	D_a Flansch		285	340	455	465	670
		€ /m	430	650	750	900	1 000

Tab. 12-35: Kreuzung mit offenen Wasserläufen, ohne Produktenleitung und Kontrollschächte

DN	Rohrleitung	100	200	300	400	500
	€/m	260	360	530	730	830

4. *Düker* – Kosten sind weitgehend abhängig von den örtlichen Verhältnissen. Einzelerhebungen und Kosten-Voranfragen sind unerlässlich (z. B. DN 500 4000,– €/m einschl. Rohrleitung).

5. *Anhängen der Rohrleitung an Brücken* – Kosten der Rohrleitung einschl. Befestigungen, Isolierung gegen Frost, ohne Brückenkonstruktion, Bedienungsstege und Kontrollschächte, nach **Tab. 12-36**.

Tab. 12-36: Anhängen der Rohrleitung an Brücken, ohne Brückenkonstruktion und Kontrollschächte

DN	Rohrleitung	100	150	200	300	400
	€/m	260	430	530	780	1 050

Tab. 12-37: Gesamtkosten von 1 m Zubringerleitung im freien Gelände ohne Kosten für Schieber-, Entlüfter-, Spül- und Abzweigschächte und 1 m Versorgungsleitung im bebauten Gebiet, Bodenklasse 3–5, Überdeckung 1,50 m, GGG K 9, DN 100–300

Leitungsart	Zubringerleitung (ZW)				Versorgungsleitung (VW)			
DN	100	150	200	300	100	150	200	300
Oberboden, 12 m Breite	24	24	24	24	–	–	–	–
Rohrgraben	28	29	30	34	28	29	30	34
Schalung	–	–	–	–	15	15	15	15
Sandbettung 30 cm	4	4	4	4	4	4	4	4
Sandumhüllung 50-%–Anteil					3	3	4	5
Wasserhaltung, Anteil	2	2	2	2	2	2	2	2
Straßenaufbruch, Bitu 10 cm 1,50 m²/m (für alle DN)	–	–	–	–	10	10	10	10
Straßenwiederherstellung, Bitu 10 cm	–	–	–	–	27	27	27	27
Kiestragschicht, 30 cm	–	–	–	–	9	9	9	10
GGG-Rohr	38	55	75	125	38	55	75	125
Formstücke, ZW 5 %, VW 10 %	2	3	4	6	4	6	8	12
Schieber VW 0,01 St/m	–	–	–	–	3	6	8	17
Ü. Hydrant, VW 0,005 St/m	–	–	–	–	11	11	11	11
U. Hydrant, VW 0,01 St/m	–	–	–	–	6	6	6	6
Kreuzungen, ZW 0,001 St/m	3	3	3	3	–	–	–	–
Spülen, Desinfizieren	2	2	3	3	2	2	3	3
Druckprüfung	2	2	2	2	2	2	2	2
Summe, Einzelkosten	105	124	147	193	164	187	214	273
Baustelleneinrichtung 8 %	8	10	12	15	13	15	17	22
Unvorhergesehenes 5 %	5	6	7	9	8	9	10	13
Baunebenkosten 10 %	10	12	15	19	16	19	21	27
Rohbaukosten	128	152	181	236	201	230	262	335
Umsatzsteuer 16 %	20	24	29	38	32	37	42	54
Gesamtkosten €/m	148	176	210	274	233	267	304	389

12.3.2.5.5 Spülen und Desinfizieren

Bei Bereitstellen des Wassers durch den AG betragen die Kosten:
Grundbetrag: 2500,– €/km + 15 €/m³ Rohrinhalt/km
Beispiel:
1 km DN 200 K = 2500 + 15·31,5 = 2973 €/km = 3,00 €/m
1 km DN 500 K = 2500 + 15·183 = 5245 €/km = 5,25 €/m

12.3.2.5.6 Druckprüfung

Die Druckprüfung besteht aus Teilstreckenprüfung, Vorprüfung und Gesamtdruckprüfung, bei Bereitstellung des Wassers durch den AG betragen die Kosten:
Grundbetrag: 750,– €/Prüfstrecke + 1,5 €/m Gesamtstrecke
Beispiel: Gesamtstrecke 5 km, geprüft in 5 Teilstrecken, 1 Gesamtdruckprüfung
K = 6·750,– + 5000·1,50 = 12 000 € /5 km = 2,40 €/m

12.3 Kostenschätzung

12.3.2.5.7 Gesamtkosten je m Zubringer- bzw. Versorgungsleitung

In **Tab. 12-37** sind zum Vergleich gegenübergestellt die Kosten je m Zubringerleitung im freien Gelände und je m Versorgungsleitung im bebauten Gebiet, bei 1,50 m Überdeckung, Bodenklasse 3–5, geringe Wasserhaltung und sonst mittleren Verhältnissen.

12.3.2.5.8 Anschlussleitung

Der Kostenanteil des Rohrmaterials ist bei Anschlussleitungen gering, das Rohrmaterial wird daher hinsichtlich Lebensdauer und Beständigkeit bei Aggressivität gewählt, heute meist PE-100 oder PE-X. Auch DN der Anschlussleitung braucht zur Vermeidung großer Druckverluste nicht klein bemessen zu werden, Kosten nach **Tab. 12-38** (durch die vergleichsweise geringen Längen sind z. T. etwas höhere Einheitspreise zugrunde gelegt).

Tab. 12-38: Baukosten von 10 m Anschlussleitung bei örtlichen Verhältnissen wie Tab. 12-37

Ausführungsart		Herstellen mit Durchpressung und Einziehen			Herstellen mit Rohrgraben		
DN		25	32	40	25	32	40
Rohrgraben, L 10 m					150	150	150
Schalung					100	100	100
Sandumhüllung, L 5 m					22	22	22
Straßenaufbruch, L 5 m					25	25	25
Straßenwiederherstellen, L 5 m					130	130	130
Durchpressen und Einziehen, L 10 m		300	300	300			
	$\Sigma 1$	300	300	300	427	427	427
Rohrleitung PE-100; L 10 m		70	90	110	70	90	110
Ventilanbohrschellen GGG 100		150	150	160	150	150	160
Mauerdurchbruch mit Schutzrohr		75	100	125	75	100	125
Stahlrohrverzinkt im Haus, L 3 m		45	50	55	45	50	45
Hauswasserzähler 5, Ein- und Auslassventil, Normanschluss		250	275	300	250	275	300
Summe Einzelkosten	$\Sigma 2$	890	965	1 050	1 017	1 092	1 167
Baustelleneinrichtung	8 %	71	77	84	81	87	93
Unvorhergesehenes	5 %	44	48	52	51	55	58
Baunebenkosten	10 %	89	97	105	102	109	117
Rohbaukosten	$\Sigma 3$	1 094	1 187	1 291	1 251	1 343	1 435
Umsatzsteuer	16 %	175	190	207	200	215	230
Gesamtkosten €		1 269	1 377	1 498	1 451	1 558	1 665

12.3.2.6 Außenanlagen

1. Einzäunung:

Maschendrahtzaun	2 m hoch	50 € /m
Einfahrtstor	4,00·1,75 m	3 000 € /St
Eingangstüre	1,00·1,75 m	750 € /St.

2. Bepflanzung:
Rasensaat 0,80 €/m^2
Sträucher und Bäume, je nach Größe, Anfrage erforderlich
3. Straßen und Wege: nach Abschn. 12.3.2.5

12.3.2.7 Objektschutz

Kleine Wasserwerke 6 000–27 500 €
Mittlere Wasserwerke 12 500–57 500 €

12.3.2.8 Baustelleneinrichtung, mit Auf- und Abbau, sowie Vorhalten

Die Baustelleneinrichtung ist abhängig von der Größe und Schwierigkeit der Baumaßnahme. Soweit ihre Kosten nicht bereits bei den einzelnen Bauteilen angegeben sind, betragen sie etwa:

Summe der Einzelkosten < 0,5 Mio. € – Baustelleneinrichtung 8,5 %
Summe der Einzelkosten < 1,5 Mio. € – Baustelleneinrichtung 6,5 %
Summe der Einzelkosten > 1,5 Mio. € – Baustelleneinrichtung 5,5 %

12.3.2.9 Sonstige Kosten

12.3.2.9.1 Allgemeines

Zu den nach Abschn. 12.3.2 ermittelten Summen der Einzelkosten kommen verschiedene Kostenanteile hinzu, die für die Baudurchführung anfallen, wie Unvorhergesehenes, Ingenieurleistungen, Nebenkosten. Sie werden i. a. in % Sätzen der Summe der Einzelkosten bei der Kostenschätzung eingesetzt.

12.3.2.9.2 Unvorhergesehenes

Ein bis ins Detail ausgearbeiteter Entwurf unter Berücksichtigung aller Preissteigerungen erfordert eigentlich keine Kostenart Unvorhergesehenes. Dies ist jedoch selten erreichbar. Bei Gutachten und Vorentwürfen sind die Unsicherheiten der Kostenschätzung noch größer. Als Unvorhergesehenes werden i. a. 10 % beim VE, 5 % beim E entsprechend der Summe der Einzelkosten eingesetzt.

12.3.2.9.3 Ingenieurleistungen

Der Kostenanteil wird nach den Sätzen der **Tab. 11-1** entsprechend der Summe der Einzelkosten ermittelt.

12.3.2.9.4 Nebenkosten

Hierunter versteht man die Kosten für Grunderwerb, z. B. für Bauwerke, Fassungsbereich der Wasserschutzgebiete u. a., die im Einzelfall entsprechend den örtlichen Verhältnissen zu schätzen sind, ferner für Grunddienstbarkeiten, z. B. für das Einlegen von Rohrleitungen in landwirtschaftlich genutzten Grundstücken sowie Kosten für Sondergutachten, sonstige Entschädigungen, Gebühren, Finanzierungskosten u. a. Diese Kosten betragen etwa 3–5 % der Summe der Einzelkosten. Sie werden nicht als zuwendungsfähig für staatliche Zuwendungen anerkannt.
Hinzu kommen gegebenenfalls die Kosten für Bauverwaltung des AG, besonders bei großen Baumaßnahmen.

12.3.3 Umsatzsteuer

Die Umsatzsteuer, nach dem jeweils gültigen Steuersatz, ist immer als Kostenfaktor einzusetzen, sie muss im Gesamtwert der Anlage enthalten sein. Sie wird jeweils am Schluss der Rechnung bzw. Zusammenstellung der Kosten ausgeworfen und ist nicht bereits im Einzelpreis enthalten, Steuersatz 16 % bis 2006, 19 % ab 2007.

12.3.4 Verbrauchsleitungen (Hausinstallation)

Die Verbrauchsleitungen gehören nicht zu den Anlageteilen der zentralen öffentlichen Wasserversorgungsanlage. Sie sind von den Anschlussnehmern selbst entsprechend ihren Bedürfnissen und der Wahl der sanitären Ausstattung erstellen zu lassen, etwaige besondere Vorschriften des WVU sind dabei zu beachten. Die Kosten für die Hausinstallation unterliegt je nach gewähltem Rohrleitungsmaterial (Kupfer, Edelstahl, Kunststoff, verzinkter Stahl) und insbesondere der Ausführungsart der Armaturen großen Schwankungen, sie sind darüber hinaus wegen des hohen Lohnanteils auch regional verschieden hoch, so dass auf die Angabe von Richtwerten verzichtet wird.

12.4 Baukosten je Einheit

Die früher vielfach verwendeten Größen, Baukosten je Einwohner, je Wasseranteil, je Anwesen, haben an Bedeutung verloren, da mit der weitgehend zentralen WV nicht mehr der Neubau ganzer zentraler Wasserversorgungsanlagen, sondern der Umbau, der Teilausbau, die Erweiterung oder Sanierung durchzuführen sind und ein Vergleich zwischen verschiedenen Anlagen wegen der oft erheblichen Unterschiede in den einzelnen Anlageteilen und Baujahren wenig aussagekräftig ist.
Bei reinen Wohnsiedlungen mit niedriger Bauweise betragen die Kosten der Versorgungsleitungen etwa 3 000–5 000 €/Anwesen.

12.5 Kostenanteil der Anlageteile an den Gesamtkosten

Der Kostenanteil des Rohrnetzes wird umso größer, je größer das Versorgungsgebiet ist. Für ländliche Wasserversorgungsanlagen sind die %-Kostenanteile der Anlageteile an den Gesamtkosten im Mittel in **Tab. 12-39** angegeben.

Tab. 12-39: Kostenanteil der Anlageteile an den Gesamtbaukosten in % der Gesamtkosten

	Einzelanlage ländlicher Ort	kleine ländliche Gruppenanlage			große ländliche Gruppenanlage		
		Fernleitg.	Ortsnetz	Gesamt	Fernleitg.	Ortsnetz	Gesamt
	%	%	%	%	%	%	%
Wasserfassung	6	4	–	3	3	–	2
Maschinenhaus	6	7	–	5	5	–	4
Maschinenanlage	3	6	–	5	2	–	2
Stromzuführung + Fernmeldeanlage	2	3	–	3	5	–	4
Wasseraufbereitung	2	3	–	3	2	–	1
Wasserspeicherung	15	19	–	14	9	–	6
Rohrgraben	15	16	22	17	21	22	22
Rohrleitung	36	42	46	42	53	40	49
Anschlussleitungen	15	–	32	8	–	38	10
Summe	100	100	100	100	100	100	100

12.6 Wertberechnung bestehender Anlagen

12.6.1 Allgemeines

Häufig werden z. B für eine kostengerechte Wasserpreisgestaltung oder für die Jahresbilanz Angaben über Herstellungskosten, Wiederbeschaffungswerte, Abschreibungen, Buchwerte u. ä. von WV-Anlagen benötigt. Der Neuwert einer bestehenden Anlage kann mittels zweier Verfahren ermittelt werden:

12.6.1.1 Index-Verfahren

Wenn die Herstellungskosten K_0 und das Herstellungsjahr bekannt sind, wird der Neuwert K_n mittels Kostenindex zum Berechnungszeitpunkt I_n, und Index im Herstellungsjahr I_0 berechnet aus:

$$K_n = K_0 \cdot (I_n/I_0)$$

12.6.1.2 Preisspiegel-Verfahren

Wenn die Herstellungskosten nicht bekannt sind, müssen die Bestände der einzelnen Anlageteile erfasst werden. Der Neuwert K_n wird mittels der zum Neuwert-Zeitpunkt erzielten mittleren Einheitspreise (Preisspiegel) berechnet. Die ursprünglichen Herstellungskosten K_o werden dann rückläufig berechnet aus:

$$K_0 = K_n/(I_n/I_0)$$

12.6.2 Kostenindex

Vom Statistischen Bundesamt werden für WV-Anlagen keine besonderen Kostenindices aufgestellt. Große WVU, die jährlich mehr oder weniger große Bauvorhaben ausführen, können daraus für die örtlichen Verhältnisse eigene Kostenindices ermitteln. Bei kleinen und mittleren WVU ist dies meist nicht der möglich. Ersatzweise wurden daher bisher für diesen Bereich Kostenindices entwickelt, wobei für die Herstellungskosten in den verschiedenen Jahren Unterlagen des ehemaligen Bayer. Landesamtes für Wasserwirtschaft und von einigen Ingenieurbüros zur Verfügung standen. Zur Vereinfachung wurden die Einzel-Kostenindices nur für die Teile der WV-Anlage mit den größten Kostenanteilen, nämlich Rohrgraben I_G, Rohrleitung I_R, und Hochbehälter I_{HB} aufgestellt, und bei den Misch-Indices die fehlenden Kostenanteile, wie Wasserfassung, Wasserförderung, Wasseraufbereitung u. a., entsprechend dem sachlichen Wert den o. a. Anteilen hinzugerechnet. Wegen der Unterschiede in den örtlichen Verhältnissen und in der Preisgestaltung sind genauere Werte weder möglich noch erforderlich.

WV-Anlagen können entsprechend den jeweiligen Verhältnissen sehr verschieden große Kostenanteile für Rohrgräben, Rohrleitungen und Hochbehälter aufweisen, dementsprechend sind auch verschiedene Misch-Indices möglich, sie können aus den Einzel-Indices etwa in folgender Weise gebildet werden:

Einzelortsanlage	$M_1 : 0{,}246\ I_G + 0{,}565\ I_R + 0{,}189\ I_{HB}$
Zubringerleitung	$M_2 : 0{,}262\ I_G + 0{,}739\ I_R$
Rohrnetz	$M_3 : 0{,}450\ I_G + 0{,}550\ I_R$
Gruppenanlage	$M_4 : 0{,}285\ I_G + 0{,}630\ I_R + 0{,}085\ I_{HB}$
Fernleitung	$M_5 : 0{,}230\ I_G + 0{,}650\ I_R + 0{,}120\ I_{HB}$
Rohrnetz bei Gruppenanlagen	$M_6 : 0{,}450\ I_G + 0{,}550\ I_R$

In den folgenden Tabellen **Tab. 12-40, 12-41** sind die Indices auf die Basisjahre 1962 = 100, 1970 = 100, 1980 = 100, 1985 = 100, 1991 = 100, 1995 = 100 und 2000 = 100 (analog Stat. Bundesamt) bezogen. Zum Vergleich sind teilweise der Tariflohn Berufsgruppe III b Ortskl. A (Maurerfacharbeiter)

12.6 Wertberechnung bestehender Anlagen

und der Kostenindex für Wohngebäude (nach Stat. Bundesamt) ab 1970 der für Ortskanäle und für Wassergebühren mit angegeben. Tabellen mit den verschiedenen Indices für die Jahre 1910 bis 1961 befinden sich in der 13. Auflage des Taschenbuches.

Tab. 12-40: Index des Tariflohns Berufsgruppe III b, Ortsklasse A (Maurerfacharbeiter I_L), der Baukosten von Rohrgraben (I_G), von Rohrleitungen (I_R), von Hochbehältern (I_{HR}), Mischindex (I_{M1}) von Wasserversorgungsanlagen für Einzelortsversorgung, (I_{M3}) von Rohrnetzen sowie nach Angaben Stat. Bundesamtes von Wohngebäuden und Entgelte für Wasser, Zeitraum 1962–1970, Basisjahr 1962 = 100

Jahr	Tarif-lohn I_L	Rohrgraben I_G	Rohrleitung I_R	Hochbehälter I_{HB}	WV-Anl. I_{M1}	Rohrnetz I_{M3}	Wohngebäude I_W	Wasser I_V
1962	100	100	100	100	100	100	100	100
1963	108	100	101	111	103	101	106	101
1964	118	124	102	133	114	112	109	117
1965	128	85	96	128	100	91	113	133
1966	135	100	127	122	122	120	116	141
1967	140	86	98	95	95	93	114	152
1968	144	91	107	111	104	100	119	169
1969	153	109	113	124	114	111	125	169
1970	184	86	127	150	122	109	143	175

Tab. 12-41: Index des Tariflohns Berufsgruppe III b, Ortsklasse A (I_L), der Baukosten von Rohrgraben (I_G), Rohrleitung (I_R), Hochbehälter (I_{HB}), Wasserversorgungsanlagen für Einzelortsversorgung (Mischindex I_{M1}), sowie nach Angaben des Stat. BA von Ortskanälen (I_K), Wohngebäuden (I_W), und Entgelte für Wasser (I_V) Zeitraum 1970–1980, Basisjahr 1970 = 100 Zeitraum 1980–1990, Basisjahr 1980 = 100

Jahr	Tariflohn I_L	Rohr-graben I_G	Rohr-leitung I_R	Hochbe-hälter I_{HB}	WV-Anl. I_{M1}	Ortskanäle I_K	Wohnge-bäude I_W	Wasserge-bühren I_V
1970	100	100	100	100	100	100	100	100
1971	108	103	101	104	102	108	111	115
1972	115	107	103	107	105	111	119	129
1973	125	114	105	111	108	112	128	138
1974	139	118	112	95	110	117	137	148
Jahr	Tariflohn I_L	Rohr-graben I_G	Rohr-leitung I_R	Hochbe-hälter I_{HB}	WV-Anl. I_{M1}	Ortskanäle I_K	Wohnge-bäude I_W	Wasserge-bühren I_V
1975	140	104	114	108	113	119	141	165
1976	152	137	160	113	145	123	146	182
1977	162	132	168	122	151	128	153	186
1978	179				160	136	163	191
1979	192				165	156	177	196
1980	209				170	169	197	201
1980	100	100	100	100	100	100	100	100
1981	104	103	106	106	101	103	106	106
1982	108	101	120	102	101	101	109	114
1983	112	101	116	109	101	101	111	119
1984	115	103	116	112	103	103	114	122
1985	118	105	120	121	105	105	117	
1986					107	107	121	
1987					110	110	123	
1988					112	112	126	
1989					116	116	132	
1990					124	124	141	

Für den Zeitraum von 1990–1994 ist das Basisjahr 1985 = 0.
Der Umbasierungsfaktor von 1980 auf 1985 beträgt für I_{M1} und I_K 1,03711 und für I_W 1,17588.

Tab. 12-42: Index der Baukosten von Wasserversorgungsanlagen für Einzelortsversorgung (Mischindex I_{M1}) sowie nach Angaben des Stat. BA von Ortskanälen (I_K) und Wohngebäuden (I_W) Zeitraum 1990–2005, Basisjahre 1985 = 100, 1991 = 100, 1995 = 100, 2000 = 100

Jahr	WV-Anlage I_{M1}	Ortskanäle I_K	Wohngebäude I_W
1990	120	120	120
1991	128	128	128
1992	136	136	135
1993	141	141	140
1994 (Mai)	143	143	142

Im August 1994 erfolgte eine Umstellung des Basisjahres auf 1991 = 100 entsprechend:
Der Umbasierungsfaktor von 1985 auf 1991 beträgt für I_{M1} und I_K 1,27232 und für I_W 1,26494.

1994	112	112	113
1995	114	114	115
1996	111	111	113
1997	109	109	113
1998 (Febr.)	108	108	112

Im Mai 1998 erfolgte eine Umstellung des Basisjahres auf 1995 = 100 entsprechend:
Der Umbasierungsfaktor von 1991 auf 1995 beträgt für I_{M1} und I_K 1,13865 und für I_W 1,14738.

1998	95	95	98
1999	96	96	98
2000	98	98	99
2001	98	98	100
2002 (Febr.)	98	98	100

Im Mai 2004 erfolgte eine Umstellung des Basisjahres auf 2000 = 100 entsprechen
Der Umbasierungsfaktor von 1995 auf 2000 beträgt für I_{M1} und I_K 0,978 und für I_W 0,987

2002	101	101	100
2003	100	100	100
2004	100	100	101
2005 (August)	100	100	102

12.6.3 Beispiel einer Wertberechnung

12.6.3.1 Allgemeines

Für Berechnungen, die Werte ab 1985 beinhalten, ist jeweils der Mischindex I_{M1} zugrunde zu legen.

12.6.3.2 Berechnung des Neuwertes

Herstellungskosten einer Wasserversorgungsanlage (I_{M1}) im Jahr 1979 (Baujahr) K_{79} = 4 Mio DM, gesucht: Neuwert 2004:
I_{79} (Basis 70) = 165, I_{80} = 170, I_{85}(Basis 80) = 105, I_{91}(Basis 85)= 128, I_{95}(Basis 91)=114, I_{2000}(Basis 95)=98, I_{2004}(Basis 200)=100
K_{2004} = K_{79} (I_{80}/I_{79}) ($I_{85}/100$)·($I_{91}/100$) ($I_{95}/100$) ($I_{2000}/100$) ($I_{2004}/100$)
K_{2004} = 4 Mio.DM · (170/165)·(105/100)·(128/100)·(114/100)·(98/100)·(100/100)·(1€/1,95583 DM)
= 3,16 Mio €

12.6.3.3 Berechnung des Herstellungswertes

Neuwert eines Rohnetzes (I_{M1}) im Jahr 2004 K_{2004} = 3 Mio. €
gesucht Herstellungswert 1979:
I_{79} (Basis 70) = 165, I_{80} = 170, I_{85}(Basis 80) = 105, I_{91}(Basis 85)= 128, I_{95}(Basis 91)=114, I_{2000}(Basis 95)=98, I_{2004}(Basis 200)=100
K_{79} = K_{2004}/(I_{80}/I_{79}) / (I_{85}/100) ·/ (I_{91}/100) / (I_{95}/100) / (I_{2000}/100) / (I_{2004}/100)·1,95583 DM /1 €
K_{79} = 3 Mio. € / (170/165) / (105/100) / (128/100) / (114/100) / (98/100) / (100/100)·(1,95583 DM /1 €)
= 3,79 Mio DM.

12.7 Lohn- und Materialanteil an den Gesamtkosten

In **Tab. 12-43** sind Mittelwerte der Kostenanteile von Lohnkosten und Stoffkosten an den Summen der Einzel-Kosten, d. i. Netto-Angebote der Ausführungsfirmen (**Tab. 12-2**, Zeile 11), somit einschl. der Gemeinkosten und Betriebskostenzuschläge, jedoch ohne Kosten für Ingenieurleistungen, Nebenkosten, Umsatzsteuer angegeben. Die Zahl der Tagschichten errechnet sich aus dem Kostenteil Lohn geteilt durch den Wert der Tagschicht, einschl. der Zuschläge.

Tab. 12-43: Mittelwerte der % Kostenanteile von Lohn und Material an den Rohbaukosten

Bauteil	Lohnkosten-anteil %	Stoffkosten-anteil %	Bauteil	Lohnkosten-anteil %	Stoffkostenanteil %
Quellfassung	55	45	Rohrgraben		
Bohrbrunnen	30	70	von Hand	85	15
Brunnenschacht	40	60	mit Bagger	30	70
Maschinenhaus	40	60	Rohrleitung	20	80
Maschinen	8	92	Anschlussleitung	35	65
Fernmeldeanlage	8	92	Unvorhergesehenes	40	60
Stromzuführung	8	92	überschlägig		
Hochbehälter	40	60	Gesamtanlage	33	67

Literatur
Mitteilungen des Landesverbandes Bayerischer Bauinnungen
Statistische Berichte, Baukostenindex, lfd. Veröffentlichungen des Bayer. Landesamtes für Statistik und Datenverarbeitung, München, und des Statistischen Bundesamtes, Wiesbaden

13. Betrieb, Verwaltung und Überwachung

bearbeitet von **Werner Knaus**

DVGW-Regelwerk, DIN-Normen, Gesetze, Verordnungen, Vorschriften, Richtlinien
siehe Anhang, Kap. 14, S. 865 ff
Literatur siehe S. 863

13.1 Allgemeines

Die Aufgaben des Betriebes und der Verwaltung von Wasserversorgungsunternehmen (WVU) werden bestimmt durch die Forderungen der hygienisch, technisch und wirtschaftlich einwandfreien Belieferung des Versorgungsgebietes mit Trinkwasser unter Beachtung der einschlägigen Rechtsvorschriften und technischen Regelwerke. Als technische Regelwerke und anerkannte Regeln der Technik gelten dabei vor allem die einschlägigen DIN, die DVGW-Arbeitsblätter und die Unfallverhütungsvorschriften. Wesentliche Bestimmungen davon sind i. a. von den Länderbehörden in Mustersatzungen und Richtlinien für die Praxis umgesetzt. Da zwischen den Ländern infolge der Mitwirkung der LAWA keine wesentlichen Unterschiede bestehen, wird hier erforderlichenfalls auf solche des Freistaates Bayern Bezug genommen.

Betrieb und Verwaltung müssen die Technik der Wasserversorgung berücksichtigen, wie auch der Betrieb die für das jeweilige WVU zweckmäßige Verwaltung berücksichtigen muss. Da das Taschenbuch im wesentlichen die technischen Aufgaben der Wasserversorgung behandelt, wird der Bereich Verwaltung nur zusammengefasst dargestellt, soweit er für den Techniker wesentliche Bedeutung und Auswirkungen auf seine Arbeit hat.

Fachliche Unkenntnis, grobe Fahrlässigkeit und falsche Sparsamkeit des WVU können dazu führen, dass auch ursprünglich einwandfreie zentrale WV-Anlagen Mängel aufweisen. Die Folgen eines mangelhaften Betriebes sind z. B.:

1) Gesundheitliche Gefährdung der Bevölkerung – nicht einwandfreie Wasserbeschaffenheit, fehlerhafter baulicher Zustand, keine Sauberkeit, Fehlen eines Schutzgebietes oder Nichteinhalten der Schutzgebietsauflagen, verbotswidrige Verbindung von zentraler Trinkwasserversorgungsanlage mit privaten Eigenversorgungsanlagen.

2) Wassermangel – bei stärkerem Verbrauch, häufig damit verbunden Wassersperrmaßnahmen, dadurch Gefahr des Leerlaufens des Rohrnetzes und damit Rücksaugen von verunreinigtem Wasser durch Leckstellen und eingehängte Schläuche.

3) Versagen in Brandfällen – leerer Hochbehälter, eingerostete Schieber und Hydranten, überdeckte Straßenkappen, Fehlen von Hinweisschildern, Fehlen eines Rohrnetzplanes und nicht ausreichende Unterweisung der Feuerwehr.

4) Unrentabler Betrieb – Wasserverluste, schlechter Wirkungsgrad der Maschinen und damit hohe Förderungs- und Stromkosten, Überbemessung von Anlageteilen, unzureichende Wassergebühren.

5) Hohe Kosten für Erneuerung – Vernachlässigung der Wartung, nicht rechtzeitige Durchführung von Reparaturen, falsche Sparsamkeit, zu wenig fachkundiges Personal, zu geringe Bezahlung, fehlende Überprüfung durch den Unternehmensträger.

13.2 Organisation

13.2.1 Arten der Wasserversorgung

Trinkwasser ist ein „für den menschlichen Genuss und Gebrauch geeignetes Wasser mit Güteeigenschaften nach den geltenden gesetzlichen Bestimmungen sowie nach DIN 2000 und DIN 2001".
Betriebswasser ist demgegenüber ein „gewerblichen, industriellen, landwirtschaftlichen oder ähnlichen Zwecken dienendes Wasser mit unterschiedlichen Güteeigenschaften, worin Trinkwassereigenschaft eingeschlossen sein kann".
Die Versorgung der Bevölkerung mit Trinkwasser kann erfolgen durch:
1. *Öffentliche Wasserversorgung* – Sie dient der Versorgung der Allgemeinheit (Dritter) unabhängig von der Art des Rechtsträgers.
2. *Eigenwasserversorgung* – Sie dient nicht der Allgemeinheit und wird mit eigenen Anlagen betrieben. Für den Betrieb und die Wartung von größeren Eigenwasserversorgungsanlagen, z. B. Betriebswasserversorgung von Industriebetrieben, ist im allgemeinen ein verantwortlicher Betriebsbeauftragter einzusetzen. Neben der eigentlichen Betriebsleitung der WV-Anlage obliegt ihm vor allem die Verantwortlichkeit gegenüber der Wasserrechtsbehörde für das Einhalten der wasserrechtlichen Gestattungen. Die Bestellung eines Betriebsbeauftragten ist vor allem dann notwendig, wenn der Unternehmensträger eine Mehrheit von Personen ist. Die zivilrechtliche Haftung gegenüber Dritten bleibt von der Bestellung eines Betriebsbeauftragten unberührt.
3. *Notwasserversorgung* – Sie dient der Versorgung in Notfällen, bei denen eine normale Versorgung mit Wasser gefährdet, eingeschränkt oder unmöglich ist.
Für geschlossene Orte ist nur die
Zentrale Wasserversorgung, bei der das Wasser durch ein Rohrnetz einem größeren Verbraucherkreis zugeführt wird, in hygienischer, technischer und wirtschaftlicher Hinsicht befriedigend und immer anzustreben.
Für Einzelanwesen etc. kommt die
Einzelwasserversorgung, eine Eigenwasserversorgung, bei der das Wasser nur durch Verbrauchsleitungen verteilt wird und die nur einem kleinen Verbraucherkreis dient, in Frage. Die Verantwortung für den ordnungsgemäßen Betrieb liegt beim Anwesensbesitzer.
Bezüglich ihrer Ausdehnung wird unterschieden in
Gruppenwasserversorgung, d. h. eine gemeinsame zentrale WV mehrerer Verbraucherkreise, *Verbundwasserversorgung*, das sind mehrere zentrale WV, deren Rohrnetze miteinander verbunden sind, *Fernwasserversorgung*, bei der das Wasser durch Leitungen über größere Entfernungen einem oder mehreren WV-Gebieten zugeführt wird.
Ungünstige hydrogeologische Verhältnisse können zur Bildung von Gruppenwasserversorgungsanlagen führen. Ferner ist der Zusammenschluss von kleinen Orten und Gemeinden zu Gruppenwasserversorgungsanlagen von solcher Größe zweckmäßig, damit geeignetes Fachpersonal hauptamtlich beschäftigt werden kann. Kleine Einzelanlagen mit nebenamtlich beschäftigten Wasserwarten können die neuzeitlichen Anforderungen nicht erfüllen, weil weder das erforderliche Fachpersonal vorhanden ist, noch die Einnahmen für die Einstellung von Fachpersonal ausreichen. Möglichst sind solch kleine Einzelanlagen durch entsprechende Verbände oder nahe gelegene große WVU auf vertraglicher Grundlage zu betreuen oder die kleinen WVU kooperieren mit größeren WVU.
Gruppenanlagen werden meist durch Zweckverbände der Gemeinden, die übliche Regelung bei kleinem Versorgungsgebiet, oder durch Zweckverbände der Landkreise und Gemeindeverbände bei großen Versorgungsgebieten, z. B. Fernwasserversorgungen betrieben. Nicht nur bei kleinen und mittleren Gruppenanlagen mit wenigen Orten sind der Betrieb von Wassergewinnungsanlagen, der Ortsnetze und damit die Wasserlieferung an die Endabnehmer zweckmäßig. Es ist zu beobachten, dass immer mehr große Gruppenanlagen die Wasserlieferung bis zum Endverbraucher sicherstellen.
Bei sehr großen, weiträumigen Gruppenanlagen war es allerdings bisherige Praxis, nur die gemeinsamen Anlagenteile wie Wassergewinnung, Aufbereitung, Förderung, Speicherung und Zuleitung zu

den Verbraucherorten von einem Zweckverband betreiben zu lassen, während die einzelnen Ortsnetze von jeder einzelnen Gemeinde oder von kleinen Untergruppen selbst erstellt und betrieben wurden. Das Wasser wird dort vom Zweckverband über einen Orts-Wasserzähler an die Gemeinden oder Untergruppen geliefert. Damit wird der Zweckverband nicht zu sehr durch die Vielzahl der kleinen Aufgaben der einzelnen Ortsnetze belastet. Die Gemeinden sind auch rechtlich besser in der Lage, die Ortsnetze aufgrund von Wasserleitungssatzungen, Strafbestimmungen, Ortsvorschriften zu verwalten und hinsichtlich widerrechtlicher Anschlüsse, Wasserdiebstahl, Wasserverschwendung, Beschädigung von Anlageteilen usw. zu überwachen.

Zweckmäßig ist es allerdings, wenn Neubau, Instandsetzung und Wartung, Überwachung und Kontrolle dieser WV-Anlagen von der Betriebsleitung des Zweckverbandes gegen Kostenerstattung übernommen wird (Vertrag über die technische Betriebsführung). Die Betriebsführung kann neben dem technischen auch den kaufmännischen Bereich umfassen. Der Betriebsführer wird hierbei regelmäßig für Rechnung der ihn beauftragten Gemeinde tätig, d. h. das unternehmerische Risiko der Betriebsführung verbleibt grundsätzlich bei der Gemeinde. Dieses Betriebsführungsmodell dürfte insbesondere für kleinere Gemeinden interessant sein, die ein eigenes Wasserversorgungsunternehmen behalten wollen, denen jedoch die personelle und organisatorische Ausstattung für die laufende Sicherstellung der Wasserversorgung fehlt.

Ein Betreibermodell kommt in erster Linie dann in Betracht, wenn Investitionen in Wasserversorgungsanlagen anstehen und die Gemeinde alles von der Planung über Bau, Finanzierung und Betrieb der Anlagen auf Private übertragen will. Der private Dritte realisiert und betreibt die jeweilige WV-Anlage im vertraglich vereinbarten Umfang für eigene Rechnung und erhält für seine Gesamtdienstleistung von der Gemeinde ein vereinbartes Betreiberentgelt.

Die Zusammenarbeit mit privaten Dritten kann schließlich auch dadurch erfolgen, dass sich die Gemeinde zusammen mit einem oder mehreren privaten Dritten an einer privatrechtlichen Gesellschaft beteiligt, welche vertraglich vereinbarte Aufgaben der Wasserversorgung im Auftrag der Gemeinde als Dienstleister übernimmt. Eine gemischtwirtschaftliche Gesellschaft ist eine Form eines Public-Private-Partnership (PPP).

13.2.2 Pflichtaufgabe Wasserversorgung – betriebliche Kooperation

Die Versorgung der Bevölkerung mit Trink- und Betriebswasser zählt zu den Pflichtaufgaben des eigenen Wirkungskreises, z. B. in Bayern nach Art. 57 Abs. 2 der Gemeindeordnung. Danach sind die Gemeinden unbeschadet bestehender Verbindlichkeiten Dritter in den Grenzen ihrer Leistungsfähigkeit verpflichtet, die aus Gründen des öffentlichen Wohls erforderlichen Einrichtungen zur Versorgung mit Trinkwasser zu errichten und zu unterhalten.

Die öffentliche Trinkwasserversorgung gehört zum Bereich der Daseinsvorsorge.

WVU können Aufgaben, zu denen sie berechtigt oder verpflichtet sind, gemeinsam mit anderen erfüllen. Es bestehen grundsätzlich folgende Möglichkeiten der betrieblichen Kooperation:

- Kooperation durch Verbindung gleichartiger Tätigkeiten *ohne Ausgliederung von Funktionen*, d. h. eine Zusammenarbeit von Unternehmen in bestimmten gleichartigen Bereichen, wie gegenseitige Hilfeleistung, Erfahrungsaustausch, Absprachen im Rechnungswesen, zur Lagerhaltung. Als Rechtsformen kommen z. B. Arbeitsgemeinschaften, Vereine, BGB-Gesellschaften in Frage.
- Kooperation *durch Ausgliederung und Übertragung*, d. h. die kooperierenden Unternehmen gliedern einen oder mehrere gleichartige Tätigkeitsbereiche aus ihren Unternehmen aus und übertragen sie einem der kooperierenden Unternehmen oder einer von den Partnern neu gegründeten Rechtsperson. Übliche Rechtsformen sind GmbH, AG, Zweckvereinbarungen, Gründung von Zweckverbänden und inzwischen auch Kommunalunternehmen.

13.2.3 Unternehmensformen der öffentlichen Wasserversorgung

13.2.3.1 Allgemeines

Im Vergleich mit einigen Mitgliedsstaaten der EU, wie Niederlande, Frankreich, England, stellt sich die Versorgungsstruktur in Deutschland völlig anders dar. Ca. 6 000 WVU, davon etwa 4 000 in Bayern und Baden-Württemberg, versorgen die Bevölkerung mit Trinkwasser. Die Gesamtförderung der WVU in den verschiedensten Rechts- und Organisationsformen belief sich 2003 auf rd. 4,8 Milliarden m^3 Wasser. In ländlichen Gebieten versorgen kleinere WVU eine vergleichsweise geringe Zahl von Einwohnern. Demgegenüber beliefern in städtischen Ballungsräumen wenige Unternehmen eine hohe Zahl von Einwohnern. So versorgen nur 1,5 Prozent der Unternehmen fast 50 Prozent der Bevölkerung (**Abb. 13-1**).

Die deutsche kommunale Versorgungswirtschaft befindet sich in einem Veränderungsprozess, überwiegend verursacht durch äußere wirtschaftliche Zwänge wie zunehmender Wettbewerb, abnehmende Erlöse und zunehmende Finanznot der Kommunen. Die derzeitige Struktur der Wasserversorgung muss nicht mit allen Mitteln aufrecht erhalten werden. Es ist zu wünschen, dass über unterschiedliche Formen der Kooperation eine Strukturveränderung auf freiwilliger Basis eintritt.

Größenstruktur der Wasserversorgungsunternehmen in Deutschland
Angaben in Prozent

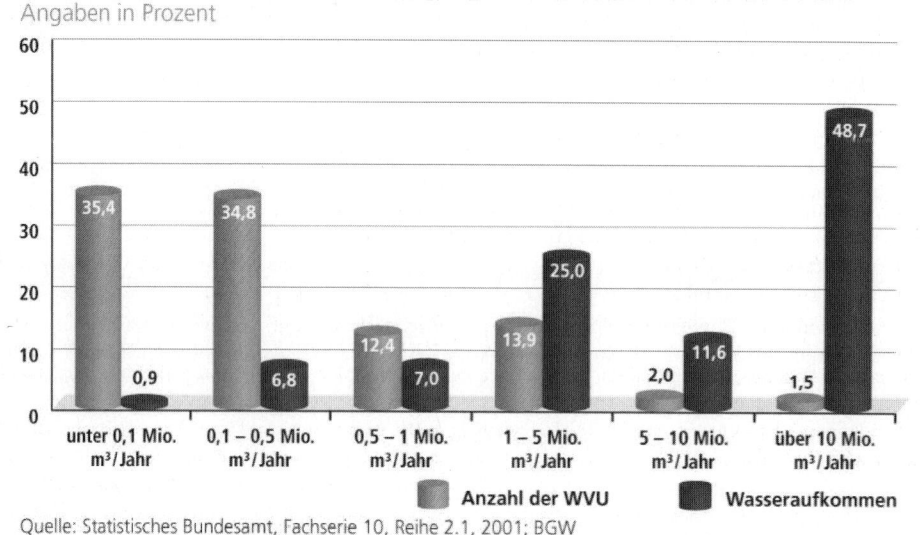

Größenklasse	Anzahl der WVU (%)	Wasseraufkommen (%)
unter 0,1 Mio. m³/Jahr	35,4	0,9
0,1 – 0,5 Mio. m³/Jahr	34,8	6,8
0,5 – 1 Mio. m³/Jahr	12,4	7,0
1 – 5 Mio. m³/Jahr	13,9	25,0
5 – 10 Mio. m³/Jahr	2,0	11,6
über 10 Mio. m³/Jahr	1,5	48,7

Quelle: Statistisches Bundesamt, Fachserie 10, Reihe 2.1, 2001; BGW

Abb. 13-1: Größenstruktur der Wasserversorgungsunternehmen in Deutschland, Quelle: Branchenbild der deutschen Wasserwirtschaft 2005, Nr. 11, S. 17

13.2.3.2 Organisationsformen des öffentlichen Rechts

13.2.3.2.1 Regiebetrieb

Der Regiebetrieb ist keine eigenständige Rechtsform, sondern ein rechtlich, organisatorisch und wirtschaftlich unselbstständiger Teil der Kommunalverwaltung. Der Regiebetrieb besitzt keine selbstständigen Organe. Die Kommunalverwaltung hat unmittelbare Einwirkungsmöglichkeiten auf den Regiebetrieb. Alle Einnahmen und Ausgaben werden im kommunalen Haushaltsplan veranschlagt und unterliegen dem haushaltsrechtlichen Gesamtdeckungsprinzip. Dritte können an einem Regiebetrieb nicht beteiligt werden.

13.2.3.2.2 Eigenbetrieb

Der kommunale Eigenbetrieb ist die häufigste Unternehmensform für WVU, deren Art und Umfang eine selbstständige Wirtschaftsführung rechfertigen. Gesetzliche Grundlage bilden die entsprechenden Bestimmungen in den Gemeindeordnungen (z. B. Art. 86 und 88 GO für Bayern) und die Eigenbetriebsgesetze bzw. Eigenbetriebsverordnungen der Länder. Kommunale Eigenbetriebe sind im Gegensatz zum Regiebetrieb wirtschaftliche Unternehmen der Gemeinde bzw. Stadt, aber ohne eigene Rechtspersönlichkeit. Der Eigenbetrieb ist organisatorisch und wirtschaftlich vom Behördenapparat getrennt und wird nach kaufmännischen Gesichtspunkten mit eigener Vermögensverwaltung geführt. Der Gemeinde- bzw. Stadtrat bestellt die Werkleitung und einen Werkausschuss, die über die laufenden Geschäfte des Eigenbetriebes (z. B. Stadtwerke) entscheiden. Einzelheiten werden in einer Betriebssatzung festgelegt. Die Verantwortung für die wirtschaftliche Führung des Eigenbetriebes obliegt der Werkleitung. Der bestellte Werkleiter ist Dienstvorgesetzter der Dienstkräfte des Eigenbetriebes. Die Wirtschaftsführung und das Rechnungswesen sind in den Eigenbetriebsgesetzen bzw. -verordnungen und in hierzu ergangenen Länderverordnungen geregelt. Grundsätzlich haben Eigenbetriebe die Eigenbetriebsverordnung anzuwenden. Danach stellen die Eigenbetriebe einen Wirtschaftsplan auf (Erfolgs-, Vermögens-, Stellenplan und Stellenübersicht). Die Ergebnisse des Wirtschaftsjahres sind im Jahresabschluss (Bilanz, Gewinn- und Verlustrechnung) darzustellen. Der Jahresabschluss und der Lagebericht werden von dem Gemeinde- bzw. Stadtrat festgestellt und unterliegen einer externen Abschlussprüfung. Eigenbetriebe, die nicht unter die EBV fallen, werden unmittelbar von der Gemeinde verwaltet. Die Aufnahme von Krediten ist dem Eigenbetrieb nur nach Genehmigung durch die Kommunalaufsicht gestattet (Art. 71, 72 und 88 GO). Eine Beteiligung Dritter ist auch beim Eigenbetrieb nicht möglich.

13.2.3.2.3 Zweckverband

Der Zweckverband stellt die klassische öffentlich-rechtliche Form einer interkommunalen Zusammenarbeit zwischen Kommunen mit eigener Rechtspersönlichkeit dar. Gemeinden, Landkreise und Bezirke können Aufgaben, zu denen sie berechtigt oder verpflichtet sind – also auch die WV – gemeinsam erfüllen. Sie können sich dafür – z. B. in Bayern gemäß dem „Gesetz über die kommunale Zusammenarbeit – KommZG" – zu Zweckverbänden zusammenschließen. Die Mitglieder eines Zweckverbandes übertragen die mit dem Zweck Wasserversorgung zusammenhängenden Aufgaben ganz oder teilweise dem Zweckverband. Das Recht und die Pflicht, die dem Zweckverband übertragenen Aufgaben zu erfüllen und die dazu notwendigen Befugnisse auszuüben, gehen auf den Zweckverband über. Die jeweilige Gemeinde wird also vollständig von ihrer Verpflichtung befreit. Der Zweckverband ist somit nicht bloßer Erfüllungsgehilfe, sondern tatsächlich Aufgabeninhaber und Aufgabenträger. Zweckverbände haben eine Verbandssatzung. Sie sind als Körperschaften des öffentlichen Rechts organisatorisch und rechtlich selbständig. Organe des Zweckverbandes sind die Verbandsversammlung und der Verbandsvorsitzende (z. B. Art. 29 KommZG für Bayern). Die Verbandswirtschaft (Haushaltswirtschaft, Kreditwesen, Vermögenswirtschaft, wirtschaftliche Betätigung, Kassen- und Rechnungswesen und Prüfungswesen) ist entsprechend den Regelungen der Vorschriften für die Kommunalwirtschaft zu organisieren (GO, LKrO bzw. BezO).

13.2.3.2.4 Wasser- und Bodenverband

Wasser- und Bodenverbände, auch Wasserverbände, Wasserbeschaffungsverbände und Wassergenossenschaften, sind Körperschaften des öffentlichen Rechts. Gesetzliche Grundlage ist das „Gesetz über Wasser- und Bodenverbände" (Wasserverbandsgesetz – WVG). Die Rechtsverhältnisse eines Wasser- und Bodenverbandes werden durch eine Verbandssatzung geregelt. Damit wird klargestellt, dass der Verband eine Satzung haben muss. Organe des Wasser- und Bodenverbandes sind nach § 46 Abs. 1 WVG die Verbandsversammlung und der Vorstand (Verbandsvorsteher). Die Satzung kann bestimmen, dass der Verband anstelle der Verbandsversammlung einen Verbandsausschuss als Vertreterversammlung der Verbandsmitglieder hat. Die Verbände unterliegen der behördlichen Aufsicht.

13.2.3.2.5 Kommunalunternehmen

Das Kommunalunternehmen ist als Anstalt des öffentlichen Rechts eine juristische Person und besitzt somit eine eigene Rechtspersönlichkeit. Die Rechtsgrundlagen des Kommunalunternehmens bilden in Bayern die Art. 89 ff. GO, die Verordnung über Kommunalunternehmen (KUV), sowie die Kommunalunternehmenssatzung. Organe des Kommunalunternehmens sind der Vorstand und Verwaltungsrat. Zur Tätigkeit des Vorstandes gehören die laufende Betriebsführung und die Verantwortung für die wirtschaftliche Führung des Kommunalunternehmens. Er hat die Fachaufsicht über die Dienstkräfte des Kommunalunternehmens. Im Gegensatz zum Eigenbetrieb besteht keine Genehmigungspflicht für Kreditaufnahmen. Ein wesentlicher Vorteil des Kommunalunternehmens gegenüber der GmbH besteht darin, dass die Kommune die Möglichkeit erhält, dem Kommunalunternehmen nicht nur die Durchführung bestimmter Aufgaben als Erfüllungsgehilfen, sondern auch die Aufgaben selbst und die damit zusammenhängenden Befugnisse zu übertragen. Darunter fallen, z. B. Anschluss- und Benutzungszwang, Satzungs- und Verwaltungsakterlass, die Verwaltungsvollstreckung und dergleichen.

Mit dem Gesetz zur Änderung des Kommunalrechts vom 26.07.2004 hat der Landtag des Freistaates Bayern erstmals für Gemeinden, Landkreise und Bezirke die Möglichkeit geschaffen, ein Kommunalunternehmen gemeinsam zu errichten oder einem bereits bestehenden gemeinsamen Kommunalunternehmen beizutreten. Vor dieser Gesetzesänderung konnte ein Kommunalunternehmen nur einen Träger haben. Die Zusammenarbeit mehrerer Kommunen war bisher nur über einen Zweckverband möglich.

13.2.3.3 Organisationsformen des Privatrechts

13.2.3.3.1 Kapitalgesellschaft

Die Rechtsform der Kapitalgesellschaft ist die einer juristischen Person, die der Kapitalgesellschaft Rechtsfähigkeit verleiht und für Vertretung und Geschäftsführung besondere Organe, z. B. Vorstand bzw. Geschäftsführung erfordert. Die für die WV wichtigsten Kapitalgesellschaften sind die Aktiengesellschaften – AG (gem. Aktiengesetz) und die Gesellschaft mit beschränkter Haftung – GmbH (gem. GmbH-Gesetz). Je nach Art der Beteiligung an der Gesellschaft unterscheidet man die
Eigengesellschaft – beteiligt eine öffentlich-rechtliche Körperschaft (z. B. Stadt, Gemeinde),
Öffentliche Gesellschaft – beteiligt mehrere öffentlich-rechtliche Körperschaften,
Gemischt-Öffentlich-Privatwirtschaftliche Gesellschaft,
Privatwirtschaftliche Gesellschaft – beteiligt ausschließlich Private. Umsatzsteuer-, körperschaftssteuer- und gewerbesteuerpflichtig, volle Vorsteuerabzugsfähigkeit.

13.2.3.3.2 Sonstige Organisationsformen des privaten Rechts

Neben den o. g. Kapitalgesellschaften kommen z. B. *Betriebsführungsmodelle* (private Gesellschaft wird mit der Betriebsführung von der Kommune beauftragt), *Betreibermodelle* (Vergabe der kompletten Dienstleistung Wasserversorgung), *Kooperationsmodelle* (Kommune gründet gemeinsam mit Privaten eine Gesellschaft, die vertraglich vereinbarte Dienstleistungen erbringt, PPP) oder *Consulting Modelle* (Fremdeinkauf von Planungs- und Finanzierungsleistungen, ansonsten wie Eigenbetrieb) in Frage. Die günstigste Organisationsform ist jeweils für den Einzelfall zu prüfen.

13.2.3.4 Beispiel für die Anteile der verschiedenen Unternehmensformen

In *Deutschland* existieren in der Wasserversorgung öffentlich-rechtliche und privatrechtliche Unternehmensformen seit Jahrzehnten nebeneinander (**Abb. 13-2**). Es gibt eine Tendenz hin zu privatrechtlichen Formen. So ist der Anteil der *Eigenbetriebe* deutlich gesunken (von 63,3 % 1986 auf 14,9 % 2003), während der Anteil der *Zweckverbände* gestiegen ist (von 10,2 % 1986 auf 15,9 % 2003). Eine signifikante Zunahme haben die *privatrechtlichen Gesellschaften* in Form von AGs und GmbHs in diesem Zeitraum erfahren. Ihr Anteil ist von 12,7 % 1986 auf 30,2 % 2003 gestiegen.

13.2 Organisation

Auffallend ist weiterhin der Anstieg von *öffentlich-privaten Beteiligungsgesellschaften*. Ihr Anteil ist von 3,3 % (1986) auf 28,8 % (2003) gewachsen. Insgesamt bestehen in Deutschland ca. 6 000 Betriebe der Wasserversorgung. Bei den mehr als 4 000 in der Statistik nicht erfassten Betrieben handelt es sich ganz überwiegend um Regie- und Eigenbetriebe der Kommunen.

Unternehmensformen in der öffentlichen Wassserversorgung 2003
Deutschland gesamt / Angaben in Prozent bezogen auf das Wasseraufkommen

- öffentliche Gesellschaften AG / GmbH 10,3
- Wasser- und Bodenverbände 6,3
- Zweckverbände 15,9
- Eigenbetriebe 14,9
- Eigengesellschaften AG / GmbH 19,9
- Regiebetriebe 0,4
- gemischt öffentlich / privatrechtliche Gesellschaften AG / GmbH 28,8
- sonstige privatrechtliche Gesellschaften 3,5

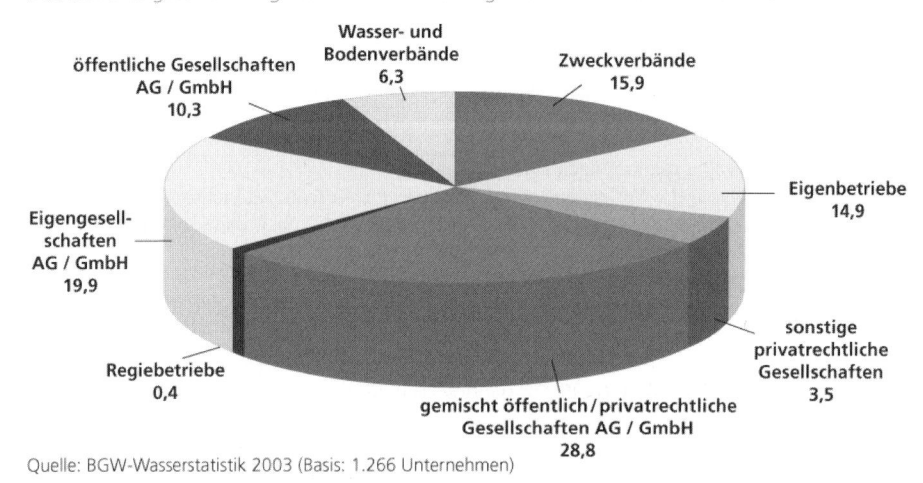

Quelle: BGW-Wasserstatistik 2003 (Basis: 1.266 Unternehmen)

Abb. 13-2: *Unternehmensformen in der öffentlichen Wasserversorgung 2003, Quelle: Branchenbild der deutschen Wasserwirtschaft 2005, Nr. 6, S. 14*

13.2.4 Unternehmensaufbau

13.2.4.1 Unternehmensleitung

Bei allen Unternehmensformen ist eine 4-stufige Gliederung der Unternehmensleitung üblich, **Tab. 13-1**. Die Aufgaben der einzelnen Organe werden in den Satzungen sowie in Dienstordnung, Geschäftsordnung und Betriebsordnung festgelegt, meist in Anlehnung an bewährte Muster. Die wesentlichen Aufgaben, am *Beispiel eines Zweckverbandes* dargestellt (sinngemäß auch bei den anderen Unternehmensformen vorhanden), sind:

Stufe 1 – Verbandsversammlung
1. Entscheidung über die Errichtung und die wesentliche Erweiterung der Verbandsanlagen
2. Erlass, die Änderung oder die Aufhebung von Satzungen und Verordnungen, wie Verbandssatzung, Wasserabgabesatzung, Beitrags- und Gebührensatzung u. a.
3. Beschlussfassung über die jährliche Haushaltssatzung mit Wirtschaftsplan, Finanzplan und Stellenplan
4. Feststellung und endgültige Anerkennung des Jahresabschlusses mit Bilanz, Jahreserfolgsrechnung, Anlagennachweis, Anlagenzugänge, Aufstellung der Darlehen, der sonstigen Vermögensgegenstände, sonstigen Verbindlichkeiten, Jahresbericht und Abschlußbericht
5. Wahl des Verbandsvorsitzenden und seiner Stellvertreter sowie der Mitglieder des Verbandsausschusses (Werkausschuss)
6. Erlass und Änderung der Geschäftsordnung
7. Erlass und Änderung der Betriebssatzung
8. Anstellung der Werkleitung, i. a. bestehend aus einem Betriebsleiter = Technischer Geschäftsführer, und einem Geschäftsleiter = Kaufmännischer Geschäftsführer.

Stufe 2 – Verbandsausschuss (Werkausschuss)
Der Verbandsausschuss entscheidet als beschließender Ausschuss über alle Angelegenheiten, soweit nicht die Werkleitung, die Verbandsversammlung oder der Verbandsvorsitzende zuständig sind, insbesondere über:
1. Einstellung der Dienstkräfte des Verbandes im Rahmen des Stellenplans
2. Vergabe von Lieferungen und Leistungen im Rahmen der Haushaltssatzung
3. Entwurf der Haushaltssatzung
4. Vorbereiten der Beschlüsse für die Verbandsversammlung
5. Prüfen des Kassen- und Rechnungswesens sowie des Jahresabschlusses
6. Beschluss über Darlehensaufnahmen im Rahmen des Wirtschaftsplans
7. Laufende Überwachung der vom Verbandsvorsitzenden zur Erfüllung seiner Aufgaben ausgeübten Tätigkeiten und laufende Überwachung der Dienstkräfte des Zweckverbandes.

Stufe 3 – Verbandsvorsitzender
1. Vertretung des Zweckverbandes nach außen
2. Vollzug der Beschlüsse der Verbandsversammlung und des Verbandsausschusses
3. Erledigung aller Angelegenheiten in eigener Zuständigkeit, die nach der Gemeindeordnung dem ersten Bürgermeister zukommen
4. Vorsitz in der Verbandsversammlung und im Verbandsausschuss
5. Führung der laufenden Geschäfte und des Schriftverkehrs, wenn keine Werkleitung bestellt ist.

Stufe 4 – Werkleitung
Die Werkleitung führt die laufenden Geschäfte des Eigenbetriebes. Das gesetzliche Recht zur Geschäftsführung kann der Werkleitung weder durch Beschluss der Verbandsversammlung noch durch Satzung entzogen oder beschränkt werden. Die Verbandsversammlung kann ihr aber mit Zustimmung des Verbandsvorsitzenden weitere Vertretungsbefugnisse übertragen. Die Aufgaben der Werkleitung werden in Dienstordnung, Dienstanweisungen, Betriebssatzung und Geschäftsordnung entsprechend den örtlichen Verhältnissen festgelegt. Je größer das Wasserversorgungsunternehmen ist, um so mehr werden in der Praxis Aufgaben oder Befugnisse der Werkleitung übertragen.

Tab. 13-1: Gliederung der Unternehmensleitung

Stufe	Regiebetrieb	Eigenbetrieb	Zweckverband (Wasser- und Bodenverband)	Kapitalgesellschaft
1	Gemeinderat	Gemeinderat bzw. Stadtrat	Verbandsversammlung	Vertreter der Kapitaleigner
2	Beigeordneter = Referent für die Wasserversorgung	Werkausschuss	Verbandsausschuss und Werkausschuss	Aufsichtsrat
3	1. Bürgermeister	1. Bürgermeister	Verbandsvorsitzender	Aufsichtsratsvorsitzender
4	Wassermeister	Werkleiter	Werkleiter	Vorstand

13.2.4.2 Innerer Aufbau eines Unternehmens

13.2.4.2.1 Allgemeines

Die innere Gliederung eines WVU ist, je nach Größe, örtlichen Verhältnissen, Einzelbetrieb oder Teilbetrieb eines Stadtwerkes mit mehreren Teilbetrieben, etwas verschieden. Gleich bleibend ist immer die Trennung in Betrieb = Technische Abteilung und Verwaltung = kaufmännische Abteilung (s. **Abb. 13-3**). Die Organisation des WVU, die Tätigkeit und Zuständigkeit der einzelnen Organe werden in der *Geschäftsordnung*, die Aufgaben und die Organisation des Betriebes des WVU in der *Betriebsordnung* festgelegt. Maßgebend für die Geschäfts- und Betriebsordnung sind die Stellenübersicht, die Stellenbeschreibung und die Arbeitsplatzbeschreibung.

13.2 Organisation

Geschäftsführung technisch-wissenschaftlich kaufmännisch-wissenschaftlich	
technische Abteilung	kaufmännische Abteilung
technisches Personal (Ingenieure, Meister, Techniker, Facharbeiter)	kaufmännisches Personal (Verwaltungspersonal)

Abb. 13-3: Personalaufbau in den WVU

13.2.4.2.2 Gliederung des technischen Betriebes

1. Kleinere WVU
Das Wasserwerkspersonal muss alle Aufgaben des technischen Betriebes erledigen. Dies erfordert sehr vielseitige Kenntnisse. Von Vorteil ist, dass es den gesamten Betrieb übersehen kann. Voraussetzung ist, dass das kleinere WVU auch fachkundiges Personal beschäftigt.

2. Größere WVU (Beispiel)
Betriebsleitung
1. Abt. Wassergewinnung: zuständig für Wasserfassungen, Wasseraufbereitung, Wasserförderung, Wasserspeicherung, Fern- und Zubringerleitungen
2. Abt. Wasserverteilung: Wasserrohrnetz mit Anschlussleitungen
   Bei großen Stadtwerken immer häufiger in Verbindung mit Strom, Gas, Wärme, Telefon etc. (Abteilung Netze)
3. Abt. Maschinen- und Elektrotechnik
   Bei Stadtwerken oft in Verbindung mit den gleichartigen Abt. der anderen Betriebe
4. Abt. Bauwesen
   Bei kleineren Stadtwerken meist vom städtischen Bauamt wahrgenommen
5. Abt. Gewässergüte – Labor
   Bei kleinen Stadtwerken häufig auf private Labors ausgelagert
6. Abt. Zeichenbüro – Grafisches Informationssystem
   Bei größeren Stadtwerken häufig als eigene Abteilung im Organisationsplan enthalten
7. Abt. Planung und Bauausführung
   Nur bei sehr großen WVU üblich. Die Aufgaben werden sonst von den vorgenannten Abteilungen übernommen.

13.2.4.2.3 Gliederung der Verwaltung

Verwaltungsleitung
1. Abt. Allgemeine Verwaltung – mit Angelegenheiten des Eigenbetriebes oder des Verbandes, Rechtswesen, Vergabewesen, Datenverarbeitung, Statistik, Öffentlichkeitsarbeit
2. Abt. Grundstücksverwaltung
3. Abt. Personalwesen
4. Abt. Finanzverwaltung – mit Haushalt, Buchhaltung, Rechnungswesen, Kasse
5. Abt. Wasserverkauf – mit Kundenbetreuung

13.3 Betrieb

Gemeint ist hier vorwiegend der technische Betrieb der Anlagen.

13.3.1 Anforderungen

13.3.1.1 Anforderungen an das Trinkwasser

Alle am Betrieb einer WV-Anlage Beteiligten (Unternehmensleitung, Verwaltung, technisches Personal) haben dafür zu sorgen, dass bestimmte Anforderungen an das Trinkwasser erfüllt werden. Die Anforderungen sind in den Abschnitten 4.1.3 bis 4.1.5 ausführlich beschrieben.

13.3.1.2 Anforderungen an den Unternehmer

Wasserversorgungsunternehmen (WVU) haben die Aufgabe, den Kunden Trinkwasser jederzeit in einwandfreier Qualität, ausreichender Menge und unter dem Druck bereitzustellen, der für eine einwandfreie Deckung des üblichen Bedarfs im Versorgungsgebiet erforderlich ist. Hierzu müssen die WVU über eine angemessene personelle, technische, wirtschaftliche und finanzielle Ausstattung sowie eine Organisation verfügen, die eine sichere, zuverlässige sowie nachhaltige (wirtschaftlich, sozial- und umweltverträglich) Versorgung mit qualitativ einwandfreiem Trinkwasser gewährleistet. Ein Trinkwasserversorger muss mindestens über eine für den technischen Bereich verantwortliche technische Führungskraft verfügen.
Nähere Hinweise gibt das DVGW-Arbeitsblatt W 1000 „Anforderungen an die Qualifikation und die Organisation von Trinkwasserversorgern".
Kleinere gemeindliche und privatrechtlich organisierte WVU weisen selten eine festgeschriebene, detaillierte Unternehmensgliederung auf. Auch ist es bei diesen Unternehmen aus wirtschaftlichen Gründen oft nicht möglich, die Betriebsführung ausreichend fachkundigem Personal zu übertragen. Hier muss die Unternehmensleitung (Bürgermeister, Vorsitzender einer Genossenschaft etc.) ggf. entscheiden, die technische Betriebsführung an ein anderes WVU zu vergeben. In diesem Fall sind alle Anforderungen an eine technische Führungskraft durch das mit der Betriebsführung beauftragte Unternehmen eigenverantwortlich zu erfüllen.
Aus dem öffentlich-rechtlichen Benutzungs- und Leistungsverhältnis zwischen Gemeinde und Bürger können sich Schadenersatzansprüche ergeben. Wenn durch Fehler in der Organisation Personen oder Sachen geschädigt werden, so können die WVU wegen eines sog. Organisationsverschuldens unmittelbar zum Schadenersatz herangezogen werden. Die Gerichte nehmen ein Organisationsverschulden an, wenn die Unternehmensleitung das Unternehmen oder einen Teil davon nicht ordnungsgemäß organisiert hat und aus diesem Grunde jemand einen Schaden erlitten hat. Der Vorwurf richtet sich also nicht gegen einzelne Mitarbeiter, für deren Fehlverhalten das Unternehmen einstehen muss, sondern gegen die Unternehmensleitung selbst.
Aus dem Infektionsschutzgesetz und der Trinkwasserverordnung (TrinkwV-2001) ergeben sich zudem strafrechtliche Folgen, wenn das abgegebene Trinkwasser den Anforderungen der Trinkwasserverordnung nicht entspricht. Viele Unternehmer sind sich dieser Folgen nicht bewusst.
Pflichten des Unternehmers oder sonstigen Inhabers einer WV-Anlage (Auswahl aus DGWV-Arbeitsblatt W 1000):

Aufgaben- und Tätigkeitsfelder – Trinkwasserversorger haben die Aufgabe, den Kunden Trinkwasser jederzeit in einwandfreier Qualität, ausreichender Menge und unter dem Versorgungsdruck bereitzustellen, der für eine einwandfreie Deckung des üblichen Bedarfs im Versorgungsgebiet erforderlich ist. Zur Erfüllung der wahrzunehmenden Aufgaben muss ein Trinkwasserversorger in der Lage sein, in erforderlichem Umfang folgende Tätigkeitsfelder sach- und fachgerecht zu bearbeiten bzw. deren Erledigung sicherzustellen:

13.3 Betrieb

- Versorgungskonzept
- Instandhaltungsziele und -strategie
- Rehabilitationskonzept, -strategie
- Planung, Bau, Betrieb und Instandhaltung von Trinkwasserversorgungsanlagen mit Dokumentation
- Wasserschutzgebiets- und Rohwasserüberwachung
- Qualitätsüberwachung des Trinkwassers und Sicherstellung einer ausreichenden Trinkwasserqualität
- Wasserbereitstellung, Ressourcenbewirtschaftung
- Netzüberwachung, Steuerung
- Gefahren- und Schwachstellenanalyse und deren Beurteilung
- Festlegung von Überwachungsstrategien und Steuerungsmaßnahmen
- Betrieb und Instandhaltung von technischen Betriebsmitteln
- Organisation und Durchführung des Bereitschaftsdienstes
- Maßnahmepläne nach TrinkwV
- Vorsorgeplanung für Notstandsfälle
- Festlegung der personellen Ausstattung und Struktur
- Vorgabe zur Fort- und Weiterbildung des eigenen Personals
- Arbeits-, Gesundheits- und Umweltschutz
- Erwerb und Verwaltung von Grundstück- und Wegerechten
- Beschaffung von Lieferungen und Leistungen
- Auswahl und Überwachung des Dienstleister
- Materialwirtschaft/Lagerhaltung
- Führen des Installateurverzeichnisses
- Kundenservice
- Vertrags- und Rechtsangelegenheiten, insbesondere der Wasserrechte

Soweit möglich, können die genannten Tätigkeiten oder eindeutig abgegrenzte Teile davon auch durch qualifizierte Dienstleister erbracht werden. Unbeschadet davon bleibt die oberste Leitung in der Verantwortung.

Organisation – Der Trinkwasserversorger hat seine Organisationsstruktur so zu gestalten, dass alle Aufgaben, Tätigkeiten und Prozesse sicher geplant, durchgeführt und überwacht werden können. Bei der Gestaltung der Organisation sind das Leistungsspektrum die Unternehmensgröße und die durch eigene Mitarbeiter oder Dienstleister zu erbringenden Tätigkeiten zu berücksichtigen. Untersuchungen gerade bei kleinen und mittleren WVU in Bayern haben jedoch gezeigt, dass Handlungsbedarf in Sachen „Rechtssichere Organisation" bzw. deren Dokumentation besteht. Daraufhin haben verschiedene Anbieter jeweils ein *Betriebs- und Organisationshandbuch (BOH)* als integriertes Gesamtwerk, bestehend aus Betriebsteil, Organisationsteil und kaufmännischem Teil erstellt. Diese BOH's zeichnen sich vor allem dadurch aus, dass sie die betrieblichen Belange und bestehende Regelungen berücksichtigen und an die Organisation im WVU angepasst werden können. Wesentliche Inhalte eines BOH sollen sein:

Organisatorischer Teil
- Anweisungen des Bürgermeisters, Geschäftsführung, Werkleitung etc.
- Organisation des WVU einschl. Beauftragtenwesen, Arbeitsschutz und Arbeitsmedizin
- Aufgaben- und Stellenbeschreibungen
- Organisation des Entstörungs- und Bereitschaftsdienstes
- Beschaffung von Einrichtung und Betriebsmitteln
- Planwerk und Dokumentation der technischen Anlagen und Leitungen
- Schutzkleidung, Schutzausrüstung und Gefahrstoffe
- Aus- und Fortbildung der Mitarbeiter
- Arbeitsmittel, Geräte und Einrichtungen
- Verhalten bei Unfällen und Schadensabwicklung
- Alarm-, Gefahrenabwehr und Maßnahmenpläne

- Werk- und Objektschutz
- Datenschutz und Archivierung

Technischer Teil
- Aufgaben, Kompetenzen und Qualifikation beim Betrieb von Trinkwasseranlagen
- Prozessbegleitende Anweisungen zu Planung, Bau, Betrieb und Instandhaltung von WV-Anlagen
- Nachhaltige Bewirtschaftung und Überwachung der Wasserschutzgebiete (Erlaubnisse und Bewilligungen)
- Überwachung der Qualität des Trinkwassers
- Bau und Betrieb von Wassergewinnungs- und Aufbereitungsanlagen
- Bau und Betrieb von Pumpwerken, Hochbehältern, Elektro- und Steuerungseinrichtungen
- Bau, Betrieb und Unterhaltung von Fernleitungen, Ortsnetzen und Hausanschlüssen
- Einsatz, Koordination und Kontrolle von Fremdfirmen

Kaufmännischer Teil
- Betriebssatzung, Geschäftsordnung
- Wasserabgabesatzung (WAS), Beitrags- und Gebührensatzung (BGS) bzw. AVB
- Abwicklung von Kunden- und internen Aufträgen
- Abwicklung von Verträgen mit Unterschriftsregelung und Vertretung
- Kassenwesen, Forderungs- und Zahlungsmanagement
- Finanzierungsgrundsätze, Buchhaltung, Bilanzwesen
- Einkauf, Materialwirtschaft und Lagerwesen
- Versicherungswesen und Schadensabwicklung
- Interne und externe Vergabepraxis
- Personalwesen, Berufsgenossenschaft und Personalvertretung
- Grundstücke und Grundstückbenutzungsrechte
- Controlling und Kontrolle der Ordnungsmäßigkeit der Unternehmensführung
- Risikomanagement (Frühwarnsysteme, Risikobewertung und –bewältigung)

Formulare, Checklisten und Rechtsvorschriften
- Musterformulare und –anweisungen, Checklisten
- Originalformulare des Unternehmens
- Rechtsvorschriften (Gesetze, Verordnungen, Vorschriften und technische Regeln)

13.3.1.3 Anforderungen an das technische Personal

Bei all der täglichen Routinearbeit ist sich stets in Erinnerung zu rufen:

**Trinkwasser ist das wichtigste
Lebensmittel.
Es kann nicht ersetzt werden!**

- Die Aufgaben- und Verantwortungsbereiche des technischen Personals sind in der Dienstanweisung beschrieben.
- Das Personal ist verpflichtet, dem Unternehmer der WV-Anlage unverzüglich anzuzeigen, wenn eine der Anforderungen an das Trinkwasser – auch vorübergehend – nicht erfüllt werden kann. Die Ursachen der Verschlechterung der Wasserqualität sind festzustellen und so schnell wie möglich zu beseitigen.
- Das Personal muss körperlich und geistig für dieses verantwortungsvolle Aufgabengebiet geeignet sein; es muss Sinn für peinliche Sauberkeit und sorgfältiges und gewissenhaftes Arbeiten haben. Handwerkliche Geschicklichkeit, technisches Verständnis für die Wirkungsweise der Anlagen, die anzustellenden Beobachtungen und Messungen und umweltschutztechnisches Verständnis sollten vorhanden sein.
- Keimträger, Dauerausscheider oder sonst kranke und seuchenverdächtige Personen dürfen WV-Anlagen nicht bedienen.

– Das Personal hat alle der Arbeitssicherheit dienenden Maßnahmen zu unterstützen. Es ist verpflichtet, Weisungen des Unternehmers zum Zwecke der Unfallverhütung zu befolgen, es sei denn, es handelt sich um Weisungen, die offensichtlich unbegründet sind. Es hat die zur Verfügung gestellten persönlichen Schutzausrüstungen zu benutzen.

13.3.1.4 Anforderungen an die Anlagenteile, Arbeitsgeräte und Materialien

Zur Durchführung der Aufgaben eines Wasserversorgers gehört die Verfügbarkeit einer fach- und sachgerechten Ausstattung. Den Mitarbeitern sind im erforderlichen Umfang technische Betriebsmittel, Geräte und Material in funktionsfähigem und funktionssicherem Zustand zu Verfügung zu stellen. Besondere Vorgaben der Unfallverhütungsvorschriften und der allgemein anerkannten Regeln der Technik sind zu berücksichtigen.
- Das Betreten aller der WV unmittelbar dienenden Anlagen ist Unbefugten zu untersagen. Alle Anlagen sind unter Aufsicht oder unter Verschluss zu halten. Insbesondere Werksanlagen mit offenem Trinkwasserspiegel dürfen nur zu betriebsnotwendigen Aufgaben und nur von den beauftragten Personen betreten werden.
- Beim Begehen von trinkwasserführenden Anlagen ist desinfizierte Schutzkleidung (Gummistiefel, Gummihandschuhe) zu tragen. Für andere Personen (Besucher, Behördenvertreter etc.) ist ebenfalls Schutzkleidung bereit zu halten.
- Alle Arbeiten an den Anlagen sind mit größter Sauberkeit auszuführen. Bei den Teilen der Anlagen, die mit dem Trinkwasser unmittelbar in Berührung kommen, dürfen nur saubere Geräte und Werkzeuge benutzt und nur für diesen Zweck verwendet werden (z. B. Reinigungsbürsten).
- In allen Fällen, in denen die Möglichkeit einer Verunreinigung von trinkwasserberührten Anlageteilen durch ausgeführte Arbeiten nicht mit Sicherheit ausgeschlossen werden kann, muss nach Abschluss der Arbeiten eine Desinfektion der betreffenden Werksanlagen vorgenommen werden. Arbeitsgeräte sind ebenfalls zu desinfizieren. Ob eine Untersuchung des Trinkwassers nach Ausführung der Arbeiten und vor Inbetriebnahme der Anlagenteile durchzuführen ist, ist mit dem jeweils zuständigen Gesundheitsamt abzusprechen.
- Grundsätzlich müssen alle mit dem Trinkwasser in Kontakt kommende Materialien gesundheitlich unbedenklich sein. Sie dürfen die Beschaffenheit des zu fördernden und zu speichernden Wassers nicht nachteilig verändern. Alle Kunststoffe und anderen nichtmetallischen Werkstoffe müssen den geltenden Vorschriften entsprechen.

13.3.2 Technisches Personal

Personalqualifikation – Die Übertragung von Aufgaben hat nur an solche Mitarbeiter zu erfolgen, die für die jeweilige Tätigkeit ausreichend qualifiziert sind. Die Mitarbeiter müssen in der Lage sein, die ihnen übertragenen Aufgaben zu erfüllen. Entsprechend den gesetzlichen Vorgaben und anerkannten Regeln der Technik sowie Unfallverhütungsvorschriften ist der Einsatz von unterwiesenem, sachkundigem oder fachkundigem Personal für die Durchführung spezieller Tätigkeiten erforderlich.
Technische Führungskraft – Die technische Führungskraft ist im Rahmen der ihr übertragenen Aufgaben verantwortlich. Außerhalb des technischen Bereiches sind ihr die erforderlichen Einflussmöglichkeiten zur Erfüllung ihrer Aufgaben im technischen Bereich einzuräumen. Die technische Führungskraft muss über die erforderlichen Befugnisse verfügen, um in sicherheitsrelevanten Angelegenheiten eigenverantwortlich handeln zu können. Die technische Führungskraft muss sich für die von ihr wahrzunehmenden Fachaufgaben fort- bzw. weiterbilden.
Technisches Fachpersonal – Das technische Fachpersonal ist im Rahmen der ihm übertragenen Aufgaben verantwortlich. Das technische Fachpersonal muss über die für die Durchführung ihrer Fachaufgaben erforderliche Ausbildung, Erfahrung und Kenntnis der gesetzlichen und behördlichen Vorschriften, der Unfallverhütungsvorschriften sowie der allgemein anerkannten Regeln der Technik, insbesondere der technischen Regeln des DVGW, verfügen. Das technische Fachpersonal muss

aufgrund seiner Erfahrungen und Kenntnisse in der Lage sein, die ihm übertragenen Arbeiten beurteilen, ausführen sowie mögliche Gefahren erkennen und beseitigen zu können.

Die folgenden Hinweise beziehen sich insbesondere auf mittlere und kleinere WVU mit eigener Wassergewinnung. Auf die zahlreichen Angebote für die Aus- und Fortbildung von Anlagenmechanikern, Fachrichtung Versorgungstechnik (früher Rohrnetzbauer), Rohrleitungsbauern, Netzmeister (früher Rohrnetzmeister) sowie die Gruppe der Techniker, Ingenieure und Naturwissenschaftler kann hier nicht ausführlich bzw. nicht eingegangen werden. Auskunft hierüber erteilen u. a. die Fachverbände und -behörden.

13.3.2.1 Qualifikation und Personalbedarf

Trinkwasser ist das wichtigste Lebensmittel. An seine Qualität werden höchste Anforderungen gestellt. Der Betrieb eines Wasserwerkes ist deshalb eine Aufgabe mit besonderer Verantwortung.

Die Betriebssysteme zur Gewinnung, Aufbereitung, Speicherung und Verteilung des Trinkwassers werden im Zuge des technischen Fortschritts ständig verfeinert und verbessert, dadurch aber auch komplexer und technisch anspruchsvoller. Diesen Herausforderungen können sich die WVU nur stellen, wenn sie in ausreichender Zahl qualifizierte, also gut aus- und fortgebildete Fachleute beschäftigen, die durch Weiterbildung ihr berufliches Wissen und Können aktualisieren, erweitern und vertiefen. Auch das für kleine WVU verantwortliche technische Personal braucht eine Mindestqualifikation.

Einschlägige Rechtsvorschriften zur Qualifikation des technischen Personals in den Wasserwerken gibt es nur vereinzelt in Deutschland (z. B. Eigenüberwachungsverordnung in Bayern). Gelegentlich finden sich auch Hinweise zur Fachkunde in den Gemeindeordnungen, in wasserrechtlichen Bescheiden und in Merkblättern verschiedener Institutionen.

Insbesondere für die Facharbeiterebene des Bereiches WV ist eine deutliche Orientierung nicht immer zu erkennen. Zwar wird in der WV eine Fülle von Berufen eingesetzt, die meisten Facharbeiter wurden aber bisher in nicht spezifischen Berufen in fremden Unternehmen ausgebildet. Sie wurden und werden von den WVU vom Arbeitsmarkt geholt und durch gezielte Unterweisung in ihre Aufgaben eingeführt. Besonders geeignet zum Einsatz in der WV sind dabei offensichtlich die Gas- und Wasserinstallateure sowie Elektroinstallateure. Aber auch Betriebsschlosser, Hochdruckrohrschlosser, Tiefbaufacharbeiter, Vermessungstechniker und Kfz-Schlosser kommen zum Einsatz.

Hier muss den Verantwortlichen Hilfestellung hinsichtlich der Personalqualifikation gegeben werden. Im bereits genannten DVGW-Arbeitsblatt W 1000 werden die Anforderungen aufgeführt.

In den WVU mit eigener Wassergewinnung sollen demnach als technisch-verantwortliches Personal eingesetzt werden:

Fachkraft für Wasserversorgungstechnik (früher Ver- und Entsorger, Fachrichtung Wasserversorgung), Geprüfte Netz- und Wassermeister/Techniker und Ingenieure.

Anmerkung: Alle genannte Berufe stehen auch Frauen offen. Soweit nur die männliche Berufsbezeichnung gewählt wurde, hat dies ausschließlich redaktionelle Gründe.

13.3.2.1.1 Kleinere WVU

Fachkräfte für Wasserversorgungstechnik (früher Ver- und Entsorger, Fachrichtung Wasserversorgung), übernehmen in kleineren WVU die technische Überwachung aller Einrichtungen, die Wartung und Pflege der Anlagen und Maschinen, die verfahrenstechnische Überwachung der Arbeitsabläufe und das Führen des Betriebstagebuches selbständig und eigenverantwortlich. In größeren Betrieben kommen sie wegen der dort notwendigen Arbeitsteilung in einem Teilbereich an verantwortungsvoller Stelle zum Einsatz. Die erforderlichen Kenntnisse und Fertigkeiten sind in der Ausbildungsverordnung aufgeführt. Durch eine Verschiebung der Gewichte bei den Lerninhalten von weniger Labor/Chemie zu mehr Elektrotechnik ist eine bessere Akzeptanz des Berufes bei den WVU erreicht worden. Die neu ausgebildeten Fachkräfte für Wasserversorgungstechnik sind im Zusammenhang mit der VBG 4 so genannte „elektrotechnisch befähigte Personen", die bestimmte Tätigkeiten allein verantwortlich ausführen können.

13.3 Betrieb

Sollen Facharbeiter artverwandter Berufe (z. B. Anlagenmechaniker, Fachrichtung Versorgungstechnik, Installateure) als technischer Leiter eingesetzt werden, so ist die zusätzliche Ablegung der einschlägigen Facharbeiterprüfung *(Fachkraft für Wasserversorgungstechnik)* zu fordern.

Fachkräfte, die die oben genannten Abschlüsse nicht erworben haben, sollen nicht mehr als technisch Verantwortliche bestellt werden. So genannte Wasserwarte mit langjähriger Erfahrung im Betrieb von WV-Anlagen, die derzeit noch für kleinere WVU technisch verantwortlich sind, können auch weiterhin in dieser Funktion beschäftigt bleiben, sofern sie regelmäßig an einschlägigen Fortbildungsmaßnahmen teilnehmen (Bestandsschutz).

13.3.2.1.2 Mittlere und größere WVU

Geprüfte Wassermeister sind die zum Ausbildungsberuf Fachkraft für Wasserversorgungstechnik, gehörenden Meister. Sie führen selbständig den Betrieb mittlerer Wasserwerke bzw. leiten Betriebsteile größerer Werke. Die erforderlichen Kenntnisse und Fertigkeiten sind in der „Verordnung über die Prüfung zum Wassermeister" aufgeführt.

Werden Meister artverwandter Berufe als technische Leiter eingesetzt (z. B. Handwerksmeister), so ist die zusätzliche Ablegung der einschlägigen Meisterprüfung (Wassermeister) erforderlich.

Geprüfte Netzmeister sind die zum Ausbildungsberuf Anlagenmechaniker, Fachrichtung Versorgungstechnik (früher Rohrnetzbauer), gehörenden Meister. Sie werden in sehr großen WVU mit ausgedehnten Rohrnetzen als Leiter des Teilbereiches Wasserverteilung eingesetzt.

Mit der Einführung der Mehrspartenorganisation in den Versorgungsunternehmen wird immer häufiger eine Ausweitung der Fach- und Führungsaufgaben der vorhandenen Meister auf weitere Sparten notwendig. Für die neuen Netzsparten muss der Meister die Kenntnisse, Fertigkeiten und Erfahrungen auf der Facharbeiterebene nachweisen um zur Meisterprüfung zugelassen zu werden.

Einen Überblick über die Anforderungen an das technisch verantwortliche Personal in Abhängigkeit von der Anlagengröße gibt die **Tab. 13-2**

Tab. 13-2: Anforderungen an das technisch verantwortliche Personal im WVU

WVU mit eigener Wassergewinnung	Anlagengröße: Jahreswasserabgabe	Qualifikation	Bemerkungen
kleinere	bis etwa 250 000 m^3	*Fachkraft für Wasserversorgungstechnik oder gleichwertig*	– ggf. Wassermeister bei hohem Technisierungsgrad
mittlere bis größere	250 000 bis etwa 1 Mio m^3	*Geprüfter Wassermeister oder gleichwertig/Techniker*	– ggf. Ingenieur bei hohem Technisierungsgrad
größere bis große	Größer als etwa 1 Mio m^3	*Ingenieur*	Dem Einzelfall anzupassen

Details siehe DVGW-Arbeitsblatt W 1000.

Die angegebenen Grenzen sind nicht eng auszulegen, da Anlagenart (z. B. einfache oder weitergehende Aufbereitung), Ausrüstung, Alter, Flächenausdehnung und Zahl der Betriebspunkte eine Rolle spielen. Ältere Anlagen brauchen mehr Instandhaltungsaufwand als neuere. Kleine WVU sollten zur besseren Personalauslastung gemeinsam eine Fachkraft für Wasserversorgungstechnik oder einen geprüften Wassermeister beschäftigen (siehe Abschn. 13.2.2).

13.3.2.2 Aus- und Fortbildung in der Ver- und Entsorgung

In diesem Abschnitt werden die Möglichkeiten aufgeführt, um die in Abschn. 13.3.2.1 geforderten Qualifikationen erlangen zu können.

13.3.2.2.1 Wasserwart

Wasserwart ist kein anerkannter Ausbildungsberuf. Wasserwarte können die ihnen zugewiesenen Tätigkeiten nur ausüben, wenn sie entweder eine einschlägige (z. B. Fachkraft für Wasserversorgungstechnik) oder artverwandte Ausbildung (z. B. Installateur, Betriebsschlosser) nachweisen können oder – falls sie aus artfremden Berufen kommen bzw. angelernt werden müssen – entsprechende Kenntnisse und Fertigkeiten erworben haben.

Unerlässlich für jeden Wasserwart ist die Teilnahme an Einführungs- oder Grundkursen (Grundausbildung) und an den laufenden Weiterbildungsveranstaltungen (s. Abschn. 13.3.2.3). Nur in wenigen Bundesländern werden Einführungs- und Fortbildungskurse angeboten (z. B. in Bayern: Bayer. Gemeindetag, Dreschstraße 8, 80805 München, 2- bis 4-mal jährlich jeweils 1 Woche).

13.3.2.2.2 Fachkraft für Wasserversorgungstechnik, Anlagenmechaniker

Seit 1984 verfügt das Wasserfach über den Ausbildungsberuf Ver- und Entsorger/Ver- und Entsorgerin. Er beinhaltet die drei Fachrichtungen Wasserversorgung, Abwasser und Abfall. Die Bereitschaft der WVU, Ver- und Entsorger auszubilden, war jedoch nur gering. Das zu wenig praxisorientierte Berufsbild wurde deshalb verändert. Als Nachfolge für den Ver- und Entsorger wurde 2002 die *Fachkraft für Wasserversorgungstechnik* geschaffen (zur Neuordnung des Berufsbildes siehe Abschn. 13.3.2.1.1).

Mit der Neuordnung der industriellen Metallberufe und mit der Überführung des Rohrnetzbauers in den neuen Beruf des Anlagenmechanikers, Fachrichtung Versorgungstechnik, in dem auch noch die alten Berufe des Hochdruckschlossers, des Rohrinstallateurs und Teile der Betriebsschlosser aufgegangen sind, sind auch in diesem Beruf die Ausbildungszahlen zurückgegangen.

Informationen zu den Berufsausbildungen, zur Eignung von Ausbildungsstätten und Ausbildern etc, erhalten alle Interessenten bei den sog. zuständigen Stellen der Länder und bei den Fachverbänden (z. B. DVGW, RBV). Sie erteilen auch Auskunft über die Möglichkeit, als sog. *Externe* (Personen, die sich Erfahrungen und Fertigkeiten durch mehrjährige Praxis in einem Wasserwerk erworben haben und sich die theoretischen Kenntnisse z. B. in Lehrgängen aneignen) die Facharbeiterabschlüsse zu erlangen.

13.3.2.2.3 Wassermeister, Netzmeister

Der Aufstieg zum Meister in der Ver- und Entsorgung ist bundeseinheitlich geregelt und staatlich anerkannt. Die Prüfungsordnungen für Wassermeister und auch für die neuen Netzmeister (früher Rohrnetzmeister) wurden 2005 geändert. Die Prüfung bezieht sich nun auf den Berufsalltag des Meisters mit der Verbindung von Technik, Organisation und Mitarbeiterführung.

Sowohl für die Prüfung zum *Wassermeister* als auch zum *Netzmeister* bieten insbesondere die Fachverbände Vorbereitungslehrgänge (Tages-, Block- oder Fernlehrgang) an. Die DVGW-Wassermeisterlehrgänge in Karlsruhe, Lübeck, Rosenheim und Dresden, die Netzmeisterlehrgänge in Karlsruhe, Hamburg, Halle, Essen, Berlin, Dresden und Köln sowie die jeweiligen Fernlehrgänge sind weitestgehend ausgelastet. Auskünfte zur Vorbereitung auf die Prüfung, zur Zulassung zur Prüfung und zur Prüfung erteilen die Fachverbände (z. B. DVGW, RBV) bzw. die zuständigen Stellen der Länder.

13.3.2.3 Berufliche Weiterbildung

Während Ausbildung und Aufstiegsfortbildung staatlichen Regelungen unterliegen, die den Rahmen für den zu vermittelnden Inhalt und die Grundsätze für Inhalt und Durchführung der jeweiligen Prüfungen festlegen, gibt es für das weite Feld der beruflichen Weiterbildung keine verbindlichen Festschreibungen. Inhalt, Dauer und Intensität werden von temporären Bedürfnissen von Unternehmen und deren Mitarbeitern bestimmt. Leider handeln noch nicht alle Verantwortlichen nach der Forderung des DVGW-Arbeitsblattes W 1000: „Das Personal ist zur beruflichen Weiterbildung verpflichtet."

13.3 Betrieb

Es ist sicherzustellen, dass alle Mitarbeiter entsprechend ihrem Aufgabengebiet über den jeweils gültigen Stand der für sie relevanten Rechtsvorschriften, Unfallverhütungs-vorschriften, Technischen Regeln und unternehmensinternen Anweisungen informiert und unterwiesen werden."

13.3.2.3.1 Angebote allgemein (Auszug)

Wichtige Weiterbildungsangebote:
- Fachschulungen in Bezirksgruppen (DVGW/DELIWA)
- Seminare für Ausbilder Fachkräfte für Wasserversorgungstechnik (DVGW, z. T. mit Dritten)
- Seminare für Ausbilder Anlagenmechaniker, FR Versorgungstechnik (DVGW)
- Fortbildungsseminare für Wassermeister und berufserfahrene Wasserwarte (BAYER. GEMEINDETAG)
- Wassermeister-Erfahrungsaustausch (DVGW)
- Netzmeister-Seminare (DVGW)
- Verschiedene Fachseminare (FACHVERBÄNDE, SONSTIGE)
- Jahres-, Aussprache-, Werkleitertagungen (FACHVERBÄNDE)
- Sonstige Informationsveranstaltungen (ARBEITSGEMEINSCHAFTEN etc.)

Berufsbildungsprogramme für das jeweilige Kalenderjahr geben die jeweiligen Veranstalter heraus. Die „Bildungsdatenbank des Energie- und Wasserfaches" kann mit der Internetadresse www.dvgw.de aufgerufen werden.

13.3.2.3.2 Ortsnahe Fortbildung des technischen. Personals (Nachbarschaften)

Neben einer bestmöglichen Ausbildung ist es aufgrund der unterschiedlichen örtlichen und versorgungstechnischen Gegebenheiten geboten, die vielfältigen Probleme in regelmäßigen Abständen vor Ort zu besprechen und dem unterschiedlich ausgebildeten technischen Personal (z. B. Wasserwarte, Ver- und Entsorger, Fachkräfte für Wasserversorgungstechnik, Wassermeister) Gelegenheit zu geben, Erfahrungen mit Nachbarkollegen auszutauschen.

DVGW/DELIWA haben im Bundesgebiet mit der sog. Wasserwerksschulung (WWS) begonnen (außer Baden-Württemberg und Bayern; siehe Sonderformen unten). Die WWS besteht aus einem Grundseminar (2–3 Tage) mit anschließenden Schwerpunktseminaren und der Gründung von Nachbarschaften.

In Baden-Württemberg gibt es seit 1973 flächendeckend die sog. Wasserwärter-Fortbildung (DVGW/VEDEWA) in 34 Wasserwerksnachbarschaften. Sie hat sich hervorragend bewährt. Die Kenntnisvermittlung in den Nachbarschaftstagen wird durch Lehrhefte unterstützt.

Darauf aufbauend, haben die kommunalen Spitzenverbände, die Wasserwirtschaftsverwaltung und die Fachverbände in Bayern 1986 beschlossen, flächendeckend Wasserwerksnachbarschaften anzubieten. Dabei sollen insbesondere aktuelle Probleme, praxisbezogene Wartungsaufgaben, messtechnische und rechtliche Anforderungen besprochen und die Zusammenarbeit mit den berührten Fachbereichen (Gesundheit, Landwirtschaft, Wasserwirtschaft) gepflegt werden. Die Wasserwerksnachbarschaften werden unter Beteiligung insbesondere des Gesundheitsamtes vom örtlichen Wasserwirtschaftsamt veranstaltet und vom Bayer. Städtetag, Bayer. Gemeindetag und Bayer. Landkreistag sowie den Fachverbänden unterstützt. Jährlich finden ein bis zwei Nachbarschaftstage statt. Die Themen werden so gewählt, dass den Teilnehmern sowohl praxisgerechte Grundkenntnisse für die wichtigsten Bereiche der WV als auch Informationen zu aktuellen Problemen und Entwicklungen vermittelt werden. Die Nachbarschaftstage werden von einem erfahrenen Praktiker als „Leiter" durchgeführt und fallweise von Gastreferenten unterstützt.

In den rd. 70 Wasserwerksnachbarschaften in Bayern werden jährlich rd. 4 500 Mitarbeiter erreicht. Dies eröffnet für die aktuelle Information und den Erfahrungsaustausch (Erhebungen, Umfragen etc.) völlig neue Möglichkeiten.

Auskünfte erteilen u. a. das Bayer. Landesamt für Umwelt, Augsburg (technische Leitung) und der Verband der Bayerischen Gas- und Wasserwirtschaft e. V., München (Geschäftsleitung). Informationen findet man auch im Internet mit der Adresse *www.wwn-bayern.de*.

13.3.2.4 Dienstanweisung

13.3.2.4.1 Allgemeines

Sinn und Zweck einer Dienstanweisung ist es, Rechte und Pflichten z. B. des Wasserwerkspersonals näher festzulegen. Es ist zweckmäßig, spezielle Arbeitsanweisungen für den Betrieb öffentlicher WV-Anlagen in besonderen Betriebsanleitungen zusammenzufassen. Derartige Betriebsanleitungen sollten von den Wasserwerken entsprechend den vorliegenden Bedingungen und den vorhandenen Betriebseinrichtungen erstellt werden.

Das technische Personal der Wasserwerke muss im Rahmen dieser Dienstanweisung selbständig handeln und hierzu auch die Möglichkeiten erhalten.

Dies setzt insbesondere voraus, dass
- das eingesetzte Personal die notwendige Qualifikation besitzt (s. Abschn. 13.3.2.1)
- dem Personal die Teilnahme an Weiterbildungsveranstaltungen regelmäßig ermöglicht wird
- ein fachkundiger, eingewiesener Stellvertreter benannt ist
- dem eingesetzten Personal ausreichend qualifizierte Mitarbeiter und Betriebsmittel für einen geordneten Betriebsablauf zur Verfügung stehen
- dem eingesetzten Personal alle erforderlichen Unterlagen (z. B. wasserrechtliche Gestattungen, Schutzgebietsverordnungen, Betriebsanleitungen und Wartungsvorschriften, Unfallverhütungsvorschriften, technische und gesetzliche Vorschriften) zur Verfügung stehen
- das Beschäftigungsverhältnis in einem Arbeitsvertrag geregelt ist.

13.3.2.4.2 Muster einer Dienstanweisung (Auszug)

Der DVGW hat in der Wasser-Information 24 (Ausgabe 5/90) ein Muster einer Dienstanweisung für Wassermeister herausgegeben. Sinngemäß gilt diese Dienstanweisung auch für das technisch verantwortliche Personal niedrigerer oder höherer Qualifikationsebenen. Das Muster 13-1 ist den jeweiligen örtlichen Verhältnissen anzupassen:

Muster 13-1 Dienstanweisung für Wassermeister
1. Dienstverhältnis
    - Arbeitsvertrag (arbeitsrechtliche Verhältnis ist geregelt im Arbeitsvertrag vom …)
    - Zuständigkeit (zuständig für Betrieb, Überwachung und Unterhaltung folgender Anlagen: …)
    - Befugnisse (Weisungs-, Unterschriftsberechtigung)
    - Hausrecht (Betretungsrechte, Schlüsselbefugnis)
    - Arbeitszeit (Normal- und Ausnahmezeiten)
    - Stellvertreter
    - Informationspflicht (Vorgesetzteninformation)
    - Weiterbildung (Verpflichtung zur Teilnahme)
2. Fachspezifische rechtliche Grundlagen
    - Beachtung der einschlägigen Rechtsvorschriften (Aufzählung)
3. Betrieb
    - Betriebsanleitungen
    - Aufzeichnungen (Betriebstagebuch)
    - Wasseruntersuchungen (Aufbewahrung der Ergebnisse)
    - Überwachung der WV-Anlagen
    - Wechsel der Wassermessgeräte (Wasserzähler)
    - Überörtliche Betriebsbetreuung
    - Bestandsplanführung
4. Wartungsarbeiten
5. Instandsetzung
6. Vorsorge und Lagerhaltung
    - Geräte und Werkzeuge (Vorhaltung, Gebrauchsfähigkeit)
    - Ersatzteile (Beschaffung, Aufbewahrung, Pflege)

13.3 Betrieb

- Verbrauchsstoffe (Lagerung, Ergänzung)
- Betriebsmittelverzeichnis, Inventarverzeichnis
7. Außergewöhnliche Vorkommnisse
   - Allgemeine Maßnahmen (Abwehrmaßnahmen, Benachrichtigungspflicht)
   - Beeinträchtigung der Wasserqualität (Grenzwertüberschreitungen, Abhilfemaßnahmen)
   - Brandschutz in den Wasserwerksanlagen
   - Brände im Bereich des Versorgungsgebietes (Beratung)
   - Hochwasser (Vorsorge- und Abwehrmaßnahmen)
   - Wassermangel (Benachrichtigungspflicht)
8. Arbeitsschutz und Unfallverhütung (Vorschriften)
9. Hygiene (Arbeitsmittel, Anlagenteile, Untersuchungen)
10. Besondere Anweisungen
11. Unterschriften des Dienstvorgesetzten und des Mitarbeiters

Die DVGW-Wasser-Information 24 enthält auch ein Kurzmuster eines Arbeitsvertrages für Wassermeister.

13.3.3 Rechtsvorschriften, Technische Regelwerke

13.3.3.1 Allgemeines

Deutschland ist ein Bundesstaat, in dem die Zuständigkeiten für Gesetzgebung und Verwaltung unterschiedlich auf Bund und Länder verteilt sind. Da Umweltprobleme an Staatsgrenzen nicht haltmachen, ist das nationale Recht eingebunden in das Völkerrecht und in das übernationale Recht der Europäischen Gemeinschaft.

Rechtsvorschriften sind im wesentlichen:
- *Gesetze*
  Sie werden durch die verfassungsmäßigen Organe des Staates (z. B. Parlament) in vorgeschriebener Form erlassen, z. B. Wasserhaushaltsgesetz (WHG).
- *Verordnungen* (Rechtsverordnungen)
  Sie enthalten Vollzugshinweise und allgemeinverbindliche Rechtsnormen. Sie werden von den Verwaltungsbehörden aufgrund gesetzlicher Ermächtigung erlassen und regeln auch Rechte und Pflichten des einzelnen Burgers, z. B. Trinkwasserverordnung (TrinkwV).
- *Verwaltungsanordnungen* (Verwaltungsvorschriften, Erlasse)
  Sie wenden sich nicht an die Allgemeinheit, sondern nur intern an die Behörden.
- *Satzungen*
  Sie werden von Städten, Gemeinden oder Verbänden erlassen und regeln im Rahmen staatlich zuerkannter Selbstverwaltung deren eigene Angelegenheiten, z. B. Wasserabgabesatzung.

Technische Regelwerke für das Bauwesen, das sind z. B. Normen, Richtlinien, Arbeits-, Merkblätter und Hinweise, sollen insbesondere darstellen, wie die Bauten technisch einwandfrei funktionell sowie wirtschaftlich geplant, hergestellt, betrieben und unterhalten werden und den Anforderungen der Sicherheit und Ordnung genügen können.
So legen z. B. Fachbehörden oder Fachverbände Richtlinien über die Anwendung technischer Maßnahmen fest, z. B. Regelwerk Wasser des DVGW. Die Angaben in den technischen Regelwerken machen eine sorgfältige planerische Abwägung im Einzelfall nicht entbehrlich. Dies gilt insbesondere hinsichtlich der Wirtschaftlichkeit und der Bewältigung von Umweltbeziehungen. Technische Regelwerke lassen regelmäßig einen Ermessens- und Beurteilungsspielraum offen.
Die wichtigsten Rechtsvorschriften und Regelwerke siehe Anhang, **Kap. 14**.
Der Bereich WV wird vorwiegend vom so genannten „öffentlichen Recht" berührt. In ihm besteht ein Über- und Unterordnungsverhältnis, d. h. der einzelne ist dem Staat, der das Gemeinwohl vertritt, untergeordnet. Dem Staat ist die Möglichkeit eines Zwangseingriffes eingeräumt. Als weitere Beispiele sind das Strafrecht, das Steuerrecht, das Verkehrsrecht und das Baurecht zu nennen.

Dagegen regelt das „private" oder „bürgerliche" Recht die Rechtsbeziehungen einzelner und Gleichberechtigter untereinander. Wesentliche Grundlage ist das Bürgerliche Gesetzbuch (BGB). Beispiele sind hier das Vertragsrecht (= Schuldrecht), das Familienrecht, das Grundstücksrecht und das Handelsrecht.

Beispiele für Berührungspunkte Rechtsvorschriften und Anlagenteile eines Wasserwerkes zeigt **Abb. 13-4**.

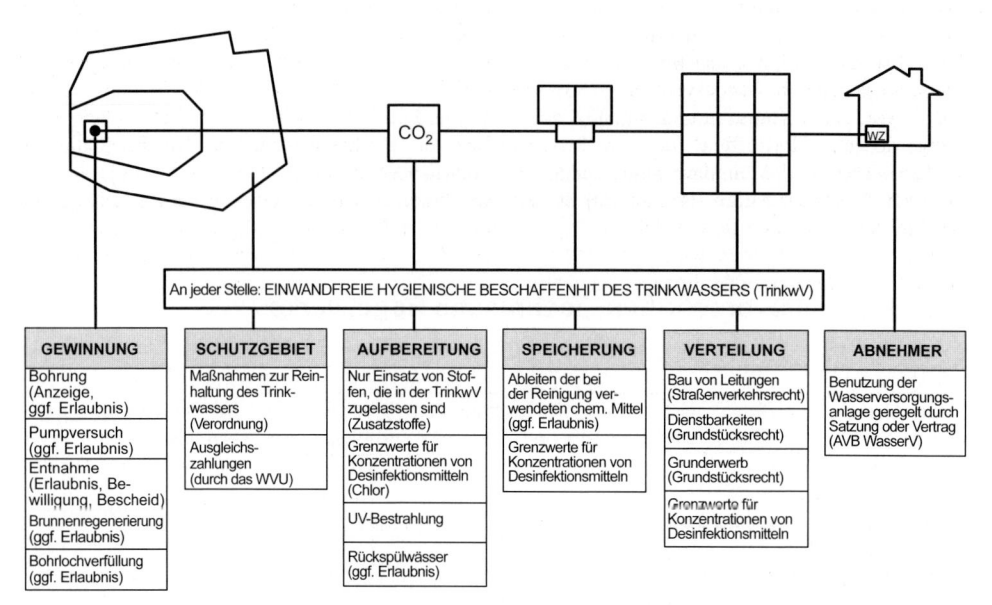

Abb. 13-4: Berührungspunkte Wasserversorgungsanlage und Rechtsvorschriften (Auszug)

13.3.3.2 Wasserrecht

13.3.3.2.1 Allgemeines

Der Bund hat im Wasserrecht die Befugnis zur Rahmengesetzgebung (Art. 75 Nr. 4 Grundgesetz – GG). Ein Rahmengesetz ist durch Landesgesetze auszufüllen. In diesen Landesgesetzen werden vor allem geregelt:
– Fragen der Zuständigkeit und des Verfahrensablaufs, z. B. eines wasserrechtlichen Verfahrens
– Eigentum am Gewässer
– Aufgaben der technischen Gewässeraufsicht.

Das Rahmengesetz des Bundes ist das Gesetz zur Ordnung des Wasserhaushalts (*Wasserhaushaltsgesetz – WHG*), das für alle oberirdischen Gewässer, das Grundwasser und die Küstengewässer gilt.

Die Bundesländer haben über *Landeswassergesetze (LWG)*, Verordnungen und Verwaltungsvorschriften die Rahmenvorschriften des Bundes ausgefüllt, z. B. Bayerisches Wassergesetz (BayWG).

13.3.3.2.2 Wasserrechtliches Verfahren

Die wichtigsten wasserrechtlichen Tatbestände innerhalb der WV-Anlage sind
1. die *Gewässerbenutzung* für die Wassergewinnung, meist die Wasserentnahme aus einem Brunnen oder die Ableitung einer Quelle
2. die *Festsetzung von Wasserschutzgebieten*.

13.3 Betrieb

Die Zuständigkeiten und die Verfahren sind in den Landeswassergesetzen geregelt. Den schematischen Ablauf eines Wasserrechtsverfahrens zeigt **Abb. 13-5**.

Stellt ein WVU einen Antrag, z. B. auf Entnahme von Grundwasser, so werden die Bestimmungen des WHG und des LWG unter Beachtung der besonderen Umstände des Einzelfalles angewendet. Die zuständige Wasserbehörde (z. B. Landratsamt) führt ein Wasserrechtsverfahren durch und erlässt einen Bescheid bzw. eine Verordnung (Verwaltungsakt). Werden Benutzungen rechtswidrig ohne die erforderliche Gestattung ausgeübt, so kann die Behörde verlangen, dass ein entsprechender Antrag gestellt wird. Damit die Auswirkungen des Vorhabens beurteilt werden können, sind vom Antragsteller Erläuterungen, Pläne und Berechnungen vorzulegen. Inhalt und Form der Antragsunterlagen sind meist in speziellen Landesverordnungen vorgeschrieben. Die Ausarbeitung der Planung erfolgt i. d. R. von einem Ingenieurbüro im Auftrag des WVU. Die Wasserbehörde beteiligt im Genehmigungsverfahren „Betroffene" und Fachbehörden bzw. private Sachverständige. Die Fachbehörden prüfen, ob das Verfahren allen wasserrechtlichen Vorschriften entspricht. Sie geben – meist als sog. Amtliche Sachverständige – Gutachten ab. Nach der Prüfung wird entschieden, ob Änderungen an der Planung notwendig sind, welche Auflagen festgelegt werden müssen oder ob das Vorhaben abzulehnen ist. Das Verfahren wird von der Wasserbehörde abgeschlossen durch Erlass eines Wasserrechtsbescheides bzw. einer Schutzgebietsverordnung.

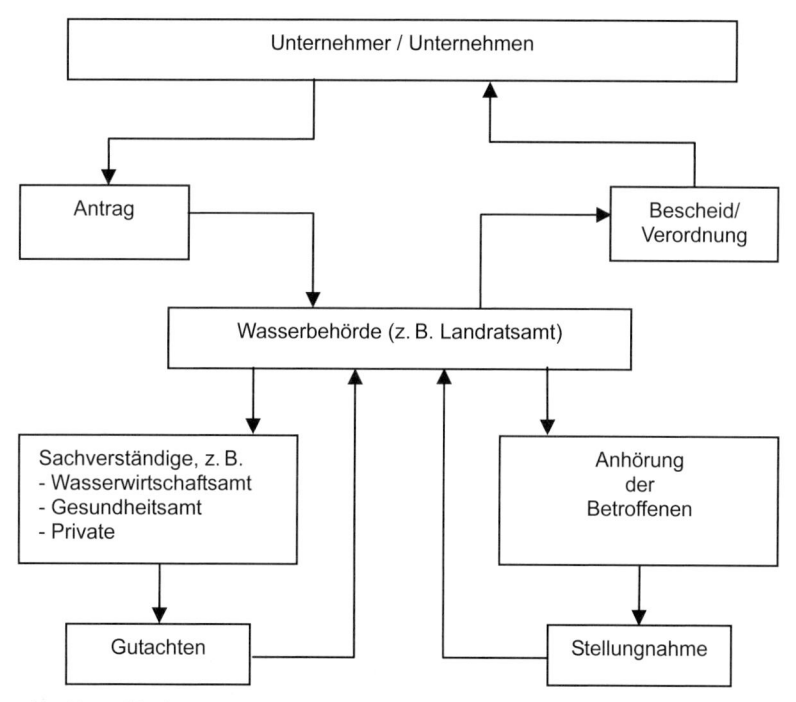

Abb. 13-5: Ablauf eines Wasserrechtsverfahrens (schematisch)

13.3.3.2.3 Die Entnahme – der wasserrechtliche Bescheid

§ 2 (1) WHG: Eine Benutzung der Gewässer bedarf der behördlichen Erlaubnis (§ 7) oder Bewilligung (§ 8)…!

Jede Benutzung z. B. von Grundwasser ist grundsätzlich verboten, es sei denn, die Benutzung ist vom Gesetz ausdrücklich erlaubt (nur wenige Benutzungen sind erlaubnisfrei).

Wichtige Benutzungen gemäß § 3 WHG für die WV sind:
Absatz 1 Nr. 1   Entnehmen und Ableiten von Wasser aus oberirdischen Gewässern (Flusswasserentnahme, Seewasserentnahme, Talsperrenwasserentnahme).
Absatz 1 Nr. 6   Entnehmen, Zutagefördern, Zutageleiten und Ableiten von Grundwasser (Brunnen-, Quellwasserentnahme).
Absatz 2   Als Benutzungen gelten auch folgende Einwirkungen:
1. Aufstauen, Absenken und Umleiten von Grundwasser durch Anlagen, die hierzu bestimmt oder hierfür geeignet sind,
2. Maßnahmen, die geeignet sind, dauernd oder in einem nicht nur unerheblichen Ausmaß schädliche Veränderungen der physikalischen, chemischen oder biologischen Beschaffenheit des Wassers herbeizuführen.

Die Landeswassergesetze unterscheiden teilweise in *Gehobene Erlaubnis, Beschränkte Erlaubnis* (für Nutzungen zu vorübergehenden Zwecken) und *Beschränkte Erlaubnis im vereinfachten Verfahren*. Das WVU wird im allgemeinen für die Entnahme von Grundwasser bzw. von oberirdischem Wasser zu Trinkwasserzwecken die Erteilung einer *Bewilligung* beantragen und anstreben.

Die Unterscheidung zwischen Bewilligung und Erlaubnis liegt in der rechtlichen Qualifikation (die Bewilligung gewährt das Recht zur Gewässerbenutzung und stellt damit die stärkere Rechtsposition dar, die Erlaubnis gewährt „nur" die stets widerrufliche Befugnis zur Gewässerbenutzung) und in ihrer Rechtswirkung, insbesondere in ihrer Wirkung auf Dritte.

Eine (beschränkte) Erlaubnis kommt z. B. in Frage für
– Pumpversuche, die als Einzelpumpversuche eine gewisse Stundenzahl überschreiten,
– die Brunnenregenerierung mit chemischen Mitteln,
– Bohrlochverfüllungen, z. B. wenn die Nutzung eines Brunnens aufgegeben wird. Ein Verfüllungsvorschlag ist vor Beginn der Arbeiten bei der Kreisverwaltungsbehörde einzureichen,
– das Ableiten von Aufbereitungsrückständen und Reinigungsmitteln.

Die beantragte Erlaubnis oder Bewilligung wird schriftlich in einem *wasserrechtlichen Bescheid* erteilt. Er gliedert sich im allgemeinen wie folgt:

A) Erlaubnis oder Bewilligung (Bescheidstenor)
I.   Gegenstand der Erlaubnis oder Bewilligung, Zweck und Plan der Gewässerbenutzung
II.   Bedingungen und Auflagen (Nebenbestimmungen)
II.1 Bedingungen (von der Bedingung hängt die Wirksamkeit des gesamten Verwaltungsaktes ab, nur mit ganzem Bescheid anfechtbar)
  – Dauer der Erlaubnis/Bewilligung (nur in bestimmten Fällen mehr als 30 Jahre)
  – Beginn der Benutzung
  – Rechtsnachfolge
  – Umfang der erlaubten/bewilligten Benutzung:
    (Mindestens dieser Teil des Bescheides sollte auch dem technischen Personal – Wassermeister, Wasserwart – vorliegen)
    „Die Bewilligung berechtigt dazu, …" oder
    „Die Erlaubnis gewährt die stets widerrufliche Befugnis auf dem Grundstück … bis zu z. B. 1 l/s, 86 m³/d, 25 000 m³/a Grundwasser zu entnehmen!
    (Jedes Überschreiten der Grenzwerte macht die Wasserentnahme rechtswidrig. Muss z. B. die Entnahmemenge erhöht werden, ist eine neue Erlaubnis oder Bewilligung erforderlich = neues Verfahren).
II.2 Auflagen (zusätzliche Anforderungen an den Unternehmer = Verwaltungsakt; jede Auflage ist aber gesondert durchsetzbar und anfechtbar).
  Durch diese zusätzlichen Anforderungen sollen nachteilige Wirkungen verhindert oder ausgeglichen werden, z. B.
  – Anzeige von Baubeginn und Bauvollendung, Bauabnahme
  – Auflagen über die Bauausführung
  – Auflagen über den Betrieb, die Unterhaltung, über Messungen, Untersuchungen, Anzeige- und Betriebspflichten (z. B. Monatliche Messungen, Entnahme, Wasserstände)

- Auflagen zugunsten beteiligter Dritter, z. B. Fischerei
- Bestellung von Betriebsbeauftragten (Fachpersonal)
- Wasserschutzgebiet
- Auflagenvorbehalt.

III. Kostenentscheidung

B) Begründung
- Darstellung des Sachverhalts (z. B. Ablauf des Verfahrens)
- Rechtliche Würdigung (Zuständigkeit, Rechtsgrundlage, materiell rechtliche Begründung aller getroffenen Entscheidungen)

C) Rechtsbehelfsbelehrung

Wird Grundwasser unerlaubt entnommen, haftet der Benutzer, d. h. der Unternehmer
- öffentlich-rechtlich; d. h. die Behörde kann z. B. anordnen, die Wasserentnahme zu unterlassen
- zivilrechtlich; d. h. der Unternehmer haftet Dritten gegenüber für Schäden, die aus der unerlaubten Entnahme entstehen (der Brunnen eines Nachbarn fällt durch unerlaubt hohe Entnahme trocken)
- bußgeldrechtlich; d. h. der Unternehmer macht sich durch die unerlaubte Wasserentnahme einer Ordnungswidrigkeit schuldig.

13.3.3.2.4 Die Festsetzung von Schutzgebieten – die Schutzgebietsverordnung

Ein Wasserschutzgebiet besteht aus zusammenhängenden Grundflächen, auf denen zum Schutz der dort befindlichen Gewässer bestimmte Handlungen verboten oder zu dulden sind. Wasserschutzgebiete werden in großer Zahl für Grundwasservorkommen festgesetzt, sie können aber auch zum Schutz oberirdischer Gewässer, z. B. Trinkwassertalsperren, festgesetzt werden. Wasserschutzgebiete können auch der künftigen WV dienen, selbst wenn ein konkreter Träger der WV noch nicht feststeht, sondern nur Planungen über die Nutzung des Gewässers vorhanden sind.

Schutzgebiete werden festgesetzt, um Gewässer vor nachteiligen Einwirkungen zu schützen. Nachteilig ist jede Einwirkung, die das Wasser oder die Wassergewinnung für die öffentliche WV beeinträchtigt, z. B. die die Ergiebigkeit eines Brunnens verschlechtert, das Wasser chemisch oder physikalisch verändert. Im Wasserschutzgebiet können auch Handlungen verboten werden, um lediglich Gefahren abzuwehren und Möglichkeiten einer Schädigung vorzubeugen. Schutzgebiete sind somit eine unverzichtbare Vorsorgemaßnahme.

Wichtigste Rechtsgrundlage ist § 19 WHG in Verbindung mit den Bestimmungen der LWG. In den Schutzgebieten können
- bestimmte Handlungen verboten oder für nur beschränkt zulässig erklärt werden und
- die Eigentümer und Nutzungsberechtigten von Grundstücken zur Duldung bestimmter Maßnahmen verpflichtet werden. Dazu gehören auch Maßnahmen zur Beobachtung des Gewässers und des Bodens.

Bei Enteignungen ist dafür eine Entschädigung zu leisten.

Werden erhöhte Anforderungen festgesetzt, die die ordnungsgemäße land- und forstwirtschaftliche Nutzung eines Grundstücks beschränken, so ist ein angemessener Ausgleich zu leisten (z. B. Ausgleichszahlungen für Landwirte und Waldbesitzer in WSG).

Die Festsetzung des Wasserschutzgebietes erfolgt in einem förmlichen Verfahren (s. Abschn. 3.3.2.4 und 13.3.3.2.2).

Wasserschutzgebiete werden durch *Rechtsverordnung* der jeweils zuständigen Behörden (z. B. Landratsamt) festgesetzt. Die Verordnung besteht im allgemeinen aus einem Textteil und einem Lageplan. Sie enthält folgende wichtige Teile:

a) Die Festsetzung des Wasserschutzgebietes

In diesem Teil werden bestimmte Grundstücke oder Flächen einzeln aufgeführt und zum Wasserschutzgebiet erklärt. Wasserschutzgebiete nach § 19 Abs. 1 Nr. 1 WHG erhalten gewöhnlich drei Schutzzonen: Zone 1 (Fassungsbereich), Zone II (engere) und Zone III (weitere Schutzzone), in

denen Schutzanordnungen mit jeweils verschiedenem Gewicht und Umfang gelten. Die Zone III kann weiter unterteilt werden.
Wichtiger Bestandteil der Verordnung ist der Schutzgebietsplan mit den eingetragenen Grenzen des Schutzgebietes. Zur Klarheit der Verordnung gehört die Feststellbarkeit der Grenzen in der Natur. Beginn und Ende der Zone II, ggf. auch der Zone III, sind durch Hinweisschilder auf Straßen und Wegen zu kennzeichnen.
b) Der Erlass von Schutzanordnungen
In der Verordnung muss konkret aufgeführt werden, welche Handlungen verboten oder nur beschränkt zugelassen sind. Die Verbote richten sich an jedermann, auch wenn häufig nur der Grundstücksnutzer zuwiderhandeln kann.

Abb. 13-6: Hinweiszeichen für Wasserschutzgebiete (A für öffentliche Straßen, B für nichtöffentliche Straßen und Wege)

c) Die Pflicht zur Duldung bestimmter Maßnahmen
Diese werden von Dritten getroffen, z. B. dem Träger der WV; Eigentümer und Nutzungsberechtigte müssen die Maßnahmen jedoch hinnehmen (z. B. Beseitigung von Anlagen, Beobachtungsmaßnahmen, Bepflanzungen).
d) Entschädigungen
e) Ordnungswidrigkeiten
Aufgaben der WVU:
Das WVU hat u. a. die für das Schutzgebiet erforderlichen Planungsunterlagen zu erstellen, die Schutzgebietsgrenzen in der Natur durch Hinweiszeichen **(Abb. 13-6)** kenntlich zu machen und das Einhalten der Schutzgebietsauflagen zu überwachen.

13.3.3.3 Gesundheitsrecht

13.3.3.3.1 Allgemeines

Trinkwasser ist das wichtigste Lebensmittel. Es darf z. B. beim Trinken, beim Gebrauch in der Küche, bei der Körperpflege oder beim Flaschenspülen zu keiner gesundheitlichen Gefährdung der Bevölkerung kommen.
Es ist zu bedenken, dass beim Auftreten von Krankheitserregern oder akut giftigen Stoffen in der Versorgungsanlage alle Bewohner einer Stadt schlagartig schwer oder gar tödlich erkranken können.
Gesetze, die zur Verhinderung von Seuchen und für Lebensmittel erlassen wurden, gelten deshalb auch für Trinkwasser. Dies sind:
– Das Gesetz zur Verhütung und Bekämpfung von Infektionskrankheiten beim Menschen *(Infektionsschutzgesetz);* es dient der Verhütung von Epidemien. Typhus, Ruhr, Salmonellose können auch über das Trinkwasser übertragen werden.
  Wichtigster Grundsatz: Durch Trinkwasser dürfen keine Krankheitserreger übertragen werden.
– Gesetz über den Verkehr mit Lebensmitteln, Tabakerzeugnissen, kosmetischen Mitteln und sonstigen Bedarfsgegenständen *(Lebensmittel- und Bedarfsgegenständegesetz).* Im Sinne dieses Gesetzes

13.3 Betrieb   817

sind Lebens mittel „Stoffe, die dazu bestimmt sind, in unverändertem, zubereitetem oder verarbeitetem Zustand von Menschen verzehrt zu werden". Dazu gehört logischerweise auch Trinkwasser, auch wenn es nicht gesondert aufgeführt ist.

Wichtigster Grundsatz: Durch den Verzehr von Lebensmitteln darf keine gesundheitliche Schädigung eintreten.

Das Lebensmittel- und Bedarfsgegenständegesetz beinhaltet auch Bedarfsgegenstände, das sind Gegenstände, die mit den Lebensmitteln in Berührung kommen oder auf diese einwirken. In der WV-Anlage müssen alle Anstriche und Innenflächen, Beschichtungen und Werkstoffe, Filterkessel und ähnliche Einrichtungen, die mit dem Wasser in Berührung kommen, lebensmittelgerecht sein, d. h. sie dürfen die Wasserqualität nicht beeinflussen oder wesentlich verändern.

13.3.3.3.2 Die Trinkwasserverordnung (TrinkwV – 2001)

Auf der Grundlage der beiden o. g. Gesetze und aufgrund der Vorgaben in der jeweils gültigen EU-Trinkwasserrichtlinie wird die Verordnung über Trinkwasser und über Wasser für Lebensmittelbetriebe (Trinkwasserverordnung – TrinkwV – 2001) erlassen, die für die betriebliche Praxis besondere Bedeutung hat.

Sie ist die wichtigste Vorschrift zur Überwachung der Trinkwasserqualität. Der Vollzug liegt im wesentlichen bei den jeweiligen Gesundheits- und Kreisverwaltungsbehörden.

Das Gesundheitsamt überwacht die Wasserversorgungsanlagen in hygienischer Sicht durch Prüfungen und Kontrollen (Besichtigung, Wasserproben etc.). Wer die Vorschriften der Verordnung nicht einhält, begeht eine Ordnungswidrigkeit, u. U. eine Straftat.

Die Anforderungen der Trinkwasserverordnung sind in Abschn. 4.1.5 ausführlich beschrieben.

13.3.3.4 Rechtsformen für die Wasserabgabe an den Kunden

13.3.3.4.1 Allgemeine Versorgungsbedingungen – AVBWasserV

Den Kommunen steht es grundsätzlich frei, ob sie die Benutzung der kommunalen Einrichtungen öffentlich-rechtlich durch Satzung oder privatrechtlich durch Vertrag regeln. Der Bundesminister für Wirtschaft hat mit der „Verordnung über allgemeine Bedingungen für die Versorgung mit Wasser" *(AVBWasserV)* einen Leitfaden für die Ausgestaltung des Benutzerverhältnisses bei WVU erlassen. Sie erfasst sowohl öffentlich-rechtliche wie privatrechtliche Benutzerverhältnisse. Damit greift die AVBWasserV tief in die gemeindliche Gestaltungsfreiheit der Kommunen ein. Die Regelungen der AVBWasserV über Art und Umfang der Versorgung, Benachrichtigung bei Versorgungsunterbrechungen, Haftung bei Versorgungsstörungen, Hausanschlüsse, Kundenanschlüsse, Verwendung des Wassers, Einstellung der Versorgung u. ä. sind deshalb allgemein und ungeachtet der rechtlichen Ausgestaltung des Benutzungsverhältnisses anzuwenden. Soweit kommunale Satzungen diesen Regelungen der AVBWasserV nicht entsprachen, waren sie entsprechend anzupassen. Die AVBWasserV ist am 01. April 1980 in Kraft getreten.

13.3.3.4.2 Öffentlich-rechtliche Regelung durch Satzung

Bei der öffentlich-rechtlichen Regelung kommt das Benutzungsverhältnis nicht durch die Abgabe zweier sich deckender Willenserklärungen (Vertrag), sondern durch hoheitliche Regelung zustande.

Dies erfolgt bei kommunalen WV-Anlagen im Wege des kommunalen Satzungsrechts. Dabei ist den Kommunen in den Gemeindeordnungen der Länder die Möglichkeit eingeräumt, den Anschluss und die Benutzung kommunaler Einrichtungen zur Pflicht zu machen. Die Satzungen sind den Bestimmungen der AVBWasserV entsprechend zu gestalten. Ausgenommen davon sind die Regelungen über das Verwaltungsverfahren sowie die gemeinderechtlichen Vorschriften zur Regelung des Abgabenrechts.

In den Bundesländern gibt es Mustersatzungen für die Gestaltung der gemeindlichen *„Wasserabgabesatzungen (WAS)"*. Einige wichtige Inhalte der WAS sind:
- Anschluss- und Benutzungsrecht bzw. -zwang
- Befreiungen
- Grundstücksanschluss
- Anlage des Grundstückseigentümers
- Überprüfung der Anlage
- Abnehmerpflichten, Haftung
- Art und Umfang der Versorgung
- Haftung bei Versorgungsstörungen
- Messeinrichtungen
- Einstellung der Wasserlieferung
- Ordnungswidrigkeiten

Wie viel der Kunde für die Herstellung und den laufenden Betrieb der Anlage zu bezahlen hat, wird in einer eigenen *„Beitrags- und Gebührensatzung"* (BGS-WAS) zur WAS geregelt.

Der Herstellungsbeitrag ist im allgemeinen einmalig nach Erschließung des Baugebietes bzw. beim Anschluss des Grundstückes an die Wasserversorgungsanlage zu entrichten. Die Höhe der Benutzungsgebühr ist abhängig von der Größe des gewählten Wasserzählers und vom Wasserverbrauch. Sie soll die laufenden Betriebskosten, eine angemessene Abschreibung und eine angemessene Verzinsung des Anlagekapitals enthalten.

13.3.3.4.3 Privatrechtlicher Vertrag

Der privatrechtliche (schriftlich abzuschließende) Versorgungsvertrag beruht auf Bestimmungen des Bürgerlichen Gesetzbuches (BGB) und der AVBWasserV.

In technischer Hinsicht decken sich die Forderungen in einem Versorgungsvertrag mit den Regelungen in der WAS. Grundsätzlich besteht auch bei privatrechtlicher Regelung eine allgemeine Anschluss- und Versorgungspflicht durch das WVU (Ausnahmen, wenn Anschluss oder Versorgung wirtschaftlich nicht zumutbar sind). Der Abschluss eines Versorgungsvertrages verpflichtet aber z. B. einen Kunden nicht, seinen gesamten Wasserbedarf aus der öffentlichen Anlage zu decken, wie dies bei Anwendung des satzungsmäßigen Benutzungszwanges der Fall ist. Die Entnahmepflicht beschränkt sich somit auf den vereinbarten Bedarf. Allein aufgrund der Monopolstellung des WVU wird sich jedoch für den Abnehmer in der Praxis oft keine Alternative zum Anschluss und zur Abnahme ergeben. Verpflichtet wird der Kunde als Grundstückseigentümer, die Verlegung von Rohrleitungen zum Zwecke der örtlichen Versorgung entschädigungslos zuzulassen, soweit dies zumutbar ist. Beim Abschluss des Versorgungsvertrages sind mit dem Kunden auch die Einzelheiten der Entgeltleistungen (Baukostenzuschuss, Wasserpreis) zu vereinbaren. Der Vertrag kommt im allgemeinen durch den Antrag (Formblatt des WVU) des Abnehmers und die Annahme durch das WVU zustande.

13.3.3.5 Baurecht

13.3.3.5.1 Bauplanungsrecht

Nach dem *Baugesetzbuch (BauGB)* haben die Gemeinden Bauleitpläne aufzustellen und diese den Zielen der Raumordnung und Landesplanung anzupassen. Die Bauleitpläne sind in zwei Stufen zu erarbeiten:
1. der vorbereitende Flächennutzungsplan für das gesamte Gemeindegebiet
2. der Bebauungsplan für Teilflächen (Regelung der baulichen Nutzung im einzelnen).

Bei der Aufstellung der Bauleitpläne sind die Träger öffentlicher Aufgaben, also auch die WVU, zu hören. Die Werke haben in ihren Stellungnahmen eigenen Flächenbedarf, z. B. neue Grundwassergewinnungsanlagen, Hochbehälterstandorte, anzumelden und die Grenzen der Ver- und Entsorgungsmöglichkeit in den geplanten Baugebieten aufzuzeigen.

13.3 Betrieb

13.3.3.5.2 Bauordnungsrecht

Maßgebend ist die jeweilige *Landesbauordnung*. Das Errichten oder Ändern baulicher Anlagen – dazu gehören Maschinenhäuser, Behälter, größere Schächte – bedarf im allgemeinen der Genehmigung der Bauaufsichtsbehörde (z. B. Landratsamt). Dem Bauantrag sind neben einer entsprechenden Beschreibung vor allem Bauwerkspläne und hinreichende Standsicherheitsnachweise (statische Berechnung) beizufügen. Die Baugenehmigung muss vor Arbeitsbeginn vorliegen.

Baumaßnahmen, einschließlich Rohr- und Kabelverlegungen in Natur- oder Landschaftsschutzgebieten, bedürfen zusätzlich der naturschutzrechtlichen Erlaubnis durch die untere Naturschutzbehörde (z. B. Landratsamt); die dabei zur Schonung der Natur getroffenen Auflagen sind besonders sorgfältig zu beachten.

In Waldgebieten ist zusätzlich das zuständige Forstamt einzuschalten.

13.3.3.6 Grundstücks- und Straßenbenutzungsrechte

13.3.3.6.1 Allgemeines

Die Durchführung der leitungsgebundenen Versorgungsaufgaben kann nur dann gewährleistet werden, wenn es dem WVU rechtzeitig gelingt, den erforderlichen Bedarf an Grundstücken oder die notwendigen Rechte zur Verlegung von Leitungen zu sichern.

Den WVU steht nur in wenigen Bundesländern ein Enteignungsrecht zu. Alle übrigen Landeswassergesetze begründen lediglich ein Zwangsrecht zur Durchleitung von Wasser durch fremde Grundstücke. Ein eigenes Enteignungsrecht ist auch einigen sondergesetzlichen Verbänden verliehen. Wasser- und Bodenverbände dürfen die zum Verband gehörenden Grundstücke für ihre Unternehmen benutzen.

Da sowohl Enteignungen als auch zwangsweise Gestattungen regelmäßig den Nachweis voraussetzen, dass der angestrebte Zweck auf keinem anderen Wege – also auch nicht durch gütliche Vereinbarungen – erreicht werden kann, sind immer Verhandlungen mit den Grundstückseigentümern zu führen. Der Verhandlungsführende wird auch die Ansatzpunkte ausnützen, die sich aus den in den AVBWasserV bzw. in der Wasserabgabesatzung enthaltenen Bestimmungen zur Benutzung der Kunden- und Anschlussnehmergrundstücke ergeben.

Da Wasserleitungen nicht nur über Privatgrundstücke geführt, sondern vor allem in Straßen und Wegen verlegt werden, sind auch straßenrechtliche Bestimmungen von Bedeutung.

13.3.3.6.2 Grundstücksrecht

Allgemeines

Voraussetzung für Arbeiten auf einem Grundstück ist die privatrechtliche Verfügungsbefugnis. Diese Befugnis kann in verschiedenen Formen vorliegen. Die umfassendste ist der Grunderwerb (Eigentum), eine andere die freiwillige oder zwangsweise Gestattung.

Grundbuch

Das Grundbuch ist ein amtliches Grundstücksverzeichnis; es wird beim Grundbuchamt, einer Abteilung des zuständigen Amtsgerichtes, nach einem bundeseinheitlichen Muster geführt. Inzwischen haben sich nahezu alle Bundesländer für den Einsatz eines elektronisch geführten Grundbuchverfahrens entschieden. Für jedes Grundstück ist gewöhnlich ein eigenes Blatt angelegt; mehrere Grundstücke eines Eigentümers können auf einem Grundbuchblatt eingetragen werden. Damit ergibt sich als genaue Bezeichnung: Amtsgericht ..., Grundbuch von ..., Band ..., Blatt ...

Das Grundbuchblatt umfasst außer dem „Bestandsverzeichnis" mit der Bezeichnung, Lage, Wirtschaftsart und Größe des Grundstückes drei Abteilungen mit folgenden Eintragungen:

Abt. I: Eigentümer und Grundlage der Eintragung (z. B. Erwerb durch Kaufvertrag vom ...)
Abt. II: Beschränkungen und Belastungen des Grundstücks (z. B. Erbbaurecht, Dienstbarkeiten)
Abt. III: Grundpfandrechte (Hypotheken, Grundschulden, Rentenschulden).

Die vom Notar beurkundete Eintragsbewilligung wird dem Grundbuchamt mit einem formlosen Antrag zugeleitet.

Im Grundbuchamt wird neben den Grundakten mit allen aufzubewahrenden Urkunden auch ein Eigentümerverzeichnis in alphabetischer Reihenfolge geführt.

Das *elektronische Grundbuch* kann – anders als das Papiergrundbuch – nicht mehr unmittelbar eingesehen werden, da die Daten auf Datenträgern gespeichert sind. Die Einsichtnahme beim Grundbuchamt erfolgt am Bildschirm. Die Einsicht in das maschinell geführte Grundbuch wird – wie bisher – jedem gewährt, der ein berechtigtes Interesse darlegen kann. Das Grundbuchamt hat auch die Möglichkeit, die Einsicht durch Vorlage eines Ausdruckes des Grundbuchblatts zu gewähren. Personen und Stellen (auch Versorgungsunternehmen), die häufig das Grundbuch benötigen, können zur elektronischen Abfrage des Grundbuchinhalts zugelassen werden.

Liegenschaftskataster

Das Liegenschaftskataster soll die Liegenschaften so nachweisen und beschreiben, wie es die Bedürfnisse von Recht, Verwaltung, Wirtschaft und Umwelt erfordern. Es ist das amtliche Verzeichnis der Grundstücke im Sinne der Grundbuchordnung und besteht aus folgenden drei Bereichen:
– Beschreibender Teil: Das automatisierte Liegenschaftsbuch (ALB)
– Darstellender Teil: Die automatisierte Liegenschaftskarte (ALK), die vermessungstechnischen Unterlagen

Nachgewiesen werden Gestalt, Größe und örtliche Lage der Flurstücke sowie die Art und Abgrenzung der Nutzungsarten. Grundlage des Nachweises sind Vermessungen und örtliche Erhebungen. Als „Amtlicher Lageplan" werden vom Vermessungsamt gefertigte Auszüge aus der Flurkarte bezeichnet.

Grunderwerb

Die hierfür maßgebenden gesetzlichen Bestimmungen enthält das BGB. Das Gesetz unterscheidet zwischen beweglichen und unbeweglichen Sachen; Grundstücke gehören zu den unbeweglichen Sachen. Für den Eigentumsübergang von Grundstücken wurde eine besondere Rechtsregelung geschaffen: die *„Auflassung"*. Es ist dies die notariell beurkundete Einigung des Veräußerers und des Erwerbers über den Eigentumsübergang einschließlich Kaufpreis und über die Eintragung dieser Rechtsänderung ins Grundbuch.

Der tatsächliche Eigentumsübergang an den Käufer erfolgt erst mit Vollzug der Eintragung im Grundbuch. Bei schwierigen Verhältnissen kann in dem notariellen Vertrag als Vorstufe auch eine „Auflassungsvormerkung" vereinbart werden; durch deren Eintragung ins Grundbuch ist eine gewisse Sicherung vor betrügerischen Maßnahmen (z. B. Doppelverkauf) zu erreichen.

Dienstbarkeit

Die Verlegung von Rohrleitungen in fremden Grundstücken und deren Bestand muss rechtlich gesichert sein.

Grundstückseigentümer, die in einem Versorgungsverhältnis zu einem WVU stehen, sind verpflichtet, die Verlegung von Rohrleitungen für Zwecke der örtlichen Versorgung ohne besonderes Entgelt zu dulden.

Bei der Beanspruchung anderer fremder Grundstücke, das gilt vor allem für Fernleitungen, ist die Leitungsverlegung durch Eintragung einer beschränkten persönlichen Dienstbarkeit in das Grundbuch abzusichern.

Damit wird das am Grundstück haftende Recht (dingliches Recht) begründet, eine Wasserleitung zu verlegen, sie zu betreiben, zu unterhalten sowie Reparaturen daran auszuführen; in der Regel wird gleichzeitig auch die Einhaltung eines beidseitigen Schutzstreifens – z. B. je 3 m – festgelegt. Dieses dingliche Recht ist nicht durch Kündigung seitens des Grundstückseigentümers auflösbar, sondern kann nur durch eine Erklärung des berechtigten WVU aufgehoben werden.

Die Bestellung der Dienstbarkeit ist meistens mit einer Entschädigungszahlung für eine evtl. eintretende Wertminderung (10 bis 20 % des Verkehrswertes des beanspruchten Schutzstreifens) verbunden; zusätzlich ist eine verursachte Aufwuchsbeeinträchtigung zu entschädigen. Auf der Dienstbarkeitsbewilligung samt Lageplan ist die Unterschrift des Grundstückseigentümers notariell zu beglaubigen. Dann ist diese dem Grundbuchamt zur Eintragung zuzuleiten. Weigert sich ein Grundstückseigentümer, die Verlegung einer Leitung zu gestatten oder ist er nur unter unannehmbaren Bedingungen dazu bereit, so räumen die Landeswassergesetze die Möglichkeit ein, die Verlegung zwangsweise (Antrag beim Landratsamt auf Enteignung und vorzeitige Besitzeinweisung) durchzuführen. Für Entschädigungszahlungen gelten auch in diesem Fall die vorgenannten Gesichtspunkte.

13.3.3.6.3 Straßenbenutzungsrecht

Bei Leitungsverlegungen in öffentlichen Straßen ist statt einer Dienstbarkeitseintragung in das Grundbuch mit der zuständigen Straßenbehörde, überwiegend den Straßenbauämtern, ein Gestattungsvertrag abzuschließen. Er erübrigt sich nur dann, wenn der Unternehmensträger (z. B. die Stadt) auch Träger der Straßenbaulast ist.

Im Gestattungsvertrag werden neben den rein rechtlichen Vereinbarungen auch technische Auflagen für die Bauausführung (Rohrgrabenverdichtung, Straßenwiederinstandsetzung, Überschubrohr bei Kreuzungen u. ä.) festgelegt. Nach den Straßengesetzen ist die Benutzung der Kreisstraßen, Landes- oder Staatsstraßen sowie der Bundesfernstraßen einschließlich der Autobahnen unentgeltlich. Bei Straßenbaumaßnahmen sind die WVU verpflichtet, die Leitungsführung den veränderten Verhältnissen anzupassen (Folgepflicht). Die Tragung der hierbei anfallenden „Folgekosten" ist nicht einheitlich geregelt.

Neben den Straßenverwaltungen verlangen auch andere Sondervermögen wie die Deutsche Bundesbahn oder die staatlichen Forstverwaltungen häufig anstelle einer Dienstbarkeitsbewilligung den Abschluss eines Gestattungsvertrages.

13.3.3.7 Arbeitssicherheit

Der Arbeitsschutz in Deutschland ruht auf zwei Säulen:
den staatlichen und den berufsgenossenschaftlichen Vorschriften.
– *Staatliche* Vorschriften
Beispiele für staatliche Vorschriften sind Gewerbeordnung, Arbeitsstättenverordnung, Arbeitssicherheitsgesetz und zahlreiche Verordnungen.
– *Berufsgenossenschaftliche* Vorschriften (*Unfallverhütungsvorschriften – UVV/BGV*).
Die gesetzliche Grundlage findet sich in der Reichsversicherungsordnung. Die Unfallverhütungsvorschriften beinhalten ein Recht und eine Verpflichtung für die Berufsgenossenschaften bzw. die Gemeindeunfallversicherungsverbände (GUV), Bau-, Betriebs- und Bedienungs- (Verhaltens-) Vorschriften zur Verhinderung von Arbeitsunfällen herauszugeben. Darüber hinaus haben die Berufsgenossenschaften im Rahmen der ihnen übertragenen Überwachung der gesamten Unfallverhütung auch für die Durchführung dieser Vorschriften zu sorgen.

Die Unfallverhütungsvorschriften stellen die Summe der Erfahrungen aus dem Unfallgeschehen des betreffenden Sachgebietes dar. Sie sind immer nur als Mindestforderung zu betrachten.

Ordnungsgemäß beschlossene, genehmigte und bekannt gegebene Unfallverhütungsvorschriften sind autonome Rechtsnormen und für die bei den Berufsgenossenschaften bzw. beim GUV versicherten Betriebe verbindlich, d. h., von Unternehmern und Versicherten, für die sie gelten, verpflichtend zu beachten.

Die Nichtbeachtung von UVV/BGV kann für den Verantwortlichen, aber auch für die Arbeitnehmer, straf-, zivil-, arbeits-, bußgeld- und gewerberechtliche Folgen haben, wenn der Verstoß gegen eine UVV/BGV vorsätzlich oder fahrlässig erfolgt.

13.3.4 Betriebsaufgaben

13.3.4.1 Allgemeines

Der Betrieb hat die Aufgabe der Betriebsführung für die Lieferung des Trinkwassers an die Verbraucher, der Wartung und Kontrolle der Funktionstüchtigkeit der Anlage und der Instandhaltung der Anlageteile sowie der Bearbeitung aller technischen Angelegenheiten bei der Planung, Herstellung und dem Betrieb der Anschlussleitungen mit den Wasserzählern, z. T. auch der Kontrolle der Verbrauchsleitungen.

Nicht zu den primären Aufgaben des Betriebes gehören i. a. die Planung, Bauoberleitung oder die Bauausführung von Anlageteilen der WV-Anlage, abgesehen von kleineren Reparaturen, da die Personalstärke des Betriebes i. a. nicht auf den hierfür schwankenden Personalbedarf abgestellt ist. Jedoch gehören zu den Betriebsaufgaben die Mitwirkung bei der Planung und Bauausführung, insbesondere die Festlegung der besonderen Betriebsforderungen und die Koordinierung der Bauausführung mit dem laufenden Betrieb, um einen störungsfreien Betrieb zu gewährleisten.

In Sonderfällen, besonders bei großen WVU, bei denen ständig eine größere Bautätigkeit vorhanden ist, wird gelegentlich eine eigene Bauabteilung für Planung und Bauoberleitung eingerichtet, oder das Betriebspersonal übernimmt in Personalunion solche Aufgaben. Eine genaue Trennung der Bereiche Bau und Betrieb ist immer erforderlich.

13.3.4.2 Betriebsführung, Betriebsaufzeichnungen

13.3.4.2.1 Allgemeines

Der Betriebsablauf muss so geführt werden, dass die Versorgung der Verbraucher mit Trinkwasser in der erforderlichen Güte, jederzeit, mit ausreichender Menge und Druck, unter Einhaltung der geltenden Gesetze, Verordnungen und Bescheide wirtschaftlich optimal erfolgt. Wassergewinnung, Wasseraufbereitung, Wasserförderung, Wasserspeicherung und Wasserverteilung müssen dabei den jeweiligen stündlich, täglich und jährlich stark unterschiedlichen Bedarfsanforderungen optimal angepasst werden. Dementsprechend sind für die einzelnen Anlageteile bzw. Betriebsstellen eingehende Bedienungsanweisungen unter Berücksichtigung der Vorschläge der Herstellerfirmen aufzustellen und zu beachten. Diese Bedienungsanweisungen müssen eindeutig und klar sein, damit Vertretungspersonal ohne Verzögerung die Bedienung übernehmen kann.

Wichtigste Messungen sind: Leistung der Wasserfassung, z. B. bei Brunnen Entnahme mit Wasserständen in Ruhe und abgesenkt und zugehöriger Förderstrom, Wirkungsgrad der Anlageteile, Leistungsminderung oder Ausfall von Anlageteilen, Wasserverluste, Erreichen der Leistungsgrenze.

Die erforderlichen Betriebsmessungen werden ausgeführt bei:

Kleineren Anlagen – vor Ort und von Hand, und zwar:
wöchentlich (14-tägig, monatlich): Quellschüttung, Bohrbrunnen-Entnahme, RWSp, abgesenkter WSp
täglich: Betriebsmessungen im Pumpwerk und in der Aufbereitungsanlage. Es sollte immer erreicht werden, dass Gesamtwasserabgabe und WSp in den Wasserspeichern zur Betriebszentrale, z. B. Pumpwerk, Rathaus usw. fern übertragen und laufend aufgeschrieben werden.

Großen Anlagen – laufend für wichtige Messungen und zur Zeit- und Personaleinsparung mittels Fernübertragung und Schreibgeräten oder moderner Datenerfassungsgeräte und Rechner. Bei Großanlagen erfolgt dann der Einsatz von Prozessrechnern mit Optimierungsprogrammen. Die wichtigsten Auswertungen sind in Vierteljahres- und Jahresberichten zusammenzustellen. Dabei sind grafische Darstellungen zur besseren Anschaulichkeit für die Aufsichtsorgane des WVU vorteilhaft. Es ist zweckmäßig, an die örtlichen Verhältnisse angepasste Muster und Tabellen zu verwenden, um den Vergleich zu erleichtern.

Bei Großanlagen mit automatischer Überwachung übernehmen einschlägige EDV-Programme die Erstellung der gewünschten Berichte, Tabellen und Grafiken. Eine wichtige Aufgabe ist ferner das Führen einer Betriebsstatistik und daraus die Aufstellung und laufende Berichtigung der Prognose der Entwicklung des Wasserbedarfs und der notwendigen Erweiterungen der WV-Anlage.

13.3.4.2.2 Betriebsaufzeichnungen

Die Betriebsmessungen sind in geeigneter Form aufzuzeichnen und aufzubewahren. In Bayern wird in § 4 der Eigenüberwachungsverordnung (EÜV) ausführlich aufgeführt, was aus den Betriebsaufzeichnungen hervorgehen muss. Einheitliche Betriebstagebücher für alle Anlagenteile gibt es – wegen der unterschiedlichen Anlagenstrukturen – nicht. Die Behörden, die Fachverbände und die WVU selbst stellen aber Betriebstagebuchblätter (z. B. für Brunnen) zur Verfügung bzw. verwenden auf ihren Bedarf abgestimmte Formulare. Der F. Hirthammer Verlag, München, bietet ein Betriebstagebuch für Wasserversorgungsanlagen für den Bereich der Wassergewinnung an (Bücher jeweils für Brunnen und Quellen). PC-Betriebstagebücher sind bei mehreren Anbietern in Vorbereitung bzw. bereits im Handel.

Im folgenden werden rein schematische Muster aufgeführt.

1. *Wasserabgabe an das Rohrnetz* – Die Niederschrift über die Wasserabgabe je Tag an das Rohrnetz liefert mit der Zusammenstellung der Messungen des Wasserverbrauchs bei den Abnehmern die Grundlage für die Verbrauchskontrolle und Verbrauchsstatistik, **Muster 1, Tab. 13-3**.

2. *Wasserverbrauch* – Die Ablesungen der WZ bei den Verbrauchern sind zusammenzustellen. Häufig wird heute nur mehr eine jährliche bis vierteljährliche Ablesung durchgeführt. Der Verbrauch je Monat, bzw. je Tag kann dann nur aufgrund der Messungen der Wasserabgabe in das Rohrnetz hochgerechnet werden.

Tab. 13-3: Muster 1, Wasserabgabe an das Rohrnetz ... Monat, ... Jahr

Tag	Gesamt-gewinnung m^3/d	Eigen-verbrauch m^3/d	Wasser-förderung m^3/d	Abgabe aus Hochbehälter Stand m	Abgabe aus Hochbehälter Inhalt m^3	+ Abgabe – Zulauf	Abgabe an das Rohrnetz m^3/d
1	10 000	500	9 500		8 000	–	9 500
2	10 000	500	9 500		7 000	+ 1 000	10 500

3. *Wassergewinnung* – Die Niederschrift der Wasserentnahme aus Quellen, **Muster 2, Tab. 13-4** und aus Brunnen, **Muster 3, Tab. 13-5** werden zur Kontrolle der Beanspruchung der Wasserfassungen in hydrologischer und wasserrechtlicher Hinsicht benötigt, ferner die Zusammenstellung **Muster 4, Tab. 13-6** zur Gesamtdarstellung der Rohwassergewinnung.

Tab. 13-4: Muster 2, Wasserentnahme aus Quellen ... Monat, Jahr

Tag	Temperatur Luft °C	Wasser °C	Quelle (1) Gesamt-Schüttung l/s	Entnahme Zählerstand	Menge m^3/d	Quelle (2) dto.	Bemerkungen z. B. chem. mikrobiolog. Untersuchung
1							
2							

Tab. 13-5: Muster 3, Wasserentnahme aus Brunnen ... (1) ... Monat, ... Jahr

Tag	Temperatur Luft °C	Wasser °C	Entnahme Zählerstand m^3/d	Betriebszeit Zählerstand h	Strom-verbrauch Zählerstand kWh	Wasserspiegel Ent-nahme l/s	RW Sp unter Meßpkt. m	abg. WSp unter Meßpkt. m	Absenk. unter RWSp m
1									
2									

Tab. 13-6: Muster 4, gesamte Rohwasserentnahme aus Quellen und Brunnen ... Monat, ... Jahr

Tag	Quelle			Brunnen				Gesamt-entnahme	Gesamt-stromverbrauch	Bemerkungen
	1	2	3	1	2	3	4			
	m^3/d	m^3/d	m^3/d	m^3/d	m^3/d	m^3/d	m^3/d	m^3/d	kWh	
1										
2										

4. *Wasseraufbereitung* – Die Beanspruchung der Filter wird nach **Muster 5, Tab. 13-7**, die Chlorzugabe nach **Muster 6, Tab. 13-8** eingetragen. In ähnlicher Weise wie Muster 6 können die Tabellen für die Zugabe anderer Chemikalien aufgestellt werden.

Tab. 13-7: Muster 5, Wasseraufbereitung-Filter (1), Filterfläche ... m^2, ... Monat, ... Jahr

Tag	Durchflußmenge		Spülung Dauer	Spülwasser	Spülluft	Filterwiderstand vor Spülung	Filterwiderstand nach Spülung	Stromverbrauch	Bemerkungen
	m^3/d	m^3/h	min	m^3/h	m^3/h	m	m	kWh	
1									
2									

Tab. 13-8: Muster 6, Wasseraufbereitung – Chlorung, ... Monat, ... Jahr

Tag	Temperatur im Chlorraum	Temperatur im Wasser	Durchfluß		Chlorverbrauch			angeschlossene Chlorflasche			Chlornachweis bei Abgabe	Chlornachweis Pkt. A	Chlornachweis Pkt. B	Bemerk.
									Gewicht	Druck				
	°C	°C	m^3/h	m^3/d	g/h	g/d	g/m^3	Nr.	bar	kg	g/m^3	g/m^3	g/m^3	
1														
2														

5. *Wasserförderung* – Die Niederschrift nach **Muster 7, Tab. 13-9**, dient zur Kontrolle der einzelnen Pumpenaggregate. Die gesamte Reinwasserförderung wird nach **Muster 8, Tab. 13-10**, zusammengestellt.

Tab. 13-9: Muster 7, Wasserförderung, Pumpe 1, ... Monat, ... Jahr

Tag	Menge		Förderung Betriebszeit		Stromverbrauch		Wirkungsgrad Fördermenge	Förderhöhe	Stromverbrauch	Bermerkung
	Zählerstand	m^3/d	Zählerstand	h	Zählerstand	kWh	m^3/h	m	kWh	
1										
2										

Tab. 13-10: Muster 8, Gesamte Reinwasserförderung, ... Monat, ... Jahr

Tag	Einzelfördermengen				Gesamte Fördermenge	Stromverbrauch HT	Stromverbrauch NT	Sonstige Betriebsstoffe	Bermerkung
	P1	P2	P3	P4					
	m^3/d	m^3/d	m^3/d	m^3/d	m^3/d	kWh	KWh		
1									
2									

13.3 Betrieb

6. *Störungsmeldungen* – Über jede Störung ist eine Niederschrift zu fertigen, aus welcher die Art der Störung bzw. des Schadens, Ursache und Behebung ersichtlich ist, etwa nach **Muster 9, Tab. 13-11**.

Tab. 13-11: Muster 9, Störungs- bzw. Schadensmeldung (nach ZV-WBW-Betrieb)

1. Meldung des Schadens:
Tag / Datum / Uhrzeit der Meldung ....
Schadensort: ....
Gemeldeter Schaden: ....
Absender: ....
Erreichbarkeit: Anschrift: ....
Telefon: ....

2. Feststellung und Behebung des Schadens:
Name: .... Tag / Datum / Uhrzeit: ....
Baulos: .... Baufirma / Abnahmejahr ....
Art und Ursache des Schadens:
Liegt Garantieschein vor: ja / nein
Schadensgruppe: Steuerkabelnetz / Elektroanlage / Rohrleitung / Maschinenanlage / Armaturen / Druckminder- und Sicherheitsventile / Korrosion / Chloranlage / Sonstiges
Folgeschäden
Unterbrechung der / des ....
von: .... bis: .... Wasserverluste .... m³
Schadensbehebung durch .... Benötigte Stunden ....
 Rechnungsbetrag: ....
Materialbedarf: ....
Nichtzutreffendes streichen!

13.3.4.2.3 Auswertung der Messungen

Es ist unerlässlich, dass die Betriebsmessungen ausgewertet werden, damit rechtzeitig Mängel im Betrieb erkannt und Abhilfemaßnahmen durchgeführt werden können. Die Auswertungen dienen ferner zur Fertigung der Berichte an die Organe des WVU zur Darstellung des Leistungsstandes. Wichtige Auswertungen sind vor allem:

1. *Bestand der Wasserversorgungsanlage* – Die Bestandspläne sind auf dem laufenden zu halten, die Bestandszahlen der Anlageteile sind jährlich im Jahresabschluss festzustellen, **Muster 10, Tab. 13-12** (Anlagenverzeichnis eines Zweckverbandes).

2. Wasserabgabe an das Rohrnetz
Wasserabgabe / Jahr Q_a $= \ldots$ m³/a
Wasserverbrauch / Jahr Q_a^V $= \ldots$ m³/a
Wasserverlust / Jahr Q_V $= Q_a - Q_a^V = \ldots$ m³/a
Wasserverlust in v.H. von Q_a $= \ldots$
größte Wasserabgabe / Tag $= Q_{dmax} = \ldots$ m³/d
mittlere Wasserabgabe / Tag $= mQ_d = \ldots$ m³/d
kleinste Wasserabgabe / Tag $= Q_{dmin} = \ldots$ m³/d
größte Wasserabgabe / Std. am Tag der größten Wasserabgabe $= Q_{h\,max}(Q_{dmax}) = \ldots$ m³/h
mittlere Wasserabgabe / Std. am Tag der größten Wasserabgabe $= Q_h(Q_{dmax}) = \ldots$ m³/h

3. Spitzenfaktoren
Tagesspitzenfaktor f_d $= Q_{dmax} / Q_d = \ldots$
Stundenspitzenfaktor f_h $= Q_{h\,max}(Q_{dmax}) / Q_h(Q_{dmax}) \ldots$
Stundenspitzenfaktor bezogen auf $Q_d = f_h(Q_d) = f_d \setminus . f_h = \ldots$

4. Einwohnerbezogene Wasserabgabe
$Q_{dmax} / E = \ldots$ 1/Ed, $Q_d / E = \ldots$ 1/Ed

Tab. 13-12: Muster 10, Beispiel Anlagenverzeichnis

Vorhandene Einrichtungen	Anlagenstand 2000	2005	Vorhandene Einrichtungen	Anlagenstand 2000	2005
1) Brunnen + Quellen			*8) Armaturen*		
(Anzahl)			8.1 Absperrarmaturen.	4 187	4 900
Horizontalbrunnen	2	2	8.2 Sicherheitsarmaturen		
Vertikalbrunnen	5	5	(eingebaute Stückzahl)		
Quellsammler m. Entsäuerung	1	1	Sicherheitsventile	165	204
Entsäuerung im HB, PW	7	7	Druckminderventile	170	243
			8.3 Zähler	306	407
2) Aufbereitung			(eingebaute Stückzahl)		
(Stückzahl)					
Enteisenung	2	2	*9) E-Anlagen (Stückzahl)*		
			(einschl. Steuerteil)		
3) Chloranlagen			Stromübergabestellen	52	58
(eingesetzte Geräte)			20 kV Schaltanlagen	6	6
Chorgas	1	1	6 kV Schaltanlagen	2	2
Ammoniak	1	1	400 V Schaltanlagen	20	26
Dosiergeräte (Chlor)	12		Kleinverteilungen	15	18
4) Verteilernetz insges.	578	732	*10) Notversorgung*		
(Leitungslänge in km)			(Stückzahl)		
AZ	312	338	Notstromaggregate	5	6
St ZM	200	217	Dieselpumpe	4	4
GGG ZM	26	121			
PVC	40	56	*11) Pumpen insges.*	85	96
			(Stückzahl in Betrieb)		
5) Schächte insges.	1 320	1 610	davon Kreiselpumpen	64	74
(Stückzahl)			U-Pumpen	15	18
Abgabe in Betrieb	268	348	Rohrmantelpumpen	6	4
Abgabe nicht in Betrieb	175	189	Kompressoren	15	18
sonstige	877	1 073	Spülluftgebläse	3	3
			Druckstoßbehälter	21	25
6) Saug- und Hochbehälter	35	40			
(Stückzahl in Betrieb)			*12) Funkanlage*	2	2
davon je 5 000 m³	–	1	Richtfunkstrecken		
4 000 m³	5	5	Rundstrahler	2	2
3 000 m³	3	3	Bew. Funkanlagen	14	15
2 000 m³	4	4			
1 000 m³	6	7	*13) Batterieanlagen*	15	18
750 m³	1	1	(mit Ladegeräten)		
500 m³	4	6			
300 m³	1	1	*14) Steuerkabel insges.*	358	411
200 m³	4	3	(Kabellänge in km)		
u. w. 150 m³	7	9	PLE YST 16 · 2 · 0,8	283	339
			PLE YST 30 · 2 · 0,8	29	35
7) Pumpwerke insges.	24	26	A 2 YST 2 Y 10 · 2 · 0,8	46	37
(Stückzahl in Betrieb)					
Überhebepumpwerke	12	13	*15) Kath. Schutzanlagen*	6	10
Drucksteigerungspw.	7	7			
Windkesselpumpwerk	5	6	*16) Fernwirkanlagen*		
			ZM Stationen	–	59

5. Niederschlagshöhen
Jahresniederschlagshöhe … mm
Summe der Niederschlagshöhen der Monate Mai bis August, einschließlich … mm

6. Wasserverbrauch / Jahr

Haushalt und Kleinverbraucher	… m³/a
Industrie und Großverbraucher	… m³/a
Sonstiger Verbrauch	… m³/a
Eigenverbrauch	… m³/a
Gesamtverbrauch	… m³/a

7. Ausnützungsgrad
– *Wassergewinnung*
α_1 = max. Entnahmemenge Q_d / genehmigte Ableitungsmenge Q_d = …
α_1 = max. Entnahmemenge Q_a / genehmigte Ableitungsmenge Q_a = …
– *Wasseraufbereitung*
β_1 = max. Durchfluß Q_h / Bemessungs-Durchfluß Q_h = …
β_2 =   Durchfluß Q_a / Bemessungs-Durchfluß Q_a = …
β_3 = max. Durchfluß Q_h / Filterfläche m² = … m/h
β_4 = Spülwasserverbrauch Q_a / Durchfluß Q_a =
– *Wasserspeicherung*
Δ_1 = Gesamtinhalt m³ / Q_d = …
Δ_2 = Gesamtinhalt m³ / Q_{dmax} = …

8. Grafische Darstellungen
Jahres-Ganglinie der Wasserabgabe je Tag, Q_d
Jahres-Dauerlinie der Wasserabgabe je Tag, Q_d
Jahres-Ganglinie der Wasserabgabe je Monat Q_{Mt}
Tages-Ganglinie der Wasserabgabe je Stunde am Tag Q_{dmax}
Jahres-Ganglinie der Lufttemperatur und Niederschlagshöhe im Versorgungs- und Wassergewinnungsgebiet
Jahres-Ganglinie der Quellschüttungen
Jahres-Ganglinie des Grundwasserspiegels im ungestörten Bereich, des RWSp und abgesenkter WSp ausgewählter Betriebsbrunnen

9. Statistik der Störungen – die Auswertung der Störungsmeldungen nach Schadensgruppen, Art und Ursache des Schadens gibt wichtige Hinweise für Instandhaltung, Planung, Bau und Wahl von Materialien.

13.3.4.2.4 Labor

Die Betriebsführung muss das Einhalten der nach der Trinkwasserverordnung geforderten Wassergüte sicherstellen und zwar durch die Ausführung der dort geforderten Untersuchungen, durch die Kontrolle der Wirkung der ggf. vorhandenen Wasseraufbereitung durch chemische und mikrobiologische Untersuchung des Roh- und des Reinwassers. Verantwortlich für die Untersuchungen ist das WVU, das die Untersuchungen entweder durch ein eigenes akkreditiertes Labor oder durch geeignete Untersuchungsstellen durchzuführen hat. Kontrolluntersuchungen durch die Gesundheitsämter entbinden das WVU nicht von der Durchführung eigener Untersuchungen.

13.3.4.3 Instandhaltung

13.3.4.3.1 Allgemeines

Instandhaltung ist der Oberbegriff für alle Maßnahmen zur Bewahrung und Wiederherstellung des Sollzustandes sowie zur Feststellung und Beurteilung des Istzustandes von technischen Mitteln eines Systems (DIN 31051). Dabei ist unterstellt, dass alle technischen Anlagen einer Alterung – chemisch/physikalische Änderung von Werkstoffeigenschaften – und einem Verschleiß – Veränderungen durch unterschiedliche Arten von Beanspruchung – unterliegen.

Instandhaltung fasst die Begriffe Kontrollen (Inspektion), Wartung und Instandsetzung zusammen, wobei mit

– *Kontrollen* Maßnahmen zur Feststellung und Beurteilung des Istzustandes (z. B. Lecksuche, Zustandskontrollen)
– *Wartung* Maßnahmen zur Bewahrung des Sollzustandes (z. B. Reinigung, Pflege)
– *Instandsetzung* Maßnahmen zur Wiederherstellung des Sollzustandes (z. B. Reparatur, Auswechslung).

definiert sind (**Abb. 13-7**).

Die Arbeiten in den drei Instandhaltungssparten Kontrollen, Wartung und Instandsetzung gehen zum Teil fließend ineinander über und sind nicht immer scharf zu trennen. Zum Beispiel: Wird bei der Kontrolle eine fehlende Ziffer auf einem Hinweisschild festgestellt, ist das Anbringen der neuen Ziffer nach Definition bereits Instandsetzung, obwohl das gleich bei der Kontrolle mit erledigt werden mag. Es ergeben sich aus Maßnahmen der einen Sparte häufig Aufgaben für eine andere.

Für die Bewältigung der Instandhaltungsaufgaben bedarf es einer entsprechenden betrieblichen Organisation. Das betrifft den Einsatz qualifizierten Personals bzw. leistungsstarker Fachfirmen für die jeweilig anfallende Arbeit (Bei Trinkwasserbehältern ist dies z. B. in den DVGW-Arbeitsblättern W 316-1 und W 316-2 geregelt).

Dazu gehört aber auch die Vorhaltung der notwendigen Betriebseinrichtungen, wie Fahrzeuge, Arbeitsmaschinen und -geräte, Werkzeuge, Funk, Arbeitsschutzausrüstungen (Sicherheitskleidung) und Messgeräte.

Ein ständig auf dem laufenden gehaltenes Kartenwerk (anzustreben über eine EDV), in das auch Veränderungen aus Instandhaltungsmaßnahmen einfließen, ist unabdingbar. Aber auch die Dokumentation der einzelnen Ereignisse und Maßnahmen, z. B. Anlegen einer Schadensdatei, Festhalten von Veränderungen, hat Auswirkungen auf die Planung weiterer Kontrollen, Wartungen und vorbeugender Instandsetzungen.

Der Instandhaltungsbereich erfordert eine jederzeitige Verfügbarkeit von Ersatzmaterial für die eingebauten Leitungsteile und damit eine entsprechende Lagerhaltung. Eine Wareneingangskontrolle hilft, künftige Instandsetzungen geringer zu halten.

Mit einer den einzelnen Arbeiten zugeordneten Auftragsabrechnung lassen sich die Instandhaltungskosten für jeden gewünschten Bereich auswerten. Sie dienen mit als Grundlage für die Steuerung weiterer Instandhaltungsmaßnahmen.

Der effektive Einsatz von Arbeitskräften und Betriebsmitteln erfordert eine sorgfältige Planung und Vorbereitung der Instandhaltungsarbeiten.

13.3.4.3.2 Kontrollen und Wartung der Anlagenteile

Die *Häufigkeit von Kontrollen und der Wartung* richten sich nach dem in den Bedienungsvorschriften festgelegten Turnus, gegebenenfalls in Verbindung mit erforderlichen Betriebsmessungen, und nach der möglichen Gefährdung der Funktion bei nicht rechtzeitiger Kontrolle. Je besser die Anlagenteile in Bezug auf mögliche Wartungsfreiheit konstruiert und ausgeführt sind, z. B. Korrosionsschutz, Sicherung gegen Gefährdung durch Dritte usw., und je weitgehender die Anlage fern überwacht ist, um so weniger häufig ist eine Besichtigung vor Ort erforderlich.

13.3 Betrieb

```
                    ┌─────────────────────────────────┐
                    │         Instandhaltung          │
                    │                                 │
                    │ • Feststellen und Beurteilung   │
                    │   Istzustand                    │
                    │ • Bewahren Sollzustand          │
                    │ • Wiederherstellen Sollzustand  │
                    └─────────────────────────────────┘
```

Kontrollen	Wartung	Instandsetzung
Maßnahmen zur Feststellung und Beurteilung des Istzustandes von technischen Mitteln eines Systems	Maßnahmen zur Bewahrung des Sollzustandes von technischen Mitteln eines Systems	Maßnahmen zur Wiederherstellung des Sollzustandes von technischen Mitteln eines Systems

```
          ┌─────────────────────────────┐
          │ Führen Schadens-            │
          │ und Zustandsdatei           │
          └─────────────────────────────┘
                        │
          ┌─────────────────────────────┐
          │ Abschätzen und Bewerten     │
          │ der Zukunftsentwicklung     │
          │ Schäden und Zustand         │
          └─────────────────────────────┘
                        │
          ┌─────────────────────────────┐
          │ Vorausschauende Instand-    │
          │ haltung mit Instand-        │
          │ haltungsstrategie           │
          └─────────────────────────────┘
```

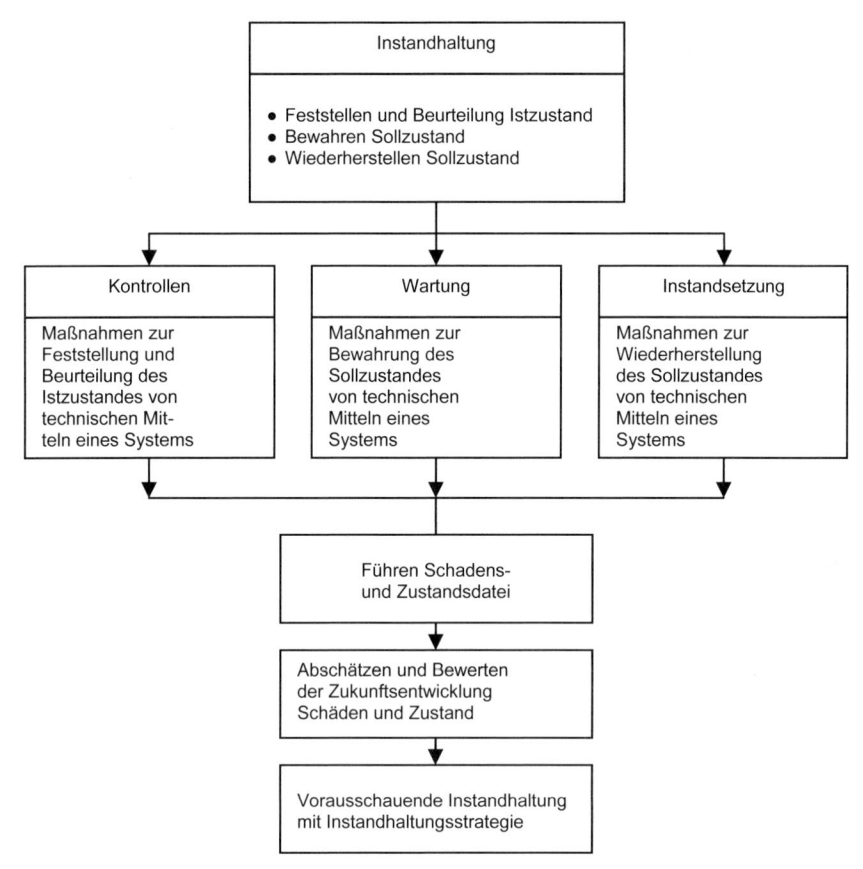

Abb. 13-7: Definition und Maßnahmen der Instandhaltung und der darauf aufbauenden vorausschauenden Instandhaltung (nach DIN 31051)

Fehlendes Personal darf jedoch kein Grund sein, notwendige Ortsbegehungen und Wartungsarbeiten einzuschränken, vielmehr ist die Personalstärke nach den bei den örtlichen Verhältnissen notwendigen Wartungsarbeiten festzulegen. Im folgenden sind zweckmäßige Termine der Kontrollen und Wartungsarbeiten und *bei kleinen bis mittleren Anlagen mit geringer Fernsteuerung und Fernüberwachung* angegeben. Halbjährliche Besichtigungen werden zweckmäßig im Frühjahr nach der Frostperiode und Schneeschmelze und im Herbst nach der Spitzenbeanspruchung durchgeführt.

Bei der *Ortsbegehung* werden die in den Bedienungsvorschriften turnusmäßig festgelegten Arbeiten, wie Spülung, Reinigung, Kontrollen usw., erledigt, kleine Mängel sofort behoben. Bei größeren Mängeln ist eine Schadensmeldung an die Betriebsleitung notwendig, die dann über die Behebung entscheidet.

Alle Arbeiten an den Anlagen sind mit größter *Sauberkeit* auszuführen. An Teilen der Anlage, die mit dem Trinkwasser unmittelbar in Berührung kommen, dürfen nur saubere Geräte und Werkzeuge benutzt werden (z. B. Reinigungsbürsten).

Zum Einsteigen in Quellfassungen, Schächte, Speicherbehälter und dgl. müssen besondere, saubere Gummistiefel getragen werden, die auf dem Anmarschweg nicht benützt werden dürfen. In besonderen Fällen, z.B. auf Anordnung der Gesundheitsbehörden, ist beim Betreten von Anlagen auch *Schutzkleidung* zu tragen, die nicht für andere Zwecke benutzt werden darf (z. B. Gummi-Übermäntel in Quellstollen).

Für andere Personen (Vorgesetzte, Amtsärzte, Besucher) sind ebenfalls Gummistiefel und gegebenenfalls Schutzkleidung bereitzuhalten.

Sind an wasserberührten Anlageteilen Instandsetzungs- oder Reinigungsarbeiten ausgeführt worden, so sind diese Teile vor der Wiederinbetriebnahme gründlich zu spülen und *zu desinfizieren*. Anweisung hierzu enthält das DVGW-Arbeitsblatt W 291 Desinfektion von Wasserversorgungsanlagen. Anlageteile sind erst nach mikrobiologischer Untersuchung bei einwandfreier Beschaffenheit des Wassers durch das Gesundheitsamt zur Benützung freizugeben.

Für alle *Anstriche*, die mit dem Trinkwasser in Berührung kommen, dürfen keine gesundheitsschädlichen Entrostungsmittel und Farben (z. B. Bleimennige) verwendet werden.

Der Zutritt fremder Personen zu den Betriebsräumen, Behältern, Schächten und dgl. ist auf das unbedingt notwendige Maß zu beschränken und nur mit Genehmigung der Betriebsleitung zu gestatten. Die Besucher sind auf die Verunreinigungsgefahr hinzuweisen, erforderlichenfalls ist Schutzkleidung anzulegen.

Wasserfassungen:
1) Quellen
monatliche Kontrollen
  1. dichter Verschluss der Schachtdeckel
  2. Wasseraustritte neben der Fassung
  3. Feststellen der Ursache eines Überlaufs oder Hochstaus der Quelle
  4. freier Auslauf der Überlauf- und Entleerungsleitung
  5. Messung der Quellschüttung

halbjährliche Kontrollen
  1. Zustand der Sickerleitungen, Einwachsen von Wurzeln (Fuchsschwanz)
  2. Beweglichkeit und dichter Abschluss der Froschklappen, Zustand des Entleerungsbauwerks
  3. Zustand des Ablaufgrabens zum Vorfluter
  4. Reinigen des Quellschachtes von Sand- und Schlammablagerungen, von Würmern, Ameisen und Algen, Feststellen der Ursachen der Verunreinigungen
  5. Schachtbauwerk: baulicher Zustand, Wasserdichtheit des Schachtes, der Wasserkammern und der Rohrdurchführungen
  6. Zustand der Ent- und Belüftung: dichter Sitz, Verstopfung oder Beschädigung der Fliegengitter
  7. Schachtdeckel: Korrosion, Beschädigung, dichter Sitz, Gummidichtung, Verschluss, unfallsichere Halterung
  8. Einsteigleiter: Korrosion, Anstrich, unfallsichere Halterung
  9. Rohrleitungen und Armaturen: Wasserdichtheit, Korrosionsschäden, Anstrich, Beweglichkeit der Abschlussorgane.
  10. Entfernen von Bäumen und Sträuchern in der Nähe der Fassung.

2) Brunnen
monatliche Kontrollen
  1. dichter Verschluss der Schachtdeckel
  2. dichter Abschluss des Brunnenkopfes
  3. Messung der Wasserstände

viertel- bzw. halbjährliche Kontrollen
  1. Reinigen des Brunnenschachtes
  2. Schachtbauwerk: baulicher Zustand, Wasserdichtheit
  3. Ent- und Belüftung: dichter Sitz, Verstopfung oder Beschädigung der Fliegengitter
  4. Schachtdeckel: Korrosion, Beschädigung, dichter Sitz, Gummidichtung, Verschluss, unfallsichere Halterung
  5. Einsteigleiter: Korrosion, Anstrich, unfallsichere Halterung
  6. Gelände um den Brunnen hinsichtlich Setzungen
  7. Füllhöhe des Filterkieses

13.3 Betrieb

   8. Rohrleitungen und Armaturen: Wasserdichtheit, Korrosionsschäden, Beweglichkeit
   9. Zustand und Funktion der elektrischen Anlage
  10. Brunnenverockerung: Vergleichsmessung des WSp im Brunnen und im Kontrollpegel
  11. Messung der Entnahme und der Wasserstände.

3) Schutzgebiet
monatliche Kontrollen im Fassungsbereich
   1. Einhalten der Schutzanordnungen
   2. Einzäunung und Einfahrten
   3. landwirtschaftliche Bewirtschaftung, kurz gehaltene Grasnarbe
   4. häufigere Kontrollen sind erforderlich bei Gefährdung durch Hochwasser oder in den Fassungsbereich fließendes Niederschlagswasser bei Starkregen
vierteljährliche Kontrollen in der engeren Schutzzone
   1. Einhalten der Schutzgebietsauflagen, ins besonders hinsichtlich Veränderungen der Bodenoberfläche, Veränderung an mit Ausnahmegenehmigung verbliebenen Bauwerken
   2. Verkehrswege, ins besonders hinsichtlich Ableitung des Oberflächenwassers, Verkehrsdichte, Transport wassergefährdender Stoffe und Flüssigkeiten
   3. landwirtschaftliche Nutzung, ins besonders hinsichtlich der Menge an Dünger, Verwendung von Pestiziden
   4. häufigere Kontrolle ist erforderlich, wenn die engere Schutzzone bei Hochwasser überflutet werden kann
halbjährliche Kontrollen in der weiteren Schutzzone
   1. Einhalten der Schutzgebietsanordnungen. Dies ist meist durch Befahren des Gebietes und Befragen der zuständigen Gemeindeverwaltungen und Polizeidienststellen durchführbar.
   2. Kennzeichnungen der Schutzgebiete.

Gebäude:
Hierzu gehören Maschinenhaus, Aufbereitungsgebäude, Werkstätten, Nebengebäude mit Chemikalienstationen, Bürogebäude, Wohnungen.
monatliche Kontrollen
   1. Reinigung, soweit nicht durch Arbeitsverunreinigungen sofortige Reinigung erforderlich ist
halbjährliche, mindestens jährliche Kontrollen
   1. allgemeiner baulicher Zustand, Risse, z.B. infolge Setzungen, Temperatur usw., aufsteigende Feuchtigkeit in Fundamenten und Wänden
   2. Verputz und Anstrich
   3. Dacheindeckung: Dichtheit, Anschlüsse an Kamine und Dachfenster, Dachrinnen
   4. Türen, Fenster und Fensterläden: Sitz, Beweglichkeit, Verschluss
   5. Zustand und Dichtheit der Verglasung
   6. Fußböden, Treppen, Geländer, Schutzgitter
   7. Beleuchtung, Heizung, Entfeuchtung, Lüftung
   8. Sanitäre Anlagen
   9. Hofflächen, Parkplätze, Gehwege, Zufahrten, Einzäunung
  10. Einrichtungsgegenstände
  11. Unfallschutzeinrichtungen
  12. Objektschutz

Maschinen- und Elektroanlagen:
Außer den erforderlichen Betriebsmessungen ist i.a. eine tägliche Kontrolle erforderlich. Ein wöchentlicher Turnus ist dann ausreichend, wenn die Anlage automatisch ferngesteuert und ausreichend fern überwacht wird. Im Maschinenraum müssen Bedienungsanweisungen und Bedienungsschemata vorhanden sein. Die Stellung der Abschlussorgane sollte an diesen kenntlich sein.

wöchentliche Kontrollen
1. Funktion der Maschinen- und Elektroanlage, Armaturen
2. Laufgeräusch, Erwärmung, Vibration der im Betrieb befindlichen Aggregate
3. Schmierung der beweglichen Teile
4. Wasserdichtheit der Pumpen, Ventile, Armaturen, Stopfbüchsen, Rohrleitungen
5. Luftfüllung der Druck- und Druckstoßbehälter
6. Entlüftungen
7. Funktion der elektrischen Schaltanlagen, Steuerimpulsgeber, Strömungsschalter, Schaltuhren

monatliche Kontrollen
1. Probelauf der Ersatzmaschinen und Hilfsaggregate
2. Funktion der Sonderarmaturen, wie Druckminderventile, Sicherheitsventile, Strömungsschalter, Rückschlagklappen
3. Funktion und richtige Anzeige der Fernmelde- und Fernsteueranlage
4. Antriebsbatterien
5. Vollzähligkeit der Bedienungsanweisungen, Planunterlagen, Unfallverhütungsvorschriften, Anleitungen für Erste Hilfe, Warntafeln u. ä.
6. Betriebsstoffe
7. Prüfen und eventuell Reinigung der Kontaktstücke von elektrischen Schaltgeräten

jährliche Kontrollen
1. Hauptüberprüfung der gesamten Elektroanlage, insbesondere Schaltgeräte, Isolationszustand gegen Erde, Motorwicklungen, durch einen Elektrofachmann
2. Hauptüberprüfung von Verbrennungskraftmaschinen und Notstromaggregaten
3. Ölwechsel, Neufetten von Lagern, soweit erforderlich
4. Sitz der Fundamentschrauben
5. Reinigen der Tropfwasserleitungen
6. Korrosionsschutz, Anstrich
7. Messeinrichtungen: je nach Empfindlichkeit, entsprechend den Anweisungen der Hersteller.
8. Hauptwasserzähler.

2- bis 4jährliche Kontrollen
entsprechend den Bedienungsvorschriften der Lieferwerke und den gesetzlichen Vorschriften i. a.
1. Generalüberholung der Pumpen, gegebenenfalls im Herstellerwerk
2. Generalprüfung und -überholung der Elektromotoren
3. Generalprüfung der Elektroanlage durch zugelassene Prüfämter und Institute
4. Überprüfung der überwachungspflichtigen Druckbehälter durch den TÜV, o. a. zugelassene Institute.

Wehranlagen und Triebwerke:
Vereinzelt sind Wehranlagen und Triebwerke bei kleinen Pumpwerken noch vorhanden. Hier werden nur solche angesprochen, nicht Wasserkraftanlagen und Entnahmeanlagen von großen Trinkwassertalsperren und Seewasserentnahmen.

tägliche bis wöchentliche Kontrollen
1. Säuberung des Rechens
2. Stauhöhe, Eichpfahl
3. Kolkbildung am Wehr
4. Verschlammung und Verkrautung am Ober- und Unterwasser
5. Beweglichkeit von Schützen und Wehrklappen
6. Betriebsgefälle, Betriebswassermenge, Umdrehungszahl der Wasserkraftmaschine
7. Sicherheitsvorrichtungen an den Zugängen und Stegen am Wehr.

jährliche Kontrollen
1. baulicher Zustand
2. Korrosionsschutz

13.3 Betrieb

Aufbereitungsanlagen:
1) Filtration über Jurakalk
wöchentliche Kontrollen
  1. Sauberkeit der Anlage, Schimmelpilze, Algen, Schlammablagerung.
  2. Be- und Entlüftung, Raumtemperatur nicht unter 8 °C. Temperaturen unter 0 °C sind möglichst zu vermeiden, wenn nötig, Schließen der Lüftungsklappen, Außerbetriebnahme der Riesler.
  3. Gleichmäßige Verteilung des Wassers auf Filter und Riesler.
  4. Füllhöhe des Filtermaterials, erforderlichenfalls Nachfüllen von Jurakalk entsprechend der Bedienungs anweisung. Im allgemeinen muss nachgefüllt werden, wenn die Oberkante der Filterschicht mehr als 10 cm unter die Füllmarke gesunken ist.
  5. Filterwiderstand: Bei der höchstzulässigen Durchlaufmenge darf noch kein Überlauf vorhanden sein. Bei Überschreiten des Filterwiderstandes, mindestens aber alle 2 Jahre, sind die verschlammten Schichten, wenigstens die obere Schicht von 30 cm Höhe, auszuräumen, zu waschen und vor Wiedereinfüllen mit Chlorwasser zu desinfizieren.
  6. Zulaufmenge, nicht größer als der Bemessung der Aufbereitungsanlage zugrunde gelegt, sonst muss Zulauf gedrosselt werden.
  7. Gängigkeit der Armaturen

halbjährliche Kontrollen
  1. Leistungsfähigkeit der Aufbereitungsanlage durch chemische Untersuchung des Wassers vor und nach der Aufbereitung, soweit nicht ein kürzerer Termin durch VO vorgeschrieben wird bzw. für den Betrieb erforderlich ist.
  2. Reinigung
  3. baulicher Zustand, Wasserdichtheit
  4. Be- und Entlüftung: Zustand, dichter Sitz, Verstopfung oder Beschädigung der Fliegengitter
  5. Dichtheit der Wasserbehälter
  6. Rohrinstallation: Dichtheit, Korrosion, Anstrich
  7. Armaturen: Beweglichkeit, dichter Abschluss
  8. Funktion der Fernmeldung
  9. Filtermaterial: Reinigen, Erneuerung nach Bedienungsanweisung

2) Filtration über dolomitisches Filtermaterial
wöchentliche Kontrollen
  1. Rückspülung nach Bedienungsanweisung, 1 mal wöchentlich, bei einem Hydrogenkarbonat gehalt (Säurekapazität $K_{s\,4,3}$ über 5°dH (rd. 1 mmol/1) 2 mal wöchentlich
  2. Filterwiderstand vor und nach der Rückspülung sonst wie bei Filtration über Jurakalk

halbjährliche Kontrollen
wie bei Filtration über Jurakalk

3) Offene Belüftungs- und Entgasungsanlagen
z. B. Riesler, Kaskaden, Wellbahnen, Verdüsungen
wöchentliche Kontrollen
  1. Funktion der Belüftungsanlage
  2. Funktion, Zustand, Anstrich der Maschinen, Rohrleitungen, Armaturen, Be- und Entlüftung, Messgeräte

halbjährliche Kontrollen
  1. Leistung der Anlage
  2. baulicher Zustand, Korrosionsschutz, wichtig wegen der großen Aggressivität des Wassers und der Luft

4) Offene Quarz-Schnellfilter
wöchentliche Kontrollen
  1. Aussehen des über der Filterschicht stehenden Wassers
  2. Höhe des Überstaus vor und nach der Rückspülung

3. Filterwiderstand
4. Funktion der Drossel- und Regeleinrichtungen
5. Funktion, Zustand, Anstrich der Maschinen, Rohrleitungen, Armaturen, Be- und Entlüftung, Messgeräte
6. Rückspülungseinrichtungen, Rückspülungen nach Bedienungsanweisung, mind. jedoch 1 mal wöchentlich

halbjährliche Kontrollen
1. Funktion, Reinigen von Druckminder-, Sicherheits- und Entlüftungsventilen
2. Rückspülen der Voroxidatoren
3. Leistungsprüfung
4. bauliche Anlage

5) Chloranlage
wöchentliche Kontrollen
1. Funktion, dichter Abschluss der Geräte, kein Chlorgas im Raum
2. Funktion der Schutzeinrichtung
3. Be- und Entlüftung
4. Temperatur im Chlorraum, nicht unter 15 °C
5. Chlorvorrat
6. baulicher Zustand
7. Führen des Chlorbuches
8. Schutzgeräte

6) Sonstige Aufbereitungsanlagen
Festlegen der Kontrollen entsprechend den örtlichen Verhältnissen im Benehmen mit der Herstellerfirma.

Wasserspeicherung:
Hierzu gehören: Hochbehälter, Wassertürme, Tiefbehälter, Wasserkammern von Wasserfassungen und Aufbereitungsanlagen.
monatliche Kontrollen
1. Türen, Einstiege, Fenster: dichter Abschluss, Beschädigungen
2. Ent- und Belüftungen: dichter Sitz, Verstopfung oder Beschädigung der Fliegengitter
3. Böschungen der Erdüberdeckung, Treppen
4. Ablagerungen in Wasserkammern, Trübung des Wassers, Schwimmschichten, Geruchsbildungen
5. Objektschutz
6. Sohldränagen, Überläufe

jährliche Kontrollen
1. baulicher Zustand, Risse
2. Ent- und Belüftungen: Sitz, Verstopfung oder Beschädigung der Fliegengitter, Staubfilter
3. Entleerungsleitung, Entleerungsbauwerk: Beweglichkeit und dichter Abschluss der Froschklappen, Reinigen
4. Rohrleitungen, Armaturen: Dichtheit, Gängigkeit, Zustand, Anstrich
5. Reinigen und ggfs. Desinfizieren der Wasserkammern
6. 24stündige Dichtheitsprüfung der Wasserkammern
7. Wasserablauf aus dem Hochbehälter in den Nachtstunden, etwa 1–3 Uhr, bei Ausschalten der Wasserförderung, zur Feststellung von Rohrnetzverlusten und zum Vergleich der Messgeräte
8. Reinigen des Bauwerkes, zusätzlich jeweils nach jeder Arbeitsverunreinigung

Ausführliche Hinweise geben das DVGW-Merkblatt W 300 bzw. die DIN EN 1508 (12/98). Es unterscheidet zwischen der Kontrolle und Reinigung vor der Erstinbetriebnahme, während des laufenden Betriebes und anlässlich turnusmäßiger Außerbetriebnahmen infolge von Erneuerungs- und Reparaturarbeiten am Trinkwasserbehälter.

13.3 Betrieb

Wasserverteilungsanlagen:
monatliche Kontrollen
1. Geländeoberfläche entlang der Zubringerleitungen: Setzungen, Wasseraustritte, Bauarbeiten in der Nähe der Leitung
2. Schächte und Bedienungshäuser: Zustand, dichter Abschluss der Schachtdeckel und Türen, Beschädigungen
3. Kreuzungsbauwerke: Wasseraustritte aus Schutzrohren, Setzungen

halbjährliche Kontrollen
1. Schächte und Bedienungshäuser: baulicher Zustand, Wasserdichtheit, Reinigen
2. Druckminder-, Sicherheits- und Entlüftungsventile: Funktion, Zustand, Dichtheit
3. Rohrleitungen und Armaturen in Schächten: Funktion, Zustand, Dichtheit

jährliche Kontrollen
1. Abschlussorgane, Rohrbruchsicherungen: Funktion, Zustand, Dichtheit, Gängigkeit, Stellung des Abschlusses, Hinweisschilder
2. Druckminder-, Sicherheits- und Entlüftungsventile: Öffnen und Reinigen
3. Hydranten: Funktion, Zustand, Entleerung, Hinweisschilder, Vorhandensein von Schlüsseln und Standrohren
4. Rohrleitung: Dichtheit durch Feststellen der Wasserverluste mittels Nachtbeobachtung des Wasserablaufes aus Hochbehältern
5. Markierung der Leitung
6. Spülen der Rohrleitungen, mindestens 1 mal jährlich, insbesondere der Neben- und Endstränge
7. Straßenkappen: Setzungen, Umpflasterung
8. Fördervermögen der Zubringer- und Hauptleitungen durch Druckmessungen

2- bis 3jährliche Kontrollen (bzw. nach Bedarf)
1. Lecksuche durch Abhorchen oder mittels sonstiger Lecksuch-Verfahren

bei Anschlussleitungen:
halbjährliche Kontrollen
1. Straßenkappen der Anbohrschieber
2. Gängigkeit der Anbohrschieber
3. Dichtheitsprüfung durch Abhorchen
4. Prüfen hinsichtlich unzulässiger Verbindungen von Verbrauchsleitung mit Eigenwasserversorgungsanlagen
5. keine elektrischen Erdungen

jährliche Kontrollen
1. Wasserzähler: meist in Verbindung mit der Zählerablesung, richtiger Einbau des WZ, Nummer und Plomben am WZ, Reinigen des Siebes, Auswechslung des WZ wenn ungenau, sonst entsprechend Turnus nach dem Eichgesetz
2. Führen der Wasserzählerkartei
3. Beraten des Abnehmers: z. B. Hinweis auf höheren Wasserverbrauch, Freihalten des Anbohrschiebers und des WZ, Frostschutzmaßnahmen.

13.3.4.3.3 Instandsetzung

Allgemeines:
Unter Instandsetzung, auch als Erneuerung bezeichnet, ist die Ursachenermittlung und die Behebung von Schäden durch Reparaturen und Ersatzvornahmen zu verstehen, die bei den Kontrollen und der Wartung festgestellt werden, ohne dass am Bestand und an der Leistungsfähigkeit der bestehenden Anlage gegenüber dem Neuzustand etwas verändert wird. Maßnahmen, die zu einer Veränderung des Bestandes führen, sind Neubaumaßnahmen und in der Abt. Bau getrennt vom Betrieb abzuwickeln.
Die Instandsetzungsarbeiten an den sichtbaren, zugänglichen Anlageteilen sind wegen der leicht erkennbaren Mängel klar zu bestimmen. Hierauf wird hier nicht weiter eingegangen, die Arbeiten sind

entsprechend der Technik der Wasserversorgung auszuführen. Hier werden daher nur die schwer erkennbaren und beurteilbaren Mängel und Maßnahmen behandelt, wie Wassermangel, Brunnenregenerierung, Verminderung der Fördermenge der Rohrleitungen, Rohrleitungsspülung, Rohrreinigung, Aufsuchen von Leitungen und Straßenkappen, Rohrnetzverluste, Schutz gegen Frostschäden.

Wassermangel:
Eine erhebliche Gefährdung der Trinkwasserversorgung tritt ein, wenn an Spitzenverbrauchstagen die Wasserabgabe an das Rohrnetz kleiner ist als der von den Abnehmern gewünschte Wasserverbrauch. Wenn keine Maßnahmen ergriffen werden, entleert sich zunächst der Hochbehälter, dann die höher gelegenen Rohrstränge, wobei die höher gelegenen Anwesen überhaupt kein Wasser, die tiefer gelegenen dagegen unbegrenzt Wasser entnehmen können. Es besteht dann die Gefahr des Rücksaugens von verunreinigtem Wasser in das Rohrnetz. Eine weitere Gefährdung entsteht, wenn zu bestimmten Zeiten die Wasserförderung ganz eingestellt und der Hochbehälter abgesperrt wird. Hierbei läuft ebenfalls das Ortsnetz ganz leer mit der o. a. Rücksauggefahr, und es wird Luft nachgesaugt. Wenn dann die Wasserförderung unkontrolliert wieder einsetzt, entstehen durch das rasche Füllen der Leitungen Druckstöße, die erhebliche Rohrschäden verursachen können. Das erforderliche langsame Füllen und Entlüften einer leer gelaufenen Leitung kann unter Umständen mehrere Tage dauern.

Der Wassermangel muss durch laufende Auswertung der Betriebsmeldungen und rechtzeitige Erweiterung der WV-Anlage verhindert werden. Wenn diese Maßnahmen fehlen oder nicht ausreichend ausgeführt wurden, dann ist es besser, statt der Sperrungen von Anlageteilen durch Anordnungen der Einschränkung des Wasserverbrauchs den Wassermangel zu verhindern. Die angestrebte Wirkung wird dann am ehesten erreicht, wenn eine laufende Unterrichtung der Verbraucher über die Leistungsfähigkeit der WV-Anlage erfolgt. Bei Erkennen eines bevorstehenden Wassermangels sind die beabsichtigten Maßnahmen täglich wiederholt über Rundfunk und Lautsprecherwagen den Verbrauchern mitzuteilen. Als Maßnahmen kommen in Betracht:

Stufe 1 – Anordnung des freiwilligen Einstellens des Wasserverbrauchs für folgende Zwecke:
1. Gartenbewässerung
2. Füllen oder Nachfüllen von Schwimmbädern
3. Mechanisches Wagenwaschen
4. allgemeines Wagenwaschen, ausgenommen Krankenwagen
5. Reinigung außerhalb von Gebäuden
6. Betrieb von Springbrunnen und automatischen Spüleinrichtungen
7. Wannenbenutzung, dafür Duschbenutzung

Stufe 2 – Verbot und Bußgeld, bei Nichtbefolgung der Verbrauchseinstellung für die in Stufe 1 aufgeführten Verbrauchszwecke.

Bei diesen Verbrauchseinschränkungen kann nach englischen Untersuchungen etwa folgende Verbrauchsminderung erreicht werden:

1. Freiwillige Einschränkung nach Stufe 1:	20 %
2. Herabsetzung des Versorgungsdruckes um 25 %	10 %
3. Angeordnete Einschränkung nach Stufe 2	
dabei Haushalt und öffentlicher Bedarf	30 %
Prozesswasser der Industrie	20 %
Bürogebäude	35 %
Bewässerung außerhalb des bebauten Gebiets	60 %

Brunnenregenerierung:
Der Rückgang der Entnahmemenge aus Brunnen kann verursacht sein durch Änderung der hydrologischen Verhältnisse, z. B. Absinken des RWSp, Beeinflussung durch andere Entnahmen usw. oder

13.3 Betrieb

durch Inkrustation oder Verockerung der Filter und Einrichtungen zur Wasserentnahme. Die Inkrustation infolge Aggressivität des Wassers erfordert von Zeit zu Zeit eine Brunnenregenerierung, wobei eine mechanische Grobreinigung, dann eine chemische Reinigung durchgeführt wird. Die biologische Verockerung wird ähnlich entfernt, sie kann aber durch turnusmäßige Chlorung zur Abtötung der Eisen- und Manganbakterien meist verhindert werden. Je nach Schnelligkeit dieser Verockerung ist die Chlorung in Abständen von 1–2 Monaten durchzuführen. Dieses Verfahren ist billiger und schneller als die mechanische und chemische Brunnenregenerierung.

Fördervermögen der Rohrleitung:
Häufig geht bei älteren Rohrleitungen das Fördervermögen stark zurück, gelegentlich wird bei neuen Leitungen das rechnerisch ermittelte Fördervermögen nicht erreicht. Die Folgen sind höhere Stromkosten und ungenügende Druckverhältnisse. Das Fördervermögen der Leitungen ist daher häufig zu prüfen durch:
1. Berechnung des Stromverbrauchs pro m^3 bei möglichst gleich bleibendem Betriebszustand, z. B. Förderung in den Hochbehälter in den Nachtstunden.
2. Feststellen der max. Förderhöhe am Pumpwerk bei verschiedenen Förderströmen im Vergleich zum Ruhedruck.
3. Messung der Druckhöhe an einzelnen Hydranten oder Zapfstellen bei verschiedenen Entnahmen, gegebenenfalls unter Verwendung von Schreibgeräten.

Die Ursache des Rückgangs des Fördervermögens können sein:
1. Fremdkörper in der Leitung: Holz, Steine usw., die beim Verlegen der Leitung oder bei Instandsetzungsarbeiten in die Leitung gelangten. Dies ist häufiger der Fall, als man oft annimmt. Daher größte Sorgfalt, Rohrbürste, dichter Abschluss der Rohrenden bei Unterbrechung der Rohrlegearbeiten.
2. Ablagerung von Schlamm, Eisen, Mangan, Algenwuchs.
3. Inkrustation, Rostknollenbildung infolge Aggressivität des Wassers, Kalkansatz bei nicht richtiger Wirkung der Aufbereitungsanlage infolge Störung des Kalk-Kohlensäuregleichgewichtes.
4. Luftansammlung an Hochpunkten.
5. Rohrverengungen durch eingerostete Schieber in Drosselstellung, vorschriftswidrig abgebogene Stahlrohre.

Wenn der Verdacht besteht, dass das Fördervermögen zurückgegangen ist, sind folgende Verfahren anzuwenden:
1. Prüfen, ob die gesamte Leitung vollständig entlüftet ist.
2. Spülen der Rohrleitung.
3. Besichtigung zugänglicher Rohrleitungsteile auf Inkrustation.
4. Druckmessung entlang der Rohrleitung und Auftragen der Drucklinie bei verschiedenen Entnahmen.

Die Ursachen des Rückgangs des Fördervermögens sind sofort zu beseitigen, da sie den Betrieb gefährden und unwirtschaftlich gestalten. Insbesondere sind die Drosselstellen zu beseitigen. Die Fremdkörper wandern meist zu den Tiefpunkten, bleiben in den Keilschiebern liegen und verhindern den dichten Abschluss. Die Inkrustationen werden durch mechanische oder chemische Rohrreinigung entfernt.
Eine wesentliche Erleichterung der Untersuchung des Zustandes der Innenwand von Rohrleitungen, wie auch von Brunnenfiltern, ist durch die Verwendung von Unterwasser- und Rohrleitungs-Fernsehanlagen gegeben.

Spülung:
Leichte Ablagerungen, insbesondere wenn sie noch nicht durch Alterung verbacken sind, können durch Spülung entfernt werden. Eine Spülung mit Wasser ist jedoch nur dann wirksam, wenn sie mit hoher Fließgeschwindigkeit, etwa 1,5 m/s, durchgeführt wird. Die Möglichkeit der Zuleitung, besonders der Ableitung des Spülwassers begrenzt jedoch wegen der großen Durchflussmengen sehr schnell den Anwendungsbereich, wie aus **Tab. 13-13** ersichtlich ist.

Tab. 13-13: Erforderliche Spülwasserströme bei $v = 1,5$ m/s

DN	100	150	200	250	300	400
Q_{Sp} l/s	15	26	47	75	105	190

Wenn diese Spülwasserströme nicht eingesetzt werden können, kann die erforderliche Spülung mit wenig Wasser und Druckluft, bei pulsierendem Öffnen und Schließen verschiedener Entnahmeöffnungen (Hydranten) ausgeführt werden. Eine weitere Möglichkeit ist die Verwendung von Kunststoffpfropfen $D = 1,25 \cdot DN$, Länge rd. $(1,5–2,5) \cdot DN$ (englisches Verfahren). Durch den Wasserdruck wird der Pfropfen mit $v = 0,4–1,0$ m/s vorwärts bewegt, je nach Verschmutzung werden mehrere Pfropfen hintereinander eingesetzt.

Rohrreinigung:
Wenn durch die Spülung die Rohrleitungen nicht frei werden, sind mechanische oder chemische Verfahren der Rohrreinigung anzuwenden. Es ist aber zu beachten, dass es bei Auftreten von Inkrustationen und Verockerungen unerlässlich ist, deren Ursachen zu beheben, z. B. durch Wasseraufbereitung, da die Zeitspanne für die Zunahme der Verockerung nach den Rohrreinigungen immer kürzer wird.

Ortung von Rohrleitungen und Straßenkappen:
Für die ordnungsgemäße Instandhaltung eines Rohrnetzes ist es unerlässlich, dass der Leitungsverlauf, die Lage der Hydranten, Armaturen, Straßenkappen, Schieber usw. genau bekannt sind. Die Rohrnetzpläne sind daher ständig auf dem neuesten Stand zu halten. Manchmal fehlen bei bestehenden Anlagen für Teilgebiete, manchmal auch für das gesamte Versorgungsgebiet genaue Planunterlagen. An Hand der Lage von sichtbaren Anlageteilen, wie Hydranten, Schieber u. a., kann der Leitungsverlauf ermittelt werden. Die Nennweite der Leitungen muss durch Aufgraben festgestellt werden. Das Aufsuchen von Leitungen wird durch moderne elektronische Ortungsgeräte sehr erleichtert. Manchmal werden die Straßenkappen der Schieber durch Straßenbauarbeiten überdeckt und nicht mehr rechtzeitig gehoben. Zum Aufsuchen der Straßenkappen werden an Stelle der früher üblichen 3-Nadel-Kappensucher mit einer Tiefenwirkung von 15 cm heute magnetische und elektronische Kappensucher verwendet. Die magnetischen Kappensuchgeräte haben eine Reichweite bis zu 40 cm Tiefe, die elektronischen eine solche bis zu 80 cm Tiefe. Die magnetischen Kappensucher reichen für die meisten Fälle aus, von Vorteil ist die robuste Ausführung, die Wartungsfreiheit und die leichte Bedienung.
Zur Ortung von Kabeln und Rohrleitungen werden galvanische und induktive Verfahren angewendet. Bei dem galvanischen Verfahren wird die zu suchende Rohrleitung an einer bekannten Stelle mit einem Tongenerator leitend verbunden und die Rohrleitung mit einem Wechselstrom niederer bis mittlerer Frequenz beschickt. Dabei baut sich konzentrisch um die Rohrleitung ein elektromagnetisches Kraftfeld auf, das an der Oberfläche mittels Suchspule und Empfänger im Kopfhörer wahrnehmbar und auch optisch sichtbar gemacht wird. Seitlich der Leitung tritt durch Induktion ein Maximum der Lautstärke, genau über der Leitung ein Minimum ein. Durch Verdrehen der Suchspule um 45° lässt sich die Tiefenlage der Rohrleitung bestimmen. Der Leitungsverlauf wird auf der Geländeoberfläche sofort gekennzeichnet und eingemessen. Bei dem induktiven Verfahren wird der Tongenerator nicht mit der zu suchenden Leitung verbunden, sondern genau über die zu suchende Leitung an einer bekannten Stelle aufgestellt. Man benutzt also die induktive Ankopplung an die zu suchende Leitung über eine schwenkbare Rahmenspule. Bei Nachlassen der Tonstärke im Empfänger wird jeweils der Sender nachgeholt.
Von den örtlichen Verhältnissen ist es abhängig, welches Verfahren schnellere und bessere Ergebnisse liefert. Im allgemeinen arbeitet man mit dem induktiven Verfahren bei normalen Verhältnissen und freien Suchstrecken besser, während in Städten wegen der Vielzahl der Leitungen das galvanische Verfahren zweckmäßiger ist.
Mit den elektronischen Suchgeräten lassen sich alle metallischen und elektrisch leitfähigen Leitungssysteme suchen, nicht also Leitungen aus PVC, Polyethylen, Asbestzement, Steinzeug usw. Bei diesen

13.3 Betrieb

Rohren muss im Bedarfsfall der Leitungsinhalt durch Ansäuern elektrisch leitfähig gemacht werden oder ein Draht eingezogen werden. Auch das Verlegen eines Kabels mit 2–4 mm² neben dem Rohr ist zweckmäßig.

Die für das Aufsuchen von Straßenkappen und erdverlegten Leitungen erforderlichen Geräte gehören zur Standardausrüstung der Wasserwerke. Bei schwierigen Fällen sind für das Aufsuchen von Leitungen und Erstellen von Rohrnetzplänen geeignete Fachfirmen bei zu ziehen.

Wasserverluste:
1. Die Wasserabgabe an das Rohrnetz

Der Anteil des in die Verteilungsanlage eingespeisten Wasservolumens, dessen Verbleib im einzelnen volumenmäßig nicht erfasst wird und zum Teil verloren geht, wird als *Wasserverlust* bezeichnet. Der Wasserverlust setzt sich aus *tatsächlichen* und *scheinbaren* Wasserverlusten zusammen (s. DVGW-Merkblatt W 392).

Das Wasservolumen, das durch Mängel und Schäden in Verteilungsanlagen ungenutzt verloren geht, wird als *tatsächlicher* Verlust bezeichnet.

Das Wasservolumen, das infolge von Fehlanzeigen der eingebauten Messeinrichtungen (Messfehler) und (oder) infolge Nicht- und Fehlschätzungen bei fehlenden Messeinrichtungen (Schätzfehler) nicht erfasst wird, wird als *scheinbarer* Verlust bezeichnet.

Die Wirtschaftlichkeit und die Betriebssicherheit erfordern es, dass die Wasserverluste möglichst gering sind. Bei einer Jahresförderung von 500 000 m³, beträgt die Einsparung bei Senkung der Verluste um 1 % und bei einem Wasserpreis von 1,00 €/m³ 5 000,– €/Jahr. Es ist erforderlich, dass die Fördermenge und auch der Verbrauch genau durch Wasserzähler gemessen werden. Die tatsächlichen (echten) Verluste werden um so besser erfasst, je genauer der sonstige Verbrauch, wie Eigenverbrauch des Wasserwerkes, öffentlicher Bedarf usw. erfasst werden, so dass auch dieser Verbrauch durch WZ, Standrohr WZ usw. zu messen ist. Der Verbrauch gliedert sich nach **Tab. 13-14** auf.

Tab. 13-14: Aufgliederung der Wasserabgabe in das Rohrnetz in Verbrauch und Verluste

Verbrauch der Abnehmer	öffentlicher Verbrauch	Eigenverbrauch des Wasserwerks	Verluste
Haushalt + Kleingewerbe,	*feste WZ*	Reinigungen	*tatsächliche Verluste*
	öffentl. Brunnen	Spülwasser	Rohrbrüche,
	öffentl. Gebäude	Frostläufe	Undichtheit an
Industrie + Großverbrauch	Friedhof	Bauwasser für	Schiebern
	Badeanstalt	Erweiterungen	Hydranten
	Gaswerk	der Anlage	Rohrverbindungen
	Elektrizitätswerk		Speicheranlagen
	Standrohr WZ		*scheinbare Verluste*
	Straßensprengen		WZ-Minderanzeige
	Kanalspülen		bei Verbrauchern,
	Bauzwecke		Wasserzählermehranzeige
	Feuerwehrübungen		d. Wasserabgabe im Rohrnetz,
	Brandfälle		Schätzungsfehler, widerrechtliche Wasserentnahme

Der Gesamtverlust bei Fernleitungen (ohne Ortsnetze) soll unter 5 % der Jahreswasserabgabe liegen, wenn alle Abzweige und Armaturen in Schächten verlegt sind und Förder- und Abgabemengen durch WZ gemessen werden. Der Gesamtverlust in Ortsnetzen soll normal nicht größer als 10 % des mittleren Verbrauches sein. Er kann unter 10 % liegen, wenn der gesamte Verbrauch genau erfasst wird, die Hauswasserzähler turnusmäßig nachgeeicht und alle Rohrschäden sofort behoben werden, d. h. die Wartungsvorschriften genau befolgt werden. Kleine Wasserverluste unter folgenden Grenzwerten sind durch Suchen und Reparaturen wirtschaftlich kaum behebbar:

Wasserverlust insgesamt: < 3 l/min je km
davon:
Schleichende Verluste bei den Abnehmern, < 2 l/min je km
Rohrnetz, undichte Verbindungen, < 1 l/min je km
Bei größerem Verlust muss die Ursache festgestellt werden, in der Reihenfolge sind zu prüfen:
1. Ist der Eigenverbrauch des Wasserwerkes, der öffentliche Verbrauch genau gemessen oder notfalls richtig geschätzt?
2. Haben die Wasserzähler bei allen Abnehmern ausreichende Messgenauigkeit?
3. Ermittlung der tatsächlichen Verluste, Anschlussleitungen – öffentliche Anlage.

2. Ursachen der tatsächlichen Wasserverluste
2.1. Rohrbrüche infolge Materialfehler – bei Gussrohren Lunkerbildung, ungleiche Wandstärken, damit innere Spannungen, bei Asbestzementrohren zu geringe Lagerungszeit.
2.2. Rohrbrüche infolge Verlegefehler – Hohlliegen der Rohre infolge Felsauflage, Bodensetzungen. Ausspülen der Sandbettung an Steilhängen, Steine auf Rohrleitung, zu große Erd- und Verkehrsbelastung infolge übergroßer Rohrgrabenbreiten in Scheitelhöhe des Rohres, Transportschäden, bei Gussrohren Schwanzrisse, bei Asbestzementrohren Schalenbrüche, Zusammenschieben der Rohre beim Verlegen und Nichteinhalten des freien Zwischenraumes des Schwanzendes im Muffengrund, Einfrieren bei zu geringer Verlegetiefe, Frosthebung von Hydranten und Schiebergestängen.
2.3. Rohrbrüche infolge Betriebsfehler – Druckstöße durch mangelhafte Entlüftung, zu schnelles Füllen, zu schnelles Schließen von Schiebern.
2.4. Lochbildung – Durchrosten der umwickelten Stahlrohre und isolierten Gussrohre infolge mangelhafter Isolierung, mangelhaftes Nachisolieren der Rohrverbindungen, Graphitieren der Gussrohre bei sulfathaltigen Böden. Lochfraß von innen durch aggressives Wasser.
2.5. Undichte Rohrverbindungen – Mangelhaftes Herstellen der Verbindung, Hohlliegen der Rohre, zu starke Abwinkelung in den Muffen, ungenügende Sicherung der Krümmer gegen Verschieben, Herausschieben der Verstemmung bei alten Gussrohren bei häufig wiederkehrenden Druckstößen.
2.6. Undichte Armaturen – Brüchigwerden und Abnützen der Stopfbüchsendichtungen, Verhindern des dichten Abschlusses durch eingedrungene Steine, Spülschlamm, Inkrustierung, Bruch der Spindel bei gewaltsamem Öffnen von eingerosteten Schiebern, Umfahren der Schiebergestänge infolge schlechten Einbaues der Straßenkappe, Auffrieren der Schieberhaube, Auffrieren der Hydranten bei mangelhafter Entleerung, mangelhafter Sitz der Anbohrschellen.
2.7. Undichte Speicherbehälter – Rissbildungen infolge Setzungen, Bemessungsfehler, Beschädigung des wasserdichten Putzes durch aggressives Wasser.
2.8. Auslaufmengen – Schon aus kleinen Öffnungen fließen erhebliche Wassermengen aus. Die Auslaufmengen sind abhängig von der Größe der Öffnung und dem vorhandenen Betriebsdruck. Einen Überblick der Auslaufmengen bei 5 bar Betriebsdruck geben die **Tab. 13-15** und **16**, bei denen angenommen ist, dass die Öffnung frei, also nicht zum Teil durch Steine und Erde (bei erdverlegten Leitungen) verlegt ist.

Tab. 13-15: Auslaufraten aus Öffnungen bei 5 bar Wasserdruck

Durchmesser der Öffnung	Auslaufraten		
mm	l/min	l/s	m³/d
1,0	1,0		1,4
2,0	3,2		4,6
3,0	8,2		11,8
4,0	14,8		21,4
5,0	22,3	0,37	32,0
10,0	90,0	1,5	129
20,0	360,0	6,0	520
30,0	810,0	13,5	1 170

13.3 Betrieb

Tab. 13-16: %-Sätze der Auslaufmengen bei Wasserdruck x bar im Verhältnis zum Wasserdruck von 5 bar

Verhältniszahlen der Auslaufmengen bei anderen Betriebsdrücken	
bar	%
10	141
9	134
8	127
7	118
6	110
5	100
4	89
3	77
2	68
1	45

3. Ursachen der scheinbaren Verluste
3.1. Zählerträgheit – Schleichende Verluste infolge laufender Klosettspülungen bis zu 1 000 l/d je Anschluss, Tropfverluste an den Zapfstellen bis zu 250 l/d.
3.2. Zählergenauigkeit – Ablagerungen von Schlamm und Beschädigung durch losgerissene Inkrustierungen, Luftansammlung und -bewegung im Wasserzählerbereich, Rücklauf bei Leerlaufen des Rohrnetzes, bei undichten Rückschlagklappen u. a.
3.3. Widerrechtliche Entnahmen – aus Hydranten, widerrechtliche Anschlüsse an der Anschlussleitung vor dem WZ-Eingangsventil.
3.4. Netzabgaben – ungemessene oder fehlerhaft abgeschätzte Netzabgaben (z. B. bei Netzspülungen, Entleerungen)

4. Maßnahmen zur Verminderung der Verluste
4.1. Tatsächliche und scheinbare Verluste – Zunächst ist festzustellen, ob der Unterschied zwischen Abgabe und Verkauf durch echte Schäden am Rohrnetz oder scheinbare Verluste (Nichterfassen von bezogener Menge) verursacht ist. Bei kleinen und mittleren Anlagen ist der Nachtverbrauch zwischen 1 und 3 Uhr durch Beobachtung der Wasserspiegelabsenkung im Hochbehälter festzustellen und mit dem für den Ort anzunehmenden normalen Nachtverbrauch zu vergleichen:
Zum Beispiel Hochbehälterfläche 75 m², Absenkung in 2 Std. 20 cm, Abgabe an das Ortsnetz $75 \cdot 0{,}20 \cdot 1/2 = 7{,}5 \, m^3/h = 2{,}1 \, l/s$. Bei einem ländlichen Ort beträgt normal der Nachtverbrauch von 1–3 Uhr 1,5–2 % des Tagesverbrauchs, hier angenommen 2 % von 300 m³ =

$$0{,}02 \cdot 300 / 2\,h = 3\,m^3/h = 0{,}83\,l/s$$

Somit kann geschätzt werden, dass ein Verlust von 1,27 l/s vorhanden ist. Bei Abstellung des öffentlichen Bedarfes während der Nachtbeobachtung dürfte der tragbare Verlust 10 % von 300 m³ = 0 m³/Tag = 1,25 m³/Std. = 0,35 l/s betragen. Somit hat die Anlage tatsächliche Verluste, denen nachgegangen werden muss.
Ist dagegen die nächtliche Abnahme gering und liegt sie in den üblichen Grenzen, dann kann eine große Differenz zwischen Abgabe und Verkauf nur durch unzureichendes Erfassen der abgegebenen Menge verursacht sein.
4.2. Wasserverluste in Speicheranlagen – In erster Linie sind Dichtheitsprüfungen der Speicheranlagen durchzuführen, ferner die sichtbaren Rohrleitungen zu besichtigen und bei Pumpwerksanlagen zu prüfen, ob die Fußventile und Rückschlagklappen dicht schließen. Häufig läuft durch mangelhaften Abschluss bereits gefördertes Wasser in die Brunnen oder Saugbehälter zurück.
4.3. Tatsächliche Wasserverluste – Die zur Verminderung der tatsächlichen Wasserverluste zu treffenden Maßnahmen sind dem DVGW-Arbeitsblatt W 392 zu entnehmen. Zur Ortung der jeweiligen Schadensstellen in *Rohrleitungen* werden diese durch Abgehen, Abhorchen, Druckmessungen, unter Umständen durch Wassermessung überprüft. Voraussetzung für die Lecksuche ist, dass die genaue

Leitungslage bekannt ist. Es ist daher unerlässlich, dass die Rohrnetzpläne stets auf dem neuesten Stand gehalten werden oder vor Lecksuche der genaue Leitungsverlauf ermittelt wird.

Das Überwachen der Rohrleitungen hinsichtlich der Wasserverluste ist eine wichtige Aufgabe. Die je nach Größe des Werkes erforderlichen Arbeitsgeräte sollte daher jedes Werk besitzen. Da für die eingehende Lecksuche entsprechende Erfahrungen erforderlich sind, ist es zweckmäßig, das gesamte Ortsnetz, oder im Turnus Teile hiervon, durch geeignete Fachfirmen untersuchen zu lassen.

4.3.1. Aufsuchen von Leckstellen durch Abgehen – Beim Abgehen der Rohrleitung wird geprüft, ob sichtbare Wasseraustritte vorhanden sind: feuchte, sumpfige Stellen, die sonst normal trocken waren, Schmelzen von Schnee, Senkungen im Boden infolge Wegspülens, Zunahme des Wasserablaufes in Gräben in Nähe der Leitung, Auftreten so genannter neuer Quellen, Zunahme des Wasserablaufes in Ortskanälen mit besonders klarem Wasser.

4.3.2. Aufsuchen von Leckstellen durch Abhorchen – Allgemein – Das Austreten von Wasser aus engen Öffnungen mit großer Geschwindigkeit erzeugt ein sausendes Geräusch, das durch die Stahlteile der Rohrleitung, in stark geschwächter Lautstärke auch durch die Bodenschichten weitergeleitet wird. Das Geräusch ist umso stärker, je näher man sich an der Austrittsstelle befindet.

Die Lecksuche mittels Abhorchen wird zweckmäßig in den ruhigen Abend- und Nachtstunden durchgeführt, um Störgeräusche durch Verkehrslärm und Wasserentnahme der Verbraucher auszuschalten. Die Hausanschlussleitungen werden abgesperrt und die einzelnen Rohrstränge bei Absperren der anderen Hauptleitungen überprüft. Die Schadenssuche wird in 2 Arbeitsgängen durchgeführt:
1. Vorbestimmen (Einkreisen) der Schadensstelle über vorhandene Kontaktstellen der Rohrleitung,
2. Genaues Einorten der Schadensstelle.

Zum Abhorchen der Leitungen werden mechanisch-akustische Geräte, wie Defekthörer, Handhorchdosen, Geophon und elektronische Geräte verwendet.

Mechanisch-akustische Abhorchgeräte – Mit dem einfachen Defekthörer, der Handhorchdose, einem Kupferrohr mit angelöteter Dose, ist das Abhorchen nur über direkt zugängliche Kontaktstellen der Rohrleitung, somit also nur eine Grobortung möglich. Die Abhorchgeräte werden auf Absperrorgane, Hydranten, Durchgangsventile der Hausanschlussleitungen, freie Leitungsteile u. a. aufgesetzt, um die Körperschallschwingungen aufzunehmen. Festgestellte Geräusche werden auf ihre Ursache überprüft. Lässt das Geräusch eine Leckstelle vermuten, wird das Abhorchen in Richtung des stärkeren Geräusches fortgesetzt, bis der Geräuschherd durch 2 Kontaktstellen eingekreist ist. Wenn keine besonders feinen Abhorchgeräte vorhanden sind, muss die Schadensstelle durch Aufgraben der Leitung zwischen den beiden Kontaktstellen gesucht werden.

Eine genauere Ortung der Schadensstelle ist mit dem Ambronn'schen Geophon möglich. Hier werden 2 extrem große, gewichtsbelastete Membrane auf der Geländeoberfläche über der Leitung aufgestellt. Die Ausströmgeräusche werden über dünne Gummischläuche auf ein Stethoskop ins Ohr übertragen. Das binaurale Hören mit 2 Membrantöpfen entspricht etwa dem Stereohören.

Elektronische Abhorchgeräte – Diese Geräte unterscheiden sich im Prinzip nicht von dem Defekthörer und dem Geophon, nur werden zur Geräuschaufnahme Mikrofone verwendet, wobei die Geräusche über wenig rauschanfällige Transistorverstärker verstärkt und Kopfhörer in besonders leichter Ausführung mit Gummiolive verwendet werden.

Zur Grobortung einer Leckstelle wird ein Taststab benützt, der an Stelle der Horchdose ein Mikrofon besitzt. Besonders bewährt hat sich die Kombination der akustischen und optischen Anzeige, weil sich Unterschiede in der Geräuschstärke eher über einen optisch sichtbaren Messwert miteinander vergleichen lassen als akustische Signale über das Gehör.

Die genaue Ortung der Leckstelle wird durch schritt weises Vorwärtssetzen der Bodenmikrofone durchgeführt. Bei besonders starkem Geräusch wird das Bodenmikrofon mehrmals vor- und rückwärts geführt und so die Schadensstelle eingekreist. Zu Vergleichsmessungen ist das Bodenmikrofon auch seitlich der Leitung aufzustellen. Wird am Transistorempfänger mit separat regelbarer Einstellung für akustische und optische Anzeige bei auftretendem Geräusch ein bestimmter Wert eingestellt, lassen sich Vergleiche über eine Annäherung oder Entfernung von der Leckstelle beurteilen. Durch grafische Auftragung der Messwerte lässt sich die Lage der Leckstelle auch annähernd zeichnerisch ermitteln, wenn gleiche Verhältnisse an den Messstellen vorhanden sind.

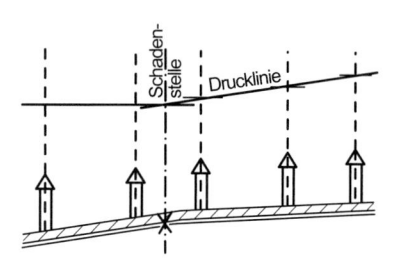

Abb. 13-8: Verlauf der Drucklinie bei einem Rohrbruch

4.3.3. Aufsuchen von Leckstellen durch Druckmessung – Die Schadenssuche durch Druckmessung wird notwendig, wenn die Bruchstelle eine große Öffnung hat, bei der das Wasser nahezu ohne Druck abläuft. Hierbei wird der Leitungsdruck an verschiedenen Stellen des Ortsnetzes, am einfachsten an mehreren Zapfstellen der Anschlussleitungen gemessen und der vorhandene Druck in den Längsschnitt eingetragen. Am Knickpunkt der Drucklinie muss die Wasserentnahme, d. i. also die Bruchstelle, sein, **Abb. 13-8.**

4.3.4. Korrelations-Messtechnik – Das Verfahren beruht auf der Messung und rechnerischen Auswertung der Laufzeitunterschiede, mit welchen die von einer Leckstelle ausgehenden Schallwellen die Messpunkte zu beiden Seiten des Lecks erreichen. Von Vorteil ist, dass die Messergebnisse nicht durch Umweltgeräusche beeinflusst werden.

4.3.5. Kontrolle der Schadenssuche – Die ermittelten Schadensstellen werden markiert. Die Schäden sind sofort zu beheben. Anschließend ist die Leitung durch nochmaliges Abhorchen zu überprüfen, ob nicht noch weitere kleinere Defekte vorhanden sind.

4.3.6. Wasserverluste in den Anschlussleitungen – Die Ermittlung ist durch Abhorchen oder Prüfen der Rücksaugung möglich.

Beim Abhorchen sind alle Zapfstellen im Anwesen und den benachbarten Anwesen zu schließen. Das Abhorchrohr wird am WZ-Eingangsventil aufgesetzt. Wenn kein Geräusch vorhanden ist, kann angenommen werden, dass die Leitung dicht ist. Bei Vorhandensein von Geräuschen ist das Wasserzählventil zu schließen. Wenn das Geräusch dadurch aufhört, liegt der Fehler in der Hausleitung. Anschließend ist der Anbohrschieber zu schließen. Wenn hierdurch das Geräusch aufhört, liegt der Fehler an der Anschlussleitung. Ist trotzdem noch Geräusch vorhanden, dann ist die Schadensstelle entweder an der Hauptleitung oder an benachbarten Anschlussleitungen, vorausgesetzt, dass der Anbohrschieber dicht schließt. Derartige Geräuschübertragungen sind nur bei Stahlrohren, Gussrohren vorhanden. Bei Verwendung von Kunststoffrohren z. B. Polyethylenrohren ist das Geräusch stark vermindert, so dass hier andere Methoden der Schadenssuche erforderlich sind, z. B. Rücksaugen.

Beim Prüfen durch Rücksaugen wird ein Glas mit Wasser so an der obersten Zapfstelle gehalten, dass der Hahn oder ein Gummischlauch in das Wasser eintaucht. Dann wird der Anbohrschieber geschlossen. Bei Rohrdefekt entleert sich die Leitung und das Wasser wird aus dem Glas ausgesaugt. Die Stopfbüchse des Hahnes muss dicht sein, da sonst infolge Luftzutritt kein Unterdruck und damit keine Heberwirkung entsteht. Die Prüfung ist ferner dadurch möglich, dass bei Schließen des Anbohrschiebers ein Teil Wasser an der Schadensstelle ausläuft und bei geöffnetem obersten Zapfhahn sich die Leitung mit Luft füllt. Bei Öffnen des Anbohrschiebers wird bei undichter Leitung zunächst die eingedrungene Luft, bei dichter Leitung sofort Wasser ausströmen.

Mit den genannten Verfahren können etwa 20 Anschlussleitungen am Tag überprüft werden.

4.4. Scheinbare Wasserverluste – Scheinbare Verluste durch Messfehler der Messeinrichtungen können dadurch eingeschränkt werden, dass die Messeinrichtungen genau dimensioniert und in ausreichenden Zeitabständen überprüft werden.

Zur Verringerung der scheinbaren Verluste ist es notwendig, ungemessene Entnahmen – je nach Häufigkeit und Umfang – durch geeignete Messeinrichtungen zu erfassen (z. B. Standrohrzähler bei Entnahme aus Hydranten). Ist eine Messung nicht möglich (z. B. bei Entnahmen zur Brandbekämpfung), sind die Abgabemengen möglichst genau zu schätzen und protokollmäßig festzuhalten. Es ist dabei zu berücksichtigen, dass Schätzungen, auch von geübtem Personal, in der Regel mit großen Unsicherheiten behaftet sind. Genauere Schätzungen erfordern Messungen vergleichbarer Wasserentnahmen.

4.4.1. Prüfen der Hauswasserzähler – An der Einbaustelle wird geprüft der richtige Einbau, richtige Größe, Pfeilrichtung, genaue waagerechte Lage, frostsicher, zugänglich, Gängigkeit der WZ, Ein- und Ausgangsventile, Sauberkeit des Siebes, Ausbau und Reinigen, örtliche Prüfung der Anzeigegenauigkeit im unteren Belastungsbereich.

Eine Mehranzeige des WZ durch Beschädigung ist selten, in der Regel liegen Minderanzeigen vor. Mehranzeige tritt auch ein, wenn durch Luftansammlung in der Hausleitung bei Druckschwankungen im Ortsnetz Wasser in die Hauptleitung wieder zurückfließt. Die Luftansammlung wirkt dabei wie ein Windkessel. Abhilfe ist durch Einbau eines Entlüftungsventils in der Hausleitung möglich. Ferner wird Mehranzeige verursacht, wenn nach zeitweiligem Leerlaufen der Rohrleitung, z. B. an Hochpunkten, die Luft durch die Hausanschlussleitung wieder herausgepumpt wird.

Schutz der Wasserversorgungsanlagen gegen Frostschäden:
1. Allgemeines – Da eingefrorene Rohrleitungen den lebenswichtigen Wasserbezug ganz unterbrechen und Bauwerke durch Frosteinwirkungen erhebliche Schäden erleiden können, sind die Wasserversorgungsanlagen besonders gegen Frosteinwirkung zu schützen. Wegen der starken Ausdehnung des Wassers beim Gefrieren werden Rohre, Armaturen, Pumpengehäuse, Wasserbehälter u. a. aus weniger dehnbarem Material wie Guss, Stahl, Beton, Asbestzement, PVC gesprengt. Nur Polyethylen übersteht die Ausdehnung ohne Bruch. Wegen der großen spezifischen Wärme des Wassers gefriert Wasser, das in Bewegung ist und daher immer einen gewissen Wärmenachschub erhält, wesentlich langsamer als stehendes Wasser. Das im Boden befindliche Porenwasser erleidet beim Gefrieren ebenfalls eine Ausdehnung und verursacht eine Hebung des Bodens und nach dem Auftauen ein Setzen an den einzelnen Punkten, meist zeitlich und räumlich verschieden stark. Es können daher Hebungs- und Setzungsrisse an den Bauwerken entstehen. Frostgefährdet sind hier besonders Lehm und Tonböden. An Frosttagen werden die Außenmauern der Gebäude stark abgekühlt, so dass an den Innenseiten Schwitzwasser- und Eisbildung entstehen kann.

In extrem kalten und langen Wintern muss mit Temperaturmitteln (Dez./Feb.) von –6 bis –7 °C und ca. 60 Eistagen gerechnet werden.

Hierbei sind Eistage solche Tage, an denen die Temperatur zu keiner Stunde über 0 °C steigt.

Die Eindringtiefe des Frostes in den Boden kann an wenig schneebedeckten Stellen, wie schneegeräumten Straßen, bei Lehm- und Tonböden 1,20 bis 1,40 m, bei Sand-Kiesböden 1,40 bis 1,60 m, an stark schneebedeckten und windgeschützten Stellen etwa 0,20 bis 0,40 m weniger, betragen. In der Umgebung von metallischen Wärme- bzw. Kältebrücken, wie Hydranten, Schiebergestängen, ferner über Kanälen, Regenauslässen u. a. dringt der Frost besonders schnell und tief ein. Das natürliche Auftauen des Bodens erfolgt vorwiegend von der Geländeoberfläche her, wegen der geringen Temperaturunterschiede anfangs langsamer. In Bayern war 1963 der gefrorene Boden 4 Wochen nach dem letzten Frosttag von oben her erst um etwa 1,00 m unter Gelände aufgetaut. Das weitere Auftauen erfolgte dann sehr rasch. Das Bayerische Landesamt für Wasserwirtschaft hat Schadensfälle der besonders strengen Winter 1962/63 und 1984/85 ausgewertet. Die **Tab. 13-17** zeigt die gemeldeten Schäden.

Tab. 13-17: Gemeldete Schäden an Leitungen und Armaturen in Bayern

	Schäden insgesamt	Bruch der Leitung	Schäden am Überflurhydranten	Schäden am Unterflurhydranten	Schäden an Schiebern
Versorgungsleitung außerhalb Ortsnetz	17	13	1	3	–
Versorgungsleitung innerhalb Ortsnetz	327	234	4	79	10
Hausanschlussleitungen	255	221	–	1	33

13.3 Betrieb

2. Zubringerleitungen, Hauptleitungen, Versorgungsleitungen
Entsprechend den allgemeinen Folgeerscheinungen beim Gefrieren des Wassers sind folgende Anlagenteile besonders gefährdet:
2.1. Leitungen mit geringerer DN als 150.
2.2. Leitungen mit zu geringer Erdüberdeckung – Die normal übliche Erdüberdeckung von 1,50 m ist ausreichend. Bei sehr großer Frosttiefe ist für geringe Wasserbewegung, Laufen lassen eines festgelegten Frosthahnes an den Endsträngen zu sorgen.
2.3. Leitungen im Bereich von Kanälen oder Lüftungsöffnungen, die Kaltluft führen – nach Möglichkeit andere Trasse wählen, sonst Abhilfe wie oben.
2.4. Bei Straßentieferlegungen müssen auch vorhandene Wasserleitungen tiefer gelegt werden.
2.5. Endstränge – nach Möglichkeit Ringstränge bilden, sonst Abhilfe wie oben
2.6. Brückenleitungen – möglichst geschützte Rohrlage, ausreichende Wärmeisolierung und Laufen lassen eines Frosthahnes an Frosttagen.
2.7. Hydranten – vor der Frostperiode prüfen, ob frei von Wasser. Häufig ist das Abreißen von Flanschen und Fußkrümmern durch Frosthebung des an Unterflurhydranten angefrorenen Bodens. Hydranten sind daher mit wenig frostempfindlichern Einfüllmaterial wie Sand und Kies oder mit Kunststoffschalen zu umgeben. Im Bereich der Hydrantenentleerung sind Sickerpackungen oder Sickersteine einzubauen.
2.8. Aufsteigende Entleerungen und Spülauslässe – vor der Frostperiode prüfen, ob frei von Wasser. Häufig ist der Vorflutgraben verschlammt und zugewachsen.
2.9. Armaturenschächte – Schachthals mit Wärmeisolierung ausführen, insbesondere bei Schächten, deren Armaturen höher heraufgeführt werden müssen (Entlüfterschächte etc.). Vor der Frostperiode innen 2. Schutzdeckel mit besonderer Wärmeisolierung anbringen. Ausnützen der Wärmezufuhr des fließenden Wassers der Rohrleitung, häufige Kontrollen.

3. Anschlussleitungen
Wegen der gegenüber dem Hauptrohrnetz etwas geringeren Rohrüberdeckung von rd. 1,30 bis 1,40 m, dem geringen Wasserinhalt der kleinen Leitungen und der fehlenden Wasserbewegung bei Fehlen einer Wasserentnahme im Anwesen sind Anschlussleitungen stärker gefährdet. Meist geht auch das Einfrieren der Versorgungsleitungen von eingefrorenen Anschlussleitungen aus. Besonders zu beachten sind:
3.1. Leitungen mit geringerer Erdüberdeckung – Die Überdeckung von 1,30 bis 1,40 m ist ausreichend. Es ist wirtschaftlicher, bei großer Frosttiefe durch Laufen lassen eines Frosthahnes das Einfrieren zu verhindern, als das gesamte Rohrnetz um 0,20 bis 0,30 m tiefer zu verlegen. Das Laufen lassen ist innerhalb des Hauses meist schon zur Verhinderung des Einfrierens der Verbrauchsleitung erforderlich. Dicke des Auslaufs etwa eine Bleistiftmine.
Dies entspricht etwa der Entnahme von 0,5 l/min. Bei einer Laufzeit während der Nacht von 20 bis 6 Uhr = 10 Stunden ist die Gesamtentnahme dabei 0,3 m^3, während der Inhalt einer 15 m langen Anschlussleitung DN 25 7,4 l beträgt. Wenn das Laufen lassen eines Frosthahnes nicht möglich ist, muss die Leitung im Keller abgesperrt und entleert werden. Zu beachten ist, dass in mit geringem Gefälle verlegten und nicht vollaufenden Entleerungsleitungen bei starker Kälteeinwirkung Frostpfropfen sich langsam aufbauen können. Besonders seicht verlegte Sommer- und Gartenleitungen sind sorgfältig zu entleeren. Beim Verlegen ist auf entsprechendes Gefälle zu achten.
3.2. Leitungen in kalten Räumen – Die Leitungen sind möglichst nicht im Bereich undichter Fenster und an Außenmauern zu verlegen, sie sind gegen Zugluft zu schützen. Fenster sind geschlossen zu halten, erforderlichenfalls durch Wärmedämmstoffe abzudichten.
3.3. Hauswasserzähler – Erfahrungsgemäß sind die häufigsten Frostschäden bei Wasserversorgungsanlagen das Auffrieren von Hauswasserzählern. In kalten, frostgefährdeten Räumen sind sie an Innenwänden, nicht im Bereich von Fenstern zu verlegen und mit Isolierstoffen zu umhüllen.
3.4. Anschlussschieber – Infolge der metallischen Kältebrücke des Schiebergestänges beginnt häufig das Einfrieren der Anschlussleitung am Anschlussschieber. Zum Verhindern eines Rohrbruches durch Frosthebung des Bodens sind die Schiebergestänge mit Sand und Kies zu umgeben. Da eine

Schneedecke das Eindringen des Frostes stark vermindert, ist das früher oft geforderte Schneefreihalten der Anschlussschieber nicht zweckmäßig und nicht erforderlich, wenn deren Lage durch Hinweisschilder genau festgelegt ist.

4. Bauwerke

Die Bauwerke von WV-Anlagen sind gefährdet durch Frosthebung des Bodens unter den Fundamenten und Sohlen, durch Schwitzwasser und Eisbildung an den Außenwänden und durch Einfrieren der Leitungen, Pumpen, Wasserstandsrohre, Kessel bei fehlender oder geringer Wasserbewegung. Wenn eine Baudurchführung in die Frostperiode kommt, sind möglichst die Baugrubenwinkel zu hinterfüllen, die Kelleröffnungen mit Wärmedämmstoffen abzudichten (Bretterverschalung genügt nicht) und die Sohlen mit Dämmstoffen abzudecken.

Im einzelnen ist zu beachten:

4.1. Brunnen- und Quellsammelschächte – Die Schachthälse sind mit Wärmedämmstoffen zu isolieren. Während der Frostperiode ist ein 2. Deckel mit Wärmeisolierung anzubringen.

4.2. Pumpwerke – Da bei Stillstand der Pumpen keine Wasserbewegung in den Anlageteilen stattfindet, sind alle Räume mit Rohrleitungen, Pumpen, geschlossenen Aufbereitungsanlagen, Schaltgeräten u. dgl. mit Heizung auszurüsten. Es genügt, wenn eine Temperatur von +5 bis +10 °C eingehalten wird. Bei Riesler- und Verdüsungsräumen sind die Belüftungsöffnungen so weit zu schließen, dass keine Eisbildung möglich ist. Bei starkem Frost sind die Anlagen besser ganz außer Betrieb zu nehmen, zumindest die Anlagen ohne Einblasen von Kaltluft zu betreiben. Bei Desinfektion mit Chlorgas ist eine Temperatur des Chlorraumes von mindestens +15 °C erforderlich.

4.3. Hochbehälter – Wasserkammern mit 1,00 m Erdüberdeckung sind ausreichend frostgeschützt. Kältebrücken sind z. B. Belüftungsöffnungen. Zweckmäßig werden diese so geführt, dass Temperaturausgleichungen der Luft möglich sind, z. B. über das Bedienungshaus (Schieberkammer). Stark gefährdet ist das Bedienungshaus, das meist ohne Erdüberdeckung frei steht. Bei großen Hochbehältern ist eine Beheizung auf +5 bis +10 °C empfehlenswert. Bei Fehlen einer Heizung muss bei der architektonischen Gestaltung vor allem die ausreichende Wärmeisolierung berücksichtigt werden.

Da Frostschäden besonders stark bei Tauwasser- und Eisbildung und Durchfeuchtung der Wände auftreten, müssen die Wasserkammern vom Eingangsteil des Bedienungshauses durch Zwischenwände abgesperrt werden. Im Eingangsteil dürfen keine frostempfindlichen Wand- und Bodenplatten verwendet werden. Die Wände sind mit besonderer Wärmeisolierung auszuführen, große Glasflächen sind zu vermeiden, andernfalls sind besonderes Isolierglas und Heizung vorzusehen. Wasserstandsrohre zur Fernübertragung des Wasserstandes sind besonders wärmegeschützt aufzustellen. Vorteilhaft ist die Verwendung moderner Druckmessgeräte ohne Wasserstandsrohr. Bei größeren Behältern ist die Anordnung der Nebenräume entlang der Außenmauern aus wärmetechnischen Gründen zweckmäßig.

4.4. Wassertürme – Die hohen, freistehenden Bauwerke sind besonders frostgefährdet. Der normal übliche Umgang zwischen Wasserkammern und Turmschaft ist zum Schutz der Wasserkammern ausreichend, da diese durch das Wasser ein großes Wärmespeichervermögen besitzen. Erforderlich ist aber ein Abtrennen mit Zwischendecken und Türen bei Rohrkeller, Armaturenboden unter den Wasserkammern, Bedienungsboden über den Wasserkammern.

Zweckmäßig ist, im Armaturen- und Bedienungsboden die Rohrinstallation auf engem Raum in einem von den Außenwänden getrennten Raum anzuordnen und diesen mit automatischer Heizung zu versehen.

5. Auftauen von eingefrorenen Rohrleitungen

Eingefrorene Leitungen sind so rasch wie möglich wieder aufzutauen, nicht nur um den Wasserbezug wieder zu ermöglichen, sondern auch um das Weiterwachsen des Eispfropfens und möglichst die Sprengwirkung des Eises zu verhindern.

5.1. Erwärmen von außen – Dies ist nur möglich bei metallischen, wärmeleitenden Rohren, also Stahlrohren, Gussrohren, nicht bei Kunststoffrohren aus PVC und Polyethylen. Die Rohre werden von außen mit heißen Tüchern, Heißluft-Ventilator, Dampf, Lötlampe angewärmt. Bei starkem Erhitzen,

z. B. mit der Lötlampe, muss langsam und vorsichtig gearbeitet werden, da sich zwischen zwei stehen gebliebenen Eispfropfen Wasserdampf bilden kann, der die Rohre sprengt (Unfallgefahr). Zum Ablaufen des aufgetauten Eiswassers ist der nächste Hahn offen zu lassen, meist der Entleerungshahn am WZ-Auslaufventil.
Diese Arbeiten können auch vom Wasserabnehmer selbst ausgeführt werden. Falls dadurch die Leitung nicht aufgetaut wird, muss das Wasserwerk verständigt werden.

5.2. Auftauen mittels Auftautransformator – Durch elektrischen Strom mittels Auftautransformator werden metallische, elektrisch leitende Rohre erwärmt und aufgetaut; zweckmäßige Spannung nicht über 40 Volt, meist 10 Volt, Stromstärke 200–1 500 Ampere, Ausführung nur durch Fachleute unter Beachtung der VDE-Schutzvorschriften. Bei Anschlussleitungen aus Stahlrohren ist dieses Verfahren das übliche. Grundsätzlich ist dabei der Hauswasserzähler auszubauen, vorhandene Erdungen zu entfernen. Benachbarte Leitungen, z. B. Gasleitungen, sind dabei hinsichtlich Erwärmung zu prüfen.
Kunststoffrohre aus PVC und Polyethylen können elektrisch nicht aufgetaut werden. Auch Gussrohre mit Gummiverbindung sind wenig elektrisch leitend und daher elektrisch kaum auftaubar.
Die Dauer des Auftauens einer 30 m langen Gussrohrleitung DN 150 beträgt rd. 6 Stunden.

5.3. Auftauen durch Einleiten von Dampf, Heißwasser – Bei Versorgungsleitungen ist das Auftauen durch Einleiten von Dampf mittels Dampfgeräte, z. B. Zwergdampfkessel mit Propanheizung (fahrbar), am geeignetsten. Bei Anbringen einer Düse am Dampfschlauch in Form eines Dampfspießes können Ventilsitze und auch gefrorene Bodenschichten gut aufgetaut werden.
Bei Anschlussleitungen aus nichtmetallischen Werkstoffen wird am besten Heißwasser zum Auftauen verwendet. Hierbei wird bei Anschlussleitungen der Anbohrschieber geschlossen, wenn er nicht auch eingefroren ist, das WZ-Eingangsventil entfernt und vom Keller aus eine kleine schmiegsame Kunststoffleitung, etwa 10 mm Außendurchmesser, in das eingefrorene Rohr eingeschoben, mittels Pumpe Heißwasser eingeführt, wobei im Zwischenraum das Auftauwasser mit dem Tauwasser in den Keller zurückläuft; entsprechend dem Auftaufortschritt wird das Heißwasser-Auftaurohr nachgeschoben.
Die Dauer des Auftauens einer 15 m langen Anschlussleitung DN 25 beträgt rd. 1 Stunde.

6. Hinweise an Anschlussnehmer
Alljährlich ist vor Eintreten der Frostperiode durch das WVU durch öffentliche Bekanntmachung und Merkblätter, durch Presse und Rundfunk wiederholt auf die Gefahren des Frostes für die Wasserleitungen und auf die oft hohen Instandsetzungskosten hinzuweisen, die auch die Anschlussnehmer treffen können, wenn sie ihre Anschlussleitungen und Verbrauchsleitungen nicht genügend schützen. Zweckmäßig werden die Anschlussnehmer bei den Wasserzählerablesungen vom Wasserwerkspersonal über einen geeigneten Frostschutz beraten.

13.3.4.4 Anschlussleitungen

Zu den Betriebsaufgaben gehört i. a. die Planung, Bauoberleitung und örtliche Bauführung beim Herstellen der Anschlussleitungen, nur bei großen Neubaumaßnahmen wird dies einem Ingenieurbüro übertragen. Nach der Verordnung über allgemeine Bedingungen für die Versorgung mit Wasser (AVBWasserV) beginnt der Hausanschluss an der Abzweigstelle des Verteilungsnetzes und endet mit der Hauptabsperrvorrichtung. Die Hausanschlüsse gehören zu den Betriebsanlagen des WVU und stehen vorbehaltlich abweichender Vereinbarungen in dessen Eigentum; sie werden ausschließlich von diesem hergestellt, unterhalten, erneuert, geändert, abgetrennt und beseitigt.
Wenn die Zahl der Anschlüsse gering ist, werden die hierfür anfallenden Arbeiten vom Betrieb der öffentlichen Anlage übernommen. Bei großen WVU mit vielen Anschlussleitungen wird oft eine eigene Betriebsabteilung für Anschlussleitungen eingerichtet, welche alle technischen Aufgaben des Baues und Betriebes der Anschlussleitungen und die technische Beratung der Abnehmer ausführt.

13.3.4.5 Besondere Schutzmaßnahmen

13.3.4.5.1 Allgemeines

Planung, Bau und Betrieb müssen so erfolgen, dass ein weitgehender Schutz der WV-Anlage und des Trinkwassers gegeben ist. Besondere Schutzmaßnahmen sind Schutzmaßnahmen bei Unfällen mit wassergefährdenden Stoffen und der Objektschutz.

13.3.4.5.2 Schutzmaßnahmen bei Unfällen mit wassergefährdenden Stoffen

WV-Anlagen, insbesondere die Wasserfassungen, können durch Unfälle, Betriebsstörungen, technische Mängel oder fahrlässiges Verhalten beim Transport, Lagern und Arbeiten von bzw. mit wassergefährdenden Stoffen gefährdet werden. Bei einer solchen Gefährdung ist unverzüglich die zuständige Gemeindeverwaltung unter dem Kennwort „Öl-Unfall" zu verständigen, damit sofort nach den einschlägigen Rechts- und Verwaltungsvorschriften die geeigneten Abwehrmaßnahmen eingeleitet werden können.

1. Sofortmaßnahmen – Es muss das weitere Auslaufen der wassergefährdenden Stoffe verhindert, Ersatz-Auffangraum bereitgestellt, der Auslaufbereich eingedämmt und öl bindende und aufsaugende Materialien auf die Auslauffläche gestreut werden.

2. Folgemaßnahmen – Sie werden in der Regel vom zuständigen Landratsamt mit den bei gezogenen Sachverständigen und im Benehmen mit dem Betriebsleiter des betroffenen WVU angeordnet. Es kommen in Frage:
Intensivierung der Sofortmaßnahmen, Warnung der möglicherweise betroffenen Anlieger – auch Abwasseranlagen, landwirtschaftliche Betriebe, Gebäudefundamente, Kabel, Rohrleitungen, sonstige Wasserbenutzer können geschädigt werden –, erforderlichenfalls Stilllegungen der Wasserentnahme, laufende Kontrolle der Wasserbeschaffenheit, Aufnehmen der wassergefährdenden Stoffe am Unfallort und eventuell an Ufern, Oberflächengewässern und Abtransport, Entfernen des öldurchtränkten Bodens und der Aufsaugmaterialien, Anlegen von Schürfgruben oder Bohrungen zur Ermittlung der Ausdehnung der Verunreinigung, Abpumpen des Öls aus dem Grundwasser, Anlegen und Abpumpen von Abwehrbrunnen, Bodenluftabsaugverfahren.

Besonders wichtig ist eine genaue Sammlung aller Anordnungen und Ausgabenbelege für die finanzielle Schadensregulierung.

3. Vorsorgemaßnahmen – Jedes WVU hat zu klären, wo Behälter und Transportfahrzeuge für das Umfüllen zur Verfügung stehen, wo Ölbindemittel lagern und sofort beschafft werden können, welche Firmen für das Abbaggern von verunreinigtem Boden und das Niederbringen von Schürfgruben und Brunnen jederzeit einsatzbereit sind. Vom WVU sind die hydrogeologischen Verhältnisse der Wasserfassungen mit Plänen schriftlich festzulegen, damit diese sofort den Sachverständigen bekannt gemacht werden können. Im Einzugsgebiet der Fassungen sind alle oberirdisch verlaufenden Bäche und Gräben lage- und höhenmäßig ein zu messen, damit sofort der voraussichtliche Verlauf eines etwaigen Abfließens bekannt ist. Je nach Größe des Wasserwerks ist eine Ölwehr-Ausstattung bereitzuhalten.

13.3.4.5.3 Objektschutz, Notstandsfälle

Notstandsfälle, d. h. Zeitpunkt des Eintritts, Umfang und Ablauf eines Notstandes, können nicht vorhergesehen werden. Dennoch lassen sich Maßnahmen ergreifen, mit denen Beeinträchtigungen der Wasserversorgung verhindert, vermieden oder behoben werden können. Der DVGW hat 2002 den Hinweis W 1050 veröffentlicht: „Vorsorgeplanung für Notstandsfälle in der öffentlichen Trinkwasserversorgung". Dieses Blatt soll die Versorgungsunternehmen unterstützen, sich auf Notfallsituationen durch Vorsorgemaßnahmen vorzubereiten, um so ein schnelles und richtiges Handeln zu sichern. Im Hinweis W 1050 ist u. a. enthalten:

1. Vorsorgeplanung – Vorsorgeplanung ist die Grundlage für ein wirksames Vorgehen im Notstandsfall. Je nach Erfordernissen sind die zuständigen Behörden hinzuzuziehen. Das Konzept für die

Vorsorgeplanung lässt sich unterteilen in vorbeugende Maßnahmen im Normalbetrieb, Maßnahmen bei drohender Gefahr und Maßnahmen für den Notstandsfall **(Tab. 13-18)**.

Tab. 13-18 Vorsorgeplanung für Notstandsfälle

Zustand	Grad der Beeinträchtigung der Wasserversorgung	Maßnahmen
Normalbetrieb	Beeinträchtigung der Wasserversorgung liegt nicht vor	vorbeugende Maßnahmen
drohende Gefahr	Die Warn- und Schadensmeldungen lassen eine voraussichtliche Beeinträchtigung der Wasserversorgung im eigenen Versorgungsgebiet erwarten	Maßnahmen zur Vorsorge und Vermeidung, Einberufung eines
Notstandsfall	Die Wasserversorgung ist ganz oder teilweise eingeschränkt	Maßnahmen zur Schadensbegrenzung und -behebung

2. Vorbeugende Maßnahmen – Ziel vorbeugender Maßnahmen ist die Schaffung der organisatorischen Voraussetzung zur Beherrschung von Notstandsfällen. Hierzu gehören die Entwicklung und Umsetzung einer entsprechenden Aufbau- und Ablauforganisation sowie die Erarbeitung von Einsatz- und Benachrichtigungsplänen. Zudem sollten alle technischen Maßnahmen ergriffen werden, die eine Gefährdung der Anlagen und des Trinkwassers so weit wie möglich ausschließen.

3. Vorsorgemaßnahmen bei drohender Gefahr – Bei drohender Gefahr wird der Krisenstab einberufen. Er klärt die Sachlage, überprüft die internen und externen Meldewege und veranlasst die im Einsatzplan vorgesehenen Maßnahmen.

4. Maßnahmen im Notstandsfall – Der Krisenstab ruft den Notstandsfall nach sorgfältiger Prüfung der Sachlage aus und veranlasst die Umsetzung der entsprechenden Einsatzpläne. Seine Entscheidungen hängen von Art und Umfang des Notstandes und davon ab, ob wichtige WVU's gefährdet, beschädigt oder zerstört sind.

13.3.4.6 Baumaßnahmen

13.3.4.6.1 Mitwirkung des Betriebes bei Baumaßnahmen

Da die Zahl des Betriebspersonals i. a. nach den örtlich vorhandenen Betriebserfordernissen bemessen ist, können zusätzliche Aufgaben der Planung, Bauoberleitung und örtlichen Bauführung von größeren Baumaßnahmen nicht vom Betrieb übernommen werden; sie werden daher an fachkundige Ingenieurbüros vergeben. Dabei ist eine intensive Mitwirkung des Betriebes unerlässlich. Wesentliche Arbeiten sind dabei:
1. Festlegen der Zielsetzung der Baumaßnahme
2. Festlegen des Ingenieurauftrages
3. Abstimmung der Planung und Bauausführung auf die Belange des störungsfreien Betriebes
4. Mitwirkung bei der Ausschreibung, insbesondere bei der Festlegung der zusätzlichen Vertragsbedingungen und Technischen Vorschriften
5. Beurteilung der Angebote und Zuschlagsvorschläge an den zuständigen Ausschuss des WVU
6. Abnahme der Baumaßnahmen und Übernahme.

13.3.4.6.2 Planung und Bauoberleitung durch Angehörige des WVU

Wenn aus besonderen Gründen das WVU die Planung und Bauoberleitung durch eigenes Personal ausführen lassen will, ist diese Tätigkeit gesondert vom Betrieb in einer eigenen Bauabteilung auszuführen und abzurechnen, gegebenenfalls in Personalunion mit Betriebsangehörigen. Empfehlenswert ist dies jedoch nur dann, wenn die betreffenden Betriebsangehörigen eine ausreichende Erfahrung in Planung und Bauoberleitung von WV-Anlagen haben. Zu beachten ist, dass der Betrieb und die Betriebsangehörigen selbst damit eine erhebliche Haftung übernehmen.

13.3.4.6.3 Bauausführung durch das WVU

Die Ausführung von Bauarbeiten durch das WVU ist selten zweckmäßig und wirtschaftlich. Zu der Bereitstellung des erforderlichen Personals kommt das Bereithalten der Baugeräte und Baustelleneinrichtung, die Verantwortlichkeit und Haftungsfrage. Es ist daher zweckmäßig, Bauarbeiten, auch größere Reparaturen, von Fachfirmen ausführen zu lassen.

13.4 Verwaltung

13.4.1 Anforderungen

Die Verwaltung muss sicherstellen, dass
1. die für Betrieb und Verwaltung geltende Satzung des WVU, die Betriebsordnung und Geschäftsordnung sowie die Wasserabgabe – und Beitrags- und Gebührensatzung eingehalten werden,
2. das WVU wirtschaftlich arbeitet,
3. das für Betrieb und Verwaltung erforderliche Personal nach Zahl und Fachkunde zur Verfügung steht,
4. die für Planung, Bau, Betrieb und Verwaltung einschlägigen Gesetze, Verordnungen und anerkannten Regeln der Technik eingehalten werden, soweit dies nicht in der Zuständigkeit des Betriebes liegt.

13.4.2 Verwaltungspersonal

Der Personalbedarf der Verwaltung ist sehr unterschiedlich und abhängig davon, ob das WVU ein Einzelbetrieb, z. B. WV- Zweckverband mit Gemeinden als Großabnehmer, ein Teilbetrieb innerhalb eines Eigenbetriebes mit mehreren Sparten, z. B. Stadtwerke, ist und ob viel Bautätigkeit anfällt, wie z. B. bei einer im Aufbau begriffenen Großraumversorgung. Die oft geringe Personalstärke erfordert weitgehende selbständige Arbeit und daher eine sehr sorgfältige Ausbildung auf den vielseitigen Gebieten des Verwaltungs-, Kassen-, Rechnungs- und Rechtswesens.

13.4.3 Verwaltungsaufgaben

13.4.3.1 Allgemeine Verwaltungsaufgaben

13.4.3.1.1 Allgemeines

Dieser Bereich, meist vom Geschäftsleiter selbst geleitet, umfasst im allgemeinen die Sachbearbeitung von:
1. Organisation und Satzung des WVU
2. Betriebsordnung
3. Geschäftsordnung
4. Wasserabgabe- und Beitrags- und Gebührensatzung
5. Statistik, Archiv, Registratur mit Akteneinteilung etwa nach dem Einheitsaktenplan
6. Geschäftsverteilungsplan mit Zuordnung der einzelnen Aufgabenbereiche zu Sachgebieten
7. Öffentlichkeitsarbeit und Leitung der übrigen Sachgebiete.

Das Rechts- und Vergabewesen soll hier bei den Allgemeinen Verwaltungsaufgaben betrachtet werden. Je nach Größe des WVU werden die einzelnen Aufgabenbereiche von selbständigen Sachgebieten bearbeitet oder bei kleinen Anlagen in wenigen Sachgebieten zusammengefasst. Da im Taschenbuch nur

13.4 Verwaltung

die wesentlichen Aufgabenbereiche der Verwaltung dargestellt werden, wird auf die Speziallitteratur verwiesen.

13.4.3.1.2 Rechts-, Vertrags- und Versicherungswesen

Es ist zweckmäßig, wenn die Rechtsangelegenheiten bei der Verwaltung zusammengefasst sind, auch wenn im wesentlichen Planung, Bau und Betrieb von den Rechtsangelegenheiten betroffen sind und der Betrieb die meisten Unterlagen für die Rechtsangelegenheiten liefern muss.

Die einschlägigen Rechtsvorschriften und Technischen Regelwerke sind in Abschn. 13.3.3 aufgeführt. Die Verwaltung unterstützt das technische Betriebspersonal bei der Erstellung der jeweiligen Antragsunterlagen, der Durchführung der rechtlichen Verfahren, der Beachtung von Terminen und Fristen und der Einhaltung von Auflagen und Bedingungen.

Daneben sind von der Verwaltung die Vertragsangelegenheiten im Hinblick auf eine rechtliche und wirtschaftliche Optimierung der Verhältnisse zu bearbeiten und in Widerspruchsverfahren mitzuwirken. Bei Haftungs- und Schadensfällen unterstützt die Verwaltung den technischen Betrieb.

13.4.3.1.3 Vergabewesen

Die Ausschreibungen und die Beurteilung der Angebote bzw. die Mitwirkung bei der Ausführung von Ingenieurleistungen, Bauleistungen und Leistungen im technischen Bereich werden i. a. vom Betrieb, für den Verwaltungsbereich von der Verwaltung vorbereitet. Die Ausschreibung, die Verträge und Auftragserteilungen werden von der Verwaltung erstellt und vom Unterschriftsberechtigten unterzeichnet.

13.4.3.2 Grundstückswesen

Die Arbeit dieses Sachgebiets ist um so umfangreicher, je zahlreicher und größer die Neubaumaßnahmen sind und je mehr private Grundstücke durch die WV-Anlage in Anspruch genommen werden. Dies gilt insbesondere für die Zubringer- und Fernleitungen und für die Trinkwasserschutzgebiete. Als wesentliche Arbeiten fallen an:
1. Kauf von Grundstücken für die Bauwerke wie Maschinenhaus, Aufbereitungsgebäude, Hochbehälter, Schächte, und für den Fassungsbereich der Trinkwasserschutzgebiete
2. Grunddienstbarkeiten für das Einlegen der Rohrleitungen in private Grundstücke.
3. Vereinbarungen über das zeitweilige Überlassen von Grundstücken für Baustelleneinrichtungen und Baufeldbreiten
4. Abschluss von Gestattungsverträgen über Kreuzungen von Rohrleitungen mit Straßen, Bahnlinien, Oberflächengewässer
5. Regelung der Entschädigungen für die Inanspruchnahme von Grundstücken und Flurschäden
6. Vermietung und Verpachtung

13.4.3.3 Personalwesen

Die wesentlichen Aufgaben sind:
1. die Vorbereitung der Einstellung und des Abschlusses der Dienstverträge des Personals
2. die Aufstellung einer Dienstordnung, meist wird die ADO = allgemeine Dienstordnung der Staatsbehörden übernommen, und die Aufstellung der Dienstanweisungen im Benehmen mit dem Betrieb
3. die Sachbehandlung der Löhne, Gehälter, Reisekosten des Personals und die Vergütungen und Aufwandsentschädigungen z. B. für Vorsitzende, Ausschussmitglieder, Verbands- und Stadträte
4. Fortbildung des Personals.

13.4.3.4 Finanzwesen

13.4.3.4.1 Allgemeines

Für das Finanzwesen sind maßgebend die jeweiligen Verordnungen über das Haushalts-, Kassen- und Rechnungswesen der Gemeinden, der Landkreise und Bezirke. Für größere Versorgungsgebiete sind Eigenbetriebsverordnungen (EBV) anzuwenden. Die Verbände und Zweckverbände sind einbezogen. Für die als AG oder GmbH betriebenen WVU gelten die entsprechenden Gesetze.

Regiebetrieb:
1. Kameralistische Buchführung
Bei kleinen Gemeinden < 3 000 E (< 10 000) wird das WVU als unselbständiger Betrieb ohne eigene Vermögensverwaltung geführt. Die Rechnungslegung erfolgt nach kameralistischen Grundsätzen im gemeindlichen Verwaltungshaushalt (bisher ordentlicher Haushalt), die Abrechnung erfolgt nach Einnahmen und Ausgaben.
Es ist jedoch notwendig, die auf die WV entfallenden Teile gesondert herauszustellen. Die Wassergebühren sind so festzulegen, dass die Ausgaben durch die Einnahmen der WV gedeckt werden, so dass keine sonstigen gemeindlichen Mittel für die WV in Anspruch genommen werden müssen.
2. Ausgabenrechnung – In dieser werden die tatsächlich angefallenen Ausgaben des Betriebes und der Verwaltung der WV-Anlage zusammengestellt. Sie bestehen aus:
Betriebskosten – d. s. Kosten für Stromverbrauch, sonstige Energiekosten, Schmiermittel, Verbrauchsmaterial für Aufbereitungsanlagen u. a. Für die Finanzplanung werden die Betriebsausgaben geschätzt aus

voraussichtliche Wasserabgabe m^3/a \. bisherige Betriebskosten/m^3,
oder aus: Q_a · Stromverbrauch kWh je m^3 bei H m Förderhöhe · Stromtarif · 1,2 (als Zuschlag für sonstige Betriebsstoffe).
Personalkosten – für das technische Personal und anteilige Kosten der Gemeindeverwaltung. Für die Finanzplanung geschätzt aus bisherigem Aufwand, oder aus: Zahl der Einwohner · Jahreskosten eines Wassermeisters einschl. sozialer Abgaben/1 200 · 1,2 (als Zuschlag für sonstige Personalausgaben), da Personalbedarf bei kleinen Anlagen etwa 1 je 1 200 E.
Instandhaltung – Kosten der Reparaturen. Für die Finanzplanung etwa 0,8–1,2 % Neuwert der WV-Anlage je nach Störanfälligkeit der WV-Anlage.
Zinsen – entsprechend Anfall
Tilgung, Erneuerungsrücklage – die Tilgung wird entsprechend dem aufgenommenen und noch aufzunehmenden Darlehen eingesetzt. Die Erneuerungsrücklage soll etwa der jährlichen Abschreibung entsprechen, wenn die Darlehen getilgt sind, somit: Tilgung + Erneuerungsrücklage = Abschreibung. Abschreibungssätze und Nutzungsdauer **Tab. 13-19**.
3. Einnahmerechnung – die Einnahmen ergeben sich aus dem Wasserverkauf und sonstigen kleineren Einnahmen, z. B. Baukostenzuschüsse, Erstattung der Herstellungskosten der Hausanschlüsse.

Tab. 13-19: Durchschnittliche Nutzungsdauer und Abschreibungssätze für Wasserwerke nach der AfA-Tabelle des Bundesministeriums der Finanzen (Auszug)

Gegenstand	Nutzungsdauer (Jahre)	Abschr.-Satz (%)
Betriebsgebäude	50	2
Rohrbrunnen	12	8
Wasserspeicher (Bauwerk)	50	2
Druckbehälter	15	7
Maschinen	15	7
Kreiselpumpen	10	10
Ortsnetzleitungen – Gusseisen	40	2,5
Wasseraufbereitung	12	8
Wasserzähler	15	7

13.4 Verwaltung

Eigenbetrieb:
1. Kaufmännische Buchführung
Das WVU wird nach betriebswirtschaftlichen Grundsätzen geführt, Eigenbetriebsverordnung (EBV) und Kommunalhaushaltsverordnung (KommHV) sind zu beachten. Die Wirtschaftsführung eines Haushaltsjahres wird in einer Haushaltssatzung festgelegt und vom Unternehmensträger beschlossen. Betrieb und Verwaltung müssen im Rahmen der Haushaltssatzung geführt werden. Die Wirtschaftsführung eines abgelaufenen Haushaltsjahres wird im Jahresabschluss festgestellt. Es entsprechen:

Planung des nächsten Haushaltsjahres	Jahresabschluss
Wirtschaftsplan	Bilanz
Erfolgsplan	Erfolgsrechnung
Vermögensplan	
Finanzplanung	
Stellenplan	Stellenübersicht
	Anlagenverzeichnis
	Jahresbericht
	Geschäftsbericht

2. Bilanz
hierin wird das Vermögen des WVU dargestellt bestehend aus:
Aktivseite – Anlagevermögen (Immaterielle Vermögensgegenstände, Sach- und Finanzanlagen)
– Umlaufvermögen (Vorräte, Forderungen, Kassenbestand, Bankguthaben, etc.)
– Rechnungsabgrenzungsposten
Passivseite – *Eigenkapital* (Stammkapital, Rücklagen, Gewinn/Verlust)
– Empfangene Ertragszuschüsse,
– Rückstellungen,
– Verbindlichkeiten (gegenüber Kreditinstituten und aus Lieferungen und Leistungen),
– Rechnungsabgrenzungsposten

3. Gewinn- und Verlustrechnung
Es werden die Jahreserträge und Jahresaufwendungen nach kaufmännischen Gesichtspunkten, d. h. unter Berücksichtigung von Abschreibung, Wertberichtigungen, etwa wie folgt zusammengestellt (Beispiel eines Bayerischen Zweckverbandes):

3.1. Umsatzerlöse
– Verbrauchsgebühren
– Umsatzerlöse, Reparaturen, Umbauten
– Ertragszuschüsse

3.2. Andere aktivierte Eigenleistungen
– Aktivierte Löhne
– Gemeinkosten
– Fuhrparkleistungen

3.3. Sonstige betriebliche Erträge
– Erträge aus dem Abgang von Gegenständen und des Anlagevermögens
– Erträge aus der Auflösung von Rückstellungen
– Pachteinnahmen
– Mieten
• Summe 1.–3.

3.4. Materialaufwand
a) Aufwendungen für Roh-, Hilfs-, Betriebsstoffe und für bezogene Waren
– Fremdbezug Strom
– Fremdbezug Wasser
– Treibstoffe
– Hilfs- u. Betriebsstoffe
– Material

b) Aufwendungen für bezogene Leistungen
  – Aufwendungen für bezogene Leistungen (z. B. Fuhrpark, Wasseruntersuchungen)
  • Summe Materialaufwand
3.5. Personalaufwand
  a) Löhne und Gehälter
  b) Soziale Abgaben und Aufwendungen für Altersversorgung/Unterstützung
  • Summe Personalaufwand
3.6. Abschreibungen
  a) Auf Sachanlagen und Vollabschreibung geringwertiger Vermögensgegenstände
  b) Auf Gegenstände des Umlaufvermögens, soweit diese die im Unternehmen üblichen Abschreibungen überschreiten
  • Summe Abschreibungen
3.7. Sonstige betrieblichen Aufwendungen (nur Auswahl)
  – Verluste Abgang von Gegenständen des Anlage- und Umlaufvermögens
  – Mieten, Pachten, Gebühren, Verbandsbeiträge, Versicherungen, Bürobedarf
  – Zeitungen, Zeitschriften, Bücher, Material für Büro-/Datengeräte
  – Postaufwand (Telefon), Sonstige Frachten etc., Werbung und Inserate
  – Reiseaufwand, Prüfungs- u. Beratungskosten
  – Gerichts- und Notarkosten
  – Fremdleistung Büro- und Datengeräte, Service
  – Sonstige Aufwendungen
  – Ausgleichsleistungen Wasserschutzgebiete
  – Aus- u. Fortbildungskosten
  – Gesundheitsdienst
  – Aufwandsentschädigungen für Verbandsvorsitzende
  – Soziale Aufwendungen für Mitarbeiter
  – Haus- und Grundstücksaufwendungen
  – Nicht verrechenbare Vorsteuer
  – Haftpflichtleistungen (Flurschäden)
  – Aufwendungen für den Zahlungsverkehr
  • Summe 4.–7.
3.8. Erträge aus Beteiligungen
3.9. Sonstige Zinsen und ähnliche Erträge
  • Summe 8.–9.
3.10. Zinsen und ähnliche Aufwendungen
3.11. Ergebnis der gewöhnlichen Geschäftstätigkeit (Summe 1.–10.)
3.12. Sonstige Steuern
3.13. Jahresgewinn/-verlust

Der Überblick über die wirtschaftlichen Verhältnisse des WVU wird vereinfacht, wenn folgende Unterteilungen beachtet werden:

Laufender Betrieb – neue Baumaßnahmen Betrieb – Verwaltung

Wassergewinnung – Wasseraufbereitung – Wasserförderung – Elektrische Anlagen – Fernmeldeanlage – Wasserspeicherung – Wasserverteilung – Hausanschlüsse – Sonstiges

Betriebsführung – Instandhaltung – Bau (Mitwirkung).

4. Steuern und Abgaben
Es ist notwendig, dass im Einzelfall ein Steuerberater eingeschaltet wird, da das Steuerrecht sich infolge der Gesetzgebung oft ändert. Hier soll nur angedeutet werden, welche Steuern und Abgaben einschlägig sein können.

4.1. Körperschaftsteuer
Im allgemeinen gehören WVU zu den „Betrieben gewerblicher Art" von Körperschaften des öffentlichen Rechts und sind damit körperschaftsteuerpflichtig. Die Absicht, Gewinn zu erzielen, ist nicht erforderlich. Der Besteuerung nach dem Körperschaftsteuergesetz wird das zugrunde gelegt, was

nach dem Einkommensteuergesetz als Einkommen gilt; hierbei sind auch verdeckte Gewinnausschüttungen zu berücksichtigen. Für die Ermittlung des Einkommens ist es ohne Bedeutung, ob das Einkommen verteilt wird, d. h. an die Kapitaleigner ausgeschüttet wird oder nicht.

Kleine WVU können bei bestimmten Voraussetzungen von einer Veranlagung zur Körperschaftsteuer ausgenommen werden.

Inwieweit Wasserwerke wegen Gemeinnützigkeit von der Körperschaftsteuer befreit werden können, bedarf eingehender Prüfung des Einzelfalles. Etwaige Gewinne dürfen nur für die satzungsmäßigen Zwecke verwendet werden. Eigentümer oder Rechtsträger dürfen keine Gewinnanteile und in dieser Eigenschaft auch keine sonstigen Zuwendungen aus Mitteln des Betriebes erhalten.

Das für die Bemessung der Steuer zugrunde zu legende Einkommen ist der Gewinn des Kalenderjahres, dem die steuerlich nicht abzugsfähigen Ausgaben hinzugerechnet und von dem steuerlich berücksichtigungsfähige Beträge abgezogen werden. Der Gewinn ergibt sich als Unterschiedsbetrag zwischen dem Betriebsvermögen am Anfang und Schluss eines Wirtschaftsjahres zuzüglich Entnahmen, abzüglich Einlagen. Als jeweiliges Betriebsvermögen gelten alle Wirtschaftsgüter, die dem Betrieb tatsächlich dienen. Der Begriff des Wirtschaftsgutes umfasst nicht nur Sachen und Rechte, sondern sämtliche Vor- und Nachteile (negative Wirtschaftsgüter), die einer selbständigen Bewertung fähig sind. Die Bewertung der einzelnen Wirtschaftsgüter ist im § 6 EStG geregelt. Danach sind Wirtschaftsgüter des Anlagevermögens, die der Abnutzung unterliegen, mit den Anschaffungs- oder Herstellungskosten, vermindert um die Absetzung für Abnutzung (AfA = Abschreibung), oder dem niedrigeren Teilwert anzusetzen, die übrigen Wirtschaftsgüter mit den Anschaffungs- bzw. Herstellungskosten oder mit dem niedrigeren Teilwert. Für die Höhe der Abschreibungssätze dient die amtliche AfA-Tabelle **(Tab. 13-19)** als Anhalt; deren Sätze werden von den Finanzämtern in der Regel anerkannt. Kürzere Lebensdauer und damit höhere Abschreibungssätze werden nur bei besonderer Begründung anerkannt werden, z. B. für Rohrleitungen mit sehr aggressivem Wasser.

Geringwertige Wirtschaftsgüter können im Beschaffungsjahr voll abgeschrieben werden; dies gilt nicht für Wasserzähler, die sich im Leitungsnetz oder im unmittelbaren Anschluss an dieses Leitungsnetz befinden, z. B. für Ortswasserzähler, Zähler in Pumpwerken, Aufbereitungsanlagen, Hochbehältern usw. Dagegen gelten die Wasserzähler, die sich in der dem Hauseigentümer gehörenden Leitung befinden, als geringwertige Wirtschaftsgüter, die im Beschaffungsjahr voll abgeschrieben werden dürfen. Bei der Gewinnermittlung sind angemessene Verwaltungskostenbeiträge und Konzessionsabgaben abzugsfähig. Letztere richten sich bisher nach der Konzessionsabgabe-Anordnung und den Körperschaftsteuerrichtlinien.

Bei Vorliegen ordnungsgemäßer Buchführung können die Verluste der 5 vorangegangenen Veranlagungszeiträume abgezogen werden.

4.2. Gewerbesteuer

Voraussetzung ist Gewinnerzielungsabsicht. Ihrer Berechnung liegen Steuermessbeträge zugrunde, die nach Gewerbeertrag (= Einkommen vermehrt und vermindert um verschiedene Zurechnungen und Kürzungen) und Gewerbekapital (= Einheitswert des gewerblichen Betriebes unter Hinzurechnung und Kürzung verschiedener Beträge) festgesetzt werden. Beide werden zu einem einheitlichen Steuermessbetrag zusammengerechnet. Durch Ansatz des von der hebeberechtigten Gemeinde festgelegten Hebesatzes auf den einheitlichen Steuermessbetrag ergibt sich die Steuer; sie fließt den Gemeinden zu.

4.3. Grundsteuer

Die Betriebsgrundstücke der Gemeindebetriebe unterliegen der Grundsteuer. Grundlage ist der Einheitswert, auf den ein Steuermessbetrag festgesetzt wird (im allgemeinen 10 v. T. des Einheitswertes); für bebaute Grundstücke (Gebäude) sind Abstufungen vorgesehen (Altbauten, Neubauten), die sich nach der Einwohnerzahl richten. Der Jahresbetrag der Steuer wird nach einem Hundertsatz des Steuermessbetrages (Hebesatz) berechnet. Die Grundsteuer ist eine Gemeindesteuer.

4.4. Umsatzsteuer (Mehrwertsteuer)

Die Lieferung von Wasser durch die Gemeinden, öffentlich-rechtlichen Verbände und privaten Unternehmungen, gleichgültig, ob selbst erzeugt oder erworben, unterliegt der Mehrwertsteuer (Umsatzsteuergesetz). Der Unternehmer eines Wasserwerkes kann die von anderen Unternehmen gesondert in Rechnung gestellte Steuer für Lieferungen und Leistungen, die für sein Unternehmen ausgeführt worden sind, sowie die entrichtete Einfuhrumsatzsteuer für Gegenstände, die für sein Unternehmen eingeführt worden sind, als Vorsteuer abziehen.

4.5. Grunderwerbsteuer
Sie wird vom Wert der Gegenleistung (z. B. Kaufpreis, Tauschleistung) berechnet, ausnahmsweise vom Einheitswert des Grundstückes. Die Eintragung ins Grundbuch darf erst dann erfolgen, wenn eine Bescheinigung des zuständigen Finanzamtes vorgelegt wird, dass der Eintragung steuerliche Bedenken nicht entgegenstehen (Unbedenklichkeitsbescheinigung).

4.6. Vermögensteuer
Unternehmen sind von der Vermögensteuer befreit, wenn die Anteile an ihnen ausschließlich dem Bund, einem Land, einer Gemeinde, einem Gemeindeverband oder einem Zweckverband gehören und die Erträge ausschließlich diesen Körperschaften zufließen.

4.7. Konzessionsabgabe
Sie ist vom Wegerecht abgeleitet, bedeutet also ein Entgelt für die Benutzung gemeindlicher Wege für Rohre, Kabel usw.

4.8. Verwaltungskostenbeiträge
Sie können an die Gemeinden insoweit gezahlt werden, als durch sie Aufwendungen abzugelten sind, die auf Verlangen oder zum Vorteil des Wasserwerkes durch die Gemeinde gemacht worden sind. Dabei kann es sich um Kosten handeln, die mit ihrem Anteilsbetrag genau errechnet werden können, und um solche, bei denen der Anteilsbetrag geschätzt werden muss. Der Ansatz eines Pauschalbetrages ohne rechnerische Begründung lässt nicht erkennen, ob er den tatsächlichen Verhältnissen gerecht wird.

Das Wasserwerk ist beispielsweise belastbar mit anteiligen Versicherungsprämien (Wasser-, Feuer-, Unfall-, Haftpflichtversicherung), Organisationsbeträgen (Gemeindetag, Prüfungsverbände), Mietbeträgen für mitbenutzte Räume, Gehälter und Löhne für gemeindliches Personal, das für die Werke tätig ist (Ableser, Kassier), Zinsen für Darlehen, welche von den Gemeinden für das Wasserwerk aufgenommen wurden, sowie für innere Darlehen der Gemeinden an ihre Werke, Kosten des gemeindlichen Bauamtes, soweit es für das Wasserwerk tätig ist, Reisekosten für gemeindliches Personal anlässlich einer Tätigkeit für das Wasserwerk, Pensionslasten früherer Werksangehöriger, Gesundheitsüberwachungen. Als Verwaltungskostenbeitrag gilt auch die anteilige Tätigkeit des Bürgermeisters (jedoch nicht für seine Aufsichtstätigkeit), Gemeinderates, Werkausschusses, der Kämmereiverwaltung, der allgemeinen Verwaltung (z. B. Rechtsberatung, durch den Stadtrechtsrat), der Tätigkeit einer gemeindlichen Rechnungsprüfstelle oder des Einziehungsamtes bei Gebührenbeitreibung.

5. Anlagennachweis – Für die einzelnen Anlagenteile des WVU werden zusammengestellt: Anschaffungswerte: Anfangsstand, Zugang, Abgang, Endstand
Abschreibungen, Wertberichtigungen: Anfangsstand, Zugang, Abgang, Endstand Restbuchwerte: (Ende des Jahres)

6. Jahresbericht – Es wird kurz die Tätigkeit des Betriebes und der Verwaltung beschrieben, insbesondere hinsichtlich Betriebsstatistik, Durchführung größerer Reparaturen und neuer Baumaßnahmen, Änderung von Satzungen, Betriebs- und Geschäftsordnung und Geschäftsverteilungsplan.

7. Jahres-Geschäftsberichte – Es werden Bilanz und Erfolgsrechnung erläutert und die Unterschiede dargestellt zwischen:
Wirtschaftsplan und Bilanz
Erfolgsplan und Erfolgsrechnung des Berichtsjahres und des Vorjahres.

13.4.3.4.2 Buchhaltung

Das Sachgebiet Buchhaltung bearbeitet im wesentlichen die gesamte Buchführung mit der Sachbehandlung der Rechnungen, wobei die Bestätigung der sachlichen Richtigkeit und die Feststellung je nach Zuständigkeit dem Betrieb oder der Verwaltung obliegen.

In der Buchhaltung erfolgt die Aufteilung der Einnahmen und Ausgaben auf die einzelnen Bereiche. Je eingehender diese Unterteilung ist, umso besser können Wirtschaftlichkeit, Engpässe usw. der einzelnen Anlagenteile beurteilt und Verbesserungsvorschläge und Vorausplanungen erstellt werden.

13.4.3.4.3 Benchmarking

In der Politik und in der Wasserwirtschaft werden seit einiger Zeit Diskussionen über die zukünftige Entwicklung der Wasserversorgung und Abwasserbeseitigung geführt. Als modernes Instrument zur Weiterentwicklung effizienter Strukturen wird dem Benchmarking besondere Aufmerksamkeit gewidmet. Mit der Verbändeerklärung 2003 und 2005 haben sich die Verbände der Wasserwirtschaft verpflichtet, gemeinsam den erforderlichen Rahmen für ein Benchmarking in der Wasserwirtschaft im Sinne der technischen Selbstverwaltung zu erarbeiten und weiter zu entwickeln. DVGW und DWA haben mit der Wasserinformation Nr. 68 vom November 2005 einen Leitfaden Benchmarking für Wasserversorgungs- und Abwasserentsorgungsunternehmen erarbeitet. Mit diesem Leitfaden sollen die Unternehmen der Branche motiviert und unterstützt werden, Benchmarking zur Standortbestimmung und Optimierung einzusetzen. Es wird besonderer Wert darauf gelegt, dass neben rein wirtschaftlichen Kriterien die Aspekte Sicherheit, Qualität, Kundenservice und Nachhaltigkeit gleichrangig in die Betrachtung aufgenommen werden.

Grundsätzlicher Ablauf eines Benchmarkingprojektes
– Vorbereitung und Planung
– Datenbeschaffung
– Bestimmung der Benchmarks
– Auswertung und Analyse
– Umsetzung der Ergebnisse

Nach dem Motto „Vom Besten lernen" zielt Benchmarking neben einigen sofort umsetzbaren Maßnahmen vor allem auf mittel- und langfristige Veränderungen in den Unternehmen ab. Grundsätzlich gibt es verschiedene Teilbereiche des Benchmarkings.

Kennzahlenvergleich – Dieser Vergleich dokumentiert die Ergebnisse einer Kennzahlenerhebung für mehrere Unternehmen. Der reine Kennzahlenvergleich ist nur ein Teilschritt des Benchmarking, dient aber genauso der Standortbestimmung sowie der Orientierung von Anlagen, Prozessen, Abläufen, und Leistungen des Unternehmens.

Benchmarking – Diese Untersuchung ist der systematische und kontinuierliche Prozess zur Identifizierung und zur Übernahme erfolgreicher Instrumente, Methoden und Prozesse von als besser identifizierten Benchmarking- Partnern. Beim Benchmarking wird noch unterschieden zwischen *Unternehmens- und Prozess-Benchmarking*. Das Unternehmens-Benchmarking ist der Vergleich von Ergebnissen einer Kennzahlenerhebung mit anschließender Ursachenanalyse. Das Prozess-Benchmarking basiert auf der Grundlage von Betriebsdaten, die Aussagen zu einem definierten Arbeitsprozess (z. B. Erstellen eines Hausanschlusses von der Kundenanfrage bis zur Inbetriebnahme und Dokumentation) quantitativ abbilden.

Als weiteres Element ist ein *Branchenbild* hinzugekommen, das zusammenfassend über den Stand der Entwicklung der Branche informiert. Mit dem Branchenbild 2005 der deutschen Wasserwirtschaft geben die beteiligten Verbände ATT, BGW, DBVW, DVGW, DWA und VKU in Abstimmung mit dem Deutschen Städtetag (DST) und dem Deutschen Städte- und Gemeindebund (DStGB) ein umfangreiches Gesamtbild der Wasserbranche in Deutschland. Politik, Öffentlichkeit und allen Interessierten wird damit ermöglicht, die Leistungsfähigkeit der deutschen Wasserwirtschaft umfassend zu beurteilen. Mit dem Branchenbild veranschaulicht die Branche ihre Leistungsfähigkeit, ihren Leistungsstand und ihre wirtschaftliche Effizienz. Grundlagen, Daten und Hintergrundinformationen sind hier zusammengestellt.

Die beteiligten Verbände leisten mit dem Branchenbild einen Beitrag in der Debatte um die Ausgestaltung der zukünftigen Rahmenbedingungen der Wasser- und Abwasserwirtschaft auf nationaler und europäischer Ebene. Dabei hat sich der Begriff der Modernisierung als wesentliche Zielsetzung durchgesetzt, Benchmarking ist hierbei ein bedeutsamer Teilaspekt geworden. Das Branchenbild ist eingebettet in den konzeptionellen nationalen Ansatz eines Benchmarkings als Aufgabe verbandlicher Selbstverwaltung. Das allseitige Bedürfnis nach mehr Information aufgreifend, berichtet die Branche kontinuierlich über Stand und Entwicklung der Wasserwirtschaft.

In der erweiterten Verbändeerklärung vom Juni 2005 (s. **Abb. 13-9**) verpflichtete sich die Branche, regelmäßig ein Branchenbild vorzulegen.

Verbändeerklärung zum Benchmarking Wasserwirtschaft

Juni 2005

Der Deutsche Bundestag hat am 21.03.2002 den Beschluss "Nachhaltige Wasserwirtschaft in Deutschland" gefasst, mit dem die Modernisierung der Ver- und Entsorgung angestrebt wird. Zu diesem Zweck wird in dem Beschluss unter anderem ein Verfahren zum Leistungsvergleich zwischen den Unternehmen (Benchmarking) gefordert. Die Verbände der Wasserwirtschaft

ATT	- Arbeitsgemeinschaft Trinkwassertalsperren e. V.
BGW	- Bundesverband der deutschen Gas- und Wasserwirtschaft e. V.
DBVW	- Deutscher Bund verbandlicher Wasserwirtschaft e. V.
DVGW	- Deutsche Vereinigung des Gas- und Wasserfaches e. V. Technisch-wissenschaftlicher Verein
DWA	- Deutsche Vereinigung für Wasserwirtschaft, Abwasser und Abfall e. V.
VKU	- Verband kommunaler Unternehmen e. V.

stimmen mit Bundesregierung und Bundestag überein, dass Leistungsvergleiche dem Zweck der Modernisierung dienlich sind und erklären sich bereit, gemeinsam den erforderlichen konzeptionellen Rahmen für ein Benchmarking in der Wasserwirtschaft im Sinne der Selbstverwaltung zu erarbeiten und weiter zu entwickeln. Das Rahmenkonzept soll gewährleisten, dass Leistungs- und Prozessvergleiche unterschiedlicher Inhalte möglich sind. Dabei werden die in Deutschland vorhandenen langjährigen Erfahrungen berücksichtigt. Die Verbände der Wasserwirtschaft gehen bei der Verwirklichung ihres gemeinsamen Benchmarkingansatzes von folgenden Grundsätzen aus:

▶ Freiwilliges Benchmarking ist ein bewährtes Instrument zur **Optimierung der technischen und wirtschaftlichen Leistung und Effizienz** der Unternehmen.

▶ Optimierungsziele sind neben **der Steigerung der Wirtschaftlichkeit und Kundenzufriedenheit** auch Ver- und Entsorgungssicherheit, Qualität und Nachhaltigkeit der Wasserwirtschaft.

▶ Die Verbände der Wasserwirtschaft empfehlen ihren Mitgliedern die **freiwillige Teilnahme** an Benchmarkingprojekten und fördern deren **breitenwirksame Umsetzung**.

▶ Die Verbände unterstützen die Unternehmen mit gemeinsamen und abgestimmten Hinweisen, Berichten und ergänzenden Informationen zum Thema Benchmarking.

▶ Die Verbreitung von Benchmarking wird unterstützt durch einen Leitfaden, der gemeinsam von DVGW und DWA in Abstimmung und mit inhaltlicher Unterstützung durch die anderen Verbände erstellt wird.

▶ DVGW und DWA formulieren, unter Beteiligung der anderen Verbände, Grundsätze für Anforderungen an Benchmarking in einem gemeinsamen Papier für die Trinkwasserversorgung und Abwasserbeseitigung.

▶ Im Rahmen eines einheitlichen Konzeptes halten es die Verbände für förderlich, die derzeitige **Flexibilität und Vielfalt der Benchmarkingsysteme** der Wasserwirtschaft zu erhalten. Hierzu sind zum einen die bestehenden, erfolgreich praktizierten Modelle und Konzepte kontinuierlich weiterzuentwickeln und zum anderen Entwicklungen zu fördern, die internationale, europäische und nationale Vergleiche und Positionierungen ermöglichen.

Faktoren für den erfolgreichen Einsatz und die breite Akzeptanz des Benchmarking sind:

▶ Ständige Anpassung an die Optimierungsziele

▶ Vertraulichkeit von Unternehmensdaten, da diese im Projekt offen gelegt werden müssen, um innovative Ansätze zu identifizieren

▶ Kennzahlenvergleich und Analyse, um eine Leistungssteigerung zu ermöglichen.

Um die Ziele zu erreichen, sind kompatible Strukturen erforderlich, innerhalb derer auf die jeweilige Fragestellung zugeschnittene Benchmarkingsysteme angewendet werden können. Benchmarking auf dieser Grundlage führt zu einer Weiterentwicklung der Wasserwirtschaft auf hohem Niveau.

Grundsätzlich begrüßen die Verbände das Informationsbedürfnis von Politik, Öffentlichkeit und Unternehmen. Dementsprechend werden die Verbände regelmäßig über Stand und Entwicklung der Wasserwirtschaft in Form eines aggregierten und anonymisierten "Branchenbildes" berichten.

Als Kernbestandteile des Branchenbildes sind die folgenden Informationen vorgesehen:

▶ Ergebnisse bundesweiter statistischer Erhebungen der Verbände, Daten von Institutionen und Behörden

▶ Ergebnisse einer bundesweiten Befragung zur Erhebung der Kundenzufriedenheit in der Bevölkerung

▶ Informationen zu freiwilligen Benchmarkingprojekten

Das Branchenbild wird vor dem Hintergrund neuer Erkenntnisse und Anforderungen kontinuierlich weiterzuentwickeln sein.

ATT-Vorsitzender	BGW-Vizepräsident	DBVW-Präsident	DVGW-Präsident	DWA-Präsident	VKU-Präsident
Gummersbach, 30.06.2005	Berlin, 30.06.2005	Hannover, 30.06.2005	Bonn, 30.06.2005	Hennef, 30.06.2005	Köln, 30.06.2005

Abb. 13-9 Verbändeerklärung zum Benchmarking Wasserwirtschaft

Als Kernbestandteile des Branchenbildes werden vorgesehen:
- Ergebnisse bundesweiter statistischer Erhebungen der Verbände, Daten von Institutionen und Behörden
- Ergebnisse einer bundesweiten Befragung zur Erhebung der Kundenzufriedenheit in der Bevölkerung
- Informationen zu freiwilligen Benchmarkingprojekten

Ziele der deutschen Wasserwirtschaft sind langfristige Ver- und Entsorgungssicherheit, hohe Trinkwasserqualität, hoher Abwasserentsorgungsstandard sowie hohe wirtschaftliche Effizienz verbunden mit Kundenzufriedenheit und Nachhaltigkeit.

13.4.3.4.4 Kasse

Die Kasse wickelt die Kassengeschäfte ab, wobei Zahlungsanordnung durch den hierfür Beauftragten getrennt von der Ausführung der Zahlung sein muss.

13.4.3.4.5 Überwachung des Kassen- und Rechnungswesens

Am Beispiel eines Zweckverbandes wird die Überwachung des Kassen- und Rechnungswesens dargestellt, bei WVU mit anderen Organisationsformen sind ähnliche Regelungen vorhanden. Für das WVU einer Gemeinde ist der Entwurf der Haushaltssatzung, Bilanz und Jahresabschluss unter Mitwirkung des für das Finanzwesen der Gemeinde zuständigen Gemeindebeamten (Kämmerer) zu erstellen.

1. Kassenaufsicht – es wird vom Verbandsausschuss ein Kassenaufsichtsbeamter bestimmt, meist der Leiter der Verwaltung
2. Regelmäßige Kassenprüfungen – durch Kassenaufsicht, mind. vierteljährlich, davon 2 unvermutet, hierüber Niederschriften
3. Unvermutete Kassenprüfungen – durch Vorsitzenden, mind. 1mal jährlich
4. Haushaltssatzung – Vorlage bei der Rechtsaufsichtsbehörde
5. Jahresabschluss –
5.1. Vorprüfung durch Vorprüfungskommission des Verwaltungsrates
5.2. örtliche Prüfung durch den Verwaltungsrat
5.3. Feststellung durch die Verbandsversammlung
5.4. Überörtliche Prüfung der Bilanz und des Kassen- und Rechnungswesens je nach Organisationsform des WVU, z. B. durch staatliche Rechnungsprüfungsstelle des Landratsamtes bei gemeindlichen Regiebetrieben, Bayer. Prüfungsverband öffentlicher Kassen bei Eigenbetrieben, zugelassene und von der Verbandsversammlung bestimmte Wirtschaftsprüfer bei Zweckverbänden
5.5. Aufgrund der überörtlichen Prüfung nach 5.4 Beschluss der Verbandsversammlung über die Anerkennung des Jahresabschlusses.

13.4.3.5 Wasserverkauf, Kundenbetreuung

13.4.3.5.1 Wasserverkauf

Die Einnahmen eines WVU werden im wesentlichen aus dem Wasserverkauf erzielt, daher ist dieses Sachgebiet besonders wichtig für die Wirtschaftlichkeit des WVU. Die Rechtsformen für die Benutzung der WV-Anlage sind in Abschn. 13.3.3.4 beschrieben (Vertrag oder Satzung).

Eine wesentliche Aufgabe für die Verwaltung ist der Vollzug der *Beitrags- und Gebührensatzung.* In der Beitrags- und Gebührensatzung werden die Grundsätze für die Höhe der Entgelte, die Abrechnung und Fälligkeit festgelegt. Die Einnahmen sind i. a. nicht auf die Erzielung eines Gewinns ausgerichtet. Manchmal wird in der Satzung (z. B. Zweckverbandssatzung) die Gemeinnützigkeit festgelegt. Allerdings wird die Gemeinnützigkeit eines WVU von den Finanzämtern steuerlich i. a. nicht anerkannt.

Das Entgelt für die Wasserlieferung wird nach Wahl des WVU monatlich oder in größeren Zeitabständen, jedoch nicht wesentlich über 12 Monate, abgerechnet. Abschlagszahlungen gegen Ende einer

Periode können verlangt werden. Nach AVBWasserV müssen die Vordrucke der Rechnungen und Abschläge verständlich sein; die für die Forderung maßgeblichen Berechnungsfaktoren sind vollständig und in allgemein verständlicher Form auszuweisen.

Die Höhe des Entgeltes soll so bemessen sein, dass die erforderlichen Einnahmen erzielt werden. Die Entgelte als öffentlich-rechtliche oder als privatrechtliche Forderungen werden i. a. eingeteilt in:
1. Arbeitsbetrag = gemessener Verbrauch · Arbeitspreis je Einheit
2. Bereitstellungs- bzw. Grundbetrag je Anschluss.

Das WVU ist berechtigt, zur Sicherstellung der Einnahmen die Bezahlung von Mindestwassermengen zu fordern, doch darf der Grundsatz der Berechnung nach Verbrauchsmengen nicht völlig aufgehoben sein. Je nach Versorgungsaufgabe des WVU, z. B. volle Wasserlieferung an die Endverbraucher, bis Zusatzwasserlieferung eines Zweckverbandes an WVU mit eigenen Wassergewinnungsanlagen, sind entsprechend den örtlichen Verhältnissen erhebliche Unterschiede in der Regelung des Entgeltes möglich und notwendig.

Zu den Aufgaben des Sachgebietes gehören außerdem die Festlegung von *Baukostenzuschüssen* zur teilweisen Abdeckung (bis zu 70 %) der Kosten der für die örtliche Versorgung dienenden Verteilungsleitungen, wobei einbezogen werden können: Haupt- und Versorgungsleitungen, die Behälter, Druckerhöhungsanlagen, nicht jedoch Gewinnungsanlagen und überregionale Transportleitungen. Der Baukostenzuschuss kann nach Frontmeterlänge, mit einer Mindestfrontmeterlänge von 15 m, oder nach Grundstücksgröße, Geschoßfläche, Zahl der Wohneinheiten oder nach Kombinationsmaßstäben bemessen werden. Für bestehende Verteilungsnetze können bisherige Regelungen beibehalten werden.

Das Sachgebiet bearbeitet außerdem die für das WVU mögliche *Erstattung der Herstellungskosten der Hausanschlüsse und die Verträge zwischen dem WVU und den Anschlussnehmern* über Herstellung und Änderung der Anschlussleitungen, Wasserlieferung, Ablesung der WZ und Übergabe der Messungen an die Buchhaltung zur Erstellung der Rechnungen.

13.4.3.5.2 Kundenbetreuung

Eine wichtige Aufgabe der Verwaltung ist im Rahmen der Öffentlichkeitsarbeit die Betreuung der Abnehmer, also der Kunden („Optimierung des Ansehens, nicht nur des Umsatzes"). Die Verbraucher sollen nicht nur über die unmittelbar den Hausanschluss betreffenden technischen und wirtschaftlichen Fragen, sondern auch über solche der öffentlichen WV-Anlage unterrichtet werden. Nur dadurch ist das Verständnis der Verbraucher für zusätzliche technische Maßnahmen, Finanzierungen und notwendige Gebührenerhöhungen zu erreichen. Bei Störungen, Spülungen, Unterbrechungen sind die Verbraucher rechtzeitig zu verständigen, sehr zu empfehlen unter Angabe, weshalb die Maßnahme notwendig ist. Viele WVU nützen heute die Möglichkeiten der Öffentlichkeitsarbeit, z. B. durch „Tage der offenen Tür", „Wasserwanderungen", Messen und Ausstellungen, Kundenzeitschriften, Anzeigen. Die Fachverbände bieten einschlägige Seminare an.

13.5 Überwachung

13.5.1 Allgemeines

Die lebenswichtige Bedeutung der Trinkwasserversorgung und die mögliche Gefährdung der einwandfreien Versorgung durch Mängel in der WV-Anlage, in der Betriebsführung und in der Verwaltung erfordert eine eingehende Überwachung. Wegen der möglichen Gefährdung der Allgemeinheit ist eine Überwachung durch Behörden notwendig. Dies entbindet den Unternehmensträger jedoch nicht davon, eine eingehende eigene Überwachung durchzuführen, denn die finanzielle, privatrechtliche und strafrechtliche Haftung aus Mängeln beim WVU bleibt beim WVU. In diesem Abschnitt soll nur die Überwachung des technischen Bereiches behandelt werden. Gerade bei der Eigenüberwachung besteht ein enormer Nachholbedarf bei den WVU. Die Überwachung des Verwaltungsbereiches (Rechtsaufsicht z. B. durch Landratsämter) funktioniert hingegen zufriedenstellend.

Überwachen ist mehr als Messen; Messergebnisse sind mit dem nötigen Sachverstand in die Überwachung einzubringen.
Folgende Stellen üben Überwachungstätigkeiten aus:
- Unternehmensträger (Eigenüberwachung der WVU)
- Städte, Gemeinden, Zweckverbände (gemäß Satzung)
- Kreisverwaltungsbehörden (allgemeine Gewässeraufsicht)
- Wasserwirtschaftsverwaltung (technische Gewässeraufsicht)
- Gesundheitsverwaltung (Vollzug der TrinkwV)
- Sonstige Aufsichtsbehörden (z. B. Gewerbeaufsicht, TÜV, Berufsgenossenschaften).

Notwendig ist, dass sich jede Stelle an ihre Zuständigkeiten hält, um Überschneidungen in der Überwachung zu vermeiden. Hierfür sind enge Kontakte, bei Bedarf auch schriftliche Festlegungen (wer, was, wann überwacht) hilfreich. Gleichgeartete Überwachungen, z. B. Begehungen der WV-Anlage durch Wasserwirtschafts- und Gesundheitsverwaltung sollten möglichst gemeinsam durchgeführt werden.

13.5.2 Eigenüberwachung

Die Eigenüberwachung ist eine ständige, eigenverantwortliche Aufgabe des Unternehmensträgers (z. B. Gemeinde, Zweckverband, Betrieb, Privatperson) bzw. dessen Personal oder dessen Betriebsbeauftragten.

Die Eigenüberwachung von Wasserversorgungsanlagen wird in fast allen Bundesländern in den Landeswassergesetzen unter Begriffen wie „Eigenkontrolle", „Eigenüberwachung", „Schutz der Wasservorkommen" oder „Erfassen der Wasserentnahme" geregelt. Fast immer sind aber Rohwasseruntersuchungen gemeint. Die Vorschriften enthalten meistens Ermächtigungen, in Rechtsverordnungen die Anforderungen näher zu bestimmen. Die Länder Hessen und Nordrhein-Westfalen haben diese Ermächtigung genutzt und eine Rohwasseruntersuchungsverordnung bzw. eine Rohwasserüberwachungsrichtlinie erlassen.

Im Freistaat Bayern hat das Staatsministerium für Landesentwicklung und Umweltfragen 1995 eine „Verordnung zur Eigenüberwachung von Wasserversorgungs- und Abwasseranlagen (Eigenüberwachungsverordnung (EÜV)" erlassen, die für den Bereich Wasserversorgung für Anlagen für die öffentliche Trinkwasserversorgung mit einer wasserrechtlich gestatteten Entnahme von mehr als 1 000 m^3 im Jahr und für zu diesen Anlagen gehörende Wasserschutzgebiete, für Betriebswasserversorgungsanlagen mit einer Entnahme von mehr als 100 000 m^3 im Jahr und für Heilquellen einschließlich der Heilquellenschutzgebiete gilt. In der Verordnung werden u. a. die Eigenüberwachungspflichten mit Umfang, Betriebstagebuch, Jahresbericht, Untersuchungsverfahren geregelt. In einem Anhang sind die Überwachungspflichten für Entnahmemengen und Wasserstände der Wasserfassungen, Rohwasseruntersuchungen und Wasserschutzgebiete aufgeführt.

Die Eigenüberwachung umfasst grundsätzlich die Kontrolle, dass die Anlagen in Ordnung sind und Umfang, Auflagen und Bedingungen von Gestattungen eingehalten werden, z. B. durch
- Betriebs- und Funktionskontrollen
- Kontrolle der Wartung und Unterhaltung
- Gewinnen, Aufzeichnen und Auswerten von Messergebnissen
- Leistungskontrolle und Vergleich mit Grenz- und Richtwerten
- Melden von Störungen und Veranlassen von Abhilfemaßnahmen
- Dokumentieren aller wesentlichen Betriebsvorgänge (Betriebstagebuch, Jahresbericht)
- Beweissicherung in besonderen Fällen (z. B. zum Nachweis vermuteter Veränderungen und Auswirkungen von Maßnahmen).

Die Eigenüberwachung soll sich auf alle Anlagen des Wasserwerkes, das Wasservorkommen, die Entwicklungen im Einzugs- und Gewinnungsgebiet (insbesondere im Wasserschutzgebiet) und auf sich dort ereignende Vorfälle mit wassergefährdenden Stoffen und nicht zuletzt auf das abzugebende Wasser erstrecken. Der Umfang der Überwachung richtet sich nach den örtlichen Gegebenheiten.

Die überwachende Stelle muss mit entsprechendem wissenschaftlich und technisch vorgebildeten Personal besetzt sein und unmittelbaren Zugang zur Werkleitung haben.
Zwischen der Überwachungsstelle und den Betriebsstellen ist ein ständiger Informationsaustausch unumgänglich. Änderungen und Störungen im Betriebsablauf müssen der Überwachungsstelle sofort mitgeteilt werden, damit sie für die Sicherung der erforderlichen Trinkwasserbeschaffenheit gegebenenfalls Maßnahmen veranlassen kann.
Kleinere Werke, die diese Überwachung nicht selbst durchführen können, sollen sich zur Bestellung von Fachkräften zusammenschließen oder durch entsprechende Verträge die Überwachung durch benachbarte größere Wasserwerke oder andere qualifizierte Institutionen sicherstellen.
Zur Durchführung der Überwachung sind dem Stand der Technik entsprechende Mess- und Untersuchungsgeräte bzw. Messeinrichtungen einzusetzen.
Die Ergebnisse der werkseitigen Überwachung sollen übersichtlich dargestellt werden, um der Werksleitung die Beurteilung und den Behörden die Prüfung zu erleichtern.
Diese Aufzeichnungen sollen unabhängig von gesetzlichen Vorschriften oder behördlichen Auflagen so lange aufbewahrt werden, wie sie für die Beurteilung der Wasservorkommen und die Entwicklung des Betriebes von Bedeutung sein können.

13.5.3 Staatliche Überwachung

Damit ist die hoheitliche Tätigkeit des Staates aufgrund gesetzlicher Aufträge (z. B. Allgemeine und technische Gewässeraufsicht gemäß LWG, Gewerbeaufsicht, Staatliche Gesundheitsaufsicht gemäß TrinkwV) gemeint.
Wichtige staatliche Überwachungen für den Bereich der WV-Anlagen sind die *technische Gewässeraufsicht*, z. B. durch die Wasserwirtschaftsverwaltung und die *Gesundheitsaufsicht* durch die Gesundheitsverwaltung.
Die Aufsicht wird stichprobenartig, objektbezogen, nach pflichtgemäßem Ermessen durchgeführt und zwar durch
– Kontrolle der Rechtssituation, insbesondere nach Bescheid bzw. Verordnung
– örtliche Kontrolle mit und ohne Probenahmen und Kontrollmessungen
– Kontrolle der Eigenüberwachung (auch Beweissicherung) und ihrer Nachweise (z. B. Betriebstagebuch)
– Beraten
– Auswerten und Dokumentieren der Ergebnisse, Vergleich mit Grenz- und Richtwerten
– Veranlassen von weitergehenden Messungen und Untersuchungen
– Behandeln festgestellter Mängel und Verstöße.
Hilfsmittel bei der staatlichen Überwachung sind
– Überwachungsakten (Überwachungsblätter, Bescheide, EDV-Ausdrucke etc.)
– Überwachungspläne (Kartenmaterial)
– Überwachungsprogramme
– Terminpläne
– Nachkontrollen
– Tätigkeitsberichte (Erfolgskontrolle)
Festgestellte *Mängel und Verstöße* werden z. B. behandelt als
– mündliche Beanstandung
– Unterrichten der Kreisverwaltungsbehörde
– Mitteilung an die Staatsanwaltschaft bei Verdacht einer strafbaren Handlung.
Sowohl bei der Eigenüberwachung durch die WVU als auch bei der staatlichen Überwachung fallen wichtige Mess- und Analysendaten an.
Bei der Datenübertragung (z. B. der Jahresberichte EÜV) und Datenauswertung, z. B. für die systematische Beobachtung der Grund- und Trinkwasserbeschaffenheit, müssen WVU und staatliche Stellen noch enger zusammenarbeiten. Es wurde deshalb vereinbart (u. a. in einer „Gemeinsamen Erklärung"

13.5 Überwachung

von Vertretern der Obersten Wasserbehörden der Länder und der Wasserversorgungswirtschaft im Mai 1994), dass im Regelfall der Staat Datenbanken errichtet und betreibt. Die verschiedenen Dateien mit Daten, z. B. des gewässerkundlichen Messwesens des Staates, aus dem Vollzug der Trinkwasserverordnung, aus der Eigenüberwachung der WVU oder der behördlichen Kontrolle der Eigenüberwachung, sollen im Interesse eines effizienten Mitteleinsatzes und zur Optimierung des Untersuchungsaufwandes miteinander verknüpft und anschließend ausgewertet und bekannt gegeben werden. Ein gegenseitiger Datenaustausch der Beteiligten (z. B. WVU, Wasserwirtschaftsverwaltung, Gesundheitsverwaltung) soll gewährleistet werden.

Literatur

DVGW-Bildungswerk, Zentrale Trinkwasserversorgungsanlagen – Betrieb, Überwachung und Instandhaltung, Lehrheft Nr. 6.13, Bonn 2000

DVGW: Rechtsfragen in der Ver- und Entsorgung, Fernlehrgangsheft 8.09, Hannover

Soiné, K. J., Baur, A., Dietze, G., Müller, W., Weideling, G.: Handbuch für Wassermeister, R. Oldenbourg-Verlag, München 1992

Wasserwerksnachbarschaften Bayern/ Verband der Bayer. Gas- und Wasserwirtschaft e.V. München: Betriebliche Kooperation; Ein Leitfaden für Wasserversorgungsunternehmen, Herausgeber StMLU u. a.,

Auflage München, September 1999

Das Kommunalunternehmen; Neue Rechtsform zwischen Eigenbetrieb und GmbH, Boorberg Verlag 1997, von Kirchgässner/Knemeyer/Schulz

Leitfaden Kooperationen und Fusionen in der Wasserversorgung, 1. Auflage, Dezember 2003, Herausgeber Ministerium für Umwelt und Verkehr Baden-Württemberg

DVGW – Wasserinformation Nr. 68 – Leitfaden Benchmarking für Wasserversorgungs- und Abwasserbeseitigungsunternehmen, Bonn, November 2005

Branchenbild der deutschen Wasserwirtschaft 2005, Wirtschafts- und Verlagsgesellschaft Gas und Wasser mbH, Bonn 2005

Anhang

14. Gesetzliche Einheiten, Zahlenwerte, DVGW-Regelwerk, DIN-Normen u. ä.

bearbeitet von Dipl.-Ing. **Joachim Rautenberg**

14.1 Gesetzliche Einheiten

Gesetz über Einheiten im Messwesen (MessEinhG), Neufassung vom 22.02.1985 zuletzt geändert durch Art.114 Verordnung vom 25.11.2003 (s. Abschn. 14.8.2)

14.1.1 Allgemeines

Die gesetzlichen Einheiten sind: die Basiseinheiten des SI (Système International d'Unités = Internationales Einheitensystem) und die von ihnen mit dem Zahlenfaktor 1 (kohärent) gebildeten Einheiten (z. B. m3, kg/m3), von denen einige Eigennamen haben; weitere gesetzliche Einheiten, gebildet als dezimale Vielfache oder Teile von Einheiten; abgeleitete Einheiten, gebildet mit von 1 verschiedenem Zahlenfaktor (z. B. cm2, Winkeleinheiten).

14.1.2 Basiseinheiten

Basisgröße	Basiseinheit	Einheitenzeichen
Länge	Meter	m
Masse	Kilogramm	kg
Zeit	Sekunde	s
Elektrische Stromstärke	Ampere	A
Thermodynamische Temperatur	Kelvin	K
Stoffmenge	Mol	mol
Lichtstärke	Candela	cd

14.1.3 Dezimale Vielfache und dezimale Teile von Einheiten

	Dezimale Vielfache					Dezimale Teile	
Vorsatz	Vorsatzzeichen	Vielfache	Bezeichnung	Vorsatz	Vorsatzzeichen		Teile
Deka	da	10^1	Zehn	Dezi	d		10^{-1}
Hekto	h	10^2	Hundert	Zenti	c		10^{-2}
Kilo	k	10^3	Tausend	Milli	m		10^{-3}
Mega	M	$10^6 = 10^{1 \cdot 6}$	Million	Mikro	μ		10^{-6}
Giga	G	10^9	Milliarde	Nano	n		10^{-9}
Tera	T	$10^{12} = 10^{2 \cdot 6}$	Billion	Piko	p		10^{-12}
Peta	Z	10^{15}	Billiarde	Femto	f		10^{-15}
Exa	E	$10^{18} = 10^{3 \cdot 6}$	Trillion	Atto	a		10^{-18}

14.1.4 Gesetzlich abgeleitete Einheiten (kohärente Einheiten des SI)

Größe	SI-Einheit	Einheitenzeichen	Einheitengleichung
1 Fläche, Flächeninhalt	Quadratmeter	m^2	$1\,m^2 = 1\,m \cdot 1\,m$
2 Volumen, Rauminhalt	Kubikmeter	m^3	$1\,m^3 = 1\,m \cdot 1\,m \cdot 1\,m$
	Kubikdezimeter	dm^3	$1\,dm^3 = 1\,dm \cdot 1\,dm \cdot 1\,dm$
	Liter	l	$1\,l = 1\,dm^3 = 0{,}001\,m^3$
3 Ebener Winkel	Radiant	rad	$(1\,rad = 180°/\pi)$
	Vollwinkel		$2\pi \cdot rad$
	Rechter Winkel		$AL = p/2 \cdot rad$
	Grad	°	$1° = p/180 \cdot rad$
	Minute	′	$1' = 1/60°$
	Sekunde	″	$1'' = 1/60'$
	Gon (Neugrad)	gon	$1^{gon} = \pi/200 \cdot rad$
4 Räumlicher Winkel	Steradiant	sr	–
5 Masse	Kilogramm	kg	$1\,kg = 1000\,g$
	Megagramm = Tonne	Mg	$1\,t = 1\,Mg = 1000\,kg$
6 Längenbezogene Masse	Kilogramm je Meter	kg/m	–
7 Flächenbezogene Masse	Kilogramm je Quadratmeter	kg/m^2	–
8 Dichte, volumenbezogene Masse	Kilogramm je Kubikmeter	kg/m^3	–
9 Zeit	Minute	min	$1\,min = 60\,s$
	Stunde	h	$1\,h = 60\,min = 3600\,s$
	Tag	d	$1\,d = 24\,h = 86\,400\,s$
10 Frequenz	Hertz	Hz	$1\,Hz = 1/s$
11 Geschwindigkeit	Meter je Sekunde	m/s	–
12 Beschleunigung	Meter je Quadratsekunde	m/s^2	–
13 Winkelgeschwindigkeit	Radiant je Sekunde	rad/s	$1\,rad/s = 1/s$
14 Winkelbeschleunigung	Radiant je Quadratsekunde	rad/s^2	$1\,rad/s^2 = 1/s^2$
15 Volumenstrom	Kubikmeter je Sekunde	m^3/s	–
16 Massenstrom	Kilogramm je Sekunde kg/s	kg/s	–
17 Kraft	Newton	N	$1\,N = 1\,kgm/s^2$
18 Druck, mechanische Spannung	Pascal, Newton je Quadratmeter	Pa	$1\,Pa = 1\,N/m^2 = 1\,kg/ms^2$
	Megapascal	Mpa	$1\,MPa = 10^6\,Pa$
	Bar	bar	$1\,bar = 10^5\,Pa = 10^5\,kg/ms^2 = 0{,}1\,N/mm^2$
19 Dynamische Viskosität	Pascalsekunde	Pas	$1\,Pas = 1\,Ns/m^2 = 1\,kg/ms$
20 Kinematische Viskosität	Quadratmeter je Sekunde	m^2/s	$1\,m^2/s = 1\,Pas\,m^3/kg$
21 Arbeit, Energie, Wärmemenge	Joule	J	$1\,J = 1\,Nm = 1\,Ws = 1\,kg\,m^2/s^3$
22 Leistung, Energiestrom, Wärmestrom	Watt	W	$1\,W = 1\,J/s = 1\,Nm/s = 1\,kg\,m^2/s^3$
23 Elektrische Spannung, elektr. Potential	Volt	V	$1\,V = 1\,W/A = 1\,kgm^2/s^3\,A$
24 Elektrischer Widerstand	Ohm	Ω	$1\,\Omega = 1\,V/A = 1\,kgm^2/s^3\,A^2$
25 Elektrischer Leitwert	Siemens	S	$1\,S = 1/\Omega = 1\,A/V = 1\,s^3\,A^2/kg\,m^2$
26 Elektrizitätsmenge, elektrische Ladung	Coulomb	C	$1\,C = 1\,As$

14.1 Gesetzliche Einheiten

Fortsetzung 14.1.4

Größe	SI-Einheit	Einheitenzeichen	Einheitengleichung
27 Elektrische Kapazität	Farad	F	1 F = 1 C/V = 1 CA/W = 1 $s^4 A^2$ /kg m^2
28 Elektrische Flussdichte, Verschiebungsdichte	Coulomb je Quadratmeter	C/m^2	1 C/m^2 = 1 As/m^2
29 Elektrische Feldstärke	Volt je Meter	V/m	1 V/m = 1 kg m/s^3 A
30 Magnetischer Fluss	Weber	Wb	1 Wb = 1 V s
31 Magnetische Flussdichte, magnetische Induktion	Tesla	T	1 T = 1 Wb/m^2 = 1 Vs/m^2 1 kg/s^2 A
32 Induktivität	Henry	H	1 H = 1 Wb/A = 1 Vs/A 1 kg $m^2/s^2 A^2$
33 Magnetische Feldstärke	Ampere je Meter	A/m	–
34 Temperatur	Kelvin; Grad Celsius	K; °C	1 °C = 1 K
35 Leuchtdichte	Candela je Quadratmeter	cd/m^2	–
36 Lichtstrom	Lumen	lm	1 lm = 1 cd·sr
37 Beleuchtungsstärke	Lux	lx	1 lx = 1 lm/m^2
38 Aktivität einer radioaktiven Substanz	Becquerel	Bq	1 Bq = 1/s
39 Energiedosis, spez. Energie	Gray	G	1 Gy = 1 J/kg = 1 m^2/s^2
40 Äquivalentdosis	Sievert	Sv	1 Sv = 1 J/kg = 1 m^2/s^2
41 Energiedosisrate, Energiedosisleistung; Äquivalentdosisrate oder -leistung	Watt je Kilogramm	W/kg	1 W/kg = 1 m^2/s^3
42 Ionendosis	Coulomb je Kilogramm	C/kg	1 C/kg = 1 As/kg
43 Ionendosisrate oder -leistung	Ampere je Kilogramm	A/kg	–
44 Molare Masse (stoffmengenbezogen)	Kilogramm je Mol	kg/mol	–
45 Stoffmengenkonzentration, Molarität	Mol je Kubikmeter	mol/m^3	–
46 Masse in der Atomphysik	atomare Masseneinheit	u	1 u = 1,66·10^{-27} kg
47 Energie in der Atomphysik	Elektronenvolt	eV	1 eV = 1,6·10^{-19} J

14.1.5 Anwendungshinweise für das SI

1. *Wichtige physikalische Gesetze*
Das SI beruht auf folgenden physikalischen Gesetzen:

Kraft (1 N)	=	Masse (1 kg) ·Beschleunigung (1m/s^2)
Druck (1 Pa = 1 N/m^2)	=	Kraft (1 N) : Fläche (1 m^2)
Arbeit (1 J)	=	Kraft (1 N) ·Weg (1 m)
Leistung (1 W)	=	Arbeit (1 J) : Zeit (1 s)
Arbeit (1 J)	=	Leistung (1 W) · Zeit (1 s)

2. *Massengrößen*
Masse kennzeichnet die Eigenschaft eines Körpers, die sich sowohl als Trägheit gegenüber einer Änderung seines Bewegungszustandes als auch in der Anziehung zu anderen Körpern äußert. Die Masse eines Körpers wird durch Vergleich mit Körpern bestimmter Massen mittels Hebelwaagen bestimmt. Die Größe der Masse ist ortsunabhängig.
Gewichtseinheiten im geschäftlichen Verkehr bei der Angabe von Warenmengen sind Masseneinheiten.

3. *Last, Belastung, Tragfähigkeit* sind Benennungen von Massengrößen in der technischen Mechanik.
4. *Kraftgrößen* sind Gewichtskraft, Belastungskraft, Bruchkraft, Tragkraft, Windkraft, Stabkraft (Normalkraft). Die Kraft wird durch die Federwaage gemessen. Die Größe der Kraft ist vom Ort abhängig. Kraft = Masse·Beschleunigung.
5. *Umrechnungsfaktor β* beträgt: $9,80665 \approx 9,81$. In technischen Berechnungen (Maschinenbau und Bauwesen) kann $\beta = 10$ eingesetzt werden, wenn eine Abweichung von 2 v. H. keine Rolle spielt, was meist der Fall ist (Ortslagen in Deutschland außerhalb Hochgebirge).

14.1.6 Umrechnungstabellen

Tab. 14-1: Umrechnungstabelle für Einheiten der mechanischen Spannung (Druck)

	Pa	N/mm^2	daN/cm^2	daN/mm^2	kp/cm^2	kp/mm2
1 Pa = (= 1 N/m^2)	1	10^{-6}	10-5	10^{-7}	0,102·1^{-4}	0,102·10^{-6}
1 N/mm^2 = (= 1 Mpa)	1000000	1	10	0,1	10,2	0,102
1 daN/cm^2 = (= 1 bar)	100000	0,1	1	0,01	1,02	0,0102
1 daN/mm^2 = (= 1 hbar)	10000000	10	100	1	102	1,02
1 kp/cm^2 = (= 1 at)	98000	0,0981	0,981	0,00981	1	0,01
1 kp/mm^2 =	9810000	9,81	98,1	0,981	100	1

Tab. 14-2: Umrechnungstabelle für Druckeinheiten von Gasen, Flüssigkeiten

	Pa	bar	kp/m^2	at	atm	Torr
1 Pa = (= 1 N/m^2)	1	10^{-5}	0,102	0,102·10^{-4}	0,987·10^{-5}	0,0075
1 bar = (= 0,1 MPa)	100000	1	10 200	1,02	0,987	750
1 kp/m^2 = (= 1 mm Ws)	9,81	9,81·10^{-5}	1	10^{-4}	0,968·10^{-4}	0,0736
1 at = (= 1 kp/cm^2)	98100	0,981	10 000	1	0,968	736
1 atm = (= 760 Torr)	101325	1,013	10 330	1,033	1	760
1 Torr = (= 1/760 atm)	133	0,00133	13,6	0,00136	0,00132	1

Tab. 14-3: Umrechnungstabelle für Druckhöhen, Flüssigkeitssäulen

	μbar	mbar	bar	Pa (= N/m^2)	m WS
1 mm WS = (= 1 kp/m^2 ≈ 1 daN/m^2)	100	0,1	0,0001	10	0,001
1 m WS = (= 0,1 at = 0,1 kp/cm^2 ≈ 0,1 daN/cm^2)	100 000	100	0,1	10000	1
10 m WS = (= 1 at= 1 kp/cm^2 ≈1 daN/cm^2)	1 000 000	1 000	1	100000	10
1 mm Hg (mm QS) = (= 1 Torr)	1 330	1,33	0,00133	133	0,0133

Tab. 14-4: Umrechnungstabelle für Leistung, Energiestrom, Wärmestrom

	W	kW	kcal/s	kcal/h	kp m/s	PS
1 W = (= 1 Nm/s = 1 J/s)	1	0,001	2,39·10^{-4}	0,860	0,102	0,00136
1 kW =	1 000	1	0,239	860	102	1,36
1 kcal/s =	4 190	4,19	1	3 600	427	5,69
1 kcal/h =	1,16	0,00116	1/3600	1	0,119	0,00158
1 kp m/s =	9,81	0,00981	0,00234	8,43	1	0,0133
1 PS =	736	0,736	0,176	632	75	1

Tab. 14-5: Umrechnungstabelle für Arbeit, Energie, Wärmemenge

	J	kJ	kWh	Kcal	PS h	kp m	MWs
1 J =(= 1 N m = 1 Ws)	1	0,001	$2,78 \cdot 10^{-7}$	$2,39 \cdot 10^{-4}$	$3,77 \cdot 10^{-7}$	0,102	10^{-6}
1 kJ =	1 000	1	$2,78 \cdot 10^{-4}$	0,239	$3,77 \cdot 10^{-4}$	102	0,001
1 kWh =	3 600 000	3 600	1	860	1,36	367 000	3,6
1 kcal =	4 200	4,2	0,00116	1	0,00158	427	0,0042
1 PS h =	2 650 000	2 650	0,736	632	1	270 000	2,650
1 kp m =	9,81	0,00981	$2,72 \cdot 10^{-6}$	0,00234	$3,7 \cdot 10^{-6}$	1	$9,81 \cdot 10^{-6}$

14.2 Umrechnung von Maßeinheiten aus dem amerikanischen („[US]") und englischen („[E]") ins metrische Maßsystem

1. Längen
1 inch (in.) = 25,4 mm
1 foot (ft.) = 12 inches = 0,3048 m
1 yard (yd.) = 3 feet = 0,9144 m
1 statute mile (mile) = 1,60934 km
1 nautical mile (n.mile) = 1,85318 km

2. Flächen
1 square inch (sq. in.) = 6,4516 cm2
1 square foot (sq. ft.) = 0,0929 m2
1 square yard (sq. ya.) = 0,8361 m2
1 acre (acre) = 4 046,8 m2
1 square mile (sq. mile) = 2,59 km2

3 Körper und Hohlmaße
1 cubic inch (cu. in.) = 16,387 cm3
1 cubic foot (cu. ft.) = 0,0283 m3
1 cubic yard (cu. yd.) = 0,7646 m3

– *Handelsmaße für flüssige Stoffe*
1 pint (pt.) [US] = 0,4732 l;
           [E] = 0,568 l
1 quart (qt.) [US] = 2 pt.
               = 0,9464 l;
           [E] = 1,136 l
1 gallon (gal.) [US] = 3,7854 l;
            [E] = 4,546 l
1 barrel = 117 l

– *Handelsmaß für trockene Stoffe*
1 quart [US] = 1,101 l;
        [E] = 1,137 l
1 bushel [US] = 35,24 l;
         [E] = 36,37 l
1 quarter [US] = 281,9 l;
          [E] = 290,94 l

4. Masse
1 ounce (oz.) = 28,35 g
1 pound (lb.) = 16 oz. = 453,59 g
1 quarter (qr.) [US] = 11,340 kg
            [E] = 12,701 kg
1 hundred weight
    (cwt.) [US] = 45,359 kg
           [E] = 50,802 kg
1 short ton (sh. tn)[US] = 907,185 kg
1 long ton (l. tn.) [US] = 1 016,047 kg
= 1 ton (tn.) [E]

5. Geschwindigkeit
1 foot per sec (ft. p. sec) = 0,305 m/s
1 yard per sec (yd. p. scc) = 0,914 m/s
1 mile per hour (m. p. h.) = 0,447 m/s

6. Volumenstrom
1 cubic (cu.) ft. p. sec = 102 m3/h
1 cubic (cu.) ft. p. min = 1,70 m3/h
1 US gallon per min = 0,227 m3/h
= 1 g. p. m. = 0,063 l/s

7. Dichte
1 lb p. cu. in. = 2,77 g/cm3
1 oz. p. cu. ft. = 1,0 kg/m3
1 lb. p. cu. ft. = 16,0 kg/m3
1 lb. p. g. = 100,0 kg/m3

8. Druck
1 oz. p. sq. m. = 4,4 mbar
1 lb. p. sq. in. (psi) = 0,0689 bar
1 lb. p. sq. ft. = 0,4788 mbar

9. Leistung, Energiestrom
1 ft. lb. p. sec = 1,36 W
1 hp. = 0,746 kW

10. Arbeit, Energie

1 ft. lb.	=	1,36 Ws
1 hp. h	=	2,68 MWs

11. Häufig vorkommende US-Einheiten bei der Wasserversorgung

1 cu. ft. p. sec	=	28 l/s
1 cu. ft. p. min.	=	0,47 l/s
1 MGD =	=	3 785 m3/d
1 000 000 gal/d	=	43,8 l/s
1 gpd	=	3,785 l/d
1 gpdc	=	3,785 l/E d
1 ppm	=	1 part per million
	=	1 mg/l = 1 g/m*ls3

12. Temperatur

Umrechnungsformeln K= °C + 273;

°F = 32 a (°C)·1,8

	Absoluter Nullpunkt		Gefrierpunkt Wasser		Siedepunkt Wasser
Celsius °C	- 273	-17,8	0	20	100
Kelvin K	0	255,2	273	293	373
Fahrenheit, F	- 459,4	0	32	68	212

14.3 Häufig benötigte Zahlenwerte und Gleichungen

1. π = Ludolfsche Zahl = 3,14159
2. e = Grundzahl des natürlichen Logarithmus = 2,718 282
3. g = Erdbeschleunigung = 9,806 056 – 0,025 028 cos 2 φ – 0,000 003 h

g in m/s^2, (φ = geografische Breite, h = Meereshöhe in m
= 9,781 m/s^2 am Äquator in Meereshöhe
= 9,831 m/s^2 am Pol in Meereshöhe
= 9,80616 m/s^2 Paris
= 9,81 m/s^2 i. M. in Deutschland (s. Abschn. 14.1.5)

4. Mittelwertbildung

arithmetisches Mittel:	$m_a = (a + b) / 2$		$m_a = (5 + 10) / 2 = 7,5$
geometrisches Mittel:	$m_g = \sqrt{a \cdot b}$		$m_g = \sqrt{5 \cdot 10} = 7,67$
harmonisches Mittel:	$m_h = 2 \cdot a \cdot b / (a + b)$		$m_h = 2 \cdot 5 \cdot 10 / (5 + 10) = 6,667$

5. Logarithmen

$\log_b a = c$ bedeutet log a zur Basis b = c, somit $b^c = a$
$\log_{10} a = \lg a$ bedeutet log a zur Basis 10 = c, somit $10^c = a$
lg 2 = 0,30103, somit $10^{0,30103} = 2$
$\log_e a = \ln a$ bedeutet log a zur Basis e = c, somit $e^c = a$
ln 2 = 0,69315, somit $2,718282^{0,69315} = 2$
ln a = 2,30259·lg a, somit
ln 2 = 2,30259·0,30103 = 0,69315

6. Zinseszinsrechnung

Verwendbar z. B. für die Berechnung des neuen Wertes bei gleichem jährlichen prozentualen Wertzuwachs, Berechnung von Indizes, Ermittlung der künftigen Einwohnerzahlen u. a.
$K_n = K_a \cdot (1 + z/100)^n$
K_a = Anfangswert, K_n = Wert nach n Jahren, z = Zinssatz in v. H.
Beispiel: K_a = 100, z = 6 v. H., n = 10 Jahre
$K_n = 100 \cdot (1 + 6/100)^{10} = 179$

14.3 Häufig benötigte Zahlenwerte und Gleichungen

7. Trigonometrische Funktionen
Im rechtwinkeligen Dreieck ist c die Hypothenuse, a die Gegenkathete, b die Ankathete (**Abb. 14-1**). Es gelten folgende Beziehungen:

$\sin \alpha = a/c$; $\cos \alpha = b/c$;
$\tan \alpha = a/b$; $\cot \alpha = b/a$;

Die Werte sin α, cos α, tan α, cot α können am Einheitskreis abgelesen werden, dessen Radius gleich der Längeneinheit ist, d. h. r = 1 (**Abb. 14-2**).

Tab. 14-6: Werte sin, cos, tan, cot der Grundwinkel

	0°	30°	45°	60°	90°
sin	0	1/2	$(1/2)\sqrt{2}$	$(1/2)\sqrt{3}$	1
cos	1	$(1/2)\sqrt{3}$	$(1/2)\sqrt{2}$	1/2	0
tan	0	$(1/3)\sqrt{3}$	1	$\sqrt{3}$	∞
cot	∞	$\sqrt{3}$	1	$(1/3)\sqrt{3}$	0

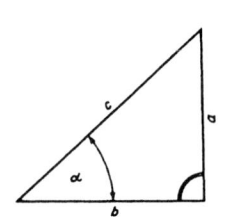

Abb. 14-1: Trigonometrische Funktionen im rechtwinkeligen Dreieck

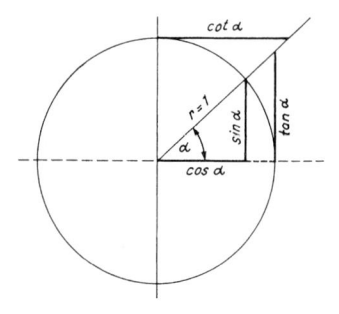

Abb. 14-2: Trigonometrische Funktionen am Einheitskreis

8. Gerade –
Scheitelgleichung: $x/y = a$

9. Kegelschnitte – Mittels der Mittelpunktsgleichung oder der Scheitelgleichung können die einzelnen Punkte der Kurven berechnet und damit die Kurven gezeichnet werden. Die Berechnung wird beschleunigt, wenn dies mit programmierbarem Taschenrechner ausgeführt wird, wobei die Gleichungen nach y aufgelöst werden und dafür ein Programm aufgestellt wird. Es gibt aber auch verschiedene grafische Verfahren zur Konstruktion der Kurven.

9.1. Kreis – **Abb. 14-3**
Mittelpunktsgleichung: $x^2 + y^2 = r^2$
Inhalt der Kreisfläche: $A = r^2 \cdot \pi$
Umfang der Kreisfläche: $U = 2 \cdot r \cdot \pi$
Inhalt Kreissegment oder -abschnitt: $A_s = r^2/2 \cdot (\pi \cdot \alpha/180° - \sin \alpha)$
Inhalt Kreisring: $A_r = \pi (r_a^2 - r_i^2)$

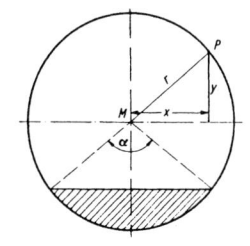

Abb. 14-3: Kreis

9.2. Ellipse – **Abb. 14-4**
Mittelpunktsgleichung: $x^2/a^2 + y^2/b^2 = 1$
Abstand Brennpunkt B von Mittelpunkt M: $\overline{BM} = \sqrt{a^2 - b^2}$
Abstand Ellipsenpunkt P von den Brennpunkten: $r_1 + r_2 = 2a$
Inhalt der Ellipsenfläche: $A = a \cdot b \cdot \pi$
Umfang der Ellipsenfläche: $U \approx \pi\,[3\,(a+b)/2 - \sqrt{ab}]$

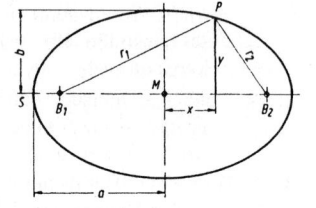

Abb. 14-4: Ellipse

9.3. Hyperbel – **Abb. 14-5**
Mittelpunktsgleichung: $x^2/a^2 - y^2/b^2 = 1$
Abstand Brennpunkt B von Mittelpunkt M: $\overline{BM} = \sqrt{a^2 + b^2}$
Abstand Hyperbelpunkt P von den Brennpunkten:
$r_1 - r_2 = \pm 2a$ („+" bzw. „–" ergeben je einen Hyperbelast)

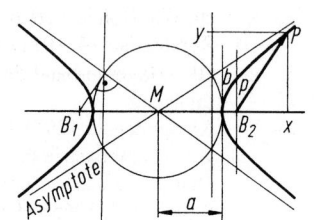

Abb. 14-5: Hyperbel

9.4. Parabel – **Abb. 14-6**
Scheitelgleichung: $y^2 = 2\,p\,x$
Abstand Brennpunkt B von Scheitel S: $\overline{BS} = p/2$
Inhalt der Parabelfläche SP_1P_2: $A = 2/3\,(x \cdot 2y) = 4/3\,h \cdot \sqrt{2ph}$

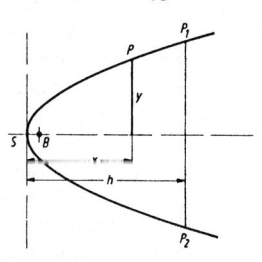

Abb. 14-6: Parabel

14.4 Griechisches Alphabet

A α	B β	Γ γ	Δ δ	E ε	Z ς	H η	Θ ϑ
alpha	beta	gamma	delta	epsilon	zeta	eta	theta
I ι	K κ	Λ λ	M μ	N γ	Ξ ξ	O o	Π p
Jota	kappa	lambda	my	ny	xi	omikron	pi
P ρ	Σ σ	T τ	Y υ	Φ φ	X χ	Ψ ψ	Ω ω
rho	sigma	tau	ypsilon	phi	chi	psi	omega

14.5 Verbände und Vereine

Mit den Aufgaben der Wasserversorgung befassen sich besonders folgende Verbände und Vereine. Als Anschrift ist die jeweilige Hauptgeschäftsstelle angegeben, bei den mit × bezeichneten Verbänden und Vereinen bestehen in den Bundesländern Landesgruppen. (Für die folgenden Anschriften und Ruf-Nrn. gilt der **Stand vom Juni 2006**)

14.5 Verbände und Vereine

1. ATT – Arbeitsgemeinschaft Trinkwassertalsperren e. V.
Sonnenstraße 40, 51645 Gummersbach, Tel.: 02261/36-210, Fax: 02261/36-8210, www.att-ev.de
2. × DWA – Deutsche Vereinigung für Wasserwirtschaft, Abwasser und Abfall e. V.
Theodor-Heuss-Allee 17, 53 773 Hennef, T: (0 22 42) 8 72-0 Fax -1 35, http:///www.dwa.de
3. × BGFW – Berufsgenossenschaft der Gas-, Fernwärme- und Wasserwirtschaft
Auf'm Hennekamp 74, 40225 Düsseldorf, T: (02 11) 93 35-0 Fax -1 99, www.bgfw.de
4. × BGW – Bundesverband der Deutschen Gas- und Wasserwirtschaft
Reinhardstr.14, 10117 Berlin, T: (030) 28041-0 Fax -520, www.bgw.de
5. × BI – Hauptverband der Deutschen Bauindustrie e. V.; BFA Brunnen-, Kanal- und Rohrleitungsbau
Kurfürstenstr. 129, 10285 Berlin, T: (0 30) 2 12 86-0 Fax -2 40, www.bauindustrie.de
6. DGG – Deutsche Geologische Gesellschaft, Fachsektion Hydrogeologie
Stilleweg 2, 30655 Hannover, T: (05 11) 6 43-25 07 Fax -26 95, www.dgg.de
7. DIN – Deutsches Institut für Normung e. V.
Burggrafenstr. 6, 10787 Berlin, T: (0 30) 26 01-0 Fax -12 31, www.din.de
8. × DVGW – Deutsche Vereinigung des Gas- und Wasserfaches e. V.
Josef-Wirmer-Str. 1–3, 53123 Bonn, T: (02 28) 9 18 8-5 Fax -990, www.dvgw.de
9. FIGAWA – Bundesvereinigung der Firmen im Gas- und Wasserfach e. V.
Marienburger Straße 15, 50968 Köln, T: (02 21) 37 64-8 30 Fax -8 61, www.figawa.de
10. GDCh – Gesellschaft Deutscher Chemiker e. V.; Fachgruppe Wasserchemie
Varrentrappstr. 40–42, 60486 Frankfurt/M.; T: (0 69) 79 17-1 Fax -3 22
Engler-Bunte-Institut, Postfach 6980, 76128 Karlsruhe, T: (07 21) 69 62 41 Fax 60 69 89
11. RBV – Rohrleitungsbauverband e. V.
Marienburger Straße 15, 50968 Köln,.T: (02 21) 37 2-0 37 Fax -8 06, www.rbv-koeln.de
12. × VBI – Verband Beratender Ingenieure
Budapester Str. 31, 10787 Berlin, T: (0 30) 2 60 62-0 Fax -100, www.vbi.de
13. × VDE – Verband der Elektrotechnik Elektronik Informationstechnik e. V.
Stresemannallee 15, 60596 Frankfurt/M., T: (0 69) 63 08-0 Fax 6 31 29[kr33]25, www.vde.de
14. × VDI – Verein Deutscher Ingenieure e.V.
Graf-Recke-Straße 84, 40239 Düsseldorf, T: (02 11) 62 14-0 Fax -5 75, www.vdi.de
15. × VdTÜV – Verband der Technischen Überwachungs-Vereine e. V.
Friedrichstr. 136, 10117 Berlin, T: (030) 760095-400 Fax -401, www.vdtuev.de
16. × VKU – Verband kommunaler Unternehmen e. V.
Brohler Straße 13, 50968 Köln, T: (02 21) 37 70-0 Fax -2 66, www.vku.de
17. VUBIC – Verband Unabhängig Beratender Ingenieure und Consultants e. V.
Wallstr. 23/24, 10179 Berlin, T: (0 30) 27 87 32-0 Fax -20, www.vubic.de
18. × ZDB – Zentralverband Deutsches Baugewerbe; Fachgruppe Brunnen-, Wasserwerks- und Rohrleitungsbau
Kronenstr. 55–58, 10117 Berlin-Mitte, T: (0 30) 2 03 14-0 Fax -4 19, www.zdb.de

14.6 DVGW-Regelwerk

14.6.1 Vorbemerkungen

Das DVGW-Regelwerk enthält alle vom DVGW (Deutscher Verein des Gas- und Wasserfaches e. V.) herausgegebenen Arbeitsblätter (A), Merkblätter (M) und Hinweise (H) sowie fachspezifische DIN – Vorschriften, die von der Wirtschafts- und Verlagsgesellschaft Gas und Wasser mbH, Pf. 14 01 51 in 53056 Bonn, bezogen werden können. Neben den im folgenden genannten Blättern der Regelwerke Wasser (W) und Gas/Wasser (GW) gibt es noch ein hier nicht aufgeführtes Regelwerk Gas. Nach dem **Stand Juni 2006** liegen nachstehende Ausgaben der Arbeitsblätter, Merkblätter und Hinweise vor. Die ins DVGW Regelwerk integrierten DIN-Vorschriften sind soweit relevant in Abschn. 14.7 enthalten. (siehe www.dvgw.de).

14.6.2 Wasserversorgung – allgemein

Nummer	Ausgabe	Titel
W 261 (H)	04.05	Leitfaden für die Akkreditierung von Trinkwasserlaboratorien
W 410 (M)	01.95	Wasserbedarfszahlen (in Überarbeitung)
W 555 (A)	03.02	Nutzung von Regenwasser (Dachablaufwasser) im häuslichen Bereich
W 1000 (A)	11.05	Anforderungen an die Qualifikation und die Organisation von Trinkwasserversorgern
W 1010 (H)	12.00	Leitfaden für die Erstellung eines Betriebshandbuches für Wasserversorgungsunternehmen
W 1020 (H)	01.03	Empfehlungen und Hinweise für den Fall von Grenzwertüberschreitungen und anderen Abweichungen von Anforderungen der Trinkwasserversorgung
W 1100 (H)	05.04	Benchmarking in Wasserversorgungsunternehmen
GW 100 (A)	10.02	Erarbeitung und Herausgabe des DVGW-Regelwerk
GW 110 (M)	12.76	Einheiten im Gas- und Wasserfach
GW 117 (H)	10.04	Adressverwaltung in Versorgungsunternehmen
GW 118 (M)	E 10.05	Erteilung von Auskünften in Versorgungsunternehmen
GW 119 (H)	01.02	Verbesserung von Geschäftsprozessen durch die Einbindung von GIS-Systemen
GW 133 (H)	12.05	DV-gestütztes Störfallmanagement und Schadensstatistik unter Einbindung von GIS
GW 315 (H)	05.79	Maßnahmen zum Schutz von Versorgungsanlagen bei Bauarbeiten
GW 1200 (H)	08.03	Grundsätze und Organisation des Bereitschaftsdienstes für Gas- und Wasserversorgungsunternehmen
AfK 1 bis 11	08.79 bis 01.03	Technische Regeln der Arbeitsgemeinschaft für Korrosionsfragen

14.6.3 Wassergewinnung

Nummer	Ausgabe	Titel
W 100 (A)	07.99	Qualifikationsanforderungen an DVGW-Sachverständige für Wassergewinnung
W 101 (A)	02.95	Richtlinien für Trinkwasserschutzgebiete; I. Teil: Schutzgebiete für Grundwasser
W 102 (A)	04.02	Richtlinien für Trinkwasserschutzgebiete; II. Teil: Schutzgebiete für Talsperren
W 104 (A)	10.04	Grundsätze und Maßnahmen einer gewässerschützenden Landbewirtschaftung
W 105 (M)	03.02	Behandlung des Waldes in Wasserschutzgebieten für Trinkwassertalsperren
W 106 (M)	04.91	Militärische Übungen und Liegenschaften der Streitkräfte in Wasserschutzgebieten
W 107 (A)	06.04	Aufbau und Anwendung numerischer Grundwassermodelle in Wassergewinnungsgebieten
W 108 (A)	12.03	Messnetze zur Überwachung der Grundwasserbeschaffenheit in Wassergewinnungsgebieten
W 109 (A)	12.05	Planung, Durchführung und Auswertung von Markierungsversuchen bei der Wassergewinnung
W 110 (M)	06.05	Geophysikalische Untersuchungen in Bohrungen, Brunnen und Grundwassermessstellen, Zusammenstellung von Methoden und Anwendungen
W 111 (A)	03.97	Planung, Durchführung und Auswertung von Pumpversuchen bei der Wassererschließung
W 112 (M)	07.01	Entnahme von Wasserproben bei der Erschließung, Gewinnung und Überwachung von Grundwasser
W 113 (M)	03.01	Bestimmung des Schüttkorndurchmessers und hydrogeologischer Parameter aus der Korngrößenverteilung für den Bau von Brunnen
W 114 (M)	06.89	Gewinnung und Entnahme von Gesteinsproben bei Bohrarbeiten zur Grundwassererschließung
W 115 (M)	03.01	Bohrungen zur Erkundung, Gewinnung und Beobachtung von Grundwasser
W 116 (M)	04.98	Verwendung von Spülungszusätzen in Bohrspülungen bei Bohrarbeiten im Grundwasser
W 118 (A)	07.05	Bemessung von Vertikalfilterbrunnen
W 119 (M)	12.02	Entwickeln von Brunnen durch Entsanden; Anforderungen, Verfahren, Restsandgehalte
W 120 (A)	12.05	Qualifikationsanforderungen für die Bereiche Bohrtechnik, Brunnenbau und Brunnenregenerierung
W 122 (A)	08.95	Abschlussbauwerke für Brunnen der Wassergewinnung
W 123 (A)	09.01	Bau und Ausbau von Vertikalfilterbrunnen
W 124 (M)	11.98	Kontrollen und Abnahmen beim Bau von Vertikalfilterbrunnen
W 125 (A)	04.04	Brunnenbewirtschaftung Betriebsführung von Wasserfassungen
W 127 (A)	03.06	Quellwassergewinnungsanlage Planung, Bau, Betrieb, Sanierung und Rückbau
W 130 (M)	07.01	Brunnenregenerierung
W 132 (M)	12.80	Algen-Massenentwicklung in Langsamsandfiltern und Anlagen zur künstlichen Grundwasseranreicherung – Möglichkeiten zu ihrer Vermeidung
W 135 (A)	11.98	Sanierung und Rückbau von Bohrungen, Grundwassermessstellen und Brunnen

14.6.4 Wasseraufbereitung

Nummer	Ausgabe	Titel
W 200 (A)	05.99	Qualifikationsanforderungen an Unternehmen für Wasseraufbereitungsanlagen
W 201 (A)	08.99	Qualitätsanforderungen an DVGW-Sachverständige für Wasseraufbereitung
W 203 (M)	05.78	Begriffe der Chlorung
W 213-1 (A)	06.05	Filtrationsverfahren zur Partikelentfernung; Teil 1: Grundbegriffe und Grundsätze
W 213-2 (A)	06.05	Filtrationsverfahren zur Partikelentfernung; Teil 2: Beurteilung und Anwendung von gekörnten Filtermaterialien
W 213-3 (A)	06.05	Filtrationsverfahren zur Partikelentfernung; Teil 3: Schnellfiltration
W 213-4 (A)	06.05	Filtrationsverfahren zur Partikelentfernung; Teil 4: Langsamfiltration
W 213-5 (A)	06.05	Filtrationsverfahren zur Partikelentfernung; Teil 5: Membranfiltration
W 213-6 (A)	06.05	Filtrationsverfahren zur Partikelentfernung; Teil 6: Überwachung mittels Trübungs- und Partikelmessung
W 214-1 (A)	12.05	Entsäuerung von Wasser; Teil 1: Grundsätze und Verfahren
W 214-2 (A)	E 02.93	Entsäuerung von Wasser; Teil 2: Grundsätze für Planung, Betrieb und Unterhaltung von Filteranlagen
W 214-3 (A)	E 10.98	Entsäuerung von Wasser; Teil 3: – von Anlagen zum Ausgasen von Kohlenstoffdioxid
W 214-4 (A)	E 03.06	Entsäuerung von Wasser; Teil 4: – von Dosieranlagen
W 215 (M)	07.05	Zentrale Dosierung von Korrosionsinhibitoren; Teil 1: Phosphate
W 216 (A)	08.04	Versorgung mit unterschiedlichen Trinkwässern
W 217 (M)	09.87	Flockung in der Wasseraufbereitung; Teil 1: Grundlagen
W 218 (A)	11.98	Flockung in der Wasseraufbereitung; Teil 2: Flockungstestverfahren
W 219 (A)	06.90	Einsatz von polymeren Flockungshilfsmitteln bei der Wasseraufbereitung
W 220 (A)	08.94	Einsatz von Aluminiumverbindungen und Entfernung von Aluminium bei der Wasseraufbereitung
W 221-1 (A)	09.99	Nebenprodukte und Rückstände aus Wasseraufbereitungsanlagen; Teil 1: Grundsätze und Planungsgrundlagen
W 221 -2 (A)	02.00	Nebenprodukte und Rückstände aus Wasseraufbereitungsanlagen; Teil 2: Behandlung
W 221-3 (A)	02.00	Nebenprodukte und Rückstände aus Wasseraufbereitungsanlagen; Teil 3: Vermeidung, Verwertung und Beseitigung
W 222 (A)	08.99	Einleiten und Einbringen von Rückständen aus Anlagen der Wasserversorgung in Abwasseranlagen
W 223-1 (A)	02.05	Enteisenung und Entmanganung; Teil 1: Grundsätze und Verfahren
-2	02.05	–; Teil 2: Planung und Betrieb von Filteranlagen
-3	02.05	–;Teil 3: Planung und Betrieb von Anlagen zur unterirdischen Aufbereitung
W 224 (A)	04.86	Chlordioxid in der Wasseraufbereitung
W 225 (M)	05.02	Ozon in der Wasseraufbereitung
W 226 (M)	06.90	Sauerstoff in der Wasseraufbereitung
W 227 (M)	04.97	Kaliumpermanganat in der Wasseraufbereitung
W 239 (M)	07.91	Planung und Betrieb von Aktivkohlefilteranlagen für die Wasseraufbereitung
W 240 (A)	12.87	Beurteilung von Aktivkohlen zur Wasseraufbereitung
W 250 (M)	08.85	Maßnahmen zur Sauerstoffanreicherung von Oberflächengewässern
W 251 (M)	08.96	Eignung von Wasser aus Fließgewässern als Rohstoff für die Trinkwasserversorgung
W 253 (M)	07.93	Trinkwasserversorgung und Radioaktivität
W 254 (H)	04.88	Grundsätze für Rohwasseruntersuchungen
W 255 (H)	06.96	Wichtige Hinweise für Wasserversorgungsunternehmen im Falle einer durch radioaktive Stoffe bedingten Notfallsituation
W 270 (A)	11.99	Vermehrung von Mikroorganismen auf Materialien für den Trinkwasserbereich; Prüfung und Bewertung

Nummer	Ausgabe	Titel
W 271 (H)	02.97	Tierische Organismen in Wasserversorgungsanlagen
W 272 (H)	08.01	Hinweise zu Methoden der Parasitenanalytik von Cryptosporidium sp. und Giardia lamblia
W 290 (A)	02.05	Trinkwasserdesinfektion Einsatz- und Anforderungskriterien
W 293 (M)	10.94	UV-Anlagen zur Desinfektion von Trinkwasser
W 294-1 (A)	E 12.03	UV-Geräte zur Desinfektion in der Wasserversorgung Teil 1: Entwurf Anforderungen an Beschaffenheit, Funktion und Betrieb
W 294-2 (A)	E 12.03	UV-Geräte zur Desinfektion in der Wasserversorgung Teil 2: Prüfung von Beschaffenheit, Funktion und Desinfektionswirksamkeit
W 294-3 (A)	E 12.03	UV-Geräte zur Desinfektion in der Wasserversorgung
W 295 (A)	08.97	Ermittlung von Trihalogenmethanbildungspotentialen von Trink-, Schwimmbecken- und Badebeckenwässern
W 296 (M)	02.02	Vermindern oder Vermeiden der Trihalogenmethanbildung bei der Wasseraufbereitung und Trinkwasserverteilung
W 512 (A)	09.96	Prüferfahren zur Beurteilung der Wirksamkeit von Wasserbehandlungsanlagen zur Verminderung von Steinbildung
W 514 (A)	09.96	Anlagen zur Entsäuerung in Einzel- und Eigenwasserversorgungsanlagen nach DIN 2001; Kleinanlagen bis 2 m³/Tag; Anforderungen, Prüfung und Betrieb
W 515 (A)	09.96	Anlagen zur Verringerung von Nitrat mit Anionenaustauschern für Einzel- und Eigenwasserversorgungsanlagen nach DIN 2001; Kleinanlagen bis 2 m³/Tag; Anforderungen, Prüfung und Betrieb
W 620 (M)	05.81	Offene und geschlossene Behälter in Wasseraufbereitungsanlagen
W 622 (M)	07.86	Dosieranlagen für Flockungsmittel und Flockungshilfsmittel
W 623 (M)	09.91	Dosieranlagen für Desinfektionsmittel bzw. Oxidationsmittel; Dosieranlagen für Chlor
W 624 (M)	10.96	Dosieranlagen für Desinfektionsmittel und Oxidationsmittel; Dosieranlagen für Chlordioxid
W 625 (M)	03.99	Anlagen zur Erzeugung und Dosierung von Ozon
W 626 (M)	12.00	Dosieranlagen für Natriumhydroxid
W 628 (M)	09.90	Innenbeschichtung und Auskleidung von Stahlbehältern in Wasserwerken
W 643 (M)	09.95	Einsatz von Betriebsmeßgeräten zur Kontrolle der Wassergüte

14.6.5 Wasserförderung, Wasserwerke

Nummer	Ausgabe	Titel
W 406 (A)	12.03	Volumen- und Durchflussmessung von kaltem Wasser in Druckrohrleitungen
W 407 (M)	07.01	Messung der Wasserentnahme in Wohnungen; Wohnungswasserzähler
W 420 (A)	03.01	Magnetisch-Induktive Durchflussmessgeräte; MID-Geräte; Anforderungen und Prüfungen
W 610 (M)	05.81	Förderanlagen; Bau und Betrieb
W 611 (H)	10.96	Energieoptimierung und Kostensenkung in Wasserwerksanlagen
W 612 (M)	05.89	Planung und Gestaltung von Förderanlagen
W 613 (M)	08.94	Energierückgewinnung durch Wasserkraftanlagen in der Trinkwasserversorgung
W 614 (M)	02.01	Instandhaltung von Förderanlagen
W 615 (H)	08.00	Hinweise zur CE-Kennzeichnung von Förderanlagen in der Wasserversorgung
W 617 (A)	E 01.06	Druckerhöhungsanlagen in der Trinkwasserversorgung
W 618 (M)	E 02.06	Lebenszykluskosten für Förderanlagen in der Trinkwasserversorgung – Auswahlkriterien für kritische Entscheidungen
W 621 (M)	10.93	Entfeuchtung, Lüftung, Heizung in Wasserwerken
W 630 (M)	10.96	Elektrische Antriebe in Wasserwerken

Nummer	Ausgabe	Titel
W 631 (M)	01.05	Hochspannungs- und Niederspannungsanlagen in Wasserwerken; Planungsgrundlagen
W 632 (M)	09.94	Hochspannungs- und Niederspannungsanlagen in Wasserwerken; Schaltanlagen
W 633 (M)	10.04	Hochspannungs- und Niederspanungsanlagen in WasserwerkenTransformatoren
W 634 (M)	04.89	Hochspannungs- und Niederspannungsanlagen in Wasserwerken; Kabel und Leitungen
W 635 (M)	02.99	Hochspannungsanlagen und Niederspannungsanlagen in Wasserwerken; Ersatzstromversorgungsanlagen mit Stromerzeugungsaggregaten, Batterieanlagen, unterbrechungsfreie Stromversorgungsanlagen
W 636 (M)	01.01	Hochspannungs- und Niederspannungsanlagen in Wasserwerken; Erdung, Blitzschutz, Potentialausgleich und Überspannungsschutz
W 640 (M)	04.86	Überwachungs-, Mess-, Steuer- und Regeleinrichtungen in Wasserwerken
W 641 (M)	03.91	Automatisierung in Wasserwerken
W 642 (M)	02.99	Grundausstattung an Einrichtungen zum Messen, Steuern und Regeln in der Wasserversorgung
W 644 (M)	07.01	Prozessleitsysteme in Wasserversorgungsanlagen
W 645-3 (A)	02.06	Überwachungs-, Mess-, Steuer- und Regeleinrichtungen in Wasserversorgungsanlagen Teil 3: Prozessleittechnik
GW 306 (A)	08.82	Verbinden von Blitzschutzanlagen mit metallenen Gas- und Wasserleitungen in Verbrauchsanlagen (mit Beiblatt)
GW 309 (A)	11.86	Elektrische Überbrückung bei Rohrtrennungen

14.6.6 Wasserspeicherung

Nummer	Ausgabe	Titel
W 300 (A)	06.05	Wasserspeicherung; Planung, Bau, Betrieb und Instandhaltung von Wasserbehältern in der Trinkwasserversorgung
W 312 (M)	11.93	Wasserbehälter; Maßnahmen zur Instandhaltung (in Überarbeitung)
W 316-1 (A)	03.04	Instandsetzung von Trinkwasserbehältern; Teil 1: Qualifikationskriterien für Fachunternehmen
-2	03.04	–; Teil 2: Fachaufsicht und Fachpersonal für die Instandsetzung von Trinkwasserbehältern; Lehr- und Prüfungsplan
W 319 (M)	05.90	Reinigungsmittel für Trinkwasserbehälter; Einsatz, Prüfung und Beurteilung
W 347 (A)	05.06	Hygienische Anforderungen an zementgebundene Werkstoffe im Trinkwasserbereich; Prüfung und Bewertung

14.6.7 Wasserverteilung, Wasserverwendung

Nummer	Ausgabe	Titel
Wasserverteilung:		
W 291 (A)	03.00	Reinigung und Desinfektion von Wasserverteilungsanlagen
W 302 (A)	08.81	Hydraulische Berechnung von Rohrleitungen und Rohrnetzen; Druckverlust-Tafeln für Rohrdurchmesser von 40 bis 2000 mm
W 303 (A)	07.05	Dynamische Druckänderungen in Wasserversorgungsanlagen
W 320 (A)	09.81	Herstellung, Gütesicherung und Prüfung von Rohren aus PVC hart (Polyvinylchlorid hart), HDPE (Polyethylen hart) und LDPE (Polyethylen weich) für die Wasserversorgung und Anforderungen an Rohrverbindungen und Rohrleitungsteile
W 324 (A)	08.01	GFK-Rohrleger-Ausbildungs- und Prüfplan
W 331 (M)	09.00	Auswahl, Einbau und Betrieb von Hydranten
W 332 (M)	09.00	Absperr- und Regelarmaturen in Wassertransport und -verteilung
W 333 (M)	05.97	Anbohrarmaturen und Anbohrvorgang in der Wasserversorgung
W 334 (M)	04.00	Be- und Entlüften von Wassertransport- und Verteilungsanlagen
W 335 (M)	09.00	Druck-, Durchfluß- und Niveauregelung in Wassertransport und -verteilung
W 336 (A)	06.04	Wasseranbohrarmaturen Anforderungen und Prüfungen
W 339 (A)	10.05	Fachkraft für Muffentechnik metallischer Rohrsysteme – Lehr- und Prüfplan
W 341 (A)	07.90	Rohre aus Spannbeton und Stahlbeton in der Trinkwasserversorgung
W 343 (A)	04.05	Sanierung von erdverlegten Guss- und Stahlrohrleitungen durch Zementmörtelauskleidung; Einsatzbereiche, Anforderungen, Gütesicherung und Prüfungen
W 345 (A)	01.62	Schutz des Trinkwassers in Wasserrohrnetzen vor Verunreinigung
W 346 (A)	08.00	Guss- und Stahlrohrleitungsteile mit ZM-Auskleidung; Handhabung
W 348 (A)	09.04	Anforderungen an Bitumenbeschichtungen von Formstücken aus duktilem Gusseisen und im Verbindungsbereich von Rohren aus duktilem Gusseisen, unlegiertem und niedrig legiertem Stahl
W 358 (A)	09.05	Leitungsschächte und Auslaufbauwerke
W 380 (M)	05.93	Bewerten von Baumaßnahmen im Bereich von Wasserversorgungsanlagen; Einflüsse und Schutzmaßnahmen
W 392 (A)	05.03	Rohrinspektion und Wasserverluste; Maßnahmen, Verfahren und Bewertungen
W 394 (H)	06.91	Ersatzversorgung; Maßnahmen zur Sicherstellung der Wasserversorgung bei Arbeiten am Rohrnetz
W 395 (M)	07.98	Schadensstatistik für Wasserrohrnetze
W 396 (H)	12.04	Abbruch-, Sanierungs- und Instandhaltungsarbeiten an AZ Wasserrohrleitungen
W 397 (H)	08.2004	Ermittlung der erforderlichen Verlegetiefen von Wasseranschlussleitungen
W 400-1 (A)	10.04	Technische Regeln Wasserverteilung (TRWV), Teil 1: Planung
W 401 (H)	09.97	Entscheidungshilfen für Rehabilitation von Wasserrohrnetzen
W 404 (M)	03.98	Wasseranschlussleitungen
W 406 (A)	12.03	Volumen- und Durchflussmessung von kaltem Wasser in Druckrohrleitungen
W 420 (A)	03.01	Magnetisch-Induktive Durchflussmessgeräte (MID-Geräte); Anforderungen und Prüfungen
GW 4 (A)	03.86	Straßenkappen
GW 9 (A)	03.86	Beurteilung von Böden hinsichtlich ihres Korrosionsverhaltens auf erdverlegte Rohrleitungen und Behälter aus unlegierten und niedriglegierten Eisenwerkstoffen

Nummer	Ausgabe	Titel
GW 10 (A)	07.00	Kathodischer Korrosionsschutz erdverlegter Lagerbehälter und Stahlrohrleitungen; Inbetriebnahme und Überwachung
GW 11 (M)	06.75	Verfahren für die Erteilung der DVGW-Bescheinigung für Fachfirmen auf dem Gebiet des kathodischen Korrosionsschutzes
GW 12 (A)	04.84	Planung und Errichtung kathodischer Korrosionsschutzanlagen für erdverlegte Lagerbehälter und Stahlrohrleitungen
GW 14 (M)	11.89	Ausbesserung von Fehlstellen in Korrosionsschutzumhüllungen von Rohren und Rohrleitungsbauteilen aus Eisenwerkstoffen
GW 15 (M)	11.89	Nachumhüllungen von Rohren, Armaturen und Formteilen; Ausbildungs- und Prüfplan
GW 16 (M)	02.02	Fernüberwachung des kathodischen Korrosionsschutzes
GW 120 (H)	07.98	Planwerke für die Rohrnetze der öffentlichen Gas- und Wasserversorgung
GW 121 (H)	12.05	Leistungsbilder für Vermessungsarbeiten an Fernleitungen und Verteilungsnetzen
GW 122 (H)	02.90	Netzinformationssystem; Aufbau und Fortführung mit Hilfe der grafischen Datenverarbeitung
GW 123 (H)	05.98	Erstellung und Fortführung der digitalen Leitungsdokumentation; Verfahren, Vorgehensweisen und Leistungsbilder
GW 125 (H)	03.89	Baumpflanzungen im Bereich von unterirdischen Versorgungsanlagen
GW 126 (H)	07.98	Verfahren zur Erstellung von Basiskarten
GW 127 (H)	08.98	Fortführung der digitalen Basiskarte
GW 128 (H)	07.98	Einfache vermessungs-technische Arbeiten an Gas- und Wasserrohrnetzen; Schulungsplan
GW 303-1 (A)	E 11.05	Berechnung von Gas- und Wasserrohrnetzen Teil 1: Hydraulische Grundlagen, Netzmodellierung und Berechnung
-2 (H)	03.06	–; Teil 2: GIS-gestützte Rohrnetzberechnung
GW 304 (M)	05.98	Rohrvortrieb
GW 308	08.00	Mobile Ersatzstromerzeuger und deren Betrieb bei Arbeiten an für Rohrleitungen; Anforderungen
GW 309 (A)	11.86	Elektrische Überbrückung bei Rohrtrennungen
GW 312 (M)	01.90	Statische Berechnung von Vortriebsrohren
GW 330 (A)	11.00	Schweißen von Rohren und Rohrleitungsteilen aus Polyethylen (PE 80, PE 100 und PE-Xa) für Gas- und Wasserleitungen; Lehr- und Prüfplan
GW 331 (M)	10.94	Schweißaufsicht für Schweißarbeiten an Rohrleitungen aus PE-HD für die Gas- und Wasserversorgung; Lehr- und Prüfplan
GW 335-A1 (A)	06.03	Kunststoff-Rohrleitungssysteme in der Gas- und Wasserverteilung Anforderungen und Prüfungen Teil A1: Rohre und daraus gefertigte Formstücke aus PVC-U für die Wasserverteilung
-A2 (A)	11.05	–; Teil A 2: Rohre aus PE 80 und PE 100
-A3 (A)	06.03	; Teil A3: Rohre aus PE-Xa
-B1 (A)	09.04	–;Teil B 2: Formstücke aus PE 80 und PE 100
GW 336 (A)	01.2006	Standardisierung der Schnittstellen zwischen erdverlegten Armaturen und Einbaugarnituren
GW 350 (	03.02	Schweißverbindungen an Rohrleitungen aus Stahl in der Gas- und Wasserversorgung – Herstellung, Prüfung und Bewertung
GW 368 (A)	06.02	Längskraftschlüssige Muffenverbindungen für Rohre, Formstücke und Armaturen aus duktilem Gusseisen und Stahl
Richtlinie 2000	01.00	Gas- und Wasserkreuzungsrichtlinien DB AG / BGW
Wasserverwendung:		
W 407 (M)	07.01	Messung der Wasserentnahme in Wohnungen; Wohnungswasserzähler
W 510 (A)	04.04	Kalkschutzgeräte zum Einsatz in Trinkwasser-Installationen Anforderungen und Prüfungen
W 512 (A)	09.96	Prüfverfahren zur Beurteilung der Wirksamkeit von Wasserbehandlungsanlagen zur Verminderung von Steinbildung

14.6 DVGW-Regelwerk

Nummer	Ausgabe	Titel
W 521 (A)	12.95	Gewindeschneidestoffe für die Trinkwasser-Installation; Anforderungen und Prüfung
W 534 (A)	05.04	Rohrverbinder und -verbindungen für Rohre in der Trinkwasser-Installation; Anforderungen und Prüfung
W 541 (A)	06.96	Rohre aus nichtrostenden Stählen und Titan für die Trinkwasser-Installation; Anforderungen und Prüfungen
W 542 (A)	04.97	Verbundrohre in der Trinkwasser-Installation; Anforderungen und Prüfungen
W 543 (A)	05.05	Druckfeste flexible Schlauchleitungen für Trinkwasserinstallationen; Anforderungen und Prüfungen
W 544 (A)	06.99	Kunststoffrohre in der Trinkwasser-Installation; Anforderungen und Prüfungen
W 545 (A)	04.05	Qualifikationskriterien für Fachfirmen zur Rohrinnensanierung von Trinkwasser-Installationen durch Beschichtung
W 548 (VP)	04.05	Rohrinnensanierung von Trinkwasser-Installationen durch Beschichtung
W 553 (A)	12.98	Bemessung von Zirkulationssystemen in zentralen Trinkwassererwärmungsanlagen
W 560 (H)	07.94	Bewertung von Chemikalien für die Klasseneinteilung nach DIN 1988 Teil 4
W 570 (A)	E 08.05	Trinkwasser-Installation Absperrventile aus Kupferlegierungen; Druckminderer und Druckminderer-Kombinationen; Handbetätigte Kugelhähne aus Kupferlegierungen und nicht rostenden Stählen; Rückflussverhinderer und Kombinationen aus Rückflussverhinderern und Absperrventilen; Sicherheitsgruppen für Expansionswasser sowie Systemtrenner mit kontrollierbarer druckreduzierter Zone; Anforderungen und Prüfungen
W 574 (A)	E 08.05	Sanitärarmaturen als Entnahmearmaturen für Trinkwasser-Installationen; Anforderungen und Prüfungen
GW 2 (A)	06.02	Verbinden von Kupferrohren für Gas- und Trinkwasser-Installationen innerhalb von Grundstücken und Gebäuden
GW 6 (A)	01.96	Kapillarlötfittings aus Rotguss und Übergangsfittings aus Kupfer und Rotguss – Anforderungen und Prüfbestimmungen
GW 7 (A)	09.02	Lote und Flussmittel zum Löten von Kupferrohren für die Gas- und Wasserinstallation
GW 8 (A)	01.1996	Kapillarlötfittings aus Kupferrohren; Anforderungen und Prüfbestimmungen
GW 306 (A)	08.82	Verbinden von Blitzschutzanlagen mit metallenen Gas- und Wasserleitungen in Verbrauchsanlagen
GW 354 (A)	09.02	Wellrohrleitungen aus nichtrostendem Stahl für Gas- und Trinkwasser-Installationen, Anforderungen und Prüfungen
GW 392 (A)	06.02	Nahtlos gezogene Rohre aus Kupfer für Gas- und Wasserinstallationen und nahtlos gezogene innenverzinnte Rohre aus Kupfer für die Trinkwasser-Installationen; Anforderungen und Prüfbestimmungen
GW 393 (A)	12.03	Verlängerungen (Rohrverbinder) aus Kupferwerkstoffen für Gas- und Trinkwasser-Installationen Anforderungen und Prüfungen
GW 541 (A)	10.04	Rohre aus nichtrostenden Stählen für die Gas- und Trinkwasser-Installation, Anforderungen und Prüfungen

14.6.8 Brandschutz und Trinkwasser-Notversorgung

Nummer	Ausgabe	Titel
W 331 (A)	09.00	Auswahl, Einbau und Betrieb von Hydranten
W 405 (A)	07.78	Bereitstellung von Löschwasser durch die öffentliche Trinkwasserversorgung
W 1050 (H)	03.02	Vorsorgeplanung für Notstandsfälle in der öffentlichen Trinkwasserversorgung

14.6.9 Bau, Betrieb und Instandhaltung

Nummer	Ausgabe	Titel
Bau:		
W 309 (H)	08.81	DVGW/ATV-Standardleistungsbuch für das Bauwesen (StLB); Leistungsbereich 911; Rohrvortrieb; Durchpressungen
W 400-2 (A)	09.04	Technische Regeln Wasserverteilungsanlagen (TRWV);Teil 2: Bau und Prüfung
W 453 (M)	04.78	Musterleistungsverzeichnis Wasserhaltungsarbeiten
GW 301 (A)	07.99	Qualifikationskriterien für Rohrleitungsbauunternehmen
GW 302 (A)	09.01	Qualifikationskriterien an Unternehmen für grabenlose Neulegung und Rehabilitation von nicht in Betrieb befindlichen Rohrleitungen
GW 310 (H)	E 04.02	Hinweise und Tabellen für die Bemessung von Betonwiderlagern an Bogen und Abzweigen mit nicht längskraft-schlüssigen Verbindungen
GW 320-1 (A)	06.00	Rehabilitation von Gas- und Wasserrohrleitungen durch PE-Relining mit Ringraum Teil 1; Anforderungen, Gütesicherung und Prüfung
-2 (A)	06.00	–; Teil 2; Anforderungen, Gütesicherung und Prüfung
GW 321 (A)	10.03	Steuerbare horizontale Spülbohrverfahren für Gas- und Wasserrohrleitungen Anforderungen, Gütesicherung und Prüfung
GW 322-1 (A)	10.2003	Grabenlose Auswechslung von Gas- und Wasserrohrleitungen Teil 1: Press-/Ziehverfahren Anforderungen, Gütesicherung und Prüfung
-2	E 01.06	–; Teil 2: Hilfsrohrverfahren; Anforderungen, Gütesicherung und Prüfung
GW 323 (M)	07.2004	Grabenlose Erneuerung von Gas- und Wasserversorgungsleitungen durch Berstlining; Anforderungen, Gütesicherung und Prüfung
GW 325 (A)	E 01.06	Grabenlose Bauweisen für Gas- und Wasseranschlussleitungen; Anforderungen, Gütesicherung und Prüfung
GW 329 (A)	05.03	Fachaufsicht und Fachpersonal für steuerbare horizontale Spülbohrverfahren Lehr- und Prüfplan
GW 340 (A)	04.99	FZM-Ummantelung zum mechanischen Schutz von Stahlrohren und –formstücken mit Polyolefinumhüllung; Anforderungen und Prüfung, Nachumhüllung und Reparatur, Hinweise zur Verlegung und zum Korrosionsschutz
Betrieb und Instandhaltung:		
W 291 (A)	03.00	Reinigung und Desinfektion von Wasserverteilungsanlagen
W 345 (A)	01.62	Schutz des Trinkwassers in Wasserrohrnetzen vor Verunreinigung
W 400-3 (A)	E 08.04	Technische Regeln Wasserverteilungsanlagen (TRWV); Teil 3: Betrieb und Instandhaltung
W 491 (A)	E 06.06	Qualifikationskriterien für Unternehmen zur Überprüfung von Wasserverteilungsanlagen; Teil: Anforderungen an das Unternehmen
GW 308 (M)	08.00	Mobile Ersatzstromerzeugung und deren Betrieb bei Arbeiten an Rohrleitungen, Anforderungen
GW 315 (H)	05.79	Maßnahmen zum Schutz von Versorgungsanlagen bei Bauarbeiten
GW 316 (H)	08.82	Orten von erdverlegten Rohrleitungen und Straßenkappen
GW 332 (M)	09.01	Abquetschen von Rohrleitungen aus Polyethylen in der Gas- und Wasserverteilung

14.7 DIN-Normen

14.7.1 Vorbemerkungen

Im folgenden Abschnitt sind diejenigen DIN-Normen aufgeführt, die für die Wasserversorgung von Bedeutung sind. Das vollständige Normenverzeichnis ist im DIN-Katalog, herausgegeben vom Deutschen Informationszentrum für technische Regeln (DITR) im DIN Deutsches Institut für Normung e. V., abgedruckt. Zu beziehen ist dieser, ebenso wie die Normen selbst, von Beuth Verlag GmbH, Burggrafenstr. 6 in 10787 Berlin, www.beuth.de. Stand dieses Verzeichnisses ist **Juni 2006**.

14.7.2 Wasserversorgung – allgemein

Nummer	Ausgabe	Titel
199-1	03.02	Technische Produktdokumentation; CAD-Modelle, Zeichnungen und Stücklisten; Teil 1: Begriffe
1989-1	04.02	Regenwassernutzungsanlagen; Teil 1: Planung, Ausführung, Betrieb und Wartung
-3	08.03	–; Teil 3: Regenwasserspeicher
2000	10.00	Zentrale Trinkwasserversorgung; Leitsätze für Anforderungen an Trinkwasser; Planung, Bau, Betrieb und Instandhaltung der Versorgungsanlagen; Techn. Regel des DVGW
2001	02.83	Eigen- und Einzeltrinkwasserversorgung; Leitsätze für Anforderungen an Trinkwasser; Planung, Bau und Betrieb der Anlagen; Techn. Regel des DVGW
4046	09.83	Wasserversorgung; Begriffe. Techn. Regel des DVGW
4049-1	12.92	Hydrologie; Grundbegriffe
-2	04.90	–; Begriffe der Gewässerbeschaffenheit
-3	10.94	–; Begriffe zur quantitativen Hydrologie
50930-6	08.01	Korrosion der Metalle – Korrosion metallischer Werkstoffe im Innern von Rohrleitungen, Behältern und Apparaten bei Korrosionsbelastung durch Wässer; Teil 6: Beeinflussung der Trinkwasserbeschaffenheit

14.7.3 Wassergewinnung

Nummer	Ausgabe	Titel
1239	02.99	Schachtabdeckungen für Brunnenschächte, Quellfassungen und andere Bauwerke der Wasserversorgung; Baugrundsätze
4021	10.90	Baugrund; Aufschluss durch Schürfe und Bohrungen sowie Entnahme von Proben
4022-1	09.87	Baugrund und Grundwasser; Benennen und Beschreiben von Boden und Fels; Schichtenverzeichnis für Bohrungen ohne durchgehende Gewinnung von gekernten Proben im Boden und im Fels
-2	03.81	–; –; Schichtenverzeichnis für Bohrungen im Fels (Festgestein)
-3	05.82	–; –; Schichtenverzeichnis für Bohrungen mit durchgehender Gewinnung von gekernten Proben im Boden (Lockergestein)
4023	E 09.04	Baugrund- und Wasserbohrungen; Zeichnerische Darstellung der Ergebnisse
4918	09.89	Nahtlose Bohrrohre mit Gewindeverbindung für verrohrte Bohrungen
4922-1	02.78	Stahlfilterrohre für Bohrbrunnen; mit Schlitzbrückenlochung und Laschenverbindung
-2	04.81	–; mit Gewindeverbindung DN 100 bis DN 500
-3	12.75	–; Flanschverbindung NW 500 bis NW 1000
-4	10.99	–; Teil 4: Mit zugfester Steckmuffenverbindung DN 100 bis DN 500
4924	08.98	Sande und Kiese für den Brunnenbau; Anforderungen und Prüfungen
4925-1	04.99	Filter- und Vollwandrohre aus weichmacherfreiem Polyvinylchlorid (PVC-U) für Brunnen; Teil 1: DN 35 bis DN 100 mit Whitworth-Rohrgewinde
-2	04.99	–; Teil 2: DN 100 bis DN 200 mit Trapezgewinde
-3	04.99	–; Teil 3: DN 250 bis DN 400 mit Trapezgewinde
4926	10.93	Brunnenköpfe aus Stahl; DN 400 bis DN 1200
4927	10.95	Flanschensteigrohre aus Stahl zur Wasserförderung, DN 50 bis DN 200
4935-1	06.02	Wickeldrahtfilterrohre aus nicht rostendem Stahl für Brunnen; Teil 1: DN 40 bis DN 100 mit kontinuierlicher Spaltweite und Gewindeverbindung
-2	06.02	–; Teil 2: DN 100 bis DN 500 mit kontinuierlicher Spaltweite und Gewindeverbindung
-3	06.02	–; Teil 3: DN 500 bis DN 1000 mit kontinuierlicher Spaltweite und Flanschverbindung
4943	12.05	Zeichnerische Darstellung und Dokumentation von Brunnen und Grundwassermessstellen
18301	12.02	VOB Verdingungsordnung für Bauleistungen; Teil C: Allgemeine Technische Vertragsbedingungen für Bauleistungen (ATV);; Bohrarbeiten
18302	12.00	–; Brunnenarbeiten

14.7.4 Wasseraufbereitung

Nummer	Ausgabe	Titel
19605	04.95	Festbettfilter zur Wasseraufbereitung; Aufbau und Bestandteile
19606	02.83	Chlorgasdosieranlagen zur Wasseraufbereitung; Anlagenaufbau und Betrieb
19624	06.76	Anschwemmfilter zur Wasseraufbereitung
19627	03.93	Ozonerzeugungsanlagen zur Wasseraufbereitung
19633	01.86	Ionenaustauscher zur Wasseraufbereitung; Techn. Lieferbedingungen
19635	11.92	Dosiergeräte zur Behandlung von Trinkwasser; Anforderungen, Prüfung, Betrieb; Techn. Regel des DVGW
19636	07.89	Enthärtungsanlagen (Kationenaustauscher) in der Trinkwasser-Installation; Anforderungen, Prüfungen; Techn. Regel des DVGW
19643-1	04.97	Aufbereitung von Schwimm- und Badebeckenwasser; Allgemeine Anforderungen
-2	04.97	–; Teil 2: Verfahrenskombination: Adsorption, Flockung, Filtration, Chlorung

14.7 DIN-Normen

Nummer	Ausgabe	Titel
-3	04.97	–; Teil 3: –: Flockung, Filtration, Ozonung, Sorptionsfiltration, Chlorung
-4	02.99	–; Teil 4: –: Flockung, Ozonung, Mehrschichtfiltration, Chlorung
-5	09.00	–; Teil 5: –: Flockung, Filtration, Adsorption an Aktivkohle, Chlorung
38402 bis 38415	03.78/ 02.95	Deutsche Einheitsverfahren zur Wasser-, Abwasser- und Schlammuntersuchung; ...
EN 878	09.04	Produkte zur Aufbereitung von Wasser für den menschlichen Gebrauch; Aluminiumsulfat
EN 880	E 04.93	–; – Spitzenqualität
EN 881	02.05	–; Aluminiumchlorid, Aluminiumhydroxidchlorid und Aluminiumhydroxidchlorid-sulfat (monomer)
EN 882	02.05	–; Natriumaluminat
EN 883	02.05	–; Polyaluminiumchloridhydroxid und Polyaluminiumchloridhydroxidsulfat
EN 885	02.05	–; Polyaluminiumhydroxidchloridsilikat
EN 886	02.05	–; Polyaluminiumhydroxidsilikatsulfat
EN 887	02.05	–; Aluminium – Eisen(III)-sulfat
EN 888	02.05	–; Eisen(III)-chlorid
EN 889	03.05	–; Eisen(II)-sulfat
EN 890	03.05	–; Eisen(III)-sulfat
EN 891	03.05	–; Eisen(III)-chloridsulfat
EN 896	09.05	–; Natriumhydroxid
EN 897	09.05	–; Natriumcarbonat
EN 898	09.05	–; Natriumhydrogencarbonat
EN 899	09.03	–; Schwefelsäure
EN 900	03.00	–; Calciumhypochlorit
EN 901	E 12.04	–; Natriumhypochlorit
EN 902	04.00	–; Wasserstoffperoxid
EN 1017	08.98	–; Halbgebrannter Dolomit
EN 1018	E 02.06	–; Calciumcarbonat
EN 1019	08.05	–; Schwefeldioxid
EN 1278	01.99	–; Ozon
EN 1302	08.99	–; Flockungsmittel auf Aluminiumbasis; Analytische Methoden
EN 1405	08.98	–; Natrium-Alginat
EN 1406	08.98	–; Modifizierte Stärke
EN 1407	10.98	–; Anionische und nichtionische Polyacrylamide
EN 1408	10.98	–; Poly (diallydimethylammoniumchlorid)
EN 1409	10.98	–; Polyamine
EN 1410	10.98	–; Kationische Polyacrylamide
EN 25667-1	11.93	Wasserbeschaffenheit; Probenahme; Teil 1: Anleitung zur Aufstellung von Probenahmeprogrammen
-2	07.93	–; –; Teil 2: Anleitung zur Probenahmetechnik

14.7.5 Wasserförderung

Nummer	Ausgabe	Titel
1945-1	11.80	Verdrängerkompressoren; Thermodynamische Abnahme- und Leistungsversuche
2215	08.98	Endlose Keilriemen, Klassische Keilriemen; Maße
2216	10.72	Endliche Keilriemen, Maße
2217-1	02.73	Antriebselemente; Keilriemenscheiben; Maße, Werkstoff
-2	02.73	–; –; Prüfung der Rillen
2218	04.76	Endlose Keilriemen für den Maschinenbau; Berechnung der Antriebe, Leistungswerte
4810	09.91	Druckbehälter aus Stahl für Wasserversorgungsanlagen
18014	02.94	Fundamenterder
19222	V 09.01	Leittechnik, Begriffe
19226-1 bis 5 -6	02.94 bis 09.97	Leittechnik; Regelungstechnik und Steuerungstechnik; ....
19227-1 u. 2	10.93	Leittechnik; Graphisch Symbole und Kennbuchstaben für die Prozessleittechnik; ...
19235	03.85	Messen, Steuern, Regeln; Meldung von Betriebszuständen
19648-1	07.82	Zähler für kaltes Wasser; Eckwasserzähler
-2	07.82	–; Standrohrwasserzähler
-3	07.82	–; Steigrohrwasserzähler
24250	01.84	Kreiselpumpen; Benennung und Benummerung von Einzelteilen
24251	08.73	Mehrstufige Kreiselpumpen; Wasserhaltungspumpen bei Nenndrehzahl 1500 l/min mit Förderhöhe bis 1000 m
24299-1	05.85	Fabrikschilder für Pumpen; Allgemeine Festlegungen
40009	11.82	Elektrotechnik; Leiterkennzeichnung; Schilder
40108	06.03	Elektrische Energietechnik; Stromsysteme; Begriffe, Größen, Formelzeichen
42500-1	12.93	Drehstrom-Öl-Verteilungstransformatoren; 50 Hz, 50 bis 2500 kVA; Allgemeine Anforderungen und Anforderungen für Transformatoren, U_m bis 24 kV
42500 bis 42513	11.71/09.98/ 11.98	Transformatoren; ...
42523-1	12.93 A1 04.96	Trockentransformatoren; 50 Hz, 100 bis 2500 kVA; Allgemeine Anforderungen und Anforderungen für Transformatoren, U_m bis 24 kV
-2	02.96	–; Teil 2: Ergänzende Festlegungen für Transformatoren mit einer höchsten Spannung für Betriebsmittel mit 36 kV
42681	11.83	Oberflächengekühlte Drehstrommotoren mit Schleifringläufer für Aussetzbetrieb, Bauform IM B 3, mit Wälzlagern; Anbaumaße und Zuordnung der Leistungen
42961	06.80	Leistungsschilder für elektrische Maschinen, Ausführung
44302	02.87	Informationsverarbeitung; Datenübertragung, Datenübermittlung, Begriffe
48805 48810 48828	08.89 bis09.01/ 08.98	Blitzschutzanlage; ...
EN 733	08.95	Kreiselpumpen mit axialem Eintritt PN 10 mit Lagerträger; Nennleistung; Hauptmaße, Bezeichnungssystem
EN 809	10.98	Pumpen und Pumpaggregate für Flüssigkeiten; allgemeine sicherheitstechnische Anforderungen
EN 12262	02.99	Kreiselpumpen; Technische Unterlagen, Begriffe, Lieferumfang; Ausführung
EN 14154-1 bis 3	05.05	Wasserzähler
EN 22858	07.93	Kreiselpumpen mit axialem Eintritt PN 16; Bezeichnung, Nennleistung und Abmessungen (ISO 2858: 1975)
EN 23661	08.94	Kreiselpumpen mit axialem Eintritt; Grundplatten und Einbau-Maße (ISO 3661: 1977)

14.7 DIN-Normen

Nummer	Ausgabe	Titel
EN 24006	08.93	Durchflussmessung von Fluiden in geschlossenen Leitungen; Begriffe und Formelzeichen (ISO 4006: 1991)
EN 29104	08.93	–; Verfahren zur Beurteilung des Betriebsverhaltens von magnetisch-induktiven Durchflussmessgeräten für Flüssigkeiten (ISO 9104: 1991)
EN ISO 5167-1 bis 4	01.04	Durchflussmessung von Fluiden mit Drosselgeräten in voll durchströmten Rohren mit Kreisquerschnitt; Teile 1–4
IEC 64/...	E 07.98 ...	Elektrische Anlagen von Gebäuden; ...
ISO 3046-2 - 7	08.82 05.02	Hubkolben-Verbrennungsmotoren; Anforderungen; ...
ISO 4064-1	10.05	Durchflussmessung von Wasser in geschlossenen Leitungen; Zähler für kaltes Trinkwasser; Teil 1: Spezifikation
-2	10.05	–; Teil 2: Einbaubedingungen und Zählerauswahl
-3	10.05	–; Teil 3: Prüfverfahren und -einrichtungen
ISO 9906	08.02	Kreiselpumpen _ Hydraulische Abnahmeprüfung Klasse 1 und 2
VDE 0100 Bbl. 2	05.01	Errichten von Starkstromanlagen mit Nennspannungen bis 1000 V; Verzeichnis der einschlägigen Normen.
-200	06.98	–; Teil 200: Begriffe
-410	01.97	–; Teil 4: Schutzmaßnahmen; Schutz gegen elektrischen Schlag
-470	02.96	–; Teil 4: Schutzmaßnahmen; Anwendung der Schutzmaßnahmen
-510	01.97	–; Teil 5: Auswahl und Errichtung elektrischer Betriebsmittel; Allgemeine Bestimmungen
-510	E 10.98	Elektrische Anlagen von Gebäuden; –; –;
-520	06.03	–; –; Kabel- und Leitungssysteme (-anlagen) – mit Änderung: A 1 (01.99)
-537	06.99	–; –; Geräte zum Trennen und Schalten
-540	11.91	–; –; Erdung, Schutzleiter, Potentialausgleichsleiter
-551	08.97	–; –; Niederspannungs-Stromversorgungsanlagen
-610	04.04	Errichtung von Niederspannungsanlagen; Nachweise, Erstnachweise
-737	01.02	–; Feuchte und nasse Bereiche und Räume; Anlagen im Freien
VDE 0101	01.00	Starkstromanlagen mit Nennspannungen über 1 kV
VDE 0105-100	06.05	Betrieb von elektrischen Anlagen
VDE 0113 = EN 60204-1	11.98	Sicherheit von Maschinen; Elektrische Ausrüstung von Maschinen; Allgemeine Anforderungen
VDE 0132	08.01	Brandbekämpfung im Bereich elektrischer Anlagen
EN 60073	05.03	Grund- und Sicherheitsregeln für die Mensch-Maschine-Schnittstelle; Codierungsgrundsätze für Anzeigegeräte und Bedienteile
VDE 0276-603	01.05	Starkstromkabel; Teil 603 Energieverteilungskabel ......
VDE 0298 -3 -4 -300	08.83 / 08.03 / 02.04	Verwendung von Kabeln und isolierten Leitungen für Starkstromanlagen;......
VDE 0301-1 IEC 60085 EN 60085	E 05.06 05.06	Bewertung und Klassifikation von elektrischen Isolierungen nach ihrem thermischen Verhalten
EN 6113-2 -2 B1	04.02 10.04	Speicherprogrammierbare Steuerungen; ...
VDE 0470-1	09.00	Schutzarten durch Gehäuse (IP-Code)= EN 60529
VDE 0530-1 = EN 60034 - 1 bis 22	04.05	Drehende elektrische Maschinen; ...
VDE 0636 =EN 60269	04.06	Niederspannungsicherungen
VDE 0660-	04.06	Niederspannungsschaltgeräte; ...

Nummer	Ausgabe	Titel
102 = EN 60947- 1 bis 7 VDE 0664- 100	E 05.02	Fehlerstrom-Schutzschalter Typ B zur Erfassung von Wechsel- und Gleichströmen
VDE 0800-1 bis 10	07.85/ 12.03	Fernmeldetechnik; ...
VDE 0815	09.85	Installationskabel und -leitungen für Fernmelde- und Informationsverarbeitungsanlagen
VDE 0855- 300	07.02	Funksende-/empfangssysteme für Senderausgangsleistungen bis 1 kW; Sicherheitsanforderungen
Auswahl aus der VDE-Schriftenreihe (erschienen im VDE-Verlag GmbH, Bismarckstr. 33, 10625 Berlin)		
Bd. 1	2006	Wo steht was im VDE-Vorschriftenwerk?
Bd. 2	2006	VDE-Vorschriftenwerk; Katalog der Normen
Bd. 9	1998	Schutzmaßnahmen gegen elektrischen Schlag nach DIN VDE 0100, Teil 410, 470 und 540 (11. Aufl.) – Verfasser: Hotopp, R.; Kammler, M.; Lange-Hüsken, M.;
Bd. 10	2004 7. Aufl.	Drehende elektrische Maschinen; Erläuterungen zu DIN VDE 0530 (6. Aufl.) – Verfasser: Mitarbeiter des DKE-Komitees 311 der DKE
Bd. 11	2002 9. Aufl	Errichten von Starkstromanlagen mit Nennspannungen über 1 kV.Erläuterungen zu DIN VDE 0101 (7. Aufl.) – Verfasser: Hügin, K.-H.; Pointner, E.: Wollenberg, K.-J.
Bd. 13	2005 9. Aufl	Betrieb von elektrischen Anlagen – Erläuterungen zu DIN VDE 0105 Teil 100 (10.97) (8. Aufl.) – Verfasser: Mitarbeiter des Komitees 224 der DKE
Bd. 35	2004 6. Aufl	Potentialausgleich, Fundamenterder, Korrosionsgefährdung – DIN VDE 0100, DIN 18014 und viele mehr – (4. Aufl.) – Verfasser: Vogt, D.
Bd. 39	1999	Einführung in die DIN VDE 0100: Elektrische Anlagen in Gebäuden – Verfasser: Rudolph, W.
Bd. 48	2003 4. Aufl.	Arbeitsschutz in elektrischen Anlagen – DIN VDE 0105, 0680, 0681, 0682 und 0683 (3. Aufl.) – Verfasser: Hasse, P.; Kathrein, W.
Bd. 54	1991	Sicherheit in der Fernmelde- und Informationstechnik – Kommentare zu DIN VDE 0800 und 0804 – Herausgeber: Rolle, H.
Bd. 100	2000 3. Aufl.	Stichwörter zu DIN VDE 0100 – Elektrische Anlagen in Gebäuden (2. Aufl.) – Verfasser: Schröder, B.
Bd. 143	1999	Schutz bei Überlast und Kurzschluss in elektrischen Anlagen – Erläuterungen zu DIN VDE 0100/430 und 0298/4 – Verfasser: Nienhaus, H.; Vogt, D.

14.7.6 Wasserspeicherung

Nummer	Ausgabe	Titel
488-1	09.84	Betonstahl; Sorten, Eigenschaften, Kennzeichen
-2	06.86	–; Betonstabstahl; Maße und Gewichte
-4	06.86	–; Betonstahlmatten und Bewehrungsdraht; Aufbau, Maße und Gewichte
-6	06.86	–; Überwachung (Güteüberwachung)
-7	06.86	–; Nachweis der Schweißeignung von Betonstabstahl
1045-1	06.05	Tragwerke aus Beton, Stahlbeton und Spannbeton; Teil 1: Bemessung und Konstruktion; Berichtigung 2
-2	07.01	–; Teil 2: Beton; Festlegung, Eigenschaften, Herstellung und Konformität
-2A1	01.05	–; –; Änderung A1
-3	07.01	–; Teil 3: Bauausführung
-3A1	01.05	–; –; Änderung A1

14.7 DIN-Normen

Nummer	Ausgabe	Titel
-4	07.01	–; Teil 4: Ergänzende Regeln für die Herstellung und die Konformität von Fertigteilen
1048-1	06.91	Prüfverfahren für Beton; Frischbeton
-2	06.91	–; Festbeton in Bauwerken und Bauteilen
-4	06.91	–; Bestimmung der Druckfestigkeit von Festbeton in Bauwerken und Bauteilen; Anwendung von Bezugsgeraden und Auswertung mit besonderen Verfahren
-5	06.91	–; Festbeton, gesondert hergestellte Probekörper
1055-1	06.02	Einwirkungen auf Tragwerke – Teil 1: Wichten und Flächenlasten von Baustoffen, Bauteilen und, Lagerstoffen
-2	02.76	–; Teil 2: Bodenkenngrößen, Wichte, Reibungswinkel, Kohäsion, Wandreibungswinkel
-3	03.06	–; Teil 3: Eigen- und Nutzlasten für Hochbauten
-4	03.05	–; Teil 4: Windlasten
-4B1	03.06	–; –; Berichtigungen
-5	07.05	–; Teil 5: Schnee- und Eislasten
-6	03.05	–; Teil 6: Einwirkungen auf Silos und Flüssigkeitsbehälter
-6B1	02.06	–; –; Berichtigungen
-7	11.02	–; Teil 7: Temperatureinwirkungen
-8	01.03	–; Teil 8: Einwirkungen während der Bauausführung
-9	08.03	–; Teil 9: Außergewöhnliche Einwirkungen
-10	07.04	–; Teil 10: Einwirkungen infolge Krane und Maschinen
-100	03.01	–; Teil 100: Grundlagen der Tragwerksplanung; Sicherheitskonzept und Bemessungsregeln
1084 -31	03.90	Überwachung (Güteüberwachung) im Beton- und Stahlbetonbau;; Bestimmung des Hüttensandanteils
1164-10	08.04	Zement mit besonderen Eigenschaften – Teil 10: Zusammensetzung, Anforderungen und Übereinstimmungsnachweis von Normalzement mit besonderen Eigenschaften
1164-10B1	01.05	Berichtigungen
1164-11	11.03	–; Teil 11: Zusammensetzung, Anforderungen und Übereinstimmungsnachweis von Zement mit verkürztem Erstarren
1164-12	06.05	–; Teil 12: Zusammensetzung, Anforderungen und Übereinstimmungsnachweis von Zement mit einem erhöhten Anteil an organischen Bestandteilen
1164-31	03.90	Portland-, Eisenportland-, Hochofen- und Trasszement; Bestimmung des Hüttensandanteils von Eisenportland- und Hochofenzement und des Trassanteils von Trasszement
4030-1	06.91	Beurteilung betonangreifender Wässer, Böden und Gase; Grundlagen und Grenzwerte
-2	06.91	–; Entnahme und Analyse von Wasser- und Bodenproben
4046	09.83	Wasserversorgung; Begriffe, Techn. Regel des DVGW
4099-1	08.03	Schweißen von Betonstahl; Teil 1: Ausführung
-2	08.03	–; Teil 2: Qualitätssicherung
4149-1	04.05	Bauten in deutschen Erdbebengebieten; Lastannahmen, Bemessung und Ausführung üblicher Hochbauten
4226-100	02.02	Gesteinskörnungen für Beton und Mörtel;; Teil 100: Rezyklierte Gesteinskörnungen
4235-1	12.78	Verdichten von Beton durch Rütteln; Rüttelgeräte und Rüttelmechanik
-2	12.78	–; Verdichten mit Innenrüttlern
-3	12.78	–; Verdichten bei der Herstellung von Fertigteilen mit Außenrüttlern
-4	12.78	–; Verdichten von Ortbeton mit Schalungsrüttlern
-5	12.78	–; Verdichten mit Oberflächenrüttlern

Nummer	Ausgabe	Titel
14210	07.03	Löschwasserteiche
-B1	11.03	–; Berichtigungen
14230	07.03	Unterirdische Löschwasserbehälter
14244	07.03	Löschwasser-Sauganschlüsse, Überflur und Unterflur
14423	04.87	Siebe für Pumpen und Löschwasserbehälter
18195-1 bis 101	06.89 bis 01.06	Bauwerksabdichtungen; ...
18550	V 04.05	Putz und Putzsysteme – Ausführung
18551	01.05	Spritzbeton; Anforderung, Herstellung Bemessung und Konformität
52170-1 bis 4	02.80	Bestimmung der Zusammensetzung von erhärtetem Beton; ...
55928-8	07.94	Korrosionsschutz von Stahlbauten durch Beschichtungen und Überzüge; Teil 8: Korrosionsschutz von tragenden dünnwandigen Bauteilen
EN 197-1	08.04	Zement; Teil 1: Zusammensetzung, Anforderungen und Konformitätskriterien von Normalzement
-2	11.00	–; Teil 2: Konformitätsbewertung
EN 206	07.01	Beton; Teil 1: Eigenschaften, Herstellung und Konformität
EN 1508	12.98	Wasserversorgung; Anforderungen an Systeme und Bestandteile der Wasserspeicherung (ist in DVGW W 300 (A) enthalten)

14.7.7 Wasserverteilung, Wasserverwendung

Nummer	Ausgabe	Titel
1988-1	12.88	Techn. Regeln für Trinkwasser-Installationen (TRWI); Allgemeines; Techn. Regel des DVGW
-2	12.88	–; Planung und Ausführung; Bauteile, Apparate, Werkstoffe; Techn. Regel des DVGW
-2 Bbl 1	12.88	–; Zusammenstellung von Normen und anderen Techn. Regeln über Werkstoffe, Bauteile und Apparate; Techn. Regel des DVGW
-3	12.88	Ermittlung der Rohrdurchmesser, Techn. Regel des DVGW
-3 Bbl 1	12.88	–; Berechnungsbeispiele; Techn. Regel des DVGW
-4	12.88	–; Schutz des Trinkwassers, Erhaltung der Trinkwassergüte; Techn. Regel des DVGW
-5	12.88	–; Druckerhöhung und Druckminderung; Techn. Regel des DVGW
-7	12.04	–; Vermeidung von Korrosion und Steinbildung; Techn. Regel des DVGW
-8	12.88	–; Betrieb der Anlagen, Techn. Regel des DVGW
2410 -3	07.83	Rohre; Teil 3: Übersicht über Normen für Rohre aus Beton, Stahlbeton, Stahlfaserbeton und Spannbeton
2425-1	08.75	Planwerke für die Versorgungswirtschaft, die Wasserwirtschaft und für Fernleitungen; Rohrnetzpläne der öffentlichen Gas- und Wasserversorgung
2425-3	05.80	–; Pläne für Rohrfernleitungen
2460	01.92	Stahlrohre für Wasserleitungen
3321	06.87	Anforderungen und Anerkennungsprüfungen für Hydranten
3580	02.92	Straßenkappen und Tragplatten; Anforderungen und Prüfungen
3352-1	05.79	Schieber; allgemeine Angaben
3356-1	05.82	Ventile; Allgemeine Angaben
33571-1 -4 -5	12.81/10.89	Kugelhähne ....
3389	08.84	Einbaufertige Isolierstücke für Hausanschlussleitungen in der Gas- und Wasserversorgung; Anforderungen und Prüfungen
3543-1	08.84	Anbohrarmaturen aus metallischen Werkstoffen; Anforderungen, Prüfung
-2	05.84	–; mit Betriebsabsperrung; Maße

14.7 DIN-Normen

Nummer	Ausgabe	Titel
-3	07.78	Anbohrarmaturen aus PVC hart (Polyvinylchlorid hart) für Kunststoffrohre; Maße
-4	08.84	Anbohrarmaturen aus Polyethylen hoher Dichte (HDPE) für Rohre aus HDPE; Maße
3546-1	10.02	Absperrarmaturen für Trinkwasserinstallationen in Grundstücken und Gebäuden; allgemeine Anforderungen und Prüfung
3580	02.92	Straßenkappen und Tragplatten; Anforderungen und Prüfungen; Techn. Regel des DGVW
4055	02.92	Wasserleitungen; Straßenkappe für Unterflurhydranten; Techn. Regel des DVGW
4056	02.92	–; Straßenkappen für Absperrarmaturen; Techn. Regel des DVGW
4057	02.92	–; Straßenkappe für Anbohrarmaturen; Techn. Regel des DVGW
4067	11.75	Wasser; Hinweisschilder, Orts-, Wasserverteilungs- und Wasserfernleitungen
4124	10.02	Baugruben und Gräben; Böschungen, Arbeitsraumbreiten, Verbau
8063-1 bis 12	07.80 bis 06.02	Rohrverbindungen und Rohrleitungsteile für Druckrohrleitungen aus weichmacherfreiem Polyvinylchlorid . . .
8076-1	03.84	Druckrohrleitungen aus thermoplastischen Kunststoffen; Klemmverbinder aus Metall für Rohre aus Polyethylen (PE); Allgemeine Güteanforderungen; Prüfung
-3	08.94	–; Teil 3: Klemmverbinder aus Kunststoffen für Rohre aus Polyethylen (PE); –; –;
16450	06.94	Formstücke für Druckrohrleitungen aus weichmacherfreiem Polyvinylchlorid (PVC-U); Benennungen, Kurzzeichen; Vereinfachte Darstellungen
16970	12.70	Klebestoffe zum Verbinden von Rohren und Rohrleitungsteilen aus PVC hart; Allgemeine Güteanforderungen und Prüfungen
19720	02.91	Tragplatten aus Beton für Straßenkappen; Maße, Formen
19802 bis 19808	09.77	Gusseiserne Formstücke für Asbestzement-Druckrohrleitungen; . .
28601	06.00	Rohre und Formstücke aus duktilem Gusseisen – Schraubmuffen-Verbindungen – Zusammenstellung, Muffen, Schraubringe, Dichtungen, Gleitringe
28602	05.00	Rohre und Formstücke aus duktilem Gusseisen – Stopfbuchsenmuffen-Verbindungen – Zusammenstellung, Muffen, Stopfbuchsenring, Dichtung, Hammerschrauben und Muttern
28603	05.02	Rohre und Formstücke aus duktilem Gusseisen; Steckmuffen-Verbindungen; Zusammenstellung, Muffen und Dichtungen
25650	11.99	Formstücke aus duktilem Gusseisen – Bögen 30°, FN-Stücke, MI-Stücke, IT-Stücke – Anwendung, Maße
30670	04.91	Umhüllung von Stahlrohren und -formstücken mit Polyethylen
30672	12.00	Organische Umhüllungen für den Korrosionsschutz von in Böden und Wässern verlegten Rohrleitungen für Dauerbetriebstemperaturen bis 50\GC ohne kathodischen Korrosionsschutz; Bänder und schrumpfende Materialien
30674 -2	10.92	Umhüllung von Rohren aus duktilem Gusseisen; Teil 2: Zementmörtel-Umhüllung
-3	03.01	–; Teil 3: Zink-Überzug mit Deckbeschichtung
-5	03.85	–; Teil 5: Polyethylen-Folienumhüllung
30675 -1	09.92	Äußerer Korrosionsschutz von erdverlegten Rohrleitungen; Schutzmaßnahmen und Einsatzbereiche bei Rohrleitungen aus Stahl
-2	04.93	–; – aus duktilem Gusseisen
30676	10.85	Planung und Anwendung des kathodischen Korrosionsschutzes für den Außenschutz
30677 -1	02.91	Äußerer Korrosionsschutz von erdverlegten Armaturen; Umhüllung (Außenbeschichtung) für normale Anforderungen
-2	09.88	–; Umhüllung aus Duroplasten (Außenbeschichtung) für erhöhte Anforderungen
30678	10.92	Umhüllung von Stahlrohren mit Polypropylen
EN 124	E 08.04	Aufsätze und Abdeckungen für Verkehrsflächen; Baugrundsätze, Prüfungen, Kennzeichnung, Güteüberwachung
EN 512	11.94	Faserzementprodukte; Druckrohre und Verbindungen

Nummer	Ausgabe	Titel
EN 545	09.02	Rohre, Formstücke, Zubehörteile aus duktilem Gusseisen und ihre Verbindungen für Wasserleitungen; Anforderungen und Prüfverfahren
EN 558	E 05.05	Industriearmaturen – Baulängen von Armaturen aus Metall zum Einbau in Rohrleitungen mit Flanschen – Nach PN und Class bezeichnete Armaturen; Deutsche Fassung prEN 558:2005
EN 593	05.04	Industriearmaturen; metallische Klappen
EN 639	12.94	Allgemeine Anforderungen für Druckrohre aus Beton, einschließlich Rohrverbindungen und Formstücke
En 736-1 bis 3	04.85 bis 03.02	Armaturen – Terminologie ....
EN 764	09.04	Druckgeräte; Terminologie und Symbole; Druck, Temperatur, Volumen
EN 805	03.00	Wasserversorgungssysteme und deren Bauteile außerhalb von Gebäuden (siehe auch DVGW W 400-1 bis –3 (A))
EN 806-1	12.01	Technische Regeln für Installationen innerhalb von Gebäuden für Trinkwasser für den menschlichen Gebrauch; Teil 1: Allgemeines
-2	06.05	–; Teil 2: Planung
-3	07.03	–; Teil 3: Ermittlung der Rohrinnendurchmesser
EN 1074-1 bis 6	06.03 bis 04.04	Armaturen für die Wasserversorgung – Anforderungen an die Gebrauchstauglichkeit und deren Prüfung; ....
EN 1092-2	06.97	Flansche und ihre Verbindungen, runde Flansche für Rohre, Armaturen, Formstücke und Zubehörteile, nach PN bezeichnet; Gusseisenflansche
EN 1171	01.03	Industriearmaturen – Schieber aus Gusseisen
EN 1213	12.99	Gebäudearmaturen – Absperrventile aus Kupferlegierungen für Trinkwasseranlagen in Gebäuden – Prüfungen und Anforderungen
EN 1333	10.96	Rohrleitungsteile, Definition und Auswahl von PN
EN 1452-1	09.99	Kunststoff-Rohrleitungssysteme für die Wasserversorgung, Weichmacherfreies Polyvinylchlorid (PVC-U); Teil 1: Allgemeines
-2	09.99	–; Teil 2: Rohre
-3	09.99	–; Teil 3: Formstücke
-4	09.99	–; Teil 4: Armaturen und Zubehör
-5	09.99	–; Teil 5: Gebrauchstauglichkeit des Systems
-6	09.99	–; Teil 6: Empfehlungen für die Verlegung
-7	09.99	–; Teil 7: Beurteilung der Konformität
EN 1717	05.01	Schutz des Trinkwassers vor Verunreinigungen in Trinkwasser-Installationen und allgemeine Anforderungen an Sicherheitseinrichtungen zur Verhütung von Trinkwasserverunreinigungen durch Rückfließen
EN 1984	03.00	Industriearmaturen – Schieber aus Stahl
EN 10298	12.05	Stahlrohre und Formstücke für erd- und wasserverlegte Rohrleitungen; Zementmörtel-Auskleidung
EN 12068	03.99	Kathodischer Korrosionsschutz; Organische Umhüllungen für den Korrosionsschutz von in Böden und Wässern verlegten Stahlrohrleitungen im Zusammenwirken mit kathodischem Korrosionsschutz; Bänder und schrumpfende Materialien
EN 12202-1	06.03	Kunststoff-Rohrleitungssysteme für die Wasserversorgung, Polyethylen (PE); Teil 1: Allgemeines
-2	06.03	–; Teil 2: Rohre
-3	06.03	–; Teil 3: Formstücke
-4	03.02	–; Teil 4: Armaturen
-5	06.03	–; Teil 5: Gebrauchstauglichkeit des Systems
EN 12334	10.04	Industriearmaturen – Rückflussverhinderer aus Gusseisen
EN 12502-1 bis 5	03.05	Korrosionsschutz metallischer Werkstoffe – Hinweise zur Abschätzung der Korrosionswahrscheinlichkeit in Wasserverteilungs- und Speichersystemen; ......
EN 13443-1 u. 2	06.03 u. 04.05	Anlagen zur Behandlung von Trinkwasser innerhalb von Gebäuden – Mechanisch wirkende Filter; ....

Nummer	Ausgabe	Titel
EN 14409-1	12.04	Kunststoff-Rohrleitungssysteme für die Renovierung von erdverlegten Wasserversorgungsnetzen; Teil 1: Allgemeines
-3	12.04	–; Teil 3: Lining mit close-fit-Rohren
VDI 6023 Bl. 1	07.06	Hygiene in Trinkwasser-Installationen; Anforderungen an Planung, Ausführung und Betrieb und Instandhaltung

14.7.8 Brandschutz

Nummer	Ausgabe	Titel
1988-6	05.02	TRWI, Feuerlösch- und Brandschutzanlagen, Techn. Regel des DVGW
4066	07.97	Hinweisschilder für die Feuerwehr
14090	05.02	Flächen für die Feuerwehr auf Grundstücken
14200	06.79	Wasserdurchfluss von Strahlrohrmundstücken oder Düsen
14210	07.03	Löschwasserteiche
14220	07.03	Löschwasserbrunnen
14230	07.03	Unterirdische Löschwasserbehälter
14244	07.03	Löschwasser-Sauganschlüsse; Überflur und Unterflur
14375-1	09.79	Standrohr PN 16; Standrohr 2 B
14420	01.02	Feuerlöschpumpen – Feuerlöschkreiselpumpen; Anforderungen an die saug- und druckseitige Bestückung; Prüfung nach Einbau im Feuerwehrfahrzeug
14423	04.87	Siebe für Pumpen und Löschwasserbehälter
14424	01.05	Feuerwehrwesen; Explosionsgeschützte, tragbare Umfüllpumpe mit Elektromotor, Anforderungen, Typ- und Abnahmeprüfung
14425	10.04	–; Tragbare Tauchpumpen mit Elektromotor (Tauchmotorpumpen)
14426	01.85	–; Tragbare Turbotauchpumpen
14461-1	07.03	Feuerlösch-Schlauchanschlusseinrichtungen; Wandhydrant mit formstabilem Schlauch
-2	01.89	–; Einspeiseeinrichtung und Entnahmeeinrichtung für Steigleitung „trocken"
-3	06.06	–; Schlauchanschluss-Ventile PN 16
-4	01.89	–; Einspeisearmatur PN 16 für Steigleitung „trocken"
-5	06.84	–; Schlauchanschlussarmatur PN 16 für Steigleitung „trocken"
14462-1	01.88	Löschwasserleitungen; Begriffe, Schematische Darstellungen
-2	01.88	–; festverlegte Steigleitungen „trocken" PN 16 in baulichen Anlagen
14463-1	07.99	Löschwasseranlagen; Fernbetätigte Füll- und Entleerungsstationen; Teil 1: Für Wandhydranten „nass/trocken"‡‡`; Anforderungen, Prüfungen
14493-4	07.77	Ortsfeste Schaum-Löschanlagen; Leichtschaum-Löschanlagen
-100	09.02	Feuerwehrwesen; Schaumlöscheinrichtungen für Schwer- und Mittelschaum; Teil 100: Anforderungen und Prüfung
14494	03.79	Sprühwasser-Löschanlagen; ortsfest mit offenen Düsen
14502-2	04.04	Feuerwehrfahrzeuge; Allgemeine Anforderungen
14530-1 bis 22	01.89/05.02/ 04.06	Löschfahrzeuge; ...
14811-1	01.90	Druckschläuche; Anforderungen, Prüfung, Behandlung
-2	11.77	–; Ermittlung des Druckverlustes
EN 1846-1	02.98	Feuerwehrfahrzeuge; Teil 1: Nomenklatur und Bezeichnung
-2	E 03.02	–; Teil 2: Allgemeine Anforderungen; Sicherheit und Leistung
VDE 0132	08.01	Brandbekämpfung im Bereich elektrischer Anlagen

14.7.9 Bau, Betrieb und Instandhaltung

Nummer	Ausgabe	Titel
1960	05.06	VOB, Verdingungsordnung für Bauleistungen, Teil A: Allgemeine Bestimmungen für die Vergabe von Bauleistungen
1961	12.02	VOB, Verdingungsordnung für Bauleistungen, Teil B: Allgemeine Vertragsbedingungen für die Ausführung von Bauleistungen
2425-1	08.75	Planwerke für die Versorgungswirtschaft, die Wasserwirtschaft und für Fernleitungen; Rohrnetzpläne der öffentlichen Gas- und Wasserversorgung
-3	05.80	–; Pläne für Rohrfernleitungen; Techn. Regel des DVGW
4124	10.02	Baugruben und Gräben, Böschungen, Verbau, Arbeitsraumbreiten
18123	11.96	Baugrund; Untersuchung von Bodenproben; Bestimmung der Korngrößenverteilung
18196	06.06	Erd- und Grundbau- Bodenklassifikation für bautechnische Zwecke
18299	12.02	VOB, Verdingungsordnung für Bauleistungen, Teil C: ATV, Allgemeine Regeln für Bauarbeiten jeder Art
18920	08.02	Vegetationstechnik im Landschaftsbau; Schutz von Bäumen, Pflanzenbeständen und Vegetationsflächen bei Baumaßnahmen
31051	06.03	Grundlagen der Instandhaltung

DIN-Taschenbücher über die unterschiedlichen Arbeiten im Baugewerbe sind im Beuth Verlag, Berlin, erhältlich.

14.8 Gesetze, Verordnungen, Richtlinien

14.8.1 Vorbemerkungen

Im folgenden werden Gesetze, Verordnungen und Richtlinien sowie Bestimmungen und Vorschriften, bes. Unfallverhütungsvorschriften aufgeführt, die für den Bereich der Wasserversorgung und die in diesem Taschenbuch angesprochenen Gebiete wichtig sind. Entsprechend dieser Vielfalt kann ein Anspruch auf Vollständigkeit nicht erhoben werden. Zur Vertiefung wird auf den bereits erwähnten DIN-Katalog (Abschn. 14.7) verwiesen. Stand der Zusammenstellung ist **Juni 2006**.

14.8.2 Wasserversorgung – allgemein

AVBWasserV: Verordnung über Allgemeine Bedingungen für die Versorgung mit Wasser vom 20.06.1980 (BGBl. I S. 750–757 + 1067)

BauNVO: Verordnung über die bauliche Nutzung der Grundstücke (Baunutzungsverordnung) vom 23.01.1990 (BGBl. I 1990 S. 132; II 1990 S. 889, 1124; II 1993 S. 466)

EinhV: Ausführungsverordnung zum Gesetz über Einheiten im Meßwesen (Einheitenverordnung) vom 13.12.1985 (BGBl. I S. 2272); geändert durch 2. Verordnung zur Änderung der Ausführungsverordnung zum MeßEinG vom 10.03.2000 (BGBl. I S. 214)

GPSG – Geräte- und Produktsicherheitsgesetz (Gesetz über technische Arbeitsmittel und Verbraucherprodukte) vom 6. Januar 2004 (BGBl. I Nr. 1 vom 09.01.2004 S.2, ber. 2004 S. 219), zuletzt geändert durch Art. 3 Abs. 33 G vom 07.07.2005 (BGBl. I S. 1970)

MeßEinhG: Gesetz über Einheiten im Meßwesen vom 22.02.1985 (BGBl. I S. 408), zuletzt geändert durch Art. 140 der 7. Zuständigkeitsanpassungs-Verordnung vom 29.01.2001 (BGBl. I S. 2785) sowie Ausführungs-Verordnung zum MeßEinhG vom 13.12.1985, zuletzt geändert durch Art.114 Verordnung vom 25.11.2003 (BGBl. I S. 2304)

14.8 Gesetze, Verordnungen, Richtlinien

MinTafelWV: Verordnung über natürliches Mineralwasser, Quellwasser und Tafelwasser (Mineral- und Tafelwasser-Verordnung) vom 01.08.1984 (BGBl. I S. 1036), zuletzt geändert durch Art. 2 der Verordnung zur Novellierung der Trinkwasserverordnung vom 21.05.2001 (BGBl. I S. 969)

PlanzV: Verordnung über die Ausarbeitung der Bauleitpläne und die Darstellung des Planinhalts (Planzeichenverordnung) vom 18. 12. 1990 (BGBl. I [1991] S. 58)

ProdHaftG: Gesetz über die Haftung für fehlerhafte Produkte (Produkthaftungsgesetz) vom 15. 12. 1989 (BGBl. I S. 2198–2200); zuletzt geändert durch Art. 9 Abs. 3 G vom 19.07.2002 (BGBl. I S. 2274)

ROG: Raumordnungsgesetz vom 18.08.1997 zuletzt geändert durch Art. 2b G vom 25.06.2005 (BGBl. I S. 1746)

RoV: Verordnung zu § 15 des Raumordnungsgesetzes (Raumordnungsverordnung) vom 13.12.1990 (BGBl. I S. 2766), zuletzt geändert durch Art. 2b vom 18.06.2002 (BGBl. I S. 1914)

TrinkwV: Verordnung über die Qualität von Wasser für den menschlichen Gebrauch (Trinkwasserverordnung) vom 21.05.2001 (BGBl. I S. 959)

UStatG: Gesetz zur Straffung der Umweltstatistik vom 16. August 2005, Artikel 1 Umweltstatistikgesetz (UStatG) (Gültig ab 20. August 2005) i.V.m. dem Gesetz über die Statistik für Bundeszwecke (Bundesstatistikgesetz – BStatG) vom 22.01.1987 (BGBl.I S.462, 565), zuletzt geändert durch Art. 16 des Gesetzes vom 21.08.2002 (BGBl.I S.3322)

UVPG: Gesetz über die Umweltverträglichkeitsprüfung vom 05.09.2001 (BGBl. I S. 2350), Neugefasst durch Bek. v. 25. 06.2005 I 1757, 2797; geändert durch Art. 2 G vom 24. 06.2005 (BGBL I S. 1794)

WHG: Gesetz zur Ordnung des Wasserhaushalts (Wasserhaushaltsgesetz) in der Neufassung vom 19.08.2002 (BGBl. I S. 3245) zuletzt geändert durch Art. 2 G vom 25. 6.2005 (BGBL I S. 1746) hierzu Wassergesetze der Bundesländer mit Vollzugsverordnungen

EGRL 80/68: Richtlinie des Rates vom 17.12.1979 über den Schutz des Grundwassers gegen Verschmutzung durch bestimmte gefährliche Stoffe (ABl. Nr. L 20, 1980, S. 47), geändert vom 31.12.1991 (ABl. Nr. L 377 S. 48), gültig bis 22.12.2013 gemäß Art. 22 der Wasserrahmenrichtlinie

EGRL 98/83: Richtlinie des Rates über die Qualität von Wasser für den menschlichen Gebrauch vom 03.11.1998 (ABl. Nr. L 330 S. 32)

EGRL 00/60: Richtlinie des Europäischen Parlaments und des Rates vom 23.10.2000 zur Schaffung eines Ordnungsrahmens für Maßnahmen der Gemeinschaft im Bereich der Wasserpolitik (Wasser-Rahmen-Richtlinie WRRL, ABl. Nr. L 327 vom 22.12.2000, S. 1)

14.8.3 Wassergewinnung

EGRL, TrinkwV, WHG: s. Abschn. 14. 8. 2;
EGRL 91/676: Richtlinie des Rates zum Schutz der Gewässer vor Verunreinigung durch Nitrat aus landwirtschaftlichen Quellen vom 12. 12. 1991 (ABl. Nr. L 375 S. 1)

14.8.4 Wasseraufbereitung

AVBWasserV, TrinkwV, EGRL, WHG: s. Abschn. 14. 8. 2
EGRL 75/440: Richtlinie des Rates über die Qualitätsanforderungen an Oberflächenwasser für die Trinkwassergewinnung in den Mitgliedstaaten vom 16. 06.1975 (ABl. Nr. L 194 S. 26), geändert vom 29.10.1979 (ABl. Nr. L 271 S. 44), vom 31.12.1991 (Abl. Nr. L 377 S. 48), gültig bis 22.12.2007 gemäß Art. 22 WRRL (s. Abschn. 14.8.2)

EGRL 79/869: Richtlinie des Rates über die Meßmethoden sowie über die Häufigkeit der Probenahmen und der Analysen des Oberflächenwassers für die Trinkwassergewinnung in den Mitgliedstaaten vom 09.10.1979 (ABl. Nr. L 271 S. 44), geändert vom 07.11.1981 (ABl. Nr. L 319 S. 16), vom 31.12.1991 (ABl. Nr. 377 S. 48), gültig bis 22.12.2007 gemäß Art. 22 WRRL (s. Abschn. 14.8.2)

LAWA-AQS-Merkblätter für die Wasser-, Abwasser- und Schlammuntersuchung (Loseblattsammlung)

Liste der Aufbereitungsstoffe und Desinfektionsverfahren gemäß § 11 der TrinkwV 2001; 4. Änderung 11.05 (www.umweltbundesamt.de /uba-info-daten/daten/trink11.-htm)

14.8.5 Wasserförderung

MeßEinhG, EinhV: s. Abschn. 14. 8. 2

EEG: Gesetz für den Vorrang Erneuerbarer Energien (Erneuerbare-Energien-Gesetz) Novelle vom 21. Juli 2004 (BGBl. I S. 1918) EichG: Gesetz über das Meß- und Eichwesen (Eichgesetz) vom 23.03.1992 (BGBl. I S. 711), geändert durch Art. 115 V vom 25.11.2003 (BGBL I S. 2304)

EichO: Eichordnung vom 12.08.1988 (BGBl. I S. 1657), zuletzt geändert durch Art. 287 G vom 25.11.2003 (BGBl I S. 2304)

EnEG: Gesetz zur Einsparung von Energie in Gebäuden (Energieeinsparungsgesetz) vom 22.07.1976 (BGBl. I S. 1873), neugefasst durch Bek. vom 01. 09.2005 (BGBL I S. 2684)

GSG: Gesetz über technische Arbeitsmittel (Gerätesicherheitsgesetz) vom 11.05.2001 (BGBl. I S. 866), zuletzt geändert am 25.11.2003, (BGBl I S. 2304))

1. GSGV: 1. Verordnung zum GSG = Verordnung über das Inverkehrbringen elektrischer Betriebsmittel zur Verwendung innerhalb bestimmter Spannungsgrenzen vom 11.06.1979 (BGBl. I S. 629); geändert durch Art. 1 des 2. GSGV vom 28.09.1995 (BGBl.. I S. 1213)

6. GSGV: 6. Verordnung zum GSG = Verordnung über das Inverkehrbringen von einfachen Druckbehältern vom 25. 06.1992 (BGBl. I S. 1171); zuletzt geändert durch Art. 4 des 2. GSGV (s. o)

9. GSGV: 9. Verordnung zum GSG = Maschinenverordnung vom 12.05.1993 (BGBl. I S. 704, 2436); zuletzt geändert durch Art. 6 des [kr33]2. GSGV (s. o.)

TAB: Technische Anschlußbedingungen für Starkstromanlagen mit Nennspannungen bis 1000 V des zuständigen EVU

14.8.6 Wasserspeicherung

AVBWasserV, TrinkwV s. Abschn. 14. 8. 2

DAfStb-RiLi: Richtlinien des Deutschen Auschusses für Stahlbeton, – verschiedene Themen zum Betonbau –, Berlin 1984 ff.

DBV-Merkblatt-Sammlung, Deutscher Beton- und Bautechnik Verein e. V., Wiesbaden, www.betonverein.de

KTW: Gesundheitliche Beurteilung von Kunststoffen und anderen nichtmetallischen Werkstoffen im Rahmen des Lebensmittel- und Bedarfsgegenständegesetzes für den Trinkwasserbereich (KTW-Empfehlungen) von 1977 ff. zuletzt geändert durch Leitlinie des Umweltbundesamtes zur veränderten Durchführung der KTW-Prüfungen bis zur Gültigkeit des Europäischen Akzeptanzsystems für Bauprodukte im Kontakt mit Trinkwasser (EAS) Stand : 29.08.2005

Richtlinien für die Erteilung von Zulassungen für Betonzusatzmittel (Zulassungsrichtlinien), Deutsches Institut für Bautechnik, Berlin, www.dibt.de

14.8.7 Wasserverteilung

AVBWasserV, EGRL, TrinkwV: s. Abschn. 14.8.2; KTW: s. Abschn. 14.8.6
GPSG – s. Abschn. 14.8.2

14.8.8 Brandschutz und Trinkwasser-Notversorgung

Für den Brandschutz sind verschiedene Ländervorschriften vorhanden, z. B.:
FwG: Feuerwehrgesetz (für Baden-Württemberg) vom 10.02.1987 (GBl.S. 105), zuletzt geändert am 01.07.2004 (GBl S.469)
BayFwG: Bayerisches Feuerwehrgesetz vom 23.12.1981 zuletzt geändert am 10.07.1998 (GVBl S. 401)
FwG-Berlin: Feuerwehrgesetz Berlin vom 12.12.2005
Für die Trinkwasser-Notversorgung gelten folgende Bundes-Vorschriften:
WasSG: Gesetz über die Sicherstellung von Leistungen auf dem Gebiet der Wasserwirtschaft für Zwecke der Verteidigung (Wassersicherstellungsgesetz) vom 24.08.1965 (BGBl. I S. 1225 + 1817), zuletzt geändert durch Art. 12 Abs. 62 PTNeuOG (Postneuordnungsgesetz) vom 14.09.1994 (BGBl. I S. 2391)
WasSGAB: Bestimmungen des Bundes zur Ausführung des WasSG vom 04.1990 (herausgegeb. vom BMdI)
WasSV1: 1. Wassersicherstellungsverordnung vom 31.03.1970 (BGBl. I S. 357)
WasSV2: 2. Wassersicherstellungsverordnung vom 11.09.1973 (BGBl. I S. 1313), geändert durch WasSV2ÄndV1 (1. Verordnung zur Änderung der 2. WasSV) vom 25.04.1978 (BGBl. I S. 583)
RWWasSG: Regelwerk für Maßnahmen zur Sicherstellung der Trinkwasser-Notversorgung nach dem Wassersicherstellungsgesetz (Regelwerk Wassersicherstellungsgesetz) vom 09.1987 (herausgeb. vom BMdI)

14.8.9 Bau, Betrieb und Instandhaltung

AVBWasserV, AbwasserV, TrinkwV, , ElexV: s. Abschn. 14.8.5; KTW-Empfehlungen: s. Abschn. 14.8.6
ArbStättV: Verordnung über Arbeitsstätten (Arbeitsstättenverordnung) vom 24.08.2004 (BGBl. I Nr.44)
ASiG: Gesetz über Betriebsärzte, Sicherheitsingenieure und andere Fachkräfte für Arbeitssicherheit (Arbeitssicherheitsgesetz) vom 12.12.1973 (BGBl. I S. 1885), zuletzt geändert durch Art. 178 V vom 25.11.2003 (BGBl. I S. 2304)
ArbSchG: Gesetz über die Durchführung von Maßnahmen des Arbeitsschutzes zur Verbesserung der Sicherheit und des Gesundheitsschutzes der Beschäftigten bei der Arbeit (Arbeitsschutzgesetz – ArbSchG) vom 07.08.1996 (BGBl. I S. 1246) zuletzt geändert durch Art. 11 Nr. 20 G vom 30.07.2004 (BGBl. I S. 1950)
BauGB: Baugesetzbuch vom 27.08.1997 neugefasst durch Bek. v. 23.09.2004 (BGBl. I S. 2414); zuletzt geändert durch Art. 21 G vom 21.06.2005 (BGBl. I S. 1818)
ChemG: Gesetz zum Schutz vor gefährlichen Stoffen (Chemikaliengesetz) in der Neufassung vom 20.06.2002 (BGBl. I S. 2090) zuletzt geändert durch Art. 6 V v0m 11.07.2006 (BGBl. I S. 1575)
GefStoffV: Verordnung zum Schutz vor gefährlichen Stoffen (Gefahrstoffverordnung) vom 23.12.2004 (BGBl. I S. 3758 und 3855)
GPSG: – s. Abschn. 14.8.2
HOAI: Verordnung über die Honorare für Leistungen der Architekten und der Ingenieure (Honorarordnung für Architekten und Ingenieure) vom 04.03.1991 (BGBl. I S. 533); geändert durch HOAI-ÄndV5 (5. Verordnung zur Änderung der HOAI) vom 21.09.1995 (BGBl. I S. 1174), Ausgabe 1996 und 2. überarbeitete Auflage 2002 mit Euro-Honorarsätzen, Bundesanzeiger-Verlag, Köln 2001
IFSG: Gesetz zur Verhütung und Bekämpfung von Infektionskrankheiten beim Menschen (Infektionsschutzgesetz) vom 20.07.2000 (BGBl. I S. 1045), zuletzt geändert durch Art. 5 G vom 19.06.2006 (BGBl. I S. 1305)

StrlSchV: Verordnung über den Schutz vor Schäden durch ionisierende Strahlen (Strahlenschutzverordnung) vom 20.07.2001 (BGBl. I S. 1714) berichtigt vom 22.04.2002 (BGBl. I S. 1459); zuletzt geändert durch Art. 2 § 3 Abs.31 (BGBl. I S. 2618)

VgRÄG: Gesetz zur Änderung der Rechtsgrundlagen für die Vergabe öffentlicher Aufträge (Vergaberechtsänderungsgesetz) vom 26.08.1998 (BGBl. I S. 2512)

VgV: Verordnung über die Vergabe öffentlicher Aufträge (Vergabeverordnung) vom 09.01.2001 (BGBl. I S. 110) neugefasst durch Bek. vom 11.02.2003 (BGBl. I S. 169) zuletzt geändert durch Art. 2 G vom 01.09.2005 (BGBl. I S. 2676)

VOB A/B: Verdingungsordnung für Bauleistungen (DIN 1960 05.2006 und DIN 1961 12.2002, BAnz. Nr.202a vom 29.10.2002)

VOF: Verdingungsordnung für freiberufliche Leistungen vom 25.07.2000 (BAnz. S. 18329 Beilage Nr. 173a) neugefasst durch Bek. vom 26. 08.2002 BAnz. 2002 Nr. 203a)

VOL: Verdingungsordnung für Leistungen – ausgenommen Bauleistungen – (BAnz. 2000 S. 20897 Beilage Nr. 200a) neugefasst durch Bek. Vom 17.09.2002 (BAnz. 202 Nr.216a)

Zusätzliche technische Vorschriften:

StLB: Standardleistungsbuch für das Bauwesen, aufgestellt vom Gemeinsamen Ausschuß Elektronik im Bauwesen (GAEB) in Verbindung mit dem Deutschen Verdingungsausschuß für Bauleistungen (DVA) (herausgegeb. vom DIN)

Berufsgenossenschaftliche Regeln und Vorschriften:

A – Betriebliche Arbeitsschutzorganisation:

BGV A 4 (VBG 100) Arbeitsmedizinische Vorsorge Fassung: 1.04.93 Durchführungsanweisungen 4.93

BGV A 6 (VBG 122) Sicherheitsingenieure und andere Fachkräfte für Arbeitssicherheit (Sammlung)

BGV A 7 (VBG 123) Betriebsärzte (Sammlung)

BGV A 8 (VBG 125) Sicherheits- und Gesundheitsschutzkennzeichnung am Arbeitsplatz Fassung: 1.04.95/1.01.02 Durchführungsanweisungen 10.01

B – Einwirkungen:

BGV B 2 (VBG 93) Laserstrahlung Fassung: 1.04.88/1.01.93 Durchführungsanweisungen 10.95

BGV B 3 (VBG 121) Lärm Fassung: 1.01.90/1.01.97 Durchführungsanweisungen 7.99, akt. Fassung 1.05

BGV B 4 (VBG 58) Organische Peroxide Fassung: 1.10.93 Durchführungsanweisungen 10.93

BGV B 5 (VBG 55a) Explosivstoffe – Allgemeine Vorschrift Fassung: 1.04.95/1.04.01 Durchführungsanweisungen 4.01

BGV B 11 (VBG 25) Elektromagnetische Felder Fassung: 1.06.01

C – Betriebsart / Tätigkeiten:

BGV C 22 (VBG 37) Bauarbeiten Fassung: 1.04.77/1.01.97 Durchführungsanweisungen 4.93, aktualisierte Fassung 02

D – Arbeitsplatz/Arbeitsverfahren:

BGV D 5 (VBG 65) Chlorung von Wasser Fassung: 1.04.80 Durchführungsanweisungen 4.80

BGV D 6 (VBG 9) Krane Fassung: 1.12.74/1.10.00 Durchführungsanweisungen 10.00

BGV D 8 (VBG 8) Winden, Hub- und Zuggeräte Fassung: 1.04.80/1.01.97 Durchführungsanweisungen 4.96

BGV D 27 (VBG 36) Flurförderzeuge Fassung: 1.07.95/1.01.97 Durchführungsanweisungen 1.02, aktualisiert 2004

BGV D 29 (VBG 12) Fahrzeuge Fassung: 1.10.90/1.01.97 / akt. Fass. 00 Durchführungsanweisungen 1.93 / akt. Fass. 00

BGV D 34 (VBG 21) Verwendung von Flüssiggas Fassung: 1.10.93/1.01.97 Durchführungsanweisungen 4.98

BGV D 36 (VBG 74) Leitern und Tritte Fassung: 1.10.92 / akt. Fass. 1.06 Durchführungsanweisungen 4.95 / akt. Fass. 1.06

Ein Verzeichnis aller berufsgenossenschaftlichen Regeln, Vorschriften, Informationen, Grundsätzen und ZH 1- Schriften ist unter www.arbeitssicherheit.de verfügbar; diese können dort auch als Volltext bezogen werden.

HIV-KOM: Kommunales Handbuch für Ingenieur-Verträge und ingenieurtechnische Grundlagen (Loseblattsammlung)

14.9 Zeitschriften des Wasserversorgungsfaches

Ein ausführliches Verzeichnis, auch der einschlägigen Zeitschriften des Auslandes, ist im Jahrbuch Gas und Wasser des BGW-DVGW enthalten.

1.	Acta hydrochimica et hydrobiologica; Zeitschrift für Wasser- und Abwasserforschung	Weinheim	Wiley-VCH-Verlag
2.	bbr Wasser-, Kanal- und Rohrleitungsbau	Köln	R. Müller
3.	DVGW Energie Wasser Praxis	Bonn	Wirtschafts- und Verlagsgesellschaft Gas und Wasser
4.	Gas, Wasser, Abwasser	Zürich	Schweiz. VGW
5.	Gas, Wasser, Wärme	Wien	Lorenz
6.	Gesundheitsingenieur	München	R. Oldenbourg
7.	GWF Wasser/Abwasser	München	R. Oldenbourg
8.	Kommunalwirtschaft	Wuppertal	Deutscher Kommunalverlag
9.	Österreichische Wasser- und Abfallwirtschaft	Wien	ÖWAV
10.	Wasserwirtschaft	Wiesbaden	Vieweg
11.	wwt Wasserwirtschaft–Wassertechnik mit Abwassertechnik	Berlin	Verlag Bauwesen
12.	Wasser und Boden	Hamburg	P. Parey
13.	ZfK – Zeitung für kommunale Wirtschaft	Köln	Sigillum-Verlag
14.	3 R – International	Essen	Vulkan-Verlag

14.10 Weitere Schriftenreihen und technische Mitteilungen

1. DVGW-Schriftenreihe Wasser und DVGW-Schriftenreihe Gas/Wasser mehrere Bände, darunter Berichte über die Wasserfachlichen Aussprachetagungen des DVGW und DVGW-Fortbildungskurse sowie über Forschung und Entwicklung, Lehr- und Handbücher Wasserversorgung (s. Abschn. 14.6)
2. DVGW Sonderveröffentlichungen Gas und Wasser
3. GWF-Sonderdrucke Korrosionsfragen – Rohrnetz
4. Schriftenreihe Wasserchemie Karlsruhe
   Veröffentlichungen des Bereichs und des Lehrstuhls der Wasserchemie und der DVGW-Forschungsstelle am Engler-Bunte-Institut der Universität Karlsruhe
5. Technische Mitteilungen der FIGAWA
   Merkblätter, Richtlinien, technische Regeln u. ä. (abgedruckt in „bbr" und DVGW-. . ., s. Abschn. 14. 9)

Joanni GmbH

KBT KLING BOHR-TECHNIK GmbH

Ihre starken Partner für:

- Brunnenbau- und Tiefbohrungen
- Geothermiebohrungen
- Mineralwasserbrunnen
- Brunnensanierungen Brunnenrückbau
- Baugrund- und Lagerstättenbohrungen
- Grundwasser- und Altlastenerkundung

Am Wasserberg 4
86441 Zusmarshausen

Telefon: 0 82 91/85 99 8-0
Telefax: 0 82 91/85 99 8-20
E-Mail: email@joannigmbh.de

Niederlassung Sachsen:
Oskar-Röder-Straße 3
01237 Dresden

Telefon: 03 51/25 69 5-13
Telefax: 03 51/25 69 5-31
E-Mail: kbt-dresden@cobera.de

Kabellichtlote und Ölschichtdickenmessgeräte

Kabellichtlote
– auch mit Temperaturanzeige –

Ölschichtdickenmessgeräte
– jetzt in verbesserter Ausführung mit 16 mm Sondendurchmesser und Messkabel mit mm-Teilung –

sowie weitere **hydrometrische Instrumente** in bewährter Qualität, erhalten Sie von:

SPOHR-Messtechnik GmbH
Länderweg 37 · D-60599 Frankfurt · Tel. (0 69) 62 28 60 · Fax (0 69) 62 04 55
spohr-frankfurt@t-online.de / www.spohr-messtechnik.de

15. Stichwortverzeichnis

Abfluss
- dauerlinie 56
- ganglinie 56
- kurve 55
- oberirdisch 55
- spende 56, 57
- unterirdisch 57

Ablauf einer Baumaßnahme 756
Abnahmeprüfungen von Kreiselpumpen 341
Abschreibungssätze 852
Absetzen 235
Absetzung für Abnutzung 855
Absperrklappen 544
Adsorption 255
Aktivkohlefilter 256
Aktiv-Kohle-Filter 281
Alkalien 262
Aluminium 192
Aluminiumentfernung 298
Ammonium 194
Ammoniumentfernung 288
Analysenverfahren 214
Anbohrschelle 687
Anforderungen 7
- an das technische Personal 804
- an das Trinkwasser 802
- an den Unternehmer 802
- an die Anlagenteile 805
- an Hochbehälter 439

Anforderungen an das Trinkwasser 5
Anlagenkennlinie 338
Anlagenmechaniker 808
Anlagennachweis 856
Anlagenverzeichnis 826
Anlageteile 11
Anlasstransformator 359
Anschlussgrad 14, 42
Anschlussleitungen 687
- Bemessung 29

Anströmspitze 78
Antimon 172
AOX 210
Arbeitssicherheit 821
Armaturen 543
Arsen 173
Arsenentfernung 297
Arzneimittelrückstände 201
Atrazin 180
Aufbereitungsstoffe 213
Aufbereitungsverfahren 272
Aufmaß 762
Aufschwimmverfahren 238
Auftauen von Rohrleitungen 846

Aus- und Fortbildung 807
Auslaufbauwerk 557
AVBWasserV 7, 817
Axialschubausgleich 334

Bahnkreuzungen 697
Barium 195
Basekapazität 204
Bauhöhenplan 761
Baukosten 767
Bauoberleitung 753
Baurecht 818
Baustelleneinrichtung 770
Bauverwaltung 755
Bedarfsprognose 41
Bedienmonitor 369
Beharrungszustand 72
Beitrags- und Gebührensatzung 818
Belüftungsanlagen 240
Bemessung 28
- Anschlussleitungen 29

Benchmarking 857
- Verbändeerklärung 858

Benzo-(a)-pyren 179
Berechnungsdurchfluss 31
Berufliche Weiterbildung 808
Beton
- wasserundurchlässig 461

Betonnachbehandlung 462
Betreibermodell 795
Betrieb 793, 802
Betriebs- und Organisationshandbuch 803
Betriebsaufgaben 822
Betriebsaufzeichnungen 822, 823
Betriebsfeld 337
Betriebsführung 795
Betriebspunkt 338
Blei im Trinkwasser 173
Blindschaltbild 375
Blitzableiter 390
Bodenarten 638
Bohrachse 103
Bohrbrunnen 96
Bohrlochmessung 63
Bohrlochsprengung 103
Bohrloch-Wellenpumpen 336
Bohrstelleneinrichtung 103
Bohrverfahren 98
Bor 182
Brandschutz 715
Bromat 180
Brückenleitungen 696
Brunnenalterung 121

Brunnenausbau 103
Brunnenfassungsvermögen 78
Brunnenkopf 110
Brunnenregenerierung 836
Brunnenreihen 117
Brunnenreinigung 122
Brunnenvorschacht 111
BSB 210
Buchführung
– kameralistische 852
– kaufmännische 853
Buchhaltung 856

Calcitlösekapazität 187, 190
Calcitsättigung 188
Calciumcarbonatsättigung 188
Carix-Anlagen 271
Chlordioxid 305
Chlorgas 304
Chlorid 195
Chlorung 303
Chrom 175
CKW 179, 281
Clostridium perfringens 171
Colebrookformel 589
Coliforme Bakterien 171
CSB 210

Dekontaminierung 299
Desinfektion 301
Desinfektion von Anlageteilen 310
Desinfektion von Rohrleitungen 311
Dienstanweisung für Wassermeister 810
Dienstbarkeit 820
Differenzmanometers 415
DIN 2000 5, 165
DIN 2001 5
DIN-Normen 885
DOC 210
dolomitische Materialien 266
Dosiergeräte 320
Drehbohrverfahren 100, 102
Drehzahländerung 354
Drehzahlregelung 339
Drillingspumpen 345
Druckbehälter 394
Druckbehälterpumpwerke 393
Druckerhöhungsanlage 381
Druckerhöhungsanlagen 382, 393
Druckfilter 243
Druckhöhe 329
Druckhöhenverlust
– Colebrook-Formel 589
– Rohrleitungseinbauten 610
– Tabellen 589
Druckprüfung
– Rohrleitungen 676
Druckspülbohren 102

Drucksteigerungspumpwerke 396
Druckstöße 383, 633
Druckstufen 524
Druckverlustmethode 679
Düker 694
Dupuit-Gleichung 76
Durchlässigkeitsbeiwert 70
Durchlaufbehälter 443
DVGW-Regelwerk 876
Dynamische Druckänderungen 382

Eichpflicht 421
Eigenbetrieb 797, 853
Eigenüberwachung 861
Eigenwasserversorgung 794
Einfräsen 700
Einpflügen 700
Einwohnerbezogener Bedarf 40
Einzelwasserversorgung 794
Eisen 197
Elektrodialyse 254
Energierückgewinnung 348
Engere Schutzzone 131
Enteignungsrecht 819
Enteisenung 275
Enterokokken 171
Enthärtung 206, 291
Enthärtungsverfahren 292
Entmanganung 278
Entnahmebereich 79
Entsalzung 294
Entsanden 111
Entsandungspumpen 113
Entsäuerung 273
Entsäuerungsverfahren 273
Entwurfsplanung/Entwurf 747
EOX 211
EP-Beschichtung 544
Ersatzstromerzeugungsanlage 346
Ersatzstromerzeugungsanlagen 363
Escherichia coli 171
EU-Richtlinie 166
Europäische Wasser-Charta 3

Fachkraft für Wasserversorgungstechnik 808
Fäkalstreptokokken 171
Fällmittel 258
Fassungsbereich 131
Feinfilter 250
Filterkies 107
Filterkieseinbau 108
Filterkieskörnung 109
Filtermaterialien 245
Filterrohre 103
Filterrohrverbindungen 105
Filtersand 107
Filterversuche 246
Finanzwesen 852

15. Stichwortverzeichnis

Flachbelüfter 240
Fließgewässer 162
Flockungsfiltration 233
Flockungshilfsmittel 233
Flockungsmittel 233
Flockungstestverfahren 235
Flowmeter 64
Fluktuierendes Wasservolumen 431
Fluorid 175
Flusswasser 61
Flusswasserfassung 129
Fördervermögen der Rohrleitung 837
Formstücke
– PVC-U 539
– Stahl 532
Formstücken
– Grauguss 536
Frequenzumrichter 353
Frostschäden 844
Füllkörperkolonnen 242
Funknetze 374

Garantiepunkt 342
Gasaustausch 239
Gegenbehälter 444
Gemeinkosten 771
Geophysik 63
Geophysikalische Methoden 63
Gerätekosten 769
Geruchsschwellenwert 185
Geschäftskosten 772
Gesetze 896
Gesetzliche Einheiten 867
Gesteinsarten 99
Gesundheitsrecht 816
Grabenlose Rohrverlegung 700
Großvertikalfilterbrunnen 118
Grundbuch 819
Grunddienstbarkeit 756
Grunderwerb 820
Grundschutz 43
Grundstücksrecht 819
Grundstückswesen 851
Grundwasser 58, 61, 155
– abfluss 71
– absenkung 66, 71
– absenkungskurve 74
– anreicherung 84, 122, 258
– bahngeschwindigkeit 68
– bilanz 65
– entnahme 66, 71, 79
– erkundung 62
– fassungen 95
– filtergeschwindigkeit 68
– fließgeschwindigkeit 68, 70
– fließrichtung 67
– galerie 82
– gefälle 67

– hydraulik 67, 87
– leiter 58, 61
– messdreieck 67
– modelle 85
– nichtleiter 58
– porengeschwindigkeit 68
– -pumpwerk 391
– sohle 65
– Speicher 429
– spiegel 65
– stockwerke 58
– überwachung 226
– vorkommen 62
Güteklassen 160
GW-Neubildung 50

Haltedruckhöhe 336
Hammerbohrverfahren 101
Hauptpumpversuch 115
Hauptpumpwerk 381
Hausanschlüsse 687
Hauswasserzähler 417
Hintereinanderschaltung von Kreiselpumpen 340
HOAI 737
Hochbehälter 427, 439
– Ausführungsbeispiel 482
– Be- und Entlüftung 471
– Bedienungshaus 457
– Belichtung 471
– Decke 457
– Dränleitung 454
– Fertigteilbauweise 466
– Fugen 455
– Fundament 454
– Grundrissform 447
– Gründung 454
– Höhenlage 442
– hydraulische Ausrüstung 472
– Ortbetonbauweise 458
– Sohle 454
– Stützen 457
– Wand 456
– Wärmeschutz 452
– Wassererneuerung 449
– Wasserkammer 462
– Wassertiefe 451
– Zugang 470
Honorare 740
Horizontalfilterbrunnen 118
Hydranten 716
Hydrogeologie 49
hydrogeologisches Gutachten 96
Hydrogeologisches Profil 63
Hydrologie 49

Indikatorparameter 169
Innenemaillierung 543

Instandhaltung 828
Instandsetzung 828, 835
Investitionen 6
Ionenaustauscher 269

Jurakalk 263

Kalibermessung 64
Kalkhydratanlagen 268
Kalk-Kohlensäure-Gleichgewicht 208
Kalkstein 263
Kalkulation 767
kalorimetrisches Verfahren 215
Kammerfilterpressen 314
kapillare Steighöhe 58
Kapitalgesellschaft 798
Karstgrundwasserleiter 62
Karstgrundwasserleitern 87
Kassen- und Rechnungswesens 859
kathodische Schutzverfahren 523
Kennlinien von Kreiselpumpen 331
Kennzahlenvergleich 857
Kennzeichnung in Rohrmuffe 525
Kernbohrverfahren 102
Klarpumpen 111
Kluftgrundwasserleiter 61
Kluftgrundwasserleitern 87
Kohlensäure 207
Kohlenstoffdioxid 207
Kolbenpumpen 344
Kommunalunternehmen 798
Kontrollen der Anlagenteile 828
Konzessionsabgabe 856
Kooperation 795
Korrosion
– Werkstoffe 221
Korrosionsschutz
– Amaturen 543
– Filterrohre 106
Korrosionswahrscheinlichkeit 520
Kostenindex 788
Kostenschätzung 747
Kostenzusammenstellungen 751
Kreiselpumpen 331
Krisenstab 729
Kugelhähne 545
Kundenbetreuung 860
Kunststoff-Filterrohre 107
Kupfer 181
Kurzschlussläufer 352

Labor 827
Landesentwicklungsplan 7
Langsamentcarbonisierung 292
Lasttrennschalter 360
Lecksuche 842
Legionella pneumophila 172
Leistungsrückgang 120

Leistungsschalter 360
Leitfähigkeit 191
Lichtwellenleiter 374
Liegenschaftskataster 820
Linksspülverfahren 102
Lohnkosten 769
Lokalautomatik 377
Löschfahrzeuge 720, 721
Löschgruppe 715
Löschwasserbedarf 42, 715
Löschwasserbehälter 500
Löschwasserleitungen 719
Löschwasserteich 500
Löschwasservorrat 437
Lufthebebohren 102
Luft-Wasser-Spülung 249

Mammutpumpe 345
Mangan 198, 278
Markierungsversuch 69
Mauerdurchführung 688
Meerwasser 295
Mehrbrunnenanlage 80
Mehrbrunnengleichung 81
Mehrschichtfilter 249
Mehrstufige Pumpen 334
Membranverfahren 251
Messwehr 416
Mikrobiologische Parameter 169
Mikrobiologische Probeentnahme 218
Mikrofiltration 254
Mikrosiebanlage 231
Mindestversorgungsdruck 442
Mischbettaustauscher 271
Mischwasser 315
Mittellohn 769
Motorkühlung 360
Motorschutzschalter 360, 361
MTBE 194
Multi-Barrieren-System 225
m-Wert 204

Nanofiltration 255
Nassläufer 336, 411
Natrium-hypochlorit 302
Natronlauge 268
Naturkatastrophen 725
Netzmeister 808
Nickel 176
Nickelentfernung 298
Niederschlag 50
Niederschlagshöhe 51
Nitrat 176
Nitrifikation 288
Nitrit 178
Notstandsfälle 848
Notstandsfällen 725
Notversorgung 726

PAM

Zwei Produktlinien,

Rohre, Formstücke und Armaturen aus duktilem Gusseisen

Ein System...

Tel. 0681/8701-0
Fax 0681/874302

SAINT-GOBAIN GUSSROHR
GmbH & Co. KG
Saarbrücker Straße 51
66130 Saarbrücken

www.gussline.de
www.pamapplications.de
www.euro20.info

SAINT-GOBAIN
GUSSROHR

Weitere Titel aus dem Programm

Christian Petersen
Dynamik der Baukonstruktionen
1996. XXVI, 1272 S.
Geb. € 109,00
ISBN 3-528-08123-6

Peter, Günter
Überfälle und Wehre
Grundlagen und Berechnungsbeispiele
2005. XV, 302 S. mit 92 Abb.
Br. € 34,90
ISBN 3-528-01762-7

Colling, François
Holzbau - Beispiele
Musterlösungen, Formelsammlung, Bemessungstabellen
2004. VI, 174 S. 98 Beispiele mit ausführlichen Musterlösungen Br. € 14,90
ISBN 3-528-02578-6

Colling, François
Holzbau
Grundlagen, Bemessungshilfen
2004. XVIII, 302 S. Br. € 29,90
ISBN 3-528-02569-7

Werkle, Horst
Finite Elemente in der Baustatik
Statik und Dynamik der Stab- und Flächentragwerke
2., überarb. u. erw. Aufl. 2001.
X, 435 S. Mit 208 Abb. u. 36 Tab.
Br. € 24,90
ISBN 3-528-18882-0

Werkle, Horst/Avak, Ralf/Michaelsen, Silke/Francke, Wolfgang/Priebe, Jürgen
Mathcad in der Tragwerksplanung
Elektronische Arbeitsblätter für Statik, Stahlbetonbau, Stahlbau und Holzbau
2003. XII, 270 S. mit CD-ROM. Br.
€ 39,90
ISBN 3-528-01746-5

vieweg
Abraham-Lincoln-Straße 46
65189 Wiesbaden
Fax 0611.7878-400
www.vieweg.de

Stand Juli 2006.
Änderungen vorbehalten.
Erhältlich im Buchhandel oder im Verlag.

15. Stichwortverzeichnis

Nutzinhalt 438

Oberflächenbeschickung 236
Oberflächenwasserentnahmen 125
Objektschutz 390, 848
Öffentliche Wasserversorgung 794
Organisation 800
– Wasserversorgung 794
Organisationsverschulden 802
Örtliche Bauüberwachung 754
Ortung von Rohrleitungen und Straßenkappen 838
Oxidationsmittel 259
Oxidatoren 239
Ozonzugabe 260

PAK 179
Parallelbetrieb von Kreiselpumpen 339
Parallelplattenabscheider 237
Parameter
– Wasserbeschaffenheit 167
Parasiten 171
PBSM 180
Personalbedarf 806
Personalqualifikation 805
Personalwesen 851
Pestizide 180
Phosphatdosierung 296
Phosphate 200
Phosphor 199
pH-Wert 187
physikalischen Wasserbehandlung 321
Planung 10, 735
Polyesterharz 519
Polyethylen 519
Polyvinylchlorid 519
Porengrundwasserleiter 61, 67
POX 211
Pressgrube 693
Probenahme 217
Prozessleitsysteme 379
PSM 180
Public-Private-Partnership 795
Pufferung 204
Pulverkohle 257
Pumpversuche 72, 115, 118
Pumpwerke 385

Quellen 87
Quellenarten 87
Quellenerkundung 89
Quellenhydraulik 87
Quellfassungen 90
Quellsammelschacht 93

Radionuklide 202
Radionukliden 300
Radon 203, 299

Raumfilter 243
Rechts-, Vertrags- und Versicherungswesen 851
Rechtsvorschriften 811
Redoxpotential 211
reduzierte Wässer 280
Regelkreis 370
Regenerierung 121
Regenwasser 61, 165
Regenwassernutzung 9
Regenwassernutzungsanlagen 165
Regiebetrieb 796, 852
Reynolds'sche-Zahl 152
Richtlinien 896
Ringkolbenventile 547
Rohbaukosten 774
Rohre
– Faserzement 536
– PVC-U (Kunststoff) 537
– Spannbeton 537
– Stahl 532
– Stahlbeton 537
– statische Beanspruchung 633
– UP-GF 542
Rohrgraben 652
– Abrechnungsbreite 658
– Arbeitsstreifenbreite 652
– Handaushub 658
– Tiefe 653
– Verbau 659
– Verdichtung 664
– Visierlinie 655
– Vorarbeiten 652
– Wasserhaltung 662
– Widerlager 675
Rohrleitung
– Bemessung 582
– Berechnung 582
– Desinfektion 683
– Einbau 665
– Instruktionsverfahren 571
– PE-Folienschlauch 666
– Rauheitswert 588
– Spülung 683
– Transportschäden 665
– Widerstandszahl 587
– zeichn. Darstellung 573
Rohrleitungen 517
– Bemessung 617
– Berechnung 617
– Hinweisschilder 567
– Mindestüberdeckung 570
– Planung 568
Rohrleitungsbau 651
Rohrnetz
– Belastungsplan 625
– Bemessung 582, 619
– Berechnung 582
– Betriebszustände 621

- Hardy-Cross-Verfahren 624
- Rechennetzplan 625
- Ringstränge 571
- Strangdurchflüsse 624
- Stuttgarter Verfahren 627

Rohrnetze 517
Rohrverbindungen
- Flansch 527
- Flansche 669
- Klebemuffe 539
- Klemmverbindungen 540
- Rekakupplung 536
- Schraubmuffen 668, 669
- Schraubmuffenverbindung 526
- Schweißverbindungen 541, 669
- Steckmuffen 526
- Stopfbuchsenmuffen 668
- Stopfbuchsenverbindungen 527
- TYTON-Muffen 667

Rohrwerkstoffe
- Kennwerte 639

Rohwässer 155
Rohwasserqualität 157
Roots-Gebläse 349
Rückschlagklappen 550
Ruhedruck 620

Sabotageakte 725
SAK 210
Sandfang 230
Sanftanlauf 358
Saprobie 160
Sättigungs-pH-Wert 189
Saughöhe 330
Säurekapazität 204
Schachtbrunnen 96, 734
Schadensmeldung 825
Schaumlöschanlagen 718
Schichtquellenfassung 92
Schieber 544
Schlagbohrverfahren 98, 100
Schlagbrunnen 95
Schlammbehandlung 311
Schleifringläufer 352
Schleudergussverfahren 524
Schnellentcarbonisierung 293
Schnellfilter 243
Schocken 112
Schriftenreihen 901
Schutzarten der Elektromotoren 359
Schutzgebiete für Grundwasser 130
Schutzgebiete für Seen und Flüsse 148
Schutzgebiete für Trinkwassertalsperren 143
Schutzgebietsgrenzen 133
Schutzgebietskatalog 135
Schutzgebietsverordnung 134, 815
Schutzgebietszonen 131
Schutzmaßnahmen 848

Schutzrohre 692
Schutzzonenbemessung 133, 144
Schwimmerventil 558
Sedimentationsanlagen 236
Seewasser 61
Seewasserfassung 128
Seilschlagbohren 101
Seismik 63
Sicherheitsvorrat 436
Sickergalerie 93
SI-Einheit 868
Sonderobjekte 28
Speicherinhalt 437
Speicherkoeffizient 72
Speicherprogrammierbare Steuerungen 362
Sperrenbauwerk 127
Sperrrohr 110
Spiralgehäusepumpen 334
Spiralwandbehälter 449
Sprinkleranlagen 717
Spritzverzinkung 521
Sprühwasser-Löschanlagen 717
Spülbrunnen 96
Stahl-Filterrohre 105
Stauquellenfassung 94
Sterndreieck-Anlauf 336
Stern-Dreieck-Schaltung 356
Stern-Dreieck-Schütze 361
Steuerkette 370
Steuern und Abgaben 854
Stickstoffverbindungen 176, 178, 282
Stoffkosten 769
Straßenbenutzungsrecht 821
Straßenkreuzungen 691
Strippen 240
Stromleitungen 362
Stundenprozentwert 26

Tagesspitzenfaktor 19
Technische Regelwerke 811
Telekommunikationsnetze 374
Tenside 202
Thermistorgeräte 361
Tiefbehälter 435, 499
TOC 210
Transmissivität 70
Trennschalter 361
Trenntransformatoren 366
Trihalogenmethane 180
Trihalogenmethanen 303
Trinkwasser
- aufbereitung 228
- schutzgebiete 129
- verordnung 166
- versorgung
    Eigen 733
    Einzel 733
- versorgung in Notstandsfällen 725

15. Stichwortverzeichnis

Trinkwasser-Installation 702
Trinkwassertalsperre 125
Trinkwassertalsperren 61, 429, 439
Trinkwasserverordnung 817
Trockenbohren 101
Trockenfilter 278, 288
Trockenläufer 411
Trübung 183

Überflurhydranten 560
Übertragungsverfahren 372
Überwachung 793
– staatliche 862
Uferfiltrat 165
Uferfiltrationsrate 122
Ultrafiltration 254
Umkehrosmose 252
Umrechnungstabellen 870
Umweltverträglichkeit 66
Unglücksfälle 725
Unterflurhydranten 560
Unternehmensaufbau 799
Unternehmensformen 796
Unternehmensleitung 799
Unterwassermotorpumpe 392
Uran 203
Uranentferung 299
UV-Bestrahlung 308

Ventilanbohrschelle 564
Ver- und Entsorger 806
Verbände und Vereine 874
Verbrauchereinheit 32
Verbrauchsleitungen 702
Verdingung 759
Verdunstung 54
Verdüsung 240
Vergabewesen 851
Verkehrslasten 639
Verordnungen 896
Versauerung 226
Versickerung 84
Versickerungsanlagen 124
Versorgungsvertrag 818
Verwaltung 793, 850
Verwaltungsaufgaben 850
Verwaltungskostenbeiträge 856
Verweildauer 131
Viskosität 152
VOB 737, 762, 767
Vollwandrohre 107
Vor-Ort-Bedienung 377
Vorplanung/Vorentwurf 746

Wartung der Anlagenteile 828
Wasser
– abgabesatzung 818
– analysen 216
– andrangkurve 77
– andrangskurve 115
– aufbereitung 151
– bedarf 44
– belüftung 238
– beschaffenheit 66, 151
– dichte 151
– -förderung 329
– härte 204
– Kammer 462
– Kreislauf 51
– mischung 315
– Notstandsfälle 44
– recht 812
– rechtliche Bescheid 813
– rechtliches Verfahren 812
– schutz 222
– schutzgebiete
   Hinweiszeichen 816
– sicherstellungsgesetz 726
– Speicherung 425
– temperatur 186
– untersuchungen 216
– verlustmethode 679
– -verteilung 517
– Vorrat 49
– zählereinbau 690
Wasser- und Bodenverband 797
Wasserabgabe 6, 14, 16, 18, 19, 21, 23
Wasserbedarf 38, 45
Wasserbehälter 503
– Außenanlagen 482
– Außerbetriebnahme 506
– Baustoffe 459
– Betriebshandbuch 505
– Desinfektion 505, 506, 507
– Dichtheitsprüfung 479
– Elektrische Einrichtung 478
– Entleerungsleitung 476
– Entnahmeleitung 475
– Entwässerungsanlage 477
– in Hochlage 427
– in Tieflage 428
– Inbetriebnahme 506
– Instandhaltung 503, 508
– Instandsetzung 509
– Kontrolle 504, 506
– Korrosionsschutz 477
– Mangel 503
– Mängel 507
– Reinigung 505, 506, 507
– Sanierung 503
– Schaden 503, 507
– Speicherinhalt 430
– Statische Bearbeitung 460
– Überlaufleitung 475
– Zulaufleitung 473

Wasserbilanz 50
Wasserfassungen 89
Wasser-Generationenvertrag 5
Wassergewinnung 49
Wasserhaushaltsgleichung 50
Wassermangel 836
Wassermeister 807, 808
Wassermessung 414
Wasserrahmenrichtlinie 4
Wassersparen 36
Wassersparende 9
Wasserstoffperoxid 262
Wasserturm 428, 487
– Ausführungsbeispiel 492
– äußere Gestaltung 491
– Höhenlage 487
– Nutzinhalt 487
– Schaft 489
– Wasserkammern 488
Wasserverbrauch 14, 31, 32, 35
Wasserverkauf 859
Wasserverlust 35
Wasserverluste 839
Wasserversorgung 11
Wasserversorgungsanlage 7

Wasserversorgungsnetze
– Doppelte 8
– Einzel 8
Wasserwart 808
Wasserwerksnachbarschaften 809
Wasserzählung 407
Water Safety Plan(WSP) 225
Water Safety Plans 5
Weitere Schutzzone 131
Wellbahnbelüfter 241
Weltwassertag 3
Wert der Anlage 767
Wertberechnung 788, 790
Wirkdruckverfahren 416
Wirkungsgrad 331, 342, 352

Zeitschriften 901
Zementmörtel (ZM) 522
Zentrales Leitsystem 371
Zentrifugen 314
Zink 197
Zusatzstoffe 213
Zweckverband 797
Zwischenpumpversuch 115
Zwischenpumpwerk 382

IHR SPEZIALPLANER FÜR SÄMTLICHE AUFGABEN IN DER WASSERWIRTSCHAFT

HR HAUSMANN + RIEGER INGENIEURBÜRO

Flurstraße 6
84172 Buch am Erlbach
Tel.   (08709) 914-0
Fax   (08709) 91410
E-mail   info@ibhr.de
Internet: www.ibhr.de

BERATUNG PLANUNG PROJEKTMANAGEMENT

BEBAUUNGSPLÄNE - VERKEHRSANLAGEN - ABWASSERTECHNIK

INGENIEURBAUWERKE - BEHÄLTERSANIERUNGEN

WASSER-/GASVERSORGUNG - TECHNISCHE AUSRÜSTUNG

VERFAHRENSTECHNIK

FERN-/NAHWÄRMENETZE - ROHRNETZBERECHNUNGEN

VERMESSUNG - GIS - SIGE-KOORDINATION

TRINKWASSERBEHÄLTER SANIEREN!

W 316 **DVGW** company

Flint
seit 1948

DAS BAUTENSCHUTZSYSTEM

„Unser Fachbetrieb erfüllt die strenge Norm W 316-1 für das Abdichten, Beschichten und Sanieren von Trinkwasserbehältern. Geben Sie sich nicht mit weniger zufrieden. Verlangen Sie höchste Qualitätsstandards."

Eckart Flint, Geschäftsführer

Flint Bautenschutz GmbH
Sichterheidestraße 31/33
32758 Detmold
Telefon (05231) 9609-0
Telefax (05231) 66102

www.flint-bautenschutz.de
info@flint-bautenschutz.de

Faksimile aus der 1. Auflage (Auszug)

Mit 453 Abbildungen und Zahlentafeln

Vorwort

Das Taschenbuch der Wasserversorgung soll allen, die sich in Ausbildung und Beruf mit Fragen der Wasserversorgung zu beschäftigen haben, Unterlagen geben, die sich für die Lösung ihrer vielfältigen Aufgaben bei dem Bau, dem Betrieb und der Verwaltung von Wasserversorgungsanlagen in der Praxis bewährt haben.

Die Verfasser waren dabei bemüht, ein kleines, handliches Taschenbuch des praktischen Wasserversorgungswesens zu schaffen, das im Büro, auf der Baustelle und bei Besprechungen stets mitgeführt werden kann.

Das Taschenbuch richtet sich an den großen Kreis der bei Planung, Bau, Betrieb, Wartung und Verwaltung von Wasserversorgungsanlagen Beteiligten,

an die Techniker, vom Schachtmeister, Rohrmeister bis zum Dipl.-Ing., deren Aufgabe es ist, Wasserversorgungsanlagen zu entwerfen, auszuführen, oder die Ausführung zu leiten und zu überwachen,

an die Gutachter, welche Wasserversorgungsanlagen hinsichtlich des baulichen Zustandes und der Wirtschaftlichkeit zu prüfen haben,

an die Gesundheitsbehörden, welche den hygienischen Zustand der Anlagen beurteilen müssen,

an das Betriebspersonal, vom Wasserwerksmeister bis zum Betriebsleiter mittlerer Werke,

aber auch an die Verwaltungsfachleute, Bürgermeister, Stadträte, Gemeinderäte, welche in Werkausschüssen über Baumaßnahmen und Ausgaben der Wasserwerke, über Wasserleitungssatzungen und Gebührenordnungen zu beraten haben.

Möge das Taschenbuch der Wasserversorgung ein Ratgeber und Helfer bei der großen Aufgabe sein, für die Bevölkerung einwandfreie Wasserversorgungsverhältnisse zu schaffen und zu erhalten.

Frühjahr 1956

Die Verfasser

Franckh'sche Verlagshandlung, W. Keller & Co., Stuttgart 1956 / Alle Rechte, auch die des auszugsweisen Nachdrucks, der photomechanischen Wiedergabe und der Übersetzung, vorbehalten / © Franckh'sche Verlagshandlung, W. Keller & Co., Stuttgart, 1956 / Printed in Germany / Verlags-Nr. 2817 / Gesamtherstellung: Konrad Triltsch, Graphischer Großbetrieb, Würzburg

Inhaltsverzeichnis

Teil I: Allgemeines

1. Zahlentafeln, Mathematik und Maßeinheiten 7
2. Statik und Festigkeitslehre 31
3. Vermessung 105

Teil II: Technik der Wasserversorgung

1. Allgemeine Anordnung 125
2. Wasserbedarf 127
3. Hydrologie 143
4. Wasserbeschaffenheit 177
5. Wasserfassung 201
6. Wasseraufbereitung 237
7. Maschinenkunde 281
8. Planung von Pumpwerken 329
9. Speicherung 359
10. Rohrnetzberechnung 409
11. Rohrnetzausrüstung 463
12. Rohrleitungsbau 497
13. Wasserzählung und Wassermessung 589
14. Hausinnenleitungen 553
15. Feuerschutz 559
16. Einzelwasserversorgung 565

Teil III: Bau und Betrieb von Wasserversorgungsanlagen

1. Baudurchführung 569
2. Baukosten von Wasserversorgungsanlagen 589
3. Der Betrieb von zentralen Wasserversorgungsanlagen 619
4. Rechtsverhältnisse 647
5. Der Haushaltplan für Wasserwerke 659
6. Steuern und Abgaben 669
7. Wert von Wassernutzungen und Quellen 673

Faksimile aus der 1. Auflage (Auszug)

Teil IV: Vorschriften, Vereine, Literatur

1. DIN-Normblätter	675
2. DVGW-Regelwerk	681
3. Allgemein gültige Vorschriften	681
4. Vereine, Verbände	683
5. Zeitschriften des Wasserversorgungsfachs	685
6. Literatur	685
7. Anhang	687
8. Stichwortverzeichnis	689

Teil I: Allgemeines

Zahlentafeln ... 7

1. Quadrate, Quadratwurzeln, Kreisumfänge und Kreisflächen	7
2. Gewöhnliche Logarithmen	10
3. Sinus- und Cosinustafel	12
4. Tangens- und Cotangenstafel	14
5. Bogenlängen, Bogenhöhen, Sehnen, Kreisabschnitte	16
Mathematik	18
Maßeinheiten	28

Statik und Festigkeitslehre ... 31

1. Vorbemerkung	31
2. Belastungen	33
3. Festigkeitslehre	52
4. Statik	63

Vermessung ... 105

1. Aufgabe	105
2. Meßverfahren	105
3. Entwurfsaufnahmen	116
4. Absteckarbeiten	118

2. Anforderungen an Trink- und Brauchwasser

Das in der Natur vorkommende Wasser ist chemisch nicht rein. Auf seinem Weg durch die Atmosphäre und durch die wasserführenden Gesteinsschichten bis zur Gewinnungsstelle nimmt das Wasser Bestandteile auf, die jedem Wasser je nach seiner Herkunft ein bestimmtes, eigenes Gepräge geben. Wasser, das zu Trink- und Brauchzwecken verwendet werden soll, muß besonderen hygienischen und technischen Anforderungen genügen, die in den Leitsätzen für die Trinkwasserversorgung des Deutschen Vereins von Gas- und Wasserfachmännern (DVGW) von 1951 (z. Z. Neubearbeitung) zusammengefaßt sind.

1. Leitsätze

Unerläßliche hygienische Anforderungen an Trink- und Brauchwasser

1. Trink- und Brauchwasser, sowie Wasser für das Nahrungsmittelgewerbe muß dauernd frei sein von Krankheitserregern, Giften und sonstigen Stoffen, welche die Gesundheit schädigen wird.
2. Das für den menschlichen Genuß bestimmte Wasser soll von Natur aus möglichst keimfrei sein.
3. Chemische Gifte: Wasser für Trink- und Brauchwasser soll an sich frei von Blei und Arsen sein.

Unter besonderen Umständen zulassende Eigenschaften

4. Die Appetitlichkeit eines Wassers ist von großer, wenn auch nicht so ausschlaggebender Bedeutung wie das Freisein von Krankheitserregern.
5. Trink- und Brauchwasser soll farblos oder doch nicht deutlich gefärbt, klar, kühl, frei von fremdartigem Geruch und Geschmack, überhaupt so sein, daß es gern genossen wird.
6. Wasser für häusliche und gewerbliche Zwecke soll nicht zu viel Salze, namentlich Härtebildner, Eisen-, Mangan sowie organische Stoffe (Moor oder Huminstoffe) enthalten.
7. Trink- und Brauchwasser soll tunlichst keine Korrosion hervorrufen.
8. Biologische Beschaffenheit des Wassers: Trink- und Brauchwasser soll möglichst kein Plankton enthalten, jedenfalls aber keine Bestandteile, Pflanzen, Tiere oder deren Trümmer, soweit diese als Verunreinigungsindikatoren zu gelten haben.
9. Ausreichende Menge: Trink- und Brauchwasser soll stets auch der Menge nach allen Bedürfnissen der zu versorgenden Bevölkerung gerecht werden.

Planung, Bau und Betrieb von zentralen Wasserversorgungsanlagen

10. Bei der Planung eines Wasserwerks ist zunächst der Wasserbedarf festzustellen.
11. Zur Deckung dieses Bedarfs ist nach Möglichkeit ein Wasser zu wählen, das von vornherein den Leitsätzen 1–9 entspricht und sich den Forderungen des wasserwirtschaftlichen Generalplans des betreffenden Gebietes einfügt. Eine enge Zusammenarbeit zwischen Wasserversorgungsingenieur, Landesplaner, Hygieniker, Chemiker, Geologen und Biologen ist notwendig.
12. Muß ein Wasser gewählt werden, welches den Leitsätzen 1–9 von vornherein nicht voll genügt, aber entsprechend aufbereitet werden kann, so ist es als Trink- und Brauchwasser und für das Nahrungsmittelgewerbe nicht zu beanstanden.
13. Die gewinnbare Wassermenge soll für den Bedarf der Gegenwart und auch in die ferne Zukunft zu allen Tages- und Jahreszeiten, auch in außergewöhnlich trockenen Jahren, in denen erfahrungsgemäß bei verringerter Ergiebigkeit der Wasserbezugsorte ein besonders großer Wasserverbrauch eintritt, ausreichen. Die Bedürfnisse für Feuerlöschzwecke müssen Berücksichtigung finden.
14. Ist eine einheitliche, für alle Zwecke ausreichende Wasserversorgung unmöglich, und zwingen die Verhältnisse zur Anlage einer besonderen Leitung für Betriebswasser, so muß diese von der Trink- und Brauchwasserleitung völlig getrennt sein. Es muß Gewähr dafür geboten sein, daß Verwechslungen oder unzulässige Verbindungen ausgeschlossen sind. Diese Bestimmung gilt auch für alle Eigenwasserversorgungen.
15. Um von den Wasserbezugsorten und der Anlage Einflüsse, die ihre Ergiebigkeit oder die Beschaffenheit des Wassers beeinträchtigen können, fernzuhalten, sind Schutzgebiete einzurichten oder andere Maßnahmen zu treffen.
16. Der für die Bildung des Schutzgebietes erforderliche Grund und Boden ist möglichst als Eigentum zu erwerben.
17. Um die Reinhaltung aller der Wasserversorgung dienenden Wässer zu gewährleisten, ist mit allen Mitteln auf eine einwandfreie Beseitigung der Abwässer des Einzugsgebietes hinzuarbeiten.

Bau

18. Sämtliche Anlagen sind so herzustellen, daß jede nachteilige oder gesundheitsschädigende Beeinflussung des Wassers dauernd verhütet wird
19. Die Wasserwerke haben darauf hinzuwirken, daß Wasserleitungsanlagen in Gebäuden und auf Grundstücken so ausgeführt werden, daß eine Verschlechterung des Wassers ausgeschlossen ist.

Betrieb

20. Der Betrieb eines Wasserwerks ist so zu führen, daß das in das Versorgungsnetz gehende Wasser den Leitsätzen 1–9 entspricht.
21. Wenn ein Wasserwerk durch besondere Verhältnisse, z. B. in Fällen höherer Gewalt, ein gesundheitlich nicht ganz einwandfreies Wasser abgeben muß, so ist dies sofort der zuständigen Aufsichtsbehörde und dem Gesundheitsamt anzuzeigen.

Faksimile aus der 1. Auflage (Auszug)

182 Wasserbeschaffenheit – Leitsätze des DVGW

22. Die Wasserbezieher sind von den Wasserwerken zu verpflichten, durch sorgfältige Ausgestaltung und Unterhaltung der in ihrem Eigentum stehenden Leitungen und aller ihrer Bestandteile dafür zu sorgen, daß das vom Wasserwerk durch die Straßen- und Anschlußleitung in gesundheitlich einwandfreier Beschaffenheit in die Grundstücks- und Hausleitung geliefertes Wasser auch in diesen vor jeder Verunreinigung geschützt bleibt.

Einzelwasserversorgung

23. Bei Planung, Bau und Betrieb von Einzelwasserversorgungen ist die Gewinnung und Erhaltung eines von Haus aus einwandfreien Wassers zu erstreben.

24. Zur Förderung der Hygiene der Einzelbrunnen ist zu fordern, daß Brunnen nur durch anerkannte und behördlich zugelassene Fachleute oder geprüfte Brunnenbaumeister ausgeführt werden.

Überwachung

25. Die Beauftragten der Aufsichtsbehörde sind bei der Prüfung der Pläne von Neuanlagen sowie von größeren Erweiterungen vor Ausführung der Bauwerke und während des Baues von dem jeweiligen Antragsteller zu unterstützen.

26. Nach der Inbetriebsetzung sind die Anlagen durch den Werkleiter, dem ein in wasserhygienischen Fragen erfahrener hygienischer Berater zur Seite stehen soll, laufend zu überwachen.

27. Art, Umfang und Häufigkeit der bei der laufenden Überwachung auszuführenden Prüfung der Anlagen und der vorzunehmenden Wasseruntersuchungen richten sich nach der Eigenart der einzelnen Werke.

28. Im Betrieb etwa eintretende einzelne Störungen sind sofort, Einfluß ausübende Änderungen rechtzeitig der Aufsichtsbehörde und dem Gesundheitsamt zu melden, damit vom Standpunkt der öffentlichen Gesundheitspflege etwa erforderliche Maßnahmen sofort getroffen werden können.

29. Die Aufsichtsbehörde hat grundsätzlich alle Wasserwerke zu prüfen. Die Prüfungen erfolgen entsprechend den Vorschriften der Dienstordnung der Gesundheitsämter.

2. Beschaffenheit von gutem Trink- und Brauchwasser

Gutes Trink- und Brauchwasser soll appetitlich und nicht mit Schmutzstoffen in Berührung gekommen sein, und nicht in der Nähe von Verunreinigungsherden gewonnen werden. Die Wassergewinnungsanlagen und sichtbaren Teile der Anlage sollen baulich so gestaltet sein, daß sie ästhetisch befriedigen und von vornherein den Eindruck der Appetitlichkeit, Reinheit und Sauberkeit erwecken. Das verwendete Wasser soll etwa den nachstehenden Ansprüchen genügen:

Wasserbeschaffenheit – geforderte Eigenschaften 183

Tabelle 5

Allgemeine Beschaffenheit	gut brauchbar	Bestandteile		Gehalt in mg/l	
		Bezeichnung		gut	nicht über
Temperatur	7–12 °C	Abdampfrückstand		< 500	1000
Aussehen	klar	Kaliumpermanganat-			
Farbe	farblos	verbrauch		12	
Geruch	geruchlos	Chloride	Cl	30	250
Geschmack	frisch, nicht fad, tintig	Nitrate	NO_3	30	50
		Nitrite	NO_2	0	
Reaktion	neutral, schwach alkalisch	Ammoniak	NH_3	0	
		Schwefelwasserstoff	HS	0	
Bakterien	Keime in 1 ccm weniger als 10, keine Krankheitserreger	Kohlensäure	CO_2	nicht aggr.	
		Sauerstoff	O	5	
		Eisen	Fe	0,1	
		Mangan	Mn	0,05	
Bakt. coli	0 in 100 ccm	Arsen	As	0	0,15 A
Plankton	0	Blei		0	
		Fluor		1,0	
		Kochsalz			400
		Gesamthärte		5–15 dH	30–(50)
		Karbonathärte		< 10	
		pH-Wert		7	

Wasser, das vorstehende Eigenschaften nicht besitzt, muß für die Verwendung als Trink- und Brauchwasser im allgemeinen aufbereitet werden.

3. Beschaffenheit des in der Natur vorkommenden Wassers

1. Temperatur

Erwünscht ist eine Temperatur des Wassers zwischen 7° und 12° C. Als noch tragbar ist eine Temperatur von 5°–15° C anzusehen. Wasser mit niedrigerer Temperatur als 5° C ist gesundheitsschädlich (Magen, Darm, Niere) Wasser mit höherer Temperatur als 15° C schmeckt fade und bringt keine Abkühlung.

1. Quellen und Grundwasser

Die mittleren Jahrestemperaturen von Quellwässern für den 48. Breitengrad in Mitteleuropa (nach Mezger) sind in Tabelle 6 angegeben. Die Temperatur des Grundwassers, das im allgemeinen für Trink- und Brauchwasser verwendet wird, entspricht bei genügend langer Aufenthaltsdauer im Boden etwa den Quelltemperaturen und bleibt ziemlich konstant. Für Grundwasser aus größerer Tiefe kann die Temperatur geschätzt werden aus $t° = t°_1 + 0{,}03 \cdot h$; hierin ist: t = die mittlere Jahrestemperatur der Luft, h = Tiefenlage des Grundwassers unter Gelände.

4. Ozonisierung

Ozon ist ein sehr schnell wirkendes Oxydationsmittel, das bei Berührung mit oxydierbaren Stoffen in wirksamen einatomigen Sauerstoff und in aktiven zweiatomigen Sauerstoff zerfällt. Bei der Behandlung mit Ozon entstehen keine störenden Salze, auch tritt keine Geruchsverschlechterung ein. Im Gegensatz zum Ausland, wo die Ozonisierung häufiger verwendet wird, ist es in Deutschland aus wirtschaftlichen Gründen bisher nicht eingeführt. Erst neuerdings ist eine Ozonentkeimungsanlage bei einer zentralen Wasserversorgungsanlage gewählt worden.

Das Ozon wird durch Vorbeischicken von Luft zwischen den Polen einer Hochspannungsquelle mit Wechselstrom 6000—8000 Volt in einer Menge von 2—4 g je m³ Luft gewonnen. Die zur Ozonbildung verwendete Luft muß entstaubt und entfeuchtet sein. Wesentlich ist die gründliche Durchmischung des Ozons mit dem zu behandelnden Wasser, was schwieriger ist als beim Chlorverfahren, da Ozon nur geringfügig im Wasser löslich ist. Am günstigsten ist das indirekte Verfahren, bei dem zuerst eine Ozonemulsion hergestellt wird, die dem zu entkeimenden Wasser zugegeben wird. Die Zugabe wird wie beim Chlorgasverfahren automatisch in Abhängigkeit der Förderleistung der Pumpen gesteuert.

Zur Entkeimung von Wasser, das notfalls bereits aufbereitet, z. B. entsäuert, entmangant usw. ist, wird eine Ozonmenge von 0,2—0,5 g/m³ Wasser benötigt. Die jeweils erforderliche Zusatzmenge muß ähnlich wie beim Chlorverfahren durch Versuch ermittelt werden, wobei die Ozonmenge so lange gesteigert wird, bis eine ausreichende Entkeimung eintritt. Auch bei der Ozonisierung muß mit Ozonüberschuß gearbeitet werden, da ein Teil des frei werdenden Sauerstoffs durch das Bindungsvermögen des Rohwassers und der Zehrung im Rohrnetz verbraucht wird.

Mit Ozon können außerdem die organischen Bestandteile des Wassers, ferner Eisen und Mangan bei einer Reaktionszeit von etwa 15 Minuten wirksam oxydiert werden. Der Ozonverbrauch beträgt hierfür 1—2 g/m³. Für die Entkeimung des Wassers muß das Ozon nach etwa vorhandenen Schnellfiltern zugegeben werden.

Die Betriebskosten sind stark von Temperatur, Luftfeuchtigkeit, Staubgehalt der Luft abhängig. Im allgemeinen werden bei der Ozonherstellung 15—20 Watt je g Ozon und für die Vorbehandlung der Luft 6,5 Watt benötigt, somit insgesamt 25 Watt je g Ozon. Für die Entkeimung eines Wassers mit einem Ozonbedarf von 0,5 g/m³ beträgt somit der Strombedarf etwa 12,5 Watt/m³ Wasser.

Die Kosten einer Ozonisierungsanlage sind gegenüber der Chlorung wesentlich höher, bei einer Durchflußleistung von 65 m³/Std derzeit etwa das 10-fache der Kosten eines Chlorgasgerätes. Hierzu kommen noch die Mehrkosten für den wesentlich größeren Platzbedarf.

Die sorgfältige Überwachung des Betriebes ist notwendig, um eine sichere Entkeimung zu gewährleisten. Da die Entkeimungswirkung nur durch laufende bakteriologische Untersuchung des Wassers prüfbar ist, eignet sich dieses Verfahren nicht für kleine und mittlere Anlagen.

5. Katadyn-Verfahren

Bakterien werden im Wasser, das mit Metallen in Berührung steht, abgetötet. Bei dem Katadynverfahren wird das Wasser an Silberplatten mit großer Oberflächengestaltung vorbeigeleitet, wobei nach entsprechender Berührungszeit die Keime getötet werden. Die hierbei vom Wasser gelöste Silbermenge ist so gering, daß sie keine gesundheitlichen Schäden hervorruft. Die Anlagekosten und die laufenden Kosten für den Silberverbrauch sind gering. Das Verfahren ist aber sofort unwirksam, wenn das Silber sich mit organischen oder anorganischen Bestandteilen des Wassers überzieht. Da dies in der Praxis fast bei jedem Wasser, das zu entkeimen ist, der Fall ist, wenn auch manchmal nur in geringem Umfang und nur zeitweise, ist das Verfahren wegen der kaum möglichen dauernden Überwachung und der notwendigen bakteriologischen Untersuchung zu mindesten bei kleinen und mittleren Anlagen nicht zu empfehlen.

6. Ultraviolett-Bestrahlung

Die entkeimende Wirkung von Ultraviolettstrahlen ist bekannt. Es wird daher in letzter Zeit versucht, mittels Ultraviolettbestrahlung Trinkwasser zu entkeimen.

Voraussetzung für eine wirksame Entkeimung ist, daß die Ultraviolettstrahlen durch das zu entkeimende Wasser durchdringen können, und daß die Bestrahlung ausreichend lange erfolgt. Destilliertes Wasser hat eine große Strahlen-Durchlässigkeit, die aber je nach Gehalt an gelösten und suspendierten Stoffen rasch abnimmt. So nimmt die Durchlässigkeit einer 7,5 cm hohen Schicht destillierten Wassers von 93% bei einem Eisengehalt von 1 g/m³ auf 7% ab. Ferner ist die Widerstandsfähigkeit der Keime gegen eine keimschädigende Bestrahlung im Wasser viel größer als in der Luft. So sind im Wasser zur totalen Vernichtung von coli-Bakterien 350 Mikrowattminuten je cm² gegenüber 50 Mikrowattminuten in Luft erforderlich. In Prospekten werden der Stromverbrauch eines U.V.Strahlungsgerätes bei einer Durchflußleistung von 100 m³/Std mit 30 Watt, die Lebensdauer bei einer Lampe mit 8000 Betriebsstunden, die Kosten mit 2000.— DM angegeben.

Nach den derzeitigen Erfahrungen ist mit U.V. Strahlungsgeräten bei den im praktischen Betrieb vorkommenden Wässern keine ausreichende Sicherheit für eine wirksame bakteriologische Entkeimung gegeben. Da die Wirksamkeit des Entkeimungsgerätes nur durch eine bakteriologische Untersuchung des Wassers überprüft werden kann, wären mind. tägliche bakt. Untersuchungen erforderlich. Für zentrale Wasserversorgungsanlagen ist das Verfahren vorerst nicht zu empfehlen.

7. Rohrnetzentkeimung

Vor der Entkeimung muß die Rohrleitung gründlich gespült werden, mit einer Wassermenge von etwa dem 3fachen Rohrinhalt bei neu verlegten Leitungen und einer Geschwindigkeit von mind. 0,75 m/s. Zur Entkeimung wird die Rohrleitung mit Wasser gefüllt, dem 50 g wirksames

Faksimile aus der 1. Auflage (Auszug)

III. Beziehung zwischen mechanischen, elektrischen und Wärmeeinheiten

1 kW	=	1,36 PS	1 Wh	=	860 cal	=	307 mkg
1 PS	=	736 W	1 Ws	=	0,239 cal	=	1 Joule
1 mkg/s	=	9,81 W	1 cal	=	4,18 Joule		
1 W	=	0,239 cal/s	1 kcal	=	427 mkg		
1 kWh	=	860 kcal = 367 000 mkg						
	=	367 mt					

IV. Flachriemen

Kleine Scheibe ⌀ mm	Übertragbare PS je cm Riemenbreite (Lederriemen 0,5 cm stark)								Kleinster Achsabstand in m				
	Umdrehungen je min								Großer Scheiben ⌀ in mm				
	700	800	900	1000	1200	1500		500	800	1000	1200	1500
100	0,13	0,15	0,17	0,19	0,22	0,28		1,0	1,8	2,3	2,8	3,7
125	0,19	0,21	0,23	0,26	0,32	0,41						
160	0,28	0,33	0,38	0,42	0,53	0,69		0,9	1,6	2,2	2,7	3,6
200	0,41	0,49	0,58	0,66	0,83	1,10						
225	0,50	0,60	0,70	0,81	1,03	1,40		0,8	1,5	2,0	2,6	3,5
250	0,62	0,75	0,88	1,00	1,29	1,80						
280	0,78	0,97	1,14	1,32	1,68	2,28		0,7	1,4	1,9	2,5	3,4

V. Keilriemen

Größe $B \times h$ mm	Kleinster Scheiben ⌀ d_m = mm	Übertragbare PS je Keilriemen								Höchstgeschw. tunlichst nicht über 25 m/s
		Riemengeschwindigkeit m/s							
		6	10	14	18	22	26	30	
10 × 6	63	0,55	0,87	1,1	1,2	1,3	1,1	—	2,0
13 × 8	90	1,1	1,7	2,2	2,6	2,7	2,6	—	3,6
17 × 11	125	1,9	3,1	4,0	4,6	4,8	4,7	3,6	5,1
20 × 12,5	180	2,8	4,5	5,8	6,7	6,9	6,8	5,1	
25 × 16	250	4,4	6,9	9,0	10,4	10,7	10,3	8,0	

1. Wasserhebemaschinen

Wasserhebemaschinen dienen der Förderung des Wassers, wenn es nicht mit natürlichem Gefälle zur Verwendungsstelle fließen kann. Die Wahl dieser Maschinen hängt von mehreren Faktoren ab.

1. Kolben- und Plungerpumpen

1. Anwendungsgebiet

Trotz des gegenüber Kreiselpumpen höheren Gewichtes und Preises, sowie der weniger einfachen Antriebsart (Riemen, Getriebe) werden diese Pumpen verwendet für

1. die Hebung kleiner Wassermengen auf große Förderhöhen, wenn das Verhältnis $Q(l/s)/h(m)$ kleiner als 1/30 bis 1/50 ist, weil hier Kreiselpumpen in der Regel unwirtschaftlich werden. Siehe auch Schaubild auf S. 333.
2. langsamlaufende oder nicht mit ständig gleicher Drehzahl laufende Antriebsmaschinen, z. B. Wasserräder, Wasserturbinen ohne Regler, Gleichstrommotoren in Netzen mit starken Spannungsschwankungen.
3. Anlagen, bei denen die Förderung unabhängig von der etwa schwankenden Förderhöhe konstant gehalten werden muß (z. B. bei Brunnen mit bereits voll ausgenutzter Ergiebigkeit und unmittelbarer Förderung in ein Ortsnetz mit starken Druckschwankungen. Bei Druckabfall würde nämlich der Förderstrom einer Kreiselpumpe ansteigen, so daß der Brunnen überlastet werden könnte).

2. Bauarten

Stehend und liegend, ein- und mehrzylindrig, einfach- und doppeltwirkend, sowie mit Differentialwirkung.

Abb. 1 Stehende, einzylindrige, einfachwirkende Plungerpumpe mit Riemenantrieb.

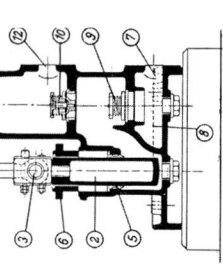

1 = Pumpengestell
2 = Plunger
3 = Kreuzkopf
4 = Kurbel
5 = Grundbüchse
6 = Stopfbüchse
7 = Sauganschluß
8 = Saugwindkessel
9 = Saugventil
10 = Druckventil
11 = Druckwindkessel
12 = Druckanschluß

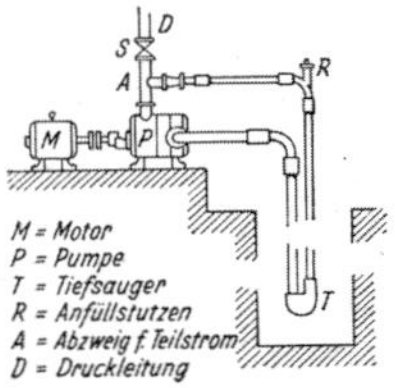

2. Die Tiefsaugeeinrichtung

als Zusatz zu Kreiselpumpen dient der Hebung von Wasser, das mehr als 7 m unter Pumpenwelle liegt.

Bei größerer Einbautiefe als 20 m wird die Vorrichtung sehr unwirtschaftlich. Von der Druckleitung ist bei A ein Teilstrom abgezweigt, dessen Größe durch den Drosselschieber S regulierbar ist. Im Tiefsauger reißt diese Wassermenge durch Düsenwirkung Wasser mit empor und führt es der Saugleitung der Pumpe zu. Somit ist ein Teilstrom ständig im Kreislauf. Die Förderung der Pumpe wird daher nur zum Teil ausgenutzt, und zwar um so weniger, je kleiner der Pumpendruck ist und je tiefer der Tiefsauger in den Brunnen eingehängt werden muß; z. B. schwankt die nutzbare Fördermenge bei 10 m Einbautiefe ab Pumpe zwischen 60 v. H. bei 4,5 atü Pumpendruck und 40 v. H. bei 1,5 atü Pumpendruck, und bei 20 m Einbautiefe zwischen 50 v. H. bei 6 atü und 40 v. H. bei 4 atü.

Durch die Bohrloch- und Unterwasserpumpen sind Tiefsauger ziemlich verdrängt worden.

3. Mammutpumpen

werden ebenfalls in der Wasserversorgung nicht mehr angewandt, da ihr Nutzeffekt unter 20 v. H. liegt. Bei ihnen wird Druckluft eines Kompressors durch ein Rohr in den Brunnen geführt und strömt dort in ein weiteres Steigrohr ein. Das Luftwassergemisch ist leichter und das umgebende Wasser und steigt daher hoch. Die Mischdüse muß mindestens ebensoweit unter Wasser liegen, wie das Wasser über den Betriebswasserspiegel hochsteigen soll. Bei Pumpversuchen in sandhaltigen und schlammigen Brunnen mag die Pumpe zur Schonung anderer Pumpen ab und zu noch angewandt werden.

4. Widder

Das Hauptanwendungsgebiet liegt in der Versorgung kleiner Orte, Weiler und Einöden. Voraussetzung für die Möglichkeit des Widderbetriebes ist, daß die verfügbare Wassermenge ein Vielfaches des Wasserbedarfes darstellt und daß geeignete Gefällverhältnisse vorhanden sind.

Arbeitsweise des Widders: Das Quellwasser wird einem Triebschacht T zugeleitet, der mit einem Überlauf versehen ist, so daß sein WSp. auf bestimmter Höhe gehalten wird. Die Zulaufmenge Q muß zu diesem Zweck etwas größer sein als die Betriebswassermenge Q_1. Q_1 läuft am Überlauf ab. Q_1 fließt durch die Triebleitung TL dem Widder zu. Stoßventil S ist zunächst geöffnet, das an ihm vorbeiströmende Wasser tritt hinter ihm aus. Bei Erreichen einer bestimmten Durchflußgeschwindigkeit wird das Ventil samt Führungsrissen mit mitgerissen und schließt schlagartig den Ausfluß ab. Die Geschwindigkeitsenergie der Wassersäule in der TL setzt sich, — da beim Abschluß $v = 0$ wird — in Druckenergie um und es entsteht in der TL ein Widder ein plötzlicher Druckstoß = Druckanstieg. Hierdurch wird Wasser durch das Steigventil V in die Windhaube W und die Steigleitung SL gedrückt. Die Windhaube verursacht den Druckstöße, so daß in SL ein gleichmäßiges Fließen der Förder-

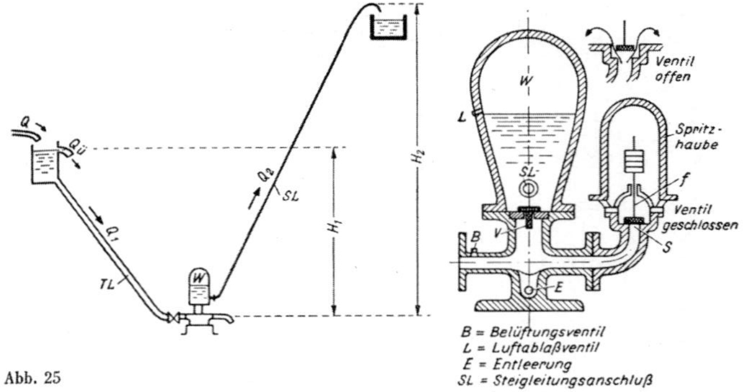

menge Q_2 eintritt. Nach Abklingen des Druckstoßes fällt S nach unten und öffnet den Ausfluß wieder. Nach austretendes Wasser beginnt auszuströmen und das Spiel beginnt von vorne. Das durch S austretende Wasser geht verloren. Vom Triebwasser Q_1 wird nur ein Teil Q_2 zum höher liegenden Hochbehälter gefördert. Ist H_1 das Triebgefälle abzüglich der Rohrreibung der TL, H_2 die Steighöhe einschl. der Rohrreibung in der SL und η der Wirkungsgrad des Widders, so gilt: $Q_2 = Q_1 \cdot \frac{H_1}{H_2} \cdot \eta$. η hängt von der Konstruktion des Widders, insbes. der Ventile und dem Verhältnis $H_1 : H_2$ ab und steigt bei größeren Modellen. Günstiges η, wenn $H_1 : H_2 = 1:5$ bis $1:8$. Die Triebleitung soll möglichst gerade vom Triebschacht zum Widder verlaufen. H_1 wegen der Schläge nicht flacher als 1:9 (äußerst 1:12) und nicht steiler als 1:4 (äußerst 1:3) sein und nicht größer als 15 m (äußerst 20 m mit verstärktem Stoßventil und verstärkter TL). Steighöhen bis 200 m und darüber sind ausgeführt (Berghüttenversorgung). Ist das vorhandene Triebgefälle größer als 10 bis 15 (äußerst 20) m, wird Anlage in mehrere hintereinanderliegende Stufen unterteilt, denen das Über- und Abwasser der höheren Stufen zufließt, die auf eine gemeinsame Steigleitung arbeiten. (Auf hygien. Sicherung des Abwassers ist zu achten!)

Berechnung einer Stufenwidderanlage

Verfügbare Wassermenge 150 l/min. Wegen des Überlaufes wird gerechnet mit $Q_1 = 140$ l/min. Gesamtgefälle $H = 16$ m, wird unterteilt in $H_1 = 8$ m (obere Stufe), 0,1 m Überleitung auf untere Stufe und $H_1' = 7,9$ m. Der Auslauf der Steigleitung in den Hochbehälter soll um 52 m höher liegen als der obere Triebschacht. Länge der Steigleitung 350 m. Dann wird

$$H_2 = h + H_1 + \text{Reibung } R = 52 + 8 + R$$

und

$$H_2' = h + H_1 + H_1' + R = 52 + 16 + R = 68 + R.$$

Aus folgender Tabelle wird für $Q = 140$ l/min ein Widder mit 100 mm Triebrohranschluß gewählt. Ohne Berücksichtigung von R wird dann zu-

Faksimile aus der 1. Auflage (Auszug)

12. Umwandlung von Rohrstrecken verschiedener Lichtweite

Fließt durch eine aus verschiedenen NW zusammengesetzte Rohrstrecke die Wassermenge Q, so kann man zur leichteren rechnerischen Handhabung die einzelnen NW auf eine gemeinsame NW umwandeln, wobei man die Längen so ändert, daß die Druckverluste gleich bleiben. Es gilt:

Q'_1 = Durchflußvermögen der Leitung bei $h=1$ m auf $L_1=1000$ m Länge
Q'_2 = Durchflußvermögen einer anderen Leitung ebenfalls bei $h=1:1000$
α = Beiwert zur Umwandlung der Länge L_1 bei NW_1 auf die gleichwertige Länge L_2 bei NW_2.

$$\alpha = \left(\frac{Q'_1}{Q'_2}\right)^2$$

Die Umwandlung nach dieser Tabelle ist nur mit den auf Q^2 aufgebauten Werten von Kutter und Holler möglich.

Tabelle für α bei Anwendung der Werte von Kutter und Holler

Q'	NW	50	65	80	100	125	150	200	250	300
						Kutter				
0,214	50	1								
0,452	65	4,46	1							
0,812	80	14,4	3,22	1						
1,52	100	50,1	11,3	3,49	1					
2,84	125	176	39,4	12,2	3,54	1				
4,73	150	488	109	33,7	9,65	2,76	1			
10,5	200	2410	540	167	47,7	13,7	4,98	1		
19,4	250	8210	1840	239	163	46,6	16,8	3,35	1	
32,1	300	22500	5040	1560	446	128	46,1	9,35	2,74	1
						Holler				
0,283	50	1								
0,568	65	4,02	1							
0,985	80	12,1	3,01	1						
1,78	100	39,4	9,82	3,26	1					
3,21	125	128	31,9	10,6	3,26	1				
5,21	150	338	84,1	28,0	8,57	2,63	1			
11,2	200	1561	359	129	39,6	12,1	4,62	1		
20,2	250	5078	1932	421	129	39,5	15,0	3,27	1	
32,7	300	13350	3314	1102	338	104	39,4	8,58	2,63	1

Beispiel.
a) Der Druckverlust einer Strecke $L = 130$ m mit NW 50 ist gleich dem Druckverlust einer Strecke $L = 50,1 \cdot L = 50,1 \cdot 130 = 6513$ m mit NW 100 (nach Kutter).
b) Die Strecke AB besteht aus folgenden Rohrlichtweiten und Längen:

A	$L = 240$	180	135	270	B
	NW 50	80	100	125	

13. Die Luftstörungen in Leitungen und ihre Beseitigung

Die Luft in Leitungen kann den Betrieb schwerstens stören und den Durchfluß völlig verhindern. Der Luftabfuhr ist daher größtes Augenmerk zu schenken.

1. Luft kann in die Leitungen gelangen

1. durch Ausscheiden von Luft oder Gasen (Kohlensäure) aus dem Wasser. Besonders bei Druckentlastung — also wenn die Leitung in Fließrichtung gesehen steigt und der Leitungsdruck daher sinkt, — ist damit zu rechnen, daß die Gase blasenförmig aus dem Wasser austreten.
2. Bei Inbetriebnahme und nach Leitungsentleerungen, wenn zu rasch wiedergefüllt wird oder wenn die Entlüftungsvorrichtungen an den Hochpunkten während des Füllens nicht lange genug geöffnet waren und noch nicht alle Luft entweichen konnte,
3. wenn die Quellschüttung unter das Durchflußvermögen der anschließenden Quellzuleitung zurückgeht und die Leitung daher zum Teil gefüllt ist (Abb. 21 und 22).

Abb. 21

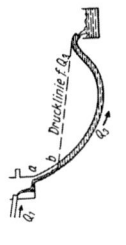

Abb. 22

4. wenn die Entnahme das Durchflußvermögen übersteigt und dadurch Leitungsteile leerlaufen. Wird z. B. in Abb. 23 bei c durch eine Motorspritze Q_3 entnommen, während von a nach b maximal $Q_2 < Q_3$ fließen können, so reißt bei b die Wassersäule ab. Lufteinbruch!

Durch diese Leitung fließen 1,75 l/s. Nach Holler ergibt sich, wenn man die Strecke auf NW 125 umrechnet:

NW 50 . . . . . 128 · 0,24 = 30,6 km Länge
NW 80 . . . . . 10,6 · 0,18 = 1,91 km Länge $\quad$ da $h = \left(\dfrac{Q}{Q'}\right)^2 \cdot L$ ist,
NW 100 . . . . 3,26 · 0,135 = 0,44 km Länge $\quad$ wird hier
NW 125 . . . . 1 · 0,270 = 0,27 km Länge $\quad h = \left(\dfrac{1,75}{3,21}\right)^2 \cdot 33,22 = 9,8$ m

zusammen 33,22 km Länge

Man kann natürlich auf jede beliebige NW umrechnen!

2. Luft entweicht nur zum entlüfteten Hochpunkt E, wenn sich der Leitungsdruck in der Fließrichtung mindert oder die Leitung selbst schwächer

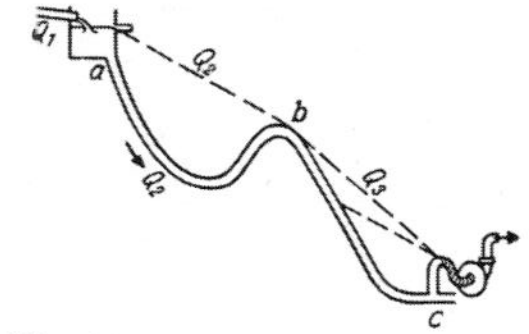

Rohrnetzberechnung – Sinnbilder

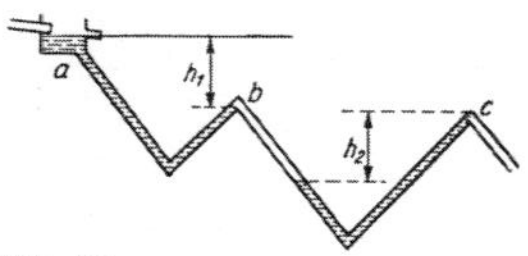

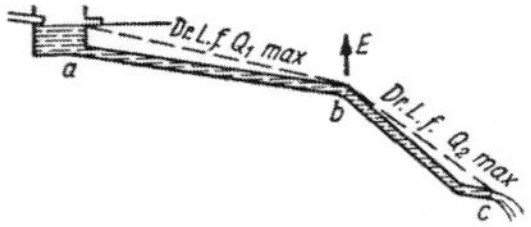

Sinnbilder für Wasserversorgungsanlagen

1. Übersichtspläne 1:25 000 oder kleinerer Maßstab:

Quelle	⋎	Oberflächenwasserentnahme	⋎	
Brunnen	○	Aufbereitungsanlagen:		
Hochbehälter m. Inh. in m³	▭200	Entsäuerung	□ CO_2
Wasserturm	„ „ „	Enteisenung	□ Fe
Pumpwerk	△	Entkeimung	□ κ
Pumpwerk m. Saugbehält. m. Inh. in m³	△100	Rohrleitung	

2. Bauentwurfspläne, Bestandspläne 1:5000 oder größerer Maßstab:

°) Nach DIN 2425

	Lageplan	Höhenplan
Rohrleitung m. NW u. Werkstoff Werkstoff: Ge=Grauguß Az=Asbestzement St=Stahl SB=Stahlbeton	150 Ge	
Absperrschieber°)		
Wasserzähler°)		
Rückschlagklappe°)		
Druckregler°) m. Druck vor u. nach dem Regler in mWS	35 │ 60	
Entlüftung°)	aufsteigend seitlich	
Entleerung, Spülauslaß		
Rohrreinigungskasten°)		
Unterflurhydrant°) auf dem Rohr		
	neben dem Rohr	
	seitlich des Rohres	
Überflurhydrant°) auf dem Rohr		
	neben dem Rohr	
	seitlich des Rohres (mit Absperrschieber)	
Straßen- u. Bahnkreuzung m. Übersch.-R. m. Schächten		
Flußunterführung		

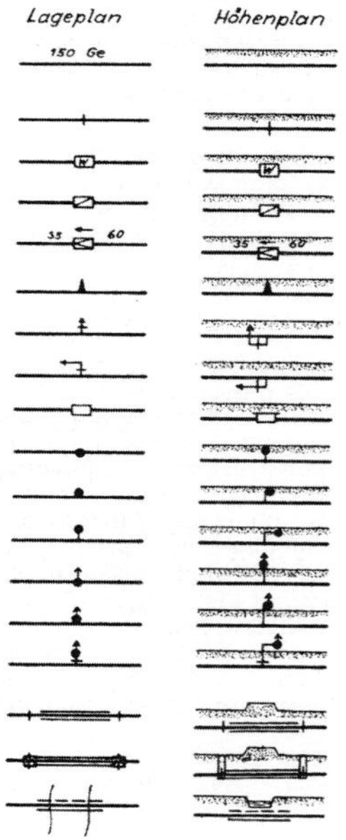

Rohrnetzberechnung · Luftstörungen

fällt als die Drucklinie, wie das in Strecke I und II der Fall ist (Abb. 24). Bei Strecke III ist das Leitungsgefälle stärker als das der Drucklinie; hier bleibt Luft hängen. Die Luftblase wird so langgestreckt, bis das Gefälle der Drucklinie im verengten Rohr gleich dem Leitungsgefälle wird. Trotzdem zwischen II und III kein Gefäll geodät. Hochpunkt liegt, muß hier entlüftet werden (Hydraulischer Hochpunkt).

Wird in Abb. 25 bei b nicht entlüftet, so bleibt der Zufluß ganz aus. Die Luftblase wächst, bis $h_1 = h_2$ (Gleichgewicht bei ruhendem Wasserspiegel).

Flache Strecken unmittelbar nach Behältern verlangen bei nachfolgenden Brechpunkten mit Übergang zu stärkerem Gefälle Entlüftung (E) oder von a bis b größere NW, als von b nach c, damit das Fördervermögen beider Strecken mindestens gleich ist. Man trachte also danach, von Behältern weg möglichst rasch mit der Rohrtrasse zu fallen, um tief unter die Drucklinie zu kommen (Abb. 26).

Ist dies nicht möglich, so entlüfte man, wie in Abb. 26 mittels einer Entlüftung — oder, wenn der Brechpunkt nahe am Behälter liegt, durch Rückführen eines Entlüftungsrohres NW 25 vom Scheitel des Brechpunktes aus in den Hochbehälter, wo das Entlüftungsrohr höher als der Wasserspiegel münden kann (Abb. 27). Diese Anordnung kann billiger sein als eine Entlüftungsvorrichtung.

Über Entlüftungen s. S. 486.

Abb. 23

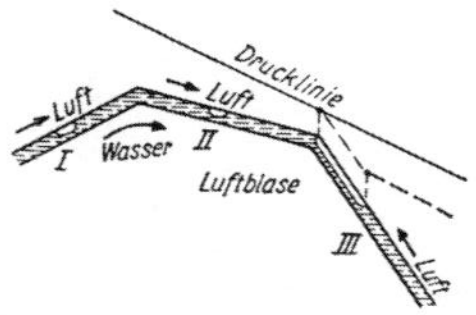

Abb. 24

Abb. 25

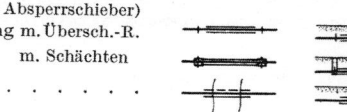

Abb. 26

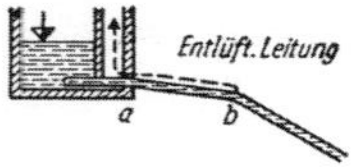

Abb. 27

Faksimile aus der 1. Auflage (Auszug)

2. Baustoffe unter M

Zu den Einzelpreisen werden die Baustoffe mit ihrem Preis frei Baustelle eingesetzt. Dieser setzt sich zusammen aus: Reiner Einkaufspreis, Fracht, Um- und Ausladen, Anfuhr, Abladen, Stapeln, Verlust, Streuverlust, Verschnitt, Schwinden, Bruch, Diebstahl usw. Die im Preis frei Baustelle enthaltenen Materiallöhne sind für die Berechnung der sozialen Abgaben zu berücksichtigen. Zu M gehören auch die Bauhilfsstoffe wie Kohlen, Strom, Benzin, Öl, Putzvolle, Bauwasser.

3. Bauhilfsstoffe unter A

Diese Stoffe werden bei der Baudurchführung nicht verbraucht, erleiden aber bei der Verwendung eine Wertminderung wie Schalholz, Geräte usw.

2. Maschinen

1. Großgerät

Abschreibung und Verzinsung nach Geräteliste 1952 für Altbesitz oder Neuanschaffung, Spezialgeräte, Miete für Leihgeräte unter A.

2. Kleingerät und Werkzeug

Die Geräte werden je nach Länge der Baudauer häufig fast voll aufgebraucht, ihr Anteil ist schwer erfaßbar, meist angenommen 2—5% der Lohnsumme oder 50—100% Abschreibung unter A.

3. Transport

Frachten für An- und Abfuhr unter M. Auf- und Abbau, Auf- und Abladen unter L, gegebenenfalls Anteil unter M.

4. Instandsetzungen

Werkstättenbetrieb, Ersatzteile, Löhne unter L, Betriebsstoffe und Ersatzteile unter M. Angemessene Reparaturkosten 66% des Abschreibungssatzes, hiervon:

	Instandhaltung	Schlußinstandsetzung	Grundüberholung
Lohnanteil	10%	10%	10%
Materialanteil	12%	12%	12%

3. Gemeinkosten der Baustelle

1. Baustelleneinrichtung und Räumung

Bauhütten, Wohn- und Bürobaracken nebst Einrichtungen, Material-, Maschinenschuppen, Bauzäune, allgemeine Betriebseinrichtungen ohne laufende Betriebskosten wie Stromversorgung, Wasserversorgung, Fernsprechanschluß, Baugerüste, Behelfsbrücken, Transportanlagen, Nebenkosten wie Geländepacht für Lager- und Arbeitsplätze, Herrichten und Wiederinstandsetzen der Plätze und Zufahrtsstraßen, Gebühren. Bei größeren Bauvorhaben ist hierfür eine eigene Position im Leistungsverzeichnis vorzusehen. Einzugliedern Löhne unter L, verbrauchtes Material unter M, Vorhalten unter A.

2. Laufende Ausgaben der Baustelle

Personalkosten des verantwortlichen Bauleiters, Bauführer, Kaufleute, Bauschreiber, einschließlich Reisespesen und sozialer Abgaben, freiwillige Unfall- und Haftpflichtversicherung, Bauzulagen dieser Angestellten, besondere Personalkosten der Zentrale für Planbearbeitung, statische Berechnungen, für die Baustelle anfallende Reisen, Materialverwaltung, Bürounkostenlöhne, die für die gesamte Baustelle gemeinsam anfallen, wie Meßgehilfe, Wachpersonal, Bürobedarf, Miete für Baubüro, Schreibbedarf, Porto, Fernsprechgebühren, Büroreinigung, Heizung, Beleuchtung, Betrieb besonderer Anlagen, wie Wasserversorgung, Verkehrskosten: PKW, Motorrad, Fahrrad, sonstige Material- und Betriebsstoffkosten, die in den Positionen des Leistungsverzeichnisses nicht enthalten sind, wie Beleuchtung der Baustelle, Baustoff-, Bodenuntersuchungen, Probebelastungen, Dichtheitsprüfungen.

3. Besondere Bauzinsen unter M

Vorgelegtes Betriebskapital für Einrichten, Lohn- und Materialkosten bis zum Eingang der entsprechenden Zahlungen des Auftraggebers, Sicherheitsleistung.

4. Wagnisse besonderer Art unter M

wenn sie in der Ausschreibung besonders auferlegt und genau umschrieben sind.

5. Soziale Abgaben

für Poliere und Arbeiter unter L, bestehend aus den gesetzlich sozialen Aufwendungen wie Kranken-, Invaliden-, Angestellten-, Arbeitslosen-, Unfallversicherung, Familienausgleichskasse und den tariflich sozialen Aufwendungen wie Urlaub, Ausfallstunden bei Krankheit, Todesfall, Feiertag, Schwerbeschädigtenausgleich. Ohne anteilige Lohnkosten der allgemeinen Geschäftskosten und Umsatzsteuer kann mit einem Betrag von 30—35% gerechnet werden. Hierbei sind die Anteile etwa:

Krankenversicherung	3,0%
Invaliden-Angestelltenvers.	5,5%
Arbeitslosenversicherung	1,5%
Unfallversicherung	3,8%
Familienausgleich	1,0%
	14,8%
Urlaub	6,9%
Ausfallstunden	3,0%
Feiertag	4,5%
Schwerbeschädigte	1,8%
	16,2%

Bei größeren Baustellen werden die Gemeindekosten der Baustelle (Ziff. 1—4) einzeln kalkuliert, bei kleineren häufig nur in bestimmten Anteil zu den Einzelkosten genommen, etwa 15% zu den Lohnkosten, 5% zu den Materialkosten.

6. Betriebskostenzuschläge

1. Allgemeine Geschäftsunkosten

Sie bestehen aus: Gehälter und Gewinnbeteiligung der Angestellten, Reisekosten der Geschäftsleitung, Unkosten des Zentralbüros, Miete, Licht,

2. Forderungen eines ordnungsgemäßen Betriebes

1. Den Abnehmern ist ausreichend und einwandfreies Wasser entsprechend den Richtlinien des DVGW DIN 2000 zu liefern.
2. Die Anlage ist in größter Sauberkeit zu halten, für die Förderung und Aufbewahrung des Wassers gelten die gleichen gesundheitlichen Anforderungen wie für jedes andere Lebensmittel.
3. Durch den Unternehmensträger ist der Betrieb laufend zu überwachen. Hierbei muß die Verwaltung auch technisches Verständnis für die Erfordernisse des technischen Betriebes besitzen.
4. Der Betrieb ist so zu führen, daß die Anlage hinsichtlich der verfügbaren Wassermenge, des technischen Zustandes, der chemischen und hygienischen Beschaffenheit als gut beurteilt werden kann. Die Wirtschaftlichkeit der Anlage muß gesichert sein, d.h. die unbedingt notwendigen Ausgaben des Wasserwerks müssen durch die Wasserzinseinnahmen gedeckt werden.
5. Alle vom Betrieb gemeldeten Mängel sind sofort zu beheben, notwendige Erweiterungen rechtzeitig unter Berücksichtigung der zukünftigen Forderungen durchzuführen.
6. Für den Betrieb ist ausreichend Personal einzustellen, für die Ausbildung und Weiterbildung zu sorgen.
7. Die versorgte Bevölkerung ist über die Bedeutung einer einwandfreien Wasserversorgungsanlage, den Umfang und Wert der Anlage des eigenen Ortes, auch über technische Einzelheiten aufzuklären, um das Verständnis für die Arbeiten an der zentralen Wasserversorgungsanlage und die notwendigen Ausgaben zu wecken und zu vertiefen.

3. Folgen einer mangelhaften Wartung und Verwaltung

Häufig führt Unkenntnis, oft auch grobe Fahrlässigkeit und falsche Sparsamkeit des Unternehmensträgers dazu, daß auch ursprünglich einwandfreie zentrale Wasserversorgungsanlagen schwere Mängel aufweisen. Die Folgen einer mangelhaften Verwaltung und Wartung sind vor allem:

1. Wassermangel
bei stärkerem Verbrauch, häufig damit verbunden Wassersperrmaßnahmen, dadurch Gefahr des Leerlaufens des Rohrnetzes und damit Rücksaugen von verunreinigtem Wasser durch Leckstellen und eingehängte Schläuche. (1953 wurde bei einer großen Gruppe infolge Absperrung des Ortsnetzes ein gesamtes Ortsnetz mit Jauchewasser gefüllt, weil ein Anwesensbesitzer in fahrlässiger Weise die Jauchegrube mittels Schlauch füllte, wobei der Schlauch in die Grube hing, so daß Rücksaugung erfolgte.)

2. Versagen in Brandfällen
leerer Hochbehälter, eingerostete Schieber und Hydranten, überdeckte Straßenkappen, Fehlen von Hinweisschildern, Fehlen eines Rohrnetzplanes und nicht ausreichende Unterweisung der Feuerwehr.

3. Gesundheitliche Gefährdung der Bevölkerung
Nicht einwandfreie Wasserbeschaffenheit, fehlerhafter baulicher Zustand, keine Sauberkeit, Fehlen eines Schutzgebietes (Strafgesetz — Typhusepidemie Neuötting).

4. Unrentabler Betrieb
Wasserverluste, schlechter Wirkungsgrad der Maschinen und damit hohe Förderungs- und Stromkosten.

5. Hohe Kosten für Erneuerung
Vernachlässigung der Wartung, nicht rechtzeitige Durchführung von Reparaturen, falsche Sparsamkeit, zu wenig Personal für die Wartung, zu geringe Bezahlung, fehlende Überprüfung durch die Unternehmensträger (Gemeinde usw.).

4. Verwaltung

1. Unternehmensträger

Die Versorgung der Bevölkerung mit Trink- und Brauchwasser liegt im öffentlichen Interesse und gehört zu den Pflichtaufgaben der Gemeinde. Unternehmensträger von zentralen Wasserversorgungsanlagen sollen daher in erster Linie die Gemeinden oder Gemeindeverbände, das sind Zweckverbände, sein. Wenn eine Gemeinde aus triftigen Gründen eine zentrale Wasserversorgungsanlage nicht erstellen und betreiben kann, ist ein Wasserbeschaffungsverband als öffentlich rechtliche Körperschaft zu wählen. Private Wasserversorgungsgenossenschaften ohne öffentlich-rechtlichen Charakter sind abzulehnen.

Die Beschränkung der Ausdehnung auf einen Ort ist meist üblich, bei ausreichender Wasserbeschaffung in der Nähe des Versorgungsgebietes billiger in der Erstellung und im Betrieb. Ungünstige hydrogeologische Verhältnisse, die Gefahr der unzureichenden Wartung zu kleiner zentraler Wasserversorgungsanlagen führen zu Mehrorts- und Gruppenwasserversorgungsanlagen. Gruppenanlagen sind durch Zweckverbände der Gemeinden (Rhön-Maintalgruppe, Hohenlohe-Gruppe), durch Zweckverbände der Landkreise (Fernwasserversorgung Franken, Nord-Ostring Württemberg) oder durch öffentlich-rechtliche Anstalten eines Landes (Harzwasserwerke) zu betreiben. Bei Gruppenanlagen empfiehlt es sich, nur die gemeinsamen Anlageteile wie Wassererschließung, Aufbereitung, Förderung, Speicherung und Zuleitung zu den Verbraucherorten von dem Zweckverband betreiben, während die einzelnen Ortsnetze von jeder einzelnen Gemeinde selbst erstellt und betrieben werden. Das Wasser wird vom Zweckverband über einen Orts-Wasserzähler an die Gemeinde oder Untergruppen geliefert. (Fernwasserversorgung Franken, Harzwasserwerke.) Damit wird der Zweckverband nicht zu sehr durch die Vielzahl der kleinen Aufgaben der einzelnen Ortsnetze belastet. Die Gemeinden sind auch rechtlich besser in der Lage, die Ortsnetze auf Grund von Wasserleitungssatzungen, Strafbestimmungen, ortspolizeilichen Vorschriften zu verwalten und hinsichtlich widerrechtlicher Anschlüsse, Wasserdiebstahl, Wasserverschwendung, Beschädigung von Anlageteilen usw. zu überwachen. Wesentlich ist auch, daß

Faksimile aus der 1. Auflage (Auszug)

Wert von Wassernutzungen und Quellen

1. Vergütungen für Wassernutzung

1. Wird die Entnahme von Wasser aus fremden Grundstücken (durch Ableitung von Quellen oder mittels Brunnen) durch Vertrag oder eingetragene Dienstbarkeit geregelt, so können hierfür *Entgelte* vereinbart werden, welche in der Regel in Form von Pauschalen, seltener nach der tatsächlich entnommenen Menge bemessen werden. Die Regelung dieser Entgelte ist schon vor der Erlaubniserteilung oder Verleihung durch die Verwaltungsbehörde notwendig, weil das verliehene Recht erst dann ausgeübt werden kann, wenn der Quellgrundbesitzer privatrechtlich zugestimmt hat.

2. Bei der *Bemessung des Entgeltes* wird bei Quellen häufig von der mittleren Schüttung ausgegangen, ein Verfahren, das zu hohen Summen führen kann, obwohl vielleicht nur ein Bruchteil der Schüttung wirklich abgeleitet wird. Ggf. sind Vorkehrungen nötig, um die Ableitung auf ein Höchstmaß zu begrenzen, das bei der Berechnung zugrunde gelegt wird und das dann auch im Verleihungsverfahren erscheint und dadurch dem Quellbesitzer die Sicherheit schafft, daß nicht mehr entnommen wird. In vielen Fällen begnügt sich der Quellbesitzer mit der Angabe des ermittelten Jahreswasserverbrauches nach Schätzung, in anderen Fällen wird Einbau eines Zählers zur Erfassung der tatsächlich abgegebenen Wassermenge vereinbart.

3. Die *Höhe des Entgeltes* ist recht verschieden. Z. Zt. dürften 60 bis 120.— DM je abgeleiteten Liter/Sekunde und Jahr angemessen sein (wie dies z. B. eine Landesforstverwaltung für die Ableitung von Quellwasser aus dem Staatswald fordert). Dieses Entgelt bezieht sich nicht auf die sonstige Inanspruchnahme des Grundstückes für Bauten, auf Entschädigungen für Schutzgebiete u. dgl., sondern nur auf die Wasserableitung allein.

Bei Brunnen wird meist ein geringerer Satz oder überhaupt nur eine Pauschale vereinbart, weil das Wasser nicht schon vorher sichtbar zutage trat, sondern erst durch Maßnahmen des Unternehmers und auf dessen Kosten erschlossen wurde, wobei der Unternehmer das Risiko einer Fehlbohrung in Kauf nehmen mußte.

2. Wert von Quellen

Wird ein Quellgrundstück gekauft, so kann neben dem allgemeinen Grundstückswert für die Wertsteigerung durch das vorhandene Quellwasser ein Betrag in Ansatz gebracht werden, welcher etwa der kapitalisierten Summe aus Ziff. 1.3 entspricht, also je Liter/Sekunde zwischen 1000 und 2000 DM schwankend. Dabei wird als verteuernd anzuerkennen sein, wenn die Quelle nahe am Versorgungsgebiet liegt, so daß der Träger des WVUnternehmens geringe Beileitungskosten aufzuwenden hat, wenn das Wasser mit natürlichem Gefälle dem Versorgungsgebiet zufließt (keine

674 Wert von Wassernutzungen und Quellen

Hebungskosten), wenn das Wasser nicht aufbereitet werden muß und wenn vergleichsweise keine andere günstigere Wasserbeschaffungsmöglichkeit (z. B. durch Grundwassererschließung) besteht. Dagegen wirkt eine Unbeständigkeit der Quellschüttung oder die Notwendigkeit, ein großes Schutzgebiet zu erwerben, entwertend.

Erscheinen die Forderungen des Quellbesitzers übertrieben hoch und kann eine Einigung über den Kaufpreis nicht zustandekommen, so kann u. U. Zwangsenteignung beantragt werden, wobei der Wert amtlich festgestellt wird. Gütliche Einigung ist auf alle Fälle vorzuziehen.

Teil IV: Vorschriften, Vereine, Literatur

DIN-Normblätter	675
DVGW-Regelwerk	681
Sonstige allgemein gültige Vorschriften	681
Vereine und Verbände, die sich mit dem Wasserversorgungswesen befassen	683
Zeitschriften des Wasserversorgungsfachs	685
Literatur	685